원소의 주기율표

전형 원소: 알칼리 금속(1족), 알칼리 토금속(2족), 13족~18족 (할로젠: 17족, 영족 기체: 18족)

전이 원소: 3족~12족

주기 번호	1족 1A족	2족 2A족	3 3B	4 4B	5 5B	6 6B	7 7B	8 8B	9 8B	10 8B	11 1B	12 2B	13족 3A족	14족 4A족	15족 5A족	16족 6A족	17족 7A족	18족 8A족
1	1 H 1.008																	2 He 4.003
2	3 Li 6.941	4 Be 9.012											5 B 10.81	6 C 12.01	7 N 14.01	8 O 16.00	9 F 19.00	10 Ne 20.18
3	11 Na 22.99	12 Mg 24.31											13 Al 26.98	14 Si 28.09	15 P 30.97	16 S 32.07	17 Cl 35.45	18 Ar 39.95
4	19 K 39.10	20 Ca 40.08	21 Sc 44.96	22 Ti 47.87	23 V 50.94	24 Cr 52.00	25 Mn 54.94	26 Fe 55.85	27 Co 58.93	28 Ni 58.69	29 Cu 63.55	30 Zn 65.41	31 Ga 69.72	32 Ge 72.64	33 As 74.92	34 Se 78.96	35 Br 79.90	36 Kr 83.80
5	37 Rb 85.47	38 Sr 87.62	39 Y 88.91	40 Zr 91.22	41 Nb 92.91	42 Mo 95.94	43 Tc (99)	44 Ru 101.1	45 Rh 102.9	46 Pd 106.4	47 Ag 107.9	48 Cd 112.4	49 In 114.8	50 Sn 118.7	51 Sb 121.8	52 Te 127.6	53 I 126.9	54 Xe 131.3
6	55 Cs 132.9	56 Ba 137.3	57* La 138.9	72 Hf 178.5	73 Ta 180.9	74 W 183.8	75 Re 186.2	76 Os 190.2	77 Ir 192.2	78 Pt 195.1	79 Au 197.0	80 Hg 200.6	81 Tl 204.4	82 Pb 207.2	83 Bi 209.0	84 Po (209)	85 At (210)	86 Rn (222)
7	87 Fr (223)	88 Ra (226)	89† Ac (227)	104 Rf (261)	105 Db (262)	106 Sg (266)	107 Bh (264)	108 Hs (265)	109 Mt (268)	110 Ds (271)	111 Rg (272)	112 Cn (285)	113 Nh (284)	114 Fl (289)	115 Mc (288)	116 Lv (293)	117 Ts (293)	118 Og (294)

* 란타넘족	58 Ce 140.1	59 Pr 140.9	60 Nd 144.2	61 Pm (145)	62 Sm 150.4	63 Eu 152.0	64 Gd 157.3	65 Tb 158.9	66 Dy 162.5	67 Ho 164.9	68 Er 167.3	69 Tm 168.9	70 Yb 173.0	71 Lu 175.0
† 악티늄족	90 Th 232.0	91 Pa 231.0	92 U 238.0	93 Np (237)	94 Pu (244)	95 Am (243)	96 Cm (247)	97 Bk (247)	98 Cf (251)	99 Es (252)	100 Fm (257)	101 Md (258)	102 No (259)	103 Lr (262)

금속 준금속 비금속

표준 아미노산의 이름과 약어

아미노산	세 글자 약어	한 글자 약어
알라닌(alanine)	Ala	A
아지닌(arginine)	Arg	R
아스파라진(asparagine)	Asn	N
아스파트산(aspartic acid)	Asp	D
시스테인(cysteine)	Cys	C
글루탐산(glutamic acid)	Glu	E
글루타민(glutamine)	Gln	Q
글리신(glycine)	Gly	G
히스티딘(histidine)	His	H
아이소루신(isoleucine)	Ile	I
루신(leucine)	Leu	L
라이신(lysine)	Lys	K
메싸이오닌(methionine)	Met	M
페닐알라닌(phenylalanine)	Phe	F
프롤린(proline)	Pro	P
세린(serine)	Ser	S
트레오닌(threonine)	Thr	T
트립토판(tryptophan)	Trp	W
타이로신(tyrosine)	Tyr	Y
발린(valine)	Val	V

유전 암호

두 번째 위치

첫 번째 위치(5′ 말단)	U		C		A		G		세 번째 위치(3′ 말단)
U	UUU	Phe	UCU	Ser	UAU	Tyr	UGU	Cys	U
	UUC		UCC		UAC		UGC		C
	UUA	Leu	UCA		UAA	STOP	UGA*	STOP	A
	UUG		UCG		UAG		UGG	Trp	G
C	CUU	Leu	CCU	Pro	CAU	His	CGU	Arg	U
	CUC		CCC		CAC		CGC		C
	CUA		CCA		CAA	Gln	CGA		A
	CUG		CCG		CAG		CGG		G
A	AUU	Ile	ACU	Thr	AAU	Asn	AGU	Ser	U
	AUC		ACC		AAC		AGC		C
	AUA		ACA		AAA	Lys	AGA	Arg	A
	AUG	Met	ACG		AAG		AGG		G
G	GUU	Val	GCU	Ala	GAU	Asp	GGU	Gly	U
	GUC		GCC		GAC		GGC		C
	GUA		GCA		GAA	Glu	GGA		A
	GUG		GCG		GAG		GGG		G

* 특정 조건 하의 일부 생물종에서 정지 코돈 UGA와 UAG가 각각 셀레노시스테인과 피롤라이신 코돈으로 작용할 수 있다(뒤의 생화학 전망 "상황-의존성 코돈 재지정" 참조).

Biochemistry: *The Molecular Basis of Life*

Trudy McKee • James R. McKee

Sixth Edition

맥키의

제 6 판

생화학

생명의 분자적 기초

| 고문주 외 25인 옮김 |

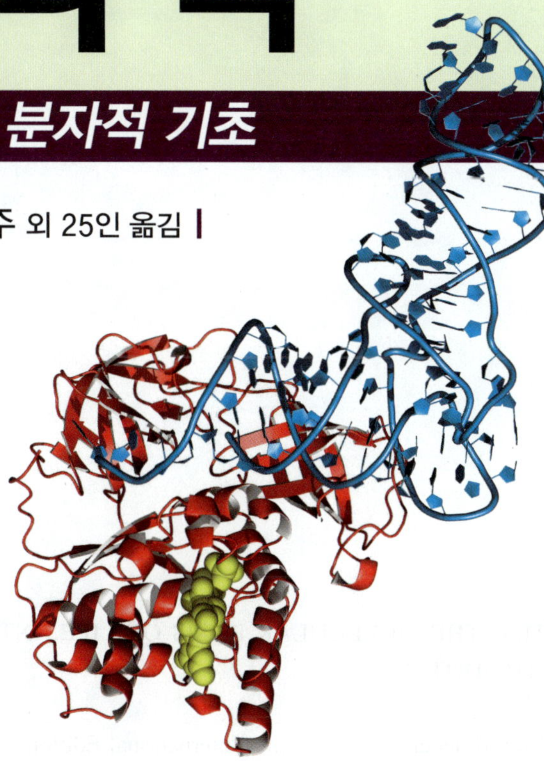

사이플러스
Science plus

BIOCHEMISTRY: THE MOLECULAR BASIS OF LIFE, INTERNATIONAL EDITION, SIXTH EDITION

옮긴이 머리말

Preface

이 책은 Trudy McKee와 James R. McKee의 *Biochemistry: The molecular basis of life* 제6판을 번역한 것이다. 이 책의 전판들은 이미 우리말로 번역되어서 많은 호응을 받았다. 이번 판의 번역에 도움을 받은 전판 번역진께 감사를 드린다. 그리고 이번 제6판의 번역에 참여해주신 많은 교수님들께도 감사드린다.

생화학은 생명 과정의 화학에 관한 학문이다. 그동안 많은 과학자들의 수고와 노력에 힘입어서 생화학적 수준에서 생명체의 구조와 기능에 대한 신비들이 해결되고 있는 시대에 도달하였다. 신비의 해결이 새로운 의문과 신비를 낳기도 하지만 생화학의 방대한 지식은 많은 생명과학 분야에서 응용되고 있다. 생화학은 생물학과 화학은 물론 의학, 치의학, 수의학, 농학, 법의학, 인류학, 환경과학의 기초를 제공하는 중심 학문으로 위치를 차지하고 있다.

최근의 생화학 교과서들은 1,000페이지 이상의 거대한 부피로 증가하거나 반대로 너무 간단하여서 눈부시게 발전하고 있는 생화학 분야의 전반적인 내용을 이해하기가 어려워지고 있다. 이러한 현실을 반영하여 한 학기나 두 학기에 걸쳐서 생화학의 기본 원리와 응용을 가르치고 배우기에 적절한 분량으로 저술한 교과서의 필요성이 커지고 있다. 이런 필요성에 McKee의 생화학은 좋은 해법이 되고 있다. 이 책은 기본 원리에서부터 생화학의 모든 분야를 다루고 있고 이해가 쉬운 명료한 그림을 많이 넣어서 이해를 돕고 있으며 최근의 생화학 실험법이나 응용 분야까지도 다루고 있다. 지은이들이 머리말에서 밝혔듯이 이 책은 생명과학이나 화학을 전공하는 학생들 모두를 위하여 만들어졌으며 영양학, 농학, 생물공학, 보건학, 의학, 약학 등의 다른 분야를 전공하려는 학생들에게도 큰 도움을 줄 수 있을 것이다.

번역을 진행하면서 아직 통일되지 않은 학술용어를 우리말로 옮기는 일은 가장 큰 어려움이었다. 이번 판에 사용된 생화학 술어들은 대한화학회의 화학술어집을 기준으로 하였고, 한국생물과학협회의 생물학 용어집과 다른 생화학 교과서들을 참조하였다. 책 전체에 걸쳐서 용어를 통일하고 쉽게 읽히도록 노력하였지만 부족한 부분이 남아 있다면 옮긴이들의 힘이 미치지 못함과 용어 통일의 어려움으로 이해하여 주시기 바란다.

이 책을 출판할 수 있도록 승낙해준 Oxford 출판사, 책을 출판해 준 ㈜사이플러스의 박종성 대표님과 편집부 여러분께도 감사를 드린다. 이 책이 생화학을 공부하려는 많은 학생들에게 생화학의 흥미로운 세계를 이해하는 데 많은 도움이 되기를 바란다.

2019년 1월 일
옮긴이 대표 고문주 적음

지은이 머리말

Preface

'생화학: 생명의 분자적 기초(Biochemistry: The Molecular Basis of Life) 6판'과의 만남을 환영한다. 지금까지 최신 생화학 연구 결과를 반영하기 위하여 책을 개정하고 업데이트해 왔지만 처음의 사명감은 그대로 유지하였다. 우리는 여전히 생명과학 교육의 초석은 생화학 기본 원리의 이해라고 믿고 있다. 생화학 개념들을 익힌 학생들은 이후 자신이 선택할 분야의 복잡한 문제들도 해결할 능력을 갖추게 될 것이다. 거기에 도달하기 위해서 우리는 생물체 안의 생화학 체계, 구조와 반응들을 총망라하여 다루려고 하였다. 우리는 화학, 생물학 그리고 의학과 인간 건강에 대한 응용 사이에 균형을 이루고자 노력하였다.

구성과 접근

화학 원리와 생물학 원리 사이의 균형. 전판들과 마찬가지로 6판도 생명 과학을 전공하는 학생과 화학을 전공하는 학생 모두를 위하여 설계되었다. 우리는 생물학적 맥락 안에서 생화학 원리, 구조와 반응을 총망라하여 제시하였다.

기본 원리의 복습. 학생들의 화학과 생물학 배경 지식에 대해서는 거의 고려하지 않았다. 모든 학생들이 생화학을 공부할 준비가 충분히 되도록 처음 네 개의 장에서는 유기 작용기, 비공유 결합, 열역학, 세포 구조 같은 주제의 원리들을 소개하였다. 이 장들은 수업 시간에 다룰 수도 있고 자습을 위한 과제로 부여할 수도 있을 것이다.

몇몇 주제들을 앞의 장들에서 도입하고 그 다음에 책 전반에 걸쳐서 다루었다. 그 예로 막을 가로지르는 삼투 균형을 변화시키며 대사 과정에 의하여 촉발되는 세포 부피 변화, 단백질 같은 생중합체가 초분자 구조로 자기 조립되는 현상, 분자 기계의 성질과 기능 등을 들 수 있다. 이번 6판에서는 세포가 단백질을 보호하는 수단인 단백질 항상성(proteostasis)을 다룬다. 또 다른 중요한 개념들에는 생체 분자의 구조와 기능 사이의 관계, 생물 과정의 역동적이고 부단한 자기 조절 성질 등이 있다. 또한 생화학자가 분자 수준에서 생명 현상을 연구하는 데 사용하는 주요한 물리 · 화학적 기술도 소개하였다.

실제 세계와의 관련성. 다양한 배경을 가지고 다양한 직업을 추구하는 학생들이 생화학을 배우기 때문에 6판에서도 지속적으로 생화학 원리와 의학, 영양학, 농학, 생물공학과 법의학 등 분야 사이의 깊은 연관성을 보여주려고 하였다. '생화학 전망(Biochemistry in Perspective)'의 읽을거리에서는 본문과 연관된 수많은 보기들을 제시하여 학생들이 생화학과 자신들이 선택한 분야 사이의 연관성을 깨닫게 하였다.

문제 해결 능력 향상 프로그램. 분석적 사고력은 과학 연구의 핵심이며, 생화학 원리의 숙달에는 꾸준하고 지속적으로 광범위한 문제를 다루어 보는 것이 필요하다. 6판에서도 지속적으로 학생들에게 완전한 문제 풀이 방법을 제시하였다. 이런 것에는 정량적 문제의 풀이 방법을 보여주는 본문 안의 예제가 포함되며, 새로운 개념이나 흥미로운 주제를 도입하였을 때 제시하는 수많은 실전 문제도 포함된다. 또 각 장의 뒤에는 많은 연습 문제들이 있다. 연습 문제는 복습 문제와 종합 문제를 포함하여 학생들이 스스로 자신의 실력을 알아볼 수 있게 하였다.

간단하고 명료한 그림. 생화학 개념을 이해하기 위해서는 흔히 고해상도의 시각 자료를 필요하다. 우리는 복잡한 생명 과정을 나타내는 훌륭한 그림들을 만들어 제시하였다. 삼차원의 더 생생한 표현, 척도의 일치, 화학 구조의 색 구분을 위하여 많은 부분을 새로 수정하였다.

참신성. 6판은 최근 이 분야의 발전을 제시하기 위하여 업데이트되었지만 여전히 생화학 수업의 초석이 되는 '큰 그림(big-picture)'에 초점을 맞추고 있다. 이런 변화도 역시 생물학적 맥락 안에서의 화학을 균형 잡히게 총망라하여 다룬다는 목적을 반영하고 있다. 새로워진 내용을 자세히 소개하면 다음과 같다.

이 판의 새로운 점

생명 과학의 빠른 발전과 모든 생화학 교과서 중 최고 품질의 교육 시스템을 제공하려는 약속의 결과로서 우리는 6판을 다음과 같이 보강하였다.

- **새롭고 업데이트된 응용.** 6판에 추가한 '생화학 전망' 읽을거리인 '인공 잎: 생물 모방 광합성'은 학생들의 관심을 끌 것이다. 또한 최근 연구를 반영하여 몇 개의 읽을거리를 업데이트하였다. 이런 것에는 '심근 경색증: 심허혈 및 재관류', '죽상 경화증', '당뇨병'과 'HIV 감염'이 포함된다.
- **문제 풀이 프로그램 확장.** 6판에서는 장 뒤의 문제들이 추가되었다. 추가된 문제들은 기초 문제부터 더 도전적인 종합 문제까지 난이도가 다양하다.
- **새로운 그림.** 6판에는 학생들이 생화학 과정에 관한 더 강력한 시각적 효과를 얻는 데 도움이 되도록 더 뛰어나고 확장된 그림 프로그램을 도입하였다. 생생하고, 명확하고, 일관된 표현을 나타내도록 많은 그림들을 색과 삼차원으로 보강하였다.
- **중요한 주제.** 우리는 4판에서 도입한 거대 분자 밀집과 시스템생물학 주제를 유지하고 보강하였으며 단백질 항상성(proteostasis) 같은 새로운 주제를 도입하였다.
- 세포 안의 많은 단백질과 다른 분자가 밀집하여 쌓이는 거대 분자 밀집은 광범위한 생물 과정에 엄청난 효과를 나타낸다. 거대 분자 밀집의 개념은 학생들에게 세포 구조와 기능을 실질적으로 이해하는 데 도움을 줄 것이다.
- 비교적 새로운 분야인 시스템생물학은 공학 원리에 기반을 둔 생화학 과정의 접근법이다. 시스템생물학은 생명과학자가 현재 이용할 수 있는 막대한 정보에 힘입어 생체 분자들 사이의 복잡한 상호 작용을 컴퓨터를 이용하여 연구하는 새로운 분야이다. 이 시스템생물학의 원리를 통해 학생들은 세포 내에서 생체 분자들이 일으키는 반응의 기본 유형 대한 새로운 개념을 터득하게 될 것이다.
  - 우리는 세포에서 단백질체의 접힘을 조절하는 다양한 메커니즘인 단백질 항상성을 새로 다룬다. 이것은 유전자 발현과 신호 경로 같은 세포 과정들에 중요한 효과를 나타낸다. 이것은 단백질 응집의 독성 효과를 방지한다.
  - **반응 메커니즘에 대한 관심.** 촉매 반응의 메커니즘은 학생들에게 생화학 반응이 일어나는 방법과 과정에 대한 이해를 제공한다. 예를 들면, 루비스코와 프롤린 잔기 하이드록실화 메커니즘을 들 수 있다. 이 책에서 우리는 효소의 촉매 메커니즘에서 아미노산 곁사슬의 역할 그리고 핵산 중합 효소와 리보솜의 촉매 작용에 의한 펩타이드 결합 형성의 메커니즘에 대하여 설명하였다. 역시 여기에서도 우리는 이 책이 갖는 화학과 생물학 사이의 독특한 균형을 강조하려고 하였다.

- **각 장의 주제.** 다음은 6판에서 새로 도입된 몇몇 주제들에 관한 목록이다.
  - **제1장**에는 시스템생물학에 관하여 보강한 절을 포함하였다. 학생들의 생화학 원리에 대한 이해를 돕기 위하여 그물망(network), 모듈(module)과 모티프(motif) 같은 용어에 대하여 설명하였다.
  - **제2장**에는 기본 주제에 관한 절이 보강되었다. 신호 전달에 관한 절은 신호 전달에서 칼슘 이온의 역할에 대한 개관과 신호 전달, 대사와 유전자 발현 사이의 관계를 포함하고 있다. 새로운 기본 주제인 단백질 항상성은 세포가 단백질의 총체성을 보호하는 데 이용하는 전략을 소개해 준다. 진핵 세포의 내부 막계에 대한 보강된 논의는 신호 전달, 단백질 가공과 유전자 표현 같은 생화학 기능과 세포 구조 사이의 관계에 대한 이해를 넓혀 줄 것이다. 미토콘드리아에 대한 보강된 절에서는 세포의 신호 전달과 인지질 합성에 대한 ER-미토콘드리아 상호작용에 대하여 설명하였다. '생화학 전망' 읽을거리는 살아 있는 세포의 영상에 대하여도 설명하였다.
  - **제5장**에서 구조화되지 않은 단백질에 관한 절은 구조화되지 않은 구역을 가진, 주요한 암 억제인자 단백질인 p53을 포함하도록 확장되었다. 단백질 항상성에서 중심 역할을 하는 분자 샤페론에 대한 논의가 보강되고 업데이트되었다. 헤모글로빈 다른 자리 입체성은 명확하게 설명되도록 보강되었다. '생화학 실험'은 재조합 단백질의 정제를 위한 친화 크로마토그래피 및 톱-다운 질량 분석법과 NMR 분광법을 포함하도록 보강되었다.
  - **제6장**의 전이 상태 안정화에 대한 논의가 삼탄당 인산 이성질화 효소를 예로 들어서 보강되었다.
  - **제8장**의 해당 과정 조절에 대한 절이 글루코스 유도 유전자 발현에 대한 설명을 포함하도록 보강되었다.
  - **제10장**의 '생화학 전망'의 읽을거리는 혈액 응고로 유도된 불충분한 혈류에 의하여 손상된 심장 세포에 산소의 재도입에 대한 생화학적 결과를 설명하도록 보강되고 업데이트되었다.
  - **제11장**에서는 원형질 막 단백질 CFTR에 대한 설명을 낭포성 섬유증 환자에서 수용체의 접힘과/또는 기능을 향상시키는 분자의 임상적 이용까지 포함하도록 업데이트하였다.
  - **제12장**의 지방 세포의 지질 분해를 다루는 절은 페릴리핀 A(perilipin A)와 몇몇 효소의 역할에 대한 최근의 발견을 반영하도록 보강하였다. '생화학 전망'의 죽상경화증에 대한 읽을거리는 내피 세포의 AGE 형성의 결과까지 포함하고 있다.
  - **제13장**의 '생화학 전망'의 '인공 잎'을 새로 도입하였으며 연료 합성을 위하여 천연 광합성을 모방하려는 연구자들의 시도를 설명하였다.
  - **제14장**의 질소 고정에 대한 설명은 최근 발견을 반영하도록 보강되었다. 아미노기 전달 반응 메커니즘의 그림이 더 명확하도록 변형되었다.
  - **제15장**의 유비퀴논 단백질 분해 효소 복합계를 더 명확하게 설명하였다.
  - **제16장**의 세포 표면 수용체의 기능에 대한 절을 보강하고 확장하였다. 당뇨병에 대한 '생화학 전망' 읽을거리를 업데이트하였다.
  - **제17장**의 히스톤과 염색질 구조에 대한 절을 더 명확하게 설명하고 최근의 연구 결과를 반영하도록 보강하였다. 인간 유전체의 비암호화 DNA에 대한 설명을 업

데이트하였다. 핵산 연구 방법에 대한 '생화학 실험'의 읽을거리는 일루미나(Illumina)와 이온 흐름(ion torrent) 서열 결정법에 대한 내용이 추가되었다. ncRNA에 대한 설명이 보강되었다. '생화학 전망'의 HIV 감염이 업데이트되었다.

- **제18장**의 유전체 연구 방법에 대한 '생화학 실험'에서 ENCODE(DNA 요소 백과사전)를 도입하여 유전체 사업을 업데이트하였다. 진핵 생물의 RNA 중합 효소 II에 관한 설명은 핵의 전사 공장까지 포함하고 있다. 진핵 생물의 전사와 전사 후 가공을 다루는 절을 최근의 발견을 반영하도록 보강하고 확장하였다.
- **제19장**에서 새로운 절이 추가되어서 단백질의 합성부터 접힘, 수송과 분해(손상되거나 쓸모가 없을 때)에 이르는 단백질 총체성의 보호인 단백질 항상성 그물망을 설명하고 있다. 여기에는 열 충격 반응과 몇 가지 인간 질병에서 단백질 항상성 그물망의 역할에 대한 간단한 설명도 포함된다.

교육 자료

개정판에 맞추어서 추가적 자료들을 준비하였다. 이 자료들은 학생들이 주제를 완전히 이해하는 데 도움이 되며, 교육자들에게도 도움이 될 것이다. 교육자들은 온라인 자료 센터(www.oxfordtextbooks.co.uk/orc/mckee6e)를 통해 강의노트, 파워포인트 슬라이드, 문제 은행에 접근할 수 있다. 학생과 교육자 모두 6판의 웹 사이트(www.oup.com/mckee-xse)에 접속하여 웹 퀴즈를 보거나 분자의 3-D 그림을 볼 수 있다.

학생용 메뉴얼

학생 문제 풀이 매뉴얼(student solutions manual). 저자들이 직접 쓴 이 매뉴얼에는 모든 문제에 대한 풀이가 들어 있다. 각 풀이는 정확성을 위하여 진문가들에 의하여 독자적으로 검토되었다.

감사의 말씀

6판 개정판의 본문과 보충 자료들을 꼼꼼하게 검토하여 주신 분들이 수고에 감사의 말씀을 드린다.

Erika L. Abel—Baylor University
Josephine Arogyasami—Southern Virginia University
Curt Ashendel—Purdue University
Sandra L. Barnes—Alcorn State University
Ruth Birch—Saint Louis University
Karl Bishop—Husson University
Albert Bobst—University of Cincinnati
Michael G. Borland—University of Cincinnati
John Brewer—University of Georgia
Weiguo Cao—Clemson University
Srikripa Chandrasekaran—Clemson University
Sulekha R. Coticone—Florida Gulf Coast University
Matthew R. Dintzner—Western New England University
Eric R. Gauthier—Laurentian University (Canada)
Joseph Hajdu—California State University, Northridge
Marlin Halim—California State University, East Bay
Angela Hoffman—University of Portland
Jeffrey Hoyt—Paradise Valley Community College
Christine A. Hrycyna—Purdue University
Holly Huffman—Arizona State University
Sajith Jayasinghe—California State University, San Marcos
Christa R. Koval—Colorado Christian University
Allison Lamanna—Boston University
Kristi L. McQuade—Bradley University
Kyle Murphy—Rutgers University
Michael Nosek—Fitchburg State University
Peter Oelkers—University of Michigan - Dearborn
Peter M. Palenchar—Villanova University
Dominic F. Qualley—Berry College
Niina J. Ronkainen—Benedictine University
Abbey Rosen—University of Minnesota, Morris
Vijay Singh—University of North Texas
Madhavan Soundararajan—University of Nebraska
Blair R. Szymczyna—Western Michigan University
Timothy Vail—Northern Arizona University
Terry Watt—Xavier University of Louisiana
Rosemary Whelan—University of New Haven
Ryan D. Wynne—St. Thomas Aquinas College

이 책의 이전 판들을 검토해주신 분들에게도 감사의 말씀을 드린다.

Gul Afshan—Milwaukee School of Engineering
Kevin Ahern—Oregon State University
Mark Annstron—Blackburn College
Donald R. Babin—Creighton University
Stephanie Baker—Erksine College
Bruce Banks—University of North Carolina at Greensboro
Thurston Banks—Tennessee Technological University
Ronald Bartzatt—University of Nebraska, Omaha
Deborah Bebout—The College of William and Mary
Werner Bergen—Auburn University
Steven Berry—University of Minnesota, Duluth
Allan Bieber—Arizona State University
Ruth E. Birch—Saint Louis University
Brenda Braaten—Framingham State College
John Brewer—University of Georgia
Martin Brock—Eastern Kentucky University
David W. Brown—Florida Gulf Coast University
Edward J. Carroll Jr. —California State University, Northridge
Jiann-Shin Chen—Virginia Tech
Alice Cheung—University of Massachusetts, Amherst
Oscar P. Chilson—Washington University
Randolph A. Coleman—The College of William and Mary
Sean Coleman—University of the Ozarks
Kim K. Colvert—Ferris State University
Sulekha Coticone—Florida Gulf Coast University
Elizabeth Critser—Columbia College
Michael Cusanovich—University of Arizona
Anjuli Datta—Pennsylvania State University
Bansidhar Datta—Kent State University
Danny J. Davis—University of Arkansas
Patricia DePra—Carlow University
Siegfried Detke—University of North Dakota
William Deutschman—State University of New York, Plattsburgh
Robert P. Dixon—Southern Illinois University - Edwardsville
Patricia Draves—University of Central Arkansas
Lawrence K. Duffy—University of Alaska, Fairbanks
Charles Englund—Bethany College
Paula L. Fischhaber—California State University, Northridge
Nick Flynn—Angelo State University
Clarence Fouche—Virginia Intermont College
Thomas Frielle—Shippensberg University
Matthew Gage—Northern Arizona University
Paul J. Gasser—Marquette University
Eric R. Gauthier—Laurentian College

Frederick S. Gimble—Purdue University
Mark Gomelsky—University of Wyoming
George R. Green—Mercer University
Gregory Grove—Pennsylvania State University
James Hawker—Florida State University
Terry Helser—State University of New York, Oneonta
Kristin Hendrickson—Arizona State University
Tamara Hendrickson—Wayne State University
Pui Shing Ho—Oregon State University
Charles Hosler—University of Wisconsin
Andrew J. Howard—Illinois Institute of Technology
Christine A. Hrycyna—Purdue University
Holly Huffman—Arizona State University
Larry L. Jackson—Montana State University
John R. Jefferson—Luther College
Craig R. Johnson—Carlow University
Gail Jones—Texas Christian University
Ivan Kaiser—University of Wyoming
Michael Kalafatis—Cleveland State University
Peter Kennelly—Virginia Tech University
Barry Kitto—University of Texas, Austin
Paul Kline—Middle Tennessee State University
James Knopp—North Carolina State University
Vijaya L. Korlipara—Saint John's University
Hugh Lawford—University of Toronto
C. Martin Lawrence—Montana State University
Carol Leslie—Union University
Duane LeTourneau—University of Idaho
Robley J. Light—Florida State University
Rich Lomneth—University of Nebraska at Omaha
Maria O. Longas—Purdue University, Calumet
Cran Lucas—Louisiana State University – Shreveport
Jerome Maas—Oakton Community College
Arnulfo Mar—University of Texas – Brownsville
Larry D. Martin—Morningside College
Carrie May—University of New Hampshire
Dougals D. McAbee—California State University, Long Beach
Martha McBride—Norwich University
Gary Means—Ohio State University
Alexander Melkozernov—Arizona State University
Joyce Miller—University of Wisconsin – Platteville
Robin Miskimins—University of South Dakota
David Moffet—Loyola Marymount University
Rakesh Mogul—California Polytechnic State University
Joyce Mohberg—Governors State University
Jamil Momand—California State University, Los Angeles
Bruce Morimoto—Purdue University
Alan Myers—Iowa State University
George Nemecz—Campbell University
Harvey Nikkei—Grand Valley State University
Treva Palmer—Jersey City State College
Ann Paterson—Williams Baptist College
Scott Pattison—Ball State University
Allen T. Phillips—Pennsylvania State University
Jerry L. Phillips—University of Colorado at Colorado Springs
Jennifer Powers—Kennesaw State University
Ramin Radfar—Wofford College
Rachel Roberts—Texas State University – San Marcos
Gordon Rule—Carnegie Mellon University
Tom Rutledge—Ursinus College
Ben Sandler—Ashford University
Richard Saylor—Shelton State Community College
Michael G. Sehorn—Clemson University
Steve Seibold—Michigan State University
Edward Senkbeil—Salisbury State University
Ralph Shaw—Southeastern Louisiana University
Andrew Shiemke—West Virginia University
Aaron Sholders—Colorado State University
Kevin R. Siebenlist—Marquette University
Ram P. Singhal—Wichita State University
Deana J. Small—University of New England
Maxim Sokolov—West Virginia University
Madhavan Soundararajan—University of Nebraska at Lincoln
Salvatore Sparace—Clemson University
David Speckhard—Loras College
Narasimha Sreerama—Colorado State University
Ralph Stephani—St. John's University
Dan M. Sullivan—University of Nebraska, Omaha
William Sweeney—Hunter College
Christine Tachibana—Pennsylvania State University
John M. Tomich—Kansas State University
Anthony Toste—Southwest Missouri State University
Toni Trumbo-Bell—Bloomsburg University of Pennsylvania
Craig Tuerk—Morehead State University
Sandra L. Turchi-Dooley—Millersville University
Shashi Unnithan—Front Range Community College
Harry van Keulan—Cleveland State University
Ales Vancura—Saint John's University
William Voige—James Madison University
Alexandre G. Volkov—Oakwood College
Justine Walhout—Rockford College
Linette M. Watkins—Southwest Texas State University
Athena Webster—California State University, East Bay
Lisa Wen—Western Illinois University
Kenneth O. Willeford—Mississippi State University
Alfred Winer—University of Kentucky

Beulah Woodfin—University of New Mexico
Kenneth Wunch—Tulane University
Les Wynston—California State University, Long Beach
Wu Xu—University of Louisiana at Lafayette
Laura S. Zapanta—University of Pittsburgh

책임 편집자인 Jason Noe, 개발 편집자인 Lauren Mine, 보조 편집자인 Andrew Heaton, 판매 담당자인 David Jurman, 판매 책임자인 Frank Mortimer, 편집 책임자인 Patrick Lynch, 그리고 출판사의 사장과 부사장에게도 감사의 말씀을 드린다. 옥스퍼드대학출판부 출판팀의 뛰어난 능력에도 감사를 드린다. 특히 상급출판편집자인 David Bradley, 출판담당자인 Lisa Grzan, 미술감독인 Michele Laseau에게 특별히 감사를 드린다. 또한 지속적으로 이 계획을 추진하고 본문의 정확성에 노력을 기울인 Susan Brown에게 특별한 감사를 드린다.

이 책을 쓸 수 있도록 도와주고 용기를 준 Ira Cantor, Jean Cantor와 Josephine Rabinowitz에게도 감사를 드린다. 마지막으로 오랫동안 참고 기다려준 우리 아들 James Adrin McKee에게 고맙다는 말을 전한다.

Trudy McKee
James R. McKee

지은이 소개

Trudy McKee는 Thomas Jefferson University, Rosemont College, Immaculata College와 University of the Sciences에서 생화학을 가르친 생화학자이다.

James R. McKee는 University of the Sciences의 화학 교수이다.

차례
Contents

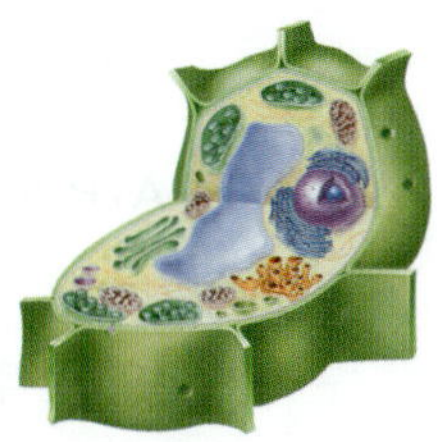

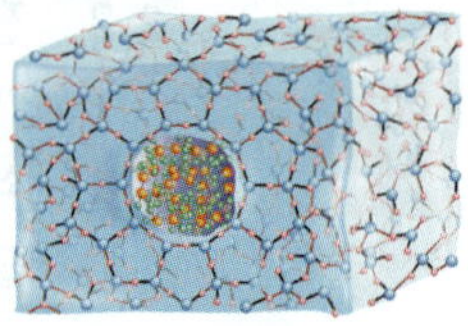

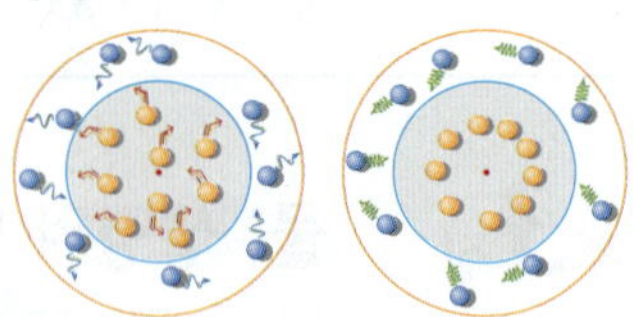

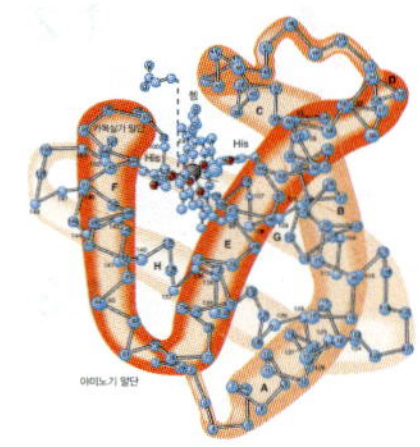

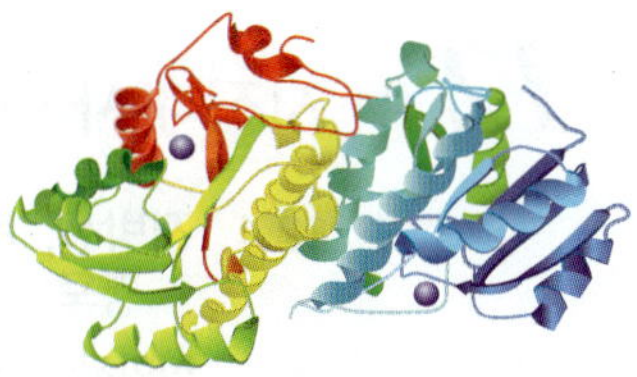

제 7 장 탄수화물 *Carbohydrates* • *244*

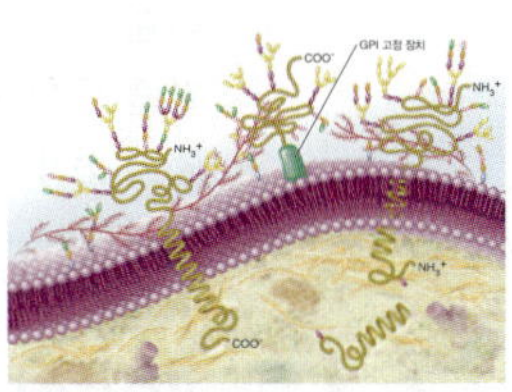

제 8 장 탄수화물 대사 • *276*

Carbohydrate Metabolism

제 9 장 호기성 대사 I: 시트르산 회로 • *321*

Aerobic Metabolism I: The Citric Acid Cycle

제 10 장 호기성 대사 II: 전자 전달과 산화적 인산화 • 350

Aerobic Metabolism II: Electron Transport and Oxidative Phosphorylation

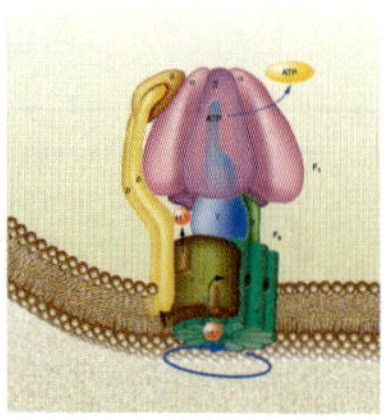

제 11 장 지질과 막 *Lipids and Membranes* • 384

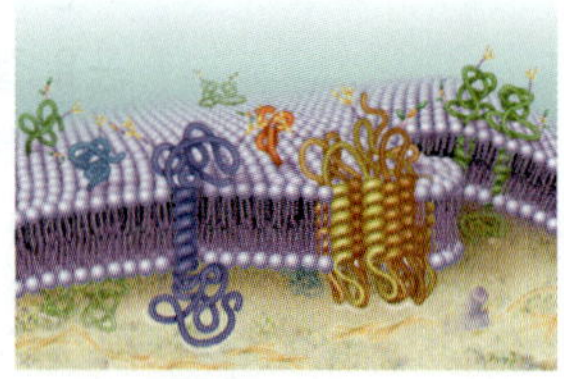

제 12 장 지질대사 *Lipid Metabolism* • 425

제 13 장 광합성 *Photosynthesis* • 477

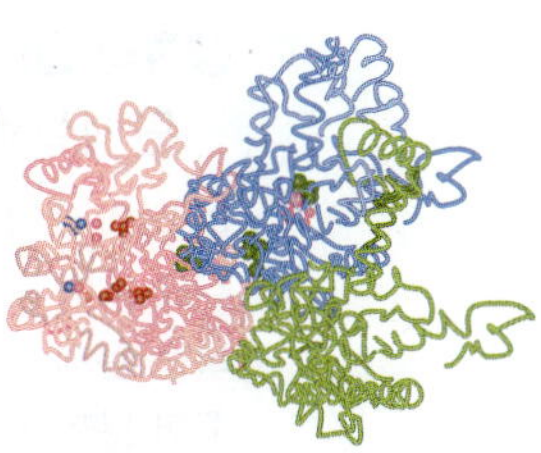

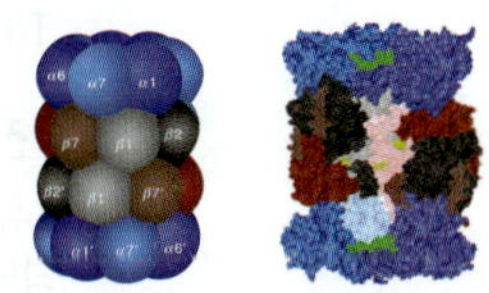

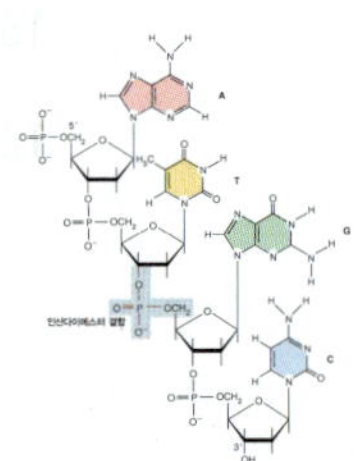

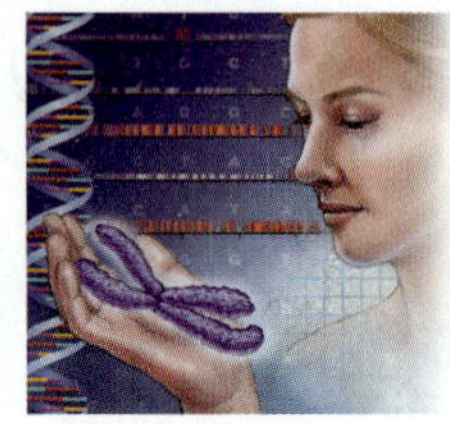

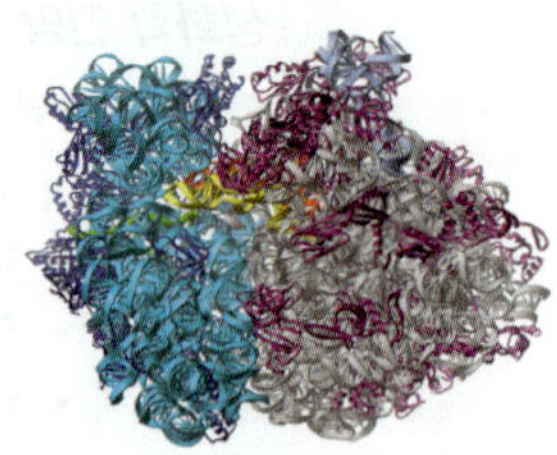

제 1 장

생화학: 서론

Biochemistry: An Introduction

이 장의 차례

Outline

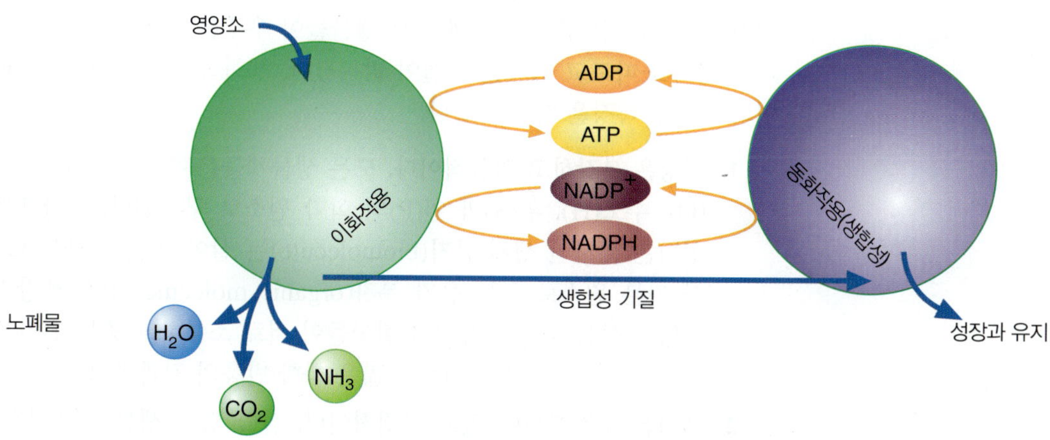

개관 Overview

19세기 말부터 발전하기 시작한 생화학은 생명 현상의 연구에 필요한 놀라운 지식과 함께 첨단의 실험 기자재를 제공하고 있다. 21세기 초 우리는 과거에 상상할 수조차 없었던 놀라운 첨단 생명공학의 시대에 살고 있다. 엄청난 양의 정보들이 의학, 농학, 법의학과 같은 다양한 생명과학 분야로부터 쏟아져 나오고 있다. 이들을 이해하기 위해서는 생화학 원리에 대한 지식의 습득이 필요하며 이 장에서 생화학 원리에 대한 총체적 개념을 배우게 될 것이다. 그리고 다음 장에서는 생체 분자들의 구조와 기능 그리고 생명 현상의 유지에 필요한 주요한 생화학 반응 등을 중심으로 배우게 될 것이다.

이 책은 생화학에 대한 기초 이론을 소개하기 위해 마련된 것이다. 이 장에서는 생명을 이루는 주요 요소들과 생명 현상의 유지에 필요한 주요 과정들에 대하여 개략적으로 소개한다. 살아 있는 상태의 본질에 대한 간단한 설명 후에 주요한 생체 분자의 구조와 기능을 소개할 것이다. 아울러 현대 실험 생화학의 개념을 비롯하여 생명을 단순 화학 반응이나 구성 요소의 집합체로 이해하려는 시도가 아니라 생명을 통합적 체제로 이해하려는 *시스템생물학*(systems biology)에 대하여도 소개하고자 한다.

1.1 생명이란 무엇인가?

생명이란 무엇인가? 수세기 동안에 걸친 생명과학자들의 연구에도 불구하고 이 단순한 질문에 대한 대답은 아직도 명료하지 않다. 생물계가 다양하고 생물과 무생물 사이의 공통 특성이 많아 생명 현상의 특성을 정확히 이해하고 설명하기란 쉬운 일이 아니다. 생명 현상의 특성을 설명하기가 난해하긴 하지만, 생식, 운동, 적응, 외부 자극에 대한 반응 등을 생명의 주요 특성으로 설명한다. 최근 첨단 실험 생화학의 방법을 이용한 연구를 통해 모든 생물들이 우주를 지배하는 동일한 화학적 · 물리적 법칙을 따르고 있다는 사실이 밝혀졌다. 생화학자들의 연구로부터 밝혀진 생명의 중요한 특징은 다음과 같다.

1. **생명은 복잡하고 역동적이다.** 모든 생물체들은 주로 탄소(C), 질소(N), 산소(O), 수소(H), 황(S)과 인(P)의 화학 원소로 구성된다. 생물체들에 의해 합성되는 분자인 **생체 분자**(biomolecule)는 살아 있는 생물이 합성하는 탄소를 기본 원소로 하는 유기 분자(organic molecule)이다. 생장과 발생 같은 생명 현상은 다양한 유기 화합물들이 서로 소통하고 충돌하거나 재배열되어 새로운 분자를 만들어내는 수많은 화학 반응의 결과물이다.
2. **생명은 조직화되어 있고 자립적이다.** 살아 있는 생물은 체계적으로 조직화된 계이다. 즉, 가장 작은 원자로부터 가장 큰 생물체로 조직화되는 유형으로 구성된다(**그림 1.1**). 생물계에서 생물을 이루는 각 구성 단계의 기능은 그 단계를 이루는 하위 단계의 구조적 특성과 화학적 특성에 의해 결정된다. 생체 분자는 원자로 구성되고 원자는 아원자 입자(subatomic particle)로부터 형성된다. 그리고 어떤 생체 분자들은 서로 연결되어 **거대 분자**(macromolecule)라고 하는 중합체(polymer)를 형성한다. 예를 들어 뉴클레오타이드로부터 형성되는 DNA와 RNA, 아미노산으로부터 형성되는 단백질, 그리고 글루코스로부터 형성되는 다당류 등이 있다. 세포는 더욱 복잡한 초분자 구조(supermolecular structure)를 형성하는 다양한 생체 분자와 고분자로

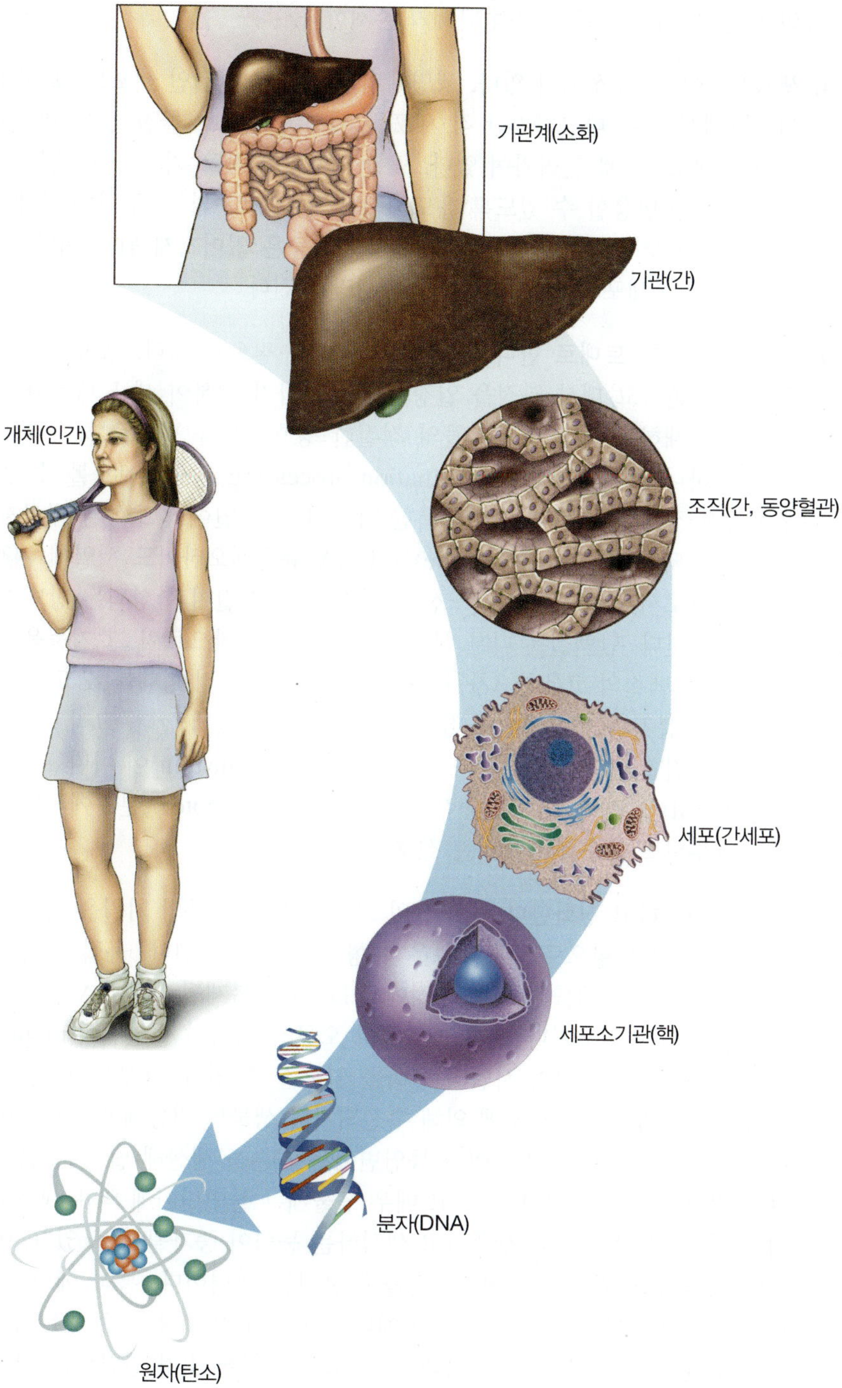

그림 1.1

다세포생물의 단계적 구성 체계: 인간.

다세포생물은 기관계, 기관, 조직, 세포, 세포소기관, 분자 및 원자 등의 단계로 구성되어 있다. 여기에서는 소화계와 그 구성 기관인 간을 예시하였다. 간은 여러 가지 소화 기능을 담당하는 다기능 기관이다. 예를 들어 지방의 소화를 촉진하는 담즙을 생산하고 소장에서 흡수한 음식물 분자들을 가공하여 신체의 다른 부분으로 분배한다. 세포에서 발견되는 분자인 DNA는 세포의 기능을 제어하는 유전 정보를 갖고 있다.

구성된다. 분자 수준에서 보면 생명체를 살아 있는 상태로 유지하기 위하여 수백 종류의 생화학 반응이 일어나고 있으며, 이 생화학 반응은 생체 촉매인 효소(enzyme)에 의해 촉진되며 이 반응들은 경로로 조직화된다. 특정 분자가 최종 산물로 변환되는 일련의 화학 반응을 *생화학 반응 경로*(biochemical pathway)라고 한다. 그리고 생체 내에서 일어나는 이런 모든 반응 과정을 통틀어서 **대사**(metabolism)라고 한다. 생물체의 내부와 외부의 환경이 변화함에도 불구하고 안정된 대사 과정을 유지하고 조절하는 생물의 능력을 **항상성**(homeostasis)이라 한다. 다세포생물의 경우에는 조직, 기관, 기관계와 같은 또 다른 수준의 구성 단계가 존재한다.

3. **생명은 세포로 구성되어 있다.** 생명체의 기본 구성단위인 세포는 그 구조와 기능면에서 아주 다양하지만 각 세포는 세포 안팎으로 물질들의 출입을 통제하는 세포막으로 둘러싸여 있다. 또한 세포막은 세포 외 환경에 대하여 세포가 적절히 반응할 수 있도록 유도해준다. 만약 세포가 그 구성물 각각으로 해체된다면 생명을 유지하는 세포로서의 기능은 없어지게 될 것이다. 세포는 살아 있는 세포의 세포 분열에 의해서만 생긴다.

4. **생명은 정보를 토대로 한다.** 조직화는 정보를 필요로 한다. 생물이 온전한 구조를 보존하고 대사 과정을 일정하게 유지하기 위하여 세포 내부나 세포 사이에 존재하는 수많은 분자들의 적절한 상호작용을 필요로 하기 때문에 생물을 하나의 정보처리계(information-processing system)로 볼 수 있다. 생물학적 정보는 생체 분자의 독특한 삼차원 구조 안에 암호화된 메시지 형태로 간직되어 있다. **유전자**(gene)는 DNA 뉴클레오타이드 서열에 저장된 유전 정보로서 단백질의 아미노산 서열과 그 단백질이 합성되는 방법과 시기를 지정한다. 단백질은 다른 분자들과 상호 작용함으로써 그 기능을 나타낸다. 각 단백질의 고유한 3차원 구조는 정확한 상보적 형태를 갖고 있는 특정 유형의 분자와 특이적으로 결합하고 작용할 수 있게 한다. 그리고 정보는 분자간의 결합을 통해 전달된다. 예를 들어 인슐린(insulin)이 어떤 표적세포(target cell) 표면에 있는 인슐린 수용체(insulin receptor) 분자에 결합하는 것은 글루코스 흡수를 유도하는 신호가 된다.

5. **생명은 적응하고 진화한다.** 지구상의 모든 생물은 공통의 기원을 가지고 있으며, 기존의 유형으로부터 새로운 유형이 생겨나게 된다. 군집 속의 어느 개체가 새로운 개체를 만드는 과정에서 DNA가 복제될 때 DNA 분자에 외압이 가해져 변형되거나 복제 과정에서 오류가 생기면 **돌연변이**(mutation)가 생기거나 DNA 염기 서열의 변화를 일으킬 수 있다. 대부분의 돌연변이는 침묵하고 있다. 즉 세포에 의해 수선되거나 생물의 기능에 아무런 영향을 주지 않을 수 있다. 그러나 어떤 돌연변이는 자손을 생산해 낼 수 없을 정도로 악영향을 주기도 한다. 그리고 매우 드물게는 돌연변이에 의해 새로운 환경에 적응하는 능력이나 생존하고 생식하는 능력이 증가될 수도 있다. 이 과정에서 중요한 원동력은 에너지원을 활용하는 능력이다. 특히 에너지원이 충분하지 않을 때 서식지에서 특정 에너지원을 더 잘 활용할 수 있는 형질을 갖고 있는 생물이 생존에 더 유리하다. 오랜 세월에 걸쳐 변화된 환경과 유전적 변이 사이의 상호작용에 의해 더 유리한 형질이 축적되고 결국 다른 형태의 생물이 등장하게 된다.

주요 개념 _Key Concepts

- 모든 생물은 화학적 · 물리적 법칙을 따른다.
- 생명은 복잡하고, 역동적이고, 조직화되어 있으며 자립적이다.
- 생명은 세포로 이루어져 있으며 정보를 토대로 한다.
- 생명은 적응하고 진화한다.

1.2 생체 분자

생물은 수천 가지의 무기 분자와 유기 분자들로 구성되어 있다. 무기 분자인 물은 무게로 계산하면 세포 함유물의 약 50~95%를 차지하며 Na^+, K^+, Mg^{2+}, Ca^{2+} 등의 이온들은 약 1% 정도를 차지한다. 생물체 내의 다른 모든 분자들은 거의 유기 분자로서 C, H, O, N, P, S의 6가지 원소로 구성되어 있으며, 미량의 금속과 비금속 원소를 포함하고 있다. 그리고 생물체에서 발견되는 원자들은 서로 전자를 공유하는 안정된 공유 결합을 통하여 단백질과 같은 중요한 분자들을 만들어낸다.

유기 분자들은 놀랄 만큼 구조가 복잡하고 다양한데, 이는 탄소 원자가 4개의 강한 단일 공유 결합을 할 수 있는 결합 능력에서 기인한다. 탄소 원자는 다른 탄소 원자 혹은 다른 원소의 원자와 공유 결합을 한다. 많은 탄소 원자들을 보유한 유기 분자는 긴 선형 구조, 가지달린 사슬 구조, 고리 구조 등을 갖는다.

유기 생체 분자의 작용기

대부분의 생체 분자들은 가장 간단한 유기 분자인 **탄화수소**(hydrocarbon)로부터 유래한다고 볼 수 있다. 탄화수소(**그림 1.2**)는 탄소(C)와 수소(H)를 포함한 분자로서 물에 용해되지 않기 때문에 **소수성**(hydrophobicity)을 나타낸다. 다른 모든 유기 분자들은 다른 원자나 원자단을 탄화수소의 탄소 골격에 결합시킴으로써 형성된다. 이와 같은 유도체 분자들의 화학적 성질은 원자들의 특별한 배치로 형성된 **작용기**(functional group)에 의해 결정된다(**표 1.1**). 예를 들어 수소 원자(H)를 하이드록시기(hydroxyl group, —OH)로 대치하면 알코올이 만들어진다. 즉, 천연 가스의 성분인 메테인(CH_4)이 공업용 용매로 주로 쓰이는 독성 메탄올(methanol)로 전환된다.

대부분의 생체 분자들은 하나 이상의 작용기를 갖고 있다. 예를 들어 많은 당 분자들은 여러 개의 하이드록시기와 알데하이드기(aldehyde group)를 가지고 있다. 단백질의 기본 구성 단위인 아미노산은 아미노기(amino group)와 카복실기(carboxyl group)를 갖고 있다. 작용기가 지니는 화학적 성질에 의해 그 작용기를 가지는 분자의 화학적 특성이 좌우된다.

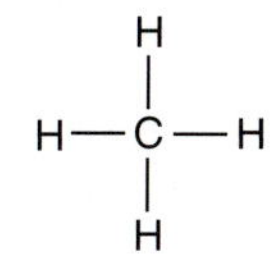

메테인

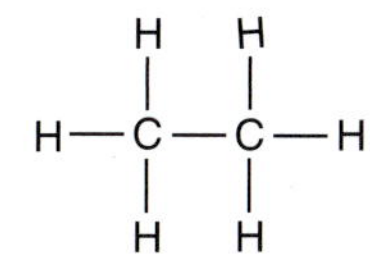

에테인

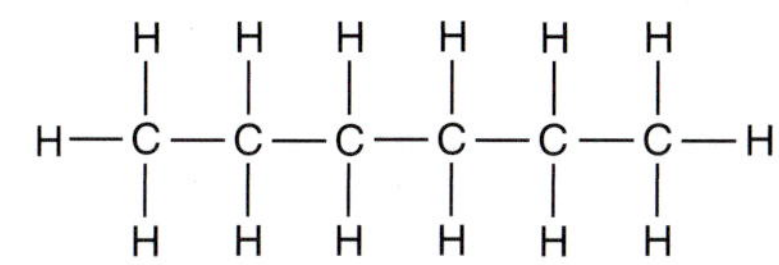

헥세인

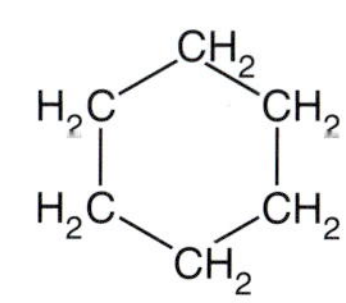

사이클로헥세인

그림 1.2 몇 가지 탄화수소의 구조식.

표 1.1 생체 분자의 중요한 작용기

화학물질	작용기 구조	작용기 이름	화학적 성질
알코올	R—OH	하이드록시	극성(수용성), 수소 결합을 형성
알데하이드	R—C(=O)—H	카보닐	극성, 약간의 당류에서 발견됨
케톤	R—C(=O)—R′	카보닐	극성, 약간의 당류에서 발견됨
산	R—C(=O)—OH	카복실	약산, 양성자를 내어 주고 음전하를 띰
아민	R—NH_2	아미노	약염기, 양성자를 받아들여 양전하를 띰
아마이드	R—C(=O)—NH_2	아미도	극성이지만 전하를 띠지 않음
싸이올	R—SH	싸이올	쉽게 산화됨, —S—S—(이황화물) 결합을 쉽게 형성함
에스터	R—C(=O)—O—R′	에스터	지방 분자에서 발견됨
알켄	RCH═CHR′	이중 결합	많은 생체 분자의 구조 성분 (예, 지방 분자에서 발견됨)

표 1.2 중요 생체 분자의 종류

작은 분자	중합체	기능
아미노산	단백질	촉매 작용과 구조적 성분
당	탄수화물	에너지원과 구조적 성분
지방산	없음	에너지원과 복잡한 지질 분자의 구조적 성분
뉴클레오타이드	DNA	유전 정보
	RNA	단백질 합성

작은 생체 분자의 종류

세포내 대부분의 유기 분자는 1000 달톤(dalton, Da) 이하의 분자량을 갖고 있는 비교적 작은 분자이다(1 달톤은 ^{12}C 탄소 원자 질량의 1/12에 해당되는 질량이며 질량 단위로 사용한다). 세포는 4가지의 중요한 작은 분자, 즉 아미노산, 당, 지방산과 뉴클레오타이드(**표 1.2**)를 다량 지니고 있다. 이들 분자는 각각 특유의 기능을 하고 있다. 첫째, 더 큰 분자(대부분은 중합체)의 합성에 사용된다. 예를 들어 아미노산은 단백질을, 당은 탄수화물을, 뉴클레오타이드는 핵산을 각각 합성하며, 지방산은 물에 녹지 않는 지질의 성분이 된다.

둘째, 어떤 분자는 특수한 생물학적 기능을 나타낸다. 예를 들어 뉴클레오타이드인 아데노신 삼인산(ATP)은 화학적 에너지의 저장원으로 사용된다. 마지막으로, 많은 작은 분자들은 복잡한 반응 경로에 관여한다. 이제 각 분자의 구조와 기능을 알아보자.

아미노산과 단백질 자연계에는 카복실기와 아미노기를 가지는 수백 종류의 **아미노산**(amino acid)이 존재한다. 아미노산은 카복실기(carboxyl group)에 대한 아미노기(amino group)의 위치에 따라 α, β, 또는 γ-아미노산으로 분류한다. 가장 흔한 α-아미노산의 경우 아미노기는 카복실기가 붙어 있는 α-탄소(α-carbon)에 결합되어 있다(**그림 1.3**). β-아미노산과 γ-아미노산의 경우 아미노기는 카복실기로부터 두 번째 탄소와 세 번째 탄소에 각각 결합되어 있다. α-탄소에 결합된 다른 원자단을 곁사슬(side chain) 또는 R기(R group)라고 한다. 단백질을 이루는 아미노산의 화학적 성질은 그 곁사슬의 성질에 의해 주로 결정된다. 예를 들어 어떤 곁사슬은 물에 잘 녹지 않는 소수성(hydrophobic)이고, 다른 것은 물에 쉽게 용해될 수 있는 친수성(hydrophilic)이다. α-아미노산에 해당하는 몇몇 아미노산의 구조식이 **그림 1.4**에 나타나 있다.

20종류의 표준 아미노산이 단백질을 구성한다. 그 중 어떤 아미노산은 매우 독특한 기능을 하는데, 예를 들어 글리신(glycine)과 글루탐산(glutamic acid)은 동물에서 신경세포에 의하여 방출되는 신호 분자인 **신경 전달 물질**(neurotransmitter)로도 작용한다. 어떤 단백질은 표준 아미노산이 변형된 형태인 비표준 아미노산(nonstandard amino acid)을 갖기도 한다. 특정 아미노산의 잔기(residue, 여기서 잔기라는 용어는 단백질을 구성하는 아미노산처럼, 거대 분자에 함유된 작은 생체 분자를 일컫는다)가 인산화(phosphorylation), 하이드록시화(hydroxylation), 또는 메틸화(methylation)되어 변형되면 단백질의 구조와 기능이 변화된다. 예를 들어 결합조직에 있는 단백질인 콜라젠(collagen)의 프롤린(proline)은 대부분 하이드록

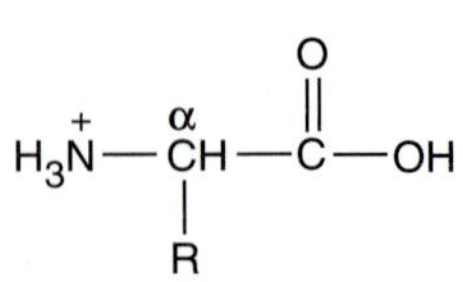

그림 1.3

α-아미노산의 일반식.

20종류의 표준 아미노산 중 19종류의 아미노산에서 수소 원자, 카복실기, 아미노기, R기가 각각 α-탄소에 결합되어 있다.

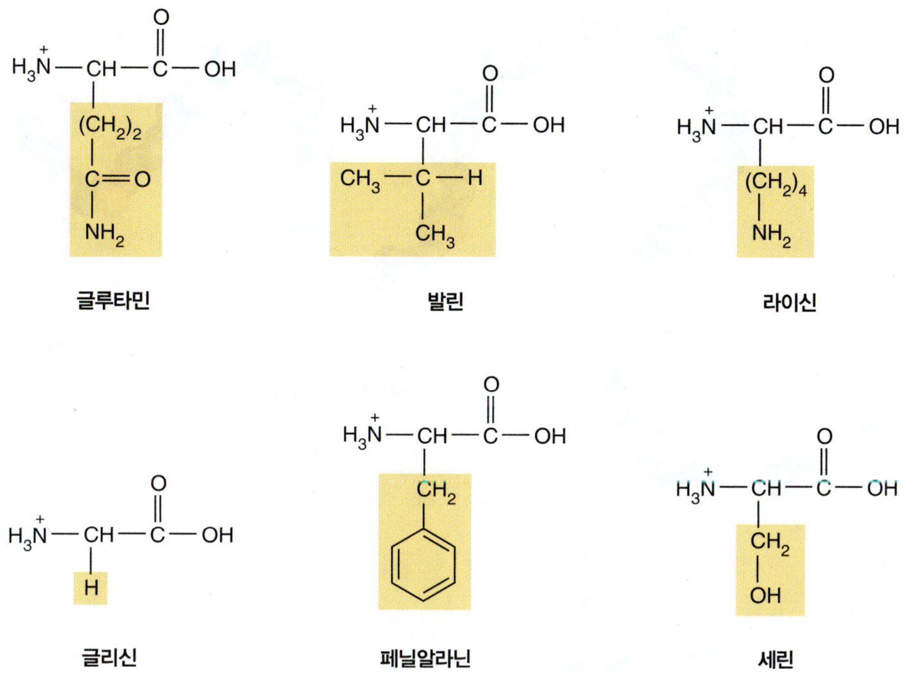

그림 1.4

몇몇 α-아미노산의 구조식.

아미노산의 R기는 노란색으로 표시하였다. 글리신의 경우 R기는 H이고, 발린의 경우 —CH—$(CH_3)_2$이며, 세린의 경우 —CH_2—OH이다.

시화되어 있다. 자연계에 존재하는 아미노산들은 α-아미노산이 아닌 것들이 많은데, 그 대표적인 예는 비타민 판토텐산(pantothenic acid)의 전구물질인 β-알라닌(β-alanine)과 신경 전달 물질인 γ-아미노뷰티르산(γ-aminobutyric acid, GABA) 등이다(**그림 1.5**).

아미노산은 길고 복잡한 중합체인 **폴리펩타이드**(polypeptide) 합성에 주로 사용된다. 약 50개의 아미노산 길이에 해당되는 짧은 폴리펩타이드를 **펩타이드**(peptide)라 부른다. **단백질**(protein)은 하나 또는 둘 이상의 폴리펩타이드로 구성된다. 폴리펩타이드는 생물체 내에서 다양한 기능을 하는데 효소, 운반 단백질과 구조 단백질 등으로 사용된다.

각 아미노산은 인접한 아미노산과 펩타이드 결합(peptide bond)을 통하여 연결되어 펩타이드 혹은 폴리펩타이드를 형성한다(**그림 1.6**). **펩타이드 결합**(peptide bond)은 아미노산의 아미노기에 있는 질소와 다른 아미노산의 카복실기에 있는 탄소 사이에 친핵성 치환 반응으로 형성되는 아마이드 결합이다. 폴리펩타이드의 3차

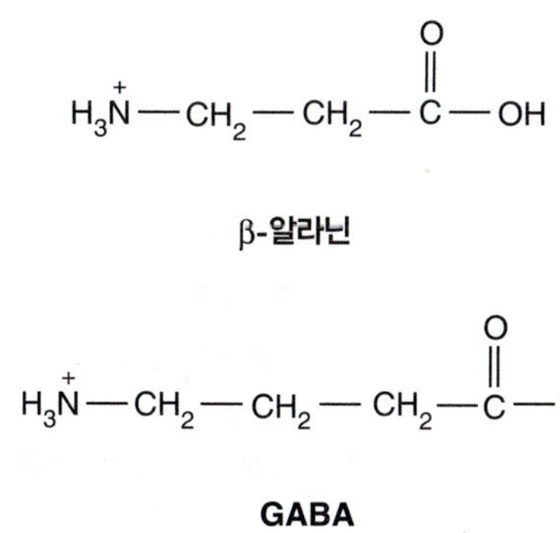

그림 1.5

α-아미노산이 아닌 천연 아미노산의 두 가지 예: β-알라닌과 γ-아미노뷰티르산(GABA).

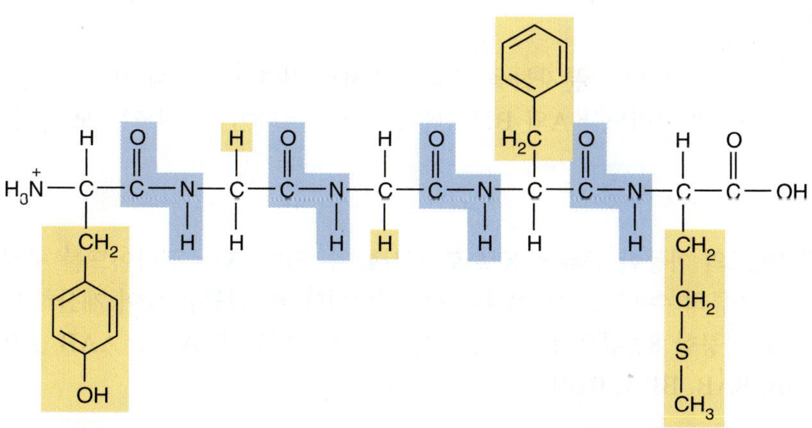

그림 1.6

펜타펩타이드인 met-엔케팔린의 구조.

펜타펩타이드(pentapeptide)인 met-엔케팔린(met-enkephalin)은 아편과 같은 작용을 하는 물질의 일종이다(펩타이드 결합은 파란색, R기는 노란색). met-엔케팔린은 뇌에 존재하며 통증을 억제하는 펩타이드이다.

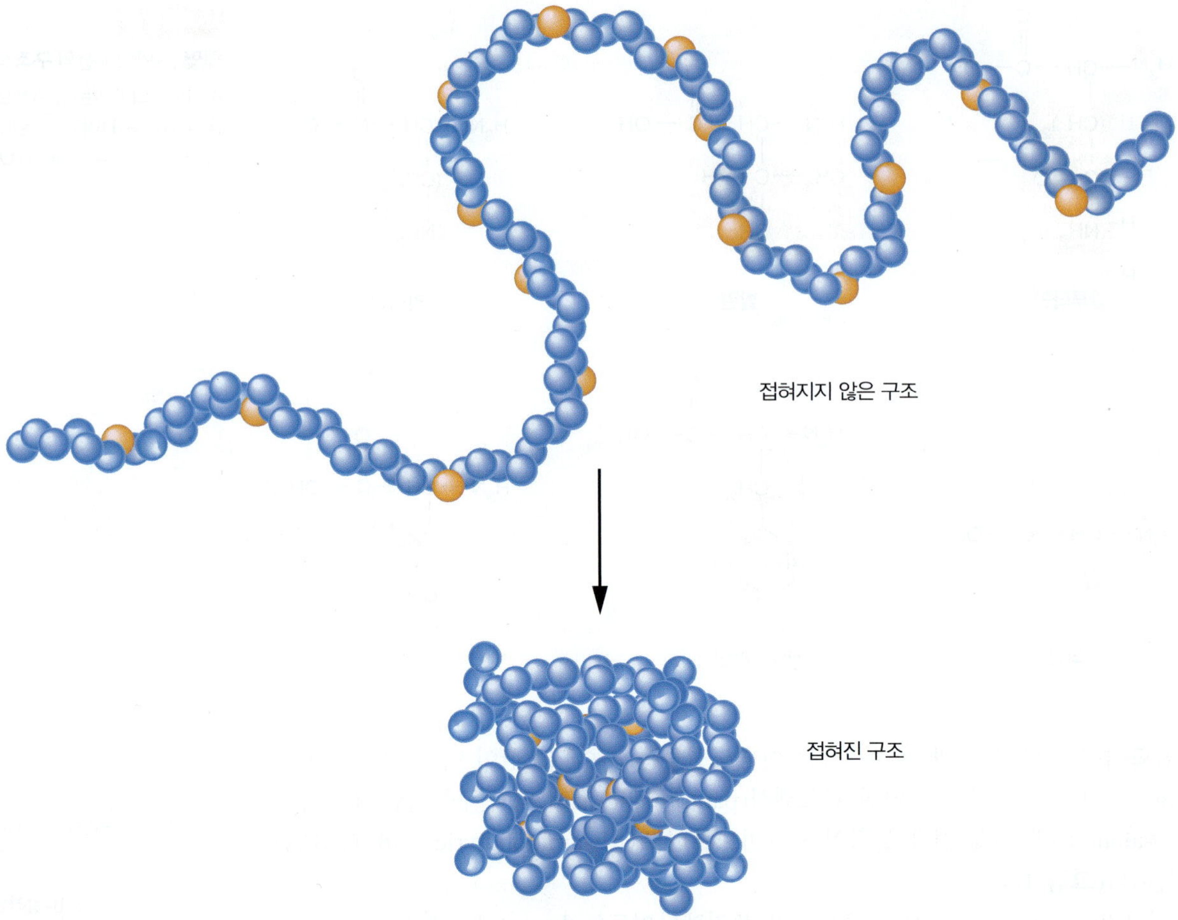

그림 1.7

폴리펩타이드 구조.

폴리펩타이드가 독특한 3차원 구조 형태로 접히면서 최소한 50% 이상의 소수성 R기(노란색 공)는 물을 피해 단백질의 안쪽에 묻힌다. 친수성 R기(파란색)는 단백질의 표면에 위치한다.

원 구조와 생물학적 기능은 주로 R기 사이의 상호작용에 의해 결정된다(**그림 1.7**).

당과 탄수화물 **당**(sugar)은 가장 작은 분자의 탄수화물로서, 알코올기와 카보닐기를 가지고 있다. 당은 탄소의 개수와 카보닐기의 유형에 따라 그 성질이 달라진다. 알데하이드기를 가지고 있는 당을 알도스(aldose)라 하고 케톤기를 가지고 있는 당

예제 1.1

생명체는 여러 종류의 단위 분자들을 다양한 순서로 연결하여 생체 고분자를 만들어 낸다. 두 종류의 아미노산 A와 B로 만들 수 있는 트라이펩타이드는 모두 몇 종류일까?

› 풀이

트라이펩타이드의 가능한 종류는 $\mathbf{X}^n$으로 계산할 수 있다. **X**는 펩타이드를 구성하는 아미노산 종류의 수이고, n은 펩타이드의 길이이다. 이 값들을 넣어 계산하면 $2^3 = 8$이 된다. 가능한 8종류의 트라이펩타이드는 다음과 같다. AAA, AAB, ABA, BAA, ABB, BAB, BBA, BBB. ■

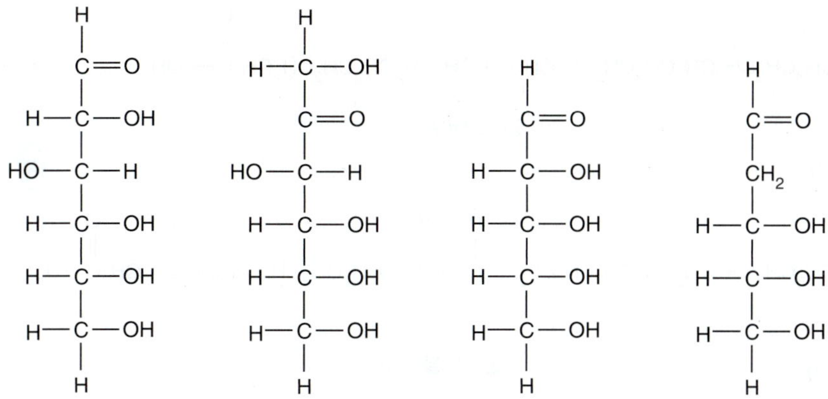

글루코스
(알도헥소스)

프룩토스
(케토헥소스)

리보스
(알도펜토스)

2-데옥시리보스
(알도펜토스)

그림 1.8

생물학적으로 중요한 몇 가지의 단당류.

글루코스와 프룩토스는 식물과 동물의 중요한 에너지원이다. 리보스와 데옥시리보스는 핵산의 구성 성분이다. 이 단당류들은 자연 상태에서 고리 구조를 이룬다.

을 *케토스*(ketose)라 한다. 예를 들어 중요한 에너지원이 되는 육탄당인 글루코스(glucose)는 알도헥소스(aldohexose)이고, 프룩토스(fructose)는 케토헥소스(ketohexose)이다(**그림 1.8**).

당은 자연계에서 가장 흔한 유기 분자인 탄수화물의 기본 단위이다. 탄수화물에는 글루코스나 프룩토스와 같은 단순한 **단당류**(monosaccharides)로부터 수천 개의 당이 중합된 **다당류**(polysaccharides)가 있다. 다당류의 대표적인 예로서 식물의 녹말이나 셀룰로스(cellulose), 그리고 동물의 글리코젠(glycogen)이 있다. 탄수화물은 생물에서 다양한 기능을 한다. 어떤 당은 중요한 에너지원이다. 예를 들어 글루코스는 동물과 식물의 주요한 에너지원이 되고 슈크로스(sucrose)는 식물의 모든 조직으로 에너지를 수송하는 효과적인 수단으로 사용된다. 그리고 어떤 탄수화물은 구조를 이루는 물질로 쓰인다. 셀룰로스는 나무와 식물 섬유의 주요한 구조적 성분이며, 다른 다당류인 키틴(chitin)은 곤충과 갑각류의 보호 외피를 구성하는 데 쓰인다.

탄수화물은 다른 생체 분자를 구성하기도 하는데, 핵산의 주요한 구성 요소인 뉴클레오타이드(nucleotide)에는 리보스(ribose)나 데옥시리보스(deoxyribose)의 당이 존재한다. 그리고 탄수화물을 함유하는 단백질과 지질도 있다. 당단백질(glycoprotein)과 당지질(glycolipid)은 세포막의 표면에서 발견되며, 그곳에서 세포 간의 상호작용에 중요한 역할을 한다.

지방산 **지방산**(fatty acid)은 보통 짝수 개의 탄소 원자를 갖는 모노카복실산(monocarboxylic acid)이다. 지방산은 화학식 R—COOH로 나타내고, R은 탄소와 수소 원자를 포함하는 알킬기(alkyl group)이다. 지방산에는 두 가지 종류가 있는데, 하나는 탄소와 탄소 사이에 이중 결합을 갖고 있지 않은 **포화 지방산**(saturated fatty acid)이고, 다른 하나는 1개 이상의 이중 결합을 갖고 있는 **불포화 지방산**(unsaturated fatty acid)이다(**그림 1.9**). 흔히 생리적 조건에서 지방산의 카복실기는 이온화된 $R—COO^-$ 상태로 존재한다. 예를 들어 16개의 탄소로 된 포화 지방산인 팔미트산(palmitic acid)은 팔미트산 이온(palmitate)인 $CH_3(CH_2)_{14}COO^-$로 존재한다. 전하를 띤 카복실기는 물에 대한 친화력이 있지만 긴 비극성의 탄화수소 사슬 때문에 대부분의 지방산은 물에 녹지 않는다.

지방산은 생물에서 자유 분자 상태로는 극히 소량 존재하며 주로 **지질**(lipid) 분

그림 1.9

지방산의 구조.

(a) 포화 지방산. (b) 불포화 지방산.

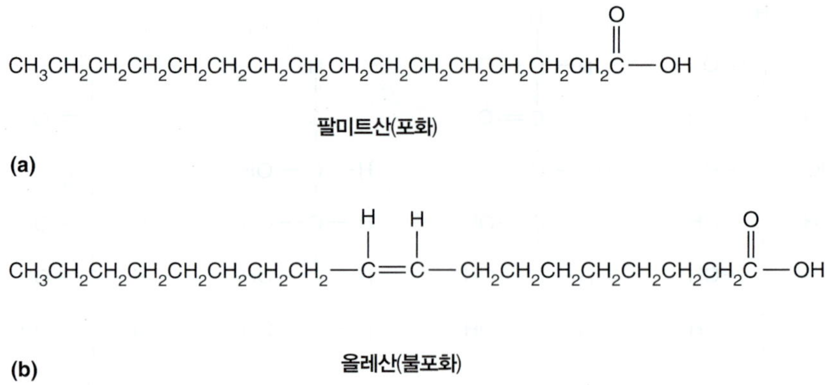

자를 구성하는 성분으로 존재한다(**그림 1.10**). 지질은 클로로폼이나 아세톤 같은 유기 용매에는 녹지만 물에는 녹지 않는 다양한 집단의 분자이다. 예를 들어 트라이아실글리세롤(지방과 기름)은 3개의 지방산과 1개의 글리세롤(3개의 –OH기와 3-탄소 원자로 구성된 알코올)을 포함하는 에스터(ester)이다. 어떤 지질은 2개의 지방산을 갖는데, 그 예로 트라이아실글리세라이드와 유사한 포스포글리세라이드(phosphoglyceride)가 있다. 이 분자에서 글리세롤의 세 번째 –OH기는 인산기와 결합하고 이어서 콜린(choline) 같은 작은 극성 물질과 결합한다. 포스포글리세라이드는 세포막의 중요한 구성 성분이다.

뉴클레오타이드와 핵산 각 **뉴클레오타이드**(nucleotide)는 3개의 성분으로 이루어져 있다. 우선 5-탄소 당을 지니는데, RNA의 경우는 리보스(ribose)를 지니고 DNA의 경우는 데옥시리보스(deoxyribose)를 지닌다. 그리고 질소를 포함한 염기(nitrogeneous base)와 1개 또는 그 이상의 인산기(phosphate group)가 포함되어 있다(**그림 1.11**). 뉴클레오타이드의 염기는 다양한 치환기를 갖고 있는 방향족 헤테로고리(heterocyclic aromatic ring)로서 두 개의 고리를 가진 퓨린(bicyclic purine)과 단일 고리를 가진 피리미딘(monocyclic pyrimidine)이 있다(**그림 1.12**).

뉴클레오타이드는 세포내 다양한 생합성 과정과 에너지 발생 반응에 참여한다. 예를 들어 음식물 분자로부터 획득한 에너지의 상당 부분이 고에너지 인산 결합인 ATP의 합성에 쓰인다. 무수 인산 결합이 가수분해되면 에너지가 방출된다. 뉴클레오타이드의 가장 중요한 역할은 **핵산**(nucleic acid)을 구성하는 것이다. 핵산은 수백으로부터 수백만에 이르는 많은 뉴클레오타이드가 인산다이에스터 결합(phosphodiester bond)에 의해 연결되어 만들어지며, 긴 폴리뉴클레오타이드(polynucleotide) 사슬이나 가닥을 형성한다. 핵산에는 DNA와 RNA가 있다.

DNA. DNA(deoxyribonucleic acid)는 유전 정보를 저장하는 분자이며, 두 개의

그림 1.10

지방산을 포함하는 지질 분자.

(a) 트라이아실글리세롤.
(b) 포스파티딜콜린(포스포글리세라이드의 한 유형).

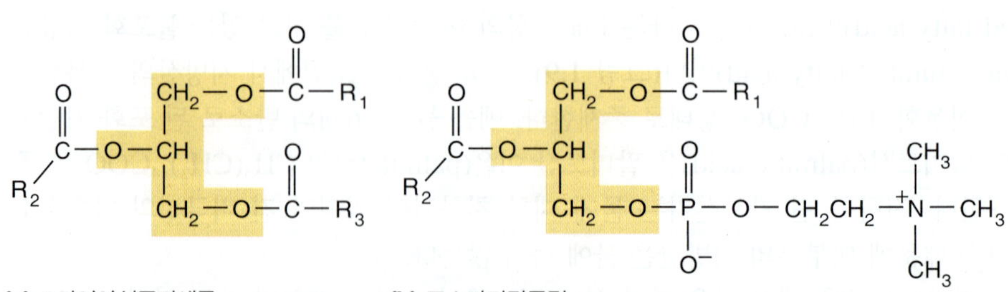

(a) 트라이아실글리세롤 **(b)** 포스파티딜콜린

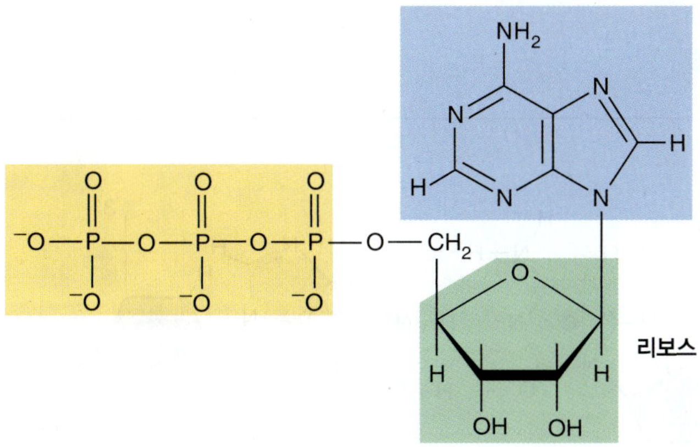

그림 1.11
뉴클레오타이드의 구조.
각 뉴클레오타이드는 1개의 질소 염기(이 경우 아데닌), 오탄당(리보스)과 1개 또는 그 이상의 인산기를 갖고 있다. 이 그림은 ATP(adenosine triphosphate, 아데노신 삼인산)이다.

역평행(antiparallel) 폴리뉴클레오타이드 가닥(strand)이 서로 감겨 우선성 이중나선(right-handed double helix)을 형성하고 있다(**그림 1.13**). DNA는 데옥시리보스와 인산기 이외에 네 종류의 염기, 즉 **퓨린**(purine)인 아데닌(adenine)과 구아닌(guanine) 그리고 **피리미딘**(pyrimidine)인 타이민(thymine)과 사이토신(cytosine)을 포함하고 있다. 이중 나선은 염기 사이의 수소 결합을 통한 상보적인 결합에 의해 형성된다. 수소 결합은 한 분자 내의 산소나 질소 같은 전기음성도가 큰 원자와 다른 분자에 있는 분극화된 수소 원자 사이의 인력을 말한다. 아데닌은 타이민과 그리고 구아닌은 사이토신과 각각 수소 결합을 통하여 염기쌍을 이룬다.

한 생물체가 보유하는 DNA 염기 서열의 전체 한 벌을 *유전체*(genome)라 한다. DNA는 암호화 서열과 비암호화 서열로 구성되어 있다. 암호화 서열은 활성을 지니는 폴리펩타이드나 RNA 분자를 지정하는 서열로서 유전자라고 부른다. 몇몇 비

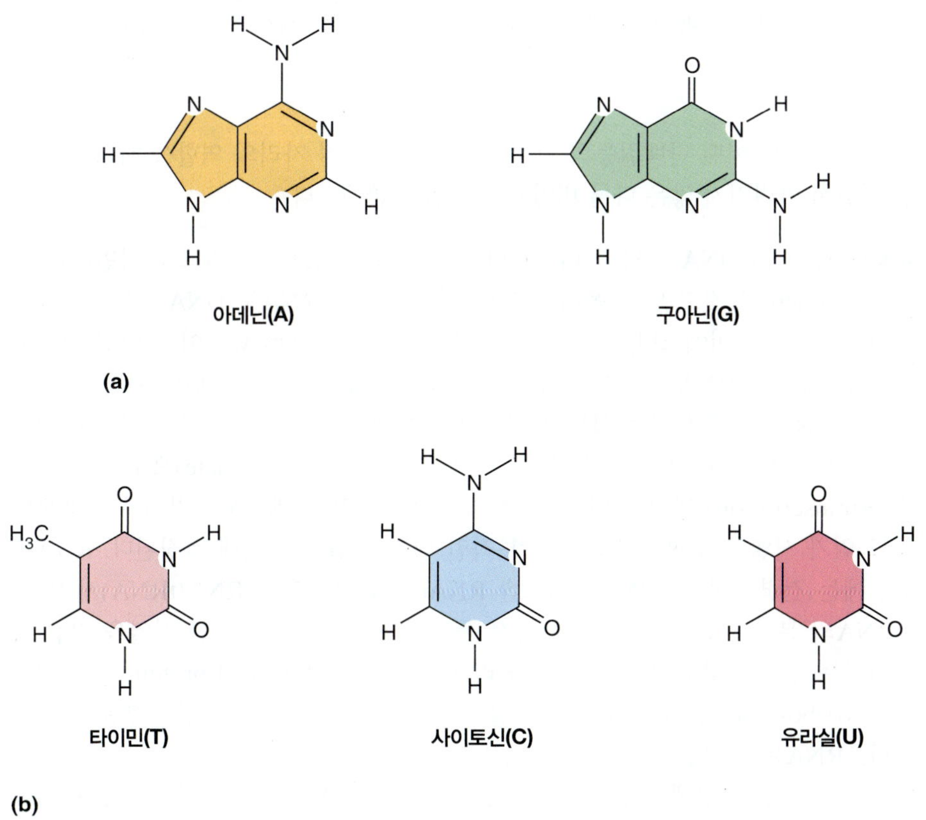

그림 1.12
질소가 포함된 염기.
(a) 퓨린. (b) 피리미딘.

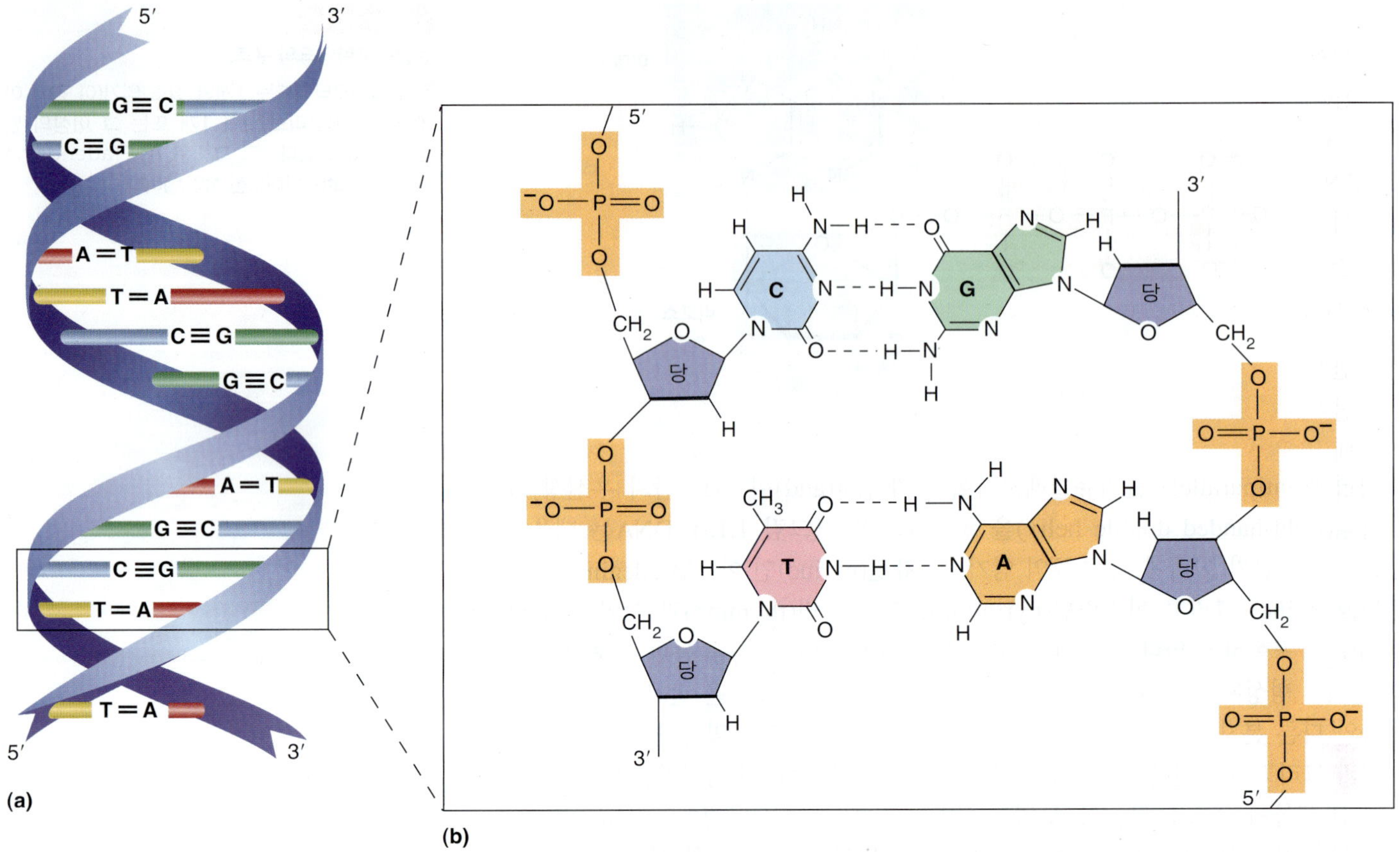

그림 1.13

DNA.

(a) DNA 모형 그림. 이중 나선의 당-인산(sugar-phosphate) 골격이 파란색 리본으로 표시되어 있다. 데옥시리보스에 결합된 염기들은 나선의 안쪽에 위치한다. (b) 두 염기쌍을 확대한 그림. 두 DNA 가닥이 데옥시리보스의 5′과 3′기에 의해 표시된 것처럼 서로 반대 방향으로 뻗어 있다. 반대 가닥의 염기들은 수소 결합에 의해 쌍을 이룬다. 사이토신은 구아닌과, 타이민은 아데닌과 염기쌍을 이룬다.

암호화 서열은 어떤 단백질등의 합성을 조절하는 조절 자리의 역할을 하기도 하지만 역할이 알려지지 않은 다른 비암호화 서열도 존재한다.

RNA. RNA는 DNA와 달리 데옥시리보스 대신에 리보스 그리고 타이민 대신에 유라실(uracil)을 갖고 있는 폴리뉴클레오타이드이다. RNA도 DNA처럼 뉴클레오타이드가 인산다이에스터 결합에 의해 연결되어 있다. DNA가 이중 나선으로 되어 있는 데 비해 RNA는 단일 가닥으로 되어 있다. RNA 분자는 단일 가닥 분자 내에서 국소적으로 형성되는 상보적 염기쌍 결합에 의해 복잡한 3차원 구조로 접혀진다. DNA 이중 나선이 풀릴 때 그 중 한 가닥은 주형(template)으로 사용된다. **전사**(transcription) 과정에 의해 RNA 분자가 합성된다. RNA 분자의 뉴클레오타이드 염기 서열은 주형 가닥과의 상보적인 염기쌍 결합에 의해 결정된다. RNA의 종류에는 전령 RNA(mRNA), 리보솜 RNA(rRNA)와 운반 RNA(tRNA)가 있다. mRNA의 분자 또는 염기 서열은 특정 폴리펩타이드 내 아미노산 서열을 직접 암호화하는 정보를 갖고 있다. rRNA와 리보솜 단백질(ribosomal protein)로 구성된 리보솜(ribosome)은 mRNA 염기 서열을 폴리펩타이드의 아미노산 서열로 전환시킨다. tRNA는 단백질 합성 중 아미노산을 리보솜으로 운반한다.

최근 단백질 합성에 직접 관여하지 않는 많은 RNA 분자들이 발견되었다. *비암*

호화 RNA(noncoding RNA, ncRNA)라 부르는 이 RNA 분자들은 세포내 대사과정에서 다양한 기능을 하는데, 그 예로서 짧은 간섭 RNA(short interfering RNA, siRNA), 마이크로 RNA(micro RNA, miRNA), 작은 핵 RNA(small nuclear RNA, snRNA), 작은 인 RNA(small nucleolar RNA, snoRNA) 등이 있다. 특히 siRNA는 항바이러스 방어 메커니즘인 *RNA 간섭*(RNA interference)의 중요한 성분이다. miRNA는 mRNA 합성의 시기를 조절하고 snRNA는 mRNA 전구체를 기능을 가진 완성된 mRNA로 전환시키는 과정을 촉진한다. snoRNA는 리보솜 형성 과정 중 리보솜 RNA(rRNA)의 성숙을 돕는다.

유전자 발현. 유전자 발현(gene expression)은 유전자 내의 정보가 접근될 것인지 아닌지, 접근된다면 언제 접근될 것인지를 통제한다. 이 과정은 전사에서 시작되는데, 전사란 DNA 조각의 염기 서열을 이용해 유전자 생성물을 합성하는 일을 말한다. **전사 인자**(transcription factor)라고 불리는 단백질 군은 **반응 요소**(response element)라고 알려진 억제 DNA 서열에 결합하면 단백질을 암호화하는 유전자들의 발현을 조절한다. 전사 인자는 신호 분자(예, 몇몇 대사과정을 조절하는 인슐린) 혹은 빛과 같은 무생물적 요인(abiotic factor)에서 개시된 정보처리 메커니즘에 대한 반응으로 합성되고 조절된다.

주요 개념 _Key Concepts

- 생물체를 구성하는 대부분의 분자들은 유기 화합물이다. 유기 분자의 화학적 성질은 작용기라 부르는 원자들의 특별한 배열에 의해 결정된다.
- 세포는 아미노산, 당, 지방산, 뉴클레오타이드 같은 작은 네 부류의 분자들을 갖고 있다.
- 단백질, 다당류, 핵산은 각각 아미노산, 당, 뉴클레오타이드로 구성되는 생체고분자(biopolymer)이다.

1.3 살아 있는 세포는 화학공장인가?

가장 단순한 세포도 매우 놀라운 능력을 발휘하기 때문에 세포를 흔히 대사의 화학공장으로 비유한다. 마치 공장처럼 생물체는 주변 환경으로부터 원료, 에너지와 정보를 얻는다. 세포의 구성 성분을 합성하고 대사 결과 생성된 노폐물과 열을 주변 환경으로 방출한다. 그러나 세포는 세포가 필요로 하는 구조적 · 기능적 성분을 만들고 수선할 뿐 아니라, 이 성분들을 만드는 모든 기계와 함께 자신을 복제해 내는 새로운 공장을 만들 수 있으므로 단순한 화학 공장보다 우월하다. **자가생성계**(autopoiesis)라는 용어는 생물체의 놀라운 성질과 능력을 서술하기 위해 만들어진 것이다. 이 관점에서 보면 각 생물체는 스스로 조직화하고 유지하는 자율적인 하나의 실체이다. 수천 가지의 생화학 반응을 스스로 조절하는 망에 의해 생명 현상은 유지된다.

생물체를 통한 에너지와 영양소의 일정한 흐름과 함께 생체 촉매인 효소는 세포내 대사 반응을 가능하게 한다. 대사의 주요한 기능은 (1) 에너지 획득과 이용, (2) 세포 구조와 기능에 필요한 분자(예, 단백질, 탄수화물, 지질, 핵산)의 합성, (3) 성장과 발생, (4) 노폐물의 제거 등이다. 대사 과정은 꽤 많은 양의 유용한 에너지를 필요로 한다. 이 절에서는 주요한 화학 반응의 종류와 생물체가 에너지를 만들기 위해 사용하는 필수 전략들의 특징을 다룬다. 그리고 생물체가 질서 있는 체계를 유지하기 위해 필요한 대사 과정과 방법을 서술한다.

생화학 반응

세포에서 일어나는 수천 가지의 생화학 반응이 매우 복잡해 보이지만 몇 가지 특징으로 이들을 단순화할 수 있다.

1. 비록 생화학 반응의 수가 매우 많다 하더라도 반응 종류의 수는 비교적 적다.

2. 생화학 반응은 단순한 유기반응 메커니즘을 갖고 있다.

3. 생화학의 중요한 반응(예, 에너지 생성과 주요한 세포 성분의 합성 및 분해에 관련된 반응)은 비교적 많지 않다.

생화학 과정에서 가장 흔한 반응 유형은 친핵성 치환, 제거, 첨가, 이성질화, 산화-환원이다.

친핵성 치환 반응 **친핵성 치환**(nucleophilic substitution) 반응에서는 한 원자나 원자단이 다른 원자 또는 원자단에 의해 치환된다.

위 반응에서 공격 분자(A)를 **친핵체**(nucleophile)라고 한다. 친핵체는 음이온(음전하를 띠고 있는 원자나 원자단) 또는 비공유 전자쌍을 가지고 있는 중성 종들이다. **친전자체**(electrophile)는 전자 밀도가 부족하여 친핵체에 의해 쉽게 공격을 받는다. A와 B 사이에 새로운 결합이 형성되면서 B와 X 사이의 결합이 끊어진다. 이 경우 떠나가는 친핵체 X를 **이탈기**(leaving group)라고 한다. 생물체에서는 여러 유형의 친핵성 치환 반응이 일어난다. 예를 들면 S_N2 반응(예, 에피네프린의 메틸화), 아실기 전달, 인산기 전달이 있다.

아실기 전달을 포함하는 친핵성 치환 반응에서 친핵체는 카복실산 유도체의 카보닐 탄소를 공격하여 사면체 중간물질을 형성한다. 사면체 중간물질이 붕괴하고 이탈기가 방출되면서 카보닐기가 다시 생성된다. 생물학적으로 중요한 카복실산 유도체에는 카복실산 이온(탈양성자화된 카복실산), 에스터, 아마이드, 싸이오에스터, 아실 인산 등이 있다. 이런 유도체는 친핵체에 따라서 반응성이 변한다. 아실 인산이 가장 반응성이 크며 이어서 싸이오에스터, 에스터, 아마이드, 마지막으로 카복실산 순서이다.

지방산의 생물학적 활성형은 보조 효소 A의 싸이오에스터이다. 카복실산은 카보닐 탄소가 충분한 친전자성이 아니기 때문에 친핵성 치환 반응의 좋은 기질이 아니다. 그 결과 지방산은 먼저 ATP 결합 에너지를 사용하여 아실 아데노실 일인산 유도체로 활성화되어야 한다(**그림 1.14**). 일단 활성화된 지방산-AMP가 형성되면 카보닐 탄소는 보조 효소 A의 싸이올 황에 의한 공격을 쉽게 받아서 아실-SCoA 생성물을 형성한다.

가수분해(hydrolysis) 반응은 물 분자의 산소가 친핵체로 작용하는 친핵성 아실 치환 반응이다. 보통 친전자체는 에스터(ester), 아마이드(amide), 또는 무수물의 카보닐기(carbonyl group)이다. [**무수물**(anhydride)은 2개의 카보닐기가 1개의 산소 원자에 결합되어 있는 분자이다.]

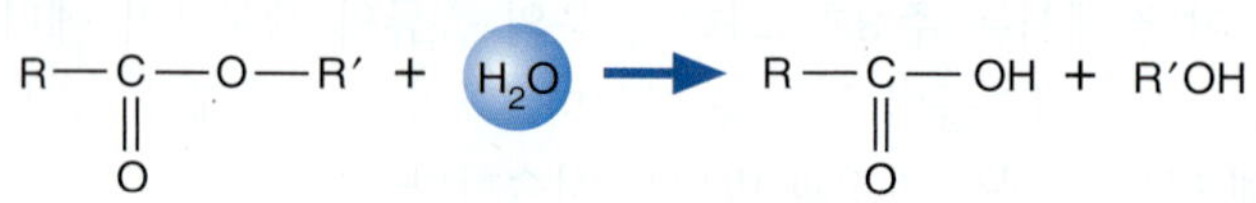

음식물 분자를 소화하는 대부분의 과정에는 가수분해 반응이 포함되어 있다. 예를 들어 단백질은 위에서 산 촉매 반응을 통해 분해되어 아미노산을 생성한다.

ADP와 무기 인산(P_i)을 생성하는 ATP의 가수분해와 글루코스와 ATP의 반응은 인산기 전달을 포함하는 친핵성 치환의 두 가지 예이다. 물의 OH가 ATP 말단의 인산을 공격하면(**그림 1.15**) 무수인산 결합이 분해되고 많은 세포 과정을 추진하는 데 이용되는 에너지가 방출된다.

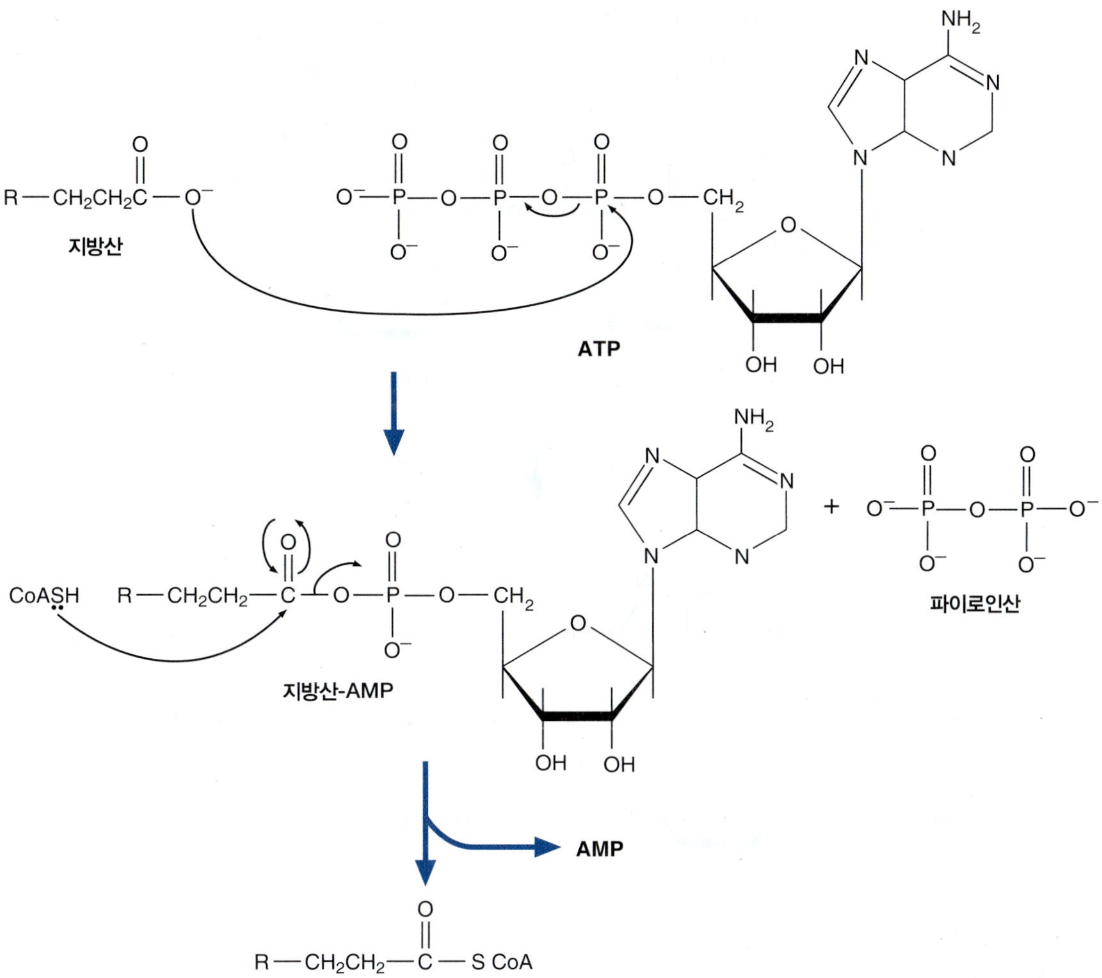

그림 1.14

지방산의 활성화.

지방산은 에너지 생산에 이용되거나 트라이아실글리세롤 합성에 이용되기 전에 먼저 활성화되어야 한다. 첫 번째 단계에서 카복실산 이온이 ATP의 인산기를 공격하여 지방 아실-AMP 중간물질과 파이로인산(PP_i)을 형성한다. 두 번째 단계에서 지방 아실-AMP는 보조 효소 A의 싸이올기(CoASH)의 공격을 받아서 싸이오에스터 지방 아실-SCoA와 AMP를 형성한다. 두 개의 인산기(P_i)를 형성하는 PP_i의 빠른 가수분해는 반응을 정방향으로 추진한다.

글루코스-6-인산과 ADP를 생성하는 글루코스와 ATP의 반응은 글루코스를 에너지원으로 이용하는 첫 단계이다(**그림 1.16**). 당 분자의 6번 탄소에 결합된 하이드록시기의 산소는 친핵체이며 인은 친전자체이다. 아데노신 이인산은 이탈기이다.

제거 반응 **제거 반응**(elimination reaction)에서는 분자에서 원자들이 제거될 때 이중 결합이 형성된다.

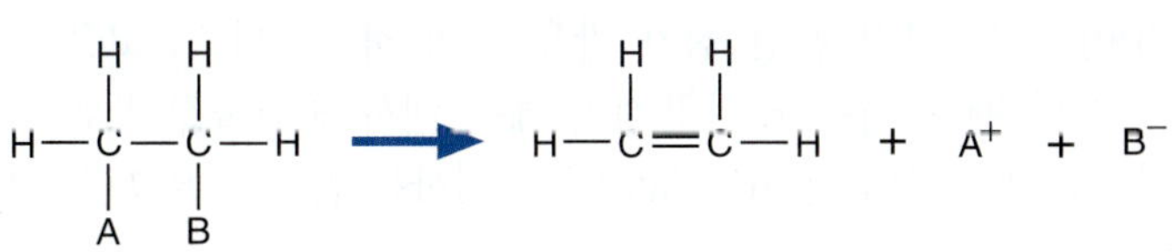

흔히 보는 제거 반응은 알코올 작용기를 포함하는 생체 분자로부터 H_2O를 제거하는 것이다. 이 반응의 대표적인 예는 탄수화물 대사 중 *해당 과정*(glycolysis)에서 중요한 단계인 2-포스포글리세르산(2-phosphoglycerate)의 탈수 과정이다(**그림**

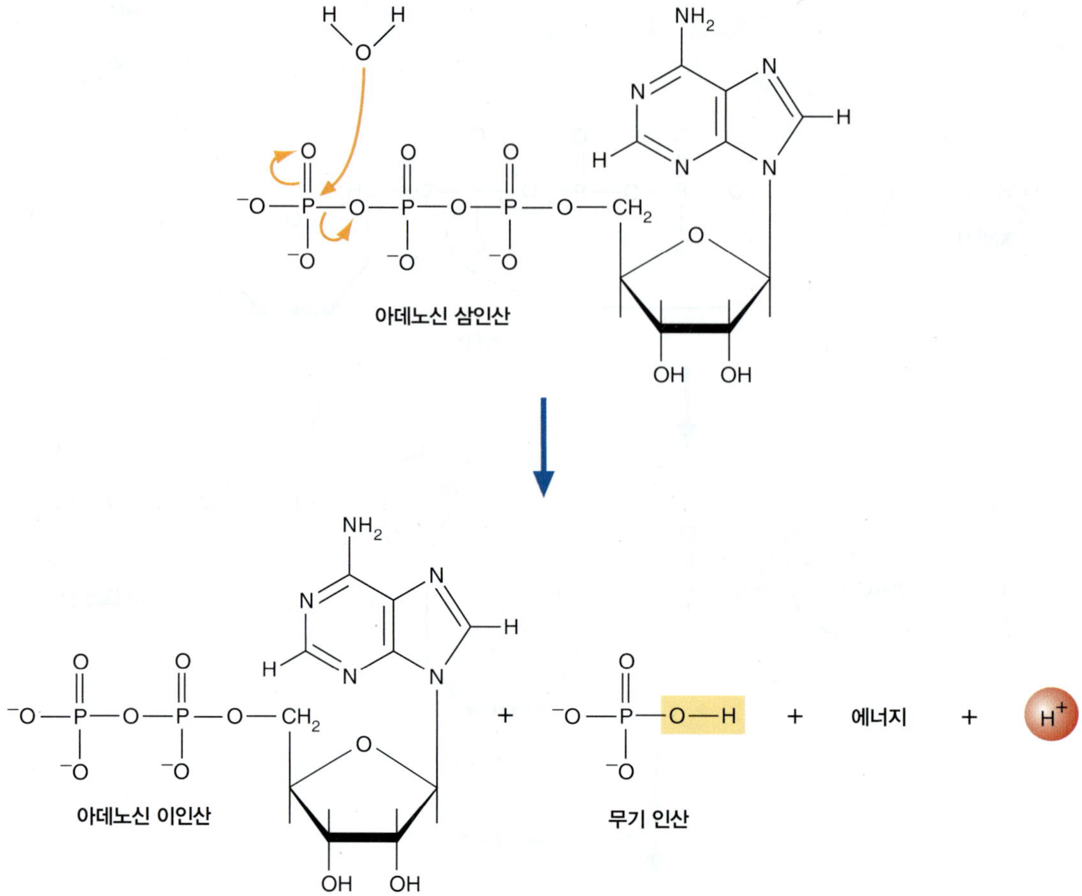

그림 1.15

가수분해 반응.

인산기 전달을 포함하는 친핵성 치환 반응인 ATP의 가수분해 반응은 에너지를 필요로 하는 매우 다양한 생화학 반응들을 추진하는 데 이용된다.

1.17). 이 반응은 E1cB 메커니즘에 의해 일어난다. 제거 반응의 다른 생성물로는 암모니아(NH_3), 아민(RNH_2), 알코올(ROH) 등이 있다.

첨가 반응 **첨가 반응**(addition reaction)은 두 분자가 결합하여 하나의 생성물을 만드는 반응이다.

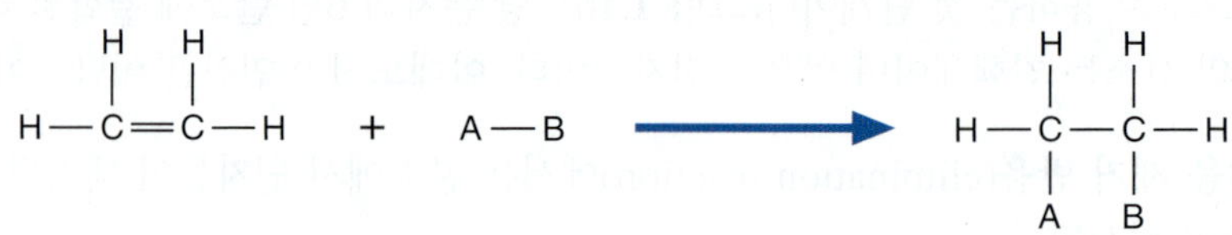

수화(hydration)는 가장 흔한 첨가 반응 중의 하나이다. 알코올은 물을 알켄(alkene)에 첨가할 때 형성된다. 대표적인 예는 대사 중간물질인 퓨마르산(fumarate)에 물 분자를 첨가하여 말산(malate)을 형성하는 반응이다(**그림 1.18**).

이성질화 반응 **이성질화**(isomerization) 반응은 분자내 원자 또는 원자단의 이동에 의해 일어나는 반응이다. 대표적인 예는 알도스와 케토스 당 사이의 상호전환이다(**그림 1.19**). 해당 과정의 반응에서 다이하이드록시아세톤 인산은 글리세르알데하이드-3-인산으로 이성질화 반응이 일어난다(**그림 1.19b**).

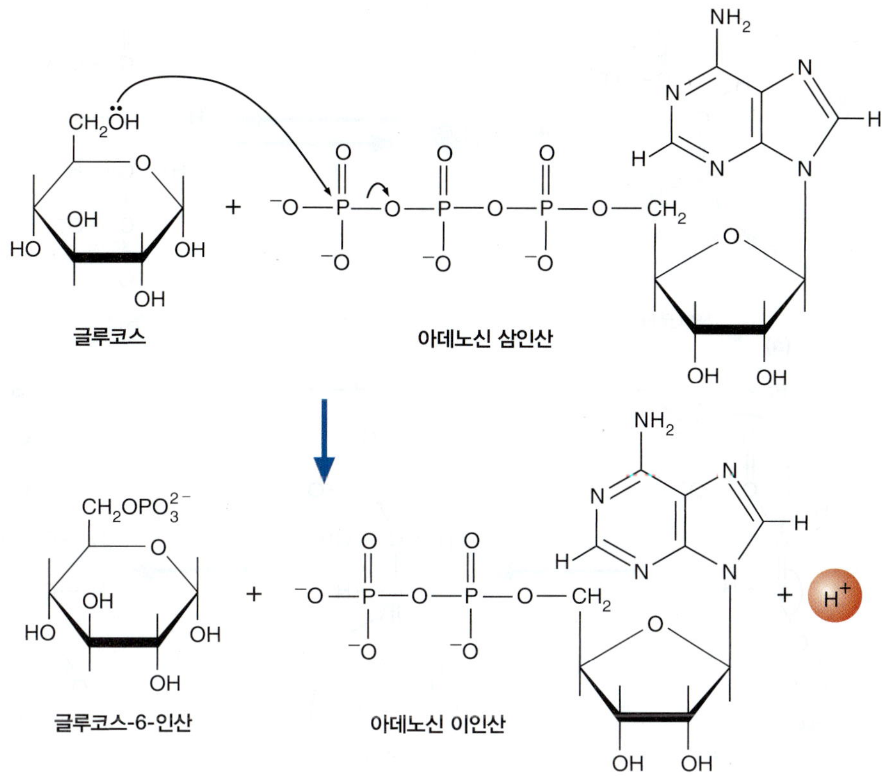

그림 1.16

친핵성 치환 반응의 예.

글루코스와 ATP와의 반응에서 글루코스 하이드록시기의 산소는 친핵체이다. 인 원자는 결합된 산소에 의해 분극화(polarization)되어 부분적으로 양전하를 띠는 친전자체가 된다. 반응이 일어나면서 당의 CH_2OH에 있는 비공유 전자쌍은 ATP의 인을 공격하며 ADP를 이탈기로 방출한다.

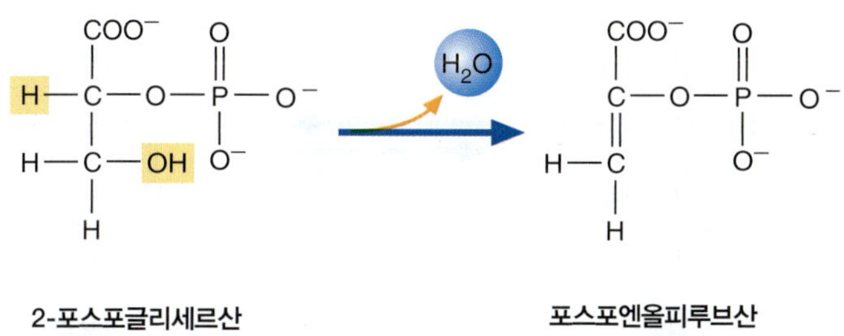

그림 1.17

제거 반응.

2-포스포글리세르산이 탈수될 때 이중 결합을 갖고 있는 포스포엔올피루브산(phosphoenol pyruvate)이 형성된다. 이 반응은 E1cB 메커니즘을 포함한다.

산화-환원 반응 **산화-환원 반응**[oxidation-reduction (redox) reaction]은 전자를 주개[**환원제**(reducing agent)]로부터 전자 받개[**산화제**(oxidizing agent)]에 전달할 때 일어난다. 환원제는 전자를 내놓아서 **산화**되고, 산화제는 전자를 받아서 **환원**된다. 산화와 환원은 항상 동시에 일어난다.

생체 분자가 전자를 얻었는지 또는 잃었는지를 결정하는 것은 쉬운 일이 아니다. 그러나 어떤 분자의 탄소가 산화되었는지 또는 환원되었는지를 확인하는 두 가지 간단한 규칙이 있다.

1. 한 탄소 원자가 산소를 얻거나 수소를 잃으면 산화가 일어난다.

2. 한 탄소 원자가 산소를 잃거나 수소를 얻으면 환원이 일어난다.

그림 1.18

첨가 반응.

(a) 물이 이중 결합을 포함하는 분자, 즉 퓨마르산에 첨가되면 알코올이 생성된다. (b) 효소 퓨마레이스(fumarase)에 의하여 촉매되는 퓨마르산의 수화는 염기로 작용하는 아미노산 곁사슬에 의해서 물 분자의 양성자가 제거되는 것으로 시작한다. 생성된 친핵체가 탄소-탄소 이중 결합을 공격한다. 초기 생성물은 공명 안정화된 이온이며, 다음에 효소의 산성 곁사슬로부터 양성자를 첨가하여 생성물인 말산을 생성한다.

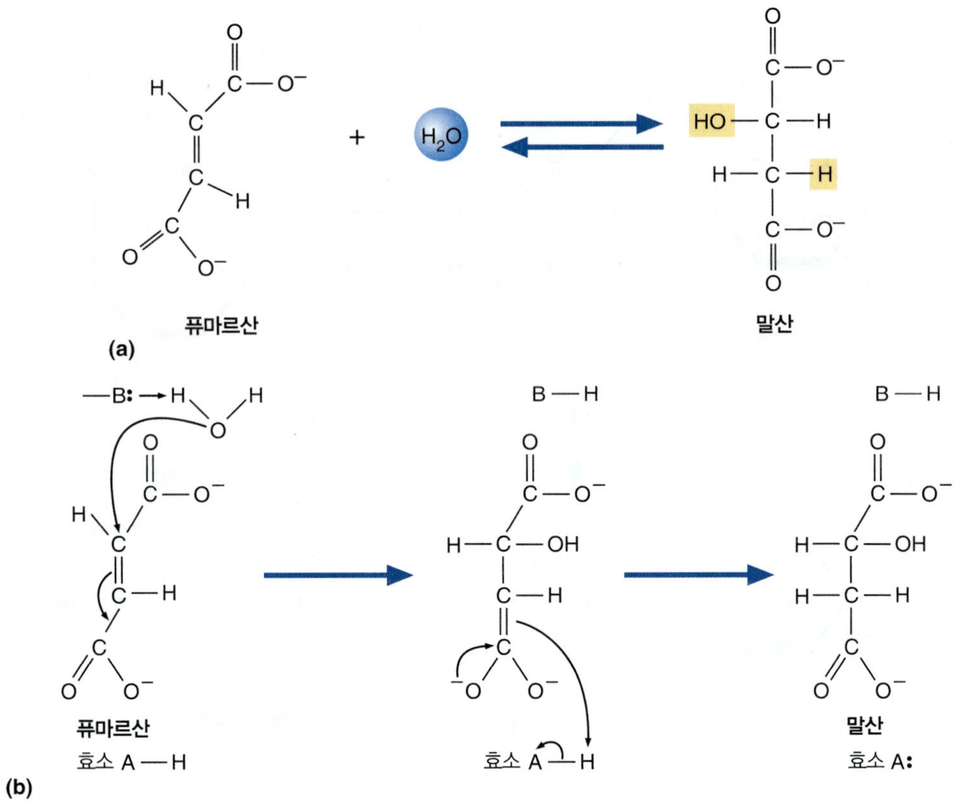

그림 1.19

이성질화 반응.

(a) 알도스와 케토스 이성질체의 가역적 상호전환은 생화학 반응 과정에서 흔히 볼 수 있는 반응이다. (b) 다이하이드록시아세톤 인산이 글리세르알데하이드-3-인산으로 이성질화되는 반응은 효소 삼탄당 인산 이성질화효소(triose phosphate isomerase)의 염기성 곁사슬이 1번 탄소에서 양성자를 제거하고 산성 곁사슬이 카보닐 산소에 양성자를 주는 것으로 시작한다. 중간 생성물은 엔다이올(enediol, 탄소-탄소 이중 결합의 탄소에 하이드록시기가 부착된 분자)이다. 두 번째 단계에서 엔다이올은 염기성 곁사슬에 의하여 양성자를 잃고 산성 곁사슬이 양성자를 2번 탄소에 첨가하여 생성물인 글리세르알데하이드-3-인산을 생성한다.

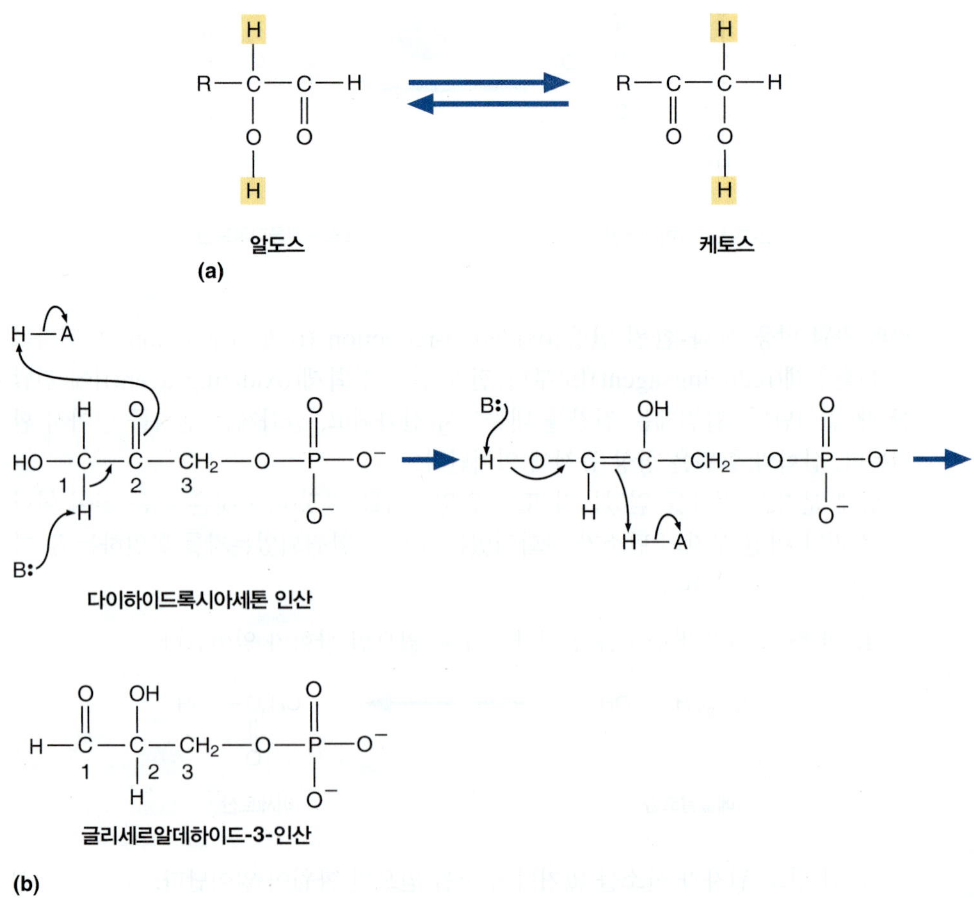

아세트산 에틸알코올

생물학적 산화-환원 반응에서 전자는 NAD^+/NADH(NAD^+는 산화형, NADH는 환원형)와 같은 뉴클레오타이드 전자 받개에 전달된다.

주요 개념 _Key Concepts

생화학 반응 과정에서 가장 흔한 반응 형태는 친핵성 치환, 제거, 첨가, 이성질화, 산화-환원이다.

에너지

에너지(energy)란 일(work)을 할 수 있는 능력을 말한다. 사람이 만든 기계는 고온, 고압, 전류와 같은 매우 거친 조건에서 에너지를 만들고 이용하는 반면, 생물체 내의 분자 기계(molecular machine)는 비교적 세밀하고 정교한 메커니즘을 갖고 있다. 세포는 전자를 산화 분자로부터 전자 결핍 분자로 전달시키는 산화-환원 반응 과정을 이용하여 대부분의 에너지를 생성한다. 이 반응에서 전자는 수소 원자(H•) 또는 수소화 이온(hydride, $H:^-$)으로서 제거되거나 첨가된다. 수소 원자가 많을수록(더 환원될수록) 그 분자는 더 많은 에너지를 갖는다. 예를 들어 지방산은 당(sugar)보다 더 많은 수소 원자를 가지고 있기 때문에 산화될 때에 당보다 더 많은 에너지를 생산한다. 지방산과 당이 산화될 때 이들의 수소 원자들은 보조 효소인 FAD(플라빈 아데닌 다이뉴클레오타이드) 또는 NAD^+에 의해 각각 제거된다 (보조 효소는 효소와 결합하여 작용하면서 작은 원자단의 운반체 역할을 하는 작은 분자이며, 이 경우에는 전자를 운반한다.) 이렇게 환원된 $FADH_2$ 또는 NADH는 또 다른 전자 받개에 전자를 전달한다.

전자가 전달될 때마다 에너지는 상실된다. 세포는 이와 같은 반응을 이용하는 복잡하고 정교한 메커니즘을 갖추고 있기 때문에 방출된 에너지의 일부는 세포 활동을 위해 사용된다. 대부분 세포에서 에너지 생성의 가장 두드러진 특징은 막 속에 묻혀 있는 전자 전달 분자들을 통해 일어나는 전자 전달 경로이다. 이 과정에서 전자가 한 전자 운반체 분자로부터 다른 분자에 전달될 때 에너지가 방출된다. 여러 산화-환원 반응을 거쳐 생성된 에너지는 ATP의 합성을 추진하는 데 충분하다. ATP는 고도로 조직화된 세포 구조와 기능을 유지하는 데 사용되는 에너지를 직접 공급하는 에너지 운반체이다.

많은 유사점을 공유하고 있음에도 불구하고 생물들은 주변 환경으로부터 에너지를 획득하는 데 사용하는 전략이 다르다. **독립 영양 생물**(autotroph)은 태양에너지[**광합성**(photosynthesis)] 또는 다양한 화학 물질들을 화학 결합 에너지로 전환시키는 생물들이며, 이들을 각각 **광 독립 영양 생물**(photoautotroph) 또는 **화학 독립 영양 생물**(chemoautotroph)이라 한다. **종속 영양 생물**(heterotroph)은 다른 생물체의 구성 분자를 먹이로 섭취하여 분해함으로써 에너지를 얻는다. **화학 종속 영양 생물**(chemoheterotroph)은 유일한 에너지원으로 미리 형성된 유기 생체 분자를 이용한다. 약간의 원핵생물과 소수의 식물(예, 포획한 곤충을 소화하는 벌레잡이 주머니 식물)은 빛과 유기 생체 분자를 에너지원으로 사용하는 **광 종속 영양 생물**(photoheterotroph)이다.

주요 개념 _Key Concepts

생물에서 물질을 이동시킬 수 있는 능력인 에너지는 보통 산화-환원 반응에 의해 형성된다.

지구상에서 대부분의 생물들이 사용하는 에너지의 근원은 태양이다. 식물이나 몇몇 원핵생물과 조류(algae) 등의 광합성 생물들은 태양에너지를 이용하여 CO_2를 당과 다른 생체 분자로 전환시킨다. 화학 합성 영양 생물(chemotroph)은 황화수소(H_2S), 아질산(NO_2^-) 또는 수소 가스(H_2) 등과 같은 무기 화합물을 산화함으로써 CO_2를 유기 생체 분자로 합성하는 데 필요한 에너지를 얻는다. 이와 같은 과정을 통해 생성된 생물량은 종속 영양 생물의 에너지로 변환되거나 구조를 이루는 성분으로 사용된다. 각 단계에서 분자의 화학 결합이 재배열되면서 에너지는 포획되어 생물체의 복잡한 구조를 유지하거나 활동을 유지하는 데 사용된다. 결국 에너지는 재분배되고 열 형태로 방출된다. 다음 절에서 생물이 에너지를 생성하고 이용하기 위해 어떤 대사 경로를 거치는지에 대해 설명하고 세포 질서가 유지되는 기본 메커니즘에 대하여 설명할 것이다.

대사의 개요

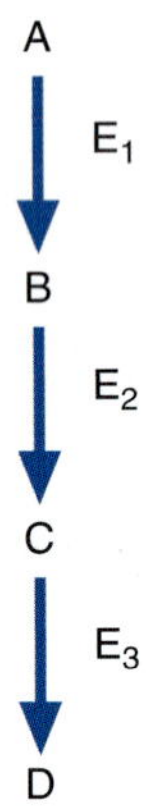

그림 1.20

생화학 경로.

이 세 단계의 생화학 경로에서 생체 분자 A는 연속적으로 일어나는 세 반응을 통해 생체 분자 D로 전환된다. 각각의 반응에서 특정한 효소(E)가 촉매 작용을 한다.

대사(metabolism)란 생물체 내에서 효소에 의해 촉매되는 모든 화학 반응을 일컫는다. 이러한 반응들은 독립적이지 않고 하나의 경로로 조직화된다. 이 반응들의 대부분은 첫 반응물이 세포의 특정 목적을 위해 사용될 수 있는 생성물로 단계별 순서를 거쳐 변화되는 경로(**그림 1.20**)로 구성된다. 예를 들어 육탄당인 글루코스를 분해하는 해당 과정(glycolysis)은 10개의 반응으로 구성된다. 한 생물체의 모든 대사 과정은 거미줄처럼 상호 연결된 생화학 반응으로 구성되어 있으며 자원을 보존하고 에너지 사용을 최적화하도록 조절된다. 생화학 경로에는 대사, 에너지 전달과 신호 전달의 세 가지 종류가 있다.

대사 경로 대사 경로에는 동화 경로와 이화 경로가 있다. **동화 경로**(anabolic pathway) 또는 생합성(biosynthetic) 경로는 작은 전구물질로부터 더 크고 복잡한 분자가 합성되는 것을 말한다. 음식물로부터 얻어지거나 생성된 구성단위 분자(예, 아미노산, 당과 지방산)는 더 크고 복잡한 분자로 합성된다. 생합성은 구조의 조직화와 복잡성을 증가시키기 때문에 동화 경로는 에너지 소모가 필요하다. 동화 과정의 예로서 당으로부터 다당류가 합성되고 아미노산으로부터 단백질이 합성되는 반응을 들 수 있다. **이화 경로**(catabolic pathway)에서는 크고 복잡한 분자가 더 작고 간단한 생성물로 분해된다. 어떤 이화 경로는 에너지를 방출하고 이 에너지의 일부는 다른 형태로 저장되어 동화 반응을 일으키는 데 사용된다.

그림 1.21은 동화와 이화 과정 사이의 상호관계를 나타낸 것이다. 영양 분자가 분해되면서 에너지와 환원력이 각각 ATP와 NADH 분자에 보존된다. 생합성 과정은 생물체의 복잡한 구조물을 만들고 생물체의 적절한 기능을 수행하기 위해 이화 작용의 대사물질과 이화 작용을 통해 합성된 ATP와 NADPH(환원력의 원천, 즉 높은 에너지의 전자)를 이용한다.

에너지 전달 경로 에너지 전달 경로를 통하여 생물체는 에너지를 얻어 생체 분자 반응 과정을 수행하기 위해 필요한 형태로 전환한다. 엽록소 분자에 의해 흡수된 빛에너지가 에너지를 방출하는 산화 환원 반응을 거쳐 당 분자의 화학 결합을 형성하는 데 사용되는 것은 대표적인 예이다.

신호 전달 **신호 전달**(signal transduction) 경로를 통해 세포는 주변 환경으로부터 신호를 받고 반응한다. 첫 단계인 수용 단계에서 호르몬 또는 영양 분자 같은 신호 분자가 수용체 단백질과 결합한다. 이 결합에 의해 원래의 신호에 대한 세포의 반응을 촉발하는 세포 내 다단계 반응이 개시된다. 예를 들어 글루코스가 췌장의 인슐린 분비세포의 수용체에 결합하면 인슐린이 혈액으로 분비된다. 일반적으로 이러한 반응으로 기존 효소의 활성이 증가되거나 감소되며, 새로운 효소 분자가 합성되기도 한다.

주요 개념 _Key Concepts

- 대사란 생물체에서 효소에 의해 촉매되는 모든 화학 반응의 총합이다.
- 생화학 경로에는 3가지 경로, 즉 대사(동화와 이화), 에너지 전달, 신호 전달이 있다.

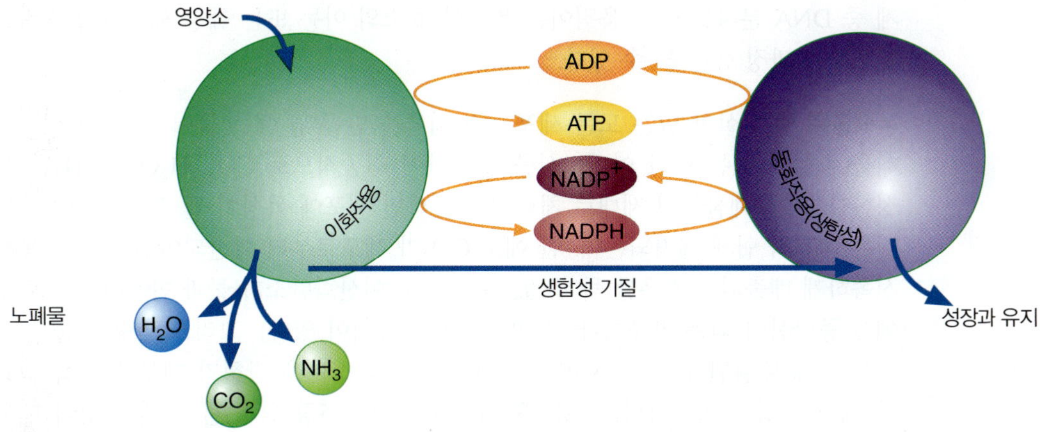

그림 1.21

동화와 이화.

에너지를 생성하기 위해 산소를 사용하는 생물의 경우, 이화작용을 통해 영양소를 작은 분자로 전환한다. 생합성 반응에 이용되는 에너지(ATP)와 환원력(NADPH)은 영양소가 CO_2, 암모니아와 H_2O 같은 노폐물로 전환되는 이화과정에서 생성된다.

생물의 질서

모든 생물에서 수백만 종류의 분자들이 일관된 기능을 수행하므로 생물체 간에 질서정연한 기능적 통일성이 존재함을 알 수 있다. 바꿔 말하면 생명은 고도로 조직화된 복잡성의 실체이다. 생물의 질서(biological order)를 만들고 유지하는 데 필요한 생명활동 과정이 다양하지만 대부분은 다음과 같이 분류될 수 있다. (1) 생체분자의 합성과 분해, (2) 세포막을 통한 이온과 분자의 수송, (3) 에너지의 생산과 운동, (4) 대사 노폐물과 독성물질의 제거.

생체 분자의 합성 세포 성분은 다양한 형태의 화학 반응을 거쳐 합성되는데, 이는 간접 또는 직접적으로 ATP 분자에 의해 제공되는 에너지를 필요로 한다. 생합성 반응을 통해 만들어진 분자들은 다양한 기능을 수행하는데, 초거대 분자 구조(supramolecular structure, 예: 막을 구성하는 단백질과 지질)로 조립하거나, 정보 분자(예, DNA와 RNA)로서 작용하거나 화학 반응의 촉매(예, 효소)로서 작용한다.

세포막을 통한 이온과 분자의 수송 세포막은 한 구획으로부터 다른 구획으로 이온이나 분자가 통과되는 것을 조절한다. 예를 들어 원형질막(동물세포의 외막)은 선택적 장벽이며, 비교적 무질서한 외부 환경으로부터 좀 더 질서가 정연한 세포 내부로 영양소 같은 물질들을 수송한다. 이와 유사하게 이온과 분자들이 생화학 반응 과정 중 세포 소기관의 안쪽이나 바깥쪽으로 수송된다. 예를 들어 지방산은 미토콘드리아 내부로 수송되어 분해과정을 거쳐 ATP를 생성한다.

세포의 운동 조직화된 운동은 생물의 특성 중 하나이다. 생명을 유지하는 데 필요한 복잡하고 조직적이며 협동적인 활동은 세포 구성 성분의 운동을 필요로 한다. 진핵세포에서 세포 운동의 경우, 세포 분열과 세포 소기관의 이동 등이 좋은 예가 될 수 있다. 이 두 가지 과정은 *세포골격*(cytoskeleton)이라고 하는 단백질 필라멘트의 복잡한 그물망 구조와 기능을 필요로 한다. 세포 운동의 형태는 모든 생물체의 생장, 생식 및 경쟁 능력에 지대한 영향을 준다. 예로서 연못에서 먹이를 찾는 원생동물의 운동이나 외래 세균이 감염되었을 때 침입한 세균을 추적하는 백혈구의 이동 등을 생각해 볼 수 있다. 더 흥미로운 예로서 세포 분열 전에 일어나는 염색체의 복제 중 DNA 분자를 따라 움직이는 특이한 효소의 이동 또는 췌장 세포가 인슐린을 분비하는 과정 등을 들 수 있다.

노폐물의 제거 살아 있는 모든 세포는 노폐물을 만든다. 예를 들어 동물 세포는 음식물에 들어 있는 당과 아미노산을 분해하여 최종적으로 CO_2, H_2O와 NH_3를 생성한다. 이 노폐물들이 제대로 처리되지 못하면 세포에 독성이 될 수 있다. 어떤 물질은 비교적 쉽게 제거되는데, 한 예로 CO_2가 세포로부터 확산되어 호흡계를 통해 신속하게 배출되는 경우를 들 수 있다(이 경우 이산화탄소가 물과 반응하여 적혈구에서 중탄산이 되는 반응이나 그 역반응이 포함되어 있다). 그리고 과량의 물은 신장을 통해 배설된다. 그러나 어떤 분자들은 독성이 매우 강하기 때문에 더욱 정교한 제거 방법이 필요하다. 가령, 요소(urea) 회로(15장 참조)를 통해 독성이 매우 높은 암모니아(NH_3)를 독성이 덜한 요소로 전환시킨다. 그 다음에 요소 분자는 소변의 주성분으로서 신장을 통해 신체 외부로 제거된다.

그 외에 세포는 제거해야 하는 다양한 종류의 복잡한 유기 분자들을 갖고 있다. 식물은 이러한 분자들을 액포로 수송하는데, 그곳에서 분해하거나 저장한다. 그러나 동물은 독성 물질을 물에 용해하여 제거하는 메커니즘을 사용해야 한다(예, 신장에 의한 소변 형성). 더 간단한 분자로 분해될 수 없는 스테로이드 호르몬 같은 소수성 물질은 일련의 반응을 통해 수용성 유도체로 전환된다. 이러한 메커니즘은 약물이나 환경오염 물질 같은 유기 분자를 용해시키는 데 사용된다.

주요 개념 _Key Concepts

생명체에서 고도의 질서를 갖춘 복잡한 과정들은 에너지가 지속적으로 공급되어서 유지된다.

1.4 시스템생물학

생화학 반응 과정과 관련하여 얻어진 모든 지식들은 복잡한 생물체 전체를 그 구성성분으로 쪼개어 연구하는 *환원주의*(reductionism) 탐구 방법에 의해 얻어졌다. 환원주의는 각각의 개별적인 부분을 더욱더 쪼개어 분자들의 화학적, 물리적 성질과 분자들 사이의 상호 관계를 규명하는 역할을 하였다. 현대 생명과학의 발전은 환원주의자의 철학 없이는 불가능하였을 것이다. 그럼에도 불구하고 환원주의는 그 한계성을 지니고 있다. 환원주의의 특이한 점은 각 부분들의 성질에 대한 상세한 지식을 갖고 있으면 전체의 기능을 완전히 이해할 수 있다고 생각하는 것이다. 그러나 이와 같은 노력에도 불구하고 환원주의로 역동적인 생명 현상의 과정을 논리적으로 이해한다는 것은 쉬운 일이 아니다.

최근 수십 년간 생물체의 총체적인 생명활동의 기능을 이해하기 위해 시스템생물학이라고 부르는 새로운 접근이 시도되고 있다. 원래 제트기를 개발하기 위해 고안된 공학 원리를 토대로 한 **시스템생물학**(systems biology)은 생물체를 하나의 통합된 계로 보는 것이다. 그리고 각 계는 어떤 특수한 기능을 수행한다. 계의 한 예로 소화계에서는 음식물이 효소에 의해 작은 분자들로 분해되어 세포에 흡수된다.

인간이 조작하는 계와 생명계는 어느 점에서 놀랄 만큼 유사하지만 또 한편으로는 현저히 다르다. 가장 중요한 차이는 설계이다. 공학자는 복잡한 기계 또는 전기 체계를 고안할 때 각 구성 요소가 정확한 기능을 발휘하도록 할 뿐만 아니라 회로망 구성 요소 사이에 불필요한 또는 예기치 않은 상호작용이 일어나지 않도록 한다. 예를 들어 비행기를 제어하는 케이블 속의 각 전선(electric wire)은 누전에 의한 손상을 방지하기 위해 절연되어 있다. 이와 대조적으로 생물계는 수십억 년 동안에 걸친 시행착오를 통해 진화해 왔다. 생물 개체군은 선택 압력에 반응하여 적응한 결과 진화하게 되었으며, 돌연변이, 유전자 복제, 혹은 다른 생명체로부터의 유전자 획득 등을 통해 유전적 다양성을 확보하였다. 공학자가 고안해 낸 기계와 달리 생물체의 구성 요소는 고정된 한 가지의 기능만을 갖지 않고 중복된 기능을 가질 수 있다. 생물계는 이미 확립된 계 구성 요소와 새로 출현하는 구성 요소(예, 돌연변이에 의해 변형된 유전자의 복제로부터 유래하는) 사이의 상호작용으로 더욱 복잡해졌다.

생물체에서 한 번에 일어나는 수백 개의 생화학 반응을 한꺼번에 분석할 수는 없기 때문에 시스템적 접근이 특히 중요하다. 시스템생물학자는 생화학 반응 경로로부터 이 반응들이 오랜 세월과 다양한 조건에서 어떻게 작용했는지에 대한 체계적 정보를 얻기 위해 수학과 컴퓨터를 도입하였다. 이러한 접근 방식의 성공 여부는 세포내 생체 분자의 농도와 세포에서 일어나는 생화학 반응 속도에 대한 정확한 정보를 포함하는 엄청난 자료에 달려 있다. 비록 이 자료들이 불완전하다 해도 이 분석 방법은 주목할 만한 성공을 거두었다. 모든 종류의 생체 분자들을 동정하고 정량화하는데 필요한 기술은 계속 개선되고 발전할 것이다. 시스템생물학자는 복잡하고 다양한 생화학 반응 경로를 지지해주는 두 가지 핵심 원리, 즉 창발성과 견고성을 발견하였다. 또 시스템생물학자들은 세포의 막대한 복잡성을 계, 망, 모듈, 모티프 같은 개념으로 조직화하였다.

창발성(Emergence)

생물의 복잡한 체계는 그 구성 요소 각각의 성질에 대한 지식을 가지고 있다고 해서 쉽게 이해될 수 있는 것은 아니다. 계를 구성하는 각 수준에서 새롭고 예상하지 못한 성질들이 구성 요소들 사이의 상호작용으로 일어난다. 예를 들어 혈액으로부터 산소를 운반하는 헤모글로빈이 그 기능을 제대로 발휘하려면 제1철(Fe^{2+})이 필요하다. 철은 무생물 세계에서 쉽게 산화하는 반면에 헤모글로빈 내 철은 비록 운반 중 산소와 직접 연결되어 있지만 보통 산화하지 않는다. 철과 결합하는 자리 주변의 아미노산 잔기들은 철(Fe^{2+})을 산화로부터 보호한다. 헤모글로빈 내 제1철의 보호를 **창발적 특성**(emergent property)으로 설명할 수 있는데, 이는 계의 복잡성과 동역학(dynamics)에 의해 주어지는 성질이다.

견고성(Robustness)

다양한 혼란과 무질서 속에서도 안정을 유지하는 체계를 *견고*(robust)하다고 한다. 예를 들어 비행기의 자동조정 장치는 기계적 상태 또는 풍속 등이 변화하여도 비행기가 일정한 항로를 유지하도록 해준다. 견고성을 갖는 모든 계는 실패를 방지하기 위하여 통합된 자동안전장치의 메커니즘이 필요하므로 필연적으로 복잡할 수밖에 없다. 인간이 만든 기계의 안전보장 장치의 성질은 기능의 *중복성*(redundancy)에 의해 형성된다(예, 예비 전기 발전기). 비록 생물체는 기능이 중복되도록 디자인되어 있지는 않지만, 구조적으로 다른 구성 성분들이 동일한 또는 유사한 기능을 수행하는 **축퇴**(degeneracy)의 결과로서 생물체의 견고성을 유지하게 해 준다. 단백질 합성 과정에서 유전 암호(genetic code)는 그 대표적인 예인데 mRNA 상의 64개의 코돈(codon) 중에서 61개의 코돈이 20개의 아미노산을 암호화한다. 대부분의 아미노산들은 1개 이상의 코돈을 갖는데 암호의 축퇴는 염기 치환 돌연변이(base substitution mutation)에 대한 보호 수단이 된다.

시스템생물학 모형 개념

시스템생물학자들의 노력으로 더 단순화된 모형들이 발전하였으며, 이것은 학생들뿐 아니라 생명과학 연구자들이 생물체의 막대한 복잡성을 이해하려는 노력에 도움을 주었다. 시스템생물학에서 사용되는 용어에는 계, 망, 모듈, 모티프가 포함된다.

계 *계*(system)는 서로 연결되어 상호작용을 하는 생체 분자들의 조립체로 정의된다. 연구하려는 계는 생물체, 조직, 세포 또는 세포소기관이 될 수도 있다. 예를 들면 미토콘드리아는 세포소기관(동물과 식물 같은 생물체 세포의 세포 구획 중 한 유형)이다. 이것은 여러 기능 중에서도 식품 분자의 에너지를 세포 과정들을 추진하고 수많은 생체 분자를 합성하는 데 필요한 화학 에너지로 전환하는 구조적 특징과 생화학 경로를 가지고 있다.

망 계는 망(network)의 동적 상호작용으로 생각될 수 있으며, 각 망은 한 가지 이상의 기능을 수행하는 상호 연관된 분자들이 집단이다. 생물체는 대사망, 신호망, 조절망을 가지고 있다. *대사망*(metabolic network)은 생체 분자를 합성하고 분해하는 상호 연결된 생화학 반응 경로들로 구성된다. 반응물과 생성물 분자는 이 경로들을 서로 연결한다. 예를 들면 당인 글루코스를 분해하는 경로인 해당 과정(glycolysis)은 해당 과정의 생성물인 피루브산에 의하여 미토콘드리아 안의 에너지 포획 경로들과 연결되어 있다. 피루브산은 미토콘드리아 안으로 운반되고, 여기에서 다른 경로의 생화학 반응들이 수소 원자의 에너지를 포획하는 과정을 시작한다. 어떤 해당 과정 중간물질은 전구물질 분자로 작용하기 때문에 해당 과정은 아미노산 생합성 경로와도 연결된다.

생물체는 내부와 외부 환경 모두를 받아들이고 그것에 적절히 반응해야 한다. 세포는 막대하고 미묘한 *신호망*(signalling network)을 통하여 정보를 얻고 처리한다. 신호망은 정보를 받아들이는 수용체 단백질과 그 성분들이 정보를 처리하는 신호 전달 경로로 구성된다. 예를 들면 에피네프린은 근육과 간세포의 표면에 있는 수용체에 결합하면 글리코젠을 분해하는 효소들을 활성화하는 신호 전달 메커니즘을 개시한다.

생물체는 대사 경로를 촘촘하게 제어하는 정교하고 견고한 메커니즘을 가지고 있다. 이 제어는 효소와 다른 생체 분자들의 합성을 암호화하는 유전자의 스위치를 켜고 끄는 *조절망*(regulatory network)에 의하여 이루어진다. 예를 들면 호르몬인 인슐린이 그 표적 세포의 표면에 있는 수용체에 결합하면 많은 유전자(예, 글리코젠과 트라이아실글리세롤의 합성의 효소들)의 발현을 변경시키는 신호 전달 메커니즘의 시동을 건다. 그러나 생물체의 유전자 조절망은 다른 망들과 불가분하게 통합되어 있다. 예를 들면 인슐린의 수용체 결합은 어떤 효소의 활성은 촉진하고 다른 효소의 활성은 억제함으로써 여러 생화학 경로의 활성을 빠르게 변형하는 신호 전달 경로를 촉진한다.

모듈 복잡한 계는 주어진 기능을 수행하는 구성 요소 또는 하위 체계(subsystem)인 *모듈*(module)로 이루어진다. 모듈은 필요 시 쉽게 집합, 재배열, 수선, 그리고 제거되는 이점이 있기 때문에 생물체는 모듈을 사용한다. 비록 모듈(예, 실험실에서 세포로부터 추출된 효소)은 일부 또는 대부분의 기능을 유지한 채 분리되어 작동할 수는 있지만, 그 기능은 더 큰 계 내에서 작용할 때 의미를 지닌다. 생물체의 계는 모든 수준에서 모듈 방식으로 구성되어 있다. 대표적인 예로서 세포 내의 아미노산, 단백질, 생화학 경로 등이 있다. 세포 내 구성 요소는 쉽게 제거되고 손상받을 수 있기 때문에 모듈 방식은 특히 중요하다. 예를 들어 해당 과정은 모듈로 생

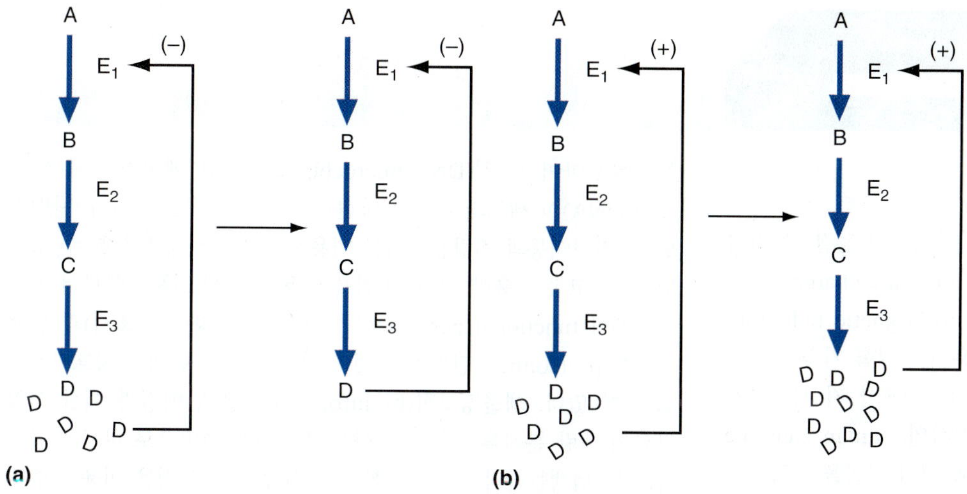

그림 1.22
되먹임 메커니즘.
(a) **음성 되먹임.** 생성물이 축적되면 반응 경로의 관련된 효소에 결합하여 활성을 억제한다. 그 결과 생성물의 생성은 감소한다. (b) **양성 되먹임.** 생성물이 축적되면 반응 경로의 효소 활성을 촉진시켜 생성물의 합성 속도를 증가시킨다.

각될 수 있다. 계에서 모듈 사이의 기능적 연관 관계는 모듈들이 상호작용을 해야 하는지, 언제 해야 하는지 정해주는 규칙들인 *규약*(protocol)에 의해서 관리된다. 미토콘드리아 안으로 피루브산을 수송하는 메커니즘은 이러한 규칙의 한 예이다.

모티프 망 모디프(network motif)는 자주 일어나며, 많은 시로 다른 용도를 가진 조절 회로이다. 생물체에서 가장 흔한 유형은 한 반응 과정의 생성물이 전체 과정에 음성적(−)으로 또는 양성적(+)으로 과정을 변형하게 작용하는 자기조절 메커니즘인 **되먹임 제어**(feedback control)이다(**그림 1.22**). 가장 흔한 *음성 되먹임 제어*(negative feedback control)는 생성물이 스스로의 생성을 억제하는 반응이다. 많은 생화학 경로들은 음성 되먹임 메커니즘에 의해 조절되는데, 보통 한 경로의 생성물이 그 경로의 첫 반응에 관련된 효소의 활성을 억제한다. 반면에 *양성 되먹임 제어*(positive feedback control)는 생성물 자체가 자신의 생성을 증가시키는 경우인데, 이 메커니즘은 반응을 불안정하게 만들기 때문에 생물체에서는 자주 일어나지 않는다. 만약 이 메커니즘을 제어하지 못할 경우 양성 되먹임 고리의 증폭 효과가 전체 반응의 체계를 파괴할 수 있다. 예를 들어 혈액응고에서 손상된 혈관을 막는 혈소판 마개(plug)는 손상 받지 않은 인접한 혈관세포들이 억제제를 방출하기 때문에 계속 확장되지는 않는다.

혈액응고
Blood Clotting

생물체와 견고성

예비적 안전 제어 메커니즘은 인공 계이든지 생물계이든지 비용이 많이 든다. 그런 에너지 이용 가능성의 제약은 자원 배분의 우선성을 필요로 한다. 그 결과 계는 일반적으로 흔히 일어나는 환경 변화로부터는 보호를 받지만 손상을 입히는 특이하고 드물게 일어나는 사건에는 약점이 있다. 이러한 약점을 *취약성*(fragility)이라고 하며 견고성을 갖는 계의 피할 수 없는 특성이다. 세포 주기 제어가 파괴되는 질병군인 암은 견고한 계의 '견고하지만 취약한(robust, yet fragile)' 성질의 예이다. 동물의 세포 분열을 조절하는 정교한 제어에도 불구하고 세포 주기 조절 단백질을 암호화하는 단지 몇 개 유전자의 돌연변이에 의해 세포 증식이 제어되지 않고 일어날 수 있다.

주요 개념 _Key Concepts

- 시스템생물학은 주어진 자료들의 상호 작용에 대한 수학적 모형을 개발함으로써 생물체의 기능적 성질을 총체적으로 조명하려는 분야이다.
- 계적 접근을 함으로써 생물체의 창발적 특성, 견고성, 모듈성에 대한 통찰력이 생겼다.

생화학 실험 BIOCHEMISTRY IN THE LAB

소개

생화학 실험 기술은 생체 분자의 물리 · 화학적 성질, 즉 화학 반응성, 크기, 용해도, 알짜 전하(net electric charge), 전기장에서의 이동과 전자기 복사(electromagnetic radiation)의 흡수 등을 이용한다. 생화학 연구에 사용되는 실험 기술이 첨단화되면서 과학자들은 생명 현상에 대해 보다 정교한 지식을 갖게 되었다. 1980년대 말에 시작한 인간유전체사업(Human Genome Project)은 궁극적으로 인간 유전자의 DNA 염기 서열을 규명하기 위한 획기적인 연구 사업이었다. 자동화된 DNA 염기 서열 분석 기술의 발달은 생명과학 연구에 일대 혁명을 불러일으켰는데 그 이유는 엄청난 작업량을 신속히 처리해 유전체학이라는 새로운 분야로 알려진 유전체의 정보 내용을 조사할 수 있기 때문이다.

유전체학(genomics)은 의학 연구에서 특히 유용한데, 수많은 인간 질병이 하나 또는 그 이상의 유전자 서열의 오류 또는 유전자 발현의 잘못된 조절과 연관되어 있기 때문이다. 이들에 대한 신속하고 정확한 검사를 통하여 밝혀진 최초의 질환으로 낭포성섬유증(cystic fibrosis), 유방암, 간질환 등이 있다. 최근에 개발된 여러 기술들을 통해 질병을 분자 수준에서 연구할 수 있게 되었다. 예를 들어 DNA 마이크로칩(DNA microchip, 고체 표면에 배열된 수천 종류의 DNA)이 세포의 유전자 발현을 확인하는 데 사용된다. 단백질도 젤 전기이동과 질량분석기를 이용하여 신속하게 분석할 수 있게 되었다. '고속 대용량 처리' 방법을 이용하는 새로운 분야로서 **기능유전체학**(functional genomics, 유전자 발현 양상의 조사)과 **단백질체학**(proteomics, 단백질 합성 양상과 단백질-단백질 상호작용의 조사)이 있다. **생물정보학**(bioinformatics)은 단백질과 핵산 서열 자료의 대량 분석을 가능하게 하는 컴퓨터를 기반으로 하는 분야이다. 시스템생물학자들은 이러한 연구 방법들의 이점을 이용하여 대사과정 조절, 유전자 조절 및 신호 전달과 같은 생물학적 현상을 규명하고 있다.

과거로부터 생화학자와 다른 과학자들은 종종 상대방의 연구로부터 서로 도움을 받았다. 예를 들어 물리학자들이 개발한 X선 회절, 전자현미경기술과 방사성 동위원소 표지(radioisotope labeling) 같은 기술로 말미암아 많은 생체 분자의 구조가 밝혀졌다. 최근에 생명과학은 컴퓨터과학자, 수학자, 공학자들이 개발한 기술과 정보도 이용한다. 생물학적 지식기반이 계속 확장되면서 미래의 생명과학과 의학 연구는 여러 전문분야 과학자들의 협동을 더욱 필요로 할 것이다.

이 장의 요약 CHAPTER SUMMARY

1. 생화학은 생명 원리의 기초를 분자 수준에서 연구하는 학문이라고 정의할 수 있다. 생명 현상에 대해 생화학자에 의해 밝혀진 주요한 내용은 다음과 같다. (1) 생명은 복잡하고 역동적이다. (2) 생명은 조직화되어 있고 자립적이다. (3) 생명은 세포로 구성되어 있다. (4) 생명은 정보를 기초로 한다. (5) 생명은 적응하고 진화한다.
2. 동물세포와 식물세포는 수천 종류의 분자들을 갖고 있다. 물을 무게로 계산하면 세포 함유물의 50~90% 정도를 차지하고 Na^+, K^+, Ca^{2+} 같은 무기 이온은 1% 정도를 차지한다. 그리고 나머지 생체 분자는 유기 화합물이다.
3. 세포내에서 발견되는 많은 생체 분자는 분자량이 1000달톤 이하인 작은 분자로서 아미노산, 당, 지방산, 뉴클레오타이드의 네 종류가 포함되어 있다.
4. 역평행 폴리뉴클레오타이드 가닥으로 이루어진 DNA는 유전 정보를 저장한다. DNA는 유전자라고 알려진 암호 서열과 비암호 서열을 포함하고 있다. RNA는 단일 가닥의 폴리뉴클레오타이드로 되어 있고, 데옥시리보스 대신 리보스 당을, 타이민 대신 유라실 염기를 지니고 있음이 DNA와 다르다. RNA는 단백질을 합성하는 데 작용을 하며 유전자의 전사 조절에도 관계한다. 유전자 발현은 유전자의 전사가 필요할 경우와 시기를 조절하여 일어나게 되는데, 전사 인자들이 반응 요소라고 하는 DNA의 특정 염기 서열에 결합하는 것이 필요하다.
5. 모든 생명 현상의 과정은 효소 촉매에 의한 화학 반응으로 이루어진다. 생화학 과정에서 가장 흔한 반응으로 친핵성 치환 반응, 제거 반응, 첨가 반응, 이성질화반응, 산화-환원 반응이 있다.
6. 생명체는 지속적으로 에너지를 사용하여 생체 내의 무질서화를 막는다. 세포가 에너지를 얻는 주요한 방법 중의 하나는 생체 분자 또는 다른 무기 이온을 산화하는 것이다.
7. 대사는 생물체 내에서 일어나는 모든 반응을 통합한 것이다. 대사에는 두 가지 경로가 있는데 동화 경로와 이화 경로이다. 에너지 전달 과정은 에너지를 획득하여 다른 반응 과정을 일어나게 하기 위해 에너지를 다른 형태로 전환하는 것이다. 신호 전달 과정은 세포가 환경으로부터 오는 신호를 전달받아 반응하도록 하는데, 신호의 수용, 신호의 전달, 반응의 세 단계로 구성된다.
8. 세포의 구조는 아주 복잡하며, 세포의 내부는 고도로 조직화되어 있다. 이와 같은 내부의 질서는 생체 분자의 합성, 세포막을

통한 요소 이온과 분자의 수송, 운동, 대사 노폐물과 기타 독성 물질의 제거라는 네 가지의 주요한 과정에 의해 이루어진다.

9. 시스템생물학은 수학적 모형 전략을 축적된 생물자료에 적용함으로써 생물체의 기능적 성질을 이해하려는 새로운 분야이다. 시스템생물학적 접근 방법을 통하여 생물체의 창발적 특성, 견고성 및 모듈성 등에 대한 통찰력을 얻게 되었다.

주요 용어 KEY WORDS

가수분해 *30*
거대 분자 *18*
견고성 *39*
광 독립 영양 생물 *35*
광 종속 영양 생물 *35*
광합성 *35*
기능 유전체학 *42*
뉴클레오타이드 *26*
다당류 *25*
단당류 *25*
단백질 *23*
단백질체학 *42*
당 *24*
대사 *19*
독립 영양 생물 *35*
돌연변이 *20*
동화 경로 *36*
되먹임 제어 *41*
모듈 *40*
반응 요소 *29*
불포화 *25*
비암호화 RNA *28*
산화 *33*
산화-환원 반응 *33*
산화제 *33*
생물정보학 *42*
생체 분자 *18*
소수성 *21*
수화 *32*
시스템생물학 *38*
신경 전달 물질 *22*
신호 전달 *36*
아미노산 *22*
양성되먹임 *41*
에너지 *35*
유전자 *20*
유전자 발현 *29*
유전체학 *42*
음성 되먹임 *41*
이성질화 *32*
이탈기 *30*
이화 경로 *36*
자가생성계 *29*
작용기 *21*
전사 *28*
전사 인자 *29*
제거 반응 *31*
종속 영양 생물 *35*
지방산 *25*
지질 *25*
창발성 *39*
첨가 반응 *32*
축퇴 *39*
친수성 *22*
친핵성 치환 *30*
친핵체 *30*
탄화수소 *21*
펩타이드 *23*
펩타이드 결합 *23*
포화 *25*
폴리펩타이드 *23*
퓨린 *27*
피리미딘 *27*
항상성 *19*
핵산 *26*
화학 독립 영양 생물 *35*
화학합성 *35*
환원 *33*
환원제 *33*
환원주의 *38*
효소 *19*

복습 문제 REVIEW QUESTIONS

**이 문제들은 다음 장으로 넘어가기 전에 이 장에서 논의했던 주요 개념에 대한 지식을 테스트하기 위해 만들어졌다.*

1. 다음의 용어들을 정의하라.
   a. 생체 분자
   b. 거대 분자
   c. 효소
   d. 대사
   e. 항상성
2. 다음의 용어들을 정의하라.
   a. 작용기
   b. R기
   c. 카복실기
   d. 아미노기
   e. 하이드록시기
3. 다음의 용어들을 정의하라.
   a. 폴리펩타이드
   b. 펩타이드
   c. 단백질
   d. 펩타이드 결합
   e. 표준 아미노산
4. 다음의 용어들을 정의하라.
   a. 지방산
   b. 포화 지방산
   c. 불포화 지방산
   d. 트라이아실글리세롤
   e. 포스포글리세라이드
5. 다음의 용어들을 정의하라.
   a. 뉴클레오타이드
   b. 퓨린
   c. 피리미딘
   d. 핵산
   e. 리보스
6. 다음의 용어들을 정의하라.
   a. DNA

b. RNA
c. 이중 나선
d. 유전체
e. 전사

7. 다음의 용어들을 정의하라.
a. mRNA
b. tRNA
c. rRNA
d. siRNA
e. miRNA

8. 다음의 용어들을 정의하라.
a. 전사 인자
b. 반응 요소
c. 신호 분자
d. RNA 간섭
e. 리보솜

9. 다음의 용어들을 정의하라.
a. 제거 반응
b. 가수분해
c. 첨가 반응
d. 탈수 반응
e. 수화 반응

10. 다음의 용어들을 정의하라.
a. 산화-환원 반응
b. 산화제
c. 환원제
d. NADH
e. 산화된 분자

11. 다음의 용어들을 정의하라.
a. 독립 영양 생물
b. 화학 독립 영양 생물
c. 광 독립 영양 생물
d. 화학 종속 영양 생물
e. 광 종속 영양 생물

12. 다음의 용어들을 정의하라.
a. 대사 경로
b. 동화 경로
c. 이화 경로
d. 해당작용
e. 신호 전달 경로

13. 생화학의 원리를 철저하게 이해할 필요가 있는 생물과학의 분야 세 가지를 들어보라.

14. 생물체에 존재하는 6가지 주요 원소는 무엇인가?

15. 다음 분자에서 작용기는 무엇인지 알아보라.

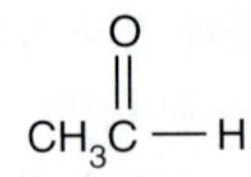
(a)

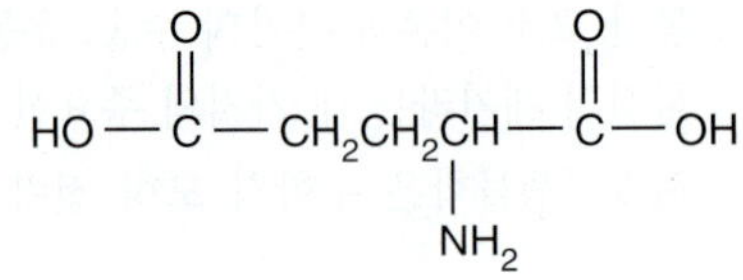
(b)

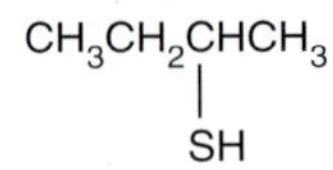
(c)

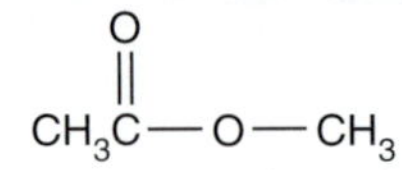
(d)

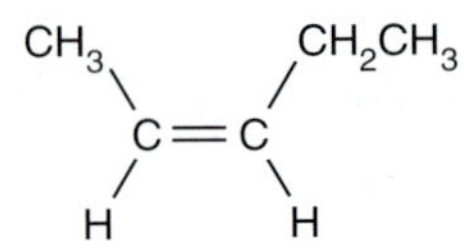
(e)

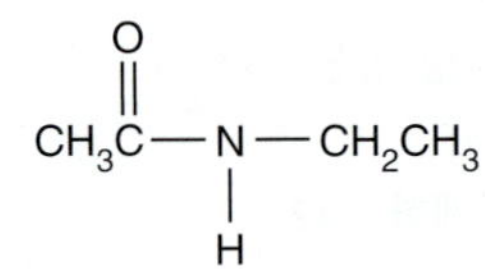
(f)

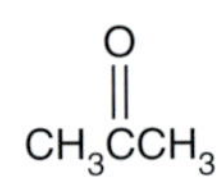
(g)

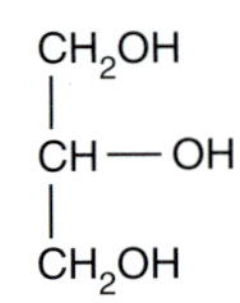
(h)

16. 4가지 중요한 생체 소분자들을 말해보고, 각각의 생체 분자들이 만들어내는 거대 분자는 무엇인지 말해보라.

17. DNA와 RNA의 역할은 무엇인가?

18. 세포들은 어떻게 화학 결합으로부터 에너지를 얻는가?

19. 다음 반응의 유형을 밝혀라.

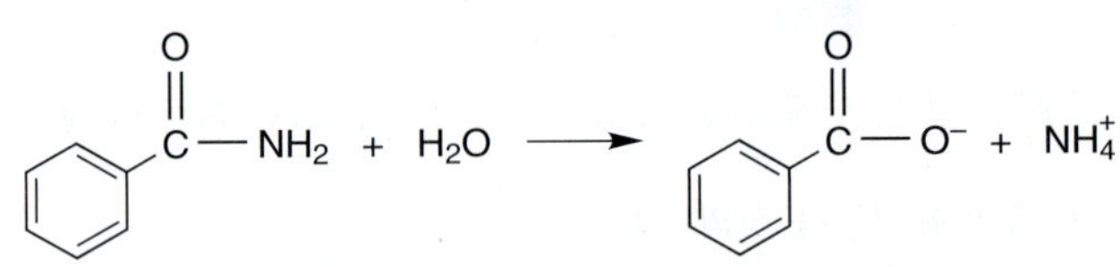

20. 이화작용과 동화작용의 일반적 특징은 무엇인가?

21. 다음 반응이 동화대사인지 이화대사인지 분류하라.
a. 글루코스 ⟶ 셀룰로스
b. 글루코스 + ADP + P_i $\xrightarrow{O_2}$ CO_2 + ATP + NADH

22. 아실기 전달 친핵성 반응을 포함하는 생화학 반응의 유형 세 가지를 들어보라.

23. 글루코스를 에너지원으로 이용하는 첫 번째 단계는 무슨 반응인가?

24. 식물은 폐기물을 어떻게 처리하는가?

25. 다음 각 분자들이 어떤 거대 분자의 구성 성분이 될 수 있는지 말해보라.

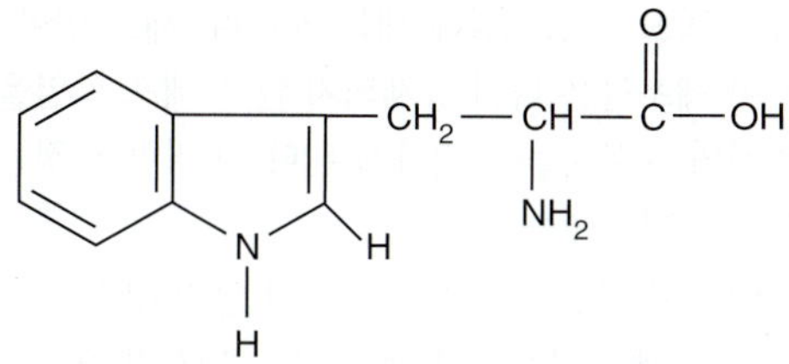

(a)

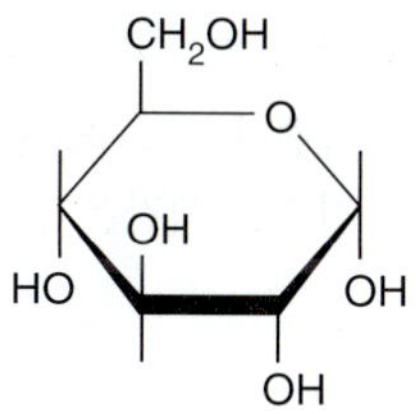

(b)

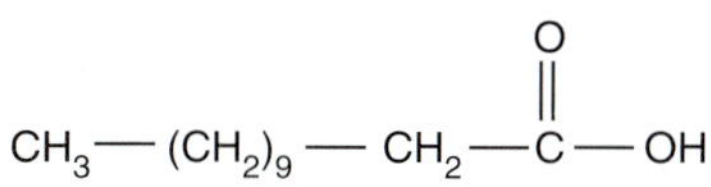

(c)

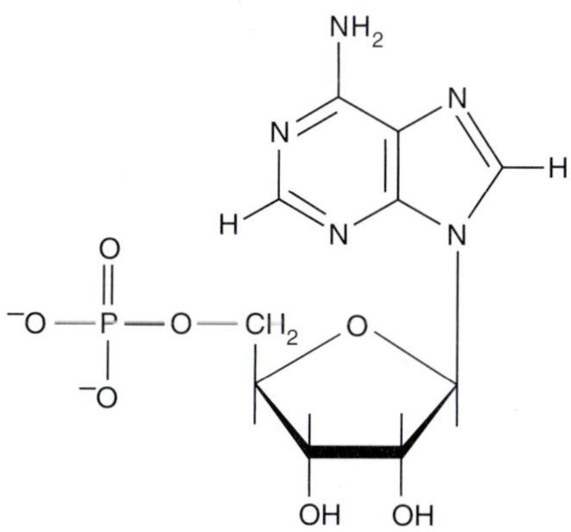

(d)

26. 대사의 가장 중요한 기능은 무엇인가?
27. 생체에서 발견되는 몇 가지의 중요 이온들을 열거해 보라.
28. 비행기의 자동 항법장치 계와 생물체의 계의 공통점과 상이점을 설명해 보라.
29. 폴리펩타이드의 여러 가지 기능을 설명해 보라.
30. 거대 생체 분자들은 무엇이며 생체 내에서 그들은 어떤 기능을 가지는가?
31. 뉴클레오타이드는 DNA와 RNA를 구성하는 성분이기도 하지만 다른 역할을 한다. 예를 들어 보라.
32. 동물 세포들이 생산해 내는 노폐물들의 이름을 말해 보라.
33. 단백질 합성 과정에서 mRNA, rRNA, tRNA의 역할을 비교하라.
34. '견고하지만 취약한(robust yet fragile)'이란 구절의 중요성에 대해 설명해 보라.
35. 인간이 만들어낸 복잡한 계와 생체 계의 일반적 특성들의 공통점과 상이점을 설명해 보라.

종합 문제 THOUGHT QUESTIONS

**이 문제들은 지금까지 이 책에서 논의된 모든 주요 개념에 대한 여러분의 이해를 강화하기 위한 것이다. 문제들은 하나의 정답을 가지고 있지 않을 수도 있다.*

36. 친핵성 아실 치환 반응을 하는 카복실산은 흔히 먼저 싸이오에스터로 전환된다. 예를 들면 아세트산은 설프하이드릴기를 가진 보조 효소 A라는 분자와 싸이오에스터를 형성한다.

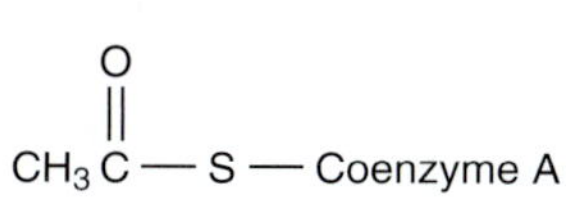

이 반응에서 이탈기는 무엇인가?

37. 지방산이 몸에 에너지를 오랫동안 저장하기 위한 좋은 수단이 되는 이유는 무엇인가?
38. 친핵성 치환 반응에서 반응성 순서가 인산 > 싸이올 > 에스터 > 아마이드의 순서이다. 인산(1×10^{-3}), 황화수소(1×10^{-7}), 알코올(1×10^{-16}), 암모니아(1×10^{-36})의 pK_a 값에 근거하여 이 반응성 순서를 설명하라. (pK_a 값은 산 해리 상수이며 용액에서 산의 세기를 정량적으로 측정하는 값으로서 산이 양성자를 잃는 경향이다.)
39. 생체 분자에서 발견되는 탄소, 수소, 산소 등의 원소들은 안정된 공유 결합을 형성한다. 이들 원소가 자연계에서와 달리 생체에서 좀 더 약하거나 강한 공유 결합을 형성한다면 그 결과는 어떨지 말해보라.
40. 테이삭스(Tay-Sachs) 병은 특정 지질 분자를 분해하는 효소가 결핍되어 신경계에 장애를 초래하는 유전병이다. 이 병으로 지질 분자가 뇌세포에 축적되면 생후 수개월 내에 운동이나 정신에 심각한 장애를 나타내며, 3세가 되기 전에 죽게 된다. 이에 대하여 시스템생물학자의 관점에서 설명한다면 어떻게 설명할 수 있을까?

41. ‘전체는 부분의 합보다 더 크다.’라는 진술은 생물체에 어떻게 적용되는가? 예를 들어보라.

42. 종양조직 속의 암세포들은 통제되지 않은 세포 분열을 하며, 여러 독성 약물들이 암세포를 죽이기 위해 투여된다. 그러나 종종 투약 초기에는 효과가 있지만(암 조직의 크기가 작아지는 등) 암세포들은 그 약에 저항성을 얻어 다시 활성을 갖게 된다. 생화학자들은 이런 현상이 생기는 이유가 다중 약물 내성(multidrug resistance) 때문이라는 사실을 밝혀냈다. 종양 조직 내의 하나 혹은 여러 세포들이 세포막에 있는 수송단백질의 일종인 P-당단백질(P-glycoprotein)의 유전자를 발현시켜 약물을 세포 밖으로 펌프질해 내는 것이다. 세포 안에 약물이 없어지면 이 세포들은 다시 통제되지 않은 세포 분열을 거듭하여 종양 조직의 대부분을 차지하게 된다. 이러한 과정은 생명체의 어떤 특성을 나타내는가?

43. 생체 내에서 수십만 종의 단백질들이 발견되었다. 그러나 이들은 아직 일부에 불과하다고 생각된다. 20가지 표준 아미노산으로부터 데카펩타이드(10개의 아미노산이 펩타이드 결합으로 연결됨)를 합성할 경우 얼마나 다양한 종류가 만들어질 수 있을지 계산해 보라. 만약 하나의 데카펩타이드 구조를 적는 데 5분 걸렸다면 이 과제를 마치는 데 걸리는 시간은 얼마일까?

제 2 장

살아 있는 세포

Living Cells

이 장의 차례 Outline

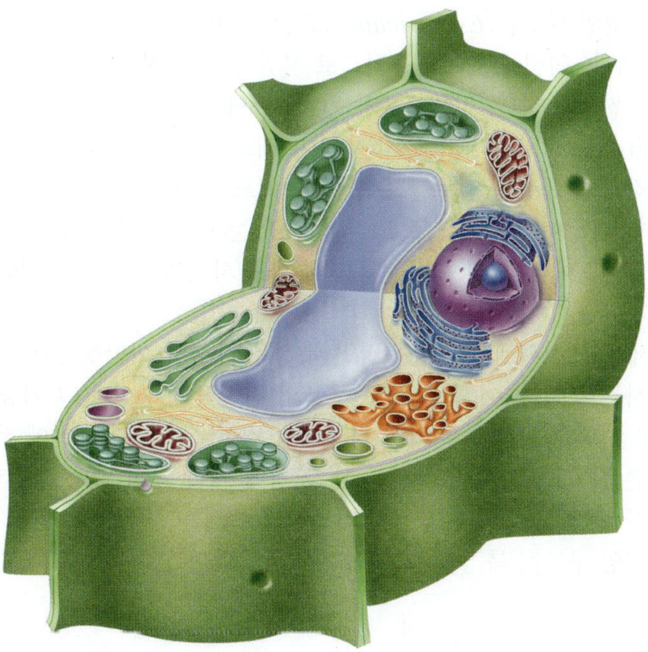

개관 Overview

세포는 모든 생물의 기본적 구조단위이다. 세포의 경이로운 특성 중 하나가 다양성인데, 인간은 약 200가지 유형의 세포를 갖고 있다. 이와 같은 변이는 세포의 다양한 기능을 잘 반영하고 있다. 그러나 그 모양, 크기, 그리고 종(species)이 달라도 세포는 놀라울 정도로 유사한 점이 많다. 그들은 모두 주위 환경으로부터 분리된 막으로 둘러싸여 있고 같은 유형의 분자로 구성되어 있다.

지구상의 생물의 계층은 생물권(biosphere)으로부터 생체 분자에 이른다. 각 생물 계층은 위와 아래 계층의 생물과 밀접하게 연결되어 있다. 실제로 세포는 살아 있는 가장 작은 실체이기 때문에 생명의 기본 단위이다. 세포는 환경을 감지하여 반응하고 물질과 에너지를 변형하고 스스로를 번식할 수 있는 복잡하고 미묘한 분자 기계이다.

세포는 두 종류, 즉 원핵세포와 진핵세포가 있다. 원핵생물(prokaryote)은 핵이 존재하지 않는 단세포생물이다. 원핵생물은 RNA 분석으로 세균(Bacteria)과 고세균(Archaea) 두 종류가 존재함이 확인되었다. 비록 겉보기 모양은 비슷하게 보이나, 두 종류 사이의 분자적인 성질의 차이는 이들이 진핵생물과의 차이점보다 크다. 일부 세균은 질병(콜레라, 결핵, 매독, 파상풍)을 일으키는 것도 있지만 그 반면에 인간에게 유익한(요구르트, 치즈, 발효 빵과 같은 식품에 이용되는) 것도 있다. 고세균이 특이한 점은 극단적인 환경에서도 살아남고 자랄 수 있는 능력에 있다. 진핵생물(eukaryote)은 세포의 DNA를 포함하고 있는 막으로 둘러싸여 있는 구획인 핵을 포함하는 비교적 큰 세포로 구성되어 있다. 진핵생물에는 동물, 식물, 곰팡이 및 단세포 원생동물이 있다. 진핵생물은 원핵생물에 비하여 크기와 복잡성에 차이가 있다. 대표적인 진핵세포인 간세포의 부피는 6,000~10,000 μm^3 사이이다. 그러나 세균인 *대장균(Escherichia coli)*의 부피는 2~4 μm^3 사이로 간세포에 비하여 매우 작다. 원핵세포도 구조적으로 복잡하지만, 진핵세포의 구조는 원핵세포에 비하여 훨씬 복잡하다. 진핵세포가 원핵세포에 비하여 구조가 훨씬 복잡한 것은 **세포소기관**(organelle)이라고 불리는 것이 세포 내에 존재하기 때문이다. 각 세포소기관은 각각의 특정한 임무를 수행한다. 세포소기관에 의하여 생성된 분획은 각각의 생화학 과정이 효과적으로 조절될 수 있는 미세 환경을 만든다. 다세포로 이루어진 진핵세포에서는 세포의 전문화와 세포 사이의 소통 메커니즘에 의하여 복잡성이 증가한다.

원핵세포와 진핵세포의 공통적인 특징은 유사한 화학성분과 DNA를 유전물질로 사용하는 것이다. 이 장은 세포 구조의 전반적인 구성과 그 기능을 소개한다. 일반적으로 생화학 반응은 분리된 상태에서 일어나지 않기 때문에 세포 구조를 공부하는 것은 중요하다. 그리고 세포 내 환경에 대한 지식 없이 생명현상을 이해하기는 어렵다. 세포 구조와 기능에서 기초적인 주제를 공부한 후 원핵세포와 진핵세포의 필수적인 구조적 특징을 그 생화학적 역할과 관련하여 공부하게 될 것이다.

2.1 기초적 주제

살아있는 각각의 세포는 생명을 구성하는 수천 가지의 작업을 빠르게 수행하는 수백만 개의 밀집된 생체 분자로 구성되어 있다. 최근 생명현상 과정의 연구에 생화학 기술이 도입되어 생체 분자의 기능을 부여하는 화학적 · 구조적 성질에 대하여 이해를 할 수 있게 되었다. 생화학 과정에서 생물적인 상황을 물, 생물막, 자기 조립, 분자 기계, 거대분자 밀집, 신호 전달의 핵심 개념을 조사함으로써 더 잘 이해할 수 있다.

물

물(water)은 생명활동 과정에서 매우 중요한 역할을 한다. 물의 독특한 극성 구조(polar structure)와 고농도에 의한 화학적 · 물리적 성질(3장 참조) 때문에 물은 생물의 필수적인 성분이다. 물의 가장 중요한 성질은 광범위하게 여러 물질과 반응하는 능력이다. 실제로 생물 내 다른 모든 분자의 작용은 물과의 상호작용 성질에 따라 정해진다. **친수성**(hydrophilic) 분자는 양전하, 음전하, 또는 전기음성도가 높은 산소 또는 질소를 비교적 많이 포함하는 분자로 물에 쉽게 녹는다. 간단한 친수성 분자의 예로서 소금과 같은 염과 글루코스와 같은 당이 있다. 대조적으로 **소수성**(hydrophobic) 분자는 전기음성도가 큰 원자를 거의 가지고 있지 않은 분자로 물과 상호작용을 하지 않는다. 그 대신 소수성 분자는 물과 혼합되면 소수성 분자들이 자발적으로 덩어리를 형성하여 탄화수소 사슬과 물 분자 사이의 접촉을 최소화한다(**그림 2.1**). 이 양극단 사이에 크고 작은 생체 분자의 거대한 집단이 있으며 이들은 각각 독특한 유형의 친수성과 소수성 작용기를 보유하고 있다. 생물체는 이 생체 분자들의 특유한 분자 구조를 이용한다.

주요 개념 _Key Concepts

- 물의 화학적 · 물리적 성질 때문에 물은 생물의 필수적인 성분이다.
- 친수성 분자는 물과 상호 작용하고 소수성 분자는 물과 상호 작용하지 않는다.

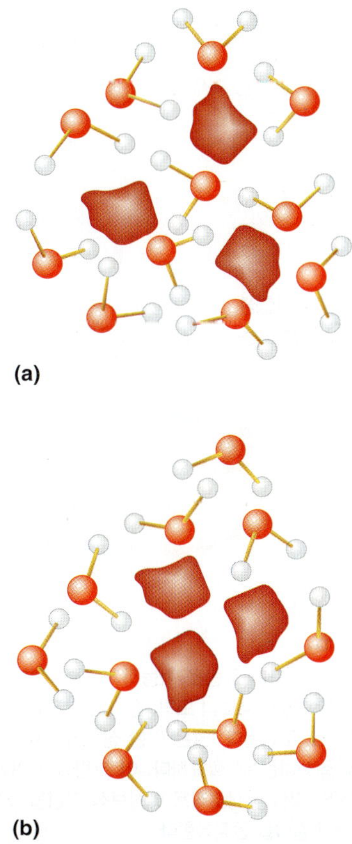

그림 2.1

물과 비극성 물질 사이의 소수성 상호작용. 비극성 물질(예, 탄화수소)은 물과 혼합되자마자(a), 곧 작은 덩어리로 뭉친다(b). 비극성 분자 사이의 소수성 상호작용은 물과 다른 극성 분자의 응집력이 비극성 분자 또는 분자의 부위를 서로 인접하도록 만들었을 때만 일어난다.

생물막

생물막(biological membrane)은 모든 세포와 세포소기관을 둘러싸는 얇고 유연하고 비교적 안정된 판 모양의 구조이다. 이 막은 화학적으로 반응성 있는 표면을 제공하고 세포 외 및 세포 내 구획 사이의 독특한 수송 기능을 담당하고 있는 비공유 결합성 2차원 초분자 복합체(즉, 비공유 분자간 힘에 의하여 서로 결합되어 있는 분자로 구성)로 볼 수 있다. 또한 막은 모든 생명활동에 복잡하게 통합되는 다용도의 역동적인 세포 성분이다. 막의 수많은 중요한 기능 중에서 가장 기본적인 것은 선택적인 물리적 장벽 역할이다. 막은 분자와 이온이 세포 또는 세포소기관으로부터 주변으로 무차별 누수(leakage)되는 것을 방지하고 때맞춰 영양분의 흡수와 노폐물의 배설을 하게 해준다. 이 외에 막은 정보처리(information processing)와 에너지 생산에 중요한 역할을 한다.

대부분의 생물막은 동일한 기본구조를 갖는데 상이한 여러 단백질들이 매몰되거나 또는 부착된 인지질과 다른 지질 분자들로 구성된 지질 두겹층을 갖고 있다(**그림 2.2**). 인지질은 그 구조적 역할에 잘 맞는 두 가지 특징인 친수성 전하 원자단('머리' 원자단)과 두 개의 지방산 사슬(탄화수소 '꼬리')로 구성된 소수성 원자단을 갖고 있다.

막 단백질에는 내재 단백질과 주변 단백질의 두 종류가 있다. **내재 단백질**(integral protein)은 막 속에 걸쳐 있는 아미노산 잔기들이 소수성이기 때문에 막 속에 파묻혀 있는 반면에 **주변 단백질**(peripheral protein)은 막 속에 파묻혀 있지 않다. 대신 공유 결합에 의해 지질 분자에 부착되거나 비공유 결합성 상호작용에 의해 막 단백질이나 지질에 부착되어 있다. 막 단백질은 다양한 기능을 수행한다. **통로 단백질**(channel protein)과 **운반체 단백질**(carrier protein)은 각각 특정 이온과 분자들을 수송한다. **수용체**(receptor)는 세포 외 리간드(예, 신호 분자)와 결합하는 결합 자리를 갖고 있는 단백질이다. 리간드가 그 수용체에 결합하면 세포 내 반응을 유발한다.

주요 개념 _Key Concepts

- 각각의 생물막은 단백질이 삽입되거나 또는 간접적으로 부착된 인지질 두겹층으로 구성된다.
- 생물막은 모든 생명현상 과정에 복잡하게 통합되어 있다.

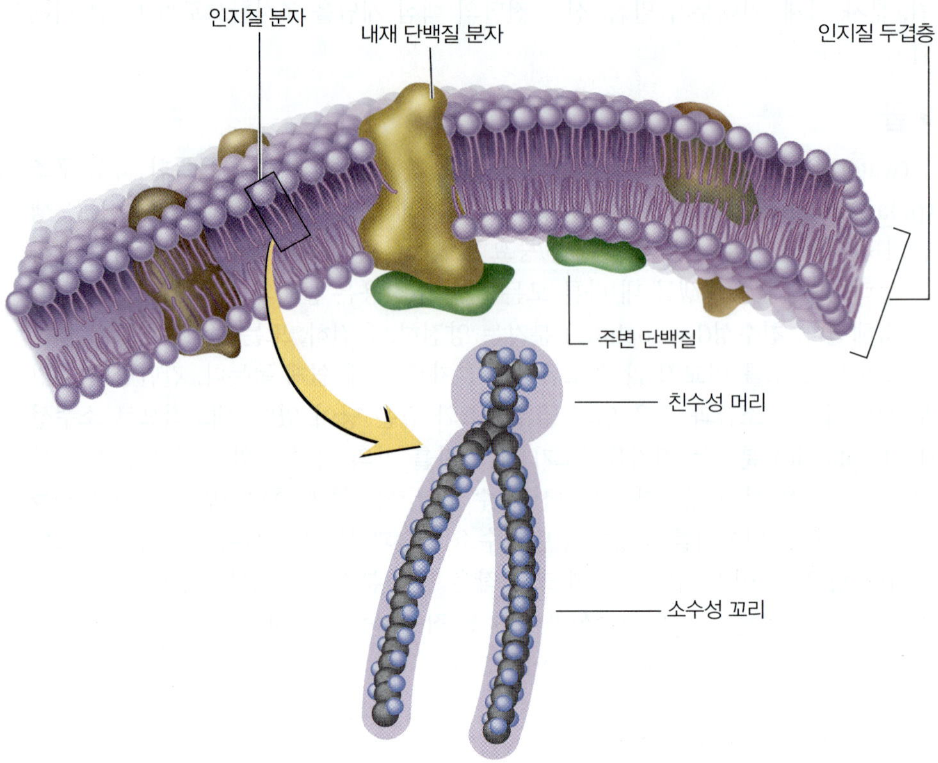

그림 2.2

막 구조.

생물막은 수많은 단백질들이 부유하고 있는 인지질의 두겹층이다. 어떤 단백질들은 세포막을 가로질러 뻗어 있다. 전형적인 인지질 분자의 공간채움 모형이 그려져 있다.

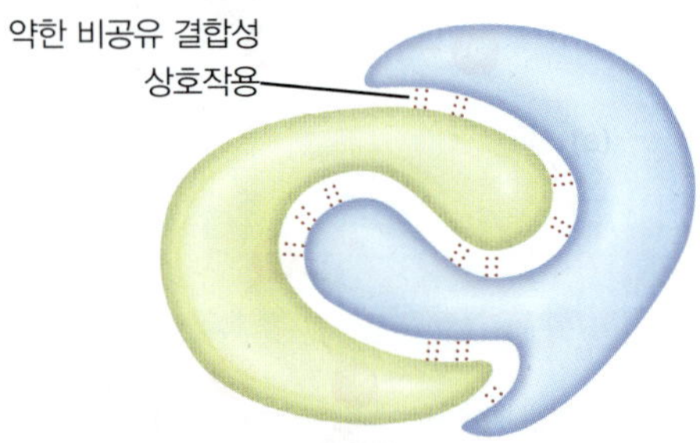

그림 2.3

자기 조립.

생체 분자의 자기 조립을 가능하게 하는 정보는 상호작용 분자에서 상보적 모양, 전하의 분포와 소수성 원자단으로 구성된다. 많은 약한 상호작용이 초분자 구조를 형성하는 데 필요하다. 이 그림에서 여러 약한 비공유 결합성 상호작용이 상보적 모양을 보유한 두 분자의 결합을 안정화한다.

주요 개념 _Key Concepts

- 생물체에서 초분자 구조의 분자들은 자발적으로 조립한다.
- 생체 분자들은 입체 정보를 갖고 있기 때문에 자기 조립을 할 수 있다.

자기 조립

살아 있는 생명체 대부분의 활동 부분은 초분자 구조이다. 대표적인 예로서 *리보솜*(ribosome, 여러 종류의 단백질과 RNA로 구성되어 있는 단백질 합성기구)과 근육세포의 근절(sarcomere) 같은 거대한 단백질 복합체 또는 *단백질 분해효소 복합체*(proteasome, 단백질을 분해하는 거대한 단백질 복합체) 등이 있다. 자기 조립 원리에 의하면 안전하고 기능적인 초분자 복합체를 형성하기 위해 상호 작용하는 대부분의 분자들은 원래 필요한 입체 정보(steric information)를 갖고 있기 때문에 자발적으로 자기 조립을 할 수 있다. 그리고 이 분자들은 상보적 구조, 전하 분포와 비교적 약한 비공유 결합성 상호작용의 형성을 가능하게 하는 소수성 부위가 있는 복잡한 형태의 표면을 갖고 있다(**그림 2.3**). 이러한 분자의 자기 조립은 친수성 원자단이 물과 상호 작용하는 경향과 소수성 원자단을 배제하려는 물 분자 사이에 일어나는 평형에 달려 있다. 그리고 경우에 따라 자기 조립 과정은 도움이 필요하다. 예를 들어 어떤 단백질의 접힘(folding)은 접힘 과정 중 부적절한 상호 작용을 방지하는 단백질 분자인 분자 샤페론(chaperone)의 도움을 필요로 한다. 어떤 초분자 구조(예, 염색체와 막)는 이미 존재하는 정보를 필요로 한다. 즉, 새로운 구조는 이미 존재하는 구조의 주형(template)에서 생성되어야 한다.

분자 기계

최근 연구결과에 의하면 세포 과정에 관련된 많은 다중소단위체 복합체(multisubunit complex)는 일을 수행하는 움직이는 부품을 지니는 물리적 존재인 분자 기계(molecular machine)로 작용한다. 분자 기계는 정확하게 적절한 양의 힘을 가하여서 적당한 양과 방향의 운동을 일으켜 특정작업이 성공적으로 완수되도록 해준다. 기계가 없다면 불가능한 작업을 기계는 수행할 수 있다.

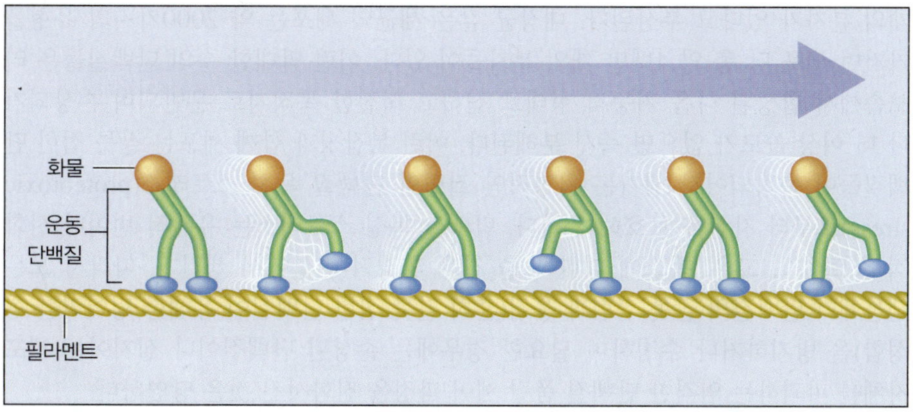

그림 2.4
생물학적 기계.
운동 단백질 소단위체가 ATP와 같은 뉴클레오타이드를 결합하여 분해할 때 단백질은 일을 한다. 운동 단백질 소단위체 모양의 에너지-유도에 의한 변화는 인접한 소단위체 모양의 질서 있는 변화를 일으킨다. 이 그림에서 운동 단백질 복합체는 세포골격 필라멘트를 따라 움직이면서 부착된 화물(예, 소포)을 이동시킨다.

비록 생물학적 기계(biological machine)는 인간이 만든 기계에서 볼 수 있는 물리적 조건(즉, 열과 마찰)에 견딜 수 없는 비교적 약한 분자(단백질)로 구성되어 있음에도 불구하고 두 기계는 중요한 공통점을 갖고 있다. 움직이는 부속품으로 구성되어 있다는 것 이외에 이 두 기계는 모두 에너지 변환(energy transduction) 메커니즘을 필요로 한다. 즉, 두 가지 모두 에너지를 방향성을 가진 운동으로 전환한다. 생물학적 기계들은 매우 다양한 종류의 일을 하지만 모두 하나의 중요한 특성을 공유하고 있다. 즉 단백질의 3차원 구조 내 에너지에 의한 변화이다. 생물학적 기계의 하나 또는 그 이상의 성분은 ATP나 GTP 같은 뉴클레오타이드와 결합한다. 뉴클레오타이드 분자가 **운동 단백질**(motor protein)로 불리는 이들 단백질의 소단위체(subunit)에 결합하는 것과 뉴클레오타이드의 가수분해 시 일어나는 에너지 방출은 운동 단백질의 소단위체 모양에 정확하게 목표했던 변화를 일으킨다(**그림 2.4**). 그 결과 이와 같은 변화의 파장이 넘어지는 도미노 현상처럼 인접 소단위체에 전달된다. 뉴클레오타이드의 가수분해가 기본적으로 비가역 반응이기 때문에 생물학적 기계는 비교적 효율적이다. 따라서 각 기계에서 일어나는 기능적 변화는 한 방향으로만 일어난다.

주요 개념 _Key Concepts

생물체의 많은 분자 복합체는 분자 기계로 작용한다. 즉, 일을 수행하는 운동성 부속품을 갖고 있는 기계장치라고 볼 수 있다.

거대분자의 밀집

세포내 내부 공간은 밀도가 높고 밀집된 상태이다. 세포의 거대분자 중 가장 많이 존재하는 단백질의 농도는 200~400 mg/mL나 된다. "농축(concentration)"보다 "밀집(crowded)"이라는 용어가 사용되는데, 이것은 각각의 거대분자의 수가 비교적 적기 때문이다. 각 세포에서 *배제 부피*(excluded volume)로 불리는 거대분자가 차지하는 부피를 측정하면 세포 유형에 따라서 20~40%이다. **그림 2.5**에 나와 있는 것처럼 비특이적 입체반발(steric repulsion)은 거대분자가 밀집한 상태에서 더 이상의 거대분자가 진입하는 것을 막는다. 이와 대조적으로 남아 있는 70% 공간은 작은 분자의 이용이 가능하다. 생물계에서 거대분자 밀집의 결과는 중요하다. 생화학 반응 속도, 단백질 접힘, 단백질-단백질 결합, 염색체 구조, 유전자 발현과 신호전달 등에서 매우 중요한 인자로 작용한다.

주요 개념 _Key Concepts

세포는 여러 유형의 거대분자들이 밀집되어 있다. 거대분자의 밀집은 다양한 세포 과정에 중요한 인자이다.

단백질 항상성

각 세포 유형은 **단백질체**(proteome)라고 하는 고유한 단백질 집합을 가지고 있으며, 이것은 주위 환경에 반응하여 끊임없이 변화한다. 포유류 세포는 평균 10,000가지 단백질 유형을 가지며 대부분은 복수의 복제물로 존재하여 세포 당 총 10억

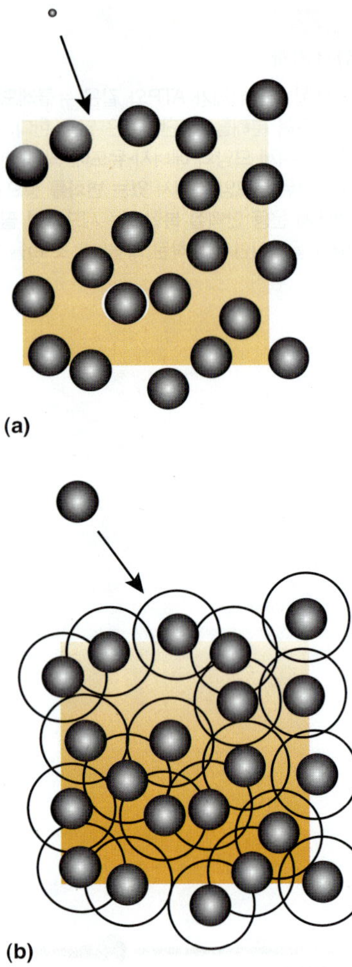

그림 2.5
부피 배제.
거대분자와 작은 분자를 각각 큰 공과 작은 공으로 표시하였다. 각각의 정사각형 안에서 거대분자는 이용 가능한 공간의 30%를 차지한다. (a) 주입되는 작은 분자는 남아 있는 공간 70%를 모두 차지할 수 있다. (b) 거대분자 사이의 입체 반발(빈 원)은 이 분자들의 상호접근을 제한한다. 비록 거대분자가 부피의 30%만 차지한다고 해도 주입되는 거대분자가 배제된다.

개의 분자가 있다고 추산된다. 대장균 같은 세균의 세포는 약 2000가지의 유형을 가지며 세포 당 총 약 4백만 개의 분자들이 있다. 이런 막대한 수의 단백질들은 리보솜에서 합성된 다음 기능적 형태로 접히고 적절한 목적지로 운반되며 손상되거나 더 이상 쓸모가 없으면 즉시 분해된다. 이런 복잡성과 함께 세포는 잘못 접힌 단백질들이 축적되어서 생기는 치명적인 질병인 *단백질 독성 스트레스*(proteotoxic stress)로부터 자신을 보호해야 한다. 단백질 독성 스트레스는 유전적 변이나 산화적 스트레스, 고온, 독소에 대한 노출 같은 환경적 손상에서 생긴다. 따라서 모든 생물체가 단백질의 잘못 접힘과 응집(흔히 잘못 접힌 단백질이 유해한 덩어리를 형성함)을 방지하거나 수정하며 필요한 경우에는 손상된 단백질이나 심지어는 세포 자체를 파괴하는 엄격한 단백질 품질 제어 과정을 진화시킨 것은 당연하다.

단백질 품질 제어가 잘 이루어지는 세포를 **단백질 항상성**(proteostasis) 상태에 있다고 한다. 단백질 항상성을 감시하고 복원하는 것을 **단백질 항상성 망**(proteostasis network, PN)이라고 한다. 포유류 세포의 PN은 적어도 2000개의 단백질로 이루어진다. PN 성분은 분자 샤페론(단백질 접힘이나 풀림을 돕는 단백질), 단순 단백질 가수분해효소, 선택한 단백질이나 세포소기관을 분해하는 정교한 대사 경로로 구성된다. 분해 과정의 예를 들면 *풀린 단백질 반응*(unfolded protein response), *유비퀴틴-단백질 분해효소 복합체계*(ubiquitin-proteasome system, 유비퀴틴에 공유 결합된 단백질을 분해하는 다중 단백질인 단백질 분해효소 복합체의 메커니즘), 리소좀 분해, *자가 소화 작용*(autophagy, 불필요하거나 고장난 세포 성분을 분해하는 메커니즘) 등이 있다. 수많은 신호 경로가 단백질 항상성을 위협하는 풀린 단백질과 스트레스 조건을 감지한다. PN 결핍은 여러 인간 질병의 중요한 특징이기 때문에 단백질 항상성에 대하여 많은 연구가 행하지고 있다. 예를 들면, 제2형 당뇨병, 심혈관병, 리소좀 저장병(분해효소들의 결핍으로 생김), 그리고 알츠하이머(Alzheimer's), 파킨슨(Parkinson's), 헌팅턴(Huntington's) 같은 신경퇴행성 질환 등이 있다.

신호 전달

만약 에너지가 생화학 반응 과정을 일으키는 힘이라면 정보는 무엇을 해야 하는지를 명시하는 능력이다. 자기를 스스로 조직화하는 생물체는 매우 복잡하기 때문에 각 종류의 생체 분자에 대한 정확한 구조 명세서를 갖고 있어야 할 뿐 아니라 각 종류의 생체 분자들이 어떻게, 언제, 그리고 어디서 합성되고, 이용되고, 분해되어야 하는지에 대한 명세서 또한 갖고 있어야 한다. 즉 생물체는 질서를 만들기 위하여 에너지와 정보를 모두 지녀야 한다. 살아남기 위해서 생물체는 주위 환경으로부터 오는 정보를 처리해야 한다. 예를 들어, 세균은 먹이 분자를 추적하고 식물은 변하는 빛 세기의 수준에 적응하고 동물은 포식자를 피하려고 한다. 정보 또는 신호(signal)는 분자(예, 영양소) 또는 물리적 자극(예, 빛)의 형태로 온다. 생물체는 수많은 신호를 받더라도 각 유형의 메시지를 인식, 해석, 반응할 수 있을 때만 변하는 환경에 적응할 수 있다. 생물체가 그 정보를 받아 해석하기 위해 사용하는 과정을 **신호 전달**(signal transduction)이라 한다. 비록 원핵생물과 진핵생물 모두 정보처리 능력이 있어도 대부분의 연구는 진핵생물의 신호 전달에 집중되어 있다. 따라서 아래의 논의는 진핵생물에서의 정보처리에 집중하고자 한다. 진핵생물의 대표적인 신호 분자는 **신경 전달 물질**(neurotransmitter, 신경세포의 생성물), **호르몬**(hormone, 샘세포의 생성물)과 *사이토카인*(cytokine, 백혈구 세포의 생성물) 등이다. 모든 정보처리 메커니즘은 네 단계로 구성된다.

1. **수용**(reception). 외부 신호 분자인 **리간드**(ligand)가 수용체에 결합하여 수용체를 활성화한다.

2. **전달**(transduction). 리간드 결합은 수용체 3차구조의 변화를 일으키고 그 결과 일차적인 메시지나 신호를 세포막의 장벽을 가로질러서 2차 메시지로 전환시킨다.

3. **반응**(response). 일단 시작하면 내부 신호는 세포내 단백질의 공유 결합 변형(covalent modification, 예: 인산화)을 포함하는 **신호 다단계 반응**(signalling cascade)을 일으킨다. 그 결과 효소 활성, 유전자 발현, 세포골격의 재배열, 세포이동, 또는 세포 주기의 진행(예, 세포 생장 또는 분열) 등의 변화가 일어난다.

4. **종결**(termination). 신호 메커니즘의 효율과 효과성을 위해서는 그것이 정확한 시기에 종결되어야 한다. 생물체는 다양한 신호 종결 방법을 이용한다. 예를 들면, 신호 분자의 파괴나 제거(예, 아세틸콜린과 세로토닌 같은 신경전달 물질), 활성화된 단백질의 공유 결합성 변형의 변화에 의한 비활성화(예, 인산기의 제거)와 효소에 의한 비단백질 신호의 분해가 있다.

주요 개념 _Key Concepts

- 생물체는 신호 전달 과정에 의해 외부 정보를 인식하고 해석하고 반응한다.
- 신호 전달의 네 단계는 수용, 전달, 반응과 종결이다.

단백질 호르몬인 인슐린(insulin)은 신호 분자이다. 인슐린이 높은 혈중 글루코스 수준에 반응하여 췌장으로부터 방출되면 표적세포의 인슐린 수용체와 결합한다. 인슐린 수용체는 *타이로신 카이네이스 수용체*(tyrosine kinase receptor)로 불리는 수용체 종류에 속한다. 활성화되면 이들 수용체들은 인산기를 특정 표적 단백질의 타이로신(OH기를 포함하는 아미노산)에 전달하여 세포 내 반응을 개시한다. 인슐린이 그 수용체와 결합함으로써 일어나는 세포 반응은 세포 내로 글루코스 흡수, 지방과 글리코젠 합성 증가가 있다.

칼슘 이온(Ca^{2+}): 보편적 신호 장치 세포는 보통은 아주 낮게(약 100 nM)(1 nM = 1×10^{-9} M) 유지되는 세포질의 Ca^{2+} 농도를 증가시킴으로써 다양한 외부 자극에 반응한다. 이 증가는 원형질막과 진핵세포의 소포체 같은 세포소기관의 막에 있는 ATP-추진 펌프 복합체에 의하여 이루어진다. 칼슘 신호 해독은 세포질 칼슘 이온 $[Ca^{2+}]_{cyt}$의 급격한 농도 변화의 세기와 위치에 따라서 달라진다. 각 유형의 자극은 Ca^{2+}에 반응하여 이온이 결합하면 형태와 기능성을 모두 변화시키는 단백질들로 구성되는 특이한 신호 전달 다단계 반응(cascade)을 촉발한다. Ca^{2+}-의존성 과정의 비특이적 활성화를 방지하려면 Ca^{2+}이 방출되는 정밀한 위치 파악과 그 다음 세포질로부터 신속한 이온 제거가 필요하다.

동물에서 칼슘 이온은 신경 세포의 신경 전달 물질 방출, 호르몬 분비, 단백질 접힘(칼슘 의존성인 분자 샤페론 단백질의 도움을 받는) 그리고 모든 근육 유형의 수축을 포함하는 매우 다양한 신호 과정들에 관여한다. 예를 들면, 인슐린 분비에서 췌장 β-세포로부터 인슐린의 방출은 칼슘 이온에 의하여 촉발된다. 고농도의 혈중 글루코스가 감지되면 β-세포 원형질막 근처에서 세포질의 Ca^{2+} 수준을 증가시키는 세포간 신호 전달 과정이 작동한다. 칼슘이 이 특이한 칼슘-감수성 막 단백질에 결합하면 인슐린을 함유하는 분비입자의 막이 세포외 유출 과정에서 원형질막과 융합하기가 쉬워지기 때문에 인슐린 분비가 일어난다.

신호 전달 대사 생물체에서 신호 전달 메커니즘은 자극이 풍부한 세포 환경에 관련된 정보를 검출하고, 이 정보를 통합하고 그리고 적절한 반응을 함으로써 대응하는 기능을 가지기 때문에 매우 중요하다. 그러한 반응에는 유전자 발현과 생화학 경로에서 대사물질의 흐름의 정밀한 변화가 필요하다. 수십 년간 연구 결과로 그런 신호 전달 과정들이 위계를 가지고 매우 교묘하다는 것을 밝혀졌다. 이 책에서는 가장 기본적인 신호 전달 메커니즘을 다루지만 이것마저 여전히 복잡하게 보일지 모른다. 신호 전달 과정의 가장 중요한 특징과 대사 조절(생화학 반응에 대한 호르몬과 전사 인자들의 효과)에 대한 효과는 8장(탄수화물 대사)에서 소개된다. 더 나중의 장들에서는 신호 전달과 대사 조절의 다른 측면인 대사 망(예, 지질과 에너지 대사)이 소개되어서 세포와 기관의 기능에 대하여 더 통합적으로 이해하게 해줄 것이다. 마지막으로 16장에서는 복잡한 대사 과정(사람의 소화와 섭식-단식 주기)과 이러한 대사 과정이 어떻게 조절되는 지에 대한 개요가 설명될 것이다.

2.2 원핵세포의 구조

원핵생물은 외형이 유사한 수많은 이질적인 집단으로 형태는 원통 모양 또는 막대 모양(bacillus, 간균), 구형(cocci, 구균), 나선형으로 꼬인 모양(spirilla, 나선균) 등이다. 또한 원핵생물들은 비교적 작은 크기(예, 전형적인 막대 모양의 세균 세포는 지름이 1 μm이고 길이가 2 μm), 운동 능력(움직이게 하는 채찍과 같은 부착물인 편모가 있는 경우), 그리고 특정 염색물질에 염색되는 특징을 갖고 있다. 대부분의 원핵세포는 영양 요구량, 에너지원, 화학 성분과 생화학적 능력을 토대로 동정되고 있다. 다양성에도 불구하고 대부분의 원핵생물들은 공통적으로 세포벽, 원형질막, 원형 DNA 분자를 포함하고 있으나, 내부막을 지니는 세포소기관은 없다. **그림 2.6**은 전형적인 세균 세포의 해부학적 특징을 보여 준다.

세포벽

세포벽은 생물의 모양을 유지하고 기계적 손상으로부터 보호하는 역할을 하는 복잡한 반경성(semirigid) 구조물이다. 세포벽의 강도(strength)는 짧은 펩타이드가 긴 탄수화물에 공유 결합한 복합체인 *펩타이도글라이칸*(peptidoglycan)으로 구성된 망(network)이 존재하기 때문이다. 세포벽의 두께와 화학적 성분 그리고 인접한 구조가 세포벽이 얼마나 특정 염료를 잘 흡수하고 유지하는지를 결정한다.

대부분의 세포들은 그람 염색(Gram stain) 과정 중 크리스탈 바이올렛(crystal violet) 염료의 보존 여부에 따라 분류될 수 있다. 크리스탈 바이올렛 염료를 보존하는 세포를 *그람 양성*(Gram positive)이라 하며, 이 염료에 염색되지 않는 세포는 *그람 음성*(Gram negative)이라고 한다. 그람 양성균의 세포벽은 단일층의 비교적 두꺼우며 원형질막 외부로 펼쳐 있는 펩타이도글라이칸 층으로 되어 있다.

그람 음성 세균의 세포벽은 **그림 2.6**에 그려져 있으며, 그람 양성 균보다 훨씬 복잡한 구조를 지녔다. 얇은 펩타이도글라이칸 층은 외막과 원형질막 사이 그리고 주변세포질 공간 안에 존재한다. *외막*(outer membrane)의 지질 성분은 인지질 대신 지질다당류(lipopolysaccharide)이다. 지질다당류는 다당류에 부착한 막결합 지질(지질 A)로 구성되어 *내독소*(endotoxin)로 작용한다. 내독소로 불리는 것은 세포가 분해할 때 방출되기 때문에 내독소로 불리며 그람 음성 세균에 의해 감염된 동물에 발열과 쇼크를 일으킨다. 외막은 비교적 투과성이 있고 작은 분자들은 통로를 포함하는 막관통 단백질 복합체(transmembrane protein complex)인 *포린*(porin)을

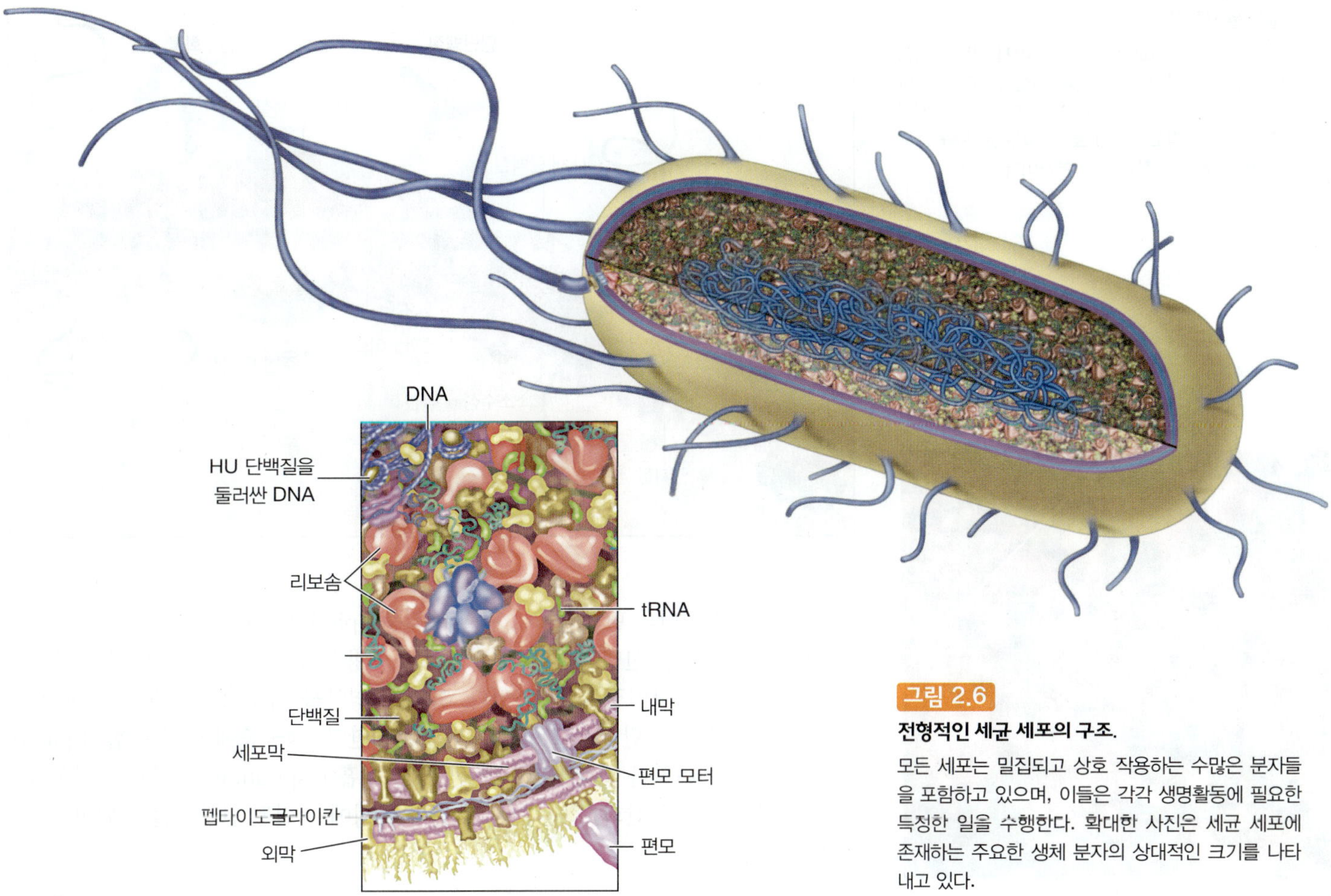

그림 2.6

전형적인 세균 세포의 구조.

모든 세포는 밀집되고 상호 작용하는 수많은 분자들을 포함하고 있으며, 이들은 각각 생명활동에 필요한 특정한 일을 수행한다. 확대한 사진은 세균 세포에 존재하는 주요한 생체 분자의 상대적인 크기를 나타내고 있다.

통해 막을 이동한다. 외막과 원형질막 사이의 구역인 *주변세포질 공간*(periplasmic space)은 펩타이도글라이칸 이외에 다양한 단백질을 포함하는 젤리 같은 액으로 차 있다. 이 단백질의 대부분은 영양소 분해, 수송, 또는 주화성에 참여한다.

어떤 세균은 세포 밖에 *당질피질*(glycocalyx)라고 알려진 다당류와 단백질 같은 물질을 분비한다. 이 물질은 세포 밖에 축적되며 구조와 성분에 따라 당질피질 피막(capsule) 또는 점액질 층(slime layer)이라고 불린다. 일부 병원성 세균은 숙주 면역계에 의한 감지나 손상을 회피하고, 숙주세포에 붙어 감염을 촉진하는 피막(capsule)을 지닌다. *미생물막*(biofilm)이라고 하는 점액질 층은 미생물이 표면에 부착하고 성장할 때 형성되는 다당류가 무질서하게 축적되어 형성된 것이다. 점차 더 많은 세포와 분비물이 축적되면서 미생물막은 더 두꺼워진다. 미생물막은 미생물에게 보호 장벽을 제공하며 다양한 의학적 증상(예, 충치, 낭포성 섬유증, 결핵)의 중요한 특징이다. 미생물막을 지니는 세균은 면역 체계의 공격이나 항생제 처리에 저항성이 높다.

원형질막

세균의 세포벽 바로 안쪽에는 세포막이라고도 불리는 **원형질막**(plasma membrane)이 있다(**그림 2.7**). 원형질막은 진핵생물에서 막을 딱딱하게 해주는 스테롤(sterol)을 닮은 비교적 단단한 분자인 호파노이드(hopanoid)로 보강된 인지질 두겹층이다.

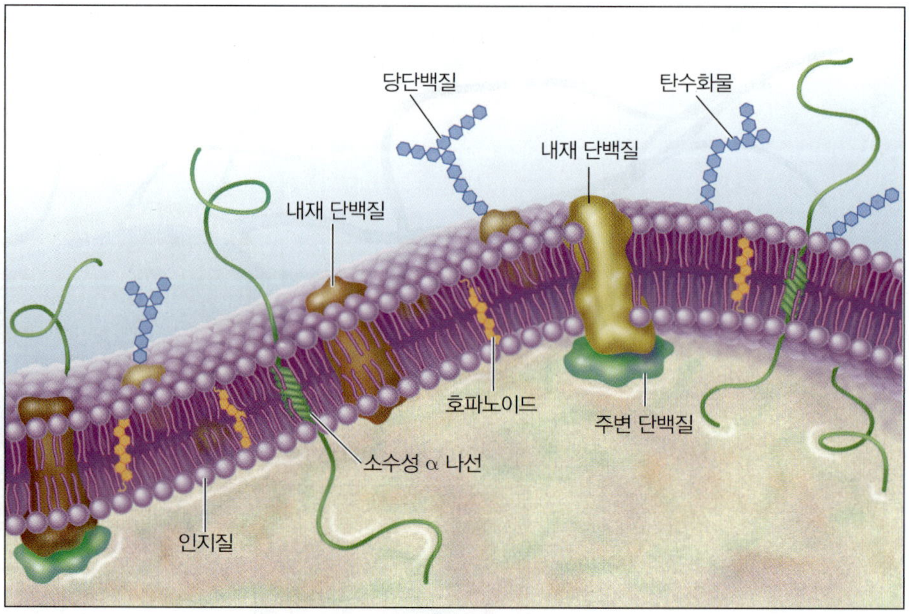

그림 2.7

세균의 원형질막.

여러 종류의 단백질과 지질로 이루어져 있는 원형질막의 간단한 모양. 이 단백질과 지질의 대부분은 탄수화물 분자와 공유 결합으로 결합되어 있다. (당지질은 탄수화물을 갖고 있다.) 호파노이드는 세균 세포막을 안정화하는 복잡한 지질 분자이다.

그리고 다양한 집단의 단백질들이 지질 두겹층(lipid bilayer)에 묻혀 있다.

세균 원형질막은 선택적인 투과 장벽으로 작용할 뿐만 아니라 영양물과 독소를 감지하는 수용체 단백질을 갖고 있다. 그리고 영양물 흡수와 노폐물 제거에 관련되는 여러 가지 수송단백질도 원형질막에 존재한다. 생물종에 따라 **광합성**(photosynthesis, 빛에너지를 화학에너지로 전환)과 **호흡**(respiration, 에너지를 생성하기 위하여 연료 분자를 산화) 같은 에너지 전환 과정에 관련된 단백질들도 원형질막에 존재한다.

세포질

원핵세포는 비록 내부 막은 갖고 있지 않지만 기능적 구획(functional compartment)을 갖고 있는 것처럼 보인다(**그림 2.8a**). 이 중에서 가장 두드러진 것은 **염색체**(chromosome)를 포함하고 있는 광범위하고 불규칙한 모양으로 중심에 존재하는 **핵양체**(nucleoid)이다(**그림 2.8b**). 세균 염색체는 고도로 꼬인 구조와 꼬여 있지 않은 수많은 영역으로 구성된다. DNA 합성과 유전자 발현의 조절에 관련된 단백질 복합체도 핵양체에 존재한다. 또한 많은 세균에는 핵양체와 떨어져 존재하고 독자적으로 복제하는 **플라스미드**(plasmid)라는 작은 원형(circular) DNA 분자가 있다. 비록 플라스미드는 세포 생장 또는 분열에 필요하지 않지만 보통 플라스미드가 결핍된 세포에 비해 생화학적 이점을 제공한다. 예를 들어 항생제 내성을 발현하는 DNA 서열은 흔히 플라스미드에 있다. 항생제가 존재하면 내성세포(resistant cell)는 항생제가 세포를 손상하기 전에 항생제를 비활성화하는 단백질을 합성한다. 이러한 세포는 계속해서 자라고 생식하지만 그렇지 못한 세포는 죽는다.

낮은 배율에서 보면 원핵생물의 세포질은 유기 또는 무기물질을 포함하고 있는 큰 과립인 봉입체(inclusion body)를 제외하고는 균일한 낟알 모양을 하고 있다. 어떤 종은 탄소 저장 중합체로 글리코겐 또는 폴리-β-하이드록시뷰티르산(poly-β-hydroxybutyric acid)을 이용한다. 폴리인산 봉입체는 핵산과 인지질 합성을 위한 인산 저장소이다. 환원된 황화합물을 산화하여 에너지를 얻는 원핵생물은 황 과립(sulfur granule)을 형성한다. 자철광(Fe_3O_4)으로부터 형성된 마그네토

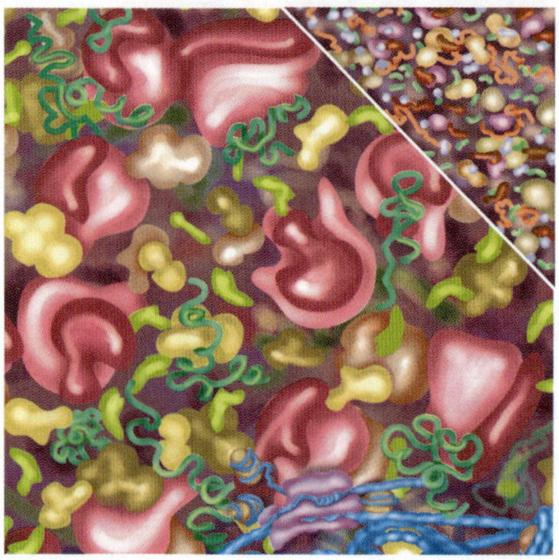

(a)

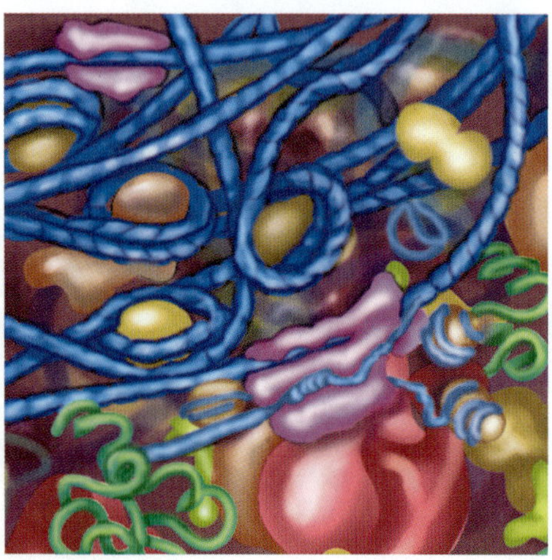

(b)

그림 2.8

세균의 세포질.

(a) 세포질은 단백질, 핵산, 그리고 다양한 이온과 작은 분자들의 복합체이다. 잘 보여주기 위하여 작은 분자들은 오른쪽 위에 나타내었다.

(b) 핵양체의 확대 모양. DNA는 나선형이고 단백질 분자(갈색) 주위를 감으며 접혀 있다.

솜(magnetosome)이라 불리는 봉입체 때문에 일부 수중혐기성 원핵생물은 지구의 자기장(magnetic field)에 대해 자신의 방위를 결정한다. 그리고 세포질의 남은 공간은 **리보솜**(ribosome, 폴리펩타이드를 합성하는 RNA와 단백질로 구성된 분자기구), 다양한 거대분자와 작은 대사물질들로 차 있다.

선모와 편모

많은 세균 세포는 외부 부속기관을 갖고 있다. *선모*(pili)는 세포로 하여금 먹이와 숙주 조직에 부착하도록 하는 가늘고 머리카락 같은 구조이다. 어떤 세균은 성 선모(sex pili)를 이용하여 유전 정보를 공여 세포(donor cell)로부터 수용 세포(recipient cell)에 전달하는데, 이 과정을 *접합*(conjugation)이라 한다. 세균에서 *편모*(flagella)는 운동에 사용되는 유연한 코르크 마개뽑이 모양(corkscrew-shape)의 단백질 필라멘트이다. 세포는 편모가 시계 반대 방향으로 회전할 때 앞으로 전진하고, 한편 시계 방향으로 회전하면 정지와 회전 운동을 일으켜 그 다음에 일어나는 전진 운동을 할 수 있도록 방향을 재조정한다. 편모의 필라멘트는 단백질 복합체에 의해 세포에 고정된다(**그림 2.6**). 이러한 복합체의 운동 단백질(motor protein)은 화학에너지를 회전 운동으로 전환시킨다.

주요 개념 _Key Concepts

- 원핵세포는 작고 구조적으로 단순하다. 그리고 이 세포는 세포벽과 원형질막에 싸여 있고 핵과 다른 세포소기관을 갖고 있지 않다.
- 원핵세포의 원형 DNA는 핵양체라고 불리는 불규칙적인 형태를 한 자리에 위치한다.
- 리보솜과 여러 형태의 봉입체는 저배율에서 세포질 속에 특색 없는 형태로 존재한다.

문제 2.1

간세포는 거의 구형이며, 대략 지름이 20 μm이고, 가장 연구가 많이 된 진핵세포이다. 원핵세포와 진핵세포의 부피는 얼마인지 계산하라. 진핵세포와 원핵세포 사이의 크기의 차이를 잘 이해하기 위하여 얼마나 많은 세균이 간세포에 들어갈 수 있는지 추정하라. [*힌트*: 원통의 부피는 $V = \pi r^2 h$, 구의 부피는 $V = 4\pi r^3/3$이다.]

2.3 진핵세포의 구조

진핵세포는 구조적 복잡성 때문에 원핵세포보다 살아가는 과정을 보다 더 정교하게 조절한다. 진핵세포의 가장 중요한 특징은 원핵세포에 비해 그 크기(지름이 10~100 μm)가 훨씬 더 크다는 점이다. 더욱 중요한 것은 막 표면적이 막결합 세포소기관에 의해 크게 확장된다는 것이다. 세포내 각 세포소기관은 특정한 한 벌의 생체 분자를 갖고 있고 특정 기능을 수행한다. 세포소기관 내 생화학적 과정은 국소적으로 고농도의 효소가 존재하고 개별적으로 조절될 수 있기 때문에 매우 효율적으로 진행된다.

대부분의 세포소기관은 세포를 기능적 구획으로 나누는 내막을 상호 연결하는 **세포내막계**(endomembrane system)의 성분이다. 세포내막계는 원형질막, 소포체, 골지체, 리소좀과 핵으로 구성된다. 구획 사이의 직접적인 물리적 접촉을 통하거나 수송 소포(transport vesicle)에 의해 세포내막계는 다양한 분자들을 세포 안밖으로 수송할 뿐 아니라 세포들을 통과해서도 수송한다. **소포**(vesicle)는 주개 막(donor membrane)으로부터 발생한 막 주머니이고 다른 구획의 막과 융합한다. 일단 형성되면 각 소포는 수송하거나 목적지로 표적하는 데 도움이 되는 특수한 단백질의 '피막(coat)'을 얻는다. 다른 막결합 세포소기관에는 미토콘드리아와 퍼옥시솜 그리고 식물의 엽록체가 있다.

진핵세포는 막이 있는 세포소기관 뿐 아니라 막이 없는 여러 성분, 즉 단백질 합성 분자 기계인 리보솜과 세포골격도 갖고 있다. 세포골격은 진핵세포의 세포 모양, 구조 지지, 그리고 분자와 세포소기관의 방향성 운동에 관여하는 필라멘트로 된 복잡하고 역동적인 그물 구조이다.

비록 대부분의 진핵세포들이 유사한 구조적 특징을 갖고 있지만 '전형적인' 진핵세포가 존재하는 것은 아니다. 세포의 종류에 따라 각각 특징적 구조와 기능을 나타낸다. 세포들은 유사하지만 그러나 기본적인 구성성분에 관한 논의는 필요하다. 다세포 진핵생물인 동물과 식물의 일반적인 세포 구조는 **그림 2.9**과 **2.10**에 묘사되어 있다.

원형질막

원형질막은 세포를 외부 환경으로부터 분리한다. 원형질막은 지질 두겹층 구조를 지니며 수많은 다양한 내재 단백질(integral protein)과 주변 단백질(peripheral protein)로 구성된다(**그림 2.11**). 원형질막 안의 통로와 운반체는 세포 안팎으로 다양한 이온들과 분자들의 통행을 조절한다. 수많은 수용체들이 신호 전달에 중요한 작용을 한다. 진핵세포의 외부 표면은 탄수화물로 덮여있다. 즉, 막단백질과 막지질의 대부분은 공유 결합으로 탄수화물을 부착하고 있다. 이러한 탄수화물 '피막'을 **당질피질**(glycocalyx)라고 한다. 이 탄수화물은 세포-세포 인식과 부착, 수용체 특이성과 자기 동일성(self-identity, 면역반응에 필요함)에서 중요한 역할을 한다. 기본 혈액형의 항원은 자기 동일성의 한 가지 예이다.

대부분의 진핵세포에서 원형질막은 세포 외 및 세포 내 구조물에 의해 보호를 받는다(**그림 2.11**). 동물조직 내에서 섬유모세포(fibroblast)라고 불리는 특수한 세포는 세포들을 함께 결합시키는 젤리 같은 물질인 **세포외 기질**(extracellular matrix, ECM)을 형성하는 구조단백질과 복합 탄수화물을 합성하고 분비한다. 세포외 기질은 지지와 보호기능을 할 뿐 아니라 다양한 화학적 그리고 기계적인 신호 과정에서 일부 성분을 특정 막 수용체에 결합시켜 세포 행동을 조절한다. 진핵세포 원형질막의 안쪽 표면은 주변 단백질에 광범위한 비공유 결합으로 결합되어 막에 부착된 **막 골격**(membrane skeleton)으로 불리는 단백질 그물망에 의해 보강된다. 동물세포의 경우 액틴과 여러 종류의 액틴-결합 단백질과 스펙트린(spectrin)으로 구성된 단백질 그물망은 원형질막에 기계적 강도를 제공하고 세포 모양을 결정한다. 막 골격 성분들, 원형질막 내재 단백질, 지질 분자들 사이의 직접적 그리고 간접적 상호작용을 통해서 막은 간헐적으로 구획으로 나누어진다. 이 결과로 막관통 단백질과 막 미세구역이 일시적으로 가두어져서 신호 전달 과정이 쉬워진다.

주요 개념 _Key Concepts

- 원형질막은 세포에 기계적 강도와 모양을 제공할 뿐 아니라 세포로 들어오고 나가는 분자를 선택하는 데 관여한다.
- 원형질막 표면 수용체는 외부 자극에 반응한다.

소포체

소포체(endoplasmic reticulum, ER)는 서로 연결된 막으로 이루어진 소관, 소낭과 크고 납작한 주머니로 구성되어 있다. 세포의 기능에서 소포체의 중요성은 세포의 전체 막 중에서 절반 이상이 소포체로 구성되어 있다는 점에서 알 수 있다. 반복적으로 접혀 이어진 소포체막판이 소포체 *내강*(lumen)이라고 불리는 내부 공간을 둘러싸고 있다. 흔히 *시스터네 공간*(cisternal space)이라는 이 구획은 소포체막에 의해 세포질로부터 완전히 분리되어 있다. ER은 몇 가지 중요한 과정을 수행하며 그 중에는 몇 종류의 단백질, 여러 가지 막지질과 스테로이드 분자의 합성, 칼슘 이온의 저장이 포함된다.

그림 2.12에 나와 있는 것처럼 소포체에는 **조면 소포체**(rough ER, RER)와

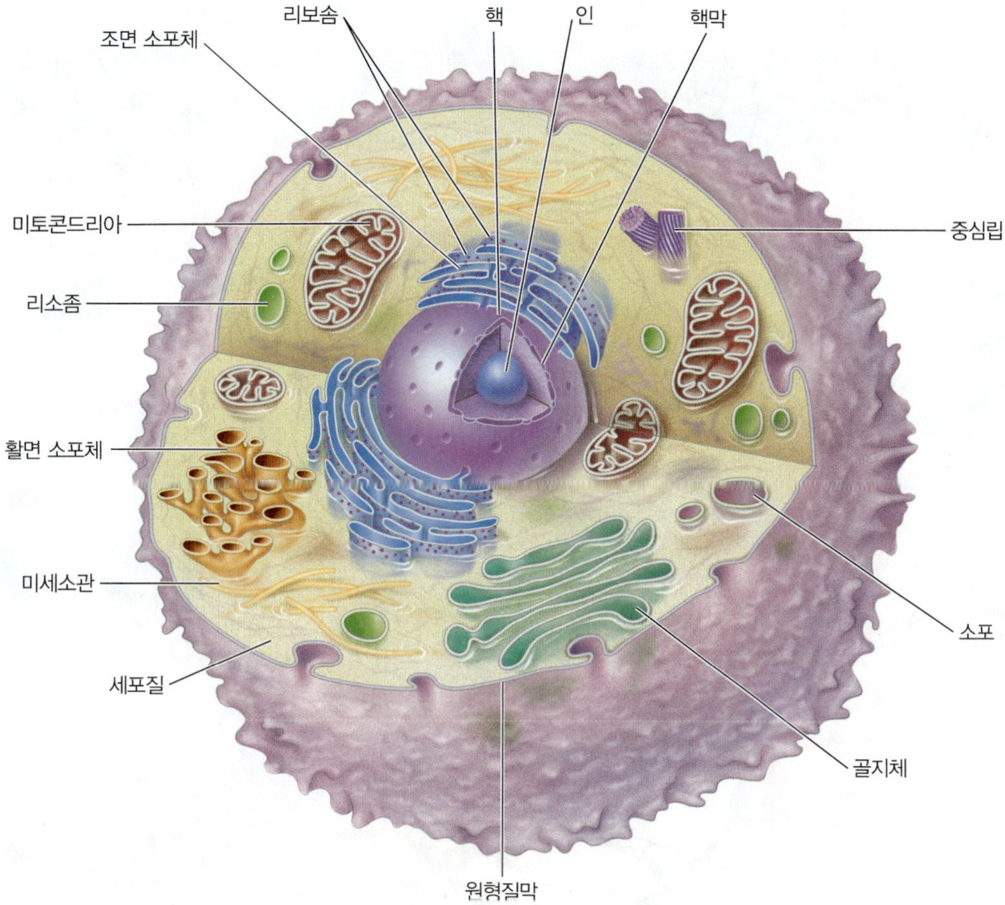

그림 2.9
동물 세포 구조.

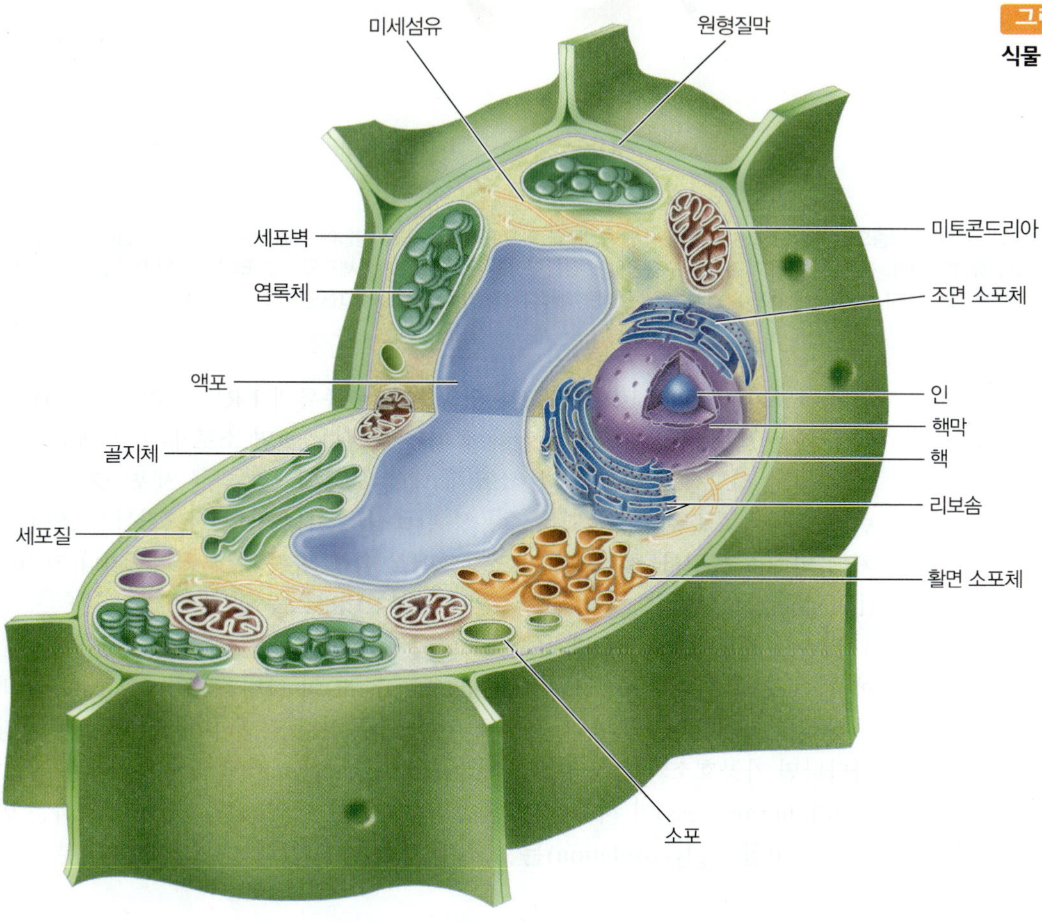

그림 2.10
식물 세포 구조.

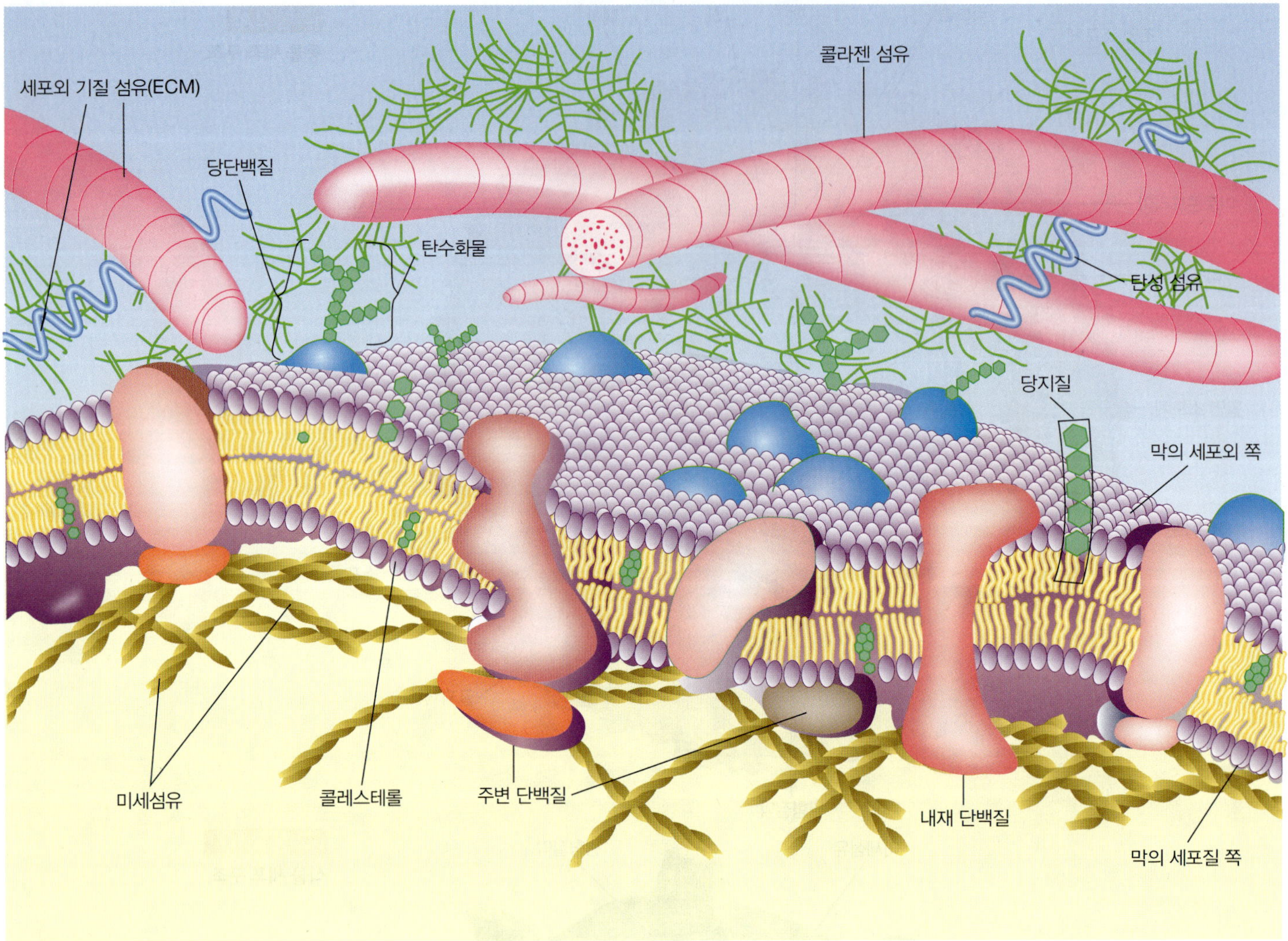

그림 2.11

동물 세포의 원형질막.

원형질막은 다양한 내재 단백질들이 묻혀 있는 지질 두겹층으로 구성된다. 수많은 내재 단백질들과 지질 분자들은 공유 결합에 의해 탄수화물을 부착한다. 주변 단백질은 비공유 결합에 의해 원형질막의 세포질 표면에 부착된다. 섬유모세포라고 불리는 고등동물의 결합조직의 특화된 세포는 세포외 기질(ECM)의 당 단백질을 합성하고 분비한다. 원형질막의 내부 표면은 막 골격에 의해 보강된다. 막 골격은 세포 골격에 연결된 액틴 미세섬유와 다른 단백질의 그물망으로 구성된다.

활면 소포체(smooth ER, SER)가 있다. 이 두 종류의 ER의 정확한 기능과 상대적 크기는 세포 종류와 생리적 상태에 따라 다르다. 조면 소포체는 그 세포질 표면에 수많은 리보솜을 갖고 있다. 소포체 내에 보존되거나 다른 세포소기관으로 운반되거나 세포로부터 방출되는 수용성 단백질뿐 아니라 막 단백질들이 조면 소포체에 의해 가공된다. 폴리펩타이드는 단백질 합성 과정 중에 끌려오거나 자리옮김(translocation)하는 과정에서 막을 가로질러 RER로 들어온다.

막관통 폴리펩타이드(1개 또는 그 이상의 소수성 서열 조각을 갖고 있는)는 막에 들어올 때 소수성 조각(hydrophobic segment)이 자리옮김(translocation) 과정에서 멈추기 때문에 막 속에 묻히게 된다. 수용성 폴리펩타이드가 소포체 내강에 나타나면 가공효소와 *분자 샤페론*(molecular chaperone)에 의해 촉진되는 접힘 과정(folding process)이 시작된다. 탄수화물을 특정 아미노산 잔기에 부착하는 반응인 글리코실화(glycosylation)는 소포체 가공 반응의 대표적인 예이다. 분자 샤페

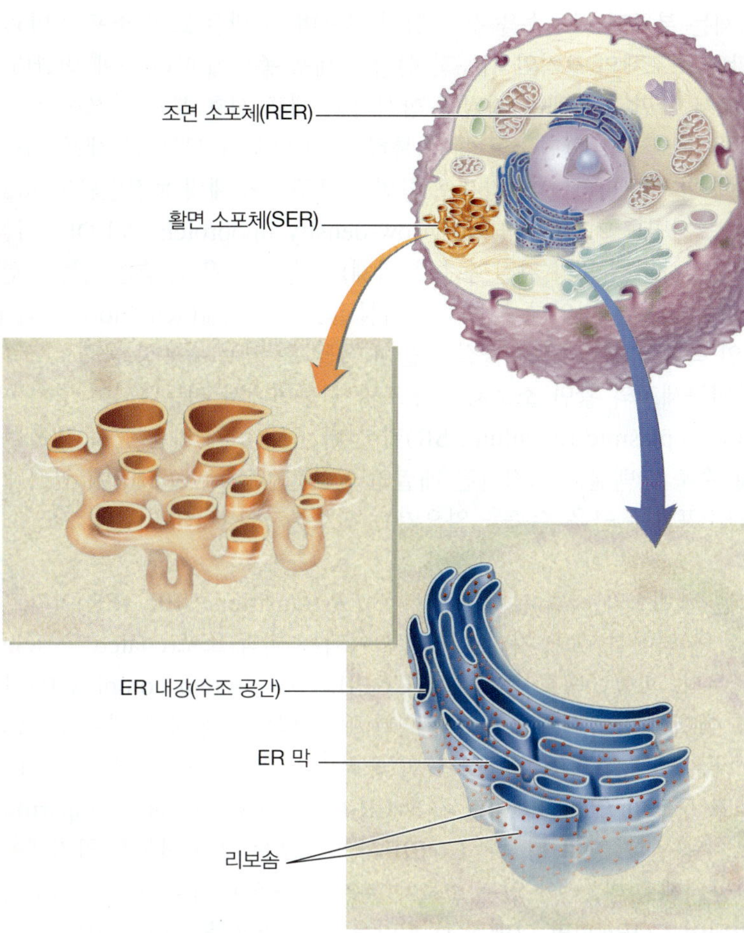

그림 2.12
소포체.
소포체에는 조면 소포체(RER)와 활면 소포체(SER)가 있다. 살아 있는 진핵세포에서는 RER과 SER가 서로 연결되어 있다.

론이 부분적으로 접힌 폴리펩타이드의 짧은 소수성 조각에 결합하는 것은 효율적인 접힘을 촉진하고 응집을 방지한다. 만약 폴리펩타이드가 접히지 않거나 단백질 복합체로 조립하지 못하면 폴리펩타이드는 세포질로 다시 운반되어 분해된다. 스트레스를 받는 경우 잘못 접힌 단백질들이 소포체 안에 축적되기 시작한다. 잘못 접힌 단백질들의 축적으로 인해 일어나는 **소포체 스트레스**(ER stress)는 세포 전체에 위협이 될 수 있고 전체적인 세포 기능을 파괴할 수 있다. ER 스트레스는 유전적 인자는 물론 대사 스트레스(상처, 병 또는 감염으로 촉발되는 대사 변화), 산화성 스트레스(산소 라디칼로부터 생기는)와 활성화된 염증 신호 과정에 의해서 발생한다. **소포체-결합 단백질 분해**(ER-associated protein degradation, ERAD)는 잘못 접혀진 단백질을 표적으로 하여 그것을 세포질로 수송하고, 거기에서 단백질 분해효소 복합체에 의해 분해시키는 세포 메커니즘이다. 만약 스트레스가 심각하면 소포체는 단백질 항상성을 회복하기 위하여 **풀린 단백질 반응**(unfolded protein response, UPR)을 일으킨다. 핵에 전달된 신호는 추가적인 분자 샤페론을 제외하고는 새로운 단백질 합성을 억제한다. 또 막 지질 합성이 증가하기 때문에 ER 막 부피가 팽창한다. 단백질 분해효소 복합체의 단백질 분해 이외에도 세포의 죽음을 피하기 위하여 *자가 소화 작용*(autophagy, 손상되거나 필요하지 않은 세포소기관이나 다른 세포 성분에 대한 조절된 소화)이 이용될 수도 있다. 어떤 시간 안에 단백질 항상성이 달성될 수 없다면 계획된 세포의 죽음 과정인 *세포 사멸*(apoptosis)이 시작될 수 있다.

주요 개념 _Key Concepts

- 조면 소포체는 단백질 합성에 주로 관여하고 조면 소포체 막의 외부 표면은 리보솜으로 덮여 있다.
- 활면 소포체는 부착된 리보솜이 없으며 지질 합성, 생체내 물질 변환과 Ca^{2+} 이온의 저장에 관여한다.

활면 소포체는 부착된 리보솜을 갖고 있지 않으며 그 막은 조면 소포체 막과 이어져 있다. 활면 소포체의 크기와 기능적 성질은 세포 종류에 따라 크게 변한다. 대부분의 세포에서 활면 소포체는 지질을 합성하고 세포 신호 분자로 쓰이는 Ca^{2+} 이온을 저장한다. 그리고 활면 소포체는 특히 간세포와 가로무늬근 세포(striated muscle cell)에 현저히 나타난다. 간세포 활면 소포체는 **생체내 물질변환**(biotransformation)과 초저밀도 지질단백질(very-low-density lipoprotein, VLDL, 지질을 조직 세포에 전달하는 수용성 지질 수송 복합체) 합성과 같은 다양한 기능을 한다. 생체내 물질변환 반응은 다양한 불용성 대사물질과 생체이물(xenobiotics, 외래물질로 잠재적인 독성을 갖고 있는 물질)들을 배설될 수 있는 수용성 물질로 전환시킨다. 가로무늬근세포의 활면 소포체는 구조와 기능면에서 전문화되어 있기 때문에 *근소포체*(sarcoplasmic reticulum, SR)라 한다. 근소포체 막은 근육 세포를 통해 뻗어 있고 수축 단백질로 조직화된 배열인 근육원섬유(myofibril)에 인접해 있다. 그리고 근소포체는 근육 수축을 일으키는 신호분자인 Ca^{2+} 이온의 저장소 역할을 한다.

새로 합성된 단백질과 지질 분자는 *이행형 ER*(transitional ER, tER)이라고 하는 ER의 하위 구역에서 출구 자리로부터 출아되는 피막 소포(coated vesicle)로 ER을 빠져나온다. *피막단백질 복합체 II*(COPII, *co*at *p*rotein complex II)의 소포 피막과 그 어댑터 단백질은 소포가 정확한 표적 막으로 향하게 해준다. 소포는 tER을 빠져 나온 후 ER 거주 단백질과 화물 분자의 구분을 쉽게 해주는, 막으로 된 세관과 소포 구조인 *ER-골지 중간 구획*(ER-Golgi intermediate compartment, ERGIC)으로 수송된다. 새로 형성된 COPII-피막 소포는 분자 화물을 골지체에 전달하여 더 가공되게 한다. 남아 있는 소포체 분자는 구조 내에 존재하는 회수 신호에 의해 확인되어 *COPI*(피막 단백질 I) 피막을 가진 소포를 통해서 ER로 돌아와서 재활용된다.

골지체

골지체[Golgi apparatus, 골지 장치, 골지 복합체(Goli complex)라고도 함]는 비교적 크고 납작한 주머니 모양의 막소포로부터 형성된다. 골지체는 세포 생성물(예, 당단백질)의 가공, 포장과 내부 및 외부 구획으로의 배급에 관여한다(**그림 2.13**). 골지체는 두 종류의 면(또는 *cisterna*)이 있는데, *시스면*(cis, 또는 형성면)은 소포체에 가장 가까이 위치한 판이며, *트랜스*면(trans, 또는 성숙면)은 분비에 관련된 원형질막 가까이에 위치한 판이다. 새로 합성된 단백질과 지질을 포함한 작은 막 소포는 소포체로부터 나와 *시스* 골지막(Golgi membrane)과 융합한다. 골지체에 들어가면 소포의 분자들은 *트랜스*면으로 향하여 수송되면서 화학적으로(예, 당 분자, 황산 또는 인산의 결합으로) 변형된다. *트랜스-골지 망*(trans-Golgi network, TGN)이라고 하는 *트랜스*-골지막과 소포의 복잡한 그물망은 가공된 분자들을 분류하고 클라트린(clathrin)이라고 하는 단백질로 덮인 소포로 포장한다. 클라트린 어댑터 분자는 클라트린을 막-결합 수용체와 연결하며 클라트린-피막 소포를 엔도솜, 리소좀, 원형질막(분비 과정의 경우) 같은 목적지로 지정해준다. 클라트린-피막 소포는 또한 원형질막으로부터 엔도솜과 TGN 같은 목적지로 소포를 수송하는 데도 이용된다.

분비 과정(secretory process)에서 소화 효소, 호르몬, 또는 신경 전달 물질 같은 분자를 포함한 분비 소포는 원형질막으로 전달되어서 그곳에서 화물 분자들이 세포로부터 방출된다. 흔히 **세포외 유출**(exocytosis, **그림 2.14**)이라고 하는 이 과정

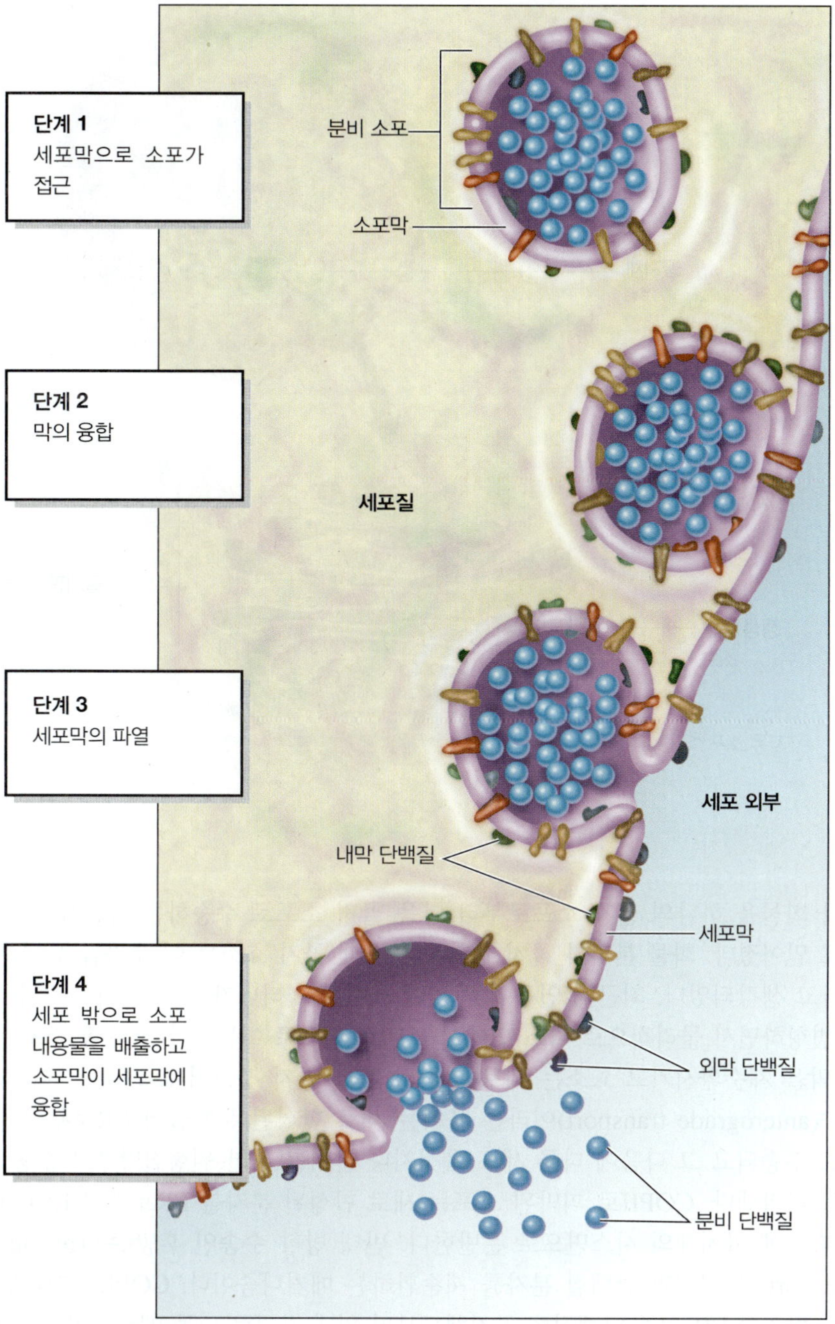

그림 2.13
세포외 유출.
세포에 의하여 분비되는 단백질은 소포체에서 생산되고 골지체에 의해 가공된다. 골지체에서 단백질들이 소포로 포장된 후 세포막으로 이동해 세포막과 융합한다.

은 소포 막과 원형질막의 융합을 포함하고 있다. *구성성 세포외 유출*(constitutive exocytosis)은 모든 세포에서 연속하여 일어난다. 예를 들면 섬유아세포에 의한 구조 단백질인 콜라겐의 분비와 간세포에 의한 혈청 알부민의 분비가 있다. 조절된 세포외 유출에서 분비는 외부 신호에 반응할 때만 일어나는 Ca^{2+}에 의하여 촉발되는 과정이다. 예를 들면, 운동 신경세포의 활동 전위가 시냅스전 말단(presynaptic terminal)에 도달하면 칼슘 통로가 열린다. 칼슘 이온은 신경 전달 물질 소포와 신경세포막의 융합을 유발하여 신경 근육 이음부로 내용물을 분출한다. 시냅스후 근육 세포(postsynaptic muscle cell)의 표면에 있는 아세틸콜린(acetylcholine) 수용체에 충분한 수의 아세틸콜린 분자가 결합되면 근육 수축이 일어난다.

최근까지 골지 시스터네(Golgi cisterna)는 비교적 정적이고 단백질과 지질 소

그림 2.14

골지체.

골지체는 다양한 단백질과 지방을 합성하고 가공하는 공장이다. 이들 고분자는 최종 목적지로 이동하기 위하여 분류된다.

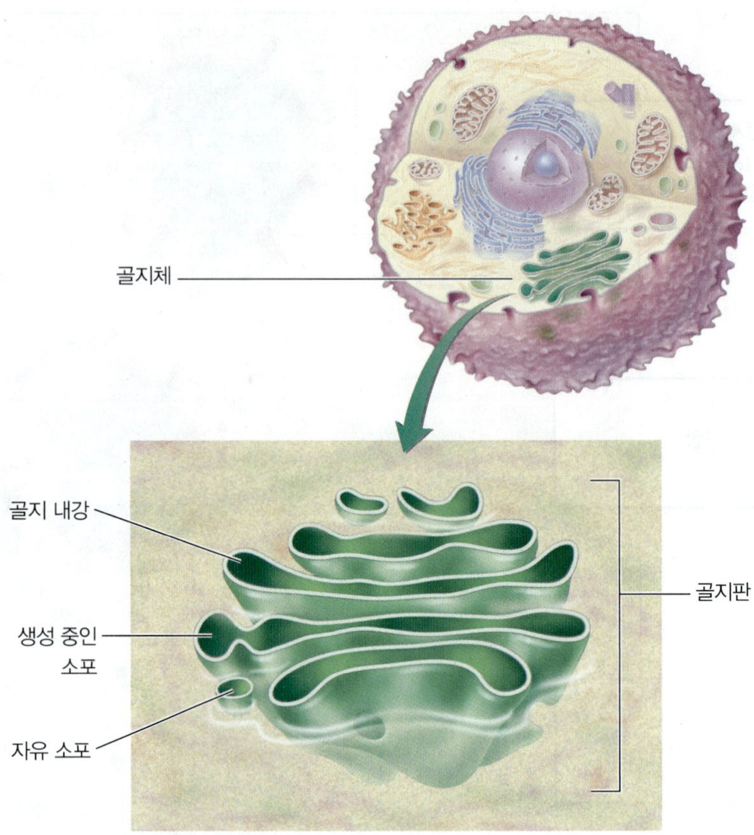

포가 화물을 하나의 골지 소포로부터 다음 골지 소포로 수송하는 작용을 하는 것으로 믿어졌다. 화물 분자가 골지계를 통과할 때 골지 효소는 이 분자들을 더 가공한다고 생각되었다. 최근의 연구에 의하면 골지 시스터네가 화물 분자들을 수송하고 변형하면서 물리적으로 시스 면에서 트랜스 면으로 이동시킨다. 수송 소포는 골지 막을 재순환시키고 효소는 새로 형성된 시스 골지 시스터네로 돌아간다. *전방수송*(anterograde transport)이라는 용어는 새로 합성된 분자들이 ER로부터 골지체로 수송되고 그 다음에 다른 세포 목적지나 분비를 위한 원형질막으로 수송되는 것을 나타낸다. COPII로 피막된 소포는 새로 합성된 분자를 ER로부터 ERGIC로 그 다음에 골지체의 시스면으로 운반한다. 반대 방향 수송인 *후방수송*(retrograde transport)은 지질과 단백질 분자를 재순환하는 메커니즘이다. COPI로 피막된 소포는 탈출한 ER-거주 단백질을 골지체로부터 원래 자리로 되돌리는데 이용된다.

주요 개념 _Key Concepts

비교적 크고 납작한 주머니 모양의 막소포인 골지체는 세포 생성물의 포장과 분비에 관여한다.

소포 세포소기관과 리소좀: 세포내 이입 경로

세포내 이입(endocytosis, **그림 2.15**)은 원형질막 수용체 단백질과 지질 및 외부 물질이 세포 안으로 들어오는 세포 과정으로서 대부분 원형질막의 부분이 떨어져 나오는 것(pinch off)을 포함한다. 그 다음에 새로 만들어진 소포는 초기 엔도솜이라고 하는 막에 결합한 세포소기관과 융합하면서 *세포내 이입 경로*(endocytic pathway)로 들어간다. 보통 세포의 주변부 가까이 위치한 *초기 엔도솜*(early endosome)은 세포내 이입 경로의 결합점이나 집중점으로 작용하는데 이곳에서 안으로 들어오는 분자들의 운명이 결정되기 때문이다. 조절 단백질을 포함하는 정교한 메커니즘은 안으로 들어오는 분자들이 원형질 막으로 돌아가서 적절하게 재활용되거나, 세포 전체의 위치들로 수송되기 위하여 TGN으로 전달되거나, 리소좀이라고

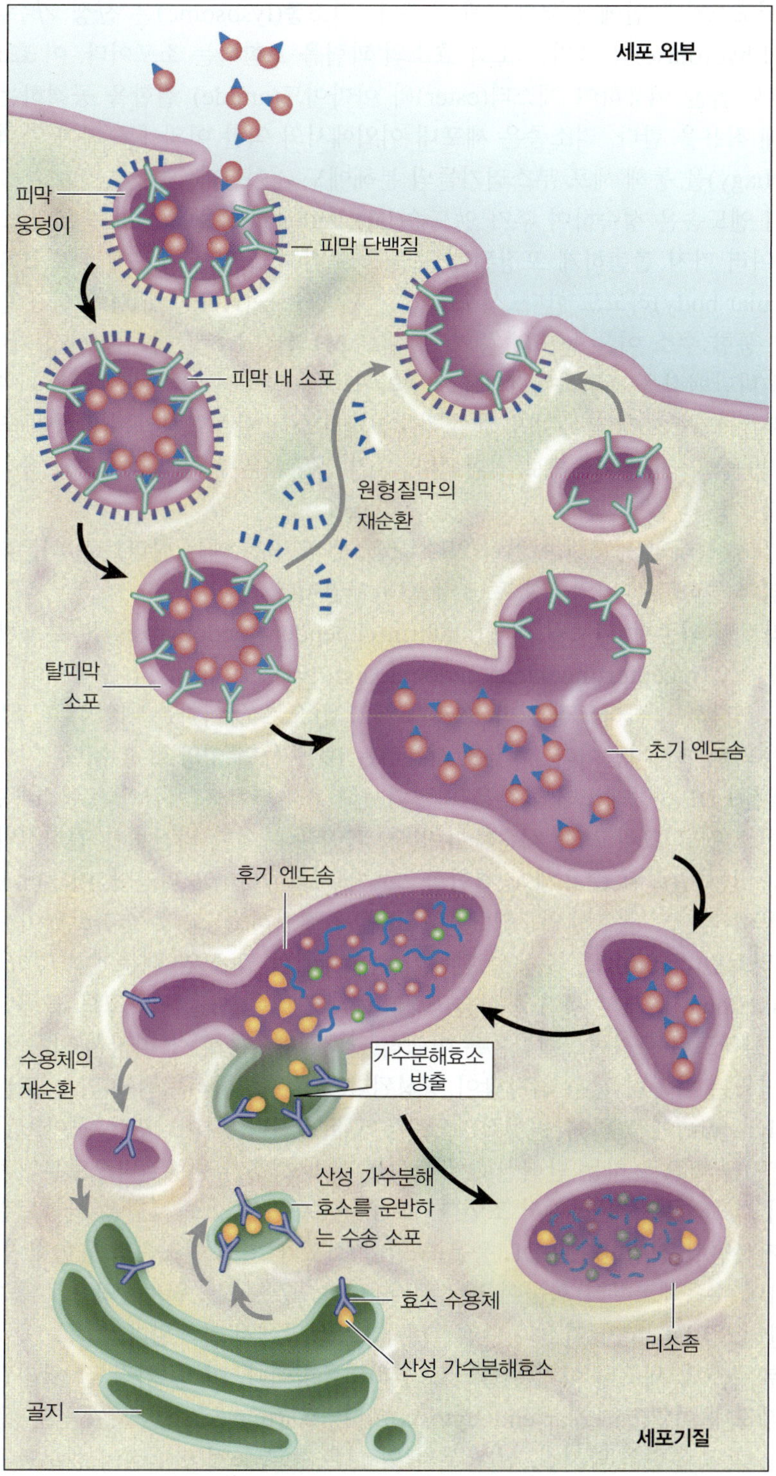

(a)

그림 2.15

수용체 매개 세포내 이입.

세포 외 물질들은 세포내 이입 중 세포 내로 들어가는데, 이때 원형질막 내 수용체 분자들이 리간드라고 하는 특정 분자 또는 분자 복합체에 결합한다. 피막 웅덩이라고 불리는 원형질막의 특정 자리가 점진적으로 함입하여 닫힌 소포를 형성한다. 외피 단백질이 제거된 후 소포는 리소좀의 전구물질인 초기 엔도솜과 융합한 다음 원형질막으로 재순환된다. 엔도솜 성숙 과정 중 양성자 농도는 증가하고 수용체는 리간드를 방출하고 원형질막으로 재순환되어 돌아간다. 엔도솜 성숙이 계속되면서 리소좀 가수분해효소가 골지체로부터 전달된다. 모든 가수분해효소가 후기 엔도솜에 전달되고 골지막이 골지체로 재순환되면 리소좀 형성이 완료된다.

하는 세포소기관 안에서 분해되게 해준다. **리소좀**(lysosome)은 *산성 가수분해효소*(acid hydrolase)라 불리는 소화 효소의 과립을 포함하는 소포이다. 이 효소들은 산성에서 물을 이용하여 에스터(ester)와 아마이드(amide) 결합을 공격하는 반응의 촉매 작용을 한다. 리소좀은 세포내 이입에서의 역할 이외에도 자가 소화 작용(autophagy)을 통해 세포 부스러기들의 분해에도 기여한다.

초기 엔도솜은 성숙하여 후기 *엔도솜*(late endosome)을 형성하는 세관-소포 망이며, 여러 가지 촘촘하게 포장된 소포들을 포함하고 있기 때문에 *다소포체*(multivesicular body)라고도 한다. 성숙 과정은 V-ATPase(ATP-의존형 양성자 펌프)의 활성을 통한 수소 이온 농도의 증가(즉 내부 pH의 감소) 및 리소좀 산성 가수분해효소와 막단백질을 포함하는 TGN 소포의 도착을 통해서 이루어진다. 후기 엔도솜은 내부 pH가 5보다 낮아지면 산성 가수분해효소를 활성화시키는 환경이 되어 완전한 기능을 가진 리소좀으로 전환된다. 후기 엔도솜은 기존의 리소좀과 융합할 수도 있다.

몇 가지 형태의 세포내 이입이 있다. 가장 잘 연구된 예는 클라트린-의존형 세포내 이입과 클라트린-비의존형 포낭 세포내 이입이다.

클라트린-의존형 세포내 이입(clathrin-dependent endocytosis)은 *수용체-중개 세포내 이입*(receptor-mediated endocytosis)이라고도 하며, 막 수용체에 결합한 화물을 포함하는 클라트린-피막 소포가 세포 안으로 들어가는 다양하고 광범위하게 사용되는 메커니즘이다. 이것을 사용하는 예를 들면 영양소 흡수[예, 저밀도 지질단백질(LDL), 콜레스테롤 같은 지질의 원천, 철-결합 단백질인 트랜스페린], 세포간 신호 전달 그리고 막 재순환이 있다. 과정은 특이한 리간드가 원형질막의 바깥쪽에 있는 관련된 수용체에 결합함으로써 시작된다. 그 다음에 어댑터 단백질이 수용체-리간드 복합체의 세포질 쪽 표면에 결합하고 그 후 클라트린이 구성된다. **클라트린**(clathrin)은 수용성 단백질 복합체이며 그 모양 때문에 *트라이스켈리온*(triskelion, 세 개의 무거운 사슬과 세 개의 가벼운 사슬)이라고도 불린다(**그림 2.16**). 클라트린 트라이스켈리온은 어댑터 단백질에 결합함에 따라서 막을 출아 형태로 만드는 바구니 같은 격자망이 형성된다. 그 다음 클라트린 피막 소포는 다이나민(dynamin)에 의하여 원형질막으로부터 잘라진다. 다이나민은 구아노신 삼인산(GTP)을 필요로 하는 단백질로서 형성된 피막 소포가 원형질막으로부터 방출될 때까지 소포의 목을 둘러싸서 조인다. 초기 엔도솜과의 소포 융합은 클라트린 피막을 제거하면서 진행한다. LDL 등을 포함한 소포가 초기 엔도솜과 융합하면 pH가 감소하여 수용체로부터 화물이 방출된다. LDL 수용체는 원형질막으로 돌아가서 재순환되고 LDL 분자(지질과 단백질)는 리소좀 안에서 분해된다.

일부 유형의 세포내 이입은 클라트린-비의존형이다. 이 중 가장 잘 열려진 것은 **포낭 세포내 이입**(caveolar endocytosis)이다. **포낭**(caveolae, '작은 동굴')은 콜레스테롤, 몇몇 유형의 막지질, 신호 분자 및 이온 통로 조절 단백질이 풍부한 특별한 형태의 원형질막 소구역에서 형성되는 비교적 작은 함입이다. 포낭 형성은 많은 세포에서 원형질막의 안쪽 층에 있는 카베올린(caveolin)이라는 단백질을 필요로 하지만 가장 대표적으로는 *내피 세포*(endothelial cell, 혈관과 림프관의 안쪽 면에 늘어선 주요 세포)와 *지방 세포*(adipocyte, 지방 조직의 주요 세포)에서 일어난다. 포

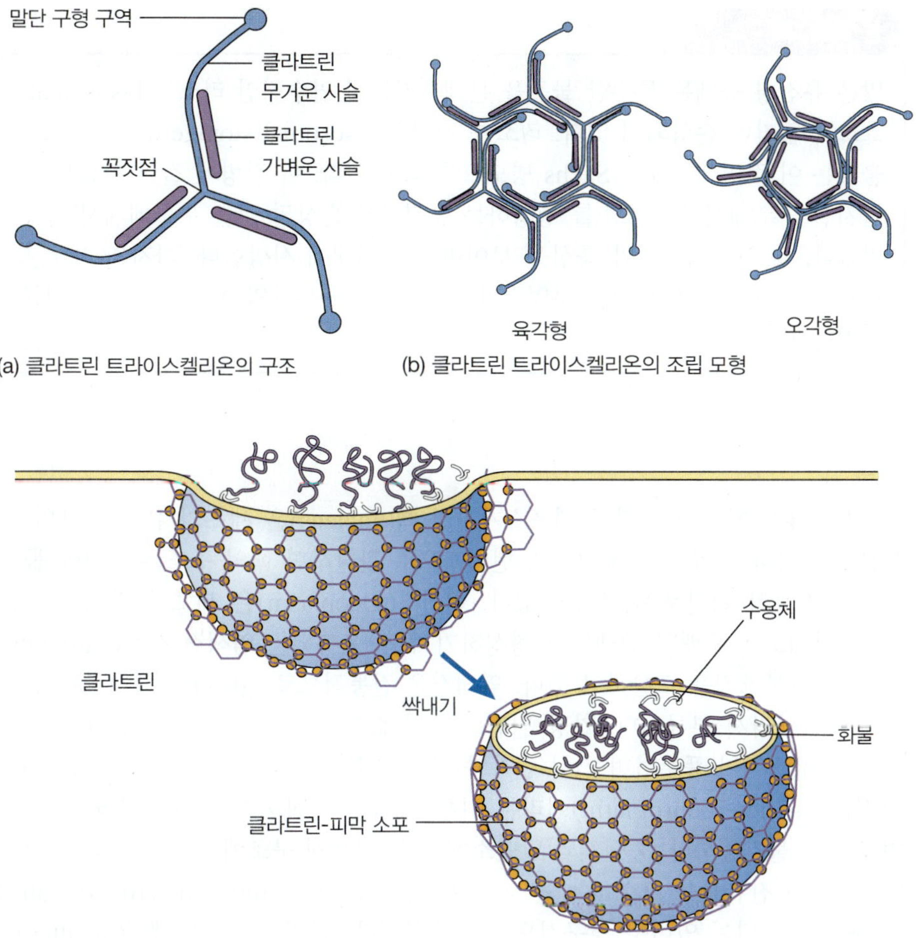

(a) 클라트린 트라이스켈리온의 구조

(b) 클라트린 트라이스켈리온의 조립 모형

(c) 클라트린-피막 소포 형성

그림 2.16

클라트린 의존형 세포내 이입.

(a) 3개의 무거운 사슬과 3개의 가벼운 사슬로부터 클라트린 트라이스켈리온(clathrin triskelion)이 형성된다. (b) 트라이스켈리온이 결합하여 클라트린-피막 소포의 격자망에서 볼 수 있는 육각형과 오각형을 형성한다. (c) 클라트린-피막 소포 형성은 클라트린에 대한 결합자리로 작용하는 어댑터 단백질을 모집하는 GTP-결합 단백질(나타내지 않음)에 의하여 개시된다. 육각형을 형성하는(이 그림에서) 클라트린 트라이스켈리온의 결합은 소포 형성 과정에서 막을 찌그러뜨린다.

낭 소포막의 만곡은 포낭 분자가 결합하여 *올리고머*(oligomer, 비공유 결합을 통하여 형성된 단백질 복합체)를 형성할 때 일어난다. 캐빈(cavin)이라고 하는 세포질 단백질군이 포낭 형성을 돕는다. 지방 세포에서 인슐린 수용체의 내재화는 포낭 세포내 이입의 예이다.

한 때 단순한 과정으로 생각되던 세포내 이입은 오늘날 세포의 신호 전달과 조절에 완전히 통합되어서 인식되고 있다. 세포내 이입과 세포외 유출은 **세포내 이입 순환**(endocytic cycle)으로 조합을 이루어서 세포 정보 처리에서 중심적 역할을 한다. 최근까지 세포내 이입 순환은 원형질막에서 관련된 수용체의 수를 조절함으로써 신호 분자에 대한 세포의 반응을 제어하는 수단으로 생각되었다. 이런 관점에서 세포내 이입은 수용체를 하향 조절(downregulating)하는 메커니즘이며, 따라서 신호 분자에 대한 세포의 감수성을 낮추어준다. 예를 들면 인슐린 수용체와 갑상선 자극 호르몬 수용체 같은 몇몇 수용체로부터의 신호 전달은 그것들이 엔도솜에 들어간 후에도 계속된다. 또한 엔도솜은 원형질막에 없는 단백질이나 지질 성분들을 포함하기 때문에 신호 플랫폼으로 작용할 수도 있으며 엔도솜 경로는 신호를 다양화할 수 있는 기회를 제공한다.

리소좀 저장병
Lysosomal Storage Disease

문제 2.2

많은 유전병 중에는 특수한 물질을 분해시키는데 필수적인 리소좀(lysosomal) 효소가 없거나 손상되어 있다. *리소좀 저장병*(lysosomal storage disease)으로 불리는 이 질병에는 Tay-Sachs 병도 포함되어 있다. 이 질병에 걸린 사람은 복합지질을 분해시키는 효소를 생성하는 유전자가 손상된 것을 부모에게서 물려받았다. 심각한 정신박약 증상을 보이며 5세 이내에 사망한다. 환자의 세포를 파괴하는 이 과정의 본질은 무엇인가? [*힌트*: 지질 분자의 합성은 정상 상태를 유지한다.]

핵

진핵세포에서 가장 특징적인 세포소기관인 **핵**(nucleus)은 세포의 유전 정보의 대부분을 포함하고 있다. 저해상도의 현미경으로 관찰하면 핵의 구조는 핵막에 둘러싸인 비정형의 핵질로 구성되어 있다. **핵질**(nucleoplasm)은 세포 주기의 유사분열 중 딸세포에 분배할 염색체를 형성하기 위해 응축되는 **염색질 섬유**(chromatin fiber)의 그물조직을 포함하고 있다. 염색질은 전통적으로 얼마나 촘촘하게 포장되었는지에 따라서 분류된다. 가장 밀집도가 낮게 포장된 *진정염색질*(euchromatin)은 흔히 유전자가 풍부하며 전사 인자와 전사 효소 복합체가 쉽게 접근할 수 있다. *이질염색질*(heterochromatin)이라는 다른 형태는 밀집도가 높게 포장되어 있으며 전사가 불가능하다. 중심체와 말단소체 같은 염색체 구조에 대한 서열과 오래된 바이러스의 잔류물을 포함하는 *구성성 이질염색질*(constitutive heterochromatin)은 매우 응축되어 있어서 영구적으로 비활성이다. *임의적 이질염색질*(facultative heterochromatin)은 특이한 신호에 반응하여 응축된 비활성 상태에서 활성적으로 전사되는 진정염색질로 바뀔 수 있다. 분화된 각 유형의 세포는 자신의 특이한 한 벌의 임의적 이질염색질을 가지고 있다. 핵 안에서 염색질의 분포는 임의적이 아니다. 염색체는 *염색체 세력권*(chromosome territories)이라는 구분된 자리에 위치한다. 일반적으로 이질염색질을 포함하는 염색체 분절은 전형적으로 핵의 주변부에 위치한다. 활발하게 전사되는 유전자가 밀집한 진정염색질은 더 중심 쪽에 위치한다.

핵막(nuclear envelope, NE)은 핵과 세포질 사이에서 분자들이 자유롭게 통과하는 것을 막아주는 장벽으로 작용한다. 그 결과 DNA 복제와 전사 같은 과정이 더 쉽게 조절될 수 있다. 핵막은 두 가지의 동심원 막으로 구성된다. **외핵막**(outer nuclear membrane, ONM)은 조면 ER과 연속되어 있으며 리보솜이 그 세포질 쪽 표면에 부착되어 있다. 외핵막의 세포질 쪽에 있는 많은 ER 단백질 중에서 몇 가지[예, 네스프린(nesprin)]는 세포골격의 필라멘트에 결합한다. 외핵막과 달리 **내핵막**(inner nuclear membrane, INM)은 핵에 고유한 내재 단백질을 포함하고 있다. NE 구조를 안정화 시키는 이외에도 이런 단백질은 염색질 결합, 염색질 재모형화 단백질 수집 및 여러 가지 효소 활성 등의 기능을 가지고 있다. 두 막 사이의 공간인 **핵 주변 공간**(perinuclear space, 지름 20~50 nm)은 조면 ER의 내강과 연속되어 있다. *핵공*(nuclear pore)이라는 구조에서 내막과 외막은 융합하며 핵공은 세포질과 핵 사이의 분자 소통을 조절하는 정교한 거대분자 구조이다. **핵공 복합체**(nuclear pore complex, NPC, **그림 2.17**)라고도 하는 핵공은 척추동물에서 핵 하

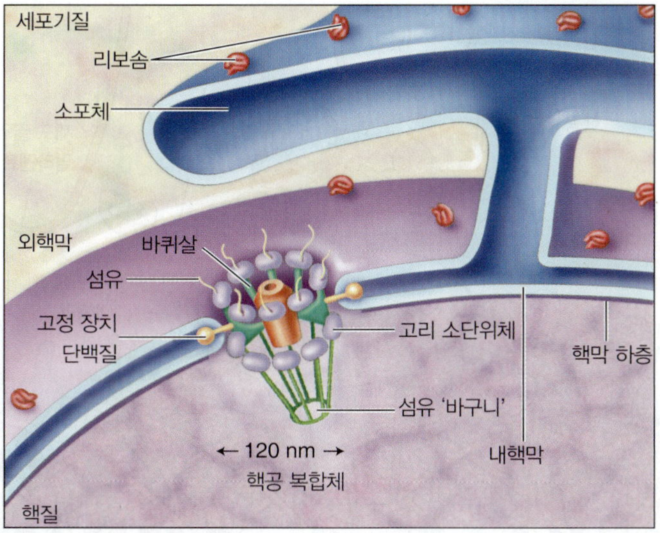

그림 2.17

핵공 복합체.

NPC의 기본 구조는 바구니 모양 구조의 맨 위에 자리 잡은 도넛 모양의 비계이며 중심은 구멍 모양으로 열려 있다. 중심의 구조를 가지지 않은 폴리펩타이드(그림에는 나타내지 않음)가 핵 수송 단백질에 결합된 화물 분자의 선택적 수송을 할 수 있게 해준다.

나 당 그 수가 2000~4000개 사이로 다양하다. 각 NPC는 120-MDa 구조(지름 = 120 nm)이며 *뉴클레오포린*(nucleoporin)이라는 서로 다른 30개의 단백질로 구성된다. NPC의 기능은 한 때 핵과 세포질 수송으로 한정되어 생각되었다. 그러나 최근 연구에 의하면 뉴클레오포린은 염색질 조직화와 DNA의 복제와 수선에서도 역할을 한다.

막에 있는 고리 모양의 핵공 복합체의 중심은 바구니 모양의 구조에 연결되어 있다. 세포질과 핵공 복합체의 핵질면에서 연결되는 필라멘트(filament)는 핵공을 통하여 이동되는 거대분자의 결합 자리(docking site)의 기능을 한다. 중앙의 핵공과 연결되는 유연한 뉴클레오포린으로부터 생성되는 그물 구조는 핵공 복합체를 통하여 샤페론 단백질을 유입하거나 방출하기 위하여 결합한 RNA와 단백질 같은 거대분자가 전달되는 것을 제한한다. 이온이나 작은 단백질(40 kDa 이하)과 같은 작은 분자들은 지름이 9 nm인 핵공 복합체를 통해 확산한다. 뉴클레오타이드인 GTP의 가수분해는 핵공 복합체를 통한 물질 이동을 하는 데 매우 효과적으로 작용한다.

핵으로 들어가는 단백질은 핵 위치 신호를 나타내는 아미노산 서열을 가져야 하며, 이것은 *핵내 운반체*(importin)라고 불리는 화물 수송 단백질에 의하여 인식된다. GTP 가수분해에 의하여 방출된 에너지로 추진되는 과정에서 단백질-핵내 운반체 복합체는 핵공을 통하여 수송된다. 역시 GTP 가수분해에 의하여 추진되는 핵의 유출 과정도 유입 과정과 비슷하다. 보통 RNA 분자들인 핵을 떠나는 화물은 핵 유출 신호 서열을 가진 단백질에 결합한다. 새로 형성된 RNA-단백질 복합체는 다음에 핵 수송 단백질인 NPC를 통하여 세포질 안으로 화물의 수송을 중개하는 수송 단백질인 *핵외 유출체*(exportin)에 결합한다. 각 NPC를 통하여 초 당 약 1000개의 거대분자가 통과한다.

핵막 하층(nuclear lamina, **그림 2.18**)은 핵막의 안쪽 표면에 부착된 얇고 촘촘한 난백실 그물망(meshwork)이다. 핵막 하층은 한 때 핵막의 모양과 기계적 안정성만을 제공한다고 생각하였지만 오늘날은 DNA 복제, 전사 및 염색질 조직화를 비롯한 수많은 핵 과정에서 역할을 한다고 여겨진다. 핵막 하층은 주로 라민 필라멘트(lamin filament)와 라민에 결합된 단백질로 이루어진다. 라민 필라멘트와 라민에 결합된 단백질 그리고 세포의 세포 골격(cytoskeleton) 사이의 결합 결과로 생기는 기계적 힘은 핵막(NE)의 모양을 변화시키고 핵 안의 염색질 조직을 변화시

주요 개념 _Key Concepts

- 핵은 세포의 유전 정보와 그 유전 정보를 단백질로 전환시키는 기구를 갖고 있다.
- 핵인은 rRNA 합성에 중요한 작용을 한다.

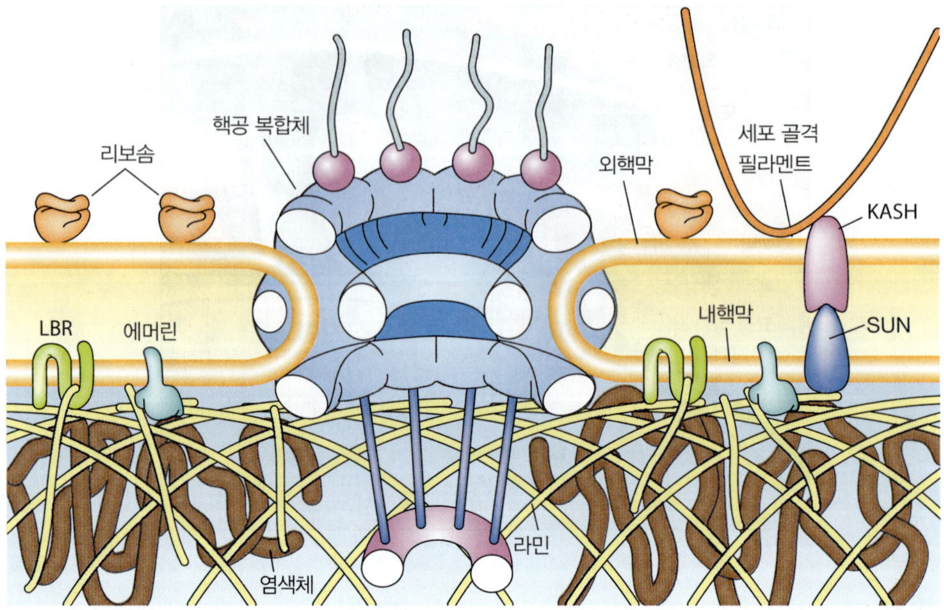

그림 2.18

핵막 하층.

라민 필라멘트의 얇고 촘촘한 그물망은 에머린, LBR(라민 B 수용체), SUN-구역 단백질 같은 라민-결합 단백질들에 의하여 내핵막에 연결되어 있다. 에머린과 LBR는 염색질과도 연결되어 있으며, 에머린은 BAF(나타내지 않음) 단백질을 통하여 간접적으로 연결되어 있다. INM 내재 단백질인 SUN 구역 단백질은 ONM 네스프린의 KASH 구역에 결합하여 LINC 복합체를 형성한다. 따라서 LINC 복합체는 핵막 하층과 세포의 세포 골격을 연결한다.

킬 수 있을 정도로 세포 골격을 변형시키는 데 충분하다.

라민은 A형(라민 A와 C)과 B형(라민 B1과 B2)으로 분류되는 중간 필라멘트 단백질이다. A형과 B형 라민은 각각 중합되어서 분리된 형태의 섬유를 형성한다. 라민 결합 단백질의 예에는 INM 내재 단백질인 에머린(emerin), LBR(lamin B receptor), 및 SUN-구역 단백질이 있다. 에머린은 직접 라민 A 필라멘트와 BAF에 결합한다. BAF는 염색질 조직화와 유전자 발현에서 역할을 하는 DNA-연결 단백질이다. LBR(라민 B 수용체)는 B 라민 필라멘트와 이질염색질에 모두 결합한다. 핵막 하층과 그것에 결합된 이질염색질이 NPC로 확장하지 않는다는 것은 주목할 만하다. INM SUN-구역 단백질은 ONM에 있는 하나 이상의 네스프린(nesprin)에 결합하여 LINC(*li*nks *n*ucleoskeleton and *c*ytoskeleton, 핵 골격과 세포 골격의 연결체) 복합체를 형성한다. 네스프린은 직접적 또는 간접적으로 세포 골격 필라멘트에 결합하기 때문에 LINC는 핵질과 세포 골격을 연결한다.

핵체(nuclear body)라고 불리는 핵의 영역은 어떤 유형의 염색질 서열과 핵 단백질을 포함하고 있다. 예를 들면 핵인, 작은 반점, 카할체 등이 있다. **핵인**(nucleolus)은 핵체 중 가장 큰 것이다. 핵인의 가장 잘 알려진 기능은 rRNA 유전자의 전사, rRNA의 가공 반응, 리보솜 소단위체 합성이다. 리보솜 소단위체는 세포질로 수송된 후에 mRNA에 결합하여 단백질을 합성하는 거대 분자복합체인 리보솜을 형성한다. 핵인의 가장 중요한 특징은 *인 형성체 영역*(nucleolar organizer region)이며, 이것은 각각 rRNA 유전자의 다중 복제물을 가진 몇몇 염색체 조각의 결합으로 형성된다. 또한 핵질 안에는 *전사 공장*(transcription factory)이라는 구분된 자리들이 있으며 여기에는 전사 효소 복합체의 다중 복제물에 의하여 폴리펩타이드나 작은 RNA로 전사될 활성 유전자들이 모인다. 세포 당 50개가 있는 *작은 반점*(speckle)은 전사 성분들의 저장 자리이다. *카할체*(Cajal body, 스페인의 조직학자인 Ramon y Cajal, 1852~1934의 이름에서 따옴)는 히스톤 mRNA와 몇몇 ncRNA의 가공 반응 자리이다.

핵 기질(nuclear matrix, 핵 골격)은 수많은 단백질로 구성된 핵질 안의 비계이며, 그 안에서 염색질 고리가 조직화된다. 핵 기질은 여러 형태의 세포 골격 단백질

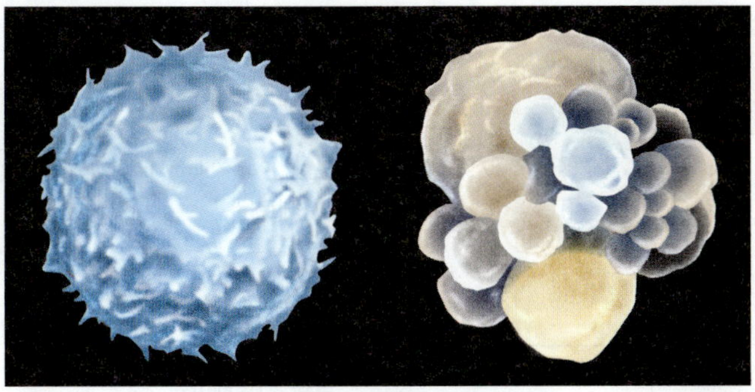

그림 2.19
세포 사멸.
세포 사멸 전(왼쪽)과 진행 중(오른쪽)인 백혈구. 세포 스트레스에 반응하여 미토콘드리아는 세포질에 사이토크롬 c라는 단백질을 방출하고, 이것은 세포 성분을 분해하는 효소들의 활성화를 돕는다. 그림의 세포 사멸 세포는 결국 세포 사멸체로 분해될 수포를 형성 중이다. 최종적으로 세포 사멸체는 식세포(세포 찌꺼기를 소화하는 면역계 세포)에 의하여 소화된다.

(예, 액틴, 액틴 결합 단백질 및 마이오신)이 핵질 안에 위치하고 있기 때문에 세포의 세포 골격과 비슷하다고 생각된다. 여러 핵 과정들이 특이한 핵 골격 단백질을 필요로 한다고 알려졌지만 그 구조적 성질은 아직 해결되지 않고 있다.

미토콘드리아

미토콘드리아(mitochondria)는 음식물 분자의 화학결합 에너지를 포획하여 산소의존성 아데노신 삼인산(ATP, 세포의 에너지 저장 분자) 합성을 추진하는 메커니즘인 **호기성 대사**(aerobic metabolism)가 일어나는 자리로 오래전부터 알려진 세포소기관이다. 미토콘드리아는 흔히 에너지 수요가 많은 자리 근처에 위치하고 있다. 예를 들면, 대부분의 가로무늬근육 세포의 미토콘드리아는 마이오신 섬유를 따라서 길게 위치하고 있다. 또한 미토콘드리아는 다른 대사과정의 중추적인 통합체의 역할을 한다. 그 대표적인 예로는 아미노산과 지질의 대사, 산화환원반응에 이용되는 철-황 송이의 합성 및 칼슘의 항상성이 있다. 최근 미토콘드리아는 세포 스트레스(예, DNA 손상, 저산소증, 영양소 결핍)에 의하여 촉발되는, 세포의 죽음에 도달하게 하는 유전적으로 미리 계획된 일련의 과정인 **내인성 세포 사멸**(intrinsic apoptosis)의 주요한 조절물질로 인식되고 있다(**그림 2.19**). 전통적으로 미토콘드리아는 길이가 1~10 μm에 이르는 소시지 모양의 구조로 서술되어 있다. 그러나 최근의 연구에 의하면 미토콘드리아는 고정된 크기를 갖고 있지 않다. 미토콘드리아는 처음부터 합성될 수 없다. 즉 새로운 미토콘드리아는 미리 존재하는 미토콘드리아의 성장과 분열인 *생물 발생*(biogenesis)의 결과이다. 미토콘드리아는 끊임없이 나뉘고(분열, fission), 가지를 치고, 합쳐져서(융합, fusion) 확장된 그물망을 형성하는 역동적인 세포소기관으로 밝혀졌다.

건강한 세포에서는 미토콘드리아 그물망의 재모형화가 연속적으로 일어나며, 특히 분열과 융합의 연속적인 순환에 의하여 일어난다. **미토콘드리아 분열**(mitochondrial fission, **그림 2.20**)은 세포 에너지 요구량이 높을 때나 미토콘드리아가 손상되거나 비활성인 부분이 파괴에 앞서서 분리될 때 생물 발생이 일어날 수 있게 해준다. **미토콘드리아 융합**(mitochondrial fusion)은 미토콘드리아 그물망의 확장을 일으키고 작은 손상을 입은 미토콘드리아가 건강한 미토콘드리아와 내용물을 혼합하여 쉽게 구조될 수 있게 해준다. 미토콘드리아 소화 작용(mitophagy)이라고 하는 자가 소화 과정(autophagic process)은 많이 손상된 미토콘드리아를 제거한다.

각 **미토콘드리아**는 두 개의 막에 의해 둘러싸여 있다(**그림 2.21**). 10,000 달톤(Da)보다 작은 대부분의 분자는 비교적 구멍이 많은 매끈한 **외막**(outer membrane)을 통과할 수 있다. O_2, CO_2와 H_2O는 **내막**(inner membrane)을 투과하지만

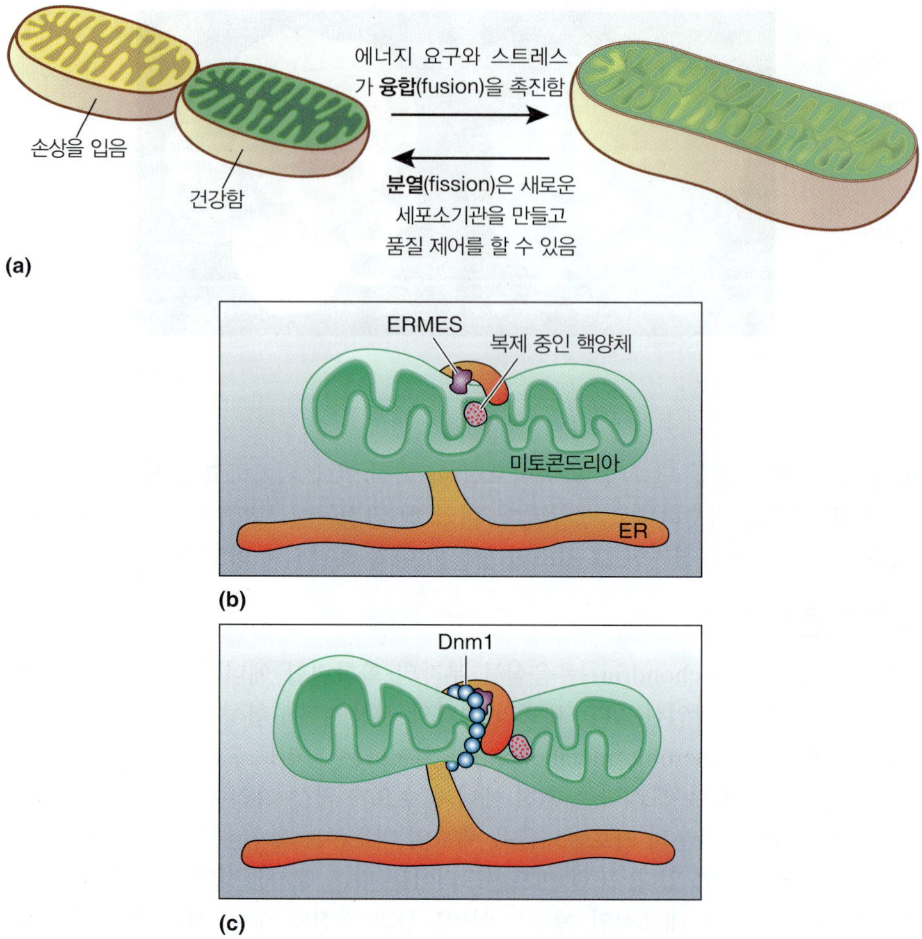

그림 2.20

미토콘드리아의 분열과 융합.

(a) 분열과 융합은 세포가 대사, 산화 및 다른 스트레스를 받을 때 미토콘드리아의 기능을 유지시켜 준다. 분열은 새로운 미토콘드리아를 만들며 손상된 미토콘드리아를 제거하기 위한 메커니즘으로 작용한다. 다음에 손상된 미토콘드리아의 분열 생성물은 미토콘드리아 소화 작용에 의하여 분해된다. 약간 손상된 미토콘드리아는 건강한 미토콘드리아와 융합함으로써 구조될 수 있다(즉, 건강한 미토콘드리아의 구성 성분들이 손상된 세포소기관의 구성 성분들을 보완한다.). (b) 효모 세포에서 미토콘드리아 분열은 ER 소관과의 상호작용이 필요하며 이것은 부분적으로 ERMES(ER-mitochondria encounter structure, ER-미토콘드리아 접촉 구조)라고 부르는 고리 단백질 연결에 의하여 중개된다. (c) 그 후 분열은 GTP-가수분해 단백질인 다이나민-1(dynamin-1, Dmn1)(포유류에서는 Drp1)에 의하여 촉진되며 이어서 다이나민-1은 두 미토콘드리아 사이의 막으로 된 목을 조이고 절단한다.

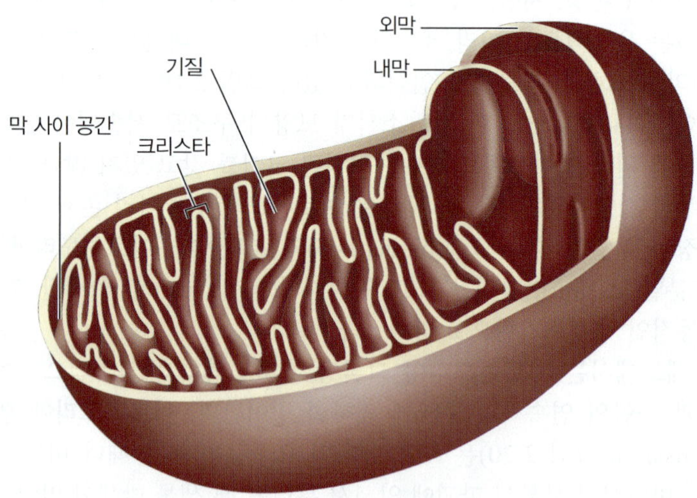

그림 2.21

미토콘드리아.

막과 크리스타(crista). 이 그림에서 묘사되어 있는 내부 구조는 주름통 같은 모양을 한 크리스타(crista) 때문에 방음벽 모형(baffle model)으로 불린다. 전자 단층촬영(시료의 3차 구조를 만들기 위하여 전자 빛줄기(beam)가 사용되는 현미경기술)에 의하여 더욱 복잡한 내부 구조가 밝혀졌다. 내막관들(tubules)이 융합하고 분열하는 복잡한 배열이 일부 조직의 미토콘드리아에서 관찰되었다. 이 구조의 기능적인 중요성은 아직 밝혀지지 않고 있다.

이온과 다양한 유기분자들은 통과할 수 없다. 내막은 안쪽으로 접혀져 소위 *크리스타*(cristae)를 형성한다. 내막에 묻혀 있는 단백질 복합체들과 다른 분자들은 *미토콘드리아 호흡 사슬*(mitochondrial respiratory chain, MRC)을 구성한다. 이것은 산화적 *인산화*(oxidative phosphorylation, OXPHOS) 과정에서 영양소 분자(예, 글루코스, 지방산, 아미노산)의 산화에서 방출되는 에너지를 ATP의 화학 결합 에너지로 전환한다. 또한 특이한 분자와 이온을 수송하는 단백질들도 존재한다.

외막과 내막 모두 두 개의 분리된 구획, 즉 (1) *막사이 공간*(intermembrane space)과 (2) *기질*(matrix)을 형성한다. 막사이 공간은 뉴클레오타이드 대사에 관련된 여러 효소들을 포함하는 반면에 젤(gel) 같은 기질은 고농도의 효소와 이온 그리고 수많은 작은 유기분자들로 구성된다. 기질은 또한 2~10개의 원형 DNA(circular DNA)를 갖고 있다.

미토콘드리아 DNA(mt DNA)는 세균 DNA처럼 히스톤(histone)과 결합하지 않고 핵양체 내에 위치하고 있다. 미토콘드리아 유전체는 2 rRNA, 22 tRNA와 13 MRC 단백질 성분을 암호화한다. 미토콘드리아 단백질들을 암호화하는 유전자의 약 95%가 핵염색체 상에 위치한다.

세포가 보유하는 미토콘드리아 수는 에너지 요구와 생리적 상태에 따라 다르며 또한 세포의 종류에 따라 다르다. 예를 들어, 난모세포와 간세포는 각각 200,000개와 2000개의 미토콘드리아를 가지고 있다. 대부분의 세포는 수백 개의 미토콘드리아를 가지고 있으나 적혈구에는 미토콘드리아가 없다. 특히 미토콘드리아 구조는 세포의 생리적 상태에 따라 변한다. 예를 들어 간 미토콘드리아의 내부 구조는 호흡이 왕성할 때 현저히 변한다.

미토콘드리아는 *미토콘드리아-결합막*(mitochondria-associated membranes, MAM)이라는 ER 영역과 안정한 접촉 자리를 형성한다. 가까이 나란히 놓인 막 부분들이 단백질에 의해 묶인 이런 접촉은 함께 미토콘드리아의 동역학을 조절하는 몇 가지 기능을 가지고 있다.

1. **칼슘 신호 전달.** 호르몬, 성장인자, 또는 다른 유형의 자극에 의하여 개시되는 칼슘 의존성 신호 전달의 다단계는 항상 칼슘 이온이 MAM을 통하여 미토콘드리아 안으로 빠르게 전달되는 것을 필요로 한다. 이어서 ATP 합성의 모든 단계에서 Ca^{2+}-반응성 단백질의 활성화는 다음 과정에 충분한 에너지가 이용될 수 있게 보장해준다. 다음 과정은 신호 전달 사건과, ER과 원형질막의 ATP-펌프 복합체에 의한 칼슘 신호의 종결에 의해서 개시된다. 미토콘드리아에는 역시 칼슘 신호 종결에 기여하는 저친화성 칼슘 통로가 있다.

2. **지질 교환.** 세포의 인지질 생합성은 주로 ER에서 일어나지만 몇몇 반응은 미토콘드리아의 효소를 필요로 한다. 미토콘드리아와 ER 사이의 MAM을 통한 양방향성 지질 전달은 미토콘드리아 막의 안쪽과 바깥층의 독특한 지질 조성을 유지하는 데 필요하다.

3. **미토콘드리아 분열 조절.** 미토콘드리아 주위를 ER 소관이 감싸는 것은(**그림 2.20c** 참조) 분열 과정의 초기 단계이다. ER-미토콘드리아 접촉 자리의 단백질이 미토콘드리아에 분할 자리를 표시하고 수축과 분할을 일으키는 분열 단백질을 모아서 분열을 개시한다.

주요 개념 _Key Concepts

- 진핵생물이 필요로 하는 에너지의 대부분을 생산하는 호기성 호흡은 미토콘드리아에서 일어난다.
- 호흡 조립체는 미토콘드리아의 내막에 묻혀 있고 여기서 ATP가 합성된다.

문제 2.3

인체의 부피 중에서 10%는 미토콘드리아가 차지하는 것으로 추정되고 있다. 체중 70 kg인 성인에는 1×10^{16}의 미토콘드리아가 있는 것으로 추정된다. 이 정보를 이용하여 미토콘드리아 1개의 대략적인 무게는 얼마인지 추정하라.

퍼옥시솜

퍼옥시솜(peroxisome)은 효소가 풍부한 기질을 둘러싸고 있는 단일막으로 이루어진 작은 구형의 세포소기관이다. 퍼옥시솜은 적혈구를 제외한 인간의 모든 세포에 있으며 특히 간과 신장에 많은 수가 있다. 퍼옥시솜 효소는 일부 막지질, 퓨린과 피리미딘 염기, 담즙산의 합성을 포함하여 다양한 합성과 분해 과정에 관여한다. 퍼옥시솜은 또한 긴 사슬 지방산과 퓨린 염기의 분해에도 필요하다. 특히 퍼옥시솜은 이름이 의미하는 것처럼 과산화물(peroxide) 같은 독성물질의 생성과 분해에 관여한다. 과산화수소(H_2O_2)는 산소 분자(O_2)가 특정 유기분자로부터 수소(H) 원자를 제거하기 위해 사용될 때 형성된다.

$$RH_2 + O_2 \rightarrow R + H_2O_2$$

예를 들면, 잔틴 산화효소(xanthine oxidase)는 퓨린 염기를 질소 폐기물 분자인 요산으로 전환하는 경로에서 두 반응을 촉매하면서 H_2O_2를 생성한다. 퍼옥시솜은 폼알데하이드나 알코올 같은 독성 분자를 산화하기 위하여 H_2O_2를 이용한다. 그런 반응에 이용되지 않으면 이 매우 반응성이 큰 분자는 카탈레이스(catalase) 효소에 의하여 분해된다.

$$H_2O_2 \rightarrow 2H_2O + O_2$$

퍼옥시솜의 생물 발생(biogenesis)은 두 가지의 별개 경로로 일어난다. 신생 과정에서 프리퍼옥시솜 소포(preperoxisomal vesicle)는 ER의 특수한 영역에서 떨어져 나온다. 그 다음에 이 소포들은 서로 융합하여 성숙한 퍼옥시솜을 형성한다. 퍼옥시솜 조립을 위해서 필요한 단백질인 퍼록신(peroxin)이 32개까지 확인되었다. 이미 존재하는 퍼옥시솜은 ER로부터 막을 전달받아서 더 크게 성장한 다음 분열하여 새로운 퍼옥시솜을 형성할 수 있다.

엽록체

엽록체(chloroplast)는 빛에너지를 화학에너지로 전환시키는 잡색체(chromoplast)의 하나이다. (잡색체는 잎, 꽃잎, 과일의 색을 나타내는 색소를 축적하는 식물의 세포소기관이다.) 13장에서 서술될 **광합성**(photosynthesis)은 CO_2로부터 탄수화물 합성을 위해 빛을 이용하는 화학 반응이다. 엽록체(**그림 2.22**) 구조는 여러 면에서 미토콘드리아와 유사하다. 예를 들어 외막은 매우 투과성이 높은 반면, 비교적 불투과성인 내막은 세포소기관 안팎으로 분자 이동을 통제하는 특수한 운반체 단백질을 갖고 있다. 또한 엽록체는 분열을 한다.

틸라코이드 막(thylakoid membrane)으로 불리는 복잡하게 접힌 내부막 계(internal membrane system)는 엽록체의 대사 기능에 관여한다. 예를 들어 광합성 중 빛 에너지를 포착하는 엽록소 분자는 틸라코이드 막 단백질에 결합되어 있다. 틸라코이드막의 어떤 부위는 **그라나**(grana)로 불리는 촘촘히 쌓여 있는 구조를 형성하고 막 전체는 *틸라코이드 내강*(thylakoid lumen)으로 알려진 구획을 둘러싼다. 효소가 꽉 찬 물질로 이루어진 **스트로마**(stroma)가 틸라코이드 막을 둘러싸고 있는데, 이는 미토콘드리아의 기질과 유사하다. 효소 이외에 스트로마는 DNA, RNA와 리보솜을 갖고 있다. 인접한 그라나를 연결하는 막 부분을 *스트로마 층판*(stroma lamellae)이라고 한다.

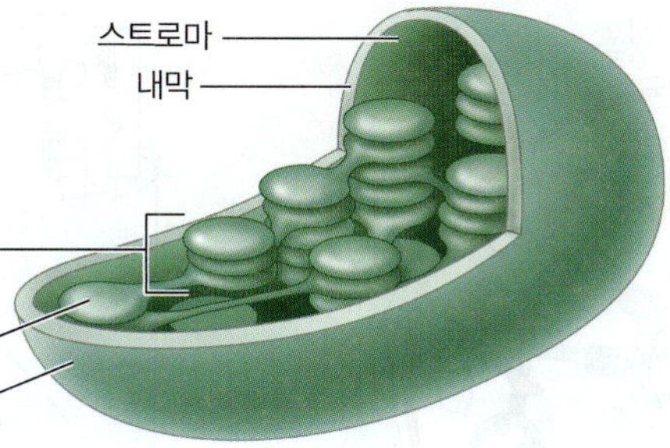

그림 2.22

엽록체.

엽록체는 빛 에너지를 유기생체 분자의 화학에너지로 전환시킨다.

세포골격

세포골격(cytoskeleton)은 섬유질, 필라멘트 및 결합된 단백질로 이루어진 그물망이다. 세포골격의 성분으로 미세소관(microtubule), 미세섬유(microfilament)와 중간섬유(intermediate fiber)가 있다.

미세소관(microtubule)(바깥지름 25 nm, 안지름 12 nm)은 세포골격 중 가장 큰 구성성분이며, 프로토필라멘트(protofilament)로 구성된 대들보 비슷한(girderlike) 속이 빈 원통이다. 각 프로토필라멘트는 튜불린 단백질의 가역적 중합반응으로 형성된다. *튜불린*(tubulin)은 α-튜불린과 GTP 결합분자인 β-튜불린으로 구성된 폴리펩타이드 이합체(dimer)이다. 미세소관은 양쪽 끝이 다른 극성을 나타낸다. 즉, 중합반응은 (+) 끝에서는 빨리 일어나는 한편 (−) 끝에서는 더 느리게 일어난다. 미세소관은 (+) 끝에서 성장하여 세포의 주위를 향해 뻗어 나간다. 미세소관의 움직임은 미세소관의 조립과정을 촉진하거나 방해하여 안정성을 통제하는 미세소관 연관 단백질(microtubule-associated protein, MAP)에 의해 조절된다. 미세소관 연관단백질의 또 다른 기능은 미세소관을 세포내 특정 위치로 이동하게 하고 미세소관 묶음을 만드는 것이다. ATP 의존성 운동 단백질인 키네신(kinesin)과 다이네인(dynein)은 미세소관에 따라 이동한다. 일반적으로 키네신은 소포 또는 세포소기관 같은 화물을 (+) 끝을 향해 이동시키고 다이네인은 (−) 끝을 향해 이동시킨다. 비록 미세소관은 많은 세포 자리에서 발견되지만 신경세포의 축삭(axon)과 수상돌기(dendrite)처럼 지지(support)를 필요로 하는 길고 얇은 구조에서 두드러지게 나타난다. 또한 미세소관은 *유사분열 방추사*(mitotic spindle)와 가늘고 머리카락 같은 세포소기관인 섬모와 편모에서도 발견된다(**그림 2.23**).

원형질막에 채찍처럼 부착되어 있는 섬모와 편모는 추진 기능을 하도록 특화되어 있다. 가장 눈에 띄는 예는 찌꺼기를 포함하고 있는 점액질을 허파에서 제거하는 기관의 세포 표면에 있는 운동성 섬모와 난세포를 찾아내는 정자 세포의 편모이다. *축사*(axoneme)으로 불리는 편모와 섬모의 내부 중심(inner core)의 미세소관은 9개의 융합한 짝이 중심에 위치한 융합하지 않은 2개와 고리를 만드는 것이다(9 + 2 유형). 섬모와 편모의 파도 모양의 운동은 외부의 미세소관 짝이 서로 미끄러지기 때문이다. 다이네인(dynein, 팔로 불림) 분자에서 ATP에 의해 추진되는 구조의 변화는 근처의 미세소관이 교대로 부착하거나 움직이고(walk along) 그 후 떨어지게 한다. 미세소관은 새롭게 합성된 축사 단백질인 화물을 섬모나 편모에 운반

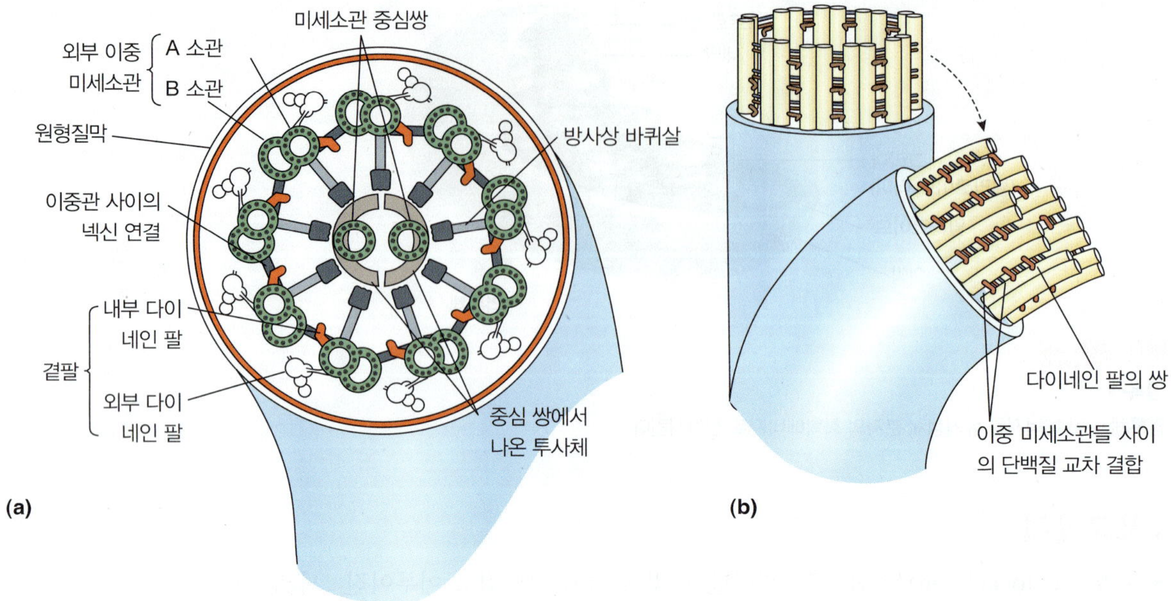

그림 2.23

진핵세포의 섬모와 편모에 있는 축사.

축사는 미세소관 기반의 세포골격 구조이다. 채찍 같은 운동성 섬모와 편모에서 축사는 전통적인 '9 × 2 + 2' 미세소관 유형(두 개의 중앙 미세소관과 바깥쪽의 9쌍의 미세소관)으로 배열되어 있다. (a) 축사의 단면은 고전적 축사 유형을 보여준다. 다이네인 팔은 ATP 가수분해 단백질로서 미세소관을 따라 '걸으며' 축사 굽음을 형성한다. 넥신 연결이 바깥쪽 미세소관쌍들을 연결한다. 방사상 바퀴살은 축사 운동을 조절한다. (b) 미세소관 쌍들이 서로 미끄러지는 결과로 생기는 축사 굽음을 나타내는 그림.

한다. *편모내 운반*(intraflagella transport, IFT)이라 불리는 과정에서 키네신(kinesin)은 세포 주변부로 향하는 미세소관의 바깥쪽 쌍을 따라서 섬모나 편모의 조립과 유지에 필요한 물질을 이동한다. 다이네인(dyneins)은 반대 방향으로 물질(예, 화물을 내린 키네신)을 이동한다. *원발성 섬모*(primary cilia)라고 불리는 비운동성 섬모는 대부분의 척추동물의 세포에서 중요한 구조적인 특징이 있다. 그것들의 건강에 대한 효과는 생화학 전망의 원발성 섬모와 인간 질병에 나와 있다.

미세섬유(microfilament)는 구형 액틴(globular actin, G-actin)의 중합체로 구성된 작은 섬유(지름이 5~7 nm)이다. 필라멘트 형 또는 고분자 형(F-actin)은 (+)와 (−) 끝을 갖고 있는 두 개의 액틴 중합체로 된 코일이다. ATP 가수분해에 의해 일어나는 중합반응은 (+) 끝에서 더 빨리 일어난다. 매우 유연한 개개의 섬유들은 보통 다른 크기의 다발로 교차 결합한다. 매우 다양한 액틴-결합 단백질은 미세섬유의 구조와 기능을 조절한다. 이 단백질은 미세섬유를 교차결합, 안정화, 절단하거나 미세섬유의 중합반응을 봉쇄한다. 미세섬유는 중합 또는 탈중합(depolymerization)함으로써 힘을 발휘할 수 있다. ATP 의존성 운동단백질인 마이오신과 함께 미세섬유는 긴장(tension)을 일으키는 수축력을 만든다. 미세섬유의 중요한 역할은 세포질 유동(엽록체 같은 세포소기관을 빠르게 옮겨 놓는 과정으로서 식물에서 관찰됨), 아메바 운동(일시적인 세포질 돌출형성에 의해 일어나는 이동)과 근육 수축 등이다.

중간섬유(intermediate filament, 지름 8~12 nm)는 유연하고 비교적 강하고 안정적인 중합체로서 세포에 기계적 지지를 제공한다. 중간섬유의 그물 구조는 핵 주위의 고리 모양 그물로부터 원형질막의 부착점까지 뻗어 있다. 아미노산 서열이 서로 다른 여섯 종류의 중간섬유 단백질들이 있는데, 잘 알려진 예로서 피부와 털 세포에서 발견되는 케라틴(keratin)과 핵막을 보강해 주는 라민(lamin) 등이 있다. 이와 같은 다양성에도 불구하고 각각의 중간섬유 유형은 구형 머리와 꼬리 영역에 의해 측면이 둘러싸인 막대 모양의 영역으로 구성된다. 중간섬유 폴리펩타이드는 이합체(2개의 폴리펩타이드), 사합체(4개의 폴리펩타이드)와 더 높은 차원의 구조로 조립된다. 중간섬유는 주로 세포 모양을 유지하고 기계적 스트레스를 받는 세포에 특히 많이 나타난다.

동적 역학계인 세포골격은 세포의 대부분의 활동에 대한 통합적 특성을 나타낸다. 세포골격의 독특한 기능적 성질은 압축에 저항성인 미세소관과 수축성 미세섬유에 의해 생성된 긴장 사이의 기계적 힘의 균형에 의해 가능하다. 중간섬유는 미세소관과 미세섬유를 서로 연결하고 핵과 원형질막에 연결시킨다. 이와 같은 기능적 '세포 구조'로 인해 상반되는 힘은 모두 세포골격 성분을 통해 균형을 이루게 된다(**그림 2.24**). 따라서 살아 있는 세포는 항상 역동적인 불안정한 상태에 있다. 다양한 화학적·물리적 신호에 의해 일어나는 세포골격의 재조직화(reorganization)는 세포 과정의 주요한 특징이다.

세포골격의 가장 중요한 기능은 다음과 같다.

1. **세포 모양**. 진핵세포는 작고 둥근 덩어리 모양의 아메바, 원기둥 모양의 상피세포와 복잡한 가지 구조를 갖고 있는 신경 세포를 포함하여 매우 다양한 형태로 존재한다. 세포 모양은 외부의 영향에 의해 변한다. 예를 들어, 아메바는 먹이에 가까이 접근하면 신속하게 그 모양을 변화시킨다.

2. **대규모 및 소규모 세포의 움직임.** 대규모 세포의 움직임은 세포의 즉각적인 필요에 따라 그 구조적 성분을 신속히 조립하고 분해하는 역동적 세포골격에 의해 가능하다. 세포소기관은 세포골격에 부착하여서 세포내에서 움직일 수 있다. 예를 들어, 세포 분열 후 새로이 형성된 핵막으로부터 세포 주변으로 소포체 막이 확장되고 골지체가 재형성되는 과정은 미세소관에 부착함으로써 이루어진다. 세포의 움직임은 미세소관과 막 화물(membrane cargo)에 연결된 특정 운동 단백질이 ATP 가수분해에 따르는 구조의 변화를 하는 경우에 일어난다.

3. **고체 상태 생화학.** 이전에는 세포질의 액체 상태에서만 일어나는 것으로 믿었던 많은 생화학 반응이 세포골격에서 상당히 많이 일어나는 것으로 밝혀졌다. 생화학 경로는 효소들이 고체 표면에 복합체로 모여 있으면 더욱 효율적이고 더 잘 통제된다. 그 대표적인 예는 탄수화물 대사에서 ATP 생성 경로인 해당작용의 반응이다. 해당작용 효소들이 세포골격 섬유에 결합하면 그 효소의 반응 속도가 현저히 증가한다. 세포골격 구조를 파괴하는 약품은 해당작용 효소를 분리시켜 세포질 ATP 생산을 급속하게 감소시킨다.

4. **신호 전달.** 세포는 정보처리 체계이고 매우 다양한 외부의 물리적 · 화학적 자극에 반응한다. 예를 들면, 호르몬과 성장 인자가 세포 표면의 수용체에 결합하는 것, 신경과 근육 세포 막의 활동 전위, 장력과 유체 정압 같은 기계적 힘이 있다. 세포는 컴퓨터의 *집적회로*(integrated circuit, 마이크로칩)에 비유할만한 다양한 신호 전달 메커니즘(전압과 장력에 민감한 이온 통로, 신호 복합체, 생화학 경로, 유전자 발현 도구)을 갖고 있다. 전기에 의해 작동되는 트랜지스터와 콘덴서로 구성된 정보처리 장치들은 전선에 의해 연결된

그림 2.24

세포골격 재조직화 모형.

(a)와 (b)는 평형화된 기계적인 스트레스(즉, 단단한 줄과 강력한 지주)에 의하여 서로 유지되고 있는 안정한 구조이다. 여기서 '세포'는 알루미늄 지주와 얇은 탄력성 끈으로 구성되어 있으며, '핵'인 구는 나무 막대기와 흰색 탄력성 실로 만들어졌다. 외부 힘이 이 구조(a)에 작용하면 구조(b)로 재배열된다.

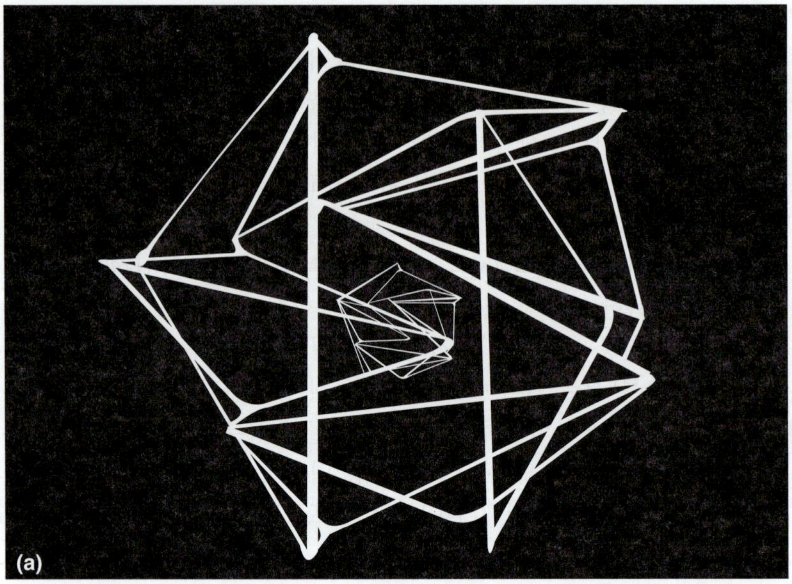
(a)

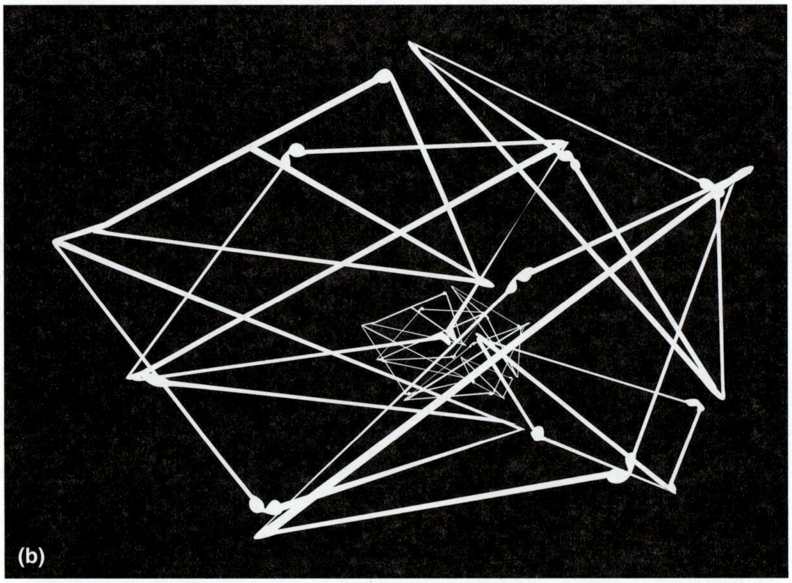
(b)

주요 개념 _Key Concepts

단백질 섬유로 된 고도의 구조적 그물조직인 세포골격은 전체 세포 모양의 유지, 대규모 및 소규모 세포의 움직임, 고체 상태 생화학과 신호 전달 등에 관여한다.

다. 세포의 신호 전달 과정을 쉽게 해주고 도와주는 것은 세포골격과 핵골격(nucleoskeleton)의 필라멘트이다.

문제 2.4

암(cancer)은 세포 분열이 통제가 되지 않은 질병이다. 난소암을 치료하는 데 사용하는 택솔(taxol)은 미세소관에 부착되어 구조를 안정화한다. 택솔의 항암 효과는 어디서 오는 것일까?

생화학 전망 BIOCHEMISTRY IN PERSPECTIVE

원발성 섬모와 인간 질병

부동성 섬모는 사람의 건강에 어떤 영향을 주는가? 대부분의 서로 다른 척추동물의 세포는 **원발성 섬모**(primary cilium)라고 하는 단일한 비운동성 섬모를 가지고 있다. 운동성 섬모와 달리 비운동성 섬모는 축사 안에 중앙 극세관 한 쌍을 가지고 있지 않고(9 + 0 유형), 운동을 위하여 필요한 다이네인 팔과 방사상 바퀴살이 존재하지 않는다. 원발성 섬모는 감각 세포 소기관으로 기능을 한다. 즉, 세포의 안테나로서 작용한다. 섬모 막에 묻혀 있는 많은 수용체 분자들과 다른 단백질들이 기계적 압력, 신호 분자, 빛과 같은 외부 신호의 감지를 도와준다. 예를 들면 신장 세관 세포의 원발성 섬모는 세뇨관 안으로 튀어나와 있어서 소변의 흐름을 감지한다. 소변의 흐름에 의해 섬모가 물리적으로 구부러지면 안쪽으로 향하는 Ca^{2+}의 흐름을 발생시킨다. 안으로 향하는 칼슘 흐름의 결과 중 한 가지는 세포 분열 억제이다. 원발성 섬모의 다른 기능 중에는 상처 치료(원발성 섬모 원형질막 수용체가 혈소판에서 유래하는 성장인자(PDGF)와 결합하면 섬유모세포가 상처로 이동), 후각(후각 감각기관의 신경 세포의 원발성 섬모가 냄새 분자를 검출), 시각(망막의 간상세포의 바깥쪽 조각은 시각 색소가 들어 있는 확대된 끝 부분을 가진 원발성 섬모로 고도로 변형됨) 등이 있다.

원발성 섬모 안의 제한된 공간은 몇 가지 신호계의 긴밀한 통합을 가능하게 해준다. 예를 들면 두 가지 모두 동물 발달에서 중요한 역할을 하는 고슴도치(hedgehog) 신호 전달 경로와 Wnt 신호 전달 경로가 있다. 섬모와 세포질 사이에서 섬모 성분과 중간물질 신호 분자를 편모 내부 수송(IFT)에 의해 앞뒤로 효율적으로 수송하는 것도 신호 전달을 도와준다. ITF에 의하여 수송되는 신호 분자는 최종적으로 핵 안의 유전자 발현 변화를 일으킨다. *섬모병*(ciliopathy)이라고 하는 사람의 많은 병은 원발성 섬모의 결함에서 생긴다.

사람의 섬모병

인체에서 원발성 섬모가 대부분의 세포에 존재하다는 것을 고려한다면 원발성 섬모와 관련된 사람의 병이 다양하다는 것은 당연하다. 일부 섬모병들은 하나 또는 소수의 세포 유형이나 기관들에 영향을 끼치지만 다른 것들은 인체의 많은 계들에 영향을 끼치는 것으로 나타나서 그 증상이 다양하게 나타난다. 망막색소 변성증(retinitis pigmentosa, RP)은 30가지 이상의 다른 진행을 보이며 실명에 이르는 유전적 안구질환이다. RP의 한 가지 형태는 RP_1의 결함 때문에 일어나는데 RP_1은 간상세포의 바깥쪽 조각의 미세수관 연관 단백질(MAP)을 암호화하는 유전자이다. 신장과 몇몇 다른 기관에서 기능을 손상하는 다낭성 신장 질환(polycystic kidney disease)은 원발성 섬모 단백질인 폴리시스틴 1(polycystin 1, PC_1)과 폴리시스틴 2(polycystin 2, PC_2)를 암호화하는 두 유전자 중의 하나에서 생긴 결함과 연관된 낭포(cyst)의 형성에 의하여 생긴다. PC_1과 PC_2(양이온 통로)가 모여서 신장 세뇨관 세포에서 유체 흐름을 감시하는 기계적 수용체(mechanoreceptor)로 작용한다. 두 단백질 하나의 돌연변이에 의하여 이 기능이 손상되면 부분적으로 원발성 섬모의 기능에 의해서 제어되던 세포 분열이 촉진된다. 결과적으로 일어나는 세포 분열의 증가는 수천 개의 낭포(유체가 찬 주머니)의 형성을 가져오고 결국 신장 부전을 일으킨다.

바르데-비들 증후군(Bardet-Biedl syndrome, BBS)은 다면발현병(유전적 결함이 여러 가지의 연관되지 않은 것으로 보이는 증상을 가져오는 병)의 한 예이다. 12개 유전자 중 어떤 것에서 일어나는 돌연변이에 의해서도 생길 수 있는 BBS에서는 비만, 청각 손실, 후각 결함, 당뇨, 정신 지체, 다지증(손이나 발에 손가락이나 발가락이 더 많이 생김), 내장전위증(내장 기관이 좌우가 바뀜) 중 몇 가지를 포함하는 임상적 증상 이외에도 망막 축퇴, 신장과 간의 낭포가 발생한다. BBS에 연관된 유전자들은 원발성 섬모의 IFT에서 중요한 역할을 하는 단백질 복합체인 BBS 복합체(BBSome)를 형성한다.

▸ **요약:** 비운동성 원발성 섬모는 척추동물 세포에서 중요한 역할을 한다. 원발성 섬모의 결함은 사람의 여러 가지 병을 일으킨다.

생화학 실험 BIOCHEMISTRY IN THE LAB

세포 기술

지난 50년 동안 생물체의 기능에 대한 많은 정보가 혁명적으로 밝혀졌다. 생화학 반응 과정에 대한 최근 지식의 대부분은 기술 혁신에 의한 것이다. 여기에서 생화학 연구에 흔히 사용되는 3가지 가장 중요한 세포기술인 세포 분획(cell fractionation), 전자현미경 기술(electron microscopy)과 방사선 자동 사진법(autoradiography)에 대해 설명하고자 한다.

세포 분획

세포 분획 기술(**그림 2A**)은 세포소기관을 비교적 온전한 형태로 세포 바깥 실험실에서 연구할 수 있도록 한 것이다. 예를 들어, 기능이 있는 미토콘드리아는 세포 에너지 생성을 연구하는 데 사용된다. 이 기술은 세포를 약하게 파쇄하고 여러 세포소기관을 포함하는 분획물로 분리시킨다. 세포는 여러 방법에 의해 파쇄될 수 있는데, 균질화(homogenization)가 가장 흔히 사용하는 방법이다. 이 과정에서 세포 부유물을 특별히 고안된 유리봉(glass pestle)에 맞는 유리관이나 전기 분쇄기에 넣고 처리한다. 그 결과 생기는 균질액(homogenate)은 **차등 원심분리**(differential centrifugation)에 의하여 여러 분획물로 분리된다. 냉장 상태를 유지하면서 *초원심분리기*(ultracentrifuge)는 세포 성분을 크기, 표면적, 그리고 상대적 밀도를 토대로 세포 성분을 분리하는 엄청난 원심력을 작용한다(중력의 500,000배나 되는 힘, 즉 500,000 g가 초원심분리기의 회전자에 놓여 있는 원심분리 관에 생성된다). 처음에 균질액을 낮은 속도(700~1000 g)로 10~20분간 원심분리하면 무거운 입자인 핵이 침전한다. 그리고 미토콘드리아와 리소좀처럼 가벼운 입자는 침전물 바로 위 용액인 *상등액*(supernatant) 속에 부유하게 된다. 그 다음에 상등액을 다른 원심분리 관에 옮겨 더 높은 속도(15,000~20,000 g)로 10~20분간 원심분리하면 침전물 속에 미토콘드리아, 리소좀과 퍼옥시솜 등이 포함된다. **미세소체**(microsome, 균질화 과정에서 소포체로부터 형성된 작은 닫힌 소포)를 포함하는 상등액을 다른 원심분리 관에 옮기고 100,000 g에서 1~2시간 동안 원심분리한다. 그 결과 미세소체는 침전물 속에, 그리고 리보솜, 여러 세포막과 글리코젠 같은 과립은 상등액 속에 있게 된다. 마지막 상등액을 200,000 g에서 2~3시간 원심분리하면 리보솜과 고분자들이 침전된다.

흔히 이러한 기술을 이용하여 얻은 세포소기관 분획물은 연구 목적으로는 충분히 순수하지 않다. 따라서 세포 분획물을 더 정제할 목적으로 사용하는 방법이 **밀도 기울기 원심분리**(density gradient

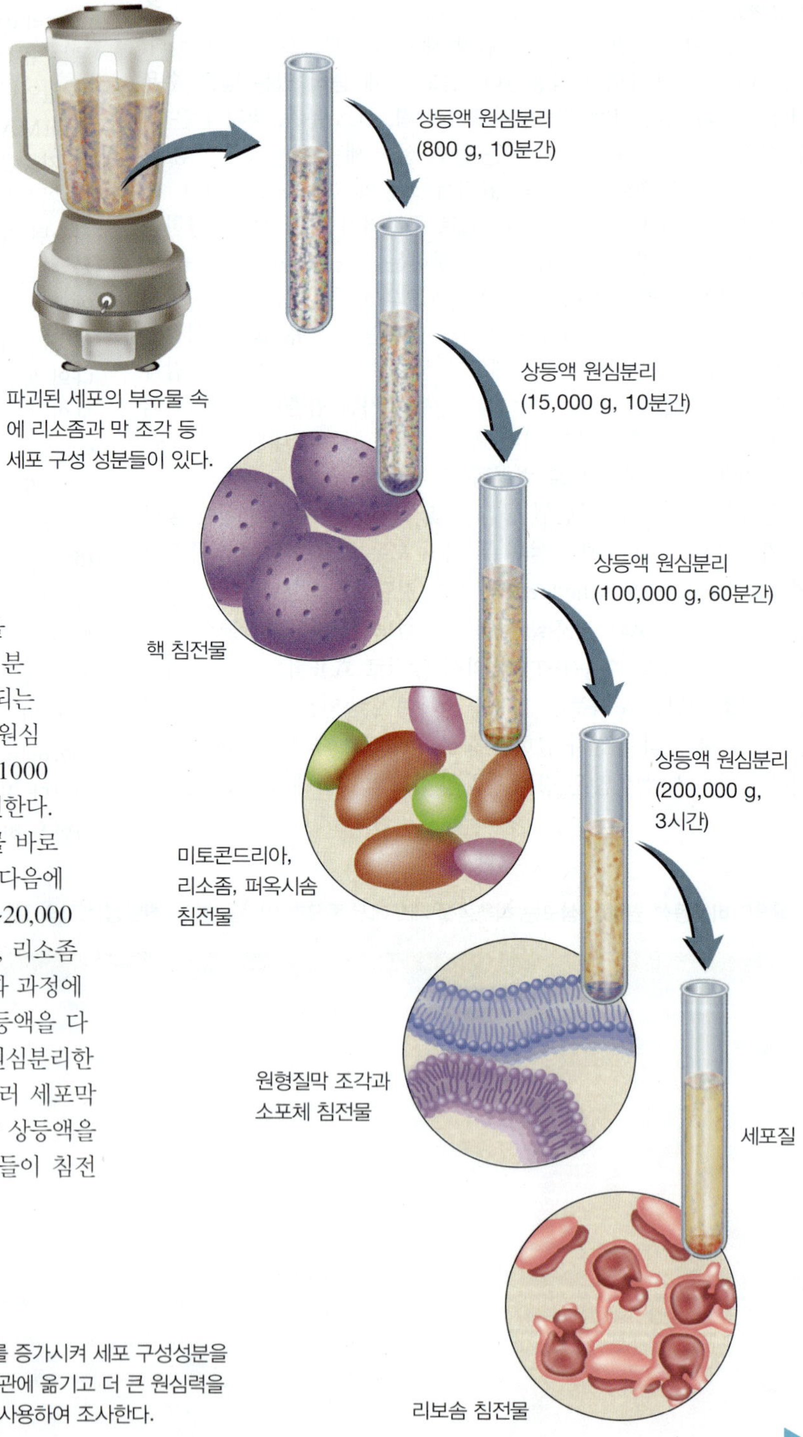

그림 2A

세포 분획.

블랜더(blender)로 세포를 균질화한 후 단계적으로 원심분리의 속도를 증가시켜 세포 구성성분을 분리한다. 각 원심분리가 끝나면 상등액을 수거하여 새로운 원심분리 관에 옮기고 더 큰 원심력을 가한다. 수집한 침전물을 용액에 부유시켜 현미경이나 생화학 검사를 사용하여 조사한다.

생화학 실험 BIOCHEMISTRY IN THE LAB (계속)

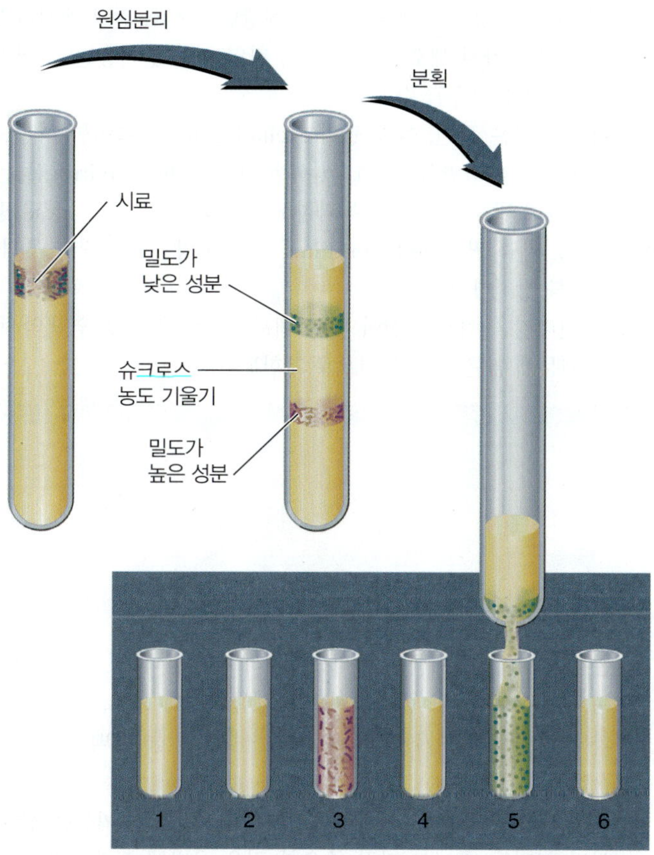

그림 2B

밀도 기울기 원심분리.

시료를 슈크로스 같은 비활성 물질로 미리 형성된 농도 기울기 위에 놓는다. 원심력을 가하면 표본 속의 입자들이 자신의 밀도에 따라 기울기 띠로 이동한다. 원심분리 후 시험관의 밑을 뚫고 각 띠를 분리된 시험관에 각각 수집한다.

centrifugation)이다(**그림 2B**). 이 과정에서는 연구 대상이 되는 분획물을 슈크로스처럼 밀도가 높은 물질로 된 용액을 포함하는 원심분리 관 상층에 올려놓는다. (용액을 포함하는 원심분리 관에서 슈크로스의 농도는 상층으로부터 하층으로 갈수록 증가한다.) 높은 속도에서 몇 시간 원심분리하는 동안 입자들은 자신의 밀도와 같은 수준의 농도 기울기(gradient)에 이를 때까지 아래로 이동한다. 그 다음에 세포 성분은 플라스틱 원심분리 관 밑을 뚫어 방울을 수집함으로써 얻게 된다. 수집한 각 분획물의 순도(purity)는 전자현미경을 사용하여 확인할 수 있다. 그러나 **표지 효소**(marker enzyme, 특정 세포소기관 내에 특히 고농도로 존재하는 효소)의 측정이 더 흔히 사용되고 있다. 예를 들어 간에서 글루코스-6-인산(glucose-6-phosphate)을 글루코스로 전환시키는 글루코스-6-인산 가수분해효소(glucose-6-phosphatase)는 간 미세소체의 표지효소이다. 마찬가지로 DNA 합성에 관련된 DNA 중합효소(DNA polymerase)는 핵의 표지효소이다.

전자현미경 기술

전자현미경(electron microscope, EM)은 보통 광학현미경으로 가능하지 않은 세포의 초미세구조(ultrastructure)를 관찰할 수 있다. 전자현미경은 1,000,000배의 배율로 관찰이 가능할 뿐 아니라 전자현미경으로 사진처럼 생생하게 10,000,000배로 확대할 수 있다. 이에 반해 광학현미경은 약 1000배 정도로 확대한 영상(image)을 보여줄 수 있다. 이는 EM의 훨씬 더 높은 해상력(resolving power)에 의한 것이다. 두 개의 분리된 점으로 구별할 수 있는 두 점 사이의 최소거리로 정의되는 해상 한계(limit of resolution)는 광학현미경을 사용할 경우 0.2 μm이다. 그러나 EM의 경우는 해상한계가 약 0.5 nm이다. 광학현미경의 낮은 해상력은 가시광선의 파장과 관련이 있다. 일반적으로 더 짧은 파장이 더 높은 해상력을 제공한다. EM은 표본을 조명하는데 광선 대신에 전자(electron)를 사용한다. 전자는 가시광선보다 훨씬 더 짧은 파장을 갖고 있기 때문에 더 자세한 영상이 나타난다.

EM에는 투과전자현미경(transmission electron microscope, TEM)과 주사전자현미경(scanning electron microscope, SEM)이 있다. TEM에서는 전자가 얇은 표본을 통과한다. TEM의 영상은 표본에 의한 전자 흡수의 변이에 의해 형성된다. SEM은 세포의 3차원 구조를 관찰하는 데 사용된다. SEM은 중금속의 얇은 층으로 코팅한 표본의 표면으로부터 복사된 전자를 이용한다. SEM은 표면의 특징만 조사할 수 있지만 세포 구조와 기능을 이해하는 데 매우 유용한 정보를 제공한다.

방사선 자동사진법

방사선 자동사진법(autoradiography)은 세포 성분의 세포 내 위치와 행동을 연구하는 데 사용되며, 생화학에서는 필수적인 연구 방법이다. 예를 들어 방사선 표지된 분자가 진핵세포 내 핵산과 단백질 합성, 유전자 발현, 신호 전달, 대사 경로의 연구에 쓰인다. 삼중수소(tritium, ^{3}H), ^{32}P, ^{35}S는 가장 흔히 사용하는 동위원소이다. 예를 들어 삼중수소로 표지된 타이미딘(^{3}H-thymidine)은 DNA 분자에만 결합하기 때문에 DNA 합성에 이용된다. 방사선 전구물질에 노출된 세포를 광학 또는 전자현미경 관찰을 위해 처리한다. 준비한 슬라이드를 사진 감광유제(emulsion)에 담근 다음 암실에서 표준 사진 기술에 의하여 현상한다. 방사선 표지 분자의 위치는 은 가루(silver grain)의 현상된 형태로 알 수 있다.

살아 있는 세포 영상

살아 있는 세포의 동적 활동은 광학 현미경을 이용한 실황 세포 영상법(live cell imaging)으로 가장 잘 관찰할 수 있다. 위상차 현미경법과 형광 현미경법의 두 가지 예를 들 수 있다.

위상차 현미경법(phase contrast microscopy)은 빛이 서로 다른 밀도를 가진 물질을 통과하면 굴절이 다르게 나타나는 점을 이용한다. 위상차 현미경은 고리형 개구부(annulus aperture, 입사광의 각을 제한)와 위상판(phase plate, 수평 축을 따라서 빛의 파장(λ)을 이동하는 위상 고리를 포함)을 장착하고 있다. 살아 있는 세포는 투

생화학 실험 BIOCHEMISTRY IN THE LAB (계속)

명하지만 배경 빛에 대하여 상대적으로 90°의 상 이동을 주면 세포를 관찰할 수 있는 충분한 대조가 이루어진다. 위상차 현미경은 저해상도로도 충분한 화학주성(chemotaxis) 같은 연구에 사용된다(화학주성은 화학 자극으로 향하거나 그것으로부터 멀어지는 아메바 같은 생물체의 운동이다.)

세포생물학자와 생화학자는 *형광단*(fluorophore, 빛의 광자를 흡수하여 더 낮은 에너지의 광자를 재방출하는 분자)을 이용하여 세포의 기능을 연구하기 위하여 *형광 현미경*(fluorescence microscopy)을 이용한다. 형광단에는 흥미로운 단백질에 결합된 DAPI, TRITC, FITC 같은 작은 분자나 녹색 형광 단백질(green fluorescent protein, GFP) 같은 형광 단백질이 있다. 형광단은 신호 전달 메커니즘을 비롯한 여러 가지 세포 기능의 미속 촬영 연구에 이용된다. 몇몇 형광단은 동시에 이용될 수 있다.

형광 현미경은 광원, 들뜸 필터(excitation filter, 특이한 형광단을 들뜨게 하는 파장만을 투과), 색 선별 거울(dichroic mirror, 들뜬 빛을 반사하고 발광된 형광을 투과하도록 코팅된 유리로 구성된 광선 분할기), 방출 필터(emission filter, 봉우리 방출광 파장만 투과)와 카메라를 장착하고 있다.

형광 현미경을 이용한 살아 있는 세포의 관찰은 형광 염색의 독성 효과 때문에 짧은 시간 동안으로 제한된다.

이 장의 요약 CHAPTER SUMMARY

1. 세포는 모든 생물체의 구조 단위이고 세포내에는 수억 개의 밀집된 생체 분자들이 존재한다. 물의 독특한 화학적이고 물리적 성질은 다른 모든 생체 분자의 기능을 결정짓는 매우 중요한 인자이다. 세포막은 세포와 세포소기관을 둘러싸는 얇고 유연하고 상대적으로 안정된 판 모양 구조이다. 막은 선택적인 물리적 장벽을 형성하는 인지질과 단백질 같은 생체 분자로부터 형성된다.
2. 상보적인 표면 사이의 수많은 약한 비공유 결합성 상호작용을 가능하게 하는 생체 분자의 복잡한 모양에 암호화된 입체적 정보 때문에 세포 내에서 초분자 구조의 자기 조립이 일어난다. 세포 과정에 관련된 다중소단위체 복합체는 분자 기계로 작용하는 것으로 알려져 있는데, 이것은 에너지를 지시된 운동으로 전환시키는 기계적 장치이다. 세포 내에 존재하는 고농도의 단백질에 의해 일어나는 거대분자 밀집 현상은 다양한 세포 현상의 중요한 인자 역할을 한다. 세포는 신호 전달 메커니즘을 통해 세포 내외 환경의 모든 정보를 처리하고 조정한다. 단백질 합성과 접힘과 단백질 분해 사이의 동적 평형의 결과로서 세포에는 단백질 항상성이 존재한다.
3. 현존하는 모든 생물에는 두 종류의 세포, 즉 원핵세포와 진핵세포가 있다. 원핵생물의 구조는 진핵생물보다 더 간단하다. 그리고 원핵세포는 종에 따라서 광범위한 생화학적 다양성을 갖고 있는데, 왜냐하면 대부분의 유기분자는 일부 원핵생물에 의해 영양원으로 사용될 수 있기 때문이다. 원핵생물과 달리 진핵생물은 세포소기관이라고 불리는 막결합 구획에서 대사 기능을 한다.
4. 원핵세포의 DNA는 핵양체라고 하는 불규칙한 모양의 영역에 존재한다. 많은 세균은 플라스미드라고 하는 작은 원형 DNA 분자를 갖고 있다. 플라스미드는 생물체에게 보호, 대사 전문화 또는 생식의 이점 등을 제공하는 특수 기능 단백질의 유전자를 갖고 있다.
5. 원핵세포와 진핵세포의 원형질막은 여러 중요한 기능을 한다. 이러한 기능 중에서 가장 중요한 것은 운반체 단백질과 통로 단백질에 의해 촉진되는 통제된 분자 수송이다.
6. 소포체(ER)는 진핵세포에서 발견되는 상호 연결된 막 소관, 소포와 크고 납작한 소포체 주머니로 되어 있는 세포소기관이며, 두 종류가 있다. 주로 단백질 합성에 관여하는 RER는 세포질 표면에 많은 리보솜을 포함하고 있다. 두 번째 소포체는 리보솜이 없으며 SER로 불리고 지질 합성과 생물전환 반응에 관여한다.
7. 비교적 크고 납작한 주머니 모양의 막소포로부터 형성되며 판이 쌓인 것과 비슷한 모양의 골지체는 세포 생성물의 변형, 포장, 세포 생성물을 세포 내 목표 지역으로 운반하기 위하여 소포 구획으로의 방출 등에 관여한다.
8. 세포는 세포 주변과 세포로 출입하는 내인성과 외인성 물질을 모두 가공하고 특수한 생화학 기능을 수행하는데 필요한 소포 세포소기관계를 가지고 있다.
9. 진핵세포의 핵은 세포의 유전 정보 물질인 DNA를 갖고 있다. 리보솜 RNA(rRNA)는 핵 속의 인에서 합성된다. DNA 복제와 전사과정을 세포질로부터 분리시키는 것은 핵막이며, 핵막은 핵공으로 불리는 구조에서 융합하는 두 개의 막으로 구성되어 있다.
10. 에너지 생성을 위해 산소를 이용하는 호기성 호흡은 미토콘드

리아에서 일어난다. 각 미토콘드리아는 두 개의 막으로 둘러싸여 있다. 외막은 10,000달톤 이하의 질량을 갖고 있는 분자에 대해 투과성이 있다. 이온과 다양한 유기분자에 대해 투과성이 없는 내막은 안쪽으로 접혀 있으며 크리스타라고 불린다. ATP 합성에 관여하는 호흡 사슬과 ATP를 합성하는 분자 복합체가 내막에 존재한다.

11. 퍼옥시솜은 다양한 산화효소들을 갖고 있는 작은 구형의 막 세포소기관이다. 이 세포소기관은 과산화물을 만들고 분해한다.
12. 잡색체는 잎, 꽃잎, 과일의 색을 나타내는 색소를 축적하고 있다. 엽록체는 빛 에너지를 화학에너지로 전환시키는 데 특화된 잡색체의 일종이다.
13. 섬유와 필라멘트로 된 지지그물 역할을 하는 세포골격은 세포 모양의 유지, 대규모 및 소규모 세포의 움직임, 고체 상태 생화학과 신호 전달 등에 관여한다.

주요 용어 KEY WORDS

골지체(골지 복합체) *62*
광합성 *74*
그라나 *74*
내재 단백질 *49*
내핵막 *68*
단백질체 *51*
단백질 항상성 *52*
단백질 항상성 망 *52*
당질피질 *58*
리간드 *53*
리소좀 *66*
막 골격 *58*
미세섬유 *76*
미세소관 *75*
미세소체 *80*
미토콘드리아 *71*
미토콘드리아 내막 *71*
미토콘드리아 외막 *71*
밀도 기울기 원심분리 *80*
생체내 물질변환 *62*
세포골격 *75*
세포내막계 *57*
세포내 이입 *64*
세포내 이입 순환 *67*
세포 분획 *80*
세포 사멸 *71*
세포소기관 *48*
세포외 기질(ECM) *58*
세포외 유출 *62*
소수성 *49*
소포 *57*
소포체(ER) *58*
소포체-결합 단백질 분해 *61*
소포체 스트레스 *61*
수용체 *49*
스트로마 *74*
신경 전달 물질 *51*
신호 다단계 반응 *53*
신호 전달 *52*
염색질 섬유 *68*
염색체 *56*
엽록체 *74*
외핵막 *68*
운동 단백질 *51*
운반체 단백질 *49*
원발성 섬모 *76*
원형질막 *55*
조면소포체(RER) *58*
주변 단백질 *49*
중간섬유 *76*
차등 원심분리 *80*
친수성 *49*
클라트린-의존형 세포내 이입 *66*
클라트린 *66*
통로 단백질 *49*
틸라코이드 막 *74*
퍼옥시솜 *74*
포낭 *66*
포낭 세포내 이입 *66*
표지 효소 *81*
풀린 단백질 반응(UPR) *61*
플라스미드 *56*
핵 *68*
핵공 복합체 *68*
핵 기질 *70*
핵막 *68*
핵막 하층 *69*
핵양체 *56*
핵인 *70*
핵 주변 공간 *68*
핵질 *68*
호기성 대사 *71*
호르몬 *52*
호흡 *56*
활면소포체(SER) *60*

복습 문제 REVIEW QUESTIONS

**이 문제들은 다음 장으로 넘어가기 전에 이장에서 논의했던 주요 개념에 대한 지식을 테스트하기 위해 만들어졌다.*

1. 다음의 용어들을 정의하라.
   a. 원핵생물
   b. 진핵생물
   c. 세포소기관
   d. 친수성
   e. 소수성
2. 다음의 용어들을 정의하라.
   a. 지질 두겹층
   b. 극성 머리기
   c. 탄화수소 꼬리
   d. 내재 단백질
   e. 주변 단백질
3. 다음의 용어들을 정의하라.
   a. 초분자 복합체
   b. 리보솜
   c. 통로 단백질
   d. 운반체 단백질
   e. 수용체
4. 다음의 용어들을 정의하라.
   a. 신호 전달
   b. 신경 전달 물질
   c. 호르몬

d. 사이토카인
e. 지질다당류(LPS)

5. 다음의 용어들을 정의하라.
a. 내독소
b. 세포질 주위 공간
c. 미생물막
d. 점액질 층
e. 세균 피막(bacterial capsule)

6. 다음의 용어들을 정의하라.
a. 원형질막
b. 광합성
c. 호흡
d. 핵양체
e. 염색체

7. 다음의 용어들을 정의하라.
a. 당질피질
b. 세포외 기질
c. 세포 피질
d. 소포체
e. 소포체(ER) 내강

8. 다음의 용어들을 정의하라.
a. 조면 ER
b. 활면 ER
c. 클라트린
d. 풀린 단백질 반응
e. 포낭

9. 다음의 용어들을 정의하라.
a. 핵질(nucleoplasm)
b. 염색질 섬유
c. 핵 기질(nuclear matrix)
d. 핵인
e. 핵막

10. 다음의 용어들을 정의하라.
a. 핵공 복합체
b. 세포내 이입
c. 단백질체
d. 세포 막 순환
e. 리소좀

11. 다음의 용어들을 정의하라.
a. 산성 가수분해효소
b. 자가 소화 작용
c. 클라트린-의존형 세포내 이입
d. 포낭 세포내 이입
e. 단백질 항상성

12. 다음의 용어들을 정의하라.
a. 미토콘드리아
b. 호기성 호흡
c. 세포 사멸
d. 미토콘드리아 외막
e. 미토콘드리아 내막

13. 다음의 용어들을 정의하라.
a. 외핵막
b. 내핵막
c. 엽록체
d. 광합성
e. 틸라코이드 막

14. 다음의 용어들을 정의하라.
a. 세포골격
b. 미세소관
c. 미세소관 연관 단백질(MAP)
d. 편모내 운반(IFT)
e. 원발성 섬모

15. 다음의 용어들을 정의하라.
a. 미세섬유
b. F-액틴
c. G-액틴
d. 아메바 운동
e. 중간섬유
f. 케라틴

16. 미생물에 의해 수행되는 인체 건강에 필요한 4가지 생리적 기능을 들어 보라.

17. 약 70%의 면역계 세포는 하부 소화관(장)의 벽에 자리잡고 있다. 이 현상에 대한 이유를 설명하라.

18. 몇 가지 항생물질 치료 후에 결장에 유익한 장내 세균을 재생성하기 어려운 이유는 무엇인가?

19. 세포에서 단백질의 잘못 접힘을 촉진하는 요소는 무엇인가?

20. 아래 구조가 원핵세포 또는 진핵세포에 존재하는지 답하라.
a. 핵
b. 원형질막
c. 소포체
d. 미토콘드리아
e. 핵양체
f. 세포 골격

21. 살아 있는 세포의 내부에서 고밀도로 결집(packed)되어 있는 분자들을 묘사하기 위하여 "농축(concentrated)"이라는 용어보다 "밀집(crowded)"이라는 용어를 사용하는 이유는 무엇인가?

22. 핵막 하층(nuclear lamina)의 기능은 무엇인가?

23. 세포내막계(endomembrane system)의 구성 성분은 무엇인가? 그리고 어떻게 이들 성분들이 기능적으로 연결되어 있는가?

24. 세포내 신호 전달에서 세포골격의 역할은 무엇인가?

25. 미토콘드리아의 융합과 분열은 어떤 목적을 가지고 있는가?
26. 살아 있는 세포에서 세포골격은 어떠한 기능을 수행하는가?
27. 핵의 두 가지 필수적인 기능은 무엇인가?
28. 원형질의 막 단백질은 세포에서 어떠한 역할을 하는가?
29. 골지체의 기능을 설명하라.
30. ER 스트레스, 풀린 단백질 반응, ER-결합 단백질 분해의 용어를 구별하여 설명하라.
31. 핵공 복합체의 구조와 기능을 설명하라.
32. 편모내 수송(IFT)의 기능을 설명하라.
33. 퍼옥시솜은 특별한 기능과 독특한 생물합성 때문에 소포 세포소기관에 포함되지 않는다. 퍼옥시솜의 기능을 설명하고 그것이 형성되는 방법을 설명하라.
34. 세포에서 COPII의 기능은 무엇인가?
35. 간세포와 근육 세포에서 활면 소포체의 기능을 설명하라.
36. 핵막의 구조와 기능을 설명하라.
37. 단백질 항상성은 무엇인가? 단백질 항상성은 세포의 생활에서 얼마나 중요한가?

종합 문제 THOUGHT QUESTIONS

**이 문제들은 지금까지 이 책에서 논의된 모든 주요 개념에 대한 여러분의 이해를 강화하기 위한 것이다. 문제들은 하나의 정답을 가지고 있지 않을 수도 있다.*

38. 낭포(cyst) 생성은 다낭포성 신장병(polycystic kidney disease)에서 치명적인 기능 손상을 일으킨다. 유전학적 연구에서 이 질병은 원발성 섬모 단백질을 생성하는 유전자에 결함과 관련이 있음을 확인하였다. 원발성 섬모 기능에 손상이 있으면 어떻게 신장에 낭포가 생성되는지를 일반적인 용어로 설명하라.
39. 원발성 섬모는 척추동물 세포의 주요 감각기관으로 진화하였다. 이 섬모의 어떤 구조적 특징이 이러한 목적에 이상적인가?
40. 세포골격은 세포질에서 지지대 역할뿐 아니라 효소와 세포소기관을 고정화한다. 이와 같은 고정화가 세포 내용물이 세포질에서 자유롭게 확산하는 것에 비하여 어떤 장점을 부여하는가?
41. 가족력 고콜레스테롤증(familial hypercholesterolemia, FH)은 혈중에 고콜레스테롤, 황색종(힘줄 근처 피하에 생기는 지방이 포함된 결절), 그리고 조기에 발생하는 동맥경화증(동맥 내에서 노란 플라크를 형성)을 유발한다. 이 질병은 경미한 경우에는 환자는 세포가 LDL과 결합하고 내부화하기 위하여 필요한 원형질막 LDL 수용체가 절반 정도이다. 이 환자들은 젊을 때 최초의 심장마비를 경험한다. 심각한 FH 환자는 기능을 하는 LDL 수용체가 없으며, 심장마비가 8살에 시작해서 수년 이내에 사망한다. 이번 장에서 배운 것을 바탕으로 FH에서 결핍되는 세포 과정을 설명하라.
42. 마이코플라스마(Mycoplasma)는 세포벽이 없는 특이한 세균이다. 지름이 0.3 μm 이하로 이 균은 자유롭게 생활하는 생물 중에서 가장 작다. 일부 종은 사람에게 질병을 유발한다. 예컨대, *Mycoplasma pneumonia*는 다양한 형태의 폐렴을 유발한다. 마이코플라스마가 구형이라고 가정하고 미생물 한 개의 부피를 계산하라. 그리고 마이코플라스마의 부피를 대장균의 부피와 비교하라.
43. 원핵생물의 리보솜은 대략 14 nm × 20 nm이다. 만약 리보솜이 세균의 부피에서 20%를 차지한다면 대장균과 같은 세균에서 얼마나 많은 리보솜이 있는지 계산하라. 리보솜의 형태는 대략 원통형과 같다고 가정한다.

제 3 장

물: 생명의 매질

Water: The Matrix of Life

이 장의 차례

Outline

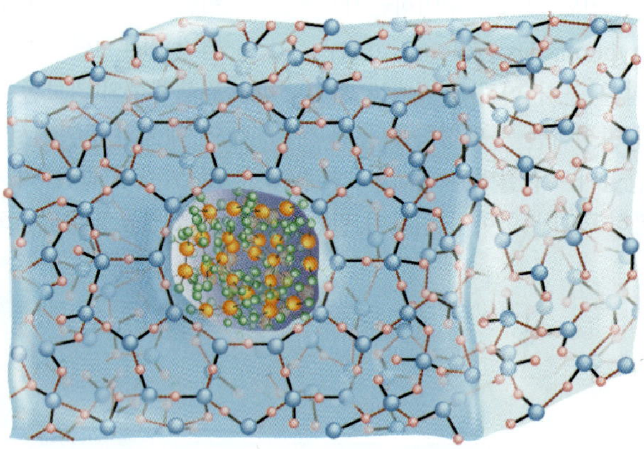

개관 Overview

지구는 그 방대한 바다의 물 때문에 태양계의 행성 중 가장 특이하다. 수십억 년에 걸쳐 물은 고온에서 대기의 탄화수소와 지구의 맨틀(mantle) 속의 규산염과 산화철 사이의 상호작용에 의해 만들어졌다. 즉, 화산이 폭발하면서 분출되는 수증기가 지구 표면에 도달하여 응축되어 비가 되어 땅에 내리게 되어 바다를 이루었다.

수백만 년에 걸쳐 물은 우리가 살고 있는 지구에 엄청난 영향을 주었다. 물은 비가 되어 내리거나 강으로 흘러가면서 단단한 바위들을 침식하고 산과 대륙을 변형시켰다. 오늘날 많은 과학자들은 생명이 점토와 물로 만든 *원시푸딩*(primordial pudding)에서 발생했다고 믿고 있다. 또 다른 시나리오는 무기물이 풍부한 뜨거운 물이 흘러나오는 해저의 분출구인 열수 분출구 가까운 쪽에서 생명이 발생했다는 것이다. 기원이 무엇이든 생명이 물과 연관되어 생겨난 것은 우연이 아니다. 왜냐하면 물은 생명의 매질(matrix)로서 매우 적합한 여러 가지 독특한 성질을 갖고 있기 때문이다. 그 중 가장 특이한 것은 열적 성질(thermal property)과 용매 성질인데, 이러한 물의 특성은 물의 분자 구조와 직접적인 관련이 있다.

물은 왜 생명에 필수적인가? 물의 화학적 안정성, 놀라운 용매 성질과 생화학 반응 물질로서의 역할은 잘 알려져 있다. 잘 알려지지 않은 것은 *수화*(hydration, 물 분자가 용질들과 비공유 결합으로 상호작용하는 것) 작용이 단백질과 핵산 같은 고분자의 구조, 안정성, 그리고 기능적 역동성 등에 중요한 역할을 수행한다는 사실이다. 물은 단백질 접힘과 신호 전달 메커니즘에서 생체 분자의 인식, 리보솜이나 유전자 발현과 같은 초분자 구조의 자기 조립과 같은 다양한 생물학적 반응 과정의 필수적인 성분으로 알려져 있다. 물이 생명 과정에서 얼마나 중요한지 이해하는 것은 물의 분자 구조와 분자 구조에서 비롯되는 물리적 · 화학적 성질을 이해하는 것이 필요하다.

3.1 물의 분자 구조

물 분자(H_2O)는 두 개의 수소 원자와 한 개의 산소 원자로 구성된다. 물은 산소 원자가 sp^3 혼성 오비탈을 가지기 때문에 사면체 구조를 가지며, 사면체 중심부에는 산소가 위치하고 두 귀퉁이에는 수소 원자들이 위치한다. 그리고 수소와 산소는 단일 공유 결합에 의해 연결되어 있다(**그림 3.1**). 이러한 배열은 물 분자가 전체적으로 굽은 구조를 가지게 한다. 나머지 다른 두 귀퉁이는 산소의 비공유 전자쌍(unshared electron pair)에 의해 채워져 있다. 산소는 수소보다 전기음성도(electronegativity)가 더 크기 때문에 수소 원자와 공유 결합을 형성할 때 전자를 자기 쪽으로 끌어당기는 힘이 더 크다. 그 결과 더 큰 산소 원자는 부분 음전하(δ^-)를 그리고 두 개의 수소 원자는 부분 양전하(δ^+)를 띠게 된다(**그림 3.2**). 이와 같이 산소-수소 공유 결합에 존재하는 전자의 분포가 비대칭적으로 산소 쪽으로 치우쳐 있어 결합은 **극성**(polarity)을 지니게 된다. 만약 물 분자가 이산화탄소(O=C=O)처럼 직선 구조라면 결합 극성이 서로 상쇄되어 물 분자는 비극성(nonpolar)을 띠게 된다. 그러나 물 분자의 구조는 구부러져 있고, 고립전자쌍(lone pair electron)이 O—H 결합의 결합 전자쌍보다 더 많은 공간을 차지하기 때문에 그 결합각도는 대칭 사면체 각도인 109°보다 약간 작은 104.5°이다(**그림 3.3**).

물 분자처럼 같은 분자 내에 전하가 분리되어 있는 물질을 **쌍극자**(dipole)라고 한다. 만약 분자 쌍극자를 전기장(electric field)에 두면 쌍극자는 전기장과 반대 방

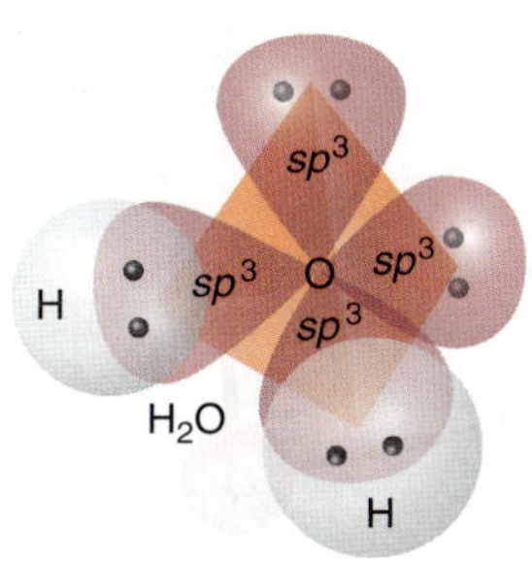

그림 3.1
물의 사면체 구조.
물 분자에서 산소의 4개의 sp^3 궤도 중 2개는 비공유 전자쌍에 의해 채워져 있다. 나머지 다른 2개의 반만 채워진 sp^3 궤도는 각각 수소로부터 온 전자의 첨가에 의해 채워진다.

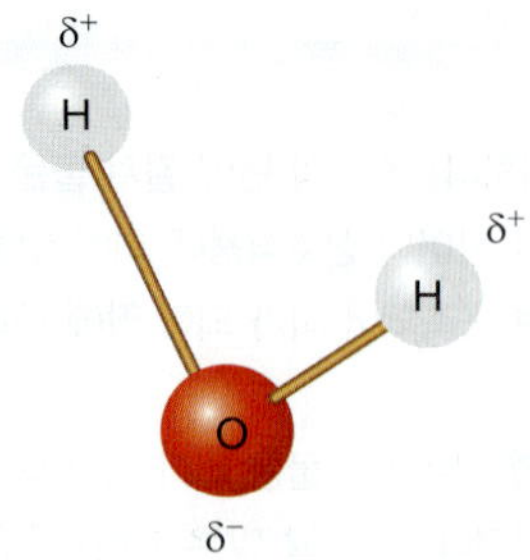

그림 3.2

물 분자의 전하.

물 분자의 두 수소 원자는 부분 양전하를 띠고 산소 원자는 부분 음전하를 띤다.

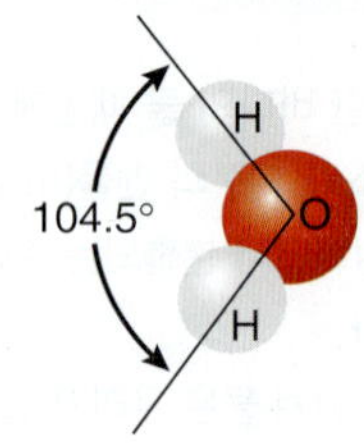

그림 3.3

물 분자의 공간채움 모형.

물 분자는 구부러진 기하학적 구조를 하고 있기 때문에 분자 내 전하의 분포가 비대칭적이다. 따라서 물은 극성을 나타낸다.

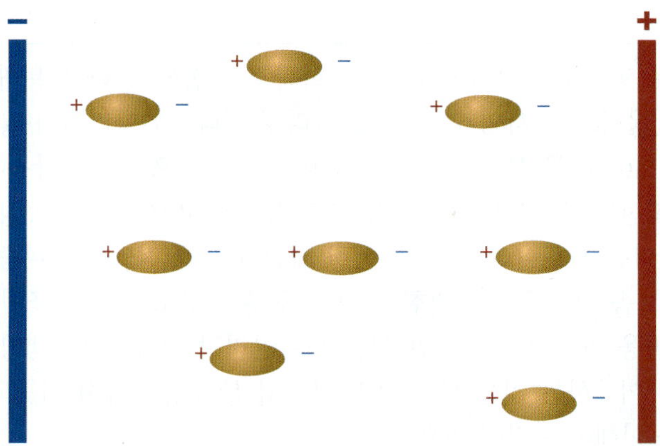

그림 3.4

전기장에서의 분자 쌍극자.

극성 분자를 전기판 사이에 두면 극성 분자는 전기장에 대해 반대 방향으로 배열한다.

향으로 위치하도록 방향을 바꾼다(**그림 3.4**).

수소와 산소는 그 전기음성도가 크게 다르기 때문에 물 분자 내의 전자가 부족한 수소가 다른 물 분자의 비공유 전자쌍에 끌려가 있다. [질소(N)와 플루오린(F)에 결합된 수소도 같은 방식으로 작용한다.] 이와 같은 상호작용을 **수소 결합**(hydrogen bond)이라 하고(**그림 3.5**), 수소는 두 개의 전기음성도가 큰 중심 원자들(한 쌍의 물 분자의 경우 산소 원자들에 해당) 사이에 비균등적으로 공유되게 된다. 수소 결합은 정전기적 (이온) 결합의 특성과 공유 결합의 특성을 모두 나타낸다. **정전기 상호작용**(electrostatic interaction)은 어떤 두 개의 반대되는 부분 전하(극성 분자의 경우)나 전체 전하(이온들이나 하전된 분자들)를 띠는 분자들 사이에서 일어난다. **공유 결합**(covalent bond)은 오비탈의 겹침이나 섞임에 의하여 일어난다. 공유 결합은 이온 주위에 존재하는 구형의 균일한 힘(力場, force field)과 달리 결합 또는 상호작용에 방향성을 준다.

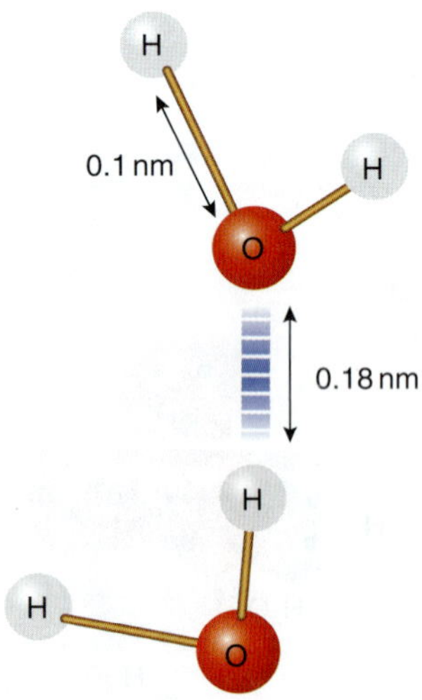

그림 3.5

수소 결합.

수소 결합은 두 개의 물 분자에서 전기음성도가 큰 산소 원자들이 전자가 부족한 수소 원자를 두고 경쟁할 때 형성된다. 수소 결합은 약한 공유 결합의 성질과 결합의 방향성을 나타내는 짧은 평행선으로 표시한다.

3.2 비공유 결합

비공유 결합성 상호작용(noncovalent interaction)은 보통 정전기적(electrostatic)이다. 즉, 한 원자의 양전하 핵과 다른 인접한 원자의 음전하 전자구름 사이에 일어난다. 강력한 공유 결합과 달리 비공유 결합성 상호작용은 비교적 약하여 쉽게 끊어진다(**표 3.1**). 그럼에도 불구하고 비공유 결합성 상호작용은 물의 물리적 · 화학

표 3.1 생물에 전형적으로 나타나는 화학 결합의 종류와 세기

결합 종류	결합 세기*	
	kcal/mol†	kJ/mol
공유 결합	>50	>210
비공유 결합		
이온 상호작용	1~20	4~80
반데르발스 힘	<1~2.7	<4~11.3
혼합: 수소 결합	3~7	12~29

* 실제 힘은 상호작용하는 물질의 종류에 따라 상당히 다르다.
† 1 cal = 4.184 J.

적 성질과 생체 분자의 구조와 기능을 결정짓는 데 매우 중요한 역할을 한다. 왜냐하면 이러한 약한 비공유 결합성 상호작용들이 축적되면 큰 효과를 나타낼 수 있기 때문이다. 수많은 비공유 결합성 상호작용은 고분자와 초분자 구조를 안정화하는 데 기여하지만, 이러한 결합들의 쉽게 생기고 끊어지는 능력은 역동적인 생명유지 과정에서 일어나는 신속한 정보의 흐름에 필요한 생체 분자의 유연성을 제공한다. 생물체에서 가장 중요한 비공유 결합성 상호작용은 이온 상호작용, 수소 결합, 반데르발스 힘 등이다.

이온 상호작용

이온 상호작용(ionic interaction)은 서로 상반되는 전하를 띤 원자나 원자단 사이에 일어나며 방향성이 없다(중심 전하 주위 공간에 균일하게 작용한다). 즉, Na^+와 Cl^-처럼 서로 반대되는 전하를 띤 이온들이 끌어당기는 경우이다. 반대로, Na^+와 K^+처럼 같은 전하를 띠는 이온들은 서로 간에 반발력이 작용한다. 단백질을 구성하는 어떤 아미노산들의 곁사슬은 이온화할 수 있는 원자단을 갖고 있다. 예를 들어 아미노산인 글루탐산(glutamic acid)의 곁사슬은 생리적 pH에서 $—CH_2CH_2COO^-$로 이온화한다. 그리고 라이신(lysine, $—CH_2CH_2CH_2CH_2—NH_2$)의 곁사슬은 생리적 pH에서 $—CH_2CH_2CH_2CH_2NH_3^+$로 존재한다. 양전하와 음전하를 가지는 아미노산 곁사슬의 인력은 **염다리**(salt bridge, $—COO^{-\,+}H_3N—$)를 형성하고, 유사한 전하를 띤 곁사슬들이 서로 근접했을 때 형성되는 반발력은 단백질 접힘(protein folding), 효소 촉매 작용(enzyme catalysis)과 분자 인식(molecular recognition) 등과 같은 생물학적 과정에 중요한 작용을 한다. 물이 존재하는 경우 이온의 수화 현상이 일어나고 생체 분자들 사이의 인력은 현저히 줄어들기 때문에, 안정된 염다리 형성은 잘 일어나지 않는다는 것을 염두에 두어야 한다. 즉, 생체 분자 내 대부분의 염다리들은 비교적 물이 없거나 배제된 생체 분자들의 표면에서 나타난다.

수소 결합

수소와 산소 또는 질소 사이의 공유 결합은 극성이 매우 강하기 때문에 수소 원자의 핵은 인접한 분자의 산소 또는 질소의 고립쌍 전자에 약하게 끌려가 있다. 물 분자의 경우 산소의 비공유 전자쌍 각각은 인접한 물 분자와 수소 *결합*(hydrogen bond)을 형성한다(**그림 3.6**). 수소 결합은 부분적으로 공유 결합적 성격을 가지므

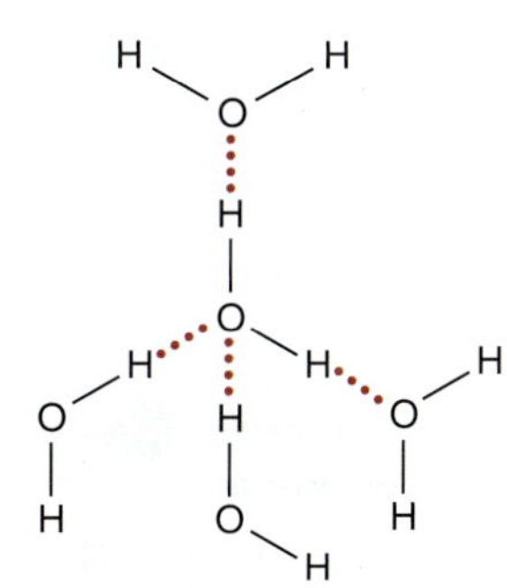

그림 3.6
물 분자들의 사면체 집합체 형성.
각각의 물 분자는 4개의 다른 물 분자들과 수소 결합을 한다.

로 방향성을 가지고 있다. 결합에 참여하는 물 분자의 두 O—H 결합들이 일직선일 때 최대 인력이 생긴다. 그 결과 형성된 분자 사이의 '결합'은 물 분자 사이에서 다리 역할을 한다. 수소 결합(약 20 kJ/mol)은 공유 결합(예, N—H 결합, 393 kJ/mol, O—H 결합, 460 kJ/mol)보다 훨씬 약하다. 그러나 수많은 분자 간 수소 결합이 형성될 수 있으면(예, 물의 액체와 고체 상태에서), 분자들은 크고 역동적인 3차원 구조의 집합체를 이룬다. 물에서 이러한 집합체를 분열시키는 데는 많은 에너지가 필요한데, 이것이 물의 끓는점, 녹는점, 기화열과 열용량(heat capacity)이 상대적으로 큰 값을 가지는 이유이다. 또한 물의 표면 장력과 점성 등의 성질도 물 분자들이 많은 수의 수소 결합들을 형성하는 데 기인한다.

반데르발스 힘

반데르발스 힘(van der Waals force)은 영구적 쌍극자를 띠거나 π 전자 구름과 같은 유도 쌍극자(induced dipole)를 가지는 생체 분자들이 서로 가까이 접근할 때 생기는 비교적 약한 정전기 상호작용이다. 이 힘은 분자들의 극성이 클수록, 그리고 작용하는 원자단들이 직선에 위치할수록 더 크다. 단백질들의 소수성 부분이나 지질의 소수성 탄화수소 꼬리 부분과 같이 극성 결합이 없는 순수한 탄화수소의 경우에서도 분자들이 가까이 위치하게 되면 전하의 비편재화(delocalization, 전자들을 움직여 전하를 고루 퍼지게 함) 현상이 생기게 되어 서로 끌어당기게 하는 인력이 생기게 된다. 이러한 분자 사이의 인력은 반데르발스 반지름(van der Waals radius)에서 가장 크다. 분자들이 서로 너무 가까운 거리에 있으면 반발력이 생기게 된다. 생물계에서는 이러한 인력과 반발력의 총합들이 거대한 생체 분자와 분자 복합체의 안정되고 기능적인 구조를 결정한다.

반데르발스 힘의 세 형태는 다음과 같다.

1. **쌍극자-쌍극자 상호작용.** 전기음성도가 큰 원자들을 포함하는 분자들 사이에 일어나는 쌍극자-쌍극자 상호작용(dipole-dipole interaction)은 한 분자의 양성 끝이 다른 분자의 음성 끝에 향하도록 분자들의 위치를 정해 준다(**그림 3.7a**). 수소 결합은 쌍극자-쌍극자 상호작용의 강력한 형태이다.

2. **쌍극자-유도 쌍극자 상호작용.** 영구적 쌍극자(permanent dipole)는 인접한 분자의 전자분포를 교란시켜 일시적인 쌍극자의 형성을 유도한다(**그림 3.7b**). 예를 들어 카보닐기의 영구적 쌍극자는 방향족 고리의 π 전자 구름을 비편재화시키므로 카보닐을 포함하는 분자는 방향족 고리에 약하게 끌려가 있다. 쌍극자-유도 쌍극자 상호작용(dipole-induced dipole interaction)은 쌍극자-쌍극자 상호작용보다 더 약하다.

3. **유도 쌍극자-유도 쌍극자 상호작용.** 인접한 비극성 분자 내 전자 이동은 인접 분자 내에 일시적인 전자 불균형을 초래한다(**그림 3.7c**). 한 분자 내에서 일시적으로 생기는 쌍극자는 인접 분자 내의 전자를 극성화하는데, 이러한 인력을 띠는 상호작용을 **런던 분산력**(London dispersion force)이라고 하며, 이 힘은 매우 약하다. 대표적인 예로서 DNA 분자 내 염기 쌓임(base stacking)은 염기 분자 내에 느슨하게 결합된 π-전자들이 촘촘하게 간격을 두고 있는 평행한 고리의 위와 아래에 불균등하게 분포하기 때문에 가능하다. DNA 분자 전체에서 일어나는 이 상호작용은 DNA 분자의 구조적 안정성을 제공한다.

주요 개념 _Key Concepts

- 비공유 결합(예, 수소 결합, 이온 상호작용, 반데르발스 힘)은 생물계의 물리적 · 화학적 성질을 결정하는데 중요한 역할을 한다.
- 쌍극자-쌍극자 특성과 공유 결합 특성을 함께 가진 수소 결합은 물의 성질과 세포의 구조 및 기능에 중요한 역할을 한다.

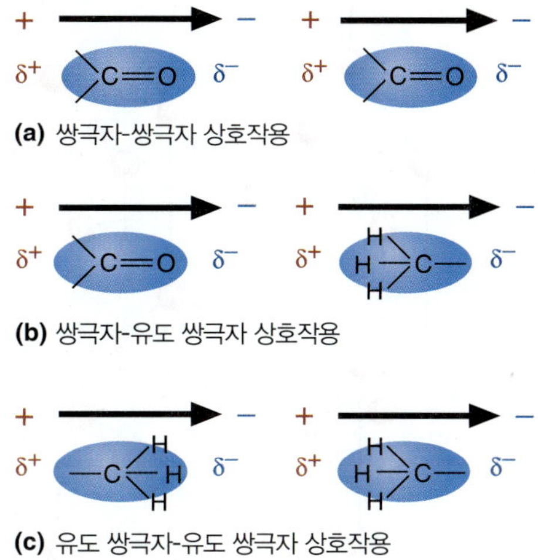

그림 3.7

쌍극자 상호작용.

쌍극자를 형성하는 정전기 상호작용에는 3가지 형태가 있다. (a) 쌍극자-쌍극자 상호작용, (b) 쌍극자-유도 쌍극자 상호작용, (c) 유도 쌍극자-유도 쌍극자 상호작용. 전자의 전기장에 반응하는 상대적 용이성이 반데르발스 힘의 크기를 결정한다. 쌍극자-쌍극자 상호작용이 가장 강하고 유도 쌍극자-유도 쌍극자 상호작용이 가장 약하다.

3.3 물의 열적 성질

물의 가장 독특한 성질은 실온에서 액체 상태로 존재한다는 점이다. 물을 비슷한 분자량을 가진 분자들과 비교해 보면 물의 녹는점과 끓는점은 예외적으로 높다(**표 3.2**). 만약 물이 황화 수소의 성질을 따르면, −100°C에서 녹고 −91°C에서 끓을 것이다. 이와 같은 상태라면 지구상의 대부분의 물은 수증기가 되고 생명의 출현은 불가능하였을 것이다. 그러나 다행히도 물은 0°C에서 녹고 100°C에서 끓는다. 그 결과 물은 지구 표면에 광범위한 온도에 걸쳐 액체 상태로 존재한다. 이러한 비정상적인 물의 행동은 수소 결합에 의한 것이다.

한 분자의 물은 4개의 다른 물 분자와 수소 결합을 형성할 수 있다. 그리고 그 4개의 물 분자들은 다른 물 분자와 수소 결합을 할 수 있다. 물이 얼 때 최대수의 수소 결합이 형성된다(**그림 3.8**). 얼음이 녹을 때 약 15%의 수소 결합이 끊어진다. 얼음이 녹을 때 필요한 에너지(*융해열*, heat of fusion)는 예상보다 더 크다(**표 3.3**). 액체 물은 분자들 사이의 수소 결합의 생성과 끊김이 계속적으로 일어나는 얼음과 같은 군집 구조를 가지고 있다. 온도가 증가할수록 물 분자의 운동과 진동이 가속화되고 수소 결합이 추가적으로 끊어진다. 끓는점에 도달하면 물 분자들은 서로 분리되어 증발한다.

물의 높은 *기화열*(heat of vaporization, 1기압에서 1 mol의 액체를 기화시키는 데 필요한 에너지)과 높은 *열용량*(heat capacity, 온도를 1°C 변화시키는 데 첨가 또는 제거해야 하는 에너지) 때문에 물은 기온을 효과적으로 조절할 수 있다. 물은 또한 생명체의 온도 조절에 매우 중요한 역할을 한다. 높은 열용량과 대부분 생물

표 3.2 물과 3개의 다른 VI족 수소화합물의 녹는점과 끓는점

이름	분자식	분자량(Da)*	녹는점(°C)	끓는점(°C)
물	H_2O	18	0	100
황화 수소	H_2S	34	−85.5	−60.7
셀레늄화 수소	H_2Se	81	−50.4	−41.5
텔루륨화 수소	H_2Te	129.6	−49	−2

* 1달톤(Da) = 1 원자 질량 단위(amu).

그림 3.8

얼음 속 물 분자 사이의 수소 결합.

얼음에서의 수소 결합은 매우 열린 구조를 형성한다. 얼음은 액체 상태의 물보다 밀도가 더 작다.

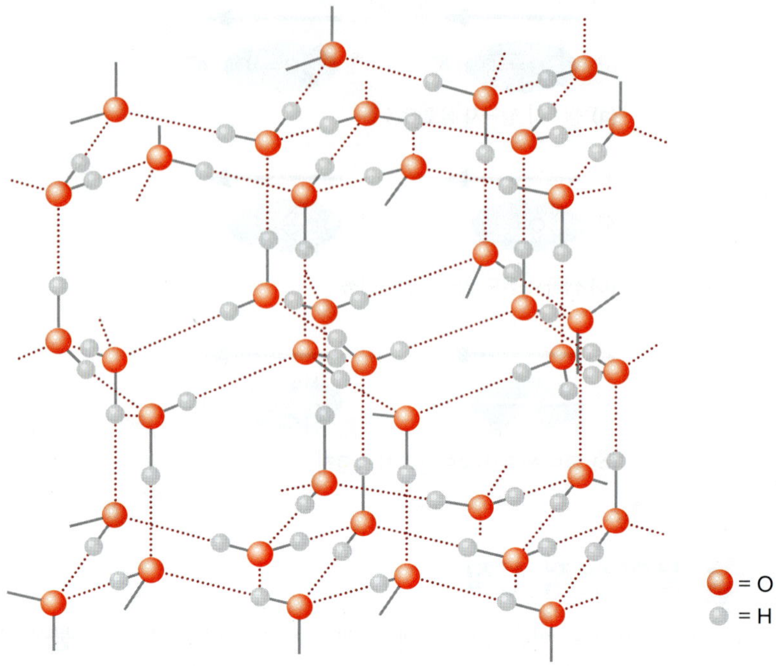

표 3.3 물과 2개의 다른 VI족 수소화합물의 융해열

이름	분자식	분자량(Da)	융해열* cal/g	융해열* J/g
물	H_2O	18	80	335
황화 수소	H_2S	34	16.7	69.9
셀레늄화 수소	H_2Se	81	7.4	31

* 융해열은 녹는점에서 1 g의 고체를 액체로 전환하는 데 필요한 열의 양이다. 1 cal = 4.184 J.

주요 개념 _Key Concepts

- 물의 특이한 높은 녹는점과 끓는점은 수소 결합에 의한 것이다.
- 물은 높은 열용량을 갖고 있기 때문에 서서히 열을 흡수하고 방출한다. 따라서 물은 생물의 체온을 조절하는 데 중요한 역할을 한다.

내부의 높은 수분 함량(종에 따라 50~95%)은 생명체 내부 온도를 일정하게 유지하도록 도와준다. 물의 증발은 냉각 작용을 한다. 성인은 하루에 1200 g 정도의 물을 호흡, 땀, 소변으로 배출한다. 이들에 의한 열 손실은 대사 과정을 통해 생성된 총열량의 약 20%에 해당한다.

문제 3.1

물(H_2O), 암모니아(NH_3), 메테인(CH_4)은 대략 비슷한 분자량(물: 18, 암모니아:17, 메테인: 16 g/mol)을 가진다. 이들 분자 모두 사면체 구조를 가지지만 이들의 물리적 성질은 매우 다르다. 예를 들어 융해열은 물(6.01 kJ/mol)과 암모니아(5.66 kJ/mol)는 약간 차이가 있지만 물과 메테인(0.94 kJ/mol)의 경우는 차이가 매우 크다. 이들 분자들의 구조를 그리고, 고체 상태에서의 수소 결합에 대하여 아는 바를 바탕으로 이러한 물리적 성질의 차이에 대하여 설명하라. 만일 암모니아 얼음(녹는점 −97.8°C)을 만드는 것이 가능하다면 액체 암모니아보다 밀도가 더 큰가 혹은 작은가?

예제 3.1

물은 온도 변화를 최소화하면서 주변의 많은 양의 에너지를 흡수할 수 있다(열용량이 큼). 이러한 성질은 지구상의 생명체의 존재를 가능하게 하였다. 열용량(어떤 물질이 온도가 변할 때 흡수 또는 내놓는 에너지)은 $q = g \cdot C \cdot \Delta T$로 주어지며, 여기서

q = 에너지(J)
g = 질량(g)
C = 물질의 비열
ΔT = 온도 변화

이다. 10 g의 물을 10°C 온도 상승시키는 데 필요한 에너지를 계산하여라(물의 비열 C_{H_2O} = 4.718 J/g · °C). 그리고 10 g의 모래(SiO_2)를 10°C 온도 상승시키는 데 필요한 에너지를 계산하라(모래의 비열 $C_{모래}$ = 0.74 J/g · °C).

풀이

10 g의 물이 흡수한 에너지는 주어진 값을 식에 대입하여 구할 수 있다.

$$q = (10\ g)\ (4.178\ J/g \cdot °C)\ (10°C) = 418\ J.$$

모래가 흡수한 에너지는 다음과 같이 계산할 수 있다.

$$q = (10\ g)\ (0.74\ J/g \cdot °C)\ (10°C) = 74\ J.$$

3.4 물의 용매 성질

물은 이상적인 생물학적 용매로서 생물체의 다양한 구성 성분을 쉽게 녹인다. 구성 성분들의 예로서 이온(예, Na^+, K^+, Cl^-), 당과 많은 아미노산 등이 있다. 물에 녹지 않는 지질과 아미노산들은 막(membrane)과 같은 초분자 구조를 형성하고 단백질 접힘(protein folding)과 같은 생화학적 과정을 유도한다. 친수성과 소수성 물질들의 물속에서의 행동에 대해 공부한 후 물의 총괄성(colligative property)의 하나인 삼투압(osmotic pressure)에 대해 알아보자. 총괄성은 용질의 특정 구조에 의한 것이 아니라 용질의 개수에 의해 영향을 받는 물리적 성질이다.

친수성 분자, 세포의 물 구조화와 졸-젤 전이

물은 쌍극자 구조와 전기음성도가 큰 원자와 수소 결합을 할 수 있는 능력 때문에 많은 이온성 물질과 극성 물질을 쉽게 용해할 수 있다. 수용액에서 모든 이온간 상호작용에서 중요한 특징은 이온의 수화(水和, hydration)이다. NaCl과 같은 염은 이온 결합의 힘에 의해 유지된다. 물 분자는 극성이기 때문에 Na^+와 Cl^- 같은 전하를 띤 이온에 끌린다. **용매화 구**(solvation sphere)라고 하는 물 분자의 껍질(shell)은 양이온과 음이온 주위를 둘러싼다(**그림 3.9**). 용매화 구의 크기는 이온의 전하 밀도(즉, 단위 부피에 대한 전하의 크기)에 달려 있다. 이온들이 수화되면서 그들 사이의 인력이 감소하고 전하를 띤 이온들이 물에 녹는다. 이온화할 수 있는 유기 분자와 극성 작용기를 갖고 있는 많은 중성 유기 분자들도 물에 잘 녹는데, 그 이유는 용매가 수소 결합을 할 수 있기 때문이다. 이러한 수소 결합은 물 분자와 알데하이드와 케톤의 카보닐기 그리고 알코올의 하이드록시기(hydroxyl group) 사이에

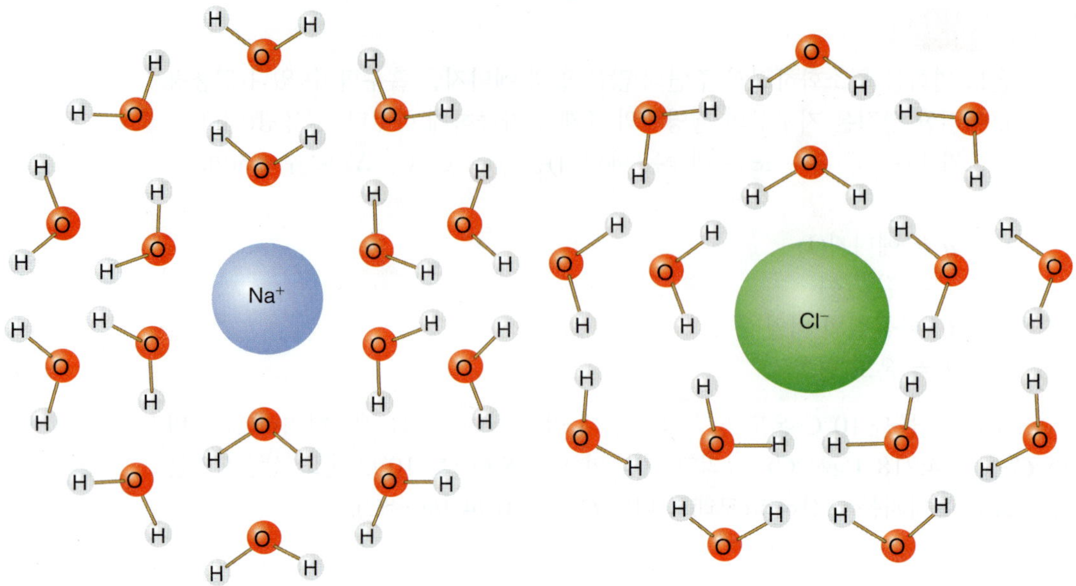

그림 3.9

Na^+와 Cl^- 이온 주위 물 분자의 용매화 구.

NaCl과 같은 이온화합물이 물에 녹을 때, 극성의 물 분자가 Na^+와 Cl^- 이온들 사이의 상호인력보다 더 강하게 이온들을 끌기 때문에 NaCl의 이온들이 분리된다. 실제로 Na^+의 용매화 구는 Na^+의 더 높은 전하밀도 때문에 그 부피가 Cl^-의 4배이다(같은 단위의 전하가 더 작은 부피에 분포됨).

형성된다. 이온들 사이의 인력을 감소시키는 용매의 능력은 *유전 상수*(dielectric constant)로 측정한다. 물은 다양한 이온과 극성 물질들을 녹이기 때문에 *만능 용매*(universal solvent)라 부르며, 매우 큰 유전 상수를 갖는다.

구조화된 물 생물체 속의 물 분자의 배열은 독특하다. 비록 생물체의 물이 액체 상태로 존재하더라도 대부분의 물은 "다량의 물" 상태로 존재하지 않는다(즉, 자유로이 흐르지 않는다). 어느 주어진 시간에 세포에 있는 수십억 개의 물 분자들은 고도로 밀집된 내부에서 고분자들과 막 표면에 비공유 결합으로 연결되어 있다. 예를 들어 단백질 표면엔 양성과 음성 전하 그리고 극성 작용기가 산재해 있다. 극성 물 분자들은 이러한 분자들과 쉽게 수소 결합을 한다(**그림 3.10**). 물 분자는 사면체이고 각 분자는 4개의 다른 분자들과 수소 결합을 할 수 있기 때문에, 한 층의 물 분자들은 추가적으로 물 분자들을 더 끌어당겨 물 분자들의 확장된 3차원 그물조직(three dimensional network)을 형성한다. 밀집한 세포에서 수많은 물의 층(layer)은 인접한 고분자들 사이의 공간을 이어주는 역할을 한다. 더욱이 *구조화된 물*(structured water)이라고 일컫는 이 층들의 물 분자들은 끊임없이 움직이고 항상 재배열한다. 이 구조화된 물은 10^{-15}초부터 10^{-12}초에 이르는 시간 사이에 단백질 표면으로부터 더 멀리 떨어진 다량의 물과 교환된다. 개개의 물 분자 교환 속도는 움직임이 얼마나 제한적이냐에 달려 있다. 다시 말하면 물 분자가 극성 표면에 더 가까울수록 물 분자의 움직임은 더 느리다. 구조화된 물의 역동성은 단백질과 같은 고분자를 구조적으로 안정시킬 뿐만 아니라 작용에 필요한 유연성을 갖게 한다.

졸-젤 전환 중합체를 함유하며 물을 기반으로 하는 물질처럼 세포질은 젤의 성질을 갖는다. *젤*(gel)은 작은 입자가 다른 물질에 고르게 분포되어 있는 혼합물 형태인 콜로이드 혼합물(colloidal mixture)이다. 세포에서 젤라틴 모양의 세포질은 흡착

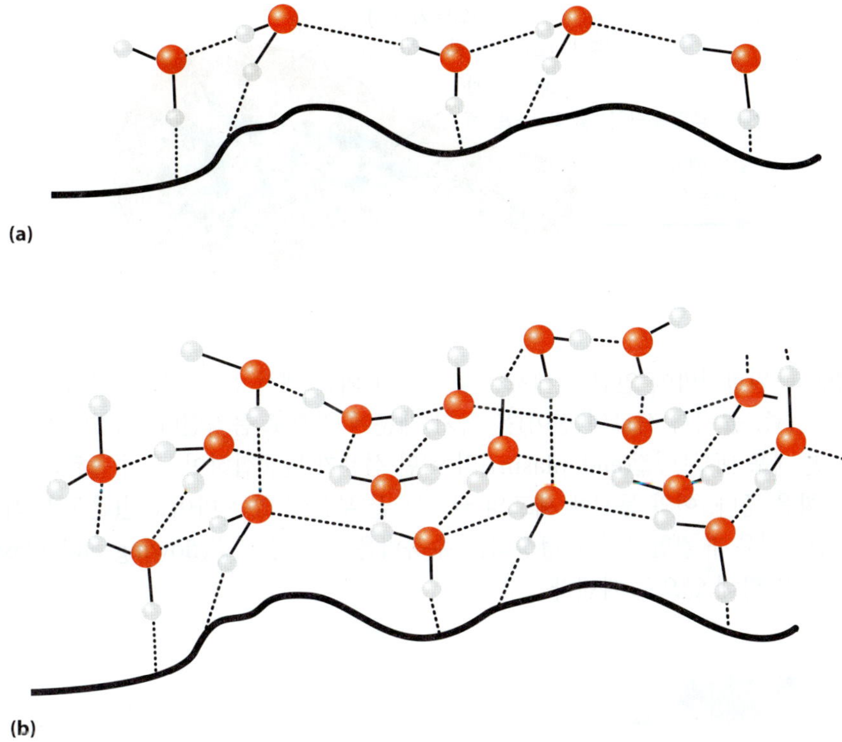

그림 3.10
구조화된 물.
고분자의 극성 표면은 물 분자들을 끌어당긴다. (a) 단층의 물 분자를 갖고 있는 극성 고분자 표면의 짧은 조각이 더 많은 물 분자들을 끌어당겨 확장된 그물조직 (b)를 형성한다.

된 물과 결합된 극성 표면을 가진 생체 고분자로 구성된 반고체이다. 디저트로 먹는 젤라틴은 이러한 콜라젠 단백질 섬유가 다량의 물에 현탁되어 수화되어 있는 형태의 잘 알려진 젤의 한 예이다. 단백질 기질(matrix) 위에 고도로 구조화된 용매화 층들은 점탄성 성질(viscoelastic property)을 제공한다. 젤의 안정성은 중합체의 길이와 교차 결합(cross-linking), 흡착된 물의 연속성에 달렸다. 이러한 그물 혹은 젤 기질 내에서 용질의 움직임은 스펀지와 비슷한 단백질 중합체의 기둥 배열(trabecular arrangement)에 따라 변한다. 만약 고체화된 젤라틴으로 차 있는 페트리 접시에 구멍을 뚫어 무기 이온 용액을 부어 넣으면 이온들은 그 크기와 수화 정도에 따라 젤 안으로 이동한다. 그리고 몇 분 후 체로 거르는 효과(sieving effect)를 관찰할 수 있다. 그뿐만 아니라 물이 젤라틴(콜라젠 중합체) 표면을 용매화하는 것은, 실제로 위치를 고정함으로써 확산이 제한된다.

온도 변화(분자의 움직임에 영향을 줌), 기질 구조와 용질의 내포화 등의 변화는 젤을 '졸(sol)' 또는 액체 상태로 전환시킬 수 있다. 이와 유사하게 단백질 중합체의 고도로 구조화된 용매화 표면 때문에 세포는 유사한 방식으로 작용한다. '젤'로부터 '졸'로의 전환(즉, 보다 더 고체인 상태로부터 덜 고체인 상태로의 변화)은 세포 기능의 많은 부분 중 특히 세포의 움직임에 영향을 준다. 이와 같은 전이는 G-액틴(G-actin)으로부터 F-액틴(F-actin)으로의 가역적 중합 반응과 액틴 섬유의 연속적인 교차 결합(cross-linking)에 의해 일어난다. 이 전이는 *액틴 결합 단백질*(actin-binding protein)의 농도와 기능에 영향을 주는 신호 선날 메커니즘(signal transduction mechanism)에 의해 조절된다. 여러 액틴 결합 단백질은 중합 반응을 억제하거나 액틴 섬유를 교차 결합 또는 절단할 수 있다.

아메바 운동은 세포의 졸-젤 전이가 고도로 조절되고 이러한 전환 과정에서 움직이는 힘을 만들어 내는 한 대표적인 사례이다. 아메바 운동의 주요한 특징은 *위족*(pseudopodium)의 돌출 현상이다(**그림 3.11**). 위족은 이 부분의 *세포 외질*(ec-

그림 3.11

아메바 움직임과 '졸-젤 전환'.

아메바는 세포 피질(외질)과 세포 내부의 세포질(내질)에서 '졸-젤 전환'의 협동작용에 의해 앞으로 움직인다. 세포 뒤쪽에 형성된 수축력은 유동성 내질을 앞쪽으로 짜낸다.

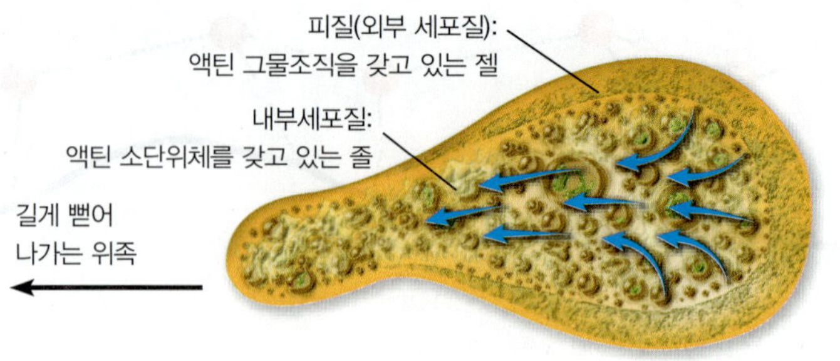

toplasm, 원형질막에 인접한 세포질의 젤라틴 외층)에서 중합하는 액틴 섬유가 교차 결합(즉, 졸에서 젤로의 전이)을 하기 때문에 앞으로 움직인다. 이것이 일단 일어나면 세포 내부[*내질*(endoplasm)]의 액틴 섬유가 탈중합하여 '젤의 졸로의 전환'에 영향을 준다. 이와 동시에 세포의 끌리는 끝 부분에 있는 마이오신(운동 단백질)과 액틴 섬유가 결합하면서 형성되는 수축력은 유동성 내질(flowing endoplasm)을 위족을 향해 앞으로 짜낸다.

문제 3.2

단백질은 아미노산 중합체다. 비공유 결합은 단백질 3차 구조를 결정하는 데 매우 중요한 역할을 한다. 다음은 일반적으로 아미노산 곁사슬(amino acid side chain) 사이에서 일어나는 비공유 결합 상호작용을 나타낸 것이다.

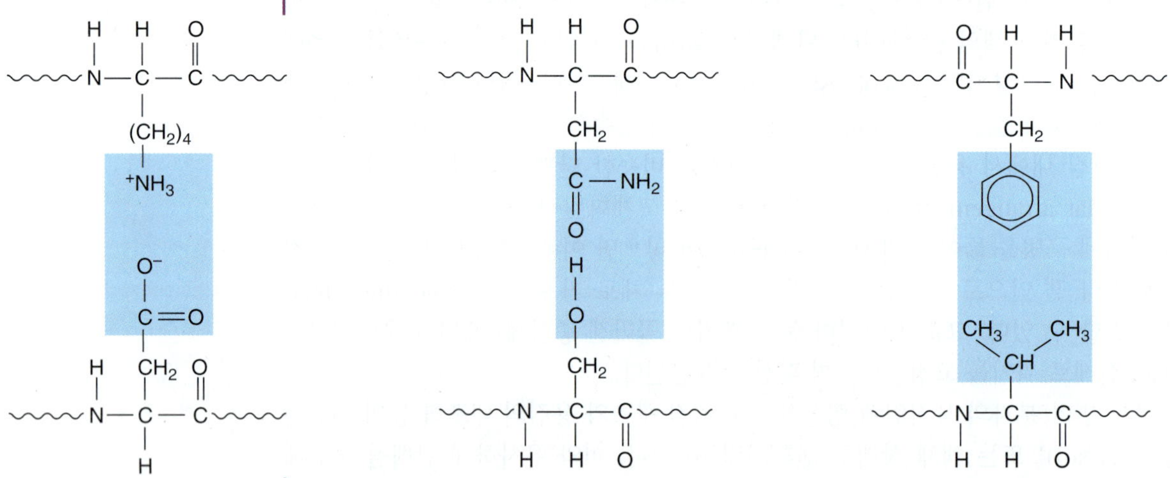

어떤 비공유 결합이 그림에 나타난 상호작용의 주요 원인이 되는가?

충격 흡수제로서의 콜라겐
Collagen as Shock Absorber

문제 3.3

섬유 모양의 콜라젠 단백질은 다른 분자들과 결합해 젤 모양의 물질을 형성하는데, 충격을 흡수하는 자리에서 주로 발견된다[예, 힘줄(tendon, 근육과 뼈 사이 중개역)과 인대(ligament)]. 이러한 조직들이 작용하는 데 물 구조가 어떤 역할을 하는지 설명하라. [*힌트*: 물은 비압축성 물질이다.]

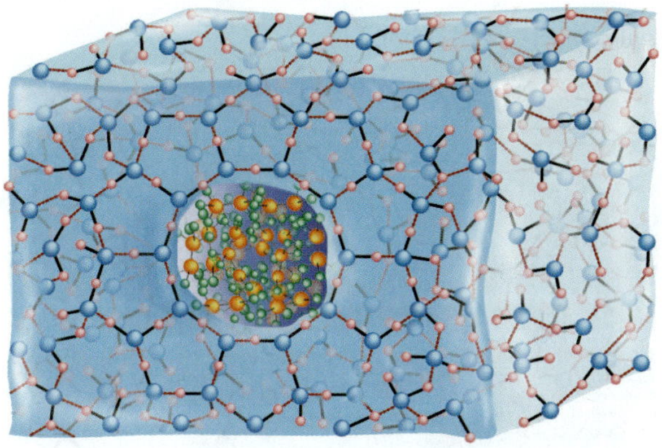

그림 3.12

소수성 효과.

비극성 분자와 물이 혼합할 때, 물 분자의 수소 결합으로 형성되는 바구니 모양의 구조는 소수성 물질의 노출을 최소화하도록 형성된다. 비극성 분자들은 가까운 위치에 있을 때 반데르발스 힘에 의해 서로 끌어당기지만 바구니 모양 구조를 형성하는 원동력은 물 분자들 사이에 일어나는 수소 결합이다. 비극성 분자들은 수소 결합을 형성할 수 없기 때문에 배제된다.

소수성 분자와 소수성 효과

소량의 비극성 분자들은 물과 혼합될 때 물의 용매화 그물망(solvation network)으로부터 배제되어 작은 방울(droplet)로 뭉친다. 이와 같은 과정을 *소수성 효과*(hydrophobic effect)라 한다. 탄화수소(hydrocarbon) 같은 **소수성**(hydrophobic, '물이 싫어하는') 분자들은 물에 거의 녹지 않는다. 작은 방울(또는 더 많은 양이나 분리된 층으로)로 집합하는 현상은 물의 특유한 용매 성질에 의한 것이지 비극성 분자 사이의 약한 인력에 의한 것이 아니다. 비극성 분자가 수용액 환경에 들어갈 때 물 분자는 분할 또는 배제 과정을 통해 소수성 영역을 움직여서 바구니 모양(cagelike)의 구조를 형성한다. 배제된 소수성 분자는 근처의 소수성 분자들 간 반데르발스 상호작용(van der Waals interation)에 의해 안정화된다(**그림 3.12**). 바구니 모양 3차원 골격구조인 *클라트레이트*(clathrate)는 소수성 물질이 물에 최소한으로 노출될 때 안정화된다. 소수성 상호작용은 주로 지질막 구조와 단백질 접힘의 안정성에 중요한 역할을 한다.

양극성 분자

일반적으로 극성 원자단과 비극성 원자단을 포함하고 있는 생체 분자를 **양극성 분자**(amphipathic molecule)라고 한다. 이러한 성질은 물속에서의 행동에 영향을 준다. 예를 들어 이온화된 지방산은 친수성 카복실산기(carboxylate group)와 소수성 탄화수소기(hydrocarbon group)를 포함하고 있기 때문에 양극성 분자이다. 카복실산기와 탄화수소기가 물과 혼합할 때 양극성 분자는 **마이셀**(micelle)이라는 구조를 형성한다(**그림 3.13**). 마이셀의 경우 *극성 머리*(polar head)라고 부르는 카복실산 이온은 물과 접촉해 있고, 비극성 탄화수소 '꼬리(tail)'는 소수성 내부에 격리되어 있다. 물속에서 자발적으로 자신을 재배열하는 양극성 생체 분자의 경향은 많은 세포 성분들의 중요한 특징의 하나이다. 예를 들어 두겹층을 형성하는 인지질(bilayer-forming phospholipid) 분자는 생물학적 막의 기본적 구조 특징이다(11장 참조).

주요 개념 _Key Concepts

- 물은 쌍극자 구조와 수소 결합 능력 때문에 많은 이온 물질과 극성 물질들을 용해시킬 수 있다.
- 비극성 분자는 물과 수소 결합을 할 수 없으며 클라트레이트 형성을 통해 배제된다.
- 지방산염(fatty acid salt) 같은 양극성 분자는 물속에서 스스로 재배열하여 마이셀을 형성한다.

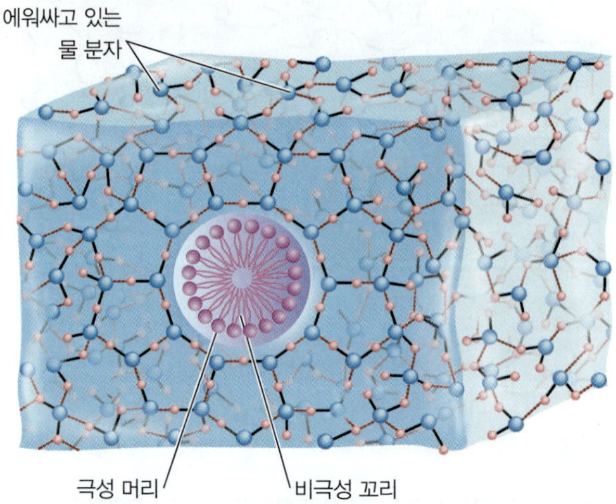

그림 3.13

마이셀의 형성.

양극성 분자의 극성 머리는 자신의 방향을 스스로 정하여 물과 수소 결합을 한다. 비극성 꼬리는 물과 떨어져 중앙에 집결하여 응집한다.

삼투압

삼투(osmosis)란 용매 분자가 낮은 농도의 용질(solvent) 용액으로부터 높은 농도의 용질 용액으로 반투과성 막(semipermeable membrane)을 통과할 때 자발적으로 일어나는 현상이다. 이때 반투과성 막의 구멍은 용매 분자가 통과하기에는 충분히 크지만 큰 용질 분자나 이온들이 통과하기에는 너무 작다. **그림 3.14**는 반투과성 막을 통과하는 용매의 이동을 나타낸 것이다. 처음엔 용질 농도가 높은 쪽에 더 작은 양의 물 분자들이 있다. 시간이 지나면서 점차 A(용질 농도가 낮은)로부터 B(용질 농도가 높은)로 물 분자들이 더 많이 이동하게 된다. 용액의 물 분자의 농도가 높을수록(즉, 용질 농도가 낮을수록) 막을 통과하는 물의 이동은 더욱 빨라진다.

삼투압(osmotic pressure)이란 반투과성 막을 통과하는 물의 이동을 막는 데 필요한 압력이다. 삼투압은 세포막간 물 흐름을 야기하며, 수많은 생명활동 과정에서 원동력이 되고 있다. 예를 들어, 삼투압은 나무에서 수액 형성에 중요한 요소이다. 세포막은 용매(물) 말고도 다른 분자들을 투과하기 때문에 엄밀히 말해 삼투막(osmotic membrane)은 아니다. *투석막*(dialysing membrane)이라는 용어가 더 적절하다.

삼투압은 용질 농도에 의존하고 *삼투압계*(osmometer)는 삼투압을 측정하는 기계이다(**그림 3.15**). 삼투압은 다음과 같은 공식을 이용하여 측정할 수 있다. 최종 삼투압은 존재하는 모든 용질의 기여도를 반영한 것이다.

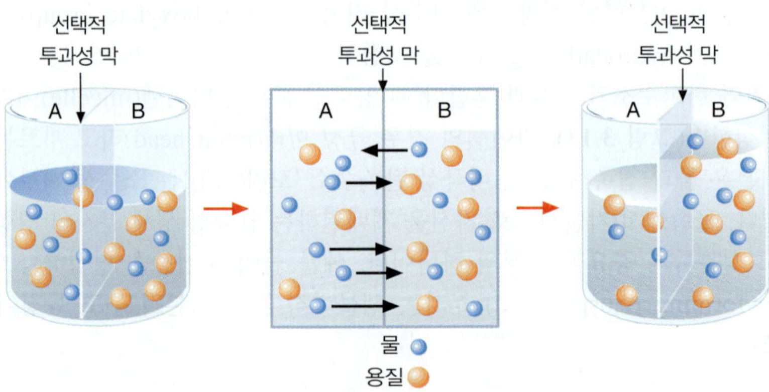

그림 3.14

삼투압.

시간이 지나면서 물은 더 묽은 A로부터 더 진한 B로 확산한다. A로부터 B로의 물의 알짜 이동이 없을 때 반투과성 막을 중심으로 양쪽 용액 사이에 평형이 이루어진다. 삼투압은 반투과성 막을 통과한 물의 알짜 흐름(net flow)을 막는다.

$\pi = iMRT$

여기서, π = 삼투압(atm)

i = 반트호프 인자(van't Hoff factor, 용질의 이온화 정도)

M = 몰농도(molarity, mol/L)

R = 기체 상수(0.082 L·atm/K·mol)

T = 켈빈온도(K)이다.

용액의 농도는 *삼투 몰농도*(osmolarity)로 나타내고 그 단위는 osmol/L이다. $\pi = iMRT$ 식에서 삼투 몰농도는 iM과 같으며, i는 반트호프 인자로서 용질의 이온화 정도를 나타내는 것으로 온도에 따라 변한다. 1 M NaCl 용액의 이온화 정도는 90%이고, 나머지 10%는 이온쌍(ion pair)으로 존재한다.

$$i = [Na^+] + [Cl^-] + [NaCl]_{un\text{-}ionized} = 0.9 + 0.9 + 0.1 = 1.9$$

따라서 이 용액의 i 값은 1.9이다. NaCl 용액이 점점 더 희석되면서 i 값은 2에 접근하게 된다. 10% 이온화하는 1 M 농도 약산의 i 값은 1.1이다. 그리고 비이온화 용질의 i 값은 항상 1.0이다. 예제 3.2~3.4는 삼투압 개념을 묻는 문제이다.

삼투압은 생물에 심각한 문제를 일으킬 수 있다. 세포는 저농도의 고분자뿐만 아니라 고농도의 작은 유기 분자와 이온염(ionic salt)을 갖고 있다. 그 결과로 세포는 그 주변 환경 속의 용질 농도 때문에 물을 얻거나 잃을 수 있다. 세포를 **등장액**(等張液, isotonic solution, 용질과 물의 농도가 선택성 삼투 원형질막의 양쪽에서 동일한 용액)에 두면 막을 통해 양쪽 방향으로 움직이는 물의 알짜 이동이 없다(**그림 3.16**). 예를 들어 적혈구는 0.9% NaCl 용액에 대해 등장성이다. 그러나 세포를 더 낮은 용질 농도의 용액[즉, **저장액**(低張液, hypotonic solution)]에 두면 물은 세포로 이동한다. 예를 들어 적혈구를 순수한 물에 담그면 부풀어 터지는 소위 *용혈*(hemolysis)이 일어난다. 더 높은 용질 농도를 갖는 **고장액**(高張液, hypertonic solution)의 경우 물이 세포로부터 빠져 나가기 때문에 세포가 쭈그러든다. 고장액(예, 3% NaCl 용액) 속에서 적혈구가 쭈그러드는 현상을 *무딘톱날꼴 형성*(crenation)이라고 한다.

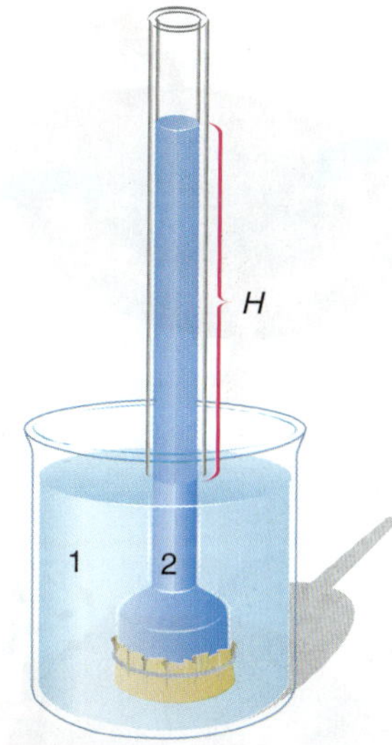

그림 3.15

삼투압계를 사용한 삼투의 측정.

부피 1은 순수한 물을 그리고 부피 2는 설탕 용액을 포함하고 있다. 막은 물은 통과시키지만 설탕은 통과시키지 않는다. 따라서 삼투압계로 물의 알짜 이동이 일어나게 된다. 삼투압은 관 속 용액의 높이 H에 비례한다

예제 3.2

0.1 g의 요소(urea, 분자량 60)를 100 mL 물로 용해할 때, 용액의 삼투압을 구하라. [상온은 25°C(298 K)로 가정하라.]

풀이

요소 용액의 몰농도를 계산하라. 요소는 비전해질이므로 반트호프 인자(i)가 1이다.

$$\text{몰농도} = \frac{0.10\text{ g 요소} \times 1.0\text{ mol}}{60} \times \frac{1}{0.10\text{ L}} = 1.7 \times 10^{-2}\text{ mol/L}$$

상온에서 삼투압은 다음과 같다.

$$\pi = iMRT$$

$$\pi = (1)\,\frac{1.7 \times 10^{-2}\text{ mol}}{\text{L}}\;\frac{0.0821\text{L} \cdot \text{atm}}{\text{K} \cdot \text{mol}}\,(298\text{ K})$$

$$\pi = 0.4\text{ atm}$$

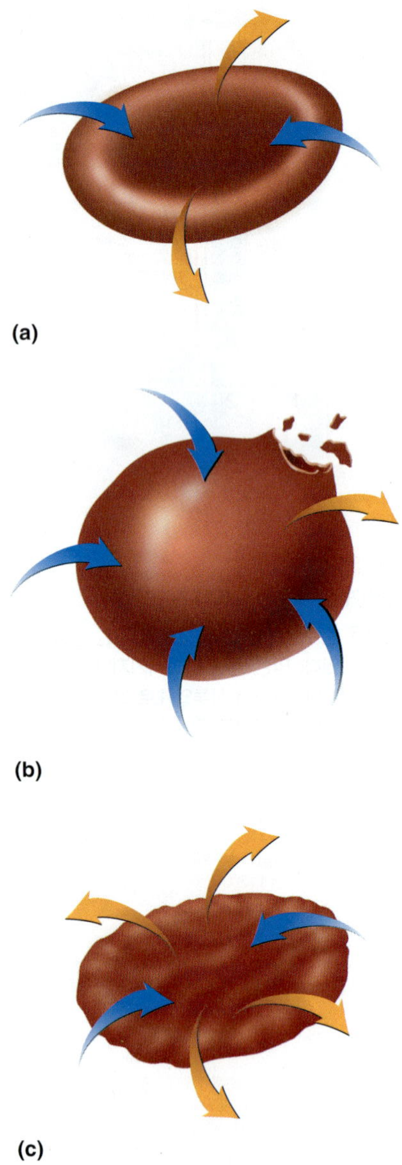

그림 3.16

고장액과 저장액이 동물세포에 미치는 효과.

(a) 등장액은 물이 동일한 속도로 들어오고 나가기 때문에 세포 부피를 변화시키지 않는다. (b) 저장액은 세포를 파괴시킨다. (c) 고장액은 세포를 쭈그러뜨린다(무딘톱날꼴 형성).

예제 3.3

25°C에서 0.1 M NaCl 용액의 삼투압을 구하라. 용질은 100% 이온화되었다고 가정하라.

풀이

0.10 M NaCl 용액은 1리터당 0.2 mol의 입자들을 내어 놓는다(0.10 mol의 Na^+와 0.10 mol의 Cl^-). 상온에서 삼투압은 다음과 같다.

$$\pi = \frac{2 \times 0.10\ \text{mol}}{\text{L}} \frac{0.0821\text{L} \cdot \text{atm}}{\text{K} \cdot \text{mol}} \times 298\ \text{K}$$

$$\pi = 4.9\ \text{atm}$$

■

예제 3.4

삼투압을 이용해서 생체 분자의 분자량을 측정할 수 있다. 비이온 화합물 X의 분자량을 측정하라($i = 1$). 25°C에서 1.0 g의 화합물 X가 100 mL 물에 녹아 있을 때, 삼투압은 0.2 atm이다.

풀이

삼투압 공식을 이용하여 용액의 몰농도를 계산하라.

$$\pi = iMRT$$

$$M = \pi/iRT$$

$$M = (0.20\ \text{atm})/[(1)(0.0821\ \text{L} \cdot \text{atm/mol} \cdot \text{K})\ (298\ \text{K})]$$

$$M = 8.2 \times 10^{-3}\ \text{mol/L}$$

몰농도 식과 주어진 질량, 부피(V)를 사용하여 화합물 X의 분자량(m)을 계산하라.

$$M = (\text{질량}/m)/V$$

$$m = \text{질량}/MV$$

$$m = 1.0\ \text{g}/[8.2 \times 10^{-3}\ \text{mol/L}\ (0.1\ \text{L})]$$

$$m = 1.2 \times 10^{3}\ \text{g/mol}$$

■

세포막을 가로지르는 이온 분포 고분자들은 세포 내 농도가 비교적 낮기 때문에 세포 삼투 몰농도에 직접적인 효과를 거의 나타내지 못한다. 그러나 단백질과 같은 고분자들은 수많은 이온화기를 갖고 있다. 이 이온화기에 끌려 있는 반대 전하의 수많은 이온들은 세포 내 삼투 몰농도에 커다란 효과를 나타낸다. 이 효과의 성질은 단백질과 연관된 구조화된 물과 수화된 이온들과의 상호작용에 의해 결정된다. 이온의 용매화 구의 크기는 전하 밀도(단위부피당 전하 크기)에 반비례한다. 예를 들어 Na^+ 이온과 K^+ 이온의 수화되지 않은 지름은 각각 1.96 Å과 2.66 Å이다. 그리고 Na^+ 이온과 K^+ 이온의 수화된 지름은 각각 9.0 Å과 6.0 Å이다. 그 결과 Na^+ 이온의 수화 부피는 K^+ 이온의 3.4배나 된다. 또한 K^+ 이온의 용매화 구가 Na^+ 이온보다 훨씬 더 작기 때문에 단백질의 표면 음이온과 이온쌍을 형성하여 K^+ 이온을 제거하기가 더 쉽다. 이온 통로를 통과해야 하는 Na^+ 이온의 용매화 구를 제거하는 데 더 많은 에너지가 필요하다. 그 결과 세포막에 형성된 이온 분포는 같지 않다. 즉, K^+ 이온(159 mM)이 Na^+ 이온(10 mM)보다 세포내에 축적되는 경향이 훨씬 더 높다. 비록 특정 이온 펌프가 존재하지 않더라도 이와 같은 이온 분포의 차이는 일어나게 될 것이다. (삼투압이 어떻게 세포의 부피에 영향을 주는지 알기 위하여 '생화학 전망'에 있는 세포의 부피 조절과 대사 부분을 참조하라.)

대부분의 무기 이온들과 달리 단백질의 이온화기들은 세포 내에 고정되어 세포 내 환경에 상당량의 음전하를 제공한다. 그 결과 세포막에 걸쳐 전기음성 기울기(electronegative gradient)가 형성된다. 즉, 이온과 음전하가 동일하지 않게 분포해 있다. 세포막의 세포질 쪽은 강한 음성을 나타내는데, 이 효과는 K^+ 이온에 의해 부분적으로 상쇄된다. 세포막 바깥은 세포 외 Na^+ 이온이 상대적으로 많이 존재하기 때문에 양성(+)을 나타낸다. 세포막 표면상의 이러한 비대칭 현상은 전기 전도, 능동 수송과 수동 수송 등을 조절하는 소위 **막전위**(membrane potential)라고 하는 전기 기울기를 일으킨다.

비록 수화된 Na^+ 이온이 세포내 구조화된 물로부터 배제되는 경향이 있지만 이 이온들은 원형질막을 거쳐 다시 새어 나온다. 세포내 Na^+ 농도가 약간 증가하면 세포질을 약간 덜 음성으로 만든다. 그 결과 소량의 K^+ 이온은 세포로부터 농도 기울기를 따라 밖으로 이동한다. 동물과 세균은 ATP로 작동하는 Na^+-K^+ 펌프로 이 과정을 억제함으로써 세포 부피를 조절한다. 이들 세포에서 이온펌프 작용은 상당량의 에너지를 필요로 한다.

원생동물(protozoa)과 조류(algae) 등은 특별한 수축성 액포로부터 물을 주기적으로 배출함으로써 세포 부피를 제어한다. 식물세포는 단단한 세포벽을 갖고 있기 때문에 식물은 *팽압*(turgor pressure)이라고 하는 내부 수압(internal hydrostatic pressure)을 형성하며, 이것이 세포생장과 팽창을 유도하고 식물 구조를 단단하게 만든다.

주요 개념 _Key Concepts

- 삼투는 반투과성 막을 통해 덜 농축된 용액으로부터 더 농축된 용액으로 물이 이동하는 현상이다.
- 삼투압은 막의 양쪽에 있는 용질의 농도 차이에 의해 물이 반투과성 막에 미치는 압력이다.

3.5 물의 이온화

물은 제한적으로 수소 이온 또는 양성자(proton, H^+)와 수산화 이온(OH^-)으로 이온화한다. 실제로 H^+는 수용액 속에 존재하지는 않는다. 물에서 H^+는 물 분자와 결합하여 수화된 수소 이온인 *하이드로늄 이온*(hydronium ion, H_3O^+)을 형성한다(**그림 3.17**). 그러나 편의상 H^+를 물의 이온화 반응을 나타내는 데 사용한다.

물의 해리는 다음과 같다.

$$H_2O(l) \rightleftharpoons H^+ + OH^-$$

K_{eq}는 반응의 평형 상수(equilibrium constant)이다.

$$K_{eq} = \frac{[H^+][OH^-]}{[H_2O]}$$

물의 농도는 근본적으로 변하지 않는다. 평형은 두 상수로 다시 표현할 수 있다.

$$K_{eq}[H_2O] - [H^+][OH^-]$$

$K_{eq}[H_2O]$는 물의 *이온곱*(ion product of water) 또는 K_w로 정의할 수 있다. 위의 식을 K_w로 대체하면 다음과 같다.

$$K_w = [H^+][OH^-]$$

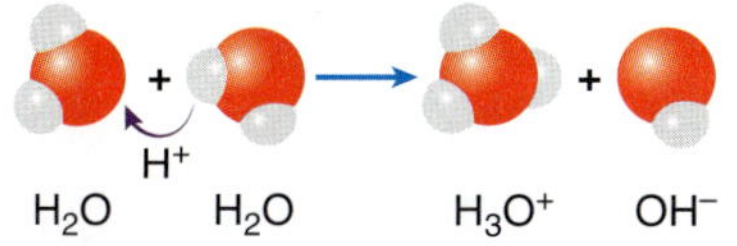

그림 3.17

하이드로늄 이온.

하이드로늄 이온(H_3O^+)은 물 분자의 양성자화에 의해서 생성된다. 물 분자가 양성자(H^+)와 수산화 이온(OH^-)으로 해리하면 전기음성도가 큰 산소 원자는 양으로 하전된 양성자를 끌어당긴다.

1기압 25°C에서 H_2O의 K_w 값은 1.0×10^{-14}이고, 이 값은 이 온도와 압력에서 물의 특성이다. 순수한 물에서 다른 H^+나 OH^-를 제공하는 물질이 없다면 이 두 이온의 농도는 같다.

$$[H^+] = [OH^-] = (K_w)^{1/2} = (1.0 \times 10^{-14})^{1/2} = 1.0 \times 10^{-7}\ M$$

용액이 동일한 양의 H^+와 OH^-를 포함하면 그 용액은 *중성*(neutral)이다. 물에 이온성 물질이나 극성 물질이 녹아 있다면 H^+와 OH^-의 상대적인 양을 변화시킬 것이다. 과량의 H^+ 농도를 갖고 있는 용액은 *산성*(acidic)이며, 과량의 OH^- 농도를 갖고 있는 용액은 *염기성*(basic)이다. 수소 이온 농도는 보통 10^0에서 10^{-14} M에 걸쳐 변하고 이는 pH를 측정하는 기반이 된다(pH = $-\log [H^+]$).

산, 염기와 pH

수소 이온은 생물계에서 가장 중요한 이온 중의 하나로서 이 이온의 농도는 대부분의 세포와 생물체 대사 과정에 영향을 준다. 예를 들어 단백질의 구조와 기능 그리고 대부분의 생화학 반응 속도는 수소 이온 농도에 의해 강한 영향을 받는다. 그뿐만 아니라 수소 이온은 에너지 생성(10장 참조)과 세포내 이입(endocytosis) 같은 과정에 주요한 역할을 한다.

세포 내 많은 생체 분자들은 산성 또는 염기성 성질을 띤다. 크기가 큰 중합체와 고분자 복합체는 표면에 산과 염기 원자단을 모두 가진 양쪽성을 띠는 경우가 많다. 수소 이온 주개(donor)인 경우 **산**(acid)이라 하고, 수소 이온 받개(acceptor)인 경우 **염기**(base)라 한다.

강산(예, HCl)과 강염기(예, NaOH)는 물에서 거의 완전히 이온화된다.

$$HCl \rightarrow H^+ + Cl^-$$
$$NaOH \rightarrow Na^+ + OH^-$$

그러나 많은 산과 염기는 완전히 해리하지 않는다. 유기산(카복실기를 갖고 있는 화합물)은 물에 완전히 해리하지 않는데, 이러한 산을 **약산**(weak acid)이라고 한다. 대부분의 유기 염기는 수소 이온과 결합한다. 많은 **약염기**(weak base)는 아미노기를 보유하고 있다.

유기산의 해리는 다음과 같다.

$$\underset{\text{약산}}{HA} \rightleftharpoons \underbrace{H^+ + A^-}_{\text{HA의 짝염기}}$$

해리 반응에 의해 약산 HA가 H^+(양성자)를 잃고 A^-가 되는데, 이때 A^-를 **짝염기**(conjugate base)라고 한다. 예를 들어 아세트산(CH_3COOH)은 해리하여 짝염기인 아세트산 이온(CH_3COO^-)을 형성한다.

약산의 세기(수소 이온을 방출하는 능력)는 다음 식을 이용하여 측정할 수 있다.

$$K_a = \frac{[H^+][A^-]}{[HA]}$$

여기서 K_a는 산 해리 상수(acid dissociation constant)이다. K_a의 값이 클수록 산의 세기는 더욱 커진다. K_a 값은 너무 광범위하므로 log 척도로 표현하여 다음과 같이 나타낸다.

$$pK_a = -\log K_a$$

pK_a 값이 작을수록 산은 더 강산이 된다. 흔한 여러 약산의 해리 상수와 pK_a 값

표 3.4 약산의 해리 상수와 pK_a 값*

산	HA	A^-	K_a	pK_a
아세트산	CH_3COOH	CH_3COO^-	1.76×10^{-5}	4.76
탄산	H_2CO_3	HCO_3^-	4.5×10^{-7}	6.35
중탄산 이온	HCO_3^-	CO_3^{2-}	5.61×10^{-11}	10.33
락트산	$CH_3CHCOOH$ OH	CH_3CHCOO^- OH	1.38×10^{-4}	3.86
인산	H_3PO_4	$H_2PO_4^-$	7.25×10^{-3}	2.14
인산이수소 이온	$H_2PO_4^-$	HPO_4^{2-}	6.31×10^{-8}	7.20

* 평형 상수는 농도보다는 활동성에 관한 용어로 설명한다(활동성은 용액 내 물질의 유효 농도). 하지만 희석된 용액에서 농도는 상당히 정확하게 활동성을 대신할 수 있다.

이 **표 3.4**에 나타나 있다.

pH 척도(pH scale, **그림 3.18**)는 수소 이온 농도 $[H^+]$를 나타낸다.

$$pH = -\log[H^+]$$
$$[H^+] = \text{antilog}(-pH)$$

pH 척도에서 중성은 pH 7로 정의하고 이때 $[H^+]$는 1×10^{-7} M이다. 산성 용액은 pH 값이 7보다 작은 것으로 $[H^+]$는 1×10^{-7} M보다 더 크다. 그리고 7보다 큰 pH 값은 염기성 용액을 나타낸다.

비록 pK_a와 pH는 수학적 표현이 유사하게 보이지만 실제로는 다르다. 항온에서 한 물질의 pK_a 값은 상수이다. 그러나 이와 대조적으로 pH 값은 변할 수 있다.

완충 용액

pH 조절은 살아 있는 유기체에 광범위하게 이루어지며 매우 중요하게 작용한다. 수소 이온 농도는 일반적으로 좁은 범위에서 유지된다. 예를 들어 사람의 혈액은 보통 pH 7.4인데 대사물질이나 노폐물이 산성이냐 염기냐에 따라 7.35와 7.45 사이에서 유지된다. 어떤 질병은 pH를 정상 범위를 벗어나게 하고, 이러한 상태가 방치되면, 생명에 치명적이다. 조직에서 산이 과도하게 생성되거나, 체액 내 염기의 결핍 또는 신장(kidney)이 산성 대사물질 배설에 실패했을 때 혈액의 pH가 7.35 이하로 떨어지면, 이를 **산성혈증**(acidosis)이라 한다. 산성혈증은 당뇨와 같은 질병이나 굶주릴 때 생길 수 있다. 만약 혈액의 pH가 7 이하로 떨어지면, 중추신경계가 억제되어 혼수상태나 죽음에 이를 수도 있다. 혈액의 pH가 7.45보다 높으면 **알칼리혈증**(alkalosis)이 생긴다. 알칼리혈증은 계속된 구토나 과량의 알칼리성 약 섭취, 중추신경계의 과도한 흥분 때문에 생긴다. 이때 근육이 발작하는데 이를 방치하면 호흡정지로 이어질 수 있다.

산성혈증
Acidosis

완충 용액(buffer)은 수소 이온의 농도를 일정하게 유지하는 데 도움을 준다. 가장 흔한 완충 용액은 약산과 짝염기로 구성된다. 완충 용액은 그 구성 성분의 평형 때문에 pH 변화를 억제한다. 그리고 완충 용액은 **르샤틀리에 원리**(Le Chatelier's principle)에 따라 작용한다. 즉, 평형 상태에서 한 반응에 어떤 변화를 주면 그 변화를 제거하려는 방향으로 평형이 일어난다. 아세트산(acetic acid)과 아세트산 소듐(sodium acetate)으로 구성된 아세트산 완충 용액을 생각해 보자(**그림 3.19**). 평형 상태에서 특정 pH와 이온 세기(ionic strength)를 갖는 아세트산 완충 용액은

그림 3.18
pH 척도와 여러 가지 일상적인 용액의 pH 값.

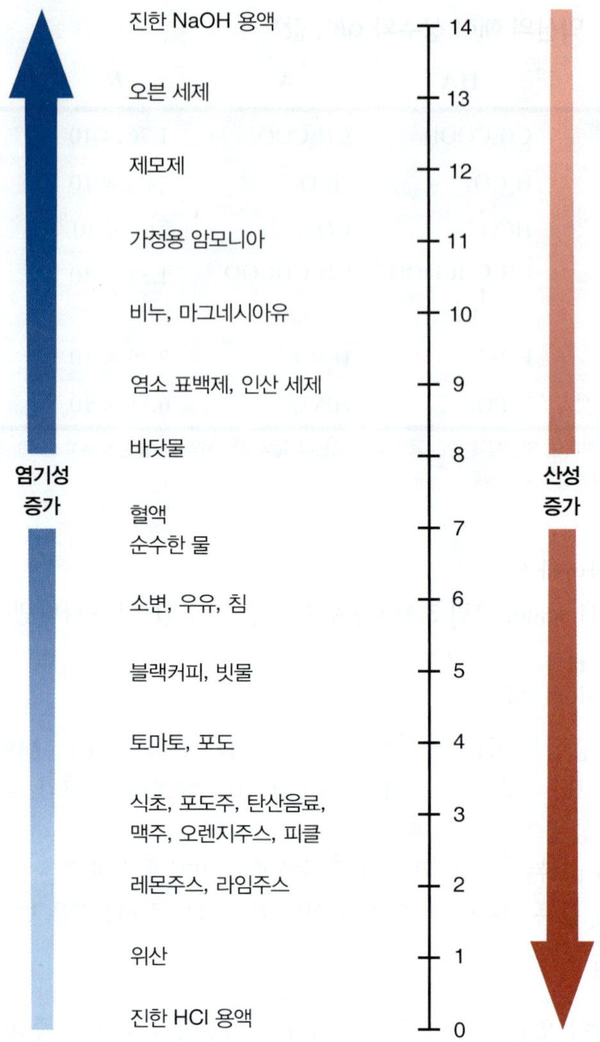

아세트산 소듐 용액과 아세트산 용액을 혼합함으로써 만들어진다.

만약 수소 이온(H^+)을 첨가하면 아세트산 음이온(acetate anion)과 반응하여 아세트산이 되어 용액의 평형 상태는 변화되지만 pH는 거의 변하지 않는다.

$H^+ + CH_3COO^- \rightarrow CH_3COOH$

만약 OH^- 이온을 첨가하면 OH^- 이온은 H^+ 이온과 반응하여 물을 형성하고, 평형은 아세트산 이온으로 이동하며, pH는 거의 변하지 않는다.

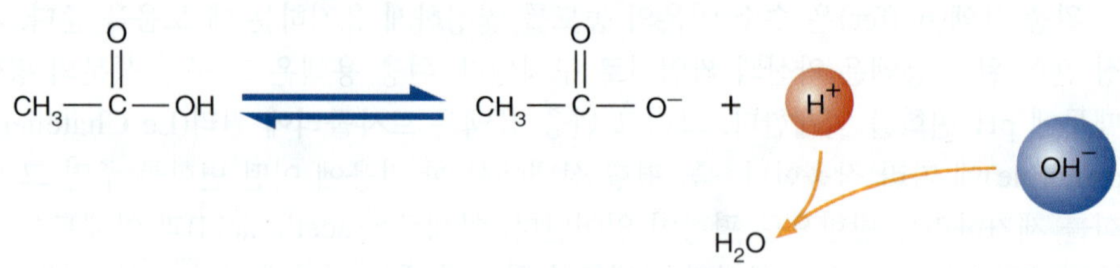

완충 용량 완충 용액이 어떤 특정 pH를 유지하는 능력은 두 가지 인자에 달려 있

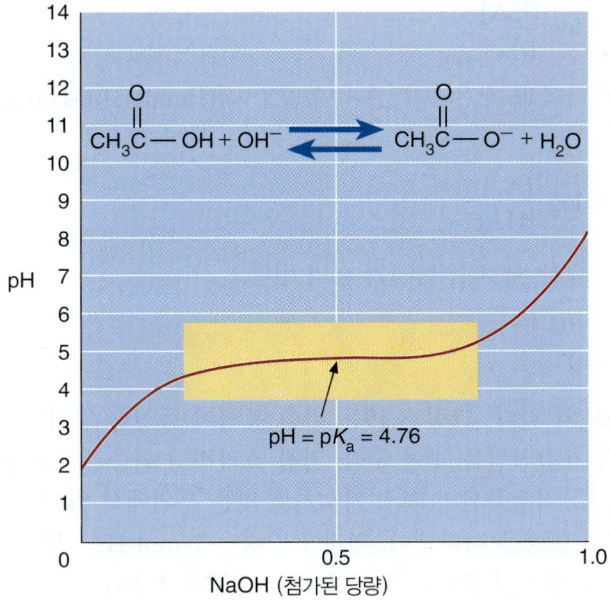

그림 3.19

NaOH를 사용한 아세트산의 적정.

노란색으로 표시한 부분이 아세트산 완충 용액이 효과적으로 작용하는 pH 범위를 나타낸다. 완충 용액은 그 pK_a 값 또는 그 부근에서 효과가 가장 크다.

다. 첫째는 산-짝염기 쌍의 몰농도이고, 두 번째는 산-짝염기 농도의 비율이다. 완충 용량(buffer capacity)은 완충 용액 성분의 농도에 직접 비례한다. 다시 말하면 완충 용액의 분자가 더 많을수록 pH 변화 없이 H^+와 OH^-가 더 많이 흡수될 수 있다. 완충 용액의 농도는 약산과 그 짝염기 농도의 총합이다. 예를 들어 0.2 M 아세트산 완충 용액은 1 L의 물에 0.1 mol의 아세트산과 0.1 mol의 아세트산 소듐을 갖고 있다. 또한 이 완충 용액은 1 L의 물에 0.05 mol의 아세트산과 0.15 mol의 아세트산 소듐을 가질 수 있다. 가장 효과적인 완충 용액은 0.1 mol의 아세트산과 0.1 mol의 아세트산 소듐처럼 동일한 농도의 산과 그 짝염기를 갖고 있는 용액이다. 생명체의 신진대사 과정에서는 산이 생성되고 완충 용량은 이를 최대한 중화시켜야 한다. 결과적으로 생물학적 완충 용액은 높은 농도의 짝염기를 포함한다. 중탄산 완충 용액(bicarbonate buffer)은 이러한 완충계의 한 예이다.

헨더슨-하셀발흐 식 pH와 pK_a에 대한 개념을 아는 것은 완충 용액을 선택하거나 만드는 데 큰 도움이 된다. 완충 용액을 만드는 과정에서 pH와 pK_a 사이의 관계를 헨더슨-하셀발흐 식으로 표현할 수 있는데, 이는 다음과 같은 평형 식으로 부터 유래한다.

$$K_a = \frac{[H^+][A^-]}{[HA]}$$

$[H^+]$에 대해 풀면 다음과 같다.

$$[H^+] = K_a \frac{[HA]}{[A^-]}$$

양변에 $-\log$를 취하면 다음과 같다.

$$-\log [H^+] = -\log K_a - \log \frac{[HA]}{[A^-]}$$

$-\log [H^+]$에 pH를 대입하고 $-\log K_a$에 pK_a를 대입하면 다음 결과가 나온다.

$$pH = pK_a - \log \frac{[HA]}{[A^-]}$$

다시 정리하면 다음과 같은 *헨더슨-하셀발흐 식*(Henderson-Hasselbalch equation)을 얻는다.

$$pH = pK_a + \log \frac{[A^-]}{[HA]}$$

$[A^-]$와 [HA]가 같을 때 식은 다음과 같이 된다.

$$pH = pK_a + \log 1$$
$$= pK_a + 0$$

즉, pH는 pK_a와 같다. **그림 3.19**는 완충 용액이 동일한 양의 약산과 짝염기로 구성될 때 가장 효과적임을 보여 준다. 가장 효과적인 완충 용액은 pK_a 값 위아래의 1 pH 단위, 즉 적정곡선의 최소 기울기를 갖는 부위에서 일어난다. 그래프에서 가로축은 첨가된 당량을 나타낸다. 염기 1 당량은 1 mol H^+ 이온을 받을 수 있는(중화할 수 있는) 염기의 질량을 뜻한다. 산 1 당량은 1 몰(mole)의 양성자를 내놓는 산의 질량이다.

예제 3.5~3.11은 자주 나오는 완충 용액 문제들이다.

주요 개념 _Key Concepts

- 액체 물 분자는 제한적으로 H^+과 OH^-로 이온화한다.
- H^+ 농도는 생화학 반응 속도와 단백질 구조에 영향을 주기 때문에 생물의 생명 활동에 중요한 역할을 한다.
- 약산과 짝염기로 구성되는 완충 용액은 pH 변화를 방지한다.

예제 3.5

0.25 M 아세트산과 0.1 M 아세트산 소듐의 혼합물의 pH는 얼마인가? 아세트산의 pK_a는 4.76이다.

> 풀이

$$pH = pK_a + \log \frac{[\text{아세트산 염}]}{[\text{아세트산}]}$$

$$pH = 4.76 + \log \frac{0.10}{0.25} = 4.76 - 0.40 = 4.36$$ ■

예제 3.6

0.10 M 아세트산과 0.25 M 아세트산 소듐 혼합물의 pH는 얼마인가?

> 풀이

$$pH = 4.76 + \log \frac{0.25}{0.10} = 4.76 + 0.40 = 5.16$$ ■

예제 3.7

pH 5.00인 완충 용액을 만드는 데 필요한 락트산과 락트산 염의 비율은 얼마인가? 락트산의 pK_a는 3.86이다.

> 풀이

$$pH = pK_a + \log \frac{[\text{락트산 염}]}{[\text{락트산}]}$$

예제 3.7 (계속)

다시 정리하면,

$$\log \frac{[\text{락트산 염}]}{[\text{락트산}]} = \text{pH} - \text{p}K_a$$
$$= 5.00 - 3.86 = 1.14$$

그러므로 문제에서 요구한 비율은

$$\frac{[\text{락트산 염}]}{[\text{락트산}]} = \text{antilog } 1.14$$
$$= 13.8$$

pH 5인 락트산 완충 용액에서 락트산 염과 락트산의 구성 비율은 13.8:1이다. 좋은 완충 용액은 약산과 약산의 짝 염기가 거의 같은 농도로 존재하며, 완충할 pH가 $\text{p}K_a$와 1 pH 이내에 있는 것이다. 그래서 이 경우 락트산 완충 용액은 좋지 않은 선택이다. 아세트산 완충 용액이 더 나은 선택이다. ■

예제 3.8

0.01 M 인산(H_3PO_4) 100 mL과 0.01 M 인산소듐(Na_3PO_4) 100 mL 혼합물의 pH는 얼마인가?

› 풀이

첫째로, 용액 내에 어떤 종이 있는지 결정하라. 2개의 시약이 반응하여 0.01 mol NaH_2PO_4(약산)과 0.01 mol Na_2HPO_4(짝 염기)를 내어 놓는다. 헨더슨-하셀발흐 식을 이용하라.

$$\text{pH} = \text{p}K_a + \log [\text{A}^-]/[\text{HA}]$$
$$\text{pH} = \text{p}K_a + \log 0.01 \text{ mol}/0.01 \text{ mol}$$
$$\text{pH} = \text{p}K_a + \log 1$$
$$\text{pH} = \text{p}K_a + 0, \text{ 따라서}$$
$$\text{pH} = \text{p}K_a$$

NaH_2PO_4의 $\text{p}K_a$가 7.2이므로(**표 3.4** 참조), 이것이 곧 용액의 pH이다.

예제 3.9

와인을 발효시키는 동안 타르타르산과 타르타르산 수소 포타슘(potassium hydrogen tartrate)이 포함된 완충 용액이 생물학적 반응으로 만들어진다. 타르타르산 수소 포타슘의 농도가 타르타르산의 2배라고 가정했을 때 와인의 pH를 계산하라. 타르타르산의 $\text{p}K_a$ 값은 2.96이다.

› 풀이

$$\text{pH} = \text{p}K_a + \log \frac{[\text{타르타르산 염}]}{[\text{타르타르산}]}$$
$$= 2.96 + \log 2$$
$$= 2.96 + 0.30 = 3.26$$

■

예제 3.10

150 mL의 0.10 M HCl 과 300 mL의 0.10 M 아세트산 소듐(NaOAc)을 혼합한 다음 희석한 1 L 혼합 용액의 pH는 얼마인가? 아세트산의 pK_a는 4.76이다.

풀이

용액 내 산의 양은 용액의 부피(mL)와 몰농도(M)를 곱해서 구할 수 있다. mmol로 표시된다.

150 mL × 0.10 M = 15 mmol 산

아세트산 소듐의 양도 같은 공식으로 구할 수 있다.

300 mL × 0.10 M = 30 mmol 염기

염화수소 1 mol은 아세트산 소듐 1 mol을 소모하여 아세트산 1 mol을 생산한다. 그 결과 15 mmol의 아세트산이 생성되고 15 mmol 아세트산 소듐이 남는다(30 mmol − 15 mmol). 이 값들을 헨더슨-하셀발흐 식에 대입하면 다음과 같다.

$$\begin{aligned} pH &= 4.76 + \log \frac{15}{15} \\ &= 4.76 + \log 1 \\ &= 4.76 \end{aligned}$$

Log(로그) 항은 두 농도의 비율이기 때문에, 부피 계수는 생략될 수 있고 몰양이 그대로 쓰인다. ■

예제 3.11

예제 3.10의 용액을 1 L로 희석하기 전에 0.10 M 염산 50 mL을 넣었을 때 pH를 구하라.

풀이

예제 3.7과 같은 식을 사용하여 염화수소의 양을 구하면,

200 mL × 0.10 M = 20 mmol

이는 아세트산의 농도와 같다. 아세트산 소듐의 양을 구하면,

30 mmol – 20 mmol = 10 mmol

헨더슨-하셀발흐 식에 대입하면 다음과 같다.

$$\begin{aligned} pH &= 4.76 + \log \frac{10}{20} \\ &= 4.76 + \log 0.50 \\ &= 4.76 - 0.30 \\ &= 4.46 \end{aligned}$$

■

한 개 이상의 이온화기를 갖고 있는 약산 어떤 분자들은 한 개 이상의 이온화기를 갖고 있다. 인산(phosphoric acid, H_3PO_4)은 약한 다양성자산(polyprotic acid)으로서 한 개 이상의 수소 이온을 내놓을 수 있다(이 경우 3개의 수소 이온). NaOH(그

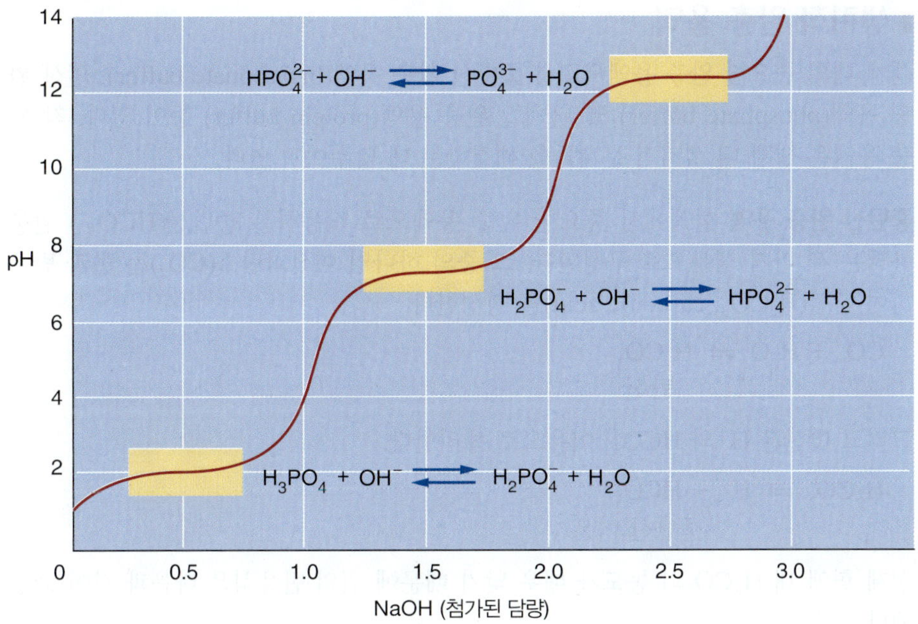

그림 3.20

NaOH를 사용한 인산의 적정.

인산(H_3PO_4)은 NaOH로 적정할 때 3개의 양성자를 연속적으로 방출하는 다양성자산이다

림 3.20)로 적정할 경우 인산은 한 번에 1개의 양성자가 방출되는 단계적 방법으로 이온화한다.

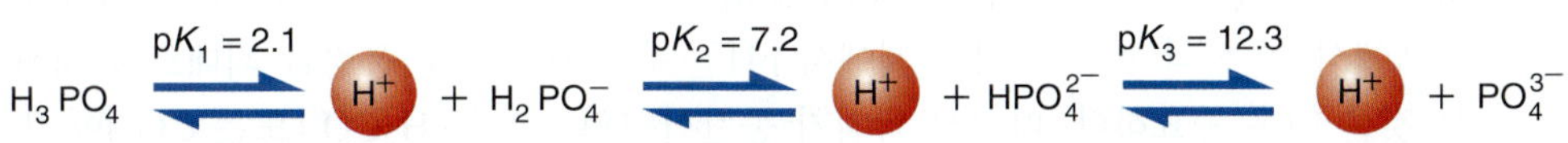

가장 산성인 원자단의 pK_a를 pK_1, 그 다음으로 강한 산성 원자단을 pK_2 그리고 세 번째로 강한 산성인 pK_a 값을 pK_3로 표시한다.

낮은 pH에서 대부분의 분자들은 양성자화(protonation)된다. NaOH가 첨가되면서 양성자(proton)는 산성도(acidity)가 감소하는 순서대로 방출되는데, 가장 산성도가 작은(가장 큰 pK_a 값을 갖고 있는) 양성자가 맨 마지막으로 이온화된다. pH가 pK_1과 동일할 때 수용액에 존재하는 H_3PO_4와 $H_2PO_4^-$의 양은 동일하다.

아미노산은 여러 이온화기를 갖고 있는 생체 분자이다. 모든 아미노산과 같이 알라닌(alanine)은 카복실기와 아미노기를 갖고 있다. 낮은 pH에서 카복실기와 아미노기 모두 양성자 첨가 반응이 일어난다. NaOH로 적정 시 pH가 증가하면서 산성 카복실기(COOH)는 양성자를 잃고 카복실산 이온(COO^-)으로 된다. 더 많은 NaOH를 첨가하면 이온화된 아미노기는 결국 양성자를 내놓는다.

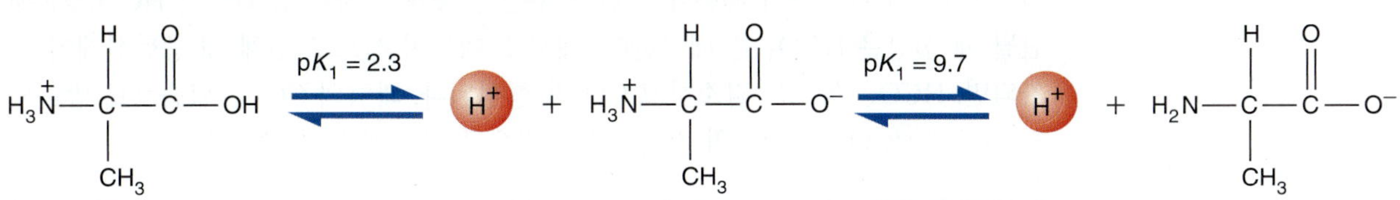

어떤 아미노산은 이온화기를 갖고 있는 곁사슬을 갖고 있다. 예를 들어 라이신(lysine)의 곁사슬은 이온화 아미노기를 갖고 있다. 그 구조 때문에 알라닌, 라이신과 그 외 아미노산들은 그들의 pK_a 값에서 또는 그 근처에서 효과적인 완충 용액으로 작용할 수 있다[예, 라이신: $pK_1 = 2.0$, $pK_2 = 9.0$, pK_3 (R기) $= 10.7$]. 아미노산의 적정과 완충 용량은 5장에서 설명될 것이다.

생리적 완충 용액

생체 내의 중요한 완충 용액으로서 중탄산 완충 용액(bicarbonate buffer), 인산 완충 용액(phosphate buffer) 및 단백질 완충 용액(protein buffer) 등이 있다. 각 완충 용액은 생체 내 생리적 문제들을 해결하는 데 맞추어져 있다.

중탄산 완충 용액 혈액에서 중요한 완충 용액으로 작용하는 중탄산(HCO_3^-) 완충 용액은 세 가지 성분으로 구성된다. 그 중의 하나인 이산화탄소(CO_2)는 물과 반응하여 탄산(H_2CO_3, carbonic acid)을 형성한다.

$$CO_2 + H_2O \rightleftharpoons \underset{\text{탄산}}{H_2CO_3}$$

그리고 탄산은 H^+와 HCO_3^- 이온으로 해리한다.

$$H_2CO_3 \rightleftharpoons H^+ + \underset{\text{중탄산 이온}}{HCO_3^-}$$

실제 혈액 내 H_2CO_3의 농도가 매우 낮기 때문에 위의 반응식은 다음과 같이 표현된다.

$$CO_2 + H_2O \rightleftharpoons H^+ + HCO_3^-$$

완충 용량은 산-짝염기 쌍의 pK_a에서 또는 그 부근에서 가장 크다. 탄산은 6.3의 pK_1을 갖고 있는 이양성자산(diprotic acid, 2개의 수소 이온을 줄 수 있는 산)이다. 혈액에서 이 산의 완충 범위 한계에서 pH를 유지하고 완충 용량을 최대로 유지하는 것은 매우 중요하다. 따라서 짝염기 중탄산염의 농도는 H_2CO_3(또는 CO_2)에 비해 높아야 하며, 대개 11 대 1의 비율을 유지하고 있다. 약산 : 짝염기의 비율이 1 : 1인 이상적인 완충 용액에 비해서, 이 비율은 혈액의 중탄산 완충 용액이 완충 용량의 한계 부근에서 작용함을 의미한다. 그럼에도 불구하고 중탄산염 완충 용액은 다음에 설명할 것처럼 혈액 내 중탄산의 농도가 높으며 성분들이 생리적 조건에 있다는 두 가지 점 때문에 효과적이다.

비촉매 반응에 의한 CO_2의 HCO_3^-와 H^+로의 전환은 매우 느린 과정이다.

$$CO_2 + H_2O \rightleftharpoons H_2CO_3 \rightleftharpoons HCO_3^- + H^+$$

혈액에서 이 반응은 탄산 무수화효소(carbonic anhydrase)에 의해 촉매된다. 초당 10^6개 분자의 CO_2가 HCO_3^-로 전환될 만큼 탄산 무수화효소는 매우 효율적인 효소들 중의 하나이다. CO_2 수준은 호흡률의 변화를 통해 낮게 유지되고 조절된다. 신장이 H^+를 배출하기 때문에 중탄산 수준은 높게 유지된다. 과량의 HCO_3^-가 생산될 때 신장은 HCO_3^-을 배설한다. 대사 노폐물이 산으로 신체 내 중탄산계에 첨가되면, HCO_3^- 농도는 감소하고 CO_2가 형성된다. 과량의 CO_2는 날숨으로 방출되기 때문에 HCO_3^-와 CO_2의 비율은 기본적으로 크게 변하지 않는다.

인산 완충 용액 인산 완충 용액은 약산-짝염기 쌍, 즉 $H_2PO_4^-/HPO_4^{2-}$로 구성된다 (**그림 3.21**).

$$\underset{\text{인산 이수소}}{H_2PO_4^-} \rightleftharpoons H^+ + \underset{\text{인산 수소}}{HPO_4^{2-}}$$

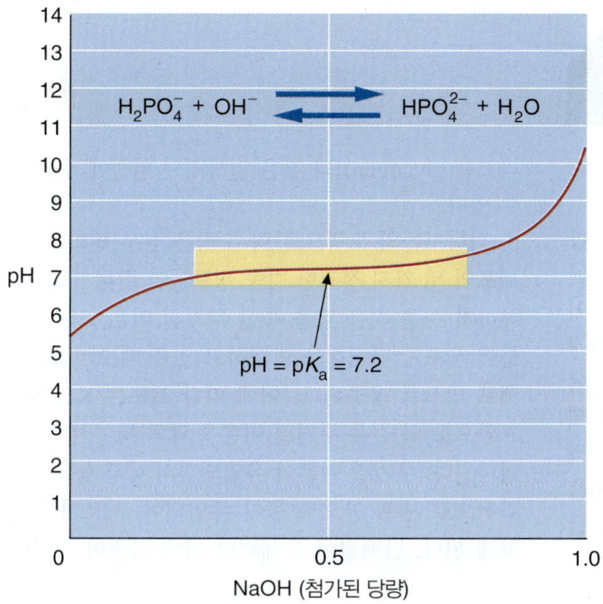

그림 3.21

강염기를 사용한 $H_2PO_4^-$의 적정. 노란색으로 표시된 띠는 약산-짝염기 $H_2PO_4^-$/HPO_4^{2-}가 효과적인 완충 용액으로 작용할 수 있는 pH의 범위를 나타낸다.

pK_a 7.2인 인산 완충 용액은 혈액을 완충하는 데 최고의 효과를 낼 수 있을 것으로 보인다. 비록 혈액의 pH 7.4가 이 완충 용액의 용량 범위 내에 있음에도 불구하고 혈액 속의 인산 이수소(dihydrogen phosphate, $H_2PO_4^-$)와 인산 수소(hydrogen phosphate, HPO_4^{2-})의 농도가 너무 낮아 큰 영향을 주지 못한다. 그 대신 인산 완충 용액계는 그 농도가 약 75 mEq/L인 세포 내 유동액(fluid)에서 중요한 완충 용액으로 작용한다. 혈액 같은 세포 유동액 속의 인산 농도는 약 4 mEq/L이다. 세포 유동액의 정상 pH가 7.2(범위 6.9~7.4)이기 때문에 $H_2PO_4^-$와 HPO_4^{2-}는 동일한 몰농도로 존재한다. 비록 세포가 다른 약산들을 갖고 있음에도 불구하고 이들은 완충 용액으로서 중요하지 않다. 왜냐하면 이들 약산의 농도가 매우 낮고 값이 세포 내 pH 보다 훨씬 더 낮기 때문이다. 예를 들어 락트산의 pK_a는 3.86이다.

헤모글로빈과 pH
Haemoglobin and pH

단백질 완충 용액 단백질은 완충 용량을 제공하는 중요한 물질이다. 펩타이드 결합(peptide bond)으로 연결된 아미노산으로 구성된 단백질은 양성자를 주거나 받을 수 있는 여러 종류의 이온화기들을 곁사슬에 포함하고 있다. 생물체 내 단백질의 농도가 꽤 높기 때문에 단백질은 강력한 완충 용액이 된다. 예를 들어, 산소 운반 단백질인 헤모글로빈은 적혈구에서 매우 풍부한 생체 분자이다. 헤모글로빈은 그 구조와 세포 내 높은 농도 때문에 혈액의 pH를 유지하는데 중요한 역할을 한다. 또한 높은 농도로 존재하고 혈액을 완충하는 물질로서 혈청 알부민(serum albumin)과 다른 단백질들이 있다.

주요 개념 *_Key Concepts*

신체 내에서 가장 중요한 완충 용액은 중탄산 완충 용액(혈액), 인산 완충 용액(세포내 유동액) 및 단백질 완충 용액이다.

문제 3.4

심각한 설사는 가장 흔한 어린이 사망 원인 중의 하나이다. 설사의 주요 결과는 다량의 중탄산을 배출하는 것이다. 이와 같은 상황에서 중탄산 완충 용액계는 어느 방향으로 이동하는가? 그 결과 발생하는 질병은 무엇인가?

설사
Diarrhoea

생화학 전망 BIOCHEMISTRY IN PERSPECTIVE

세포의 부피 조절과 대사

대사와 세포 부피 사이에 관계가 있을까? 살아 있는 세포는 항상 위험에 노출되어 있다. 세포는 내부와 주위 환경 사이 용질의 균형이 아주 조금만 바뀌어도 삼투압에 의한 손상을 입을 수 있다. 이러한 삼투 균형에 잘 대처하지 못하면 모양이나 부피가 일그러져 세포의 기능이 위태로워질 수 있다. 하지만 동물과 같은 다세포 생물의 세포들은 보통 주위의 삼투 변화에 노출되지 않는다. 대신 세포들은 일반적인 물질대사 과정에서 야기되는 내적 변화에 지속적으로 노출된다. 영양소 섭취(설탕, 지방산, 아미노산), 노폐물 배출(H^+, CO_2), 거대 분자를 합성하고 분해하는 물질 대사[단백질과 글리코젠(glycogen)]과 같은 일상적인 일들에서 삼투압이 불균형해질 수 있다.

과학자들의 노력으로 아주 작은 삼투 변화조차 빠르게 바로잡는 세포의 몇 가지 정교한 반응 경로들이 밝혀지고 있다. 그 중 가장 이해하기 쉬운 것은 막을 통한 무기질 이온 교환이다(**그림 3A**). 예를 들어 세포가 단백질을 합성하고 있을 때 아미노산이 감소하면 물이 세포 밖으로 용출된다. 이에 따라 세포는 K^+, Na^+, Cl^-(HCO_3^-와 교환으로)와 같은 무기질 이온을 막의 특이적 통로복합체를 통해 유입시킨다. 무기질 이온이 유입되면서 삼투 농도 기울기가 생기고 결과적으로 세포 안으로 물이 유입되어, 세포가 정상적인 부피를 되찾게 된다. 단백질이 분해되면 반대 과정이 일어난다. 삼투성이 있

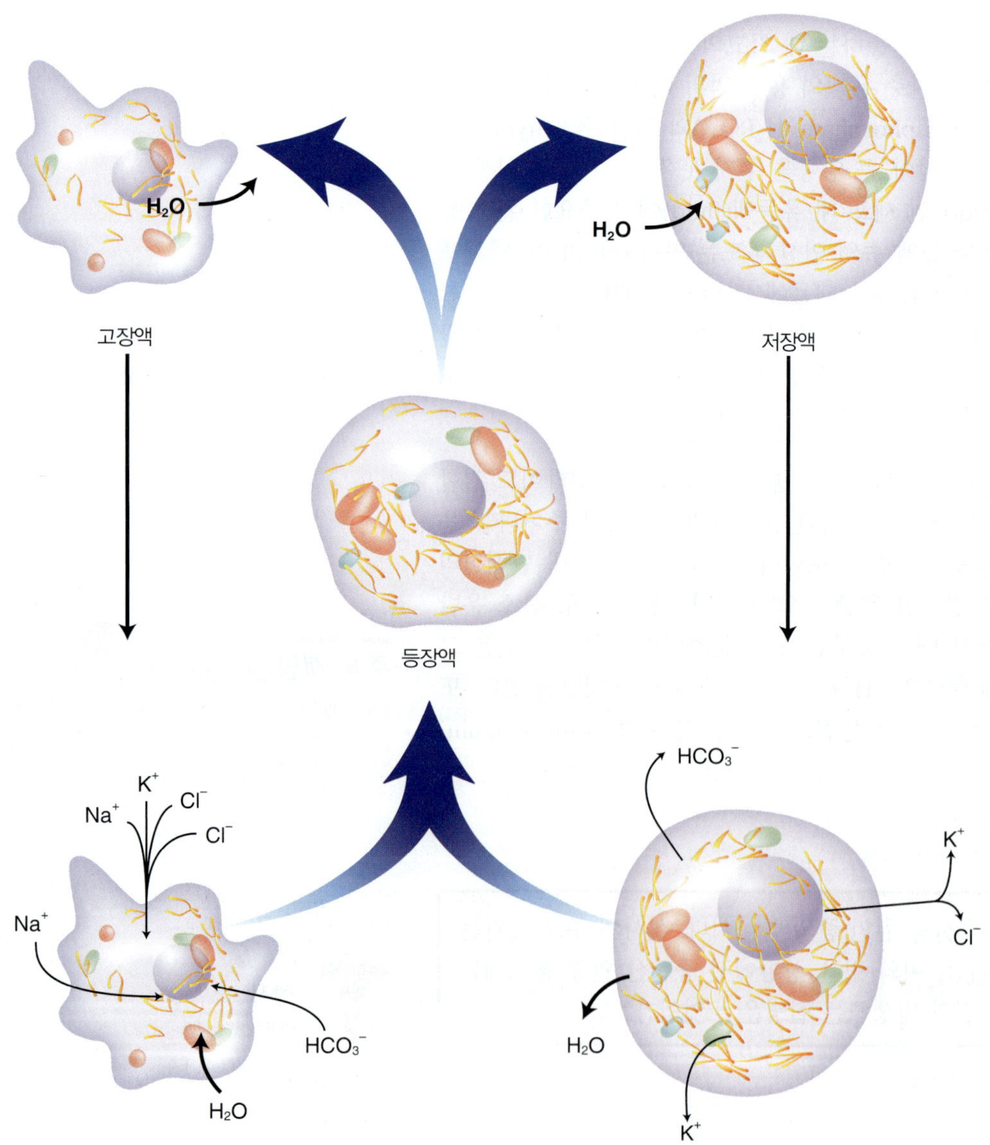

그림 3A

삼투압과 세포의 부피 변화.

세포는 고장액 배지에 노출되거나 생화학적 과정에서 삼투압을 일으키는 입자수가 줄어들었을 때 수축한다. 세포의 삼투 균형은 Na^+, K^+, Cl^-와 같은 무기질 이온이 양이온과 음이온 통로(펌프)로 들어올 때 회복된다. 이온들은 같은 극으로 하전된 이온들과 교환되거나 Na^+, K^+ 농도 기울기로 인해 단독으로 이동할 수 있다. 세포 안으로 물이 다시 유입되면서 정상 부피를 되찾는다. 거대 분자를 분해하거나 수송을 통해 삼투성이 있는 입자 농도가 증가한 경우 혹은 저장액 배지에서 세포는 부풀어 오른다. 삼투 균형은 물이 유출되고 무기물 이온이 방출되면서 다시 회복된다.

생화학 전망 BIOCHEMISTRY IN PERSPECTIVE (계속)

는 아미노산 농도가 증가하면 세포는 부풀어 오른다. 곧이어 이온들(K^+, Cl^-, HCO_3^-)이 세포막을 통과해 세포 밖으로 이동하고 세포는 정상 부피로 돌아온다.

세포의 부피는 삼투성을 가진 물질의 합성에 의해 조절될 수 있는데, 이 물질을 **삼투물질**(osmolyte)이라 한다. 예를 들어 어떤 세포들은 삼투 스트레스를 극복하기 위해 많은 양의 알코올(소비톨, sorbitol), 아미노산이나 타우린(taurine)과 같은 아미노산 유도체를 생산하기도 한다. 또한 글리코겐(glycogen) 같은 거대 분자를 합성하거나 분해해 삼투 균형을 되찾는 세포들도 발견됐다. 세포가 정확히 어떤 방법들로 삼투 균형을 조절하는지는 아직 해결하지 못했다. 세포골격이 일그러져서 나타내는 세포 부피의 변화 신호는 막 통로 단백질이나 삼투 물질의 합성을 암호화하는 유전자의 발현을 변화시킬 수 있다고 알려져 있을 뿐이다.

▸ **요약:** 살아 있는 세포들은 항상 세포막 내부와 외부 사이의 용질 균형을 유지한다. 영양 섭취, 노폐물 배출, 거대 분자를 합성하는 것과 같은 물질대사 과정들이 이 균형에 영향을 미친다. 불균형을 바로잡지 못하면 세포에 치명적인 부피 변화를 일으킬 수 있다.

이 장의 요약 CHAPTER SUMMARY

1. 물 분자(H_2O)는 수소 원자 두 개와 산소 원자 하나로 구성되어 있다. 각각의 수소 원자는 단일 공유 결합으로 산소 원자에 연결된다. 산소-수소 결합은 극성이고 물 분자는 쌍극자이다. 물의 극성 때문에 한 물 분자의 산소와 다른 물 분자의 수소 사이의 정전기적 힘에 의한 인력이 나타난다. 이와 같은 인력을 수소 결합이라 한다.
2. 비공유 결합은 비교적 약하여 쉽게 깨진다. 이 결합은 물과 생체 분자의 물리적 · 화학적 성질을 결정하는 데 중요한 역할을 한다. 이온 상호작용은 전하를 띤 원자나 원자단 사이에서 일어난다. 비록 각각의 수소 결합은 공유 결합에 비해 약하지만 다수의 수소 결합은 관련된 분자에 중요한 영향을 준다. 반데르발스 힘은 영구 쌍극자와 유도 쌍극자 사이에서 일어나고 인력이나 반발력을 나타낼 수 있다.
3. 물은 예외적으로 높은 열용량을 갖는다. 물의 끓는점과 녹는점은 유사한 구조와 분자량을 갖는 다른 화합물보다 훨씬 더 높다. 이와 같은 특성은 수소 결합에 의한 것이다.
4. 물은 탁월한 능력을 갖고 있는 용매이다. 물의 쌍극자 구조와 수소 결합 능력은 많은 이온성 물질과 극성 물질들을 녹인다.
5. 생물의 물 분자는 대부분 구조화되어 있다. 즉, 물 분자는 고분자와 막 표면과 비공유 결합으로 연결되어 있다. 물 분자의 그물조직은 매우 밀집된 세포질 내 고분자들 사이에 교량 역할을 한다. 세포질은 흐름을 억제하고 기계적 에너지를 저장하는 반고체 점탄성 물질인 젤의 성질을 갖는다. 젤은 액체 또는 고체로 가역적 전환을 할 수 있다.
6. 소수성 분자들은 물에 녹지 않는다. 비극성 분자들을 물과 섞으면 물 분자들에 에워싸이고 에너지 측면에서 가장 안정된 구조로 재배열된 작은 방울을 형성한다.
7. 양극성 분자들은 극성과 비극성 원자단을 포함한다. 지방산은 물에서 마이셀 구조를 형성하는 양극성 분자이다.
8. 용질이 녹을 때 물의 여러 물리적 성질이 변한다. 이러한 특성 중 가장 중요한 성질은 삼투압으로서 이는 세포막을 통한 물의 이동을 저지하는 압력이다. 고분자는 세포 삼투 몰농도에 직접적인 영향이 거의 없다. 고분자 상의 많은 이온화기는 반대 전하를 띤 이온들을 끌어당긴다. 단백질 같은 고분자를 에워싸는 구조화된 물의 그물조직은 상대적으로 큰 수화 부피 때문에 Na^+ 이온을 배제하는 경향이 있다. 세포막을 가로질러 형성되는 전하 비대칭은(안쪽은 음성이고, 바깥쪽은 양성) 막 전위라고 하는 전기적 기울기를 형성한다.
9. 액체 물 분자는 제한적으로 수소 이온(H^+)과 수산화 이온(OH^-)으로 이온화한다. 만약 용액이 동일한 양의 수소 이온과 수산화 이온을 갖고 있을 때 이를 중성 용액이라 한다. 과량의 수소 이온을 갖고 있는 용액을 산성 그리고 과량의 수산화 이온을 갖고 있는 용액을 염기성이라 한다. 유기산(organic acid)은 완전히 해리하지 않기 때문에 약산이라 한다. 산해리 상수 K_a는 약산의 세기를 나타내는 수치이다. K_a 값이 넓은 범위에 걸쳐 변하기 때문에 pK_a 값($-\log K_a$)이 대신 사용된다.
10. 수소 이온은 생물체에서 가장 중요한 이온 중의 하나이다. pH 척도는 수소 이온 농도를 나타낸다. pH는 수소 이온 농도의 $-\log$ 값이다.
11. 수소 이온 농도는 생물체의 대사 과정에 현저한 영향을 주기 때문에 pH 조절은 생물의 대사에 필수적이다. 수소 이온 농도는 좁은 범위 내에서 유지된다. 완충 용액은 수소 이온과 결합하기 때문에 비교적 일정한 수소 이온 농도를 유지한다. pH 변화를 저지하는 용액의 능력을 완충 용량이라 한다. 대부분의 완충 용액은 약산과 그 짝염기로 되어 있다.

주요 용어 KEY WORDS

pH 척도 *103*
고장액 *99*
공유 결합 *88*
극성 *87*
등장액 *99*
런던 분산력 *90*
르샤틀리에 원리 *103*
마이셀 *97*
막전위 *101*
반데르발스 힘 *90*
산 *102*
산성혈증 *103*
삼투 *98*
삼투물질 *113*
삼투압 *98*
소수성 상호작용 *97*
수소 결합 *88*
쌍극자 *87*
알칼리혈증 *103*
약산 *102*
약염기 *102*
양극성 분자 *97*
염기 *102*
염다리 *89*
완충 용액 *103*
용매화 구 *93*
저장액 *99*
정전기 상호작용 *88*
짝염기 *102*

복습 문제 REVIEW QUESTIONS

**이 문제들은 다음 장으로 넘어가기 전에 이 장에서 논의했던 주요 개념에 대한 지식을 테스트하기 위해 만들어졌다.*

1. 다음 용어를 정의하라.
   a. 극성
   b. 수소 결합
   c. 정전기 상호작용
   d. 염다리
   e. 쌍극자
2. 다음 용어를 정의하라.
   a. 융해열
   b. 용매화 구
   c. 양극성
   d. 마이셀
   e. 소수성 효과
3. 다음 용어를 정의하라.
   a. 삼투
   b. 삼투압
   c. 등장액
   d. 막전위
   e. 하이드로늄 이온
4. 다음 용어를 정의하라.
   a. 완충 용액
   b. 산성혈증
   c. 알칼리혈증
   d. pH
   e. pK_a
5. 다음 중에서 산-짝염기 쌍은 어느 것인가?
   a. H_2CO_3, CO_3^{2-}
   b. $H_2PO_4^-$, PO_4^{3-}
   c. HCO_3^-, CO_3^{2-}
   d. H_2O, OH^-
6. pH 7.2인 0.1 M 인산 완충 용액을 만들려고 한다. 사용해야 하는 짝염기와 산의 비율을 구하라.
7. 1.3 M 인산소듐 용액(Na_3PO_4)의 삼투 몰농도(osmolarity)를 구하라. 85% 이온화된다고 가정한다.
8. 3 M 프룩토스(fructose)를 포함하는 투석 주머니를 다음 용액에 각각 두었을 때 물은 어느 방향으로 흐르는가?
   a. 1M 락트산 소듐
   b. 3 M 락트산 소듐
   c. 4.5 M 락트산 소듐

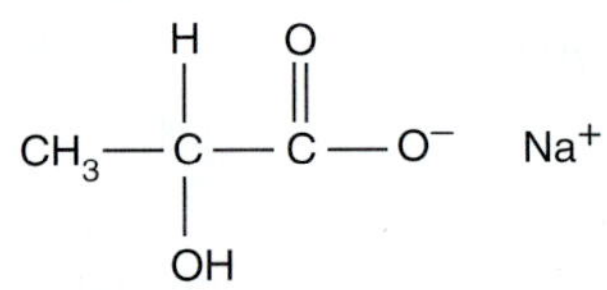

9. 물 대신에 메틸 알코올로 치환하면 몇 개의 수소 결합이 생성되는가? 상호작용을 그려라.
10. 0.10 M 아세트산과 0.10 M 아세트산 소듐이 있다. pH 4.76일 때 아세트산의 pK_a와 K_a를 구하라.
11. 다음 분자들과 이온들 사이에 어떤 상호작용이 일어날 것인가?
    a. 물과 암모니아
    b. 락트산과 암모늄 이온
    c. 벤젠과 옥테인
    d. 사염화탄소와 클로로폼
    e. 클로로폼과 다이에틸에터
12. 단백질 56 mg을 30 mL의 증류수에 녹인 용액이 $T = 25°C$에서 0.01 atm의 삼투압을 나타낸다. 미지 단백질의 분자량을 구하라.
13. 다음 분자 중 어느 것이 마이셀을 형성하는가?
    a. NaCl
    b. CH_3COOH
    c. $CH_3COO^-NH_4^+$
    d. $CH_3(CH_2)_{10}COO^-Na^+$
    e. $CH_3(CH_2)_{10}CH_3$

14. 중탄산 이온은 혈액의 주요 완충 용액 중 하나이며, 인산 이온은 세포의 주요 완충 용액이다. 이것이 어떻게 가능한가?
15. 완충 용액의 전체 농도를 알면(약산과 짝염기의 각 농도는 알지 못함) 완충 용액의 pH를 계산할 수 있는가?
16. 탄산의 pK_a 값은 pK_{a1} = 6.4이고 pK_{a2} = 10.2이다. pH 6.4, 8, 13에서 어떤 종들이 존재하는지 나타내라.
17. 다음 분자와 이온 중 어느 것이 약산인가? 설명하라.

  a. HCl
  b. $H_2PO_4^-$
  c. CH_3COOH
  d. HNO_3
  e. HSO_4^-

18. 과호흡 증후군(hyperventilation)이 혈액 pH에 미치는 영향은 어떤가?
19. 탄산과 탄산 소듐만으로 구성된 완충 용액을 만드는 것이 가능한가?
20. 300 mL의 0.25 M 아스코르브산 수소 소듐(sodium hydrogen ascorbate)과 150 mL의 0.2 M HCl 혼합 용액의 pH를 구하라. 아스코르브산의 pK_a는 4.04이다.
21. 1×10^{-8} M HCl의 pH를 구하라.
22. 1 mol 벤조산과 1 mol 벤조산 소듐 혼합물의 pH를 구하라. 벤조산의 pK_a는 4.2이다.
23. 마이셀을 잘 만드는 세제는 종종 강한 항생작용을 가진다. 세포막의 구조를 고려해 그 이유를 설명하라.
24. 1 M 아세트산과 1 M 아세트산 소듐 혼합 용액의 pH를 구하라.
25. 복습 문제 24의 용액에 1 mL 1 M HCl을 첨가했을 때 pH를 구하라.
26. 많은 분자들은 극성이지만 수소 결합을 형성하지 않는 경우가 많다. 수소 결합이 일어날 수 있는 물 분자만이 갖고 있는 독특한 성질은 무엇인가?

종합 문제 THOUGHT QUESTIONS

이 문제들은 지금까지 이 책에서 논의된 모든 주요 개념에 대한 여러분의 이해를 강화하기 위한 것이다. 문제들은 하나의 정답을 가지고 있지 않을 수도 있다.

27. 젤라틴은 물에 의하여 분산되고 수화된 콜라젠으로 구성된다. 젤라틴 표면에 NaCl을 뿌리면 어떤 일이 일어나겠는가?
28. 젤라틴 판 안에 웅덩이를 만들고 거기에 동일한 몰수의 NaCl과 KCl 용액을 넣었다. 한 시간이 지난 후 웅덩이에 존재하는 Na^+와 K^+의 농도를 측정하였다. 웅덩이에 Na^+와 K^+ 중 어느 이온이 더 많이 존재하며 그 이유는 무엇인지 설명하라.
29. 세포의 ATP-추진 소듐-포타슘 펌프가 망가졌다. 세포는 무딘 톱날 모양의 용혈을 일으키겠는가?
30. 많은 과일들은 고농도 설탕 용액에 푹 담가서 사탕처럼 보존된다. 이때 설탕은 결정화된다. 설탕이 어떻게 과일을 보존하는지 설명하라.
31. 어떻게 얼음이 물보다 밀도가 낮은지 설명하라. 만약 얼음이 물보다 밀도가 더 크다면 대양에 어떤 영향을 미쳤을 것인가? 생명은 어떻게 발달했고 지구엔 어떤 영향을 미쳤을 것인가?
32. 바닷물이 식물 재배에 사용되지 못하는 이유는 무엇인가?
33. pH 척도는 물에서만 유효하다. 왜 그런지 설명하라.
34. 젤라틴은 단백질과 물의 혼합물로서 대부분은 물이다. 물-단백질 혼합물이 고체가 되는 방법을 설명하라.
35. 물은 광범위한 용매로 쓰인다. 이 문장이 명확한 사실이라면 생명이 물에서 시작했을까? 설명하라.
36. 스트레스 상황에서 체내 어떤 세포들은 글리코젠을 글루코스로 바꾼다. 이 변환이 세포의 삼투 균형에 어떤 영향을 미치는가? 세포는 이 상황을 어떻게 극복하는가?
37. 이온 결합력은 무수 환경보다 물에서 더 약해진다. 어떻게 물이 이런 결합을 약하게 하는지 설명하라.
38. 심한 탈수에서도 생존하는 많은 세포에서는 특정한 당들이 물을 대신한다. 이런 당들은 보호막 표면과 상호작용하여 단백질 응집을 막는다. 당 분자의 어떤 구조적 특징이 이런 현상을 일으키겠는가?
39. 다음이 이온 계열을 생각해보라.

$$Mg^{2+} > Ca^{2+} > Na^+ > K^+ > Cl^- > NO_3^-$$

왼쪽에 있는 이온은 오른쪽에 있는 것보다 더 강하게 수화된다. Mg^{2+}와 Cl^- 같은 이온이 세포의 거대 분자들과 결합한 구조화된 물 안으로 쉽게 이동할 수 있을지 설명하라.
40. 순수한 당들은 흔히 결정성 고체이다. 흔히 당의 수용액을 농축하는 과정은 결정보다는 시럽을 형성한다. 설명하라.
41. 다음 구조로부터 출발하여 아미노산인 타이로신의 적정 곡선을 그려보라.

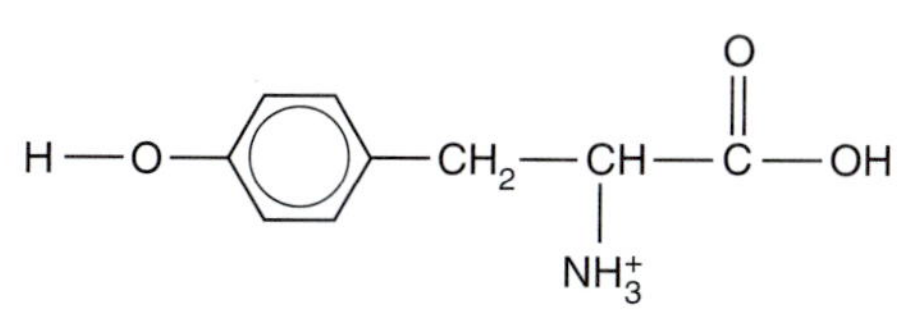

pK_a 값은 다음과 같다. 아미노기 = 9.11, 카복실기 = 2.2, 곁사슬의 하이드록시기 = 10.07.
42. 물질의 열 흡수 또는 자유도는 다음의 식으로 계산할 수 있다. $q = mc\Delta T$, m은 질량으로 g으로 표시하고, c는 단위질량당 열용량이며, ΔT는 온도의 변화이다. 고체 황화 수소(H_2S)를 기체

로 바꾸는 데 필요한 에너지를 계산하라. H_2S의 열용량은 1.03 J/g · °C이고, 융해열은 69.9 J/g, 증발열은 549 J/g이다. 물의 값(2597 J)과 비교해보라.

43. 염화 포타슘(KCl)은 메틸 알코올에 약간 녹는다. 포타슘 이온의 용매화 구를 그려보라.

44. 물은 암모니아에 비해 훨씬 강력한 수소 결합을 형성한다. 이유를 설명하라.

45. 보통의 환경에서 아세트산이 이온화하면 양성자(수소 이온)와 아세트산 음이온 둘 모두 물에 의해 용매화된다. 물이 없는 환경에서 아세트산의 pK_a 값이 더 커질지 혹은 작아질지 예상하고, 그 이유를 설명하라.

제 4 장

에너지

Energy

이 장의 차례 Outline

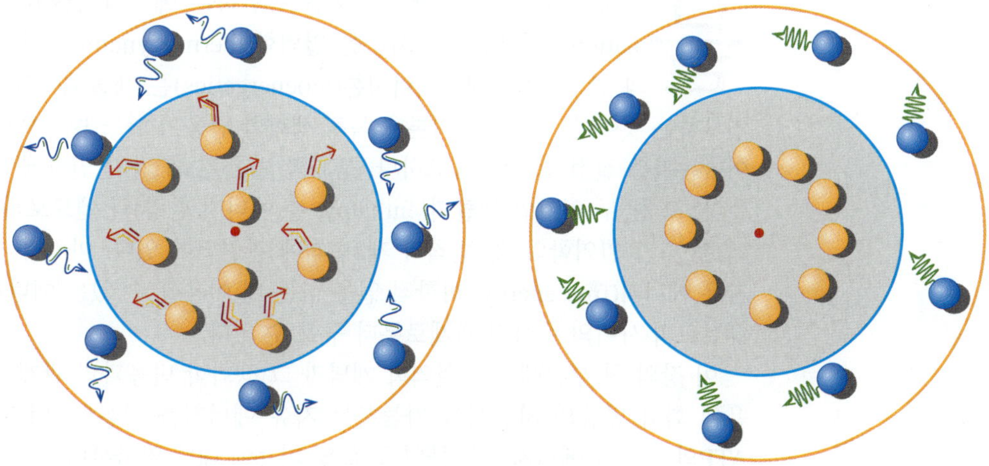

개관 Overview

생물은 생존을 위해 에너지를 필요로 한다. 에너지는 무엇이며 생물이 살아가는 데 필요한 이유는 무엇인가? 에너지는 우주의 근본적인 성분이다. 아인슈타인(Einstein)은 물질과 에너지 사이의 관계를 $E = mc^2$ 식으로 설명하였다. 즉, 에너지와 물질은 상호 전환이 가능하며 물질은 응축된 에너지이다. 한 입자의 총 에너지(joule, $kg \cdot m^2/s^2$)는 입자의 질량(kg)에 빛의 속도($c = 3.0 \times 10^8$ m/s)의 제곱을 곱한 것과 같다. 그러나 보통 에너지는 일을 할 수 있는 능력으로 정의된다. 일(work)은 힘(force)을 통해 일어난 물체를 이동시키거나 운동시키고 물리적 변화(예, 수력발전에서 흐르는 물의 힘이 터빈의 날개를 돌리는 것)를 가져오는 조직화된 분자 운동이다. 에너지는 상호 전환되는 여러 형태, 즉 중력, 핵, 복사, 화학, 역학, 전기, 열 에너지로 존재한다.

전자기파, 전기 에너지 및 화학 에너지는 고품질 에너지 소재인 반면, 열은 저품질 에너지이다. 예를 들어 전기선에 의해 빌딩으로 들어가는 전기력과 전구로부터 방출되는 열 에너지를 비교해 보라. 그러나 적절한 환경에서는 열은 유용한 에너지가 될 수 있다. 예를 들어 마그마 운동에 의해 지구의 중심에서 맨틀 및 맨틀 안으로 흐르는 열은 생지질화학적 순환에서 중요한 힘이다.

에너지는 생물권에서 연속적으로 흐른다. 태양 혹은 지열 에너지로부터 발생되는 에너지는 물체의 흐름(예, 영양소)과 생물에서 생화학 과정을 일으킨다. 생물이 사용하는 에너지 발생 메커니즘에는 광합성, 화학 유기 영양, 화학 무기 영양 등 3가지가 있다. 광합성(13장)은 빛 에너지가 화학 결합 에너지(ATP)로 전환되는 과정이다. 화학 유기 영양과 화학 무기 영양은 각각 유기 화합물과 무기 화합물의 산화에 의해 ATP를 발생시키는 종속 영양 생물이다. 에너지를 획득하고 전환시키는 이 모든 방법은 전자가 **전자 주개**(electron donor)에서 **전자 받개**(electron acceptor)로 이동되는(9장 참조) 산화-환원(redox) 반응을 포함한다. 생물은 수천의 분자 기계(molecular machine)를 작동시키기 위해 ATP에 의해 생성된 에너지를 사용한다. 농도의 기울기 유지나 생체 분자 합성이 이들 분자 기계에 의해 이뤄진다.

물질에서 물리적 · 화학적 변화를 동반하는 에너지 변환(energy transformation)을 연구하는 학문을 **열역학**(thermodynamics)이라 한다. 열역학의 한 분야인 **생체에너지론**(bioenergetics)은 생물체에서 에너지 변환을 연구하는 것이다. 생체에너지론은 특정 생화학 반응이 어느 방향으로 어느 정도 일어나는가를 결정하는 데 중요하다. 생화학 반응은 세 가지 인자에 의해 영향을 받는다. 그 중 두 인자인 **엔탈피**(enthalpy, 총 에너지 함량)와 **엔트로피**(entropy, 무질서)는 각각 열역학의 제1법칙과 제2법칙에 관련되어 있다. 마지막 세 번째 인자인 **자유 에너지**(free energy, 화학적 일을 하는 데 이용할 수 있는 에너지)는 엔탈피와 엔트로피 사이의 수학적 관계로부터 구할 수 있다.

이 장의 첫 부분에서는 열역학 개념과 그 생화학 반응과의 관계를 다루고 그 다음에 화학 반응의 자발성을 가늠하는 자유 에너지를 다룬다. 마지막 부분에서는 ATP와 다른 고에너지 화합물의 구조 및 기능에 대해 알아본다.

4.1 열역학

에너지에 대한 현대의 개념은 산업혁명의 발명품이다. 19세기 기계적인 일과 열 사이의 관계에 대한 연구가 *열역학 법칙*(laws of thermodynamics)을 발견하는 데 많은 공헌을 했다.

1. **열역학 제1법칙**(the first law of thermodynamics): 우주의 총 에너지 양은 일정하다. 에너지는 창조되거나 파괴될 수 없지만 한 형태에서 다른 형태로 전환될 수는 있다.

2. **열역학 제2법칙**(the second law of thermodynamics): 우주의 무질서는 항상 증가한다. 화학적 · 물리적 과정은 무질서가 증가할 때만 자발적으로 일어난다.

3. **열역학 제3법칙**(the third law of thermodynamics): 완전한 결정 고체의 온도가 절대온도 영도(0 K)에 접근하면 무질서는 거의 영(zero)에 접근하게 된다.

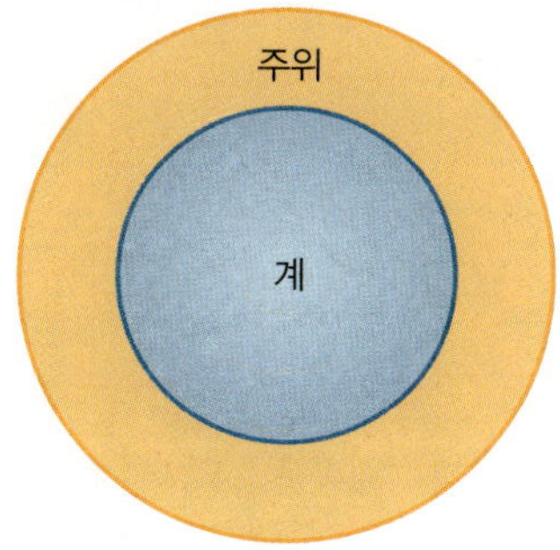

그림 4.1
열역학적 우주.
우주는 계와 그 주위로 구성된다.

첫 두 법칙은 생화학자들이 생물계에서 에너지 변환을 연구하는 데 사용된다.

열역학은 계(system)와 그 주위(surrounding)로 구성된 '우주'에서 열과 에너지 변환을 다룬다(**그림 4.1**). 계는 연구자의 관심에 따라 정의를 내릴 수 있다. 계는 전체 생물체, 하나의 세포, 또는 플라스크(flask) 안에서 일어나는 반응 등으로 정의할 수 있다. *열린계*(open system)에서 물질과 에너지는 계와 그 주위 사이에 교환된다. 만약 에너지만이 주위와 교환될 수 있다면 그때 계는 *닫혀 있다*고 한다. 주위로부터 영양소를 소모하고 노폐물을 주위로 방출하는 생물체는 열린계이다.

엔탈피, 엔트로피와 자유 에너지 같은 열역학 함수에 대한 지식을 통해 생화학자는 반응이 자발적(*열역학적으로 유리*)인가 또는 아닌가를 예측한다. 이는 반응이 일어날 것이라고 제시하지는 않지만 가장 알맞은 조건에서 일어날 수 있음을 암시한다. 계에 충분한 에너지가 있을 경우에만 반응이 *속도론적으로 유리*하다.

열역학 성질은 *상태 함수*(state function)이다. 상태 함수는 최초 상태(initial state)와 최종 상태(final state)에만 달려 있고, 최초 상태로부터 최종 상태로 가는 경로와는 무관하다. 예를 들어 글루코스 분자의 에너지 함량은 그 분자 구조에 고유한 값을 가지고 있다. 그러나 글루코스가 분해될 때 반응의 에너지가 어떻게 분포되는지는 고정되어 있지 않으며, 계 또는 변화를 겪는 경로에 의해 좌우된다. 예를 들어 세포는 글루코스 분자 내 에너지의 일부를 사용하여 근육 수축을 하며 나머지는 무질서한 열 에너지로 방출한다. 글루코스 분자가 실험 접시에서 연소하더라도 전체 반응은 같다. 그러나 글루코스의 모든 화학 결합의 에너지는 직접 열로 변환되며 거의 일을 하지 않는다. 글루코스 분자의 열 함량은 각 과정에서 같다. 각 과정에서 수행한 일은 다르다. 다시 말해서 일과 열은 상태 함수가 아니고 그 값은 경로에 따라 변한다.

계와 그 주위 사이의 에너지 교환은 두 가지 방법으로만 일어날 수 있다. 무작위 분자 운동인 열(q)이 계로 또는 계로부터 이동할 수 있다. 또는 계가 그 주위에 일(w)을 하거나 그 주위가 계에 일을 한다. 에너지는 계와 그 주위의 온도가 같지 않을 때 열로 전달된다. 에너지는 사물이 힘(force)에 의해 운동할 때 일(w)로서 전달된다.

열역학 제1법칙

열역학 제1법칙은 폐쇄된 계의 내부 에너지(E) 그리고 계와 그 주위 사이에 전달된 열(q)과 일(w) 사이의 관계를 나타낸다(**그림 4.1**). 열역학 제1법칙은 *에너지 보존 법칙*(law of conservation of energy)이다. 즉, 고립계(예, 우주)의 총 에너지는 일정하다. 닫힌계에 대해 다음과 같이 나타낼 수 있다.

$$\Delta E = q + w \quad (1)$$

여기서, ΔE = 계의 에너지 변화

q = 계가 흡수하거나 방출한 에너지

w = 계가 하거나 받은 일

화학자는 내부 에너지(E)와 관련된 엔탈피(H)를 다음 식으로 정의한다.

$$H = E + PV \tag{2}$$

여기서, PV = 압력-부피 일(pressure-volume work, 압력과 부피 변화를 수반하는 계에 행해진 또는 계에 의해 이루어진 일)

생화학 반응계에서는 압력이 거의 일정하며 부피 변화는 무시할 만하기 때문에 엔탈피 변화(ΔH)는 본질적으로 내부 에너지의 변화와 같다.

$$\Delta H = \Delta E \tag{3}$$

만약 ΔH가 음($\Delta H < 0$)이면 반응이나 과정은 열을 방출하는데, 이러한 반응을 **발열 반응**(exothermic reaction)이라고 한다. 만약 ΔH가 양($\Delta H > 0$)이면 열이 주위로부터 흡수되는데, 이 과정을 **흡열 반응**(endothermic reaction)이라고 한다. 그러나 **등온 반응**(isothermic reaction, $\Delta H = 0$) 과정에서는 열이 주위와 교환되지 않는다.

식 (3)은 생물계의 총 에너지 변화가 계에 의해 방출된 또는 흡수된 에너지와 같다는 것을 의미한다. 반응물 또는 생성물의 엔탈피는 반응 경로와 무관한 상태 함수이기 때문에, 그 물질을 만드는 어느 반응이든 간에 엔탈피 변화는 그 물질과 관련된 반응의 ΔH를 계산하는 데 사용될 수 있다. 만약 반응물과 생성물의 ΔH 값의 총계($\Sigma\Delta H$)를 알면 반응에 대한 엔탈피 변화는 다음 식을 사용하여 계산할 수 있다.

$$\Delta H_{반응} = \Sigma\Delta H_{생성물} - \Sigma\Delta H_{반응물} \tag{4}$$

1 mol 당 표준 생성 엔탈피(25°C, 1 atm) $\Delta H_f°$는 보통 엔탈피 계산에 사용된다. $H_f°$는 표준 상태에서 어떤 물질 1 mol이 가장 안정된 원소로부터 형성될 때 방출 또는 흡수되는 에너지이다. 식 (4)는 화학 반응의 방향을 예측할 수는 없고 다만 열의 흐름만을 측정할 수 있다. 예제 4.1과 4.2는 표준 엔탈피 계산을 보여준다.

주요 개념 _Key Concepts

- 일정한 압력에서 계의 엔탈피 변화 ΔH는 열 에너지의 흐름과 같다.
- 만약 ΔH가 음이면 반응 또는 과정은 발열적이다. 반대로 만약 ΔH가 양이면 반응 또는 과정은 흡열적이다. 등온 반응에서는 열이 주위와 교환되지 않는다.

예제 4.1

다음 화합물들의 $\Delta H_f°$ 값을 이용하여 반응의 $\Delta H_f°$를 계산하라.

$$6CO_2 + 6H_2O \rightarrow C_6H_{12}O_6 + 6O_2$$

	$\Delta H_f°$ kcal/mol	$\Delta H_f°$ kJ/mol
$C_6H_{12}O_6$	−304.7	−1274.9
CO_2	−94.0	−393.3
H_2O	−68.4	−286.2
O_2	0	0

$\Delta H_f°$는 원소로부터 화합물을 만들 때 방출되는 에너지이고, 1 kcal는 1000 g의 물을 1°C 올리는 데 필요한 에너지이다. J (joule)은 과학에서 칼로리(cal) 대신 사용하고 있는 에너지 단위이다. 1 cal는 4.184 J에 해당한다.

풀이

반응의 총 엔탈피는 생성물의 엔탈피의 합에서 반응물의 엔탈피의 합을 뺀 값과 같다.

예제 4.1 (계속)

$6CO_2$	+	$6H_2O$	→	$C_6H_{12}O_6$	+	$6O_2$
6(−393.3)	+	6(−286.2)		−1274.9	+	6(0)
−2359.8	+	(−1717.2)		−1274.9		

$\Delta H = -1274.9 - (-4077.0) = 2802.1$ kJ/mol

이 반응은 ΔH가 양수이므로 흡열 반응이다. ■

예제 4.2

다음 자료를 이용하여 자동차의 연료로 휘발유(*n*-octane) 대신에 에탄올을 사용하였을 경우 자동차의 연비 변화를 계산하라. 휘발유가 100% 연소하여 CO_2와 H_2O를 생성할 때 연비가 7.92 mi/L(30 mi/gal)이라 가정하자.

ΔH_f (kJ/mol)		밀도(g/mL)		질량(g/mol)
CO_2	−393.5	CH_3CH_2OH	0.80	46.1
H_2O	−285.8	옥테인	0.70	114.2
CH_3CH_2OH	−277.7			
옥테인	−250.1			

풀이

1. 각 분자에 대한 1 mol 당 방출되는 에너지를 계산하라.

CH_3CH_2OH	+	O_2	→	$2CO_2$	+	$3H_2O$
−277.7		0		2(−393.5)		3(−285.8)
−277.7				−787.0		−857.4

$\Delta H = -1644.4 - (-277.7) = -1366.7$ kJ/mol

C_8H_{18}	+	O_2	→	$8CO_2$	+	$9H_2O$
−250.1		0		8(−393.5)		9(−285.8)
−250.1				−3148.0		−2572.2

$\Delta H = -5720.2 - (-250.1) = -5470.1$ kJ/mol

2. 각 연소 연료에 대한 1 리터 당 몰수를 계산하라.

CH_3CH_2OH (0.80 g/mL)(1000 mL)/46.1 g/mol = 17.4 mol
n-옥테인(C_8H_{18}) (0.70 g/mL)(1000 mL)/114.2 g/mol = 6.1 mol

3. 각 연료의 1 리터당 생성된 에너지와 연료를 휘발유 대신 에탄올을 사용할 경우 연비의 변화를 계산하라.

CH_3CH_2OH (17.4 mol)(−1366.7 kJ/mol) = −23,780.6 kJ
n-Octane (6.1 mol)(−5470.1 kJ/mol) = −33,367.6 kJ
상대적인 열 에너지 생산비(에탄올/*n*-옥테인) = −23,780.6 kJ/−33,367.6 kJ = 0.7

휘발유를 사용하는 자동차의 연비가 7.9 mi/L이면, 에단올로 교체하였을 때 (0.7)(7.9 mi/L) = 5.5 mi/L (또는 21.0 mpg)이 된다. ■

열역학 제2법칙

열역학 제1법칙으로 반응 과정에서 일어날 수 있는 에너지 변화를 예측할 수는 있지만, 그 과정이 어느 정도까지 일어날 것인지를 예측할 수는 없다. 어느 한 특정 반응 과정이 일어날 것인지를 예측하기 쉬운 경우도 있는데, 실온에서 얼음의 성질 또는 내부 연소 엔진(internal combustion engine) 안의 휘발유가 그 예이다. 얼음은 0°C보다 높은 온도에서 녹고 휘발유는 산소 존재하에서 CO_2와 H_2O로 연소된다. 물리적 또는 화학적 변화가 에너지 방출과 함께 일어날 경우 이러한 변화를 **자발적**(spontaneous)이라 한다. 변화를 유지하기 위해 일정한 양의 에너지를 주입해야 할 경우 일어나는 반응은 비자발적 과정이다. 보통 얼음은 0°C 이상의 온도에서 형성되지 않고 휘발유는 엔진의 배기 연기로부터 형성되지 않는다. 즉 이러한 반응 과정에는 방향성이 있고 그 결과에 대한 예측도 용이하다. 반응 과정의 자발성과 방향성에 대한 예측을 할 수 없을 때 제2법칙을 사용할 수 있다. 제2법칙에 의하면 모든 자발적 반응 과정은 우주(계와 그 주위)의 총 무질서(total disorder)를 증가시키는 방향으로 일어난다(**그림 4.2**). 자발적 반응 과정 결과로 물질과 에너지는 무질서가 더 증가한다. 예를 들어 휘발유 분자는 탄소 원자들이 질서 있게 배열된 탄화수소이다. 휘발유가 연소할 때 기체 생성물의 탄소 원자들은 무작위로 분산된다(**그림 4.3**). 휘발유가 연소하면서 방출되는 에너지는 무질서가 더 증가하고 덜 농축되며 유용성이 감소한다. 자동차 엔진에서 실린더 내 기체 압력의 증가는 피스톤을 가동시켜 자동차를 움직이게 한다. 휘발유 분자의 화학 에너지와 자동차를 움직이는 운동 에너지를 비교할 때 에너지 상당량은 유용한 일을 하지 않는다. 그 대신 과열된 엔진과 배기 연기를 만들며 주위로 분산된다.

계의 무질서 정도는 **엔트로피**(entropy, S)라고 부르는 상태 함수를 이용하여 측정한다. 계가 무질서하면 할수록 엔트로피 값은 더 커진다. 열역학 제2법칙에 의하면 우주의 엔트로피 변화는 모든 자발적 반응 과정에 대해 양성이다. 엔트로피 변화의 증가는 우주 또는 계나 그 주위($\Delta S_{계}$ 또는 $\Delta S_{주위}$)의 모든 부분에서 일어날 수 있다.

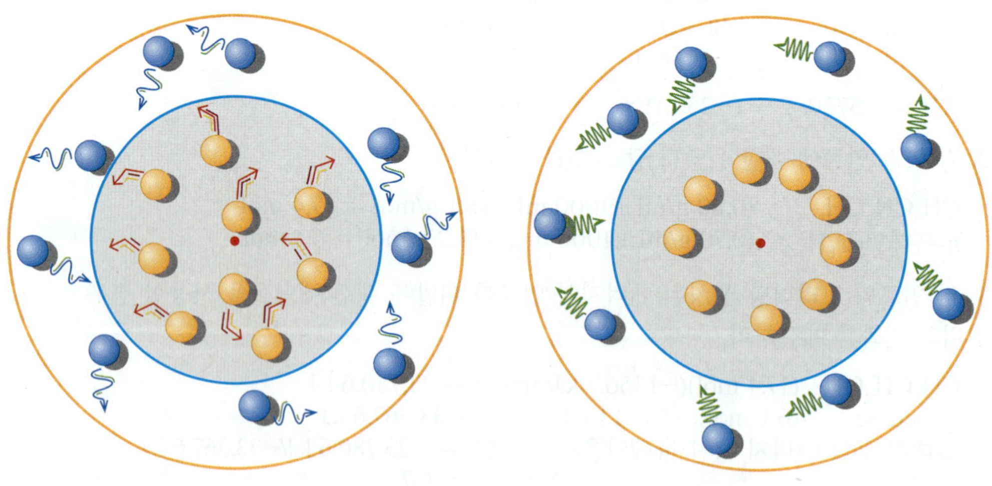

(a) (b)

그림 4.2

열역학 계로 본 세포.

(a) 세포와 그 주위의 분자들이 비교적 무질서한 상태로 존재한다. (b) 세포내 분자들 사이에 질서를 형성하려는 반응 결과로 인해 열이 세포로부터 방출된다. 이 에너지는 세포 밖 분자의 무작위 운동을 증가시켜 무질서를 증가시킨다. 이 과정은 알짜 양성 엔트로피(net positive entropy) 변화를 일으킨다. 세포의 엔트로피 감소는 그 주위의 엔트로피 증가에 의한 상쇄보다 더 크다.

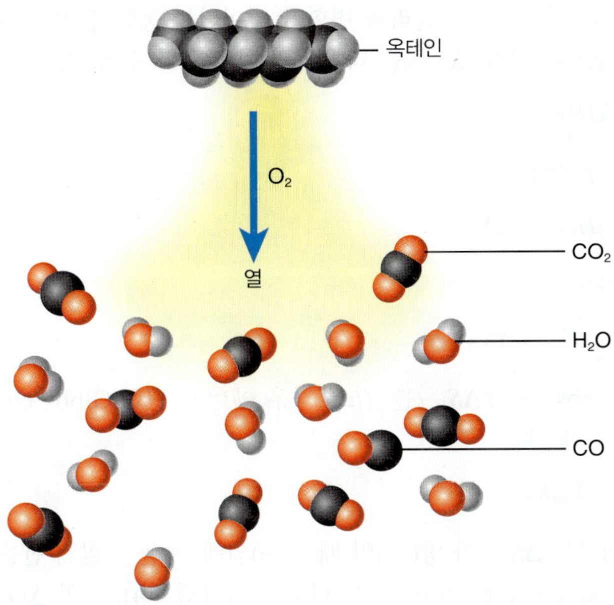

그림 4.3
휘발유 연소.
옥테인과 같은 탄화수소가 연소할 때 발생하는 에너지는 고도의 질서를 갖고 있는 반응물이 CO_2와 H_2O 같은 무질서한 기체 생성물로 전환하는 과정에서 일어난다. 휘발유 연소는 비효율적이고 환경을 오염시키는 독성의 일산화탄소를 방출한다.

$$\Delta S_{우주} = \Delta S_{계} + \Delta S_{주위}$$

세포는 영양소를 소모하고 대사할 때 그 내부의 무질서도를 증가시키지 않는다. 그 대신 생물체 주위의 엔트로피가 증가한다. 예를 들어 인간이 복잡한 신체를 유지하는 데 필요한 에너지와 구조 물질을 얻기 위해 먹는 음식 분자들은 그 주위로 방출되는 막대한 양의 무질서한 노폐물, 즉 CO_2, H_2O와 열로 전환된다.

비록 엔트로피는 쓸모없는 에너지로 생각될 수 있지만 엔트로피 형성은 쓸모없는 것이 아니다. 계의 엔트로피 증가가 엔탈피 증가를 능가하며 자발적 반응을 일으키는 이러한 반응은 엔트로피에 의해 일어난다. (정의에 의하면 자발적 반응이 일어날 것이다. 그러나 그것이 일어나는 속도는 매우 빠를 수도 있고 매우 느릴 수도 있다.) 오로지 한 방향으로만 진행하는 과정인 비가역적 반응 과정에서는 엔트로피와 엔탈피가 원동력이 된다. 엔트로피는 계를 그 주위와 평형상태에 놓이도록 한다. 반응 과정이 일단 평형에 이르면(즉, 양쪽 방향에서 변화가 없는 상태) 그 평형을 추진하는 더 이상의 원동력은 없다.

반응 과정이 자발적인가 아닌가를 예측하려면 $\Delta S_{우주}$의 부호를 알아야 한다. 예를 들어 만약 반응 과정의 $\Delta S_{우주}$ 값이 양(+)(즉 우주의 엔트로피가 증가)이면, 이때 그 반응 과정은 자발적이다. 만약 $\Delta S_{우주}$가 음(−)이면 그 반응 과정은 일어나지 않고 역반응 과정이 자발적으로 일어난다. 만약 $\Delta S_{우주}$가 0이면 어느 쪽 반응 과정도 일어나지 않는다. 그 주위와 평형을 이루고 있는 생물은 죽은 것이다.

주요 개념 _Key Concepts
- 열역학 제2법칙에 의하면 우주는 점점 더 무질서도가 증가하는 경향이 있다.
- 엔트로피 증가는 계의 우주 어느 곳이든 일어날 수 있다.
- 생물의 반응 과정에서는 엔트로피 증가가 그 주위에서 일어난다.

4.2 자유 에너지

우주의 엔트로피는 자발적 반응 과정에서 항상 증가하지만 엔트로피를 측정하는 것은 거의 가능하지 않다. 왜냐하면 $\Delta S_{계}$와 $\Delta S_{주위}$ 값을 알고 있어야 하기 때문이다. 반응 과정의 자발성을 예측하기에 더 편리한 열역학 함수(thermodynamic function)는 자유 에너지(free energy)인데, 이는 $\Delta S_{우주}$에 대한 식으로부터 구할 수 있다.

$$\Delta S_{우주} = \Delta S_{주위} + \Delta S_{계}$$

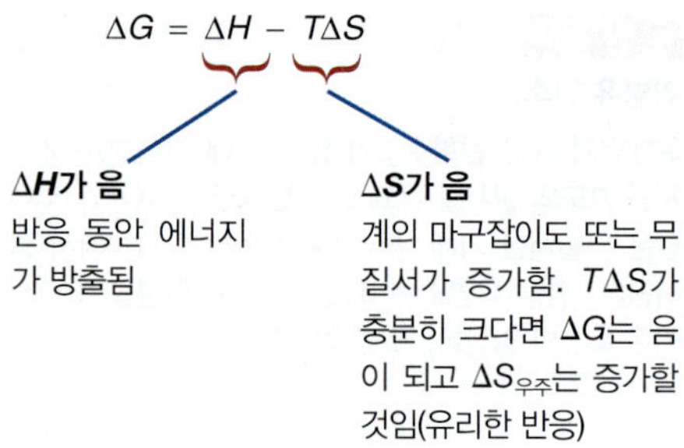

그림 4.4

깁스 자유 에너지 식.

일정한 압력에서 엔탈피(H)는 계의 전체 에너지 함량과 같다. 자유 에너지가 감소하는 과정은 자발적이다. 일정한 온도와 일정한 압력에서 엔탈피가 감소하거나 엔트로피 항 $T\Delta S$이 충분히 크다면 자유 에너지 변화(ΔG)는 음(−)이다.

$\Delta S_{\text{주위}}$는 특정한 화학적 또는 물리적 변화가 일어나는 동안 켈빈 온도당 교환된 열의 양으로 정의할 수 있다. $\Delta S_{\text{주위}}$를 다음과 같이 정의할 수 있다.

$$\Delta S_{\text{주위}} = -\Delta H/T$$

치환을 하면 다음과 같다.

$$\Delta S_{\text{우주}} = -\Delta H/T + \Delta S_{\text{계}}$$

양변을 $-T$로 곱하면

$$-T\Delta S_{\text{우주}} = \Delta H - T\Delta S_{\text{계}}$$

깁스(Josiah Gibbs)는 $-T\Delta S_{\text{우주}}$를 *깁스 자유 에너지 변화*(Gibbs energy change) 또는 ΔG로 정의하였다.

$$\Delta G = \Delta H - T\Delta S_{\text{계}}$$

자유 에너지 변화는 $\Delta S_{\text{우주}}$가 양(+)일 때 음(−)인데, 이는 자발적 반응이 **자유 에너지 감소 반응**(exergonic reaction)임을 나타낸다(**그림 4.4**). 만약 ΔG가 양(+)이면 그 반응 과정은 **자유 에너지 증가 반응**(endergonic reaction, 비자발적)이다. ΔG가 0이면 그 반응 과정은 평형 상태에 있다. 다른 열역학 함수에서처럼 ΔG는 반응 속도에 대해 어떠한 정보도 제공하지 않는다. 반응 속도는 반응 과정이 일어나는 정확한 메커니즘에 달려 있다(6장 참조).

표준 자유 에너지 변화

표준 상태(standard state)는 자유 에너지를 측정하는 데 일정한 근거를 제공한다. 표준 자유 에너지(standard free energy, $\Delta G°$)는 25°C와 1.0 atm에서 1.0 M 농도의 모든 용질과 함께 일어나는 반응을 정의한 것이다.

표준 자유 에너지 변화는 정반응(forward reaction)과 역반응(reverse reaction) 속도가 동일할 때의 반응 지수인 평형 상수, K_{eq}와 관련되어 있다.

$$\mathrm{a}A + \mathrm{b}B \rightleftharpoons \mathrm{c}C + \mathrm{d}D$$

반응의 평형 상수는 다음과 같다.

$$K_{eq} = \frac{[C]^{c}[D]^{d}}{[A]^{a}[B]^{b}}$$

이상 기체의 자유 에너지가 그 압력(농도)에 의존하고 상태 함수 G가 상태 함수 H와 같은 방식으로 취급될 수 있다는 것을 토대로 다음과 같은 식이 유도될 수 있다.

$$\Delta G = \Delta G° + RT\ln\frac{[C]^{c}[D]^{d}}{[A]^{a}[B]^{b}}$$

만약 반응이 평형에 이르게 되면 ΔG는 0이 되고, 다음과 같은 식을 얻게 된다.

$$\Delta G° = -RT\ln K_{eq}$$

위 방정식에서 K_{eq}를 알면 $\Delta G°$를 계산할 수 있다. 대부분의 생화학 반응이 pH 7 ($[H^{+}] = 1.0 \times 10^{-7}$ M), 또는 그 부근에서 일어나기 때문에 이와 같은 예외가 생체에너지론에서 1.0 M 용질 표준에서 일어날 때 자유 에너지 변화는 $\Delta G°'$으로 표시될 수 있다.

예제 4.3

반응 $HC_2H_3O_2 \leftrightharpoons C_2H_3O_2^- + H^+$에서, $\Delta G°$와 $\Delta G°'$을 계산하라. 온도는 25°C이고, 아세트산의 이온화 상수는 1.8×10^{-5}이다. 이 반응은 자발적인가?

$$K_{eq} = \frac{[C_2H_3O_2^-][H^+]}{[HC_2H_3O_2]}$$

풀이

1. $\Delta G°$를 계산하라.

$$\begin{aligned}\Delta G° &= -RT \ln K_{eq} \\ &= -(8.315 \text{ J/mol·K})(298 \text{ K}) \ln(1.8 \times 10^{-5}) \\ &= 27{,}071 = 27.1 \text{ kJ/mol}\end{aligned}$$

$\Delta G°$의 값은 위의 조건에서 반응이 자발적이 아님을 암시한다.

2. $\Delta G°'$을 계산하라. 자유 에너지 변화와 표준 자유 에너지 변화 사이의 관계를 사용하라.

$$\Delta G°' = \Delta G° + RT \ln[H^+]$$

수치를 대입하면 다음과 같은 식이 된다.

$$\begin{aligned}\Delta G°' &= 27{,}071 \text{ J/mol} + (8.315 \text{ J/mol·K})(298 \text{ K})(\ln 10^{-7}) \\ &= 27{,}071 - 39{,}939 \\ &= -12867.54 = -12.9 \text{ kJ/mol}\end{aligned}$$

$\Delta G°$에 대해 지정된 조건에서(즉 H^+를 포함한 모든 반응물의 농도가 1 M) 아세트산의 이온화는 $\Delta G°$가 양(+)이기 때문에 자발적이 아니다. 그러나 pH가 7일 때 반응은 자발적이 된다. $\Delta G°'$이 음(−)인 점에서 알 수 있듯이 낮은 $[H^+]$가 아세트산 같은 약산의 이온화 가능성을 높여준다. ■

짝지어진 반응

생물체 내 많은 화학 반응은 양(+)의 $\Delta G°'$ 값을 갖는다. 다행히도 자유 에너지 값은 연속 반응에서 덧셈을 할 수 있다.

$$A + B \rightleftharpoons C + D \qquad \Delta G°'_{\text{반응 1}} \qquad (1)$$

$$C + E \rightleftharpoons F + G \qquad \Delta G°'_{\text{반응 2}} \qquad (2)$$

$$A + B + E \rightleftharpoons D + F + G \qquad \Delta G°'_{\text{전체}} = \Delta G°'_{\text{반응 1}} + \Delta G°'_{\text{반응 2}} \qquad (3)$$

반응 (1)과 (2)는 짝지어져 있다(즉, 공통적인 중간물질 C를 가진다). 만약 알짜(net) $\Delta G°'$ 값($\Delta G°'_{\text{전체}}$)이 음(−)이면 생성물 F와 G를 만드는 것은 자유 에너지 감소 과정이다.

글루코스-6-인산(glucose-6-phosphate)이 프룩토스-1,6-비스인산(fructose-1,6-bisphosphate)으로 전환되는 반응은 짝지어진 반응의 원리를 보여 주는 한 예이다(**그림 4.5**). 이 반응에서 공통 중간물질은 프룩토스-6-인산(fructose-6-phosphate)이다. 글루코스-6-인산으로부터 프룩토스-6-인산의 형성은 자유 에너지 증가 반응($\Delta G°' = +1.7$ kJ/mol)이기 때문에 반응은 적어도 표준 조건에서 **그림 4.5**에서처럼 진행되지는 않을 것이다. 프룩토스-6-인산의 프룩토스-1,6-비스인산으로의 전환은 ATP의 무수인산 결합(phosphoanhydride bond)의 절단과

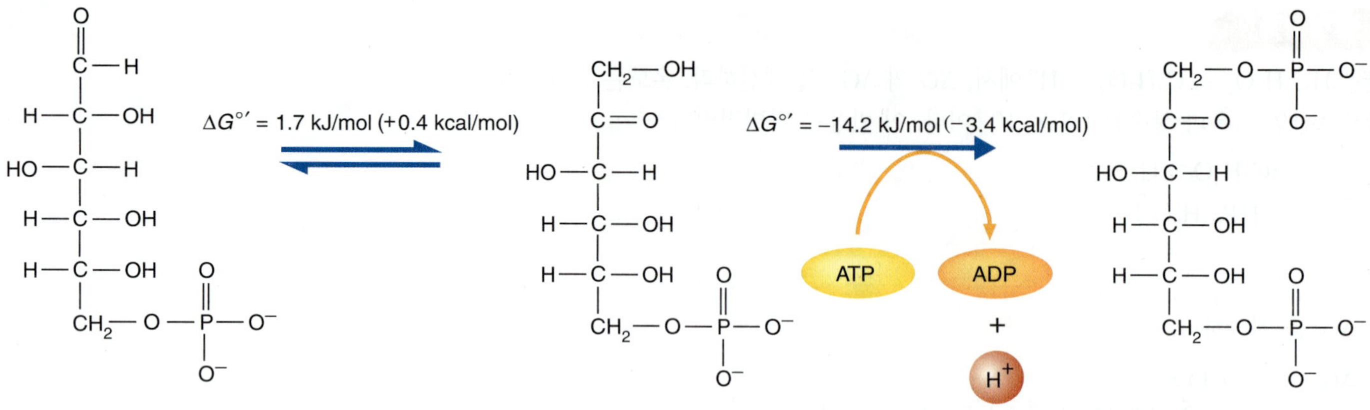

그림 4.5
짝지어진 반응.
두 반응에 대한 알짜 $\Delta G^{\circ\prime}$ 값은 −12.5 kJ/mol(−3.0 kcal/mol)이다.

***주요 개념** _Key Concepts*
자유 에너지는 반응 과정의 자발성을 예측하기 위한 열역학 함수이다. 자발적 반응은 자유 에너지 감소 반응이고(−ΔG), 비자발적 반응은 자유 에너지 증가 반응(+ΔG)이다.

연관되어 있기 때문에 자유 에너지 감소 반응이다. (ADP를 형성하기 위해 ATP의 무수인산 결합을 절단하면 약 −30.5 kJ/mol이 발생한다. 생물체의 ATP는 4.3절에서 논의함) 짝지어진 반응에 대한 $\Delta G^{\circ\prime}_{전체}$ 값이 음(−)이기 때문에 반응은 표준 상태에서 쓰인 방향으로 진행한다.

예제 4.4

글리코젠은 글루코스-1-인산(glucose-1-phosphate)으로부터 합성된다. 글리코젠으로 합성되려면 글루코스-1-인산은 유리딘 이인산(uridine diphosphate, UDP)의 유도체로 전환되어야 한다. UDP는 글리코젠 중합체를 형성하는 축합 반응에서 탁월한 이탈기(leaving group)로서 작용한다.

글루코스-1-인산 + UTP + H_2O → UDP-글루코스 + PP_i

여기서 PP_i는 무기 화합물인 파이로인산(pyrophosphate)이다.

만약 이 반응에 대한 $\Delta G^{\circ\prime}$ 값이 약 0이면 이 반응은 유리한가? 그리고 PP_i가 가수분해되면 다음과 같다.

$$PP_i + H_2O \rightarrow 2P_i$$

여기서 P_i는 무기 화합물인 오쏘인산(orthophosphate)이다.

자유 에너지($\Delta G^{\circ\prime}$)의 손실은 −33.5 kJ이다. 이 두 번째 반응은 첫 번째 반응에 어떤 영향을 주는가? 전체 반응은 어떠한가? $\Delta G^{\circ\prime}$ 전체 값을 구하라.

풀이

전체 반응은 다음과 같다.

글루코스-1-인산 + UTP → UDP-글루코스 + $2P_i$

$$\begin{aligned}\Delta G^{\circ\prime}_{전체} &= \Delta G^{\circ\prime}_{반응1} + \Delta G^{\circ\prime}_{반응2} \\ &= 0 + (-33.5\ \text{kJ}) \\ &= -33.5\ \text{kJ}\end{aligned}$$

PP_i의 가수분해는 UDP-글루코스의 형성을 오른쪽 방향으로 일어나도록 한다. ■

예제 4.5

프룩토스가 ATP와 반응하여 프룩토스-6-인산(fructose-6-phosphate)을 형성한다.

ATP + 프룩토스 → ADP + 프룩토스-6-인산

다음 자료를 이용하여 평형 상수를 계산하라.

	$\Delta G°'$(kJ/mol)
ATP → ADP + P_i	−30.5
프룩토스 + P_i → 프룩토스-6-인산	+15.9

풀이

1. 두 반응의 자유 에너지의 합을 계산하라.

ATP + 프룩토스 → 프룩토스-6-인산 + ADP

−30.5 kJ/mol + 15.9 kJ/mol = −14.6 kJ/mol

2. 다음 식을 이용하여 K_{eq}를 계산한다.

$$\Delta G° = -\mathrm{RT}\ln K_{eq}$$

$$-14{,}600\ \mathrm{J/mol} = (-8.315\ \mathrm{J/mol\ K})(298\ \mathrm{K})(2.303)\log K_{eq}$$
$$-14{,}600\ \mathrm{J/mol} = -(5706.5\ \mathrm{J/mol})\log K_{eq}$$

$$\log K_{eq} = 2.6$$
$$K_{eq} = 398.1$$

문제 4.1

세포에서 ATP와 가수분해 산물인 ADP와 P_i의 농도는 1 M보다 훨씬 더 낮다. 따라서 ATP와 가수분해의 자유 에너지($\Delta G'$)는 표준 자유 에너지($\Delta G°'$)와 다르다. 불행히도 세포 성분의 농도를 정확히 측정하는 것은 어렵기 때문에 추산만이 가능하다. 다음 반응식은 비표준 농도에 대한 보정을 반영한 것이다.

$$\Delta G' = \Delta G°' + RT\ln\frac{[\mathrm{ADP}][\mathrm{P_i}]}{[\mathrm{ATP}]}$$

온도는 37°C이고, pH는 7이다. 간세포에서 농도(mM)는 다음과 같다.

ATP = 4.0, ADP = 1.35, P_i = 4.65
$\Delta G°'$ = −30.5 kJ/mol

이 조건에서 ATP 가수분해의 실제 $\Delta G'$는 얼마인가?

소수성 효과의 재검토

물속에서 비극성 물질의 자발적인 집합은 열역학 원리를 고려해 보면 이해가 잘 된다. 비극성 분자는 물과 혼합되면 에너지적으로 유리한 물의 수소 결합을 파괴한다. 물 분자는 각 비극성 분자 주위에 고도로 정돈된 바구니 모양(cagelike)의 구조를 형성한다. 이 구조를 안정화하는 수소 결합은 물 분자의 운동을 제한하여 엔트로피를 감소시킨다. 그 결과 녹는 비극성 분자의 자유 에너지는 불리하다[왜냐하면 ΔG는 ΔH가 양(+)이고 $-T\Delta S$가 양(+)이기 때문에 양(+)임]. 그러나 엔트로피 감소는 비극성 분자와 물 사이에 형성되는 접촉 표면적에 비례한다. 비극성 분자의 응집은 물 분자와의 접촉 표면적을 현저히 감소시켜 물을 덜 정돈된 상태로 만든다[즉, ΔS는 양(+)이 됨]. $-T\Delta S$가 음(−)이기 때문에 반응 과정의 자유 에너지는 음(−)이고 반응은 자발적으로 일어난다. 이러한 무극성 분자나 기들이 물 분자들 또는 근처의 극성기들과의 상호작용에서 자발적으로 배재되는 것은 생물학적인 과정들, 즉 단백질 접힘(folding)과 생체막과 같은 초분자 구조의 조립을 일으키는 주된 요소가 된다.

4.3 ATP의 역할

ATP(adenosine triphosphate)는 살아 있는 세포에서 에너지 공급원으로서 매우 중요한 역할을 한다. ATP(**그림 4.6**)의 가수분해는 다양한 자유 에너지 증가 반응을 위해 필요한 자유 에너지를 직접 제공한다. 음식물의 분해와 광합성의 명반응(light reaction)에 의해 방출된 에너지와 함께 ADP와 P_i(무기인산)로부터 합성된 ATP는 여러 유형의 생화학 반응에 이용된다(**그림 4.7**). 그 대표적인 반응으로서 (1) 생체분자의 생합성, (2) 세포막을 통한 물질의 능동 수송, (3) 근육 수축 같은 기계적 일 등이 있다.

ATP의 구조(**그림 4.8**)는 자연계의 모든 생물에서 공통적인 에너지 유통 수단

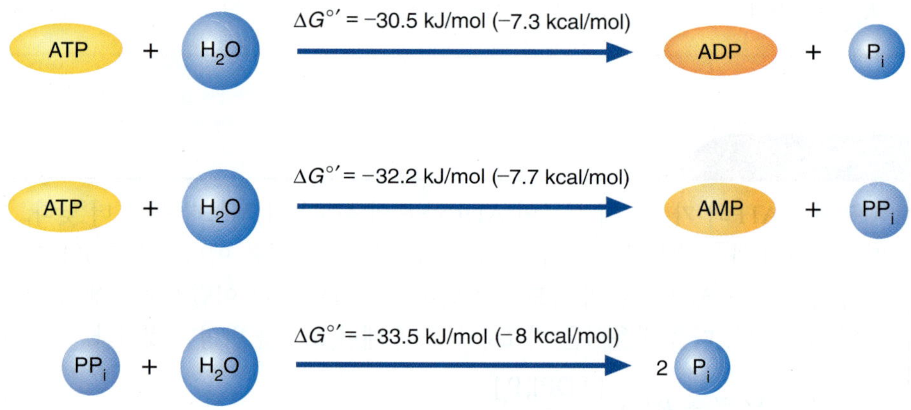

그림 4.6

ATP의 가수분해.

ATP는 가수분해하여 ADP와 P_i(오쏘인산) 또는 AMP(adenosine monophosphate)와 PP_i(파이로인산)를 만든다. 파이로인산은 오쏘인산으로 가수분해하면서 자유 에너지를 방출한다. ATP의 AMP와 파이로인산으로의 가수분해는 높은 양(+) $\Delta G^{\circ\prime}$ 값을 나타내는 반응을 추진하거나 반응을 완결하게 만든다.

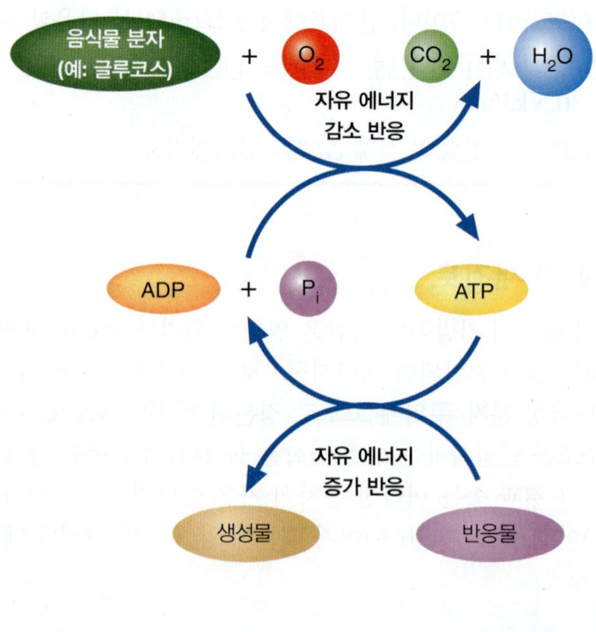

그림 4.7

ATP의 역할.

ATP는 음식 분자로부터 대사의 생합성반응에 이르는 에너지 흐름 과정에서 중간물질이다.

으로 사용되는 데 적합하다. ATP는 아데닌(adenine), 리보스(ribose)와 삼인산(triphosphate)으로 구성된 뉴클레오타이드(nucleotide)이고, 두 개의 말단 인산기(phosphoryl group —PO_3^{2-})는 무수인산 결합(phosphoanhydride bond)에 의해 연결되어 있다. 비록 무수 화합물은 쉽게 가수분해 되지만 ATP의 무수인산 결합은 온건한 세포 내 조건에서 꽤 안정하다. 그리고 특정 효소가 ATP 가수분해를 촉진한다.

ATP가 가수분해 경향, 즉 **인산기 전달 전위**(phosphoryl group transfer potential)를 가지는 유일한 것은 아니다. 다양한 생체 분자들이 인산기를 다른 화합물들에 전달할 수 있는데 이는 **표 4.1**에 나타나 있다.

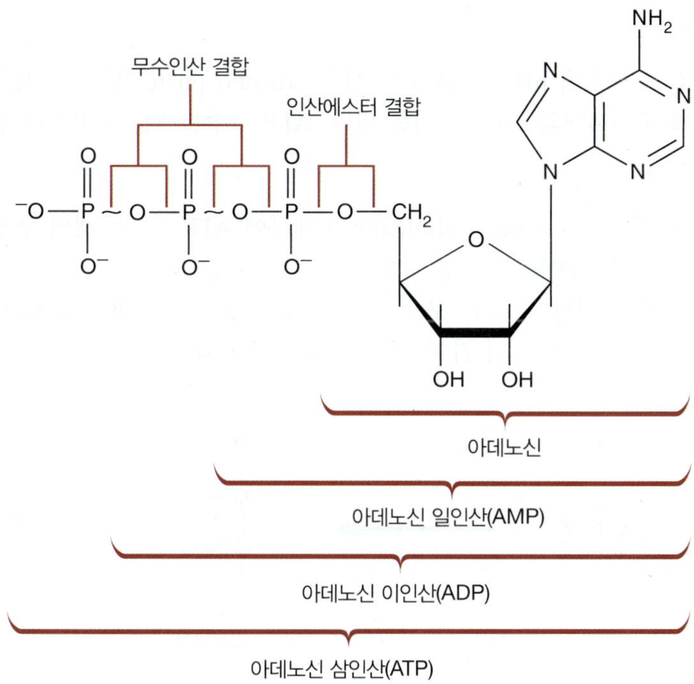

그림 4.8
ATP의 구조.
ATP의 물결표(~)는 그 결합이 쉽게 가수분해됨을 나타낸다.

표 4.1 인산화된 생체 분자의 가수분해 시 표준 자유 에너지

분자	$\Delta G°'$ kcal/mol	$\Delta G°'$ kJ/mol
글루코스-6-인산	−3.3	−13.8
프룩토스-6-인산	−3.8	−15.9
글루코스-1-인산	−5	−20.9
ATP → ADP + P_i	−7.3	−30.5
ATP → AMP + PP_i	−7.7	−32.2
PP_i → $2P_i$	−8.0	−33.5
포스포크레아틴	−10.3	−43.1
글리세르산-1,3-비스인산	−11.8	−49.4
카바모일 인산	−12.3	−51.5
포스포엔올피루브산	−14.8	−61.9

가수분해 시 큰 음(−) $\Delta G^{\circ\prime}$ 값을 갖는 인산화 물질은 더 작은 음(−) $\Delta G^{\circ\prime}$ 값을 갖는 인산화 물질보다 더 큰 인산기 전달 전위를 갖는다. ATP는 중간 정도의 인산기 전달 전위를 갖고 있기 때문에 포스포엔올피루브산 같은 더 높은 에너지 화합물로부터 낮은 에너지 화합물로 인산기를 전달하는 중간 운반체 역할을 한다(**그림 4.9**). 따라서 ATP는 생물계의 '에너지 화폐(energy currency)'로서 작용한다. 왜냐하면 세포는 보통 짝지어진 반응에 의해 인산을 ATP 가수분해에 전달하기 때문이다. ATP의 두 개의 무수인산 결합을 흔히 '고에너지'라고 부른다. 그러나 '*고에너지 결합*(high-energy bond)'이라는 용어는 부적절하다. 이 용어는 결합의 불안정성을 나타내기 때문에 화학 결합의 값보다는 반응에 참여하는 능력을 나타낸다. ATP 가수분해가 왜 자유 에너지 감소 반응인가를 이해하려면 여러 가지 인자들을 함께 고려해야 한다.

1. 전형적인 세포내 pH에서 ATP의 삼인산(triphosphate) 단위는 서로 반발하는 3개 또는 4개의 음(−) 전하를 띤다. ATP 가수분해는 정전기적 반발을 감소시킨다.

2. *공명 안정화*(resonance stabilization) 때문에 ATP 가수분해의 생성물은 공명이 제한된 ATP보다 더 안정하다. 한 분자가 전자의 위치만 다른 2개 또는 그 이상의 대신할 수 있는 구조를 갖고 있을 때 이를 **공명 혼성체**(resonance hybrid)라고 한다. 여러 기여 구조(contributing structure)를 갖고 있는 공명

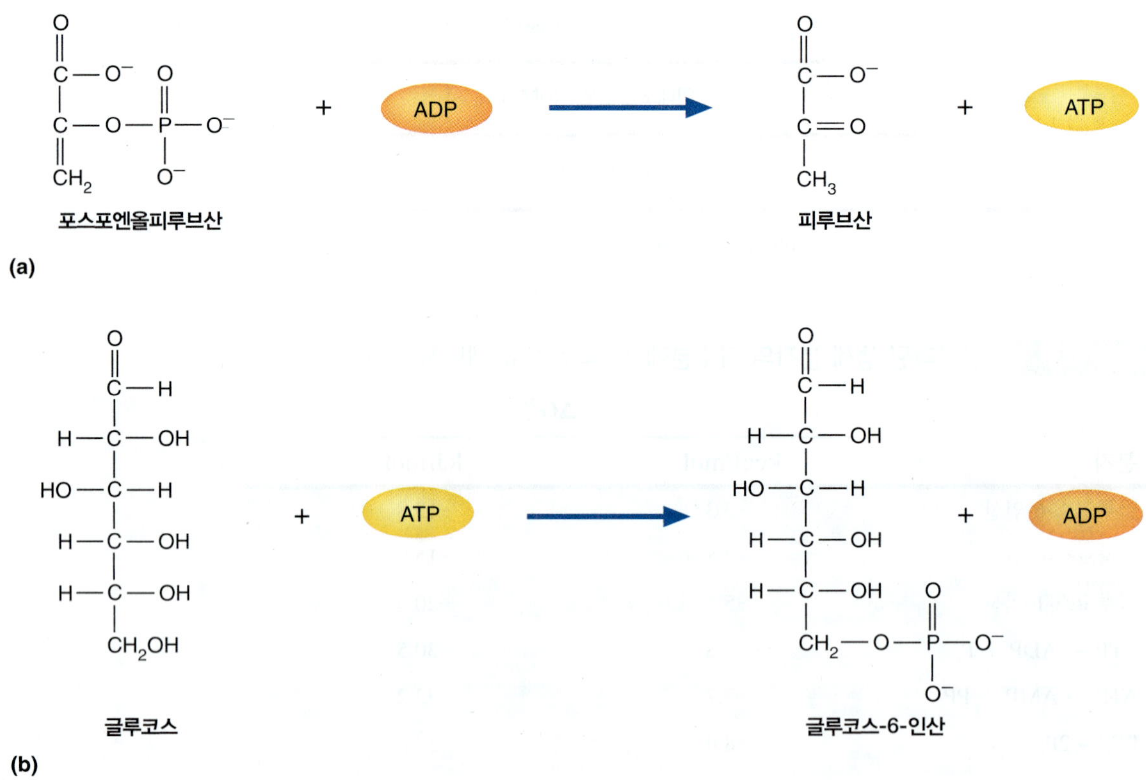

그림 4.9

인산기의 전달.

(a) 포스포엔올피루브산으로부터 ADP로의 인산기 전달. 8장에서 논의되겠지만 이 반응은 해당작용(glycolysis) 중 ATP가 형성되는 두 단계 중 하나이다. (b) ATP로부터 글루코스로의 인산기 전달. 이 반응의 생성물인 글루코스-6-인산은 해당작용 중 형성되는 첫 중간물질이다.

혼성체의 전자들은 기여 구조를 덜 갖고 있는 공명 혼성체의 전자들보다 훨씬 더 적은 에너지를 갖는다. 인산 공명 혼성체의 기여 구조는 **그림 4.10**에 나타나 있다.

3. ATP의 가수분해 생성물인 ADP와 P_i 또는 AMP와 PP_i는 ATP보다 더 쉽게 용매화된다. 이온 주위에 용매화 구(solvation sphere)를 형성하는 물 분자들은 이온들을 서로 보호한다. 인산기 사이의 반발력 감소는 결과적으로 가수분해 반응을 유도한다.

4. 분자 수의 증가에 의해 무질서도가 증가하는데, ATP의 가수분해 생성물인 ADP와 P_i는 무작위로 움직인다.

주요 개념 _Key Concepts

- ATP 가수분해는 매우 다양한 자유 에너지 증가 반응을 일으키는 데 필요한 자유 에너지를 즉각적으로 직접 제공한다.
- ATP는 중간 정도의 인산기 전달 전위를 갖고 있기 때문에 인산기를 고에너지 화합물로부터 저에너지 화합물로 전달할 수 있다.
- ATP는 생물계의 에너지 화폐이다.

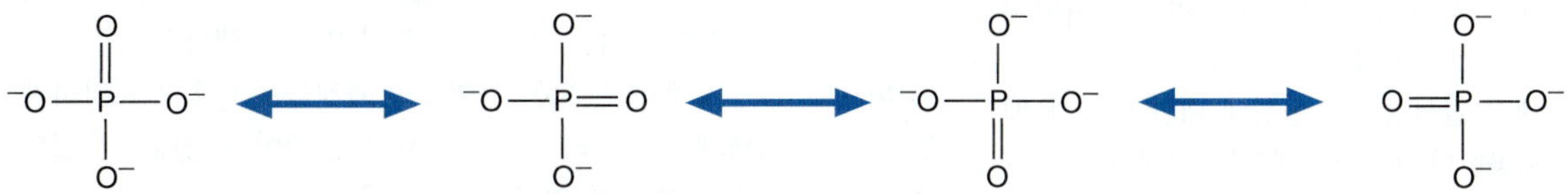

그림 4.10

인산의 공명 혼성체에 대한 기여 구조들.

생리적 pH에서 오쏘인산은 HPO_4^{2-}이다. 이 그림에서 H^+는 4개의 산소 원자 중 어느 것에도 영구적으로 배정되어 있지 않다.

문제 4.2

일반적으로 걸을 때 약 100 kcal/mi의 에너지를 소모한다. 근육 수축을 유발하는 반응인, ATP의 가수분해(ATP → ADP + P_i)에서 $\Delta G^{\circ\prime}$는 −7.3 kcal/mol(-30.5 kJ/mol)이다. 1마일을 걸을 때 몇 g의 ATP가 필요한가? ATP 합성은 글루코스의 산화($\Delta G^{\circ\prime}$ = −686 kcal/mol)와 짝지어진다. 이 ATP를 만들기 위해 실제 글루코스가 대사되는 양을 계산하라. (글루코스의 산화만 ATP를 발생시키는 데 사용되고, 이 과정에서 발생된 에너지의 40%가 ADP를 인산화하기 위해 사용된다. 글루코스의 그램 분자량 = 180 g, ATP의 그램 분자량 = 507 g.)

생화학 전망 BIOCHEMISTRY IN PERSPECTIVE

비평형 열역학과 생명체의 진화

열역학 이론은 생명체의 에너지 흐름과 어떻게 연결되어 있나?

이 장에서 기술된 열역학 개념들은 고전 열역학이라 불리며, 19세기 내연기관의 연구를 통해서 발견되었다. 고전 열역학은 이상적인 계(ideal system)나 평형에 근접한 경우의 에너지 흐름을 기술한다. 하지만, 살아 있는 생명체는 죽을 때까지 평형에 도달하지 않는 열린계이다. 따라서 열역학적으로 평형을 이루고 있는 안정적인 계와는 달리 본질적으로 불안정한 계이다. 그러므로 매우 중요한 질문이 생기게 된다. 즉, 평형 상태에 있지 않은 조직화된 생명체는 어떻게 상당한 기간 동안 구조적으로 안정하게 유지될 수 있는가?

무질서를 추구하는 우주에서 질서정연한 현상에 대한 단서를 베나르 세포(Benard cell)가 제공한다. 베나르 세포는 액체가 가득한 절연체 용기로서, 윗부분에는 차가운 저장 공간이 있고 아랫부분에는 가열 부분이 있다. 용기에 담긴 액체는 처음에는 일정한 온도를 가지고 있다. 용기 아랫부분의 온도가 점차 올라가면서 온도 기울기(gradient)가 생기게 된다. 따뜻해진(밀도가 더 적은) 액체는 상승하게 되고, 차가운(밀도가 더 큰) 액체는 아래로 내려가게 된다. 어떤 특이점 온도에 이르게 되면 질서정연하고 회전하면서 열역학적으로 안정한 대류의 흐름이 저절로 생긴다. 에너지 기울기의 영향에 의하여 질서정연한 구조를 생성하는 베나르 세포와 같이 평형에서 멀리 떨어질 수 있는 계를 소산(dissipative)계라고 한다.

생명체는 태양과 지구 사이의 엄청난 에너지 기울기를 줄여줄 수 있는 **소산계**(dissipative system)이다. 에너지의 소산은 광합성 생명체가 전체 태양 에너지(10^{18} kJ/day)의 일부분을 붙잡는 것부터 시작한다. 광 영양 생물(phototrophs)은 그들의 정연한 구조를 만드는데 붙잡은 에너지의 일부를 소산한다. 이러한 에너지의 소산 과정은 동물과 다른 광 종속 영양 생물(heterotrophs)이 광 영양 생물을 포식하면서 계속 일어나게 된다. 결국에는 태양으로부터 붙잡은 모든 에너지가 비정형화 에너지(disorganized energy)인 열로 방출된다. 에너지에 의해 추진된 질서정연한 구조를 가지게 된다는 것이 질서정연한 대류를 일으키는 베나르 세포를 연상시키므로 좁은 의미에서 생명체는 베나르 세포와 비교될 수 있다.

살아 있는 상태의 가장 핵심적인 특징은 에너지를 소산하는 것이므로 생명체의 에너지 흐름의 중요한 특징은 평형에 결코 도달하지 않는다는 것이다. 살아 있는 생명체의 정연한 구조는 고급의 에너지가 끊임없이 제공되어 만들어지는 것인데, 이는 열과 더 무질서한 폐기물들을 주위(surrounding)에 방출함으로써 유지된다. 이러한 에너지 소산 구조의 유지는 계에 계속적인 일을 수행함으로써 유지가 되는데, 그렇지 않으면 모든 자연적인 과정들은 평형에 도달하게 될 것이다. 생명체에서 이러한 평형에서 멀리 떨어진 상태는 물질의 수송, 화학적, 물리적 일에 의하여 유지된다.

생명계의 진화는 소산되어질 에너지 기울기의 크기와 우주의 엔트로피 증가를 요구하는 열역학 제2법칙에 의하여 추진된다. 하지만, 비록 열역학 제2법칙이 생명 과정들의 방향을 결정하지만 생명체를 유지하는 정확한 분자 메커니즘을 설명하는 데는 부족하다. 생명체를 만들고 유지하는데 필요한 일과 에너지 흐름이 결합된 메커니즘은 수십억 년에 걸쳐 진화되어 왔다. 하지만 생명체에 의한 에너지 소산의 자세한 메커니즘은 아직까지 알려지지 않고 있다. 생명체들은 탄소, 질소, 산소와 같은 원소들의 물리 · 화학적 특성들을 이용하면서 시행착오를 거쳐 거대하고 복잡한 에너지를 흩어버리는 생화학적인 그리고 정보 처리가 가능한 망을 개발해왔다. 그러므로 지구상의 막대한 종들의 다양성은 에너지 소산을 위한 엄청난 수의 경로를 제공하는 수단으로 볼 수 있다. 지구상에서 태양과 지구 사이의 에너지 기울기가 가장 큰 적도가 가장 많은 종의 생명체가 존재하는 지역이다. 당연히 비평형 열역학은 활발히 연구가 진행되는 분야이다.

▶ **요약:** 생명체는 평형에서 멀리 떨어진 에너지 소산 구조이다. 생명체는 끊임없는 에너지의 흐름에 의하여 내부적인 구조적 조직화를 이룬다.

이 장의 요약 CHAPTER SUMMARY

1. 자연계의 모든 생물들은 끊임없이 에너지를 필요로 한다. 에너지 전환에 관한 연구인 생체에너지론을 이용하여 생화학 반응이 진행되는 방향과 그 크기를 측정할 수 있다. 엔탈피(열 함량의 정도)와 엔트로피(무질서의 정도)는 각각 열역학 제1법칙과 제2법칙에 관련되어 있다. 자유 에너지(일할 수 있는 총 에너지의 부분)는 엔탈피와 엔트로피 사이의 수학적 상관관계를 갖는다.
2. 에너지와 열전환은 계와 그 주위로 구성된 '우주'에서 일어난다. 열린계에서 물질과 에너지는 계와 그 주위 사이에서 교환된다. 만약 물질은 아니고 에너지만 주위와 교환되면 그러한 계는 닫힌계이다. 그러나 살아 있는 생물들은 열린계이다.
3. 여러 열역학적 양(quantity)은 상태 함수로서 그 수치는 어느 특정 물질을 만들거나 분해하는데 사용되는 경로에 따라 변하지 않는다. 상태 함수의 예로서 총 에너지, 자유 에너지, 엔탈피와 엔트로피가 있다. 일과 열은 경로에 의존하기 때문에 상태 함수가 아니다.
4. 열역학 제1법칙과 제2법칙을 관련시키는 상태 함수인 자유 에너지는 최대의 유용한 일을 나타낸다. 즉 자유 에너지가 감소($\Delta G < 0$)하는 자유 에너지 감소 반응은 자발적이다. 만약 자유 에너지 변화가 양($\Delta G > 0$)이면 그 과정은 자유 에너지 증가 과정이다. 그리고 자유 에너지 변화가 0이면 계는 평형 상태에 있다. 표준 자유 에너지($\Delta G°$)는 25°C, 1 atm과 1 M 용질 농도에서 일어나는 반응에 대한 것이다. 생체에너지론에서 표준 pH는 7이다. 이 책에서는 pH 7에서의 표준 자유 에너지 변화 $\Delta G°'$이 사용되고 있다.
5. ATP 가수분해는 생명활동 과정에 필요한 대부분의 자유 에너지를 제공한다. ATP는 상대적으로 불안정한 무수인산 구조이고, 다른 인산화된 생체 분자를 생성할 때 인산기 전달 전위를 가지기 때문에 보편적 에너지 화폐로서 매우 이상적이다.

주요 용어 KEY WORDS

공명 혼성체 *130*
등온 반응 *120*
발열 반응 *120*
생체에너지론 *118*
소산계 *132*
엔탈피 *118*
엔트로피 *118*
열역학 *118*
인산기 전달 전위 *129*
일 *118*
자발적 변화 *122*
자유 에너지 *118*
자유 에너지 감소 반응 *124*
자유 에너지 증가 반응 *124*
전자 받개 *118*
전자 주개 *118*
화학 무기 영양 *118*
화학 유기 영양 *118*
흡열 반응 *120*

복습 문제 REVIEW QUESTIONS

**이 문제들은 다음 장으로 넘어가기 전에 이장에서 논의했던 주요 개념에 대한 지식을 테스트하기 위해 만들어졌다.*

1. 다음 용어들을 정의하라.
   a. 열역학
   b. 생물에너지학
   c. 엔탈피
   d. 엔트로피
   e. 자유 에너지
2. 다음 용어들을 정의하라.
   a. 자유 에너지 감소 반응
   b. 자유 에너지 증가 반응
   c. 인산기 전달 전위
   d. 소산계(dissipative system)
   e. 무수인산 결합
3. 다음 용어들을 정의하라.
   a. 산화-환원 반응
   b. 공명 혼성체
   c. 화학 무기 영양 생물
   d. 전자 주개
4. 다음 중 상태 함수인 것을 선택하고 이유를 설명하라.
   a. 일
   b. 엔트로피
   c. 엔탈피
   d. 자유 에너지
5. 다음 반응 중 어느 것이 ATP 가수분해와 연관되어 일어날 수 있는가? (각 반응에 대해 kJ/mol로 나타낸 $\Delta G°'$ 값은 괄호 안에 제시되어 있다.)

   $ATP + H_2O \rightarrow ADP + P_i$ (−30.5)

   a. 피루브산 + P_i → 포스포엔올피루브산 (+31.7)
   b. 글루코스 + P_i → 글루코스-6-인산 (+13.8)
   c. 프룩토스-6-인산 → 프룩토스 + P_i (−15.9)
   d. 말토스 + H_2O → 2 글루코스 (−15.5)

e. 글리세롤 + P_i → 글리세롤 인산 (+9.2)

6. 어떤 온도에서 모든 조건에 대하여 $\Delta G^{\circ\prime} = \Delta H$ 가 성립하는가?

7. 어떤 반응의 산물이 다른 반응의 반응물일 때 두 반응은 짝지어져 있다. 이러한 현상에 관련한 원리는 무엇인가?

8. 아세트산의 이온화 반응에 대한 평형해리 상수는 $K_d = 1.8 \times 10^{-5}$이다. 이 반응의 ΔG°를 계산하라.

9. 다음 반응은 글루타민 합성효소(glutamine synthetase)에 의해 촉매된다.

ATP + 글루탐산 + NH_3 → ADP + P_i + 글루타민

다음 반응의 $\Delta G^{\circ\prime}$ 값(kJ/mol)을 사용하여 전체 반응의 $\Delta G^{\circ\prime}$을 계산하라.

ATP + H_2O → ADP + P_i (–30.5)
글루타민 + H_2O → 글루탐산 + NH_3 (–14.2)

10. 열역학적 용어인 일(work)을 정의하라. 그리고 생리학적인 일의 예를 두 가지 들어보라.

11. 표준조건에서 어느 것이 사실인가?
   a. $\Delta G = \Delta G^\circ$
   b. $\Delta H = \Delta G$
   c. $\Delta G = \Delta G^\circ + RT \ln K_{eq}$
   d. $\Delta G^\circ = \Delta H - T\Delta S$
   e. P = 1 atm
   f. T = 273 K
   g. [반응물] = [생성물] = 1 M

12. 다음 화합물들 중 가수분해될 때 자유 에너지를 가장 적게 방출하는 것은 무엇인가? 이를 설명하라.
   a. ATP
   b. ADP
   c. AMP
   d. 포스포엔올피루브산
   e. 포스포크레아틴

13. 자유 에너지 변화와 관련된 진술이 옳은 것은 무엇인가?
   a. 자유 에너지의 변화로 반응 속도를 측정할 수 있다.
   b. 자유 에너지의 변화로 반응에서 사용할 수 있는 최대 양의 일을 측정한다.
   c. 자유 에너지의 변화는 일정 조건 하에서 반응에 대해 일정하다.
   d. 자유 에너지의 변화는 어떤 반응에 대한 평형 상수와 관련 있다.
   e. 자유 에너지의 변화는 평형에서 0이다.

14. 25°C에서 다음 반응의 평형 상수는 얼마인가?

글루코스-1-인산 → 글루코스-6-인산
ΔG° = –7.1 kJ/mol

15. *메테인균(Methanococcus janaschii)*은 이산화탄소를 메테인(CH_4)으로 전환하면서 에너지를 얻는다.

$CO_2 + 4H_2 \rightarrow CH_4 + 2H_2O$

이산화탄소가 메테인보다 더 낮은 에너지를 갖는다는 것을 생각할 때 메테인균은 어떻게 이러한 반응을 달성하는가?

16. 다음 반응이 있다.

글리세롤-3-인산 → 글리세롤 + P_i
$\Delta G^{\circ\prime}$ = –9.7 kJ/mol

평형 상태에서 글리세롤과 무기인산의 농도가 1 mM이다. 이러한 조건에서 글리세롤-3-인산의 농도를 계산하라.

17. 마그네슘 이온(Mg^{2+})은 ATP 인산의 음전하와 결합한다. 마그네슘 이온이 없을 때, 이온이 있을 때 보다 ATP는 더 안정할까? 덜 안정할까? 아니면 그대로일까?

18. 파이로인산(pyrophosphate, PP_i)의 가수분해 자유 에너지($\Delta G^{\circ\prime}$)는 pH 7에서 19.2 kJ/mol이다. 이 값은 pH에 따라 변할까? 그렇다면 왜일까?, 아니라면 왜 아닐까?

19. 글루코스-6-인산의 가수분해에 대한 자유 에너지($\Delta G^{\circ\prime}$)는 –13.8 kJ/mol이다. 이 분자의 농도가 4 mM이라 가정할 때, 평형 (ΔG = 0)에서의 인산의 농도는 얼마인가?

20. 만일 글루코스, 인산, 글루코스-6-인산이 섞여 있을 때 각각의 농도가 4.8, 4.8, 0.25 mM이라고 할 때, 25°C에서의 글루코스-6-인산의 가수분해 시 평형 상수는 얼마인가?

21. 아래의 반응을 고려해보라.

ATP → AMP + $2P_i$

아래의 $\Delta G^{\circ\prime}$가 주어질 때 평형 상수(K_{eq})를 계산하라.

ATP → AMP + PP_i (–32.2 kJ/mol)
PP_i → $2P_i$ (–33.5 kJ/mol)

종합 문제 THOUGHT QUESTIONS

**이 문제들은 지금까지 이 책에서 논의된 모든 주요 개념에 대한 여러분의 이해를 강화하기 위한 것이다. 문제들은 하나의 정답을 가지고 있지 않을 수도 있다.*

22. 여러 가지 점에서 비소산염(arsenate, AsO_4^{3-})은 인산염(PO_4^{3-})과 많이 유사하지만 생체 분자로서 적합하지 않다. 비소 원소의 본질적인 원자 특성을 고려한 후 이러한 이유를 설명하라.

23. 피루브산(pyruvate)이 CO_2와 H_2O로 산화하면서 1142.2 kJ/mol을 방출한다. 만약 전자 전달이 또한 일어나면 약 12.5 ATP 분자가 생성된다. ATP 가수분해 대한 자유 에너지는 –30.5 kJ/m이다. ATP 생성의 효율은 몇 %인가?

24. 다음 반응에서,

ATP + 글루코스 → ADP + 글루코스-6-인산, $\Delta G°$는 −16.7 kJ/mol이다.

ATP와 ADP의 농도는 1 M이고, T = 25°C라고 가정하자.

역반응이 시작되는 글루코스-6-인산/글루코스 비는 얼마인가?

25. 열역학은 대부분 많은 수의 분자들의 성향에 의존한다. 하지만 세포 내에서는 주어진 시간에 몇몇의 특별한 형태의 분자들이 몇 개만 있다. 이러한 환경에서 열역학 법칙이 적용되는가?

26. ΔH, ΔG, ΔS 중에서 어느 것이 반응의 자발성을 가늠하는 가장 중요한 기준인가? 그 이유를 설명하라.

27. 세포에서 ATP가 에너지 화폐로 작용되게 하는 요인들은 무엇인가?

28. 물질을 축적된 에너지로 설명할 수 있다. Einstein 식을 사용하여 먼지 1 mg의 에너지를 계산하라. 이 에너지와 동일한 에너지를 생성하려면 몇 g의 석탄을 연소시켜야 하는가? 석탄은 순수한 탄소라 가정하자.

29. Mg^{2+}가 없는 계에서 ATP의 가수분해에 대한 자유 에너지가 −35.7 kJ/mol이다. 이 이온의 농도가 5 mM일 때 pH 7, 38°C에서 $\Delta G°_{관측}$은 약 −31 kJ/mol이다. 이 효과에 대한 그럴듯한 이유를 설명하라.

30. 다음 반응의 균형을 맞추고 ΔH를 계산하라.

$C_{17}H_{35}COOH + O_2 \rightarrow CO_2 + H_2O$

ΔH 값(kcal/mol)은 다음과 같다.

$C_{17}H_{35}COOH$ (−211.4)
O_2 (0)
CO_2 (−94)
H_2O (−68.4)

31. 무수아세트산(acetic anhydride)의 가수분해 자유 에너지는 −21.8 kJ/mol이다. ATP를 ADP로 전환하는 것은 무수 결합을 끊는 것이고, 이 때 가수분해의 자유 에너지가 −30 kJ/mol이다. 이 값들의 차이를 설명하라.

32. 싸이오에스터(thioester) 가수분해 반응에 대한 $\Delta G°'$는 에스터의 가수분해 반응에 대한 $\Delta G°'$보다 더 음수이다. 다음 자료를 이용하여 이유를 설명하라.

아세트산 에틸 + 물 → 에탄올 + 아세트산 (−19.6 kJ/mol)
아세틸-S-CoA → 아세트산 + CoASH (−31 kJ/mol)

33. 글루코스-1-인산은 $\Delta G°'$ 값이 −20.9 kJ/mol이나, 글루코스-6-인산의 $\Delta G°'$ 값은 −12.5 kJ/mol이다. 이들 화합물들의 분자구조를 고려하여 왜 값들의 차이가 생기는지 설명하라.

제 5 장

아미노산, 펩타이드 및 단백질

Amino Acids, Peptides, and Proteins

이 장의 차례 Outline

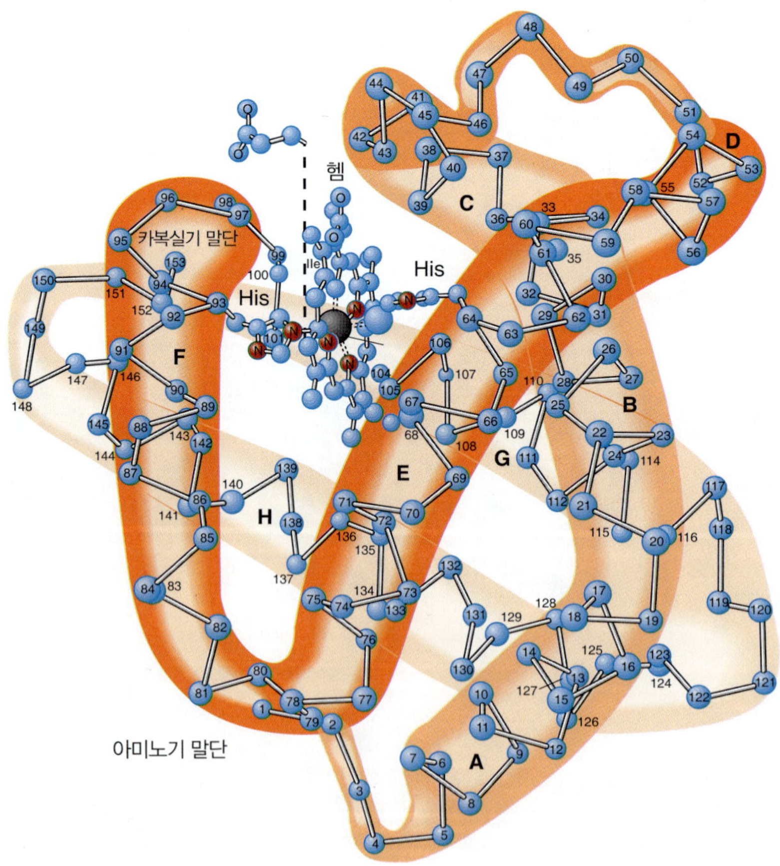

개관 Overview

단백질은 놀랄 만한 다양한 기능을 수행하는 분자 도구이다. 동물 근육 세포의 액틴, 마이오신처럼 생물체의 구조를 형성할 뿐만 아니라 촉매 반응, 대사 조절, 수송, 방어 등의 다양한 기능에 관여한다. 단백질은 20개 아미노산의 가지가 없는 중합체인 폴리펩타이드가 한 개 또는 여러 개로 구성되어 있다. 대부분 유기체의 유전체(genome)는 수천~수만 개의 단백질의 아미노산 서열을 지정하고 있다.

단백질은 거대 분자의 다양한 집단이다(**그림 5.1**). 이러한 단백질의 다양성은 20가지 아미노산 단위의 순열 조합 가능성과 직접 관련되어 있다. 이론적으로 아미노산들은 서로 결합하여 상상할 수 있는 어떠한 크기나 서열의 단백질 분자도 만들 수 있다. 예를 들어 100개의 아미노산으로 구성된 단백질을 생각해 보자. 이 단백질을 만들기 위해 가능한 모든 조합의 개수는 20^{100}개이다. 그러나 모든 단백질 서열들이 유용한 단백질을 만드는 것은 아니다. 수조 개의 가능한 단백질 서열 중 오직 일부만이(아마도 200만 개 이하) 실제로 생물체에 의해 생산된다. 이와 같이 엄청난 차이가 나는 이유는 선택 압력(selection pressure)을 받으며 수십억 년에 걸쳐 진화해 온 단백질의 구조적 · 기능적 성질 때문이다. 여기에는 (1) 단백질 접힘이 비교적 빠르고 성공적으로 이루어지는 구조적 특징, (2) 오직 하나 또는 분자의 일부분에만 특이성을 보이는 결합 자리의 존재, (3) 기능이 유지되도록 하는 구조적 유연성과 경직성 간의 적절한 균형, (4) 단백질의 인접한 환경에 적합한 표면 구조(즉, 생체막 속에서는 소수성, 세포질에서는 친수성을 띠는 것), (5) 손상되거나 더 이상 필요가 없을 때 분해 반응에 대한 단백질의 취약성 등이 있다.

단백질은 **아미노산 잔기**(amino acid residue)라고 불리는 아미노산의 개수, 아미노산 조성과 서열을 통해 구분된다. **그림 5.1**에는 단백질의 다양성을 보여 주는 몇 가지 사례가 있다. 분자량이 수천~수백만 달톤에 이르는 분자를 **폴리펩타이드**(polypeptide)라고 한다. 그보다 분자량이 작은, 특히 50개 미만의 아미노산으로 이루어진 분자는 **펩타이드**(peptide)라고 한다. **단백질**(protein)은 50개 이상의 아미노산을 가진 분자를 말한다. 각각의 단백질은 하나 혹은 둘 이상의 폴리펩타이드 사슬로 이루어져 있다.

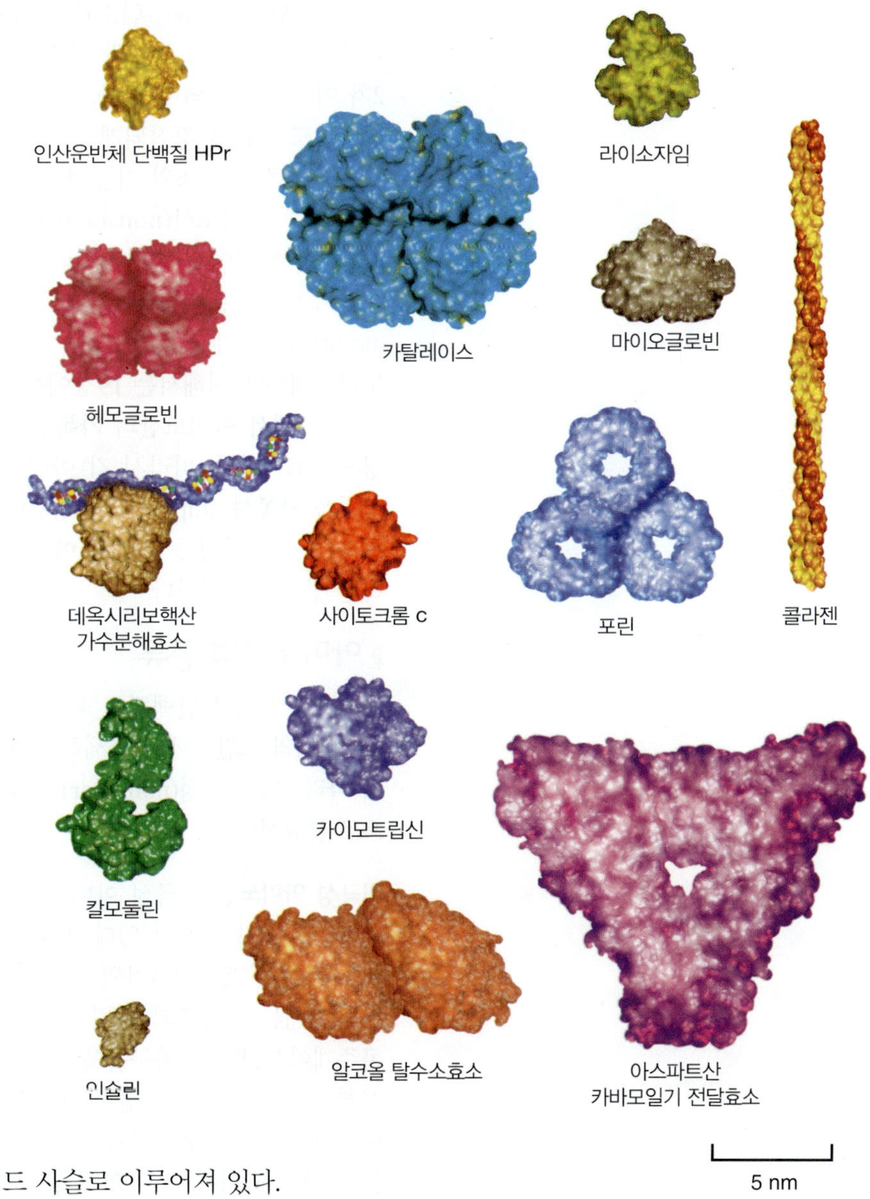

그림 5.1
단백질의 다양성.
단백질은 매우 다양한 크기와 형태로 나타난다.

이 장은 아미노산의 구조적, 화학적 성질을 살펴보는 것으로 시작한다. 이어서 펩타이드와 단백질의 구조적, 기능적 특징과 단백질의 접힘 과정에 대해 다루게 될 것이다. 또한 폴리펩타이드의 구조와 기능 사이의 긴밀한 관계에 대한 내용이 중점적으로 다루어진다. 6장에서는 특별히 중요한 단백질의 집합체인 효소의 기능에 대해 이야기 할 것이다. 단백질의 합성은 19장에서 다룬다.

5.1 아미노산

각 폴리펩타이드를 가수분해해서 나오는 일련의 아미노산들을 *아미노산 조성*(amino acid composition)이라고 한다. 자연계의 폴리펩타이드에서 흔히 발견되는 20가지 아미노산의 구조는 **그림 5.2**에 있다. 이들을 *표준* 아미노산(standard amino acid)이라고 부른다. 흔히 사용하는 표준 아미노산 약어는 **표 5.1**에 있으며, 표준 아미노산 중 19개는 동일한 일반 구조를 갖는다(**그림 5.3**). 이 아미노산들은 아미노기(amino group), 카복실기(carboxyl group), 수소 원자와 R(곁사슬)기가 결합된 중심 탄소 원자(α-탄소)를 갖는다. 프롤린(proline)은 다른 표준 아미노산과는 다르게 예외적으로 R기와 아미노 질소(amino nitrogen) 사이의 고리 형성에 의해 2차 아미노기로 되어 있다. 프롤린은 α-탄소 주위의 회전이 가능하지 않기 때문에 펩타이드 사슬을 경직되게 한다. 이와 같은 구조적 특징은 고농도의 프롤린이 들어 있는 단백질의 구조와 기능에 상당한 영향을 미친다.

비표준 아미노산(nonstandard acid)은 폴리펩타이드에 결합된 후 변형되었거나, 생물체 내에서 발견되지만 단백질에는 들어 있지 않은 아미노산이다. 단백질 내에서 발견되는 비표준 아미노산은 대부분 *단백질 합성 후 변형*(posttranslational modification)에 의한 것이다. 이러한 규칙을 따르지 않는 비표준 아미노산인 셀레노시스테인에 대해서는 19장에서 보충 설명하겠다.

pH 7에서 아미노산의 카복실기는 짝염기형($—COO^-$)이고 아미노기는 그 짝산형($—NH_3^+$)이다. 따라서 각 아미노산은 산이나 염기로 작용할 수 있다. 이와 같은 성질을 **양쪽성**(amphoteric) 성질이라고 한다. 같은 수의 양(+)전하와 음(−)전하를 동시에 갖는 분자를 **쯔비터 이온**(zwitterion)이라고 한다. R기는 각 아미노산에 독특한 성질을 부여한다.

아미노산의 종류

아미노산 서열은 단백질의 최종 3차원 구조를 결정한다. 이들의 구조에 관해서는 다음 네 개의 소단원에서 자세히 알아볼 것이다. 아미노산은 물과 상호 작용하는 능력에 따라 (1) 비극성(nonpolar), (2) 극성(polar), (3) 산성(acidic), (4) 염기성(basic)으로 분류한다.

비극성 아미노산 비극성 아미노산은 대부분 양전하 또는 음전하를 갖고 있지 않은 탄화수소 R기를 갖고 있다. 비극성(또는 소수성) 아미노산은 물과 잘 반응하지 않기 때문에 단백질의 3차원 구조를 유지하는 데 중요한 역할을 한다. 비극성 아미노산의 R기는 방향족과 지방족으로 분류된다. **방향족**(aromatic) 탄화수소는 평면의 콘쥬게이션된 π 전자구름을 가진 불포화탄화수소로 구성된 고리 구조를 포함한다. 벤젠은 가장 간단한 방향족 탄화수소 중 하나이다. **지방족**(aliphatic) 탄화수소는 메테인이나 사이클로헥세인과 같은 비방향족 탄화수소이다. 페닐알라닌과 트립토판은 방향족 고리를 갖고 있고 글리신, 알라닌, 발린, 루신, 아이소루신, 프롤린 등도 지방족 R기를 갖고 있다. 황 원자는 메싸이오닌의 지방족 곁사슬에 연결되어 있다. 메싸이오닌은 그 곁사슬에 싸이오에터기(thioether group, $—S—CH_3$)를 포함한다.

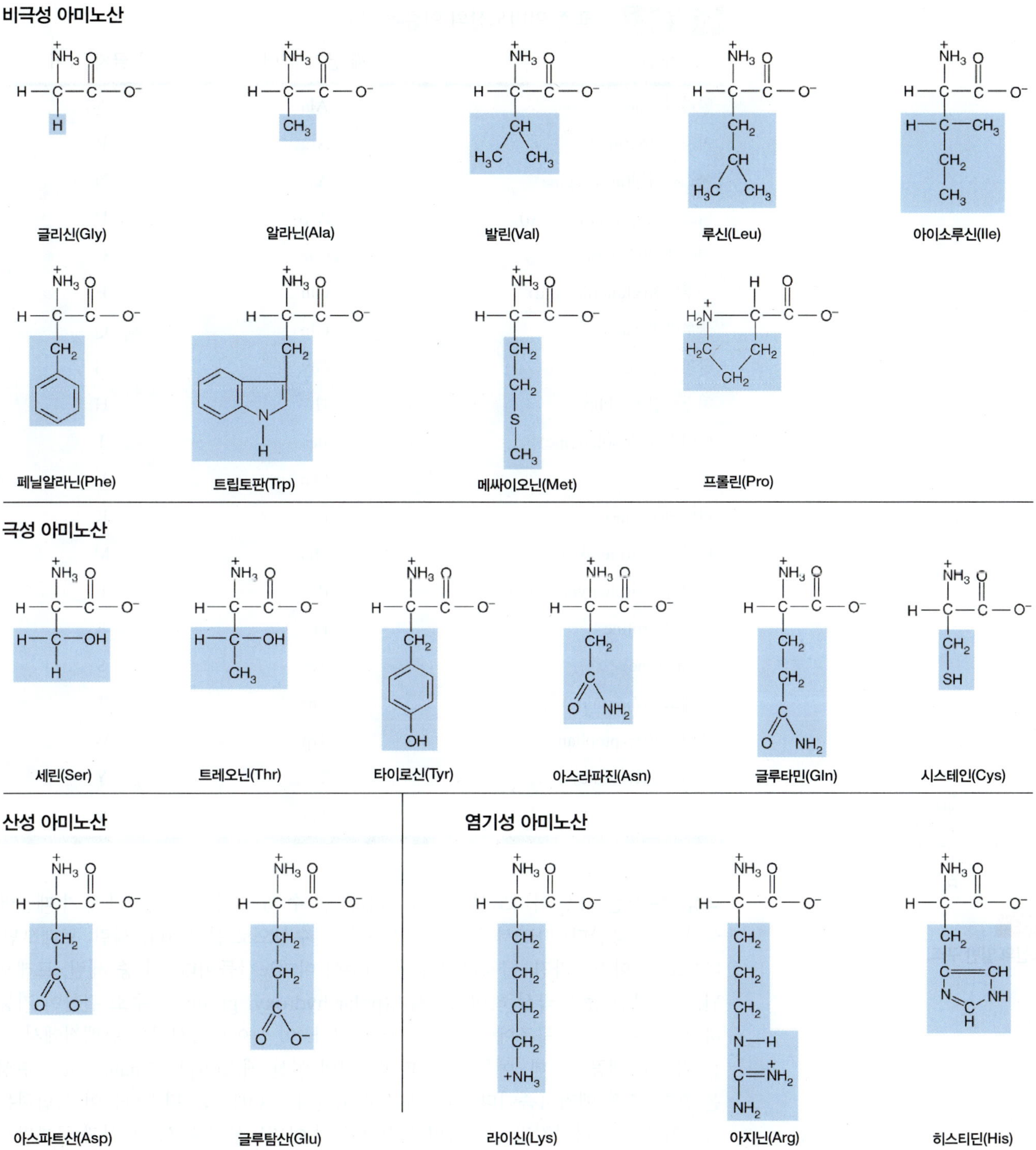

그림 5.2

표준 아미노산.

pH 7에서 우세한 형태인 아미노산의 이온화된 상태. 곁사슬은 푸른색으로 표시되어 있다.

그리고 그 유도체인 *S*-아데노실 메싸이오닌(*S*-adenosyl methionine, SAM)은 수많은 생화학 반응에서 메틸기 주개로서 작용한다. 탄화수소 곁사슬 대신에 수소 원자를 곁사슬로 가진 글리신은 약간 소수성이라는 점도 유의해야 한다. 그 작은 곁사슬은 단백질에 구조적 유연성을 제공한다.

표 5.1 표준 아미노산의 이름과 약어

아미노산	세 글자 약어	한 글자 약어
알라닌(alanine)	Ala	A
아지닌(arginine)	Arg	R
아스파라진(asparagine)	Asn	N
아스파트산(aspartic acid)	Asp	D
시스테인(cysteine)	Cys	C
글루탐산(glutamic acid)	Glu	E
글루타민(glutamine)	Gln	Q
글리신(glycine)	Gly	G
히스티딘(histidine)	His	H
아이소루신(isoleucine)	Ile	I
루신(leucine)	Leu	L
라이신(lysine)	Lys	K
메싸이오닌(methionine)	Met	M
페닐알라닌(phenylalanine)	Phe	F
프롤린(proline)	Pro	P
세린(serine)	Ser	S
트레오닌(threonine)	Thr	T
트립토판(tryptophan)	Trp	W
타이로신(tyrosine)	Tyr	Y
발린(valine)	Val	V

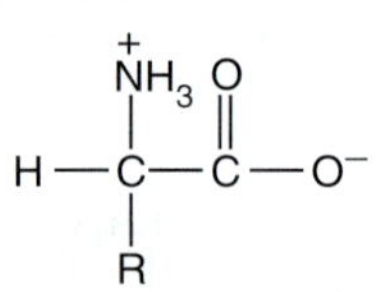

그림 5.3
α-아미노산의 일반 구조.

극성 아미노산 극성 아미노산은 수소 결합을 할 수 있는 작용기를 갖고 있기 때문에 물과 잘 반응한다. 따라서 극성 아미노산은 친수성으로 분류된다. 세린, 트레오닌, 타이로신, 아스파라진, 글루타민 등은 친수성 아미노산들이다. 이 중 세린, 트레오닌, 타이로신 등의 극성 하이드록시기(polar hydroxyl group)는 수소 결합이 가능하며, 이는 단백질 구조에 중요한 역할을 한다. 이 하이드록시기는 단백질에서 다른 기능도 제공하는데, 예를 들면 타이로신의 인산 에스터(phosphate ester) 형성은 흔한 조절 메커니즘이다. 세린과 트레오닌의 —OH기는 탄수화물이 결합하는 자리이다. 아스파라진과 글루타민은 각각 산성 아미노산인 아스파트산과 글루탐산의 아마이드(amide) 유도체들이다. 아마이드기는 극성이 강하기 때문에 아스파라진과 글루타민의 수소 결합 능력은 단백질의 안정성에 큰 영향을 미친다. 시스테인의 설프하이드릴기(sulfhydryl group, —SH)는 반응성이 매우 높으며, 여러 효소의 주요 구성원이다. 설프하이드릴기는 단백질에서 철(iron)과 구리(copper) 이온 같은 금속과 결합한다. 그뿐만 아니라 시스테인 분자 2개의 설프하이드릴기는 세포 밖에서 쉽게 산화되면서 이황화 화합물(disulfide compound)인 시스틴(cystine)을 만든다.

산성 아미노산 두 개의 표준 산성 아미노산인 아스파트산과 글루탐산은 카복실기 곁사슬을 갖고 있다. 아스파트산(aspartic acid)과 글루탐산(glutamic acid)의 곁사슬은 생리적 pH에서 음전하를 띠고 있기 때문에 아스파트산(aspartate)과 글루탐산(glutamate)이라고도 한다.

문제 5.1

다음 표준 아미노산의 구조를 보고 비극성, 극성, 산성과 염기성으로 분류하라.

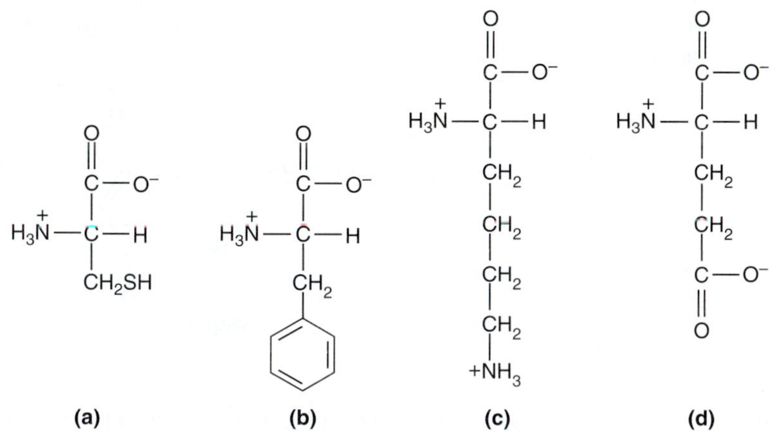

염기성 아미노산 염기성 아미노산은 생리적 pH에서 양전하를 띠고 있기 때문에 산성 아미노산과 이온 결합을 할 수 있다. 곁사슬 아미노기를 갖는 라이신은 물 분자로부터 양성자(proton)를 받아 짝산인 암모늄 이온($—NH_3^+$)이 된다. 힘줄과 인대의 중요한 구성 성분인 콜라겐(collagen) 섬유의 경우 라이신의 곁사슬이 산화되고, 이어서 축합되면서 분자 내 그리고 분자 간에 강력한 교차 결합(cross-linkage)이 형성된다. 아지닌의 구아니디노(guanidino)기는 단백질 내에서 11.5~12.5 범위의 pK_a를 갖기 때문에, 생리적 pH에서 양성자와 결합하고 있어서 산-염기 반응에는 관여하지 않는다. 반면에 히스티딘은 pK_a가 약 6 정도이어서, pH 7에서 부분적으로 이온화되기 때문에 약염기로 작용한다. 생리적 조건에서 pH가 조금이라도 변할 경우 양성자를 주고받을 수 있는 능력이 있기 때문에, 히스티딘 잔기는 완충 용액으로서 작용하며 여러 효소의 촉매 작용에서 중요한 역할을 한다.

주요 개념 _Key Concepts

아미노산은 물과 상호 작용하는 능력에 따라 구분된다. 이러한 성질은 아미노산을 비극성, 극성, 산성과 염기성의 네 종류로 나누는 기준이 된다.

생물학적으로 활성이 있는 아미노산

아미노산은 단백질의 구성 성분으로서의 중요한 기능 이외에 다음과 같은 다양한 생물학적 역할도 있다.

1. 여러 α-아미노산과 그 유도체들은 화학 전령(messenger)으로 작용한다(**그림 5.4**). 그 예로 글리신, 글루탐산, γ-아미노뷰틸산(γ-aminobutyric acid, GABA, 글루탐산 유도체), 세로토닌(serotonin, 트립토판 유도체), 멜라토닌(melatonin, 트립토판 유도체)은 **신경 전달 물질**(neurotransmitter)로서 신경세포에서 분비되어 이웃 신경 세포나 근육 세포의 기능에 영향을 미친다. 타이록신(thyroxine, 갑상선에서 분비되는 타이로신 유도체)과 인돌아세트산(indole acetic acid, 식물에서 발견되는 트립토판 유도체) 같은 **호르몬**(hormone)은 세포에서 분비되어 다른 세포의 기능을 조절하는 화학적 신호 분자이다.

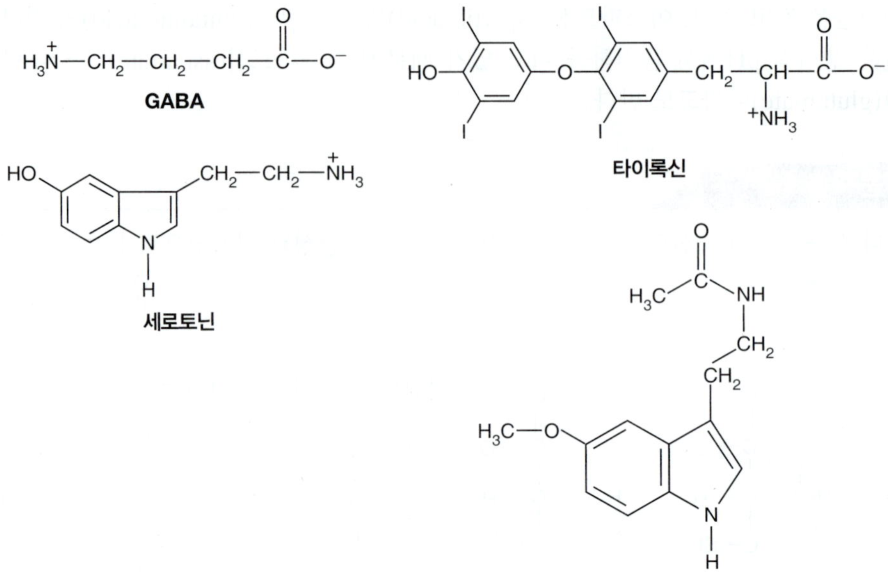

그림 5.4
몇 가지 아미노산 유도체.

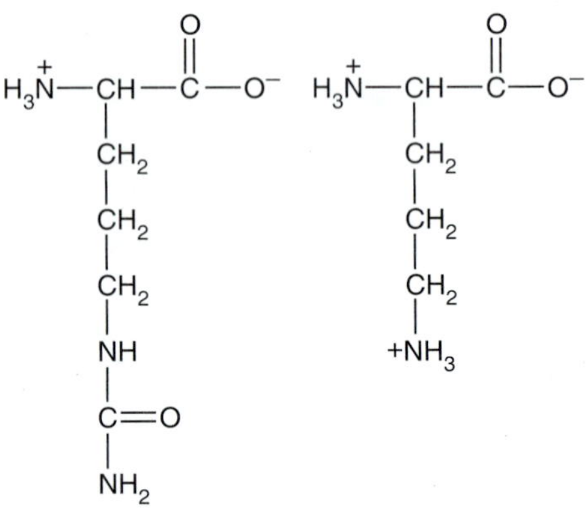

그림 5.5
시트룰린과 오르니틴.

2. 아미노산은 질소를 포함하고 있는 다양한 분자의 전구체이다. 그 예로 뉴클레오타이드, 핵산, 헴(여러 가지 중요한 단백질의 생물학적 활성을 위하여 철을 함유하는 유기원자단), 엽록소(광합성에서 중요한 색소) 등이 있다.
3. 여러 표준 아미노산과 비표준 아미노산은 대사 과정의 중간물질로 작용한다. 예를 들면 아지닌(**그림 5.2**), 시트룰린(citrulline), 오르니틴(ornithine, **그림 5.5**) 등은 요소 회로의 중간물질이다(15장 참조). 요소 합성은 주로 척추동물의 간에서 일어나며 질소 노폐물을 제거하는 주요 메커니즘이다.

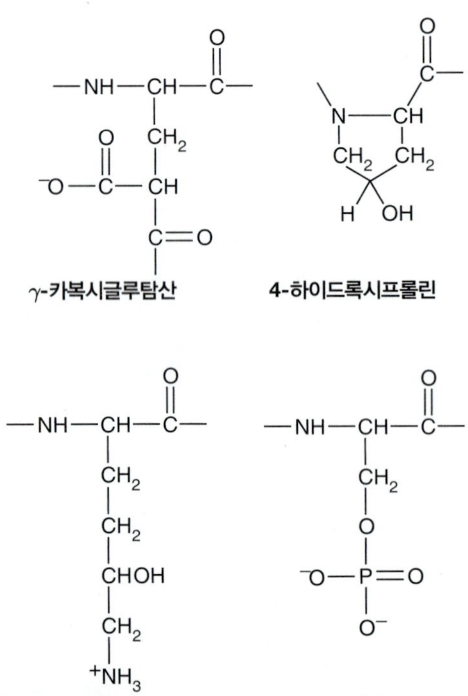

그림 5.6
폴리펩타이드에서 발견되는 변형된 아미노산 잔기.

단백질 내의 변형 아미노산

많은 단백질은 아미노산 유도체를 갖는데, 이들은 폴리펩타이드가 합성된 후에 형성된다. 이와 같은 변형 아미노산으로는 γ-카복시글루탐산(γ-carboxyglutamic acid)이 있는데, 혈액응고 인자인 프로트롬빈(prothrombin)에서 발견되는 칼슘-결합 아미노산 잔기이다(**그림 5.6**). 4-하이드록시프롤린(4-hydroxyproline)이나 5-하이드록시라이신(5-hydroxylysine)은 결합조직에 가장 많이 존재하는 단백질인 콜라젠의 중요한 구조 물질이다. 하이드록시기를 갖는 아미노산인 세린, 트레오닌, 타이로신 등의 인산화 반응은 단백질의 활성화를 조절한다. 예를 들면 글리코젠 합성 과정은 글리코젠 생성 효소(glycogen synthase)가 인산화되면 현저히 감소하게 된다. 변형 아미노산 일종인 셀레노시스테인과 파이로라이신에 대한 설명은 19장에 있다.

아미노산의 입체 이성질체

20개의 표준 아미노산 중 19개 아미노산의 α-탄소는 4개의 서로 다른 작용기, 즉 수소, 카복실기, 아미노기, R기 등에 결합되어 있기 때문에 이러한 α-탄소를 **비대칭 탄소**(asymmetric carbon) 또는 **카이랄 탄소**(chiral carbon)라고 한다. 그러나 글리신은 α-탄소가 2개의 수소와 결합되어 있기 때문에 대칭 아미노산이다. 카이랄 탄소를 갖고 있는 분자는 **입체 이성질체**(stereoisomer)가 존재한다. 입체 이성질체란 분자를 구성하는 원자들의 공간상 배열만 다른 것을 뜻한다. 아미노산 입

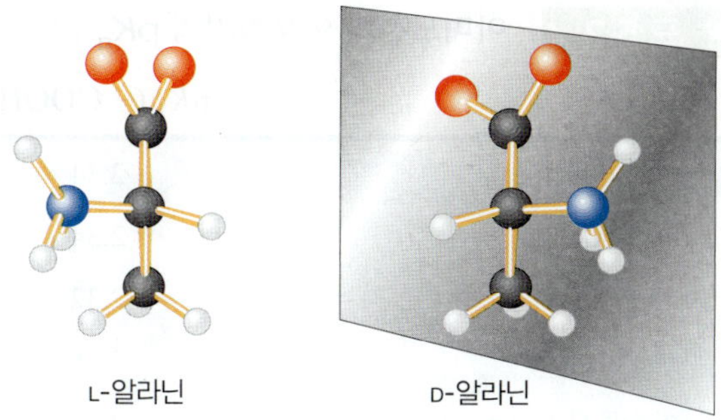

그림 5.7
두 개의 거울상 이성질체.
L-알라닌과 D-알라닌은 서로 거울상이다. (N = 큰 파란색 공, H = 작은 회색 공, C = 검은색 공, O = 빨간색 공)

체 이성질체의 3차원적 배열은 **그림 5.7**에 있다. 암모늄기와 수소 원자의 위치만 서로 바뀌었을 뿐, 두 입체 이성질체의 원자들은 동일한 구조로 결합되어 있다. 이 두 이성질체는 서로 거울상을 하고 있으며, 이러한 분자를 **거울상 이성질체**(enantiomer)라고 한다. 거울상 이성질체의 물리적 성질은 평면 편광(plane polarized light)을 서로 반대 방향으로 회전시키는 것을 제외하고는 동일하다. 평면 편광은 편광되지 않은 빛을 특수한 필터를 통과시켜서 만들며 빛의 파동은 한 평면으로만 진동한다. 이러한 성질을 갖고 있는 분자를 **광학 이성질체**(optical isomer)라고 한다.

글리세르알데하이드(glyceraldehyde)는 광학 이성질체를 결정하는 데 사용되는 기준 화합물이다(**그림 5.8**). 평면 편광을 시계 방향으로 회전시키는 글리세르알데하이드 이성질체는 우선성(dextrorotatory)이라 하고 보통 '+'로 표시한다. 동일한 각도로 시계 반대 방향으로 광선을 회전시키는 글리세르알데하이드 이성질체는 좌선성(levorotatory)이라 하며, '−'로 표시한다. 보통 광학 이성질체는 D-글루코스, 또는 L-알라닌처럼 D 또는 L로 표시한다. D 또는 L의 표시는 한 분자의 비대칭 탄소 주위의 원자 배열이 글리세르알데하이드 이성질체를 기준으로 어느 쪽의 비대칭 탄소와 유사한가에 따라 결정된다.

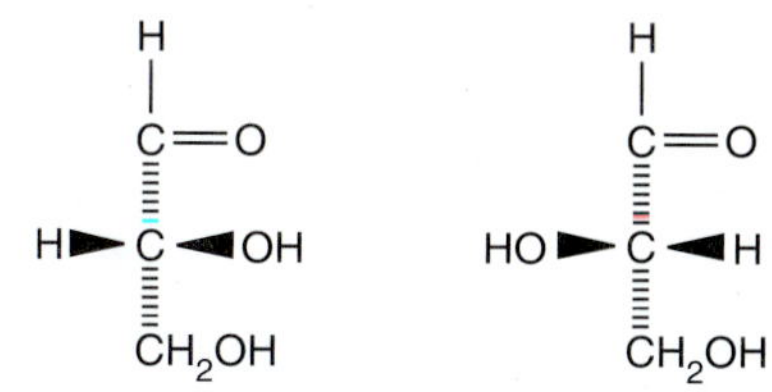

D-글리세르알데하이드 L-글리세르알데하이드

그림 5.8
D-글리세르알데하이드와 L-글리세르알데하이드.
이 분자들은 서로 거울상이다.

대부분의 생체 분자들은 하나 이상의 카이랄 탄소를 갖고 있기 때문에 D와 L은 단지 글리세르알데하이드 이성질체 중 어느 한 분자와의 구조적 관련성만을 표시하는 것일 뿐 평면편광의 회전 방향을 나타내는 것은 아니다. 생물체에서 발견되는 대부분의 비대칭 분자들은 D 또는 L형의 입체 이성질체 중 어느 한 형태로만 존재한다. 예를 들어 극소수를 제외하고는 단백질에서는 L-아미노산만 존재한다.

카이랄성(chirality)은 생체 분자의 구조와 기능에 엄청난 영향력을 갖고 있다. 예를 들어 단백질에서 나타나는 우선성 나선(right-handed helix)은 L-아미노산만을 갖고 있을 때 나타난다. 실험실에서 D-아미노산과 L-아미노산 혼합물로부터 합성된 폴리펩타이드는 나선을 형성하지 않는다. 또한 효소는 카이랄 분자이기 때문에 단지 하나의 거울상 이성질체 기질에만 결합한다. 예를 들면 펩타이드 결합을 분해하는 단백질 가수분해효소(protease)는 D-아미노산으로 구성된 인공 폴리펩타이드를 분해하지 못한다.

문제 5.2

어떤 세균은 D-아미노산의 중합체로 구성된 외층을 갖고 있다. 외래 세포를 공격해 죽이는 면역체계 세포는 이 세균들을 죽일 수 없다. 그 이유는 무엇인가?

아미노산의 적정

아미노산은 이온화기를 갖고 있기 때문에(**표 5.2**), 용액 내에서 가장 우세한 이온 형태는 pH에 의해 좌우된다. 아미노산 적정을 통해 pH가 아미노산 구조에 미치는 영향력을 알 수 있다(**그림 5.9a**). 아미노산 적정은 또한 곁사슬의 반응도를 측정하

표 5.2 아미노산의 이온화기의 pK_a 값

아미노산	pK_1 (—COOH)	pK_2 ($—NH_3^+$)	pK_R
글리신(Glycine)	2.34	9.60	
알라닌(Alanine)	2.34	9.69	
발린(Valine)	2.32	9.62	
루신(Leucine)	2.36	9.60	
아이소루신(Isoleucine)	2.36	9.60	
세린(Serine)	2.21	9.15	
트레오닌(Threonine)	2.63	10.43	
메싸이오닌(Methionine)	2.28	9.21	
페닐알라닌(Phenylalanine)	1.83	9.13	
트립토판(Tryptophan)	2.83	9.39	
아스파라진(Asparagine)	2.02	8.80	
글루타민(Glutamine)	2.17	9.13	
프롤린(Proline)	1.99	10.60	
시스테인(Cysteine)	1.71	10.78	8.33
히스티딘(Histidine)	1.82	9.17	6.00
아스파트산(Aspartic acid)	2.09	9.82	3.86
글루탐산(Glutamic acid)	2.19	9.67	4.25
타이로신(Tyrosine)	2.20	9.11	10.07
라이신(Lysine)	2.18	8.95	10.79
아지닌(Arginine)	2.17	9.04	12.48

는 데에도 쓰인다. 예를 들어 간단한 아미노산인 알라닌은 2개의 적정할 수 있는 작용기를 갖고 있다. 강염기인 NaOH로 적정할 경우, 알라닌은 단계적으로 2개의 양성자를 잃는다. pH가 0인 강산 용액에서 알라닌의 카복실기는 전하를 띠지 않으며, 암모늄기는 양성자를 받기 때문에 알라닌 분자의 알짜 전하(net charge)는 +1이 된다. 양성자(H^+) 농도를 낮추면 카복실기는 양성자를 잃고 음전하의 카복실산 이온(carboxylate group, COO^-)이 된다. [다양성자산(polyprotic acid)에서 양성자는 가장 낮은 pK_a를 갖는 원자단으로부터 먼저 떨어져 나간다.] 카복실기에서 양성자가 떨어져나가면 알라닌은 전하를 띠지 않고 전기적으로 중성이 되며, 이때의 pH를 **등전점**(isoelectric point, p*I*)이라고 한다. 알라닌의 등전점은 다음과 같은 식에서 구할 수 있다.

$$pI = \frac{pK_1 + pK_2}{2}$$

알라닌의 pK_1과 pK_2는 각각 2.34와 9.69이다(**표 5.2** 참조). 따라서 알라닌의 등전점(p*I*)은 다음과 같다.

$$pI = \frac{2.39 + 9.69}{2} = 6.02$$

주요 개념 _Key Concepts

- 비대칭 또는 카이랄 탄소를 갖고 있는 분자들은 탄소에 결합한 원자들의 공간 배열만 다르다.
- 분자의 거울상을 거울상 이성질체라고 한다.
- 생물에서 발견되는 대부분의 비대칭 분자는 단 하나의 입체 이성질체 형태로만 존재한다.

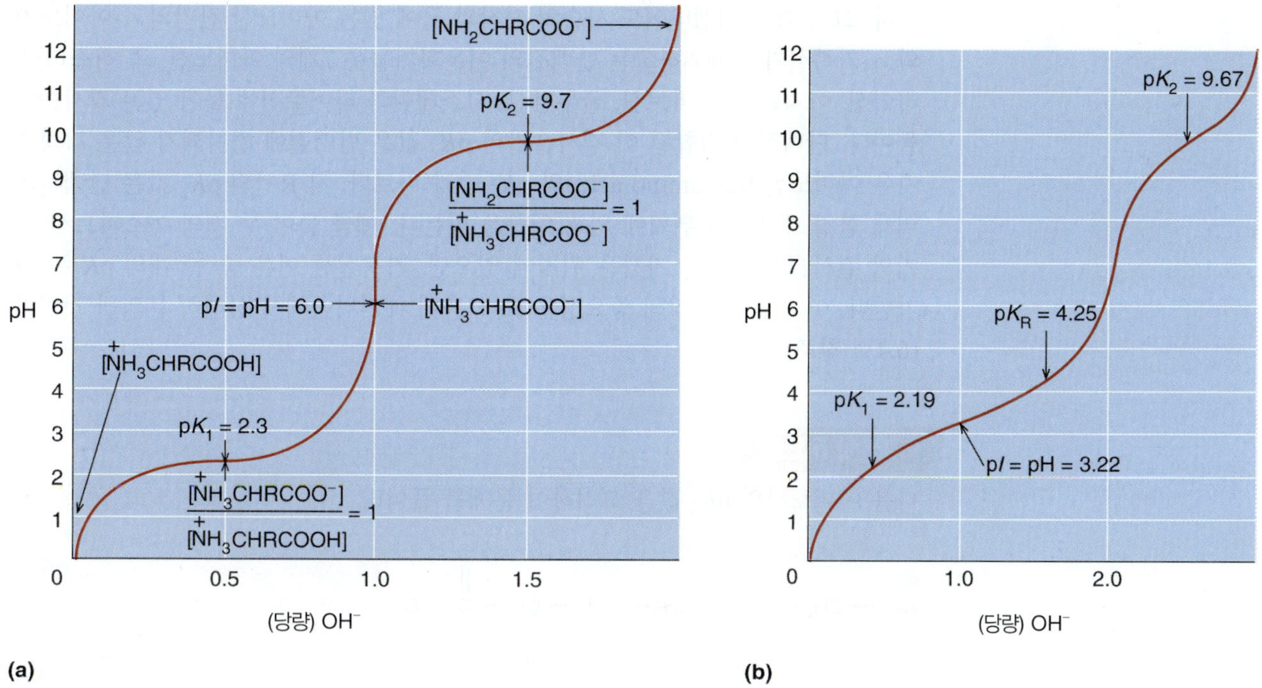

그림 5.9
두 아미노산의 적정.
(a) 알라닌과 (b) 글루탐산. 글루탐산의 이온화 형태를 아래에 나타내었다.

적정을 계속하면 암모늄기는 양성자를 잃고 전하를 띠지 않은 아미노기가 된다. 그리고 카복실산 이온 때문에 알라닌의 전하는 음전하를 띠게 된다.

이온성 곁사슬기를 가진 아미노산의 적정 곡선은 더욱 복잡하다. 예를 들면 글루탐산은 한 개의 카복실 곁사슬을 갖고 있고 낮은 pH에서는 알짜 전하가 +1이 된다(**그림 5.9b**). 염기를 첨가하면 α-카복실기는 양성자를 잃고 카복실 이온이 된다. 따라서 글루탐산의 알짜 전하는 0이 된다.

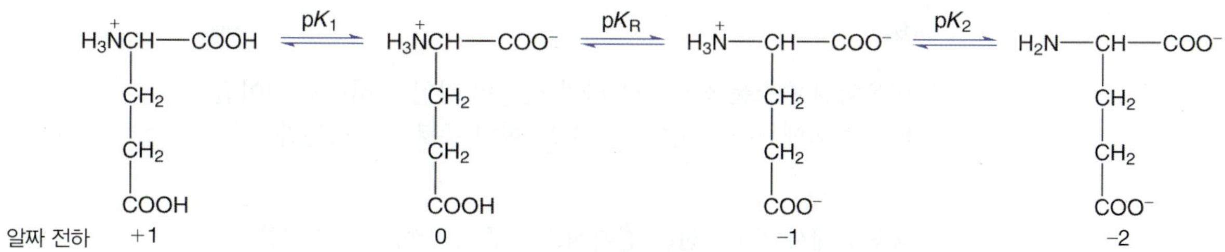

글루탐산의 적정

염기를 더 많이 첨가하면 곁사슬인 R기에 붙어 있는 카복실기가 양성자를 잃어 분자의 알짜 전하는 −1이 되며, 추가로 염기를 더 첨가하면 암모늄 이온이 최종적으로 양성자를 잃어 글루탐산의 알짜 전하는 −2가 된다. 글루탐산의 등전점은 2개의 카복실기의 pK_a 값의 중간 값에 해당된다.

$$pI = \frac{2.19 + 4.25}{2} = 3.22$$

문제 5.1~5.3에는 적정 관련 문제가 있다.

아미노산이 폴리펩타이드로 합성될 때 α-아미노기와 α-카복실기는 전하를 잃는다. 그 결과 폴리펩타이드 사슬의 시작과 끝에 있는 아미노산 잔기의 α-아미노기와 α-카복실기를 제외하고는 단백질의 이온화기들은 7개의 아미노산, 즉 히스티딘, 라이신, 아지닌, 아스파트산, 글루탐산, 시스테인과 타이로신에 붙어 있는 곁사슬기들이다. 단백질에 결합된 이 곁사슬기의 pK_a 값은 단백질에 결합되지 않은 각각의 자유 아미노산(free amino acid)의 pK_a 값과 다르다. 각 R기의 pK_a 값은 단백질의 미세 환경 내에서의 위치에 의해 영향을 받는다. 예를 들어 두 개의 아스파트산 잔기의 곁사슬기가 매우 가까운 위치에 있으면, 카복실산 이온 중 한 개의 pK_a는 증가한다. 이와 같은 현상의 중요성은 효소 촉매 메커니즘에서 상세히 논의될 것이다 (6.4절 참조).

예제 5.1

다음 아미노산의 pK_a 값을 고려하여 문제를 풀어라.

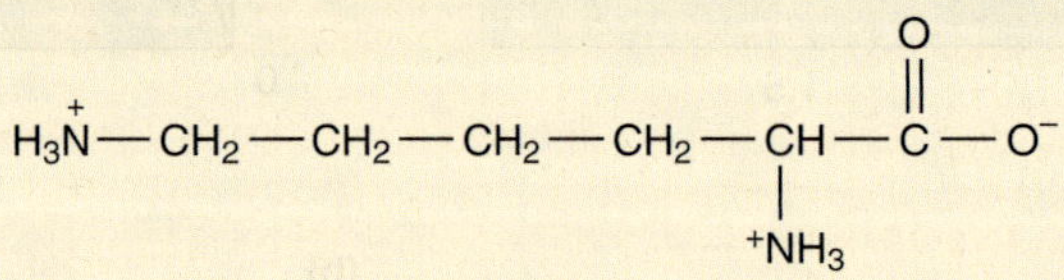

$pK_{a1} = 2.18 \qquad pK_{a2} = 8.95 \qquad pK_{aR} = 10.79$

a. pH가 강산성에서 강염기성으로 변화할 때 아미노산의 구조를 그려라.

풀이(A)

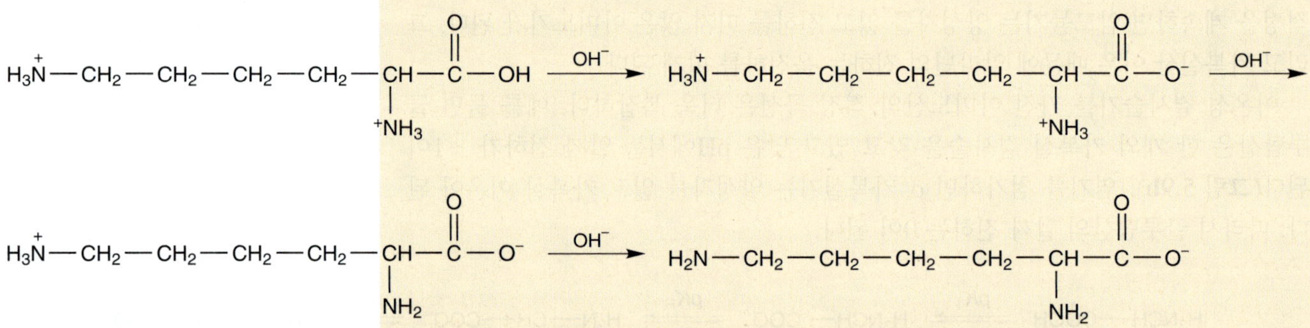

이온화된 수소는 산성도에 따라 산성이 강한 순서대로 떨어진다.

b. 등전점에서는 아미노산의 어느 형이 주로 존재하는가?

풀이(B)

등전점에서 아미노산은 전기적으로 중성인 형태로 존재한다.

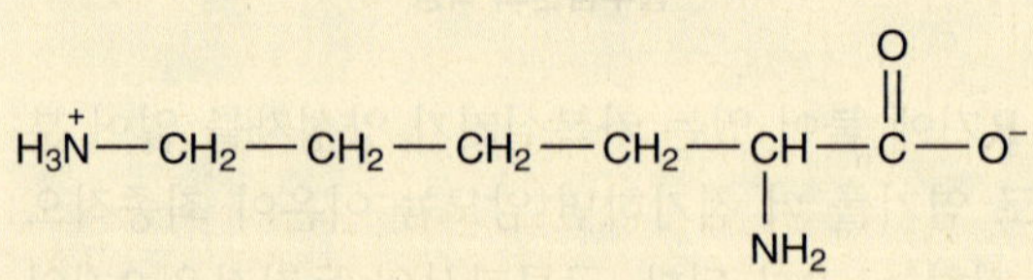

c. 등전점을 계산하라.

풀이(C)

등전점은 쯔비터 이온 전후의 pK_a 값의 평균이다.

$$pI = \frac{pK_2 + pK_R}{2} = \frac{8.95 + 10.79}{2} = 9.87$$

주요 개념 _Key Concepts

- 적정은 아미노산 또는 펩타이드의 산성 기와 염기성 기의 상대적 이온화 전위를 측정하는데 유용하다.
- 아미노산이 전하를 띠지 않는 pH를 등전점이라 한다.

예제 5.2

a. 라이신의 적정곡선을 그려라.

풀이(A)

pK_a에서는 기울기가 평평하게 수평해지며, 염기가 0.5당량, 1.5당량, 2.5당량 첨가되었을 때가 중간점이다. 또한 1당량, 2당량, 3당량 첨가될 때 급격한 상승 곡선이 된다. 등전점은 pK_{a1}과 pK_{aR} 사이 가장 급상승 곡선의 중간에 있다.

b. 이 아미노산을 pH가 각각 1, 3, 5, 7, 9, 12인 전기장에 놓았을 때 어느 방향으로 이동하는가? (1) 움직이지 않는다. (2) 음극으로 이동한다. (3) 양극으로 이동한다.

풀이(B)

등전점보다 낮은 pH에서는 아미노산은 양전하를 띠며 음극으로 이동한다(라이신의 pI = 9.87). 따라서 pH 1, 3, 5, 7, 9에서는 음극으로 이동한다. pH 12에서는 음전하를 띠며 양극으로 이동한다. ■

예제 5.3

다음 다이펩타이드를 보고 질문에 답하라.

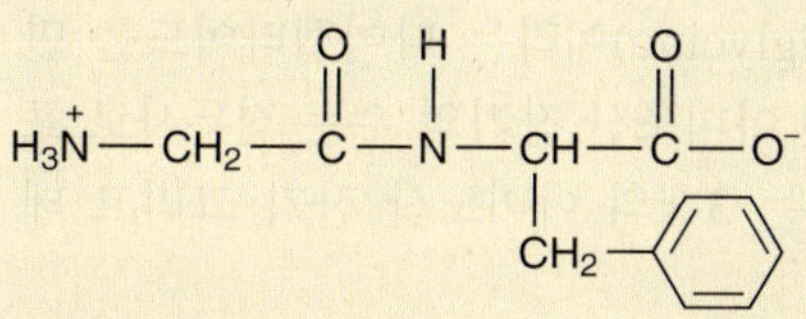

a. 등전점을 계산하라.

풀이(A)

등전점은 글리신의 아미노기와 페닐알라닌의 카복실기의 pK_a 평균값이다(pK_a는 **표 5.2** 참조).

$$pI = (9.60 + 1.83)/2 = 5.72$$

b. 위의 다이펩타이드는 pH 1, 3, 5, 7, 9, 12에서 각각 어느 방향으로 이동하는가?

풀이(B)

다이펩타이드의 등전점보다 낮은 pH에서는 음극으로 이동한다(pH 1, 3, 5). 등전점보다 높은 pH에서는 양극으로 이동한다(pH 7, 9, 12). ■

문제 5.3

다음 트라이펩타이드의 등전점을 계산하라(각 아미노산의 pK_a는 **표 5.2** 참조).

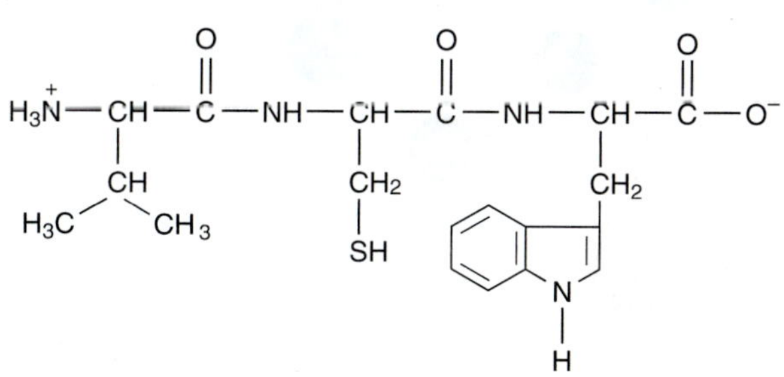

아미노산의 반응

유기 분자는 작용기에 의해 어떤 반응이 일어나는가가 결정된다. 카복실기, 아미노기, 그리고 여러 종류의 R기를 갖는 아미노산은 다양한 화학 반응을 한다. 펩타이드 결합과 이황화 다리(disulfide bridge) 형성 반응은 단백질 구조에 큰 영향을 미친다. 시프 염기(Schiff base) 형성 반응도 중요한 반응 중 하나이다.

펩타이드 결합 형성 폴리펩타이드는 아미노산이 펩타이드 결합에 의해 연결된 선형 중합체(linear polymer)이다. **펩타이드 결합**(peptide bond, **그림 5.10**)은 한 아미노산의 α-아미노기의 질소 원자에 있는 비공유 전자쌍이 다른 아미노산의 α-카복실 탄소를 친핵성 아실 치환 반응에 의해 공격할 때 형성되는 아마이드(amide) 결합이다. 일반적인 아실 치환 반응은 다음과 같다.

$$R-\overset{\overset{\Large O}{\|}}{C}-X + Y^- \longrightarrow R-\overset{\overset{\Large O}{\|}}{C}-Y + X^-$$

이러한 펩타이드 반응은 물 분자가 제거되는 탈수 반응이기 때문에 폴리펩타이드에 연결된 아미노산은 *아미노산 잔기*(amino acid residue)라고 한다. 아미노산 2분자가 결합하면 다이펩타이드(dipeptide)를 만든다. 예를 들어 글리신과 세린은 글리실세린(glycylserine) 또는 세릴글리신(serylglycine)이라는 다이펩타이드를 만든다. 아미노산이 첨가되고 그 사슬이 길어지면 아미노산 잔기의 수는 접두사로 표시한다. 예를 들면 트라이펩타이드(tripeptide)는 3개의 아미노산 잔기 그리고 테

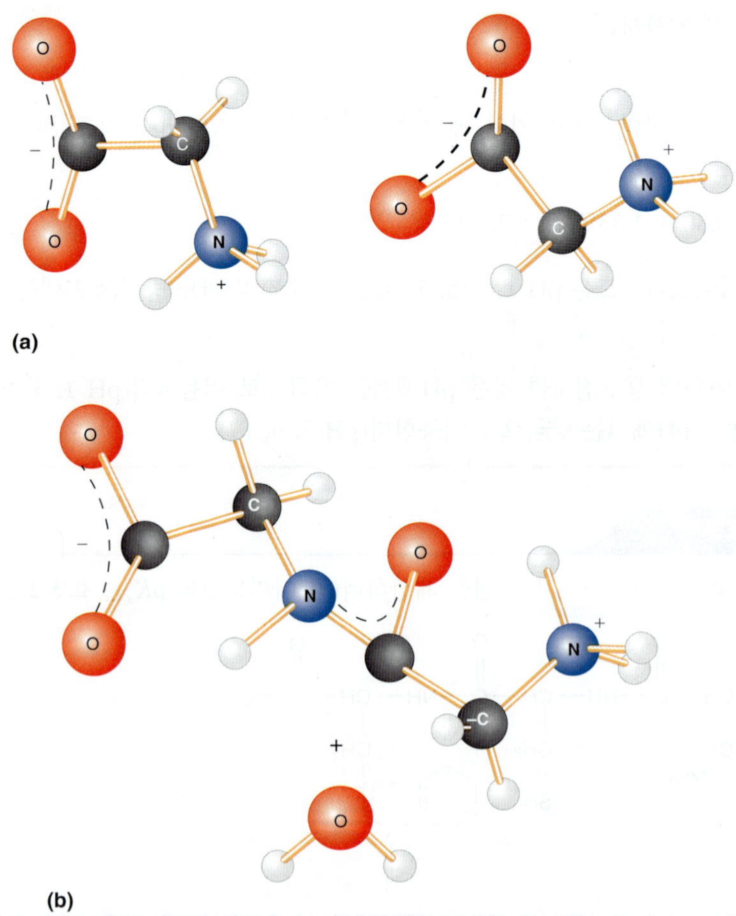

그림 5.10
다이펩타이드 형성.
(a) 펩타이드 결합은 한 아미노산의 α-카복실기가 다른 아미노산의 아미노기와 결합하면서 형성된다. (b) 이 반응에서 물 분자가 빠져 나간다.

트라펩타이드(tetopeptide)는 4개의 아미노산 잔기가 결합된 것이다. 펩타이드의 N-말단 쪽에 있는 자유 아미노기를 가진 잔기를 *N-말단*(N-terminal) 잔기라 하고 왼쪽에 표기한다. 그리고 C-말단 쪽에 있는 자유 카복실기를 가진 잔기를 *C-말단*(C-terminal) 잔기라 하고 오른쪽에 표기한다. 펩타이드는 N-말단 잔기로부터 시작하여 아미노산 서열을 따라 명명한다. 예를 들면

$$H_3\overset{+}{N}—Tyr—Ala—Cys—Gly—COO^-$$

테트라펩타이드로서 타이로실알라닐시스테이닐글리신(tyrosylalanylcysteinylglycine)이라고 명명한다.

큰 폴리펩타이드는 일정한 3차원적 구조를 갖는다. 이러한 3차원적 구조는 분자의 자연 상태를 뜻하며, *아미노산 서열*(amino acid sequence, 아미노산이 결합된 순서)에 의해 정해진다. 아미노산 잔기를 연결하는 모든 결합이 단일결합이기 때문에 폴리펩타이드는 단일결합 주위의 회전에 의해 연속적인 형태 변화를 겪는다. 그러나 대부분의 폴리펩타이드는 자발적으로 단 하나의 생물학적 활성을 가진 형태로 접힌다. 1950년대 초, 폴링[Linus Pauling (1901~1994), 1954년 노벨화학상 수상]과 동료들은 X선 회절(X-ray diffraction)을 이용한 연구를 통하여 펩타이드 결합구조(1.33 Å)는 매우 단단하고 동일한 평면상에 존재한다는 것을 발표하였다(**그림 5.11**). 또한 이 연구자들은 두 개의 아미노산을 연결하는 C—N 결합이 다른 형태의 C—N 결합(1.45 Å)보다 짧은 것을 발견하고 아마도 펩타이드 결합이 부분적으로 이중 결합의 성격을 띠고 있을 것으로 추정하였다. 이는 펩타이드 결합이 공명 혼성(resonance hybrid)임을 의미한다. 펩타이드 결합은 구조가 단단하고, 폴리펩타이드 뼈대 사슬(polypeptide backbone chain) 결합의 3분의 1 정도는 자유롭

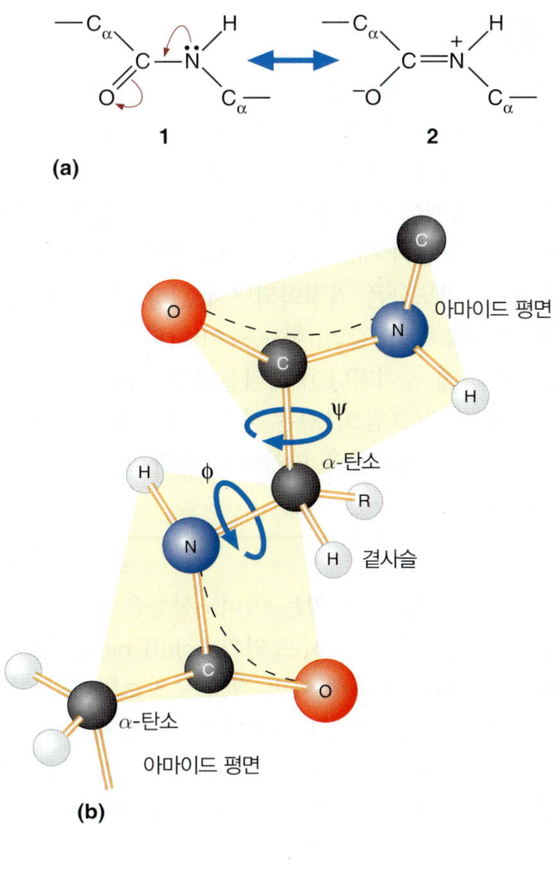

그림 5.11
펩타이드 결합.
(a) 펩타이드 결합의 공명 형태. (b) 다이펩타이드의 규모. 펩타이드 결합이 단단하기 때문에 폴리펩타이드의 구조적 자유도는 C_α-C와 C_α-N 결합 주위의 회전에 한정되어 있다. 각각의 회전은 ψ와 ϕ로 표시하였다.

그림 5.12

시스테인 두 분자의 산화에 의한 시스틴 형성.

폴리펩타이드의 이황화 결합을 이황화 다리라고 부른다.

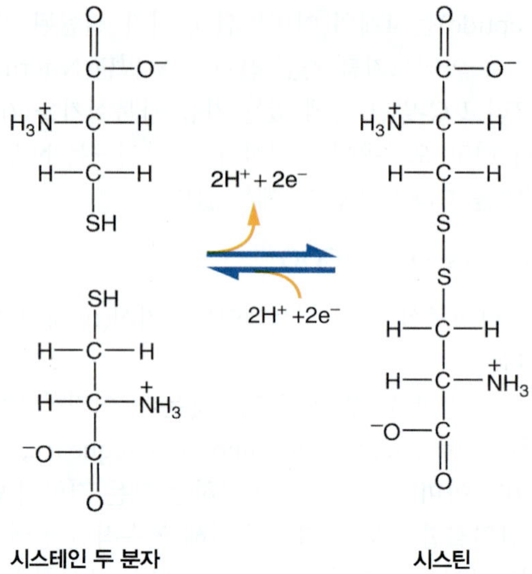

게 회전할 수 없다. 결과적으로 폴리펩타이드의 가능한 형태의 개수는 제한적이다.

시스테인의 산화 시스테인의 설프하이드릴기는 화학적 반응성이 매우 높다. 설프하이드릴기의 가장 일반적인 반응은 이황화물을 형성하는 가역적인 산화 반응이다. 시스테인 2분자가 산화하면 이황화물을 함유한 시스틴(cystine)을 만드는데(**그림 5.12**), 이 결합을 **이황화 다리**(disulfide bridge)라고 한다. 이 결합은 하나의 사슬 내에서 고리 형태를 만들거나, 별개의 두 사슬에서 분자 간 다리를 만들 수 있다. 이러한 이황화 다리는 많은 폴리펩타이드와 단백질 구조를 안정화하는 역할을 한다.

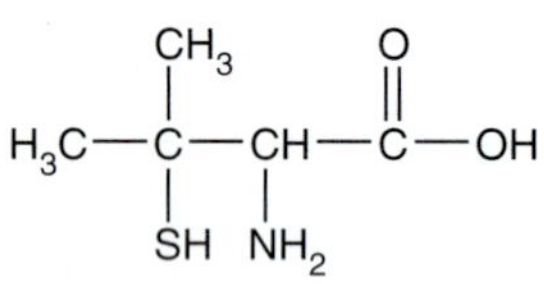

그림 5.13

페니실라민 구조.

시스틴뇨증
Cystinuria

문제 5.4

혈액(pH 7.2~7.4)과 소변(pH 6.5) 등 세포외액에서 시스테인(pK_a 8.1)의 설프하이드릴기는 산화되어 시스틴을 형성한다. 펩타이드와 단백질의 싸이올기는 단백질 구조 안정화와 싸이올기 전달 반응에 기여하지만, 시스틴은 용해도가 낮기 때문에 조직액에서 자유 아미노산 형태는 문제가 된다. *시스틴뇨증*(cystinuria)에서는 시스틴의 세포막내 이동에 결함이 있어 소변 내로 시스틴이 과다 배출된다. 이 아미노산은 결정화되면서 신장, 요도, 방광 내에서 결석을 만든다. 이 결석 때문에 통증, 감염, 혈뇨 등이 나타난다. 신장의 시스틴 농도는 수분 섭취량을 과다하게 높이거나 D-페니실라민(D-penicillamine)을 투여하여 낮출 수 있다. 페니실라민(**그림 5.13**)은 시스틴보다 상당히 용도가 높은 물질인 페니실라민-시스테인 이황화물을 만들어서 효과적이다. 페니실라민-시스테인 이황화물 구조를 그려라.

시프 염기 형성 1차 아민기를 갖고 있는 아미노산들은 카보닐기와 가역적으로 반응하여 이민 생성물을 만들며, 이를 **시프 염기**(Schiff base)라고 한다. *친핵성 첨가 반응*(nucleophilic addition)을 통해 아민 질소는 카보닐기의 친전자성 탄소를 공격하여 알콕시화물(alkoxide)을 만든다. 아민기의 양성자가 산소로 이동되면서 카비놀아민(carbinolamine)이 형성되며, 산 촉매로부터 또 다른 양성자가 결합하여 산소를 좋은 이탈기 형태(OH_2^+)로 만든다. 이어서 물 분자가 제거되고 이어서 질소로부터 H^+가 제거되면서 이민 생성물이 만들어진다. 생화학에서 시프 염기 형성의 가장 중요한 사례는 아미노산 대사이다. 아미노기와 알데하이드기의 가역적 반응에 의해 형성되는 시프 염기는 **알디민**(aldimine)이라고 하며, 아미노기 전달 반응(transamination)의 *중간물질*(intermediate, 반응 도중에 생성되는 물질)이다.

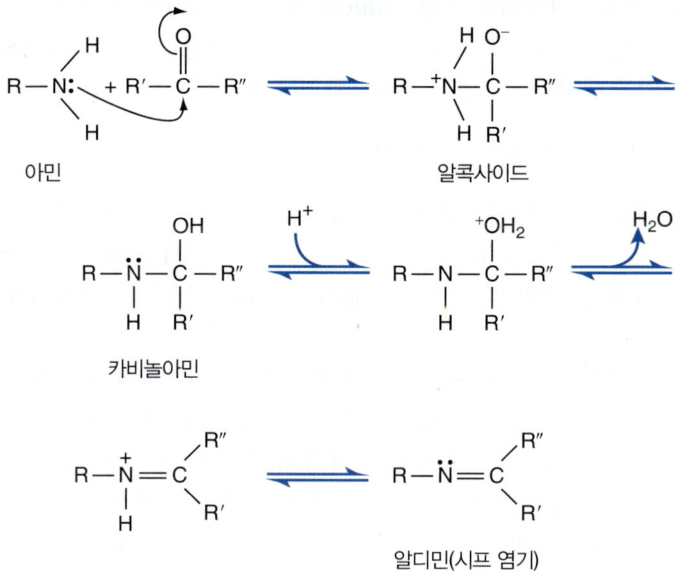

주요 개념 _Key Concepts

- 폴리펩타이드는 아미노산이 펩타이드 결합으로 연결된 중합체이다. 폴리펩타이드 내 아미노산의 순서를 아미노산 서열이라고 한다.
- 시스테인 잔기의 산화에 의해 형성된 이황화 다리는 단백질이나 폴리펩타이드의 구조 형성에 중요한 요소가 된다.
- 시프 염기는 아민기와 카보닐기가 가역적으로 반응하여 형성된 이민이다.

5.2 펩타이드

펩타이드(peptide)는 거대한 단백질보다는 구조적으로 덜 복잡하지만 생물학적으로는 중요한 작용을 한다. **표 5.3**은 몇 가지 펩타이드의 구조와 기능을 나타낸 것이다.

트라이펩타이드인 글루타싸이온(glutathione, γ-glutamyl-L-cysteinylglycine)은 특이한, γ-아마이드 결합을 갖고 있다. (글루탐산의 α-카복실기 대신에 γ-카복실기가 펩타이드 결합에 관여한다.) 모든 생물체에서 발견되는 글루타싸이온(GSH)은 단백질과 DNA 합성, 약품과 독성물질의 대사 및 아미노산 운반 등과 같은 중요한 세포대사 반응에 관여한다. 글루타싸이온의 주요 기능은 환원제로서 작

표 5.3 생물학적으로 중요한 펩타이드

이름	아미노산 서열
글루타싸이온	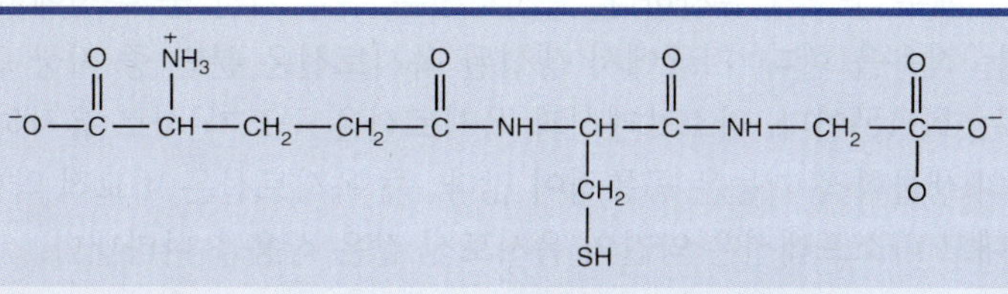
옥시토신	Cys—Tyr—Ile—Gln—Asn—Cys—Pro—Leu—Gly—NH_2 (Cys–Cys: S—S)
바소프레신	Cys—Tyr—Phe—Gln—Asn—Cys—Pro—Arg—Gly—NH_2 (Cys–Cys: S—S)
심방성 소듐 이뇨성 인자	Ser¹—Leu—Arg—Arg—Ser—Ser—Cys—Phe—Gly—Gly¹⁰—Arg—Met—Asp—Arg—Ile—Gly—Ala—Gln—Ser—Gly—Leu—Gly—Cys—Asn—Ser—Phe—Arg—Tyr²⁸

용하는 것이다. 글루타싸이온은 산소 대사의 부산물인 과산화물(peroxide, R–O–O–R)과 반응하여 산화에 의한 파괴로부터 세포를 보호한다. 예를 들어 적혈구에서 과산화수소(H_2O_2)는 헤모글로빈의 철을 Fe^{3+}로 산화시킨다. 이 반응의 생성물인 메트헤모글로빈(methemoglobin)은 산소와 결합하지 않는다. 이때 글루타싸이온은 글루타싸이온 과산화효소(glutathione peroxidase)의 촉매 작용으로 과산화수소를 환원시킴으로써 메트헤모글로빈 생성을 억제한다. 산화형 GSSG는 두 개의 글루타싸이온(GSH)의 이황화 결합으로 만들어진다.

$$2\,GSH + H_2O_2 \rightarrow GSSG + 2H_2O$$

정상적으로 세포내 존재하는 GSH:GSSG 비율은 높기 때문에 글루타싸이온은 세포내 중요한 항산화물질이다. 글루타싸이온 약자를 GSH로 표시하는 것은 글루타싸이온 분자의 환원 요인이 바로 시스테인(cysteine) 잔기의 —SH기에 의한 것이기 때문이다.

펩타이드는 다세포생물이 복잡한 대사 활동을 조절하는 데 사용하는 신호 분자 중 하나이다. 항상성(homeostasis)이라고 불리는 안정된 생체 내 환경은 서로 상반된 대사과정 사이의 역동적 상호작용에 의해 유지된다. 서로 상반되는 기능을 갖고 있는 펩타이드 분자들은 혈압 조절 등 수많은 대사 과정에 영향을 미치는 것으로 알려져 있다. 몇 가지의 펩타이드의 역할을 간단히 설명하면 다음과 같다.

바소프레신과 옥시토신
Vasopressin and Oxytocin

혈관 벽이 혈액에게서 받는 힘인 혈압은 바소프레신(vasopressin)과 심방성 소듐 이뇨성 인자(atrial natriuretic factor)이라고 불리는 펩타이드들에 영향을 받는다. 항이뇨호르몬(antidiuretic hormone, ADH)이라고도 불리는 바소프레신은 뇌의 시상하부에서 생성되는 9개의 아미노산 잔기로 된 펩타이드로서 수분 평형과 식욕, 체온, 수면을 포함한 다양한 기능을 조절한다. 저혈압이나 혈액의 고농도 Na^+에 반응하여 시상 하부에서 항이뇨호르몬인 바소프레신이 방출된다. 바소프레신은 신장의 아쿠아포린(aquaporin, 물 통로)을 통해 물의 재흡수를 촉진시킨다. 물이 농도 차에 의해 혈액 속으로 재흡수됨에 따라 혈압은 올라간다. 심장과 신경계의 특수한 세포에서 만들어지는 펩타이드인 심방성 소듐 이뇨성 인자(ANF)는 바소프레신과는 정반대의 작용을 하며, 희석된 소변의 생성을 촉진한다. 심방성 소듐 이뇨성 인자는 어느 정도 Na^+ 배설을 증가시키고(즉, 물의 배설을 증가시킴) 신장에 의한 레닌(renin) 분비를 억제함으로써 그 효과를 나타낸다. (레닌은 혈관수축 호르몬인 안지오텐신(angiotensin) 형성을 촉매하는 효소이다.)

바소프레신은 시상하부에서 만들어지는 또 다른 펩타이드인 옥시토신(oxytocin)과 매우 구조가 유사하다. 옥시토신은 수유 기간 중 유선에서 모유 분비를 촉진하는 작용을 한다. 자궁에서 생성된 옥시토신은 분만 중 자궁 근육의 수축을 촉진하는 호르몬이다. 바소프레신과 옥시토신은 구조가 서로 유사하기 때문에 이 두 분자의 생물학적 기능은 공통점이 많다. 즉 옥시토신은 비교적 약한 항이뇨 작용을 나타내고 바소프레신은 약간의 옥시토신 같은 작용을 나타낸다.

문제 5.5

옥시토신의 전체 구조를 그려라. 생리적 pH인 7.3에서 이 분자의 알짜 전하는 어떠한가? pH 4, pH 9에서는 어떠한가? 옥시토신의 어떤 원자가 물 분자와 수소 결합을 할 수 있는가?

문제 5.6

바소프레신 수용체와 결합하는 바소프레신의 구조는 단단한 헥사펩타이드 고리로서, 3번 위치에는 페닐알라닌 잔기, 5번 위치에는 아지닌 잔기가 위치해 있다. 방향족 페닐알라닌 곁사슬은 수용체의 소수성 주머니에 적합하며, 양전하를 크게 띠는 아지닌 곁사슬은 구조에서 특히 중요하다. 바소프레신과 옥시토신 구조를 비교하고, 왜 이 두 물질의 기능이 서로 중복되는지 설명하라. 바소프레신의 8번 위치에 아지닌 대신 라이신이 결합된다면 결합 특성에 어떤 변화가 나타날까?

주요 개념 _Key Concepts

펩타이드는 비록 단백질에 비해 크기가 작지만 주요한 생물학적 활성을 나타내며, 특히 다양한 신호 전달 과정에서 중요한 역할을 한다.

5.3 단백질

생물체 내 모든 생체물질 중에서 단백질은 가장 다양한 기능을 수행한다.

1. **촉매 작용.** 촉매 단백질인 *효소*(enzyme)는 소화 작용, 에너지 포획, 생합성과 같은 수많은 생화학 반응을 촉진하고 조절하는 고분자 단백질이다. 효소는 반응 속도를 10^6~10^{12}배 증가시킬 수 있다. 그 이유는 적정 pH와 온도에서 효소가 변형된 반응의 중간물질을 유도하거나 안정화시킬 수 있기 때문이다. 예로서 광합성 작용에 중요한 역할을 하는 리불로스 비스인산 카복실화효소(ribulose bisphosphate carboxylase)와 질소 고정에 관여하는 질소화 효소(nitrogenase) 등이 있다.
2. **구조.** 구조 단백질은 종종 매우 특이한 성질을 갖고 있다. 예를 들면 결합조직의 주요 성분인 콜라젠(collagen)과 실크난백실인 피브로인(fibroin)은 기계적으로 매우 견고하다. 탄력성 섬유에서 발견되는 고무 같은 단백질인 엘라스틴(elastin)은 혈관이나 피부에 들어 있다.
3. **운동.** 모든 세포 운동에는 단백질이 관여한다. 액틴(actin), 튜불린(tubulin), 그리고 일부 단백질 등은 세포골격(cytoskeleton)을 구성한다. 세포골격 단백질은 세포 분열, 세포내 이입(endocytosis), 세포외 유출(exocytosis), 백혈구의 아메바 운동(ameboid movement) 등에 관여한다.
4. **방어.** 많은 단백질들은 세포 보호 능력을 갖고 있다. 그 예로 척추동물에서 피부에 있는 단백질인 케라틴(keratin)은 화학적, 또는 기계적 손상으로부터 조직을 보호한다. 혈액 응고 단백질인 피브리노젠(fibrinogen)과 트롬빈(thrombin)은 혈관이 손상되었을 때 혈액 손실을 방지한다. 세균 등의 외래 생물체가 침입하면, 임파구(lymphocyte)에서는 면역 글로불린(immunoglobulin)을 만들어 대항한다. 침입한 세균에 항체가 결합하는 과정이 세균을 파괴시키는 첫 단계이다.
5. **조절 작용.** 호르몬 또는 성장인자는 표적 세포의 수용체에 결합하여 세포의 기능을 변화시킨다. 그 예로 글루카곤(glucagon)과 인슐린(insulin) 같은 펩타이드 호르몬은 혈당의 농도를 조절한다. 성장 호르몬은 세포 성장과 분열을 촉진한다. 성장인자는 동물 세포의 분열 및 분화를 조절하는 폴리펩타이드로서, 혈소판 유도 성장인자(platelet-derived growth factor, PDGF)와 표피 성장인자(epidermal growth factor, EGF) 등이 있다.
6. **수송.** 많은 단백질은 세포막이나 세포 사이의 이온이나 분자를 수송하는 운

반체로서 작용한다. 세포막 단백질의 한 예로서 Na^+-K^+ ATPase와 글루코스 운반체 등이 있다. 그 외에 폐로부터 산소를 운반하는 헤모글로빈과 혈액 내에서 불용성인 지방을 운반하는 저밀도 지질단백질(low density lipoprotein, LDL)과 고밀도 지질단백질(high density lipoprotein, HDL)이 있다. 그리고 철(Fe)과 구리(Cu)를 각각 운반하는 혈청 단백질인 트랜스페린(transferrin)과 세룰로플라스민(ceruloplasmin)도 있다.

7. **저장.** 어떤 단백질은 필수 영양소의 저장소로 쓰인다. 예를 들어 새알의 난알부민(ovalbumin)과 포유동물 우유 속의 카세인(casein)은 성장 과정 중 필요한 유기질소의 좋은 공급원이다. 그리고 제인(zein) 같은 식물 단백질도 종자가 발아하는 데 영양원으로 사용된다.
8. **스트레스 반응.** 다양한 비생물적 스트레스로부터 살아남는 생물의 능력은 일부 단백질에 의해 이루어진다. 예로서 사이토크롬 P_{450}(cytochrome P_{450}, 독성 유기 오염 물질을 독성이 약한 물질로 전환시키는 효소)과 메탈로싸이오네인(metallothionein, 카드뮴, 수은과 같은 독성의 금속들과 결합하는 시스테인이 풍부한 단백질) 등이 있다. 과도한 고온이나 일부 스트레스는 **열충격 단백질**(heat shock protein, hsp)을 합성하도록 하여, 손상된 단백질이 올바른 구조로 접히도록 유도한다. 만약 단백질의 손상 정도가 심각하다면 hsp는 이 단백질이 분해되도록 한다. (그러나 어떤 hsp는 단백질의 정상적 접힘 과정에도 관여한다.) 세포는 DNA 수선 효소(DNA repair enzyme)에 의해 방사선으로부터도 보호받는다.
9. **독소.** 많은 생물체들이 포식이나 방어를 위해 단백질 독소(protein toxin)를 만든다. 예를 들어 뱀, 전갈, 몇몇 거미는 먹잇감을 마비시키기 위해 신경독소(neurotoxin)를 사용한다. 균류인 *클로스트리디움 보툴리눔*(*Clostridium botulinum*)은 근육을 마비시키는 보툴리눔(botulinum) 독소를 분비한다. 벌들은 자신의 둥지를 방어하기 위해 벌침을 통해 통증과 염증을 유발하는 아피톡신(apitoxin)을 주입한다. 멜리틴(mellitin)은 아피톡신을 구성하는 주요 펩타이드이다.

최근의 단백질 연구에 따르면 수많은 단백질이 종종 서로 관련이 없는 여러 기능들을 수행하는 것으로 알려졌다. 한때 드물게 관찰되었던 **다기능 단백질**[multifunction protein, *부업 단백질*(moonlighting protein)]들이 바로 이런 다양한 기능을 하는 물질이다. 대표적인 예로 글리세르알데하이드-3-인산 탈수소효소(glyceraldehyde-3-phosphate dehydrogenase, GAPD)가 있다. GAPD는 해당작용의 글루코스 분해과정의 중간물질인 글리세르알데하이드-3-인산의 산화를 촉매하는 효소이다. 또한 GAPD는 이러한 효소작용 이외에 DNA 복제와 수선, 세포내 이입과 막융합 등과 같은 다양한 반응에서 주요한 역할을 하는 것으로 알려졌다.

단백질의 다른 분류법

단백질은 기능적으로 분류될 뿐만 아니라 아미노산 서열의 유사성과 전체적인 3차원 모양을 토대로도 분류된다. **단백질군**(protein family)은 아미노산 서열의 유사성을 토대로 관련된 단백질 분자들로 구성된다. 이러한 단백질들은 같은 조상을 공유한다. 전형적인 단백질군의 예로서 헤모글로빈(혈액의 산소운반 단백질)과 면역글로불린(항원에 대응하여 면역계에서 만들어진 항체단백질)이 있다. 이와는 달리 서로 관련성이 적은 단백질들은 **초군**(superfamily)으로 분류된다. 예를 들어 글로빈 초군(globin superfamily)으로는 산소의 결합과 운반을 담당하는 다양한 헴-포함 단백질들이 있다. 글로빈 초군에는 헤모글로빈과 마이오글로빈(근육 세포의 산소 결합 단백질) 이외에 뉴로글로빈(neuroglobin, 뇌의 산소 결합 단백질), 사이토글로빈(cytoglobin, 뇌 이외 조직의 산소 결합 단백질)과 레그헤모글로빈(leghemoglobin, 콩과식물의 뿌리혹에 있는 산소 격리 단백질) 등이 있다.

단백질은 매우 다양하기 때문에 종종 그 모양과 조성에 따라 분류된다. 단백질은 모양에 따라 크게 두 가지로 분류된다. **섬유상 단백질**(fibrous protein)은 긴 막대 모양의 분자로서 물에 잘 녹지 않고 물리적으로 단단하다. 피부나 머리카락 및 손톱에 있는 케라틴(keratin)처럼 섬유상 단백질은 구조를 만들고 보호하는 기능이 있다. **구형 단백질**(globular protein)은 밀집된 구형 분자로 대부분 물에 잘 녹으며, 통상적으로 다양한 기능을 한다. 대부분의 효소가 구형 단백질이며, 그 외에 면역글로불린과 헤모글로빈 그리고 알부민 등도 구형 단백질에 속한다.

조성에 따라 분류할 경우, 단백질은 단순 단백질과 접합 단백질로 나뉜다. 단순단백질(simple protein)은 아미노산으로만 구성되어 있으며 혈청 알부민과 케라틴 등이 있다. **접합 단백질**(conjugated protein)은 단순 단백질에 비단백질 성분이 결합된 것이다. 비단백질 부분을 **보결원자단**(prosthetic group)이라 부르며, 보결원자단을 제외한 단백질 부분을 **결손단백질**(apoprotein)이라 한다. 그리고 보결원자단이 결합된 단백질을 **완전단백질**(holoprotein)이라고 한다. 보결원자단은 단백질 기능에 매우 중요한 역할을 한다. 접합단백질은 결합된 보결원자단의 특성에 따라 분류할 수 있다. **당단백질**(glycoprotein)은 보결원자단으로서 탄수화물, **헴단백질**(hemoprotein)은 헴(heme)기를, **지질단백질**(lipoprotein)은 지질 분자를 각각 포함한다. 무기 보조 인자를 포함하는 단백질의 예로는 금속 이온을 함유하는 **금속단백질**(metalloprotein)과 인산기를 함유하는 **인단백질**(phosphoprotein)이 있다.

단백질 구조

단백질의 구조는 매우 복잡하며, 가장 작은 폴리펩타이드 사슬의 완전한 모형을 이해하는 것조차 쉽지 않다. 분자의 특성을 잘 나타내는 매우 간단한 이미지는 단백질 구조의 이해에 매우 유용하다. 단백질 구조에 대한 정보를 나타내는 두 가지 방법이 **그림 5.14**에 제시되어 있다. 다른 표시 방법으로서 공-막대(ball-and-stick) 모형이 있는데, 이는 **그림 5.36**과 **5.39**에 나타나 있다.

단백질 구조는 몇 단계로 분류한다. **1차 구조**(primary structure)는 아미노산의 서열로서 유전 정보에 의해 결정된다. **2차 구조**(secondary structure)는 *신생*(nascent) 폴리펩타이드 사슬이 접혀지면서 인접한 아미노산들의 국소적인 배열에 의해 형성된다. **3차 구조**(tertiary structure)는 폴리펩타이드 사슬이 취하는 전체적인 3차원 모양이다. **4차 구조**(quaternary structure)는 단백질이 2개 또는 그 이상의 폴리펩타이드 사슬, 즉 2개 이상의 소단위체(subunit)로 구성될 때 가지게 된다.

1차 구조 모든 폴리펩타이드는 독특한 아미노산 서열을 갖는다. 아미노산 잔기 사이의 상호 작용은 단백질의 3차 구조를 결정지으며, 이는 다른 단백질과의 상관관계에도 영향을 미친다. 비슷한 아미노산 서열을 갖고 있으며, 조상이 동일한 폴리펩타이드를 **상동성**(homologous)이 있다고 한다. 상동성 폴리펩타이드 사이의 아미노산 서열을 비교해 보면 서로 다른 종 사이의 유전적 상관관계를 알 수 있다. 예를 들면 미토콘드리아의 산화-환원단백질인 사이토크롬(cytochrome) c의 아미노산 서열 상동성은 생물의 진화 연구에 자주 이용되고 있다. 에너지 생성에 필수물

그림 5.14

아데닐산 카이네이스 효소.

(a) 공간채움 모형은 분자의 성분과 모양이 차지하고 있는 부피를 나타낸다. (b) 리본 모형에서 β-병풍 가닥 부분은 납작한 화살표로 표시한다. 그리고 α-나선은 나선코일 모양의 리본으로 표시한다.

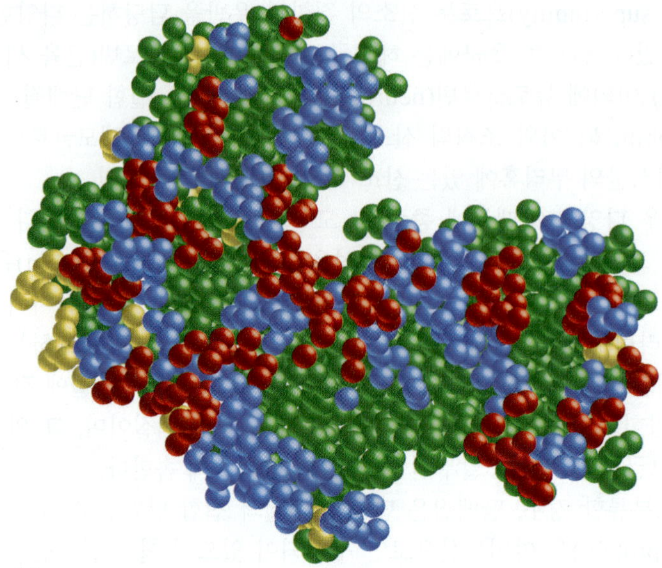

(a)

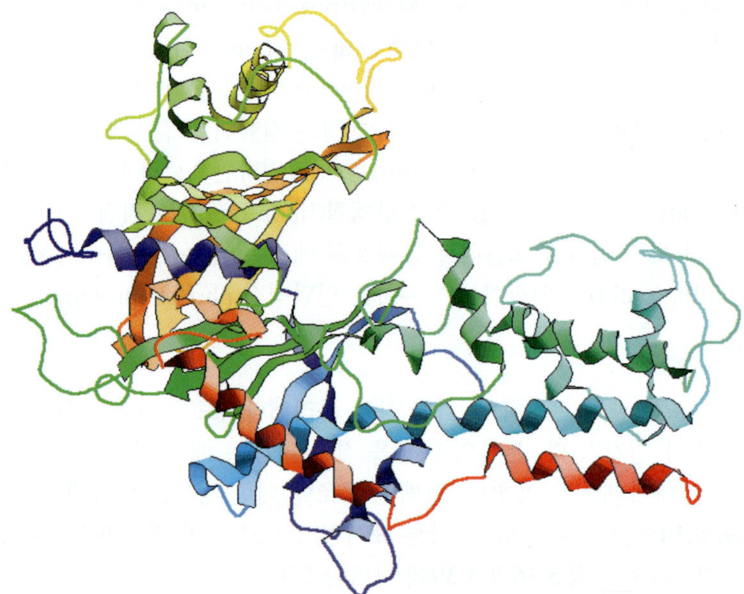

(b)

질인 사이토크롬 c의 서열을 비교해보면 수많은 생물종에서 많은 양이 보존되어 있음을 알 수 있다. 상동성 단백질에서 항상 동일한 아미노산 잔기를 *불변체*(invariant)라고 하는데 이는 단백질 기능에 필수적이다. 사이토크롬 c의 경우 불변체 잔기는 헴 같은 보결원자단이나 또는 에너지 생산에 관련된 다른 단백질과 상호작용을 한다.

1차 구조, 진화, 분자병 시간이 지나면 진화 과정의 결과로 각 폴리펩타이드의 아미노산 서열은 변한다. 이것은 돌연변이라고 하는 무작위적이고 자발적인 DNA 서열 변화에 의하여 일어난다. 수많은 일차 서열의 변화는 폴리펩타이드 기능에 영향을 미치지 않는다. 이러한 치환 중 일부는 *보존적*(conservative) 치환이라고 하며, 화학적으로 유사한 곁사슬을 갖는 아미노산으로 치환되었기 때문이다. 예를 들면 소수성 곁사슬을 갖고 있는 루신과 아이소루신은 폴리펩타이드 기능에 큰 영향을 주지 않고 서로 치환될 수 있다. *변이체*(variable)라고 하는 이 잔기들은 폴리펩타이드 기능에 비특이적인 기능을 한다.

보존적인 변이 자리(variable site)의 치환은 진화 관계(evolutionary relationship)를 추적하는 데 종종 이용된다. 두 종의 생물이 서로 갈라진 시간이 길면 길수록 일부 폴리펩타이드의 1차 구조의 차이는 커진다. 사람과 침팬지는 비교적 최근인 약 400만 년 전에 갈라진 것으로 추정된다. 이러한 추정은 주로 화석과 해부학적 증거를 토대로 한 것으로, 두 종의 사이토크롬 c의 1차 아미노산 서열이 서로 동일한 것으로 알 수 있다. 또한 사람의 사이토크롬 c와 10개의 잔기만 다른 캥거루, 고래, 그리고 양은 5000만 년 전에 살았던 공통 조상으로부터 진화해 온 것으로 추정된다. 종종 아미노산 서열에 변화가 많음에도 불구하고 단백질의 전체 삼차원적 구조는 대부분 변화가 없다. 수백만 년 전에 서로 갈라졌지만, 유전자에 의해 암호화되어 있는 단백질의 모양은 놀라울 정도로 서로 닮아 있다.

주요 개념 _Key Concepts

- 폴리펩타이드의 1차 구조는 아미노산의 서열이다. 아미노산은 펩타이드 결합으로 연결되어 있다.
- 분자의 기능에 필수적인 작용을 하는 아미노산 잔기를 불변체라고 한다.
- 유사한 아미노산 서열과 기능을 갖고 있는 단백질을 상동성이 있다고 한다.

분자병
Molecular Diseases

그러나 돌연변이는 해롭기도 하다. 유전자 서열의 무작위한 변화는 중간부터 심한 정도까지 범위가 넓다. 예를 들어 개별 생물체에서 사이토크롬 c의 보존적이며 불변인 잔기 위치에 아미노산 치환이 일어나면 생존이 어려워진다. 또한 돌연변이는 치명적이지 않더라도 큰 영향을 미친다. 돌연변이 헤모글로빈 유전자에 의해 발생하는 낫 세포 빈혈증(sickle cell anemia)에 대해 폴링(Linus Pauling) 등은 이를 **분자병**(molecular disease)이라고 불렀다. 그는 전기이동 실험을 통해 낫 세포 빈혈증 환자가 돌연변이 헤모글로빈을 갖고 있음을 발견하였다. 성인의 헤모글로빈(HbA)은 동일한 두 개의 α-사슬과 두 개의 β-사슬로 되어 있다. 낫 세포의 빈혈은 헤모글로빈(HbA)의 β-사슬에서 단 하나의 아미노산 치환에 의해 발생한다. 이 환자의 헤모글로빈 분자를 분석하면 HbA와 낫 모양 세포 HbS 사이의 유일한 차이점은 바로 β-사슬의 여섯 번째 아미노산의 위치에 음전하를 띠는 글루탐산 대신에 소수성 발린으로 치환되어 있다는 점이다(**그림 5.15**). 음전하의 글루탐산 대신 소수성 발린이 치환되어 있기 때문에 HbS 분자는 산소가 없는 상태에서는 응집하여 단단한 막대 모양의 구조를 만든다(**그림 5.16**). 환자의 적혈구가 낫 모양으로 변하면, 이어서 용혈이 일어나 심각한 빈혈을 일으킨다. 이 적혈구는 정상 적혈구보다 산소 결합 능력이 낮다. 또한 낫 모양 적혈구는 모세혈관을 간헐적으로 막아 조직에 산소 결핍을 일으킨다. 낫 세포 빈혈증은 극심한 고통, 조직의 파괴와 조기 사망을 일으킨다.

최근까지 낫 세포 빈혈증이 있는 경우 이러한 쇠약 증상으로 인해 아동기 이후까지 생존하기 어려웠다. 따라서 이러한 질병을 유발하는 해로운 돌연변이는 인간 사회에서 빠르게 없어질 것이라고 생각하였다. 그러나 낫 세포 유전자는 생각보다 드물지 않다. 낫 세포 빈혈증은 낫 세포 유전자의 두 복제물을 유전받았을 때에만 발생하는 *동형접합체*(homozygous) 열성 질환이다. 환자는 두 부모로부터 결함 유전자를 한 복제물씩 각각 물려받는다. 부모는 모두 낫 세포 형질을 가지고 있다. *이형접합체*(heterozygous)라고 하는 것은 부모로부터 하나의 정상적인 HbA 유전자

Hb A	Val —	His —	Leu —	Thr —	Pro —	Glu —	Glu —	Lys —
Hb S	Val —	His —	Leu —	Thr —	Pro —	Val —	Glu —	Lys —
	1	2	3	4	5	6	7	8

그림 5.15
HbA와 HbS의 β-사슬의 일부분.
낫 세포의 헤모글로빈 유전자를 갖고 있는 사람(HbS)은 여섯 번째 잔기에 글루탐산(Glu) 대신에 발린(Val)으로 치환된 β-사슬을 갖고 있다.

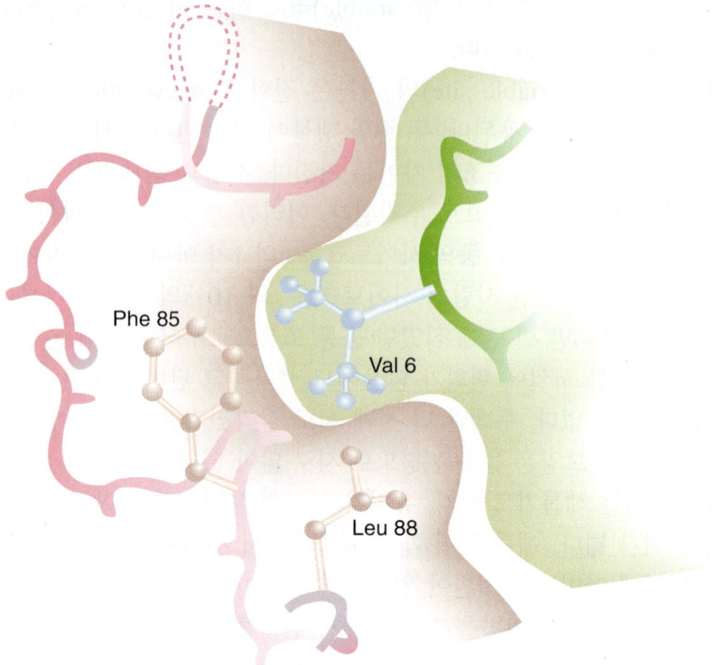

그림 5.16

낫 세포(Sickle-Cell) 헤모글로빈.

HbS 분자는 β-사슬 내 치환된 아미노산인 발린의 소수성 곁사슬이 두 번째 헤모글로빈 분자의 소수성 주머니와 상호 작용하기 때문에 막대 모양의 섬유로 응집한다.

와 하나의 결함 HbS 유전자를 받은 경우로서, 비록 헤모글로빈의 40%가 HbS임에도 불구하고 증상은 없다. 낫 세포 형질은 일부 아프리카 지역에서 특히 많이 나타난다. 이 지역은 학질모기(*Anopheles*)의 기생충인 말라리아 원충(*Plasmodium*)에 의한 말라리아가 매우 심각한 건강 문제이다. 그런데 낫 적혈구는 이 모기 기생충의 생장에 부적합하기 때문에 낫 세포 형질을 갖고 있는 사람은 말라리아에 잘 걸리지 않는다. 또한 낫 세포 형질을 갖고 있는 사람은 정상인에 비해 말라리아에 더 강하다보니, 낫 세포 유전자 유병률은 계속 높은 편이다. 일부 지역의 경우, 전체 원주민의 40% 정도가 낫 세포 유전자 형질을 갖고 있기도 한다.

문제 5.7

유전질환의 일종인 *글루코스-6-인산 탈수소효소 결핍증*(glucose dehydrogenase deficiency)은 낫 세포 빈혈증과 비슷하게 유전된다. 이 효소가 부족한 적혈구는 항산화분자인 NADPH를 충분하게 공급받지 못하는데, NADPH는 세포막과 낫 세포 구조물이 산화되지 않도록 보호하는 기능을 한다. 이 용혈성 빈혈의 유전 형태에 대해 설명하라. 열성 형질을 가진 사람에서 과산화물 생성을 높이는 말라리아 치료제인 프리마퀸(primaquine)이 어떻게 용혈성 빈혈을 일으키는가에 대해서도 설명하라. 이러한 유전적 용혈성 빈혈은 아프리카인이나 지중해 지역 주민에게 자주 나타난다.

2차 구조 폴리펩타이드의 2차 구조는 몇 가지 반복된 유형으로 구성되어 있으며, 흔히 발견되는 것이 α-나선(α-helix)과 β-병풍(β-pleated sheet) 구조이다. α-나선과 β-병풍 유형은 폴리펩타이드 골격의 카보닐기와 N—H 사이의 수소 결합에 의해 안정화된다. 펩타이드 결합은 딱딱하기 때문에 폴리펩타이드 사슬에서 α-탄소가 회전점이 된다. α-탄소에 연결된 R기의 크기나 전하에 따라 α-탄소에 대한 ϕ와

ψ 각이 영향을 받는다. 아미노산에 따라 특정 2차 구조를 좋아하는 것도 있고 억제하는 것도 있다. 섬유상 단백질은 대부분 2차 구조로 구성되어 있다.

α-나선 구조. α-*나선*(α-helix)은 폴리펩타이드 사슬이 우선성 나선 구조로 꼬일 때 형성되는 단단한 막대 모양의 구조이다(**그림 5.17**). 각 아미노산의 N—H기와 4개의 잔기가 떨어져 있는 아미노산의 카보닐기 사이에 수소 결합을 한다. 나선이 한 번 회전할 때마다 3.6개의 아미노산 잔기가 있으며, 높이[한 번의 회전 당 동위점(corresponding point)간의 거리]는 0.54 nm이다. 아미노산의 R기는 나선에서 바깥쪽 방향으로 뻗어 있다. 펩타이드 결합이 견고하고 회전할 수 있는 ϕ 각과 ψ 각이 제한되어 있는 등 구조적 압박 때문에 어떤 아미노산은 α-나선 구조를 형성하지 못한다. 예를 들어 글리신의 R기(수소 원자 한 개)는 너무 작아서 폴리펩타이드의 사슬이 너무 유연하다. 반면에 프롤린은 N—C_α 결합의 회전을 방해하는 단단한 고리를 갖고 있다. 그뿐만 아니라 프롤린은 사슬 내 수소 결합을 형성할 수 있는 N—H기를 갖고 있지 않다. 글루탐산이나 아스파트산처럼 다수의 전하를 띤 아미노산이나, 트립토판처럼 거대한 R기들이 있는 아미노산 서열도 α-나선 구조를 만들지 못한다.

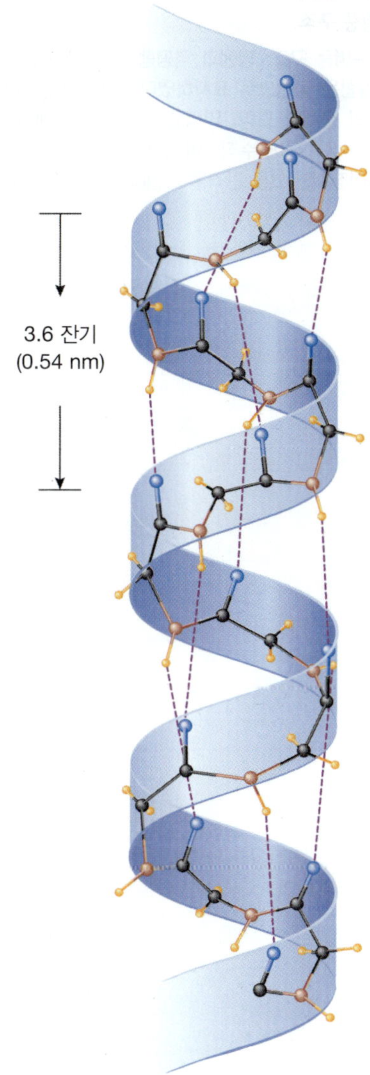

그림 5.17
α-나선 구조.
수소 결합은 α-나선 구조의 긴 축을 따라 카보닐기와 N-H기 사이에서 형성된다. 한 번 회전할 때마다 3.6개의 아미노산 잔기가 필요하고 회전 당 대응하는 점 사이의 거리는 0.54 nm이다.

β-병풍 구조. β-*병풍*(β-pleated sheet) 구조는 2개 또는 그 이상의 폴리펩타이드 사슬 조각이 나란히 놓여 형성되며, 각 시슬을 β-기닥이리고 힌다(그림 **5.18**) β-가닥은 코일 모양이 아니라 완전히 펼쳐져 있는 구조이다. β-병풍 구조는 폴리펩타이드 사슬의 카보닐기와 인접한 사슬의 N—H기 사이의 수소 결합에 의해 안정화된다. 병풍 구조에는 평행과 역평행의 두 가지 형태가 있다. *평행*(parallel) 구조에서는 폴리펩타이드 사슬의 수소 결합이 같은 방향으로 배열되고 *역평행*(antiparallel) 구조에서는 반대 방향으로 놓여 있다. 간혹 혼합되어 있는 평행-역평행 병풍 구조도 있다.

초2차 모티프. 많은 구형 단백질은 α-나선과 β-병풍 2차 구조의 조합으로 되어 있다(**그림 5.19**). 이러한 구조를 **초2차 구조**(supersecondary structure) 또는 **모티프**(motif)라고 한다. $\beta\alpha\beta$ 단위의 경우 두 개의 평행한 β-병풍 구조가 한 개의 α-나선 가닥에 의해 연결되어 있다. $\beta\alpha\beta$ 단위 구조는 β-구조와 α-나선 구조의 결합 표면에서 밖으로 돌출되어 있는 비극성 곁가지 사슬 사이의 소수성 상호작용에 의해 안정화된다. 폴리펩타이드 사슬 방향이 급격히 꺾인 것을 고리라고 한다. 자주 관찰되는 고리 유형은 β-*회전*(β-turn)으로 아미노산 잔기 4개 사이가 180°로 꺾인 것이다. 회전의 첫 번째 아미노산 잔기의 카보닐 산소가 4번째 잔기의 아마이드 수소와 수소 결합을 형성한다. β-회전에서는 글리신과 프롤린 잔기가 종종 들어 있다. 글리신은 곁가지가 없어서 인접한 프롤린이 시스-배열이 가능하도록 하여 조밀한 꺾임이 가능하도록 해준다. 프롤린은 α-나선 구조를 파괴시키는 아미노산 잔기로서 폴리펩타이드 사슬 방향을 변화시킨다. β-회전 구조는 α-나선 가닥이 많은 단백질에서 종종 발견된다.

β-*구불구불*(β-meander) 모양의 경우 2개의 역평행 β-병풍 구조가 극성 아미노산 및 글리신과 결합하여 폴리펩타이드 사슬의 방향에 현저한 변화를 일으켜 역회전(reverse turn) 또는 *머리핀 회전*(hairpin turn)을 만든다. $\alpha\alpha$ *단위*($\alpha\alpha$ unit, 나선-고리-나선 단위)에서는 두 개의 α-나선 구조가 비나선 가닥에 의해 분리되어 나란히 정렬되어 있다. β-*원통*(β-barrel) 배열은 여러 개의 β-병풍 구조가 서로 겹치면서 만들어진다. 역평행 β-병풍 구조가 자신의 구조 위에 이중으로 접힐 때 그 모

그림 5.18

***β*-병풍 구조.**

(a) *β*-병풍 구조: 평행과 역평행의 두 가지 형태. 수소 결합은 점선으로 표시하였다. (b) 역평행 *β*-병풍 구조의 상세한 모양. 역평행 *β*-병풍 구조에서 수소 결합은 *β*-가닥에 수직이며, 평행 *β*-병풍 구조에서는 기울어졌지만 고른 간격을 가진다는 점을 유의하라.

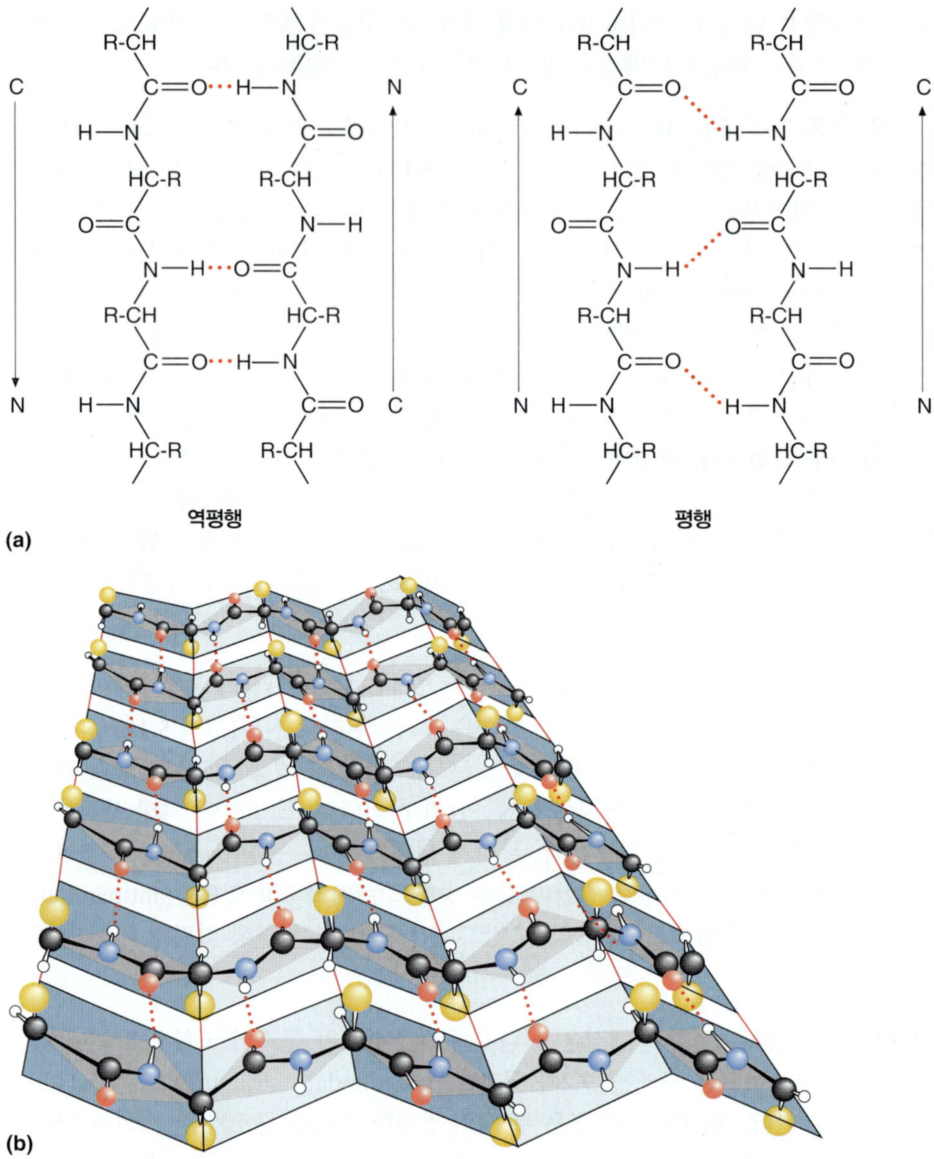

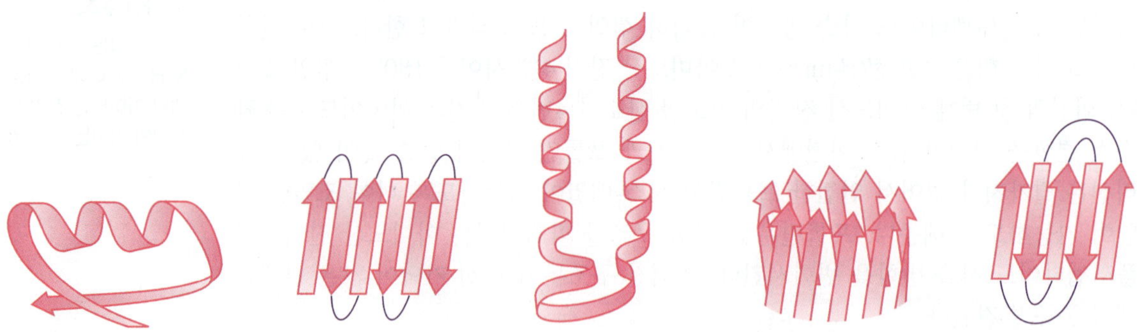

그림 5.19

초2차 구조.

(a) $\beta\alpha\beta$ 단위, (b) *β*-구불구불한 모양, (c) $\alpha\alpha$ 단위, (d) *β*-원통 모양, (e) 격자무늬. *β*-가닥은 화살표로 나타냈으며, 화살표 방향은 C-말단을 가리킨다.

양이 그리스 도자기 무늬와 닮았다고 하여 이를 *격자무늬*(Greek key)라고 한다.

3차 구조 구형 단백질에는 여러 개의 2차 구조가 포함되어 있으며, 그 외 다른 요소들도 구형 구조 형성에 관여한다. **3차 구조**(tertiary structure)는 구형 단백질이 생물학적으로 활성이 있는 원래의 구조로 접혀지면서 형성되는 구조이며, 보결분자단을 포함하기도 하는 특별한 3차원 구조를 의미한다. *새로이 합성된*(nascent) 비조직적인 분자가 고도의 조직적 구조를 얻는 과정인 **단백질 접힘**(protein folding)은 분자의 곁사슬 사이의 상호작용의 결과로 일어난다. 3차 구조는 다음과 같은 특징을 갖고 있다.

1. 많은 폴리펩타이드는 3차 구조의 접힘에 의해 1차 구조에서 멀리 떨어진 아미노산 잔기들을 가까운 거리에 위치하도록 한다.
2. 폴리펩타이드 사슬이 접히면서 일어나는 효과적인 조립에 의해 구형 단백질은 매우 압축되어 있다. 이 과정에서 대부분의 물 분자가 단백질 내부에서 제거됨으로써 극성기들 사이 및 비극성기들 사이의 상호작용이 가능해진다.
3. 200개 이상의 아미노산 잔기로 구성된 거대한 구형 단백질은 *구역*(domain)이라고 하는 촘촘한 단위체를 여러 개 가지고 있다. 구역은 이온이나 작은 분자와 결합하는 기능을 갖는 구조적으로 독립된 조각이다(**그림 5.20**). 구역 핵심의 3차원적인 구조를 **접기**(fold)라 한다. 잘 알려진 접기로 뉴클레오타이드 결합 로스만 접기(Rossman fold)와 글로빈 접기(globin fold)가 있다. 구역은 그 핵심 모티프 구조를 토대로 분류되는데 그 예로 α, β, α/β, $\alpha + \beta$ 등이 있다. α-구역은 오로지 α-나선 구조로만 구성되고 β-구역은 역평행 β-구조로 구성된다. α/β-구역은 α-나선 구조와 β-구조가 교대로 구성된다($\beta\alpha\beta$ 모티프). $\alpha + \beta$ 구역은 1개 또는 그 이상의 동떨어진 α-나선 구조를 갖고 있는 β-병풍 구조를 말한다. 대부분의 단백질들은 2개 또는 그 이상의 구역을 갖는다.
4. **모듈 단백질**(modular protein) 또는 **모자이크 단백질**(mosaic protein)이라고 불리는 수많은 진핵세포 단백질은 직렬로 1개 또는 그 이상 구역이 여러 번 반복되거나 불완전하게 복제된 것을 갖고 있다. 예를 들어 피브로넥틴(fibronectin, **그림 5.21**)은 3개의 반복되는 구역, 즉 F1, F2, F3을 갖는다. 여러 세포 외 기질 단백질에서 발견되는 이 세 구역들은 콜라젠과 황산 헤파란(heparan sulfate) 등의 다른 세포 외 기질 단백질 분자와 일부 세포 표면 수용체에 대한 결합 자리들을 갖고 있다. 구역 모듈(domain module)은 유전자 복제에 의해 형성된 유전자 서열에 의해 암호화된다. 생물체는 이러한 서열들을 이용하여 새로운 단백질을 합성한다. 예를 들어 면역글로불린의 구조 구역은 항체에서 뿐 아니라 다양한 세포 표면 단백질에서도 발견된다.

다음과 같은 상호작용은 단백질의 3차 구조를 안정화한다(**그림 5.22**).

1. **소수성 상호작용.** 폴리펩타이드가 접히면서 소수성 R기들은 물 분자가 밀어냄에 따라 가까이 접근하게 된다. 그 다음에 용매화 껍질 속에 고도로 정돈된 물 분자가 내부로부터 방출되어 물 분자의 무질서도(엔트로피)를 증가시킨다. 유리한 엔트로피 변화는 단백질 접힘에 주요 추진력이 된다. 소수의 물 분자들이 접힌 단백질 중심에 남아 그곳에서 각 물 분자는 폴리펩타이드 골격과 4개의 수소 결합을 형성한다. 작은 물 분자가 구조적으로 안정화됨

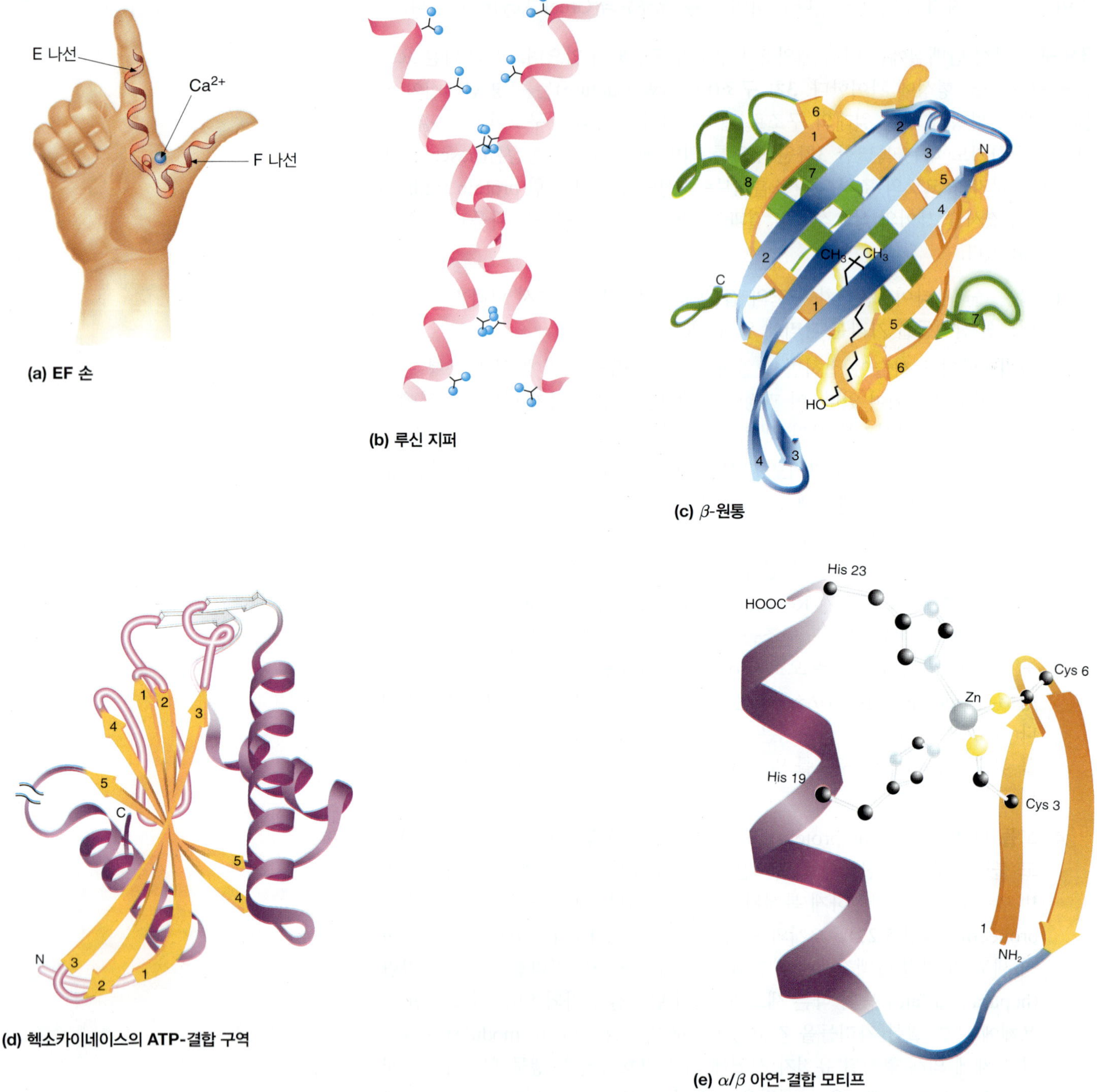

그림 5.20

다수의 단백질에서 발견되는 일부 구역.

(a) 나선-고리-나선(helix-loop-helix) 구조로 구성되어 있는 EF 손 모형은 Ca^{2+}와 특이적으로 결합한다. (b) DNA 결합 구역인 루신 지퍼(leucine zipper). (a)와 (b)는 α-구역의 두 예이다. (c) β-원통 모양의 한 예인 사람의 레티놀-결합 단백질(retinol-binding protein, 노란색으로 표시한 레티놀은 시각 색소임), (d) α/β-구역의 한 유형인 헥소카이네이스(hexokinase)의 ATP 결합 구역. (e) 수많은 DNA 결합 구역의 핵심인 α/β 아연-결합 모티프.

에 따라, 폴리펩타이드와 내부 상호작용은 일어나지 않는다. 그 결과 폴리펩타이드 사슬의 유연성이 증가되면서, **리간드**(ligand)가 특정 자리에 결합하는데 중요한 역할을 하게 한다. 리간드 결합은 중요한 단백질 기능이다.

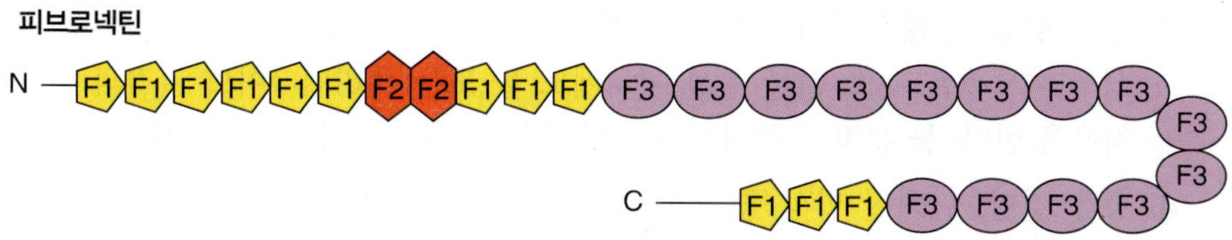

그림 5.21
피브로넥틴 구조.
피브로넥틴은 F1, F2, F3 모듈의 다중복제로 구성된 모자이크 단백질이다.

2. **정전기 상호작용.** 단백질의 가장 강한 정전기 상호작용은 반대 전하를 갖는 이온들 사이에서 일어난다. 이러한 비공유 결합인 정전기 상호작용인 **염 다리**(salt bridge)는 물 분자가 제거된 단백질에서만 볼 수 있는데, 그 이유는 단백질의 표면 가까이에 있는 이온에서 물 분자를 제거하려면 에너지가 필요하기 때문이다. 이 염다리는 복합 단백질의 인접한 소단위체 사이의 상호작용에도 관여하며, 이온-쌍극자, 쌍극자-쌍극자, 반데르발스 등 약한 정전기 상호작용도 마찬가지로 소단위체 사이의 상호작용에 관여한다. 이 결합은 접힌 단백질 내부와 소단위체 사이, 또는 단백질-리간드 상호작용에서도 매우 중요하다. 한 개 이상의 폴리펩타이드로 만들어진 단백질에서 각 폴리펩타이드를 **소단위체**(subunit)라고 한다. 리간드가 결합한 주머니(ligand-binding pocket)는 단백질에서 물 분자가 제거된 영역이다.

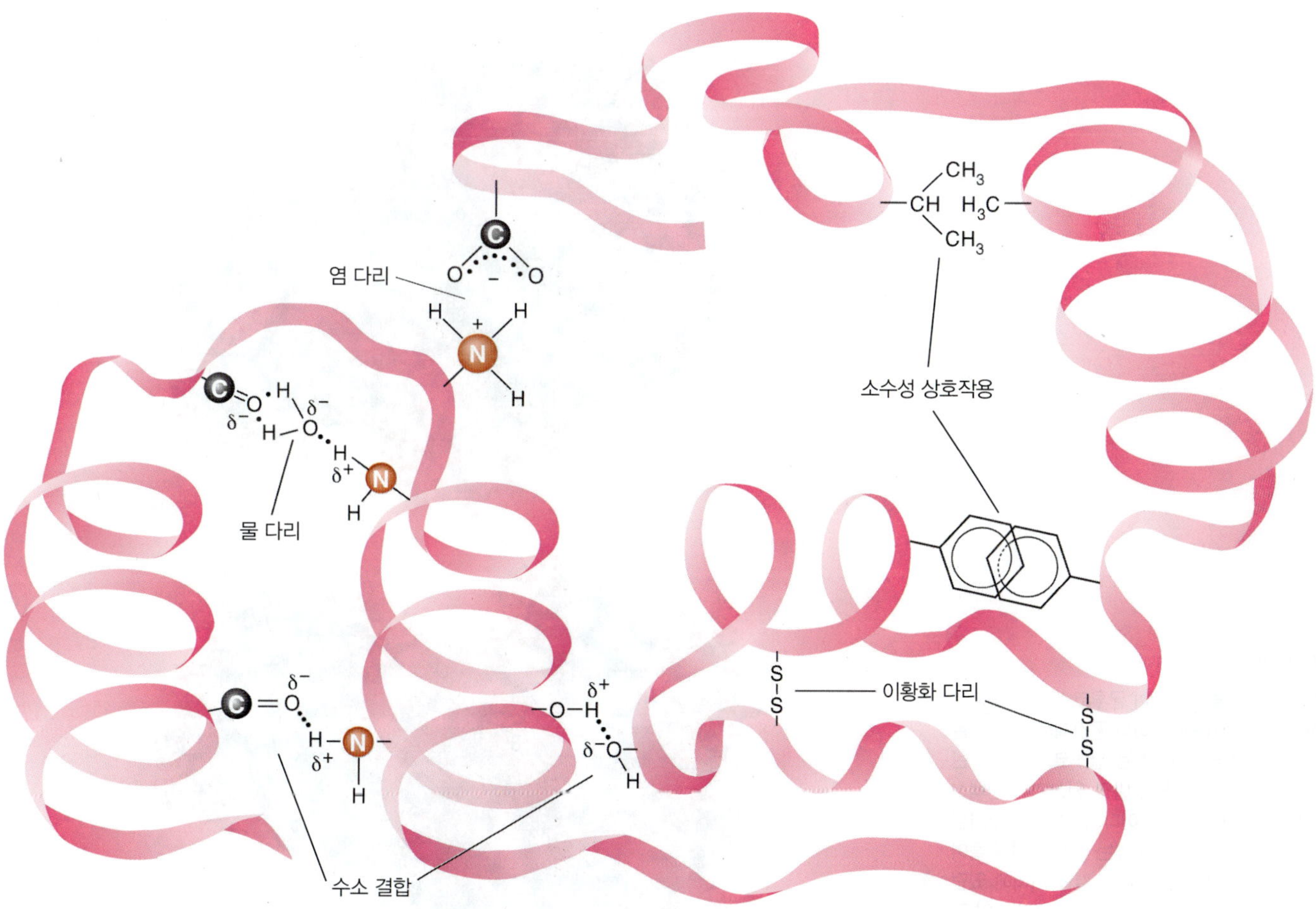

그림 5.22
3차 구조를 유지하는 상호작용.

3. **수소 결합.** 수많은 수소 결합이 단백질의 내부 구조와 표면에 형성된다. 극성 아미노산은 수소 결합 형성 이외에도 물 또는 폴리펩타이드 골격과 상호작용을 한다. 물 분자가 존재하여 다른 종들과 수소 결합을 하는 것을 막는다.

4. **공유 결합.** 단백질 합성 중 또는 그 이후에 폴리펩타이드 구조를 변화시키는 화학 반응에 의해 공유 결합이 형성된다. [이 반응의 예로는 번역 후 변형(posttranslational modification)이 있다. 이는 19.2절에서 다룰 것이다.] 대부분의 3차 구조를 나타내는 공유 결합은 많은 세포 외 단백질(extracellular protein)에서 발견되는 이황화 다리 결합이다. 세포 외 환경에서 이와 같이 강한 이황화 다리 결합은 불리한 pH나 염 농도 환경으로부터 단백질의 구조를 부분적으로 보호한다. 세포 내 단백질은 세포질 안의 환원제 농도가 높기 때문에 이황화다리를 갖고 있지 않다.

5. **수화.** 구조화된 물(structured water)은 단백질 구조를 안정화시키는 데 중요한 역할을 한다. 단백질 주위에서 형성되는 역동적인 수화 껍질(hydration shell)도 생물학적 활성에 필요한 유연성을 형성하는 데 기여한다(**그림 5.23**).

단백질의 접힘을 촉진시키는 힘의 정확한 성질은 아직 완전히 알려져 있지 않다. 그러나 단백질 접힘은 전체 자유 에너지 변화(ΔG)가 음성(−)으로서 열역학적

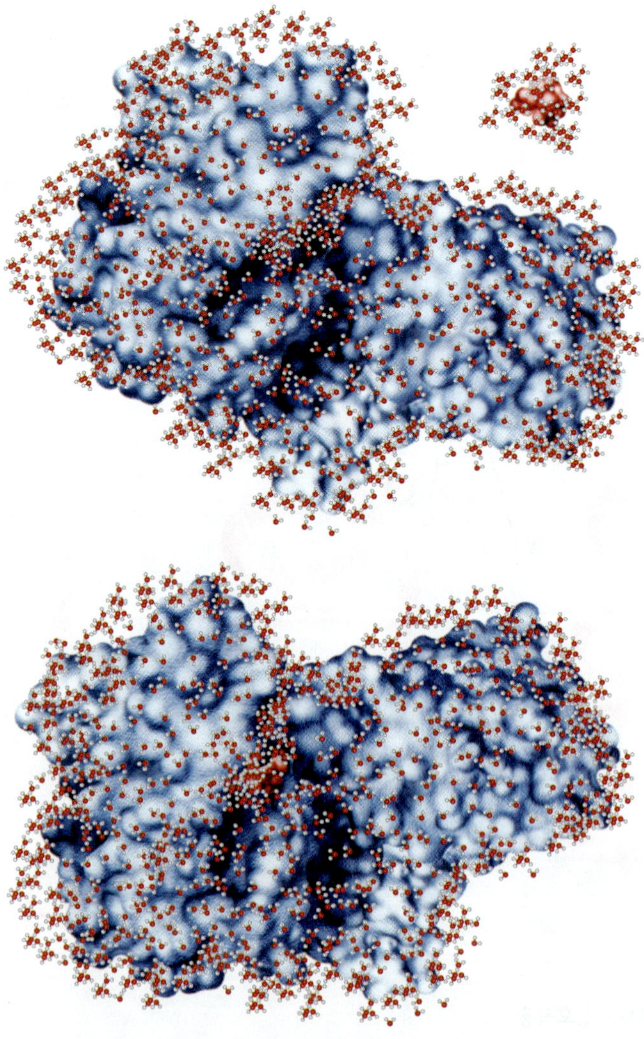

그림 5.23

단백질의 수화.

구조화된 세 겹의 물 분자층이 글루코스 결합 전후의 헥소카이네이스(hexokinase)의 공간채움 모형을 둘러싸고 있다. 헥소카이네이스는 글루코스의 6번 탄소의 하이드록시기가 ATP의 말단 인산기에 친핵성 공격을 하도록 촉매하는 효소이다. 물 분자로 수화된 글루코스는 이 효소의 틈새에 있는 활성 자리에 들어가면 자신의 물 분자를 떼어내고, 결합 자리에 있던 물 분자 대신 들어간다. 이러한 물 분자 배제는 이 구역이 촉매 자리를 만들 수 있도록 형태 변화를 촉진할 뿐만 아니라, ATP가 비생산적으로 가수분해되는 것도 방지한다.

으로 유리한 과정이다. 자유 에너지 식에 의하면,

$$\Delta G° = \Delta H° - T\Delta S°$$

어떤 반응 과정의 음의 ΔG는 유리하거나 혹은 불리한 엔탈피(ΔH)와 엔트로피 변화(ΔS) 사이의 균형에서 오는 결과이다. 폴리펩타이드가 접힘에 따라, 소수성 곁사슬 가지는 분자 내부에 격리되고 다른 비공유 결합성 상호작용이 최적화될 경우 유리한 음의 ΔH가 형성되어 반응이 잘 진행된다($\Delta G < 0$). 한편 무질서한 폴리펩타이드가 고도의 조직화된 본래의 상태로 접히면 단백질 내의 엔트로피는 감소하게 되어 자유 에너지는 불리하게 된다. 하지만 단백질이 풀어진 상태에서 제대로 접히게 되면 단백질 주위에서 물의 조직화가 줄어들면서 단백질 주위 물 분자의 엔트로피가 증가하게 되고, 전체 계의 엔트로피는 양이 된다($\Delta S > 0$). 대부분의 폴리펩타이드의 접힌 상태와 접히지 않은 상태 사이의 알짜 자유 에너지 변화는 비교적 크지 않다(몇 개의 수소 결합에 해당할 정도임). 단백질의 유리하고 불리한 힘 사이의 불확실한 균형에 의해 단백질은 생물학적 기능에 필요한 유연성을 갖는다.

4차 구조 많은 단백질 특히 고분자 단백질은 대부분 여러 개의 폴리펩타이드 사슬로 되어 있다. 각 폴리펩타이드 성분을 소단위체라고 한다. 단백질 복합체의 소단위체는 같거나 다를 수 있다. 일부 또는 모든 소단위체가 동일한 다중소단위체 단백질(multisubunit protein)을 **소중합체**(oligomer)라고 하는데, 이 소중합체는 1개 또는 2개 이상의 소단위체 **기본단위체**(protomer)로 되어 있다. 많은 소중합체 단백질은 각각 이합체(dimer) 또는 사합체(tetramer)라고 불리는 2개 또는 4개의 소단위체 기본단위체로 구성되어 있다. 다중소단위체 단백질이 흔한 이유는 다음과 같다.

1. 비교적 짧은 개개의 소단위체를 합성하는 것은 단일 폴리펩타이드 사슬의 길이를 증가시키는 것보다 훨씬 효과적이다.
2. 콜라젠 섬유 같은 초거대 분자에서 손상되거나 낡은 성분을 효과적으로 교체할 수 있다.
3. 복잡한 소단위체의 상호작용은 단백질의 생리적 기능 조절에 도움을 준다.

폴리펩타이드 소단위체는 수소 결합, 정전기 상호작용과 소수성 결합 같은 비공유 결합뿐만 아니라 공유 교차 결합(covalent cross link)에 의해서 조립되고 결합된다. 단백질 접힘에서 본 것처럼 소수성 상호작용은 매우 중요하다. 그 이유는 소단위체 사이에서 서로 작용하는 상보적인 표면 구조가 구상 단백질 구역 내부에서 관찰되는 구조와 유사하기 때문이다. 흔한 경우는 아니지만 공유 교차 결합도 다중소단위체 단백질 구조를 안정화시킨다. 대표적인 예로서 면역글로불린(**그림 5.24**)의 이황화 다리, 결합조직 단백질의 데스모신과 라이시노노르루신 등이 있다. *데스모신*(desmosine) 교차 결합은 결합조직 단백질인 엘라스틴(elastin)의 4개의 폴리펩타이드 사슬을 연결시킨다(**그림 5.25**). 이는 라이신 곁사슬의 산화와 축합 반응의 결과로 일어나며, 이와 유사한 반응이 엘라스틴과 콜라젠에서 발견되는 교차 결합 구조인 *라이시노노르루신*(lysinonorleucine)의 형성 반응 과정에서도 나타난다.

소단위체 사이의 상호작용은 종종 리간드 결합에 의해서 영향을 받는다. **다른자리 입체성**(allostery) 구조에서 단백질의 특정 장소에 리간드가 결합하면, 단백질 입체구조가 변하여 다른 리간드와의 친화력이 변하게 된다. 리간드에 의한 단

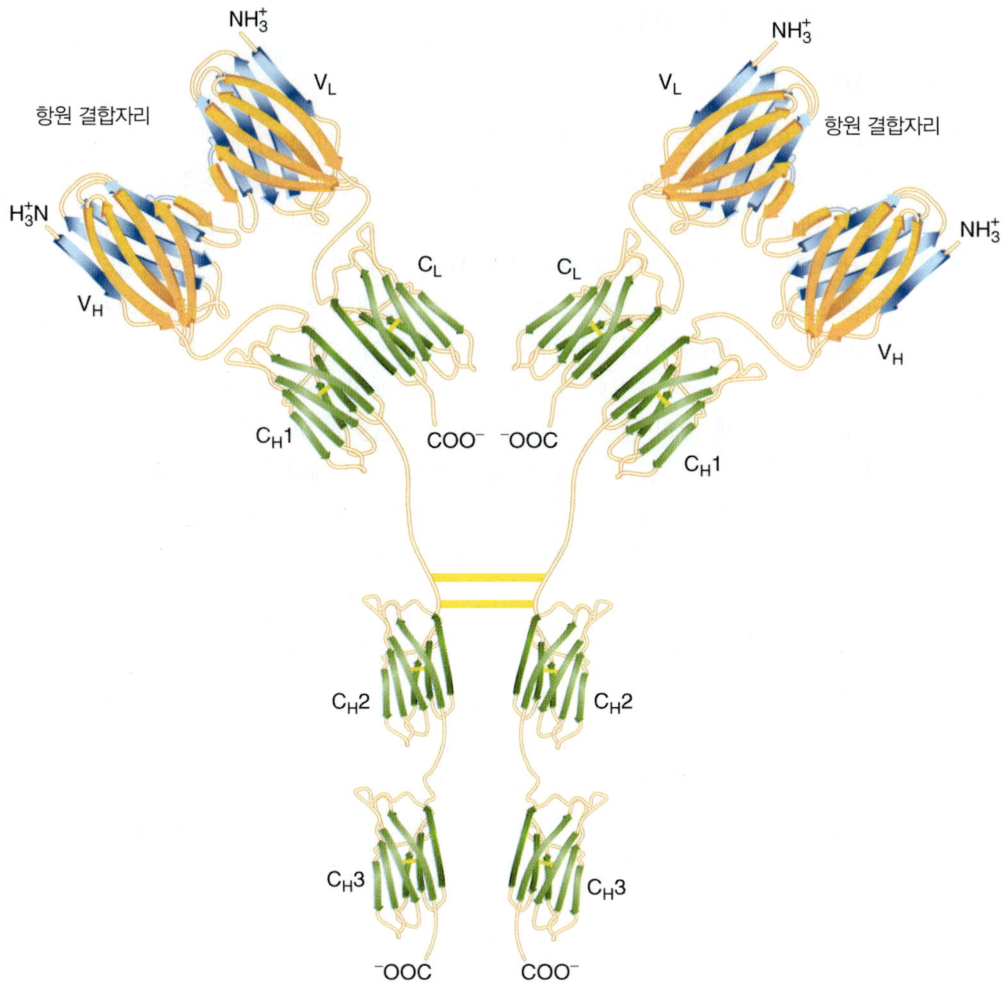

그림 5.24

면역글로불린 G(IgG)의 구조.

면역글로불린 G는 2개의 무거운 사슬(H)과 2개의 가벼운 사슬(L)로 구성된 Y자 모양을 한 항체 분자이다. 무거운 사슬과 가벼운 사슬의 각각은 불변 자리(C)와 가변 자리(V), β-원통 구역을 갖고 있다. 그리고 이 두 사슬은 이황화 다리(노란색 선)와 비공유 결합성 상호작용에 의해 서로 연결되어 있다. H와 L 사슬의 가변 자리 구역은 항원(외래 분자)과 결합하는 자리를 형성한다. 많은 항원단백질들은 이 자리의 바깥 표면과 결합한다. 또한 이황화 다리는 각 불변 구역 내의 구조적 특징임을 주목하라.

백질의 구조 변화를 **다른자리 입체성 전이**(allosteric transition)라고 하며, 이 반응을 유도하는 리간드를 **효과물질**(effector) 또는 **조절물질**(modulator)이라 한다. 만약 효과물질 결합에 의해 다른 리간드에 대한 단백질의 친화력이 증가하는가 감소하는가에 따라서 다른자리 입체성 효과(allosteric effect)는 양성이나 음성이 될 수 있다. 다른자리 입체성 효과의 가장 대표적인 예로서 O_2 분자와 다른 리간드의 헤모글로빈과의 가역적 결합을 들 수 있다. 다른자리 입체성 효소는 대사 과정의 조절에 중요한 역할을 한다. (다른자리 입체성 효소는 대사과정의 조절에 중요한 역할을 하므로, 이에 대해서는 6.3절과 6.5절에서 좀 더 다룰 것이다.)

구조화되지 않은 단백질 전통적으로 폴리펩타이드의 기능은 특이적이고 상대적으로 안정한 3차원 구조에 의해 결정된다. 그러나 최근 새로운 유전체 방법과 다양한 분광학을 응용한 연구 결과, 많은 단백질들이 부분적으로 또는 완전히 구조화되어 있

문제 5.8

다음의 구상단백질에서 2차 구조, 초2차 구조를 찾아보자.

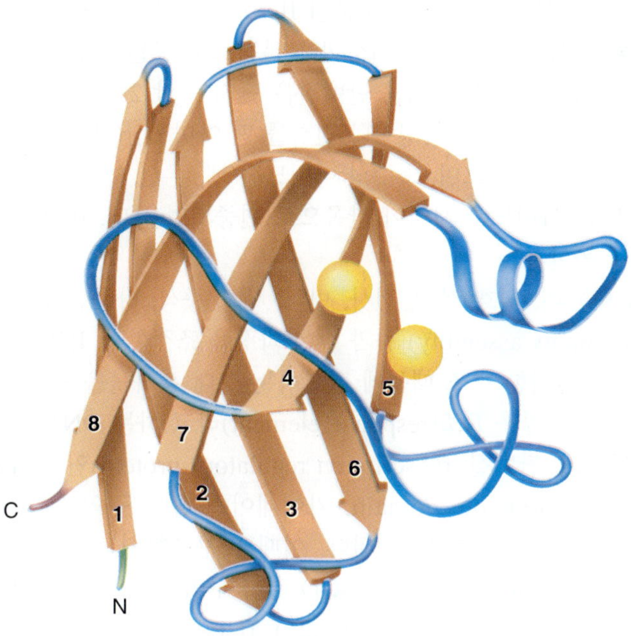

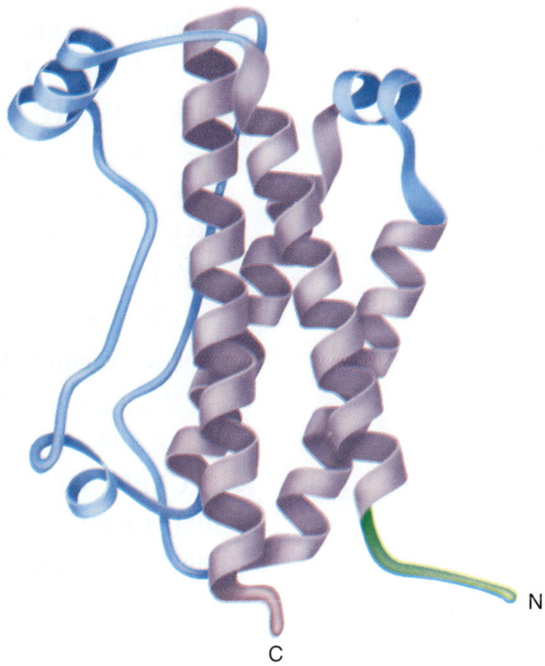

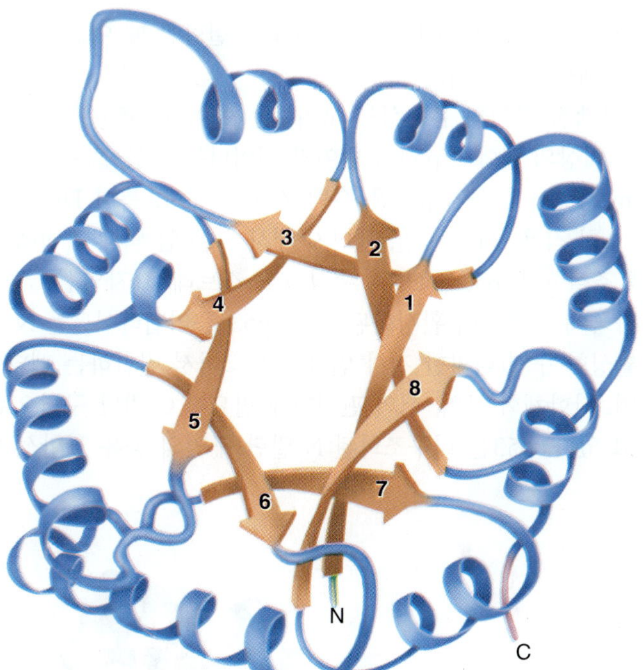

문제 5.9

접힌 폴리펩타이드에서 다음 아미노산의 곁사슬기 사이에 어떤 비공유 결합성 상호작용이 나타날 것인가? (a) 세린, 글루탐산, (b) 아지닌, 아스파트산, (c) 트레오닌, 세린, (d) 글루타민, 아스파트산, (e) 페닐알라닌, 트립토판.

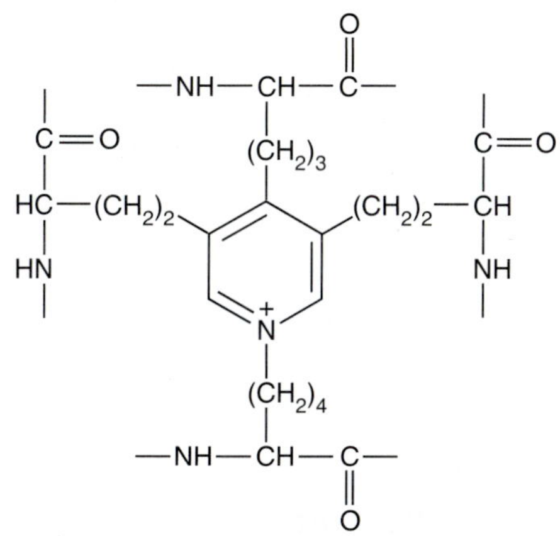

데스모신

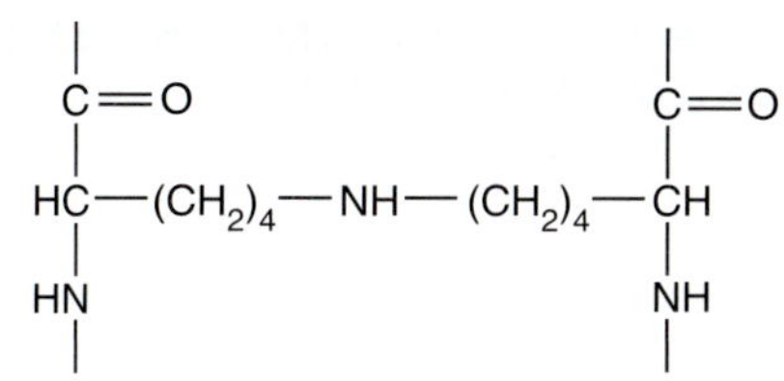

라이시노노르루신

그림 5.25
데스모신과 라이시노노르루신의 결합.

지 않은 것으로 밝혀졌다. 구조화되지 않은 단백질(unstructured protein)을 **원래 구조화되지 않은 단백질**(intrinsically unstructured protein, IUP)이라고 한다. 만약 질서를 가진 구조를 전혀 갖고 있지 않은 경우 **자연적으로 풀린 단백질**(natively unfolded protein)이라는 용어를 사용한다. 대부분의 IUP는 진핵생물에서 발견된다. 놀라운 것은 진핵생물 단백질의 약 45% 이상이 부분적으로 또는 완전히 무질서한 상태로 있는 반면, 고세균 단백질과 세균 단백질은 단지 각각 2%와 4%만이 구조화되지 않은 상태로 있다는 점이다. 극성이나 전하를 띤 아미노산(예, 세린, 글루타민, 라이신, 글루탐산) 비율이 높으며, 소수성 아미노산(예, 루신, 발린, 페닐알라닌, 트립토판) 비율이 낮은 아미노산 서열이 한쪽으로 편중되었을 때, IUP는 안정한 3차원 구조로 접히지 못한다.

IUP는 다양한 기능을 하는데, 신호 전달, 전사, 번역, 세포 증식, 다중단백질 복합체 조립(multiprotein complex assembly) 등과 같은 과정을 조절한다. IUP는 매우 잘 늘어나고 펼쳐지는 무질서한 구조 때문에 결합하는 상대 분자들을 쉽게 '찾을' 수 있다. 그 대표적인 예가 *반응 요소*(response element)라고 하는 DNA 서열인 CRE와 결합하는 전사 조절 단백질(transcription regulatory protein)인 CREB이다. CREB의 KID(*k*inase *i*nducible *d*omain, 카이네이스 유도 구역)는 카이네이스(kinase)에 의해 인산화될 때 비구조화된다. 이때 비구조화되고 인산화된 KID(pKID) 구역은 KIX(KID-binding domain, KID 결합 구역)라고 하는 CREB 결합 단백질(CBP)의 구역과 결합할 수 있다(**그림 5.26**). IUP에서 흔히 보는 것처럼 무질서화된 pKID 구역은 CBP의 KIX 구역과 결합하면서 더 질서화된 형태로 전환한다. CREB-CBP 결합 결과, CREB는 반응 요소와 결합할 때 어떤 유전자의 발현을 변화시키는 이합체를 형성한다.

p53은 비구조화된 단백질 구역의 유용성을 보여주는 예이다. p53은 주요 종양 억제인자로, 최소 50% 이상의 암에서 p53의 변이가 일어나는 것을 볼 수 있다. 동종 사합체(homotetramer)로서 활성인 p53은 수백 가지 유전자, 특히 DNA 수선, 세포 주기 정지, 자가 소화 작용, 세포 사멸, 에너지 대사 같은 암 억제 과정에 필요한 유전자들의 발현을 조절한다. p53은 DNA 손상, ER 스트레스, 자외선(UV), 저산소증 같은 다양한 자극에 반응하여 활성화된다. 각 p53 폴리펩타이드는 N-말단의 비구조화된 전사 활성화 구역(다양한 전사 인자들을 모아서 결합하는 펩타이드 서열), DNA-결합 구역, 사합체화 구역, 핵의 편재화에 필요한 C-말단 구역으로 된 네 개의 구역을 가지고 있다. p53은 비구조화된 N-말단 구역의 공유 결합성 변형

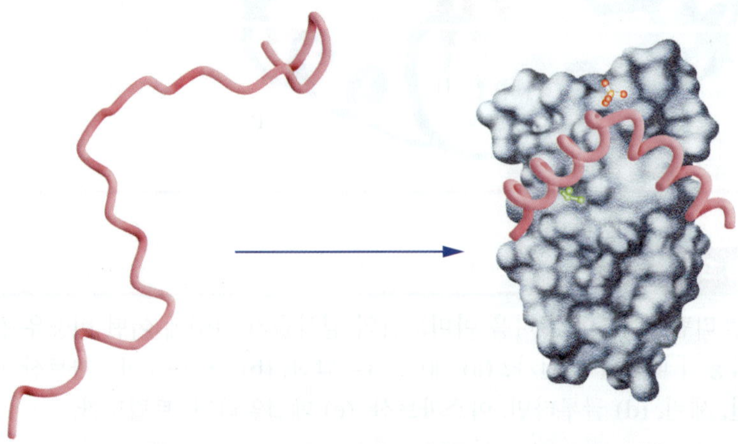

그림 5.26
무질서한 단백질의 결합.
전사 조절 단백질 CREB의 원래 무질서한 인산화 KID 구역(pKID, 왼쪽)이 전사 공동활성제 단백질 CBP(오른쪽)의 KIX 구역과 결합한다. pKID가 KIX에 결합할 때 한 쌍의 나선으로 접힌다.

(예, 인산화와 아세틸화)이 다양한 단백질들과 상호작용을 할 수 있는 구조 변화를 일으키기 때문에 다양한 신호 경로에서 온 정보를 통합할 수 있다.

단백질 구조의 상실 접힌 단백질과 풀린 단백질의 자유 에너지 차가 매우 작다는 점을 고려해보면, 단백질 구조가 주변 환경 요인에 매우 민감하다는 것은 당연하다. 많은 화학물질과 물리적 요인은 단백질의 구조를 파괴시킬 수 있다. 이와 같은 단백질 구조의 파괴 과정을 **변성**(denaturation)이라 한다. 변성은 일반적으로 펩타이드 결합의 파괴를 의미하지 않는다. 변성 정도에 따라 단백질은 생물학적 활성을 부분적으로 또는 전부 상실하게 되는데, 이러한 변성은 종종 단백질의 물리적 성질에 변화를 일으킨다. 예를 들어 용해성이며 투명한 생달걀의 알부민(달걀흰자)에 열을 가하면 불용성으로 변하면서 불투명해진다. 다른 많은 변성에서처럼 달걀을 요리하는 것은 비가역적인 변성 반응이다.

가역적 변성은 1950년대 안핀센(Christian Anfinsen, 1972년 노벨화학상 공동 수상)에 의해 알려졌다. 소 췌장의 RNA 가수분해효소(bovine pancreatic ribonuclease, RNA를 분해하는 소화효소)를 β-머캅토에탄올(β-mercaptoetanol)과 8 M 요소로 처리하면 변성된다(**그림 5.27**). 이 과정에서 4개의 이황화 다리를 갖고 있는 단일 폴리펩타이드인 RNA 가수분해효소의 구조는 완전히 풀어지고 모든 생물학적 활성을 잃는다. 투석(dialysis)을 이용하여 변성제(denaturing agent)를 잘 제거하면 자발적으로 정확하게 폴리펩타이드 사슬이 접히면서 동시에 이황화 결합의 재형성이 일어난다. 효소의 촉매 활성도가 온전하게 회복된다는 안핀센의 실험결과는 단백질의 3차 구조 형성이 서로 다른 힘들과 폴리펩타이드의 아미노산 서열

주요 개념 _Key Concepts

- 일반적으로 단백질의 구조는 4단계로 분류한다.
- 1차 구조는 아미노산 잔기가 펩타이드 결합으로 연결되어 있다.
- 2차 구조는 수소 결합에 의하여 안정화되는데 그 예로 α-나선 구조와 β-병풍 구조가 있다.
- 3차 구조는 아미노산 곁사슬의 상호작용에 의해 형성되는 각 단백질의 독특한 3차원적 구조이다. 여러 형태의 상호작용이 3차 구조를 안정하게 만드는데, 즉 소수성 상호작용, 정전기 상호작용, 수소 결합과 공유 결합 등이다.
- 4차 구조는 여러 개의 폴리펩타이드의 소단위체로 구성될 때 나타난다.
- 공유 결합과 비공유 결합은 소단위체를 함께 묶는다. 어떤 단백질들은 부분적으로 또는 전체적으로 구조화되어 있지 않다.

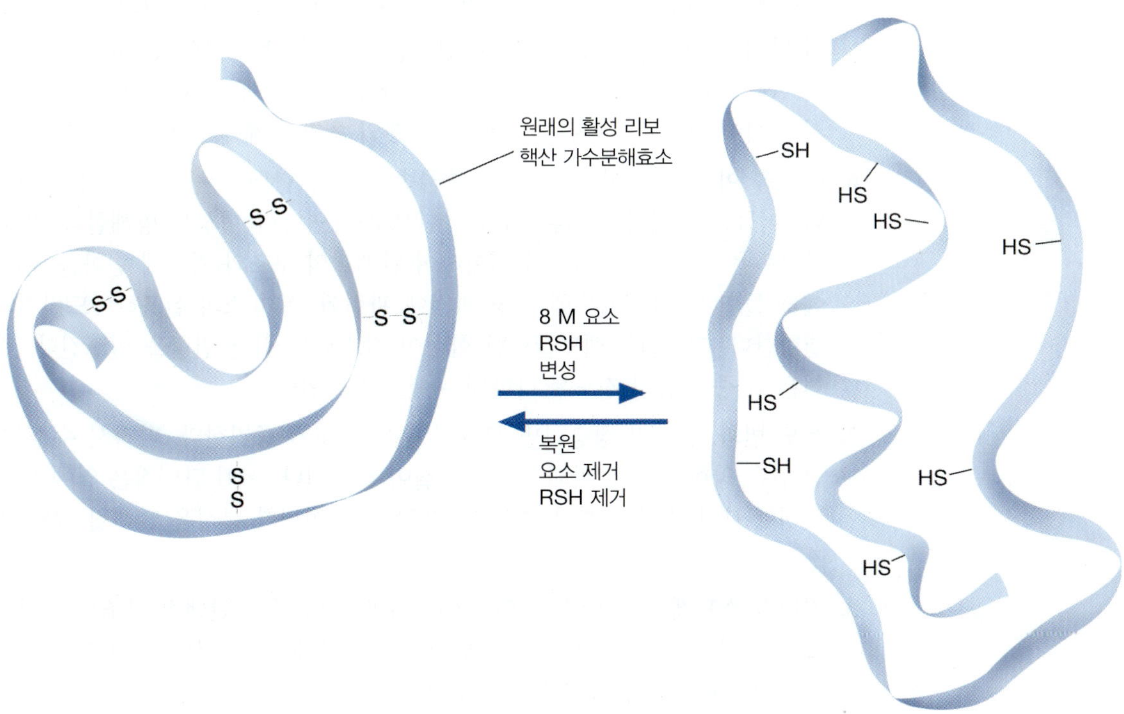

그림 5.27
안핀센(Anfinsen)의 실험.
8 M 요소와 머캅탄(RSH, 이황화물을 —SH기로 환원시키는 물질)에 의해 변성된 RNA 가수분해효소는 요소와 머캅탄을 제거하고 환원되었던 이황화물이 공기에 의해 산화되면 복원될 수 있다.

에 따라 결정된다는 사실을 의미한다. 그러나 유사한 방법으로 처리한 대부분의 단백질은 복원되지 않는다.

단백질을 변성시키는 조건은 다음과 같다.

1. **강산 또는 강염기.** pH의 변화는 일부 단백질 곁사슬에 양성자 첨가(protonation)를 일으켜 수소 결합과 염다리 형태를 변화시킨다. 등전점에 가까워지면 단백질은 불용성으로 변하여 침전한다.
2. **유기 용매.** 에탄올 같은 수용성 유기 용매는 단백질의 소수성 상호 작용을 방해한다. 왜냐하면 이 용매는 비극성 R기와도 상호 작용할 수 있고 물 및 극성 단백질과는 수소 결합을 하기 때문이다. 비극성 용매도 소수성 상호작용을 파괴한다.
3. **세제.** 세제 등의 **양극성**(amphipathic) 분자는 소수성 상호작용을 파괴하여 단백질 구조가 폴리펩타이드 사슬로 풀어지게 한다. 양극성 분자는 소수성과 친수성 요소를 모두 갖고 있다.
4. **환원제.** 요소 같은 시약이 존재하면 β-머캅토에탄올과 같은 환원제는 이황화 다리(—S—S—)를 설프하이드릴기(—SH)로 환원시킨다. 요소는 수소 결합과 소수성 상호작용을 파괴한다.
5. **염 농도.** 단백질의 용해도는 수용액의 염 농도에 따라 현저히 변한다. 단백질 수용액의 염 농도가 증가하면 단백질의 이온화 부분과 상호작용을 하던 일부 물 분자는 염 이온과 결합하게 된다. 단백질의 이온화 부분과 상호작용이 가능한 물 분자 개수가 감소할수록 단백질-단백질 상호작용은 증가하게 된다. 염 농도가 높아지면 단백질의 이온화 부분과 상호작용하던 물 분자는 거의 없게 되고 결국 단백질 주변의 물 분자 용매화 구가 제거된다. 이에 따라 단백질 분자는 서로 뭉치면서 침전한다. 이 현상을 *염석*(salting out)이라고 한다. 일반적으로 염석은 가역적인 반응이며, 단백질마다 다른 염 농도에서 염석이 시작되기 때문에, 단백질 정제의 초기 단계에 널리 활용된다.
6. **중금속 이온.** 수은이나 납 같은 중금속 이온은 단백질 구조에 영향을 미친다. 이들은 음전하와 이온 결합을 함으로써 염다리 형성을 방해한다. 또한 중금속은 설프하이드릴기와 결합하여 단백질의 구조와 기능에 변화를 준다. 예를 들면 납(Pb^{2+})은 헴 합성 과정에 관련된 두 효소의 설프하이드릴기와 결합한다. 그 결과, 헤모글로빈 합성이 감소되어 심한 빈혈을 일으킨다. 빈혈은 납 중독 증상 정도를 나타내는 척도로 쓰인다.
7. **온도 변화.** 온도가 상승하면 분자의 운동 속도가 증가한다. 따라서 수소 결합 같은 약한 결합은 파괴되어 단백질이 풀어진다. 어떤 단백질은 열에 의한 변성에 대해 강한 저항 능력을 갖고 있는데, 이러한 특성은 단백질 정제 과정에 활용되기도 한다.
8. **기계적 스트레스.** 단백질을 휘젓거나 잘게 갈아 주면 단백질 구조를 유지하려는 힘이 파괴된다. 예를 들면 달걀흰자를 세게 휘저어서 만들어지는 거품에는 변성된 단백질이 포함되어 있다.

접힘 문제

단백질의 1차 서열과 그 3차원 형태 및 생물학적 활성 사이의 직접적인 관계에 관한 연구는 현대 생화학의 매우 중요한 과제이다. 이에 대한 토대는 이미 1950년대 후기 안핀센(Christian Anfinsen)의 연구에 의해 마련되었다. 그는 소의 췌장 RNase를 연구를 통해 유리한 조건이 되면 이미 변성된 단백질이라도 본래의 생물학적 활성이 있는 상태로 다시 복원되어 접혀질 수 있다고 발표하였다(**그림 5.27**). 이 발견은 만약 아미노산의 물리 · 화학적 성질과 접힘 과정을 유도하는 힘(예, 결합 회전, 자유 에너지, 수용액 내에서의 아미노산 움직임)을 이해할 수 있으면, 단백질의 3차원 구조를 예측할 수 있으리라는 가능성을 제시하였다. 아쉽게도 자리지정 돌연변이(site-directed mutagenesis) 유도와 컴퓨터-기반 수학 모형을 결합한 X선 결정학 그리고 핵자기 공명(nuclear magnetic resonance, NMR)과 같은 최첨단 장비를 동원한 지난 수십 년간의 연구로도 단백질의 3차원 구조를 규명하는 데 큰 실효를 거두지 못했다. 그러나 이러한 연구를 통해 단백질 접힘은 2차 구조(예, α-나선과 β-병풍 구조)가 초기에 형성되는 단계적 과정임을 밝혀내었다. 소수성 상호 작용은 단백질 접힘에서 주요한 힘이 된다. 그 외에 어떤 단백질에 실험적으로 아미노산 치환을 할 때, 표면 아미노산을 바꾸는 것은 단백질 구조에 크게 영향을 주지 못한다. 이와 대조적으로 소수성의 중심에 있는 아미노산 치환은 단백질 형태에 심각한 구조적 변화를 일으킨다.

최근 연구에서 단백질 접힘 과정이 단일 경로로 구성되어 있지 않다는 사실이 밝혀졌다. 그 대신 폴리펩타이드가 자연적 상태로 접힐 수 있는 수많은 경로가 있는 것으로 알려졌다. **그림 5.28a**에 제시되었듯이, 깔때기 모양을 한 에너지 전망을 고려해 보면 자신에 대한 고유한 제한 요인들(예, 아미노산 서열과 번역 후 변형, 그리고 온도, pH, 분자 밀집 등의 세포 내 환경)을 갖고 있는 풀어진 폴리펩타이드가 어떻게 낮은 에너지의 접혀진 상태로 헤쳐 나가는지를 알 수 있다. 폴리펩타이드는 주로 크기에 의존해서 일시적으로 국소적인 에너지 장벽 속에 갇히는 중간물질을 형성할 수도 있고 그렇지 않을 수도 있다(**그림 5.28b**). 잔기 100개 이하의 작은 폴리펩타이드 분자들은 종종 중간물질을 형성하는 과정이 없이 접힌다(**그림 5.29a**). 이 분자들이 리보솜에 나타나기 시작할 때, 곁사슬 상호작용이 2차 구조의 형성과 배열을 촉진하면서 신속하고 협동적인 접힘 과정이 시작된다. 좀 더 큰 폴리펩타이드의 접힘 과정에는 여러 중간물질들이 형성된다(**그림 5.29b, c**). 이와 같은 분자 또는 분자 내 구역(domain)에서 중간물질의 소수성으로 붕괴된 모양을 **용해된 소구체**(molten globule)라고 한다. 용해된 소구체는 접힌 폴리펩타이드의 부분적인 구형 상태를 말하는 것으로 단백질의 자연 상태와 비슷하다. 용해된 소구체 내에서 아미노산 곁사슬 사이의 3차 상호작용은 동요하고 있는데, 이는 안정화되지 않음을 의미한다.

많은 단백질은 자연 형태로 접히는 데 도움을 필요로 한다. **분자 샤페론**(molecular chaperone)은 새로 합성된 단백질의 접힘과 이미 존재하는 단백질의 재접힘을 도와주어서 세포의 단백질 품질 조절에서 중심 역할을 하는 단백질들의 연결망이다. 또 샤페론은 다중소단위체 단백질 및 단백질을 함유하는 다른 구조(예, 염색질)의 조립도 도와주고, 필요하면 잘못 접힌 단백질을 세포의 분해 경로로 보내기도 한다. 이 분자들은 대부분 열충격 단백질(hsp)이며, 이것은 고온에 노출된 세포에서 처음으로 알려졌기 때문에 붙은 이름이다. 분자 샤페론은 세균으로부터 고등동물, 식물에 걸쳐 모든 생물체에서 볼 수 있으며 상당히 높은 서열 상동성을 가지고 있다. 진핵생물의 경우 세포질 및 미토콘드리아, 엽록체와 소포체 같은 세포소기관에서 발견된다. 이 분자들의 성질에 대해 알아보자.

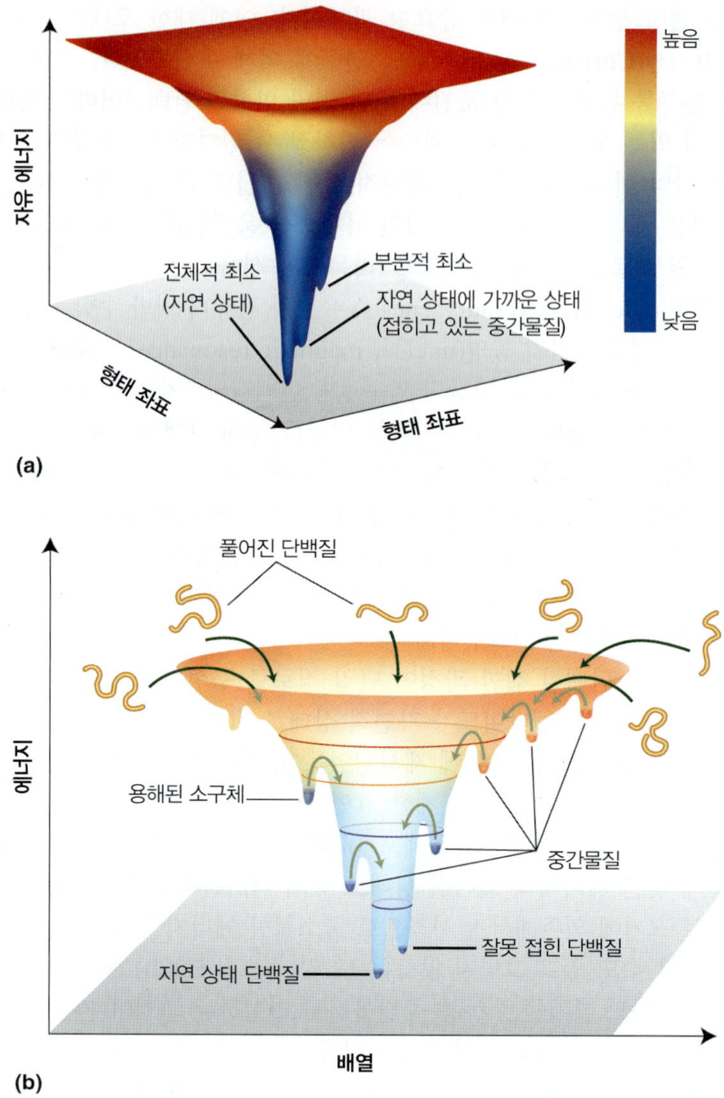

그림 5.28

단백질 접힘을 나타내는 에너지 그림.

(a) 그림의 색은 접히고 있는 폴리펩타이드의 엔트로피 수준을 나타낸다. 접힘이 진행되면서 폴리펩타이드는 생물학적으로 활성이 있는 형태(더 낮은 엔트로피, 푸른색)가 이루어질 때까지 무질서 상태(높은 엔트로피, 붉은색)로부터 더 질서화된 형태를 향해 이동한다. (b) 더 실제적인 모습을 나타내는 에너지 그림. 폴리펩타이드는 여러 다른 경로를 통해 자연 상태로 접힐 수 있다. 많은 분자들이 일시적인 중간물질을 형성하는 반면에, 일부 다른 분자들은 잘못 접힌 상태에 갇히게 된다.

분자 샤페론 분자 샤페론은 잘못 접히거나 응집할 수 있는 부적절한 소수성 단백질-단백질 상호작용을 방지하는 방법으로 접히지 않은 단백질을 돕는다. 새로운 단백질의 접힘에 관여하는 네 가지 부류의 분자 샤페론이 존재한다.

1. **리보솜과 결합한 샤페론.** 샤페론의 활동은 신생 폴리펩타이드가 리보솜의 출구 터널에서 나타나기 시작하면서부터 개시된다. 세균의 *시발 인자*(trigger factor), 효모의 RAC(ribosome-associated complex, 리보솜-결합 복합체), 진핵생물의 *NAC*(*n*ascent polypeptide-*a*ssociated *c*omplex, 신생 폴리펩타이드-결합 복합체) 같은 단백질은 리보솜과 생성되어 나오는 폴리펩타이드에 결합한다. 이 결합 과정은 전체 구역이나 폴리펩타이드가 터널로부터 나올 때까지 접힘을 방지한다.
2. **hsp70.** hsp70은 신생 폴리펩타이드에 결합하여 안정화시키고 접힘을 촉진한다. hsp70은 또한 잘못 접히고 응집된 단백질의 재접힘과 세포소기관(예, ER, 미토콘드리아와 엽록체)이나 분비 폴리펩타이드의 막 통과 수송에도 필요하다. 각 hsp70은 짧은 구역간 연결자에 의하여 연결된 두 구역을 가지고 있다. 즉 N-말단 ATP-결합 구역과 소수성 아미노산 잔기들을 가진 펩타이드

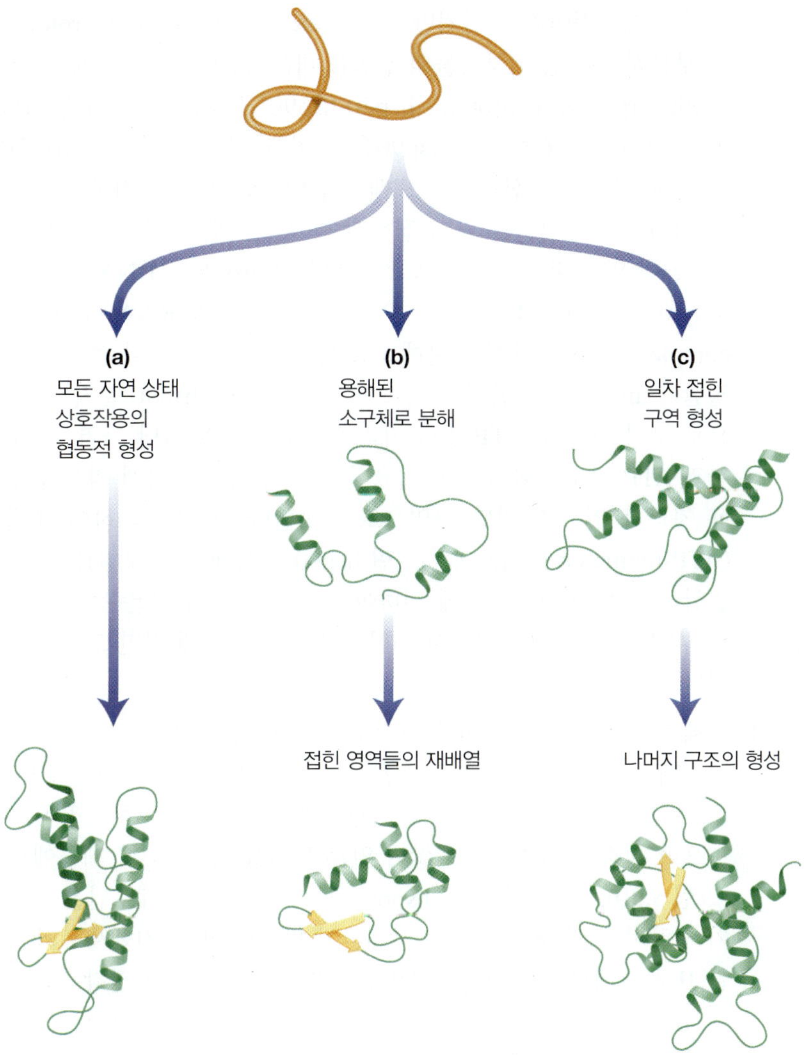

그림 5.29
단백질 접힘.
(a) 많은 작은 단백질의 접힘은 중간물질의 형성을 거치지 않으며 협동적이다. (b) 더 큰 단백질의 접힘은 용해된 구 모양의 소구체가 형성된 후, 자연 상태의 형태로 재배열된다. (c) 여러 구역(domain)을 갖고 있는 큰 단백질은 각 구역이 먼저 독립적으로 접혀지기 시작하고, 나중에 전체 분자가 자연 상태의 형태로 전환되는 좀 더 복잡한 접힘 경로를 거친다.

에 친화성을 가진 기질-결합 주머니를 가지고 있는 구역이다. 기질-결합 주머니의 뚜껑으로 작용하는 C-말단의 α-나선 구조도 있다. 소수성 아미노산 잔기가 풍부한 펩타이드 조각이 결합 주머니에 결합하면 hsp70의 ATPase 활성이 촉진된다. hsp70은 샤페론 활동의 각 단계에서 hsp를 도와주는 부속 단백질인 보조 *샤페론*(co-chaperone)과 상호작용을 한다. 예를 들어 hsp40은 ATP 가수분해를 조절하고 접히지 않거나 산화된 단백질 기질에 결합하는 것을 도와주어 hsp70을 보조한다. hsp100은 단백질 응집물의 해체 과정에서 hsp70을 돕는다. hsp70 이합체의 N-말단 구역에서 ATP가 가수분해되면 뚜껑이 닫히고 기질 단백질의 펩타이드 조각이 갇히게 된다. 펩타이드 조각은 ADP가 ATP로 교환되는 것을 시작으로 구조적인 변화가 생기게 되고 그 결과 hsp70에서 떨어져나간다. 방출된 폴리펩타이드는 기능을 가진 형태로 접히거나 hsp70과 그것에 결합된 보조 샤페론들에 의하여 다른 하류 샤페론들로 수송된다.

3. **hsp90.** 세균에서 포유류에 이르는 생물들에 존재하는 hsp90은 다양한 세포 경로에서 역할을 한다. 진핵생물에서 hsp90은 세포질, 핵, 미토콘드리아 및 엽록체에 존재하며 신생 폴리펩타이드와 결합하지 않는다. 대신 hsp90 단

백질은 제한적이기는 하지만 다양한 *고객 단백질*(client protein)이라고 하는 부분적으로 접힌 분자들의 접힘을 마무리한다. 보조 샤페론 HOP(hsp70-hsp90 organizing protein, hsp70-hsp90 조직화 단백질)에 의하여 hsp70에 가역적으로 결합하는 hsp90은 접힘 과정을 완결한다. hsp70과 hsp90은 함께 작용하여 산화성 스트레스나 열 스트레스에 의하여 손상된 단백질을 확인하고 그것들을 다시 접히게 하거나 단백질 분해효소 복합체(proteasome)에 의한 파괴의 표적으로 삼는다. 또 hsp90은 RNA 중합효소 II(RNA polymerase II), RNA 유도 억제유전자 복합체(RNA-induced silencing complex)와 26S 단백질 분해효소 복합체 같은 단백질 복합체의 조립을 조정한다. hsp90은 이합체로 기능을 수행한다. 각 hsp90 분자는 세 개의 구역으로 구성된다. 즉 ATP 결합 자리를 포함하는 N-말단 구역, 고객 단백질 결합과 ATP 가수분해 조절에 필요한 중간 구역과 이합체 형성을 위한 상호작용 자리가 있는 C-말단 구역으로 구성된다. ATP에 의하여 조절되는 회로(ATP-regulated cycle)에서 열린 hsp90 이합체(V자 모양)는 고객 단백질과 결합하고 ATP 가수분해에 의하여 추진되는 죔쇠 같은 동작으로 닫히게 된다. ATP 가수분해에 이어서 이합체가 열리고 이제 접힌 고객 단백질이 방출된다.

4. **샤페로닌.** 샤페로닌은 이중 고리로 된 커다란 복합체로서 내부 구획 안에서 폴리펩타이드가 더 빠르고 효율적으로 다시 접히도록 촉진한다. 샤페로닌은 두 종류로 나눌 수 있다. I군 샤페로닌은 세균, 미토콘드리아 및 엽록체에 있으며 칠각 고리가 두 개 쌓여 있는 모습을 하고 있다. 세균에서 GroEL로(**그림 5.30**), 진핵생물에서 hsp60으로 알려진 이 샤페로닌은 기능을 수행하기 위하여 뚜껑 모양의 보조 샤페론이 필요로 한다. 진핵세포의 세포질에 있는 II군 샤페로닌의 하나인 TRiC는 뚜껑이 갖추어진 팔각 고리 두 개가 붙어 있는 형태이다. 단백질 접힘은 뚜껑이 닫혀서 기질 단백질을 가두면 개시된다. ATP 가수분해에 의해 GroEL 안의 구멍은 친수성 미세 환경으로 바뀌

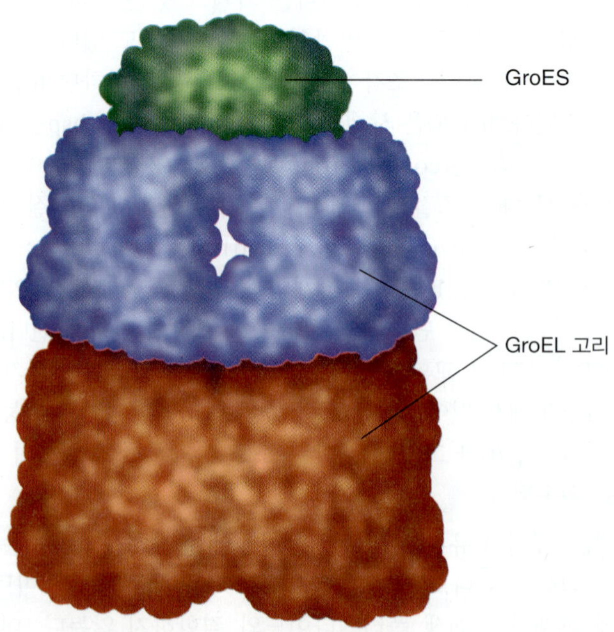

그림 5.30

GroES-GroEL 복합체라고 불리는 대장균 샤페로닌의 공간채움 모형.

GroES(co-chaperonin 또는 hsp10)는 GroEL의 꼭대기에 있는 7개의 소단위체 고리이다. GroEL(샤페로닌 또는 hsp60)은 7개의 소단위체 고리 2개가 쌓여 구성되고 그 속의 구멍에서 ATP-의존성 단백질 접힘이 일어난다.

고, 접혀지고 있는 단백질의 소수성 중심이 붕괴되어 용해 소구체가 만들어진다. 고리 소단위체에 있는 모든 7개의 ATP 분자가 가수분해되고 접힘이 완료되는 데는 15~20초 정도가 걸린다. $(ADP)_7$ 분자가 있는 상태에서 구멍은 다시 소수성으로 돌아오고 문이 열리면서 접힌 단백질 또는 구역은 구멍으로부터 방출된다. 새로이 접히지 않은 단백질이 다시 결합되면서 순환이 반복된다. 두 구멍의 ATP/ADP 결합 상태에 따라서 단백질 접힘은 서로 겹쳐진 형태로 나타나는 두 순환으로 진행된다. GroEL과 뚜껑 모양의 보조 샤페론 GroES의 구조를 **그림 5.31**에 나타내었다. TRiC는 진핵생물의 II군 샤페로닌으로서 팔각 고리 두 개와 자체의 뚜껑으로 구성된다. 보조 샤페론 hsp70과 함께 TRiC는 복잡한 구역 접기를 가진 단백질의 번역과 동시에 일어나는 접힘을 쉽게 해주며 특히 액틴과 마이오신이 잘 알려져 있다.

분자 샤페론은 신생 단백질(nascent protein)의 접힘을 촉진할 뿐 아니라 스트레스로 인해 부분적으로 풀어진 단백질의 재접힘(refolding)에도 관여한다. 만약 재접힘이 가능하지 않으면 분자 샤페론은 단백질 분해를 촉진한다. **그림 5.31**은 GroEL과 뚜껑 보조샤페론, GroES를 포함하는 단백질 접힘의 과정을 보여 준다. 단백질이 접힘이 잘못될 경우 인체 건강에 심각한 영향을 미친다. 알츠하이머병과 헌팅턴병은 불용성의 단백질 응집물이 축적되어 나타나는 신경퇴화성 질환이다.

주요 개념 _Key Concepts

- 새로이 합성된 폴리펩타이드가 생물학적으로 활성이 있는 형태로 접히는 데 필요한 모든 정보는 분자의 1차 서열에 암호화되어 있다.
- 비교적 간단한 폴리펩타이드는 자발적으로 자연 상태의 형태로 접힌다.
- 다른 더 큰 분자들은 정확한 접힘을 위해 분자 샤페론의 도움이 필요하다.

알츠하이머병과 헌팅턴병
Alzheimer's and Huntington's Diseases

섬유상 단백질

섬유상 단백질(fibrous protein)은 α-나선이나 β-병풍 구조 같은 규칙적인 2차 구조를 높은 비율로 갖고 있다. 이들은 막대 모양이거나 병풍 모양이기 때문에 섬유상 단백질은 기능적 역할보다는 구조적 역할을 한다. 케라틴(**그림 5.32**)은 α-나선 다발로 구성되어 있는 섬유상 단백질인 반면에, 실크 단백질인 피브로인의 폴리펩타이드 사슬(**그림 5.33**)은 역평행한 β-병풍 구조로 구성되어 있다. 척추동물에서 가장 풍부한 단백질인 콜라젠의 구조 특징에 대해서는 아래에서 자세히 다루겠다.

콜라젠 콜라젠(collagen)은 결합조직 세포에 의해 합성되며, 세포외 공간(extracellular space)으로 분비되어서 결합조직 기질의 일부가 된다. 28가지의 주요 콜라젠 분자군이 존재하며, 다양한 기능을 가진 밀접하게 연관된 단백질을 포함하고 있다. 피부, 뼈, 힘줄, 혈관, 각막 등에 유전적으로 별개의 콜라젠 분자들이 있어서 특수한 성질[예, 힘줄(tendon)의 장력과 각막의 투명성 등]을 나타낸다.

콜라젠은 3개의 좌선성 폴리펩타이드 나선으로 구성되어 있으며, 서로 꼬여 우선성의 삼중 나선 구조를 형성한다(**그림 5.34**). I형의 콜라젠 분자는 길이가 300 nm이고, 폭이 1.5 nm이며 치아, 뼈, 피부와 힘줄 등에 주로 있다. 인체에서 발견되는 콜라젠의 약 90%는 I형이다.

콜라젠의 아미노산 조성은 매우 독특하다. 전체 아미노산 잔기 중 글리신이 약 1/3을 차지한다. 프롤린과 4-하이드록시프롤린은 콜라젠을 형성하는 아미노산의 30%를 차지한다. 그 외에 3-하이드록시프롤린과 5-하이드록시라이신도 소량 들어 있다. 콜라젠의 1차 서열 내 특정 프롤린과 라이신 잔기는 폴리펩타이드 합성 후에 조면 소포체 내에서 하이드록시화(hydroxylation)된다. 항산화제인 아스코르브산(ascorbic acid)이 필요한 이 반응에 대해서는 19장에서 논의된다.

콜라젠의 아미노산 서열은 기본적으로 Gly—X—Y 서열이 반복되는 삼중 구조로 이루어져 있다. 여기서 X와 Y는 보통 프롤린과 하이드록시프롤린이다. 가끔 하이드록시라이신이 Y 위치에 나타나기도 한다. 종종 하이드록시라이신 잔기의 하

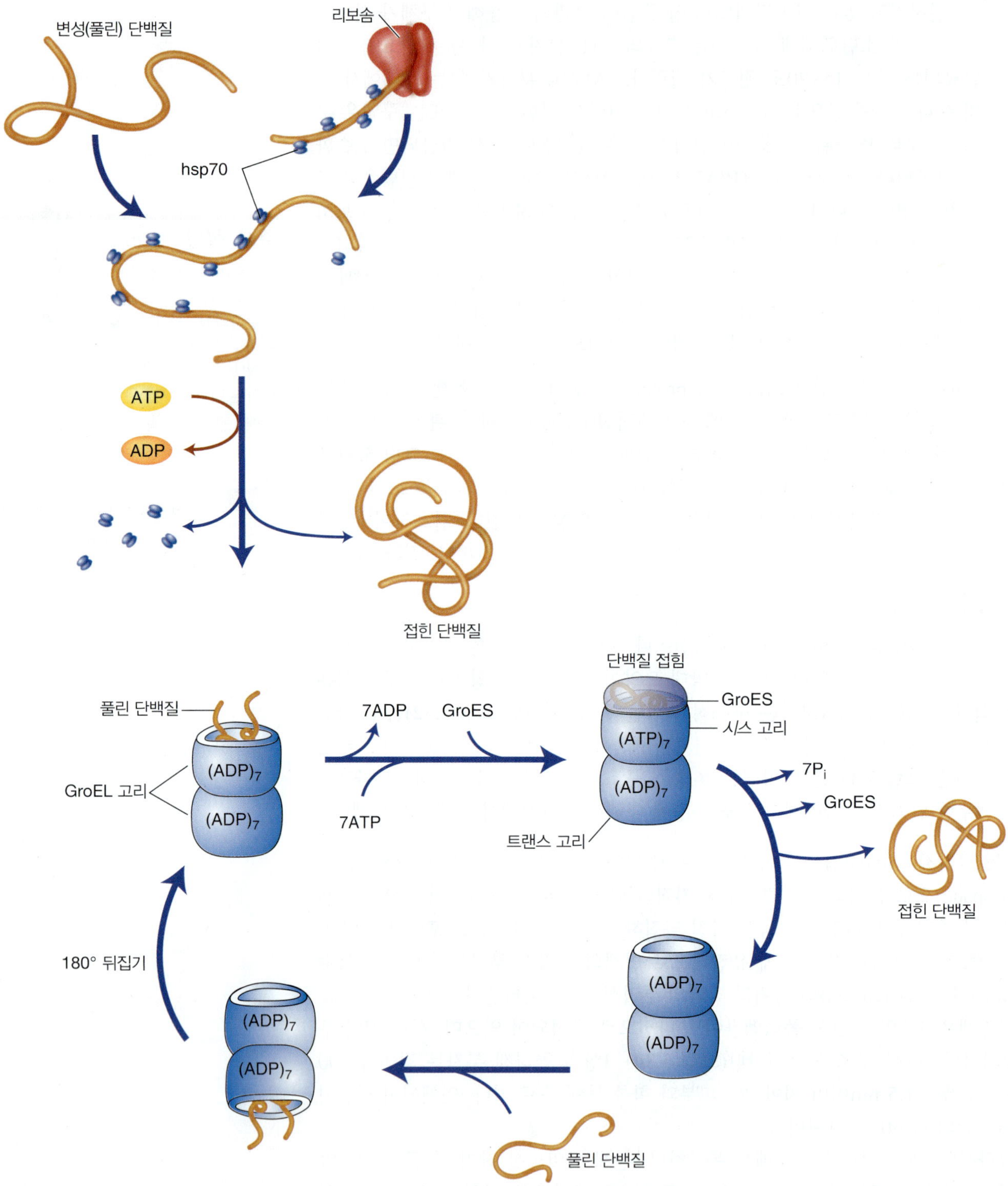

그림 5.31

분자 샤페론에 의한 단백질 접힘.

분자 샤페론은 일시적으로 신생 단백질과 풀어진 단백질(예, 스트레스에 의해 변성된) 모두와 결합한다. hsp70은 신생 단백질을 안정화하고 약간의 변성된 단백질을 재활성화한다. 또한 많은 단백질들은 최종 형태를 갖추기 위해 hsp60 단백질을 필요로 한다. *E. coli*에서 저절로 접히지 않는 단백질들은 GroEL-GroES 복합체에 의한 가공이 필요하다. 접힘 순환이 시작되면 접히지 않은 단백질(단백질 구역)은 GroEL-$(ADP)_7$ 고리 중 하나의 구멍 입구에 소수성 상호작용을 통해 느슨하게 결합된다. ADP/ATP 교환에 의해 그 구멍은 소수성으로 전환되면서 미세환경을 확장하여 단백질 기질을 GroES 뚜껑 안에 가둔다. 그 다음 7분자 ATP가 차례로 가수분해되면서 그 구멍은 친수성 환경이 되어 단백질은 용해된 소구체로 변하고, 접힘 과정이 진행된다. 모든 7개의 ATP가 가수분해되면 구멍 표면은 다시 소수성으로 되면서 GroES와 새로 형성된 접힌 단백질은 GroEL 고리를 떠난다. 그사이 트랜스-GroEL-$(ADP)_7$ 고리는 싣고, 가두고, 접는 가공의 새로운 단백질 접힘 과정을 시작한다.

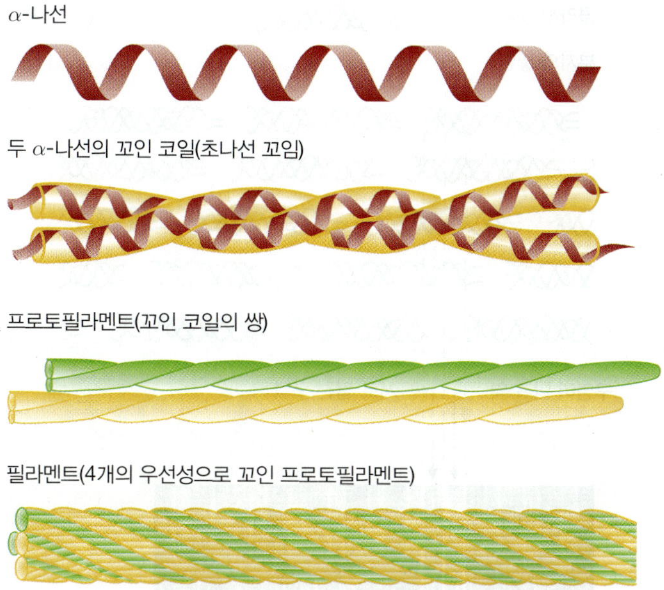

그림 5.32

α-케라틴.

두 개의 케라틴 폴리펩타이드의 α-나선 막대 모양 구역은 꼬인 코일을 형성한다. 이 이합체의 두 역평행 가닥은 다시 초나선 꼬임의 프로토필라멘트(protofilament)를 형성한다. 이들 소단위체 사이의 주요 결합은 수소 결합과 이황화 결합에 의해 만들어진다. 4개의 프로토필라멘트를 각각 갖고 있는 수백 개의 필라멘트가 함께 뭉쳐서 거대원섬유를 형성한다. 머리카락 한 가닥은 여러 개의 거대원섬유로 구성된다. 케라틴은 머리카락 이외에 양털, 피부, 뿔, 손톱에서도 발견된다.

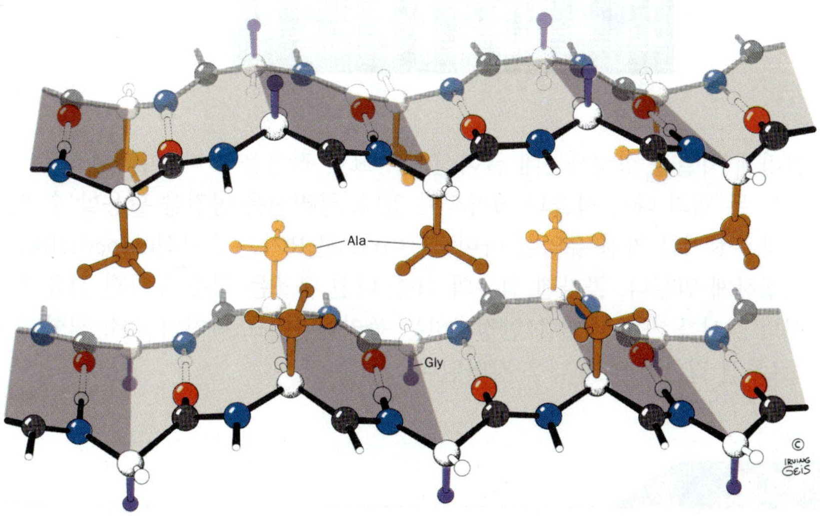

그림 5.33

실크 피브로인의 분자 모형.

피브로인에서 실크 섬유상 단백질의 폴리펩타이드 사슬은 완전히 펼쳐진 역평행 β-병풍 구조로 배열되어 있다. 각 β-병풍 구조의 한쪽 면에 있는 알라닌의 R기가 인접한 β-병풍 구조의 유사한 잔기와 서로 맞물려 있다. 실크 섬유는 병풍이 서로 느슨하게 결합되어 있고(주로 약한 반데르발스 힘) 서로 쉽게 미끄러지기 때문에 유연하다.

이드록시기에 탄수화물이 연결되어 있다. 콜라젠에 붙어 있는 탄수화물은 *섬유화*(fibrillogenesis), 즉 힘줄과 뼈 같은 세포 밖에 위치해 있는 콜라젠 섬유의 조립에 필요하다.

라이신 산화효소(lysyl oxidase)는 산화적 탈아미노화 반응(oxidative deamination)을 통해 라이신과 하이드록시라이신의 곁사슬 일부를 알데하이드로 전환시키고 이는 결과적으로 알디민(aldimine)과 알돌 교차 결합(aldol cross-link)의 형성을 촉진한다. [알돌 교차 결합은 **알돌 축합 반응**(aldol condensation)에 의해 형성된다. 알돌 축합 반응은 두 개의 알데하이드가 α, β-불포화 알데하이드 결합을 형성하며 물이 제거되는 반응이다.] 또한 하이드록시라이신-연결 탄수화물(hydroxylysine-linked carbohydrate)과 인접한 분자의 또 다른 라이신 또는 하이드록시라이신 잔기의 아미노기 사이에 교차 결합도 발생한다. 노화에 의해 콜라젠의 교차 결합이 증가하면서 콜라젠 섬유는 금이 가거나 파손된다.

삼중 나선은 글리신 잔기를 포함하는 사슬 간 수소 결합에 의해 이루어지기 때

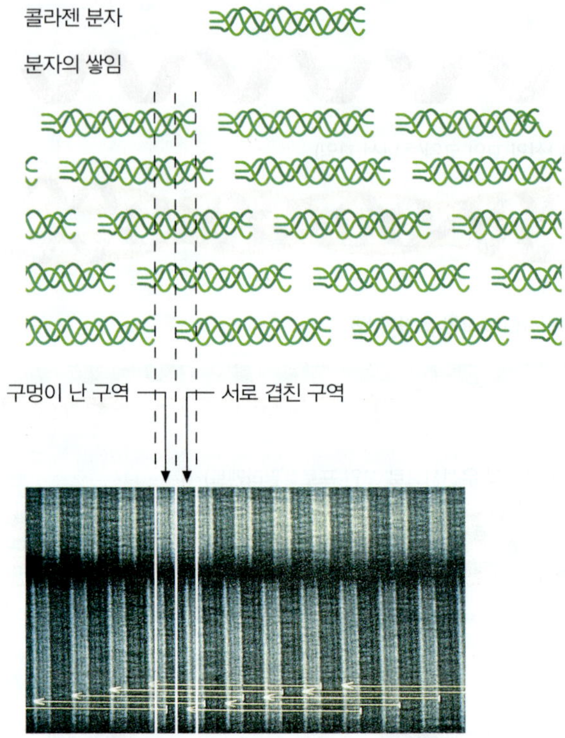

그림 5.34
콜라젠 섬유.
콜라젠 분자가 엇갈려서 띠(band)가 생긴다. 가로 줄무늬는 68 nm 간격을 유지하고 각 콜라젠 분자의 길이는 300 nm이다.

문에 콜라젠 서열을 형성하는데 글리신은 중요한 작용을 한다. 따라서 모든 세 번째 잔기는 두 개의 다른 사슬과 밀착되어 있다. 글리신은 공간을 활용할 수 있도록 해주는 작은 R기를 가진 유일한 아미노산이다. 큰 R기는 초나선(superhelix) 구조를 불안정하게 만든다. 콜라젠 섬유의 삼중 나선 구조는 최종 콜라젠 섬유에서 삼중 나선의 질서를 가진 배열을 안정화하는 폴리펩타이드 사이의 수소 결합과 라이시노노르루신 결합에 의해 더욱 강화된다.

문제 5.10

공유 결합성 교차 결합은 콜라젠의 강도에 기여한다. 교차 결합 형성의 첫 번째 반응은 구리를 포함하는 효소인 라이신 산화효소에 의해 촉매되며, 라이신 잔기가 알데하이드인 알리신(allysine)으로 바뀐다.

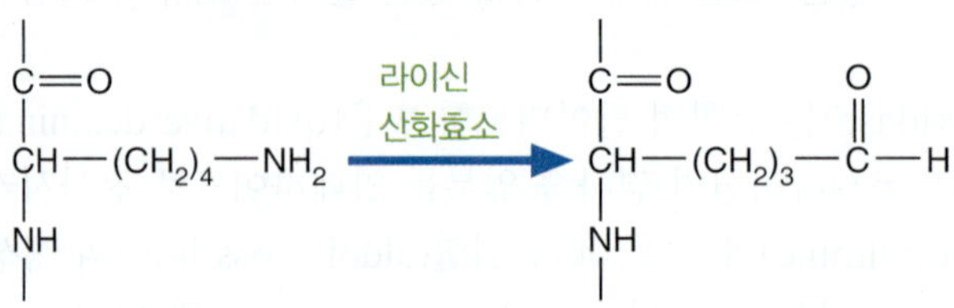

라이신 잔기　　　알리신 잔기

알리신은 다른 곁사슬의 알데하이드 혹은 아미노기와 반응하여 교차 결합을 만든다. 예를 들면, 두 개의 알리신 잔기가 반응하여 알돌 교차 결합 생성물을 만든다.

문제 5.10 (계속)

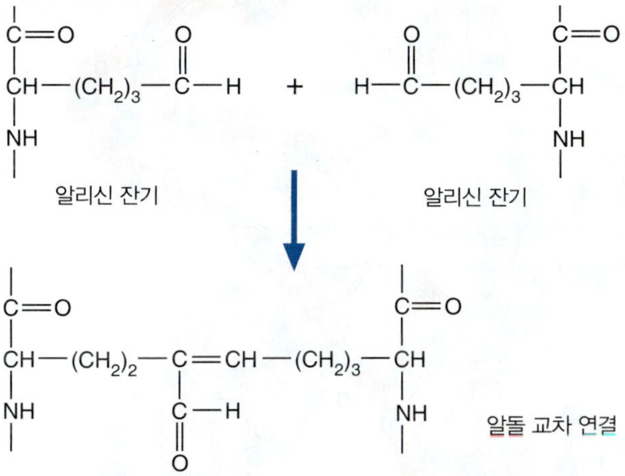

스위트피(*Lathyrus odoratus*)에서 발견되는 독소인 β-아미노프로피오나이트릴(β-aminopropionitrile)에 의해 라이신 산화효소가 불활성되면서, *라티리즘*(lathyrism)이란 질병이 사람 혹은 동물에서 발생된다. 동물 조직에는 콜라겐이 매우 풍부한 점을 고려하여 이 질병에 의해 나타날 수 있는 증상을 제시하라.

라티리즘
Lathyrism

구형 단백질

일반적으로 구형 단백질(globular protein)은 작은 리간드나 핵산 또는 단백질 같은 거대 분자와 결합한다. 각 단백질은 특정 리간드에 대해서 상보적 구조를 갖는 구멍(cavity)이나 갈라진 틈을 갖고 있다. 리간드가 단백질에 결합하면 구조 변화와 이에 따른 생화학적 변화가 일어난다. 예를 들어 근육 세포에서 ATP가 마이오신에 결합하면 결과적으로 근육 수축이 발생한다.

산소와 결합하는 마이오글로빈(myoglobin)과 헤모글로빈(haemoglobin)은 구형 단백질 중에서 많이 연구되었으며, 보결원자단으로 헴을 갖고 있는 헴단백질(hemoprotein)이다. 이 두 단백질의 헴은 산소와 가역적으로 결합하지만 그 생리적 기능은 현저히 다르다(**그림 5.35**). 헴의 화학적 성질은 보결원자단 중심부에 위치한 Fe^{2+}에 달려 있다. Fe^{2+}는 6개의 배위 결합을 하며, 프로토포피린 고리(protoporphyrin ring) 중앙에 위치한 4개의 질소와 결합하고 있다. 2개의 서로 다른 배위 결합은 헴 평면 구조의 위와 아래에 있다. 마이오글로빈과 헤모글로빈의 구조에서 다섯 번째 배위 결합은 히스티딘(histidine) 잔기의 질소 원자와 결합하며, 여섯 번째 배위 결합은 산소와 결합한다. 마이오글로빈은 근육 세포 내 산소 저장소 역할도 하고, 산소를 효율적으로 세포 내에 확산시키는 역할도 한다. 반면에 헤모글로빈은 적혈구의 단백질이며, 온몸의 세포에 산소를 공급하는 역할을 한다. 이 두 단백질 구조를 비교하면 단백질 구조와 기능 그리고 조절작용을 잘 이해할 수 있다.

마이오글로빈 마이오글로빈(myoglobin)은 골격 근육과 심장 근육에 많이 존재하며 이로 인해 이 조직들은 빨간색을 띠게 된다. 물속에서 오랫동안 잠수하는 고래 같은 포유동물은 근육 속에 고농도의 마이오글로빈을 갖고 있기 때문에 근육은 갈색 빛을 띤다. 마이오글로빈의 단백질 성분인 글로빈은 α-나선의 8개 마디를 포함하는 단일 폴리펩타이드 사슬로 되어 있다(**그림 5.36**). 접혀 있는 글로빈 사슬은 갈

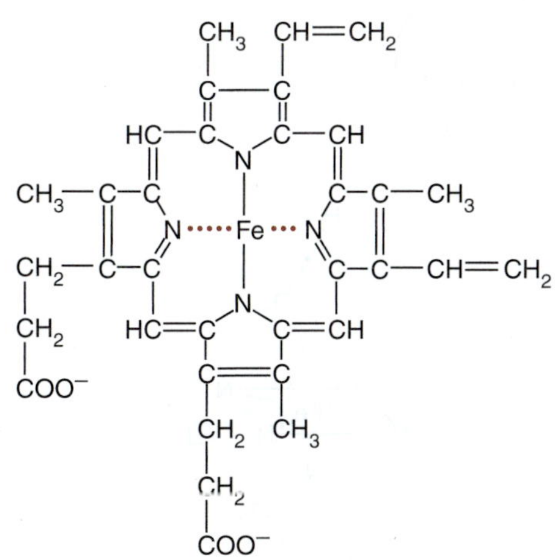

그림 5.35
헴 구조.
헴은 중앙부에 Fe^{2+}가 있는 포피린 고리(4개의 피롤로 구성된)로 구성되어 있다.

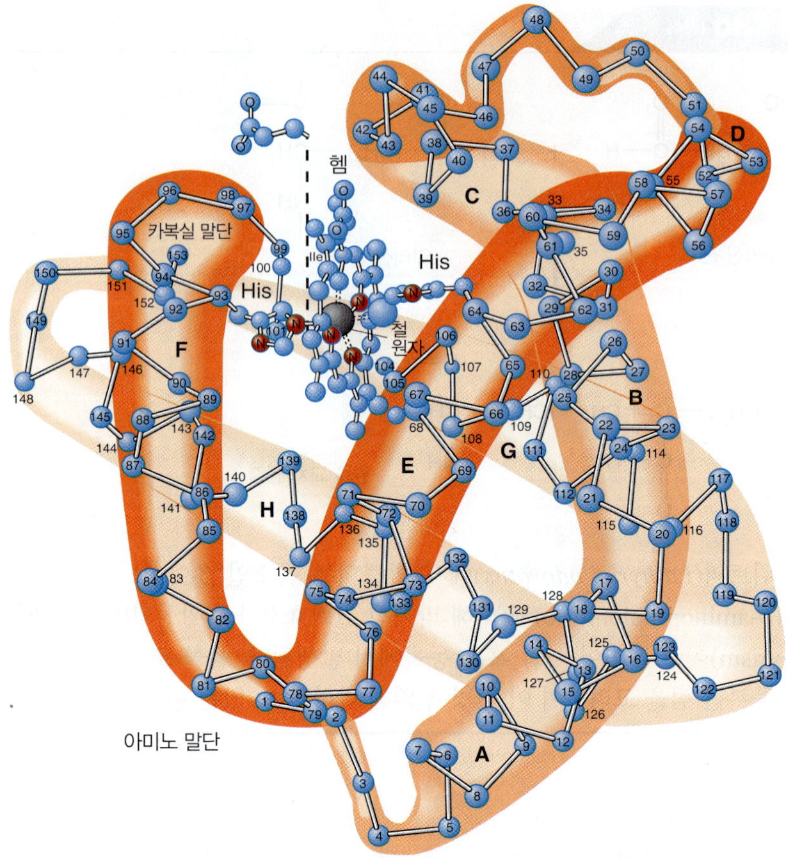

그림 5.36

마이오글로빈.

2개의 히스티딘(His) 잔기의 곁사슬을 제외한 글로빈 폴리펩타이드의 α-탄소만을 보여 주고 있다. 마이오글로빈의 8개 나선 구조가 A에서 H까지 표시되어 있다. 헴기는 산소와 가역적으로 결합하는 철 원자를 갖고 있다.

라진 틈 모양을 하고 그 틈은 거의 완전히 헴기로 채워져 있다. 자유 헴[Fe^{2+}]은 산소에 대하여 강력한 친화력을 갖고 있으며, 비가역적으로 산화하여 헤마틴(hematin)[Fe^{3+}]이 된다. 헤마틴은 산소와 결합할 수 없다. 아미노산 곁사슬과 산소 결합 틈새의 소수성 포피린 고리(porphyrin ring) 사이의 비공유 결합적 상호작용은 산소에 대한 헴의 친화력을 감소시킨다. 산소 친화력이 감소함에 따라 Fe^{2+}의 산화는 방지되고 산소와 가역적인 결합이 가능해 진다. 헴과 상호작용하는 아미노산은 히스티딘 2개를 제외하고는 모두 소수성이다. 가까운 히스티딘(proximal histidine)은 헴의 철 이온과 직접 결합하며(**그림 5.37**), 멀리 떨어져 있는 또 다른 먼 히스티딘(distal histidine)은 산소 결합 자리를 안정화시킨다.

마이오글로빈의 산소 결합 곡선(**그림 5.38**)은 쌍곡선이며 이것은 O_2 친화력이 높고, O_2 포화가 매우 낮은 O_2의 부분 압력(pO_2)에서 일어나는 것을 보여준다. 이는 단일 소단위체인 단백질 구조와 근육 조직에서 O_2 저장 단백질로서의 역할을 보여주고 있다. 마이오글로빈은 근육 세포의 산소 농도가 매우 낮을 때만(즉, 매우 힘든 운동 동안) O_2를 내놓는다.

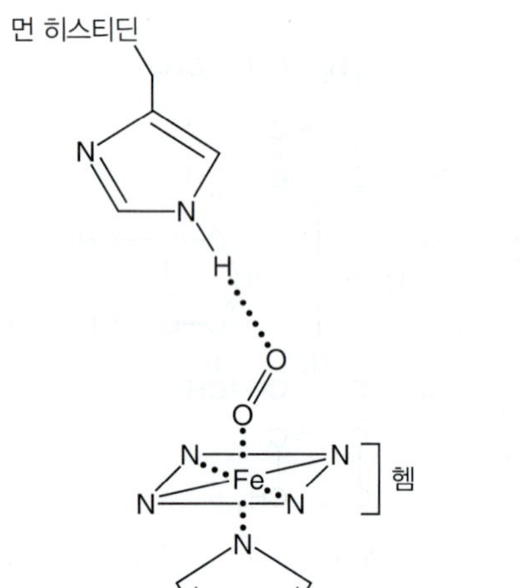

그림 5.37

접혀진 글로빈사슬에 의해 형성된 헴의 산소 결합 자리.

헤모글로빈 적혈구 속의 헤모글로빈(hemoglobin)은 폐로부터 신체의 모든 조직으로 산소를 운반한다. **그림 5.39**에 나와 있는 것처럼 HbA 분자는 2개의 β-사슬과 2개의 α-사슬로 구성되어 있는 $\alpha_2\beta_2$ 구조이다(HbA_2 변이체는 $\alpha_2\delta_2$로 나타남). 이외에도 출생 전에는 여러 종류의 β-사슬 변이체가 만들어진다. 초기 배아 시기에는 ε-사슬이, 태아 시기에는 γ-사슬이 만들어진다. 특히 $\alpha_2\varepsilon_2$와 $\alpha_2\gamma_2$ 헤모글로빈은 HbA($\alpha_2\beta_2$)보다 산소에 대하여 친화도가 더 크기 때문에 태아는 산모 혈액으로부

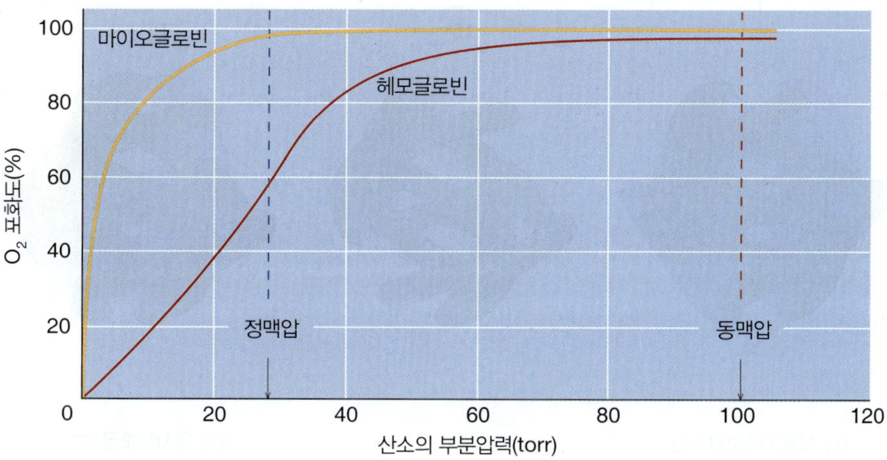

그림 5.38

헤모글로빈과 마이오글로빈의 산소 친화도를 나타내는 산소해리 곡선.

O_2가 풍부한 동맥혈은 O_2를 조직으로 이동시킨다. 조직을 거쳐 나온 정맥혈은 O_2가 적다.

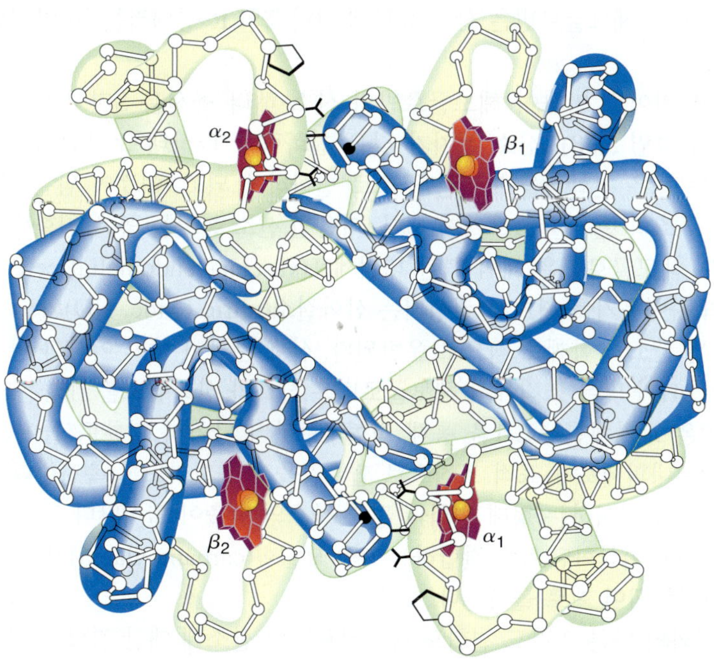

그림 5.39

헤모글로빈.

단백질은 α와 β로 정해진 4개의 소단위체를 갖는다. 각 소단위체는 산소와 가역적으로 결합하는 헴기를 갖고 있다.

터 더 효율적으로 산소를 흡수한다.

4개의 폴리펩타이드 사슬로 구성된 헤모글로빈은 두 개의 동일한 $\alpha\beta$-이합체로 구성되어 있다. 각 글로빈 사슬은 마이오글로빈과 유사한 헴 결합 주머니(heme-binding pocket)를 갖는다. 마이오글로빈은 포물선의 O_2-결합 속도론을 보여주지만 헤모글로빈은 S자형 곡선을 보여주어 **협동적 결합**(cooperative binding, 한 소단위체가 다른 소단위체의 결합에 영향을 미치는 리간드 결합)과 **다른자리 입체성**(allostery, 효과물질 분자의 영향을 받는 리간드 결합)을 제시한다. (협동성과 다른자리 입체성 조절은 6장에서 설명한다.) 헤모글로빈이 산소와 결합할 때 특별한 염다리와 $\alpha\beta$ 이합체 사이의 수소 결합이 파괴되면서 서로 미끄러지고 15° 회전한다(**그림 5.40**). 데옥시헤모글로빈(deoxyHb) 구조는 *T 상태*(taut state, 팽팽한 상태)라 하고, 옥시헤모글로빈(oxyHb) 상태는 *R 상태*(relaxed state, 이완된 상태)라고 한다. 이합체 사이의 접촉을 통해 산소 유도에 의한 구조 재조정이 동시에 일어난다. 즉, 한 소단위체의 형태 변화가 다른 소단위체에 빠른 속도로 전파되는 셈이

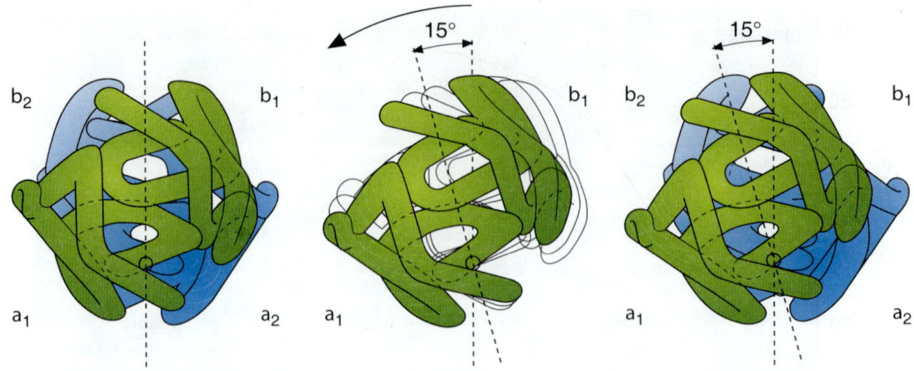

(a) 데옥시헤모글로빈

(b) 옥시헤모글로빈

그림 5.40

헤모글로빈의 다른 자리입체성 전이.

헤모글로빈이 산소와 결합할 때 $\alpha_1\beta_1$과 $\alpha_2\beta_2$ 이합체는 서로 미끌어져서 15° 회전한다.

다. 결과적으로 헤모글로빈은 산소 유무에 따라 T와 R 상태라는 두 안정한 형태로 존재한다.

T → R 전이로 인하여 헤모글로빈의 산소 해리 곡선은 S자 모양(sigmoidal shape)이다(**그림 5.38**). 산소 분자가 낮은 친화력의 T 상태 소단위체에 결합하면 소단위체는 높은 친화력을 보이는 구조로 변화하게 되고, 이것이 남은 세 개의 소단위체의 구조의 변화를 일으키게 된다. 다음번 산소 분자는 높은 친화력으로 결합하게 된다. 헤모글로빈은 폐의 혈관 내피세포(vascular endothelial cell)에서 글로빈 사슬의 싸이올기를 거쳐서 생성되는 산화질소(nitric oxide, NO)와도 결합한다. 산화질소는 산소와 함께 조직으로 운반된다. 산소 분압이 낮고 이산화 탄소의 농도가 높으며 pH가 낮은 조직에서 헤모글로빈은 산소와 산화질소를 내놓는다. 산화질소는 음이온 교환체인 AE-1을 통해 적혈구로부터 나와서 혈류로 들어간다. 그곳에서 NO는 내피세포가 표적 조직으로 혈류량을 증가시키도록 촉진한다. Hb 분자에서 양성자가 관여하는 형태 변화의 결과 산소의 방출이 일어난다. 글로빈 사슬의 α-아미노기에 이산화탄소가 결합하는 *카바모일화*(carbamoylated)가 일어나고, T 상태가 안정화되어 폐로 돌아온다.

산소 이외의 다른 리간드 결합도 헤모글로빈의 산소에 대한 결합 능력에 영향을 준다. 이것은 이런 리간드가 존재할 때 나타나는 S자 곡선으로 알 수 있다. 예를 들어 pH가 감소하면 T 상태는 안정화되고 산소 해리는 증가하는데, 이 현상을 *보어 효과*(Bohr effect)라 한다. 에너지 생성을 위하여 다량의 산소를 필요로 하는 매우 활발한 세포는 다량의 CO_2 같은 노폐물을 만든다. CO_2가 혈액으로 확산되면 물과 반응하여 HCO_3^-와 H^+를 만든다. H^+가 Hb 소단위체에 결합하면 Hb 이합체 사이에 있는 염다리의 안정화가 감소하고, R에서 T 상태로의 전환을 일으켜 O_2와 NO의 방출을 돕는다.

해당 과정의 중간물질인 2,3-비스포스포글리세르산(2,3-bisphosphoglycerate, BPG)은 T 상태에 결합하고 안정화시켜서 조직에 방출되는 O_2 양을 증가시킨다(**그림 5.41**). 대부분의 세포에는 매우 소량의 BPG가 들어 있지만 적혈구와 뇌는 상당한 양을 생성한다. BPG는 T 상태에 결합하는데, 이 형태에서 양전하를 띠는 아미노산 잔기의 곁사슬들이 동공에 늘어서기 때문이다. 이것이 왜 중요할까? BPG는 deoxyHb를 안정화하여 에너지 수요가 높을 때 O_2 방출을 증가시키는 메커니즘이기 때문이다.

주요 개념 _Key Concepts

- 구형단백질의 기능은 주로 작은 리간드나 고분자 물질과 결합하는 것이다.
- 마이오글로빈과 헤모글로빈의 산소 결합 특성은 부분적으로는 각각의 소단위체 수에 의해 결정된다.

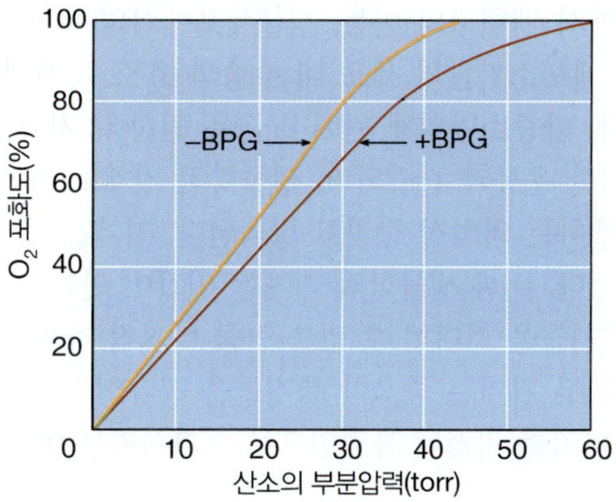

그림 5.41

2,3-비스포스포글리세르산(BPG)의 헤모글로빈과 산소 사이의 친화도에 대한 효과.

BPG가 없는 상태(–BPG)에서 헤모글로빈은 O_2에 대한 높은 친화력을 갖고 있으나, BPG가 있는 상태(+BPG) 에서 헤모글로빈은 O_2에 대한 낮은 친화력을 갖는다.

폐에서는 이 과정의 반대 현상이 일어난다. 즉, 높은 산소 농도에 의해 deoxyHb 형태가 oxyHb 형태로 전환된다. 첫 번째 산소 분자와의 결합에 의해 유발된 헤모글로빈의 3차원 구조 변화에 따라 CO_2, H^+와 BPG가 방출된다. H^+는 HCO_3^-와 반응하여 탄산을 만든 다음 CO_2와 H_2O로 다시 해리된다. 그 다음에 CO_2는 혈액으로부터 폐포로 확산된다.

일산화탄소(CO)는 헤모글로빈에 O_2보다 250배의 친화력으로 결합하기 때문에 헤모글로빈의 경쟁 억제제이다. 사이안화 이온(CN^-)과 NO도 O_2 수송을 억제하지만 CO보다 더 높은 농도가 필요하다. HbCO는 밝은 붉은색을 띠므로 체리색의 붉은 피부는 CO 중독의 증상이 된다. 비록 oxyHb에서 철의 산화 상태가 3에 가깝다고 하더라도, Fe^{2+}를 산화하는 모든 화학물질은 O_2와 결합하지 않는 Fe^{3+}-Hb 또는 메트헤모글로빈의 형성을 가져온다. Fe^{2+}의 여분의 전자는 O_2 분자의 홀전자와 배위하여 oxyHb를 생성하는 데 필요하다.

문제 5.11

태아 헤모글로빈(HbF)은 HbA보다 BPG와 더 약하게 결합한다. 이는 β-글로빈 안의 BPG 결합 주머니의 His143이 γ-글로빈에서는 세린 잔기로 교체되었기 때문이다. 2개의 양전하(두 개의 γ-글로빈에서 각각 1개씩)를 잃어버린 결과로 결합 주머니는 BPG와의 결합이 약해진다. 이러한 현상의 결과로 어머니와 태아 사이 어떤 일이 일어나는지 설명하라.

문제 5.12

마이오글로빈은 세포의 산소가 부족할 때 미토콘드리아에서 사용하기 위해 근육 조직에서 O_2를 저장하며, 헤모글로빈은 폐로부터 O_2의 요구도에 따라 차별적으로 세포 쪽으로 O_2를 효율적으로 운반한다. 이 두 단백질이 서로 다른 기능을 할 수 있는 구조적인 특징을 설명하라.

5.4 분자 기계

살아 있는 생물체의 주요한 특징 중 하나는 목적을 갖고 의도적으로 움직이는 것이다. 이러한 의도적인 움직임은 다양한 형태로 볼 수 있는데, 치타의 110 km/h 속도의 질주, 동물 체내에서 백혈구의 이동, 식물세포에서의 세포질 유동(cytoplasmic streaming), 그리고 세포소기관의 세포 내 수송과 효소 촉매에 의한 DNA 가닥의 풀림 등이 그 예이다. 다중소단위체 단백질(근육 원섬유, 세포골격 성분, DNA 중합효소 등)들이 이러한 운동과 관련되며, 생물학적 기계로 작용한다. 기계란 일(힘과 거리의 곱)을 수행하는 역학적 장치로 정의된다. 기계는 정확히 사용할 때 주어진 일을 완수할 수 있다. 비록 생물학적 기계는 인간이 만든 기계에서 가능한 물리적 조건(예, 열과 마찰)들을 견뎌낼 수 없을 만큼 비교적 파괴되기 쉬운 단백질들로 구성되어 있지만, 이 두 기계는 중요한 특징들을 공유한다. 모든 기계는 움직이는 부분뿐만 아니라 에너지를 지정된 움직임으로 전환시키는 에너지 변환 메커니즘도 필요하다.

살아 있는 생물체의 움직임 형태가 매우 다양함에도 불구하고, 모든 경우 에너지에 의해 유도되는 단백질 형태 변화에 의해 어떤 일이든 완수된다. 단백질 형태 변화는 리간드가 결합할 때 발생한다. 특정 리간드가 다중소단위체 단백질 복합체의 어떤 소단위체와 결합할 때, 그 소단위체 형태의 변화는 인접한 소단위체의 모양을 변화시킨다. 이러한 변화 과정은 가역적이어서, 단백질에서 리간드를 분리하면 단백질은 이전 형태로 회복된다. 복잡한 생물학적 기계에 의해 수행되는 일에는 단백질의 형태적 변화, 이어지는 기능적 변화가 질서 있게 지정된 양상으로 일어나야 한다. 즉, ATP 또는 GTP 가수분해에 의한 에너지를 사용해서 인접한 단백질 소단위체들은 지정된 방향으로 형태 변화가 나타난다. 이와 같은 생물학적 기계의 지정된 기능은 뉴클레오타이드 가수분해가 생리적 조건에서 비가역적이기 때문에 가능하다.

운동 단백질

기능적 다양함과는 무관하게 모든 생물학적 기계들은 뉴클레오사이드 삼인산(nucleoside triphosphate, NTP)과 결합하는 1개 또는 그 이상의 단백질 부분을 갖고 있다. NTPase(nucleoside triphosphatase, 뉴클레오사이드 삼인산 가수분해효소)라고 부르는 이 소단위체들은 기계적 변환체(transducer) 또는 **운동 단백질**(motor protein)로 작용한다. 분자 기계에서 NTP 가수분해는 운동 단백질 형태를 변화시키며, 인접한 소단위체의 형태 변화를 촉발한다. NTP 결합 단백질은 진핵생물에서 다양한 기능을 하며 대부분 다음 범주 중의 한두 가지로 일어난다.

1. **고전적인 운동 단백질.** 고전적 운동 단백질은 단백질 섬유를 따라 움직이는 ATPase이다(**그림 2.4**). 가장 잘 알려진 예는 액틴 섬유를 따라 움직이는 **마이오신**(myosin)과 미세소관을 따라 소포와 세포소기관을 움직이는 키네신과 다이네인 등이다. **키네신**(kinesin)은 (+) 끝을 향해 미세소관을 따라 움직이며, 중심체(미세소관 형성 장소)로부터 멀어진다. **다이네인**(dynein)은 중심체를 향해 (−) 쪽으로 미세소관을 따라 움직인다.
2. **시간 장치.** 어떤 NTP-결합 단백질은 정확성이 필요한 복잡한 과정에서 시간을 지체시키는 기능이 있다. 잘 알려진 예로서 원핵세포의 단백질 합성 단백질인 EF-Tu가 있다. ET-Tu가 아미노아실-tRNA와 결합되어 있으면 GTP 가수분해는 매우 느리게 일어나며, 이를 통해 만일 tRNA-mRNA 염기 서열 결합이 정확하지 않은 경우, 이 복합체를 리보솜에서 분리할 수 있도록 충분한 시간을 제공한다.
3. **마이크로프로세서로 처리하는 스위치 장치.** 다양한 GTP-결합 단백질들은

신호 전달 경로에서 켜고 끌 수 있는 분자 스위치로 작용한다. 그 예로 삼합체 G 단백질의 β-소단위체가 있다. 수많은 세포내 신호 통제 메커니즘은 G 단백질에 의해 조절된다.

4. **조립과 해체 인자.** 수많은 세포내 대사과정은 단백질 소단위체가 더 큰 분자 복합체로 신속하고 가역적으로 조립되는 것을 필요로 한다. 단백질 소단위체 중합 반응의 가장 대표적인 예는 튜불린과 액틴이 각각 미세소관(microtubule)과 미세섬유(microfilament)로 조립되는 것이다. 튜불린 단위체에 의한 GTP의 느린 가수분해와 액틴 단위체에 의한 ATP의 느린 가수분해는 튜불린과 액틴이 각각의 중합섬유로 합성된 후에 다시 해체(disassembly)가 일어나도록 하는 미묘한 형태 변화를 촉진한다.

생화학 전망 BIOCHEMISTRY IN PERSPECTIVE

거미 실크와 생체모방기술

거미 실크는 어떤 특성에 의해 수백만 달러 가치가 있는 연구 주제가 되었는가? 마다가스카르의 암컷 황금무당거미(*Nephilia madagascariensis*)는 길이가 12.7 cm 정도 되는 매우 큰 거미로서, 밝은 노란색의 거미줄을 친다. 최근 마다가스카르 사업가 2명이 손으로 짠 3.3 m 크기의 무늬가 있는 직물을 선보였다. 이 커다란 실크 직물을 직조하기 위해 수많은 거미줄을 만드는 거미가 이용되었다. 직조에 사용된 실크 섬유는 96겹으로 꼬아 만든 것이다. 이 마다가스카르 직물이 뉴욕박물관에 전시되었을 때, 소유자는 구경꾼들에게 장식술에 달려 있는 실 하나를 끊어 보라고 하였다. 끊을 수 없어서 이 실크실의 강도를 자전거 잠금용 체인의 강도와 비교하고자 하였다.

한편 직물뿐만 아니라 생분해되며 새털처럼 가벼운 거미 실크는 인공힘줄과 인대, 수술용 실(예, 안과용 봉합사), 가벼운 갑옷(방탄조끼, 헬멧) 등 다양한 용도로 인공 실보다 더 각광 받고 있다. 이 섬유는 뛰어난 기계적 특징과 더불어 거미가 실온과 대기압 아래에서 물을 용매로 하여 친환경적으로 생산하기 때문에 매우 고무적인 것이다. 왜냐하면 이와는 대조적으로 석유에서 추출한 방향족 폴리아마이드 중합체인 인조섬유 케블라(Kevlar)는 거의 끓는 온도의 혼합물을 작은 구멍을 통해 황산에 방사하여 합성되기 때문이다. 그러나 개발에 사용된 많은 노력과 수백만 달러의 비용에도 불구하고 거미 실크의 상용화는 아직 이루어지지 않았는데, 아직 충분한 거미 공급이 원활하지 않기 때문이다. 5,000년에 걸쳐 길들여온 누에의 사육 형태와 비슷한 거미 농장이 해법이 될 수는 있지만(누에 실크는 거미 실크보다 탄성과 강도가 약하다), 하지만 아쉽게도 거미들의 서로 잡아먹는 습성 때문에 거미 농장은 아직 상용화되지 못하였다. 수많은 거미들을 별도로 사육한다는 것도 비용 문제로 불가능하기 때문이다. 이에 대한 대안으로 나온 것이 생체모방기술(biomimetics)을 이용한 공업적인 인공 거미 실크 합성이다. 생체모방기술은 공업적인 문제점을 거미 실크의 방적 방법 등 생물체의 과정을 흉내 내서 해결한다. 그러나 이 방법도 제한적이다. 예를 들면 재조합 DNA 기술을 활용하여 세균이나 효모에 실크유전자를 집어넣어 실크단백질을 회수하여 거미 실크를 합성하려는 시도는 실패하였다. 유전자를 도입한 양을 이용하여 거미 실크 단백질 유전자를 삽입하려는 시도는 일부 성공하였다. 그러나 양젖에서 실크단백질을 정제 추출한 후 직조한 결과, 자연적인 거미 실크(2.5~5 μm)에 비해 지름이 상당히 두꺼웠다(10~60 μm). 하지만 기술자들은 투자 가치가 있다고 확신하고 있기 때문에 아직도 연구가 진행되고 있다. 즉, 생분해가 가능하고 친환경적으로 안전한 인조 거미 실크가 석유에서 추출하여 만든 인조섬유를 대체할 수 있다고 믿고 있다. 이러한 노력을 통해 거미 실크 구조와 생물학적 직조 과정이 앞으로 자세히 밝혀질 것이다.

거미 실크 구조

거미줄은 두 종류의 단백질, 스피드로인 1(spidroin 1)과 스피드로인 2(spidroin 2)로 구성되어 있으며, 분자량은 200~350 kDa이다. 스피드로인의 아미노산 조성은 글리신(42%)과 알라닌(25%)이 많이 존재하며, 곁사슬이 큰 아미노산(Arg, Tyr, Gln, Ser, Leu, Pro 등)은 소량 들어있다. 스피드로인 단백질은 두 개의 주요 형태가 반복되어 구성되는데, 폴리알라닌(5~10개 잔기로 구성)과 글리신이 풍부한 모티프로서 polyGlyAla, GlyProGlyGly$X$(X = 종종 Gln), GlyGly$X$(X는 여러 아미노산) 등이다. 실크단백질은 폴리알라닌과 polyGlyAla가 역평행의 β-구조로 구성되어 있으며, 실크섬유의 장력을 높여준다. β-구조는 무작위 코일을 만드는 글리신이 풍부한 서

생화학 전망 BIOCHEMISTRY IN PERSPECTIVE (계속)

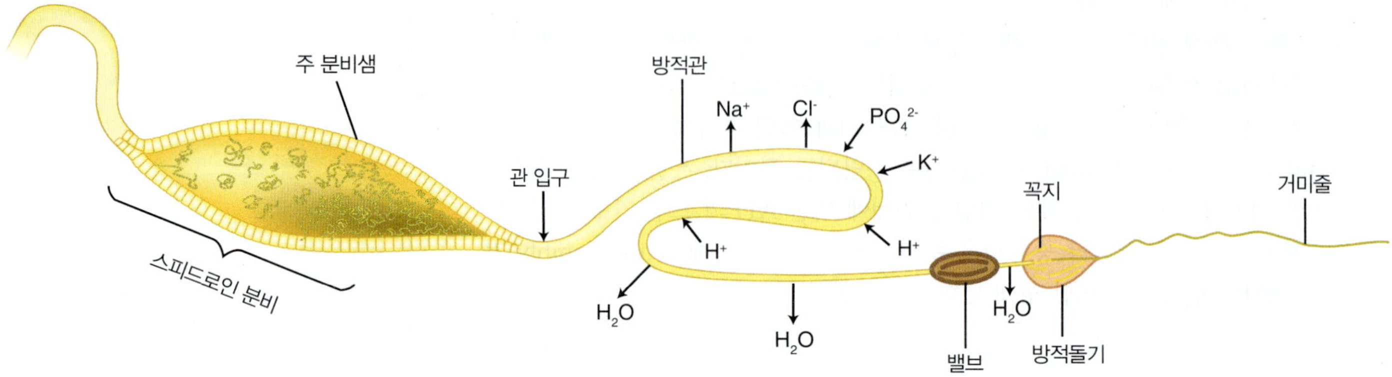

그림 5A

거미줄의 가공 과정.

스피드로인 단백질이 불룩한 분비샘 내부로 분비되면 관 쪽으로 이동되어 방적관 입구로 방출된다. 관 벽에 작용하는 전단응력과 분비샘 벽에서 짜내는 힘, 거미가 실크 섬유를 방적돌기에서 밖으로 밀어내는 힘 등에 의해 원료 실크의 스피드로인 단백질은 응축되고 기다란 축을 따라 가지런히 늘어서게 된다. 실크 중합체가 가느다란 관으로 들어가면서 생화학적 변화(Na^+, K^+, H^+ 등)에 의해 α-나선구조가 소수성의 β-병풍구조로 전환되며 물이 방출된다. 이 밸브를 통과하면서 단백질 중합체는 방적 돌기(spinneret)의 여러 꼭지(spigot) 중 하나를 통과하게 된다. 그 결과 섬유는 서로 꼬이면서 거미줄을 만들고 거미는 방적돌기에서 거미줄을 방출한다.

열, β-나선 구조(β-회전과 비슷), 그리고 GlyGlyX 나선 구조와 연결되어 무정형의 탄성 섬유를 만든다.

거미 실크 섬유 조립

거미 실크 섬유 생산은 살아 있는 생물체 내에서 일어나기 때문에 그 단백질 접힘 과정을 관찰할 수 있는 기회가 다물다. 실을 만드는 방적 과정(그림 5A)은 거미 복강의 불룩한 분비샘에서 시작되는데, 상피세포에서 스피드로인 단백질이 분비샘 내부로 분비된다. 거미줄 공급 원료 또는 *약물*(dope)이라고 부르는 실크단백질은 매우 농축되어 있다(50% 이상). 이 단계에서 스피드로인의 구형 형태(α-나선구조 약 30%)는 물에 용해되며 서로 응축되는 것이 방해받는다. 이 실크 원료는 불룩한 분비선과 직조관에 연결된 좁은 관을 쥐어짜듯이 통과한다. 이곳에서 기다란 축의 단백질 분자들이 평행하게 늘어서면서 실크 원료는 액정의 특성을 지니기 시작하는 것으로 추정된다. 폭이 가느다란 S자 모양의 방적관은 세 부분으로 나뉜다. 단백질 분자가 그 관 부분들을 통과할 때, 방적관 벽과 평행하게 가해지는 힘인 전단 응력과 일부 생화학적 환경 변화에 의해 초기 실크 중합체가 형성된다. 즉, 방적관 내에서 Na^+, Cl^-는 방출되고 인산염과 K^+이온은 펌프질되어 유입된다. 이에 따라 K^+/Na^+ 비율의 증가와, 또 인산염과 H^+의 분비가 α-나선구조를 β-병풍구조로 전환하는 것으로 생각된다. β-병풍구조는 초기에는 무정형으로 있다가 결국 섬유의 긴 축을 따라 평행하게 자리잡게 된다. 방적관의 세 번째 부분에서 다량의 물이 실크단백질로부터 빠져나오면서 소수성 상호작용은 증가하게 되고 상피세포로부터 방출된다. 방적관의 끝에 있는 마개는 거미줄을 담고 있는 죔쇠 역할과 거미줄이 끊어질 때 다시 방적과정을 개시하도록 하는 방아쇠 역할을 하는 것으로 추정된다. 실크 중합체는 실을 만드는 구멍인 방적돌기(spinneret) 내의 수많은 꼭지(spigot) 중 하나로 들어간다. 실크 섬유가 만들어지고 남아 있는 물이 증발하면 이들은 고체가 된다. 수많은 꼭지에서 나온 섬유들은 서로서로 둘러 싸여 케이블과 같은 섬유를 만든다. 이 섬유의 지름과 강도는 방적돌기 내부의 근육 강도와 얼마나 빠르게 거미가 줄을 뽑아내는가에 따라 달라진다.

▸ **요약:** 생분해되고 매우 가벼우면서 강한 거미줄 실크는 활용 범위가 무한하다. 비록 아직 성공적이지는 않았지만 거미에 의해 거미줄이 생산되는 자연 과정을 재현하는 데 많은 연구 노력이 집중되고 있다.

생화학 실험 BIOCHEMISTRY IN THE LAB

단백질 기술

생물은 놀라울 정도로 다양한 단백질들을 생산한다. 따라서 이 단백질들의 성질을 연구하는 데 많은 시간, 노력과 연구비가 사용되어 왔다. 1953년 생거(Frederick Sanger)에 의해 소의 인슐린(bovine insulin)의 아미노산 서열이 밝혀진 이래, 수천 개의 단백질 구조가 밝혀졌다.

그 당시 인슐린 연구에 10여 년이라는 시간이 소요된 것과는 대조적으로 현대 기술은 질량분석법(mass spectrometry)을 통해 단백질 서열을 단 며칠 이내에 결정할 수 있게 되었다. 또한 단백질의 아미노산 서열은 DNA 또는 mRNA 서열로부터도 알아낼 수 있다. 단백질 정제 방법을 간단히 소개한 다음 질량분석법에 대해 설명한다. 단백질의 분리, 정제와 특성 등을 규명하기 위해서는 단백질의 전하, 분자량과 결합 친화력 등의 차이를 사용한다. 이러한 많은 기술적 방법들은 다른 생체 분자 연구에도 적용되고 있다.

정제

단백질 분석은 분리와 정제에서 시작한다. 단백질 추출에는 우선 세포 파괴와 균질화 과정(homogenization)이 필요하다(2장의 생화학 실험, 세포 기술 참조). 세포 파괴와 균질화 다음에는 차등 원심분리법(differential centrifugation)을 사용하며, 만일 단백질이 세포소기관 성분이면 밀도 기울기 원심분리법(density gradient centrifugation)을 사용한다. 단백질을 정제하기 위해 우선 몇몇 조잡한 방법(crude method)을 사용한다. 그 한 예로 황산 암모늄[$(NH_4)_2SO_4$] 같은 염을 단백질 용액에 고농도로 첨가하여 단백질을 침전시키는 **염석법**(salting out)이 있다. 각 단백질은 특징적인 염석점(salting-out point)을 갖고 있기 때문에 이 방법으로 많은 불순물들을 제거할 수 있다. 단백질이 세포막에 단단히 붙어 있을 경우 유기 용매나 세척제를 사용하여 추출한다. 보통 투석은 염, 용매와 세척제 같은 저분자량의 불순물을 제거하는데 사용된다(그림 5B).

단백질이 점점 더 정제될수록 더욱 정교한 정제 방법이 동원되는데, 크로마토그래피와 전기이동 등이 여기에 해당한다.

크로마토그래피

크로마토그래피(chromatography)는 당류나 아미노산 등 저분자량 물질을 분리하기 위해 개발되었지만 단백질 정제에도 매우 유용한 방법이다. 단백질의 크기, 모양, 분자량, 전하 또는 다른 친화력 등을 이용한 단백질 혼합물 정제에 다양한 크로마토그래피 기술이 이용된다. 순도 높은 단백질을 얻기 위해서 종종 몇 가지 기술이 순차적으로 사용된다.

크로마토그래피에서 단백질 혼합물은 **이동상**(mobile phase)에 용해된 단백질이 **고정상**(stationary phase)을 통과할 때 일어나는 두 상(phase) 사이의 분배 차이에 의해 분리된다. 크로마토그래피 상에서 각 단백질의 상대적 이동은 고정상과의 결합 능력에 달려 있다.

단백질 정제에 흔히 사용하는 3가지 크로마토그래피는 젤-거르기 크로마토그래피, 이온 교환 크로마토그래피와 친화 크로마토그래피이다. **젤-거르기 크로마토그래피**(gel-filtration chromatography, 그림 5C)는 크기-배제 크로마토그래피(size-exclusion chromatography) 일종으로 젤로 채워진 관으로 수용액상의 단백질을 그 크기에 따라 분리한다. 젤 구멍보다 더 큰 분자는 제외되어 대롱을 빨리 통과한다. 그러나 젤 구멍보다 더 작은 분자는 구멍 안으로 확산되었다가 바깥으로 다시 빠져 나가다보니 관을 통과하는 이동 속도가 느려진다. 따라서 분자량이 작으면 작을수록 이동 속도는 더 느리다. 결국 단백질 혼합물은 입자 이동 속도 차이에 의해 분리되며 따로따로 수집된다.

이온 교환 크로마토그래피(ion-exchange chromatography)는 단백질을 전하에 따라 분리한다. 양(+)전하의 물질로 채워진 음이온 교환 수지(resin)는 단백질의 음(–)전하 원자단과 가역적으로 결합한다. 양이온 교환 수지는 양전하 원자단과 결합한다. 수지와 결합하지 않는 단백질을 제거한 후, 관심의 대상이 되는 단백질은 용매의 pH 또는 염 농도를 변화시켜 정제한다. (pH 변화에 따라 단백질 알짜 전하가 변한다.)

친화 크로마토그래피(affinity chromatography)는 단백질의 고유한 생물학적 특성, 즉 단백질과 리간드 사이의 비공유 결합적 친화력을 이용한다. 보통 리간드는 관 안의 불용성 기실(insoluble matrix)에 공유 결합으로 결합되어 있다. 관에 결합하지 않은 단백질은 통과시킨 후, 관심의 대상이 되는 단백질은 완충액의 pH 또는 염 농도를 변화시켜 분리 정제한다. 친화 크로마토그래피는 재조합 단백질의 정제에 흔히 이용된다. (재조합 단백질은 재조합 DNA 서열의 번역에 의하여 숙주 생물체에서 생산된다. 재조합 DNA는 다

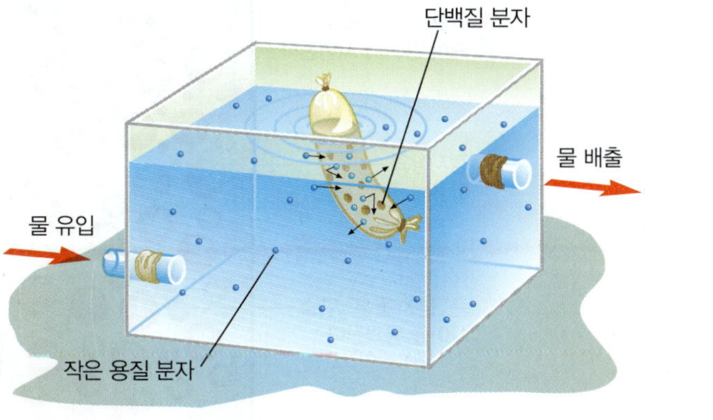

그림 5B
투석.
단백질 용액의 저분자량 불순물은 투석에 의해 제거된다. 투석용 주머니(반투과성 막)는 물이나 완충 용액에 부유하고 있는 세포추출물을 포함하고 있으며, 작은 분자는 막의 구멍을 통과한다. 주머니 밖의 용매를 계속해서 새롭게 교체하면 모든 저분자량의 불순물은 주머니 안에서 제거된다.

생화학 실험 BIOCHEMISTRY IN THE LAB (계속)

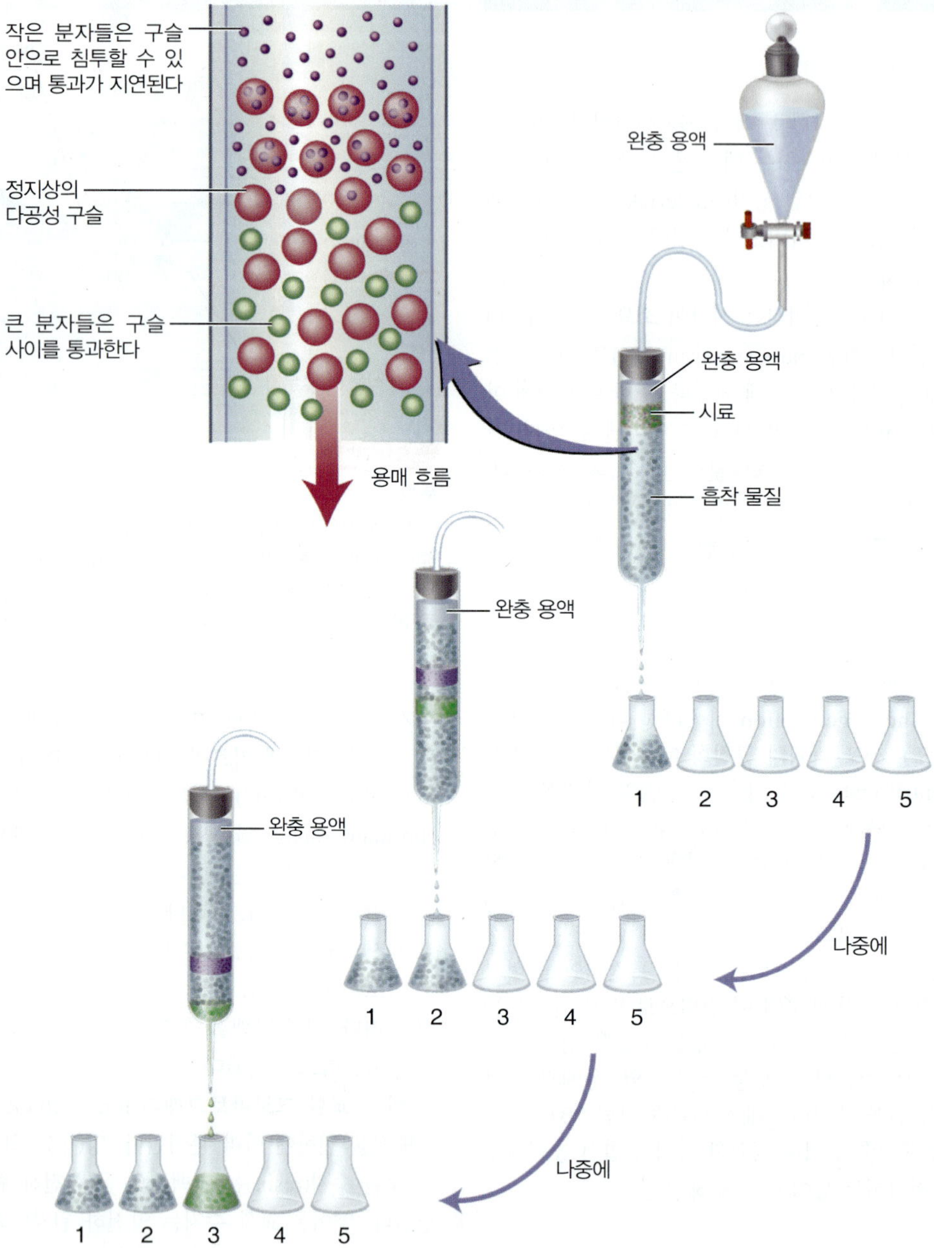

그림 5C

젤-거르기 크로마토그래피.

젤-거르기 크로마토그래피에서 고정상은 분자들을 크기에 따라 분리할 수 있게 실험적으로 선택된 구멍 크기를 가지는 젤 형태의 중합체이다. 시료는 관의 위쪽으로 들어가게 되며 이동상인 완충 용액에 의해 용출(elute)된다. 용출 과정에 따라 큰 분자는 작은 분자들보다 빠르게 젤을 통과해 이동한다. 작은 분자의 경우 고정상에 있는 구멍에 분자가 들어갈 수 있어 느리게 이동한다. 각 분획이 수집되면 먼저 수집된 쪽에 큰 분자들이 나타날 것이고, 뒤에 수집된 쪽에서 작은 분자들이 나타날 것이다.

른 생물체에서 얻은 DNA를 결합시켜서 실험실에서 합성된다.) 재조합 단백질은 전형적으로 관심이 있는 단백질의 N-이나 C-말단에 붙인 GST(glutathione-S-transferase, 글루타싸이온-S-전달효소) 같은 친화 꼬리표를 포함하는 융합 단백질이다. GST는 GSH에 대하여 높은 친화력을 갖는 작은 단백질(26 kDa)이다. (GSH는 세포의 중요한 항산화제이다. 즉 산소 라디칼로부터 생체 분자를 보호한다.) 단백질 혼합물을 GSH가 결합된 구슬과 혼합하면 GST 융합 단백질은 구슬에 결합할 것이다. 구슬을 조심스럽게 세척하여 다른

생화학 실험 BIOCHEMISTRY IN THE LAB (계속)

단백질들을 제거한 다음에 구슬을 자유 GSH로 세척하면 융합 단백질이 떨어져 나온다. 얻고자하는 단백질과 GST 꼬리표 사이의 특이한 자리를 효소를 촉매로 사용한 가수분해를 하여 관심 있는 단백질 부분만을 얻을 수 있다.

전기이동

일반적으로 단백질은 전하를 띠고 있기 때문에 **전기장**(electric field)에서 이동한다. 전기이동(electrophoresis)은 분자의 알짜 전하(net charge) 차이에 의해 분자를 분리한다. 예를 들어 양(+)전하를 띤 분자는 음극을 향해 이동하고 음(−)전하를 띤 분자는 양극을 향해 이동한다. 전하가 없는 분자는 전혀 이동하지 않는다.

전기이동은 생화학분야 연구에서 널리 사용되는 기술로서, 폴리아크릴아마이드(polyacrylamide)나 아가로스(agarose) 같은 젤을 사용한다. 이 젤은 젤-거르기 크로마토그래피에서와 유사하게 작용하는 것으로 분자량과 모양에 따라 단백질을 분리한다. 따라서 젤 전기이동은 단백질이나 다른 분자들의 복잡한 혼합물을 분리하는데 매우 효과적이다.

젤 전기이동으로 분리된 단백질 띠(band)는 몇 가지 방법으로 처리할 수 있다. 특이한 띠를 자외선 조사 아래에서 젤로부터 분리한다. 단백질을 포함한 각 젤 조각을 완충 용액으로 용출하고 나중에 더 정제하는데 이용한다. 해상력이 높기 때문에 젤 전기이동은 종종 단백질 순도를 평가하는데 쓰인다. 단백질 정제 단계의 성공 여부를 신속히 평가하기 위해 젤을 Coomassie Brilliant Blue 같은 염료로 염색한다.

SDS-폴리아크릴아마이드 젤 전기이동(SDS-polyacrylamide gel electrophoresis, SDS-PAGE)은 단백질 분자량 측정에 널리 사용된다(그림 5D). 음(−)전하를 띤 SDS는 단백질의 소수성 자리에 결합하여, 단백질을 변성시키고 막대 모양으로 만든다. 대부분의 단백질이 그 분자량의 크기에 비례해서 SDS와 결합하기 때문에 전기이동 중 SDS 처리를 한 단백질은 분자량의 크기에 의해서만 분리되어 양극(+)으로 이동한다.

질량분석법

질량분석법(mass spectrpmetry, MS)은 분자의 분리, 확인, 분자량 결정을 하는 매우 강력하고 민감한 기술이다. 질량분석기는 질량/전하 비(m/z)에 따라 분자의 질량을 결정하는 것으로 이온화된 분자를 자기장(magnetic field)을 통해 흐르도록 한다(그림 5E). 자기장력(magnetic field force)은 m/z 비율에 따라 이온을 휘게 하는데, 더 가벼운 이온들은 더 무거운 이온들보다 직선 경로로부터 더 많이 휘게 된다. 탐지기는 각 이온의 휜 정도를 측정한다. 단백질 확인과 질량 분석 이외에도 질량분석법은 결합된 보조 인자(cofactor)와 단백질 변형을 조사하는 데도 사용된다. 질량분석법은 시료를 이온화,

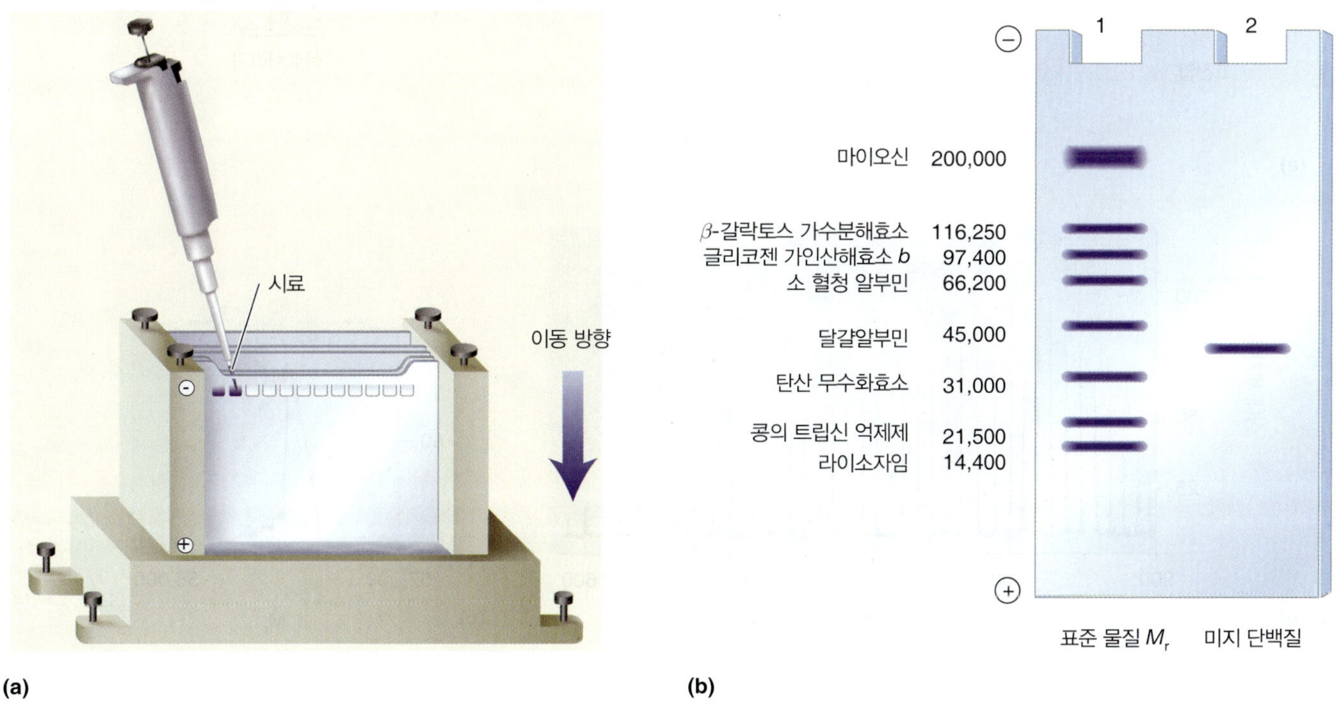

그림 5D
젤 전기이동(Gel Electrophoresis).
(a) 젤 장치. 단백질 시료를 각 칸에 주입한다. 전기장을 연결하면 단백질은 젤에서 (+)극 방향으로 이동한다. (b) 단백질 분자들은 분자량과 모양에 따라 분리된다.

생화학 실험 BIOCHEMISTRY IN THE LAB (계속)

기체화하여 분석하기 때문에 단백질이나 핵산처럼 열에 불안정한 고분자 물질의 분석은 전자 분무 이온화(electrospray ionization)나 매트릭스 보조 레이저 탈착 이온화(matrix-assisted laser desorption ionization, MALDI) 같은 방법이 개발된 이후에야 가능해졌다. 전자 분무 이온화에서 이온화된 시료 단백질 용액은 강한 전기장에서 분광반응계 입구로 분무된다. 단백질 방울이 초미세 유리관으로 만든 주사기에서 분출되면서 이온화된다. MALDI 방법에서 고체 기질에 흡착되어 있던 단백질은 레이저 조사에 의해 기화된다. 시료는 이온화되면서 기체화되어 시료의 질량 대 전하 비(m/z)에 따라 분리된다. 질량 분석기 내의 탐지기는 각 이온마다 고유한 피크를 만든다. 컴퓨터를 이용해 각 이온의 질량에 관한 정보를 이미 알고 있는 구조의 이온과 비교하여 그 시료의 실체를 확인하는데 사용한다.

단백질 서열 분석에는 직렬식 질량분석기(2개의 질량분석기를 나란히 연결한 MS/MS)를 사용한다. 전기이동한 젤의 띠로부터 추출한 시료 단백질을 단백질 분해효소로 처리한다. 효소 처리액은 첫 번째 질량분석기로 주입되며, 그곳에서 올리고펩타이드는 질량 대 전하 비(m/z)에 따라 분리된다. 각각의 올리고펩타이드는 하나씩 충돌실(collision chamber)로 들어가 그곳에서 뜨거운 비활성 기체 분자와 충돌함으로써 더 작은 조각이 된다. 생성된 이온과 펩타이드들은 크기에 따라 두 번째 질량분석기로 차례로 주입된다. 컴퓨터는 각 피크를 식별하여 자동적으로 펩타이드의 아미노산 서열을 결정한다. 또 다른 효소로 절단된 올리고펩타이드로 이 과정을 반복한다. 그리고 컴퓨터는 양쪽의 효소 분해물로부터 유래한 서열 정보를 이용하여 원래 폴리펩타이드의 아미노산 서열을 결정한다.

최근에 더 높은 분해능을 가진 질량 분석법 기술이 개발되었다. 단백질 구조 분석을 위하여 탑-다운 MS(top-down MS)[MS 분석에 앞서서 단백질을 분해하는 바텀-업(bottom-up) 기술의 반대로서]에서는 완전한 단백질이나 단백질 혼합물을 *퓨리에 변환 이온 사이클로트론 공명 질량분석기*(fourier transform ion cyclotron resonance mass spectrometer, FTICR-MS)라는 장치 안으로 직접 주

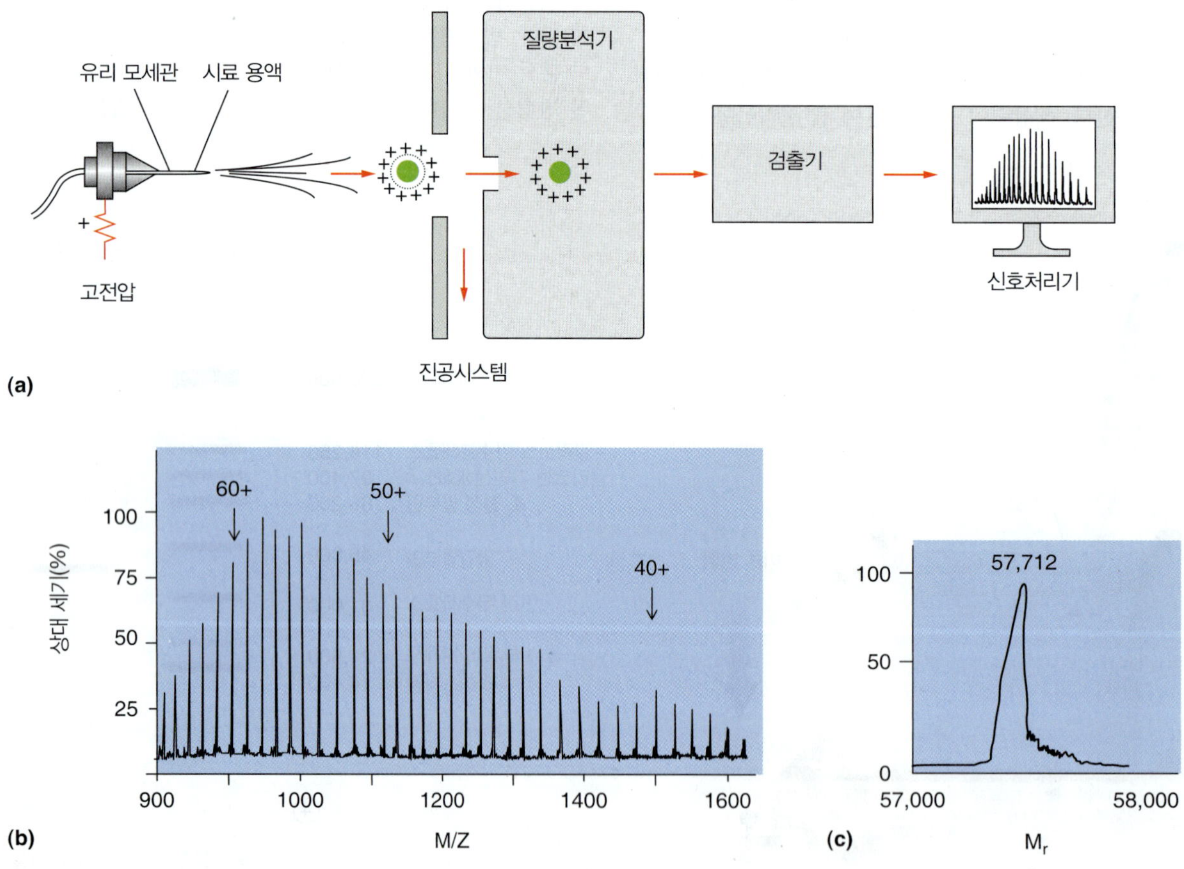

그림 5E

질량분석법(Mass Spectrpmetry).

(a) 전자 분무 이온화의 주요 단계. 용매에 녹인 단백질 등 시료를 유리 모세관을 통해 이온화실(ionization chamber)로 주입한다. 전자 분무 바늘과 주입구의 전압 차이에 의해 단백질 이온이 만들어진다. 용매는 이 단계에서 증발한다. 이온들은 질량분석계로 들어와 m/z 비율이 측정된다. (b) 여러 피크의 질량 대 전하 비(m/z)를 보여주는 전자 분무 질량 스펙트럼. (c) 컴퓨터 분석을 통해 단백질의 분자량을 분석한다(M_r = 분자량).

생화학 실험 BIOCHEMISTRY IN THE LAB (계속)

입한다. FTICR-MS에서는 질량 스펙트럼을 얻기 위하여 정적인 자기장과 빠르게 변하는 전기장 안에서 전하를 가진 입자들의 가속 운동으로 발생한 신호를 퓨리에 변환이라는 수학적 변환을 수행하여 분석한다. FTICR-MS는 100,000 kDa 이하의 질량을 가진 단백질의 고분해능의 서열 결정과 번역 후 변형과 단백질-단백질 상호작용의 연구에 성공적으로 이용되었다

단백질 서열에 근거한 기능 예측

어떤 폴리펩타이드를 분리, 정제하여, 아미노산 서열이 밝혀지면, 그 다음 생체 내 기능을 밝힌다. 생체 내 기능에 대한 연구는 기존이 서열이 알려진 단백질의 기능에 대한 데이터베이스로부터 시작한다. BLAST(*B*asic *L*ocal *A*lignment *S*earch *T*ool)는 컴퓨터 소프트웨어(www.ncbi.nim.nih.gov/blast)로서 미지 단백질 시료의 아미노산 서열을 신속히 검색하여 탐지하게 한다. 단백질 데이터베이스(예, UniProt [*U*niversal *P*rotein resource] www.uniprot.org)는 서열의 50% 정도만 일치하더라도 그 기능을 추론하기에 충분할 정도로 방대하다.

X선 결정학

단백질의 3차원 구조 정보는 주로 X선 결정학을 통해 얻는다. 단백질 구조에서 그 결합 거리가 약 0.15 nm이기 때문에 단백질 구조를 분석하는데 필요한 전자파는 짧은 파장을 갖고 있어야 한다. 가시광선(파장 400~700 nm)은 생체 분자를 분석할 능력은 없지만, X선은 매우 짧은 파장(0.07~0.25 nm)을 갖고 있기 때문이다.

X선 결정학에서는 매우 질서를 가진 결정 표본을 X선에 노출시킨다(그림 5F). X선을 결정에 쪼이면 X선 결정의 원자들에 의해 분산되는데, 이 회절이 전하 결합 장치(charge-coupled device, CCD) 검출기에 기록된다. 회절 무늬는 전자밀도 지도(electron density map)를 작성하는데 쓰인다. 분산된 X선을 다시 모아주는 대물렌즈가 없기 때문에 컴퓨터 프로그램을 사용하여 이 지도를 수학적인 3차원 영상으로 구성한다. 복잡하고 수고스러운 계산은 컴퓨터 프로그램으로 해결한다. 폴리펩타이드의 3차원 구조는 *상동성 모형화*(homologous modelling)에 의해서도 결정될 수 있다. 이것은 단백질의 삼차원 구조가 단백질 서열보다 더 잘 보존된다는 관찰에 근거를 둔 방법이다. 구조 모형은 단백질 자료 은행(Protein Data Bank, www.pdb.org)에 있는 하나 이상의 상동성 단백질의 X선 회절 자료로부터 만들어진다.

NMR 분광법

NMR는 흔히 이용되는 분광법의 한 형태로서 강한 자기장에서 배열되는 자기적 성질을 가진 원자핵(즉, ^{1}H, ^{13}C, ^{15}N처럼 핵스핀을 가지는 동위원소)이 전자기 복사선(라디오파)을 흡수하는 것에 기반을 두고 있다. [*핵스핀*(nuclear spin)은 홀수개의 양성자나 중성자를 가진 원자핵에서 나타나는 각운동량(angular momentum)이다. 회전하는 핵은 작은 막대자석과 비슷하다.] 쉽게 결정화되는 단백질에만 제한적으로 사용할 수 있는 X선 결정분석법과는 달리, NMR는 결정화 능력에 상관없이 상당히 큰 단백질(40~60 kDa)뿐만 아니라 다른 거대 분자들의 구조를 조사하는 데 이용될 수 있다. 단백질 분자의 삼차원 구조는 외부 자기장을 따른 핵의 배열을 파괴하는 단파장의 라디오파를 이용하여 알아낸다. 각 핵이 겪는 전체 자기장은 가까이 있는 원자들의 국소적 자기장도 포함되므로 각 NMR-활

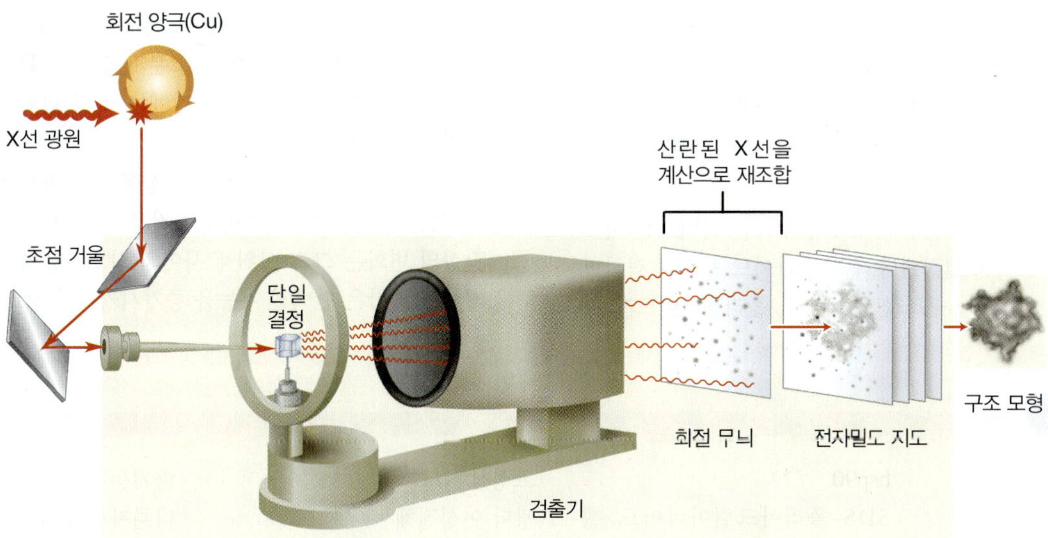

그림 5F

X선 결정법의 도식도.

X선은 그 파장 범위가 화학 결합의 크기와 매우 유사하기 때문에 생체 분자 분석에 유용하다. X선 결정의 해상력을 원자 사이의 거리와 같다.

생화학 실험 BIOCHEMISTRY IN THE LAB (계속)

성 핵은 라디오파에 서로 다르게 반응할 것이다. NMR 스펙트럼은 라디오파의 주파수에 대한 각각의 핵이 흡수하는 에너지를 컴퓨터로 분석한 것이다. 일단 단백질의 아미노산 서열이 알려지면 그것의 접힌 구조는 여러 가지의 NMR 실험을 통해 각 원자의 상대적인 위치와 성질을 알아내서 판단할 수 있다. NMR은 X선 결정법보다 또 다른 중요한 이점을 가지고 있다. X선 결정분석법은 결정화된 단백질의 순간촬영사진(snapshot)만을 제공할 수 있지만 NMR는 단백질의 운동 연구에 이용될 수 있다. 예를 들어 분자의 기능에 필수적인 내부 구조 변화를 관찰하는 것이 가능하다. NMR는 다른 분자들과의 상호작용이나 온도와 pH 변화 같은 주위 환경의 변화에 대한 단백질의 반응에 관한 정보도 줄 수 있다.

이 장의 요약 CHAPTER SUMMARY

1. 폴리펩타이드는 아미노산 중합체이다. 단백질은 1개 또는 그 이상의 폴리펩타이드 사슬로 구성되어 있다.
2. 각 아미노산의 탄소는 아미노기, 카복실기, 수소 원자와 R기가 연결되어 있는 중심 탄소 원자(α-탄소)를 갖는다. 아미노산은 단백질을 구성할 뿐만 아니라 다른 생리적 역할도 한다. 물과 작용하는 성질에 따라 비극성, 극성, 산성, 염기성으로 분류한다.
3. 아미노산과 펩타이드를 적정하면 pH가 이들 구조에 미치는 영향을 알 수 있다. 분자가 알짜 전하를 갖지 않는 pH를 등전점이라 한다.
4. 아미노산은 여러 화학 반응을 하는데 특히 펩타이드 결합 형성, 시스테인 산화, 시프염기 형성 반응의 3가지 반응이 특히 중요하다.
5. 단백질은 생물체 내에서 매우 다양한 기능을 갖고 있다. 단백질은 구조적 작용 이외에 대사 조절 작용, 운반 작용, 방어 작용, 촉매 작용 등을 한다. 일부 단백질은 두 개 이상의 서로 별개의 기능을 하는 다기능성이다. 단백질은 아미노산 서열의 유사성에 따라 군과 초군으로 분류한다. 콜라젠 같은 섬유상 단백질은 긴 막대 모양의 분자로서 물에 녹지 않고 단단하다. 헤모글로빈 같은 구상 단백질은 둥근 형태의 분자로 물에 잘 녹는다.
6. 단백질 구조는 네 단계로 분류된다. 1차 구조는 아미노산 서열로서 유전 정보에 의해 결정된다. 폴리펩타이드 사슬이 접히면서 국부적인 접힘이 2차 구조를 형성한다. 폴리펩타이드가 이루는 3차원 모양을 3차 구조라 한다. 2개 또는 그 이상의 폴리펩타이드로 구성되는 단백질은 4차 구조를 갖는다. 여러 물리적 · 화학적 조건에 의해 단백질 구조가 파괴된다. 대표적인 변성제로서 강산과 강염기, 환원제, 유기용매, 계면활성제, 고농도의 염, 중금속, 온도 변화, 기계적 스트레스 등이 있다.
7. 단백질 합성에 있어서 가장 중요한 것 중 하나는 폴리펩타이드가 생물학적으로 활성이 있는 형태로 접히는 현상이다. 폴리펩타이드 사슬의 물리적 · 화학적 성질에 대한 수십 년간의 연구에도 불구하고 어떻게 1차 서열이 폴리펩타이드의 3차 구조 형태를 결정하는지 그 메커니즘은 아직 해결되지 않은 상태이다. 대부분 단백질들이 최종 3차 구조 형태로 접히기 위해 분자 샤페론이 필요하다. 단백질이 잘못 접히는 것은 알츠하이머병과 헌팅턴 무도병을 포함한 여러 질병의 유발과 관련된 것으로 알려져 있다.
8. α-나선 또는 β-병풍 구조가 높은 비율로 함유된 섬유상 단백질(예, α-케라틴과 콜라젠)은 동적인 역할보다 구조적 역할을 맡는다. 다양한 기능을 수행함에도 불구하고 대부분의 구형 단백질은 특정 리간드 또는 어떤 고분자 물질의 특정 자리에 결합시키는 특징을 가진다. 이 결합에는 구형 단백질 구조의 형태적인 변화가 관여한다.
9. 복잡한 다중소단위체 단백질의 생물학적 활성은 작은 리간드에 의한 다른자리 입체성 상호작용에 의해 조절된다. 단백질 활성의 변화는 그 소단위체 사이의 상호작용의 변화 때문이다. 리간드 결합은 단백질 기능을 증가시키거나 감소시킬 수 있다.

주요 용어 KEY WORDS

1차 구조 *155*
2차 구조 *155*
3차 구조 *155*
4차 구조 *155*
hsp70 *172*
hsp90 *173*
SDS-폴리아크릴아마이드 젤 전기이동 *189*
거울상 이성질체 *143*
결손단백질 *155*
고정상 *187*
광학 이성질체 *143*
구형 단백질 *155*
금속 단백질 *155*
기본 단위체 *165*
다기능 단백질 *154*
다른자리 입체성 *165*
다른자리 입체성 전이 *166*
다이네인 *184*
단백질 *137*

복습 문제 REVIEW QUESTIONS

**이 문제들은 다음 장으로 넘어가기 전에 이장에서 논의했던 주요 개념에 대한 지식을 테스트하기 위해 만들어졌다.*

1. 다음 용어를 정의하라.
   a. 초2차 구조
   b. 기본 단위체(protomer)
   c. 인산단백질
   d. 변성
   e. 이온 교환 크로마토그래피
2. 다음 용어를 정의하라.
   a. 단백질 모티프
   b. 접합단백질
   c. 다이네인
   d. 쯔비터 이온
   e. 전기이동법
3. 다음 용어를 정의하라.
   a. 금속 단백질
   b. 호르몬
   c. 완전 단백질
   d. 원래 구조화되지 않은 단백질
   e. 키네신
4. 다음 용어를 정의하라.
   a. 광학 이성질체
   b. 등전점
   c. 펩타이드 결합
   d. 이황화다리
   e. 시프 염기
5. 다음 용어를 정의하라.
   a. 알디민
   b. 열충격 단백질
   c. 다기능 단백질
   d. 단백질군
   e. 단백질 초군
6. 다음 용어를 정의하라.
   a. 다기능 단백질(moonlighting protein)
   b. 섬유상 단백질
   c. 구형 단백질
   d. 보결 분자단
   e. 결손 단백질
7. 다음 용어를 정의하라.
   a. 염다리
   b. 올리고머
   c. 다른자리 입체성 전이
   d. 단백질 변성
   e. 양극성 분자
8. 다음 용어를 정의하라.
   a. 분자 샤페론
   b. 샤페로닌
   c. 협동적 결합
   d. 운동 단백질
   e. 1차 구조

9. 단백질, 펩타이드, 폴리펩타이드를 구별하라.
10. 다음 각 아미노산이 극성, 비극성, 산성 또는 염기성인지 나타내라.
    a. 글리신
    b. 타이로신
    c. 글루탐산
    d. 히스티딘
    e. 프롤린
    f. 라이신
    g. 시스테인
    h. 아스파라진
    i. 발린
    j. 루신
11. 다음 분자에 대한 질문에 답하라.

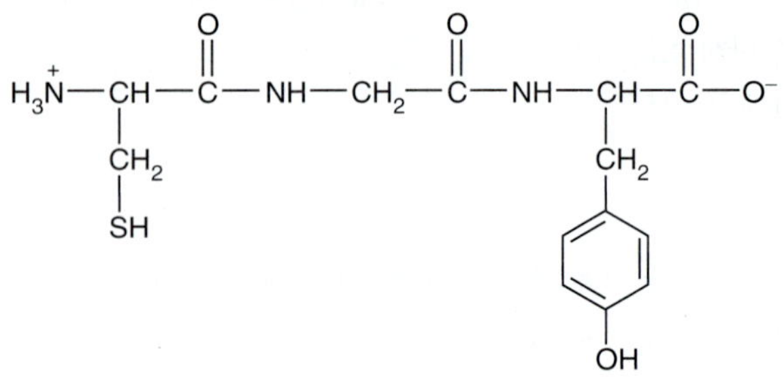

    a. 분자의 이름을 써라.
    b. 약자(3글자)의 아미노산명을 이용해 이름을 써라.
12. 글리시닐글리신의 펩타이드 결합 회전은 방해받고 있다. 펩타이드 결합의 공명 구조를 그려라.
13. 다음은 단백질의 몇 차 구조와 관련이 있는지 써라.
    a. 아미노산 서열
    b. β-병풍 구조
    c. 수소 결합
    d. 이황화 결합
14. 다음은 단백질의 2차 구조 중 어느 것과 관련이 있는지 써라.
    a. 폴리프롤린
    b. 폴리글리신
    c. Ala—Val—Ala—Val—Ala—Val—
    d. Gly—Ser—Gly—Ala—Gly—Ala
15. 변성은 단백질의 구조 변화나 화합 반응에 의해 단백질 기능이 손실된 것을 의미한다. 다음의 변성제는 각각 단백질의 몇 차 구조에 어떤 화합 반응을 통해 작용하는가?
    a. 열
    b. 강산
    c. 포화된 염용액
    d. 유기용매(알코올, 클로로폼 등)
16. 높은 p*I* 값을 갖는 폴리펩타이드가 있다. 주로 어느 아미노산으로 구성되어 있는가?
17. 단백질을 정제하는 단계를 설명하라. 각 단계에서 단백질 순도를 결정하는데 사용되는 기준은 무엇인가?
18. 폴리펩타이드의 1차 구조를 이용하여 최종적인 3차 구조를 결정하는 것에 대한 문제점이 무엇인가 설명하라.
19. 단백질 접힘에 관여하는 힘에는 무엇이 있는지 서술하라.
20. 운동 단백질의 특징은 무엇인가? 이것들을 생물체는 어떻게 이용하는가?
21. 다이펩타이드 Gly-Ala의 p*I* 값은 얼마인가?
22. 고래 같은 깊이 잠수하는 포유류의 근육은 많은 양의 마이오글로빈을 함유하고 있다. 이것은 장시간 잠수에 어떻게 기여하겠는가?

종합 문제 THOUGHT QUESTIONS

**이 문제들은 지금까지 이 책에서 논의된 모든 주요 개념에 대한 여러분의 이해를 강화하기 위한 것이다. 문제들은 하나의 정답을 가지고 있지 않을 수도 있다.*

23. 글루코스는 폴리하이드록시알데하이드이다. 글리신이 글루코스와 반응한 생성물의 구조를 결정하라.
24. 과호흡(빠른 호흡)은 혈액의 옥시헤모글로빈의 농도에 어떤 영향을 주는가?
25. 페니실라민(penicillamine)의 다음 반응을 완성하라.

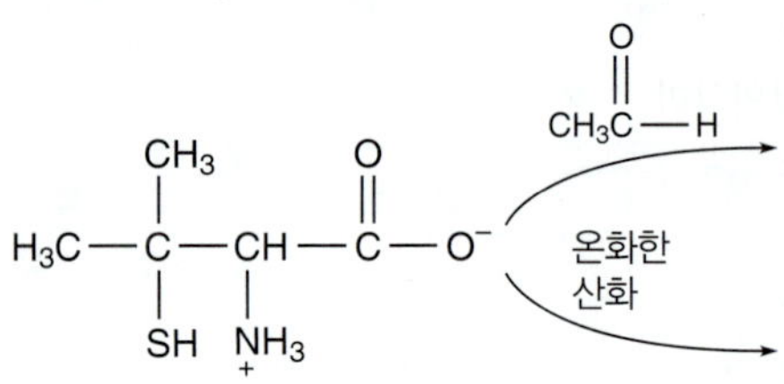

26. 몇몇 단백질은 활성 형태로 접히는 데 분자 샤페론을 필요로 하지만, 그외 단백질들은 이것을 필요로 하지 않는 이유는 무엇인가?
27. 발린, 루신, 아이소루신, 메싸이오닌, 페닐알라닌 등의 아미노산은 종종 단백질 내부에서 발견되나, 아지닌, 라이신, 아스파트산, 글루탐산은 종종 단백질 표면에서 발견된다. 그 이유는 무엇인가? 또한 글루타민, 글리신, 알라닌은 어느 곳에서 발견될지 추정해보라.
28. 효소의 활성 자리는 단백질 촉매 작용에 관여하기 때문에 보존적인 서열을 가지고 있다. 그러나 효소 덩어리 대부분은 활성 자리 부분이 아니다. 상당히 많은 양의 에너지가 효소를 조립

하는 데 필요하다. 효소가 이렇게 큰 이유는 무엇인가?

29. 구조 단백질은 구조의 일부분으로 다량의 고정된 물을 가지고 있다. 단백질은 어떻게 이 물을 고정화시켜 단백질 구조의 일부분으로 만들 수 있는가?

30. 물을 꺼리는 경향 때문에 비극성 아미노산은 단백질의 3차원적 구조를 만들고 유지하는 데 중요한 역할을 한다. 이 비극성 아미노산들이 어떻게 이러한 역할을 할 수 있을까?

31. 다음 트라이펩타이드를 생각해 보라.
    Gly—Ala—Val
    a. 등전점(p*I*)을 추정하라.
    b. 전기이동에서 pH 1, 5, 10, 12 상태에서 각각 어느 방향으로 이동하는가?

32. 많은 단백질들은 여러 가지 기능을 가지고 있다. 예를 들어라. 어떤 자연적 힘이 이런 현상을 나타나게 하는가?

33. 다음과 같은 서열의 데카펩타이드에서 자연적인 구조로 접히면 어느 아미노산이 이 분자의 겉표면 쪽에 있을까?
    Gly—Phe—Tyr—Asn—Tyr—Met—Ser—His—Val—Leu

34. 문제 33의 데카펩타이드에서 분자 내부에 있는 경향이 있는 아미노산은 무엇인가?

35. 문제 33의 데카펩타이드를 3시간 동안 산 가수분해하면 생성물은 무엇인가?

36. 유전공학자로서 α-나선을 이루는 특이한 아미노산 서열을 β-통을 형성하는 것으로 전환하여 단백질 구조를 바꾸라는 임무를 부여받았다. α-나선에는 어떤 아미노산들이 있을 것 같으며, 어떤 것들을 치환하는 것이 필요한가?

37. p53이 ER 스트레스, 자외선, 저산소증(낮은 산소 농도) 같은 인자들에 의하여 활성화되는 이점은 무엇인가?

38. 아미노산은 질소를 포함하는 수많은 생물학적 활성 분자들의 전구물질이다. 어떤 아미노산이 다음 분자의 전구물질인가?

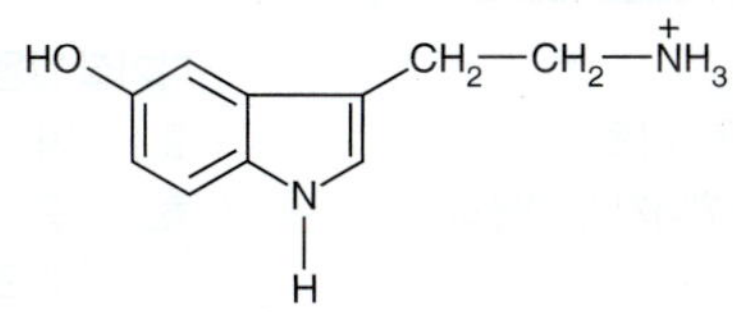

세로토닌(serotonin)

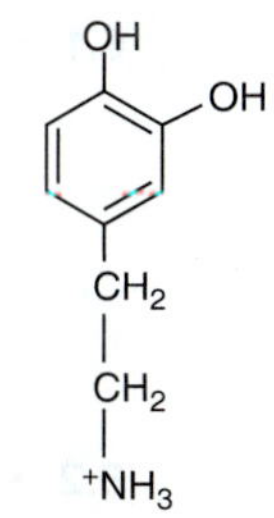

도파민(dopamine)

39. 뇌하수체 후엽의 추출물로부터 옥시토신과 바소프레신을 분리하는 방법을 제안하라.

제 6 장

효소

Enzymes

이 장의 차례

Outline

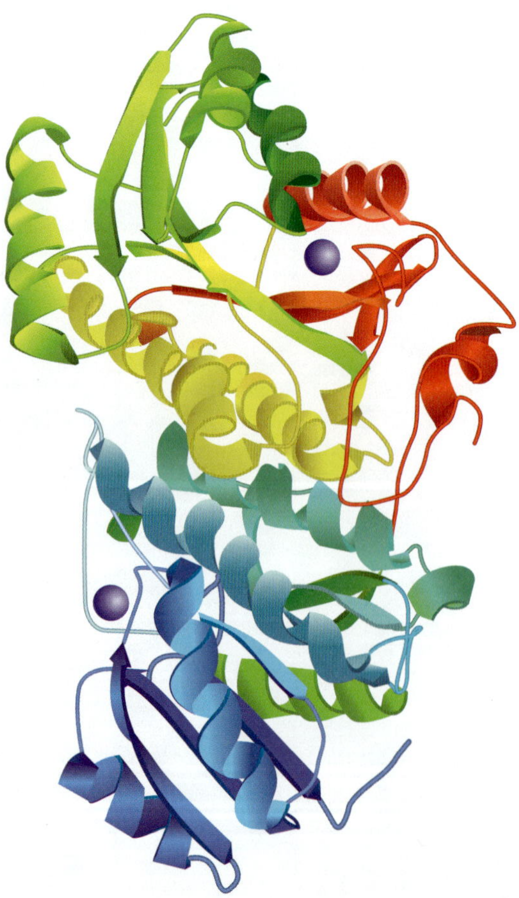

알코올 탈수소효소 알코올 탈수소효소(ADH)는 내부적으로 생성되거나 외부에서 유입된 알코올의 독성작용으로부터 생체를 보호하는 효소이다. ADH의 많은 부분은 촉매와 구조적인 목적으로 아연 이온을 필요로 한다.

개관 Overview

생화학자들은 지난 140여 년간 생물 촉매인 효소에 관한 연구를 해 왔다. 생명 현상의 물리적 기초를 이해하기 훨씬 이전에 생화학자들은 본능적으로 효소의 중요성을 인식하였다. 생화학자들이 고안한 기술을 사용하여 생명과학자들은 생물체의 특성들을 점진적으로 파악하였다. 이러한 연구를 통해 생물에서 일어나는 모든 생명 활동은 효소 촉매 반응 때문에 일어나는 것을 알게 되었다. 모든 알려진 효소들은 단백질이지만 최근에 획기적인 연구 결과로 RNA 분자도 촉매 성질을 갖고 있음이 밝혀졌다. 이 장에서는 촉매 단백질인 효소에 대해 배우고 촉매 기능을 지니는 RNA 분자의 특성에 관해서는 18장에서 배우게 될 것이다.

효소가 없다면 생명활동을 지지하는 수많은 생화학 반응은 극히 미미할 정도로 일어날 것이다. 최근에 촉매가 없는 상태에서 CO_2의 수화 반응은 5초가 길리고 글리신의 탈카복실화 반응에는 11억 년이나 걸린다는 것이 밝혀졌다. 이와 대조적으로 효소 촉매 반응은 10^{-6}에서 10^{-3}초가 걸린다. 실제 생물체에서 에너지와 물질의 흐름을 가능하게 해주는 수단이 효소이다. 오늘날 단백질 역학(구조의 움직임 연구)과 고분자 밀집 분석의 연구 결과로 효소 연구는 새로운 획기적 변화를 겪고 있다. 예를 들어 기존의 이론에 의하면 효소 기능은 반응 분자와 다소 유연한 결합 자리 사이의 상보적 형태와 촉매 상호작용을 이용한다. 그러나 최근에 어떤 효소의 촉매 기능은 단백질 분자 전체를 통해 일어나는 내부 단백질의 움직임과 연관되어 있음이 밝혀졌다. 이와 유사하게 효소는 전통적으로 연구해 왔던 조건(즉 희석된 농도의 정제된 분자)과는 현저히 다른 조건에서 작용한다. 생체 내에서는(*in vivo*) 수많은 효소가 젤과 같은 환경에서 밀집되어 있다. 최근의 연구결과로 효소의 동역학은 발전하고 있으며 실험 방법, 자료 수집과 모의실험은 더 정교해지고 실제 생체 조건에 근접하고 있다. 이 장에서는 효소의 구조와 기능에 대해 배우게 될 것이다.

6.1 효소의 성질

효소는 여러 독특한 성질이 있다(**표 6.1**). 첫째로, 효소에 의하여 촉매되는 반응 속도는 매우 빠르며, 반응 속도는 10^7~10^{19} 정도 증가하는 것으로 관찰되었다. 둘째로, 무기 촉매와 다르게 효소는 촉매하는 반응에 매우 특이성이 있으며 부산물은 거의 생성되지 않는다. 마지막으로, 효소는 상대적으로 크고 복잡한 구조를 하고 있기 때문에 효소 반응은 조절이 가능하다. 이것은 생물체에서 에너지와 물질을 보존해야 하는 생물체에서 매우 중요하다.

효소 촉매 작용: 기초

효소는 어떻게 작용하는가? 이 질문에 대한 답을 하려면 우선 촉매의 역할을 알아야 한다. **촉매**(catalyst)란 화학 반응의 속도를 높이지만 반응에 의하여 영구히 변하지 않는 물질로 정의된다. 촉매는 화학 반응에 필요한 활성화 에너지를 낮추기 때문에 역할을 수행할 수 있다. 즉, 촉매는 적은 에너지를 요구하는 다른 반응 경로를 이용하게 한다(**그림 6.1**). 활성화 자유 에너지($\Delta G^{\ddagger}$)는 **기질**(substrate)(반응물) 1 mol을 바닥 상태(분자의 안정하고 에너지가 낮은 상태)에서 **전이 상태**(transition state)까지 변화시키는 데 필요한 에너지로 정의된다. 전이 상태에서 반응물은 반응 과정에서 가장 높은 에너지를 지니는 구조를 나타내며, 전이 상태는 반응물이나 생

표 6.1 효소의 중요한 특성

• 반응 속도를 증가시킴
• 열역학 법칙을 따름 [즉, 평형 상수(K_{eq})에는 영향이 없음]
• 가역반응에서 정반응과 역반응을 촉매함
• 반응에 의하여 없어지지 않으므로 보통 저농도로 존재함
• 조절 메커니즘에 의하여 조절됨
• 반응하는 기질의 전이 상태는 효소의 활성 자리에 결합함

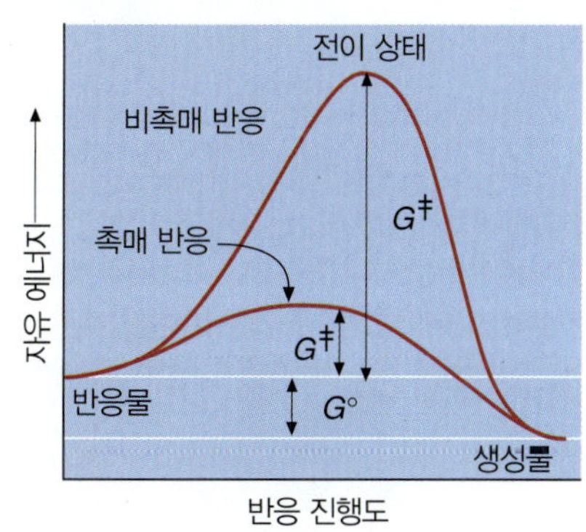

그림 6.1
촉매는 반응의 활성화 에너지를 낮춘다.
촉매는 활성화 자유 에너지($\Delta G^{\ddagger}$)를 변경하지만 반응의 표준 자유 에너지(ΔG°)에는 영향이 없다. 전이 상태는 두 가지 반응 경로 모두에서 꼭대기에 위치한다.

성물보다 많은 에너지를 지니기 때문에 가장 불안정하다. 에탄올이 산화되어 아세트알데하이드를 생성하는 반응에서는

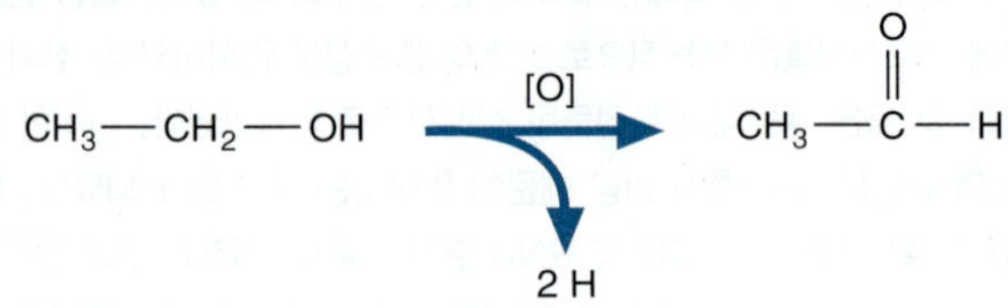

전이 상태는 아래와 같이 보인다.

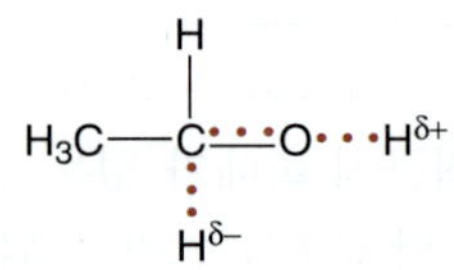

알코올에 존재하는 H는 H^+이온으로 이탈하려고 하고, 메틸렌 H는 수소화 이온(H:−)으로 이탈하려고 한다.

효소: 활성화 에너지와 반응의 평형

대부분의 화학 반응은 반응이 진행되려면 초기에 에너지의 유입을 필요로 한다. 절대 영도(0 K, 또는 −273.1°C)보다 높은 온도에서 모든 분자들은 진동 에너지를 갖는데, 이 에너지는 분자가 가열되면 증가한다. 다음 자발적인 반응을 생각해 보자.

$$A + B \rightarrow C$$

온도가 증가하면 A 분자와 B 분자는 더 충돌하기 쉽다. 충돌하는 분자들이 **활성화 에너지**(activation energy, E_a) 또는 생화학에서는 *활성화 자유 에너지*($\Delta G^{\ddagger}$)라고 부르는 최소량의 에너지를 가지면 화학 반응이 일어난다. 그러나 모든 충돌이 화학 반응을 일으키는 것은 아니다. 왜냐하면 분자들 중 일부만이 반응할 수 있는 충분한 에너지 또는 적합한 위치(즉, 생성물을 만들기 위해서 화학 결합을 절단하거나 분자를 재배열하기 위한)를 갖고 있기 때문이다. 반응 온도를 증가시키거나 반응물의 농도를 높이는 것은 분자 간의 충돌을 증가시키게 되고 결국 생성물의 생성 속도를 증가시킨다. 그러나 생물체는 고온에서 생체 물질의 구조에 손상을 받기 때문에 고온을 적용할 수가 없고 대부분 반응물의 농도는 낮다. 생물은 효소를 이용해서 이러한 문제들을 극복할 수 있다. 각각의 효소는 **활성 자리**(active site)라고 하는 독특한 형태의 결합 자리가 있다. 각각의 활성 자리는 기질 분자가 촉매 작용을 촉진하는 배열로 결합할 수 있는 거대한 단백질 분자의 갈라진 틈과 같은 모양이다. 그러나 활성 자리는 결합 자리 이상이다. 활성 자리에 존재하는 아미노산의 곁사슬은 촉매 과정에 직접적으로 관여한다.

효소의 활성 자리의 모양과 전하 분포는 기질의 움직임과 허용된 구조를 제한하여 전이 상태와 유사한 구조를 갖도록 한다. 즉, 활성 자리의 구조가 기질을 최적으로 배열하게 한다. 그 결과로 효소-기질 복합체는 전이 상태에 도달하는 데 고에너지를 사용하지 않고 생성물과 자유 효소로 전환된다. 그 결과로 효소가 없는 반응에 비하여 효소 반응은 반응 속도가 크게 증가한다. 다른 여러 요인(6.4절 참조)들도 반응 속도의 증가에 기여한다.

효소는 다른 촉매와 마찬가지로 반응의 평형 상수를 변화시키지 않으며 평형 상태에 도달하는 속도만 증가시킨다. 다음의 가역적인 반응을 보면

$$A \rightleftharpoons B$$

촉매가 없는 상태에서 반응물 A는 일정한 속도로 생성물 B로 전환된다. 그리고 가역 반응이기 때문에 B는 A로도 전환될 수 있다. 정반응(forward reaction)의 속도는 $k_F[A]^n$이고, 역반응(reverse reaction)의 속도는 $k_R[B]^m$이다. 위첨자 n과 m은 반응 차수(order of reaction)를 나타낸다. 반응 차수는 A가 B로 전환 또는 B가 A로 전환되는 메커니즘을 반영한다. A가 B로 전환하는 반응에서 반응 차수가 2이면 이분자 반응(bimolecular reaction)이고 반응이 일어나려면 A 분자들이 충돌해야 함을 의미한다(6.3절). 평형 상태에서 정반응과 역반응의 반응 속도는 같아야 한다.

$$k_F[A]^n = k_R[B]^m \tag{1}$$

위 식을 재배열하면

$$\frac{k_F}{k_R} = \frac{[B]^m}{[A]^n} \tag{2}$$

정반응과 역반응 상수의 비율이 평형 상수(equilibrium constant)이다.

$$K_{eq} = \frac{[B]^m}{[A]^n} \tag{3}$$

예를 들어 식 (3)에서 $m = n = 1$이고, $k_F = 1 \times 10^{-3}\ s^{-1}$, $k_R = 1 \times 10^{-6}\ s^{-1}$이면, 다음 결과가 나온다.

$$K_{eq} = \frac{10^{-3}}{10^{-6}} = 10^3$$

따라서 평형 상태에서 생성물 대 반응물의 비율은 1000 대 1이다.

촉매 반응에서 정반응 속도와 역반응 속도는 증가하지만 K_{eq}(이 경우 1000)는 변하지 않는다. 만약 촉매가 정반응 속도와 역반응 속도를 모두 100배 증가시키면 정반응 속도는 100,000이 되고 역반응 속도는 100이 된다. 촉매에 의한 정반응 속도의 극적인 증가 때문에 몇 시간 또는 며칠 대신에 몇 초 또는 몇 분 내에 평형에 도달한다.

효소와 거대 분자 밀집 효과

생체내의 효소는 밀집된 조건(crowded condition)에서 작용한다. 그러나 효소 촉매 반응은 전통적으로 묽은 완충 용액에서 연구되었다. 이 전략은 이상 용액의 가정을 단순화한 것에 기반을 둔 것이다. 예를 들어 이상 용액은 입체 반발(steric repulsion) 또는 인력(attractive force) 같은 상호작용이 존재하지 않는 저농도의 용질을 포함한다. 그러나 생체에서 일어나는 대부분의 반응은 이상적 상태에서 벗어난다. 이 경우에 평형 상수는 용질 농도에 의존하지 않고 분자 사이의 상호작용을 고려하는 *유효 농도*(effective concentration)라고 불리는 *활동도*(activity)에 의존한다. 용질의 유효 농도 또는 활동도(a)는 다음과 같다.

$$a = \gamma c \tag{4}$$

여기서 γ는 *활동도 계수*(activity coefficient)로 불리는 보정 인자(correction factor)이다. 이것은 반응물들의 크기와 전하 그리고 반응물이 반응하는 용액의 이온 세기 등에 따라 변하는 인자이며, c는 mol/L로 나타낸 농도이다. 이 현상의 효과는 중요한 의미를 갖는다. 예를 들어 적혈구 단백질인 헤모글로빈의 산소 결합 능력은 적혈구 세포 내에서 측정하는지, 묽힌 완충액에서 측정하는지에 따라 엄청나게 달라진다. 비이상적인 조건에서 일어나는 반응의 평형 상수는 다음과 같다.

$$K_{eq}^{\circ} = \gamma_B[B]/\gamma_A[A] = K_{eq}^{i}\Gamma \tag{5}$$

여기서 K_{eq}^{i}는 이상 상수(ideal constant)이고, Γ는 생성물과 반응물의 활동도 계수의 비인 비이상 인자(nonideal factor)이다. 지난 20년간에 걸쳐 이상적 조건의 가정이 재평가될 필요가 있다는 것이 점점 분명해지고 있다. 따라서 지금 많은 연구자들은 효소 연구에서 세포 내 조건에 유사하게 덱스트란(dextran, 일부 세균이 생산하는 글루코스 중합체) 또는 혈청 알부민(serum albumin) 같은 고분자량의 '밀집 작용제(crowding agent)'를 사용한다. 밀집 작용제가 존재하는 조건의 효소 분석법은 직접적인 생체내 측정에 훨씬 더 근접하는 것이지만 너무나 균질하기 때문에 실제 밀집되고 이질적인 생체내 조건의 환경과는 현저히 다르다. 따라서 생물체 조건과 같은 효소 분석법(assay)과 모형을 개발하는 것이 현대 생화학자가 해결해야 할 과제이다.

효소 특이성

효소의 특이성은 1890년 피셔(Emil Fischer)가 제안한 자물쇠-열쇠 모형(lock-and-key model)으로 부분적으로 설명되는 효소의 성질이다. 활성 자리와 기질은 서로 상보적인 구조를 하고 있기 때문에 각 효소는 한 유형의 특정 기질과 결합한다는 것이다. 기질의 전체적인 모양과 전하 분포가 효소의 활성 자리에 결합하고 상호작용을 가능하게 한다. 효소의 유연한 구조(flexible conformation)를 고려한 코쉬랜드(Daniel Koshland)의 *유도 적합 모형*(induced-fit model)이 자물쇠-열쇠 모형의 새로운 변형으로 고려되고 있다(**그림 6.2**). 이 모형에서 기질은 유연성 없는 활성 자리에는 정확하게 맞지 않는다. 그 대신, 효소와 기질 사이의 비공유 결합성 상호작용이 활성 자리의 3차 구조를 변화시켜 활성 자리의 모양을 전이 상태에서의 기질의 모양으로 변화시킨다.

비록 어떤 효소의 촉매 활성이 활성 자리 아미노산과 기질 사이의 상호작용에만 의존하더라도 다른 효소들은 활성을 위해 비단백질 성분을 필요로 한다. 효소 **보조 인자**(cofactor)에는 Mg^{2+}, Zn^{2+} 같은 무기 이온 또는 **보조 효소**(coenzyme)라고 불리는 복잡한 유기 분자가 있다. 필수적인 보조 인자가 결여된 효소의 단백질 부분을 **결손 효소**(apoenzyme)라 하고, 보조 인자가 결합된 효소를 **완전 효소**(holoenzyme)라고 한다.

일부 효소들의 활성은 조절될 수 있다. 효소 반응 속도를 조절함으로써 세포는

주요 개념 _Key Concepts

- 효소는 촉매이다.
- 촉매는 무촉매 반응보다 훨씬 더 작은 활성화 에너지를 필요로 하는 다른 반응 경로를 제공하기 때문에 반응 속도를 변화시킨다.
- 대부분의 효소는 단백질로 구성되어 있다.

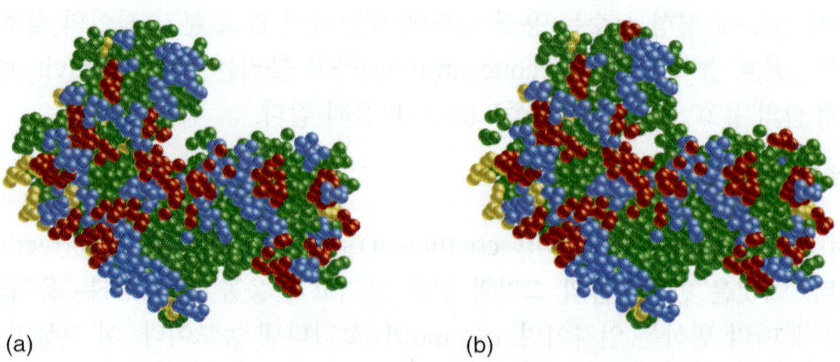

그림 6.2
유도 적합 모형.
기질 결합은 효소의 형태 변화를 유도한다. 2개의 구역(domain)을 가진 단일 폴리펩타이드인 헥소카이네이스(hexokinase)의 글루코스와의 결합 이전(a)과 결합 이후(b)의 모양. 구역들은 글루코스 분자 주위로 접근하기 위하여 서로 이동한다.

효과적으로 외부 환경의 변화에 대응할 수 있다. 생물은 효소의 활성을 활성제 또는 억제제와 결합, 효소 분자의 공유 결합적 변형을 통하여 직접적으로 조절하거나 효소의 합성을 통하여 간접적으로 조절할 수 있다. (효소 합성의 조절은 유전자 발현의 변화를 요구하며 18장과 19장에서 다룬다.)

문제 6.1

헥소카이네이스(hexokinase)는 육탄당의 ATP 의존성 인산화를 촉매하는 효소이다. 이 효소는 D-육탄당에만 결합하고 L-육탄당에는 결합하지 않는다. 이러한 특이성을 가능하게 하는 효소 구조의 특징을 일반적인 말로 설명하라.

6.2 효소의 분류

생화학 연구 초기에 효소의 이름은 발견자에 의해 명명되었다. 따라서 종종 그 기능과 관계없이 명명되거나(예, 트립신) 한 효소에 여러 이름이 명명되기도 하였다. 보통 효소의 이름은 기질에다 접미사 '*-ase*'를 붙여 만들어졌다. 예를 들어 요소(urea)의 가수분해를 촉매하는 요소 가수분해효소(urease)는 기질 urea(요소)에다 *-ase*를 붙인 것이다. 혼동을 피하기 위해 국제생화학회(International Union of Biochemistry, IUB)는 효소의 체계적인 명명법을 규정하였다. 각 효소는 촉매하는 반응의 유형에 따라 명명되고 분류된다. 이 경우 효소는 네 자리의 숫자로 분류되고 *체계명*(systematic name)이라고 불리는 두 부분으로 된 이름으로 불려진다. 그 외에 *추천명*(recommended name)이라고 하는 체계적 이름의 축소판도 일상적으로 사용하기 위하여 IUB에 의해 제안되었다. 예를 들어 alcohol:NAD^+ oxidoreductase(EC 1.1.1.1)는 흔히 alcohol dehydrogenase(알코올 탈수소효소)로 불려진다. [EC는 IUB의 효소위원회(enzyme commission)의 약자이다.] 많은 효소들이 체계적인 명명법이 제안되기 전에 발견되었기 때문에 많은 경우에 오래되고 잘 알려진 이름들이 계속 사용되고 있다.

여섯 종류의 주요 효소 분류는 다음과 같다.

1. **산화-환원효소**(oxidoreductase). **산화-환원효소**는 분자에서 한 개 이상의 원자에서 산화 상태가 변화되는 산화-환원 반응을 촉매한다. 생물에서 산화-환원 반응은 분자의 수소(H)와 산소(O) 양의 변화를 보상하는 데 동반되는 1개 또는 2개의 전자가 전달되는 반응이다. 대표적인 예로서 탈수소효소(dehydrogenase)와 환원효소(reductase)에 의하여 촉매되는 산화-환원 반응이 있다. 예를 들어 알코올 탈수소효소는 에탄올과 다른 알코올의 산화를 촉매하고, 리보뉴클레오타이드 환원효소(ribonucleotide reductase)는 리보뉴클레오타이드(ribonucleotide)를 데옥시리보뉴클레오타이드(deoxyribonucleotide)로 환원하는 반응을 촉매한다. 그리고 산소화효소(oxygenase), 산화효소(oxidase), 과산화효소(peroxidase) 등은 산소(O_2)를 전자 받개로 사용하는 효소들이다.

2. **전달효소**(transferase). **전달효소**는 원자단을 주개 분자로부터 받개 분자로 전달하는 반응을 촉매하는 효소이다. 전달되는 원자단으로는 아미노기, 카복실기, 카보닐기, 메틸기, 인산기, 아실기(RC=O) 등이 있다. 전달효소의

일상적인 이름에는 접두사 trans를 포함하며 카복실기 전달효소(transcarboxylase), 메틸기 전달효소(transmethylase), 아미노기 전달효소(transaminase) 등이 있다.

3. **가수분해효소**(hydrolase). **가수분해효소**는 물이 첨가되어 C—O, C—N, O—P와 같은 결합을 절단하는 반응을 촉매한다. 예로서 에스터 가수분해효소(esterase), 인산 가수분해효소(phosphatase) 및 단백질 가수분해효소(protease)가 있다.

4. **분해효소**(lyase). **분해효소**는 H_2O, CO_2, NH_3 같은 원자단들이 제거되어 이중 결합을 형성하거나 또는 이들을 이중 결합에 첨가하는 반응을 촉매하는 효소이다. 예로서 탈카복실화효소(decarboxylase), 수화효소(hydratase), 탈수효소(dehydratase), 탈아미노화효소(deaminase), 생성효소(synthase) 등이 있다.

5. **이성질화효소**(isomerase). **이성질화효소**는 여러 유형의 이질적인 효소군으로 분자 내 재배열을 촉매하는 효소이다. 당 이성질화효소는 알데하이드를 포함하는 당인 *알도스*와 케톤을 포함하는 당인 *케토스*를 상호전환한다. 에피머화효소(epimerase)는 비대칭 탄소 원자의 반전(inversion)을 촉매하고, 자리옮김효소(mutase)는 분자 내에서 작용기를 전달하는 반응을 촉매한다.

6. **연결효소**(ligase). **연결효소**는 두 기질 분자 사이에 화학 결합을 촉매하는 효소이다. 예로서 DNA 연결효소는 DNA 가닥을 서로 연결시킨다. 많은 연결효소의 이름에는 *합성효소*(synthetase)라는 용어를 사용한다. 몇 가지 다른 연결효소는 카복실화효소(carboxylase)로 불려진다.

표 6.2는 각 효소의 부류에 대한 예를 보여준다.

문제 6.2

아래 반응에는 어떤 종류의 효소가 촉매 작용을 하는가?

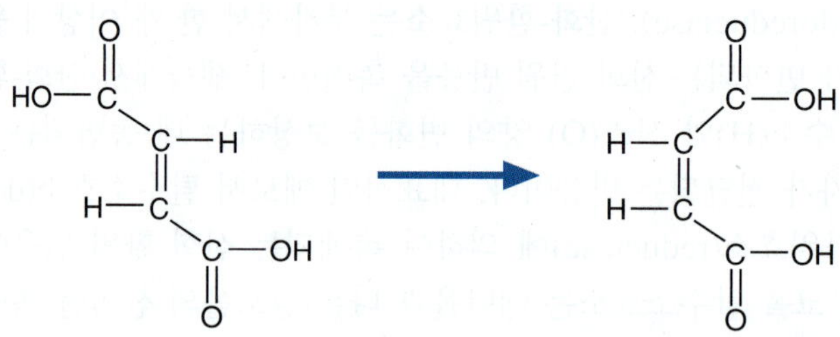

(a)

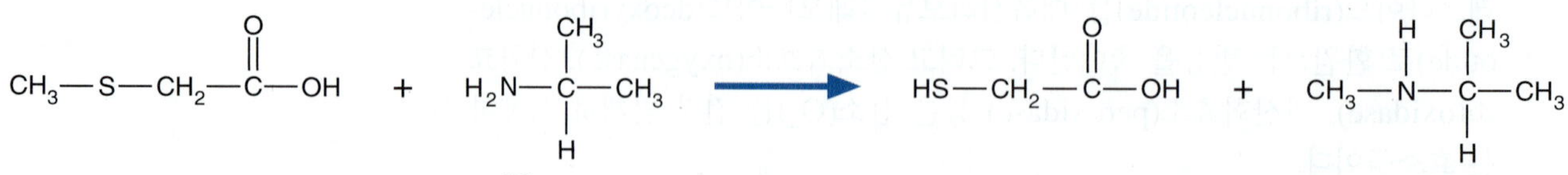

(b)

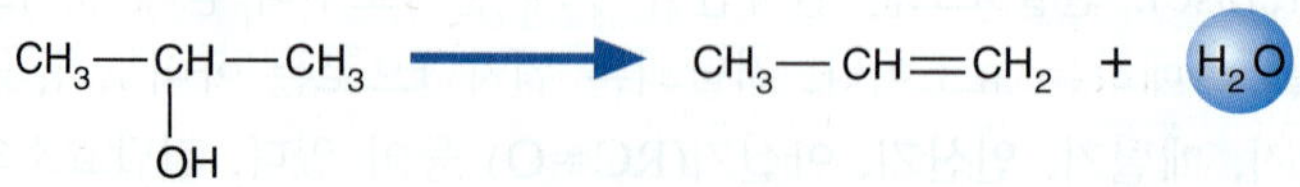

(c)

표 6.2 효소 분류의 예시

효소의 종류	예	촉매 반응
산화-환원효소	알코올 탈수소효소	$CH_3—CH_2—OH + NAD^+ \longrightarrow CH_3—\overset{O}{\overset{\|}{C}}H + NADH + H^+$
전달효소	헥소카이네이스	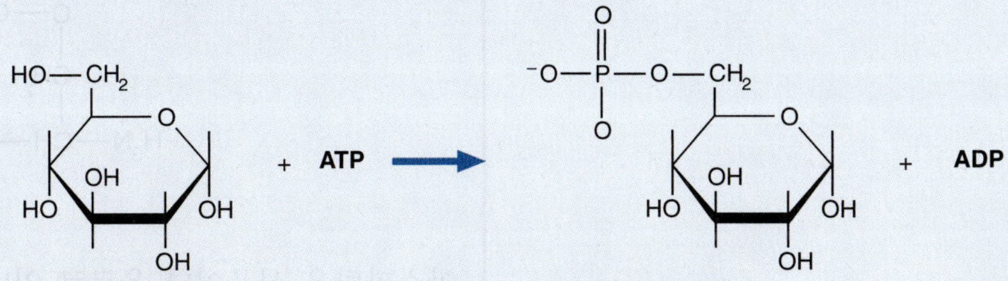
가수분해효소	카이모트립신	폴리펩타이드 + H_2O ⟶ 펩타이드
분해효소	피루브산 탈카복실화효소	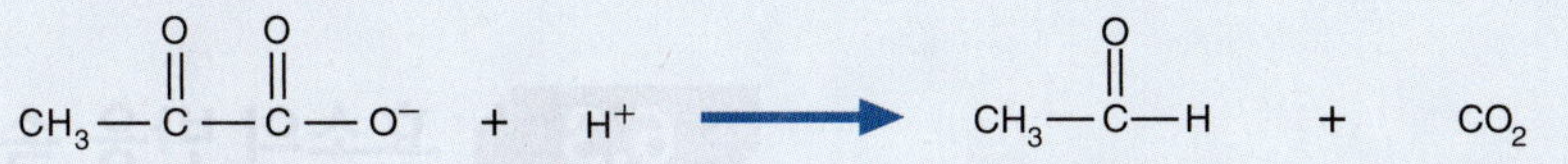
이성질화효소	알라닌 라셈화효소	
연결효소	피루브산 카복실화효소	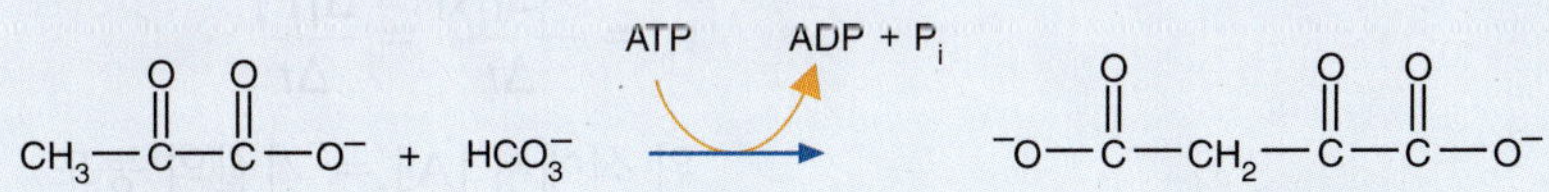

문제 6.2 (계속)

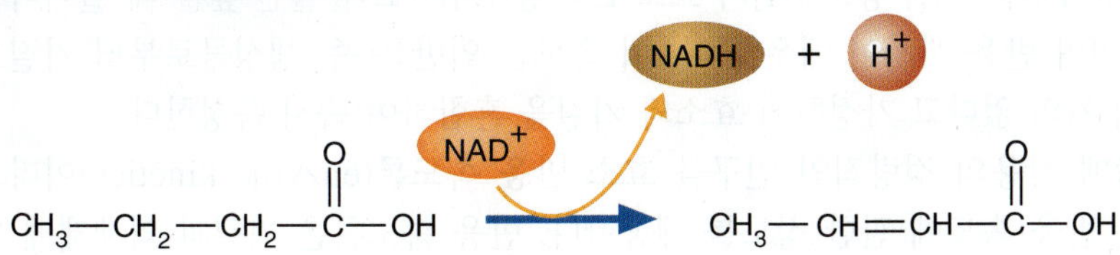

(d)

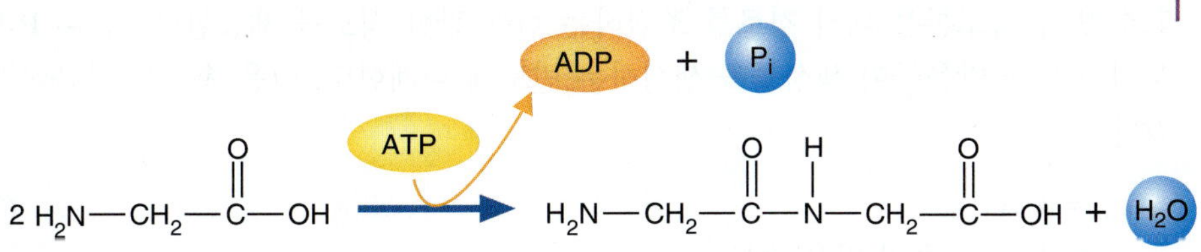

(e)

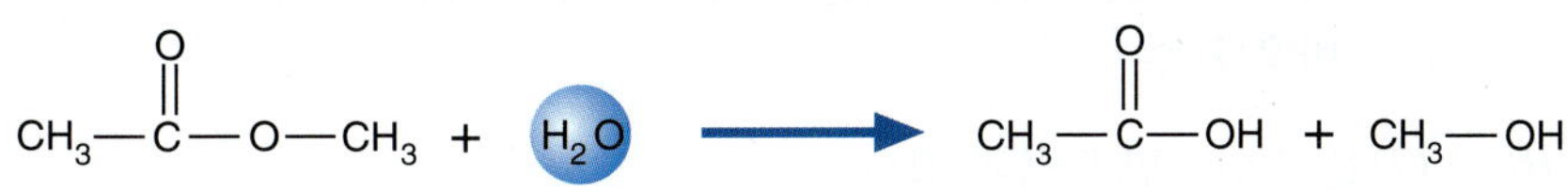

(f)

문제 6.3

인공 감미료인 아스파탐은 아래의 구조를 가진다.

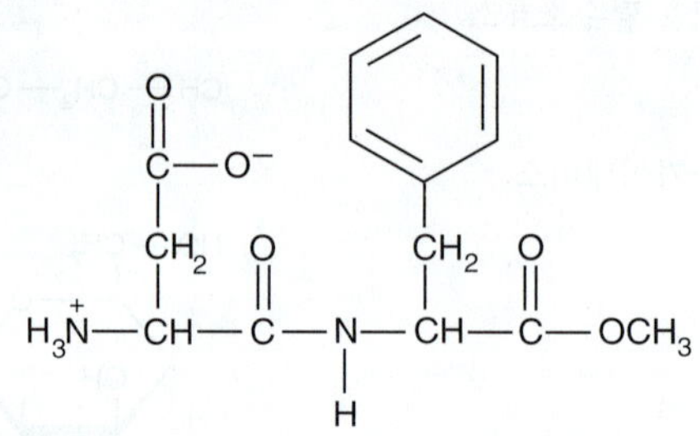

아스파탐은 식품이나 음료로 일단 섭취되면 소화관에서 구성 성분으로 분해된다. 이 과정에서 생성물은 무엇인가? 어떤 종류의 효소가 관련되어 있는가?

6.3 효소의 반응 속도론

4장에서 본 것처럼 열역학의 원리는 반응이 자발적인가 아닌가를 예측할 수 있도록 해주지만 반응 속도에 관해서는 어떠한 정보도 제공하지 않는다. 생화학 반응의 **속도**(velocity)는 주어진 시간당 일어나는 반응물 또는 생성물의 농도의 변화를 말한다. 반응 A → P의 초기 반응 속도 ν_0는(여기서 A는 기질, P는 생성물) 다음과 같이 표시할 수 있다.

$$\nu_0 = \frac{-\Delta[\mathrm{A}]}{\Delta t} = \frac{\Delta[\mathrm{P}]}{\Delta t} \tag{6}$$

위 식에서 [A] = 기질의 농도

[P] = 생성물의 농도

t = 시간

초기 속도(ν_0)는 기질 농도 [A]가 효소 E의 농도 [E]보다 훨씬 높을 때 일어나는 반응 속도이며 반응 시간이 매우 짧다. 이 속도는 역반응(즉, 생성물로부터 기질로의 전환)이 거의 없다고 가정하며 효소와 기질을 혼합하여 즉시 측정한다.

효소 촉매 작용의 정량적인 연구를 **효소 반응 속도론**(enzyme kinetics)이라고 하며, 이는 반응 속도에 관한 정보를 제공한다. 반응 속도론은 기질과 억제제에 대한 효소의 친화도를 측정하고 반응 메커니즘을 규명하게 해주는 연구이다. 따라서 효소 반응 속도론은 대사 경로를 조절하는 힘에 관한 정보를 제공한다. A → P 반응의 속도는 반응물이 생성물을 생성하는 빈도에 비례한다. 반응 속도는 다음 식과 같다.

$$\nu_0 = k[\mathrm{A}]^x \tag{7}$$

여기서 ν_0 = 초기 반응 속도

k = 속도 상수(온도, pH, 이온 세기 같은 반응 조건에 따라 변함)

x = 반응 차수

식 (6)과 (7)을 결합하면 다음과 같다.

$$\frac{\Delta[A]}{\Delta t} = k[A]^x \quad (8)$$

반응 속도 표현에 있어서 농도의 지수를 합한 것으로 정의되는 *차수*(order)는 실험에 의해 결정된다(**그림 6.3**). 반응의 차수를 알게 되면 실험자들은 반응의 메커니즘에 관하여 어떤 결론에 도달하게 한다. 만약 반응 속도가 단일 반응물 농도에 비례하면 *일차 반응 속도*(first-order kinetics)에 따른다고 하고 이것은 속도 제한 단계(rate limiting step)가 단분자 반응(unimolecular reaction)임을 나타낸다(즉, 분자들 사이에 충돌이 필요하지 않다). 그런 반응 A → P에서 반응 속도식은 다음과 같다.

$$\text{반응 속도} = k[A]^1 \quad (9)$$

만약 [A]가 두 배가 되면 반응 속도도 두 배가 된다. [A]를 반으로 줄이면 반응 속도도 반으로 준다. 일차 반응에서 반응물의 농도는 시간의 함수이고, 따라서 k는 s^{-1}의 단위로 표현된다. 그리고 반응물이 반으로 감소하는데 필요한 시간을 *반감기*(half-life, $t_{1/2}$)라고 한다.

반응 A + B → P에서, A와 B의 차수가 각각 1이면 반응은 *이차*(second-order) 반응이고 A와 B가 반드시 충돌해야 생성물을 만든다(이분자 반응).

$$\text{반응 속도} = k[A]^1[B]^1 \quad (10)$$

이 경우에 반응 속도는 두 반응물의 농도에 의존한다. 즉 A와 B 모두 반응 속도 결정 단계에 참여한다. 이차 반응의 속도 상수는 $M^{-1}s^{-1}$의 단위로 측정된다.

가끔 이차 반응에서 물과 같은 반응물은 과량으로 존재하기도 한다.

$$A + H_2O \rightarrow P$$

이차 반응 속도는 다음과 같이 나타낸다.

$$\text{반응 속도} = k[A]^1\,[H_2O]^1 \quad (11)$$

그러나 위의 반응식에서 물의 농도가 매우 높고 변화가 없기 때문에 반응이 일차인 것처럼 보이는데, 이러한 반응을 *유사 일차*(pseudo-first-order) 반응이라고 한다. 생화학 계에서 가수분해반응은 두 번째 반응물인 물을 수용액 상태에서 쉽게 이용할 수 있기 때문에 유사 일차 반응으로 여겨진다.

또 다른 가능성은 두 반응물 중 하나만이 속도 결정 단계에 관여하여 속도를 표현하는데 하나만이 나타나는 경우이다. 위의 예에서 반응 속도가 $k[A]^2$이면 속도결정 단계는 A 분자들 사이의 충돌만을 포함한다. 물은 이 반응 메커니즘에서 속도결정 단계에 관여하지 않는다.

반응물을 첨가해도 반응 속도가 변하지 않는 경우 이러한 반응을 *영차*(zero-order) 반응이라고 한다. A → P로 되는 반응에서 그러한 상황에서 실험적으로 결정된 속도의 표현은 아래와 같다.

$$\text{반응 속도} = k[A]^0 = k \quad (12)$$

반응물의 농도가 효소의 촉매 자리를 모두 포화시킬 정도로 높기 때문에 반응 속도는 일정하다. 반응 차수를 구하는 문제의 예시가 문제 6.1에 제시되어 있다.

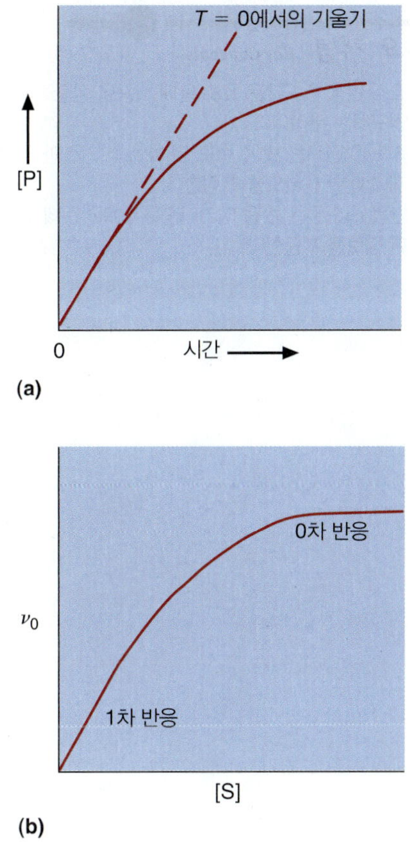

그림 6.3

효소 반응 속도 연구.

(a) 단위 시간당 기질의 생성물로의 전환. t = 0에서 곡선의 기울기는 반응의 초기 속도를 나타낸다. (b) 초기 반응 속도에 대한 기질 농도 [S] 관계를 나타낸 그림. 반응 속도는 [S]가 낮을 때만 기질 농도에 비례한다. [S]가 효소를 포화할 정도로 충분히 높을 때 반응 속도는 기질에 대하여 영차이다. 중간 농도의 기질에서 반응은 혼합차(mixed order)를 갖는다(즉, 반응 속도에 미치는 기질의 효과는 전이 상태에 있음).

주요 개념 _Key Concepts

- 효소 반응 속도론은 효소 촉매 작용을 정량적으로 연구하는 분야이다.
- 속도론 연구는 반응 속도 및 효소의 기질과 억제제에 대한 친화도를 측정한다.
- 반응 속도론은 반응 메커니즘을 이해하는데 필요한 정보를 제공한다.

반응 차수는 또한 다른 방법으로도 그 특성을 나타낼 수 있다. 간단한 반응을 표현하는데 이론적 용어를 사용할 수 있다. 즉, *분자도*(molecularity)는 단일 단계 반응에서 충돌하는 분자들의 수를 말한다. *단분자*(unimolecular) 반응 A → B는 1의 분자도를 갖는 반면에 이분자(bimolecular) 반응 A + B → C + D는 2의 분자도를 갖는다.

미하엘리스-멘텐 반응 속도론

1913년 미하엘리스(Leonor Michaelis)와 멘텐(Maud Menten)은 효소 반응 속도의 체계적인 연구에 매우 유용한 모형을 제안했다. 처음에 헨리(Henri)에 의해 1903년에 발표된 효소-기질 복합체 개념이 미하엘리스-멘텐 속도론의 가장 중심이 된다. 기질 S가 효소 E의 활성 자리에 결합하면 중간물질 복합체(intermediate complex)인 ES가 형성된다. ES 복합체 형성은 전이 상태에 도달하는 에너지를 낮추어서 생성물 형성 상태에 쉽게 도달하게 해준다. 잠시 후 생성물은 효소로부터 분리된다. 그 과정을 요약하면 다음과 같다.

예제 6.1

다음 반응에서

$$CH_3—CH_2—OH + NAD^+ \longrightarrow CH_3C(=O)—H + NADH + H^+$$

아래의 자료를 보고 각 반응물의 차수와 전체 반응의 차수를 결정하라.

초기 농도(mol/L)

에탄올	NAD^+	속도(mmol/s)
0.1	0.1	1×10^2
0.2	0.1	2×10^2
0.1	0.2	2×10^2
0.2	0.2	4×10^2

풀이

전체적인 초기 속도식은

반응 속도 = k[에탄올]^x[NAD^+]^y

x와 y를 결정하기 위하여 한 반응물의 농도를 고정하고 다른 반응물의 농도를 증가시키면서 반응 속도에 미치는 효과를 결정하라.

이 실험에서 에탄올의 농도를 2배로 하면 반응 속도가 2배가 된다. 따라서 x는 1이다. NAD^+의 농도를 2배로 하면 반응 속도가 2배로 증가한다. 따라서 y도 1이다. 따라서 반응 속도식은

반응 속도 = k[에탄올]^1[NAD^+]^1

이 반응은 2가지 반응물 모두에 대하여 1차이고, 전체적으로는 2차이다. ■

$$E + S \underset{k_{-1}}{\overset{k_1}{\rightleftharpoons}} ES \overset{k_2}{\rightarrow} E + P \tag{13}$$

여기서 k_1 = ES 복합체를 형성하는 반응 속도 상수

k_{-1} = ES 복합체를 해리하는 반응 속도 상수

k_2 = 생성물이 형성되어 활성 자리로부터의 방출되는 반응 속도 상수

반응식 (13)은 ES 복합체가 E와 P로 전환되는 가역성(reversibility)을 무시한다. 이 단순한 가정은 [P]가 아직도 매우 낮은 상태에서 반응 속도를 측정한다면 허용된다. 초기 속도가 대부분의 속도론 연구에서 측정된다. 또 많은 효소들은 생성물에 대한 친화도가 거의 없으므로 역반응은 불가능하다.

미하엘리스-멘텐의 모형에 의하면, (1) k_{-1}은 k_1에 비하여 매우 작고, (2) ES의 생성속도는 분해 속도와 같다는 가정이다(즉, [ES]는 반응 과정에서 일정). 이러한 두 번째 전제 조건을 *일정-상태 가정*(steady-state assumption)이라고 한다. 반응 속도에 관한 일반적인 식은

$$\text{반응 속도} = \frac{\Delta P}{\Delta t} = k_2[ES] \tag{14}$$

반응 속도는 [S]와 [E]로 나타내면 사용하기 편하다. ES의 생성 속도는 k_1[E][S]와 같고 그 분해 속도는(k_{-1} + k_2)[ES]와 같다. 일정 상태의 가설에서 두 속도는 같아진다.

$$k_1[E][S] = (k_{-1} + k_2)[ES] \tag{15}$$

$$[ES] = \frac{[E][S]}{(k_{-1} + k_2)/k_1} \tag{16}$$

미하엘리스와 멘텐은 새로운 상수인 K_m(미하엘리스 상수)를 고안하였다.

$$K_m = \frac{k_{-1} + k_2}{k_1} \tag{17}$$

그리고 다음과 같은 식을 유도하였다.

$$v = \frac{V_{max}[S]}{[S] + K_m} \tag{18}$$

여기서 V_{max}는 반응에서 얻을 수 있는 최대 반응 속도이다. *미하엘리스-멘텐 식*(Michaelis-Menten equation)으로 알려진 이 식은 효소의 행동을 정의하는 데 유용하다. 예를 들어 [S]가 K_m과 같을 때 식 (18)의 분모는 2[S]와 같고, v는 $V_{max}/2$와 같다(**그림 6.4**). 실험적으로 측정된 K_m 값은 지정된 조건에서 효소와 기질의 특성을 보여 주는 상수라고 볼 수 있다. K_m은 기질에 대한 효소의 친화도를 나타낸다. (만약 k_2가 k_{-1}보다 훨씬 더 작은 경우, 즉 $k_2 \ll k_{-1}$이면, K_m 값은 k_1에 가까워진다. 이 경우 K_m은 ES 복합체의 해리 상수가 된다.) K_m이 작을수록 1/2 V_{max}에 도달하는 데 필요한 [S]가 작아진다. 따라서 효소의 기질에 대한 친화도가 증가한다.

효소의 반응 속도 성질은 그 촉매 효율을 측정하는 데도 사용될 수 있다. 효소의 **전환수**(turnover number, k_{cat})는 아래와 같이 정의된다.

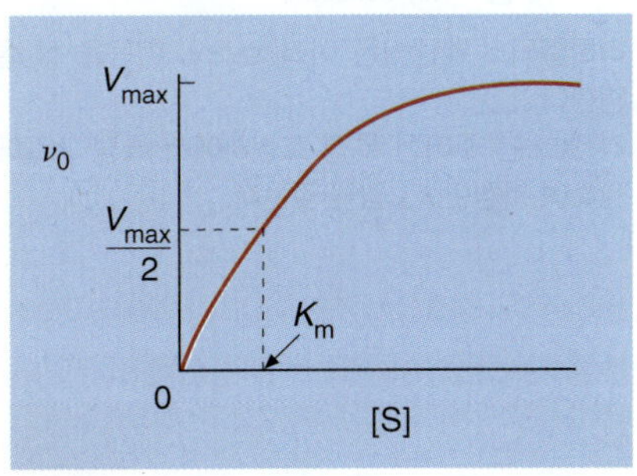

그림 6.4

효소 촉매 반응에 대한 초기 반응 속도 v_0와 기질 농도 [S]와의 관계.

효소는 기질의 농도가 K_m일 때 최대 반응 속도의 절반의 속도를 가진다.

$$k_{cat} = \frac{V_{max}}{[E_t]} \quad (19)$$

여기서 k_{cat} = 효소가 기질로 완전히 포화되었을 때 1 분자의 효소에 의해서 단위 시간당 생성물로 전환되는 기질 분자의 수

$[E_t]$ = 전체 효소의 농도

생리적 조건에서 [S]는 보통 K_m보다 훨씬 더 낮다. 촉매 효율을 더 효과적으로 측정하기 위해 식 (19)를 다음과 같이 재배열한다.

$$V_{max} = k_{cat}[E_t] \quad (20)$$

그리고 이 식을 미하엘리스-멘텐식[식 (18)]에 치환하면

$$v = \frac{k_{cat}[E_t][S]}{K_m + [S]} \quad (21)$$

[S]가 매우 낮을 때 $[E_t]$는 거의 [E]와 같고 식 (21)은 다음과 같이 된다.

$$v = (k_{cat}/K_m)[E][S] \quad (22)$$

식 (22)에서 k_{cat}/K_m은 **특이성 상수**(specificity constant)로 불리며 생물계에서 일반적인 상태인 [S] << K_m에서 반응의 2차 속도상수가 된다. 이 반응에서 [S]는 매우 낮기 때문에 k_{cat}/K_m 값은 촉매 속도와 기질 결합 친화력과의 관계를 반영한다. 높은 특이성 상수를 지니는 기질은 낮은 K_m(높은 친화도) 및 높은 속도 효율(높은 전환수)을 가지게 될 것이다. 특이성 상수는 같은 효소에 대한 다른 기질들을 비교하는 데 유용하다. [S]가 낮고 $[E_t]$가 정확하게 측정되면 식 (22)는 유용하다. **표 6.3**은 일부 효소들의 k_{cat}, K_m과 k_{cat}/K_m 값을 나타낸 것이다. 효소의 k_{cat}/K_m 값의 최댓값은 효소가 기질에 결합할 수 있는 반응에서 속도의 최댓값(k_1)을 초과할 수는 없다. 이 한계는 기질이 얼마나 효소 활성 자리로 확산되는가에 따라 영향을 받는다. 효소 반응에 대한 *확산 조절 한계*(diffusion control limit)는 약 10^8에서 10^9 $M^{-1}s^{-1}$이다. **표 6.3**에 나열된 여러 효소들은 확산 조절 한계에 접근하는 k_{cat}/K_m 값을 갖는다. 이러한 효소들은 기질이 활성 자리로 확산할 때마다 기질을 생성물로 전환시키기 때문에 이러한 경우 효소가 *촉매 완전성*(catalytic perfection)을 이루었다고 한다. 생물은 고도의 촉매 효율을 이루지 못하는 생화학 경로에서 효소들을 다중효소 복합체(multiple enzyme complex)로 조직화함으로써 효소에 대한 확산 조절 한계를 극복한다. 이 복합체에서 효소의 활성 자리는 서로 매우 인접해 있기 때문에 확산은 기질과 생성물의 전달에서 문제가 되지 않는다.

효소 활성은 *국제 단위*(international unit, IU)로 측정된다. 1 IU는 분당 1 μmol의 생성물을 만드는 데 필요한 효소의 양에 해당한다. 효소 정제를 관찰하는데 사용되는 양인 효소의 *비활성*(specific activity)은 단백질 1 mg당 국제단위(IU)의 수로서 정의된다. [최근 효소 활성의 새로운 단위로서 *katal*이 제안되었다. 1 katal(kat)은 초당 1 mol의 기질을 전환시키는 효소의 양으로서 1 katal = 6 × 10^7 IU이다.]

주요 개념 _Key Concepts

- 미하엘리스-멘텐식은 여러 효소의 행동을 잘 설명한다.
- 각 효소는 주어진 특정 조건하에서 특정 기질에 관하여 특정한 K_m 값을 갖는다.

라인웨버-버크 도식

효소에 대한 K_m과 V_{max}는 여러 다른 기질 농도에서 초기 반응 속도를 측정함으로써 구할 수 있다. K_m과 V_{max}의 근사값은 **그림 6.4**의 그래프에서 구할 수 있다. 더

예제 6.2

그림 6.5의 미하엘리스-멘텐 도식을 고려하여 곡선에서 다음 위치를 확인하라.

a. V_{max}
b. K_m

› 풀이

그림 6.4를 참조하라.

a. 효소의 최대 속도는 V_{max}이다. 기질 농도를 더 이상 증가시켜도 속도는 증가하지 않는다.
b. $V_{max}/2$일 때, K_m = [S]

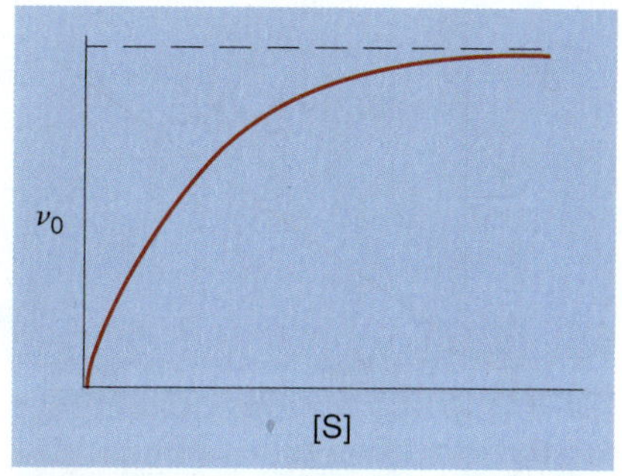

그림 6.5
미하엘리스-멘텐 도식.

표 6.3 여러 효소들의 k_{cat}, K_m과 k_{cat}/K_m 값

효소	촉매 반응	$k_{cat}(s^{-1})$	$K_m(M)$	$k_{cat}/K_m(M^{-1}s^{-1})$
아세틸콜린에스터 가수분해효소	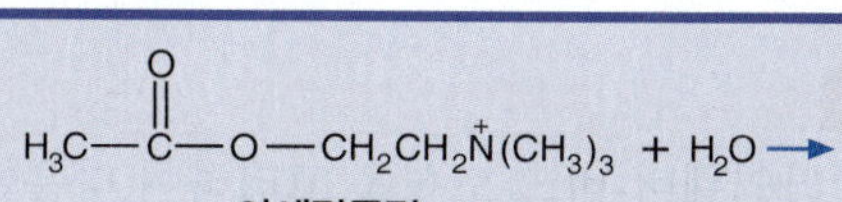 아세틸콜린 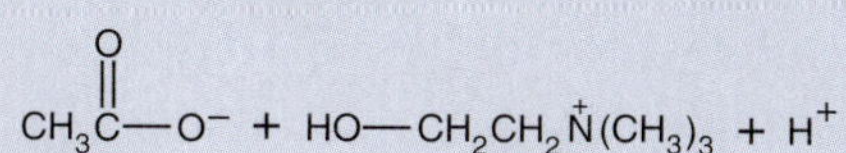 아세트산 콜린	1.4×10^4	9×10^{-5}	1.6×10^8
탄산 무수화효소	$HCO_3^- + H^+ \rightleftharpoons CO_2 + H_2O$	4×10^5	0.026	1.5×10^7
카탈레이스	$2\ H_2O_2 \rightarrow 2\ H_2O + O_2$	4×10^7	1.1	4×10^7
퓨마레이스	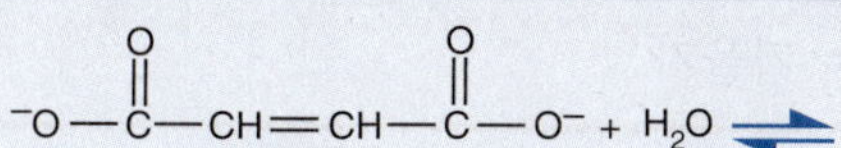 퓨마르산 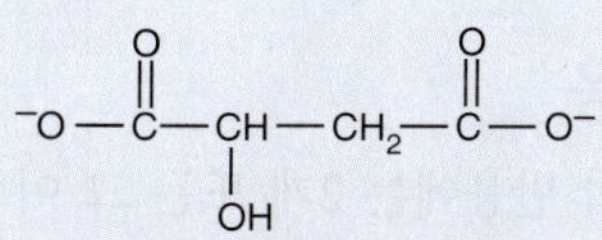 말산	8×10^2	5×10^{-6}	1.6×10^8
삼탄당 인산 이성질화효소	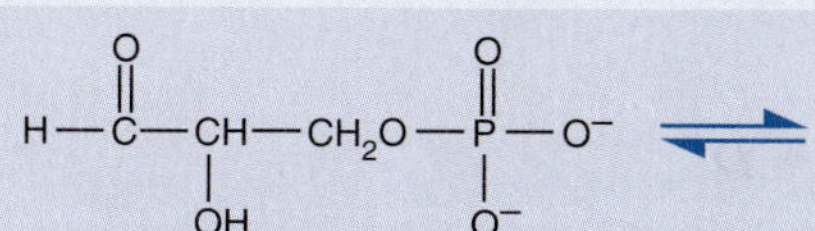 글리세르알데하이드-3-인산 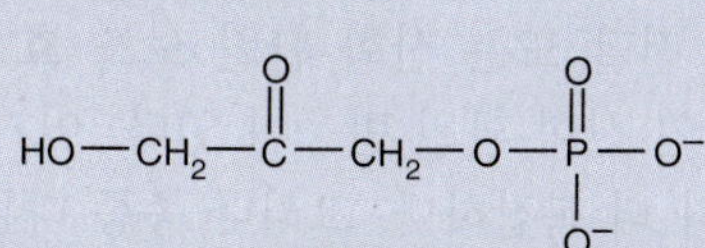 다이하이드록시아세톤 인산	4.3×10^3	4.7×10^{-4}	2.4×10^8

출처: Adapted from A. Fersht, Structure and Mechanism in Protein Science : A Guide to Enzyme Catalysis and Protein Folding, 2nd ed., W. H. Freeman, New York, 1999.

정확한 수치는 데이터의 대수적인 변환으로 얻어진다. 미하엘리스-멘텐식의 그래프는 쌍곡선이다.

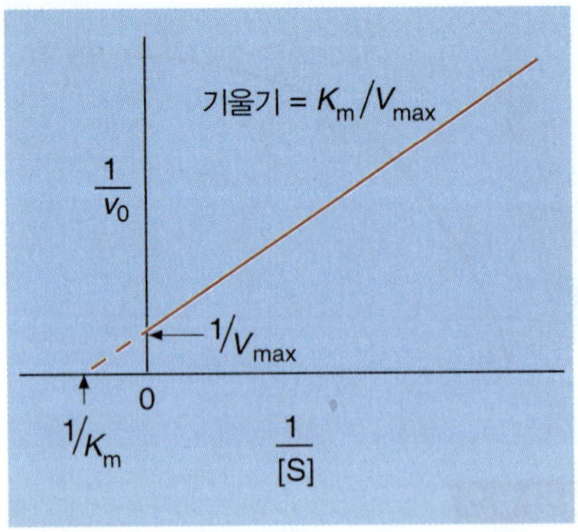

그림 6.6

라인웨버-버크 또는 이중역수 도식.

효소의 촉매 활성이 미하엘리스-멘텐 반응 속도론을 따를 경우, 반응 속도의 역수 $1/v_0$를 기질 농도의 역수 1/[S]의 함수로 나타내면 직선이 된다. 기울기는 K_m/V_{max}이다. 수직축과 만나는 절편은 $1/V_{max}$가 되고, 수평축과 만나는 절편은 $-1/K_m$이다.

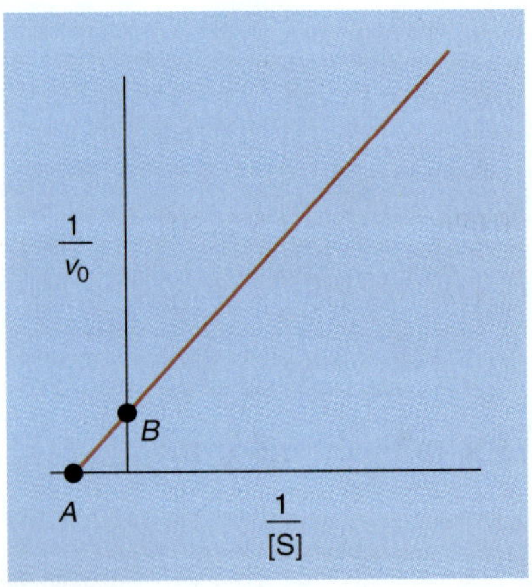

그림 6.7

라인웨버-버크 도식.

$$v = \frac{V_{max}[S]}{[S] + K_m}$$

위 반응식의 양변을 역수로 취해 재배열하면 다음과 같다.

$$\frac{1}{v_0} = \frac{K_m}{V_{max}}\frac{1}{[S]} + \frac{1}{V_{max}}$$

초기 반응 속도의 역수를 기질 농도의 역수의 함수로 그래프가 그려진다. *라인웨버-버크 이중역수 도식*(Lineweaver-Burk double-reciprocal plot)이라고 하는 그래프에서는 생성된 직선은 y와 x는 변수로서 $y = mx + b$ 형식을 지닌다. 여기서 x와 y는 변수(각각 $1/v$와 1/[S])이고 m과 b는 상수(각각 K_m/V_{max}와 $1/V_{max}$)이다. 그리고 이 직선의 기울기는 K_m/V_{max}이다(**그림 6.6**). **그림 6.6**에서 나타낸 것과 같이 수직축 절편은 $1/V_{max}$이고, 수평축 절편은 $-1/K_m$이다.

문제 6.3은 라인웨버-버크 도식을 이용하는 속도론적 문제이다.

예제 6.3

그림 6.7에 있는 라인웨버-버크 도식을 고려하여 다음에 해당하는 위치를 확인하라.

a. $-1/K_m$
b. $1/V_{max}$
c. K_m/V_{max}

풀이

a. $A = -1/K_m$
b. $B = 1/V_{max}$
c. K_m/V_{max} = 기울기

다기질 반응

대부분의 생화학 반응에는 2개 또는 그 이상의 기질이 관여한다. 가장 흔한 다기질 반응(multisubstrate reaction)은 이기질 반응(bisubstrate reaction)으로서 다음과 같이 나타낸다.

$$A + B \rightleftharpoons C + D$$

대부분의 이런 반응에는 한 기질로부터 다른 기질로의 특정 작용기(예, 인산기 또는 메틸기)의 전달 또는 산화-환원 보조 효소(예, NAD^+/NADH 또는 FAD/$FADH_2$)가 기질인 산화-환원 반응이 있다. 이기질 반응의 반응 속도 분석은 하나의 기질 반응보다 더 복잡하다. 그러나 종종 다른 기질의 농도가 포화 상태로 존재할 때 각 기질의 K_m 값을 측정하는 것으로 대부분 경우에는 충분하다. 반응 속도 분석을 토대로 다기질 반응은 두 가지 종류, 즉 순차적 반응(sequential reaction)과 이중 치환 반응(double displacement reaction)으로 나뉜다.

순차적 반응 순차적 반응은 모든 기질들이 효소의 활성 자리에 결합할 때까지 반응이 일어나지 않는다. 순차 메커니즘에는 두 종류가 있으며, 즉 순서 메커니즘(ordered mechanism)과 무작위 메커니즘(random mechanism)이 있다. 두 기질의 순서 메커니즘에서는 생성물을 생성하는 반응을 위하여 두 번째 기질이 결합하기 전에 첫 번째 기질이 먼저 효소에 결합한다. 클리랜드(W. W. Cleland)가 제안한 반응의 표기는 다음과 같다.

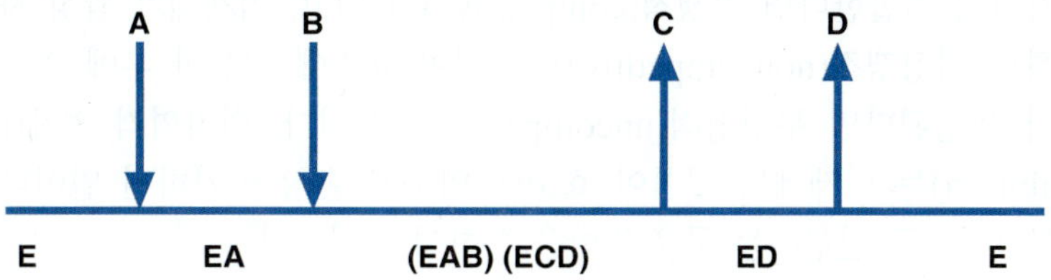

무작위 순차적 메커니즘(random sequential mechanism)에서 기질은 어느 순서로도 결합할 수 있고 생성물도 정해진 순서 없이 방출될 수 있다.

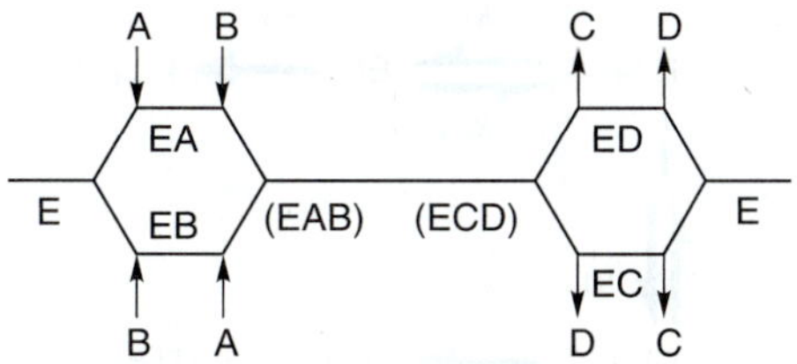

이중 치환 반응 이중 치환 반응 또는 '핑퐁' 메커니즘에서는 두 번째 기질이 결합하기 전에 첫 생성물이 방출된다.

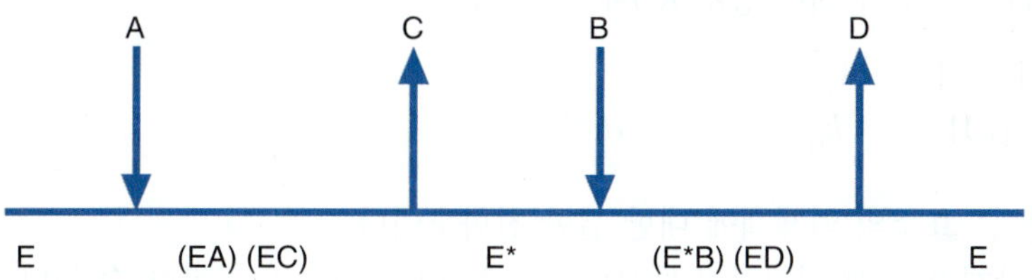

여기에서 E* = 변형된 효소

이중 치환 반응에서 효소는 반응의 첫 단계에 의해 변형된다. 두 번째 기질이 생성물로 전환되는 두 번째 단계에서 효소는 원래의 형태로 복원된다.

효소 억제

효소 활성은 억제될 수 있다. **억제제**(inhibitor)라고 불리는 효소의 촉매 활성을 감소시키는 물질에는 약물, 항생제, 식품 보존제와 독극물 및 정상 대사 과정의 대사산물 등이 있다. 생화학자에 의해 수행되는 효소 억제와 억제제에 관한 연구는 여러 가지 측면에서 중요하다. 첫 번째로, 가장 중요한 것은 생물체에서 효소 억제는 대사 회로를 조절하는 중요한 수단이다. 수많은 작은 생체 분자들이 특정 효소 반응 속도를 조절하는 데 사용되며, 따라서 생물들이 필요로 하는 것을 지속적으로 공급할 수 있다. 두 번째로, 많은 임상치료는 효소 억제에 바탕을 두고 있다. 예를 들어 많은 항생제와 약물들은 특정 효소의 활성을 감소 또는 제거시킨다. 최근에 가장 효과적인 AIDS 치료법은 새로운 바이러스를 합성하는 데 필요한 바이러스 효소를 억제시키는 단백질 가수분해효소 억제제(protease inhibitor)를 포함하는 여러 가지 약제를 사용하는 치료법이다. 마지막으로 효소 억제의 연구를 통해 생화학자는 효소의 기능적 성질뿐만 아니라 물리적 · 화학적 구조를 조사할 수 있는 기술을 개발하게 되었다.

효소 억제는 가역적이거나 비가역적이다. **가역적 억제**(reversible inhibition)는 기질 농도를 증가시키면 화합물의 억제 효과가 상쇄될 수 있거나 효소가 완전한 상태를 유지하는 동안 억제제를 제거할 때 일어난다. 가역적 억제는 억제제와 기질이 동일한 자리에 결합한다면 **경쟁적**(competitive)이 되고, 억제제가 활성 자리 이외에 결합하면 **비경쟁적**(noncompetitive), 기질이 효소에 결합한 후에 억제제의 결합 자리가 생성된다면 무경쟁적(uncompetitive)이 된다. **비가역적 억제**(irreversible inhibition)는 억제제의 결합이 효소에 영구히 손상을 가하면 일어나고 보통 효소를 화학적으로 변형하는 공유 결합을 통하여 일어난다.

경쟁 억제제 경쟁 억제제(competitive inhibitor)는 자유 효소와 가역적으로 결합하여 효소-억제제(EI) 복합체를 형성하나 ES 복합체와는 결합할 수 없다.

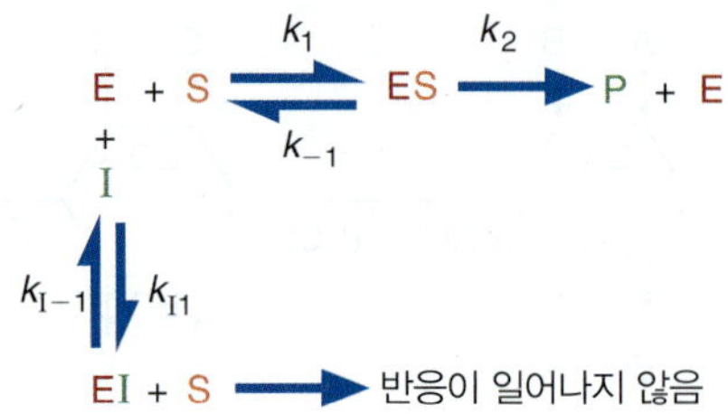

기질과 억제제는 효소의 같은 자리에 대하여 서로 경쟁한다. 억제제가 결합하자마자 활성 자리에서 기질의 결합은 봉쇄된다. EI 복합체의 농도는 자유 억제제(free inhibitor)의 농도와 해리 상수(K_I)에 달려 있다.

$$K_I = \frac{[E][I]}{[EI]} = \frac{k_{I-1}}{k_{I1}}$$

여기서 K_I는 효소의 억제제에 대한 결합 친화도이다.

EI 복합체가 쉽게 해리하기 때문에 효소는 다시 기질과 결합할 수 있다. EI 복합체는 촉매과정에 참여하지 않기 때문에 경쟁 억제제가 존재하면 효소의 활성은 감소하면서 K_m은 증가하고 V_{max}는 변하지 않는다(**그림 6.8**). V_{max}는 변하지 않기 때문에 경쟁 억제제가 효소 활성에 미치는 영향은 기질 농도를 증가시킴으로써 역전시킬 수 있다. 기질의 농도 [S]가 매우 높은 상태에서 효소의 모든 활성 자리는 기질로 채워지고 반응 속도는 억제제가 없을 때의 수준에 도달한다. [EI] 복합체의 생성을 고려한 경쟁 억제제에 대한 미하엘리스-멘텐 식은 K_m에 대한 억제 효과 항목을 넣어서 구해진다.

$$v = \frac{V_{max}[S]}{[S] + \alpha K_m}$$

여기서 $\alpha = 1 + [I]/K_I$이다. α는 경쟁 억제제의 농도와 효소의 활성 자리에 대한 친화도의 함수이다. K_m 값은 억제제가 존재하는 경우에 인자 α만큼 증가한다. αK_m은 겉보기 K_m(K_m^{app})으로 불려진다.

경쟁 억제제(즉, 효소의 기질에 대한 겉보기 친화도를 줄이는)로 작용하는 물질들은 흔히 그 구조가 기질과 유사하다. 경쟁 억제제에는 반응 생성물, 대사되지 않는 유사체(unmetabolizable analogue), 또는 기질의 유도체 등이 있다. 크레브스 시트르산 회로(Krebs citric acid cycle, 9장)의 효소인 석신산 탈수소효소(succinate dehydrogenase)는 석신산(succinate)을 퓨마르산(fumarate)으로 전환시키는

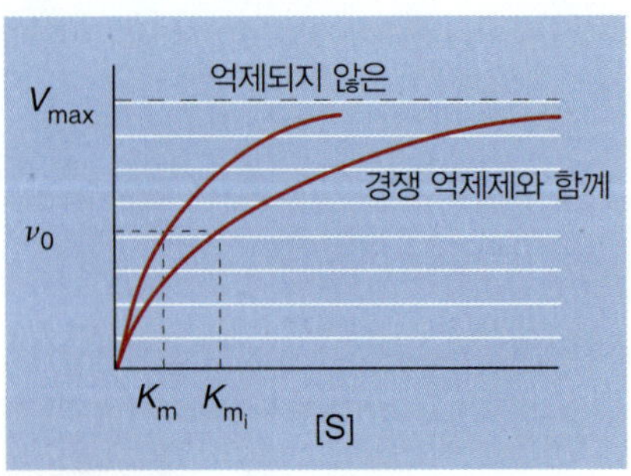

그림 6.8
비경쟁 억제 및 경쟁 억제의 미하엘리스-멘텐 도식.
초기 반응 속도 v_0를 기질 농도 [S]에 대해 도식으로 나타냈다. 경쟁 억제의 경우 V_{max}는 변하지 않고 K_m은 증가한다.

산화-환원 반응을 촉매한다.

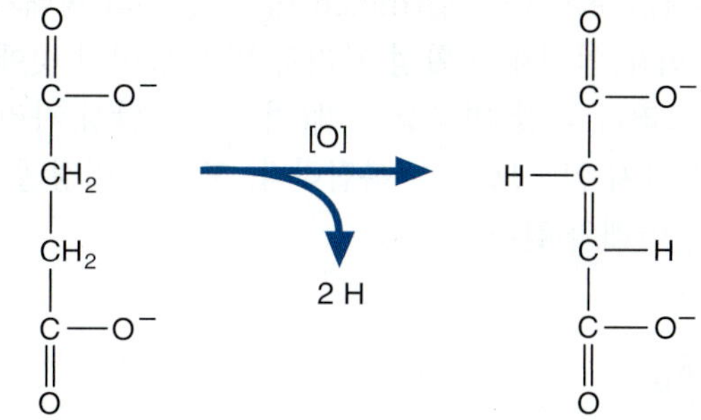

석신산 퓨마르산

이 반응은 말론산(malonate)에 의해 억제된다(**그림 6.9**). 말론산은 효소의 활성 자리와 결합하지만 생성물로 전환될 수는 없다. *전이 상태 유사체*(transition state analog)로 불리는 기질의 전이 상태 구조와 유사한 물질들은 특히 효과적인 경쟁 억제제이다. 이들은 효소의 활성 자리에 기질보다 더 강한 친화력을 가지고 있다. 독감을 예방하고 치료하는데 사용되는 Oseltamivir(상품명: Tamiflu)는 간에서 시알산(sialic acid, 9탄당)의 전이 상태 유사체로 변환된다. 바이러스 효소인 뉴라미니데이스(neuraminidase)의 활성 자리에 Tamiflu가 결합하면 어떤 숙주 단백질로부터 시알산의 절단이 억제되고 그 결과 감염된 세포로부터 새로운 바이러스의 방출이 방해를 받는다.

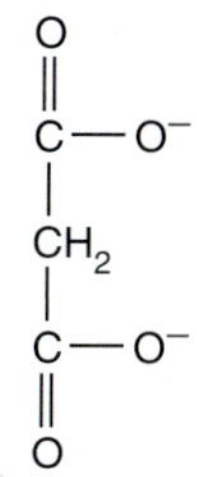

그림 6.9
말론산.

비경쟁 억제제 어떤 효소 촉매 반응에서 억제제는 효소(E) 그리고 효소-기질 복합체(ES) 모두와 결합할 수 있다.

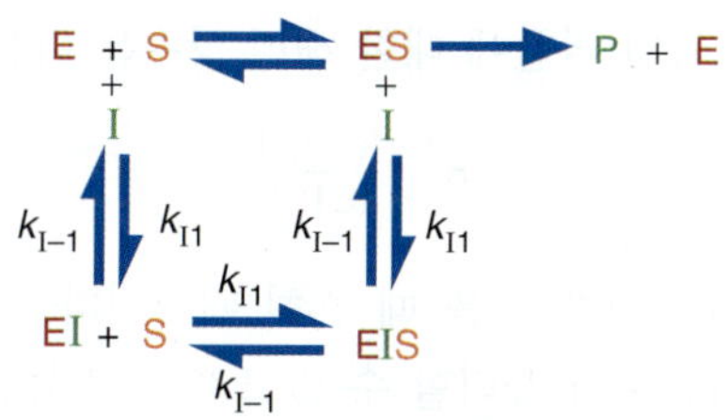

이러한 경우를 **비경쟁 억제**(noncompetitive inhibition)라고 하는데, 억제제가 활성 자리 이외의 효소의 다른 자리와 결합한다. 비경쟁 억제제 결합으로 생성물의 형성을 방해하는 효소 구조로 변형된다(**그림 6.10**). 보통 비경쟁 억제제는 기질과 거의 또는 전혀 구조적 유사성을 갖고 있지 않지만, 억제제의 결합 자리가 기질 결합 자리와 가까우면 기질 결합에 영향을 미친다. 일부 경우에는 기질 농도를 증가시킴으로써 비경쟁 억제는 부분적으로만 역전시킬 수 있다. 비경쟁 억제는 보통 2개 또는 그 이상의 기질이 관여하기 때문이 비경쟁 억제제에 의해 억제되는 반응을 분석하는 것은 매우 복잡하다. 따라서 관찰되는 억제의 특성이 부분적으로 다른 기질들이 결합하는 순서와 같은 요인들에 달려 있다. 뿐만 아니라 비경쟁 억제제의 결합을 나타내는 K_I를 측정하는 데 두 가지 방법이 있다.

$$K_{Ia} = \frac{[E][I]}{[EI]}$$

그리고

$$K_{Ib} = \frac{[E][S][I]}{[EIS]}$$

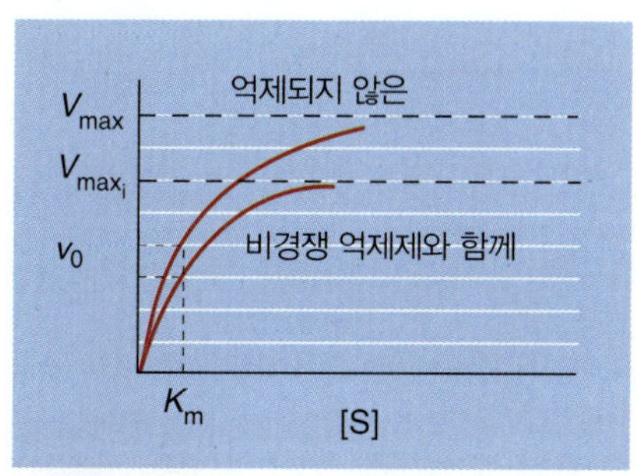

그림 6.10
무경쟁 억제 및 비경쟁 억제의 미하엘리스-멘텐 도식.

기질 농도 [S]에 대해 초기 반응 속도 v_0를 도식으로 나타냈다. 비경쟁 억제의 경우 활성 자리에 결합에 영향을 주지 않으면 V_{max}는 감소하고 K_m은 변하지 않는다. 만약 활성 자리가 억제제의 결합으로 부분적으로 막혀 있으면 K_m은 증가한다.

억제제에 따라 이들 해리 상수 값은 동일하거나 동일하지 않을 수 있다. 그리고 비경쟁 억제에는 순수(pure)형과 혼합(mixed)형 두 종류의 형태가 있다. 잘 일어나지 않는 순수 비경쟁 억제(억제제가 활성 자리와 멀리 떨어진 곳에 결합)에서는 두 개의 K_I 값이 같다. 그러나 혼합 비경쟁 억제(억제제가 활성 자리 부근에 결합)의 경우는 K_I 값이 서로 같지 않으므로 더 복잡하다. 혼합형 비경쟁 억제를 나타내는 미하엘리스-멘텐식은 아래와 같다.

$$v = \frac{V_{max}\,[S]}{\alpha'[S] + \alpha K_m}$$

여기서 $\alpha = 1 + [I]/K_{Ia}$ 그리고 $\alpha' = 1 + [I]/K_{Ib}$이다. 순수 비경쟁 억제(즉, $\alpha = \alpha'$)에서는 V_{max} 값은 변화되지만 K_m 값은 변화되지 않는다. 혼합형 비경쟁 억제에서는 $K_m(K_m^{app} = \alpha/\alpha' K_m)$과 $V_{max}(V_{max}^{app} = V_{max}/\alpha')$의 값이 모두 변한다.

무경쟁 억제제 무경쟁 억제(uncompetitive inhibition)는 비경쟁 억제의 드문 형태로 여겨지며, 억제제는 효소-기질 복합체에만 결합하고 자유 효소와는 결합하지 않는다. 결과적으로 ES 복합체가 매우 적게 존재하기 때문에 기질 농도가 낮은 경우에는 억제 효과가 거의 없다.

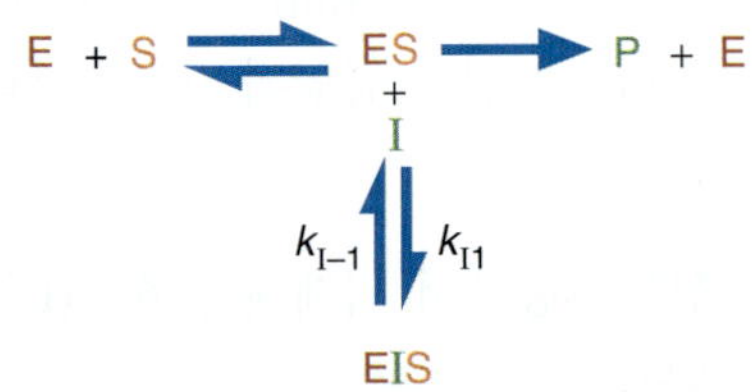

무경쟁 억제제와 효소와의 결합에 대한 해리 상수는 다음과 같다.

$$K_I' = \frac{[ES][I]}{[EIS]}$$

무경쟁 억제는 기질 농도 [S]가 높을 때 흔히 관찰된다. 억제제 I가 ES에 결합하면 기질은 효소로부터 자유로이 해리할 수 없고 따라서 높은 기질 친화도를 보이며 $K_m(K_m^{app} = K_m/\alpha')$은 감소한다. 무경쟁 억제를 나타내는 미하엘리스-멘텐 방정식은 아래와 같다.

$$v = \frac{V_{max}\,[S]}{\alpha'[S] + K_m}$$

여기서 $\alpha' = 1 + [I]/K_I'$이다. 무경쟁 억제제는 ES에만 결합하기 때문에 $E + S \rightleftharpoons ES$ 반응에서 평형은 오른쪽으로 이동하고 그 결과 억제제와 결합할 수 있는 ES양이 많아진다. $V_{max}(V_{max}^{app} = V_{max}/\alpha')$ 값은 인자 α'만큼 낮아진다. 무경쟁 억제는 한 개 이상의 기질에 결합하는 효소에서 가장 흔히 관찰된다.

효소 억제의 반응 속도 분석 경쟁 억제, 비경쟁 억제, 무경쟁 억제는 이중역수 도표로 구별할 수 있다(**그림 6.11a~e**). 두 벌의 반응 속도 측정에서 우선 효소 농도를 일정하게 유지한다. 첫 실험에서 억제 받지 않은 효소의 반응 속도와 속도 상수(K_m과 V_{max})를 측정한다. 두 번째 실험에서 일정량의 억제제를 첨가하여 효소 분석을 한다. **그림 6.11**은 억제제가 효소 활성에 미치는 다른 효과를 보여준다. 경쟁 억제는 효소의 K_m을 증가시키나 V_{max}를 변화시키지는 않는다. (이는 이중역수 도표에

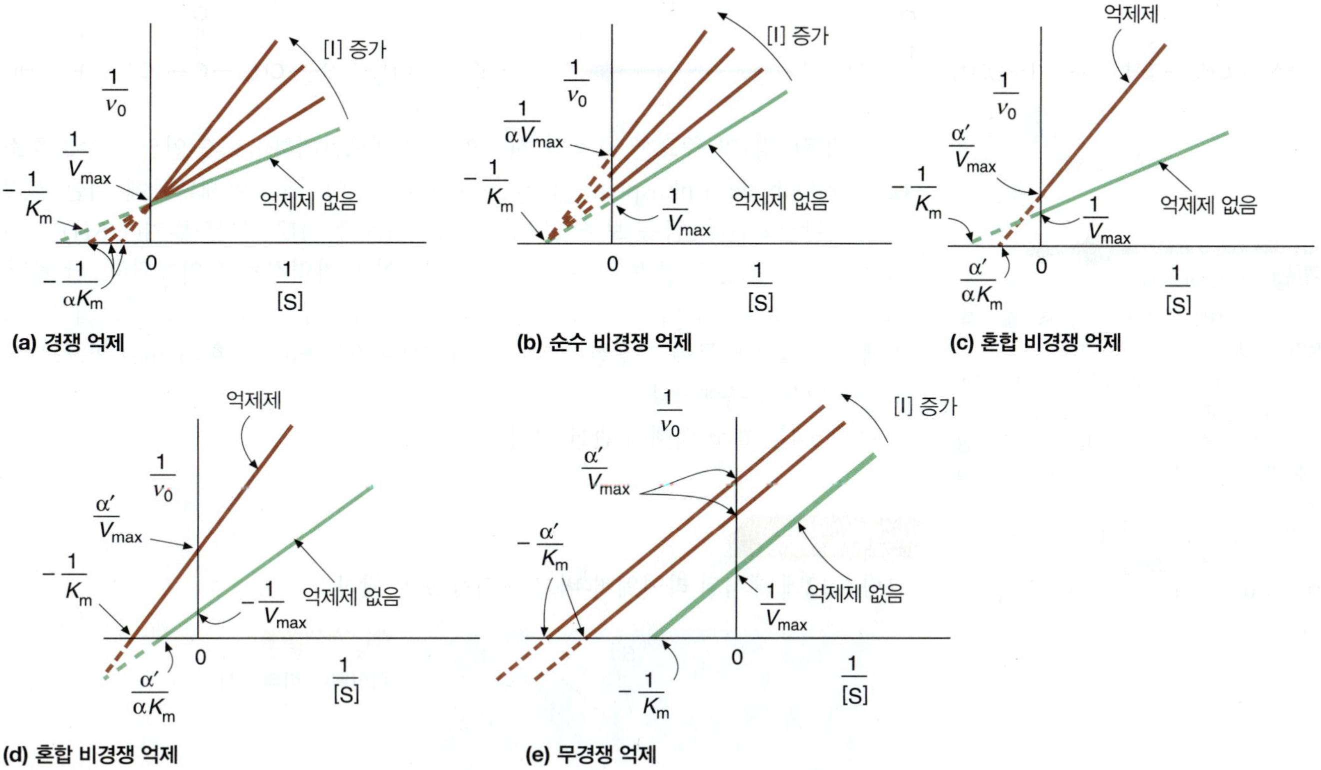

그림 6.11

효소 억제의 반응 속도 분석.

(a) 경쟁 억제. 여러 농도의 억제제 존재 하에서 $1/v$를 $1/[S]$에 대해 도식하면 수직축($1/V_{max}$) 절편은 변하지 않으나(V_{max}는 변하지 않음), 수평축 절편($-1/K_m$)은 감소한다(K_m은 증가함). 경쟁 억제의 라인웨버-버크 방정식은 $1/v = (\alpha K_m/V_{max})(1/[S]) + 1/V_{max}$이다. (b) 비경쟁 억제. 여러 농도의 억세세 존재할 때 $1/v$를 $1/[S]$에 대해 도식하면 수평축($-1/K_m$) 상의 같은 점에서 교차한다. 순수 비경쟁 억제에서 ES와 EIS의 상수는 동일한 것으로 간주된다. 혼합 비경쟁 억제의 경우 $1/v$를 $1/[S]$에 대해 도시하면 선은 K_{Ib}' 값이 K_{Ia}보다 더 크면 수평축 위 (c) 또는 K_{Ib}' 값이 K_{Ia}보다 더 작으면 수평축 아래 (d)에서 교차한다. 혼합 비경쟁 억제의 라인웨버-버크 방정식은 $1/v = (\alpha K_m/V_{max})(1/[S]) + \alpha'/V_{max}$ (e) 무경쟁 억제. 여러 농도의 억제제가 존재할 때 $1/v$를 $1/[S]$에 대해 도식하면 선의 기울기는 변하지 않으나 위와 왼쪽으로 이동하여 $K_m(\alpha'/K_m)$과 $V_{max}(\alpha'/K_m)$가 모두 감소한다. 무경쟁 억제의 라인웨버-버크 방정식은 $1/v = (K_m/V_{max})(1/[S]) + \alpha/V_{max}$이다.

서 수평 절편의 이동으로 나타난다.) 순수 비경쟁 억제(즉, $K_{Ia} = K_{Ib}$)에서 드문 경우이지만 E와 ES 결합에 대한 k 값이 같기 때문에 V_{max}는 감소되고(즉, 수직 절편이 이동됨) K_m은 변하지 않는다. 그러나 혼합 비경쟁 억제에서는 억제제 결합 자리와 활성 자리가 서로 가까이 있기 때문에 이 k 값들은 다르고 그들의 결합은 서로 방해를 받는다. 그 결과 V_{max}와 K_m 모두 변한다. 이 경우에 대한 $1/v$ 대 $1/[S]$ 도표는 수직 축 왼쪽에서 교차한다. K_I' 값이 K_I보다 더 크면 수평축 위쪽에서, K_I' 값이 K_I보다 더 작으면 수평축 아래에서 만나게 된다. 무경쟁 억제에서는 비록 기울기 K_m/V_{max}는 같게 유지되지만 V_{max}와 K_m은 모두 변한다.

비가역적 억제 가역적 억제에서 억제제는 비공유 결합으로 결합하기 때문에 효소로부터 해리할 수 있다. 비가역적 억제제는 효소의 활성 자리의 곁사슬에 공유 결합을 하는 경우가 많다. 예를 들어 설프히이드릴기(sulfhydryl group)를 갖고 있는 효소가 아이오도아세트산(iodoacetate)과 같은 알킬화제(alkylating agent)와 결합하는 경우이다.

해당 경로(8장)의 중요한 효소의 하나인 글리세르알데하이드-3-인산 탈수소효소(glyceraldehyde-3-phosphate dehydrogenase)는 아이오도아세트산에 의한 알킬화로 비활성화된다. 금속 보조 인자와 공유 결합하는 설프하이드릴기(—SH)를 지니는 효소는 수은과 납과 같은 중금속에 의하여 비가역적으로 억제된다. 납 중독(lead poisoning)에 의한 빈혈은 납이 페로킬레이테이스(ferrochelatase)의 —SH기에 결합하기 때문에 발생한다. 페로킬레이테이스는 Fe^{2+}를 헴(heme) 안으로 삽입하는 반응을 촉매한다.

문제 6.4는 효소 억제에 관한 것이다.

주요 개념 _Key Concepts

- 효소의 가역적 억제는 경쟁적, 비경쟁적, 또는 무경쟁적일 수 있다.
- 경쟁 억제제는 자유 효소의 동일한 자리에 결합하기 위하여 기질과 가역적 경쟁을 한다.
- 비경쟁 억제제는 활성 자리가 아닌 자리에 결합하기 때문에 효소와 효소-기질 복합체 모두에 결합할 수 있다.
- 무경쟁 억제제는 자유 효소에는 결합하지 않고 효소-기질 복합체에만 결합할 수 있다.
- 비가역적 억제제는 보통 공유 결합으로 효소에 결합한다.

예제 6.4

그림 6.12에 제시된 라인웨버-버크 도식을 보고 답하라.

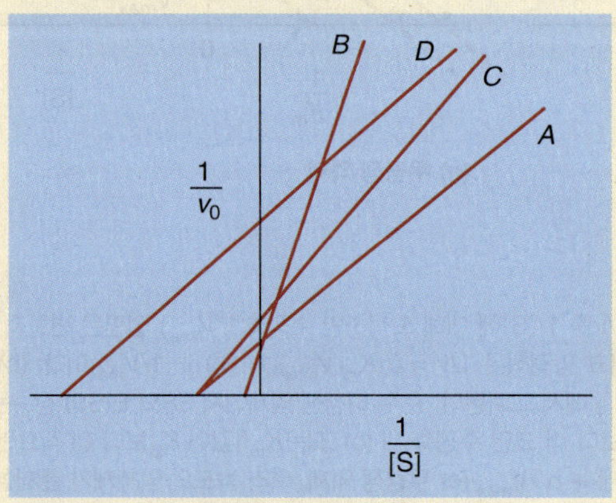

그림 6.12
라인웨버-버크 도식.

A 선 = 정상적인 효소 촉매 반응
B 선 = 화합물 B 첨가
C 선 = 화합물 C 첨가
D 선 = 화합물 D 첨가

화합물 B, C, D가 나타내는 억제 작용의 종류는 무엇인가?

풀이

화합물 B는 K_m만 변하였기 때문에 경쟁 억제제이다. 화합물 C는 V_{max}만 변하였기 때문에 순수비경쟁 억제제이다. 화합물 D는 K_m과 V_{max} 모두 변하였기 때문에 무경쟁 억제제이다. ■

예제 6.5

어떤 효소의 K_m 값이 10 μM이다. 5 μm의 경쟁 억제제를 첨가하여 억제 상수(K_I)를 측정하였더니 K_I는 2.5 μM이 되었다. (a) α 값과 (b) K_m^{app}을 구하라.

풀이

(a) α 값은 아래와 같이 구해진다.

예제 6.5 (계속)

$\alpha = 1 + [I]/K_I = 1 + 5\ \mu M/2.5\ \mu M = 1 + 2 = 3$

(b) 효소가 억제를 받을 때 측정된 K_m 값인 K_m^{app}은 아래 식으로 계산된다.

$\alpha = K_m^{app}/K_m$
$K_m^{app} = \alpha K_m = (3)\ (10\ mM) = 30\ mM.$ ■

문제 6.4

아이오도아세트아마이드(iodoacetamide)는 활성 자리에 시스테인 잔기를 갖는 여러 효소의 비가역적 억제제이다. 구조를 보고 이 물질이 효소와 반응하여 어떤 생성물이 형성되는지 예측하라.

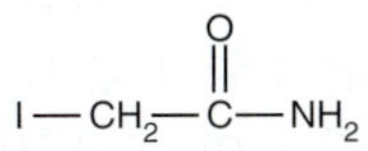

다른자리 입체성 효소 효소 비록 미하엘리스-멘텐 모형이 효소 반응 속도 연구에 매우 중요한 도구이지만 많은 효소의 반응 속도 성질을 모두 설명해 주지는 못한다. 특히 다중 소단위체를 갖고 있는 효소의 반응 속도를 기질 농도에 대해 도시해 보면 미하엘리스-멘텐 모형에서 예측되는 쌍곡선이라기보다는 S자 형이 된다(**그림 6.13**). 이러한 효과는 **다른자리 입체성 효소**(allosteric enzyme)라고 하는 중요한 효소군에서 볼 수 있다. **그림 6.13**의 기질 결합 곡선은 헤모글로빈의 산소 결합 곡선과 매우 유사하다.

다른자리 입체성 효소의 성질은 후반부에 다시 다루게 된다.

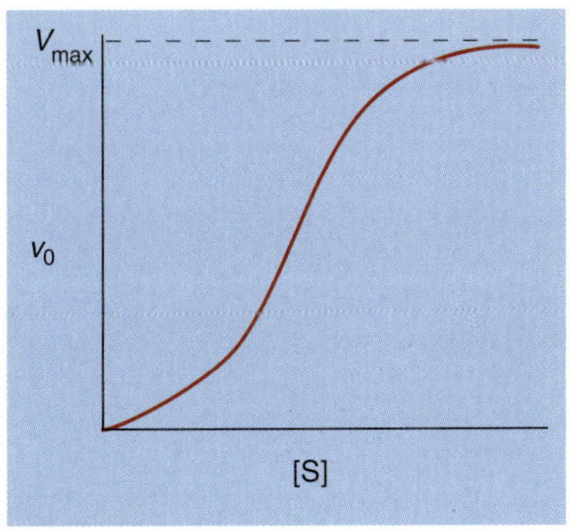

그림 6.13
다른자리 입체성 효소의 반응 속도 도식.
많은 다른자리 입체성 효소들이 보여주는 S자형 결합 곡선은 O_2가 헤모글로빈에 협동적 결합을 하는 곡선과 매우 유사하다.

문제 6.5

사람이 메탄올을 마시면 생명에 위협을 주는 심각한 산성혈증(acidosis)뿐만 아니라 눈이 멀게 할 수도 있다. 메탄올은 간에서 알코올 탈수소효소와 알데하이드 탈수소효소에 의하여 폼알데하이드와 폼산으로 전환된다. 메탄올 중독은 투석 및 중탄산과 에탄올을 주입함으로써 치료될 수 있다. 각각의 처치법이 사용되는 이유는 무엇인가?

효소 반응 속도, 대사와 거대 분자 밀집

효소 반응 속도 연구의 최종 목표는 생물에서 일어나는 대사를 이해하는 데 있다. 생화학 대사경로와 *in vitro*(시험관에서 얻어진)에서 효소의 반응 속도 성질에 대해 수십 년간에 걸쳐 얻은 엄청난 지식과 정보에도 불구하고 '살아 있는' 세포에서 일어나는 대사 반응에 대한 정확한 지식과 정보는 아직 미흡하다. 이러한 현상에 대한 중요한 원인의 하나는 질량 작용 법칙(law of mass action)의 가정에 있다. 이 법칙에 따르면

$$\mathrm{A} + \mathrm{B} \underset{k_R}{\overset{k_F}{\rightleftharpoons}} \mathrm{C}$$

과 같은 반응의 평형 상수를 계산할 때 정반응 속도는 A와 B의 농도에 *직접 비례*(linear)하고 역반응 속도(k_R)는 C의 농도에 직접 비례한다고 가정한다. 이 반응이나 다른 반응의 값이 타당하기 위해서는 또 하나의 가정을 하는데, (1) 반응이 일어나는 계에 동질성(즉 내용물이 균일하게 혼합)이 있어야 하고, (2) 상호 작용하는 분자들이 무작위적으로 그리고 서로 독립적으로 움직인다는 것이다. 그러나 밀집한 생체내(*in vivo*) 조건에서 이러한 가정들은 타당성이 없는 것으로 밝혀졌다. 세포의 밀집된 내부는 고도의 이질성(즉, 매우 다양한 분자들이 존재)이며, 거대 분자, 막, 세포골격 성분과 분자의 움직임을 방해하는 장애물들로 차 있다. 이러한 현상을 **거대 분자 밀집**(macromolecular crowding)이라 한다. 세포내에서 관찰된 효과에는 거대 분자의 유효 농도 증가, 단백질 접힘 증가와 결합친화력, 반응 속도 및 평형 상수의 변화와 확산 속도의 감소 등이 있다. 이 효과는 *비선형적*(nonlinear)이기 때문에 예측하기가 어렵다. 예를 들어 각 생화학 반응의 생체 내에서 반응 속도값(즉, K_m, V_{max}, K_{eq})은 효소의 활동도 계수(activity coefficient)와 기질 및 조절분자의 확산 속도에 의존하는데, 그 어느 것도 이질적인 세포환경에서 측정하는 것은 용이하지 않다. 느린 기질 확산은 기질 농도가 비교적 높은 미세구획(microcompartment)으로 반응을 분리함으로써 극복할 수 있다. 또한 대사 경로 효소의 일부 또는 전체를 대사 경로 중간물질이 한 활성 자리로부터 다음 자리로 직접 전달되는 *메타볼론*(metabolon)으로 불리는 복합체를 사용함으로써 극복할 수 있다. 이러한 미세구획은 그곳에 항상 존재하는 효소들(resident enzymes)의 효율적인 작용을 촉진하는 독특한 이온 성분을 갖는다. 특정 효소의 연구를 촉진하고 실제적인 효소 반응 속도 변수(parameter)를 결정하기 위해 이러한 국소적인 조건을 확인하고 실험실에서 생체내와 똑같이 반복해 보려는 시도는 생화학자들에게 큰 도전이다. 시험관내(*in vitro*), 생체내(*in vivo*)와 컴퓨터 모의실험(in silico)을 통해 얻은 결과들 사이의 차이는 대사 경로와 다른 교차하는 경로로부터 분리된 효소는 동일한 반응 속도의 변수로 작용하지 않는다는 사실을 암시한다.

세포의 엄청난 복잡성에도 불구하고 시스템생물학자(systems biologist)는 대사 과정을 연구하기 위한 새로운 전략을 개발하기 위해 노력하고 있다. 이와 같은 작업은 대사공학자들과 상품을 생산하기 위해 미생물의 대사 능력을 향상시키는 산업과학자들에 의해 이루어진다. 대사공학자들에 의해 사용되는 가장 중요한 도구는 *in vivo*와 *in vitro* 자료를 기초로 하는 대사 과정의 컴퓨터 모의실험(computer simulation)이다. 컴퓨터 모의실험을 기초로 하는 수학적 모형은 반응 속도 자료와 *대사 유속*(metabolic flux, 생화학 경로의 기질, 생성물과 중간물질 등의 흐름의 속도)을 정의하는 방정식으로부터 만들어진다. (*in vitro* 반응 속도 값은 그 제한성에도 불구하고 모형 개발의 초기 단계에서는 매우 소중한 기초 자료로 사용된다.) 컴퓨터 모의실험의 궁극적 목표는 *in vivo* 대사 과정의 일정 상태(steady state) 행동을 대략 측정하여 영양소 이용 또는 돌연변이형 효소 같은 변화에 어떻게 반응하는가를 예측하는 것이다. 컴퓨터 모의실험으로부터 이미 얻은 정보(예, 8장의 해당 과정과 터보엔진 참조)로부터 in silico 모형과 경로 모의실험(pathway simulation)이 미래의 효소 반응 속도 연구의 중요한 부분이 되리라는 것을 알 수 있다.

6.4 촉매 작용

반응 속도 연구는 중요하지만 효소의 촉매 메커니즘에 관한 정보는 거의 알려 주지 않는다. [*메커니즘*(mechanism)은 기질이 생성물로 전환되는 과정에서 어떻게 화학 결합이 깨지고 새로운 결합이 생기는가를 보여준다.] 효소 메커니즘에 관한 연구는 효소의 활성이 활성 자리의 구조 및 기능에 어떻게 관련이 있는가를 조사하여 알고자 한다. 효소의 메커니즘을 연구하는 과학자들은 X선 구조결정법, 효소의 활성 자리에 있는 아미노산 곁사슬의 비활성화 그리고 기질과 억제제로서 단순한 모형 물질을 이용한 모형화를 통하여 연구한다.

유기 반응과 전이 상태

생화학 반응은 유기화학자가 연구하는 반응과 동일한 규칙을 따른다. 이 반응들의 중요한 특징은 모두 전자가 결핍된 원자(친전자체)와 전자가 풍부한 원자(친핵체) 사이의 반응과 전이 상태(transition state)를 형성한다는 것이다. 각각에 대해 간단히 설명하면 다음과 같다.

화학 결합은 친핵체가 한 쌍의 전자를 친전자체에 줄 때 형성된다. 예를 들어 다음 반응에서

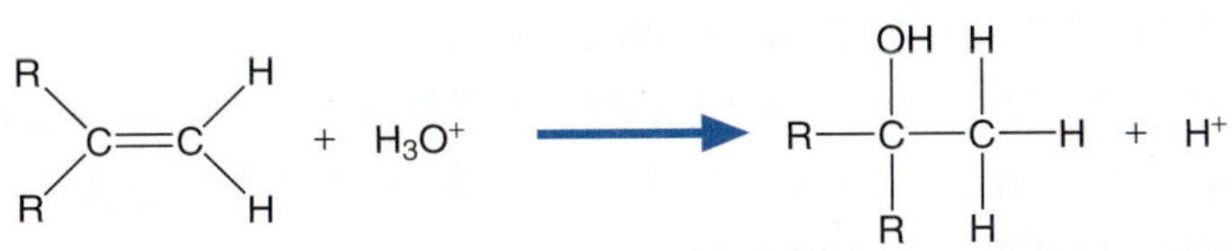

친핵성 이중 결합의 π 전자는 친전자성 하이드로늄 이온(hydronium ion)의 부분 양성인 수소 원자와 반응한다. 모든 유기 반응에서처럼 생성물 형성은 여러 단계에 걸쳐 일어난다.

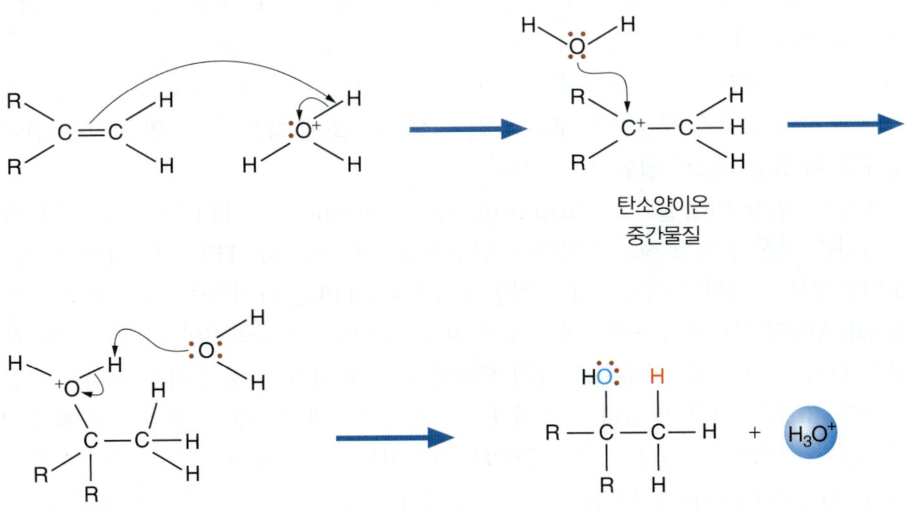

이와 같은 단계적 과정을 **반응 메커니즘**(reaction mechanism)이라 한다. 구부러진 화살표는 전자가 친핵체로부터 나와 친전자체로 흐르는 것을 보여 준다. 이 반응 과정에서 1개 또는 그 이상의 **중간물질**(intermediate)이 형성된다. 중간물질은 한정된 시간(10^{-13}초 또는 이하) 동안 존재하다가 생성물로 전환된다. 위에 예시한 유기 반응에서 이중 결합의 π 전자가 친전자성 하이드로늄 이온을 공격할 때

탄소양이온(carbocation) 중간물질이 형성된다. (탄소양이온 또는 카보늄 이온은 전자가 결핍된 양전하의 탄소 원자를 포함한다.) 이러한 종류의 중간물질은 탄소 원자에 양전하를 감소시키는 R기에 의해 안정화된다. 전이 상태는 활성 자리 내에 있는 곁사슬 원자단에 의하여 안정성이 강화된다. 반응의 다음 단계에서 물 분자 내 산소 원자의 한 쌍의 전자들은 양전하의 탄소 원자와 σ 결합을 형성한다. 마지막 단계에서 양성자를 다른 물 분자에게 전이함으로써 알코올이 생산된다. 생화학 반응에서 관찰되는 반응성 중간물질의 또 다른 예로서 **탄소음이온**(carbanion, 3개의 결합과 1개의 비공유 전자를 갖는 친핵성 탄소음이온)과 **자유 라디칼**(free radical, 적어도 1개의 짝짓지 않은 전자를 갖고 있는 고도로 반응성이 높은 종) 등이 있다.

전이 상태 안정화

어느 화학 반응에서도 전이 상태로 알려진 활성화된 조건에 이르는 분자들만이 생성물 분자로 전환할 수 있다(**그림 6.1**). 안정한 반응물이 활성화된 분자로 전환되는 것은 큰 돌을 언덕 위로 굴려 올리기 위해 에너지가 필요한 과정과 유사하다. 일단 큰 돌이 언덕 위에 도착하면 약간만 밀어도 에너지를 방출하면서 언덕 아래로 굴러서 내려온다. 전이 상태 이론에 따르면 반응 속도는 활성화 에너지(E_a) 장벽을 극복하기 위해 충분한 에너지를 갖고 있는 반응 분자의 상대적인 수에 의해 결정된다(**그림 6.1** 참조). 반응 속도는 E_a를 낮추면 증가한다.

E_a를 낮추는 능력은 전이 상태 안정화에 기여한다. *전이 상태 이론*(transition state theory)에서는 효소가 기질보다 전이 상태를 더 강력하게 결합한다고 가정한다. 화학 반응은 다음과 같이 일어난다.

$$E + S \rightleftharpoons ES \rightleftharpoons ETS \rightarrow E + P$$

여기에서 ETS = 효소-전이 상태 복합체이다.

ES 복합체와 ETS 복합체의 해리 상수는 각각 K_S = [E][S]/[ES]와 K_T = [E][TS]/[ETS]이다. 효소에 의하여 속도가 빨라지려면 $K_T < K_S$이어야 한다. 다시 말해서 효소는 기질보다 전이 상태를 더 단단하게 결합하여 전이 상태를 안정화한다. 활성 자리의 모양과 정전기적 구조가 전이 상태 구조에 상보적이라면 효소는 전이 상태와 더 효율적으로 결합할 수 있다.

삼탄당 인산 이성질화효소(triose phosphate isomerase, TPI)는 반응속도론과 메커니즘 성질이 어느 정도 상세하게 연구된 효소의 예이다. TPI는 두 개의 똑같은 소단위체로 구성된 특별하게 효율적인 효소이다. TPI는 다이하이드록시 아세톤인산(DHAP)의 글리세르알데하이드-3-인산(G-3-P)으로의 가역적인 전환의 촉매 작용을 한다. 이 반응은 글루코스 당의 생화학적 분해 과정인 해당 과정(8장)에서 일어난다. 효소의 반응 메커니즘은 엔다이올 중간물질과 두 개의 전이 상태 형성을 포함한다. [*엔다이올*(endiol)은 —C(OH)=C(OH)—의 원자 배열을 포함하는 분자이다. 이것은 CHOH기의 CH로부터 양성자가 카보닐기로 이동하여 탄소-탄소 이중 결합을 만들고 이중 결합의 각 탄소에 OH기를 가져서 만들어진다.]

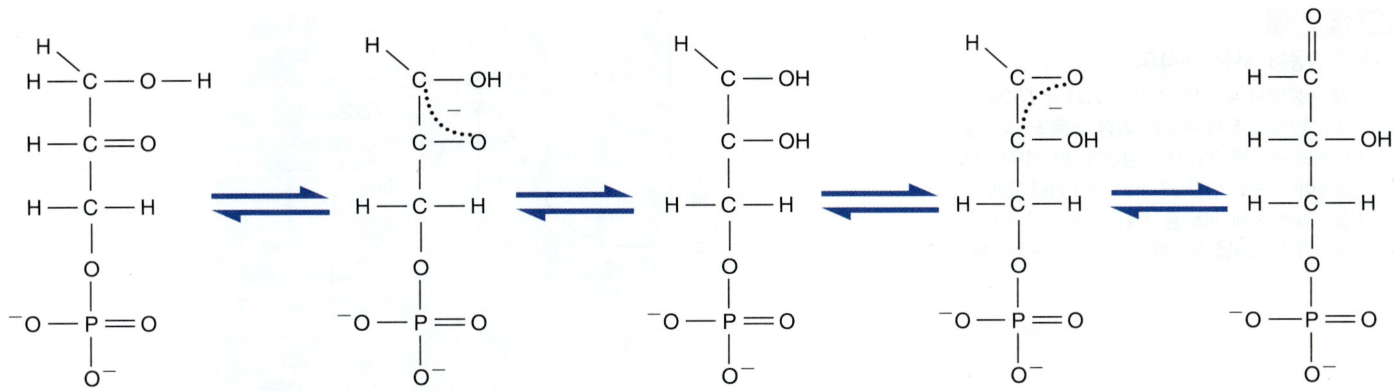

DHAP　엔다이올산 1 TS1　엔다이올　엔다이올산 2 TS2　G-3-P

TPI의 활성 지리에는 반응 메기니즘에 직접 침여하거나(Glu 165와 His 95) 기질, 전이 상태 및 엔다이올 중간물질을 안정화시키는, 수많은 정확하게 배열된 아미노산 곁사슬들이 있다(**그림 16.14**). DHAP의 엔다이올로의 전환은 친핵성 글루탐산 잔기가 C-1으로부터 양성자를 빼앗고 친전자성 히스티딘 잔기가 C-2 카보닐 산소에 대한 양성자를 주는 것이 필요하다. 일단 엔다이올이 형성되면 그 C-2 원자는 양성자화된 글루탐산 잔기로부터 양성자를 얻고 C-1 하이드록시기로부터 양성

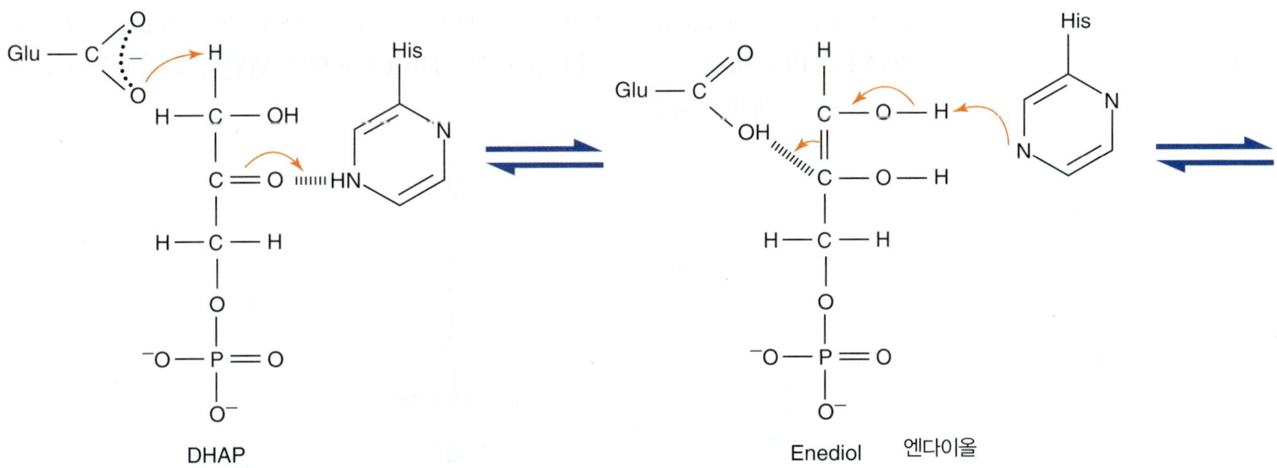

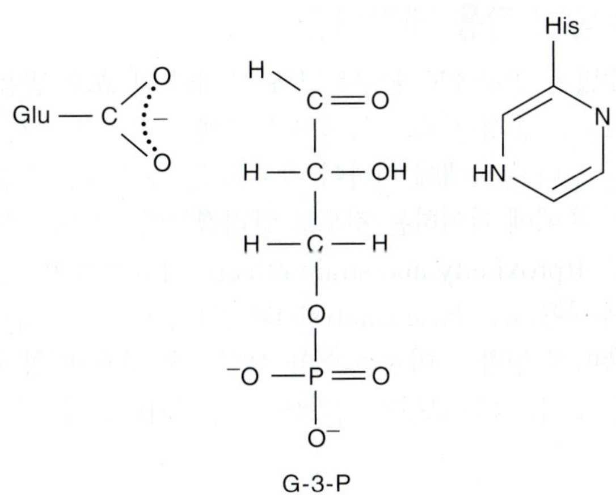

그림 6.14

삼탄당 인산 이성질화효소 메커니즘.

다이하이드록시 아세트인산(DHAP)이 글리세르알데하이드-3-인산(G-3-P)으로 전환되는 이성질화반응은 활성 자리 안에 글루탐산과 히스티딘이 관여하는 산-염기 촉매 작용의 예이다. 친핵성인 글루탐산의 카복실기가 기질로부터 양성자를 받아들이고 히스티딘 잔기가 양성자를 내놓아서 엔다이올 중간물질을 만들면서 반응은 시작한다. 히스티딘이 C-1 하이드록시기에서 양성자를 제거하고 C-2가 양성자화된 글루탐산으로부터 양성자를 받아들이면 엔다이올이 분해되고 G-3-P 생성물이 형성된다.

그림 6.15

두 단계 반응의 에너지 분석표.

두 단계 반응에서 두 전이 상태가 *TS*1과 *TS*2에서 나타난다. 반응의 전체 속도는 가장 높은 $E_a(\Delta G)$를 가진 단계의 속도에 의해서 결정된다. 이 경우는 첫 번째 단계이다. 반응 중간물질(I)은 전이 상태 고개 사이의 골짜기에 존재한다. 중간물질은 반응물 분자가 더 반응하여 생성물을 형성하기 위해서 만드는 반응 종이다.

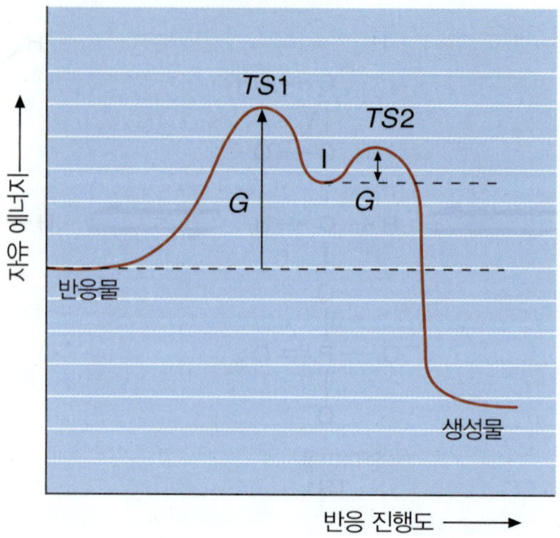

자를 제거하며 생성물 G-3-P를 형성한다. **그림 6.15**에 나타낸 두 단계 반응에 대한 에너지 도표는 중간물질(일정한 생존 기간을 갖는 반응종)과 전이 상태(최대 자유 에너지를 갖는 불안정한 종) 사이의 차이를 보여준다.

효소 메커니즘이 전이 상태와의 단단한 결합을 포함한다는 증거는 전이 상태 유사물질을 이용하여 얻어졌다. 전이 상태 유사물질은 전이 상태와 매우 유사하여 효소의 활성 자리에 기질 분자보다 더 단단하게 결합하는 분자이다. 2-포스포글라이콜산(2-phosphoglycolic acid, PGA)은 TPI의 엔다이올산 1 전이 상태와 유사하다. PGA는 TPI의 활성 자리, 특히 Glu 165와 His 65에 아주 단단하게 결합하여 효소의 강력한 억제제로 작용한다.

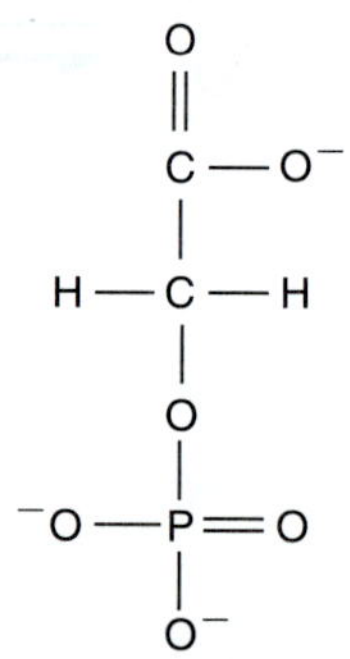

2-포스포글라이콜산

촉매 작용 메커니즘

수많은 연구에도 불구하고 단지 소수의 효소 반응 메커니즘만이 잘 알려져 있다. 효소는 활성 자리가 독특하게 촉매 작용을 상승시키기에 적합한 구조를 가졌기 때문에 다른 촉매에 비하여 매우 높은 촉매 효율을 지닌다. 여러 가지 인자들이 효소의 촉매에 기여하는 것으로 알려졌는데, 그 대표적인 메커니즘으로서 근접과 변형 효과(proximity and strain effect), 정전기적 효과(electrostatic effect), 산-염기 촉매 작용(acid-base catalysis)과 공유 결합 촉매 작용(covalent catalysis) 등이 있다. 촉매에 영향을 미치는 이들 요인들은 상호 배척하는 것은 아니라, 동시에 작용할 수 있다. 그들 모두가 각각의 촉매 메커니즘에 어느 정도씩 관여한다.

근접과 변형 효과 생화학 반응이 일어나려면 우선 기질이 활성 자리 내 촉매 작용기(촉매 메커니즘과 관련된 곁사슬들)에 가까이 근접해 있어야 한다. 또 기질은 촉매 작용기(catalytic group)에 정확하게 배향해야 한다. 기질이 정확한 위치에 놓이게 되면 반응이 더 빠르게 일어난다.

정전기적 효과 정전기 상호작용(electrostatic interaction)의 세기는 참여하는 물질의 수화정도(3장)와 반대이다. 수화 껍질(shell)이 커지면 전하 중심들 사이의 거리가 증가하고 정전기적 인력은 감소한다. 기질이 결합하면서 흔히 물이 주로 활성 자리로부터 제거되기 때문에, 국부적인 유전 상수(dielectric constant)는 낮아진다. 예를 들면 엔다이올 중간물질이 활성 자리에 존재하면 TPI의 형태 변화로 물이 배제된다. 그 결과 효소의 뚜껑과 비슷한 유연한 고리가 이동하여 용매로부터 활성 자리를 보호한다. 뚜껑을 닫으면 중간물질이 가두어져서 안정화된다. 상대적으로 물이 적은 활성 자리의 전하 분포는 화학 반응성에 영향을 미칠 뿐 아니라 기질 분자가 최적의 위치를 갖도록 촉진한다. 또한 활성 자리와 기질의 영구 쌍극자(permanent dipole)와 유도 쌍극자(induced dipole) 사이의 약한 정전기 상호작용도 촉매에 기여한다.

산-염기 촉매 작용 산-염기 촉매 작용(양성자 전달)은 화학 반응에서 중요한 역할을 한다. 예를 들어 에스터 가수분해(ester hydrolysis)를 생각해 보자.

물은 약한 친핵체이기 때문에 에스터 가수분해는 중성 용액에서 상대적으로 느리다. 만약 pH를 증가시키면 에스터 가수분해는 더욱 빠르게 일어난다. 수산화 이온(hydroxide ion)이 카보닐기의 분극된 탄소(**그림 6.16a**)를 공격하면 사면체(tetrahedral) 중간물질이 형성된다. 중간물질이 분해되면서 양성자가 가까운 물 분자로부터 전달된다. 이 반응은 알코올이 분리되면 종결된다. 그러나 수산화 이온에 의한 촉매는 생물체 내에서 실질적으로 쓰이지 못한다. 효소는 양성자를 효과적으로 전달하기 위해 일반 염기로서 작용하는 여러 가지 작용기를 사용한다. 이러한 기들은 기질에 대하여 정확하게 위치한다(**그림 6.16b**). 에스터 가수분해는 또한 일반 산에 의해 촉매될 수 있다(**그림 6.16c**). 에스터의 카보닐기의 산소가 양성자를 결합하면서 탄소 원자는 더욱 친전자성이 된다. 그러면 에스터는 물 분자의 친핵성 공격에 더욱더 잘 받게 된다.

효소의 활성 자리 내에서 히스티딘(이미다졸), 아스파트산과 글루탐산(카복실산), 타이로신(하이드록시), 시스테인(설프하이드릴)과 라이신(아민) 등의 곁사슬 작용기들은 양성자의 결합 상태에 따라 양성자 주개(proton donor, 일반 산) 또는 양성자 받개(proton acceptor, 일반 염기)로 작용할 수 있다. 이 곁사슬 기들은 각각 인근에 위치한 전하를 띠거나 극성인 원자들에 의해 영향을 받는 특정의 값을 갖는다. 예를 들어 히스티딘의 곁사슬인 이미다졸기는 pK_a가 생리적인 pH와 가깝기 때문에 산-염기 촉매 작용에 모두 관여한다. 양성자가 첨가된 이미다졸 고리는 일반 산으로서 작용하고, 양성자를 잃은 이미다졸 고리는 일반 염기로서 작용한다.

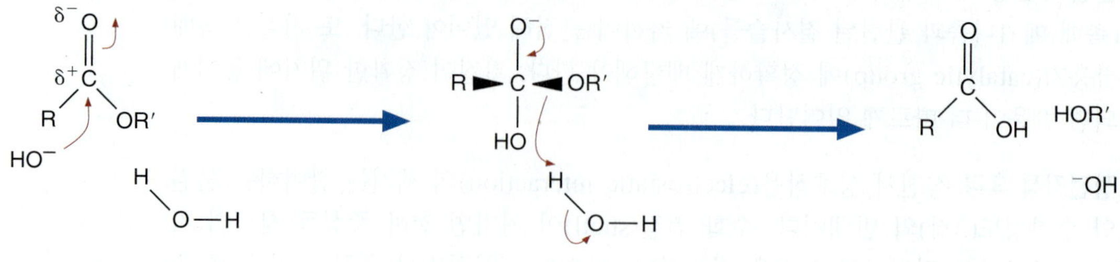

(a) 수산화 이온 촉매 작용

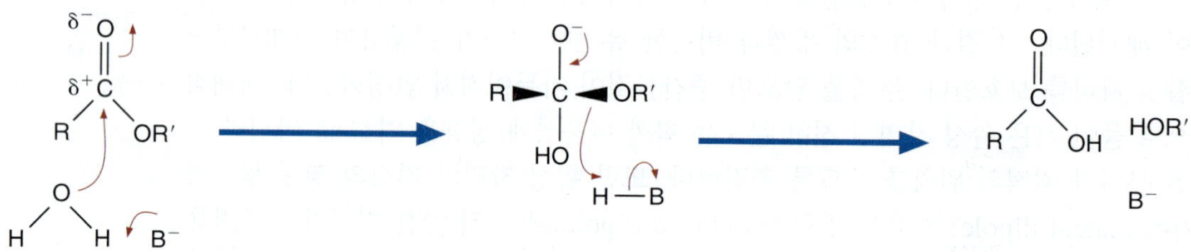

(b) 일반 염기 촉매 작용

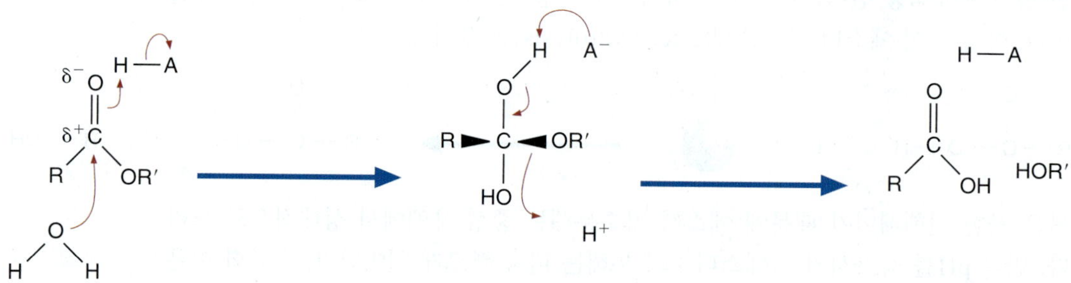

(c) 일반 산 촉매 작용

그림 6.16

에스터 가수분해.

에스터는 여러 가지 방법에 의해 가수분해된다. (a) 자유 수산화 이온에 의한 촉매 작용, (b) 일반 염기 촉매 작용, (c) 일반 산 촉매 작용. 색깔 있는 화살은 각각의 메커니즘에서 전자쌍의 이동을 나타낸다.

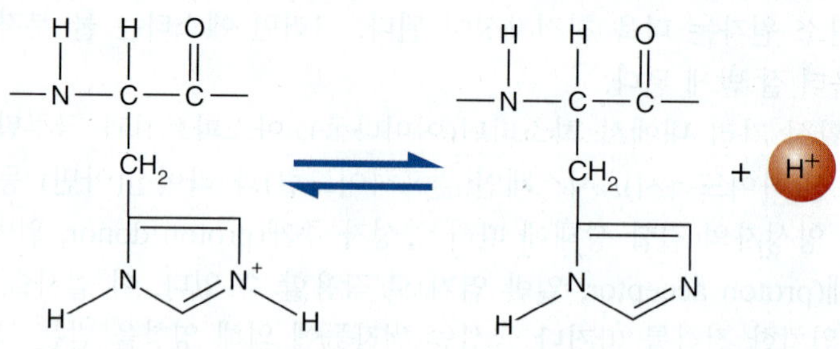

일반 산　　일반 염기

히스티딘

세린 단백질 가수분해효소(serine protease, 트립신과 카이모트립신 같은 단백질 가수분해효소의 한 종류)의 활성 자리 내에서 아스파트산의 카복실기가 히스티딘에 가까이 있어서 히스티딘의 pK_a를 증가시킨다. 그 결과 일반 염기로 작용하는 히스티딘은 인접한 세린 곁사슬로부터 양성자를 빼앗아서 세린의 산소를 더 좋은 친핵체로 전환시킨다.

공유 결합 촉매 작용 어떤 효소에서는 친핵체 곁사슬이 기질의 친전자성 기와 불안정한 공유 결합을 형성한다. 앞에서 설명한 대로 세린 단백질 가수분해효소는 세린의 —CH_2—OH기를 펩타이드 결합을 가수분해하기 위하여 친핵체로 사용한다. 첫 번째 단계에서 친핵체(즉, 세린의 산소)는 펩타이드 기질의 카보닐기를 공격한다. 에스터 결합이 형성되면 펩타이드 결합이 끊어진다. 그 결과 생기는 아실 효소(acyl-enzyme)의 중간물질은 두 번째 반응 단계에서 물 분자에 의해 가수분해된다.

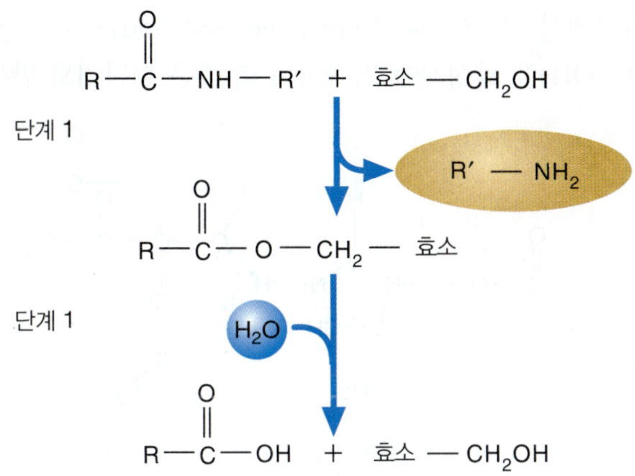

여러 다른 아미노산 곁사슬이 친핵체로 작용한다. 시스테인의 설프하이드릴기(—SH)기, 아스파트산과 글루탐산의 카복실(—COO)기가 이 역할을 할 수 있다.

효소 촉매 작용에서 아미노산의 역할

효소의 활성 자리는 단백질의 접힘 과정의 결과로 근접한 아미노산의 곁사슬이 나란히 배열해 있다. 이들 아미노산 곁사슬들은 촉매 작용에 도움이 되는 미세 환경을 형성한다. 활성 자리의 곁사슬 잔기들의 기능은 촉매 작용(catalysis)과 비촉매 작용(noncatalysis)의 두 가지로 나뉜다. 촉매 잔기들은 촉매 메커니즘에 직접 참여하는 한편 비촉매 잔기들은 지지 기능에 참여한다. 단백질에서 발견되는 20개 아미노산(**그림 5.2** 참조) 중에서 극성과 전하를 띤 곁사슬을 갖는 아미노산들만이 촉매 작용에 실제로 참여한다. 이들 아미노산들(그리고 곁사슬)에는 세린, 트레오닌과 타이로신(하이드록시), 시스테인(싸이올), 글루타민과 아스파라진(아마이드), 글루탐산과 아스파트산(카복실), 라이신(아민), 아지닌(구아니디늄)과 히스티딘(이미다졸)이 있다.

2개 또는 3개의 아미노산 곁사슬로 이루어진 1개 또는 그 이상의 촉매 단위(catalytic unit)가 정확한 위치 선정을 하는 것이 촉매 메커니즘에는 필수적이라는 것이 연구 결과로 밝혀졌다. 비록 효소의 수는 방대하여도 실제 촉매 작용에 참여하는 촉매 단위는 비교적 소수의 아미노산들의 조합으로 구성된다. 흔한 발견되는 예로서 아지닌-아지닌, 카복실산-카복실산과 카복실산-히스티딘 쌍이 있다.

아지닌-아지닌 쌍(dyad)은 ATP로부터 인산기를 다른 분자에 전달하는 아데닐산 카이네이스(adenylate kinase)에 있는 촉매 단위이다. 2개의 아지닌이 인산기의 산소(O)에 미치는 편극 효과(polarizing effect)는 인산기를 좋은 이탈기(leaving group)로 전환시킨다.

카복실산-카복실산 쌍은 동물이 식이성 단백질을 소화시키기 위하여 사용하는 펩신과 같은 단백질 가수분해효소에 속하는 아스파트산 단백질 가수분해효소(aspartic protease)의 활성 자리에 있다. 음전하를 띤 두 아스파트산 카복실기의 접근으로 한 아스파트산의 pK_a 값을 증가시켜서, 그 결과로 그 아스파트산은 산성이 낮아지고 염기성이 증가한다. 그 아스파트산의 양성자(H^+)를 수용하는 능력의 증가는 산-염기 가수분해 메커니즘을 유발한다.

아스파트산-히스티딘 쌍의 기능적 성질은 아스파트산의 음전하를 띤 카복실산기가 접근하여 생성된 이미다졸륨 고리의 편극화로부터 유래한다. 시트르산을 아이소시트르산(isocitric acid)으로 이성질화(isomerization)하는 아코니테이스(aconitase)의 활성 자리에서 히스티딘은 일반 산(general acid)으로 작용하여 시트르산의 하이드록시기(—OH)에 양성자를 첨가하여 더 좋은 이탈기로 만든다.

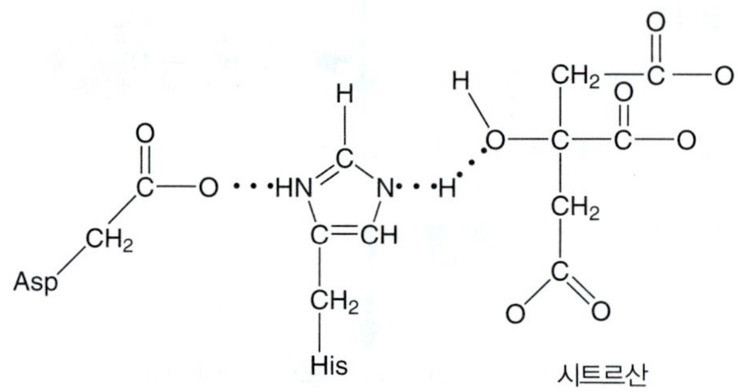

반응 결과로 생긴 HOH는 히스티딘에 의해 활성 자리에 오래 남아 중간물질을 공격하여 시트르산의 이성질체(아이소시트르산)를 만든다. 특히 아스파트산-히스티딘로 구성된 쌍(dyad)은 잘 알려진 세린 단백질 가수분해효소의 3개의 아미노산으로 구성된 삼개조(triad, Asp-His-Ser)의 한 성분이다. 아스파트산의 카복실기가 히스티딘의 이미다졸기에 가까이 접근하면 이미다졸기의 pK_a 값이 증가하고 세린으로부터 양성자의 제거가 촉진된다. 따라서 양성자가 제거된 세린은 더 좋은 친핵체로 전환된다.

기질 배향과 전이 상태의 안정화를 포함하는 비촉매 곁사슬 잔기들의 기능은 촉매 잔기들보다 더 정교하다. 예를 들어 트립토판, 타이로신과 페닐알라닌 같은 방향족 아미노산의 C-말단 쪽에서 펩타이드 결합의 절단 작용을 하는 카이모트립신의 기질 특이성은 방향족 곁사슬을 받아들여서 배향을 지정하는 활성 자리 내 비교적 커다란 소수성 주머니(hydrophobic pocket) 때문에 가능하다. 촉매 메커니즘 중 형성되는 **산소 음이온**(oxyanion) 중간물질(음으로 하전된 산소를 포함하는 분자, **그림 6.19** 참조)은 기질의 펩타이드 결합 카보닐기와 세린 및 글리신 잔기들의 골격에 있는 아마이드 수소(amide hydrogen) 사이의 상호작용에 의해 안정화된다.

효소 촉매 작용에서 보조 인자의 역할

활성 자리의 아미노산 곁사슬 이외에 많은 효소는 비단백질 보조 인자, 즉 금속 양이온과 보조 효소를 필요로 한다. 각각의 기들은 독특한 구조적 성질과 화학적 반응성이 있다.

금속 생물에서 흔히 중요한 금속은 두 가지로 분류하는데, 알칼리 및 알칼리 토금속(Na^+, K^+, Mg^{2+}, Ca^{2+})과 전이금속(즉, Zn^{2+}, Fe^{2+}, Cu^{2+})이다. 효소에서 알칼리와 알칼리 토금속은 느슨하게 결합되어 있고 주로 구조적인 역할을 한다. 대조적으로 전이금속은 카복실산, 이미다졸, 또는 하이드록시 기와 같은 작용기에 결합되든지 또는 헴의 Fe^{2+}와 같이 보결원자단(prosthetic group)의 성분으로서 촉매 작용에 중요한 역할을 한다.

전이금속의 여러 가지 성질은 촉매 작용에 유용하다. 금속 이온은 작은 분자를 결합하는데 특히 유용한 고농도의 양전하를 제공한다. 전이금속은 *루이스산*(Lewis acid, 전자쌍 받개)으로 작용하기 때문에 효과적인 친전자체이다(아미노산 곁사슬은 비공유 전자쌍을 수용할 수 없기 때문에 기능이 떨어지는 친전자체이다). 금속의 방향성을 가진 d 껍질 원자가(directed d shell valences)는 금속이 2개 이상의 리간드와 상호작용하도록 해주기 때문에 금속 이온들은 기질이 효소의 활성 자리 내부에 알맞게 위치하도록 도와주는 역할을 한다. 그 결과로 효소-금속 이온 복합체는 기질 분자를 분극화하고 촉매 작용을 촉진한다. 예를 들면 탄산 무수화효소(carbonic anhydrase)는 CO_2를 가역적으로 수화하여 중탄산(HCO_3^-)의 형성을 촉매하는 효소이다. 이 효소의 활성 자리에는 3개의 히스티딘 곁사슬과 결합하고 있는 아연(Zn^{2+}) 보조 인자를 포함하고 있다. 아연 이온은 물 분자를 분극화하여 Zn^{2+}와 결합한 OH기를 생성한다. 친핵체로 작용하는 OH기는 CO_2를 공격하여 HCO_3^-로 전환시킨다.

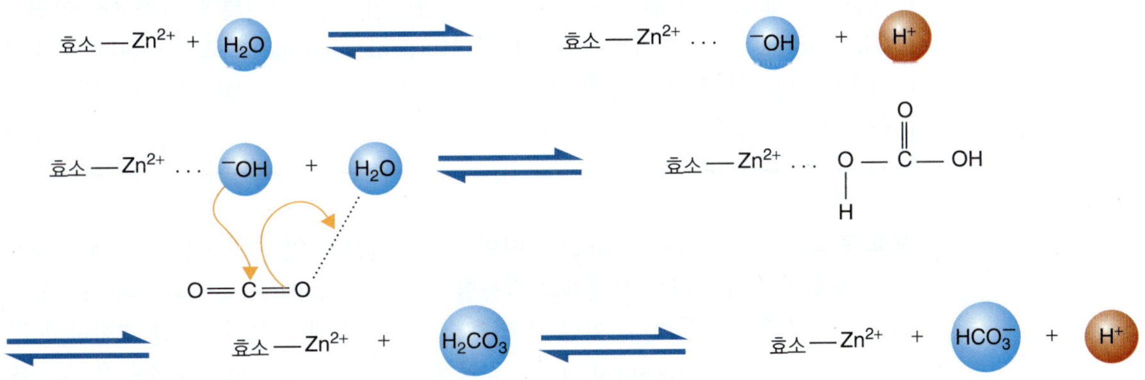

마지막으로, 전이금속은 두 개 또는 그 이상의 원자가 상태(valence state)를 갖고 있기 때문에 가역적으로 전자를 얻거나 내놓아서 산화-환원 반응을 중개할 수 있다. 예컨대, Fe^{2+}를 Fe^{3+}로의 가역적 산화는 동물에서 독성물질을 처리하는 사이토크롬 P_{450}의 기능에 있어 매우 중요하다.

문제 6.6

구리는 라이신 산화효소(lysyl oxidase)와 초과산화물 불균등화효소(superoxide dismutase)를 비롯한 여러 효소에서 보조 인자이다. 푸른색의 당 단백질인 세룰로플라스민(ceruloplasmin)은 혈액에서 구리를 함유하는 중요한 단백질이다. 이것은 Cu^{2+}를 운반하고 몸의 조직에서 Cu^{2+}를 적절한 수준으로 유지한다. 세룰로플라스민은 철분 대사의 주요한 반응인 Fe^{2+}를 Fe^{3+}로 산화하는 반응도 촉매한다. 구리는 식품에 널리 분포하기 때문에 사람에게 구리 결핍증은 드물다. 구리가 결핍되면 나타나는 증상은 빈혈, 백혈구감소증(leukopenia), 뼈 손상, 약해지는 동맥 벽 등이다. 신체가 과량의 구리(다른 금속들)에 노출되는 것은 많은 시스테인 잔기를 포함하고 있는 작은 금속결합 단백질인 메탈로싸이

문제 6.6 (계속)

멘케스병
Menkes' Syndrome

오네인(metallothionein)에 의하여 부분적으로 보호된다. 일부 금속(특히 아연과 카드뮴)은 장과 간에서 메탈로싸이오네인의 합성을 유발한다.

멘케스병(Menkes' syndrome)은 장에서 구리의 흡수가 되지 않는 병이다. 어떻게 치료하면 이 병에 걸린 아이들은 경련, 발육 저하 및 약한 머리카락과 같은 이 병의 증상에서 해방될 수 있을까?

문제 6.7

윌슨병
Wilson's Disease

윌슨병(Wilson's disease)이라고 불리는 희귀한 유전병은 간과 뇌 조직에 다량의 구리가 축적된다. 이 병의 눈에 띄는 증상은 카이저-플라이셔(Kayser-Fleisher) 고리라고 불리는, 각막을 둘러싸는 녹갈색(greenish-brown) 층에 구리가 축적되는 것이다. 윌슨병은 세포막을 통하여 구리를 전달하는 ATP-의존성 단백질이 작용을 하지 않는 것이 원인으로 밝혀졌다. 그리고 구리 전달 단백질은 세룰로플라스민(ceruplasmin)에 구리를 공급해 주고 과량의 구리를 배출하는 데도 필요하다. 윌슨병은 구리 함량이 적은 식이뿐 아니라 황산아연(zinc sulfate)과 킬레이트제인 페니실라민(penicillamine)으로 치료된다. 이러한 방법으로 이 병이 어떻게 치료되는지 설명하라. [*힌트*: 메탈로싸이오네인은 아연보다 구리에 친화력이 더 크다.]

비타민
Vitamins

보조 효소 보조 효소(coenzyme)는 아미노산 곁사슬에 없는 반응성 기를 포함하거나 기질 분자를 수송하는 운반체로 작용할 수 있기 때문에 효소에 화학적 다양성을 제공하는 유기 분자들이다. 어떤 보조 효소들은 효소에 일시적으로만 결합하고 근본적으로는 보조기질(cosubstrate)로 작용하는 반면에 다른 보조 효소들은 효소에 공유 결합 또는 비공유 결합으로 단단하게 결합되어 있다. 보통 촉매와 달리 보조 효소 구조는 보조 효소가 참여하는 반응에 의해 변한다. 따라서 촉매 활성이 있는 보조 효소형은 다른 촉매 주기가 일어나기 전에 재생되어야 한다. 일시적으로 결합한 보조 효소는 보통 다른 효소에 의해 촉매된 반응에 의해 재생되는 반면에 단단히 결합한 보조 효소들은 촉매 주기 단계 중 재생된다. 대부분의 보조 효소는 비타민으로부터 유래한다. **비타민**(vitamin, 사람의 음식에서 소량 요구되는 유기 영양소)은 수용성과 지용성으로 나뉜다. 그 외에 생물이 효소 촉매 과정을 촉진하기 위하여 다량 생성하는 비타민 유사 영양물질이 있으며, 이것에는 리포산(lipoic acid), 카르니틴(carnitine), 보조 효소 Q(coenzyme Q), 바이오프테린(biopterin), *S*-아데노실메싸이오닌(*S*-adenosylmethionine)과 *p*-아미노벤조산(p-aminobenzoic acid) 등이 있다.

보조 효소는 기능에 따라 전자 전달(electron transfer), 원자단 전달(group transfer), 고에너지 전위 전달(high-energy potential transfer)의 3가지 종류로 분류된다. 산화-환원(전자 또는 수소 전달) 반응에 관련된 보조 효소에는 NAD^+, $NADP^+$ FAD(flavin adenine dinucleotide), FMN(flavin mononucleotide), 보조 효소 Q(CoQ)와 테트라하이드로바이오프테린(BH_4) 등이 있다. 그리고 싸이아민 파이로인산(thiamine pyrophosphate, TPP), 보조 효소 A(coenzyme A, CoASH)

와 피리독살 인산은 알데하이드기, 아실기(acyl group)와 아미노기의 전달에 각각 관여한다. 탄소 원자들이 기질들 사이의 여러 산화 상태에서 전달되는 다양한 반응의 하나인 일-탄소 전달(one carbon transfer)은 비오틴(biotin), 테트라하이드로폴산(TH_4), 또는 *S*-아데노실메싸이오닌(SAM)을 필요로 한다. 고에너지 전달 전위로 알려진 뉴클레오타이드(nucleotide)는 대사 중간물질을 활성화하고 작은 분자를 위해 인산기 주개 또는 운반체로서 작용한다. 후자의 대표적인 예로 글리코젠 합성의 중간물질인 UDP-글루코스(UDP-glucose)와 일부 지질 합성의 중간물질인 CDP-에탄올아민(cytidine diphosphate-ethanolamine)이 있다. 이 경우 뉴클레오타이드는 분자 운반체로 작용하고 계속되는 반응에서 좋은 이탈기로 작용한다. 뉴클레오타이드가 효소의 활성 자리 내에 결합할 때 형성하는 수많은 비공유 결합은 결합한 대사물이 정확하게 위치하도록 한다. 또한 NAD^+, $NADP^+$, FAD, FMN, CoASH과 같은 보조 효소의 구조는 아데닌 뉴클레오티이드(adenine nucleotide) 성분을 갖는다. **표 6.4**는 비타민, 비타민 유사 분자, 보조 효소형과 촉매하는 반응과 이의 구조와 기능을 열거한 것이다.

주요 개념 _Key Concepts

- 효소의 활성 자리에 있는 아미노산의 곁사슬은 효소 반응에서 양성자 전달과 친핵성 치환 반응을 촉매한다. 다른 반응들은 비단백질 보조 인자인 금속 양이온과 보조 효소를 요구한다.
- 금속 이온은 효과적인 친전자체이고 활성 자리 내 기질을 적절한 위치에 유도하는 작용을 한다. 그 외에 산화-환원 반응도 중개한다.
- 보조 효소는 효소 촉매 반응에서 다양한 기능을 하는 유기 분자이다.

표 6.4 비타민 종류, 비타민 유사 물질 및 보조 효소

분자	보조 효소 형태	촉진되는 반응
수용성 비타민		
싸이아민(B_1)	싸이아민 파이로인산	카복실화, 알데하이드기 전달
리보플라민(B_2)	FAD와 FMN	산화-환원
피리독신(B_6)	피리독살 인산	아미노기 전달
니코틴산(니아신)	NAD와 NADP	산화-환원
판토텐산	Coenzyme A	아실기 전달
비오틴	비오틴	카복실화
폴산	테트라하이드로폴산	일-탄소기 전달
비타민 B_{12}	데옥시아데노실코발라민, 메틸코발라민	분자 내 재배열
아스코르브산(비타민 C)	알려져 있지 않음	수화
지용성 비타민		
비타민 A	레티날	시력, 생장, 생식
비타민 D	1, 25-다이하이드록시콜레칼시페롤	칼슘과 인 대사
비타민 E	알려져 있지 않음	지방 항산화제
비타민 K	알려져 있지 않음	혈액응고
비타민 유사 분자		
보조 효소 Q	보조 효소 Q	산화-환원
바이오프테린	테트라하이드로바이오프테린	산화-환원
S-아데노실메싸이오닌	*S*-아데노실메싸이오닌	메틸화
리포산	리포아마이드	산화-환원

문제 6.8

다음 물질들이 보조 인자(cofactor), 보조 효소(coenzyme), 결실효소(apoenzyme), 완전 효소(holoenzyme) 또는 이들에 속하지 않는지 확인하고, 설명하라.

a. Zn^{2+}
b. 활성형 알코올 탈수소효소(alcohol dehydrogenase)
c. Zn^{2+}이 결여된 알코올 탈수소효소
d. FMN
e. NAD^+
f. CDP-에탄올아민
g. 비오틴(biotin)

온도와 pH가 효소 촉매 작용에 미치는 효과

단백질의 구조에 영향을 주는 환경 요인은 효소 활성에 영향을 미친다. 효소는 특히 온도와 pH의 변화에 민감하다.

온도 모든 화학 반응은 온도의 영향을 받는다. 일반적으로 화학 반응의 속도는 온도가 높아질수록 증가한다. 즉, 충돌수가 증가한다. 많은 분자들이 전이 상태에 도달하는 데 필요한 에너지를 충분히 갖고 있기 때문에 반응 속도가 증가한다. 효소 촉매에 의한 반응 속도도 온도가 높아지면 증가한다. 그러나 효소는 단백질이기 때문에 높은 온도에서 변성을 일으킨다. 효소가 최고의 촉매 활성을 나타내는 온도인 *최적 온도*(optimum temperature)는 특정한 pH, 이온 세기와 용질 농도 조건에서 실험실에서 결정된다(**그림 6.17**). 생물체에서는 효소들의 최적 온도를 하나로 정의할 수 없다.

pH pH 값으로 표현되는 수소 이온 농도는 여러 면에서 효소의 활성에 영향을 준다. 첫째로, 효소의 촉매 활성은 활성 자리의 이온화 상태에 따라 변한다. 그리고 수소 이온의 농도의 변화는 활성 자리의 기들의 이온화에 영향을 미친다. 예를 들어 일부 효소는 곁사슬 아미노기에 양성자화가 되어야 촉매 작용이 활성화되는 경우가 있다. 만약 pH가 알칼리성이 되어 기에서 양성자가 떨어져 나가면 촉매 활성은 감소될 수 있다. 그리고 기질도 영향을 받을 수 있다. 만약 기질이 이온화기(ionizable group)를 갖고 있는 경우, pH 변화는 기질이 활성 자리에 결합하는 데 영향을 줄 수 있다. 둘째로, 이온화기의 변화는 효소의 3차 구조를 변화시킨다. pH

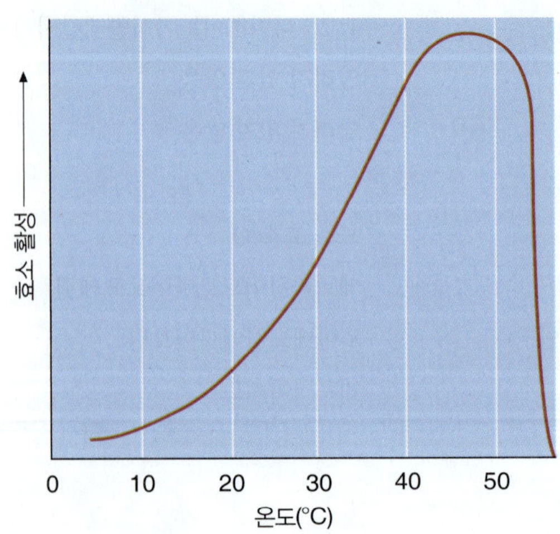

그림 6.17
온도가 효소 활성에 미치는 영향.
적당한 온도 증가는 효소와 기질 사이의 충돌수를 증가시키기 때문에 효소 촉매 반응의 속도를 증가시킨다. 계속 온도를 높이면 반응 속도는 감소한다. 높은 온도에서는 열에 의해 효소가 변성되어 촉매 활성을 상실한다.

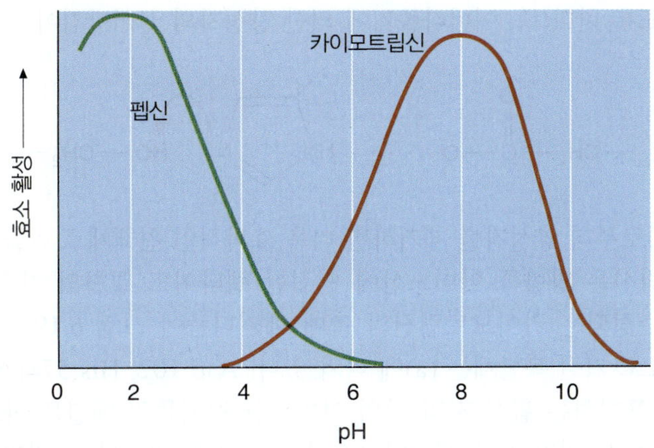

그림 6.18

pH가 효소 활성에 미치는 영향.

각 효소는 어느 특정 pH에서 활성이 가장 높다. pH 변화는 활성 자리 내부의 이온화 기를 변화시키거나 효소 구조에 영향을 미친다.

를 급격하게 변화시키면 변성이 일어난다.

일부의 효소는 광범위한 pH 변화에 견딜 수 있지만 대부분의 효소는 좁은 pH 범위 내에서 촉매 활성을 나타낸다. 따라서 모든 생물은 알맞은 pH를 유지하기 위해 완충 용액을 이용한다. 효소가 최고의 촉매 활성을 나타내는 pH를 **최적 pH**(optimum pH)라고 한다(**그림 6.18**). 실험실에서 측정된 최적 pH는 효소의 종류에 따라 다르다. 위에서 생산되는 단백질 분해효소인 펩신의 최적 pH는 2이고, 소장에서 단백질을 소화하는 카이모트립신의 최적 pH는 대략 8이다. 카이모트립신은 췌장에서 더 큰 분자로 분비되며 췌장액의 구성 성분으로서 소장으로 분비된다. 췌장액은 탄산 수소 소듐($NaHCO_3$)을 포함하고 있으며, 이것은 위에서 소장으로 들어오는 부분적으로 가수분해된 음식물의 산성을 중화하여 pH를 8 부근으로 증가시킨다.

효소 촉매 작용의 상세한 메커니즘

현재까지 연구된 수천 개의 효소들은 각각 독특한 구조, 기질 특이성과 반응 메커니즘을 가지고 있다. 다양한 효소들의 반응 메커니즘이 지난 수십 년 동안 많이 연구되어 왔다. 다른 효소들에 비해 잘 알려진 카이모트립신과 알코올 탈수소효소의 촉매 메커니즘에 대해서 설명한다.

카이모트립신 카이모트립신(chymotrypsin)은 세린 단백질 가수분해효소에 속하는 27,000 Da의 단백질이다. 모든 세린 단백질 가수분해효소의 활성 자리는 세린 단백질 가수분해효소 삼개조(triad)로 불리는 특징적인 한 벌의 아미노산 잔기로 구성되어 있다. 이들은 카이모트립신의 아미노산 번호 배열로는 Asp 102(아스파트산), His 57(히스티딘) 및 Ser 195(세린)이다. 기질 유사체에 결합한 결정화된 효소에 관한 연구에서 이들 아미노산 잔기들은 효소의 활성 자리에 서로 가까이 있다는 것이 밝혀졌다. 활성 자리의 세린 잔기는 촉매 메커니즘에서 특히 매우 중요한 역할을 한다. 세린 단백질 가수분해효소는 다이아이소프로필플루오로인산(diisopropylfluorophosphate, DFP)에 의해 비가역적으로 억제된다. DFP에 의해 억제된 효소에서 DFP는 Ser 195(세린)에만 공유 결합으로 결합하고 나머지 다른 29개의 다른 세린과는 결합하지 않는다. 이러한 Ser 195 잔기의 특이적인 반응성은 His 57과 Asp 102 잔기들이 매우 근접한 위치에 존재하기 때문이다. His 57의 이미다졸 고리(imidazole ring)는 Asp 102의 카복실기($—COO^-$)와 Ser 195의 $—CH_2OH$기 사이에 놓여 있다. Asp 102의 카복실기는 His 57을 극성화하여 His 57이 일반 염기로 작용하도록 한다(즉, 이미다졸기에 의한 양성자의 끌어당김이 촉진됨).

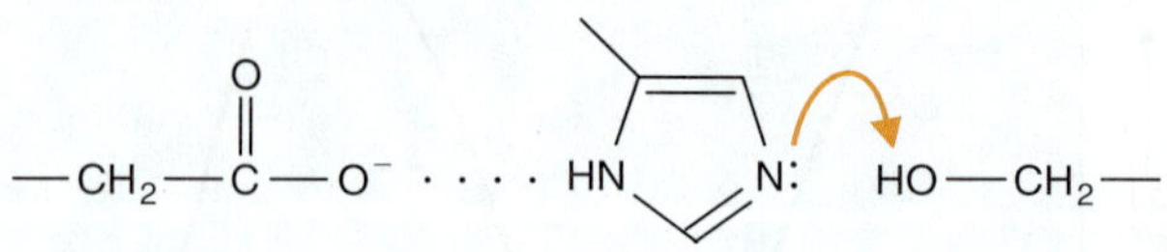

세린의 OH기로부터 양성자를 제거하면 더욱 효과적인 친핵체로 만들어진다.

카이모트립신은 방향족 아미노산에 인접한 펩타이드 결합의 가수분해를 촉매한다. 현재 추정되는 카이모트립신의 촉매 메커니즘이 **그림 6.19**에 표시되어 있다. 최초의 효소-기질 복합체는 (a)에 나와 있다. Asp 102, His 57과 Ser 195의 촉매 삼개조를 포함하는 활성 자리 안의 아미노산 잔기들의 배열은 산소 음이온 구멍(oxyanion hole)이라고 불리는 일시적인 빈 공간을 만든다. 그리고 활성 자리는 기질의 페닐알라닌의 곁사슬이 결합할 수 있는 소수성 결합 주머니(hydrophobic binding pocket)를 만든다. Ser 195의 친핵성 하이드록시기의 산소는 기질의 카보닐 탄소에 친핵성 공격을 한다. 생성된 사면체 중간물질(b)은 충분히 비틀려지고 형성된 산소 음이온(oxyanion)은 Ser 195와 Gly 193의 아마이드 수소와 연결된 수소 결합에 의해 안정화되고 산소 음이온 구멍으로 들어간다. 전이 상태와 유사하며 효소가 선호하는 구조인 사면체 중간물질(tetrahedral intermediate)이 세린 단백질 가수분해효소의 촉매 효율에 필수적이다.

사면체 중간물질은 다음에 공유 결합으로 결합된 아실-효소 중간물질로 분해된다(c). 일반 산 촉매로서 작용하는 His 57은 위의 분해 과정을 촉진시키는 것으로 알려지고 있다. 과정 (d)와 (e)는 앞의 두 단계가 반대로 바뀐 것이다. 물 분자가 공격하는 친핵체로 작용하면서 사면체 중간물질(산소 음이온)이 형성된다. 그리고 과정 (f) (최종 효소-생성물 복합체)에서 세린 산소와 카보닐 탄소 사이의 결합이 끊어진다. 세린은 다시 His 57과 수소 결합을 형성한다.

알코올 탈수소효소 알코올 탈수소효소(ADH)는 생물체(세균, 고세균, 진핵생물)에서 널리 발견되는 다양한 효소군으로 알코올을 알데하이드와 케톤으로 가역적으로 산화한다. 아래 반응에서 알코올은 산화되고 2개의 전자와 2개의 수소가 알코올 분자로부터 제거된다. 보조 효소 NAD는 수소화 이온[hydride ion, ($H:^-$)]의 받개로 작용한다.

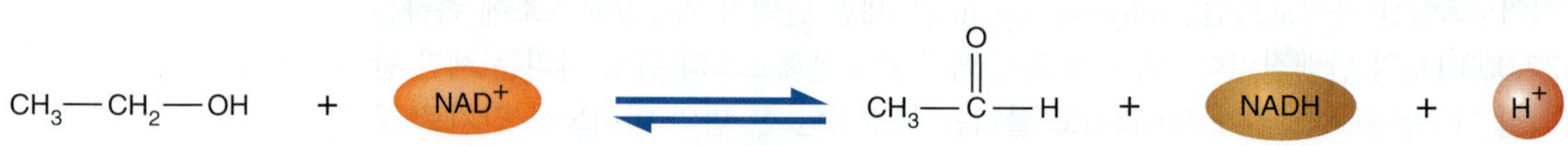

대부분의 ADH는 2개 또는 4개의 소단위체로 구성되어 있으며 각각에 2개의 아연(Zn) 이온을 포함하고 있다. 활성 자리에 있는 한 개의 Zn 이온이 촉매에 필수적이며, 또 다른 Zn은 구조적인 역할을 한다. 이 효소의 활성 자리는 두 개의 시스테인 잔기(Cys 46과 Cys 174)와 한 개의 히스티딘 잔기(His 67)를 갖고 있으며, 이들은 모두 중앙에 위치한 Zn^{2+}와 배위 결합(coordinated bond)을 하고 있다(**그림 6.20a**). NAD^+가 활성 자리에 결합한 후 기질인 알코올은 들어가서 알코올 음이온(alcoholate anion) 형태로 Zn^{2+}와 결합한다(**그림 6.20b**). Zn^{2+}의 정전기적 효과가 전이 상태를 안정화시킨다. 중간물질이 분해되면서 수소화 이온(hydride ion)이 기질로부터 NAD^+의 니코틴아마이드 고리(nicotinamide ring)로 이동한다. 생성물인 알데하이드가 활성 자리로부터 방출된 후에 NADH도 또한 분리된다.

주요 개념 _Key Concepts

- 각 효소는 고유한 구조, 기질 특이성과 반응 메커니즘을 갖는다.
- 촉매 메커니즘은 기질의 구조와 효소의 활성 자리의 구조에 의해 결정되는 촉매-촉진 인자에 영향을 받는다.

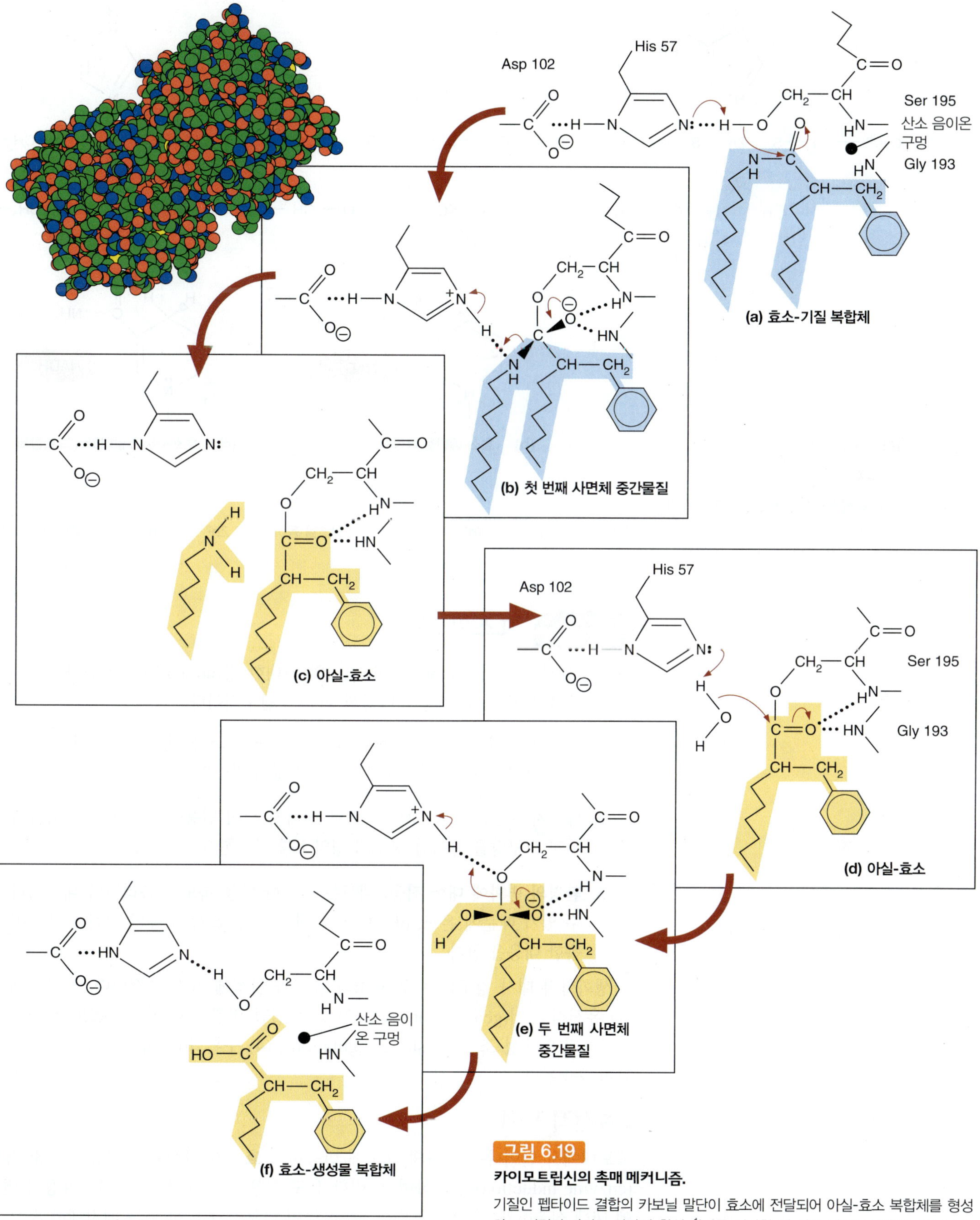

그림 6.19

카이모트립신의 촉매 메커니즘.

기질인 펩타이드 결합의 카보닐 말단이 효소에 전달되어 아실-효소 복합체를 형성하고 기질의 아미노 말단이 활성 자리를 이탈할 때 빠른 아실화 반응이 일어난다. 그리고 기질의 카보닐 말단을 방출하면서 두 번째 느린 효소의 탈아실화 반응은 일어난다.

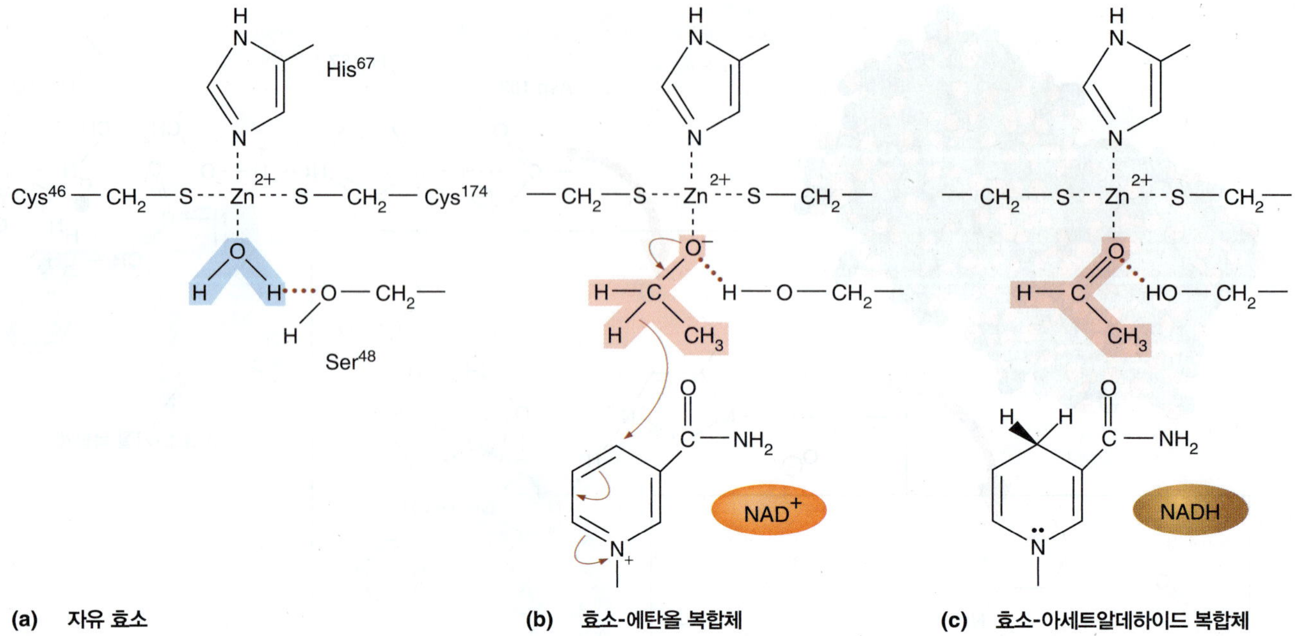

그림 6.20

알코올 탈수소효소의 활성 자리의 작용기.

(a) 기질이 없는 상태에서 물 분자는 Zn^{2+}의 리간드가 된다. (b) 기질인 에탄올이 물 분자 대신 알코올 음이온으로 Zn^{2+}와 결합한다. (c) NAD^+는 기질로부터 수소화 이온을 알데하이드 생성물이 생긴다.

6.5 효소의 조절

생물은 대사 경로(metabolic pathway)의 거대한 망(network)을 조절하는 정교한 메커니즘을 갖고 있다. 조절은 다양한 이유로 필수적이다.

1. **안정된 질서 유지.** 각 경로의 조절은 세포 구조와 기능을 유지하는 데 요구되는 생체물질들을 필요한 때에 낭비 없이 만들게 한다.

2. **에너지 보존.** 세포는 계속적으로 에너지 생성 반응을 조절함으로 생물의 에너지 요구량을 충족할 정도의 영양소를 사용한다.

3. **환경의 변화에 대한 적응.** 세포는 특이한 반응 속도를 올리거나 내리거나 할 수 있기 때문에 온도, pH, 이온의 세기, 영양소 농도 등의 변화에 대하여 신속한 대응을 한다.

생화학적 대사 경로는 주로 효소의 농도와 활성에 따라 조절된다. 조절은 주로 (1) 유전적 제어(genetic control), (2) 공유 결합 변형(covalent modification), (3) 다른자리 입체성 조절(allosteric regulation), (4) 구획화(compartmentation)에 의하여 수행된다.

유전적 제어

세포내에서 일어나는 대사의 요구에 반응하여 효소가 합성되는 현상을 **효소 유도**(enzyme induction)라고 하며, 이러한 유도 작용 때문에 세포는 주변 환경의 변화에 대해 신속하게 대응할 수 있다. 예를 들어 락토스가 전혀 없는 배지에서 자란 대장균은 배지에 접종하면 초기에는 락토스를 이용하지 못한다. 글루코스가 없는 상

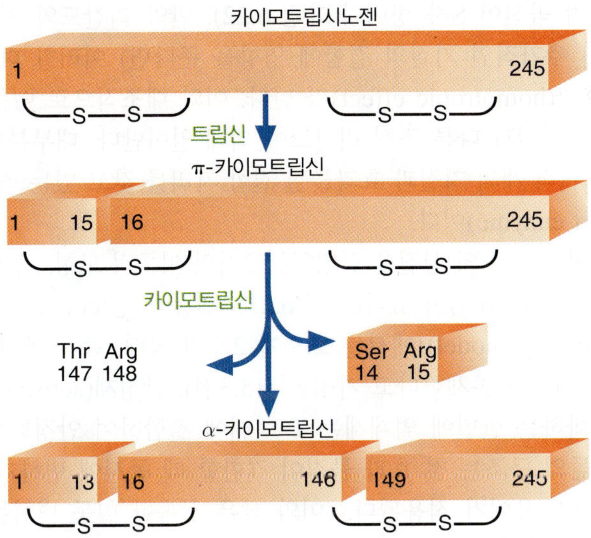

그림 6.21

카이모트립시노젠의 활성화 반응.

비활성형 자이모젠인 카이모트립시노젠은 여러 단계를 거쳐 활성화된다. 소장에 분비된 후, 카이모트립시노젠은 또 다른 단백질 가수분해효소인 트립신이 Arg 15와 Ile 16 사이의 펩타이드 결합을 절단하면 π-카이모트립신으로 전환된다. 그 후 절단된 카이모트립신은 다이펩타이드 조각(dipeptide segment)을 제거하여 α-카이모트립신으로 활성화된다.

태에서 락토스를 배지에 넣으면 에너지원으로 락토스를 이용할 수 있는 효소들을 생성하는 유전자가 활성화된다. 락토스가 모두 소비되고 난 후에는 효소의 합성이 종료된다.

공유 결합 변형

어떤 효소는 활성 형태와 비활성 형태 사이의 가역적 상호전환에 의해 조절된다. 공유 결합 변형으로 효소 구조에 변화가 생기면 기능도 변하게 한다. 이러한 효소들은 보통 인산화(phosphorylation) 또는 탈인산화(dephosphorylation)될 수 있는 특정 아미노산 잔기를 갖고 있다. 예를 들어 글리코젠 가인산분해효소(glycogen phosphorylase, 8장)는 탄수화물의 에너지 저장물질인 글리코젠의 분해에서 첫 번째 반응을 촉매한다. 호르몬에 의하여 조절 받는 과정에서 특정의 세린 잔기에 인산기를 결합함으로 비활성 형태의 효소(글리코젠 가인산분해효소 b)는 활성형(글리코젠 가인산분해효소 a)으로 전환된다. 인산화되지 않은 효소에서 세린 잔기를 직접 둘러싼 펩타이드 부분이 무질서하지만, 세린 곁사슬의 인산화에 의하여 무질서한 부분이 α-나선으로 전환되어서 더 활성인 효소가 된다. 또한 가역적 공유 결합 변형의 다른 형태로서 메틸화(methylation), 아세틸화(acetylation)와 뉴클레오타이드화(nucleotidylation, 뉴클레오타이드 첨가) 등이 있다.

그리고 어떤 효소들은 **선구 효소**(proenzyme) 또는 **자이모젠**(zymogen)으로 불리는 비활성의 전구체로 만들어지고 저장된다. 자이모젠은 하나 또는 그 이상의 펩타이드가 떨어져 나가면서 활성화된 효소로 전환된다. 예를 들어 카이모트립시노젠(chymotrypsinogen)은 췌장에서 생산되어 소장으로 분비된 다음 여러 단계를 거쳐서 식이 단백질을 소화하는 활성형으로 전환된다(**그림 6.21**).

다른자리 입체성 조절

각 생화학 경로에는 효과물질(effector) 분자의 결합으로 인해 촉매 작용이 조절될(증가 또는 감소) 수 있는 효소가 하나 이상 존재한다. 이러한 효소의 *다른자리 입체성 자리*(allosteric site)에 리간드가 결합되면 기질 결합 속도를 증가 또는 감소시킬 수 있는 신속한 형태 변화를 유도한다. 다른자리 입체성 효소(allosteric enzyme)에 의해 촉매되는 반응속도를 도시해 보면 고전적인 미하엘리스-멘텐 반응

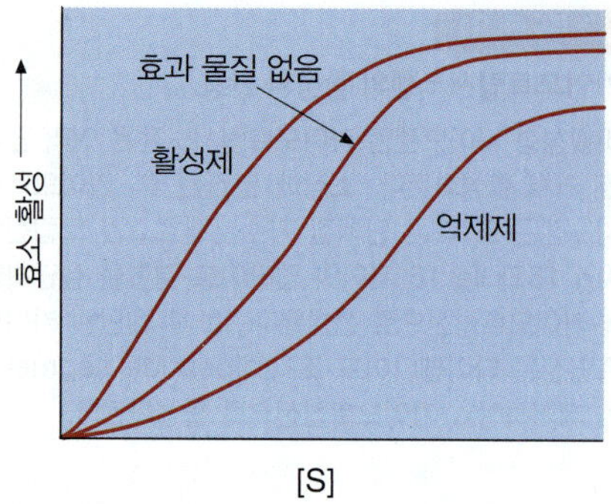

그림 6.22

기질 농도에 따른 효소 촉매 반응의 속도.

다른자리 입체성 효소의 활성은 양성 효과물질 활성제와 음성 효과물질 억제제에 의해 조절된다.

속도와는 다르며 곡선이 S자 형이다(**그림 6.22**). 만약 리간드와 기질이 동일하면(기질의 결합이 추가적인 기질의 결합에 영향을 준다면) 이러한 다른자리 입체성 효과를 *동종 효과*(homotropic effect)라 한다. 이와 대조적으로 *이종 효과*(heterotropic effect)는 기질과 다른 조절 리간드에 의해 일어난다. 대부분의 다른자리 입체성 효소들은 여러 개의 기질과 효과물질 결합 자리를 갖고 있는 다중소단위체 효소(multisubunit enzyme)이다.

다른자리 입체성 효소의 성질을 설명하는 2개의 이론적 모형, 즉 협동 모형과 순차 모형(sequential model)이 있다(**그림 6.23**). *협동 모형*[concerted model, 또는 대칭 모형(symmetry model)]에서는 효소가 2개의 상태, 즉 팽팽(T, taut)과 이완(R, relaxed) 상태로만 존재한다고 가정한다(5.3절). 활성제(activator)는 R 형태에 결합하여 안정화하는 반면에 억제제는 T 형태에 결합하여 안정화한다. 단백질의 모든 소단위체들의 구조는 첫 효과 물질이 결합할 때 동시에 변하기 때문에 이 *협동*(concerted)이란 용어가 적용된다. (이와 같은 신속한 협동 변화는 단백질 전체의 대칭을 유지해 준다.) 활성제의 결합은 R 형태 쪽으로 평형을 이동시키는 한편 억제제의 결합은 평형을 T 형태 쪽으로 이동시킨다.

협동 모형은 다른자리 입체성 효소의 일부 성질만 설명할 뿐 모든 성질을 설명해 주지는 못한다. 예를 들어 협동 모형은 첫 리간드가 다음 리간드의 지속적인 결합을 증가시키는 **양성 협동성**(positive cooperativity)을 설명해 주지만, 첫 리간드가 다음에 효소가 유사한 리간드와 결합 친화력을 감소시키는 **음성 협동성**(negative cooperativity)을 설명하지는 못한다. 그 외에도 협동 모형은 혼성 형태(hybrid conformation)를 허용하지 않는다. 협동 모형과 일치하는 행동을 하는 효소로 대장균의 아스파트산 카바모일기 전달효소(aspartate transcarbamoylase, ATCase)와 포스포프룩토카이네이스(phophofructokinase, PFK)가 있다.

ATCase는 피리미딘 뉴클레오타이드인 사이티딘 삼인산(cytidine triphosphate, CTP) 합성 경로의 첫 단계 반응을 촉매하는 효소이다(**그림 6.24**). CTP는 ATCase의 억제제로 작용하는데 속도 곡선을 오른쪽으로 이동시키며, 이는 주어진 기질의 농도에서 효소 활성의 반응 속도가 감소하는 것에 해당하는 ATCase의 겉보기 K_m

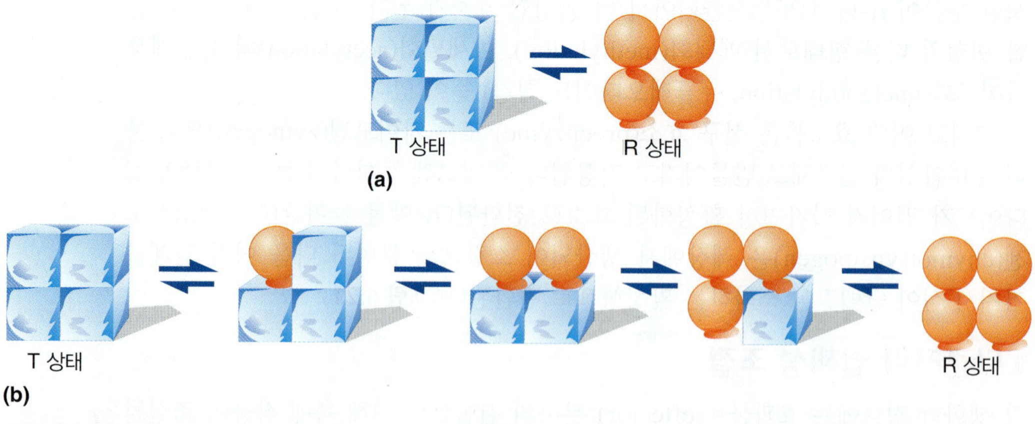

그림 6.23

다른자리 입체성 효소의 상호작용의 모형.

(a) 협동 모형에서 효소는 2가지 구조로만 존재한다. 기질과 활성제는 R 상태에 대한 친화력이 매우 높다. 억제제는 T 상태를 선호한다. (b) 순차 모형에서 한 개의 기본단위체(소단위체)가 기질에 결합하게 되면 R 구조를 형성한다. 첫 번째 기본단위체 구조가 변하게 되면 인접한 기본단위체의 리간드에 대한 친화력이 영향을 받는다.

이 증가함을 의미한다. CTP에 의한 ATCase의 억제는 대사 경로의 생성물이 생화학 경로의 첫 단계 반응이나 분기점에 있는 효소의 활성을 억제하는 과정, 즉 음성 되먹임 억제(negative feedback inhibition)의 한 예이다. 그리고 퓨린 뉴클레오타이드인 ATP는 활성제로 작용한다. 핵산의 생합성은 상대적으로 동일한 양의 퓨린과 피리미딘 뉴클레오타이드를 필요로 하기 때문에 ATP에 의한 ATCase의 활성은 당연하다. ATP 농도가 CTP 농도보다 더 높을 때 ATCase는 활성화된다. 이와 반대로 ATP 농도가 CTP 농도보다 더 낮을 때 ATCase는 억제된다.

포스포프룩토카이네이스는 해당작용에서 ATP로부터 인산을 프룩토스-6-인산의 C-1(OH기)에 전달하는 중요한 반응을 촉매한다.

$$\text{프룩토스-6-인산} + \text{ATP} \rightarrow \text{프룩토스-1,6-비스인산} + \text{ADP}$$

PFK는 4개의 동일한 소단위체로 구성되고 각 소단위체는 1개의 활성 자리와 여러 개의 다른자리 입체성 자리를 갖고 있다. 효소의 R 상태는 ADP와 AMP(ATP 결핍과 세포의 에너지 요구에 대한 지표)에 의해 안정화된다. T 상태는 세포 에너지가 높은 지표인 ATP와 다른 분자들에 의해 안정화된다.

코쉬랜드(Daniel Koshland)에 의해 처음 제안된 순차 모형의 경우 리간드가 다중소단위체 단백질에서 유연한 한 소단위체와 결합하면 형태 변화가 인접 소단위체에 연속해서 전달되어 구조의 변화를 유도한다. 더 정교한 순차 모형은 실제적인 효소 작용의 모습을 나타내는 중간 구조를 허용한다. 이 모형은 또한 음성 협동성(한 소단위체와 리간드의 결합은 인접 소단위체에서 리간드 결합을 억제하는 구조로 변화를 유도함)을 수용한다. 따라서 순차 모형은 모든 다른자리 입체성의 가능성을 설명하는 일반적 모형일 수 있다. 이러한 관점에서 협동 모형은 순차 모형의 간단한 예이다.

다른자리 입체성 조절에는 두 가지 특징이 있다. 첫째, 협동 모형과 순차 모형은 이론적 모형이며, 실제로 많은 다른자리 입체성 단백질의 행동은 어느 한쪽 모형으로 설명할 수 있는 것보다 더 복잡하다. 예를 들어 헤모글로빈(가장 연구가 많이 된 다른자리 입체성 단백질)에 의한 산소의 협동적 결합은 두 모형의 특징을 나타낸다. 첫 산소 분자(O_2)의 결합은 각 소단위체의 형태에서 작은 변화를 동반하는 협동성인 T → R 전이를 일으킨다(순차 모형의 특징). 헤모글로빈 중에서 1개 또는 2개의 결합된 O_2를 가지고 있는 것이 관찰된다. 두 번째로 더욱 중요한 점은 대사 조절을 설명하는 간단한 법칙은 없다는 것이다. 예를 들면, 생물공학에 의하여 생물에서 다른자리 입체성 효소의 합성을 증가시킴으로써 대사 경로의 대사 유속(metabolic flux)을 증가시키려는 시도는 효모 같은 생물에서 실패하였다. (유속은 대사를 통한 물질의 회전 속도이다.) 대사 경로의 모든 효소들의 활성이 증가할 때만 대사 유속이 증가하는 것이 관찰되었다. 대사 경로 조절은 전체 또는 대부분의 효소들에 의한 조절을 통해 일어난다.

구획화

세포의 기반 구조에 의해 형성된 구획화(compartmentation)는 물리적 분리를 통해 독립적 통제를 할 수 있기 때문에 생화학 반응을 조절하는 중요한 수단이다. 세포의 복잡한 내부 구조는 구획(예, 진핵생물의 세포소기관)과 다양한 종류의 미세구획(예, 막 또는 세포골격 섬유에 부착한 개개의 효소 또는 다중단백질 복합체)을 포함하고 있다. 세포 구획화는 여러 상관된 문제들을 해결하는 역할을 한다.

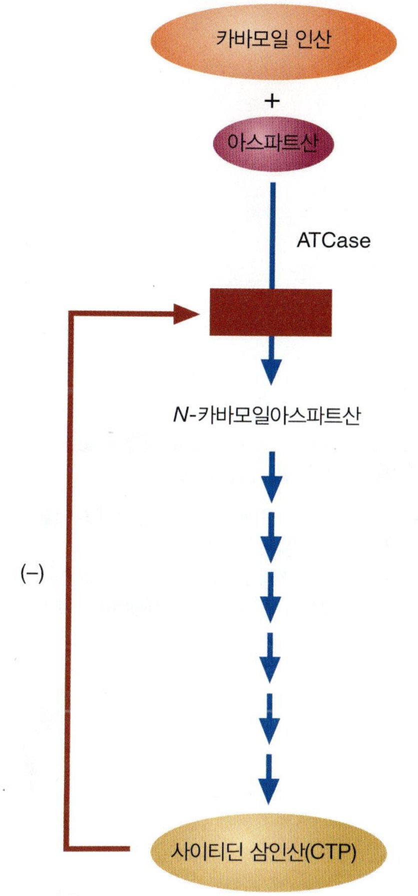

그림 6.24

되먹임 억제.

ATCase(aspartate transcarbamoylase)는 CTP 합성에서 조절되는 개입 단계(committed step)를 촉매한다. 이 대사 과정의 생성물인 CTP가 ATCase에 결합하면 효소의 결합은 효소를 억제한다.

1. **분할과 통제.** 서로 경쟁하는 반응(예, 카이네이스와 인산 가수분해효소)의 물리적 분리는 자원의 소모적인 낭비를 방지하는 협동적인 조절을 가능하게 한다.

2. **확산 장벽.** 밀집한 세포에서 기질 분자들의 확산은 반응 속도에서 잠재적인 제한요인이 된다. 세포는 다중효소 복합체 내에서 생성물을 한 효소로부터 다음 효소로 전달하는 대사 통로뿐만 아니라 효소와 기질이 농축된 미세 환경을 형성함으로써 이 문제를 해결한다.

3. **특수한 반응 조건.** 어떤 반응은 독특한 성질을 갖는 환경을 필요로 한다. 예를 들어 리소좀 내 낮은 pH는 가수분해 반응을 촉진한다.

4. **피해 통제.** 잠재적인 독성 반응 생성물을 분리하는 것은 다른 세포 성분을 보호한다.

전체의 대사를 통제하려면 구획 사이에서 대사물질들과 신호 분자들을 전달하는 수송 메커니즘에 의해 부분적으로 이루어지는 모든 세포의 생화학 경로를 통합하는 과정이 필요하다.

주요 개념 _Key Concepts

- 모든 생화학 경로는 세포의 정상적인 상태를 유지하기 위해 조절된다.
- 조절은 유전적 통제, 효소의 공유 결합 변형, 다른자리 입체성 조절과 세포의 구획화에 의해 이루어진다

결핵
Tuberculosis

문제 6.9

일부 효소는 생리 과정을 변화시키거나 증가시키는 의약품의 대사와 관련이 있다. 예를 들면 아스피린은 통증을 억제하고 항생제는 감염 미생물을 죽인다. 일단 이러한 약을 복용하면 흡수되어 각 조직으로 운반되고 기능을 수행한다. 결국에 약은 주로 간에서 처리되고 배설된다. 의사가 처방하는 약의 복용량은 치료효과를 얻기 위한 양과 우리 몸에서 약이 배출되는 속도에 따라 다르다. 약이 배출되는 데는 산화, 환원, 접합(conjugation)과 같은 다양한 반응이 필요하다. (접합 반응에서 용해도를 높이기 위하여 작은 극성 또는 이온화기가 약에 부착된다.) 일부 효소의 활성은 환자가 특정의 약을 대사하는 능력에 직접적으로 영향을 미친다. 예컨대 아이소니아지드(isoniazid)는 *Mycobacterium tuberculosis*에 의하여 생기는 감염성이 높고 만성적인 결핵을 치료하기 위하여 사용된다. 이 약은 N-아세틸화(N-acetylation)에 의하여 대사되며 기질과 아세틸기 사이에 아마이드 결합이 생긴다. 아이소니아지드가 아세틸화하는 속도가 임상적인 효과를 결정한다.

비슷한 몸무게와 증상을 지니는 2명의 결핵 환자에게 같은 양의 아이소니아지드가 처방되었다. 두 명 모두 처방된 그대로 약을 복용했지만 한 명의 환자에게는 치료 효과가 없었으나, 다른 환자는 치료가 되었다. 이 약의 대사에 차이가 생기는 것은 유전적 요인인 것으로 보인다. 두 명의 환자가 아이소니아지드에 대하여 다르게 반응하는 이유는 무엇인가? 의사는 완치되는 환자의 비율을 어떻게 높일 수 있는가?

생화학 전망 BIOCHEMISTRY IN PERSPECTIVE

알코올 탈수소효소: 두 종의 이야기

왜 사람은 알코올 음료를 만들고 마실까? 알코올 탈수소효소는 생물체에서 다양한 기능을 가지고 있다. 많은 단세포 생물들은 알코올과 산 같은 유기 폐기물을 생성하는 혐기성(anaerobic, '산소가 없는') 생화학 경로들의 집합인 발효에 의하여 에너지를 생성한다. *Clostridium acetobutylicum* 세균에서 뷰티르알데하이드와 아세톤을 최종 생성물인 뷰탄올과 아이소프로판올로 전환하는 것은 두 가지 다른 ADH에 의하여 촉매된다. 제일차 세계대전 중 석유가 부족할 때 *C. acetobutylicum*은 이런 용매의 대체 원천으로 이용되었다. 또 다른 ADH인 신나밀 알코올 탈수소효소(cinnamyl alcohol dehydrogenase)는 신나밀 알데하이드를 리그닌의 전구물질인 신나밀 알코올로 전환한다. 리그닌은 속씨식물 목질 줄기의 단단한 세포벽 중합체이다. 그러나 모든 ADH들 중에서 연구자들에게 가장 흥미로운 것은 *효모*(*Saccharomyces cerevisiae*)와 *사람*(Homo sapiens)의 ADH이다.

효모 알코올 탈수소효소

효모(단세포 균류)의 한 유형인 *S. cerevisiae*는 사람이 수천 년 동안 이용해 온 독특한 성질을 가지고 있다. 그것은 분자 산소(O_2)가 존재하거나 존재하지 않는 상태에서 당(글루코스나 프룩토스)을 에탄올로 전환할 수 있다. (대부분의 발효 생물과는 달리 효모는 몇 가지 효소에 의하여 O_2의 유독한 효과로부터 보호를 받고 있다.) 발효 경로에서 육탄당 분자는 반으로 쪼개져 두 분자의 피루브산, ATP, NADH로 전환된다(**그림 6A**). 발효가 계속되기 위해서는 NAD^+ (NADH의 산화형)가 재생되어야 한다. 발효 생물은 피루브산을 한 분자 또는 그 이상의 환원된 분자(예, 알코올, 케톤 또는 산)로 전환하여 이 문제를 해결한다. 에탄올-생성 효모에서 피루브산 탈수소효소는 피루브산으로부터 카복실기를 제거하여 알데하이드를 생성하고 알코올 탈수소효소(아연을 포함하는 사합체)는 아세트알데하이드를 에탄올로 전환한다. 사람이 맥주 발효와 포도주 생산에 이용하는 현대 *S. cerevisiae*의 매우 효율적인 에탄올 생성 과정은 약 8000만 년 전에 과육을 생산하는 속씨식물의 등장과 함께 생겨난 것으로 생각된다. 과일에 있는 당을 얻고자 하는 다른 미생물과의 심한 경쟁의 결과로서 *S. cerevisiae*는 경쟁자들을 죽이는 방법으로서 대량의 알코올을 빠르게 생산하는 능력을 발전시켰다. *S. cerevisiae*는 에탄올 독성으로부터 보호를 해주는 분자(예, 해독 효소와 막을 안정화하는 분자)를 암호화하는 약 250개의 유전자를 가지고 있다. *S. cerevisiae*는 ADH1(아세트알데하이드를 에탄올로 전환)과 ADH2(에탄올을 아세트알데하이드로 전환)의 두 가지 알코올 탈수소효소를 가지고 있다. ADH2의 역할은 8장에서 설명할 것이다.

사람의 알코올 탈수소효소

사람은 ADH 때문에 상당히 많은 양의 에탄올을 섭취할 수 있다. 사람은 모두 합하면 7가지의 ADH를 가지고 있으며 모두 아연을 포함하는 이합체이다. 에탄올은 세 가지 ADH 동질효소(isoenzyme)(ADH1A, ADH1B, ADH1C)에 의하여 일차적으로 해독된다. 이 분자들은 에탄올이 낮은 농도로 존재하더라고 에탄올에 대하여 높은 친화도를 나타낸다. ADH1 동질효소는 에탄올 해독의 주요 자리인 간에 비교적 많은 양이 존재하기 때문에 간 ADH라고도 한다. (소장, 직장, 폐와 부신도 ADH1을 포함하지만 소량이다.) 사람의 다른 ADH들은 기질 특이성과/또는 반응속도에 관한 성질에서 ADH1과 다르다. 역시 간과 위장관(GI)에 존재하는 ADH2는 에탄올에 대한 친화도가 상당히 낮아서 에탄올 대사에서 중요한 역할을 하지 않는다. ADH3(척추동물 ADH의 원형)은 폼알데하이드 해독과 레티놀(비타민 A)에서 유도되는 레티노산의 합성에 관여한다. ADH4는 레티놀, 지방족 알코올과 하이드록시화된 스테로이드를 포함하는 매우 다양한 기질을 산화한다. ADH5의 기능은 잘 알려져 있지 않다.

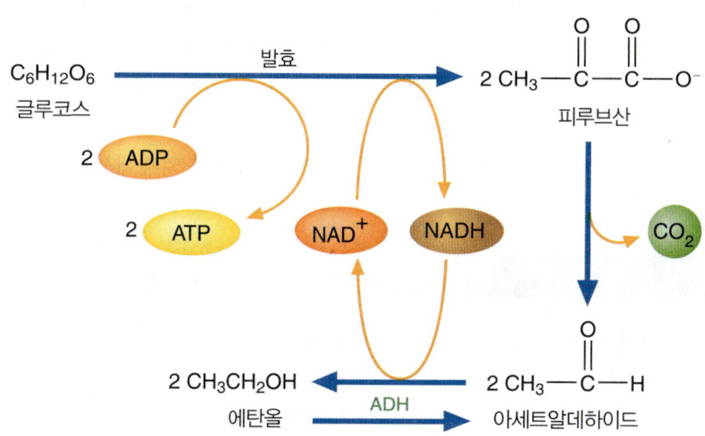

그림 6A

글루코스로부터 효모(*S. cerevisiae*)에 의한 에탄올의 합성.

발효라고 하는 혐기성 생화학 대사 경로는 두 분자의 피루브산으로 전환되는 각 글루코스 분자에 대하여 2 분자의 ATP를 생성한다. NAD^+를 재생하기 위하여 효모 세포는 먼저 피루브산 탈카복실화효소(pyruvate decarboxylase)에 의하여 촉매되는 반응에서 피루브산을 아세트알데하이드로 전환한다. 그 다음에 아세트알데하이드는 ADH에 의하여 촉매되는 반응에서 가역적으로 환원되어 에탄올과 NAD^+를 생성한다.

▸ **요약:** 사람이 알코올 음료를 만들 수 있는 것은 *S. cerevisiae*가 빠르고 효과적으로 다량의 당을 에탄올로 전환하기 때문이다. 사람은 간의 ADH 동질효소들에 의하여 촉매되는 해독 반응 때문에 상당히 많은 양의 독성 에탄올을 섭취할 수 있다.

이 장의 요약 CHAPTER SUMMARY

1. 효소는 생물학적 촉매(biological catalyst)이다. 효소는 무촉매 반응에 비하여 적은 에너지를 요구하는 우회적인 반응 경로를 제공하여 반응 속도를 높인다. 무기 촉매와 달리 대부분의 효소는 적정 온도에서 반응을 촉매한다. 각 효소는 자기가 촉매하는 특정 반응에만 특이적으로 작용한다. 각 효소는 활성 자리라고 불리는 독특한 결합 표면을 갖고 있다. 기질은 효소의 활성 자리에 결합하며, 이 자리는 거대한 단백질 분자에서 작은 틈과 같다. 효소작용의 자물쇠-열쇠 모형에서는 효소와 기질의 구조가 서로 상보적인 관계를 형성한다. 유도 적합 모형에서는 단백질의 구조가 유연하다고 가정한다.
2. 효소는 촉매하는 반응 종류에 따라 분류되며, 6개의 주요 효소 부류가 있다. 산화-환원효소, 전달효소, 가수분해효소, 분해효소, 이성질화효소, 연결효소이다.
3. 효소 반응속도론은 효소 촉매 작용을 정량적으로 연구하는 분야이다. 미하엘리스-멘텐 모형에 의하면 기질 S가 효소 E의 활성 자리에 결합하면 ES 전이 상태의 복합체가 된다. 전이 상태에서 기질은 생성물로 되고 나중에 생성물은 효소로부터 분리된다. V_{max}는 효소 반응의 최대 속도이고, K_m은 미하엘리스 상수라고 불리는 상수이다. K_m과 V_{max}는 라인웨버-버크 이중역수 도식을 이용하여 실험적으로 측정된다.
4. 전환수(k_{cat})는 효소가 기질로 포화되었을 때 효소 한 분자에 의해 단위 시간당 생성물로 전환되는 기질 분자의 수이다. [S]가 생리적 조건하에서 비교적 낮기([S] $\ll K_m$) 때문에 특이성 상수 k_{cat}/K_m은 효소의 촉매 효율을 나타내는 신뢰할 수 있는 지표가 된다.
5. 효소 억제는 가역적 또는 비가역적이다. 가역적 억제에서는 억제제가 효소로부터 분리될 수 있다. 가역적 억제의 가장 일반적인 형태는 경쟁, 무경쟁과 비경쟁 억제가 있다. 실험실에서(*in vitro*) 효소 분석의 토대로 하는 질량 작용 법칙 가설은 밀집하고 이질적인 생물의 내부 공간에서는 통하지 않는다. 비가역적 억제의 경우 억제제는 효소와 공유 결합으로 결합한다.
6. 다른자리 입체성 효소의 반응 속도론은 미하엘리스-멘텐식으로는 설명될 수 없다. 대부분의 다른자리 입체성 효소는 여러 소단위체 단백질로 구성되어 있다. 기질 또는 효과물질이 한 개의 소단위체에 결합하면 다른 소단위체의 결합력에 영향을 미친다.
7. 비효소 촉매와 효소는 동일한 촉매 메커니즘을 사용한다. 여러 인자들이 효소 촉매 작용에 기여하는데, 즉 근접과 변형 효과, 정전기적 효과, 산-염기 촉매, 그리고 공유 결합 촉매 작용이 있다. 이들 요인들이 서로 합쳐져서 효소 메커니즘에 영향을 미친다.
8. 활성 자리의 아미노산 곁사슬은 전이 상태를 안정화하고 양성자 전이와 친핵성 치환 반응을 촉매한다. 많은 효소들은 반응을 촉매하기 위해 비단백질 보조 인자(금속과 보조 효소)를 사용한다.
9. 효소는 온도와 pH와 같은 환경 요인에 민감하다. 각 효소는 최적 온도와 최적 pH를 갖고 있다.
10. 세포 내 화학 반응은 일련의 생화학 경로로 조직화되어 있다. 이 경로는 주로 유전적 통제, 공유 결합 변형, 다른자리 입체성 조절과 구획화 등을 통해 효소의 농도와 활성을 조절함으로써 통제된다.

주요 용어 KEY WORDS

가수분해효소 *202*
가역적 억제 *212*
결손 효소 *200*
경쟁 억제 *212*
거대 분자 밀집 *218*
기질 *197*
다른자리 입체성 효소 *235*
무경쟁 억제 *214*
반응 메커니즘 *219*
보조 인자 *200*
보조 효소 *200*
분해효소 *202*
비가역적 억제 *212*
비경쟁 억제 *212*
비타민 *228*
산소 음이온 *226*
산화-환원효소 *201*
선구 효소 *235*
속도 *204*
양성 협동성 *236*
억제제 *211*
연결효소 *202*
완전 효소 *200*
음성 협동성 *236*
이성질화효소 *202*
자유 라디칼 *220*
전달효소 *201*
전이 상태 *197*
전환수 *207*
중간물질 *219*
자이모젠 *235*
촉매 *197*
최적 pH *231*
탄소 양이온 *220*
탄소 음이온 *220*
특이성 상수 *208*
활동도 계수 *199*
활성 자리 *198*
활성화 에너지 *198*
효소 *197*
효소 반응 속도론 *204*
효소 유도 *234*

복습 문제 REVIEW QUESTIONS

*이 문제들은 다음 장으로 넘어가기 전에 이장에서 논의했던 주요 개념에 대한 지식을 테스트하기 위해 만들어졌다.

1. 다음 용어를 정의하라.
   a. 촉매
   b. 전이 상태
   c. 기질
   d. 활성화 에너지
   e. 활성 자리
2. 다음 용어를 정의하라.
   a. 보조 인자
   b. 보조 효소
   c. 결손 효소
   d. 완전 효소
   e. 속도
3. 다음 용어를 정의하라.
   a. 반응 차수
   b. 전환수
   c. 이중 치환 반응
   d. 억제제
   e. 반응 메커니즘
4. 다음 용어를 정의하라.
   a. 라인웨버-버크 도식
   b. 다른자리 입체성 효소
   c. 거대 분자 밀집
   d. 반응 중간물질
   e. 탄소양이온
5. 다음 용어를 정의하라.
   a. 선구 효소
   b. 양성 협동성
   c. 음성 협동성
   d. 자이모젠
   e. 자유 라디칼
6. 생물은 촉매 반응의 속도를 조절해야 한다. 세포가 효소 반응을 어떻게 조절하는지 설명하라.
7. 여러 인자들이 효소 촉매에 기여한다. 이들은 무엇이며, 간단하게 각각의 효과를 설명하라.
8. 왜 생화학 과정의 조절이 중요한지 세 가지 이유를 적어라.
9. 다음 용어를 정의하라.
   a. 산화-환원효소
   b. 분해효소
   c. 연결효소
   d. 전달효소
   e. 가수분해효소
   f. 이성질화효소
10. 다른자리 입체성 효소의 결합을 설명하는 2가지 모형을 설명하라. 산소가 헤모글로빈에 결합하는 것을 둘 중 하나의 모형으로 설명하라.
11. 전이금속이 효소의 보조 인자로 유용한 것은 어떤 성질 때문인가?
12. 다음 반응의 ΔH는 −28.2 kJ/mol이다.

    $$C_6H_{12}O_6 + 6O_2 \rightarrow 6CO_2 + 6H_2O$$

    글루코스가 산소가 존재하는 환경에서 왜 오랫동안 안정한가를 설명하라.
13. 효소 반응속도론에서 왜 반응 초기에 측정을 하는가?
14. 효소는 입체화학적으로 특이하다. 즉 기질의 한 입체 이성질체만을 생성물로 전환시킨다. 이러한 특이성은 이 효소의 구조에 포함되어 있는가?
15. 기질 X가 생성물 Y로 전환되는 비촉매 반응의 속도는 1년이다. 촉매 반응의 속도는 1밀리초이다. 이 속도 차이에 원인이 될 것 같은 효소의 특징을 설명하라.
16. 질량 작용 법칙, 용질 농도, 유효 농도 사이의 관계를 설명하라.
17. 아래 용어를 정의하라.
    a. 메타볼론(metabolon)
    b. *in vivo*
    c. *in vitro*
    d. in silico
    e. 대사 유속
18. 아미노산이 효소의 활성 자리에 있을 때 결사슬이 촉매 메커니즘에 가장 일반적으로 참여하는 아미노산들의 구조를 그려라.
19. 진핵세포에서 구획화를 설명하라. 이 구획화는 생물체에서 어떤 문제를 해결하는가?
20. 대사 경로 조절에서 구획화의 역할을 설명하라. 몇 가지 예를 들어 설명하라.
21. 표준 아미노산의 구조를 살펴보고 효소 촉매 작용에서 산이나 염기로 작용할 수 있는 아미노산들을 열거하라. 산이나 염기로 모두 작용할 수 있는 것도 있는가?
22. 어떤 효소에서 활성 자리가 전체 분자에서 차지하는 부분은 매우 작다. 이렇게 비교적 큰 분자 기계를 합성하는 것은 다량의 세포 에너지가 필요하다. 이러한 비효율이 용인되는 이유는 무엇인가?
23. k_{cat}/K_m 항을 설명하라. 이 항이 가질 수 있는 최댓값은 얼마인지 설명하라.
24. 효소는 어떻게 촉매 완전성에 도달하는가?
25. 거대 분자 밀집이 효소의 성질과 촉매하는 반응에 미치는 효과

3가지를 들어라.

26. 촉매를 사용하면 반응 메커니즘은 변하는가? 설명하라.

27. 양자 터널링은 양성자와 수소화 이온의 전달을 포함하는 반응에서 효율적인 효소의 촉매 작용의 촉진에 중요한 역할을 하는 것으로 보인다. 가상적인 반응에 대하여 효소가 있을 때와 없을 때의 터널링 과정을 보여주는 에너지 도표를 그려라. (*힌트:* **그림 6.1** 참조)

28. 수은 이온과 메탄올은 알코올 탈수소효소의 억제제이다. 설명하라.

29. 다이하이드록시아세톤 인산을 글리세로알데하이드-3-인산으로 전환하는 동안 형성되는 중간물질의 구조를 그려라.

종합 문제 THOUGHT QUESTIONS

**이 문제들은 지금까지 이 책에서 논의된 모든 주요 개념에 대한 여러분의 이해를 강화하기 위한 것이다. 문제들은 하나의 정답을 가지고 있지 않을 수도 있다.*

30. 아래의 반응을 참조하여

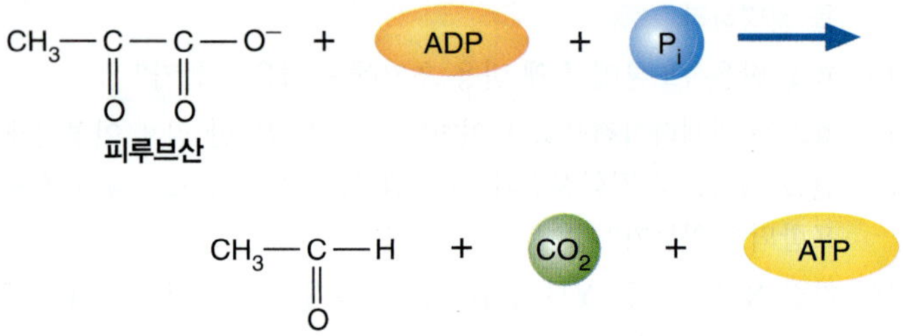

아래 자료를 사용하여 각 기질의 반응차수와 반응의 전체 차수를 구하라.

실험	농도(mol/L) 피루브산	ADP	P_i	반응 속도 (mol L^{-1} s^{-1})
1	0.1	0.1	0.1	8×10^{-4}
2	0.2	0.1	0.1	1.6×10^{-3}
3	0.2	0.2	0.1	3.2×10^{-3}
4	0.1	0.1	0.2	3.2×10^{-3}

31. 아래 자료는 억제제 I를 포함한 경우와 포함하지 않은 경우의 효소에 의한 가수분해 반응 결과이다.

[기질](M)	v_0(μmol/min)	v_{0I}(μmol/min)
6×10^{-6}	20.8	4.2
1×10^{-5}	29	5.8
2×10^{-5}	45	9
6×10^{-5}	67.6	13.6
1.8×10^{-4}	87	16.2

미하엘리스-멘텐 도식을 이용하여 억제제를 포함한 효소 반응과 억제제를 포함하지 않은 경우 효소 반응의 K_m을 구하라.

32. 문제 31의 자료를 이용하여

a. 자료의 라인웨버-버크 도식을 그려라.

b. 수평 절편, 수직 절편 및 기울기의 중요성을 설명하라.

c. 측정된 억제 형태는 무엇인가?

33. 염화 *t*-뷰틸이 *t*-뷰틸 알코올과 염화 이온을 형성하는 발열 가수분해에 대한 메커니즘은 다음과 같다.

$$(CH_3)_3CCl \rightarrow (CH_3)_3C^+ + Cl^-$$

$$(CH_3)_3C^+ + H_2O \rightarrow (CH_3)_3COH + H^+$$

각 단계의 전이 상태를 그려라.

34. 알코올 탈수소효소(ADH)는 여러 종류의 알코올에 의하여 억제된다. 아래 표에 있는 자료를 이용하여 각각의 알코올에 대한 k_{cat}/K_m 값을 계산하라. 아래의 알코올 중에서 어떤 것이 ADH에 의하여 가장 쉽게 대사되는가? 햄스터의 고환 ADH의 반응 속도의 변수(parameter)는 다음과 같다.

기질	K_m(μM)	k_{cat}(min^{-1})
에탄올(ethanol)	960	480
1-뷰탄올(1-butanol)	440	450
1-헥산올(1-hexanol)	69	182
12-하이드록시도데칸산 (12-hydroxydodecanoate)	50	146
모두가 트랜스인 레티놀 (All-*trans*-retinol)	20	78
벤질알코올(benzyl alcohol)	410	82
2-뷰탄올(2-butanol)	250,000	285
사이클로헥산올(cyclohexanol)	31,000	122

35. 다음 표는 고전적인 미하엘리스-멘텐 속도론을 보여주는 효소에 대하여 특별한 기질 농도에서의 반응 속도를 나타낸다. 두 벌의 억제제 자료도 포함하였다. 억제되지 않은 효소의 K_m과 V_{max} 값을 결정하라.

[S](mM)	억제제 없음	v_o (mM/s) 억제제 A	억제제 B
1.3	2.50	1.17	0.62
2.6	4.00	2.10	1.42
6.5	6.30	4.00	2.65
13.0	7.60	5.70	3.12
26.0	9.00	7.20	3.58

36. 카탈레이스(catalase)의 과산화수소(H_2O_2)를 기질로 하여 측정한 K_m은 25 mM이고, k_{cat}은 4.0×10^7 s^{-1}이다. 탄산 무수화 효소(carbonic anhydrase)는 K_m이 26 mM이고, k_{cat}이 4.0×10^5 s^{-1}이다. 이들 자료로 두 가지 효소에 대하여 무엇을 알 수 있는가?

37. 퓨마레이스(fumarase)는 퓨마르산을 기질로 하여 K_m이 5×10^{-6} M이고, k_{cat}이 8×10^2 s^{-1}이다. 말산을 기질로 하면 K_m이 2.5×10^{-5} M이고, k_{cat}이 9×10^2 s^{-1}이다. 이들 자료부터 시트르산 회로에서 이 효소의 작용에 대하여 무엇을 알 수 있는가?

38. 거대 분자 밀집이 활동도 계수에 어떤 영향을 미치는가? 거대 분자 밀집이 기질의 유효 농도를 증가시킬 수 있는 방법을 설명하라.

39. 아래 반응은 반응물의 농도에 따른 속도를 보여준다.

A + B → C

[A] (mM)	[B] (mM)	기질 (mM/s)
0.05	0.05	2×10^7
0.10	0.05	4×10^7
0.05	0.1	4×10^7
0.1	0.1	8×10^7

이 반응의 전반적인 속도는 어떻게 표시되는가? 그리고 반응의 차수는 얼마인가?

40. 마그네슘 이온의 전자 배치를 그리고 Mg^{2+}가 루이스 산으로 작용하는 이유를 설명하라.

41. 카이모트립신의 Ser 195와 다이아이소프로필플루오로인산(diisopropylfluorophosphate) 사이의 반응을 나타내라. 왜 이 특별한 세린은 그렇게 반응성이 큰가?

42. 다음과 같은 속도가 주어졌을 때 표를 완성하라.

속도 = $k[A]^2[B]$

[A] (mM)	[B] (mM)	속도(mM/s)
0.1	0.01	1×10^6
0.1	0.02	———
0.2	0.01	———
0.2	0.02	———

43. 글리실글리신에 대한 세린 삼개조 가수분해의 메커니즘을 그려라.

44. 활성 자리 안의 아지닌-히스티딘 쌍이 어떻게 *t*-뷰틸 알코올의 탈수 반응을 촉매하는지 설명하라.

45. 효소의 활성 자리에서 아스파트산의 카복실기는 어떻게 히스티딘의 질소를 활성화시켜서 더 강한 염기로 만드는가?

46. 다음은 경쟁 억제에 대한 식이다.

$$v = \frac{V_{max}[S]}{\alpha K_m + [S]}$$

a. α 값은 항상 1보다 작을 수 있는가?
b. α 값이 1보다 작으면 어떤 일이 생기는가?

제 7 장 탄수화물
Carbohydrates

이 장의 차례
Outline

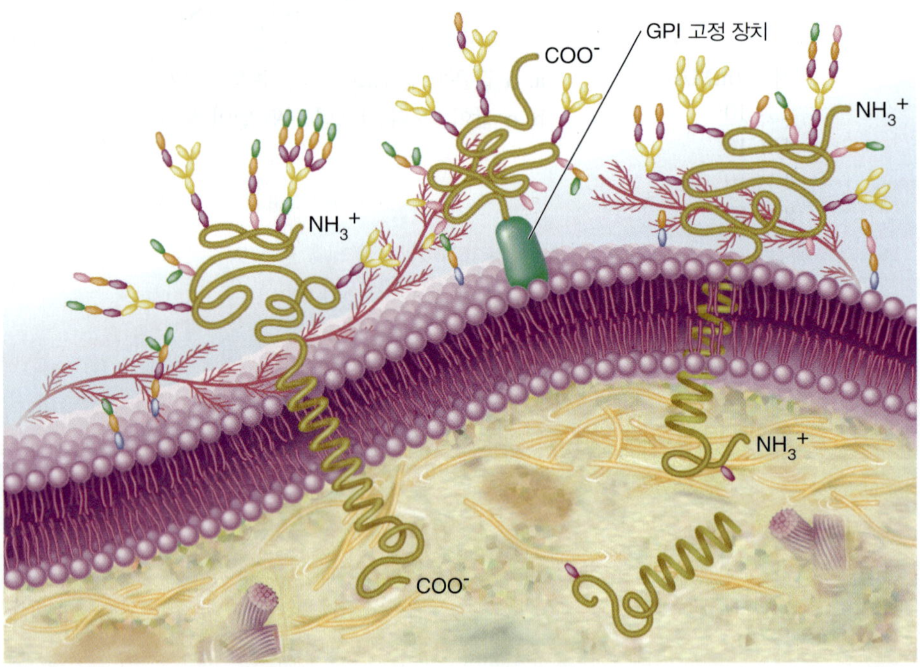

당과 세포 당 분자는 생물의 분자적 전경을 결정짓는다. 막단백질과 지질에 연결된 탄수화물들은 세포의 외부 표면으로부터 돌출해 있다.

개관 Overview

탄수화물은 살아 있는 세포를 위해 필요한 에너지를 공급하는 빠른 에너지 공급원으로서만 중요한 것은 아니다. 그들은 세포의 구성 요소와 수많은 대사경로의 구성 성분으로도 쓰인다. 단백질과 지질에 연결된 당중합체(sugar polymers)는 고밀도 암호화 체계(high-density coding system)로 인식되고 있다. 생물은 생명 활동 과정에 필요한 정보능력을 구축하기 위해 광대한 구조적 다양성을 이용한다. 7장은 생물체에서 발견되는 전형적인 탄수화물 분자의 구조와 화학적 성질을 소개하고자 한다.

자연계에서 가장 풍부한 생체 분자인 탄수화물(carbohydrate)은 태양에너지와 생물체의 화학 결합에너지 사이를 직접 연결하는 고리이다. 모든 '유기' 탄소의 반 이상이 탄수화물로 되어 있다. 이 물질들은 빛 에너지를 이용하는 생화학적 과정으로 에너지가 없는 무기 분자인 CO_2와 H_2O로부터 에너지가 풍부한 유기 분자를 생합성하는 *광합성*(photosynthesis)을 통해 형성된다(13장). 대부분 탄수화물은$(CH_2O)_n$의 비율로 탄소, 수소 및 산소를 포함하고 있기 때문에 '탄소의 수화물(hydrate of carbon)'이라 한다. 탄수화물은 세포의 생명활동을 위한 에너지원(예, 글루코스), 구조적 성분(예, 식물의 셀룰로스와 곤충의 키틴)과 다른 생체 분자(아미노산, 지질, 퓨린, 피리미딘) 합성의 전구물질로 쓰인다. 탄수화물은 갖고 있는 단순당 단위체(simple sugar unit)의 수에 따라 단당류(monosaccharides), 이당류(disaccharides), 다당류(polysaccharides)로 분류된다. 또한 탄수화물은 다른 생체 분자의 성분으로서도 사용된다. 다양한 *당접합체*(glycoconjugate, 공유 결합으로 연결된 탄수화물 기를 갖고 있는 단백질과 지질)는 모든 생물의 종 특히 진핵생물에 많이 분포한다. 일부 탄수화물 분자(리보스와 데옥시리보스)는 뉴클레오다이드와 핵산의 구조 성분이다.

7장은 가장 흔한 탄수화물과 당접합체의 구조 및 기능을 살펴봄으로써 생물체의 복잡한 과정을 이해하는 기초를 제공한다. 이 장의 끝 부분에서는 생물정보의 암호화를 담고 있는 탄수화물 구조의 메커니즘, 즉 *당 암호*(sugar code)를 다루고 있다.

7.1 단당류

단당류(monosaccharides) 또는 단순당은 폴리하이드록시 알데하이드(polyhydroxy aldehyde) 또는 케톤(ketone)이다. 알데하이드기를 갖는 당을 **알도스**(aldose), 케톤기를 갖고 있는 당을 *케토스*(ketose)라고 한다(**그림 7.1**). 가장 간단한 알도스와 케토스는 각각 글리세르알데하이드(glyceraldehyde)와 다이하이드록시아세톤(dihydroxyacetone)이다(**그림 7.2**). 당은 또한 갖고 있는 탄소수에 따라 분류된다. 예를 들어 가장 작은 당인 *삼탄당*(tiose)은 탄소수가 3개이다. 그리고 탄소수가 4개인 *사탄당*(tetrose), 5개인 *오탄당*(pentose), 6개인 *육탄당*(hexose) 등이 있다. 세포에서 가장 많이 발견되는 단당류는 오탄당과 육탄당이다. 때로는 탄소의 개수와 작용기에 따라 단당류를 알도헥소스(aldohexose)와 케토펜토스(ketopentose)로 분류한다. 예를 들면 글루코스(glucose)처럼 6개의 탄소와 알데하이드를 포함할 경우 알도헥소스라고 한다.

그림 7.1과 **그림 7.2**에 표시된 당 구조는 피셔 투영식(Fischer projection)이다. 이 구조를 보면 탄수화물 골격은 가장 산화된 탄소를 위에 놓고 수직으로 그려져 있다. 수평선은 보는 사람 쪽으로 향하는 결합을 의미한다. 수직선은 보는 사람으

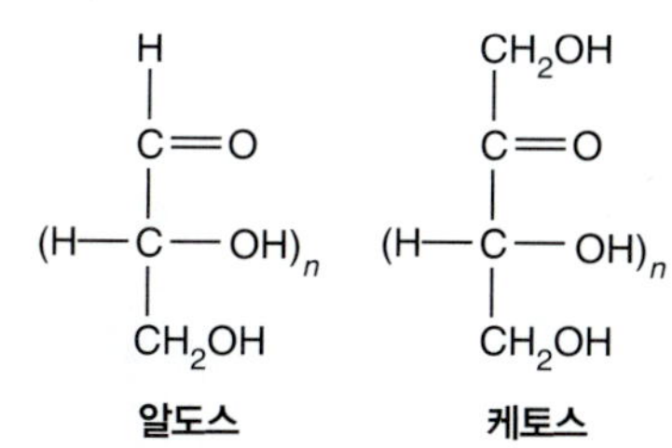

그림 7.1
단당류 알도스와 케토스의 일반적 화학식.

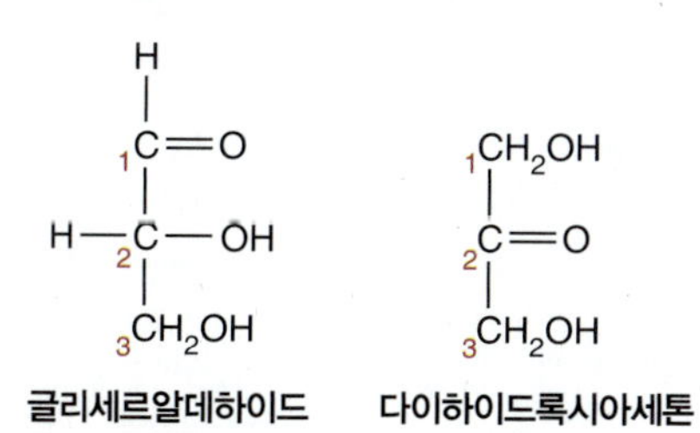

그림 7.2
글리세르알데하이드(알도트라이오스)과 다이하이드록시아세톤(케토트라이오스).

로부터 멀어지는 결합을 의미한다.

문제 7.1

다음 당류를 각각 종류(class)별로 구분하라. 예를 들어 글루코스는 알도헥소스이다.

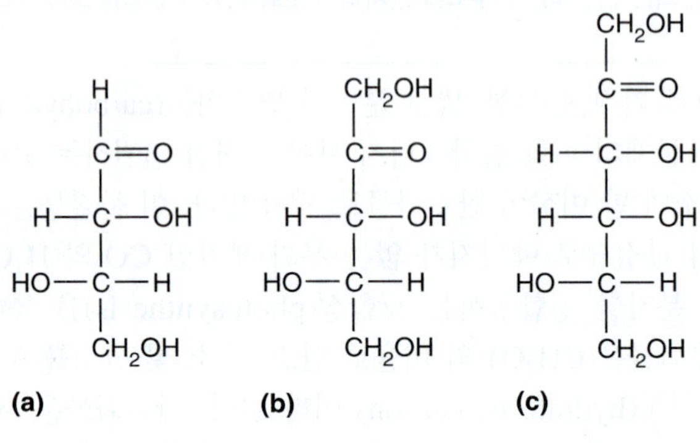

단당류의 입체 이성질체

카이랄(chiral) 탄소 원자의 수가 광학적으로 활성이 있는 물질에서 증가할수록 광학이성질체의 수도 증가한다. 가능한 이성질체의 총 개수는 반트호프 규칙(Van't Hoff's rule)을 사용하여 결정할 수 있다. 카이랄 탄소수가 n개이면 입체 이성질체(stereoisomer)의 수는 2^n이 된다. 예를 들어 n이 4일 때 2^4 또는 16개의 입체 이성질체(8개의 D-입체 이성질체와 L-입체 이성질체)가 있다.

광학이성질체에서 기준(reference) 탄소는 카보닐 탄소로부터 가장 멀리 있는 비대칭탄소(asymmetric carbon)이다. 그 구조는 D- 또는 L-글리세르알데하이드(glyceraldehyde)의 비대칭 탄소와 유사하다. 거의 모든 자연계 당(sugar)은 D-구조를 띠고 있으며 D-글리세르알데하이드(알도스) 또는 비카이랄(nonchiral)인 다이하이드록시 아세톤(dihydroxyacetone, 케토스)으로부터 유래한다. (비록 다이하이드록시아세톤은 비대칭 탄소를 갖고 있지 않지만 케토스의 모체 화합물이다.) 생물학적으로 가장 중요한 단당류를 포함하는 D-알도스 계보(D-aldose family)를 보면(**그림 7.3**), 피셔(Fischer) 모형에서 OH기는 분자에서 가장 산화된 탄소(이 경우 알데하이드기)로부터 가장 멀리 떨어진 카이랄 탄소 원자(예, 육탄당의 5번 탄소)의 오른쪽에 있다.

거울상 이성질체(enantiomer)가 아닌 입체 이성질체를 **부분 입체 이성질체**(diastereomer)라 한다. 알도펜토스(aldopentose)인 D-리보스와 L-리보스는 D-아라비노스와 L-아라비노스처럼 거울상 이성질체이다(**그림 7.4**). D-리보스와 D-아라비노스는 이성질체이지만 거울상이 아니기 때문에 부분 입체 이성질체이다. 하나의 비대칭 탄소 원자에서 구조가 다른 부분 입체 이성질체를 **에피머**(epimer)라 한다. D-글루코스와 D-갈락토스는 네 번째 탄소에 있는 기의 구조만 다르기 때문에 에피머이다(**그림 7.3**). 그러나 D-마노스와 D-갈락토스는 한 개 이상의 탄소에서 구조가 다르기 때문에 에피머가 아니다.

단당류의 고리 구조

4개 또는 그 이상의 탄소를 갖는 당은 주로 고리 구조(cyclic form)를 이룬다. 알데

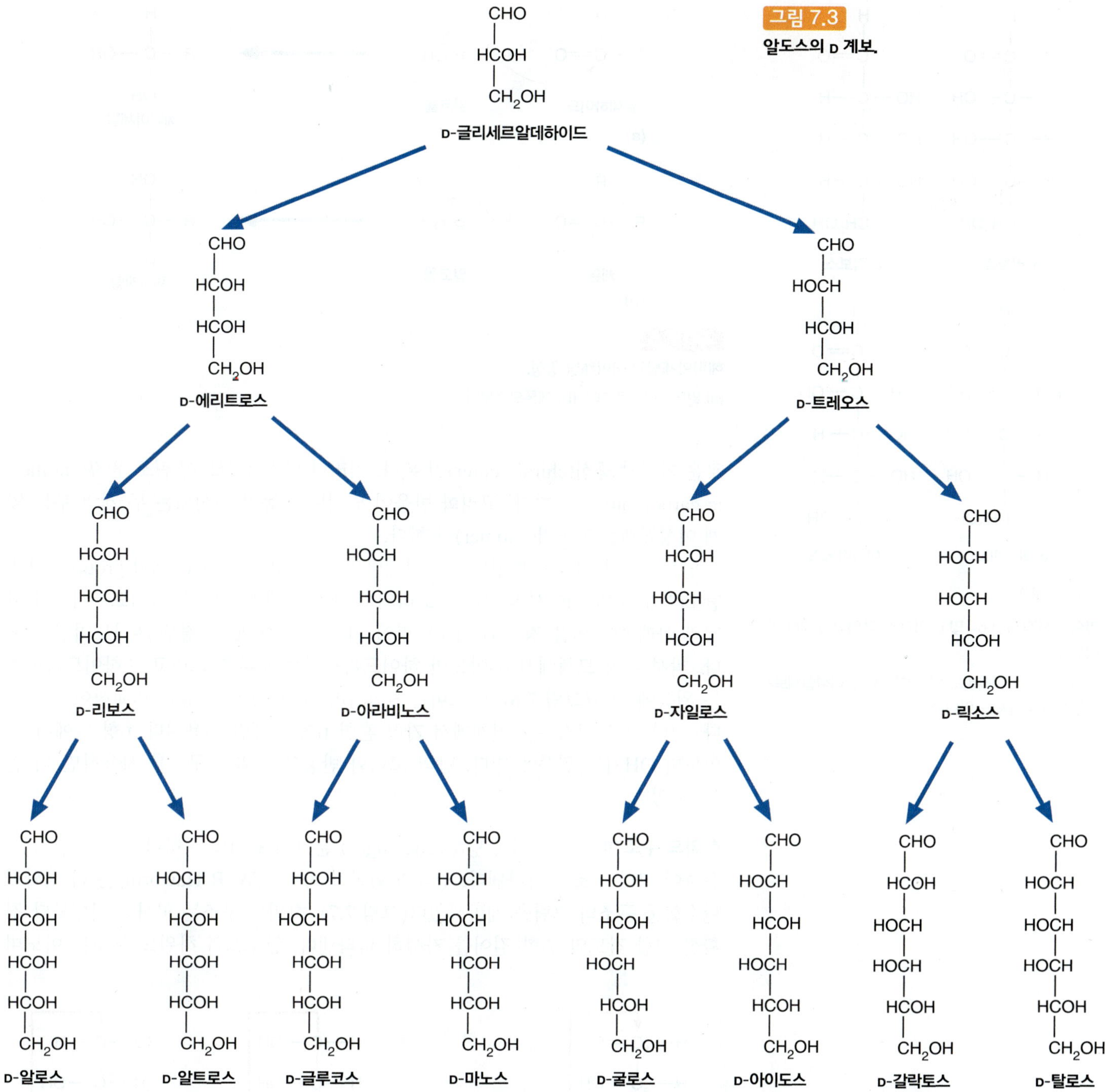

그림 7.3 알도스의 D 계보.

하이드와 케톤기가 당의 하이드록시기와 반응하여 고리 모양의 **헤미아세탈**(hemiacetal)과 **헤미케탈**(hemiketal)을 각각 형성하기 때문에 고리 구조 형성이 수용액에서 일어난다. 알데하이드 또는 케톤기를 갖고 있는 분자가 알코올과 반응할 때 형성되는 헤미아세탈과 헤미케탈은 불안정하여 쉽게 알데하이드형이나 케톤형으로 전환된다(**그림 7.5**). 알데하이드 또는 케톤기 그리고 알코올 작용기가 같은 분자의 일부분을 형성할 때 분자내 고리화 반응(intramolecular cyclization)이 일어나 안정한 생성물을 만든다. 가장 안정한 헤미아세탈과 헤미케탈 고리는 5개 또는 6개의 원자를 갖고 있다. 고리 구조를 형성하면서 카보닐 탄소(carbonyl carbon)는 새

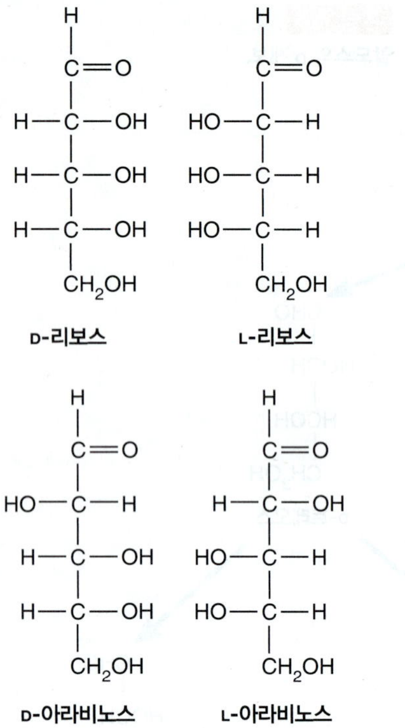

그림 7.4

광학이성질체인 D- 및 L-리보스 그리고 D-와 L-아라비노스.

D-리보스와 D-아라비노스는 부분 입체 이성질체로서 거울상 이성질체는 아니다.

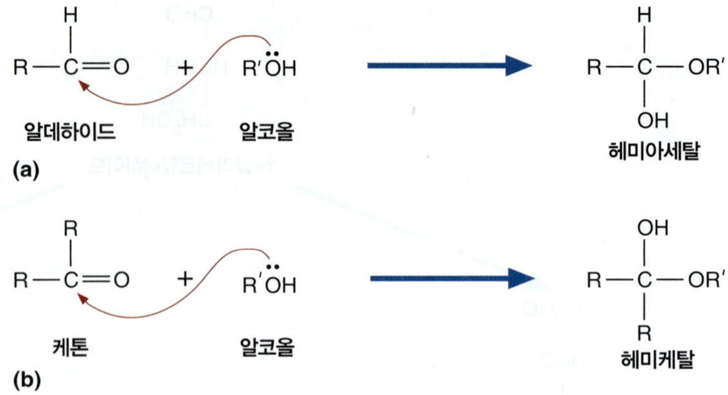

그림 7.5

헤미아세탈과 헤미케탈 형성.

(a) 알데하이드로부터. (b) 케톤으로부터.

로운 카이랄 중심(chiral center)이 된다. 이러한 탄소를 *아노머 탄소 원자*(anomeric carbon atom)라 한다. 고리화 반응이 일어나는 동안 형성되는 두 개의 부분 입체 이성질체를 **아노머**(anomer)라 한다.

알도스에서 새로이 형성된 헤미아세탈의 하이드록시기(hydroxyl group)는 1번 탄소(아노머 탄소)에서 나타나고 고리의 위나 아래에 나타난다. 하이드록시기가 고리의 아래쪽에 있을 경우 α-아노머형이 되고, 위쪽에 있을 경우 β-아노머형이 된다. 피셔 투영 모형에서 α-아노머 하이드록시기는 오른쪽 그리고 β-하이드록시기는 왼쪽에 있다(**그림 7.6**). 아노머는 당의 D형이나 L형의 분류와 비교하여 결정된다. 이와 같은 법칙은 자연계에서 가장 흔한 D형 당에만 적용된다. L형 당에서 α-아노머 OH기가 왼쪽에 있다. 당의 고리화 반응은 하워드 구조를 사용하면 더 잘 볼 수 있다.

하워드 구조 피셔의 고리형 당(cyclic sugar) 분자의 표기법은 하나의 긴 결합을 이용하여 고리 구조를 나타낸다. 영국의 화학자 하워드(W. R Haworth)는 더 정확한 탄수화물 구조의 그림을 개발하였다(**그림 7.7**). 하워드 구조는 피셔 표기법보다 정확한 결합 각도와 결합 길이를 자세히 나타낸다. 알도스의 하워드 구조는 아노머

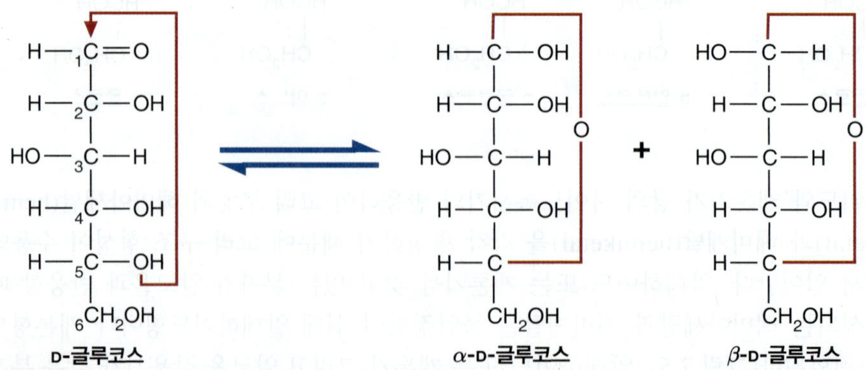

그림 7.6

단당류 구조.

글루코스의 헤미아세탈 구조 형성. 글루코스의 α-아노머형과 β-아노머형 형성. 단당류의 피셔 모형에서 헤미아세탈의 직각 부분은 에틸렌기를 나타내는 것이 아님을 유의한다.

탄소 위에 있는 하이드록시기가 CH_2OH기와 같은 방향으로 위에 있는지("위쪽" 방향), 혹은 반대 방향으로 있는지("아래쪽" 방향)를 나타낸다. D형 당의 경우, OH기가 아래에 위치하면 α-아노머이고, OH기가 위쪽에 위치하면 β-아노머이다. L형 당에서는 이 규칙이 역전된다. 즉 α-아노머는 OH기가 위쪽에 있고 β-아노머는 OH기가 아래쪽에 있다.

5개의 구성원으로 된 헤미아세탈 고리는 퓨란(furan)과 유사한 구조 때문에 *퓨라노스*(furanose)라 한다(**그림 7.8**). 예를 들어 **그림 7.9**에 묘사된 프룩토스(fructose)의 고리 구조를 프룩토퓨라노스(fructofuranose)라 한다. 6개의 구성원으로 된 고리는 피란(pyran)과 그 구조가 유사하기 때문에 *피라노스*(pyranose)라 한다. 피라노스 형태의 글루코스를 글루코피라노스(glucopyranose)라 한다.

형태 구조 비록 하워드 투영 모형은 탄수화물 구조를 나타내기 위해 흔히 사용하지만 너무 단순하다. 결합각(bond angle) 분석과 X선 분석에 의하면 *형태 구조식*(conformational formula)은 당 고리의 주름잡힌 구조를 나타내기 때문에 단당류의 구조(**그림 7.10**)를 보다 정확하게 나타낼 수 있다.

공간채움 모형(space-filling model)은 그 차원이 원자의 반데르발스 반지름에 비례하며 역시 유용한 구조정보를 제공한다.

단당류는 알데하이드, 케톤과 알코올 등에서 특징적으로 나타나는 대부분의 반응을 한다. 이런 반응 중 생체 내에서 가장 중요한 것을 설명한다.

변광 회전 단당류의 α형과 β형은 물에 용해될 때 쉽게 상호전환된다. 이러한 자발적인 반응을 **변광 회전**(mutarotation)이라고 한다. 이는 퓨라노스와 피라노스 고리

주요 개념 _Key Concepts

- 폴리하이드록시 알데하이드나 케톤으로 정의되는 단당류는 알도스나 케토스이다.
- 4개 또는 그 이상의 탄소를 갖는 당은 주로 고리 형태를 가진다.
- 고리형 알도스와 케토스는 각각 헤미아세탈과 헤미케탈이다.

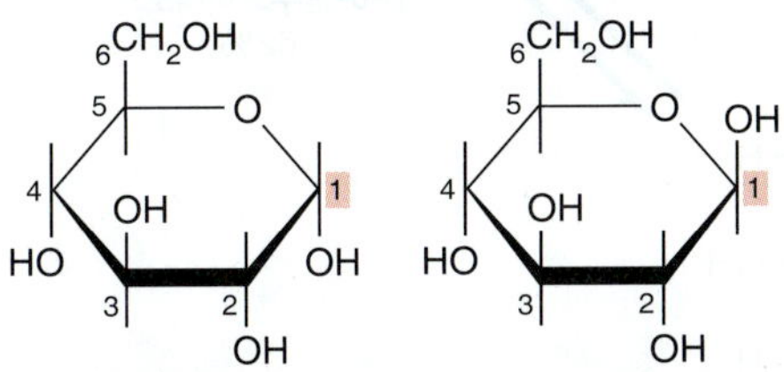

α-D-글루코스 β-D-글루코스

(a) (b)

그림 7.7

D-글루코스 아노머의 하워드 구조.

(a) α-D-글루코스. (b) β-D-글루코스. 당 고리의 탄소에 결합된 수소를 단일 선으로 표시한다.

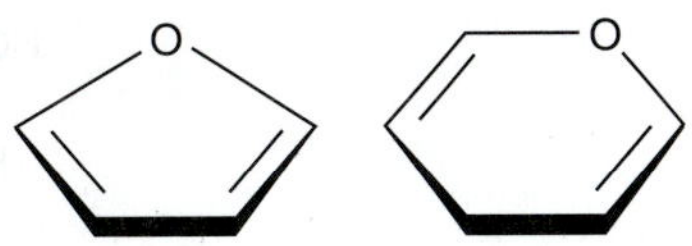

퓨란 피란

그림 7.8

퓨란과 피란.

그림 7.9

D-프룩토스의 피셔 및 하워드 표현.

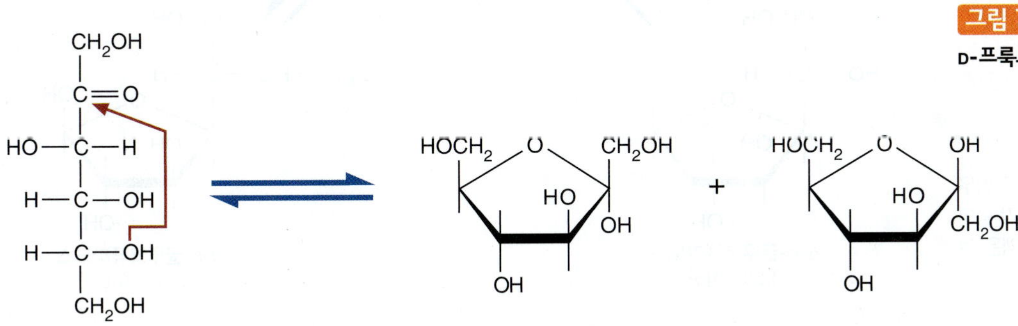

D-프룩토스 α-D-프룩토퓨라노스 β-D-프룩토퓨라노스

구조에서 α형과 β형의 평형 혼합물을 만든다. 각 형태의 비율은 각 당의 종류에 따라 다르다. 예를 들면 글루코스는 α형(38%)과 β형(62%)의 피라노스 혼합물로 존재한다(**그림 7.11**). 프룩토스(fructose)는 α-퓨라노스 및 β-퓨라노스 형태로 주로 존재한다. 변광 회전 중 형성된 열린 고리는 산화-환원 반응에 참여할 수 있다.

단당류의 반응

당의 카보닐기와 하이드록시기는 다양한 화학 반응에 참여하는데, 그 중 가장 중요한 것으로 산화(oxidation), 환원(reduction), 이성질화(isomerization), 에스터화(esterification), 글리코사이드(glycoside, 배당체) 형성, 글리코실화(glycosylation) 반응 등이 있다.

산화 산화제, Cu^{2+} 같은 금속 이온, 그리고 효소가 존재하면 단당류는 쉽게 여러 가지 산화 반응을 한다. 알데하이드기가 산화되면 **알돈산**(aldonic acid)이 되고, 말단 CH_2OH기가 산화되면 **우론산**(uronic acid)이 된다. 알데하이드와 CH_2OH가 모두 산화하면 **알다르산**(aldaric acid)이 된다(**그림 7.12**).

알돈산과 우론산에 있는 카보닐기는 같은 분자 내에 있는 OH기와 반응하여 **락톤**(lactone)이라고 하는 고리형 에스터(cyclic ester)를 만든다.

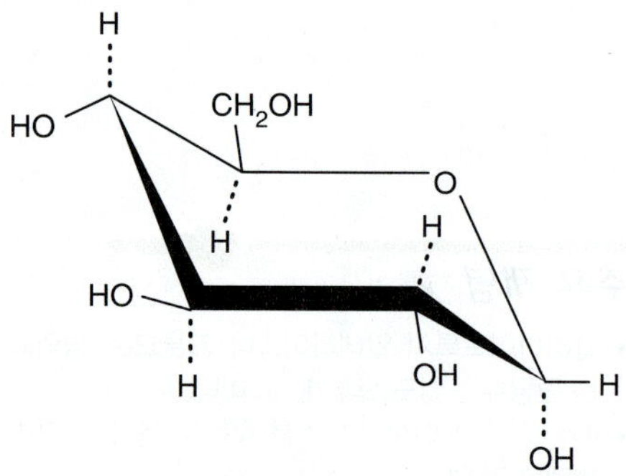

α-D-글루코피라노스

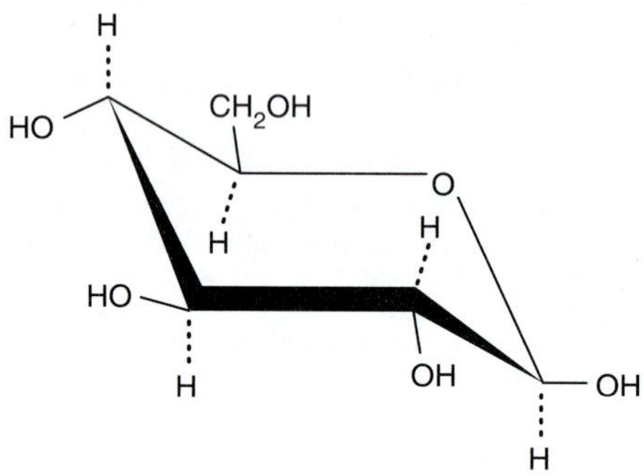

β-D-글루코피라노스

그림 7.10
α-D-글루코스와 β-D-글루코스 형태.

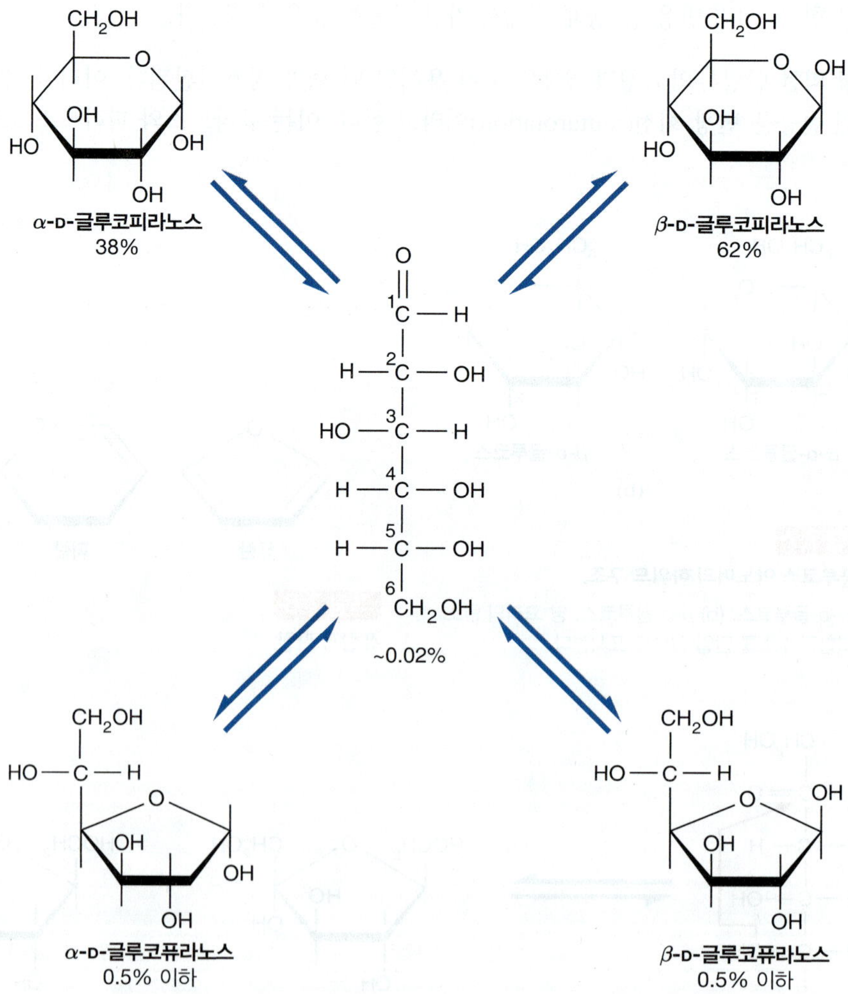

그림 7.11
D-글루코스의 평형 혼합물.
글루코스가 25°C에서 물에 녹을 때 아노머형은 매우 빠른 상호전환을 한다. 평형에 도달할 때(즉, 각 형의 형성에 변화가 전혀 없는 상태) 글루코스 용액은 여기에 표기된 비율(%)을 갖는다.

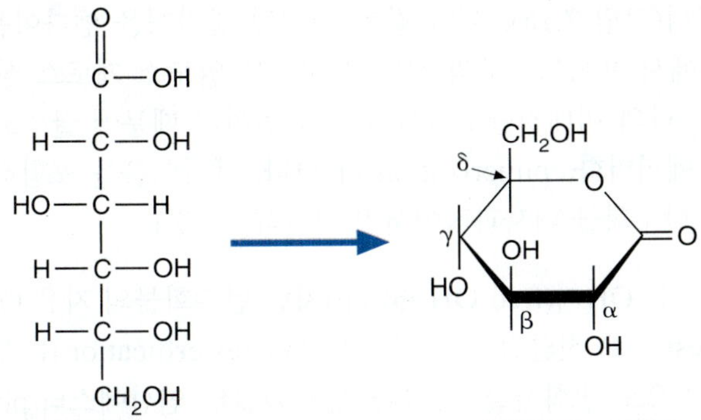

D-글루쿠론산(알돈산) D-글루쿠르노-δ-락톤

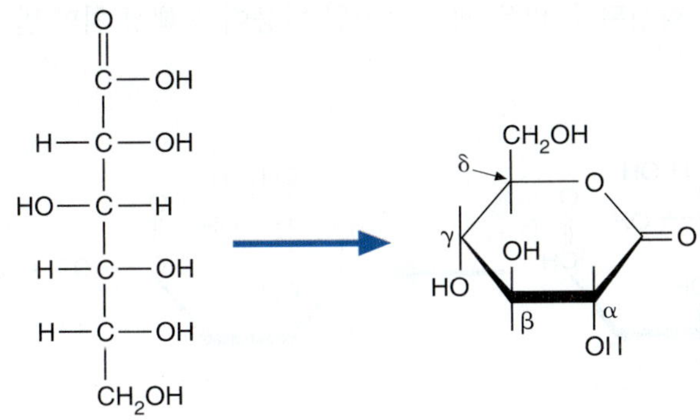

D-글루쿠론산(우론산) D-글루쿠르노-δ-락톤

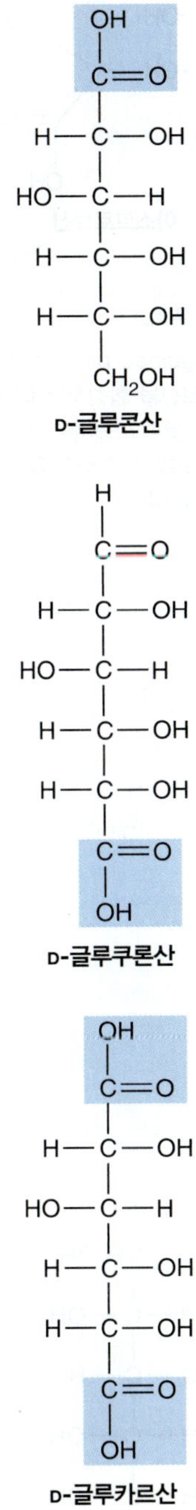

그림 7.12
글루코스의 산화물.
새로 산화된 원자단들은 푸른색으로 강조 표시되어 있다.

락톤은 흔히 자연계에서 볼 수 있는데, 예를 들어 L-아스코르브산(비타민 C, **그림 7.13**)은 D-글루쿠론산(D-glucuronic acid)의 락톤 유도체이다. 그것은 기니피그, 유인원, 과일박쥐, 인간을 제외한 모든 포유동물에서 합성된다. 아스코르브산을 합성하지 못하는 동물들은 식이에서 아스코르브산을 얻어야 하기 때문에 비타민 C라 불린다. 아스코르브산은 강력한 환원제이다. 즉, 반응성 산소나 질소종들로부터 세포를 보호한다. 또한 이들은 콜라젠의 가수분해 반응에 필요하다.

베네딕트 시약(Benedict's reagent) 같은 약한 산화제에 의해 산화될 수 있는 당을 **환원당**(reducing sugar)이라고 한다(**그림 7.14**). 환원당 반응은 열린 사슬 형태로 되돌아갈 수 있는 당에서만 나타난다. 그래서 모든 알도스는 환원당이다. 프룩토스와 같은 케토스는 이성질화반응을 거쳐(아래 참조) 알도스로 바뀔 수 있기 때문에 환원당이다.

환원 단당류의 알데하이드와 케톤기의 환원은 당알코올인 **알디톨**(alditol)을 만든다. 예를 들어 D-글루코스의 환원은 D-글루시톨(D-glucitol)을 만드는데, 이를 D-소비톨(D-sorbitol)이라고도 한다(**그림 7.15**). 당알코올(sugar alcohol)은 상업적으로 음식 가공과 약품을 만드는 데 사용된다. 예를 들어 소비톨은 수분의 손실을 막기 때문에 사탕의 유통기한(shelf life)을 연장시켜 준다. 인공감미료로 소비톨 시럽을 첨가하면 인공감미료인 사카린(saccharin)의 불쾌한 후미를 감소시키기 때문에 과일통조림에 사용된다. 또한 소비톨은 간에서 프룩토스로 전환된다.

이성질화 단당류는 여러 유형의 이성질화(isomerization) 반응을 한다. 예를 들면 몇 시간 후 D-글루코스의 알칼리 용액은 D-마노스(D-mannose)와 D-프룩토스를 모두 포함하게 된다. 이 두 이성질화 반응 모두 분자내 수소 원자의 이동과 이중 결합

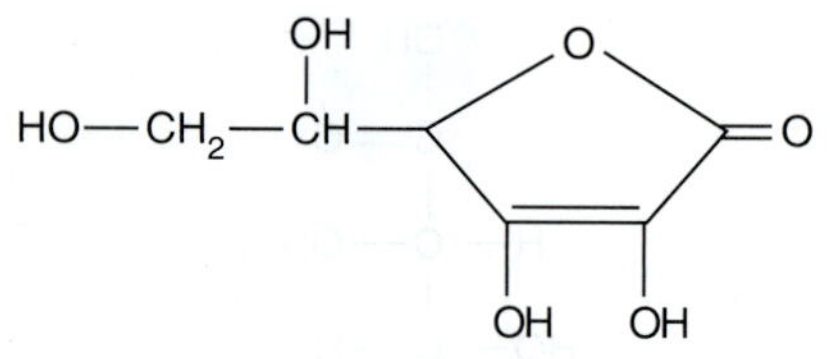

그림 7.13
아스코르브산의 구조.
사람과 기니피그(guinea pig)는 글루쿠론산 전구체로부터 아스코르브산을 합성하는 데 필요한 세 가지 효소 중에 하나인 글루코노락톤 산화효소(gluconolactone oxidase)를 갖고 있지 않기 때문에 아스코르브산을 합성할 수 없다.

의 재배치를 한다(**그림 7.16**). 이와 같이 형성된 중간형을 **엔다이올**(enediol)이라 한다. 글루코스에서 프룩토스로의 가역적 전환은 알도스-케토스 상호전환 반응의 한 예이다. 단 하나의 비대칭탄소에서 구조가 변하기 때문에 글루코스가 마노스로 전환되는 것을 **에피머화**(epimerization)라 한다. 엔다이올을 포함하는 몇 가지 효소 촉매 반응이 탄수화물 대사과정에서 일어난다(제8장).

에스터화 모든 자유 OH기(free OH group)처럼 탄수화물의 자유 OH기는 산과 반응하여 에스터(ester)로 전환될 수 있다. 에스터화(esterification)는 당의 화학적 · 물리적 성질을 극적으로 변화시킬 수 있다. 탄수화물의 인산에스터(phosphate ester)와 황산에스터(sulfate ester)는 자연계에서 가장 흔히 볼 수 있다.

어떤 단당류의 인산화 유도체는 살아 있는 세포의 대사 구성 성분으로 이들은 ATP와 반응 중 형성된다. 많은 생화학 전환 반응이 친핵성 치환 반응(nucleophilic

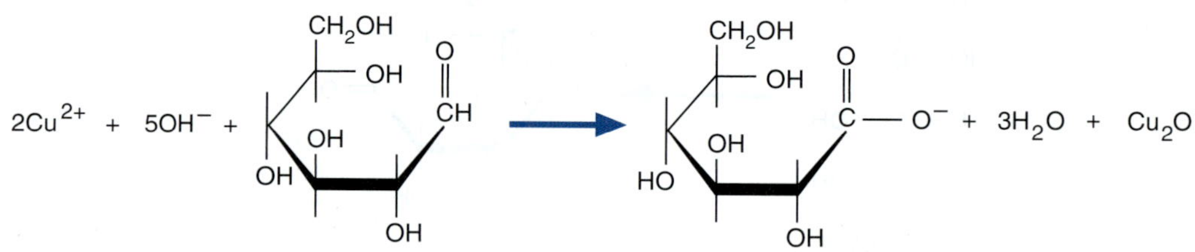

그림 7.14
글루코스와 베네딕트 시약의 반응.
베네딕트 시약[시트르산 소듐이나 탄산 소듐 용액에 녹인 황산 구리(II)]은 단당류인 글루코스에 의해 환원된다. 글루코스는 산화되어 글루콘산(gluconic acid)을 형성한다(반응은 적갈색의 침전물인 산화구리(Cu_2O) 다른 산화물을 만든다(제시하지 않음).

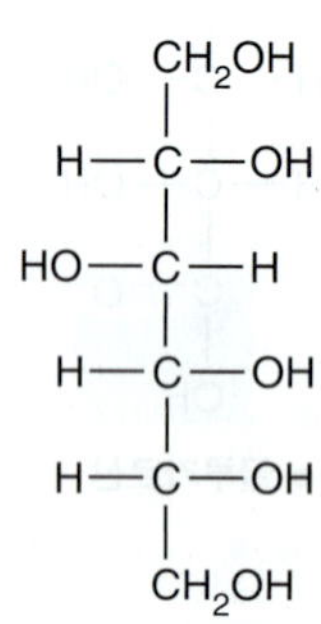

그림 7.15
D-글루시톨(소비톨) 구조.

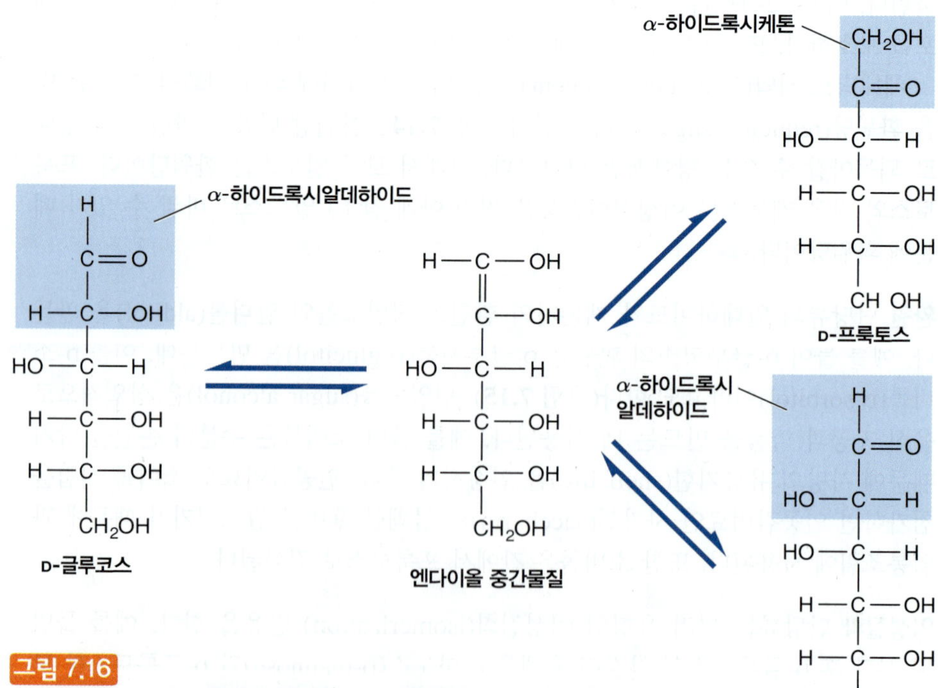

그림 7.16
D-글루코스의 D-마노스와 D-프룩토스로의 이성질화.
이 과정에서 엔다이올 중간물질이 형성된다.

substitution)을 이용하기 때문에 인산화 탄수화물 분자의 역할은 중요하다. 그러한 반응은 이탈기를 필요로 한다. 탄수화물 분자에서 이런 기는 OH기일 가능성이 가장 높다. 그러나 OH기는 약한 이탈기이기 때문에 어떠한 치환 반응도 일어나지는 않을 것이다. 이 문제는 적당한 OH기를 인산에스터로 전환시켜서 해결되며 이것이 들어오는 친핵체(incoming nucleophile)와 치환될 수 있다. 그 결과, 느린 반응이 훨씬 더 빠르게 일어난다.

탄수화물 분자의 황산에스터는 결합조직의 프로테오글라이칸(proteoglycan) 성분에서 주로 발견된다. 황산에스터는 전하를 띠기 때문에 다량의 물과 작은 이온들을 결합할 수 있다. 황산에스터는 또한 탄수화물 사슬 사이의 염다리(salt bridge) 형성에도 참여한다.

문제 7.2

다음 화합물의 구조를 그려라.

a. D-갈락토스의 α, β-아노머
b. 갈락토스의 알돈산, 우론산, 알다르산
c. 갈락시톨
d. 갈락톤산의 δ-락톤

글리코사이드 형성 헤미아세탈과 헤미케탈은 알코올과 반응하여 **아세탈**(acetal) 또는 **케탈**(ketal)을 만든다(**그림 7.17**). 단당류의 고리형 헤미아세탈 또는 헤미케탈이 알코올과 반응할 때 새로이 형성되는 결합을 **글리코시이드 결합**(glycosidic linkage)이라 하고, 이 화합물을 **글리코사이드**(glycoside)라고 한다. 당의 구성 성분에 따라 글리코사이드를 명명하는데, 즉 글루코스의 아세탈과 프룩토스의 케탈을 각각 *글루코사이드*(glucoside)와 *프룩토사이드*(fructoside)라고 한다. 그리고 5개의 구성원으로 된 고리를 갖고 있는 당으로부터 유래한 글리코사이드를 *퓨라노사이드*(furanoside)라 하는 한편 6개의 구성원으로 된 고리형 당으로부터 유래한 글리코사이드를 *피라노사이드*(pyranoside)라 한다. **그림 7.18**처럼 글루코스가 메탄올과 반응하여 두 가지 아노머 유형의 메틸글루코사이드(methyl glucoside)를 형성한다. 글리코사이드는 아세탈이기 때문에 염기성 용액에서 안정하다. 아세탈기만 갖고 있는 탄수화물은 베네딕트 시약과 양성 반응을 하지 않는다. (아세탈 형성은 고리를 '잠가서' 산화나 변광 회전을 할 수 없다.) 오직 헤미아세탈만이 환원제로서

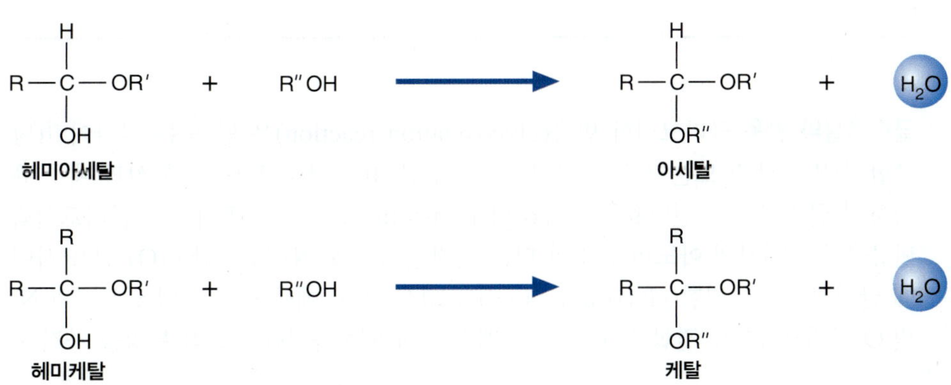

그림 7.17
아세탈과 케탈의 형성.

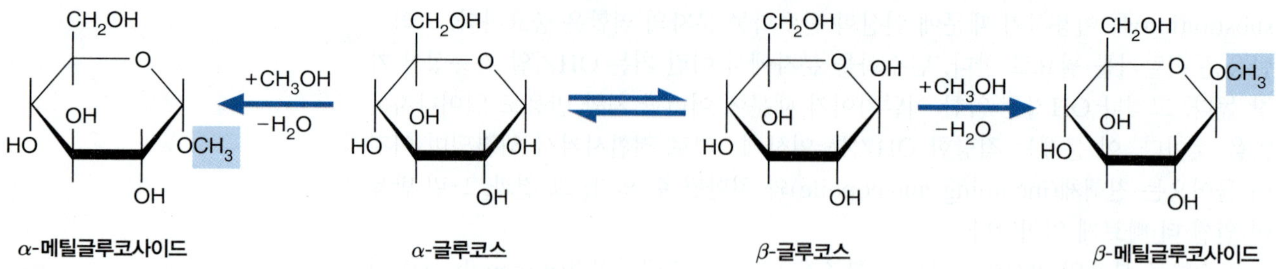

그림 7.18
메틸글루코사이드 형성.
글리코사이드의 비탄수화물 성분을 아글리콘(aglycone)이라고 한다. 푸른색으로 강조된 메틸기(CH_3)가 아글리콘이다.

작용한다.

한 단당류의 헤미아세탈 하이드록시기와 다른 단당류의 하이드록시기 사이에 아세탈 결합이 형성될 때 만들어지는 글리코사이드를 **이당류**(disaccharide)라 한다. 글리코사이드 결합에 의해 연결되어 수많은 단당류로 이루어진 분자를 **다당류**(polysaccharide)라 한다.

문제 7.3

D-글루코스가 트레오닌과 β-글리코사이드 결합을 통해서 연결되는 구조식을 그려라.

문제 7.4

글리코사이드는 일반적으로 자연적으로 생성된다. 한 가지 예가 살리신(**그림 7.19**)인데 버드나무의 껍질에서 발견되는 성분으로서 해열제(열을 내리는)와 진통제(고통을 완화하는)의 성질을 가진다. 살리신의 탄수화물과 아글리콘(비탄수화물) 화합물을 구분할 수 있는가?

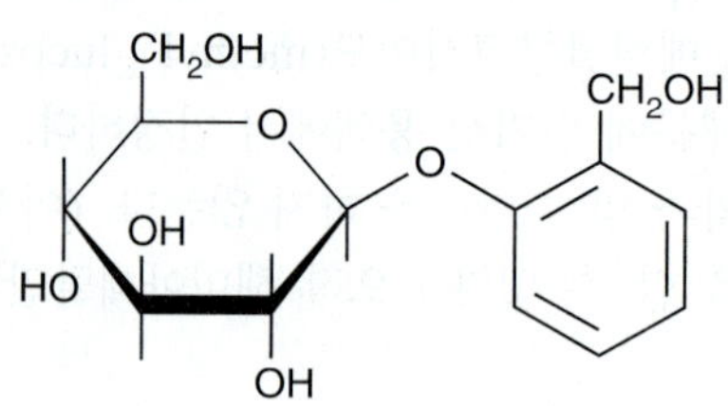

그림 7.19
살리신.

글리코실화 반응 글리코실화 반응(glycosylation reaction)은 당 또는 글라이칸(당중합체)을 단백질 또는 지질에 부착시키는 반응이다. 글리코사이드 형성과 매우 유사하게 글리코실기 전달효소(glycosyl transferase)에 의해 촉매되는 글리코실화 반응은 글라이칸의 아노머 탄소와 다른 분자들의 질소(N) 또는 산소(O) 원자 사이에 글리코사이드 결합(glycosidic bond)을 형성 한다. 예를 들어 단백질 분자와 N- 및 O-글리코사이드 결합은 둘 다 당단백질 분자라는 특이한 구조적 특징을 가진다.

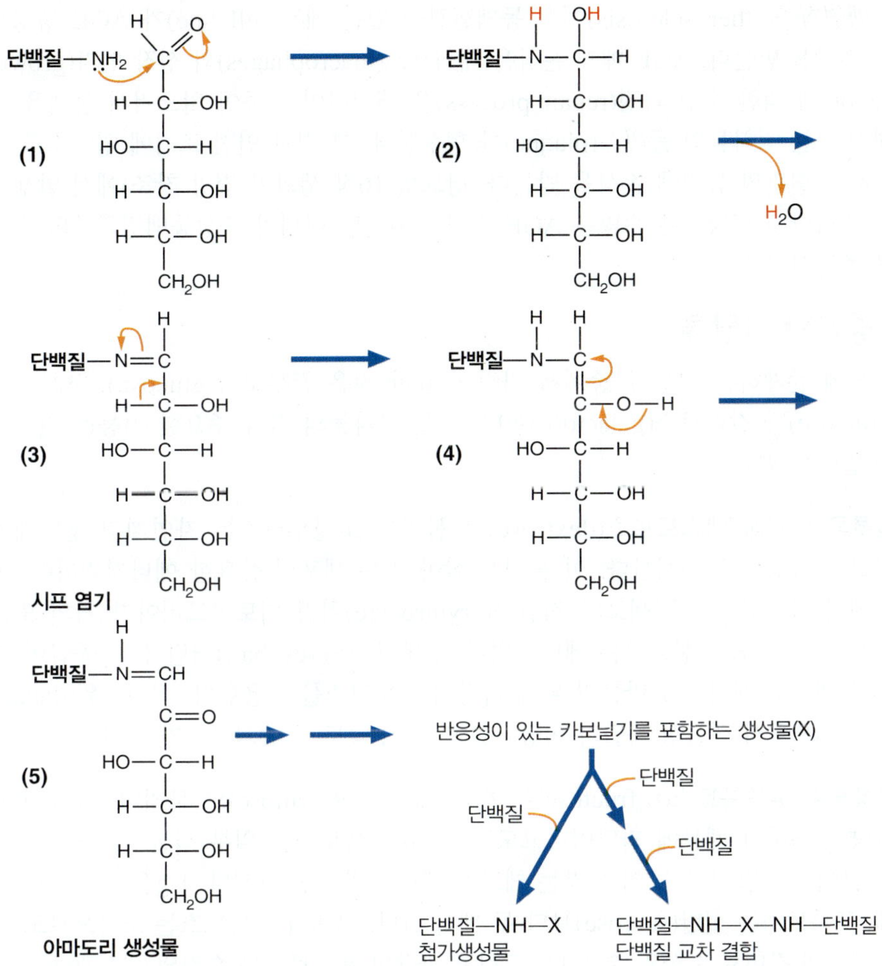

그림 7.20

마이야르 반응.

아미노기를 포함하는 어떤 분자는 마이야르 반응을 한다. 따라서 뉴클레오타이드와 아민도 글루코스와 반응할 수 있다 단백질은 세포에서 고농도의 순환하는 단순당에 노출되어 있기 때문에 이 과정에 의해 손상을 쉽게 더 받는다. 단백질 곁사슬의 아미노기 질소는 알도스나 케토스의 카보닐 탄소와 반응하여 (1), 중간물질을 생성하고(2), 이때 탈수를 거쳐 이민 결합(imine bond, 시프 염기라 함)을 형성한다(3). 이민은 토토머화에 의하여 중간물질을 만들고(4), 그 다음으로 케톤과 아민이 결합된 아마도리 생성물을 생산하기 위한 두 번째 토토머화 반응을 한다(5). 아마도리 생성물은 다른 단백질의 아민기와 추가 반응(산화 및 절단)을 하여 반응성이 큰 카보닐기를 포함한 첨가 생성물을 생성한다.

환원당은 또한 비효소적 반응에서 친핵성 질소 원자와 반응할 수 있다. 이것은 소위 *당화*(glycation) 반응은 열이 있는 곳(당을 함유하는 식품을 조리하거나 구울 때 발생)이나 과량의 당 분자들이 존재할 때 체내에서 천천히 일어난다. 가장 많이 연구된 예는 글루코스와 단백질 내 라이신 잔기의 곁사슬 아미노 질소와 반응이다 소위, 마이야르 반응(Maillard reaction, 1912년 프랑스 화학자 마이야르가 발견하여 명명)이라 부르는 단백질의 당화 반응은 환원당의 아노머 탄소에 아미노 질소의 친핵성 공격으로부터 시작한다(**그림 7.20**). 그 결과 형성된 시프 염기(Schiff base)는 재배열하여 *아마도리 생성물*(Amadori product)이라 하는 안정한 케토아민(ketoamine)을 만든다. 단백질에 결합한 시프 염기(protein-bound Schiff base)와 아마도리 생성물은 산화, 재배열과 탈수 반응 등을 거쳐 최종 당화 생성물(*a*dvanced *g*lycation *e*nd product, AGE)을 생산한다. 다이카보닐화합물인 글리옥살(CHO-CHO)처럼 반응성이 있는 카보닐 포함 생성물은 신속한 단백질 교차 결합과 **첨가생성물**(adduct)을 형성한다(첨가생성물은 첨가 반응의 생성물로서 두 분자가 반응하여 세 번째 분자를 형성함). 그 결과 당화 반응은 단백질의 구조와 기능적 성질을 변화시킨다. 콜라겐(collagen)과 엘라스틴(elastin) 같은 오래된 단백질의 당화 반응은 혈관 조직과 결합 조직을 파괴한다. 그 외에 AGE는 염증 과정을 촉진하는 사이토카인(cytokine)과 같은 물질의 생산을 유도한다. AGE의 축적은 혈관 질환, 퇴행성 신경 질환과 관절염 같은 노화 관련 질환과 연관이 있다. 혈관 질환인 죽상

죽상동맥경화증과 플라크
Atherosclerosis and Plaque

동맥경화증(atherosclerosis)에서 동맥혈관을 덮는 세포(cell line)가 AGE 형성으로 손상을 받는다. AGE 매개 손상은 대식세포(macrophages)와 성장 인자(growth factor)에 의한 수선 과정(repair process)을 개시하여 염증이 일으켜서 동맥을 막히게 하는 침착물인 *플라크*(plaque)를 형성한다. 그 결과 인접 조직에 영양소를 제공하는 혈관의 능력에 손상을 받는다. 당뇨병(16장 생화학 전망 참조)에서 발생하는 과다한 고혈당량은 수많은 AGE 관련 질환뿐만 아니라 죽상동맥경화증의 유발을 촉진시킨다.

중요한 단당류

생물에 존재하는 단당류 중에서 가장 중요한 것은 글루코스(glucose), 프룩토스(fructose)과 갈락토스(galactose)이다. 이들 분자들의 각각 주요한 기능을 간단하게 알아보겠다.

글루코스 원래 덱스트로스(dextrose)로 불리는 D-글루코스는 자연계의 생명체에 골고루 다량으로 존재한다. 이 물질은 살아 있는 세포의 중요한 에너지원이다. 동물에서 글루코스는 뇌세포와 적혈구(erythrocyte)처럼 미토콘드리아가 거의 또는 전혀 없는 세포가 선호하는 에너지원이다. 또한 안구(eyeball)처럼 산소 공급이 제한된 세포도 에너지를 만들기 위해 다량의 글루코스를 사용한다. 식이급원(dietary source)으로서 식물성 녹말과 이당류인 락토스, 말토스, 슈크로스가 있다.

프룩토스 D-프룩토스(D-fructose)는 원래 레불로스(levulose)로 불리며, 과일 속에 다량 존재하기 때문에 과당이라고도 한다. D-프룩토스는 일부 식물에서도 발견되고 꿀에서도 발견된다. 이 분자는 케토스 계통의 중요한 당이다. 1 g을 기준으로 볼 때, 프룩토스는 설탕(sucrose)보다 두 배나 달다. 그래서 프룩토스는 소량으로도 가공식품의 감미료로 쓰일 수 있다. 그리고 과량의 프룩토스는 수컷의 생식관에 사용된다. 프룩토스는 정낭(seminal vesicle)에서 합성된 후 정액의 구성 물질로 된다. 정액은 이 당을 에너지원으로 이용한다.

주요 개념 _Key Concepts

글루코스, 프룩토스, 갈락토스는 생물체에서 가장 중요한 단당류 중 하나이다.

갈락토스 갈락토스(galactose)는 다양한 생체 분자들을 합성하는 데 필요하다. 여기에 속하는 생체 분자로서 락토스(lactose, 수유 중인 유선), 당지질(glycolipid), 프로테오글라이칸(proteoglycan)과 당단백질(glycoprotein)이 있다. 이 물질들의 합성은 갈락토스 또는 락토스의 섭취가 불충분해도 감소하지 않는다. 왜냐하면 이 당은 글루코스-1-인산으로부터 쉽게 합성되기 때문이다.

갈락토스혈증 Galactosaemia

유전병인 *갈락토스혈증*(galactosemia)은 갈락토스를 대사하는 효소의 결핍에 의해 일어난다. 갈락토스, 갈락토스-1-인산과 갈락티톨(galactitol, 당알코올 유도체) 등이 축적되어 간 손상, 백내장 및 심각한 정신지체 등을 일으킨다. 효과적인 유일한 처방은 초기 진단과 갈락토스를 제외한 식이뿐이다.

단당류의 유도체

단순당들이 대사적으로 관련이 있는 화학물질로 전환되는데 그 중 대부분은 생물체의 중요한 대사와 구조의 성분이 된다.

우론산 우론산(uronic acid)은 단당류의 말단 CH_2OH기가 산화될 때 형성된다. 두 종류의 우론산이 동물에게 중요하다. 즉, D-글루쿠론산(D-glucuronic acid)과 그

에피머인 L-이두론산(L-iduronic acid)은 동물의 대사에서 중요한 역할을 한다(**그림 7.21** α-D-글루쿠론산과 β-L-이두론산). 간에서 글루쿠론산은 스테로이드, 약물 및 빌리루빈(bilirubin, 산소 운반 단백질인 헤모글로빈에서 헴의 분해 산물)과 결합함으로써 그 수용성이 향상된다. 이 과정은 노폐물을 체외로 배출하는 데 도움이 된다. D-글루쿠론산과 L-이두론산은 결합조직의 탄수화물 성분으로 풍부하게 존재한다.

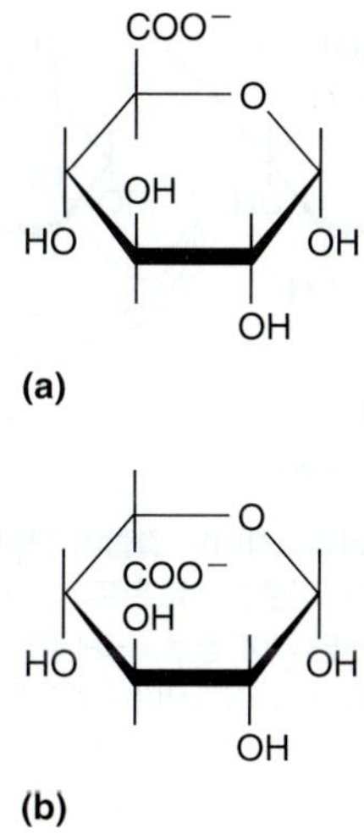

그림 7.21
우론산.
(a) α-D-글루쿠론산, (b) β-L-이두론산.

아미노당 아미노당(amino sugar)은 당(대부분 2번 탄소에 위치한)의 하이드록시기가 아미노기로 치환된 것이다(**그림 7.22**). 이 화합물은 세포 단백질과 지질에 결합된 복잡한 탄수화물의 구성 성분이다. 동물세포에서 가장 흔한 아미노당은 D-글루코사민(D-glucosamine)과 D-갈락토사민(D-galactosamine)이다. 아미노당은 종종 아세틸화되는데 그 중 한 가지가 *N*-아세틸글루코사민(*N*-acetylglucosamine)이다. *N*-아세틸뉴라민산(*N*-acetylneuraminic acid, 시알산의 가장 흔한 형태)은 D-마노사민(D-mannosamine)과 피루브산(pyruvic acid)의 축합생성물이다. 시알산(sialic acid)은 아세트산(acetic acid) 또는 글라이콜산(glycolic acid)으로 아마이드화(amidation)되는 9개의 탄소 원자를 갖고 있는 케토스이다. 이 분자들은 당단백질과 당지질의 성분이다.

데옥시당 —OH기가 —H로 대치된 단당류를 데옥시당이라 한다. 세포 속의 두 개의 중요한 *데옥시당*(deoxy sugar)은 L-퓨코스(L-fucose)와 2-데옥시-β-D-리보스(2-deoxy-β-D-ribose)이다(**그림 7.23**). 퓨코스는 적혈구 표면의 ABO식 혈액형 결정 인자와 같은 당단백질의 탄수화물 구성 성분이다. 그리고 2-데옥시리보스는 DNA의 오탄당 구성 성분이다(**그림 1.8**).

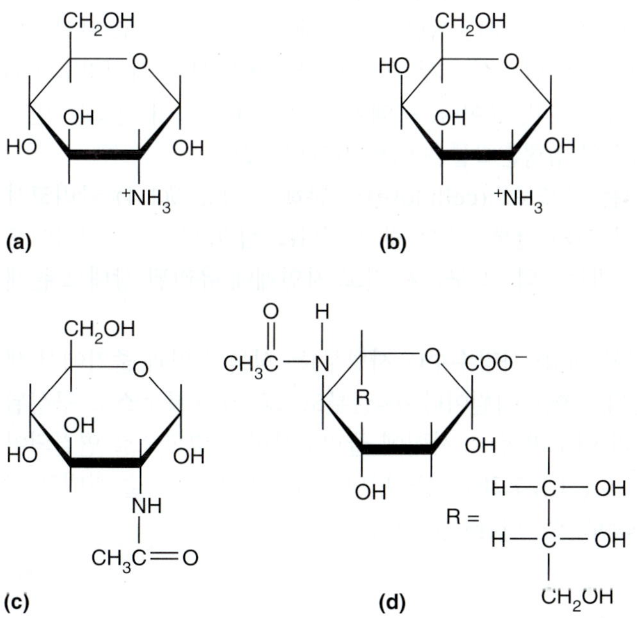

그림 7.22
아미노당.
(a) α-D-글루코사민, (b) α-D-갈락토사민, (c) *N*-아세틸-α-D-글루코사민, (d) *N*-아세틸뉴라민산(시알산).

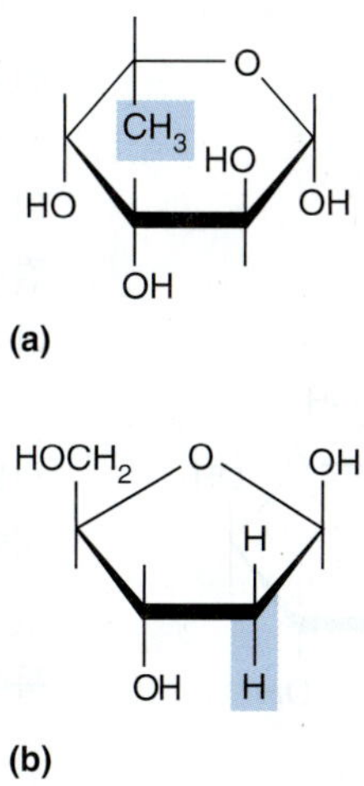

그림 7.23
데옥시당.
(a) β-L-퓨코스(6-데옥시갈락토스), (b) 2-데옥시 β-D-리보스. —OH 기가 —H로 치환된 탄소 원자를 파란색으로 강조하였다.

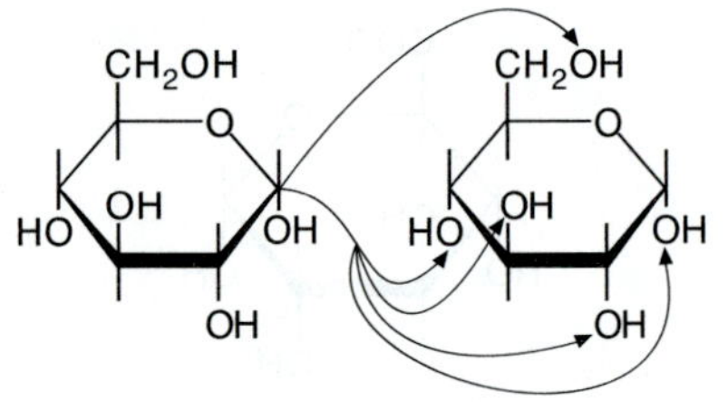

그림 7.24

글리코사이드 결합.

여러 종류의 글리코사이드 결합이 단당류 사이에서 형성될 수 있다. 이론적으로 왼쪽의 α-D-글루코피라노스는 다른 단당류(이 경우 α-D-글루코피라노스)의 어느 알코올기와도 글리코사이드 결합을 할 수 있다.

7.2 이당류

이당류(disaccharides)는 글리코사이드 결합에 의해 연결된 두 개의 단당류로 이루어진 분자이다. 한 단당류 분자가 다른 단당류 분자의 4번 탄소의 하이드록시기에 아노머 탄소 원자를 통해 연결될 때 형성되는 글리코사이드 결합을 1,4로 나타낸다. 아노머 하이드록시기가 α- 또는 β-위치 배열(configuration)로 존재할 수 있기 때문에 2개의 당이 연결될 때 α(1,4) 또는 β(1,4)의 2가지 이당류가 형성될 수 있다. 다른 유형의 글리코사이드 결합[예, α 또는 β(1,1), (1,2), (1,3), (1,6) 연결]도 있다(**그림 7.24**).

이당류와 다른 탄수화물의 소화는 작은창자의 세포에서 생산되는 효소에 의해 일어난다. 소화가 되지 않는 이당류를 섭취하게 되면 이러한 효소의 결핍은 소화불량을 일으킨다. 탄수화물은 주로 단당류 형태로 흡수되기 때문에 소화되지 않은 이당류는 큰창자로 흘러가 그곳에서 삼투압에 의해 주변 조직으로부터 물을 빨아들여 설사를 일으킨다. 큰창자의 세균은 이당류를 분해하여 기체를 만든다(팽창과 경련). 가장 흔한 결핍증은 락토스 *불내증*(lactose intolerance)으로서 유럽인 또는 아프리카인을 제외한 대부분의 성인에 나타난다. 유아기 후 락토스 가수분해효소(lactase)의 현저한 감소로 인해 나타나는 락토스 불내증은 음식으로부터 당을 제거하거나 락토스 가수분해효소를 처리함으로써 치료할 수 있다.

락토스 불내증
Lactose Intolerance

락토스(lactose, 젖당)는 우유에 많이 들어 있는 이당류이다. 락토스는 갈락토스의 1번 탄소의 하이드록시기가 글루코스의 4번 탄소의 하이드록시기에 β-글리코사이드 결합으로 연결되어 있다(**그림 7.25**). 갈락토스의 아노머 탄소가 β-위치 배열(β-configuration)에 있기 때문에 두 단당류 사이의 결합은 β(1,4)이다. 글루코스 잔기의 자유 아노머 탄소는 α- 또는 β-배위 중 하나로 존재할 수 있다. 글루코스 성분이 헤미아세탈기를 갖고 있어 락토스는 환원당이다.

말토스(maltose)는 엿당이라고도 하며 녹말 가수분해의 중간산물이고 자연계에 유리된 상태로 존재하지 않는다. 말토스는 두 개의 D-글루코스 분자 사이가 α(1,4) 글리코사이드 결합으로 연결된 이당류이다. 용액에서 유리된 아노머 탄소는 변광회전을 하여 α- 및 β-말토스의 평형혼합물을 이룬다(**그림 7.26**).

셀로비오스(cellobiose)는 셀룰로스(cellulose)의 분해산물로, β(1,4) 글리코사이드 결합으로 연결된 두 분자의 글루코스를 갖고 있다(**그림 7.27**). 글리코사이드 결합의 방향을 제외하고는 말토스와 그 구조가 같고 자연계에 유리된 상태로 존재하지 않는다.

슈크로스(sucrose, 식탁용 설탕: 사탕수수나 사탕무)는 식물의 잎과 줄기에서 생성되고 식물 전체로 운반되는 에너지원이다. α-글루코스와 β-프룩토스로 구성된 설탕은 단당류들이 두 개의 아노머 탄소 사이에 글리코사이드 결합으로 연결되어 있어 다른 이당류와는 다르다(**그림 7.28**). 어느 단당류 고리도 열린 사슬 형태로 되돌아갈 수 없기 때문에 슈크로스는 비환원당이다.

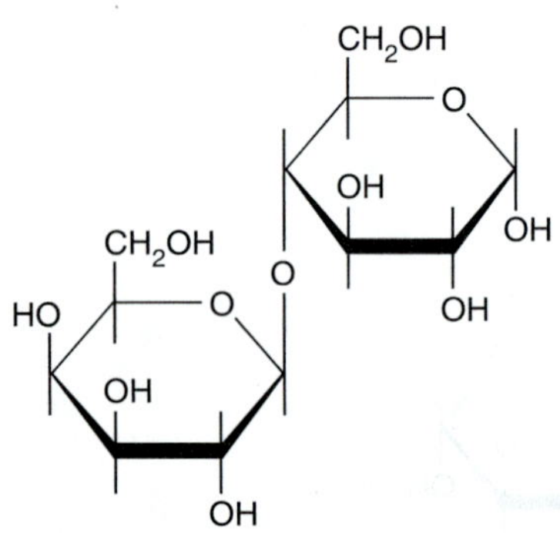

α-락토스

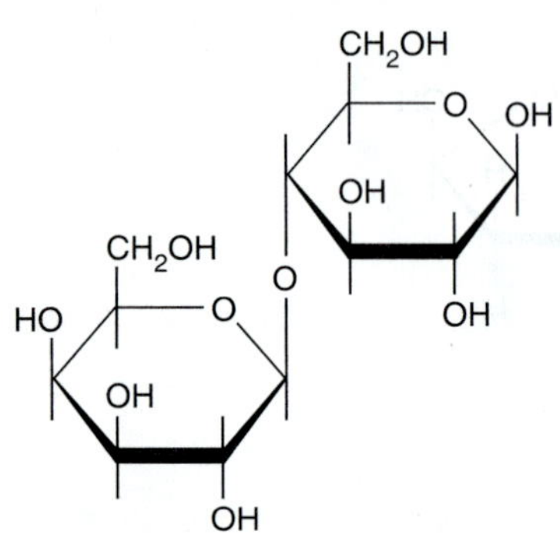

β-락토스

그림 7.25

α- 및 β-락토스.

문제 7.5

다음 당과 당 유도체 중 환원당은 어느 것인가?

a. 글루코스

b. 프룩토스

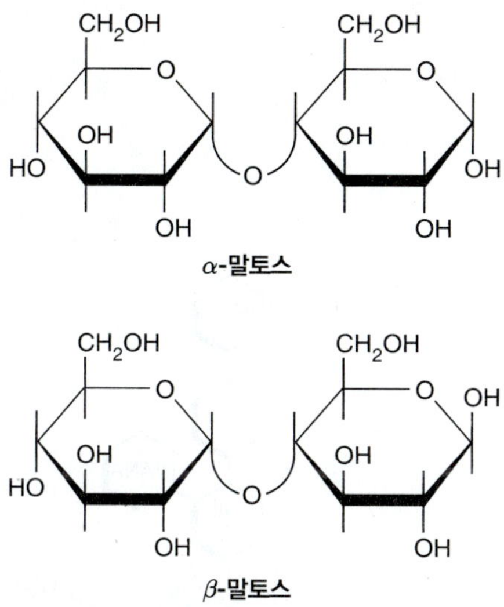

그림 7.26

α-및 β-말토스.

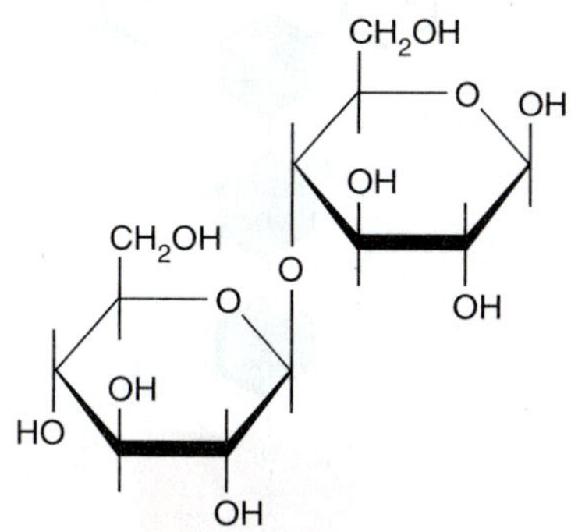

그림 7.27

β-셀로비오스.

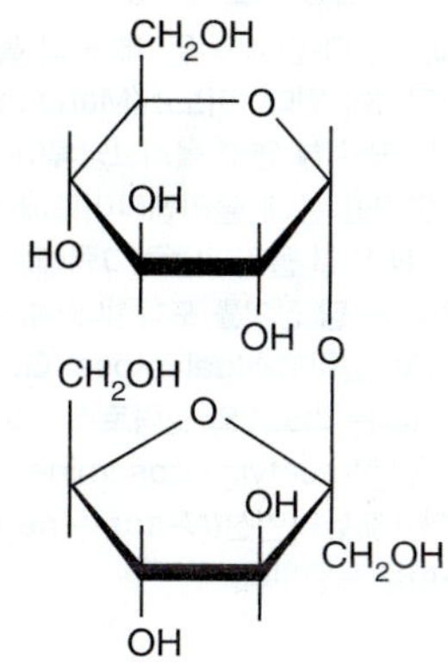

그림 7.28

슈크로스.

α-글루코스와 β-프룩토스 잔기들이 α, β(1,2) 글리코사이드 결합으로 연결되어 있다.

문제 7.5 (계속)

c. α-메틸-D-글루코사이드

d. 슈크로스

그리고 어느 화합물이 변광 회전(mutarotation)을 할 수 있는가?

7.3 다당류

글라이칸(glycan)이라고도 불리는 다당류(polysaccharide)는 글리코사이드 결합으로 연결된 수많은 단당류 단위로 구성되어 있다. 좀 더 작은 글라이칸인 **올리고당류**(oligosaccharide)는 약 10개 또는 15개의 단당류를 포함하는 중합체로서 대부분 당단백질의 폴리펩타이드에 결합하여 있고 일부는 당지질에 결합하여 있다. 가장 잘 알려진 올리고당류는 막과 분비 단백질에 붙어 있는 당류들이다. 올리고당류에는 N-연결 올리고당류(N-linked oligosaccharide)와 O-연결 올리고당류(O-linked oligosaccharide)의 두 종류가 있다. N-연결 올리고당류는 아스파라진의 곁사슬 아마이드기와 N-글리코사이드 결합에 의해 폴리펩타이드에 결합한다. **그림 7.29**에 나와 있는 것처럼 세 종류의 아스파라진 연결 올리고당류, 즉 고농도 마노스(high mannose), 혼성(hybrid)과 복합(complex) 형이 있다. O-연결 올리고당류는 폴리펩타이드 사슬의 세린 또는 트레오닌 곁사슬의 하이드록시기 또는 막지질의 하이드록시기에 의해 폴리펩타이드에 결합한다. 크기가 더 큰 글라이칸들은 수백~수천 개의 당 단위들을 포함한다. 이 분자들은 선형(linear) 구조 또는 가지달린(branched) 사슬 구조를 가질 수 있다. 다당류는 두 종류로 나뉘는데, 한 종류의 단당류로 구성된 **동종글라이칸**(homoglycan)과 두 개 또는 그 이상의 종류를 포함하는 **이종글라이칸**(heteroglycan)이 있다.

동종글라이칸

자연계에 가장 많은 **동종글라이칸**(homoglycan)은 녹말(starch), 글리코젠(glyco-

주요 개념 _Key Concepts

- 이당류는 두 개의 단당류로 구성된 글리코사이드이다.
- 말토스, 락토스, 셀로비오스, 슈크로스는 이당류이다.

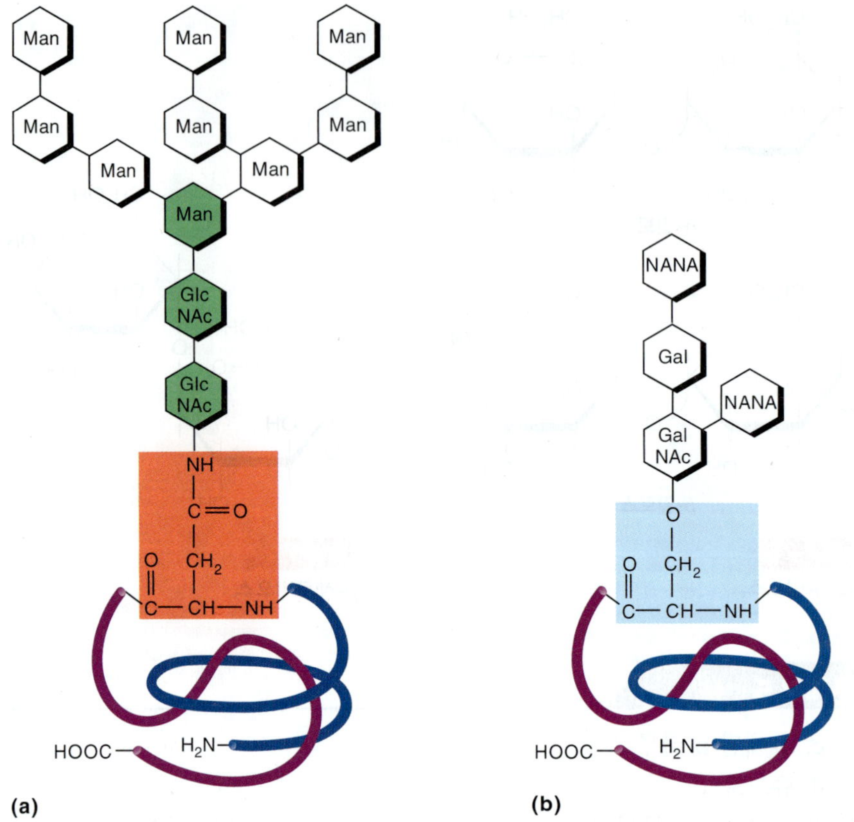

그림 7.29

폴리펩타이드에 결합된 올리고당류.

(a) N-연결과 (b) O-연결의 두 개 군의 올리고당이 단백질에 연결되어 있다. 마노스(Mannose, Man)가 많은 올리고당은 N-연결 올리고당류이다. 이들은 아스파라진 연결을 통해 폴리펩타이드에 연결된다. 복합 및 혼성 N-연결 올리고당류(그림에는 표시되어 있지 않음)는 다른 당 잔기를 포함한다[예, 시알산(sialic acid, SA), 갈락토스(galactose, Gal) 등]. O-연결 올리고당류는 마노스와 갈락토스, 그리고 *N*-아세틸글루코사민(*N*-acetylglucosamine, GlcNAc) 외에도 *N*-아세틸뉴라민산(*N*-acetylneuraminic acid, NANA)을 포함한다.

gen), 셀룰로스(cellulose), 키틴(chitin)이다. 이들이 가수분해되면 모두 D-글루코스가 된다. 녹말과 글리코젠은 각기 식물과 동물에서 에너지 저장형으로 존재하고, 셀룰로스는 식물세포의 주요한 구조 성분이다. 곤충 및 갑각류의 외골격 구조 성분 그리고 진균류(fungi)의 세포벽 성분이 되는 **키틴**(chitin)은 가수분해되면 글루코스 유도체인 *N*-아세틸글루코사민(*N*-acetylglucosamine)이 된다.

단백질이나 핵산과 달리 녹말과 글리코젠 같은 다당류는 고정된 분자량을 갖고 있지 않다. 이 분자들의 크기는 이 분자들을 생산하는 세포의 대사 상태를 반영한다. 예를 들어 식사 후 혈당량이 증가하면 간은 글리코젠을 합성한다. 잘 먹은 동물의 글리코젠 분자는 2×10^7 Da이나 되는 분자량을 갖는다. 혈당 농도가 떨어지면 간의 효소들은 글리코젠 분자들을 분해하기 시작하여 글루코스를 혈류로 보낸다. 만약 동물이 계속해서 단식을 하면 저장된 글리코젠이 거의 모두 소모될 때까지 글리코젠 분해가 지속된다.

녹말 식물세포의 에너지 저장원인 녹말은 음식물 속에 존재하는 주요한 탄수화물 중 하나이다. 세계 주요 식품의 영양 가치는 대부분 녹말(감자, 쌀, 옥수수, 밀)에서 비롯된다. 녹말 속에는 두 종류의 다당류, 즉 아밀로스(amylose)와 아밀로펙틴(amylopectin)이 있다.

아밀로스(amylose)는 α(1,4) 글리코사이드 결합[α(1,4) glycosidic bond]으로 연결된 D-글루코스 잔기의 긴 사슬(가지가 없는)로 구성되어 있다(**그림 7.30**). 두 종류의 녹말을 비롯한 수많은 다당류들은 하나의 *환원성 말단*(reducing end)를 갖는데, 그 고리가 열려 환원성을 띤 자유 알데하이드기(free aldehyde group)를 형성한다. 이 분자들에서 내부 아노머 탄소는 아세탈 연결에 관여하고 환원제로 작용할 만큼 자유롭지 못하다.

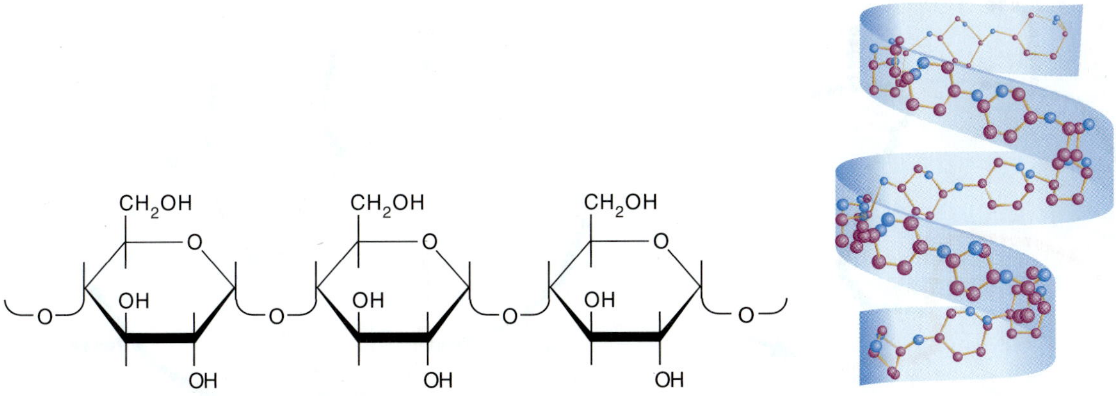

(a) (b)

그림 7.30

아밀로스.

(a) 아밀로스의 D-글루코스 잔기들은 $\alpha(1,4)$ 글리코사이드 결합을 통해 연결되어 있다. (b) 아밀로스 중합체는 좌선성 나선구조를 형성한다.

수천 개의 글루코스 잔기들을 갖고 있는 아밀로스는 그 분자량이 15만~60만 Da이다. 선형 아밀로스(linear amylose)는 길고 치밀한 나선형 구조를 하고 있기 때문에 이와 같은 조밀한 모양은 저장을 하는 데 매우 적합하다. 아이오딘 분자가 이 나선구조 사이에 끼어들면 진한 푸른색(보라색)의 발색 반응을 나타내는데, 이는 녹말 검색 분석법으로 널리 쓰인다. 양성 반응의 푸른색은 아이오딘 분자와 아밀로스의 나선형 배열 글루코스 잔기 사이의 전자 상호작용에 의한 것이다.

나른 형태의 녹말인 **아밀로펙틴**(amylopectin)은 $\alpha(1,4)$와 $\alpha(1,6)$ 글리코사이드 결합을 모두 갖고 있는 가지 사슬의 중합체이다. $\alpha(1,6)$ 가지점(branch point)이 매 20~25개의 글루코스 잔기마다 일어나기 때문에 나선 형성이 일어나지 않게 된다(**그림 7.31a**). 아밀로펙틴의 글루코스 단위 수는 수천에서 수백만 개에 이른다.

녹말의 소화는 구강에서 시작하는데 그곳에서 타액 효소인 α-아밀레이스(α-amylase)가 글리코사이드 결합의 가수분해를 개시한다. 소화는 소장에서 지속되는데 그곳에서 췌장 α-아밀레이스는 가지점 바로 옆의 결합을 제외한 모든 $\alpha(1,4)$ 글리코사이드 결합을 무작위로 가수분해한다. α-아밀레이스 촉매 작용에 의한 생성물로는 말토스, 말토트라이오스와 α-한계덱스트린[α-limit dextrin, 1개 또는 그 이상의 $\alpha(1,6)$ 가지점을 갖고 있으며 전형적으로 8개의 글루코스 단위를 포함하고 있는 올리고당류] 등이 있다. 소장을 덮고 있는 세포로부터 분비되는 여러 효소들은 앞에서 열거한 중간물질들을 글루코스로 전환시키며 글루코스는 소장 세포로 흡수된다. 그리고 혈류로 흘러간 글루코스는 간으로 운반된 다음 나머지 몸 전체로 운반된다.

글리코젠 **글리코젠**(glycogen)은 척추동물의 탄수화물 저장 분자로서 간과 근육 세포에 가장 많이 존재한다 (글리코젠은 간세포의 약 8~10%와 근육 세포의 약 2~3%를 차지한다.) 글리코젠은 분자의 핵심부(core)에서 네 번째 글루코스 잔기마다 더 많은 가지점을 보유하고 있는 것을 제외하고는 아밀로펙틴과 그 구조가 유사하다(**그림 7.31b**). 글리코젠 분자상 바깥자리에서 가지점들은 서로 가까운 위치에 있지 않고 약 8~12개 잔기마다 나타난다. 글리코젠은 다른 다당류보다 훨씬 더 치밀한 구조를 하고 있기 때문에 매우 좁은 공간을 차지하며 움직이는 동물에게는

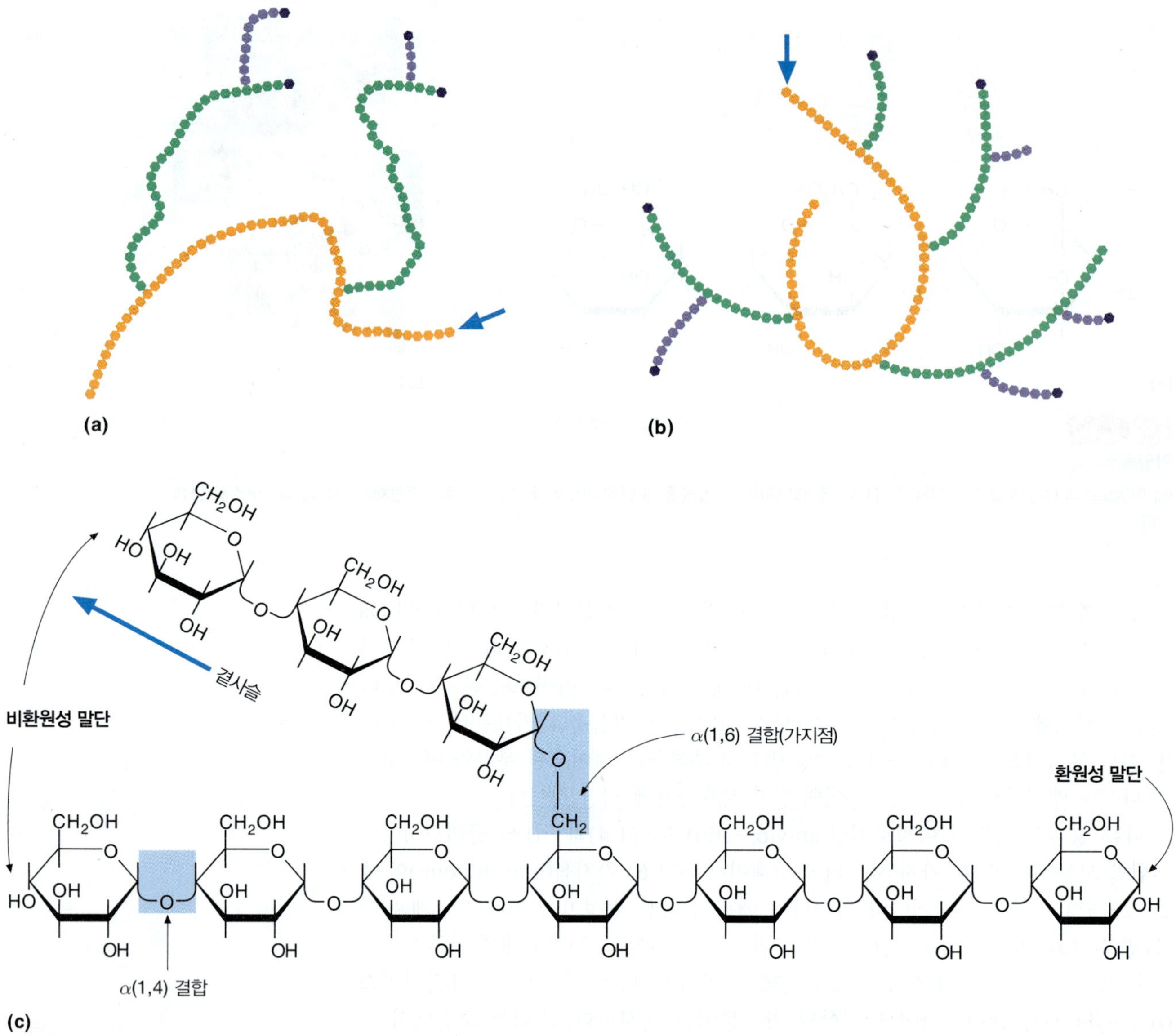

그림 7.31
(a)아밀로펙틴과 (b)글리코젠.
각 육각형은 글루코스 한 분자를 나타낸다. 각 분자는 하나의 환원성 말단(화살표)과 수많은 비환원성 말단을 갖고 있다. (c)는 (a)와 (b)의 상세 구조.

유리하게 작용한다. 글리코젠 분자의 많은 비환원성 말단(nonreducing end)에서 글루코스 단량체로의 가수분해가 일어나기 때문에 에너지 동원이 신속하게 일어난다.

문제 7.6

한 개의 글루코스 분자가 글리코젠에 결합하려면 두 개의 고에너지 인산화 결합이 소모되어야 한다. 왜 글루코스가 근육이나 간에 개개의 글루코스 분자가 아닌 글리코젠 구조로 저장되어야 하는가? 바꿔 말하면 세포가 대사 에너지를 소모하면서 글루코스 분자를 중합체로 저장하는 장점은 무엇인가? [*힌트*: 7.3절에서 주어진 이유 외에도 글루코스 중합체가 해결하는 다른 문제에 대해서는 3장을 참조하라.]

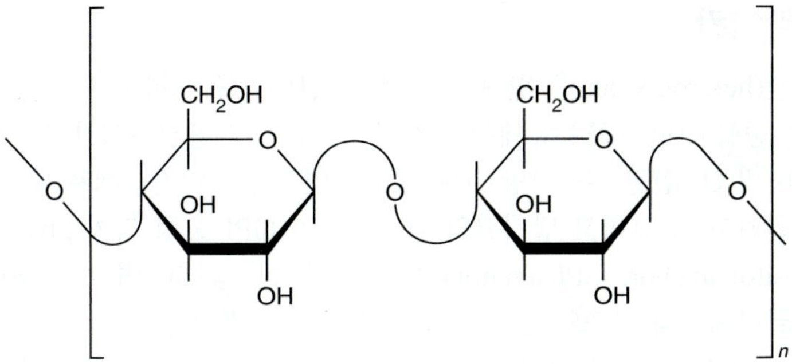

그림 7.32
셀룰로스의 이당류 반복 단위.

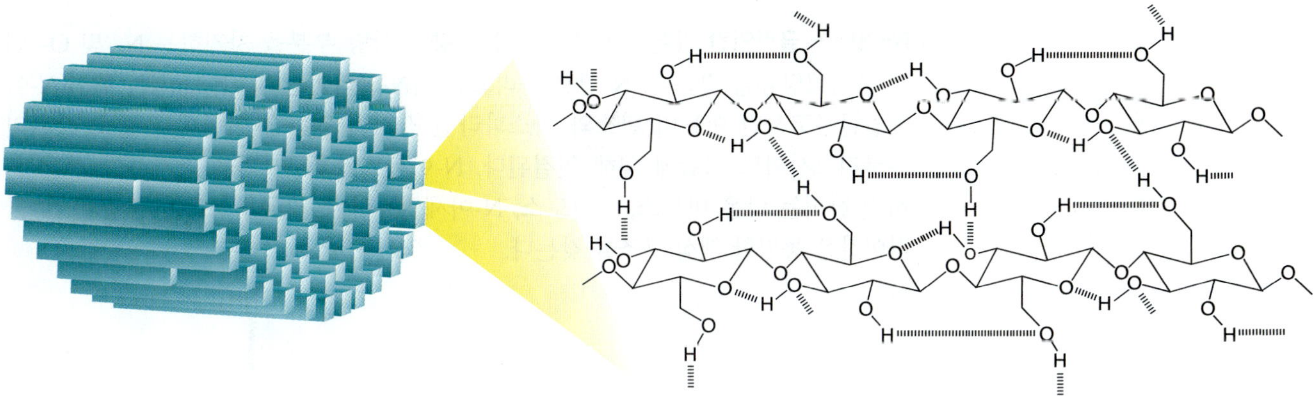

그림 7.33
셀룰로스 미세섬유.
셀룰로스의 구조적 견고성은 인접한 셀룰로스 분자 사이의 수소 결합 때문이다.

셀룰로스 셀룰로스(cellulose)는 β(1,4) 글리코사이드 결합으로 연결된 D-글루코피라노스 잔기로 구성된 중합체이다(**그림 7.32**). 셀룰로스는 식물에서 가장 중요한 구조 다당류이고, 식물 전체의 생체질량(biomass)의 약 3분의 1을 차지하며, 지구상에서 가장 풍부한 유기물이다. 대략 매년 10^{14} kg의 셀룰로스가 생산된다.

거의 12,000개의 글루코스 단위를 갖고 있으며 가지 사슬이 없는 셀룰로스(unbranched cellulose) 분자의 쌍들은 서로 수소 결합을 통해 *미세섬유*(microfibril)라고 하는 얇은 판 모양의 조각을 형성한다(**그림 7.33**). 철사와 비교할 수 있을 만큼의 장력을 가진 미세섬유는 식물의 1차와 2차 세포벽에서 발견되고 이들은 식물 세포를 지지하고 보호하는 구조 틀(framework)을 형성한다.

셀룰로스를 소화하는 능력은 셀룰로스 가수분해효소(cellulase)라는 효소를 갖고 있는 미생물에서만 볼 수 있다. 흰 개미와 소 같은 동물은 소화관 속의 미생물을 이용하여 셀룰로스를 소화한다. 셀룰로스의 분해산물인 글루코스는 모두 미생물과 숙주세포에 이용된다. 많은 동물들이 셀룰로스를 소화할 수는 없지만 셀룰로스는 영양에 있어 중요한 역할을 한다. 셀룰로스는 현재 건강에 중요한 것으로 여겨지는 식이섬유를 구성하는 여러 식물 생산물 중 하나이다.

구조적인 특성 때문에 셀룰로스는 막대한 경제적 중요성을 지니고 있다. 목재, 종이, 직물(예, 면, 린넨, 모시)은 셀룰로스 함량에 따라 독특한 특징을 가지게 된다.

이종글라이칸

이종글라이칸(heteroglycan)은 한 종류 이상의 단당류를 포함하고 있는 고분자량의 탄수화물 중합체이다. 포유류에서 발견되는 주요한 이종글라이칸에는 단백질에 부착하는 N- 및 O- 연결 이종다당류(N- 및 O- 연결 글라이칸), 세포 외 기질의 글리코사미노글라이칸, 그리고 당지질의 글라이칸과 GPI 고정 장치(glycosylphosphatidylinositol anchor, GPI anchor) 등이 있다. N- 및 O- 연결 글라이칸과 글리코사미노글라이칸의 구조와 성질은 다음에 설명할 것이다. 그리고 주변 단백질(peripheral protein)을 막에 부착시키는 수단인 당지질과 GPI 고정 장치는 11장에서 배우게 될 것이다.

N- 및 O- 글라이칸 많은 단백질들은 분자량의 상당 부분을 차지하는 N- 및 O- 연결 올리고당류를 갖는다. N-연결 올리고당류[**N-글라이칸**(N-glycan)]는 핵심 *N*-아세틸글루코사민 아노머 탄소와 아스파라진 잔기의 곁사슬 아마이드 질소 사이의 *β*-글리코사이드 결합에 의해 연결된다. N-아세틸글루코사민을 첨가하면 가장 흔히 관찰되는 당은 마노스, 갈락토스, N-아세틸뉴라민산, 글루코스이다. 모든 N-글라이칸은 동일한 핵심 구조를 갖는다.

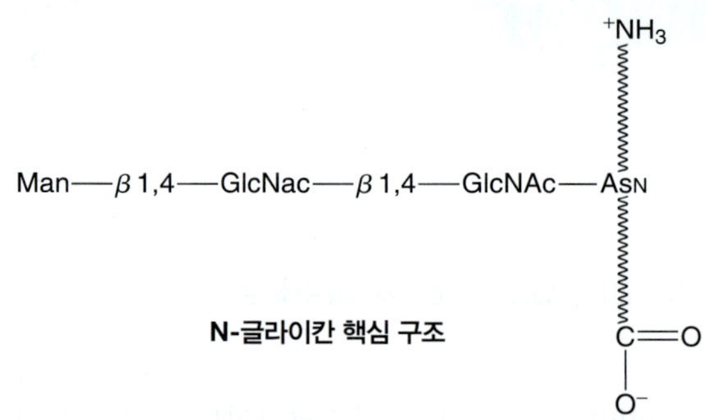

N-글라이칸 핵심 구조

O-연결 올리고당류[**O-글라이칸**(O-glycan)]는 세린 또는 트레오닌 잔기의 하이드록시 산소에 *α*-글리코사이드 결합을 통해 단백질에 연결된 갈락토실-*β*-(1,3)-*N*-아세틸갈락토사민[galactosyl-*β*-(1,3)-*N*-acetylgalactosamine]의 이당류 핵심 구조를 가진다. 콜라젠에서 핵심 *β*-연결 이당류는 Gal-Gal 또는 Glc-Gal일 수 있고, 5-하이드록시라이신(5-hydroxylysine)의 곁사슬 하이드록시 산소에 연결된다. O-글라이칸에서는 *N*-아세틸뉴라민산과 시알산 같은 다른 당도 발견된다.

글리코사미노글라이칸 글리코사미노글라이칸(glycosaminoglycan, GAG)은 이당류 반복 단위를 갖고 있는 선형중합체(linear polymer)이다. 당 잔기의 대부분은 아미노유도체(amino derivative)이다. 히알루론산(hyaluronic acid), 황산 콘드로이틴(chondroitin sulfate), 황산 더마탄(dermatan sulfate), 헤파린(heparin)과 황산헤파란(heparansulfate), 그리고 황산 케라탄(keratan sulfate)의 다섯 종류의 GAG가 있다. 반복 단위로 갈락토스를 갖고 있는 황산 케라탄을 제외하고는 헥수론산(hexuronic acid, 6개의 탄소를 갖고 있는 우론산)을 반복 단위로 갖고 있다. *N*-아세틸글루코사민(*N*-acetylglucosamine)을 갖고 있는 히알루론산을 제외하고는 흔히 황산 *N*-아세틸글루코사민(*N*-acetylglucosamine sulfate)도 존재한다. 많은 이당류 단위들은 카복실기와 황산 작용기를 모두 갖고 있다. GAG는 당 잔기, 당 잔기 사이의 연결, 황산기의 존재와 위치에 따라 분류된다.

GAG는 생리적 pH에서 음전하를 많이 나타낸다. 전하 반발 때문에 GAG는 서로 떨어져 있다. 게다가 비교적 유연성이 없는 다당류 사슬은 강력한 친수성을 나타낸다. GAG는 많은 부피의 물을 끌어당기기 때문에 그 질량에 비해 상대적으로 거대한 부피를 차지한다. 예를 들어 수화된 히알루론산은 건조 상태일 때보다 1000배 이상 큰 부피를 차지한다.

주요 개념 _Key Concepts

다당류는 수많은 단당류로 구성되고 에너지원과 구조 성분으로 사용된다.

7.4 당접합체

탄수화물이 단백질과 지질 모두와 공유 결합으로 연결된 화합물을 **당접합체**(glycoconjugate)라고 한다. 이 물질은 다세포생물의 세포-세포 상호작용과 개개의 세포 기능에 엄청난 영향을 미친다. 그리고 탄수화물-단백질 접합체에는 두 종류, 즉 프로테오글라이칸(proteoglycan)과 당단백질(glycoprotein)이 있다. 이 두 분자들이 모두 탄수화물과 단백질을 갖고 있지만 그 구조와 기능은 현저히 다르다. 지질 분자를 포함하는 올리고당류인 *당지질*(glycolipid, 11장)은 원형질막의 바깥 표면에 주로 존재한다.

프로테오글라이칸

프로테오글라이칸(proteoglycan)은 건조 중량의 95%나 차지하는 고함량의 탄수화물을 갖고 있기 때문에 보통 당단백질과는 다르다. 이 물질은 주로 조직의 세포외 기질(세포 간 물질)에서 발견된다. 모든 프로테오글라이칸은 GAG 사슬을 갖고 있다. GAG 사슬은 N-글리코사이드 결합과 O-글리코사이드 결합에 의해 단백질 분자[핵심 단백질(core protein)]와 연결되어 있다. 프로테오글라이칸은 GAG사슬이 합성되어지는 골지체에서 만들어진 후 조면소포체(RER)에서 미리 합성된 핵심 단백질과 공유 결합을 형성한다. 프로테오글라이칸의 다양성은 상이한 핵심 단백질의 수와 탄수화물 사슬의 다양한 종류 및 길이로부터 유래한다. 예를 들어 신데칸(syndecan), 글리피칸(glypican), 아그레칸(aggrecan) 등이 있다. 신데칸의 핵심 단백질은 막횡단 단백질(transmembrane protein)인 프로테오글라이칸을 포함하는 황산 헤파란과 황산 콘드로이틴 등이다. 글리피칸은 황산 헤파란을 포함하고 GPI 고정 장치에 의해 세포막에 연결된 프로테오글라이칸이다. 연골에서 풍부하게 발견되는 프로테오글라이칸인 아그레칸은 약 100개 이상의 황산 콘드로이틴과 40개의 황산 케라탄 사슬에 붙은 핵심 단백질로 구성된다. 100개에 이르는 아그레칸 단위체들이 히알루론산에 부착하여 프로테오글라이칸 집합체를 형성한다(**그림 7.34**).

프로테오글라이칸은 세포 외 기질을 구성하는 역할 이외에도 세포 표면에서 일어나는 모든 세포 과정에 참여한다. 예를 들어 특정 신호 분자(예, 성장인자)에 결합하는 막 결합 신데칸과 글리피칸(glypicans)은 세포 주기를 조절하는 여러 신호 전달 경로의 성분들이다. 수많은 다중 이온 GAG 사슬(polyionic GAG chain) 때문에 아그레칸은 큰 부피의 물을 포획한다. 그 결과 이런 분자들은 같은 질량을 가진 분자보다 수천 배나 더 많은 공간을 차지한다. 연골의 세기, 유연성과 탄성(resilience)은 음으로 하전된 GAG 사이의 반발과 콜라젠 섬유의 신장 강도(tensile strength)에 의해 제공되는 압축 강성(compressive stiffness)의 조합에 의한 것이다.

수많은 유전 질환은 *뮤코다당류*(mucopolysaccharidoses)라고 알려진 프로테오글라이칸 대사와 관련되어 있다. 프로테오글라이칸은 계속하여 합성되고 분해되기 때문에 과도한 축적(리소좀 효소 결핍에 의함)은 매우 심각한 결과를 가져온다. 예를 들어 *헐러증후군*(Hurler's syndrome)에서는 특이한 효소의 결핍으로 황산 더마

헐러증후군
Hurler's Syndrome

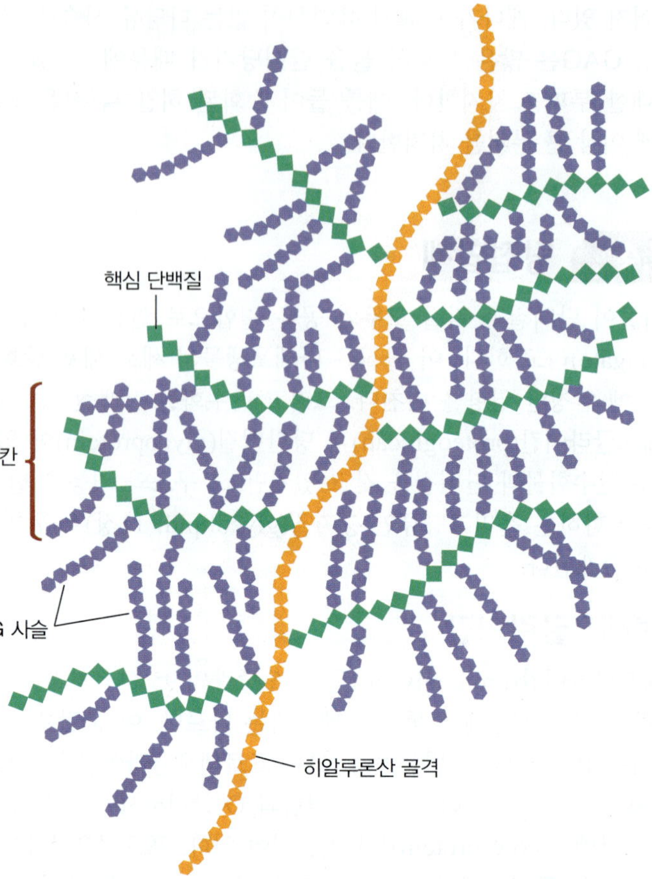

그림 7.34
프로테오글라이칸 집합체.
프로테오글라이칸 집합체는 연결조직의 세포 외 조직에서 전형적으로 나타난다. 핵심 단백질(core protein)을 통한 각 아그레칸 단위체의 히알루론산과의 비공유 결합은 2개의 연결단백질(linker protein)에 의해 중재된다(나타내지 않음). 프로테오글라이칸은 세포 외 기질에서 콜라젠, 엘라스틴과 피브로넥틴(세포 부착에 관련된 당단백질) 같은 섬유상 단백질과 상호작용한다.

탄(dematan sulfate)이 축적되어 생기는 병이다. 이 증후군은 정신적인 지체, 근육의 기형, 조기 사망과 같은 증상을 나타낸다. 테이-삭스병(Tay-Sachs disease)과 유사하게 헐러 증후군은 상염색체 열성장애(autosomal recessive disorder)이다(즉, 부모로부터 각각 한 개씩의 결손 유전자 복제물이 유전됨).

당단백질

N-연결 또는 O-연결을 통해 탄수화물에 결합된 단백질을 당단백질(glycoprotein)이라고 한다. 당단백질의 탄수화물 성분은 전체 무게의 1%에서 85% 이상까지 된다. 탄수화물에는 혈장 당단백질의 가지달린 사슬형 올리고당류와 구조 단백질인 콜라젠에 부착한 단당류와 이당류가 있다. 비록 당단백질은 때때로 프로테오글라이칸을 갖고 있는 것으로 생각될 수 있지만 구조적 이유 때문에 분리해서 조사할 필요가 있다. 프로테오글라이칸에서 특징적으로 존재하는 우론산, 황산기와 이당류 반복 단위가 당단백질에는 존재하지 않는다.

앞서 언급했듯이 당단백질의 탄수화물기는 *N*-아세틸글루코사민(GlcNAc)과 아스파라진(Asn)사이의 *N*-글리코사이드 결합 또는 *N*-아세틸갈락토사민(GalNAc)과 세린(Ser) 및 트레오닌(Thr)의 하이드록시기 사이의 O-글리코사이드 결합에 의해 폴리펩타이드에 연결된다. 전자의 당단백질을 *아스파라진 연결형*(asparagine-linked type), 후자를 *뮤신형*(mucin-type)이라고 한다. 아스파라진 연결 올리고당류는 막 결합 지질 분자에서 만들어지고 단백질 합성이 되는 동안에 아스파라진 잔기에 공유 결합으로 연결된다(19장 참조). 소포체와 골지체 내강(lumen)에서 여러 가지 첨가 반응으로 최종적인 N-연결 올리고당류 구조가 형성된다. 아스파라진 연결 올리고당류를 갖고 있는 단백질의 예로서 달걀의 영양 저장단백질인 난알부민(ovalbumin)과 철 수송단백질인 트랜스페린(transferrin)이 있다. 뮤신형 탄수화물(O-글라이칸) 단위는 남극 물고기의 부동 당단백질에 존재하는 이당류인 Gal-1,3-GalNAc로부터 ABO식 혈액형의 복잡한 올리고당류에 이르기까지 그 구조와 크기가 매우 다양하다.

당단백질 기능 당단백질은 대부분의 생물체에 골고루 존재하는 다양한 종류의 분자 집합체이다(**표 7.1**). 당단백질은 세포 내 가용형과 막결합형으로 그리고 세포 외 유동액으로 존재한다. 척추동물은 당단백질이 특히 풍부하다. 대표적인 예를 들면 금속 운반단백질인 트랜스페린과 세룰로플라스민(ceruloplasmin), 혈액응고 인자와 보체(complement, 면역 반응 중 세포 파괴에 관련된 단백질) 성분 등이 있다. 많은 호르몬들은 당단백질이다. 그 예를 들면 여포 자극 호르몬(follicle-stimulating hormone, FSH)이 있다. 이것은 뇌하수체 전엽에서 분비되는 호르몬으로 난자와 정자의 발달을 촉진시킨다. 그 외에 많은 효소들도 당단백질이다. 그 예로서 RNA를 분해하는 RNA 가수분해효소(ribonuclease, RNase)가 있다. 또한 내재 막단백질(integral membrane protein), Na^+-K^+-ATPase(동물의 혈장 막에서 발견되는 이온 펌프), 조직적합성 항원(major histocompatibility antigen, 기관 공여자와 수혜자를 서로 맞추는 데 사용하는 세포 표면 표지자) 등은 특히 흥미로운 예가 된다.

최근 연구의 경향은 탄수화물이 다세포생물의 인식 과정(recognition process)에서 어떻게 단백질 분자를 안정화시키고 기능을 수행하느냐에 초점을 맞추고 있다. 단백질 분자에 탄수화물이 존재하면 변성이 방지된다. 예를 들면 소의 RNase A는 탄수화물이 결합된 RNase B보다 열에 의해 더 쉽게 변성된다. 그뿐만 이니라 당이 풍부한 당단백질은 당이 없는 단백질보다 단백질 가수분해(폴리펩타이드의 효소 촉매 가수분해)에 대해 상대적으로 내성이 있다. 탄수화물이 분자 표면에 있어서 폴리펩타이드 사슬을 단백질 가수분해효소로부터 보호한다.

당단백질의 탄수화물은 생물학적 기능에 영향을 준다. 당단백질의 종류에 따라 그 기여도가 다르다. 예를 들어 다량의 시알산은 침의 뮤신(침에 존재하는 윤활 당

표 7.1 당단백질

종류	예	출처	분자량(Da)
효소	RNA 가수분해효소 B	소	14,700
면역 글로불린	면역 글로불린 A 면역 글로불린 M	사람 사람	160,000 950,000
호르몬	융모막 성 생식샘 자극 호르몬 여포 자극 호르몬	사람 태반 사람	38,000 34,000
막단백질	글리코포린	사람 적혈구	31,000
렉틴	감자의 렉틴	감자	50,000
(탄수화물이 결합된 단백질)	콩 응집소	콩	120,000
(탄수화물이 결합된 단백질)	피마자 렉틴	피마자	120,000

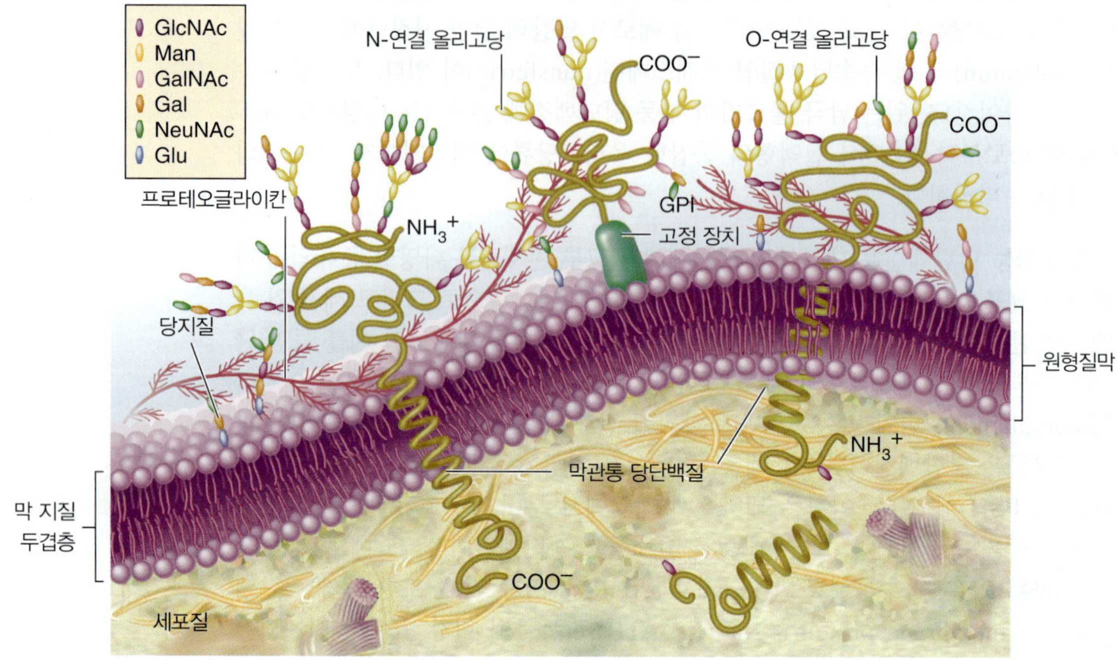

그림 7.35
당질피질.
당질피질은 진핵생물의 외피에서 탄수화물기가 당단백질, 프로테오글라이칸, 당지질 성분에 결합하여 만들어진다. 글리코실포스파티딜이노시톨(glycosylphosphatidylinositol, GPI) 고정 장치는 여러 가지 형의 올리고당을 몇몇 세포의 원형질막에 결합시키는 특수한 구조이다.

단백질)의 점도를 증가시킨다. 남극의 물고기에 존재하는 부동 당단백질의 이당류는 물 분자와 수소 결합을 형성하여 얼음 결정의 성장을 지연시킨다.

당질피질(glycocalyx)의 성분인 당단백질은 복잡한 인식 과정에서 중요한 역할을 한다. 가장 중요한 예는 인슐린 수용체인데 인슐린과의 결합은 수많은 세포로 글루코스 수송을 촉진한다. 이 작용은 부분적으로 글루코스 운반체(glucose transporter)를 원형질막에 보충하여 일어난다. 다양한 세포 표면 당단백질은 생장과 분화의 세포-세포간 상호작용에서 중요한 작용인 세포 부착에 관여한다(**그림 7.35**). 가장 잘 알려진 물질은 세포 부착 분자(cell adhesion molecule, CAM)로서 *셀렉틴*(selectin, 일시적 세포-세포 상호작용), *인테그린*(integrin, 세포 외 기질 성분에 세포 부착)과 *카드헤린*(cadherin, 조직에서 각각 세포 상호 간의 Ca^{2+} 의존성 결합) 등이 있다. 생물체에서 당 접합물의 역할은 다음 절에서 더 설명할 것이다.

주요 개념 _Key Concepts

- 당접합체는 탄수화물이 단백질 또는 지질에 공유결합으로 연결된 생체 분자이다.
- 프로테오글라이칸은 작은 폴리펩타이드에 결합된 다량의 탄수화물(GAG 단위)로 되어 있다.
- 당단백질은 탄수화물에 N- 또는 O- 결합으로 연결된 단백질이다.

7.5 당 암호

생물은 특이하게 방대한 암호화 능력을 필요로 한다. 각각의 정보 전달은 기질이 효소의 활성 자리와 결합하든지, 호르몬 신호의 전달, 또는 대식세포에서 세균 세포의 식작용(engulfment)을 통해서 일어나는데, 수백만 개의 인접한 분자들로부터 선택된 분자에 한 개의 독특한 분자가 특이적 결합을 함으로써 시작된다. 즉, 생물처럼 복잡한 체계를 유지하려면 이에 맞는 방대한 목록의 분자 암호(molecular code)가 필요하다. 암호화 메커니즘으로서 성공하려면 신속하고, 명확하게 판독해야 할 다른 메시지의 수가 너무 많기 때문에 한 부류(일단)의 분자들이 형태가 변화하더라도 수용할 능력을 반드시 갖추어야 한다.

지난 60여 년간 생물계에서 일어나는 정보 흐름을 이해하려는 연구 노력의 주요한 초점은 DNA와 RNA에 관한 것이었다. 이러한 노력의 결과 생명과학자들은 인간의 모든 단백질들을 암호화하는 약 100,000개의 유전자들이 존재할 것으로 기대하였다. 그러나 인간 유전체(genome) 사업(HGP)의 분석에 의한 유전자수는 이보다 훨씬 적은 약 21,000개 정도이다.

이와 같이 유전자 수가 적은 이유가 무엇이든지 생물은 유전자의 암호화 능력을 확장하는 두 전략을 갖고 있다. 즉, 선택적 이어맞추기와 공유 결합성 변형(covalent modification)이다. *선택적 이어맞추기*(alternative splicing, 18장 참조)는 진핵생물이 RNA 전사물을 잘라서 생긴 조각의 다양한 조합을 이어맞춤(splicing)으로써 동일한 유전자로부터 여러 폴리펩타이드를 생산하는 메커니즘이다. 즉, 이어맞추어진 mRNA(spliced mRNA) 각각은 독특한 폴리펩타이드로 번역된다. *번역 후 변형*(posttranslational modification, 19장)은 단백질 합성 후 일어나는 효소 촉매에 의한 단백질 구조의 변화이다.

모든 종류의 번역 후 변형(예, 인산화, 아세틸화와 단백질 가수분해에 의한 절단)에서 글리코실화는 암호화 능력의 관점에서 볼 때 가장 중요한 현상이다. 예를 들어 생물에서 볼 수 있는 단백질의 엄청난 다양성은 결국 20개의 아미노산으로 설명된다. 이 아미노산으로부터 합성될 수 있는 헥사펩타이드(hexapeptide)의 총수는 거의 20^6(6.4×10^7)가지이다. 탄수화물들은 그것들에 탁월한 암호화 능력을 제공하는 구조적 특성[예, 글리코사이드 결합 변이, 가지 만들기(branching)와 아노머 이성질체(anomeric isomer)]을 보유하고 있다. 선형 펩타이드를 만들기 위해 아미노산 잔기의 아미노기와 카복실기 사이에 형성되는 펩타이드 결합과는 대조적으로, 단당류 사이의 글리코사이드 결합은 엄청난 변이를 가질 수 있다. 그 결과, 올리고당류에서 가능한 순열(permutation) 수는 펩타이드보다 훨씬 더 크다. 예를 들어 20개의 단순단당류 또는 변형단당류로부터 형성될 수 있는 가능한 선형 및 가지달린 육당류(hexasaccharide)는 1.44×10^{15}개이다. 게다가 엄청난 수의 조합 가능성뿐만 아니라 올리고당류(단백질에 부착하든 지질에 부착하든지)는 다른 한 가지 성질을 갖고 있다. 즉, 펩타이드와 비교할 때 올리고당류는 상대적인 비유연성 때문에 리간드와 더 정확하게 결합한다.

렉틴: 당 암호의 번역자

일단 정보가 암호화되면 번역이 되어야 하는데, 당 암호(sugar code)의 번역은 렉틴에 의해 이루어진다. **렉틴**(lectin)은 항체가 아닌 탄수화물 결합 단백질(CBP)로서 효소 활성이 없다. 원래 식물에서 발견된 렉틴은 현재 모든 생물에 존재하는 것으로 알려져 있다. 2개 또는 4개 소단위체로 구성된 렉틴은 수소 결합, 반데르발스 힘과 소수성 상호작용을 통해 특정 탄수화물에 결합하는 인식 구역(recognition domain)을 가지고 있다. 렉틴 결합을 필요로 하는 생물반응은 다양한 세포-세포 상호작용을 포함한다(**그림 7.36**). 그 대표적인 예는 미생물에 의한 감염, 많은 독소의 메커니즘과 생리 반응, 백혈구 역할과 같은 생리적 과정 등이다.

세균에 의한 감염은 세균이 숙주 세포에 단단히 부착할 때 시작된다. 흔히 부착은 세균 렉틴이 세포 표면의 올리고당류에 결합함으로써 일어난다. 위염과 위궤양의 원인이 되는 *Helicobacter pylori*는 위점막을 감염시키는 여러 렉틴을 갖고 있다. 이들 렉틴 중 하나는 올리고당류인 O 혈액형 결정인자(O blood group determinant)의 한 부분에 매우 잘 결합한다. 따라서 O형인 사람이 다른 혈액형의 사람

위염과 위궤양
Gastritis and Stomach Ulcers

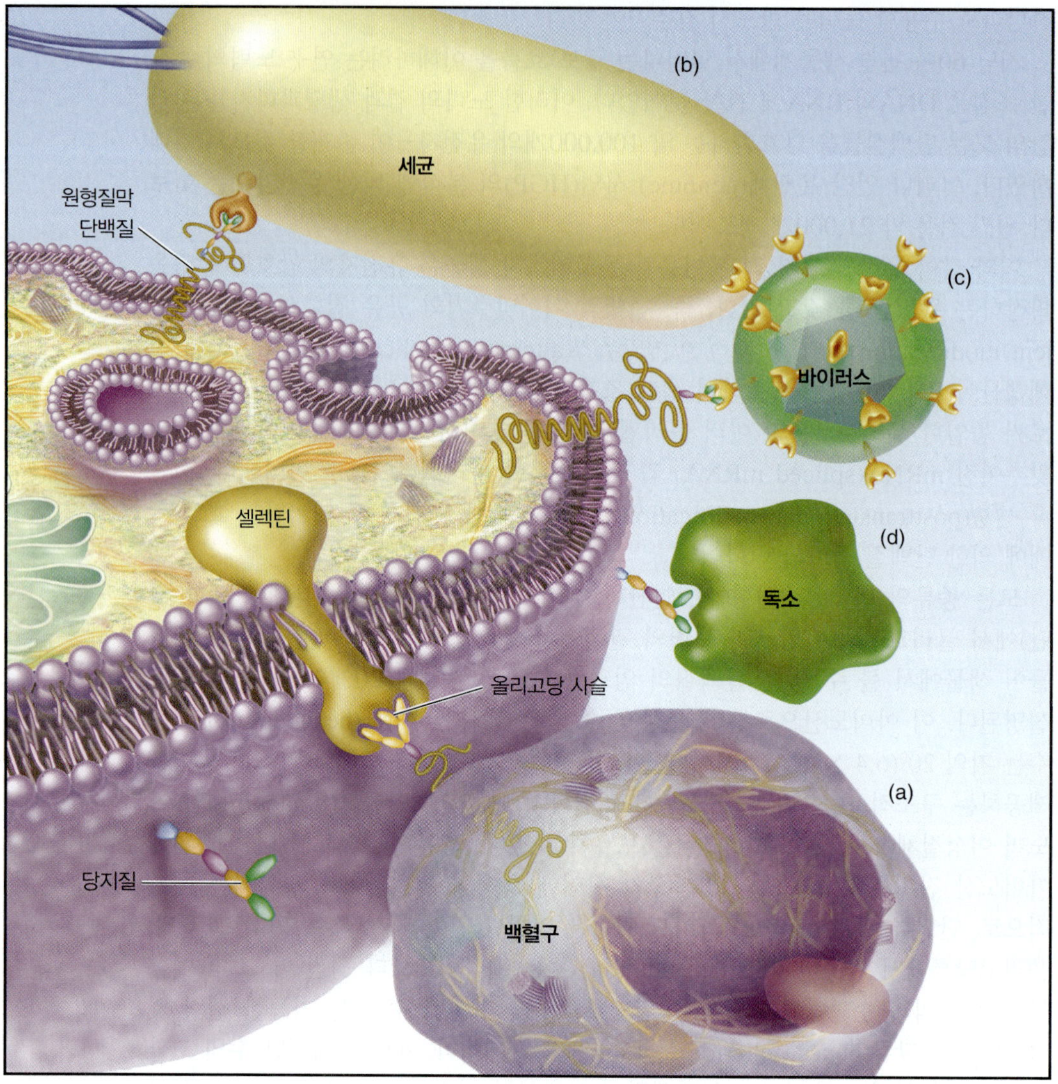

그림 7.36

생물인식에서 올리고당류의 역할.

렉틴(탄수화물 결합 단백질)과 당접합체 분자에 있는 올리고당과의 특이적 결합은 많은 생명현상에서 보는 중요한 특징이다. (a) 세포-세포 상호작용(예, 백혈구 구르기), (b)와 (c) 세포-병원균 감염, (d) 독소(예, 콜레라 독소)의 세포 결합.

보다 위궤양에 걸릴 확률이 더 높다. 그러나 A형 또는 B형인 사람이 감염에 대해 완전 면역이 되는 것은 아니다. 왜냐하면 세균은 다른 렉틴을 이용해 부착할 수 있기 때문이다.

많은 세균의 독소의 유해한 효과는 숙주세포로 세포내 이입(endocytosis) 후 일어나는데, 이 과정은 렉틴 리간드 결합을 통해 시작된다. 콜레라 독소의 B 소단위체가 소장 표면의 당지질에 결합하면 독소의 A 소단위체가 세포 안으로 들어온다. 일단 A 소단위체가 세포 안으로 들어오면 염화물 운반을 방해하여 생명을 위협할 만한 심한 설사를 일으킨다.

백혈구 구르기(leukocyte rolling)는 렉틴 결합에 의해 일어나는 세포-세포 상호작용의 한 예이다. 조직이 병원성 생물에 의한 감염 또는 외상으로 손상을 받으면 염증을 일으키는 신호 분자를 방출한다. 이와 같은 분자들에 반응하여 가까이 있는 혈관을 덮는 내피세포들은 *셀렉틴*(selectin, 올리고당) 리간드라는 단백질을 만들어 원형질막에 삽입한다. 셀렉틴은 세포의 부착 분자로서 작용하는 렉틴군의 한 분자이다. 일단 셀렉틴은 내피세포의 표면에 나타나면 중성백혈구(neutrophil) 같은 백혈구 세포상의 셀렉틴 리간드(selectin ligand, 올리고당류)에 일시적으로 결합한다. 이와 같은 비교적 약한 결합이 혈류에서 백혈구의 빠른 이동을 늦추어 주어서, 중성백혈구는 혈관내강 표면을 따라 구르는 것으로 여겨진다. 백혈구 세포가 일단 구르기 작용을 시작하여 염증 자리에 접근하면 *인테그린*(integrin)이라는 다른 렉틴을 만난다. 인테그린이 혈관의 내피 세포 표면의 올리고당과 결합하면 중성백혈구의 구르기가 멈추게 된다. 그 결과로 중성백혈구는 모양을 변화시켜서 내피의 세포 사이에서 빠져 나와 감염 부위로 이동하여 세균과 세포 잔해들을 소모하고 분해한다.

당체

당체(glycome)라는 용어는 *glyco*(달콤한)과 *-ome*(-체)이 결합한 것으로 세포나 생물이 생산하는 당류와 글라이칸의 총체를 나타내려고 만든 용어이다. 당체는 일반적으로 끊임없이 양이 변화하는데 그 이유는 세포가 환경 신호에 반응하여 단백질과 지질에 부착된 글라이칸 구조를 미세하게 조정하여 생리학적인 반응을 변화시키기 때문이다. 이러한 능력은 대부분 글라이칸 생합성에는 주형이 전혀 존재하지 않기 때문이다. 반대로 핵산과 단백질의 생합성은 주형에 의하여 유도되는 과정(즉, 핵산 염기 배열을 이용하여 복잡하고 동일하게 복제를 함)이지만, 글라이칸은 ER과 골지체의 조립 라인에서 단계적으로 만들어진다. 당의 뉴클레오타이드 전구체의 농도가 다르고 글라이칸-가공 효소가 산재(localization)되어 있기 때문에 각 당단백질의 글라이칸 성분은 일련의 약간 다른 형태로 생산된다. 이런 형태를 **당형태**(glycoforms)라고 한다. 이런 현상을 **미세유전적 이질성**(microheterogeneity)이라고 하며, 세포가 세포 또는 조직에 특이한 신호 전달 리간드를 생성하거나 어떤 글라이칸 구조에 결합하면 감염 과정을 개시하는 병원체를 제거하는 메커니즘을 만드는 수단이 될 수 있다.

문제 7.7

당 암호는 정보를 암호화하는 다양하고 미묘하며 영구적인 메커니즘이며 '아날로그' 계라고 묘사되는 반면에, 유전 정보 번역(DNA와 RNA의 지시를 받는 단백질 합성)은 '디지털'로 생각된다. 이것을 설명하라.

주요 개념 _Key Concepts

- 단백질과 지질 같은 생체 분자의 공유 결합 변형은 생물에게 엄청난 암호화 수용 능력을 제공한다.
- 세포 또는 생물에 의해 생산되는 당과 글라이칸의 총량을 당체라 한다.
- 당단백질은 약간 다른 형태의 당 형태로 종종 생산된다.

이 장의 요약 CHAPTER SUMMARY

1. 자연계에 가장 풍부하게 존재하는 탄수화물은 단순당 단위의 개수에 따라 단당류, 이당류, 올리고당류과 다당류로 분류된다. 탄수화물의 일부분은 또한 다른 생체 분자의 성분이 된다. 당접합체는 공유 결합으로 연결된 탄수화물기를 갖고 있는 단백질과 지질 분자이다. 예로 프로테오글라이칸, 당단백질, 당지질 등이 있다.
2. 알데하이드 작용기를 갖고 있는 단당류를 알도스라고 하고 케톤기를 갖고 있으면 케토스라 한다. 단순당은 알데하이드 또는 케톤기로부터 가장 멀리 떨어져 있는 비대칭탄소의 입체 배열이 글리세르알데하이드의 D-이성질체 또는 L-이성질체를 닮았는가에 따라 D 또는 L 계열로 분류한다. 알도스 중에는 D 계열이 생물학적으로 매우 중요한 당이다.
3. 5개 또는 6개의 탄소를 갖고 있는 단당류는 하이드록시기가 알데하이드기(헤미아세탈 생성)나 케톤기(헤미케탈 생성)와 반응하여서 형성된 고리 구조를 이룬다. 5원자 고리(퓨라노스)와 6원자 고리(피라노스)에서 아노머 탄소에 결합된 하이드록시기는 고리 평면의 아래(α) 또는 위(β)에 위치한다. α형과 β형 사이의 자발적 상호전환을 변광 회전이라 한다.
4. 단순당은 다양한 화학 반응을 거친다. 반응의 유도체들인 우론산, 아미노당, 데옥시당과 인산화당 등은 세포 대사에서 중요한 역할을 한다. 글리코실화 반응은 당을 단백질과 지질에 부착시키는 반응이다. 글리코실화 반응은 환원당이 친핵성 질소(N)와 반응하는 무효소 반응이다.
5. 헤미아세탈과 헤미케탈은 알코올과 반응하여 각각 아세탈과 케탈을 형성한다. 단당류의 고리형 헤미아세탈과 헤미케탈이 각각 알코올과 반응할 때 글리코사이드 결합이라는 새로운 결합이 형성된다. 비탄수화물 부분(아글리콘, aglycon)에 글리코사이드 결합을 통해서 당이 결합한 분자를 글리코사이드라 한다.
6. 글리코사이드 결합은 한 단당류의 아노머탄소와 다른 단당류의 자유 하이드록시기 중 하나 사이에 형성된다. 이당류는 두 개의 단당류로 구성된 탄수화물이고, 올리고당류는 10~15개 정도의 단당류 단위로 구성된 탄수화물로서 대개 단백질과 지질에 결합되어 있다. 수많은 단당류 단위로 구성된 다당류는 셀룰로스와 아밀로스 같은 선형 구조 또는 글리코젠과 아밀로펙틴과 같은 가지 상 구조를 하고 있다. 다당류에는 한 종류의 당으로만 구성된 동종다당류와 두 종류 이상의 당으로 구성된 이종다당류가 있다. 올리고당과 다당류를 글라이칸이라 한다. 글라이칸은 한 가지 당 종류로 된 동종글라이칸과 여러 종류로 된 이종글라이칸으로 구성된다.
7. 자연계에 가장 많이 존재하는 세 종류의 동종글라이칸은 녹말, 글리코젠과 셀룰로스가 있고 이것들이 가수분해되면 모두 D-글루코스가 된다. 셀룰로스는 식물의 구조적 물질이다. 녹말은 식물세포에서 글루코스의 주요한 저장 형태이고 글리코젠은 동물세포의 저장 형태이다. 곤충 외골격의 주요한 구조 물질인 키틴은 가지가 없는 사슬로 연결된 *N*-아세틸글루코사민 잔기로 구성되어 있다. 주요한 이종글라이칸의 종류에는 탄수화물 중합체가 한 종류 이상의 단당류를 포함하는 N- 및 O-글라이칸, 글리코사미노글라이칸 그리고 당지질과 GPI-고정 장치의 글라이칸 성분들이 있다.
8. 동물조직의 세포 외 기질에 주로 존재하며 광범위한 이질성을 가지는 프로테오글라이칸은 생물체에서 다양한 역할을 하지만 생물학적 기능은 아직 잘 알려져 있지 않다. 당단백질은 수용성이거나 막 결합형 분자 형태로 세포 안에 존재하며, 세포 외액에도 존재한다. 프로테오글라이칸, 당단백질 및 당지질과 같은 당접합체는 다양한 구조 때문에 생물체의 정보 전달 물질로서 중요한 작용을 한다. 당체는 하나의 세포나 생물체가 생산하는 당과 글라이칸의 총량이다.

주요 용어 KEY WORDS

복습 문제 REVIEW QUESTIONS

이 문제들은 다음 장으로 넘어가기 전에 이장에서 논의했던 주요 개념에 대한 지식을 테스트하기 위해 만들어졌다.

1. 다음 용어를 정의하라.
   a. 단당류
   b. 알도스
   c. 케토스
   d. 부분 입체 이성질체
   e. 에피머
2. 다음 용어를 정의하라.
   a. 헤미아세탈
   b. 해미케탈
   c. 아노머
   d. 퓨란
   e. 피란
3. 다음 용어를 정의하라.
   a. 알돈산
   b. 우론산
   c. 알다르산
   d. 락톤
   e. 환원당
4. 다음 용어를 정의하라.
   a. 글리코사이드 결합
   c. 이당류
   d. 올리고당류
   e. 다당류
5. 다음 용어를 정의하라.
   a. 마이야르 반응
   b. 시프 염기
   c. 아마도리 생성물
   d. 첨가생성물
   e. 반응성 카보닐-포함 생성물
6. 다음 용어를 정의하라.
   a. 데옥시당
   b. 갈락토스혈증
   c. 셀로비오스
   d. 글라이칸
   e. 키틴
7. 다음 용어를 정의하라.
   a. 글리코젠
   b. 셀룰로스
   c. *N*-글라이칸
   d. *O*-글라이칸
   e. 글리코사미노글라이칸
8. 다음 용어를 정의하라.
   a. 당접합체
   b. 당지질
   c. 프로테오글라이칸
   d. 당단백질
   e. 당암호
9. 다음의 각각 예를 들어라.
   a. 에피머
   b. 글리코사이드 결합
   c. 환원당
   d. 단당류
   e. 아노머
   f. 부분 입체 이성질체
10. D-당(sugar)이라고 표시되는 용어의 구조적 관계는 무엇인가? (+)글루코스(편광을 오른쪽으로 회전)와 (−)프룩토스(편광을 왼쪽으로 회전) 둘 다 D-당으로 분류되는 이유는 무엇인가?
11. 동종글라이칸과 이종글라이칸의 차이는 무엇인가? 예를 들어라.
12. 다음 탄수화물 중에서 환원당과 비환원당은 무엇인가?
   a. 녹말
   b. 셀룰로스
   c. 프룩토스
   d. 설탕
   e. 리보스

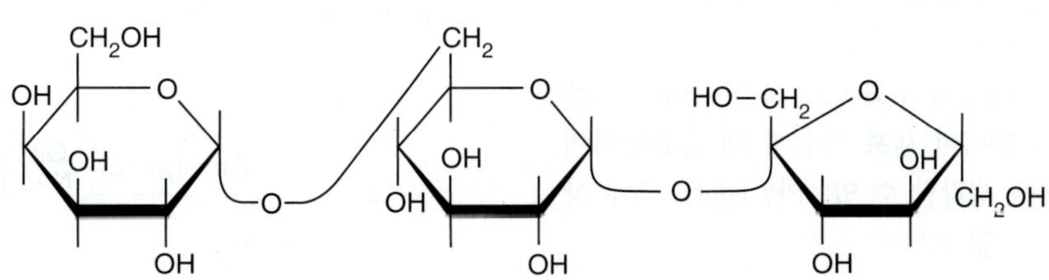

13. D-갈락토사민에 $\alpha(1,4)$ 결합으로 연결된 글루코스로 이루어진 이당류의 구조를 그려라.
14. 라피노스(raffinose)는 전곡류와 다양한 채소(예, 아스파라거스, 양배추, 콩류) 중에 주로 존재하며 자연계에서 가장 흔한 삼탄당이다. 라피노스를 가수분해하면 갈락토스와 설탕으로 이루어진다.
   a. 삼탄당의 체계명을 적어라.
   b. 라피노스는 환원당인가? 비환원당인가?

c. 라피노스는 변광 회전을 할 수 있는가?

15. 중합체 사슬인 글리코사미노글라이칸은 많이 산재하며 다량의 물과 결합한다.

a. 이 중합체에서 물과 결합하도록 하는 두 개의 작용기는 무엇인가?

b. 어떤 종류의 결합이 관여하는가?

16. 당단백질에서 탄수화물 작용기와 가장 흔하게 결합하는 세 개의 아미노산은 무엇인가? 글라이칸이 각각의 경우에 결합하는 작용기는 무엇인가?

17. 환원당의 용어를 정의하라. 환원당이 가지고 있는 구조적 특징은 무엇인가?

18. 프로테오글라이칸과 당단백질의 구조를 비교하라. 그들의 작용기와 관련된 구조적인 차이점은 어떤가?

19. 다음 당류 쌍이 거울상 이성질체, 부분 입체 이성질체, 에피머, 또는 알도스-케토스 중 무엇인지 각각 구분하라.

a. D-에리트로스와 D-트레오스

b. D-글루코스와 D-마노스

c. D-마노스와 L-리보스

d. D-알로스와 D-갈락토스

e. D-글리세르알데하이드와 다이하이드록시아세톤

종합 문제 THOUGHT QUESTIONS

이 문제들은 지금까지 이 책에서 논의된 모든 주요 개념에 대한 여러분의 이해를 강화하기 위한 것이다. 문제들은 하나의 정답을 가지고 있지 않을 수도 있다.

20. β-갈락토스 가수분해효소(β-galactosidase)는 락토스의 β(1,4) 결합만을 가수분해하는 효소이다. β-갈락토스 가수분해효소가 구조를 모르는 삼탄당을 말토스와 갈락토스로 분해시킨다. 그 삼탄당의 구조를 그려라.

21. 스테로이드는 여러고리로 된 콜레스테롤의 유도체이고 지용성 물질로 물에 녹지 않는다. 글루쿠론산과 반응하여 훨씬 더 수용성인 스테로이드가 만들어지고 혈액을 통해서 운반된다. 글루쿠론산이 수용성을 증가시키는 구조적 특징은 무엇인가?

22. 많은 세균은 프로테오글라이칸 피막(coat)으로 둘러싸여 있다. 피막으로 쓰이는 프로테오글라이칸의 기능적 특성을 여러분이 알고 있는 지식을 활용하여 제안하라.

23. 익은 과일은 당 함량이 높고 단맛이 난다. 반면에, 곡물은 당 함량은 높지만 먹을 때 단맛을 내지 못한다. 식물의 관점에서 이러한 차이가 나는 이유를 제시하라.

24. 절지동물들(예, 바닷가재와 메뚜기)과 연체동물들(예, 굴, 달팽이)의 껍질에는 다당류가 존재한다. 이것들로부터 다당류를 얻기 위하여 껍데기를 차가운 염산에 담가서 탄산칼슘을 녹인다. 긴 선형 사슬 분자로 구성된 실 같은 물질이 생긴다. 이것을 뜨거운 산으로 가수분해하면 D-글루코사민과 아세트산이 같은 몰수로 생긴다. 온화한 효소 반응으로 가수분해하면 *N*-아세틸-D-글루코사민 한 가지만 생선된다. 이 중합체의 구조는 무엇인가?

25. 프로테오글라이칸은 조직 내에서 수화되고 점성이 있는 젤을 형성한다. 젤을 형성하는 능력이 세포 기능에 왜 중요한지에 대한 명백한 기계적 이유를 생각할 수 있는가? [*힌트*: 액체 상태의 물은 사실상 압축할 수 없다.]

26. 알긴산은 해조류에서 유래되어 분리된 물질로 아이스크림과 다른 식품의 증점제로 쓰이는데 D-마누론산이 β(1,4) 글리코사이드 결합을 하고 있다.

a. 알긴산의 구조를 그려라.

b. 이 물질이 증점제로 작용하는 이유는 무엇인가?

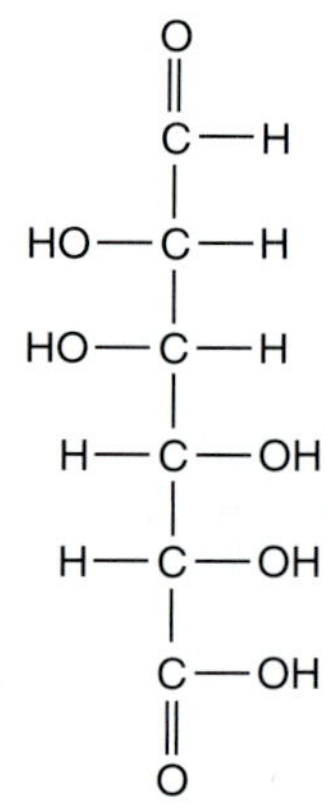

D-마누론산

27. 마누론산의 구조 이성질체의 수는 최대 몇 개인가?

28. ABO 혈액형 항원은 적혈구 막에 있는 당지질의 말단에 공유결합으로 연결된 말단의 당이다. H 항원은 A와 B 항원의 전구체이다. 혈액형이 A형인 사람들은 H 항원의 갈락토스* 잔기에 α(1,3) 결합으로 *N*-아세틸갈락토사민을 연결하는 효소를 암호화하는 유전자를 생성한다. B형의 혈액은 효소가 갈락토스*에 α(1,3) 결합으로 D-α 갈락토스를 첨가하여야 한다. A와 B 항원의 구조를 그려라.

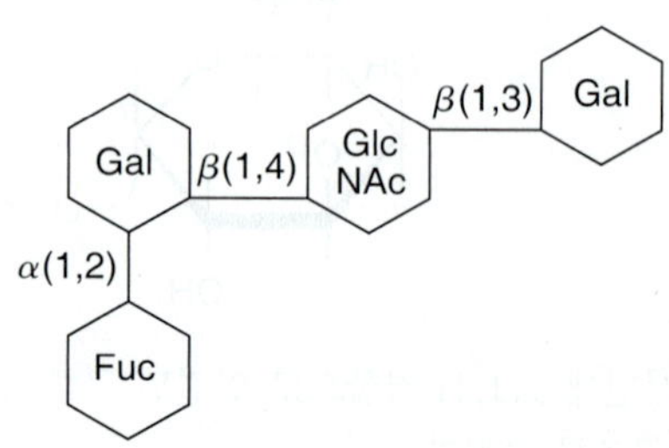

H 항원

29. 인산의 에스터는 알도헥소스의 2~6번 위치에서는 형성될 수 있지만 1번 위치에서는 형성될 수 없다. 설명하라.

30. 강염기에서 글루코스는 프룩토스로 전환된다. 어떻게 이러한 전환이 일어나는지 설명하라.

31. 아이오딘화메틸(methyliodide)을 이용하여 프룩토스를 처리하면 1,3,4,6-테트라-*O*-메틸프룩토스를 생산한다. 이 정보는 프룩토스의 고리 구조에 대해 무엇을 말해 주는가?

32. 간에서 일부 소수성 분자(예, 약품 분자과 스테로이드 호르몬)의 수용성은 그것들을 황산염 유도체로 변환함으로써 개선된다. 일단 그러한 분자들이 수용성 물질이라면, 그들은 쉽게 배출될 수 있다. 황산은 용해도를 어떻게 향상시키는가?

33. 프룩토스는 변광 회전이 일어나지 않는다. 설명하라.

34. 새로 분리된 알도헥소스가 산화되어 대칭의 내부 평면을 가지고 있는 알다르산을 생성한다. 즉, 이는 대칭 분자이다. 원래의 알도헥소스의 구조는 무엇인가?

35. 갈락토스를 에피머화하면 어떤 당이 생성되는가?

36. 탄수화물 분자인 3-케토글루코스는 여러 가지의 고리 형태로 존재한다. 그것들을 그려서 가장 안정적인 형태를 결정하라.

37. 소비톨이 사탕에서 수분 손실을 막을 수 있는 이유를 설명하라.

38. 올레스트라(Olestra)는 스넥 식품의 지방이나 기름을 대체하는 물질로 사용되어 왔다. 그것의 구조는 슈크로스의 모든 자유 하이드록시기가 올레산(18개의 단일 불포화 지방산)과 에스터 결합을 이루는 구조로 구성되어 있다. 올레스트라 분자는 예외적으로 크고 소화되지 않기 때문에 열량이 전혀 없다. 올레스트라의 구조를 그려라. 올레산의 축약형으로 R—COOH를 이용하여 그려라.

39. 당이 환원당으로 작용하기 위해서는 반드시 자유 알데하이드기가 있어야 한다. 프룩토스는 케토스이지만, 환원당처럼 작용한다. 설명하라.

제 8 장

탄수화물 대사

Carbohydrate Metabolism

이 장의 차례 Outline

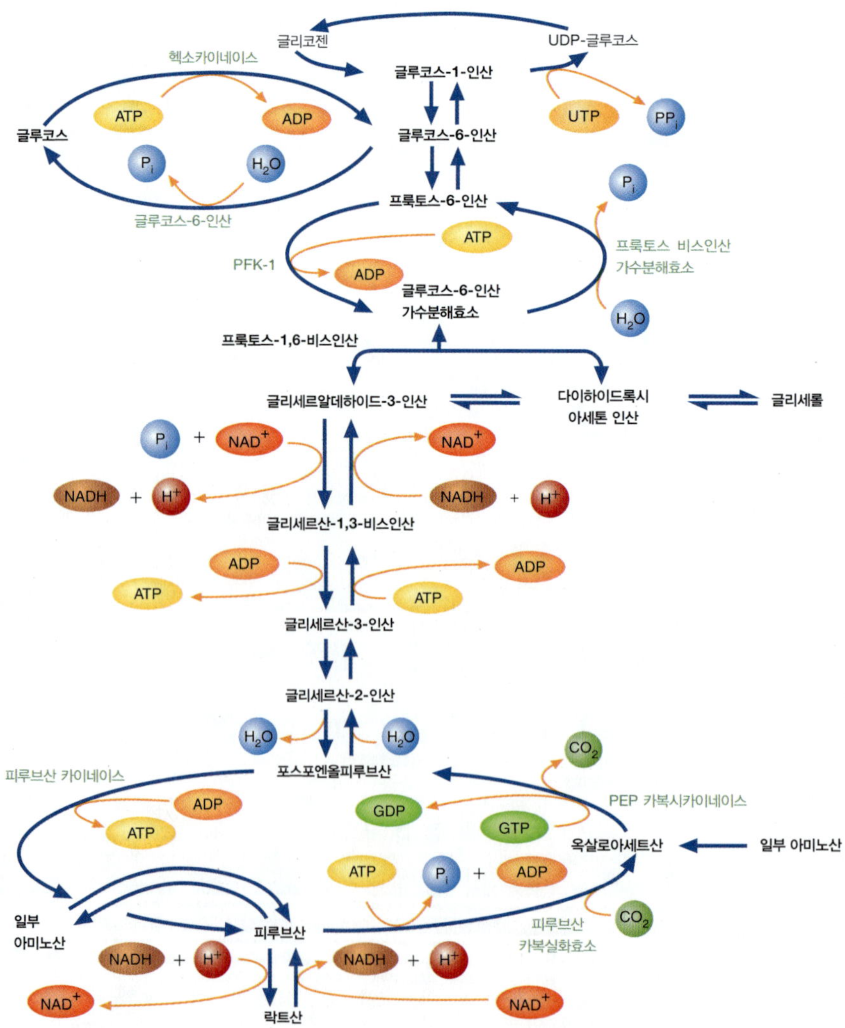

개관 Overview

탄수화물은 생물체의 대사 과정에서 여러 중요한 역할을 담당한다. 탄수화물은 주로 에너지 공급원과 세포의 구조 성분으로 쓰인다. 8장은 에너지 생성 과정에서의 탄수화물의 역할을 중점적으로 다룬다. 단당류인 글루코스는 거의 모든 세포의 주 에너지원이기 때문에 글루코스의 합성, 분해와 저장에 대하여 중점적으로 공부하게 될 것이다.

살아 있는 세포는 끊임없는 생명활동의 장이다. '생명'을 유지하기 위해 각 세포는 고도의 협동적인 생화학 반응에 의존한다. 탄수화물은 이러한 반응들을 유도하는 에너지의 중요한 공급원이다. 이번 장에서는 탄수화물 대사 경로를 다룰 것이다. 대부분의 유기체에서 발견되는 오래된 경로인 **해당 과정**(glycolysis)을 통해 글루코스가 그 산물로 두 분자의 피루브산을 만들면서 소량의 에너지를 만든다. 척추동물에서 글루코스 농도가 높을 때 글루코스는 **글리코젠 합성**(glycogenesis)을 통해 글리코젠을 만드는 한편, 글루코스 농도가 낮을 때는 **글리코젠 분해**(glycogenolysis)를 통해 글루코스를 만든다. 그리고 글루코스는 또한 **글루코스 신생 합성**(gluconeogenesis)이라는 과정을 통해 비탄수화물 전구물질로부터 합성될 수 있다. **오탄당 인산 경로**(pentose phosphate pathway)는 글루코스의 유도체인 글루코스-6-인산을 리보스-5-인산(뉴클레오타이드와 핵산 합성에 사용)과 다른 단당류로 전환시킨다. 또한 이 경로는 중요한 환원제인 NADPH를 만든다. 9장에서는 지방산으로부터 탄수화물을 합성하는 *글리옥실산 회로*(glyoxylate cycle)를 배우게 될 것이다. 13장에서 배우게 될 *광합성*(photosynthesis)은 빛에너지를 이용하여 탄수화물을 만든다.

대부분의 생물에서 주요 연료인 글루코스의 합성과 이용은 탄수화물 대사의 핵심이다. 척추동물에서 글루코스는 혈액을 타고 몸 전체로 운반된다. 만약 세포의 에너지 저장량이 낮으면, 글루코스는 해당 경로를 통해 분해된다. 에너지 생산을 위해 즉시 요구되지 않는 글루코스는 간과 근육에서 글리코젠으로 저장된다. 많은 세포(뇌, 적혈구, 운동하는 골격근 등)의 에너지 요구량은 글루코스의 연속적인 순환에 따라 달라진다. 세포의 대사 요구에 따라 글루코스는 다른 단당류, 지방산과 약간의 아미노산들을 합성하는 데 사용된다. **그림 8.1**은 동물에서 일어나는 탄수화물 대사의 주요 경로를 나타낸다.

8.1 해당 과정

해당 과정은 거의 모든 세포에서 일어난다. 이러한 일련의 반응들은 가장 오래된 생화학 경로들 중의 하나라고 믿어진다. 해당 과정 경로에 관여하는 효소와 모든 단계의 개수 및 메커니즘은 원핵생물과 진핵생물에서 거의 같다. 또한 해당 과정은 혐기적 과정으로 산소가 부족한 대기상태에서 진핵세포 전단계(pre-eukaryotic) 세포에서도 필요한 과정이었을 것이다.

그리고 특이하게도 *EMP 경로*(Embden-Meyerhof-Parnas pathway)라고도 부르는 해당 과정은 글루코스 한 분자를 쪼개어 피루브산(3개의 탄소로 이루어진) 두 분자로 전환시킨다. 이 과정에서 여러 개의 탄소 원자들이 산화된다. 해당 경로 반응 중 얻어진 소량의 에너지(전체의 약 5%)는 ATP와 NADH(보조효소 NAD^+의 환원 형태) 두 분자에 일시적으로 저장된다. 피루브산 대사의 운명은 생물의 종류

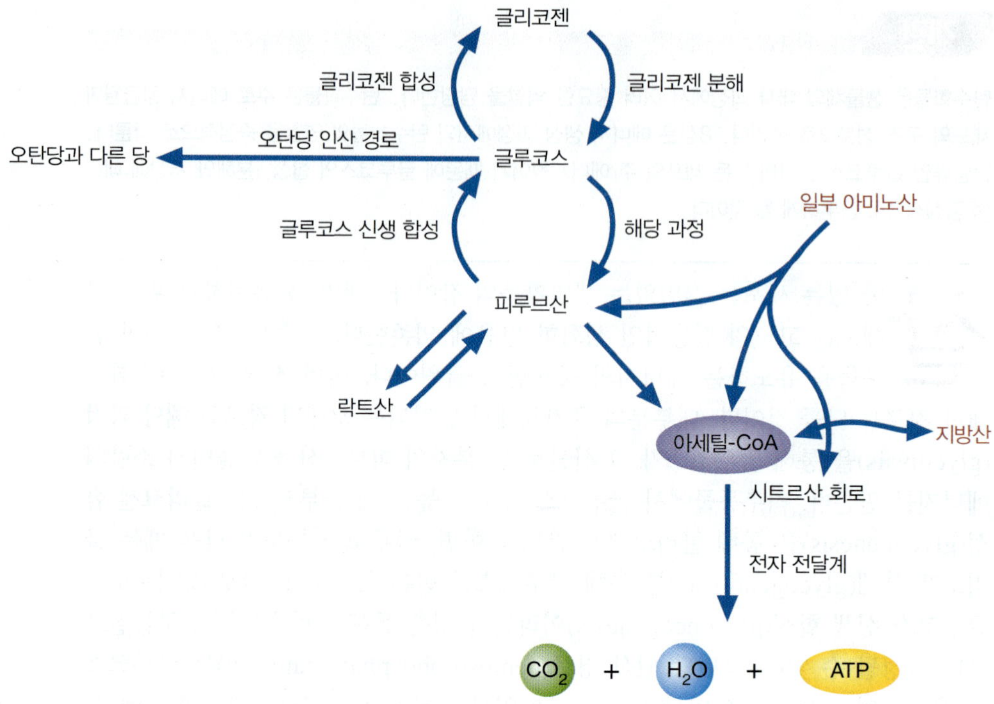

그림 8.1

탄수화물 대사의 주요 회로.

동물에서 과잉의 글루코스는 글리코젠 합성 반응에 의해 글리코젠으로 전환된다. 그러나 글루코스가 에너지원 또는 생합성 반응에서 전구체로 필요할 경우 글리코젠은 글리코젠 분해 반응에 의해 분해된다. 어떤 세포에서 글루코스는 오탄당 인산 경로에 의해 리보스-5-인산과 NADPH로 전환된다. 글루코스는 에너지 생산 경로인 해당 과정에 의해 피루브산으로 산화된다. 산소가 없는 상태에서 피루브산은 락트산으로 된다. 그러나 산소가 있는 상태에서 피루브산은 아세틸-CoA로 된다. 시트르산 회로와 전자 전달계를 통해 막대한 양의 에너지가 아세틸-CoA로부터 생산된다. 그리고 탄수화물 대사가 아미노산과 지방산 같은 다른 영양물질과 상호 연결되어 있음을 주목하라. 예를 들어 락트산과 여러 아미노산은 글루코스 합성(글루코스 신생 합성)에 사용될 수 있다. 아세틸-CoA는 또한 아미노산과 지방산의 분해로부터 생산될 수 있다. 아세틸-CoA 농도가 과다하면 아세틸-CoA는 지방산으로 다시 전환된다.

와 대사의 환경에 따라 다르다. **혐기성 생물**(anaerobic organism, 에너지 생성을 위해 산소를 이용하지 않는 생물)에서 피루브산은 노폐물, 즉 에탄올, 락트산, 아세트산 등으로 전환된다. 그러나 산소를 최종 전자 받개(terminal electron acceptor)로 사용하는 호기성 생물(aerobic organism)은 **호기성 호흡**(aerobic respiration)(9장, 10장)을 통해 피루브산을 CO_2와 H_2O로 완전히 산화한다.

해당 과정(**그림 8.2**)은 10개의 반응으로 구성되어 두 단계로 일어난다.

1. 글루코스는 두 차례 인산화되고 끊어져 글리세르알데하이드-3-인산(G-3-P) 두 분자로 된다. 이 과정에서 소비된 ATP 두 분자는 일종의 투자인데, 이 단계가 산화 과정의 실제적 기질을 만들기 때문이다.
2. G-3-P는 피루브산으로 전환된다. 그리고 ATP 네 분자와 NADH 두 분자가 만들어진다. ATP 두 분자가 단계 1에서 소모되었기 때문에 글루코스 1개 분자당 생산되는 ATP는 2개 분자이다.

해당 경로를 요약하면 다음과 같다.

$$\text{D-글루코스} + 2\ \text{ADP} + 2\ P_i + 2\ \text{NAD}^+ \rightarrow 2\ \text{피루브산} + 2\ \text{ATP} + 2\ \text{NADH} + 2\text{H}^+ + 2\text{H}_2\text{O}$$

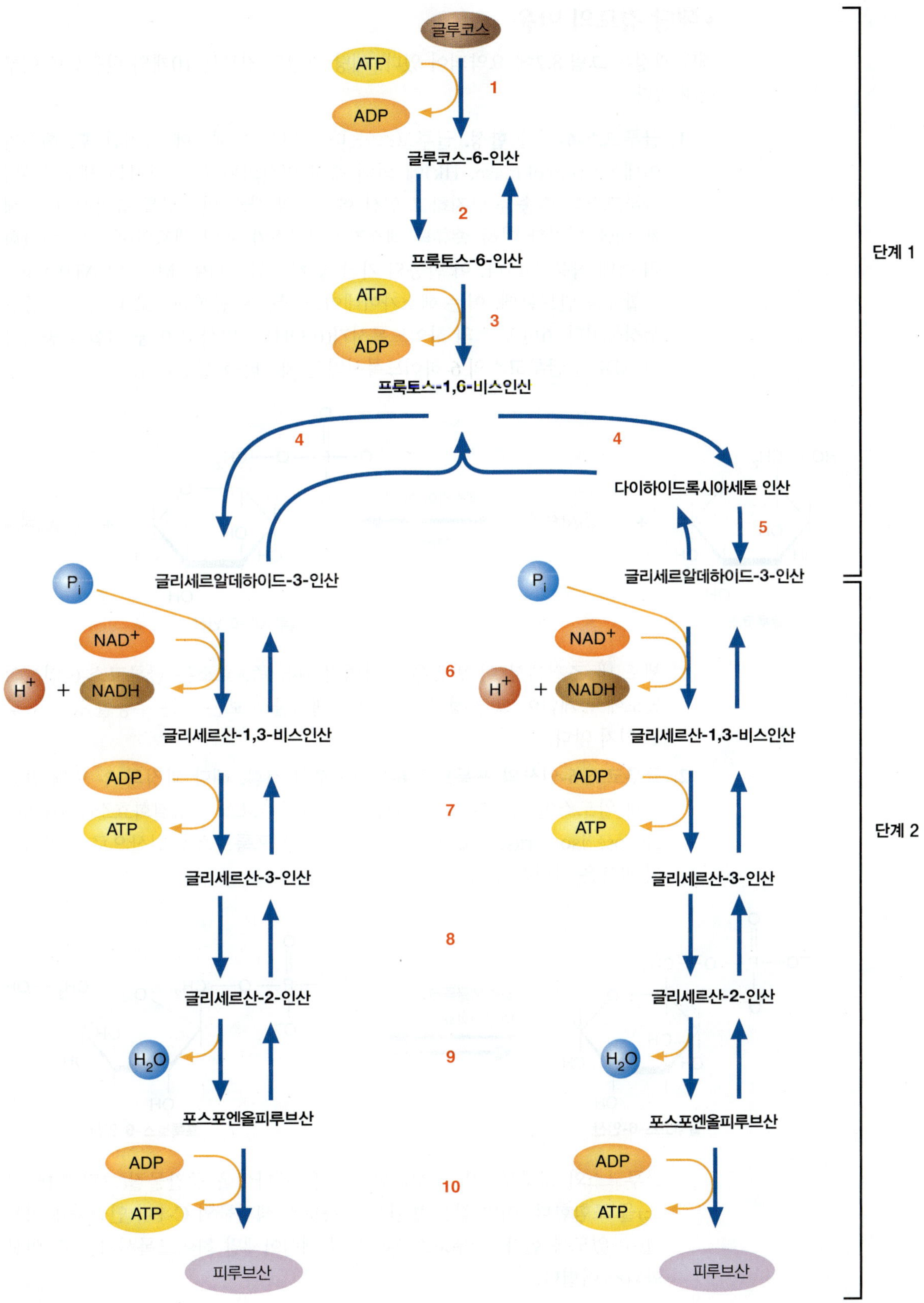

그림 8.2

해당 과정 경로.

해당 과정에서 글루코스 한 분자가 피루브산 두 분자로 전환된다. 그 결과로 ATP와 NADH가 각각 두 분자씩 생산된다. 이중 화살표는 가역 반응을 나타내고 단일 화살표는 비가역 반응을 나타낸다. 비가역 반응은 경로에서 제어점(control point)으로 작용한다.

해당 경로의 반응

해당 과정은 **그림 8.2**에 요약되어 있다. 해당 과정의 경로는 10개의 반응으로 이루어져 있다.

1. **글루코스-6-인산 합성.** 글루코스와 다른 당들은 세포에 들어간 후, 헥소카이네이스(hexokinase, Hk)에 의해 즉시 인산화된다. 인산화는 세포로부터 글루코스의 수송을 방지하고 인산 에스터의 산소 반응성을 증가시킨다. 생체 내에 위치한 여러 종류의 헥소카이네이스가 체내 세포의 육탄당 인산화의 촉매 작용을 한다. 이 반응의 기질 중 하나인 ATP는 Mg^{2+}와 ATP-Mg^{2+} 복합체를 만드는데, 이는 헥소카이네이스 반응에 공통적으로 나타나는 중간 생성물이다. 6번 탄소의 하이드록시기(6-OH)가 인산의 이중 결합을 공격하여 ADP와 글루코스의 6-하이드록시인산 에스터를 생성한다.

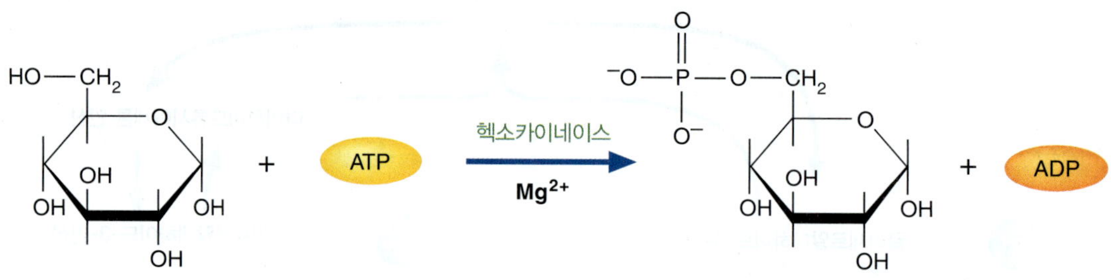

세포 내 조건에서 이 반응은 비가역적이다. 즉, 효소는 글루코스-6-인산의 농도에 관계없이 그 활성 자리에 반응 생성물을 보존 또는 수용할 능력을 갖고 있지 않다.

2. **글루코스-6-인산의 프룩토스-6-인산으로의 전환.** 해당 과정의 두 번째 반응에서 알도스인 글루코스-6-인산은 포스포글루코스 이성질화효소(phosphoglucose isomerase, PGI)에 의해 케토스인 프룩토스-6-인산으로 전환되며 이 반응은 가역적이다.

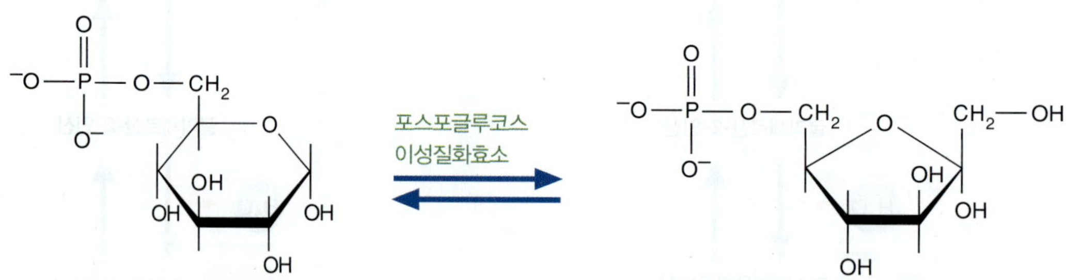

글루코스와 프룩토스의 이성질화 반응은 엔다이올 중간물질(**그림 7.16** 참조)을 포함한다. 이와 같은 변환은 프룩토스 생성물의 C-1이 인산화에 이용될 수 있도록 한다. 글루코스-6-인산의 헤미아세탈 하이드록시기는 더 인산화되기 어렵다.

3. **프룩토스-6-인산의 인산화.** 포스포프룩토카이네이스-1(phosphofructokinase-1, PFK-1)은 프룩토스-6-인산을 프룩토스-1,6-비스인산으로 인산화하는 효소이다.

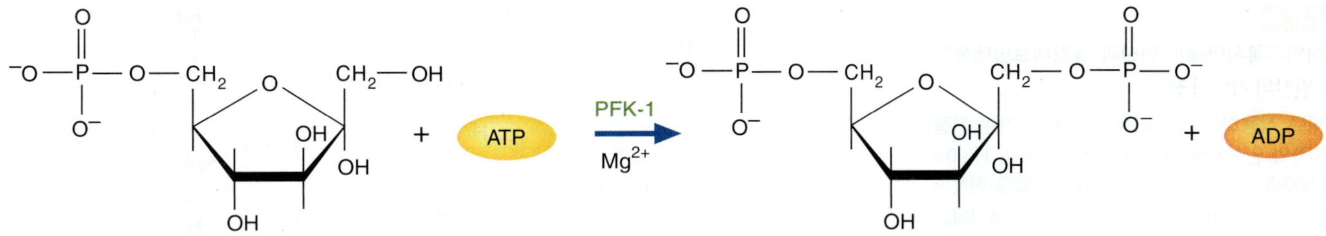

프룩토스-6-인산 프룩토스-1,6-비스인산

PFK-1이 촉매하는 반응은 세포 조건에서 비가역적이다. 그 반응은 해당 과정에서 첫 번째 개입 단계(committed step)이다. 앞 단계에서의 기질과 생성물인 글루코스-6-인산과 프룩토스-6-인산과 달리, 프룩토스-1,6-비스인산은 다른 경로로 전환하지는 않는다. 두 번째 ATP 분자를 여기에 투자하는 데에는 여러 목적이 있다. 우선 ATP가 인산화 물질로서 사용되기 때문에 반응은 자유 에너지의 큰 손실과 함께 진행된다. 프룩토스-1,6-비스인산이 합성된 후 세포는 해당 과정에 전념한다. 프룩토스-1,6-비스인산은 결국 두 개의 삼탄당 분자로 분리되기 때문에 인산화의 또 하나의 목적은 생성물이 세포로부터 확산되는 것을 방지하는 것이다.

4. **프룩토스-1,6-비스인산의 절단.** 해당 과정의 단계 1은 프룩토스-1,6-비스인산을 글리세르알데하이드-3-인산(G-3-P)과 다이하이드록시아세톤 인산(DHAP)의 두 분자로 끊는 과정으로 끝난다. 카보닐기를 형성하기 위하여 4번 탄소에 위치한 하이드록시 수소는 효소에 의하여 제거되고, 동시에 C-3–C-4 결합이 절단된다. 이 반응은 알돌레이스(aldolase)에 의한 **알돌 절단 반응**(aldol cleavage)이다. 알돌 절단은 알돌 축합의 반대과정이다. 알돌 축합 반응은 4장의 섬유상 단백질에서 설명하였다. 알돌 반응은 그 생성물로서 알데하이드와 케톤을 만든다.

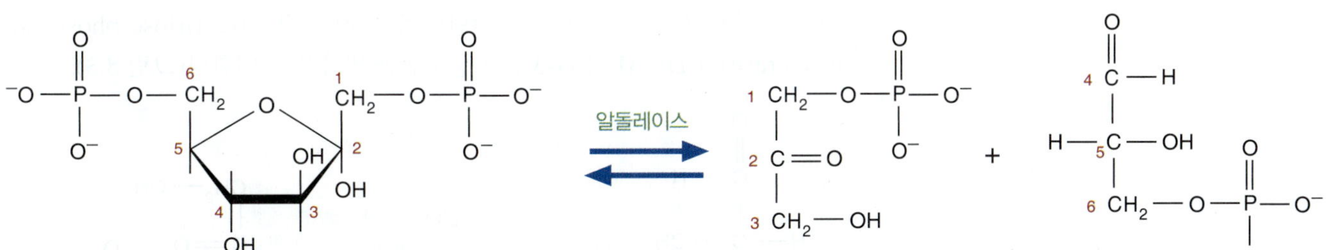

프룩토스-1,6-비스인산 다이하이드록시 아세톤 인산 글리세르알데하이드-3-인산

프룩토스-1,6-비스인산의 열린 사슬 구조는 초기에 효소의 활성 자리에 당의 2번 탄소와 시프 염기 형태로 결합한다. 활성 자리의 일반 염기가 C4의 하이드록시기로부터 양성자 하나를 제거한다. C-4의 카보닐기 형성은 C-3–C-4 결합을 절단하여 G-3-P를 생성한다. 두 번째 단계에서 C–N 결합의 절단으로 DHAP가 생성된다. 프룩토스-1,6-이인산의 절단은 에너지 측면에서는 유리하지 않지만($\Delta G°' = +23.8$ kJ/mol) 이 반응은 생성물이 신속히 제거되기 때문에 진행된다.

5. **글리세르알데하이드-3-인산과 다이하이드록시아세톤 인산의 상호전환.** 알돌레이스 반응에 의해 만들어지는 두 생성물 중에서 G-3-P만이 해당 과정의

그림 8.3

다이하이드록시아세톤 인산과 글리세르알데하이드-3-인산의 가역적 전환.

친핵체로 작용하는 효소의 Glu165 잔기는 기질(DHAP)의 양성자를 떼어내고 친전자체인 His95는 양성자를 내놓아서 엔다이올 중간물질을 형성한다. 엔다이올은 His95에 의해 양성자가 제거되고 Glu165로부터 양성자를 받음으로써 생성물(G-3-P)로 전환된다.

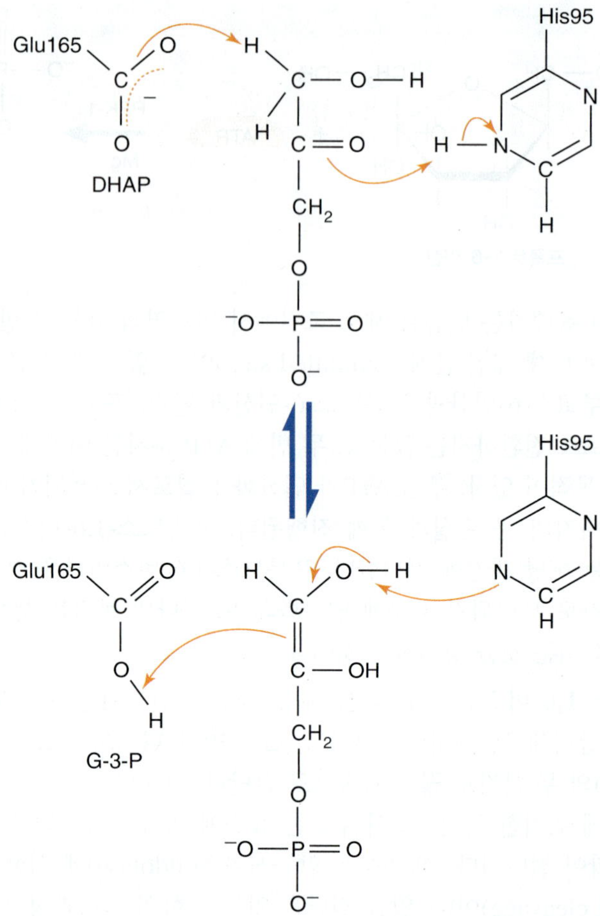

다음 반응에서 기질로 이용된다. 나머지 3탄소 단위의 물질이 해당 경로에서 사라지지 않도록 하기 위해 삼탄당 인산 이성질화효소(triose phosphate isomerase)가 DHAP와 G-3-P의 상호전환 반응을 촉매한다(**그림 8.3**).

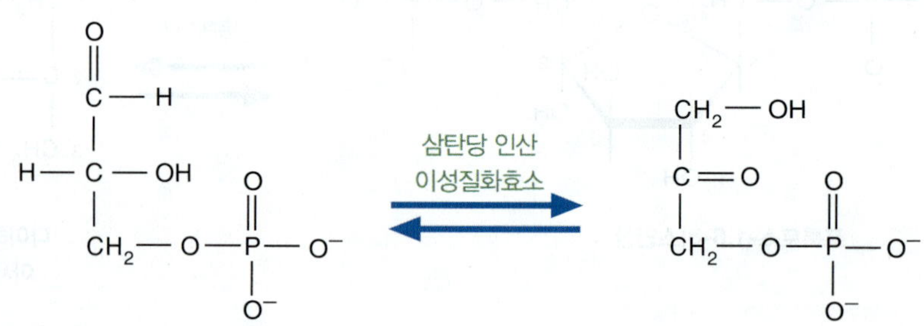

이 반응이 끝난 후 원래의 글루코스 분자는 G-3-P 두 분자로 전환된다.

6. **글리세르알데하이드-3-인산의 산화.** 해당 과정의 여섯 번째 반응에서 G-3-P는 산화와 인산화 반응을 거친다. 반응 생성물인 글리세르산-1,3-비스인산은 높은 에너지 결합을 갖고 있는데, 이는 다음 반응에서 ATP를 만드는 데 쓰인다.

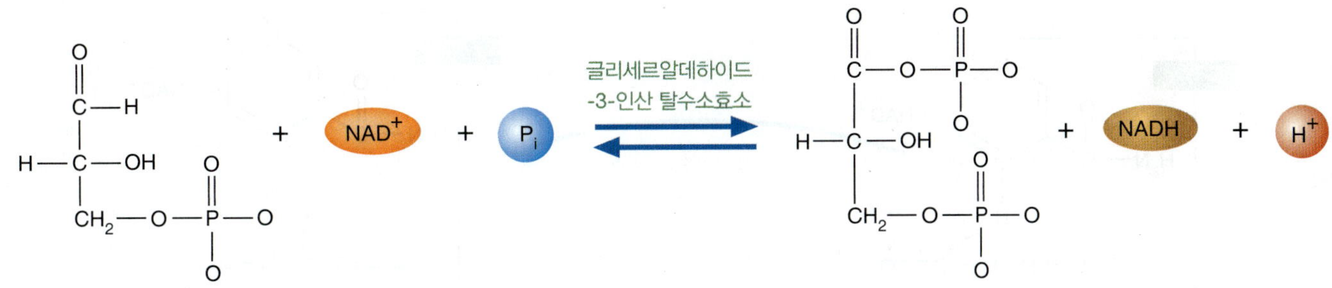

글리세르알데하이드-3-인산 글리세르산-1,3-비스인산

이 복잡한 과정은 글리세르알데하이드-3-인산 탈수소효소(glyceraldehyde-3-phosphate dehydrogenase, 4개의 동일한 소단위체로 구성된 사합체)에 의해 촉매된다. 각각의 소단위체는 G-3-P에 대한 하나의 결합 자리와 산화제인 NAD^+에 대한 다른 결합 자리를 갖고 있다. 이 효소는 기질과 싸이오에스터 결합을 하면서 수소화 이온($H:^-$)을 활성 자리에 있는 NAD^+에 전달한다(**그림 8.4**). 그런 다음 NADH(NAD^+의 환원형)는 활성 자리를 떠나고 들어오는 NAD^+가 대신 자리를 잡는다. 아실 효소 첨가 생성물은 무기 인산으로부터 공격을 받고 생성물은 활성 자리를 떠난다.

7. **인산기 전달.** 일곱 번째 반응에서 ATP 합성은 포스포글리세르산 카이네이스(phosphoglycerate kinase)가 글리세르산-1,3-비스인산의 고에너지 인산기를 ADP에 전달하면서 일어난다.

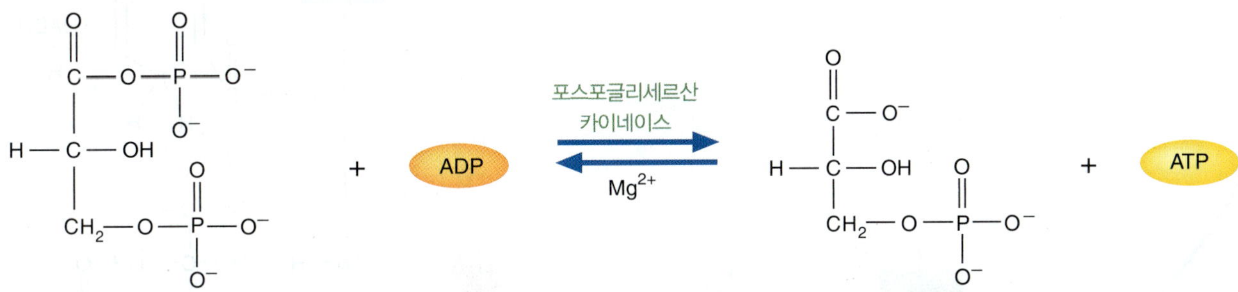

글리세르산-1,3-비스인산 글리세르산-3-인산

ADP의 말단 인산기는 글리세르산-1,3-비스인산에 위치한 무수인산의 인에 친핵성 공격을 하여 글리세르-3-인산을 생성한다. 반응 7은 기질 수준 인산화 반응의 한 예이다. ATP의 합성은 자유 에너지 증가 반응이기 때문에 에너지원을 필요로 하는 반응이다. **기질 수준 인산화 반응**(substrate-level phosphorylation)에서 ATP 합성은 더 낮은 전달 전위(ATP)를 갖고 있는 화합물을 합성하기 위해 매우 높은 인산기 전달 전위(transfer potential)를 갖고 있는 기질, 즉 글리세르산-1,3-비스인산(**표 4.1** 참조)으로부터 인산기를 전달함으로써 일어난다. 그 결과 ΔG는 0보다 적게 된다($\Delta G < 0$). 한 분자의 글루코스에 대해 두 분자의 글리세르산-1,3-비스인산이 형성되기 때문에 이 반응은 두 분자의 ATP를 만들고 인산결합 에너지 투자는 복구된다. 경로의 뒷부분의 ATP 합성은 알짜 수득을 나타낸다.

8. **글리세르산-3-인산과 글리세르산-2-인산의 상호전환.** 글리세르산-3-인산은 낮은 인산기 전달 전위를 갖고 있기 때문에 ATP 합성에는 부적합하다(ATP 합성을 위한 $\Delta G^{\circ\prime}$는 −30.5 kJ/mol임). 따라서 세포는 에너지 수준이 낮은

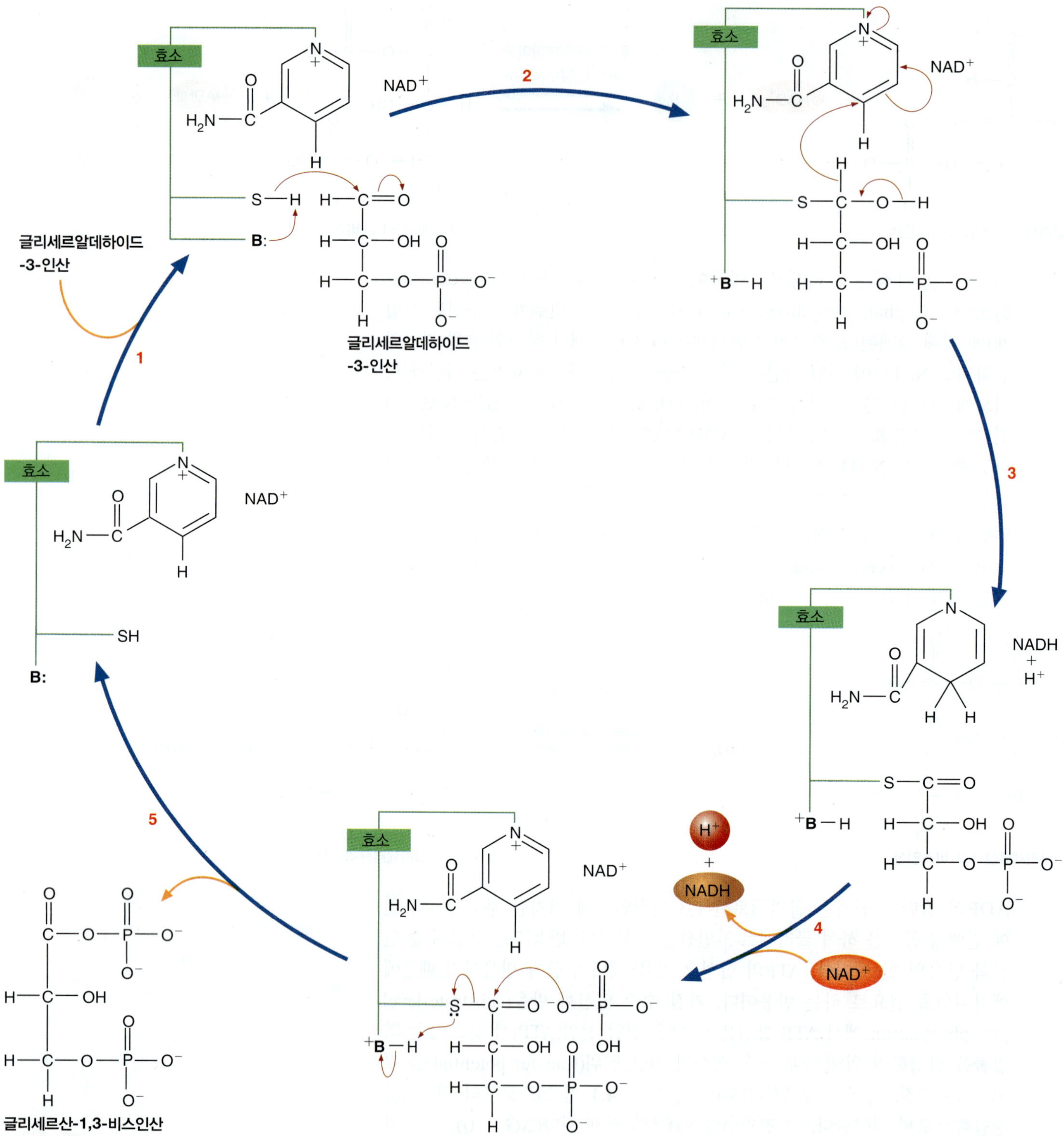

그림 8.4

글리세르알데하이드-3-인산 탈수소효소 반응.

첫 단계에서 기질인 글리세르알데하이드-3-인산이 활성 자리에 들어간다(단계 1). 효소가 활성 자리 내 설프하이드릴기와 기질의 반응(단계 2)을 촉매하면서 기질은 산화된다(단계 3). 비공유 결합된 NADH는 세포질의 NAD^+에 수소화 이온을 전달함으로써 재산화된다(단계 4). 무기인산에 의한 효소의 치환(단계 5)이 생성물 글리세르산-1,3-비스인산을 방출시키고 효소는 원래의 형태로 복귀한다.

인산 에스터를 갖고 있는 글리세르산-3-인산을 매우 높은 에너지 수준의 포스포엔올피루브산(PEP)으로 전환시킨다. 글리세르산-3-인산과 PEP의 가수분해 시 표준 자유 에너지는 각각 −12.6 kJ/mol과 −61.9 kJ/m이이다. 이 전환반응(반응 8)의 첫 단계에서 포스포글리세르산 자리옮김효소(phosphoglycerate mutase)는 두 단계 첨가/제거 반응 주기를 통해 인산기를 C-3로부터 C-2로 전달한다.

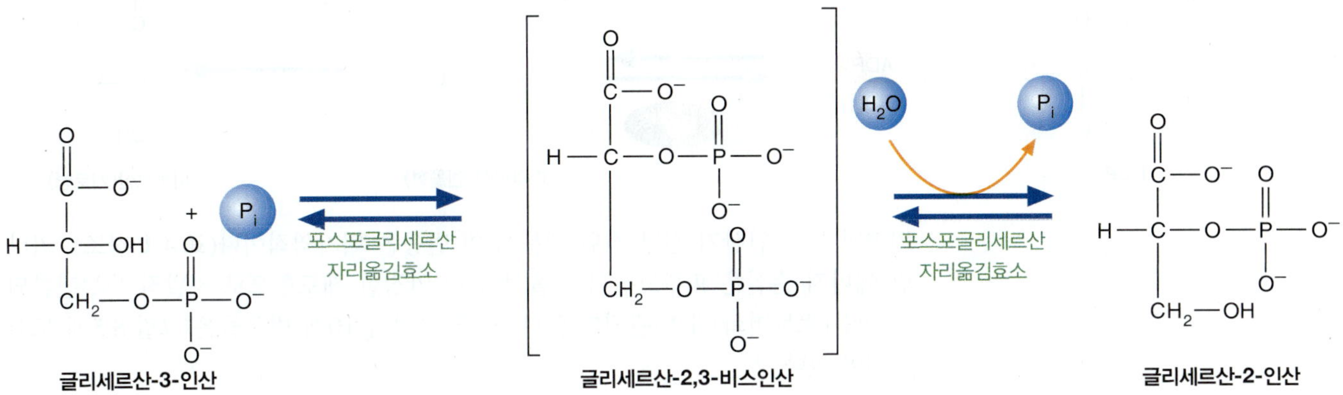

9. **글리세르산-2-인산의 탈수 반응.** 반응 9에서는 엔올레이스(enolase)가 글리세르산-2-인산으로부터 물 분자를 제거하여 PEP를 형성한다.

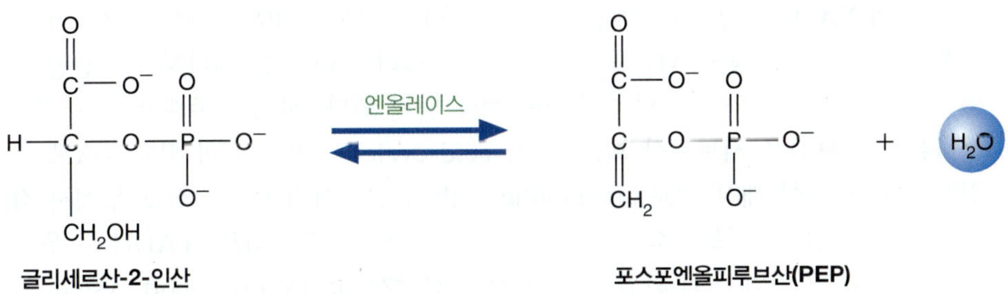

이 효소가 C-2에서 양성자를 제거함과 동시에 카복실산 결사슬은 OH기에 양성자를 받는다. 그 결과 물 분자가 방출되고 탄소-탄소 이중 결합이 생성된다. PEP는 인산 에스터 대신에 엔올 인산기를 포함하고 있기 때문에 글리세르산-2-인산보다 더 높은 인산기 전달 전위를 갖는다. 이와 같은 차이는 다음 반응에서 뚜렷이 나타난다. 알데하이드와 케톤은 두 개의 이성질 형태를 갖는다. *엔올*(enol)형은 탄소-탄소의 이중 결합과 하이드록시기를 갖는다. 엔올은 더 안정한 *케토*(keto)형과 평형 상태로 존재한다. **토토머**(tautomer)라고도 불리는 케토형과 엔올형의 상호전환을 **토토머화 반응**(tautomerization)이라고 한다.

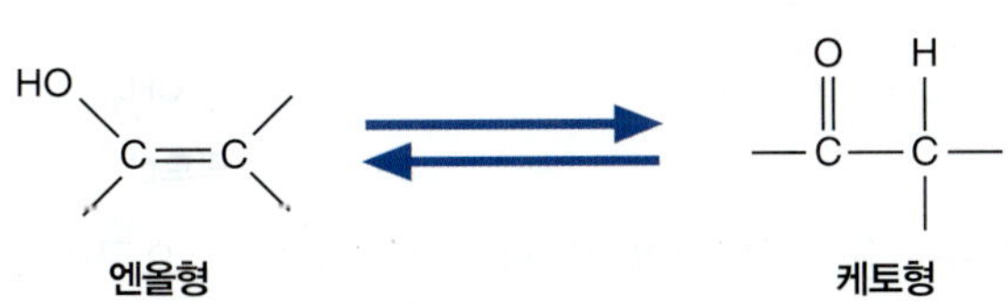

이 토토머화 반응은 자유 인산기 이온(free phosphate ion)의 공명안정화처럼 인산기에 의해 제약을 받는다. 그 결과 반응 10에서 ADP로의 인산기 전달이 매우 유리하다.

10. 피루브산 합성. 해당 경로의 마지막 반응에서 피루브산 카이네이스(pyruvate kinase, PK)는 PEP의 인산기를 ADP에 전달함으로써 ATP를 만든다. ADP 말단의 인산기는 PEP의 인산기를 공격하여 피루브산의 엔올형을 형성하고 그 다음에 이것은 자발적으로 케토형을 형성한다. 결과적으로 한 분자의 글루코스로부터 두 분자의 ATP가 형성된다.

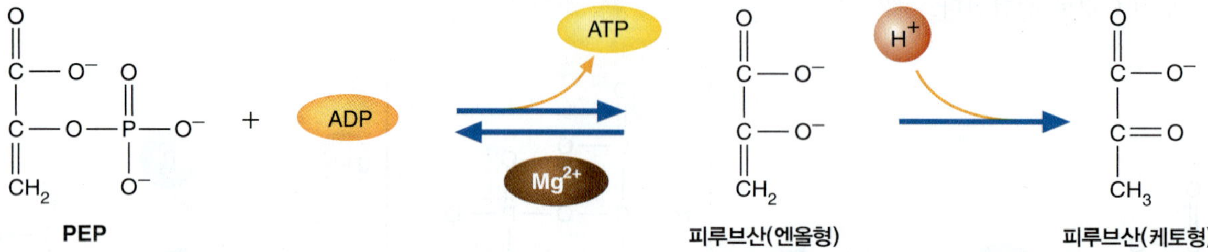

PEP의 높은 인산기 전달 전위 때문에 이 반응은 비가역적이다(**표 4.1** 참조). 커다란 에너지 손실은 피루브산의 엔올형이 더 안정한 케토형으로 자발적으로 전환되는 반응(토토머화)과 연관되어 있다. 해당 과정의 10개 반응들은 **그림 8.5**에 도식화되어 있다.

피루브산의 운명

에너지 측면에서 볼 때 해당 과정은 한 분자의 글루코스로부터 두 분자의 ATP와 두 분자의 NADH를 만든다. 해당 과정의 또 다른 산물인 피루브산은 에너지가 풍부한 분자로서 상당량의 ATP를 만들 수 있다. 그러나 더 많은 에너지가 생산될 수 있는지는 세포 종류와 산소의 이용 가능성에 달려 있다. 산소가 존재할 때 호기성 생물은 피루브산을 **시트르산 회로**(citric acid cycle)의 기질인 아세틸-CoA로 전환시킨다. **양쪽성 대사 경로**(amphibolic pathway, 동화와 이화과정 모두에서 작용하는 대사)인 시트르산 회로는 아세틸-CoA를 CO_2, NADH와 $FADH_2$로 완전히 산화한다. 일련의 산화-환원 반응인 **전자 전달계**(electron transport system)는 NADH와 $FADH_2$로부터 전자를 O_2에 전달하여 물을 만든다. 전자 전달 중 방출되는 에너지는 ATP를 합성하는 메커니즘과 짝지어져 있다. 혐기성 조건에서는 피루브산으로부터 더 이상의 산화가 일어날 수 없다. 수많은 세포와 생물은 피루브산을 더 환원된 유기물로 전환시키고 NAD^+를 재생시키는 데(**그림 8.6**), 이 과정을 **발효**(fermentation)라 한다. 즉 근육 세포, 적혈구와 일부 세균(예, *Lactobacillus*)은 피루브산을 락트산으로 전환시킴으로써 NAD^+를 만든다.

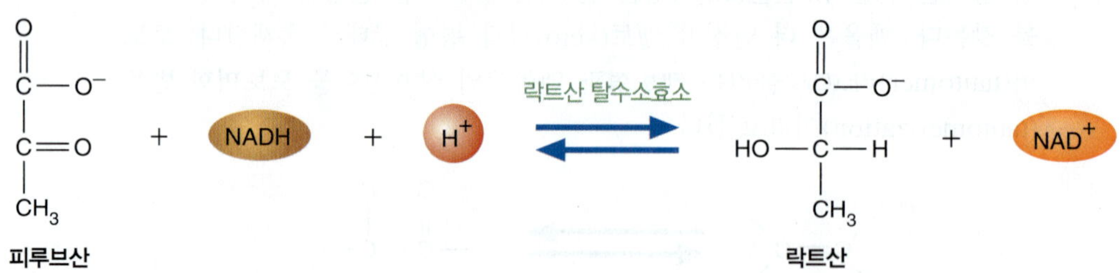

빠르고 강력한 수축을 하는 근육 세포의 경우 에너지 요구량은 높아진다. 산소 공급이 결핍된 후 *락트산 발효*(lactic acid fermentation)는 해당 과정(저농도의 ATP 상태에서)이 짧은 시간 동안 지속되도록 충분한 양의 NAD^+를 제공한다(**그림 8.7**).

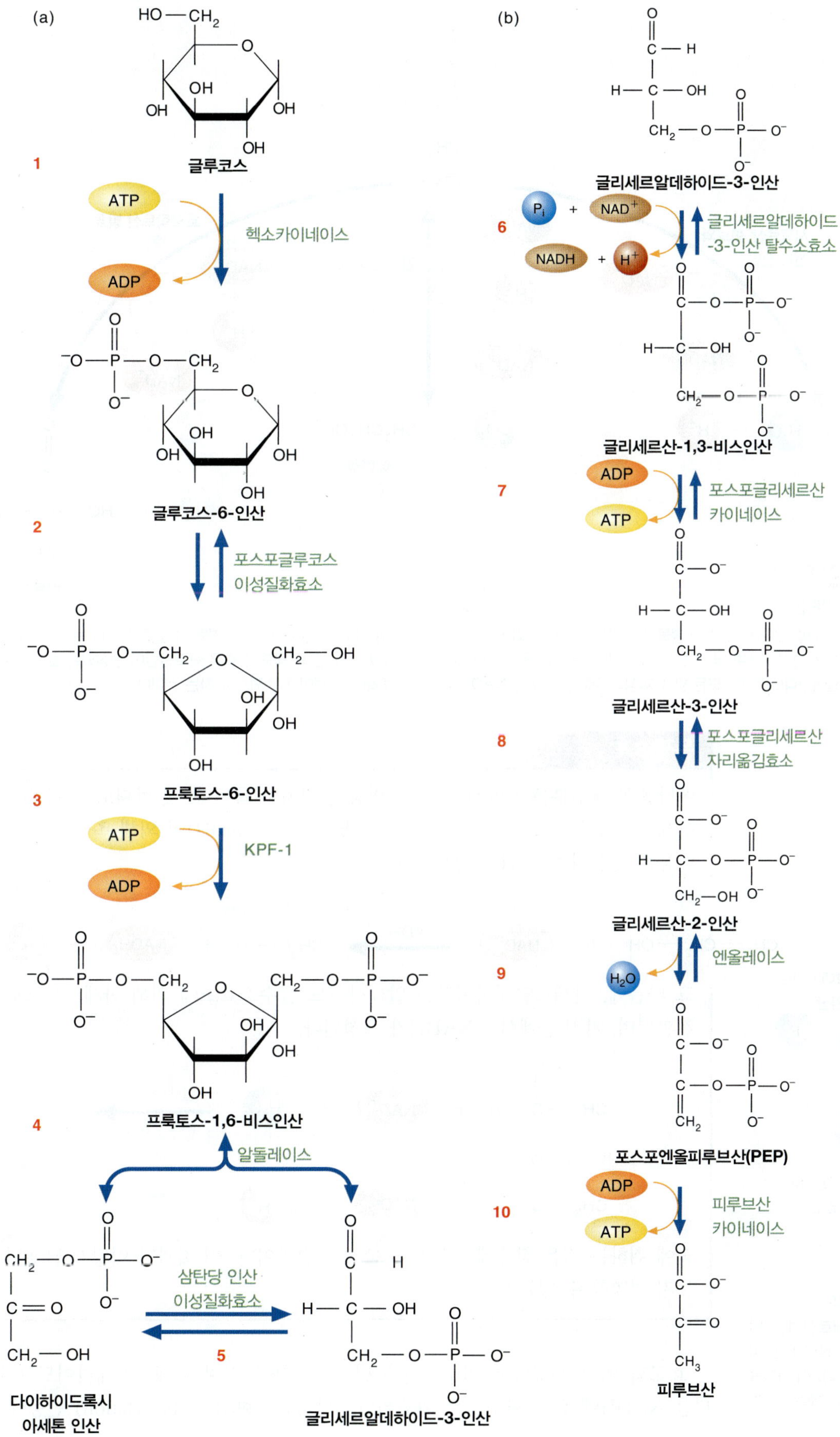

그림 8.5

해당 과정의 반응.

해당 과정의 경로는 10개의 반응으로 구성되어 있다. (a) 1단계에서 반응 1~5는 글루코스를 글리세르알데하이드-3-인산으로 전환한다. 1단계에서 글루코스 한 분자에 대해 ATP 두 분자가 소비된다. (b) 2단계인 반응 6~10에서는 글리세르알데하이드-3-인산이 피루브산으로 전환된다. 그 외에도 2단계에서는 글루코스 한 분자에 대해 ATP 네 분자와 NADH 2 분자가 생산된다.

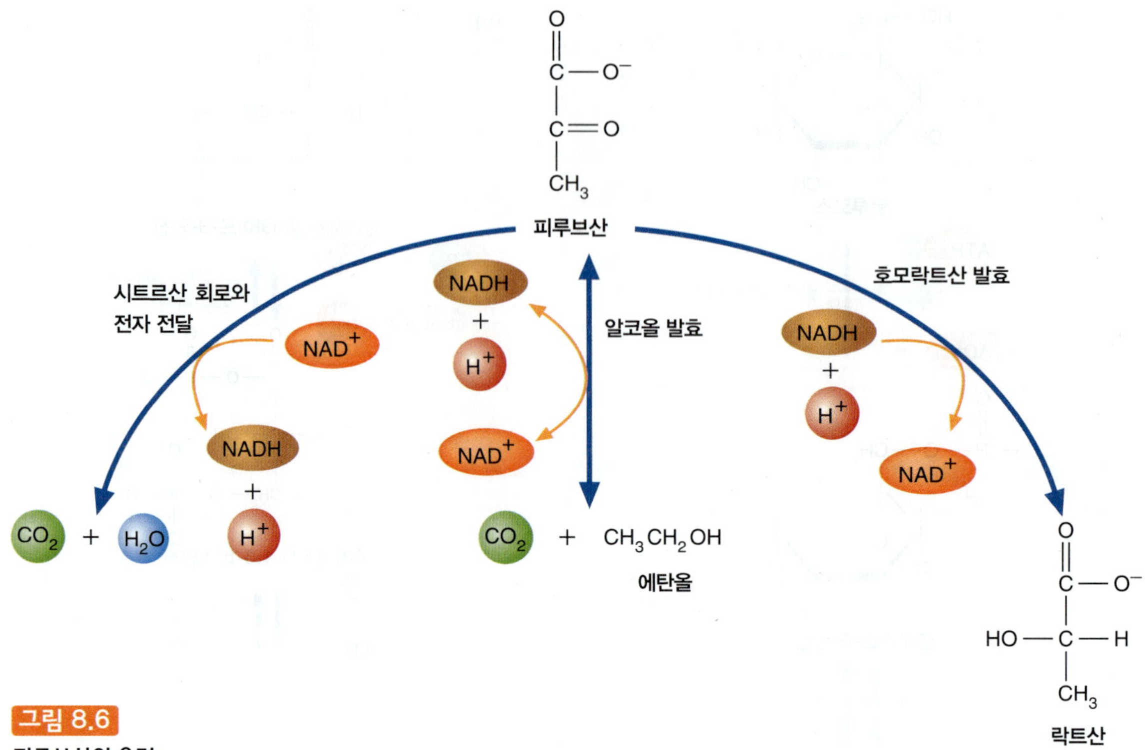

그림 8.6

피루브산의 운명.

산소가 존재할 때(*왼쪽*) 호기성 생물은 피루브산을 CO_2와 H_2O로 완전히 산화한다. 그러나 산소가 존재하지 않을 때 피루브산은 여러 종류의 환원된 분자로 전환될 수 있다. 효모의 경우 에탄올과 CO_2가 생성되고(*가운데*), 근육 세포의 경우 락트산만이 생성되는 호모락트산 발효가 일어난다(*오른쪽*). 모든 발효 과정의 주요한 목적은 NAD^+를 재생하여 해당 과정이 지속되도록 하는 것이다.

문제 8.1

에탄올의 대부분은 간에서 두 가지 반응을 거쳐 해독된다. 첫 번째로, 에탄올은 아세트알데하이드로 산화된다. 알코올 탈수소효소(ADH)에 의해 촉매되는 이 반응은 다량의 NADH를 생성한다.

$$CH_3-CH_2-OH + NAD^+ \xrightarrow{ADH} CH_3C(=O)-H + NADH + H^+$$

그 다음에, 아세트알데하이드는 알데하이드 탈수소효소에 의해 아세트산으로 전환되며, 이 반응에서도 NADH가 생성된다.

$$CH_3-C(=O)-H + NAD^+ + H_2O \xrightarrow[\text{탈수소효소}]{\text{알데하이드}} CH_3-C(=O)-O^- + NADH + 2H^+$$

술에 취하는 것은 혈중에 락트산이 축적된 결과이다. 이 결과가 어떻게 발생되는지 설명할 수 있는가?

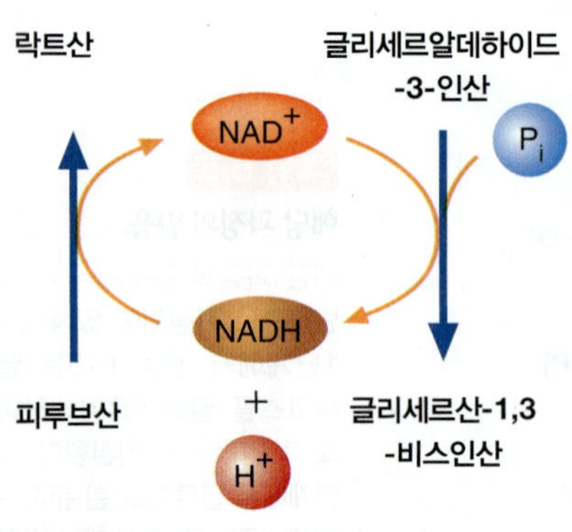

그림 8.7

혐기성 해당 과정 중 NADH의 재순환.

글리세르알데하이드-3-인산이 글리세르산-1,3-비스인산으로 전환되는 과정에서 생성된 NADH는 피루브산이 락트산으로 전환될 때 산화된다. 이 과정을 통해 세포는 산소가 다시 공급될 때까지 계속해서 짧은 기간 동안 ATP를 생산할 수 있다.

효모와 여러 세균에서 피루브산은 탈카복실화를 거쳐 아세트알데하이드로 된 다음 NADH에 의해 에탄올로 환원된다. [**탈카복실화**(decarboxylation) 반응에서

유기산은 카복실기를 CO_2의 형태로 잃는다.]

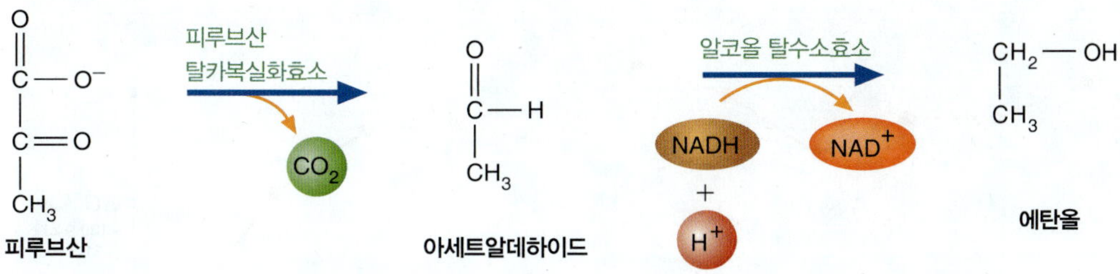

알코올 발효는 상업적으로 포도주, 맥주와 빵을 만드는 데 사용된다. 그러나 어떤 세균은 에탄올보다는 다른 유기 분자들을 만든다. 즉 보툴리눔 독소증과 파상풍 원인 인자와 관련된 *Clostridium acetobutylicum*은 뷰탄올을 만든다. 최근까지도 세제와 합성섬유를 생산하는 데 이용되는 뷰탄올을 합성하는 데 이 미생물이 사용되었다. 오늘날 석유 물질에 기반한 합성 과정이 미생물 발효를 대체하고 있다.

해당 과정의 에너지론

해당 과정 중, 글루코스가 피루브산으로 분해되고 ADP의 인산화가 진행되어 ATP 2분자가 만들어지면서 에너지가 방출된다. 그러나 각 개별 반응의 표준 자유 에너지 변화를 비교해 보면 해당 경로의 효율성을 설명하기가 어렵다. 자유 에너지 변화를 측정하는데 좀 더 유용한 방법은 실제 세포가 작동하는 조건, 즉 pH와 대사물질 농도를 고려하는 것이다. **그림 8.8**에 나와 있는 것처럼 적혈구 세포에서 측정한 자유 에너지 변화를 보면 세 개의 반응(1, 3, 10, **그림 8.5** 참조)만이 현저하게 음성(−)인 ΔG 값을 갖고 있다. 헥소카이네이스, PFK-1과 피루브산 카이네이스에 의해 촉매되는 반응은 완전하게 일어나기 때문에 비가역적이다. 나머지 반응(2, 4~9)들의 ΔG 값은 거의 0에 가깝기 때문에 평형 상태에서 일어난다. 따라서 후자의 반응은 가역적이고 기질 또는 생성물 농도의 작은 변화가 각 반응의 방향을 변화시킬 수 있다. 피루브산과 다른 물질로부터 글루코스가 합성될 수 있는 글루코스 신생합성에서(8.2절) 해당 과정의 반응 1, 3, 10을 촉매하는 효소를 제외한 나머지 해당 과정 효소들이 모두 관여한다. 글루코스 신생 합성은 해당 경로의 비가역 단계를 우회하기 위해 다른 효소들을 사용한다.

주요 개념 _Key Concepts

- 해당 과정이 일어나는 동안 글루코스는 두 분자의 피루브산으로 전환된다. 이 과정에서 소량의 에너지가 ATP와 NADH 각 분자에 저장된다.
- 혐기성 생물에서는 피루브산이 발효라는 과정을 통해 노폐물로 전환된다.
- 산소가 있는 상태에서 호기성 생물의 세포는 피루브산을 CO_2와 물로 전환한다.

해당 과정의 조절

세포에서 작동하는 해당 경로의 속도는 주로 헥소카이네이스 동질효소들의 반응속도론적 성질 그리고 세 가지 비가역 반응들을 촉매하는 효소인 헥소카이네이스, PFK-1 과 피루브산 카이네이스의 다른자리 입체성 조절에 의해 직접 통제된다.

헥소카이네이스 동물의 간에는 네 가지 헥소카이네이스가 있다. 이 중 세 가지 효소(헥소카이네이스 I, II, III)는 다른 신체 조직에서도 다양한 농도로 발견되는데, 미토콘드리아 외막의 양이온 통로[*포린*(porin)이라 함]에 가역적으로 결합된 형태로 존재한다. 결과적으로, ATP는 쉽게 이용될 수 있다. 이러한 동질효소들은 혈액에서의 농도에 따라 글루코스에 높은 친화력을 가진다. 즉, 혈중 글루코스 농도가 4~5 mM 정도라 하더라도 0.1 mM 이하 농도에서 절반이 포화 상태가 된다. 또한 헥소카이네이스 I, II, III은 그 반응의 산물인 글루코스-6-인산의 억제를 받기도 한다. 혈당이 떨어질 때, 이러한 특성들은 뇌세포나 근육 세포가 충분한 글루코스를 얻을 수 있도록 도와준다. 혈당이 높을 때는, 세포는 글루코스를 즉시 필요한 양보다 더 많이 인산화하지 않는다.

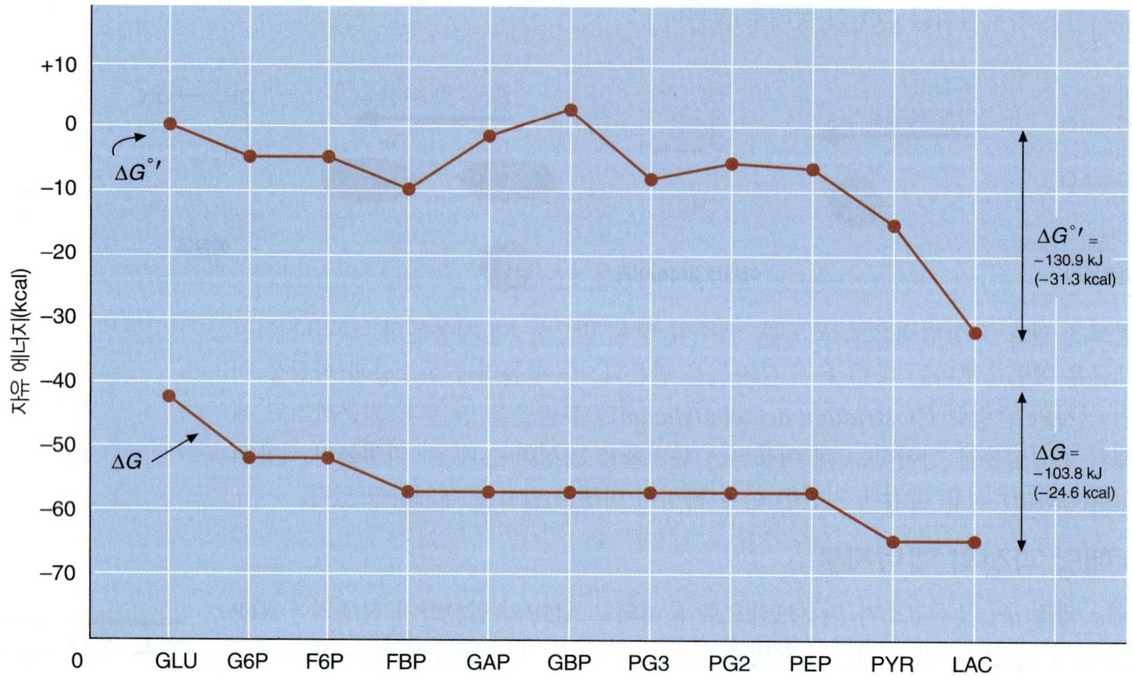

그림 8.8

적혈구 세포에서 해당 과정 중 자유 에너지 변화.

해당 과정에서 각 반응의 표준 자유 에너지 변화($\Delta G^{\circ\prime}$)는 일정한 패턴을 보여 주지 않는다(위의 그래프 참조). 이와는 대조적으로 적혈구 세포에서 측정된 대사물질 농도를 토대로 한 실제 자유 에너지 변화(ΔG)는 반응 1(GLU의 G6P로의 전환), 반응 3(F6P의 FBP로의 전환)과 반응 10(PEP의 PYR로의 전환)이 왜 비가역적인지를 명백히 보여 주고 있다(아래 그래프 참조). 나머지 반응들의 가역성이 용이하게 일어나는 것은 ΔG 값이 거의 0에 가까운 것으로 보아 알 수 있다. (GLU = 글루코스, G6P = 글루코스-6-인산, F6P = 프룩토스-6-인산, FBP = 프룩토스-1,6-비스인산, GAP = 글리세르알데하이드-3-인산, PG3 = 글리세르산-3-인산, PG2 = 글리세르산-2-인산, PEP = 포스포엔올피루브산, PYR = 피루브산, LAC = 락트산.) DHAP에서 GAP로의 전환은 이번 목록에 계산하지 않았다. 왜냐하면 FBP는 GAP와 DHAP로 잘라져서, GAP로 다시 전환되기 때문이다.

생화학 전망 BIOCHEMISTRY IN PERSPECTIVE

효모와 크랩트리 효과

효모는 어떤 특이한 성질 때문에 포도주, 맥주 및 빵을 만드는 데 매우 유용하게 되었는가? 진핵 미생물인 효모(*Saccharomyces cerevisiae*)는 인간에게 지대한 영향을 끼치고 있다. 신석기시대부터 현재까지 이 생물은 탄수화물이 포함된 식품을 인간의 삶에 꼭 필요한 와인, 맥주, 그리고 빵으로 변환시켜주었다. 그렇다면 *S. cerevisiae*는 어떠한 특이성 때문에 가장 오래된 생명공학에 적합하게 되었는가? 비록 다른 효모 종들이 탄수화물을 발효시켜 에탄올 및 CO_2로 변환시키지만, *S. cerevisiae*만이 효과적으로 대량생산을 할 수 있다. 간단한 실험으로 이러한 이유에 대하여 설명할 수 있다. 만약에 포도와 같은 신선한 과일을 으깨어 참나무통에 담아두면, 발효가 시작된다. 발효 초반에는, 다양한 다른 종의 미생물을 관측할 수 있으며 *S. cerevisiae*는 비교적 적은 수가 관측된다. 발효 과정이 진행되는 동안(그리고 에탄올 농도가 증가하면서) *S. cerevisiae*의 세포는 미생물의 가장 많은 부분을 차지하게 되며, 결국에는 *S. cerevisiae*만이 유일한 미생물로 존재한다. 어떻게 *S. cerevisiae*은 이러한 괄목할 만한 위업을 이룰 수 있는지 많은 연구가 진행되어져 왔으며, 이는 기존의 발효공학의 경제적 중요성만을 생각한 것이 아니다. 셀룰로스(옥수수 낟알 같은 주요 식품이 아닌)로부터 효과적이고 경제적으로 에탄올 바이오연료를 추출하려는 목표는 아직까지 분명한 성과를 얻지 못하였다. *S. cerevisiae*가 탄수화물을 효과적으로 발효시키고, 주변 환경을 지배하는 근원적인 생리학적 이유는 다음에 소개되는 크랩트리 효과(Crabtree effect)로 설명될 수 있다.

크랩트리 효과

*S. cerevisiae*는 조건 혐기성 생물이다. 즉 호기성 조건과 혐기성 조건에서 각각 호기성 대사(시트르산 회로, 전자 전달계 및 산화적 인산화)와 발효를 이용하여 에너지 생산이 가능하다. 대부분의 발효 생물과 다르게, *S. cerevisiae*는 산소 존재 하에서 당의 발효가 가능

생화학 전망 BIOCHEMISTRY IN PERSPECTIVE (계속)

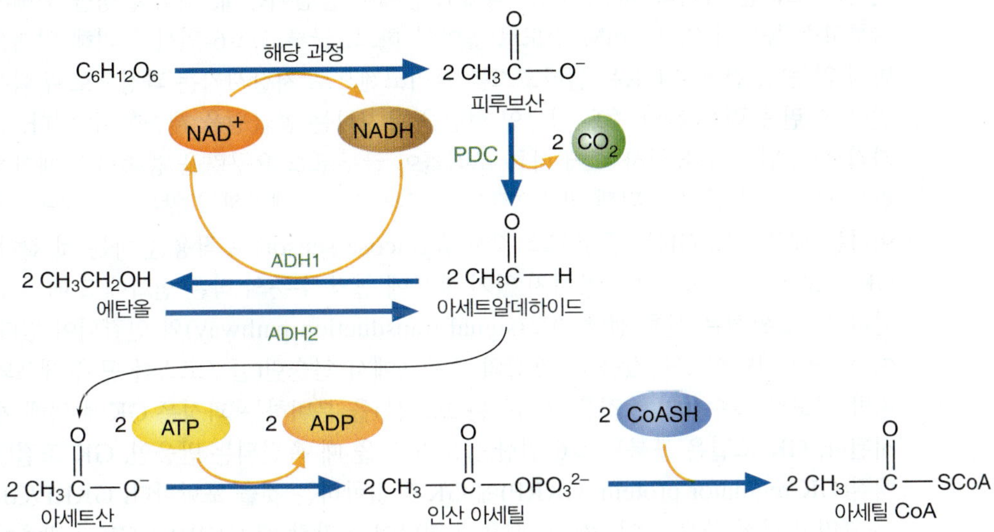

그림 8A

효모의 에탄올 대사.

글루코스 농도가 높으면, 효모 세포는 '만들고, 축적하고, 사용하는' 에탄올 경로로 이동한다. 처음에 글루코스는 NAD^+를 재생하기 위하여 ADH1에 의하여 에탄올 분자로 전환된다. 에탄올은 주변으로 배출되어 경쟁 미생물을 죽인다. 일단 글루코스 농도가 크게 감소하게 되면, 글루코스 억제는 끝나게 된다. 억제 해제의 결과로 에탄올을 아세트알데하이드로 되돌리는 효소인 ADH2가 합성된다. 아세트알데하이드는 결과적으로 시트르산 회로의 기질인 아세틸-CoA로 전환된다. 비록 '만들고, 축적하고, 사용하는' 전략이 비경제적이지만(에탄올을 아세틸-CoA로 전환하는 데 필요한 효소를 합성하는 데 에너지가 필요하고, 인산 아세틸을 합성하는 데 ATP 분자들이 사용됨), 효모 세포는 경쟁자들을 제거하고 폐기산물을 회수하여 에너지원으로 이용하기 위하여 이것을 이용한다.

하다. 글루코스 그리고/혹은 프룩토스의 농도가 증가함에 따라서, 피루브산은 시트르산 회로(호기성 에너지 생산의 첫 번째 단계)로부터 에탄올 합성으로 전용되어서 피루브산 탈카복실화효소(pyruvate decarboxylase)에 의하여 아세트알데하이드와 이산화탄소로 전환된다. 글루코스가 호기성 대사를 억제하는 이러한 현상을 **크랩트리 효과**(Crabtree Effect)라고 한다. [산소를 이용하는 대부분의 생물체에서는 **파스퇴르 효과**(Pasteur effect)가 관찰된다. 즉, 산소를 이용할 수 있을 때는 해당 과정이 억제된다.] *S. cerevisiae*는 세포의 글루코스 농도가 높아지면 유전자 발현을 변화시킨다. 이러한 변화는 육탄당 수송체의 원형막질 삽입 (글루코스가 세포 안으로 빠르게 수송되는 결과를 나타냄), 해당 과정 효소의 합성, 호기성 호흡 효소 합성 억제를 촉진한다. 피루브산의 에탄올 생산 전용은 넘침 현상(overflow phenomenon)의 결과로 생각된다. 피루브산 탈수소효소 분자는 양이 너무 작아서 피루브산을 아세틸-CoA로 완전히 전환시킬 수 없다. 결과적으로 피루브산 탈카복실화효소가 과량 피루브산 분자를 아세트알데하이드로 변환시킨다.

언뜻 보기에는 글루코스에 의하여 유도되는 호기성 대사의 억제는 비효율적으로 보이는데, 그 이유는 발효(글루코스 당 2개의 ATP)의 ATP 생성은 산화적 인산화(글루코스 당 약 30개의 ATP)에 의한 것보다 더 적기 때문이다. 그러나 에탄올 저항성을 갖는 *S. cerevisiae*가 빠르게 에탄올을 생성하여 주변으로 배출하는 것은 경쟁 미생물과 포식자의 제거에 효과적이다. 일단 글루코스 농도의 대폭적인 감소가 이루어지고, 산소 분자 이용이 가능해지면, *이중 영양 요구 이동*(diauxic shift)이라 불리는 유전자 발현의 현저한 변화가 일어나서 효모의 에너지 대사를 변화시킨다. 글루코스 억제가 끝나게 되고, 효모 세포는 에탄올을 다시 흡수하여 ADH2(6장의 '생화학 전망' 알코올 탈수소효소: 두 종의 이야기 참조)를 이용하여 아세트알데하이드로 변환시킨다. 아세트알데하이드는 시트르산 회로 기질인 아세틸-CoA로 전환된다. 사실상, '만들고, 축적하고, 사용하는' 독특한 에너지 대사의 결과로, *S. cerevisiae* 세포는 자신의 폐기물을 에너지원으로 사용할 수 있다(**그림 8A**). 사람은 효모 에너지 대사의 첫 번째 단계를 포도주나 맥주의 상업적 생산에 이용한다. 초기 단계에서 산소 분자를 필요로 하는 반응을 수반하는 호기성 발효는 세포 분화를 촉진하여 효모의 개체수를 증가시킨다. 발효용기의 산소가 크게 감소하면, 에탄올 생산은 가속화된다. 결국에는 당 농도가 감소하여 발효도 느려진다. 이러한 단계의 발효에서 산소 분자를 배제함으로써 생산물의 에탄올 농도는 극대화되는데, 에탄올의 호기성 분해로의 이동을 막기 때문이다.

▸ **요약:** *S. cerevisiae*의 조상들은 대사 적응으로 경쟁 미생물을 제거할 수 있는 독성 물질인 에탄올을 대량으로 생산하게 되었다. 사람은 알코올음료와 빵을 생산하는데 *S. cerevisiae*의 이러한 대사 적응을 이용한다.

네 번째 효소인 헥소카이네이스 IV(또는 글루코카이네이스)는 같은 반응에 촉매 작용을 하지만 열역학적 특성이 많이 다르다. 글루코카이네이스(glucokinase, GK)는 간세포뿐만 아니라 췌장, 소장, 뇌세포 등에서 발견되는데, 최적 활성을 위해서 글루코스 농도가 약 10 mM 정도로 높아야 하고, 글루코스-6-인산에 의해 억제를 받지 않는다. 간에서 GK는 글루코스를 글리코젠으로 저장시키는 과정으로 우회시킨다. 이런 능력은 간의 주요 기능인 혈당을 유지하는 공급원을 제공할 수 있다. 결과적으로, 탄수화물 식사 후에 다른 조직들이 글루코스 요구량을 충족시킬 때까지 간은 글리코젠 합성을 위해 혈액으로부터 글루코스를 제거하지 않는다. 반응이 일어나는 세포에서, GK는 *글루코스 감지기*(glucose sensor)로 작용을 하는 것 같다. GK는 보통 최대 속도로 반응하지 않기 때문에 혈당 수준의 작은 변화에도 매우 민감하다. 그 활성은 신호 전달 경로(signal transduction pathway)와 연결되어 있다. 예를 들어 혈당이 올라갔을 때 췌장의 β-세포에서 인슐린(글루코스를 근육 세포와 지방 세포로 흡수시키는 것을 촉진하는 호르몬)을 분비하는 과정은 GK에 의해 개시된다. GK 조절은 프룩토스-6-인산 농도가 높을 때 촉진되는 반응인, GK 조절단백질(GK regulator protein, GKRP)에 GK가 결합하는 것을 포함한다. GKRP/GK는 그리고 나서 핵으로 이동한다. 식후에 혈당이 올라갈 때 GKRP는 GK를 방출하고(프룩토스-1-인산과 교환되어서), GK는 핵공을 통해 나가서 글루코스를 다시 인산화할 수 있게 된다.

해당작용의 다른자리 입체성 조절 헥소카이네이스 I, II, III, PFK-1과 피루브산 카이네이스에 의해 촉매되는 반응은 다른자리 입체성 효과물질에 의해 작동될 수도 있고 또 작동되지 않을 수도 있다. 일반적으로 다른자리 입체성 효과물질은 그 농도가 세포 대사 상태를 나타내는 민감한 지표(indicator)이다. 일부 다른자리 입체성 효과물질은 그 산물 분자이다. 예를 들어 헥소카이네이스 I, II, III는 과다한 글루코스-6-인산에 의해 억제된다. 여러 에너지 관련 분자들이 다른자리 입체성 효과물질로 작용한다. 예를 들어 고농도의 AMP(낮은 에너지 생산을 나타내는 표지물질)는 피루브산 카이네이스를 활성화한다. 반대로 고농도의 ATP(세포의 에너지 요구량이 충족된 상태)는 피루브산 카이네이스를 억제한다. ATP가 충분히 공급될 때 축적되는 아세틸-CoA는 피루브산 카이네이스를 억제한다.

해당작용의 주요 효소 중에서, PFK-1은 가장 신중하게 조절된다. PFK-1 활성은 ATP와 시트르산이 높은 수준일 때(세포의 에너지 수준이 높거나, 시트르산 회로가 천천히 돌아갈 때) 다른자리 입체적으로 방해받는다. AMP는 PFK-1의 다른자리 입체성 활성 인자다. 세포의 에너지 수준이 낮을 때 상승하는 AMP 수준은 ADP 수준보다 더 나은 에너지 결핍 지표이다. 간에서 PFK-1 활성의 다른자리 입체성 활성 인자인 프룩토스-2,6-비스인산은 혈당 수준과 상관성이 있는 호르몬 신호에 반응하여 포스포프룩토카이네이스-2(phosphofructo kinase-2, PFK-2)에 의해 합성된다(**그림 8.9**). 혈청 글루코스 농도가 상승하면, 호르몬의 자극을 받은 프룩토스-2,6-비스인산이 PFK-1 활성을 증가시키고(해당 과정을 활성화시킴) 반대 작용을 촉매하는 효소인 프룩토스-1,6-비스인산 가수분해효소(fructose-1,6-bisphosphatase)의 활성을 감소시킨다(글루코스 신생 합성을 억제함, **8.2**절 참조). AMP는 프룩토스-1,6-비스인산 가수분해효소의 다른자리 입체성 억제제이다. PFK-2는 글루카곤 분비에 반응하여 인산 가수분해효소 역할도 하고, 인슐린 분비에 반응하여 탈인산화될 때 카이네이스로도 작용하는 이중기능성 효소이다. PFK-2의 호르몬 유도성 공유 결합성 변형(covalent modification)으로 생산된 프룩토스-2,6-비스인

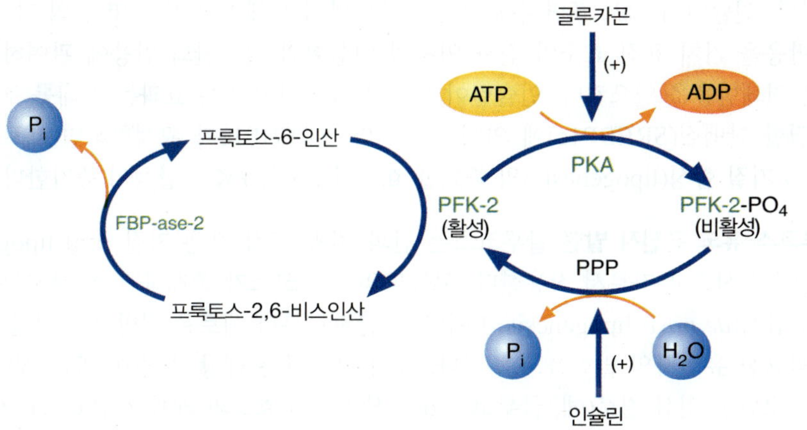

그림 8.9

프룩토스-2,6-비스인산 수준 조절.

해당 과정은 PFK-1의 활성물질인 프룩토스-2,6-비스인산이 PFK-2에 의해 합성되면 촉진된다. 결국, PFK-2는 인슐린에 의해 활성화되는 효소인 인단백질 인산 가수분해효소(phosphoprotein phosphatase, PPP)에 의해 촉매되는 탈인산화 반응에 의해 활성화된다. PFK-2는 PFK-2와 프룩토스-2,6-비스인산 가수분해효소-2(FBPase-2) 두 가지 효소의 이중 기능성을 가진다. 결과적으로, 탈인산화과정은 프룩토스-2,6-비스인산을 프룩토스-6-인산으로 전환하는 효소작용인 FBPase-2를 방해한다. 해당 과정은 프룩토스-2,6-비스인산 농도가 낮을 때 방해받는데, 이것은 글루카곤에 의해 자극되거나 단백질 카이네이스 A(protein kinase A, PKA)에 의해 인산화되어 PFK-2가 비활성화될 때 일어나는 반응이다.

표 8.1 해당 과정의 다른자리 입체성 조절

효소	활성제	억제제
헥소카이네이스		글루코스-6-인산, ATP
PFK-1	프룩토스-2,6-비스인산, AMP	시트르산, ATP
피루브산 카이네이스	프룩토스-2,6-비스인산, AMP	아세틸-CoA, ATP

산은 사용 가능한 글루코스의 높은 수준을 알려주는 지표이며 PFK-1을 다른자리 입체성으로 활성화시킨다. 축적된 프룩토스-1,6-비스인산은 피루브산 카이네이스를 활성화시켜서 조절의 앞먹임 메커니즘(feed-forward mechanism)을 제공한다(예를 들어, 프룩토스-1,6-비스인산은 다른자리 입체성 활성물임). 해당작용의 다른자리 입체성 조절은 **표 8.1**에 요약되어 있다.

호르몬 조절 해당 과정은 또한 펩타이드 호르몬인 글루카곤과 인슐린에 의해 조절된다. 혈액의 글루코스 수준이 낮을 때 췌장 α-세포에 의해 분비되는 **글루카곤**(glucagon)은 PFK-2의 인산 가수분해효소 기능을 활성화하여 세포의 프룩토스-2,6-비스인산의 수준을 감소시킨다. 그 결과 PFK-1 활성과 해당 과정을 통한 흐름(flux)은 감소된다. 간에서 글루카곤은 또한 피루브산 카이네이스를 비활성화한다. 표적 세포 표면의 글루카곤 수용체와의 결합에 의한 글루카곤 효과는 cAMP에 의해 중개된다. cAMP는 원형질막의 아데닐산 고리화효소(adenylate cyclase)에 의해 ATP로부터 생산된다. cAMP는 단백질 카이네이스 A(PKA)와 결합하여 활성화한다. 활성화된 PKA는 다양한 종류의 효소와 전사 인자의 활성을 변화시키는 인산화/탈인산화 반응의 연쇄반응을 일으킨다. **전사 인자**(transcription factor)는 **반응 요소**(response element)라 불리는 특정 DNA 서열과 결합함으로써 RNA 합성을 조절하거나 시작하는 단백질이다.

인슐린(insulin)은 혈액의 글루코스 수준이 높을 때 췌장 β-세포에 의해 분비되는 펩타이드 호르몬이다. 해당 과정에 미치는 인슐린 효과는 PFK-2의 카이네이스 기능을 활성화하여 프룩토스-2,6-비스인산의 수준을 증가시킨다. 그 결과 해당 과정의 흐름이 증가한다. 인슐린-감수성 운반체를 포함하는 근육과 지방조직 세포에서 인슐린은 글루코스 운반체가 세포 표면으로 자리옮김(translocation)하도록 촉진한다. 인슐린이 세포 표면 수용체와 결합하면 수용체 단백질은 몇 번의 자기인산화 반응을 거쳐 표적 효소와 전사 인자의 인산화와 탈인산화 반응에 관여하는 수많은 연쇄반응을 일으킨다. 인슐린이 유전자 발현에 미치는 효과는 스테롤 조절 요소 결합 단백질(SREBP1c)에 의해 중재된다. SREBP1c가 활성화하면 새로운(*de novo*) **지질 합성**(lipogenesis)의 중요한 효소인 GK와 PK의 합성이 증가한다.

글루코스-유도 유전자 발현 글루코스는 간과 지방 조직 같은 지질 합성(lipogenic) 기관에서 신호 분자로서 작용한다. 고농도의 글루코스가 존재하면 이 분자는 신생 지질 합성(*de novo* lipogenesis, 탄수화물 분자로부터 새로운 지방산 분자를 합성)에 필요한 유전자의 발현을 촉진한다. 표적 유전자는 해당 과정(예, 알돌레이스와 PK), 오탄당 인산 경로(예, 글루코스-6-인산 탈수소효소와 케톨 전달효소), 지방산 합성(예, 지방산 생성효소)의 효소들을 암호화한다. 글루코스에 의하여 촉진되는 표적 유전자의 전사는 ChREBP(carbohydrate response element binding protein, 탄수화물 반응 요소 결합 단백질)과 M1x로 구성된 이종사합체에 의하여 중개된다. 간에서 혈중 글루코스 농도가 낮으면 세포질에 비활성형(Ser196이 인산화됨)으로 있던 *ChREBP*는 (1) 글루코스가 글루코카이네이스에 의하여 글루코스-6-인산으로 인산화되거나 (2) 자일룰로스-5-인산(xylulose-5-phosphate, 오탄당 인산 경로의 중간물질)과 프룩토스-2,6-비스인산(PFK-1의 다른자리 입체성 활성물질) 같은 다른 2가지 당이 이용 가능할 때 활성화된다. 자일룰로스-5-인산은 단백질 인산가수분해효소를 활성화하여 ChREBP를 탈인산화시킨 후 핵 안으로 이동시킨다. 일단 ChREBP/Mlx 이종이합체가 형성되면 이것은 글루코스 반응 유전자들의 촉진 유전자에 있는 *탄수화물 반응 요소*(carbohydrate response elements, ChREs)에 결합한다. (촉진 유전자 서열은 전사가 일어날지 여부와 장소를 제어한다.) 글루코스와 인슐린은 모두 과잉의 글루코스 분자로부터 신생 지방 합성을 조절한다.

AMPK : 대사의 주요 스위치 AMP-활성 단백질 카이네이스(AMP-activated protein kinase, AMPK)는 에너지 대사에서 주요 역할을 하는 효소이다. 지질 대사의 조절물질로서 발견된 후, AMPK는 글루코스 대사에도 영향을 주는 것으로 알려졌다. 세포의 AMP:ATP 비의 증가에 의해 AMPK가 활성화되면 효소와 전사 인자 등의 표적 단백질을 인산화한다. AMPK는 단백질과 지질 합성 같은 동화 경로를 중지시키고 해당 과정과 지방 산화 같은 이화 경로를 촉진시킨다. 해당 과정에서의 AMPK의 조절 작용은 다음 과정들을 포함한다. 심장과 골격근에서 AMPK는 글루코스 운반체를 스트레스 또는 운동에 의해 원형질막으로 동원하여 해당 과정을 촉진한다. 심장세포에서 AMPK는 PFK-2를 활성화함으로써 해당 과정을 촉진한다. AMPK 구조와 그 기능은 12장에서 더 상세히 배우게 될 것이다.

문제 8.2

글루코스 내성
Glucose Tolerance

인슐린은 혈당이 증가하였을 때 췌장에서 분비되는 호르몬이다. 가장 쉽게 관찰되는 인슐린의 기능은 혈당을 정상 수준으로 낮추는 것이다. 목표 세포에 인슐린이 결합하면 원형질막을 통한 글루코스의 이동을 증진시킨다. 감소한 혈중 글루코스 농도에 따른 탄수화물 식사의 개별 반응 능력을 *글루코스 내성*(glucose tolerance)이라 부른다. 크로뮴-결핍 동물은 글루코스 내성이 감소됨을 보

문제 8.2 (계속)

여 준다. 즉, 혈액으로부터 글루코스가 충분히 빨리 제거되지 못한다. 크로뮴은 인슐린이 세포에 결합하는 것을 촉진한다고 믿어지고 있다. 당신은 크로뮴이 다른자리 입체성 활성물질 또는 보조 인자로 작용한다고 생각하는가?

문제 8.3

19세기 프랑스의 위대한 화학자이자 미생물학자인 파스퇴르(Louis Pasteur)는 산소가 존재할 때보다 결핍되었을 때 좀 더 빨리 글루코스를 CO_2와 H_2O로 완전히 산화시킬 수 있는 세포를 관찰한 첫 과학자이다. 산소 분자는 글루코스 소비를 방해하는 것으로 여겨진다. 오늘날 파스퇴르 효과라고 불리는 이 발견의 의미를 일반적인 말로 설명하라.

8.2 글루코스 신생 합성

비탄수화물 전구물질로부터 새로운 글루코스를 만드는 글루코스 신생 합성은 주로 간에서 일어난다. 이 전구물질들로는 락트산, 피루브산, 글리세롤과 α-케토산(아미노산으로부터 유래하는 분자) 등이 있다. 대사성 산성혈증이나 기아 상태에서 신장은 글루코스를 합성한다. 간의 글리코젠은 식사 사이의 혈당량을 적절하게 유지한다. 장기간 단식하거나 격렬한 운동으로 간의 글리코젠이 결핍되면 글루코스 신생 합성을 통해 필요한 글루코스를 공급한다. 뇌와 적혈구는 글루코스를 유일한 에너

생화학 전망 BIOCHEMISTRY *IN PERSPECTIVE*

터보 설계가 위험할 수 있다

왜 터보 설계 경로는 엄격히 조절되어야 하는가? 해당작용과 같은 터보 설계를 가지는 이화반응 경로는 최적화되고 효율적이다. 예를 들면, 글루코스 한 분자 당 생산되는 4개의 ATP 중 2개는 해당 경로의 유입 단계에서 사용되어 해당 경로를 추진한다. 대부분의 현대 생물체에서 사용되는 것으로 알려진 바와 같이, 해당 과정은 엄청나게 성공적인 에너지 생성 전략으로 존재해왔다. 그러나 완벽하지는 않다. 어떤 상황에서는, 해당 과정의 터보 설계는 일부 세포가 '기질-가속화 사멸(substrate-accelerated death)'이라 불리는 현상에 취약하게 만든다.

예를 들어 돌연변이 효소의 일부 종들은 기능적으로 완전한 해당 경로를 가지고 있음에도 불구하고 혐기 상태에서 글루코스를 이용하여 성장할 수 없다. 이러한 돌연변이들은 높은 글루코스 농도에 노출되면 죽는다. 놀랍게도, 트레할로스-6-인산 생성효소(trehalose-6-phosphate synthase)의 촉매 단위를 암호화하는 유전자인 *TPS1* 결함이 원인임이 밝혀졌다. 글루코스의 α-(1,1)-이당류인 트레할로스-6-인산(Tre-6-P)은 여러 가지 무생물적 스트레스에 견디는 효모나 그 외 생물에서 이용되는 양면성 용질이다. 실제로 Tre-6-P는 헥소카이네이스(HK)의 정상적인 억제제이고 아마도 글루코스 운반체의 억제제로도 작용할 수 있을 것이다. 기능성 TPS1 단백질이 없고 글루코스 이용이 가능할 때, 돌연변이 세포에서 해당 과정 흐름(flux)은 가속화된다. 터보 설계의 결과로 비교적 짧은 시간 안에, 사용 가능한 인산들이 해당 과정의 중간물질로 유입되고 세포의 ATP 수준은 세포 과정을 유지하기에 너무 낮게 된다. 기질 가속화된 세포사멸에 대한 이런 예들은 생물체에서 관찰되는 복잡한 조절 메커니즘의 중요성을 인식시키는 계기가 되었다.

▸ **요약:** 터보 설계 경로를 조절하는 복잡한 조절 메커니즘의 결손은, 개체를 억제되지 않는 경로 흐름을 통한 기질-가속화된 사멸에 취약하게 만들 수 있다.

지원으로 사용한다.

글루코스 신생 합성 반응

글루코스 신생 합성 반응 순서는 대개 해당 과정 경로의 역반응이다. 헥소카이네이스, PFK-1과 PK에 의해 촉매되는 3개의 해당 과정 반응은 비가역적이다. 그러나 글루코스 신생 합성에서는 다른 효소들의 촉매작용으로 비가역적 반응을 극복할 수 있다. 글루코스 신생 합성에 대해 특이적인 반응을 다음에 나열할 것이다. **그림 8.10**은 글루코스 신생 합성 경로와 해당 과정과의 상관관계를 나타낸 것이다. 글루코스 신생 합성의 우회 반응은 다음과 같다.

1. **PEP의 합성.** PEP 합성에는 피루브산 카복실화효소(pyruvate carboxylase)와 PEP 카복시카이네이스(PEP carboxykinase)의 두 효소가 필요하다. 미토콘드리아에 존재하는 피루브산 카복실화효소는 피루브산을 옥살로아세트산(OAA)으로 전환시킨다.

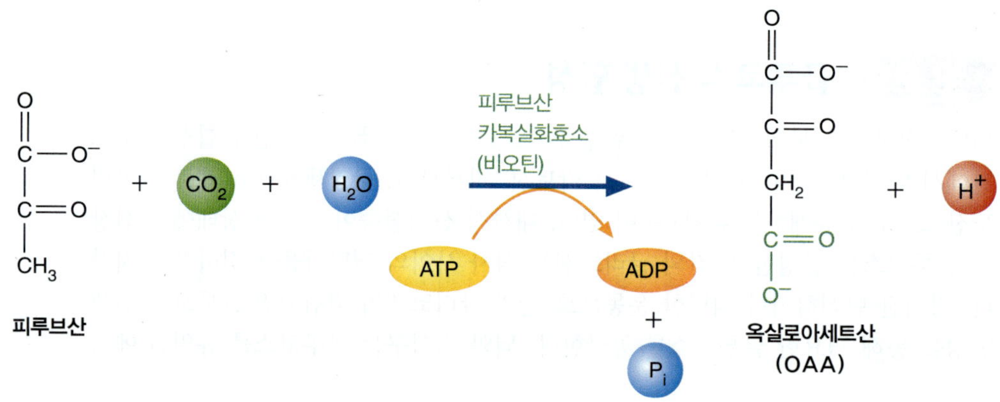

CO_2 운반체로 작용하는 보조효소 *비오틴*(biotin)은 효소의 활성화 자리에 공유 결합으로 연결되어 있다. 효소의 활성 자리에 있는 일반 염기에 의해서 피루브산의 케토형이 엔올형으로 전환된다. 2번 탄소에 카보닐기가 다시 형성되고 이중 결합의 전자쌍이 CO_2를 공격하여 비오틴에서 방출시킴에 따라서 OAA가 생성된다. OAA는 GTP 가수분해로 추진되는 반응에서 PEP 카복시카이네이스에 의해서 탈카복실화되고 인산화된다.

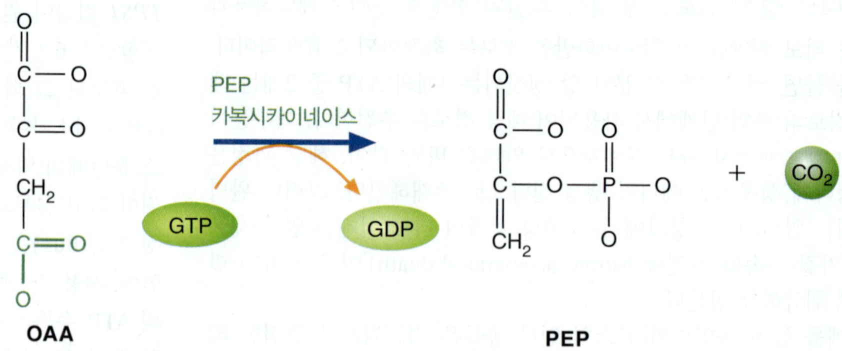

PEP 카복시카이네이스는 생물의 종에 따라 미토콘드리아나 세포질에 존재한다. 사람의 경우 PEP 카복시카이네이스는 미토콘드리아와 세포질에 모두 존재한다. OAA는 미토콘드리아 내막을 통과하지 못하기 때문에 미토콘드리아 PEP 카복시카이네이스가 결핍된 세포는 OAA를 **말산 왕복장치**(ma-

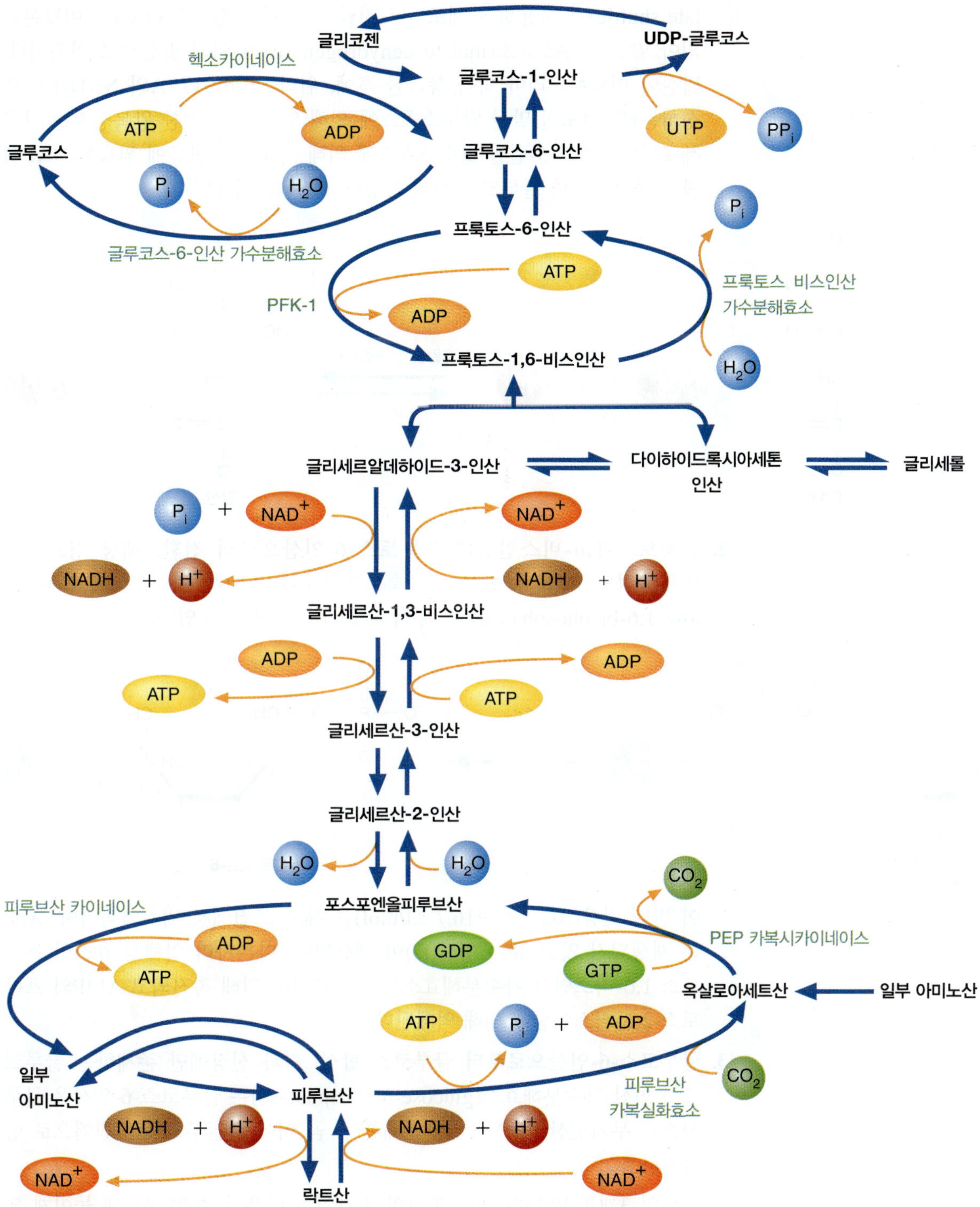

그림 8.10

탄수화물 대사: 글루코스 신생 합성과 해당 과정.

글루코스 신생 합성(혈당량이 낮고 간의 글리코젠이 결핍되었을 때 일어나는)은 해당 과정의 10개 반응 중 7개 반응이 반대 방향으로 되어 있다. 나머지 3개의 비가역적인 해당 과정 반응은 다른 반응 경로를 통해 우회된다. 글루코스 신생 합성의 주요 기질로서 아미노산(근육으로부터 유래하는), 락트산(적혈구 세포와 근육 세포에서 형성되는), 글리세롤(트라이아실글리세롤 분해로부터 생산되는) 등이 있다. 세포질에서만 일어나는 해당 과정의 반응과 대조적으로 피루브산 카복실화효소와 PEP 카복시카이네이스(일부 종에서는)에 의해 촉매되는 글루코스 신생 합성의 여러 반응은 미토콘드리아 내에서 일어나고 글루코스-6-인산 가수분해효소에 의해 촉매되는 글루코스 신생 합성의 반응은 소포체에서 일어난다. 글루코스 신생 합성과 해당 과정은 동시에 일어나지 않는다는 것에 주목하라. 해당 과정에서, 피루브산은 아세틸-CoA(표시 안 됨)나 락트산으로 전환된다.

late shuttle)를 사용하여 세포질로 전달한다. 이 과정에서 OAA는 미토콘드리아 말산 탈수소효소(malate dehydrogenase)에 의해 말산으로 환원된다. 말산이 미토콘드리아 막을 통과한 후에, 위의 역반응(OAA와 NADH를 생성하는)은 세포질 말산 탈수소효소에 의해 일어난다. 말산 왕복장치는 글리세르알데하이드-3-인산 탈수소효소에 의해 촉매되는 반응에 필요한 NADH를 제공함으로써 글루코스 신생 합성이 지속되도록 한다.

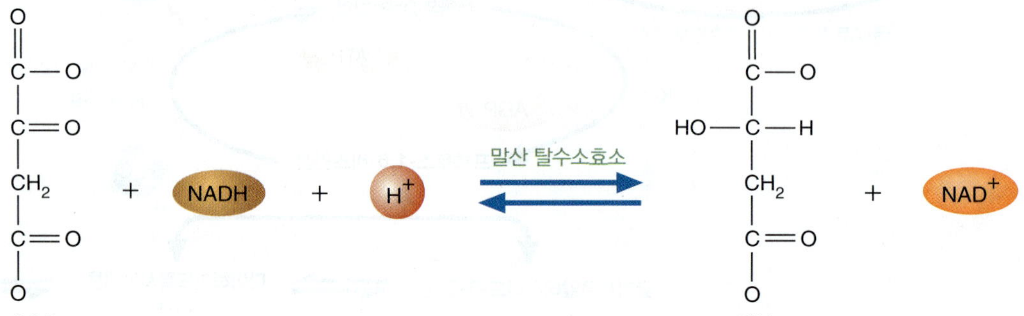

2. **프룩토스-1,6-비스인산의 프룩토스-6-인산으로의 전환.** 해당 경로에서 비가역적인 PFK-1 반응이 프룩토스-1,6-비스인산 가수분해효소(fructose-1,6-bisphosphatase) 촉매 작용에 의해 우회될 수 있다.

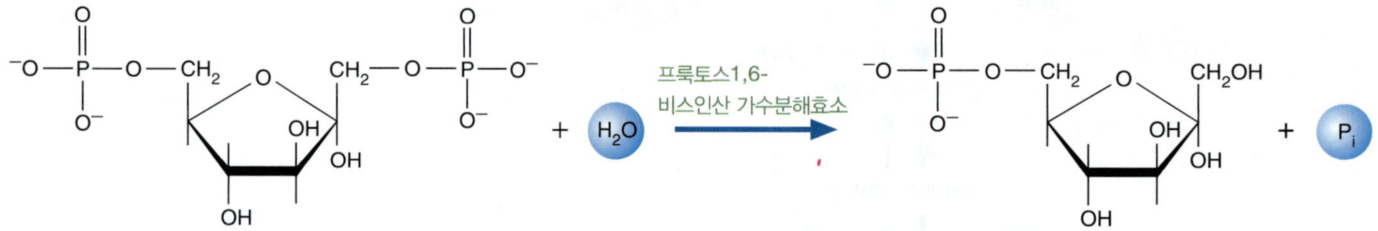

이 발열 반응($\Delta G^{\circ\prime}$ = −16.7 kJ/mol)은 세포 조건에서 비가역적이며, ATP는 재생되지 않고 유기 인산(P_i)이 생산된다. 다른자리 입체성 효소인 프룩토스-1,6-비스인산 가수분해효소는 시트르산에 의해 촉진되고 AMP와 프룩토스-2,6-비스인산에 의해 억제된다.

3. **글루코스-6-인산으로부터 글루코스 합성.** 간과 신장에만 존재하는 글루코스-6-인산 가수분해효소(glucose-6-phosphatase)는 글루코스-6-인산을 글루코스와 무기인산(P_i)으로 가수분해한다. 곧 이어서 글루코스는 혈액으로 방출된다.

위의 3개의 반응은 해당 과정의 비가역적 반응과 경쟁 관계에 놓이게 된다. 이와 같이 서로 짝지어진 반응(즉 글루코스 신생 합성과 해당 과정) 한 벌을 *기질 순환*(substrate cycle)이라고 한다. 두 반응은 대등하게 조절되기 때문에(정반응을 촉매하는 효소의 활성형이 역반응을 촉매하는 효소의 억제제로 작용), 두 효소가 동시에 어느 정도 수준으로 작용하더라도 에너지 소모는 거의 없다. *흐름 조절*(flux control, 기질의 흐름과 산물의 제거를 조절하는 것)은 산물의 일시적인 축적으로 순환이 거꾸로 이동한다면 더욱 효과적이다. 정반응의 촉매 속도는 기질의 농도가 최대일 때 높을 것이다. 촉매 효율의 이득이 생성물의 재활용에 사용된 적은 에너지 이상을 보상한다.

글루코스 신생 합성은 에너지 소모 과정이다. 해당 과정에서 ATP를 생성하는 대신에, 글루코스 신생 합성은 6개의 고에너지 인산결합의 가수분해를 필요로 한다.

문제 8.4

악성 고열(malignant hyperthermia)은 수술 중에 사용되는 마취제에 의해 유발되는 드문 유전질환이다. 체온의 급격하고 위험한 상승(약 44°C 정도)은 근육 강직과 산성혈증이 동반된다. 근세포의 칼슘 저장 소기관인 근소포체에서 칼슘이 대량 방출되면서 과다한 근육 수축이 시작된다. 산성혈증은 락트산의 과다 생성에서 유래된다. 체온을 낮추고 산성혈증에 대응하는 적절한 치료가 환자의 생명을 구하는 데 필수적이다. 이 질환에 대해 해당 과정과 글루코스 신생 합성 사이의 쓸모없는 순환이 있다고 추측할 수 있다. 이것이 왜 합리적인 설명인지 설명하라.

악성 고열
Malignant Hyperthermia

문제 8.5

다음에 그려진 글루코스 신생 합성의 요약 그림을 검토하고, 각 성분들이 등식인지 설명하라. [*힌트*: 각각의 뉴클레오타이드 가수분해는 하나의 양성자를 방출한다.]

$$2C_3H_4O_3 + 4\ ATP + 2\ GTP + 2\ NADH + 2\ H^+ + 6\ H_2O \longrightarrow$$

피루브산

$$1C_6H_{12}O_6 + 4\ ADP + 2\ GDP + 2\ NAD^+ + 6\ HPO_4^{2-} + 6\ H^+$$

글루코스

문제 8.6

글리코젠 저장질환인 *폰기르케병*(von Gierke's disease)은 글루코스-6-인산 가수분해효소가 부족한 질병이다. 이 질환의 두 가지 분명한 증상은 공복시 저혈당과 락트산 산성혈증이다. 이런 증상들이 나타나는 이유를 설명할 수 있는가?

폰기르케병
von Gierke's Disease

글루코스 신생 합성 기질

앞에서 설명한 바와 같이 여러 대사물질들이 글루코스 신생 합성의 전구물질이 되는데, 그 중 가장 중요한 3개의 기질에 대해 알아보자.

락트산은 미토콘드리아가 없거나 저농도의 산소를 갖고 있는 적혈구 세포와 다른 세포들에 의해 방출된다. **코리 회로**(Cori cycle)에서 락트산은 운동 중 골격근육에 의해 방출된다(**그림 8.11**). 간으로 운반된 락트산은 락트산 탈수소효소에 의해 피루브산으로 재전환된 다음 글루코스 신생 합성에 의해 글루코스로 된다.

지방조직의 대사산물인 글리세롤은 혈액에서 간으로 운반된 다음 글리세롤 카이네이스에 의해 글리세롤-3-인산으로 전환된다. 세포질의 NAD^+ 농도가 비교적

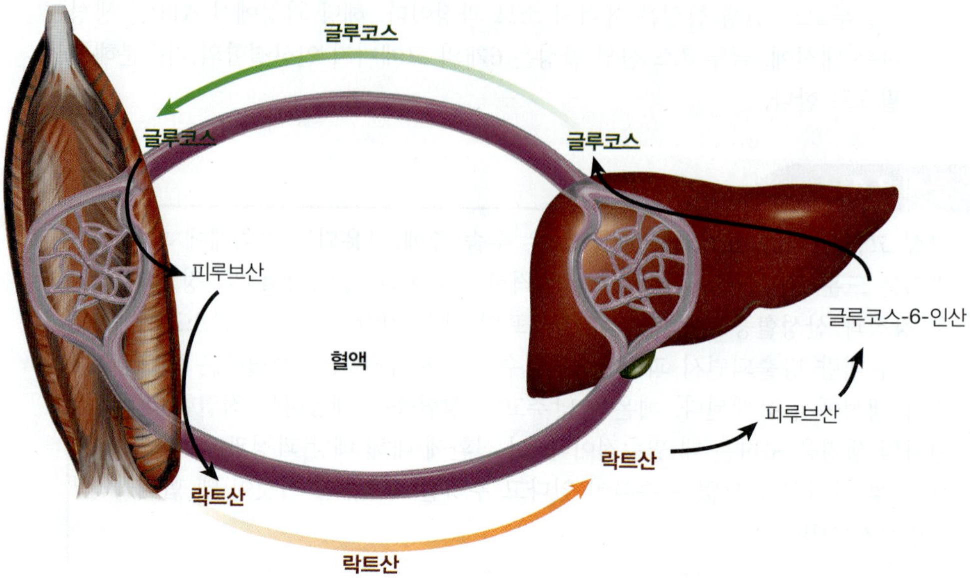

그림 8.11

코리 회로.

격렬한 운동을 하는 동안 락트산은 혐기적 조건 하의 근육 세포에서 만들어진다. 락트산은 혈액을 통해 간으로 운반된 다음 글루코스 신생 합성 과정에 의해 글루코스로 전환된다.

높을 때 글리세롤-3-인산은 DHAP로 산화된다.

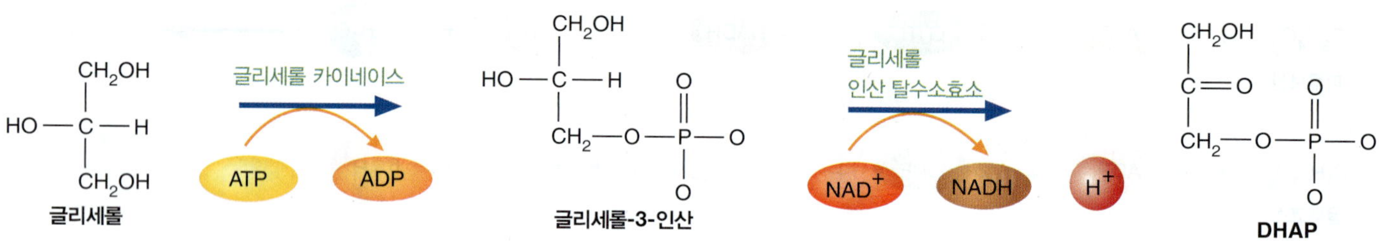

해당 경로의 중간물질[글루코스 *생성형*(glucogenic)으로 불리는]로 전환될 수 있는 모든 아미노산 중에서 알라닌이 가장 중요하다. 운동하는 근육이 다량의 피루브산을 만들 때 일부는 글루탐산을 포함하는 아미노기 전달 반응에 의해 알라닌으로 전환된다.

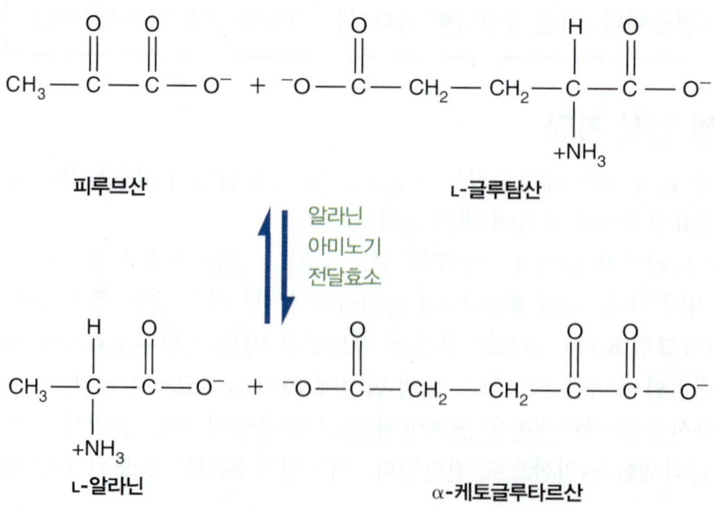

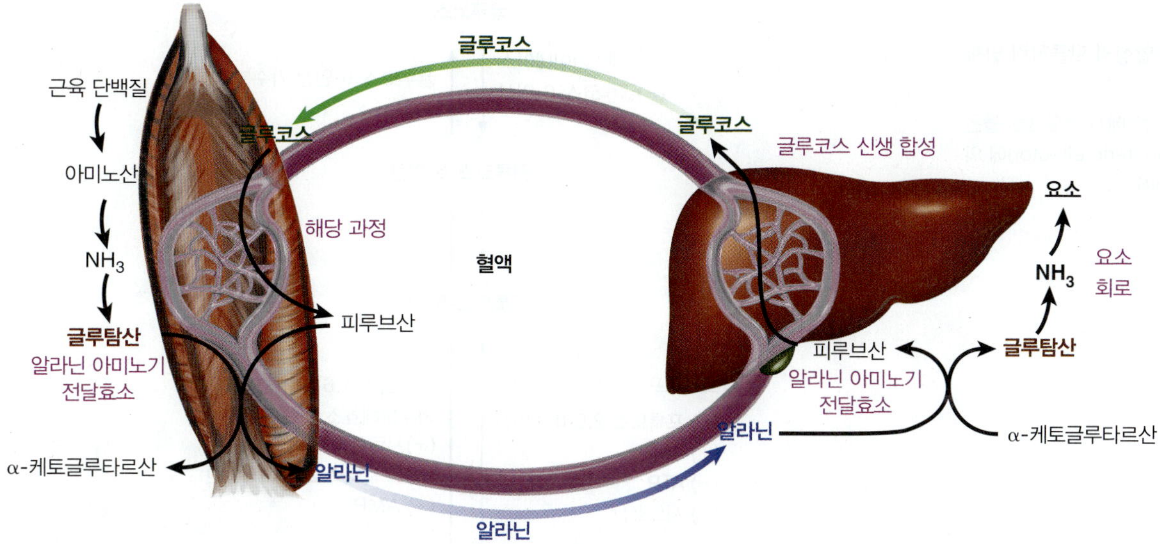

그림 8.12

글루코스-알라닌 회로.

알라닌은 근육의 피루브산으로부터 형성된다. 간에 운반된 알라닌은 알라닌 아미노기 전달효소(alanine transaminase)에 의해 피루브산으로 재전환된다. 결국 피루브산은 새로운 글루코스를 합성하는 데 이용된다. 근육은 아미노 질소로부터 요소를 합성할 수 없기 때문에 글루코스-알라닌 회로가 아미노 질소를 간에 전달하는 데 이용된다.

간으로 운반된 알라닌은 피루브산으로 재전환된 다음 글루코스로 된다. **글루코스-알라닌 회로**(glucose-alanine cycle)(**그림 8.12**)는 다양한 기능을 한다. 즉 근육과 간 사이의 α-케토산을 재활용하는 역할 외에 아미노 질소를 간으로 운반한다. 탄소 골격이라고도 불리는 α-케토산 형태에서, 카보닐기는 카복실기에 직접 붙는다. 알라닌이 일단 간으로 가면, 피루브산으로 전환된다. 그리고 아미노 질소는 요소로 전환되거나 다른 α-케토산으로 전환되어 간에서의 아미노산 균형을 회복한다(15장).

글루코스 신생 합성 조절

다른 대사회로처럼 글루코스 신생 합성 속도는 호르몬, 다른자리 입체성 효과물질과 기질 등에 의해 영향을 받는다. 글루코스 신생 합성은 고농도의 락트산, 글리세롤과 아미노산 등에 의해 촉진된다. 고지방 음식, 기아 및 장기 단식 등은 앞의 물질들을 다량 만든다.

다른자리 입체성 조절 글루코스 신생 합성의 4개의 주요 효소, 즉 피루브산 카복실화효소, 포스포엔올피루브산 카복시카이네이스, 프룩토스-1,6-비스인산 가수분해효소와 글루코스-6-인산 가수분해효소는 다른자리 입체성 조절물질(modulator)에 의해 영향을 받는다. 예를 들어 프룩토스-1,6-비스인산 가수 분해효소는 시트르산에 의해 활성화되고 AMP와 프룩토스-2,6-비스인산에 의해 억제된다. 아세틸-CoA는 피루브산 카복실화효소를 활성화한다. (지방산 분해 생성물인 아세틸-CoA 농도는 기아 상태에서 특히 높다.) **그림 8.13**은 해당 과정과 글루코스 신생 합성의 다른자리 입체성 조절을 보여준다.

호르몬 조절 다른 생화학 반응 경로처럼 호르몬은 다른자리 입체성 효과물질과 주요 속도-결정 효소(key rate-determining enzyme)의 농도를 변화시킴으로써 글루코스 신생 합성에 영향을 준다. 글루카곤은 프룩토스-2,6-비스인산의 합성을 억제

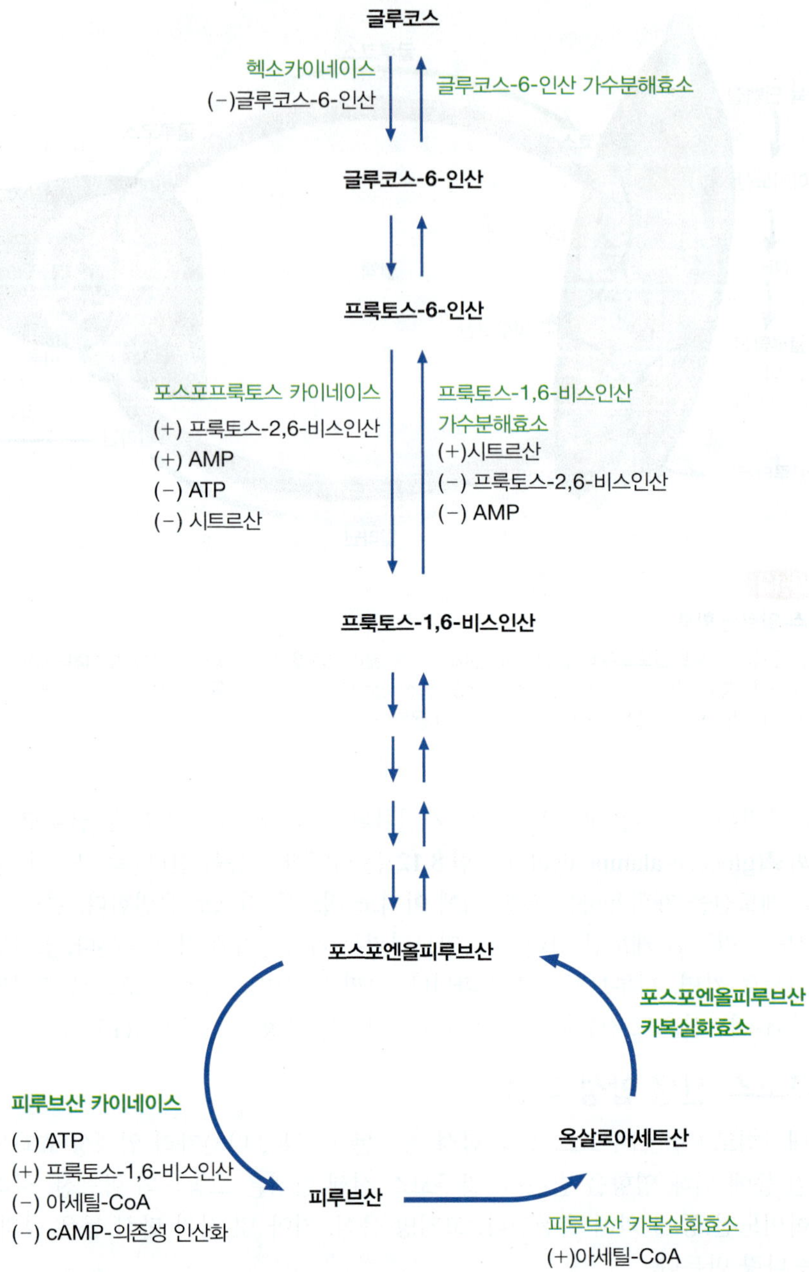

그림 8.13

해당 과정과 글루코스 신생 합성의 다른자리 입체성 조절.

해당 과정과 글루코스 신생 합성에서 주요 효소들은 다른자리 입체성 효과물질(allosteric effector)에 의해 조절된다. 활성제, +; 억제제, −.

하고, cAMP에 의해 촉발되는 인산화 반응을 통해 해당 작용 효소인 피루브산 카이네이스를 비활성화시킨다. 호르몬은 효소 합성을 변화시켜서 글루코스 신생 합성에 영향을 주기도 한다. 예를 들어 글루코스 신생 합성 효소들의 합성이 코르티솔에 의해 촉진되는데 이 스테로이드 호르몬은 부신의 피질 위치하여 스트레스 상황에 노출되어졌을 때 신체의 적응을 용이하게 한다. 인슐린 작용은 글루코카이네이스(glucokinase), PFK-1(SREBPlc 유도된)과 PFK-2(해당 과정 선호)의 합성을 유도한다. 인슐린은 또한 PEP 카복시카이네이스, 프룩토스-1,6-비스인산 가수분해효소, 글루코스-6-인산 가수분해효소의(SREBPlc를 경유한) 합성을 억제하기도 한다. 글루카곤 작용은 포스포엔올피루브산 카복시카이네이스, 프룩토스-1,6-비스인산 가수분해효소와 글루코스-6-인산 가수분해효소(글루코스 신생 합성 선호)의 합성을 유도한다.

이 호르몬들은 간세포에서 어떤 표적 단백질의 인산화 상태를 변화시킴으로써 기능을 발휘하며 결국 유전자 발현을 변화시킨다. 요점은 인슐린과 글루카곤이 탄수화물 대사에 반대 조절작용을 한다는 것이다. 해당작용이나 글루코스 신생 합성이 활성화되느냐 하는 대사의 방향은 글루카곤에 대한 인슐린의 비율에 따라 결정된다. 탄수화물 식사 후 인슐린/글루카곤 비율은 높아지고 간에서 해당작용은 글루코스 신생 합성보다 더 우세하다. 단식 또는 고지방 및 저탄수화물 식사 후 인슐린/글루카곤 비율은 낮아지고 간의 글루코스 신생 합성은 해당작용보다 더 우세하다. ATP의 이용 가능성은 해당 과정과 글루코스 신생 합성의 상호통제에서 두 번째로 중요한 조절 요소가 된다. ATP의 저에너지 가수분해물인 AMP가 높은 농도로 있을 때 해당 과정으로의 흐름이 증가하고, AMP가 낮은 농도로 있을 때 글루코스 신생 합성으로의 흐름이 증가한다. 비록 PFK-1/프룩토스-1,6-비스인산 가수분해효소 회로에서의 제어가 충분해 보일지라도 피루브산 카이네이스 단계에서의 제어가 중요한 데, 그 이유는 고인산기 전이 전위를 가진 PEP를 최대한 유지하도록 하기 때문이다.

주요 개념 _Key Concepts

- 비탄수화물 전구물질로부터 새로운 글루코스를 합성하는 글루코스 신생 합성은 주로 간에서 일어난다.
- 글루코스 신생 합성의 반응 순서는 해당 경로의 세 가지 비가역적 반응 단계를 제외하고는 해당 과정의 역이다.

8.3 오탄당 인산 경로

오탄당 인산 경로는 글루코스 산화의 또 다른 하나의 경로로서 ATP 생성은 일어나지 않는다. 이 경로의 중요한 생성물은 NADPH(동화 반응에 필요한 환원제)와 리보스-5-인산(뉴클레오타이드와 핵산의 성분)이다. 오탄당 인산 경로는 세포질에서 산화적 단계와 비산화적 단계를 거쳐 일어난다. 산화적 단계에서 글루코스-6-인산이 리불로스-5-인산으로 전환되면서 두 분자의 NADPH가 생산된다. 비산화적 단계는 다른 많은 당 분자들의 이성질화와 축합 반응을 포함한다. 그리고 다른 경로에서도 유용한 3개의 중간물질들은 리보스-5-인산, 프룩토스-6-인산과 글리세르알데하이드-3-인산이다.

오탄당 인산 경로의 산화적 단계는 3개의 반응으로 구성된다(**그림 8.14a**). 첫 반응에서 글루코스-6-인산 탈수소효소(G-6-PD)는 글루코스-6-인산의 산화를 촉매한다. 6-포스포글루코노락톤(6-phosphogluconolactone)과 NADPH는 이 반응의 산물들이고 그 다음에 6-포스포글루코노락톤은 6-포스포글루콘산(6-phosphogluconate)으로 가수분해된다. 두 번째 NADPH 분자는 6-포스포글루콘산의 산화적 탈카복실화반응 중 생성되고 이 반응은 리불로스-5-인산을 만든다.

지방 합성과 같은 환원 과정에 필요한 많은 양의 NADPH는 오탄당 인산 경로에 의해 공급된다. 따라서 이 경로는 비교적 많은 양의 지질이 합성되는 지방조직, 부신피질, 유선과 간에서 가장 활발하다. 또한 NADPH는 강력한 항산화제이다. [**항산화제**(antioxidant)란 다른 분자의 산화를 방지하는 물질이다. 역할을 포함한 자세한 내용은 10장 참조.] 따라서 오탄당 인산 경로의 산화적 단계는 적혈구 세포처럼 산소성 손상이 큰 세포에서도 활발하다.

이 경로의 비산화적 단계는 리불로스-5-인산 이성질화효소(ribulose-5-phosphate isomerase)에 의해 리불로스-5-인산을 리보스-5-인산으로, 또는 리불로스-5-인산 에피머화효소(ribulose-5-phosphate epimerase)에 의해 자일룰로스-5-인산(xylulose-5-phosphate)으로 전환시키는 반응에서부터 시작한다. 이 경로의 나머지 반응에서 케톨 전달효소와 알돌 전달효소는 삼탄당, 오탄당, 육탄당의 상호전환을 촉매한다(**그림 8.14b**). *케톨 전달효소*(transketolase)는 케토스로부터 2탄소 단

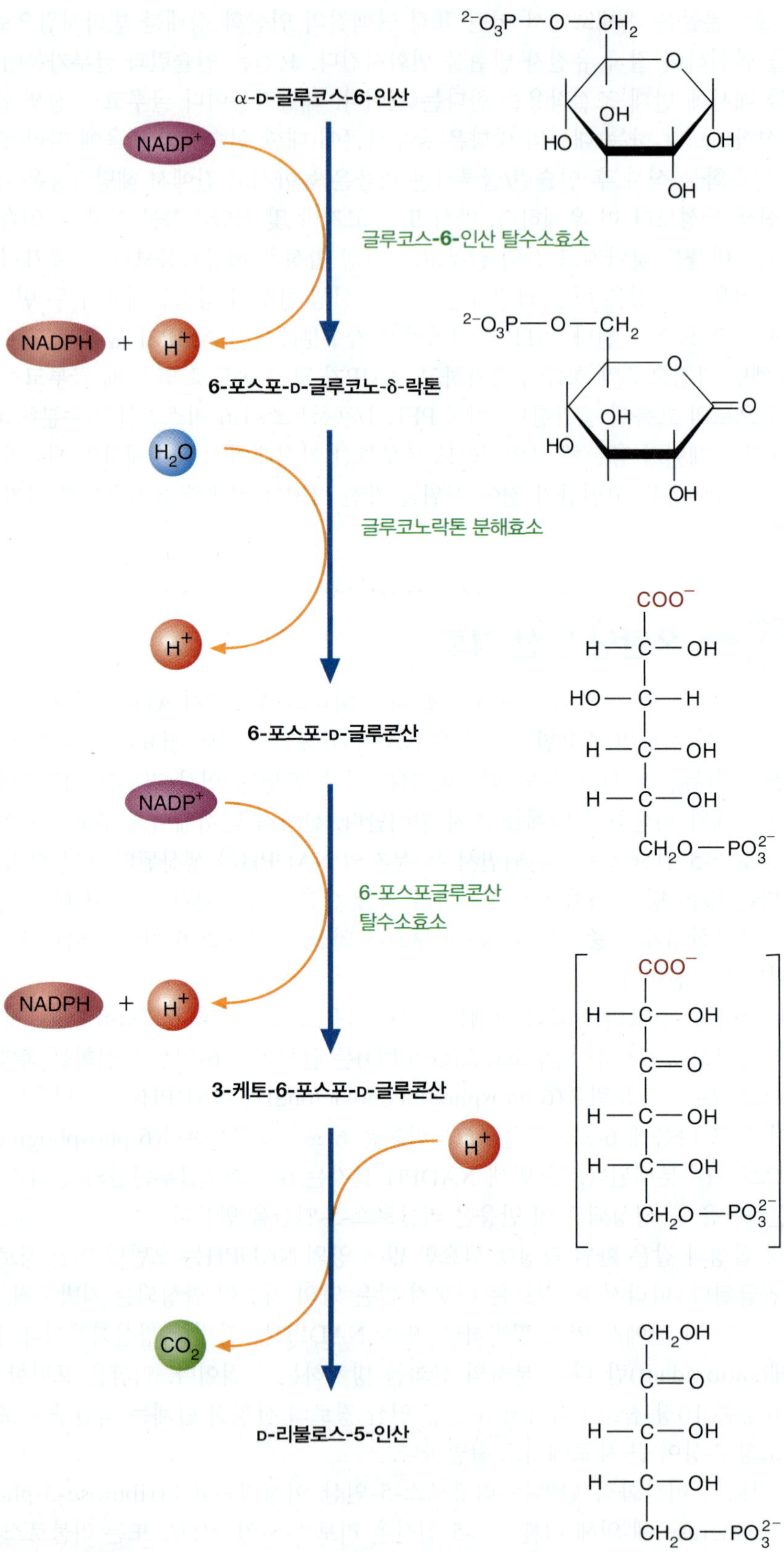

(a)

그림 8.14a

오탄당 인산 경로.

(a) 산화적 단계. NADPH는 이 반응의 중요한 생성물이다.

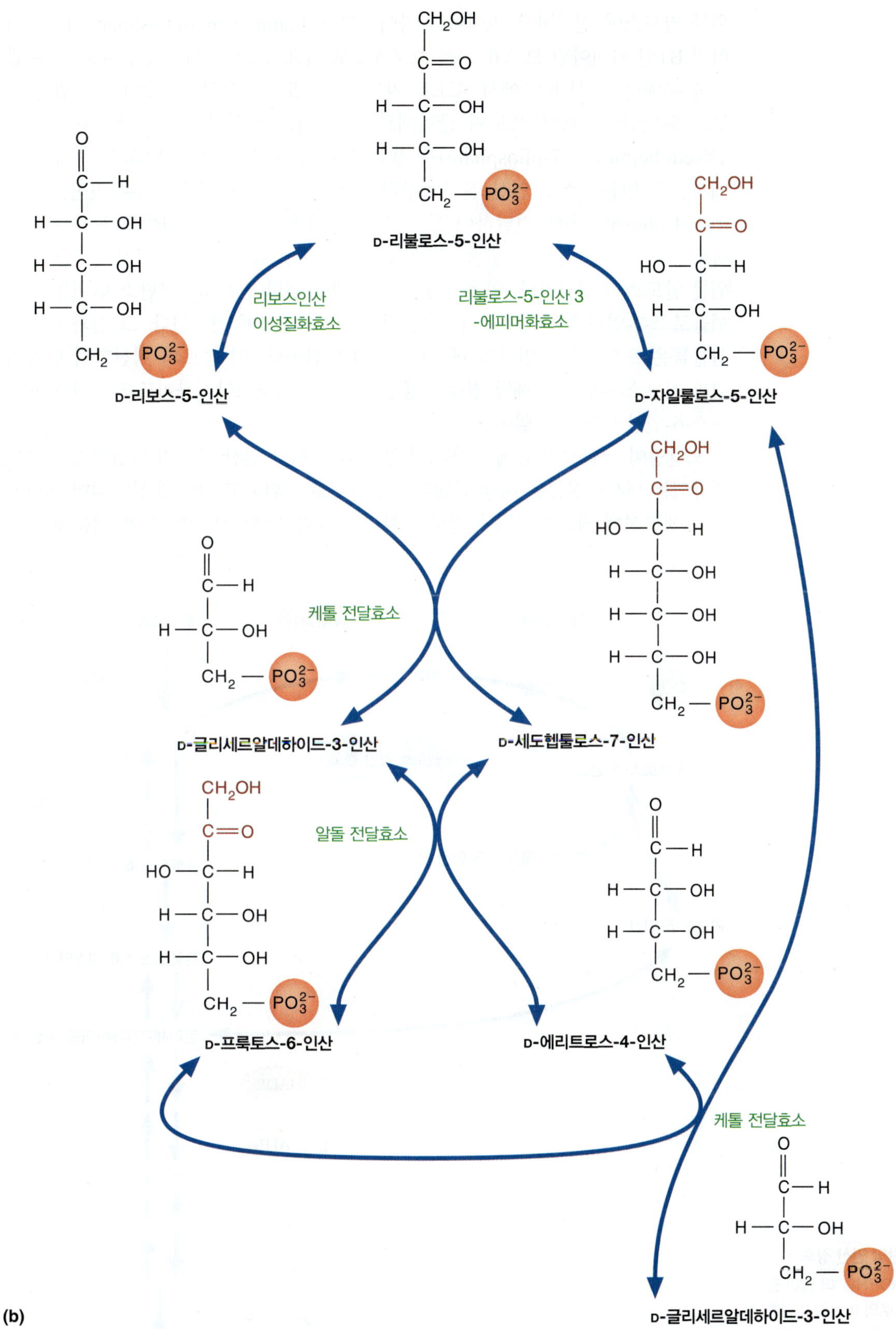

그림 8.14b

오탄당 인산 경로.

(b) 비산화적 단계. 세포가 오탄당 인산(pentose phosphate)보다 NADPH를 더 많이 필요로 할 때 비산화적 단계의 효소들은 리보스-5-인산을 해당 과정 중간물질인 프룩토스-6-인산과 글리세르알데하이드-3-인산으로 전환시킨다.

위를 알도스에 전달하고 싸이아민 파이로인산(thiamine pyrophosphate, TPP, 비타민 B1인 싸이아민 보조효소)을 보조효소로 필요로 한다. 케톨 전달효소는 두 반응을 촉매한다. 첫 반응에서 효소는 자일룰로스-5-인산으로부터 2탄소 단위를 리보스-5-인산에 전달함으로써 글리세르알데하이드-3-인산과 세도헵툴로스-7-인산(sedoheptulose-7-phosphate)을 생산한다. 두 번째 케톨 전달효소 촉매 반응에서는 자일룰로스-5-인산 분자로부터 2탄소 단위를 에리트로스-4-인산(erythrose-4-phosphate)에 전달하여 두 번째 분자의 글리세르알데하이드-3-인산과 프룩토스-6-인산을 만든다. *알돌 전달효소*(transaldolase)는 케토스로부터 3탄소 단위를 알도스에 전달한다. 알돌 전달효소 촉매에 의한 반응에서 3탄소 단위는 세도헵툴로스-7-인산으로부터 글리세르알데하이드-3-인산에 전달된다. 그 결과 형성된 산물들은 프룩토스-6-인산과 에리트로스-4-인산이다. 이 경로의 비산화적 단계의 결과 리보스-5-인산과 해당 경로의 중간물질인 글리세르알데하이드-3-인산과 프룩토스-6-인산의 합성이 일어난다.

오탄당이 생합성 반응에 사용되지 않을 때 오탄당 인산 경로의 비산화적 부분에 해당되는 대사물질들은 해당 과정의 중간물질로 전환되고 나중에 분해되어 에너지 또는 생합성에 필요한 전구물질로 전환된다(**그림 8.15**). 이러한 이유 때문에 오탄

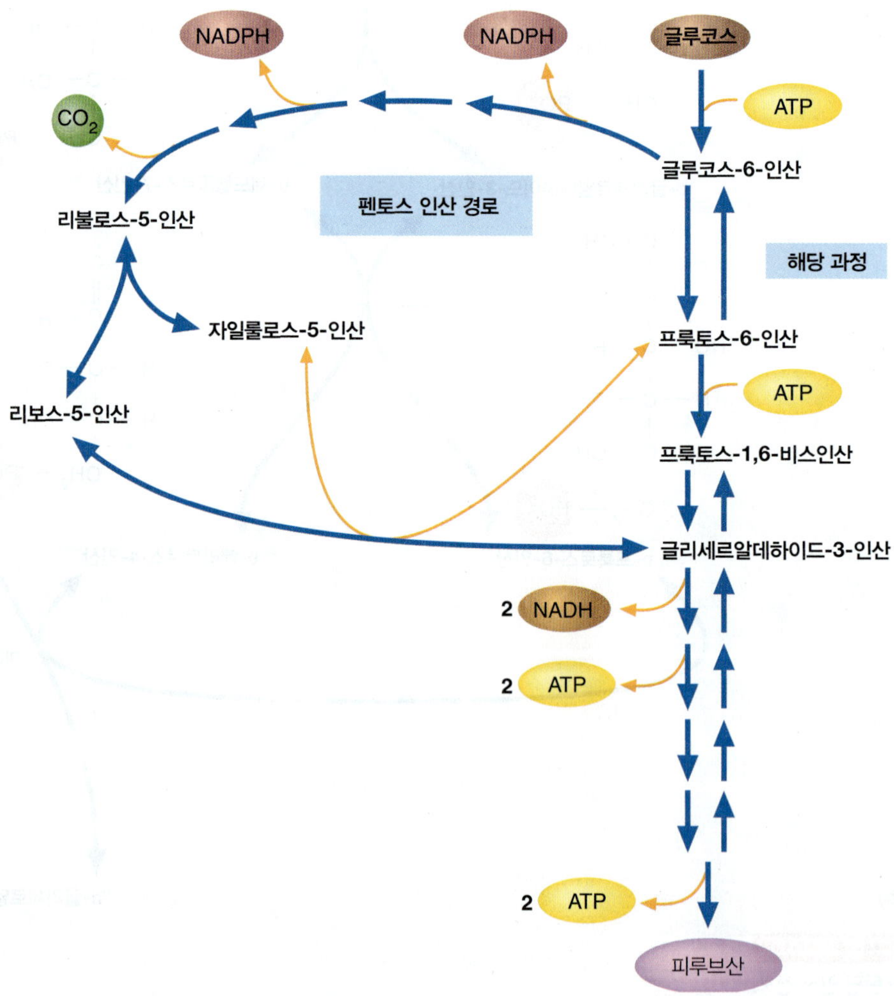

그림 8.15

탄수화물 대사: 해당 과정과 오탄당 인산 경로.

만약 세포가 리보스 분자보다 NADPH를 더 많이 필요로 하면 세포는 오탄당 인산 경로의 비산화적 단계의 생성물들을 해당 과정으로 유도한다. 과잉의 리보스-5-인산은 해당 중간물질인 프룩토스-6-인산과 글리세르알데하이드-3-인산으로 전환될 수 있다.

당 인산 경로를 *육탄당 일인산 분로*(hexose monophosphate shunt)라고도 부른다. 그리고 식물에서 이 경로는 광합성의 암반응 과정에서 글루코스 합성에 관여한다 (13장 참조).

오탄당 인산 경로는 세포의 NADPH와 리보스-5-인산의 요구량에 따라 조절된다. 산화적 단계는 NADPH의 요구량이 높은 적혈구나 간세포에서 매우 활발하다. (지방 합성은 NADPH의 주요 소비처이다.) 반면에 산화적 단계는 지방을 거의 만들지 않는 근육과 같은 세포에는 존재하지 않는다. 글루코스-6-인산 탈수소효소 (G-6-PD)는 오탄당 인산 경로에서 반응의 중요한 제어 단계를 촉매한다. 이 효소는 NADPH에 의해 억제되고 GSSG(항산화제인 글루타싸이온의 산화형)와 글루코스-6-인산에 의해 촉진된다. 그 외에 고탄수화물 음식은 G-6-PD와 포스포글루콘산 탈수소효소(phosphogluconate dehydrogenase)의 합성을 증가시킨다.

주요 개념 _Key Concepts

- 오탄당 인산 경로는 NADPH, 리보스-5-인산, 그리고 해당 중간물질인 프룩토스-6-인산과 글리세르알데하이드-3-인산을 생산한다.

8.4 다른 중요한 당의 대사

척추동물의 경우 글루코스 이외에 프룩토스, 갈락토스와 마노스 등도 주요한 당으로 사용된다. 글루코스를 제외하면 이들은 올리고당과 다당류에서 가장 흔한 당 분자들이고 또한 에너지원도 된다. **그림 8.16**은 이러한 당들이 어떻게 해당 과정의 중간물질로 전환되는지를 보여 준다. 인간의 식이에서 중요한 성분인 프룩토스의 대사가 논의될 것이다.

프룩토스 대사

프룩토스의 식이 공급원으로서 과일, 꿀과 설탕 및 다양한 가공식품과 음료 등에 사용되는 값싼 감미료인 고프룩토스 콘시럽 등이 있다.

프룩토스는 현대인의 식사의 탄수화물 공급원으로서 글루코스 다음으로 자리매김하는데, 두 가지 경로를 통해 해당 경로로 들어갈 수 있다. 간에서 프룩토스는 프룩토카이네이스(fructokinase)에 의해 프룩토스-1-인산으로 전환된다.

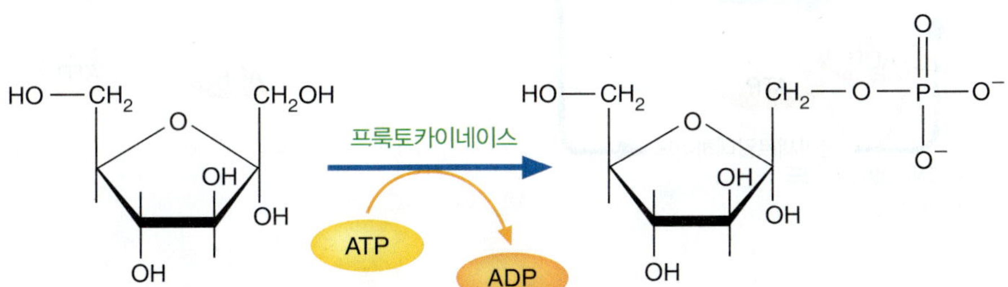

프룩토스-1-인산이 해당 경로에 들어가면 프룩토스-1-인산 알돌레이스에 의해 DHAP와 글리세르알데하이드로 쪼개진다. 그 다음에 DHAP는 삼탄당 인산 이성질화효소에 의해 글리세르알데하이드-3-인산으로 전환된다. 글리세르알데하이드 카이네이스에 의해 글리세르알데하이드와 ATP로부터 글리세르알데하이드-3-인산이 생성된다.

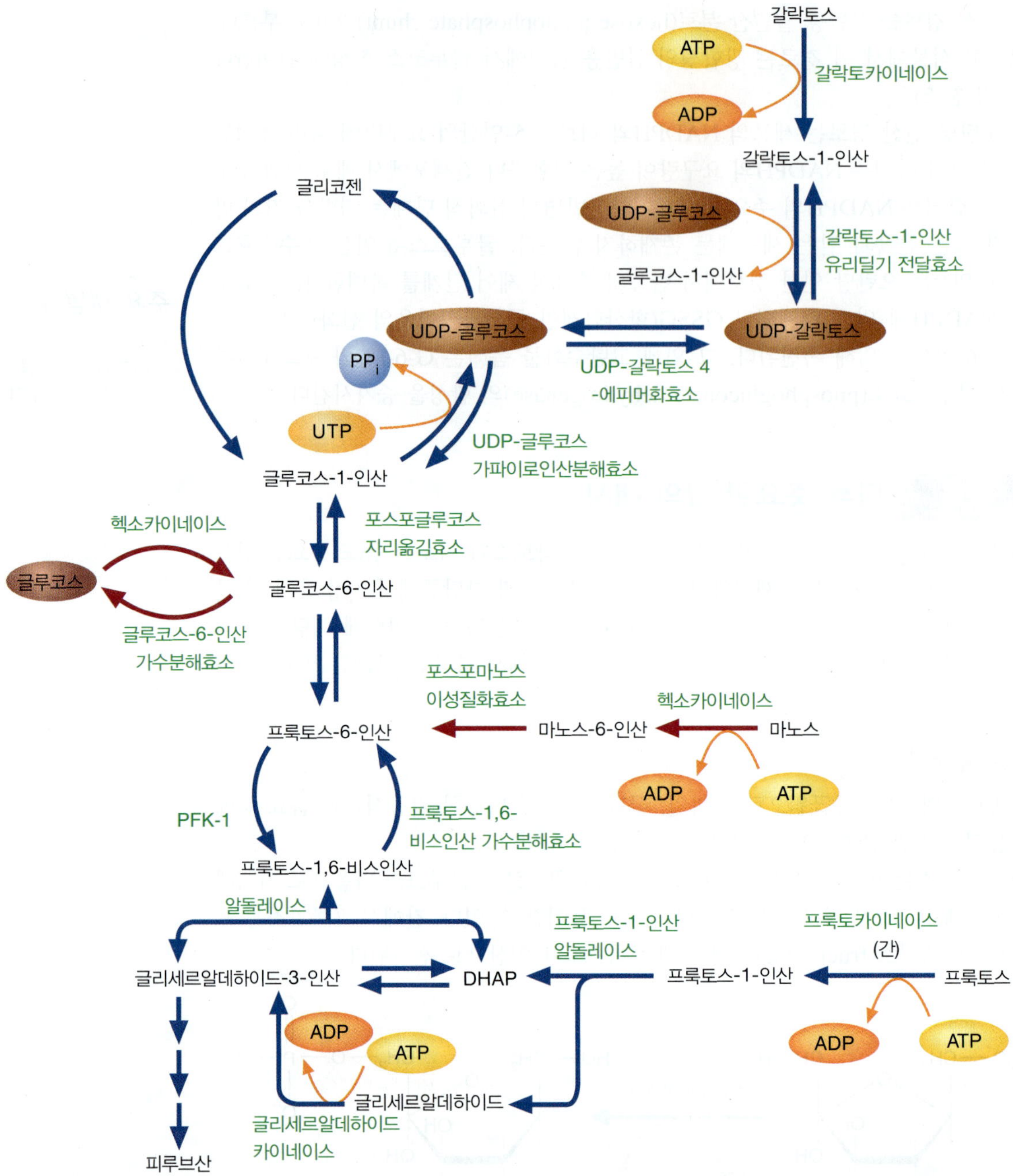

그림 8.16

탄수화물 대사: 다른 중요한 당.

프룩토스는 두 가지 경로를 통해 해당 과정 경로로 들어간다. 간의 프룩토카이네이스는 프룩토스를 프룩토스-1-인산으로 인산화하는데, 이는 DHAP와 글리세르알데하이드로 분해된다. 근육과 지방조직에서 프룩토스는 헥소카이네이스(hexokinase)에 의해 인산화되어 해당 과정의 중간물질인 프룩토스-6-인산을 형성한다. 갈락토스는 갈락토스-1-인산으로 인산화된 다음 UDP-글루코스와 반응하여 UDP-갈락토스를 형성한다. 그리고 UDP-갈락토스는 자신의 에피머인 UDP-글루코스로 전환되는데, 이는 글리코젠 합성의 기질이 된다. 마노스는 헥소카이네이스에 의해 인산화되어 마노스-6-인산을 형성하는데, 이는 프룩토스-6-인산으로 이성질화된다.

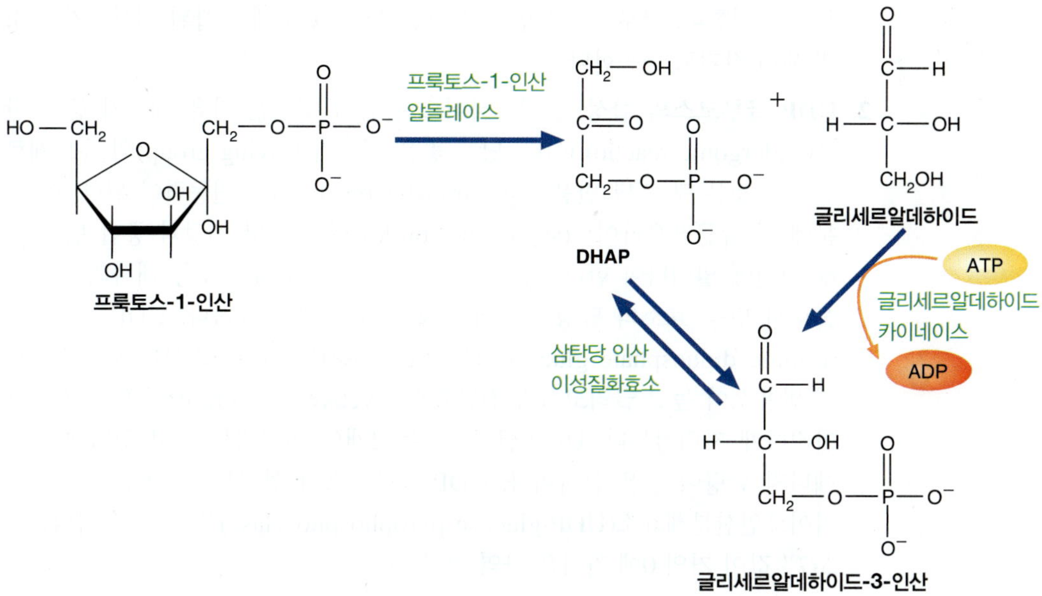

프룩토스-1-인산이 해당 과정 경로의 중간물질로 전환되면 헥소카이네이스와 PFK-1 반응을 우회하게 된다. 따라서 프룩토스는 글루코스에 비해서 해당 과정으로 유입이 본질적으로 조절받지 않게 되어, 더 신속하게 내사된다.

8.5 글리코젠 대사

글리코젠은 글루코스의 저장 형태이다. 글리고젠의 합성과 분해가 잘 조절되어 충분한 양의 글루코스가 신체의 에너지 요구에 맞도록 조정된다. 글리코젠 합성(glycogenesis)과 글리코젠 분해(glycogenolysis)는 주로 인슐린, 글루카곤과 에피네프린 같은 호르몬에 의해 조절된다.

글리코젠 합성

글리코젠 합성은 식사 후 혈당량이 높을 때 일어난다. 탄수화물 섭취 후 곧 간에서 글리코젠 합성이 일어나는 것으로 알려져 있다. 글루코스-6-인산으로부터 다음과 같은 일련의 반응을 거쳐 글리코젠이 합성된다.

1. **글루코스-1-인산의 합성.** 글리코젠 합성에서 글루코스-6-인산은 포스포글루코스 자리옮김효소(phosphoglucomutase)에 의해 글루코스-1-인산으로 전환된다. 이 효소는 세린 잔기에 결합된 인산기를 갖고 있다.

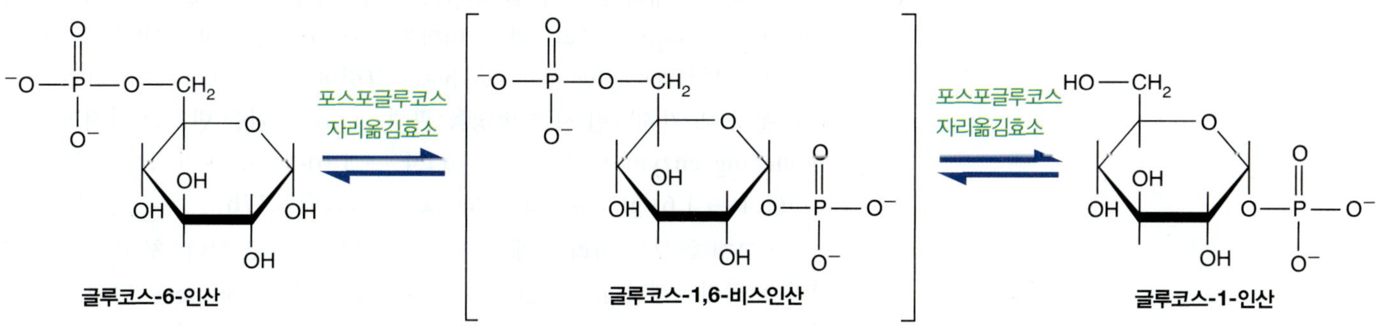

그리고 효소의 인산기는 글루코스-6-인산에 전달되어 글루코스-1,6-비스인

산을 형성한다. 글루코스-1-인산이 형성되면서 C-6에 결합된 인산기가 효소의 세린 잔기로 이동한다.

2. **UDP-글루코스의 합성.** 글리코사이드 결합의 형성은 자유 에너지 증가 반응(endergonic reaction)이다. 당을 좋은 이탈기(leaving group)의 유도체로 만드는 것은 당 전달 반응(sugar transfer reaction)에 원동력이 된다. 이 때문에 당 뉴클레오타이드(sugar nucleotide) 합성은 당 전달과 중합 반응 과정 이전에 일어나야 한다. 당 뉴클레오타이드 유도체는 보통 대사의 중간산물로서 당을 효소의 활성 자리에 결합시키는 데 중요하다. UDP-글루코스(uridine diphosphate glucose, UDP-glucose)는 글루코스보다 화학적으로 더 반응성이 높고 글리코실기 전달효소(glycosyltransferase)의 활성 자리에 안전하게 자리잡는다. UDP-글루코스는 2개의 인산기를 갖고 있기 때문에 에너지 함량이 높은 분자이다. UDP-글루코스의 형성은 UDP-글루코스 가파이로인산분해효소(UDP-glucose pyrophosphorylase)에 의해 촉매되는데 $\Delta G^{\circ\prime}$ 값이 거의 0에 가까운 가역 반응이다.

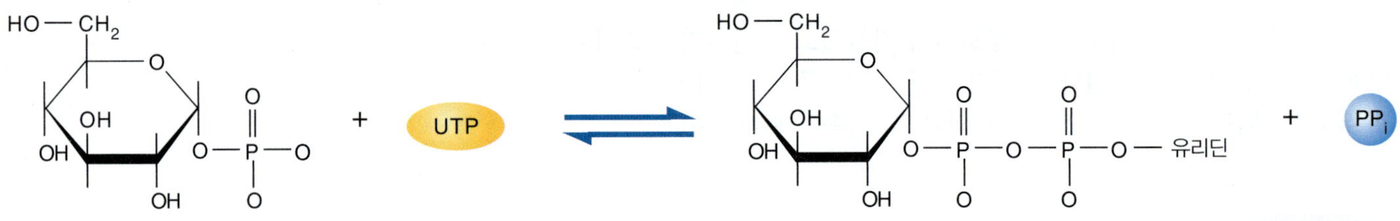

그러나 이 반응은 파이로인산(pyrophosphate, PP_i)이 파이로인산 가수분해효소(pyrophosphatase)에 의해 많은 자유 에너지($\Delta G^{\circ\prime}$ = −33.5 kJ/mol)의 손실과 함께 비가역적으로 가수분해되기 때문에 가능하다.

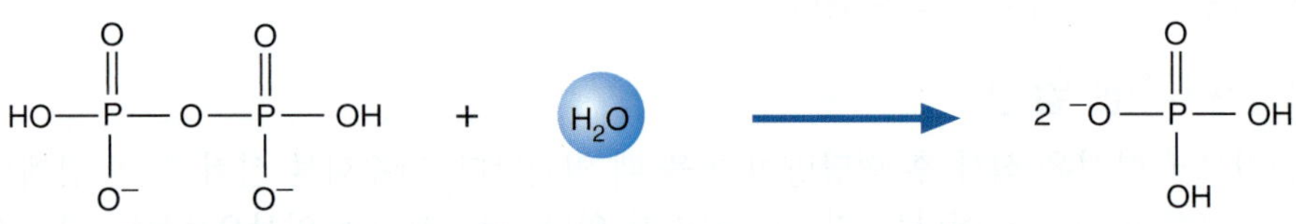

(반응 생성물의 제거가 반응 평형을 오른쪽으로 이동시키는데, 이러한 현상은 세포가 흔히 사용하는 생존 전략이라고 볼 수 있다.)

3. **UDP-글루코스로부터 글리코젠 합성.** UDP-글루코스로부터 글리코젠을 합성하는 데는 2개의 효소가 필요한데, 하나는 UDP-글루코스의 글루코스기(glucosyl group)를 글리코젠의 비환원성 말단에 전달하는 것을 촉매하는 글리코젠 생성효소(glycogen synthase, **그림 8.17a**)이고, 다른 하나는 글리코젠 분자 내 가지달린 사슬 형성을 위해 α(1,6) 결합을 만드는 가지화 효소(branching enzyme), 즉 아밀로-α(1,4 → 1,6)-글루코실기 전달효소[amylo-α(1,4 → 1,6)-glucosyl transferase]이다(**그림 8.17b**).

글리코젠 합성은 미리 존재하는 올리고당을 필요로 한다. 첫 번째 글루코실기가 글리코제닌(glycogenin)이라고 하는 '시발체(primer)' 단백질의 자체 글루코실기 전달효소 활성에 의하여 Tyr-194 잔기에 결합된다. 일단 올리고당이 α(1,4) 결합으로 연결된 12개의 글루코실기로 구성되면 글리코젠

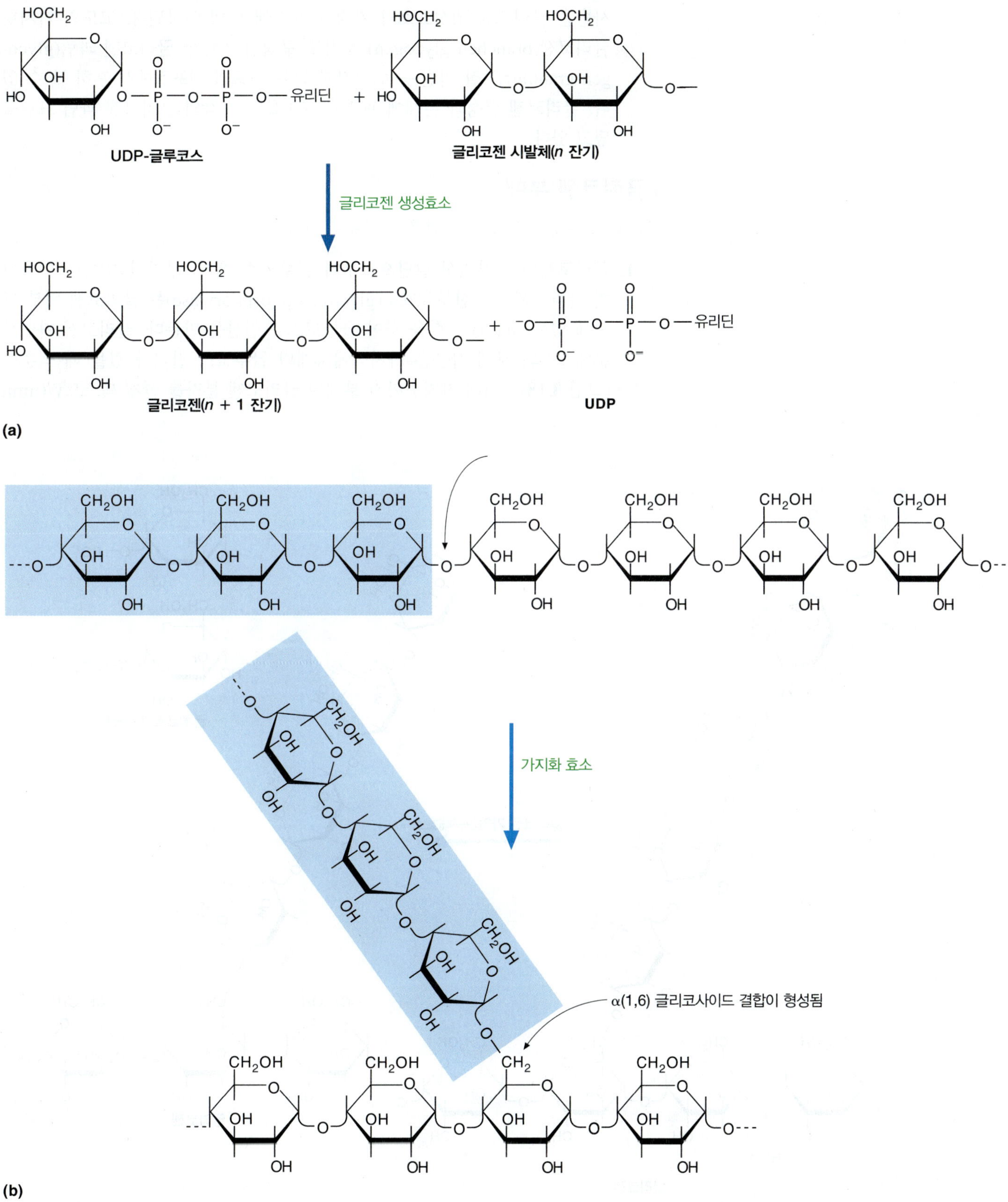

그림 8.17

글리코젠 합성.

(a) 글리코젠 생성효소는 UDP-글루코스의 에스터 결합을 분해하고 글루코스와 성장하는 글리코젠 사슬 사이의 α(1,4) 글리코사이드 결합을 형성한다. (b) 가지화 효소는 글리코젠 내 α(1,6) 결합의 합성에 관여한다.

사슬은 글리코젠 생성효소와 가지화 효소에 의해 연장된다. 고도의 가지형 글리코젠(branched glycogen) 분자로 구성된 거대한 글리코젠 과립(glycogen granule)은 잘 먹인 동물의 간과 근육 세포의 세포질에서 흔히 볼 수 있다. 글리코젠 합성과 분해에 관련된 효소들은 각각의 글리코젠 과립 표면을 덮고 있다.

글리코젠 분해

글리코젠 분해는 다음의 두 반응을 필요로 한다.

1. **글리코젠의 비환원성 말단으로부터 글루코스 제거.** 무기인산(P_i)을 이용하여 글리코젠 가인산분해효소(glycogen phosphorylase)는 글리코젠 외부 가지에 있는 α(1,4) 결합을 끊어 글루코스-1-인산을 만든다. 글리코젠 가인산분해효소의 분해 작용은 가지점에 4개의 글루코스 잔기가 있을 때 멈춘다(**그림 8.18**). [이때 가지점까지 분해된 글리코젠 분자를 *한계 덱스트린*(limit

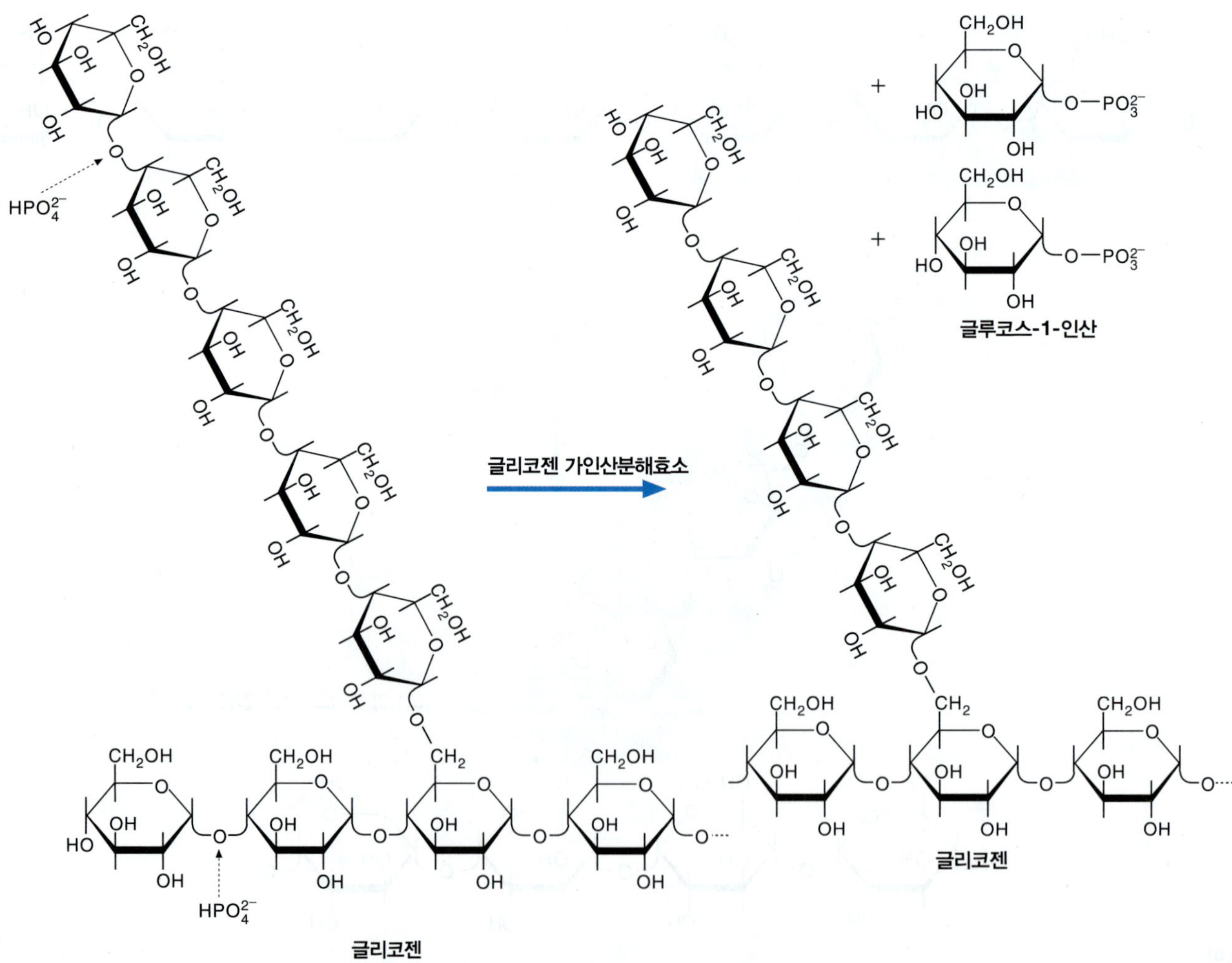

그림 8.18

글리코젠의 분해.

글리코젠 가인산분해효소는 글리코젠 사슬의 비환원성 말단으로부터 글루코스 잔기를 제거하여 글루코스-1-인산을 만든다. 이 그림에서 2개의 비환원성 말단으로부터 각각 1개의 글루코스 잔기가 제거된다. 이와 같은 글루코스 잔기의 제거는 가지점에 4개의 잔기가 있을 때까지 계속된다.

dextrin)이라고 한다.]

2. **글리코젠의 가지점에서 α(1,6) 글리코사이드 결합의 가수분해.** 가지 제거 효소(debranching enzyme)라고도 불리는 아밀로-α(1,6)-글루코사이드 분해효소[amylo-α(1,6)-glucosidase]는 가지점에 결합된 4개의 글루코스 잔기 중 바깥의 3개 글루코스를 인접한 비환원성 말단에 전이함으로써 α(1,6) 가지점을 제거하기 시작한다. 그런 다음 각 가지점에 부착한 단일 글루코스 잔기를 제거하는데, 이 반응의 생성물은 자유 글루코스(free glucose)가 된다 (**그림 8.19**).

글리코젠 분해의 주요 산물인 글루코스-1-인산은 근육 세포에서 근육 수축을 위한 에너지를 생성하기 위해서 해당작용으로 방향을 바꾼다. 간세포에서 글루코스-1-인산은 포스포글루코스 자리옮김효소(phosphoglucomutase)와 글루코스-6-인산 가수분해효소에 의해 글루코스로 전환되어 혈액으로 분비된다. 글리코젠 분해는 **그림 8.20**에 요약되어 있다.

글리코젠 대사 조절

글리코젠 대사는 에너지 낭비를 피하기 위해 용의주도하게 조절된다. 합성과 분해 모두가 인슐린, 글루카곤과 에피네프린 같은 호르몬뿐만 아니라 다른자리 입체성 조절물질의 복잡한 메커니즘을 통해 조절된다. 식후 몇 시간 후에 혈당이 떨어지면 췌장에서 글루카곤이 분비된다. 글루카곤이 그 수용체와 결합하면 cAMP 농도를 증가시키는 신호 전달 과정이 시작된다. cAMP는 원래의 글루카곤 신호를 증폭시키고 글리코젠 가인산분해효소를 활성화하는 인산화 다단계 반응(phosphorylation cascade)을 일으킨다. 수초 내에 몇 개의 글루카곤 분자는 수천 개의 글루코스 분자를 혈류로 방출시킨다.

인슐린 수용체가 인슐린으로 점유되면 타이로신 카이네이스(tyrosine kinase)가 활성화되어 인산화 다단계 반응을 일으킨다. 결국 글루카곤/cAMP계에 상반되는 효과를 나타낸다. 즉, 글리코젠 분해 효소들은 억제되고 글리코젠 합성 효소들은 활성화된다. 인슐린은 또한 여러 유형의 표적 세포에 글루코스 흡수율을 증가시키지만 간이나 뇌세포에서는 증가시키지 않는다.

정서적 또는 육체적 스트레스(stress)는 부신수질로부터 *에피네프린*(epinephrine)을 방출시킨다. 에피네프린은 글리코젠 분해를 촉진하고 글리코젠 합성을 억제한다. 에피네프린이 상대적으로 과량 방출되는 위급한 상황에서 과량의 글루코스 생산은 이러한 비상사태를 극복하는 데 필요한 에너지를 제공한다. 이러한 효과를 도주 또는 싸움(flight-or-fight) 반응이라고 한다. 에피네프린은 간과 근육 세포의 아데닐산 고리화효소를 활성화함으로써 그 작용을 일으킨다. 그리고 Ca^{2+}과 이노시톨 삼인산(inositol triphosphate) 같은 제2전령도 에피네프린 작용에 관여하는 것으로 알려져 있다.

글리코젠 생성효소(glycogen synthase, GS)와 글리코젠 가인산분해효소는 모두 활성화와 비활성화형의 구조를 하고 있다. 이 형태들은 공유 결합 변형(covalent modification)에 의해 상호 전환된다. I형(independent)으로 알려진 활성화형의 글리코젠 생성효소는 인산화에 의해 D형(dependent) 또는 비활성화형의 생성효소로 전환된다. 글리코젠 생성효소의 활성은 수많은 카이네이스에 의해 촉매된 인산화 반응에 의해 비활성화되기 때문에 일련의 신호 강도에 민감하게 반응한다. 생리적으로 가장 중요한 카이네이스는 글리코젠 생성효소 카이네이스 3(glycogen syn-

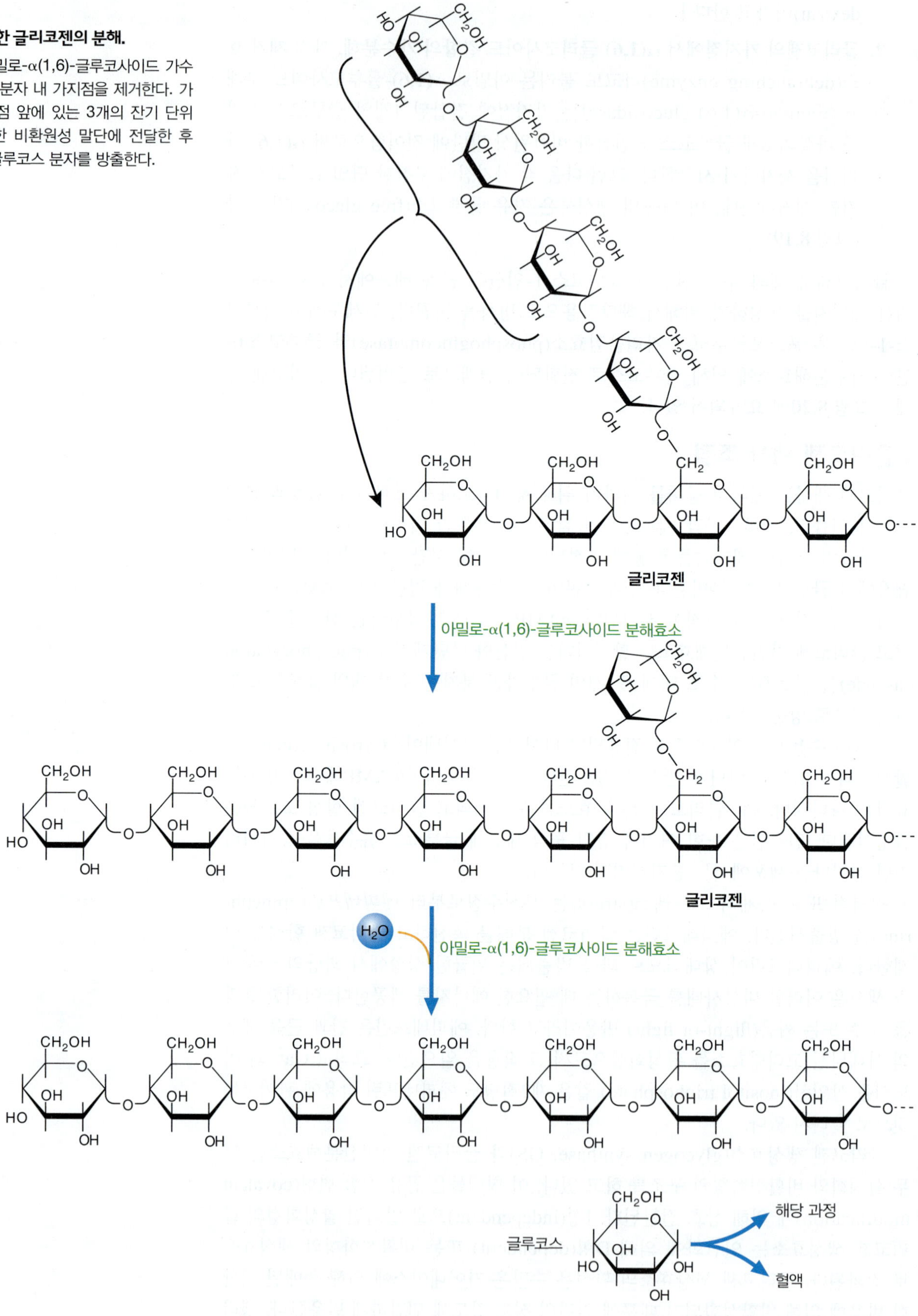

그림 8.19

가지 제거 효소를 통한 글리코젠의 분해.

가지 제거 효소인 아밀로-α(1,6)-글루코사이드 가수분해효소는 글리코젠 분자 내 가지점을 제거한다. 가지 제거 효소는 가지점 앞에 있는 3개의 잔기 단위를 글리코젠의 인접한 비환원성 말단에 전달한 후 α(1,6) 결합을 끊어 글루코스 분자를 방출한다.

thase kinase 3, GSK3)과 카세인 카이네이스 1(casein kinase 1, CS1)이다. 글리코젠 생성효소와 반대로 글리코젠 가인산분해효소의 비활성화형인 가인산분해효소 b는 세린(serine) 잔기의 인산화에 의해 활성화형인 가인산분해효소 a로 전환된다. 글리코젠 생성효소와 가인산분해효소 카이네이스(phosphorylase kinase)의 인산화는 cAMP에 의해 활성화된 단백질 카이네이스(protein kinase)인 PKA에 의해 촉매 된다. 글리코젠 합성은 글리코젠 생성효소와 글리코젠 가인산분해효소가 모두 탈인산화(dephosphorylation) 되었을 때 일어난다. 이러한 전환은 인단백질 인산 가수분해효소 1(phosphoprotein phosphatase, PP1)에 의해 촉매된다. PP1은 또한 가인산 분해효소 카이네이스를 비활성화한다. PP1은 글리코젠표적화 단백질(protein targeting to glycogen, PTG)이라 불리는 고정장치 단백질에 의해 글리코젠 생성효소와 글리코젠 가인산분해효소 양쪽에 연결되어 있다. 글리코젠 대사에 대한 글루카곤, 인슐린 및 에피네프린의 효과는 **그림 8.21**에 요약되어 있다.

또한 여러 다른자리 입체성 조절물질이 글리코젠 대사를 조절한다. 근육 세포에서 근수축 중 방출된 Ca^{2+} 이온과 AMP는 글리코젠 가인산분해효소 b를 가인산분해효소 a로 전환시키는 반응을 촉진한다. 위 반응의 역반응인 글리코젠 가인산분해효소 a의 가인산분해 효소 b로의 전환은 고농도의 ATP와 글루코스-6-인산에 의해 촉진된다. 글리코젠 생성효소 활성은 글루코스-6-인산에 의해 자극받는다. 간세포에서 글루코스는 글리코젠 가인산분해효소의 억제를 촉진하는 다른자리 입체성 조절 물질이다.

주요 개념 _Key Concepts

- 글리코젠 합성이 일어나는 동안 글리코젠 생성효소는 UDP-글루코스의 글루코스기를 글리코젠의 비환원성 말단 자리에 전달하고 글리코젠 가지화 효소는 가지점 형성을 촉매한다.
- 글리코젠 분해는 글리코젠 가인산분해효소와 가지 제거 효소를 필요로 한다. 글리코젠 대사는 글루카곤, 인슐린, 에피네프린의 세 가지 호르몬 및 다른자리 입체성 조절물질의 작용에 의해 조절된다.

문제 8.7

글리코젠 저장병들은 글리코젠 합성이나 분해에 연관된 한 가지 또는 그 이상의 효소의 유전적 결함으로 생긴다. 가지 제거 효소(debranching enzyme)의 결핍으로 발생된 코리병(Cori's disease)은 간이 커지고[*간비대*(*hepatomegaly*)] 혈중 글루코스 농도가 낮아진다[**저혈당**(hypoglycemia)]. 무엇이 이 증후군을 유발하는지 설명할 수 있는가?

코리병
Cori's Disease

그림 8.20

글리코젠의 분해: 요약.

글리코젠 가인산분해효소는 가지점에 4개의 글루코스 잔기가 있을 때까지 글리코젠의 α(1,4) 결합을 끊어 글루코스-1-인산을 만든다. 가지 제거 효소는 이 잔기들 중 3개를 인접한 비환원성 말단에 전달하고 네 번째 잔기를 자유 글루코스로 방출한다. 이와 같이 글리코젠 가인산분해효소와 가지제거효소의 반복적인 작용에 의해 글리코젠은 완전히 분해된다.

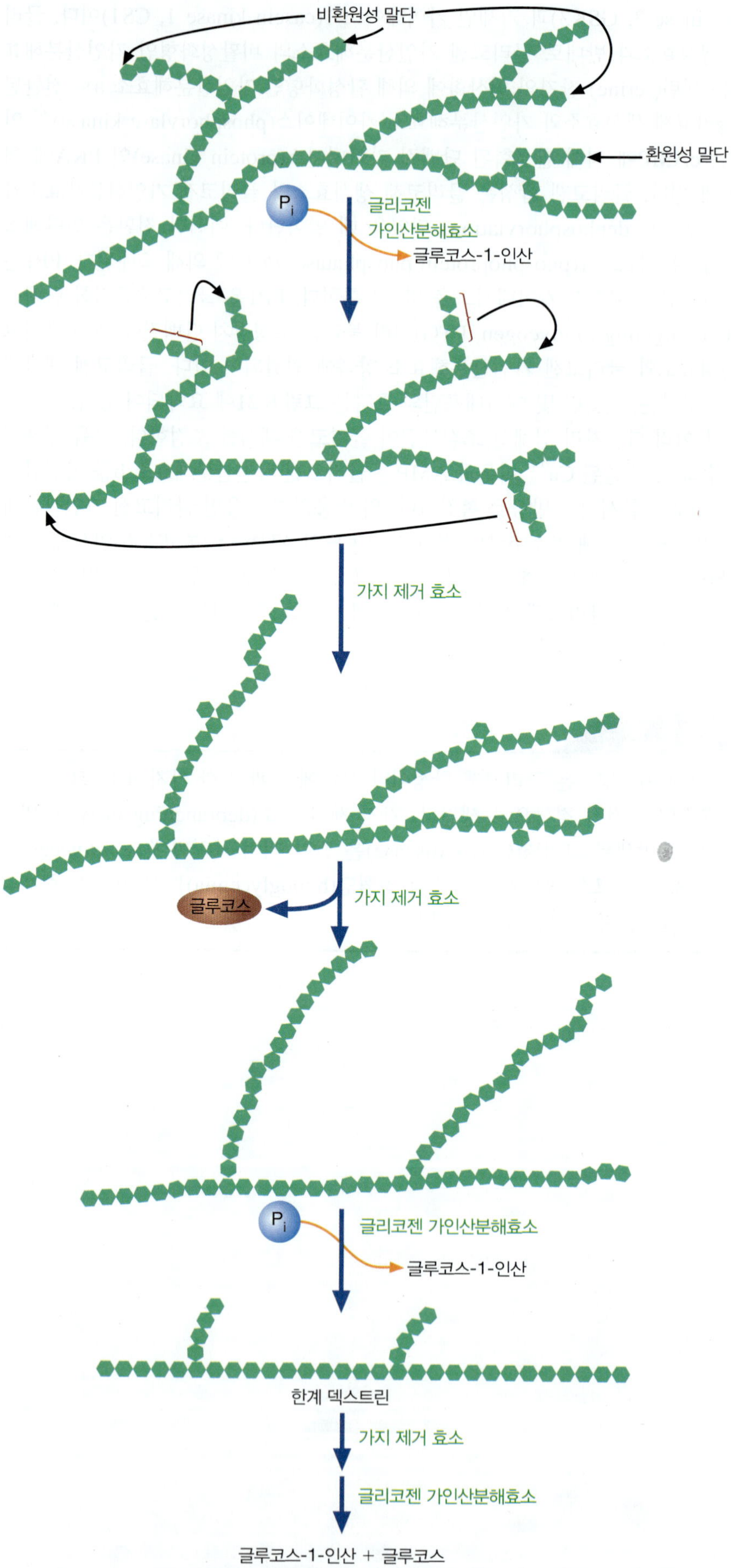

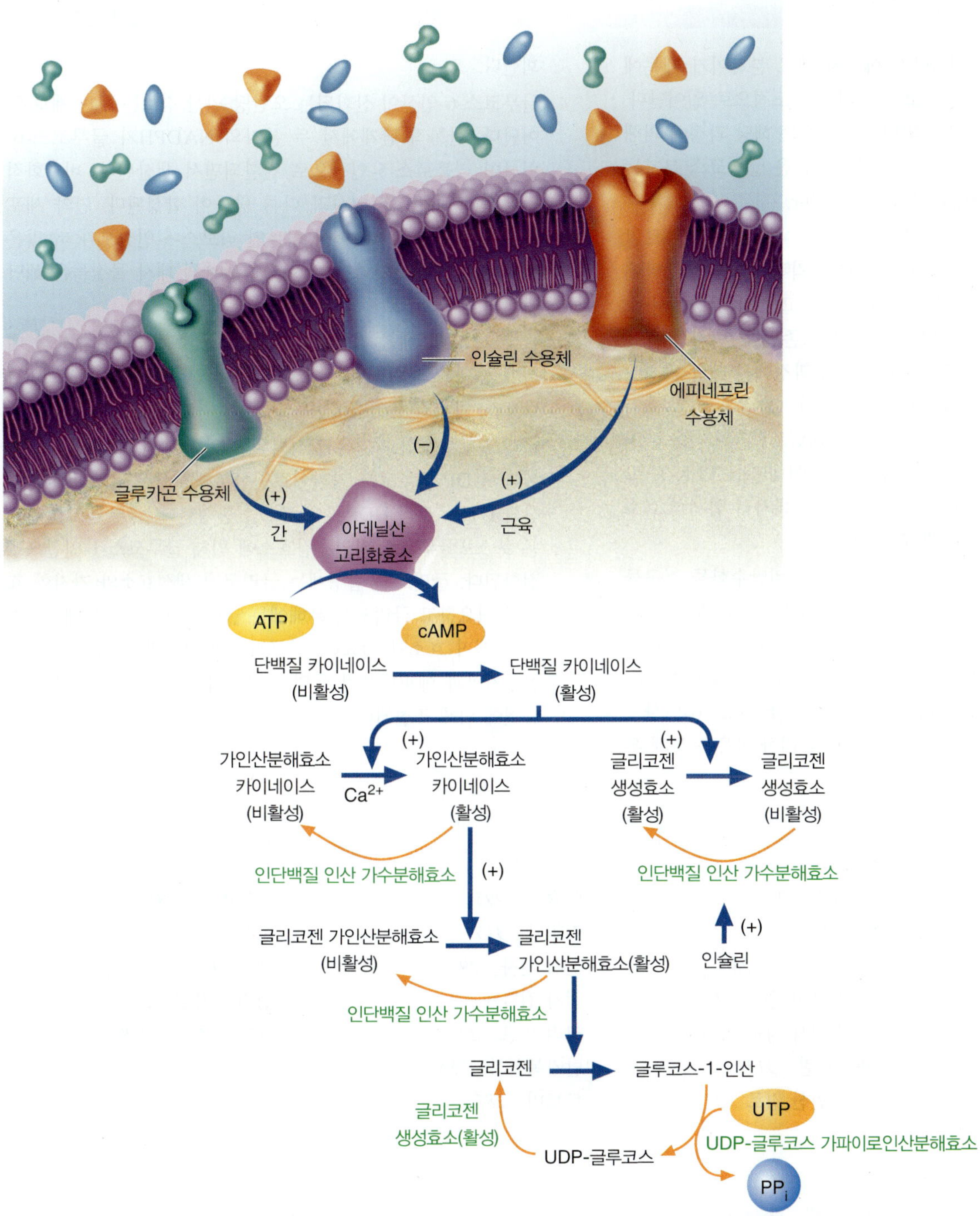

그림 8.21

글리코젠 대사에 영향을 주는 중요한 요인.

글루카곤(저혈당에 반응하여 췌장으로부터 방출되는)과 에피네프린(스트레스에 반응하여 부신으로부터 방출되는)의 표적 세포 수용체와의 결합은 글리코젠을 글루코스-1-인산으로 전환시키고 글리코젠 생성을 억제하는 다단계 반응을 일으킨다. 인슐린은 cAMP 합성을 억제하고 인단백질 인산 가수분해효소를 활성화함으로써 글리코젠 분해를 억제하고 글리코젠 생성을 촉진시킨다. 아데닐산 고리화효소(adenylate cyclase)는 기능 구역이 세포질로 돌출된 막횡단 단백질임을 주목해라. 이 그림에서는 명확하게 보이기 위해서 아데닐산 고리화효소가 세포질 단백질처럼 보이게 표현하였다.

이 장의 요약 CHAPTER SUMMARY

1. 글루코스가 대부분의 생물에서 에너지 연료 분자이기 때문에 탄수화물 대사는 주로 글루코스에 의해 주도적으로 일어난다. 만일 세포의 에너지가 낮게 되면 글루코스는 해당 과정에 의해 분해된다. 에너지 생산에 즉각 이용되지 않은 글루코스 분자는 글리코젠(동물)이나 녹말(식물)로 저장된다.
2. 해당 과정에서 글루코스는 인산화되고, 두 분자의 글리세르알데하이드-3-인산으로 분리된다. 그리고 각각의 글리세르알데하이드-3-인산은 피루브산으로 된다. 그리고 해당 과정에서 소량의 에너지는 ATP와 NADH 분자에 보존된다. 혐기성 호흡에서 피루브산은 노폐물로 전환된다. 이 과정에서 해당 과정이 계속 진행될 수 있도록 NAD^+는 재생된다. O_2 존재 하의 호기성 호흡에서 피루브산은 우선 아세틸-CoA로 전환된 다음 CO_2와 H_2O로 전환된다. 해당 과정은 헥소카이네이스, PFK-1, 그리고 피루브산 카이네이스 등 세 종류의 다른자리 입체성 효소와 글루카곤, 인슐린에 의해 조절된다.
3. 글루코스 신생 합성 과정에서 글루코스는 비탄수화물 전구물질, 즉 락트산, 피루브산, 글리세롤, 아미노산 등으로부터 합성된다. 글루코스 신생 합성의 반응 순서는 해당 과정의 반대이다. 3가지 비가역적 해당 반응(피루브산의 합성, 프룩토스-1,6-비스인산의 프룩토스-6-인산으로의 전환, 글루코스-6-인산으로부터 글루코스 형성)은 열역학적으로 유리한 반응을 통해 우회한다.
4. 글루코스-6-인산이 산화되는 오탄당 인산 경로는 두 단계로 일어난다. 산화적 단계에서 두 분자의 NADPH가 글루코스-6-인산이 리불로스-5-인산으로 전환되면서 생산된다. 비산화적 단계에서 리보스-5-인산과 다른 당들이 합성된다. 만약 세포가 뉴클레오타이드와 핵산 성분인 리보스-5-인산보다 더 많은 NADPH를 필요로 하면 비산화적 단계의 대사 물질들은 해당 과정의 중간물질로 전환된다.
5. 글루코스 이외에 여러 종류의 당들이 척추동물의 탄수화물 대사에 중요한 작용을 하는데, 그 대표적인 예로서 프룩토스, 갈락토스, 마노스 등이 있다.
6. 글리코젠 합성의 기질은 활성화된 당의 형태인 UDP-글루코스이다. UDP-글루코스 가파이로인산분해효소는 글루코스-1-인산과 UTP로부터 UDP-글루코스를 합성한다. 글루코스-6-인산은 포스포글루코스 자리옮김효소에 의해 글루코스-1-인산으로 전환된다. 글리코젠 합성에는 글리코젠 생성효소와 가지화 효소가 필요하고 글리코젠 분해에는 글리코젠 가인산분해효소와 가지 제거 효소가 필요하다. 글리코젠 합성과 분해는 인슐린, 글루카곤과 에피네프린 등의 호르몬과 다른자리 입체성 조절 물질에 의해 조절된다.

주요 용어 KEY WORDS

복습 문제 REVIEW QUESTIONS

**이 문제들은 다음 장으로 넘어가기 전에 이장에서 논의했던 주요 개념에 대한 지식을 테스트하기 위해 만들어졌다.*

1. 다음 용어를 정의하라.
   a. 해당 과정
   b. 오탄당 인산 경로
   c. 글루코스 신생 합성
   d. 글리코젠 분해
   e. 글리코젠 합성
2. 다음 용어를 정의하라.
   a. 혐기성 생물
   b. 호기성 생물
   c. 호기성 호흡
   d. 알돌 절단
   e. 기질 수준 인산화
3. 다음 용어를 정의하라.
   a. 토토머화

b. 토토머
c. 양쪽성 대사 경로
d. 전자 전달계
e. 탈카복실화 반응

4. 다음 용어를 정의하라.
a. 코리 회로
b. 글루카곤
c. 글루코스-알라닌 회로
d. 저혈당증
e. 항산화제

5. 글루코스는 세포에 들어가면 인산화된다. 이 반응이 필요한 두 가지 이유를 들어라.

6. 다음 물질의 기능을 설명하라.
a. 인슐린
b. 글루카곤
c. 프룩토스-2,6-비스인산
d. UDP-글루코스
e. cAMP
f. GSSG
g. NADPH

7. 생물체의 이화 대사 경로에서 '터보 설계'가 이용되는 이유는 무엇인가?

8. 해당 과정에서 다음 기능이 생기는 반응을 찾아라.
a. ATP 소비
b. ATP 합성
c. NADH 합성

9. 글루코스 신생 합성에서 독특한 반응 세 가지의 이름을 들어라.

10. 파스퇴르 효과와 크랩트리 효과를 설명하고 비교하라.

11. 글루코스 대사를 조절하는 세 가지 주요 호르몬을 적어라. 이 분자들이 탄수화물 대사에 미치는 효과를 간단하게 설명하라.

12. 진핵세포에서 다음 작용이 일어나는 장소는 어디인가?
a. 글루코스 신생 합성
b. 해당작용
c. 오탄당 인산 경로

13. 기질-수준 인산화를 정의하라. 해당작용에서 여기에 속하는 두 가지 반응은 어느 것인가?

14. 효모와 같은 생물이 알코올을 생산하는 주요 이유는 무엇인가?

15. 에피네프린이 어떻게 글리코젠에서 글루코스로의 전환을 증진시키는지 설명하라.

16. 해당작용은 두 단계로 일어난다. 각 단계에서 무슨 반응이 일어나는지 설명하라.

17. 글루코스 신생 합성을 활성화시키는 생리적인 조건을 나타내라.

18. 다음 두 반응은 낭비적인 회로로 구성된다.

$$\text{글루코스} + \text{ATP} \rightarrow \text{글루코스-6-인산}$$
$$\text{글루코스-6-인산} + H_2O \rightarrow \text{글루코스} + P_i$$

이 낭비 과정이 어떻게 예방되고 조절될지 제안하라.

19. 탄수화물 대사에서 글루코스의 중심적 역할을 설명하라.

20. 글루코스를 에탄올로 전환하는 반응을 그려라.

21. 프룩토스를 해당 과정 중간물질로 전환하는 반응을 그려라.

22. 심한 저혈당증이 위험한 이유는 무엇인가?

23. 해당 과정의 어느 반응에서 탈수 반응이 일어나는가?

24. 코리 회로를 설명하라. 이것의 생리적 기능은 무엇인가?

25. 인슐린과 글루카곤의 혈중 글루코스에 대한 효과를 설명하라.

26. 인슐린, 글루카곤, 에피네프린, 코르티솔은 어떤 세포에서 생산되는가?

27. 혐기적 조건과 호기적 조건에서 피루브산의 운명을 설명하라.

종합 문제 THOUGHT QUESTIONS

이 문제들은 지금까지 이 책에서 논의된 모든 주요 개념에 대한 여러분의 이해를 강화하기 위한 것이다. 문제들은 하나의 정답을 가지고 있지 않을 수도 있다.

28. 해당 과정 첫 단계에서 프룩토스-1,6-비스인산은 분해되어 글리세르알데하이드-3-인산과 다이하이드록시아세톤 인산을 형성한다. 이 반응이 일어나는 메커니즘을 나타내라.

29. 탄수화물이 풍부한 식사를 하고 모든 조직의 글루코스 요구량이 충족된 후 간은 여분의 글루코스를 글리코젠 분자로 저장한다. 이 과정에서 헥소카이네이스의 역할을 설명하라.

30. 글루코카이네이스는 간세포, 췌장의 α-와 β-세포, 장세포(장벽세포) 및 시상하부(많은 생리 과정을 조종하는 뇌의 중심)에서 글루코스 감지기로서 역할을 한다. 글루코카이네이스가 이 역할을 하는 이유를 설명하라.

31. 글리코젠 합성에는 짧은 시발체(primer) 사슬이 필요하다. 이런 한계가 있는데 새로운 글리코젠 분자가 어떻게 합성되는지 설명하라.

32. 프룩토스가 글루코스보다 빨리 대사되는 이유는 무엇인가?

33. PEP에 높은 포스포릴기 전달 전위를 주는 엔올-인산 에스터와 보통의 인산 에스터 사이의 차이점은 무엇인가?

34. 글루코스 신생 합성이 해당작용과 정확히 반대가 되지 않는 것이 중요한 이유는 무엇인가?

35. 에탄올, 아세트산, 아세트알데하이드의 구조식을 비교하라. 어느 것이 가장 산화되거나 환원되었는지 설명하라.

36. 고프룩토스 콘시럽이 함유된 음료와 가공식품을 많이 먹는 것은 비만과 관련이 있다. **그림 8.16**을 검토한 후, 이 현상에 대한 가능한 이유를 제안하라.
37. 인산화는 어떻게 글루코스의 반응성을 증가시키는가?
38. 글리코젠과 트라이아실글리세롤은 모두 신체가 이용하는 에너지원이다. 두 가지가 모두 필요한 이유를 설명하라.
39. 극심한 다이어트는 체지방 감소와 근육 소실을 일으킨다. 생화학 반응을 이용하여 근육 단백질이 글루코스 생성으로 전환되는 것을 추적해 보아라.
40. 배양 세포에 2번 탄소가 ^{14}C로 표지된 글루코스를 먹였다. 오탄당 인산 경로 한 바퀴를 지나는 동안 방사선 표지된 물질을 추적하라.
41. 에탄올은 몇 가지 이유 때문에 어린아이에게 특히 위험하다. 예를 들면 에탄올 섭취는 간에서 NADH 수준의 상승을 일으킨다. 이 형상을 설명하는 메커니즘을 제안하라.

제 9 장

호기성 대사 I: 시트르산 회로

Aerobic Metabolism I: The Citric Acid Cycle

이 장의 차례 Outline

호기성 세포 호기성 세포에서 대부분의 에너지는 미토콘드리아에서 생산된다. 산소 분자(O_2)는 영양물질의 산화에서 최종 전자 받개이다.

개관 Overview

현대 호기성 생물은 식품 분자로부터 추출되는 전자의 최종 받개로서 산소를 사용함으로써 식품 분자의 화학 결합 에너지를 ATP의 결합 에너지로 전환한다. 글루코스나 지방산 같은 영양물질을 산화시키기 위해 산소를 사용하는 능력은 발효보다 훨씬 더 많은 양의 에너지를 산출한다.

약 20억 년 전 대기에 O_2가 축적되기 시작하면서 그 당시 존재하던 생물체들은 매우 심각한 문제에 직면하게 되었다. 그것은 독성 산소 이온과 과산화물 같은 *반응성 산소종*(reactive oxygen species, ROS)으로 불리는 과산화물을 형성한다. ROS는 생체 분자들과 반응하여 생체 분자들을 손상시키거나 파괴시킨다. 결과적으로 O_2에 노출되는 것이 심각한 선택 압력으로 작용하였다. 이 시기에 존재하던 종들은 O_2에 적응하는 방법을 진화시키거나 멸종되었다. 현대 생물체들은 에너지 생산에서 O_2를 사용하거나 ROS에 대항하기 위해 사용하는 전략에 따라 분류된다.

1. **절대혐기성 생물**(Obligate anaerobe)은 O_2가 없는 조건에서만 생장하는 생물체(즉, 토양 같은 매우 환원된 환경에 서식)이며, 필요한 에너지를 얻기 위해 발효 과정을 이용한다.
2. **내기혐기성 생물**(Aerotolerant anaerobe)은 필요한 에너지를 얻기 위해 역시 발효에 의존하지만 ROS를 해독하는 항산화 분자와 해독효소를 가지고 있다.
3. **조건혐기성 생물**(Facultative anaerobe)은 ROS를 해독하는 데 필요한 생화학적 기구를 보유하고 있을 뿐만 아니라, O_2를 전자 받개(electron acceptor)로 사용할 수 있다.
4. **절대호기성 생물**(Obligate aerobe)은 에너지 생산을 위해 O_2를 절대적으로 필요로 한다. 그들은 수많은 항산화제 분자와 효소로 이루어진 정교한 해독 기구를 이용하여 ROS로부터 자신을 보호한다.

호기성 대사는 시트르산 회로(citric acid cycle), 전자 전달 경로(electron transport pathway), 산화적 인산화(oxidative phosphorylation)의 생화학 과정으로 이루어진다(**그림 9.1**). 진핵생물의 경우 이 과정들은 미토콘드리아 안에서 일어난다(**그림 9.2**). 시트르산 회로란 보조효소 NAD^+와 FAD가 각각 NADH와 $FADH_2$로 환원되면서 아세틸-CoA가 CO_2로 산화되는 대사 과정이다. 전자 전달 사슬(electron transport chain, ETC)이라고도 하는 전자 전달 경로는 NADH와 $FADH_2$로부터 전자가 일련의 전자 운반체로 전달되는 기구이며, 이 일련의 전자 운반체들은 순차적으로 환원되고 또 산화된다. 최종 받개는 O_2이다. 산화적 인산화에서 전자 전달에 의해 방출된 에너지는 ATP 합성을 일으키는 양성자 기울기(proton gradient) 형태로 보존된다.

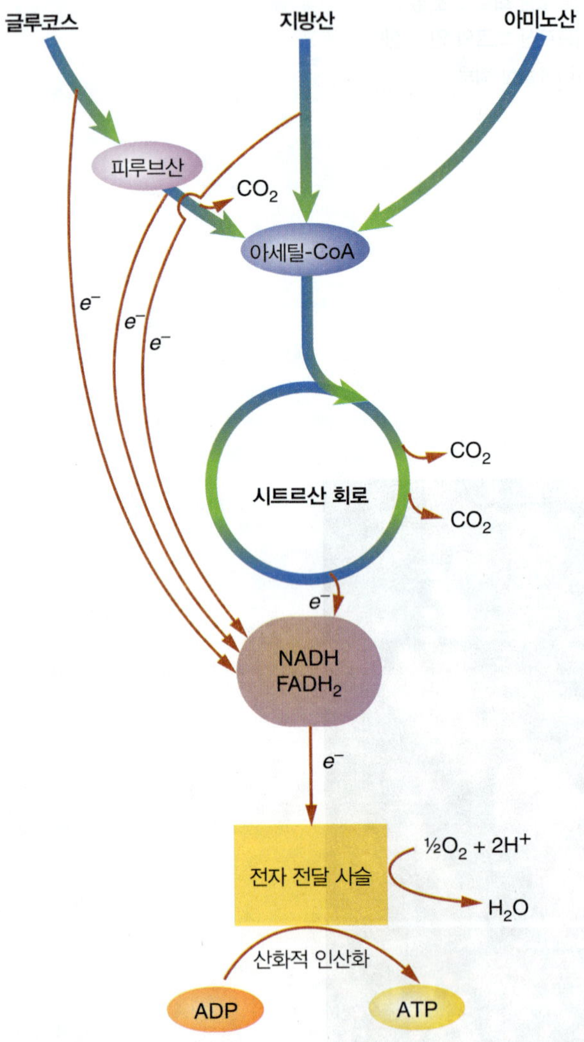

그림 9.1

호기성 대사의 개요.

호기성 대사에서 글루코스, 지방산과 일부 아미노산등의 영양소는 분해되어 아세틸-CoA로 된다. 그리고 이 아세틸-CoA는 시트르산 회로로 들어간다. 글루코스와 지방산 분해 및 여러 시트르산 회로 반응에 의해 생산된 전자 운반체(NADH와 $FADH_2$)는 전자(e^-)를 전자 전달 사슬(electron transport chain)에 준다. 전자 전달 사슬에 의해 보존된 에너지는 산화적 인산화라는 과정에서 ATP를 합성하는 데 사용된다. 호기성 대사의 마지막 전자 받개인 O_2는 양성자와 결합하여 물 분자를 만든다.

9장은 산화-환원 반응, 전자 흐름과 에너지 전환 사이의 관계

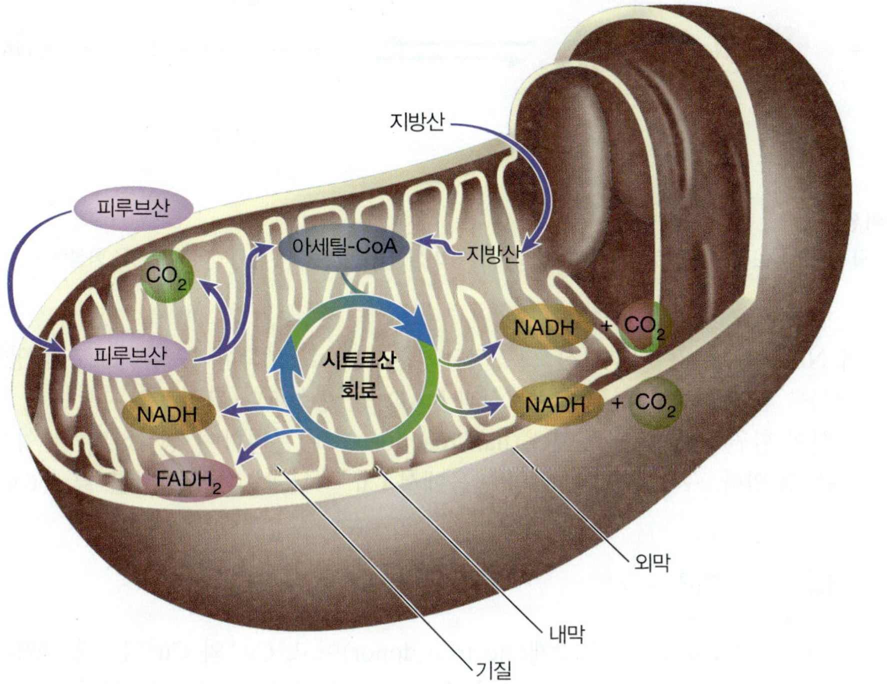

그림 9.2

미토콘드리아에서의 호기성 대사.

진핵세포에서 호기성 대사는 미토콘드리아 안에서 일어난다. 피루브산, 지방산, 아미노산의 산화 생성물인 아세틸-CoA는 미토콘드리아 기질에서 시트르산 회로에 의해 산화된다. 시트르산 회로의 주요 생성물은 환원된 보조효소인 NADH, $FADH_2$, CO_2이다. NADH와 $FADH_2$의 고에너지 전자는 내막에 존재하는 일련의 전자운반체인 전자 전달 사슬(ETC)에 전달된다. ETC에서 말단 전자 받개는 O_2이다. 전자 전달 메커니즘으로부터 발생한 에너지는 미토콘드리아 내막에 걸쳐 양성자 기울기를 형성함으로써 ATP 합성을 유도한다. 내막의 많이 접혀진 표면은 ETC 복합체와 수많은 운반 단백질, ATP 생성효소로 채워져 있다. ATP 생성효소는 ATP를 합성하는 효소복합체이다.

에 대하여 먼저 다룬다. 그런 다음 호기성 대사에서 핵심이 되는 시트르산 회로 그리고 에너지 생성과 생합성에서 이 회로의 역할에 대해 상세히 다루게 된다. 10장은 전자 전달과 산화적 인산화 반응에 의한 ATP 합성을 주로 다룬다. 마지막 부분은 독성 산소종이 생성되어 세포에 손상을 미치는 *산화성 스트레스*(oxidative stress)와 이에 대한 생물의 보호 기능을 다루고 있다.

9.1 산화-환원 반응

생물에서 에너지 흡수와 방출 과정은 주로 산화-환원 반응(redox reaction)에 의해 일어난다. 산화-환원 반응은 전자가 전자 주개(환원제)와 전자 받개(산화제) 사이에서 전이될 때 일어난다. 전자만이 전달되는 산화-환원 반응의 예를 보자.

$$Cu^{+} + Fe^{3+} \rightleftharpoons Cu^{2+} + Fe^{2+}$$

위 반응에서 Cu^+로부터 1개의 전자가 Fe^{3+}로 이동한다. Cu^+(환원제)는 Cu^{2+}로 산화되는 반면에 Fe^{3+}는 Fe^{2+}로 환원된다. 그러나 많은 반응에서 전자와 양성자는 동시에 이동한다. 그 한 예로서 락트산 탈수소효소(lactate dehydrogenase, LDH)에 의한 촉매 반응은 수소화 이온[(hydride ion, $H:^-$) 1개의 양성자와 2개의 전자]

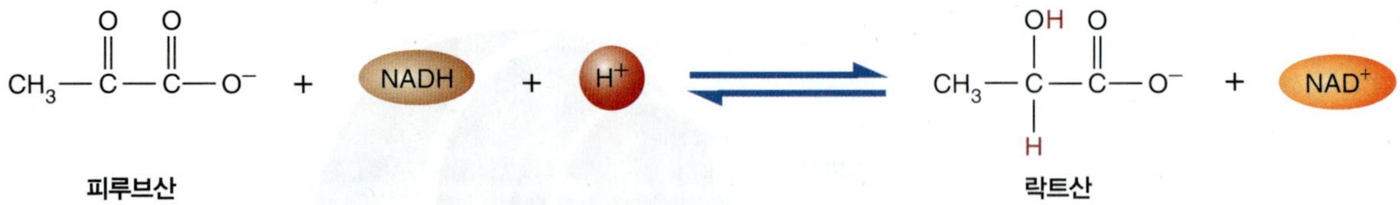

그림 9.3
NADH에 의한 피루브산의 환원.
이 산화-환원 반응에서 수소화 이온(H:⁻)은 NADH로부터 피루브산으로 전달되고 생성물은 양성자가 첨가되어 락트산을 형성한다.

이 NADH로부터 피루브산으로 전달되는 것으로 시작한다. 주위로부터 양성자(H^+)를 얻어 최종 생성물인 락트산과 NAD^+를 형성한다(**그림 9.3**).

산화-환원 반응을 반쪽 반응(half-reaction)으로 분리하여 생각하면 더 쉽게 이해할 수 있다. 구리와 철 사이의 반응에서 Cu^+ 이온이 전자 하나를 잃고 Cu^{2+}로 된다.

$$Cu^+ \rightleftharpoons Cu^{2+} + e^-$$

이 반응식은 Cu^+는 전자 주개(electron donor)이고, Cu^+와 Cu^{2+}는 **짝 산화-환원 쌍**(conjugate redox pair)임을 보여 준다. Cu^+가 전자 하나를 잃으면서 Fe^{3+}는 전자 하나를 받아 Fe^{2+}를 형성한다.

$$Fe^{3+} + e^- \rightleftharpoons Fe^{2+}$$

이 반쪽 반응에서 Fe^{3+}는 전자 받개이다. 전자는 항상 반쪽 반응 사이의 공통 중간 물질에 해당된다.

반쪽 반응의 구성 요소는 전기화학 전지(electrochemical cell)에서 쉽게 관찰할 수 있다(**그림 9.4**). 각각의 반쪽 반응은 분리된 용기 또는 *반쪽 전지*(half-cell)에서 일어난다. 산화(예, $Cu^+ \rightarrow Cu^{2+} + e^-$)가 일어나는 반쪽 전지에서 발생한 전자의 이동은 두 개의 반쪽 전지 사이에 전압(또는 전위차)을 발생시킨다. 전압의 부호는 전자 흐름의 방향에 따라 양성 또는 음성이 된다. 전위차(potential difference)의 크기는 반응을 일으키게 하는 에너지의 척도가 된다.

어떤 특정 물질이 전자를 얻는 경향을 그 물질의 **환원 전위**(reduction potential)라 한다. 물질의 표준 환원 전위($E°$)는 **표준 수소 전극**(standard hydrogen electrode)을 기준으로 하여 갈바니 전지에서 측정된다. 표준 전지(standard cell)는 모든 용질 농도 1.0 M, 모든 기체 압력 1기압, 온도는 25°C인 전지이다. 표준 수소 전극의 반쪽 반응, $2H^+ + 2e^- \rightarrow H_2(g)$에 대한 환원 전위는 0.00 V이다.

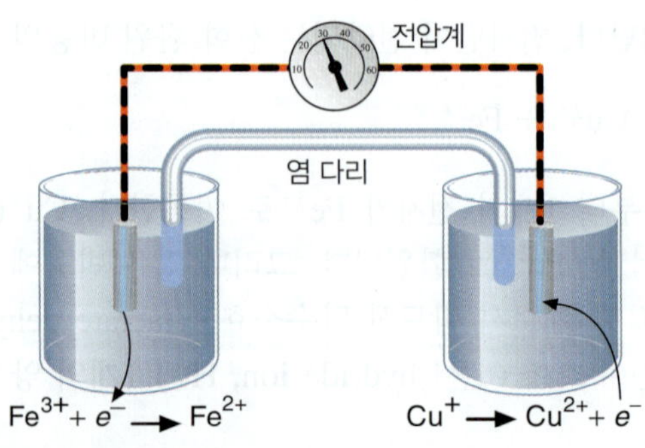

그림 9.4
전기화학 전지.
전자는 전압계를 통하여 Cu^{2+}/Cu^+ 반쪽 전지로부터 Fe^{3+}/Fe^{2+} 반쪽 전지로 흐른다. 염화 포타슘(KCl)을 포함하고 있는 염 다리(salt bridge)가 전기 회로를 형성한다. 전압계는 전자가 한 반쪽 전지로부터 다른 반쪽 전지로 흐를 때 발생하는 전위를 측정한다.

생화학에서 표준 반쪽 반응은 pH 7, 25°C와 1기압일 때 다음과 같다.

$$2H^+ + 2\,e^- \leftrightharpoons H_2$$

pH = 7
온도 = 25°C
압력 = 1 atm일 때

위의 조건에서 수소 전극의 환원 전위($E^{\circ\prime}$)는 수소 이온 농도가 1 M인 표준 수소 전극에 대해 측정할 때 −0.42 V이다. −0.42 V보다 더 낮은 환원 전위(더 큰 음의 값)를 갖고 있는 물질은 H^+보다 전자에 대해 더 낮은 친화력을 갖는다. 더 높은 환원 전위(더 큰 양의 값)를 갖고 있는 물질은 H^+보다 전자에 대해 더 큰 친화력을 갖는다(**표 9.1**). 시험 전극(test electrode)의 pH는 각 산화-환원 반쪽 반응에 대해 7.0이 되고, 기준 표준 전극의 pH는 0, 또는 $[H^+]$는 1.0 M이다.

전자는 더 양성인 환원 전위를 갖는 물질로부터 더 음성인(덜 양성인) 환원 전위

표 9.1 표준환원 전위*

산화-환원 반쪽 반응	표준 환원 전위($E^{\circ\prime}$)(V)
$2H^+ + 2e^- \rightarrow H_2$	−0.42
α-케토글루타르산 + CO_2 + $2H^+ + 2e^-$ → 아이소시트르산	−0.38
$NADP^+ + H^+ + 2e^- \rightarrow NADPH$	−0.324
$NAD^+ + H^+ + 2e^- \rightarrow NADH$	−0.32
$S + 2H^+ + 2e^- \rightarrow H_2S$	−0.23
$FAD + 2H^+ + 2e^- \rightarrow FADH_2$	−0.22
아세트알데하이드 + $2H^+ + 2e^-$ → 에탄올	−0.20
피루브산 + $2H^+ + 2e^-$ → 락트산	−0.19
옥살로아세트산 + $2H^+ + 2e^-$ → 말산	−0.166
$Cu^{2+} + e^- \rightarrow Cu^+$	+0.16
퓨마르산 + $2H^+ + 2e^-$ → 석신산	+0.031
사이토크롬 b(Fe^{3+}) + e^- → 사이토크롬 b(Fe^{2+})	+0.075
사이토크롬 c_1(Fe^{3+}) + e^- → 사이토크롬 c_1(Fe^{2+})	+0.22
사이토크롬 c(Fe^{3+}) + e^- → 사이토크롬 c(Fe^{2+})	+0.235
사이토크롬 a(Fe^{3+}) + e^- → 사이토크롬 a(Fe^{2+})	+0.29
$NO_3^- + 2H^+ + 2e^- \rightarrow NO_2^- + H_2O$	+0.42
$NO_2^- + 8H^+ + 6e^- \rightarrow NH_4^+ + 2H_2O$	+0.44
$Fe^{3+} + e^- \rightarrow Fe^{2+}$	+0.77
$\frac{1}{2}O_2 + 2H^+ + 2e^- \rightarrow H_2O$	+0.82

* 관례적으로 산화-환원 반응은 환원제를 산화제와 전이된 전자수의 오른쪽에 두고 표시한다. 이 표는 산화-환원쌍이 증가하는 $E^{\circ\prime}$ 값 순서대로 배열되었다. 산화-환원쌍에서 $E^{\circ\prime}$ 값이 더 음성일수록 산화된 성분의 전자에 대한 친화력은 더 낮고, $E^{\circ\prime}$ 값이 더 양성일수록 산화-환원쌍의 산화된 성분의 전자에 대한 친화력은 더 크다. 적절한 조건에서 이 표에 제시된 산화-환원 반쪽 반응은 자기보다 아래에 있는 반쪽 반응을 환원한다.

를 갖는 물질로 흐르며 전체 전지 전위($\Delta E^{\circ\prime}$)는 양성이 된다. $\Delta E^{\circ\prime}$과 $\Delta G^{\circ\prime}$ 사이의 관계는 다음과 같다.

$$\Delta G^{\circ\prime} = -nF\Delta E^{\circ\prime}$$

$\Delta G^{\circ\prime}$ = pH 7에서의 표준 자유 에너지
n = 이동하는 전자의 수
F = 패러데이 상수(Faraday constant, 96,485 J/V·mol)
$\Delta E^{\circ\prime}$ = 표준 상태에서 전자 주개와 전자 받개 사이의 환원 전위차

생물은 산화-환원 보조효소를 고에너지 전자 운반체로 사용한다. 가장 대표적인 예를 다음에 설명할 것이다.

산화-환원 보조효소

비타민 분자인 니코틴산(nicotinic acid)과 리보플라빈(riboflavin)의 보조효소(coenzyme) 형태는 전자 운반체이다. 그 구조와 기능은 다음과 같다.

니코틴산 니코틴산(nicotinic acid)의 두 보조효소형으로서 **NAD**(nicotinamide adenine dinudeotide)와 **NADP**(nicotinamide adenine dinucleotide phosphate)가 있다. NAD^+와 $NADP^+$는 산화형이고, NADH와 NADPH는 각각의 환원형이다. NAD^+와 $NADP^+$의 구조는 파이로인산기로 연결된 아데노신(adenosine)과 니코틴아마이드(nicotinamide)의 *N*-리보실 유도체(*N*-ribosyl derivative)로 구성된다(**그림 9.5a**). $NADP^+$는 아데노신의 2′ OH기에 결합된 또 하나의 인산을 갖는다. (뉴클레오타이드에서 당의 고리 원자들을 염기의 원자들과 구별하기 위해 프라임을 붙인다.) NAD^+와 $NADP^+$는 탈수소효소의 보조효소로서 전자를 운반한다. (탈수소효소는 수소화 이온 전달 반응을 촉매한다. 에너지 생산에 관련된 많은 탈수소효소들은 보조효소 NADH를 사용한다. NADPH를 사용하는 효소들은 보통 생합성 반응을 촉매한다. 소수의 탈수소효소는 NADH 또는 NADPH를 이용할 수 있다.)

알코올 탈수소효소(alcohol dehydrogenase)는 에탄올을 가역적으로 산화하여 아세트 알데하이드를 형성하는 반응을 촉매한다.

이 반응에서 NAD^+는 산화하는 기질 에탄올로부터 수소화 이온을 얻는 동안, 생성물은 양성자를 잃고 아세트알데하이드를 형성한다. **그림 9.5b**는 NAD^+의 가역적 환원을 보여 준다.

탈수소효소에 의해 촉매되는 대부분의 반응에서 NAD^+(또는 $NADP^+$)는 효소에 일시적으로 결합한다. 보조효소의 환원형은 효소로부터 방출된 후 NADH보다 더 양성의 환원 전위를 가진 *전자 받개*(electron acceptor)에게 수소화 이온을 준다.

리보플라빈 리보플라빈(riboflavin, 비타민 B_2)은 보조효소 **FMN**(flavin mononucleotide)과 **FAD**(flavin adenine dinucleotide)의 구성 성분이다(**그림 9.6**). FMN과 FAD는 **플라보단백질**(flavoprotein)의 보결원자단(prosthetic group)으로서 작용한다. 플라보단백질은 탈수소효소(dehydrogenase), 산화효소(oxidase), 하이드록시화효소(hydroxylase)로 작용한다. 산화-환원 반응을 촉매하는 이 효소들은

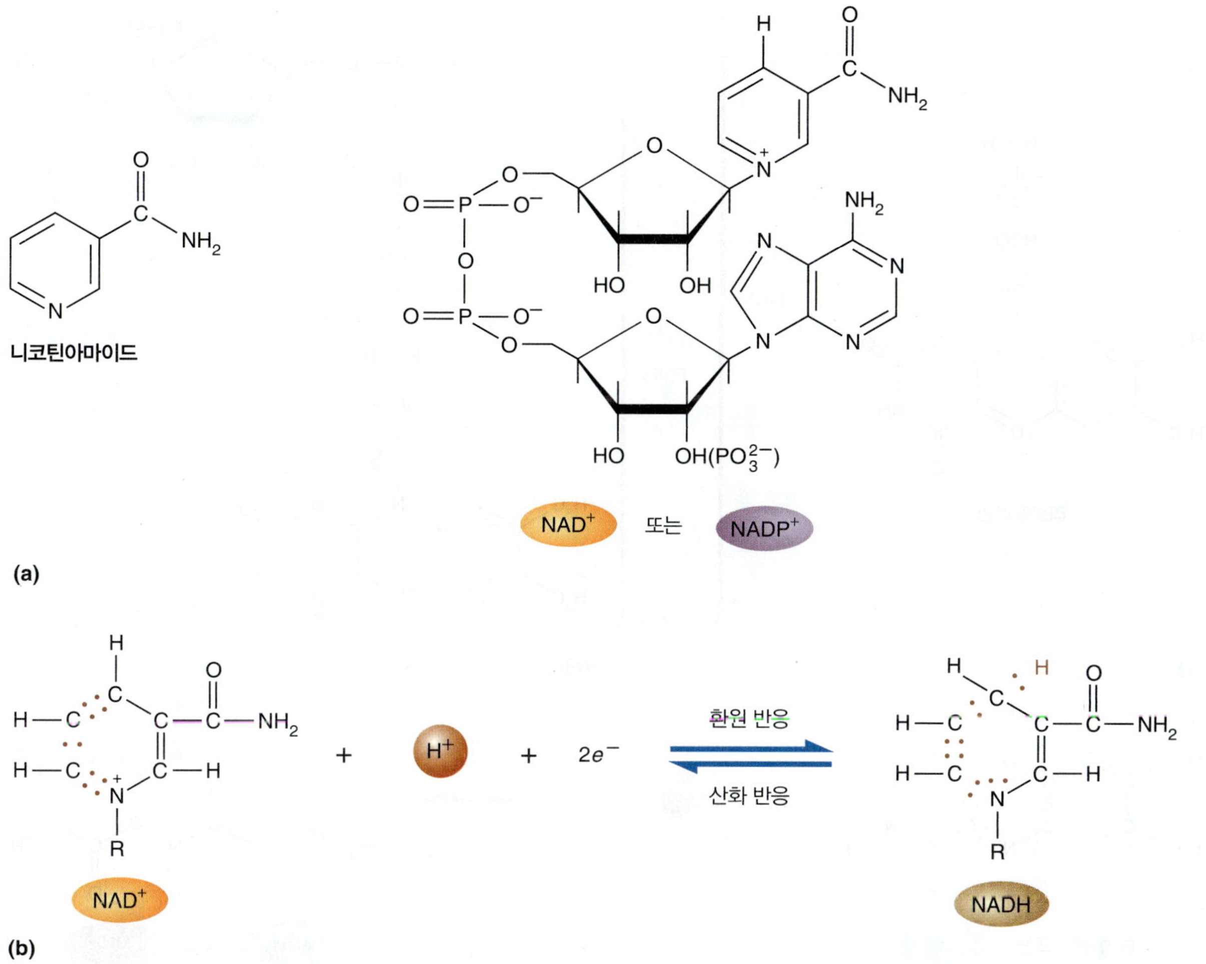

그림 9.5

니코틴아마이드 아데닌 다이뉴클레오타이드(NAD).

(a) 니코틴아마이드와 NAD(P)$^+$. (b) NAD$^+$의 NADH로의 가역적 환원 반응. 반응식을 간소화하기 위해 니코틴아마이드 고리만 나타내고 분자의 나머지 부분은 R로 나타냈다.

FMN 또는 FAD의 아이소알록사진 고리(isoalloxazine ring)를 두 수소 원자의 주개 또는 받개로서 사용한다. FMN은 한 번에 1개의 수소 원자를 전달할 수 있기 때문에 미토콘드리아 기질(matrix)에서 2개의 전자 전달 반응과 전자 전달 사슬에서 1개의 전자 전달 반응 사이의 연결고리에서 주요한 역할을 한다. 플라보단백질의 대표적인 예로서 석신산 탈수소효소(succinate dehydrogenase)가 있다. 이 효소는 석신산을 퓨마르산으로 산화하는데, 이 반응은 시트르산 회로에서 중요하다.

문제 9.1

표 9.1을 사용하여 다음 중 어떤 반응이 적혀진 대로 진행될지를 결정하라.

$CH_3CH_2OH + 2\ \text{cyt b}\ (Fe^{3+}) \rightarrow CH_3CHO + 2\ \text{cyt b}\ (Fe^{2+}) + 2H^+$

$NO_2^- + H_2O + 2\ \text{cyt b}\ (Fe^{3+}) \rightarrow 2\ \text{cyt b}\ (Fe^{2+}) + NO_3^- + 2H^+$

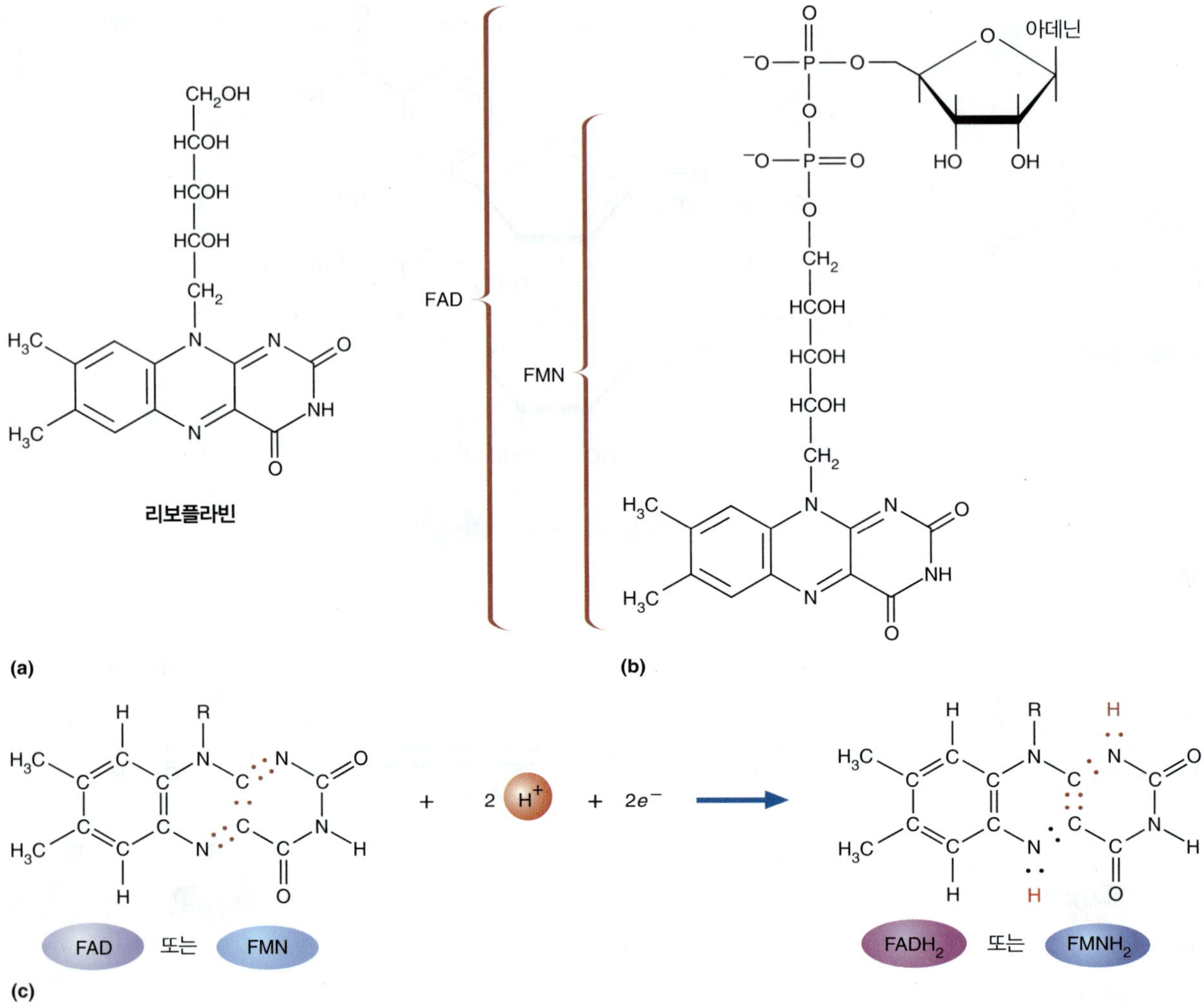

그림 9.6

플라빈 보조효소.

(a) 비타민 리보플라빈. (b) FAD와 FMN의 구조. (c) 플라빈 보조효소의 가역적 환원. 반응식을 간소화하기 위해 아이소알록사진 고리만을 나타내고 보조효소의 나머지 부분은 R로 나타냈다.

문제 9.2

다음 중 어떤 반응이 산화-환원 반응인가? 각 산화-환원 반응에 대하여 산화제와 환원제를 표시하라.

1. 글루코스 + ATP → 글루코스-1-인산 + ADP
2. 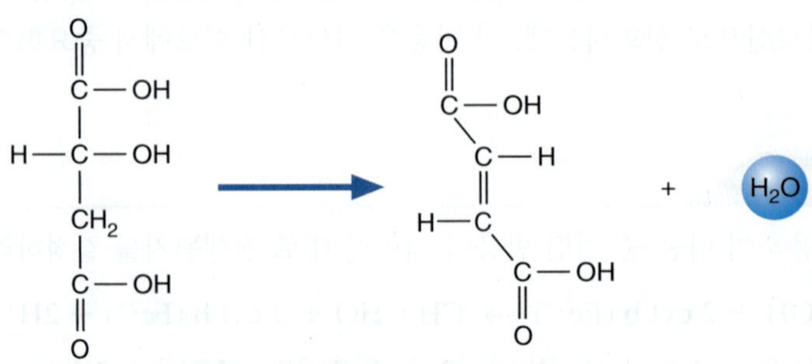
3. 락트산+ NAD^+ → 피루브산 + NADH + H^+
4. $NO_2^- + 8H^+ + 6\ \text{cyt b}\ (Fe^{2+}) \rightarrow NH_4^+ + 2H_2O + 6\ \text{cyt b}\ (Fe^{3+})$
5. $CH_3CHO + NADH + H^+ \rightarrow CH_3CH_2OH + NAD^+$

예제 9.1

다음 반쪽 전지 전위를 사용하여 (a) 전체 전지 전위와 (b) $\Delta G°'$을 계산하라.

석신산 + $^1/_2$ O_2 → 퓨마르산 + H_2O

반쪽 반응들은 다음과 같다.

석신산 + 퓨마르산 + $2H^+$ + $2e^-$ ($E°' = -0.031$ V)

$^1/_2$ O_2 + $2H^+$ + $2e^-$ → H_2O ($E°' = +0.82$ V)

풀이

퓨마르산 반응을 산화로 적고(낮은 환원 전위), 두 반쪽 반응에서 전달되는 전자 수가 다를 경우 균형을 맞춘다. 두 반응을 합하여 알짜 반응을 얻는다.

석신산 + $^1/_2$ O_2 → 퓨마르산 + H_2O

a. 전체 전위는 다음에 의해 결정된다.

$\Delta E°' = E°'$(전자 받개) − $E°'$(전자 주개)

$\Delta E°' = (+0.82 \text{ V}) - (-0.031 \text{ V})$

$\Delta E°' = +0.85 \text{ V}$

b. 다음 식을 사용하여 $\Delta G°'$을 정한다.

$$\begin{aligned}\Delta G°' &= -nF\Delta E°' \\ &= -(2)(96.5 \text{ kJ/V·mol})(0.85 \text{ V}) \\ &= -164.05 \text{ kJ/mol} \\ &= -164 \text{ kJ/mol}\end{aligned}$$

문제 9.3

생명 과정에 있어 산화-환원 반응이 큰 역할을 하기에 생화학자들은 분자 내 원자의 산화 상태를 확인해야 한다. 산화 상태를 확인하는 한 가지 방법으로는 탄소 원자에 결합된 원자단에 따라 숫자를 지정하는 것이 있다. 예를 들어 수소와의 결합은 −1의 값을 갖는다. 다른 탄소와의 결합은 0의 값을 갖고, 산소나 질소 등의 전기음성도가 큰 원자와의 결합은 +1의 값을 갖는다. 분자 속 하나의 탄소 원자의 값은 −4(예, CH_4)에서 +4(예, CO_2)까지 다양하다. 메테인은 고에너지 분자이고, 이산화 탄소는 저에너지 분자라는 것을 기억하라. 탄소가 산화 상태를 −4에서 +4로 바꿀 때, 커다란 양의 에너지가 분출된다. 따라서 이 과정은 발열성이 상당히 크다.

간에서 에탄올은 일련의 산화-환원 과정을 거치며 분해된다. 다음의 반응 순서에서 해당 탄소의 산화 상태를 확인하라.

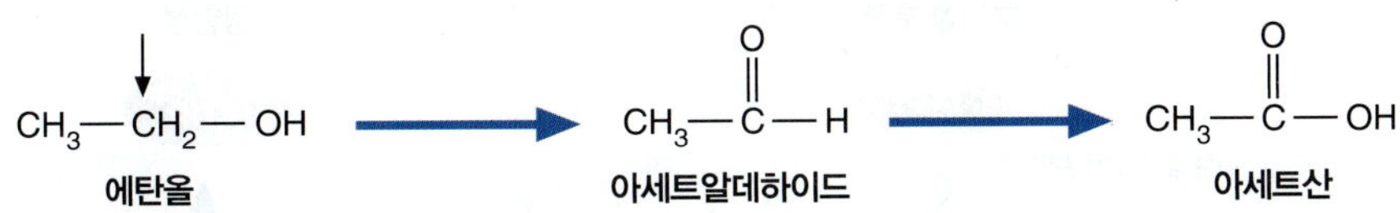

문제 9.4

광합성 작용을 통해 생체 분자에 포함될 때 CO_2는 산화되는가 아니면 환원되는가?

호기성 대사

호기성 세포의 자유 에너지의 대부분은 미토콘드리아 전자 전달 사슬(ETC)에 의해 포획된다. 이 과정에서 전자는 더 음성인 환원 전위를 갖고 있는 산화-환원쌍($NADH/NAD^+$)으로부터 더 양성인 환원 전위를 갖고 있는 산화-환원쌍으로 전달된다. 이 전달 과정에서 마지막 구성물질은 $H_2O/{}^1\!/_2O_2$ 쌍이다.

$$\tfrac{1}{2}O_2 + NADH + H^+ \rightarrow H_2O + NAD^+$$

표준 상태에서 한 쌍의 전자가 NADH로부터 O_2로 전달될 때 방출되는 자유 에너지는 다음과 같다.

$$\begin{aligned}\Delta G^{\circ\prime} &= -nF\Delta E^{\circ\prime}\\ &= -2(96.5\ \text{kJ/V}\cdot\text{mol})[0.815 - (-0.32)]\\ &= -220\ \text{kJ/mol}\end{aligned}$$

전자가 전자 전달 사슬에서 NADH로부터 O_2로 이동할 때 발생하는 많은 양의 자유 에너지는 ATP를 합성하는 데 사용된다.

여러 대사 과정에서 전자는 더 양성인 환원 전위를 갖고 있는 산화-환원쌍으로부터 더 음성인 환원 전위를 갖고 있는 산화-환원쌍으로 이동한다. 물론 에너지가 필요하다. 이와 같은 현상의 가장 좋은 예가 광합성이다(13장). 광합성 생물은 빛에너지를 이용하여 물 같은 전자 주개로부터 전자를 더 음성인 환원 전위를 갖는 전자 받개에 전달한다(**그림 9.7**). 에너지를 받은 전자는 결국 더 양성인 환원 전위를 갖고 있는 받개로 이동하여 ATP 합성과 CO_2 환원을 위해 필요한 에너지를 공급하여 탄수화물을 형성한다.

9.2절에서 시트르산 회로에 관하여 다룬다. 호기성 대사의 첫 번째 단계인 이 과정에서 글루코스, 지방산, 일부 아미노산으로부터 얻어진 2-탄소 조각의 산화에 의해 방출되는 에너지는 환원된 보조효소인 NADH와 $FADH_2$로 포획되어 운반된다.

주요 개념 _Key Concepts

- 생물에서 에너지 포획과 에너지 방출 과정은 주로 산화-환원 반응에 의해 일어난다.
- 산화-환원 반응에서 전자는 전자 주개와 전자 받개 사이에서 이동한다.
- 많은 반응에서 전자와 양성자가 모두 전달된다.
- 생물계에서 대부분의 산화-환원 반응은 수소화 이온 전달($NADH/NAD^+$) 또는 수소 원자 전달($FADH_2/FAD$)을 포함한다.

9.2 시트르산 회로

시트르산 회로(**그림 9.8**)는 호기성 생물이 아세틸-CoA에서 2개의 탄소 원자를 함유한 아세틸기 속에 저장된 화학 에너지를 방출하기 위해 사용하는 일련의 생화학 반응이다. 아세틸-CoA는 탄수화물, 지질, 아미노산 분해를 통해 유래한 아세틸기(acetyl group)로 구성되는데 아실 운반체(acyl carrier)인 **보조효소 A**(coenzyme

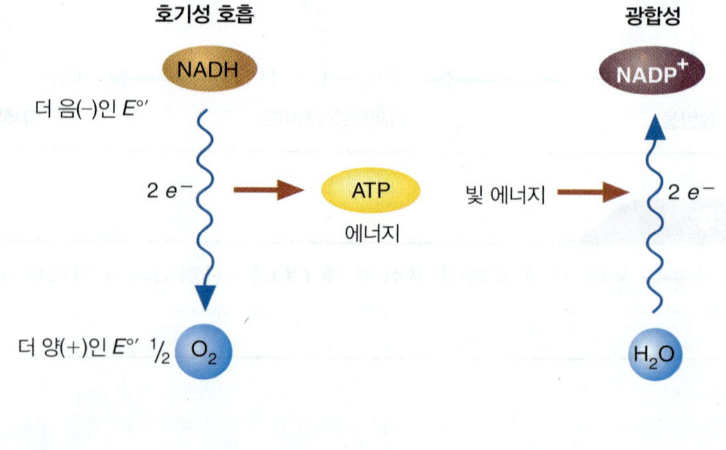

그림 9.7
전자 흐름과 에너지.
전자 흐름은 호기성 호흡에서 에너지를 발생시키거나 포획하는 데 사용된다. 에너지는 또한 광합성에서 전자 흐름을 일어나도록 한다. 광합성에서 당과 다른 생체 분자의 화학 결합으로 보존된 에너지는 호기성 호흡에서 방출되어 ATP 합성에 사용된다.

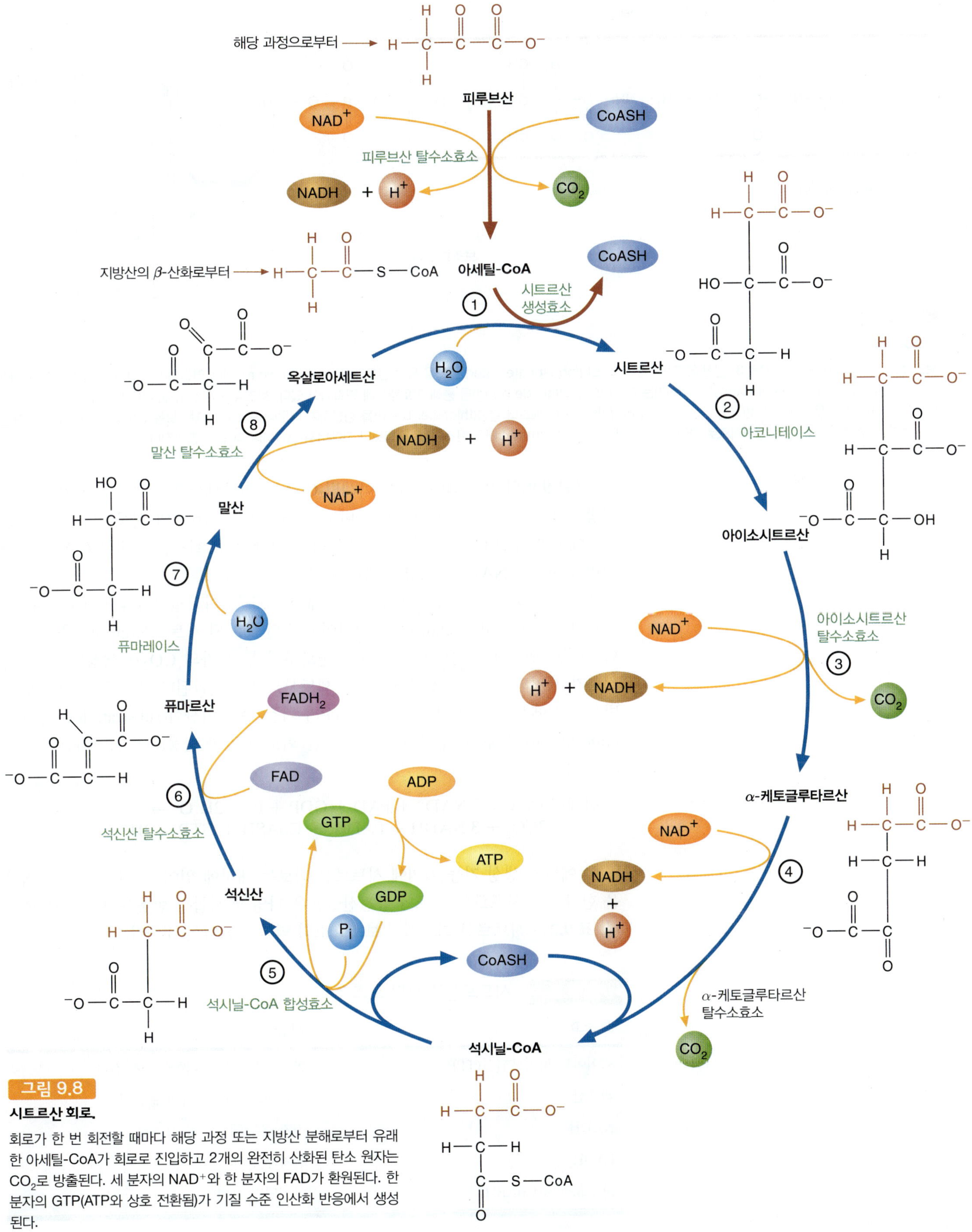

그림 9.8

시트르산 회로.

회로가 한 번 회전할 때마다 해당 과정 또는 지방산 분해로부터 유래한 아세틸-CoA가 회로로 진입하고 2개의 완전히 산화된 탄소 원자는 CO_2로 방출된다. 세 분자의 NAD^+와 한 분자의 FAD가 환원된다. 한 분자의 GTP(ATP와 상호 전환됨)가 기질 수준 인산화 반응에서 생성된다.

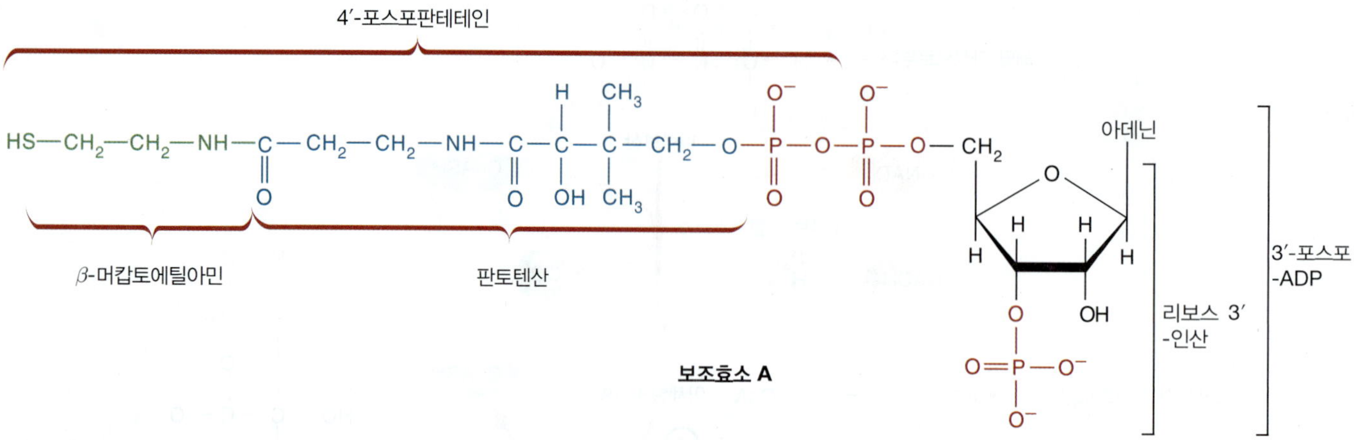

그림 9.9

보조효소 A 구조.

보조효소 A(CoASH)에서 ADP의 3′ 인산 유도체가 인산 에스터(phosphate ester) 결합을 통해 판토텐산(pantothenic acid)에 연결되어 있다. 보조효소 A(CoASH)의 β-머캅토에틸아민(β-mercaptoethylamine)기는 아마이드 결합(amide bond)을 통해 판토텐산에 연결되어 있다. 보조효소 A는 아세틸기로부터 긴 사슬의 지방산에 이르는 아실기의 운반체이다. 반응성 있는 SH기가 아실기와 싸이오에스터 결합(thioester bond)을 형성하기 때문에 보조효소 A는 보통 CoASH로 나타낸다. 황은 산소보다 더 좋은 이탈기이다. 결과적으로 싸이오에스터의 탄소-황 결합이 에스터의 탄소-산소 결합보다 고에너지 결합이며 더 쉽게 끊어진다.

A, **그림 9.9**)와 연결되어 있다. 아세틸-CoA는 피루브산으로부터 합성되며, 또한 지방산 분해(11장)의 산물이고, 아미노산 대사(15장 참조)의 산물이다. 시트르산 회로에서 아세틸-CoA의 아세틸기로부터 유래한 탄소 원자들은 결국 CO_2로 산화되며 전자들은 NAD^+와 FAD에 전달된다.

시트르산 회로의 첫 번째 반응에서 2개 탄소로 된 아세틸기가 4개 탄소로 된 옥살로아세트산(oxaloacetate)과 축합하여 6개 탄소로 된 시트르산(citrate)을 생성한다. 연속적인 7개 반응에서 탄소 화합물로부터 두 분자의 CO_2가 생성되고 4쌍의 전자가 제거되며 시트르산은 옥살로아세트산으로 재전환된다. 시트르산 회로의 한 반응 단계에서 높은 에너지 분자인 GTP가 기질-수준 인산화(substrate-level phosphorylation) 반응 중 생성된다. 시트르산 회로의 알짜 반응(net reaction)은 다음과 같다.

$$\text{아세틸-CoA} + 3\,NAD^+ + FAD + GDP + P_i + 2H_2O \rightarrow$$
$$2CO_2 + 3\,NADH + FADH_2 + CoASH + GTP + 2H^+$$

이 에너지 생성 기능 이외에 시트르산 회로는 대사에 있어 또 다른 중요한 역할을 한다. 즉, 시트르산 회로의 중간산물들은 다양한 생합성 반응에서 기질로 쓰인다. **표 9.2**는 시트르산 회로에서 보조효소의 역할을 요약한 것이다.

표 9.2 시트르산 회로의 보조효소

보조효소	기능
싸이아민 파이로인산(TPP)	탈카복실화와 알데하이드기 전달
리포산	수소 또는 아세틸기의 운반체
NADH	전자 운반체
$FADH_2$	전자 운반체
보조효소 A(CoASH)	아세틸기 운반체

피루브산의 아세틸-CoA로의 전환

미토콘드리아 기질로 수송된 피루브산(pyruvate)은 피루브산 탈수소효소 복합체(pyruvate dehydrogenase complex, PDHC)에 의하여 촉매되는 일련의 반응을 통해 아세틸-CoA로 전환된다. 산화적 탈카복실화(oxidative decarboxylation) 반응은 다음과 같다.

$$\text{피루브산} + NAD^+ + CoASH \rightarrow \text{아세틸-CoA} + NADH + CO_2 + H^+$$

이 큰 자유 에너지 감소 반응($\Delta G^{\circ\prime} = -33.5$ kJ/mol)은 단순해 보이지만 그 메커니즘은 매우 복잡하다. 피루브산 탈수소효소 복합체는 피루브산 탈수소효소(pyruvate dehydrogenase, E_1), 다이하이드로리포일 아세틸기 전달효소(dihydrolipoyl transacetylase, E_2), 다이하이드로리포일 탈수소효소(dihydrolipoyl dehydrogenase, E_3) 등의 세 가지 효소로 구성된 거대한 다중효소(multienzyme) 구조이다. **표 9.3**은 대장균 피루브산 탈수소효소 복합체를 구성하는 각 효소의 복사물 수와 필요한 보조효소를 요약한 것이다.

첫 단계에서 피루브산 탈수소효소는 피루브산의 탈카복실화 반응을 촉매한다(**그림 9.10**). 효소의 염기성 잔기가 **싸이아민 파이로인산**(thiamine pyrophosphate, TPP)의 싸이아졸 고리(thiazole ring)로부터 양성자를 제거하면 친핵체가 생긴다. (TPP는 비타민 B_1인 싸이아민의 보조효소형이다.) 중간물질인 하이드록시에틸-TPP(hydroxyethyl-TPP, HETPP)는 친핵성 싸이아졸 고리가 피루브산의 카보닐기(carbonyl group)를 공격할 때 형성된다. 이때 CO_2가 떨어져 나온다.

다음의 여러 반응 단계에서 하이드록시에틸-TPP의 하이드록시에틸(hydroxyethyl)기는 다이하이드로리포일 아세틸기 전달효소(E_2)에 의해 아세틸-CoA로 전환된다. 가역적으로 산화될 수 있는 2개의 싸이올기(thiol group)를 갖고 있는 아실기 전달 보조효소(acyl transfer coenzyme)인 **리포산**(lipoic acid, **그림 9.11**)은 이 전환 반응에서 중요한 역할을 한다. 리포산은 효소의 라이신(lysine) 잔기의 ε-아미노기와 아마이드 결합으로 효소에 연결되어있다. 리포아마이드는 HETPP와 반응하여 아세틸 리포아마이드와 자유 TPP(free TPP)를 형성한다. 그 다음에 아세틸기는 보조효소 A의 SH기로 이동한다. 이어서 환원된 리포아마이드는 다이하이드로리포일 탈수소효소(E_3)에 의해 재산화된다. $FADH_2$ 생성물은 NAD^+(더 음성인 환원 전위를 갖고 있는)에 의해 재산화되어 환원된 리포아마이드 잔기를 산화시키는 데 필요한 FAD가 된다. 이동성 NADH는 그 전자들을 전자 전달 사슬(ETC)에 전달하고 효소에서 다른 NAD^+ 분자에 의해 대체되어 회로가 다시 시작할 수 있다.

주요 개념 _Key Concepts

피루브산은 피루브산 탈수소효소 복합체의 세 효소에 의해 아세틸-CoA로 전환된다. 이 반응에 필요한 보조효소는 TPP, FAD, NAD^+, 보조효소 A와 리포산이다.

표 9.3 대장균의 피루브산 탈수소효소 복합체

효소 활성	기능	복합체당 복사물 수*	보조효소
피루브산 탈수소효소(E_1)	피루브산 탈카복실화	24 (20~30)	TPP
다이하이드로리포일 아세틸기 전달효소(E_2)	아세틸기를 CoASH에 전달하는 데 촉매작용	24 (60)	리포산, CoASH
다이하이드로리포일 탈수소효소(E_3)	다이하이드로리포아마이드를 재산화	12 (20~30)	NAD^+, FAD

* 포유류의 피루브산 탈수소효소에서 나타난 각 효소 활성의 분자수를 괄호 안에 표시함.

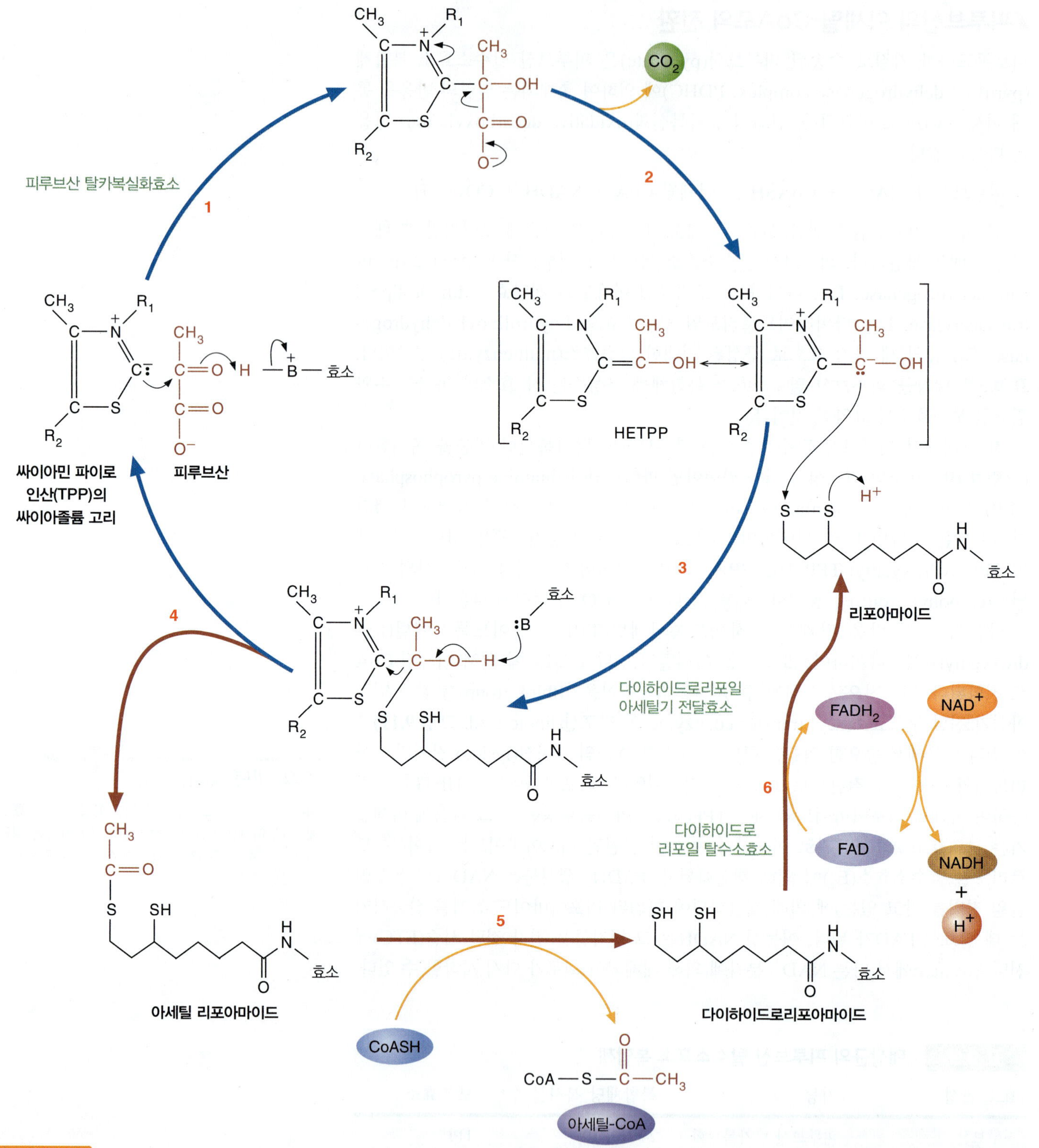

그림 9.10

피루브산 탈수소효소 복합체에 의해 촉매되는 반응.

TPP를 포함하는 피루브산 탈카복실화효소는 하이드록시에틸-TPP 형성을 촉매한다. (1) TPP가 피루브산을 공격하여 반응성 중간물질을 형성하고, (2) 이 중간물질이 탈카복실화되어 하이드록시에틸-TPP를 생성한다. 다이하이드로리포일 아세틸기 전달효소는 리포산을 보조 인자로 사용하여 하이드록시에틸-TPP의 하이드록시에틸기를 아세틸-CoA로 전환한다. 단계 (3)에서 공명-안정화된 탄소음이온(carbanion)은 다이하이드로 리포일 아세틸기 전달효소의 산화된 리포아마이드를 공격한다. (4) 이 효소가 하이드록시에틸기를 아세틸기로 전환시킨다. 아세틸기는 리포아마이드에 싸이오에스터 결합으로 연결되어 있다. (5) CoASH가 아세틸기의 카보닐 탄소를 친핵성 공격하여 아세틸-CoA와 다이하이드로리포아마이드가 생성된다. 단계 (6)에서 다이하이드로리포일기 탈수소효소는 환원된 리포아마이드를 재산화한다. $FADH_2$가 수소화 이온을 NAD^+에 주고 FAD가 재생성된다. (리포아마이드 구조는 **그림 9.11** 참조.)

피루브산 탈수소효소 복합체는 해당 과정을 시트르산 회로에 연결시킴으로써 에너지 대사에서 중심적인 역할을 하기 때문에 엄중하게 조절된다. 그 활성은 주로 다른자리 입체성 효과물질(allosteric effector)와 공유 결합 변형(covalent modification)에 의해 조절된다. 효소 복합체는 NAD^+, CoASH, AMP에 의해 다른자리 입체적(allosterically)으로 활성화된다. 이 효소 복합체는 고농도의 ATP와 반응생성물인 아세틸-CoA와 NADH에 의해 억제된다. 포유동물에서 아세틸-CoA와 NADH는 활성형 피루브산 탈수소효소 복합체를 비활성 인산화형으로 전환시키는 카이네이스(kinase)도 활성화한다. 고농도의 기질 피루브산, CoASH와 NAD^+는 카이네이스 활성을 억제한다. 피루브산 탈수소효소 복합체는 인단백질 인산 가수분해효소(phosphoprotein phosphatase)인 피루브산 탈수소효소 인산 가수분해효소(pyruvate dehydrogenase phosphatase, PDP)에 의하여 촉매되는 탈인산화 반응(dephosphorylation)에 의해 재활성화된다. PDP는 미토콘드리아 ATP 농도가 낮을 때 활성화되며 Ca^{2+}와 인슐린에 의해서도 활성화된다.

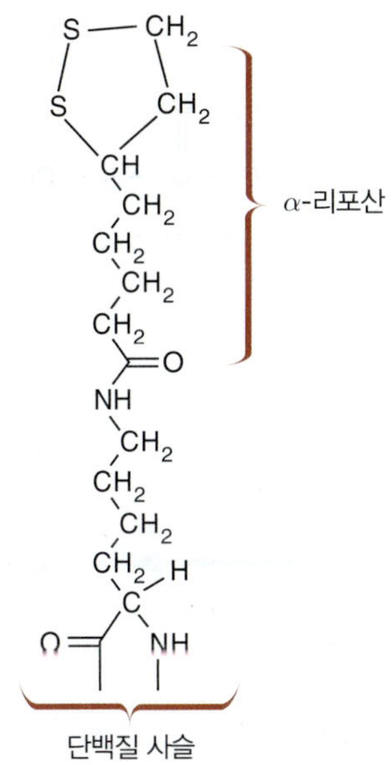

그림 9.11
리포아마이드(lipoamide).
리포산은 효소의 라이신 잔기의 ε-아미노기와 아마이드 결합으로 공유 결합되어 있다.

시트르산 회로의 반응

시트르산 회로는 두 단계로 일어나는 8개의 반응으로 되어 있다.

1. 아세틸-CoA의 2-탄소 아세틸기는 4-탄소 화합물인 옥살로아세트산(OAA)과 반응하면서 시트르산 회로로 진입하여 두 분자의 CO_2가 방출된다(반응 1~4).
2. 또 다른 아세틸-CoA와 반응할 수 있도록 OAA가 재생된다(반응 5~8).

이 반응을 촉매하는 효소들은 비공유 결합성 상호작용(noncovalent interaction)으로 연합되어 다중효소복합체(multienzyme complex)인 내사복합체(metabolon)를 형성하여 각 반응의 생성물이 다음 효소에 전해지는 효율적인 통로가 된다.

시트르산 회로의 반응은 다음과 같다.

1. **아세틸-CoA로서 2개의 탄소를 도입한다.** 시트르산 회로는 아세틸-CoA와 옥살로아세트산의 축합 반응으로 시트르산을 형성하며 시작한다.

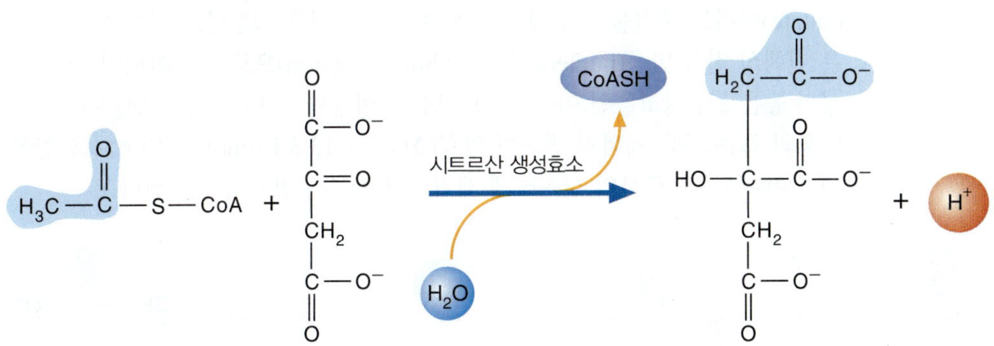

이 반응은 알돌 축합 반응(aldol condensation)이며, 시트르산 생성효소(citrate synthase)는 아세틸-CoA의 메틸기로부터 양성자를 제거하여 엔올(enol)로 만든다(**그림 9.12**). 이어서 엔올은 옥살로아세트산의 카보닐 탄소(carbonyl carbon)를 공격한다. 그 생성물인 시트로일-CoA(citroyl-CoA)는 빠르게 가수분해되어 시트르산과 CoASH를 형성한다. 고에너지 싸이오에스터 결합(high-energy thioester bond)의 가수분해 때문에 전체 표준 자유 에

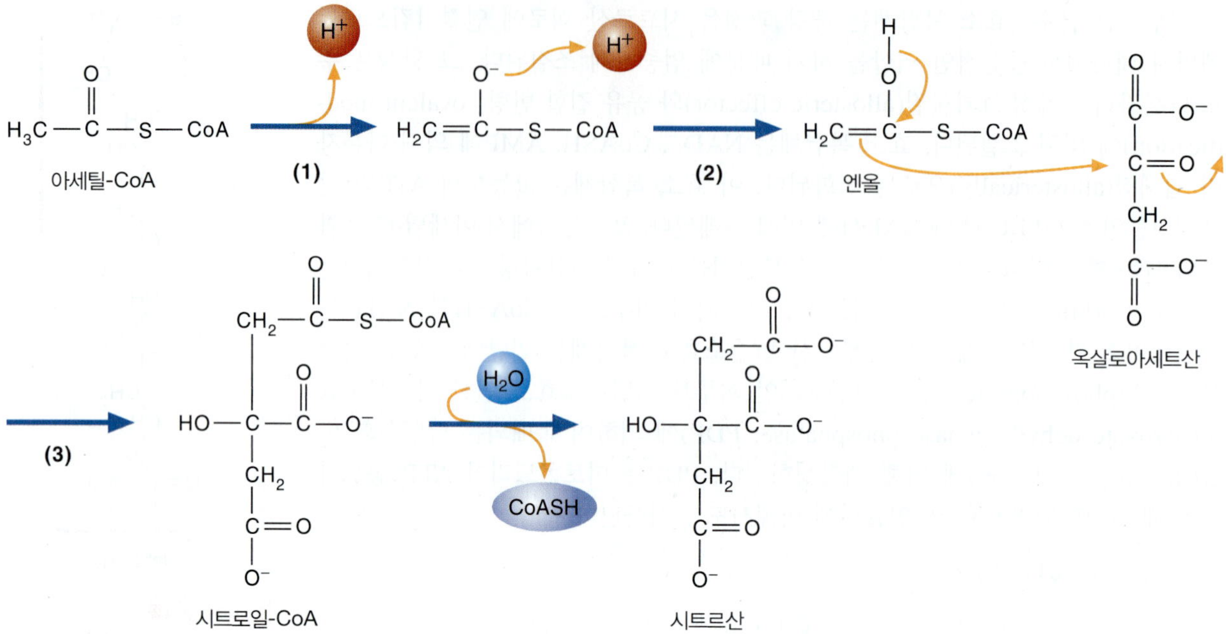

그림 9.12
시트르산 합성.

(1) 시트르산 생성효소의 곁사슬 카복실기는 아세틸-CoA의 메틸기로부터 양성자를 제거한다. (2) 동시에 히스티딘 잔기의 곁사슬 NH기는 양성자를 카보닐 산소에 줌으로써 엔올 중간물질을 생성한다. (3) 그 다음에 동일한 히스티딘 곁사슬이 엔올로부터 양성자를 떼어내어 옥살로아세트산의 카보닐 탄소를 공격하는 엔올 음이온을 생성한다. (4) 그 결과 형성된 시트로일-CoA는 친핵성 아실 치환 반응에서 가수분해되어 시트르산과 CoASH를 생산한다.

너지 변화는 −33.5 kJ/mol이며, 따라서 시트르산 형성은 커다란 자유 에너지 감소 반응(exergonic reaction)이다.

2. **시트르산은 이성질화하여 쉽게 산화될 수 있는 2차 알코올을 형성한다.** 다음 반응에서 3차 알코올을 포함하는 시트르산은 아코니테이스(aconitase) 촉매 작용에 의해 아이소시트르산(isocitrate)으로 가역적으로 전환된다. 이 이성질화(isomerization)반응이 일어나는 동안 탈수에 의해 *시스*-아코니트산(*cis*-aconitate)이라는 중간물질이 형성된다. *시스*-아코니트산의 탄소-탄소 이중 결합은 친핵성 첨가 반응(nucleophilic addition reaction)으로 재수화되어 더 반응성이 높은 2차 알코올인 아이소시트르산을 형성한다. 비록 시트르산 이성질화 반응의 표준 자유 에너지 변화가 양성($\Delta G^{\circ\prime}$ = **13.3** kJ/mol)이지만 다음 반응에서 아이소시트르산의 신속하게 제거되어 반응은 앞으로 진행된다.

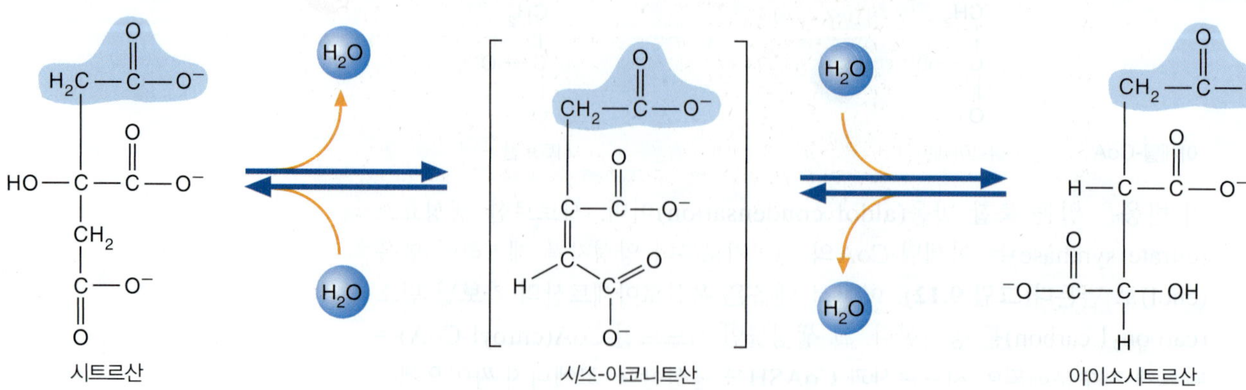

3. **아이소시트르산은 산화하여 NADH와 CO_2를 형성한다.** 아이소시트르산 탈수소효소(isocitrate dehydrogenase)에 의해 촉매되는 아이소시트르산의 산화적 탈카복실화(oxidative decarboxylation) 반응은 세 단계로 일어난다. 첫째, 아이소시트르산은 산화되어 일시적으로 케톤기를 포함하는 중간물질인 옥살로석신산(oxalosuccinate)이 된다. 이 과정에서 망가니즈(Mn^{2+}) 보조 인자는 새로이 형성된 케톤기의 편극화(polarization)를 촉진한다. 그리고 옥살로석신산의 즉각적인 탈카복실화반응은 엔올 중간물질을 형성하고 이 중간물질은 재배열하여 α-케토산인 α-케토글루타르산(α-ketoglutarate)을 형성한다. 포유류에는 세 종류의 아이소시트르산 탈수소효소가 있다. 그 하나는 미토콘드리아에서만 발견되는 NAD^+-요구형 동질효소(NAD^+-requiring isoenzyme, IDH3)이고, 다른 동질효소들은 세포질(IDH1)과 미토콘드리아 기질(IDH2)에서 발견되며 $NADP^+$-요구형 동질효소($NADP^+$-requiring isoenzyme)이다. NADPH는 생합성 과정에 필요하다. 아이소시트르산을 α-케토글루타르산(α-ketoglutarate)으로 전환시킬 때 생성되는 NADH는 시트르산 회로와 ETC 및 산화성 인산화 반응 사이의 첫 번째 연결고리이다.

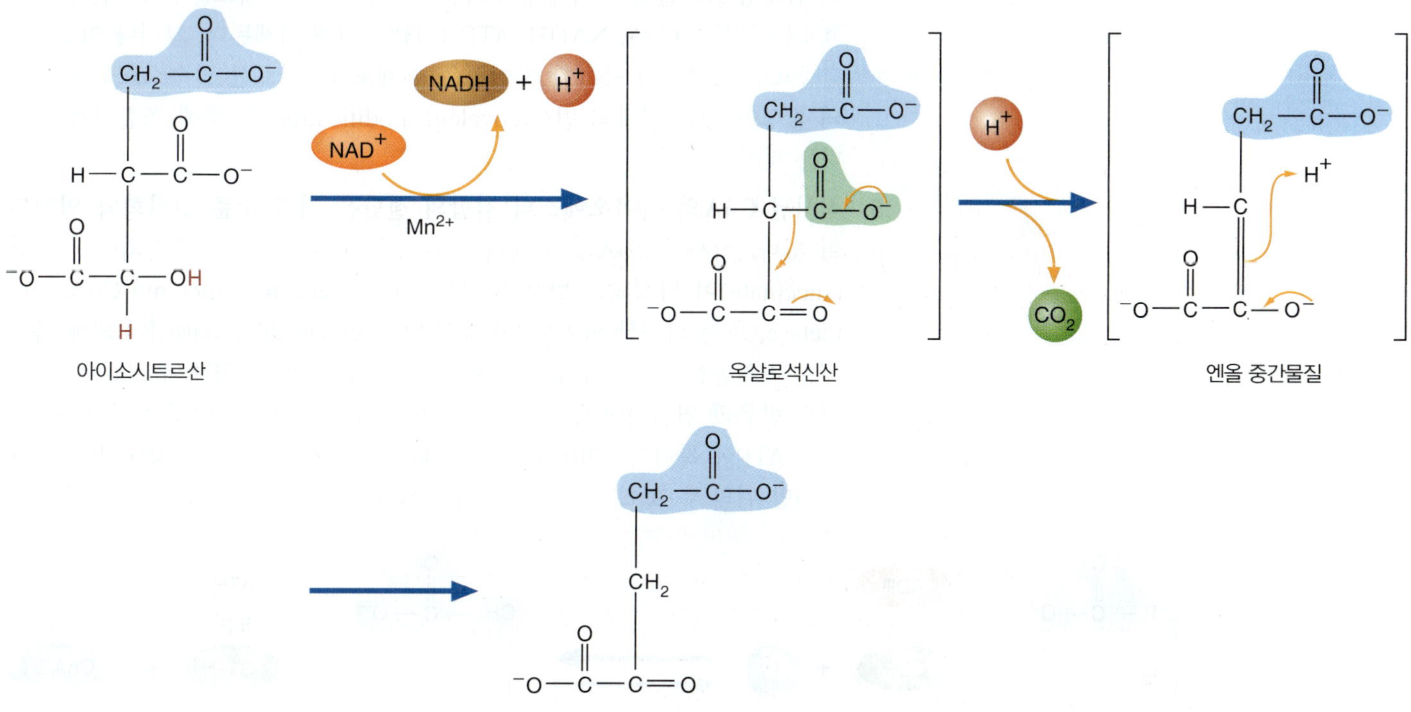

4. **α-케토글루타르산은 산화되어 NADH와 CO_2 각각의 두 번째 분자를 형성한다.** α-케토글루타르산은 α-케토글루타르산 탈수소효소 복합체(α-ketoglutarate dehydrogenase complex)에 의해 석시닐-CoA(succinyl-CoA)로 전환된다. 이 α-케토글루타르산 탈수소효소 복합체는 α-케토글루타르산 탈수소효소(α-ketoglutarate dehydrogenase), 다이하이드로리포일 석시닐기 전달효소(dihydrolipoyl transsuccinylase)와 다이하이드로리포일 탈수소효소(dihydrolipoyl dehydrogenase)로 구성된다.

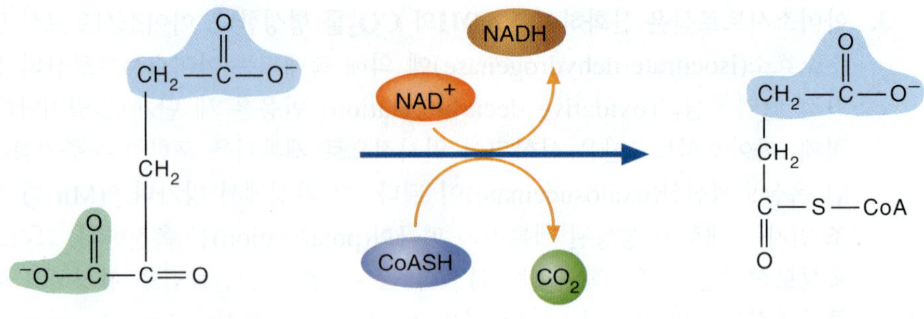

이 커다란 자유 에너지 감소 반응($\Delta G^{\circ\prime}$ = −33.5 kJ/mol)인 산화적 탈카복실화반응은 피루브산 탈수소효소에 의해 피루브산이 아세틸-CoA로 전환되는 반응과 유사하다. 2개의 반응 모두 에너지가 높은 싸이오에스터 분자, 즉 아세틸-CoA와 석시닐-CoA를 생성한다. 그리고 두 개의 다중효소 복합체(multienzyme complex) 사이의 또 다른 유사점은 동일한 보조 인자(TPP, CoASH, 리포산, NAD^+, FAD)를 필요로 하며, 동일하거나 유사한 다른자리 입체성 효과물질을 억제제로 사용하는 것이다. α-케토글루타르산 탈수소효소는 석시닐-CoA, NADH, ATP, GTP에 의해 억제된다. 그러나 이 2개의 다중효소 복합체의 중요한 차이점은 α-케토글루타르산 탈수소효소 복합체의 활성이 공유 결합적 변형(covalent modification)을 통해 조절되지 않는다는 것이다.

5. **석시닐-CoA의 싸이오에스터 결합의 절단은 기질 수준 인산화와 연계되어 있다.** 석시닐-CoA의 고에너지 싸이오에스터 결합이 절단되어 석신산(succinate)이 형성되는 반응은 석시닐 CoA 합성효소[succinyl-CoA synthetase, 또는 석신산 싸이오카이네이스(succinate thiokinase)]에 의해 촉매되는 가역반응이다. 포유류에서 이 반응은 ADP 또는 GDP의 기질 수준 인산화 반응과 연결되어 있다. 두 종류의 석시닐-CoA 합성효소가 있으며, 하나는 ATP에 특이적이며 다른 하나는 GTP에 특이적이다. 그 상대적 양은 다르지만 위의 두 효소는 많은 조직에서 생산된다.

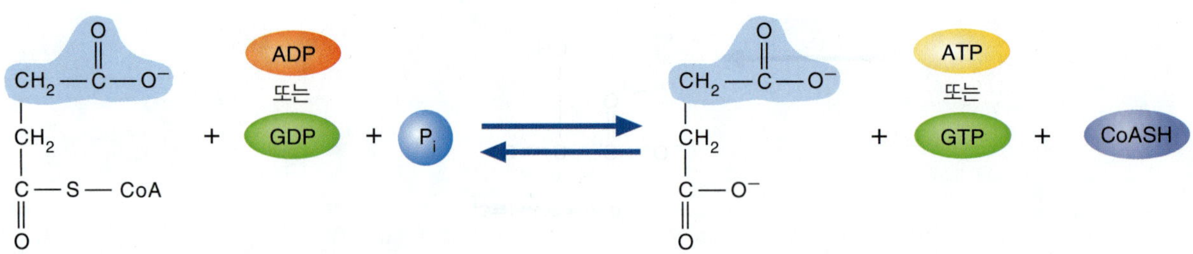

반응의 방향은 뉴클레오사이드 이인산(nucleoside diphosphate, ADP 또는 GDP)과 뉴클레오사이드 삼인산(nucleoside triphosphate, ATP 또는 GTP)의 상대적 농도에 따라 변한다. GTP는 미토콘드리아에서 RNA, DNA, 단백질 합성에 사용된다. GTP의 인산기는 뉴클레오사이드 이인산 카이네이스(nucleoside diphosphate kinase)에 의해 촉매되는 가역 반응에서 ADP로 전달된다.

6. **4-탄소 분자인 석신산은 산화되어 퓨마르산과 $FADH_2$를 형성한다.** 석신산은 석신산 탈수소효소(succinate dehydrogenase)에 의해 퓨마르산(fumarate)으로 산화된다.

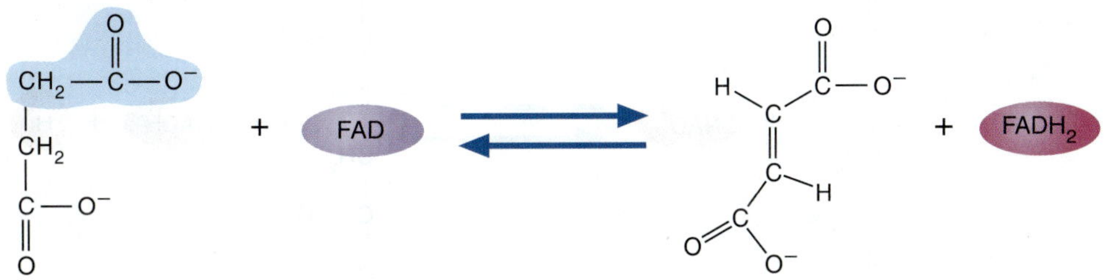

석신산 퓨마르산

효소의 활성 자리 내의 일반 염기는 C-2에서 양성자를 제거하여 C-2–C-3 이중 결합을 형성한 다음 C-3 수소화물을 FAD로 방출하여 $FADH_2$ 와 퓨마르산을 생성한다. 다른 시트르산 회로 효소와 달리 석신산 탈수소효소는 미토콘드리아 기질 내에서 발견되지 않는 대신 미토콘드리아 내막에 단단히 결합되어 있다. 알케인(alkane)의 산화는 NAD^+보다 더 강력한 산화제를 필요로 하기 때문에 석신산 탈수소효소는 석신산을 퓨마르산으로 산화하는데 FAD를 사용하는 플라보단백질이다. 석신산 탈수소효소는 4개 소단위체로 이루어져 있다. ShdA는 공유 결합된 FAD와 석신산 결합 자리를 가지고 있다. ShdB는 ETC의 성분인 보조효소 Q와 $FADH_2$ 사이의 전자 운반체로서 작용하는 세 개의 철-황 송이를 가지고 있다. ShdC와 ShdD 소단위체들은 효소복합체를 내막에 부착하는 소수성 분자이다. 석신산 산화에 대한 $\Delta G^{\circ\prime}$은 −5.6 kJ/mol이다. 석신산 탈수소효소는 고농도의 석신산, ADP와 P_i에 의해 활성화되고, 옥살로아세트산에 의해 억제된다. 이 효소는 또한 석신산의 구조적 유사체인 말론산(malonate)에 의해 억제되는데, 말론산의 축적은 에너지를 지방산 합성으로 방향을 바꾸게 한다. 이 억제제는 시트르산 회로에 관한 크레브스(Hans Krebs)의 선도적 연구에 사용되었다.

7. **퓨마르산은 수화된다.** 퓨마르산은 퓨마레이스(fumarase)[퓨마르산 수화효소(fumarate hydratase)라고도 함]의 가역적 입체특이적 수화(reversible stereospecific hydration)반응에 의해 L-말산으로 전환된다.

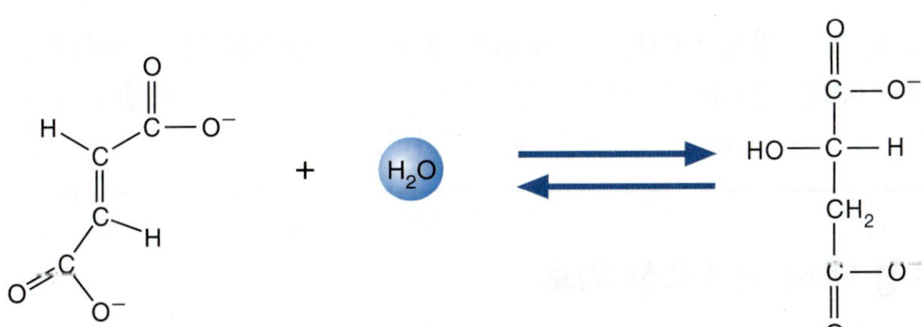

퓨마르산 L-말산

효소의 일반 염기는 물 분자를 활성화시킨 다음 이중 결합을 공격하여 C-2에서 하이드록시기를 형성하고 C-3에서 탄소 음이온을 형성한다. 그런 다음 일반 산은 탄소 음이온에 양성자화를 제공하여 L-말산을 생성한다.

8. **말산은 산화되어 옥살로아세트산과 세 번째 NADH를 형성한다.** 마지막으로 말산 탈수소효소(malate dehydrogenase)는 L-말산을 산화하여 옥살로아세트산을 재생시킨다.

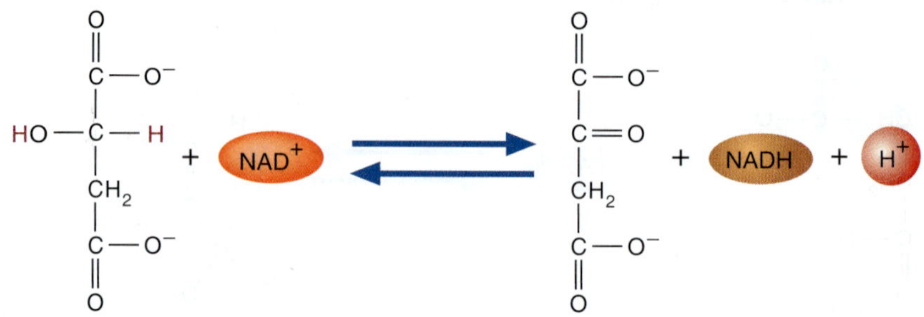

효소의 활성 자리에 있는 히스티딘 곁사슬은 L-말산의 C-2 하이드록시기에서 수소를 제거한다. 동시에 카보닐기가 생성되면서 수소화 이온이 NAD^+로 전달되어 NADH를 형성한다. 말산 탈수소효소는 NAD^+를 산화제로 사용하며 반응은 커다란 자유 에너지 증가 반응($\Delta G°' = +29$ kJ/mol)이다. 옥살로아세트산이 시트르산 회로의 다음 순환에서 제거되기 때문에 이 반응은 완결된다.

시트르산 회로에서 탄소 원자의 운명

시트르산 회로가 매번 순환할 때마다 2개의 탄소 원자가 아세틸-CoA의 아세틸기로 들어가고 두 분자의 CO_2가 방출된다. **그림 9.8**을 보면 CO_2 분자로 방출되었던 2개의 탄소 원자는 시트르산 회로에 금방 들어갔던 2개의 탄소와 같지 않음을 알 수 있다. 그 대신 방출되었던 2개의 탄소 원자는 들어오는 아세틸-CoA와 반응했던 옥살로아세트산으로부터 유래한다. 들어오는 탄소 원자는 석신산의 절반을 형성한다. 석신산의 대칭 구조 때문에 들어오는 아세틸기로부터 유래한 탄소 원자는 석신산으로부터 유래한 모든 분자 속에 균등히 분포된다. 따라서 들어오는 탄소 원자는 시트르산 회로가 2번 또는 그 이상 순환한 후 CO_2 분자로 방출된다.

주요 개념 _Key Concepts

- 시트르산 회로는 아세틸-CoA와 옥살로아세트산이 축합하여 시트르산을 형성하면서 시작되며 시트르산은 결국 옥살로아세트산으로 재전환된다.
- 이 과정에서 두 분자의 CO_2, 세 분자의 NADH, 한 분자의 $FADH_2$와 한 분자의 GTP가 생성된다.

문제 9.5

시트르산 회로 내에서 $CH_3{}^{14}C(=O)—SCoA$ 중 표지된 탄소의 이동 경로를 추적하라. **그림 9.8**을 살펴본 후, 왜 두 번의 시트르산 회로 경로를 거쳐야 표지된 탄소 분자 모두가 $^{14}CO_2$로 방출되는지 설명하라.

양쪽성 대사 시트르산 회로

양쪽성 대사 경로(amphibolic pathway)는 동화와 이화 과정에 모두 작용할 수 있다. 시트르산 회로는 아세틸기가 CO_2로 산화되고 에너지가 환원된 보조효소 분자로 보존되기 때문에 이화 과정이다. 그러나 시트르산 회로는 여러 시트르산 회로 중간물질들이 생합성 경로의 전구물질이기 때문에 또한 동화 과정이기도 하다(그림 9.13). 예를 들어 옥살로아세트산은 글루코스 신생 합성(gluconeogenesis)의 기질이며(8장) 아미노산 라이신, 트레오닌, 아이소루신과 메싸이오닌 합성의 전구물질이다(14장). 또한 α-케토글루타르산은 아미노산 합성에서 글루탐산, 글루타민, 프롤린과 아지닌의 전구물질로서 중요한 역할을 한다. 헴(heme) 같은 포피린(porphyrin) 합성은 석시닐-CoA를 필요로 한다(14장). 마지막으로 과량의 시트르산 분자들은 세포질로 운반되고 그곳에서 분해되어 옥살로아세트산과 아세틸-CoA를 형성한다. 아세틸-CoA는 콜레스테롤 같은 스테로이드(steroid) 분자와 지방산 합성에 사용된다(12장).

동화 과정은 시트르산 회로로부터 에너지 생성에 필요한 분자들을 유출시킨다. **보충 반응**(anaplerotic reaction)이라고 하는 여러 반응들이 그것을 보충한다. 가장 중요한 보충 반응 중 하나가 피루브산 카복실화효소(pyruvate carboxylase)에 의해 촉매된다. 고농도의 아세틸-CoA(불충분한 OAA 농도의 지표)가 피루브산 카복실화효소를 활성화한다. 그 결과 OAA 농도는 증가한다. 지방산으로부터 석시닐-CoA 합성(12장)과 아미노기 전달 반응을 통해 아미노산인 글루탐산과 아스파트산으로부터 각각 α-케토산인 α-케토글루타르산과 OAA가 합성되는 것(14장)도 보충 반응이다.

주요 개념 _Key Concepts

- 시트르산 회로는 양쪽성 대사 경로이다. 즉, 동화와 이화작용에 모두 관여한다.
- 동화 과정에 사용된 시트르산 회로 중간물질들은 여러 보충 반응에 의해 보충된다.

문제 9.6

피루브산 카복실화효소 결손증(pyruvate carboxylase deficiency)은 치명적인 질병으로 피루브산을 OAA로 전환하는 효소가 없거나 결함이 있는 경우 발생한다. 환자는 다양한 정도의 정신지체와 몇몇 대사 경로의 문제 증상을 보이는데, 특히 아미노산과 그 분해에 관한 대사가 관련된다. 이 질병의 가장 두드러지는 증상은 *락트산뇨증*(lactic aciduria)이다. 피루브산 카복실화효소의 기능을 살펴보고 왜 이런 증상이 발생하는지 설명하라.

피루브산 카복실화효소 결손증
Pyruvate Carboxylase Deficiency

시트르산 회로의 조절

시트르산 회로는 세포의 에너지와 생합성 요구량이 적정하게 유지되도록 정확히 조절된다(**그림 9.14**). 조절은 시트르산 회로 내 3개의 비가역적 효소, 즉 시트르산 생성효소, 아이소시트르산 탈수소효소와 α-케토글루타르산 탈수소효소의 제어에 의해 이루어진다. 이 3개의 효소들은 평형 상태로부터 벗어난 상태에서 작용하고(즉, 커다란 음성 $\Delta G°'$), 또한 중요한 대사 가지점(branch point)을 나타내는 반응을 촉매한다. 제어의 전략으로서 기질의 이용 가능성, 생성물 억제, 경쟁적 되먹임 억제(competitive feedback inhibition) 등이 있다. 기질(matrix)의 Ca^{2+} 수준 증가도 세 효소 모두를 활성화한다.

시트르산 생성효소 이 회로의 첫 효소인 시트르산 생성효소는 아세틸-CoA와 OAA로부터 시트르산 생성을 촉매한다. 미토콘드리아에서 아세틸-CoA와 OAA 농도가 효소의 양에 비해 낮기 때문에 기질 이용 가능성이 약간이라도 증가하면 시트르산 합성이 촉진된다. 대부분의 진핵생물에서 시트르산 생성효소는 다른자리 입체성 조절 물질이 없다. 그 속도는 주로 기질 분자인 OAA의 이용 가능성에 의해 조절된다. OAA는 자유 에너지 증가 반응의 생성물이기 때문에 미토콘드리아에서 그 농도는 $NADH/NAD^+$ 비가 낮지 않는 한 말산에 비해 대단히 낮다. (*E. coli* 같은 많

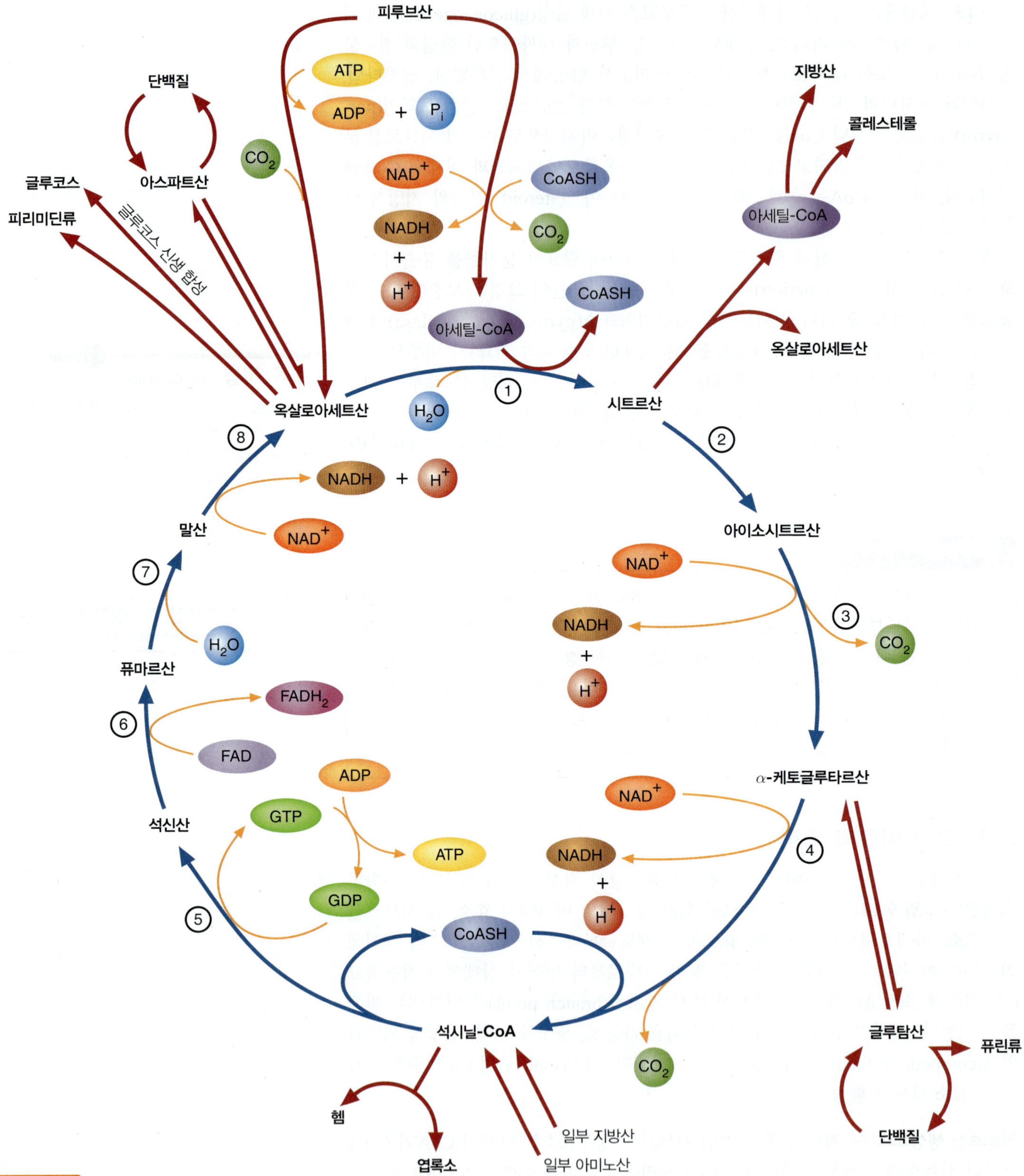

그림 9.13
양쪽성 대사 시트르산 회로.
시트르산 회로는 동화 과정(예, 지방산, 콜레스테롤, 헴과 글루코스 합성)과 이화 과정(예, 아미노산 분해와 에너지 생성)에 모두 관여한다.

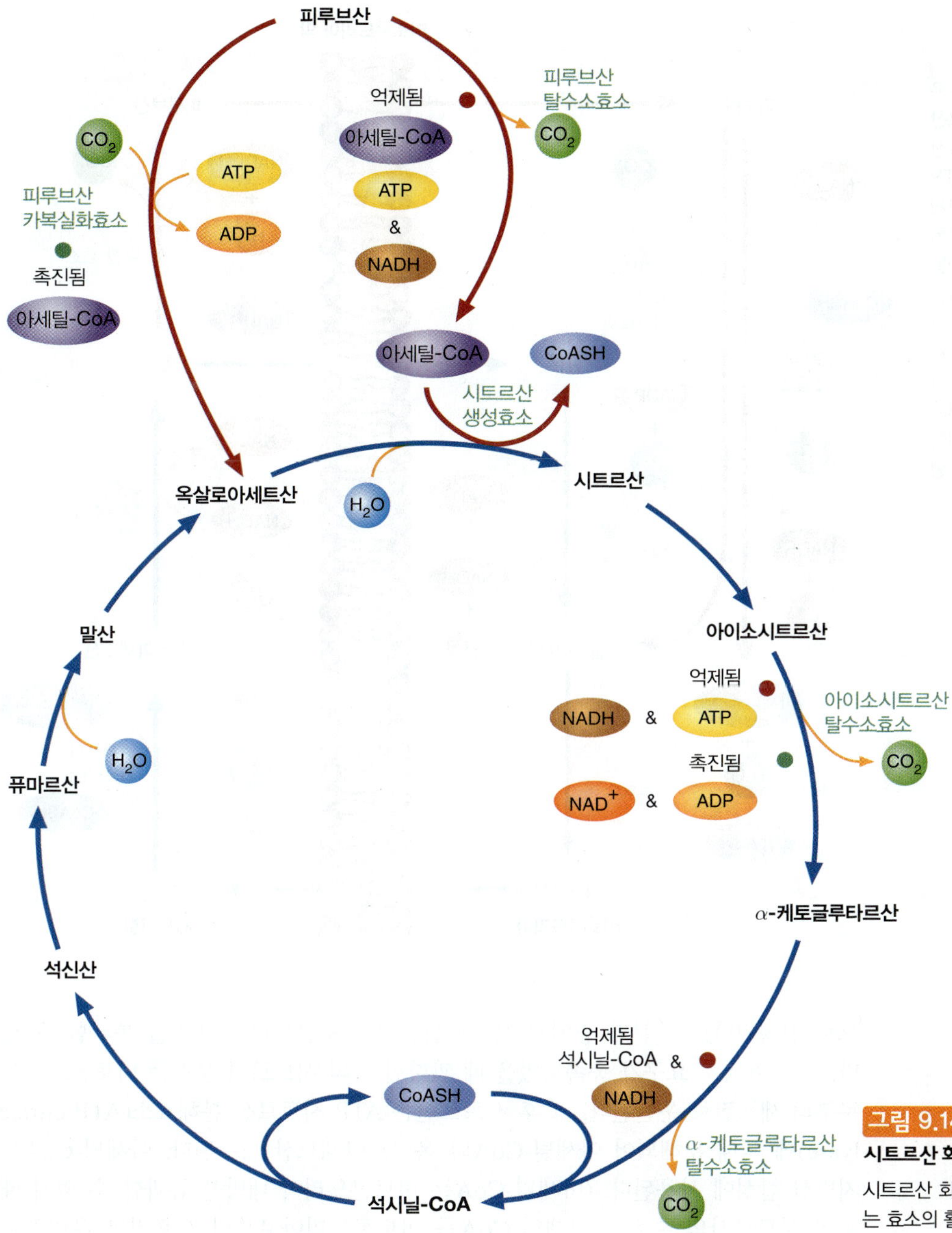

그림 9.14

시트르산 회로의 제어.

시트르산 회로의 주요 조절 자리가 표시되어 있다. 조절되는 효소의 활성제와 억제제가 색깔로 표시되어 있다.

은 그람-음성 세균에서 ATP, NADH, 석시닐-CoA는 시트르산 생성효소를 다른자리 입체적으로 억제한다.) 시트르산 생성효소는 그 생성물인 시트르산에 의해서도 억제된다.

아이소시트르산 탈수소효소 아이소시트르산 탈수소효소는 시트르산 회로에서 두 번째로 조절되는 반응을 촉매하는 효소이다. 그 활성은 비교적 높은 농도의 ADP와 NAD^+에 의해 촉진되고 ATP와 NADH에 의해 억제된다. 아이소시트르산 탈수소효소는 시트르산 대사에 있어서 중요한 역할을 하기 때문에 긴밀하게 조절된다(**그림 9.15**). 시트르산이 아이소시트르산으로 전환되는 반응은 가역적이다. 평형 상태에서 두 분자의 혼합물은 주로 시트르산으로 되어 있다[반응은 아이소시트르산이 α-케토글루타르산으로 빠르게 변형되기 때문에 정반응(forward reaction) 방향

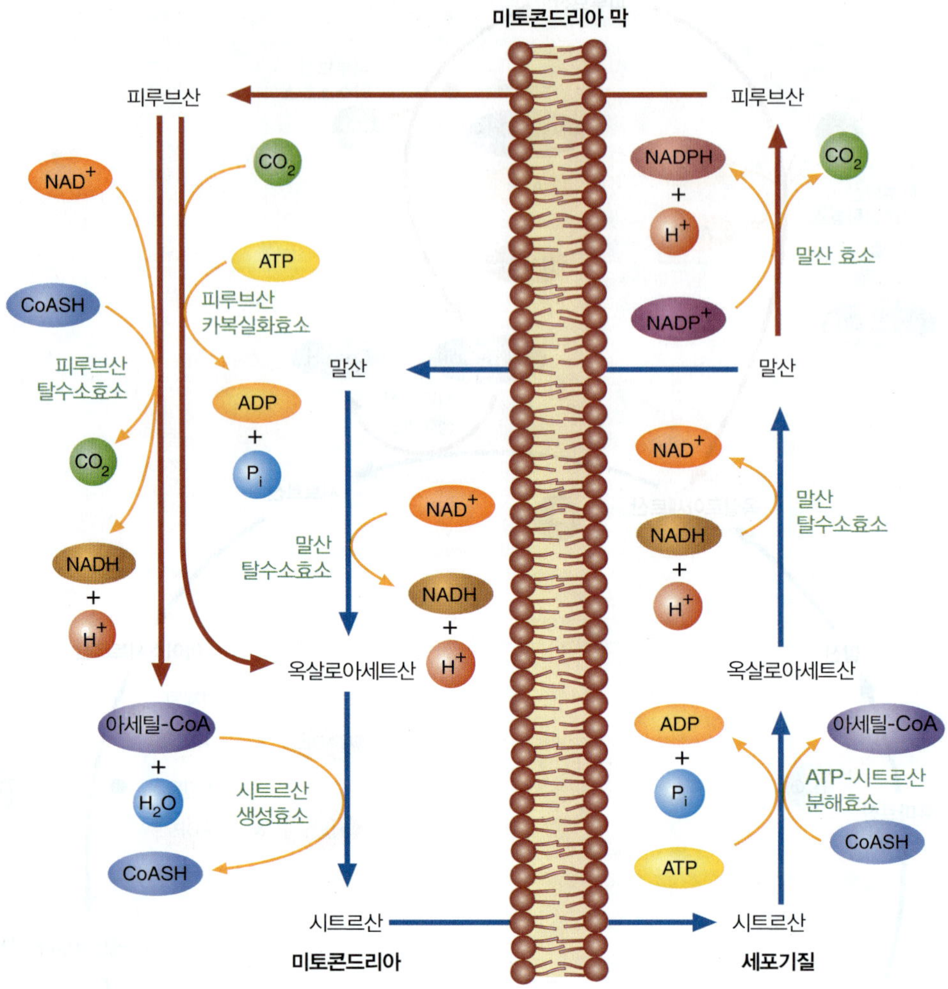

그림 9.15
시트르산 대사.

시트르산 회로의 중간물질인 시트르산이 미토콘드리아 기질로부터 세포질로 이동할 때 시트르산 분해효소에 의해 아세틸-CoA와 옥살로아세트산으로 분해된다. 시트르산 분해효소 반응은 ATP 가수분해에 의해 추진된다. 대부분의 옥살로아세트산은 말산 탈수소효소에 의해 말산으로 환원된다. 아세틸-CoA 분자는 지방산 합성 같은 생합성 과정에 사용될 수 있다. 그런 다음 말산은 말산 효소에 의해 피루브산과 CO_2로 산화된다. 이 반응에서 생성된 NADPH는 지방산 합성 같은 세포질의 생합성 과정에 이용된다. 피루브산은 미토콘드리아로 들어가서 옥살로아세트산이나 아세틸-CoA로 전환된다. 말산도 또한 미토콘드리아로 다시 들어가 재산화되어 옥살로아세트산을 형성할 수 있다.

으로 진행된다]. 두 분자 중에서 시트르산만이 미토콘드리아 내막을 통과할 수 있다. 세포 에너지 요구가 충족되었을 때 과다한 양의 시트르산 분자는 미토콘드리아로부터 세포질로 운반된다. 그 후 시트르산은 ATP-시트르산 분해효소(ATP-citrate lyase)에 의해 분해되어 아세틸-CoA와 옥살로아세트산으로 된다. 아세틸-CoA는 지방산 합성에 사용된다. (아세틸-CoA는 미토콘드리아 내막을 통과할 수 없기 때문에 시트르산의 수송은 아세틸-CoA를 미토콘드리아로부터 세포질로 운반하는 데 사용된다.) OAA는 생합성 반응에 이용되거나 말산(malate)으로 전환될 수 있다. 말산은 미토콘드리아 안으로 재진입하여 그곳에서 OAA로 재전환되거나, 세포질에서 말산효소(malic enzyme)에 의해 피루브산으로 전환된다. 그 후 피루브산은 미토콘드리아 안으로 재진입한다. 시트르산은 세포질에서 아세틸-CoA와 OAA의 선구물질로서 뿐 아니라 여러 세포질 반응 과정을 직접 조절한다. 시트르산은 지방산 합성의 첫 반응에서 다른자리 입체성 활성제(allosteric activator)로 작용한다. 그뿐만 아니라 시트르산 대사는 지방산 합성에 사용되는 NADPH를 제공한다. 마지막으로 시트르산은 PFK-1의 억제제이기 때문에 해당 과정을 억제한다.

α-케토글루타르산 탈수소효소 α-케토글루타르산 탈수소효소 활성은 여러 대사 과정(예, 아미노산 대사)에서 α-케토글루타르산의 중요성 때문에 매우 정확하게 조절된다. 세포의 에너지 저장량이 낮을 때 α-케토글루타르산 탈수소효소는 활성화되

고 α-케토글루타르산 농도는 생합성 과정에도 불구하고 유지된다. 세포의 NADH 공급이 증가함에 따라 효소는 억제되고 α-케토글루타르산 분자는 생합성 반응에 사용될 수 있게 된다. 생성물인 석시닐-CoA에 의해 억제되고, 낮은 에너지 부하의 중요한 표시자인 AMP에 의해 활성화된다.

시트르산 회로에 속하지 않는 두 효소도 시트르산 회로의 조절에 큰 영향을 준다. 피루브산 탈수소효소 복합체와 피루브산 카복실화효소의 상대적 활성은 피루브산이 에너지 생성과 생합성 선구물질 생성에 사용되는 정도를 결정한다. 예를 들어 세포가 생합성에서 α-케토글루타르산 같은 시트르산 회로의 중간물질을 사용하면 OAA 농도는 감소하고 아세틸-CoA는 축적된다. 아세틸-CoA는 피루브산 카복실화효소의 활성화제(그리고 피루브산 탈수소효소 복합체의 억제제)이기 때문에 더욱 많은 OAA를 피루브산으로부터 생산하여 시트르산 회로에 보충한다.

주요 개념 _Key Concepts

- 시트르산 회로는 긴밀히 조절되어 세포의 에너지와 생합성 요구가 제대로 유지되도록 한다.
- 다른자리 입체성 효과물질과 기질의 이용 가능성은 주로 시트르산 생성효소, 아이소시트르산 탈수소효소, α-케토글루타르산 탈수소효소, 피루브산 탈수소효소, 피루브산 카복실화효소의 활성을 조절한다.

칼슘 조절 세포가 다양한 자극(예, 호르몬, 성장인자, 신경 전달 물질)에 반응하는 신호 전달 기구는 세포질 [Ca^{2+}]의 일시적 증가를 포함하는 경우가 많으며, 세포질 [Ca^{2+}]가 증가하면 뒤이어 곧 미토콘드리아 기질 [Ca^{2+}]가 증가한다. 기질에서 Ca^{2+}의 주된 역할은 시트르산 회로의 속도를 조절하는 효소들을 활성화시킴으로써 ATP 합성을 자극하는 것이다. 칼슘 이온은 탈인산화효소인 피루브산 탈수소효소 인산가수분해 효소를 활성화함으로써 피루브산 탈수소효소 복합체 활성을 자극한다. 아이소시트르산 탈수소효소와 α-케토글루타르산 탈수소효소는 Ca^{2+}이온이 각 효소의 조절 자리에 결합할 때 Ca^{2+}에 의해 직접 활성화된다. 미토콘드리아 기질에 Ca^{2+}가 유입되어 자극에 의해 유도된 신호 전달 과정에 대한 세포의 반응을 연결시키는 것이 에너지 요구와 에너지 생산을 조화시키도록 한다.

시트르산 회로와 인간의 질병

드물기는 하지만 시트르산 회로 효소가 부족하여 여러 가지 인간 질병이 발생한다. 뇌는 에너지 요구량이 높기 때문에 가장 흔하게 발견되는 질병은 심한 *뇌질환*(encephalopathy, 인식력 부족, 떨림, 발작으로 특징지어지는 뇌기능 장애)이다. 예를 들면 뇌질환은 α-케토글루타르산 탈수소효소, 석신산 탈수소효소의 A 소단위체, 퓨마레이스, 석시닐-CoA 합성효소 유전자의 돌연변이와 연관되어 왔다. 여러 흔하지 않은 암도 시트르산 회로의 효소 부족에 의해 일어난다. SHB와 SHD 돌연변이는 과량의 호르몬/신경 전달 물질 분자인 에피네프린과 노르에피네프린을 분비하는 부신 종양인 갈색세포종(pheochromocytoma)을 일으킬 수 있다. 증상은 빠른 심장 박동과 발한, 고혈압, 불안 등이다. 퓨마레이스 돌연변이에 의해 일종의 신장 세포암이 생길 수 있다.

뇌질환과 암
Encephalopathy and Cancers

글리옥실산 회로

식물, 진균, 원생동물, 세균은 2-탄소를 갖고 있는 흔히 볼 수 있는 화합물인 에탄올, 아세트산, 지방산에서 유래된 아세틸-CoA를 이용하여 성장할 수 있다. 이것은 시트르산 회로가 약간 변형된 **글리옥실산 회로**(glyoxylate cycle)의 일련의 반응에 의해 가능하다. 식물에서 이 회로는 발아 종자에서 발견되는 퍼옥시좀의 한 유형인 글리옥시솜(glyoxysome)이라고 하는 세포소기관에서 일어난다. 광합성이 일어나지 않는 발아 종자의 생장은 트라이아실글리세롤(triacylglycerol)이 탄수화물로 전환되는 것에 의해 이루어진다. 다른 진핵생물과 세균에서는 글리옥실산 효소(glyoxylate enzyme)가 세포질에 존재한다.

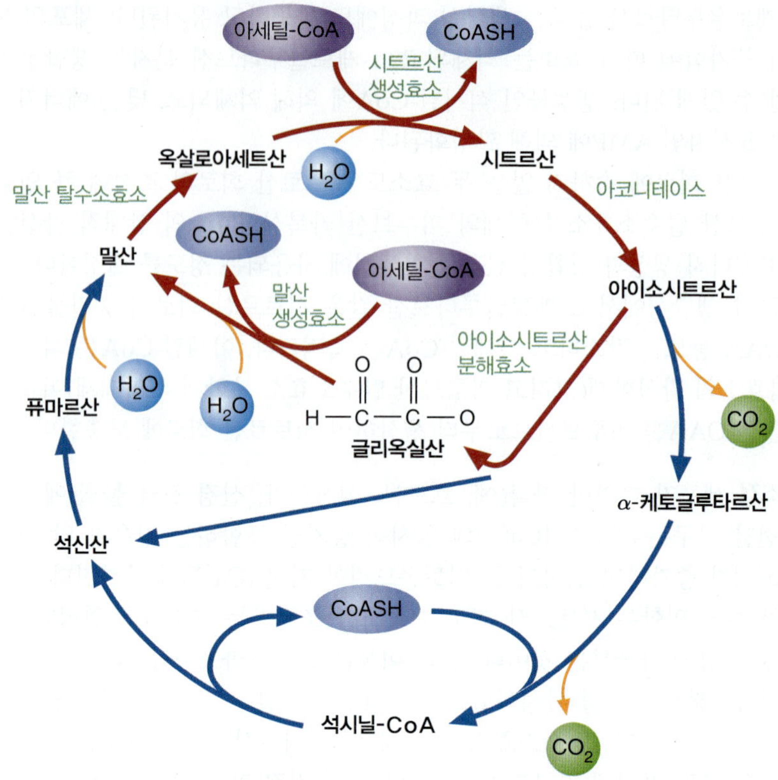

그림 9.16

글리옥실산 회로.

이 회로는 시트르산 회로의 일부 효소들을 사용하여 두 분자의 아세틸-CoA를 한 분자의 옥살로아세트산으로 전환시킨다. 시트르산 회로의 두 번의 탈카복실화반응은 이 회로에서 우회된다.

글리옥실산 회로(**그림 9.16**)는 5개의 반응으로 구성되는데 그 첫 두 반응(시트르산과 아이소시트르산 합성)은 시트르산 회로에서도 일어난다. 그러나 옥살로아세트산과 아세틸-CoA 분자로부터 시트르산 형성과 아이소시트르산으로의 시트르산의 이성질화 반응은 글리옥시솜-특이 동질효소(glyoxysome-specific isozyme)들에 의해 촉매된다. 다음 두 반응은 글리옥실산 회로에 독특한 반응이다. 아이소시트르산은 아이소시트르산 분해효소(isocitrate lyase)에 의해 석신산과 글리옥실산으로 분해되는데, 이 반응은 알돌 절단 반응(aldol cleavage)이다. 4-탄소 분자인 석신산은 결국 미토콘드리아 효소에 의해 말산으로 전환된다(**그림 9.17**). 2개의 탄소를 갖고 있는 글리옥실산은 두 번째 아세틸-CoA와 반응하여 말산을 형성하는데, 이 반응은 말산 생성효소(malate synthase)에 의해 촉매된다. 말산이 말산 탈수소효소(malate dehydrogenase)에 의해 OAA로 전환되면 이 회로는 완결된다.

글리옥실산 회로는 2-탄소 분자로부터 더 큰 분자를 합성할 수 있다. 이 회로는 두 분자의 CO_2가 상실되는 시트르산 회로의 탈카복실화 반응을 우회한다. 글리옥실산 회로는 두 분자의 아세틸-CoA를 이용하여 석신산과 OAA를 한 분자씩 생성한다. 석신산 생성물은 글루코스를 합성하는 데 사용된다. 아이소시트르산 분해효소와 말산 생성효소를 갖고 있지 않은 동물에서 글루코스 신생 합성은 적어도 3개의 탄소 원자를 갖고 있는 분자를 기질로 한다. 이러한 생물의 경우, 지방산으로부터 글루코스 알짜합성은 일어나지 않는다. 옥살로아세트산 생성물은 글리옥실산 회로를 유지하는 데 사용된다.

주요 개념 _Key Concepts

- 글리옥실산 회로를 갖고 있는 생물은 2-탄소로 이루어진 분자를 이용해서 살아갈 수 있다.
- 식물에서 글리옥실산 회로는 글리옥시솜이라는 세포소기관에서 일어난다.

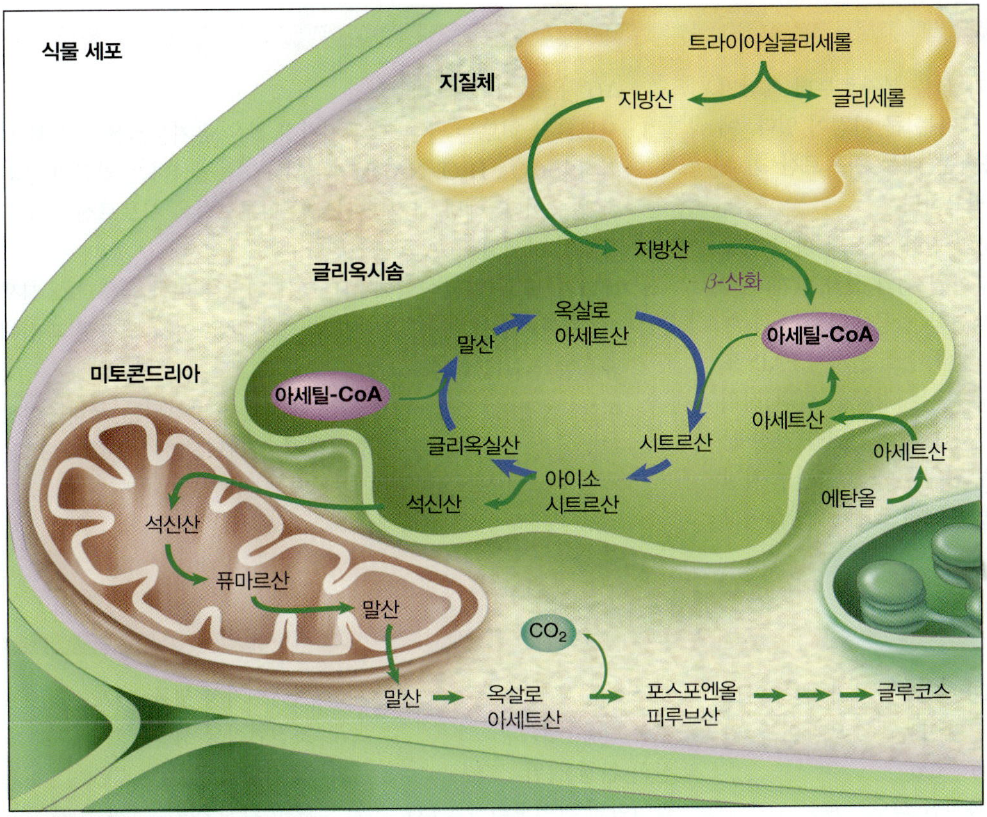

그림 9.17

글루코스 신생 합성에서 글리옥실산 회로의 역할.

글리옥실산 회로에서 사용되는 아세틸-CoA는 지방산의 분해로부터 유래한다(β-산화, 12장). 적절한 효소를 갖고 있는 생물에서 글루코스는 에탄올과 아세트산 같은 2-탄소 화합물로부터 생성될 수 있다. 식물에서는 이 회로의 반응이 지질체(lipid body), 글리옥시솜, 미토콘드리아, 세포질에서 일어난다.

이 장의 요약 CHAPTER SUMMARY

1. 호기성 생물은 혐기성 생물보다 유기 식품 분자로부터 에너지를 효율적으로 획득하는 능력이 더 크다는 큰 이점이 있다. 에너지를 생산하기 위해 산소를 사용하는 데는 시트르산 회로, 전자 전달 경로와 산화적 인산화가 필요하다.
2. 에너지를 포획하고 방출하는 대부분의 반응은 산화-환원 반응이다. 이 반응에서 전자는 전자 주개(환원제)와 전자 받개(산화제) 사이에서 전달된다. 대부분의 생화학 반응에서 수소화 이온이 NAD^+ 또는 $NADP^+$에 전달되거나 수소 원자가 FAD 또는 FMN에 전달된다. 물질이 전자를 얻는 경향을 환원 전위라고 한다. 전자는 덜 양성인(더 음성인) 환원 전위를 가진 물질로부터 더 양성인(덜 음성인) 환원 전위를 가진 물질로 자발적으로 흐른다. 유리한 산화-환원 반응에서 $\Delta E^{\circ\prime}$은 양성이고 $\Delta G^{\circ\prime}$은 음성이다.
3. 시트르산 회로는 글루코스, 지방산 같은 유기물질을 완전히 산화하여 CO_2, H_2O, NADH와 $FADH_2$를 생산하는 일련의 생화학 반응이다. 해당 과정의 산물인 피루브산은 시트르산 회로의 기질인 아세틸-CoA로 전환된다.
4. 에너지 생성 역할 이외에 시트르산 회로는 또한 글루코스 신생합성, 아미노산 합성, 포피린 합성과 같은 여러 생합성 과정에 중요한 역할을 한다.
5. 식물, 곰팡이, 조류, 원생동물, 세균에서 발견되는 글리옥실산 회로는 변형된 시트르산 회로로서 아세트산과 같은 2-탄소 분자를 글루코스의 선구물질로 전환시킨다.

주요 용어 KEY WORDS

FAD(플라빈 아데닌 다이뉴클레오타이드) *326*
FMN(플라빈 모노뉴클레오타이드) *326*
NAD(니코틴아마이드 아데닌 다이뉴클레오타이드) *326*
NADP(니코틴아마이드 아데닌 다이뉴클레오타이드 인산) *326*
글리옥실산 회로 *345*
내기혐기성 생물 *322*
리포산 *333*
보조효소 A *330*
보충 반응 *341*
산화-환원 전위 *330*
싸이아민 파이로인산 *333*
양쪽성 대사 경로 *286*
절대혐기성 생물 *322*
절대호기성 생물 *322*
조건혐기성 생물 *322*
짝 산화-환원 쌍 *324*
표준 환원 전위 *324*
플라보단백질 *326*
환원 전위 *324*

복습 문제 REVIEW QUESTIONS

**이 문제들은 다음 장으로 넘어가기 전에 이장에서 논의했던 주요 개념에 대한 지식을 테스트하기 위해 만들어졌다.*

1. 다음 용어를 정의하라.
   a. 절대혐기성 생물
   b. 내기혐기성 생물
   c. 조건혐기성 생물
   d. 절대호기성 생물
   e. 반응성 산소종
2. 다음 용어를 정의하라.
   a. 싸아아민 파이로인산
   b. 리포산
   c. PDHC
   d. HETPP
   e. 뉴클레오사이드 이인산 카이네이스
3. 다음 용어를 정의하라.
   a. 양쪽성 대사 경로
   b. 보충 대사 반응
   c. 글리옥실산 회로
   d. 환원 전위
   e. 짝 산화-환원 쌍
4. 약 30억 년 전에 지구 대기에 나타난 분자 산소가 어떻게 생물의 역사에 영향을 주었는지 일반적인 말로 설명하라.
5. 경주하는 동안 주자는 막대한 양의 에너지를 필요로 한다. 근육 수축에 의한 ATP 사용이 시트르산 회로에 어떻게 영향을 미치는지 설명하라.
6. 시트르산 회로의 두 가지 주요한 역할을 서술하라.
7. 글리옥실산 회로의 단계의 개요를 써라.
8. 글리옥실산 회로는 시트르산 회로와 어떻게 다른가?
9. 시트르산 회로의 각 반응에 대한 완결된 반응식을 써라.
10. 문제 9에서 각 반응에 요구되는 보조효소는 무엇인가?
11. O_2를 전자 받개로 사용하여 글루코스로부터 에너지를 얻는데 필요한 생화학적 과정들을 들어라.
12. 다음 반응에서 발생하는 자유 에너지 변화를 계산하라.
    a. $\frac{1}{2}O_2 + NADH + H^+ \rightarrow H_2O + NAD^+$
    b. $S + NADH + H^+ \rightarrow H_2S + NAD^+$

13. 시트르산 회로는 O_2가 있어야만 일어나지만, O_2는 시트르산 회로의 기질은 아니다. 설명하라.
14. 호기성의 효모 배양액에 소량의 [1-^{14}C]글루코스가 첨가되면 ^{14}C 표지가 초기에 시트르산 분자 어느 곳에서 나타나겠는가?
15. 피루브산 탈수소효소 복합체의 각 효소, 보조 인자, 보조효소들의 역할을 설명하라.
16. c-myc, HIF-1, PKB 및 p53 유전자는 발암성 호기성 해당 과정에서 역할을 한다. 각 유전자의 기능을 설명하라.
17. 동물은 아세트산이나 에탄올 같은 2-탄소 분자로부터 글루코스를 생성할 수 없는 이유를 설명하라.
18. 시트르산 회로의 알짜 반응식을 써라.
19. 시트르산 중간물질을 전구 분자로 사용하는 생합성 경로의 예를 들어라.

종합 문제 THOUGHT QUESTIONS

**이 문제들은 지금까지 이 책에서 논의된 모든 주요 개념에 대한 여러분의 이해를 강화하기 위한 것이다. 문제들은 하나의 정답을 가지고 있지 않을 수도 있다.*

20. 식물 독소인 플루오로아세트산(F-CH_2COO^-)은 동물이 섭취하면 쉽게 플루오로시트르산으로 전환된다. 2-플루오로-3-하이드록시 시트르산(2-fluoro-3-hydroxy citrate) 분자는 효소인 아코니테이스의 자살 기질이다. 이 효소의 전체적 목적(삼차 탄소의 OH기를 제거하고 이차 탄소에 다른 OH기를 도입)을 고려하여 아이소시트르산을 생성하는 반응이 계획한 대로 일어나지 않는 이유를 추론하라. (*힌트*: 플루오린은 산소보다 전기음성도가 더 크다.)
21. 문제 20의 답에서 플루오로시트르산의 구조와 시트르산 생성효소에 의하여 생산되는 것으로 추정되는 자살 억제제의 구조를 그려라.
22. 기질 수준 인산화 반응의 의미는 무엇인가? 시트르산 회로의 어느 반응이 기질 수준 인산화를 포함하는가? 친숙한 생화학 대사 경로에서 다른 예를 찾아보라.
23. 다음 반응의 표준 자유 에너지 변화($\Delta G^{\circ\prime}$)를 계산하라.

    a. $NADH + H^+ + \frac{1}{2}O_2 \rightarrow NAD^+ + H_2O$

    b. 사이토크롬 c(Fe^{2+}) + $\frac{1}{2}O_2$ → 사이토크롬 c(Fe^{3+}) + H_2O
24. 만성 알코올 남용의 많은 효과 중의 하나는 장벽을 통한 비타민 흡수 손상과 손상된 간에서의 저장 감소에 따른 싸이아민 결핍이다. 싸이아민 수준이 부족할 때 세포 에너지 생산이 감소된다. 싸이아민을 필요로 하는 세포 대사에 관여하는 세 효소는 무엇인가? 부족한 싸이아민 수준의 대사 결과를 서술하라.
25. 동물에는 글리옥실산 회로가 존재하지 않음에도 불구하고, ^{14}C로 표지한 아세트산을 실험동물에게 먹이면 나중에 소량의 방사성 표지가 글리코젠 저장물에 나타난다. 설명하라.
26. 지방산 분해는 아세틸 CoA에 의한 피루브산 카복실화효소(pyruvate carboxylase)의 활성화를 통해 시트르산 회로를 촉진한다. 피루브산 카복실화효소의 활성화가 지방산으로부터의 에너지 생성을 증가시키는 이유를 설명하라.
27. 쇼크(순환계 손상)는 혈액 흐름이 불충분한 비정상적 상태이다. 쇼크의 가장 흔한 원인은 다량의 혈액 손실과 혈액 흐름의 폐색이다. 쇼크의 결과 세포에 산소와 영양물질 공급이 부족하게 된다. 이러한 상황에서 세포가 부풀고 리소좀 막이 파열된다. 쇼크 시 에너지가 어떻게 생산되는지 서술하고 세포 구조가 불안정화되는 이유를 서술하라.
28. 다이클로로아세트산(dichloroacetate)은 피루브산 탈수소효소 카이네이스를 억제하기 때문에 이 화합물은 성과가 제한적이기는 하지만 락트산 산성혈증을 치료하는 데 이용되었다. 피루브산 탈수소효소 카이네이스에 의한 피루브산 탈수소효소 복합체 중 피루브산 탈수소효소 성분의 α-소단위체 인산화는 효소의 완전한 활성 손실을 일으킨다. 다이클로로아세트산의 임상적 이용 뒤에 숨은 이론을 설명하라.
29. 피루브산 탈수소효소 결핍은 흔히 어린아이에서 진단되는 치명적 병이다. 증상은 심한 신경 손상이다. 락트산, 피루브산 및 알라닌의 혈중 농도 증가도 관찰된다. 피루브산 탈수소효소의 결핍이 어떻게 이런 값들의 증가를 가져오는지 설명하라.
30. **표 9.1**의 자료와 다음에 주어진 식을 이용하여 NADH에 의하여 황이 황화 수소로, 그리고 산소가 물로 환원되면서 생산되는 자유 에너지(ΔG°)를 계산하라. 산소의 환원은 황의 환원에 비하여 얼마나 더 많은 자유 에너지가 생산되는가?

$$\Delta G^\circ = -nF\Delta E^\circ$$

31. 전신 진균 감염(예, *Candida*와 *Cryptococcus*)과 결핵(*Mycobacterium*)이 증가하고 있다. 이 생물들이 매우 유독한 이유 중 하나는 이들이 다른 미생물에 비해 대식세포의 식세포작용 후 더 편하게 살아가기 때문이다. 식세포작용은 진균과 *mycobacteria*에서 글리옥실산 회로를 활성화하여 파고리소좀(phagolysosome)의 영양이 부족한 환경에서 2-탄소 기질을 사용하여 성장을 지속할 수 있도록 해준다. 이 상황에서 글리옥실산 회로를 통해 가공될 수 있는 분자를 제시하라.

제 10 장

호기성 대사 II: 전자 전달과 산화적 인산화

Aerobic Metabolism II: Electron Transport and Oxidative Phosphorylation

이 장의 차례 Outline

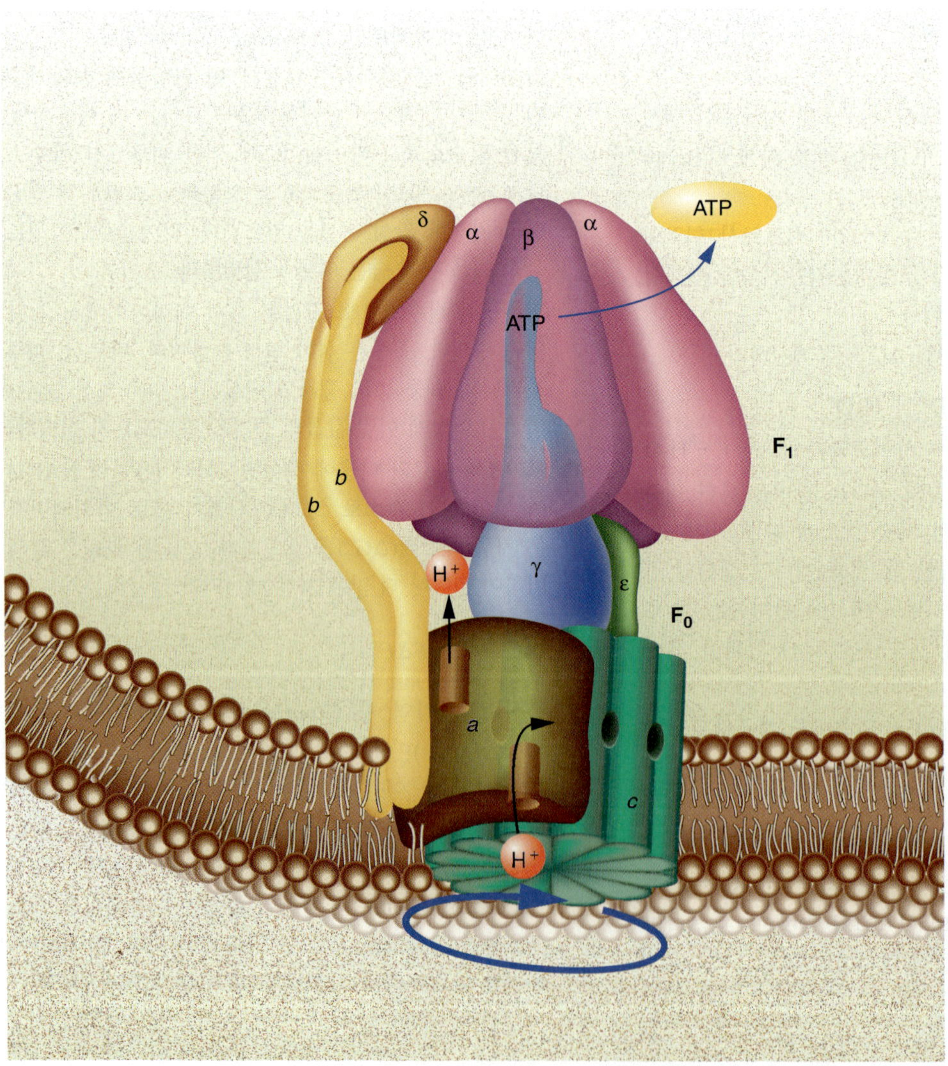

ATP 생성효소 ATP 생성효소는 ATP를 합성하는 회전 분자 기계(rotating molecular machine)이다. 이 다중단백질 복합체는 2개의 주요 구역(domain)인 막을 관통하는 F_0 성분과 ATP를 합성하는 F_1 성분으로 구성된다. 전자 전달에 의해 형성되는 기울기로 인해 F_0 성분을 통과하는 양성자 흐름은 γ 소단위체(γ subunit)를 회전시킨다. 그런 다음 F_1 성분 내 회전력은 구조 변화를 일으켜 ATP 합성을 유도한다.

개관 Overview

호기성 생활방식은 산소에 의해 생성되는 많은 양의 에너지에 의존한다. 산소는 에너지 생성 용량을 통하여 혐기성 조건에서는 일어날 수 없는 1,000가지 생화학 반응에 대하여 직접 또는 간접적으로 필요하다. 그러나 산소의 엄청난 장점에 대하여 값비싼 대가를 치러야 한다. 연구결과에 의하면 호기성 유기체는 산소 대사의 해로운 부산물로부터 보호하는 일련의 메커니즘을 갖고 있는 것으로 알려졌다. 수많은 효소와 항산화제들이 산화에 의한 대부분의 세포 손상을 방지한다. 이와 같은 보호 작용에도 불구하고 산소 대사물질은 세포에 손상을 입힌다. 현재 산소 대사물질은 암, 심장 및 신경성 질병과 같은 일련의 질병에 부분적인 원인을 제공하는 것으로 알려지고 있다.

산화성 세포 손상
Oxidative Cell Damage

산소는 유기 분자로부터 에너지를 추출함에 있어 매우 유리한 메커니즘을 유도할 수 있는 몇 가지 특성을 갖고 있다. 첫째로 산소는 지구 표면 어디에나 존재한다. 반면에 대부분의 다른 전자 받개들은 비교적 드물게 존재한다. 둘째로, 산소는 세포막을 쉽게 확산한다. 이러한 현상은 여러 다른 전자 받개에 모두 적용되는 것은 아니다. 황산과 질산 같은 전하를 띤 화학종(species)들은 쉽게 세포막을 확산하지 못한다. 마지막으로 산소의 다이라디칼(diradical) 화학 구조는 전자를 쉽게 받아들이게 해준다. 이러한 능력은 *반응성 산소종*(reactive oxygen species, ROS)이라고 불리는 매우 파괴적인 대사물질을 형성한다.

10장은 현대 호기성 생물의 ATP 합성 메커니즘, 즉 *산화적 인산화*(oxidative phosphorylation)의 기본 원리를 다룬다. 우선 환원된 보조효소들이 전자를 전자 전달 사슬(ETC)에 전달하는 전자 전달계의 과정을 배우게 될 것이다. ETC는 진핵생물의 미토콘드리아 내막과 호기성 원핵생물의 원형질막에 존재하는 일련의 전자 운반체(electron carrier)이다. 그런 다음 전자 흐름으로부터 추출된 에너지가 포착되어 ATP 합성을 하는 데 사용되는 방법, 즉 *화학 삼투*(chemiosmosis)에 대해 배우게 될 것이다. 마지막으로 독성의 산소 생성물 형성과 이에 대한 세포의 보호 전략에 대해 배우게 될 것이다.

10.1 전자 전달

미토콘드리아 전자 전달 사슬(ETC)은 전자 친화력이 증가하는 순서로 내막에 배열되어 있는 일련의 전자 운반체이다. 즉 이 분자들은 전자를 환원된 보조효소인 NADH와 $FADH_2$로부터 산소에 전달한다. 이 전달 과정에서 환원 전위($\Delta E^{\circ\prime}$)의 감소가 일어난다. NADH가 전자 주개이고 산소가 전자 받개일 때 표준 환원 전위 변화는 +1.14 V[즉, +0.82 V − (−0.32 V), **표 9.1** 참조]이다. 전자 전달 중에 방출되는 에너지는 여러 자유 에너지 증가 반응(endergonic reaction)에 연결되는데, 가장 대표적인 예는 ATP 합성이다. 전자 전달에 의하여 추진되는 다른 과정 중 하나는 Ca^{2+}를 MAM(미토콘드리아 결합 막)를 통하여 미토콘드리아 기질(matrix)로 펌프질하는 것과 갈색 지방조직에서 열을 발생시키는 것이다. 해당과정, 시트르산 회로와 지방산 산화로부터 유래하는 환원된 보조효소는 전자의 중요한 공급원이 된다.

전자 전달과 구성 성분

진핵생물의 전자 전달 사슬(ETC)의 구성 성분은 미토콘드리아 내막에 위치하고(**그림 10.1**) 4개의 복합체(complex)로 구성된다. 각 복합체는 산화환원효소

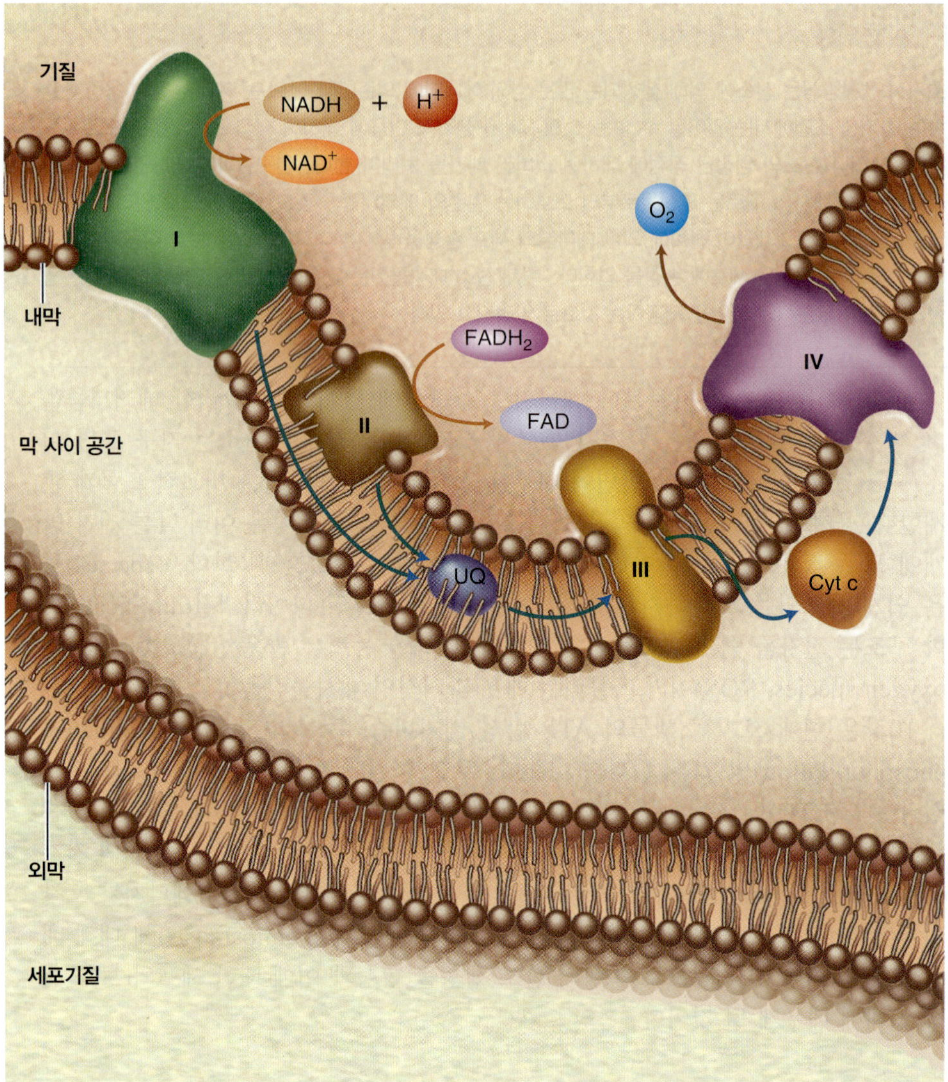

그림 10.1
전자 전달 사슬.

복합체 I과 II는 각각 NADH와 석신산($FADH_2$를 통해)으로부터 전자를 UQ에 전달한다. 복합체 III는 전자를 UQH_2로부터 사이토크롬 c(cyt c)에 전달한다. 복합체 IV는 전자를 cyt c로부터 O_2에 전달한다. 화살표는 전자의 흐름을 나타낸다. 전자 전달의 기능은 기질로부터 양성자를 막 사이 공간으로 운반하는 것이다. ATP 합성은 양성자의 수송과 연관된다.

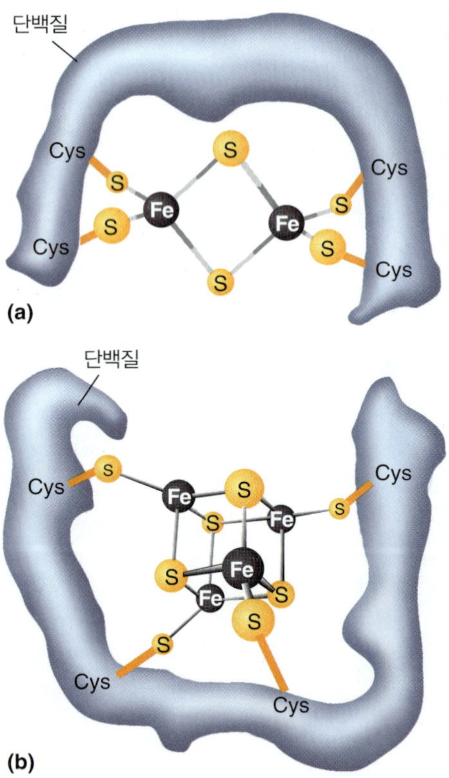

그림 10.2
2개의 철-황 송이.

(a) 철-황 송이를 가지는 단백질은 2개의 철(Fe)과 2개의 황(S)을 포함한다. (b) 4 Fe-4S 철-황 송이: 두 경우 모두, 시스테인 잔기는 폴리펩타이드의 일부분이다.

(oxidoreductase enzyme)로 작용하는데, 여러 단백질과 보결 원자단(prosthetic group)으로 구성된다. 각 복합체의 구조와 기능적 성질을 살펴보고 보조효소 Q[유비퀴논(ubiquinone, UQ)]와 사이토크롬의 역할을 설명한다. **그림 10.1**은 ETC에서 전자 흐름의 전체 모습을 보여 준다.

복합체 I [*NADH 탈수소효소 복합체*(NADH dehydrogenase complex)라고도 함]은 전자를 NADH로부터 UQ에 전달하는 것을 촉진시키는 역할을 하며, 미토콘드리아 내막에 존재하는 가장 큰 단백질이다. 예를 들면 소의 심장에 있는 미토콘드리아 효소는 적어도 45개의 소단위체(subunit)로 구성되어 있다. 한 분자의 FMN(flavin mononucleotide, **그림 9.6**) 이외에 이 복합체는 7개의 철-황 송이(iron-sulfur cluster, **그림 10.2**)를 갖고 있다. 황화 이온과 결합된 2개 또는 4개의 철 원자로 되어 있는 철-황 송이는 하나의 전자를 전달하는 반응을 중재한다. 철-황 송이를 포함하는 단백질을 *비헴 철 단백질*(nonheme iron protein)이라 한다. 복합체 I의 구조와 기능은 아직 잘 알려져 있지 않지만 NADH는 먼저 FMN을 $FMNH_2$로 환원시키는 것으로 추정된다. 그리고 전자는 $FMNH_2$로부터 철-황 송이로 전달되는데, 이때 한 번에 하나의 전자가 전달된다. 하나의 철-황 송이로부터 다른 송이로 전자가 전달된 후 각각의 전자는 최종적으로 UQ(지질에 용해되는 전자를 받거나 주는 지용성의 이동성 전자운반체)에 전달된다(**그림 10.3**).

그림 10.4는 복합체 I을 통한 전자의 전달 과정을 나타낸다. 전자 전달은 내막을 지나 기질로부터 막 사이 공간으로 양성자가 이동하면서 일어난다. ATP 생성에 있어서 이 현상의 중요성이 설명될 것이다.

석신산 탈수소효소 복합체(succinate dehydrogenase complex, 복합체 II)는 석신산 유비퀴놀 환원효소(succinate ubiquinol reductase)라고도 불리며 4개의 단백질 소단위체로 구성되어 있다. FAD와 공유 결합으로 연결되어 있는 석신산 결합자리를 가진 플라보단백질(flavoprotein)인 ShdA와 3개의 철-황 송이를 가진 철-황 단백질인 ShdB는 모두 기질까지 연장되어 있다. 소단위체 C와 D는 내재 막 단백질(integral membrane protein)이다. 소수성 UQ 결합 자리는 ShdC와 ShdD의 곁사슬과 나란히 있는 틈새 안에 있다. CD 이합체는 또한 헴기(heme group)에 대한 결합 자리를 가지고 있다. 헴기는 복합체 II로부터 전자가 누출되는 것(산소 라디칼 생성을 일으키는 과정)을 억제하는 역할을 한다.

복합체 II는 석신산으로부터 UQ에 전자 전달을 중재한다. FAD가 환원된 후(시트르산 회로의 중간물질인 석신산의 산화에서) 전자가 3개의 철-황 송이를 거쳐서 UQ로 전달된다. 다른 ETC 복합체와는 달리 석신산 탈수소효소는 양성자를 기질로부터 막 사이 공간으로 이동시키지 않는다. 다른 플라보단백질 또한 UQ에 전자를 제공한다(**그림 10.5**). 어떤 세포의 경우, 글리세롤-3-인산 탈수소효소(glycerol-3-phosphate dehydrogenase, 미토콘드리아 내막의 바깥 표면에 위치)가 전자를 세포질 NADH로부터 ETC에 전달한다. 지방산 산화의 첫 번째 효소인 아실-CoA 탈수소효소(acyl-CoA dehydrogenase, 12장)는 전자를 미토콘드리아 내막의 기질로부터 UQ에 전달한다.

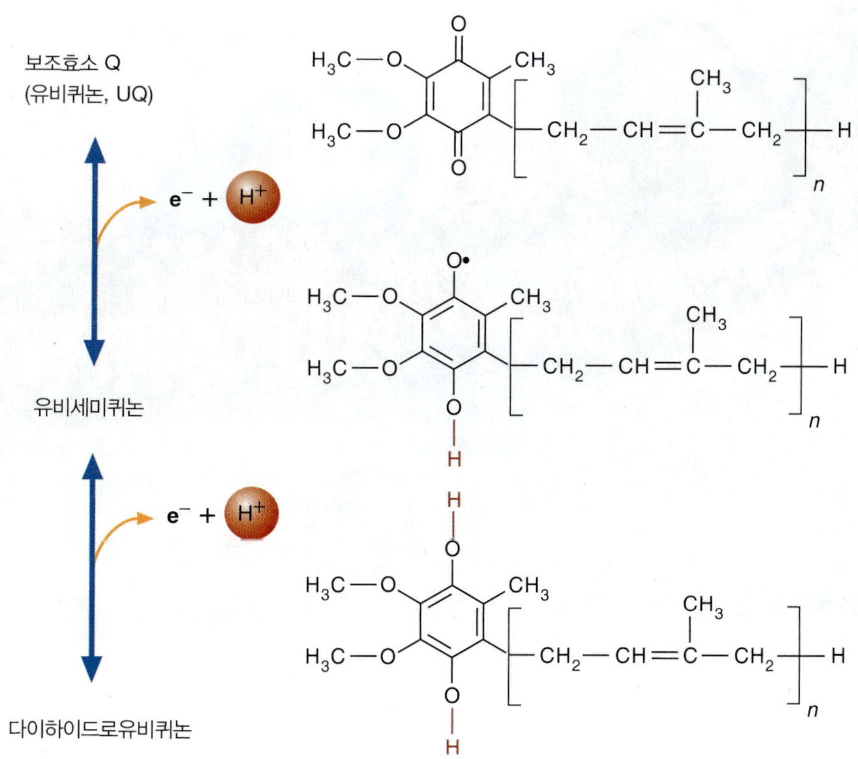

그림 10.3

보조효소 Q의 구조와 산화 상태.

곁사슬의 길이는 종에 따라 다르다. 예를 들어 어떤 세균은 6개의 아이소프렌(isoprene) 단위를 갖지만 포유류는 10개(n = 10)의 아이소프렌 단위(Q_{10})를 갖는다.

그림 10.4

미토콘드리아 전자 전달 사슬의 복합체 I을 통한 전자의 전달.

전자의 전달은 NADH에 의한 FMN의 환원으로부터 시작하는데, 이 과정은 기질로부터 하나의 양성자를 필요로 한다. 이어서 $FMNH_2$는 두 개의 전자를 6개 또는 8개의 철-황 송이에 전달한다. 첫 번째 철-황 송이에 2개의 전자가 전달되면 4개의 양성자를 막 사이 공간으로 방출한다. 이 양성자들이 막을 통해 전달되는 메커니즘은 아직 잘 알려져 있지 않다. 그러나 내부 UQ가 2개의 양성자 전달에 관련된 것으로 추정된다. 양성자의 두 번째 쌍은 2개의 전자가 철-황 송이를 통해 내부 UQ로부터 외부 UQ에 전달될 때 전달된다.

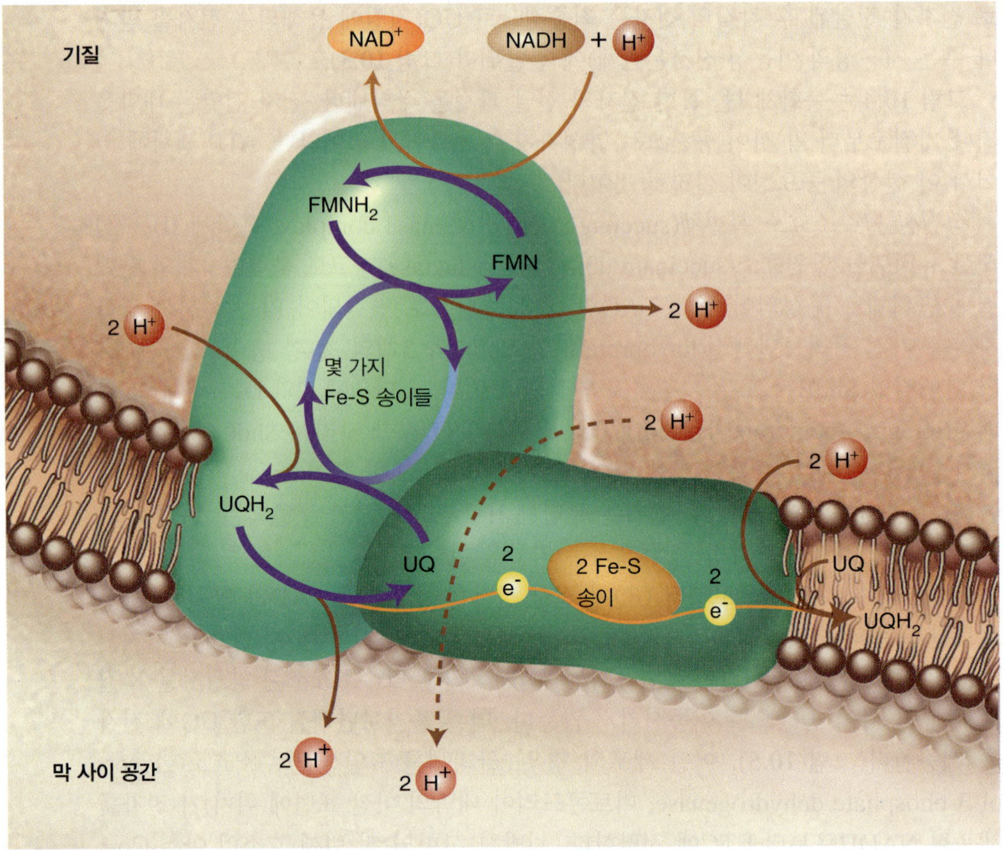

그림 10.5

석신산, 글리세롤-3-인산과 지방산으로부터 UQ에 이르는 전자의 통로.

석신산으로부터 나온 전자는 복합체 II의 FAD와 여러 개의 철-황 송이에 전달된 다음 UQ에 전달된다. 세포질 NADH로부터 나온 전자는 글리세롤-3-인산과 글리세롤-3-인산 탈수소효소를 포함하는 경로를 통해 UQ에 전달된다. 지방산은 보조효소 A 유도체로 산화된다. 아실 보조효소 A 탈수소효소(지방산 산화에 관련된 효소 중 하나)는 2개의 전자를 FAD에 전달한 다음 UQ에 전달된다.

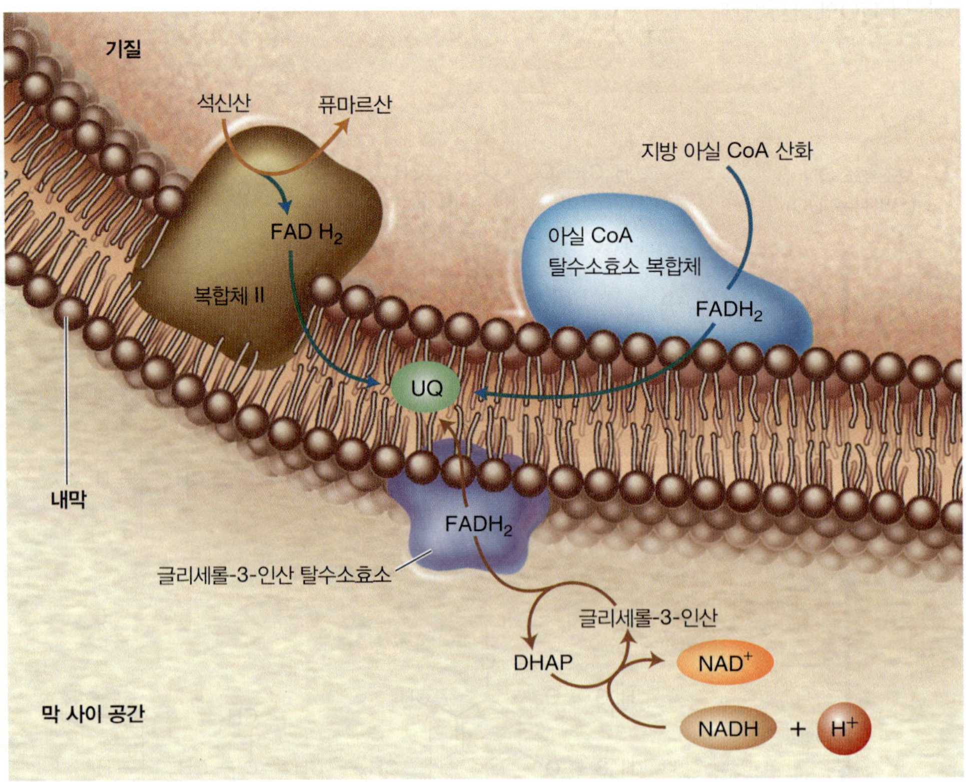

사이토크롬 bc_1 복합체(cytochrome bc_1 complex)라고도 불리는 복합체 III (complex III)는 이합체로서 각각 11개의 소단위체를 갖고 있다. 그 중에는 3개의 사이토크롬(cyt b_L, cyt b_H, cyt c_1)과 1개의 철-황 송이가 있다. *사이토크롬*(cytochrome)은 헤모글로빈 및 마이오글로빈과 유사한 헴 보결 원자단을 갖고 있는 일련의 막결합 전자 전달 단백질이다. 전자는 헴 철(heme iron) 산화 상태의 가역적 변화(환원된 Fe^{2+}와 산화된 Fe^{3+} 사이)와 연관하여 사이토크롬에 의해 한 번에 1개씩 전달된다. 복합체 III의 기능은 전자를 환원된 보조효소 Q(UQH_2)로부터 사이토크롬 c(cyt c)라고 불리는 단백질에 전달하는 것이다. 사이토크롬 c(**그림 10.6**)는 미토콘드리아 내막의 바깥 표면과 느슨하게 결합된 이동성 전자 운반체이다.

Q 회로(Q cycle)라고도 불리는 복합체 III를 통한 전자의 통로(passage)는 복잡하다(**그림 10.7**). 하지만, 각 UQH_2가 2개의 전자를 사이토크롬 c(cyt c)에 전달하는 과정의 종합 반응은 다음과 같이 간단하다.

$$UQH_2 + 2\ \text{cyt}\ c_{ox}(Fe^{3+}) + 2H^+_{\text{기질}} \rightarrow UQ + 2\ \text{cyt}\ c_{red}(Fe^{2+}) + 4H^+_{\text{세포기질}} \quad (1)$$

Q 회로 중 보조효소 Q 분자는 복합체 I 또는 II의 전자 주개와 복합체 III의 전자 받개 사이의 내막 속을 확산한다. UQH_2는 2개의 전자를 한 번에 하나씩 제공한다. 1개의 전자는 우선 철-황 단백질을 거쳐 cyt c_1으로 전달된 다음 cyt c에 전달된다 (**그림 10.7**). 이 전달의 산물이 UQH_2에서 온 $UQ^{\bullet-}$과 2개의 양성자이다. 이 2개의 양성자는 막 사이 공간으로 전달된다. $UQ^{\bullet-}$는 이어서 두 번째 전자를 cyt b_L를 거쳐 cyt b_H로 전달한다. Q 회로 1단계의 산물은 UQ로서 첫 번째 전자를 cyt c로, 두 번째 전자를 cyt b_H로 전달하여 생성된다. 2개의 양성자가 막 사이 공간으로 이동한다. Q 회로 2단계는 두 번째 UQH_2 분자가 관여하는데, 이는 한 개의 전자를 1단계

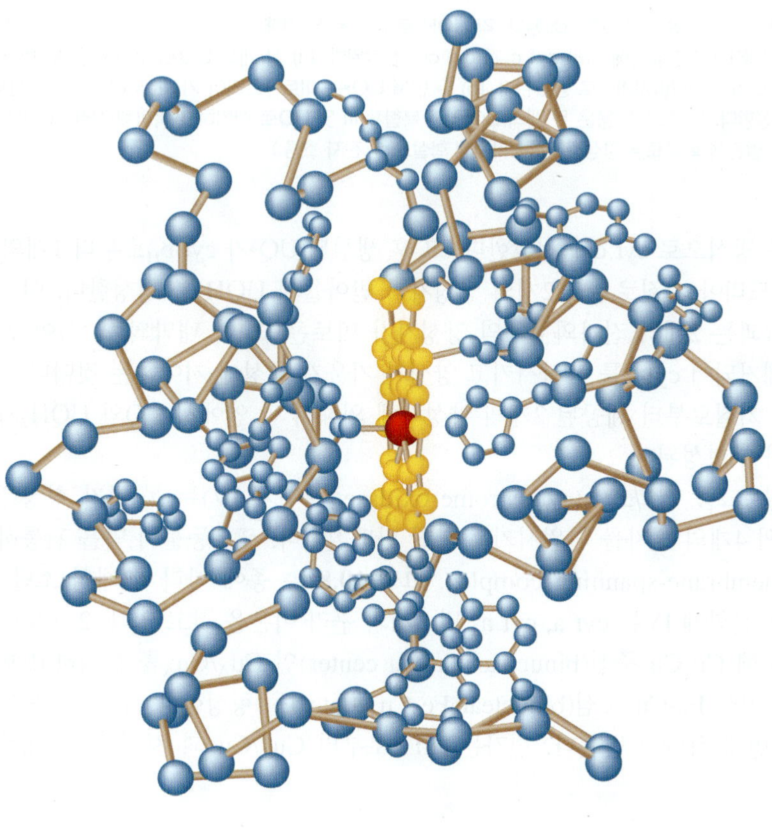

그림 10.6

사이토크롬 c 구조.

사이토크롬 c는 사이토크롬이라 불리는 작은 단백질 집단의 일원이며, 이들 각각은 헴 보결 원자단을 갖고 있다. 전자 전달 과정 중 헴의 철은 교대로 산화되고 환원된다.

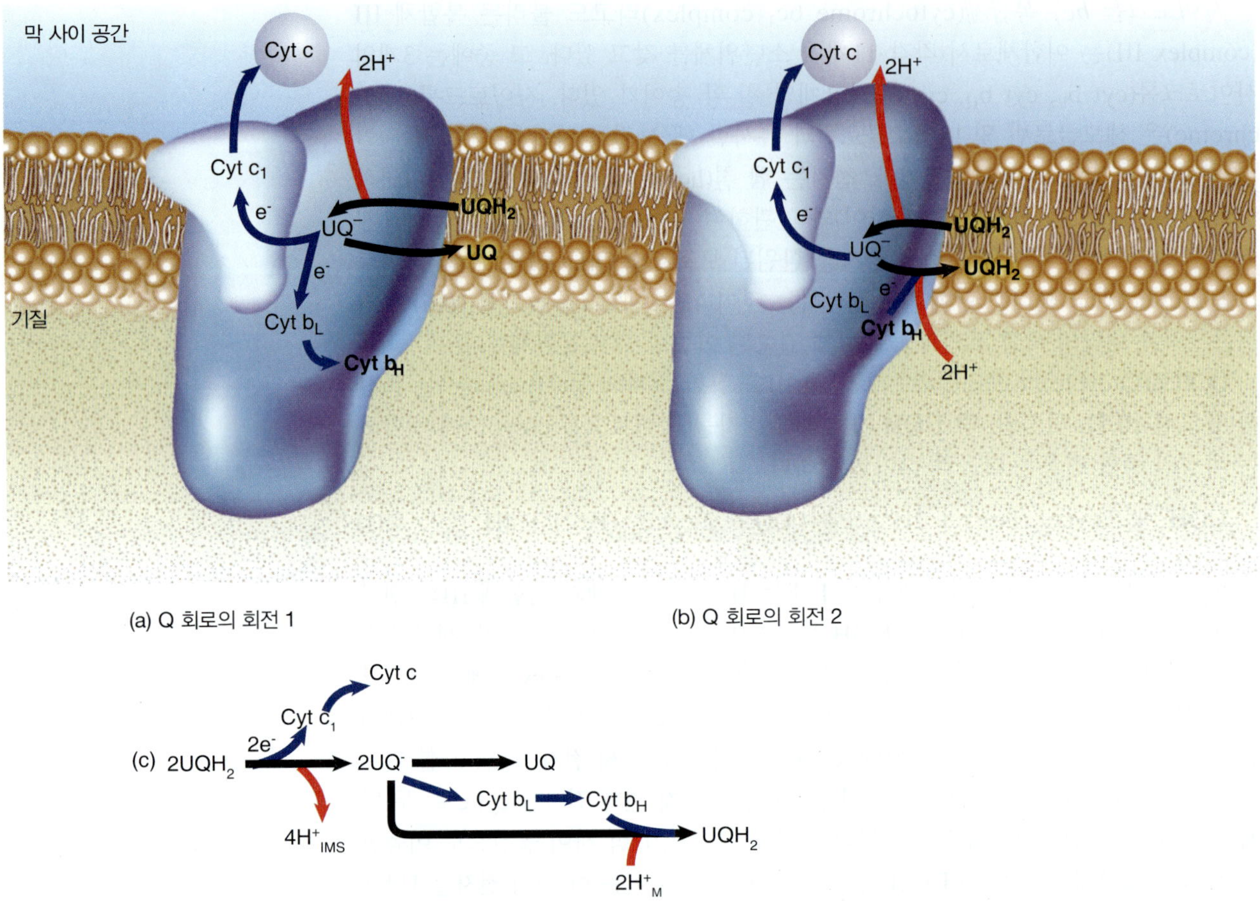

그림 10.7

복합체 III를 통한 전자 전달.

2개의 UQH_2가 두 개의 전자(e^-)를 cyt c에 전달하기 위하여 순차적으로 산화된다. 각 UQH_2로부터 온 첫 번째 전자는 철-황 단백질에 전달된 다음(나타내지 않음) 두 개의 양성자가 각각 막 사이 공간(IMS)으로 전달됨에 따라 cyt c_1과 cyt c에 전달된다. (a) 한 개의 $UQ^{\bullet -}$로부터 나온 두 번째 전자는 cyt b_L을 거쳐서 cyt b_H로 전달된다. UQ는 미토콘드리아 내막(IMM)으로 방출된다. (b) 두 번째 $UQ^{\bullet -}$는 미토콘드리아 기질로부터 2개의 양성자와 cyt b_H로부터 한 개의 전자를 받아서 UQH_2 분자를 형성한다. (c) 요약 반응은 두 개의 UQH_2가 복합체 III 및 UQ로 진입하고 복합체로부터 UQH_2를 방출하는 것을 보여준다. (검은색 화살표 = 반응 화살표, 빨간색 화살표 = 양성자 이동, 파란색 화살표 = 전자 흐름.)

와 같은 방식으로 cyt c에 전달한다. 그 후 생성된 $UQ^{\bullet -}$가 cyt b_H로부터 1개의 전자, 미토콘드리아 기질로부터 2개의 양성자를 받아들여 UQH_2를 형성한다. 이 과정의 알짜 효과는 2개의 전자와 4개의 양성자가 미토콘드리아 내막의 막 사이 공간 쪽에서 제거되어 cyt c를 산화시키고 양성자 기울기 형성에 기여하는 것이다. 미토콘드리아 기질로부터 제공된 2개의 양성자에 의해서 막 안에서 UQ와 UQH_2가 각각 한 분자씩 형성된다.

사이토크롬 산화효소(cytochrome oxidase, 복합체 IV)는 물 분자 형성을 위하여 O_2의 4개의 전자를 환원시키는 복합 단백질이다. 포유동물의 막을 관통하는 복합체(membrane-spanning complex, **그림 10.8**)는 종에 따라 13개의 소단위체를 갖는다. 복합체 IV는 cyt a, cyt a_3 및 3개의 구리 이온을 갖고 있다. 2개의 구리 이온은 이핵 Cu-Cu 중심(binuclear Cu-Cu center)인 Cu_A/Cu_A를 형성하고 헴 a_3와 Cu_B는 이핵 Fe-Cu 중심(binuclear Fe-Cu center)을 형성한다. 두 중심 모두 전자를 한 번에 하나씩 받는다. 전자는 cyt c로부터 Cu_A/Cu_A과 사이토크롬 a를 거쳐

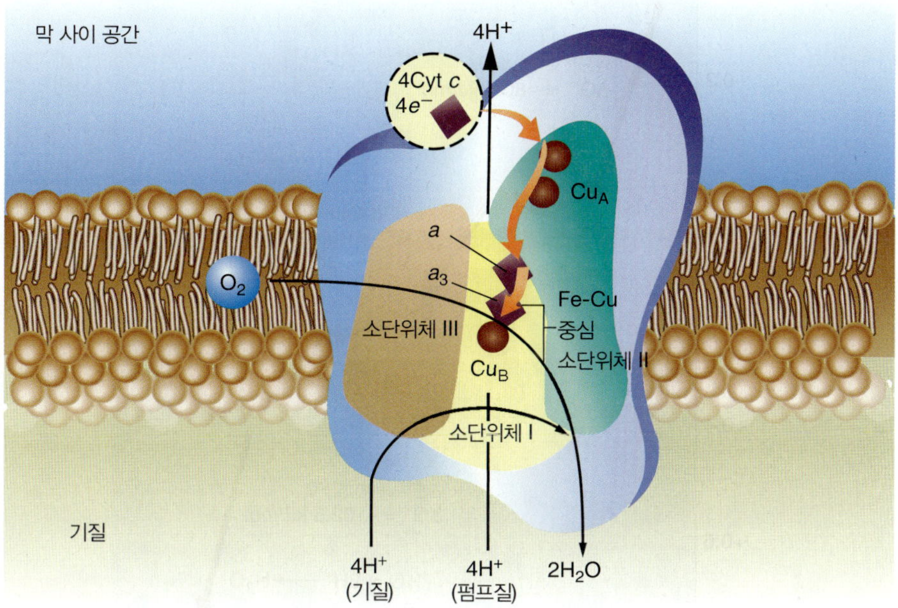

그림 10.8

복합체 IV를 통한 전자 전달.

두 개의 환원된 cyt c 각각은 2개의 전자를 한 번에 하나씩 소단위체 II에 있는 Cu_A에 준다. 그런 다음 전자는 소단위체 I에 있는 cyt a, cyt a_3와 Cu_B에 전달된다. O_2는 cyt a의 헴기와 결합하고 소단위체 I에 있는 철-황 송이(cyt a_3와 Cu_B)로부터 전달된 2개의 전자들에 의해 과산화 유도체(peroxy derivative)인 O_2^{2-}의 양성자화된 형으로 전환된다. cyt c로부터 2개의 전달된 전자와 기질로부터 4개의 양성자 전달은 두 분자의 H_2O를 형성한다. 동시에 추가로 4개의 양성자가 기질로부터 막 사이 공간으로 더 펌프질된다.

주요 개념 _Key Concepts

전자 전달 사슬은 진핵세포의 미토콘드리아 내막에 위치한 전자 운반체를 구성하는 일련의 복합체이다.

cyt a_3-Cu_B로 전달된 다음 마지막으로 O_2에 전달된다. 4개의 양성자와 4개의 전자들은 복합체 IV를 통하여 미토콘드리아 내막의 바깥으로부터 기질의 cyt a_3-Fe(II)에 결합된 이산소(dioxygen)로 전달되기 위하여 기질로 보내진다. 그 결과 2개의 물 분자가 형성되고 물 분자는 그 자리를 떠난다.

$$O_2 + 4H^+ + 4\,e^- \rightarrow 2H_2O \tag{2}$$

cyt c와 복합체 IV는 ATP-결합 조절 자리(ATP-binding regulatory site)를 갖고 있다. ATP 농도가 높을 때 다른자리 입체성(allosteric) 억제제로 작용하는 ATP는 이 자리와 결합하여 전자 전달 활성을 감소시킨다.

NADH 산화는 전자가 복합체 I, III, IV를 통해 흘러감으로 인하여 감소된 환원전위($\Delta E°'$)로 알 수 있듯이 상당량의 에너지를 잃는다(**그림 10.9**). ETC에서 한 쌍의 전자가 NADH와 산소 분자 사이에 전달될 때 약 2.5분자의 ATP가 생성된다. 석신산 산화에 의해 생성된 $FADH_2$로부터 주어진 한 쌍의 전자 전달로부터 약 1.5분자의 ATP가 생성된다. ATP가 생성되는 과정은 전자 전달, 양성자 기울기와 연관되어 있으며 이후에 설명할 것이다. ETC의 성분은 **표 10.1**에 요약되어 있다.

주요 개념 _Key Concepts

전자 전달 사슬은 진핵세포의 미토콘드리아 내막에 위치한 전자 운반체를 구성하는 일련의 복합체이다.

전자 전달: 유체 상태 및 고체 상태 모형

유체 상태 모형은 수십 년 동안 내려온 미토콘드리아 전자 전달에 대한 전통적인 견해이다. 유체 상태 모형은 효소 활성 형태로 4개의 ETC 복합체의 실험적인 추출

그림 10.9

미토콘드리아 전자 전달 사슬에서의 에너지 관계.

비교적 큰 자유 에너지의 감소가 세 단계에서 일어난다. 각 단계(즉 복합체 I, II, III)에서 충분한 에너지가 방출되어 ATP를 합성한다.

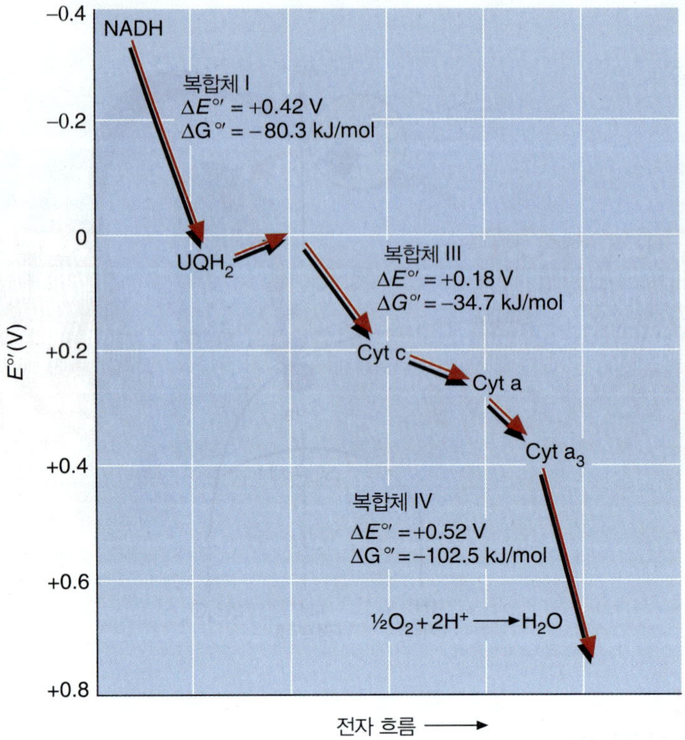

표 10.1 전자 전달 사슬의 초분자(supramolecular) 성분

효소복합체	보결 원자단
복합체 I(NADH 탈수소효소)	FMN, FeS
복합체 II(석신산 탈수소효소)	FAD, FeS
복합체 III(사이토크롬 bc_1 복합체)	헴, FeS
사이토크롬 c	헴
복합체 IV(사이토크롬 산화효소)	헴, Fe, Cu

과 정제에 의거하여 ETC 성분 간의 전자 전달을 설명한다. 전자 전달은 ETC 복합체, 이동성 전자 전달체인 UQ 및 사이토크롬 c 간의 무작위적 충돌의 결과로 받아들여진다. 하지만 지난 10년간 전자 전달 과정에 대하여 괄목할만한 증거들은 고체상태 조직화(organization)를 지지해 준다. 추출과 정제에 대한 좀 더 조심스러운 방법의 결과로 몇 개의 복합체 I, III, IV로 이루어진 몇 가지 초복합체(supercomplex, 즉 I, III과 III, $IV_{1\sim4}$, 복합체 II는 제외)를 발견하고 분리하였다. I, III_2, $IV_{1\sim2}$ 초복합체가 몇몇 동물, 식물 및 곰팡이에서 발견되었다. **호흡복합체**(respirasome)라고 명명되는 이 초복합체는 기능상 호흡 단위로 추정되는 데 ETC의 가장 활동적이고 안정된 형태이다. (III_2 부호는 복합체 III 이합체이다.)

고체 상태 모형에 의하면 전자 전달이 효과적인데, 이는 이동성 전자운반체 사이의 확산 거리가 짧기 때문이다. 소 심장의 I, III_2, IV 초복합체 구조 연구에 의하면 ETC 복합체 내의 이동성 전자운반체들의 결합 자리들은 매우 가까운 거리에 있다. 예를 들면 복합체 I의 UQ 결합 자리는 복합체 III의 환원된 UQ 결합 자리와 직접적으로 마주하고 있다. 미토콘드리아 내막의 또 다른 특성 또한 고체 상태 모형을 지지한다. 이 막은 예외적으로 단백질 밀도가 높다(75%:25% 단백질:지질 비). 결과적으로 심하게 접힌 내막에서 무작위적인 단백질 움직임은 극히 제한되어 있다.

전자 전달 억제제

여러 분자들이 전자 전달 과정을 특이적으로 억제한다(**그림 10.10**). 환원 전위 측정과 함께 사용되는 억제제는 ETC를 이루는 구성물질의 정확한 순서를 규명하는 데 중요하다. 이와 같은 실험에서 전자 전달은 산소 전극으로 측정한다. (산소의 소모는 전자 전달의 민감한 척도가 된다.) 전자 전달이 억제될 때 산소 소모는 감소하거나 제거된다. 산화된 전자 전달 사슬의 구성 성분은 억제를 받는 자리에서 O_2를 환원하는 쪽에 축적된다. 그러나 환원된 전자 전달 사슬 구성 성분은 억제 자리의 비산소 쪽에 축적된다. 예를 들면 복합체 III에서 cyt b를 억제하는 안티마이신 A(antimycin A)를 미토콘드리아 용액에 첨가하면 NAD^+, 플라빈(flavin), cyt b 분자들이 더 환원되는 반면에 cyt c_1, c, a는 더욱 산화된다. 전자 전달계의 다른 유명한 억제제인 로테논(rotenone)과 아미탈(amytal)은 NADH 탈수소효소(복합체 I)를 억제한다. 그리고 일산화 탄소(CO), 아자이드화 이온(azide, N_3^-), 사이안화 이온(cyanide, CN^-)은 사이토크롬 산화효소의 활성을 억제한다.

문제 10.1

아래에 제시된 쌍 중에서 어느 화합물이 더 좋은 환원제인가?

a. NADH/H_2O
b. UQH_2/$FADH_2$
c. Cyt c(환원된)/cyt b(환원된)
d. $FADH_2$/NADH
e. NADH/$FMNH_2$

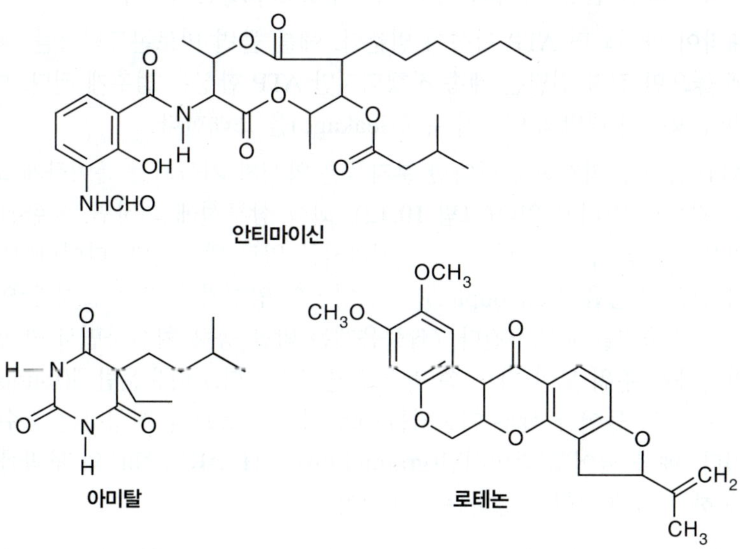

그림 10.10
미토콘드리아 전자 전달 사슬의 억제제.
안티마이신은 cyt b에서 오는 전자의 전달을 막는다. 아미탈과 로테논은 NADH 탈수소효소를 억제한다.

10.2 산화적 인산화

산화적 인산화(oxidative phosphorylation)란 전자 전달 사슬에 의해 생성된 에너지가 ADP 인산화에 보존되어서 ATP로 합성되는 과정으로, 1961년 미첼(Peter Mitchell)에 의해 제안된 **화학 삼투 짝지음설**(chemiosmotic coupling theory)에 의하여 설명된다. *화학 삼투*(chemiosmosis)에서 전자 전달에 의해 방출된 에너지는 막을 가로지르는 전기화학적 기울기를 생성하는데, 이는 ATP 합성을 유도한다.

화학 삼투 짝지음설

화학 삼투 짝지음설의 특징은 다음과 같다.

1. 전자가 전자 전달 사슬을 통해 흐를 때 양성자는 기질로부터 운반되어 막 사이 공간으로 방출된다. 그 결과 전위차(Ψ)와 양성자 기울기(ΔpH)가 내막에 걸쳐 증가한다. 그리고 이러한 전기화학적 양성자 기울기(electrochemical proton gradient)를 종종 **양성자 동력**(proton motive force, Δp)이라고도 한다.
2. 전자 전달과정의 결과로 막 사이 공간에 다량으로 존재하는 양성자는 특수 통로를 통해서만 내막을 통과할 수 있고 농도의 기울기를 따라 기질로 운반된다. (원래 내막 자체는 양성자 같은 이온에 대해 불투과성이다.) ATP는 ADP와 P_i로부터 *ATP 생성효소*(ATP synthase)라고 불리는 분자 기계(molecular machine)에 의해 합성된다. 이 효소는 복합체 V라고도 불리며, 양성자 통로를 갖고 있다. ATP 합성은 이 통로를 통한 열역학적으로 유리한 양성자 흐름의 결과로 일어난다.

미첼은 화학 반응이 삼투 기울기와 연관될 수 있다는 것을 강조하기 위하여 *화학 삼투*(chemiosmotic)란 용어를 사용하였다. 미토콘드리아 내에서 작용되는 화학 삼투 모형의 개요를 **그림 10.11**에 나타내었다.

화학 삼투설을 지지하는 증거는 다음과 같다.

1. 활발하게 호흡하는 미토콘드리아는 양성자를 방출한다. 약하게 완충된 미토콘드리아에서 전극에 의해 측정된 pH는 산소가 첨가될 때 떨어진다. 내막에 걸쳐 나타난 전형적인 pH 기울기는 약 0.05 pH 단위이다.
2. 내막이 파괴되면 ATP 합성이 멈춘다. 예를 들면 미토콘드리아를 저장액 속에 놓으면 전자 전달은 계속 진행되지만 ATP 합성은 멈추게 된다. 미토콘드리아 팽창이 내막의 양성자 유출(leakage)을 초래한다.
3. ATP 합성을 억제하는 다양한 분자들은 양성자 기울기를 특이하게 소멸시키는 것으로 알려져 있다(**그림 10.12**). 화학 삼투설에 의하면, 교란된 양성자 기울기는 음식물로부터 유래한 에너지를 열로 방출한다. 다이나이트로페놀과 같은 **짝풀음제**(uncoupler)는 막 양쪽의 양성자 농도를 같게 함으로써 양성자 기울기를 파괴시킨다. (짝풀음제는 막을 통해 확산하면서 막 한쪽에서 양성자를 주워 모아 다른 쪽 막으로 방출시킨다.) **이온운반체**(ionophore)는 막 속으로 들어가 삼투 기울기를 교란시키고 통로를 형성하는 소수성 분자이다. 예를 들어 그라미시딘(gramicidin)은 H^+, K^+, Na^+의 통과를 가능하게 하는 막 통로를 형성하는 항생제이다.

전자 전달계에 의해 생성되는 양성자 기울기는 두 가지 목적을 위해 소모된다.

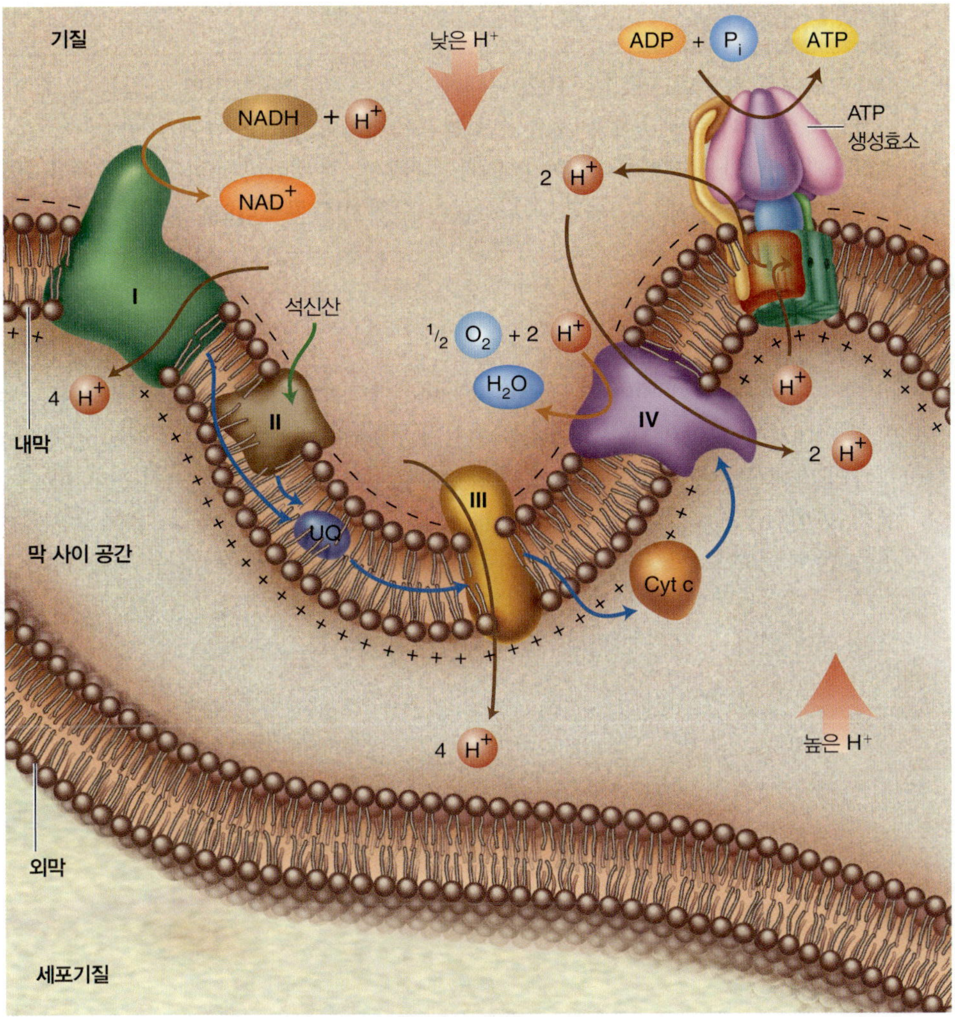

그림 10.11

화학 삼투설의 개요.

미첼의 모형에서 양성자는 미토콘드리아 내막을 통해 기질로부터 전자 전달 사슬의 메커니즘에 의해 막 사이 공간으로 이동한다. 전자 전달로부터 보존된 에너지는 전위와 양성자 기울기를 형성하는 데 사용된다. 양성자는 내막을 통과할 수 없기 때문에 특정 양성자 통로를 통해 통과할 수 있다. ATP 생성효소를 통한 양성자의 흐름은 ATP 합성을 일으킨다. (전자 전달에서 복합체 I, II, III, IV의 역할은 **그림 10.1**을 참조.) 내막을 통한 양성자 흐름의 결과로 기질의 pH가 증가하고 막의 기질쪽이 음전하를 띠게 된다는 것을 주목하라.

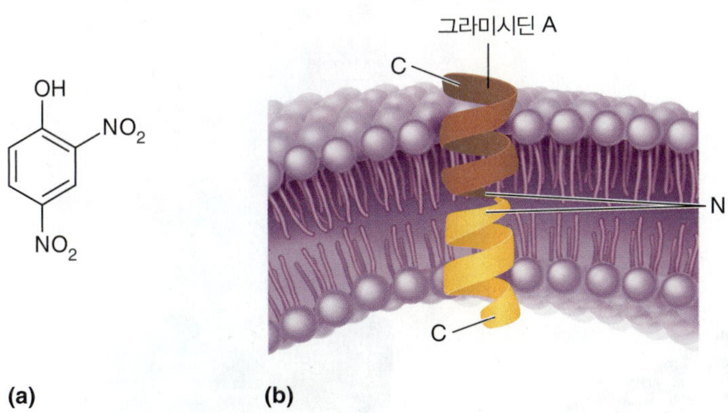

그림 10.12

짝풀음제.

(a) 막을 가로질러 확산하는 다이나이트로페놀(dinitrophenol)은 양성자를 막의 한쪽에서 잡아 막의 다른 쪽으로 방출한다. (b) 그라미시딘 A(gramicidin A, 11개의 잔기로 된 펩타이드)는 서로 끝과 끝이 결합된 이합체를 형성하여 막 속에 통로를 만든다. C = 카복시 말단, N = 아미노 말단.

즉, ATP는 양성자가 ATP 생성효소를 통하여 흐를 때 합성되고, 조절된 양성자 유출은 여러 유형의 생물학적 일을 하는 데 사용된다. 그 예로서 열이 발생과 내막을 통한 인산과 아데닌 뉴클레오타이드, ADP, ATP와 같은 물질의 수송이다. 다음 절에서 미토콘드리아 내에서 ATP 합성과 그 조절에 대해 알아보고, 글루코스로부터 에너지 생성에 대한 개요를 알아보자. 10.2절에서는 동물세포에서 미토콘드리아 양성자 기울기가 체온을 조절하는 과정인 비떨림 열생성(noshivering thermogenesis)에 대하여 살펴보자.

DNP와 간부전
DNP and Liver Failure

문제 10.2

다이나이트로페놀(DNP)은 1920년대에 그것을 섭취하던 몇몇 사람들이 죽기 전까지 다이어트 보조제로 사용되던 짝풀음제이다. DNP 섭취가 체중 감소를 일으키는 원인을 제시하라. DNP에 의한 사망은 간부전의 결과이다. 이유를 설명하라. [*힌트*: 간세포는 예외적으로 많은 수의 미토콘드리아를 갖고 있다.]

ATP 합성

미토콘드리아의 초기 전자현미경 연구에 의하면 내막의 안쪽 표면에 박혀 있는 수많은 막대사탕 모양의 구조를 볼 수 있었다. 1960년대 초기부터 시작된 실험에서 각각의 막대사탕이 ATP 생성효소로 양성자를 옮기는 단백질로 밝혀졌다. 이 연구에서 *아미토콘드리아 입자*(submitochondrial particle, SMP)라는 용어를 사용하였는데, 이는 미토콘드리아를 초음파분해(sonication)할 때 형성되는 작은 막 소포이다. 추가적인 실험에서 ATP 생성효소(**그림 10.13**)는 두 개의 주요한 구성 성분으로 되어 있다는 것을 밝혔다. 즉, F_1 단위(활성 ATPase)는 α_3: β_3: γ: δ: ε의 비

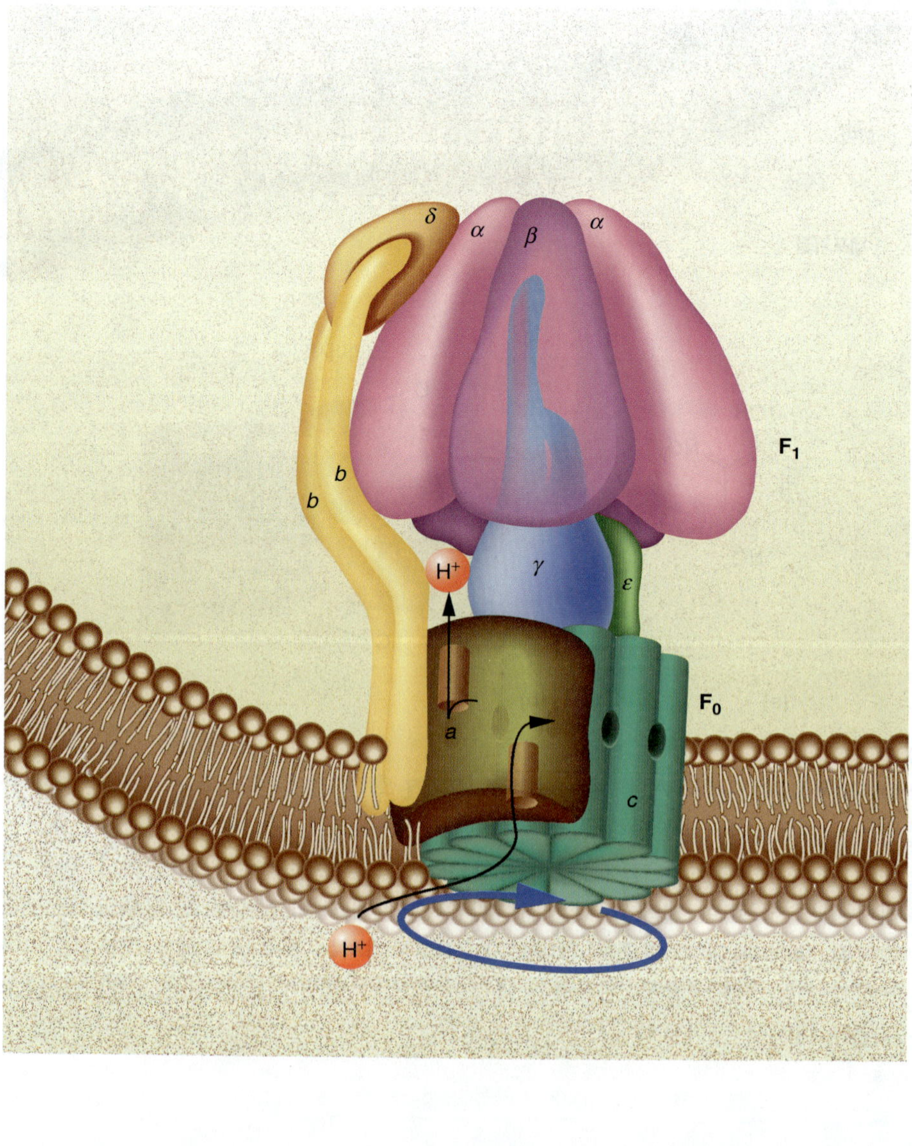

그림 10.13
대장균의 ATP 생성효소.
회전자는 ε, γ와 c_{12} 소단위체로 구성된다. 고정자는 a, b_2, δ, α_3, β_3 소단위체로 이루어진다. ATP 생성효소의 분자 성분은 세균, 식물과 동물 사이에서 잘 보존되어 있다.

율로 존재하는 5가지 소단위체(subunit)를 보유하고 있다. F_1상에는 3개의 뉴클레오타이드-결합 촉매 자리가 존재한다. 양성자를 위한 막횡단 통로(transmembrane channel)인 F_0 단위는 a: b_2: $c_{10\sim12}$의 비율로 존재하는 3가지의 소단위체를 갖고 있다. F_0 소단위체라고 불리는 이유는 그 기능이 *스트렙토마이스*(Streptomyces, 그람양성 세균)에 의해 생성되는 항생제인 올리고마이신(oligomycin)에 의해 억제되기 때문이다. 올리고마이신은 소단위체 a와 결합하면 양성자 통로를 막는다.

ATP 생성효소는 강력하고 유연한 *고정부*(stator)에 의해 연결된 2개의 회전자(회전모터)로 구성된다. 호흡하는 생물에서 F_0 모터(motor)는 양성자 동력을 F_1 단위에 의해 촉진되는 ATP 합성을 추진하는 회전력으로 전환시킨다. ε과 γ 소단위체로 구성된 중앙축에 부착된 c 고리(c ring, c 소단위체로부터 형성됨)인 회전자는 F_1 단위의 α, β 육합체(α, β hexamer) 내에서 회전한다. 고정부(b와 δ 소단위체)는 α,β 육합체가 회전하는 것을 방지한다.

각 ATP 합성은 ATP 생성효소를 통한 양성자 3개의 이동을 필요로 한다. (ADP와 P_i를 받아들이고 ATP와 OH^-를 기질 밖으로 수송하는 데는 양성자 운반이 추가적으로 필요하다.) 양성자가 F_0를 통해 흘러갈 때 양성자 통로(c_{12}, 또는 c 고리라고도 함)의 회전은 F_1 단위의 핵심부에 돌출해 있는 γ 소단위체에 전달된다. 중앙축의 회전은 양성자 통로를 각 α,β 이합체에 대해 3개의 가능한 위치에 놓이게 한다. 실제로 양성자 동력은 α,β 육합체를 3번 연속해서 120° 회전하도록 유도한다. 회전이 일어남에 따라 3개의 뉴클레오타이드 결합자리는 각각 ATP 합성을 일으키는 일련의 형태적 변화를 겪는다. 어떤 경우(예, 혐기성 상태에서 대장균과 락트산 발효 세균) 모터로 작용하는 F_1 단위가 반대 방향으로 작용하여 ATP가 가수분해된다. 그 결과 양성자는 밖으로 내보내진다. 바깥쪽으로 이동하는 양성자 기울기는 편모 회전과 영양소 수송 같은 일을 하는 데 사용된다.

ATP 생성효소에 의한 ATP 합성 메커니즘은 다음과 같다. F_0 단위에서 c 고리의 각 소단위체는 2개의 막횡단 역평행 나선(transmembrane antiparallel helix)으로 구성되어 있다. c 소단위체의 C-말단 나선은 양성자 첨가 반응(protonation)이 일어나면 회전운동을 일으키는 데 필수적인 아스파트산 잔기를 갖고 있는데, 이는 전체 소단위체의 회전을 유발한다. 이 아스파트산 잔기의 양성자 제거 반응(deprotonation)은 C-말단 나선이 원래의 형태를 회복하도록 한다. 양성자는 a 소단위체의 통로를 통해 c 고리로 들어간다. 이 통로 끝에서 a 소단위체와 c 소단위체 접촉면에 위치한 염기성 잔기(아지닌, Arg)는 들어오는 양성자를 c 소단위체의 아스파트산(Asp) 잔기에 전달한다. c 소단위체의 회전으로 인해 양성자는 a 소단위체로부터 제거된다. 그 다음 양성자가 a 소단위체 통로를 통해 들어오면 이 과정은 반복된다. 그 알짜 효과는 c 고리가 막에서 보면(막의 위치에서 보면) 시계 반대 방향으로 회전하는 것이다. 각 c 소단위체가 a 소단위체에 위치한 통로에 도달할 때 양성자 제거 반응이 일어나고 양성자는 미토콘드리아 기질로 나간다. c 소단위체 회전에 의해 발생된 *비틀림 회전력*(torque)은 비대칭 중앙축(ε과 γ 소단위체로 구성된)이 α,β 육합체 안쪽에 위치한 슬리브(sleeve) 안에서 회전하도록 만든다. α,β 육합체의 촉매 자리는 β 소단위체에 위치하고 아데닌 뉴클레오타이드 리간드에 대한 친화력이 서로 다른 3개의 형태, 즉 *열린 형*(open, O: 낮은 친화력을 가진 비활성), *단단한 형*(tight, T: 높은 친화력을 가진 활성), *느슨한 형*(loose, L: 비활성)으로 존재한다(**그림 10.14**). 이 형태들 사이의 상호 전환은 회전하는 γ 소단위체와의 상호작용에 의해 일어난다. ATP 합성 과정에는 3가지 단계가 있다. (1) ADP와 P_i가 L 자

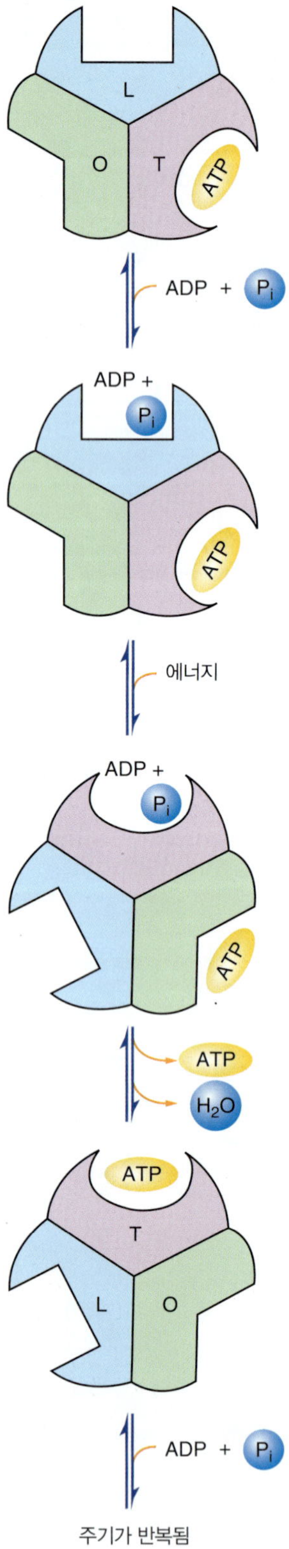

그림 10.14

ATP 합성 모형.

ATP 생성효소의 β 소단위체 촉매 자리는 열린(O: 아데닌 뉴클레오타이드에 대한 친화력이 낮고 비활성), 단단한(T: 높은 친화력을 가진 활성), 느슨한(L: 비활성) 3가지 형태를 갖고 있는 것으로 알려져 있다. ATP 합성은 ADP와 P_i가 L자리에 결합하면서 시작된다. α, β 육합체 내 중앙축의 회전에 의해 발생한 형태 변화는 L 자리를 T 형태로 전환한다. 그 다음에 ATP가 합성된다. 중앙축이 계속해서 회전하면서 T 자리는 ATP 분자를 방출하는 O 자리로 전환된다. ADP와 P_i가 T 형태의 인접한 소단위체 자리에 결합하지 않으면 ATP는 O 자리로부터 방출될 수 없다.

리(L site)에 결합한다. (2) ATP 합성은 L 형태가 T 형태로 변형될 때 일어난다. (3) ATP는 T 형태가 O 형태로 전환할 때 방출된다. γ 소단위체가 회전하고 각 β 소단위체와 연쇄적으로 상호작용할 때 각 활성 자리는 O, T, L 형태의 과정을 거친다.

문제 10.3

안팎을 뒤집은(inside-out) 아미토콘드리아 입자 현탁액이 ADP, P_i 및 NADH가 들어 있는 용액에 있다. 용액의 양성자 농도를 증가시키면 ATP가 생성되는가? 이유를 설명하라.

산화적 인산화의 제어

세포는 산화적 인산화의 제어로 변동하는 에너지 요구에 적응할 수 있다. 정상적인 상태에서 전자 전달과 ATP 합성은 밀접하게 연관되어 있다. P/O 비(각각의 산소 원자가 물 분자로 환원되는 데 소모되는 P_i의 몰수) 값은 전자 전달로 생성되는 양성자 동력과 ATP 합성 사이의 연관 정도를 반영한다. NADH 산화에 대한 측정된 최대 P/O 비는 2.5이고 $FADH_2$에 대한 비는 1.5이다. 산화적 인산화는 ADP 농도에 의해 제어된다. 미토콘드리아는 ADP와 P_i의 농도가 충분할 때만 NADH와 $FADH_2$를 산화할 수 있다. 분리한 미토콘드리아에 산화 가능 물질(예, 석신산)을 첨가하면 ADP는 결국엔 모두 ATP로 전환된다. 이때 산소 소모는 현저히 격감한다. 그러나 ADP를 공급하면 산소 소모는 급격히 증가 한다. 이와 같이 ADP에 의한 호기성 호흡의 조절을 **호흡 제어**(respiratory control)라 한다.

ATP 합성은 ATP 질량 작용비(mass action ratio, [ATP]:[ADP][P_i])에 밀접하게 비례하는 것처럼 보인다. 바꿔 말하면, ATP 생성효소는 고농도의 ATP에 의해 억제되고 고농도의 ADP와 P_i에 의해 활성화된다. 미토콘드리아 내 ATP와 ADP의 상대적인 농도는 내막에 존재하는 두 개의 수송 단백질, *ADP-ATP 자리옮김체*(ADP-ATP translocator)와 인산운반체에 의해 조절된다. ADP-ATP 자리옮김체(**그림 10.15**)는 세포질에서 생성된 ADP를 미토콘드리아 안의 ATP와 1:1의 비율로 교환하는 이합체 단백질(dimeric protein)이다. 앞에서 서술한 바와 같이, 미토콘드리아 내막에 걸쳐 전위차가 존재한다(내부가 음성). ATP 분자는 ADP 분자보다 음전하를 하나 더 갖고 있기 때문에 ATP는 밖으로 그리고 ADP는 안으로 운반되는 것을 선호한다. 양성자와 함께 $H_2PO_4^-$의 수송은 인산 자리옮김효소(phosphate translocase, 또는 $H_2PO_4^-/H^+$ 동향운반체로 불림)에 의해 이루어진다. [*동향운반체*(symporter)는 막을 가로질러서 용질들을 같은 방향으로 이동시키는 막횡단 수송 단백질(transmembrane transport protein)이다. 막횡단 수송 단백질의 설명은 11.2절을 참조.] 한 분자의 ATP 합성을 위해 4개의 양성자가 안쪽으로 운반되어야

주요 개념 _Key Concepts

- 호기성 생물에서 대부분의 ATP 분자 합성을 위해 사용하는 에너지는 양성자 동력이다.
- 양성자 동력은 전자가 전자 전달 사슬을 통해 흐를 때 자유 에너지가 방출되면서 생성된다.

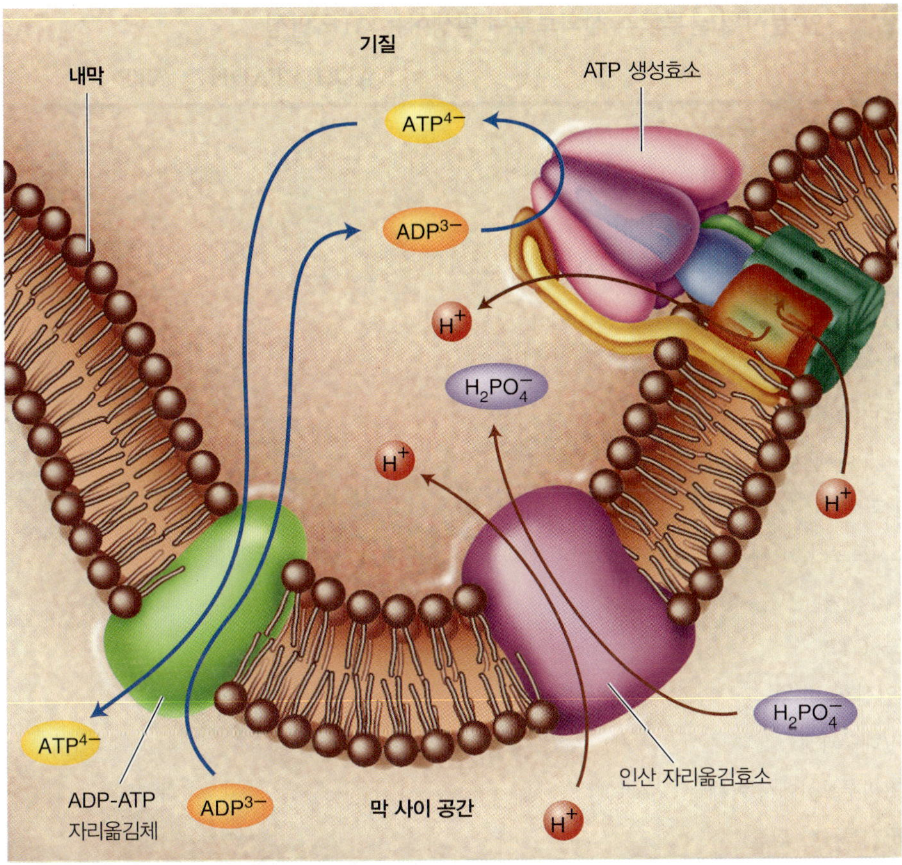

그림 10.15

ADP-ATP 자리옮김체와 인산 자리옮김효소.

$H_2PO_4^-$를 인산 자리옮김효소에 의해 미토콘드리아 내막을 통과시키는 수송은 양성자 기울기에 의해 일어난다. 기질로부터 수송된 4개의 양성자 중 3개는 ATP 생성효소 회전자를 돌리고 1개는 인산을 내부로 수송한다. 지속적인 ATP 합성을 위해 필요하고 ADP-ATP 자리옮김체에 의해 중재되는 ADP^{3-}와 ATP^{4-}의 동시 교환은 내막에 걸쳐 존재하는 전위차에 의해 일어난다.

한다. 즉, ATP 생성효소 회전부를 움직이는 데 3개, 인산을 안쪽으로 운반하는 데 1개의 양성자가 필요하다.

글루코스의 완전 산화

표 10.2에 한 분자의 글루코스로부터 생산되는 ATP 생성원이 수록되어 있다. 또 다른 에너지원인 지방산으로부터 ATP 생산은 12장에서 설명되어 있다. 해당과정을 통해 두 분자의 NADH가 생산되는 것을 상기해 보자. 산소가 존재할 때 전자 전달 사슬에 의한 NADH의 산화가 락트산 형성보다 훨씬 더 바람직하다(에너지 생성의 관점에서). 그러나 NADH는 미토콘드리아 내막을 통과하지 못한다. 따라서 동물세포는 세포질 NADH로부터 미토콘드리아 전자 전달 사슬에 전자를 전달하는 왕복장치 메커니즘(shuttle mechanism)을 발전시켜 왔는데, 그 대표적인 예가 글리세롤 인산 왕복장치와 말산-아스파트산 왕복장치이다.

글리세롤 인산 왕복장치(glycerol phosphate shuttle, **그림 10.16a**)에서 해당과정의 중간물질인 DHAP는 NADH에 의해 글리세롤-3-인산(glycerol-3-phosphate)으로 환원된다. 이 반응은 미토콘드리아 글리세롤-3-인산 탈수소효소(glycerol-3-phosphate dehydrogenase)에 의한 글리세롤-3-인산의 산화로 이어진다. (미토콘드리아 효소는 FAD를 전자 받개로 사용한다.) 글리세롤-3-인산은 미토콘드리아 내막의 바깥 표면에 있는 효소와 상호 작용하기 때문에 실제로 기질(substrate)은 미토콘드리아 기질로 들어가지 않는다. 이 반응에서 생성된 $FADH_2$는 전자 전달 사슬에 의해 산화된다. FAD는 전자 받개로서 세포질 NADH 분자당 1.5 ATP를 만든다.

주요 개념 _Key Concepts

- P/O 비율은 전자 전달과 ATP 합성 사이의 연관을 반영한다.
- NADH와 $FADH_2$의 최대 P:O 비 측정값은 각각 2.5와 1.5이다.

표 10.2 한 분자의 글루코스 산화로부터 발생하는 ATP 합성

	NADH	$FADH_2$	ATP	
해당과정(세포질)				
글루코스 → 글루코스-6-인산			−1	
프룩토스-6-인산 → 프룩토스-1,6-인산			−1	
글리세르알데하이드-3-인산 → 글리세르산-1,3-비스인산	+2			
글리세르산-1,3-비스인산 → 글리세르산-3-인산			+2	
포스포엔올피루브산 → 피루브산			+2	
미토콘드리아 반응				
피루브산 → 아세틸-CoA	+2			
시트르산 회로				
아이소시트르산, α-케토글루타르산, 말산의 산화	+6			
석신산의 산화		+2		
GDP → GTP			+1.5*	
산화적 인산화 반응				
2 NADH(해당과정)			+4.5†	(3)‡
2 NADH(피루브산에서 아세틸-CoA로)			+5	
6 NADH(시트르산 회로)			+15	
2 $FADH_2$(시트르산 회로)			+3	
			31	(29.5)

* 이 숫자는 세포질로 수송되는 것에 대한 대가이다.
† 말산-아스파트산 왕복장치를 사용할 경우.
‡ 글리세롤 인산 왕복장치를 사용할 경우.

비록 **말산-아스파트산 왕복장치**(malate-aspartate shuttle, **그림 10.16b**) 메커니즘이 글리세롤 인산 수송보다 더 복잡하지만 말산-아스파트산 수송은 에너지 효율성 측면에서 더 우수하다. 이 왕복장치는 NADH에 의하여 세포질 OAA가 말산(malate)으로 환원되면서 개시된다. 말산은 미토콘드리아 기질로 운반된 후 재산화된다. 그리고 생산된 NADH는 전자 전달 사슬에 의해 산화된다. 왕복장치가 지속되려면 OAA는 세포질로 돌아가야 한다. OAA는 내막을 투과하지 못하기 때문에 글루탐산을 이용한 아미노기 전달 반응을 통해 아스파트산으로 전환된다(14장). 이 반응의 산물인 아스파트산과 α-케토글루타르산(α-ketoglutarate)은 세포질로 운반된다.

아스파트산은 글루탐산-아스파트산 수송 단백질을 통해 글루탐산 대신 세포질로 운반되는데 그곳에서 OAA로 전환된다. α-케토글루타르산은 말산-α-케토글루타르산 수송단백질을 통해 말산 대신 세포질로 운반되는데 그곳에서 글루탐산으로 전환된다. 글루탐산-아스파트산 운반체는 양성자를 기질로 이동시켜야 한다. 따라서 이 메커니즘을 사용하는 알짜 ATP 합성은 다소 감소한다. 각 NADH 분자에 대하여 2.5분자의 ATP를 합성하는 대신 약 2.25 분자의 ATP가 생성된다.

글루코스로부터 ATP 합성과 관련하여 마지막으로 하나의 문제가 있는데 두 분

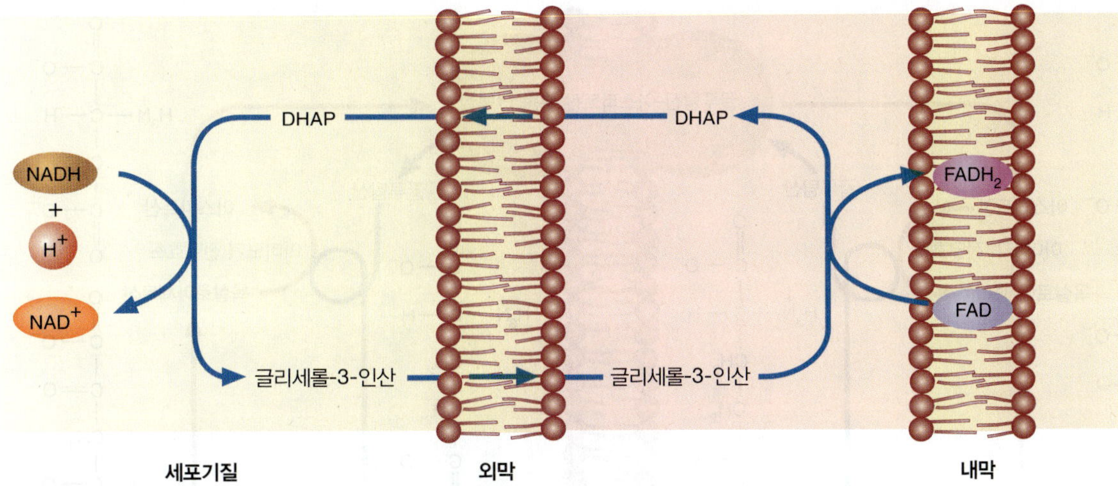

그림 10.16a

세포질 NADH로부터 호흡사슬에 전자를 전달하는 왕복장치 메커니즘.

(a) 글리세롤 인산 왕복장치. DHAP는 글리세롤-3-인산으로 환원되고 이 글리세롤-3-인산은 미토콘드리아 글리세롤-3-인산 탈수소효소에 의해 재산화되고 FAD는 $FADH_2$로 환원된다. (b) 말산-아스파트산 왕복장치. 옥살로아세트산은 NADH에 의해 말산으로 환원된다. 말산은 미토콘드리아 기질로 운반되어 그곳에서 옥살로아세트산과 NADH로 재산화된다. 옥살로아세트산은 막을 통과하지 못하기 때문에 글루탐산을 이용한 아미노기 전달 반응을 통해 아스파트산으로 전환된다. 이 왕복장치를 위해 글루탐산-아스파트산 수송 단백질과 말산-α-케토글루타르산 수송 단백질의 2가지 내막 운반체가 필요하다.

자의 ATP가 시트르산 회로에서(GTP로부터) 생성되는 것을 상기하라. ATP가 세포질(사용될 장소)로 운반되는 대가로 두 개의 양성자가 기질로 흡수된다. 따라서 한 분자의 글루코스로부터 생성되는 ATP 총량은 ATP 한 분자의 절반만큼 감소한다.

어떤 왕복장치를 사용하는가에 따라서 한 분자의 글루코스에 대해 생성되는 ATP 총 분자수는 약 29.5~31로 달라진다. 생성된 ATP 평균 분자수가 30이라고 가정할 때 글루코스 완전 산화의 알짜 반응은 다음과 같다.

$$C_6H_{12}O_6 + 6O_2 + 30\ ADP + 30\ P_i \rightarrow 6CO_2 + 6H_2O + 30\ ATP \qquad (3)$$

글루코스 완전 산화에 의해 생성되는 ATP 분자수는 해당과정에 의해 생성된 두 개의 ATP 분자와 극적으로 비교가 된다. 따라서 글루코스를 산화하기 위해 산소를 사용하는 생물이 분명히 훨씬 유리한 점을 갖는다.

주요 개념 _Key Concepts

글루코스 한 분자의 호기성 산화는 29.5~31개의 ATP 분자를 만든다.

문제 10.4

전통적으로 ETC에 의한 NADH와 $FADH_2$의 산화는 3개의 ATP와 2개의 ATP를 생산한다고 믿어 왔다. 지적한 대로 내막을 가로지르는 양성자 유출과 같은 인자까지 고려한 최근 실험에서 이 값들이 다소 줄어들었다. 이전 값들을 사용하여 글루코스 분자의 호기성 산화에 의해 생산되는 ATP 분자수를 계산하라. 먼저 글리세롤 인산 왕복장치를 가정하고 말산 아스파트산 왕복장치가 환원 당량을 미토콘드리아로 전달한다고 가정하라.

문제 10.5

1 mol의 슈크로스(sucrose)로부터 생산할 수 있는 최대 ATP 수를 계산하라.

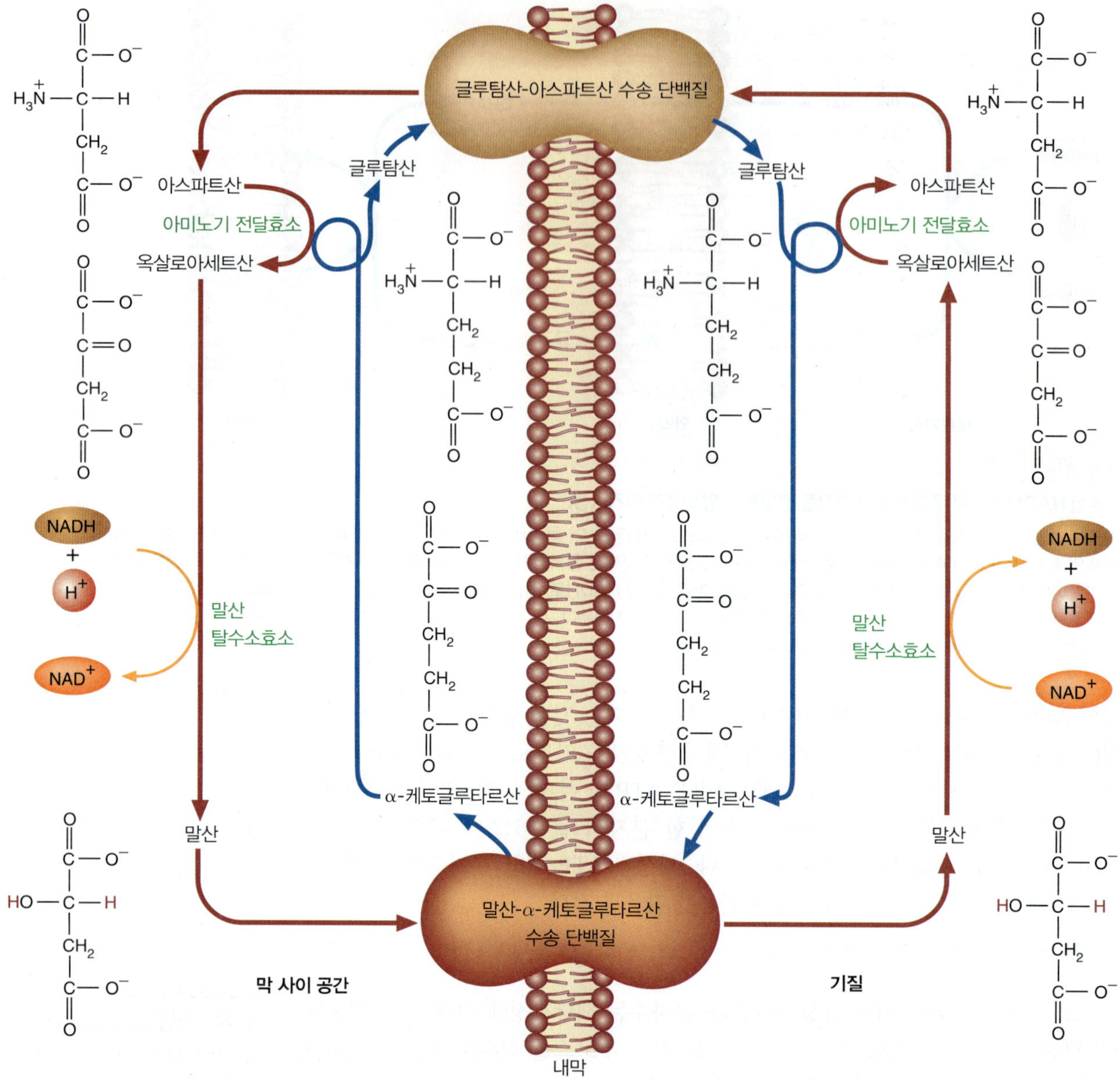

그림 10.16b

짝풀린 전자 전달

짝풀음 단백질(uncoupling protein)이라고 불리는 단백질은 ATP 합성이 없이 미토콘드리아 내막을 거쳐 양성자를 이동시킴으로써 산화 에너지(oxidative energy)를 부분적으로 소모한다. 가장 잘 알려진 예는 짝풀음 단백질 1(uncoupling protein 1, UCP1)로서 양성자 통로를 형성하는 이합체이다. UCP1 또는 *열생성 단백질*(thermogenin)은 오로지 신생아(체온을 정상화하는 데 도움을 줌)와 동면하는 포유류(겨울철 막바지에 몸을 따뜻하게 함)의 특별한 지방조직인 갈색 지방조직의 미토콘드리아에서만 발견된다. (갈색 지방조직의 특징적인 색깔은 수많은 미토콘드리아에 의한 것이다.) 다양한 다른 조직에서 발견되는 UCP2와 UCP3의 기능에 대해서는 알려진 바 없다.

미토콘드리아 내막 단백질의 약 10%를 차지하는 UCP1은 지방산과 결합할 때 활성화된다. UCP1에 의한 양성자 기울기의 감소의 결과로 전자 전달 중 포획된 에너지는 열로서 소모된다. *비떨림 열생성*(nonshivering thermogenesis)이라고 불리는 갈색 지방의 열생산 과정은 노르에피네프린(norepinephrine)에 의해 조절된다. 떨림 열생성(shivering thermogenesis)에서 열은 비수의근 수축(nonvoluntary muscle contraction)에 의해 생산된다. 갈색 지방조직에서 말단을 연결하는 전문화된 신경세포로부터 방출된 신경 전달물질인 노르에피네프린은 궁극적으로 지방을 가수분해하는 다단계 반응 메커니즘을 일으킨다. 지방 가수분해의 생성물인 지방산은 짝풀음 단백질을 활성화한다. 지방산 산화는 노르에피네프린 신호가 끝나거나 세포에 저장된 지방이 고갈될 때까지 계속된다.

짝풀음 단백질(특히 UCP2) 발현의 증가가 여러 종양들(예, 대장암, 유방암, 간암)에서 관찰되었다. UCP2는 ROS 형성을 감소시켜 종양 세포들을 산화 손상으로부터 보호하고, ATP가 여러 해당과정 효소들을 억제하므로 해당과정의 유속을 증가시킴으로써 암 발생을 촉진한다.

10.3 산소, 세포 기능 및 산화성 스트레스

모든 생명활동 과정은 $NAD(P)H/NAD(P)^+$와 GSH/GSSG(글루타싸이온의 환원형과 산화형, 주요한 세포 환원제)과 같은 연결된 산화환원(redox) 쌍의 환원 전위와 환원력의 총합으로 정의되는 산화환원 환경에서 일어난다. 각 세포의 "산화환원 상태(redox state)"는 많은 대사와 신호 경로가 산화환원 상태에 민감하기 때문에 좁은 범위 내에서 조절된다. 이 과정에서 중요한 싸이올(thiol, –SH기)의 산화환원 상태가 변할 때 수많은 단백질의 기능적 성질(활성화 또는 비활성화)이 변한다. 예를 들면 설펜산(sulfenic acid, R-SOH), 설핀산(sulfinic acid, RSO_2H)과 설폰산(sulfonic acid, $R\text{-}SO_3H$) 등의 형성을 위해 단백질의 설프하이드릴기를 산화시키면 단백질의 기능적 성질을 변화시킬 수 있다. 제한된 산화환원 상태 변화가 정상적인 세포 과정 중에서 일어난다. 예를 들어 세포 분열에 진입하는 세포의 세포질은 더 환원되는 반면에 분화된 세포의 세포질은 비교적 더 산화된다. 세포 내 구획도 독특한 산화환원 조건을 갖는다. 핵과 미토콘드리아는 세포질보다 더 환원되어 있고(GSH/GSSG 비율이 높다), 소포체(ER)는 더 산화되어 있다(GSH/GSSG 비율이 낮다).

산화환원 조절은 산소 분자의 성질 때문에 매우 중요하다. 그러나 앞에서 언급한 바와 같이 산소의 이러한 이점은 산소가 갖고 있는 위험한 성질과 연결되어 있다. 산소는 단 하나의 전자를 받아 **반응성 산소종**(reactive oxygen species, ROS)이라는 불안정한 유도체를 만든다. ROS의 대표적인 예로서 초과산화 라디칼(superoxide radical), 과산화수소(hydrogen peroxide), 하이드록실 라디칼(hydroxyl radical)과 단일항 산소(singlet oxygen) 등이 있다. ROS는 반응성이 매우 높아 많은 양이 생성될 경우 세포에 심각한 손상을 줄 수 있다. 보통 생물에서는 ROS 형성이 항산화제에 의해 최소화된다. **항산화제**(antioxidant)는 분자가 산소 라디칼과 반응하는 것을 억제하는 물질이다. 항산화제는 중요한 생체 분자들보다 ROS와 더 쉽게 반응하는 물질이기 때문에 이 고도의 반응성이 있는 대사부산물의 조직 손상 효과를 완화시킨다. ROS의 잠재적인 독성에도 불구하고 적은 양의 ROS는 대사 효소, 세포골격 성분, 세포 주기 조절 단백질(cell cycle regulator protein), 전사 인자(transcription factor)와 번역 조절물질(translation regulator) 같은 표적단백질의 산화환원 상태를 변화시킴으로써 세포 신호 장치(cell signaling device)로 작용한다. 작은 크기, 용이한 확산성 및 짧은 반감기(half-life) 때문에 통제된 양의 ROS는 세포 기능의 중요한 조정물질로 작용한다.

산화적 손상
Oxidative Damage

항산화 메커니즘이 ROS의 효과를 극복하지 못하는 상태들을 총괄적으로 **산화성 스트레스**(oxidative stress)라고 하는데, 이러한 상태에서는 ROS 수준은 증가하고 여러 손상이 발생한다. 이 손상은 주로 효소 비활성화, 다당류 분해, DNA 절단(DNA breakage)과 막 파괴로부터 온다. 심각한 산화적 손상을 일으키는 환경요인으로서 약물의 과용, 오염 환경의 노출, 방사선 노출과 흡연 등이 있다. 이 산화적 손상은 노화 현상뿐만 아니라 적어도 100여 개의 질병과 연관되어 있다. 그 예로서 암, 동맥경화 및 심근경색과 같은 심장 질환, 고혈압, 루게릭병(Lou Gehrig's disease, ALS, 근위축성 측색 경화증), 파킨슨병(Parkinson's disease)과 알츠하이머병(Alzheimer's disease) 등이 있다.

여러 세포 유형들이 다량의 ROS를 생산하는 것으로 알려져 있다. 예를 들어 대식세포(macrophage)와 중성백혈구(neutrophil)와 같은 청소 세포(scavenger cell)는 계속적으로 미생물과 손상된 세포들을 추적한다. 그리고 산소를 소모하는 반응 과정인 소위 **호흡 폭발**(respiratory burst)에서 ROS가 생성되어 이러한 세포를 죽인다.

반응성 산소종

산소의 성질은 그 구조와 직접 관련되어 있다. 이산소(dioxygen)는 쌍을 이루고 있지 않은 두 개의 전자를 갖고 있기 때문에 다이라디칼이다. [**라디칼**(radical)은 하나 또는 그 이상의 쌍을 이루지 않고 있는 전자를 포함한 원자나 원자단을 말한다.] 이산소는 반응을 할 때 한 번에 한 전자만을 받아들일 수 있다.

미토콘드리아 전자 전달 사슬에서 4개의 전자가 O_2에 순차적으로 전달되는 과정의 결과로 H_2O가 형성된다. 이 과정에서 여러 ROS가 형성된다. 사이토크롬 산화효소(cytochrome oxidase, 다른 산소 활성화 단백질과 마찬가지로)는 4개 전자 모두가 O_2에 전달될 때까지 이 반응성 높은 중간물질을 활성 자리 안에 붙잡아 둔다. 그러나 전자가 전자 전달회로에서 유출되어 나와서 O_2와 결합하여 ROS를 형성할 수 있다(**그림 10.17**).

정상적인 상태에서 세포의 항산화 메커니즘은 산화적 손상을 최소화한다. ROS는 또한 효소 반응과 무관한 과정에서도 형성된다. 예를 들어 자외선과 이온화 방사선에 대한 노출은 ROS 형성을 일으킨다.

산소의 환원 중 형성된 첫 번째 ROS는 초과산화 라디칼, $O_2^{\cdot -}$이다. 대부분의 초과산화 라디칼은 복합체 III의 Q 회로(Q cycle)와 플라보단백질인 NADH 탈수소효소(복합체 I)로부터 유래한 전자에 의해 생산된다. 그러나 초과산화 라디칼은 친핵체로 작용하여(특별환 환경에서) 산화제 또는 환원제로서 작용한다. 그리고 용해성 때문에 초과산화 라디칼은 막의 인지질 성분에 막대한 손상을 준다. 수용액에서 초과산화 라디칼은 자신과 반응하여 O_2와 과산화수소(H_2O_2)를 만든다.

$$2H^+ + 2O_2^{\cdot -} \rightarrow O_2 + H_2O_2 \qquad (4)$$

H_2O_2는 쌍을 이루지 않은 전자를 갖고 있지 않기 때문에 라디칼이 아니다. H_2O_2의 제한된 반응성 때문에 H_2O_2는 막을 통과하여 널리 분산된다. H_2O_2가 Fe^{2+}(또는 다른 전이 금속)과 순차적으로 반응하면 매우 반응성이 높은 하이드록실 라디칼(•OH)을 만든다.

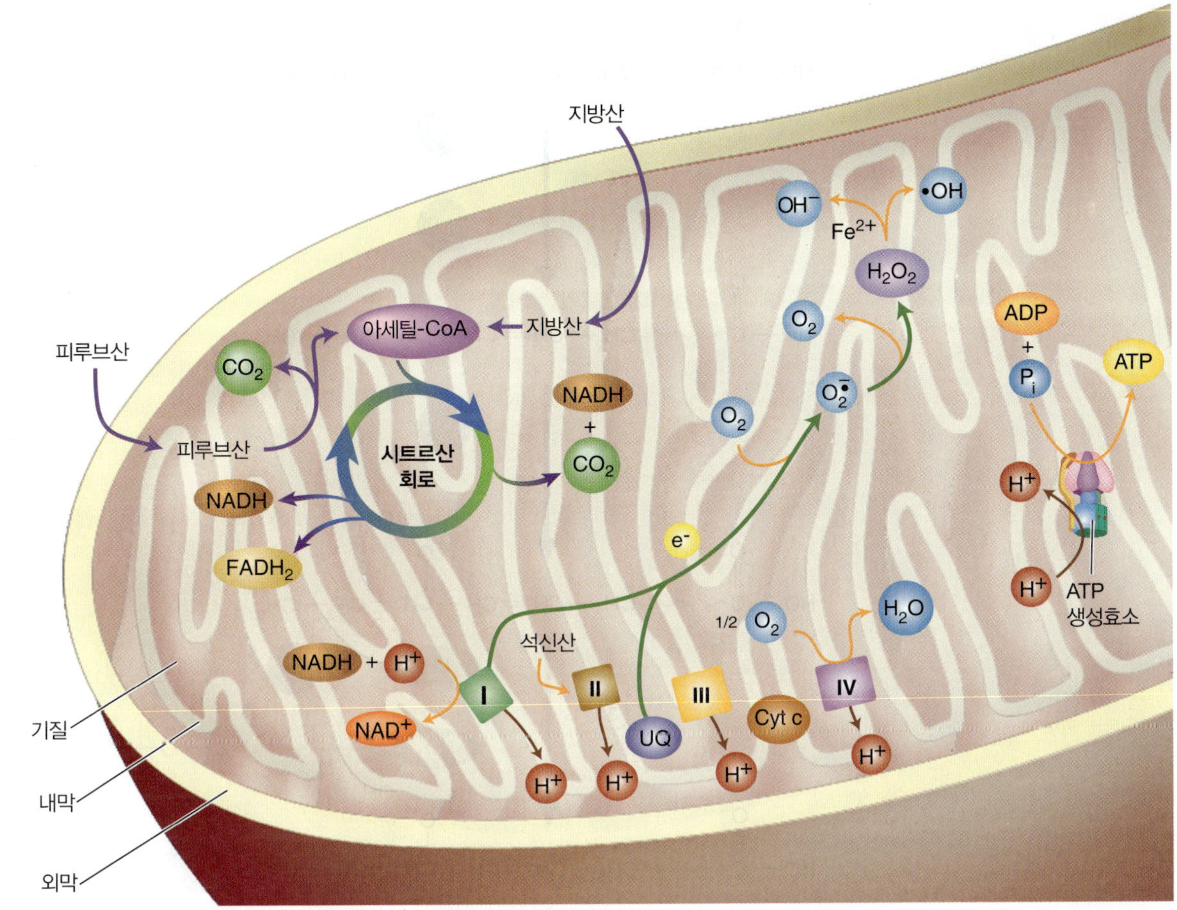

그림 10.17

미토콘드리아에서 일어나는 산화적 인산화와 ROS 형성의 개요.

산화적 인산화는 5개의 다중단백질 복합체, 즉 복합체 I, II, III, IV(ETC의 주요 성분), 그리고 ATP 생성효소를 필요로 한다. 피루브산과 지방산(주요 연료 분자)은 미토콘드리아로 수송되어 그곳에서 시트르산 회로에 의해 산화된다. 이 과정에서 생산된 수소 원자는 NADH와 $FADH_2$에 의해 ETC로 운반된다. 전자 전달계에 의해 방출된 에너지는 양성자를 기질로부터 막 사이의 공간으로 펌프질하는 데 사용된다. 양성자 펌프에 의해 형성된 전기화학적 기울기는 양성자가 ATP 생성효소를 통해 흐를 때 ATP 합성을 위해 사용된다. 그러나 어떠한 계도 완전하지 않다. 전자가 우연히 ETC로부터 새어 나와 O_2와 반응하여 초과산화물($O_2^{\bullet-}$)을 형성할 수 있다. Fe^{2+} 존재 하에서 초과산화물은 하이드록실 라디칼(•OH)₂로 전환된다. 초과산화물은 또한 H_2O_2로 전환된다. ROS는 그들이 만나는 어떠한 분자와도 반응하여 손상을 일으킨다. 미토콘드리아 내의 축적된 산화적 손상은 에너지를 생성하는 능력을 손상시킬 수 있다.

$$Fe^{2+} + H_2O_2 \rightarrow Fe^{3+} + \bullet OH + OH^- \qquad (5)$$

하이드록실 라디칼은 어떤 생체 분자와 충돌하여 반응하기까지 짧은 거리만 확산한다. 하이드록실 라디칼 같은 라디칼은 자가 촉매 라디칼 연쇄 반응을 일으킬 수 있기 때문에 매우 위험하다(**그림 10.18**). 쌍을 이루지 않은 전자들이 쌍을 이루게 된 이산소의 들뜬 상태인 단일항 산소($^1O_2$)는 초과 산화물로부터

$$2O_2^{\bullet} + 2H^+ \rightarrow H_2O_2 + {}^1O_2 \qquad (6)$$

또는 과산화물로부터 형성될 수 있다.

$$2ROOH \rightarrow 2ROH + {}^1O_2 \qquad (7)$$

H_2O_2의 일부 반응과 광합성 중 광흡수 과정에서 형성되는 단일항 산소는 생체 분자의 이중 결합과 반응할 수 있는데, 특히 방향족 화합물과 콘쥬게이션 알켄 화합

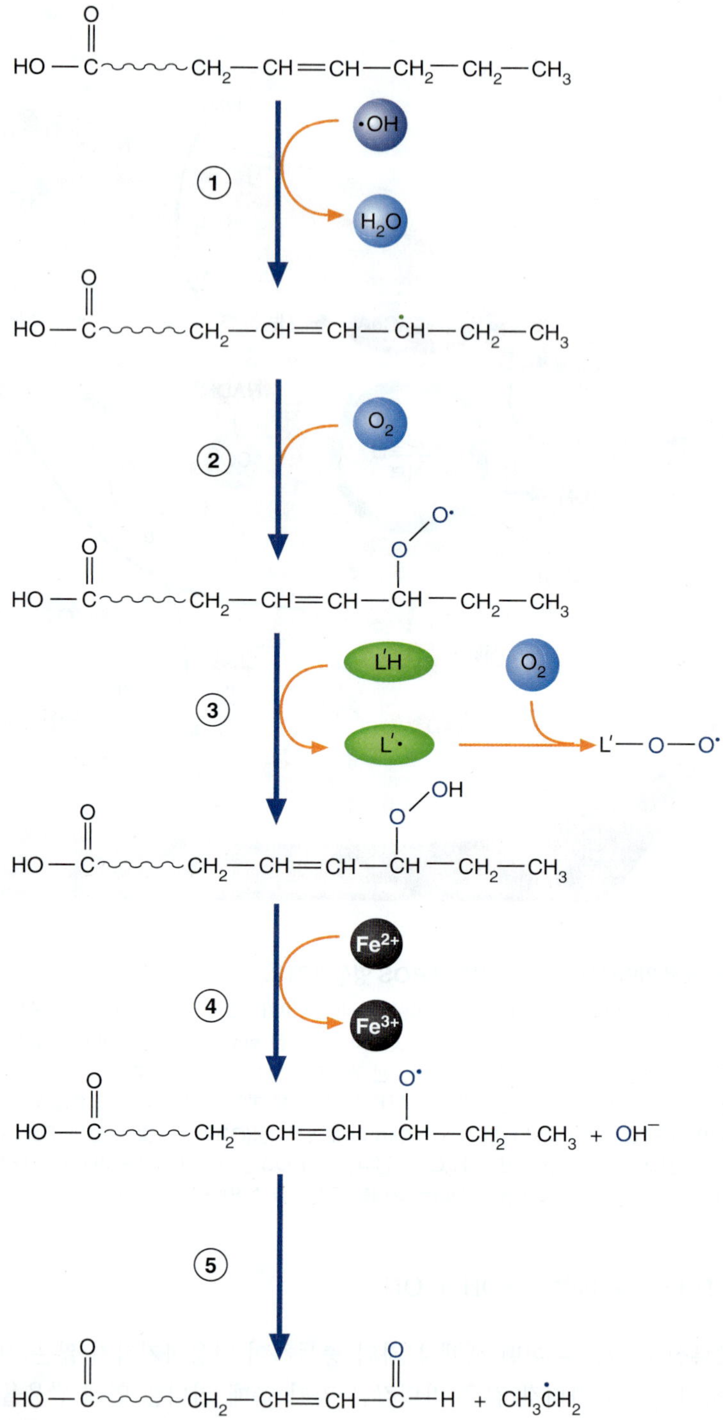

그림 10.18

라디칼 연쇄 반응.

단계 1: 지질 과산화 반응은 하나의 수소 원자가 불포화 지방산으로부터 추출되면서 시작한다(LH → L•). 단계 2: 지질 라디칼(L•)은 O_2와 반응하여 과산화 라디칼(L• + O_2 → L—O—O•)을 형성한다. 단계 3: 라디칼 연쇄 반응은 산화 라디칼이 다른 지방산으로부터 하나의 수소 원자를 추출할 때 시작한다(L—O—O• + L′H → L—O—OH + L′•). 단계 4: Fe^{2+} 같은 전이 금속은 더 많은 라디칼 형성을 유발한다(L—O—O—H + Fe^{2+} → LO• + HO^- + Fe^{3+}). 단계 5: 지질 과산화 반응의 가장 심각한 문제의 하나는 라디칼 절단반응에 관여하는 α, β 불포화 알데하이드의 형성이다. 연쇄반응은 자유 라디칼 생성물이 인접 분자들과 반응할 때 계속된다. 그리고 이 과정에서 반응성이 있는 카보닐 생성물이 생산된다.

물(conjugated alkene)에 손상을 준다.

언급한 바와 같이, ROS 형성은 H_2O를 위한 O_2의 환원 이외에도 여러 다른 세포 활동 중에서 일어난다. 여기에는 생체이물(xenobiotic)의 생체내 변환 반응(biotransformation)과 백혈구의 호흡 폭발(**그림 10.19**) 등이 있다. 그 외에 전자가 미토콘드리아와 소포체(예, 사이토크롬 P_{450}의 전자 전달계)의 전자 전달 회로로부터 흘러 나와 O_2와 결합함으로써 초과산화물을 형성한다. ROS를 포함하는 반응으로 하이드록시화 반응(hydroxylation)와 과산화 반응(peroxidation) 등이 있다. 그리고 또 다른 반응인 카보닐화 반응(carbonylation)은 아미노산 곁사슬(즉, 트레오닌, 라이신, 아지닌, 또는 프롤린)의 산화 또는 시스테인, 라이신, 또는 히스티딘 등의 곁사슬과 카보닐 라디칼(carbonyl radical)과의 반응으로부터 오는 비효소성 단백질 변형이다.

또한 질소를 포함하는 여러 라디칼들도 있다. 이 라디칼들의 합성이 ROS와 연결되어 있기 때문에 **반응성 질소종**(reactive nitrogen species, RNS)은 종종 ROS로 분류된다. 그 중 가장 중요한 예로서 산화질소(nitric oxide, $^{\bullet}NO$), 이산화질소(nitrogen dioxide, $^{\bullet}NO_2$)와 과산화아질산(peroxynitrite, $ONOO^-$)이 있다. 산화질소($^{\bullet}NO$)는 매우 반응성이 높은 기체이다. 자유 라디칼 구조 때문에 $^{\bullet}NO$는 최근까지 산성비의 전구물질과 지구 대기의 오존층 파괴의 주요한 인자로 인식되어 왔다. 그러나 최근의 연구에 의하면 $^{\bullet}NO$는 포유류 몸 전체에서 생산되는 중요한 신호 분자라는 사실이 밝혀졌다.

산화질소 손상
Nitric Oxide Damage

$^{\bullet}NO$의 생리적 기능은 혈압 조절, 혈액 응고 억제 그리고 대식세포에 의한 외래 세포, 손상된 세포, 또는 암세포 등의 파괴이다. $^{\bullet}NO$ 합성의 정확한 조절의 손상은 뇌졸중, 편두통, 남성발기부전, 패혈 쇼크와 파킨슨병과 같은 여러 신경퇴행성 질환(neurodegenerative disease) 등을 포함하는 수많은 병리 상태와 연관되어 있다. $^{\bullet}NO$는 글리세르알데하이드 탈수소효소와 같이 SH기를 갖고 있는 단백질들에서 SH기를 나이트로소싸이올(nitrosothiol, —SNO) 유도체로 전환시킴으로써 단백질을 손상시킨다. $^{\bullet}NO$는 또한 철-황 단백질을 손상시킨다. $^{\bullet}NO$에 의해 일어난다고 알려진 일부 손상은 실제로 $^{\bullet}NO_2$($2\ ^{\bullet}NO + O_2 \rightarrow 2\ ^{\bullet}NO_2$)와 과산화아질산($^{\bullet}NO + O_2 \rightarrow ONOO^-$) 같은 $^{\bullet}NO$의 산화 생성물들에 의해 일어난다.

주요 개념 _Key Concepts

- 반응성 산소종은 산소가 한 번에 1개의 전자를 받아들여 환원되기 때문에 형성된다.
- ROS 형성은 대사의 정상적인 부산물이며 방사선 노출과 같은 요인에 대한 결과이다.
- 반응성 질소종(RNS)은 종종 ROS로 분류되는데, 이들 종의 합성이 연결되어 있기 때문이다.

항산화 효소계

생물은 산화성 스트레스로부터 자신을 보호하기 위해 항산화제 방어 메커니즘을 발전시켜 왔다. 이 메커니즘은 여러 금속함유효소(metalloenzyme)와 항산화제 분자(antioxidant molecule)를 이용한다.

산화성 스트레스에 대한 방어는 초과산화물 불균등화효소, 글루타싸이온 과산화효소, 퍼옥시레독신, 카탈레이스의 4가지 효소들이 주로 맡고 있다. 이 효소들의 활성이 광범위하게 분포되고 있다는 사실은 항상 존재하는 산화적 손상 문제가 중요하다는 것을 보여준다.

초과산화물 불균등화효소(superoxide dismutases, SOD)는 초과산화 라디칼로부터 H_2O_2와 O_2 형성을 촉매하는 효소이다.

$$2O_2^{\bullet -} + 2H^+ \rightarrow H_2O_2 + O_2 \qquad (8)$$

인체에는 주요한 세 가지 형의 SOD가 있다. SOD1은 세포질에 존재하는 Cu-Zn 동질효소이다. 역시 Cu와 Zn을 필요로 하는 SOD3는 세포 외 효소이다. 망가니

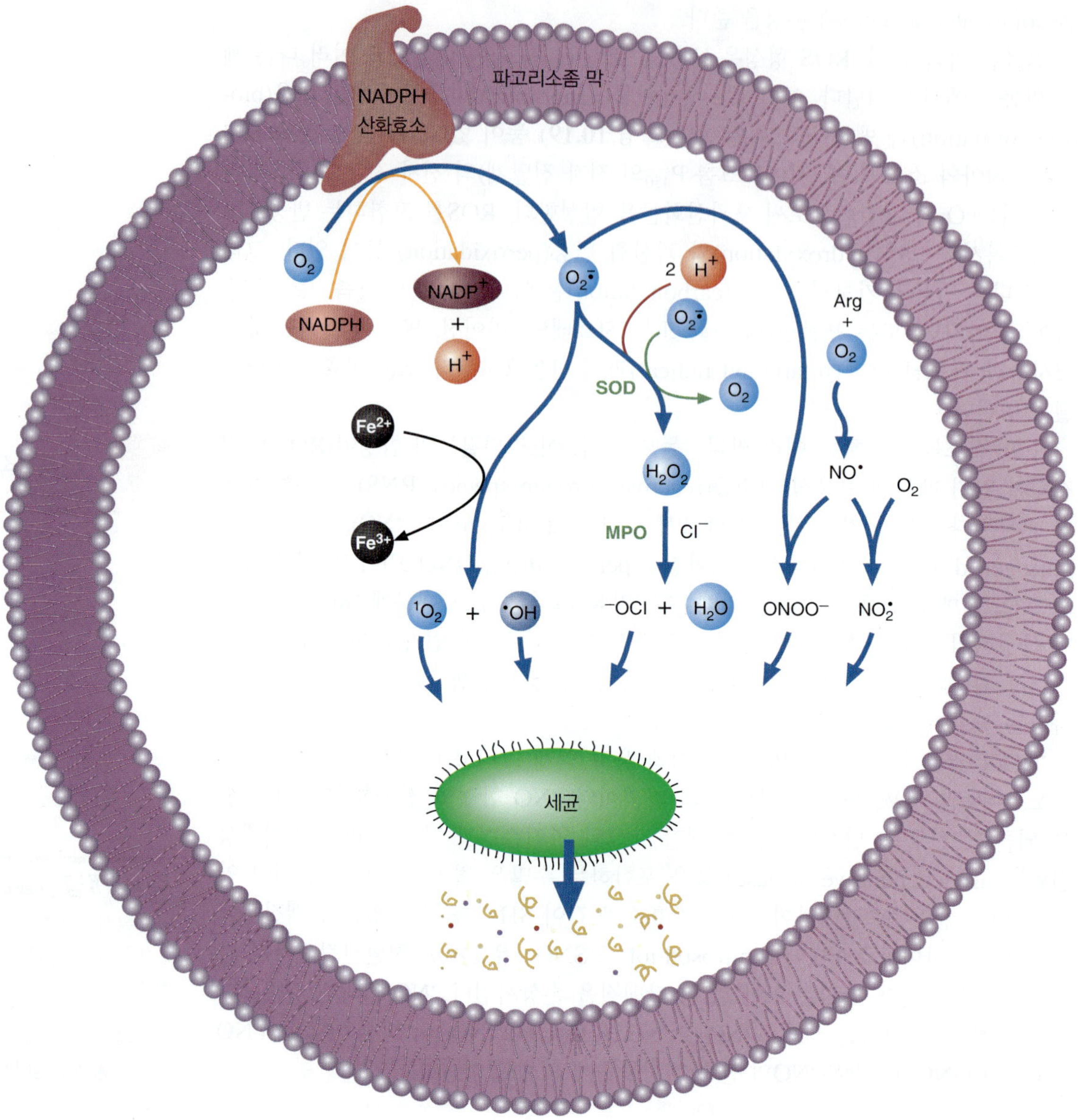

그림 10.19

호흡 폭발.

호흡 폭발은 ROS의 파괴력을 보여 주는 단적인 예이다. 포식세포가 세균에 결합하는 수초 안에 산소 소모량은 거의 100배 증가한다. 세포내 이입(endocytosis) 동안 세균은 파고솜(phagosome)에 결합되고 이 파고솜은 리소좀과 결합하여 파고리소좀(phagolysosome)을 형성한다. 그리고 두 개의 파괴 과정, 즉 리소좀 효소에 의한 호흡 폭발과 분해가 이어서 일어난다. NADPH 산화효소가 O_2를 초과산화 라디칼($O_2^{\bar{\cdot}}$)로 전환시킬 때 호흡 폭발이 시작된다. 두 분자의 $O_2^{\bar{\cdot}}$가 SOD(superoxide dismutase)에 의해 결합하여 H_2O_2로 전환된다. H_2O_2는 식세포에 많이 존재하는 마이엘로과산화효소(myeloperoxidase, MPO)에 의해 살균물질로 전환된다. MPO는 할로젠화 이온(halide ion, 예: Cl^-)을 산소화(oxygenation)하여 하이포할로젠화물(hypohalide)을 형성한다. 하이포아염소산(hypochlorite, 가정용 표백제 성분)은 강력한 살균제이다. Fe^{2+} 존재에서 $O_2^{\bar{\cdot}}$와 H_2O_2는 반응하여 매우 반응성이 높은, $\cdot OH$와 $^1O_2$(단일항 산소)를 형성한다. 아지닌과 O_2로부터 산화질소 생성효소(nitric oxide synthase)에 의해 합성되는 산화질소는 초과산화물과 반응하여 과산화아질산(peroxynitrite)을 형성하고 분자 산소(O_2)와 반응하여 이산화질소를 형성한다. 여러 종류의 ROS에 의한 손상 이외에 이러한 종들은 MPO 생성물과 함께 단백질 가수분해효소를 활성화하여 미생물 단백질을 분해한다. 단백질분해효소는 카탈레이스(catalase) 활성을 갖고 있는 MPO에 의해 산화손상으로부터 보호받는다. 세균 세포가 분해된 후 리소좀 효소는 남아 있는 조각들을 분해한다.

ALS

즈를 함유하는 효소인 SOD2는 미토콘드리아 기질에 존재한다. 루게릭병(amyotrophic lateral sclerosis, ALS)으로 알려진 유전성 근위축성 측삭경화증 중 약 20%는 SOD1을 암호화하는 유전자의 돌연변이에 의해 일어난다. ALS는 운동신경이 파괴되어 나타나는 치명적인 퇴행성 질환이다.

셀레늄(selenium, Se)을 포함하고 있는 글루타싸이온 과산화효소(glutathione peroxidase, GPx)는 세포 과산화물 수준을 제어하는 중요한 효소이다. 이 효소는 트라이펩타이드 환원제 GSH에 의해 다양한 물질을 환원시킨다(**표 5.3** 참조). H_2O_2를 환원시켜 H_2O를 만들 뿐만 아니라 글루타싸이온 과산화효소는 유기 과산화물을 알코올로 전환시킨다.

$$2\,GSH + R—O—O—H \rightarrow G—S—S—G + R—OH + H_2O \qquad (9)$$

사람에서 GPx1은 H_2O_2를 환원하며 GPx4는 지질 하이드로과산화물(lipid hydroperoxides)에 작용한다. 여러 보조효소들이 글루타싸이온 과산화효소를 보조한다(**그림 10.20**). GSH는 글루타싸이온 환원효소에 의해 GSSG로부터 재생된다.

$$G—S—S—G + NADPH + H^+ \rightarrow 2\,GSH + NADP^+ \qquad (10)$$

위 반응에 필요한 NADPH는 오탄당 인산 경로에 의해 주로 공급되고(8장 참조) 또한 아이소시트르산 탈수소효소(isocitrate dehydrogenase)와 말산효소(malic enzyme)에 의해 촉매되는 반응에서도 생산된다.

퍼옥시레독신(peroxiredoxin, PRX)은 싸이올을 함유하는 효소 부류로서 과산화물을 해독한다. 이 효소의 촉매 메커니즘은 과산화물 기질에 의해 산화환원에 활성인 시스테인 곁사슬의 SH기를 설펜산(sulfenic acid, RSOH)으로 산화하는 것이다. 이어서 설펜산은 싸이오레독신과 같은 싸이올 함유 단백질(thiol-containing protein)에 의해 환원된다. *싸이오레독신*(thioredoxin, TRX)은 퍼옥시레독신/싸이오레독신 환원효소(TR)계(TRX 중심계라고도 함)에 의해 중재되는 산화환원 반응에 관여한다(**그림 10.21**). TR과 TRX는 또한 많은 전사 인사(transcription factor)를 포함하여 많은 산화된 세포 단백질들을 기능을 갖는 환원된 SH형으로 복귀시킨다. 즉, 환원된 싸이오레독신[TRX-$(SH)_2$]으로부터 표적 단백질로 효소에 의해 촉매되는 전자이동이 일어난다. 싸이오레독신 환원효소는 이동성 NADPH 및 결합된 $FADH_2$를 통해 전달된 전자들을 가지고 산화된 싸이오레독신[TRX(S_2)]을 환원시킨다. TRX는 또한 리보뉴클레오타이드 환원효소(ribonucleotide reductase) 같은 다른 비항산화제 효소계(nonantioxidant enzyme system)의 전자 왕복장치로 작용

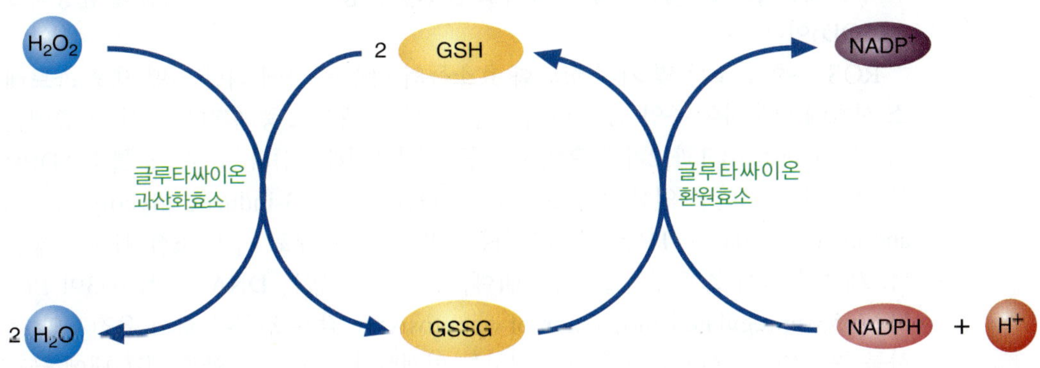

그림 10.20

글루타싸이온 중심계.

글루타싸이온 과산화효소는 GSH를 이용하여 세포의 호기성 대사에 의해 생성된 과산화물을 환원한다. GSH는 글루타싸이온 환원효소에 의해 산화 형태인 GSSG로부터 재생산된다. 이 반응의 환원제인 NADPH는 오탄당 인산 경로와 몇 가지 다른 반응으로부터 공급된다.

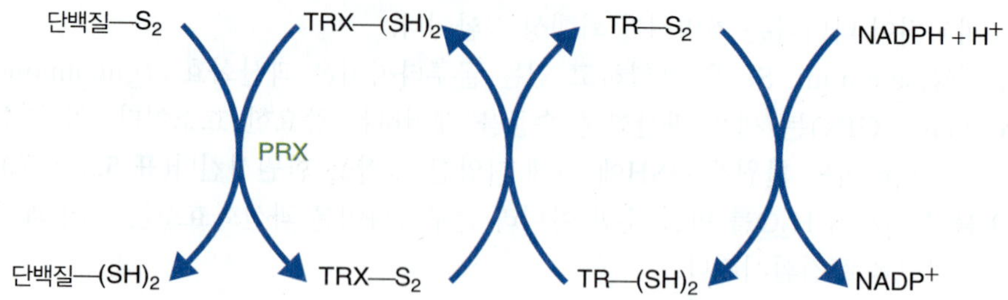

그림 10.21

싸이오레독신 중심계.

기능이 변화하는 이황화물을 포함하는 기질 단백질은 퍼옥시레독신(PRX) 효소에 의해 중재되는 반응에서 싸이오레독신[TRX-$(SH)_2$]으로부터 온 전자 전달에 의해 환원된다. 산화된 싸이오레독신(TRX-S_2)은 싸이오레독신 환원효소(TR)에 의해 환원된 형태로 다시 복귀한다. TR을 환원형으로 복원하는 데 필요한 전자는 효소에 결합된 FAD를 통해 NADPH로부터 온다.

한다.

카탈레이스(catalase)는 H_2O_2를 물과 이산소(dioxygen)로 전환하는 반응을 촉매하는 효소이다. (해독되는 두 분자의 H_2O_2 중 한 분자는 O_2로 산화되고 다른 분자는 H_2O로 환원된다.) 카탈레이스는 헴-철(III) 보결 원자단을 갖고 있으며 촉매 메커니즘은 다음과 같다.

$$\text{단계 1: } H_2O_2 + \text{Fe(III)—효소} \rightarrow H_2O + \text{O=Fe(IV)—효소}$$
$$\text{단계 2: } H_2O_2 + \text{O=Fe(IV)—효소} \rightarrow O_2 + H_2O + \text{Fe(III)—효소} \quad (11)$$

카탈레이스에는 2개의 동질효소 HPI과 HPII가 있다. HPI은 두 번째 H_2O_2가 산소를 포함하는 유기화합물(예, 페놀, 알데하이드, 산, 알코올 등)에 의해 대체될 수 있다는 점에서 이작용기성 효소(bifunctional enzyme)이다. 이 과산화 반응은 유기 분자를 독성이 덜한 분자로 전환시킨다.

$$\text{R—CH}_2\text{—OH} + \text{O=Fe(IV)—효소} \rightarrow \text{R—CH}_3 + O_2 + \text{Fe(III)—효소} \quad (12)$$

예를 들어, 대식세포의 호흡 폭발은 주로 지방산의 불완전 산화를 통해 살균제(microbicide)로서 H_2O_2를 생산한다. HPI과 달리 HPII는 오직 1개의 기질, 즉 H_2O_2를 갖고 있다. HPII는 적혈구와 식균 백혈구 세포의 퍼옥시솜(peroxisome)에 많은 양이 존재한다. 퍼옥시솜 바깥에서 주요한 H_2O_2 생산자는 초과산화물 불균등화효소(SOD)이다.

ROS 수준 감소는 몇 가지 항산화 효소들의 합성 증가에 의한 어떤 세포 스트레스 신호에 반응하여 종양 억제 단백질인 p53에 의해서도 중개된다. 이런 것 중에는 세스트린(sestrin) 1과 2가 있으며 이것들은 퍼옥시레독신과, 글루코스를 NADPH를 생산하는 오탄당 인산 경로로 돌리는 TIGAR[TP53-induced glycolysis and apoptosis regulator, TP-53이 유도하는 해당과정과 세포 사멸 조절체]를 재생한다. 세포가 심한 스트레스를 받을 때(예, 수리할 수 없는 DNA 손상) p53이 PUMA(p53 upregulated modulator of apoptosis)와 같은 전구-산화제 유전자의 전사를 증가시키고 항산화제 유전자 전사를 억제한다. 이러한 상황은 세포 내에 급격한 ROS 농도의 증가를 초래하며, 이것은 p53에 의해 유도되는 세포 사멸의 한 단계가 된다.

주요 개념 _Key Concepts

- 산화성 스트레스 방어에 대한 중요한 효소로 초과산화물 불균등화효소, 글루타싸이온 과산화효소, 퍼옥시레독신과 카탈레이스 등이 있다.
- 오탄당 인산 경로는 환원제 NADPH를 생산한다.

문제 10.6

셀레늄은 일반적으로 독성 원소로 간주된다. [이 물질은 로코초(loco weed)의 활성물질이다.] 그러나 셀레늄도 필수 미량 원소라는 증거가 분명해지고 있다. 글루타싸이온 산화효소 활성이 적혈구를 산화성 스트레스로부터 보호하는 데 필수적이기 때문에 셀레늄 결핍은 적혈구를 손상시킬 수 있다. 황이 셀레늄과 같은 화학 족이지만 그것을 대체할 수는 없다. 이유를 설명하라. [*힌트*: 셀레늄은 황보다 더 쉽게 산화된다.] 황 또는 셀레늄 중 어느 것이 산소가 미량으로 존재할 때 이 기체에 대한 더 좋은 제거제(scavenger)인가?

문제 10.7

이온화 방사선은 하이드록실 라디칼을 생산함으로써 조직을 손상시킨다. 방사선으로부터 생물을 보호하는 약품은 방사선에 노출되기 전에 복용해야 하며 보통 —SH기(sulfhydryl group)를 갖고 있다. 이러한 약품은 방사선 손상에 대해 어떻게 보호하는가? 하이드록실 라디칼에 의한 손상에 대해 보호할 수 있는 비SH기(nonsulfhydryl group)를 포함하는 분자들을 제안하라.

방사선 손상
Radiation Damage

항산화제 분자

식이 항산화제
Antioxidants in Diet

생물은 항산화제를 사용하여 라디칼로부터 자신을 보호한다. 인간은 음식물을 통해 α-토코페롤(비타민 E), 아스코르브산(ascorbic acid, 비타민 C)과 β-카로틴 등을 섭취한다(**그림 10.22**).

강력한 라디칼 제거물인 **α-토코페롤**(α-tocopherol)은 *페놀 항산화제*(phenolic antioxidant)에 속한다. 페놀은 그 라디칼 산물이 공명-안정화(resonance-stabilized)되어서 안정하여 비교적 반응성이 없기 때문에 효과적인 항산화제이다.

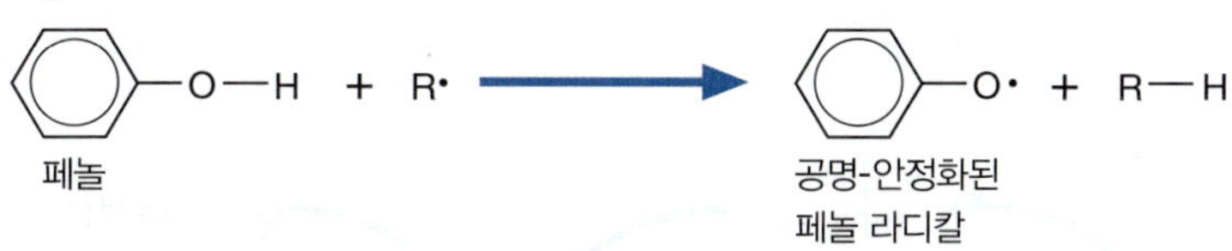

(13)

비타민 E(채소와 씨앗 기름, 통곡물 및 녹색 잎채소에서 발견됨)는 지용성이기 때

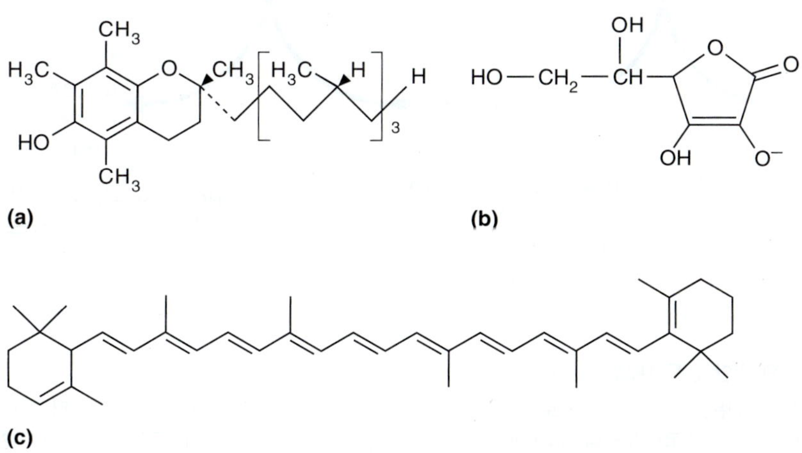

그림 10.22
항산화제 분자.
(a) α-토코페롤(비타민 E),
(b) 아스코르브산(비타민 C),
(c) β-카로틴.

문에 지질 과산화 라디칼로부터 막을 보호한다.

β-카로틴(β-carotene)은 노란-주황색, 진한 녹색 과일 및 당근, 고구마, 브로콜리, 살구와 같은 채소에 존재하고 *카로티노이드*(carotenoid)라고 하는 식물 색소에 속한다. 식물 세포에서 카로티노이드는 빛 에너지를 흡수하여 광합성을 하고 과량의 빛에 의하여 생성되는 ROS에 대해 보호 역할을 한다. 동물에서 β-카로틴은 레티놀(retinol, 비타민 A)의 전구물질이고 막의 중요한 항산화제이다. (레티놀은 망막의 간상세포 속에서 발견되는 광흡수 색소인 레티날(retinal)의 전구물질이다.)

아스코르브산은 효과적인 항산화제이다. 이 수용성 분자는 대부분 아스코르브산염(ascorbate) 형태로 존재하며, 세포의 수용성 구획 내 또는 미트콘드리아에서 다양한 종류의 ROS를 제거한다. 그리고 아스코르브산은 다음과 같이 가역적으로 산화된다.

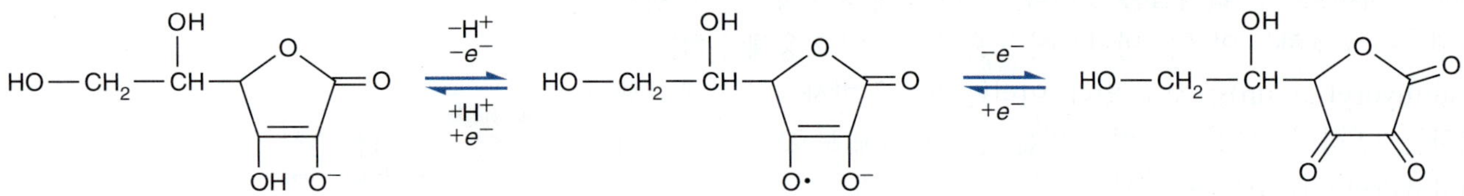

L-아스코르브산 L-아스코르빌 라디칼 데하이드로-L-아스코르브산 (14)

아스코르브산은 두 가지 메커니즘을 통해 세포막을 보호한다. 첫째, 아스코르브산은 세포질에서 생성된 과산화 라디칼이 세포막에 도달하기 전에 그것과 반응하여 지질 과산화 반응(lipid peroxidation)을 방지한다. 둘째로 아스코르브산은 α-토코

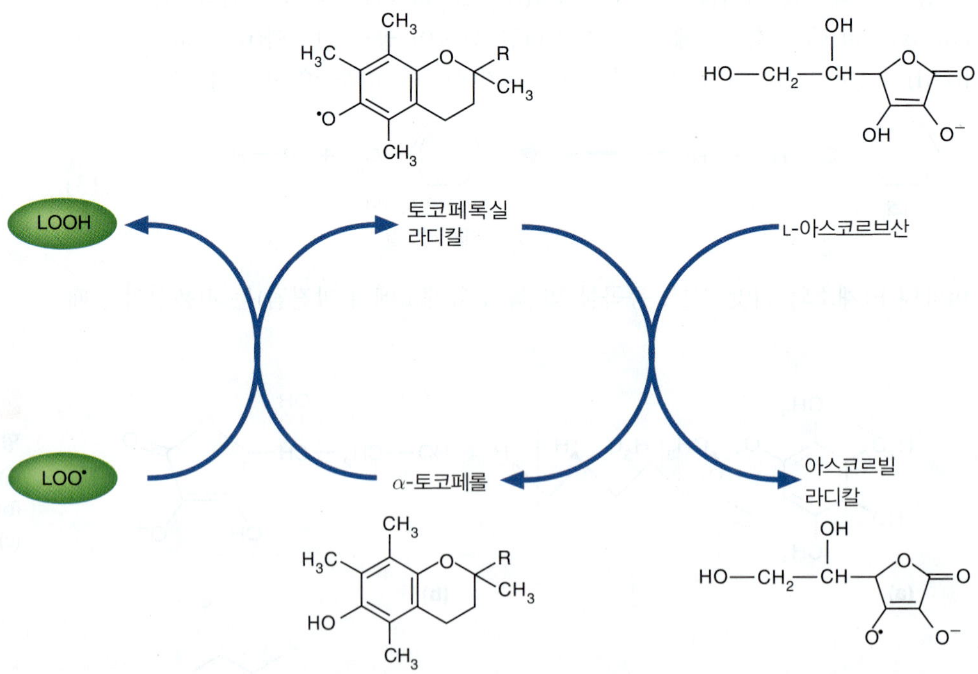

그림 10.23

L-아스코르브산에 의한 α-토코페롤의 재생.

수용성 L-아스코르브산은 α-토코페롤을 α-토코페록실 라디칼로부터 재생함으로써 산화성 손상으로부터 막을 보호한다. 이 과정에서 형성된 아스코빌 라디칼(ascorbyl radical)은 GSH와의 반응 중 L-아스코르브산으로 재전환된다.

페록실 라디칼(α-tocopheroxyl radical)로부터 환원된 α-토코페롤을 재생함으로써 비타민 E의 항산화 활성을 증진한다(**그림 10.23**). 그 다음에 아스코르브산은 GSH와 반응함으로써 재생된다.

영양 상태가 좋은 사람이 과량의 항산화제 보조제를 섭취하면 신체 세포들은 산화성 스트레스에 대해 더욱 취약해진다. 소량의 ROS는 신호 분자로 작용한다. 세포가 산화성 스트레스(예, 감염 또는 염증)를 경험할 때 ROS 수준은 증가하기 시작한다. 이 과정의 초기에 ROS는 전사 인자의 황기(sulfur group)를 산화하고/하거나 전사 인자의 황기를 공유 결합으로 변형시킴으로써 세포의 항산화제 방어를 강화하는 수십 개의 유전자들의 발현을 유도한다. 카탈레이스, SOD와 다른 항산화제 효소의 농도 증가 이외에 다른 스트레스 단백질도 생산된다. 만약 세포가 식이 보조제로부터 얻어진 과량의 항산화 분자를 갖게 되면 ROS 촉발 방어 메커니즘은 손상된다.

주요 개념 _Key Concepts

- 항산화제는 세포 성분을 산화적 손상으로부터 보호한다.
- 대표적인 항산화제로 GSH, α-토코페롤(비타민 E), 아스코르브산(비타민 C)과 β-카로틴 등이 있다.

문제 10.8

항산화제 BHT(butylated hydroxytoluene, 뷰틸화 하이드록시톨루엔)는 널리 사용되는 식품보존제이다. 퀘르시틴(quercitin)은 플라보노이드(flabonoid)라고 하는 과일과 채소에 존재하는 잠재적 항산화제군의 일종이다.

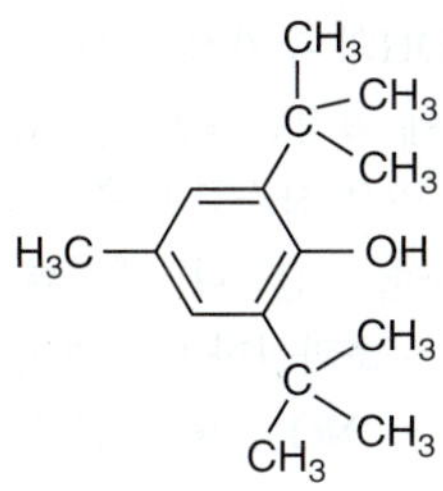

BHT

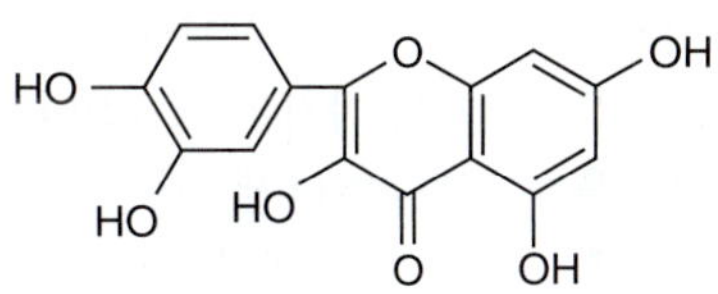

퀘르시틴

이 분자들의 어떤 구조적 특성이 항산화성의 원인이 되는가?

보존제로서의 BHT
BHT as Preservative

생화학 전망 BIOCHEMISTRY IN PERSPECTIVE

심근경색: 심허혈 및 재관류

혈전으로 인한 부적절한 영양소와 산소 공급에 의해 심장세포가 어떻게 손상될까? 그리고 다시 공급된 산소는 더 큰 손상을 일으키는가? 심근경색(심장마비)이 나타나는 동안 초기 조직 손상이 일어나는 원인은 *심허혈*(ischemia, 혈액 흐름의 부족으로 나타나는 증상)이다. 심장마비는 보통 경동맥에 발생하는 혈전과 같이 나타나는 죽상경화증(atherosclerosis)에 의해 발생한다. 죽상경화증 과정에서 *플라크*(plagues)라고 하는 지질의 부드러운 덩어리가 혈관 내벽에 형성된다. 골격근(허혈적 손상에 매우 강한)과 달리, 심장은 저산소(산소가 적음) 환경에 매우 취약하다. 락트산 생성과 산성혈증(acidosis)을 일으키는 혐기성 당분해의 촉진은 허혈의 초기 반응이다. 당분해에 의한 에너지의 생성이 부족하기 때문에 ATP 양이 감소하기 시작한다. 그러면 아데닌 뉴클레오타이드가 분해되어 하이포잔틴(hypoxanthine)이 형성된다(15장 참조).

ATP가 충분하지 않으면, 심장세포는 적절한 세포 내 이온 농도를 유지할 수 없다. 예를 들면 원형질막의 Ca^{2+} ATPase의 활성이 억제되어서 세포질 칼슘 농도가 올라간다. 이러한 현상의 결과 중 하나는 단백질 가수분해효소와 인지질 가수분해효소(막에서 인지질을 분해시키는 효소)와 같은 칼슘 의존성 효소들의 활성화이다. 삼투압이 증가함에 따라 이에 영향을 받은 세포가 팽창되고 내용물을 유출한다. 혈액 공급은 주화성(chemotaxis)에 의해 호중성백혈구가 손상된 자리로 유인되어 혈관을 막음에 따라 더 손상된다. 결과적으로, 리소좀으로부터 리소좀 효소가 유출되기 시작한다. 리소좀 효소는 낮은 pH에서만 활성화되기 때문에 그들이 점진적으로 산성화되는 세포질에 존재하면 결국 세포 성분의 가수분해를 일으킨다.

ER 스트레스는 또 다른 저산소증 조직의 중요한 특성이다. 평상시에 ER는 단백질 접힘과 이황화 결합 형성을 촉진한다. 또한 고농도의 칼슘 이온은 ER 분자 샤페론(molecular chaperone)의 기능을 도와준다. 저산소 환경에서는 단백질 접힘이 손상되고 풀린 단백질 반응이 일어난다. 저산소증 ER은 정상 세포신호를 방해하는 과잉의 세포질 칼슘 이온의 일차 공급원이다. 산소 공급이 곧 재개되지 않으면 영향을 받은 세포는 결국 손상된다.

재관류(reperfusion)라고 하는 허혈 조직의 재산소화(reoxygenation)는 인명구조요법이 될 수 있다. 예를 들면 심장마비 환자의 동맥 혈전을 분해하기 위한 스트렙토카이네이스(streptokinase)의 사용과 동반된 산소 주입은 많은 생명을 살렸다. 그러나 저산소증의 경과 시간에 따라 저혈 조직에 산소 재관류는 또한 더 큰 손상을 일으키기도 한다.

재관류 손상(reperfusion injury, 혈액 공급의 재개로 인한 세포 손상)은 많은 원인이 조합된 결과이다. 이 중 가장 중요한 인자는 ROS 생성과 미토콘드리아 투과 전이 기공(mitochondrial permeability transition pore, mPTP)의 열림이다. 산소와 영양분의 재공급에 따라 ROS는 재충전된 미토콘드리아 ETC에 의해 가장 먼저 생성되고, 곧 NADPH 산화제 그리고 잔틴 산화제에 의해 생성된다(손상 자리에 유인된 호중성 백혈구로부터). 더불어 마이오글로빈(myoglobin)과 같은 세포 성분으로부터 철의 방출(ROS로 인한 손상으로부터 일어날 수 있는)은 •OH의 추가적 생성을 일으킨다. 마지막으로, 손상된 심장 근육 세포에 축적된 락트산으로 인한 산성혈증은 헤모글로빈이 비정상적으로 많은 산소를 방출하게 한다. 이 후자의 과정은 추가적인 ROS 합성을 촉진한다. 재관류는 또한 많은 양의 •NO 생성을 촉진한다. 이것은 초과산화 이온과 반응하여 손상을 주는 과산화아질산을 생성한다. •NO는 또한 근육 세포의 활면 소포체(SR)의 Ca^{2+} 통로에 있는 산화 가능한 시스테인 잔기를 변형한다. 이것은 ER 스트레스에 기여하는 또 다른 인자가 된다. 미토콘드리아의 내막과 외막이 만나는 곳에서 생성되는 비특이성 통로인 mTPT는 1500 Da 이하의 분자를 통과시킨다. mTPT 열림은 저농도의 ATP 및 고농도의 칼슘(SR Ca^{2+}-ATPase의 ROS에 의한 손상에 부분적으로 기인한)과 ROS의 조합에 의해 일어난다. mTPT 열림은 미토콘드리아 막의 잠재적 붕괴와 미토콘드리아 팽창(삼투압에 의한)을 일으킨다. 손상된 미토콘드리아로부터 cyt c의 방출은 세포 사멸(apoptosis)을 일으킨다.

▸ **요약: 산소의 결핍으로 인한 심장세포의 손상은 부족한 에너지 생산으로부터 시작되고, 삼투압의 증가, 리소좀 파괴, ER 스트레스 및 세포질 칼슘 농도의 증가로 이어진다. 손상된 세포에 산소를 재주입하는 것은 ROS 형성을 가져와서 추가적인 손상을 일으킨다.**

이 장의 요약 CHAPTER SUMMARY

1. 보통 산소라 불리는 이산소(O_2)는 호기성 생물에 의해 에너지 생산 과정에서 마지막 전자 받개로 사용된다. 산소의 물리적 · 화학적 성질은 이러한 역할에 적합하다. 산소는 풍부할 뿐 아니라(지표면 어디에나 존재) 산소는 세포막을 용이하게 확산한다. 산소는 반응성이 높은 다이라디칼이고 훌륭한 산화제이며 다른 화학종으로부터 전자를 쉽게 받는다.
2. 해당과정, β-산화 경로와 시트르산 회로에서 생성된 NADH와 $FADH_2$는 전자 전달 회로에서 유용한 에너지를 생산한다. 이 회로는 NADH와 $FADH_2$로부터 전자를 받는 일련의 산화환원반응의 운반체로 이루어져 있다. 이 회로의 말단에서 전자는 양성자와 함께 산소에 전달되어 물 분자를 만든다.
3. NADH의 산화 동안 세 단계에서는 ATP 합성에 충분한 에너지 손실이 일어난다. 이 단계들은 ETC의 복합체 I, III, IV 안에서 일어난다.
4. 산화적 인산화 반응은 전자 전달이 ATP 합성과 짝지어지는 반응 메커니즘이다. 화학 삼투설에 의하면 전자 운반에 동반되는 양성자 기울기 형성이 ATP 합성과 짝지어져 있다.
5. 글루코스 한 분자의 완전한 산화는 글리세롤 인산 왕복장치 또는 말산-아스파트산 왕복장치 중 어느 왕복장치가 세포질 NADH로부터 전자를 미토콘드리아 전자 전달 사슬에 전달하는가에 따라 29.5~31개의 ATP를 합성한다.
6. 호기성 유기체에 의한 산소의 사용은 ROS의 생산과 직결되어 있다. ROS는 다이라디칼 산소 분자가 한 번에 1개의 전자를 수용하기 때문에 형성된다. ROS의 예로 초과산화 라디칼, 과산화수소, 하이드록실 라디칼과 단일항 산소 등이 있다. 대표적인 RNS에는 산화질소, 이산화질소와 과산화아질산 등이 있다.

주요 용어 KEY WORDS

α-도코페롤 *377*
β-카로틴 *378*
Q 회로 *355*
글리세롤 인산 왕복장치 *365*
라디칼 *370*
말산-아스파트산 왕복장치 *366*
반응성 산소종(ROS) *369*
반응성 질소종(RNS) *373*
산화성 스트레스 *370*
산화적 인산화 *360*
양성자 동력 *360*
이온운반체 *360*
짝풀음 단백질 *368*
짝풀음제 *360*
호흡복합체 *358*
호흡 제어 *364*
호흡 폭발 *370*
화학 삼투 짝지음설 *360*

복습 문제 REVIEW QUESTIONS

**이 문제들은 다음 장으로 넘어가기 전에 이 장에서 논의했던 주요 개념에 대한 지식을 테스트하기 위해 만들어졌다.*

1. 다음 용어를 정의하라.
   a. 전자 전달
   b. ETC
   c. Q 회로
   d. 양성자 동력
   e. UQH_2
2. 다음 용어를 정의하라.
   a. 복합체 I
   b. 복합체 II
   c. 복합체 III
   d. 복합체 IV
   e. 호흡복합체(respirasome)
3. 다음 용어를 정의하라.
   a. 화학 삼투 짝지음설
   b. 짝풀음제
   c. 이온 운반체
   d. 아미토콘드리아 입자
   e. α,β 육합체
4. 다음 용어를 정의하라.
   a. 사이토크롬
   b. 글리세롤 인산 왕복장치
   c. 말산-아스파트산 왕복장치
   d. 짝풀음 단백질
   e. 올리고마이신
5. 다음 용어를 정의하라.
   a. 반응성 산소종
   b. 항산화제
   c. 산화성 스트레스
   d. 호흡 폭발
   e. 반응성 질소종
6. 다음 용어를 정의하라.
   a. 초과산화이온 불균등화효소
   b. 퍼옥시레독신
   c. 싸이오레독신
   d. β-카로틴
   e. 아스코르브산

7. 다음 용어를 정의하라.
   a. 라디칼
   b. ROS
   c. RNS
   d. GSH
   e. SOD
8. 화학 삼투설의 주요 특성들을 설명하라.
9. 전자 전달 회로에서 사용되는 전자들의 주요 공급원은 무엇인가?
10. 미토콘드리아 전자 전달에 의해 일어나는 과정을 설명하라.
11. ADP 인산화가 일어나는 데는 4개의 양성자가 필요하다. 이 과정에서 각 양성자의 역할을 설명하라.
12. 에너지 생성에 있어서 왜 산소가 널리 사용되는지 몇 가지 이유를 나열하라.
13. 적절한 양으로 섭취하면 비타민 E는 ROS로부터 신체를 보호한다. 그러나 비타민 E를 과량으로 복용하면 신체가 ROS에 더 공격을 받기 쉽게 만든다. 설명하라.
14. 다음 중 반응산소종인 것은? 각 ROS가 위험한 이유는 무엇인가?
   a. O_2
   b. OH^-
   c. RO•
   d. $O_2^{\cdot}$
   e. CH_3OH
   f. $^1O_2$
15. ROS에 의하여 생성되는 세포 손상 유형을 설명하라.
16. 세포가 산화적 손상으로부터 자신을 보호하기 위해 사용하는 효소 활동에 대해 서술하라.
17. 질산염(nitrate), 철 이온(ferric ion), 이산화 탄소(carbon dioxide), 황산염(sulfate), 황(sulfur)이 전자 전달계에서 최종 전자 받개일 때 마지막 생성물은 무엇인가?
18. 문제 17의 산화제보다 이산소(dioxygen)가 가지는 이점은 무엇인가?
19. 재관류에 의하여 촉발되는 심장 세포 손상의 원인을 몇 가지 들어보라.
20. 미토콘드리아 ETC의 단백질 복합체들을 들어 보고 그 기능을 설명하라.
21. 발리노마이신(valinomycin)은 생물체막이 K^+가 투과할 수 있게 만드는 이온운반체(ionophore) 항생제이다. 세균 감염환자에게 이것을 투여했을 때 나타나는 부작용 중 체온이 상승하고 땀을 흘리는 증상이 있는데 이를 설명하라.
22. 전자 전달계는 한 반응보다는 일련의 산화로 구성된다. 에너지 포획에서 이것이 중요한 특징이 되는 이유는 무엇인가?
23. 아자이드(azide)가 활발하게 호흡 중인 미토콘드리아에 투여되면 어떤 대사물질이 축적되는가?
24. 로테논(rotenone)이 활발하게 호흡 중인 미토콘드리아에 투여될 때, $NADH/NAD^+$ 비가 상승하지만 $FADH_2/FAD$ 비는 변하지 않는다. 이 계에서 어떤 단계가 억제되고 있는가?
25. 비떨림 열발생에서 UCP1의 역할을 설명하라.

종합 문제 THOUGHT QUESTIONS

이 문제들은 지금까지 이 책에서 논의된 모든 주요 개념에 대한 여러분의 이해를 강화하기 위한 것이다. 문제들은 하나의 정답을 가지고 있지 않을 수도 있다.

26. 실험 동안 미생물에 $^{14}CH_3$—COOH를 먹인다. 시트르산 회로를 통해서 ^{14}C를 추적한다. 이 물질 1 mol로부터 얼마나 많은 ATP 분자가 생성될 수 있는가? (아세트산으로부터 아세틸-CoA로의 전환은 2 ATP의 소모를 필요로 한다.)
27. 말라리아가 유행병인 지역(예, 중동)에서 잠두(fava bean)는 주요한 식품이다. 잠두는 비신(vicine)과 콘비신(convicine)이라는 두 개의 β-글리코사이드를 포함한다고 알려져 있다.

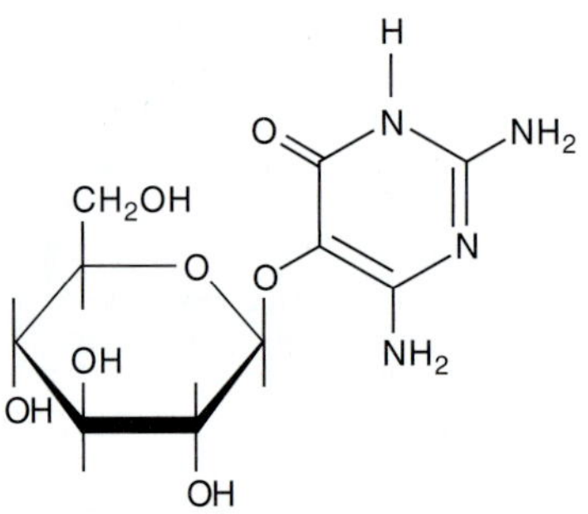

비신

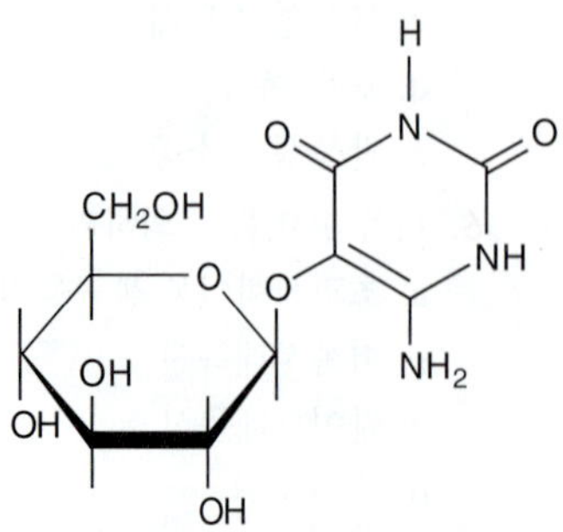

콘비신

각각 다이비신(divicine)과 아이소유라밀(isouramil)이라고 하는 이 물질의 아글리콘 성분은 GSH를 산화할 수 있다. 신선한 잠두를 먹은 사람은 말라리아로부터 어느 정도 보호를 받는다. 글루코스-6-인산 탈수소효소 결핍이 약간 있는 사람은 잠두를 먹은 후 *잠두중독증*(favism)이라고 하는 심각한 용혈성 빈혈을 일으킨다. 그 이유를 설명하라.
28. 에탄올은 간에서 아세틸-보조효소 A (acetyl-CoA)로 변하는 아세트산(acetate)으로 산화된다. 1 mol의 에탄올로부터 몇 분자의 ATP가 생성되는가? 에탄올이 아세트산으로 산화될 때 2 mol의 NADH가 생성되는 것을 주목하라.
29. 동물에 의한 다이나이트로페놀의 소비는 즉각적인 체온의 증가를 일으킨다. 이 현상을 설명하라. 이 짝풀음제가 왜 다이어트 보조제로 사용되지 않는지 이유를 설명하라.
30. 글루타리독신(glutaridoxin)은 환원제로서 GSH를 이용하는 작은 항산화제 효소 부류이다. 그것들은 싸이오레독신의 기능과 유사한 기능을 한다. 글루타리독신에 의하여 유기 과산화물

이 환원되는 경로를 설명하라. 답에 GSH의 산화환원 순환을 포함하라.

31. 사이안화 이온은 전자 전달을 비가역적으로 억제하여 ATP 합성을 막지만 소량의 다이나이트로페놀의 ATP 합성에 대한 효과는 가역적이다. 이 차이를 설명하라.

32. 전자 전달계에서 각 사이토크롬의 환원 전위는 −0.1~−0.39 V 사이에 존재한다. 이 계를 운영하는 데 있어서 다른 전위값이 필요한 이유를 설명하라.

33. 사이토크롬 복합체가 미토콘드리아 내막에 묻혀 있지 않다고 가정해보라. 화학 삼투설에 따른다면 어떤 결과가 생기겠는가?

34. 로테논은 기질이 피루브산일 때 산화적 인산화를 억제하지만 기질로 석신산을 사용하면 억제하지 않는 이유를 설명하라.

35. 전자 전달계에서 최종 전자 받개로 질산염이 사용된다면 얼마나 많은 ATP가 합성되는가? [*힌트*: NADH와 질산염의 환원 전위(**표 9.1**) 차이를 참조하라.]

36. 산화성 스트레스의 많은 파괴적 결과 중 •OH와 폴리펩타이드 골격 원자와의 반응이 있다. 이 과정은 α-수소 원자가 축출되어서 탄소 라디칼이 형성되는 것으로 시작된다.

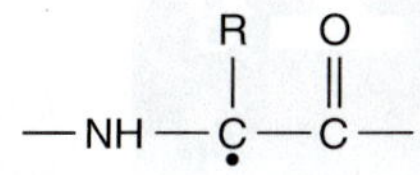

이어서 이 라디칼은 O_2와 반응하여 알킬과산화 라디칼(ROO•)을 형성한다. 손상되지 않은 골격 원자와 O_2로부터 시작하여 알킬과산화 라디칼이 형성되는 경로를 설명하라.

37. 산화성 공격을 받는 폴리펩타이드는 분자 내 교차 결합이나 분자 간 교차 결합을 형성할 수 있다. 문제 36을 참고하여 교차 결합이 형성될 수 있는 한 가지 메커니즘을 제안하라.

제 11 장

지질과 막

Lipids and Membranes

이 장의 차례 Outline

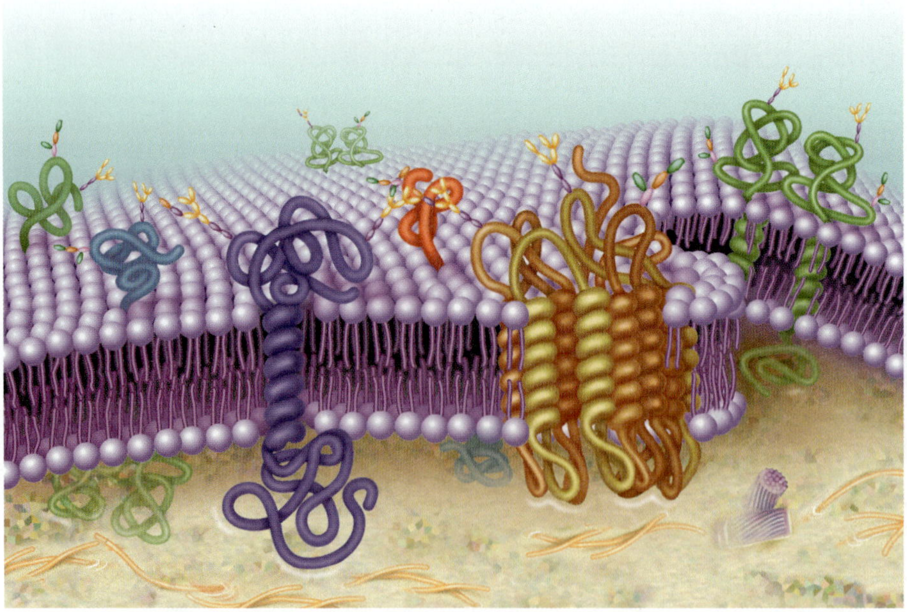

생체막 생체막은 단백질, 당단백질, 당지질과 콜레스테롤들이 비공유적으로 복합체를 형성한 지질 두겹층으로 구성된 역동적이고 구획화된 장벽이다.

개관 Overview

지질은 생물체에서 매우 다양한 기능을 수행하며, 물에 녹지 않는 물질이다. 어떤 지질은 생명의 에너지원으로서 그리고 다른 지질은 막의 주요 구성 성분의 기능을 한다. 그 밖에 호르몬, 항산화제, 색소, 또는 성장 인자 및 비타민으로서 작용하기도 한다. 이 장에서는 생물에서 발견되는 주요 지질 종류들의 구조 및 특성과 생체막의 구조적 · 기능적 특징에 대해 공부하고자 한다.

지질은 다양한 생체 분자들의 집단이다. 이와 같은 다양성 때문에 **지질**(lipid)이란 용어는 구조적 정의보다는 조작적 정의를 의미한다. 지질은 보통 에터, 클로로폼과 아세톤 같은 비극성 용매에는 녹지만 물과 같은 극성 용매에는 거의 녹지 않고, 생명체에서 유래한 물질을 나타내며, 다양한 생물학적 기능을 가지고 있다. 여러 유형의 지질 분자는 세포막의 중요한 구조 성분으로 사용된다. 지방과 기름은 생체 내 에너지를 효율적으로 저장한다. 또 다른 지질 분자는 화학 신호, 비타민 혹은 색소이다. 마지막으로 여러 생물의 외피에서 발견되는 몇몇 지질 분자들은 보호 및 방수 기능을 한다.

11장에서는 주요 지질의 구조와 기능을 설명하고 동물에서 지질을 운반하는 지질과 단백질의 복합체인 지질단백질을 공부하고 마지막 부분에서는 막의 구조와 기능에 대해 다룬다. 12장에서는 주요 지질들의 대사 과정을 다룰 것이다.

11.1 지질의 종류

지질은 다음과 같은 몇 가지 종류로 나눌 수 있다.

1. 지방산
2. 트라이아실글리세롤
3. 왁스 에스터
4. 인지질(포스포글리세라이드와 스핑고마이엘린)
5. 스핑고지질(아미노 알코올인 스핑고신을 포함하는 스핑고마이엘린 이외의 지질)
6. 아이소프레노이드(가지달린 5-탄소 탄화수소인 아이소프렌 단위가 반복되어 구성된 분자)

각 종류를 살펴보자.

지방산

지방산(fatty acid)은 다양한 길이(12~20개 또는 그 이상의 탄소)의 탄화수소 사슬을 가진 모노카복실산(monocarboxylic acid)이다(**그림 11.1**). 지방산은 카복실산 말단으로부터 번호를 매긴다. 또한 탄소 원자들을 지정하기 위해 그리스 문자도 사용한다. 지방산의 알파(α)-탄소는 카복실기에 인접한 탄소이며, 베타(β)-탄소는 카복실기로부터 두 번째 탄소이다. 말단 메틸 탄소 원자는 오메가(ω)-탄소이다. **표**

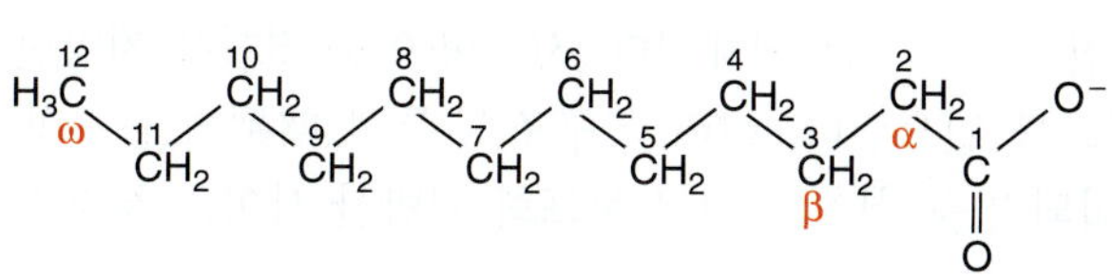

그림 11.1
지방산 구조.
지방산은 카복실기에 공유 결합으로 연결된 긴 사슬 탄화수소이다. 위 지질은 12개 탄소의 포화 지방산 (12:0)인 도데칸산[dodecanoic acid, 관용명은 라우르산(lauric acid)]이다.

표 11.1 지방산의 종류 및 구조

지방산 이름	구조	약어
포화 지방산		
미리스트산(myristic acid)	$CH_3(CH_2)_{12}CH_2CH$	14:0
팔미트산(palmitic acid)	$CH_3(CH_2)_{12}CH_2CH_2CH_2CH_2$	16:0
스테아르산(stearic acid)	$CH_3(CH_2)_{12}CH_2CH_2CH_2CH_2CH_2CH_2$	18:0
아라키드산(arachidic acid)	$CH_3(CH_2)_{12}CH_2CH_2CH_2CH_2CH_2CH_2COOH$	20:0
리그노세르산(lignoceric acid)	$CH_3(CH_2)_{12}CH_2CH_2CH_2CH_2CH_2CH_2CH_2CH_2CH_2CH_2COOH$	24:0
세로트산(cerotic acid)	$CH_3(CH_2)_{12}CH_2CH_2CH_2CH_2CH_2CH_2CH_2CH_2CH_2CH_2CH_2CH_2COOH$	26:0
포화 지방산		
팔미톨레산(palmitoleic acid)	$CH_3(CH_2)_5CH=CH(CH_2)_7COOH$	$16:1^{\Delta 9}$
올레산(oleic acid)	$CH_3(CH_2)_7CH=CH(CH_2)_7COOH$	$18:1^{\Delta 9}$
리놀레산(linoleic acid)	$CH_3(CH_2)_4CH=CH-CH_2-CH=CH(CH_2)_7COOH$	$18:2^{\Delta 9,12}$
α-리놀렌산(α-linolenic acid)	$CH_3CH_2CH=CH-CH_2-CH=CH-CH_2-CH=CH(CH_2)_7COOH$	$18:3^{\Delta 9,12,15}$
γ-리놀렌산(γ-linolenic acid)	$CH_3(CH_2)_3-(CH_2-CH=CH)_3-(CH_2)_4-COOH$	$18:3^{\Delta 6,9,12}$
아라키돈산(arachidonic acid)	$CH_3(CH_2)_3-(CH_2-CH=CH)_4-(CH_2)_3COOH$	$20:4^{\Delta 5,8,11,14}$

11.1은 일반적인 지방산의 구조, 이름, 표준 약자를 보여준다. 지방산은 여러 종류 지질 분자의 중요한 성분으로서 주로 트라이아실 글리세롤과 여러 종류의 막 결합 지질 분자에 존재한다.

자연계에 존재하는 대부분의 지방산은 가지없는 사슬(unbranched chain)형태이며, 짝수의 탄소를 갖는다. (몇몇 생명체에서는 가지달린 사슬 혹은 고리 형태의 사슬을 포함하는 특별한 형태의 지방산이 발견된다.) 탄소-탄소 단일 결합(carbon-carbon single bond)만을 갖고 있는 지방산을 *포화* 지방산(saturated fatty acid)이라 한다. 그리고 탄소-탄소 이중 결합(carbon-carbon double bond)을 한 개 이상 갖고 있는 지방산을 *불포화* 지방산(unsaturated fatty acid)이라 한다. 이중 결합은 견고한 구조이기 때문에 이중 결합을 포함하는 분자는 두 개의 이성질체, 즉 *시스*와 *트랜스* 이성질체가 존재한다. 유사하거나 동일한 원자단이 이중 결합의 같은 쪽에 있는 분자를 *시스* 이성질체(**그림 11.2a**)라 하고, 이중 결합의 반대쪽에 있는 분자를 *트랜스* 이성질체(**그림 11.2b**)라 한다. 자연계에 존재하는 대부분의 지방산에서 이중 결합은 *시스* 이성질체이다. *시스*형 이중 결합은 지방산 사슬의 경직된 '꺾임(kink)' 구조를 일으킨다. 이러한 구조적 특성 때문에 불포화 지방산은 포화 지방산처럼 밀집되지 못한다. 그리고 불포화 지방산 사이의 분자간 인력을 파괴하

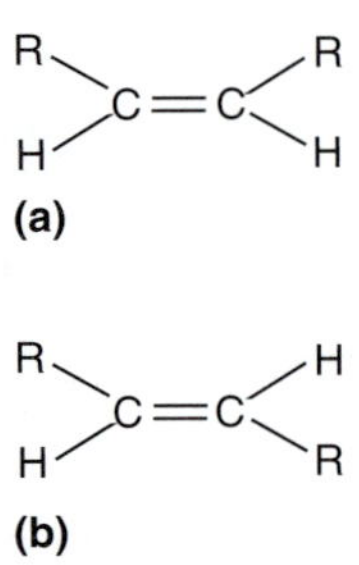

그림 11.2
불포화 분자의 이성질체형.
(a) *시스* 이성질체: R기 모두 탄소-탄소 이중 결합의 같은 쪽에 위치한다. (b) *트랜스* 이성질체: R기가 탄소-탄소 이중 결합의 다른 쪽에 위치한다.

는 데 적은 에너지가 소모된다. 따라서 불포화 지방산은 더 낮은 녹는점을 가지며 실온에서 액체 상태이다. 예를 들어 포화 지방산인 팔미트산(palmitic acid, 16:0)은 63°C에서 녹는 반면에 불포화 지방산인 팔미톨레산(palmitoleic acid, $16{:}1^{\Delta 9}$)은 0°C에서 녹는다. 특정 지방산을 약자로 표기할 때 콜론(:) 왼쪽의 숫자는 지방산에 포함된 탄소 원자의 전체 수이고, 오른쪽의 숫자는 이중 결합의 수이다. 어깨 글자는 이중 결합의 위치를 말한다. 예를 들어 Δ9는 카복실기와 이중 결합 사이에 8개의 탄소가 있고, 9번과 10번 탄소 사이에 이중 결합이 있음을 의미한다.

불포화 지방산은 또한 분자의 말단 메틸기(오메가, ω) 끝에서부터 시작하여서 첫 번째 이중 결합의 위치에 따라 분류된다. 예를 들어 리놀레산(linoleic acid)과 알파-리놀렌산(α-linolenic acid)은 각각 $18{:}2\omega\text{-}6$($18{:}\ 2^{\Delta 9,12}$과 같은)와 $18{:}3\omega\text{-}3$($18{:}\ 3^{\Delta 9,12,15}$와 같은)로 표시할 수 있다. ($\omega$ 오른쪽의 숫자는 지방산의 메틸 말단으로부터 셀 때 첫 이중 결합이 나타나는 탄소를 의미한다. 계속 이어지는 이중 결합은 항상 3개의 탄소가 떨어져 있다.) 흥미롭게도 *트랜스*형의 이중 결합을 갖고 있는 지방산은 포화 지방산과 유사한 3차원 구조를 갖는다. 지방산이 그 구조 내에 1개 이상의 이중 결합을 갖고 있으면 산화성 공격(oxidative attack)을 받기 쉽다(**그림 10.18**). 그 결과 세포막은 산화성 스트레스를 받고 기름은 산패한다(산화된 지방산은 이상한 냄새가 나거나 맛이 나는 짧은 사슬 유기산을 함유함).

1개의 이중 결합을 갖고 있는 지방산을 **단일 불포화 지방산**(monounsaturated fatty acid)이라 한다. 2개 또는 그 이상의 이중 결합이 메틸렌기(methylene group, $\text{—}CH_2\text{—}$)를 사이에 두고 있는 지방산을 **다중 불포화 지방산**(polyunsaturated fatty acid)이라 한다. 단일 불포화 지방산인 올레산(oleic acid, $18{:}1^{\Delta 9}$)과 다중 불포화 지방산인 리놀레산($18{:}2^{\Delta 9,12}$)은 생물에서 가장 풍부한 지방산이다.

식물과 세균 같은 생물은 필요로 하는 모든 지방산을 아세틸-CoA로부터 합성할 수 있다(12장). 포유동물들은 대부분의 지방산을 음식물로부터 얻으나 포화 지방산과 약간의 단일 불포화 지방산을 합성할 수도 있다. 또한 포유동물들은 2-탄소 단위체를 첨가하고 약간의 이중 결합을 도입함으로써 약간의 식이지방산을 변형할 수 있다. 신체 내에서 합성할 수 있는 지방산을 **비필수 지방산**(nonessential fatty acid)이라고 한다. 포유동물들은 리놀레산($18{:}2^{\Delta 9,12}$)과 리놀렌산(linolenic acid, $18{:}2^{\Delta 9,12,15}$)을 합성하는 데 필요한 효소가 없기 때문에 이들 **필수 지방산**(essential fatty acid)을 음식물을 통해 섭취해야 한다.

리놀레산($18{:}2^{\Delta 9,12}$ 혹은 $18{:}2\omega\text{-}6$)은 연장(elongation)과 불포화화(desaturation) 반응에 의해 형성되는 수많은 유도체들의 전구물질이다. 그 대표적인 예로 감마-리놀렌산($18{:}3^{\Delta 6,9,12}$ 또는 $18{:}3\omega\text{-}6$), 아라키돈산($20{:}4^{\Delta 5,8,11,14}$또는 $20{:}4\omega\text{-}6$)과 도코사펜타엔산(docosapentaenoic acid, $22{:}5^{\Delta 4,7,10,13,16}$ 또는 $22{:}5\omega\text{-}6$) 등이 있다. 리놀레산과 그 유도체들을 함께 **오메가-6 지방산**(omega-6 fatty acid)이라 한다. 오메가-6 지방산이 포함된 음식으로는 여러 식물성 기름(예, 해바라기와 콩기름), 달걀과 가금류의 고기 등이 있다. 알파-리놀렌산($18{:}3^{\Delta 9,12,15}$ 또는 $18{:}3\omega\text{-}3$)과 아이코사펜타엔산(eicosapentaenoic acid, EPA, $20{:}5^{\Delta 5,8,11,14,17}$ 또는 $20{:}5\omega$ 3)과 도코사헥사엔산(docosahexaenoic acid, DHA, $22{:}6^{\Delta 4,7,10,13,16,19}$ 또는 $22{:}6\omega\text{-}3$)같은 유도체들을 **오메가-3 지방산**(omega-3 fatty acid)이라 한다. 그리고 알파-리놀렌산이 포함된 음식으로 아마인기름(flaxseed oil), 콩기름과 호두 등이 있다. 물고기와 어유(예, 연어, 다랑어와 정어리)에서 발견되는 EPA와 DHA는 심장 혈관 건강을 증진시키는 것으로 알려져 있다. EPA와 DHA를 적당량 포함하는 음식을 섭취하면 트

라이아실글리세롤의 혈액 내 수준과 혈압을 낮추고 혈소판 응집을 감소시키는 것으로 알려져 있다. 필수 지방산은 구조적 성분(예, 막의 인지질)과 여러 중요한 대사물질들의 전구물질로 사용된다. 후자의 대표적인 예로 에이코사노이드(eicosanoid)와 아난다민(anandamine) 등이 있다.

오메가 지방산
Omega Fatty Acids

에이코사노이드는 오메가-6나 오메가-3 지방산에서 유래한 호르몬 유사물질이다. 일반적으로 오메가-6에서 유래한 에이코사노이드는 염증을 촉진하는 반면에 오메가-3 유도체는 염증 성질이 더 적다. 식사에서 오메가-6 대 오메가-3 지방산의 비율은 합성되는 염증성과 항염증성 에이코사노이드의 상대적인 양에 영향을 준다. 1:1에서 1:4의 비율은 건강에 좋은 정도라고 한다. 많은 선진국의 전형적인 식사는 10:1에서 30:1의 비율을 보인다. 이런 비율은 만성 질병에 걸릴 위험을 높이는 나쁜 조건인 염증성 반응의 증가를 가져온다.

아라키돈산 유도체인 아난다민(*N*-arachidonyl ethanolamine)은 정신작용약(psychoactive drug)인 테트라하이드로카나비놀(tetrahydrocannabinol)과 동일한 수용체에 결합하며 신체에서 생산되는 Δ9-*엔도카나비노이드*(Δ9-endocannabinoid)이다. 그리고 아난다민은 중추와 말초신경계에서 신경 전달 물질로 작용하고 그곳에서 섭식, 수면 습관, 단기 기억과 진통 완화 등에 영향을 준다.

지방산은 몇 가지 중요한 화학적 성질을 갖고 있다. 지방산이 수행하는 반응은 전형적으로 짧은 사슬의 카복실산 반응의 특징을 나타낸다. 예를 들어 지방산은 알코올과 반응하여 에스터(ester)를 형성한다.

$$R-\overset{\displaystyle O}{\overset{\|}{C}}-OH + R'-OH \rightleftharpoons R-\overset{\displaystyle O}{\overset{\|}{C}}-O-R' + H_2O \quad (1)$$

이 반응은 가역적이다. 즉 적당한 조건에서 지방산 에스터는 물과 반응하여 지방산과 알코올을 생성한다. 이중 결합을 갖고 있는 불포화 지방산은 수소화 반응(hydrogenation reaction)을 거쳐 포화 지방산을 생성한다. 마지막으로(**그림 10.18** 참조) 불포화 지방산은 산화에 취약하다.

어떤 지방산은 다양한 진핵세포의 단백질과 공유 결합으로 연결되는데, 이러한 단백질을 *아실화단백질*(acylated protein)이라 한다. 지방산기[fatty acid group, 또는 **아실기**(acyl group)로 불리는]는 막단백질과 소수성 환경 사이에서 상호작용을 촉진한다. 단백질 아실화(acylation)의 가장 흔한 형태인 미리스토일화(myristoylation) 반응과 팔미토일화(palmitoylation) 반응은 단백질의 다양한 구조적 · 기능적 성질에 영향을 주는 것으로 알려져 있다. 그 대표적인 예가 막에 단백질의 결합을 촉진하는 것이다. 그 외에도 소수성 지방산이 수용성 혈청단백질(serum protein)의 아실화 반응에 의해 지방세포로부터 체세포로 수송된다.

***주요 개념** _Key Concepts*

지방산은 모노카복실산으로서 대부분은 트라이아실글리세롤 분자, 몇 가지 막결합 지질, 또는 아실화 막단백질에 존재한다.

에이코사노이드

대부분의 포유류 조직에서 생산되는 **에이코사노이드**(eicosanoid)에는 프로스타글란딘(prostaglandin), 트롬복세인(thromboxane), 그리고 류코트라이엔(leukotriene)이 있다(**그림 11.3**). 이 분자들은 평활근 수축, 염증 반응, 통증 인식과 혈류 조절 등의 다양한 생리적 과정을 조절한다. 또 에이코사노이드는 협심증과 류머티즘 관절염 같은 여러 질병에도 관여하는 것으로 추정된다. 일반적으로 에이코사노이드는 자신이 생산되는 세포 안에서 활성을 나타내기 때문에 호르몬이란 이름 대신 **자가 분비 조절체**(autocrine regulator)로 불린다.

협심증과 관절염
Myocardial Infarction and Arthritis

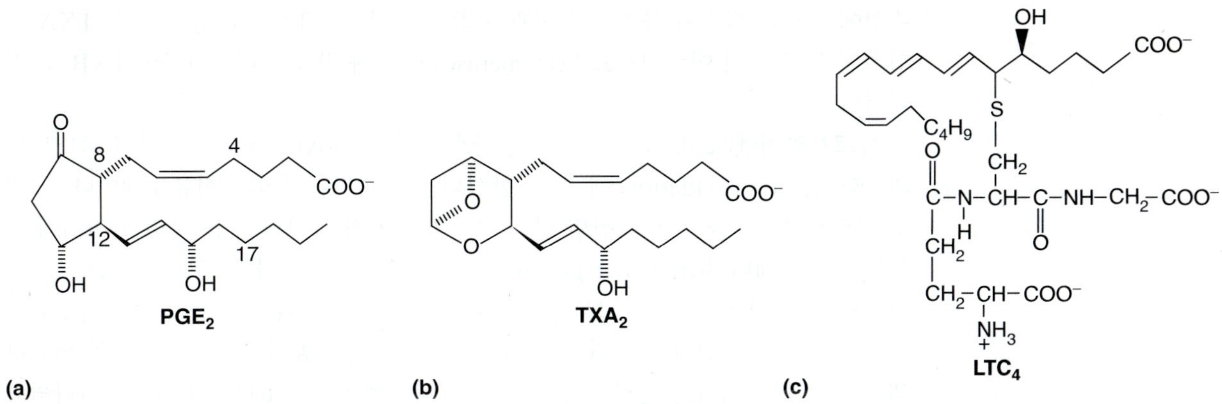

그림 11.3

에이코사노이드.

(a) 프로스타글란딘 E_2. (b) 트롬복세인 A_2. (c) 류코트라이엔 C_4. LTC_4가 글루타싸이온(glutathione) 치환기를 가지는 것을 주목하자.

보통 약자로 표시하는 에이코사노이드는 다음과 같이 명명한다. 첫 두 글자는 에이코사노이드의 종류를 말한다(예, PG = 프로스타글란딘, TX = 트롬복세인, LT = 류코트라이엔). 세 번째 글자는 에이코사노이드의 모체화합물에 가해진 변형을 말한다(예, A = 하이드록시기와 에터 고리, B = 2개의 하이드록시기). 에이코사노이드 이름의 숫자는 분자 안의 이중 결합의 수를 의미한다. 에이코사노이드는 몇 초 또는 몇 분 동안의 짧은 시간만 활성을 나타내며 소량 생산되기 때문에 연구하기에 매우 어려운 화합물이다.

에이코사노이드는 아라키돈산 또는 EPA로부터 생산된다. 에이코사노이드 생산은 아라키돈산 또는 EPA가 인지질 가수분해효소 A_2 (phospholipase A_2)에 의해 막 인지질로부터 방출된 후 시작된다. 각 에이코사노이드의 구조와 기능에 대해 알아보자.

프로스타글란딘(prostaglandin)은 C-11과 C-15에 하이드록시기가 있고 사이클로펜테인 고리(cyclopentane ring)를 갖고 있다. 프로스타글란딘 E 계열에 속한 분자는 C-9에 카보닐기를 갖고 있는 반면에, F 계열은 같은 위치에 OH기를 갖고 있다. 아라키돈산으로부터 유도된 2계열의 프로스타글란딘은 인체에서 가장 중요한 작용을 하는 종류들을 포함한다. EPA는 3계열 프로스타글란딘의 전구체이다. 프로스타글란딘은 염증 반응, 생식 과정(임신과 분만 과정에서 배란과 자궁수축 촉진)과 소화(위액 분비의 억제) 등에 관여한다. 2계열 프로스타글란딘의 생합성은 아라키돈산(arachidonic acid)이 막의 포스포글리세라이드(phosphoglyceride)로부터 방출되면서 시작된다. 아라키돈산은 처음에 고리화산소화효소(cyclooxygenase) 그리고 과산화효소(peroxidase)에 의해 여러 프로스타글란딘의 전구체인 PGH_2로 바뀐다. (아스피린은 효소 활성 자리의 중요한 세린 잔기를 아세틸화시킴으로써 고리화산소화효소를 비활성화시켜 약한 통증, 열과 염증을 감소시킨다.) PGH_2는 프로스타글란딘 엔도과산화효소 이성질화효소(prostaglandin endoperoxidase isomerase)를 이용해 열 유발 프로스타글란딘인 PGE_2로 전환된다(**그림 11.3a**).

트롬복세인(thromboxane)은 또한 아라키돈산 또는 EPA의 유도체로서 구조에 고리형 에터(cyclic ether)를 갖고 있는 점에서 다른 에이코사노이드와 다르다. TXA_2와 TXB_2는 주로 혈소판에 의해 아라키돈산으로부터 생산된다(**그림 11.3b**). 트롬복세인 A 생성효소는 PGH_2를 TXA_2로 전환한다. 혈소판은 활성화되면 조직 손상에 따르는 혈소판 응집이나 혈관 수축을 촉진하는 TXA_2를 분비한다. TXA_2는 합성된 후 빠르게 이성질화효소(isomerase)에 의해 비활성 대사산물인 TXB_2로 전환된다.

류코트라이엔(leukotriene)은 지질산소화효소(lipoxygenase)에 의해 촉매되는 과산화 반응(peroxidation)에 의해 합성되는 아라키돈산의 선형유도체이다. 그리고 류코트라이엔들은 이 과산화 반응 자리의 위치와 과산화 반응 자리 가까이에 결합된 싸이오에터기(thioether group)의 성질이 서로 다르다. 류코트라이엔은 강력한 화학주성 물질이다(즉, 그들은 손상된 조직으로 면역계 세포를 불러들임). 류코트라이엔은 또한 혈관 수축과 기관지 수축(각각 폐의 공기 통로 및 혈관의 평활근의 수축으로 일어나는)을 유도한다. 류코트라이엔 LTC_4, LTD_4, LTE_4는 아나필락시스의 지연-반응 물질(slow-reacting substance of anaphylaxis, SRS-A)로 밝혀졌다. *아나필락시스*(anaphylaxis)는 특별히 심한 알레르기 반응으로 알레르기항원(allergen)이 온몸의 결합조직에 있는 마스트(mast) 세포 IgE 항체에 결합하여 촉발된다. 마스트 세포는 주위 조직으로 류코트라이엔과 다른 염증 물질(헤파린, 히스타민, 프로스타글란딘)을 함유하고 있는 작은 알갱이들을 분비한다. 아나필락시스의 증상은 가려움, 두드러기, 부종 등이 있다. 아나필락시스 쇼크에서 염증 반응은 매우 심각하여 기관지 확장으로 인해 순환계의 쇠약과 질식을 동반한다. SRS-A 분자는 5-지질산소화효소(5-lipo-oxygenase)가 아라키돈산에 과산화물을 도입하여 생성되는 LTA_4에서 유도된다. 다음에 이 반응의 생성물은 LTA_4 생성효소(LTA_4 synthase)에 의하여 에폭사이드로 전환된다. LTA_4는 그리고 6번 탄소에 γ-글루타밀시스테인글리신 트라이펩타이드 GSH를 첨가함으로써 LTC_4로 전환된다(**그림 11.3c**). LTC_4의 트라이펩타이드 구성 성분에서 γ-글루타밀기를 제거하면 LTD_4가 만들어진다. LTE_4는 LTD_4의 글리실 잔기를 제거함으로써 생성된다.

아나필락시스
Anaphylaxis

문제 11.1

자가 면역 질환
Autoimmune Diseases

류마티즘 관절염(rheumatoid arthritis)은 만성적 염증 반응에 의한 자가면역 질환이다. **자가면역 질환**(autoimmune diseases)에서 면역계는 자신과 자신이 아닌 것을 구분하지 못한다. 아직 규명되지 않는 원인 때문에, 특정 림프구들이 *자가항체*(autoantibody)라고 하는 항체를 생산하고, 이런 분자들은 마치 외부 침입 세포를 공격하는 것처럼 자신의 세포와 결합한다. 류마티즘 관절염의 경우, 면역글로불린 G(IgG)의 F_c 부분에 류마티즘 인자(rheumatoid factor, RF)라는 자가항체가 결합하는데, 그 결과 여러 종류의 백혈구들이 관절 조직에 침투되어 염증 반응을 촉진한다. 식세포 작용을 하는 백혈구 세포(호중구와 대식세포)에서 리소좀 효소가 누출되면 조직 손상을 더욱 촉진한다. 이러한 염증 반응은 여러 에이코사노이드의 분비로 지속되는데 예를 들어 대식세포는 PGE_4, TXA_2 그리고 여러 류코트라이엔을 생산한다고 알려져 있다.

현재, 류마티즘 관절염의 치료는 통증과 염증을 줄여주는 방법을 사용하고 있는데 이러한 치료법은 병의 진행을 막지는 못한다. 아스피린은 경제성과 안전성으로 인해 류마티즘 관절염 및 다른 염증 반응의 중요한 치료제로 사용된다. 인지질 가수분해효소 A_2를 억제시키는 스테로이드 제제는 염증 억제 측면에서 아스피린보다 강력해서 즉각적이고 극적으로 통증을 감소시켜 주지만 스테로이드는 부작용이 많다. 예를 들어 프레드니손(prednisone)은 면역계

문제 11.1 (계속)

을 약화시킬 수 있고, 목에 지방 재배포를 일으킬 수 있고[들소형 육봉(buffalo hump)] 심각한 행동 변화를 일으킬 수도 있다. 이러한 여러 부작용 때문에 프레드니손은 아스피린이나 다른 약물이 듣지 않는 류마티즘 관절염 환자에 한해서만 사용된다.

아스피린과 스테로이드가 에이코사노이드 대사과정에서 어떤 영향을 미치는지 복습해 보고 이런 정보들이 류마티즘 관절염의 치료와 관련이 있는지 제안해보라. 또 이 정보가 염증을 치료하는 데 있어서 아스피린과 스테로이드의 효과 차이를 설명할 수 있는가?

트라이아실글리세롤

트라이아실글리세롤(triacylglycerol)은 3분자의 지방산과 글리세롤의 에스터(ester)이다(**그림 11.4**). 1개 또는 2개의 지방산을 갖고 있는 글리세라이드(glyceride)를 각각 모노아실글리세롤(monoacylglycerol) 또는 다이아실글리세롤(diacylglycerol)이라고 부른다. 이들은 대사 중간물질로서 소량 존재한다. 트라이아실글리세롤은 전하를 띠고 있지 않기 때문에(즉, 각 지방산의 카복실기는 글리세롤에 공유 결합으로 연결되어 있음) **중성 지방**(neutral fat)으로 불리기도 한다. 대부분의 트라이아실글리세롤 분자는 다양한 길이를 가진 불포화 지방산, 포화 지방산, 또는 이들의 혼합물로 되어 있다. 지방산의 조성에 따라 트라이아실글리세롤 혼합물은 지방 또는 기름으로 불린다. 실온에서 고체인 *지방*(fat)은 대부분 포화 지방산을 함유하고 있다. *기름*(oil)은 불포화 지방산의 함량이 비교적 높아 실온에서 액체이다. (불포화 지방산은 포화 지방산처럼 밀집되지 않는다.)

동물에서 흔히 *지방*(fat)이라 불리는 트라이아실글리세롤은 몇 가지 역할을 한다. 첫 번째 지방산의 주요 운반체와 저장체이다. 트라이아실글리세롤 분자는 다음과 같은 몇 가지 이유로 글리코젠보다 더 효율적으로 에너지를 저장한다.

1. 트라이아실글리세롤은 소수성이기 때문에 세포 안에서 치밀하게 뭉친 무수 과립(anhydrous droplet)을 형성한다. 지방조직(adipose tissue)에 있는 *지방세포*(adipocyte)는 트라이아실글리세롤을 저장한다. 상당량의 물과 결합하고 있는 글리코젠과 비교할 때 무수 트라이아실글리세롤은 글리코젠 부피의 약 1/8에 같은 양의 에너지를 저장한다.
2. 트라이아실글리세롤 분자는 더 많이 환원되어 있어 산화될 때 같은 양의 탄수화물 분자보다 더 많은 전자들을 방출할 수 있다. 따라서 트라이아실글리세롤은 분해될 때 더 많은 에너지(분해 시 탄수화물은 17.2 kJ/g인데 비해 지방은 38.9 kJ/g임)를 방출한다.

지방의 두 번째 중요한 기능은 저온에서 절연체 역할을 하는 것이다. 지방은 열전도를 잘하지 않는다. 높은 함량의 트라이아실글리세롤을 갖고 있는 지방조직이 몸 전체(특히 피하)에 분포해 있어서 열 손실을 막아준다. 어떤 동물의 경우 특수한 선(gland)세포에 의해 분비되는 지방 분자 때문에 털이나 모피에 물이 스며들지 않는다.

식물에서 트라이아실글리세롤은 과일이나 씨앗에 중요한 에너지 저장원이 된다. 이 분자들은 비교적 다량의 불포화 지방산(예, 올레산, 리놀레산)을 갖고 있기 때문

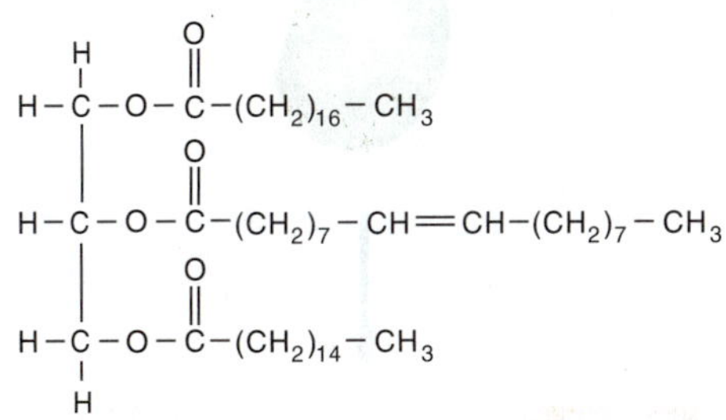

그림 11.4
트라이아실글리세롤.
트라이아실글리세롤은 3개의 지방산(보통 서로 다름)에 에스터화된 글리세롤로 되어 있다.

에 식물성 기름(plants oil)으로 불린다. 기름이 풍부한 씨앗으로 땅콩, 옥수수, 야자, 콩 등이 있다. 아보카도와 올리브는 기름을 많이 함유하고 있는 열매이다.

문제 11.2

기름은 *부분적 수소화 반응*(partial hydrogenation)으로 불리는 상업적인 니켈-촉매 과정으로 지방으로 전환된다. 비교적 온화한 조건에서(180°C, 1013 torr 혹은 1.33 atm) 이중 결합이 수소화되어 액체에서 고체로 된다. 이 고체 물질(올레오마가린)은 버터와 같은 밀도를 가진다. 하지만 기름은 상업적 수소화 과정에서 완전히 수소화시키지 않는다. 이것의 실제적인 이유를 제안해보라.

주요 개념 _Key Concepts

- 트라이아실글리세롤은 글리세롤 한 분자와 지방산 세 분자의 에스터 결합으로 구성된 분자이다.
- 동물과 식물에서 트라이아실글리세롤은 에너지원의 역할을 한다.

문제 11.3

비누 제조는 오랜 역사를 가지고 있다. 3000년 전 지중해에서 무역을 장악하며 해상 생활하던 페니키아인이 최초로 비누를 만든 사람들로 알려져 있다. 전통적으로 비누는 칼리와 동물지방을 가열하여 제조한다. [칼리는 물과 나무재의 혼합에 의해 얻어진 수산화 포타슘(KOH)과 탄산 포타슘(K_2CO_3)의 혼합물이다.] 현재 비누는 소기름과 코코넛오일을 수산화 포타슘이나 수산화소듐과 가열하여 제조한다. 이 *비누화 반응*(saponification) 과정 동안 트라이아실글리세롤 분자들이 글리세롤과 지방산의 소듐염이나 포타슘염 형태로 가수분해된다.

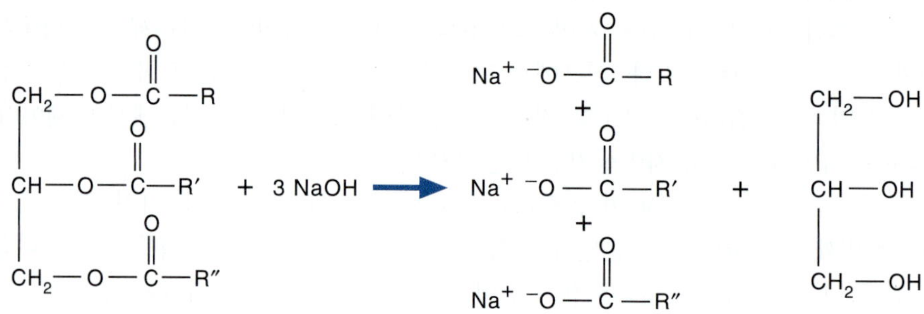

트라이아실글리세롤　　비누　　글리세롤

이때 지방산염(비누)은 자발적으로 마이셀을 형성하는 양극성 분자(한 분자 내에 극성과 비극성 구역이 같이 있는 분자)이다(그림 3.13). 비누 분자는 음으로 하전된 표면을 가져서 서로 반발한다. 비누는 *유화제*(emulsifying agent)이기 때문에 먼지나 때 등의 지용성 혼합체를 표면에서 제거하게 된다. 즉, 비누와 기름이 혼합되면 유화 반응이 일어나 기름 분자가 비누 마이셀에 분산된다. **그림 11.5**의 도표를 완성하고 이 과정이 일어나는 방법을 설명하라.

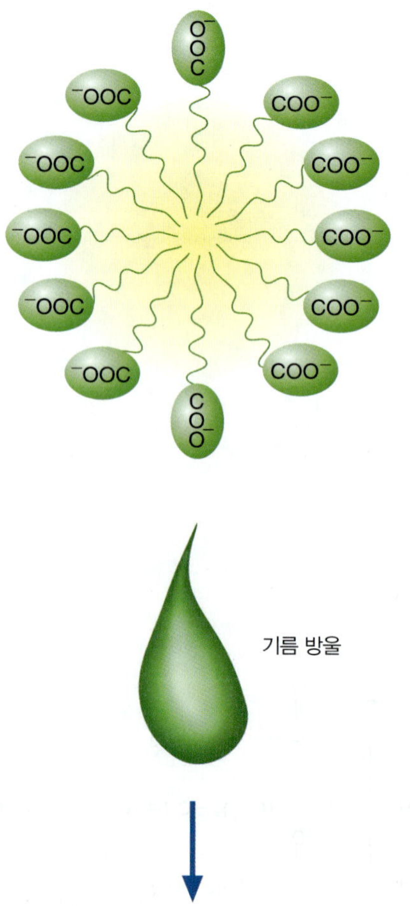

그림 11.5
비누: 유화제.
작은 기름방울과 비누가 어떻게 상호작용하는가? [*힌트*: '같은 것끼리 녹인다(like dissolves like)'의 의미를 되새겨보라.]

왁스 에스터

왁스(wax)는 비극성 지질의 복합 혼합물이다. 왁스는 식물의 잎, 줄기 및 과일 그리고 동물의 피부와 모피를 보호하는 피막 역할을 한다. 긴 사슬의 지방산과 긴 사슬의 알코올로 구성된 **왁스 에스터**(wax ester)는 대부분의 왁스를 이루는 구성 성분이다. 잘 알려진 왁스로서 브라질산 왁스 야자의 잎에서 생산되는 카나우바왁스(carnauba wax)와 밀랍(beeswax)이 있다. 카나우바왁스를 이루는 주요 성분은 왁스 에스터인 세로트산 멜리실(melissyl cerotate)이다(**그림 11.6**). 트라이아콘틸 헥사데칸산(triacontyl hexadecanoate)은 밀랍을 이루는 몇 가지 중요한 왁스 에스터 중 하나이다. 왁스는 또한 탄화수소, 긴 사슬의 알코올과 알데하이드, 지방산 및 스테롤(스테로이드 알코올)을 포함한다.

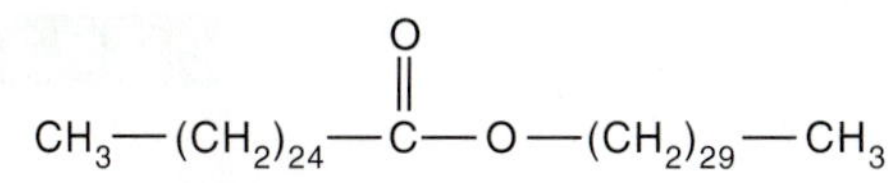

그림 11.6

왁스 에스터 세로트산 멜리실.

카나우바왁스(Carnauba wax)에 존재하는 세로트산 멜리실은 멜리실 알코올(melissyl alcohol)과 세로트산(cerotic acid)에서 형성된 에스터이다.

인지질

인지질(phospholipid)은 생물에서 몇 가지 중요한 역할을 하는데, 그 중 무엇보다도 중요한 것은 막을 구성하는 주성분이라는 점이다. 그 외에도 몇 가지 인지질은 유화제(emulsifying agent)와 *계면활성제*(surface active agent, 물과 같은 액체의 표면 장력을 낮추는 물질로서 표면에 퍼짐)의 역할을 한다. 인지질은 지방산염과 같이 양극성 분자(amphipathic molecule)이기 때문에 이러한 역할에 적합하다. 인지질의 소수성 구역은 주로 지방산의 탄화수소 사슬로 구성되고, **극성 머리기**(polar head group)라고 하는 친수성 구역은 인산과 기타 전하를 띠거나 혹은 극성을 나타내는 기로 구성된다.

인지질을 물속에 부유시키면 자발적으로 정렬된 구조로 재배열된다(**그림 11.7**). 이 구조가 형성되면서 인지질의 소수성기가 안쪽으로 묻혀 물과 상호작용하지 않게 된다. 동시에 친수성인 극성 머리기는 물 쪽으로 향한다. 인지질 분자(그리고 다른 양쪽성 지질 분자)는 그 농도가 충분할 경우 인지질 두겹층을 형성하며 이러한 성질은 막 구조 형성의 기본이 된다.

인지질에는 포스포글리세라이드와 스핑고마이엘린의 두 종류가 있다. **포스포글리세라이드**(phosphoglyceride)는 글리세롤, 지방산, 인산, 알코올(예, 콜린)을 포함하는 분자이다. **스핑고마이엘린**(sphingomyelin)은 글리세롤 대신 스핑고신(sphingosine)을 포함하고 있는 점에서 포스포글리세라이드와는 다르다. 스핑고마이엘린은 스핑고시질로도 분류되기 때문에 그 구조와 성질에 대한 내용은 나중에 다루기로 한다.

포스포글리세라이드는 세포막에서 가장 많이 존재하는 인지질이다. 가장 간단한 인지질인 포스파티드산(phosphatidic acid)은 다른 모든 포스포글리세라이드 분자의 전구물질이다. 포스파티드산은 두 분자의 지방산으로 에스터화된 글리세

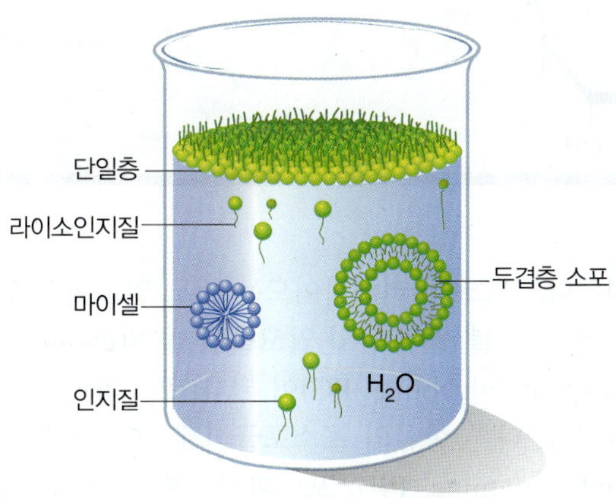

그림 11.7

수용액 중의 인지질 분자.

각 분자는 1개 또는 2개의 지방산 사슬이 결합한 극성 머리기를 포함한다. 라이소인지질(lysophospholipid) 분자는 1개의 지방산 사슬만 갖고 있다. 먼저 물 표면에 단일층이 형성된다. 인지질의 농도가 증가함에 따라 이중막이 형성되기 시작한다. 인지질은 2개의 지방산 사슬을 포함하는 원통형 구조이므로 두겹층을 형성하는 데 반해, 라이소인지질은 1개의 지방산을 포함하는 쐐기 모양의 구조를 가지므로 수용액에서 마이셀을 형성한다.

표 11.2 포스포글리세라이드의 주요 종류

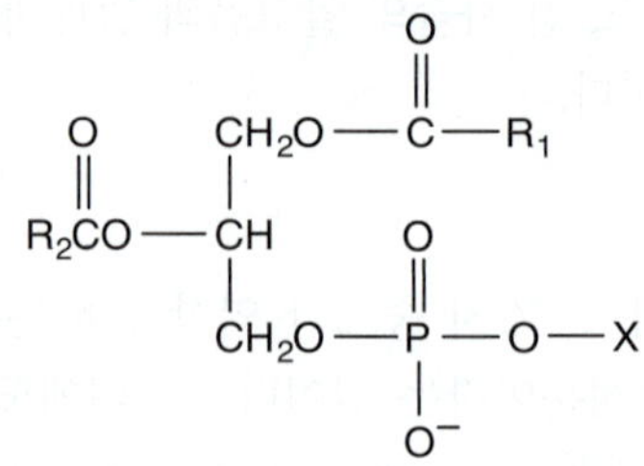

X 치환기

X-OH 이름	X의 화학식	인지질 이름
물	—H	포스파티드산
콜린	$—CH_2CH_2\overset{+}{N}(CH_3)_3$	포스파티딜콜린(레시틴)
에탄올아민	$—CH_2CH_2\overset{+}{N}H_3$	포스파티딜에탄올아민(세팔린)
세린	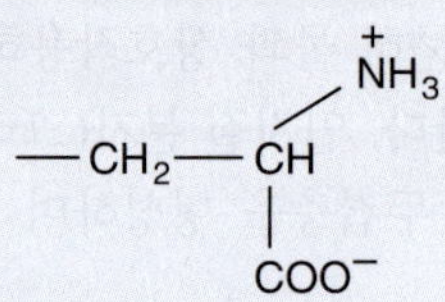	포스파티딜세린
글리세롤	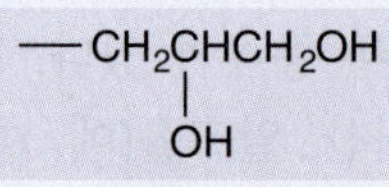	포스파티딜글리세롤
포스파티딜글리세롤	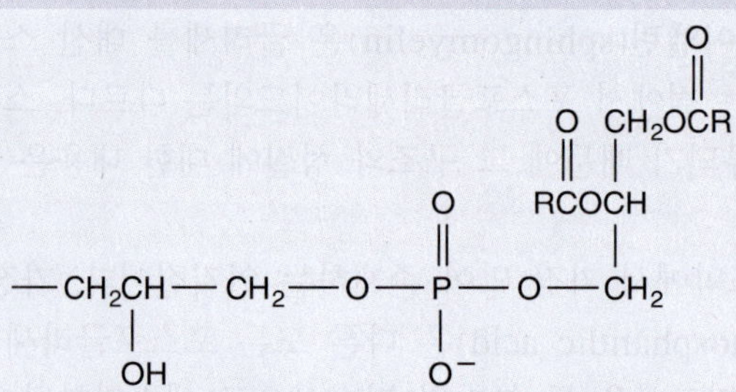	다이포스파티딜글리세롤 (카르디올리핀)
이노시톨	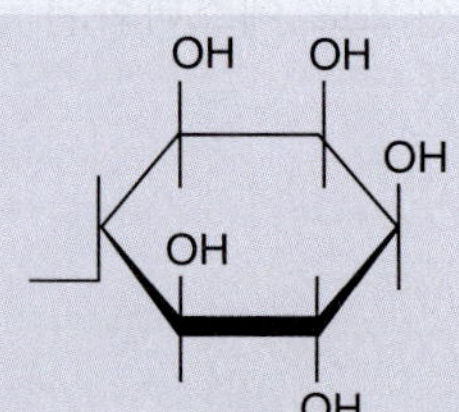	포스파티딜이노시톨

롤-3-인산으로 구성된다. 포스포글리세라이드는 어느 알코올이 인산기와 에스터화 되느냐에 따라 분류된다. 예를 들어 만일 알코올이 콜린(choline)이라면 그 분자는 포스파티딜콜린(phosphatidylcholine, PC)이 된다. 포스파티딜콜린은 또한 *레시틴*(lecithin)으로도 불린다. 다른 종류의 포스포글리세라이드로는 포스파티딜에탄올아민(phosphatidylethanolamine, PE), 포스파티딜세린(phosphatidylserine, PS), 다이포스파티딜글리세롤(diphosphatidylglycerol, dPG) 및 포스파티딜이노시톨(phosphatidylinositol, PI) 등이 있다(몇몇 주요한 포스포글리세라이드의 구조에 대하여는 **표 11.2** 참조). 포스포글리세라이드에 포함되어 있는 지방산은 대개 16~20개의 탄소를 갖는다. 보통 포화 지방산은 글리세롤의 탄소-1(C-1) 위치에 결합한다. 글리세롤 탄소-2(C-2) 위치에는 보통 불포화 지방산이 결합되어 있다.

포스파티딜에탄올아민과 카르디올리핀(cardiolipin)은 비교적 작은 극성 머리를 갖고 있다. 흔히 막의 안쪽 층에 존재하는 PE(사람의 모든 인지질의 25%)는 막의 만곡을 안정화시키며 막 융합의 역할을 담당한다. 카르디올리핀은 거의 전적으로 막에만 존재하며 ATP 합성을 유도하는 전기화학 전위를 발생하는 기능을 수행한다(세균의 원형질막과 미토콘드리아 내막의 20%를 구성함). 카르디올리핀은 지질 이합체로 구성되어 2개의 포스파티딜기와 4개의 탄화수소 사슬을 가지며 ETC 초복합체를 안정화한다.

포스파티딜이노시톨의 유도체인 포스파티딜-4,5-비스인산(phosphatidyl-4,5-bisphosphate, PIP_2)은 세포막에서만 소량 발견된다. 오늘날 PIP_2는 세포 내 신호 전달의 중요한 물질로 알려져 있다. 어떤 호르몬이 막 수용체에 결합할 때 시작되는 *포스파티딜이노시톨 회로*(phosphatidylinositol cycle)는 16.2절에서 설명한다.

포스파티딜이노시톨의 다른 기능 중 하나는 막단백질의 고정을 담당하는 글리코실포스파티딜이노시톨(GPI) 고정장치의 중요한 구조적 성분이라는 것이다. 트라이마노실글루코사민기(trimannosylglucosamine group)와 포스포에탄올아민(phosphoethanolamine)으로 구성된 **GPI 고정장치**(GPI anchor, **그림 11.8**)는 단백질을 원형질막의 바깥 표면에 고정하는 기능을 한다. 단백질은 단백질의 카복실 말단과 세포막 에탄올아민의 아미노기 질소 사이의 아마이드 결합(amide linkage)을 통해 GPI 고정장치 분자와 결합한다. 포스파티딜이노시톨 성분의 지방산 두 분자는 세포막에 묻혀 있게 된다.

주요 개념 _Key Concepts

- 인지질은 막 성분, 유화제와 계면활성제로서 중요한 작용을 하는 양극성 분자이다.
- 인지질에는 두 종류, 즉 포스포글리세라이드와 스핑고마이엘린이 있다.

문제 11.4

다이팔미토일포스파티딜콜린(dipalmitoylphosphotidylcholine)은 폐포로 분비되는 *계면활성제*(surfactant)의 주요 성분으로 주로 폐포 상피의 수분이 많은 외액의 표면 장력을 낮춘다. 폐포는 호흡의 기능 단위로 산소와 이산화 탄소의 맞교환이 일어나는 조직이다. 폐포 표면의 물 분자는 분자 간 인력으로 인한 높은 표면 장력을 가지는데 이 표면 장력이 감소하지 않을 경우, 폐포가 붕괴되어 정상적 호흡 작용이 어렵게 된다. 즉, 폐포의 붕괴를 막을 수 있도록 충분한 계면활성제가 생성되지 않는 미숙아의 경우 질식에 의해 사망에 이를 수 있다. 이러한 증상을 *호흡곤란증후군*(respiratory distress syndrome)이라고 한다. 다이팔미토일포스파티딜콜린의 구조를 그려라. 인지질의 일반적인 구조적 특징을 생각하여 계면활성제가 표면 장력을 낮추는 데 효과적인 이유를 제안하라.

호흡곤란증후군
Respiratory Distress Syndrome

인지질 가수분해효소

인지질 가수분해효소(phospholipase)는 포스포글리세라이드(phosphoglycerides) 분자에 있는 에스터 결합을 가수분해하며(**그림 11.9**), 분해하는 특정 화학 결합의 위치에 따라 분류된다. 인지질 가수분해효소 A_1(PLA_1)과 인지질 가수분해효소 A_2(PLA_2)는 각각 글리세롤의 C_1과 C_2의 에스터 결합을 가수분해한다. PLA_1과 PLA_2의 생성물은 지방산과 포스포글리세라이드에서 지방산 하나가 제거된 *라이소포스파티드*(lysophospahtide)이다. 인지질 가수분해효소 B(phospholipase B, PLB)는 C-1과 C-2의 에스터 결합을 모두 가수분해할 수 있다. 인지질 가수분해효

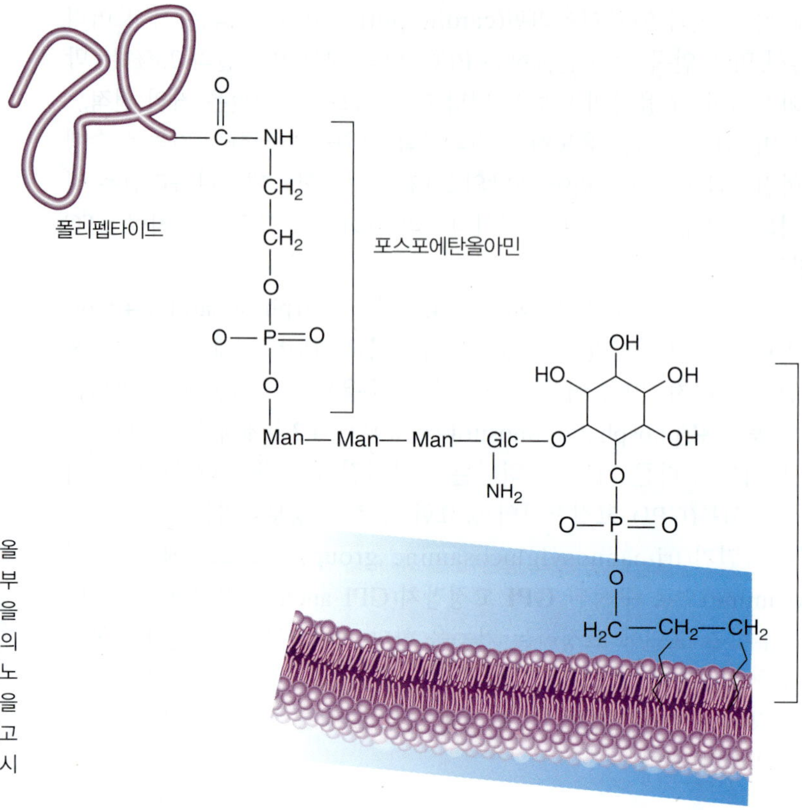

그림 11.8

GPI 고정장치.

GPI 고정장치 단백질은 연결 요소인 포스포에탄올아민-Man_3-$GlcNH_2$를 통해 막의 바깥 표면에 부착된다. 단백질의 카복시 말단은 아마이드 결합을 통해서 포스포에탄올아민과 결합하고 연결 요소의 $GlcNH_2$는 에터 결합을 통해서 막의 포스파티딜이노시톨에 결합한다. 이 구조에 변형이 있을 수 있음을 주목하자. 예를 들어 $GlcNH_2$는 아세틸화될 수 있고 포스파티드산(phosphatidic acid)의 인산은 이노시톨의 C-2또는 C-3에 결합될 수 있다.

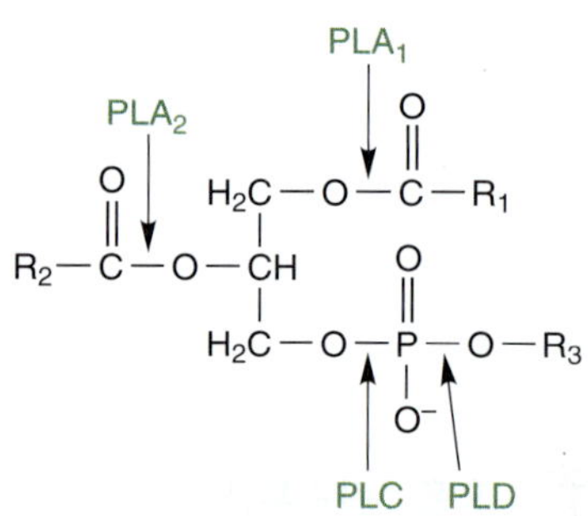

그림 11.9

인지질 가수분해효소.

인지질 가수분해효소는 인지질에 있는 에스터 결합을 가수분해한다. PLB가 PLA_1과 PLA_2활성을 둘 다 가지는 것을 주목하자.

소 C(phospholipase C, PLC)와 D(PLD)는 각각 다이아실글리세롤(diacylglycerol)과 포스파티드산(phosphatidic acid)을 생성하는 인산다이에스터 가수분해효소(phosphodiesterase)이다. 인지질 가수분해효소는 막 재모형화, 신호 전달, 소화의 3가지 주요 기능을 가진다. 한편 몇몇 생물들에서는 생물학적 무기로 사용되기도 한다.

막 재모형화. 세포는 세포막 지질의 포화 지방산과 불포화 지방산의 비율을 조정하거나 손상된 지방산을 대체하여 막 유동성을 바꾸는 데 인지질 가수분해효소를 사용한다. 인지질에서 지방산이 제거되는 과정은 아실기 전달효소(acyltransferase)로 촉매되는 재아실화(reacylation) 반응에 의해 일어난다.

신호 전달. 많은 호르몬들은 인지질 가수분해에 의한 신호 전달을 개시한다. 예를 들어, PLC에 의해 촉매되는 포스파티딜이노시톨의 인산화 유도체인 포스파티딜-4,5-비스인산(phosphatidyl-4,5-bisphosphate, PIP_2)의 분해는 신호 분자인 이노시톨-1,4,5-삼인산(inositol-1,4,5-triphosphate, IP_3)과 다이아실글리세롤(diacylglycerol, DAG)을 생성한다. 에이코사노이드 합성은 PLA_2에 의하여 촉매된 아라키돈산의 방출에 의해 개시된다.

소화. 포유류의 경우 지방은 소장에서 담즙염이 식이 지방의 큰 입자를 작은 방울로 용해하여 지질 가수분해효소의 작용을 받아 분해될 수 있게 돕는다. 다른 소화 효소들과 함께 소장으로 분비되는 췌장의 인지질 가수분해효소는 식이 인지질을 분해한다. 리소좀의 인지질 가수분해효소는 세포막의 인지질 구성 성분을 분해한다.

독성 인지질 가수분해효소
Toxic Phospholipases

독성 인지질 가수분해효소. 다양한 많은 생물들은 다른 종에 손상을 가하는 수단으로 막을 분해하는 인지질 가수분해효소를 사용한다. 예를 들어 뱀독에 있는

PLA_2는 물린 자리의 세포막을 분해할 뿐 아니라 골격근과 심장근의 괴사, 신경독성, 적혈구 용혈과 같은 전체적 손상을 일으킨다. *가스괴저균*(*Clostridium perfringins*)은 그람 양성의 혐기성 세균으로 기체 형성을 동반한 조직 괴사를 일으키는 *가스 괴저병*(gas gangrene)을 일으킨다. α-독소(α-toxin)라고 불리는 인지질 가수분해효소는 세균이 상처를 감싸는 조직 안으로 침투할 수 있도록 한다.

스핑고지질

스핑고지질(sphingolipid)은 동물막과 식물막의 중요한 구성 성분이다. 모든 스핑고지질 분자는 긴 사슬의 아미노 알코올(amino alcohol)을 갖고 있다. 동물의 경우 이 알코올은 주로 스핑고신이다(**그림 11.10**). 파이토스핑고신(phytosphingosine)은 식물의 스핑고지질에서 발견된다. 스핑고지질의 핵(core)은 스핑고신의 지방산 아마이드 유도체인 *세라마이드*(ceramide)이다. 스핑고마이엘린에서 세라마이드의 1-OH기는 포스포릴콜린(phosphorylcholine) 또는 포스포릴에탄올아민(phosphorylethanolamine)의 인산기에 에스터화되어 있다. *스핑고마이엘린*(sphingomyelin)은 대부분의 동물 세포막에서 발견된다. 그 이름이 암시하듯이, 스핑고마이엘린은 신경세포의 수초(myelin sheath)에 가장 많이 존재한다. 수초는 신경세포 액손(axon) 주위에 특수한 수초화 세포의 세포막이 연속적으로 감겨서 형성된 구조이며 수초의 절연성은 신경전달 속도를 촉진한다.

당지질(glycolipid)은 탄수화물이 결합된 지질 분자이다. 이것에는 *글리코스핑고지질*(glycosphingolipid, **그림 11.11**)과 GPI 고정장치가 포함된다. 글리코스핑고지질은 세라마이드를 함유하지만 인산기를 포함하지 않는 점에서 스핑고마이엘린과 구분된다. 중요한 당지질에는 세레브로사이드, 설파타이드 및 강글리오사이드가 있다.

세레브로사이드(cerebroside)는 머리기가 단당류인 스핑고지질이다. 이들 분자는 인지질과 달리 비이온성(nonionic)이다. 이 종류 중에서 가장 흔한 갈락토세레브로사이드(galactocerebroside)는 거의 전부 뇌의 세포막에서 발견된다. 세레브로사이드가 황산화된 것을 *설파타이드*(sulfatide)라고 부른다. 설파타이드는 생리적 pH에서 음전하를 띤다.

한 개 혹은 그 이상의 시알산 잔기(sialic acid residue)를 가진 올리고당을 함유한 스핑고지질을 *강글리오사이드*(ganglioside)라 한다. 강글리오사이드는 신경 조직에서 처음 분리되었지만 대부분의 다른 동물 조직에서도 존재한다. 강글리오사이드의 명명을 위해 아래첨자를 사용한다. 문자 M, D, T는 강글리오사이드 분자가

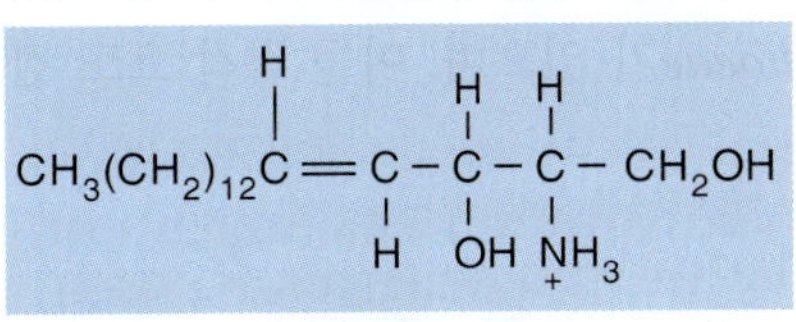

스핑고신

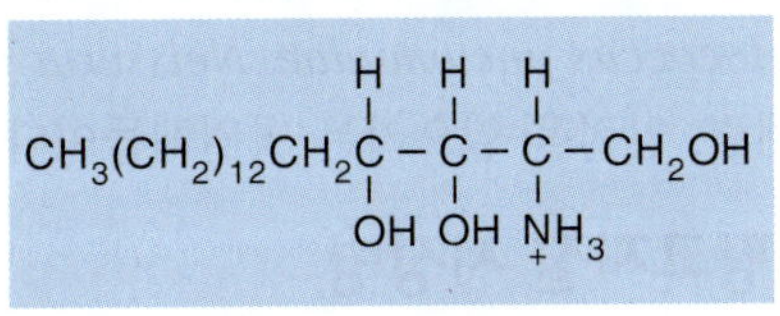

파이도스핑고신

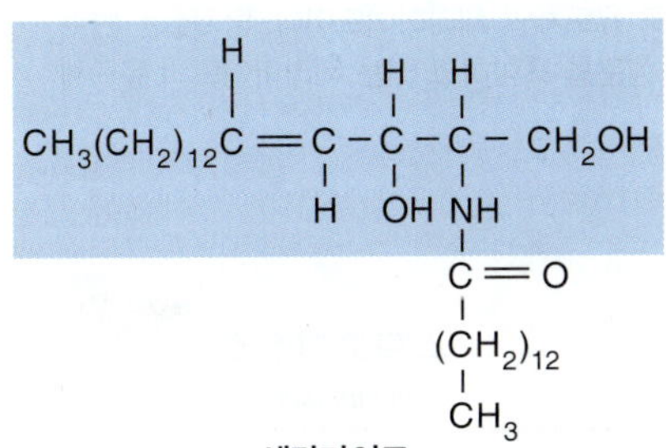

세라마이드

그림 11.10

스핑고지질 성분.

스핑고지질에 스핑고신의 *트랜스* 이성질체가 존재한다.

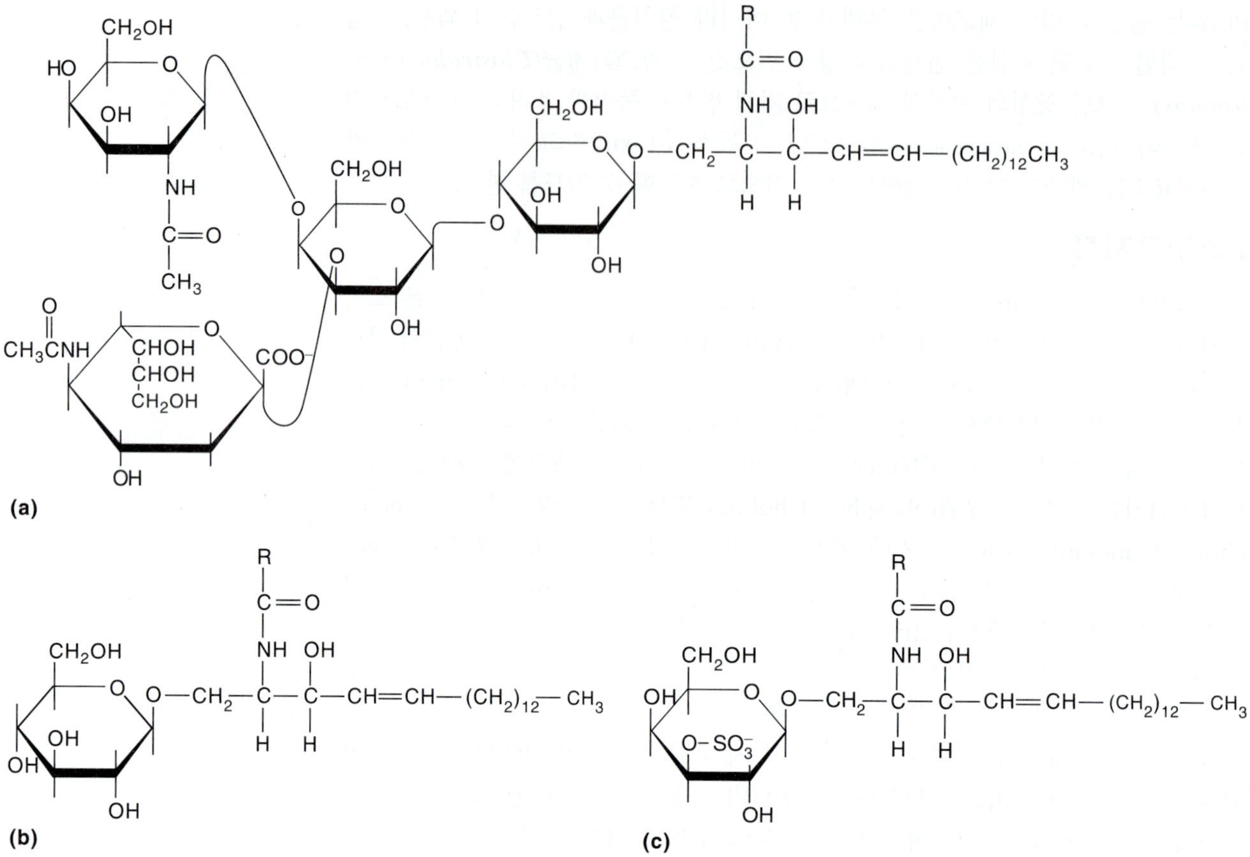

그림 11.11

당지질.

(a) 테이-삭스 강글리오사이드(G_{M2}), (b) 글루코세레브로사이드(glucocerebroside), (c) 황산 갈락토세레브로사이드(galactocerebroside sulfate, sulfatide의 일종).

시알산 잔기를 몇 개 가지고 있는지를 나타내는데 M은 1개, D는 2개, 그리고 T는 3개의 시알산 잔기를 가진다는 것을 의미한다(**그림 7.22d** 참조). 숫자는 세라마이드에 결합되어 있는 당의 서열을 의미한다. **그림 11.11**은 테이-삭스 강글리오사이드 G_{M2}(Tay-Sachs ganglioside G_{M2})의 구조를 보여준다.

당지질의 역할은 아직까지 명확하지 않지만, 어떤 당지질 분자는 세균 독소 및 세균 세포를 동물의 세포막에 결합시키는 기능을 하기도 한다. 예를 들어 콜레라, 파상풍 및 보툴리눔독소증(botulism)을 일으키는 독소는 세포막의 당지질 수용체와 결합한다. 당지질 수용체와 결합하는 것으로 밝혀진 세균에는 *Escherichia coli, Streptococcus pneumoniae, Neisseria gonorrhoeae*가 있으며, 이들 각각 요도 감염, 폐렴, 임질을 일으키는 병원체들이다.

주요 개념 _Key Concepts

- 동물과 식물의 중요한 막 성분인 스핑고지질은 복잡하고 긴 사슬의 아미노 알코올(스핑고신이나 파이토스핑고신)을 포함하고 있다.
- 각 스핑고지질의 핵은 알코올 분자의 지방산 아마이드 유도체인 세라마이드이다. 당지질은 탄수화물 성분을 포함하고 있는 세라마이드의 유도체이다.

스핑고지질 저장병

스핑고지질증
Sphingolipidoses

리소좀의 저장병은 특정 대사물질을 분해시키는 효소의 유전적 결함에 의해 나타난다. 몇몇 리소좀 저장병들은 스핑고지질의 대사와 관련이 있어 *스핑고지질증*(sphingolipidoses)이라고도 불리는데, 이런 질환은 대부분 치명적이다. 가장 흔한 스핑고지질 저장병(Sphingolipid storage disease)인 테이-삭스병은 강글리오사이드 G_{M2}를 분해하는 효소인 β-헥소사미니데이스 A (β-hexosaminidase A)의 결핍으로 발병된다. 강글리오사이드 G_{M2}가 축적되면 세포가 부풀어 오르고 결국 사멸

표 11.3 스핑고지질 저장병*

질병	증상	축적되는 스핑고리피드	효소 결핍
테이-삭스병	실명, 근력저하, 발작, 정신지체	강글리오사이드 G_{M2}	β-핵소사미니데이스 A
고셰병	정신지체, 간과 비장의 비대, 장골의 쇠퇴	글로코세레브로사이드	β-글루코시데이스
크라베병	탈수초, 정신지체	갈락토세레브로사이드	β-갈락토시데이스
니만-피크병	정신지체	스핑고마이엘린	스핑고마이엘린 분해효소

* 많은 경우에 질병명은 처음 규명한 사람들의 이름을 따라 명명된다. 테이-삭스병은 영국의 안과의사 워렌 테이(Warren Tay, 1843~1927)와 뉴욕의 신경학자 버나드 삭스(Bernard Sachs, 1858~4944)에 의해 처음 보고되었다. 프랑스의 내과의사 필립 고셰(Phillipe Gaucher, 1854~1918)와 덴마크의 신경학자 너드 크라베(Knud Krabbe, 1885~1961)는 처음으로 각각 고셰병과 크라베병을 규명하였다. 니만-피크병은 독일의 내과의사 알버트 니만(Albert Niemann, 1880~1921)과 루드윅 피크(Ludwig Pick, 1868~1944)에 의해 규명되었다.

한다. 실명, 근력저하, 발작, 정신지체 등의 테이-삭스 증상들은 일반적으로 출생 후 몇 개월 후에 나타난다. 테이-삭스병을 포함한 스핑고지질증은 현재 치료법이 없으며 치명적이어서 일반적으로 3세 이전에 사망한다. 여러 스핑고지질증은 **표 11.3**에 요약되어 있다.

아이소프레노이드

아이소프레노이드(isoprenoid)는 5-탄소 구조 단위인 *아이소프렌 단위*(isoprene unit)가 반복되어 있는 다양한 생체 분자이다(**그림 11.12**). 아이소프레노이드는 아이소프렌(methylbutadiene)으로부터 합성되는 것이 아니라 아세틸-CoA로부터 아이소펜테닐 파이로인산(isopentenyl pyrophosphate)이 형성됨으로써 생합성이 시작된다(12장 참조).

아이소프레노이드는 터펜(terpene)과 스테로이드(steroid)로 되어 있다. **터펜**은 식물의 에센셜오일(essential oil)에 풍부하게 들어 있는 분자이다. 스테로이드는 콜레스테롤의 탄화수소 고리계의 유도체들이다.

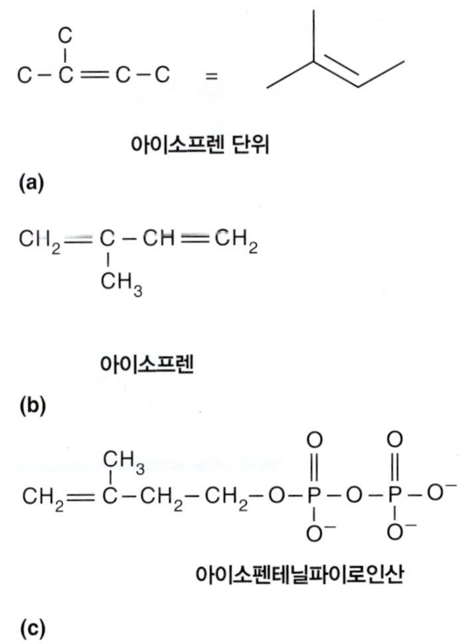

그림 11.12
아이소프렌.
(a) 기본적인 아이소프렌 구조, (b) 유기 분자 아이소프렌, (c) 아이소펜테닐파이로인산.

터펜 터펜(terpene)은 포함하고 있는 아이소프렌 잔기의 수에 따라 분류된다(**표 11.4**). *모노터펜*(monoterpene)은 2개의 아이소프렌 단위(10개의 탄소 원자)로 구성된다. 제라니올(geraniol)은 식물, 과일과 꽃(예, 장미, 레몬, 쥐손이풀 등)으로부터 추출된 휘발성의 소수성 액체 혼합물인 *에센셜오일*(essential oil)에서 발견되는 모노터펜이다. 각 에센셜오일은 특유의 냄새를 갖고 있으며, 어떤 것은 향수를 만드는 데 사용된다.

3개의 아이소프렌(15개의 탄소 원자)을 포함하고 있는 터펜은 *세스퀴터펜*(sesquiterpene)이라 불린다. 향수와 비누에 사용되는 물질인 시트로넬라유(citronella oil)의 중요한 구성 성분인 파네센(farnesene)은 세스퀴터펜이다. 식물성 알코올인 파이톨(phytol)은 4개의 아이소프렌 단위로 구성된 *다이터펜*(diterpene)이다. 스쿠알렌(squalene)은 *트라이터펜*(triterpene)의 대표적인 예이다. 스쿠알렌은 올리브유, 상어의 간유, 효모에 풍부하게 존재하며 콜레스테롤 생합성의 중간산물이다. 대부분의 식물에 존재하는 주황색 색소인 **카로티노이드**(carotenoid)는 8개의 아이소프렌 단위로 구성된 유일한 *테트라터펜*(tetraterpene)이다. 카로틴(carotene)은 이 군에 속하는 탄화수소이다. *잔토필*(xanthophyll)은 카로틴의 산화 유도체이다. *폴리터펜*(polyterpene)은 수백~수천 개의 아이소프렌 단위로 구성된 고분자량의 분자이다. 천연고무는 3000~6000개의 아이소프렌 단위로 구성된다. *돌리콜*

표 11.4 터펜의 종류 및 구조

종류	아이소프렌 단위 수	예: 이름	예: 구조
모노터펜	2	제라니올	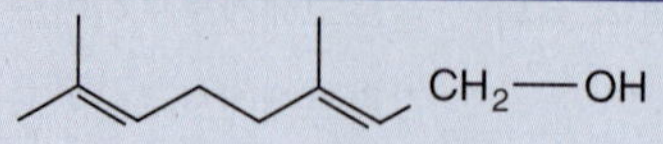
세스퀴터펜	3	파네센	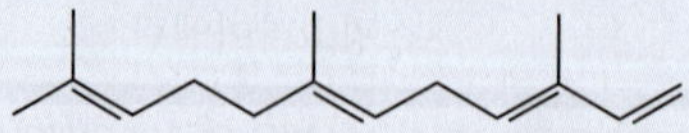
다이터펜	4	파이톨	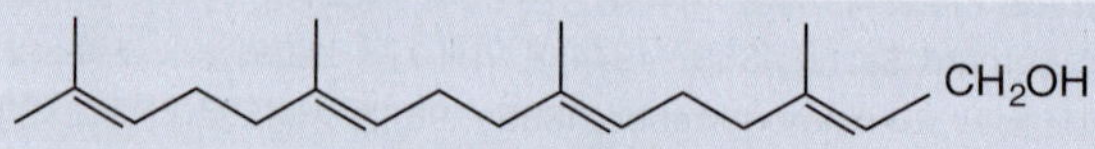
트라이터펜	6	스쿠알렌	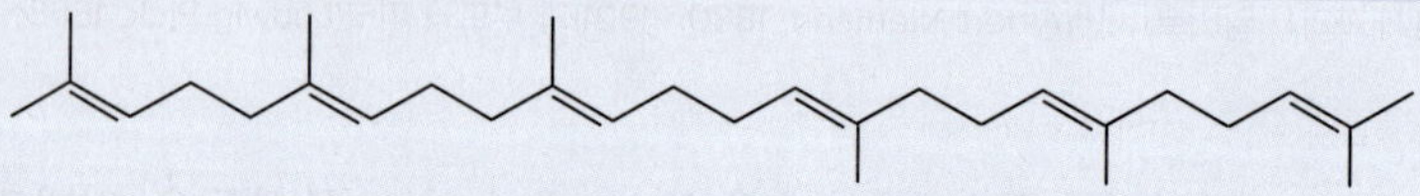
테트라터펜	8	β-카로틴	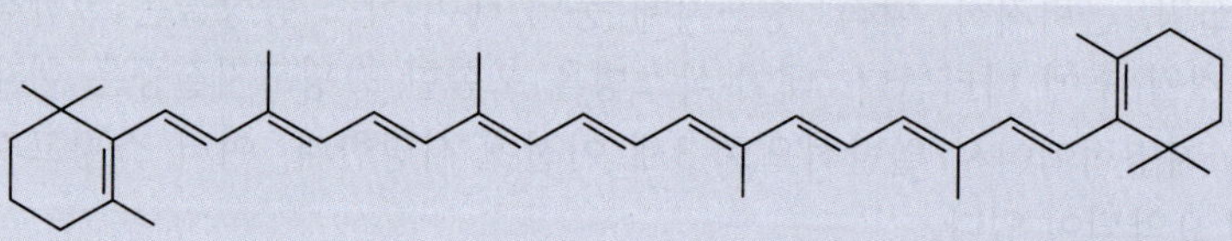
폴리터펜	9~24	돌리콜	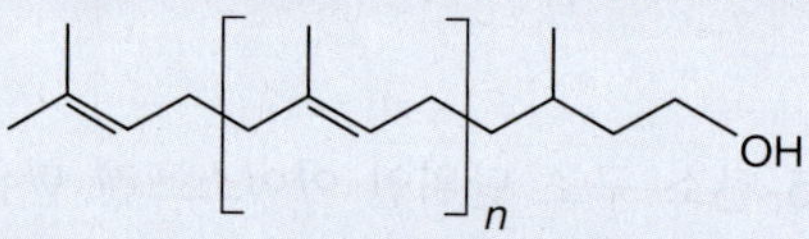
	수천	고무	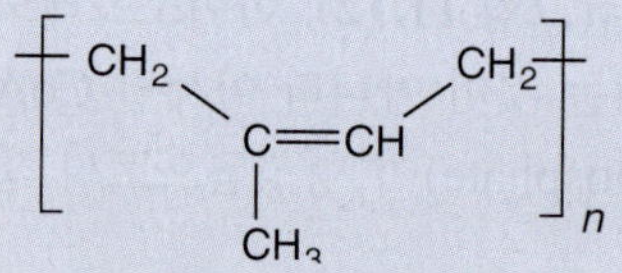

(dolichol)은 당단백질 합성에서 당 운반체(sugar carrier)로 작용하는 폴리아이소프레노이드(polyisoprenoid) 알코올(16~19개의 아이소프렌 단위)이다.

몇 가지 중요한 생체 분자는 아이소프레노이드기[isoprenoid group, 흔히 *프레닐기*(prenyl group) 또는 *아이소프레닐기*(isoprenyl group)로도 부름]에 결합된 비터펜 성분(nonterpene component)으로 구성된다. **혼합 터페노이드**(mixed terpenoid)라 불리는 이들 생체 분자에는 비타민 E(α-토코페롤, **그림 10.22a**), 유비퀴논(ubiquinone, **그림 10.3**), 비타민 K(**그림 11.13**), 플라스토퀴논(plastoquinone)이 포함된다.

진핵세포에서는 다양한 단백질이 리보솜에서 생합성된 후 프레닐기와 공유 결

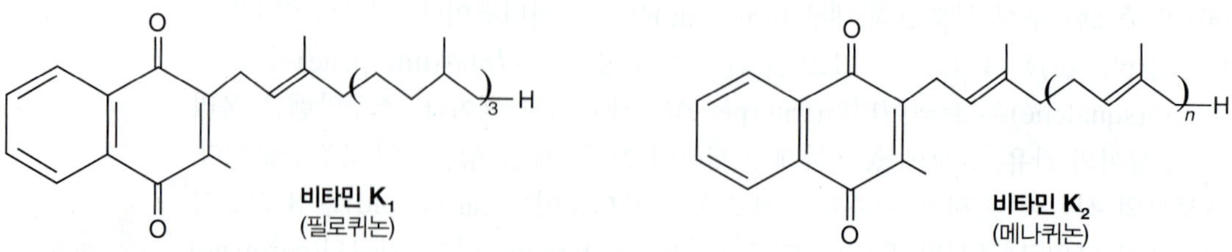

그림 11.13

혼합 터페노이드의 하나인 비타민 K.

(a) 식물체에 존재하는 비타민 K_1(phylloquinone)은 광합성 전자 운반체로서 작용한다. 비타민 K_2(menaquinone)는 장 세균에 의해 합성되고 혈액 응고에 중요한 역할을 한다.

합으로 연결되는 것으로 알려지고 있다. **프레닐화**(prenylation)라 불리는 이 과정에 포함된 프레닐기는 파네실기(farnesyl group)와 제라닐제라닐기(geranylgeranyl group)이다(**그림 11.14**). 파네실기와 제라닐제라닐기는 콜레스테롤 생합성 경로의 중간물질이다(**그림 12.29**) 단백질의 프레닐화 기능은 명확하지 않다. 그러나 세포 성장에 어떤 역할을 한다는 몇 가지 증거가 있다. 예를 들어 세포 성장 조절물질군에 속하는 *라스 단백질*(Ras protein)은 프레닐화 반응에 의해 활성화된다.

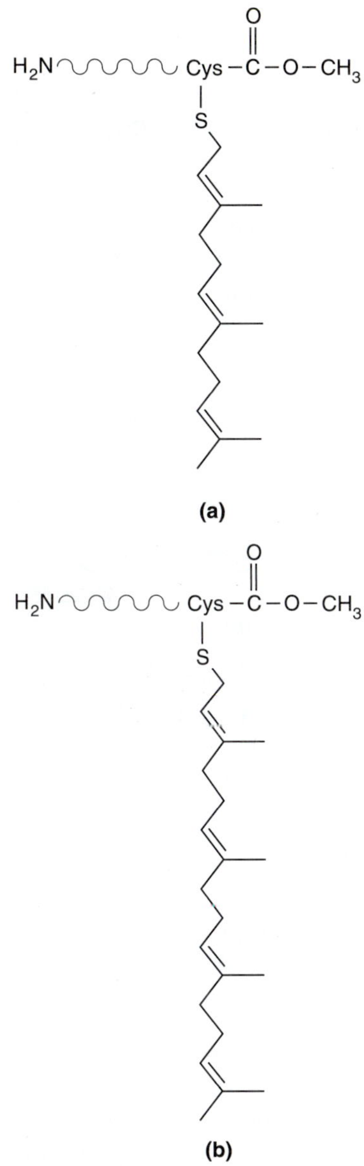

그림 11.14

프레닐화 단백질.

프레닐기는 C-말단 시스테인 잔기의 SH기에 공유결합으로 연결된다. 또한, 많은 프레닐화 단백질은 이 잔기에서 메틸화된다. (a) 파네실화 단백질, (b) 제라닐제라닐화 단백질.

문제 11.5

대부분의 터펜은 하나 이상의 고리 구조를 포함한다. 다음의 예를 생각해보라. 이들이 어느 터펜 군에 속하는지 결정하고 아이소프렌 단위체의 위치를 나타내라.

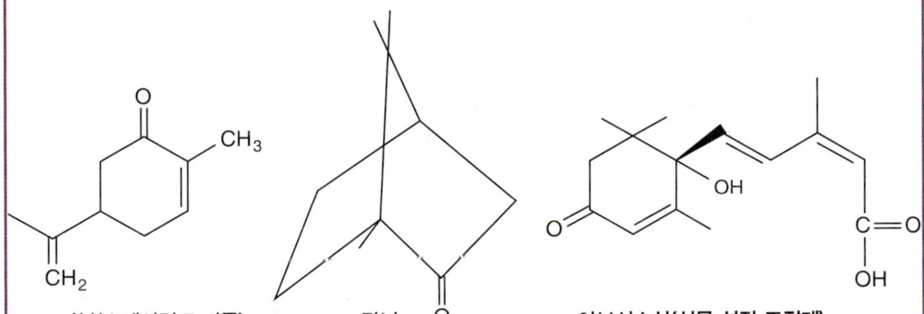

카본(스페어민트 기름) **장뇌** **아브시스산(식물 성장 조절제)**

스테로이드 **스테로이드**(steroid)는 4개의 접합된 고리를 갖고 있는 트라이터펜의 유도체로서 모든 진핵생물과 소수의 세균에서 발견된다. 스테로이드는 탄소-탄소 이중 결합(C=C)과 여러 치환기(예, 하이드록시기, 카보닐기, 알킬기)의 위치에 따라 서로 구별된다.

동물에서 중요한 분자인 콜레스테롤은 스테로이드의 대표적인 예이다. 콜레스테롤은 동물 세포막의 필수적인 성분이 될 뿐만 아니라 모든 스테로이드 호르몬, 비타민 D 및 담즙염의 생합성에서 전구물질이다(**그림 11.15**). 콜레스테롤(C-27)은 트라이터펜 스쿠알렌(C-30)으로부터 분자 내 고리닫힘(ring closure), 산화와 절단에 의해 형성된다. 보유하고 있는 유일하게 남은 이중 결합은 Δ5 위치로 이동하고 C-3는 하이드록시기로 산화하는데 이를 *스테롤*(sterol)이라 한다. [비록 *스테로이드*(steroid)라는 용어가 1개 또는 그 이상의 카보닐 또는 카복실기를 갖는 분자들을 지정하는 데 사용되지만, 흔히 스테로이드 고리 구조의 유도체를 기술하는데 사용되기도 한다.] 콜레스테롤은 보통 지방산 에스터 형태로 세포 안에 저장된다. 이 에스터화 반응은 소포체의 표면에 위치한 *아실 CoA: 콜레스테롤 아실기 전달효소*(acyl-CoA: cholesterol acyltransferase, ACAT)에 의해 촉매된다.

문제 11.6

담즙염은 소수성 물질과 물의 혼합을 촉진하는 유화제이다. 간에서 생성되는 담즙염은 작은창자에서 지방의 소화를 돕는다. 담즙염은 글리신 아미노산과 같은 친수성 물질을 담즙산에 결합시킴으로써 형성된다. **그림 11.15**의 콜산 구조를 보고 담즙염의 구조적 특징이 그 기능에 어떤 역할을 하는지 설명하라.

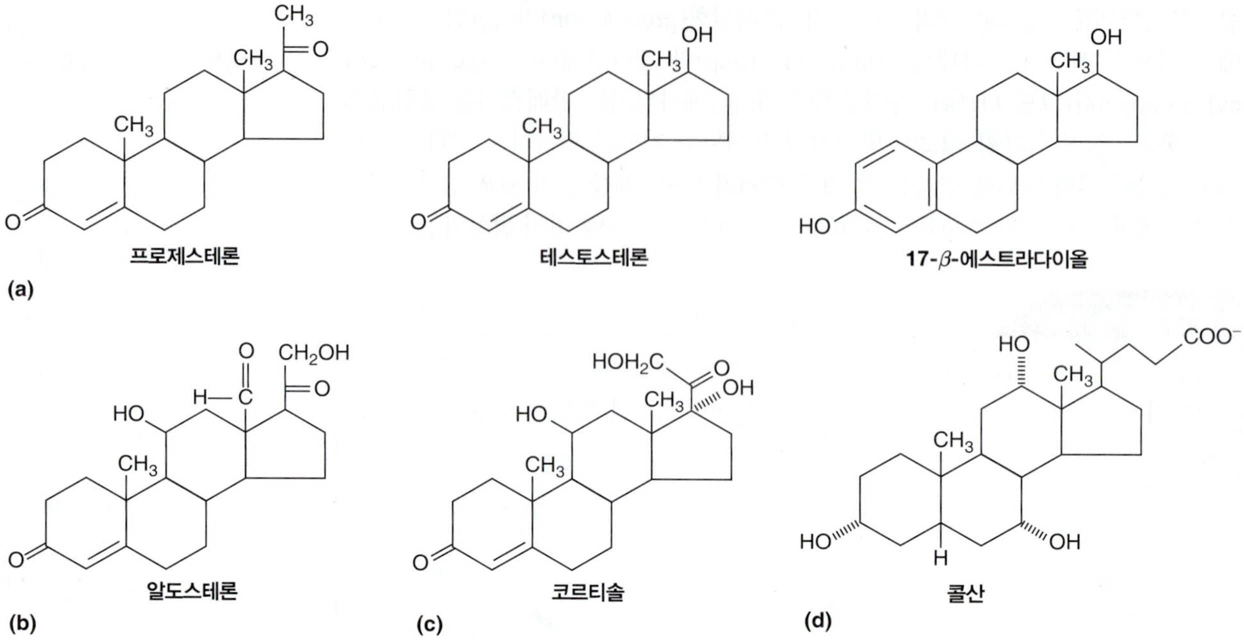

그림 11.15
동물 스테로이드.

(a) 성호르몬(성 구조의 발생과 다양한 생식 행동을 조절하는 물질), (b) 미네랄코르티코이드(여러 가지 이온, 특히 Na^+ 이온의 혈장 농도를 조절하는 부신피질에서 분비되는 물질), (c) 글루코코르티코이드(탄수화물, 지방 및 단백질 대사를 조절하는 물질), (d) 담즙산. (담즙산은 담즙염으로 변환된다. 장에서 지방과 지용성 비타민 흡수를 촉진하는 분자로서 간에서 생산된다.)

디기탈리스 및 심장 마비
Digitalis and Heart Failure

주요 개념 _Key Concepts
- 아이소프레노이드는 아이소펜테닐 파이로인산으로부터 유래된 아이소프렌 단위가 반복하여 형성되는 커다란 생체 분자군이다.
- 두 종류의 아이소프레노이드, 즉 터펜과 스테로이드가 있다.

심근수축을 증가시키는 심장 글리코사이드는 가장 흥미로운 스테로이드 유도체들이다. 글리코사이드는 탄수화물을 포함하는 아세탈(acetal)이다. 비록 몇 가지 심장 글리코시드[예, 식물 *Strophanthus gratus*의 씨앗에서 얻을 수 있는 *와바인*(ouabain)]는 독성이 강하지만, 다른 어떤 것들은 매우 유용한 의약품으로 사용된다(**그림 11.16**). 예를 들어 *Digitalis purpurea*의 마른 잎 주출물인 *디기탈리스*(digitalis)는 오래 전부터 사용한 심근수축 자극제이다. 디기탈리스의 주요 '강심성' 글리코사이드인 *디기톡신*(digitoxin)은 울혈성 심부전(congestive heart failure)의 치료에 사용된다. 그러나 치료량보다 많은 양을 사용하면, 디기톡신은 매우 강한 독성을 나타낸다. 와바인과 디기톡신은 Na^+–K^+ATPase를 억제한다.

지질단백질

지질단백질(lipoprotein)이란 용어는 지질군(지방산 또는 프레닐기)과 공유 결합한 단백질을 의미하지만, 실제로는 포유동물 특히 사람의 혈장에 존재하는 일군의 분자 복합체를 가리키는 데 사용된다. 혈장 지질단백질은 트라이아실글리세롤, 인지질 및 콜레스테롤과 같은 지질 분자를 혈액을 통하여 한 기관으로부터 다른 기관으로 운반한다. 지질단백질은 또한 토코페롤 및 카로티노이드와 같은 지용성 항산화제[자유 라디칼로부터 분자를 보호하는 *항산화제*(antioxidant)의 기능은 10장에 서술됨] 분자를 포함한다. 지질단백질의 단백질 성분을 *결손 지질단백질*(apolipoprotein) 또는 *결손단백질*(apoprotein)이라 부르며 이들은 간에서 합성된다. 결손 지질단백질의 5개의 주요한 종류는 A, B, C, D, E이다. 일반적인 지질단백질의 모형을 **그림 11.17**에 나타냈다. **그림 11.18**은 지질단백질의 주요 종류와 단백질 및 지질의 상대적 함량을 요약한 것이다.

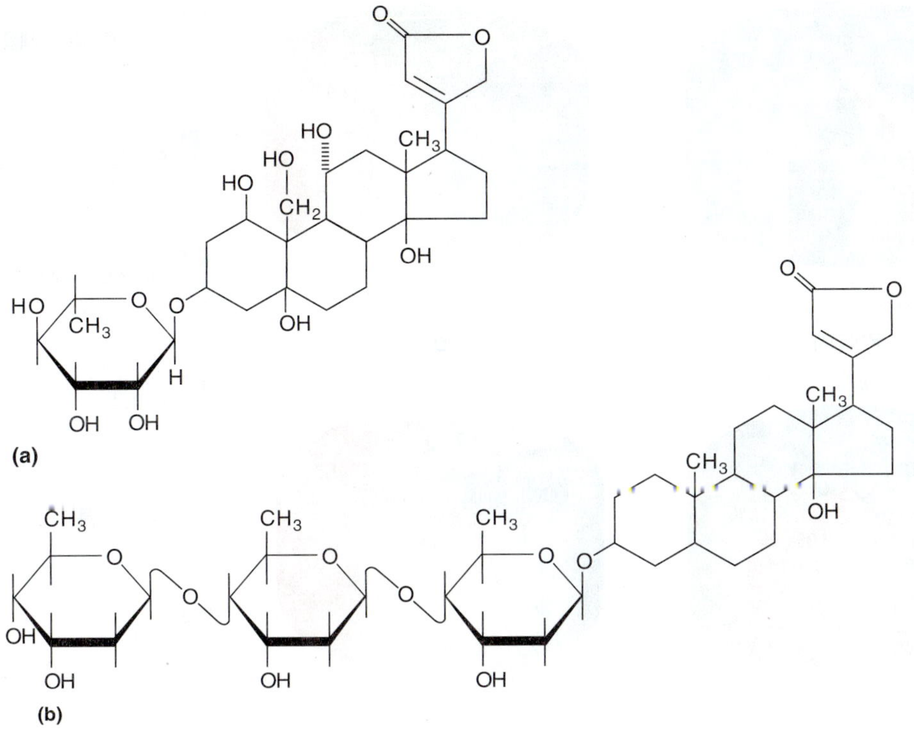

그림 11.16

심장 글리코사이드.

각 심장 글리코사이드는 글리콘(glycone)과 아글리콘(aglycone)성분을 함유하고 있다. (a) 와바인에서 글리콘은 1개의 람노스(rhamnose)잔기이다. 와바인의 스테로이드 아글리콘을 와바게닌(ouabagenin)이라고 부른다. (b) 디기톡신의 글리콘은 3개의 디기톡소스(digitoxose) 잔기로 구성된다. 디기톡신의 아글리콘은 디기톡시게닌(digitoxigenin)이라고 부른다.

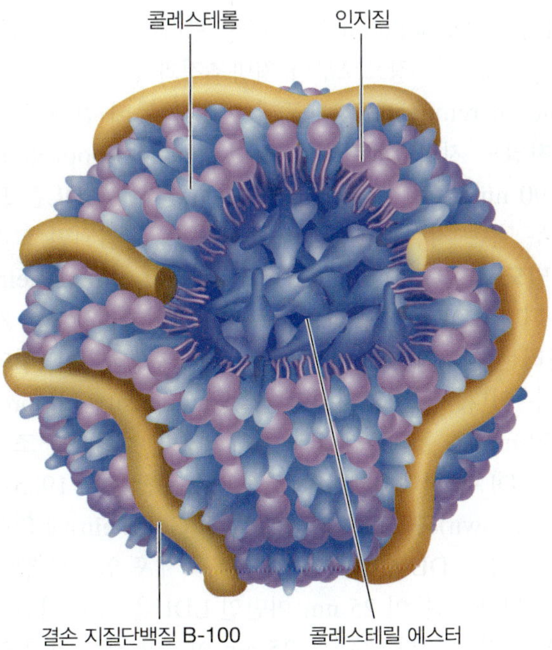

그림 11.17

혈장 지질단백질.

지질단백질은 그 지름이 5~1000 nm이다. 각 종류의 지질단백질은 콜레스테롤 에스터나 트라이아실글리세롤로 구성된 중성지질 핵을 갖고 있다. 이 중심핵은 인지질, 콜레스테롤, 단백질의 층에 의해 둘러싸여 있다. 지질단백질은 그 표면에 있는 전하 및 극성 잔기 때문에 혈액에서 용해가 잘 된다. 이 그림은 저밀도 지질단백질(LDL)을 보여준다. LDL의 각 입자는 수백 분자의 콜레스테롤과 인지질 그리고 한 분자의 결손 지질단백질 B-100(LDL 수용체의 리간드)을 포함한 몇 가지 결손 지질단백질로 구성된 단층에 의해 둘러싸인 콜레스테릴 에스터 핵으로 구성되어 있다.

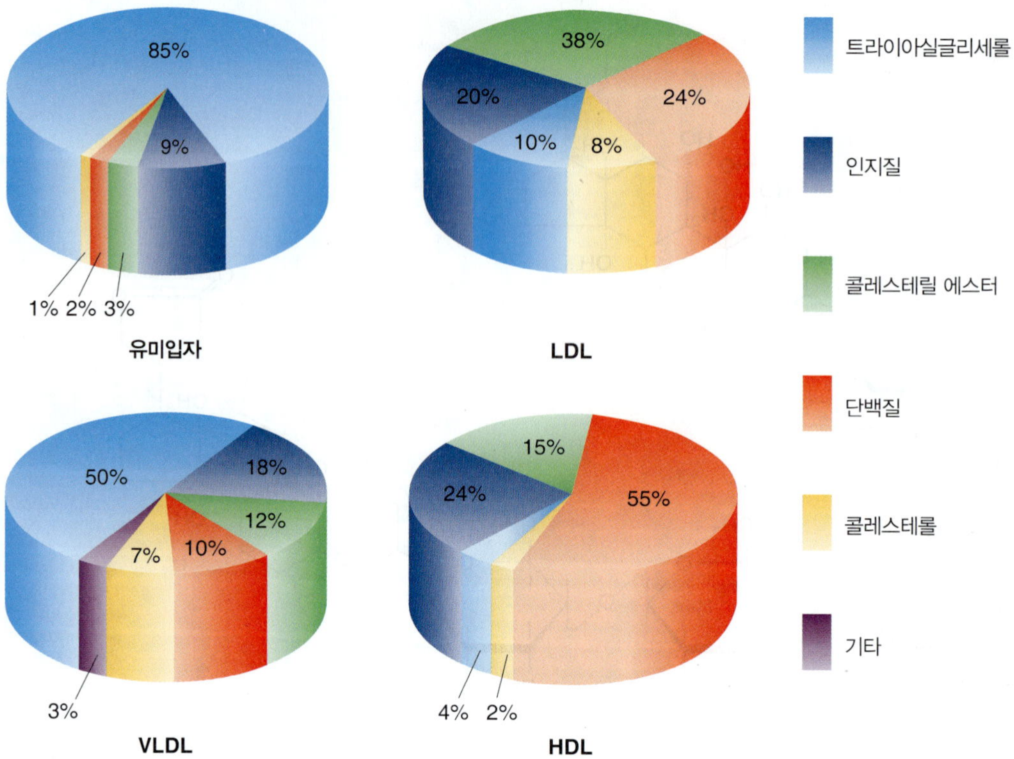

그림 11.18

네 종류의 혈장 지질단백질에 존재하는 콜레스테롤, 콜레스테릴 에스터, 인지질, 단백질 구성비.

유미입자는 가장 크지만 트라이아실글리세롤의 백분율이 가장 높기 때문에 가장 밀도가 작은 지질단백질이다. 반대로 HDL은 단백질 함량이 높고 지질(주로 콜레스테롤) 함량이 낮은 크기가 작고 밀도가 큰 입자이다.

지질단백질은 밀도에 따라 분류한다. 밀도가 매우 낮은(< 0.95 g/cm^3) 큰 지질단백질(D ≤ 1000 nm)인 **유미입자**(chylomicron)는 식이성 트라이아실글리세롤과 콜레스테릴 에스터(cholesteryl ester)를 장으로부터 지방조직과 근육으로 운반한다. 유미입자 잔류물(chylomicron remnants)은 세포내 이입을 통해 간에 의해 흡수된다. 간에서 합성되는 **초저밀도 지질단백질**(very-low-density lipoprotein, VLDL, 0.98 g/cm^3, D = 30~90 nm)은 지질을 조직으로 운반한다. VLDL은 트라이아실글리세롤을 비롯한 일부 결손 지질단백질과 인지질 등이 결핍되면 크기가 작아지고 밀도는 더 커져 **중밀도 지질단백질**(intermediate-density lipoprotein, IDL, 1 g/cm^3, D = 40 nm)이 된다. IDL은 지속적으로 트라이아실글리세롤을 제거하여 저밀도 지질단백질로 불리는 밀도가 더 큰 지질단백질을 형성하거나, 혈액으로부터 간에 의하여 제거될 수 있다. **저밀도 지질단백질**(low-density lipoprotein, LDL, 1.04 g/cm^3, D = 20 nm)은 콜레스테롤과 콜레스테릴 에스터를 조직으로 운반하는 주요 운반체이다. LDL은 콜레스테롤을 조직으로 운반한다. 1985년 노벨상 수상자인 브라운(Michael Brown)과 골드스타인(Joseph Goldstein)에 의해 밝혀진 이 복잡한 과정을 보면 LDL은 LDL 수용체에 결합한 후 세포 안으로 함입된다. LDL은 지름에 따라 세분화된다. 지름이 25 nm 미만인 LDL을 작고 단단한 LDL(small dense LDL, sdLDL)이라고 한다. 지름이 25 nm 이상인 것은 크고 부력이 있는 LDL(large buoyant LDL)이라고 한다. sdLDL은 동맥벽에 침착되어 산화되기 쉽기 때문에 크고 부력이 있는 LDL보다 죽종형성(atherogenic)(예, 동맥에 지방 플라크를 형성하는 것)을 더 잘하는 지질단백질로 알려져 있다. 혈중의 높은

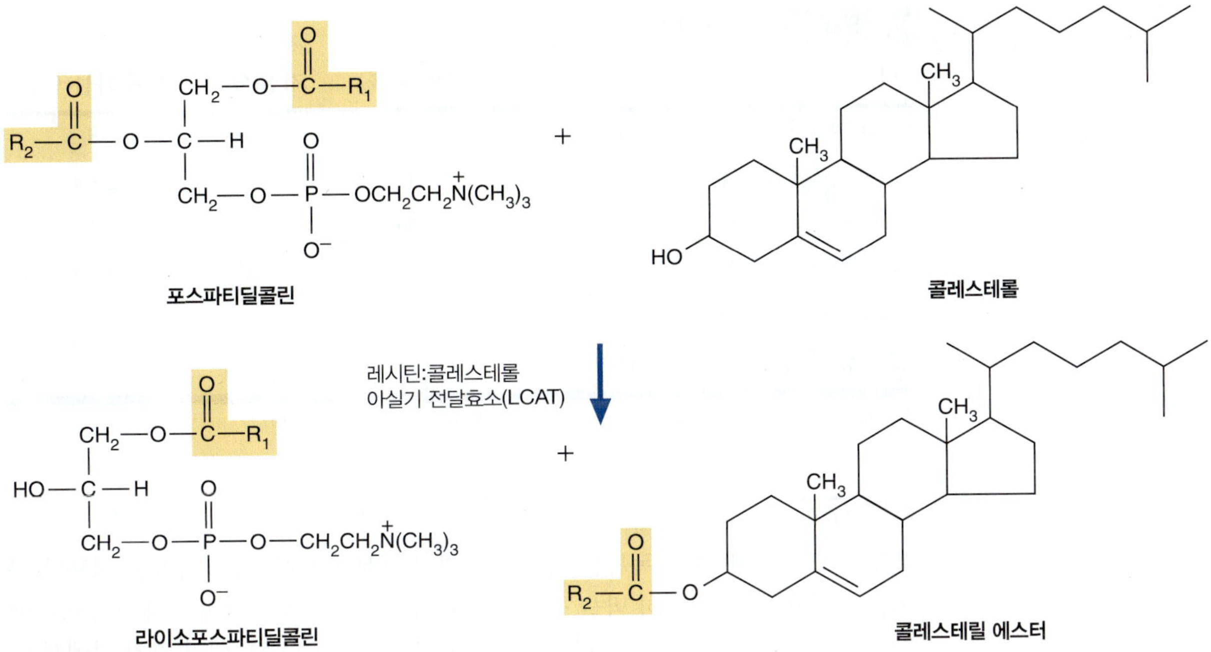

그림 11.19

LCAT에 의해 촉매되는 반응.

LCAT-HDL복합체와 결합된 단백질인 콜레스테릴 에스터 전달 단백질(cholesteryl ester transfer protein)은 콜레스테릴 에스터를 HDL로부터 VLDL 및 LDL에 전달한다. 아실기(acyl group)를 노란색으로 표시하였다.

sdLDL수준에 대한 위험 인자에는 유전적 소인, 고탄수화물 식사, 육체적 비활동, 인슐린 저항성이 포함된다. **고밀도 지질단백질**(high-density lipoprotein, HDL, 1.2 g/cm^3, D = 9 nm)은 간과 장에서 합성되며 세포막으로부터 과다한 콜레스테롤을, VLDL과 LDL로부터 콜레스테릴 에스터를 제거하는 기능을 한다. 혈장 효소인 레시틴: 콜레스테롤 아실기 전달효소(lecithin: cholesterol acyltransferase, LCAT)가 레시틴으로부터 지방산 잔기를 콜레스테롤로 전달하면 콜레스테릴 에스터가 형성된다(**그림 11.19**). (HDL의 구성 성분인 결손 지질단백질 A_1은 LCAT의 보조인자이다.) HDL은 콜레스테릴 에스터를 간과 스테로이드 생성 기관(부신, 난소, 정소)으로 운반하는 것으로 알려져 있다. 과다한 콜레스테롤을 처리할 수 있는 유일한 기관인 간은 콜레스테롤의 대부분을 담즙산으로 전환한다(12장). 만성 심혈관 질환인 죽상동맥경화증에서 지질단백질의 역할은 12장에서 다루도록 하자.

주요 개념 _Key Concepts

- 혈장 지질단백질은 지질을 혈류를 통해 수송한다.
- 지질단백질은 그 밀도에 따라 다섯 가지의 주요한 종류, 즉 유미 입자, VLDL, IDL, LDL, HDL로 분류된다.

11.2 막

생물의 특성에 해당되는 운동, 생장, 생식, 대사는 직접 또는 간접적으로 막에 의존한다. 모든 생물막(biological membrane)은 동일한 일반 구조를 가진다. 2장에서 다루었듯이 막은 지질과 단백질 분자로 구성된다. 최근 막에 대한 개념으로 널리 통용되는 **유동성 모자이크 모형**[fluid mosaic model, 싱어-니콜슨(Singer-Nicholson) 모형이라고도 함]에서 막은 **지질 두겹층**(lipid bilayer)과 단백질이 결합한 비공유 결합성 이종중합체(heteropolymer)이다. 이 분자들의 성질이 각 막의 생물학적 기능과 기계적 성질을 결정한다. 막은 생화학적 과정에서 중요하므로 이 장의 나머지 부분에서는 막 구조와 기능에 대해 중점적으로 알아보자.

표 11.5 세포막의 화학 조성

막	단백질(%)	지질(%)	탄수화물(%)
사람 적혈구 원형질막	49	43	8
쥐 간세포 원형질막	46	54	2~4
아메바 원형질막	54	42	4
미토콘드리아 내막	76	24	1~2
시금치 엽록체 라멜라막	70	30	6
호염성 세균(halobacteria) 자색막	75	25	0

* *Source*: G. Guidotti, Membrane Proteins, Annu. Rev. Biochem. 41: 731, 1972.

막 구조

세포는 그 종류에 따라 독특한 기능을 가지기 때문에 이를 위한 다양한 세포막 구조를 가지고 있다. 당연히 막을 구성하는 단백질과 지질의 구성비는 세포의 종류에 따라 그리고 세포소기관에 따라 상당한 차이가 있다(**표 11.5**). 여러 가지 막에서 발견되는 단백질과 지질의 종류에도 차이가 있다.

막 지질 양극성 분자를 물에 부유시키면 이 분자들은 자발적으로 정렬된 구조로 배열된다(**그림 11.7**). 이들 구조가 형성되면서 소수성 기는 물과 상호작용하지 않는 내부에 파묻히고, 이와 동시에 친수성 기는 물이 있는 방향을 향하여 위치한다. 인지질은 비교적 낮은 농도에서 두겹층(bimolecular layer)을 형성하며, 이러한 성질은 막 구조의 기본이 된다. 막 지질(membrane lipid)은 생물막이 지니는 여러 중요한 특성을 형성하는 요인이 된다.

막 유동성. *유동성*(fluidity)이란 지질 두겹층의 점성(viscosity)(즉, 운동에 대한 막 구성 성분들의 저항 정도)을 의미한다. 막 유동성은 인지질 분자 내 불포화 지방산의 비율에 의해 주로 결정된다. (불포화 탄화수소 사슬은 포화 탄화수소보다 덜 빽빽하게 쌓인다.) 불포화 지방산의 비율이 증가될수록 막의 유동성은 증가된다. 콜레스테롤은 인접한 탄화수소 사슬과의 반데르발스 상호작용을 형성하는 능력과 딱딱한 고리 구조 때문에 동물의 세포막에 안정성을 제공한다. 그러나 막에 불완전하게 침투하고 탄화수소 꼬리가 유연하기 때문에 유동성은 높게 유지된다(**그림 11.20**). 지질 분자의 측면 이동(lateral movement) 속도는 매우 빠른데(**그림 11.21**), 이는 막 단백질이 적절한 기능을 하는 데 중요하다 지질 두겹층의 한쪽으로부터 다른 쪽으로(예를 들면 바깥층에서 안쪽 층으로) 지질 분자가 이동하는 현상은 막 합성 또는 지질 불균형 상태에서만 일어나고, 촉진 확산 과정이라고 하는 과정에서 ATP를 요구하는 단백질의 작용이 필요하다. *플립페이스*(flippase)는 바깥층에서 안쪽 층으로 인지질을 전달하는 반면에 *플롭페이스*(floppase)는 인지질을 반대 방향으로 이동시킨다. *스크램블레이스*(scramblase)는 비특이적이고 에너지 비의존적으로 막을 가로질러서 인지질을 재분배한다. 막 성분이 측면으로 확산하는 능력인 막 유동성은 2개의 다른 종의 세포들을 융합하여 *이핵체*(heterokaryon)를 형성할 때 측정할 수 있다. (어떤 바이러스 또는 화학물질들이 세포-세포 융합을 촉진하는 데 사용된다.) 각 세포의 원형질막 단백질들에 서로 다른 형광 표지를 달아서 추적할 수 있다. 초기에는 단백질들이 이핵체막(heterokaryon membrane)에

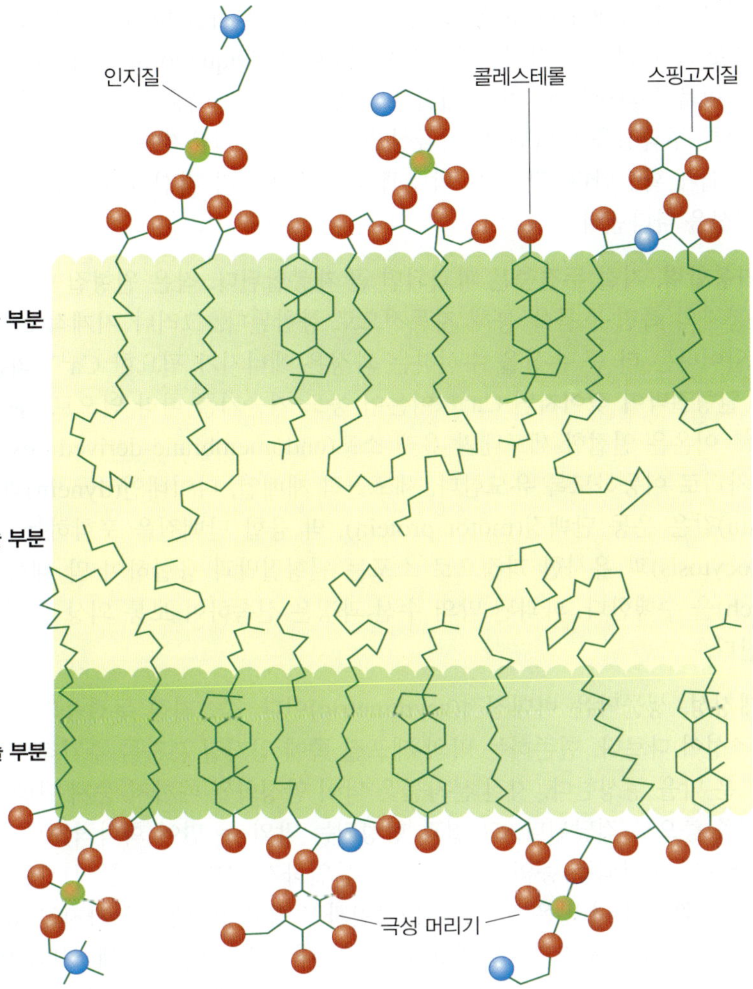

그림 11.20

지질 두겹층 모식도.

소수성 내부(밝은 중간 부분)에서 유연한 탄화수소 사슬이 막의 유동성을 만든다. 막의 인지질은 불포화도 및 극성 머리 기의 성질이 다양하다. 콜레스테롤 분자의 딱딱한 고리는 막의 외부 구조를 안정화한다. 물리적 압력을 받는 적혈구나 다른 세포들은 높은 함량의 콜레스테롤과 카디오리핀(cardiolipin, 글리세롤에 결합된 2개의 인지질)을 갖는다. 세포막의 두께는 약 7~9 nm이다. (질소 원자는 파란색, 산소 원자는 빨간색, 인 원자는 주황색으로 나타냄.)

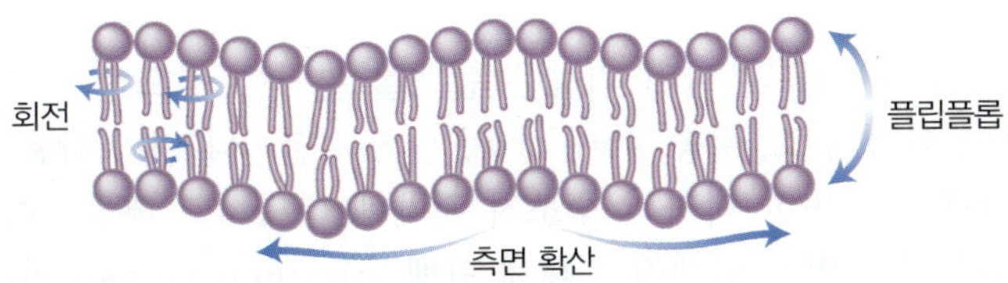

그림 11.21

생물막의 측면 확산.

보통 인지질의 측면 확산은 빠르게 일어난다. 지질 분자를 지질 두겹층의 한 층으로부터 다른 층으로 전달하는 '플립플롭(flip-flop)'는 새로운 막 합성과 막의 재모형화 과정 중 일어난다. 세포 막 내의 인지질 회전(rotation)은 매우 빠르게 일어난다.

서 원래 자신의 세포 쪽에 모여 있다. 그러나 시간이 흐르면서 2개의 형광성 표지들이 섞여서 지질 두겹층에서 단백질들이 자유롭게 이동한다는 것을 보여준다.

선택적 투과성. 지질 두겹층 속의 소수성 탄화수소 사슬은 이온 및 극성 물질의 수송을 거의 불가능하게 만든다. 따라서 특정한 막 단백질이 이러한 극성 물질들이 세포 안으로 그리고 밖으로 이동하는 것을 조절한다. 극성 물질은 지질 두겹층을 통과하기 위해서는 수화구(hydration sphere)의 일부 혹은 전부를 떨어뜨리고 막 자리옮김(membrane translocation)을 위한 운반단백질에 결합하거나 수용성 단백질 통로를 통과해야 한다. 두 방법 모두 친수성 분자를 막의 소수성 중심부(hydrophobic core)로부터 가려준다. 물은 *아쿠아포린*(aquaporin)이라 불리는 단백질을 통해 막을 통과하는데, 이 단백질은 물과 동반하는 이온들에 대해 세포 종류에 따라 다른 투과성을 나타낸다. 비극성 물질은 농도 기울기에 따라 지질 두겹층을 통하여 쉽게 확산한다. 각 막은 막단백질 종류에 따라 자신만의 물질 운반 능력이나 선택성을 나타낸다.

자가봉합력. 지질 두겹층은 파괴되면 곧 재봉합된다. 작은 원형질막은 파괴되면 지질 분자의 측면 흐름을 통해 자동적으로 봉합된다. 그러나 기계적 스트레스에 의해 일어나는 더 큰 손상을 수선하는 과정은 에너지가 필요한 Ca^{2+} 의존성 과정이다. 원형질막이 찢어지면 Ca^{2+} 이온이 농도 기울기를 따라 안으로 흘러 들어온다. Ca^{2+} 이온은 인접한 세포내막 유래 소포(endomembrane-derived vesicle)를 손상된 자리로 이동하도록 유도한다. 세포골격 재배열, 다이네인(dynein)과 키네신(kinesin)같은 운동 단백질(motor protein), 막 융합 단백질을 포함하는 세포외 유출(exocytosis)과 유사한 과정으로 소포는 원형질막과 융합하여 막 때움(membrane patch)을 수행한다. 파괴된 막의 수선 과정은 신속하여 보통 외상 후 수초 내에 일어난다.

비대칭성. 생물막은 비대칭적(asymmetric)이다. 즉, 지질 두겹층의 각 반쪽의 지질 조성이 다르다. 현존하는 막의 세포질 쪽에 인지질 분자를 추가적으로 삽입하여 새로운 막을 형성한다. 지질 분자들은 막이 안정화될 때까지 중개 단백질에 의하여 반대쪽 층으로 전달된다. 그 결과 형성되는 막의 두 면이 화학적으로 동일하지 않기 때문에 형성되는 층의 지질 성분은 동일하지 않다. 예를 들어 사람의 적혈구막은 그 바깥층에 더 많은 포스파티딜콜린과 스핑고마이엘린을 가지고 있다. 막의 포스파티딜세린과 포스파티딜에탄올아민의 대부분은 안쪽 층에 있다. 막의 단백질 성분도 막 내부, 막의 세포질 쪽과 막의 세포 외 바깥쪽에서 분명히 다른 기능 구역을 가지고 있어서 비대칭성을 나타낸다.

막 단백질 대부분의 생물막 관련 기능은 단백질 분자를 필요로 한다. 막 단백질은 종종 기능에 따라 구조, 수송, 촉매 작용, 신호 전달이나 면역 작용 단백질로 분류된다. 막 단백질은 또한 막과의 구조적 관계에 따라서도 분류된다. 막의 내부에 묻혀 있거나 걸쳐 있는 단백질을 **내재 단백질**(integral protein)이라 한다(**그림 11.22**). 이와 같은 단백질은 유기용매나 세제로 막을 파괴시켜야만 추출할 수 있다. **주변 단백질**(peripheral protein)은 주로 내재 막 단백질(integral membrane pro-

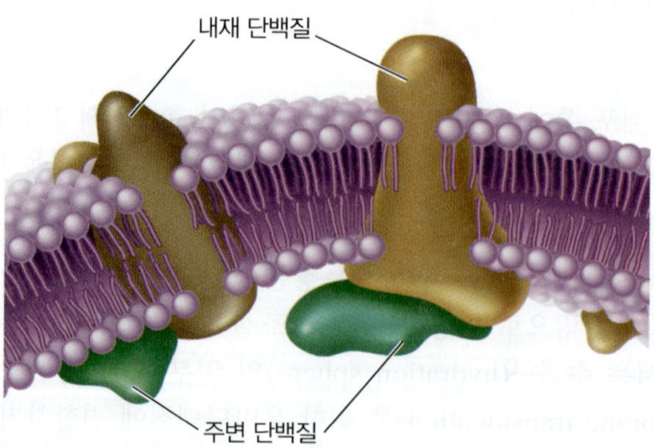

그림 11.22
내재 막 단백질과 주변 막 단백질.
내재 막 단백질은 막이 세탁제(detergent)에 의해 파괴되면 방출된다. 많은 주변 막 단백질은 높은 염농도 같은 온화한 시약(mild reagent)으로 제거될 수 있다.

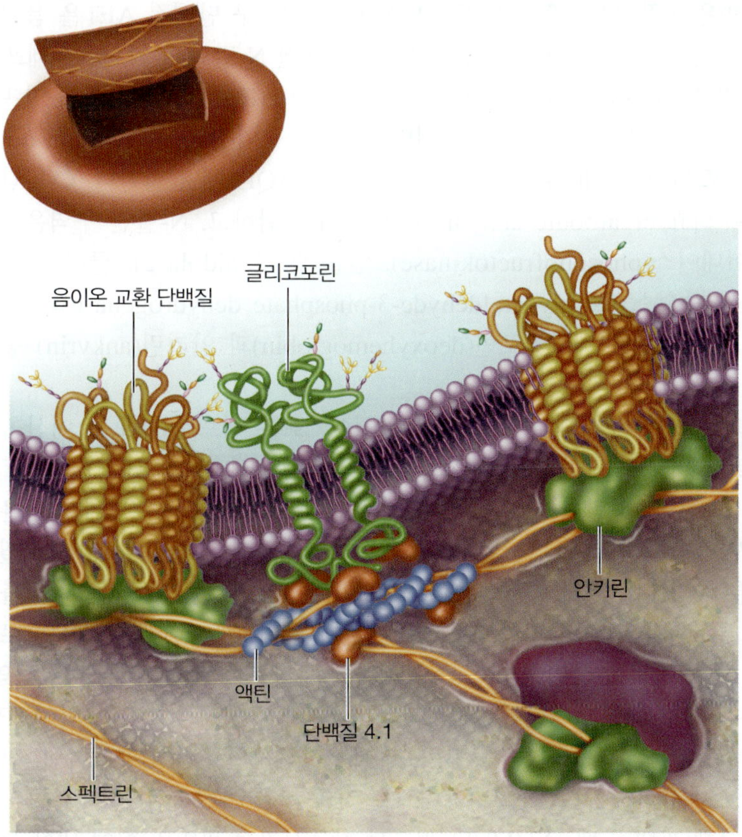

그림 11.23

적혈구 세포 내재 막 단백질.

내재 막 단백질인 글리코포린과 음이온 교환 단백질(anion-exchange protein)은 원형질막을 세포골격의 구조적 요소(예, 액틴, 스펙트린, 단백질 띠 4.1, 안키린)에 연결하는 그물조직(network)의 성분이다. 글리코포린 상의 올리고당은 ABO와 MN 혈액형 항원들이다.

tein)과 비공유 결합 또는 미리스트산(myristic acid), 팔미트산(palmitic acid), 또는 프레닐기(prenyl group)와의 공유 결합을 통해 막과 결합한다. GPI 고정장치는 다양한 세포 표면 단백질[예, 지질단백질 지질 가수분해효소, 폴산 수용체, 알칼리성 인산 가수분해효소와 글리피칸(glypican)의 핵심단백질(core protein)]들을 원형질막에 연결한다. 몇몇 주변 단백질은 지질 두겹층과 직접적으로 상호 작용한다.

적혈구 세포막에서 발견되는 띠 3 음이온 교환 단백질(anion exchanger protein, AE1, **그림 11.23**)은 내재 막 단백질로 연구된 대표적 예이다. AE1은 2개의 동일한 소단위체로 구성되고 각 소단위체는 929개의 아미노산으로 구성된다. 세포 당 백만 개가 넘는 이 단백질 통로는 혈액에서 CO_2 운반에 중요한 역할을 한다. 탄산 무수화효소(carbonic anhydrase)의 촉매 작용에 의해 CO_2로부터 형성된 HCO_3^-는 염화 이온(Cl^-)과 교환하면서 음이온 통로를 통하여 적혈구 내외로 확산한다. [*염화 이온 이동*(chloride shift)이라고 불리는 HCO_3^-와 Cl^-의 교환은 적혈구 세포막의 전위를 유지한다.]

적혈구막의 주변 단백질은 주로 스펙트린, 안키린 및 띠 4.1로 구성된다. 이들은 주로 세포의 독특한 오목한 모양(biconcave shape)을 유지시켜, 세포의 표면적/부피 비를 크게 만들어 O_2가 세포내 헤모글로빈으로 최대한 확산되도록 한다. *스펙트린*(spectrin)은 두 개의 $\alpha\beta$ 이합체로 구성된 사합체로서 안키린과 띠 4.1에 결합한다. *안키린*(ankyrin)은 스펙트린을 음이온 통로 단백질에 결합시키는 분자량 215 kD의 큰 구형 단백질이다. (이는 적혈구 세포의 세포골격과 그 세포막의 결합이다.) *띠 4.1*(band 4.1)은 스펙트린과 *액틴 필라멘트*(actin filament, 대부분의 세포에 존재하는 세포골격 성분) 양쪽에 다 결합한다. 띠 4.1은 또한 글리코포린(glycophorin)과도 결합하기 때문에 결국에는 세포골격 및 막과도 결합하게 된다.

주요 개념 _Key Concepts

- 막 구조는 기본적으로 인지질과 다른 양쪽성 지질로 구성된 지질 두겹층이다.
- 인지질 두겹층과 연결되거나 그 속에 묻혀 있는 막 단백질은 생물학적 과정에서 세포 종류와 역할에 따라 막의 전문화된 기능을 한다.

띠 3 음이온 교환 거대복합체와 염화 이온 이동 적혈구 단백질 AE1은 음이온 교환을 수행하는 12개 분절의 막관통 구역, 긴 세포질 N-말단 구역, 짧은 세포질 C-말단 구역의 세 부분으로 구성되어 있다. 사합체인 AE1은 수많은 내재 막 단백질과 주변 단백질로 이루어진 거대복합체다. 막관통 구역(transmembrane domain)은 글라이코포린(glycophorin)과 물을 통과시키는 AQP1에 결합한다. C-말단 구역은 탄산 무수화효소(carbonic anhydrase, CA)와 결합하고, N-말단 구역은 포스포프룩토카이네이스(phosphofructokinase), 알돌레이스(aldolase), 글리세르알데하이드-3-인산 탈수소효소(glyceraldehyde-3-phosphate dehydrogenase)와 같은 몇몇 당분해 효소, 데옥시헤모글로빈(deoxyhemoglobin)과 안키린(ankyrin) 등과 결합한다.

새롭게 산소화된 혈액이 조직에 도달하여, 호흡 세포가 내보낸 이산화 탄소가 적혈구로 들어오게 되면 탄산 무수화효소가 이들을 재빠르게 HCO_3^-와 H^+로 전환시킨다. 그 후에, 중탄산(bicarbonate) 이온은 AE1 통로를 통해 염화 이온과 맞교환되면서 적혈구 외부로 방출된다. 탄산 무수화효소에 의한 촉매 반응에 필요한 물 분자들은 AQP1에 의해 공급받는다. 과도한 수소 이온은 세포 내의 pH를 떨어뜨려 헤모글로빈과 산소의 친화도를 감소시킨다(보어 효과). 데옥시헤모글로빈이 형성되면, 촉매 반응을 증가시키기 위해 몇몇의 분자들이 AE1의 N-말단 구역으로부터 당분해 효소들을 제거한다. 해당 과정의 두 가지 생성물인 BPG와 ATP는 적혈구에서 고유한 역할을 한다. 즉, BPG가 데옥시헤모글로빈에 결합하면, 산소 친화도를 감소시켜 산소가 조직으로 보내지는 것을 더욱 촉진시킨다. 적혈구가 좁은 모세관을 통해 짜내질 때, ATP가 막 펌프를 작동시켜서 과잉의 힘에 의한 누출로 깨져버린 이온 농도를 복구한다.

혈액이 폐를 흐를 때는 pH와 산소 농도가 오르고, 진행 과정이 역전된다. 산소가 헤모글로빈에 결합하고, BPG, 수소 이온이나 다른자리 입체성 효과물질(allosteric effector)이 적혈구에서 해리되어 데옥시헤모글로빈이 불안정화되어서 형태가 T에서 R로 전환된다. 그 결과, 탄산 무수화효소에 의한 촉매 반응에 의해 화학적 평형이 전환되어 HCO_3^-가 CO_2로 더 쉽게 바뀌게 된다. 이 경우 중탄산 이온은 염화 이온과 맞교환되면서 AE1를 통해 적혈구 안으로 들어오고 CO_2는 농도 기울기를 따라서 혈액에서 폐포 세포로 흘러간다. 새롭게 산소화된 헤모글로빈이 AE1의 N-말단 구역으로부터 떨어져 나가면 당분해 효소들이 재결합하기 쉬워져, 이들의 활성이 감소한다. 그 결과, 더 많은 글루코스 분자들이 오탄당 인산 경로(pentose phosphate pathway)로 돌아가게 되어, 높은 농도로 NADPH가 합성된다. NADPH는 산소화된 적혈구에서 메트헤모글로빈의 제1철 이온(ferrous ion)을 환원시키고, 산화성 스트레스로부터 적혈구막을 보호하는 데 필요하다.

막의 미소구역 막의 지질과 단백질은 균일하게 분포해 있지 않다. 그 대표적인 예로서 진핵세포 원형질막의 바깥 작은 조각 자리에 존재하는 전문화된 미소구역(microdomain)인 '지질 뗏목(lipid raft)'이 있다(**그림 11.24**). 지질 뗏목의 성분은 주로 콜레스테롤, 스핑고지질과 약간의 막 단백질이다. 콜레스테롤의 단단한 융합 고리는 스핑고지질 분자의 더 포화된 아실 사슬을 따라 촘촘히 밀집해 있다. 그 결과 이 미소구역의 지질 분자들은 인지질의 불포화 아실 사슬이 흔히 더 많이 나타나는 비뗏목 영역(nonraft region)보다 더 질서 있게 배열되어 있다(즉 유동성이 덜함). 이름에서 알 수 있듯이 지질 뗏목은 더 느슨하게 밀집되어 있는 막 지질의 바다에 떠있는 것처럼 보인다.

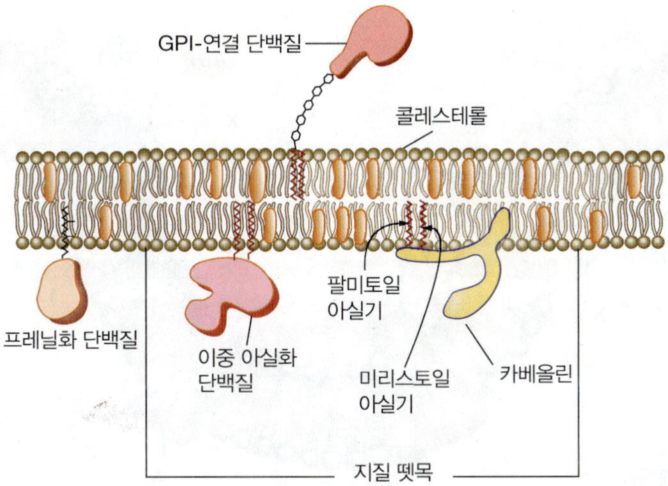

그림 11.24

지질 뗏목.

콜레스테롤과 스핑고지질 사이의 안정한 연합으로 인해 지질 뗏목이라고 불리는 약간 더 두꺼운 막 미소구역이 형성된다. 지질 뗏목은 또한 특이한 종류의 막 단백질들이 풍부하다. 카베올린(caveolin)은 포낭(caveolae) 속에서 발견되는 막 단백질로서 클라트린 비의존형 세포내 이입과 다른 세포 과정에 관련된 구부러진 지질 뗏목이다.

지질 뗏목은 특정 종류의 막 단백질이 풍부하지만 어떤 종류는 배제되어 있다. 지질 뗏목 연관 단백질들로는 GPI 고정장치 단백질, 이중으로 아세틸화된 타이로신 카이네이스(tyrosine kinase)와 약간의 막횡단 단백질(transmembrane protein) 등이 있다. 어떤 단백질들은 지질 뗏목에 항상 존재하는 반면에 다른 단백질들은 활성 과정을 거친 후에만 지질 뗏목에 들어간다. 지질 뗏목은 다양한 세포 과정에 관여하는 것으로 알려져 있는데, 그 예로서 세포외 유출(exocytosis), 세포내 이입(endocytosis)과 신호 전달(signal transduction) 등이 있다. 지질 뗏목은 이러한 세포 과정들을 주관하는 분자들이 공간적으로 조직화되어 작용한다는 것을 의미한다. 포낭(caveolae)은 특수한 유형의 지질 뗏목이다.

막 기능

세포막의 다양한 기능 가운데 특히 중요한 것은 세포와 세포소기관의 안팎으로의 극성과 전하를 띤 물질들의 수송 그리고 세포 기능의 대사와 발달 과정 측면에서 변화를 일으키는 신호의 중계이다. 이러한 주제에 대해 간단히 논의한 후 막 수용체에 대해 알아보자.

막 수송 막 수송 메커니즘은 생물의 생명유지에 매우 중요하다. 이온과 분자는 세포소기관 막과 원형질막을 통해 항상 이동한다. 이러한 유동은 각 세포의 대사 요구에 따라 신중하게 조절되어야 한다. 또 세포 내 이온 농도를 조절해야 한다. 지질 두겹층은 이온과 극성 물질에 대해 일반적으로 비투과적이기 때문에 특별한 수송 성분이 세포막 안에 들어 있어야 한다. 수송 단백질(transport protein) 또는 투과효소(permease)로서 알려진 몇 가지 예를 설명하고자 한다.

생물학적 수송 메커니즘은 에너지 필요 여부에 따라 분류된다. 생물학적 운반의 주요 종류가 **그림 11.25**에 설명되어 있다. 단순 확산이나 촉진 확산과 같은 **수동 수송**(passive transport)에서는 물질이 농도 기울기에 따라 막을 가로질러 이동하므

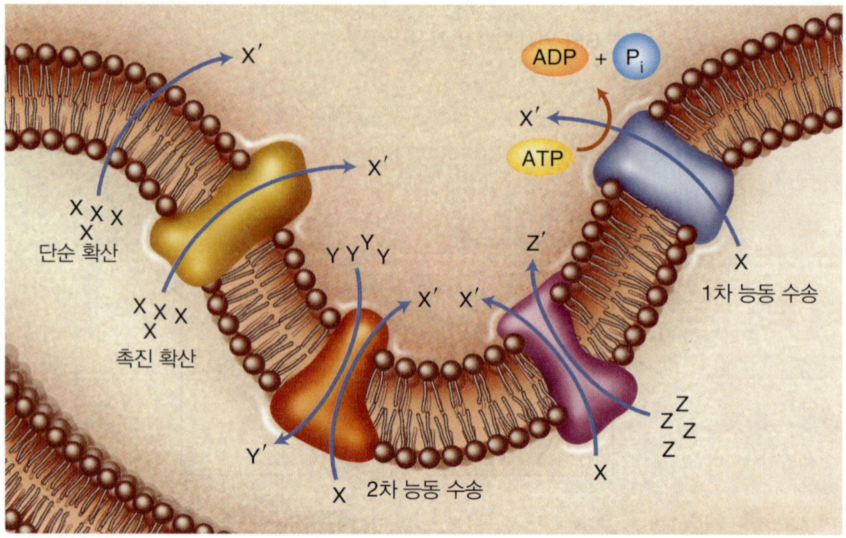

그림 11.25

막 통과 수송 과정.

주요 수송 과정은 단순 확산, 촉진 확산, 1차 능동 수송과 2차 능동 수송이다. 단순 확산은 특정 용질의 수송이 그 농도 기울기에 의해 일어난다. 촉진 확산은 막의 단백질 통로 또는 운반체를 통해 용질을 농도 기울기에 따라 수송한다. 1차 능동 수송과 2차 능동 수송 모두 농도 기울기에 거슬러 용질을 수송하며 에너지를 필요로 한다. 1차 능동 수송에서는 이 에너지가 보통 ATP의 가수분해에 의해서 얻어진다. 그러나 2차 능동 수송에서는 ATP 가수분해 또는 다른 에너지 생성 메커니즘에 의해 생기는 에너지가 두 번째 기질(Y 또는 Z)의 농도 기울기에 저장되고, 이 에너지를 이용하여 용질(X)이 막을 통과하게 된다.

로 직접적인 에너지의 유입이 필요하지 않다. 이와는 대조적으로 **능동 수송**(active transport)은 농도 기울기를 거슬러 분자를 수송하기 때문에 에너지가 필요하다.

단순 확산(simple diffusion)에서는 무작위적인 분자 운동에 의해 추진되는 각 용질이 농도 기울기(즉 고농도 지역으로부터 저농도 지역으로)에 따라 이동한다. 이와 같은 자발적 과정에서는 평형 상태가 이루어질 때까지 용질의 이동이 일어난다. 평형 상태에 도달한 계는 더욱더 무질서화된다. 즉 엔트로피가 증가한다. 에너지의 유입이 없기 때문에 수송은 음성의 자유 에너지 변화를 나타내면서 일어난다. 일반적으로 농도 기울기가 클수록 용질의 확산 속도는 더 빠르다. 막을 가로지르는 O_2와 CO_2의 확산은 그 농도 기울기에 비례한다. 스테로이드 호르몬 같은 유기 분자의 확산도 분자량과 지질 용해성에 의존한다.

촉진 확산(facilitated diffusion)에서는 분자가 특수 통로 또는 운반체를 통하여 운반된다. 통로(channel)는 터널 같은 막횡단 단백질이다. 각 종류는 특수한 용질의 수송에 맞도록 되어 있다. 많은 통로는 조절된다. 화학적으로 조절되는 통로는 특수한 화학 신호에 반응하여 열리거나 닫힌다. 예를 들어 근육 세포의 원형질막에서 발견되는 니코틴 아세틸콜린 수용체 복합체(nicotinic acetylcholine receptor complex)에서 *화학적 개폐 Na^+ 통로*(chemically gated Na^+ channel)는 신경 전달 물질인 아세틸콜린이 결합할 때 열린다. 이 경우 Na^+는 세포 속으로 들어가고 막전위는 소멸된다. 막전위는 막을 가로질러 형성되는 전기적 기울기이기 때문에 막전위의 감소는 막의 *탈분극*(depolarization)을 일으킨다. 아세틸콜린에 의한 국소적 탈분극은 인접한 Na^+ 통로를 열리게 한다[이를 *전압 개폐 Na^+ 통로*(voltage-gated Na^+ channel)라고 함]. *재분극*(repolarization, 막전위의 회복)은 K^+이온이 *전압 개폐 K^+ 통로*(voltage-gated K^+ channel)를 통하여 세포 밖으로 확산되면서 시작된다. (K^+ 이온이 세포 밖으로 확산되면 세포 안쪽의 전위가 더 음성이 된다.)

또 다른 촉진 확산은 *운반체*(carrier) 혹은 *수동 수송체*(passive transporter)라고 하는 막 단백질을 필요로 하는 것이다. 운반체 매개 수송 과정에서 특정 용질은 막의 한쪽에 있는 수송체에 결합함으로써 수송체 단백질의 형태 변형을 일으킨다. 그 다음에 용질은 막을 가로질러 수송되고 방출된다. 가장 잘 알려진 수동 수송체는 적혈구의 *글루코스 수송체*(glucose transporter)이다. 이를 통해 D-글루코스는 농도 기울기를 따라 적혈구 세포막 안으로 들어가 해당 과정과 오탄당 인산 경로에 이용된다.

능동 수송에는 두 형태, 즉 1차 능동 수송과 2차 능동 수송이 있다. **1차 능동 수송**(primary active transport)에서 에너지는 ATP에 의해 공급된다. 막 횡단 ATP 가수분해효소(transmembrane ATP-hydrolyzing enzyme)는 ATP로부터 유래한 에너지를 사용하여 이온 또는 분자를 수송한다. Na^+-K^+ 펌프(Na^+-K^+ ATPase라고도 함)는 1차 운반체의 대표적인 예이다. (Na^+와 K^+ 기울기는 정상적 세포 부피와 막전위를 유지하는 데 필요하다. 3장의 세포 부피 조절과 대사라는 생화학 전망을 참조하기 바란다.) **2차 능동 수송**(secondary active transport)에서는 1차 능동 수송에 의해 형성된 농도 기울기가 막을 통한 물질의 이동에 사용된다. 예를 들어 Na^+-K^+ ATPase 펌프에 의해 생성된 Na^+ 기울기는 신장의 세뇨관 세포 및 장 세포에서 농도 기울기를 거슬러서 글루코스를 운반하는 데 사용된다(**그림 11.26**). 막 운반체 단백질인 아쿠아포린(aquaporins)과 낭포성 섬유증(cystic fibrosis)관련 염화 이온 통로에 대해 다음에서 알아보자.

아쿠아포린 살아 있는 세포들은 기본적으로 삼투압의 변화에 따라 세포막을 통해 빠르게 물 분자를 이동하는 능력을 가지고 있다. 많은 과학자들은 오랫동안 물질의 단순 확산은 대부분이 물의 흐름이 주된 원인이라고 제안하여 왔다. 적혈구와 신장 세포와 같은 많은 종류의 세포에서 세포막을 통해 물의 흐름이 엄청나게 빠르게 일어난다는 것이 관찰되었다. 1990년대 초반에 연구자들은 오늘날 아쿠아포린이라 불리는 일련의 물 통로 단백질을 밝혀냈다. 적혈구 세포막과 신장세관 세포에서 처

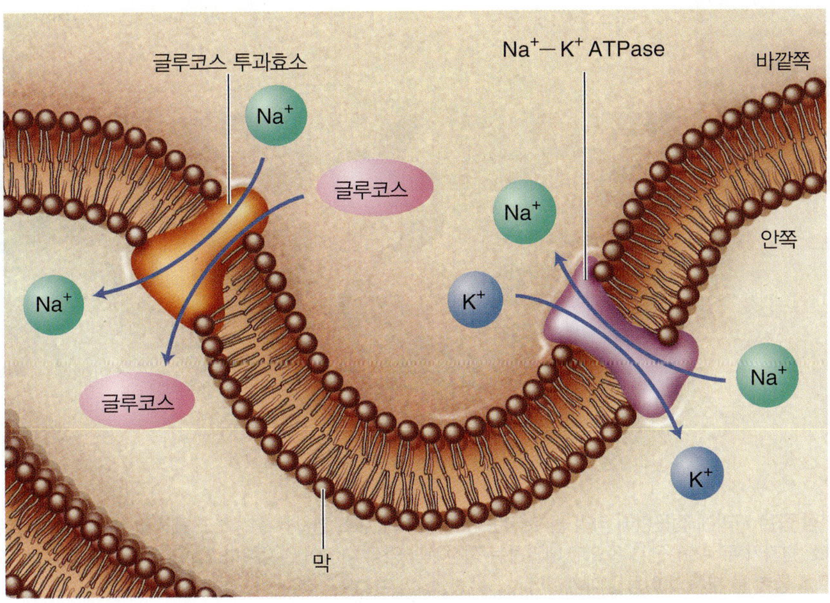

그림 11.26
Na^+-K^+ ATPase와 글루코스 수송.
Na^+-K^+ ATPase는 막 전위를 유지하기 위해 Na^+ 농도 기울기를 유지한다. 어떤 세포에서는 글루코스 수송이 Na^+ 기울기에 의존한다. 글루코스 투과효소는 Na^+와 글루코스 모두 수송한다. 오로지 두 기질이 결합했을 때 단백질의 입체 형태가 변화하며 수송이 개시된다.

음으로 발견된 막단백질 복합체인 **아쿠아포린 1** (aquaporin 1, AQP1)은 초당 통로 하나가 약 3 × 10^9개의 물 분자를 수송한다. 아쿠아포린은 거의 모든 생물체에 존재하며 포유류에서는 각각 물과 이온 투과성이 다른 종류가 적어도 10가지 이상이 존재한다.

요붕증
Diabetes Insipidis

최근 실험 증거들은 아쿠아포린을 통한 물 분자 흡수가 조절됨을 보여준다. 예를 들면, 포유동물의 아쿠아포린 세 종류는 pH에 의해 물 분자 투과성이 조절된다. 다른 것들은 인산화 반응이나 특정 신호 전달 분자의 결합에 의해 물 분자 투과성이 조절된다. 1993년에 **신성요붕증**(nephrogenic diabetes insipidis, 신장의 문제로 농축된 소변을 생성하지 못하는 질병)이라는 희귀 유전 질환의 원인이 AQP2를 암호화하는 유전자의 돌연변이에 의한 것으로 밝혀졌다. 돌연변이 AQP2는 항이뇨성 호르몬 바소프레신에 반응하지 않는다(**표 5.3** 참조).

여러 아쿠아포린 중, 동종사합체(homotetramer)의 구조를 갖고 있으며 오로지 물 분자만 투과하는 AQP1이 가장 잘 연구되어 있다. 각 단량체 폴리펩타이드는 269개의 아미노산 잔기를 포함하는 6개의 α-나선형 막관통 구역과 이를 연결하는 5개의 고리로 구성되어 있는데, 물 분자가 통과하는 구멍을 형성하고 있다. 각각의 단량체가 독립된 물 통로이지만 사합체를 형성하는 것이 완전한 기능 유지에 필수적이다. 각 단량체는 Asn-Pro-Ala(NPA) 서열을 갖고 있는 두 개의 고리가 아쿠아포린의 가운데 위치에서 만나 물 분자가 결합하는 장소를 형성한다. 구멍은 3Å로서 물 분자(2.8Å)보다 약간 크다. 물 분자가 구멍을 통과할 때, 두 NPA 서열의 Asn 잔기 사이와 수소 결합을 형성하게 되어 통과가 가능하며, 물 분자보다 작은 수소 이온과 같은 물질은 수소 결합을 할 수 없어 통과하지 못하게 된다(**그림 11.27**). 아쿠아포린 물 통로를 형성하는 다른 나선의 아미노산 잔기들에 의해 만들어진 소수성 환경은 물 분자가 물 통로의 가장 좁은 부분으로 이동하면서 물 분자 간의 수소 결합을 끊는 데 기여하며, 또한 물 분자의 산소가 Asn 잔기를 향하게 배열되도록 유도한다. 물 분자가 물 통로의 가장 좁은 3Å 병목에 접근할 때, 산

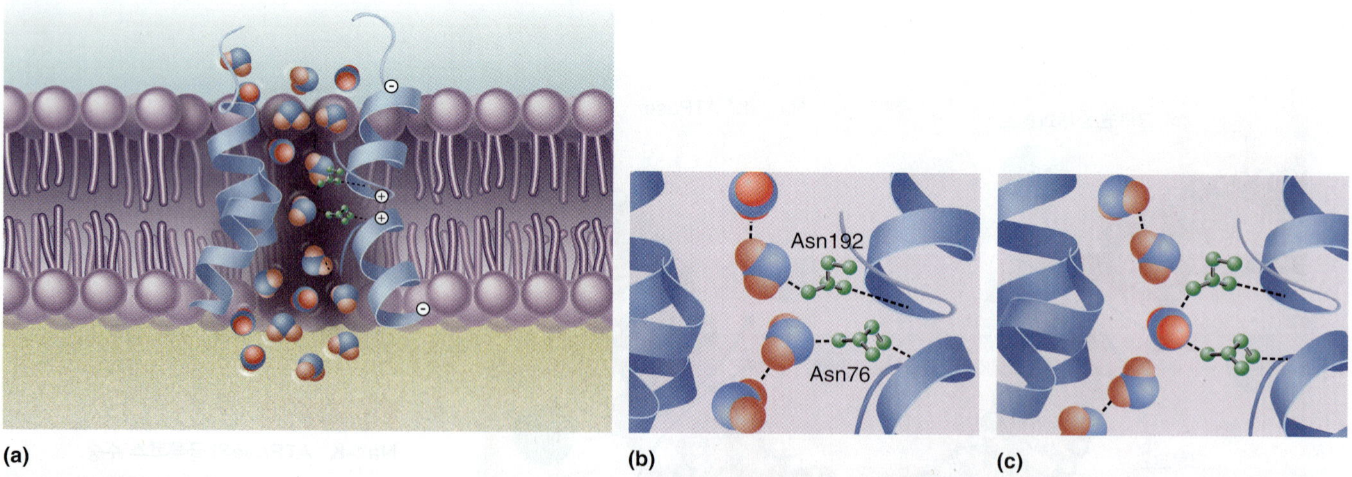

그림 11.27

AQP1 단량체를 통한 물의 수송.

물 분자는 한 줄로 물 통로를 이동한다. 각 분자가 통로의 가장 좁은 자리에 접근함에 따라 물 분자는 Asn 잔기와 수소 결합을 형성하고 해리될 수 있도록 배열된다. (a) 아쿠아포린 단량체의 물 통로 내부에는 각 물 분자의 산소 원자가 두 Asn 잔기 쪽으로 배열하는 정전기적 양성 환경이 존재한다. (b)와 (c) 물 분자의 산소와 두 Asn 잔기 사이의 연속적인 수소 결합 형성과 해리는 물 통로를 통한 물 분자의 이동을 매개한다.

소 원자가 두 Asn잔기의 곁사슬과 차례로 수소 결합을 형성하고 해리된다. 물 분자가 다른 수소 결합 상대가 없기 때문에 물의 이온화와 양성자의 생성이 방지된다. AQP3, AQP7, AQP9, AQP10의 몇몇 아쿠아포린은 물 이외에도 글리세롤 같은 작은 용질에도 투과성이 있기 때문에 아쿠아글리세로포린(aquaglyceroporin)이라고 한다. 아그레(Peter Agre)는 2003년에 아쿠아포린의 발견에 관한 연구로 노벨화학상을 수상했다.

낭포성 섬유증 막횡단 전달 조절체 막 수송 메커니즘의 손상은 매우 심각한 결과를 가져올 수 있으며 낭포성 섬유증의 수송 장애가 좋은 예이다. 치명적인 상염색체 열성 질환인 **낭포성 섬유증**(cystic fibrosis, CF)은 **낭포성 섬유증 막횡단 전달 조절체**(cystic fibrosis transmembrane conductance regulator, CFTR)라 불리는 세포막 당단백질의 결핍이나 결함 때문에 발생한다. CFTR(**그림 11.28**)은 상피세포 내 염화 이온 수송체로서 ABC 수송체 중의 하나이다. [ABC 수송체는 각각 ATP-결합 카세트(ATP-binding cassette)라고 불리는 폴리펩타이드 분절을 포함한다.] 7번 염색체의 CFTR 유전자가 암호화하는 CFTR 단백질은 5개의 구역으로 구성된다. 각각 6개의 막관통 나선을 포함하는 두 구역(MSD1과 MSD2)이 Cl^- 통로를 형성한다. 이 구멍을 통한 염화 이온 수송은 다른 세 구역에 의해 조절된다. (모

주요 개념 _Key Concepts

- 막 수송 메커니즘은 에너지의 필요 여부에 따라 수동 수송과 능동 수송으로 분류된다.
- 수동 수송에서 기질은 농도 기울기를 따라 막을 가로질러 이동한다.
- 능동 수송에서 이온이나 분자는 ATP 가수분해에서 직 · 간접적으로 유래한 에너지원이나 혹은 다른 에너지원을 이용해서 농도기울기를 거슬러 이동한다.

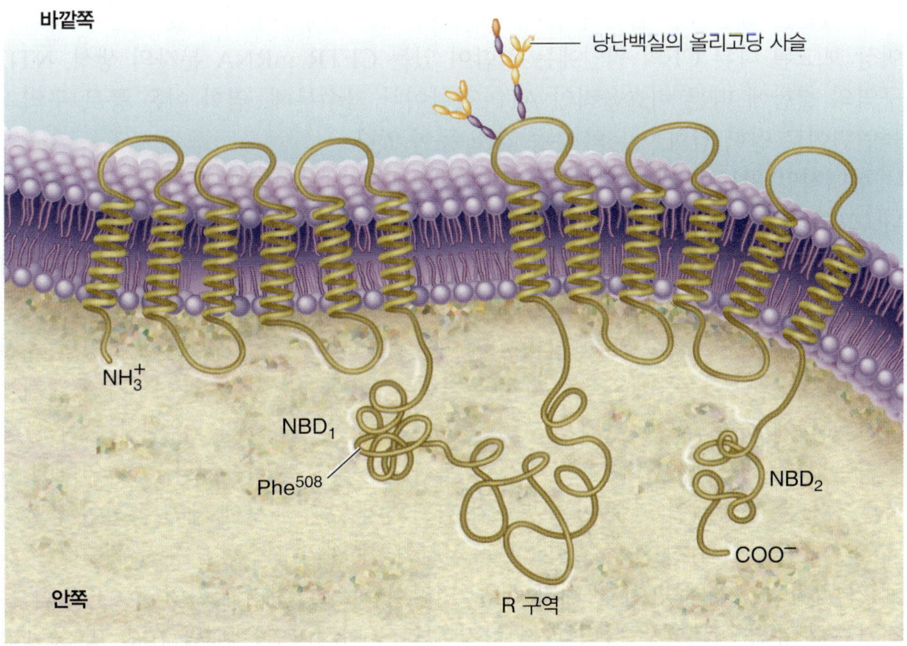

그림 11.28

낭포성 섬유증 막관통 전달 조절체(CFTR).

CFTR(cystic fibrosis transmembrane conductance regulator)은 Cl^- 수송체이며, 염화 이온 통로를 형성하는 두 개의 구역(각 구역은 여섯 개의 막 관통 나선을 갖는다), 두 개의 뉴클레오타이드 결합 구역(NBD), 그리고 조절(R) 구역으로 구성되어 있다. R 구역의 특정 아미노산 잔기가 인산화되면 ATP 가수분해 에너지를 이용하여 Cl^- 이동 통로가 열리게 된다. 가장 흔한 CF 유발 돌연변이는 NBD_1의 Phe^{508} 결손인데, 이로 인해 합성된 CFTR 단백질이 정상적으로 세포막으로 전송되지 않는다. 염화 이온 통로를 형성하는 나선 구조들 간의 정확한 구조적 관계는 아직 규명되지 않았다.

두 원형질막의 세포질 쪽에 존재한다.) 두 개의 뉴클레오타이드 결합 구역(NBD_1과 NBD_2)이 ATP 결합 및 가수분해를 통한 에너지를 이용하여 구멍의 형태 변화를 일으킨다. 염화 이온을 수송하기 위해서 조절 구역(R)은 cAMP-의존성 단백질 카이네이스 A(PKA)에 의해 인산화되어야 하는 몇몇 아미노산 잔기를 포함하고 있다.

염화 이온 통로는 폐, 간, 소장, 땀샘과 같은 관 조직의 상피세포의 꼭지면 막(apical membrane)을 통한 소금(NaCl)과 물의 흡수에 필수적이다. 염화 이온 수송은 신호 분자인 cAMP에 의해 활성화된다. cAMP 의존성 카이네이스인 PKA는 R 구역의 특정 잔기를 인산화하고, 이로 인한 형태 변화로 인해 ATP가 NBD_1그리고 NBD_2에 결합하게 되면, 두 뉴클레오타이드 결합 구역은 서로 반대 방향으로 교차하는 머리-꼬리형 이종이합체(heterodimer)와 같은 구조를 형성하며 ATP-결합 자리가 표면 안쪽으로 향하게 된다. 그 결과 이러한 분자 내 재배열을 통해, 염화 이온 통로가 열리게 되고 염화 이온은 농도 기울기를 따라 이동하게 된다. NBD에 결합된 ATP 중 하나가 가수분해되면 이합체의 구조가 파괴되면서 염화 이온 통로가 닫힌다. 따라서 NBD 이합체는 ATP 가수분해 속도에 따라 염화 이온 통로를 개폐하는 타이머 역할을 한다.

낭포성 섬유증
Cystic Fibrosis

낭포성 섬유증에서 CFTR 통로의 결함은 세포 내 염화 이온 보유량을 증가시킨다. 삼투압으로 인해서 점액으로부터 세포로 물의 흡수가 과도하게 일어나고, 따라서 점액이나 다른 분비물의 점성이 증가하게 된다. CF의 가장 특징적인 증상은 폐 질환(폐색에 의한 호흡 곤란과 만성 세균 감염) 그리고 췌장 기능부전(소화 효소 생산의 결핍에 의한 심각한 영양실조)이다. CF 환자의 다수는 CFTR 단백질 중 Phe^{508} 아미노산 결실 돌연변이에 의한 결함 때문에 발생하는데, 이 결과로 돌연변이 단백질은 정상적인 접힘이 일어나지 않아 세포막에 결합하지 않게 된다. 100건 이상 보고된 다른 CF의 원인에는 결함이 있는 CFTR mRNA 분자의 생성, NTD 구역의 결함에 따른 비효율적인 ATP 결합이나 가수분해, 염화 이온 통로 구역의 돌연변이로 인한 염화 이온의 수송 감소 등이 있다.

현대적인 치료법 개발 이전에 CF 환자는 거의 아동기를 넘기지 못하고 사망했다. 그러나 항생제(폐 감염 치료용)와 상업적으로 생산되는 소화효소(췌장효소를 대체)로 인해 많은 CF 환자들은 오늘날은 30년 이상 생존할 수 있다. 낫세포 적혈구 유전자와 마찬가지로 CF 유전자 또한 드물지 않게 발견된다. 백인 인구의 경우 약 2,500명 중 1명꼴로 CF가 발병하고 이는 백인 인구 중 가장 흔한 치명적 유전병이다. 최근 '녹아웃' 마우스를 이용한 실험 결과 돌연변이 유전자를 가진 개체는 설사 때문에 죽는 병으로부터 보호를 받는다는 것이 알려졌다. (유전자 녹아웃 동물들은 모든 세포에서 결함 유전자의 한 복사본을 갖도록 사육된다.) CF 연구에 사용한 동물은 정상적인 염화 이온 통로가 감소되어 있기 때문에 체액 손실이 상당히 적었다. CF 보인자(한 개의 결함 CF 유전자와 한 개의 정상 CF 유전자를 갖는 개체)가 치명적인 설사병(예, 콜레라)에 덜 민감할 것으로 여겨지고 있다. CF 결함 유전자는 서유럽 이외에는 널리 퍼져 있지 않다(동아시아인은 대략 10만 명 중 1명꼴로 발생). 이는 CF 보인자의 경우 일반인에 비해 땀으로 좀 더 많은 염을 방출하는데, 이는 땀샘관의 상피세포가 염화 이온을 원활하게 재흡수하지 못하기 때문이다. 항상 땀을 흘리는 더운 지방에서는 만성적으로 다량의 염 손실이 일어나는 것은 종종 미생물에 의한 설사병에 감염되었을 때보다 훨씬 더 위험할 수 있다. 최근에 과학자들은 정정제(corrector, 소포체에서의 단백질 접힘과 세포막으로의 단백질 분비 능력을 향상시킬 수 있는 분자)와 증강제(potentiator, 원형질 막에 결합한

CFTR의 기능을 향상시킬 수 있는 분자)라고 하는 작은 분자를 가지고 돌연변이에 의하여 일어나는 CFTR 기능 장애를 치료하려고 시도하고 있다. 몇 가지 그런 분자들이 임상 시험을 끝냈다. 예를 들면 정정제 분자 VX809는 Phe^{508} 결실 돌연변이를 가진 사람에서 부분적으로 CFTR 기능을 복원시켰다. VX809는 MSD1 접힘을 안정화시키는 분자 샤페론으로 작용하여 그 결과 일부 CFTR 분자가 세포막에 도달하는 과정을 증가시켰다. VX770(Kalydeco라고도 부름)은 증강제로서 $G_{551}D$ 돌연변이(글리신이 아스파트산으로 치환됨)를 가진 사람에서 염화 이온의 수송을 향상시킨다. $G_{551}D$ 돌연변이에서는 CFTR 단백질이 세포 표면에 도달하지만 이온 통로를 통해서 Cl^-의 수송을 할 수 없다.

문제 11.7

다음 물질들이 세포막을 어떻게 통과하는지 수송 메커니즘을 제안해보라.

a. CO_2
b. 글루코스
c. Cl^-
d. K^+
e. 지방 분자
f. α-토코페롤

문제 11.8

생물학적 막의 기능적 특성과 안정성을 증진시키는 비공유 결합성 상호작용의 종류를 설명하라.

문제 11.9

수송 메커니즘은 종종 수송되는 용질의 개수와 용질 수송 방향에 따라 나뉘기도 한다.

1. *단일수송체*(uniporter)는 하나의 용질을 수송한다.
2. *동향수송체*(symporter)는 두 개의 다른 용질을 동시에 같은 방향으로 수송한다.
3. *대향수송체*(antiporter)는 두 개의 다른 용질을 동시에 서로 반대 방향으로 수송한다.

이 장에서 다룬 수송의 예를 들어본 후, 각 예들이 어느 범주에 속하는지 정해보라.

막 수용체 막 수용체는 세포가 환경의 변화를 감지하여 세포 내 신호로 전달하는 메커니즘을 제공한다. 다세포 생물에서 막 수용체는 동물의 호르몬 및 신경 전달물질과 같은 화학신호들과 결합하여 세포 내부에 정보를 전달하는 중요한 연결고리의 역할을 한다. 어떤 수용체는 세포-세포 사이의 인식 또는 부착에 관여한다. 예를 들어 림프구는 이물질이나 바이러스가 체내에 침입하여 몸 전체의 세포 표면에 일시적으로 결합할 때 이들을 확인하고 파괴하는 면역반응 과정에서 중요한 역할을 한다. 이 결합은 감염된 세포에 대하여 림프구에 의한 세포사멸 유도를 자극한다. 이와 같이 조직에서 다른 적절한 세포를 인식하고 부착하는 세포의 능력은 배(embryo)와 태아 발생 같은 많은 기관 형성 과정에서 매우 중요하다.

리간드(ligand)가 막 수용체와 결합하면 형태적 변화가 일어나는데 이를 통해 리간드 화합물에 의해 계획된 특이적 세포 반응이 일어난다. 종종 수용체의 반응은 매우 명확하다. 예를 들어 아세틸콜린이 아세틸콜린 수용체와 결합하면 양이온 통로(cation channel)가 열린다. 그러나 대부분의 수용체 반응은 복잡하다. 가장 상세하게 연구된 막 수용체의 기능 연구는 LDL 수용체 매개 세포내 이입(LDL receptor-mediated endocytosis)으로 다음에서 설명할 것이다.

LDL 수용체 저밀도 지질단백질 수용체(low-density lipoprotein receptor, LDL receptor)는 콜레스테롤을 포함하는 지질단백질을 세포 안으로 흡수하는 데 관여한다. LDL 수용체는 많은 세포의 표면에서 발견되는 당단백질이다. 세포가 막 또는 스테로이드 호르몬 합성을 위해 콜레스테롤을 필요로 할 때, LDL 수용체를 생산하고 원형질막의 특정 영역에 이들을 삽입한다. (특정 영역은 세포 전체 표면의 약 2%를 차지한다.) *클라트린*(clathrin) 단백질은 세포내 이입 과정의 초기에 세포막의 세포질 쪽에 격자 모양의 중합체(lattice-like polymer)를 형성한다. 세포 당 수용체의 수는 세포의 종류 및 콜레스테롤 요구에 따라 다르지만 대략 15,000~70,000개 정도이다.

LDL 수용체 매개 세포내 이입 과정은 여러 단계로 일어난다(**그림 2.15**). 이 과정은 LDL이 *피막 웅덩이*(coated pit)에 모여 있는 LDL 수용체에 결합한 후 몇 분 이내에 시작한다. 피막 웅덩이는 세포막의 세포질 면에 LDL 수용체가 밀집되어 있는 클라트린 바구니가 결합해 있는 오목한 모양의 막 영역이다. LDL이 결합된 피막 웅덩이는 세포질 쪽으로 떨어져 나와 피막 소포(coated vesicle)가 된다. 계속해서 클라트린이 해체되면서 *비피막 소포*(uncoated vesicle)가 형성된다. 비피막 소포가 리소좀과 융합하기 전 pH가 7에서 5로 변하면서 LDL은 LDL 수용체로부터 분리된다. (이러한 변화는 소포막의 ATP-추진 양성자 펌프에 의해 일어난다.) LDL 수용체는 원형질막으로 재순환되고 LDL을 포함하고 있는 소포는 리소좀과 융합한다. 이어서 LDL 입자와 결합한 단백질은 아미노산으로 분해되고 콜레스테릴 에스터는 콜레스테롤과 지방산으로 가수분해 된다.

정상적인 환경에서 LDL 수용체 매개 세포내 이입은 매우 정밀하게 조절되는 과정이다. 간세포 속의 스테롤 조절 요소 결합 단백질(sterol regulatory element binding protein, SREBP)이라 불리는 전사 인자(transcription factor)의 전구물질은 막에 결합한 소포체(ER) 단백질이다. 간세포 콜레스테롤 수준이 낮을 때 전구물질 단백질은 골지체로 운반되어 그곳에서 절단되어 활성이 있는 전사 인자를 형성한다. 그 다음에 SREBP는 핵으로 이동하여 스테롤 조절 요소(sterol regulatory element, SRE)와 결합한 후 LDL 수용체 유전자를 포함하여 지질 대사에 관련된 30개 유전자들을 활성화한다. 세포 내 콜레스테롤 수준은 LDL 흡수와 콜레스테롤 합성의 증가로 높아진다. 소포체 막 속에 섭취한 콜레스테롤이 축적되면 SREBP 가공 반응을 방지하기 때문에 고지방 음식은 LDL 수용체 합성을 억제한다.

LDL 수용체는 *가족성 고콜레스테롤혈증*(familial hypercholesterolemia, FH) 연구 중 발견되었다. 브라운(Brown)과 골드스타인(Goldstein)은 LDL이 FH 환자의 섬유아세포(fibroblast)로 흡수되는 과정을 연구하면서 LDL 수용체를 발견하였다. FH를 일으키는 생화학적 결함은 LDL 수용체의 돌연변이인 것으로 밝혀졌다.

FH에 걸린 환자들은 LDL 수용체가 없거나 결함이 있기 때문에 혈장 콜레스테롤 농도가 높다. *이형접합체*(heterozygote)는 하나의 결함이 있는 LDL 수용체 유전자를 부모로부터 물려받았다. 결과적으로 그 사람은 정상 기능을 하는 LDL 수용체 수가 일반인의 절반이 된다. 이형접합체는 혈중 콜레스테롤 농도가 300∼600 mg/100 mL로서 빠르면 40세부터 심장마비가 올 수 있다. 그들은 또한 30대에 흉한 *황색종*(xanthomas, 피부에 콜레스테롤이 축적된 상태)이 피부에 나타날 수 있다. 이형접합 FH는 500명 중에 1명꼴로 나타나는 가장 흔한 인간 유전병 중 하나이다. 이와 대조적으로 동형접합체(homozygote, 부모 모두에게 결함 LDL 수용체 유전자를 물려받은 개체)는 매우 드물다(약 1,000,000명 중 1명). 이런 환자들은 혈장 콜레스테롤 값이 650∼1200 mg/100 mL이며, 황색종과 심장마비 둘 다 유년기와 청소년기 초에 일어날 수 있어, 20살 이전에 대부분 사망하게 된다. FH를 일으키는 유전적 결함이 있는 세포는 혈중 LDL로부터 충분한 콜레스테롤을 얻지 못하게 된다. 가장 일반적인 수용체의 결함은 LDL 수용체를 합성하지 못하는 것이다. 다른 결함은 새로 생산된 수용체들의 세포막으로 이동하는 과정의 결함, 수용체가 LDL과 결합하는 자리의 결함, 그리고 피막 웅덩이로 수용체가 밀집하지 못하는 결함 등이다.

LDL 수용체와 FH
LDL Receptors and FH

생화학 전망 BIOCHEMISTRY IN PERSPECTIVE

보툴리눔 중독증과 막 융합

보툴리눔 중독증의 독소가 종종 치명적인 근육 마비를 일으키는 생화학적 메커니즘은 무엇인가? *보툴리눔 중독증*(botulism)은 혐기성 세균 *Clostridium botulinum*에 의해 생산된 단백질 독소에 의해 일어난 근육마비의 한 형태이다. 독소는 대부분 적절히 멸균되지 않은 통조림 음식을 섭취했거나 상처에 세균이 오염됨으로써 몸으로 들어온다. 근육마비는 안면 무표정이나 음식 삼킴이나 말하기의 어려움 등 안면근육에서 시작된다. 흉벽을 움직이는 늑간 근육 마비의 결과인 호흡부전으로 사망에 이르게 된다. 보툴리눔 독소는 운동 신경의 시냅스전 축색돌기에서 분비되는 신경 전달 물질인 아세틸콜린(ACH)의 분비를 막는다. 이 작용은 ACH를 포함하는 시냅스 소포(synaptic vesicle)와 신경세포 막의 융합을 방해함으로써 일어난다. 간단한 막 융합과정을 설명한 후, 보툴리눔 독소 메커니즘을 설명하겠다.

막 융합

진핵세포들에서는 계속적으로 막 재구성이 일어난다. 세포내막계(endomembrane system)의 생합성과 분비 과정에는 생체 분자들이 연속적으로 세포내 막 구획(compartment) 사이를 이동하는 것이 필요하다. 소화효소나 호르몬 같은 물질들은 소포체나 골지체에 의해 가공되고 결국에는 세포외 유출(exocytosis)에 의해 세포 밖으로 분비된다(**그림 2.15**). 각 이동 단계에서, 이 물질들은 제공 구획에서 목표 구획으로 이동하며 이 과정에는 막 융합이 필요하다. 막 소포는 공여 구획으로부터 떼어져 나와 세포골격에 의해 목적지로 운송된 후 목표 구획의 막과 융합함으로써 매개물에 포함된 물질을 전달한다.

두 개의 지질 두겹층을 합치는 막 융합(membrane fusion)은 매우 정교하고 정밀하게 조절되는 과정이며, 특화된 종류의 단백질이 융합 장치에 관여한다. 융합 장치에서 가장 중요한 구성 성분인 **SNARE** (soluble *N*-ethylmaleimide sensitive factor *a*ttachment protein *re*ceptors)라 불리는 크기가 작은(18~42 kDa) 단백질 군으로서 각각 막에 결합한 C말단 구역과 세포질로 뻗은 나선형 구역으로 구성되어 있다. [*N*-에틸말레이미드(*N*-ethlylmaleimide)는 융합 단백질의 기능적인 특징을 밝히는 데 쓰이는 시약이다.] SNARE에는 v-SNARE(소낭-특이적 단백질)와 t-SNARE(표적 막단백질)의 두 가지 종류가 있다. 융합의 주요한 메커니즘은 다음과 같다.

소낭(공여 막)이 목표 막에 접근할 때, v-SNARE과 t-SNARE의 나선이 상호작용하여 상대적으로 조직화되지 않은 나선들을 나선 4개의 묶음(중심체)으로 만든다(**그림 11A**). 각 세트의 꼬인 코일 구조를 '지퍼링(zippering)'하면 반대편 막을 가까이 닿게 끌어와 물 분자들을 배출하는 비트는 힘(torsional force)이 생긴다(수압을 극복함). 일단 융합 장치들이 모이면, 소낭막에 있는 칼슘 감지 단백질

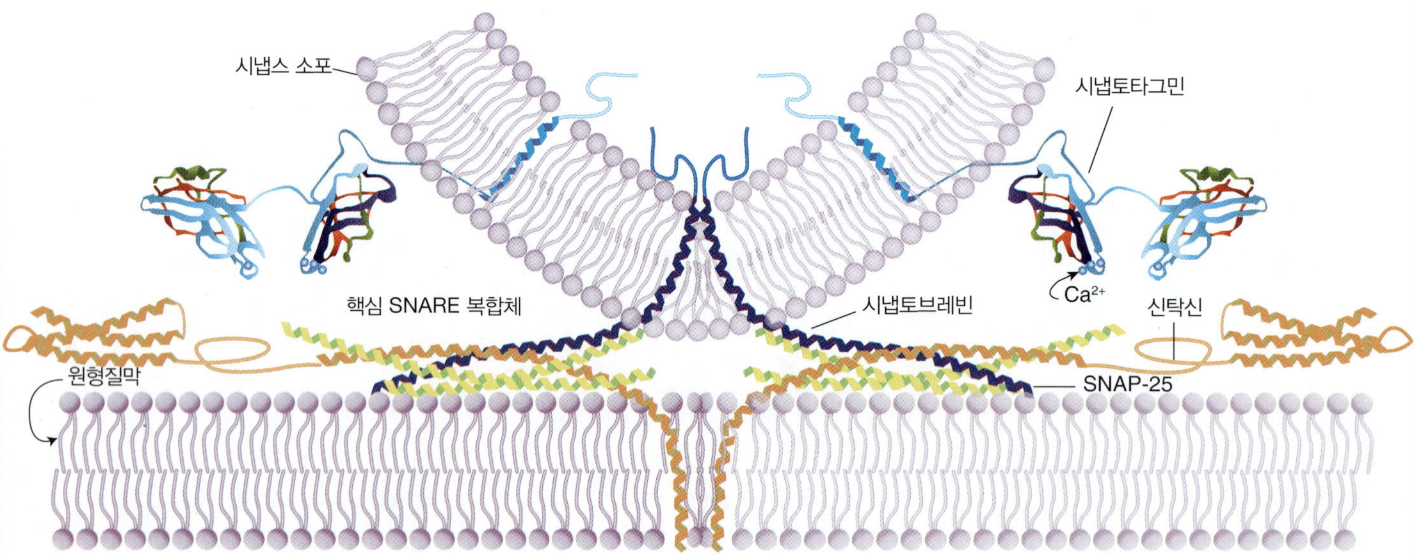

그림 11A
막 융합.
신경 전달 물질 소낭과 신경의 시냅스전 막의 융합은 시냅토브레빈(v-SNARE), 신택신(t-SNARE), t-SNARE 복합체의 구성 성분인 막 주변 단백질인 SNAP-25의 두 나선으로부터 핵심 SNARE 복합체가 형성됨으로써 시작된다. 시냅토타그민(synaptotagmin)은 지역적인 칼슘 농도가 높을 때 막 융합의 마지막 단계를 촉발하는 칼슘 감지기이다.

생화학 전망 BIOCHEMISTRY IN PERSPECTIVE (계속)

인 시냅토타그민(synaptotagmin)이 국소적인 칼슘 농도 상승에 의해 구조적 변화를 거쳐 활성화된다. 여기까지 활성화된 융합 장치들은 융합된 막을 형성하기 위한 두 지질 두겹층의 재배열을 촉진한다. 융합이 끝난 후에 SNARE복합체들은 *N*-에틸말레이미드 감수성 인자(*N*-ethlymaleimide sensitive factor, NSF)에 의해 분리된다. ATPase인 NSF는 α-SNAP(용해성 NSF 부착 단백질, soluble NSF attachment protein)와 조합하여 SNARE 복합체의 구성 요소들이 재활용 될 수 있도록 안정되어 있는 이들을 분리하는 데 필요한 기계적인 힘을 가하는 죔쇠(clamp)같이 생긴 조립 부품을 가지고 있다.

보툴리눔 독소 메커니즘

보툴리눔 독소는 가벼운 사슬(light chain, 50 kDa)과 이황화물 다리(disulfide bridge)로 연결된 무거운 사슬(heavy chain, 100 kDa)로 구성되어 있다. 모든 일곱 가지의 독소 유형(A, B, C, D, E, F, G)은 운동 신경에서 ACH이 분비되는 것을 막는다. 독소는 무거운 사슬이 원형질막 수용체에 결합함으로써 촉발되는 세포내 이입(endocytosis)을 통해 세포 안으로 들어간다. 가벼운 사슬은 세포내 이입성 소낭을 빠져나와 시냅스전 막으로 이동한다. 여기서 가벼운 사슬은 SNARE 단백질을 절단하여 융합 장치를 작동하지 못하게 만든다. 각 독소 유형은 특정 막 융합 단백질의 기능을 억제한다. 예를 들어 독소 A와 B는 SNAP-25와 시냅토브레빈(v-SNARE의 일종)을 각각 절단한다.

▶ **요약:** 보툴리눔 독소는 신경근접합부로 신경 전달 물질 ACH를 분비하게 하는 막 융합을 막음으로써 근육 마비를 일으킨다.

이 장의 요약 CHAPTER SUMMARY

1. 지질은 비극성 용매에 녹는 다양한 생체 분자이다. 그리고 지질은 지방산과 그 유도체, 트라이아실글리세롤, 왁스 에스터, 인지질, 지질단백질, 스핑고지질, 아이소프레노이드 등으로 분류될 수 있다.
2. 지방산은 주로 트라이아실글리세롤, 인지질 및 스핑고지질에 존재하는 모노카복실산이다. 에이코사노이드는 긴 사슬의 지방산으로부터 유래된 강력한 호르몬 역할을 하는 분자이다. 에이코사노이드에는 프로스타글란딘, 트롬복세인, 류코트라이엔 등이 포함된다.
3. 트라이아실글리세롤은 한 분자의 글리세롤과 세 분자의 지방산이 결합된 에스터이다. 실온에서 고체인 트라이아실글리세롤(대부분이 포화 지방산을 가짐)을 지방이라 하고, 실온에서 액체인 것(고도의 불포화 지방산을 가짐)을 기름이라 한다. 지방산의 주요 저장 및 운반형인 트라이아실글리세롤은 동물에서 중요한 에너지 저장형이다. 식물에서는 과일이나 씨앗에 저장된다.
4. 인지질은 막의 구조 성분으로서 포스포글리세라이드와 스핑고마이엘린 등의 두 종류가 있다.
5. 스핑고지질은 동물 막과 식물 막의 중요한 성분이다. 스핑고마이엘린처럼 스핑고지질은 세라마이드 염기(*N*-아실스핑고신)를 포함하지만 인산은 포함하지 않는다. 극성 머리는 1개 또는 그 이상의 당 잔기이다.
6. 아이소프레노이드는 아이소프렌 단위라는 5-탄소의 구조 단위가 반복적으로 구성된 분자이다. 아이소프레노이드는 터펜과 스테로이드로 이루어져 있다.
7. 혈장 지질단백질은 혈류를 통하여 한 기관으로부터 다른 기관으로 지질 분자를 운반한다. 지질단백질은 그 밀도에 따라 분류된다. 유미입자는 식이성 트라이아실글리세롤과 에스터형 콜레스테롤을 장으로부터 지방조직과 골격근으로 운반하는 밀도가 매우 낮은 거대한 지질단백질이다. 간에서 합성되는 VLDL은 지질을 조직으로 운반한다. VLDL은 혈류를 통하여 이동하면서 지질을 방출하여 LDL로 전환된다. LDL은 원형질막의 LDL 수용체와 결합한 후 세포에 의해 섭취된다. 역시 간에서 합성되는 HDL은 세포막의 콜레스테롤과 다른 지질단백질을 제거한다. LDL은 죽상 동맥경화증의 유발에 중요한 역할을 한다.
8. 유동성 모자이크 모형에 의하면 막의 기본 구조는 단백질이 떠있는 지질 두겹층이다. 막 지질(주요 지질은 인지질임)은 막의 유동성, 부분적 구획화(지질 뗏목), 막의 봉합과 융합의 특성을 결정한다. 보통 막 단백질은 특정 막의 기능을 결정한다. 그 위치에 따라 막 단백질을 내재 단백질과 주변 단백질로 분류한다. 막 단백질은 물질 수송, 호르몬의 결합, 다른 세포와의 대사 신호에 관여한다.
9. 막의 지질, 단백질과 탄수화물 성분은 불균일성을 나타낸다. 새로운 지질 두겹층은 세포질 쪽으로부터 합성되고 지질은 특수한 중재 단백질에 의해 두겹층을 통해 분포된다. 막의 양쪽 구역은 화학적으로 다르고 막 표면은 그 차이를 반영한다.
10. 세포막을 걸쳐 일어나는 물질의 이동은 에너지를 필요로 하지 않으며 농도 기울기를 따라 일어나는 수동 수송(작은 비극성 분자의 수동 확산, 운반체 또는 통로 단백질을 필요로 하는 극

성 또는 전하를 띤 물질의 촉진 확산), 1차 능동 수송(막의 한쪽에 물질을 농축하는데 ATP 에너지 사용), 2차 능동 수송(막의 한쪽에 물질을 농축하기 위해 사용된 1차 능동 수송에 의해 형성된 이온 기울기 사용), 또는 수용체 중개 수송(세포내 이입에 의해 포식되는 피막 웅덩이의 수용체와 리간드) 등에 의해 이루어질 수 있다. 어떤 수송 통로는 개폐될 수 있다. 즉 이 통로들은 어떤 특정 물질(예, 신경전달 물질, 이온 등) 또는 막 조건(예, 전압, pH 등)의 존재에서만 열린다.

주요 용어 KEY WORDS

GPI 고정장치 *395*
고밀도 지질단백질 *405*
극성 머리기 *393*
낭포성 섬유증 *415*
낭포성 섬유증 막횡단 전달 조절체 *415*
내재 단백질 *408*
능동 수송 *412*
다중 불포화 *387*
단순 확산 *412*
단일 불포화 *387*
당지질 *397*
류코트라이엔 *390*
비필수 지방산 *387*
수동 수송 *411*
스테로이드 *401*
스핑고마이엘린 *393*
스핑고지질 *397*
신성요붕증 *414*
아실기 *388*
아이소프레노이드 *399*
아쿠아포린 *414*
에이코사노이드 *388*
오메가-3 지방산 *387*
오메가-6 지방산 *387*
왁스 에스터 *392*
유동성 모자이크 모형 *405*
유미입자 *404*
인지질 *393*
자가면역 질환 *390*
자가 분비 *388*
저밀도 지질단백질 *404*
주변 단백질 *408*
중밀도 지질단백질 *404*
중성 지방 *391*
지질 *385*
지질 두겹층 *405*
초저밀도 지질단백질 *404*
촉진 확산 *412*
카로티노이드 *399*
터펜 *399*
트롬복세인 *389*
포스포글리세라이드 *393*
프레닐화 *401*
프로스타글란딘 *389*
필수 지방산 *387*
혼합 터페노이드 *400*

복습 문제 REVIEW QUESTIONS

**이 문제들은 다음 장으로 넘어가기 전에 이 장에서 논의했던 주요 개념에 대한 지식을 테스트하기 위해 만들어졌다.*

1. 다음 용어를 정의하라.
   a. 지방산
   b. 단일불포화 지방산
   c. 다불포화 지방산
   d. 포화 지방산
   e. 아실기
2. 다음 용어를 정의하라.
   a. 필수 지방산
   b. 비필수 지방산
   c. 오메가-3 지방산
   d. 오메가-6 지방산
   e. 에이코사노이드
3. 다음 용어를 정의하라.
   a. 프로스타글란딘
   b. 트롬복세인
   c. 류코트라이엔
   d. 자가 분비
   e. 아나필락시스
4. 다음 용어를 정의하라.
   a. 비누화 반응
   b. 왁스 에스터
   c. 왁스
   d. 인지질
   e. 극성 머리기
5. 다음 용어를 정의하라.
   a. 포스포글리세라이드
   b. 스핑고지질
   c. GPI 고정장치
   d. 당지질
   e. 스핑고마이엘린
6. 다음 용어를 정의하라.
   a. 막 재모형화
   b. 인지질 가수분해효소
   c. 세레브로사이드
   d. 강글리오사이드
   e. 스핑고지질증
7. 다음 용어를 정의하라.
   a. 프레닐화
   b. 스테로이드
   c. 디기탈리스
   d. 지질단백질
   e. 결손 지질단백질

8. 다음 용어를 정의하라.
   a. 유미입자
   b. 초저밀도 지질단백질(VLDL)
   c. 중밀도 지질단백질(IDL)
   d. 저밀도 지질단백질(LDL)
   e. 고밀도 지질단백질(HDL)
9. 다음 용어를 정의하라.
   a. 주변 단백질
   b. 내재 단백질
   c. 지질 뗏목
   d. 수동 수송
   e. 능동 수송
10. 다음 용어를 정의하라.
   a. CFTR
   b. 단순 확산
   c. 촉진 확산
   d. Na^+-K^+펌프
   e. 아쿠아포린
11. 다음 용어를 정의하라.
   a. 보툴리눔 중독증
   b. 보툴리눔 독소
   c. t-SNARE
   d. v-SNARE
   e. 막 융합
12. 다음의 지질 군의 주요 기능을 서술하라.
   a. 인지질
   b. 스핑고지질
   c. 기름
   d. 왁스
   e. 스테로이드
   f. 카로티노이드
13. 혈장 지질단백질이 자신의 역할을 수행하기 위해 단백질 요소를 필요로 하는 이유는 무엇인가?
14. 막 유동성에 영향을 미치는 몇 가지 요인들을 서술하라.
15. 담즙염이 신체에서 하는 역할은 무엇인가?
16. 저지방 식이요법의 결과를 설명하라.
17. 인지질의 측면 이동과 두겹층 사이의 자리옮김에 대하여 쉬운 정도를 설명하라.
18. 포타슘이 탈분극화과 재분극화 동안 어떻게 신경세포막을 가로지르는지 설명하라.
19. 프로스타글란딘의 주요한 역할에 해당하지 않는 것은 어느 것인가?
   a. 번식
   b. 혈액 응고
   c. 호흡
   d. 염증
   e. 혈압 조절
20. 자가 분비 조절체와 호르몬 사이의 차이점은 무엇인가?
21. 모노터펜, 다이터펜, 트라이터펜, 테트라터펜, 세스퀴터펜, 폴리터펜으로 각각 분류하라.

a. 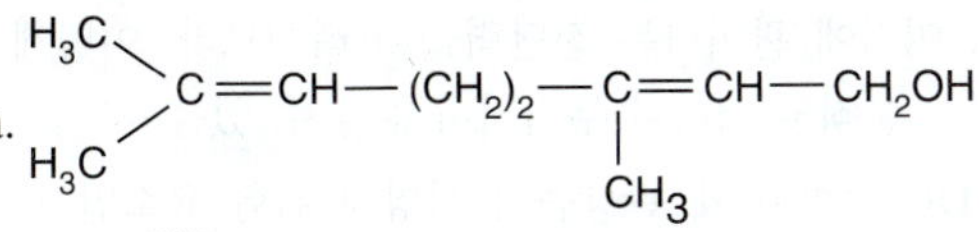

b. 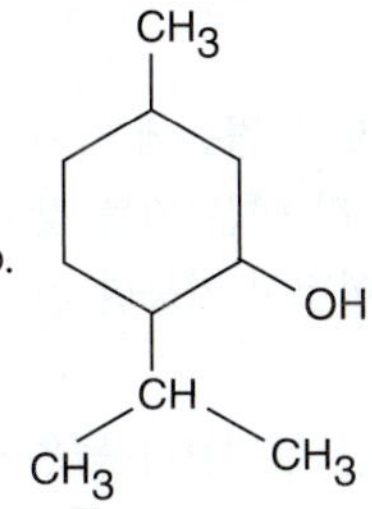

c. 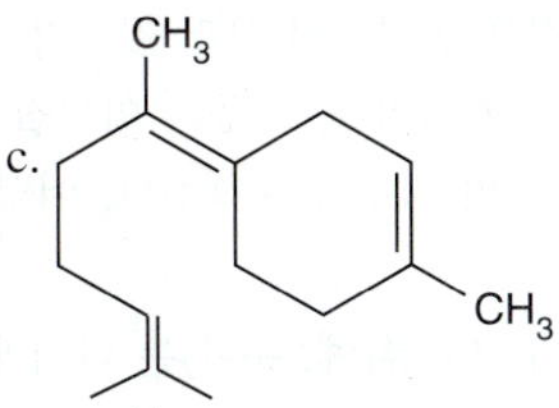

d. 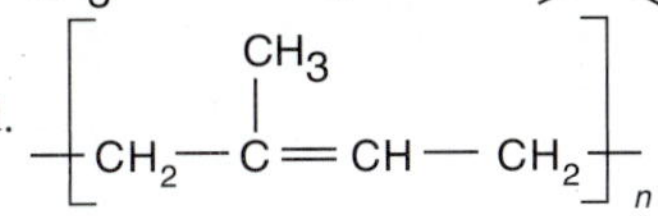

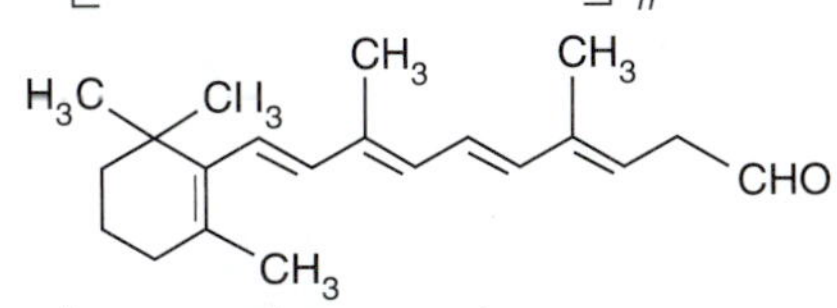

e. 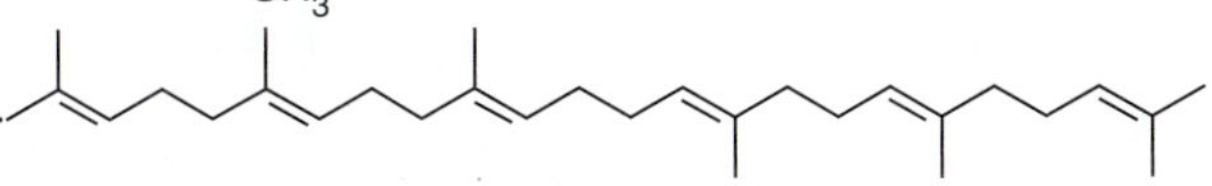

22. 트라이아실글리세롤의 기능을 설명하라.
23. 기계적 응력에 대한 저항을 증가시키기 위해 세포막 구조를 어떻게 변화시킬 수 있는가?
24. sdLDL로도 나타내는 저밀도 지질단백질은 크고 가벼운 LDL보다 더 죽종 형성을 잘 한다. 설명하라.
25. 인지질 분자를 막의 한 면에서 다른 면으로 이동하는 3가지 중개 단백질을 들어라. 이 단백질들이 필요한 이유는 무엇인가?
26. 신장에서 글루코스가 어떻게 막을 가로지르는지 설명하라. 어떤 유형의 수송에 속하는가?
27. 주어진 예시에 나타난 다음 과정들을 비교, 대조하라.
   a. 일차 능동 수송 vs 이차 능동 수송
   b. 수동 확산 vs 촉진 확산
   c. 운반체 매개 수송 vs 통로 중개 수송
28. 지질단백질은 어떻게 혈액 중에서 불용성 지질 분자를 수송하는가?
29. 세제는 비누와 같은 합성물이며 막을 파괴하고 막 단백질 추출하는 데 사용된다. 이 과정이 일어나는 메커니즘을 설명하라.
30. 트라이글리세롤은 지질 두겹층의 구성 요소가 아닌 이유를 설명하라.

종합 문제 THOUGHT QUESTIONS

이 문제들은 지금까지 이 책에서 논의된 모든 주요 개념에 대한 여러분의 이해를 강화하기 위한 것이다. 문제들은 하나의 정답을 가지고 있지 않을 수도 있다.

31. 동물세포는 세포막에 둘러싸여 있다. 유동성 모자이크 모형에 따르면, 이 막은 소수성 상호작용에 의해 서로 결합하고 있는 것이다. 여기에 관여하는 전단력을 고려해보라. 어떻게 이 막은 동물이 움직일 때마다 부러지지 않을 수 있을까?

32. 높은 LDL 수준이 왜 관상동맥 질병에 위험 요소인지 이유를 제안해보라.

33. 당지질은 인지질이 그런 것처럼 스스로 두겹층에 자리를 잡는 비이온 지질이다. 그들은 인지질과 달리 이온 기를 갖고 있지 않지만 위 임무를 수행한다. 어떻게 이것이 가능한 지 제안해보라.

34. 북극의 포유류(예, 순록)는 다리에 다른 부위보다 높은 불포화 지방산을 가진다. 이 현상의 이유를 제시하라. 생존에 이익이 있는 것인가?

35. 인지질이 지질 두겹층을 형성할 때 엔트로피가 증가하는 이유를 설명하라.

36. 식물은 가끔 잎 표면에 왁스를 생성하여 곤충으로부터 보호받거나 건조함을 막는다. 왁스의 어떤 구조적 특징이 단백질이나 탄수화물보다 이런 일에 더 적합하는가?

38. 붕산은 곤충의 왁스 피막을 소멸시키는 강력한 살충제이다. 이 물질이 어떻게 곤충을 죽이는지 설명하라.

39. 수초(myelin sheath)는 몸의 어떤 신경 축색돌기를 절연한다. 이 막의 어떤 구조적 특징이 좋은 절연체를 만드는가?

제 12 장

지질대사

Lipid Metabolism

이 장의 차례 Outline

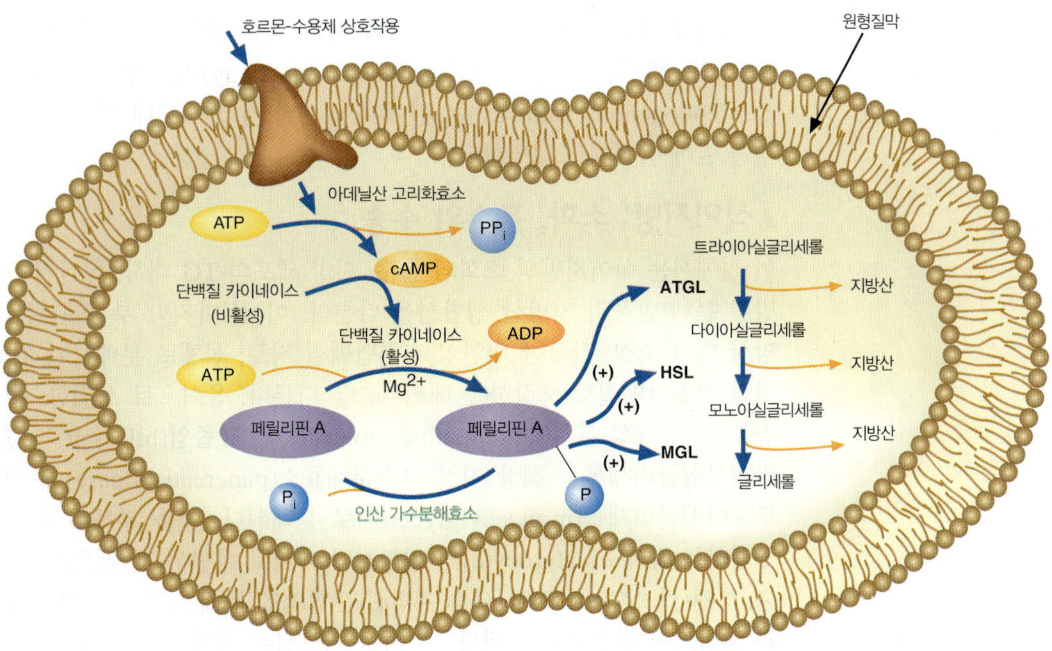

개관 Overview

생물에서 지질의 독특한 역할은 주로 그들의 소수성 구조에 기인한다. 지질은 (1) 매우 효율적이고 고밀도의 에너지 저장 분자(예, 트라이아실글리세롤), (2) 세포막의 필수적 구성 성분(예, 인지질, 스핑고지질, 콜레스테롤), (3) 신호 전달(예, 스테로이드 호르몬, 프로스타글란딘) 또는 보호(예, 알파-토코페롤) 기능을 하는 다양한 막결합 분자 등으로 작용한다. 12장에서는 주요 지질들의 대사, 즉 합성과 분해 그리고 이들 대사 과정의 조절작용에 대해 초점을 맞추고 있다. 그 외에 지질 대사에서 중심적인 대사물질인 아세틸-CoA(acetyl-coenzyme A, acetyl-CoA)를 중점적으로 다루고 있다. 그리고 인체 질환에서 중요한 역할을 하는 콜레스테롤 대사도 집중적으로 배우게 될 것이다.

지질의 구조적 · 기능적 다양성은 매우 놀랍다. 모든 지질은 전체 혹은 일부가 아세틸-CoA로부터 만들어진다(**그림 9.9** 참조). 예를 들어 아세틸-CoA는 지방산, β-카로틴(carotene)과 같은 터펜(terpene), 콜레스테롤과 같은 스테로이드(steroid) 등의 합성 기질이다. 세포가 에너지를 필요로 하게 되면, 지방산은 분해되어 아세틸-CoA가 되어 시트르산 회로로 들어가게 된다. 12장에서는 지방산, 트라이아실글리세롤, 인지질, 스핑고지질 및 아이소프레노이드와 같은 주요 지질들의 대사를 다룬다. 아울러 케톤체의 대사에 대해서도 배우게 될 것이다. 또한 몇 가지 대사적 조절 메커니즘에 대해서도 설명한다.

12.1 지방산, 트라이아실글리세롤과 지질단백질 경로

트라이아실글리세롤(지방 분자)은 동물에서 중요하고 효율적인 에너지원이다. 예를 들면 미국인들이 평균적으로 섭취하는 칼로리의 약 30~40%는 지방에 의한 것이다. 트라이아실글리세롤(triacylglycerol, TG)은 작은창자의 내강 안에서 소화된다(**그림 12.1**). 트라이아실글리세롤과 다른 지질 영양소의 흡수 및 체내 조직으로 공급되는 과정을 *외인성 경로*(exogenous pathway)라고 한다. [이에 반해 *내인성 경로*(endogenous pathway)는 간에서 생산된 지질이 체내 각 세포에 전달되는 과정을 말하며 뒤에서 설명한다.]

식이지방: 소화, 흡수와 수송

이 절에서는 식이지방의 소화와 흡수, 지방 세포의 TG 대사, 에너지를 생성하는 지방산 분해 반응과 지방산 생합성을 다룬다. 이 절 마지막 부분에서는 전반적인 지방산 대사 조절, 간략한 내인성 지질단백질 경로, 신체로 분배하기 위하여 간이 지질을 지질단백질로 포장하는 메커니즘을 다룬다. 음식으로 섭취한 지방이 세제 성질을 띤 양극성 분자(amphipathic molecule)인 **담즙염**(bile salt)과 혼합된 후, 트라이아실글리세롤은 췌장 지질 가수분해효소(pancreatic lipase)에 의해 지방산과 모노아실글리세롤(monoacylglycerol)로 분해된다. 이들 분해된 분자들은 장벽을 구성하는 장세포(enterocyte)의 원형질막 너머로 운반된다. 짧은(탄소수 4~6개)-사슬, 중간(탄소수 6~12개)-사슬 지방산은 혈액을 통해 혈청 알부민(serum albumin)과 결합되어 간으로 운반된다. 긴 사슬 지방산은 장세포의 활면 소포체(SER)로 이동되어 트라이아실글리세롤이 된다. 이후 장세포는 트라이아실글리세롤, 음식으로 섭취된 콜레스테롤 및 새로 합성한 인지질과 지질단백질 B-48을 결합하여 신생(nascent) 유미입자(chylomicron, 크고 밀도가 낮은 지질단백질)를 형성한다. 결손 지질단백질(apolipoprotein) B-48은 신생 유미입자의 주된 지질단백질로 아포 지

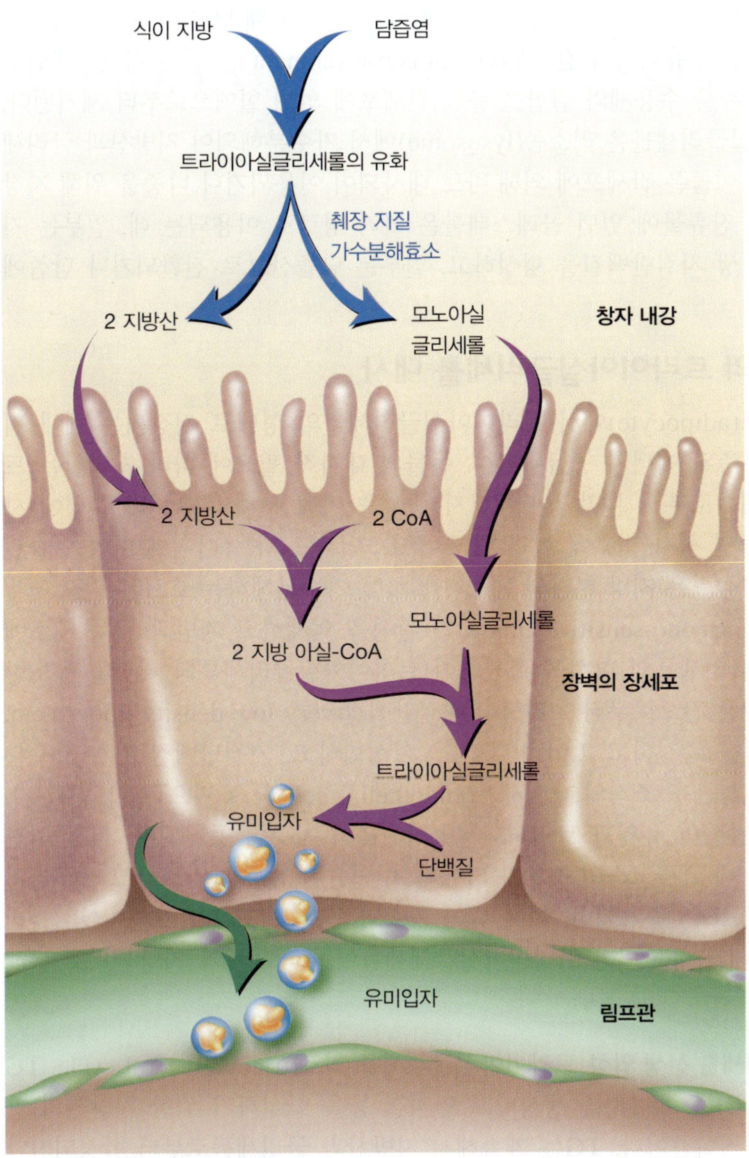

그림 12.1

소장에서 트라이아실글리세롤의 소화와 흡수.

트라이아실글리세롤은 담즙염과 혼합되어 유화된 후 췌장 지질 가수분해효소에 의해 소화된다. 소화 생성물인 지방산과 모노아실글리세롤은 장세포로 운반되어 트라이아실글리세롤로 재합성된다. 트라이아실글리세롤은 새로이 합성된 인지질 및 단백질과 함께 유미입자로 들어간다. 유미입자는 세포외 유출을 통해 림프와 혈액으로 운반되고 트라이아실글리세롤은 근육과 지방 세포로 빠져 나온다. 유미입자 잔류물은 간에 의해 혈액으로부터 제거된다.

질단백질 B-100의 mRNA 중 일부로 구성된 mRNA로부터 합성된다. 유미입자는 일단 림프(혈액으로부터 기인한 체액)로 분비되어 운반되다 가슴관(thoracic duct)에서 혈액으로 들어간다. 신생 유미입자는 림프와 혈액을 돌면서 HDL로부터 두 개의 지질단백질 분자를 전달받아 성숙 유미입자가 된다. 결손 지질단백질 C-II는 지질단백질 지질 가수분해효소(lipoprotein lipase, LPL)를 활성화시키고, 지질단백질 E는 간세포(hepatocyte) 표면의 특정 수용체와 결합한다.

대부분의 순환 중인 유미입자의 트라이아실글리세롤 성분은 근육과 신체의 주된 지질 저장소인 지방 세포(adipocyte)에 의해 혈액으로부터 제거된다. 심근, 골격근, 유선, 지방조직에서 합성되는 지질단백질 지질 가수분해효소는 모세혈관의 내피세포 표면으로 전달되며, 그곳에서 유미입자에 있는 트라이아실 글리세롤을 지방산과 글리세롤로 분해한다.

지방산은 세포에 흡수되는 반면에 글리세롤은 혈액을 타고 간으로 운반되어 그곳에서 글리세롤 카이네이스(glycerol kinase)에 의해 글리세롤-3-인산(glycerol-3-phosphate)으로 전환된다. 그런 다음 글리세롤-3-인산은 트라이아실글리세롤, 인지질 또는 글루코스 합성에 이용된다. LPL이 유미입자 내 90%의 트라이아실글리세롤을 제거하면, **유미입자 잔류물**(chylomicron remnant)은 결손 지질단백질 E의 유미입자 잔류물 수용체와 결합을 통해 간세포에 의해 혈액으로부터 제거된다. 잔류 트라이아실글리세롤은 리소좀(lysosome)에서 가수분해되어 지방산과 글리세롤로 분해되고, 이들은 간세포에 의해 바로 대사되어 이용되거나 나중을 위해 저장된다. 유미입자 잔류물에 있던 콜레스테롤은 여러 경로로 이용되는 데, 일부는 지방산과 함께 신생 지질단백질을 형성하고, 일부는 담즙산으로 전환되거나 담즙에 직접 분비된다.

지방 세포의 트라이아실글리세롤 대사

주로 지방 세포(adipocyte)에서 트라이아실글리세롤의 형태로 저장되는 체내 지방산은 가장 농축된 에너지 공급원이다. 동물의 대사적 필요에 따라 지방산은 트라이아실글리세롤로부터 분리되어 에너지 생성을 위해 분해되거나 막 합성에 사용된다. 예를 들면 식사 직후에 혈액 내 글루코스의 농도가 높아짐에 따라 인슐린이 분비된다. 인슐린은 지방 분자의 에스터 결합을 가수분해하는 *호르몬 민감 지질 가수분해효소*(hormone-sensitive lipase)의 활성을 억제하고 지방과 근육 세포에서 트라이아실글리세롤의 합성을 촉진하여 트라이아실글리세롤의 저장을 유도한다. 또한 인슐린은 간으로부터 초저밀도 지질단백질(very low density lipoprotein, VLDL)의 분비를 촉진하고, LPL의 합성을 활성화하고, 지질단백질 지질 가수분해효소를 지방과 근육 조직의 내피세포(endothelial cell)의 표면으로 이동시킨다. 결과적으로 지방산의 유입과 트라이아실글리세롤의 저장이 증가된다. 식후 시간이 지나서 혈액 내 글루코스의 농도가 떨어지면, 인슐린 농도는 감소하고 글루카곤(glucagon)의 농도는 증가되며, 이에 따라 지방과 근육 세포에서 트라이아실글리세롤의 가수분해가 유도되어 트라이아실글레세롤이 글리세롤과 지방산으로 분해된다.

TG 회로와 글리세롤 신생 합성 **트라이아실글리세롤 회로**(triacylglycerol cycle, TG cycle, **그림 12.2**)는 에너지를 생성하고 인지질 등을 합성하기 위한 지방산의 양을 조절하는 메커니즘이다. TG는 계속해서 지방산과 글리세롤로부터 합성되거나 분해된다. 이러한 쓸모없는 회로(futile cycle)처럼 보이는 과정은 지방 세포와 같은 세포 단위에서도, 체내 전체적으로도 일어난다. **그림 12.2**는 간과 지방 세포 사이의 트라이아실글리세롤 회로를 보여주고 있다. TG가 지방 세포에서 가수분해되면 비교적 작은 비율의 지방산이 혈액으로 유입된다. 지방산은 일단 혈액으로 들어가면 신체의 다른 조직으로 운반된다. 많은 부분의 지방산은 간에서 다시 TG로 전환되고, 그 중 대부분은 VLDL로 포장된다. TG 회로의 알짜 결과는 유연한 계가 체내 에너지 공급과 여러 물질의 합성에 필요한 충분한 양의 지방산을 확보한다는 점이다. 또한 여분의 지방산은 세포에 독성을 지니기 때문에 TG로 에스터화된다. TG가 합성되고 가수분해되는 경로를 다음에 다룬다.

트라이아실글리세롤 생합성 트라이아실글리세롤의 합성[**지질 합성**(lipogenesis)]은 **그림 12.3**에 설명되어 있다. 글리세롤-3-인산 또는 다이하이드록시아세톤 인산은 연속해서 세 분자의 아실-CoA(CoASH의 지방산 에스터)와 반응한다. 아실-CoA

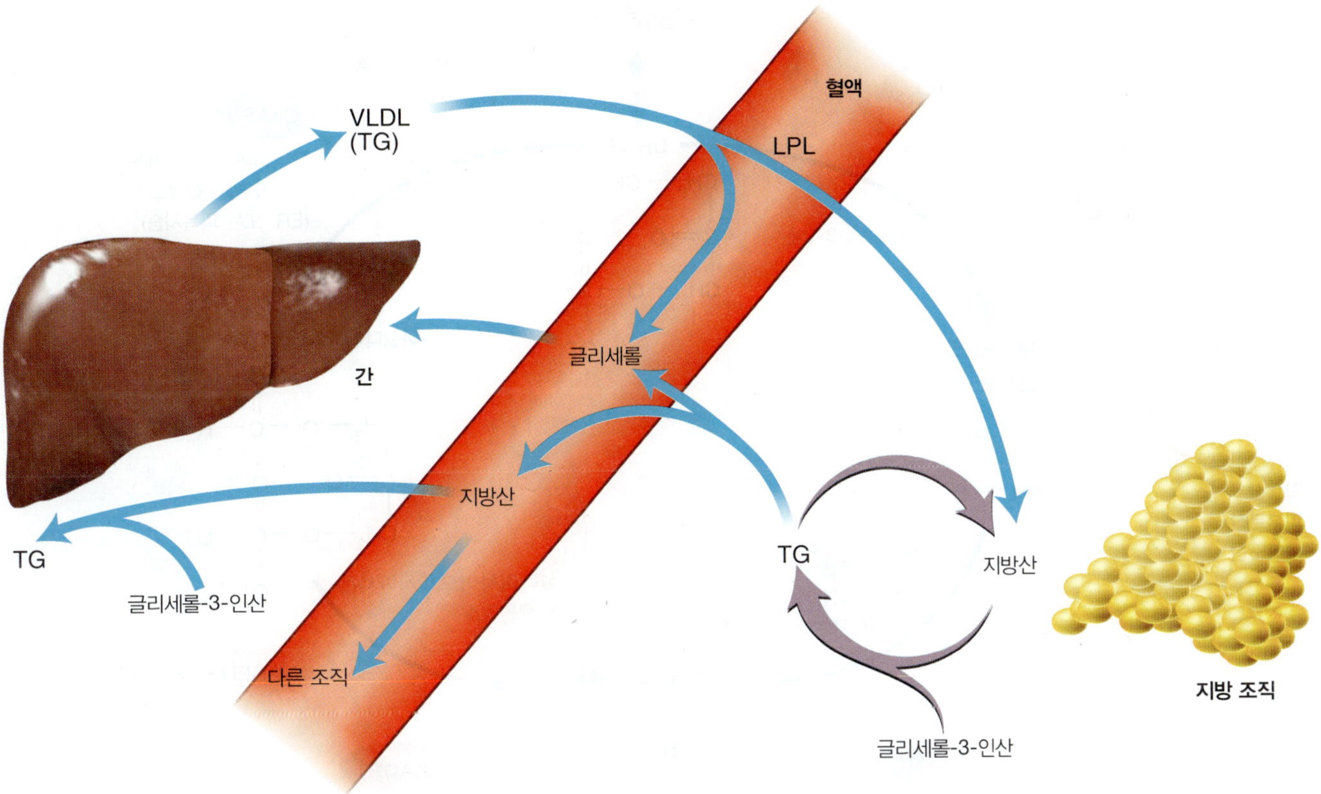

그림 12.2

트라이아실글리세롤 회로.

체내 주요 에너지 저장소인 지방 세포에서 트라이아실글리세롤은 혈액으로부터 공급된 지방산과 글리세롤-3-인산으로부터 합성된다. 체내 다른 조직의 에너지 요구에 따라 지방 세포의 트라이아실글리세롤이 분해되어 혈액으로 유출되는 지방산의 양은 글루카곤과 에피네프린에 의해 증가되고, 인슐린에 의해 억제된다. 하지만 모든 대사 조건에서 지방 세포의 지방산 중 트라이아실글리세롤로 에스터화되어 있는 비율은 약 75%로 일정하다. 간에서는 혈액으로부터 유입된 지방산의 대부분이 TG로 합성되고 VLDL의 형태가 된다. 혈액으로 분비된 VLDL은 지방조직과 같은 각 조직으로 이송되어 지질단백질 지질 가수분해효소에 의해 가수분해된다. 이렇게 생성된 지방산은 지방 세포로 운반된다. 트라이아실글리세롤의 가수분해에 의한 또 다른 생성물인 글리세롤은 혈액을 통해 간으로 이송된다.

분자는 아래의 반응에서 생산된다.

$$\mathrm{R{-}\overset{O}{\overset{\|}{C}}{-}O^-} + \mathrm{ATP} + \mathrm{CoASH} \longrightarrow \mathrm{R{-}\overset{O}{\overset{\|}{C}}{-}S{-}CoA} + \mathrm{PP_i} + \mathrm{AMP} \qquad (1)$$

이 반응은 파이로인산 가수분해효소(pyrophosphatase)에 의한 파이로인산(pyrophosphate)의 가수분해에 의해 완성된다.

트라이아실글리세롤 합성에서 포스파티드산(phosphatidic acid)은 글리세롤-3-인산의 두 번의 연속적인 아실화(acylation) 또는 다이하이드록시아세톤 인산(DHAP)의 직접적인 아실화를 포함하는 경로에 의해 형성된다. 후자의 경로에서 아실다이하이드록시아세톤 인산(acyldihydroxy-acetone phosphate)은 나중에 환원되어 라이소포스파티드산(lysophosphatidic acid)을 형성한다. 사용되는 경로에 따라 라이소포스파티드산은 NADH 또는 NADPH를 사용한다. 포스파티드산(phosphatidic acid)은 라이소포스파티드산이 두 번째 아실-CoA와 반응할 때 생산된다. 일단 형성되면 포스파티드산은 포스파티드산 인산 가수분해효소(phosphatidic acid phosphatase)에 의해 다이아실글리세롤로 전환된다. 그리고 세 번째 아실화 반응은 트라이아실글리세롤을 형성한다. 음식물과 *신생 합성*(*de novo* syn-

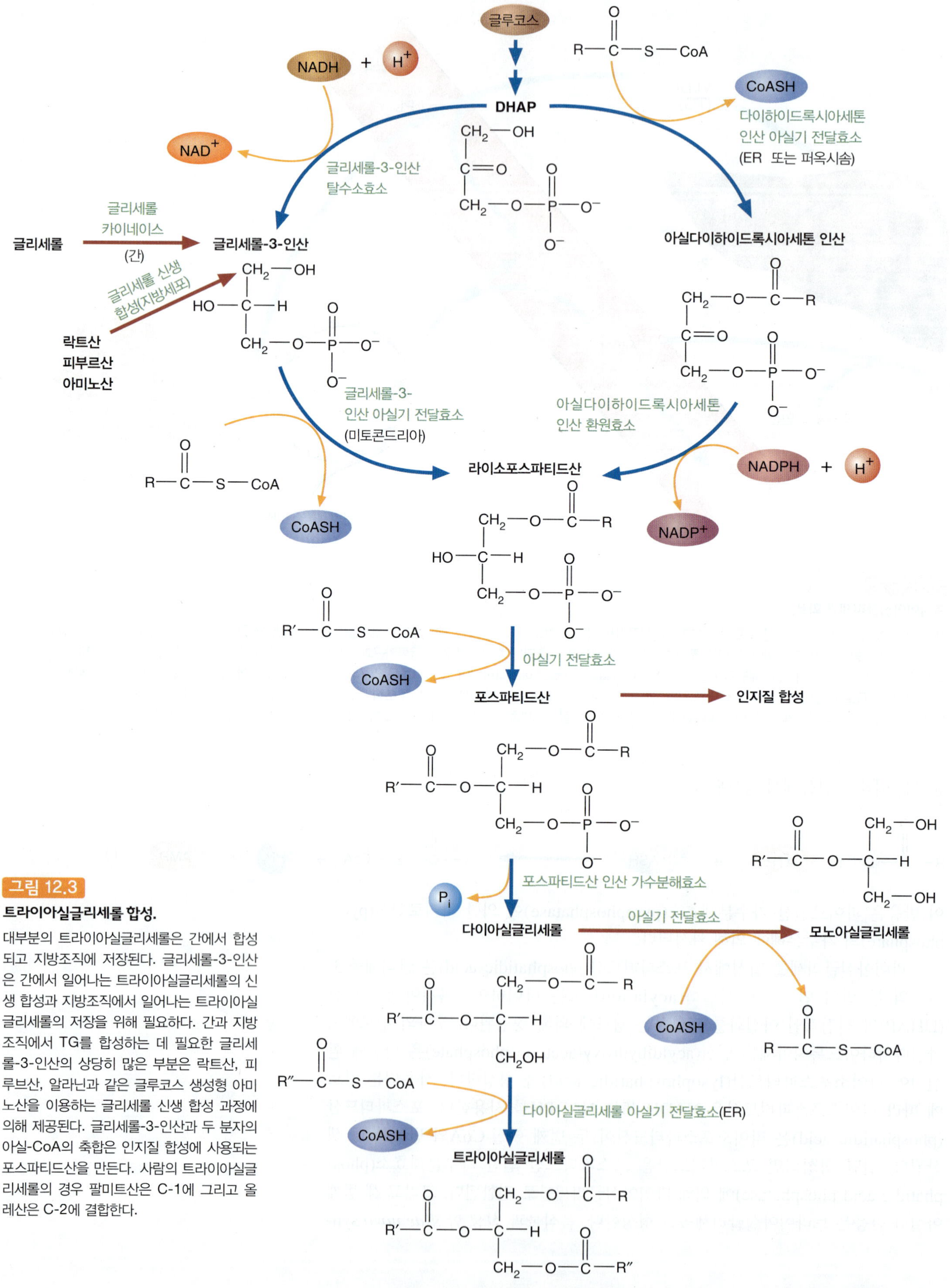

그림 12.3

트라이아실글리세롤 합성.

대부분의 트라이아실글리세롤은 간에서 합성되고 지방조직에 저장된다. 글리세롤-3-인산은 간에서 일어나는 트라이아실글리세롤의 신생 합성과 지방조직에서 일어나는 트라이아실글리세롤의 저장을 위해 필요하다. 간과 지방조직에서 TG를 합성하는 데 필요한 글리세롤-3-인산의 상당히 많은 부분은 락트산, 피루브산, 알라닌과 같은 글루코스 생성형 아미노산을 이용하는 글리세롤 신생 합성 과정에 의해 제공된다. 글리세롤-3-인산과 두 분자의 아실-CoA의 축합은 인지질 합성에 사용되는 포스파티드산을 만든다. 사람의 트라이아실글리세롤의 경우 팔미트산은 C-1에 그리고 올레산은 C-2에 결합한다.

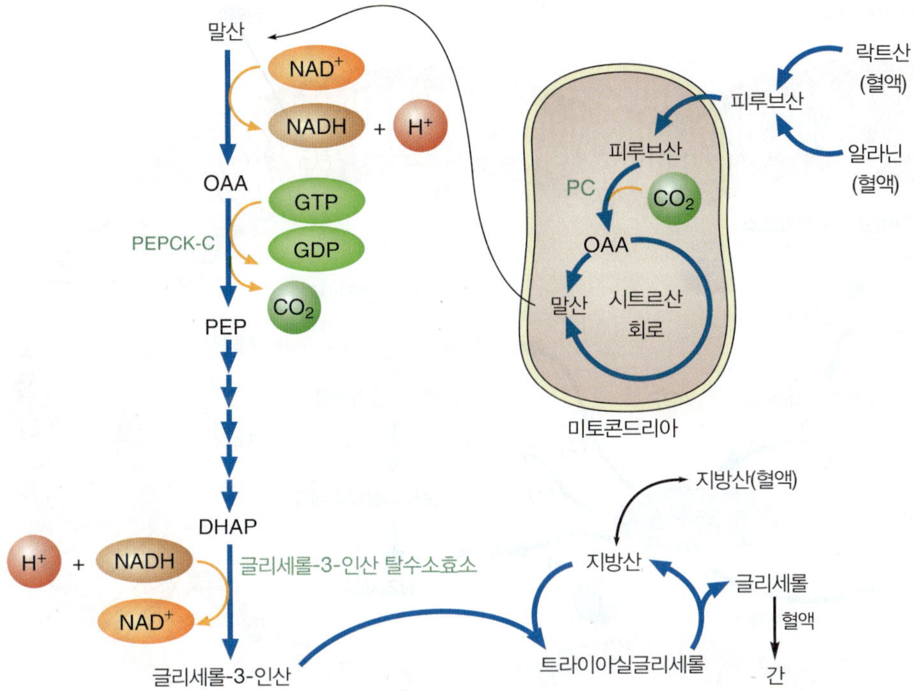

그림 12.4

지방 세포에서의 글리세롤 신생 합성.

글루코스 신생 합성의 축소판인 글리세롤 신생 합성은 TG의 합성에 필요한 글리세롤-3-인산의 주요 공급경로이다. 이 경로의 기질로 락트산, 피루브산 및 알라닌과 같은 글루코스 생성형 아미노산이 사용된다. 피루브산은 미토콘드리아에서 피루브산 카복실화효소(pyruvate carboxylase, PC)에 의해 OAA로 전환된다. OAA가 NADH에 의해 환원되어 생성되는 말산(malate)은 미토콘드리아 밖으로 나와 다시 OAA를 형성한다. 그 후 OAA는 세포질 포스포엔올피루브산 카복시카이네이스(phosphoenolpyruvate carboxykinase, PEPCK-C)에 의해 GTP가 필요한 인산화 및 탈카복실화 반응에 의해 포스포엔올피루브산(phosphoenolpyruvate, PEP)으로 바뀐다. PEP는 이후 글루코스 신생 합성 과정을 통해 다이하이드록시아세톤 인산(DHAP)으로 전환되고, DHAP는 글리세롤-3-인산 탈수소효소(glycerol-3-phosphate dehydrogenase)에 의해 글리세롤-3-인산으로 환원되어, TG 합성에 이용된다.

thesis)의 양쪽으로부터 유래된 지방산은 트라이아실글리세롤을 만든다. 지방산의 신생 합성은 뒤에 설명하고, 트라이아실글리세롤의 합성에 필요한 글리세롤-3-인산의 주요 합성 방법인 글리세롤 신생 합성에 대하여 설명하면 다음과 같다.

글리세롤 신생 합성(glyceroneogenesis, **그림 12.4**)은 글루코스 신생 합성(gluconeogenesis)의 축소판이며, TG 합성을 위해 필요한 글리세롤-3-인산을 글루코스와 글리세롤이 아닌 물질로부터 합성하는 과정이다. 글리세롤 신생 합성의 중요 효소는 피루브산 카복실화효소(pyruvate carboxylase, PC)와 세포질의 포스포엔올피루브산 카복시카이네이스(phosphoenolpyruvate carboxykinase, PEPCK-C)이다. 두 효소 모두 지방조직과 수유 중인 유선과 같은 지질 합성(TG 생성) 조직과 간, 신장과 같이 글루코스 신생 합성이 많이 일어나는 기관에 다량 분포되어 있다. 두 효소는 또한 뇌, 심장, 부신에도 적당량이 있다.

트라이아실글리세롤 가수분해 에너지 비축이 낮을 때는 인체에 저장되어 있던 지방이 **지질 분해**(lipolysis)를 통해 동원된다(**그림 12.5**). 지질 분해는 공복 및 격렬한 운동 중 그리고 스트레스를 받을 때 일어난다. 몇몇 호르몬(예, 글루카곤, 에피네프린)은 특이한 지방 세포의 원형질막 수용체와 결합하고 글리코젠 가인산분해효소(glycogen phosphorylase)의 활성화 반응과 유사한 일련의 반응을 시작한다. 호르몬이 수용체와 결합하면 cAMP 수준을 증가시키고 이는 페릴리핀 A(perilipin A)라는 단백질의 인산화를 활성화한다. 페릴리핀 A는 지방 세포의 지질 방울을 둘러싸서 지질 가수분해효소의 접근을 막아 지질 저장을 조절한다. 일단 페릴리핀 A가 인산화되면 형태 변화로 TG가 지질 가수분해효소에 의한 가수분해 반응에 노출된다. TG 가수분해의 첫 단계이며 개입 단계는 지방 트라이글리세라이드 지질 가수분해효소(adipose triglyceride lipase, ATGL)에 의해서 촉매되고, 이것은 CGI-58이라는 보조활성물질을 필요로 한다. 생성물은 다이아실글리세롤과 지방산이다. 호르몬-민감성 지질 가수분해효소(hormone-sensitive lipase, HSL)에 의하여 촉

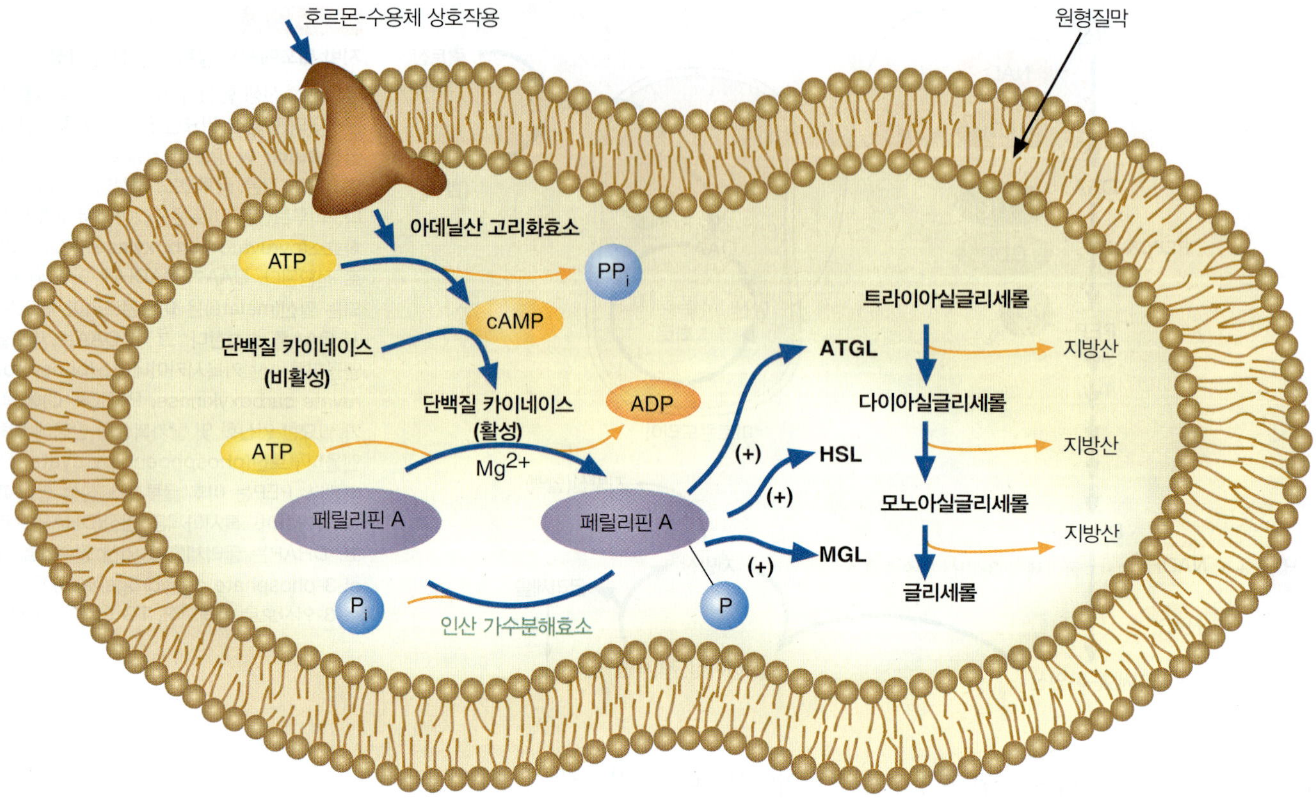

그림 12.5

지방 세포에서의 지질 분해 개요.

어떤 호르몬이 지방세포의 표면에 존재하는 수용체에 결합하면 지질 방울을 감싸는 단백질인 페릴리핀 A를 활성화하는 c-AMP 매개 메커니즘이 개시된다. 인산화로 페릴리핀 A의 형태가 변화하여 트라이아실글리세롤을 지질 가수분해효소에 노출시킨다. 그 다음에 TG는 각각 기질 선호도가 다른 3가지 지질 분해 효소들에 의하여 연속적으로 가수분해된다. 개시 반응은 보조활성제인 CGI-58을 필요로 하는 ATGL(adipose triglyceride lipase, 지방 트라이글세라이드 지질 가수분해효소)에 의하여 촉매되며 다이아실글리세롤과 지방산이 생성된다. ATGL 지질 분해 생성물인 다이아실글리세롤은 HSL(hormone sensitive lipase, 호르몬 민감성 지질 가수분해효소)에 의하여 가수분해되어 모노아실글리세롤과 지방산을 생성한다. 마지막 단계에서 모노아실글리세롤은 MGL(monoacylglycerol lipase, 모노아실글리세롤 지질 가수분해효소)에 의하여 글리세롤과 지방산으로 전환된다. 인산화된 페릴리핀 A는 기질 분자에 TG 가수분해효소들이 접근하는 것을 허용하여 가수분해를 도와준다.

매되는 반응에서 다이아실글리세롤이 가수분해되면 모노아실글리세롤과 지방산이 생성된다. 마지막 반응에서 모노아실글리세롤 지질 가수분해효소(monoacylglycerol lipase, MGL)에 의해 모노아실글리세롤이 글리세롤과 지방산으로 전환된다. 지질 분해의 생성물인 지방산과 글리세롤은 혈액으로 방출된다. ATGL의 합성은 퍼옥시솜 증식인자-활성화 수용체 감마(peroxisome proliferator-activated receptor γ, PPARγ)에 의하여 촉진되며 인슐린에 의하여 억제된다. 또 인슐린은 세포 내 cAMP의 농도를 감소시켜서 지질 분해를 억제한다.

지방산은 지방 세포 원형질막을 통과한 후 혈청 알부민과 결합한다. 알부민과 결합한 지방산은 인체의 전 조직으로 운반되고 그곳에서 알부민으로부터 방출되어 세포에 흡수된다. 지방산은 원형질막에 존재하는 단백질에 의해 세포 속으로 운반된다. 이 과정은 소듐(Na^+)의 능동 수송(active transport)과 관련되어 있다. 운반되는 지방산의 양은 혈액 내의 지방산 농도와 지방산 수송 메커니즘의 상대적 활성에 따라 다르다. 세포의 지방산 운반과 사용 능력은 세포에 따라 현저히 다르다. 예를 들면 뇌세포와 적혈구는 지방산을 에너지 연료로서 사용할 수 없는 한편, 심근세포는 에너지 요구량의 상당한 부분을 지방산에 의존한다. 일단 지방산이 세포 내로 들어가면 미토콘드리아, 소포체 및 기타 소기관같은 목적지로 운반되어야 한다. 이러한 운반에는 몇 가지 **지방산 결합 단백질**(fatty acid-binding protein, 소수성 지방산에 결합하여 운송하는 것이 유일한 기능인 수용성 단백질)이 관여한다.

대부분의 지방산은 미토콘드리아 내에서 β-산화(β-oxidation) 과정을 통하여 아세틸-CoA로 분해된다. 산화는 또한 퍼옥시솜(peroxisome)에서도 일어나는 것으로 알려져 있다. 일반적이지 않은 비표준 지방산의 분해를 위한 다른 산화 메커니즘도 존재한다.

생물체의 에너지 요구량이 충족되고 영양소의 수준이 높을 때 지방산이 합성된다. (글루코스와 몇 가지 아미노산은 지방산 합성의 기질이 된다.) 지방산은 β-산화의 역과정과 유사한 과정을 거쳐 아세틸-CoA로부터 합성된다. 비록 대부분의 지방산은 음식물로부터 공급되지만 대부분의 동물 조직은 약간의 포화 및 불포화 지방산을 합성할 수 있다. 그뿐만 아니라 동물은 식이성 지방산을 연장하고 또한 불포화화(desaturation)할 수 있다. 예를 들면 아라키돈산(arachidonic acid)은 리놀레산(linoleic acid)에 2-탄소 단위를 첨가하고 두 개의 이중 결합을 도입함으로써 형성된다.

주요 개념 _Key Concepts

- 외인성 경로에서 트라이아실글리세롤과 다른 지질 영양소는 체내로 흡수되어 유미입자의 형태로 다른 조직으로 이송된다.
- 에너지가 많이 저장되어 있을 때 트라이아실글리세롤은 지질합성 과정을 통해 저장된다.
- 에너지 저장량이 적을 때 트라이아실글리세롤은 지방산과 글리세롤로 분해하는데, 이 과정을 지질 분해라 한다.
- 트라이아실글리세롤이 합성 및 지방산과 글리세롤로의 분해과정은 계속 일정하게 일어난다. 재순환 속도는 에피네프린과 노르에피네프린에 의해 촉진되고, 인슐린에 의해 억제된다.

문제 12.1

우리가 방금 먹은 치즈버거의 트라이아실글리세롤(지방 분자)이 우리의 지방세포로 어떻게 수송되는지 추적해 보라.

지방산 분해

대부분의 지방산은 카복실 말단(carboxyl end)으로부터 2-탄소 조각이 연속적으로 제거되면서 분해된다. **β-산화**(β-oxidation)라고 하는 이 과정에서 아세틸-CoA는 α- 및 β-탄소 원자 사이의 결합이 분해되어 형성된다(β-산화라는 이름은 카복실기로부터 제거되는 두 번째 탄소가 산화되기 때문에 붙여짐). 지방산을 분해하는 다른 메커니즘도 알려져 있다. 가지달린 사슬 분자의 산화는 지방산 사슬이 단계적인 산화적 탈카복실화(oxidative decarboxylation)에 의해 탄소 하나가 짧아지는 α-산화(α-oxidation) 단계를 필요로 한다. 어떤 생물의 경우 카복실기로부터 가장 멀리 있는 탄소가 짧은 사슬의 다이카복실산(dicarboxylic acid)을 생산하는 ω-산화(ω-oxidation)에 의해 산화된다. ω-산화에서는 말단의 메틸기가 O_2와 NADPH를 필요로 하는 소포체 효소인 *사이토크롬 P_{450}*(cytochrome P_{450})에 의해 알코올이 된다. 알코올은 이후 알코올 탈수소효소와 알데하이드 탈수소효소에 의해 두 번의 연속 반응을 통해 카복실산으로 전환된다. 결과적으로 형성된 다이카복실산은 미토콘드리아에서 β-산화를 통해 길이가 짧아져 석신산(succinate), 아디프산(adipic acid)과 같은 단일 사슬의 수용성 다이카복실산이 된다. 사람에서 ω-산화는 제한적으로 일어나며, β-산화에 문제가 생겼을 때에만 의미가 있다. β-산화에 대해서는 다음에 설명한다. 홀수 사슬, 가시날린 사슬, 불포화 지방산의 분해 과정 또한 설명한다.

β-산화는 주로 미토콘드리아 안에서 일어난다. β-산화가 시작하기 전 각 지방산은 ATP 및 CoASH와의 반응에서 활성화된다. 이 반응을 촉매하는 효소인 아실-CoA 합성효소(acyl-CoA synthetase)는 미토콘드리아 외막에 존재한다. 미토콘드리아의 내막은 대부분의 아실-CoA 분자에 대해 비투과성이기 때문에 *카르니틴*

(carnitine)이라고 하는 특수 운반체를 사용하여 아실기를 미토콘드리아 내부로 운반한다(**그림 12.6**). 이와 같이 카르니틴을 매개로 하여 아실기를 미토콘드리아 기질(mitochondrial matrix) 속으로 전달하는 과정은 다음과 같은 메커니즘을 통해 이루어진다(**그림 12.7**).

1. 각 아실-CoA 분자가 아실카르니틴 유도체로 전환된다.

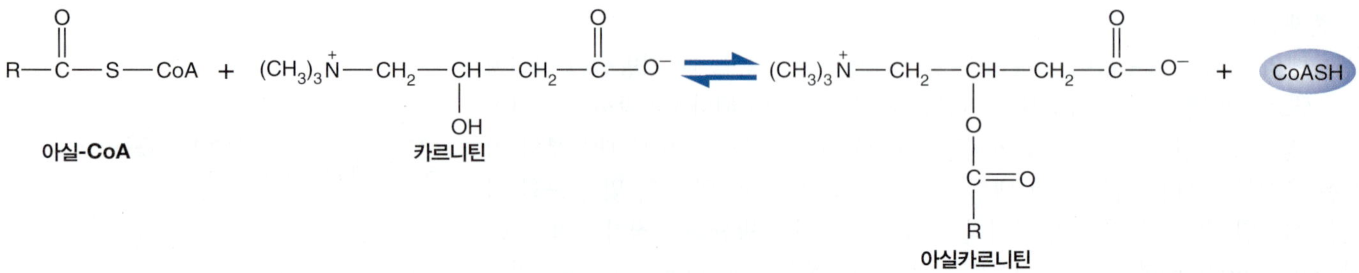

(2)

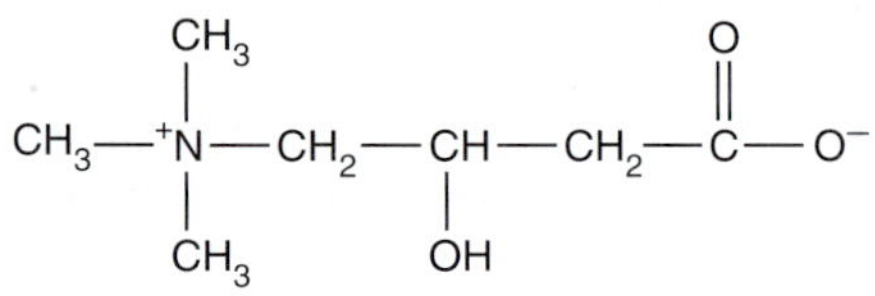

그림 12.6
카르니틴 구조.

이 반응은 카르니틴 아실기 전달효소 I(carnitine acyltransferase I, CAT-I)에 의해 촉매된다.

2. 미토콘드리아 내막에 있는 운반 단백질은 아실카르니틴을 미토콘드리아 기질 속으로 운반한다.

3. 아실-CoA가 카르니틴 아실기 전달효소 II(carnitine acyltransferase II, CAT-II)에 의해 재생된다.

4. 카르니틴은 운반 단백질에 의해 내막과 외막 사이의 공간으로 되돌아온 다음 다른 아실-CoA와 반응한다.

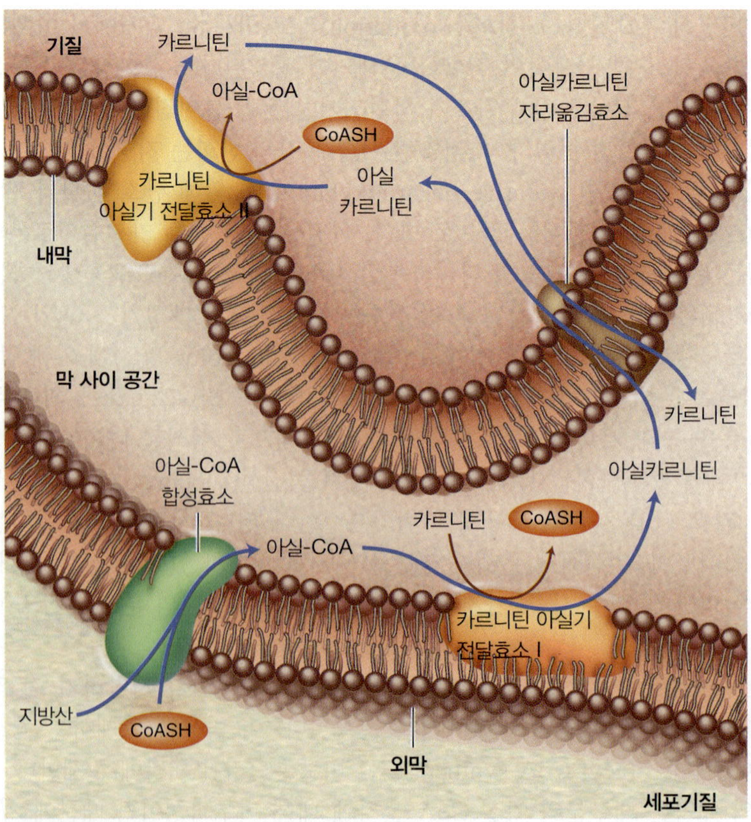

그림 12.7
미토콘드리아로의 지방산 수송.
지방산은 미토콘드리아 외막 효소인 아실-CoA 합성효소에 의해 아실-CoA로 활성화된다. 아실-CoA는 카르니틴과 반응하여 아실카르니틴 유도체를 형성한다. 카르니틴 아실기 전달효소 I은 이 반응을 촉매한다. 아실카르니틴은 아실카르니틴 자리옮김효소에 의해 내막을 가로질러 수송된 후 카르니틴 아실기 전달효소 II에 의해 카르니틴과 아실-CoA로 다시 전환된다. 아실카르니틴 자리옮김효소는 대향 운반 단백질이다(즉, 이것은 막 사이 공간으로 운반되는 매 카르니틴에 대하여 하나의 아실카르니틴을 미토콘드리아 기질 안으로 운반함).

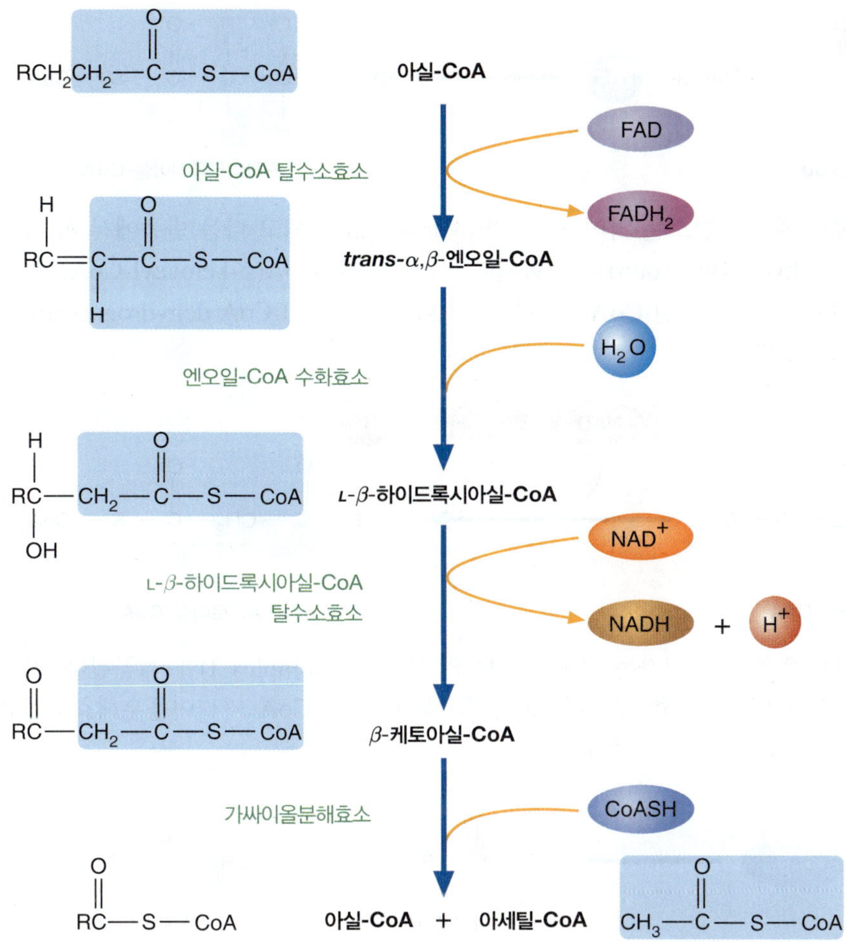

그림 12.8

아실-CoA의 β-산화.

아실-CoA 분자의 β-산화는 미토콘드리아 기질에서 일어나는 4가지 반응을 포함한다. 반응이 순환할 때마다 아세틸-CoA와 2개의 탄소가 더 짧아진 아실-CoA가 형성된다.

그림 12.8은 포화 지방산의 β-산화 과정을 요약한 것이다. 이 경로는 α- 및 β-탄소로부터 각각 한 개씩의 수소를 제거하여 효소 결합 FAD(enzyme-bound FAD)에 전달하는 아실-CoA 탈수소효소(acyl-CoA dehydrogenase, 미토콘드리아 내막 플라보단백질)에 의해 촉매되는 산화환원 반응으로부터 시작한다.

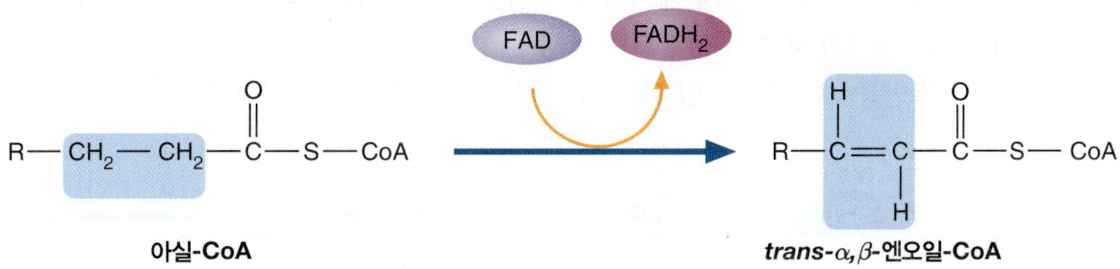

(3)

이 반응에서 생산된 $FADH_2$는 2개의 전자를 미토콘드리아 전자 전달 사슬(ETC)의 UQ에 준다(**그림 10.5**). 아실-CoA 탈수소효소에는 여러 동질효소(isoenzyme)가 있는데, 각각 다른 지방산 사슬에 특이적 촉매 반응을 나타낸다. 이 반응의 생성물은 *trans*-α,β-엔오일-CoA(trans-α,β-enoyl-CoA)이다.

엔오일-CoA 수화효소(enoyl-CoA hydrase)에 의해 일어나는 두 번째 반응은 α- 및 β-탄소 사이에 있는 이중 결합에 수화(hydration) 반응을 촉매한다.

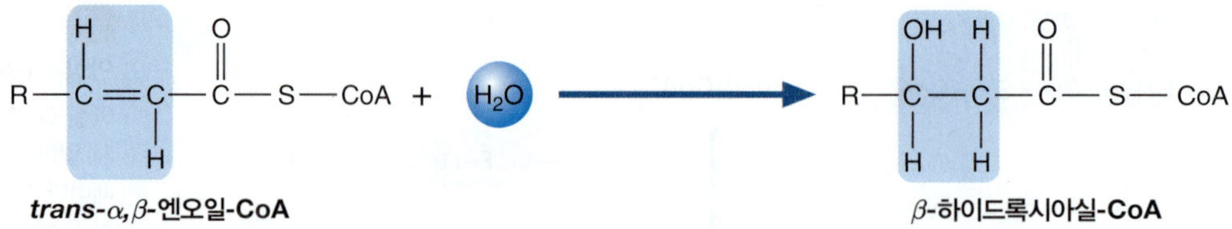

(4)

이 반응에서 β-탄소는 하이드록시화(hydroxylation)되고 다음 반응에서 이 하이드록시기(hydroxyl group)는 산화된다. β-케토아실-CoA(β-ketoacyl-CoA)의 생산은 β-하이드록시아실-CoA 탈수소효소(β-hydroxyacyl-CoA dehydrogenase)에 의해 촉매된다.

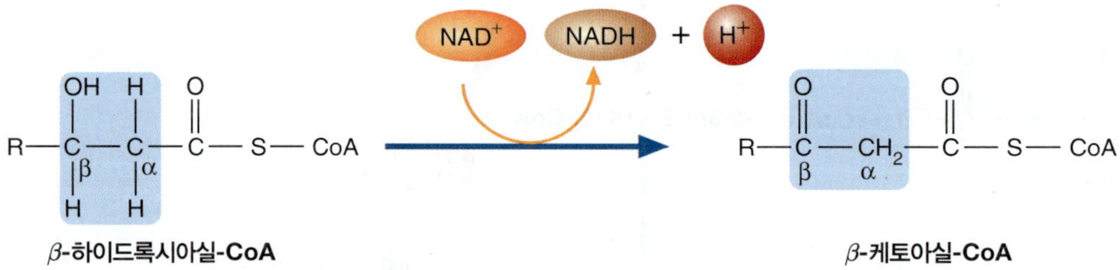

(5)

NAD^+에 전달된 전자는 나중에 ETC의 복합체 I(complex I)에 제공된다. 마지막으로 가싸이올분해효소(thiolase, 간혹 β-케토아실-CoA 가싸이올분해효소라고도 함)는 C_α-C_β의 절단을 촉매한다.

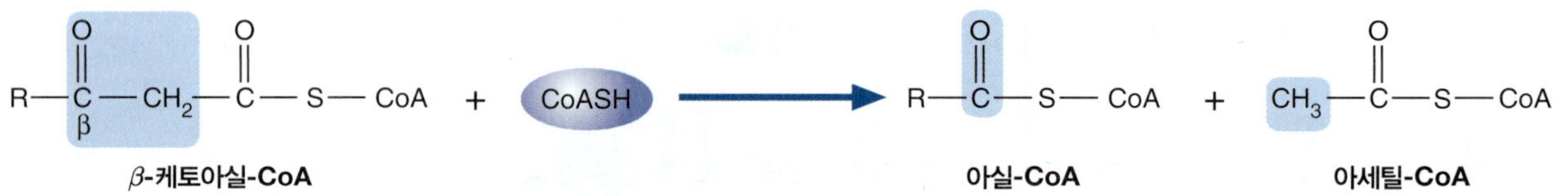

(6)

그리고 **가싸이올분해**(thiolytic cleavage)라고 불리는 이 반응에서 아세틸-CoA 분자가 방출된다. 또 다른 생성물인 아실-CoA는 처음의 아실-CoA보다 탄소가 두 개 줄어들었다.

위에서 요약한 네 단계가 β-산화의 한 주기를 형성한다. 각 회로의 후반부에서 두 개의 탄소 조각이 제거된다. 이 과정은 *β-산화 나선형*(β-oxidation spiral)이라고도 하는데, 마지막 회로에서 4개의 탄소 아실-CoA가 분할되어 두 개의 아세틸-CoA를 형성할 때까지 계속된다.

다음의 반응식은 팔미토일-CoA의 산화 과정을 정리한 결과이다.

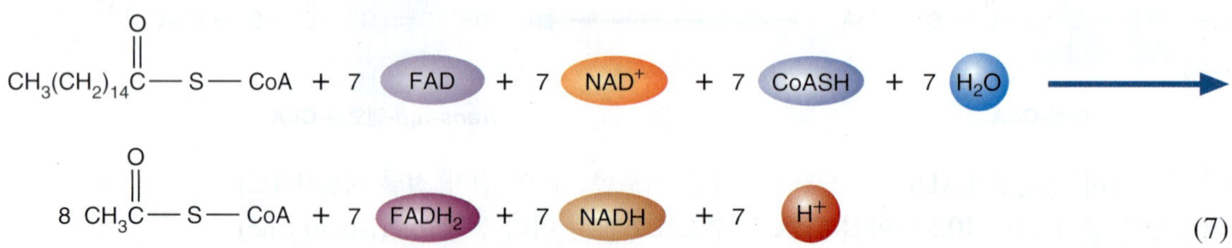

(7)

근육에서 β-산화 속도는 기질(예, 혈액 지방산 농도)의 이용 가능성과 조직의 현재 에너지 요구량에 달려 있다. $NADH/NAD^+$ 비율이 높을 때 β-하이드록시아실-CoA 탈수소효소는 억제된다. 높은 아세틸-CoA 수준은 가싸이올분해효소 활성을 억제한다. 트라이아실글리세롤과 인지질 합성에 지방산이 이용되는 간에서 β-산화 속도는 이 분자들이 얼마나 빠르게 미토콘드리아로 수송되는가에 달려 있다.

글루코스 수준이 높고 과다한 양의 글루코스가 지방산으로 전환될 때 지방산 합성의 첫 단계 생성물인 말로닐-CoA(malonyl-CoA)는 CAT-I을 억제함으로써 쓸모없는 회로(futile cycle)를 방지한다.

지방산 산화에 의해 생성된 아세틸-CoA 분자는 *시트르산 회로*(citric acid cycle)를 거쳐 CO_2와 H_2O로 전환되고 추가적으로 NADH와 $FADH_2$가 형성된다. NADH와 $FADH_2$가 전자 전달 사슬에 의해 산화될 때 방출된 에너지의 일부는 나중에 *산화적 인산화*(oxidative phosphorylation)를 통해 ATP 합성에 포획된다. 아세틸-CoA의 완전 산화는 10장에 서술되어 있다. 이어서 팔미트산으로부터 생성되는 ATP의 총수를 살펴보겠다.

문제 12.2

중간 사슬 아실-CoA 탈수소효소(medium-chain acyl-CoA dehydrogenase, MCAD)는 β-산화 과정의 첫 번째 반응을 촉매하는 미토콘드리아 효소이다. 이 효소의 기질은 12개 탄소를 지닌 아실-CoA이다. MCAD 결핍증은 상염색체 열성 질환으로 MCAD 유전자의 돌연변이에 의해 발생한다. 이 질환의 증상으로 피로, 구토, 저혈당증이 있으며 단식에 의해 유발된다. 당연히 과도한 아실-CoA의 축적은 글루코스 신생 합성을 억제한다. 아이들의 간에 저장된 글리코젠이 빨리 소진되는 것을 고려할 때, MCAD 결핍증 환자가 질환에 따른 증상을 완화할 수 있는 방안을 제시하라.

MCAD 결핍증
MCAD Deficiency

문제 12.3

다음 생체 분자들의 이름과 기능을 나타내라.

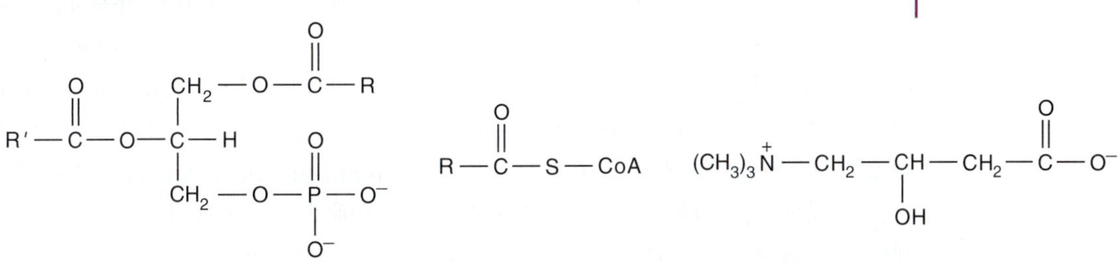

(a) (b) (c)

문제 12.4

산소가 없을 때, 세포는 글루코스의 호기성 산화를 통해 적은 양의 ATP를 생성할 수 있다. 이것이 지방산의 산화에서는 해당되지 않는다. 그 이유를 설명하라.

지방산의 완전 산화

지방산의 호기성 산화(aerobic oxidation)는 많은 ATP를 생산한다. 앞에서 서술한 바와 같이 전자 전달과 산화적 인산화 중 생성된 $FADH_2$ 한 분자의 산화는 약 1.5개 분자의 ATP를 생산한다. 이와 유사하게 NADH 한 분자의 산화는 약 2.5개 분자의 ATP를 생산한다. 7개의 $FADH_2$, 7개의 NADH와 8개의 아세틸-CoA 분자를 생성하는 팔미토일-CoA(palmitoyl-CoA) 산화로부터 생산되는 ATP 수는 다음과 같다.

$$7\ FADH_2 \times 1.5\ ATP/FADH_2 = 10.5\ ATP$$

$$7\ NADH \times 2.5\ ATP/NADH = 17.5\ ATP$$

$$8\ \text{아세틸-CoA} \times 10\ ATP/\text{아세틸-CoA} = \underline{80\ \ ATP}$$

$$108\ ATP$$

팔미트산(palmitic acid)으로부터 팔미토일-CoA를 형성하려면 ATP 두 분자를 사용해야 한다(AMP로부터 ATP를 합성하려면 두 번의 연속적인 인산화 반응이 필요함). 따라서 팔미토일-CoA 한 분자당 합성되는 ATP의 수는 106개 분자이다.

팔미트산과 글루코스 산화로부터 생산되는 ATP의 수를 비교해 보라. 글루코스 한 분자당 생산되는 총 ATP의 수는 약 31개 분자이다. 팔미트산과 글루코스를 탄소 한 원자당 생산되는 ATP의 수로 비교해 보면 팔미트산이 훨씬 더 우수한 에너지원이다. 글루코스는 탄소 한 원자당 31/6, 즉 5.2개의 ATP 분자를 생산한다. 팔미트산은 한 원자당 106/16, 즉 6.6개의 ATP 분자를 생산한다. 팔미트산은 더 환원된 분자이기 때문에 글루코스보다 더 많은 에너지를 생산한다. (6개의 산소 원자를 갖고 있는 글루코스는 부분적으로 산화된 분자이다.)

문제 12.5

1 mol의 스테아르산(stearic acid)으로부터 합성될 수 있는 NADH, $FADH_2$와 ATP의 mol 수를 계산하라.

퍼옥시솜에서의 β-산화 지방산의 β-산화는 퍼옥시솜에서도 일어난다. 동물에서 퍼옥시솜의 β-산화는 ATP 합성이 없이 매우 긴 사슬의 지방산을 짧게 만든다. 그 결과 생긴 중간 크기의 지방산 사슬은 미토콘드리아에서 더 분해된다. 퍼옥시솜 막은 매우 긴 사슬의 지방산에 대해 특이성을 나타내는 아실-CoA 합성효소(acyl-CoA synthetase) 활성을 갖고 있다. 미토콘드리아는 테트라코산산(tetracosanoic acid, 24:0)과 헥사코산산(hexacosanoic acid, 26:0) 같은 긴 사슬의 지방산을 활성화할 수 없다. 퍼옥시솜의 카르니틴 아실기 전달효소(carnitine acyltransferase)는 이 긴 사슬의 지방산을 퍼옥시솜으로 전달하는 것을 촉매하고 그곳에서 이 분자들은 아세틸-CoA와 중간 크기의 사슬 아실-CoA로 산화되고, 이후 미토콘드리아 에서 β-산화를 통해 더 분해된다.

비록 퍼옥시솜 β-산화 반응은 미토콘드리아와 유사하지만 현저한 차이가 있다. 첫째, 퍼옥시솜 경로의 첫 반응이 다른 효소에 의해 촉매된다. 이 반응은 아실-CoA 산화효소(acyl-CoA oxidase)에 의해 촉매되는 탈수 반응이다. 환원된 보조 효소 $FADH_2$는 전자를 UQ(보조 효소 Q) 대신 O_2에 직접 준다. 퍼옥시솜 β-산화 반응의 이러한 특징은 ATP를 합성하는 미토콘드리아 경로와 현저한 대조를 이룬다. $FADH_2$가 산화할 때 생산된 H_2O_2는 카탈레이스(catalase)에 의해 H_2O로 전환된다. 둘째, 퍼옥시솜 β-산화 반응의 다음 두 반응은 같은 단백질 분자에 존재하는 두 효소(엔오일-CoA 수화효소, 3-하이드록시아실-CoA 탈수소효소) 활성에 의해 촉매된다. 마지막으로 이 경로의 마지막 효소인 β-케토아실-CoA 가싸이올분해효소는 미토콘드리아의 것과 다른 기질 특이성을 갖는다. 이 효소는 중간 크기의 사슬 아실-CoA를 효과적으로 결합하지 않는다.

케톤체 산화 중 생성된 대부분의 아세틸-CoA는 시트르산 회로나 아이소프레노이

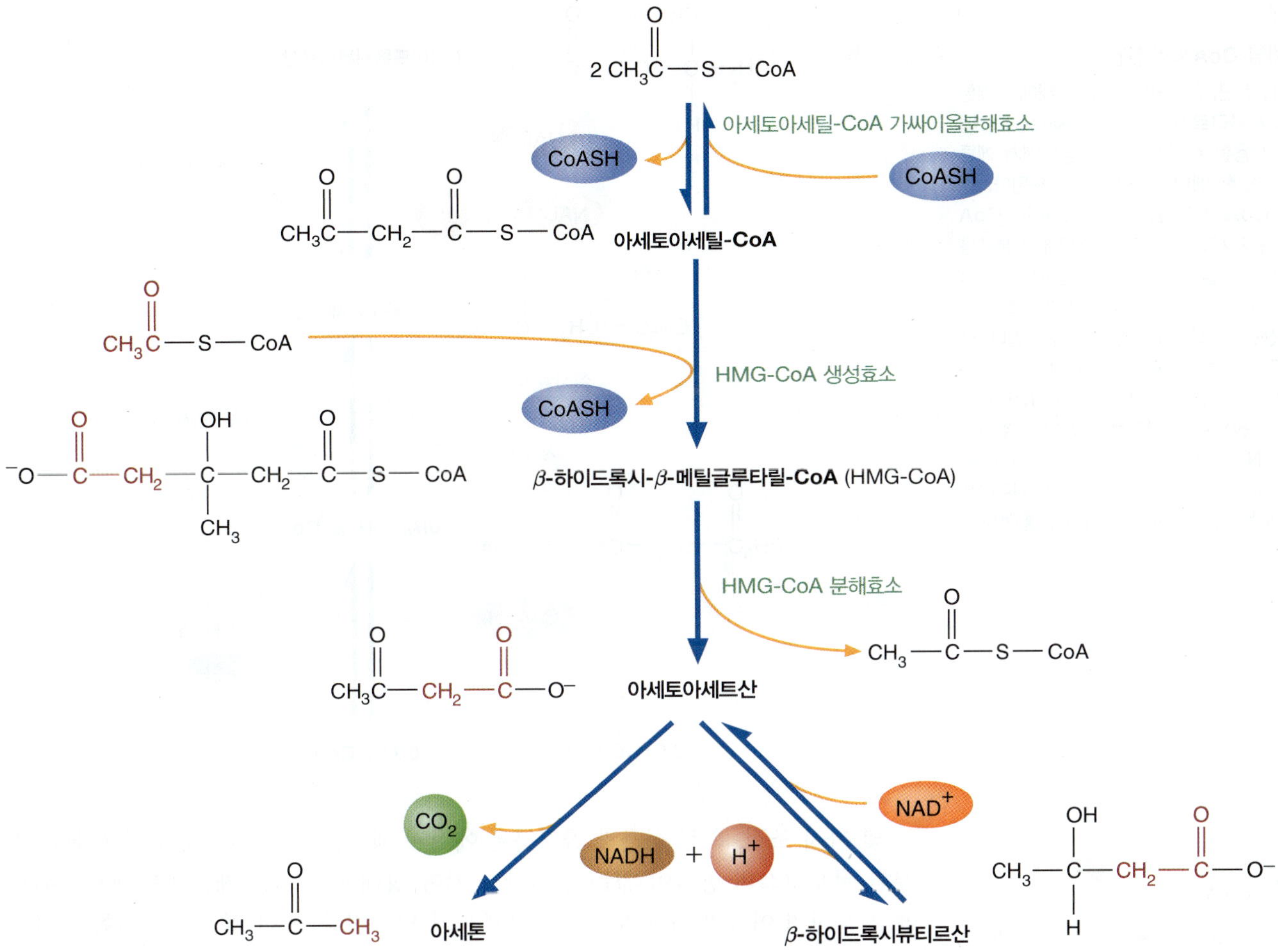

그림 12.9

케톤체 형성.

케톤체, 즉 아세토아세트산, 아세톤, β-하이드록시뷰티르산은 과잉의 아세틸-CoA가 존재할 때 미토콘드리아 안에서 생산된다. 정상 상태인 경우 케톤체가 소량만 생산된다.

드 합성에 사용된다(12.3절 참조). 정상적인 조건에서 지방산 대사는 소량의 과잉 아세틸-CoA만을 생성할 정도로 정교하게 조절된다. **케톤체 합성**(ketogenesis)이라 불리는 과정에서, 아세틸-CoA 분자는 소위 **케톤체**(ketone body)라 불리는 아세토아세트산(acetoacetate), β-하이드록시뷰티르산(β-hydroxybutyrate) 및 아세톤(acetone)으로 전환된다(**그림 12.9**).

간에 있는 미토콘드리아의 기질 내에서 일어나는 케톤체 형성은 두 분자의 아세틸-CoA가 축합하여 아세토아세틸-CoA(acetoacetyl-CoA)를 형성하면서 시작한다. 그런 다음 아세토아세틸-CoA는 다른 하나의 아세틸-CoA와 축합하여 β-하이드록시-β-메틸글루타릴-CoA(β-hydroxy-β-methylglutaryl-CoA, HMG-CoA)를 형성한다. 그 다음 반응에서 HMG-CoA는 분해되어 아세토아세트산과 아세틸-CoA를 형성한다. 아세토아세트산은 β-하이드록시뷰티르산으로 환원된다. 아세톤은 아세토아세트산의 농도가 높을 때 아세토아세트산의 자발적인 탈카복실화에 의해 형성된다. [이 상태를 **케톤증**(ketosis)이라 하며, 심한 당뇨병이나 기아 상태에서 나타난다. 16장의 당뇨병에 대한 '생화학 전망'을 참조하라. 두 경우 모두 에너지 공급을 지방 저장물과 지방산의 β-산화에 주로 의존한다.]

케톤증
ketosis

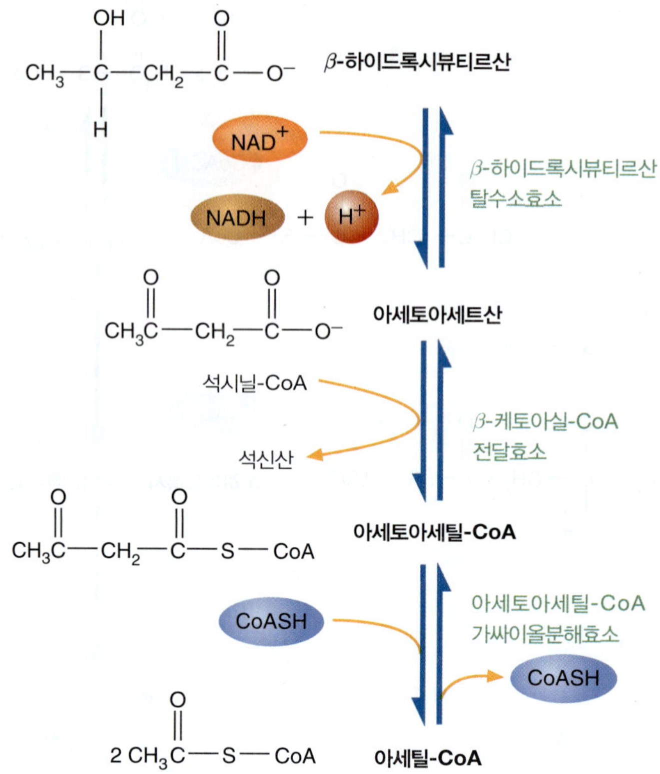

그림 12.10

케톤체의 아세틸-CoA로의 전환.

어떤 기관들(예, 심근, 골격근)은 정상 상태에서 케톤체(β-하이드록시뷰티르산과 아세토아세트산)를 에너지원으로서 사용할 수 있다. 기아 상태에서 케톤체들은 뇌에 중요한 에너지원으로서 사용된다. 간은 β-케토산-CoA 전달효소(β-ketoacid-CoA transferase)를 가지고 있지 않기 때문에 케톤체를 에너지원으로서 사용할 수 없다. 이런 반응들은 가역적이다. β-하이드록시뷰티르산의 이화 대사를 통해 21.5 ATP가 생성되는데, 그 계산은 다음과 같다. 생성된 두 분자의 아세틸-CoA는 시트르산 회로를 통해 20개의 ATP가 생성되다. β-하이드록시뷰티르산이 아세토아세트산으로 산화되는 과정에서 추가적으로 생성되는 NADH는 2.5 ATP를 생성한다. 총 22.5개의 ATP에서 석시닐-CoA에 의해 아세토아세트산이 활성화되는 데 필요한 한 개의 ATP를 뺀다.

몇 가지 조직, 특히 심근과 골격근은 에너지 생성을 위해 케톤체를 사용한다. 충분한 글루코스의 공급이 없는 장기간의 기아 상태에서 뇌는 케톤체를 에너지원으로 사용하며 이에 따라 글루코스의 의존도가 낮아진다. 또한 케톤체의 산화는 글루코스-알라닌 회로를 통해 글루코스 신생합성의 기질로 이용되는 골격근 단백질을 아낄 수 있다. 단식 상태에서 에너지를 생성하기 위해 케톤체를 이용하는 세포로 장세포(enterocyte), 지방 세포 등이 있다. **그림 12.10**은 아세토아세트산과 β-하이드록시뷰티르산이 아세틸-CoA로 전환되는 메커니즘을 나타낸다.

주요 개념 _Key Concepts

- β-산화에서 지방산은 α- 및 β-탄소 원자 사이의 결합을 절단함으로써 분해된다.
- 케톤체는 과잉의 아세틸-CoA로부터 생산된다.

지방산 산화: 이중 결합과 홀수 사슬

β-산화 경로는 짝수의 탄소 원자를 갖고 있는 포화 지방산을 분해한다. 불포화되고, 홀수의 탄소 원자를 갖고 있으며, 가지달린 사슬을 갖고 있는 지방산을 분해하려면 특별한 반응이 추가적으로 필요하다.

불포화 지방산 산화 올레산(oleic acid) 같은 불포화 지방산의 산화는 추가적인 효소를 더 필요로 한다. β-산화 중 도입되는 *트랜스* 이중 결합과 달리 대부분의 불포화 지방산의 이중 결합은 *시스* 구조를 갖고 있기 때문에 필요한 것이다. 엔오일-CoA 이성질화효소는 *시스*-β, γ 이중 결합을 *트랜스*-α,β 이중 결합으로 전환한다. **그림 12.11**은 올레산의 β-산화를 보여 준다.

홀수 사슬 지방산 산화 비록 대부분의 지방산이 짝수의 탄소 원자들을 포함하고 있어도 어떤 생물(예, 몇몇 식물과 미생물)들은 홀수 사슬 지방산(odd-chain fatty acid) 분자를 생산한다. 이러한 지방산의 β-산화는 1개의 아세틸-CoA 분자와 1개의 프로피오닐-CoA(propionyl-CoA) 분자를 생산하는 마지막 β-산화 회로까지 보통 진행한다. 그리고 프로피오닐-CoA는 시트르산 회로의 중간물질인 석시닐-CoA(**그림 12.12**)로 전환된다. 소와 양 같은 반추동물들은 홀수 사슬 지방산의

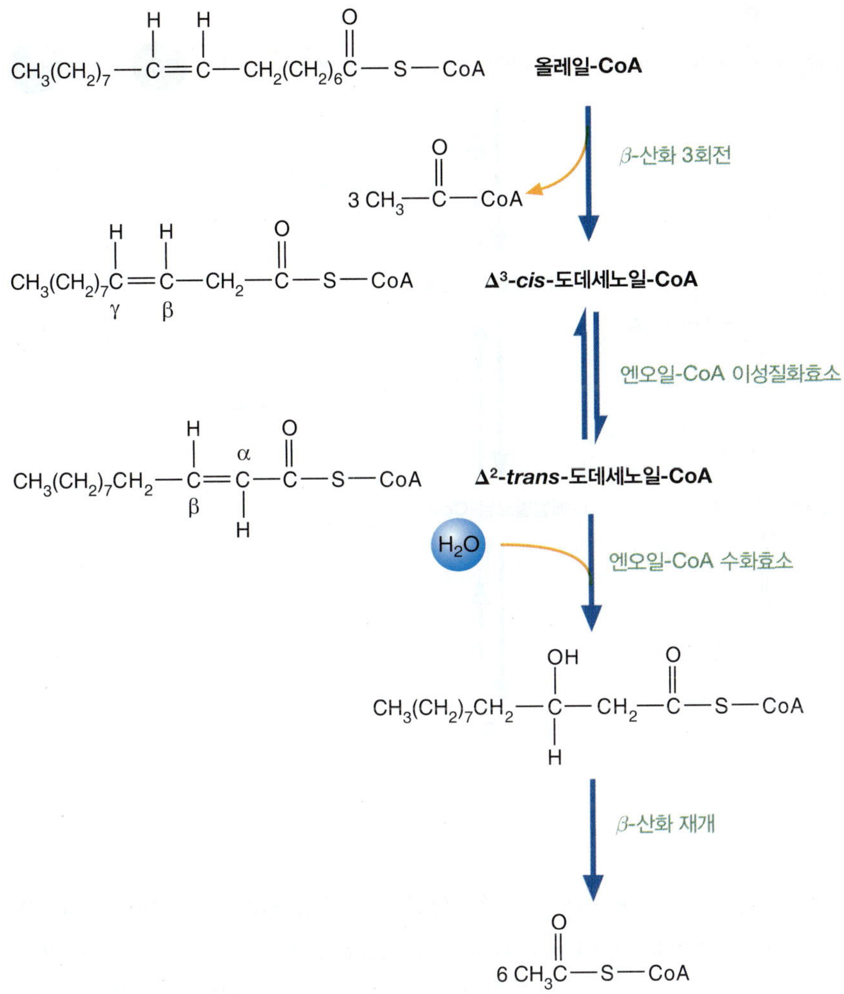

그림 12.11

올레일-CoA의 β-산화.

올레산의 CoA 유도체의 β-산화는 Δ³-*시스*-도데세노일-CoA(Δ³-*cis*-dodecenoyl-CoA)가 생산될 때까지 진행한다. 이 분자는 *시스* 이중 결합을 갖고 있기 때문에 β-산화에 적합한 기질이 아니다. β, γ-*시스* 이중 결합을 α, β-*트랜스* 이중 결합으로 전환한 후 β-산화는 다시 시작된다.

산화로부터 상당량의 에너지를 얻는다. 이 분자들은 반추위(위) 속의 미생물 발효 과정에 의해 생산된다.

α-산화 *α-산화*(α-oxidation)는 피탄산(phytanic acid) 같은 가지달린 사슬 지방산(branched-chain fatty acid) 분자를 분해한다. 20개 탄소로 된 피탄산은 광합성 색소인 엽록소에 에스터화된 다이터펜(diterpene) 알코올인 파이톨(phytol)의 산화 생성물이다. 녹색채소에서 발견되는 파이톨은 소화 후 피탄산으로 전환된다. 피탄산은 낙농제품과 초식동물로부터 유래한 식품의 성분이다. 사람에서는 퍼옥시솜에서 α-산화가 일어난다. 어떤 식물조직(예, 잎과 씨앗)에서 α-산화는 긴 사슬 지방산 분해의 주요 메커니즘이다.

피탄산의 β-산화는 C-3(β-위치)의 메틸기 치환체에 의해 막히게 된다. 따라서 피탄산 분해의 첫 단계는 분자가 α-하이드록시 지방산(α-hydroxy fatty acid)으로 전환되는 α-산화이다. 이 반응 다음 카복실기의 제거가 일어난다(**그림 12.13**). CoA 유도체로 활성화된 다음에 생성물인 프리스탄산(pristanic acid)은 β-산화에 의해 더 분해될 수 있다. 그 후의 모든 곁사슬 메틸기는 α-위치에 놓이는데, 이는 β-산화에 문제가 되지 않는다. 피탄산은 식품에 많이 함유되어 있기 때문에 이를 산화하는 능력은 매우 중요하다. *피탄산 저장 증후군*(phytanic acid storage syndrome)이라고도 하는 *레프섬병*(Refsum's disease)은 피탄산의 축적으로 인한

레프섬병
Refsum's disease

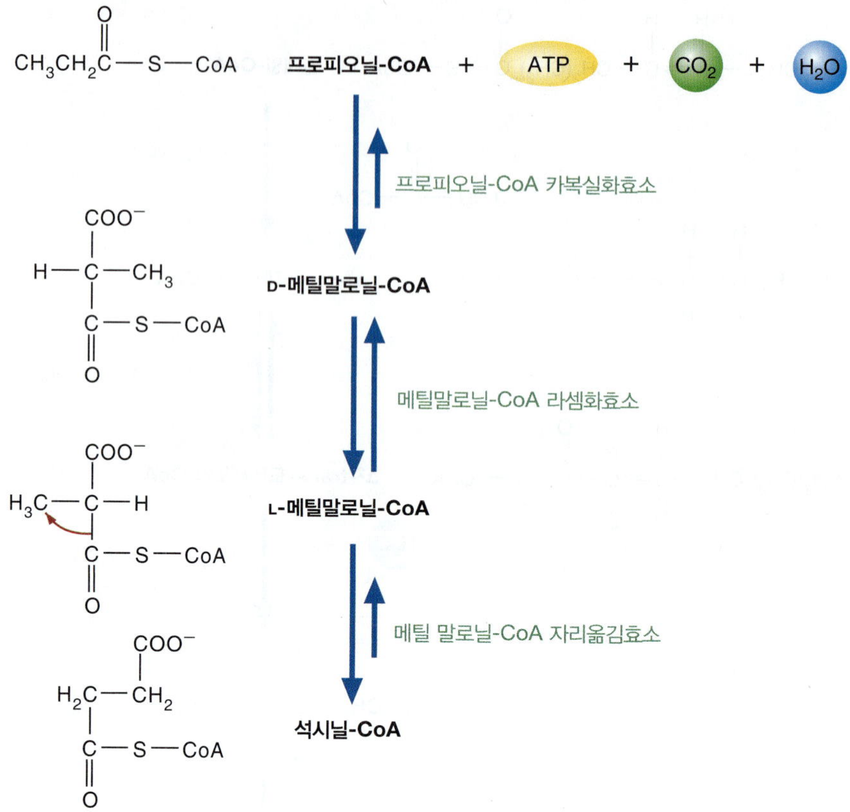

그림 12.12

프로피오닐-CoA의 석시닐-CoA로의 전환.

첫 단계에서 프로피오닐-CoA는 비오틴 보조 인자(biotin cofactor)를 갖고 있는 프로피오닐-CoA 카복실화효소(propionyl-CoA carboxylase)에 의해 카복실화된다. 생성물인 D-메틸말로닐-CoA(D-methylmalonyl-CoA)는 메틸말로닐-CoA 라셈화효소(methylmalonyl-CoA racemase)에 의해 L-메틸말로닐-CoA로 이성질화된다. 마지막 단계에서 수소 원자와 카보닐-CoA기는 위치를 서로 교환한다. 이와 같은 특이한 반응은 보통 비타민 B_{12}라고 부르는 5′-데옥시아데노실코발라민(5′-deoxyadenosylcobalamin)을 필요로 하는 메틸 말로닐-CoA 자리옮김효소(methylmalonyl-CoA mutase)에 의해 촉매된다.

심각한 신경성 질환이다. 이는 희귀한 상염색체 열성 질환으로 피타노일-CoA 하이드록시화효소(phytanoyl-CoA hydroxylase)를 발현하는 유전자가 없거나 손상되어 발생되며 신경의 손상이 발생한다. 피탄산의 축적은 마이엘린화(myelination, 신경 수초 형성)를 방해한다. 유제품과 같이 피탄산이 함유된 식품의 섭취를 줄이는 것은 신경의 손상을 줄일 수 있다.

주요 개념 _Key Concepts

불포화 지방산, 홀수 사슬 지방산과 가지달린 사슬 지방산들을 분해하는 데 β-산화 이외에 여러 반응들이 필요하다.

문제 12.6

과거에는 포유동물은 지방산으로부터 글루코스 신생합성을 할 수 없는 것으로 믿었다. [피루브산 탈수소효소(pyruvate dehydrogenase)에 의한 반응이 비가역 반응이기 때문에 아세틸-CoA는 피루브산으로 전환될 수 없기 때문이다.] 하지만 최근의 연구결과에 따르면 특수한 지방산(홀수 사슬 또는 두 개의 카복실산을 가진 경우)은 적지만 분석이 가능한 만큼 글루코스로 전환이 가능하다고 한다. 홀수 사슬 지방산이 산화될 때 한 분자의 프로피오닐-CoA가 생성된다. 간세포에서 글루코스가 프로피오닐-CoA로부터 합성되는 가능한 생화학 경로를 설명하라. [*힌트*: **그림 12.12** 참조.]

문제 12.7

다이카복실산(dicarbosylic acid)의 β-산화에 의한 생성물은 석시닐-CoA이다. **그림 12.14**의 분자가 글루코스로 변환되는 생화학 경로를 제안하라.

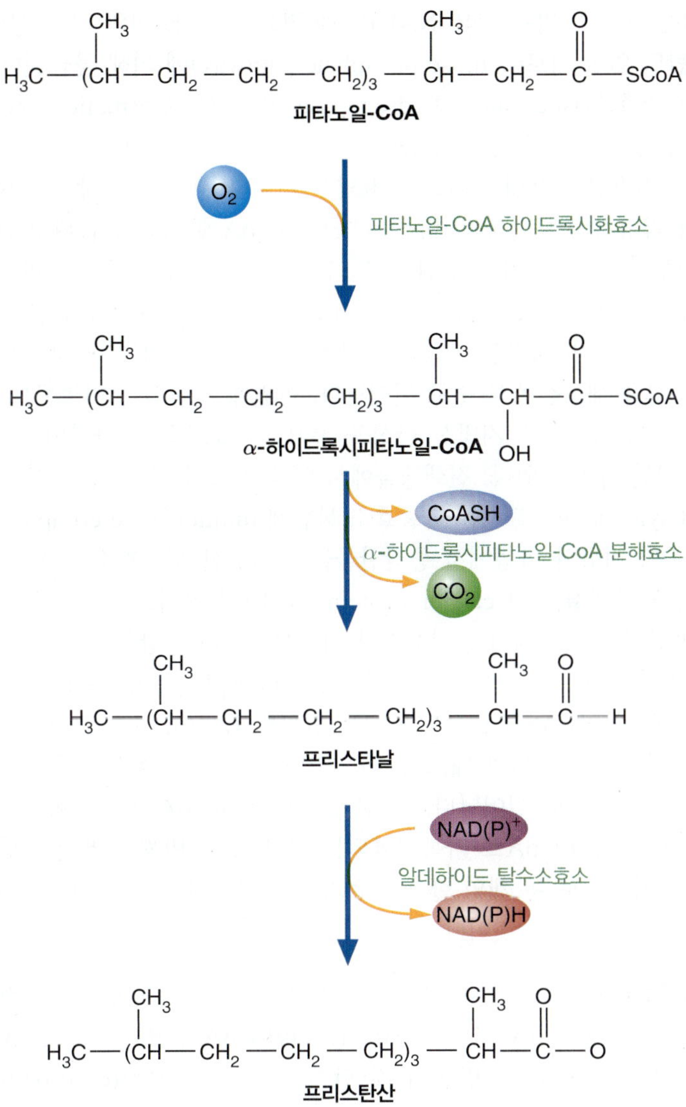

그림 12.13

퍼옥시솜에서 피탄산의 α-산화.

α-산화에서 피타노일-CoA는 O_2를 요구하는 반응에서 α-하이드록시피타노일-CoA(α-hydroxyphytanoyl-CoA)로 전환된다. α-하이드록시피타노일-CoA는 α-탄소가 산화되는 TPP-요구성 탈카복실화 반응에서 프리스타날(pristanal)로 전환된다. 다른 생성물인 포밀-CoA(formyl-CoA)의 싸이오에스터 결합은 끊어져 보조 효소 A(CoASH)와 폼산(formic acid, HCOOH)을 형성한다. 그 다음에 폼산은 CO_2로 산화된다. 프리스타날은 $NAD(P)^+$ 요구성 반응에서 산화되어 프리스탄산을 형성한다. 그 다음에 프리스탄산은 보조 효소 A와 에스터화 반응 후 β-산화에 의해 더 분해된다. 이 과정의 생성물들로 3개의 아세틸-CoA, 3개의 프로피오닐-CoA와 1개의 아이소뷰틸-CoA(isobutyl-CoA)가 있다.

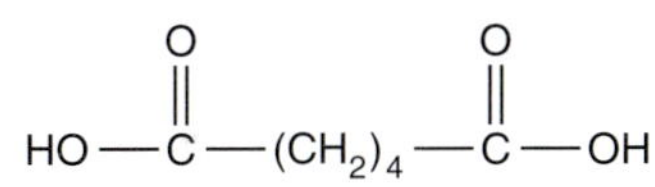

그림 12.14

아디프산(adipic acid).

지방산 생합성

비록 지방산 합성은 대부분 동물세포의 세포질 내에서 일어나지만 주요한 합성 장소는 간이다. (간이 VLDL을 합성한다는 것을 상기하라.) 지방산은 음식물의 지방 함량이 낮고 탄수화물이나 단백질의 함량이 높을 때 합성된다. 대부분의 지방산은 식품의 글루코스로부터 합성된다. 이미 논의된 바와 같이 글루코스는 세포질 내에서 피루브산으로 전환된다. 피루브산은 미토콘드리아 내로 들어온 후 아세틸-CoA로 전환되고 이는 다시 시트르산 회로의 중간산물인 옥살로아세트산(oxaloacetic acid)과 축합하여 시트르산(citrate)을 형성한다. 미토콘드리아 내에 시트르산의 농도가 높으면(즉, 세포 에너지 요구가 낮을 때) 시트르산은 세포질로 들어가 그곳에서 아세틸-CoA와 옥살로아세트산으로 분리된다. 아세틸-CoA로부터 팔미트산(palmitic acid) 합성의 알짜 반응(net reaction)은 다음과 같다.

$$8\ \text{아세틸-CoA} + 14\ \text{NADPH} + 14\ H^+ + 7\ \text{ATP} \longrightarrow$$
$$\text{팔미트산} + 14\ \text{NADP}^+ + 7\ \text{ADP} + 7\ P_i + 8\ \text{CoASH} + 6\ H_2O \quad (8)$$

지방산 합성은 비교적 많은 양의 NADPH를 필요로 한다. 이와 같은 상당량의 NADPH는 오탄당 인산 경로(pentose phosphate pathway)에 의해 공급된다. 아이소시트르산 탈수소효소(isocitrate dehydrogenase) 및 말산 효소(malic enzyme)에 의해 촉매되는 반응은 보다 적은 양을 공급한다.

그림 12.15는 지방산의 생합성 개요를 요약한 것이다. 첫눈에 지방산 합성은 산화 경로의 반대 과정처럼 보인다. 지방산은 아세틸-CoA에 의해 공급된 2-탄소 기들이 연속적으로 첨가됨으로써 형성된다. 더욱이 동일한 중간산물들이 양 경로에서 발견된다(예, β-케토아실-, β-하이드록시아실- 및 α,β-불포화 아실기). 그러나 좀 더 자세히 조사해 보면 지방산 합성과 β-산화 사이에는 몇 가지 큰 차이가 있다. 첫째, 지방산 합성은 세포질에서 주로 일어난다. 반면에 β-산화는 미토콘드리아와 퍼옥시솜에서 일어난다. 둘째, 지방산 합성을 촉매하는 효소는 β-산화의 효소들보다 구조에서 현저한 차이가 있다. 진핵생물에서 이들 효소의 대부분은 지방산 생성효소(fatty acid synthase)라 불리는 다중효소 복합체(multienzyme complex)의 구성 성분이다. 셋째, 지방산 합성에서 중간산물들은 지방산 생성효소의 한 구성 성분인 **아실 운반체 단백질**(acyl carrier protein, ACP)에 싸이오에스터 결합을 통해 결합된다. 반면에 β-산화에서는 아실기가 싸이오에스터 결합을 통해 보조 효소 A(CoASH)에 결합된다. 아실기는 포스포판테테인(phosphopantetheine) 보결원자단을 경유하여 ACP와 CoASH에 모두 결합된다(**그림 12.16**). 마지막으로, NADH와 $FADH_2$를 생산하는 β-산화와 대조적으로 지방산 합성은 NADPH를 소모한다. 지방산의 합성은 두 단계로 일어난다. 첫 단계는 아세틸-CoA 카복실화효소에 의해 아세틸-CoA가 말로닐-CoA로 카복실화되는 것이고, 두 번째 단계는 지방산 생성효소에 의해 순차적으로 두 개의 탄소 단위가 더해져서 지방산의 사슬이 증가하고 결국 팔미트산이 생성되는 것이다.

아세틸-CoA 카복실화효소 아세틸-CoA가 말로닐-CoA로 카복실화되는 과정은 비가역적 반응으로 아세틸-CoA 카복실화효소(acetyl-CoA carboxylase, ACC)에 의해 촉매된다(**그림 12.17**). 이 반응의 첫 단계는 카복시비오틴(carboxybiotin) 합성을 위한 비오틴의 ATP-의존 카복실화 반응이다. 이어서 일어날 탈카복실화(decarboxylation) 반응은 비오틴으로부터 활성화된 CO_2를 아세틸-CoA에 전달한다. 지방산 합성에서 속도제한 단계(rate limiting step)인 아세틸-CoA 카복실화 반응은 활성화 반응으로서 필요하다. 왜냐하면 다음 반응인 탄소-탄소 축합 반응(carbon-carbon condensation)은 열역학적으로 일어나기 어렵기 때문이다. 공명(resonance) 안정화로 자유 카복실산기는 반응성이 불충분하다.

아세틸-CoA 카복실화효소(ACC)는 대부분의 생물에서 발견된다. 진핵생물에서 ACC는 3개의 구역, 비오틴 카복시 운반체 단백질(biotin carboxyl carrier protein, BCCP), 비오틴 카복실화효소(biotin carboxylase, BC)와 카복실기 전달효소(carboxyltransferase, CT)로 구성되어 있다. 카복실기를 운반하는 보조 효소인 비오틴은 라이신 잔기의 곁사슬에 아마이드 결합을 통해 BCCP와 결합해 있다. 유연한 라이신 곁사슬은 BC 구역의 활성 자리로부터 새로이 카복실화된 비오틴을 CT 구역(7 Å 거리)의 활성 자리에 전달하는 회전 팔이다. 그 다음에 CT는 비오틴으로부터 아세틸-CoA에 카복실기를 전달하여 생성물인 말로닐-CoA 합성을 촉매한다. 포유류에는 두 가지 형태의 ACC가 있다. 세포질 효소인 ACC1은 간, 지방조직과 젖을 분비하는 유선 같은 지질 합성 조직에서 발현된다. 미토콘드리아 효소인 ACC2는 심근과 골격근 같은 산화 조직에서 발현되고 그곳에서 말로닐-CoA는 카

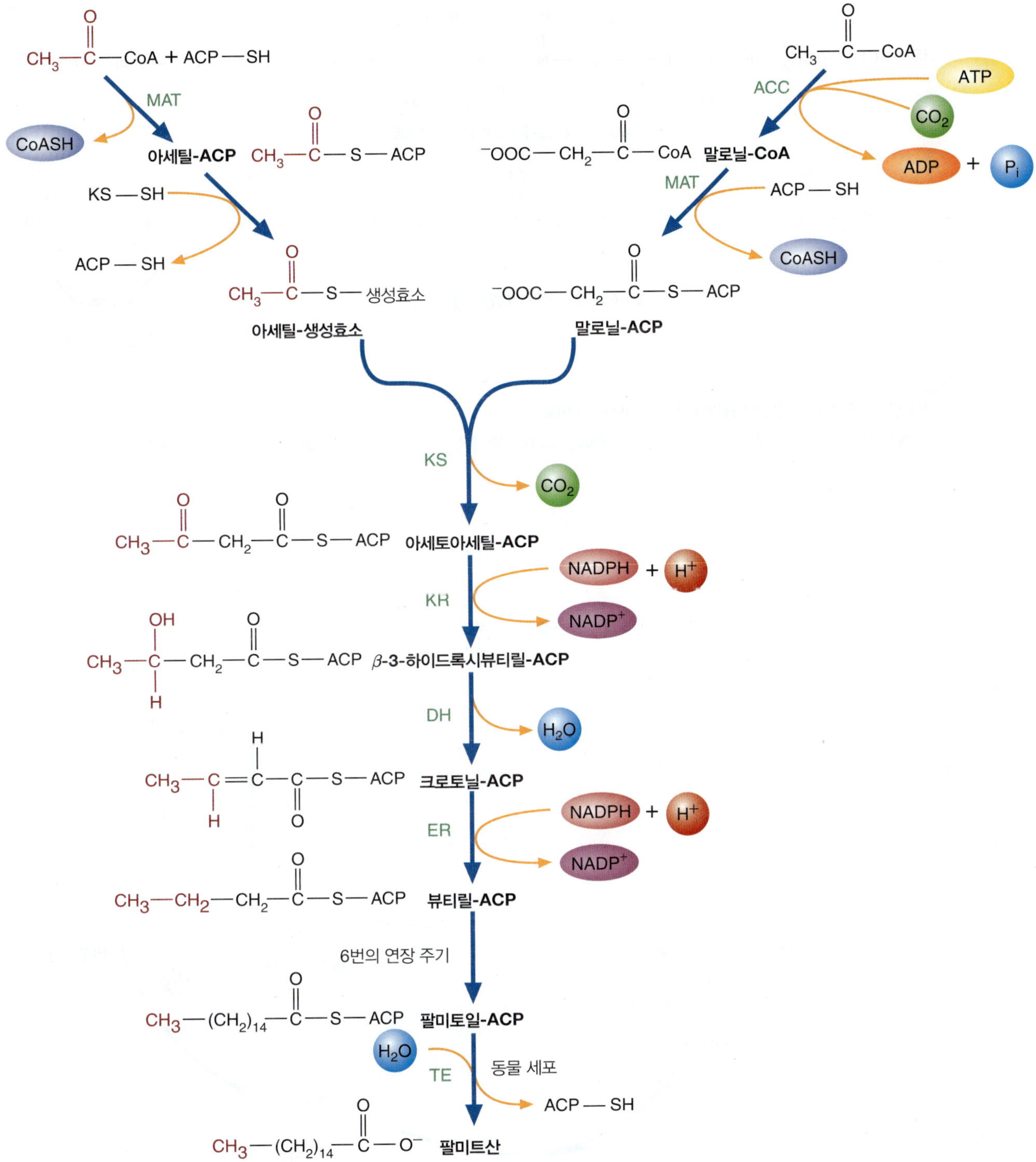

그림 12.15

지방산 생합성.

지방산 생합성 기질은 아세틸-ACP와 말로닐-ACP로 각각 ACP와 아세틸-CoA, ACP와 말로닐-CoA로부터 형성된다. 두 반응 모두 말로닐/아세틸 전달효소(MAT)에 의하여 촉매된다. 지방산 사슬의 형성은 축합 반응으로부터 시작된다. β-케토아실-ACP 합성효소(KS)에 의해 케토아실-ACP 생성효소와 싸이오에스터 결합으로 연결되어 있던 아세틸기는 말로닐기로 옮겨져 아세토아세틸-ACP를 형성한다. β-카보닐기는 β-케토아실-ACP 환원효소(KR)에 의해 환원되어 알코올이 된다. 하이드록시아실-ACP 탈수효소(DH)에 의해 물이 제거되고 탄소-탄소 이중 결합이 형성된다. 이후 엔오일-ACP 환원효소(ER)에 의한 환원으로 포화된 4-탄소로 이루어진 아실기가 형성된다. 이러한 아실기는 ACP로부터 KS의 SH기로 옮겨지고 새로운 연장 과정이 시작된다. 아실 사슬은 또 다른 ACP와 연결된 말로닐기와 축합하여 두 개의 탄소씩 길어진다. 동물 세포에서는 싸이오에스터 분해효소(thioesterase, TE)의 촉매 반응을 통해 팔미트산이 ACP로부터 떨어져나감에 따라 지방산의 합성이 끝난다.

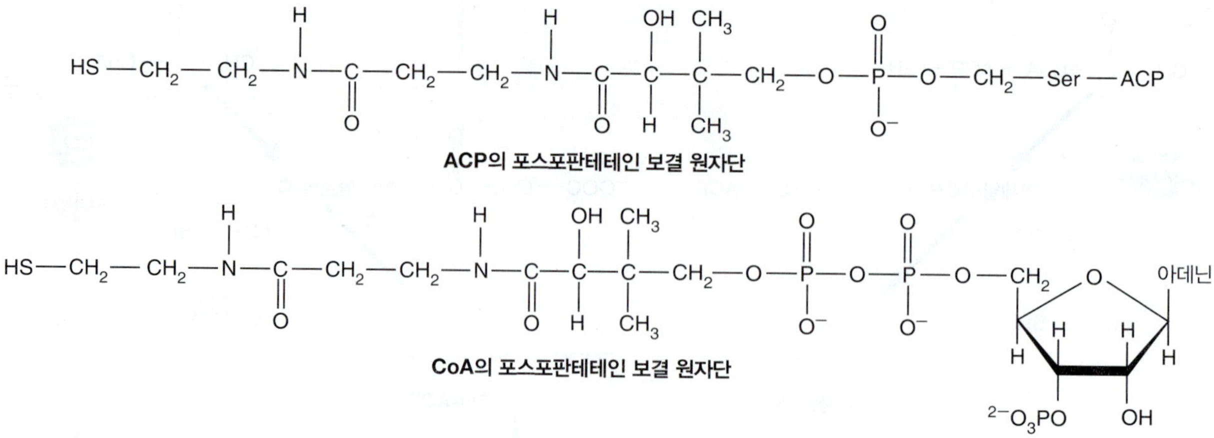

그림 12.16

아실 운반체 단백질(ACP)과 CoASH의 포스포판테테인기 비교.

지방산은 지방산 생합성 동안에는 ACP 그리고 β-산화 동안에는 CoASH에 있는 이 보결 원자단(prosthetic group)에 결합한다.

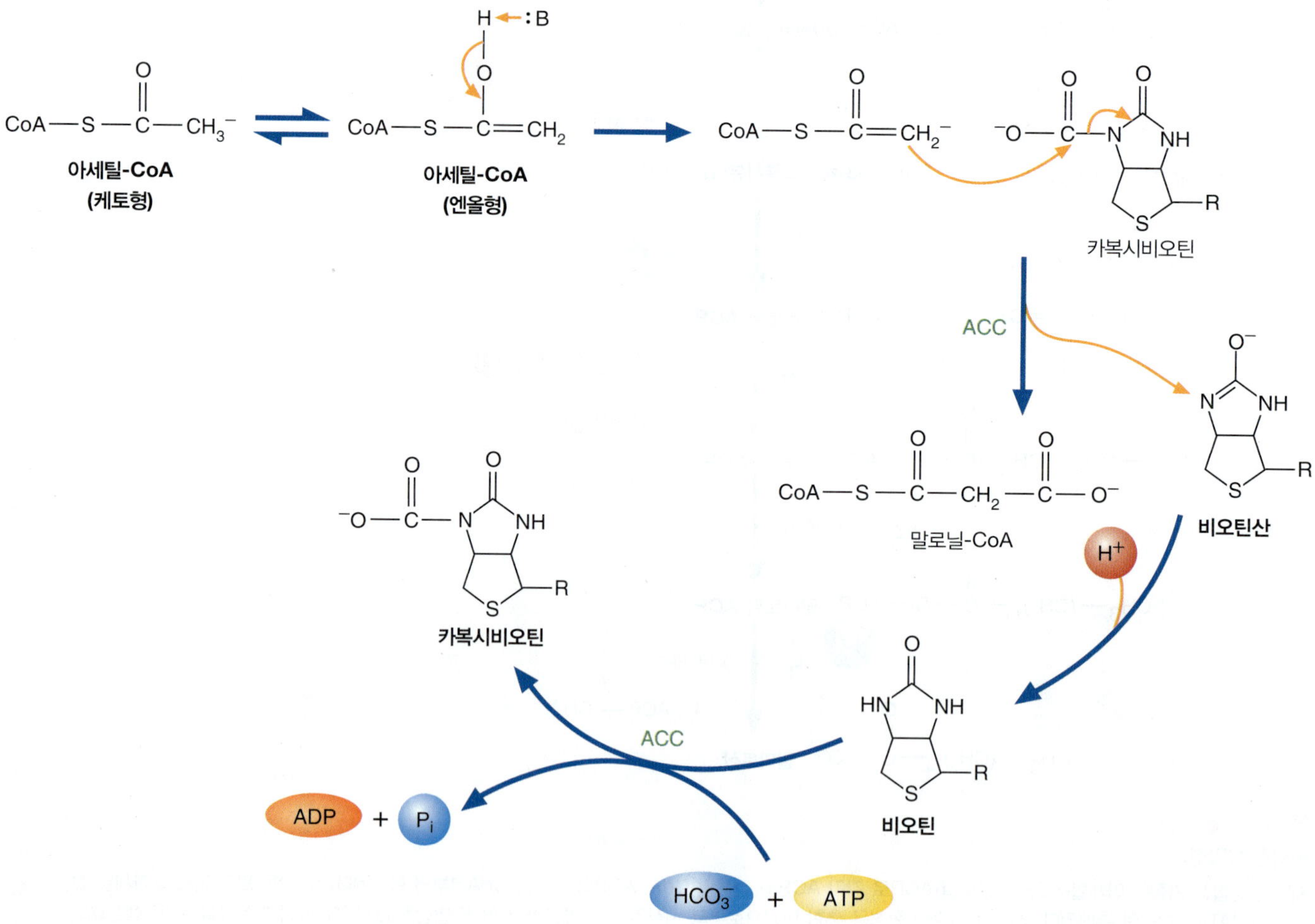

그림 12.17

말로닐-CoA의 합성.

이 반응은 아세틸-CoA 카복실화효소(ACC)의 비오틴 보조 인자의 ATP 의존성 카복실화로부터 시작한다. 이 카복실화효소는 아세틸-CoA의 엔올 형태의 α-탄소로부터 양성자(proton)를 탈취하여 반응성이 큰 탄소음이온(carbanion)을 생산한다. 탄소음이온은 카복시비오틴의 카보닐 탄소를 공격하여 말로닐-CoA와 비오틴산(biotinate)을 생성한다. 비오틴산은 아세틸-CoA 카복실화효소(ACC)에 의해 양성자가 첨가되어 비오틴 형을 재생산한다. 이후 아세틸-CoA 카복실화효소(ACC)는 카복시비오틴을 재생성하고, 재생성된 카복시비오틴은 또 다른 아세틸-CoA와 반응한다.

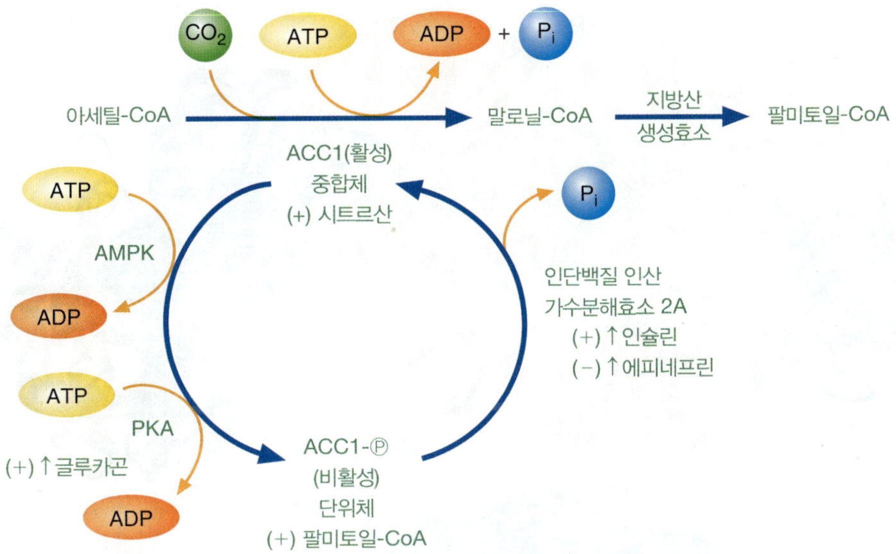

그림 12.18

아세틸-CoA 카복실화효소 1의 조절.

아세틸-CoA 카복실화효소 1(ACC1)은 AMPK(높은 AMP 수준에 의해), PKA(글루카곤에 의해 자극되는)와 팔미토일-CoA 축적에 의해 촉매되는 인산화 반응에 의해 비활성화(탈중합)된다. ACC1은 높은 인슐린 수준(글루코스의 이용이 쉽게 가능한)에 의해 활성화되는 인단백질 인산화 가수분해효소 2A에 의해 활성화(중합)되고 높은 글루카곤 수준(낮은 혈액 글루코스)와 에피네프린(에너지 동원을 위한 스트레스 요구)의 존재에 의해 비활성화된다.

르니틴 아실전달효소 I를 억제한다. 따라서 ACC2는 지방산의 산화를 조절하는 기능을 한다. 지방산을 산화하기도 하고, 합성하기도 하는 간은 두 가지 형태의 ACC를 모두 가지고 있다.

포유동물 ACC는 각각 하나의 비오틴 보조 인자가 결합되어 있는 2개의 소단위체를 갖고 있다. ACC는 ACC 이합체가 응집하여 10~20개의 이합체로 구성된 고분자 중합체(4백만~8백만 Da)를 형성할 때 활성화된다. 지방산 대사에서 주요한 효소인 ACC는 다른자리 입체성 조절물질과 인산화 반응에 의해 조절된다(**그림 12.18**). 중합 반응을 촉진하는 앞먹임 활성제(feed-forward activator)인 시트르산과 탈중합 반응을 일으키는 최종 생성물 억제제인 팔미토일-CoA의 다른자리 입체성 효과는 ACC 효소의 인산화 상태에 달려 있다. ACC는 에너지 대사에서 중요한 조절효소인 AMP-활성화 단백질 카이네이스(AMP-activated protein kinase, AMPK)에 의해 인산화되어 억제된다(탈중합됨). AMP는 ADP 또는 ATP보다 세포 에너지 충전(energy charge)을 나타내는 훨씬 더 민감한 지표이다. c-AMP에 의해 활성화된 단백질 카이네이스 A(protein kinase A, PKA)에 의한 인산화(글루카곤에 의해 자극되는)도 ACC 억제에서 역할을 한다. 탈중합 반응도 효소의 이합체형에 결합하여 안정화하는 팔미토일-CoA에 의해 유리해진다. 글루카곤과 에피네프린은 ACC를 포함한 많은 표적 단백질이 탈인산화를 중재하는 효소인 인단백질 인산가수분해효소-2A(phosphoprotein phosphatase-2A, PP-2A)를 비활성화함으로써 인산화된 비활성화형의 ACC를 유지하는 데 도움을 준다. 인슐린은 ACC를 탈인산화하는 PP-2A 활성화를 통해 ACC 중합 반응을 일으켜 활성화한다. ACC의 중합형은 아세틸-CoA 수준이 높을 때 축적되는 시트르산과 결합함으로써 안정화된다.

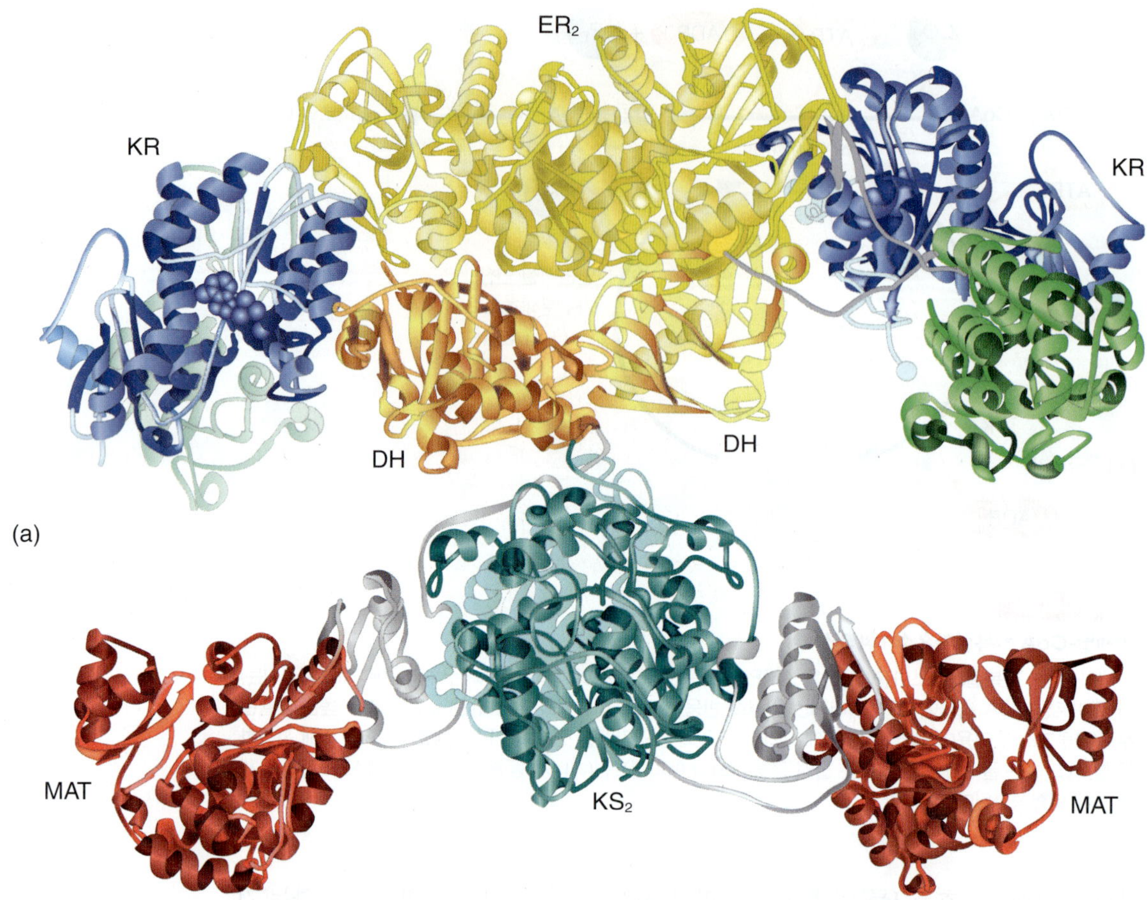

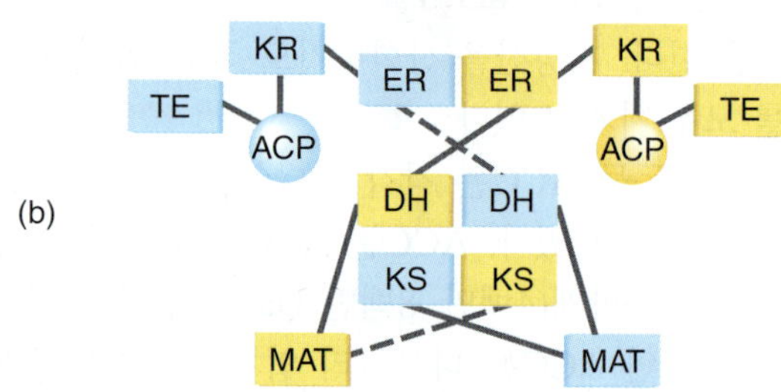

그림 12.19

지방산 생성효소 구조.

(a) 포유동물의 지방산 생성효소(FAS)의 구조는 X-선 결정 연구에 의해 밝혀졌다. ACP는 비구조화되어 있기 때문에 그 구조는 아직 밝혀지지 않았다(그림에 표시되어 있지 않음). 각 ACP 자리는 아마도 KR 자리 근처에 위치하는 것으로 보인다.

(b) FAS 동종이합체에서 구역(domain)의 배열을 나타낸 모형이다. [KS = β-케토아실 생성효소(β-ketoacyl synthase), MAT = 말로닐/아세틸기 전달효소(malonyl/ acetyltransferase), DH = β-하이드록시아실-ACP 탈수효소(β-hydroxyacyl-ACP dehydratase), ER = 엔오일-ACP 환원효소(enoyl-ACP reductase), KR = β-케토아실 환원효소(β-ketoacyl reductase), ACP = 아실기 운반체 단백질(acyl carrier protein), TE = 싸이오에스터 분해효소(thioesterase)]

지방산 생성효소 사람의 지방산 합성에서 나머지 반응은 지방산 생성효소 다효소 복합체(fatty acid synthase multienzyme complex, FAS)에서 일어난다(**그림 12.19**). FAS는 분자량이 272 kDa인 동일한 폴리펩타이드 두 개로 이루어진 알파벳 X 형태의 머리-머리형 동종이합체(homodimer)이다. 각각의 폴리펩타이드는 7개의 효소 활성 자리와 ACP로 구성되어 있다. 그 결과 FAS는 두 개의 지방산을 동시에 합성할 수 있다. 지방산이 합성되는 동안 아실 중간물질은 2 nm 길이의 ACP의 포스포판테테인기에 싸이오에스터 결합으로 공유 결합되어 있다. FAS의 상대적으로 비구조화되어 있는 자리인 ACP의 유연성과 포스포판테테인기 덕분으로 복합체의 한 활성 자리에 붙어 있는 아실기를 다른 활성 자리로 옮길 수 있다.

지방산의 합성(**그림 12.15** 참조)은 아세틸-CoA의 아세틸기와 말로닐-CoA의 말로닐기가 ACP로 전달되는 것으로 시작된다. 두 반응 모두 말로닐/아세틸기 전달효소(malonyl/acetyl transferase, MAT)에 의해 촉매된다. 그 다음 아세틸기는 아

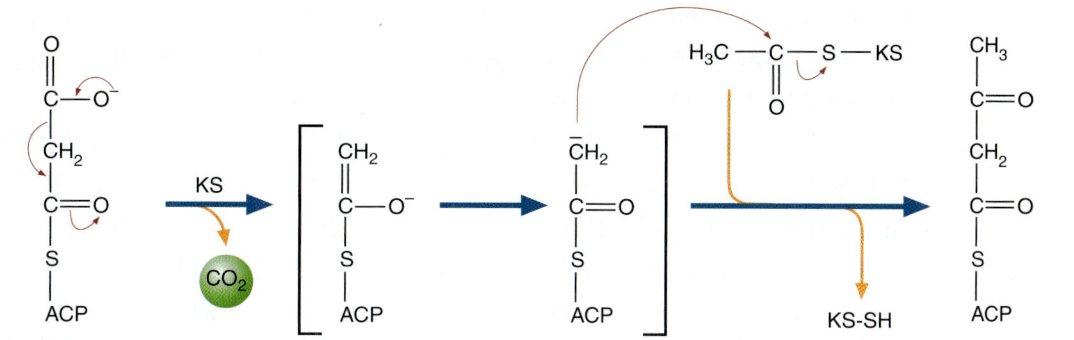

말로닐-ACP

아세토아세틸-ACP

그림 12.20

아세토아세틸-ACP의 형성.

β-케토아실-ACP 합성효소(KS)에 의해 이루어지는 말로닐-ACP의 카복실기 제거로 탄소음이온이 생성된다. 탄소음이온은 KS효소와 싸이오에스터 결합을 하고 있는 아세틸기의 카보닐 탄소를 공격하여 아세토아세틸-ACP를 생성한다.

세틸-ACP로부터 β-케토아실-ACP 생성효소(β-ketoacyl-ACP synthase, KS)의 시스테인 잔기로 전달된다. KS는 그 후 말로닐기의 카복실기 제거를 통해 탄소음이온(carbanion)이 생성되는 축합 반응을 촉매한다(**그림 12.20**). 탄소음이온은 아세틸기의 가보닐 단소를 공격하여 아세토아세닐-ACP가 생기게 한다.

두 개의 환원 반응과 한 개의 탈수 반응으로 구성되는 다음 세 단계에서 아세토아세틸기는 뷰티릴기로 전환된다. β-케토아실-ACP 환원효소(β-ketoacyl-ACP reductase, KR)는 아세토아세틸-ACP의 환원을 촉매하여 β-하이드록시뷰티릴-ACP(β-hydroxybutyryl-ACP)를 형성한다. β-하이드록시아실-ACP 탈수효소 (β-hydroxyacyl-ACP dehydrase, DH)는 나중에 탈수 반응을 촉매하여 크로토닐-ACP(crotonyl-ACP)를 형성한다. 뷰티릴-ACP(butyryl-ACP)는 2,3-*트랜스*-엔오일-ACP 환원효소(2,3-*trans*-enoyl-ACP reductase, ER)가 크로토닐-ACP의 이중 결합을 환원할 때 생산된다. 지방산 합성의 첫 번째 주기의 마지막 단계에서 뷰티릴기가 판테테인기로부터 β-케토아실-ACP 합성효소의 시스테인 잔기로 전달된다. 새롭게 유리된 ACP-SH기는 다른 말로닐기와 결합한다. 이 과정은 그 다음에 계속 반복된다. 결국 팔미토일-ACP가 합성된다. 팔미토일기는 싸이오에스터 분해효소(thioesterase)가 팔미토일기를 팔미트산으로 전환하면 지방산 생성효소로부터 방출된다. 세포 조건에 따라 팔미트산은 여러 종류의 지질(예, 트라이아실글리세롤 또는 인지질) 합성에 직접 사용될 수 있거나 여러 효소들이 연장(elongation)과 불포화화(desaturation) 반응을 촉매하는 미토콘드리아에 들어간다. 소포체(ER)도 유사한 효소들을 갖고 있다.

지방산의 연장과 불포화화 반응 세포질에서 합성된 또는 식이로부터 얻어진 지방산의 연장과 불포화화 반응은 주로 ER 효소에 의해 이루어진다. 지방산의 연장과 불포화화 반응(이중 결합 형성)은 에이코사노이드와 같은 여러 지방산 유도체를 위한 전구물질의 합성뿐만 아니라 막 유동성의 조절에도 특히 중요하다. 예를 들면 마이엘린 형성은 특히 소포체의 지방산 합성 반응에 의존한다. 매우 긴 사슬의 포화 지방산과 단일불포화 지방산(monounsaturated fatty acid)은 마이엘린에 존재하는 세레브로사이드(cerebroside) 및 설파타이드(sulfatide)의 중요한 구성 성분이다. 세포는 분명히 막의 지질 속에 편입되는 지방산의 종류를 조정함으로써 막 유동성을 조절한다. 예를 들면 날씨가 추우면 더 많은 양의 불포화 지방산이 편입된다. (불포화 지방산의 어는점이 포화 지방산보다 더 낮다는 것을 상기하라.) 만일 식이를 통해 충분한 양의 지방산이 공급되지 못하면 지방산 합성 경로가 활성화된다. 연장과 불포화 반응은 긴밀히 통합된 과정들이다.

말로닐-CoA에 의해 공급되는 2-탄소 단위를 사용하는 소포체(ER) 지방산 사슬의 연장은 세포질의 지방산 합성에서 보는 것과 유사한 축합, 환원, 탈수와 환원 반응의 주기이다. 그러나 세포질의 과정과는 달리 ER 연장 과정에서의 중간물질은 보조 효소 A 에스터이다. 이들 반응은 포화 및 불포화 지방산을 둘 다 연장시킬 수 있다. 그리고 환원 당량(reducing equivalent)은 NADPH에 의해 공급된다.

아실-CoA 분자는 NADH와 O_2의 존재하에 미세소체(microsome)의 막에서 불포화화 된다. 사이토크롬 b_5 환원효소(cytochrome b_5 reductase, 플라보단백질), 사이토크롬 b_5 및 산소-의존성 불포화화효소(oxygen-dependent desaturase)가 전자 전달계(electron transport system)로 함께 작용하여 효과적으로 긴 사슬 지방산에 이중 결합을 도입한다(**그림 12.21**). 플라보단백질과 사이토크롬 b_5(약 1:30의 비율로 존재함)는 둘 다 소포체 막에 단백질을 고정시키는 소수성 펩타이드(hydrophobic peptide)를 가지고 있다. 동물은 전형적으로 전자 전달계를 통해 NADH에 의해 공급되는 전자를 사용하는 Δ^9, Δ^6, Δ^5 불포화화효소(desaturase)를 가지고 있다. 이들 효소는 이중 결합을 만드는 데 필요한 산소를 활성화한다. 연장과 불포화화계는 미세소체 막에서 서로 매우 가까운 거리에 있기 때문에 다양한 긴 사슬의 다불포화 지방산(polyunsaturated fatty acid)이 생산된다. 이러한 상호작용의 한 가지 예는 리놀레산(18:2$^{\Delta 9,12}$)으로부터 아라키돈산(20:4$^{\Delta 5,8,11,14}$)의 합성이다.

주요 개념 _Key Concepts

- 동물에서 지방산은 아세틸-CoA와 말로닐-CoA로부터 세포질에서 합성된다.
- 미토콘드리아와 소포체의 효소는 식품을 통해 얻어진 지방산뿐만 아니라 새롭게 합성된 지방산을 연장하고 불포화화한다.

지방산 산화와 지방산 합성의 비교 β-산화와 지방산 합성의 기능은 명확히 구분된다. β-산화는 지방산을 분해하여 에너지를 생성하는 시트르산 회로의 기질인 아세틸-CoA를 만든다. 반면, 아세틸-CoA를 지방산으로 바꾸면 에너지가 저장된다. 비록 반응이 일어나는 세포 내 위치, 산화환원 보조 효소(redox coenzyme), 아실기 전달체와 관여하는 효소들이 β-산화와 지방산 합성 경로 사이에 차이가 있지만, 화학 반응들은 혼란을 줄 만큼 비슷하다. **표 12.1**은 두 과정의 차이를 간략히 나타낸다.

고지혈증
Hypertriglyceridemia

문제 12.8

프룩토스의 과도한 섭취는 비만 및 *고지혈증*(hypertriglyceridemia)과 관련이 있다. 대부분 미국인에게 일반적인 프룩토스의 공급원은 설탕과 액상 프룩토스(high-fructose corn syrup)이다. 지난 수십 년간 많은 가공식품과 음료에서 상대적으로 값싼 액상 프룩토스가 설탕을 대체하여, 액상 프룩토스는 현재 감미제의 약 40%를 차지한다. (과일과 채소에 들어 있는 프룩토스의 양은 적어 고지혈증을 유발할 정도는 아니다.) 설탕은 소장에서 슈크로스 가수분해효소(sucrase)에 의해 한 분자의 프룩토스와 한 분자의 글루코스로 분해된다. 설탕은 소화율이 매우 높기 때문에 설탕의 소화 후 혈액 내 이들 당의 농도는 급격히 증가한다. 원천에 관계없이 흡수된 프룩토스는 간에 도달하여 프룩토스-1-인산으로 전환된다. 더욱이 혈액 내 높은 농도의 글루코스는 인슐린과 지방 세포에서 분비되는 호르몬인 렙틴(leptin)의 분비를 증가시키고 이로 인해 식욕이 감소하지만, 프룩토스는 이러한 효과가 없다. 프룩토스의 대사와 지방산 및 트라이아실글리세롤의 합성을 살펴본 후에 액상 프룩토스가 많이 함유된 음식이 어떻게 고지혈증과 비만을 일으키는지를 설명하라.

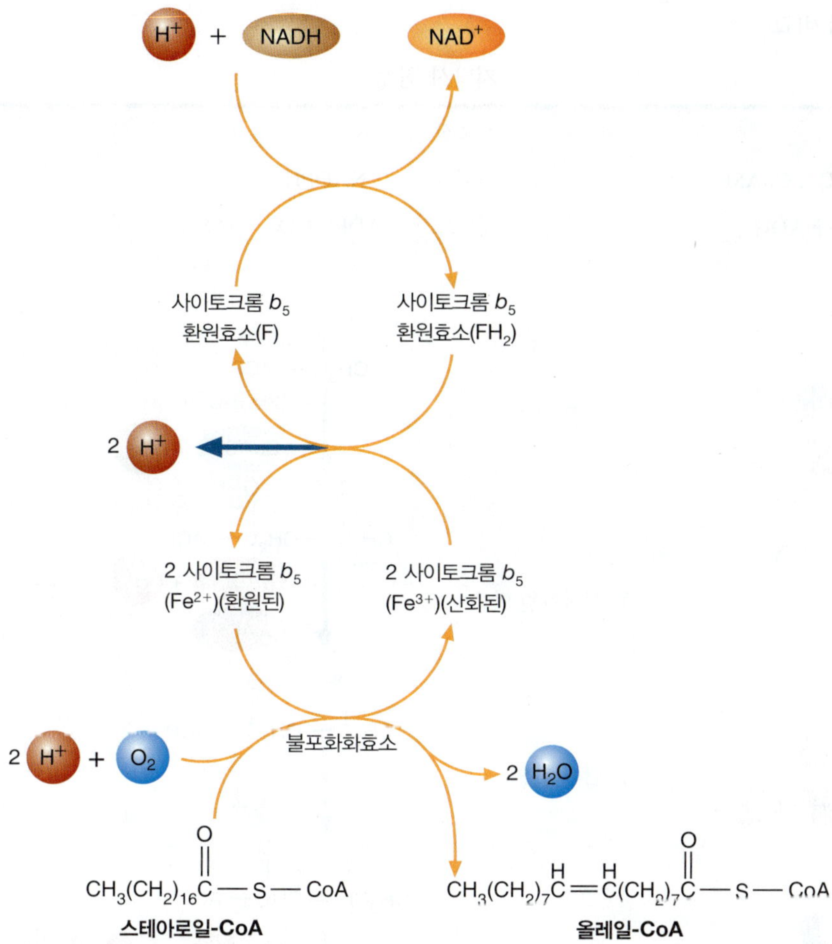

그림 12.21

스테아로일-CoA(stearoyl-CoA)의 불포화.

불포화화효소는 사이토크롬 b_5 환원효소와 사이토크롬 b_5로 구성된 전자 전달계에 의해 공급되는 전자를 사용하여 이중 결합의 형성을 위해 필요한 산소(그림에 표시되어 있지 않음)를 활성화한다. NADH는 전자 주개이다.

포유동물의 지방산 대사 조절

동물은 에너지에 대해 다양한 요구를 하기 때문에 지방산(동물에서 주요한 에너지원) 대사는 신중하게 조절된다. 그리고 여기에는 단기 조절(short-term regulation)과 장기 조절(long-term regulation) 메커니즘이 사용된다. 단기 조절(분으로 측정됨)에서 주요 조절효소의 활성은 다른자리 입체성 조절물질, 공유 결합 변형과 호르몬 등에 의해 변화될 수 있다(**그림 12.22**). 에너지 수준이 높을 때 β-산화는 다른자리 입체성 조절물질인 NADH와 아세틸-CoA가 β-하이드록시아실-CoA 탈수소효소와 가싸이올분해효소에 각각 결합함으로써 억제된다. 이와 유사하게 ACC의 생성물인 말로닐-CoA는 CAT-I의 다른자리 입체성 조절물질이다. 간의 인슐린/글루카곤 비율이 높을 때 말로닐-CoA 수준이 증가하여 β-산화를 억제시켜서 쓸모없는 회로를 방지한다. 세포내 높은 농도의 긴 사슬 지방 아실-CoA 에스터(long-chain fatty acyl-CoA ester)는 ACC의 탈중합 반응(depolymerization)을 촉진함으로써 ACC를 억제한다.

AMPK 지방산 합성과 β-산화는 또한 5′-AMP-활성화단백질 카이네이스(5′-AMP activated protein kinase, AMPK)에 의한 에너지 수요 변화에 의해 신속하게 조

표 12.1 지방산의 β-산화와 지방산 합성의 비교

	지방산 β-산화	지방산 합성
세포 내 위치	미토콘드리아	세포질
기질	아실-CoA, FAD, NAD^+, CoASH	아세틸-CoA, NADPH
생성물	아세틸-CoA, $FADH_2$, NADH	팔미트산, $NADP^+$, CO_2, CoASH
반응 회로	① 산화환원 반응 ② 수화 반응 ③ 산화환원 반응 ④ 절단 반응 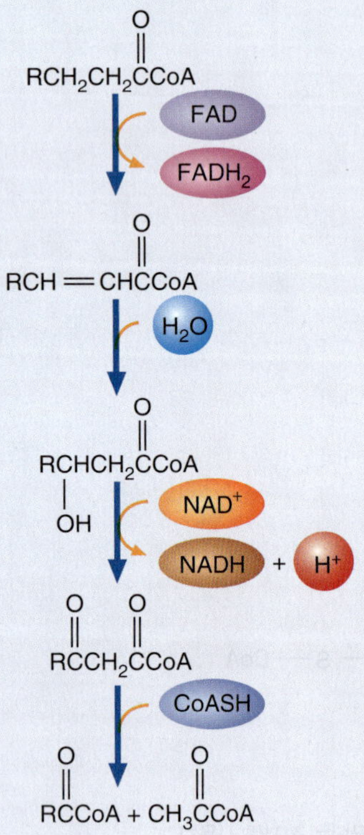	① 축합 반응 ② 산화환원 반응 ③ 탈수 반응 ④ 산화환원 반응 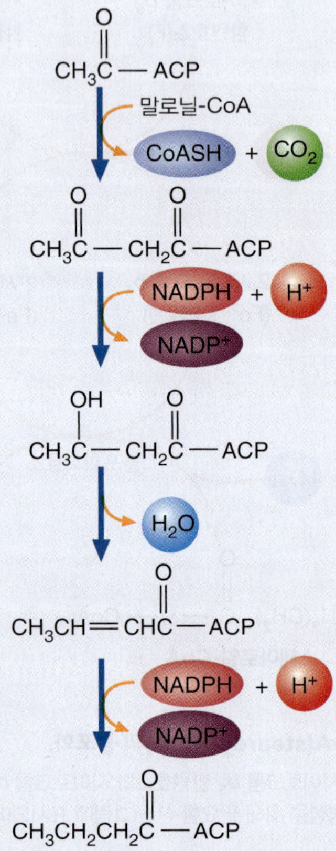

절된다. **AMPK**는 α 소단위체(촉매 기능), β와 γ 소단위체(조절 기능)들로 구성된 삼합체 효소(trimeric enzyme)이다. AMP:ATP 비율이 증가하기 시작할 때 AMPK는 상류의 AMPK 카이네이스(upstream AMPK kinase)와 그것의 다른자리 입체성 조절물질 AMP에 의해 활성화된다. AMP는 다른자리 입체성 활성제로서 작용할 뿐 아니라 활성화 인산화 반응을 촉진하고 단백질 인산 가수분해효소(protein phosphatase)에 의한 탈인산화 반응(dephosphorylation)을 억제한다. AMP 수준은 세포 에너지 상태의 민감한 지표가 되고 세포 ATP 수준을 결핍시키는 스트레스(예, 영양결핍, 저산소증, 열충격, 장기간의 운동)에 반응하여 증가한다. 일단 활성화되면 AMPK는 동화 경로(예, ACC1과 글리세롤-3-인산 아실기 전달효소를 각각 인산화함으로써 지방산과 트라이아실글리세롤의 합성)를 끄고 이화 경로[예, AMPK에 의하여 유도된 말로닐-CoA 탈카복실화효소(malonyl-CoA decarboxylase, MCD)의 활성화는 β-산화를 촉진함. 이 효소는 말로닐-CoA 농도를 감소시키고 ACC2의 억제를 감소시킴]를 켠다. AMPK에 의해 영향을 받는 체내 주요 대사 과정은 **그림 12.23**에 정리되어 있다.

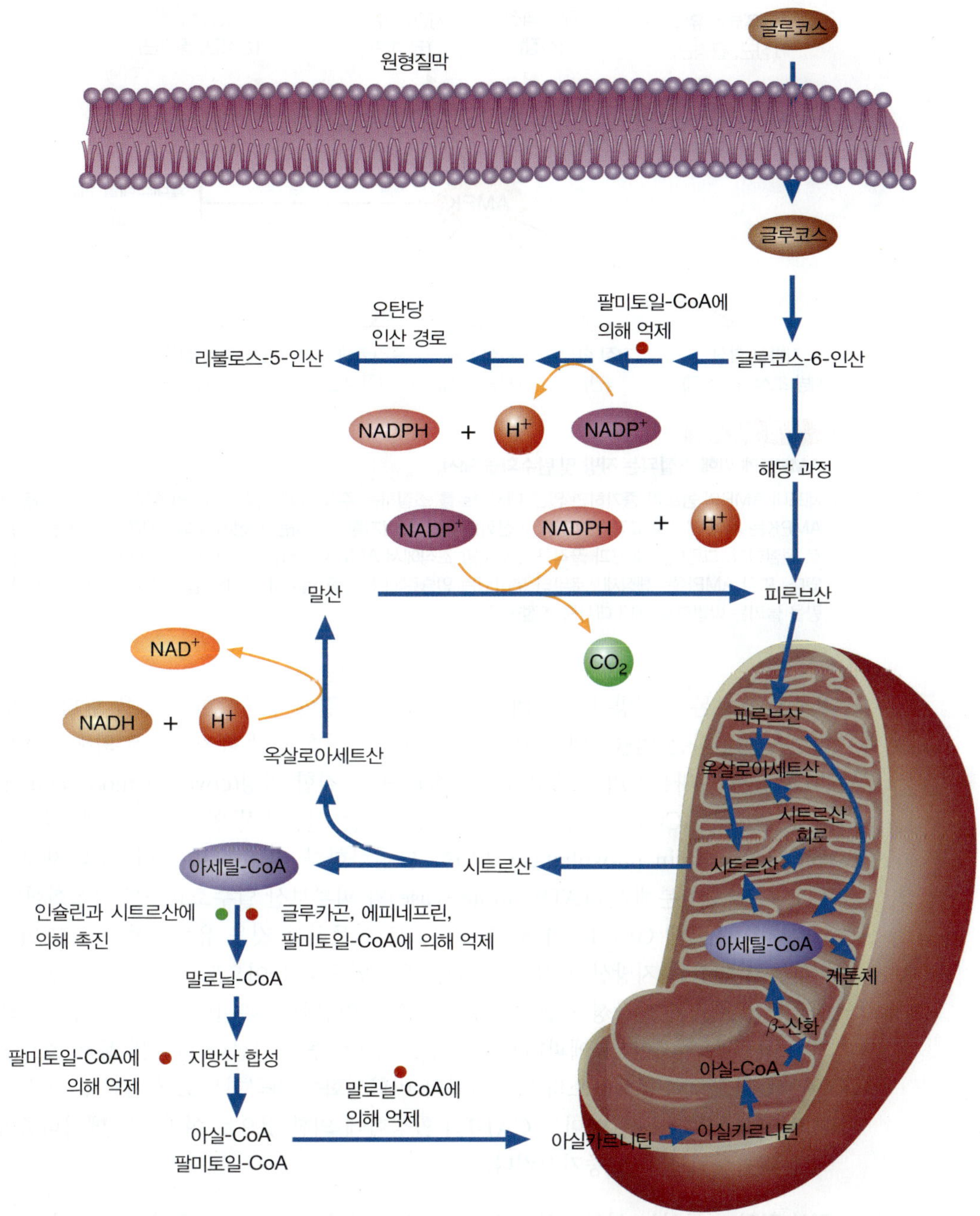

그림 12.22

세포내 지방산 대사 조절.

지방산은 미토콘드리아에서 형성된 아세틸-CoA로부터 세포질에서 합성된다. 미토콘드리아 내막은 아세틸-CoA에 대해 비투과성이기 때문에 시트르산으로서 전달된다. 시트르산은 미토콘드리아 기질 속에서 시트르산 회로를 통해 아세틸-CoA와 옥살로아세트산으로부터 생산된다. 시트르산은 β-산화가 억제(즉, 세포가 에너지를 거의 필요로 하지 않을 때)될 때 세포질로 전달된다. 나중에 시트르산은 옥살로아세트산과 아세틸-CoA로 분해한다. 세포의 에너지 요구가 높을 때 지방산은 아실카르니틴(acylcarnitine) 유도체로서 미토콘드리아 속으로 운반된다. 그런 다음 아실-CoA는 β-산화를 경유하여 아세틸-CoA로 분해된다. 호르몬인 글루카곤과 에피네프린 그리고 기질인 시트르산, 말로닐 CoA, 팔미토일-CoA는 지방산 대사의 중요한 조절물질들이다. 지방산 합성에서 소요되는 환원제인 NADPH는 오탄당 인산 회로에서 몇 가지 반응에 의해 생성된다. NADPH는 또한 옥살로아세트산의 환원에 의해 생성된 말산을 피루브산으로 전환시킬 때 생산된다.

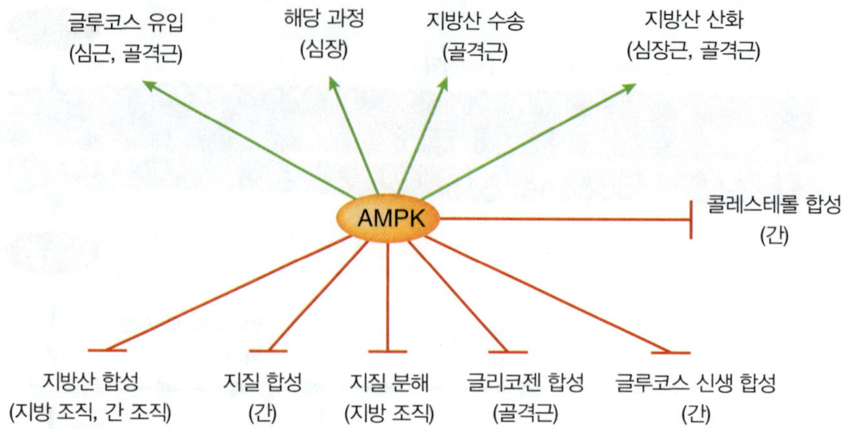

그림 12.23

AMPK에 의해 조절되는 지방 및 탄수화물 대사.

세포내 AMP의 농도가 증가하면 많은 대사경로를 조절하는 주요 대사조절 스위치인 AMPK가 활성화된다. AMPK는 체내 대사를 표적 단백질의 인산화를 통해 에너지를 이용하는 과정에서 에너지를 생산하는 과정으로 전환한다. 그림에는 심근과 골격근, 간, 지방 조직에서 AMPK가 영향을 미치는 주요 대사 경로가 나타나 있다. 또한 AMPK는 췌장세포로부터 분비되는 인슐린의 분비를 억제하고 뇌의 섭취 중추를 자극하여 섭취량을 늘리는 방법으로 체내 대사를 조절한다.

호르몬 호르몬은 지방산 대사의 단기와 장기 조절에서 중요한 역할을 한다. 지방 합성을 촉진하는 인슐린의 단기 효과는 신속한 신호 전달 메커니즘에 의해 일어난다. 인슐린은 다른자리 입체성 조절물질과 공유 결합 변형(covalent modification)과 공동으로 ACC1을 탈인산화하고 활성화하는 인단백질 인산 가수분해효소 2A (phosphoprotein phosphatase 2A)를 활성화한다. 인슐린은 또한 지방 세포의 ATP-시트르산 분해효소(ATP-citrate lyase)와 피루브산 탈수소효소를 활성화한다. 인슐린은 운반체 GLUT-4가 세포 표면으로 이동하는 것을 유도하여 글루코스(글리세롤-3-인산과 지방산의 전구물질)가 세포 안으로 들어오도록 촉진한다. 동시에 인슐린은 호르몬 민감성 지질 가수분해효소의 인산화를 촉진함으로써 지방 세포의 지방 동원을 억제한다. 에피네프린은 신호 전달 중재 인산화 반응을 통해 호르몬 민감성 지질 가수분해효소의 탈인산화와 비활성화를 자극함으로써 지질 분해를 증가시킨다. 글루카곤은 아마도 CAT-I의 활성화에 의한 것으로 여겨지는 메커니즘에 의해 지방산의 산화를 증가시킨다.

전사 인자 변동하는 영양소의 이용 가능성과 에너지 수요에 대응하여 일어나는 지방산 대사의 장기 조절 변화는 유전자 발현의 변화에 의해 이루어진다. 복잡한 조절 과정의 가장 중요한 성분으로 작용하는 두 종류의 전사 인자는 SREBP와 퍼옥시솜 증식인자-활성화 수용체(PPAR)이다. 각 종류의 전사 인자는 활성화될 때 표적 유전자에 가까이 있는 조절 요소에 결합하는데, 이 과정은 보조활성제(coactivator) 분자의 결합을 유도하고 그 결과 전사를 일으킨다.

SREBP (sterol regulatory element binding protein, 스테롤 조절 요소 결합 단백질)는 2개의 유전자들에 의해 암호화되는 3개의 단백질, 즉 SREBP1a, SREBP1c, SREBP2로 구성된다. 그 중 SREBP1a와 특히 SREBP1c는 지방대사에 연관된 유전자의 발현을 조절한다. (모든 SREBP 반응 유전자를 활성화하는 SREBP1a는 대부분의 동물조직들에서 낮은 수준으로 지속적으로 발현된다.) SREBP2는 콜레스테롤 대사에 연관된 유전자들을 조절한다. 간과 지방조직에서 인슐린에 반응하여 일어나는 SREBP1c의 활성화는 NADPH 합성과 지방산 합성 경로의 효소들을 암호화하는 유전자들의 전사를 증가시킨다. 그러나 글루카곤과 높은 수준의 긴 사슬 지방산은 SREBP1c를 억제한다. 간세포 퍼옥시솜의 증식을 일으키는 합성물질의 능력을 따서 명명한 **PPAR** (peroxisome proliferator-activated receptor, 퍼옥시솜 증식인자-활성화 수용체)은 표적 유전자들과 연계된 PPAR 반응 요소에 결합하는 리간드-활성화 전사 인자(ligand-activated transcription factor)이다. 퍼옥시솜 증식현상 때문에 원래 발견된 전사 인자 PPARα는 지질 대사에서 여러 유전자들의 발현을 통제한다. 공복에 간과 지방조직에서 PPARα는 지방산 분해와 케톤체 생성(ketogenesis)을 자극한다. 지방조직에서 주로 발현되는 PPARγ는 인슐린과 SREBP1의 화합물과 조합을 이루어서 글루코스 흡수와 트라이아실글리세롤 합성을 자극하여 지방의 축적을 유도한다. PPAR 활성은 여러 가지 지질 분자(예, 포화 지방산, 불포화 지방산, 프로스타글란딘, 류코트라이엔)들의 결합으로 인해 자극된다.

혈중 글루코스 수준이 높으면 간과 지방 조직 모두에서 글루코스-반응성 전사인자인 ChREBP가 활성화된다. ChREBP/Mlx 이종이합체는 과잉의 당 분자를 지방산으로 전환하는 효소(예, ACC와 지방산 생성효소)의 합성을 촉진한다.

주요 개념 _Key Concepts

- 동물의 주요 에너지원인 지방산 대사는 단기적으로 다른자리 입체성 조절물질, 공유 결합 변형과 호르몬에 의해 조절된다.
- 영양소의 이용 가능성과 에너지 수요의 변동에 반응하여 일어나는 장기 조절은 유전자 발현의 변화에 영향을 미친다.

문제 12.9

다음 생체 분자들의 이름과 기능을 서술하라.

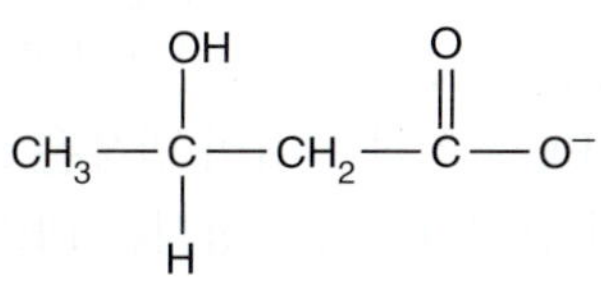

(a)

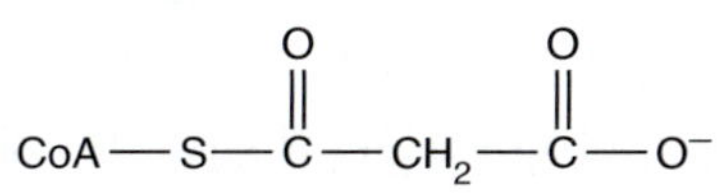

(b)

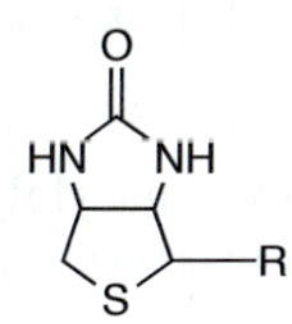

(c)

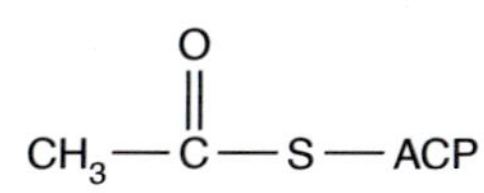

(d)

지질단백질 대사: 내인성 경로

새로 합성된 지질을 체내로 운반하는 내인성 지질단백질 경로(endogenous lipoprotein pathway)는 간에서 시작되는데, 간세포 소포체의 세포막 쪽에서는 초저밀도 지질단백질(VLDL)이 합성된다. 신생 VLDL은 결손 지질단백질 B-100, TG, 인지질, 콜레스테롤, 콜레스테릴 에스터를 포함하고 있다. 혈액으로 분비된 신생 VLDL은 HDL로부터 전달된 결손 지질단백질 C-II와 E를 추가하여 성숙 VLDL이 된다. 이후 성숙 VLDL은 표적 세포 표면 근처에 주로 위치한 지질단백질 지질가수분해효소(lipoprotein lipase, LPL)를 만나면 결손 지질단백질 C-II가 활성화되어 트라이아실글리세롤을 내어 준다. 지방 세포로 전달된 지방산은 TG로 다시 전환되어 지방 방울(fat droplet)에 저장된다. 근육 세포로 전달된 지방산은 근육 수축운동에 필요한 에너지를 공급하기 위해 산화된다. VLDL에 포함되어 있던 TG의 함량이 낮아지면 이를 중간밀도 지질단백질(intermediate density lipoproteins, IDL)이라 한다. IDL은 지질단백질 E가 간세포 표면의 수용체에 결합하여 세포내이입(endocytosis)이 일어나 혈액으로부터 제거된다. IDL의 TG 함량은 간 지질가수분해효소(lipase)에 의해 더욱 감소한다. 만약 IDL의 콜레스테롤 함량이 TG의 함량보다 많아지면, 이러한 지질단백질을 저밀도 지질단백질(low density lipoprotein, LDL)이라 한다. LDL은 간으로부터 혈액을 통해 표적 세포로 이동한다. 결손 지질단백질 B-100이 LDL 수용체와 결합하면 세포내 이입을 통해 세포내로 들어가 지질 특히 콜레스테롤을 표적 세포에 공급한다.

12.2 막 지질 대사

세포막의 지질 두겹층은 주로 인지질(phospholipid)과 스핑고지질(sphingolipid)로 구성된다. 여기서는 이들 두 지질의 대사에 관해 알아보자.

인지질 대사

진핵세포(eukaryotic cell)에서 내막계(endomembrane system)의 막은 활면 소포체(smooth endoplasmic reticulum, SER)에서 생성되는데, 활면 소포체 막과 세포질의 경계면에서 생겨난다. 기존의 포화 지방산이 불포화 지방산으로 대체되면서, 활면 소포체에서 생성되는 막의 지방산 조성이 변화한다. 이와 같은 재구성은 인지질 가수분해효소와 아실기 전달효소에 의해 이루어지며, 이를 통해 세포는 막의 유동성을 조절한다.

포스파티딜에탄올아민(phosphatidylethanolamine, PE) 및 포스파티딜콜린(phosphatidylcholine, PC)의 합성은 유사하다(**그림 12.24**). PE 합성은 에탄올아민(ethanolamine)이 세포 내로 들어와서 곧 인산화될 때 세포질에서 시작한다. 계속해서 포스포에탄올아민은 CTP(cytidine triphosphate, 사이티딘 삼인산)와 반응하여 활성화된 중간산물인 CDP-에탄올아민을 형성한다. CDP-에탄올아민은 DAG(diacylglycerol, 다이아실글리세롤)와 반응하여 PE로 전환된다(이 반응은 소포체에 있는 효소에 의해 촉매된다). 앞서 언급한 바와 같이, PC의 생합성은 PE의 합성 과정과 유사하다. 이 경로에서 필요로 하는 콜린은 식이로부터 얻어진다. 그러나 PC는 PE로부터 간에서 합성도 된다. PE는 포스파티딜에탄올아민-*N*-메틸기 전달효소(phosphatidylethanolamine-*N*-methyltransferase)에 의해 세 단계의 메틸화 과정을 거쳐 3개의 메틸화 산물인 포스파티딜콜린으로 된다. *S-아데노실메싸이오닌*(*S*-adenosylmethionine, SAM)은 이 일련의 반응에서 메틸기 주개로서 작용한다. (메틸화 반응에서 SAM의 역할은 14장에 설명하였다.)

동물에서 포스파티딜세린(phosphatidylserine, PS)은 PE-세린 전달효소(PE-serine transferase)에 의해 PE의 머리 잔기인 에탄올아민이 세린(serine)으로 교환되는 반응을 통해 생성된다. PS로부터 PE를 생성하는 탈카복실화 반응은 많은 진핵생물에서 중요한 반응이다.

인지질의 대사회전은 빠르다. [**회전**(turnover)이란 구조적으로 모든 분자가 분해되고 새로이 합성된 분자로 대치되는 속도를 가리킨다.] 예를 들면 동물세포에서

그림 12.24

인지질 합성.

에탄올아민 또는 콜린은 세포 내로 들어오면 인산화되고 CDP 유도체로 전환된다. 그런 다음 다이아실글리세롤이 CDP 유도체와 반응할 때 포스파티딜에탄올아민 또는 포스파티딜콜린이 형성된다. 만일 다이아실글리세롤이 아실-CoA와 반응하면 트라이아실글리세롤이 형성된다. 포스파티드산과 CTP로부터 형성되는 CDP-다이아실글리세롤(CDP-diacylglycerol)은 포스파티딜글리세롤과 포스파티딜이노시톨(phosphatidylinositol) 같은 인지질의 전구물질이다.

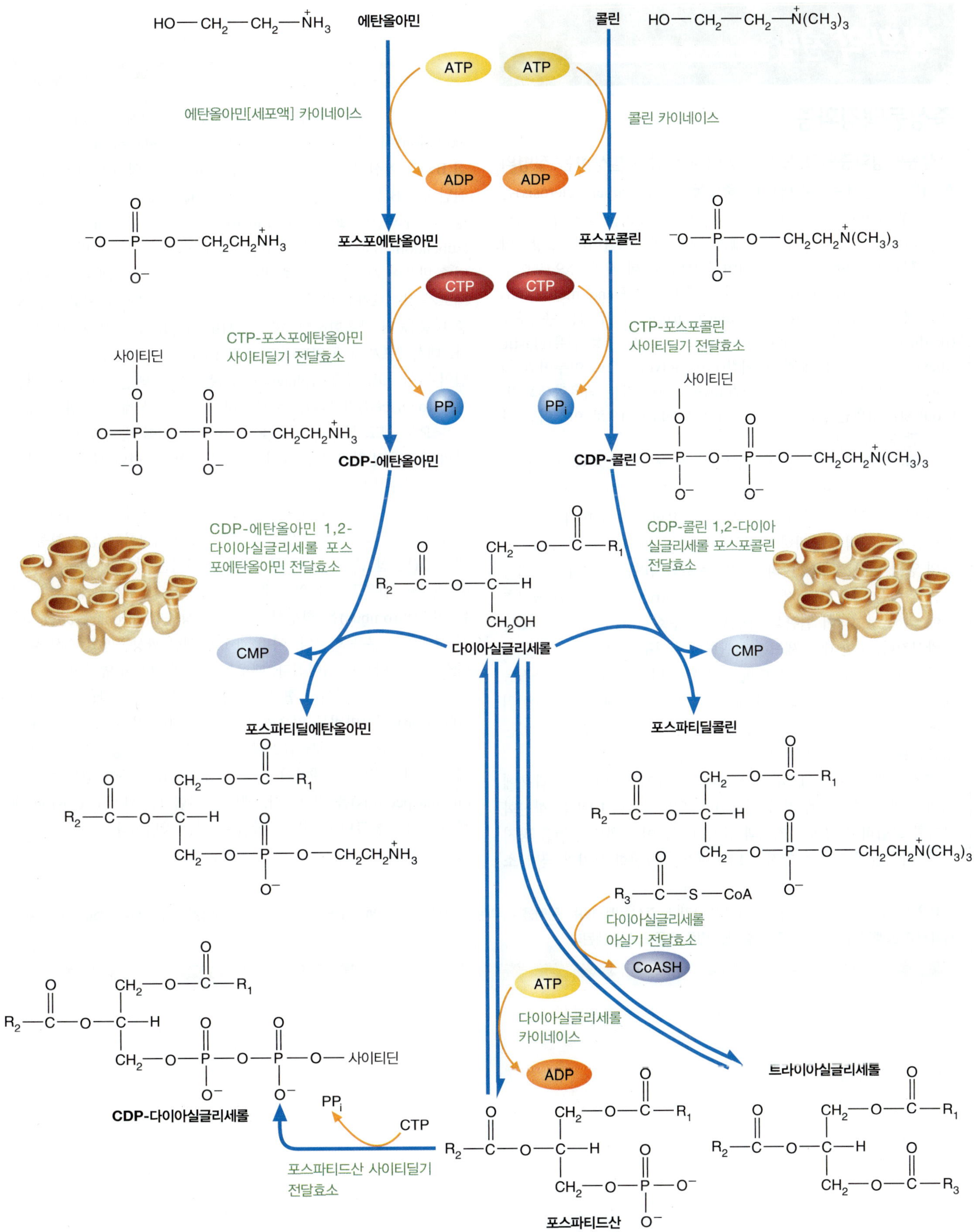
에탄올아민
콜린
ATP
ADP
에탄올아민[세포액] 카이네이스
콜린 카이네이스
포스포에탄올아민
포스포콜린
CTP
CTP-포스포에탄올아민 사이티딜기 전달효소
CTP-포스포콜린 사이티딜기 전달효소
사이티딘
PP_i
CDP-에탄올아민
CDP-콜린
CDP-에탄올아민 1,2-다이아실글리세롤 포스포에탄올아민 전달효소
CDP-콜린 1,2-다이아실글리세롤 포스포콜린 전달효소
다이아실글리세롤
CMP
포스파티딜에탄올아민
포스파티딜콜린
다이아실글리세롤 아실기 전달효소
CoASH
다이아실글리세롤 카이네이스
트라이아실글리세롤
CDP-다이아실글리세롤
포스파티드산 사이티딜기 전달효소
포스파티드산

생화학 전망 BIOCHEMISTRY IN PERSPECTIVE

죽상동맥경화증

죽상동맥경화증이라 불리는 동맥의 손상이 발생하는 질병의 생화학적 근거는 무엇인가? **죽상동맥경화증**(atherosclerosis)은 동맥혈관의 벽에 죽종(atheromas)이라는 부드러운 물질이 축적되어 결과적으로 기능적 구조를 훼손시키는 만성질환이다. 정상적인 동맥 혈관벽은 단단하고 유연성이 있으며 총 세 개의 층으로 이루어져 있다. *내막*(intima)이라는 한 층의 내피세포(endothelial cell)가 아래의 세포외 기질(extracellular matrix)에 붙어 있는 층, *중막*(media)이라는 평활근(smooth muscle) 세포가 탄성 섬유(elastic fiber), 콜라젠, 프로테오글라이칸(proteoglycan)으로 이루어진 세포외 기질에 박혀 있는 층, *외막*(adventitia)이라는 섬유아세포(fibroblast), 평활근세포, 콜라젠, 엘라스틴(elastin)으로 이루어진 가장 바깥층이 그것이다.

한때는 혈관을 단순히 혈액이 통과하는 통로라고만 여겼으나, 이제는 중요한 생리적 활성을 지닌 것으로 알려져 있다. 동맥을 구성하는 내피세포는 몇 가지 생명 유지에 중요한 기능을 한다. 우선 독성물질이 혈관벽을 통과하지 못하도록 하는 장벽의 역할을 하고, 혈류의 양과 혈류 충격에 따라 발생하는 갈라지려는 스트레스에 대항하는 역할을 한다. 내피세포의 산화질소(nitric oxide, NO) 생성효소에 의해 생성되어 혈관을 확장시키는 산화질소는 평활근 세포를 이완시킨다. 또한 내피 세포는 혈관벽에 백혈구가 부착하는 것을 방지하도록 부드러운 테플론(Teflon) 같은 표면을 만들어주는 물질을 생성한다. 나이를 먹음에 따라 내피세포 장벽은 약해지고 공격에 취약해진다. 이는 또한 바르지 않은 식습관, 흡연, 장시간 앉아 있는 생활습관 등에 따라 가속화된다.

죽상동맥경화증은 LDL이 프로테오글라이칸과의 상호 작용에 의해 내막에 축적됨에 따라 시작된다. 일반적으로 LDL은 항산화 분자를 포함하고 있어서 지질과 단백질 성분이 산화되는 것을 방지한다. 하지만 혈관벽에 축적된 LDL에서는 항산화 분자가 금방 소실되어 산화적 손상을 입게 된다. 예를 들어 인지질의 과산화(peroxidation)에 의해 생성된 알데하이드(aldehyde)는 결손 지질단백질 B의 라이신 잔기와 반응한다. 알데하이드에 의해 변형된 결손지질단백질 B 및 다른 산화 산물과 당화된(glycated) 단백질 등은 특정 백혈구의 생물표지인자(biomarker)이다. 따라서 내피세포 아래(subendothelial) 공간에 이러한 백혈구 세포가 모이게 되고 국소적 염증 반응이 시작된다. 염증 반응으로 인해 내피세포와 주변 평활근 세포가 사이토카인이라는 신호 전달 물질을 방출하게 되고 이는 염증 반응을 더 가속화하며, 대식세포(macrophage)까지 동원되게 한다. 대식세포까지 동원되어 산화된 LDL을 제거하려는 과도한 작업이 일어나고, 식세포(phagocyte)들은 지질단백질로 가득 차 거품세포(foam cell)가 된다. 손상된 내피세포, 대식세포, 평활근 세포들은 모두 세포 분열과 이동을 유도하는 분자를 방출하고, 이는 혈관의 구조를 변화시킨다. 요컨대, 손상을 치료하려던 시도는 손상된 조직에 섬유질 막을 씌우게 된다.

죽상동맥경화증 과정은 일반적으로 혈류를 막는 바깥쪽이 아닌 옆쪽으로 죽종의 형성을 일으키므로 죽상동맥경화 손상은 보통 오랜 시간(몇 십 년) 동안 큰 문제를 일으키지는 않는다. 결국에는 염증 반응이 섬유질막을 약하게 하고 어느 순간 부서지게 한다. 이는 혈전(thrombus)을 형성하여 특히 관상동맥(coronary artery)에서 혈액의 흐름을 막는다. 이런 과정에 의한 관상동맥의 손상은 갑작스러운 사망으로 이어진다. 때로는 죽종의 형성이 옆쪽이 아닌 바깥쪽으로 되면서 서서히 혈류의 흐름을 막아 심근경색(myocardial infarction) 심장마비를 일으키기도 한다. 이런 경우에는 하나 또는 그 이상의 관상동맥에서 감소된 혈류는 산소와 영양소가 심근세포에 도달하는 것을 방해하여 가슴이 답답하고 통증이 있는 협심증(angina pectoris)을 일으킨다. 생명을 위협하는 폐색(occlusion)에 빠른 의학적 치료만이 생명을 살릴 수 있는 방법이다.

▸ **요약:** 죽상동맥경화증은 심근경색을 일으킨다. 죽상동맥경화는 동맥을 이루는 내피세포의 손상에 의해 시작된다. 죽상 동맥경화성 손상은 LDL의 축적에서 시작되고 동맥의 구조와 기능이 손실되는 염증 반응으로 진행된다.

는 총 인지질 수의 반을 교체하는 데 대략 두 번의 세포 분열이 필요하다. 포스포글리세라이드는 인지질 가수분해효소에 의해 분해된다. 각 인지질 가수분해효소는 포스포글리세라이드 분자의 특정 결합을 절단한다. 인지질 가수분해효소 A1과 A2는 C-1과 C-2에서 각각 포스포글리세라이드의 에스터 결합을 가수분해한다(**그림 11.9** 참조).

주요 개념 _Key Concepts

- 인지질합성은 SER의 막에서 일어난다. 인지질은 합성된 후 지방산 조성이 변화하면서 재구성된다.
- 인지질 분해는 몇 가지 인지질 가수분해효소에 의해 촉매된다.

스핑고지질 대사

동물에서 스핑고지질(sphingolipid)은 아미노 알코올 스핑고신(sphingosine)의 유도체인 세라마이드(ceramide)를 가지고 있다. 세라마이드의 합성은 3-케토스핑가닌(3-ketosphinganine)을 형성하기 위한 팔미토일-CoA(palmitoyl-CoA)와 세린의 축합 반응으로부터 시작한다. 이 반응은 피리독살-5′-인산(pyridoxal-5′-phosphate) 의존성 효소인 3-케토스핑가닌 생성효소(3-ketosphinganine synthase)에 의해 촉매된다. (피리독살-5′-인산은 아미노산 대사에서 중요한 역할을 하기 때문에 이 보조 효소의 생화학적 기능은 14장에 서술되어 있다.) 그 다음에 3-케토스핑가닌은 NADPH에 의해 환원되어 스핑가닌(sphinganine)을 형성한다. 아실-CoA와 $FADH_2$를 포함하는 두 단계 과정에서 스핑가닌은 세라마이드로 전환된다. 스핑고마이엘린(sphingomyelin)은 세라마이드가 포스파티딜콜린과 반응할 때 형성된다. (또 다른 반응에서 CDP-콜린이 포스파티딜콜린 대신 사용되기도 한다.) 세라마이드가 UDP-글루코스와 반응할 때, 글루코실세라마이드(glucosylceramide)가 생산된다. 글루코실세라마이드는 일반적인 세레브로사이드(cerebroside)이며, 간혹 글루코실세레브로사이드(glucosylcerebroside)라고도 불린다. 다른 당지질의 전구물질인 갈락토세레브로사이드(galactocerebroside)는 세라마이드가 UDP-갈락토스(UDP-galactose)와 반응할 때 합성된다. 설파타이드(sulfatide)는 갈락토세레브로사이드가 황산 주개 분자인 **3′-포스포아데노신-5′-포스포황산**(3′-phosphoadenosine-5′-phosphosulfate, PAPS)과 반응할 때 합성된다(**그림 12.25**). 황산기의 전달은 소포체 효소인 설포기 전달효소(sulfotransferase)에 의해 촉매된다. 스핑고지질은 리소좀 내에서 분해된다. 만일 스핑고지질을 분해하는 데 필요한 효소가 없거나 결함이 있을 때에는 스핑고지질증(sphingolipidosis)이라는 특수한 질환에 걸리게 된다. **그림 12.26**은 스핑고마이엘린과 글리코스핑고지질(glycosphingolipid)의 합성을 나타낸다.

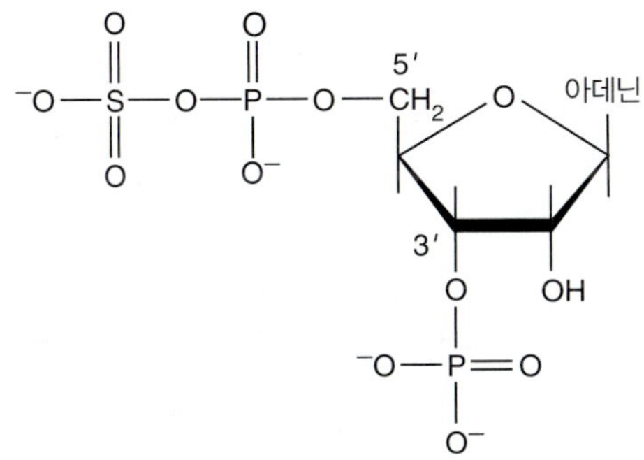

그림 12.25

3′-포스포아데노신-5′-포스포황산(PAPS) 구조.

PAPS는 고에너지 황산 주개이다.

주요 개념 _Key Concepts

- 모든 스핑고지질의 합성은 세라마이드의 생성에서부터 시작된다.
- 스핑고지질은 리소좀에서 특이한 가수분해 효소에 의해 분해된다.

12.3 아이소프레노이드 대사

아이소프레노이드(isoprenoid)는 모든 진핵생물에 존재한다. 아이소프레노이드는 그 다양성에도 불구하고 합성되는 메커니즘은 비슷하다. 실제로 아이소프레노이드 합성의 초기 단계인 아이소펜테닐 파이로인산(isopentenyl pyrophosphate) 합성은 지금까지 조사된 바로는 모든 종에서 동일하다. **그림 12.27**은 아이소프레노이드 종류 사이의 합성 관계를 나타낸 것이다.

콜레스테롤의 경우 인체에서의 그 중요성 때문에 많은 연구자들로부터 엄청난 주목을 받아 왔다. 이러한 이유로 인하여 콜레스테롤 대사는 어떤 다른 아이소프레노이드 분자보다도 더 잘 밝혀져 있다.

콜레스테롤 대사

콜레스테롤은 두 개의 근원, 즉 식품(diet)과 신생(*de novo*)합성으로부터 유래한다.

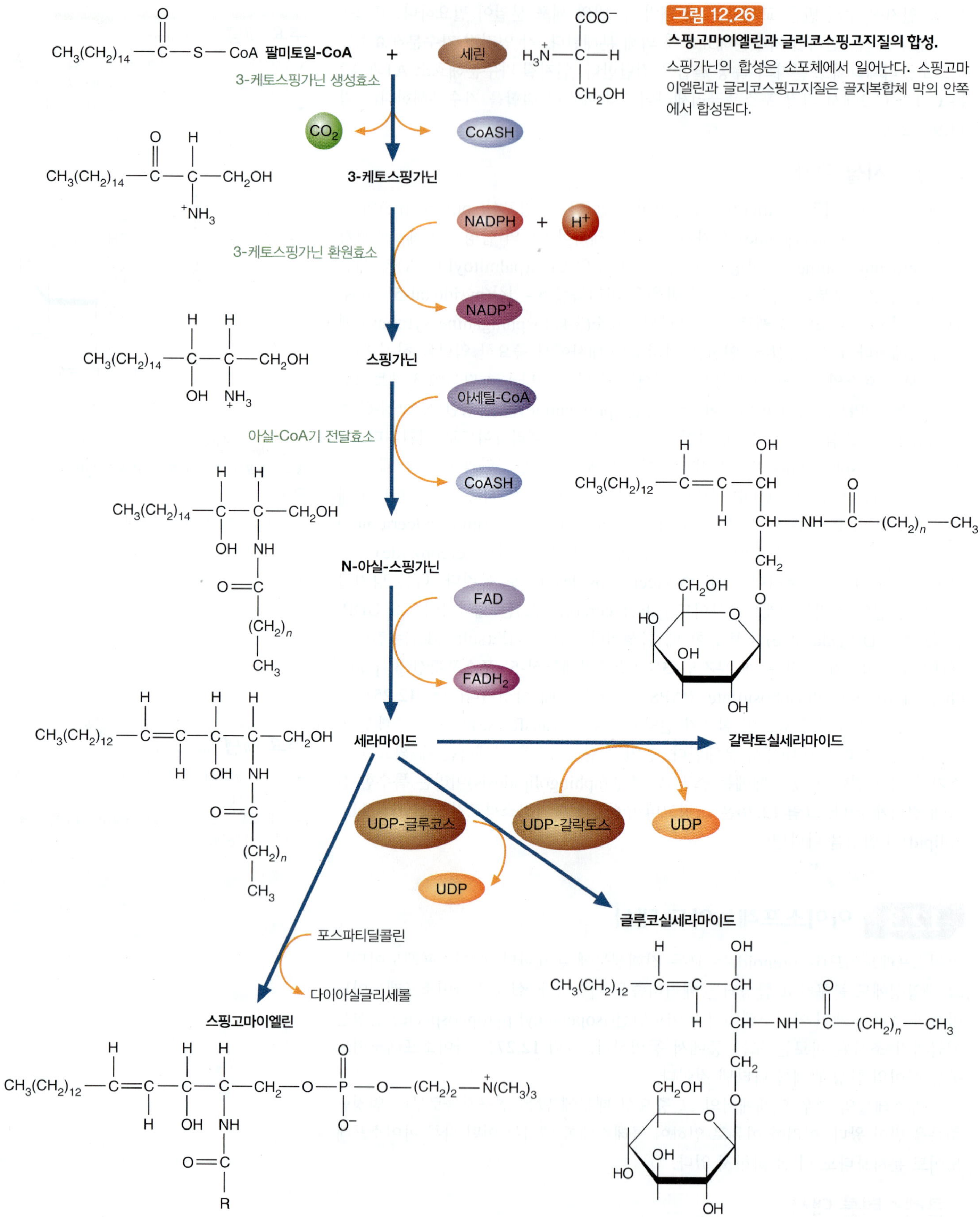

그림 12.26

스핑고마이엘린과 글리코스핑고지질의 합성.

스핑가닌의 합성은 소포체에서 일어난다. 스핑고마이엘린과 글리코스핑고지질은 골지복합체 막의 안쪽에서 합성된다.

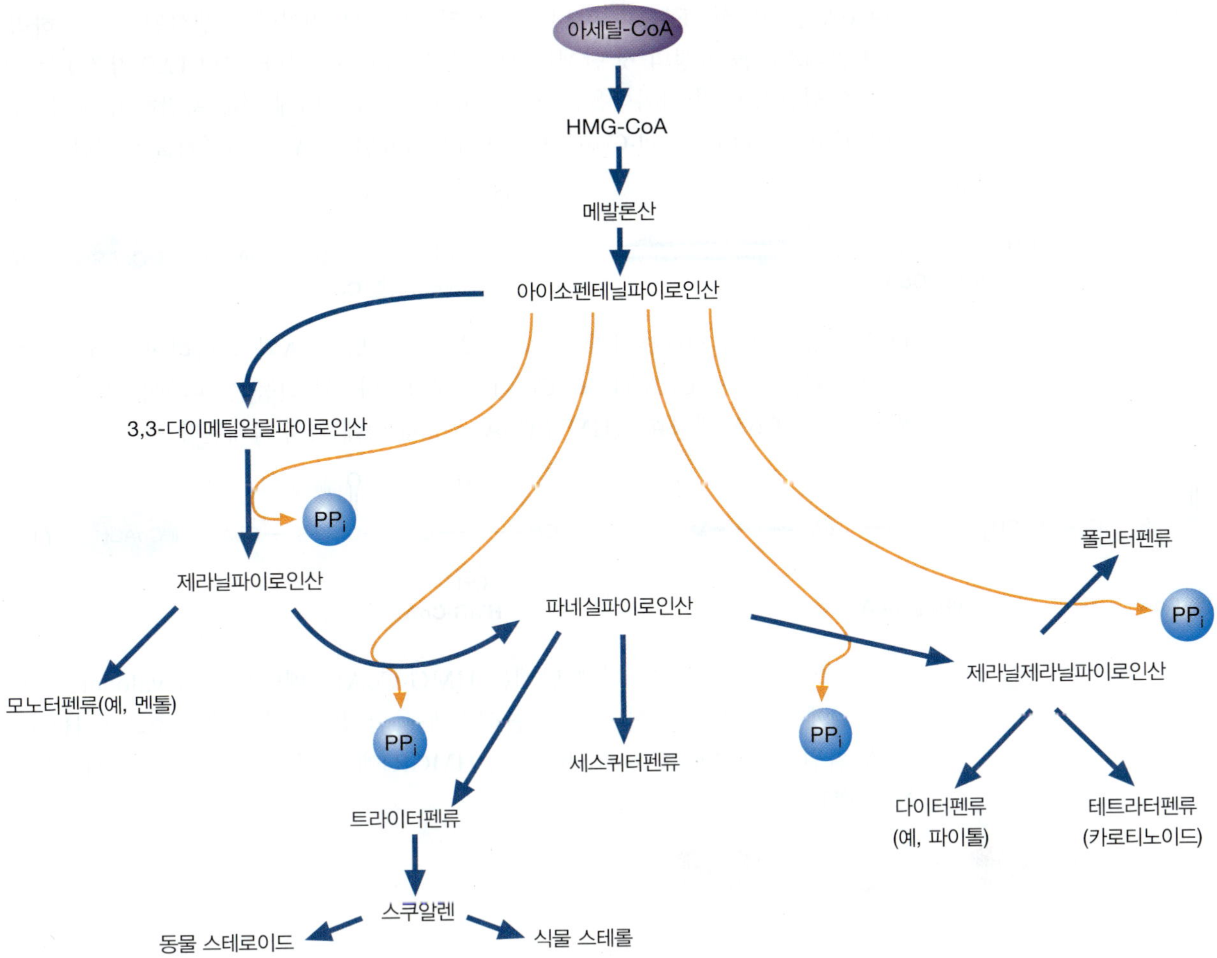

그림 12.27

아이소프레노이드 생합성.

아이소프레노이드 생합성 경로는 세포나 종에 따라 매우 다양한 생성물을 생산한다. 이러한 다양성에도 불구하고 아이소프레노이드 생합성의 시작은 조사된 대부분의 종(예, 효모, 포유동물, 식물)에서 동일하다. (HMG-CoA = β-하이드록시-β-메틸글루타릴-CoA.)

음식으로 충분한 양의 콜레스테롤(일반적으로 하루에 400 mg)을 공급하면 콜레스테롤 생합성은 저하된다. 정상인에서 LDL에 의해 콜레스테롤을 공급받으면 콜레스테롤과 LDL 수용체의 합성은 감소한다. 콜레스테롤 생합성(평균적으로 하루에 900 mg)과 LDL 수용체의 합성은 섭취하는 콜레스테롤 함량이 낮을 때 촉진된다. 앞에서 서술했듯이, 콜레스테롤은 세포막의 구성 성분과 중요한 대사물질의 합성에 사용된다. 또한 콜레스테롤은 담즙염 생성을 위해 필요하다.

콜레스테롤 합성 비록 모든 조직이 콜레스테롤(cholesterol)을 합성할 수 있지만(예, 부신, 난소, 정소, 피부, 장), 대부분의 콜레스테롤은 간에서 합성된다. 콜레스테롤 합성은 크게 세 단계로 나눌 수 있다.

1. 아세틸-CoA로부터 HMG-CoA(β-하이드록시-β-메틸글루타릴-CoA)의 형성
2. HMG-CoA의 스쿠알렌(squalene)으로의 전환
3. 스쿠알렌의 콜레스테롤로의 전환

콜레스테롤 합성의 첫 단계는 세포질에서 일어나는 과정이다. (첫 기질인 아세

틸-CoA는 지방산 또는 피루브산으로부터 미토콘드리아에서 생산됨을 상기하라. 또한 콜레스테롤 합성의 첫 단계는 케톤체 합성과 유사하다. **그림 12.9** 참조.) 두 분자의 아세틸-CoA가 가싸이올분해효소(thiolase)의 촉매에 의해 축합하여 β-케토뷰티릴-CoA(β-ketobutyryl-CoA, 또는 아세토아세틸-CoA라고도 함)를 형성한다.

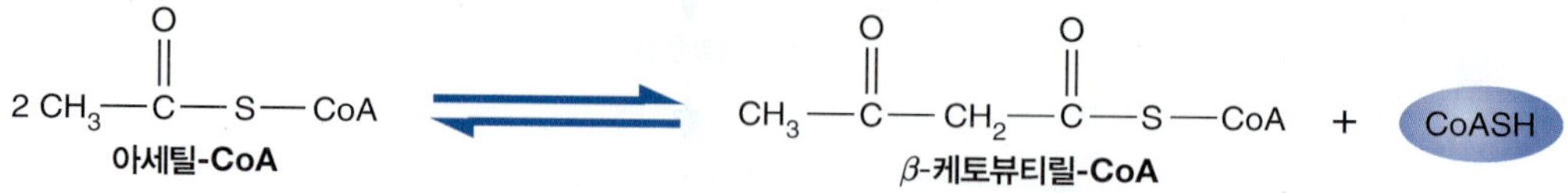

(9)

다음 반응에서 β-케토뷰티릴-CoA는 다른 아세틸-CoA와 축합하여 β-하이드록시-β-메틸글루타릴-CoA(HMG-CoA)를 형성한다. 이 반응은 β-하이드록시 β-메틸글루타릴-CoA 생성효소(HMG-CoA synthase)에 의해 촉매된다.

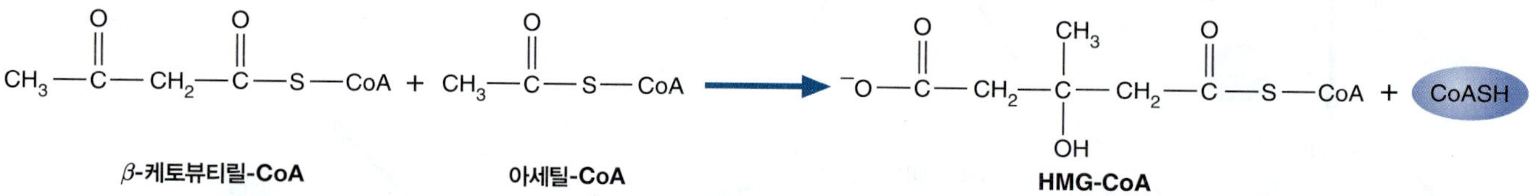

(10)

콜레스테롤 합성의 두 번째 단계는 HMG-CoA의 메발론산(mevalonate)으로의 환원에서 시작한다. 이 반응은 콜레스테롤 합성에서 속도제한 효소인 HMG-CoA 환원효소(HMG-CoA reductase, HMGR)에 의해 촉매되는데, 이 과정에서 NADPH는 환원제로 작용한다.

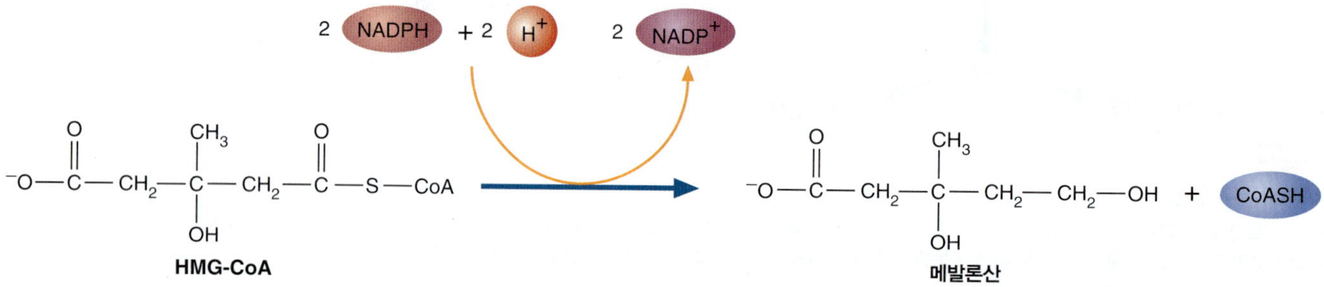

(11)

HMGR 폴리펩타이드는 3개의 주요 구역(domain)으로 구성된다. 즉 N-말단 막횡단 고정장치 구역(N-terminal transmembrane anchor domain), 촉매 구역(catalytic domain), 그리고 막과 촉매 구역을 연결하는 연결자(linker)이다. 소포체(ER)의 세포질 쪽에 위치한 HMGR은 연합하여 사합체를 형성하는 2개의 HMGR 이합체로 구성된다. 각각의 이합체는 2개의 이합체 사이 경계면에 활성자리를 갖는다. 반응(**그림 12.28**)은 NADPH로부터 HMG-CoA의 싸이오에스터 카보닐기로 수소화 이온(H^-)의 전달이 일어나는 친핵성 아실 치환(nucleophilic acyl substitution)에서부터 시작한다. 이 전달은 라이신과 싸이오에스터 카보닐 산소 사이의 수소 결합에 의해 도움을 받는다. 생성물 메발로일-CoA의 C—S 결합은 가수분해하여 메발데하이드(mevaldehyde)를 형성한다. CoA-싸이올 음이온 생성물은 히스티딘 잔기에 의해 양성자를 받은 다음 방출된다. 라이신 잔기가 메발데하이드의 카보닐 산소에 양성자를 첨가하면 NADPH로부터 두 번째 수소화 이온의 전달이 촉진되어 메발론산이 형성된다.

일련의 세포질 반응에서 메발론산은 파네실파이로인산(farnesylpyrophosphate)으로 전환된다. 메발론산 카이네이스(mevalonate kinase)는 포스포메발론산(phosphomevalonate)의 합성을 촉매한다. 포스포메발론산 카이네이스(phosphomevalonate kinase)에 의해 촉매되는 두 번째 인산화 반응은 5-파이로포스포메발론산(5-pyrophosphomevalonate)을 만든다.

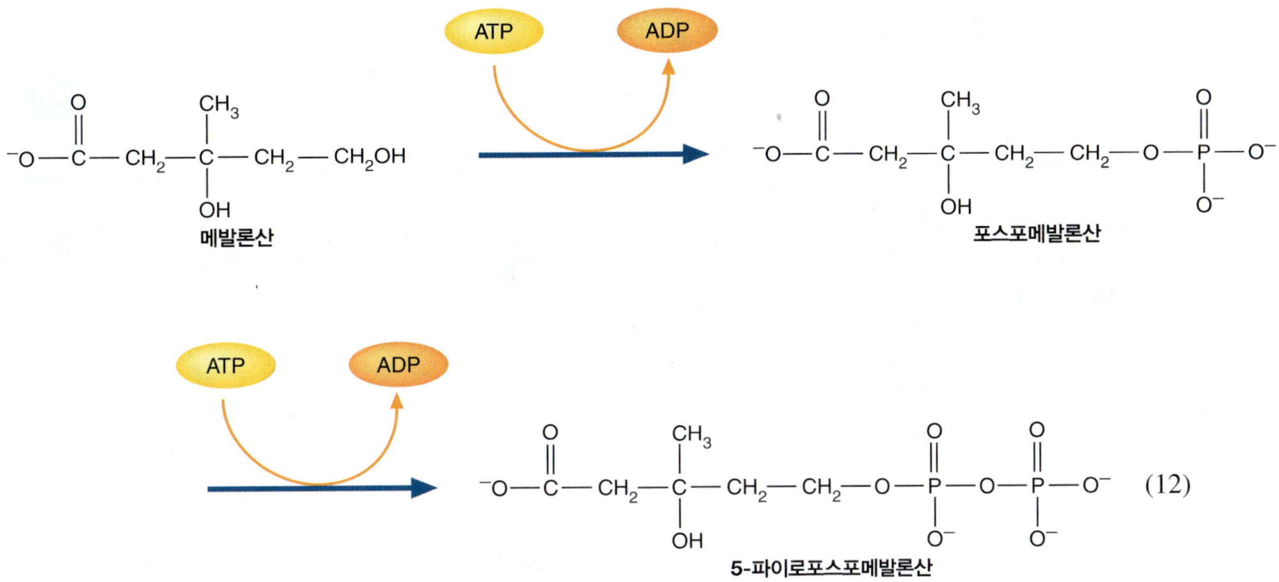

(12)

(인산화 반응은 세포질에서 이들 반화수소 분자의 용해성을 증신시킨다.) 5-파이로포스포메발론산은 탈카복실화와 탈수 과정을 통해서 아이소펜테닐 파이로인산(isopentenyl pyrophosphate)으로 전환된다.

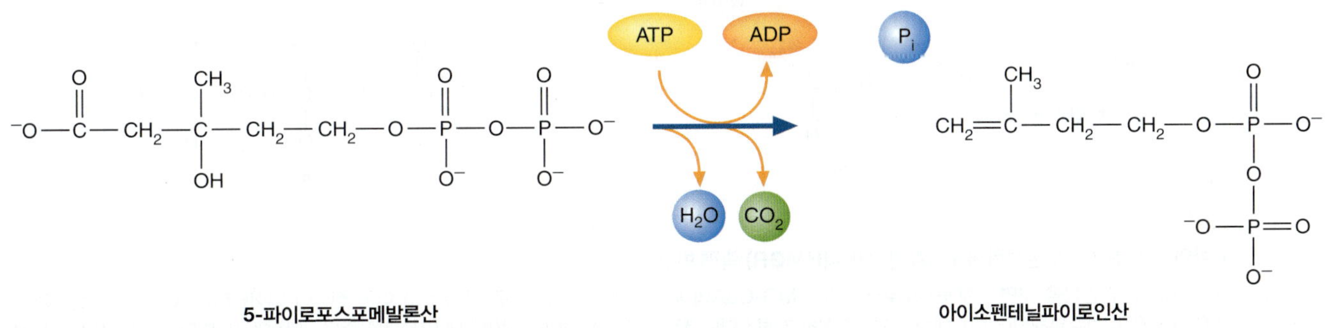

(13)

그 다음에 아이소펜테닐 파이로인산은 아이소펜테닐 파이로인산 이성질화효소(isopentenyl pyrophosphate isomerase)에 의해 그것의 이성질체인 다이메틸알릴 파이로인산(dimethylallylpyrophosphate)으로 전환된다. [유기분자의 $CH_2=CH—CH_2—$기를 *알릴기*(allyl group)라고 한다.]

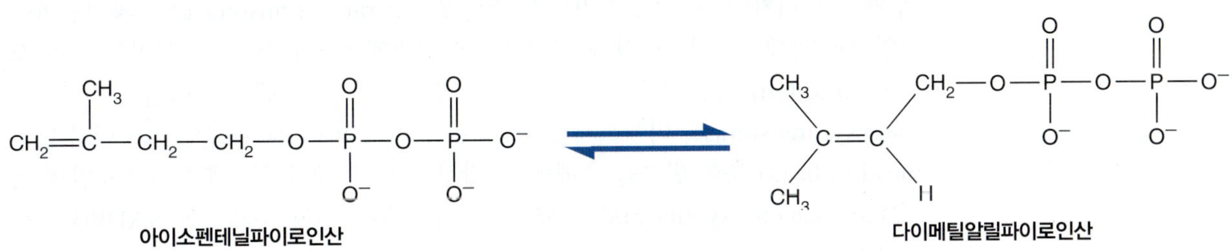

(14)

제라닐파이로인산(geranylpyrophosphate)은 아이소펜테닐파이로인산(isopentenylpyrophosphate)과 다이메틸알릴파이로인산(dimethylallylpyrophosphate) 사이의 축합 반응에 의해 생성된다(**그림 12.29**). 파이로인산 또한 이 반응과 두 번의 후

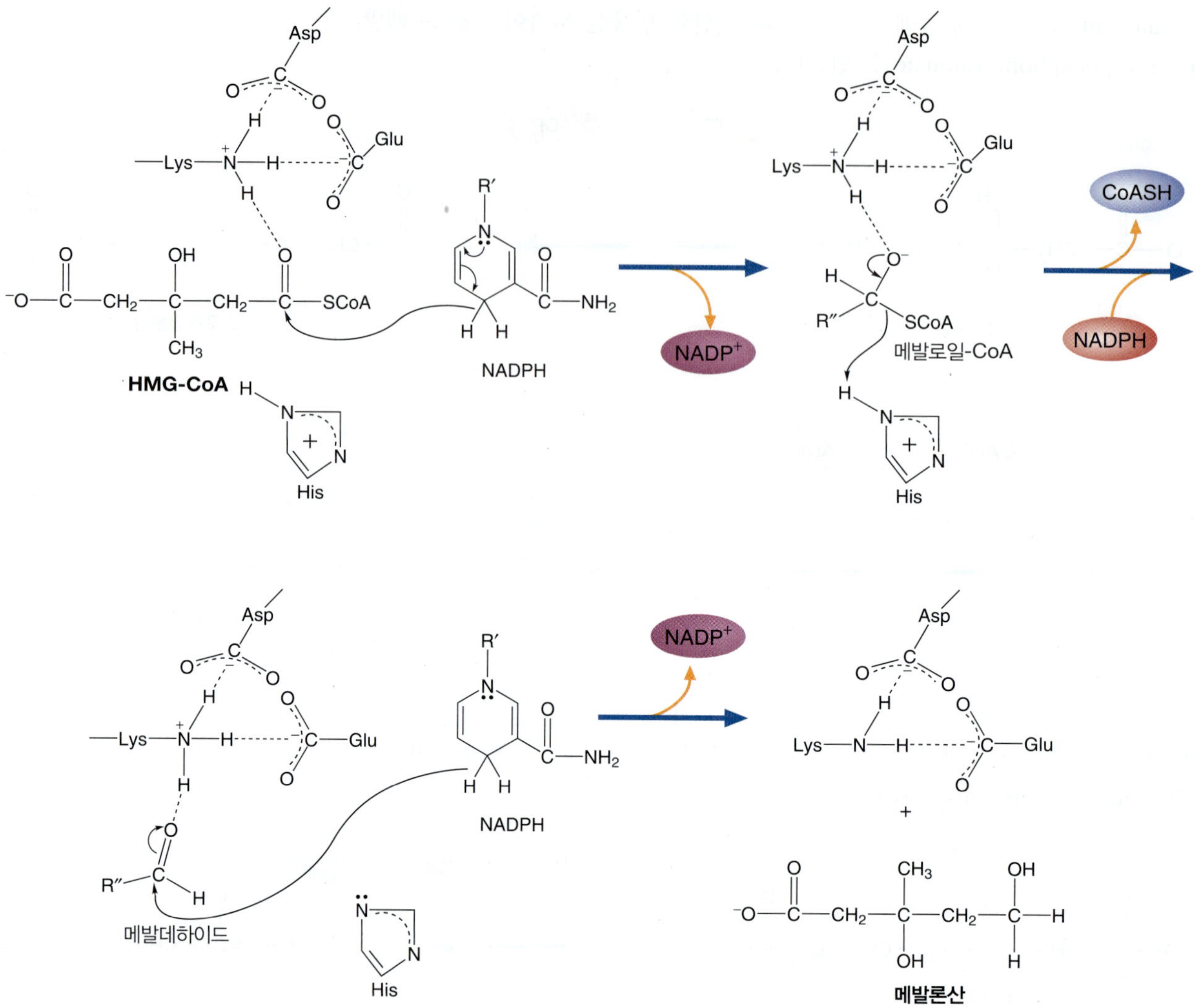

그림 12.28

β-하이드록시-β-메틸글루타릴-CoA 환원효소(HMGR) 촉매 반응.

HMGR의 촉매 반응을 보면 NADPH로부터 기질 HMG-CoA의 싸이오에스터 카보닐로 첫 수소화 이온 전달이 일어난다. 이어서 메발로일-CoA의 C-S 결합이 가수분해되어 메발데하이드를 형성하고 히스티딘 잔기는 CoA-싸이올 음이온에 양성자를 준다. 메발데하이드의 카보닐 산소의 양성자 첨가(protonation) 반응에 의해 촉진되는 NADPH로부터의 두 번째 수소화 이온 전달은 반응의 생성물인 메발론산을 만든다. 활성 자리 안에서 Asp(아스파트산)와 Glu(글루탐산)의 카복실산 곁사슬이 Lys(라이신) 곁사슬의 아미노기의 방향을 정한다.

속 반응의 산물이다. (파이로인산이 방출되는 반응은 연속적인 파이로인산 가수분해 때문에 비가역적이다.) 제라닐기 전달효소(geranyl transferase)는 제라닐파이로인산과 파네실파이로인산을 형성하는 아이소펜테닐파이로인산 사이의 머리-꼬리(head-to-tail) 축합 반응을 촉매한다. 그런 다음 스쿠알렌은 파네실기 전달효소(farnesyl transferase, 미세소체 효소)가 두 분자의 파네실파이로인산의 머리-머리(head-to-head) 축합 반응을 촉매할 때 합성된다. [파네실 전달효소는 스쿠알렌 생성효소(squalene synthase)로도 불린다.] 이 반응은 전자 주개로서 NADPH를 필요로 한다.

콜레스테롤 생합성 경로의 마지막 단계는(**그림 12.30**) 스쿠알렌을 **스테롤 운반체 단백질**(sterol carrier protein)이라 불리는 특이한 세포질 단백질 운반체에 결합시킴으로써 시작한다. 스쿠알렌의 라노스테롤(lanosterol)로의 전환은 중간산물이 이 단백질에 결합하는 동안에 일어난다. 라노스테롤 합성을 일으키는 산소 의존성

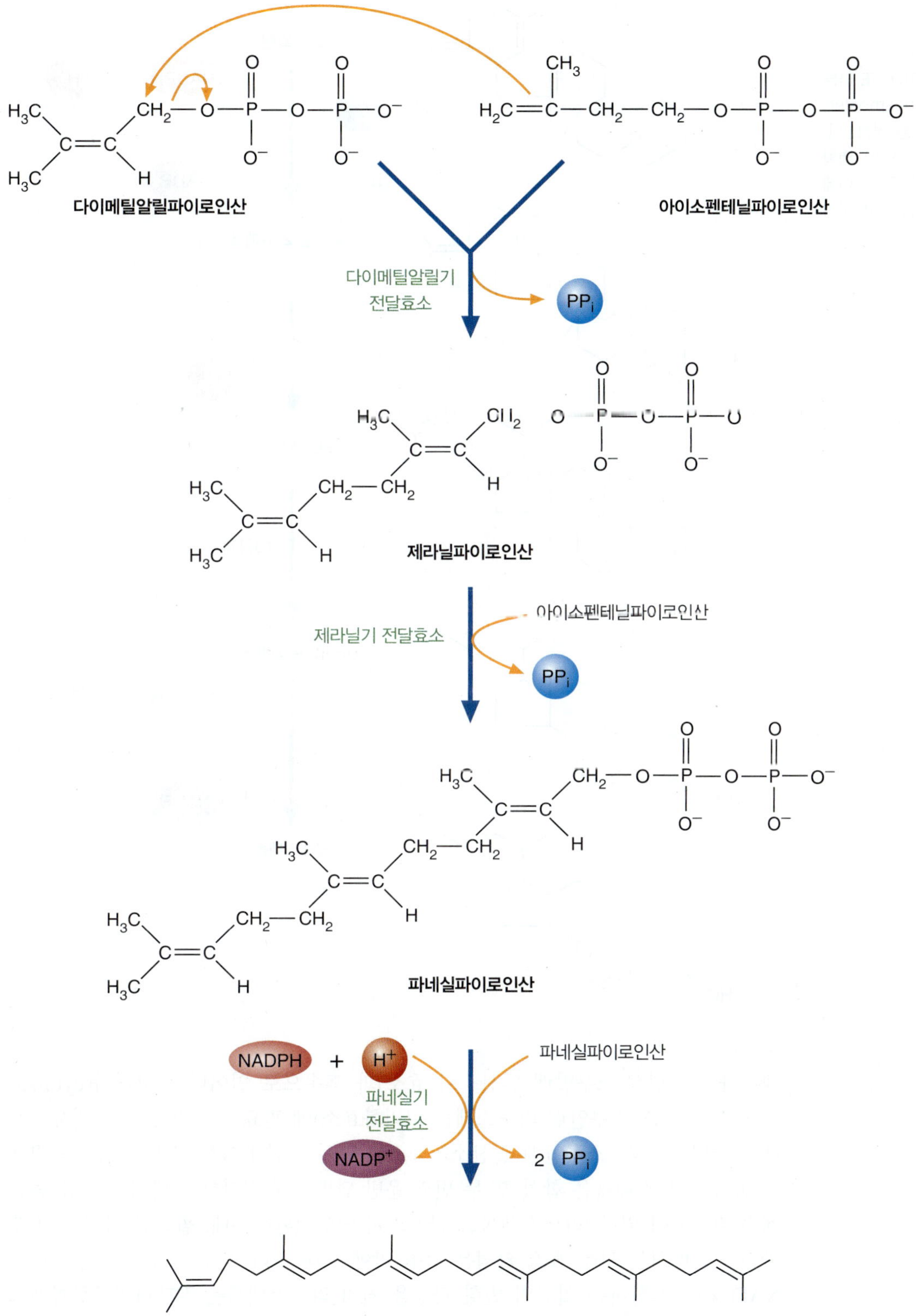

그림 12.29

스쿠알렌의 합성.

다이메틸알릴파이로인산과 아이소펜테닐파이로인산의 머리-꼬리 축합 반응은 터펜 제라닐파이로인산을 만든다. 이어서 일어나는 또 다른 아이소펜테닐 파이로인산과의 머리-꼬리 축합 반응은 C_{15} 파네실파이로인산을 만든다. 두 개의 파네실파이로인산 분자의 축합 반응은 C_{30} 트라이터펜인 스쿠알렌을 만든다.

그림 12.30

스쿠알렌으로부터 콜레스테롤의 합성.

이 합성 과정은 포유동물에서 주 경로이다. 또 다른 부 경로에서 스쿠알렌은 데스모스테롤(desmosterol)로 전환된 다음 환원되어 콜레스테롤을 형성한다. 주 경로에서 일어나는 자세한 과정들은 아직도 명확하지 않다. (데스모스테롤은 C-24와 C-25 사이에 C=C 이중 결합을 갖고 있는 점에서 콜레스테롤과 다르다.)

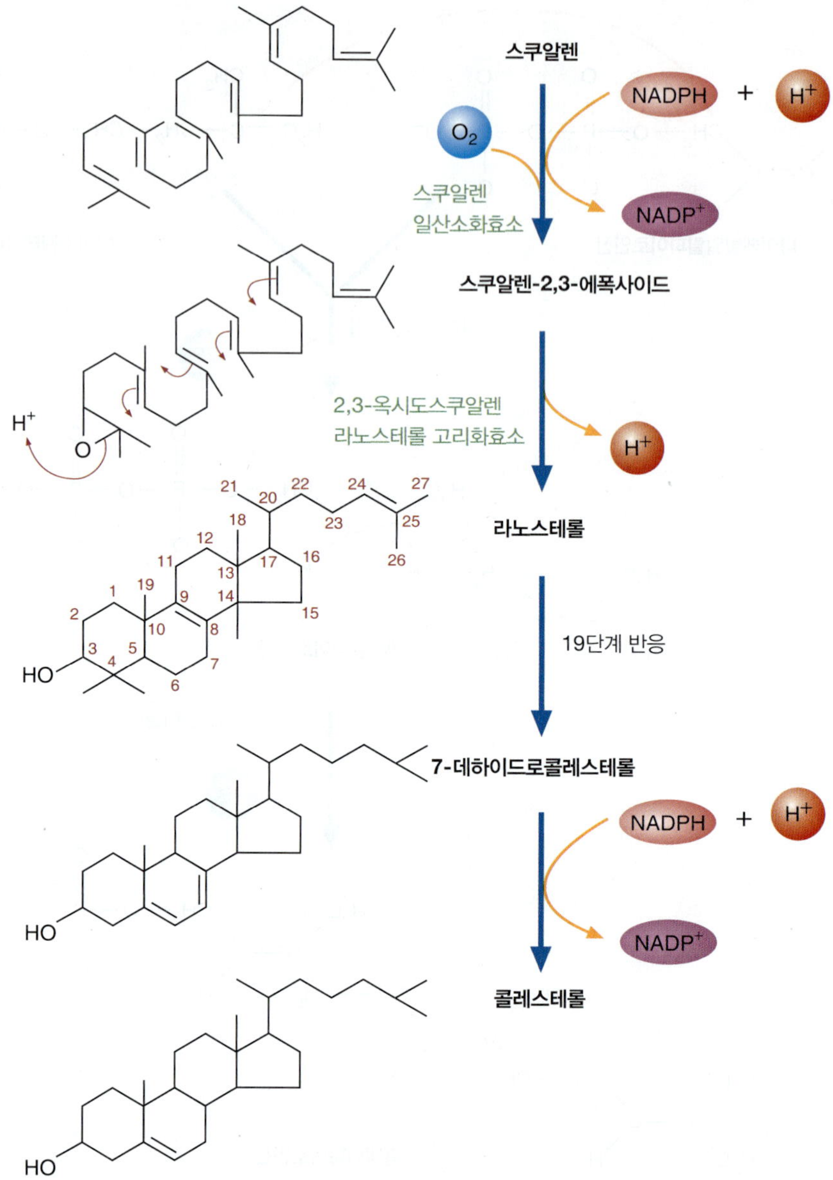

에폭사이드 형성(스쿠알렌 일산소화 효소)과 후속으로 일어나는 고리화(cyclization, 2,3-옥시도스쿠알렌 라노스테롤 고리화효소)에 필요한 효소 활성은 미세소체에 국한되어 있다. 스쿠알렌 일산소화효소는 활성을 위해 NADPH와 FAD를 필요로 한다. 라노스테롤은 합성 후 두 번째 운반 단백질에 결합하고 나머지 반응 동안 계속 결합되어 있다. 라노스테롤을 콜레스테롤로 전환하는데, 필요한 나머지 20개 반응을 촉매하는 모든 효소 활성은 SER 막에 묻혀 있다. 약간의 산소뿐만 아니라 NADPH를 포함하는 일련의 변형 과정을 거쳐 라노스테롤은 7-데하이드로콜레스테롤(7-dehydrocholesterol)로 전환된다. 그 다음에 이 생성물은 NADPH에 의해 환원되어 콜레스테롤을 형성한다.

콜레스테롤 분해 다른 여러 종류의 생체 분자와 달리 콜레스테롤과 다른 스테로이드는 더 작은 분자로 분해될 수 없다. 그 대신, 담즙산(bile acid)의 합성과 분비에 의한 손실과 함께 합성의 저하와 스테로이드 호르몬으로의 전환을 통해 순환하는

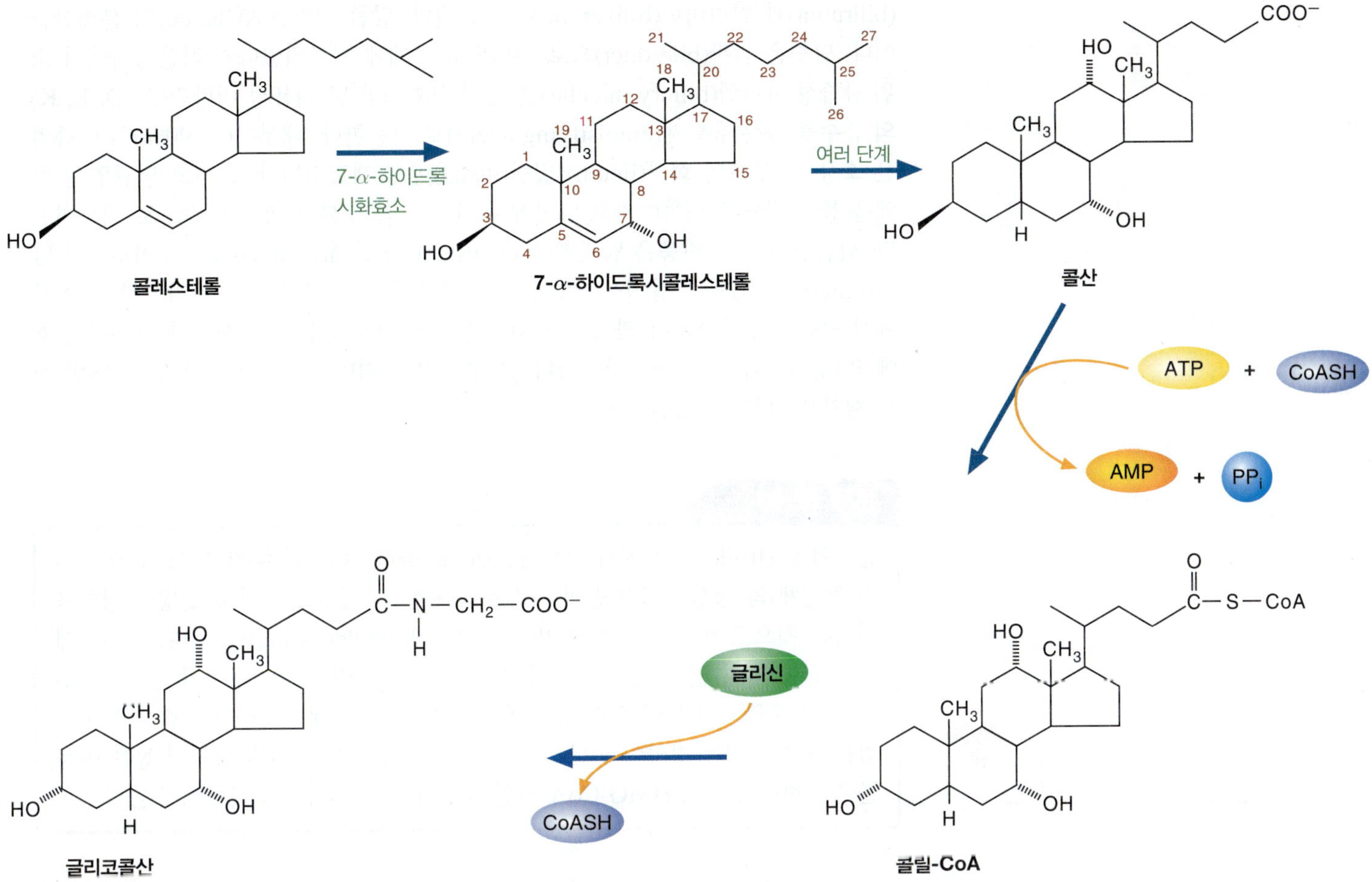

그림 12.31

담즙염의 합성.

담즙염(bile salt)은 소장에서 음식에 포함된 지방의 소화를 도와주는 유화제(emulsifying agent)이다. 담즙염은 간에서 콜레스테롤로부터 합성된다. 담즙산(bile acid)과 콜산(cholic acid)은 여러 단계의 반응을 거쳐 콜레스테롤로부터 생성된다. 반응들 중 두 반응은 사이토크롬 P_{450} 효소인 7-α-하이드록시화효소(7-α-hydroxylase)와 12-α-하이드록시화효소(12-α-hydroxylase)에 의해 촉매되는 하이드록시화 반응이다. 담즙염의 글리코콜산(glycocholate)은 콜릴-CoA가 글리신과 반응하여 아마이드 결합을 형성할 때 생성된다.

콜레스테롤의 농도를 낮춘다. 하루에 합성되는 콜레스테롤의 절반 정도가 담즙산을 합성하는 데 쓰인다. 담즙산의 합성은 간에서 일어난다. 담즙산의 주성분 중 하나인 콜산(cholic acid)의 합성은 **그림 12.31**에 나타나 있다. 콜레스테롤-7-α-하이드록시화효소(cholesterol-7-α-hydroxylase, SER 효소)에 의해 촉매되는 콜레스테롤의 7-α-하이드록시콜레스테롤(7-α-hydroxycholesterol)로의 전환은 담즙산 합성에서 속도제한 반응이다. 나중의 반응에서 C-5의 이중 결합이 재배열되고 환원되며 추가로 하이드록시기가 삽입된다. 이 과정의 산물인 콜산(cholic acid)과 데옥시콜산(deoxycholic acid)은 **접합 반응**(conjugation reaction)을 촉매하는 SER의 효소에 의해 담즙염으로 전환된다. (접합 반응에서 분자의 용해성은 분자를 수용성 기를 포함하는 유도체로 전환시킴으로써 증가한다. 아마이드와 에스터가 이들 접합 유도체의 일반적인 예들이다.) 대부분의 담즙산은 글리신이나 타우린($H_3N^+CH_2CH_2SO^-_3$)과 접합된다.

담즙염은 간세포에 의해 생산되며 지질의 소화를 돕는 *담즙*(bile)의 중요한 성분이다. 담즙염 외에도 담즙에는 콜레스테롤, 인지질, 그리고 담즙 색소인 빌리루빈

(bilirubin)과 빌리버딘(biliverdin)이 포함된다. 담즙 색소는 헴(heme)의 분해산물이다. 담즙은 담관(bile duct)으로 분비되고 쓸개에 저장되었다가 작은창자에서 소위 담즙성 마이셀(biliary micelle)을 형성하여 지방 및 지용성 비타민(A, D, E, K)의 흡수를 돕는 유화제(emulsifying agent)로 작용한다. 대부분(약 90%)의 담즙염은 소장 끝 부분의 회장(ileum) 말단(distal)에서 재흡수된다. 그리고 담즙염은 혈액을 통해 간으로 되돌아가고 그곳에서 다른 담즙 성분과 함께 담관으로 재분비된다. 담즙산의 접합 반응은 담관계(duct system)와 쓸개(gallbladder)로 이루어진 담도(biliary tract)와 소장에서 담즙산의 조기 흡수가 일어나는 것을 방지한다. 회장에서 담즙염의 재흡수(효과적인 재순환을 위해 필요함)는 글리신이나 타우린 신호에 의해 일어나는 것으로 밝혀졌다. (담즙염은 마지막으로 제거되기 전에 18번 정도 재활용된다고 추정된다.)

문제 12.10

담석
Gallstone

쓸개와 담관(bile duct)에서 담석(gallstone, 콜레스테롤과 무기산염으로 이루어진 결정체)의 생성은 수백만의 사람을 괴롭힌다. 이 고통스러운 질병에 영향을 미치는 것으로 알려진 것으로 비만과 *쓸개염*(cholecystitis)이 있다. 콜레스테롤은 물에 녹지 않기 때문에 담즙에서 담즙염 및 인지질로 구성된 마이셀(micelle)과 혼합되어 녹아 있다. 담석은 과다한 양의 콜레스테롤이 담즙에 분비되었을 때 형성되는 경향이 있다. 비만인 사람이 담석증에 걸릴 확률이 높은 이유를 설명하라. [*힌트*: HMG-CoA 환원 효소의 활성은 비만인 사람에서 높다.]

콜레스테롤 항상성 콜레스테롤이 과잉으로 존재할 때 잠재적으로 독성이 나타날 수 있는 동물의 몸에서 콜레스테롤의 중요한 역할에는 그 농도가 정상 범위 내로 유지되는 것이 필요하다. 콜레스테롤 항상성(cholesterol homeostasis)은 콜레스테롤 생합성 경로, LDL 수용체 활성과 담즙산 생합성 등을 조절하는 복잡한 메커니즘을 통해 이루어진다. 콜레스테롤 생합성 조절은 현존하는 HMGR 분자, 유전자 발현 변화와 효소 분해 등의 조정에 의해 주로 이루어진다.

HMGR 분자의 활성을 조절하는 주요한 방법은 인산화 반응을 통한 비활성화이다(**그림 12.32**). HMGR 활성은 세포 내 고농도의 AMP에 반응하여 AMPK에 의한 인산화에 의해 억제되는 데, 이 고농도의 AMP는 콜레스테롤 생합성을 세포 에너지 대사에 통합시킨다. 글루카곤과 에피네프린에 의해 조절되는 cAMP도 또한 PKA (protein kinase A, 단백질 카이네이스 A)에 의해 촉매되는 인산화 반응을 통해 인단백질 인산 가수분해효소 억제제 1 (phosphoprotein phosphatase inhibitor 1, PPI-1)을 활성화함으로써 HMGR을 억제한다. 활성화된 PPI-1은 인산기를 제거함으로써 HMGR 활성을 증가시킬 수 있는 여러 인산 가수분해효소들을 억제한다. 그리고 인슐린은 cAMP 합성을 부분적으로 억제함으로써 HMGR 활성을 증가시킨다. HMGR은 또한 LDL 수용체의 세포내 이입으로부터 유래한 콜레스테롤과 메발론산의 비스테롤 유도체(nonsterol derivative)를 포함하여 여러 스테롤이 관여하는 음성 되먹임 메커니즘(negative feedback mechanism)에 의해 조절된다.

유전자 발현에서 스테롤에 의해 매개되는 변화는 콜레스테롤 항상성의 주요한 특징이다. ER 막 단백질 SREBP2는 콜레스테롤 생합성의 뛰어난 조절물질이다. 콜레스테롤 생합성 유전자의 발현을 자극하는 것 이외에 SREBP2는 LDL 수용

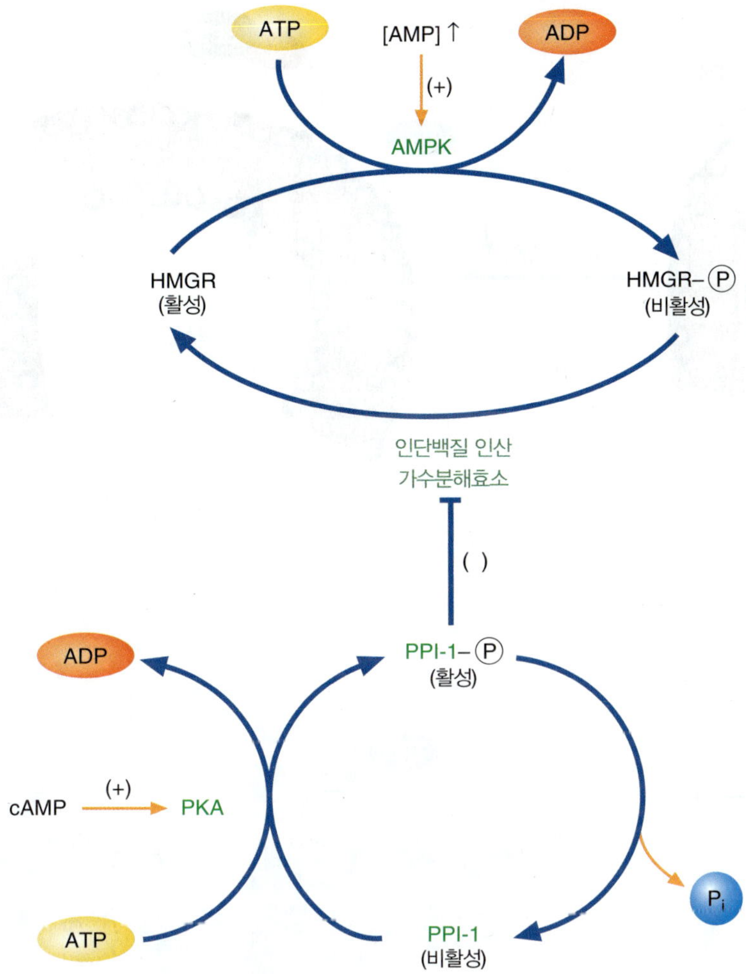

그림 12.32

공유 결합 변형에 의한 HMGR 조절.

HMGR은 증가하는 AMP 수준에 반응하여 AMPK에 의해 촉매되는 인산화 반응에 의해 비활성화된다. HMGR의 활성화는 인단백질 인산 가수분해효소에 의해 이루어진다. cAMP 농도가 높을 때 인산화 반응에 의해 활성화된 PPI-1은 인단백질 인산 가수분해효소를 억제한다. 억제된 인단백질 인산 가수분해효소는 HMGR의 비활성화 상태를 안전하게 유지한다.

체 유전자와 NADPH 합성에 필요한 3개[글루코스-6-인산 탈수소효소(G-6-PD), 6-포스포글루콘산 탈수소효소(6-phosphogluconate dehydrogenase)와 말산 효소(malic enzyme)]의 유전자를 활성화한다. SREBP2는 SREBP 절단 활성화 단백질(SREBP cleavage-activating protein, SCAP)에 결합한다. 세포가 충분한 콜레스테롤을 갖고 있을 때 SCAP의 스테롤 감지 구역(sterol-sensing domain, SSD)은 콜레스테롤과 Insig (*in*sulin-*i*nduced *g*ene, 인슐린 유도 유전자)라 불리는 소포체 보유 단백질(ER retention protein)을 결합한다. 콜레스테롤이 고갈된 세포의 경우 Insig는 SCAP에 더 이상 결합하지 않고 SCAP는 SREBP2를 ER(소포체)로부터 골지체로 이송한다(**그림 12.33**). SREBP-SCAP 복합체가 골지체에 도착할 때 2개의 단백질 가수분해효소는 막으로부터 활성 전사 인자인 SREBP2의 N-말단 구역을 방출한다. 그런 다음 활성화된 SREBP2 생성물은 핵으로 이동하여 그곳에서 표적 유전자의 SRE (sterol regulatory element, 스테롤 조절 요소)에 결합한다. SREBP 이외에 일부 표적 유전자의 발현은 보조 조절 전사 인자(coregulatory transcription factor)의 결합을 필요로 한다. 예를 들어 HMGR과 HMG-CoA 합성효소 유전자들의 전사는 NF-1(nuclear factor-1, 핵인자-1)과 CREB(cAMP response element binding protein, cAMP 반응 요소 결합단백질)의 결합을 필요로 한다.

세포 콜레스테롤 수준은 새로이 합성된 효소와 혈류로부터 LDL 수용체를 통한

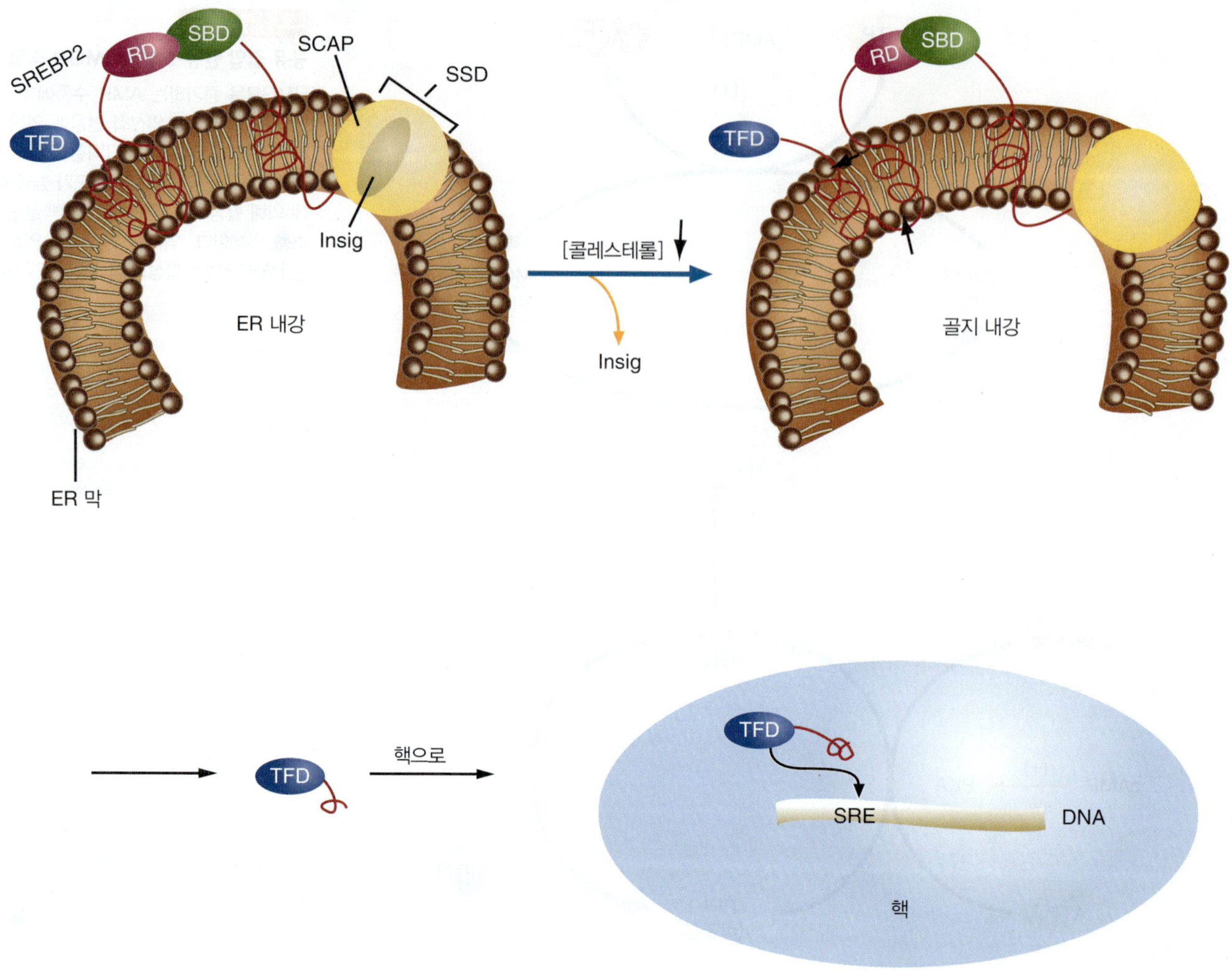

그림 12.33

SREBP2 조절.

ER 단백질인 SREBP2는 SREBP2 조절 구역(RD)이 SCAP의 SREBP 결합 구역(SBD)에 결합하여서 SCAP(SREBP 절단 활성화 단백질)와 복합체를 형성한다. SCAP의 SSD(스테롤 감지 구역)는 콜레스테롤과 결합한다. 콜레스테롤 수준이 높고 콜레스테롤이 SSD에 결합하면 ER 보유 단백질 Insig도 결합한다. 콜레스테롤이 고갈되어 SSD에 더 이상 결합하지 않으면 Insig는 방출되고 SREBP/SCAP 복합체는 골지체로 이송된다. SREBP2가 골지체 속에 있을 때 2개의 단백질 가수분해효소는 SREBP2를 2개의 자리(화살표)에서 절단하여 활성이 있는 TFD(transcription factor domain, 전사 인자 구역)를 방출한다. 그런 다음 SREBP 전사 인자는 핵으로 이동하여 그곳에서 스테롤-관련 유전자들과 연관된 SRE(sterol regulatory element, 스테롤 조절 요소)에 결합한다.

LDL 내재화(internalization)로 인해 증가하기 시작하면서 농도 문턱(concentration threshold)에 도달하고 몇 개의 분자들은 SCAP의 스테롤 감지 구역에 결합한다. SCAP-SREBP 복합체의 형태 변화로 인해 ER 단백질 Insig는 SCAP의 스테롤 감지 구역의 콜레스테롤을 대체하고 복합체는 ER에 체류하면서 SREBP2 가공과 표적 유전자의 전사를 끝낸다. 고농도의 콜레스테롤과 메발론산의 다른 대사물들도 또한 현존하는 HMGR mRNA의 번역(translation)을 억제함으로써 콜레스테롤 합성을 억제한다. 간의 경우 과잉의 콜레스테롤은 아실-CoA-콜레스테롤 아실전달효소(acyl-CoA-cholesterol acyltransferase, ACAT)를 활성화한다. 이 효소는 콜레스테릴 에스터 저장 분자를 생산하기 위해 지방 아실-CoA(fatty acyl-CoA) 분자로부터 콜레스테롤의 OH기에 지방산 전달을 촉매한다.

콜레스테롤 수준을 통제하는 또 다른 방법인 HMGR 분해는 Insig에 의해 중재된다. 콜레스테롤 수준이 높을 때 스테롤은 효소의 스테롤-감지 N-말단 구역에 결합한다. 이어서 HMGR은 Insig에 결합하는데, 이것이 그 다음에 주요 단백질 분해 메커니즘을 일으키는 유비퀴틴 연결효소(ubiquitin ligase)와 결합한다(15장 참조).

간 속의 고농도의 콜레스테롤은 또한 담즙산 생성을 일으킨다. 콜레스테롤이 축적되기 시작하면 일부 분자들은 산화하여 옥시스테롤(oxysterol, 예: 25-하이드록시콜레스테롤)을 형성한다. 옥시스테롤은 LXR(liver X receptor, 간 X 수용체)에 결합하여 활성화하고 LXR이 RXR(retinol X receptor, 레티놀 X 수용체)과 활성이 있는 이종이합체(heterodimer) 전사 인자를 형성한다. 이형이합체는 합성의 속도제한 효소인 7-α-하이드록시화효소(7-α-hydroxylase)의 전사를 일으킨다.

주요 개념 _Key Concepts

- 콜레스테롤은 간에서 주로 일어나는 다단계 회로에서 아세틸-CoA로부터 합성된다.
- 콜레스테롤은 주로 담즙염으로 전환되는데, 이는 식이 지방의 유화작용과 흡수를 촉진한다.

콜레스테롤 생합성 경로와 약물치료

콜레스테롤과 심장질환
Cholesterol and Heart Disease

대부분의 의학 연구자들은 혈청 내 총 콜레스테롤(VLDL, LDL, HDL에 함유된 콜레스테롤의 합)과 LDL의 높은 농도가 심혈관질환과 깊은 관련이 있다고 믿는다. 최근에 심장마비와 뇌졸중의 위험을 줄이고자 *스타틴*(statin)이란 약물이 혈청 콜레스테롤의 수치를 낮추기 위해 많이 이용된다. 로바스타틴(lovastatin)과 같은 스타틴은 콜레스테롤 합성의 속도 제한(rate-limiting) 효소인 HMG-CoA 환원효소의 경쟁 억제제로 작용한다. 대부분의 콜레스테롤 합성은 간에서 일어나기 때문에 간세포가 혈청 LDL로부터 콜레스테롤을 제거하여 감소한 콜레스테롤 합성량을 보충할 때 혈청 내 콜레스테롤의 농도가 감소된다. 체내 콜레스테롤 합성은 대부분 밤에 이루어지기 때문에 스타틴은 저녁에 복용한다. 또한 스타틴은 에너지 생성에 매우 중요한 물질인 혼성 터페노이드(mixed terpenoid) 보조 효소(coenzyme) Q(유비퀴논, ubiquinone)의 합성을 방해한다. 따라서 스타틴 약물치료는 보조 효소 Q 섭취와 병행해야 한다.

비스포스폰산(bisphosphonate)은 뼈의 무기질 밀도가 감소하는 골질환인 *골다공증*(osteoporosis)을 치료하는 데 이용되는 약물의 한 종류이다. 비스포스폰산은 칼슘과 결합하기 때문에 칼슘과 함께 뼈 조직으로 쉽게 흡수되어 파골세포를 사멸한다. *파골세포*(osteoclast)는 뼈를 재구성하는 세포로 오래된 뼈 조직을 제거하고 분해한다. 알렌드론산(alendronate)과 같은 비스포스폰산은 아이소펜테닐파이로인산(isopentenyl pyrophosphate)을 파네실파이로인산(farnesylpyrophosphate)으로 전환하는 효소 반응(**그림 12.29** 참조)을 억제하여 파골세포의 세포 사멸(apoptosis)을 유발한다. 파골세포의 사멸은 몇몇 세포 신호 전달 단백질(예, Ras)을 원형질막에 연결하는 프레닐화(prenylation) 반응의 기질인 제라닐파이로인산(geranylpyrophosphate)과 파네실파이로인산이 결핍되어서 발생한다.

생화학 전망 BIOCHEMISTRY IN PERSPECTIVE

생체내 변환 반응

잠재적으로 독성이 있는 소수성 분자들은 우리 몸에서 어떻게 대사되는가? 독성물질을 덜 독성인 물질로 전환시키는 효소 촉매 과정인 **생체내 변환 반응**(biotransformation)에서 효소는 보통 광범위한 특이성을 나타낸다. 포유류에서 생체내 변환 반응은 주로 소수성의 독성물질을 더 용이하게 배설될 수 있도록 수용성 유도체로 전환시킨다. 생체이물(xenobiotic)의 생체내 변환 반응을 촉매하는 효소는 소수성의 내인성 분자(endogenous molecule)를 처리하는 효소와 유사하다. 비록 생체내 변환 반응이 세포 안 여러 위치(예, 세포질, 미토콘드리아)에서 일어나지만 대부분은 ER 내에서 일어난다. 또한 세포 종류에 따라 생체내 변환 반응 잠재력도 다르다. 일반적으로 생체이물이 주로 들어오는 신체 부위(예, 간, 폐, 창자) 가까이에 위치한 세포들은 그렇지 않은 세포들보다 더 높은 농도의 생체내 변환 반응 효소들을 갖는다.

생체내 변환 반응 과정은 두 가지 주요 유형으로 분화하였다. **단계 I** (phase I) 반응은 소수성 물질을 산화환원효소(oxidoreductase)와 가수분해효소(hydrolase)로 더 극성인 분자로 전환시킨다. **단계 II** (phase II) 반응은 적당한 작용기를 포함하는 대사물질을 글루쿠론산(glucuronate), 글루탐산(glutamate), 황산(sulfate), 또는 글루타싸이온(glutathione) 같은 물질들과의 접합체(conjugated substance)로 만든다. 일반적으로 접합(conjugation)은 용해도를 현저하게 향상시켜 신속한 배설을 촉진한다. (동물에서 생체 내 변환된 분자의 배설을 흔히 단계 III이라고 한다.) 많은 물질들이 세 단계를 차례로 거치지만 상당수는 거치지 않는다. 예를 들어 어떤 분자들은 단계 I 대사물로 배설되는 한편 다른 분자들은 단계 II 반응만 거친다. 더욱이 효소 농도, 보조 기질(cosubstrate)의 이용 가능성과 반응 순서 등에 변화가 생기면 어떤 물질들은 1개의 최종 생성물보다 더 많은 생성물들을 만들 수 있다. 그러나 이와 같은 복잡성에도 불구하고 기본적인 생체내 변환 반응 양상이 나타났다. 잘 연구된 단계 I과 II 반응의 사례가 아래에 서술되어 있다. **제독**(detoxication)이란 독성 분자를 수용성이 더 강한(보통 독성이 덜한) 생성물로 전환시키는 과정을 의미한다. 그리고 **해독**(detoxification)은 독성 상태를 바로잡아 주는 교정, 즉 중독자를 절제시키는 화학 반응이다.

보통 단계 I 반응은 작용기(예, —OH, $—NH_2$, —SH)를 도입 또는 노출시킴으로써 기질을 더 극성의 형태로 전환시킨다. 많은 단계 I 효소들은 SER 막에 위치하지만 탈수소효소(예, 알코올 탈수소효소, 과산화효소)는 세포질에 존재하고 다른 효소[예, 모노아민 산화효소(monoamine oxidase)]는 미토콘드리아에 위치한다. SER 산화 대사의 가장 중요한 효소는 흔히 *혼합기능 산화효소*(mixed function oxidase)라 일컫는 일산소화효소(monooxygenase)이다. 이 효소의 전형적인 반응을 보면 기질 분자당 한 분자의 산소(O_2)가 환원된다. 1개의 산소 원자가 생성물에 나타나고 다른 1개의 산소 원자는 물 분자에 나타난다. 일산소화효소는 매우 다양한 화학 반응을 수행할 수 있는데, 어떤 반응은 매우 불안정한(따라서 독성의) 중간물질을 만든다.

NADPH를 환원제로 필요로 하는 2개의 주요한 SER 일산소화효소에는 사이토크롬 P_{450}(cyt P_{450})계와 플라빈-함유 일산소화효소가 있다. 2개의 효소, 즉 NADPH-사이토크롬 P_{450} 환원 효소(NADPH-cytochrome P_{450} reductase)와 사이토크롬 P_{450}으로 구성되는 **사이토크롬 P_{450} 계**(cytochrome P_{450} system)는 다양한 생체이물의 제독뿐만 아니라 많은 내인성 물질(예, 스테로이드, 담즙산)의 산화 대사에 관여한다. **플라빈-함유 일산소화효소**(flavin-containing monooxygenase)는 질소, 황 또는 인을 포함하는 작용기를 갖고 있는 물질(주로 생체이물)의 NADPH와 산소를 필요로 하는 산화를 촉매한다. 다음으로 cyt P_{450} 전자 전달계의 성질에 대해 알아보자.

사이토크롬 P_{450} 전자 전달계

SER과 미토콘드리아 내막에 존재하는 사이토크롬 P_{450}에서 두 개의 전자들은 NADPH-사이토크롬 P_{450} 환원효소에 의해 NADPH로부터 사이토크롬 P_{450}에 한 번에 하나씩 전이된다(**그림** 12A). 이 환원효소는 1 mol의 효소당 FAD와 FMN을 1:1의 비율로 갖고 있는 플라보단백질(flavoprotein)이다. 이 환원효소는 사이토크롬 P_{450} 계에서의 역할 이외에 헴 산소화효소(heme oxygenase)의 기능에도 관여한다.

사이토크롬 P_{450}은 일산화 탄소(CO)와 결합하여 복합체를 형성하기 때문에 헴단백질(hemoprotein)이라고 한다. 기체가 존재하면 빛이 450 nm 파장에서 강하게 흡수된다. 6000개 이상의 cyt P_{450} 유전자들이 포유류와 세균에 걸쳐 존재한다. 인간의 경우 18개의 족으로 분류된 63개의 cyt P_{450} 유전자들이 존재한다. 각 유전자는 독특한 특이성을 갖는 단백질을 암호화한다. 간에서 발견되는 사이토크롬 P_{450} 단백질은 광범위하고 중복된 특이성을 나타낸다. 예를 들어 알케인(alkane), 방향족 화합물, 에터와 황화물 같은 다양한 분자들을 산화시킨다. 이와는 대조적으로 부신, 난소와 정소에서 발견되는 사이토크롬 P_{450} 단백질은 하이드록시기(–OH)를 스테로이드 분자에 첨가한다. 이와 같은 다양성에도 불구하고 모든 사이토크롬 P_{450} 동질효소는 1 분자의 헴을 공통적으로 갖고 있고, 그 물리적 성질과 촉매 메커니즘이 유사하다.

기질의 다양성에도 불구하고 사이토크롬 P_{450}에 의해 촉매되는 모든 산화 반응은 하이드록시화 반응으로 볼 수 있다(즉, 각 반응에서 OH기가 나타남. **그림** 12B). 일반적 하이드록시화 반응은 다음과 같다.

$$R—H + O_2 + NADPH + H^+ \rightarrow ROH + H_2O + NADP^+$$

생화학 전망 BIOCHEMISTRY IN PERSPECTIVE (계속)

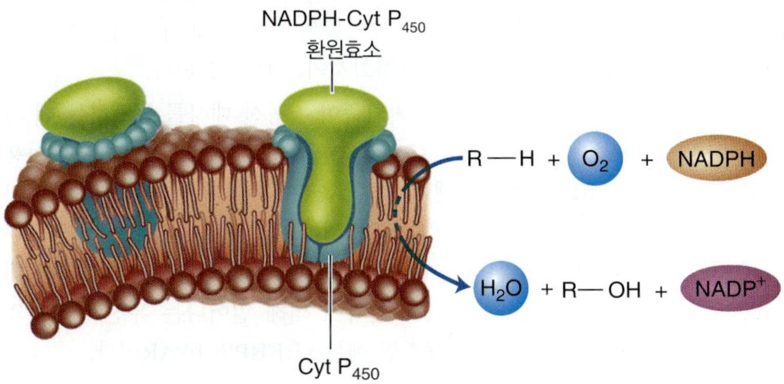

그림 12A

사이토크롬 P_{450} 전자 전달계.

사이토크롬 P_{450}과 사이토크롬 P_{450} 환원효소는 전자 전달계의 성분으로서 내인성과 외인성 분자들을 모두 산화한다.

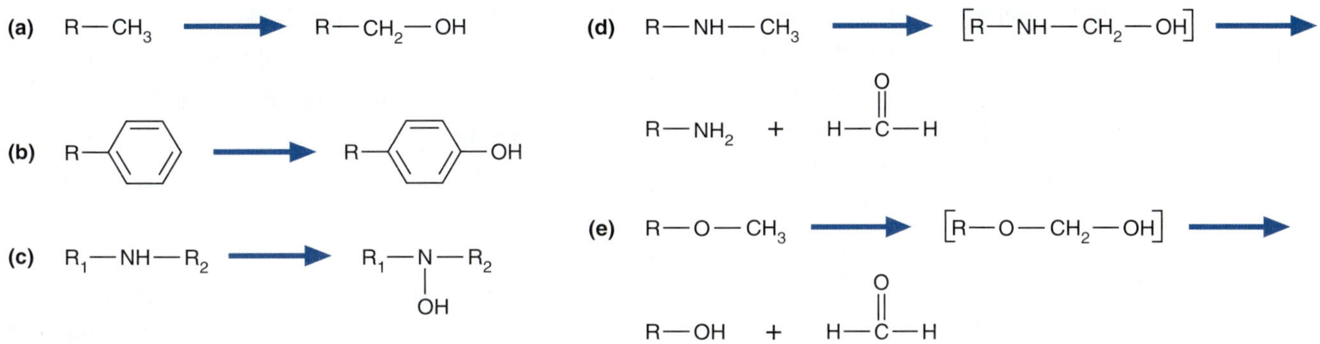

그림 12B

사이토크롬 P_{450} 동질효소에 의해 산화되는 다양한 기질.

사이토크롬 P_{450}에 의해 촉매되는 반응으로 (a) 지방족 산화(aliphatic oxidation), (b) 방향족 하이드록시화(aromatic hydroxylation), (c) N-하이드록시화(N-hydroxylation), (d) N-탈알킬화(N-dealkylation), (e) O-탈알킬화(O-dealkylation) 등이 있다.

여기서 R—H는 기질이다.

산소화 반응(oxygenation reaction)은 기질이 산화된 사이토크롬 P_{450}(Fe^{3+})과 결합할 때 시작된다. 이 결합은 사이토크롬 P_{450} 환원효소(Fe^{2+}—기질)를 통해 NADPH로부터 전달된 전자에 의해 효소-기질 복합체의 환원을 촉진한다. 환원 후 사이토크롬 P_{450}은 O_2와 결합할 수 있다. 그런 다음 헴 철(heme iron)로부터 유래한 전자는 결합된 O_2에 전달되어 일시적 Fe^{3+}—O_2^-—기질을 형성한다. 만약 결합된 기질이 쉽게 산화하면 과산화 라디칼(peroxy radical)로 전환될 수 있다. 플라보단백질로부터 전달된 두 번째 전자는 Fe^{3+}—O_2^{2-}—기질 복합체를 형성한다. 그러나 이 짧은 결합은 산소-산소 결합이 끊어질 때 끝난다. 하나의 산소 원자는 물 분자에서 방출되고 다른 산소 원자는 헴에 결합된 채로 있다. 수소 원자 또는 전자가 기질로부터 추출된 후 산소종(oxygen species, 강력한 산화제)은 기질에 전달된다. 이 주기는 활성 자리로부터 생성물을 방출함으로써 끝난다. 기질의 성질에 따라 생성물은 **에폭사이드**(epoxide, 산소가 삼원자 고리로 편입된 반응성이 매우 높은 에터)이거나 알코올이 된다. 접합(단계 II) 반응의 기능은 생물학적으로 활성이 있는 물질을 비활성화하거나 극성이 더 강한(따라서 더 용이하게 배설되는) 유도체를 형성하는 것이다. 이 과정에서 수용체로 작용할 수 있는 작용기를 갖고 있는 친지질성 대사물질(lipophilic metabolite)은 두 번째(또는 주개) 기질과 함께 효소 촉매 반응을 거친다. 가장 흔히 사용하는 주개 기질로 글루쿠론산, 글루타싸이온(14.3절 참조), 황산 이온과 아미노산들이 있다.

▸ **요약:** 생체내 변환 반응(biotransformation)은 효소 촉매 과정으로 독성을 지니거나 소수성인 분자들이 덜 독성을 지니고 수용성인 분자로 전환되는 과정이다.

이 장의 요약 CHAPTER SUMMARY

1. 아세틸-CoA는 대부분의 지질 관련 대사 과정에서 중심 역할을 한다. 예를 들면 아세틸-CoA는 지방산의 합성에 사용된다. 지방산이 에너지 생산을 위해 분해될 때 아세틸-CoA가 생성된다.
2. 외인성 지질단백질 경로에서 식이 지질은 체내 조직으로 분배되며, 과정은 트라이아실글리세롤, 콜레스테롤 및 다른 지질 분자와 결손지질단백질 B-48이 유미입자를 형성하는 장세포에서 시작된다.
3. 인체의 에너지 요구에 따라 새로이 소화된 지방 분자는 에너지를 생성하기 위해 사용되거나 지방 세포 안에 저장된다. 신체의 에너지가 부족할 때 저장 지방은 지질 분해라는 과정을 통해 동원된다. 지질 분해에서 트라이아실글리세롤은 지방산과 글리세롤로 가수분해된다. 글리세롤은 간으로 운반되어 그곳에서 지질 합성 또는 글루코스 합성에 사용된다. 대부분의 지방산은 미토콘드리아 안에서 β-산화라는 과정을 통해 아세틸-CoA로 분해된다. β-산화 경로에서 아세틸-CoA는 β-탄소가 산화되는 일련의 4개 반응에서 지방산으로부터 형성되고, 이어서 α-탄소와 β-탄소 사이의 결합은 끊어진다. 퍼옥시솜 β-산화는 매우 긴 지방산을 짧게 하는 것으로 알려져 있다. 홀수 사슬과 불포화 지방산 그리고 다이카복실산을 분해하는 데 추가적인 반응이 필요하다. 아세틸-CoA 생성물이 과잉으로 존재할 때 케톤체가 생성되고 어떤 조직에서는 에너지원으로 사용된다.
4. 지방산 합성은 말로닐-CoA 형성을 위한 아세틸-CoA의 카복실화로부터 시작한다. 지방산 대사의 주요 효소인 ACC는 다른자리 입체성 조절물질과 인산화 반응에 의해 조절된다. 지방산 합성의 나머지 반응은 지방산 생성효소인 중합효소 복합체에서 일어난다. 몇 가지 효소들은 식이성 및 새로이 합성된 지방산을 연장시키고 불포화화시키는 데 이용된다.
5. 단기와 장기의 조절 메커니즘이 지방산 대사를 통제하는 데 사용된다. 단기 조절은 CAT-I의 억제제로서 말로닐-CoA의 사용 그리고 AMPK 촉매에 의한 ACC1과 글리세롤-3-인산 아실기 전달효소의 인산화이다. 인슐린, 글루카곤, 에피네프린, 코르티솔 같은 호르몬들은 단기와 장기 조절 작용을 한다. 지방산 대사의 장기 조절은 전사 인자에 의해 일어나는 유전자 발현의 변화이다. 2개의 대표적인 예는 SREBP와 PPAR이다.
6. 인지질은 SER과 세포질의 경계면에서 합성된 후 지방산의 조정을 거쳐 재구성된다. 인지질 가수분해효소에 의해 촉매되는 인지질의 대사회전(분해 및 대체)은 빠르다.
7. 스핑고지질의 세라마이드 성분의 합성은 3-케토스핑가닌 형성을 위한 팔미토일-CoA와 세린의 축합에서 시작한다. 아실-CoA와 $FADH_2$를 포함하는 두 단계 과정에서 스핑가닌(3-케토스핑가닌이 NADPH에 의해 환원될 때 형성됨)은 세라마이드로 전환된다. 스핑고지질은 리소좀 안에서 분해된다.
8. 콜레스테롤 합성은 다음과 같은 세 단계로 나눌 수 있다. (1) 아세틸-CoA로부터 HMG-CoA의 형성, (2) HMG-CoA의 스쿠알렌으로의 전환, (3) 스쿠알렌의 콜레스테롤로의 전환. 콜레스테롤은 모든 스테로이드 호르몬과 담즙산의 전구물질이다. 담즙은 음식으로 섭취한 지질을 유화하는 데 사용된다. 콜레스테롤 항상성은 콜레스테롤 생합성, LDL 수용체 활성, 담즙산 생합성의 조절을 통해 이루어진다.

주요 용어 KEY WORDS

복습 문제 REVIEW QUESTIONS

**이 문제들은 다음 장으로 넘어가기 전에 이장에서 논의했던 주요 개념에 대한 지식을 테스트하기 위해 만들어졌다.*

1. 다음의 용어를 정의하라.
   a. 유미입자 잔류물
   b. 글리세롤 신생 합성
   c. 외인성 지질단백질 경로
   d. 결손 지질단백질 B-48
   e. 장세포
2. 다음의 용어를 정의하라.
   a. β-산화
   b. 카르니틴
   c. 케톤체 생성
   d. 케톤체
   e. 케톤증
3. 다음의 용어를 정의하라.
   a. 지방세포
   b. MCAD
   c. ACP
   d. α-산화
   e. 홀수-사슬 산화
4. 다음의 용어를 정의하라.
   a. SREBP1(스테롤 조절 요소 결합단백질 1)
   b. SREBP2(스테롤 조절 요소 결합단백질 2)
   c. PPAR(퍼옥시솜 증식 인자-활성화 수용체)
   d. 고지혈증
   e. 죽종
5. 다음의 용어를 정의하라.
   a. 사이토크롬 P_{450}
   b. 혼합기능 산화효소
   c. 플라빈-포함 일산소화효소
   d. 제독(detoxication)
   e. 해독(detoxification)
6. 다음의 용어를 정의하라.
   a. 알릴기
   b. 에폭사이드
   c. SAM
   d. PAPS
   e. 단계 I 반응
7. 미토콘드리아에서 일어나는 β-산화와 퍼옥시솜에서 일어나는 β-산화와의 차이점은 무엇이며, 유사점은 무엇인가?
8. 지방산의 합성과 지방산의 β-산화와의 차이점 세 가지를 나열하라.
9. 다음의 지방산이 산화되는 과정을 그려라.

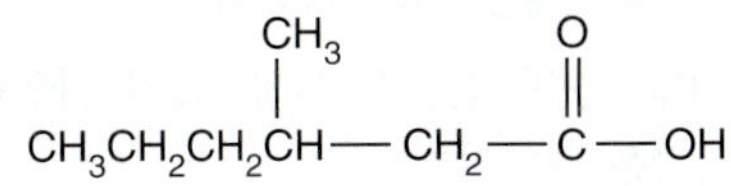

10. 문제 9에서 분자의 산화에서 생기는 생성물은 무엇인가?
11. 스테아르산과 글루코스 분자의 에너지 함량을 비교하라.
12. 가싸이올분해를 정의하라. 이것은 어떤 생화학 과정에서 일어나는가?
13. IDL과 LDL의 차이를 설명하라.
14. 무베타지질단백혈증(abetalipoproteinaemia)을 가진 환자에게 중간 사슬 지방산을 보충한 저지방 식이요법이 처방되는 이유를 설명하라.
15. 천연으로 존재하는 단일불포화 지방산의 β-산화는 추가적인 효소를 필요로 한다. 이 효소는 무엇이며 어떻게 임무를 달성하는가?
16. 다음 분자의 친수성 자리와 소수성 자리를 표시하고, 이 분자가 막을 형성할 때 어떻게 위치하는지 설명하라.

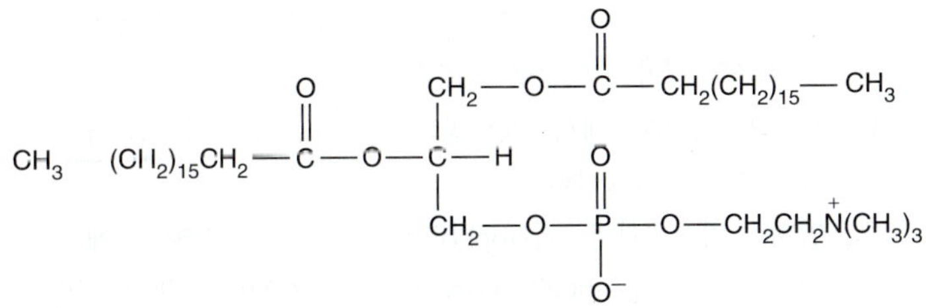

17. 고셔병(Gaucher's disease)은 β-글루코세레브로사이드 분해효소가 결핍된 유전병이다. 글루코세레브로사이드는 대식세포에 축적되며, 대식세포가 사멸하면서 방출된다. 고셔병 환자는 젊은 나이에 신경질환을 겪게 되나, 나이 들어 발병되기도 한다. 고셔병의 발병 여부는 백혈구가 기질의 β-글리코사이드 결합을 가수분해할 수 있는가에 따라 판명된다. 다음 그림의 글루코세레브로사이드를 살펴보고 글루코세레브로사이드 분해효소가 어느 결합을 가수분해하는지 설명하라.

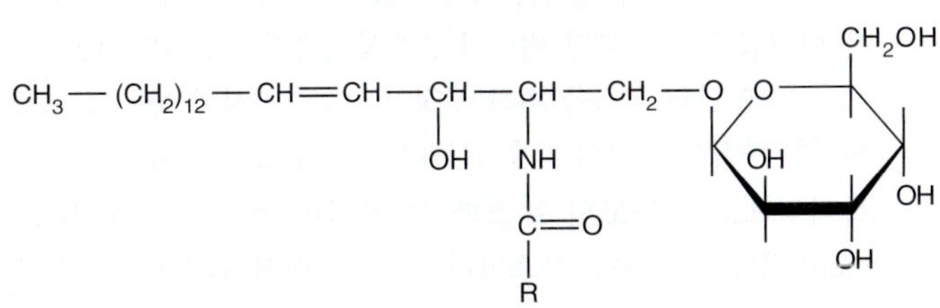

18. 1 mol의 트라이스테아린에 있는 지방산으로부터 발생될 수 있는 ATP의 몰수를 결정하라. 스테아린은 스테아르산 세 분자에 글리세롤이 에스터화되어서 생성된 트라이아실글리세롤이다. 글리세롤의 운명은 어떻게 되는가?

19. 담즙염의 합성 과정과 기능을 설명하라.
20. 동물성 스테로이드(예, 에스트로젠, β-카로틴 등)는 서로 어떻게 연관이 되어 있는가? 이들 지질 분자들의 합성 과정에서 어떤 반응들이 공통적으로 일어나는가?
21. 사이토크롬 P_{450} 전자 전달계의 성분들을 나열하고 설명하라. 각 성분의 역할은 무엇인가?
22. 생체내 변환 과정에서 접합 반응의 기능은 무엇인가?
23. 퍼옥시솜 효소인 β-케토아실-CoA-가싸이올분해효소(β-ketoacyl－CoA-thiolase)는 유사한 미토콘드리아의 효소와는 다르게 중간 사슬 아실-CoA에는 결합하지 않는다. 이 현상이 세포에 이익이 되는 이유를 설명하라.
24. 극단적으로 단식을 한 사람들은 날숨에서는 아세톤 냄새가 난다. 그 이유를 설명하라.
25. 지방산 불포화 과정에서 산소 분자의 활성화에 NADH가 포함된 메커니즘을 설명하라.
26. 지질 대사에서 인슐린의 기능을 설명하라.
27. 아세틸-CoA로부터 말로닐-CoA를 합성하는 데 $^{14}CO_2$가 사용되었을 때 최종 지방산 생성물에는 표지가 전혀 나타나지 않는다. 설명하라.
28. 콜레스테롤 분자를 그리고 아이소펜테닐 단위를 표시하라.
29. 지방 세포에서 트라이아실글리세롤의 가수분해로부터 생긴 글리세롤의 운명을 설명하라.
30. 많은 가공식품과 패스트푸드는 트랜스 지방산을 포함하고 있다. 이 분자가 신체에 문제가 되는 이유를 설명하라.
31. β-산화의 단계들을 살펴보고 어느 단계가 실제로 산화 반응인지 결정하라.

종합 문제 THOUGHT QUESTIONS

이 문제들은 지금까지 이 책에서 논의된 모든 주요 개념에 대한 여러분의 이해를 강화하기 위한 것이다. 문제들은 하나의 정답을 가지고 있지 않을 수도 있다.

32. 혈중 글루코스 수준이 정상보다 더 높을 때 글루코스 분자는 라이신 잔기 같은 단백질의 곁사슬과 반응하여 당화된 곁사슬을 생성한다. 이 과정이 왜 위험한지 설명하라. 당화 동안 형성된 최초의 작용기 이름을 적어라.
33. 사람의 대사과정에서 적은 양의 카르니틴이 존재하면 어떤 영향이 있는지 설명하라.
34. 인지질 가수분해효소(phopholipase)는 기질의 양이 임계 마이셀 농도(critical micelle concentration, CMC)보다 높으면 그 활성이 증가되며, 임계 마이셀 농도란 지질이 마이셀을 형성하기 시작하는 농도를 말한다.
    a. 인지질 가수분해효소의 활성이 증가되었을 때, 어느 형태의 비공유 결합성 상호작용이 이 효소와 지질 사이에 일어나는가?
    b. 이러한 상호작용을 볼 때, 인지질 가수분해효소는 어떤 구조를 가지고 있다고 생각할 수 있는가?
35. 유전질환 중 하나인 아실-CoA 탈수소효소 결핍증이 있는 경우 지방산의 산화가 원활히 일어나지 않는다. 이 질환에 의한 증상은 어지럼증, 구토부터 빈번한 혼수상태까지 다양하다. 12시간 혹은 그 이상의 공복을 피하고 정기적으로 식사를 하는 것으로 이러한 증상을 완화시킬 수 있는데, 그 이유를 설명하라.
36. 특이적으로 고농도의 포스파티딜콜린이 소포체의 내강(lumen) 쪽에 존재한다. 포스파티딜콜린의 어떤 구조적 특성으로 인해 이러한 일이 발생하는지 설명하라.
37. 스트레스 또는 단식 상태에서 혈액 중 글루코스의 농도는 떨어지며, 이에 따라 지방 세포로부터 지방산이 방출된다. 혈액 내 글루코스의 농도 저하가 어떻게 지방산의 방출을 촉진하는지 설명하라.
38. 사막에서 사는 동물은 주변 환경에 적응하기 위해 체내에서 물을 보존하는 메커니즘을 가지고 있다. 몇몇 동물은 그 보존 메커니즘이 워낙 훌륭해서 물을 마시지도 않고 체내 대사과정 중에 발생하는 대사수로 물 요구량을 충족시킨다. 1 mol의 팔미트산이 산화되는 과정에서 발생하는 물의 양을 계산하라.
39. 다음 지방산 구조에서 그것이 산화되는 반응들을 결정하라.

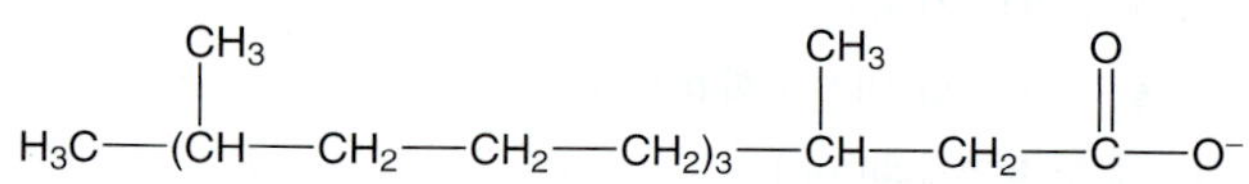

40. 대부분의 지방산은 16 또는 18 탄소 길이라는 사실에 대하여 설명하라.
41. 어떤 연구자가 아세틸-CoA의 카보닐기 탄소를 방사선 동위원소인 ^{14}C로 표지하여 콜레스테롤의 체내 합성 과정을 추적하고 있다. 합성된 메발론산의 어느 원자에 표지 탄소가 위치하겠는가?
42. 문제 41의 아이소펜테닐파이로인산에서 ^{14}C의 위치를 결정하라.

제 13 장 광합성

Photosynthesis

이 장의 차례 Outline

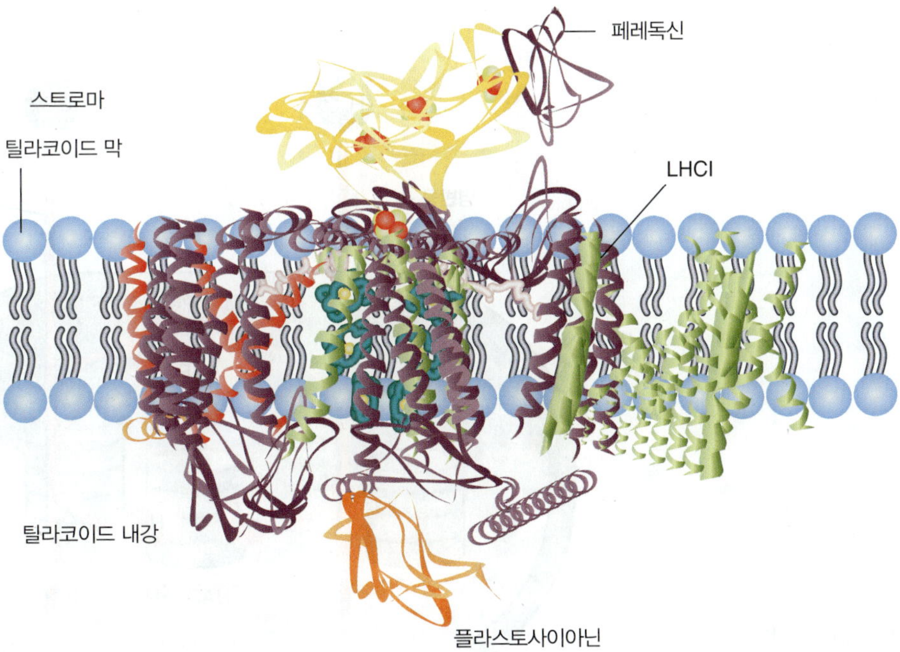

개관 Overview

산소를 생산하는 광합성은 지구상에서 가장 중요한 생화학 반응이라 해도 과언은 아니다. 몇 개의 사소한 예외를 제외하고, 광합성은 무생물적 외부 에너지가 지구상의 생명체에 의해 이용되는 유일한 메커니즘이며, 모든 호기성 생명체들의 생명을 존속시키는 산소 분자(O_2)의 원천이다. 13장은 광합성 반응의 원리, 광합성 반응과 엽록체 구조 사이의 관련성 그리고 이들과 관련된 빛의 성질을 이해하도록 구성하였다.

주요 개념 _Key Concepts

- CO_2를 유기 화합물로 합성하는 데는 에너지와 환원력이 필요하다.
- 광합성에서 에너지와 환원력은 빛 에너지에 의해 일어나는 복잡한 과정을 통해 공급된다.

광합성은 CO_2를 글루코스와 같은 유기 분자로 합성하며 빛에 의해 추진되는 생화학적 메커니즘이다(**그림 13.1**). 포획된 빛 에너지는 ATP와 NADPH를 합성하는 데 사용되며, 이것이 광합성을 유도한다. 강력한 전자 주개가 산화된 저에너지 분자인 CO_2를 유기 분자의 탄소 단위로 환원시켜야 하기 때문에 NADPH의 강한 환원력이 필요하다.

식물과 조류의 엽록체 또는 광합성 세균의 세포막 등에 존재하는 막-결합 단백질 복합체인 **광반응계**(photosystem)라고 불리는 광합성 메커니즘이 광합성을 수행한다. 엽록체에는 광반응계 I(PSI)과 광반응계 II(PSII)라는 두 종류의 광반응계가 있다. 각각의 광반응계는 두 가지의 기능 성분으로 구성된다. **집광 안테나**(light-harvesting antenna)는 태양 에너지를 포획하여 **반응 중심**(reaction center)으로 전달하고 반응 중심은 포획된 광에너지를 막 횡단 전자 전달을 추진하는 데 사용한다. 광반응계 I에서 빛에 의해 유도되는 전자 전달은 NADPH를 합성하는 데 이용된다. 광반응계 II로부터 사이토크롬 b_6f 복합체로의 전자 흐름은 막을 가로

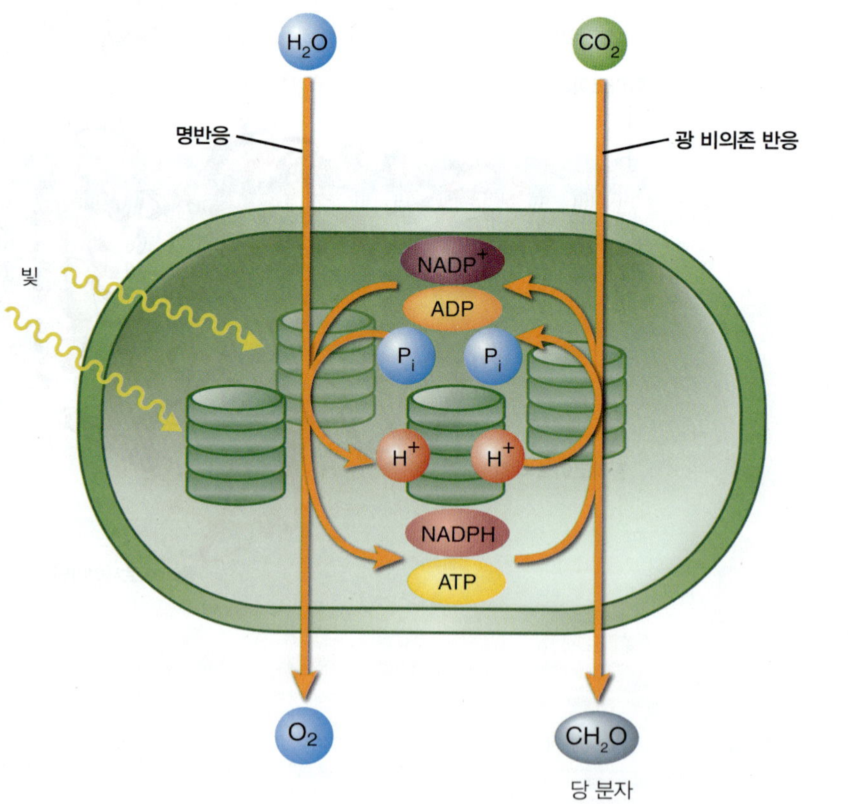

그림 13.1
산소를 생산하는 광합성의 개요.
산소를 생산하는 광합성은 명반응과 광 비의존 반응에 의해 일어난다. 엽록체에서(**그림 2.22**) 명반응은 틸라코이드 막에서 일어나며, 광 비의존 반응(캘빈 회로)은 스트로마에서 일어난다. 명반응은 NADPH와 ATP 합성을 유도하기 위해 빛 에너지를 이용한다. 이러한 분자를 합성하기 위해 필요한 전자와 양성자들은 물로부터 얻어진다. 생성물로서 O_2가 방출된다. 광 비의존 반응은 CO_2를 당분자로 전환하기 위해 NADPH와 ATP를 이용한다.

질러 양성자를 펌프질함으로써 나중에 ATP 합성을 유도한다. 물 분자의 전자는 광반응계 II 반응 중심 전자를 대신하여 폐기 생성물인 분자 O_2를 생산한다.

13장에서는 산소를 발생하는 광합성의 원리를 다루고 있다. 엽록체의 상세한 구조에서부터 시작한다. 빛과 관련된 성질을 간단히 살펴본 후 현대 광합성을 구성하는 반응들을 살펴볼 것이다. 그 과정에는 명반응 및 광 비의존 반응(또는 암반응)이 포함된다. 명반응 중 전자는 활성화되어 ATP와 NADPH 합성에 사용된다. 그 다음에 이러한 두 분자들은 광 비의존 반응(암반응 또는 캘빈 회로)에 사용된다. 마지막으로 C4 대사와 크라슐라시안산 대사 같은 광합성 변이와 식물의 광합성 제어에 관한 다양한 메커니즘도 소개할 것이다.

13.1 엽록소와 엽록체

광합성은 전문화된 색소(pigment) 분자에 의한 빛 에너지의 흡수로 시작한다(**그림 13.2**). **엽록소**(chlorophyll)는 헴(heme)과 유사한 녹색 색소 분자이다. *엽록소 a*(chlorophyll a)는 빛 에너지의 흡수가 직접 광화학 반응을 유도하기 때문에 산소를 생산하는 광합성에서 주요한 역할을 한다. 또한 엽록소 a는 흡수된 에너지가 반응 중심으로 이동하는 과정인 **집광**(light harvesting)에 필요하다. *엽록소 b*(chlorophyll b)는 빛 에너지를 흡수하여 엽록소 a에 전달하는 집광 색소로서 작용한

그림 13.2

광합성에 사용되는 색소 분자.

엽록소 a와 b는 거의 모든 광합성 생물에서 발견된다. 이들은 분자 중앙에 Mg(II) 이온이 있는 포피린(porphyrin)의 고리 구조를 갖고 있다. 엽록소 a는 포피린의 고리 II에 메틸기를 갖고 있는 한편 엽록소 b는 같은 자리에 알데하이드기를 갖고 있다. 페오피틴 a(pheophytin a)는 엽록소 a와 그 구소가 유사하다. Mg(II) 이온은 두 양성자로 대치되어 있다. 엽록소 a와 b 그리고 페오피틴 a 모두 포피린과 에스터 결합을 한 파이톨(phytol) 사슬을 갖고 있다. 파이톨 사슬은 막까지 사슬을 확장하여 분자를 막에 고정한다. 루테인과 β-카로틴(β-carotene)은 틸라코이드 막에서 가장 풍부한 카로티노이드이다.

다. 주황색의 **카로티노이드**(carotenoid)는 집광 색소[예, 루테인(lutein)과 잔토필(xanthophyll)]로 작용하거나 과잉 들뜸(overexcitation)과 반응성 산소종(ROS)에 대해 보호 작용(예, β-카로틴)을 하는 아이소프레노이드(isoprenoid) 분자이다.

식물과 조류에서 광합성 소기관인 엽록체는 여러 점에서 미토콘드리아와 유사하다. 첫째, 두 세포소기관은 서로 다른 투과성을 가진 외막과 내막을 갖고 있다(**그림 13.3**). 미토콘드리아에서처럼 엽록체의 외막은 투과성이 매우 높지만 내막은 물질의 통과를 조절하는 전문화된 운반체 분자를 갖고 있다. 둘째, 엽록체 내막은 미토콘드리아 기질과 유사한 **스트로마**(stroma)라고 하는 내부 공간을 에워싸고 있다. 스트로마는 다양한 효소(광 비의존 반응과 녹말 합성을 촉매), DNA와 리보솜을 갖고 있다.

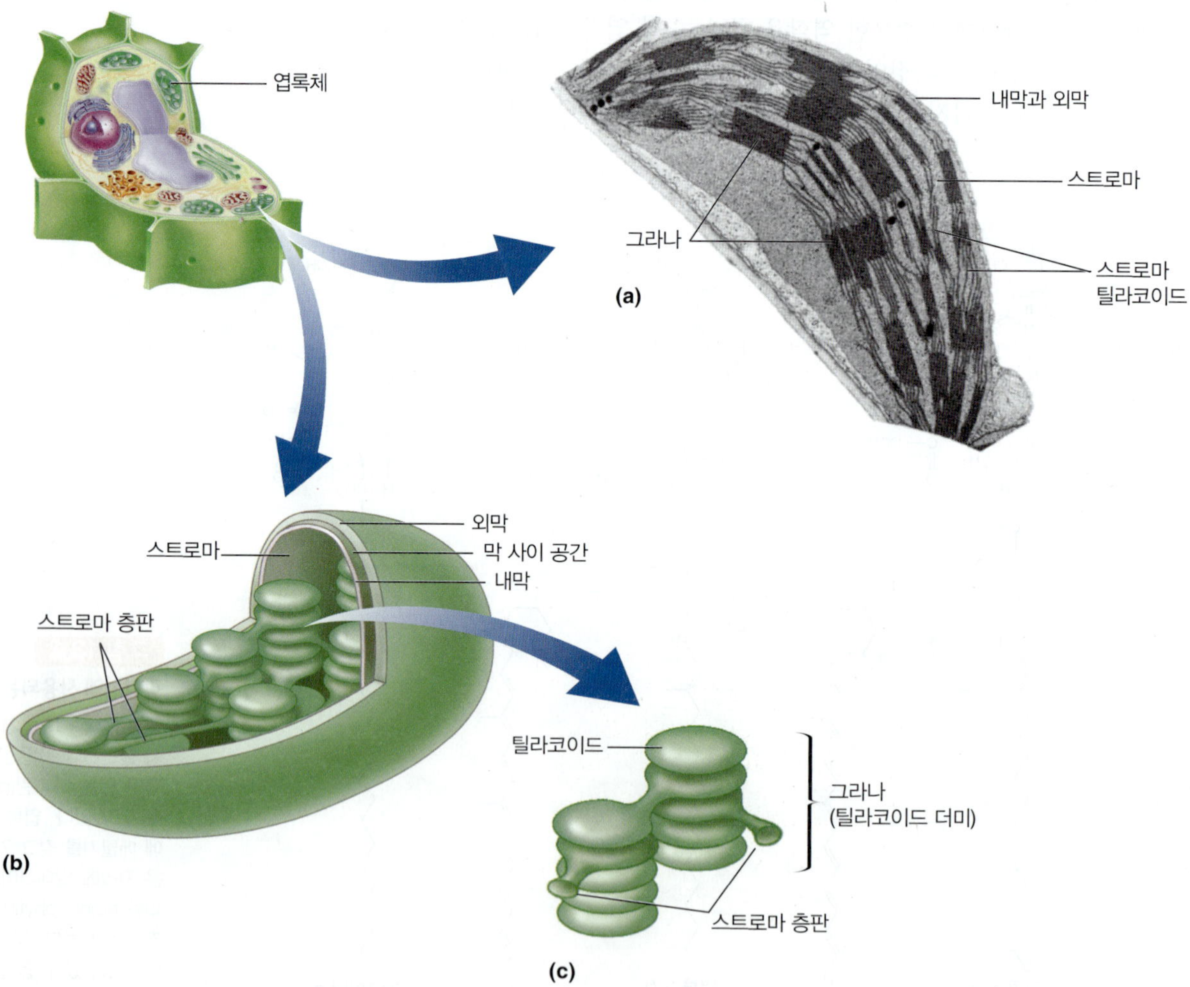

그림 13.3

엽록체 구조.

엽록체에는 내막과 외막이 있다. 세 번째 막은 수용성이며 효소가 풍부한 스트로마 속에서 틸라코이드라고 불리는 납작한 주머니를 형성한다. 틸라코이드가 밀착된 더미를 그라나라고 한다. 더미로 되어 있지 않고 틸라코이드 사이를 연결하는 막을 스트로마 층판이라고 한다. (a) 엽록체의 전자현미경 사진, (b) 엽록체의 모식도, (c) 그라나의 절단면.

그러나 두 세포소기관들 사이에는 현저한 차이점도 있다. 예를 들어 식물에서 엽록체는 길이가 1500 nm이고 너비가 500 nm인 막대 모양 구조인 미토콘드리아보다 훨씬 더 크다. 많은 엽록체는 길이가 4000~6000 nm, 너비가 약 2000 nm인 타원형 구조를 하고 있다. 그뿐만 아니라 엽록체는 **그라나**(grana)라고 하는 원반 모양의 주머니가 접혀진 **틸라코이드 막**(thylakoid membrane) 구조를 갖고 있다. 각 그라나는 여러 개의 납작한 소포들이 쌓인 것이다. 그라나 형성에 의해 생긴 내부 구획을 **틸라코이드 내강**(thylakoid lumen 또는 *space*)이라고 한다. 그라나와 상호 연결되는 틸라코이드 막을 **스트로마 층판**(stromal lamellae)이라고 한다. 각 그라나 속에 있는 막의 인접 층들은 착 달라붙어 있고 스트로마 층판은 착 달라붙어 있지 않다.

광합성의 광 의존 반응에 관련되는 색소와 단백질은 틸라코이드 막 안에 존재한다(**그림 13.4**). 이 분자들은 대부분 광합성의 작동 단위로 조직화되어 있다.

1. **광반응계 I.** 광반응계 I(**그림 13.5**)은 막에 걸쳐 있는 거대한 다중소단위체 복합체(multisubunit complex)로서 전자를 활성화하여 궁극적으로 $NADP^+$에 제공할 수 있다. 광반응계 I의 중요한 역할로서 활성화된 전자를 틸라코이드막 내 일련의 전자 운반체에 제공하는 것은 반응 중심 내에 자리 잡고 있는 2개의 특별한 엽록소 a에 의해 이루어진다. 특수 *쌍*(special pair)으로 불리는 이 분자들은 PsaAB 이합체인 광반응계 I의 핵심 복합체(core complex)에 위치한다. 광반응계 I의 특수 쌍을 흔히 P700이라고 부르는데, 그 이유는 700 nm에서 빛을 흡수하기 때문이다. 특수 쌍 이외에 PsaAB 이합체는 일련의 단일 전자운반체, 즉 A_0, A_1, F_x를 갖고 있다. A_0는 P700으로부터 활성화된 전자를 수용하고 필로퀴논(phylloquinone, 비타민 K_1)으로 규명된 A_1에 전달하는 특수한 엽록소 a 분자이다. 이후 전자는 A_1으로부터 일련의 철-황 송이(F_x, F_A, F_b)로 전달된다. 그리고 최종적으로 그 전자는 NADPH를 형성하기 위해 $NADP^+$로 전달된다. PSI 안에는 특수 쌍 이외에도 수많은 엽록소 분자 그리고 안테나 색소로 작용하는 카로티노이드와 엽록소 b도 존재한다. **안테나 색소**(antenna pigment)는 빛 에너지를 흡수하여

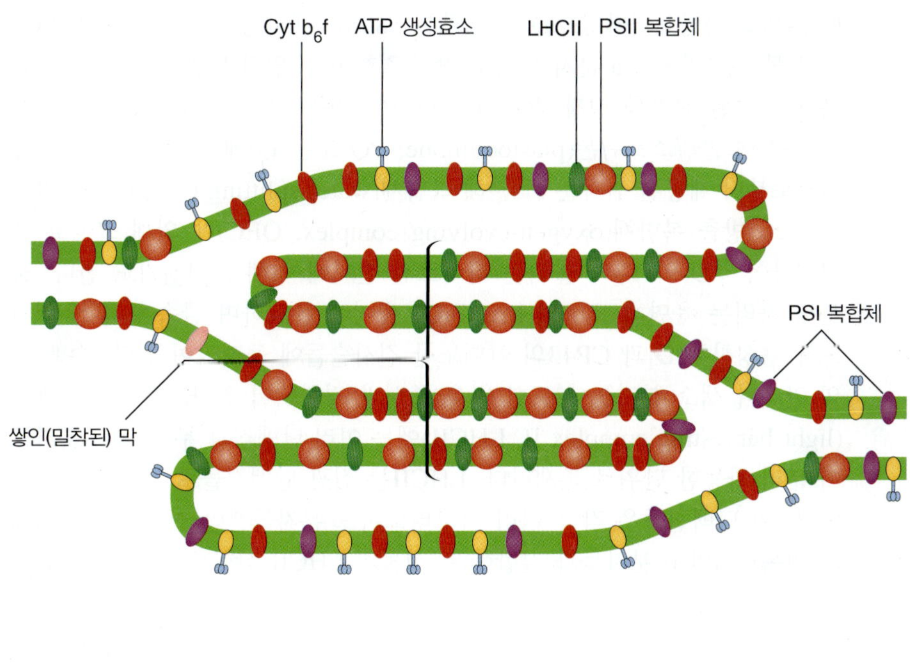

그림 13.4
광합성의 작용 단위.
광반응계 I은 쌓여 있지 않은 스트로마 층판에 가장 많이 존재한다. 이와 대조적으로 광반응계 II 복합체는 주로 틸라코이드 막의 쌓여 있는 더미 부위에 있다. 사이토크롬 b_6f 복합체(cyt b_6f complex)는 틸라코이드 막 양쪽에 있다. ATP 생성효소는 스트로마와 직접 접촉하는 틸라코이드 막에서만 발견된다.

그림 13.5

식물의 광반응계 I의 구조.

광반응계 I은 주로 PsaA와 PsaB 이종이합체가 들어 있는 반응 중심과 주변 집광 복합체(LHCI, 여기에서는 녹색 리본 구조로 나타냄)로 구성된다. 2개의 다른 전자 전달 단백질, 즉 플라스토사이아닌(주황색 리본 구조)과 페레독신(진분홍색 구조)도 광반응계 I을 구성한다.

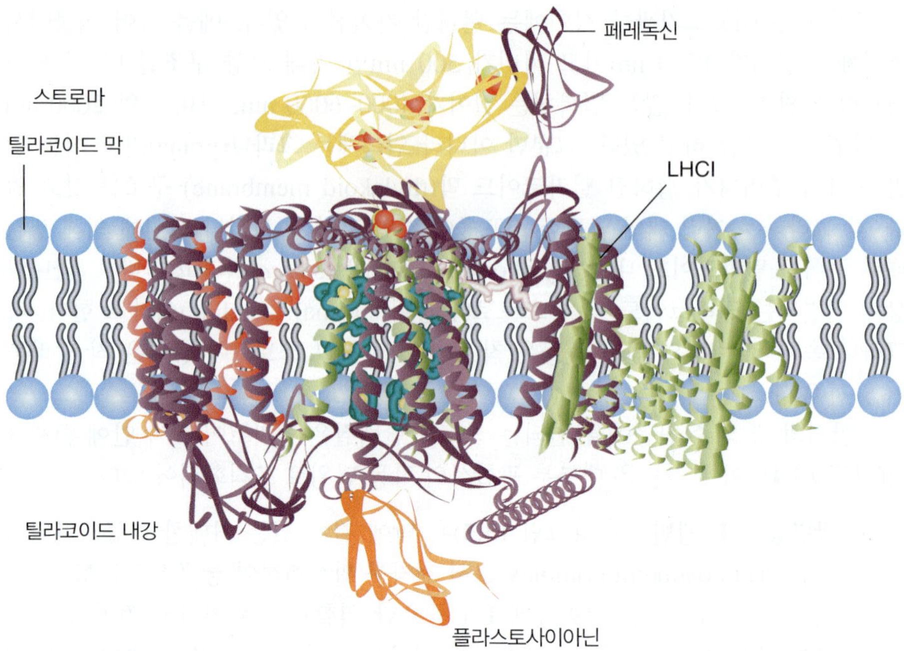

반응 중심(reaction center)에 전달한다. 또한 광반응계 I과 결합된 주변의 집광 복합체 I(light-harvesting complex I, LHCI) 안에는 추가적으로 안테나 색소 분자들이 존재하여 빛 에너지를 효과적으로 흡수하는데 기여한다. 이런 현상을 **13.2**절에서 상세하게 다룰 것이다. 대부분의 PSI 복합체는 찰싹 달라붙지 않은, 즉 스트로마에 직접 노출된 틸라코이드 막에 위치하고 있다.

2. **광반응계 II.** 광반응계 II의 기능은 물 분자를 산화하여 광반응계 I을 환원시키는 전자 운반체에게 활성화된 전자를 주는 것이다. 광반응계 II는 밀착되어 붙어 있는 그라나 막에 주로 위치하고 있는 거대한 막관통 단백질-색소 복합체(membrane-spanning protein-pigment complex)이다(**그림 13.6**). 가장 활성화된 광반응계 II의 형태는 이합체이다. 광반응계 II 반응 중심은 D_1(33 kDa)과 D_2(31 kDa)(D_1/D_2 이합체)로 알려진 두 폴리펩타이드 소단위체, 두 중심 소단위체 CP47과 CP43 및 사이토크롬 b_{559} 등으로 구성된 단백질-색소 복합체이다. D_1/D_2 복합체는 680 nm에서 빛을 흡수한다고 P680으로 불리는 엽록소 a 분자의 특수 쌍에 결합한다. 일단 빛을 흡수하면 P680은 활성화된 전자를 전자 받개에 전달하여 최종적으로는 유비퀴논과 유사한 분자인 *플라스토퀴논*(plastoquinone, PQ 또는 Q)에 전달한다. 반응 중심으로부터 제공된 전자는 물 분해 복합체(water-splitting complex)로 알려진 산소 방출 복합체(oxygen-evolving complex, OEC)에 의해 그리고 폴리펩타이드 D_1의 Y_Z라 불리는 타이로신 잔기에 의해 옮겨지기도 한다. 물 분해 자리는 육면체 모양의 Mn_4CaO_5 송이에 존재하며 금속에 직접 리간드를 형성하는 D_1과 CP43의 아미노산 곁사슬들에 둘러싸여 있다. 수백 개의 안테나 색소 분자들이 또한 반응 중심과 결합되어 있다. *집광 복합체 II*(light-harvesting complex II, LHCII)에는 여러 단백질과 부속 색소 분자들이 분리 가능한 단위로 존재한다. LHCII는 집광 단백질들로 구성된 삼합체이고, 이 단백질들은 각각 여러 카로티노이드 분자들뿐만 아니라 12~14개의 엽록소 a와 b 분자들과 결합한다. 식물의 LHCII 삼합체는 그라나 막 위

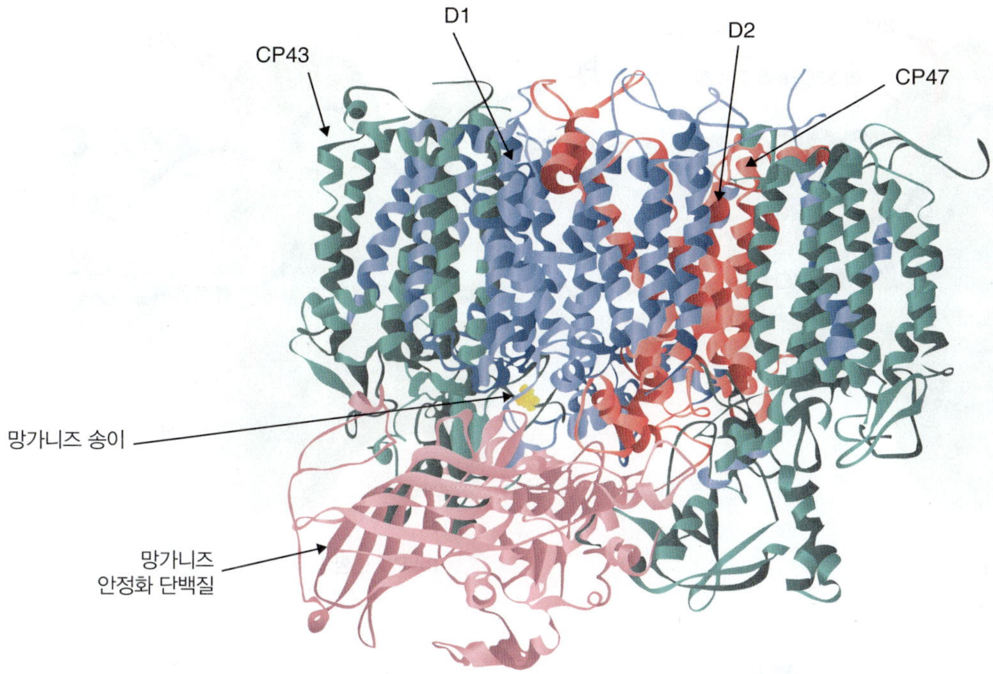

그림 13.6

광반응계 II 단량체 구조.

광반응계 II 단량체는 약 20개 소단위체로 구성된다. 이들 중 반응 쌍 소단위체인 D_1과 D_2, CP43과 CP47 그리고 엽록소와 결합하는 안테나 소단위체 등이 중요하다. 망가니즈 안정화 단백질(MSP)은 광반응계 II의 주변 막 단백질 구성 성분으로서 망가니즈 송이를 안정화시켜 효과적으로 산소를 생성하는 데 관여한다.

로 단단하게 잘 포개져 있다.

3. **사이토크롬 b_6f 복합체.** 틸라코이드 막에 걸쳐 있는 사이토크롬 b_6f 복합체(cytochrome b_6f complex)는 미토콘드리아 내막의 사이토크롬 bc_1 복합체와 구조와 기능에 있어 매우 유사하다(**그림 10.7** 참조). 사이토크롬 b_6f 복합체는 PSII로부터 PSI로 빛에 의해 들뜬 전자를 전달하는 중요한 역할을 한다. 복합체 상의 리스케(Rieske) 철-황(Fe-S) 단백질은 막 용해성 전자 운반체인 플라스토퀴논으로부터 전자를 받아 플라스토사이아닌(PC, Cu를 포함하는 작은 수용성 단백질)에 전달한다. 사이토크롬 b_6f 복합체를 통해 환원된 플라스토퀴논(PQH_2)으로부터 전자를 전달하는 메커니즘은 미토콘드리아의 Q 회로(Q cycle)와 유사하다(**그림 13.7**).
4. **ATP 생성효소.** 엽록체 ATP 생성효소(CF_0CF_1ATP *생성효소*라고도 부름)는 미토콘드리아 ATP 생성효소와 구조적으로나 기능적으로 매우 유사하다(**그림 13.8**). CF_0 구성 성분은 양성자 전달 통로를 갖고 있는 막관통 단백질 복합체이다. 스트로마 쪽으로 돌출해 있는 CF_1 머리 부분(head piece)은 ATP 합성 활성을 갖고 있다. 비록 엽록체의 ATP 합성의 실제 메커니즘은 알려져 있지 않지만 광유도 전자 전달 중 생산된 막 양성자 기울기가 CF_0 막관통 복합체를 회전시키고 이어서 ADP 인산화를 일으킨다. 한 분자의 ATP 합성을 위해 막을 통해 틸라코이드 공간으로 4개의 양성자를 펌프질해야 한다. 이 ATP 생성효소는 스트로마와 직접 접촉하는 틸라코이드 막에 존재한다.

주요 개념 _Key Concepts

- 엽록체에서 두겹막이 스트로마라고 하는 내부 공간을 에워싼다. 스트로마는 광합성의 광 비의존 반응을 촉매하는 효소를 갖고 있다. 세 번째 막은 틸라코이드라고 하는 납작한 소포를 형성한다.
- 틸라코이드막은 광 의존 반응의 색소와 단백질을 포함한다.

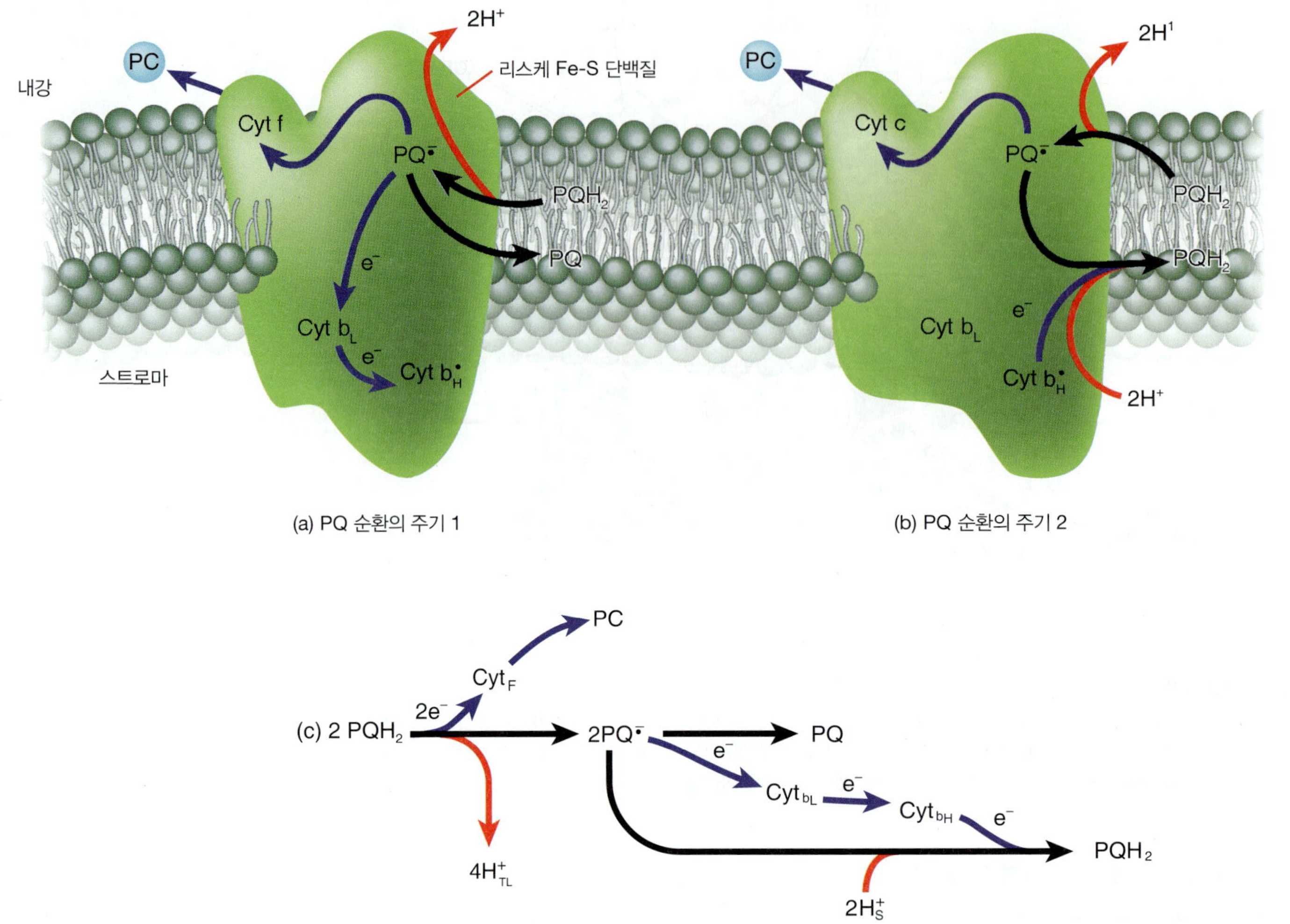

그림 13.7

사이토크롬 b_6f 복합체를 통한 전자 전달.

플라스토퀴놀(PQH_2) 두 분자가 순차적으로 산화되어 플라스토사이아닌(PC)에 전자 두 개를 제공한다. 그 다음에 수용성 구리를 포함하는 단백질인 PC는 광반응계 I의 반응 중심(P700)으로 각각의 전자를 전달한다. 두 개의 양성자가 틸라코이드 내강(TL)으로 전달될 때 각 PQH_2에서 나온 첫 번째 전자는 리스케(Rieske) 철-황 단백질로 전달되고, 이어서 cyt와 PC로 전달된다. (a) $PQ^{\bar{\cdot}}$의 전자가 cyt b_L로 전달되어 cyt b_H로 이동한다. PQ는 틸라코이드 막으로 방출된다. (b) 두 번째 $PQ^{\bar{\cdot}}$는 PQH_2를 형성하기 위해 cyt b_H로부터 전자를 그리고 스트로마(S)로부터 두 개의 양성자를 받는다. (c) PQH_2 두 분자가 cyt b_6f로 들어가서 단백질 복합체로부터 PQ와 PQH_2로 방출되는 요약 반응을 보여준다. (검은색 화살표 = 반응 화살표, 빨간색 화살표 = 양성자 전달, 파란색 화살표 = 전자 흐름.)

문제 13.1

엽록체를 그리고 다음이 존재하는 위치를 나타내어라. CF_0CF_1, P700, P680 및 캘빈 회로 반응. 또한 각각의 기능을 설명하여라.

13.2 빛

태양은 에너지를 전자기 복사선(electromagnetic radiation)형태로 방사하는데, 파동으로 우주 공간을 통해 퍼져 나가고 그 일부는 지구에 도달한다. 광합성을 일으키는 가시광선은 전자기파 스펙트럼의 작은 부분을 차지한다(**그림 13.9**). 1년에 지구에 도달하는 태양 에너지 약 178,000 TW 중에 단지 100 TW만이 광합성 유기체에 의해 포획된다. 빛의 성질 중 대부분은 파동의 행동으로 설명할 수 있다(**그림**

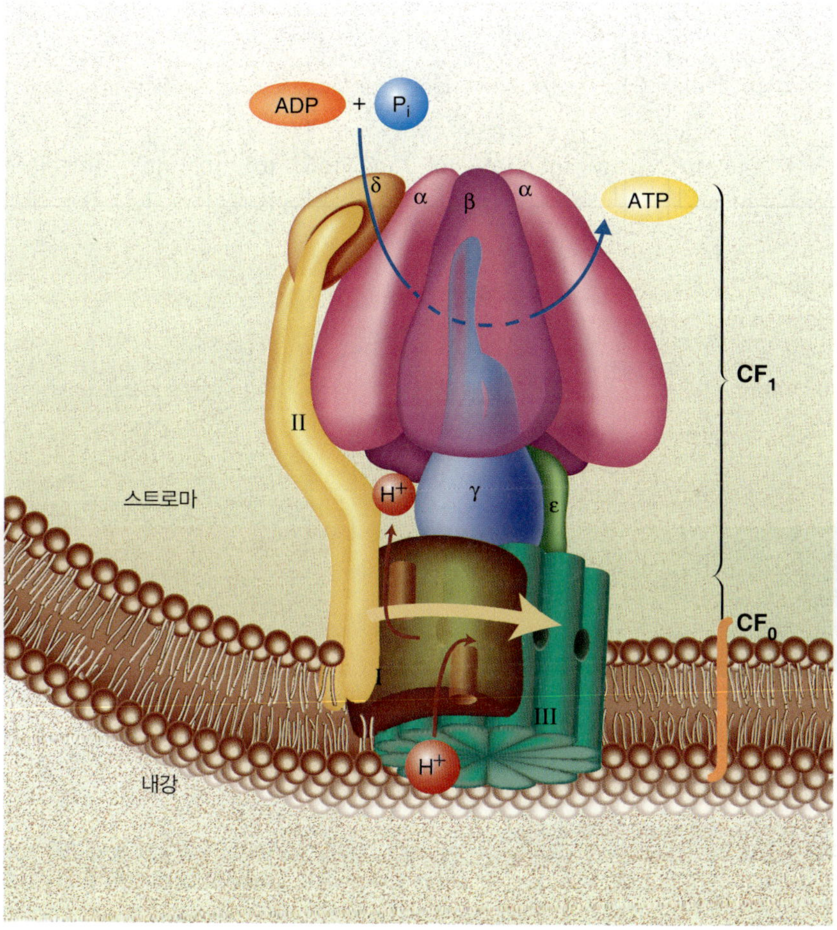

그림 13.8

엽록체 ATP 생성효소의 모식도.

ATP 생성효소는 두 성분으로 구성된다. 양성자 구멍(proton pore)을 포함하는 내재 막 단백질 복합체(CF_0)와 ATP를 합성하는 외부의 단백질 복합체(CF_1)이다. CF_0는 4개의 다른 소단위체 I, II, III, IV를 갖고 있다. 양성자 구멍은 소단위체 III의 12~14개 복제물로 되어 있다. 소단위체 IV(그림에는 나타나 있지 않음)는 CF_0를 CF_1에 결합한다. CF_1은 5개의 다른 소단위체 α, β, γ, δ, ε로 구성된다. 미토콘드리아 ATP 생성효소도 비슷한 구조를 가지고 있다(10장 참조).

13.10). 에너지 파동에 관련된 용어는 다음과 같다.

1. **파장**(wavelength). 파장(λ)은 한 파동의 정점에서 다음 파동의 정점까지의 거리이다.
2. **진폭**(amplitude). 진폭(a)은 파동의 높이이다. 전자기 복사선의 세기(예, 빛의 밝기)는 a^2에 비례한다.
3. **진동수**(frequency). 진동수(ν)는 초당 공간의 한 점을 통과하는 파동의 수이다.

복사선에서 진동수와 파장의 곱은 복사선의 속도(c)와 같다.

$$\lambda\nu = c$$

이 방정식을 재배열하면 다음과 같다.

$$\lambda = c/\nu$$

따라서 파장은 파동의 속도와 진동수에 모두 의존한다.

가시광선의 파장은 400 nm(보라색 광선)로부터 700 nm(붉은색 광선)에 이른다. 고에너지 X선과 γ선의 파장은 10^4~10^7배 더 짧다. 스펙트럼의 다른 쪽 끝은 저에너지 라디오파이고, 파장은 수 미터~수 킬로미터이다.

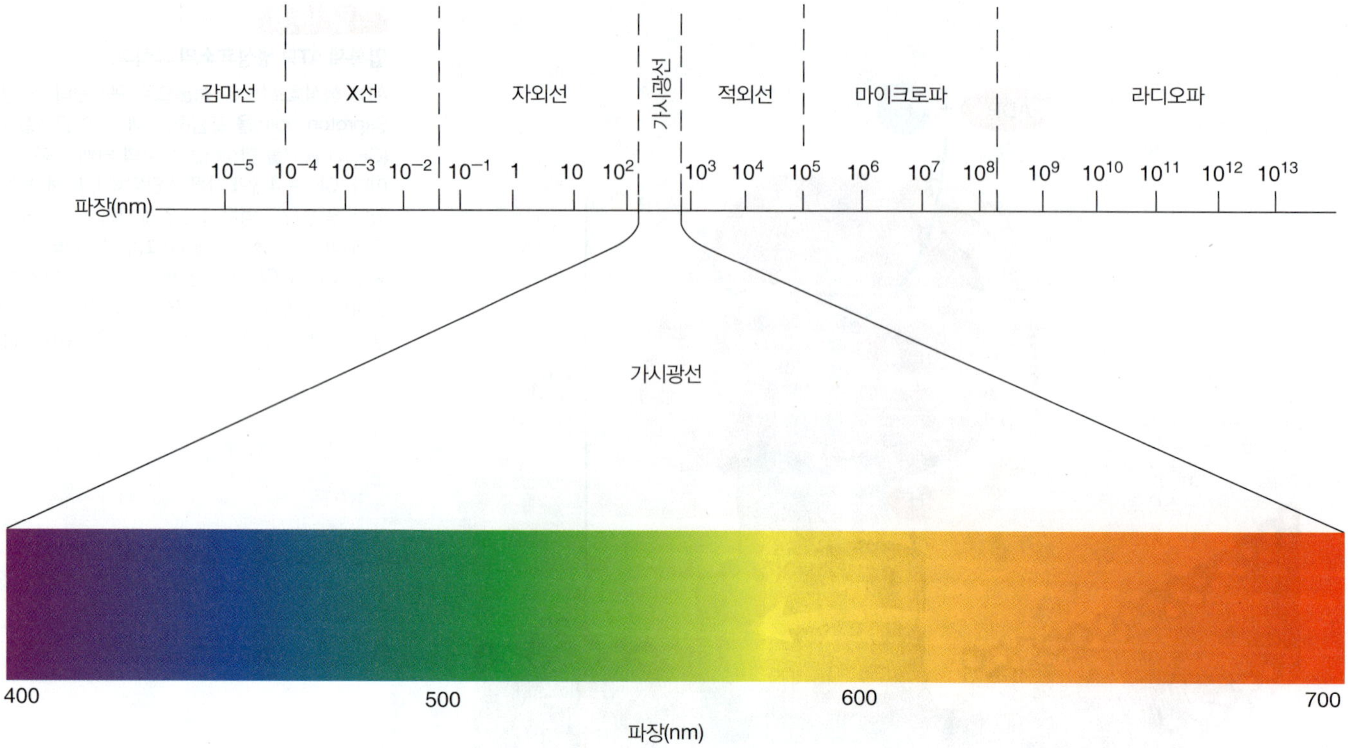

그림 13.9

전자기 스펙트럼.

짧은 파장인 감마선은 높은 에너지를 갖는다. 스펙트럼의 다른 쪽 끝에 있는 긴 파장의 라디오파는 낮은 에너지를 갖는다. 가시광선은 눈의 망막 속의 가시 색소에 민감한 스펙트럼의 일부이다. 엽록체의 색소 분자는 가시광선 스펙트럼에 민감하다. UV light near the visible spectrum is subdivided into UVA (400 – 315 nm), UVB (315 – 280 nm), and UVC (280 – 100 nm).

그림 13.10

파동의 성질.

파장 λ는 파동의 두 연속적인 봉우리 사이의 거리이다. 파동의 높이인 진폭(*a*)은 전자기 복사선의 세기와 관련된다. 진동수는 초당 공간의 한 점을 통과하는 파동의 수이다. 가장 짧은 파장을 갖는 복사선이 가장 높은 진동수를 갖는다.

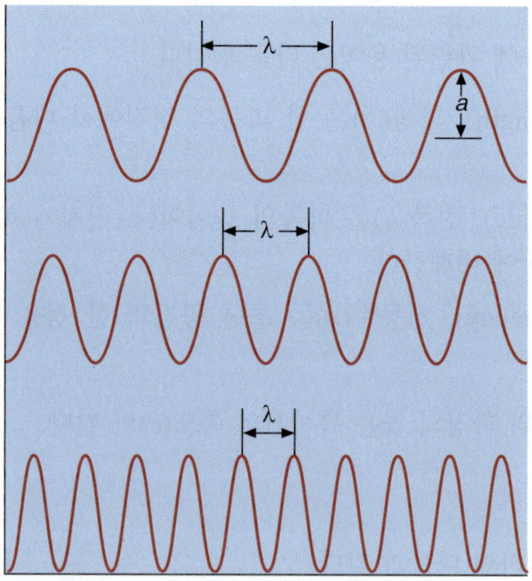

문제 13.2

녹색 광선이 청색 광선보다 에너지가 낮은 이유는 무엇인가?

가시광선은 파동으로서 작용할 뿐만 아니라 질량과 가속 같은 입자의 성질을 나타낸다(아인슈타인의 $E = mc^2$ 법칙이 광자에 적용됨). 빛이 물질과 상호작용할 때 광자(photon)라고 하는 에너지 다발 형태로 작용한다. 광자의 에너지 E는 복사선의 진동수에 비례한다.

$$E = h\nu$$

h는 플랑크 상수(Planck's constant, 6.63×10^{-34} J • s)이다.

양자이론에 의하면 복사 에너지(radiant energy)는 양자라고 하는 특정 양(quantity)으로 흡수되거나 복사된다. 분자가 양자 에너지를 흡수하면 전자는 낮은 에너지 준위(바닥 상태 오비탈)로부터 높은 에너지 준위로 올라간다. 흡수가 일어나려면 두 준위 사이의 에너지 차이가 흡수된 광자의 에너지와 정확히 일치해야 한다. 복잡한 분자는 여러 파장에서 에너지를 흡수한다. 예를 들어 엽록소는 넓고 다수의 봉우리(적색부와 보라-청색부)를 갖고 있는 흡수 스펙트럼을 만든다. 이는 엽록소가 서로 다른 확률로 다양한 여러 에너지의 광자를 흡수함을 의미한다. 흡수되지 않은 파장은 눈으로 보이기 때문에 엽록소 용액 또는 잎은 녹색으로 보인다.

전자기파 에너지를 흡수하는 분자는 발색단이라는 구조 성분을 갖는다. **발색단**(chromophore)에서 전자는 에너지가 흡수될 때 더 높은 에너지 준위로 쉽게 이동한다. 가시광선의 전형적인 발색단은 콘쥬게이션 이중 결합(conjugated double bond)과 방향족 고리를 포함하고 있는 긴 사슬 구조를 가지고 있다. 예를 들어 수용성 색소인 안토사이아닌(anthocyanin)은 발색단을 포함하고 있다. 이들 발색단은 청록색과 UV를 흡수하여 빛에 의해 유도되는 여러 피해로부터 식물을 보호할 수 있다. 또한 이러한 발색단에서는 전자가 바닥 상태의 점유 오비탈에서 높은 에너지의 비점유 오비탈로 전이가 일어난다(**그림 13.11**). 소수의 콘쥬게이션 이중 결합이나 고립된 이중 결합(isolated double bond)을 갖고 있는 분자는 전자기파 스펙트럼의 자외선 파장에서 에너지를 흡수한다. 더 많은 콘쥬게이션을 가진 광합성 발색단과 보조색소는 너 긴 파장(더 낮은 에너지)의 가시광선에서 전자 전이가 일어난다. 이런 계의 π 전자는 더 높은 에너지 오비탈로 전이하는 데 더 적은 에너지를 필요로 한다.

일단 전자가 들뜨면 여러 가지 방법으로 바닥 상태(ground state)로 돌아갈 수 있다.

1. **형광**. 형광(fluorescence)에서 분자의 들뜬 상태는 광자를 방출하면서 붕괴한다. 들뜬 전자가 초기에 더 낮은 진동(에너지)상태로 이완되면서 약간의 에너지를 잃기 때문에 광자 방출을 일으키는 전이는 원래 광자가 흡수한 것보다 더 낮은 에너지(더 긴 파장)를 갖는다. 형광 붕괴는 10^{-15}초 정도로 빠

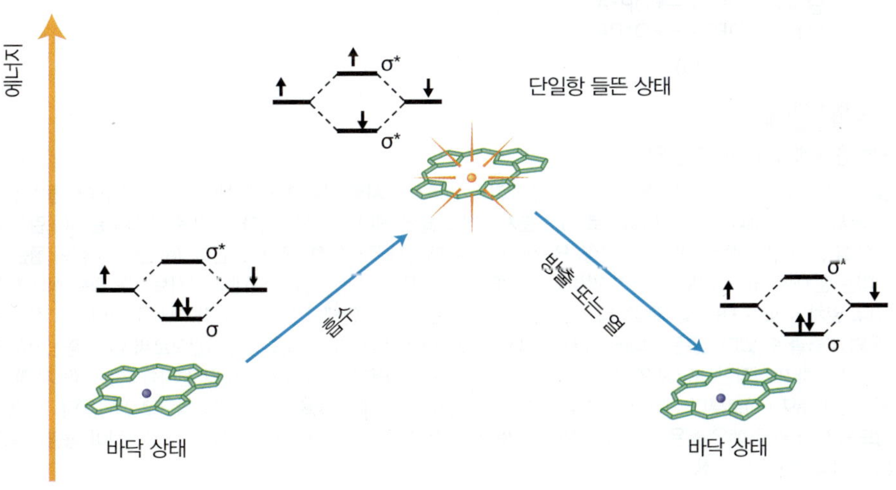

그림 13.11

발색단의 들뜸.

만약 발색단 분자(예, 엽록소)가 가시광선의 광자를 흡수하면 전자가 더 높은 오비탈로 이동하기 때문에 그들의 에너지는 증가한다. 들뜬 분자는 복사(형광) 또는 열 등으로 에너지를 방출함으로써 바닥 상태로 되돌아 갈 수 있다. 또한 이웃 분자(들뜬 에너지 받개) 또는 전자 받개에 에너지/전자를 줄 수 있다.

르게 일어난다. 비록 여러 엽록소는 가시광선 스펙트럼에 걸쳐 빛 에너지를 흡수하지만 가시광선 스펙트럼의 적색부 끝 또는 너머의 낮은 에너지를 갖는 광자를 방출한다.

2. **공명 에너지 전달.** 공명 에너지 전달(resonance energy transfer)에서 들뜬 에너지(excitation energy)는 인접한 분자 오비탈 사이의 상호작용을 통해 이웃 발색단으로 전달된다. 어떤 발색단의 흡수 스펙트럼이 표적 발색단의 방사 스펙트럼과 중복되는 인접 분자는 그 발색단이 바닥 상태로 돌아갈 때 방출되는 에너지를 흡수할 수 있다.
3. **산화-환원 반응.** 들뜬 전자(excited electron)는 이웃 분자로 전달된다. 들뜬 전자는 정상적으로 채워진 오비탈보다 덜 채워진 오비탈에 강하게 결합한다. 들뜬 전자를 갖고 있는 분자는 강력한 환원제로서 다른 분자를 환원시킴으로써 바닥 상태로 돌아간다.
4. **비복사 과정 붕괴.** 들뜬 분자(excited molecule)는 들뜬 에너지를 열로 전환시킴으로써 바닥 상태로 붕괴된다.

모든 에너지 흡수에 대한 반응 중 광합성에서 가장 중요한 것은 공명 에너지 전달(resonance energy transfer)과 산화-환원 반응이다. 공명 에너지 전달은 부속 색소(accessory pigment) 분자에 의해 빛 에너지를 수집하는 데 있어 중요한 역할을 한다(**그림 13.12a**). 결국 집광 복합체에 의해 흡수되고 전달된 에너지는 각각 PSI과

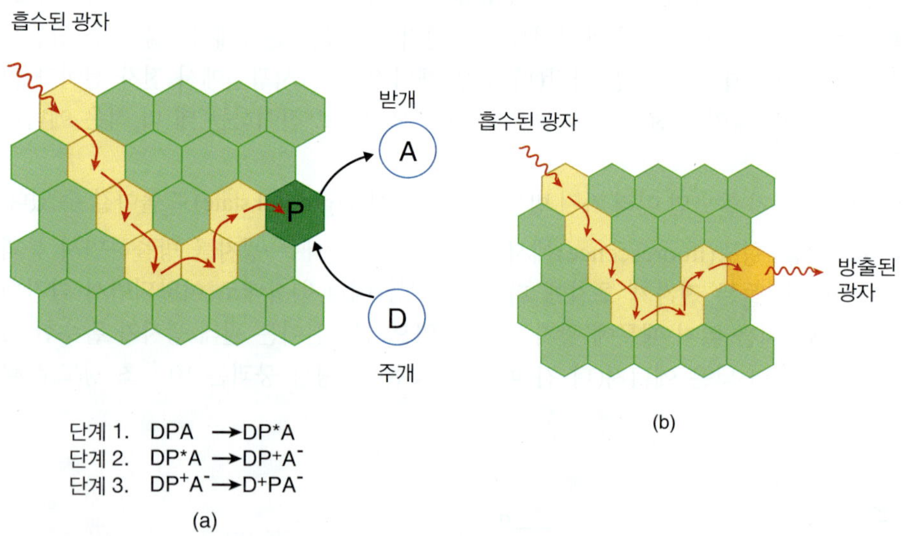

그림 13.12

광반응계에서의 에너지 전달.

집광 안테나에서 엽록소 분자에 의해 흡수된 광자는 엽록소 분자를 단일항 들뜬 상태가 되도록 한다. 들뜬 엽록소 분자는 공명 에너지 전달 방법으로 이웃 분자에게 그들의 에너지를 전달한다. 이것은 안테나 분자(노란색 육각형)를 통해 반응 중심(진녹색 육각형, P)으로 모여질 때까지 무작위적으로 이동한다. (a) 반응 중심의 들뜬 올가미는 일차 주개라 불리는 특별한 엽록소 분자(P_{700} 또는 P_{680})이며, 이들은 안테나 분자보다도 들뜬 상태가 더 낮다. 일차 주개 분자는 빛 에너지의 직접적인 흡수 또는 근접한 안테나 분자(단계 1)에서 온 에너지의 전달 등에 의해 들뜰 수 있다. 들뜬 상태(P^*)에서의 일차 주개 분자는 받개 분자(A)를 환원시킴으로써 반응 중심에서 전자를 전달하기 시작한다(단계 2). 산화된 일차 주개(P^+)는 가까운 전자 주개(D)로부터 전자를 얻는다(단계 3). 환원된 받개 분자(A^-)로부터 전자가 반응 중심에서 전자 전달 운반체 사슬을 따라서 연속적으로 전달된다. (b) 높은 강도의 빛과 같은 매우 높은 스트레스 상태에서는 이용할 수 있는 환원된 반응 중심 수가 감소하여 형광을 통한 들뜬 에너지의 손실이 생긴다.

PSII에 있는 특수한 엽록소 분자 P700과 P680에 도달한다. 이 분자들이 들뜬 것을 P700*과 P680*로 나타낸다. P700*과 P680*은 특수한 전자 받개 분자에 전자를 쉽게 내주기 때문에 전자 주개이다. P700*은 전자를 전자 받개인 엽록소 분자 A_0에 전달하며, P680*은 전자를 페오피틴(pheophytin) a 분자에 전달한다. 산화된 P700과 P680에 남겨진 전자 구멍(electron hole)은 주개 분자로부터 전자를 받아서 채워진다. 광반응계 I과 광반응계 II에서 플라스토사이아닌과 물이 각각 이 역할을 한다. 빛 흡수가 광반응계의 에너지 전달 능력을 초과할 때 형광도 광합성에서 역할을 한다(**그림 13.12b**). 그런 다음 광자는 보호 메커니즘에 의해 재방출된다.

주요 개념 _Key Concepts

- 발색단에 의해 흡수된 빛 에너지는 전자를 더 높은 에너지 수준으로 끌어올린다.
- 광합성에서 에너지 흡수는 전자 흐름을 유도한다.

문제 13.3

서로 다른 안테나 색소 분자의 흡수 스펙트럼이 P680과 P700의 스펙트럼과 다른 이유는 무엇인가?

13.3 명반응

광합성에서 **명반응**(light reaction)이란 전자가 활성화되어 ATP와 NADPH 합성에 사용되는 메커니즘이다. 산소를 방출하는 생물종은 광반응계 I과 II가 모두 필요하다. 산소가 없이 살 수 있는 종은 광반응계 I 또는 광반응계 II와 유사한 복합체를 이용할 수 있다. 광합성 중 차례로 작용하는 두 개의 광반응계는 빛에 의한 물 분자의 산화와 $NADP^+$의 환원을 짝지어준다. 전체 반응은 다음과 같다.

$$2\,NADP^+ + 2H_2O \rightleftharpoons 2\,NADPH + O_2 + 2H^+ \quad (1)$$

반쪽 반응의 표준 환원 전위(reduction potential)가

$$O_2 + 4e^- + 4H^+ \rightleftharpoons 2H_2O \qquad E^{\circ\prime} = +0.816\ V \quad (2)$$

$$NADP^+ + H^+ + 2e^- \rightleftharpoons NADPH \quad E^{\circ\prime} = -0.320\ V \quad (3)$$

이기 때문에 짝지어진 두 반응의 표준 환원 전위는 −1.136 V이다. 이 과정의 최소 자유 에너지 변화는 1 mol의 산소 분자 생성에 대해 약 438 kJ(104.7 kcal)이다($\Delta G^{\circ\prime} = -nF\Delta E^{\circ\prime}$ 방정식을 사용하여 계산). 비교해 보면 700 nm 빛의 1 mol의 광자는 약 170 kJ(40.6 kcal)를 제공한다. 각 산소 분자 생성에 대해 8개 또는 그 이상의 광자(즉, 1개의 전자 당 2개의 광자)의 흡수가 필요하다. 따라서 총 1360 kJ(325 kcal, 즉 170 kJ의 8배)이 1 mol의 산소 분자 생성을 위해 흡수된다. 이 에너지는 $NADP^+$를 환원시키고 ATP 합성을 위한 양성자 기울기를 구축하는 데 충분하다.

빛에 의한 광합성 과정은 빛 에너지에 의한 광반응계 II의 들뜸(excitation)으로부터 시작한다. 한 번에 한 전자가 두 광반응계를 연결하는 전자 운반체 사슬로 전달된다. 전자가 광반응계 II로부터 광반응계 I에 전달되면서 양성자는 틸라코이드 막을 지나 스트로마로부터 틸라코이드 공간으로 펌프질된다. ATP는 양성자가 ATP 생성효소를 통해서 스트로마로 되돌아가면서 합성된다. P700이 추가로 광자를 흡수하면 활성화된 전자를 방출한다. 이 전자는 곧 PSII가 제공하는 전자로 대치된다. 새로 활성화된 PSI 전자는 일련의 철-황 단백질(iron-sulfur protein, Fe-S)과 플라보단백질을 통해 최종 전자 받개인 $NADP^+$로 전달된다. 이와 같은 일련의

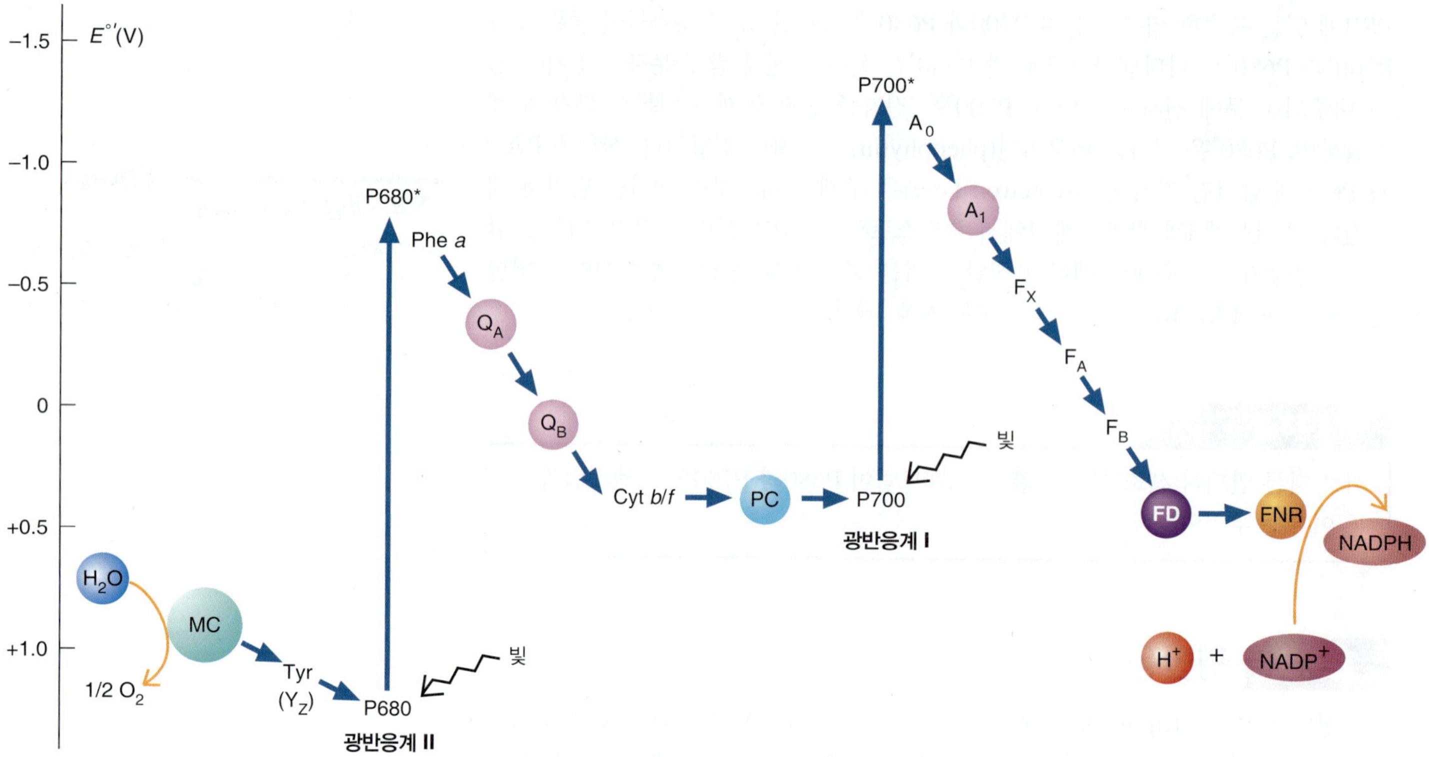

그림 13.13

Z 도해.

광반응계 II로부터 광반응계 I로의 전자 흐름은 양성자를 틸라코이드 내강(thylakoid lumen) 안으로 운반되도록 한다. Fe-S 단백질인 Fe_A와 Fe_B를 통한 전자 전달의 메커니즘은 아직 잘 알려져 있지 않다. $E^{\circ\prime}$ 값은 대략적 값이다. [MC = 망가니즈 송이, tyr(Y_Z) = D_1의 tyr^{161}, PC = 플라스토사이아닌, A_0 = 엽록소 a, A_1 = 필로퀴논, F_X, F_A, F_B = 철-황 송이, FD = 페레독신, FNR = 페레독신-NADP 산화-환원효소]

반응 과정을 **Z 도해**(Z scheme)라고 한다. 더 상세한 Z 도해는 **그림 13.13**에 나타나 있다.

광반응계 II와 물 산화

LHCII가 광자를 흡수할 때 그 에너지는 광반응계 II의 P680으로 전달된다. 활성화된 전자는 방출되어 그 구조가 엽록체와 유사한 *페오피틴 a*(pheophytin a)에 전달된다(**그림 13.14**). 환원된 페오피틴은 이 전자를 Q_A와 Q_B에 전달한다(**그림 13.14**). 비록 두 분자가 모두 플라스토퀴논일지라도, 그들은 광반응계 II에서 다른 기능을 수행한다. Q_A는 단백질과 강하게 결합하여 전자를 운반한다. 이것은 일전자 운반체이며 양성자와는 결합하지 않는다. Q_A는 그들의 전자를 Q_B로 전달한다. Q_B는 단백질과 느슨하게 결합하고 있으며 Q_A로부터 한 번에 하나씩 전자를 받아 스트로마 양성자 2개와 결합하여 두 번 환원된다. Q_B의 두 번의 환원 반응은 다음과 같다.

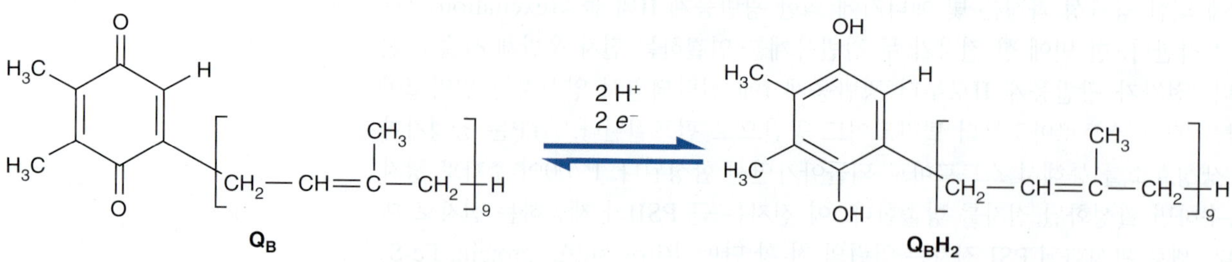

(4)

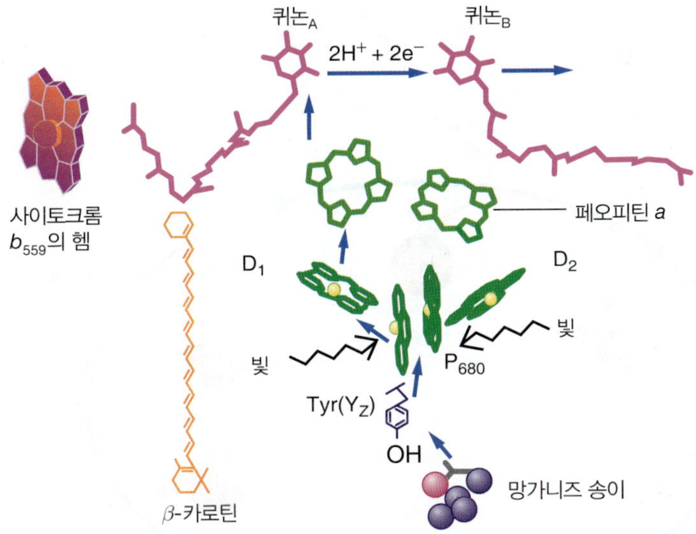

그림 13.14

광반응계 II의 전자 전달.

화살표는 광반응계 II의 전자 전달 경로를 나타낸다. 빛의 광자는 P680의 전자를 활성화한다. P680은 이 전자를 페오피틴 a에 주고 결국 퀴논으로 전달된다. Mn 송이와 Tyr(Y_Z) 곁사슬은 산화된 P680의 전자를 채운다. 사이토크롬 b_{559}는 광반응계 II의 광 손상을 보호하는 역할을 한다.

환원된 Q_B (플라스토퀴놀, plastoquinol, Q_BH_2)는 막을 가로지르는 양성자 기울기를 형성하는 사이토크롬 b_6f 복합체에 전자를 제공하는 플라스토퀴논 막 집합소로 방출된다.

D_1상에 위치한 타이로신 잔기와 광반응계 II의 내강 쪽에 있는 Mn_4CaO_5 송이 등으로 구성된 산소 *방출 복합체*(OEC)는 전자를 물로부터 산화된 P680($P680^+$)으로 전달한다. P680 들뜬 상태 $P680^*$은 페오피틴을 환원시켜 $P680^+$를 형성시킨다. 이 이온의 +1.25 V 이상의 매우 높은 산화-환원 전위는 D_1의 타이로신 잔기 Y_Z와 물을 연속해서 산화시킨다. 타이로신은 형성된 타이로실 라디칼이 공명 안정화되기 때문에 전자 전달에 있어 효과적이다.

산소 한 분자의 방출을 위해 2분자의 물 분해가 필요하다. 이때 4개의 양성자와 전자를 방출한다. 물 분자는 *물 산화 시계*(water-oxidizing clock)라고 하는 메커니즘에 의해 산소로 전환된다(**그림 13.15**). 산소 방출 복합체는 5개의 산화 상태, 즉 S_0, S_1 S_2, S_3, S_4가 있다. 이 OEC에서 S_0는 가장 환원된 상태이고 S_4는 가장 산화된 상태이다. 광반응계 II 반응 중심 가까이에 있는 Mn_4CaO_5 송이가 이와 같은 전달 과정을 주도한다. 산소-산소 결합 형성은 H_2O 산화에서 속도제한 단계이다. 또한 산소 방출 복합체는 산화 상태를 순환하면서 물로부터 양성자를 떼어낸다. 이때 양성자는 틸라코이드 내강으로 방출되고 그 곳에서 ATP 합성을 유도하는 pH 기울기를 형성한다.

문제 13.4

지나친 빛은 광합성을 방해할 수 있다. 최근 연구에서는 광반응계 II가 빛의 손상을 매우 받기 쉽다고 알려졌다. 식물은 효율적인 수선계를 가지고 있어서 흔히 이런 손상에서도 생존할 수 있다. 세포는 손상된 구성 성분을 제거하고 재합성하여 복구할 수 있는 것으로 보인다. 예를 들어 광반응계 II에서 가장 공격받기 쉬운 D_1 폴리펩타이드는 만약 손상을 받으면 즉시 복원된다. 광반응계 II의 역할을 다시 복습하고 빛에 의해 유도되는 D_1의 손상에 대한 적절한 이유를 제안해보자. [*힌트*: D_1/D_2 이합체는 β-카로틴 두 분자와 결합한다.]

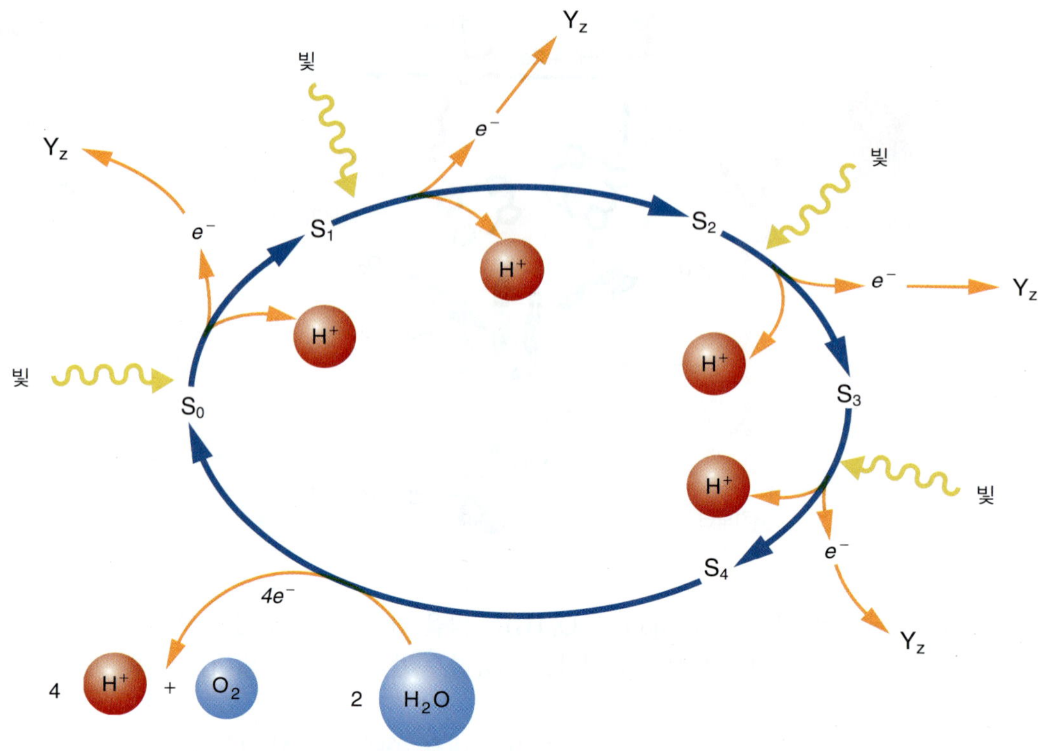

그림 13.15

물 산화 시계.

4개 광자의 흡수는 두 개의 물 분자로부터 4개의 전자와 4개의 양성자를 추출하고 O_2를 생성한다. O_2 방출 복합체는 망가니즈 송이의 여러 산화 상태를 나타내는 5종류의 산화 상태(S_0, S_1, S_2, S_3, S_4)를 가지고 있다. 4개 광자를 순차적으로 흡수하여 물 분자로부터 전자를 제거한다. 각각의 전자는 D_1의 타이로신 잔기인 T_z, 그리고 P680⁺ 등으로 제공된다. 두 개의 물 분자의 산화에 의해 생성된 4개의 양성자는 틸라코이드 내강으로 방출된다.

광반응계 I과 NADPH 합성

P700에 의한 광자의 흡수는 일련의 전자 운반체(**그림 13.16**)를 통과하는 활성화된 전자들을 방출한다. 첫 번째 전자 운반체는 엽록소 a 분자(A_0)이다. 전자가 필로퀴논(phylloquinone, A_1)과 여러 Fe-S 단백질(마지막 Fe-S 단백질은 페레독신)에 계속해서 전달될 때 틸라코이드 막의 내강 쪽으로부터 그 스트로마 쪽으로 이동하게 된다. 이동성이며 수용성인 페레독신은 각 전자를 페레독신–NADP 산화-환원효소(ferredoxin–NADP oxidoreductase, FNR)라고 하는 플라보단백질(flavoprotein)에 전달한다. 플라보단백질은 2개의 전자와 하나의 스트로마 양성자(stromal proton)를 사용하여 $NADP^+$를 NADPH로 환원시킨다. 페레독신으로부터 $NADP^+$로의 전자의 전달을 *비순환적 전자 전달 경로*(noncyclic electron transport pathway)라고 한다(**그림 13.17**). 이 경로에서 8개의 광자 흡수는 3:2 비율의 ATP:NADPH를 생산한다. *순환적 전자 전달*(cyclic electron transport, **그림 13.18**)에서 환원된 페레독신은 전자들을 플라스토퀴논에 주고 그 다음에 플라스토퀴논(plastoquinone, PQ)은 전자들을 cyt b_f 복합체와 플라스토사이아닌(plastocyanin, PC)을 거쳐 P700에 전달한다. 엽록체의 NADPH:$NADP^+$ 비율이 높을 때 전형적으로 일어나는 이 과정에서 NADPH는 생산되지 않는다. 대신에 전자 전달은 추가적으로 틸라코이드 막을 가로질러 양성자들을 전달한다. 그 결과 추가적으로 ATP가 합성된다.

캘빈 회로는 3:2 비율의 ATP:NADPH를 필요로 한다. 그러나 ATP는 탄수화물

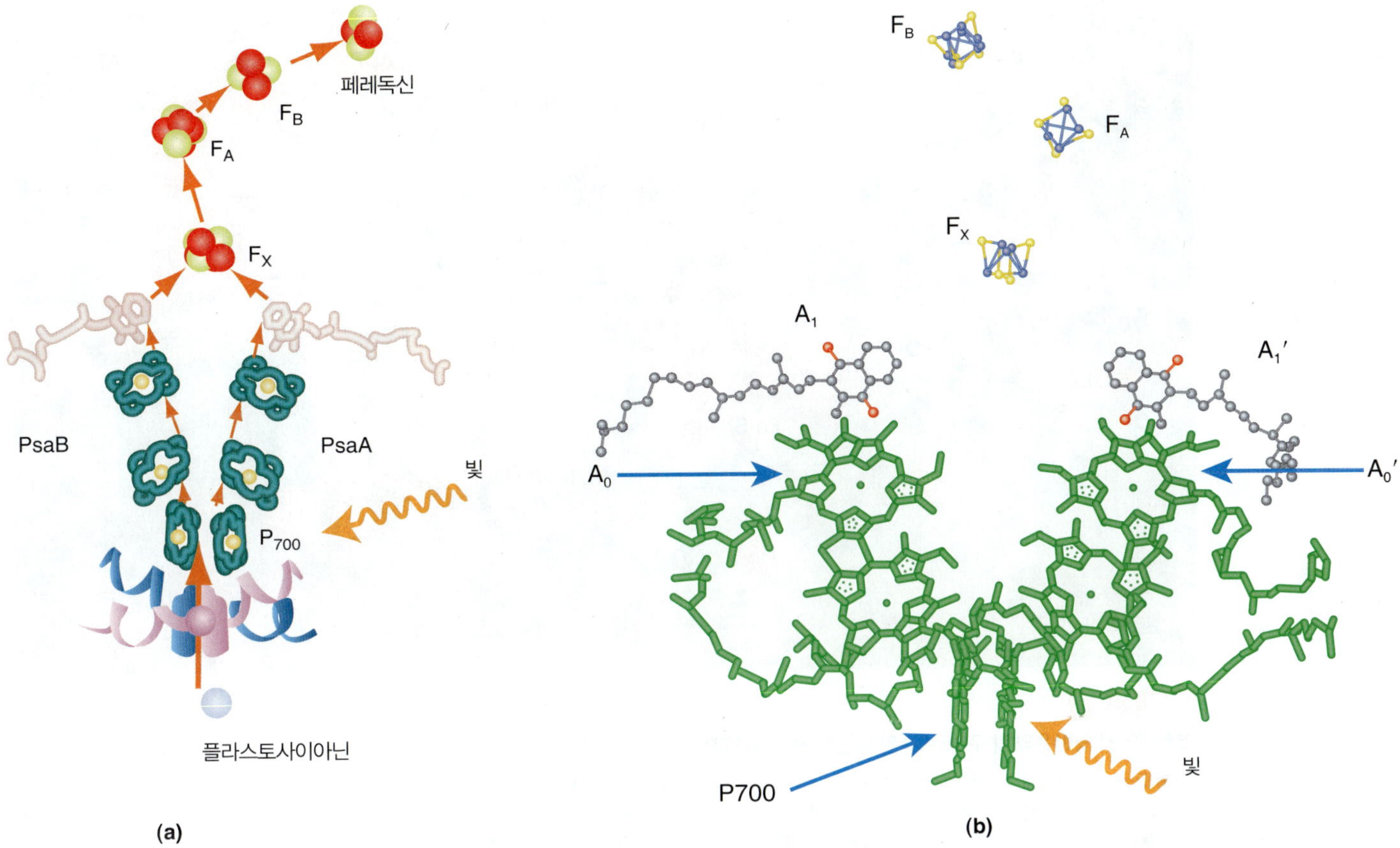

그림 13.16

광반응계 I 전자 전달에 대한 두 가지 관점.

(a) 반응 중심의 전자 전달계는 **그림 13.5**와 같이 광반응계 I의 PsaA와 PsaB 단백질 소단위체와 결합한다. (b) 들뜬 P700은 엽록소 a 분자인 받개 A_0에게 전자를 전달하여 나중에 전자 전달체 A_1으로 이동시킨다. 플라스토퀴논 분자는 일련의 철-황 송이(F_X, F_A, F_B)로 전자를 이동시키고 최종적으로 페레독신으로 보낸다. 반응 중심에서 F_X 방향으로 전자를 이동시키는데 두 개의 강력한 경로가 존재한다. 산화된 P700은 근접한 플라스토사이아닌으로부터 전자를 얻는다. 이러한 반응은 (a)의 분홍색과 파란색 리본 구조와 같이 두 개의 폴리펩타이드에 있는 두 개의 트립토판 잔기에 의하여 촉진된다.

합성 이외의 다른 과정에도 사용된다. 따라서 비순환적 및 순환적 광인산화 반응 모두 광합성 과정에서 충분한 ATP 합성을 위해 필요하다.

주요 개념 _Key Concepts

- 진핵생물의 광합성 세포는 광반응계 I과 광반응계 II의 두 광반응계를 갖고 있는데, 이들은 Z 도해라고 하는 일련의 메커니즘으로 연결되어 있다.
- 광반응계 II의 물을 산화하는 시계 성분은 산소를 발생시킨다.
- 양성자는 화학삼투 메커니즘으로 ATP를 합성한다.
- 광반응계 I은 NADPH를 합성한다.

예제 13.1

명반응에서 $NADP^+$에 의한 물의 4-전자 산화 반응에 대한 $\Delta G°'$를 계산하라.

> 풀이

전체 반응은

$$2\,H_2O + 2\,NADP^+ \rightarrow O_2 + 2\,NADPH + 2\,H^+$$

두 개의 반쪽 반응에 대한 환원력($\Delta E°'$)은

$$1/2\,O_2 + 2\,H^+ + 2e^- \rightarrow H_2O\ (\Delta E°' = +0.82\ V)$$
$$NADP^+ + H^+ + 2e^- \rightarrow NADPH + H^+\ (\Delta E°' = -0.32\ V)$$

$\Delta G°'$는 방정식 $\Delta G°' = -nF\Delta E°'$을 이용하여 계산된다. (계속)

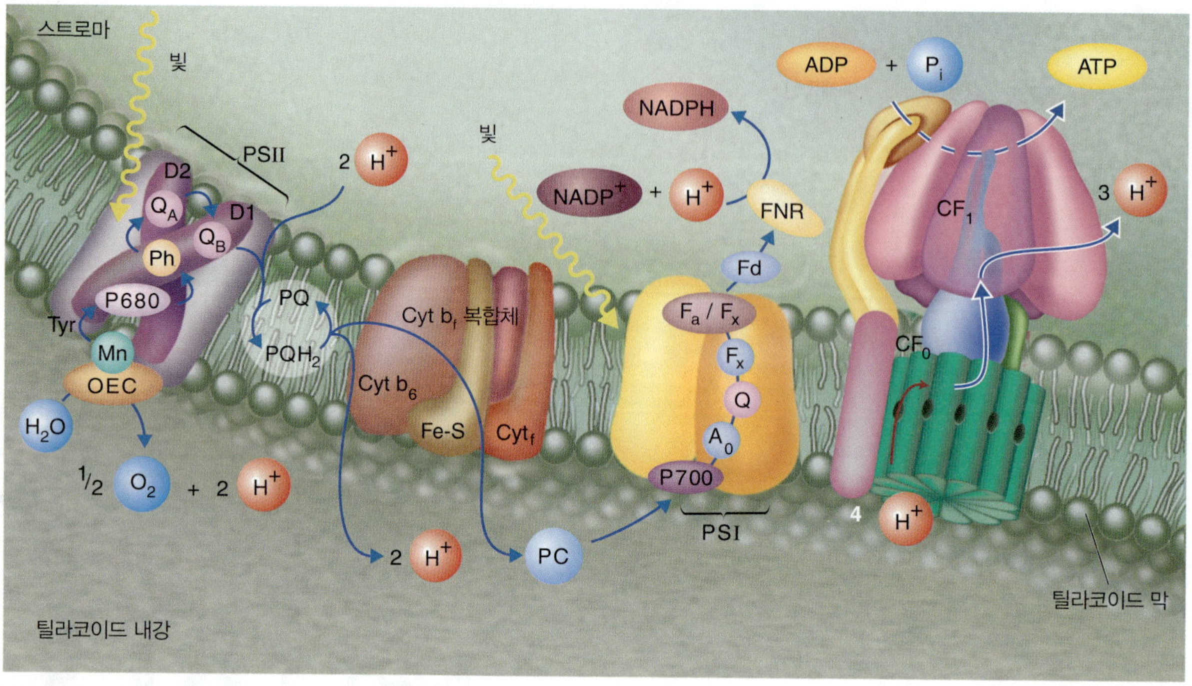

그림 13.17

엽록체에서 명반응의 막 구성: 비순환적 전자 전달과 ATP 생성효소 복합체.

각 물 분자로부터 2개의 전자가 $NADP^+$로 이동할 때(파란색 화살) 약 2개의 H^+가 스트로마로부터 틸라코이드 내강으로 펌프질된다. 2개의 H^+가 추가로 산소 방출 복합체에 의해 내강에서 생산된다. CF_0 내 양성자 구멍을 통한 양성자의 흐름은 CF_1에서 ATP 합성을 유도한다. (OEC = 산소 방출 복합체, Ph = 페오피틴, Fd = 페레독신, FNR = 페레독신-NADP 산화-환원효소)

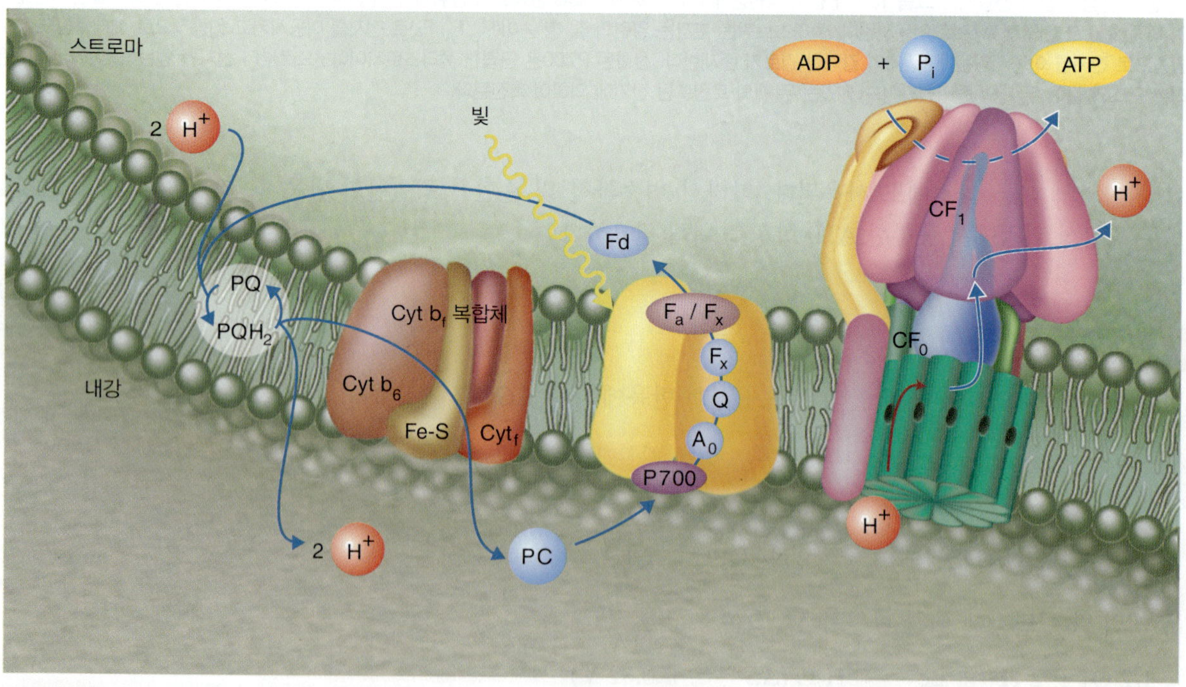

그림 13.18

순환적 전자 전달 경로.

전자 전달계서 보는 것과 유사하며 광반응계 I과 광반응계 II를 연결하는 Q 회로(Q cycle)는 각 전자를 수송할 때마다 틸라코이드 막을 통해 2개의 양성자를 펌프질한다. 양성자 흐름은 ATP 합성을 유도한다. NADPH는 생산되지 않는다.

$$\Delta G^{\circ\prime} = -4\,(96.5\text{ kJ/V}\cdot\text{mol})\,[-0.32\text{ V} - (0.82\text{ V})]$$
$$= (386\text{ kJ/V}\cdot\text{mol})\,(-1.14\text{ V})$$
$$= -440\text{ kJ/mol}$$

문제 13.5

광합성에서 각각의 다음과 같은 분자들의 역할을 써라.

a. 플라스토사이아닌
b. β-카로틴
c. 페레독신
d. 플라스토퀴논
e. 페오피틴 a
f. 루테인

광인산화 반응

광합성 중 광반응계에 의해 포획된 빛 에너지는 화학적 에너지인 ATP로 전환된다. 이러한 전환 반응을 **광인산화 반응**(photophosphorylation)이라고 한다. 미토콘드리아와 엽록체는 ATP 합성에서 양성자 기울기를 이용하는 점이 매우 유사하다. 호기성 호흡(10장 참조)과 광합성 사이에는 다양한 차이가 있지만 가장 중요한 차이점은 엽록체가 빛 에너지를 산화-환원 에너지로 전환시키는 것이다. (미토콘드리아는 음식 분자로부터 고에너지 전자를 추출하여 산화-환원 에너지를 생산한다.) 또 다른 차이점은 미토콘드리아 내막과 틸라코이드 막의 투과성이다. 미토콘드리아 내막과는 반대로 Mg^{2+}와 Cl^-는 틸라코이드 막을 통과할 수 있다. 따라서 Mg^{2+}와 Cl^- 이온은 명반응 동안 선자와 양성자가 운반될 때 틸라코이드 막을 통해 이동할 수 있어서 전위를 소산시킨다. ATP 합성을 유도하는 틸라코이드 막을 가로질러 생기는 전기화학적 기울기는 주로 3.5 pH 단위만큼의 큰 양성자 기울기(proton gradient)로 구성된다.

H^+:ATP 비율을 측정한 결과 비순환적 광인산화에서 약 12개의 양성자가 틸라코이드 막을 통해 이동하면 3개의 ATP 분자가 생산된다. 이 ATP 분자들의 합성은 8개의 광자(2개의 H_2O 분자로부터 온 각 전자들에 대해 1개씩)들의 흡수에 의해 일어난다. 양성자 수송은 이 전자들이 비순환적 전자 전달계(**그림 13.17**)를 따라 수송되면서 일어난다. 엽록체(4 H^+:ATP)와 미토콘드리아(3 H^+:ATP) 사이의 양성자:ATP 비율의 차이는 두 기관의 ATP 생성효소 내 양성자 통로의 구조적인 차이에서 생긴다. 엽록체의 C_0 양성자 통로 복합체가 360도 회전하려면 좀 더 많은 양성자가 필요하다. 왜냐하면 미토콘드리아 양성자 통로 복합체보다도 더 많은 소단위체로 구성되어 있기 때문이다. 순환 광인산화 반응에서 4개의 광자를 흡수한 결과로 cyt b_6f 복합체에 의해 8개 양성자가 펌프질되어 2개의 ATP 분자가 생산된다.

문제 13.6

많은 제초제들은 식물의 광합성 전자 전달을 억제시켜서 죽인다. 트라이아진(triazine) 제초제의 하나인 아트라진(Atrazine)은 광반응계 II에서 Q_A와 Q_B 사이의 전자 전달을 차단한다. 3-(3,4-다이클로로페닐)-1,1-다이메틸우레아[3-(3,4-dichlorophenyl)-1,1-dimethylurea, DCMU]는 또한 플라스토퀴논 두 분자 사이의 전자 흐름을 차단한다. 바이피리딜륨(bipyridylium) 제초제 계열

문제 13.5 (계속)

에 속하는 파라쿼트(paraquat)는 광반응계 I에 의해 환원되지만 초과산화 이온과 하이드록실 라디칼을 생산하는 반응에서 O_2에 의해 쉽게 재산화된다. 식물들은 라디칼에 의해 그들의 세포막이 파괴되어 죽는다. 위의 제초제들 중 어느 것이 인간과 다른 동물에게는 가장 해를 끼칠 수 있을지 알아보라. 어떤 특별한 손상이 일어나는가?

13.4 광 비의존 반응

광합성을 하는 진핵생물이 CO_2로부터 탄수화물을 만드는 과정(엽록체 스트로마 속에서 일어나는 반응)을 **캘빈 회로**(Calvin cycle)라고 한다. 충분한 ATP와 NADPH가 공급되면 캘빈 회로의 반응은 빛이 없이도 일어날 수 있기 때문에 *암반응*(dark reaction)이라고도 한다. 그러나 암반응이란 말은 다소 그 의미가 오해를 불러 올 수 있다. 캘빈 회로 반응은 ATP와 NADPH가 명반응(light reaction)에 의해 생성되기 때문에 식물이 빛을 받았을 때만 일어난다. 따라서 **광 비의존 반응**(light-independent reaction)이 암반응보다는 더 적절한 표현이다. 캘빈 회로에서 일어나는 반응의 유형 때문에 이 반응은 또한 *환원형 오탄당 인산 경로*(reductive pentose phosphate cycle, RPP 회로) 또는 *광합성 탄소 환원 회로*(photosynthetic carbon reduction cycle, PCR 회로)라고도 부른다.

캘빈 회로

캘빈 회로의 알짜 반응식은 다음과 같다(**그림 13.19**).

$$3\ CO_2 + 6\ NADPH + 9\ ATP \rightarrow$$
$$\text{글리세르알데하이드-3-인산} + 6\ NADP^+ + 9\ ADP + 8\ P_i \qquad (5)$$

탄수화물 분자로 편입되는 CO_2 세 분자에 대해 한 분자의 글리세르알데하이드-3-인산(glyceraldehyde-3-phosphate)이 만들어진다. 6개의 CO_2를 글루코스로 고정하는 데 12 NADPH와 18 ATP가 필요하다. 회로는 탄소 고정, 환원, 및 재생의 세 단계로 나누어진다.

탄소 고정. **탄소 고정**(carbon fixation, 무기물 CO_2가 유기 분자로 합성되는 반응)은 단일 반응으로 구성된다. Mg^{2+}를 필요로 하는 효소인 리불로스-1,5-비스인산 카복실화효소(ribulose-1,5-bisphosphate carboxylase; 루비스코, rubisco)는 리불로스-1,5-비스인산을 카복실화하여 두 분자의 글리세르산-3-인산을 형성한다(반응 1). 반응 메커니즘은 **그림 13.20**에 있다. 글리세르산-3-인산을 광합성의 첫 생성물로 생산하는 식물을 **C3 식물**(C3 plant)이라고 한다. 8개의 큰 소단위체(L 54 kDa)와 8개의 작은 소단위체(S 14 kDa)로 구성된 복잡한 분자인 루비스코는 캘빈 회로를 조정하는 중요한 조절 효소이다. 각 L 소단위체는 기질과 결합하는 활성 자리를 갖고 있다. L 소단위체의 촉매 활성은 S 소단위체에 의해 증가한다. CO_2 고정 반응이 매우 천천히 일어나기 때문에 식물은 이 효소를 다량 생산하여 식물의 잎 속에 있는 수용성 단백질의 약 절반을 차지하게 된다. 이 때문에 리불로스-1,5-비스인산 카복실화효소는 세계에서 가장 풍부한 효소이다.

환원. 캘빈 회로의 환원(reduction) 단계에서 글리세르산-3-인산이 글리세르알데하이드-3-인산(glyceraldehyde-3-phosphate)으로 환원된다. 처음 두 반응에서 6

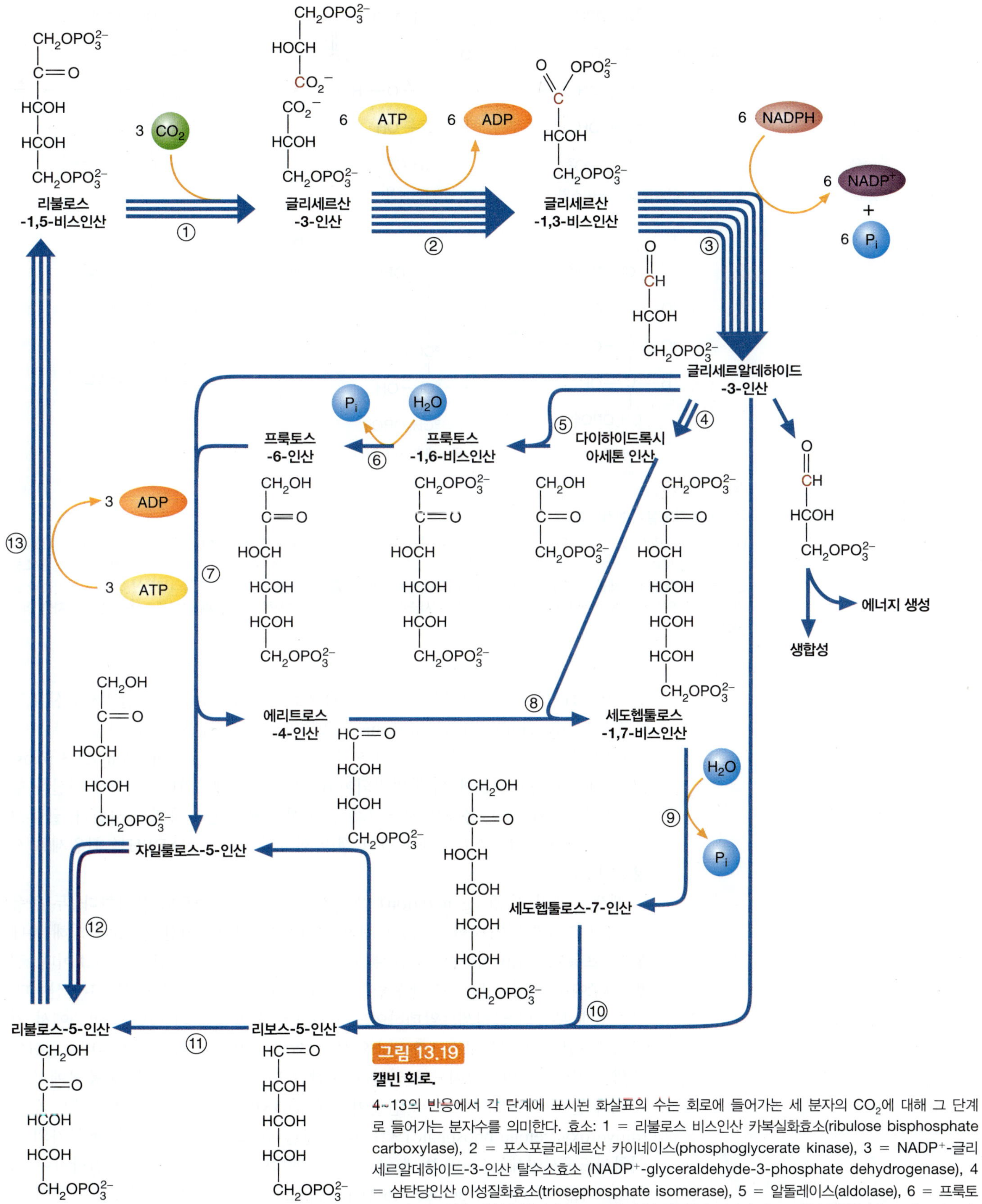

그림 13.19

캘빈 회로.

4~13의 반응에서 각 단계에 표시된 화살표의 수는 회로에 들어가는 세 분자의 CO_2에 대해 그 단계로 들어가는 분자수를 의미한다. 효소: 1 = 리불로스 비스인산 카복실화효소(ribulose bisphosphate carboxylase), 2 = 포스포글리세르산 카이네이스(phosphoglycerate kinase), 3 = $NADP^+$-글리세르알데하이드-3-인산 탈수소효소 ($NADP^+$-glyceraldehyde-3-phosphate dehydrogenase), 4 = 삼탄당인산 이성질화효소(triosephosphate isomerase), 5 = 알돌레이스(aldolase), 6 = 프룩토스-1,6-비스인산 가수분해효소(fructose-1,6-bisphosphatase), 7 = 케톨 전달효소(transketolase), 8 = 알돌레이스 , 9 = 세도헵툴로스-1,7-비스인산 가수분해효소(sedoheptulose-l,7-bisphosphatase), 10 = 케톨 전달효소(transketolase), 11 = 리보스-5-인산 이성질화효소(ribose-5-phosphate isomerase), 12 = 리불로스-5-인산 에피머화효소(ribulose-5-phosphate epimerase), 13 = 리불로스-5-인산 카이네이스(ribulose-5-phosphate kinase).

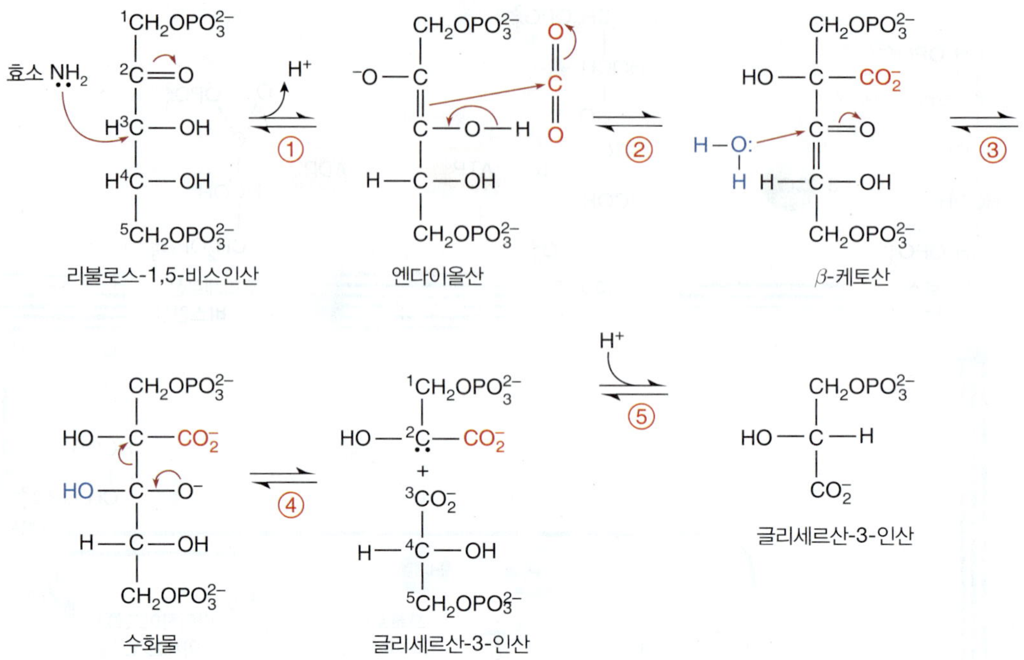

그림 13.20

루비스코 카복실화 메커니즘.

(1) Mg^{2+}와 가까이 있어서 좀 더 산성화된 C-3 양성자는 라이신 곁사슬에 의해 제거되어 엔다이올산 이온이 된다. (2) 엔다이올산 이온은 Mg^{2+}에 의해 극성화된 CO_2를 공격하여 6-탄소의 β-케토산을 형성한다. (3) 물 분자는 β-케토산의 카보닐 탄소를 공격하여 수화된 유도체를 형성한다. (4) 수화된 유도체는 빠르게 두 종류의 3-탄소 생성물인 글리세르산-3-인산 음이온과 글리세르산-3-인산으로 분해된다. (5) 또 다른 라이신 곁사슬에 의한 음이온의 양성화는 두 번째 글리세르산-3-인산 분자를 형성한다.

분자의 글리세르산-3-인산은 6분자의 ATP를 소모하여 6분자의 글리세르산-1,3-비스인산(glycerate-1,3-bisphosphate)으로 인산화된다(반응 2). 나중의 분자는 NADP-글리세르알데하이드-3-인산 탈수소효소(NADP$^+$-glyceraldehyde-3-phosphate dehydrogenase)에 의해 환원되어 6분자의 글리세르알데하이드-3-인산을 형성한다(반응 3). 이 반응들은 글루코스 신생 합성에서 본 반응과 유사하다. 글루코스 신생 합성의 탈수소효소와는 달리 캘빈 회로의 효소는 NADPH를 환원제로 사용한다.

재생. 여러 재생(regeneration) 반응은 다른 생화학 경로와 유사하다. 두 반응은 각각 알돌레이스(당화 반응)와 케톨 전달효소(오탄당 인산 경로)에 의해 촉매된다. 프룩토스-1,6-비스인산 가수분해효소는 글루코스 신생 합성의 효소이다. 캘빈 회로에서 고정된 탄소의 생성물은 한 분자의 글리세르알데하이드-3-인산이다. 다른 5개 분자의 글리세르알데하이드-3-인산은 캘빈 회로의 나머지 반응에서 가공되어 3분자의 리불로스-1,5-비스인산을 재생시킨다. 리불로스-1,5-비스인산의 재생은 글리세르알데하이드-3-인산을 포함한 반응으로 시작한다. 반응 4에서, 2분자의 글리세르알데하이드-3-인산이 이성질화되어 다이하이드록시아세톤 인산(dihydroxyacetone phosphate)으로 된다. 알돌레이스 축합 반응으로 한 분자의 다이하이드록시아세톤은 세 번째 글리세르알데하이드-3-인산 분자와 결합하여 프룩토스-1,6-비스인산(fructose-1,6-bisphosphate)을 형성한다(반응 5). 나중의 물질은 프룩토스-1,6-비스인산 인산 가수분해효소에 의해 프룩토스-6-인산(fructose-6-phosphate)으로 가수분해된다(반응 6). 이어서 프룩토스-6-인산은 케톨 전달효소의 촉매 반응으로 네 번째 글리세르알데하이드-3-인산 분자와 결합하여 자일룰로스-5-인산(xylulose-5-phosphate)과 에리트로스-4-인산(erythrose-4-phosphate)을 형성한다(반응 7). 반응 8에서, 알돌레이스의 축합 반응으로 에리트로스-4-인산은 다이하이드록시아세톤 인산과 결합하여 세도헵툴로스-1,7-비스인산(sedoheptulose-1,7-bisphosphate)을 형성하는데, 이는 세도헵툴로스-7-인산(sedoheptulose-7-phosphate)으로 가수분해된다(반응 9). 케톨 전달효소 반응으로 다섯 번째 글리세르알데하이드-3-인산 분자는 세도헵툴로스-7-인산과 결합하여 한 분자의 리보스-5-인산(ribose-5-phosphate)과 두 번째 자일룰로스-5-인산 분자를 형성한다(반응 10). 리보스-5-인산과 두 분자의 자일룰로스-5-인산들은 따로따로 이성질화되어(반응 11, 12) 리불로스-5-인산(ribulose-5-phosphate)으로 된다. 마지막 단계에서 세 분자의 리불로스-5-인산은 세 분자의 ATP를 소모하여 세 분자의 리불로스-1,5-비스인산을 형성한다(반응 13). 남아 있는 글리세르알데하이드-3-인산 분자는 엽록체 내에서 녹말 합성에 이용되거나 세포질로 운반되어 그곳에서 당류나 다른 대사물질로 전환된다.

문제 13.7

식물 세포는 빛에 의해 세포질의 ATP:ADP 그리고 NADH:NAD^+ 비율이 상당히 높아신다. 다음과 같은 왕복장치 메커니즘이 엽록체로부터 세포질로 ATP와 환원 당량을 전달한다. 일단 DHAP가 스트로마에서 세포질로 운송되어 글리세알데하이드-3-인산으로 전환되고 최종적으로 글리세르산-1,3-비스인산으로 바뀐다. (이것은 탄소 고정 동안 글리세르알데하이드-3-인산이 형성되는 반응의 역반응이다.) 세포질 반응에서 환원 당량은 NAD^+에 수어져서 NADH를 형성한다. 이후 반응에서는, 글리세르산-1,3-비스인산이 한 분자의 ATP와 글리세르산-3-인산으로 전환된다. 후에 글리세르산-3-인산은 엽록체로 돌아와서 글리세알데하이드-3-인산으로 재전환된다.

이러한 왕복장치 반응은 미토콘드리아 호흡 진행을 약화시킨다. 호기성 호흡 조절(9장 참조)을 살펴보고, 어떻게 광합성이 이러한 미토콘드리아 기능을 억제시킬 수 있을지 설명하라.

예제 13.2

캘빈 회로 첫 번째 생성물인 글리세알데하이드-3-인산은 녹말과 설탕과 같은 에너지 저장 분자를 합성하는데 이용된다. 두 분자의 글리세르알데하이드-3-인산이 녹말로 편입되는 경로를 설명하고 필요한 ATP 분자수를 계산하여라. 녹말 합성에서 출발 분자는 ADP-글루코스이다. 글루코스 분자가 CO_2와 H_2O로 분해되는 경우와 녹말로 편입되는 경우의 에너지 비용을 비교하여라. 글루코스 이화 과정작용에서는 30 ATP가 알짜로 생성된다고 가정하라.

풀이

글리세르알데하이드-3-인산과 그 이성질체 DHAP 한 분자씩은 알돌레이스에 의해 프룩토스-1,6-비스인산으로 전환된다. 후에 글루코스 신생 합성 관련 효소인 프룩토스-비스인산 인산가수분해효소에 의해 프룩토스-6-인산으로 전환되고 이어서 글루코스-6-인산으로 이성질화된다. 포스포글루코스 자리옮김효소(phosphoglucomutase)에 의해 글루코스-6-인산으로부터 생성된 글루코스-1-인산은 ADP-글루코스 가파이로인산분해효소(ADP-glucose pyrophosphorylase)에 의해 ADP-글루코스로 전환된다. 따라서 두 개의 글리세알데하이드-3-인산으로부터 ADP-글루코스를 합성하는 데는 단지 하나의 ATP가 이용된다. 녹말로 이러한 두 분자가 편입되는 비용과 글루코스에 의해 방출되는 에너지와 비교해 보면 1/30이거나 글루코스 이화 과정작용에서 생산되는 전체 ATP의 3.3% 정도이다. ■

광호흡

광호흡(photorespiration)은 광합성에서 가장 특이한 현상이다(**그림 13.21**). 광합성을 활발하게 수행 중인 식물 세포가 광 의존 과정인 광호흡으로 산소를 소모하고

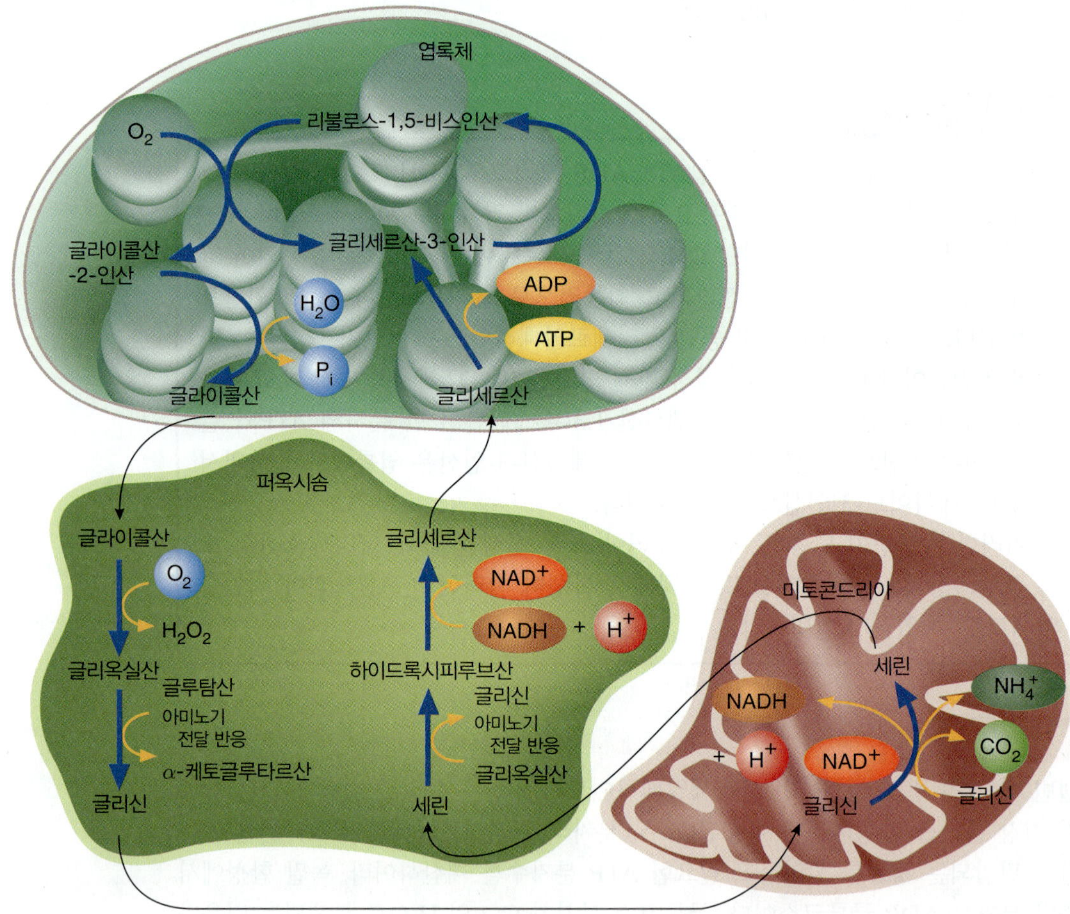

그림 13.21

광호흡.

광호흡은 글라이이콜산-2-인산을 형성하기 위해 리불로스-1,5-비스인산이 O_2와 결합할 때 발생하는 소모성 과정이다. 이러한 다단계 경로는 글라이이콜산-2-인산으로부터 고정된 탄소를 구제하기 위한 메커니즘으로 세 종류의 세포소기관인 엽록체, 퍼옥시솜, 미토콘드리아에 존재하는 효소에 의해 촉매된다. 글라이이콜산-2-인산이 엽록체 스트로마에서 가수분해되어 생성된 글라이이콜산은 퍼옥시솜으로 이동하여 산소와 반응하여 글리옥실산과 과산화수소를 생성한다. 그 다음에 글리옥실산은 아미노기 전달 반응으로 글리신을 형성하고 이것이 퍼옥시솜으로부터 미토콘드리아로 이동한다. 미토콘드리아 기질 안에서 글리신 두 분자는 세린, CO_2, NH_3로 전환되고 NAD^+는 글리신 탈카복실화효소 복합체에 있는 효소들에 의해 촉매되는 일련의 반응에서 NADH로 환원된다. 세린은 퍼옥시솜으로 되돌아와서 아미노기 전달 반응으로 하이드록시피루브산을 형성한다. 하이드록시피루브산은 NADH에 의해 글리세르산으로 환원된다. 일단 글리세르산이 엽록체로 들어가면 ATP와 반응하여 캘빈 회로의 중간물질인 글리세르산-3-인산이 만들어진다.

CO_2를 방출한다. 광호흡은 리불로스-1,5-비스인산 카복실화효소(ribulose-l,5-bisphosphate carboxylase)에 의해 개시되는 다단계 반응이다. 이 효소는 또한 산소화효소(oxygenase) 활성을 갖고 있다. [이 이유 때문에 이름을 루비스코(rubisco, ribulose-l,5-bisphosphate carboxylase-oxygenase)라고도 한다.] 루비스코의 활성자리에서 CO_2와 산소는 서로 경쟁한다.

이 산소화 반응에서 리불로스-1,5-비스인산은 글라이콜산-2-인산(glycolate-2-phosphate, **그림 13.22**)과 글리세르산-3-인산(glycerate-3-phosphate)으로 전환된다. 글라이콜산-2-인산은 가수분해되어 글라이콜산으로 되고 그 다음에 산소에 의해 산화되어 글리옥실산과 H_2O_2를 생성한다. 글리옥실산은 일련의 반응(**그림 13.21**)에 의해 글리세르산-3-인산으로 전환된다. 글리세르산-3-인산은 캘빈 회로로 들어가 리불로스-1,5-비스인산으로 전환된다. 광호흡은 소모적인 과정으로서 고정된 탄소를 CO_2로 잃어버리고 ATP와 NADH를 모두 소모한다.

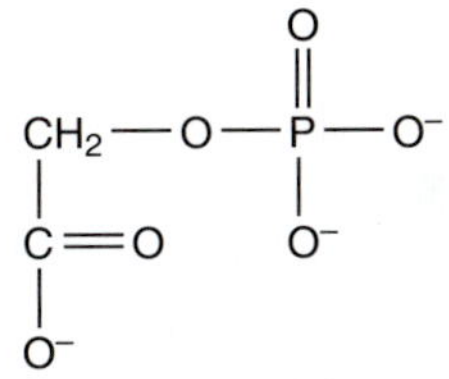

그림 13.22
글라이콜산-2-인산의 구조.

광호흡의 속도는 여러 요인에 따라 달라진다. 그 예로서 광합성 세포가 노출되어 있는 CO_2와 O_2의 농도가 있다. 광호흡은 0.2% 이상의 CO_2 농도에 의해 억제된다. [광호흡과 광합성은 동시에 일어나기 때문에 CO_2는 CO_2 고정이 일어나는 동안에도 방출된다. CO_2 방출률과 고정률이 같을 때 *CO_2 보상점*(CO_2 compensation point)이 형성된다. CO_2 보상점이 낮을수록 광호흡률은 감소한다. 많은 C3 식물은 광합성 세포 주변의 CO_2 농도가 0.02~0.03%일 때 CO_2 보상점을 갖는다.] 반대로 높은 산소 농도와 온도는 광호흡을 촉진한다. 결론적으로 이 과정은 식물이 고온, 그리고 낮은 CO_2와/또는 높은 O_2 농도를 일으키는 조건에 노출될 때 유리하다. 예를 들면, 광호흡은 날씨가 덥고 건조한 기후에서 C3 식물에게는 매우 심각한 문제가 된다. 이 식물들은 물을 보존하기 위해 *기공*(stomata)을 폐쇄함으로써 잎 조직 내에 CO_2 농도를 감소시킨다. 기공이 열릴 때 CO_2, O_2와 수증기는 잎의 내부와 외부 사이의 농도 기울기를 따라서 쉽게 확산한다. 광합성이 지속되면서 산소의 수준은 증가한다. 주변 여건의 심각성에 따라 식물에 고정되는 탄소의 약 30~50%가 상실될 수도 있다. 여러 C3 식물은 중요한 곡물(예, 콩, 귀리)이기 때문에 이러한 효과는 곡물 생산 측면에서 매우 중요할 수도 있다.

광호흡은 광합성 반응의 오랜 진화 역사가 만들어낸 산물이다. 첫 광반응계가 진화했던 초기 대기 중 산소 수준은 매우 낮았다. 따라서 산소 수준이 문제가 되기 전 오랜 시간에 걸쳐 CO_2와 O_2 사이를 구별하는 루비스코 활성 자리의 능력을 향상시키려는 선택 압력이 없었다. 선택 압력은 산소 수준이 현저하게 증가했을 때만 일어날 수 있었다. 세균보다 녹색식물이 O_2보다 CO_2를 더 선호한다는 점은 주목할 만하다. 비록 ATP와 NADH 소모가 클지라도 글라이콜산-2-인산을 글리세르산-3-인산으로 전환시키는 경로가 발달한 것은 이미 고정되고 부분적으로 환원된 탄소를 회복하는 구제 작용으로 생각된다. 다음에서 광호흡을 억제하는 C4 식물의 정교한 메커니즘에 대해 알아보자.

주요 개념 _Key Concepts

- 캘빈 회로는 CO_2가 유기 분자로 합성되는 일련의 광 비의존 반응이다.
- 캘빈 회로는 탄소 고정 반응, 환원 반응과 재생 반응을 통해 일어난다.
- 광호흡은 광합성 중인 세포가 CO_2를 방출하는 소모 과정이다.

C3 대사의 대체 경로

대부분의 식물들이 사용하는 C3 광합성 이외에 CO_2를 고정시키는 2개의 다른 메커니즘, 즉 C4 대사와 크라슐라시안산 대사(crassulacean acid metabolism)가 있다. 이 두 메커니즘은 모두 온도가 높고 물이 부족한 기후에서 광합성 효율을 증진시킨다.

C4 대사 C4 식물들은 주로 열대지역에서 성장하고 기근과 고온을 성공적으로 견

떠내는데, 그 예로 사탕수수와 옥수수가 있다. **C4 식물**(C4 plant)이란 이름은 광호흡을 기피하는 생화학 경로에서 4-탄소 분자(OAA)의 탁월한 역할을 나타낸다. 이 경로를 **C4 대사**(C4 metabolism), *C4 경로*(C4 pathway), 또는 *해치-슬랙 경로*(Hatch-Slack pathway, 발견자들의 이름을 따서)라고 부른다.

C4 식물의 잎들은 두 종류의 광합성 세포, 즉 엽육 세포(mesophyll cell)와 유관속초 세포(bundle sheath cell)를 갖고 있다(C3 식물의 경우 광합성은 엽육 세포에서 일어남). 두 식물의 대부분의 엽육 세포는 잎의 기공이 열릴 때 공기와 직접 접촉하는 곳에 위치한다. C4 식물에서 CO_2는 전문화된 엽육 세포에서 포획되어 중탄산으로 전환된 후, 옥살로아세트산으로 편입된다(**그림 13.23**). 이 반응은 포스포엔올피루브산 카복실화효소(phosphoenolpyruvate carboxylase 또는 PEP carboxylase)에 의해 촉매되는데 간접적인 탄소 고정의 방법이다. PEP 카복실화효소는 루비스코보다 CO_2에 대해 더 낮은 K_m(즉, 더 높은 친화력)을 나타내고 O_2는 기질로서 선호하지 않기 때문에 C4 식물은 C3 식물보다 CO_2를 포획하는 데 더 효과적이다. 일단 형성된 OAA는 말산(malate)으로 환원된 다음 유관속초 세포로 확산한다. 그 이름이 의미하는 것처럼 유관속초 세포는 체관부(phloem)와 물관부(xylem)를 포함하는 관다발(vascular bundle) 주위에 층을 형성한다. C3 식물과 달리 대부분의 C4 식물의 유관속초 세포는 엽록체를 갖고 있다.

유관속초 세포에서 말산은 $NADP^+$를 NADPH로 환원시키는 반응에서 탈카복실화되어 피루브산으로 전환된다. 이 반응의 생성물인 피루브산은 엽육 세포로 확산되어 그곳에서 PEP로 재전환될 수 있다. 비록 이 반응이 한 분자의 ATP 가수분해에 의해 추진되지만 실제로는 2개의 ATP 분자가 소모되었다. 추가적으로 또 다른 1개의 ATP 분자가 AMP 생성물을 ADP로 전환하는데 필요한데, 이는 광합성 중 재인산화될 수 있다. 이와 같은 순환 과정은 CO_2와 NADPH를 유관속초 세포의 엽록체로 전달하고 그곳에서 캘빈 회로의 루비스코와 다른 효소들은 CO_2와 NADPH를 사용하여 삼탄당 인산(triose phosphate)을 합성한다. C4 식물의 유관속초 세포 내 루비스코가 사용할 수 있는 CO_2 농도는 C3 식물보다 10-20배나 더 높다. 또한 C4 식물은 온도가 높을 때 기공을 닫아 증산을 감소시키기 때문에 C3 식물보다 더 효율적으로 물을 사용한다.

크라슐라시안산 대사 **크라슐라시안산 대사**(crassulacean acid metabolism, CAM)는 사막이나 빛의 세기가 매우 강하고 물의 공급이 제한된 지역에서 서식하는 식물의 물을 보존하는 메커니즘이다. 돌나물과(Crassulaceae)는 CAM 경로가 처음 연구되었던 식물이다. 대부분이 다육질인 CAM 식물(예, 선인장)은 대기 온도가 낮은 밤과 물 손실의 위험이 낮을 때만 기공을 연다. CO_2는 엽육 세포로 들어가 그곳에서 즉시 PEP 카복실화효소에 의한 PEP의 카복실화를 통해 옥살로아세트산으로 편입된다(**그림 13.24**). 그 다음에 OAA는 말산으로 환원되어 엽육 세포의 액포 속에 밤새 저장된다. 낮에 말산은 피루브산과 루비스코 기질인 CO_2로 분해된다. 탄소 고정과 캘빈 회로의 일시적 분리에 의해 CAM 식물은 낮 동안 기공을 닫아 증산을 통한 물의 손실을 최소화한다.

13.5 광합성의 조절

식물은 매우 다양한 환경의 조건에 적응해야 한다. 따라서 광합성의 조절은 복잡하

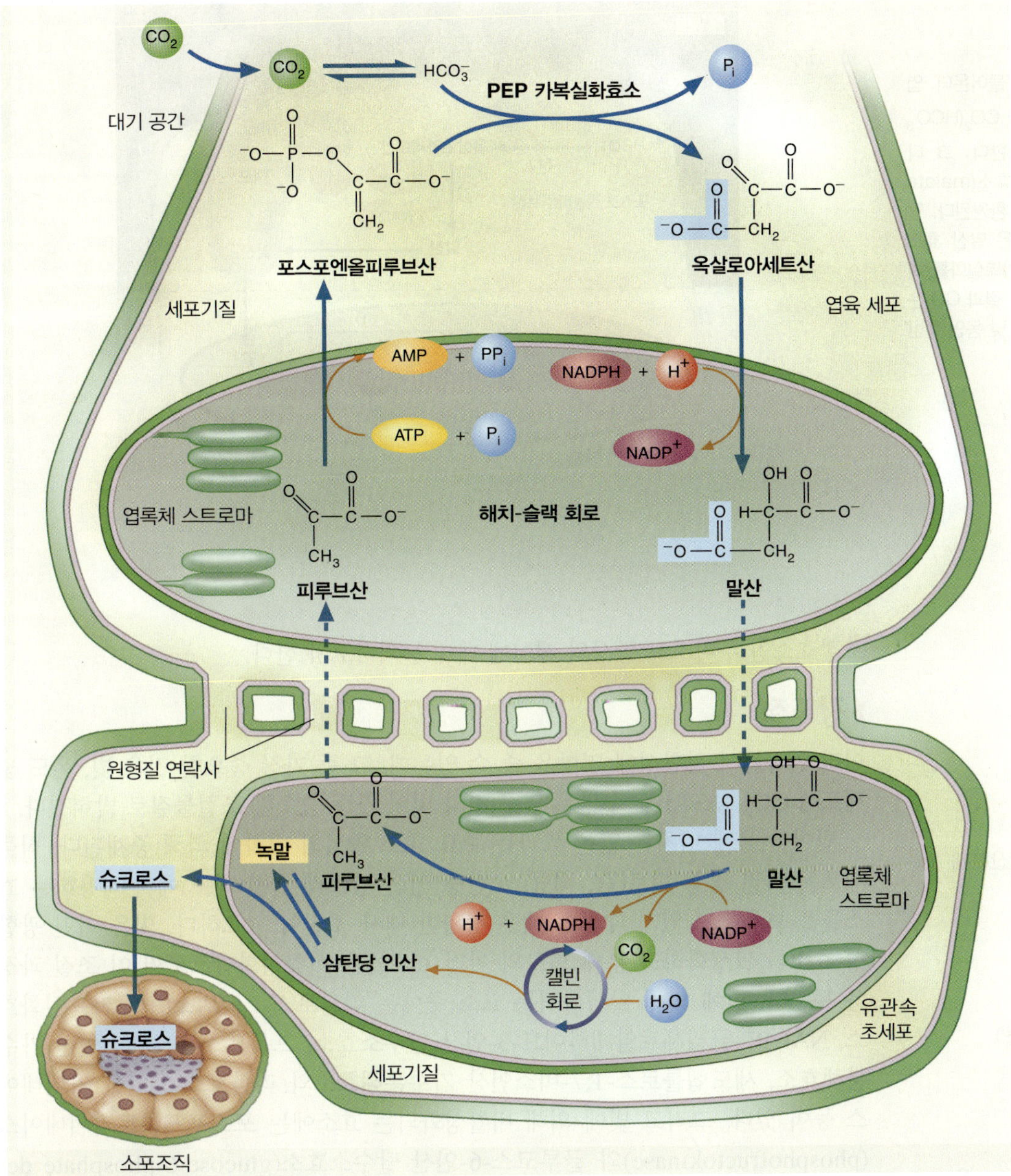

그림 13.23

C4 대사.

C4 경로에서 엽육 세포는 CO_2를 흡수하여 옥살로아세트산을 합성하는 데 사용한다. 그리고 옥살로아세트산은 말산으로 환원되고 (일부 C4 식물은 말산 대신 아스파트산을 합성함) 이는 다시 관다발로 확산되는데, 그곳에서 피루브산으로 재전환된다. 이 반응에서 방출된 CO_2는 캘빈 회로에 사용되고 결국 삼탄당 인산을 생산한다. 이어서 삼탄당 인산은 녹말 또는 슈크로스로 전환한다. 피루브산은 엽육 세포로 다시 돌아간다. 녹말은 ADP-글루코스 가피이로인산분해효소(ADP-glucose pyrohphosphorylase)에 의해 ADP-글루코스로 전환되는 글루코스-1-인산(glucose-1-phosphate)으로부터 합성된다. 그 다음에 ADP-글루코스는 녹말 생성효소(starch synthase)에 의해 이미 존재하는 다당류 사슬에 편입된다. 슈크로스-6-인산(sucrose-6-phosphate)은 슈크로스-6-인산 생성효소(sucrose-6-phosphate synthase)에 의해 UDP-글루코스와 프룩토스-6-인산(fructose-6-phosphate)으로부터 합성된다. 그리고 슈크로스 인산 가수분해효소(sucrose phosphatase)는 슈크로스-6-인산을 가수분해하여 슈크로스와 인산(P_i)을 형성한다. 글리세르알데히이드-3-인산과 다이하이드록시아세톤 인산을 삼탄당 인산이라고도 한다.

다. 비록 대부분의 광합성 과정의 제어가 완전히 밝혀지지 않았지만 여러 제어 특징은 비교적 잘 알려져 있다. 광합성 과정의 대부분은 직접 또는 간접적으로 빛에 의해 제어된다. 일반적인 빛 관련 효과에 대해 간단히 서술한 후 광합성의 주요한

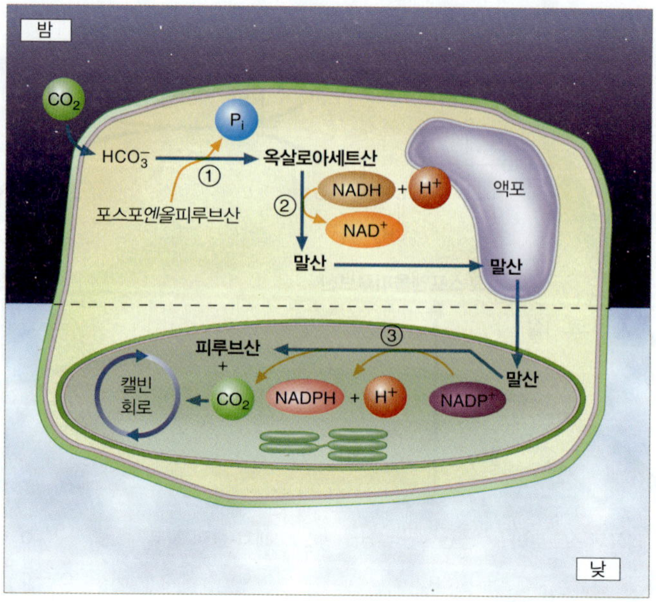

그림 13.24

크라슐라시안산 대사.

밤에 CAM 식물의 기공이 열려 CO_2가 들어온다. 엽육 세포 속에서 PEP 카복실화효소(1)는 CO_2(HCO_3^- 형태로)를 옥살로아세트산으로 합성한다. 그 다음에 옥살로아세트산은 말산 탈수소효소(malate dehydrogenase) (2)에 의해 말산으로 환원된다. 말산은 낮 동안 액포 속에 저장된다. 빛은 말산 효소(malic enzyme) (3)에 의한 말산의 탈카복실화를 촉진하여 피루브산과 CO_2로 분해한다. 그 결과 CO_2는 물의 손실을 방지하기 위해 기공이 닫힌 낮 동안 캘빈 회로를 통해 당으로 합성된다.

조절효소인 루비스코 활성의 제어에 대해 논의하고자 한다.

광조절

여러 인자들이 광합성에 영향을 줄 수 있는데, 그 중 가장 중요한 것은 빛, 온도 및 세포내 CO_2 농도이다. 수많은 연구 결과 빛이 가장 중요한 조절물질로 밝혀졌다.

빛이 식물에 미치는 많은 효과는 주요 효소 활성의 변화에 의해 중재된다. 식물세포는 여러 경쟁 회로(즉, 해당, 오탄당 인산 경로와 캘빈 회로)에서 작용하는 효소들을 보유하고 있기 때문에 매우 정확한 대사 조절이 필요하다. 빛은 어떤 광합성 효소를 활성화하고 분해 회로의 여러 효소들을 비활성화함으로써 이 조절 과정을 돕는다. 빛에 의해 활성화되는 효소 중에는 리불로스-1,5-비스인산 카복실화효소, $NADP^+$-글리세르알데하이드-3-인산 탈수소효소, 프룩토스-1,6-비스인산 가수분해효소, 세도헵툴로스-1,7-비스인산 가수분해효소와 리불로스-5-인산 카이네이스 등이 있다. 그리고 빛에 의해 비활성화되는 효소에는 포스포프룩토카이네이스(phosphofructokinase)와 글루코스-6-인산 탈수소효소(glucose-6-phosphate dehydrogenase, G-6-PD)가 있다.

빛은 간접적 메커니즘을 통해 효소에 영향을 준다. 그 중 가장 연구가 많이 된 것은 다음과 같다.

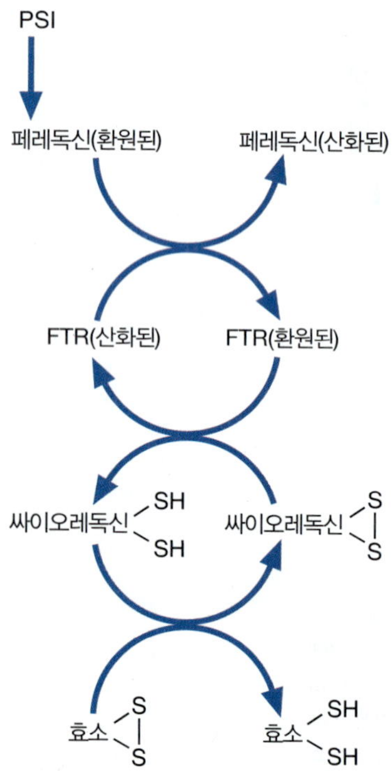

그림 13.25

페레독신-싸이오레독신계.

광반응계 I에 의해 포획된 빛에너지를 이용하여 활성화된 전자는 페레독신에 전달된다. 페레독신에 의해 FTR(페레독신-싸이오레독신 환원효소)에 전달된 전자는 싸이오레독신의 이황화 결합을 환원시킨다. 그리고 싸이오레독신은 효소를 환원시킨다. 어떤 효소는 이 과정에 의해 활성화되는 반면에 다른 효소는 오히려 비활성화된다.

1. **pH.** 명반응 동안 양성자는 틸라코이드 막을 통과하여 스트로마로부터 틸라코이드 공간으로 펌프질된다. 스트로마의 pH가 7에서 약 8로 증가함에 따라 여러 효소의 활성이 영향을 받는다. 예를 들어 리불로스-1,5-비스인산 카복실화효소의 최적 pH는 8이다.
2. **Mg^{2+}.** 여러 광합성 효소는 Mg^{2+}에 의해 활성화된다(예, 프룩토스-1,6-비스인산 가수분해효소). 빛은 스트로마 Mg^{2+}의 농도를 1~3 mM에서 약 3~6 mM로 증가시킨다. Mg^{2+}는 명반응 동안 틸라코이드 막을 거쳐 스트로마로 이동한다.
3. **페레독신-싸이오레독신계.** 싸이오레독신(thioredoxin)은 환원된 페레독

신(ferredoxin)으로부터 효소에 전자를 전달하는 작은 단백질이다(**그림 13.25**). 페레독신은 광반응계 I에서 전자 주개이다. 빛에 노출될 때 광반응계 I은 페레독신을 환원시켜 페레독신과 싸이오레독신 사이에 전자 전달을 중재하는 Fe-S 단백질인 페레독신-싸이오레독신 환원효소(ferredoxin-thioredoxin reductase, FTR)를 환원한다. 환원된 싸이오레독신은 여러 효소들의 활성을 변경시킨다. 예를 들어, 캘빈 회로 효소인 프룩토스-1,6-비스인산 가수분해효소, 세도헵툴로스-1,7-비스인산 가수분해효소, $NADP^+$-글리세르알데하이드-3-인산 탈수소효소, 리불로스-5-인산 카이네이스 등은 활성화시키는 반면, 오탄당 인산 경로 효소인 G-6-PD는 억제시킨다. 오탄당 인산 경로의 활성이 억제됨으로써 빛이 유도하는 환원된 싸이오레독신 생산은 반대 경로를 통한 탄소 흐름을 막는다.

4. **파이토크롬.** 파이토크롬(phytochrome)은 적색광에 민감한 발색단을 갖고 있는 120 kD 단백질로서 P_r과 P_{fr}형으로 존재한다. 비활성 청색형 P_r은 적색광(670 nm)을 흡수한다. 더 긴 파장(즉, 원적외선, 720 nm)의 흡수는 P_r을 활성 녹색형 P_{fr}로 전환시킨다. 어두운 곳에서 P_{fr}은 P_r로 다시 붕괴된다. 파이토크롬 활성화는 식물의 빛에 대한 수백 가지의 반응을 중재하는 여러 신호 전달 경로를 유발한다. 게다가 파이토크롬은 씨앗 발아와 같은 식물 과정 이외에도 광합성 과정에서 특이한 효과를 나타낸다. 즉 루비스코의 소단위체 합성 속도, LHCII 성분인 LHCIIb에 의한 광흡수의 조절과 광합성 세포 내 엽록체의 위치 선정이 있다.

주요 개념 _Key Concepts

빛은 광합성에 중요한 조절물질이다. 빛은 광합성 과정에서 조절효소의 활성에 영향을 미치는데 여기에는 pH, Mg^{2+} 농도, 페레독신-싸이오레독신계와 파이토크롬의 변화 등이 포함된다. 또한 최적 활성에 필요한 활성 자리에 있는 라이신 잔기의 카바모일화를 통한 공유 결합 변형에 의해 루비스코가 조절된다.

리불로스-1,5-비스인산 카복실화효소의 제어

리불로스-1,5-비스인산 카복실화효소(루비스코)는 유전자 발현, 이온 농도와 공유 결합성 변형이 빛에 의해 변화함에 따라 조절된다. 엽록체(L 소단위체)와 핵(S 소단위체)에 존재하는 루비스코 유전자는 빛의 세기 증가에 의해 활성화된다. S 소단위체가 세포질로부터 엽록체 속으로 수송되면 두 소단위체는 조립하여 L_8S_8 완전 효소(L_8S_8 holoenzyme)를 형성한다. 광도가 낮으면 두 소단위체의 합성은 곧 억제된다.

리불로스-1,5-비스인산 카복실화효소의 활성은 여러 대사 신호들에 의해 조정된다. 광합성이 활발할 때 스트로마의 pH가 증가하고(H^+가 스트로마로부터 틸라코이드 내강으로 펌프질됨) Mg^{2+}의 농도가 증가한다(H^+가 밖으로 이동하면서 Mg^{2+}는 스트로마로 이동함). H^+와 Mg^{2+}의 변화가 루비스코의 활성을 증가시킨다. 이 과정에서 중요한 것은 기공이 열려 있는가 또는 닫혀 있는가이다. 비록 CO_2가 루비스코의 선호되는 기질임에도 불구하고 카복실화효소 활성과 산화효소(oxidase) 활성은 생리적 조건에서 서로 경쟁한다. 덥고 건조한 날 기공이 닫히면 잎 조직 내 O_2 축적은 루비스코의 카복실화효소 활성을 크게 감소시킨다. C4 식물은 CO_2를 4-탄소 중간물질에 포획하고 탈카복실화를 통해 CO_2를 루비스코에 직접 전달하여 O_2에 노출되지 않게 함으로써 앞에 언급한 경쟁을 감소시킨다.

루비스코는 공유 결합성 변형의 영향을 받는다. L 소단위체의 활성 자리는 활성화를 위해 특정 라이신 잔기가 카바모일화(carbamoylation)되어야 한다. 카바모일화는 자유 1차 아미노기의 비효소 카복실화(nonenzymatic carboxylation)인데, 이 경우 아미노기는 루비스코의 활성 자리에 있는 어떤 라이신의 ε-아미노기이다(**그림 13.26**). 카바모일화 속도는 CO_2 농도와 염기성 pH에 달려 있다. 이것은 CO_2 수준과 이용 가능한 에너지가 높을 때만 CO_2 고정이 상당한 속도로 일어나게 해준다.

리불로스-1,5-비스인산은 변형되거나 변형되지 않은 활성 자리에 모두 결합하지만 루비스코가 카바모일화 되어 있을 때만 촉매 작용이 일어날 수 있다. 활성화 수준은 협동적이며 8개의 소단위체 중 변형된 것이 많을수록 증가한다. 루비스코 활성화효소(rubisco activase)는 활성 자리로부터 ATP를 이용하여 리불로스-1,5-비스인산을 제거함으로써 카바모일화를 일으키고 효소를 활성화한다. 빛이 없으면 광합성은 억제되고 이 활성화 과정에 필요한 ATP는 현저히 감소한다. 캘빈 회로에 필요한 NADPH도 마찬가지이다. 어떤 식물에서는 루비스코 활성화효소가 경쟁 억제제인 2-카복시아라비니톨-1-인산(2-carboxyarabinitol-1-phosphate, CA1P)을 방출하는데, 이 억제제는 어둠 속에서 루비스코 활성 자리에 결합한다(**그림 13.27**).

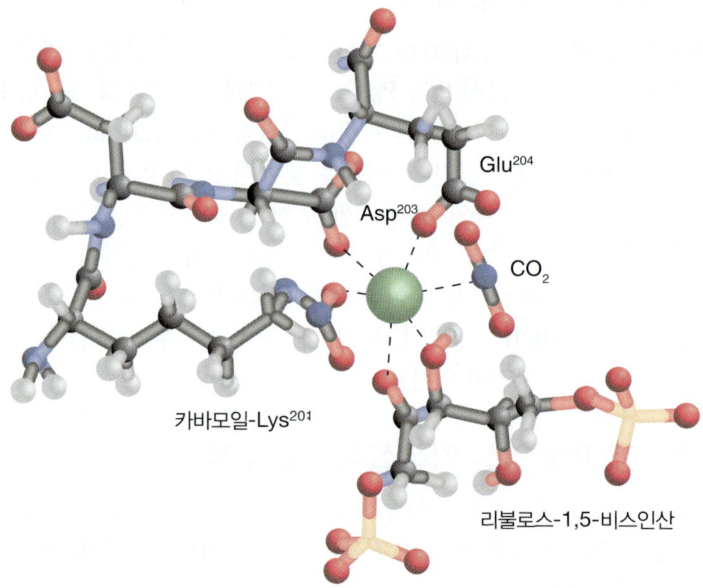

그림 13.26
루비스코의 카바모일화된 활성 자리.
루비스코의 활성 자리 안에서 마그네슘 이온은 기질인 리불로스-1,5-비스인산, 아스파트산과 글루탐산 곁사슬, 라이신 잔기의 카바모일기의 산소 원자들을 배향시킨다.

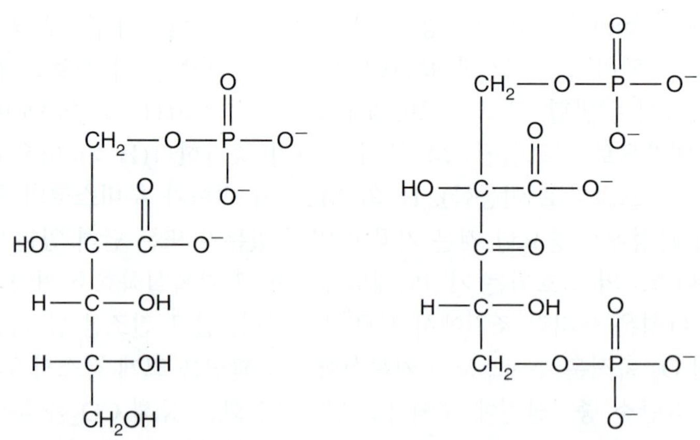

D-2-카복시아라비니톨-1-인산 **(a)**

루비스코 전이 상태 **(b)**

그림 13.27
2-카복시아라비니톨-1-인산.
2-카복시아라비니톨-1-인산(CA1P)은 루비스코의 경쟁 억제제이다. 이것은 효소 기질인 리불로스-1,5-비스인산의 전이 상태 중간물질(b)과 유사한 구조를 지닌 기질 유사물질이다.

생화학 전망 BIOCHEMISTRY IN PERSPECTIVE

인공 잎: 생물모방 광합성

과연 인류는 환경을 파괴하는 화석연료의 대체제로 태양 연료를 성공적으로 생산할 수 있을까? 인간의 화석 연료 사용이 증가함에 따라서 지구 대기에서 온실 기체인 CO_2의 농도가 지속적으로 증가하고 있기 때문에 과학자와 공학자들은 대체 에너지원을 찾고 있다. 태양의 핵융합 반응의 복사에너지인 태양 에너지는 매력적 가능성을 가지고 있는데 현재 인류의 연간 총 동력 수요는 약 16 TW이며, 이것은 지구의 대륙에 매년 도달하는 태양 에너지의 추정량인 120,000 TW에 비하면 아주 작은 일부이기 때문이다. (와트는 초당 1 줄과 같은 동력의 단위이다. TW는 1조 와트이다.) 태양광 발전은 햇빛을 전기 에너지로 전환하기 위하여 단일 결정 실리콘 웨이퍼로 만들어진 광전지를 이용하려는 시도이다. 태양광 발전은 깨끗하고 환경적으로 안전한 에너지원이지만 현재 태양광 기술은 값이 비싸다. 예를 들면 많은 태양 전지는 에너지 전환 효율을 높이기 위하여 백금과 이리듐 같은 희귀한 전이 금속을 이용한다. 또한 태양 전지는 경제성이 있으려면 태양광판(solar panel)이 대형 배열로 사용되어야 하며 꾸준히 관리되어야 한다.

인공 광합성 연구는 태양 동력을 합성 연료 형태로 이용하기 위해서 자연계에서 일어나는 반응, 즉 전하 분리 상태(charge-separated state)를 만드는 광유도 전자 전달의 중요한 특징을 모방하려는 시도이다. 모든 성공적 인공 광합성계의 주요 성분은 천연 광합성에서 본 것과 같다. (1) 빛을 수확하는 메커니즘과 결합되어서 광자 에너지를 전기화학적 에너지로 전달하는 반응 중심 복합체를 포함하는 발색단[즉, 반응 중심 복합체에서 전자가 방출될 때 전하-분리 상태가 만들어지며 따라서 전자 구멍(electron hole)이 생김]. (2) 물 분자를 4개의 전자(반응 중심 복합체에서 한 번에 하나씩 전자 구멍을 채움), 4개의 수소 이온(H^+)과 O_2로 전환하는 데 이용되는 물-산화 촉매, (3) 물에서 유도된 전자(환원 당량)와 수소 이온을 연료 분자로 만드는 데 이용되는 촉매로서 가장 잘 알려진 것은 H_2($2\ H^+ + 2e^- \rightarrow H_2$)나 메탄올($CO_2$의 환원을 통해서)을 합성하는 것임. 빛을 수확하는 초분자 복합체에 기반을 둔 인공 광합성을 **그림 13A**에 나타내었다.

여러 가지 인공 광합성 부품들의 개발과 조립에 대한 진전이 이루어졌지만 견고하고 광화학적으로 안정하며 환경 친화적으로 태양광을 이용하는 연료 합성의 방법에는 아직 도달하지 못하였다. 연구자들은 현재 해결되어야 할 많은 문제들 중 물을 쪼개는(water-splitting) 메커니즘을 가장 어려운 것으로 생각하고 있다. $2\ H_2O \rightarrow 4\ e^- + 4\ H^+ + O_2$ 반응은 흡열 반응이므로 천연 물-산화 복합체(망가니즈 송이와 타이로신 아미노산의 곁사슬)의 전자-수송 효율에 도달하거나 이것을 능가하는 촉매가 필요하다. 이 역할에 대한 가장 최선의 후보로는 망가니즈 복합체, 염료-감수성 이산화 타이타늄(TiO_2)과 산화 코발트(CoO) 등이 있다. 그러나 이런 것과 현재까지 연구된 이런 저런 물을 쪼개는 촉매는 전자 전달 속도가 너무 느리다. 또한 이런 것은 물 산화의 4 전자 방출 과정과 반응 중심 복합체에서 일어나는 1-전자 전하 분리 사이에 협동력이 없다. 결과적으로 물을 쪼개는 것은 가격 경쟁이 가능한 태양 에너지 생산과 지구 온난화와 연관된 화석 연료 사용의 감축 목표에 도달하는데 가장 큰 장애물로 남아 있다.

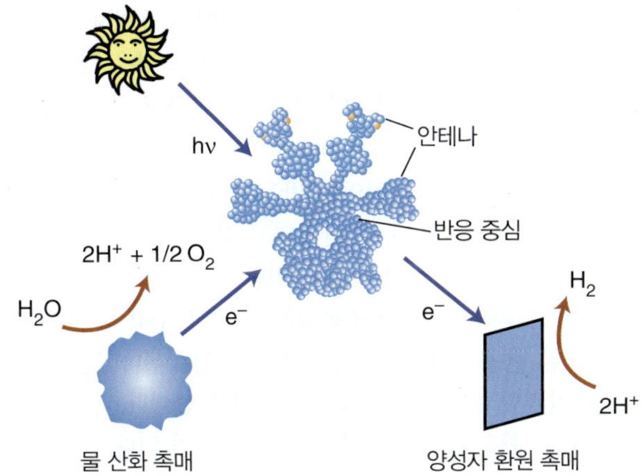

그림 13A

인공 광합성 모형.

자연계 광합성과 마찬가지로 모든 인공의 광합성 장치들은 전하-분리 상태를 조성하는 광유발 전자 전달 메커니즘을 가져야 한다. 빛 에너지는 그림의 중앙에 표시한 초거대 분자 복합체의 발색단 분자에 의해 수집된다. 이 복합체는 일명 6가체 분자(hexad)로 불리며 3개의 발색단[비스(페닐에타이닐)안트라센(bis(phenylethynyl) anthraceney, 보론다이피로메텐(borondipyrromethene), 그리고 중앙에 위치하는 아연 테트라아릴포피린(zinc tetraarylporphyrin)]으로 구성된다. 이들은 함께 전지기 스펙드림의 가시영역 에너지를 흡수한다. 다른 안테나 분자들로부터 에너지가 전달된 후에, 아연 포피린(zinc porphyrin)은 1개의 전자를 구형의 풀러렌(fullerene, 탄소 원자가 5각형과 6각형으로 이루어진 축구공 모양으로 연결된 분자)에 제공함으로써 결국 전하-분리 상태가 된다. 전하-분리 상태가 가능한 분자 복합체의 성공에도 불구하고 인공 광합성은 아직 타당성이 없다. 효과적인 물 분자-산화 및 양성자 환원 촉매제들이 미흡할 뿐만 아니라, 현재 연구 수준은 4개의 전자가 나오는 물 분자-산화 과정(O_2 생산), 1개 전자의 전하-분리 반응 중심 과정, 그리고 2 전자의 수소(H_2) 발생 반응을 협동하는 메커니즘을 제공하지 못하고 있다.

▶ **요약:** H_2 같은 저장 가능한 연료의 합성을 추진하는 데 태양 에너지를 사용하는 인공 광합성은 과학자와 공학자들이 현재 연구하고 있는 목표이다. 빛에 의해 추진되는 전하 분리를 이루는 것은 실험실에서는 달성되었지만 비용 효과적인 태양-추진 연료 합성은 달성이 어렵다. 인공 광합성 연구에서 가장 다루기 힘든 문제를 수십억 년 전에 생물들은 이미 해결하였다.

이 장의 요약 CHAPTER SUMMARY

1. 식물에서 광합성은 엽록체에서 일어나고 엽록체는 3개의 막을 갖고 있다. 외막은 투과성이 높은 반면에 내막은 엽록체의 안쪽과 바깥쪽에 분자수송을 조절하는 다양한 운반체 분자를 갖고 있다. 세 번째 막에 해당하는 틸라코이드 막은 광합성 기계의 스트로마 층판과 연결되어 있는 그라나라고 하는 납작한 주머니를 형성한다.
2. 광합성은 명반응과 광 비의존 반응의 두 개의 중요한 단계로 구성된다. 명반응 중 물은 산화되고 산소는 방출되고 ATP와 NADPH는 탄소를 고정시킨다. 명반응의 중요한 단위는 광반응계 I과 II, 사이토크롬 b_6f 복합체, 그리고 ATP 생성효소이다. 광 비의존 반응 중 CO_2는 유기 분자로 합성된다. 탄소 고정에서 첫 안정한 생성물은 글리세르산-3-인산이다. 캘빈 회로는 탄소 고정, 환원 반응 및 재생 반응으로 되어 있다.
3. 캘빈 회로 중 일어나는 탄소의 합성 반응은 녹말과 슈크로스 합성을 위해 사용되는데, 이들 모두 중요한 에너지원이다. 슈크로스는 고정된 탄소를 식물의 구석구석에 운반한다.
4. 광호흡은 O_2가 소모되고 CO_2 기체가 식물로부터 방출되는 과정이다. 광호흡은 소모 과정으로 보이기 때문에 식물 대사에서의 역할은 아직 잘 알려져 있지 않다. 뜨겁고 건조한 환경에서 생장해야하는 C_4 식물과 다육식물은 광호흡을 억제하기 위한 생화학적 그리고 해부학적 메커니즘을 갖고 있다.
5. 빛은 광합성에서 가장 중요한 조절물질이다. 빛의 효과 중 대부분은 주요 효소의 활성의 변화를 조절하는데 있다. 빛이 어떻게 이러한 변화에 영향을 주는지는 pH, Mg^{2+} 농도, 페레독신-싸이오레독신계와 파이토크롬의 변화에 달려 있다. 광합성에서 가장 중요한 효소는 루비스코이다. 빛은 이 효소의 두 가지 소단위체의 합성을 모두 활성화한다. 이 효소의 활성은 공유 결합성 변형뿐만 아니라 다른자리 입체성 효과 물질에 의해 영향을 받는다. 루비스코의 최적 활성을 위해 활성 자리에 있는 라이신 잔기의 카바모일화가 필요하다.

주요 용어 KEY WORDS

C3 식물 *496*
C4 대사 *502*
C4 식물 *502*
Z 도해 *490*
공명 에너지 전달 *488*
광반응계 *478*
광 비의존 반응 *496*
광인산화 반응 *495*
광호흡 *500*
그라나 *481*
명반응 *489*
반응 중심 *478*
발색단 *487*
스트로마 *480*
스트로마 층판 *481*
안테나 색소 *481*
엽록소 *479*
집광 *479*
집광 안테나 *784*
카로티노이드 *480*
캘빈 회로 *496*
크라슐라시안산 대사 *502*
탄소 고정 *496*
틸라코이드 내강 *481*
틸라코이드 막 *481*
형광 *487*

복습 문제 REVIEW QUESTIONS

**이 문제들은 다음 장으로 넘어가기 전에 이장에서 논의했던 주요 개념에 대한 지식을 테스트하기 위해 만들어졌다.*

1. 다음 용어들을 정의하라.
   a. 광합성
   b. 광반응계
   c. 반응 중심
   d. PSI
   e. PSII
2. 다음 용어들을 정의하라.
   a. 엽록체
   b. 틸라코이드
   c. 스트로마
   d. 그라나
   e. 스트로마 층판
3. 다음 용어들을 정의하라.
   a. 필로퀴논
   b. 루테인
   c. Q_A
   d. PQH_2
   e. 카로티노이드
4. 다음 용어들을 정의하라.
   a. 리스케 단백질
   b. Psa 이합체
   c. D_1/D_2 이합체
   d. A_0
   e. A_1

5. 다음 용어들을 정의하라.
   a. 사이토크롬 b_6f 복합체
   b. CF_0
   c. CF_1
   d. LCHII
   e. Mn_4CaO_5
6. 다음 용어들을 정의하라.
   a. 파장
   b. 발색단
   c. 형광
   d. 비복사 붕괴
   e. 공명 에너지 전달
7. 초기 광합성 유기체가 지구의 환경에 기여한 가장 중요한 점은 무엇인가?
8. 3개의 중요한 광합성 색소와 광합성에서의 역할에 대하여 서술하라.
9. 들뜬 분자는 여러 단계를 거쳐 바닥 상태로 돌아올 수 있다. 각각을 간단히 설명하라. 이 과정 중 어느 것이 광합성에서 중요한가?
10. 광합성에서 $NADPH/NADP^+$ 비가 낮을 때 최종 전자 받개는 무엇인가? $NADPH/NADP^+$ 비가 높으면 답이 변하는가?
11. 인공 광합성 연구를 권장하는 장점이 있다면 무엇인가?
12. 광합성의 전체 반응은 다음과 같다.

$$6CO_2 + 6H_2O \xrightarrow{\text{빛}} C_6H_{12}O_6 + 6O_2$$

   두 기질 중 어느 것에서 분자 산소의 원자들이 얻어지는가?
13. 산소를 방출하는 계를 시계로 비유하는 이유는 무엇인가?
14. 광합성의 알짜 반응을 확인하고 글루코스 분자에서 산소 원자가 어디에서 시작되었는지 설명하라.
15. 엽록소 분자에서 파이톨(phytol) 사슬의 기능은 무엇인가?
16. 특수 쌍(special pair)은 무엇이며 어떤 기능을 수행하는가?
17. 활발하게 광합성을 하는 식물은 이산화 탄소도 내놓는다. 설명하라.
18. 삼림 파괴는 지역의 식물 생물량(biomass)을 크게 감소시킨다. 삼림 파괴는 그 지역의 삶의 질에 어떤 영향을 주는가?
19. 지구 온난화(global warming)의 4가지 결과를 열거하라.
20. 지속 가능한 바이오연료 생산을 위한 3가지 기준을 열거하라.
21. 광합성 메커니즘의 성분인 금속의 종류를 열거하라. 이들은 어떤 기능을 하는가?
22. 광합성의 Z 도해란 무엇인가? CO_2 고정을 위해 사용하는 이 반응의 생성물은 무엇인가?
23. 광의존 반응과 관련하여 세포에서 CO_2 고정은 어디에서 발생하는가?
24. 엽록체는 고도로 조직화된 구조를 갖고 있다. 어떻게 이러한 구조는 광합성을 가능하게 도와주는가?
25. CO_2가 광호흡을 감소시키는 이유는 무엇인가?
26. C3 식물에서 켐빈 회로를 한 바퀴 회전 후, $^{14}CO_2$의 방사능 표지(radioactive label)가 어디에 있을지를 예상하라.
27. 삼탄당 인산이란 무엇인가? 이것은 식물에서 탄수화물 대사의 어디에서 형성되는가?
28. C4 식물인 옥수수가 $^{14}CO_2$에 노출되어 있다면 어느 분자에서 동위원소 표지가 처음 나타날 것인가? 표지가 발견될 곳에 분자의 부분을 나타내라.
29. H_2S가 수소 원자의 공급원일 때 광합성의 최종 생성물은 무엇인가?
30. 다이나이트로페놀(dinitrophenol)이 광합성에 어떤 효과를 줄 것으로 예상하는가?

종합 문제 THOUGHT QUESTIONS

이 문제들은 지금까지 이 책에서 논의된 모든 주요 개념에 대한 여러분의 이해를 강화하기 위한 것이다. 문제들은 하나의 정답을 가지고 있지 않을 수도 있다.

31. 화석 연료의 연소는 대기로 CO_2를 방출하며 지구 생태계에 유해하다. 역시 CO_2를 방출하는 바이오연료의 사용이 화석 연료보다 더 나은 이유를 설명하라.
32. H_2S 산화는 초기 지구에서 광합성의 초기 메커니즘 중 하나였다. 이 메커니즘은 H_2O 산화보다 더 적은 에너지 투입을 필요로 한다. 물을 이용하는 것으로 바뀌는 큰 변화가 일어난 이유는 무엇인가?
33. 이산화 탄소가 없으면 엽록소는 형광을 낸다. 어떻게 이산화 탄소는 이 형광을 방지하는가?
34. 입사광의 에너지가 아닌 세기가 증가하면 광합성의 속도가 증가한다. 이유를 설명하라.
35. 산화적 인산화 반응과 광 인산화 반응 모두 고에너지 결합의 형태로 에너지를 포획한다. 이 두 과정의 차이점과 공통점을 설명하라.
36. 일반적으로 이산화 탄소의 농도가 증가하면 광합성 속도가 증가한다. 이 효과를 방해하는 조건은 무엇인가?
37. 미토콘드리아와 같이 엽록체도 생물체로부터 진화되었다고 제안되었다. 이 제안이 사실임을 보여주는 엽록체의 특징을 설명하라.
38. 고온에 C3 식물을 노출하는 것이 CO_2 보상점을 올리는 이유

를 설명하라.

39. 광호흡을 촉진하여 작용하는 제초제는 C3 식물에는 치명적이지만 C4 식물에는 영향을 미치지 않는다. 이유를 설명하라.

40. 두 가지 모두 독립생활을 하던 원핵생물로부터 유래하였지만 미토콘드리아는 엽록체보다 상당히 더 작다. 이 차이에 대한 이유를 제안하라. [*힌트*: 두 세포소기관의 에너지원을 고려하라.]

41. 광합성 색소가 가시광선의 푸른색 영역은 쉽게 흡수하지만 자외선은 흡수할 가능성이 낮은 이유를 설명하라.

42. C3 식물과 C4 식물 중 글루코스를 생성할 때 분자당 에너지를 어느 쪽이 더 소비하는가?

43. 트라이아진 제초제는 잡초가 자라는 것을 막기 위해 사용되는 효과적인 C3 식물 독소이다. 이 물질은 플라스토사이아닌 결합 단백질에 결합한다. 트라이아진이 C3의 성장을 약화시키는 메커니즘을 설명하라.

44. 심해의 광합성 생물은 장파장 복사선을 포획한다. 이들이 700 nm에서 빛을 흡수하는 식물과 같은 에너지를 얻는 데 1000 nm 빛의 광자가 얼마나 많이 필요한지 결정하라. [*힌트*: $\Delta E = hc/\lambda$이며, 여기에서 h는 플랑크 상수(1.58×10^{-37} kcal/s), c는 빛의 속도(3×10^8 m/s), λ는 파장이다.]

제 14 장 질소 대사 I: 합성

Nitrogen Metabolism I: Synthesis

이 장의 차례 Outline

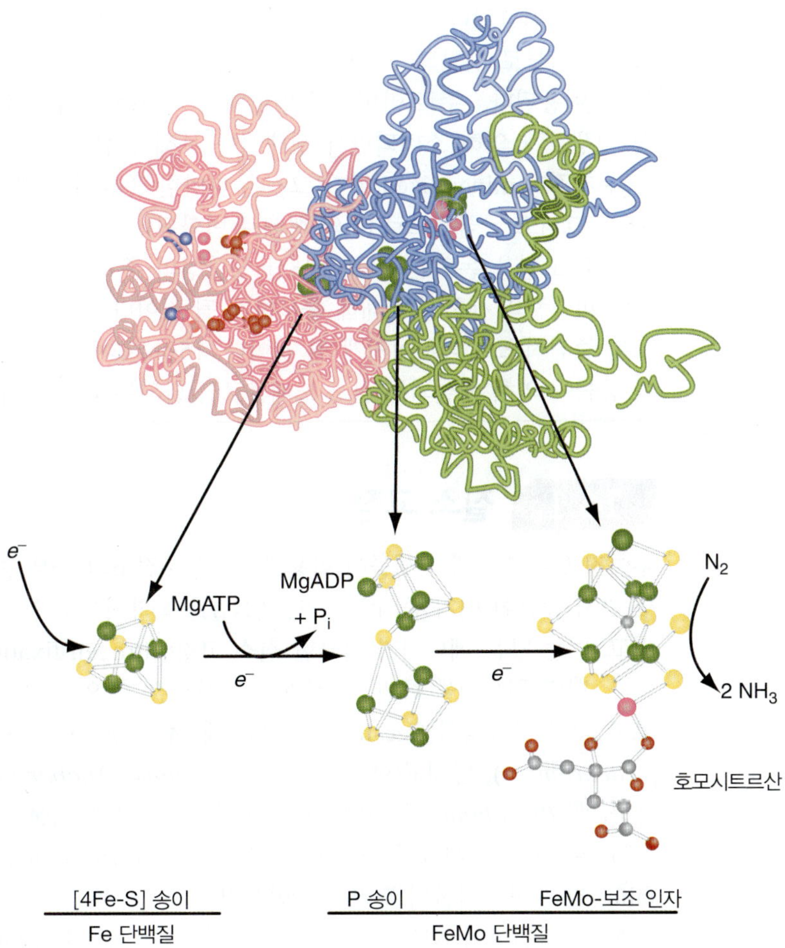

개관 Overview

질소는 놀랍도록 다양한 생체 분자에 존재하며, 그 안에는 각각 단백질의 합성과 핵산의 합성에 사용되는 아미노산과 질소 염기도 포함된다. 질소를 포함하는 다른 필수적인 생체 분자에는 포피린(예, 헴과 엽록소), 막지질 그리고 미량으로 존재하지만 대사적으로 중요한 다양한 생체 분자들(예, 몇몇의 신경 전달 물질과 글루타싸이온)이 있다. 이 장에서는 비활성 기체인 N_2를 생화학적으로 유용한 암모니아로 변환시키는 과정인 질소 고정으로부터 주요한 질소를 포함하는 생체 분자의 합성을 통해서 질소를 추적한다.

질소 순환은 질소가 생태계를 따라서 흐르는 생물 · 지구화학적인 순환이다. 몇몇 생화학적 과정은 질소를 한 가지 형태에서 다른 형태로 변환한다. 질소를 유기 분자에 넣어주는 질소 고정은 질소를 암모니아(NH_3)로 변환시키기 위한 원핵생물인 미생물의 N_2 고정(환원)으로부터 시작된다. 옥수수 같은 식물은 토양 세균에 의해 합성되거나 인공비료에 의해 공급되는 NH_3와 NO_3^-를 흡수한다. 흔히 식물이 이용할 수 있는 고정 질소의 양이 적기 때문에 질소 공급은 식물의 성장과 발달과정에서 종종 제한 인자가 된다.

식물이 NH_3를 질소 고정으로 얻든지, 토양으로부터 흡수하든지 또는 흡수된 NO_3^-의 환원하여 얻든지 간에 NH_3는 글루타민(glutamine)의 아마이드기(amide group)로 전환된다. 그 다음에 이 '유기 질소'는 식물에 의해 아미노산을 형성하는 탄소 화합물로 전달되어 단백질, 뉴클레오타이드와 핵산 같은 질소 분자를 합성하는 데 이용된다. 주로 아미노산의 형태를 가지는 유기 질소는 식물이 동물과 분해성 미생물에 의해 소비되면서 생태계를 통해 순환된다. 생물이 죽으면, 유기분자는 *무기질화*(mineralized)된다(그것은 다양한 종류의 미생물에 의해서 NH_3, NO_3^-, NO_2^-, 그리고 궁극적으로 N_2의 형태로 변환됨).

질소 고정을 논의한 후 아미노산 생합성의 주요 특징을 공부한 다음 일부 질소 포함 화합물의 생합성에 대해 공부하게 될 것이다. 특히 뉴클레오타이드의 동화 경로는 중점적으로 다루어지게 될 것이다. 15장은 여러 이화 경로를 통해 질소 원자가 동물에 의해 배설되는 질소 노폐물로 전환되는 과정을 다룬다.

14.1 질소 고정

주어진 환경조건에서 생물이 이용할 수 있는 질소의 양은 충분하지 못하다. 제한된 몇 가지 종만이 대기 중의 질소 기체(N_2)를 화학적으로 안정한 NH_3로 환원시킬 수 있고, 이는 많은 에너지가 필요한 **질소 고정**(nitrogen fixation)이라고 불리는 과정이다. 몇몇 원핵생물 종만 이 질소를 고정시킬 수 있다. 그 중 가장 두드러진 종으로서 몇몇 자유생활(free-living) 세균(예, *Azotobacter vinelandii*와 *Clostridium pasteurianum*), 남세균(예, *Nostoc muscorum*과 *Anabaena azollae*), 그리고 공생 세균(예, *Rhizobium* 중 몇몇 종) 등이 있다. 공생체 생물들은 숙주인 식물이나 동물과 유익한 상호관계를 형성한다. 예를 들면 *Rhizobium*종은 강낭콩과 자운영(alfalfa) 같은 콩과식물의 뿌리를 감염시킨다.

N_2를 환원하여 NH_3를 형성하려면 대기 중 이질소(dinitrogen) 기체의 비극성 삼중 결합을 분해해야 하기 때문에 질소 고정은 많은 에너지가 필요하다. 상업적

질소 고정에서 NH_3는 하버-보슈(Haber-Bosch) 반응의 생성물이다. 하버-보슈 과정에서는 Fe 촉매를 이용하여 H_2와 N_2를 200~400 정도의 기압, 400~650°C에서 가열한다. 하버-보슈 과정과 달리 질소 고정 종은 상온과 대기압에서 N_2를 NH_3로 전환한다. 이러한 생물학적 과정을 위한 에너지 요구량은 크다. 1개의 N_2를 환원하여 2개의 NH_3 분자를 형성하는 데 최소 16개의 ATP가 필요하다. 전체 질소 고정 반응은 $N_2 + 8e^- + 16ATP + 10H^+ \rightarrow 2NH_4^+ + 16ADP + 16P_i + H_2$이다.

질소 고정 반응

질소 고정을 하는 모든 종들은 *질소화효소 복합체*(nitrogenase complex)를 갖고 있다. 지금까지 연구된 바에 의하면 이 효소의 구조는 모든 종에서 유사하며 이질소화효소(dinitrogenase)와 이질소화효소 환원효소(dinitrogenase reductase)라는 두 개의 단백질로 구성된다(**그림 14.1**). *MoFe 단백질*(MoFe protein)이라고도 불리는 이질소화효소(240 kDa)는 $\alpha_2\beta_2$ 이종사합체(heterotetramer)이다. 각 $\alpha\beta$ 이합체는 2개의 독특한 금속 보결 원자단, 즉 *P 송이*(P cluster, [8Fe-7S])와 카바이드 원자(금속 송이의 중심에 있는 탄소 원자)를 포함하는 *몰리브덴-철 보조 인자*(MoFe cofactor)를 갖고 있다. FeMo 보조 인자는 트라이카복실산인 호모시트르산[7Fe-9S-Mo-C-homocitrate]에 연결되어 있다. MoFe 단백질은 $N_2 + 8H^+ + 8e^- \rightarrow 2NH_3 + H_2$ 반응을 촉매한다. (NH_3가 초기 생성물이다. 세포의 pH 조건에서 NH_3는 NH_4^+와 평형을 이룬다.) 이질소화효소 환원효소[60 kD, *철 단백질*(Fe protein)이라고도 불림]는 동일한 소단위체를 갖고 있는 이합체인데 각 소단위체는 MgATP 결합 자리를 갖고 있다. 4Fe-4S 송이는 두 소단위체들의 경계면, 즉 MgATP 결합 자리로부터 15 Å 떨어진 위치이며 이질소화효소 사합체(MoFe 단백질)이 결합 자리 가까이에 존재한다. Fe 단백질은 선자를 NAD(P)H로부터 MoFe 단백질로 한 번에 1개씩 전달한다. 질소화효소 복합체 내 두 단백질 모두 O_2에 의해 비가역적으로 비활성화 된다.

질소 고정(**그림 14.2**)의 첫 단계는 전자를 NAD(P)H로부터 강력한 환원제인 페레독신(feredoxin)에 주는 것인데, 이 페레독신은 전자를 Fe 단백질 FeS 송이(FeS cluster)에 한 번에 1개씩 준다. 각 전자 전달은 Fe 단백질의 산화된 [4Fe-4S]의 환원으로터 시작하며 2개의 결합된 ADP[$Fe^{ox}(ADP)_2$]가 [$Fe^{red}(ADP)_2$]를 형성한다. 이 환원으로 양쪽 소단위체에서 ADP가 ATP로 교체되는 것이 촉진된다. 그 다음에 생성물인 [$Fe^{red}(ATP)_2$]는 MoFe 단백질과 결합하여 활성인 복합체 [$Fe^{red}(ATP)_2$:MoFe]를 형성한다. 이 결합으로 MoFe 단백질의 P 송이로부터 M 송이로 전자가 전달된다. 이어서 Fe 단백질로부터 전자 1개가 산화된 P 송이로 전달되어 [$Fe^{ox}(ATP)_2$:$MoFe^{red}$]를 형성한다. ATP 가수분해와 P_i 방출은 형태 변화를 일으켜서 MoFe 단백질로부터 [$Fe^{ox}(ADP)_2$]가 해리될 수 있게 해준다. 그 다음에 8개의 전자가 MoFe 보조 인자에 전달될 때까지 전자 전달 과정이 계속된다. (산화되어 전자가 결핍된 형태에서 Fe 단백질은 MgATP에 대한 더 높은 친화력을 갖는다.) Fe 단백질과 P 송이에 대한 환원 전위는 각각 −400 mV와 −300 mV이다. 첫 2개 전자의 전달은 H^+ 환원을 일으킨다(효소의 $MoFeH_2$ 상태). 이 단계는 N_2가 있거나 없거나 일어난다. 들어오는 N_2는 안정한 중간물질($MoFeN_2H$)을 형성하기 위해 활성 자리(Mo 이온과 4개의 배위 결합하는 Fe 중심)의 H_2와 교환된다. 이어서 6개의 전자와 6개의 양성자가 활성 자리에 전달되어 다이이민(diimine, HN = NH, 2개의 전자가 첨가됨), 그 다음에는 하이드라진(hydrazine, $H_2N—NH_2$, 4개의 전자가 첨가됨), 그리고 마지막으로 2개의 NH_3 생성물(6개의 전자가 첨가됨)을 형성

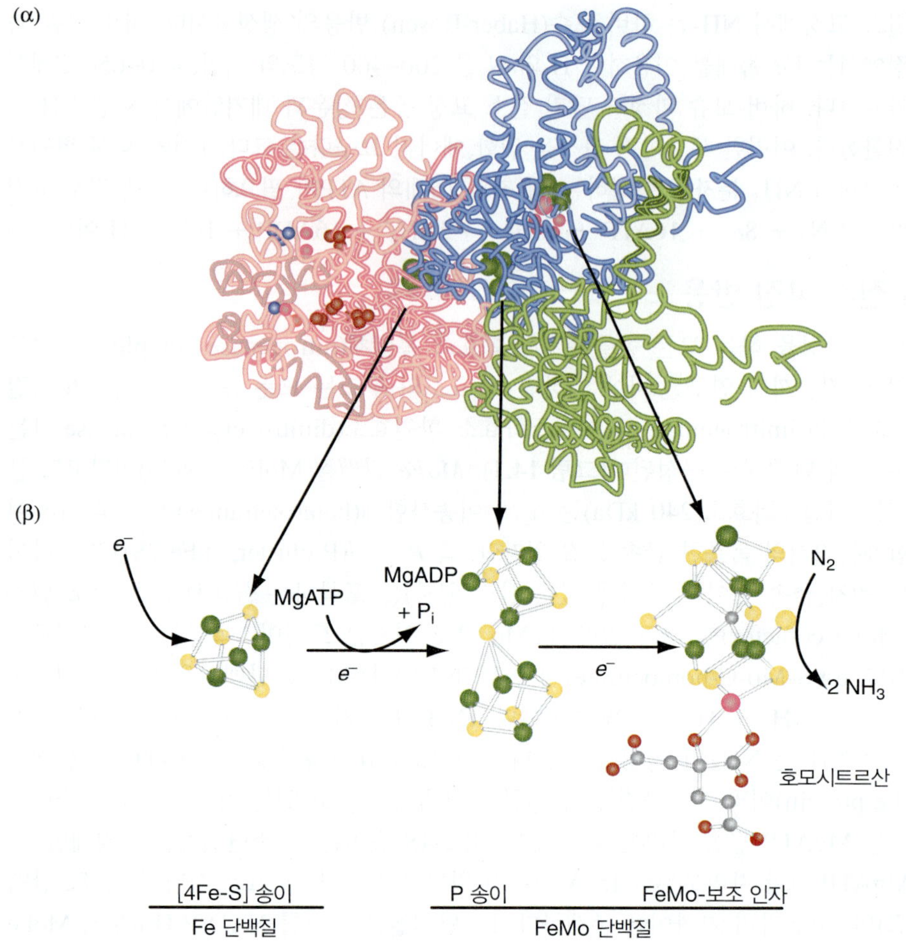

그림 14.1

질소화효소 복합체 구조.

(a) 왼쪽: Fe 단백질 이합체(분홍색과 빨간색), 오른쪽: MoFe 단백질(α 소단위체는 파란색, β 소단위체는 녹색)의 $\alpha\beta$ 이합체. (b) Fe 단백질(4Fe-4S)의 금속 송이 그리고 MoFe 단백질의 P 송이와 FeMo 보조 인자를 공-막대 모형으로 표시함. C: 회색 N: 파란색, O: 빨간색, P: 진녹색, S: 노란색, Mg: 주황색, Fe: 녹색, Mo: 분홍색.

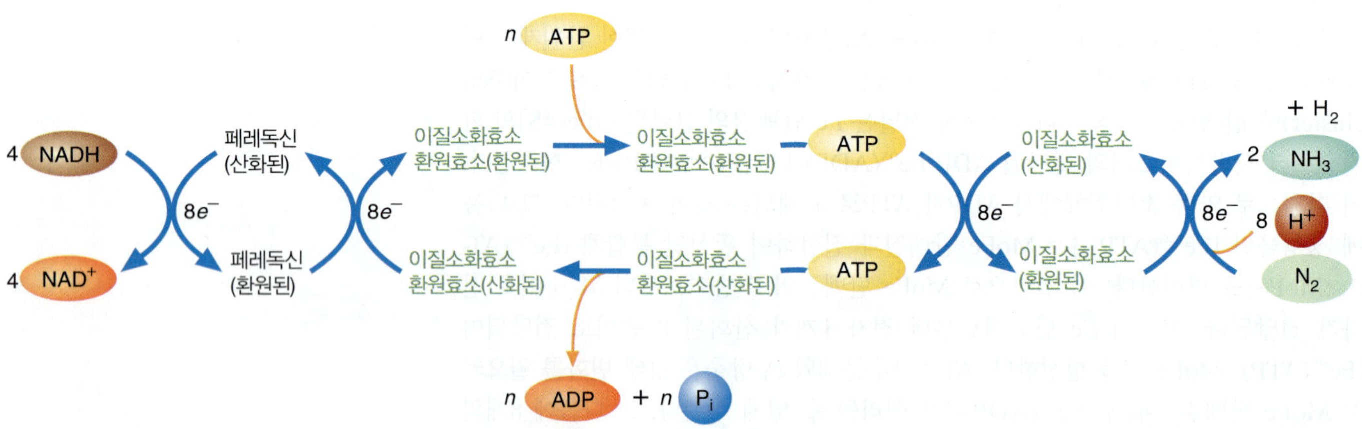

그림 14.2

질소화효소 복합체에 의한 질소 고정에서 전자와 에너지의 흐름을 나타내는 모식도.

많은 수의 ATP 분자(N_2 분자당 16개의 ATP)가 질소 고정 활성에 필요한 에너지로 소비된다. ATP의 이질소화효소 환원효소(철 단백질)와의 결합과 이어지는 가수분해가 이 효소의 구조를 변화시켜서 전자가 이질소화효소(P 송이/MoFe 보조 인자)에 전달된다.

한다. 따라서 2개의 전자는 $2H^+$를 H_2(촉매 과정에 필수적임)로 환원하는 데 사용되고, 6개의 전자는 2개의 NH_3 분자를 생산하기 위해 세 단계로 N_2를 환원하는 데 사용된다.

N_2 환원을 위해 필요한 다량의 ATP(최소 16개의 ATP) 이외에 상당수의 질소화효소 복합체가 합성되어야 한다. 왜냐하면 효소 한 분자에 대해 초당 약 6개의 NH_3가 생산될 만큼 효소의 전환 시간(turnover time)이 느리기 때문이다. 질소를 고정하는 세균인 질소 영양 생물(diazotroph)에서 질소화효소 복합체 단백질은 세포 단백질의 20%까지 차지한다. 그 결과 수많은 환경변이(예, 고정된 질소와 산소 수준과 탄소원의 이용 가능성)에 반응해야 하는 질소 영양 생물에 의한 질소 고정의 조절은 복잡하고 엄격하다. 주요한 조절은 약 20개의 질소 고정(*nif*) 유전자의 전사 제어이다. *nif* 유전자는 이질소화효소 환원효소(Fe 단백질)와 이질소화효소(MoFe 단백질)의 α와 β 소단위체를 암호화할 뿐만 아니라 금속 송이(metal cluster), 호모시트르산, 또는 페레독신과 환경 신호에 대해 반응을 중재하는 조절단백질 같은 질소 고정 과정의 성분들을 합성하는 다양한 효소들을 암호화 한다.

예제 14.1

질소 고정의 비용은 얼마일까? 하나의 질소 원자가 NH_4^+로 환원되기 위해 필요한 ATP의 개수를 결정하여라. 이때 하나의 NADH는 2.5개의 ATP와 동등하다고 가정하라.

풀이

14.1절의 전체 질소 고정 반응식을 참조하라. N_2 한 분자를 2 NH_4^+로 환원시키는 데는 8개의 전자와 16개의 ATP가 필요하다. 4개의 NADH를 위한 ATP의 수가 10개이므로 (4 × 2.5 = 10), N_2를 환원시키기 위해 필요한 ATP의 수는 총 26개가 된다. 따라서 하나의 질소 원자가 환원되기 위해 필요한 ATP의 수는 이의 절반인 13개이다. ■

질소 동화

질소 동화(nitrogen assimilation)는 무기 질소 화합물을 유기 화합물로 도입하는 반응 과정이다. 식물 뿌리에서의 질소 동화는 콩과식물의 뿌리혹 공생세균으로부터 NH_4^+을 전달받거나 토양으로부터 NH_4^+나 NO_3^-를 흡수하는 것으로부터 시작한다. NO_3^-는 질소화 토양세균(nitrifying soil bacteria)에 의해 생산된다. *Nitrosomonas* 같은 생물은 NH_4^+를 산화하여 NO_2^-(아질산 이온)를 형성하는데, 이 NO_2^-는 *Nitrobacter* 세균에 의해 NO_3^-(질산 이온)로 산화된다.

생물에서 무기 질소가 생체 분자로 동화하는 과정은 암모늄 질소가 아미노산으로 편입하면서 이루어진다. 질소 동화에서 가장 중요한 효소인 글루타민 합성효소(glutamine synthetase)는 글루탐산과 암모늄 이온(NH_4^+)과의 ATP 의존 반응을 촉매하여 글루타민을 합성한다. 그리고 다음 단계에서 글루타민은 α-케토글루타르산(α-ketoglutarate)과 반응하여 글루탐산을 형성한다. 글루탐산의 아미노기 전달을 통한 다른 아미노산들의 합성에 대해서는 다음 절에서 설명한다. NO_3^-가 질소원일 때 NO_3^-는 두 단계 반응 과정에서 먼저 NH_4^+로 전환되어야 한다. NO_3^-가 질산 환원효소(nitrate reductase)에 의해 NO_2^-로 전환된 후 아질산 환원효소(nitrite reductase)에 의해 촉매되는 아질산의 환원에 의해 NH_3가 생산된다.

문제 14.1

질소화효소 복합체는 N_2 이외의 다른 분자도 환원시킬 수 있다. 삼중 결합을 포함하는 다음 물질들 각각(실제 또는 가설로 존재하는 것들임)에 대한 생성물의 구조를 제시하라. 사이안화수소, 이질소(dinitrogen), 아세틸렌.

문제 14.2

레그헤모글로빈(leghaemoglobin)은 빨간색 헴을 포함하는 단백질로서 질소 고정을 하는 콩과 식물의 뿌리 부분에서 발견된다. 단백질 부분은 식물에서 만들어지고, 헴의 전구체는 세균에서 만들어진다. 레그헤모글로빈의 기능을 유추해보라. [*힌트*: 헤모글로빈의 기능을 살펴볼 것.]

14.2 아미노산 생합성

생물들은 단백질 합성에 필요한 아미노산을 합성하는 능력이 각기 다르다. 식물과 대부분의 미생물들은 전구물질로부터 쉽게 아미노산을 합성할 수 있지만 다른 생물 특히 동물들은 이미 형성된 아미노산을 환경으로부터 흡수해야 한다. 예를 들어 포유류 조직은 간단한 반응 경로를 통해 **비필수 아미노산**(nonessential amino acids, NAA)을 합성할 수 있다(**표 14.1**). 그러나 **필수 아미노산**(essential amino acids, EAA) 합성에 필요한 길고 복잡한 반응 경로를 갖고 있지 않기 때문에 필수 아미노산을 음식으로부터 섭취하여야 한다.

표 14.1 사람의 필수 아미노산과 비필수 아미노산

필수	비필수
아이소루신	알라닌
루신	아지닌*
라이신	아스파라진
메싸이오닌	아스파트산
페닐알라닌	시스테인*
트레오닌	글루탐산
트립토판	글루타민
발린	글리신
	히스티딘*
	프롤린
	세린
	타이로신*

* *반필수아미노산*(semi-essential amino acid)으로 일컬어진다. 이들 분자는 유아와 5세까지의 어린이들에게는 필수이다. 반필수아미노산을 생성하는 경로는 어린이들에서는 충분히 기능을 하지 않는다.

아미노산 대사의 개요

아미노산은 세포 내에서 다양한 기능을 한다. 아미노산의 가장 중요한 역할은 단백질 합성이지만 또한 다른 여러 합성 경로에서 필요한 질소 원자의 주요한 공급원이다. 그 외에 아미노산의 비질소(nonnitrogen) 부분인 탄소 골격(carbon skeleton)은 여러 반응 경로에서 전구 물질로서 사용될 뿐만 아니라 에너지의 공급원이 된다. 또한 식이 단백질의 형태로서 아미노산의 적절한 섭취는 동물의 성장과 발육에 필수적이다.

식이 아미노산 식이 단백질원은 그 EAA의 비율이 현저히 다르다. 일반적으로 완전단백질(complete protein, EAA가 충분히 포함된)은 동물성 식품(예, 육류, 우유, 달걀)이다. 식물성 단백질은 하나 또는 그 이상의 EAA가 결핍되어 있다. 예를 들어 글리아딘(gliadin, 밀 단백질)은 라이신의 양이 적고, 제인(zein, 옥수수 단백질)은 라이신과 트립토판의 양이 적다. 식물성 단백질은 아미노산 조성이 다르기 때문에 식물성 식품을 적절하게 배합하여 섭취하면 질이 좋은 필수 아미노산을 얻을 수 있다. 예를 들면 콩(메싸이오닌이 적음)과 곡류(라이신이 적음)와의 배합이 그러한 경우이다. 식이 단백질은 인체의 소화기관 내에서 소화된 이후, 자유 아미노산으로 소장의 장세포(enterocyte)를 지나 혈액 내로 운반된다. 대부분의 식사는 체내에 필요한 만큼의 아미노산을 공급하지 않는다. 그러므로 아미노산의 농도는 대사 메커니즘에 의해 조절되어야 한다. 소장에서 혈액 내로 빠져나간 아미노산들은 이미 상대적인 농도에 있어서 약간의 변화를 보인다. 소장의 점막은 굉장히 활동적이며,

글루코스뿐만 아니라 새로이 영양분을 흡수하기 위한 구조와 기능을 유지하기 위하여 지속적으로 대치되는 조직이다. 예를 들어 아미노산인 글루타민은 장세포의 일차적인 에너지 공급원이다. 위장으로부터 빠져나간 혈액은 첫 번째로 또 다른 활발한 조직인 간으로 운반된다. 간에서 혈청 단백질이 합성되며, 이를 위해 혈액으로부터 아미노산을 흡수한다. 간은 또한 우선적으로 아미노산(특별히 알라닌과 세린)을 이용하여 글루코스를 합성하며 운반한다.

가지달린 아미노산과 아미노산 집합소 몸 전체에 영양소를 공급하기 위해 간을 빠져나온 혈액은 **가지달린 사슬 아미노산**(branched-chain amino acids, **BCAA**, 루신, 아이소루신, 발린)의 농도가 소화관을 빠져나온 혈액보다 훨씬 더 높다. BCAA는 필수 아미노산이며, 단백질 구조(예, DNA 결합 단백질인 루신 지퍼 모티브)에서 중요한 소수성 가지달린 사슬을 공급한다. 또한 BCAA는 간에서 다른 조직으로 운반되는 아미노 질소(amino nitrogen)의 대표적인 운반 형태이다. 이때 BCAA는 단백질 합성과 여러 가지 아미노산 유도체에 필요한 비필수 아미노산의 합성에 이용된다.

아미노산 대사는 단백질과 대사물질의 합성에 필요한 아미노산 분자들이 지속적으로 합성하고 분해하는 복잡한 일련의 반응이다. 대사의 필요에 따라서 어떤 아미노산은 합성되거나 상호 전환된 다음, 조직으로 운반되고 이용된다. 대사 과정에 즉시 이용될 수 있는 아미노산 분자를 **아미노산 집합소**(amino acid pool)라고 한다. 동물에서 집합소 속의 아미노산은 식이와 조직 단백질의 분해로부터 온다.

질소 섭취량(주로 아미노산)이 소모량과 같을 때 신체는 *질소 균형*(nitrogen balance) 상태에 있다고 한다. 이는 건강한 성인의 상태이다. 성장기 어린이, 임산부와 회복기 환자 등에서 나타나는 *양성 질소 균형*(positive nitrogen balance)은 질소 섭취량이 소모량보다 많은 경우이다. 합성되는 조직단백질의 양이 분해되는 양을 초과하기 때문에 과량의 질소가 유지된다. *음성 질소 균형*(negative nitrogen balance)은 식이만으로 질소 소모량을 대체할 수 없을 때 나타난다. *쿠아시어커*(kwashiorkor, 단백질 결핍성 영양실조증)는 오랫동안 단백질의 섭취량이 불충분할 경우 발생되는 일종의 영양실조이다. 증상은 신장과 심장의 크기와 기능 감소뿐만 아니라 성장부진, 궤양, 간 비대와 설사 등이다. 특히 아프리카, 아시아, 중앙아메리카와 남아메리카에서 많이 발생하는 쿠아시어커는 단백질을 함유하는 땅콩 기반의 식품인 플럼피넛(Plumpy'nut)을 먹임으로써 치료하거나 예방할 수 있다. 플럼피넛은 우유 한 잔이나 복합 비타민 한 알과 동등하다. 플럼피넛은 값싸고 냉장이 필요 없으며 전 세계의 가난한 지역의 외딴 병원으로도 수송될 수 있다.

쿠아시어커
Kwashiorkor

아미노산 수송 아미노산의 세포 내 수송은 포유동물 세포의 특수한 막 결합 수송단백질에 의해 매개된다. 이들은 수송되는 아미노산의 종류와 수송 과정과 Na^+의 이동 여부 등 그 종류가 다양하다. (분자가 Na^+의 능동 수송에 의해 만들어진 기울기에 의해 세포막을 통과할 수 있다는 점을 상기하라. Na^+-의존성 아미노산의 수송은 **그림 11.26**의 글루코스 수송 과정에서 본 것과 비슷하다.) 예를 들면 여러 Na^+-의존성 수송계가 장세포(enterocyte)의 원형질막에서 확인되었다. Na^+-비의존성 수송계는 혈관과 닿아 있는 장세포의 원형질막의 일부를 통해 아미노산을 수송한다. γ-글루타밀 회로(γ-glutamyl cycle, **그림 14.19**)는 아미노산을 특수 조직(예, 뇌, 장, 신장)으로 수송하는 것을 돕는 것으로 보인다.

아미노기의 반응

일단 아미노산 분자가 세포로 들어가면 아미노기는 다양한 합성 반응에 이용된다. 이러한 대사의 유연성은 아미노기가 아미노산으로부터 α-케토산으로 전달되는 아미노기 전달 반응(transamination)에 의해 주로 영향을 받는다. 그러나 NH_4^+ 또는 글루타민의 아마이드 질소가 일부 아미노산의 아미노기 또는 아마이드 질소를 공급하는 데 사용되는 반응도 있다. 이러한 여러 가지 반응의 양상을 알아보자.

아미노기 전달 반응 **아미노기 전달 반응**(transamination)은 아미노산 반응에 중요한 기여를 한다. 이 반응을 촉매하는 일단의 효소들인 *아미노기 전달효소*(aminotransferases 또는 transaminase)에 의해 매개되는 반응에서 α-아미노기가 α-아미노산부터 α-케토산으로 전달된다.

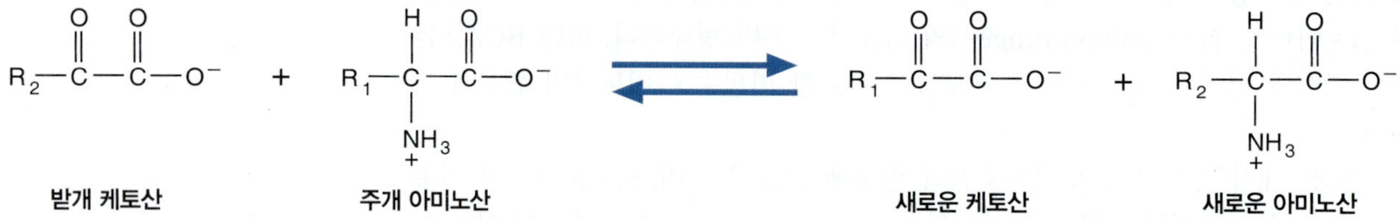

(1)

아미노기 전달 반응은 아미노산의 합성과 분해에 중요한 역할을 하며 가역적이다.

진핵세포는 다양한 아미노기 전달효소를 갖는다. 세포질과 미토콘드리아 내에서 발견되는 이 효소들은 (1) α-아미노기를 주는 α-아미노산과 (2) α-아미노기를 받는 α-케토산의 두 가지 특이성을 갖고 있다. 아미노기 전달효소는 결합하는 아미노산의 종류가 매우 다양하지만 대부분은 아미노기 주개로서 글루탐산을 이용한다. 글루탐산은 α-케토글루타르산(시트르산 회로의 중간물질)이 아미노기를 수용할 때 생성되므로 이 두 분자 *α-케토글루타르산/글루탐산 쌍*(α-ketoglutarate/glutamate pair)은 아미노산 대사와 일반적인 대사에 있어 모두 중요한 역할을 한다. 이와 유사하게 *옥살로아세트산/아스파트산 쌍*(OAA/aspartate pair)은 아미노기 전달 반응 이외에 요소 회로(15장)에서 질소의 배설 과정에 관여한다. *피루브산/알라닌 쌍*(pyruvate/alanine pair)이 있는데 이들의 가장 중요한 기능은 글루코스-알라닌 회로(glucose-alanine cycle, **그림 8.12**)이다. α-케토글루타르산과 OAA는 시트르산 회로의 중간물질이다. 따라서 아미노기 전달 반응은 흔히 세포에 필요한 에너지를 공급하는 중요한 반응이다. 예를 들어 글루코스-알라닌 회로의 아미노기 전달 반응은 간과 근육 사이에서 피브루산의 탄소 골격 재생에 사용된다.

아미노기 전달 반응은 피리독신(비타민 B_6)으로부터 유래한 보조 효소인 피리독살-5′-인산(pyridoxal-5-phosphate, PLP)을 필요로 한다. PLP는 아미노산과 관련된 많은 반응에 사용된다. 예를 들어 라셈화, 탈카복실화(decarboxylation) 반응과 여러 가지 곁사슬의 변형 등이다. [**라셈화**(racemization)란 D형과 L형 아미노산이 서로 변환되는 반응이다.] 이 비타민과 그 보조 효소의 구조는 **그림 14.3**에 나타나 있다.

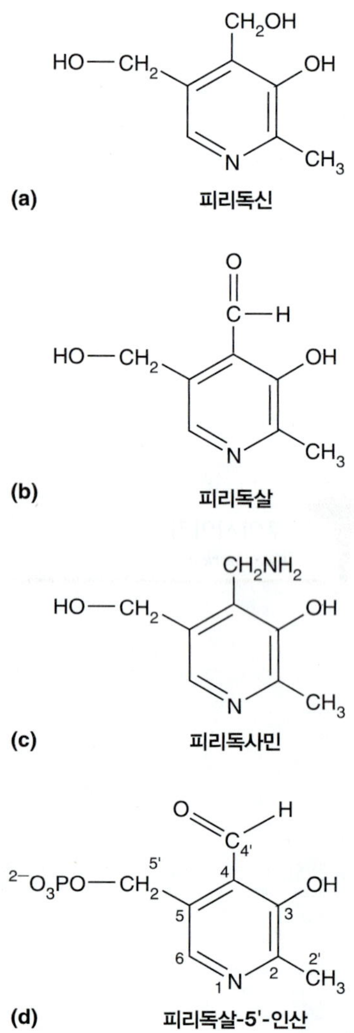

그림 14.3

비타민 B_6.

비타민 B_6에는 (a) 피리독신, (b) 피리독살과 (c) 피리독사민이 있다. (피리독신은 잎이 많은 녹색 채소에서 발견된다. 피리독살과 피리독사민은 어류, 가금류와 육류 같은 동물성 식품에서 발견된다.) 이 중 비타민 B_6의 생물학적 활성형은 (d) 피리독살-5'-인산이다.

PLP는 효소의 활성 자리에서, PLP의 알데하이드기와 라이신 잔기의 ε-아미노기 사이의 축합 반응에 의해 형성된 시프 염기(R′—CH = N—R, 알디민)로 결합되어 있다.

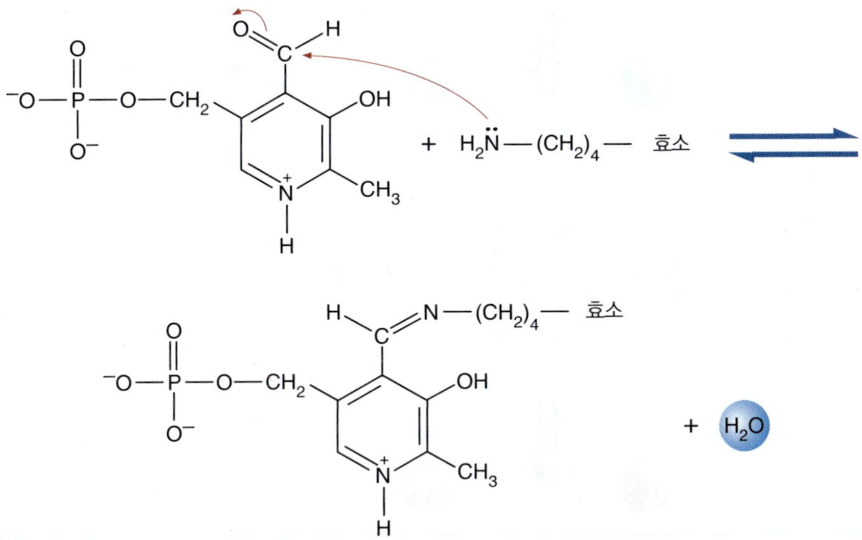

추가적으로 안정화하는 힘으로 아미노산 곁사슬, PLP의 피리디늄(pyridinium) 고리와 인산기 사이의 이온성 상호작용 등이 있다. 양전하를 띤 피리디늄 고리는 전자 싱크(electron sink)로서 작용하여 음전하를 띤 반응 중간물질을 안정화한다.

기질인 아미노산은 이민 교환 반응(imine exchange reaction)에서 α-아미노기를 통해 PLP에 결합한다. 기질 내 3개의 결합 중 하나는 PLP 의존성 효소의 활성 자리에서 선택적으로 끊어진다(**그림 14.4**).

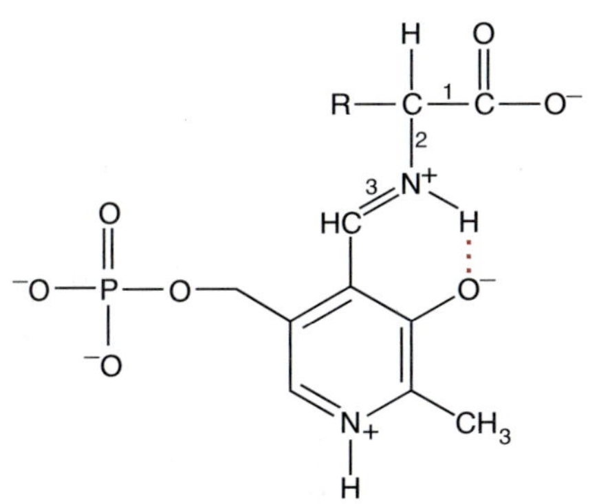

그림 14.4
피리독신과 아미노산 사이에서 형성되는 시프염기 중간물질.
아미노산이 PLP-의존성 효소의 활성 자리에서 피리독신과 결합할 때, 세 개의 결합 중 하나가 끊어지게 된다. 이 선택성은 인근 염기 촉매의 존재 유무와 활성 자리 아미노산의 배향에 의존한다. 만약 아미노기 주개의 α-탄소에 초기 탈양성자화가 일어난다면 아미노기 전달(2번 결합 깨짐) 또는 라셈화 또는 제거 반응(3번 결합 깨짐)이 일어난다. 만약, 초기 탈양성자화가 일어나지 않는다면, 탈카복실화가 일어난다(1번 결합 깨짐).

아미노기 전달 반응 메커니즘 이 반응은 PLP와 α-아미노산의 α-아미노기 사이에서 시프 염기(Schiff base)가 형성되면서 시작한다(**그림 14.5**). α-수소 원자가 효소 활성 자리에서 일반 염기에 의해 제거되면 공명안정화된 중간물질이 생성된다. 일반 산으로부터 양성자가 주어지고 이어서 가수분해가 일어나서 새로이 생성된 α-케토산이 효소로부터 방출된다. 그 다음 두 번째 α-케토산이 활성 자리로 들어가서 α-아미노산으로 변환된다. 아미노기 전달 반응은 이중 치환(double displacement) 또는 *핑퐁 반응*(ping-pong reaction)으로 불리는 반응의 한 예이다. 이렇게 부르는 이유는 두 번째 기질이 결합하기 전에 첫 번째 기질이 활성 자리를 떠나야 하기 때문이다.

아미노기 전달 반응은 가역적이다. 그래서 이론적으로는 모든 아미노산이 아미노기 전달 반응에 의해 합성될 수 있다. 그러나 실험 결과 α-케토산 전구물질이 생물체에 의해 독립적으로 합성되지 않으면 아미노산은 합성되지 않는다는 것을 알 수 있었다. 예를 들면 알라닌, 아스파트산과 글루탐산은 동물에게는 비필수 아미노산이다. 왜냐하면 이들 α-케토산 전구물질(예, 피루브산, OAA, α-케토글루타르산)은 쉽게 이용될 수 있는 대사 중간물질이기 때문이다. 동물세포는 페닐피루브산(phenylpyruvate), α-케토-β-하이드록시뷰티르산(α-keto-β-hydroxybutyrate)과 이미다졸피루브산(imidazolepyruvate)을 합성할 수 있는 반응 경로가 없기 때문에 페닐알라닌, 트레오닌, 히스티딘 등을 섭취를 통해 공급해 주어야 한다. [아미노기 전달 반응에만 의존하지 않고 대사 중간물질로부터 아미노산을 합성하는 반응 과정을 신생 경로(*de novo* pathway)라 한다.]

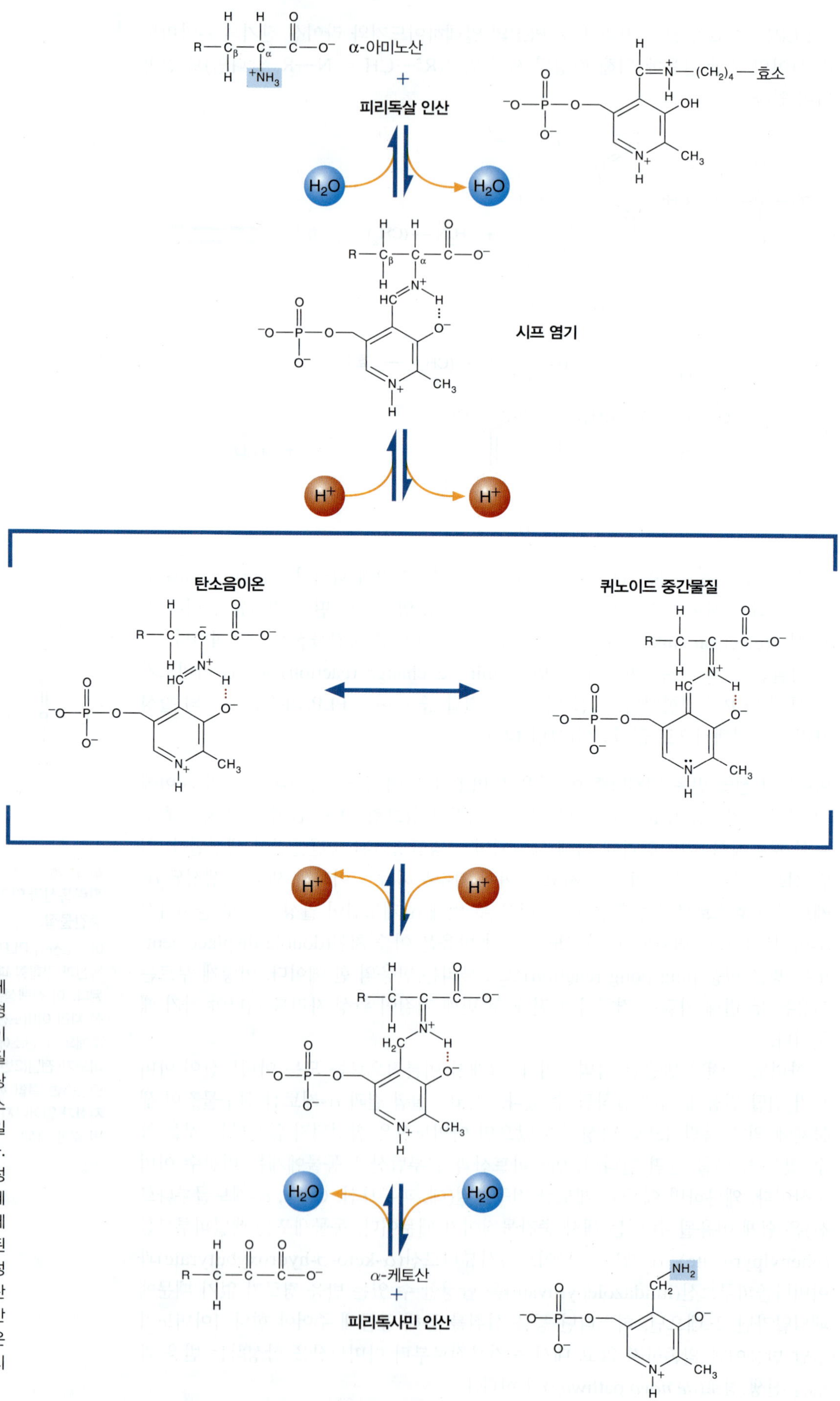

그림 14.5

아미노기 전달 반응 메커니즘. 주개 아미노산은 효소의 활성 자리에서 피리독살 인산과 시프 염기를 형성한다. 양성자를 잃은 후 탄소음이온이 생성되고 퀴노노이드 중간물질(quinonoid intermediate)로의 상호전환에 의해 공명안정화된다. 효소 촉매된 양성자 전달과 가수분해가 일어나고 α-케토 생성물이 방출된다. 그 다음에 두 번째 α-케토산이 활성 자리로 들어간다. 앞에서 설명한 메커니즘이 역반응일 때 이 받개 α-케토산은 α-아미노산 생성물로 전환된다. 주개 아미노산의 거울상대칭성(chirality, 카이랄성)은 α-아미노산 생성물에서 보존된다. 활성 자리 안에서 퀴노노이드 중간물질의 배향은 양성자 첨가를 유도하여 L-형태의 시프 염기 생성물을 만든다.

암모늄 이온의 직접적 유기분자 합성 암모늄 이온이 아미노산과 다른 대사물질로 합성되는 2가지 방법이 있는데, (1) α-케토산의 환원성 아미노화(reductive amination)와 (2) 아스파트산과 글루탐산의 아마이드(amide) 생성 반응과 이어서 다른 아미노산에 아마이드 질소를 전달하는 것이다.

일부 미생물과 진핵세포의 미토콘드리아와 세포질에서 발견되는 효소인 글루탐산 탈수소효소(glutamate dehydrogenase)는 α-케토글루타르산의 직접적인 아미노화를 촉매한다.

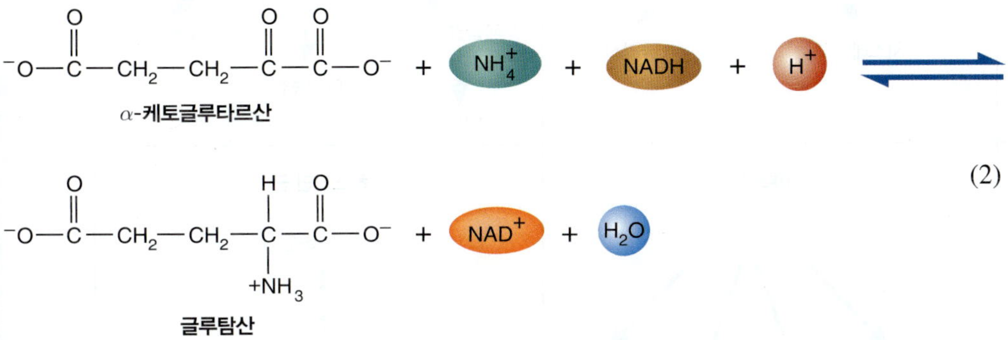

(2)

진핵세포 내에서 이 효소의 주요한 기능은 이화작용인 것으로 보인다(예, 질소 배설을 위한 NH_4^+ 생성). 그러나 이 반응은 가역적이다. 과잉의 암모니아가 있으면 반응은 글루탐산을 합성하는 방향으로 진행된다.

암모늄 이온은 또한 글루탐산의 아마이드인 글루타민을 형성함으로써 세포 대사물질들로 합성된다.

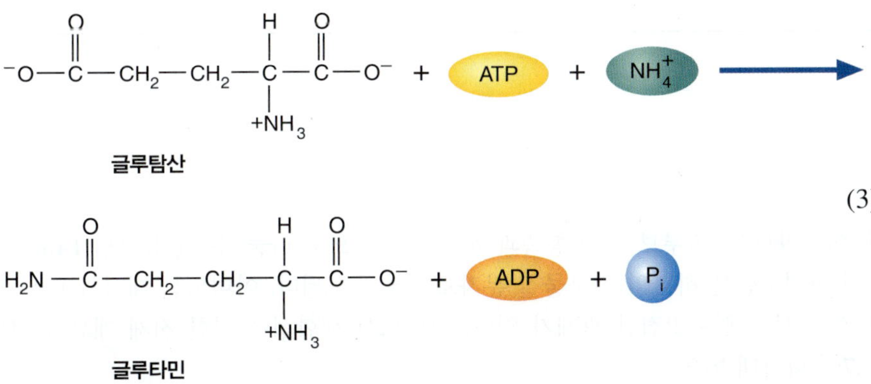

(3)

글루타민 합성효소(glutamine synthetase)가 풍부한 뇌는 NH_4^+ 독성에 매우 민감하다. 뇌세포는 NH_4^+를 독성이 없는 중성 분자인 글루타민으로 전환시킨다. 그 다음에 글루타민은 간으로 운반되어 아마이드 질소가 NH_4^+로 방출된다. 암모늄 이온은 포유류의 주된 질소 배설물인 요소로 전환된다.

주요 개념 _Key Concepts

- α-아미노기 전달 반응에서 아미노기는 한 탄소 골격에서 다른 탄소 골격으로 전달된다.
- 환원적 아미노화 반응에서 자유 NH_4^+ 또는 글루타민이나 아스파라진의 아마이드 질소가 α-케토산과 결합으로써 아미노산이 합성된다.
- NH_4^+는 글루탐산의 아미노화 반응에 의해 글루타민으로 형성됨으로써 세포의 대사물질과 결합한다.

아미노산의 생합성

아미노산 합성 경로가 매우 복잡하고 다양함에도 불구하고 하나의 공통된 특성을 갖고 있다. 즉, 각 아미노산의 탄소 골격은 흔하게 존재하는 대사 중간물질로부터 유래한다는 점이다. 따라서 동물의 경우 모든 NAA 분자들은 글리세르산-3-인산, 피루브산, α-케토글루타르산과 OAA의 유도체들이다. EAA인 페닐알라닌으로부터 합성되는 타이로신은 이 규칙에서 예외이다.

이 합성 경로의 유사성을 토대로 아미노산을 6개의 군(family), 즉 글루탐산, 세

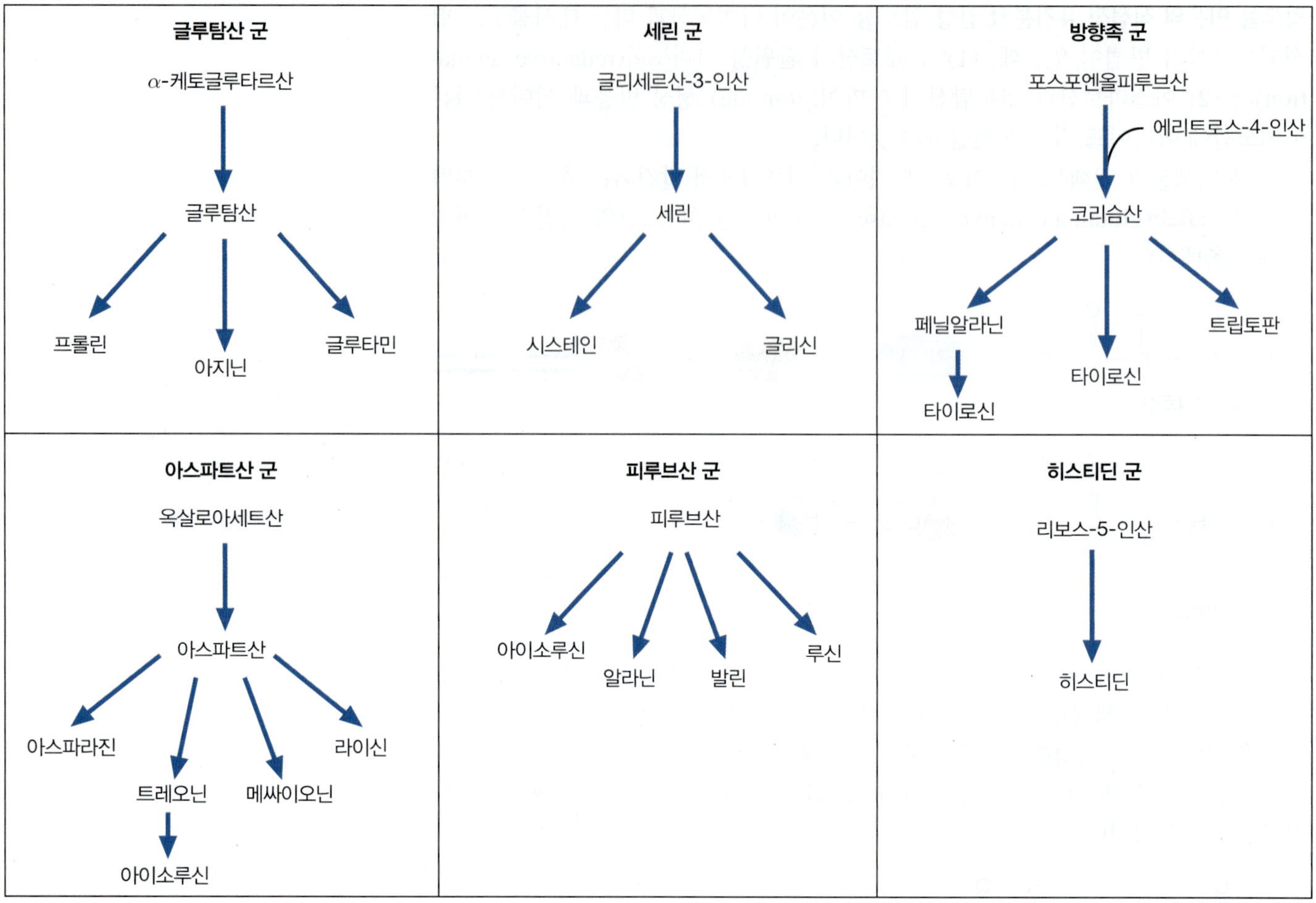

그림 14.6
아미노산 생합성 군.
아미노산의 각 군은 공통 전구물질 분자로부터 유래한다.

린, 아스파트산, 피루브산, 방향족과 히스티딘 군으로 나눌 수 있다(**그림 14.6**). 각 군의 아미노산은 하나의 전구물질 분자로부터 유도된다. 아미노산 대사와 다른 대사 경로 사이에는 밀접한 관계가 있다. 아미노산 생합성에 관한 전체 개요를 **그림 14.7**에 나타내었다.

글루탐산 군 글루탐산 군에는 글루탐산 이외에 글루타민, 프롤린(proline), 아지닌(arginine)이 포함된다. 앞에서 설명한 대로 α-케토글루타르산은 환원적 아민화 반응과 여러 아미노산이 수반되는 아미노기 전달 반응을 통하여 글루탐산으로 전환된다. 글루탐산 합성에 대한 위 반응의 기여도는 세포 종류와 대사 환경에 따라 다르지만, 아미노기 전달 반응은 진핵세포 내에서 글루탐산 분자의 합성에 중요한 역할을 한다.

글루타민 합성효소에 의해 촉매되는 글루탐산의 글루타민으로의 전환 반응은 간, 뇌, 신장, 근육, 위장에서 일어난다. BCAA(가지달린 사슬 아미노산)는 글루타민 합성에 있어서 아미노기의 중요한 공급원이 된다. 앞에서 설명한 대로 간에서 나온 혈액은 선택적으로 BCAA가 풍부하다. 단백질 합성에 필요한 양보다 훨씬 더 많은 양의 BCAA가 말초조직에서 흡수된다. BCAA의 아미노기는 주로 비필수 아미노산의 합성에 이용된다. 글루타민은 단백질 합성의 중요한 역할 이외에 많

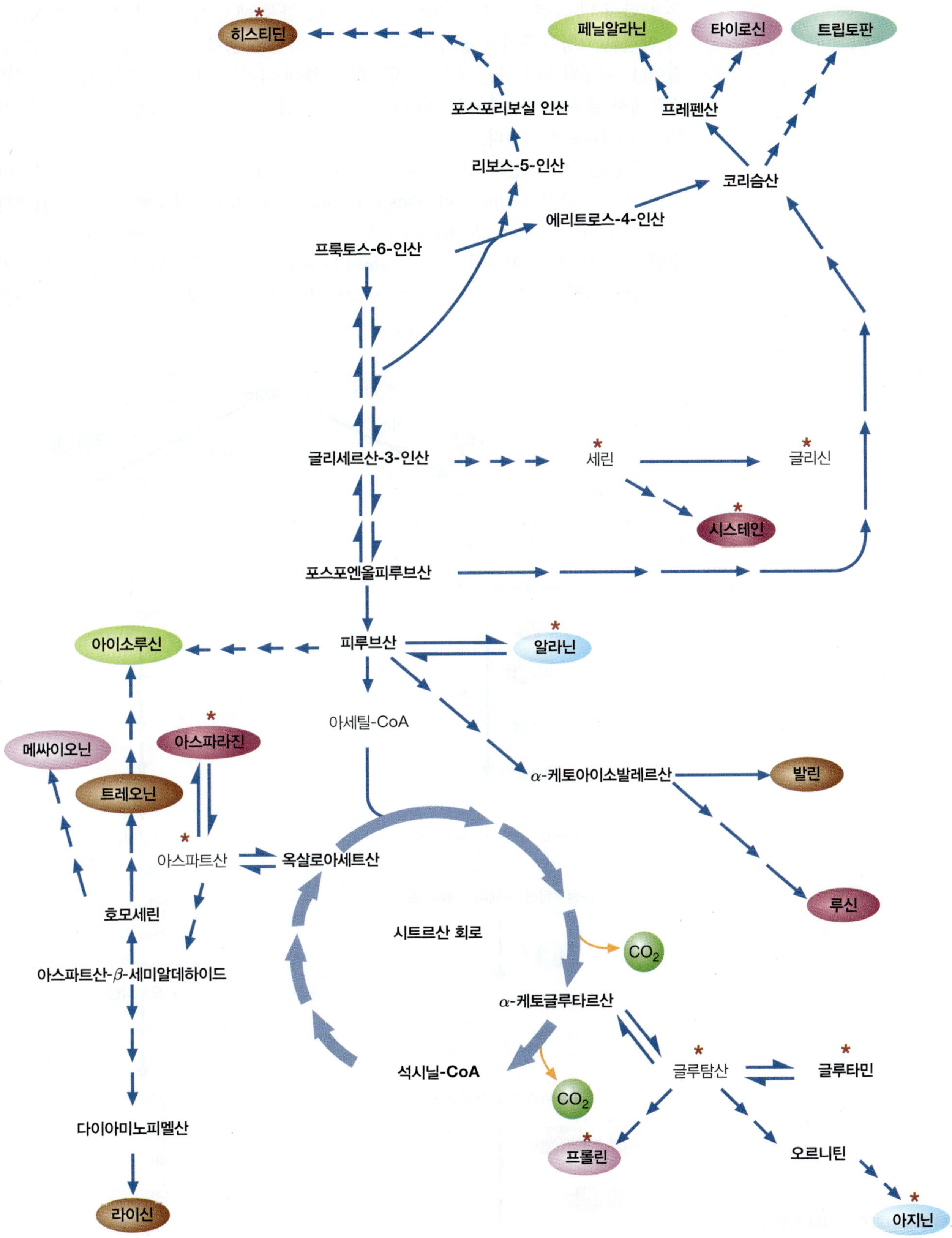

그림 14.7

아미노산의 생합성.

중심 대사 경로의 중간물질들은 각 아미노산 합성에 필요한 탄소 골격 전구물질 분자를 공급한다. 각 경로에서 반응의 수를 화살표의 수로 표시하였다. 포유류의 비필수 아미노산은 별표로 나타내었다. (포유류는 페닐알라닌으로부터 타이로신을 합성할 수 있다.)

은 생합성 반응(예, 퓨린, 피리미딘, 아미노당 합성)에서 아미노기 주개이고 NH_4^+의 안전한 저장형과 수송형이다. 따라서 글루타민은 생물체 내에서 중요한 대사물질이다. 글루타민의 다른 기능은 세포의 종류에 따라 다양하다. 예를 들면 신장과 소장에서 글루타민은 주요한 에너지 공급원이 된다. 소장에서 글루타민 탄소 중 약 55%가 CO_2로 산화된다.

프롤린은 글루탐산의 고리형 유도체이다. **그림 14.8**에서 보는 것처럼 γ-글루타밀-인산 중간물질(γ-glutamyl phosphate intermediate)은 글루탐산-γ-세미알데하이드(glutamate-γ-semialdehyde)로 환원된다. 글루탐산의 인산화를 촉매하는 효소인 γ-글루탐산 카이네이스(γ-glutamyl kinase)는 프롤린에 의한 음성 되먹임 억제작용에 의해 조절된다. 글루탐산-γ-세미알데하이드는 자발적으로 고리 모양을

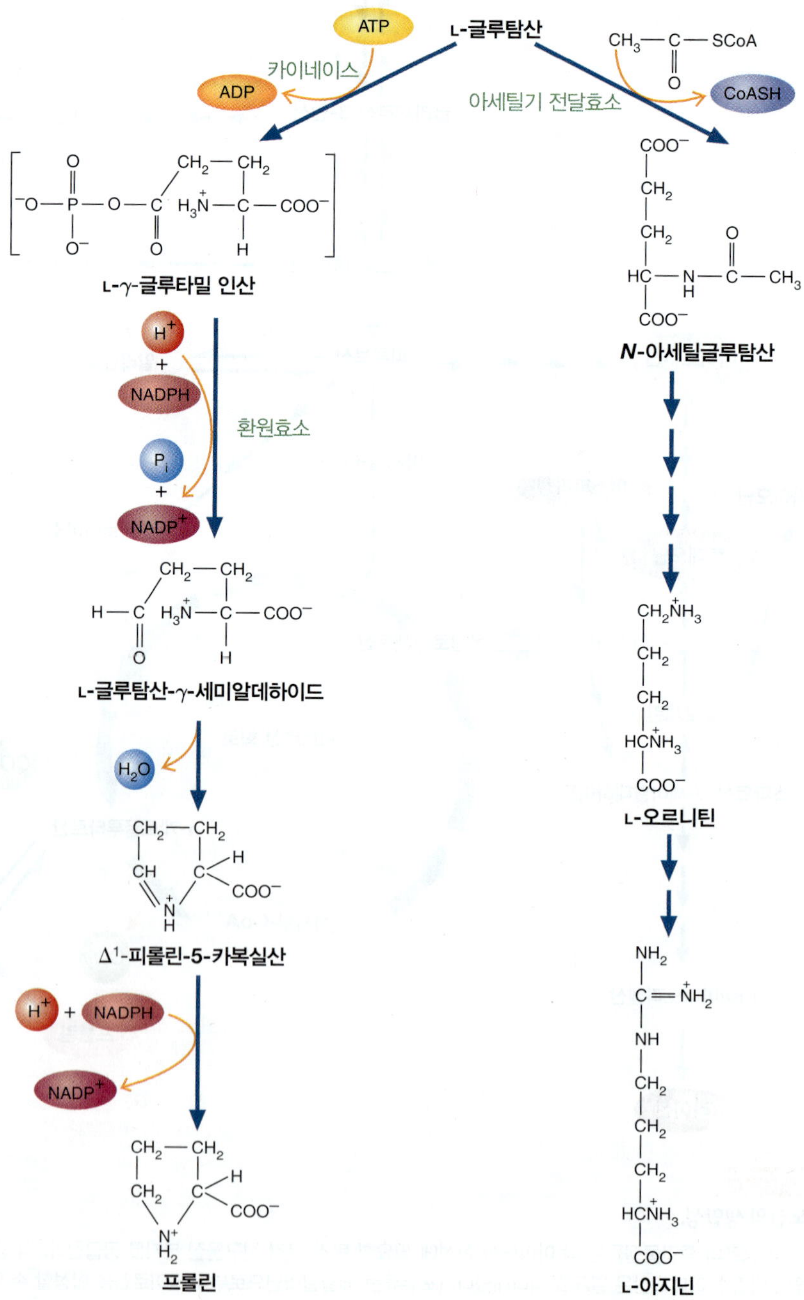

그림 14.8

글루탐산으로부터 프롤린과 아지닌의 생합성.

프롤린은 네 단계에 걸쳐 글루탐산으로부터 합성된다. 세 번째 단계는 자발적인 고리화 반응이다. 아지닌 합성 중 글루탐산의 아세틸화 반응은 고리화 반응을 억제한다. 포유류의 경우 오르니틴이 아지닌으로 변환되는 반응은 요소 회로의 일부분이다.

만들어 Δ^1-피롤린-5-카복실산(Δ^1-pyrroline-5-carboxylate)을 형성한다. Δ^1-피롤린-5-카복실산 환원효소(Δ^1-pyrroline-5-carboxylate reductase)는 Δ^1-피롤린-5-카복실산을 환원하여 프롤린을 만든다. Δ^1-피롤린-5-카복실산과 프롤린의 상호전환은 오탄당 인산 경로에서 유래한 환원 당량을 미토콘드리아로 운반하는 왕복장치 메커니즘(shuttle mechanism)으로 작용한다. 이 과정은 왜 프롤린이 많은 종류의 세포에서 빠른 전환(turnover)을 하는지 설명해 주고 있다. 프롤린은 또한 요소 회로의 중간물질인 오르니틴(ornithine)으로부터 합성될 수 있다. 오르니틴을 글루탐산-γ-세미알데하이드로 전환시키는 효소인 오르니틴 아미노기 전달효소(ornithine aminotransferase)는 콜라젠 합성에 필요한 프롤린의 요구가 높은 섬유아세포에서 고농도로 발견된다.

글루탐산의 α-아미노기가 아세틸화됨으로써 아지닌 합성이 시작된다. *N*-아세틸글루탐산(*N*-acetylglutamate)은 인산화, 환원, 아미노기 전달 반응과 탈아세틸화 등 일련의 반응을 거쳐 오르니틴으로 전환된다. 오르니틴이 아지닌으로 전환되는 반응은 요소 회로의 일부분이다. 요소 회로의 기능이 제대로 작용하지 않는 유아의 경우 아지닌은 EAA이다.

세린 군 세린 군에 속하는 세린(serine), 글리신(glycine), 시스테인(cysteine) 등은 해당 과정의 중간물질인 글리세르산-3-인산(glycerate-3-phospate)으로부터 탄소 골격을 얻는다. 이 군의 아미노산은 수많은 동화작용에서 중요한 역할을 한다. 세린은 에탄올아민(ethanolamine)과 스핑고신(sphingosine)의 전구물질이다. 글리신은 퓨린, 포피린, 글루타싸이온(glutathione)의 합성 경로에 이용된다. 또한 세린과 글리신은 1-탄소 대사라고 하는 일련의 생합성 반응에 기여한다. 시스테인은 황의 대사에서 중요한 역할을 한다.

세린은 글리세르산-3-인산으로부터 탈수소화 반응, 아미노기 전달 반응과 인산 가수분해효소에 의한 가수분해 등의 과정을 통해 직접 합성된다(**그림 14.9**). 세포 내 세린 농도는 포스포글리세르산 탈수소효소(phosphoglycerate dehydrogenase)와 포스포세린 인산 가수분해효소(phosphoserine phosphatase)의 되먹임 억제를 통해 그 합성 경로를 통제한다. 포스포세린 인산 가수분해효소는 이 경로에서 유일한 비가역 단계를 촉매한다.

세린이 글리신으로 전환되는 반응은 피리독살 인산을 필요로 하는 효소인 세린 하이드록시메틸기 전달효소(serine hydroxymethyl transferase)에 의해 촉매되는 단일 복합 반응이다. 알돌 절단(aldol cleavage) 반응 중 세린은 피리독살 인산과 결합한다. 이 반응으로 글리신이 생성되고 화학적으로 반응성이 있는 폼알데하이드기(formaldehyde group)는 테트라하이드로폴산(tetrahydrofolate, THF)으로 전달되어 N^5,N^{10}-메틸렌 테트라하이드로폴산(N^5,N^{10}-methylene tetrahydrofolate)을 생성한다. 세린은 글리신의 중요한 공급원이다. 콜린 분자가 과잉으로 존재할 때 소량의 글리신이 콜린으로부터 생성될 수 있다.

콜린으로부터 글리신의 합성은 두 번의 탈수소화 반응과 일련의 탈메틸화 반응으로 이루어진다. 시스테인 합성은 황 대사의 중요한 요소가 된다. 시스테인의 탄소 골격은 세린으로부터 유래된다(**그림 14.10**). 동물의 경우 —SH기는 중간물질 분자인 호모시스테인을 거쳐 메싸이오닌으로부터 전달된다. 세린을 시스테인으로 전환시키는 데 필요한 2개의 효소, 즉 시스타싸이오닌 β-생성효소(cystathionine β-synthase, CBS) 또는 γ-시스타싸이오닌 분해효소(γ-cystathionase, CSE) 모두 피리독살 인산을 보조 효소로 사용한다.

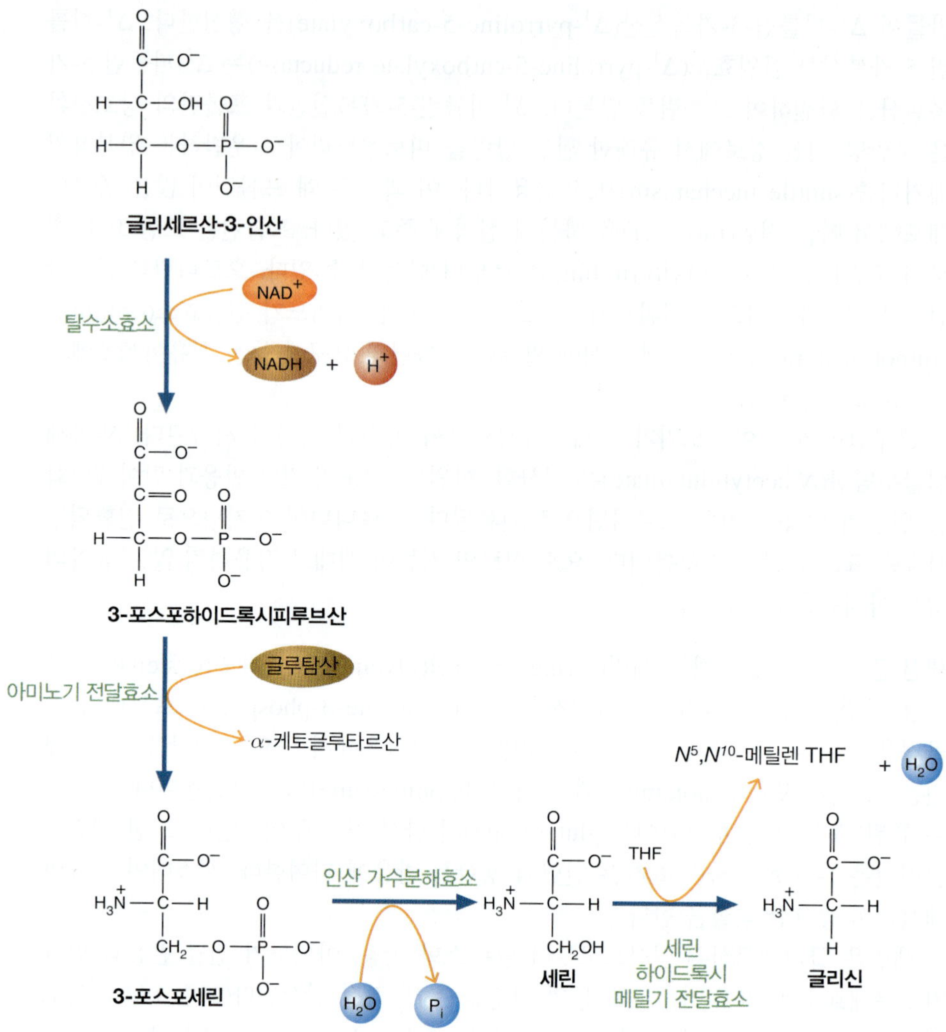

그림 14.9

세린과 글리신의 생합성.

세린 생합성은 글리세르산-3-인산의 산화로 시작한다. 카보닐기를 함유하는 생성물인 3-포스포하이드록시피루브산은 이어서 글루탐산과의 아미노기 전달 반응을 통하여 3-포스포세린을 생성한다. 3-포스포세린의 가수분해로 세린이 생성된다. 세린 하이드록시메틸기 전달효소는 세린의 글리신과 N^5,N^{10}-메틸렌 THF로의 전환을 촉매한다. 세린은 반응 경로 중 첫 번째 반응에 관여하는 글리세르산-3-인산 탈수소효소를 억제한다.

아스파트산 군 아스파트산 군의 아미노산 중 첫 번째인 아스파트산(aspartate)은 아미노기 전달 반응에서 OAA로부터 유래한다.

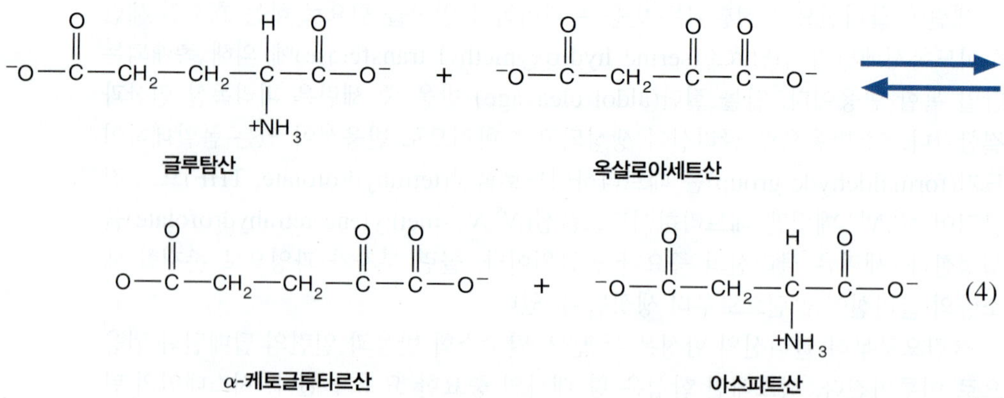

(4)

아미노기 전달효소 중에서 가장 활성이 강한 아스파트산 아미노기 전달효소(aspartate transaminase, AST, 또는 glutamic oxaloacetic transaminase, GOT)는 대부분의 세포에서 발견된다. AST의 동질효소는 미토콘드리아와 세포질에 있고 촉매 반응이 가역적이기 때문에 이 효소의 활성은 세포의 탄소와 질소의 흐름에 현저한

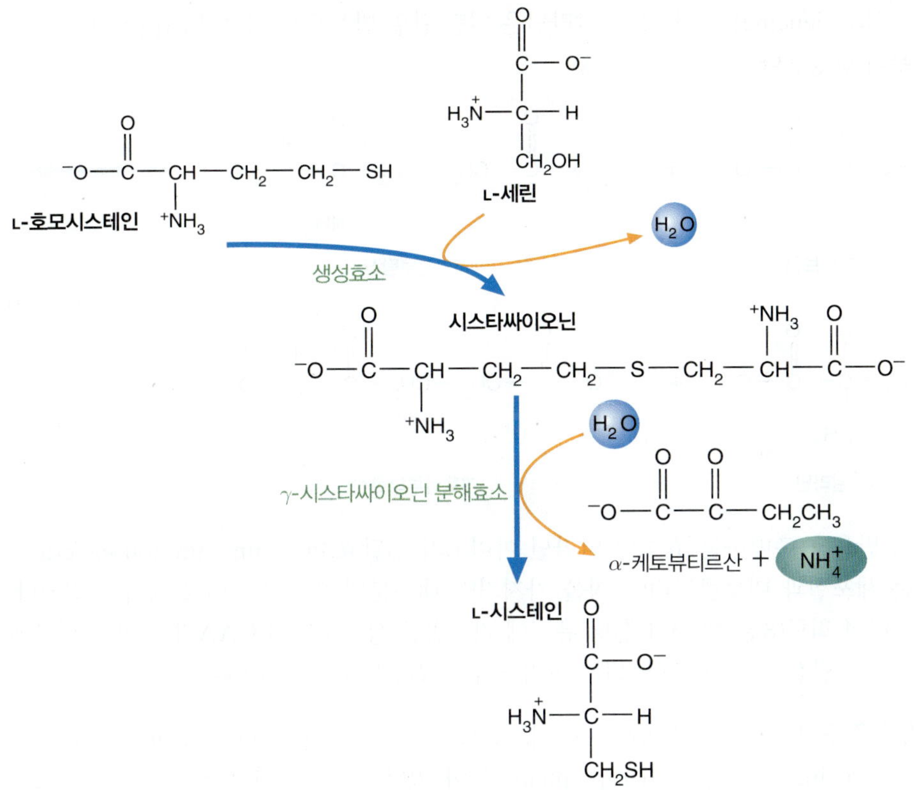

그림 14.10

시스테인의 생합성.

동물의 경우 시스타싸이오닌 β-합성 효소(CBS)에 의해 촉매되는 반응에서 세린은 호모시스테인(메싸이오닌에서 유래된)과 축합하여 시스타싸이오닌을 생성한다. γ-시스타싸이오닌 분해효소(CSE)는 시스타싸이오닌을 시스테인, α-케토뷰티르산과 NH_4^+로 분해한다.

영향을 준다. 예를 들면 과량의 글루탐산은 AST에 의해 아스파트산으로 전환된다. 아스파트산은 질소(요소 형성)와 시트르산 회로의 중간물질인 OAA의 공급원으로서 이용된다. 또한 아스파트산은 뉴클레오타이드 합성에 중요한 전구물질이다.

아스파트산 군는 또한 아스파라진(asparagine), 라이신(lysine), 메싸이오닌(methidonine), 트레오닌(threonine) 등을 포함한다. 트레오닌은 아이소루신(isoleucine)의 합성 경로에 관여한다.

아스파트산의 아마이드형인 아스파라진은 아스파트산과 NH_4^+로부터 직접 생성되지 않는다. 그 대신 글루타민의 아미노기가 아스파라진 생성효소(asparagine synthase)에 의해 촉매되는 ATP-요구성 반응 중 아미노기 전달 반응을 통해 전달된다.

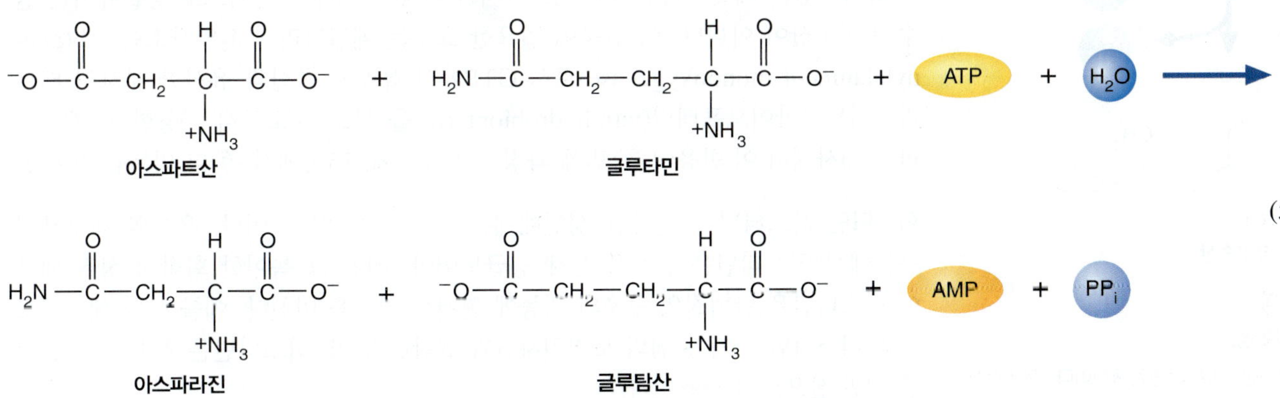

(5)

피루브산 군 피루브산 군에는 알라닌(alanine), 발린(valine), 루신(leucine), 아이소루신(isoleucine) 등이 있다. 알라닌은 일단 단일 반응으로 피루브산(pyruvate)으로부터 합성된다.

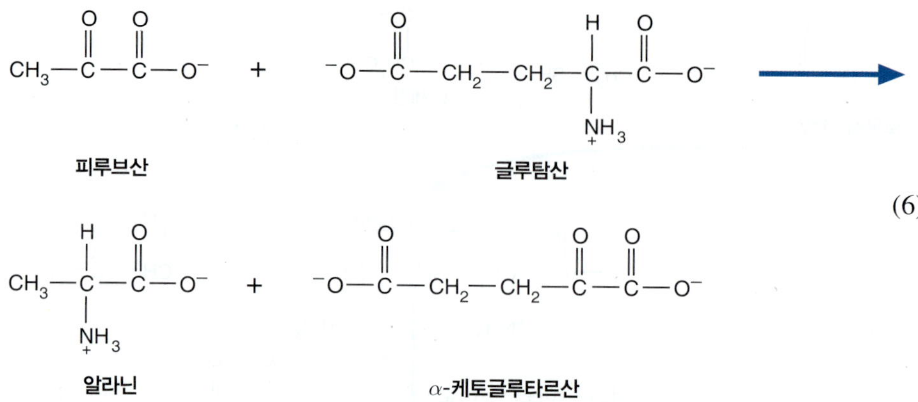

(6)

이 반응을 촉매하는 효소인 알라닌 아미노기 전달효소(alanine aminotransferase)는 세포질과 미토콘드리아 형을 가지지만 대부분의 활성은 세포질에서 발견된다. 알라닌 회로(8장 참조)가 혈당 유지에 기여함을 상기하라. BCAA가 알라닌 회로에서 글루탐산으로부터 전달되는 아미노기의 궁극적인 공급원이다.

방향족 군 방향족 군에 속하는 아미노산으로서 페닐알라닌(phenylalanine), 타이로신(tyrosine)과 트립토판(tryptophan) 등이 있다. 이들 중에서 타이로신만이 포유류의 비필수 아미노산이다. 페닐알라닌과 타이로신은 *카테콜아민*(catecholamine)이라는 생물학적으로 중요한 분자인 도파민(dopamine), 에피네프린(epinephrine)과 노르에피네프린(norepinephrine)의 합성에 필요하다. 트립토판은 NAD^+, $NADP^+$와 신경 전달 물질인 세로토닌(serotonin)의 전구물질이다.

방향족 아미노산의 벤젠고리는 *시킴산 경로*(shikimate pathway)에 의해 형성된다(**그림 14.11**). 벤젠고리 내의 탄소는 에리트로스-4-인산(erythrose-4-phosphate)과 PEP로부터 유래된다. 이 두 분자는 결합하여 일련의 반응을 거친 후 코리슴산(chorismate)으로 전환된다. 코리슴산은 여러 방향족 화합물의 합성에서 분기점이다. 예를 들어 코리슴산은 토코페롤(tocopherol), 유비퀴논(ubiquinone)과 플라스토퀴논(plastoquinone) 등과 같은 혼합 터페노이드(mixed terpenoid)에서 방향족 고리를 합성하는 전구물질이다.

타이로신은 페닐알라닌의 하이드록시화 반응에 의해 합성되므로 동물에서는 필수 아미노산이 아니다. 이 반응에 필요한 효소는 페닐알라닌-4-일산소화효소(phenylalanine-4-monooxygenase)로서 GTP에서 유래된 폴산과 유사한 분자인 테트라하이드로바이오프테린(tetrahydrobiopterin)을 보조 효소로서 사용한다. 페닐알라닌 대사에서 이 반응이 첫 번째 과정이기 때문에, 15장에서 좀 더 의논될 것이다.

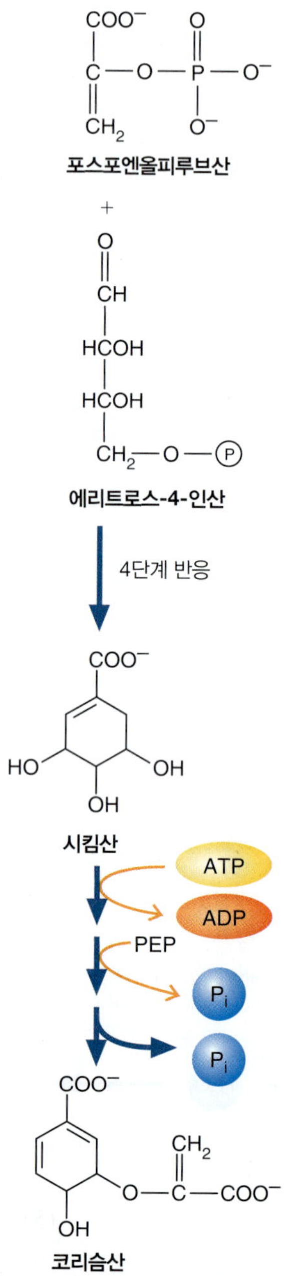

그림 14.11

코리슴산의 생합성.

코리슴산은 시킴산 경로의 중간물질이다. 코리슴산 형성에는 중간물질(그림에는 표시하지 않음)의 고리 닫힘과 이어지는 2개의 이중 결합 형성이 필요하다. 코리슴산의 곁사슬은 포스포엔올피루브산(PEP)으로부터 유래한다.

히스티딘 히스티딘은 건강한 성인에게는 비필수 아미노산이다. 유아와 대부분의 동물에서 히스티딘은 음식을 통해 공급되어야 한다. 그 특이한 화학적 성질 때문에 히스티딘은 단백질의 구조와 기능에 현저한 영향을 미친다. 예를 들면 헤모글로빈의 히스티딘 잔기는 헴의 보결원자단과 결합한다. 또 히스티딘은 효소 촉매 반응 중 일반 산으로서 작용한다.

모든 아미노산 중에서 히스티딘의 생합성 과정은 매우 특이하다. 히스티딘은 PRPP(포스포리보실파이로인산), ATP와 글루타민으로부터 합성된다(**그림 14.12**). 히스티딘 합성은 PRPP와 ATP의 축합으로 포스포리보실-ATP(phosphoribo-

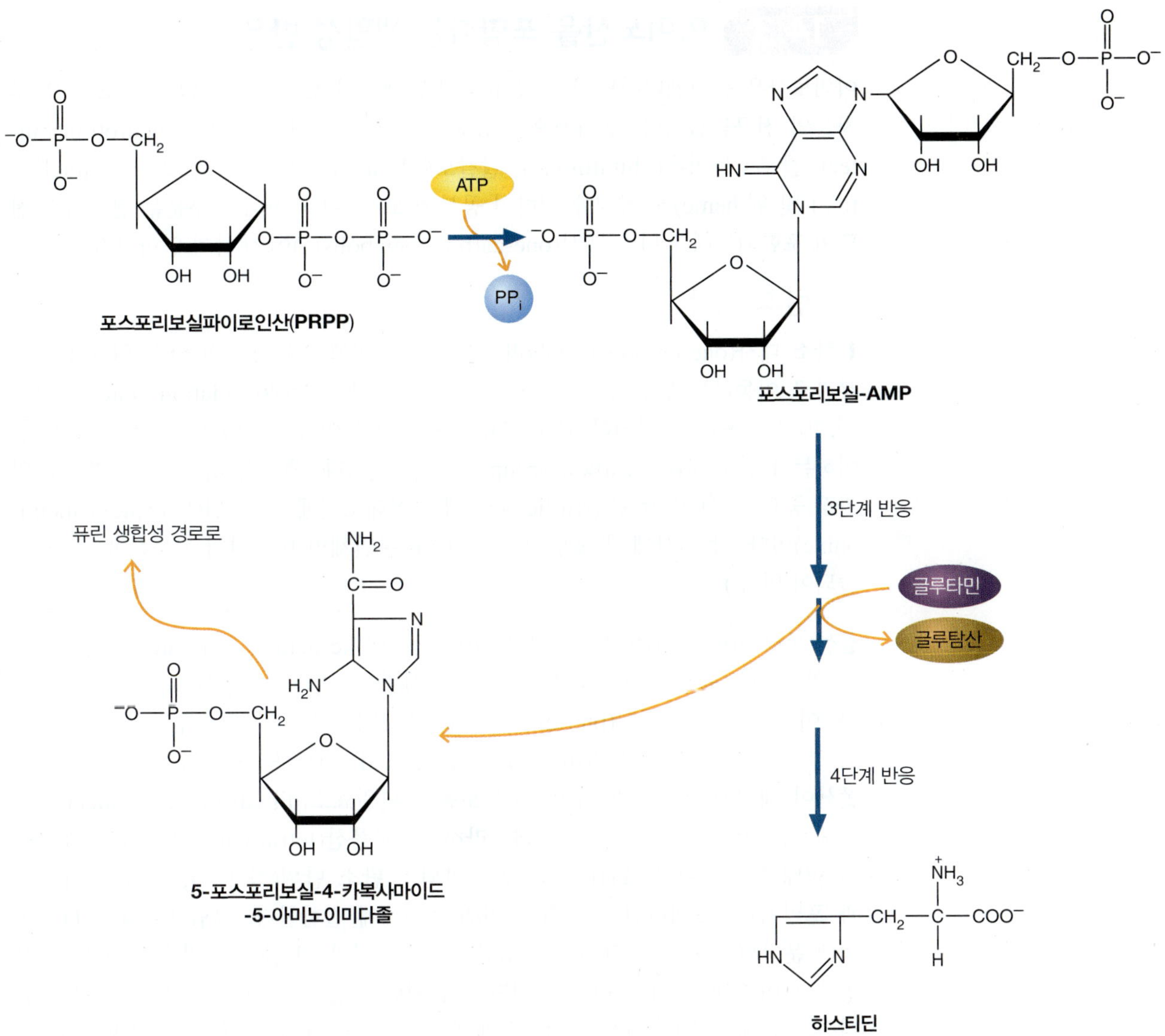

그림 14.12
히스티딘의 생합성.
히스티딘은 3개의 생분자, PRPP(5개의 탄소), ATP의 아데닌 고리(1개의 질소와 1개의 탄소), 그리고 글루타민(1개의 질소)으로부터 합성된다. 경로의 첫 번째 반응에서 이용한 ATP는 다음 반응에서 방출되는 5-포스포리보실-4-카복사미드-5-아미노이미다졸이 퓨린 뉴클레오타이드 생합성 경로로 전환될 때 다시 재생된다.

syl-ATP)를 형성하면서 시작된다. 포스포리보실-ATP는 포스포리보실-ATP 가파이로인산분해효소(phosphoribosyl-ATP pyrophosphorylase)에 의해 포스포리보실-AMP로 가수분해 된다. 다음 단계의 가수분해 반응은 아데닌 고리를 열리게 한다. 이성질화반응과 글루타민으로부터 아미노기가 전달된 후에 이미다졸 글리세롤 인산(imidazole glycerol phosphate)이 생성된다. 이 반응의 또 다른 생성물인 5′-포스포리보실-4-카복사마이드-5-아미노이미다졸(5′-phosphoribosyl-4-carboxamide-5-aminoimidazole)은 퓨린 뉴클레오타이드 합성에 이용된다(14.3절 참조). 히스티딘은 이미다졸 글리세롤 인산으로부터 탈수 반응, 아미노기 전달 반응, 가인산분해(phosphorolysis)와 산화 반응을 거쳐 생성된다.

주요 개념 _Key Concepts

- 아미노산에는 6개의 군, 즉 글루탐산, 세린, 아스파트산, 피루브산, 방향족과 히스티딘이 있다.
- 비필수 아미노산은 대부분의 생물체에서 전구물질로부터 만들어진다.
- 필수아미노산은 식물, 또는 일부의 미생물에서만 생성될 수 있는 대사물질로부터 합성된다.

14.3 아미노산을 포함하는 생합성 반응

아미노산은 폴리펩타이드의 구성 요소이고 생리적으로 중요한 많은 질소 함유 분자들의 전구물질이다. 생리적으로 중요한 물질인 신경 전달 물질(neurotransmitter), 글루타싸이온(glutathione), 알칼로이드(alkaloid), 뉴클레오타이드(nucleotide) 및 헴(heme)의 합성에 대하여 공부해 보자. 이 과정의 대부분은 탄소기의 전달이 포함되는데 1-탄소 대사(one-carbon metabolism)에 대하여 알아보자.

1-탄소 대사

1-탄소 대사(one-carbon metabolism)는 분자 내에 있는 1개의 탄소 원자가 다른 분자로 이동하는 반응이다. 탄소 원자는 여러 산화 상태(oxidation state)를 갖는데, 메탄올(+1), 폼알데하이드(+2), 폼산(+3) 등이다. **표 14.2**는 합성 반응에 관여하는 1-탄소기(one carbon group)에 관한 것이다. 생합성 경로에서 1-탄소기의 가장 중요한 운반체는 폴산(folic acid)과 *S*-아데노실메싸이오닌(*S*-adenosylmethionine)이다. 각 대사에 대해 알아보자. (CO_2 운반체인 비오틴의 기능은 8.2절에 서술되어 있다.)

폴산 폴라신(folacin)으로도 알려져 있는 폴산(folic acid 또는 folate)은 비타민 B의 일종이다. 폴산은 콩, 땅콩, 브로콜리, 사탕무, 시금치, 해바라기 씨에 들어 있다. 이 구조는 프테리딘(pteridine) 핵과 1개 또는 그 이상의 글루탐산(Glu) 잔기와 결합된 *p*-아미노벤조산(*p*-aminobenzoic acid)으로 구성되어 있다(**그림 14.13**). 폴산이 체내에 흡수되면 다이하이드로폴산 환원효소(dihydrofolate reductase)에 의해 생물학적으로 활성 있는 **테트라하이드로폴산**(tetrahydrofolic acid, **THF**)의 형태로 전환된다. THF에 의해 운반되는 탄소 단위(즉 메틸, 메틸렌, 메테닐과 포밀기)는 프테리딘 고리의 N^5와/또는 N^{10}에 결합한다. **그림 14.14**는 THF에 의해 운반되는 1-탄소 단위의 상호전환뿐만 아니라 이 물질의 기원과 그 대사 운명을 보여준다. 1-탄소 단위의 상당량이 세린이 글리신으로 전환되는 반응과 글리신의 분해 반응(글리신 생성효소에 의해 촉매되는) 중 생성되는 N^5,N^{10}-메틸렌 THF(N^5,N^{10}-methylene THF)로 집합소(pool)로 들어간다.

비타민 B_{12}의 보조 효소인 메틸코발라민(methylcobalamin)은 호모시스테인이 메싸이오닌으로 전환되는 N^5-메틸 THF 의존성 반응에 필요하다(**그림 14.14**). **비타민 B_{12}**(vitamin B_{12}, 코발라민)는 미생물에 의해서만 합성되는 복잡하며 코발트를 함유한 분자이다(**그림 14.15**). (코발라민의 정제 과정 중 사이안화기는 코발트에 결합한다.) 비타민 B_{12}의 또 다른 보조 효소 형태인 5′-데옥시아데노실코발라민(5′-deoxyadenosylcobalamin)은 메틸말로닐-CoA 자리옮김효소(methylmalonyl-CoA mutase)에 의해 메틸말로닐-CoA(malonyl-CoA)가 석시닐-CoA(succi-

표 14.2 1-탄소기

산화 수준	메탄올 (가장 환원된 형태)	폼알데하이드	폼산 (가장 산화된 형태)
1-탄소기	메틸(—CH_3)	메틸렌(—CH_2—)	포밀(—CHO) 메테닐(—CH=)

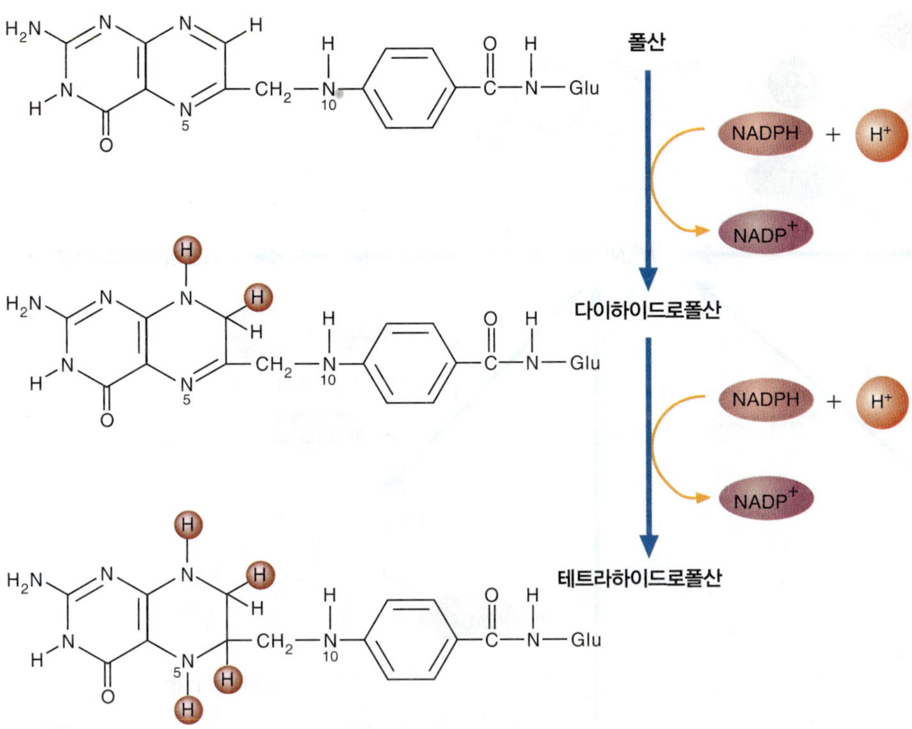

그림 14.13
테트라하이드로폴산(THF)의 생합성.
비타민인 폴산은 프테리딘 고리의 연속적인 두 번의 환원을 통해 활성이 있는 형태로 전환된다. 두 반응은 모두 다이하이드로폴산 환원효소에 의해 촉매된다.

nyl-CoA)로 이성질화될 때 필요한 물질이다(**그림 12.12**와 **15.11** 참조). 동물은 비타민 B_{12}를 장내 세균총(intestinal flora)으로부터 얻거나 다른 동물성 식품(간, 달걀, 새우, 닭고기, 돼지고기)으로부터 얻는다.

비타민 B_{12} 결핍은 *악성빈혈*(pernicious anemia)을 일으킨다. 이 질병에 걸리면 적혈구의 감소와 함께 허약해지고 여러 신경계 질환이 수반된다. 악성빈혈은 간혹 위세포에서 분비되는 당단백질인 내인성 인자의 감소 때문에 일어나는데, 이것은 소장 내의 비타민 흡수에 필요하다. 비타민 B_{12} 흡수는 장의 손상으로 인한 배탈이나 열대성 만성 흡수불량증(tropical sprue) 같은 여러 가지 위장 질환에 의해 억제된다. 또한 비타민 B_{12} 흡수는 항생제 치료에 의해 야기된 장내 세균의 과잉 성장에 의해서도 감소된다.

악성빈혈
Pernicious Anemia

S-아데노실메싸이오닌 **S-아데노실메싸이오닌**(*S*-adenosylmethionine, SAM)은 1-탄소 대사에서 중요한 메틸기 주개이다. 메싸이오닌과 ATP(**그림 14.16**)로부터 생성된 SAM은 '활성화된' 메틸 싸이오에터기(methyl thioether group)를 함유하고 있어 다양한 메틸기 받개 분자에 전달될 수 있다(**표 14.3**). *S*-아데노실호모시스테인(*S*-adenosylhomocysteine, SAH)은 이 반응의 생성물이다. 이 *S*-아데노실호모시스테인이 형성되면서 발생하는 자유 에너지의 손실 때문에 메틸기 전달 반응은 비가역적이 된다. SAM은 적어도 115개의 메틸기 전달 반응에서 메틸기 주개로 작용하는데, 이러한 반응은 인지질, 신경 전달 물질과 글루타싸이온 합성에서도 볼 수 있다. DNA 메틸화는 유전자 발현에서 중요한 작용을 한다. SAM은 아미노프로필기(aminopropyl group)를 공급함으로써 폴리아민(polyamines)을 합성하는 데 중요한 역할을 한다. 폴리아민는 양이온성 분자로 염색체가 압축되었을 때 DNA에 결합한다.

대사에서 SAM의 중요성은 여러 메커니즘에서 볼 수 있는데, SAM의 전구체인 메싸이오닌이 일시적으로 식이로부터 부족할 경우 충분한 양이 합성되도록 한다.

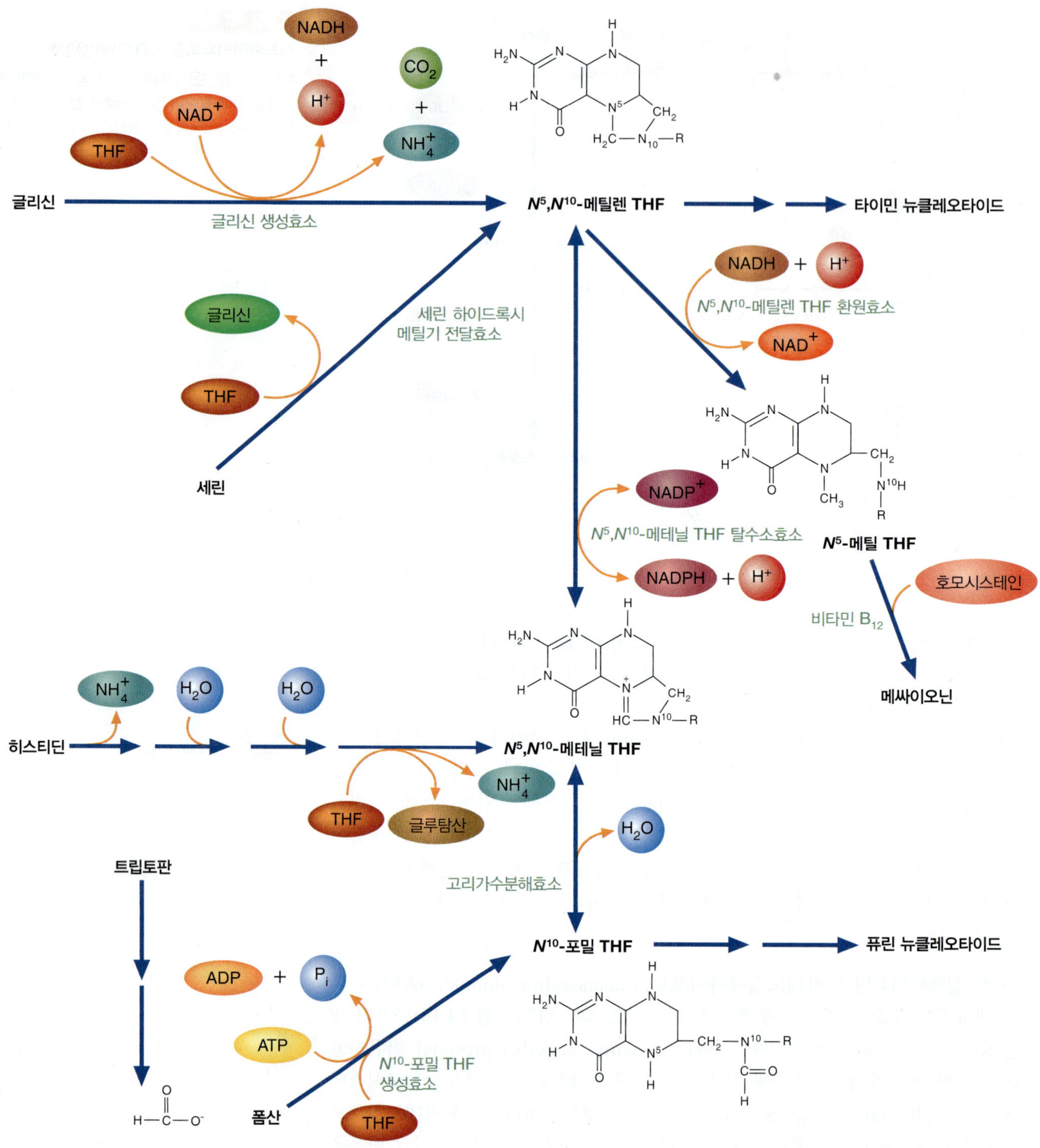

그림 14.14

보조 효소 THF의 구조와 효소적 상호전환.

보조 효소 THF는 1-탄소 대사에서 중요한 역할을 한다. 보조 효소의 상호전환은 N^5,N^{10}-메틸렌 THF가 N^5-메틸 THF로 전환되는 반응을 제외하고는 가역적이다.

예를 들면 콜린은 호모시스테인을 메싸이오닌으로 전환시킬 때 메틸기 공급원으로 이용된다. 호모시스테인은 N^5-메틸 THF를 이용하는 반응에서 메틸화될 수 있다. 후자의 반응은 THF와 SAM 경로 사이에 가교 역할을 한다(**그림 14.17**).

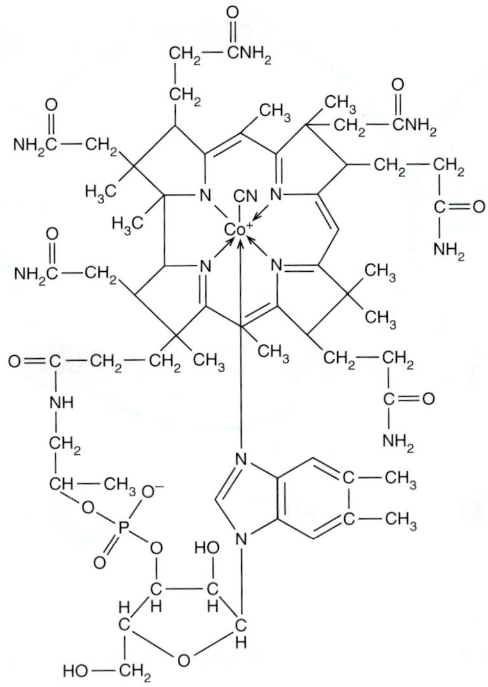

그림 14.15

비타민 B_{12} 유도체인 사이아노코발라민의 구조.

코발라민을 정제하는 과정에서 사이아노기가 코발트에 부착한다.

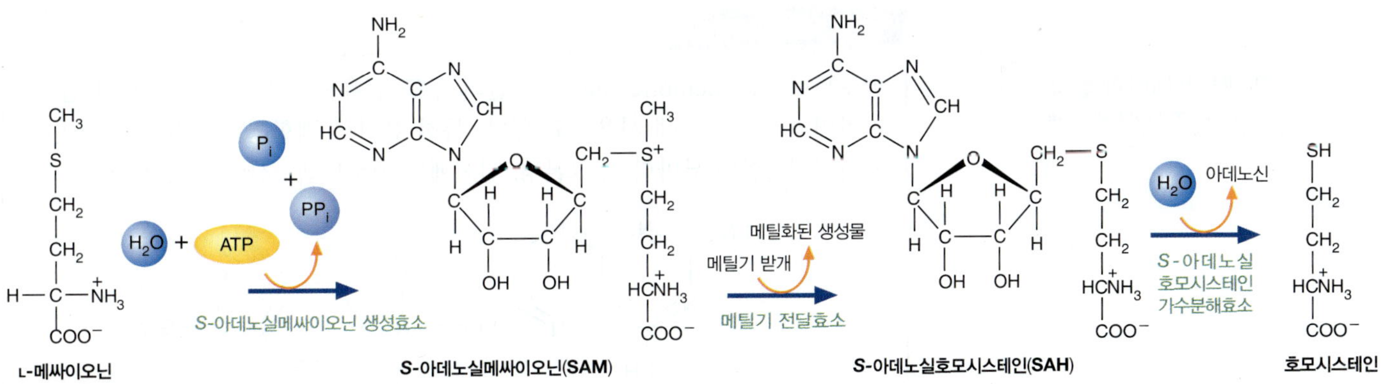

그림 14.16

***S*-아데노실메싸이오닌의 형성.**

S-아데노실메싸이오닌(SAM)의 주요한 기능은 메틸화제(methylating agent)로 작용하는 것이다. 이 반응의 SAM 생성물은 호모시스테인으로 가수분해된다.

표 14.3 메틸기 전달반응의 받개와 생성물의 예

메틸기 받개	메틸화 생성물
포스파티딜에탄올아민	포스파티딜콜린
노르에피네프린	에피네프린
구아니디노아세트산	크레아틴
γ-아미노뷰티르산	카르니틴

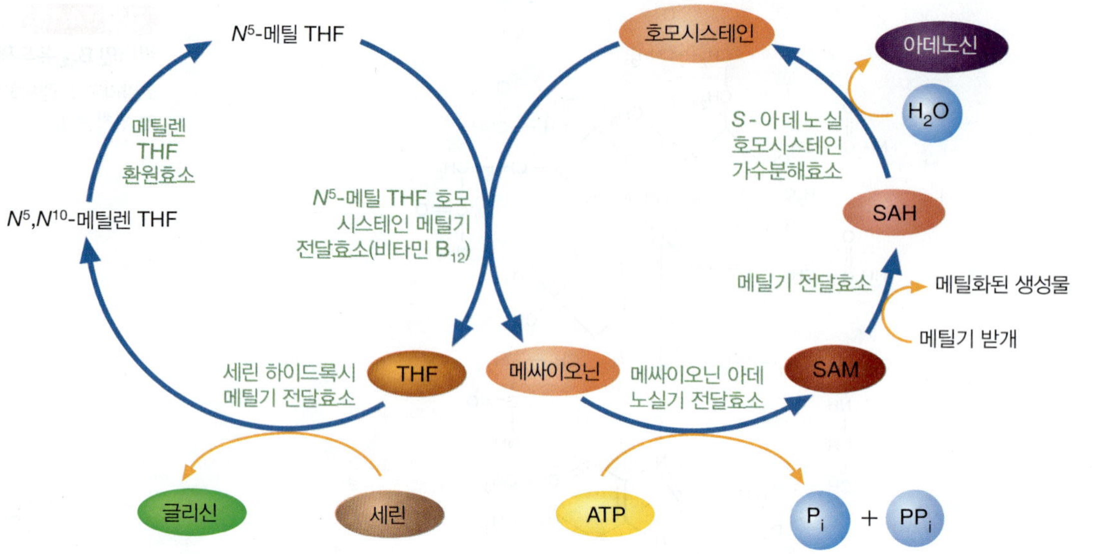

그림 14.17

테트라하이드로폴산과 *S*-아데노실메싸이오닌 경로.

테트라하이드로폴산(THF)과 *S*-아데노실메싸이오닌(SAM) 경로는 N^5-메틸 THF 호모시스테인 메틸기 전달효소에 의해 촉매되는 반응, 즉 호모시스테인이 메싸이오닌으로 전환되는 반응에서 서로 교차한다.

아메토프테린과 질병
Amethopterin and Disease

문제 14.3

메토트렉스산(methotrexate)은 폴산의 구조적 유사체로서 여러 종류의 암 및 자가면역질환 치료에 사용되고 있다. 특히 유아성 백혈병 치료에 성공적이다. 자가면역질환인 류마티스, 크론병, 건선에도 메토트렉스산이 쓰이고 있다.

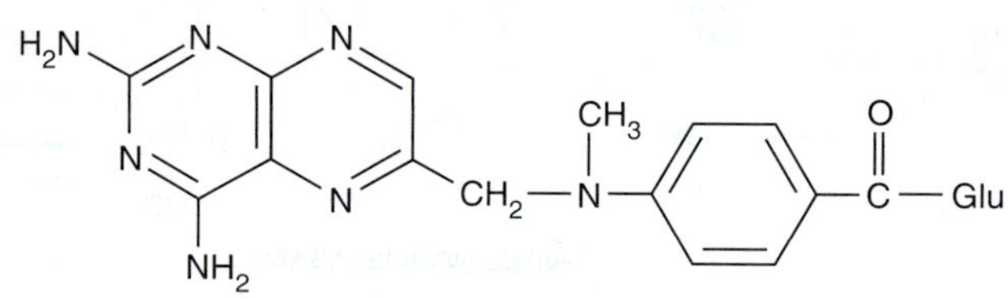

아메토프테린(메토트렉스산)

메토트렉사트의 항암 효과에 대한 생화학적 메커니즘에 대해 설명하라. [*힌트*: 폴산과 메토트렉스산의 구조를 비교하라. **그림 14.13** 참조.]

24시간 생리주기 리듬
Circadian rhythm

문제 14.4

멜라토닌은 세로토닌으로부터 유래된 호르몬이다. 멜라토닌은 빛에 민감한 뇌의 송과샘에서 분비된다. 송과샘으로부터 멜라토닌 분비는 막망 혹은 빛에 민감한 조직들로부터의 신경자극에 의해 억제된다. 송과샘의 기능은 *24시간 생리주기 리듬*(circadian rhythm)에 관여한다. 멜라토닌은 또한 중추신경계에 강력한 항산화제로 작용한다. 세로토닌(5-하이드록시트립타민)은 송과샘으로부터 분비된 후, *N*-아세틸기 전달효소(*N*-acetyltransferase)의 활성으로 인해 5-하이드록시-*N*-아세틸트립타민으로 전환된다. 5-하이드록시-*N*-아세틸트립타민은 다시 *O*-메틸기 전달효소(*O*-methyltransferase)에 의해 메틸화된다. SAM은 메틸화 시약이다. 이 정보로부터 멜라토닌의 합성 경로를 그려라.

문제 14.5

크레아틴은 근육 혹은 뇌에 주로 존재하며, 질소를 함유한 유기산이다. 근육과 뇌는 많은 에너지를 필요로 한다. 크레아틴과 ATP의 반응에 의해 생성되는 포스포크레아틴은 높은 에너지를 갖는 인산의 단기 저장소이다(**표 4.1** 참조). 에너지 요구가 많아지거나, ATP가 가수분해된 경우, 포스포크레아틴은 ADP에 인산기를 공급함으로써 ATP를 합성한다. 대부분의 크레아틴은 2단계 경로에 의해 합성된다. 첫 단계에서 아지닌과 글리신이 신장에서 L-아지닌:글리신 아미딘기 전달효소(L-arginine:glycine amidinotransferase, AGAT)에 의해 구아니디노아세트산(guanidinoacetate)과 오르니틴(ornithine)으로 전환된다.

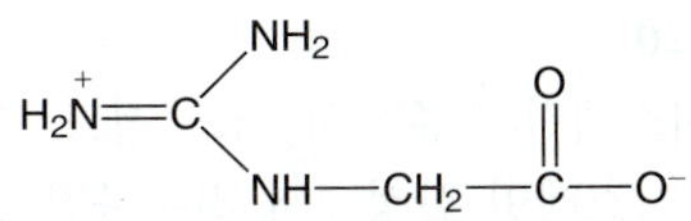

구아니디노아세트산

간에서 구아니디노아세트산이 SAM과 반응하여 크레아틴과 SAH를 형성한다. 이때 *S*-아데노실-L-메싸이오닌: *N*-구아니디노아세트산 메틸기 전달효소(*S*-adenosyl-L-methionine:*N*-guanidinoacetate methyltransferase, GAMT)가 관여한다. 위의 정보로 크레아틴 생합성 경로를 그려라.

주요 개념 _Key Concepts

폴산의 생리적 활성 형태인 테트라하이드로폴산과 *S*-아데노실메싸이오닌은 다양한 합성 반응에서 단일 탄소 원자의 중요한 이동체이다.

글루타싸이온

글루타싸이온(glutathione, γ-글루타밀시스테이닐글리신 γ-glutamylcysteinylglycine, **표 5.3** 참조)은 포유동물 세포 내에 평균 5 mM의 농도로 존재하는 가장 흔한 세포 내 환원제이다. 글루타싸이온(GSH)은 몇 가지 중요한 기능을 한다. 첫째로, GSH는 초과산화물($O_2^{\bullet-}$), 하이드록시라디칼(·OH), 퍼옥시아질산 음이온($ONOO^-$)을 제거하는 주요한 내인성 항산화제 분자이다. GSH는 강력한 항산화제인데, 이는 시스테인의 황 원자단이 환원 당량 성분(H^+와 e^-)을 불안정한 원자단이나 라디칼에게 제공하기 때문이다. GSH는 또한 여러 항산화 효소의 보조 인자로 작용한다. 예를 들어 GSH를 환원제로 활용하는 글루타싸이온 과산화효소(glutathione peroxidase)와 데하이드로아스코르브산 환원효소(dehydroascorbate reductase)가 있으며, 뒤의 효소는 비타민 C를 환원된 형태로 유지한다. GSH는 또한 효소의 설프하이드릴기(—SH) 원자단과 다른 분자들을 환원된 상태로 유지함으로써 산화성 스트레스로부터 세포를 보호하는 역할을 한다. 둘째로, GSH는 DNA 합성과 복구, 단백질 합성, 그리고 류코트라이엔(leukotriene) 합성(LTC_4, **그림 11.3c**) 등 다양한 생화학적 과정에서 역할을 한다. 셋째로, GSH은 생체 이물(xenobiotics)로부터 세포를 보호한다. 이러한 분자들의 GSH 접합체는 자발적으로 형성되기도 하고, 글루타싸이온-*S*-전달효소(GSH-*S*-transferases, **그림 14.18**)에 의해 촉매된 반응에서도 형성된다. 분비가 되기 전, GSH 접합체는 보통 글루타빌 펩타이드 가수분해효소(γ-glutamylpeptidase)에 의해 시작되는 연속적인 반응을 통해 머캅투르산(mercapturic acid)으로 전환된다.

주요 개념 _Key Concepts

- 글루타싸이온(GSH)는 가장 흔한 세포 내 싸이올로, 많은 세포 활동에 관여한다.
- GSH는 설프하이드릴기를 환원시킬 뿐 아니라 독성물질로부터 세포를 보호하고, 몇몇 아미노산의 수송을 촉진한다.

GSH는 두 반응으로 조성된 경로를 통해 합성된다. 첫 반응에서 γ-글루타밀시스테인 생성효소(γ-glutamylcysteine synthase)가 글루탐산과 시스테인의 축합 반응을 촉진시킨다(**그림 14.19**). 그 다음, 이 반응의 생성물인 γ-글루타밀시스테인은 글

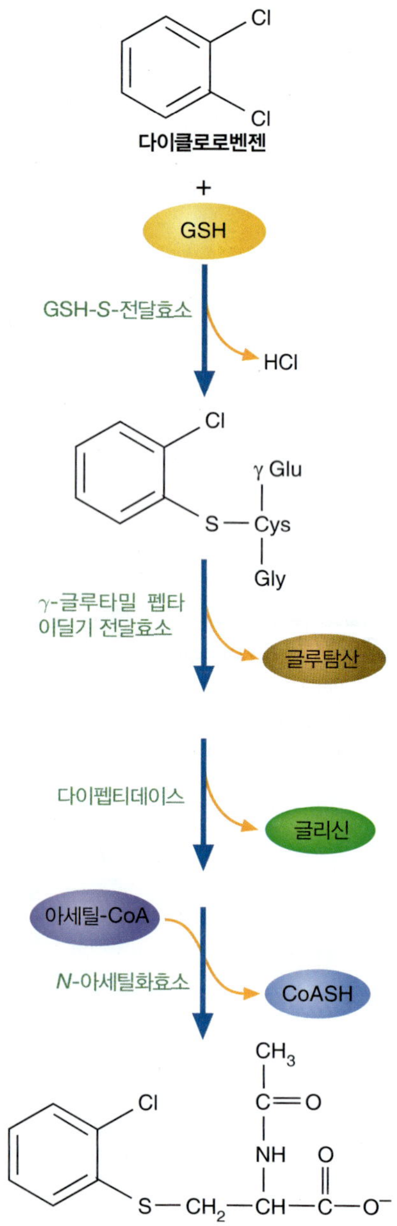

그림 14.18

일반적인 유기 오염물질의 머캅투르산(mercapturic acid) 유도체 형성.

GSH-S-전달효소는 다이클로로벤젠의 GSH 유도체 합성을 촉매한다.

루타싸이온 생성효소(glutathione synthase)의 촉매 반응을 통해 글리신과 결합해 GSH를 형성한다.

특정 세포에서는 추가적인 효소인 γ-글루타밀 펩타이딜기 전달효소(γ-glutamyl transpeptidase)가 합성되어 아미노산의 원형질막 통과를 용이하게 한다. γ-글루타밀 회로(γ-glutamyl cycle)이라고 불리는 이 과정에서(**그림 14.19**), γ-글루타밀 펩타이딜기 전달효소는 세포 외 아미노산과 GSH 사이의 반응을 촉매하여 세포 내 γ-글루타밀아미노산(γ-glutamylamino acid)과 글리신과 시스테인을 형성한다. 그 다음에 γ-글루타밀아미노산은 γ-글루타밀 고리기 전달효소(γ-glutamyl cyclotransferase)에 의해 가수분해되어 5-옥소프롤린(5-oxoproline)과 아미노산이 형성된다. 5-옥소프롤린은 5-옥소프롤린 가수분해효소(5-oxoprolinase)에 의해 글루탐산으로 전환된다(**그림 14.20**).

GSH 합성은 세포의 시스테인 수준에서 어느 정도 조절된다. 왜냐하면 호모시스테인(homocysteine)은 시스테인 합성에서 전구물질이고(**그림 14.10**), GSH 합성은 SAM(**그림 14.16**)과 황 전달 경로에 모두 연결되어 있기 때문이다. (15장에 설명한 황 전달 경로는 황을 포함하는 생체 분자의 세포 농도를 조절하는 생화학적 경로이다.)

신경 전달 물질

여러 가지 아미노산을 포함한, 30가지가 넘는 물질이 신경 전달 물질로 작용한다. 신경 세포에서 방출되는 신호 분자인 **신경 전달 물질**(neurotransmitter)은 *흥분성*(excitatoty)이기도 하고 *억제성*(inhibitory)이기도 하다. 흥분성 신경 전달 물질(예를 들어, 글루탐산과 아세틸콜린)은 소듐 통로를 열고, 다른 세포(다른 신경 세포 또는 근육 세포 같은 효과기 세포) 세포막의 탈분극을 촉진한다. 두 번째(시냅스 후부의) 세포가 신경 세포인 경우, 탈분극의 신호(활동전위라고도 함)가 축색돌기 끝에 닿게 되면 신경 전달 물질들의 분비를 유발한다. [대부분의 신경 전달 물질 분자들은 수많은 세포막으로 둘러싸여 있는 *시냅스 소포*(synaptic vesicle)에 저장되어 있다.] 활동 전위가 신경 말단에 도달하면, 신경 전달 물질 분자는 시냅스에 세포외 유출(exocytosis)을 통해 방출된다. 만약 시냅스 후부의 세포가 근육 세포라면, 흥분성 신경물질 아세틸콜린의 다량 방출되어 근육 수축이 일어난다. *억제성 신경 전달 물질*(inhibitory neurotransmitter, 예: 글리신)은 염화 이온 통로를 열고, 시냅스 후부 세포내 막 전위를 보다 음성으로 만들어 활동 전위의 형성을 억제한다.

상당한 비율의 신경 전달 물질 분자는 아미노산이거나 아미노산 유도체이다(**표 14.4**). **생물성 아민**(biogenic amine)이라 하는 후자의 경우 γ-아미노뷰티르산(γ-aminobutyric acid, GABA), 카테콜아민(catecholamines), 세로토닌, 히스타민을 포함한다.

카테콜아민 *카테콜아민*(catecholamine, 도파민, 노르에피네프린, 에피네프린)은 타이로신의 유도체이다. 도파민(D)과 노르에피네프린(NE)은 뇌에서 흥분성 신경 전달 물질로 사용된다. 중추신경계 외부에서 NE와 에피네프린(E)는 말초신경계뿐만 아니라 부신 수질에서 주로 방출된다. NE와 E 모두 대사의 국면을 조절하기 때문에 호르몬으로 간주된다.

카테콜아민 합성의 속도 결정 단계인 첫 번째 단계는 3,4-다이하이드록시페닐알라닌(3, 4-dihydroxyphenylalanine, L-DOPA)을 형성하는 타이로신의 하이드록시화 단계이다(**그림 14.21**). 타이로신 하이드록시화효소(tyrosine hydroxylase)는 이

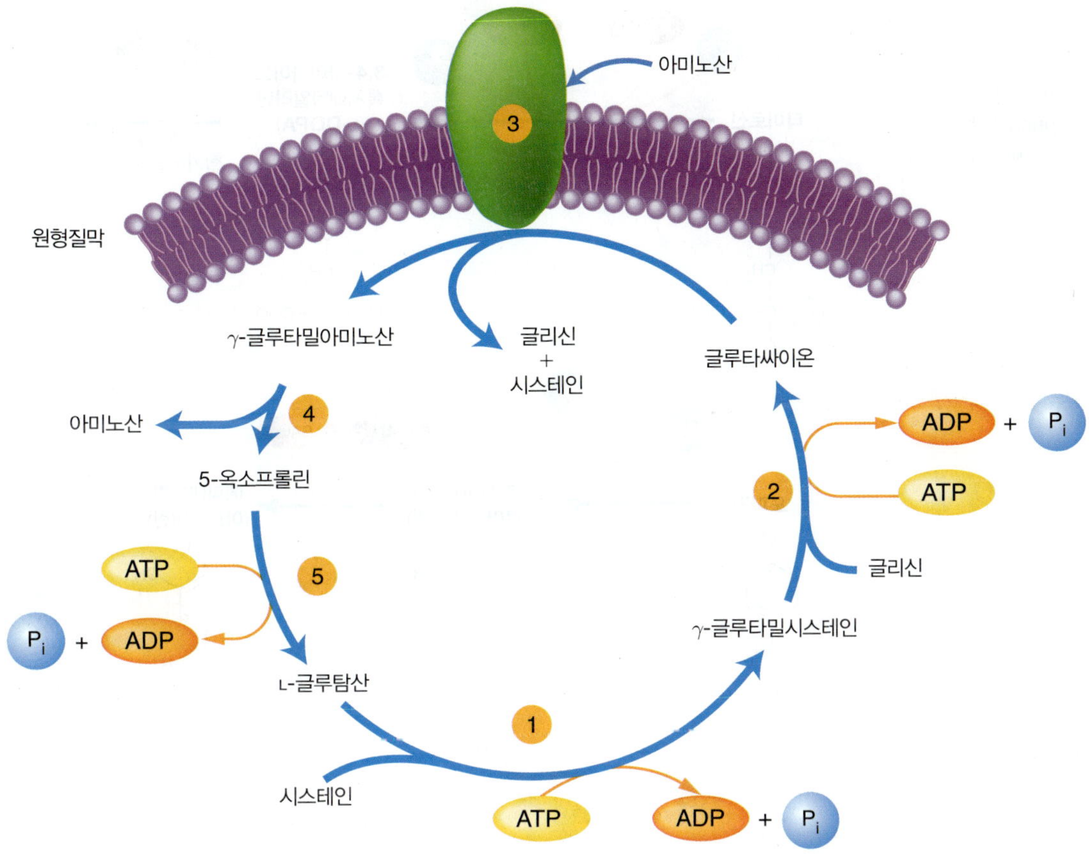

그림 14.19

글루타싸이온 생합성과 γ-글루타밀 회로.

GSH는 글루탐산, 시스테인 그리고 글리신으로부터 2개의 ATP-요구 반응을 통해 합성된다. (1) γ-글루타밀시스테인 합성효소가 글루탐산과 시스테인을 γ-글루타밀시스테인으로 전환한다. (2) 그 다음, 글루타싸이온 합성효소가 γ-글루타밀시스테인과 글리신을 연결해 글루타싸이온을 만드는 펩타이드 결합 형성을 촉매한다. 몇몇 조직에서는(예, 장과 신장세포들), 아미노산은 원형질막을 통과해 운반되는데, 이는 (3) γ-글루타밀아미노산과 시스테이닐글리신을 생성하는 GSH와 아미노산 사이의 반응을 촉매하는 부가적인 효소인, γ-글루타밀 펩타이딜기 전달효소가 만들어지기 때문이다. 시스테인글리신은 그 후에 시스테인과 글리신으로 가수분해된다. γ-글루타밀아미노산은 γ-글루타밀 고리기 전달효소(γ-glutamyl cyclotransferase)에 의해 가수분해되어 (4) 5-옥소프롤린과 아미노산을 생성한다. 글루탐산은 ATP를 필요로 하는 효소인 5-옥소프롤린 가수분해효소(5-oxoprolinase)에 의해 5-옥소프롤린으로부터 재생된다.

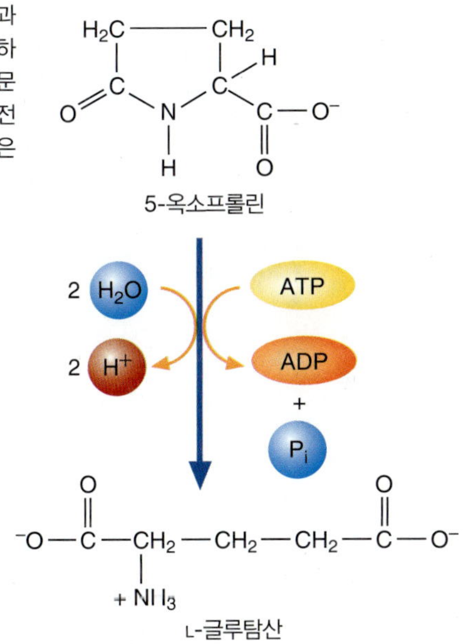

그림 14.20

5-옥소프롤린의 L-글루탐산으로의 전환.

ATP에 의해 추진되는 5-옥소프롤린의 가수분해로 L-글루탐산을 형성하는 반응은 5-옥소프롤린 가수분해효소에 의해 촉매된다.

표 14.4 아미노산과 아민 신경 전달 물질

아미노산	아민
글리신	노르에피네프린*
글루탐산	에피네프린*
γ-아미노뷰티르산(GABA)	도파민*
	세로토닌
	히스타민

* 이 분자들을 카테콜아민이라고 부른다.

반응을 촉매하는 미토콘드리아 효소로 *테트라하이드로바이오프테린*(tetrahydrobiopterin, BH_4)으로 알려진 보조 인자를 필요로 한다. 폴산과 유사한 BH_4 분자(**그림 15.9**)는 방향족 아미노산의 하이드록시화 반응의 필수적 보조 인자이다. BH_4는

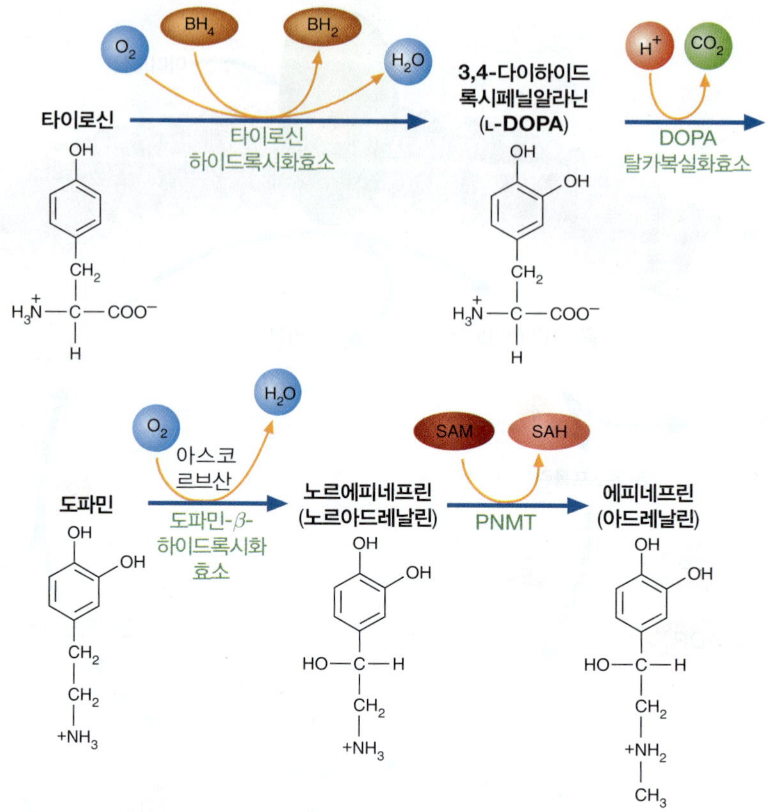

그림 14.21
카테콜아민의 생합성.
도파민, 노르에피네프린, 에피네프린은 신경 전달 물질과 호르몬으로 작용한다. (PNMT = phenylethanolamin-*N*-methyltransferase, 페닐에탄올아민-*N*-메틸기 전달효소.)

산화된 BH_2로부터 NADPH의 환원에 의하여 재생된다.

타이로신 하이드록시화효소는 BH_4를 이용해 O_2를 활성화시킨다. 산소 원자 하나가 보조 효소를 산화시키는 동안 나머지 산소 원자가 타이로신의 방향족 고리에 결합한다. 이 반응의 생성물인 DOPA은 다른 카테콜아민의 합성에 이용된다.

파킨슨병 *Parkinson's disease*

DOPA 탈카복실화효소(DOPA decarboxylase)는 피리독살 인산을 필요로 하는 효소로서 L-DOPA로부터 도파민의 합성을 촉매한다. 도파민은 뇌의 특정 구조에서 발견되는 신경 세포에서 생성되고, 중추신경계에서 억제 작용을 하는 것으로 보인다. 도파민 생성의 결핍은 위험한 퇴행성 신경질환인 파킨슨병(Parkinson's disease)과 관련되어 있다. 도파민이 혈액-뇌 장벽을 뚫지 못하기 때문에 전구체인 L-DOPA가 파킨슨병의 증상을 완화시키는 데 이용된다. (대부분의 지용성 물질은 혈액-뇌 장벽을 통과하여 이동할 수 있지만 많은 극성 분자들과 이온들은 모세혈관을 통해 이동할 수 없다.) L-DOPA가 적절한 신경 세포로 수송이 되면 도파민으로 전환된다.

노르에피네프린은 저혈당뿐만 아니라 공포, 추위, 운동에 대한 반응 과정에서 부신 수질의 크로뮴 친화성(chromaffin) 세포에서 타이로신으로부터 합성된다. NE는 트라이아실글리세롤과 글리코젠의 분해를 촉진시킨다. 또한 심박수와 혈압을 증가시키기도 한다. 도파민의 하이드록시화 반응은 NE를 형성하는데, 이 반응은 구리를 포함한 효소인 도파민-β-하이드록시화 효소(dopamine-β-hydroxlyase)에 의해 촉매된다. 이 효소는 완전한 활성을 위해 환원제로 작용하는 아스코르브산을 필요로 하는 산화효소이다.

설명한 바와 같이 스트레스, 외상, 격한 운동 또는 저혈당증 증상에 의한 에피네프린의 분비는 간의 글루코스와 지방 세포의 지방 등 에너지원의 빠른 동원을 촉진한다. NE가 메틸화되어 E를 형성하는 반응은 효소 페닐에탄올아민-*N*-메틸기 전달효소(phenylethanolamine-*N*-methyltransferase, PNMT)에 의해 촉매된다. 이 효소는 부신 수질의 크로뮴 친화성 세포 내에 주로 존재하지만, E가 신경 전달 물질로써 활동하는 뇌의 특정 부분에서도 발견된다. 최근에는 E와 NE 모두 여러 가지 다른 기관(예, 간, 심장, 폐)에도 존재하는 것이 알려졌다. 소의 PNMT는 단일 단위체 단백질(30 kDa)로 SAM을 메틸기의 공급원으로 이용한다.

생화학 전망 BIOCHEMISTRY IN PERSPECTIVE

기체 전달 물질

전에는 모든 농도에서 유독하다고 생각되던 기체 분자들이 어떻게 신호 분자로 작용할까? **기체 전달 물질**(gasotransmitters)은 최근에 신호 분자 부류로 알려진 내부 기체 분자이다. 이런 분자는 고도로 조절되는 효소들에 의하여 합성되며 몇 가지 공통적 특징을 가지고 있다. (1) 기체 전달 물질은 세포막을 통하여 확산할 수 있는 지용성 기체이다. (2) 생리학적 농도(보통 μM)에서 그 생물학적 효과는 제2의 전령 분자와/또는 이우 통로에 의하여 중개된다. (3) 신호는 효소에 의하여 종결되지 않고 주로 불연속적 합성이나 세포 표적으로부터 확산되어 사라져서 종결된다. 기체 전달 물질에는 일산화 질소(NO), 일산화 탄소(CO), 황화 수소(H_2S)와 일부 ROS가 포함된다. 이런 각 물질은 높은 농도에서는 매우 유독하며 치명적이라는 것을 알아두어야 한다.

일산화 질소

NO는 매우 반응성이 큰 기체이다. NO는 자유 라디칼 구조($NO^•$로 표시) 때문에 최근까지 지구 대기에서 오존층을 파괴하는 인자와 산성비의 전구물질로서만 생각되었다. $NO^•$는 중요한 신호 분자이며 포유류 신체 전반에서 생산된다. 혈압의 조절, 혈액 응고의 억제, 그리고 대식세포에 의한 외부 세포, 손상 세포 또는 암세포의 파괴 같은 생리적 기능은 $NO^•$가 구아닐산 고리화효소(guanylate cyclase)에 결합할 때 촉발된다. 구아닐산 고리화효소의 생성물은 제2의 전령 분자인 cGMP(고리형 GMP)이다. $NO^•$는 또한 신경 전달 물질이며 뇌의 많은 영역에서 생성되며 그 형성은 흥분성 신경 전달 물질인 글루탐산과 연관된다. 신경 세포에서 글루탐산이 방출되고 어떤 종류의 글루탐산 수용체에 결합하면 시냅스후 막을 통한 Ca^{2+} 흐름이 $NO^•$ 합성을 촉진한다.

$NO^•$는 일단 합성되면 시냅스전 세포로 확산하여 돌아가며 그곳에서 글루탐산이 추가적으로 방출되도록 신호한다. 따라서 $NO^•$는 *후방 신경 전달 물질*(retrograde neurotransmitter)로 작용한다. 즉, 시냅스전 세포로부터 글루탐산이 방출되는 순환을 촉진하고 그 다음에 시냅스후 신경세포에 결합하여 활동 전위를 촉진한다. 오늘날 이 전위 메커니즘은 포유류 뇌의 다른 기능은 물론 학습과 기억 메커니즘에서 역할을 한다고 생각된다. $NO^•$의 정상적이고 정확한 합성의 파괴는 뇌졸중, 편두통, 남성 발기부전, 패혈 쇼크 그리고 다발성 경화증과 인슐린-의존형 당뇨병 같은 염증 증상을 비롯한 많은 병리학적 증상들과 연관되어 있다.

$NO^•$는 NO 생성효소(NO synthase, NOS)에 의하여 합성된다. 이 효소는 L-아지닌이 L-시트룰린으로 2단계로 산화되는 것을 촉매하는, 헴을 포함하는 금속효소이다(**그림 14A**). 이 복잡한 반응에서 전자는 몇 가지 산화환원 성분들을 포함하는 전자 전달 사슬에 의하여 NADPH에서 O_2로 전달된다. 기능성 효소는 동종이합체이다(**그림 14B**). 각 단위체는 2개의 주요 구역을 가지고 있다. 환원효소(reductase) 구역은 NADPH, FAD, FMN에 대한 결합 자리를 가지고 있다. 산소화효소(oxygenase) 구역은 BH_4, 기질 아지닌과 O_2에 대한 결합 자리를 가지고 있다. 두 주요 구역 사이에 다양한 효소들

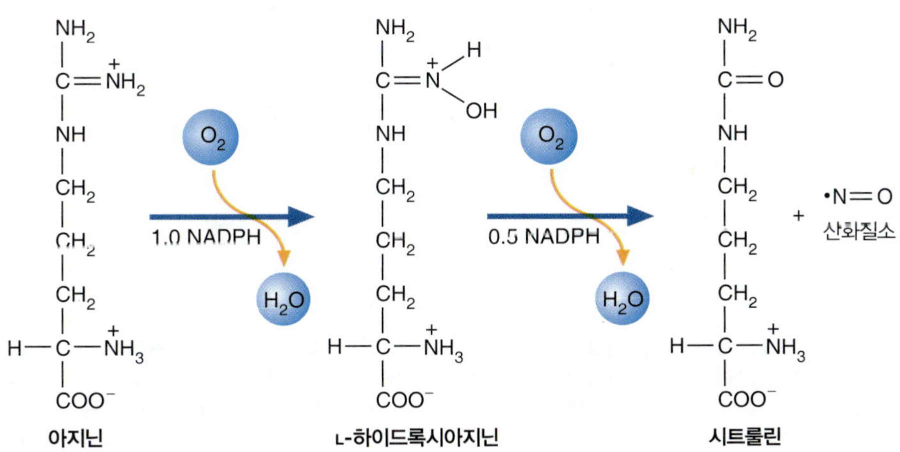

그림 14A
NOS-촉매 반응.
$NO^•$의 생합성은 아지닌의 2단계 산화로서 시트룰린을 형성한다. 반응 동안 형성되는 시트룰린 1 mol당 2 mol의 O_2와 1.5 mol의 NADPH가 소모된다.

생화학 전망 BIOCHEMISTRY IN PERSPECTIVE (계속)

을 조절하는, 작은 칼슘 결합 단백질인 칼모듈린(CAM)의 결합 자리가 있다. NO˙ 합성 동안 CAM은 환원효소 구역으로부터 헴기로의 전자 전달 속도를 가속한다.

NO˙의 생합성은 L-아지닌의 하이드록시화로부터 시작한다. NADPH가 2개의 전자를 FAD에 내놓으면 FAD는 FMN을 환원한다. BH_4는 NADPH가 제공한 전자에 의한 O_2의 활성화에 필수적이다. 이 반응의 생성물인 L-하이드록시아지닌은 NOS에 결합되어 남는다. 이어지는 반응 단계는 아직 밝혀지지 않았다. L-하이드록시아지닌은 헴-과산화 복합체(R—O—OH)와 반응하여 시트룰린과 NO˙를 만들 것으로 생각된다.

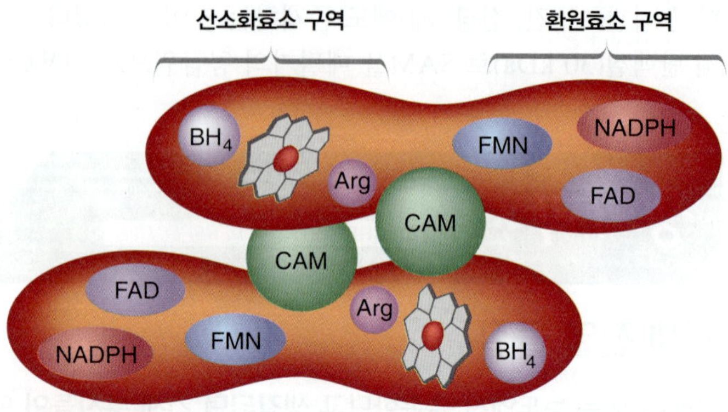

그림 14B
NOS의 모식적 구조.
촉매적으로 활성인 NOS는 동종이합체이다. 각 단위체는 기질인 아지닌과 O_2 이외에도 NADPH, FAD, FMN, BH_4, CAM을 결합한다.

일산화 탄소

무색무취의 기체인 CO의 매우 중요한 생리적 역할에는 신경 조절(즉, 신경 전달 물질의 방출과 학습, 기억 및 열 조절에 관련된 다른 활성들의 조절), 저산소증 동안 허혈 재관류 손상에 대한 심장 보호(10장의 생화학 전망 '심근경색: 심허혈 및 재관류'를 참조), 혈관 이완(즉, 평활근 이완의 촉진과 이에 따른 혈관 확장) 등이 있다. CO는 헴의 이화 작용으로부터 생성된다. CO 합성은 ER 효소의 하나인 헴 산소화효소(haem oxygenase, HO)에 의하여 촉매된다. 이 반응에서 CO 이외에도 빌리베르딘(biliverdin)과 자유 Fe(II) 이온

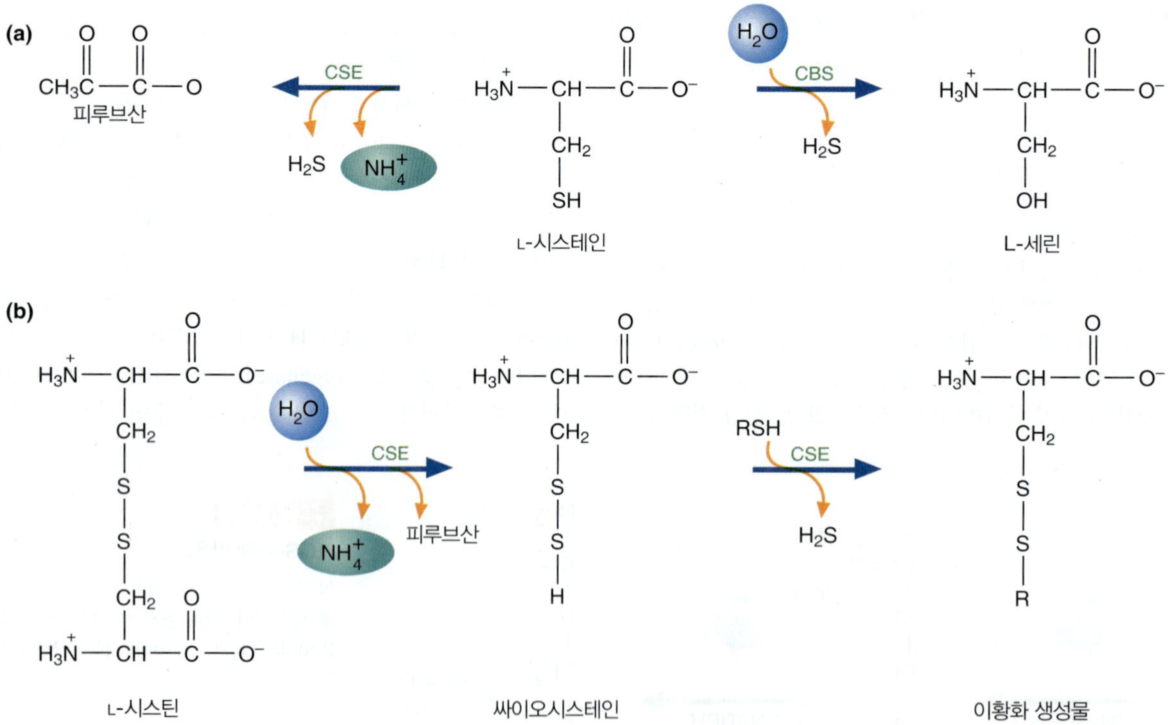

그림 14C
H_2S 생합성.
(a) 대부분의 H_2S 생성 반응은 시스테인을 기질로 하여 CBS 또는 CSE에 의하여 촉매된다. CBS는 시스테인을 가수분해하여 세린과 H_2S를 생성하며 CSE는 시스테인이 NH_4^+와 H_2S로 전환하는 것을 촉매한다. (b) 또한 CSE는 시스테인이 싸이오시스테인, 피루브산과 NH_4^+로 전환하는 이어지는 두 반응의 촉매 작용을 한다. 그 다음에 싸이오시스테인은 싸이올(예, GSH 또는 다른 시스테인)과 반응하여 H_2S와 시스테인 이황화 생성물을 형성한다.

생화학 전망 BIOCHEMISTRY *IN PERSPECTIVE* (계속)

이 생성된다.

헴의 이화 작용은 모든 조직에서 계속 진행하는 활동으로서 특히 비장(헤모글로빈 분해)과 간(사이토크롬 P_{450} 전환)에서 지속적으로 일어난다. 헴 자체와 그 산화형인 헤민(hemin)은 강한 산화제이며 상당한 조직 손상을 일으킬 만한 전위를 가지고 있다. 빌리베르딘과 그 환원형인 빌리루빈(bilirubin)은 헴 모체보다 훨씬 더 낮은 산화 전위를 가진다. 모든 세포는 헴을 함유하는 단백질의 합성을 위한 원천으로 작용할 수 있는 자유 헴의 집합소(pool)를 가져야 하지만 그 수준은 HO의 작용에 의하여 안전한 범위로 유지되어야 한다. 자유 철은 산화환원 손상을 막기 위하여 페리틴(ferritin)에 의하여 제거된다. CO의 많은 작용은 헴을 포함하는 단백질에 결합거나 K^+ 통로의 활성화를 통하여 중개된다. 생리적으로 안전한 수준의 CO는 또한 염증을 감소시키고 세포 사멸(apoptosis)을 억제하는 것으로 알려졌다.

황화 수소

H_2S는 불쾌한 썩은 냄새를 가진 독성 기체이다. 신체 안에서 소량 생산되는 H_2S는 많은 생리적 과정들에 영향을 준다. 이 중 가장 눈에 띄는 것은 뇌의 신경 조절 물질과 혈관 이완제로서의 기능이다. H_2S는 시스테인으로부터 여러 효소들에 의하여 합성된다(**그림 14C**). 이 중 가장 중요한 것은 피리독살 인산을 필요로 하는 효소인 시스타싸이온 β-합성효소(cystathione β-synthetase, CBS)와 γ-시스타싸이온 분해효소(γ-cystathionase, CSE)이며 두 가지 모두 황 전달 경로(15.1절 참조)에서 다른 반응들을 촉매한다. 다른 기질로서 시스틴이 사용되면 CSE는 H_2S를 생성하는 2단계 반응 경로의 촉매 작용을 한다. CSE는 간과 심혈관계에서 지배적인 H_2S-생성 효소이다. CBS는 뇌에서 지배적으로 나타난다. H_2S는 평활근 세포막의 과분극화를 일으키는 과정인 ATP-감수성 K^+ 통로의 열림을 촉발하여 세동맥을 이완한다.

H_2S는 NMDA(*N*-메틸-D-아스파트산)에 대한 수용체의 활성화를 증진하여서 신경 조절 효과를 나타낸다. *NMDA 수용체*(NMDA receptor)는 글루탐산 수용체의 한 유형으로서 활성화되면 Ca^{2+} 이온과 다른 이온들을 안쪽으로 들어오게 해주는 이온 통로를 열어준다. NMDA 수용체는 시냅스(두 신경 세포 사이의 연결)가 그 화학적 세기를 변화시키는 능력인 *시냅스 가소성*(synaptic plasticity)에서 중요한 역할을 한다. 시냅스 가소성의 변화는 기억 형성의 기본이 된다고 생각된다.

▸ **요약:** 매우 낮은 농도에서 NO, CO, H_2S는 세포막을 통하여 쉽게 확산하는 신호 분자이며 그 합성은 엄격하게 제어된다.

뉴클레오타이드

뉴클레오타이드(nucleotide)는 질소를 포함하는 복잡한 분자로서 세포 성장과 발달에 필요하다. 뉴클레오타이드는 핵산의 구조적 요소일 뿐만 아니라 에너지 전환에서 여러 가지 중요한 역할을 하며 많은 대사 경로를 조절한다. 각각의 뉴클레오타이드는 질소 염기, 오탄당과 한 개 또는 여러 개의 인산기의 세 부분으로 이루어져 있다. 질소 염기는 퓨린이나 피리미딘의 유도체로 평면 헤테로고리(heterocyclic) 방향족 화합물이다.

자연에 공통으로 존재하는 **퓨린**(purine)에는 아데닌, 구아닌, 잔틴(xanthine), 하이포잔틴(hypoxanthine)이 있고, **피리미딘**(pyrimidine)에는 타이민, 사이토신, 유라실이 있다(**그림 14.22**). 방향족 구조로 인해 퓨린과 피리미딘은 자외선을 흡수한다. 흡광도는 pH 7에서 특히 260 nm에서 강하게 나타난다. 퓨린과 피리미딘 염기는 토토머(tautomer) 형태를 가지는데, 헤테로 원자를 포함한 연속된 세 원자의 수소 원자와 이중 결합의 상대적 위치가 서로 자발적으로 변한다. 이러한 특성이 특히 중요한 이유는 산소와 질소에 결합된 수소의 정확한 위치가 핵산 내에서 염기의 상호작용에 영향을 미치기 때문이다. 아데닌과 사이토신은 아민과 이민 형태를 모두 가지고 있고, 구아닌, 타이민과 유라실은 케토(락탐)형과 엔올(락팀)형을 가지고 있다. 생리적인 pH에서 아미노형과 케토형이 가장 안정하다. 아데닌의 아미노형과 이미노형 그리고 타이민의 케토형과 엔올형은 **그림 14.23**에 나타나 있다.

퓨린 또는 피리미딘 염기가 β-N-글리코사이드 결합을 통해 오탄당의 C-1 위

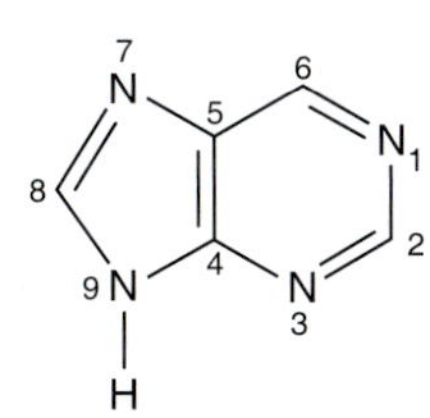

퓨린

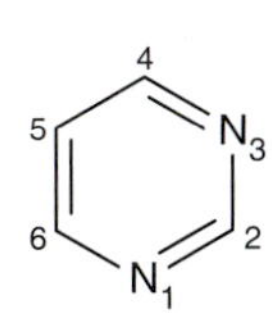

피리미딘

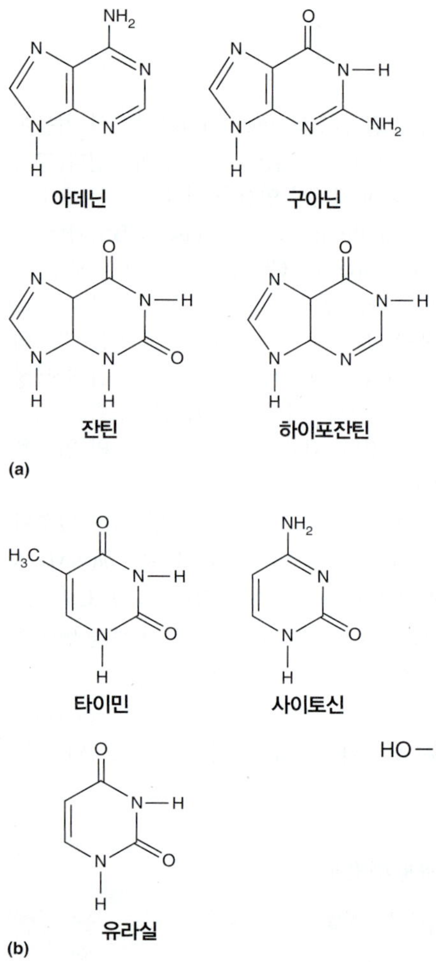

그림 14.22
자연에 흔히 존재하는 퓨린(a)과 피리미딘(b).

치에 연결되어 있을 때, 그 분자를 **뉴클레오사이드**(nucleoside)라고 한다(**그림 14.24**). 뉴클레오사이드에는 두 종류의 당이 있는데, 리보스(ribose)나 데옥시리보스(deoxyribose)이다. 리보스를 가지고 있는 아데닌, 구아닌, 사이토신, 유라실 뉴클레오사이드를 각각 아데노신(adenosine), 구아노신(guanosine), 사이티딘(cytidine), 유리딘(uridine)이라 한다. 당 성분이 데옥시리보스일 경우, 접두사 *데옥시*(deoxy)를 붙인다. 예를 들어 아데닌을 갖는 데옥시뉴클레오사이드는 데옥시아데노신(deoxyadenosine)이라 한다. 데옥시타이미딘은 타이미딘(thymidine)이라 하는 데 염기 타이민이 데옥시리보스뉴클레오사이드에서만 존재하기 때문이다. 뉴클레오사이드의 염기와 당을 구분하는 데 가능한 혼란을 피하기 위해 당에 있는 원자에 프라임을 표시한다(**그림 14.24**). 뉴클레오사이드의 N-글리코사이드 결합 주변의 회전을 통해 *syn*과 *anti* 2가지 구조가 형성된다. 퓨린 뉴클레오사이드는 *syn*과 *anti* 형태 모두 가능하다. 피리미딘 뉴클레오사이드는 오탄당과 C-2 위치의 카보닐 산소와의 입체 장애 때문에 *anti* 구조가 우세하다.

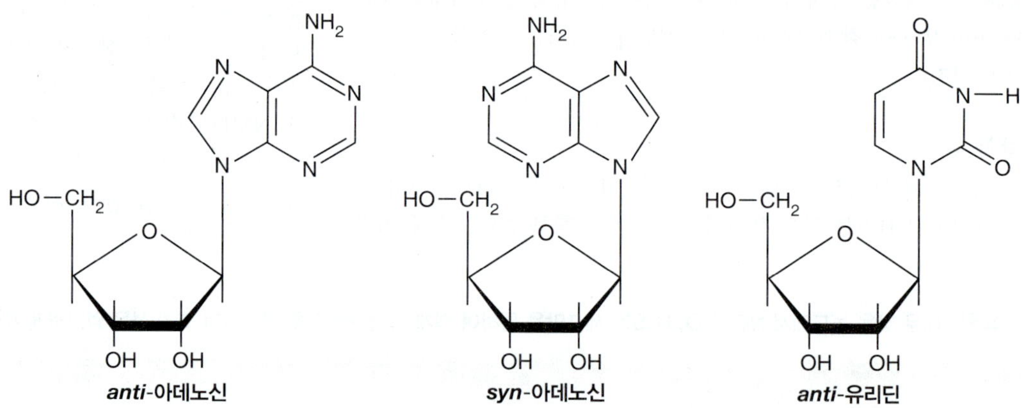

뉴클레오타이드는 당에 한 개 또는 여러 개의 인산기가 붙어 있는 뉴클레오사이드를 말한다(**그림 14.25**). 자연에 존재하는 뉴클레오타이드는 5′-인산 에스터이다. 하나의 인산기가 당의 C-5위치에 결합되어 있을 경우, 이 분자를 뉴클레오사이드 일인산이라 한다(예, 아데노신-5′-일인산 adenosine-5′-monophosphate, AMP). 뉴클레오사이드 이인산과 삼인산은 각각 인산기를 2개 3개씩 가지고 있다. 인산기는 뉴클레오타이드를 강한 산성을 띠게 한다. (양성자가 생리적 pH에서 인산기에서 떨어져 나온다.) 뉴클레오타이드는 산의 성질 때문에 산이라 불린다. 예를 들어 AMP는 아데닐산(adenylic acid 또는 adenylate)이라 불린다. 뉴클레오사이드 이인산과 삼인산은 Mg^{2+}와 착물을 이룬다. ATP 같은 뉴클레오사이드 삼인산의 경우, Mg^{2+}는 α,β 또는 β,γ 복합체를 이룰 수 있다.

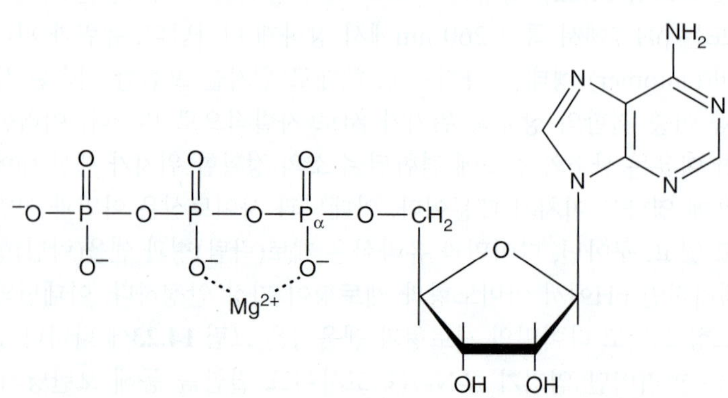

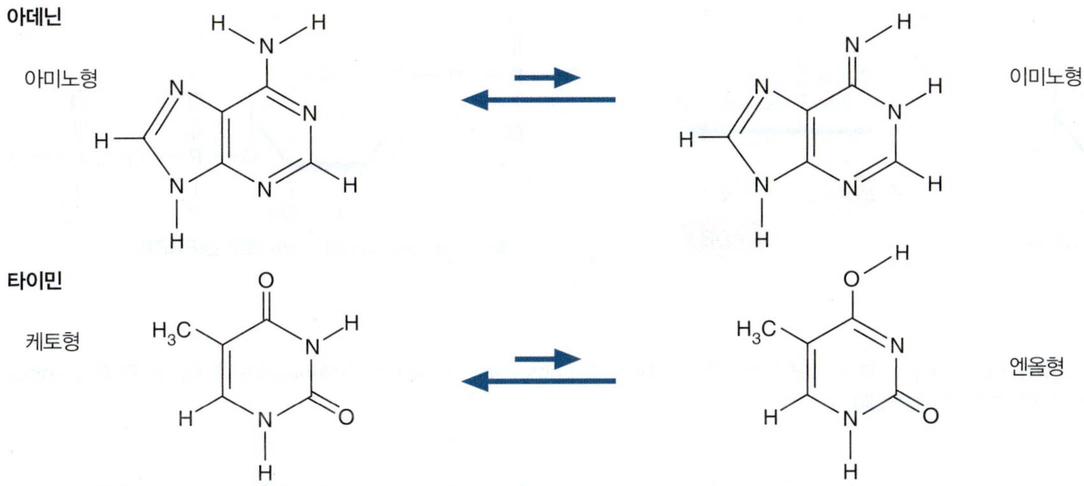

그림 14.23

아데닌과 타이민의 토토머.

생리적인 pH에서 질소 염기의 아미노와 케토 토토머가 주요 형태이다.

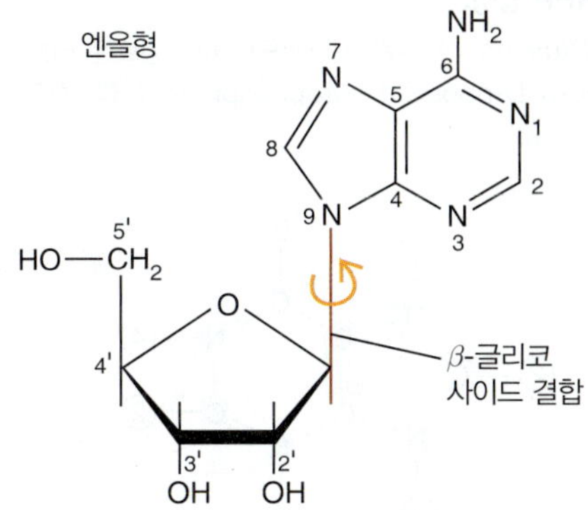

그림 14.24

뉴클레오사이드 구조.

뉴클레오사이드는 아데닌 같은 질소 염기가 오탄당의 C-1 위치에 글리코사이드 결합을 통해 연결된 분자이다. 이 그림은 리보스일 경우이다.

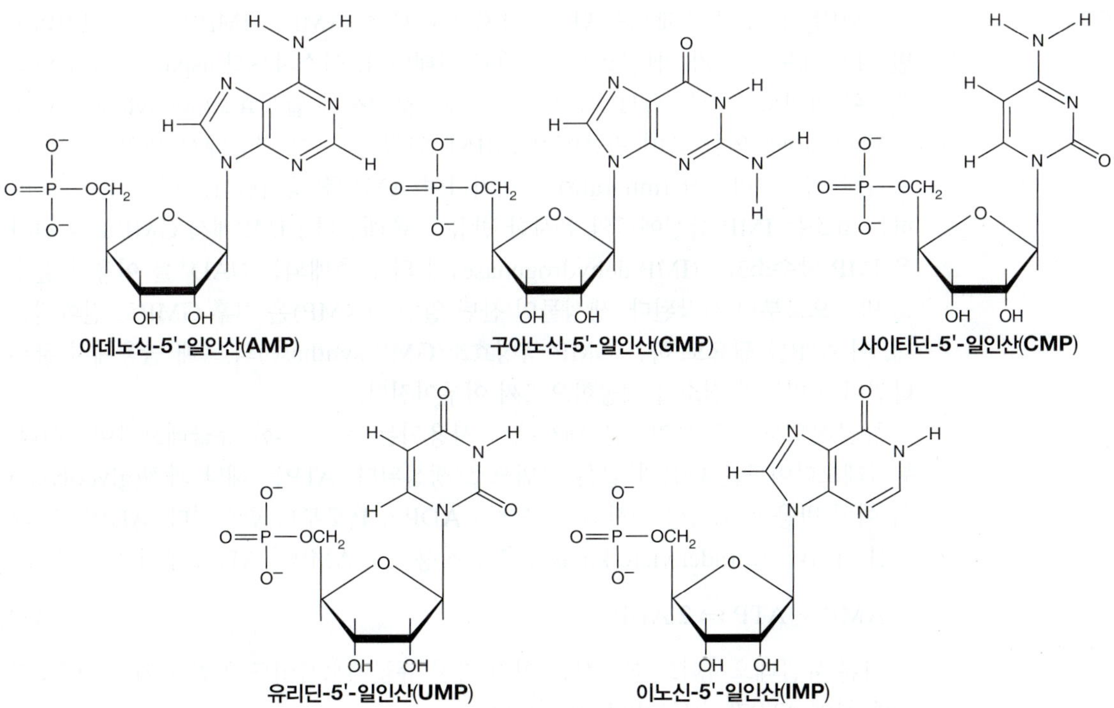

그림 14.25

일반적인 리보뉴클레오타이드.

리보뉴클레오타이드는 리보스를 갖고 있다. 뉴클레오타이드가 리보스 대신 데옥시리보스를 가지고 있으면 이름 앞에 접두사 데옥시(deoxy)를 붙인다. 이노신-5'-일인산(IMP)는 퓨린 뉴클레오타이드 합성의 중간물질이다. IMP의 염기 성분은 하이포잔틴이다.

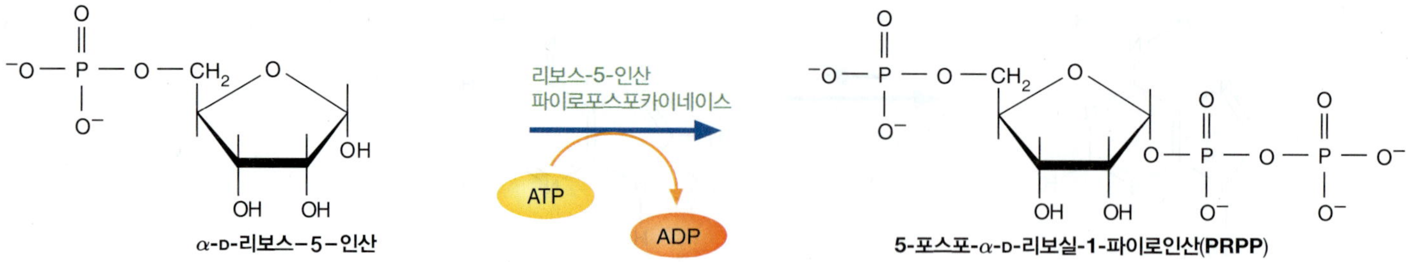

그림 14.26

PRPP 합성.

신생(*de novo*) 퓨린 뉴클레오타이드 경로는 리보스-5-인산 파이로포스포카이네이스(ribose-5-phosphate pyrophosphokinase)를 촉매로 한 PRPP(5-phospho-α-D-ribosyl-1-pyrophosphate)의 합성으로부터 시작된다.

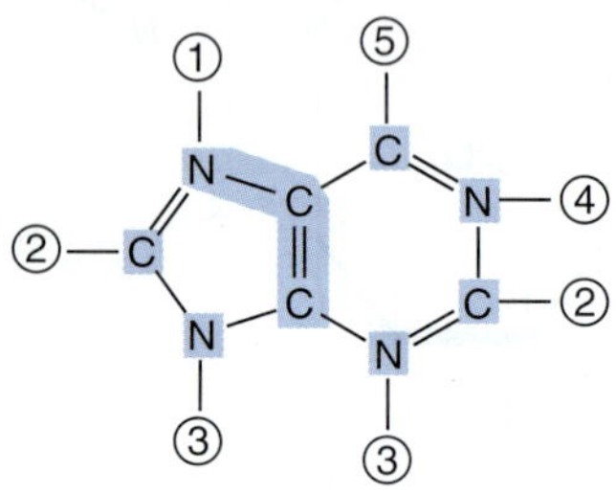

그림 14.27

퓨린 고리 원자의 기원.

동위원소 표지(isotopic labelling) 실험을 통해 결정된 퓨린 고리의 질소와 탄소 원자의 기원은 다음과 같다. 1 = 글리신, 2 = 폼산, 3 = 글루타민의 아마이드 질소, 4 = 아스파트산, 5 = CO_2.

퓨린과 피리미딘 뉴클레오타이드는 신생(*de novo*)과 회수(salvage) 경로에서 합성될 수 있다. 두 경로 모두 아래에 설명해 놓았다.

퓨린 뉴클레오타이드 생합성 퓨린 뉴클레오타이드의 신생(*de novo*) 합성은 리보스-5-인산 파이로포스포카이네이스(ribose-5-phosphate pyrophosphokinase, PRPP 합성효소)를 촉매로 한 PRPP(5-phospho-α-D-ribosyl-1-pyrophosphate)의 합성으로부터 시작한다(**그림 14.26**, 이 반응의 기질인 α-D-리보스-5-인산은 오탄당 인산 경로의 생성물임). 퓨린 고리의 원자의 기원은 **그림 14.27**에 나타나 있다.

이노신-5′-일인산(inosine-5′-monophosphate, IMP)에서 아데노신 일인산(AMP) 또는 구아노신 일인산(GMP)으로의 전환은 2가지 반응이 필요하다(**그림 14.28**).

AMP는 IMP와 비교해서 단 한 가지만 다르다. AMP는 IMP의 퓨린 염기의 6번 위치 케토 산소가 아미노기로 대체된 형태이다. 아스파트산(asparatate)에 의해 제공된 아미노 질소는 GTP가 필요한 아데닐로석신산 합성효소(adenylosuccinate synthetase)에 의한 촉매 반응에서 IMP에 연결된다. 이 반응에서 생성물 아데닐로석신산은 퓨마르산(fmnarate)을 제거하여 AMP를 생성한다. (이 반응을 촉매하는 효소는 IMP 합성에서의 유사한 반응을 촉매한다.) IMP에서 GMP로의 전환은 IMP 탈수소효소(IMP dehydrogenase)에 의해 촉매되는 NAD^+를 이용한 탈수소 반응으로부터 시작된다. 생성물인 잔틴 일인산(XMP)은 이후 GMP로 전환되는데, 이 ATP를 필요로 하는 GMP 생성효소(GMP synthase)의 촉매 반응에서 글루타민이 아미노기 질소를 제공함으로써 이루어진다.

뉴클레오사이드 삼인산은 대사에서 사용되는 가장 흔한 뉴클레오타이드이다. 뉴클레오타이드는 다음과 같은 방법으로 생성된다. ATP는 해당 과정(glycolysis)의 어떤 반응과 호기성 대사의 반응에서 ADP와 P_i로부터 합성된다. ADP는 아데닐산 카이네이스(adenylate kinase) 촉매 작용으로 AMP와 ATP로부터 합성된다.

$$\text{AMP} + \text{ATP} \rightleftharpoons 2\ \text{ADP} \qquad (7)$$

다른 뉴클레오사이드 삼인산은 여러 가지 뉴클레오사이드 일인산 카이네이스의 촉매 하에 ATP가 소모되면서 합성된다.

$$\text{NMP} + \text{ATP} \rightleftharpoons \text{NDP} + \text{ADP} \qquad (8)$$

뉴클레오사이드 이인산 카이네이스는 뉴클레오사이드 삼인산 형성의 촉매로 작용한다.

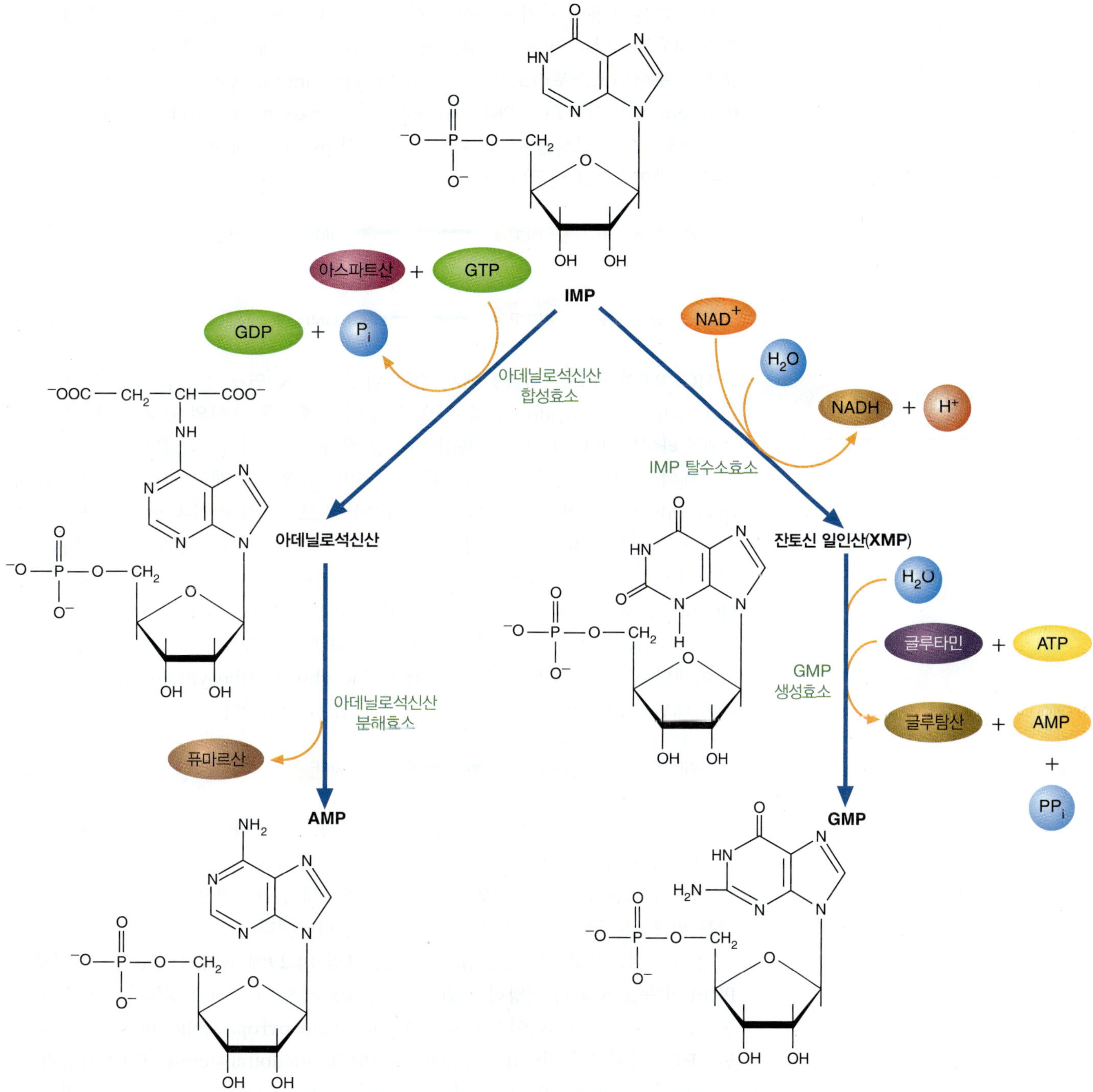

그림 14.28

IMP로부터 AMP와 GMP의 생합성.

AMP 합성의 첫 번째 과정에서 IMP의 하이포잔틴 염기 부분의 C-6 케토 산소가 아스파트산의 아미노기로 대체된다. 두 번째 과정은 첫 번째 반응의 생성물인 아데닐로석신산이 가수분해되어 AMP와 퓨마르산을 형성한다. GMP 합성은 IMP가 산화되어 XMP를 생성하는 반응으로부터 시작한다. GMP는 XMP의 C-2 케토 산소가 글루타민의 아마이드 질소로 대체되면서 생성된다. AMP 형성은 GTP를 필요로 하고 GMP 형성은 ATP를 필요로 한다.

$$N_1DP + N_2TP \rightleftharpoons N_1TP + N_2DP \tag{9}$$

N_1과 N_2는 퓨린이나 피리미딘 염기를 나타낸다.

퓨린 회수 경로에서 세포 내 핵산의 정상적인 회전이나 음식물로부터 유래된 퓨린 염기는 뉴클레오타이드로 재전환된다. 뉴클레오타이드의 신생 합성은 물질대사적으로 많은 비용이 들기 때문에(예를 들어, 상대적으로 많은 양의 인산 결합 에너지가 사용됨), 많은 세포들은 퓨린 염기를 회수하는 메커니즘을 가지고 있다. 하이포잔틴-구아닌포스포리보실기 전달효소(hypoxanthine-guaninephosphoribosyltransferase, HGPRT)는 PRPP와 하이포잔틴(hyoxanthine)이나 구아닌을 이용한 뉴클레오타이드 합성을 촉매한다. 파이로인산(pyrophosphate)의 가수분해는 이 반응을 비가역적으로 만든다.

하이포잔틴 + PRPP → IMP + PP_i (10)

구아닌 + PRPP → GMP + PP_i (11)

레시-니한 증후군
Lesch-Nyhan syndrome

HGPRT의 결핍은 남자들에게 주로 발병하는 X 연관 질병인 *레시-니한 증후군*(Lesch-Nyhan syndrome)을 일으킨다. 이 증후군은 요산의 과량 생산, 퓨린 뉴클레오타이드의 분해 그리고 특정 신경성 질환(자해, 비자발적 운동, 정신지체)을 나타낸다. 요산은 강한 항산화제이긴 하지만, 다량이 존재할 경우에는 전산화제(prooxidant)로 작용할 수 있다. 현재 산화성 스트레스가 레시-니한 증후군을 일으키는 것으로 알려져 있다. 이 병에 걸린 아이들은 태어날 때는 정상이었지만 3~4개월이 지나면 증상이 악화되기 시작한다. 보통 어린 시절에 신부전증으로 사망한다. HGPRT 효소의 부분적 결핍은 통풍(gout, 혈액 내 고농도의 요산이 관절, 특히 발에 요산 소듐 결정을 축적시키는 증상)의 한 형태를 일으킨다.

아데닌 포스포리보실기 전달효소(adenine phosphoribosyltransferase, ARPT)는 아데닌의 PRPP로 전환을 촉매하면서 AMP를 생성한다.

아데닌 + PRPP → AMP + PP_i (12)

신생과 회수 경로의 상대적인 중요성은 아직 불확실하다. 그러나 HGPRT 결핍의 유전적인 심각한 증상들은 퓨린 회수 경로가 굉장히 중요함을 나타낸다. 게다가 암 치료를 위한 퓨린 뉴클레오타이드 합성 억제제의 연구에서 확실한 종양 성장 억제를 위해서는 두 경로 모두 억제되어야 함을 나타냈다.

퓨린 뉴클레오타이드 생합성의 조절은 **그림 14.29**에 요약되어 있다. 이 경로는 PRPP의 농도에 따라 상당히 조절된다. 이 경로의 여러 가지 생성물은 리보스-5-인산 파이로포스포카이네이스(ribose-5-phosphate pyrophosphokinase)와 글루타민-PRPP 아미도기 전달효소(glutamine-PRPP-amidotransferase, IMP 합성의 속도결정 효소) 활성을 억제시킨다. 최종 산물의 통합 억제 효과는 시너지 효과를 낸다(즉, 알짜 억제효과가 각 뉴클레오타이드를 각각 억제할 때 보다 더 좋음). IMP의 분기점에서 AMP와 GMP는 아데닐로석신산 합성효소와 IMP 탈수소효소의 되먹임 억제(feedback inhibition)에 의해 각각 합성을 조절한다. GTP의 가수분해는 아데닐로석신산의 합성을 유도하고, 반면에 ATP는 XMP 합성을 유도한다. 이러한 상호 조정은 아데닌과 구아닌 뉴클레오타이드의 적절한 세포 내 농도를 유지시킨다.

피리미딘 뉴클레오타이드 생합성 피리미딘 뉴클레오타이드 합성은 세포질에서 일어나는데 먼저 피리미딘 고리가 형성되고 그 다음 리보스 인산과 결합한다. 피리미딘 고리의 탄소와 질소 원자는 중탄산염(bicarbonate), 아스파트산과 글루타민에서 유래한다. 합성은 카바모일 인산 합성효소 II(CPSII, carbamoyl phosphate

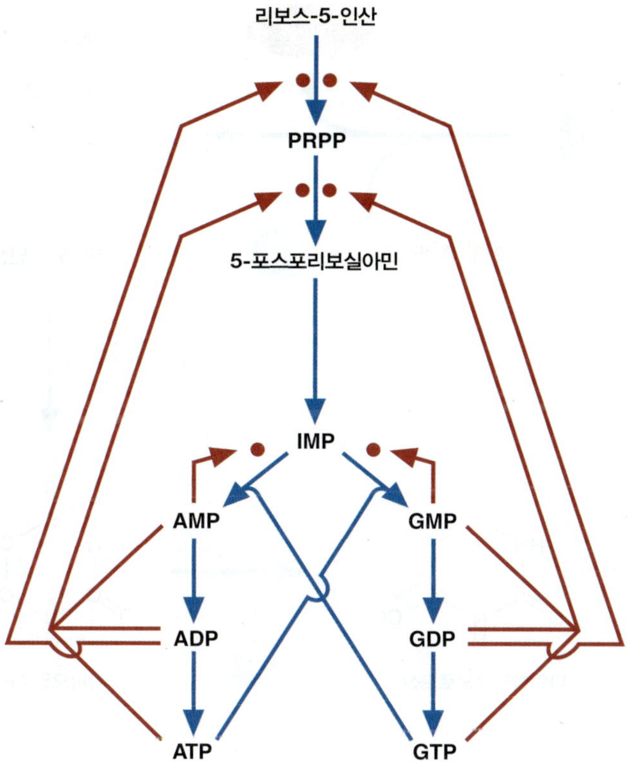

그림 14.29
퓨린 뉴클레오타이드 생합성의 조절.
되먹임 억제는 빨간색 화살표로 나타내었다. GTP에 의한 AMP 합성 촉진과 ATP에 의한 GMP 합성은 퓨린 뉴클레오타이드 군의 합성 균형을 맞춘다.

synthetase II) 촉매에 의한 ATP 요구 반응인 카바모일 인산의 형성으로부터 시작된다(**그림 14.30**). (카바모일 인산 합성효소 I은 15장에 서술한 요소 회로에 관여하는 미토콘드리아 효소이다.) ATP 한 분자는 1개의 인산기를 공급하고, 다른 ATP 분자의 가수분해는 반응을 유도한다. 아스파트산 카바모일기 전달효소(aspartate transcarbamoylase, ATCase)가 촉매하는 반응에서 카바모일 인산은 아스파트산과 반응하여 카바모일 아스파트산을 만든다. 그 다음, 다이하이드로오로테이스(dihydroorotase)의 촉매 작용에 의해 피리미딘 고리가 닫힌다. 생성물인 다이하이드로오로트산(dihydroorotate)은 산화되어 오로트산(orotate)이 된다. 이 반응을 촉매하는 효소인 다이하이드로오로트산 탈수소효소는 미토콘드리아 내막과 연결되어 있는 플라보단백질이다. (이 반응에서 생성된 NADH는 전자를 ETC에 전달한다.) 미토콘드리아 내막의 세포질쪽에서, 오로트산은 오로트산 파이로포스포리보실기 전달효소(orotate pyrophosphoribosyl transferase)에 의해 PRPP와 이 반응의 첫 번째 뉴클레오타이드인 오로티딘-5′-인산(orotidine-5′-phosphate, OMP)으로 전환된다. 유리딘-5′-인산(uridine-5′-phosphate, UMP)은 OMP 탈카복실화효소에 의해 OMP가 탈카복실화되면서 생성된다. 오로트산 파이로포스포리보실기 전달효소와 OMP 탈카복실화효소의 활성 모두 UMP 생성효소(UMP synthase)라고 하는 단백질에서 나타난다. 두 개의 순차적인 인산화 반응에 의해 UTP가 형성되고, UTP는 글루타민으로부터 아마이드 질소를 받아 CTP를 형성한다. 피리미딘의 고리에 있는 원자의 기원을 **그림 14.31**에 나타냈다.

오로트산 산성뇨증(orotic aciduria)이라는 희귀한 유전병에서는 UMP 생성효소가 결핍되어 과량의 오로트산이 소변으로 배설된다. 증상은 빈혈과 발육부진이다. 피리미딘 뉴클레오타이드 투여는 오로트산 생산을 막고 핵산 합성에 필요한 물질을 제공함으로써 질병의 진행을 막을 수 있다.

오로트산 산성뇨증
Orotic Aciduria

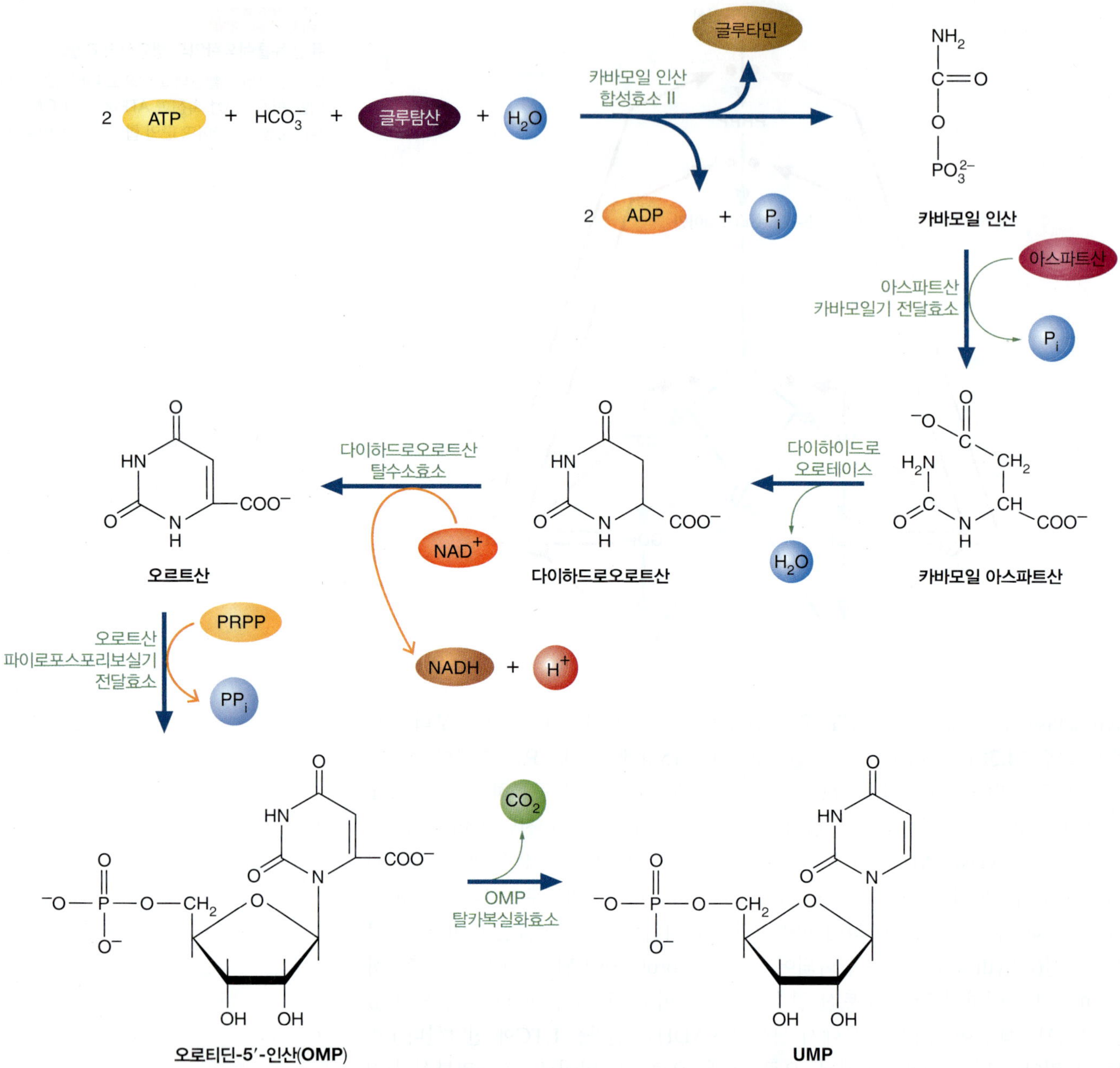

그림 14.30

피리미딘 뉴클레오타이드의 합성.

UMP 합성 대사 경로는 6개의 효소 촉매 반응으로 구성된다. 포유류에서, 이 경로의 처음 세 효소(카바모일 인산 합성효소 II, 아스파트산 카바모일기 전달효소, 다이하드로오로트산 탈수소효소)의 활동은 CAD라 하는 단일 폴리펩타이드에서 일어난다. 세포질에 존재하는 다른 피리미딘 합성 효소들과 달리 CAD는 미토콘드리아 내막의 바깥쪽에 위치하고 있다. CPSII 구역은 ATP에 의해 활성화되고 UTP와 CTP에 의해 억제된다. 대장균에서 피리미딘 합성의 속도 결정 단계는 12개의 소단위체 복합체로 이뤄진 아스파트산 카바모일기 전달효소에 의해 촉매된다(**그림 6.24** 참조). 세균의 ATCase는 ATP에 의해 활성되고 UTP와 CTP에 의해 억제된다.

데옥시리보뉴클레오타이드 생합성 지금까지 설명한 뉴클레오타이드는 RNA 구조의 구성물질로서, 또는 당과 같은 물질의 뉴클레오타이드 유도체이거나, 에너지원으로 이용되는 리보뉴클레오타이드이다. DNA 합성에 필요한 뉴클레오타이드인 2′-데옥시리보뉴클레오타이드(2′-deoxyribonucleotide)는 리보뉴클레오타이드 환원효소(ribonucleotide reductase)가 촉매로 작용하는 리보뉴클레오사이드 이인산(ribonucleoside diphosphate)의 환원에 의해 만들어진다(**그림 14.32**). 2′-데옥시리보뉴클레오타이드의 합성에 이용되는 전자는 궁극적으로 NADPH로부터 공급된다. 싸이오레독신(thioredoxin)은 수소 원자가 NADPH로부터 리보뉴클레오타이드 환원효소로 전달하는 것을 중재한다. 환원된 싸이오레독신의 재생은 싸이오레독신 환원효소(thioredoxin reductase)에 의해 촉매된다.

포유류의 리보뉴클레오타이드 환원효소 I은 2가지의 다른 소단위체로 된 사합체이다. 소단위체 1은 효소 활성 조절에 연관된 다른자리 입체성 자리 이외에 촉매

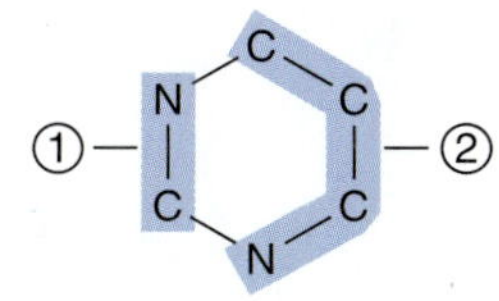

그림 14.31

피리미딘 고리 원자의 기원.

피리미딘 고리의 질소 원자와 탄소 원자의 기원은 다음과 같다. 1 = 카바모일 인산, 2 = 아스파트산.

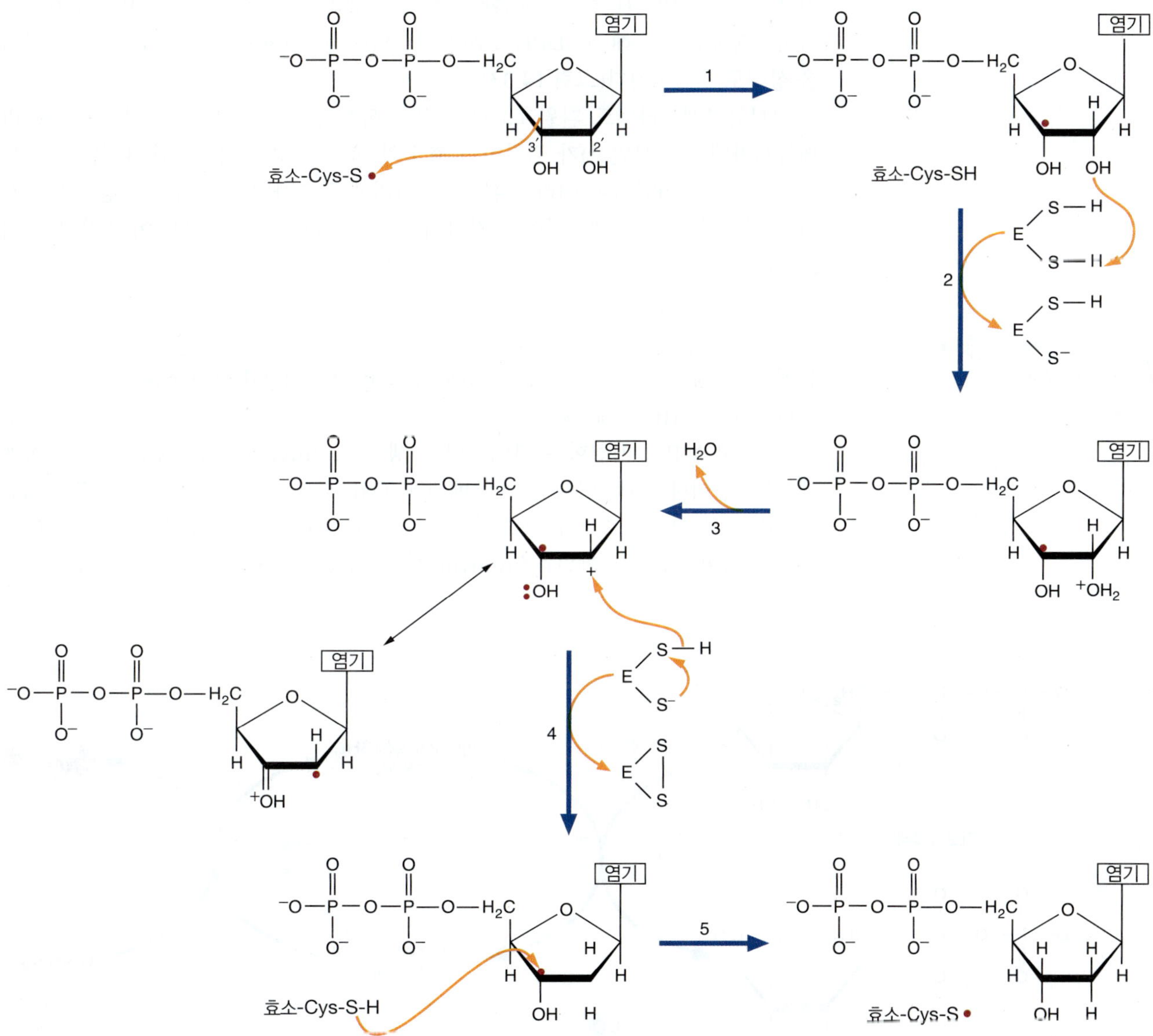

그림 14.32

리보뉴클레오타이드 환원효소의 메커니즘.

이 반응은 타이로실 라디칼에 의해 유도된 일시적인 싸이일 라디칼의 형성과 NDP의 결합에 의해 시작된다. (1) 싸이일 라디칼은 C3′으로부터 수소 원자를 떼어 낸다. (2) C2′—OH는 활성 싸이올에 의해 양성자를 제공받고 (3) H_2O는 제거되어 탄소양이온을 형성한다. (4) 다이싸이올은 양이온 라디칼을 환원시키고 (5) 수소 원자는 싸이일 S에서 C3′로 전달된다. 그리고 생성물 dNDP는 활성 자리를 떠난다. 이어지는 싸이오레독신/NADPH에 의한 이황화물-중재의 환원과 타이로실 라디칼의 재생성은 효소를 새 기질을 받아들일 준비가 되어 있는 상태로 만든다.

에 필요한 수많은 반응성 싸이올을 갖고 있다. 소단위체 2는 효소 기능에 필수적인 타이로실 라디칼(tyrosyl radical)을 생산하고 안정화하는 중요한 이핵 Fe(III) 중심을 갖고 있다. 4개 소단위체들의 경계면이 활성 자리를 형성한다. 타이로실 라디칼은 소단위체 1의 싸이올 1개로부터 1개의 H 원자를 떼어 냄으로써 기질 NDP의 라디칼 중재 환원을 일으켜 일시적인 싸이일 라디칼(thiyl radical)을 생산한다. 싸이일 라디칼은 기질의 C3′으로부터 1개의 H 원자를 떼어 내어 라디칼을 생산한다. 인접한 싸이올은 C2′—OH기에 양성자를 제공하고 H_2O가 떠나면서 탄소양이온(carbocation)을 형성한다. 활성 자리 싸이올로부터 수소화 이온(H^-) 이동은 탄소양이온을 해소하고 이황화물 다리(disulfide bridge)가 그 활성 자리에 형성된다. 싸이일 라디칼에 의해 분리된 H 원자는 C3′로 되돌아가고 타이로신은 H 원자를 전달하여 싸이일 라디칼을 분해한다. 생성물 dNDP는 활성 자리를 떠나고 효소는 싸이오레독신을 통해 NADPH로부터 전달되어 온 전자에 의해 환원된 자유 싸이올 상태로 되돌아간다(**그림 14.33**).

리보뉴클레오타이드 환원효소의 조절은 복잡하다. 효소의 조절 자리에 dATP(데옥시아데노신 삼인산)가 결합하면 효소의 촉매 활성이 감소한다. 데옥시리보뉴클레오사이드 삼인산이 여러 다른 효소 자리에 결합하면 기질의 특이성을 변화시켜서 데옥시리보뉴클레오사이드 각각의 농도는 다르게 증가한다. 이 반응은 특히 DNA 합성에 필요한 2′-데옥시리보뉴클레오타이드의 합성에 균형을 유지해 주는 역할을 한다.

주요 개념 _Key Concepts

- 뉴클레오타이드는 핵산의 구성 성분이다. 에너지를 전달할 뿐만 아니라 대사조절도 한다.
- 퓨린과 피리미딘 뉴클레오타이드는 신생과 회수 경로에 의해 합성된다.

리보뉴클레오타이드 환원효소의 산물인 데옥시유리딜산(dUDP)의 탈인산화 반응에 의해 생성된 데옥시유리딜산(deoxyuridylate, dUMP)은 DNA의 구성성분은 아니지만, dUMP의 메틸화된 유도체인 데옥시티미딜산(dTMP)은 DNA의 구성성분이다. dUMP의 메틸화는 타이미딜산 생성효소(thymidylate synthase)의 촉매에 의해 일어나는 데, 이때 N^5,N^{10}-메틸렌 THF를 이용한다. 메틸렌기가 전달되면서 메틸기로 환원되고 보조 효소 폴산은 산화되어 다이하이드로폴산이 된다. THF는 다이하이드로폴산 환원효소(dihydrofolate reductase)와 NADPH에 의해 다이

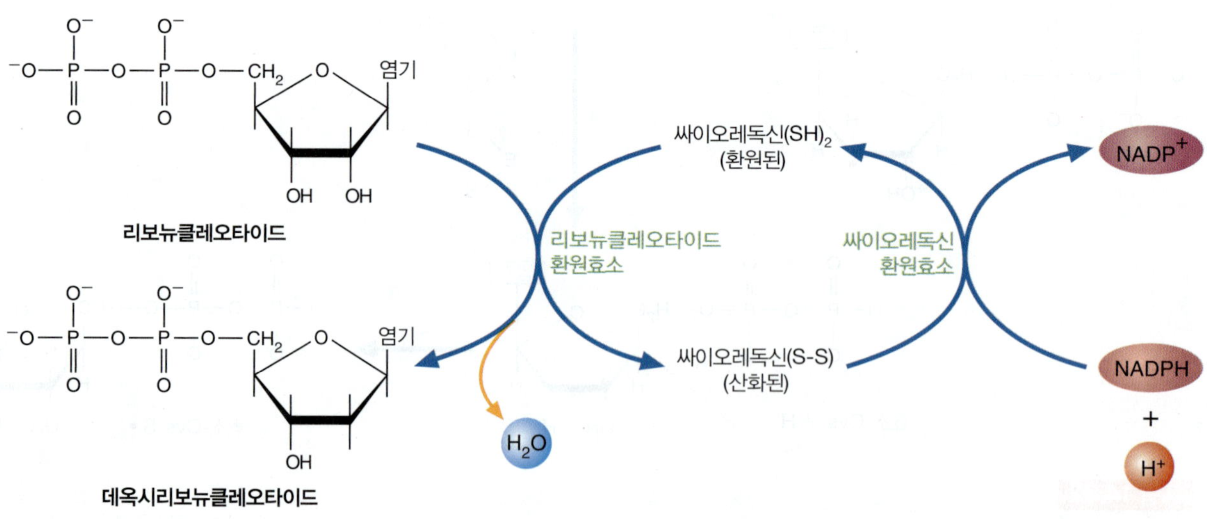

그림 14.33
데옥시리보뉴클레오타이드 생합성.
리보뉴클레오타이드의 환원에 필요한 전자는 NADPH로부터 공급된다. 2개의 싸이올기를 갖고 있는 작은 단백질인 싸이오레독신은 NADPH로부터 리보뉴클레오타이드 환원효소로의 수소 전달을 중재한다.

하이드로폴산으로부터 재생된다. [이 반응은 메토트렉스산(methotrexate) 같은 항암제가 작용하는 자리이다.] 데옥시유리딜산(deoxyuridylate)은 데옥시사이티딜산 탈아미노화효소(deoxycytidylate deaminase)에 의해 dCMP로부터 합성된다.

포유동물에서 카바모일 인산 합성효소 II는 피리미딘 뉴클레오타이드의 생합성에 중요한 조절효소이다. 이 효소는 경로의 생성물인 UTP에 의해 억제되고 퓨린 뉴클레오타이드에 의해 촉진된다. 대부분의 세균에서는 아스파트산 카바모일기 전달효소(aspartate carbamoyl transferase)가 중요한 조절효소로서 작용한다. 이 효소는 CTP에 의해 억제되고 ATP에 의해 촉진된다. 식이 원료나 뉴클레오타이드 전환으로부터 미리 형성된 피리미딘 염기를 이용하는 피리미딘 회수 경로는 포유류에서 크게 중요하진 않다.

헴

포유동물이 합성하는 가장 복잡한 분자인 헴(heme, **그림 5.35**)은 철을 포함하는 포피린 고리(porphyrin ring)이다. 헴은 헤모글로빈(**그림 5.39**), 마이오글로빈(**그림 5.36**), 과산화효소(peroxidase)와 사이토크롬(**그림 10.6**)의 필수적인 구성 성분이다. 비록 헴 생합성 경로는 거의 모든 호기성 세포에서 일어나지만 특히 간과 망상적혈구(reticulocyte, 골수에서 적혈구 세포의 핵을 포함하는 전구세포)에서 특히 두드러지게 나타난다. 헴과 엽록소는 비교적 간단한 물질인 글리신과 석시닐-CoA(succinyl-CoA)로부터 합성된다.

이 장의 요약 CHAPTER SUMMARY

1. 단백질, 핵산과 무수한 생체 분자 내에서 발견되는 질소는 생물체의 필수 원소이다. 생물학적으로 유용한 질소는 흔하지 않은 자원으로 질소 고정이라는 과정을 통해 생산된다. N_2를 NH_3로 전환하는 질소화효소 복합체는 몇몇 토양 세균, 남세균, 공생 뿌리혹세균에 존재한다.
2. 생물들이 아미노산을 합성하는 능력은 매우 다양하다. 어떤 생물(예, 식물과 몇몇 미생물)은 고정된 질소로부터 필요한 모든 아미노산 분자를 합성할 수 있다. 동물들은 단지 몇 개의 아미노산만을 합성할 수 있다. 비필수 아미노산은 관련되는 전구체 분자로부터 쉽게 합성된다. 반면에 필수 아미노산은 식이를 통해 섭취해야만 한다.
3. 아미노산 대사에는 두 종류의 반응이 중요한 역할을 한다. 아미노기 전달 반응은 α-아미노기가 α-아미노산에서 α-케토산 수용체로 전달될 때 새로운 아미노산을 만든다. 아미노기 전달 반응은 가역적이므로 아미노산 합성과 분해 작용에 중요한 역할을 한다. 암모늄 이온 또는 글루타민의 아마이드 질소는 아미노산과 다른 대사물질로 직접 합성될 수 있다.
4. 합성되는 아미노산의 생화학적 경로를 토대로 아미노산은 6개의 군으로 나눌 수 있는데, 즉 글루탐산, 세린, 아스파트산, 피루브산, 방향족, 히스티딘이다.
5. 아미노산은 생리학적으로 중요한 많은 생체 분자의 전구물질이다. 아미노산을 합성하는 많은 과정에 탄소기의 전달도 포함된다. 이러한 전달 반응에 대부분 1-탄소기(예, 메틸, 메틸렌, 메테닐, 포밀기)가 참여하기 때문에 전반적인 과정을 1-탄소 대사라고 한다. *S*-아데노실메싸이오닌(SAM)과 테트라하이드로폴산(THF)과 1-탄소기의 가장 중요한 운반체들이다.
6. 아미노산으로부터 유도된 분자들에는 여러 가지 신경 전달 물질(예, GABA, 카테콜아민, 세로토닌, 히스타민)과 호르몬(예, 멜라토닌)들이 있다. 글루타싸이온은 트라이펩타이드로 세포 내에서 중요한 역할을 한다. 핵산의 구성 성분(에너지원과 대사의 조절물질로서뿐만 아니라)인 뉴클레오타이드는 그 구조 내에 헤테로고리의 질소 염기를 갖고 있다. 이 염기를 퓨린과 피리미딘이라 하는데 여러 아미노산 분자로부터 유도된다. 헴은 글리신과 석시닐-CoA로부터 유도되는 복잡한 헤테로고리 화합물의 한 예이다. 헴을 합성하는 생합성 경로는 식물의 엽록소 생합성 경로와 유사하다.

주요 용어 KEY WORDS

1-탄소 대사 *530*
S-아데노실메싸이오닌 *531*
가지달린 사슬 아미노산 *517*
기체 전달 물질 *539*
뉴클레오사이드 *542*
라셈화 *518*
비타민 B_{12} *530*
비필수 아미노산 *516*
생물성 아민 *536*
신경 전달 물질 *536*
아미노기 전달 반응 *518*
아미노산 집합소 *517*
질소 고정 *512*
카테콜아민 *536*
테트라하이드로폴산 *530*
테트라하이드로바이오프테린 *537*
퓨린 *541*
피리미딘 *541*
필수 아미노산 *516*

복습 문제 REVIEW QUESTIONS

**이 문제들은 다음 장으로 넘어가기 전에 이장에서 논의했던 주요 개념에 대한 지식을 테스트하기 위해 만들어졌다.*

1. 아래 용어를 정의하라.
   a. 질소 고정
   b. 질소 고정 효소
   c. 질소 동화
   d. 아미노산 집합소
   e. 질소 회로
2. 아래 용어를 정의하라.
   a. 비필수적인 아미노산
   b. 필수 아미노산
   c. 가지달린 사슬 아미노산
   d. 질소 균형
   e. 아미노기 전달
3. 아래 용어를 정의하라.
   a. 생물성 아민
   b. 카테콜아민
   c. 피리독살 인산
   d. 요소
   e. L-DOPA
4. 다음 용어를 정의하라.
   a. 흥분성 신경 전달 물질
   b. 억제성 신경 전달 물질
   c. 역행성 신경 전달 물질
   d. 도파민
   e. 에피네프린
5. 다음 용어를 정의하라.
   a. 시냅스 소포
   b. 싸이오레독신
   c. 오르트산 산성뇨증
   d. *anti*-아데노신
   e. PRPP
6. 다음 용어를 정의하라.
   a. GSH
   b. 머캅투르산
   c. CSE
   d. CBS
   e. γ-글루타밀 회로
7. 다음 용어를 정의하라.
   a. 메토트렉스산
   b. 24시간 생리주기 리듬(circadian rhythm)
   c. 칼모듈린
   d. 레시-니한 증후군
   e. 싸이오레독신 환원효소
8. 아미노기 전달 반응이 아미노산의 합성과 분해에 중요한지 이유를 설명하라.
9. 질소 고정효소 복합체는 산소에 의해 비가역적으로 비활성화된다. 질소 고정 세균이 이 문제점을 어떻게 해결하는지 설명하라.
10. α-케토글루타르산이 글루탐산으로 전환되는 과정을 반응성을 이용하여 나타내고 필요한 효소와 보조 효소의 이름을 써라.
11. 다음 아미노산들의 농도는 간으로부터 신체의 다른 기관으로 흐르는 혈액에서와 장세포로 들어가는 영양소 집합소에서 상당히 다르다. 각 경우에 농도 변화가 일어나는 이유를 설명하라.
    a. 아이소루신
    b. 글루타민
    c. 세린
    d. 발린
    e. 알라닌
12. 신경 전달 물질의 두 가지 중요한 부류는 무엇인가? 이들의 기능은 어떤 차이가 있는가? 각 부류에서 신경 전달 물질의 예를 나타내라.
13. 다음 각각의 아미노산이 포함되는 합성 부류를 결정하라.
    a. 알라닌
    b. 페닐알라닌
    c. 메싸이오닌
    d. 트립토판
    e. 히스티딘
    f. 세린

14. 1-탄소 대사에서 가장 중요한 두 개의 운반체는 무엇인가? 그리고 이 대사에서 이 운반체의 역할은 무엇인가?

15. 인간에게 필요한 필수 아미노산 10종류를 써라. '필수'아미노산이라고 하는 이유는 무엇인가?

16. 피리미딘 뉴클레오사이드는 오탄당과의 입체적 상호작용 때문에 *anti* 구조가 우세하다. 퓨린 뉴클레오사이드도 유사한 상호작용을 갖고 있는가?

17. 질소화효소에 의하여 질소가 환원되는 동안 질소 원자가 지나는 중간물질은 어떤 것들이 있는가?

18. 채식주의자(육류, 우유나 계란 같은 육류 가공품을 섭취하지 않는 사람들)는 만약 항생제를 투여할 경우 악성 빈혈을 악화시킬 수 있다. 이유를 설명하라.

20. 아미노기 전달 반응은 핑퐁(ping-pong)식 반응으로 설명된다. 알라닌과 α-케토글루타르산의 반응을 이용하여 핑퐁 반응이 어떻게 작용하는지 나타내라.

21. 폴산의 생물학적 활성화 형태는 무엇인가? 어떻게 형성되는가?

22. 다음 생체분자가 무엇인지 말하라. 각각의 대사적 역할을 설명하라.

23. 유라실에서 어떤 탄소가 이산화탄소로부터 유래되는가? 구조를 그려서 답을 나타내라.

24. 글루탐산을 글루타민으로 전환하는 과정에서 ATP는 어떤 기능을 하는가?

25. 불충분한 타이로신 대사를 하는 사람들은 종종 빛에 민감하거나 햇볕으로부터 심각한 화상을 입는다. 그 이유를 설명하라. [*힌트*: 세포 색소인 멜라닌은 L-DOPA로부터 유래된다.]

26. 질소 환원효소계에서 방출되는 모든 암모니아 분자에 대하여 각각 한 분자의 수소 기체도 생성된다. 수소 기체의 원천은 무엇인가?

27. 산소와 질소는 대기에 기체 형태로 존재한다. 산소는 반응성이 크고 질소는 상대적으로 반응성이 없다. 어떤 특성이 두 분자의 다름을 설명할 수 있는가?

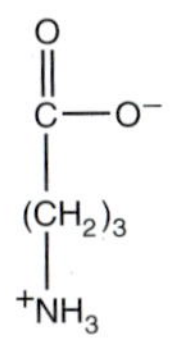
(a)

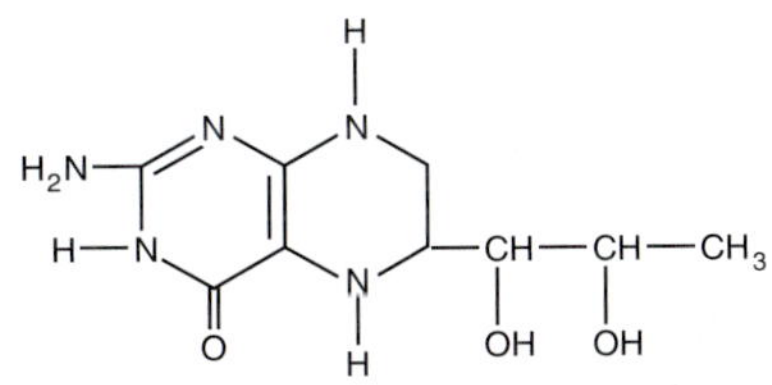
(b)

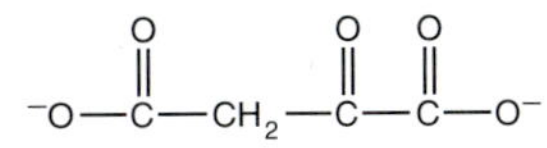
(c)

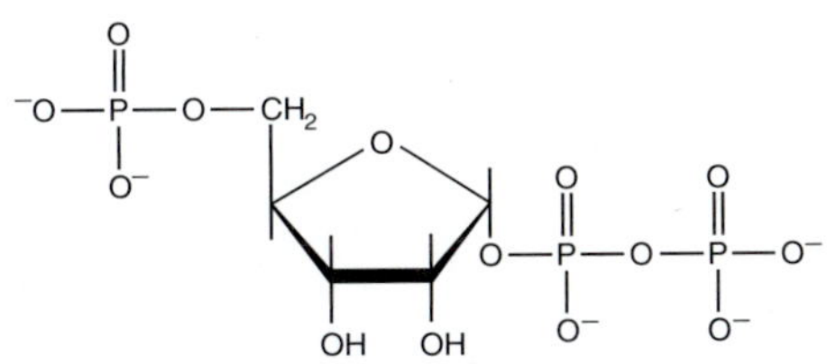
(d)

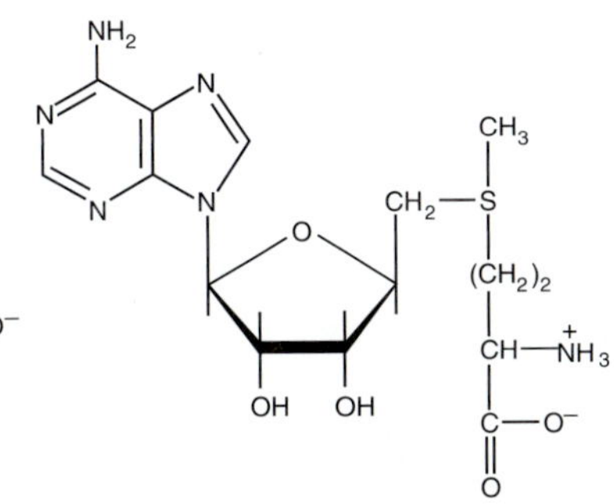
(e)

종합 문제 THOUGHT QUESTIONS

**이 문제들은 지금까지 이 책에서 논의된 모든 주요 개념에 대한 여러분의 이해를 강화하기 위한 것이다. 문제들은 하나의 정답을 가지고 있지 않을 수도 있다.*

28. 퓨린과 피리미딘 염기는 음식물 형태로 포유동물에 의해 섭취되지만, 지방산이나 당과는 다르게 에너지원으로는 사용되지 않는다. 그 이유를 설명하라.

29. 타이로신은 인간에게 비필수 아미노산이다. 어떠한 조건에서 타이로신이 필수 아미노산이 되는가?

30. 왜 마라톤신수들은 장거리 날리기에서 아미노산 대신 당이 들어간 음료를 선호하는가?

31. 민감한 사람이 글루탐산 모노소듐(monosodium glutamate)을 섭취하면 혈압 상승, 체온 상승 등 여러 가지 좋지 않은 증상을 경험한다. 글루타민 활성에 관한 지식을 이용하여 이 증상을

설명하라.

32. 방사능은 하이드록실 라디칼 형성을 일으켜서 손상을 끼친다. 반응식을 적어서 글루타싸이온이 방사능 손상의 형성을 막는데 어떠한 역할을 하는지 설명하라.

33. 필수 아미노산은 생명체에 의해 합성되지 않는 것이라고 정의된다. 아지닌은 요소 회로의 일부이지만 유아기에 필수 아미노산으로 분류된다. 그 이유를 설명하라.

34. PLP-촉매 반응에서, 기질 분자에서 끊어진 결합이 피리미딘 고리의 단면에 수직이 되어야만 한다. 고리에 존재하는 결합을 고려하여 이러한 배열이 탄소음이온을 안정화시키는 이유를 설명하라.

35. 물에서 사이토신은 점차 유라실로 전환된다. 이전 장에서 배운 반응을 토대로 이 전환이 어떻게 일어나는지 설명하라.

제 15 장

질소 대사 II: 분해

Nitrogen Metabolism II: Degradation

이 장의 차례

Outline

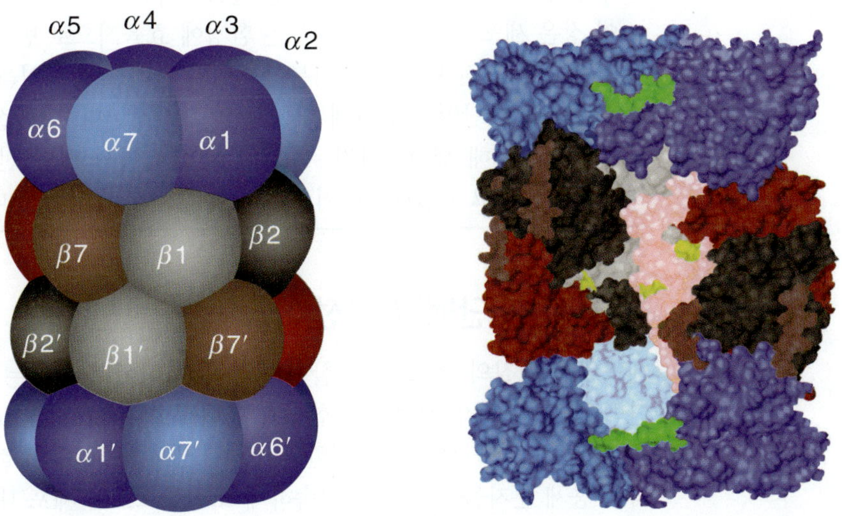

개관 Overview

단백질과 핵산 같은 질소 함유 분자의 대사는 탄수화물과 지방의 대사와는 현저히 다르다. 후자의 분자들은 생합성 반응 또는 에너지 생산을 위해 필요할 때 저장되거나 동원될 수 있으나 질소를 저장하는 분자는 없다. (그러나 이와 같은 법칙에 대한 하나의 예외로서 씨앗 속의 저장 단백질이 있다.) 생물은 이화 작용에서 손실된 유기 질소를 지속적으로 보충해야 한다. 예를 들면 동물들은 요소, 요산, 그리고 다른 질소 노폐물로 배출된 질소를 보충하기 위해 음식물로부터 아미노산을 지속적으로 섭취해야 한다.

대부분의 세포들은 명백한 안정성에도 불구하고 지속적으로 수리하고 보수한다. 세포 수선의 가장 분명한 측면 중 한 가지는 생물체를 통한 질소 원자의 지속적 흐름의 결과로 생기는 단백질과 핵산의 전환이다. 생물은 질소 원자가 무기 질소 형태로 재전환되기 전에 유기 질소를 다양한 대사물질로 재활용한다.

동물들은 과량의 질소 함유 분자(예, 아미노산과 핵산)들을 처리하기 위해 질소를 처리하는 분자를 만들고 방출한다. 종들 사이에 많은 변이들이 존재하지만 다음과 같이 일반화할 수 있다. 아미노산의 질소는 탈아미노화 반응에 의해서 제거되고 암모니아로 전환된다. 암모니아는 독성이 있기 때문에 가능한 한 빨리 해독되거나 생기자마자 배출되어야 한다. *암모니아 배출*(ammonotelic) 생물이라고 하는 갑각류 같은 수생 무척추동물들은 암모니아를 주위의 물로 배출한다. 곤충, 파충류, 그리고 새 같은 *요산 배출*(uricotelic) 생물은 수분 보존이 중요한 문제이기 때문에 요산을 배설한다. 요산은 암모니아보다 덜 독성이며 거의 고체 형태로 배출할 수 있다. 양서류와 포유류 같은 *요소 배출*(ureotelic) 생물은 암모니아를 요소로 전환하며 이것은 소량의 물과 함께 배출될 수 있다. 포유류는 퓨린 이화 작용의 질소 노폐물인 요산도 배출할 수 있다. 암모니아 배출 생물에 의해 생성된 요산은 퓨린 이화 작용의 최종 생성물이다. 요산 배출 생물에 의해 배출되는 요산은 아미노산 탈아미노화와 퓨린 이화 작용 모두의 최종 산물이다.

이 장은 세포가 끊임없이 변하는 환경에 효율적으로 반응하고 손상을 입거나 잠재적 독성을 가진 단백질을 처분함으로써 단백질 항상성을 유지하게 해주는 매우 중요한 과정인 단백질 전환에 대한 논의로 시작한다. 단백질의 질소 원자를 아미노산으로부터 분해 생성물까지 추적해 본다. 이어서 신경 전달 물질의 분해에 대한 개관을 살펴보고 뉴클레오타이드의 이화 경로로 끝을 맺는다.

15.1 단백질 회전

세포내 단백질의 농도는 그 합성과 분해 사이에 일어나는 평형에 의해 결정된다. 단백질의 연속적인 분해와 재합성을 **단백질 회전**(protein turnover)이라 한다. 회전은 세포 내 여러 작용에 관여한다. 첫째, 세포 내 주요 조절효소, 펩타이드 호르몬과 수용체 분자들의 농도를 신속하게 조절함으로써 세포 내 대사의 유연성을 확보한다. 수많은 생리적 대사 과정은 생합성 반응과 분해 반응의 적절한 평형을 필요로 한다. 예를 들어 진핵세포의 세포 주기(18.1절 참조)의 단계에 따른 진행은 *사이클린*(cyclin) 단백질 부류의 정확한 시기의 합성과 분해에 의해 조절된다. 단백질의 회전은 단백질 합성 과정에서 영양소의 수준이 낮을 때 아미노산을 제공하고 비정상적인 단백질이 축적되는 것을 막아서 세포를 보호한다. 무수한 안전장치에도 불구하고 단백질 합성과 접힘 과정은 실수가 생기기 일쑤이다. 전사, 번역 그리고 접힘 과정의 실수로 인해 모든 단백질의 1/3은 합성된 후 곧 분해된다.

단백질은 그 종류에 따라 회전 속도가 다르며 그 속도는 *반감기*(half life)로 측정한다. 반감기란 특정 단백질의 양이 50%로 분해되는 데 필요한 시간이다. 일반적으로 구조적 역할을 하는 단백질은 반감기가 길다. 예를 들어 결합조직 단백질인 콜라젠은 반감기가 몇 년이다. 반면에 조절 단백질(regulatory protein)의 반감기는 짧아서 분 단위로 측정한다. **표 15.1**에 몇 가지 예가 있다.

비록 약간의 단백질들이 세포질의 단백질 가수분해효소들[예, Ca^{2+}-활성화 칼페인(Ca^{2+}-activated calpain)]에 의해 분해되지만 대부분의 세포 단백질들은 유비퀴틴 단백질 분해효소 복합체 계(ubiquitin proteasomal system, UPS)와 자가 소화 작용 리소좀계(autophagy lysosomal system)의 두 가지 주요 계에 의해서 분해된다(**그림 15.1**).

표 15.1 인간 단백질의 반감기

단백질	반감기(시간)
오르니틴 탈카복실화효소	0.5
타이로신 아미노기 전달효소	2
트립토판 산소화효소	2
PEP 카복시카이네이스	5
아지닌 분해효소	96
알돌레이스	118
글리세르알데하이드-3-인산 탈수소효소	130
사이토크롬 c	150
헤모글로빈	2880

유비퀴틴 단백질 분해효소 복합체 계

유비퀴틴 단백질 분해효소 복합체 계(ubiquitin proteasomal system, UPS, **그림 15.1a**)에서 단백질의 분해는 유비퀴틴화라는 공유 결합에 의한 변형과 함께 시작한다. **유비퀴틴**(ubiquitin)은 8.5-kDa의 단백질로서 기질 단백질에 결합한다. UPS는 대부분 짧은 수명을 가지는 단백질을 분해한다. UPS는 또한 ERAD(ER-associated protein degradation, 2장)에 의해 유발된다.

유비퀴틴화 과정에 의한 단백질 파괴 메커니즘이 잘 알려져 있지 않지만 많은 단백질이 단백질 분해 파괴를 위한 표지를 하는 *데그론*(degron)이라는 서열 모티프를 가진다고 알려졌다.

1. **N-말단 잔기.** 매우 단명의 단백질들은 흔히 강한 염기성(Arg, Lys, His) 또는 거대한 소수성(Leu, Phe, Tyr, Trp, Ile) N-말단 잔기들을 갖고 있다. 더 안정한 단백질들은 N-말단에 S 포함, OH 포함, 또는 크지 않은 소수성 아미노산들을 갖고 있다.
2. **펩타이드 모티프.** 특정한 상동성 서열(homologous sequence)을 갖고 있는 단백질은 훨씬 빠른 속도로 파괴된다. 예로서 프롤린, 글루탐산, 세린과 트레오닌을 함유한 단백질의 반감기는 2시간 이하이다. (PEST 서열은 이 아미노산들의 일-문자 표기에서 붙여진 이름이다. **표 15.1** 참조.) 신속한 유비퀴틴화를 보장하는 것은 사이클린의 N-말단 가까이에 있는 상동성의 9개 잔기 서열로 된 *사이클린 파괴 상자*(cyclin destruction box)이다.

일단 유비퀴틴화되면 단백질들은 **단백질 분해효소 복합체**(proteasome)라는 거대한 단백질 분해 분자 기계에 전달된 다음 평균 7~8개의 아미노산 잔기들로 된 펩타이드 조각들로 절단된다. 이러한 조각들은 세포질의 단백질 가수분해효소들에 의해 아미노산들로 분해되어 다시 새로운 단백질 분자로 재활용된다. 작고 보존적인 유비퀴틴(ubiquitin, 76개 잔기로 된 단백질)을 낡거나 손상된 단백질 또는 짧은 수명의 조절 단백질들에 부착시키는 반응 과정인 **유비퀴틴화**(ubiquitination)는 여러 단계로 일어나고 세 종류의 효소, 즉 E1, E2, E3를 필요로 한다. 첫 단계에서(**그림 15.1a**) E1[ubiquitin-activating enzyme (유비퀴틴 활성화 효소)]은 아데닐화(adenylation)를 통해 유비퀴틴 분자를 활성화하고 E1의 활성 자리 싸이올에 전달하여 고에너지 싸이오에스터를 형성한다. 유비퀴틴 분자의 C-말단 글리신 카복실기가 이 반응에 참여한다. 그 다음에 유비퀴틴은 싸이올기 전달 반응(transthiolation reaction)을 통해 E2[ubiquitin-conjugating enzyme (유비퀴틴 접합 효소)]의

주요 개념 _Key Concepts

- 단백질의 계속적인 합성과 분해를 나타내는 단백질 회전은 생물에게 대사적 유연성을 제공하고 비정상적인 단백질의 축적을 막는다.
- 대부분의 짧은 반감기를 가지는 세포 단백질은 유비퀴틴 단백질 분해효소 복합체 계에 의해 분해되어 짧은 펩타이드를 생성한다. 긴 반감기를 가지는 단백질이나 세포 내 소기관들은 자가소화-리소좀계에 의해 분해된다.
- 세포질의 단백질 가수분해효소들에 의해 끊어진 펩타이드의 아미노산 생성물들은 아미노산 집합소(amino acid pool)로 들어가고 새로운 단백질 합성에 이용된다.

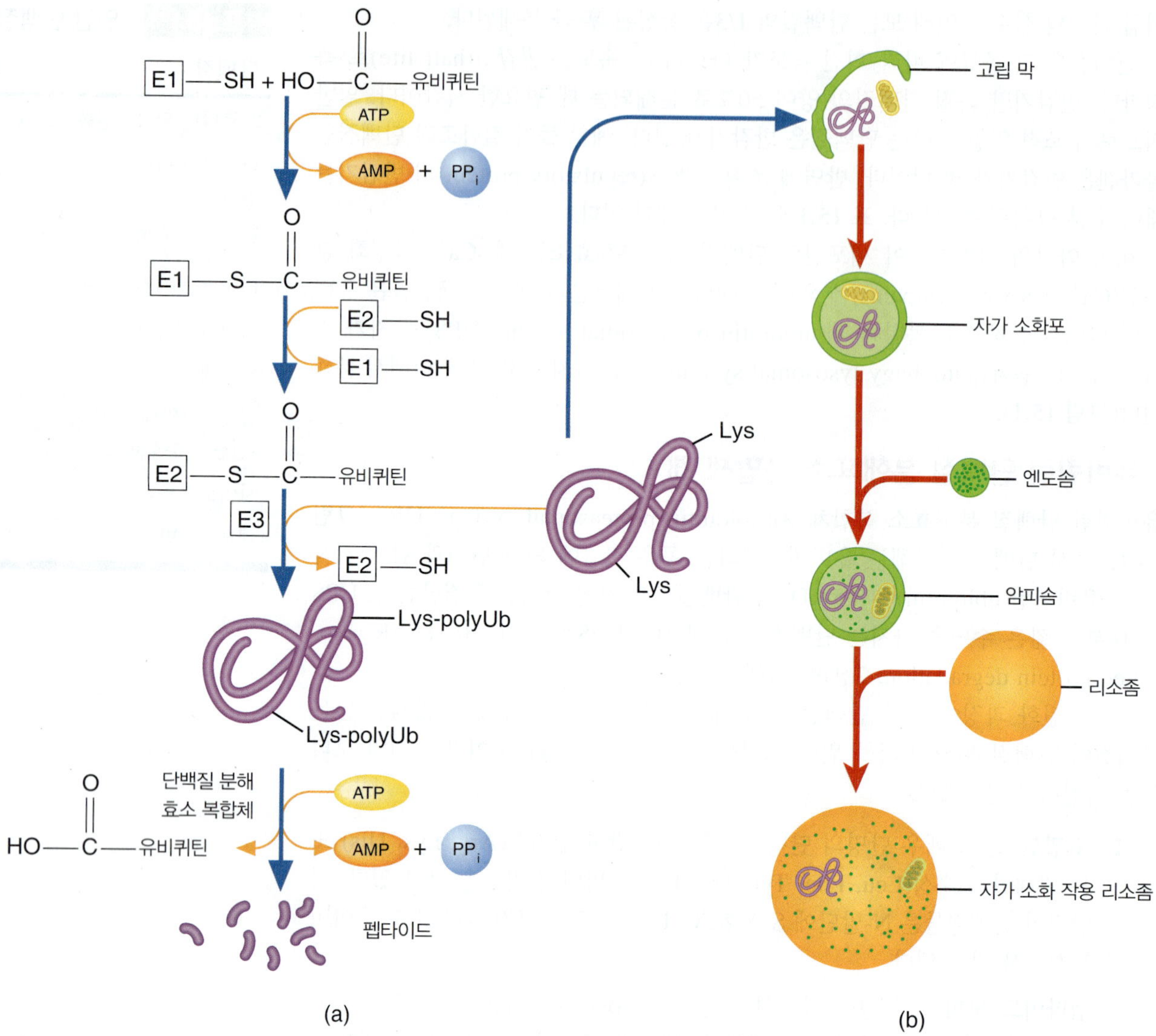

그림 15.1

단백질의 유비퀴틴 단백질 분해효소 복합체 계와 자가 소화 작용 리소좀계.

(a) 단백질의 유비퀴틴화는 ATP 가수분해를 통하여 E1(유비퀴틴 활성화 효소)과 유비퀴틴 사이의 싸이오에스터가 형성되어서 시작한다. 유비퀴틴은 이어 E1으로부터 E2(유비퀴틴 접합 효소)로 전달된다. E3(유비퀴틴 연결효소)는 유비퀴틴을 E2에서 표적 단백질의 라이신 곁사슬에 전달하고, 이어 이 유비퀴틴에 추가적으로 유비퀴틴을 전달한다. 폴리유비퀴틴화는 표적 라이신에 4~50개의 유비퀴틴이 붙을 때까지 계속된다. 폴리유비퀴틴화된 단백질은 단백질 분해효소 복합체를 통해 분해된다. (b) 일견 임의로 일어나는 현상처럼 보이는 자가 소화 작용은 고립막이 세포질의 성분을 둘러싸서 격리하는 것으로부터 시작한다. 고립막은 궁극적으로는 밀폐되어 자가 소화포를 형성한다. 자가 소화포가 엔도솜과 결합하면 암피솜이 형성되고, 내부의 pH가 내려간다. 암피솜과 리소좀의 결합은 자가 소화 작용 리소좀(autophagolysosome)을 형성한다. 리소좀 효소들이 이제 화물들을 분해한다. 분해산물들은 재활용되거나 더 분해되어 에너지를 생산한다. 한때 독립적이라고 생각되었던 UPS와 자가 소화 작용은 서로 관련되어 있다. 이들은 몇몇 조절 단백질을 공유하고 있고, 특정 조건에서는 단백질 기질을 개별적으로 분해할 수도 있다.

활성 자리 싸이올에 전달된다. 포유동물 세포의 경우 E1은 1개만 존재하고 수십 개의 E2 효소들이 존재한다. E2 효소들은 E3[ubiquitin ligase (유비퀴틴 연결효소)]와의 결합에서 다양한 특이성을 나타낸다. (사람에서 35가지의 E2 효소가 발견되었다.) E3 효소들은 E2 및 표적 단백질과 상호 작용하여 유비퀴틴을 싸이오에스터로부터 아마이드로의 전이를 통해 표적 단백질의 특정 내부 라이신 곁사슬에 전달하기 때문에 E3 효소가 유비퀴틴화의 기질 특이성을 결정한다. E3 효소는 데그론에 결합함으로써 표적 단백질을 인식한다. 표적 단백질은 번역후 변형(예, 아세틸화, 하이드록시화 또는 단백질 분해 절단)에 의해 인식되거나 소수성 잔기를 노출시키는 단백질의 형태 변화에 의해서 인식될 수 있다. 계속되는 유비퀴틴화는 단백질에 있는 유비퀴틴 표지를 4에서 50단위까지 늘린다. 유비퀴틴화의 선택성, 그리고 이로 인한 조절되는 단백질 분해는 많은 수의 E2(사람에서 35)와 E3(사람에서 600 이상)들의 기질 특이성에서 유래된다. 많이 산화된 단백질의 단백질 분해효소 복합체 분해는 유비퀴틴화가 필요하지 않다는 것은 주목할 만하다.

단백질 분해효소 복합체(**그림 15.2**)는 1500 nm × 1150 nm 크기의 속이 빈 원기둥 형태로 된 큰(2000 kDa) 다중 소단위체 복합체이다. 26S 단백질 분해효소 복합체는 20S 핵심 입자(core particle)와 19S 조절 입자로 구성된다. [스베드베리 단위(Svedberg unit, S)는 입자가 초원심분리 중 침강하는 속도를 측정한다. S 값은 질량과 입자의 모양 모두와 관련이 있기 때문에 단순히 더해지는 성질이 아니다.] 20S 입자는 4개의 7합체 단백질 고리($\alpha_7\beta_7\beta_7\alpha_7$)로 구성된다. 2개의 안쪽 β 고리는 안쪽 방(chamber)을 향하고 있는 쪽에 3가지 다른 종류의 단백질 가수 분해 활성을 갖고 있다. α 고리 성분은 풀려 있는 펩타이드 사슬이 단백질 가수분해 방(proteolytic chamber)으로 접근하는 것을 제한하는 N-말단 조각을 갖고 있다. 19S 입자는 9개의 소단위체 *뚜껑*(lid)과 10개의 소단위체 *기저부*(base)로 구성된다. 뚜껑은 핵심 입자의 α-고리에 직접 결합한다. 기저부 소단위체 중 6개는 ATPase 활성을 갖고 있다. 19S ATPase 소단위체에 ATP가 결합하면 19S와 20S 입자가 결합을 하게 해주고 기질 폴리펩타이드를 촉매 방(catalytic chamber)으로 인도하는 데 필수적인 단백질 풀림(protein unfolding)이 촉진된다. 뚜껑 소단위체는 기질 선택과 유비퀴틴 제거에 참여한다. 이 문지기 기능은 적절한 표적 단백질만 분해를 위해 촉매 방으로 이동하도록 한다. 한 번에 1개의 단백질이 분해되고 6~10개 잔기의 펩타이드 생성물들이 단백질 분해효소 복합체로부터 방출되어 세포질의 단백질 가수분해효소들에 의해 자유 아미노산들로 가수분해된다.

유비퀴틴화는 단백질 분해 이외의 기능도 가지고 있다. 유비퀴틴의 표적 단백질에 대한 가역적 공유 결합성 부착은 DNA 수선과 세포의 신호 전달 같은 다양한 세포 과정을 제어하는 메커니즘으로 이용된다.

자가 소화 작용-리소좀계(Autophagy-Lysosomal system)

자가 소화 작용(autophagy, self-eating)은 대부분 긴 수명의 단백질이나 세포소기관 같은 세포 성분이 리소좀의 가수분해효소에 의해 분해되는 과정이다. 자가 소화 작용는 세포 안에서 여러 기능을 수행한다. 낡거나 손상된 세포 구성성분의 분해라

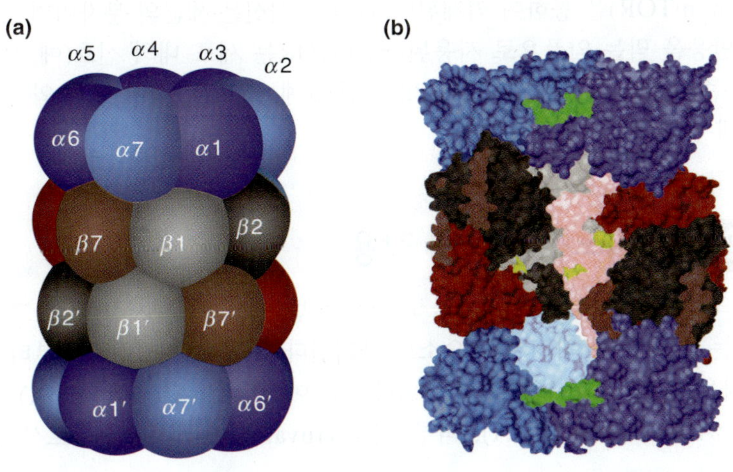

그림 15.2
단백질 분해효소 복합체.
20S 단백질 분해효소 복합체(핵심 입자)(a)는 28개 단백질을 포함하는 통 모양 구조를 가진 700-kDa의 단백질이며, 각각 7개 소단위체를 갖는 2개 α-고리와 각각 7개 소단위체를 갖는 2개 β-고리로 구성된다. 단면(b)은 안쪽 촉매 방을 보여준다.

는 명백한 기능 외에도 자가 소화 작용은 영양분의 수준이 낮아졌을 때(단식 기간) 생명 기능을 유지할 수 있는 재활용 메커니즘을 제공한다. 자가 소화 작용은 또한 발달 과정(세포의 수선)의 조절과 침투한 미생물의 파괴에도 필요하다.

자가 소화 작용에는 샤프론-매개 자가 소화 작용, 미세 자가 소화 작용, 대량 자가 소화 작용의 세 가지 형태가 있다. **샤프론-매개 자가 소화 작용**(chaperon-mediated autophagy)은 수용체에 의하여 매개되는 방법이다. 이것은 샤프론 복합체에 결합한 특정 단백질이 풀리고 이어서 리소좀으로 이동하여 리소좀의 단백질 분해효소에 의해 분해되는 것이다. **미세 자가 소화 작용**(microautophagy)은 세포질의 작은 부분이 리소좀에 의해 휩싸이는 것이다. **대량 자가 소화 작용**(macroautophagy, **그림 15.1b**)은 종종 자가 소화 작용라고도 하는데, 세포질 성분의 대량 분해를 위해 리소좀 경로를 이용하는 방법이다. 이것은 주요 이화작용의 메커니즘으로써 진핵세포가 최상의 기능을 유지하거나 환경의 변화에 반응하기 위해 사용된다.

자가 소화 작용은 ER 스트레스(예, 풀린 단백질 반응에 의한 스트레스), 저산소증, 산화성 스트레스, 영양소 결핍, 높은 온도, 바이러스성 감염 등 많은 스트레스 요인들에 의해 유도된다. 자가 소화 작용은 *자가 소화포*(autophagosome)에서 *고립막*(isolation membrane)이라 불리는 이중 세포막 구조를 형성하는 것과 함께 시작된다. 이 고립막은 팽창하면서 세포질 물질들을 둘러싸서 고립시키고 결국 자가 소화포의 형태에 가까워진다. 그 후 자가 소화포는 엔도솜과 융합하여 *암피솜*(amphisome)의 형태가 된다. 엔도솜 세포막에 붙은 ATPase들은 암피솜 내강으로 양성자들의 펌프질을 시작한다. 결과적으로, 암피솜 외막은 리소좀과 융합하여 자가 소화 작용 리소좀(autophagolysosome)을 형성한다. 그러면 리소좀 효소는 세포질의 화물과 암피솜 내막의 소화를 계속 진행한다. 분해 생성물(예, 아미노산과 당)은 세포질로 운반되어 생합성에 이용되고/되거나 에너지를 얻기 위해 분해된다. 자가 소화 작용 리소좀에 남아 있는 분해 저항성 물질을 잔재체(residual body)라고 한다. 예를 들면 소화되지 않는 갈색의 잔재를 가지는 *리포푸신 입자*(lipofuscin granule)는 노화 신경, 심장, 신장, 부신세포에서 발견된다.

자가 소화 작용은 대부분 진핵세포의 기저 수준에서 작동하는 항존 과정이다. 그것은 세포가 스트레스를 받거나 에너지나 영양소의 수준이 낮아졌을 때 급진적으로 활성이 상향조절 될 수 있다. 예를 들면 단백질 합성 개시 인자(initiation factor) 2α(eIF2α)는 영양소 수준이 낮을 때, AMPK는 에너지 수준이 낮을 때 각각 자가 소화 작용을 유도한다. 자가 소화 작용은 영양소나 에너지의 수준이 높을 때 세린-트레오닌 카이네이스인 라파마이신의 포유류 표적(mammalian target of rapamycin, mTOR)을 통하여 억제된다. (라파마이신은 세균의 분자이며 장기이식의 거부 반응을 막는 약품으로 사용된다.) mTOR는 세포 내의 신호(예, 영양분과 에너지 수준, 산화환원 상태)를 세포 밖의 신호(예, 호르몬, 성장 인자)와 통합시키는 세포 대사의 중심 조절물질이다.

15.2 아미노산의 이화 작용

아미노산의 분해는 보통 아미노기를 제거하는 반응으로부터 시작한다. 그 다음에 아미노기는 요소 합성 과정에서 요소로 제거된다. 표준 아미노산으로부터 생성된 탄소 골격은 7가지 대사산물로 분해된다. 즉, 아세틸-CoA(acetyl-CoA), 아세토아세틸-CoA(acetoacetyl-CoA), 피루브산(pyruvate), α-케토글루타르산(α-ketoglutarate), 석시닐-CoA(succinyl-CoA), 퓨마르산(fumarate)과 옥살로아세트산(oxaloacetate)이다. 동물의 대사 요구에 따라 이러한 분자들은 에너지 생산을 위해 지방산 또는 글루코스를 합성한다. 아세틸-CoA나 아세토아세틸-CoA로 분해되는 아미노산을 **케톤 생성형**(ketogenic)이라 하는데, 그 이유는 이들 CoA가 지방산이나 케톤체(ketone body)로 전환될 수 있기 때문이다. 피루브산이나 시트르산 경로의 중간물질로 분해되는 **글루코스 생성형**(glucogenic) 아미노산의 탄소 골격은 글루코스 신생 합성(gluconeogenesis)에 사용될 수 있다. 탈아미노화 경로와 요소의 합성을 공부한 다음 탄소 골격의 분해에 대해서 알아보자.

탈아미노화

아미노산으로부터 α-아미노기를 제거하는 데는 두 가지 반응이 필요한데, 아미노기 전달(transamination)과 산화적 탈아미노화(oxidative deamination) 반응이다. 이 반응들은 14.2절에 기술되어 있다. 이 반응들은 가역적이기 때문에 아미노기들은 다량의 아미노산으로부터 쉽게 이동되어 부족한 아미노산을 합성하는 데 이용된다. 아미노산의 농도가 과량으로 있을 때 아미노기는 요소 합성에 이용된다. 요소는 음식물에 단백질 농도가 높거나 대량의 단백질이 파괴될 때(예, 공복 시) 다량으로 생성된다.

근육에서 과도한 농도의 아미노기는 α-케토글루타르산(α-ketoglutarate)에 전달되어 글루탐산으로 된다.

$$\alpha\text{-케토글루타르산} + \text{L-아미노산} \rightleftharpoons \text{L-글루탐산} + \alpha\text{-케토산} \quad (1)$$

글루탐산 분자의 아미노기들은 알라닌 회로(alanine cycle)를 통해 간으로 이동한다(**그림 8.12** 참조).

$$\text{피루브산} + \text{L-글루탐산} \rightleftharpoons \text{L-알라닌} + \alpha\text{-케토글루타르산} \quad (2)$$

간에서 글루탐산은 알라닌 아미노기 전달효소에 의해 촉매된 반응이 역방향으로 일어나면서 생성된다. 글루탐산의 산화적 탈아미노화 반응은 α-케토글루타르산과 NH_4^+를 만든다.

간 이외의 다른 조직에서 글루탐산의 아미노기는 산화적 탈아미노화 반응을 통해 NH_4^+로 방출된다. 암모니아는 글루타민(glutamine)의 아마이드기 형태로 간에 운반된다. 글루탐산이 글루타민으로 전환되는 데는 ATP가 필요하고, 이 반응은 글루타민 합성효소(glutamine synthetase)에 의해 촉매된다.

$$\text{L-글루탐산} + NH_4^+ + ATP \rightarrow \text{L-글루타민} + ADP + P_i \quad (3)$$

간으로 운반된 후 글루타민은 글루타민 가수분해효소(glutaminase)에 의해 글루탐산과 NH_4^+로 가수분해된다. 글루탐산 탈수소효소(glutamate dehydrogenase)가 글루탐산을 α-케토글루타르산으로 변화시킬 때 추가적인 NH_4^+가 생성된다.

$$\text{L-글루타민} + H_2O \rightarrow \text{L-글루탐산} + NH_4^+ \quad (4)$$

$$\text{L-글루탐산} + H_2O + NAD^+ \rightarrow \alpha\text{-케토글루타르산} + NADH + H^+ + NH_4^+ \quad (5)$$

아미노산 분해 시 생성된 대부분의 암모니아는 글루탐산의 산화적 탈아미노화 반응에 의해 만들어진다. 그리고 추가적인 암모니아는 아래와 같은 효소들에 의해 생성된다.

L-아미노산 산화효소(L-amino acid oxidase)는 FMN을 필요로 하는 간과 신장의 효소들이다. 이들은 일부의 아미노산을 α-케토산, NH_4^+, H_2O_2로 전환한다. *세린과 트레오닌 탈수효소*(serine and threonine dehydratase)는 간의 피리독살을 필요로 하는 효소이며 세린과 트레오닌을 각각 피루브산과 α-케토뷰티르산(α-ketobutyrate)으로 전환시켜준다. 많은 양의 암모니아는 장에 있는 세균의 요소 가수분해효소(urease)에 의해 만들어진다. 이것은 혈액을 통해 이동하는 요소를 암모니아로 가수분해한다. 그 후 암모니아는 혈액에서 확산된 후 간으로 이동된다. *아데노신 탈아미노화효소*(adenosine deaminase)는 뉴클레오타이드 이화대사에서 AMP의 아데노신 고리로부터 NH_4^+를 내어놓는다.

요소 합성

요소 배출 생물(암모니아를 요소로 전환시킴)에서 요소 회로는 약 90%의 과잉 질소를 처리한다. **그림 15.3**에서 나타낸 것처럼 요소는 암모니아, CO_2와 아스파트산으로부터 **요소 회로**(urea cycle)라고 하는 순환 경로에서 형성된다. 요소 회로는 Hans Krebs와 Kurt Henseleit에 의해서 발견되었기 때문에 종종 **크레브스 요소 회로**(Krebs urea cycle) 혹은 *크레브스-헨젤라이트 회로*(Krebs-Henseleit cycle)라고 불린다. 요소 회로의 전체 반응식은 다음과 같다.

$$CO_2 + NH_4^+ + \text{아스파트산} + 3\ ATP + 2\ H_2O \rightarrow$$
$$\text{요소} + \text{퓨마르산} + 2\ ADP + 2\ P_i + AMP + PP_i + 5\ H^+ \qquad (6)$$

요소 합성은 간세포에서 일어나며 미토콘드리아의 기질에서 카바모일 인산(carbamoyl phosphate)의 형성으로부터 시작된다. 카바모일 인산 합성효소 I(carbamoyl phosphate synthetase I, CPSI)의 기질은 NH_4^+와 HCO_3^-이다.

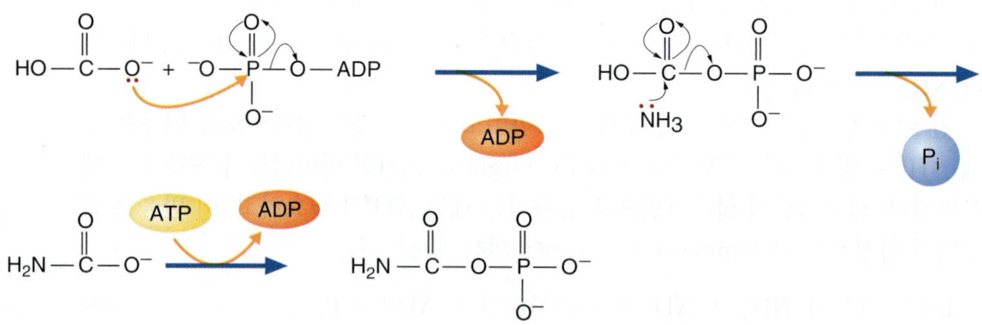

(7)

카바모일 인산 합성은 2개 분자의 ATP가 소비되므로 원칙적으로 비가역적이다. [한 개의 ATP는 HCO_3^-를 활성화하는 데 이용되며, 두 번째 분자는 카밤산(carbamate)을 인산화하는 데 이용된다.] 카바모일 인산은 그 후 오르니틴(ornithine)과 반응하여 시트룰린(citrulline)을 형성한다. 시트룰린은 오르니틴의 곁사슬 아미노기가 친핵체이고 인산이 이탈기로서 작용하는 친핵성 아실 치환 반응을 통하여 합성된다.

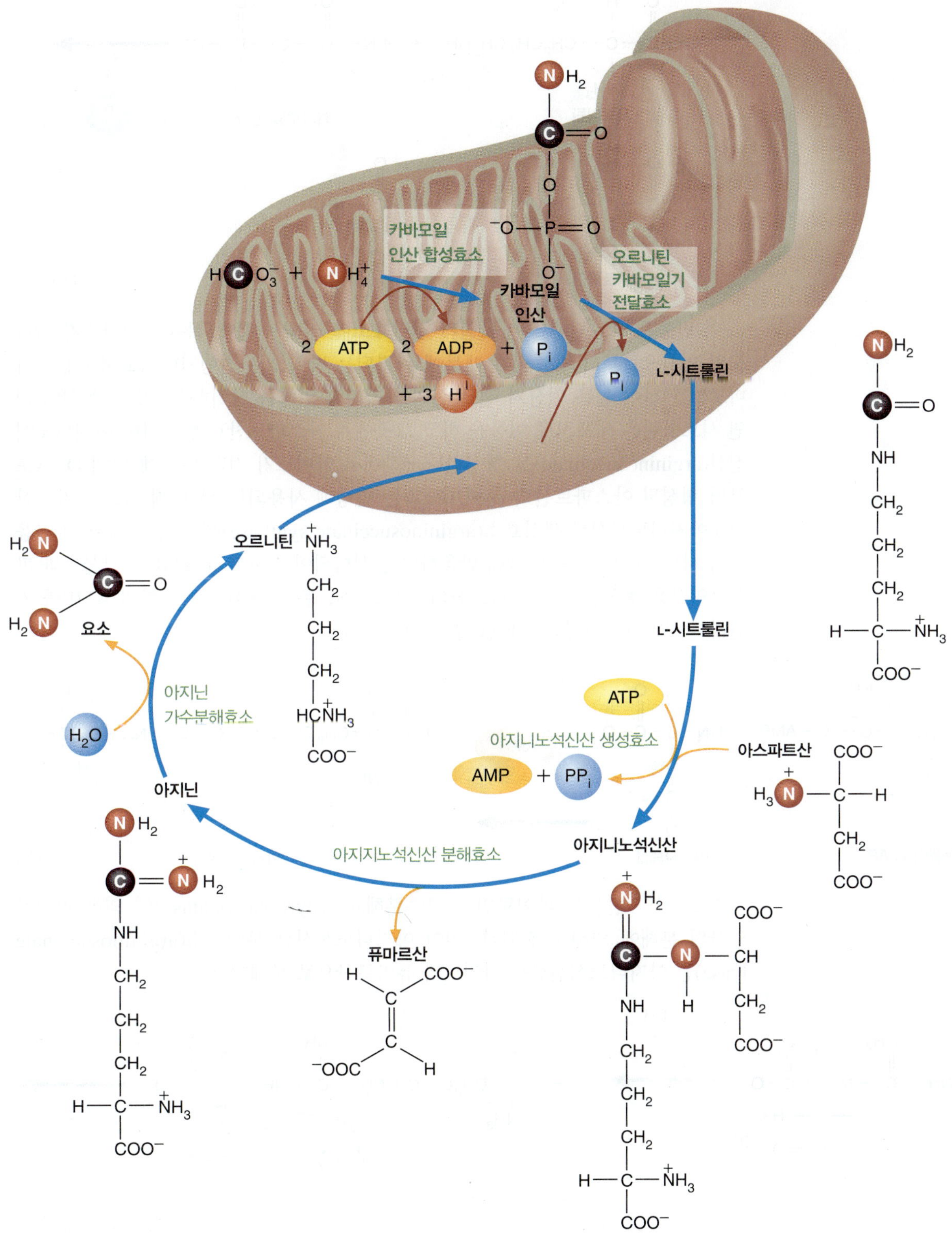

그림 15.3

요소 회로.

요소 회로는 NH_4^+를 독성이 더 적은 요소로 전환시킨다. 요소 분자 속에 있는 원자의 기원을 색깔로 표시하였다. 시트룰린은 중성 아미노산을 운반체를 이용하여 내막으로 이동한다. 오르니틴은 오르니틴 자리옮김효소에 의하여 H^+나 시트룰린과 교환되어 미토콘드리아 내로 들어간다. 퓨마르산은 α-케토글루타르산 혹은 트라이카복실산(tricarboxylic acids)의 운반체에 의해 미토콘드리아 내부로 다시 운반된다.

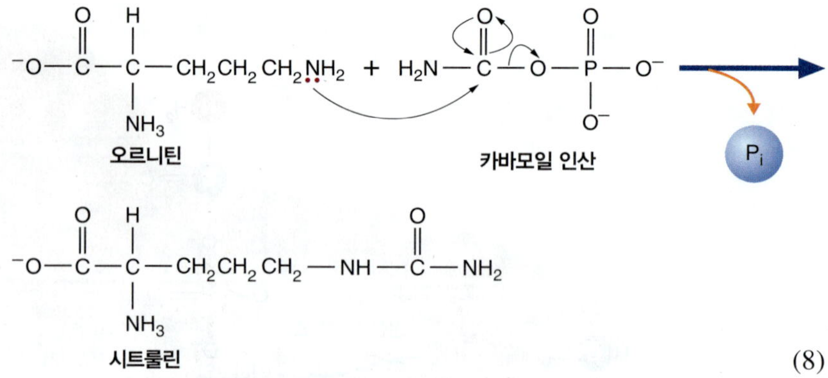

(8)

이 반응은 오르니틴 카바모일기 전달효소에 의해서 촉매되는데, 인산기가 카바모일 인산으로부터 방출되기 때문에 완결되는 방향으로 진행된다. (**표 4.1**에서 카바모일 인산이 높은 인산기 전달 전위를 가지고 있음을 상기하라.) 일단 형성이 되면 시트룰린은 세포질로 이동을 하고 그곳에서 아스파트산과 반응하여 아지니노석신산(argininosuccinate)을 형성한다. (간에서 아미노기 전달 반응에 의해 OAA로부터 형성된 아스파트산의 α-아미노기는 합성에 사용되는 두 번째 질소를 제공한다.) 아지니노석신산 생성효소(argininosuccinate synthase)에 의해 촉매된 이 반응에서 시트룰린은 ATP와 함께 반응하여 활성화되어 시트룰린-AMP 중간물질과 파이로인산을 형성한다. 아스파트산의 아미노 질소는 친핵체로 작용하며 AMP를 치환하여 아지니노석신산 형태를 생성한다.

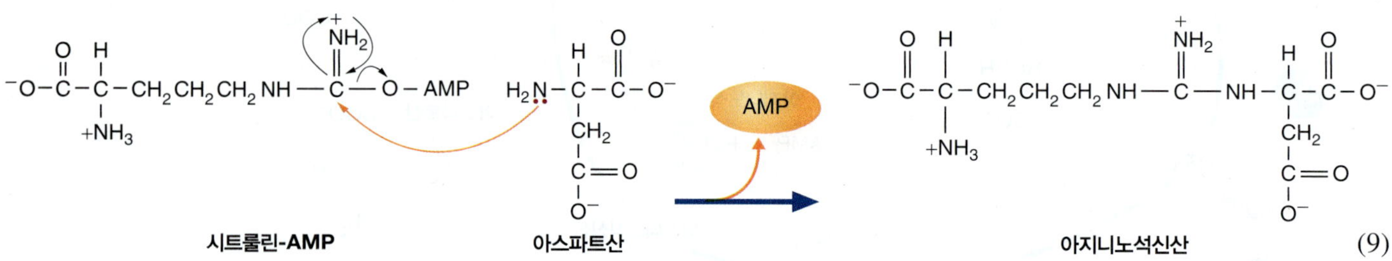

(9)

아실 치환 반응은 파이로인산 가수분해효소(pyrophosphatase)에 의한 파이로인산의 분해에 의해 추진된다. 이어 아지니노석신산 분해효소(argininosuccinate lyase)는 아지니노석신산를 아지닌과 퓨마르산으로 분해한다.

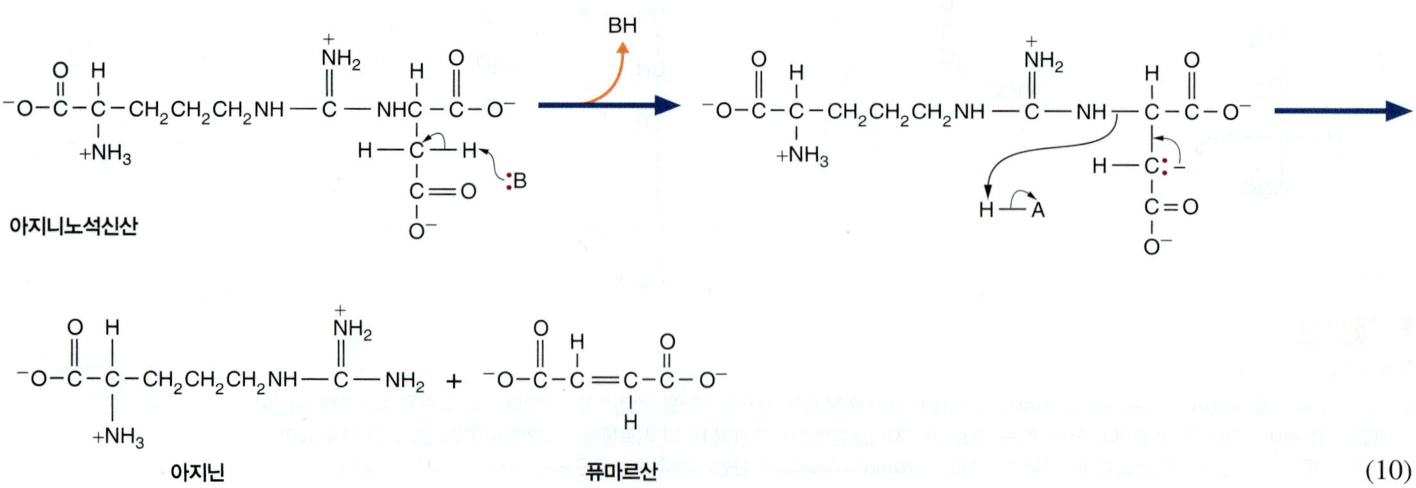

(10)

효소의 활성 자리에 있는 히스티딘 잔기는 염기(B:)로 역할을 하면서 양성자를 기질에서부터 제거하여 탄소음이온 형태로 만든다. 탄소음이온은 C=C 이중 결합을 형성하면서 질소를 방출한다. 질소는 양성자를 양성자 주개(HA, 아마도 양성화된 히스티딘)에서부터 받는다.

요소 회로의 마지막 반응에서 촉매인 아지닌 가수분해효소(arginase)에 의해 아지닌이 가수분해되어 오르니틴과 요소를 형성한다.

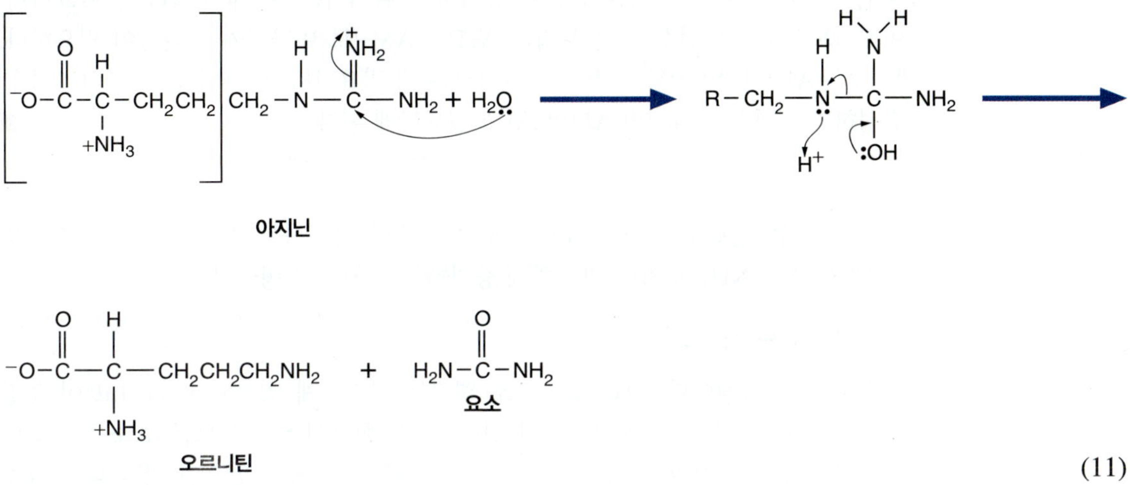

(11)

일단 형성된 요소는 간세포에서 혈관으로 확산된다. 궁극적으로는 신장을 통해 소변으로 제거된다. 오르니틴은 미토콘드리아로 운반되어 카바모일 인산과 축합하여 다시 요소 회로가 시작되게 한다. 아지닌 가수분해효소는 요소를 형성할 수 있는 동물의 간에만 대부분 존재하기 때문에, 요소는 이 기관에서만 생성이 된다.

퓨마르산은 미도콘드리아 기질로 나시 운반된 후 수소화되어 말산(malate)을 생성하고 시트르산 회로의 구성 요소가 된다. 시트르산 회로의 생성물인 OAA는 에너지를 생산하는 데 이용되거나 글루코스 또는 아스파트산으로 전환된다. 요소 회로와 시트르산 회로의 관계를 종종 **크레브스 이회로**(Krebs bicycle)라고 부른다. 이것을 **그림 15.4**에서 보여주었다.

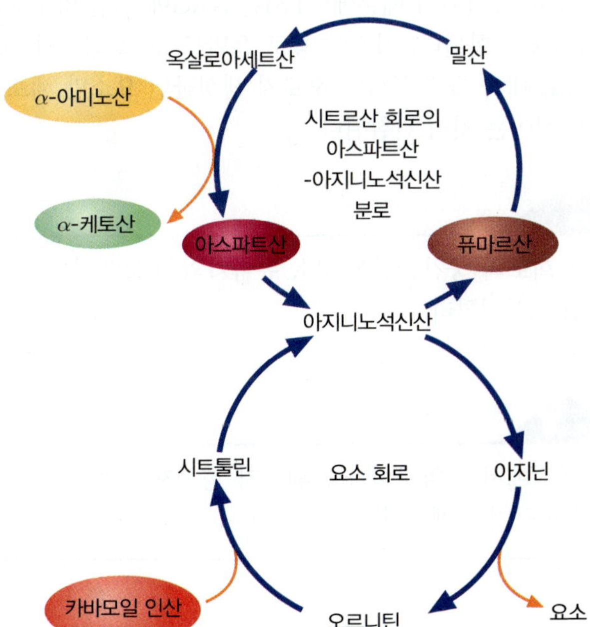

그림 15.4

크레브스 이회로.

요소 합성에서 이용된 아스파트산은 시트르산 회로의 중간물질인 옥살로아세트산으로부터 재생된다. 아미노기 전달 반응은 아미노 질소를 많은 아미노산으로부터 제거한다.

예제 15.1

요소 회로를 다시 살펴본 후 하나의 요소 분자를 합성하기 위해서 사용되는 ATP의 개수를 결정하라.

풀이

NH_4^+와 CO_2에서 카바모일 인산을 합성하기 위해서는 두 개의 ATP가 필요하다. 아지니노석신산의 합성은 한 분자의 ATP를 AMP로 변환시키는 과정이 필요하다. 두 개의 ATP가 AMP를 ATP로 변환시키는 데 필요하다. 따라서 한 분자의 요소를 합성하기 위하여 총 4개의 ATP 당량이 필요하게 된다. ■

고암모니아혈증(hyperammonemia)은 요소를 합성하는 간의 능력이 손상되었을 때 혈액 내 NH_4^+의 양이 과도하게 증가하는 무서운 질병이다.

요소 회로의 조절

요소는 독성 물질이다. 그러므로 요소 회로는 엄격하게 조절된다. 그리고 이 조절에는 장기와 단기 조절 메커니즘이 있다. 요소 회로의 5가지 모든 효소들은 식이 단백질 소모량에 따라 양이 달라진다. 음식물에 큰 변화가 있으면 며칠 내로 효소의 양이 2~3배 변화할 수 있다. 여러 호르몬에 의해 효소 합성의 변화 속도가 변한다. 글루카곤과 글루코코르티코이드(glucocorticoid)는 요소 회로 효소 유전자의 전사를 활성화하지만 인슐린의 경우 그것의 합성을 억제하는 역할을 한다.

주요 개념 _Key Concepts

- 요소는 암모니아, CO_2, 아스파트산으로부터 합성된다.
- 요소 회로는 조심스럽게 조절된다.

요소 회로의 효소들은 기질의 농도에 의해 단기 조절이 된다. 예를 들어 요소 합성은 높은 단백질 소모량에 의해 자극을 받게 된다. 또한 카바모일 인산 합성효소 I(carbamoyl phosphate synthetase I, CPSI)은 다른자리 입체적으로 *N-아세틸글루탐산*(*N*-acetylglutamate, NAG)에 의해 활성화된다. 이 물질은 세포의 NH_4^+ 원천인 글루탐산의 세포 내 농도에 대한 민감한 지표이다. NAG는 NAG 합성효소(*N*-acetylglutamate synthetase)에 의하여 글루탐산과 아세틸-CoA로부터 합성되고 이 반응은 아지닌에 의해 다른자리 입체적으로 활성화된다. 아지닌 농도가 증가되면 NAG 합성이 증가되기 때문에 CPSI는 NAG에 의한 양(positive)의 피드백 조절 과정에 의해 활성화된다. 기질의 통로 운반도 요소 회로의 효율을 향상시킨다. 모든 요소 회로 대사 물질 중에서 오로지 생성물인 요소만 세포질의 다른 대사 물질과 자유롭게 섞이는 것이 관찰된다.

문제 15.1

아지닌은 요소 회로의 중간물질이지만, 유아기의 동물에서는 EAA이다. 이러한 현상의 원인을 설명하라.

문제 15.2

일부 의료적 관점에서 고암모니아증 환자가 항생제로 치료를 받는다. 이러한 치료법의 이론적 근거를 제시하라.

아미노산 탄소 골격의 이화 작용

아미노산은 최종 생성물의 종류에 따라 분류할 수 있다. 즉 아세틸-CoA, 아세토아세틸-CoA, 피루브산, 그리고 몇몇의 시트르산 회로 중간물질이 그것이다. 단백질 속에 존재하는 20가지 α-아미노산의 분해 과정은 **그림 15.5**에 나타나 있다.

아세틸-CoA를 생성하는 아미노산 모두 10개의 α-아미노산들이 아세틸-CoA를 생성한다. 이 군은 아세틸-CoA를 만들 때 피루브산이 중간물질인지 아닌지에 따라 더 나누어질 수 있다. 피루브산을 만드는 아미노산들로는 알라닌, 세린, 글리신, 시스테인, 트레오닌이 있다. 이런 아미노산은 피루브산 탈수소효소와 피루브산 카복실화효소의 상대적 활성에 따라서 케톤 생성형이나 글루코스 생성형이 될 수 있다.

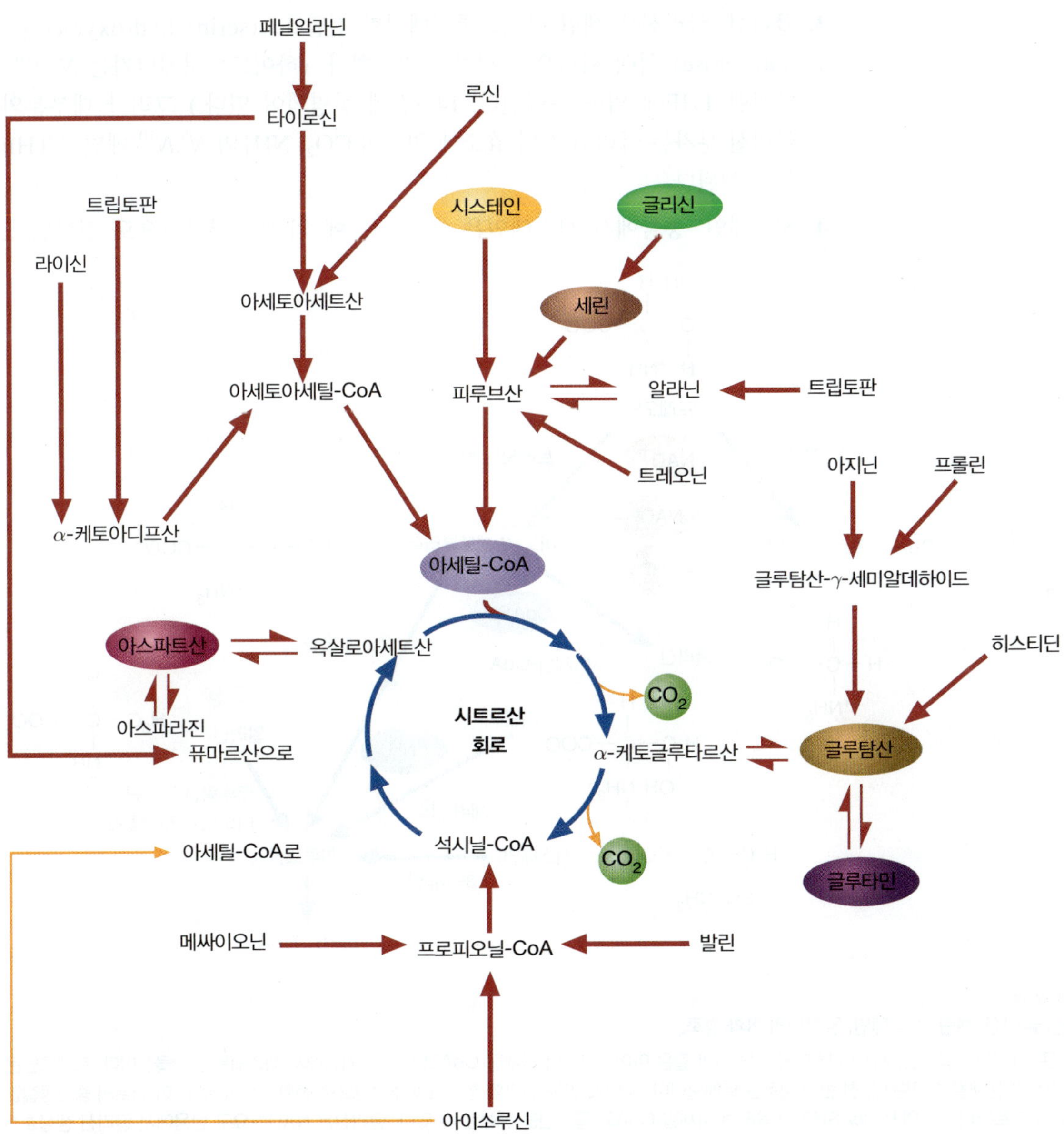

그림 15.5

단백질에 존재하는 20가지 α-아미노산의 분해.

α-아미노기는 이화 경로에서 초기에 제거된다. 탄소 골격은 공통의 대사 중간물질로 전환된다.

세포의 대사 필요성에 따라서 피루브산은 산화되거나 지방산 합성을 위하여 아세틸-CoA로 전환될 수도 있고 OAA로 전환되어서 글루코스 신생 합성으로 방향을 바꿀 수도 있다. 피루브산을 이용하지 않고 아세틸-CoA를 만드는 5가지 아미노산으로는 라이신, 트립토판, 타이로신, 페닐 알라니, 루신이 있다. **그림 15.6**과 **15.7**은 최종 생성물로 아세틸-CoA를 만드는 아미노산들의 두 가지 반응 경로를 나타낸 것이다.

이 분자들 각각의 이화작용 경로는 다음과 같다.

1. **알라닌**. 알라닌과 피루브산을 포함하는 가역적 아미노기 전달 반응은 알라닌 회로에서 중요 구성 성분이며 8.2절에서 이미 언급하였다.
2. **세린**. 세린은 피리독살 인산을 필요로 하는 세린 탈수효소(serine dehydratase)에 의해서 피루브산으로 전환된다.
3. **글리신**. 글리신은 세린 하이드록시메틸기 전달효소(serine hydroxymethyltransferase) 의해 세린으로 전환이 가능하다. (하이드록시메틸기는 N^5,N^{10}-메틸렌 THF에 의해 주어진다. 14.3절에 설명되어 있다.) 그러나 대부분의 글리신 분자는 글리신 절단 효소에 의하여 CO_2, NH_4^+와 N^5,N^{10}-메틸렌 THF로 분해된다.
4. **시스테인**. 동물에서 시스테인은 여러 경로에 의해 피루브산으로 전환된다.

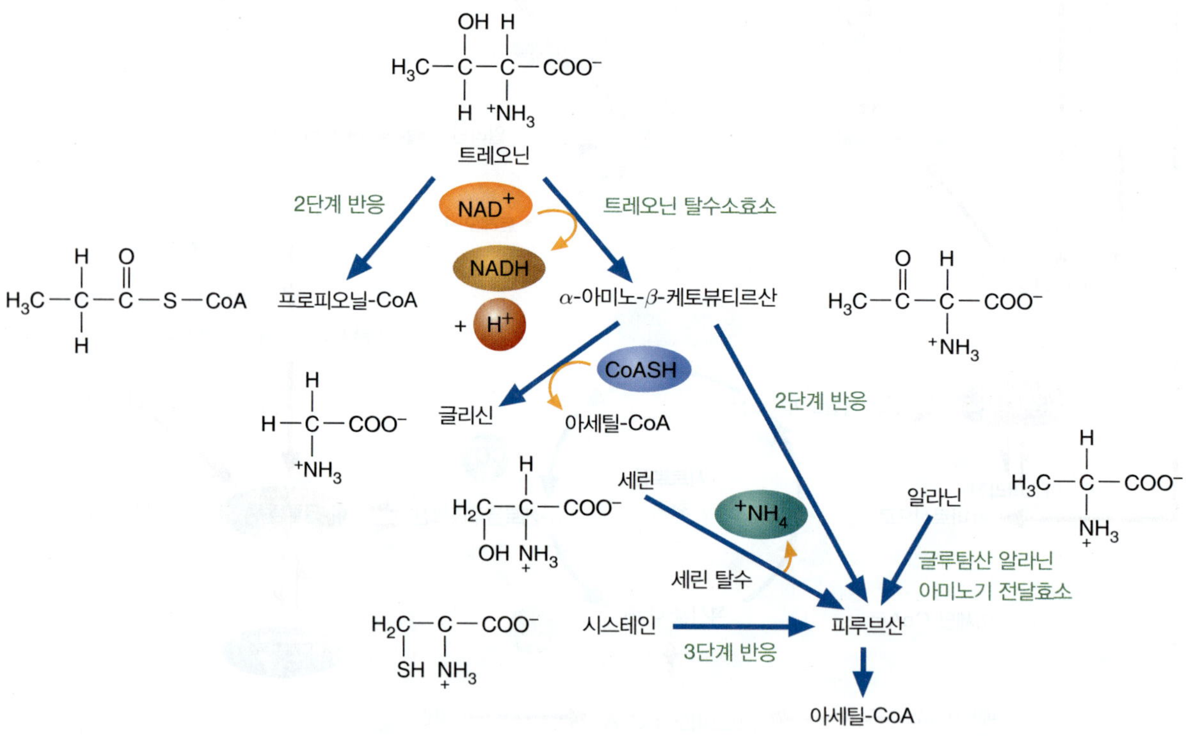

그림 15.6

트레오닌, 글리신, 세린, 시스테인, 알라닌의 이화 경로.

피루브산은 트레오닌, 글리신, 세린, 시스테인, 알라닌과 같은 아미노산들이 아세틸-CoA로 바뀌는 과정에서 생성되는 중간물질이다. 트레오닌은 두 가지 경로로 분해될 수 있는데, 첫 번째 경로는 트레오닌이 세 단계 반응 경로를 통해서 피루브산으로 전환되는 것이다. 이 경로의 중간물질인 α-아미노-β-케토뷰티르산 역시 CoASH와 반응하여 아세틸-CoA와 글리신을 생성할 수 있다. 글리신은 NAD^+-요구 반응에서 글리신 생성효소에 의해 분해되어 CO_2와 NH_4^+, N^5,N^{10}-메틸렌 THF를 형성하게 된다. 영장류의 경우, 대부분의 트레오닌 분자가 프로피오닐-CoA로 분해되는데, 이는 시트르산 회로 내의 중간물질인 석시닐-CoA로 전환되기도 한다(**그림 12.12**). 세린은 세린 탈수효소에 의해 NH_4^+가 방출되면서 피루브산으로 변환된다. 시스테인 이화대사의 주 경로는 산화 중간물질인 시스테인 설핀산이 아미노기 전달 반응과 탈황 반응을 거치면서 피루브산과 아황산수소 이온(HSO_3^-)의 생성이 일어나는 세 단계 반응 경로이다. 이러한 아미노기 전달 반응을 통해 알라닌은 피루브산으로 전환된다.

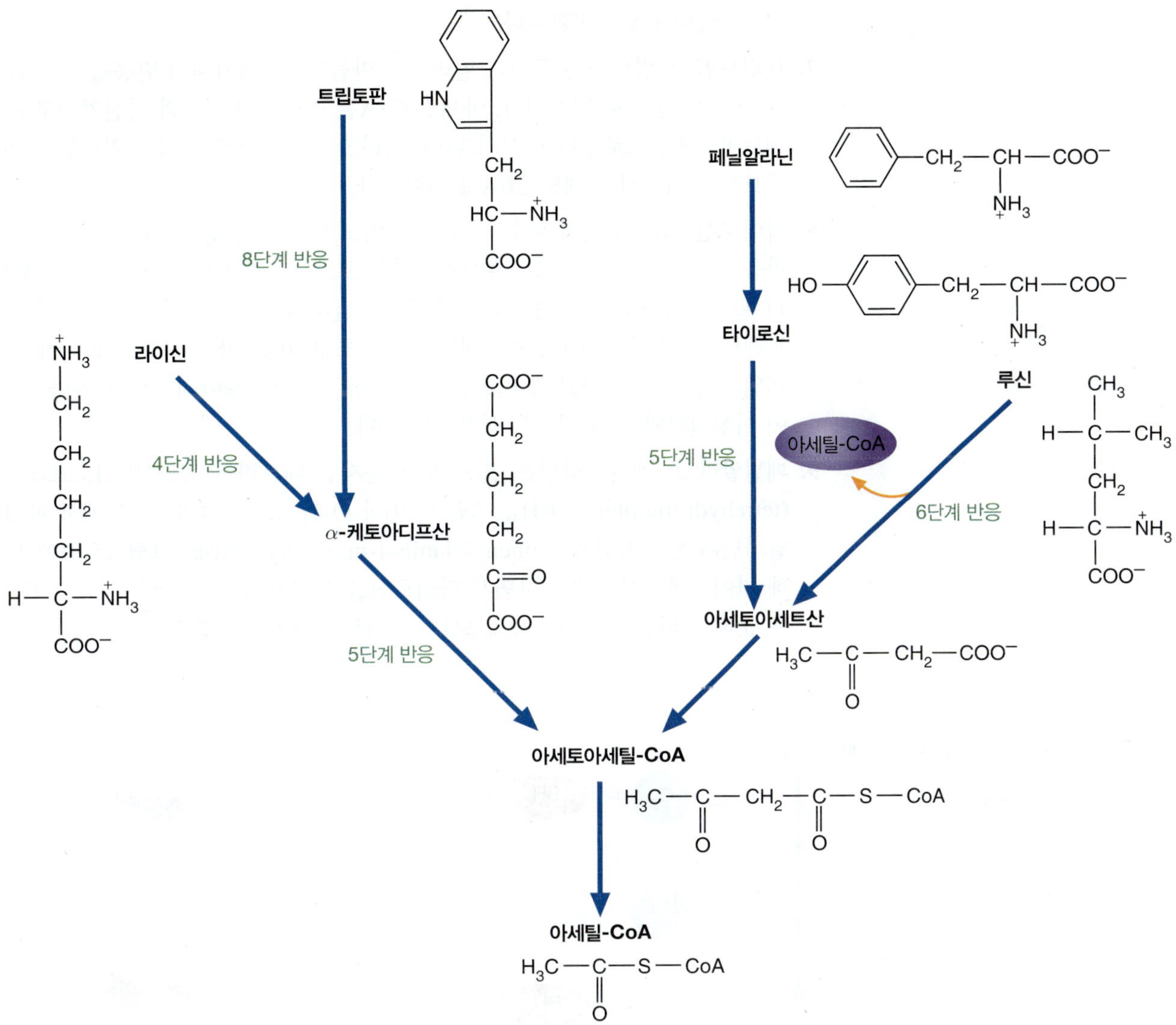

그림 15.7

라이신, 트립토판, 페닐알라닌, 타이로신, 루신의 이화 경로.

이들의 이화 경로는 길고 복잡하다. 각 단계별로 반응 순서가 표시되어 있다.

이 과정에서 시스테인은 산화되어 시스테인 설핀산이 된다. 피루브산은 아미노기 전달 반응과 탈황 반응 후에 생성된다.

5. **트레오닌**. 트레오닌은 트레오닌 탈수소효소(threonine dehydrogenase)에 의해 α-아미노-β-케토뷰티르산으로 산화된다. 그리고 이것은 더 대사되어서 피루브산을 생성하거나 α-아미노-β-케토뷰티르산 분해효소에 의해 아세틸-CoA와 글리신으로 분해된다. 다른 경로를 통해 분해될 경우 트레오닌은 트레오닌 탈수효소에 의해 α-케토뷰티르산으로 분해된 다음 프로피오닐-CoA가 되며, 프로피오닐-CoA는 석시닐-CoA로 전환된다.
6. **라이신**. 라이신은 두 번의 산화 과정과 결사슬 아미노기 제거 반응과 아미노기 전달 반응을 거치면서 α-케토아디프산으로 전환된다. 아세토아세틸-CoA는 여러 번의 산화, 탈카복실화 그리고 수화 반응을 포함하는 반응 경로를 통하여 생성된다. 아세토아세틸-CoA는 케톤체 생성 반응의 역반응을 통해

서 아세틸-CoA로 변환된다.

7. **트립토판**. 트립토판은 폼산과 알라닌도 만들어내는 8가지의 반응을 통해 α-케토아디프산으로 변환된다. 아세틸-CoA는 라이신의 경우와 마찬가지로 α-케토아디프산으로부터 합성이 된다. 이러한 경로로부터 생성된 알라닌은 피루브산을 거쳐서 아세틸-CoA로 전환된다.
8. **타이로신**. 타이로신의 이화 경로는 아미노기 전달 반응과 탈하이드록시화 반응으로 시작된다. 아스코르브산을 필요로 하는 효소인 파라하드록시페닐피루브산 이산소화효소를 통해 촉매되는 탈하이드록시화 반응을 통해서 호모젠티스산이 합성된다. 호모젠티스산은 호모젠티스산 산화효소에 의해 말레일아세토아세트산으로 변환된다. 그 다음에 아세토아세트산과 퓨마르산이 이성질화와 수화 반응을 통해 생성된다.
9. **페닐알라닌**. 페닐알라닌은 폴산 유사 분자인 테트라하이드로바이오프테린(tetrahydrobiopterin, BH_4, **그림 15.9**)과 O_2를 필요로 하는 반응에서 페닐알라닌-4-일산소화효소(phenylalanie-4-monooxygenase, **그림 15.8**)에 의해 하이드록시화가 일어나면서 타이로신을 형성하게 된다. 형성된 타이로신은 분해가 되면서 아세토아세트산과 퓨마르산을 생성하게 된다.

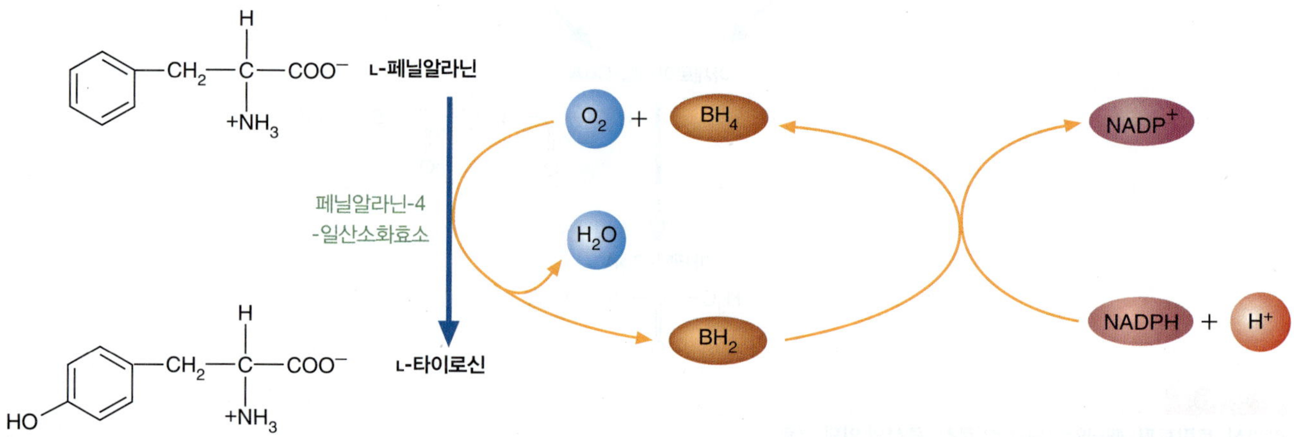

그림 15.8

페닐알라닌의 타이로신으로의 전환.

페닐알라닌-4-일산소화효소(phenylalanine-4-monooxygenase)에 의한 이화 반응은 비가역적이다. 페닐알라닌의 하이드록시화 반응에 필요한 전자는 테트라하이드로바이오프테린을 통해 NADPH로부터 O_2로 전달된다.

그림 15.9

테트라하이드로바이오프테린.

GTP부터 유도되는 테트라하이드로바이오프테린(BH_4)은 멜라토닌과 산화 질소는 물론 카테콜아민들과 세레토닌 같은 여러 신경 전달 물질의 생합성에 필수적인 보조 인자이다. BH_4는 산화형인 다이하이드로바이오프테린(dihydrobiopterin, BH_2)을 NADPH를 사용하여 환원하면 재생된다.

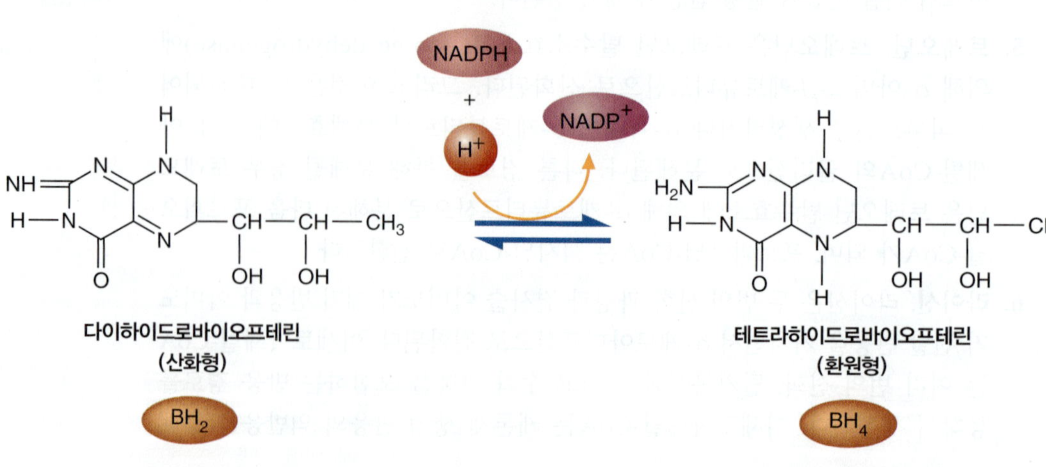

10. **루신.** 분기 사슬을 가진 아미노산 중의 하나인 루신은 아미노기 전달 반응과 두 번의 산화, 한 번의 카복실화, 그리고 수화 반응을 포함하는 일련의 반응을 통해 HMG-CoA로 변환된다. 다음으로 HMG-CoA는 HMG-CoA 분해효소에 의해 아세틸-CoA와 아세토아세트산으로 변환된다.

α-케토글루타르산을 생성하는 아미노산 다섯 개의 아미노산(글루탐산, 글루타민, 아지닌, 프롤린, 히스티딘)은 α-케토글루타르산으로 분해된다. 그들의 이화 작용에 대한 개요는 **그림 15.10**을 통해 잘 설명되어 있다. 각 경로를 간단히 설명하면 다음과 같다.

1. **글루탐산과 글루타민.** 글루탐산은 글루타민 분해효소에 의해서 글루탐산과 NH_4^+로 전환된다. 이미 설명된 바와 같이 글루탐산은 글루탐산 탈수소효소 또는 아미노기 전달 반응으로 α-케토글루타르산으로 변환된다.
2. **아지닌.** 앞에서 보았듯이 아지닌은 아지닌 가수분해효소에 의해서 오르니틴과 요소로 분해된다. 아미노기 전달 반응을 통해 오르니틴은 글루탐산-γ-세미알데하이드로 전환된다. 글루탐산은 글루탐산-γ-세미알데하이드가 수화

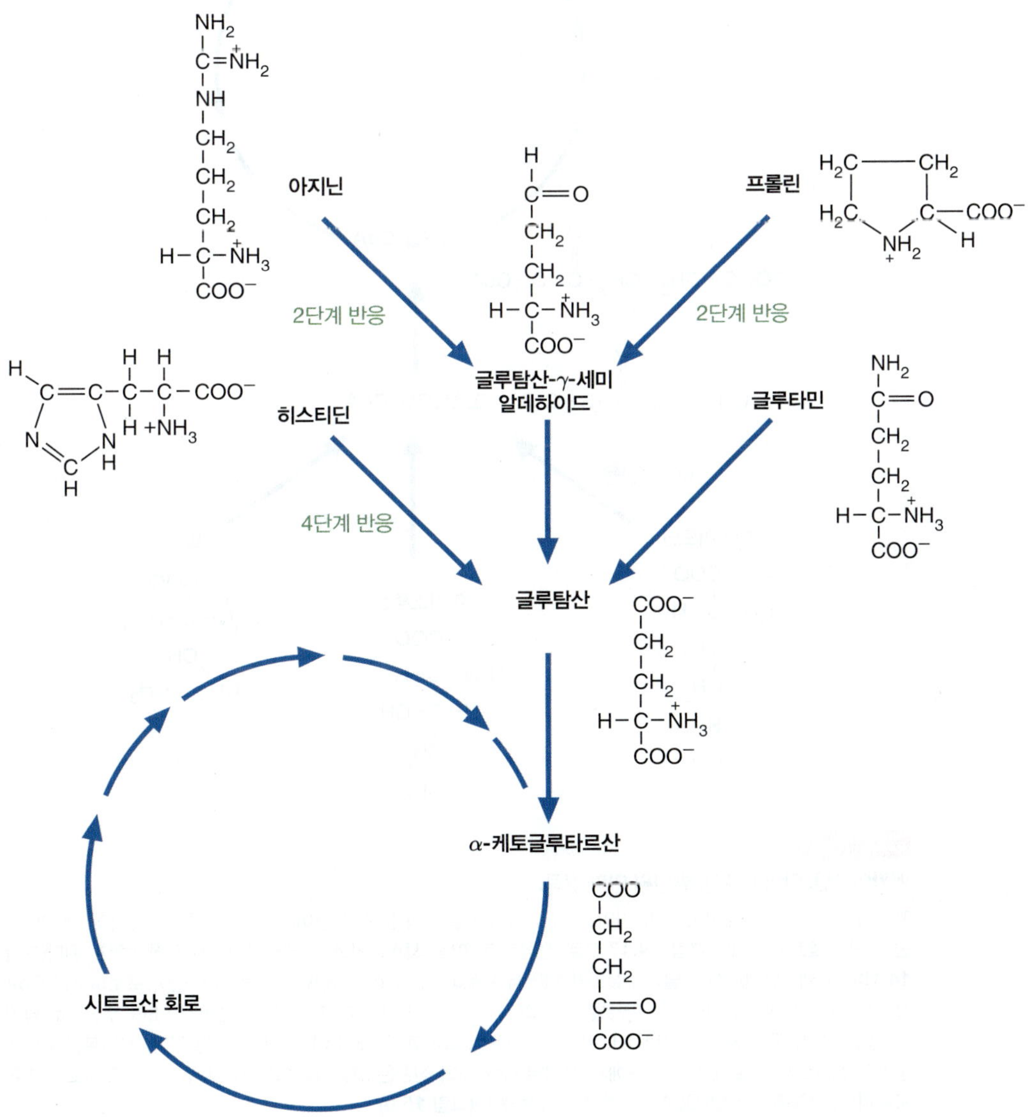

그림 15.10

글루탐산, 글루타민, 아지닌, 프롤린, 히스티딘의 이화 경로.

이들 아미노산은 모두 α-케토글루타르산으로 전환된다.

반응과 산화 반응을 거치면서 만들어지게 된다. α-케토글루탐산은 아미노기 전달 반응 또는 산화성 탈아미노화 반응을 통해 생성된다.

3. **프롤린.** 프롤린의 이화 경로는 Δ^1-피롤린(pyrroline)을 생성하는 산화 반응과 함께 시작된다. Δ^1-피롤린은 수화 반응을 통해 글루탐산-γ-세미알데하이드로 변환된다. 그 다음에 글루탐산은 또 다른 산화 반응을 통해 만들어진다.
4. **히스티딘.** 히스티딘은 비산화적 탈아미노화, 두 번의 수화, 그리고 THF에 의한 폼아미노기(NH=CH—) 제거의 네 단계 반응을 거쳐 글루탐산으로 전환된다.

석시닐-CoA를 형성하는 아미노산 석시닐-CoA는 메싸이오닌, 아이소루신, 발린, 트레오닌의 탄소 골격으로부터 형성된다. **그림 15.11**은 다섯 가지 아미노산 중에 메싸이오닌, 아이소루신, 발린이 분해되는 반응에 대한 개요를 나타내고 있다.

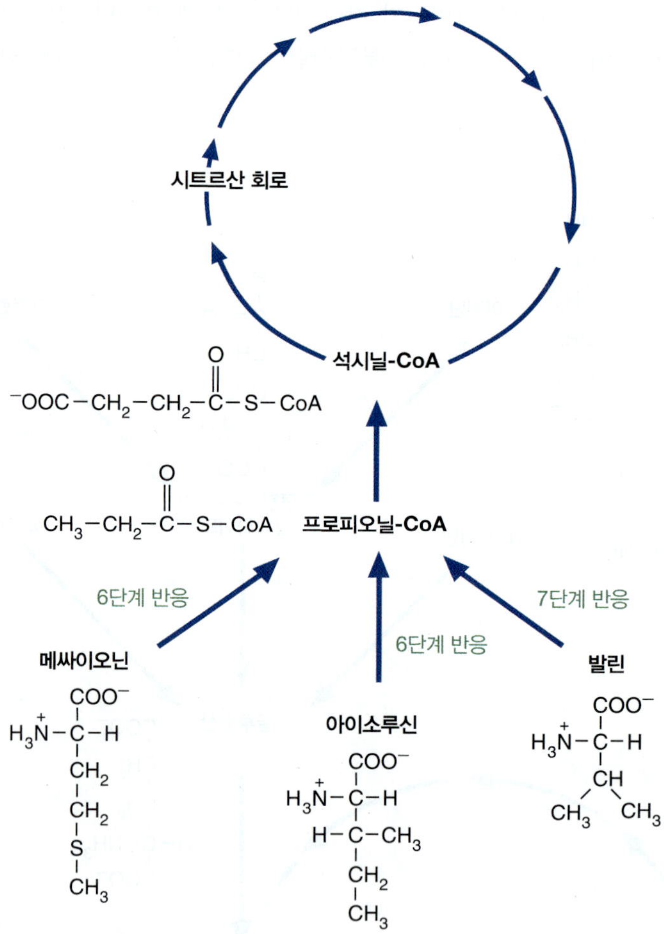

그림 15.11

메싸이오닌, 아이소루신, 발린의 이화 경로.

프로피오닐-CoA는 메싸이오닌, 아이소루신, 그리고 발린의 분해에 관여하는 공통 중간물질이다. 메싸이오닌은 먼저 호모시스테인(**그림 14.17**)으로 전환되고, 이후 시스테인과 α-케토뷰티르산을 생성하게 된다(**그림 14.10**). α-케토뷰티르산은 탈카복실화가 되면서 프로피오닐-CoA 생산한다. 아이소루신이 프로피오닐-CoA로 전환되는 과정에서 생성물은 아세틸-CoA와 세 개의 NADH 그리고 하나의 이산화 탄소를 부산물로 남긴다. 발린 분해산물은 세 개의 NADH, 하나의 $FADH_2$, 그리고 두 개의 이산화 탄소를 남긴다. 시트르산 회로의 중간 과정으로서 프로피오닐-CoA에서 석시닐-CoA로의 전환은 **그림 12.12**에서 알 수 있다. 트레오닌 또한 프로피오닐-CoA/석시닐-CoA 경로를 통해 분해된다(**그림 15.6**).

1. **메싸이오닌.** 메싸이오닌의 분해는 SAM의 형성으로 시작되고, **그림 14.17**에서 설명된 바와 같이 탈메틸화 반응이 이어진다. 생성물인 *S*-아데노실호모시스테인(*S*-adenosylhomocysteine)은 아데노신과 호모시스테인으로 가수분해된다. 호모시스테인이 대사되어서 α-케토뷰티르산, 시스테인, NH_4^+가 생성된다. α-케토뷰티르산은 그 다음에 α-케토산 탈수소효소에 의해서 프로피오닐-CoA로 변환된다. 프로피오닐-CoA는 **그림 12.12**에서 보인 것과 같이 세 단계를 거쳐 석시닐-CoA가 된다. 메싸이오닌의 시스테인으로의 전환은 때때로 **황 전달 경로**(transsulfuration pathway, **그림 15.12**)라고 한다. 시스테인 분해로부터 생성된 많은 양의 황산은 소변으로 배출된다. PAPS(3′-phosphoadenosine-5′-phosphosulfate)의 형태의 황산은 설파타이드(sulfatide)와 프로테오글리칸의 합성에도 사용된다. 아울러 스테로이드나 일부 약품과 같은 분자들은 황산 에스터의 형태로 배출되기도 한다. 또한 기체 전달 물질(gasotransmitter) H_2S가 CBS 또는 CSE에 의한 촉매 반응을

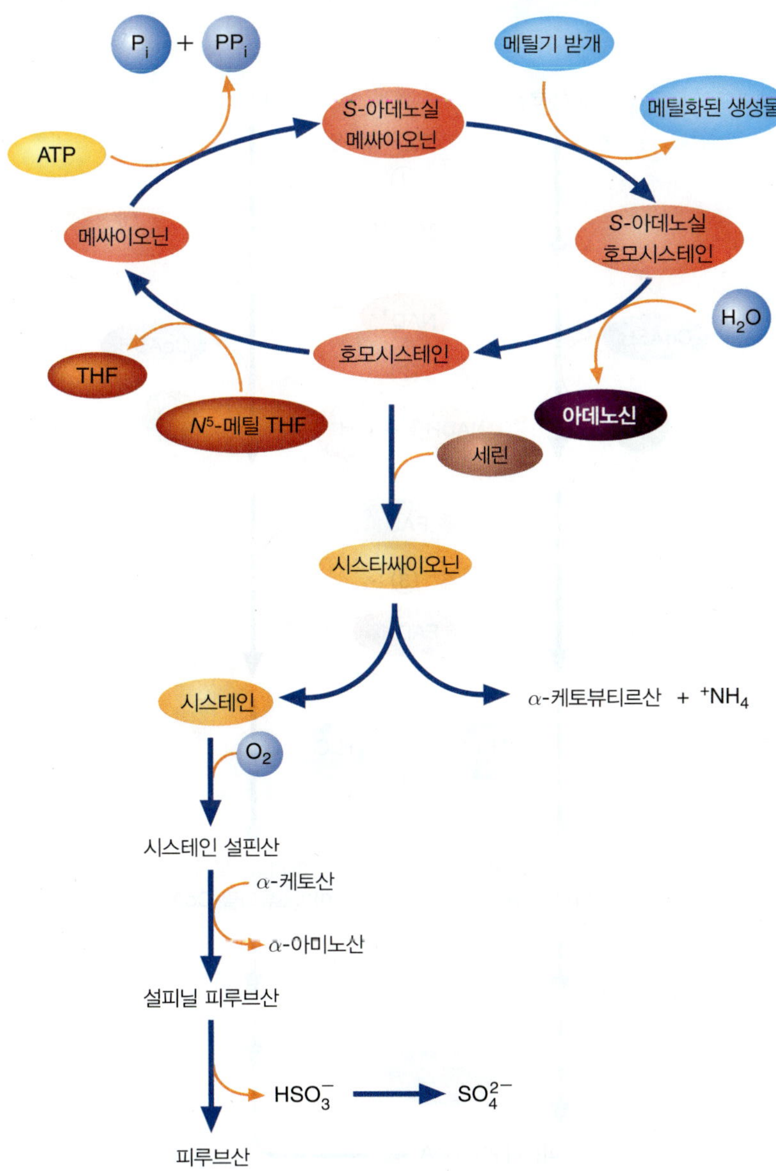

그림 15.12

황 전달 경로.

메싸이오닌의 황 원자는 두 번의 반응을 통해 시스테인의 황 원자가 된다. 시스타싸이오닌 β-생성효소(cystathionine β-syntase, CBS)는 호모시스테인과 세린을 시스타싸이오닌으로 바꿔준다. (CBS의 활성은 시스테인의 세포 내 농도가 높을 때 시스테인에 의해 감소된다.) 시스타싸이오닌은 CSE(γ-cystathionase)에 의해서 시스테인, α-케토뷰티르산, NH_4^+로 전환된다. 시스타싸이오닌으로부터 전환된 시스테인은 글루타싸이온, 코엔자임 A 또는 단백질에 결합될 수도 있고, 시스테인 이산소화효소(cysteine dioxygenase)에 의해 산화되어 시스테인 설핀산(cysteine sulfinate)을 형성할 수도 있다. 시스테인 설핀산은 탈황 반응에 이은 아미노기 전달 반응을 거치면서 피루브산과 아황산수소(sulfite, HSO_3^-)를 생성한다. 아황산수소는 최종적으로 아황산 산화효소에 의해 황산(SO_4^{2-})으로 전환된다. 시스테인의 이화 경로에서 생성된 황산은 배출되거나 몇몇 생합성 또는 이화 경로에 사용된다. 황 전달 반응과 메틸화 반응은 밀접하게 연관되어 있다.

통해 시스테인으로부터 합성된다는 것을 알아둘 필요가 있다.

2. **아이소루신과 발린.** 아이소루신과 발린의 분해 반응에 관여하는 처음 네 반응들은 똑같은 네 가지의 효소들에 의해 촉매된다(**그림 15.13**). 이들 경로 중에 여러 반응들은 NADH와 $FADH_2$를 생성하는 β-산화 반응과 비슷하게 진행된다. 아이소루신 경로의 생성물은 아세틸-CoA와 프로피오닐-CoA이지만, 프로피오닐-CoA는 최종적으로 석시닐-CoA로 전환된다. 결국 아이소루신은 케톤 생성형 또는 글루코스 생성형 아미노산 모두에 해당된다고 할 수 있다. 발린 분해 경로는 이와 유사하지만 석시닐-CoA만을 생성한다. 따라서 발린은 글루코스 생성형 아미노산에 해당한다. 여러 조직들은 에너지를 만들어내는 데 가지달린 사슬 아미노산(BCAA, branched-chain amino acid)인 발린, 아이소루신, 루신을 사용할 수 있다. 그러나 실질적으로 대부분의 BCAA 산화 반응은 운동 중 골격근에서 발생한다. BCAA는 NADH와 $FADH_2$를 생성하고, 최종 산물인 아세틸-CoA, 석시닐-CoA, 아세토아세트산이 시트르산 회로에 의해서 산화되고, 또한 근육 단백질에 높은 함유량으로 존재하고 있기 때문에 중요한 에너지원이다.

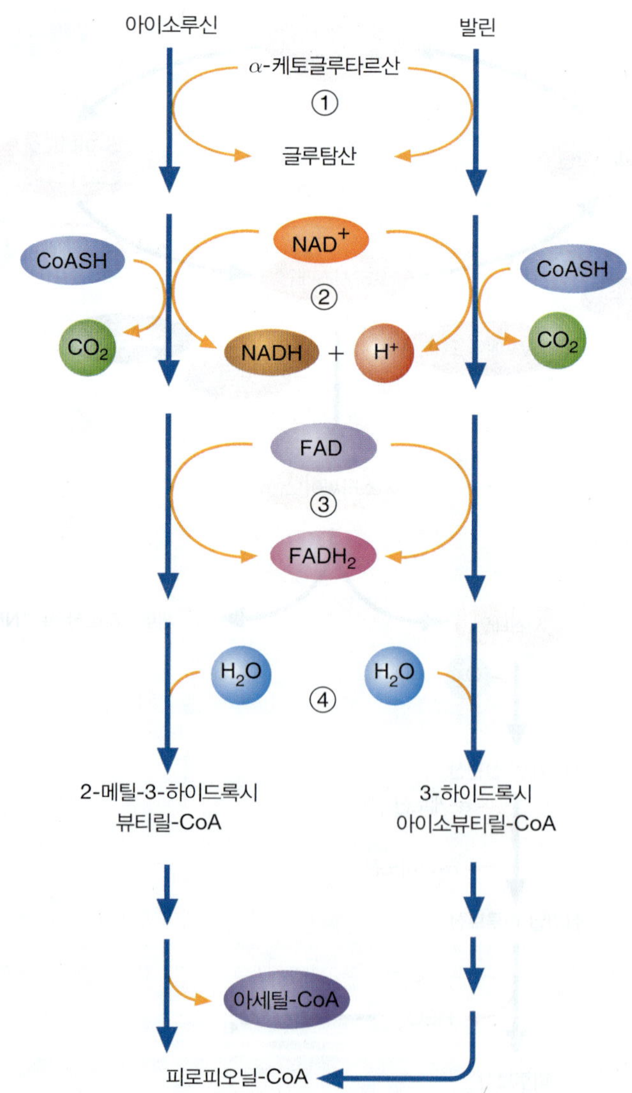

그림 15.13

아이소루신과 발린의 분해.

아이소루신과 발린의 분해는 똑같은 네 반응으로부터 시작된다. *가지달린 사슬 아미노산 아미노기 전달효소*(branched-chain amino acid transaminase)(효소 1)의 촉매 작용에 의한 아미노기 전달 반응, *가지달린 사슬 α-케토산 탈수소효소*(branched-chain α-keto acid dehydrogenase)(효소 2)에 의해 촉매 작용을 받는 산화성 탈카복실화 반응, FAD-요구성 아실-CoA 탈수소효소(FAD-requiring acyl-CoA dehydrogenase)(효소 3)에 의해 촉매 작용을 받는 산화작용, 그리고 *엔오일-CoA 수화효소*(enoyl-CoA hydratase)(효소 4)의 촉매 작용에 의한 수화 반응이 있다. 아이소루신의 분해는 위의 세 반응이 연속적으로 이루어져 아세틸-CoA와 프로피오닐-CoA를 얻게 된다. 프로피오닐-CoA는 다시 석시닐-CoA로 전환된다. 발린 분해는 위의 네 반응 모두를 거쳐 프로피오닐-CoA가 얻어지게 된다.

옥살로아세트산을 생성하는 아미노산 아스파트산과 아스파라진은 모두 분해가 되면 OAA를 생성하게 된다. 아스파트산은 한 번의 아미노기 전달 반응만으로 OAA로 전환된다. 아스파라진은 우선적으로 아스파라진 분해효소(asparaginase)에 의해 가수 분해되어 아스파트산과 NH_4^+을 생성하게 된다.

주요 개념 _Key Concepts

아미노산 탄소 골격은 하나 또는 그 이상의 여러 대사 물질로 분해될 수 있다. 분해산물로는 보통 아세틸-CoA, 아세토아세틸-CoA, α-케토글루타르산, 석시닐-CoA, 옥살로아세트산이 있다.

문제 15.3

타우린(taurine)은 시스테인으로부터 합성된 황 함유 아민이라 할 수 있다. 포유류의 세포에 타우린이 높은 농도로 존재하지만, 해당 아민의 생리학적 기능은 담즙염의 조성을 제외하고는 아직 잘 밝혀지지 않았다. 그러나 여러 가지 연구정보를 통해 알려진 바에 의하면 타우린은 중요한 대사산물임에는 틀림없다. 하나의 예로, 타우린은 뇌 조직에서 상당한 양이 관찰되는데, 가정에서 키우는 고양이에게 타우린이 제거된 식이요법을 제공했을 때, 고양이들은 울혈성 심부전증이 발생하는 것으로 관찰되었다. (참고로 고양이는 타우린을 자체 합성하지 못하기 때문에 육류 섭취가 필수적이라 할 수 있다. 따라서 채식을 하는 고양이는 무기력해지거나 미성숙 시기에 죽을 수도 있다.) 대부분 동물의 경우 타우린은 두 가지의 반응을 통해 시스테인 설핀산(시스테인의 산화물)으로부터 합성이 되는데, 그 두 가지는 설폰산(sulfonate, $—SO_3^-$)을 생성하는 설핀산기(sulfinate group, $—SO_2^-$)의 산화, 산화 뒤에 이어지는 탈카복실화이다. 이러한 정보를 이용하여 타우린의 생합성 경로를 결정해 보자. [*힌트*: 타우린의 구조는 12장에서 그림으로 설명되어 있고, **그림 15.12**에도 언급이 되어 있다.]

문제 15.4

타우린은 백혈구에 가장 풍부한 아미노산으로 잘 알려져 있다. 타우린은 호흡 폭발(respiratory burst) 동안 마이엘로과산화효소(myeloperoxidase)가 촉매 작용을 하여 만들어진 HOCl과 반응하게 된다. 이 반응에서의 생성물인 타우린-모노클로라민(taurine monochloramine, Tau-Cl)은 HOCl에 비해 상대적으로 독성이 없고 안정한 물질이다. Tau-Cl은 종양 괴사 인자-α(tumor necrosis factor-α, TNF-α)와 같은 염증 반응 전구단백질과 산화질소($NO^\bullet$)의 생성을 줄여줌으로써 염증 반응을 조절할 수 있다. 위의 내용을 토대로 하여 HOCl와 Tau-Cl이 생성되는 과정을 설명해보라. [*힌트*: **그림 10.19**에 나타나 있는 호흡 폭발을 참조하자.]

생화학 전망 BIOCHEMISTRY IN PERSPECTIVE

아미노산 이화 작용의 혼란

아미노산 대사에서 한 가지 효소의 결핍이 인간 건강에 어떤 영향을 주는가? 아미노산 이화 작용의 결함(defects in amino acid catabolism)은 최초로 알려진 유전병이며 의학과학자들에 의하여 연구되었다. 이런 "대사의 선천적 결함"은 **돌연변이**(mutation)(유전 정보, 즉 DNA 구조의 영구적 변화)에서 생겨난다. 흔히 아미노산과 관련된 유전병에서 결함이 있는 유전자가 효소를 암호화한다. 그런 결함의 결과로 생기는 대사 차단은 질서를 가지고 고도로 협력적인 세포와 조직의 과정들을 파괴하여 비정상적 양과/또는 유형의 대사물질을 생산한다. 이런 대사물질(또는 높아진 농도) 때문에 흔히 유독하고 영구적인 손상이나 죽음에 이른다. 가장 흔하게 관찰되는 아미노산 대사의 선천적 결함을 아래에서 설명한다.

알캅톤뇨증(alkaptonuria)은 단일 효소를 포함하는 유전적 전달과 관련된 최초의 병으로서 페닐알라닌과 타이로신의 방향족 고리의 이화 작용에 필요한 효소인 호모젠티스산 산화효소(homogentisate oxidase)의 결핍으로부터 생긴다. 1902년에 개로드(Archibald Garrod)는 단일 유전 단위(나중에 유전자라고 부름)가 알캅톤뇨증 환자의 검게 변하는 소변에 대한 원인이 된다고 제안하였다. 결함이 있는 효소의 기질인 호모젠티스산이 대량으로 소변으로 배설된다. 호모젠티스산은 소변이 공기에 노출되면서 산화되면 검게 변한다. 검은 소변은 본질적으로 양성(약간 당황스럽지만) 증상이지만 알캅톤뇨증 환자는 나중에 관절염을 일으키기 때문에 무해하지는 않다. 또한 색소들이 점차적으로 축적되고 피부를 고르지 않게 검게 만든다.

백색증(albinism)은 심각한 결과를 가져오는 유전적 결함의 예이다. 효소인 타이로시네이스(tyrosinase)가 결핍되어 있다. 결과적으로 몇 가지 세포 유형에서 타이로신으로부터 형성되어 피부, 머리카락, 눈에 존재하는 검은 색소인 *멜라닌*(melanin)이 생산되지 않는다. 멜라닌 생성 세포에서는 타이로시네이스가 타이로신을 L-DOPA로 전환하고 L-DOPA를 도파퀴논으로 전환한다. 매우 반응성이 큰 많은 분자의 도파퀴논 생성물이 축합하여 멜라닌을 형성한다. 색소가 없기 때문에 영향을 받은 사람[백색증 환자(albino)라고 불림]은 매우 햇빛에 민감하다. 또한 그들은 피부암과 일광화상에 대한 감수성 이외에도 흔히 시력이 좋지 않다.

페닐케톤뇨증(phenylketonuria, PKU)은 페닐알라닌 하이드록시화효소(phenylalanine hydroxylase)의 결핍으로 일어나며 아미노산 대사와 관련된 가장 흔한 유전병의 하나이다. 이 증상은 출생 후 즉시 확인하여 치료하지 않으면 정신지체와 다른 형태의 비가역적 뇌 손상이 일어난다. 이 손상은 대부분 페닐알라닌의 축적으로부터 생겨난다. 페닐알라닌의 높은 혈중 농도는 큰 중성 아미노산에 대한 혈액-뇌 장벽(blood-brain barrier)을 가로지르는 수송 메커니즘의 포화를 가져온다. 뇌 손상은 감소된 수준의 단백질과 신경 전달 물질 합성으로부터 생긴다. 페닐알라닌은 과잉으로 존재하면 아미노기 전달 반응이 일어나서 페닐피루브산을 형성하고 이것도 역시 페닐락트산과 페닐아세트산으로 전환된다. 다량의 이런 분자들이 소변으로 배설된다. 페닐아세트산은 소변에서 특징적인 퀴퀴한 냄새가 나게 만든다. PKU는 저수준의 페닐알라닌 식이요법으로 치료한다.

단풍나무 시럽뇨증(maple syrup urine disease)은 *가지달린 사슬 케토산뇨증*(branched-chain ketoaciduria)이라고도 하며, 루신, 아이소루신 및 발린으로부터 유도된 α-케토산이 혈액에 다량으로 축적된다. 이런 것이 소변에 존재하면 병 이름을 나타내는 특징적인 냄새가 난다. 모든 세 가지 α-케토산은 가지달린 사슬 α-케토산 탈수소효소 복합체(branched-chain α-keto acid dehydrogenase complex)의 결핍 때문에 축적된다. (이 효소의 활성이 α-케토산을 그것의 아실-CoA 유도체로 전환한다.) 치료하지 않으면 영향을 받는 사람은 구토, 경련, 심한 뇌 손상, 정신 지체를 겪게 된다. 환자는 흔히 출생 후 1년 안에 죽는다. 페닐케톤뇨증처럼 치료는 엄격한 식이 조절로 구성된다.

메틸말로닐-CoA 자리옮김효소(methylmalonyl-CoA mutase, 프로피오닐-CoA를 석시닐-CoA로 전환하는 데 필요한 효소)의 결핍은 혈액에 메틸말론산이 축적되는 *메틸말로닐 산성혈증*(methylmalonic acidaemia)을 일으킨다. 이 병의 증상은 단풍나무 시럽뇨증의 증상과 비슷하다. 아데노실코발라민(adenosylcobalamin)의 결핍이나 이 보조 효소가 결함이 있는 효소에 의하여 약하게 결합되기 때문에 메틸말론산이 축적될 수도 있다. 일부 영향을 받는 사람들은 매일 다량으로 비타민 B_{12}를 주입하면 반응한다.

▶ **요약:** 사람에서 아미노산 대사의 단일 효소가 결핍되면 대표적으로 뇌 손상을 포함하는 광범위한 효과를 나타낸다.

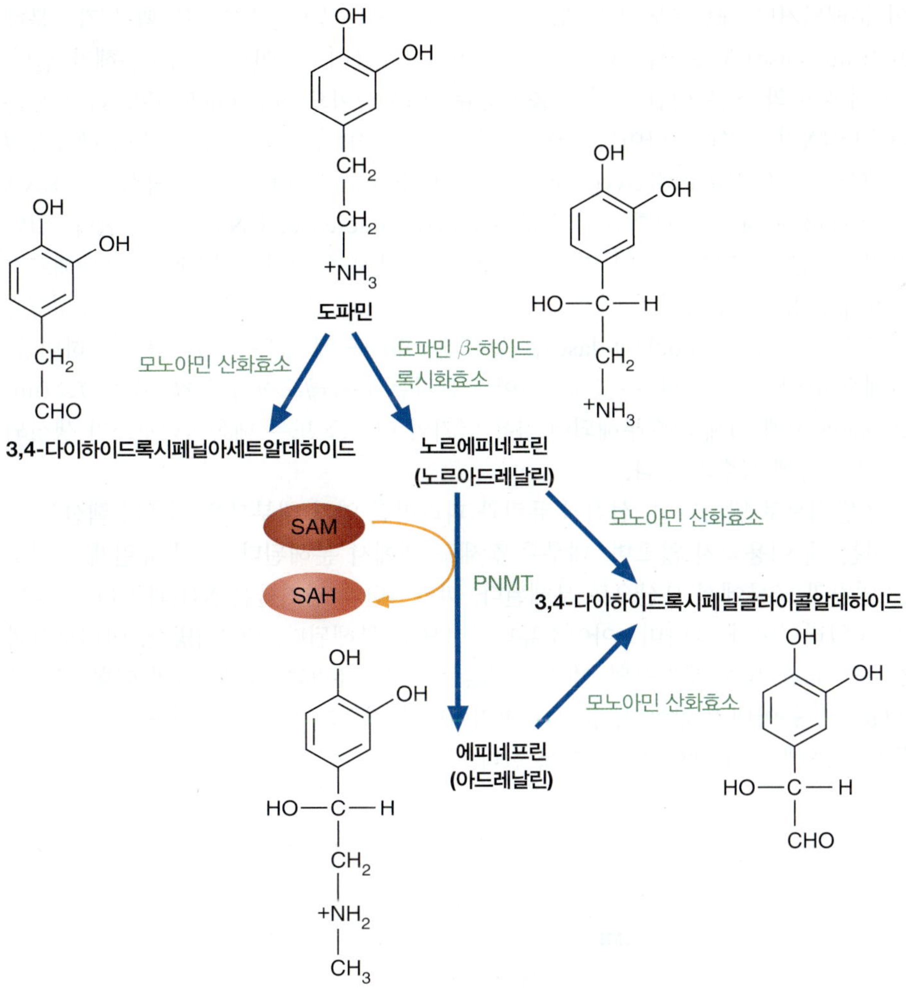

그림 15.14

카테콜아민의 비활성화.

모노아민 산화효소(monoamine oxidase)는 아민의 산화성 탈아미노화를 촉진시켜 해당하는 알데하이드를 생성하도록 해주는 플라빈 단백질이다. 이 과정에서 발생된 산소는 전자 받개이며, 암모니아와 과산화수소가 나머지 생성물로 얻어진다. (PNMT = 페닐에탄올아민-*N*-메틸기 전달효소.)

15.3 신경 전달 물질의 분해

앞의 아미노산 대사 혼란에서 보았듯이 합성 과정과 마찬가지로 분해 과정 역시 세포와 생물들의 순조로운 기능에 중요하다. 이것은 카테콜아민 같은 신경 전달 물질의 경우에도 마찬가지이다.

에피네프린, 노르에피네프린, 도파민으로 대표되는 카테콜아민은 모노아민 산화효소(monoamine oxidase, MAO)의 촉매 작용에 의한 산화 반응을 통해 비활성화된다(**그림 15.14**). 주로 MAO는 신경말단에 위치하기 때문에 카테콜아민은 MAO에 의해 비활성화되기 이전에 반드시 시냅스 간극으로 전달되어야 한다. [신경 전달 물질들이 신경세포로 다시 돌아가면서 재활용되거나 분해되는 일련의 과정을 *재흡수*(reuptake)라고 한다.] 부신에서 호르몬으로서 분비되는 에피네프린은 혈류를 통해 운반되며 비신경조직(아마도 신장)에서 분해된다. 또한 카테콜아민들은 카테콜-*O*-메틸기 전달효소(catechol-*O*-methyltransferase, COMT)의 촉매 작용에 의한 메틸화 반응을 통해 비활성화된다. 특히 MAO와 COMT는 함께 작용하여 카테콜아민들의 매우 다양한 산화 또는 메틸화된 대사산물들을 만들어 낸다.

주요 개념 _Key Concepts

동물의 정보 전달에서 신경 전달 물질은 방출 후 빠르게 분해되거나 제거되어야 한다.

15.4 뉴클레오타이드의 분해

대부분의 살아 있는 생물체에서는 퓨린과 피리미딘계 뉴클레오타이드들이 끊임없이 분해되거나 재활용되고 있다. 섭식 후 소화되는 동안 핵산들은 **핵산 가수분해효소**(nuclease)라 불리는 효소에 의해 올리고뉴클레오타이드로 가수분해가 된다. [50개 이하의 짧은 핵산 조각을 **올리고뉴클레오타이드**(oligonucleotide)라고 부른다.] DNA의 뉴클레오타이드 사이의 사슬을 특이적으로 절단하는 효소를 *데옥시리보핵산 가수분해효소*(deoxyribonuclease, DNase)라고 하며, 같은 방식으로 RNA에 작용하는 것을 리보핵산 가수분해효소(ribonuclease, RNase)라고 한다. 일단 올리고뉴클레오타이드들이 만들어지면 여러 가지 인산다이에스터 가수분해효소(phosphodiesterase)에 의해 모노뉴클레오타이드 혼합물이 생성된다. *뉴클레이아티이드 가수분해효소*(nucleotidase)는 뉴클레오타이드에 있는 인산기를 제거하여 뉴클레오사이드를 만든다. 뉴클레오사이드 분자는 *뉴클레오사이드 가수분해효소*(nucleosidase)에 의해 가수분해되어 자유 염기와 리보스 또는 데옥시리보스가 생성되고 그 다음에 흡수가 된다.

일반적으로 말하자면, 섭취된 퓨린과 피리미딘 염기 대부분은 세포의 핵산을 구성하는 데 이용되지 않으며, 대부분 장세포 내에서 분해된다. 특히 퓨린계 염기들은 인간과 조류에서 요산으로 분해된다. 피리미딘계 염기들은 NH_3과 CO_2뿐 아니라 β-알라닌이나 β-아미노아이소뷰티르산으로 분해된다. 당, 지방산, 아미노산과 같은 주요한 생체 분자들의 이화 과정과는 달리, 퓨린과 피리미딘의 이화 작용은 ATP를 만들어내지 않는다. 퓨린과 피리미딘 염기들의 분해에 관여하는 주요 경로들은 아래에서 더 상세히 다루도록 한다.

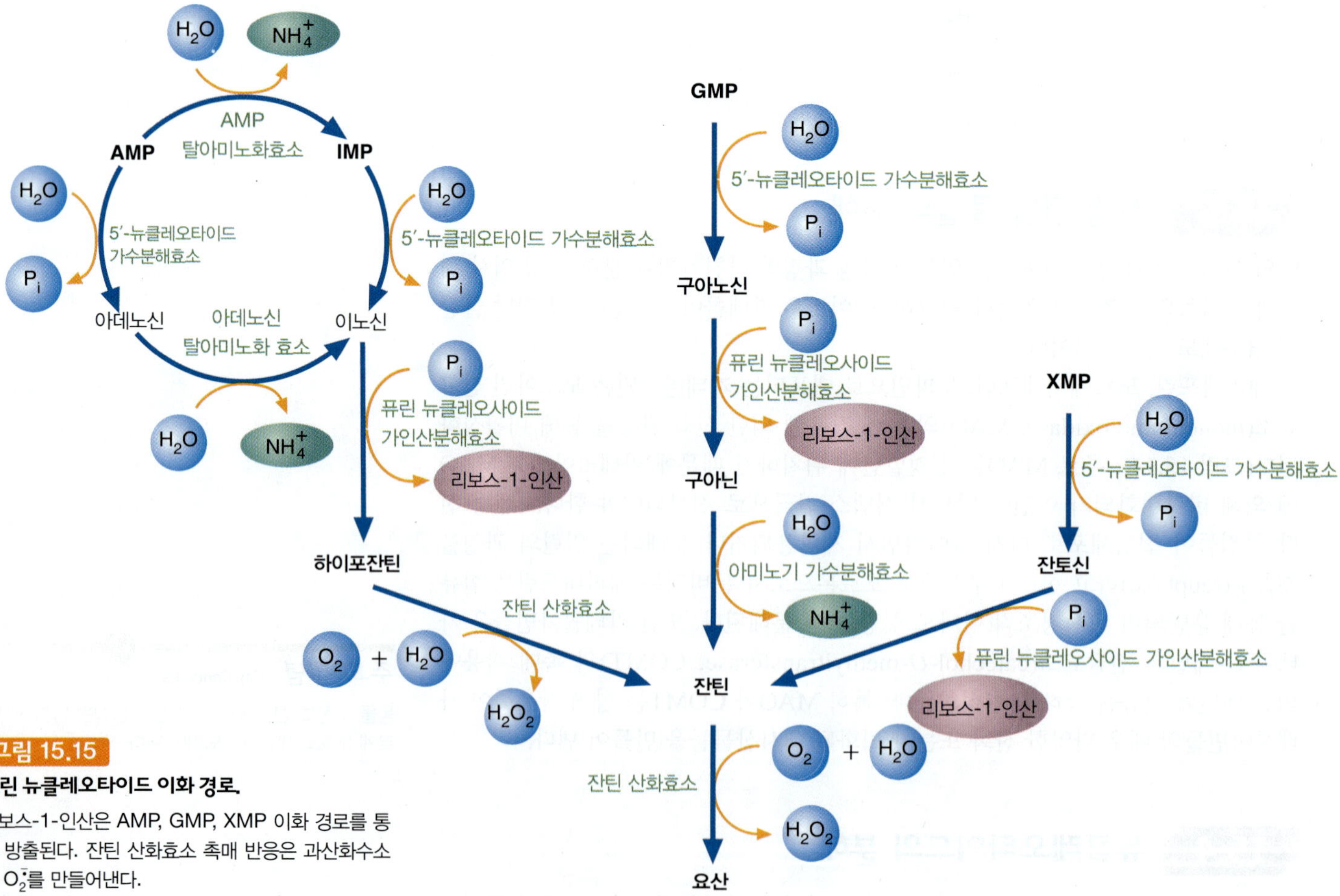

그림 15.15

퓨린 뉴클레오타이드 이화 경로.

리보스-1-인산은 AMP, GMP, XMP 이화 경로를 통해 방출된다. 잔틴 산화효소 촉매 반응은 과산화수소와 $O_2^{\bullet -}$를 만들어낸다.

퓨린의 이화 작용

퓨린계 뉴클레오타이드의 이화 작용은 **그림 15.15**에 요약되어 있다. 각기 다른 조직 또는 기관에는 AMP를 분해해주는 특정 분해 경로가 있는데 조금씩 차이점을 갖고 있다. 대부분의 조직에서는 AMP가 5′-뉴클레오타이드 분해효소(5′-nucleotidase)에 의해 가수분해되어서 아데노신을 생성한다. 생성된 아데노신은 아데노신 탈아미노화효소[adenosine deaminase, 또는 아데노신 아미노기 가수분해효소(adenosine aminohydrolase)라고도 불림]에 의하여 탈아미노화되어서 이노신을 생성한다. 근육의 경우, AMP는 우선적으로 AMP 탈아미노화효소[AMP deaminase, 또는 아데닐산 아미노기 가수분해효소(adenylate aminohydrolase)라고도 불림]에 의하여 IMP로 전환된다. IMP는 순차적으로 5′-뉴클레오타이드 가수분해효소에 의하여 가수분해되어서 이노신이 된다. 여기서 AMP의 탈아미노화효소 반응은 퓨린 뉴클레오타이드 회로의 한 부분이기도 하다(**그림 15.16**). 이 경로에서 IMP는 아스파트산과 반응하여 아데닐로석신산을 생성한다. 이 GTP-요구성 반응은 아데닐로석신산 합성효소에 의한 촉매 작용을 받게 되며, 아데닐로석신산은 다음으로 아데닐로석신산 분해효소에 의해 AMP와 퓨마르산으로 전환된다. 퓨린 뉴클레오타이드 회로는 아미노산들이 아스파트산을 경유하고 퓨마르산을 경유하여 시트르산 회로 중간물질로 전환되는 방법이 되기도 한다. 골격근의 경우, 다른 조직과 달리 AMP 탈아미노화효소 활성이 예상 외로 높다. 다른 조직과는 대조적으로 골격근육은 퓨린 뉴클레오타이드 회로에 의해 생성된 퓨마르산만으로도 시트르산 회로의 중간물질들을 보충시킬 수 있다. 근육 AMP 탈아미노화효소[muscle AMP deaminase, 마이오아데닐산 탈아미노화효소(myoadenylate deaminase)라고도 함]의 활성화와 퓨린 뉴클레오타이드 회로(**그림 15.16**)의 흐름 증가가 격렬한 운동 중에 발생하게 된다.

퓨린 뉴클레오사이드 가인산분해효소는 이노신, 구아노신과 잔토신을 각각 하이포잔틴, 구아닌과 잔틴으로 전환한다. (위의 반응을 통해 만들어진 리보스-1-인산은 리보스-5-인산 파이로포스포카이네이스에 의해 PRPP로 재전환된다.) 하이포

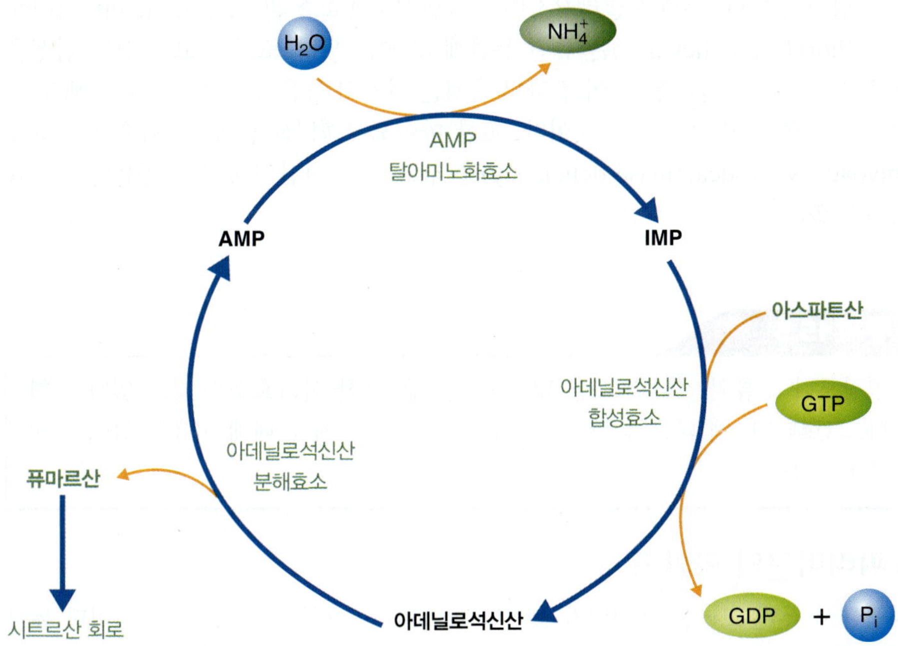

그림 15.16

퓨린 뉴클레오타이드 회로.

골격근의 경우 퓨린 뉴클레오타이드 회로는 아스파트산으로부터 퓨마르산을 생성함으로써 시트르산 회로의 중간물질을 보충해주는 보충대사 과정이라 할 수 있다.

잔틴은 잔틴 산화효소에 의해 산화가 되어서 잔틴으로 전환된다. 잔틴 산화효소는 몰리브데넘, FAD, 그리고 두 가지 서로 다른 Fe-S 송이를 포함하는 효소이다. (잔틴 산화효소에 의하여 촉매되는 반응은 H_2O_2 생성과 더불어 $O_2^{\cdot-}$를 만들어 낸다.) 구아닌은 구아닌 탈아미노화효소(또는 구아닌 아미노기 가수분해효소)에 의해 잔틴으로 탈아미노화된다. 잔틴 분자는 더 나아가 잔틴 산화효소에 의하여 더 산화되어 요산을 생성한다. 잔틴 산화효소는 하이포잔틴의 구조 유사체인 알로퓨리놀(allopurinol)에 의하여 억제된다.

많은 동물들은 요산을 더 분해한다(**그림 15.17**). 요산 산화효소는 요산을 다양한 포유류에서 배설되는 물질 중의 하나인 알란토인(allantoin)으로 전환시키며, 알란토인 가수분해효소(allantoinase)는 알란토인의 수화를 촉진시켜 알란토산(allantoate)을 생성한다. 알란토산은 경골어류에 의해서 배설된다. 양서류는 물론 다른 어류의 경우에서는 알란토산 가수분해효소(allantoicase)가 알란토산을 글리옥실산(glyoxylate)과 요소로 분해한다. 마지막으로 해양 무척추 동물들의 경우, 요소는 요소 가수분해효소(urease)에 의해 촉매되는 반응을 통해 NH_4^+와 CO_2로 분해된다.

알로퓨리놀과 통풍
Allopurinol and Gout

몇몇 질병들은 퓨린 이화대사 경로의 결함으로부터 생긴다. 높은 혈중 요산 농도와 잦은 관절염 증세로 잘 알려진 *통풍*(gout)은 몇몇 대사 과정의 이상 때문에 생긴다. 이와 관련하여 알로퓨리놀이 통풍 치료에 사용되고 있다. 다음으로 퓨린 이화대사 반응의 결함에 의해 기인되는 것으로 알려진 두 가지 다른 면역결핍증이 있다. *아데노신 탈아미노화효소 결핍증*(adenosine deaminase deficiency)은 특히 T 림프구와 B 림프구에 독성인 높은 농도의 데옥시아데노신 때문에 발생한다. [*T 림프구*(T lymphocyte) 또는 **T 세포**(T cell)의 표면에는 항체 유사 분자가 달려있다. T 세포는 **세포 면역**(cellular immunity)으로서 잘 알려진 반응을 통해 외부로부터 유입된 세포에 결합하여 파괴하는 역할을 한다. *B 림프구*(B lymphocyte) 또는 **B 세포**(B cell)는 외부물질에 결합하는 항체를 분비하여서 다른 면역계 세포들에 의한 해당물질의 파괴를 개시한다. 이렇게 B 세포가 항체를 생산하는 것을 일컬어 **체액성 면역 반응**(humoral immune response)이라고 한다.] 아데노신 탈아미노화효소 결핍증을 겪고 있는 아이들의 경우 대량 감염에 의해 대부분 2세 이전에 사망하게 된다. *퓨린 뉴클레오사이드 가인산분해효소 결핍증*(purine nucleoside phosphorylase deficiency)은 퓨린 뉴클레오타이드의 농도가 높고 요산의 합성은 감소되는 것으로 알려졌다. 이 질환의 특징은 현저히 높은 dGTP 농도로 인해 T 세포의 손상을 일으키게 되는 것이다. 또한 *마이오아데닐산 탈아미노화효소 결핍증*(myoadenylate deaminase deficiency)을 겪고 있는 사람의 경우 운동유발성 근육 피로를 앓게 된다.

문제 15.5

영장류나 조류와는 달리 다른 많은 동물들은 요산 산화효소를 갖고 있다고 한다. 그렇다면, 왜 다른 동물들은 통풍을 겪지 않는지에 대해 이유를 들어 설명을 해보라.

피리미딘의 이화 작용

사람에서 퓨린 고리는 분해되지 않지만 피리미딘 고리는 분해된다. 피리미딘 뉴클레오타이드 이화대사 경로의 전반적인 그림은 **그림 15.18**에 제시되어 있다.

사이티딘과 데옥시사이티딘은 분해되기 전에 사이티딘 탈아미노화효소(cytidine deaminase)의 촉매 작용으로 탈아미노화 반응에 의해서 유리딘과 데옥시유리딘으로 각각 전환된다. 비슷한 방법으로 데옥시사이티딜산(dCMP)은 탈아미노화되어서 데옥시유리딜산(dUMP)을 형성한다. 후자는 뉴클레오사이드 가인산분해효소에 의하여 분해되어 유라실을 형성한다. 타이민은 타이미딘 카이네이스와 타이미딘 가인산분해효소의 연속적인 반응을 통해 타이미딜산(dTMP)으로부터 형성된다.

유라실과 타이민은 유사한 반응을 통해 각각 최종 생성물인 β-알라닌과 β-아미노아이소뷰티르산으로 전환된다. 첫 번째 단계에서 유라실과 타이민이 다이하이드로피리미딘 탈수소효소에 의해서 각각의 다이하이드로 유도체로 환원된다. 이어서 유도체 분자가 가수분해되면서 고리들이 열리고 β-유레이도프로피온산(β-ureidopropionate)과 β-유레이도아이소뷰티르산(β-ureidoisobutyrate)이 각각 얻어진다. 마침내 β-유레이도프로피온산 가수분해효소(β-ureidopropionase)의 촉매 작용을 받는 탈아미노화 반응에서 β-알라닌과 β-아미노아이소뷰티르산이 생성된다.

몇몇 조건에서는 β-아미노뷰티르산이 대량 생산되어 소변에서 나타난다. 이것은 유전적인 체질로 인해 β-아미노아이소뷰티르산이 석시닐-CoA로 전환되는 속도가 느린 경우와 백혈병같이 대량의 세포 파괴가 일어나는 경우이다. β-아미노아이소뷰티르산은 용해되기 쉽기 때문에 통풍과 같은 문제를 일으키지 않는다.

문제 15.6

아래 그림의 생체 분자들이 무엇인지를 밝히고, 어떻게 만들어지는가에 대해서도 설명해보라.

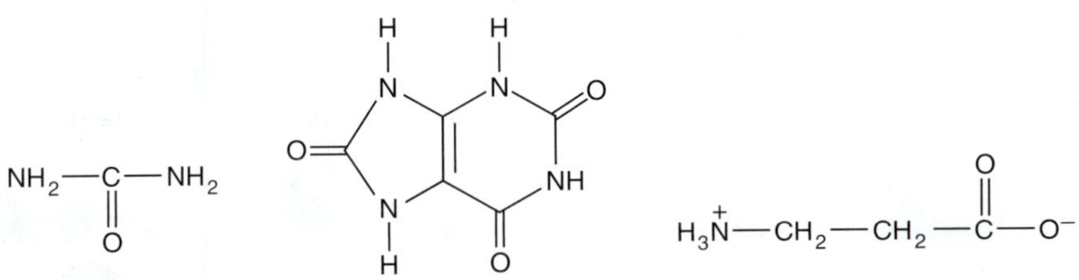

(a) (b) (c)

문제 15.7

피리미딘 염기 이화 작용의 생성물인 β-알라닌과 β-아미노아이소뷰티르산은 더 분해되어 각각 아세틸-CoA와 석시닐-CoA로 만들어진다. 이 전환 과정 수행에 필요한 반응들을 제시해보라.

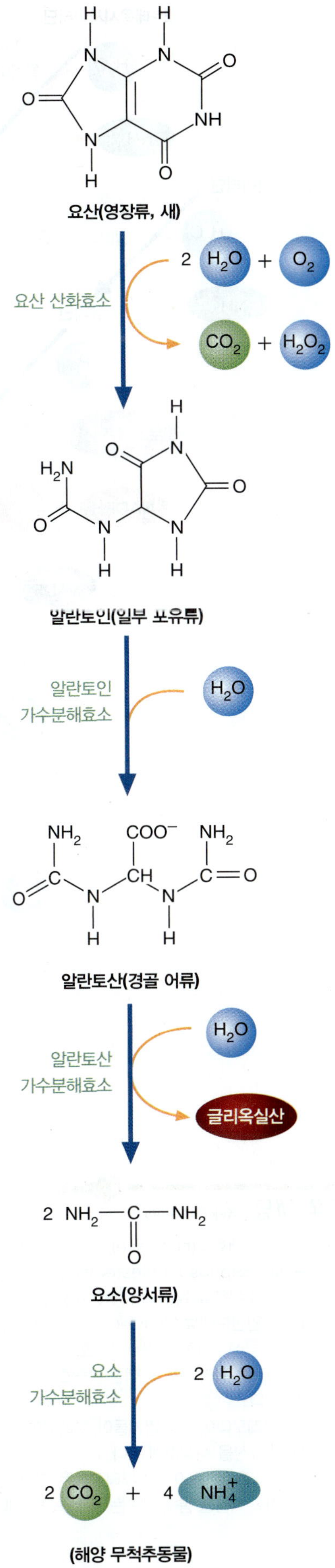

그림 15.17

요산의 이화 대사.

많은 동물들은 요산을 다른 배설 물질로 전환하는 효소를 가지고 있다. 특정 동물군의 최종 배설 물질을 표시하였다.

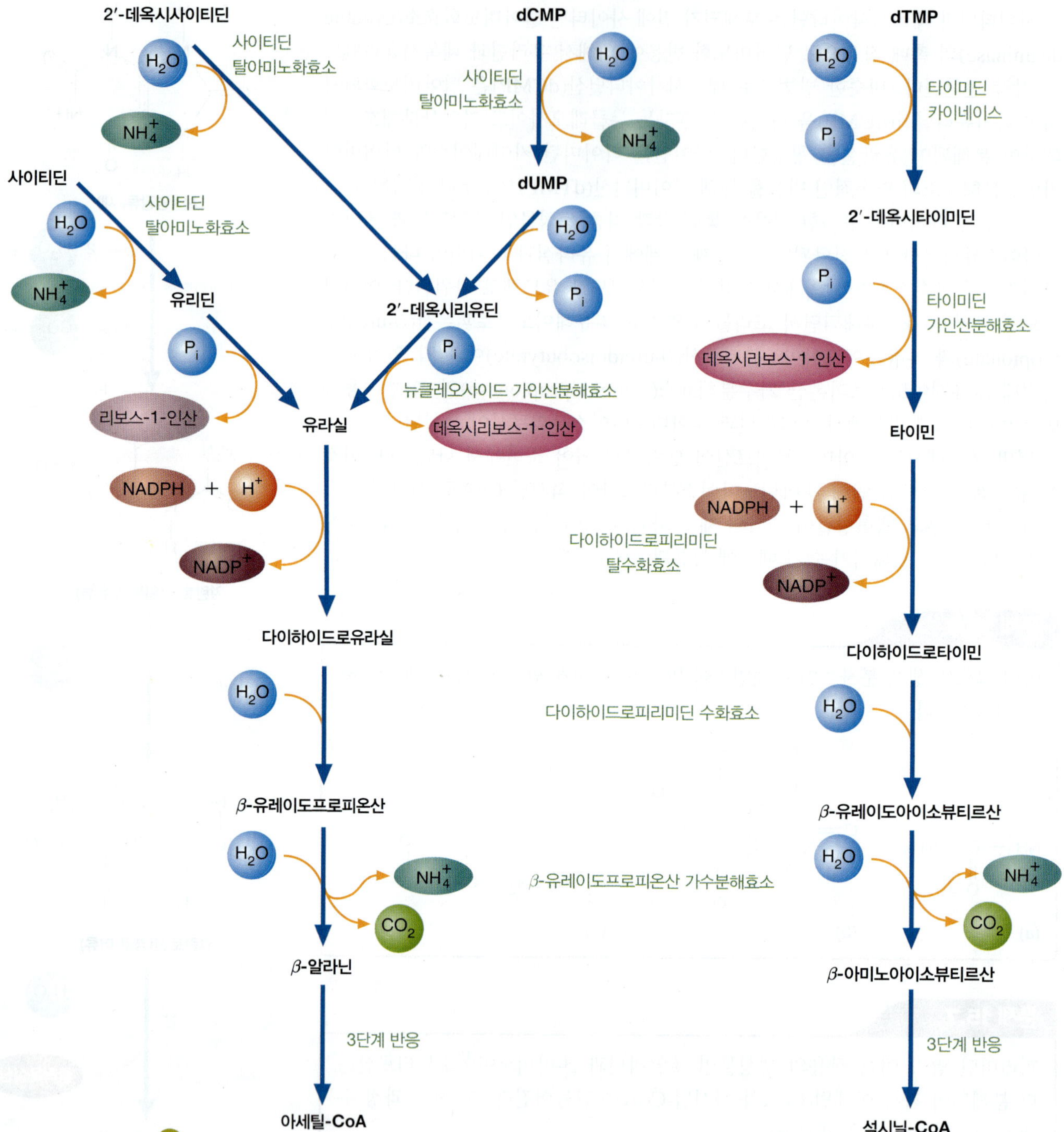

그림 15.18

피리미딘 염기의 분해.

유라실과 타이민은 각각 β-알라닌과 β-아미노아이소뷰티르산으로 분해된다. 전체의 분해 경로는 포유류의 간에 존재한다.

주요 개념 _Key Concepts

- 핵산 가수분해효소(nuclease), 인산다이에스터 가수분해효소(phosphodiesterase), 뉴클레오타이드 가수분해효소(nucleotidase), 뉴클레오사이드 가인산분해효소(nucleoside phosphorylase), 뉴클레오사이드 가수분해효소(nucleosidase)와 같은 여러 종류의 핵산 분해효소가 핵산을 분해한다.
- 퓨린 뉴클레오타이드의 염기들이 분해되면 질소 노폐물인 요산을 생성하게 된다.
- β-알라닌과 β-아미노아이소뷰티르산은 피리미딘 염기의 이화 작용을 통해 나오는 질소 노폐물이다.

이 장의 요약 CHAPTER SUMMARY

1. 동물은 단백질과 핵산 같은 질소 함유 분자를 계속적으로 합성하고 분해한다. 단백질 회전은 대사의 유동성, 비정상적인 단백질의 축적에 대한 보호, 그리고 발생 과정 동안 단백질들의 적시 분해가 이루어지도록 하는 데 기여하는 것으로 여겨진다. 대부분의 수명이 짧은 세포 단백질들은 유비퀴틴 단백질 분해효소 복합체 계를 통해 분해되는 것으로 잘 알려져 있다. 이 과정은 유비퀴틴화라고 불리는 표적 단백질의 공유 결합 변형으로부터 시작한다. 크기가 작지만 잘 보존되어 있는 단백질인 유비퀴틴은 낡거나 손상된 단백질 또는 짧은 기대 수명의 단백질에 부착된다. 자가 소화 작용 리소좀계는 수명이 긴 단백질이나 세포소기관을 분해하는 데 관여한다.
2. 일반적으로 아미노산 분해는 탈아미노화로 시작된다. 대부분의 탈아미노화 반응은 아미노기 전달 반응을 수반하게 되고, 암모니아를 생산하는 산화적 탈아미노화 반응이 뒤따르게 된다. 대부분의 탈아미노화 반응이 글루탐산 탈수소효소에 의해 촉매 작용을 받지만, 다른 효소들 역시 암모니아 형성에 관여하는 것으로 알려져 있다. 암모니아는 요소 회로의 효소들에 의해 배출 준비가 이루어진다. 아스파트산과 CO_2도 요소에 원자를 제공한다.
3. 아미노산들의 탄소 골격이 지방산 또는 당 둘 중 어느 것으로 전환되는가에 따라서 케톤 생성형 또는 글루코스 생성형 아미노산으로 분류된다. 여러 가지 아미노산들은 자체 탄소 골격이 지방과 탄수화물 모두의 전구체로 작용할 수 있기 때문에 케톤 생성형과 글루코스 생성형으로 분류될 수 있다.
4. 신경 전달 물질의 분해는 동물에게 있어 정보 전달 기능에 매우 중요한 역할을 한다. 아세틸콜린, 카테콜아민, 세로토닌과 같은 아민계 신경 전달 물질은 많은 연구를 통해 이러한 점이 잘 알려져 있다.
5. 핵산의 분해는 여러 종류의 효소로부터 이루어진다. 핵산 가수분해효소는 핵산을 올리고뉴클레오타이드로 분해한다. (DNA 가수분해효소는 DNA를 분해하고, RNA 가수분해효소는 RNA를 분해한다.) 인산다이에스터 가수분해효소는 올리고뉴클레오타이드를 모노뉴클레오타이드로 전환한다. 뉴클레오타이드 가수분해효소는 인산기를 제거하면서 뉴클레오타이드를 뉴클레오사이드로 전환한다. 뉴클레오사이드 가수분해효소는 뉴클레오사이드를 가수분해시켜서 자유 염기와 리보스 또는 데옥시리보스를 형성하도록 해준다. 뉴클레오사이드 가인산분해효소들은 리보뉴클레오사이드를 자유염기와 리보스-1-인산으로 만든다. 섭취한 핵산은 일반적으로 소장에서 분해되고 회수 경로(salvage pathway)에는 사용되지 않는다. 세포의 퓨린 염기들은 요산으로 전환된다. 많은 동물들은 계속적으로 요산을 더 분해하는데, 영장류에는 존재하지 않는 효소들을 생산하기 때문이다. 피리미딘 염기들은 β-알라닌(UMP, CMP, dCMP)이나 β-아미노뷰티르산(dTMP)으로 분해된다.

주요 용어 KEY WORDS

B 세포 *580*
T 세포 *580*
고암모니아혈증 *566*
글루코스 생성형 *561*
단백질 분해효소 복합체 *557*
단백질 회전 *556*
대량 자가 소화 작용 *560*
돌연변이 *576*
미세 자가 소화 작용 *560*
샤페론-매개 자가 소화 작용 *560*
올리고뉴클레오타이드 *578*
요소 회로 *562*
유비퀴틴 *557*
유비퀴틴 단백질 분해효소 복합체 계 *557*
유비퀴틴화 *557*
자가 소화 작용 *559*
체액성 면역 반응 *580*
케톤 생성형 *561*
크레브스 요소 회로 *562*
크레브스 이회로 *565*
핵산 가수분해효소 *578*
황 전달 경로 *573*

복습 문제 REVIEW QUESTIONS

이 문제들은 다음 장으로 넘어가기 전에 이장에서 논의했던 주요 개념에 대한 지식을 테스트하기 위해 만들어졌다.

1. 다음 용어를 정의하라.
   a. 단백질 전환
   b. 단백질 분해효소 복합체
   c. 유비퀴틴
   d. 유비퀴틴화
   e. 자가 소화 작용
2. 다음 용어를 정의하라.
   a. 자가 소화포
   b. 엔도솜
   c. 암피솜
   d. 리소좀
   e. 자가 소화 리소좀

3. 다음 용어를 정의하라.
   a. L-아미노산 산화효소
   b. 세린 탈수효소
   c. 세균 요소 가수분해효소
   d. 아데노신 탈아미노화효소
   e. 글루타민 가수분해효소
4. 다음 용어를 정의하라.
   a. 글루코스 생성형
   b. 케톤 생성형
   c. *N*-아세틸글루탐산
   d. 고암모니아혈증
   e. BH_4
5. 다음 용어를 정의하라.
   a. 황 전달 경로
   b. 시스타싸이오닌
   c. 호모시스테인
   d. PAPS
   e. *S*-아데노실메싸이오닌
6. 다음 용어를 정의하라.
   a. 샤페론-중개 자가 소화 작용
   b. 미세 자가 소화 작용
   c. 대량 자가 소화 작용
   d. 유비퀴틴 단백질 분해효소 복합체 계
   e. 자가소화 작용 리소좀계
7. 다음 용어를 정의하라.
   a. MAO
   b. PNMT
   c. COMT
   d. NPC
   e. TB
8. 다음 용어를 정의하라.
   a. 올리고뉴클레오타이드
   b. 핵산 가수분해효소
   c. 인산다이에스터 가수분해효소
   d. 뉴클레오사이드 가수분해효소
   e. 뉴클레오타이드 가수분해효소
9. 다음 용어를 정의하라.
   a. T 세포
   b. B 세포
   c. 세포 면역
   d. 체액성 면역
   e. 마이오아데닐산 탈아미노화효소 결핍증
10. 질소 배출에서 가장 중요한 역할을 하는 분자는 무엇인가?
11. 단백질 분해를 위해 표지된 것들의 구조적 특징은 무엇인가?
12. 아미노산 분해로 인해서 생산된 일곱 가지 대사적 생성물은 무엇인가?
13. 사람은 퓨린 고리를 분해하지 못한다. 퓨린이 어떻게 배출되는가? 어떤 반응이 포함되어 있는가?
14. 다음 아미노산이 케톤 생성형인지 글루코스 생성형인지 나타내라.
   a. 타이로신
   b. 라이신
   c. 글리신
   d. 알라닌
   e. 발린
   f. 트레오닌
15. 요소 회로는 일부는 세포질에서 일어나고 일부는 미토콘드리아에서 일어난다. 요소 회로의 세포 위치를 기준으로 그 반응을 논의하라.
16. 글루코스-알라닌 회로가 어떻게 암모니아를 간으로 운반하는지 설명하라.
17. PKU 환자의 경우, 타이로신은 필수 아미노산인가? 그 이유는 무엇인지 설명하라.
18. 요소 형성은 요소 1 mol 당 4 mol의 ATP를 소비하는 에너지적으로 값비싼 반응이다. 그러나 퓨마르산이 아스파트산으로 재전환될 때 NADH가 생성된다. 미토콘드리아의 NADH 산화 과정에서 얼마나 많은 ATP가 생성되는가? 요소 합성의 알짜 ATP 요구량은 얼마인가?
19. 대부분의 아미노산은 간에서 분해된다. 가지달린 사슬 아미노산 경우에는 대부분 간 조직 밖의, 높은 단백질 전환을 하는 조직에서 분해되는 점이 다르다. 이 조직들의 예를 몇 가지 말해보라.
20. 단백질 분해효소 복합체에서 분해를 위해서 단백질이 어떻게 표적화되는지 설명하라.
21. 아래 물질들을 질소 노폐물로 다음을 생성하는 생물의 이름을 말하라.
   a. 요산
   b. 요소
   c. 알란토산
   d. NH_4^+
   e. 알란토인
23. 집에서 기르는 고양이에게 식물성 식단을 제공하는 것이 좋지 않은 이유를 설명하라.
24. 요소에서 질소 원자의 기원을 추적하라.
25. 고단백질 식사 후 요소 회로가 활성화되는 방법을 설명하라.
26. 유라실의 어느 질소 원자가 결국 요소 분자로 끝나는가?

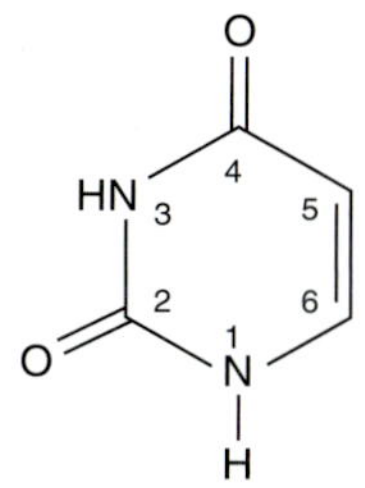

유라실

27. 아미노산인 트립토판이 케톤 생성형이며 글루코스 생성형인 이유를 설명하라.

28. 단풍나무 시럽뇨증의 증상과 이 병의 대사적 근거를 설명하라.

29. 왜 사람은 폐기 질소 원자를 에너지적으로 값비싼 요소 합성 과정을 이용하지 않고서 암모니아로 간단하게 배설할 수 없는가?

30. 타이로시네이스(tyrosinase) 결핍증이 백색증을 일으키는 방법을 설명하라.

31. 사람이 퓨린 고리를 분해할 수 없는 이유는 무엇인가?

종합 문제 THOUGHT QUESTIONS

이 문제들은 지금까지 이 책에서 논의된 모든 주요 개념에 대한 여러분의 이해를 강화하기 위한 것이다. 문제들은 하나의 정답을 가지고 있지 않을 수도 있다.

32. 포유류는 질소 원소를 요소로 배설한다. 요소 회로 그 자체로는 상당한 양의 ATP 에너지를 필요로 하는, 손해가 많은 과정이다. 세포는 어떤 메커니즘으로 필요한 에너지를 보충해 줄 수 있는가?

33. 퓨린 뉴클레오타이드 회로가 골격 근육의 에너지 대사에 기여하는 방법을 보여주는 도표를 그려라. 도표에 해당과정과 시트르산 회로를 포함하라. 어떤 효소 활성이 골격 근육에 존재하지 않을 것으로 예상되는가?

34. 페닐케톤뇨증(phenylketonuria)은 페닐알라닌 하이드록시화효소(phenylalanine hydroxylase) 결핍과 5,6,7,8-테트라하이드로바이오프테린(tetrahydrobiopterin)의 형성과 재생을 촉진시키는 효소들의 결핍에 의해 발병한다. 두 번째 병인이 어떻게 PKU의 증상을 일으키는가?

35. 크레브스(Krebs)와 헨젤라이트(Henseleit)는 간 조각을 이용한 시험관 실험에서 오르니틴, 시트룰린, 아지닌의 추가가 요소의 형성을 촉진시키는 것을 관찰하였으나 다른 아미노산은 아무런 영향을 끼치지 않았다. 여기에서 관찰된 현상을 설명하라.

36. 초콜릿, 커피나 차에서 발견되는 메틸화 잔틴(methylated xanthine)인 카페인은 요산으로 배설된다. 다른 퓨린 화합물들의 대사에 관해 알고 있는 지식을 바탕으로 카페인이 어떻게 물질대사가 이루어지는지 설명하라.

37. 강이나 바다에 사는 몇몇의 동물들은 질소를 암모니아로 배설한다. 물이 적은 육지에서 사는 동물들은 요소나 요산으로 배설한다. 이러한 분자들을 배설하는 것이 물을 절약하는 데 도움을 주는 이유는 무엇인가?

38. 유라실을 β-알라닌으로 전환하는 데 다이하이드로유라실과 β-유레이도프로피온산[β-uredidopropionate (N-carbamoyl-β-alanine)]은 중간물질이다. 이 경로의 분자 구조들을 나타내라. (문제 26의 번호를 표시한 유라실 그림을 참조하라.)

39. 다른 동물들과는 다르게 영장류가 통풍(gout)에 걸리는 이유를 설명하라.

40. 당뇨병은 근육 세포나 지방 세포와 같은 세포에 글루코스가 전달되지 못한다는 공통된 증상들을 나타내는 대사 질환들의 복합적인 형태이다. 몸은 근육 단백질을 분해하여 부족한 에너지를 일부 보충한다. 이 과정이 일어나는 방법을 설명하라.

41. 크레브스 이회로(Krebs bicycle)를 살펴보고 이 경로에서 분해되거나 합성되는 ATP를 계산하라. 요소 생합성은 알짜로 에너지 필요로 하는 과정인가, 에너지를 발생하는 과정인가?

제 16 장 대사의 통합

Integration of Metabolism

이 장의 차례 Outline

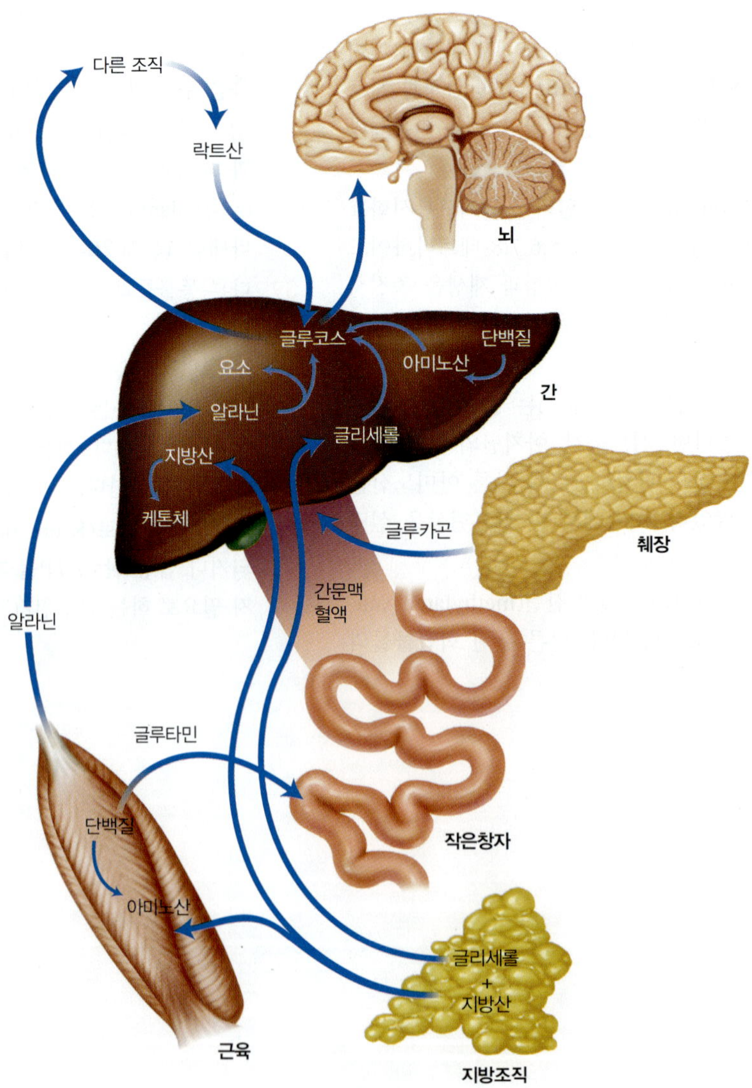

개관 Overview

앞장에서는 탄수화물, 지방, 아미노산 및 다른 물질들의 대사에 대하여 알아보았다. 그러나 전체는 부분의 합이 아니다. 다세포생물은 그 구성 성분에 비해 훨씬 더 복잡하다. 16장은 특히 포유동물의 대사 기능을 포괄적으로 다루고 있다. 정교한 대사 조절을 가능하게 만드는 호르몬과 다른 신호 분자들의 메커니즘을 공부한 다음 적당한 에너지원을 이용 가능하게 만드는 생리적 과정인 섭식-단식 주기를 다루고 있다.

생물체의 가장 독특한 특징은 내부와 외부 환경의 변화에도 불구하고 항상 최적은 아니라도 적당한 대사 상태를 유지하는 능력이다. 손상된 구성 성분들을 수리하고 동시에 가능하면 세포 분열과 생장을 한다는 점을 생각해 보면 놀라울 것이다. 이러한 기능을 위해 탄수화물, 지방, 단백질 등을 에너지원과 생합성 전구물질로 사용하는 생합성과 분해 회로가 정확하게 그리고 조화롭게 조절되어야 한다. 동물과 같은 다세포생물들에서는 이러한 대사 조절이 매우 복잡하다. 복잡한 신체의 계는 부분들 사이의 지속적인 정보의 흐름에 의해 유지된다. 정보 전달의 간단한 계는 일차 신호(예, 호르몬), 표적(예, 특수한 수용체), 전달계(신호를 세포내 반응으로 전환)로 구성된다. 다세포 생물의 복잡성을 고려한다면 당연히 많은 수의 일차 신호, 특수한 수용체, 전달계가 필요할 것이다. 포유류 신체에서 많은 정보 전달은 호르몬에 의하여 이루어진다. 호르몬은 특수한 세포에서 생산되어서 신체의 다른 부분의 세포에 영향을 끼치는 분자이다. 호르몬은 정교한 조절을 가능하게 해준다.

16장의 주요 초점은 포유동물의 주요 대사 과정을 통합하여 고찰하는 것이다. 먼저 대사 작용의 개요와 신호 분자들의 종류와 작용의 메커니즘에 대한 서술로부터 시작한다. 그런 다음 에너지를 얻는 것 때문에 생리적으로 매우 중요한, 호르몬과 신경 전달 물질에 의해 조절되는 섭식-단식 주기를 배우면서 끝낼 것이다. 또한 이 장에서는 당뇨병, 비만증, 대사증후군과 같은 대사의 혼란에 대해서도 설명한다.

16.1 대사 개요

주요 대사 회로는 모든 생물에 공통적이다. 생물은 일생을 통해 동화와 이화 과정 사이의 정확한 균형을 잘 조절하면서 살아간다. 동물 같은 종속 영양 생물(heterotroph)에서 주요한 동화와 이화 과정 회로가 **그림 16.1**에 나타나 있다. 어린 동물의 성장기, 질병, 임신 등을 제외하고 동물의 조직은 **일정 상태**(steady state)로 있다. 일정 상태란 동화 과정 속도가 이화 과정 속도와 거의 동일한 상태를 말한다.

동물은 환경의 변화에 대해 반응하고 적응하면서 어떻게 동화 과정과 이화 과정 사이의 정확한 균형을 유지할 수 있는가? 여러 형태의 세포 간 교신이 중요한 역할을 하는 것으로 알려져 있다. 대부분의 세포 간 교신은 화학 신호에 의해 일어난다. 일단 세포 외 환경으로 방출되면 각 화학 신호는 **표적 세포**(target cell)에 의해 인식된다. 대부분의 화학 신호는 변형된 아미노산, 지방산 유도체, 펩타이드, 단백질, 또는 스테로이드이다.

동물에서 신경계와 내분비계가 주로 대사를 조정하고 통합한다. 신경계는 환경 정보의 수집과 가공을 위해 신속하고 효율적인 메커니즘을 제공한다. 신경세포는 축삭(axon)에서 신경 전달 물질(neurotransmitter)을 시냅스(synapse)로 방출한다

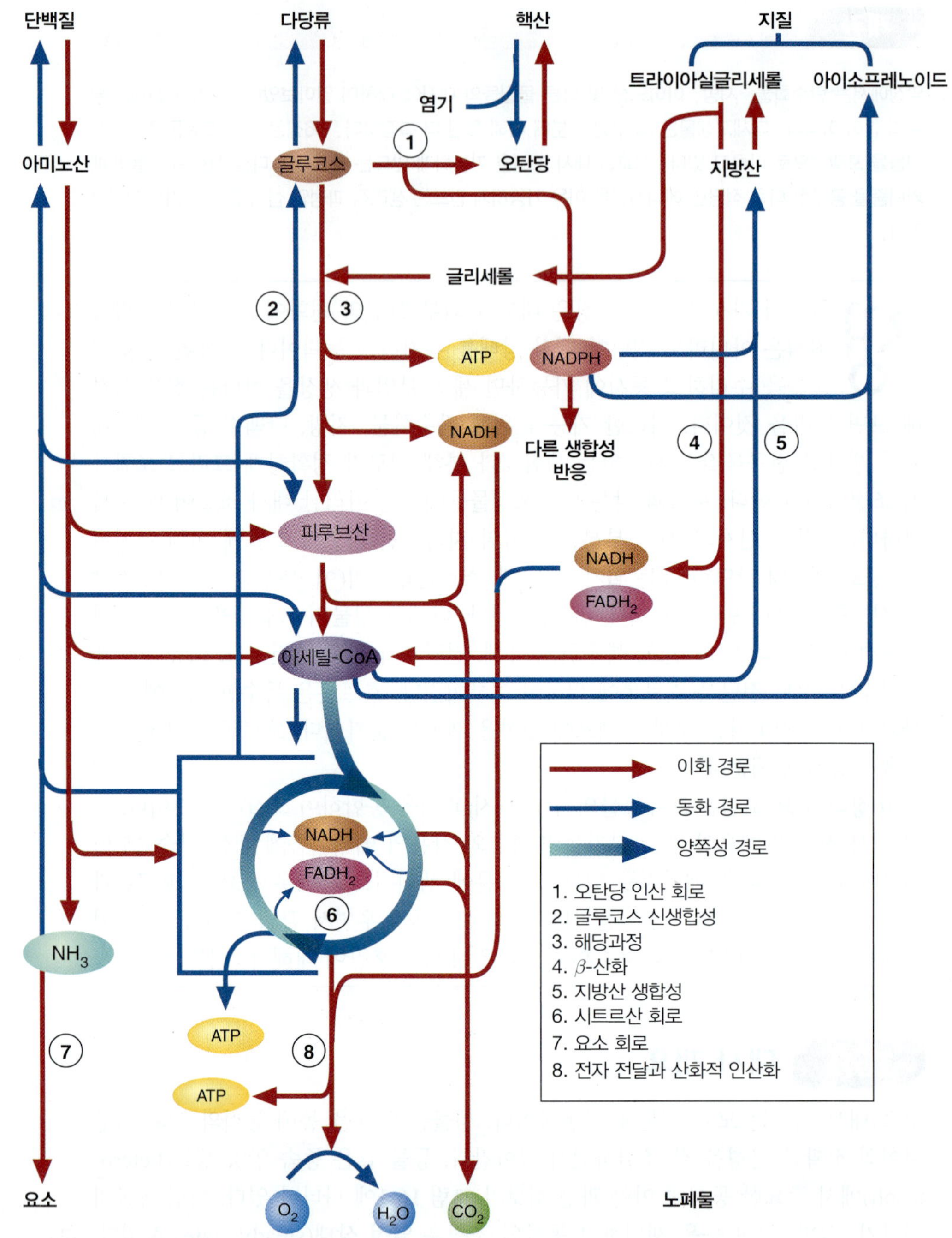

그림 16.1

대사의 개요.

이 그림은 종속 영양 생물의 동화와 이화 대사 과정(즉, 중요한 생체 물질들을 합성하고 분해하며 상호 전환시키고 에너지를 생산하는 생화학적 경로)을 나타낸 것이다.

(14.3절). 신경 전달 물질은 인접 세포와 결합하여 그 세포로부터 특정 반응을 유발시킨다.

내분비계에 의한 대사 조절은 혈액으로 분비되는 호르몬에 의해 이루어진다. 내분비계는 선(gland)에서 발견되는 전문화된 세포로 구성된다. **내분비**(endocrine) 호르몬이라고 하는 호르몬 분자들은 분비된 후 표적 세포에 도달할 때까지 혈액을 통해 이동한다. 어떤 호르몬들은 한 유형의 표적 세포에만 특정 효과를 나타내

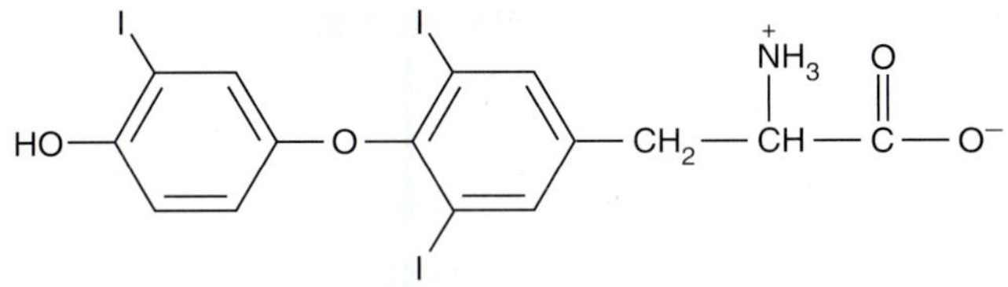

트라이아이오도타이로닌(T_3)

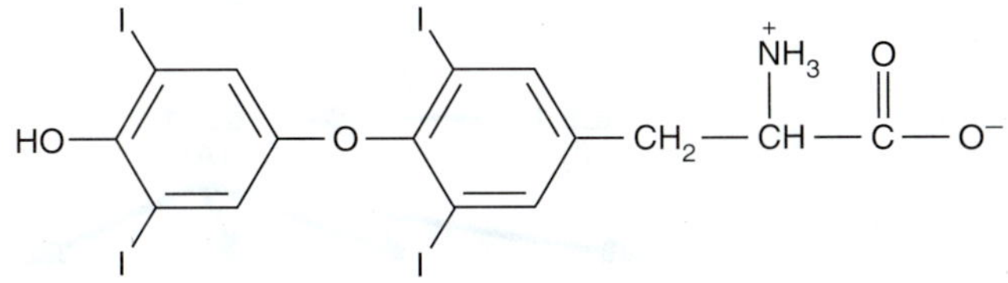

타이록신(T_4)

그림 16.2

갑상선 호르몬 T_3와 T_4의 구조.

는가 하면 또 다른 호르몬들은 다양한 표적 세포들에 특정 효과를 나타낸다. 예를 들어 뇌하수체(pituitary)에서 분비되는 갑상선 자극 호르몬(thyroid stimulating hormone, TSH)은 갑상선의 소포세포(follicular cell)를 자극하여 트라이아이오도타이로닌(triiodothyronine, T_3)과 타이록신(thyroxine, T_4)을 방출한다(**그림 16.2**). 이와는 대조적으로 T_3(갑상선 호르몬 중 가장 활성이 있는)와 T_4는 수많은 세포 유형에서 다양한 세포 반응을 자극한다(예, T_3는 간세포에서 글리코젠 분해 과정을, 작은창자에서 글루코스 흡수를 촉진함).

16.2 호르몬과 세포 간 교신

매우 다양한 종류의 생체 분자들이 체내 대사를 조절한다. 대부분의 호르몬으로 유도되는 세포 기능 변화는 호르몬-수용체 결합에 의해 자극되는 효소의 활성, 농도, 효소 위치의 변화에 따라 일어난다. 호르몬은 수용성 호르몬(펩타이드, 폴리펩타이드, 에피네프린과 같은 아미노산 유도체 호르몬), 성장 인자(세포의 성장과 분화를 조절하는 단백질), 지용성 호르몬(스테로이드, 갑상선 호르몬)으로 분류된다.

펩타이드 호르몬

동물에서 대부분의 수용성 호르몬은 펩타이드 또는 폴리펩타이드이다. 이들은 표적 세포의 원형질막 바깥쪽 표면에 있는 수용체와의 결합을 통해 역할을 시작한다. 포유동물에서 이 호르몬들은 대개 그 합성과 분비가 복잡한 다단계 반응 메커니즘에 의해 조절되고 궁극적으로 중추신경계에 의해 제어된다. 신경계와 내분비계를 통합하는 뇌의 시상하부(hypothalamus)가 감각 신호를 받는다. 예를 들어 시상하부의 삼투수용체(osmoreceptor)는 혈액의 높은 소듐 이온 농도에 반응하여 항이뇨(antidiuretic) 펩타이드 호르몬인 바소프레신(vasopressin)의 분비를 자극한다. 바소프레신은 뇌하수체 후엽(posterior pituitary)으로부터 혈액으로 분비된다.

대부분 수용성 호르몬의 수용체는 표적 세포의 표면에 존재한다. 이 호르몬들이 수용체와 결합하면 세포 내 일련의 반응을 유도한다. 많은 호르몬(제1전령)의 세포 내 작용은 **제2전령**(second messenger)에 의해 중재된다. 제2전령으로는 고리형 AMP(cAMP), 고리형 GMP(cGMP), 칼슘 이온, 이노시톨 인지질(inositol phospholipid) 등이 있다. 대부분의 제2전령은 *효소 다단계 반응*(enzyme cascade)이라

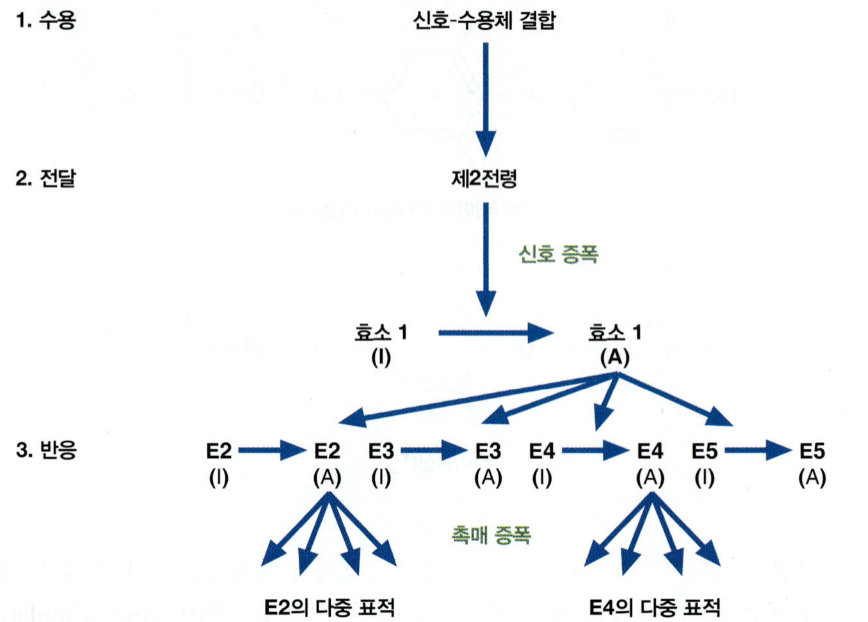

그림 16.3

신호 전달.

신호 전달 메커니즘은 세 단계로 일어난다. (1) 수용: 신호 분자가 그 수용체에 결합한다. (2) 전달: 수용체 결합의 결과로 효소 다단계 반응이 제2전령 분자들에 의해 개시된다. 제2전령에 의해 활성화된 효소는 다수의 다른 표적 효소들의 많은 복제물을 변형시킨다. 활성화된 표적 효소는 또한 두 번째 표적 단백질들의 많은 복제물을 변형시킨다. (3) 반응: 세포 기능은 현존하는 효소들의 활성 변화, 세포골격의 재배열과 변화된 유전자 발현에 의해 변화된다. 신호 증폭은 다단계 반응의 각 단계에서 일어난다. (I = 비활성화, A = 활성화)

고 하는 강력한 증폭 장치를 이용하여 효소 활성을 조절한다. 효소 다단계 반응(**그림 16.3**)에서 효소는 비활성 형태로부터 활성 형태로 또는 활성 형태로부터 비활성 형태로 전환되는 형태 전이(conformational transition)를 거치는 데, 이는 결과적으로 원래의 신호를 현저히 증폭시킨다. 이러한 과정은 제2전령이 특정 효소와 결합할 때 시작된다. 예를 들어 비활성인 PKA(단백질 카이네이스)에 cAMP가 결합되면 이 효소는 활성 PKA로 전환된다. 이것은 결국 많은 표적 효소들을 인산화하여 그 활성을 변형시킨다. 원래의 신호는 일부 경우에는 제2전령(신호 수준에서)을 통해서 그리고 대부분의 경우에는 효소 다단계 반응(촉매 수준에서)을 통해서 증폭되고 다양한 반응을 나타낸다. cAMP 계는 양쪽 수준 모두에서 증폭을 수행한다.

동물은 과도한 호르몬 합성과 방출을 방지하기 위해 여러 메커니즘을 사용하는데, 그 중 대표적인 것이 되먹임 억제(feedback inhibition)이다. 시상하부와 뇌하수체 전엽은 그들이 조절하는 표적 세포에 의해 제어된다. 예를 들면 뇌하수체 전엽에 의한 갑상선 자극 호르몬 방출은 혈액의 T_3과 T_4 농도가 상승하면 억제된다. 갑상선 호르몬은 갑상선 자극 호르몬-방출 호르몬(TRH)에 대해 TSH 합성세포가 민감하게 반응하지 않도록 억제 작용을 한다. 또한 몇몇 자극 호르몬은 자신들의 방출 인자 합성을 억제한다.

표적 세포도 또한 호르몬에 의한 과도한 촉진 반응에 대해 보호 기능을 갖고 있는데, 이러한 현상을 **감도 상실**(desensitization)이라고 한다. 감도 상실을 위해 표적 세포들은 세포 표면 수용체의 수를 감소시킴으로써 또는 수용체들을 비활성화함으로써 자극의 변화에 대한 적절한 적응을 한다. 특정 호르몬에 의한 자극에 대한 세포 표면의 수용체 감소를 **하향 조절**(downregulation)이라고 한다. 하향 조절

주요 개념 _Key Concepts

포유동물의 많은 호르몬들은 복잡한 다단계 반응 메커니즘에 의해 통제되고 중추신경계에 의해 조절되고 있다

에서는 수용체가 세포내 이입(endocytosis)에 의해 안으로 흡수된다. 세포 유형과 대사 인자에 따라 수용체는 재활용되어 세포 표면으로 가거나 파괴된다. 수용체가 파괴되면 옛 수용체를 대체하기 위하여 새 수용체 단백질이 합성되어야 한다. 어떤 질병은 특정 호르몬에 대한 표적 세포의 무감각에 의해 유발되는데, 그 예가 **인슐린 저항성**(insulin resistance)과 관련된 당뇨병이다(이 질병은 인슐린 수용체의 감소에 의해 일어남). 이 장의 뒤에 나오는 생화학 전망에서 당뇨병에 대하여 논의하였다.

호르몬 측정을 위해 매우 민감한 방법이 이용되고 있다. 이 중 가장 널리 사용되는 방법으로 효소결합 면역 흡착 분석(enzyme-linked immunosorbent assay, ELISA)이 있다.

문제 16.1

그림 8.21에 나와 있는 에피네프린의 자극에 의한 글리코젠의 분해 과정에 대해 설명하라. 생화학적 과정에서 신호 전달 성분인 일차 신호, 수용체, 신호 전달물질 및 반응을 찾아보라.

세포 표면 수용체의 주요한 두 가지 유형은 G-단백질 연결 수용체(G-protein-coupled receptor)와 수용체 타이로신 카이네이스(receptor tyrosine kinase)이다. 구아닐산 고리화효소 수용체도 설명한다.

G-단백질 연결 수용체 가장 큰 단백질 수용체군(사람에서 800개의 유전자)인 **G-단백질 연결 수용체**(G-protein-coupled receptor, GPCR)는 3차원 통과 같은 모양으로 배열된 7개의 막관통 나선으로 구성되어 있다. 세포 바깥의 N-말단 조각은 리간드 결합 자리의 일부를 형성하고 세포 안의 C-말단 조각은 G-단백질과 상호 작용을 한다. G-단백질은 이종삼합체 구아노신 뉴클레오타이드 결합 단백질(heterotrimeric guanosine nucleotide-binding protein)로도 알려져 있다. GPCR은 다양한 자극을 세포 내 신호로 변환시킨다. 글루카곤, TSH, 카테콜아민과 엔도카나비노이드(endocannabinoid, 예: 아라키돈산 유도체인 아난다마이드) 같은 호르몬 이외에도 신경 전달 물질(예, 글루탐산, 도파민, GABA), 신경 펩타이드(예, 바소프레신, 옥시토신), 후각자극제와 미각제(각각 냄새와 미각을 자극하는 분자)와 빛(로돕신) 등에 반응한다.

G 단백질(G protein)은 GPCR과의 리간드 결합을 세포내 신호로 변환하는 분자 스위치이다(**그림 16.4**). G 단백질은 α, β, γ 소단위체들로 구성된다. α 소단위체는 GTP와 GDP를 결합한다.

20개의 알려진 α 소단위체들 중 가장 연구가 많이 된 소단위체들은 아데닐산 고리화효소(adenylate cyclase)를 각각 자극하고 억제하는 G_s와 G_i이다. β와 γ 소단위체들로 구성된 $\beta\gamma$ 복합체는 α 소단위체에 결합하여 그것을 억제한다. G 단백질들은 α 소단위체에 부착된 미리스토일기(myristoyl group) 또는 팔미토일기(palmitoyl group) 그리고 γ 소단위체에 부착된 파네실기(farnesyl group) 또는 제라닐제라닐기(geranylgeranyl group)에 의해 원형질막에 고정된다. $\beta\gamma$ 이합체는 GPCR과 α 소단위체의 결합을 촉진하고 수용체의 활성화가 없으면 GDP/GTP 교환을 억제한다. 또한 α 소단위체가 막에 고정되는 것을 촉진하고 하류 신호 과정(downstream signaling)(후수용체 활성화, postreceptor activation)에서 효과물질

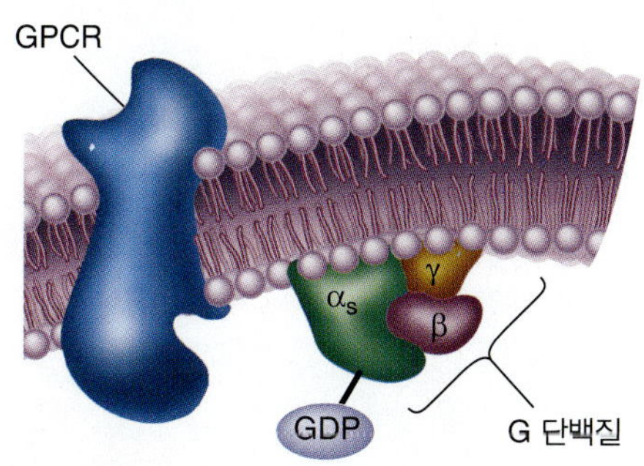

그림 16.4

G-단백질 연결 수용체와 G 단백질.

리간드가 G-단백질 연결 수용체에 결합할 때 G 단백질에 의해 중재되는 신호 메커니즘이 시작된다. 각 G 단백질은 3개의 소단위체 α, β, γ로 구성된다. 그리고 G 단백질은 활성화되기 전 GDP와 결합한다.

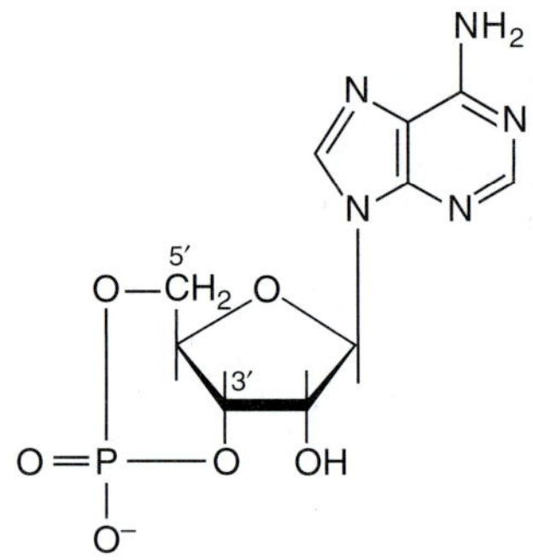

cAMP

그림 16.5
제2전령 cAMP의 구조.
아데노신 3′,5′-인산(adenosine 3′,5′-phosphate)이라고도 일컫는 cAMP는 3′과 5′ 탄소들을 연결하는 다이에스터이다.

로서 역할을 한다.

G 단백질 활성화는 리간드가 GPCR에 결합할 때 일어난다. 수용체의 막횡단 자리의 형태 변화는 **구아닌 뉴클레오타이드 교환 인자**(guanine nucleotide exchange factor, GEF)에 의해 매개되는 GDP/GTP 교환을 일으키고 이어서 GTP-α 소단위체의 분리가 일어난다. 활성화된 α 소단위체는 막의 세포질 표면 쪽을 따라서 이동하여 제2전령을 생산하는 효소를 활성화한다. GTP-α_s 소단위체는 아데닐산 고리화효소를 활성화하고 신호 전달 다단계 반응에서 제2전령으로 작용하는 cAMP 합성을 증가시킨다. 그러나 GTP-α_i 소단위체는 아데닐산 고리화효소를 억제하여 세포 내 cAMP 농도를 감소시킨다. cAMP 이외에 다른 분자들도 일부 GPCR 신호 전달 메커니즘에 관여하는데 여기에 포스파티딜이노시톨(phosphatidylinositol) 회로의 성분과 칼슘 이온이 있다. 그리고 구아닐산 고리화효소(guanylate cyclase)에 의해 합성되는 제2전령 분자인 cGMP도 유사한 메커니즘으로 작용한다.

cAMP cAMP(**그림 16.5**)는 글루카곤, TSH, 에피네프린 같은 호르몬들이 호르몬-수용체에 결합하면 아데닐산 고리화효소에 의해 ATP로부터 생산된다. 리간드로 채워진 수용체에 결합된(신호 개시) G_s 소단위체는 GDP/GTP 교환을 하고 GTP-α_s 소단위체(활성이 있는)는 분리되면서 아데닐산 고리화효소를 활성화한다(**그림 16.6**). GTP 가수분해는 이 결합을 끝내고 GDP-α_s는 GPCR-$\beta\gamma$와 재결합한다(1차 신호 종결). [실제로 α_s-GTP는 시간 장치이다. α 소단위체가 GTP를 가수분해하는 속도가 신호의 지속을 결정한다.] 활성화된 아데닐산 고리화효소는 수많은 cAMP 분자를 생산하고(신호 증폭) 이 cAMP 분자는 세포질로 확산하며 그곳에서 이종사합체인 cAMP 의존성 단백질 카이네이스(PKA: protein kinase)의 조절 소단위체에 결합하여 활성화한다. cAMP 분자는 인산다이에스터 가수분해효소(phosphodiesterase)에 의해 신속히 가수분해된다(2차 신호 종결). 활성화된 PKA 소단위체는 핵 안으로 들어가서 CREB[cAMP 반응 요소 결합 단백질(cAMP response element binding protein)]을 인산화해서 CBP[CREB-결합 단백질(CREB-binding protein)]라는 보조 활성물질을 결합할 수 있는 구조화되지 않은 부분을 만든다. CREB는 부분적으로 히스톤을 아세틸화하여서 전사를 촉진한다. 아세틸화는 전사인자들의 DNA 접근성을 높여준다. 활성화된 CREB에 반응하여 합성된 대사 효소의 예로는 글루코스 신생 합성의 효소인 PEPCK와 글루코스-6-인산 가수분해효소, 그리고 타이로신 하이드록시화효소가 있다.

cAMP에 의해 영향을 받는 표적 단백질은 세포 유형에 달려 있다. 그뿐만 아니라 여러 호르몬들은 같은 G 단백질을 활성화한다. 따라서 서로 다른 호르몬들이 같은 효과를 나타낸다. 예를 들면, 간의 글리코젠 분해가 에피네프린과 글루카곤에 의해 일어난다.

어떤 호르몬은 아데닐산 고리화효소 활성을 억제한다. 이러한 물질들의 수용체가 G_i 단백질과 작용하기 때문에 세포 단백질의 인산화 반응이 감소된다. G_i가 활성화될 때 α_i 소단위체는 $\beta\gamma$ 이합체로부터 분리되고 아데닐산 고리화효소의 활성화를 막는다. 예를 들어 지방세포의 수용체가 G_i와 결합되어 있기 때문에 PGE_1(prostaglandin E_1)은 지방 분해를 억제한다. (지방 분해는 에피네프린에 의해 촉진된다.)

포스파티딜이노시톨 회로, IP_3, DAG와 칼슘 포스파티딜이노시톨 회로(phosphatidylinositol cycle, **그림 16.7**)는 호르몬과 성장 인자의 작용을 중재한다. 그 예로서

그림 16.6

글리코젠 분해를 제어하는 아데닐산 고리화효소 제2전령계.

수용체가 비어 있을 때 G_s 단백질의 α_s 소단위체는 GDP와 결합하고 $\beta\gamma$-이합체와 복합체를 형성한다. (1) 호르몬 결합은 수용체를 활성화하여 (2) GDP 대신 GTP로 대치한다. 활성화된 소단위체는 아데닐산 고리화효소와 상호작용하여 활성화한다. (3) 생성된 cAMP는 cAMP 의존성 단백질 카이네이스와 결합한다. 신호 전달은 리간드가 수용체를 떠나고, 결합된 GTP가 α_s 소단위체의 GTPase에 의해 가수분해되고 α_s 소단위체가 아데닐산 고리화효소로부터 분리될 때 끝난다. 고리형 AMP는 인산다이에스터 가수분해효소에 의해 AMP로 가수분해되어 비활성화된다. (4) α_s 소단위체는 $\beta\gamma$-이합체와 재결합한다. cAMP 의존성 단백질 카이네이스가 가인산분해효소 카이네이스의 인산화를 촉진시키면 이어서 인산화를 통해서 글리코젠 분해 효소인 글리코젠 가인산분해효소를 활성화하면 글리코젠의 분해가 개시된다. cAMP-의존성 단백질 카이네이스(PKA)의 활성 소단위체는 핵 안으로 이동하여 활성 인자 CREB를 활성화한다. 이에 따라서 CREB은 보조 활성물질인 CBP와 함께 CRE(cAMP 반응 요소)에 결합할 수 있다. 그 결과 cAMP에 의하여 유도되는 유전자들이 전사된다.

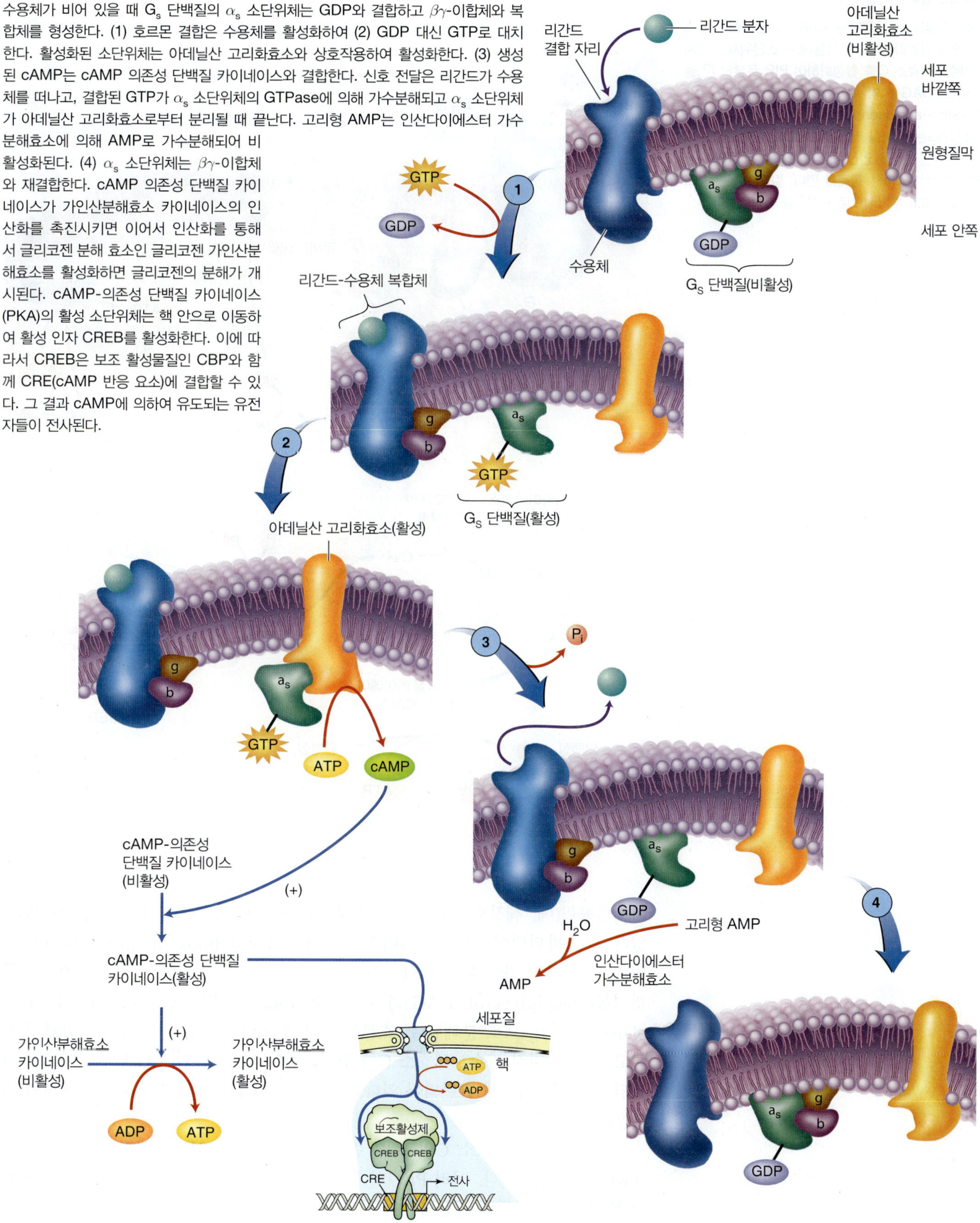

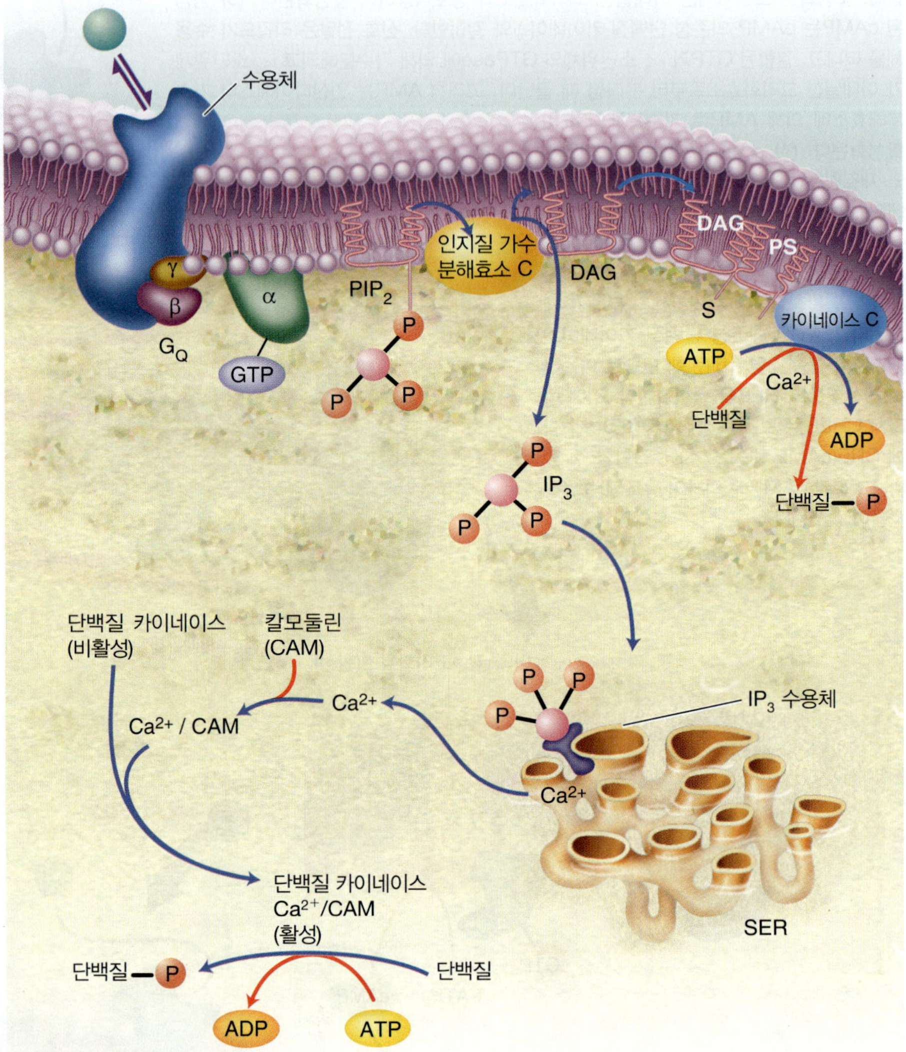

그림 16.7

포스파티딜이노시톨 회로.

호르몬이 막의 수용체에 결합하면 G 단백질의 α 소단위체가 활성화된다. 그 다음에 α 소단위체는 인지질 가수분해효소 C를 활성화하여 PIP_2로부터 IP_3을 분해하고 DAG를 막 속에 남겨 둔다. 포스파티딜세린(phosphatidylserine, PS) 및 칼슘 이온과 작용하여 DAG는 단백질 카이네이스 C를 활성화하여 중요한 조절물질들을 인산화한다. IP_3은 SER의 수용체와 결합하여 Ca^{2+} 통로를 연다. 칼슘 이온은 세포질로 이동하고 추가적으로 표적들을 활성화한다.

아세틸콜린(예, 췌장세포에서 인슐린 분비), 바소프레신, 에피네프린(α_i 수용체)이 있다. 포스파티딜이노시톨-4,5-비스인산(phosphatidylinositol-4,5-bisphosphate, PIP_2)은 인지질 가수분해효소 C(phospholipase C)에 의해 제2전령인 **다이아실글리세롤**(diacylglycerol, DAG)과 **이노시톨-1,4,5-트리스인산**(inositol-1,4,5-trisphosphate, IP_3)으로 분해된다. 호르몬-수용체 복합체는 G 단백질 활성화를 유도하고 이는 인지질 가수분해효소 C를 활성화한다. 여러 유형의 G 단백질이 포스파티딜이노시톨 회로에 관련되어 있다. 예를 들어 G_Q(**그림 16.7**)는 바소프레신의 작용을 중재한다.

인지질 가수분해효소 C의 촉매 반응 생성물인 DAG는 단백질 카이네이스 C(PKC)를 활성화한다. 여러 PKC의 활성이 밝혀졌다. 세포에 따라 활성화된 PKC는 특정 조절효소들을 인산화하여 활성화 또는 비활성화를 일으킨다.

일단 생산되면 IP_3는 칼시솜(calcisome) 활면 소포체(SER)로 확산되어 그 곳에서 수용체와 결합한다. 칼슘 이온이 열린 통로를 통해 들어오면 세포질 칼슘 이온 농도는 증가하게 된다. 칼슘 이온은 원형질막에 결합된 PKC의 활성화를 포함하여 수많은 세포 대사 과정을 조절하는 데 관여하고 있다. 칼슘 이온 방출이 활성화되더라도 칼슘 이온 농도가 비교적 낮기 때문에(약 10^{-6} M) 칼슘 이온 결합 자리는 이온에 대한 높은 친화력을 가져야 한다. 여러 칼슘 이온 결합단백질은 칼슘 이온이 존재하면 다른 단백질의 활성을 조절한다. 대표적인 칼슘 이온 결합단백질인 칼모듈린(calmodulin)은 많은 칼슘 이온 조절 반응을 중재하며, 이 단백질은 또한 가인산분해효소 카이네이스(phosphorylase kinase)의 조절 소단위체로서도 작용한다(가인산분해효소 카이네이스는 글리코젠 대사에서 가인산 분해효소 b를 가인산분해효소 a로 전환시키는 효소임).

구아닐산 고리화효소 수용체 구아닐산 고리화효소 수용체는 막 결합형과 수용성(세포질)형의 두 가지 유형으로 존재한다. 활성화되면 두 가지 유형의 수용체 모두 GTP를 제2의 전령인 *고리형 GMP*(cGMP)로 전환한다.

두 유형의 분자들이 막 결합 구아닐산 고리화효소를 활성화하는데, *심방성 소듐이뇨 인자*(atrial natriuretic factor, ANF)와 세균성 장내독소(enterotoxin)이다. ANF는 혈액의 양이 증가됨에 따라 심방 세포에서 분비하는 펩타이드로서 혈관 확장과 이뇨작용(소변량 증가)을 통해 혈압을 낮추는 역할을 한다. ANF의 생물학적 효과는 cGMP에 의해 일어난다. ANF는 여러 세포 유형의 구아닐산 고리화효소를 활성화하는데, 그 결과 cGMP-의존성 단백질 카이네이스(PKG)가 활성화된다. 신장의 집합세관에 있는 한 유형의 경우 ANF 촉진에 의한 cGMP 합성이 신장의 Na^+와 물의 배설을 증가시킨다.

여러 세균에 의해 생성되는 *장내독소*(enterotoxin)는 장세포의 원형질막에 있는 다른 유형의 구아닐산 고리화효소와 결합하여서 설사를 일으킨다. 예를 들어 여행자 설사병의 한 유형은 특정 대장균 종류가 생성하는 *열에 안정한 장내독소*(heat-stable enterotoxin)에 의한 것이다. 이 독소가 구아닐산 고리화효소와 연결된 장세포 원형질막 수용체에 결합하면 전해질과 물의 양을 과도하게 창자의 내강으로 내보낸다.

여행자 질환
Traveller's Disease

수용성 구아닐산 고리화효소(soluble guanylate cyclase, sGC)는 이종이합체로서 일산화질소(·NO)가 헴 보결원자단(이합체 당 헴 한 개)에 결합하면 활성화된다. 일단 활성화되면 sGC는 cGMP-의존성 단백질 카이네이스와 이온 개폐 통로(ion-gated channel)를 조절한다. 예를 들면 동맥의 민무늬근 세포에서 ·NO에 의하여 촉발된 cGMP 합성의 결과로 혈압이 감소한다. cGMP에 의해 중재되는 세포 내 칼슘의 감소로 혈관 확장이 일어난다.

수용체 타이로신 카이네이스 **수용체 타이로신 카이네이스**(receptor tyrosine kinase, RTK)는 인슐린, 표피 성장 인자(epidermal growth factor, EGF), 혈소판 유래 성장 인자(platelet derived growth factor, PDGF)와 인슐린 유사 성장 인지 I(insulin-like growth factor, IGF-I) 같은 리간드들을 결합하는 막횡단 수용체들이다. 비록 이들 수용체 사이에 구조적 차이점은 있어도 이들은 구조적으로 다음과 같은 공통점을 갖고 있다. 즉, 세포 바깥의 특정 리간드와 결합하는 외부 구역, 막횡단 조각, 그리고 타이로신 카이네이스 활성을 갖고 있는 세포질의 촉매 구역이 있다. 리간드가 외부 구역과 결합하면 수용체 단백질의 형태 변화가 일어나 타이로신 카이

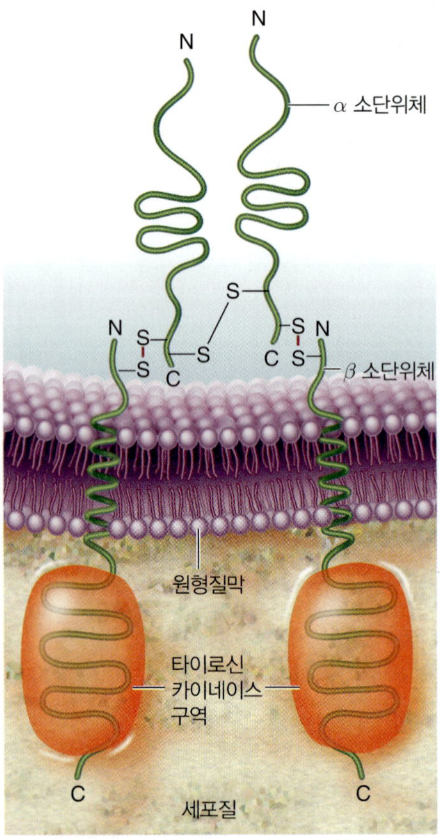

그림 16.8

인슐린 수용체.

인슐린 수용체는 두 쌍의 α와 β 소단위체로 구성된 사합체이다. 소단위체들은 이황화 다리에 의해 서로 연결되어 있다.

네이스 구역이 활성화된다. 타이로신 카이네이스 활성은 타이로신 카이네이스 구역의 자가 인산화 반응(autophosphorylation)을 개시하는 인산화 다단계 반응을 일으킨다. 그 동안의 많은 연구들은 인슐린 수용체에 집중되어 있었다.

인슐린 수용체(insulin receptor, **그림 16.8**)는 이황화 다리(disulfide bridge)로 연결된 두 유형의 소단위체로 구성된 막횡단 당단백질이다. 두 개의 큰 α 소단위체(130 kD)는 세포 바깥으로 뻗어 있으며 그곳에서 인슐린 결합 자리를 형성한다. 두 개의 β 소단위체(90 kD)는 각각 막횡단 조각과 타이로신 카이네이스 구역을 포함하고 있다.

수용체의 α 소단위체에 인슐린 분자가 결합하면 수용체 타이로신 카이네이스 활성을 활성화하고 이로 인해 여러 인산화가 다단계로 일어나게 되어 여러 세포 내 단백질의 활성을 조절한다. 인슐린은 150개가 넘는 유전자의 발현을 조절한다. 여섯 개 인슐린 수용체 기질(IRS) 중의 하나인 인슐린 수용체 기질 1(insulin receptor substrate 1, IRS-1)은 활성화된 인슐린 수용체에 의해 직접적으로 인산화되는 여러 단백질들 중 하나이다. 활성화된 IRS-1은 **그림 16.9a**에 나와 있는 것처럼 포스파티딜이노시톨-3-카이네이스(phosphatidylinositol-3-kinase, PI3K)를 포함한 여러 단백질에 결합하고 활성화한다. 이후 PI3K는 세포막의 별로 많지 않은 구성원인 PIP_2를 인산화하여 포스파티딜이노시톨 3,4,5-트리스인산(PIP_3)을 형성한다. 일단 PIP_3 의존성 단백질 카이네이스(PDK1)이 PIP_3에 결합되면, PDK1은 여러 카이네이스를 활성화한다. 그 중 가장 중요한 효소는 세포 신호 전달 메커니즘에서 매우 중요한 역할을 하는 세린/트레오닌 카이네이스인 PKB이다(**그림 16.9b**). PKB는 GSK3을 억제하여 글리코젠의 합성을 촉진하고, PKA를 억제하여 지질 분해를 억제한다. PKB는 또한 GLUT4 운반체(transporter)의 원형질막으로의 이동을 촉진하여 지방세포와 근육 세포의 글루코스 흡수를 증가시킨다.

PKB의 가장 중요한 역할은 mTORC1(mTOR 복합체 1)의 성분인 mTOR를 활성화시키는 것이다. mTORC1은 중심적 카이네이스 센서로 호르몬의 활성, 영양소 유용성, 에너지 상태, 여러 형태의 스트레스(예, 삼투, 산화성 스트레스, 염증)에 대한 세포 반응을 통합한다. mTORC1의 활성화에 따른 유전자 발현 변화의 예로 리보솜과 단백질 합성의 증가와 자가 소화 작용(autophagy)의 감소를 들 수 있다. SREBP-1c와 퍼옥시솜 증식인자-활성화 수용체(peroxisome proliferator-activated receptor, PPAR)γ는 mTORC1에 의해 활성화되는 두 개의 대표적인 전사 인자이다. 스테롤조절 요소 결합단백질-1c(sterol regulatory element-binding protein-1c, SREBP-1c)는 ChREBP(carbohydrate response element binding protein, 탄수화물 반응 요소 결합단백질)과 함께 FAS, ACC와 같은 단백질을 암호화하는 지질 합성 유전자의 발현을 유발한다. SREBP-1c는 또한 글루코스 신생합성 효소의 합성을 억제한다. 활성화된 PPARγ는 지방 합성 유전자의 발현을 촉진한다.

mTORC1/인슐린에 의한 과정은 적어도 두 메커니즘에 의해 조절된다. 첫째, mTORC1는 IRS-1이 인산화되어 PIK3를 억제하는 자가조절 경로(autoregulatory pathway)의 한 부분이다. 둘째, 에너지와 영양소의 저하 또는 다른 세포 스트레스 유발인자에 의해 활성화되는 AMPK는 mTOR 조절 단백질의 인산화를 통해 mTORC1을 억제한다.

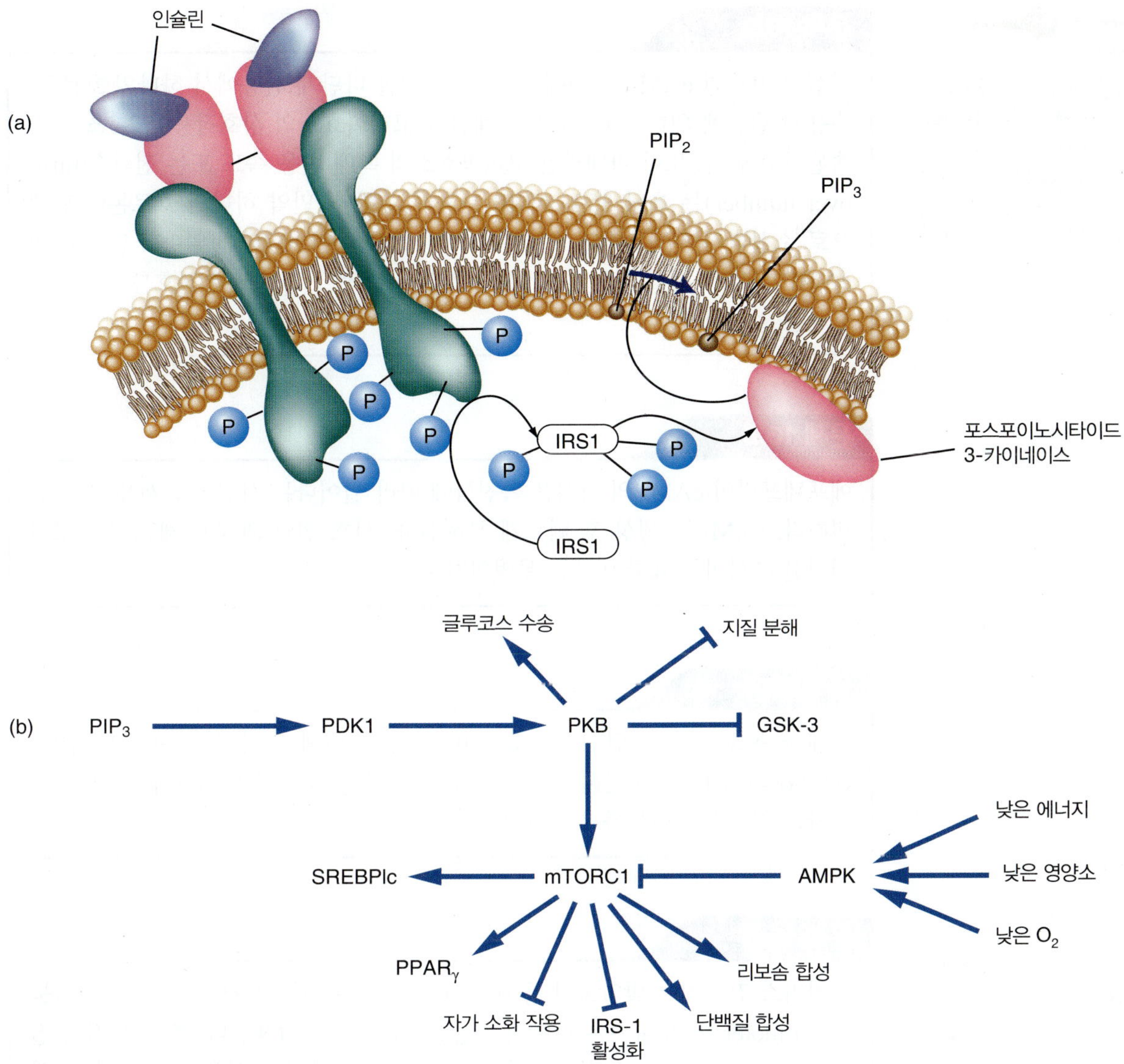

그림 16.9

인슐린 신호 메커니즘의 간단한 모형.

(a) 인슐린이 타이로신 카이네이스 수용체와 결합하면 자가 인산화 반응이 일어난다. 활성화된 인슐린 수용체는 이어서 한 벌의 초기 기질 분자들을 인산화하는 데 한 개만 그림에 나타내었다. 즉, 인슐린 수용체 기질 1(IRS1)이다. 그 다음에 새로이 인산화된 IRS1은 PIP$_2$를 PIP$_3$로 인산화하는 포스포이노시타이드-3-카이네이스(phosphoinositide-3-kinase)와 결합하여 활성화된다. 이어서 PIP$_3$는 PIP$_3$ 의존성 단백질인 산화효소와 결합하여 활성화시키는데, 활성화된 효소는 인산화를 통해 여러 카이네이스(예, PKB, PKC)들을 활성화한다. 이 카이네이스들은 신호 다단계 반응을 지속하여 유전자 발현의 변화를 종결한다.

(b) PKB는 글리코젠 생성효소를 비활성화시키는 효소인 GSK3를 인산화하여 활성을 억제하는 방법으로 글리코젠의 합성을 촉진한다. 또한 PKB는 지질 분해를 억제하고, 글루코스 수송을 활성화하며, 세포 내 여러 과정을 조절하는 mTORC1 복합체의 mTOR의 활성을 증가시킨다. 그림은 mTOR에 의해 영향 받는 여러 과정들 중 단백질 합성과 리보솜 합성의 촉진, 자가 소화 작용(autophagy)의 억제를 예로 보여준다. 또한 mTOR은 특정 유전자의 발현을 조절한다. 예를 들어 mTOR은 전사 인자인 SREBP1C와 PPARγ를 통해 지질과 콜레스테롤 합성에 관여하는 효소를 암호화하는 유전자의 발현을 촉진한다. mTOR의 활성은 ATP, 영양소, 산소의 양이 적을 때 AMPK에 의해 억제된다. 만약 영양소 양이 많으면 mTOR은 IRS1과 PI3K 억제자를 활성화하여 인슐린-IRS1-PI3K 신호 다단계 반응을 감소시킴으로써 자신의 활성을 조절한다.

주요 개념 _Key Concepts

- 호르몬 분자들과 결합하는 두 가지 주요한 유형의 세포 표면 수용체는 G 단백질 연결 수용체와 수용체 타이로신 카이네이스이다.
- GPCR에 의해 활성화된 G 단백질은 1개 또는 그 이상의 제2전령 분자들을 이용하여 원래의 신호를 신호 다단계 반응으로 전달한다.
- 수용체 타이로신 카이네이스는 신호 분자들의 결합에 의해 유도되는 자가인산화가 되면 인산화 다단계 반응을 활성화한다.

문제 16.2

가설에 따르면 cAMP 중재에 의한 신호 전달 다단계 반응에서 하나의 호르몬-수용체 결합에 의한 GTP-α_s와 아데닐산 고리화효소의 상호작용이 2.3초간 지속된다고 한다. 또한 아데닐산 고리화효소의 촉매 반응 속도 또는 전환수(turnover number)는 초당 350 cAMP 분자라고 한다. 만약 하나의 호르몬이 혈액으로 소실되기 전에 5개의 호르몬-수용체 반응이 일어난다면 얼마나 많은 수의 cAMP 분자가 생성되겠는가? 이 단계가 신호 전달 경로에서 신호를 증폭하는 효과는 얼마인가?

문제 16.3

에프네프린이 cAMP의 합성을 촉진함에 따라 일어나는 사건의 순서에 대해 설명하라. cAMP는 생성 후 빠르게 분해된다. 신호 전달 과정의 제2전령으로서 이러한 특성이 중요한 이유는 무엇인가?

문제 16.4

콜레라 독소의 A 소단위체는 cAMP 중재에 의해 염화 이온 통로를 연다. GTP-α_s의 GTP 가수분해가 억제를 받으면 대량 설사가 일어난다. 이 억제가 설사를 일으키는 이유를 설명하라.

종양 촉진물질 *Tumour Promoter*

문제 16.5

바이러스 감염이나 발암물질 등에 의해 매개되는 개시 사건 이후 종양 촉진물질(promoter)에 노출되는 다단계 반응을 거쳐 암이 발생한다. 종양 촉진 물질은 세포의 증식을 촉진하는 분자들로, 스스로 종양의 형성을 유도할 수는 없다. 크로톤(Croton tiglium)의 씨에서 추출한 크로톤 오일에 들어 있는 포르볼(phorbol) 에스터는 종양 촉진물질이다. (다른 종양 촉진물질에는 석면과 담배 연기의 몇 가지 성분이 있다.) 포르볼 에스터의 암 유발 작용 중 하나는 DAG를 대신하여 DAG의 역할을 하는 것이다. DAG와는 달리 포르볼 에스터는 쉽게 제거되지 않는다. '개시된' 세포에서 포르볼 에스터에 의해 유발될 수 있는 생화학적 반응에 대해 설명하라. 어떤 효소가 DAG와 포르볼 에스터에 의해 활성화되는가?

당뇨병 *Diabetes*

문제 16.6

당뇨병(diabetes)이라는 말은 그리스어 *diabainein* (과도해지다)에서 유래하였으며 참을 수 없는 갈증과 '살과 사지가 소변으로 녹음'을 비롯한 일단의 증상을 나타내기 위하여 아르테우스(Aretaeu, AD 81~138)가 최초로 사용하였다. 16장의 '생화학 전망'을 읽은 후 아르테우스가 발견한 증상의 생리적 · 생화학적 근거를 설명하라.

성장 인자

다세포생물은 그 생존을 위해 세포 생장과 분열이 엄격한 통제 아래 정확하게 이루어져야 한다. 호르몬과 유사한 다양한 폴리펩타이드와 단백질, 즉 **성장 인자**(growth factor) 또는 몇몇 사이토카인이 세포의 생장, 분화, 증식을 조절하는 것으로 알려지고 있다. 많은 경우에 있어 세포의 반응을 촉진하기 위해서는 여러 성장 인자가 필요하다. 성장 인자는 특정 선세포(glandular cell)에 의해 만들어지기보다는 다양한 유형의 세포들로부터 만들어진다는 점에서 호르몬과 다르다. 포유동물의 성장 인자로 표피 성장 인자, 혈소판-유래 성장 인자와 인슐린-유사 성장 인자 1과 인슐린-유사 성장 인자 2가 있다. **사이토카인**(cytokine)이란 조혈세포(blood-forming cell)와 면역계 세포에 의해 생산되는 단백질들을 의미한다. 사이토카인은 세포 생장 또는 증식을 자극 또는 억제할 수 있다. 인터루킨(interleukin)과 인터페론(interferon)은 사이토카인의 대표적인 예이다.

표피 성장 인자(epidermal growth factor, EGF)는 분자량이 6.4 kDa이며, 가장 처음 밝혀진 세포 성장 인자이다. EGF는 표피세포와 위장 상피세포의 세포 분열을 촉진하는 **유사분열 촉진제**(mitogen)이다. EGF가 원형질막 EGF 수용체에 결합하면 세포 분열을 유도하는데, 이 수용체는 구조적으로 인슐린 수용체와 유사한 타이로신 카이네이스이다.

혈소판-유래 성장 인자(platelet-derived growth factor, PDGF)는 분자량이 31 kDa이고 혈액응고 반응 중 혈소판에 의해 분비되는데, 상처 치유 동안 EGF와 함께 작용하여 섬유아세포(fibroblast)와 인접 세포의 유사분열을 촉진시킨다. PDGF는 또한 섬유아세포의 콜라젠(collagen) 합성도 촉진한다.

인슐린-유사 성장 인자 1 (insulin-like growth factor 1, IGF-1)과 **인슐린-유사 성장 인자 2** (insulin-like growth factor 2, IGF-2)는 성장 호르몬(growth hormone, GH)의 성장 촉진 작용을 매개하는 폴리펩타이드이다. IGF-1(어린 아이에서 수준이 높음)과 IGF-2는 GH가 세포 표면의 수용체에 결합하면 간과 다른 여러 조직 세포(예, 근육, 섬유아세포, 골세포, 신장)에서 분비되며, 동물의 중요한 성장 촉진 인자이다. 이름에서 알 수 있듯이 IGF-1과 IGF-2는 인슐린보다 그 정도는 낮지만 글루코스 수송 및 지방 합성과 같은 인슐린이 작용하는 대사과정을 촉진한다. 다른 폴리펩타이드 성장 인자와 같이 IGF-1과 IGF-2는 세포 표면의 수용체와 결합하여 세포 내 작용을 유도한다. IGF-1과 IGF-2의 수용체는 인슐린 수용체와 구조적으로 유사하여 세포 내 β-사슬은 타이로신 카이네이스 작용을 한다.

인터루킨 2(interleukin 2, IL-2)(13 kD)는 세포 생장과 분화를 촉진하고 면역반응계를 조절하는 사이토카인군의 한 가지이다. IL-2는 특정 항원 표출세포(antigen presenting cell)에 결합하여 활성화된 T 세포에 의해 분비된다. 이 세포들은 IL-2 수용체 생산도 촉진하며 IL-2가 이 수용체에 결합하면 세포 분열이 촉진되어 수많은 T 세포들이 생산된다. 이 과정은 면역 반응의 다른 측면들과 함께 항원이 신체에서 제거될 때까지 계속된다.

여러 사이토카인은 생장 억제물질이다. **인터페론**(interferon)은 항원, 유사분열 촉진제, 바이러스 감염, 종양과 같은 자극에 반응하여 생성되는 폴리펩타이드이다. I형 인터페론은 단백질 합성 개시에 필요한 단백질 인자(eIF2α)의 비활성화와 인산화를 자극함으로써 바이러스 감염으로부터 세포를 보호한다. T 림프구에 의해 생성되는 II형 인터페론은 면역조절 작용 이외에 암세포의 생장을 억제한다. **종양 괴사 인자**(tumor necrosis factor, TNF)는 종양세포에 독성을 나타낸다. TNF-

주요 개념 _Key Concepts

성장 인자는 세포 분열, 분화, 생장을 촉진시키는 호르몬과 매우 유사한 폴리펩타이드와 단백질이다.

생화학 전망 BIOCHEMISTRY IN PERSPECTIVE

당뇨병

왜 글루코스 수송이 제대로 발휘되지 못하는 당뇨병이 전체 신체에 영향을 주는가? 당뇨병은 불충분한 인슐린 합성, 증가된 인슐린 파괴 또는 효과가 없는 인슐린 작용에 의해 생기는 일단의 파괴적인 대사병이다. 당뇨병에는 제1형과 제2형의 두 가지 주요 형태가 있다. **제1형 당뇨병**[type 1 diabetes, 이전에는 *청소년 발병 또는 인슐린 의존성 당뇨병*(juvenile-onset or insulin-dependent diabetes)이라고 함]은 인슐린 생성 췌장 β 세포의 파괴로 인한 자가 면역 질환이다. **제2형 당뇨병**[type 2 diabetes, 이전에는 *성인 발병 또는 비 인슐린 의존성 당뇨병*(adult-onset or non-insulin-dependent diabetes)이라고 함]은 인슐린에 대한 표적 조직의 무감수성에서 생긴다. 당뇨병은 한때는 드물었지만 이제는 미국에서 인구의 7% 이상을 괴롭히는 주요 사망 원인이다. 전 세계의 당뇨병 발생률은 2.8%이다.

당뇨병의 기본 특징은 연료 대사의 기능 장애이다. 인슐린 결핍 또는 인슐린의 표적 조직 (근육, 지방조직, 간)의 무감수성은 **고혈당증**(hyperglycaemia, 고농도의 혈중 글루코스)과 **이상 지질 혈증**(dyslipidaemia, 비정상적 혈중 지질 및 지단백질)을 초래한다. 효과적인 인슐린 작용이 없으면 근육과 지방조직이 글루코스를 흡수하지 못하기 때문에 혈당 수치가 정상보다 높다. 이 상황은 간의 글루코스 신생합성과 글리코젠 분해(보통 인슐린에 의해 억제됨)에 의해 악화된다. 이 과정들은 이미 고혈당인 혈액으로 전달하기 위해 추가의 글루코스를 생산한다. 효과적인 인슐린 작용이 없으면 특히 간과 지방조직에서 지질 대사가 손상된다.

고혈당증은 모든 형태의 당뇨병에서 나타나는 급성 증상의 원인이다. 극도의 갈증과 잦은 배뇨는 **삼투성 이뇨**[osmotic diuresis, 물과 전해질 (Na^+, K^+, Cl^-)의 과도한 손실]로 이끄는 **글루코뇨**(glucosuria, 소변의 글루코스)에 의해 유발된다. 세포가 충분한 에너지를 생성할 수 없기 때문에 극도의 피로가 생긴다. 몸의 글루코스가 결핍된 세포는 뇌의 식욕 중추에서 기아 반응을 유발하여 극심한 기아를 유발한다[다식증(polyphagia)]. 고혈당증은 또한 신체에 만성 손상을 초래하는 여러 과정을 활성화시킨다. 단백질의 당화(glycation)를 통한 최종 당화 생성물(advanced glycation end product)은 혈관을 손상시키고 죽상동맥경화증 및 기타 퇴행성 질환을 일으킨다.

고혈당은 또한 소비톨(sorbitol) 경로를 자극한다. 글루코스 섭취가 인슐린 의존성인 일부 세포(예, 말초신경, 눈의 수정체)에서, 과량의 글루코스 분자는 NADPH-요구성 *알도스 탈수소효소*(aldose dehydrogenase)에 의해 소비톨로 전환된다. 소비톨 축적은 세포 내 단백질의 당화를 일으킨다. 과잉의 $NADP^+$는 세포의 GSH와 NO의 수준을 낮출 수 있다. 일부 소비톨 분자의 산화는 NAD^+ 감소와 관련이 있다. 과량의 NADH는 피루브산으로부터의 락트산 합성 증가 이외에도 미토콘드리아 전자 전달계에서 초과산화 이온 생성 효소인 *NADH 산화효소*(NADH oxidase)의 활성화에 의한 초과산화 이온의 생성을 촉진한다. 당뇨병 환자에서 소비톨 축적과 산화 환원 변화는 신경 손상 및 백내장 형성과 관련이 있다. 마지막으로, 고혈당증은 염증성 신호 전달 경로의 그물망을 활성화시키는 전염증성 사이토카인[proinflammatory cytokine; 예, 종양 괴사 인자-α(tumour necrosis factor-α, TNF-α)]에 의해 매개되는 만성 전신 염증 과정을 유발하는 몇 가지 인자 중 하나이다.

효과적인 인슐린 작용이 없는 경우 다량의 지방산을 혈액으로 방출하는 지방조직의 지방 분해(글루카곤의 반대 작용에 의함)가 증가한다(12.1절). 간에서는 지방산 분자가 저농도의 OAA(과잉의 글루코스 신생합성에 의함)와 결합하여 β 산화에 의해 분해되기 때문에 대량의 아세틸-CoA(케톤체 형성 기질)가 생성된다. 에너지 또는 케톤체를 생성하는 데 사용되지 않는 지방산은 VLDL 합성에 사용된다. 인슐린이 부족하면 지질단백질 지질 가수분해효소(lipoprotein lipase) 합성이 억제되기 때문에 이 과정은 *고지질단백질혈증*(hyperlipoproteinaemia, 높은 혈중 지질 단백질 농도)을 일으킨다.

제1형 당뇨병

제1형 당뇨병의 대부분의 경우는 췌장에서 인슐린을 생성하는 β 세포의 자가 면역 파괴에 의해 유발된다. 몇 달 또는 몇 년 동안 진행되는 염증 과정의 결과로 거의 모든 인슐린 생산 능력이 파괴되면 증상이 갑자기 나타난다. 다른 염증이나 자가 면역 과정들과 마찬가지로 자가 항체가 세포 표면 항원에 결합하면 β 세포 파괴가 개시된다. 제1형 당뇨병에서 발견되는 가장 일반적인 자가 항체 중 하나는 글루탐산 탈카복실화효소(glutamate decarboxylase) 활성을 가진 항원에 특이적으로 결합한다. 인슐린에 대한 자가 항체와 타이로신 인산 가수분해효소 IA-2도 검출되었다.

제1형 당뇨병의 가장 심각한 급성 증상은 지방산 산화가 억제되지 않은 결과인 **케톤산증**(ketoacidosis)이다. 케톤체는 신체의 산화 능력이 초과될 정도로 많은 양으로 방출된다. 혈액 내 케톤 농도 증가(ketosis, **케톤증**)와 낮은 혈액 pH가 고혈당증과 함께 과도한 수분 손실을 유발한다. (환자의 호흡에서 나는 아세톤의 냄새는 케톤산증의 특징이다. 휘발성 아세톤 분자를 제거하는 주요 메커니즘은 폐를 통과하기 때문이다.) 케톤산증과 탈수증은 치료하지 않으면 혼수상태와 사망으로 이어질 수 있다. 제1형 환자는 동물 또는 재조합 DNA 기술로부터 얻은 인슐린 주사로 치료한다. 밴팅(Frederick Banting)과 베스트(Charles Best)가 1922년에 인슐린을 발견하기 전에 대부분의 제1형 당뇨병 환자는 진단받은 후 1년 이내에 사망했다. 외인성 인슐린이 생명을 연장하지만 치료법은 아니다. 대부분의 당뇨병 환자는 장기간에 걸친 질병의 합병증 때문에 수명이 단축된다.

오늘날 많은 연구자들은 제1형 당뇨병이 유전적 인자와 환경적 인자 모두에 의하여 생긴다고 생각한다. 정확한 원인은 아직 밝혀

생화학 전망 BIOCHEMISTRY IN PERSPECTIVE (계속)

지지 않았지만 어떤 유전 표지물을 물려받은 사람은 이 병을 발달시킬 위험성이 크다. HLA-DR3와 HLA-DR4의 특이한 변이인 어떤 HLA 항원은 대부분의 제1형 당뇨병 환자에서 발견된다. 대부분 신체 세포의 표면에서 존재하는 *HLA* [*조직 적합성 항원*(histocompatibility antigen)]은 면역계가 외부 물질이나 세포와 반응하는 방법을 결정하는 데 중요한 역할을 한다.

제2형 당뇨병

제2형 당뇨병은 발병이 점진적으로 진행된다는 점에서 제1형보다 가벼운 질환으로 보이다. 그러나 신체에 미치는 장기적인 영향은 치명적이다. 제1형 당뇨병 환자와는 달리 제2형 당뇨병 환자 대부분이 진단 당시 인슐린의 혈중 농도는 높다. 여러 가지 이유로 제2형 당뇨병 환자는 인슐린에 저항성이 있다. 인슐린 저항성의 가장 흔한 원인은 인슐린 수용체의 파괴이며, 이것은 IRS(인슐린 수용체 기질) 단백질의 타이로신 인산화에 의하여 촉매된다. 인슐린 신호 전달은 IRS 세린 잔기를 인산화시키는 카이네이스(예, JNK)에 의해 억제된다. ER 스트레스와 높은 수준의 자유 지방산에 의하여 활성화된 JNK는 염증을 촉진시키는 유전자의 발현을 유발하는 몇 가지 IRS 변형 효소 중 하나이다. 염증은 제2형 당뇨병 병리학의 핵심 특징으로 인식된다. 제2형 당뇨병 환자는 C 반응성 단백질, 인터루킨-1β(IL-1β), IL-6와 같은 염증 단백질의 혈중 농도가 높다.

인슐린에 대한 표적 조직의 무감수성(insensitivity)은 혈당 수치를 상승시켜 췌장 β 세포에서 인슐린 분비를 증가시킨다. 표적 세포의 인슐린 수용체가 인슐린에 대한 노출이 증가하면 수용체 내재화를 촉진하고 수용체 및 몇몇 하류 신호 전달 단백질의 합성을 감소시킨다. 높은 혈중 인슐린 수치[**고인슐린혈증**(hyperinsulinaemia)]의 최종 결과 중 하나는 인슐린을 분비하는 β 세포의 기능이 손상되고 질량이 감소하는 것이다. 췌도 세포에서 잘못 접힌 단백질의 응집체인 아밀로이드 침전물 형성은 β-세포 사멸을 일으킬 수 있다.

제2형 당뇨병의 발병은 공복 혈당 수치가 126 mg/dl (정상 = <100 mg/dl)을 초과하는 수준으로 인슐린 반응이 떨어지면 발생한다. 제2형 당뇨병 환자의 약 85%는 비만이다. 비만 자체가 인슐린에 대한 조직 무감수성을 촉진하기 때문에 당뇨병에 걸리기 쉬운 환자는 체중 증가 시 당뇨병의 위험이 있다.

제2형 당뇨병의 치료는 일반적으로 식이 요법과 운동으로 구성된다. 흔히 비만 환자는 체중을 감량하면 인슐린에 더 민감해진다(즉, 인슐린 수용체의 상향 조절이 있음). 지속적인 근육 활동은 인슐린을 필요로 하지 않고 글루코스 섭취를 증가시키기 때문에 운동은 또한 고혈당을 감소시킨다. 어떤 경우에는 약물 치료가 처방된다. 설포닐유레아류(sulfonylureas)와 같은 경구 혈당 강하제는 인슐린 방출을 자극하여 간에서의 글루코스 신생합성 및 글리코젠 분해를 감소시키고 인슐린에 민감한 체세포로의 글루코스 수송을 증가시킨다. 바이구아나이드(biguanide) 항 당뇨병 약품인 메트포르민(metformin)은 간의 글루코스 신생합성을 억제하고 AMPK를 활성화시켜 말초 글루코스 흡수 및 지방산 산화를 촉진한다.

제2형 당뇨병 환자의 고혈당 조절 실패가 신장 질환, 심근 경색 또는 감염과 같은 다른 심각한 의학적 증상을 수반하면, **고삼투성 고혈당 비케톤증**(hyperosmolar hyperglycaemic nonketosis, HHNK)으로 지칭되는 심각한 대사 상태가 생길 수 있다. (케톤 산증은 제2형 당뇨병에서 드물다.) 추가적인 대사성 스트레스로 인슐린 저항성이 악화되고 혈당 수치가 상승한다. 환자는 심각하게 탈수가 일어날 수 있다. 결과적으로 혈액량이 적어지면 신장 기능이 저하되어 혈당 농도가 더 높아진다. 결국 환자는 혼수상태에 빠지게 된다. 발병이 느리기 때문에 탈수증이 심할 때까지는 인식하지 못할 수 있다. (이것은 종종 활기가 없는 갈증 메커니즘이 있는 노인 당뇨병 환자에게 해당된다.) 이러한 이유로 HHNK는 종종 케톤산증보다 더 생명에 위협이 된다.

당뇨병의 장기적인 합병증

당뇨병의 증상을 조절하기 위한 의사와 환자의 노력에도 불구하고 당뇨병 환자는 당뇨병의 장기적인 결과를 피할 수 없다. 당뇨병 환자는 특히 신부전, 심근경색, 뇌졸중, 실명, 신경병증을 일으키는 경향이 있다. *당뇨성 신경병증*(diabetic neuropathy)에서 신경 손상은 감각과 운동 기능의 상실을 일으킨다. 또한 순환기 질환으로 괴사가 유발되어 매년 수십만 건의 절단이 발생한다.

대부분의 당뇨병 합병증은 혈관계의 손상에 기인한다. 예를 들어, 눈과 신장의 손상된 모세 혈관은 실명 및 신장 손상을 유발한다. 유사하게, 당뇨병 환자에서 발견되는 가속화된 죽상동맥경화증 형태는 심근 경색 및 뇌졸중의 심각한 경우를 초래한다. 이 손상의 대부분은 죽상 경화증을 유발하는 당화에서 생긴다. 이 질병 과정의 한 측면은 내피 세포에서 미토콘드리아가 대량의 과산화물을 생산하도록 하는 고혈당-개시 ROS 형성이다. 일부 초과산화물 종(superoxide species)은 ·NO와 반응하여 과산화아질산화물(peroxynitrite)($ONOO^-$)을 형성한다. 이어지는 단백질, 특히 항산화 효소와 NO 생성효소에서 일어나는 나이트로화는 산화성 스트레스를 증가시키고 중요한 혈관 확장 인자 분자인 ·NO의 감소를 가져온다.

▶ **요약:** 당뇨병은 복잡한 생체에서 단 하나의 결함(인슐린을 합성하거나 인슐린에 반응 할 수 없음)이 어떻게 치명적인 손상을 일으킬 수 있는지를 보여주는 예이다.

α(항원으로 활성화된 백혈구에 의해 생성되는)와 TNF-β(활성화된 T 세포에 의해 생성되는)는 세포 분열을 억제한다. TNF-α는 면역계 세포에게 중요한 조절물질이다.

스테로이드와 갑상선 호르몬 메커니즘

소수성 분자(hydrophobic molecule)인 스테로이드와 갑상선 호르몬의 신호 전달 메커니즘은 유전자 발현에 변화를 일으키고 궁극적으로 표적 세포가 생산하는 단백질 양상을 변화시킨다. 스테로이드와 갑상선 호르몬은 몇 가지 유형의 단백질과 결합하여서 표적 세포로 운반된다. 스테로이드 운반 단백질의 예로서 코르티코스테로이드 결합 글로불린(corticosteroid-binding globulin), 성호르몬 결합 단백질과 알부민 등이 있다. 갑상선 호르몬은 알부민 이외에 갑상선 결합 글로불린(thyroid-binding globulin)에 의해서도 운반된다.

일단 표적 세포에 도달하면 소수성 호르몬 분자는 수송 단백질로부터 분리되어 원형질막으로 확산하고 세포 내 수용체와 결합한다(**그림 16.10**). 이 수용체는 구조적으로 유사한 DNA 결합 단백질 군에 속하는 높은 친화력의 리간드 결합 분자(ligand-binding molecule)이다. 관련 호르몬에 따라 수용체와의 초기 결합은 세포질(예, 글루코코르티코이드) 또는 핵(예, 에스트로젠, 안드로젠, 갑상선호르몬)에서 일어난다. 호르몬이 없는 상태에서 여러 유형의 수용체는 다른 단백질과 복합체를 형성한다. 예를 들어 빈 글루코코르티코이드 수용체는 세포질에서 열충격 단백질 90(hsp 90) 같은 샤페론(chaperone) 단백질에 결합되어서 발견된다(열충격 단백질은 고온 같은 세포 스트레스 인자에 반응하여 그 합성이 증가하기 때문에 붙여진 이름이다). 샤페론 단백질은 호르몬 리간드가 존재하지 않을 때 수용체의 DNA 결합 자리를 봉쇄한다. 호르몬이 그 수용체에 결합할 때 샤페론은 분리되고 수용체-리간드 복합체는 동종이합체(homodimer)로서 핵으로 이동한다.

핵 안에서 각 호르몬-수용체 복합물은 **호르몬 반응 요소**(hormone response element, HRE)라고 불리는 특정 DNA 자리에 결합한다. 호르몬-수용체 복합체가 수용체의 아연 손가락 구역(zinc finger domain)을 통해 HRE의 염기 서열에 결합하면 특정 유전자의 전사가 증가하거나 감소한다. 동일한 호르몬-수용체 복합체는 50~100개나 되는 유전자의 전사에 영향을 주어 세포 기능 전반에 영향을 미친다.

주요 개념 _Key Concepts

소수성 호르몬인 스테로이드와 갑상선 호르몬은 세포막을 확산하여 통과해 세포 내 수용체와 결합한다.

16.3 포유동물의 대사: 섭식-단식 주기

지금까지 다세포생물에서 생명을 유지하는 주요한 대사 경로들에 대해 각각 알아보았다. 하지만 대사를 제대로 이해하려면 더욱더 통합된 접근 방법이 필요하다. 포유동물의 몸이 자기조절 메커니즘에 의해 음식물로부터 에너지와 영양소를 추출하는 섭식-단식 주기(feeding-fasting cycle)는 잘 알려진 대사 과정이다. 그 진행 과정을 간단히 복습하면 실제로 일어나는 생화학 반응을 엿볼 수 있을 것이다.

포유동물의 각 기관은 그 개체의 기능을 나타내는 여러 역할을 한다. 예를 들어 일부 기관은 에너지에 의하여 추진되는 임무를 수행하기 위하여 에너지를 소비한다(예, 뇌와 골격, 심장, 민무늬근). 소화기관은 에너지 공급을 위해 다른 기관에 에너지가 풍부한 영양 분자들을 효율적으로 공급한다. 신호 분자(예, 호르몬과 신경전달 물질) 형태의 정보는 에너지 생산과 소모 사이의 균형을 조절하는 데 사용된다. 단백질 호르몬의 대표적인 예는 그렐린(ghr)과 펩타이드 YY(PYY), 콜레시스

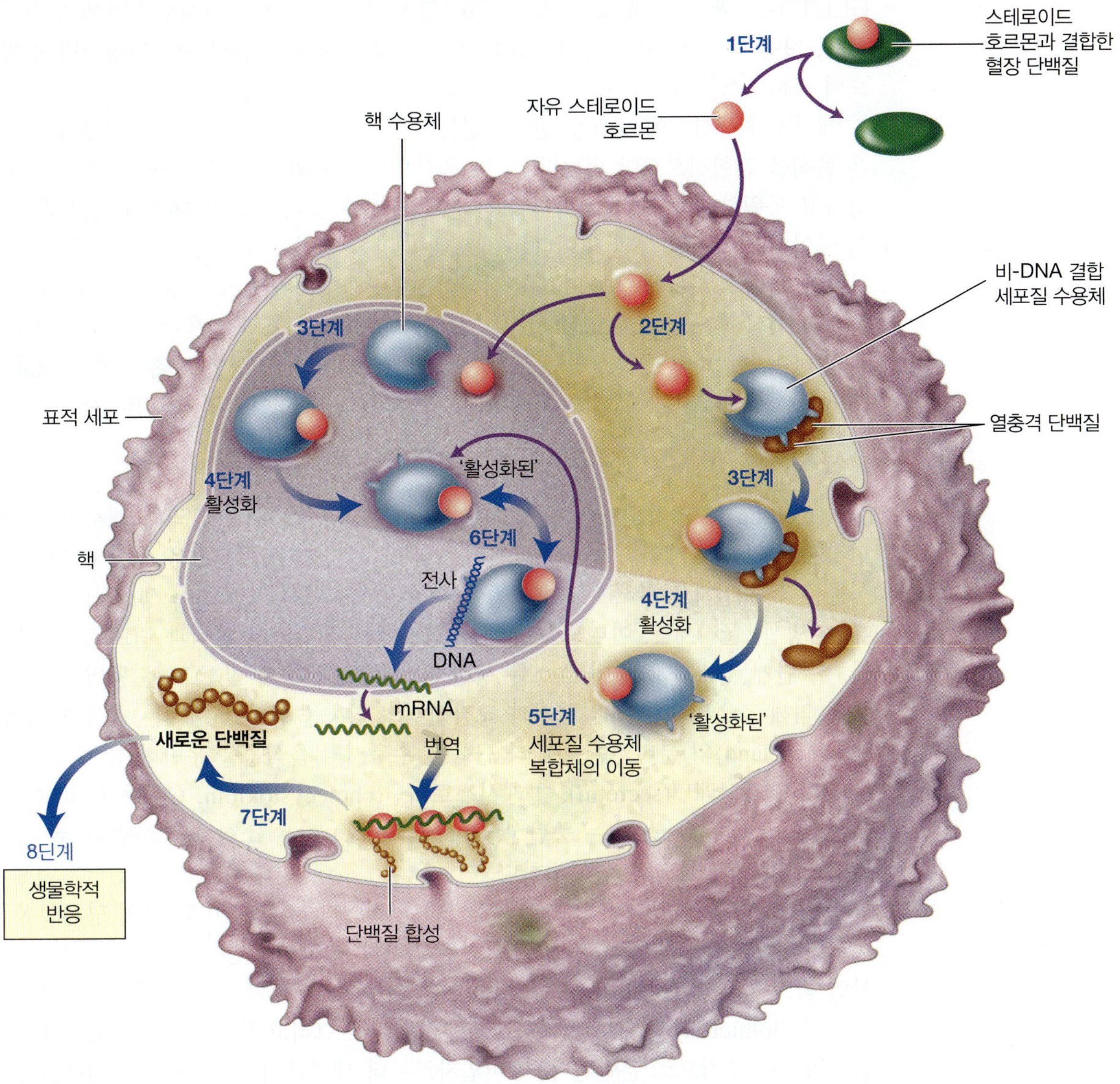

그림 16.10

표적 세포 속에서의 스테로이드 호르몬 작용 모형.

스테로이드 호르몬은 혈장 단백질과 결합한 채 혈액을 통하여 수송된다. 스테로이드 호르몬이 세포에 도착하여 방출되면(1단계), 원형질막을 확산하여 세포질(2단계) 또는 핵(3단계) 속의 수용체와 결합한다. 활성화된 후(4단계) 세포질의 호르몬-수용체 복합체는 핵으로 이동한다(5단계). 활성화된 호르몬-수용체 복합체와 DNA의 HRE 서열과의 결합은(6단계) 특정 유전자의 전사율과 단백질 유형을 변화시킨다(7단계). 스테로이드 호르몬의 알짜 효과(8단계)는 세포의 대사 기능에 변화를 일으키는 것이다.

토키닌(CCK)와 글루카곤 유사 펩타이드 1(GLP-1)이다. 위와 소장의 세포에서 생산되는 **그렐린**(ghrelin, ghr)은 식욕을 자극하는(음식 섭취) 반면에 인슐린, PYY, CCK, GLP-1은 포만감을 촉진한다(음식 섭취 억제). 세포의 원형질막을 통과하는 영양소의 이송은 기관 기능의 중요한 부분이다. 글루코스의 수송이 가장 잘 알려진 예이다. Na^+/글루코스 운반체에 의한 글루코스의 능동 수송(active transport)은 ATP-추진 Na^+-K^+ 펌프에 의해 생기는 Na^+의 농도차와 연관이 있다. 세포막을 통과하는 글루코스의 촉진 확산(facilitated diffusion)은 GLUT이라 불리는 글루코스 운반체에 의해 일어난다. 글루코스 운반체에는 GLUT1(대부분의 세포),

GLUT2(간, 췌장 β-세포, 장세포), GLUT3(신경세포), GLUT4(인슐린에 민감한 근육, 지방 조직 세포)가 있다. GLUT5는 주로 장세포와 간세포의 원형질막에 있으며 프룩토스를 수송한다.

에너지와 생합성에 필요한 전구물질들의 계속적인 요구에도 불구하고 포유동물은 음식을 간헐적으로만 먹는다. 이는 음식으로부터 획득한 고에너지 물질들을 저장하고 동원하는 정교한 메커니즘 때문에 가능한 것이다(**그림 16.11**). 섭식과 단식 사이의 전이기간 동안 일어나는 세포내 다양한 생화학적 반응 회로의 변화는 호르몬에 의해 조화롭게 통합되고 조절된다. 대사에서 기질 농도도 중요한 인자이다. 음식의 **섭식 후**(postprandial) 상태는 섭취한 음식이 소화되고 흡수된 직후의 상태를 말하며, 혈액 내 영양소의 농도는 단식 상태보다 높다. 영양소 **흡수 후**(postabsorptive) 상태에서는, 예를 들어 밤새 단식 후 혈액 내 영양분의 수준은 낮다.

섭식기

섭식(feeding)이 시작되면서 음식물은 소화기관의 근육 수축에 의해 개시되고 장신경계에 의하여 제어되어서 소화기관을 따라 진행한다. 기관들을 이동하면서 음식물은 작은 입자로 부서지고 효소들에 노출된다. 최종적으로 소화 생성물(주로 당류, 지방산, 글리세롤, 아미노산)은 작은창자에서 흡수되어 혈액과 림프로 운반된다. 이 단계는 소화기관 내 효소를 생산하는 세포, 신경계 및 호르몬 등의 상호작용에 의해 조절된다. 부교감신경과 교감신경의 영향을 받는 신경계는 침샘과 위샘(gastric gland)의 분비뿐만 아니라 근육을 수축시켜 음식물을 운반한다. 가스트린(gastrin), 세크레틴(secretin), 콜레시스토키닌(cholecystokinin, CCK) 등의 호르몬은 효소, 담즙(bile) 또는 중탄산염(bicarbonate) 같은 소화 보조물질의 분비를 촉진함으로써 소화 과정에 기여한다.

그림 16.12는 섭식 후 초기 상태를 나타낸 것이다. 서술한 바와 같이 당류와 아미노산들은 간문맥을 통해 간으로 운반된다. 간문맥의 혈액은 장세포 대사의 생성물인 락트산도 높은 농도로 포함하고 있다. 대부분의 지질은 작은창자로부터 유미입자(chylomicron) 형태로 림프를 타고 운반된다. 그리고 유미입자는 혈류를 타고 근육과 지방조직으로 운반된다. 유미입자로부터 대부분의 트라이아실글리세롤 분자가 제거된 후 남은 *유미입자 잔류물*(chylomicron remnant)은 간에서 흡수된다. 인지질, 단백질, 콜레스테롤과 약간의 트라이아실글리세롤 등은 다시 분해되거나 재사용된다. 예를 들어 콜레스테롤은 담즙산(bile acid)을 합성하는 데 사용되고, 지방산은 인지질을 만드는 데 사용된다. 새로이 생성된 인지질, 지방, 단백질들은 지질단백질(lipoprotein)을 형성하여 여러 조직으로 운반된다.

글루코스가 작은창자로부터 혈액을 통해 간으로 운반됨에 따라서 췌장의 β-세포가 자극을 받아 인슐린을 분비한다. 고농도의 혈중 글루코스와 인슐린은 췌장의 α-세포에 의한 글루카곤 분비를 억제한다. 인슐린의 분비는 영양소를 저장하도록 하는 여러 과정을 유발한다. 즉 근육과 지방 조직에 의한 글루코스 흡수, 간과 근육의 글리코젠 합성, 간의 지방 합성, 지방세포의 지방 저장 등이다. 또한 인슐린은 지방세포의 지질 분해와 간에서의 글루코스 신생 합성과 글리코젠 분해를 억제한다. 그 외에 인슐린은 아미노산의 대사에도 영향을 주는데, 예를 들어 간과 근육 세포 안으로의 아미노산의 운반을 촉진한다. 일반적으로 인슐린은 대부분의 조직에서 단백질 합성을 촉진한다.

인슐린이 섭식 후 대사에 커다란 영향을 미치는 것은 분명하나 그 밖의 다른 요

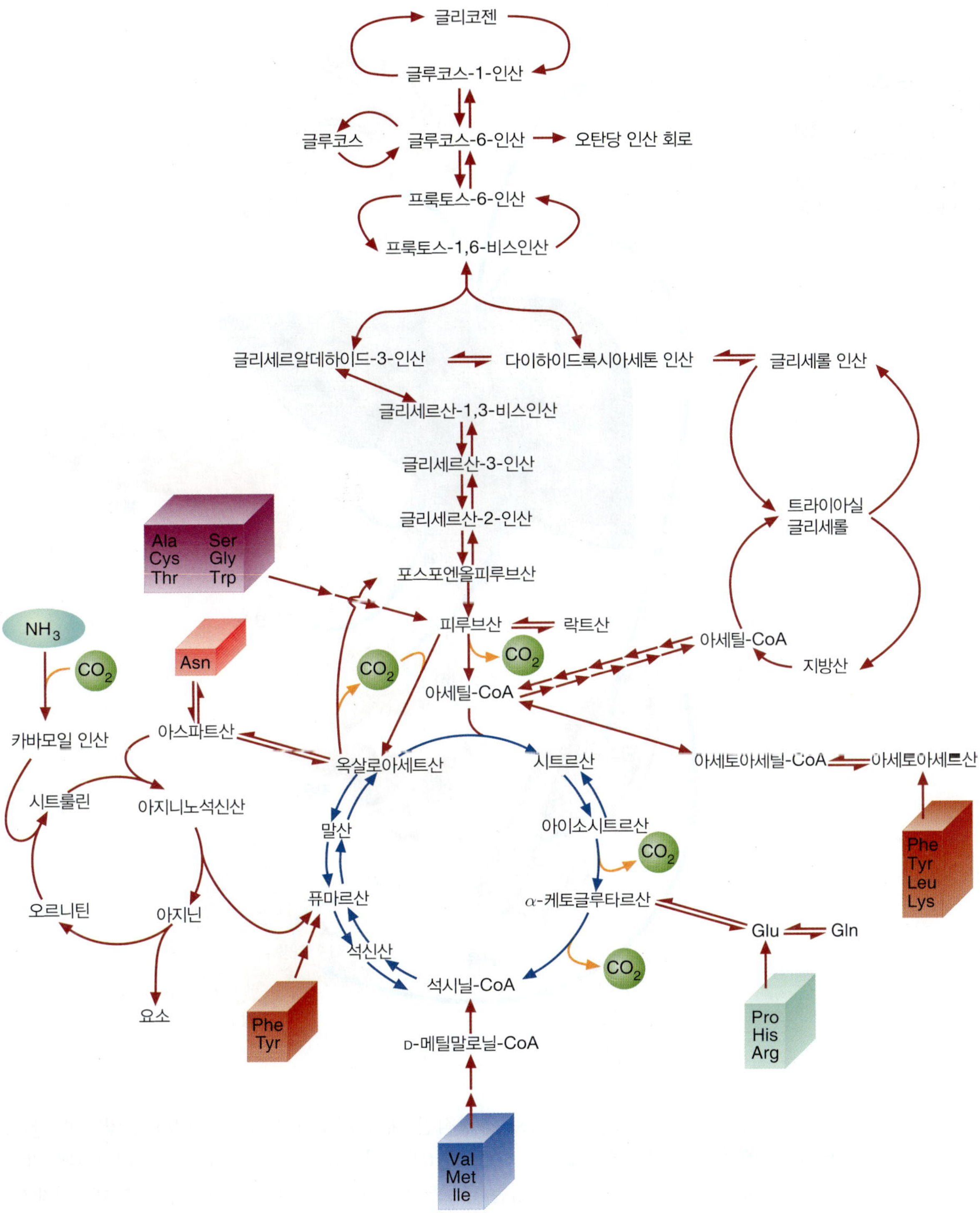

그림 16.11

포유동물의 영양 대사.

포유동물은 다양한 음식의 섭취를 통해 적당한 영양분을 세포에 공급한다. 생화학 대사 경로를 조절하는 제어 메커니즘이 이러한 현상을 일으킨다.

인들[기질 공급과 다른자리 입체성 효과물질(allosteric effector)]도 섭식 후 대사의 속도 및 정도에 영향을 미친다. 예를 들어 혈액 속의 지방산이 증가하면 지방조직에서의 *지질 합성*(lipogenesis, TG 합성)이 촉진된다. 여러 다른자리 입체성 효

그림 16.12

섭식 후 초기 상태.

간에서 글리코젠 합성의 주요 기질은 간문맥 혈액으로부터 유래한 아미노산과 락트산이다. 지방세포에서 글루코스는 주로 글리세롤의 전구물질로 사용된다. 지방세포에서 일어나는 지방산의 합성은 많지 않다. 유미입자(그림에는 나타내지 않음)는 소장으로부터 체내 조직, 특히 근육과 지방조직으로 지질을 운반한다.

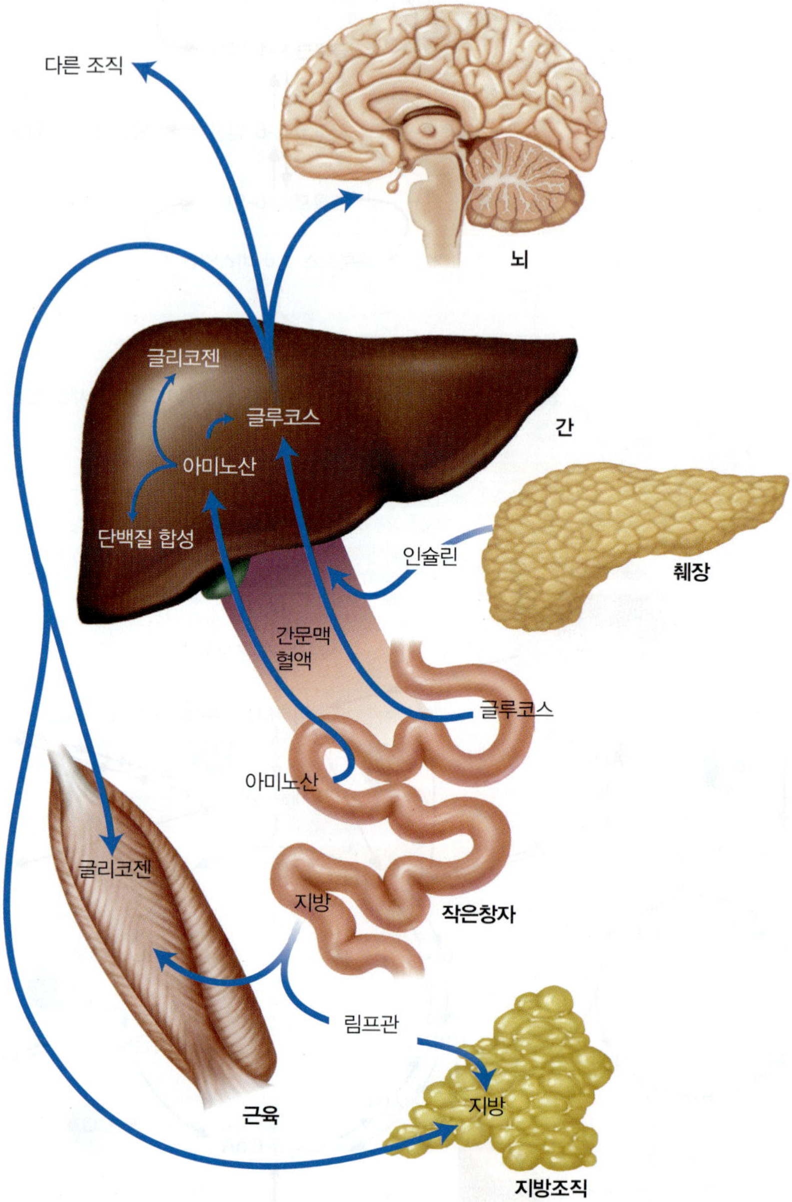

과물질에 의한 조절은 서로 경쟁적인 대사 경로가 동시에 일어나지 않도록 한다. 예를 들어 지방산 합성은 시트르산(아세틸-CoA 카복실화효소의 활성제)에 의해 촉진되는 반면, 지방산 산화는 말로닐-CoA(카르니틴 아실기 전달효소 I의 억제제)에 의해 억제된다.

단식기

섭식-단식 주기(feeding-fasting cycle)의 영양소 흡수 후(postabsorptive) 초기 상태(**그림 16.13**)는 창자로부터 영양분의 공급이 감소하면서 시작된다. 혈액의 글루코스와 인슐린 농도가 떨어지면 글루카곤이 방출된다. 글루카곤은 간에서 글리코젠 분해와 글루코스 신생합성을 촉진함으로써 저혈당증(hypoglycemia)을 억제한다. 인슐린의 감소는 지질 분해와 근육으로부터 알라닌과 글루타민의 방출을 촉진

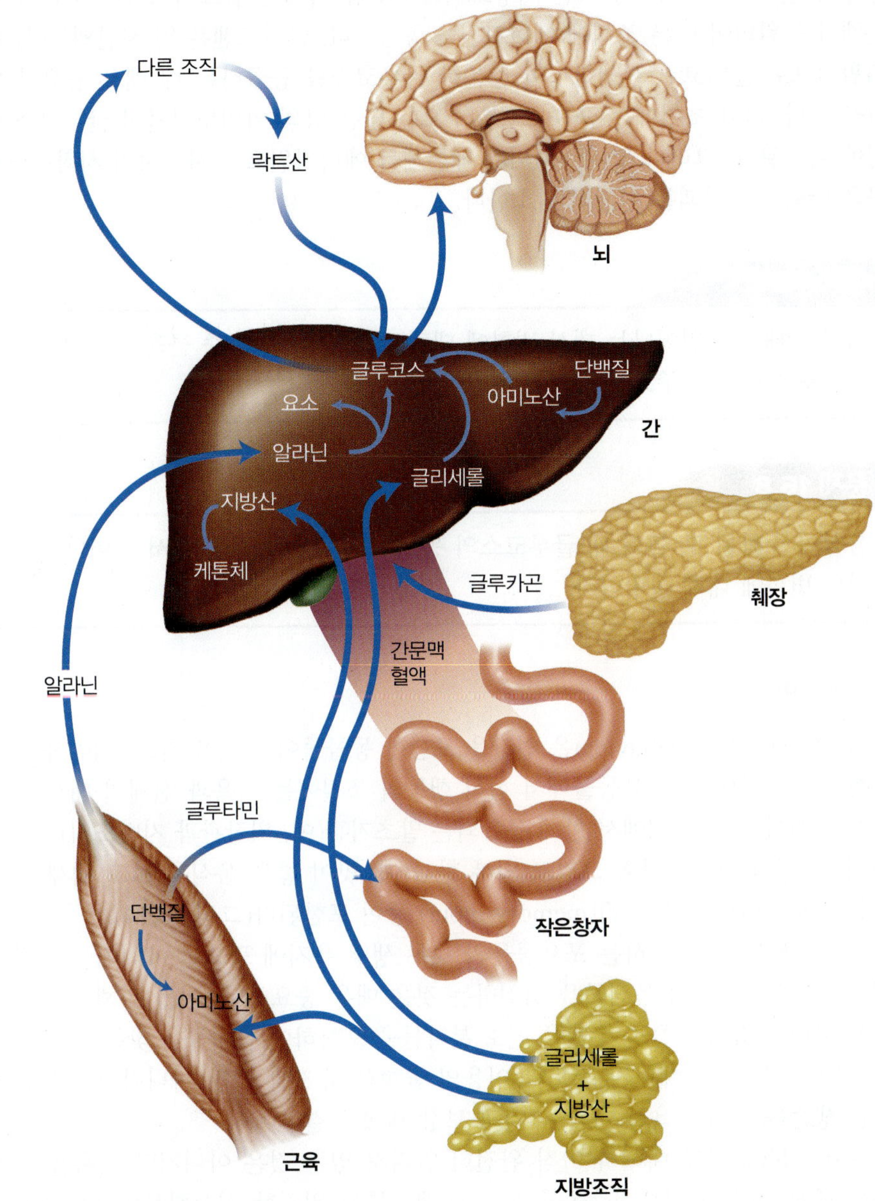

그림 16.13

흡수 후 상태.

섭식과 다음 섭식 사이에 몸은 호르몬의 영향으로 간의 글루코스 신생합성을 위한 알라닌과 장세포의 에너지 생성을 위한 글루타민을 골격근으로부터 공급받고, 지방조직으로부터 지방산을 공급받는다.

한다. 몇몇 조직들은 글루코스보다 지방산을 더 선호하는데, 글리세롤과 알라닌(글루코스-알라닌 회로)은 글루코스 신생합성의 기질이고, 글루타민은 장세포의 에너지원이 된다.

만약 단식이 오래 지속되면(예를 들어 수면 중에) 여러 대사활동이 일어나 혈당량을 알맞게 유지하려고 한다. 흡수 후 시기에 에피네프린에 의해 지방조직으로부터 많은 양의 지방산이 배출된다. 이러한 지방산은 근육의 에너지원으로 이용되는데, 근육에 의한 글루코스의 소모가 줄어들면 뇌의 에너지원을 아끼는 결과가 된다. 뿐만 아니라 글루카곤은 근육으로부터 유래한 아미노산을 이용하여 글루코스 신생합성을 촉진시킨다.

극심한 장기 단식 상태(기아)에서는 글루코스를 필요로 하는 뇌와 다른 세포들의 에너지 생산에 필요한 적절한 양의 글루코스가 공급될 수 있도록 생체 내 대사

주요 개념 _Key Concepts

- 섭식기 중 섭취된 음식은 소화되고 체내로 흡수된다.
- 흡수된 영양물질들은 각 기관으로 운반되어, 그곳에서 사용되거나 저장된다.
- 단식기 중에는 여러 대사 작용이 일어나 혈당량의 농도를 알맞게 유지한다.

활동의 변화가 일어난다. 또한 지방조직으로부터 지방산이 그리고 간으로부터 케톤체가 동원되어 다른 조직에 에너지원을 공급한다. 글리코젠은 몇 시간의 단식 후 결핍되므로 글루코스 신생합성이 충분한 글루코스를 공급하는 데 매우 중요한 역할을 한다. 기아 초기에는 근육으로부터 오는 많은 양의 아미노산들이 글루코스 합성에 이용된다. 그러나 몇 주 후 뇌가 케톤체를 에너지원으로 사용하기 시작하면서 근육 단백질의 파괴는 현저히 감소한다.

문제 16.7

기아 상태에서 일어나는 대사 변화에 대해 설명하라. 기아 중 근육 조직이 우선적으로 분해되는 주요한 목적은 무엇인가?

문제 16.8

음식이 소화된 후 혈액 내 글루코스의 농도가 떨어졌을 때 간에서 일어나는 대사의 변화에 대해 설명하라.

섭식 행동

섭식 행동(feeding behavior)은 인간을 포함한 동물들이 음식을 찾고, 섭취하는 복잡한 메커니즘이다. 포유동물에서 섭식 행동의 조절에는 식욕과 신체의 대사 과정들을 조절하기 위해 뇌에서 함께 통합되는 말초기관(예, 위장관과 지방조직)으로부터의 호르몬과 신경 신호 그리고 외부 환경(예, 맛이 좋은 음식을 보고 냄새 맡고 맛봄)으로부터의 감각 입력(memory input) 등이 포함된다(**그림 16.14**).

고에너지를 필요로 하는 포유동물의 경우 생명 유지에 필요한 에너지를 보장하기 위해 충분한 양의 음식물을 섭취하는 것은 매우 중요하다. 이를 위해 포유동물들은 여러 신경 경로들과 수많은 신호 분자들을 포함하여 음식물을 찾는 견고한 계를 진화시켜 왔다. 에너지 소모와 이용의 균형을 유지할 뿐만 아니라 포유동물의 뇌는 생존을 위해 식욕을 미각, 후각과 보상 계에 연결한다.

비록 식욕조절에 대해서 아직 완전히 알려져 있는 것은 아니지만 식욕을 제어하는 중요 신경회로는 척추동물 뇌의 아랫부분에 위치한 시상하부와 뇌간(brain stem)에 있다는 것은 확실하다. 작은 크기에도 불구하고 뇌에서 진화학적으로 가장 잘 보존된 자리 중의 하나인 시상하부는 체온의 제어, 전해질 균형, 영양소(예, 혈액 글루코스) 수준의 감시와 정서적 행동 등을 포함하여 다양한 기능을 한다.

섭식행동을 제어하는 주요한 신경세포는 시상하부의 *활꼴핵*(arcuate nucleus, ARC) 속에 있다(**그림 16.15**). 신경펩타이드 Y(NPY)와 아구티 연관 펩타이드(agouti-related peptide, AgRP)를 생산하는 ARC 활성화는 식욕을 자극하는 반면에 α-멜라닌 세포-자극 호르몬(α-melanocyte-stimulating hormone, α-MSH)을 생산하는 프로-오피오멜라노코르틴(pro-opiomelanocortin, POMC) 세포의 자극은 식욕을 억제한다. ARC에 의한 섭식 행동 조절에 영향을 미치는 호르몬에는 **렙틴**(leptin, 지방조직 질량에 비례하여 지방조직에서 분비되는 포만감 관련 단백질), 인슐린, 그렐린, PYY 등이 있다. 정상적인 상태에서 렙틴 수준이 증가할 때(즉, 신체의 에너지원이 충분함) NPY/AgRP 신경세포는 억제되고 POMC 신경세포는 활성화된다. 이런 신경세포는 모두 시상하부의 다른 신경세포들(집합적으로 2차 신

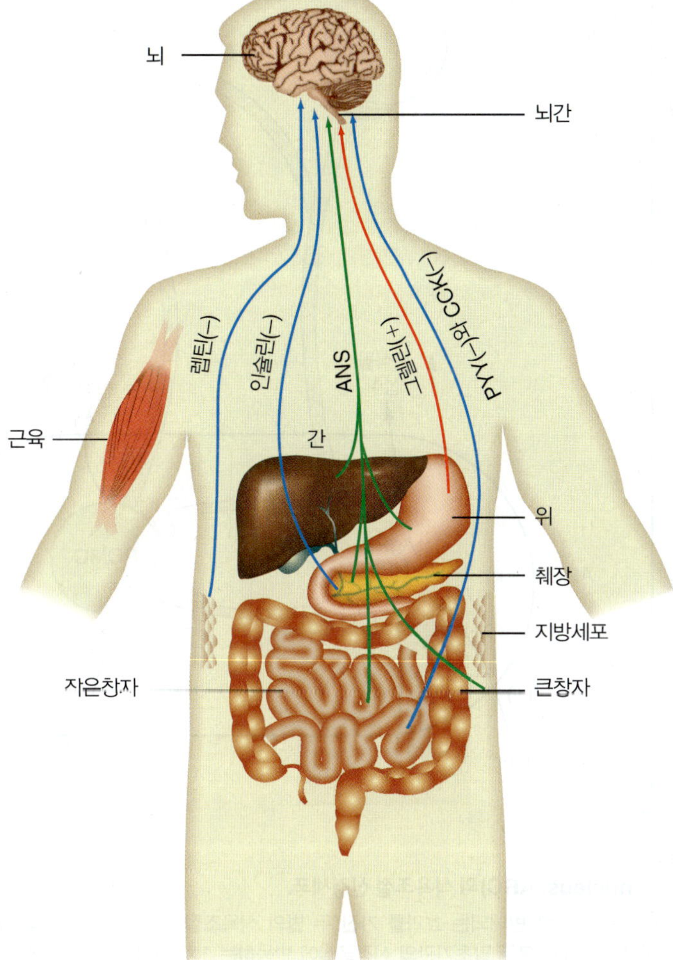

그림 16.14

인간의 섭식행동.

인간의 식욕과 포만은 말초기관으로부터 분비된 호르몬과 신경 신호에 의해 조절된다. PYY와 CCK(위장관 세포에서 분비), 인슐린(췌장 β-세포에서 분비)과 렙틴(지방 조직에서 분비) 같은 펩타이드 호르몬들은 식욕을 억제한다. 즉 포만을 촉진한다. 그렐린(위와 작은창자 세포에서 분비)은 식욕을 자극한다. 미주신경 같은 자율신경계(ANS)의 신경 경로는 신체 내부기관의 상태와 관련된 정보를 끊임없이 뇌에 제공한다.

경세포라고 함)에 신호를 보내고 이어서 그것들이 뇌의 다른 부분에 신호를 보낸다. 이런 표적 중에 뇌간 안의 *고립로핵*(nucleus tractus solitarius, NTS)이 있으며 이것은 앞의 정보를 소화관에서 *미주신경*(vagus nerve)을 통해서 오는 식욕 조절 신호와 통합한다.

섭식 행동과 관련된 신호의 결과는 환경에 따라서 식욕 증가로부터 포만감에 이르기까지 다양하게 나타난다. 비록 랩틴보다는 덜하지만 인슐린 또한 NPY/AgRP와 POMC 신경세포들을 통해 음식물 섭취를 감소시킨다. 인슐린은 렙틴의 합성을 조절한다. 단식 또는 에너지 섭취를 절제하는 다이어트 동안에 지방조직의 부피가 감소하여 렙틴의 농도가 낮아지고 이에 따라 배고픔이 증가하고 체중의 감소가 일어난다. 다른 중요한 식욕조절 호르몬들로 그렐린(Ghr)과 펩타이드 YY(PYY)가 있다. 위와 장의 세포에 의해 분비되는 그렐린은 식욕을 자극하는(식욕 유발) 호르몬으로 NPY/AgRP 신경세포들을 활성화한다. 작은창자와 결장의 세포들에 의해 생성되는 식욕을 없애는(식욕 억제) 분자인 PYY는 NPY/AgRP 신경세포들을 억제한다. 또한 ARC 신경세포는 국소적 글루코스, 지방산, 아미노산인 루신의 농도에 민감하게 반응한다.

시상하부 내에서 다른 식욕조절 호르몬과 영양소 신호들의 통합은 AMPK와 mTOR에 의해 중재되는 것처럼 보인다. 신경세포로 하여금 NPY와 AgRP 신경

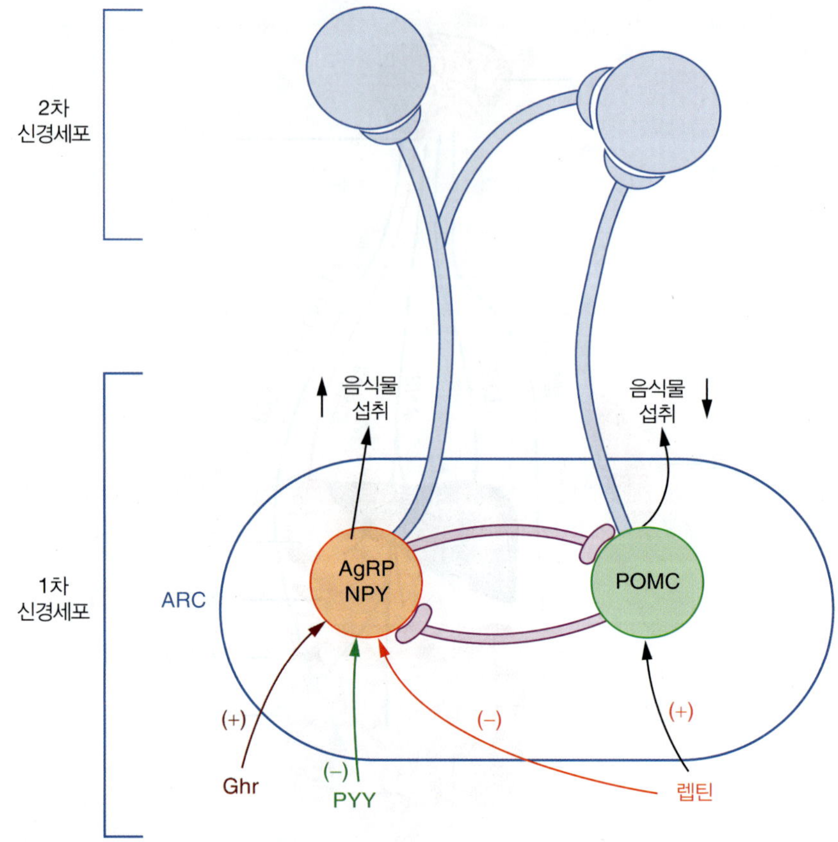

그림 16.15

활꼴핵(arcuate nucleus, ARC)의 식욕조절 신경세포.

시상하부의 활꼴핵 속에 서로 반대되는 효과를 가진 두 벌의 식욕조절 신경세포들이 있다. AgRP/NPY와 POMC가 그것이다. 두 가지 모두 말초기관의 신경물질에 반응하는 1차 신경세포(first-order neuron)이다. 그렐린에 의한 AgRP/NPY 신경세포의 활성화는 식욕과 에너지 요구 대사 과정을 증가시킨다. POMC 신경세포가 렙틴과 인슐린(렙틴보다 그 정도가 덜함)에 의해 활성화될 때 식욕은 억제된다. 렙틴과 PYY는 AgRP/NPY 신경세포에 작용하여 식욕을 감퇴시킨다. AgRP/NPY와 POMC로부터 온 신호들은 2차 신경세포(second order neuron)를 통해 시상하부의 다른 자리와 교신되고 이어서 다른 뇌 중추와 교신된다. 이러한 중추로부터 온 신호들은 이어서 뇌간의 NTS에 보내지고 그곳에서 위장관과 다른 기관들로부터 온 신경 신호들과 통합된다.

전달 물질 분자들을 방출하도록 하는 신호 전달은 그렐린 같은 식욕촉진 분자에 의한 AMPK 활성화에 의해 유발된다. 이 분자들은 식욕자극을 일으키는 저농도의 글루코스와 더불어 ARC와 다른 시상하부 영역에 있는 신경 세포 표면 수용체에 결합한다. 렙틴과 인슐린 같은 식욕억제 호르몬들이 세포 표면 수용체에 결합할 때 AMPK 활성은 NPY/AgRP 신경세포들의 억제와 함께 억제된다. 또한 ARC 영양소 감지 신경세포는 mTOR을 통해 섭식 행동을 조절한다. AMPK와는 역의 상관관계로 활성을 나타내는 mTOR의 활성은 렙틴, 인슐린, 영양소에 의해 촉진된다. mTOR에 의해 유발된 신경 전달 경로의 결과로 식욕은 억제된다. 에너지 가용성이 낮은 경우(AMP/ATP 비율이 높을 때) AMPK의 활성화가 일어난다. 활성화된 AMPK는 mTOR을 억제하고, 결과적으로 식욕이 증가된다.

생화학 전망 BIOCHEMISTRY IN PERSPECTIVE

비만과 대사증후군

현대 특히 지난 30년간 세계에서 왜 그렇게 많은 사람들이 비만인 경향이 생겼을까? 에너지의 흡수와 소비 사이의 불균형에서 생기는 과도한 체중인 비만은 전 세계적으로 급속하게 확산되고 있다. 사람의 뇌가 식욕, 포만감 및 물리적 활동의 균형을 유지하는 데 능숙하다면, 비만이 지난 30년 동안 이렇게 건강을 위협하게 된 이유는 무엇일까? 그 답은 사람의 오랜 생존에 대한 투쟁과 최근 현대인의 식이의 변화에 있다. 인류(*Homo sapiens*)는 그 생존 기간 동안 거의 내내 육체적으로 수렵-채집과 농경생활 양식에 도전하였으며 기근에 위협을 받았다. 원기 왕성한 식욕은 생명을 유지하는 데 필요한 충분한 열량을 보장하였으며, 다량의 지방을 저장하는 생리적 능력과 결합하면 생존에 중요한 가치가 있었다. 기근 동안 많은 지방 저장물을 가진 사람은 수 주 동안 식품이 없이도 생존할 수 있었으며 마른 사람보다 생존할 확률이 더 높았다.

내조적으로 현대 세계에서는 많은 사람들이 매우 다른 환경에서 살아가고 있다. 값싸고 열량이 농축된 식품 이용과 주로 앉아서 지내는 생활양식이 결합되어 있다. 그 결과 오늘날 유전적으로 체중 조절 문제가 되는 성향을 가진 사람들은 상당한 체중이 증가하였다. 많은 사람들은 칼로리가 제한된 환경과 격렬한 육체노동을 결합시킨다면 이러한 취약성을 피할 수 있다. 체중 조절의 단일 유전자 장애와 관련된 몇 가지 희귀 돌연변이가 사람의 섭식 행동에 대한 통찰력을 제공해 준다. 예를 들어, 렙틴 또는 렙틴 수용체 결함을 가진 비만 환자는 식욕을 만족시킬 수 없다. 또 다른 희귀 질환인 프레더-윌리 증후군(Prader-Willi syndrome)에서는 매우 높은 혈중 그렐린(ghrelin) 농도가 만족시킬 수 없는 굶주림을 유발한다. 한 가지 추정에 따르면, 비만을 유발하는 요인의 최소 40%는 유전 때문이다. 비만은 열량 밀도가 높은 환경, 앉아 있는 생활양식, 식욕과 포만감 신호 전달 경로의 성분들을 암호화하는 하나 이상의 유전자의 돌연변이로 인해 발생할 수 있다. 최근의 연구에 의하면 지난 수십 년 동안의 비만 유행병은 1970년대에 많은 양의 프룩토스를 가공 식품에 도입한 것과 관련이 있다. 프룩토스는 글루코스와 달리 식욕을 자극하는 호르몬인 ghr의 방출을 억제하지 않거나 포만감을 촉진시키는 렙틴(leptin)과 인슐린의 방출을 자극하지 않기 때문에 체중 증가를 촉진한다.

비만과 관련된 불편함과 심각한 사회적 낙인 외에도 과도한 체중은 고혈압, 심장질환, 여러 형태의 암, 골관절염, 당뇨병과 같은 다양한 질병의 심각한 위험 인자이다. 비만은 이제 대사증후군의 원인으로 인식되고 있다.

대사증후군

대사증후군(metabolic syndrome)은 비만 이외에도 고혈압, 이상지질혈증(dyslipidaemia, 총 콜레스테롤과 트라이아실글리세롤의 높은 혈중 농도 및 낮은 HDL 농도), 인슐린 저항성을 포함하는 임상적 이상 상태들의 집합이다. 인슐린 저항성은 대사증후군의 초기 발현 중 하나로서, 부분적으로 과도한 수준의 혈중 자유 지방산(free fatty acids, FFA)에서 기인한다. 지방세포, 특히 내장(복부) 지방조직의 지방세포가 팽창하면 지방산이 혈류로 방출된다. 혈액의 FFA 수준이 상승함에 따라 이들 분자는 다른 세포에서 축적되기 시작한다. 인슐린 감수성 조직(근육, 간 및 췌장 β 세포)에서 FFA는 신호 전달 경로를 방해한다. *지질 독성*(lipotoxicity)이라고 하는 이런 과정의 결과 중에 이상 지질 혈증과 FFA에 의해 자극된 인슐린 분비에 의해 유발된 고인슐린 혈증(hyperinsulinaemia)이 있다. 다른 효과로는 간에서의 과도한 글루코스 생산(억제되지 않은 글루코스 신생합성 및 글리코젠 분해)이 포함되며 인슐린에 의해 중개되는 근육의 글루코스 흡수가 억제된다. 또한 지방세포가 인슐린 저항성을 갖게 되면 지방 분해가 증가하여 더 많은 FFA가 혈액으로 방출된다.

비만이 진행됨에 따라 지방조직은 저수준 염증의 만성적 상태로 발전한다. 분명히 과도하게 자극된 지방세포는 ER 스트레스 및 산화성 스트레스를 유발하는 생리적 변화를 겪으며 두 가지 모두 염증 신호 경로를 활성화시킨다. 결국, 내식 세포에 침윤된 지방조직은 염증성 사이토카인(예, TNF-α, IL-6, C-반응성 단백질)을 방출한다. 이들 및 다른 사이토카인도 인슐린 저항성을 증가시킴으로써 혈관 질환을 일으킨다. 유전적으로 취약한 사람의 경우 대사증후군은 제2형 당뇨병으로 진행될 수 있다(앞의 '생화학 전망' 참조).

프룩토스의 과다 섭취는 비만과 고혈압을 촉진시키는 것 외에도 다른 방법으로 대사증후군을 일으킨다. 첫째, 프룩토스는 글루코스보다 열린 사슬 형태로 더 많이 존재하기 때문에 당화 반응과 AGE 형성[죽상동맥경화증(atherosclerosis) 및 기타 염증-기반 질병과 관련됨] 성향이 더 크다. 둘째로, 간의 프룩토스 대사는 지방 합성 성향이 높다. 다량의 프룩토스 섭취는 이상지질혈증뿐만 아니라 간 기능을 손상시키는 무알코올성 지방간에도 관련되어 있다. (간세포 원형질막에 GLUT5가 존재하기 때문에 대부분의 식이성 프룩토스 분자가 간에 의해 대사되므로 프룩토스는 간에 부정적인 영향을 미친다.) 셋째, 프룩토스가 우선적으로 소모되어서 염증의 주요 원인인 복부 지방 축적을 증가시키는 결과를 가져온다. 마지막으로, 프룩토스 유발 지질 합성(fructose-induced lipogenesis)과 요산 생산은 인슐린 저항성을 일으킨다.

▸ **요약:** 만성적인 식품 부족의 가혹함에 대한 자연 선택으로 많은 사람들에게 식량이 풍부할 때 체중을 증가시키는 경향이 남았다. 신체가 과도한 체중과 프룩토스로 인한 대사성 스트레스로 생기는 지질 독성에 대처할 수 없기 때문에 대사증후군이 유발될 수 있다.

예제 16.1

신체 질량 지수(body mass index, BMI)는 사람의 체중과 신장을 바탕으로 신체 조성을 수치화한 것이다. BMI는 체중 kg/(신장 m)^{2}으로 정의된다. 정상적인 사람의 BMI는 18.5~24.9이다. BMI가 25~29.9인 경우 과체중, 30 이상인 경우 비만으로 분류한다. 신장이 1.83 m인 사람의 체중이 68 kg, 91 kg, 115 kg인 경우에 각각의 BMI를 계산하고, 정상, 과체중, 비만 중 어디에 분류되는지 써라.

풀이

BMI를 구하는 식, BMI = 체중 kg/(신장 m)^{2}에 각각의 경우를 대입하면,

1. BMI = 68 kg/(1.83 m)^2 = 68 kg/ 3.35 m^2 = 20.3 (정상)
2. BMI = 91 kg/(1.83 m)^2 = 91 kg/ 3.35 m^2 = 27 (과체중)
3. BMI = 115 kg/(1.83 m)^2 = 115 kg/ 3.35 m^2 = 34 (비만).

이 장의 요약 CHAPTER SUMMARY

1. 다세포생물은 그들의 세포, 조직과 기관들이 협조적인 생명 활동을 유지하기 위해 매우 정교한 조절 메커니즘을 필요로 한다.
2. 호르몬은 생물이 생물학적 정보를 다른 세포로 전달하기 위해 사용하는 물질이다. 표적 세포가 호르몬을 합성하는 세포로부터 멀리 떨어져 있을 때 내분비선 호르몬들의 합성과 분비가 중추신경계에 의해 조절되는 다단계 반응을 통해 궁극적으로 조절된다. 그 뿐만 아니라 음성 되먹임 메커니즘은 여러 호르몬의 합성을 정확하게 제어한다. 여러 가지 질병들은 특정 호르몬의 과도한 생산이나 결핍에 의해 그리고 표적 세포의 무반응에 의해 일어난다.
3. 성장 인자와 몇몇의 사이토카인은 세포의 생장, 분화 또는 증식을 조절하는 폴리펩타이드이다. 성장 인자는 어떤 특정 선세포에 의해 생성되는 것이 아니라 다양한 세포들에 의해 생성되는 점에서 호르몬과는 다르다.
4. 신호 분자들은 특정 수용체에 결합함으로써 표적 세포에 그 효과를 나타낸다. 아민과 펩타이드 같은 극성 분자들은 세포 표면 수용체에 결합하고 세포에서 여러 효소들의 활성과 수송 메커니즘을 변화시킨다. G 단백질 연결 수용체들은 1개 또는 그 이상의 제2전령(예, cAMP, cGMP, IP_3, DAG와 칼슘 이온) 분자들을 사용하여 표적 세포에 1차 신호 효과를 중재하는데, 이는 신호 전달 경로에 현저한 증폭 효과를 나타낸다. 타이로신 카이네이스는 직접적인 제2전령의 생산을 필요로 하지 않는다. 비극성 스테로이드와 갑상선 호르몬은 호르몬 반응요소(HRE)라고 불리는 DNA 서열에 특이적으로 결합하는 수용체와 결합한다. 호르몬-수용체 복합물의 HRE와의 결합은 특정 유전자 발현을 증가시키거나 감소시킨다.
5. 섭식-단식주기는 다양한 기관들이 호르몬들과 신경 전달 물질들을 통해 어떻게 음식물 분자들을 획득하고 이용하는지를 보여 준다. 섭식 행동은 동물들이 먹이를 찾고 소모하는 메커니즘이다. 목적은 에너지 획득과 에너지 소모 사이의 균형을 유지하는 것이다. 시상하부는 식욕과 포만을 제어하는 중요한 신경 회로를 포함한다.

주요 용어 KEY WORDS

복습 문제 REVIEW QUESTIONS

**이 문제들은 다음 장으로 넘어가기 전에 이 장에서 논의했던 주요 개념에 대한 지식을 테스트하기 위해 만들어졌다.*

1. 다음 용어를 정의하라.
   a. 제2전령
   b. 감도 상실
   c. 표적 세포
   d. 인슐린 저항성
   e. 아데닐산 고리화효소
2. 다음 용어를 정의하라.
   a. 케톤증
   b. 케톤산증
   c. 삼투성 이뇨
   d. GLUT4
   e. 신체 질량 지수
3. 다음 용어를 정의하라.
   a. G 단백질
   b. GPCR
   c. RTK
   d. 성장 인자
   e. 사이토카인
4. 다음 용어를 정의하라.
   a. 인슐린-유사 성장 인자
   b. 인터페론
   c. 인터루킨
   d. 호르몬 반응 요소
   e. 조직 적합 항원
5. 다음 용어를 정의하라.
   a. 대사증후군
   b. 고요산혈증(hyperurisaemia)
   c. 시상하부
   d. 식욕 부진
   e. 식욕 유발
6. 다음 용어를 정의하라.
   a. 섭식 후(postprandial)
   b. 흡수 후(postabsorptive)
   c. ARC
   d. NPY
   e. POMC
7. 다음 용어를 정의하라.
   a. 종양 촉진유전자
   b. 구아닌 뉴클레오타이드 교환 인자
   c. DAG
   d. 일정 상태
   e. IP_3
8. 다음 활동을 수행하는 기관은 어디인가?
   a. 요소 합성
   b. 글루코스 신생합성
   c. 영양소 흡수
   d. 신경과 내분비 통합
   e. 지질 합성
9. NADH와 NADPH의 합성과 파괴는 어떻게 상호 연결되는지 설명하라.
10. 현재 알려진 제2전령의 종류를 간단하게 설명하라.
11. 6주 단식 후 요소 생산이 감소한다. 그 이유를 설명하라.
12. 심한 갈증은 당뇨병의 특징적 증상 중 하나이다. 설명하라.
13. 장기간 운동하면 근육은 지방세포가 방출한 지방을 태운다. 근육에 의한 지방산의 필요가 어떻게 지방세포에 전달되는가?
14. 보디빌더들은 자주 근육량을 늘리기 위해 동화 스테로이드를 복용한다. 이러한 동화 스테로이드가 어떻게 근육량을 늘리는지 설명하라. (동화 스테로이드의 오용 및 남용에 의한 부작용으로 심장마비, 폭력적 성향, 간암 등이 있다.)
15. 알츠하이머병(Alzheimer's disease)에서 신경 세포 사멸은 잘못 접힌 단백질의 축적과 연결되어 있다. 이 과정을 당뇨병의 발병과 비교하라.
16. 굶주림 동안 일부 근육 단백질이 감소한다. 이 과정이 어떻게 개시되는지 그리고 이런 단백질의 아미노산에 어떤 일이 일어나는지 설명하라.
17. 헤모글로빈 분자가 높은 농도의 글루코스에 노출되면 당화 생성물(glycated product)이 된다. 가장 일반적인 당화 헤모글로빈으로 헤모글로빈 A_1C(HbA_1C)가 있으며, 이는 β-사슬의 당화 첨가 생성물을 가진다. 적혈구의 수명이 약 3달이기 때문에 HbA_1C의 농도는 환자의 혈당 조절에 대한 유용한 지표가 된다. HbA_1C가 왜, 어떻게 형성되는지 간단히 설명하라.
18. 다음의 신호 전달 분자들이 하는 일을 설명하라.
   a. mTOR
   b. 스테롤 조절 요소 결합단백질-1C(SREBP-1C)
   c. 포스파티딜이노시톨 3-인산 의존성 단백질 카이네이스(PDK1)
   d. 갑상선 자극 호르몬(TSH)
   e. 인터루킨
19. 케톤산증은 인슐린 의존형 당뇨병의 공통적 특징이지만 인슐린 비의존형 당뇨병에서는 그렇지 않다. 설명하라.
20. 제2형 당뇨병 환자는 흔히 비만이다. 비만이 당뇨병의 발병에 어떻게 기여하는지 설명하라.
21. 긴 다이어트를 할 때, 첫 주에는 유달리 체중이 많이 감소한다.

수분 감소 이외에 어떤 다른 요소가 이 현상을 설명할 수 있겠는가?

22. 호르몬은 그것이 유래된 분자에 근거하여 세 가지 종류로 분류될 수 있다. 어떤 종류들인가?

22-1. 스테로이드 수송 단백질의 예를 3가지 들어 보라.

23. 다음 각 기관에 대하여 영양소 대사와 관련된 두 가지 기능을 설명하라.
a. 장
b. 간
c. 근육
d. 지방세포
e. 신장
f. 뇌

종합 문제 THOUGHT QUESTIONS

이 문제들은 지금까지 이 책에서 논의된 모든 주요 개념에 대한 여러분의 이해를 강화하기 위한 것이다. 문제들은 하나의 정답을 가지고 있지 않을 수도 있다.

24. 심한 당뇨병 환자에서는 혈당량이 너무 높아서 글루코스가 소변에 나타난다. 현대 의학에 의한 혈액 시험 이전에 흔히 당뇨병은 그들의 발 주위에 파리들이 꼬여서 알려졌다. 이 관찰에 대하여 설명하라.

25. 비만인 사람이 흔히 인슐린 저항성인 이유를 설명하라.

26. 제2전령이 어떻게 작용하는지 설명하라. 원하는 효과를 얻기 위해 호르몬이 직접 그 일을 하지 않고 제2전령에게 의지하는지 그 이유를 설명하라.

27. 당신이 커다란 호랑이와 마주쳤다. 당신이 도망치는 데에 도움을 주고자 체내 대사가 어떻게 반응하는지 설명하라.

28. 단식 상태에서 저장된 글루코스는 하루 안에 모두 소모된다. 하지만 뇌는 글루코스를 필요로 하며, 다른 에너지원을 이용할 수 있게 되기까지는 시간이 걸린다. 단식 상태에서 뇌에 글루코스를 어떻게 공급하는지 설명하라.

29. 조절되지 않은 당뇨병에서 수소 이온 농도가 높아진다. 이 이온이 생성되는 방법을 설명하라.

30. 호르몬은 주로 합성된 후 활성이 없는 상태로 분비소낭에 저장되며, 호르몬을 합성하는 세포가 자극을 받았을 때 외부로 분비된다. 이러한 방법으로 얻을 수 있는 장점에 대해 설명하라.

31. 스테로이드 호르몬은 흔히 세포에 낮은 농도로 존재한다. 이 때문에 그것을 분리하거나 확인하기가 어렵다. 때로는 친화 크로마토그래피를 사용하여 호르몬이 결합하는 단백질을 분리하는 것이 더 쉽다. (5장의 생화학 실험의 '단백질 기술'을 참조하라.) 당신은 스테로이드 호르몬과 결합할 것으로 생각되는 단백질을 분리하는 데 이 기술을 어떻게 이용할 것인가?

32. 다이어트(열량 감소)의 결과로 생기는 장기적 체중 감소는 실패율이 약 95%이다. 시스템생물학의 기본 원리를 살펴보고 어떻게 체중이 의도적인 체중 감소 노력에 저항하는지 설명하라.

33. 동물은 글루코스를 지방으로 전환할 수 있지만 그 반대로는 안 된다. 설명하라.

34. AMPK와 mTORC1 사이의 관계를 설명하라.

35. 굶주림이 요소 생산에 미치는 영향을 설명하라.

36. 소량의 호르몬이 표적 세포의 수용체에 결합하는 것은 정밀한 신호 다단계 반응을 촉발한다. 왜 신호 다단계 반응이 필요한가? 호르몬과 세포의 효과 사이에 더 단순한 분자 메커니즘을 사용하지 않는가?

37. 몇 가지 호르몬이 같은 G 단백질을 활성화할 수 있다. 따라서 서로 다른 호르몬이 같은 효과를 나타낼 수 있다. 예를 들면 글리코젠 분해는 에피네프린과 글루카곤에 의하여 모두 개시된다. 기능의 중첩이 이익이 되는 이유는 무엇인가?

38. 피마 인디언에게 당뇨증의 발병을 늦추거나 그 증상을 약화시키기 위해 규칙적인 운동을 추천하는데, 운동이 그들의 건강에 도움을 주는 이유를 설명하라.

39. 혈중 글루코스, 간의 글리코젠, 근육의 글리코젠, 지방세포 및 근육 단백질은 신체의 에너지 저장원이다. 평균 신체에서 신체의 에너지 경제, 열량 함량, 상대적 수준에서 이것들의 중요성을 평가하라.

40. 극심한 단식 상태에서 체내 저장되어 있는 에너지가 모두 고갈되기 전에 죽음에 이르게 된다. 그 이유를 설명하라.

41. 과도한 양의 인슐린이나 인슐린 분비 종양을 주입하여 생기는 고인슐린혈증(hyperinsulinism)이 뇌 손상을 가져올 수 있다. 설명하라.

42. 과도한 프룩토스의 섭취가 간의 지질 대사에 미치는 영향을 설명하라.

제 17 장

핵산

Nucleic Acids

이 장의 차례

Outline

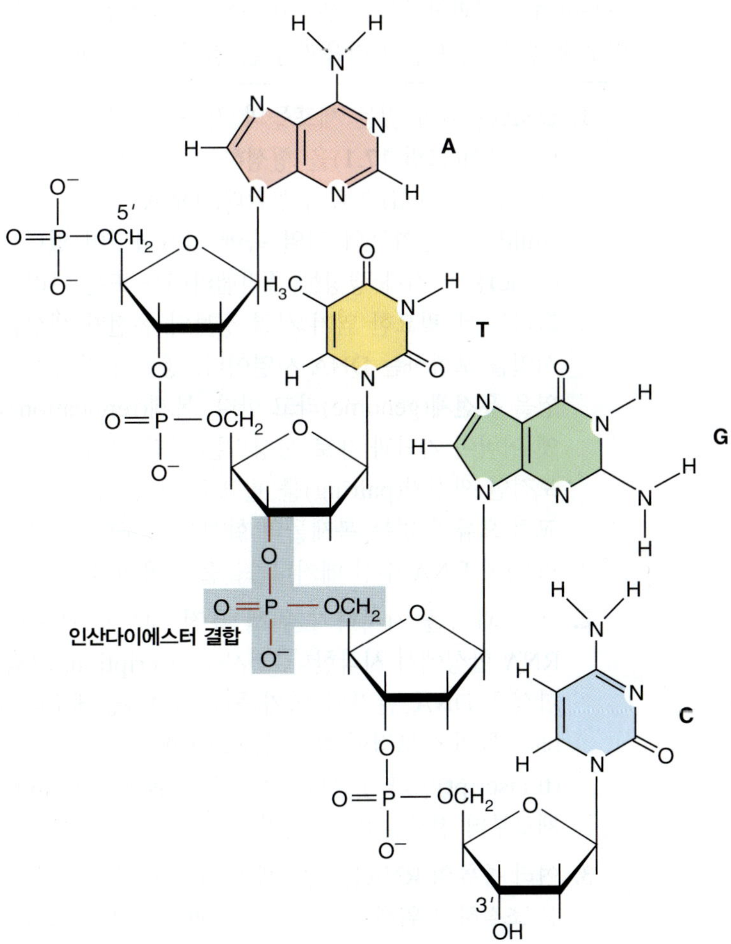

개관 Overview

핵산인 DNA와 RNA는 생명체를 구성하고 유지하는 유전 정보를 암호화하는 폴리뉴클레오타이드이다. 이중 가닥의 DNA는 사실상 세포 내에서 일어나는 과정들을 지시하는 청사진이다. 세포는 DNA의 지시를 단일 가닥의 RNA 서열로 전환시킨다. RNA는 폴리펩타이드 합성, 유전자 발현의 조절(시기 또는 특정 폴리펩타이드 합성 여부의 조절), 바이러스 감염에 의한 외부 핵산 유입으로부터 보호 등 수많은 기능을 가지고 있다. 60년 이상의 역사를 가진 핵산의 구조와 기능에 관한 연구는 이전엔 상상할 수 없었던 생물학적 과정에 대해 이해할 수 있게 만들어주었으며, 또한 질병의 진단 및 치료, 그리고 법의학 등의 다양한 분야에 강력한 도구를 제공하게 해주었다.

오랜 동안 인간은 부모로부터 자손에 전달되는 유전 형질과 발생 과정에 관해 비록 메커니즘을 잘 이해하지 못하였지만 유전 현상을 관찰해 왔다. 많은 인간 문명에서 그런 관찰은 경제적 향상을 위해 가축과 곡물 씨앗 등의 품종을 개량하는 데 이용되었다. 19세기 들어 비로소 유전 현상을 체계적으로 연구하는 **유전학**(genetics)이 등장하게 되었다. 20세기 초 과학자들은 유전 형질이 구분되는 단위들[이후에 유전자(gene)로 불림]에 의해 전달되고 핵 속의 염색체가 모든 유전 정보의 집합소인 것을 알게 되었다. 결국 염색체의 화학적 성분이 밝혀지고 수십 년의 연구 끝에 DNA가 유전 정보임이 판명되었다. 1953년에 왓슨(James Watson)과 크릭(Francis Crick)이 DNA 구조를 발견한 후 수십 년이 지나 새로운 과학이 등장했다. **분자생물학**(molecular biology)은 유전자 구조와 유전 정보의 가공을 연구하는 분야이다. 분자생물학자들과 생화학자들이 개발한 기술들을 사용하여 생명과학자들은 생물체들이 유전 정보를 조직화하고 가공하는 과정들을 연구해 왔다. 연구 결과 다음과 같은 원리가 밝혀졌다.

---

1. DNA는 살아 있는 세포들의 기능을 지시하고 자손에게 전달된다. DNA는 이중나선(**그림 17.1**)을 형성하는 2개의 폴리뉴클레오타이드 가닥(polynucleotide strand)으로 구성된다. DNA 정보는 퓨린(purine)과 피리미딘(pyrimidine) 염기들의 서열 속에 암호화되어 있다(**그림 14.22** 참조). **유전자**(gene)는 유전자 생성물(폴리펩타이드 또는 여러 종류의 RNA 분자)을 암호화하는 데 필요한 염기 서열 정보와 유전자 생성물의 생산을 제어하는 조절 서열을 포함하는 DNA 서열이다. 생물이 간직하고 있는 전체 DNA 염기 서열을 **유전체**(genome)라고 한다. **복제**(replication)라고 일컫는 DNA 합성은 옛 어버이 가닥과 새로 합성되는 가닥 사이의 퓨린과 피리미딘 염기들의 상보적인 짝짓기(pairing)를 필요로 한다. DNA의 생리적 · 유전적 기능은 비교적 오류가 없는 복제물의 합성을 요구한다. 따라서 대부분의 생물들은 여러 가지 DNA 수선 메커니즘들을 이용한다.
2. 세포 과정을 지시하기 위해 유전 정보가 해독되고 사용되는 메커니즘은 RNA 합성에서 시작한다. **전사**(transcription, **그림 17.2**a)라고 일컫는 RNA 합성은 DNA 분자의 염기들과 리보뉴클레오타이드 염기(ribonucleotide base)들의 상보적인 짝짓기를 포함한다. 새로이 합성된 RNA 분자를 **전사물**(transcript)이라 부른다. **전사체**(transcriptome)라는 용어는 한 세포의 유전체로부터 전사된 RNA 분자의 완전한 한 벌을 말한다.
3. 여러 종류의 RNA는 생물체의 기능에 필요한 다른 모든 생체 분자들의 합성을 조절하기 위해 필요한 효소들과 다른 단백질들의 합성에 직접적으로 관여

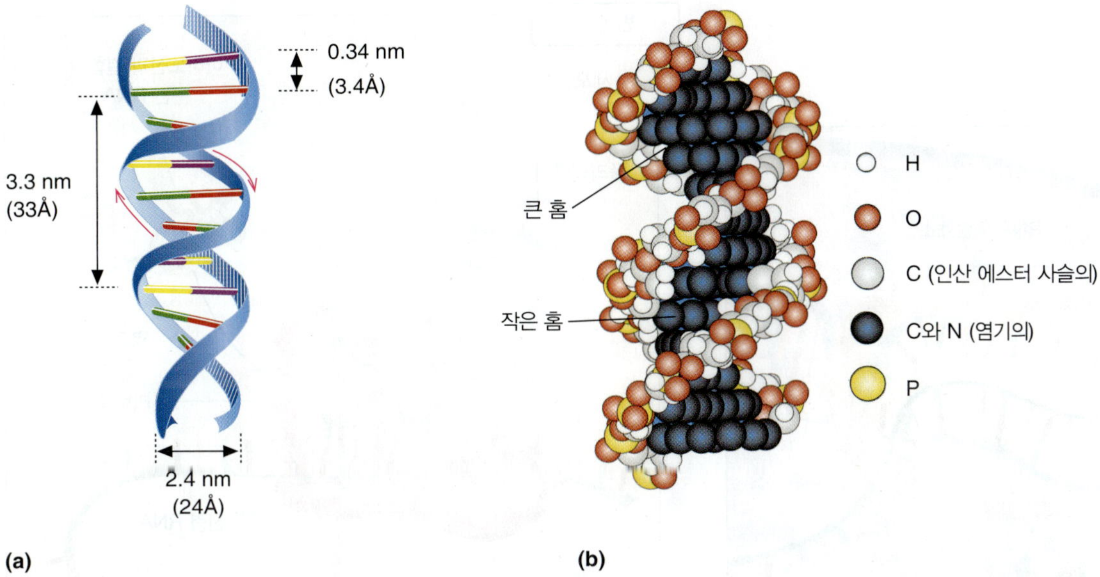

그림 17.1

DNA 구조의 두 모형.

(a) DNA 이중나선 구조를 꼬인 사다리 모양으로 표시하였다. 이 구조는 원래 왓슨과 크릭이 제안한 것이고 지금은 B-DNA라고 한다(3종류의 DNA의 구조적 성질은 **표 17.1** 참조). 사다리의 측면은 당과 인산 골격이고 사다리의 가로장(rung)은 염기쌍이다. (b) 공간채움 모형에서 당과 인산 골격은 적색과 노란색의 구형으로 표시하였고 염기쌍은 암청색 구형으로 표시하였다. 큰 홈(groove)과 작은 홈은 두 가닥을 서로 오른손 방향으로 꼬아주면 형성된다.

한다. 각 전령 RNA(messenger RNA, mRNA)의 염기 서열은 특정 폴리펩타이드의 1차 서열을 지정한다. 리보솜 RNA(ribosomal RNA, rRNA) 분자는 리보솜(ribosome)의 성분이다. 운반 RNA(transfer RNA, tRNA) 분자는 한 특정 아미노산에 공유 결합으로 연결되고 폴리펩타이드 사슬로 합성되기 위해 리보솜으로 운반된다. **번역**(translation, **그림 17.2b**)이라 불리는 단백질 합성은 mRNA 염기 서열을 폴리펩타이드의 아미노산 서열로 번역하는 리보핵산단백질(ribonucleoprotein) 분자 기계인 리보솜 내에서 일어난다. 세포에 의해 합성되는 전체 단백질 한 벌을 **단백질체**(proteome)라고 한다.

4. **유전자 발현**(gene expression)은 세포가 환경 또는 발생 신호들에 반응하여 유전자 생성물 합성의 시간을 제어하는 메커니즘이다. **전사 인자**(transcription factor)라고 불리는 단백질들과 *비암호화 RNA 분자*(noncoding RNA molecule, ncRNA)라고 불리는 RNA 분자들이 특정 DNA 서열에 결합하면 유전자 발현을 조절한다. **대사체**(metabolome)란 유전자 발현의 결과로 세포에 의해 생성되는 모든 저분자량 대사산물 전체를 일컫는다.

유전 정보의 흐름은 다음과 같은 *중심 원리*(central dogma)로 요약할 수 있다.

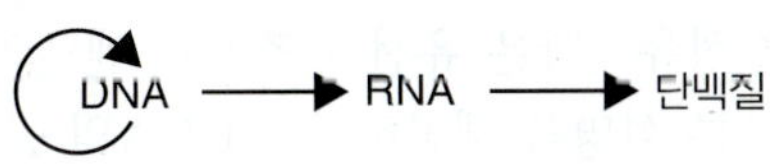

이 도식에서 알 수 있는 바와 같이 DNA 염기 서열에 암호화된 유전 정보는 세포분열 중 복제된 DNA(DNA를 에워싸는 화살표) 분자로부터 단백질의 1차 구조(primary structure)를 지정하는 RNA로 흘러간다. 초기에 제안된 중심 원리에서는 유전 정보가 DNA로부터 RNA를 거쳐 단백질로 한 방향으로만 흘러가는 것으

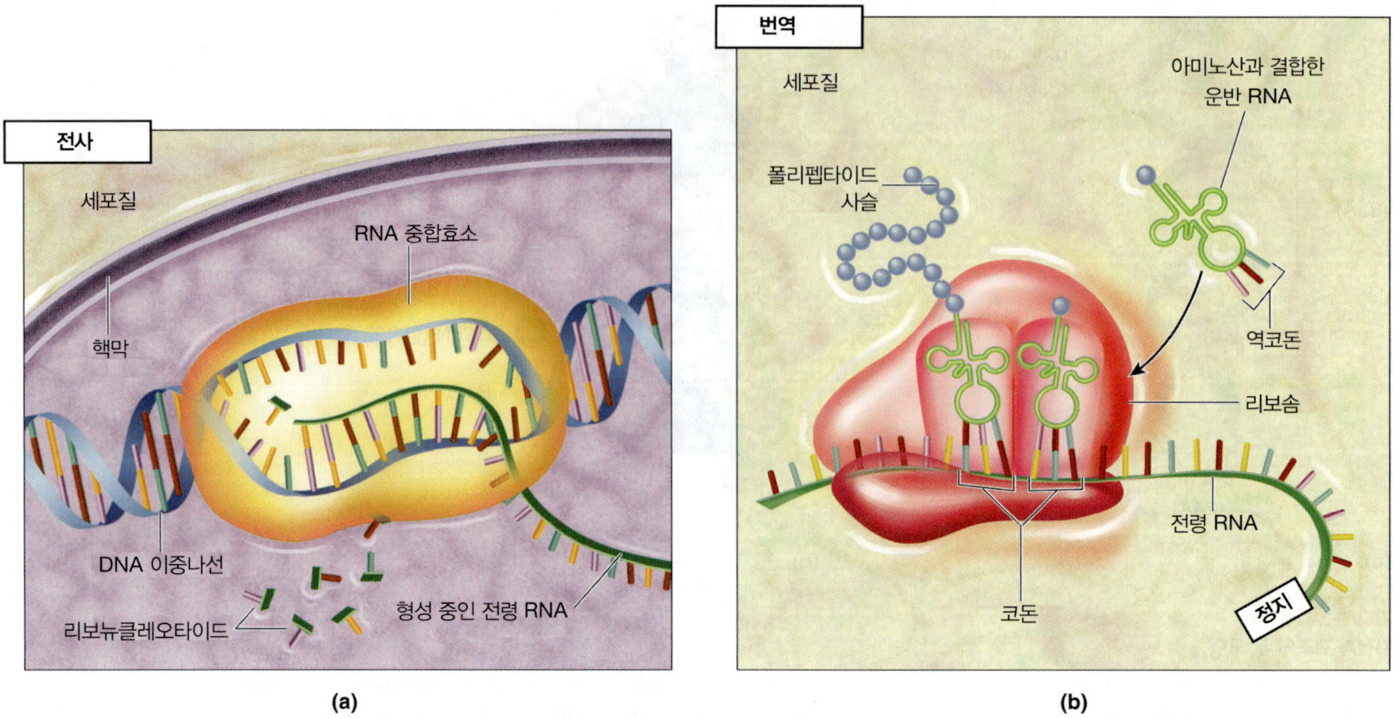

그림 17.2

유전 정보 흐름의 개요.

DNA의 유전 정보는 두 단계 과정에서 폴리펩타이드의 아미노산의 선형 서열로 전환된다. 전사(a) 중 RNA 분자들은 DNA 염기들과 자유 리보뉴클레오사이드 5'-삼인산 염기들 사이의 상보적 염기쌍 결합을 통해 DNA 가닥으로부터 합성된다. 두 번째 단계인 번역(b) 중 mRNA 분자들은 rRNA와 리보솜 단백질로 구성된 리보솜에 결합한다. tRNA-아미노아실 복합체는 코돈이라고 불리는 mRNA 염기 삼개조(triplet)와 역코돈이라고 불리는 tRNA 염기 삼개조 사이에 상보적 염기쌍 결합을 포함하는 과정에서 리보솜 내 촉매 자리에 아미노산들을 위치시킨다. 아미노산들이 촉매 자리 내에 정확하게 자리 잡을 때 펩타이드 결합이 형성된다. mRNA 분자들이 리보솜에 대해 상대적으로 이동한 후 새로운 코돈이 리보솜의 촉매 자리에 들어가고 다른 아미노아실-tRNA 복합체 상의 역코돈과 염기쌍 결합을 한다. mRNA의 정지 코돈이 촉매 자리에 들어가면서 새로이 합성된 폴리펩타이드는 리보솜으로부터 방출된다.

로 알았었다. 그러나 수년 전 중심 원리의 중요한 예외가 밝혀졌다. RNA 유전체를 갖고 있는 일부 바이러스는 *역전사효소*(reverse transcriptase)라 불리는 효소 기능을 가지고 있다. 이러한 바이러스가 숙주 세포를 감염시키면 역전사효소는 바이러스 RNA(viral RNA)를 복제하여 DNA 복사물을 형성한다. 그런 다음 바이러스 DNA(viral DNA)는 숙주 염색체 안으로 들어간다. 이러한 바이러스 중 하나가 HIV(human immunodeficiency virus, 인간 면역결핍 바이러스)인데 '바이러스의 생활양식'이란 제목의 생화학 전망에서 자세히 논의될 것이다.

17장은 핵산의 구조를 중점적으로 다룬다. 장의 앞부분은 DNA 구조에 대한 기술에서부터 시작하여 돌연변이에 의해 변형되는 구조의 형태를 다룬다. 다음으로는 유전체와 염색체 구조에 관한 최신 지식 및 여러 종류의 RNA 구조와 역할에 대한 논의를 다루게 된다. 생화학 전망에서는 후성유전학(epigenetics)에 대하여 간단하게 살펴볼 것이다. 후성유전학은 유전자 조절과 멘델의 유전 법칙에 얽매이지 않는 유전에 대하여 또 다른 설명을 제공해주는 DNA의 공유 결합성 변형이다. 17장의 끝부분은 세포에 기생하는, 핵산과 단백질의 고분자 복합체인 바이러스에 대한 설명으로 마무리를 한다. 18장에서는 핵산 합성과 기능(즉 DNA 복제와 전사)에 대해 여러 측면에서 다루게 될 것이다. 단백질 합성(번역)은 19장에서 다룬다. 핵산을 분리, 정제, 특성화 및 조작하기 위해 일반적으로 사용되는 방법과 기술에 대해서는 17장과 18장의 '생화학 실험'에서 다루고자 한다.

17.1 DNA

DNA 구조는 우선성(right-handed) 이중나선을 형성하며 서로 감겨 있는 두 개의 폴리데옥시뉴클레오타이드로 구성된다(**그림 17.1**). 이런 DNA의 구조를 흔히 *이중나선*(double helix)이라고 한다. 앞서(1.3절, 14.3절) 언급한대로, DNA의 뉴클레오타이드 단위체는 질소 염기(퓨린 또는 피리미딘), 데옥시리보스 당, 인산으로 이루어져 있다. 각각의 모노뉴클레오타이드는 3′,5′-인산다이에스터 결합(3′5′-phosphodiester bond)으로 연결되어 있다. 이 결합은 한 뉴클레오타이드의 데옥시리보스의 5′-OH기를 다른 뉴클레오타이드의 데옥시리보스의 3′-OH기에 인산기를 통해 연결시킴으로써 형성된다(**그림 17.3**). 두 개의 폴리뉴클레오타이드는 역평행 방향으로 배열을 하여, 나선 구조 내부 쪽에 위치한 염기 사이에 수소 결합이 형성될 수 있다(**그림 17.4**). DNA에는 두 종류의 염기쌍(base pair)이 있다. (1) 퓨린인 아데닌(adenine)은 피리미딘인 타이민(thymine)과 염기쌍을 이루고, (2) 퓨린인 구아닌(guanine)은 피리미딘인 사이토신(cytosine)과 염기쌍을 이룬다. 각 염기쌍은 나선 구조의 긴 축에 일정한 각도로 위치해 있기 때문에 DNA 전체 구조는 나선형 계단 모양이 된다. B-DNA 결정으로부터 평균 크기가 측정되었다.

1. 이중나선은 한 번 회전하는데 약 10.3개의 염기쌍이 필요하고 그 높이는 3.32 nm이다. (이 수치는 pH와 염 농도에 따라 약간 변할 수 있다.)
2. 이중나선의 지름은 2.37 nm이다. 이중나선의 내부 공간은 퓨린과 피리미딘

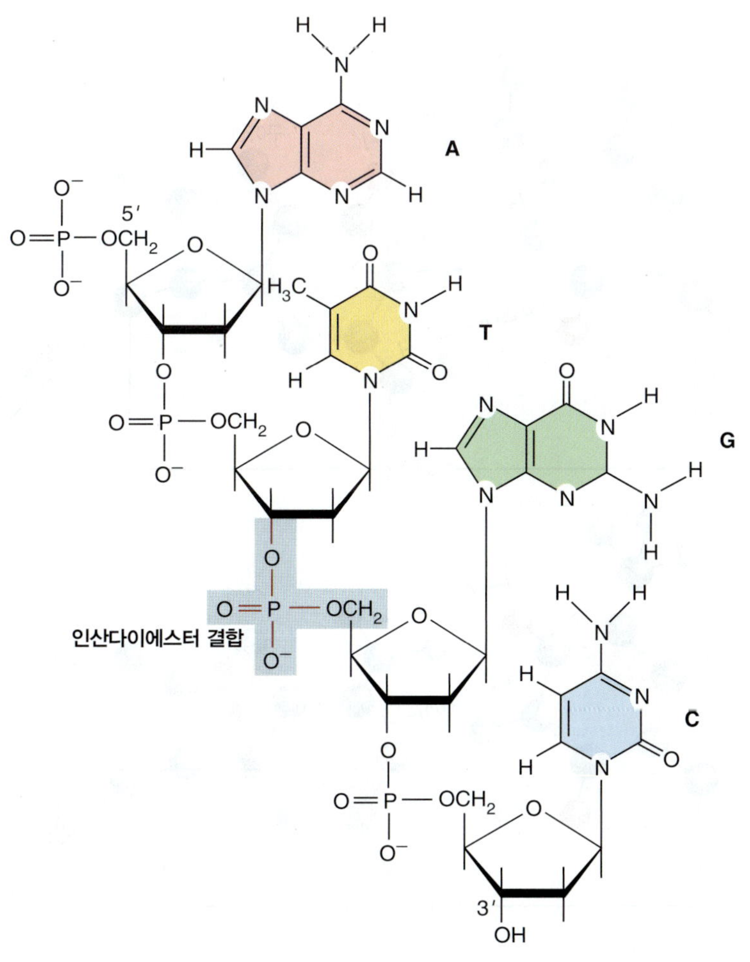

그림 17.3

DNA 가닥 구조.

각 DNA 가닥에서 데옥시리보뉴클레오타이드 잔기는 서로 3′, 5′-인산다이에스터 결합에 의해 연결되어 있다. 그림에 나타난 가닥 서열은 5′-ATGC-3′이다. (당 분자에서 탄소에 결합한 수소 원자는 선으로만 표시하였다.)

그림 17.4

DNA 구조.

염기는 주황색, 당은 파란색으로 표시되어 있다. 각 염기쌍은 2개 또는 3개의 수소 결합으로 연결되어 있다. 두 폴리뉴클레오타이드는 서로 역평행 방향이다. 염기쌍 결합 때문에 한 가닥의 염기 순서는 다른 가닥의 염기 순서를 결정한다.

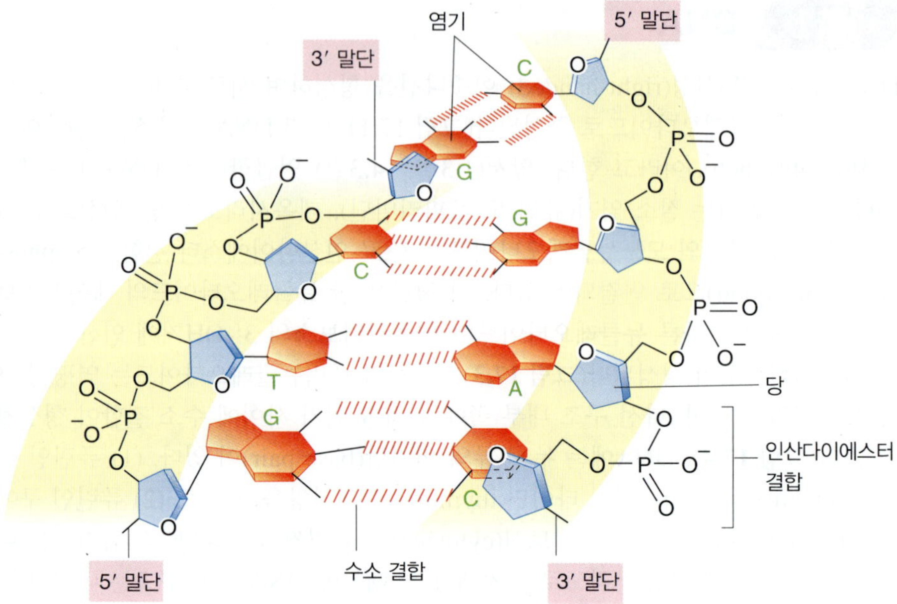

사이에 염기쌍을 형성하기에 적합하다. 두 개의 피리미딘 사이의 염기쌍은 간격이 너무 넓고, 두 개의 퓨린 사이의 염기쌍 결합은 이중나선의 내부 공간에 맞지 않는다. 두 가지 염기쌍의 상대적 크기는 **그림 17.5**에 나타나 있다.

생명 과정에서 유전 정보 저장이라는 역할에 맞게 DNA는 비교적 안정한 분자

그림 17.5

DNA 구조: AT와 GC 염기쌍 크기.

2개의 수소 결합이 AT 염기쌍 그리고 3개의 수소 결합이 GC 염기쌍에 형성된다. 양쪽 염기쌍의 동등한 전체적 크기는 두 폴리펩타이드 가닥의 균일한 나선 구조 형성을 가능하게 한다.

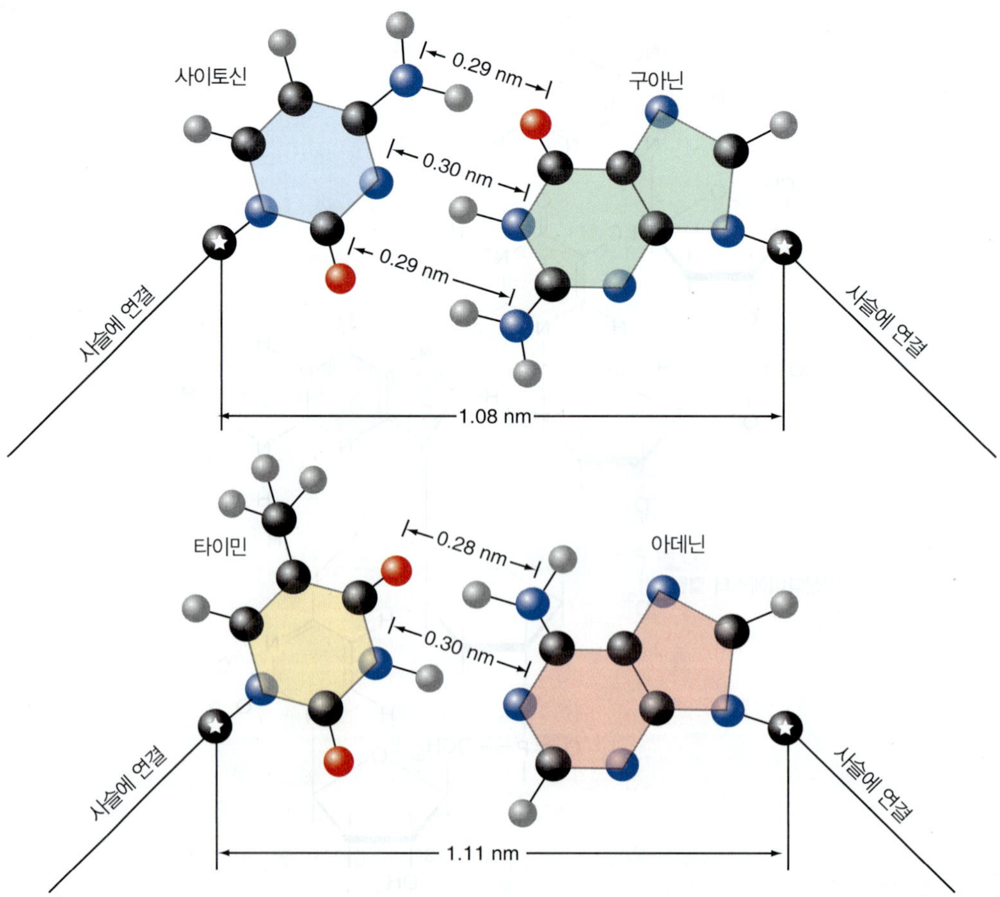

이다. 여러 유형의 비공유 결합 상호작용은 나선 구조의 안정성에 기여한다.

1. **소수성 상호작용.** 겹쳐 쌓인 퓨린과 피리미딘 사이의 염기 고리의 π 전자구름은 비교적 비극성(nonpolar)이다. 이중나선 속의 뉴클레오타이드의 염기 성분의 밀집은 3차원의 거대 분자에서 안정화 인자로 작용한다. 왜냐하면 물과의 상호작용을 최소화하여 전체적으로 엔트로피를 증가시키기 때문이다.
2. **수소 결합.** 근접한 염기쌍은 GC 쌍 사이에 수소 결합 3개와 AT 쌍 사이에 2개의 수소 결합을 선호한다. 이 수소 결합의 누적되는 '지퍼(zippering)' 효과는 DNA 가닥을 정확한 상보적 위치에 놓이도록 한다.
3. **염기 쌓임.** 염기쌍 결합에 의해서 역평행 폴리뉴클레오타이드 가닥들이 가까운 위치에 놓이게 되면 거의 평면인 헤테로고리 염기(planar heterocyclic base)의 평행 쌓임(parallel stacking)을 통해 분자를 안정화한다. 이때 염기 겹침에 의한 π 전자구름의 이동에 의해 생성되는 반데르발스 힘(van der Waals force)의 누적 효과가 DNA 분자를 안정화한다.
4. **수화.** 단백질에서처럼 물은 핵산의 3차원 구조를 안정화한다. DNA는 상당수의 물 분자들과 결합한다. **그림 17.1**에 나타낸 B-DNA의 물 함량은 무게로 약 30%이다. 물 분자들은 뉴클레오타이드의 인산기, 리보스 3′- 및 5′-산소 원자, 그리고 염기 성분의 진기 음성도가 큰 원자들과 결합한다. 실험실 조건에서 측정할 때 B-DNA의 각 뉴클레오타이드는 약 18~19개의 물 분자들과 결합한다. 각 인산은 최대 6개의 H_2O 분자들과 결합할 수 있다.
5. **정전기 상호작용.** *당-인산 골격*(sugar-phosphate backbone)이라고 하는 DNA 외부 표면은 음전하의 인산기를 갖는다. 인접 인산기 사이의 반발(잠재적으로 안정화를 약화시키는 힘)은 Mg^{2+}와 다중 양이온(polycation)인 폴리아민(polyamine) 및 히스톤(histone) 등의 가림 효과(shielding effect)에 의해 최소화된다.

주요 개념 _Key Concepts

DNA는 두 개의 역평행 폴리뉴클레오타이드 가닥이 서로 꼬여 우선성 이중나선을 형성하는 분자이다.

예제 17.1

데옥시뉴클레오타이드(데옥시뉴클레오사이드 삼인산)는 DNA 합성의 기질이다. 1000개의 데옥시뉴클레오타이드를 이용해 DNA를 합성할 때 필요한 에너지를 얻기 위해 몇 개의 글루코스 분자가 분해되어야 하는지 계산하여라. 글루코스는 CO_2와 H_2O로 완전히 산화되고, 말산-아스파트산 왕복장치가 작용하며, 1개의 NADPH는 4개의 ATP와 동등하다고 가정한다.

> 풀이

각 데옥시뉴클레오타이드의 생합성에는 두 가지의 반응이 필요하다. 구아닌, 타이민, 사이토신 염기를 포함하는 리보뉴클레오사이드 이인산 분자는 ATP를 필요로 하는 뉴클레오사이드 카이네이스(nucleoside kinase)에 의해 각각에 해당하는 뉴클레오사이드 삼인산으로 전환된다. 각 리보뉴클레오사이드 삼인산은 NADPH를 필요로 하는 리보뉴클레오타이드 환원효소(ribonucleotide reductase) 반응에 의해 데옥시리보뉴클레오사이드 삼인산으로 전환된다. 하나의 NADPH는 4개의 ATP와 등가이므로, 하나의 데옥시리보뉴클레오사이드 삼인산을 합성하는 데 필요한 ATP의 총 수는 5개이다. 결과적으로, 1000개의 데옥시리보뉴클레오타이드를 합성하는 데 필요한 ATP는 5000개이다(1000 × 5). 하나의 글루코스가 완전히 산화되어서 생성되는 ATP는 31개이므로, 5000 뉴클레오타이드를 합성하는 데 필요한 글루코스의 총 수는 약 161개이다(5000/31). ■

문제 17.1

DNA에 열을 가하면 변성이 일어난다. 즉, DNA 가닥 간의 수소 결합이 끊어지고 일부 염기 쌓임과 소수성 상호작용이 붕괴되어 두 가닥이 서로 분리된다. 온도가 높을수록 더 많은 수소 결합이 끊어진다. DNA 염기쌍의 구조를 고려했을 때, 다음의 분자들 중 어떤 것이 가열 시 먼저 변성되는가를 결정하고, 이에 대한 이유를 설명하라.

a. 5′-GCATTTCGGCGCGTTA-3′
   5′-CGTAAAGCCGCGCAAT-5′
b. 5′-ATTGCGCTTATATGCT-3′
   3′-TAACGCGAATATACGA-5′

DNA 구조: 돌연변이 성질

DNA는 유전 정보를 저장하는 데 적합하긴 하지만 정적인 분자는 아니다. DNA 분자는 몇 가지 유형의 파괴력에 매우 취약해 돌연변이를 일으키거나 DNA 염기서열에 영구적인 변화를 일으킬 수 있다. 돌연변이는 작게는 하나의 염기가 변하는 것부터 크게는 염색체 이상에 이르기까지 다양한 형태로 일어날 수 있다. 대부분의 돌연변이가 생명체에게 해롭거나 아무 효과가 없지만(생명체의 생존에 눈에 띌 만한 효과를 보이지 않음), 드물게 몇몇 돌연변이는 생명체가 환경에 적응하는 능력을 향상시켜 줄 수 있다. 즉, 돌연변이는 진화의 원인이다. 일반적으로 DNA 복제 과정의 정확성과 DNA 수선의 효율성 때문에 대부분 생명체의 돌연변이 발생률(mutation rate)은 매우 낮다.

돌연변이의 종류 가장 많이 발견되는 돌연변이로는 단일 염기 치환(single base change), 삽입(insertion), 결실(deletion), 중복(duplication), 유전체 재배열(genome rearrangement) 등이 있다. 이름에서 알 수 있듯이 단일 염기 치환은 한 개의 DNA 가닥의 서열 중 한 개의 염기가 다른 것으로 바뀌는 것이다. 단일 염기 치환은 **점 돌연변이**(point mutation)라고도 불리는데, 이것이 수선되지 않으면 전이 돌연변이나 전환 돌연변이가 일어날 수 있다. **전이 돌연변이**(transition mutation, **그림 17.6**)는 피리미딘이 다른 피리미딘으로 바뀌거나, 퓨린이 다른 퓨린으로 바뀌는 탈아미노화 반응이나 토토머화 반응에 의해 발생한다. **전환 돌연변이**(transversion mutation)는 피리미딘이 퓨린으로 바뀌거나, 퓨린이 피리미딘으로 바뀌는 돌연변이로, 알킬화제(alkylating agent)나 이온화 방사선 때문에 발생한다. 어떠한 개체군에서 일어나는 점 돌연변이를 **단일 염기 다형성**(single nucleotide polymorphisms, SNP)이라고 한다. 점 돌연변이는 개개의 염기쌍의 삽입이나 결실에 의해서도 일어날 수 있다. 폴리펩타이드 등의 유전자 생성물을 암호화하는 DNA 서열에 일어난 점 돌연변이는 돌연변이가 그 생성물의 구조, 또는 기능에 미치는 영향에 따라 잠재성 돌연변이, 과오 돌연변이, 또는 넌센스 돌연변이로 분류

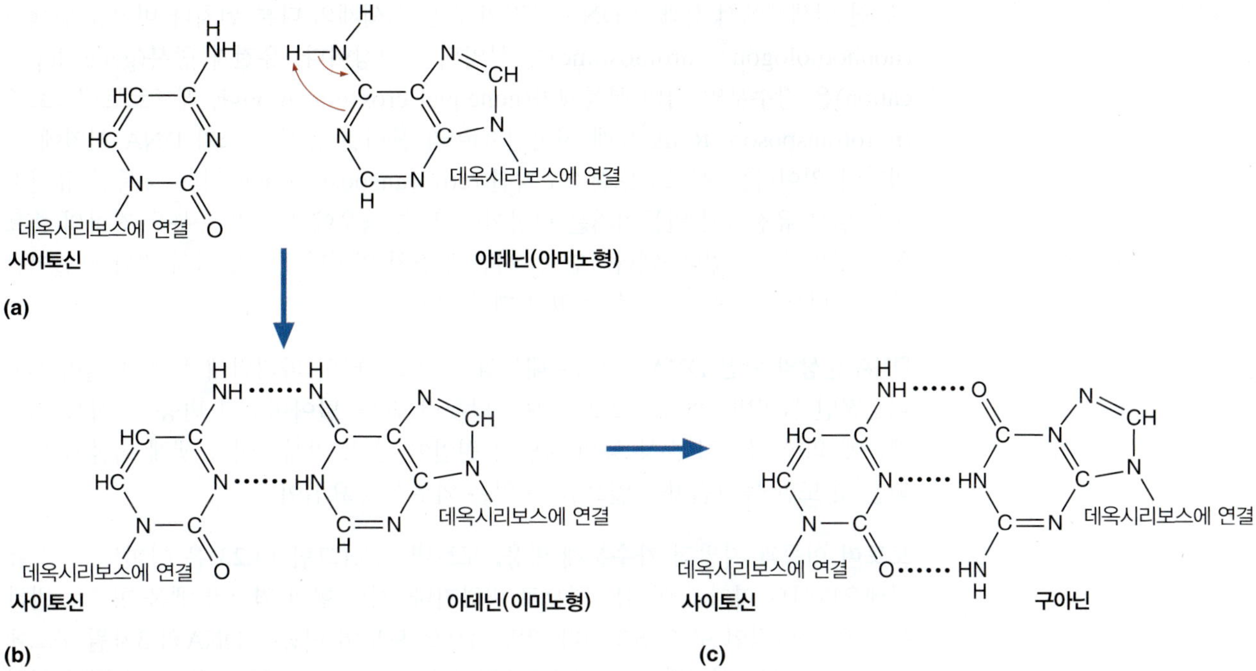

그림 17.6

토토머 이동은 전이 돌연변이를 일으킨다.

아데닌(a)이 토토머 이동을 할 때, 이미노형(b)은 사이토신과 염기쌍 결합을 하게 된다. 전이 돌연변이는 사이토신이 구아닌과 염기쌍 결합을 할 때 DNA 복제의 두 번째 세대에서 나타난다. 이와 같이 A-T 염기쌍은 C-G 염기쌍으로 대치된다(c).

될 수 있다. 염기의 치환이 눈에 띄는 효과가 없는 돌연변이를 **잠재성 돌연변이**(silent mutation)라고 한다. 예를 들어 염기 치환 후에도 폴리펩타이드 내에 아미노산이 변하지 않거나, 아미노산이 다른 것으로 변했다 하더라도 폴리펩타이드의 구조나 기능이 변하지 않는 경우를 말한다. 반면에 **과오 돌연변이**(missense mutation)는 돌연변이가 폴리펩타이드 내의 아미노산을 다른 것으로 바꾸어 구조나 기능의 변화를 일으킨다. **넌센스 돌연변이**(nonsense mutation)는 점 돌연변이가 아미노산을 암호화하는 염기 서열을 조기 종결신호(premature stop signal)로 바꾸는 돌연변이이다. 넌센스 돌연변이를 포함하고 있는 서열로부터 생성된 폴리펩타이드는 불완전하고, 제 기능을 하지 못할 수도 있다.

삽입과 결실은 합하여 **삽입-결실**(indels)이라고도 하면 DNA 서열에 한 개~수천 개의 염기가 삽입되거나 결실되었을 때 발생하는 돌연변이다. 폴리펩타이드를 암호화하는 서열에서 삽입되거나 결실된 염기의 숫자가 3으로 나누어지지 않는 경우에는 *틀이동 돌연변이*(frameshift mutation)가 발생해 변형되거나 절단된 폴리펩타이드가 생성된다. 이런 삽입과 결실은 감수분열 시 어긋나게 배열된 상동염색체 간의 부등교차나 DNA 복제 시 DNA 가닥의 이동 때문에 발생하는 *짝짓기 오류*(slipped strand mispairing) 때문에 발생한다. 이 짝짓기 오류는 DNA 복제 동안 DNA 가닥이 이동한 후 잘못 짝지어진 것이다.

역위, 자리옮김, 중복 등의 유전체 재배열은 유전자의 구조를 파괴하거나 유전자 조절을 방해한다. 이들은 감수분열 시 오류, 돌연변이 유발 인자나 방사선에 노출되는 등의 원인으로 DNA 이중 가닥 절단이 생겨 발생하는 현상이다. **역위**(inversion)는 제거되었던 DNA 조각이 원래의 방향과 반대로 원래의 위치에 삽입되어 발생한다. **자리옮김**(translocation)은 진핵생물에서 발견되는 염색체 이상으로, 한 염색체에서 유래된 DNA 조각이 같은 염색체의 다른 위치나 비상동 염색체(nonhomologous chromosome)에 삽입되는 현상이다. **유전자 중복**(gene duplication)은 감수분열 시의 부등교차(nonequal crossing over)나, 레트로트랜스포존(retrotransposon, RNA 유래 전이인자)이라 불리는 유전 요소가 DNA 서열에 삽입되어 일어나는 레트로트랜스포지션(retrotransposition)에 의해 중복된 유전자 또는 일부 유전자가 만들어지는 현상이다. 드문 경우에 유전자 중복은 진화의 중요한 특징이 될 수 있다. 왜냐하면 긴 시간에 걸쳐 일어난 돌연변이의 결과로 일어난 중복은 다른 기능을 나타낼 수 있기 때문이다.

DNA 손상의 원인 DNA 손상은 내부와 외부로부터의 파괴력에 의해서 일어난다. 내부적인 돌연변이에는 토토머 이동, 탈퓨린 반응, 탈아미노화 반응, 산화성 스트레스에 의한 산화적 손상 등의 자발적 원인이 있다. 방사선이나 생체 이물에 노출되는 것 또한 돌연변이를 일으킬 수 있는 외부적인 요인이다.

토토머 이동과 자발적 가수분해 반응. 토토머 이동(**그림 14.23**)은 아미노 형의 뉴클레오타이드 염기가 이미노 형으로 변하거나, 케토 형의 염기가 엔올 형으로 변하는 등의 자발적인 구조 변화이다. 일반적으로 토토머 이동은 DNA의 3차원 구조에는 작은 영향을 미친다. 그러나 DNA가 복제되는 동안에 토토머가 생성되면 염기의 짝짓기 오류가 일어날 수도 있다. 예를 들면 이미노 형의 아데닌은 타이민과 염기쌍을 형성하지 않고 사이토신과 염기쌍을 형성한다(**그림 17.6**). 이 염기쌍이 즉시 수정되지 않는다면 복제가 진행되는 동안 타이민이 있어야 할 자리에 사이토신이 자리하게 되면서 전이 돌연변이가 발생한다.

몇몇의 자발적인 가수분해 반응도 DNA에 손상을 입힐 수 있다. 예를 들어 인간의 세포에서는 날마다 DNA로부터 수천 개의 퓨린 염기들이 소실된다고 알려져 있다. 탈퓨린화 반응에 의해 퓨린 염기와 데옥시리보스 사이의 N-글리코사이드 결합이 끊어지게 된다. 구아닌의 N-3과 N-7에 양성자화가 일어나면 가수분해가 촉진된다. 이때 수선 메커니즘에 의해 이 퓨린 뉴클레오타이드가 교체되지 않는다면 점 돌연변이가 발생한다. 이와 유사하게 염기는 자발적인 탈아미노화 반응을 일으킨다. 예를 들면 사이토신이 탈아미노화 반응을 하면 토토머 이동을 통해 유라실로 전환된다. 결국 CG 염기쌍이 AT 염기쌍으로 전환되게 된다. (유라실은 타이민과 유사한 구조를 가지고 있다.)

이온화 방사선. 자외선, X선, 감마선과 같은 이온화 방사선은 DNA의 구조를 변하게 할 수 있다. 저준위 방사선은 돌연변이를 일으킬 수 있고, 고준위 방사선은 치명적이다. 자유 라디칼 메커니즘(free radical mechanism, 수소 원자를 제거하거나 ·OH 라디칼과 다른 활성 산소종을 생성하는 과정)에 의해 일어나는 자외선-유도 손상은 가닥 절단(strand break), DNA-단백질 교차 결합(cross-linking, 예: 타이민-타이로신 연결), 고리 열림(ring opening), 염기 변형(base modification) 등을 포함한다. 산화성 스트레스뿐만 아니라 물의 방사선 분해에 의해서도 발생하는 하이드록실 라디칼은 가닥 절단과 여러 가지 염기 변형[예, 타이민글라이콜(thymine glycol), 5-하이드록시메틸유라실(5-hydroxymethyluracil), 8-하이드록시구아닌(8-hydroxyguanine)]을 일으킨다. 초과산화물 불균등화효소(superoxide dismutase)는 핵과 미토콘드리아의 DNA 모두에서 ROS-유도 손상을 막는 데 중요한 역할을 한다.

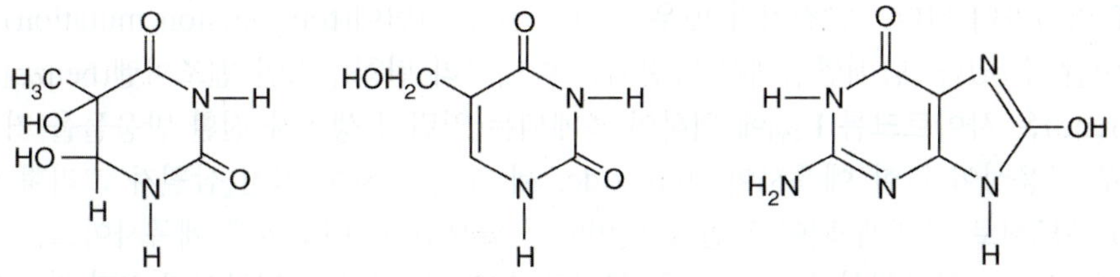

소변 속의 8-하이드록시 데옥시구아노신(8-hydroxydeoxyguanosine, 8-OHdG)의 양은 체내의 소실되지 않은 ROS의 생성량을 측정하는 데 사용된다. 예를 들어, 흡연은 8-OHdG의 분비량을 50% 정도까지 증가시킨다.

UV-B 에너지가 이중 결합에 흡수되어 생성되는 가장 흔한 형태의 자외선-유도 생성물이 타이민 이합체(thymine dimer)이다(**그림 17.7**). 이합체 형성에 따른 나선의 뒤틀림은 DNA 복제 장치(DNA replication machinery)를 멈추게 한다.

생체이물. 다수의 생체이물(xenobiotics)은 DNA에 손상을 입힐 수 있다. 대표적인 생체이물로는 염기 유사체(base analogue), 알킬화제, 비알킬화제(nonalkylating agent), 층간 삽입제(intercalating agent) 등이 있다. **염기 유사체**(base analogue)는 정상적인 뉴클레오타이드와 그 구조가 매우 유사하며 DNA 합성 과정에서 DNA 사슬에 끼어들 수 있다. 예를 들어 5-브로모유라실(5-bromouracil, 5-BU)은 타이민의 유사체로서 5-BU의 엔올 토토머는 구아닌과 염기쌍을 형성할 수 있기 때문에, AT 염기쌍이 DNA 복제 후 GC 염기쌍으로 바뀌게 된다. **알킬화제**(alkylating agent)는 비공유 전자쌍(unshared electron pair)을 갖고 있는 친전자체(electrophile)로서 알킬기를 첨가한다. 염기 중에서 타이민과 사이토신도 반응하지만 아데닌과 구아닌이 특히 알킬화 반응에 민감하나. 알킬화 염기는 흔히 잘못된 염기쌍 결합을 하여(예, 메틸구아닌이 사이토신 대신 타이민과 염기쌍 결합) 다음 번 복제 과정에서 전이 돌연변이를 일으킨다. 메틸구아닌의 경우 GC 염기쌍은

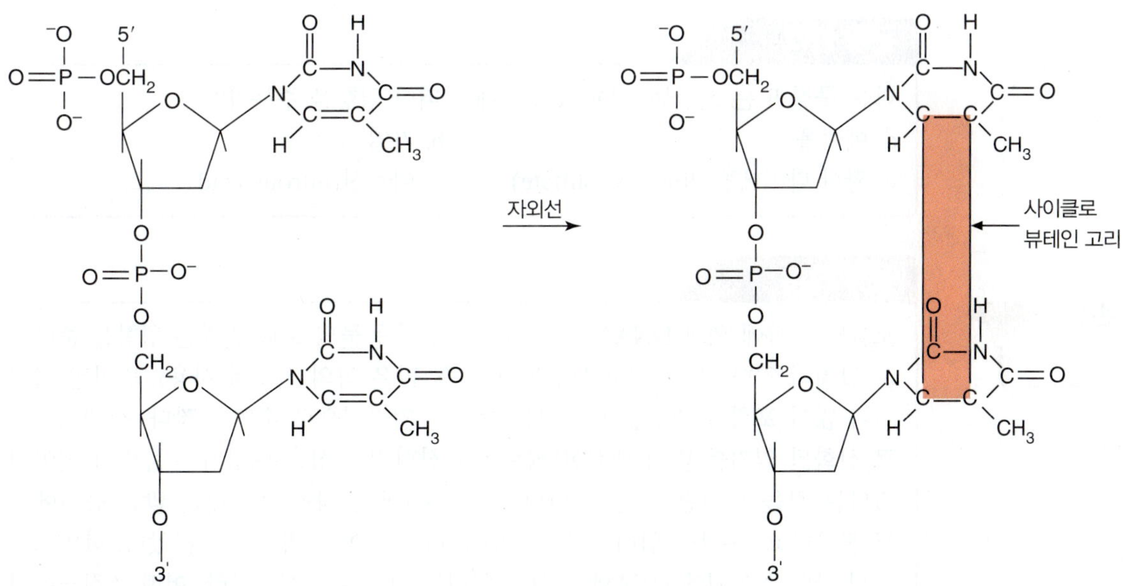

그림 17.7

타이민 이합체 형성.

DNA 가닥의 인접한 타이민은 자외선을 받아서 사이클로뷰테인 고리 형태(빨간색)로 공유 결합을 형성하여 타이민 이합체를 형성한다.

AT 염기쌍이 된다. 알킬기가 매우 크면 전환 돌연변이(transversion mutation)가 일어날 수 있다. 담배연기에서 발견되는 여러고리 탄화수소인 벤조피렌(benzo[a]pyrene)은 사이토크롬 P_{450}에 의하여 촉매되는 일련의 생분자 전환 반응들을 거쳐 매우 반응성이 강한 에폭사이드(epoxide, 세 개의 원자를 가진 삼원자 고리형 에터) 유도체로 바뀌게 되어 전환 돌연변이를 일으킨다. 벤조피렌 에폭사이드는 구아닌 염기와 첨가생성물(adduct)을 형성하여 DNA 구조를 왜곡시켜 G가 T로 바뀌는 전환 돌연변이를 초래하며 DNA 복제를 막는다. 알킬화 반응은 또한 토토머 현상을 촉진하여 전이 돌연변이를 일으킬 수 있다. 대표적인 알킬화제(alkylating agent)로 황산 다이메틸(dimethyl sulfate)과 다이메틸나이트로사민(dimethylnitrosamine)이 있다.

알킬화제 이외의 다른 **비알킬화제**(nonalkylating agent)도 DNA 구조를 변형시킬 수 있다. 나이트로사민(nitrosamine)과 아질산 소듐(sodium nitrite, $NaNO_2$)으로부터 유래한 아질산(HNO_2)은 염기를 탈아미노화한다. 나이트로사민과 아질산 소듐은 가공된 음식과 아질산으로 절인 음식물에서 발견된다. 아질산은 염기를 탈아미노화하여 아데닌, 구아닌, 사이토신을 각각 하이포잔틴(hypoxanthine), 잔틴(xanthine), 유라실로 전환시킨다. **층간삽입제**(intercalating agent)라고 하는 평면 여러고리 방향족 분자는 DNA 이중나선의 염기쌍 사이에 끼어들어 DNA 구조를 변형시킬 수 있다. 그 결과 DNA의 부분적인 구조 변화를 일으키고 이것이 정상적인 DNA 복제를 방해하게 된다. 층간삽입제에 대한 노출의 정도에 따라 염기의 결손과 삽입에서부터 세포의 사멸에 이르기까지 다양한 결과를 초래한다. 독소루비신(doxorubicin)이나 브로민화 에티듐(ethdium bromide)이 이러한 층간삽입제의 예들이다. 독소루비신은 빠르게 성장하는 암세포에서 DNA 복제를 방해하는 항암제로서 사용된다. 브로민화 에티듐은 다양한 분자생물학 실험에서 핵산을 형광으로 염색하는 표지 물질로서 사용된다.

주요 개념 _Key Concepts

DNA는 염기 서열에 영구적 변화를 가져오는 돌연변이를 일으키는 여러 유형의 파괴적 힘에 대해 민감하다

DNA 복제 장치의 오작동이나 전위(transposition, 유전체 안에서 염기 서열들의 이동)에 의하여 생기는 돌연변이들은 18장에서 다룬다.

문제 17.2

다음 물질 또는 조건들은 DNA 구조에 어떠한 영향을 주는가?

a. 에탄올　　b. 가열

c. 황산 다이메틸(dimethyl sulfate)　　d. 아질산(nitrous acid)

라디칼과 산화적 손상
Radicals and Oxidative Damage

문제 17.3

오늘날 산화에 의한 DNA의 손상 축적은 포유동물의 노화에 많은 영향을 준다고 알려져 있다. 신진 대사율이 높거나(즉, 많은 양의 산소를 사용), 변형된 염기가 많이 포함된 소변을 배설하는 동물은 일반적으로 수명이 짧다. 상대적으로 산화된 염기를 많이 배설한다는 것은 산화적 손상을 예방하는 능력이 떨어졌다는 것을 의미한다. 산소 라디칼이 DNA에 손상을 입힌다는 많은 증거에도 불구하고, 손상을 입히는 실질적인 라디칼은 아직 밝혀지지 않았다. 하이드록실 라디칼 이외에 DNA에 손상을 입히는 라디칼을 제시하라. 어떤 조직들은 다른 조직에 비하여 산화적 손상을 더 받는다. 예를 들어 인간의 뇌는 다른 조직들에 비해 일생동안 산화적 손상을 더 많이 입는다고 알려져 있다. 이 현상에 대한 두 가지 이유를 제시하라.

DNA 구조: 유전물질

1953년 4월 25일 *Nature*에 발표된 DNA 구조에 관한 왓슨과 크릭의 모형은 DNA 구조에 대한 모든 것이 되었다. 그들의 연구는 거의 한 세기에 걸친 연구의 정점이었다. 그 동안의 중요한 발견 중에는 (1) 세균이 세포 사이에 유전 정보를 전달할 수 있다는 영국의 세균학자인 Frederick Griffith의 1928년의 추론, (2) 그리피스(Griffith)의 '형질 전환 인자(tranforming factor)'가 DNA라고 확인한 에이버리(Avery), 맥레오드(MacLeod), 맥카티(McCarty)의 1944년의 발견, (3) 1952년에 생물체의 유전 물질이 DNA라고 입증한 허쉬(Hershey)와 체이스(Chase)의 실험이 있다. 왓슨-크릭의 모형 발표는 **분자생물학**(molecular biology)이라는 새로운 분야의 시발점이 되었다. 분자생물학은 DNA, RNA, 단백질의 생합성과 이런 과정들을 조절하는 메커니즘을 다룬다.

왓슨과 크릭이 DNA 모형을 만드는 데 사용한 기초적 정보는 다음과 같다.

1. 데옥시리보스, 질소를 포함하는 염기와 인산의 화학 구조와 분자 크기.
2. 1948~1952년에 샤가프(Erwin Chargaff)가 여러 다양한 종으로부터 분리한 DNA의 아데닌:타이민과 구아닌:사이토신이 1:1 비율로 되어 있음을 발견함. [이 관계를 **샤가프 규칙**(Chargaff's rules)이라 함.]
3. DNA는 대칭적 분자이고 나선 구조임을 암시하는 프랭클린(Rosalind Franklin)에 의한 X선 회절 연구.
4. 윌킨스(Maurice Wilkins)와 그의 동료 스톡스(Alex Stokes)의 X선 회절 연구로부터 측정된 나선의 지름과 피치(pitch).
5. 다른 종류의 복잡한 분자인 단백질에도 나선 구조가 존재할 수 있다는 폴링(Linus Pauling)의 증명.

왓슨, 크릭, 윌킨스는 1962년에 생리의학 부문 노벨상을 수상하였다.

주요 개념 _Key Concepts

1953년 왓슨과 크릭에 의해 제안된 DNA의 나선형 구조 모형은 많은 과학자들의 연구를 통해 얻은 정보를 토대로 한 것이다.

DNA 구조: 형태의 다양성

왓슨과 크릭이 발견한 **B형 DNA**(B-DNA)는 매우 습한 조건에서 존재하는 소듐염 DNA이다. 데옥시리보스가 유연하고 C^1-N-글리코사이드 결합(C^1-N-glycosidic bond)이 회전할 수 있기 때문에 DNA는 서로 다른 형태로 존재할 수 있다. [퓨라노스(furanose) 고리는 주름 잡힌 형태(puckered conformation)를 가질 수 있음을 상기하자.]

A-DNA DNA가 부분적으로 탈수되었을 때, 즉 각 뉴클레오타이드에 결합한 물 분자수가 약 13~14로 감소할 때 DNA는 A형이 된다(**그림 17.8, 표 17.1**). **A형 DNA**에서 염기쌍은 나선축에 대해 더 이상 직각이 아니다. 그 대신 수평으로부터 20° 경사를 이룬다. 인접한 염기쌍 사이의 거리는 약간 감소하며, B형에서 보이는 10.5 bp 대신에 한 번 회전하는 데 11개의 bp가 필요하다. 이중나선이 한 번 회전하는 데 필요한 거리는 3.32 nm 대신 2.46 nm가 되고 분자의 지름은 B형 DNA의 2.37 nm보다 약간 증가하여 2.55 nm이다. A형 DNA는 에탄올 용매로 추출했을 때 얻어진다. 세포에서 A형 DNA의 중요성은 전사 중 형성된 RNA 이중 가닥(duplex)과 RNA/DNA 이중 가닥 구조가 A형 DNA 구조와 유사하다는 것이다.

Z-DNA 지그재그 형태로 존재하는 Z형 DNA는 B형 DNA와 매우 다른 형태이다. **Z형 DNA**(D = 1.84 nm)는 B형 DNA(D = 2.37 nm)보다 훨씬 더 가늘다. 그리

그림 17.8

A형 DNA, B형 DNA, Z형 DNA.

DNA는 유연한 분자이므로 염기쌍 서열이나 추출 조건에 따라 서로 다른 형태를 갖는다. 그림에 나타난 각 분자는 동일한 수의 염기쌍을 갖고 있다. 이 세 유형의 DNA의 특징에 대한 상세한 내용이 **표 17.1**에 제시되어 있다.

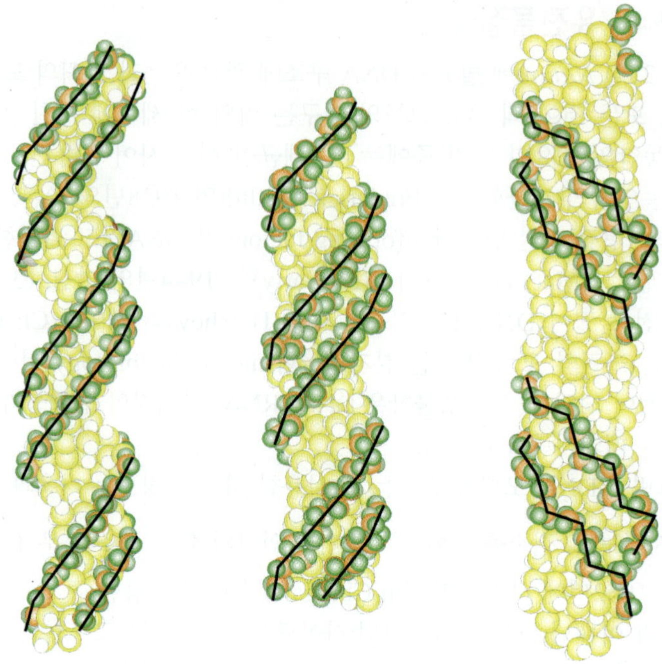

표 17.1 B형 DNA, A형 DNA와 Z형 DNA의 구조적 성질

	B-DNA(Watson-Crick 구조)	A-DNA	Z-DNA
나선 지름	2.37 nm	2.55 nm	1.84 nm
나선 회전당 염기쌍(bp)	10.5	11	12
염기쌍당 나선 오름	3.32 nm	2.46 nm	4.56 nm
염기쌍당 염기쌍	0.34 nm	0.24 nm	0.37 nm
나선 회전	우선성	우선성	좌선성

고 한 번 회전하는 데 12개 bp가 필요하며 좌선성 구조이다. Z형 DNA가 한 번 회전하는 높이는 4.56 nm이다(B형 DNA에서는 3.32 nm이다). 교대로 반복되는 퓨린과 피리미딘(특히 CGCGCG)이 DNA상에 있는 경우 Z형 DNA 구조를 가지는 경우가 많다. Z형 DNA에는 염기들이 어긋난 형태의 좌선성 이합체 형태로 쌓여 있고, 이것이 DNA를 지그재그 형태로 만들며 평평하고 홈이 없는 평면을 유지하게 한다. GC가 반복되는 DNA의 영역은 특정 단백질과 결합하여 전사를 개시하거나 방해하는 조절 작용을 하는 것으로 알려져 있다. 비록 Z형 DNA의 생리적 중요성은 불분명하지만 메틸화(methylation)나 음성 초나선 꼬임(negative supercoiling)은 Z형 DNA를 안정화한다. 그 외에도 전사 중 생기는 비틀림 무리(torsional strain)에 의하여 짧은 가닥에서 Z형 DNA가 생긴다.

DNA 분자의 어떤 부분에서는 고차원 구조를 갖는다. 십자형은 중요한 예이다. *십자형*(cruciform)은 십자가 모양을 하고 있다. 이것은 DNA 염기 서열이 회문식 서열[palindrome, 앞으로 읽든 또는 뒤로 읽든 간에 같은 정보를 제공하는 서열(예, 'MADAM, I'M ADAM')]을 갖고 있을 때 나타난다. 언어 회문식과는 달리 DNA의 상보적 가닥에서 뉴클레오타이드 염기 '글자'는 한 가닥에서는 한 방향으로 읽고 다른 가닥에서 반대 방향으로 읽힌다. 각 가닥 위에 있는 회문식의 반은 다른 반과 상보적이다. 여러 개 또는 수천 개의 염기로 구성되는 회문식을 형성하는 DNA 염기 서열을 *역반복 서열*(inverted repeat)이라 한다. 십자형 구조 형성은 DNA 재조합과 DNA 수선 동안 일어나며 작은 거품(bubble) 또는 *원시십자형*(protocruciform)이 형성되면서 시작하고 가닥 내 염기쌍(intrastrand base pairing) 결합이 일어나면서 진행한다.

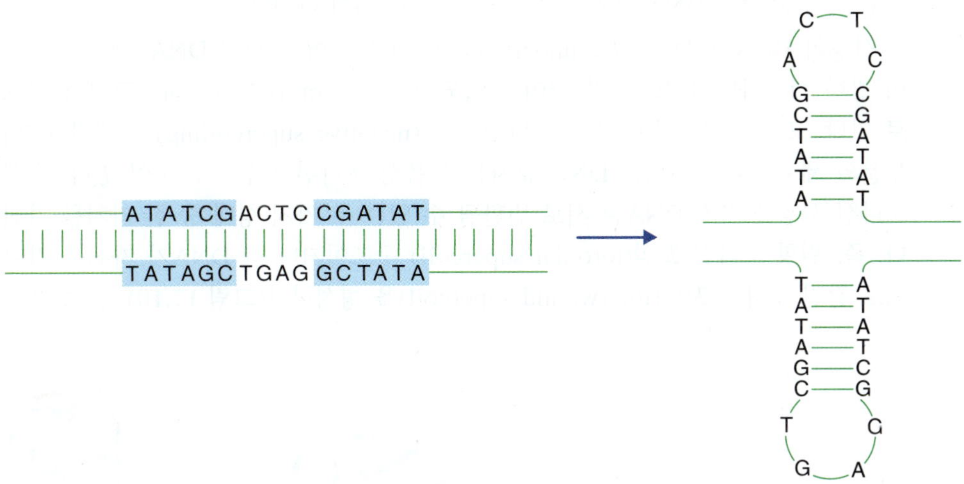

거대한 DNA 분자를 세포 속에 집어넣으려면 DNA 초나선 꼬임(supercoiling)이 필요하다. 초나선 꼬임이 일어나려면 먼저 이중나선 DNA의 단일 가닥이 끊어진('nicked') 다음 재봉합 전에 서루 많이 감기거나 덜 감겨야 한다. ('nick'은 이중나선 DNA의 한 가닥이 끊어진 것을 의미함.) DNA 모양의 작은 변화는 그 서열에 따라 나타난다. 예를 들어 연속적인 4개의 AT 염기쌍은 구부러진 구조를 나타낸다. 그러나 DNA가 단백질 주위를 감고 구부리려면 초나선 꼬임이 필요하다.

예제 17.2

인간의 반수체(haploid) 유전체는 대략 3.2×10^9개의 염기쌍(배수체 유전체의 경우 6.4×10^9개)을 가지고 있다. DNA가 B형임을 가정하고 단일 세포에 존재하는 DNA의 길이를 계산하라.

풀이

B-DNA의 염기쌍 당 나선 상승이 0.34 nm라고 주어져 있으므로(**표 17.1**), 배수체 세포 DNA의 총 길이는

$6.4 \times 10^9 \text{ bp} \times 0.34 \times 10^{-9} \text{ m/bp} = 2.2 \text{ m}$이다. ■

DNA 초나선 꼬임

DNA 초나선 꼬임은 다양한 생물 과정을 촉진하는 것으로 알려져 있다. 그 예로 DNA 전사와 복제뿐만 아니라 매우 치밀한 형태로의 포장 등이 있다(18장). DNA 초나선 꼬임은 역동적인 3차원 과정이기 때문에 2차원 구조의 정보로 설명하기는 어렵다. 따라서 초나선 꼬임을 이해하기 위해 다음과 같은 실험을 생각해 보자.

긴 선형 DNA가 납작한 표면 위에 놓여 있다. 선상의 긴 DNA 분자 끝을 서로 연결하면 주름 잡히지 않은 원형(unpuckered circle)의 DNA 구조가 형성된다(**그림 17.9a**). 이 분자는 덜 감기거나 더 감기지 않은 상태에서 완전히 연결되었기 때문에 나선은 이완된 상태이고 표면은 납작하다. 이완된 원형 DNA를 몇 번 꼬면 그림 **17.9b**와 같은 모양이 된다. 이 꼬인 분자를 다시 납작한 표면에 두면 이러한 DNA는 자동적으로 회전하면서 꼬임을 제거한다. 초과도 꼬임은 매듭 이론에서 빌려온 수학적 개념이다. DNA 분자의 초과도 꼬임은 *가닥 꼬임*(twist, 나선의 회전 수)과 *몸체 꼬임*(writhe, DNA 분자가 스스로 교차한 수)의 합이다.

선형의 DNA가 *덜 감기고*(underwound, 예를 들어 우선성 DNA 나선이 좌선성 방향으로 가닥이 꼬임) 양 끝이 결합되면 변형(strain)을 제거하려고 오른쪽으로 가닥 꼬임을 일으키며 음성 초나선 꼬임(negative supercoiling)이 생긴다. 대부분의 세포에서 발견되는 DNA 분자들은 음성 초나선 꼬임으로 꼬여 있다. 음성 초나선 꼬임을 가진 DNA는 서로 변환될 수 있는 두 가지 형태 중 한 가지를 가진다. 즉, 원형 초나선 꼬임(toroidal supercoil) 구조이거나 각 DNA가 자신을 감아 서로 감긴 초나선 꼬임(interwound supercoil)을 형성한다(**그림 17.10**). 음성 초나

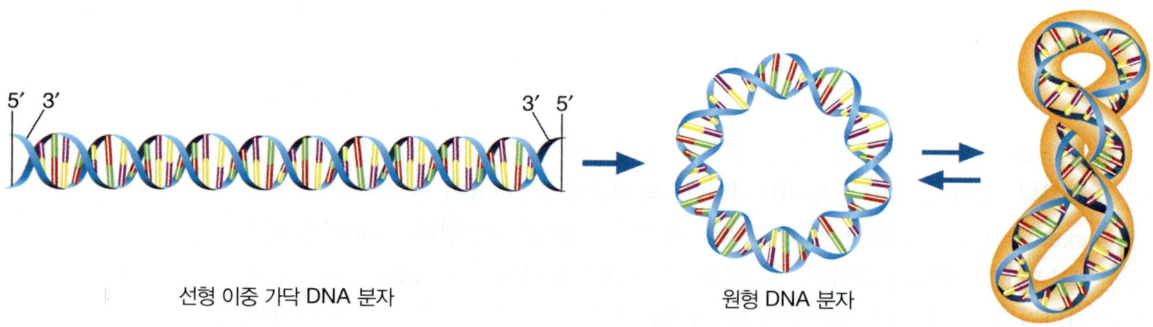

그림 17.9

선형과 원형 DNA 그리고 DNA 감김.

선형 DNA 분자가 원으로 되면서 이완된 원형 DNA 분자를 형성한다. 이완된 원형 DNA가 꼬였을 때 놓으면 DNA는 납작한 구조로 되돌아온다.

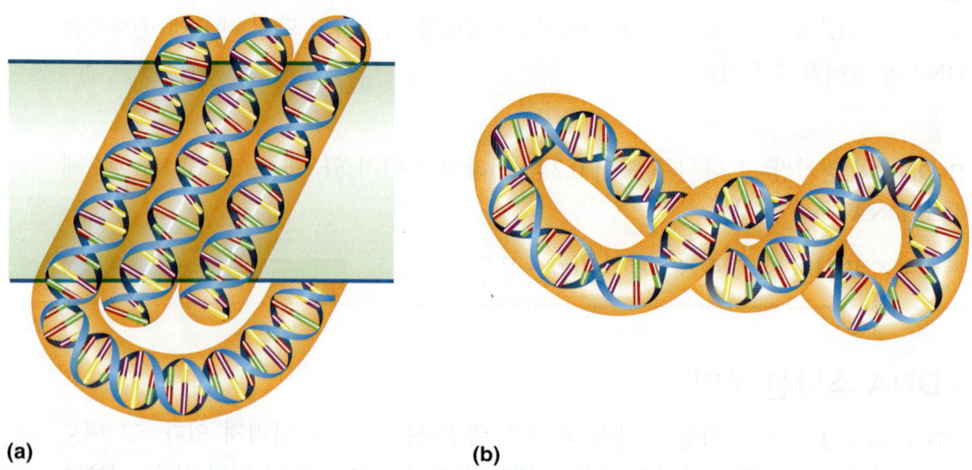

그림 17.10

초나선 꼬임.

초나선 꼬임은 두 가지의 주요 형태로 나타난다. (a) 원형(나선형) 초나선 꼬임, (b) 서로 감긴 상태의 초나선 꼬임.

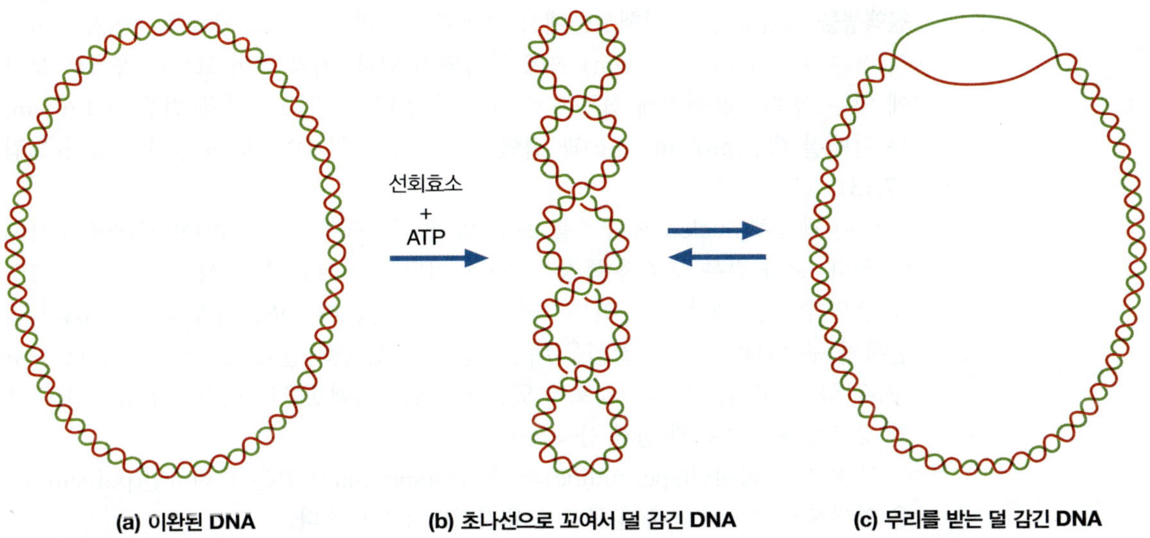

그림 17.11

변형이 원형 DNA 구조에 미치는 효과.

음성 초나선 꼬임의 DNA 분자를 평면에 억지로 놓을 때 음성 초나선 꼬임의 형성에 의해 해소된 변형은 재도입된다. 인산다이에스터 결합의 절단과 재형성은 이완된 원형 구조(a)를 음성 초나선 꼬임 구조(b)로 전환시킨다. 초나선 꼬임 과정에 의해 해소된 변형은 덜 감긴 분자를 평면에 억지로 놓을 때 재도입된다(c).

선 꼬임 DNA 분자는 이와 같은 형태로 존재할 때 비틀림(회전을 일으키는 힘) 형태로 위치에너지를 저장하고 있다. 그런 다음 저장된 에너지는 DNA 복제와 전사 같은 과정 중 DNA 가닥의 분리를 촉진시키는데 사용된다(**그림 17.11**). *너무 감긴 DNA*(overwound DNA, 선형의 DNA가 양말단이 맞물려 원형이 되기 전에 우선성으로 가닥이 꼬임)는 스트레스를 줄이기 위하여 왼쪽으로 비틀어 돌려져서 양성 초나선으로 꼬인다. DNA 복제에서 가닥 분리 중 형성되는 초나선 꼬임은 복제기구(replication machinery)를 방해한다. 초나선 꼬임은 가역적인 절단을 하여 초나선으로 꼬인 DNA 조각을 풀어지게 만드는 위상이성질화 효소[topoisomerase, 예: 대장균의 DNA 선회효소(gyrase)]에 의해 제거된다.

DNA 꼬임은 꼬인 전화선에 비유될 수 있다(**그림 17.12**). 전화기를 많이 사용하면 전화기와 수화기를 이어주는 선이 회전에 의해 초나선 꼬임을 형성한다. 꼬여있는 선의 초나선 꼬임을 풀기 위해서는 평평하게 놓여 있어야만 한다. 과감김(overwinding)과 덜감김(underwinding)은 두 사람의 손이 전화선의 양끝을 잡고 있는 경우를 예로 들 수 있다. 한쪽 끝은 가만히 잡고 있고, 다른 쪽 끝은 꼬아준다고 하였을 때, 꼬임의 방향이 전화선의 꼬임 방향과 같다면(예를 들면, 우선성 꼬임을 오른쪽으로 꼬아주는 경우), 그 꼬임은 너무 감긴(overwound) 상태가 될 것이다(양성 초나선 꼬임). 반대로, 선을 반대쪽 방향으로 꼬아준다면(예를 들면, 우선성 꼬임을 왼쪽으로 꼬아주는 경우), 그 꼬임은 덜 감긴(underwound) 상태가 될 것이다(음성 초나선 꼬임).

염색체와 염색질

DNA는 **염색체**(chromosome)라 불리는 구조로 세포 속에 뭉뚱그려져 들어 있다. 원래 염색체란 진핵생물의 유사분열 또는 감수분열 중 진하게 염색되는 구조이다. 그러나 이 용어는 지금 원핵생물의 DNA를 표현하는 데 사용한다. 진핵생물과 원핵생물의 염색체는 물리적 구조와 유전자 구성이 현저히 다르다.

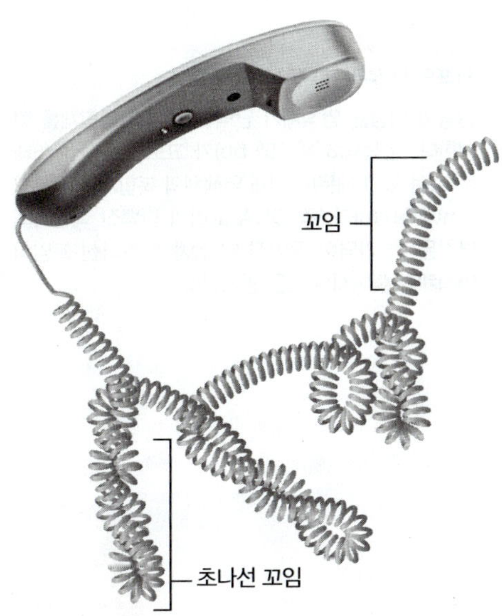

그림 17.12

초나선 꼬임.

전화선은 오른쪽으로 꼬여 있다는 것과 꼬임이 계속되면 초나선 꼬임이 생성될 수 있다는 점에서 꼬여 있는 DNA 분자와 유사하다.

원핵생물 대장균 같은 원핵생물에서 염색체는 고리와 코일로 된 원형 DNA 분자로서 작은 공간(1 μm × 2 μm) 속에 압축되어 있다. 이와 같이 고도로 응축된 분자에 있는 정보는 용이하게 접근할 수 있어야 한다. 대장균 염색체(원주 = 1.6 μm)는 단백질 핵심(protein core)과 결합된 초나선 꼬임 DNA로 구성되어 있다(**그림 17.13**).

이런 *핵양체*(nucleoid) 구조를 보면 염색체는 단백질 핵의 40여 군데에 부착되어 있다. 이와 같은 구조적 특징은 DNA 가닥이 끊어질 경우 생기는 초나선 꼬임 DNA의 풀림을 제한할 수 있는 일련의 고리를 만든다. DNA의 압축은 DNA와 결합하여 구부림과 초나선 꼬임을 촉진하는 구조성 단백질로 응축함으로써 더 증강될 수 있다. 고세균의 원핵세포에 있는 DNA는 진핵생물의 히스톤과 유사한 구조를 갖고 있는 히스톤과 함께 응축되어 있다.

그 외에 스퍼미딘(spermidine)과 스퍼민(spermine) 같은 폴리아민(polyamine)은 염색체가 고도의 응축된 구조를 유지하도록 도와준다.

$$H_3\overset{+}{N}-CH_2-CH_2-CH_2-CH_2-\overset{+}{N}H_2-CH_2-CH_2-CH_2-\overset{+}{N}H_3$$

스퍼미딘

$$H_3\overset{+}{N}-CH_2-CH_2-CH_2-\overset{+}{N}H_2-CH_2-CH_2-CH_2-CH_2-\overset{+}{N}H_2-CH_2-CH_2-CH_2-\overset{+}{N}H_3$$

스퍼민

양전하의 폴리아민이 음전하의 DNA 골격과 결합함으로써 인접한 DNA 꼬임 사이의 전하 반발을 극복하게 된다.

진핵생물 원핵생물에 비해 진핵생물은 매우 거대하고 복잡한 유전체를 갖고 있다. 종에 따라 진핵생물의 염색체는 그 길이와 수가 다르다. 예를 들어 인간은 약 30억 개의 염기쌍(반수체의 경우)을 가진 23쌍의 염색체, 초파리(*Drosophila melano-*

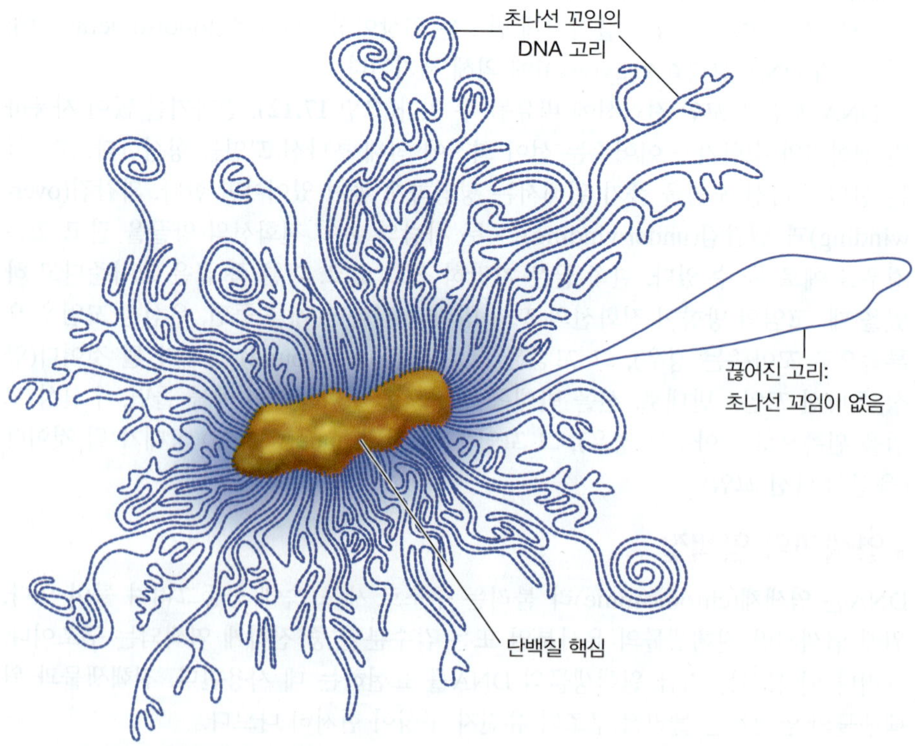

그림 17.13

세포에서 분리한 대장균 염색체.

원형의 대장균 염색체가 단백질 핵심과 복합체를 형성한다. 염색체(3×10^6 bp)가 고도의 초나선 형태로 꼬여 있기 때문에 전체 염색체의 복합체는 지름 2 μm에 불과하다. 각 DNA 고리의 단백질 핵심과의 부착은 한 가닥이 끊어질 때 전체의 초나선 꼬임의 염색체가 풀어지는 것을 방지한다.

gaster)는 1.8억 개의 염기쌍을 가진 4쌍의 염색체, 그리고 옥수수(*Zea mays*)는 24억 개의 염기쌍을 가진 10쌍의 염색체를 갖고 있다.

진핵생물의 각 염색체는 히스톤과 복합체를 형성한 선형(linear) DNA 분자로 되어 있으며, 이를 **염색질**(chromatin)이라 한다. 여러 유형의 비히스톤 단백질들도 염색질과 결합할 수 있다. 그 예로 DNA 복제와 수선 효소, 염색질 재모형화 단백질 그리고 수많은 전사 인자들이 있다.

히스톤 히스톤은 모든 진핵세포에서 발견되는 작은 염기성 단백질이다. 히스톤이 DNA와 결합하면 **뉴클레오솜**(nucleosome)을 형성하며 이는 진핵생물의 염색체의 구조적 단위가 된다. 다섯 종류, 즉 HI, H2A, H2B, H3, H4로 구성된 히스톤 단백질의 1차 구조는 진핵생물의 종(species) 사이에 유사성이 있다. 히스톤에는 특히 라이신과 아지닌 같은 염기성(양전하를 가진) 아미노산이 특히 풍부하다. 전자현미경으로 보면 염색질은 구슬 모양의 구조를 가진다. 이러한 각각의 '구슬'은 뉴클레오솜을 나타내며, 팔합체 히스톤 핵심(octameric histone core, H2A, H2B, H3, H4 각각의 2개의 복제물) 주위에 원형 꼬임을 형성하는 양성 초나선 꼬임의 DNA 조각으로 구성된다.

고도로 보존된 핵심 히스톤(**그림 17.14a**)의 각각은 *히스톤 접기*(histone fold)라고 불리는 구조적 특징을 공통적으로 갖고 있다. 즉, 2개의 짧은 구조화되지 않은 조각으로 분리된 3개의 α-나신이나. 히스톤 팔합체의 형성을 가능하게 해주는 것은 히스톤 접기의 구조이다. 핵심 히스톤의 유연한 N-말단 꼬리는 뉴클레오솜으로부터 돌출한 25~40개 아미노산 잔기들로 구성된다. 여러 유형의 꼬리 잔기들의 공유 결합 변형(예, 아세틸화와 메틸화)은 가까이 있는 뉴클레오솜과의 상호작용을 변화시켜 가까운 염색질의 압축이나 풀림을 쉽게 해주거나 전시 인자 같은 단백질에 대한 DNA의 접근성을 변형시킨다. 이러한 변형을 *후성적 변형*(epigenetic modification)이라 한다. (생화학 전망의 후성유전학과 후성유전체를 참고하라.)

두 벌의 H2A와 H2B의 2개의 머리-꼬리 이종이합체(head-to-tail heterodimer)를 형성하고 H3와 H4 히스톤이 두 벌의 머리-꼬리 이종이합체의 형성하면 히스톤 핵심이 형성된다. 그런 다음 H3•H4 이종이합체는 연합하여 $H3_2$•$H4_2$ 사합체(tetramer)를 형성한다(그림 **17.14**b). 뉴클레오솜 조립은 $H3_2$•$H4_2$ 사합체가 DNA에 결합할 때 시작되며, 2개의 H2A•H2B 이합체가 사합체와 결합하면 뉴클레오솜 조립이 완성된다(그림 **17.14**c). 히스톤 접기를 포함하지 않은 단백질인 히스톤 H1 한 분자가 DNA가 출입하는 자리에서 뉴클레오솜에 결합하여 뉴클레오솜이 풀리는 것을 방지하는 죔쇠(clamp)로 작용한다(**그림 17.15**). 약 146개 염기쌍(1.7회전의 DNA에 해당)이 각 히스톤 팔합체와 접촉해 있다. 연결 DNA(linker DNA)가 인접한 뉴클레오솜 사이를 연결하며 종과 조직에 따라서 심지어 같은 세포 안에서도 그 길이가 20~70 염기쌍 사이로 변화한다.

진핵생물은 핵심 히스톤의 특정 종류와 염기 서열의 상동성 및 구조 유사성을 나타내는 몇 가지 형태의 *히스톤 변이체*(histone variants) 분자를 합성한다. 비록 핵심 히스톤보다는 적은 수가 생성되지만, 히스톤 변이체는 염색질의 기능에서 중요한 역할을 한다. 예를 들어, 히스톤 H2AX와 H3.3은 각각 DNA 수선과 재조합 과정 그리고 전사 활성화에서 중요한 역할을 한다. 히스톤 변이체는 히스톤 샤페론의 도움을 받아 ATP-의존형 재모형화 효소에 의해서 뉴클레오솜에 삽입된다.

히스톤은 세포 주기에서 생성되는 시기에 따라서 분류할 수 있다. 대부분의 히스톤은 DNA 복제 과정과 연관된 S(또는 합성) 단계에서 합성되므로, 이를 *복제-의존*

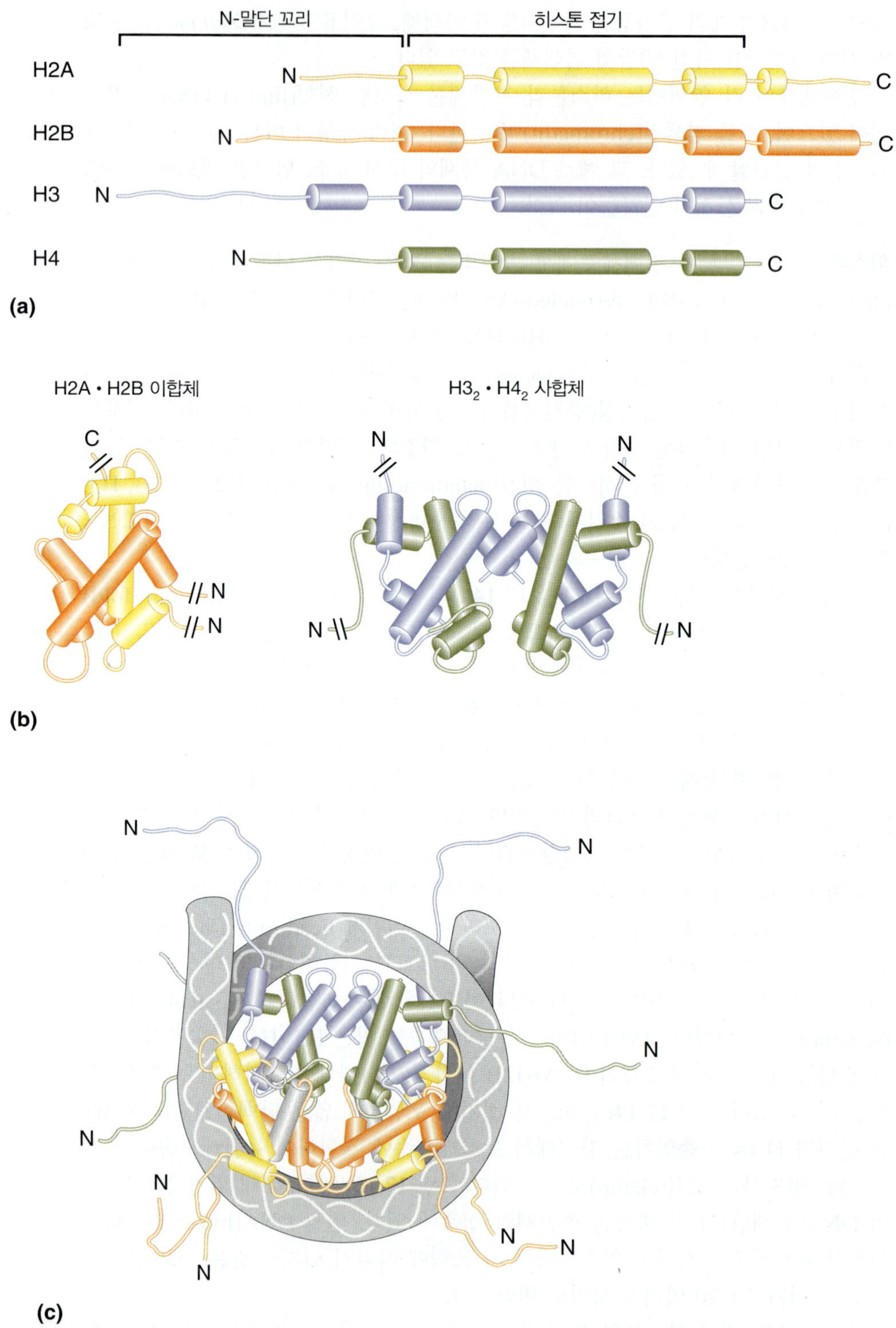

그림 17.14

핵심 히스톤.

각 뉴클레오솜은 8개의 히스톤 분자들을 갖고 있다. 즉 각각 2개씩의 H2A, H2B, H3, H4이다. 이 분자들의 각각은 히스톤 접기라고 일컫는 구형 구역과 길고 구조화되지 않은 N-말단 구역을 갖고 있다. (a) 이 구역들은 α-나선을 표시하는 원통을 갖고 있는 선형 분자로 나타내었다. (b) 히스톤 핵심의 형성은 H2A, H2B의 결합으로부터 시작하여 이합체를 형성하고 H3와 H4 각각의 두 분자가 결합하여 사합체를 형성한다. 그런 다음 $H3_2 \cdot H4_2$ 사합체는 DNA와 결합한다. 뉴클레오솜 구조는 2H2A • H2B 이합체가 사합체에 결합할 때 완전해진다(c).

형 히스톤(replication-dependent histone)이라고 한다. 다세포 동물의 경우 이 분자들을 암호화 하는 전령 RNA는 몇 가지 고유한 특징을 보인다(이는 18장에서 기술하고자 함). *복제-비의존형 히스톤*(replication-independent histone)은 세포 주기 전체에 걸쳐서 적은 양으로 생성되는 히스톤 변이체가 대체되어서 구성된다.

염색질 구조. 세포 분열을 대비하여 염색질은 약 10,000배 정도 응축되어 염색체를 형성한다. 뉴클레오솜은 *30-nm 섬유*(30-nm fiber)라 일컫는 고차 구조로 꼬여 있다(**그림 17.16**). 광범한 연구에도 불구하고 30-nm 염색질 섬유의 정확한 내부 구

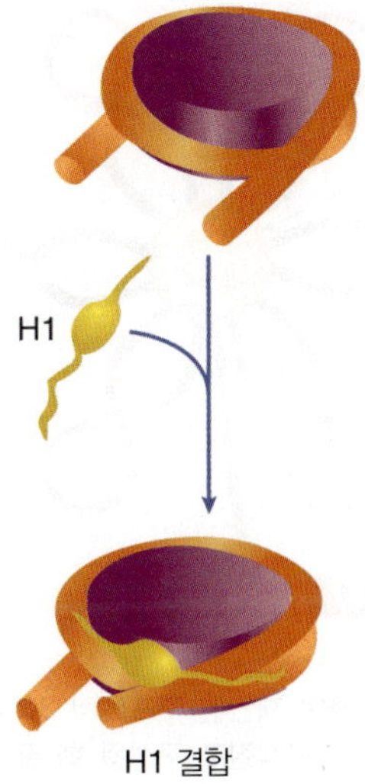

그림 17.15

히스톤 H1.

H1이 뉴클레오솜 DNA 상 2개의 다른 자리에 결합하면 히스톤 팔합체 주위의 DNA 감싸기가 안정화된다.

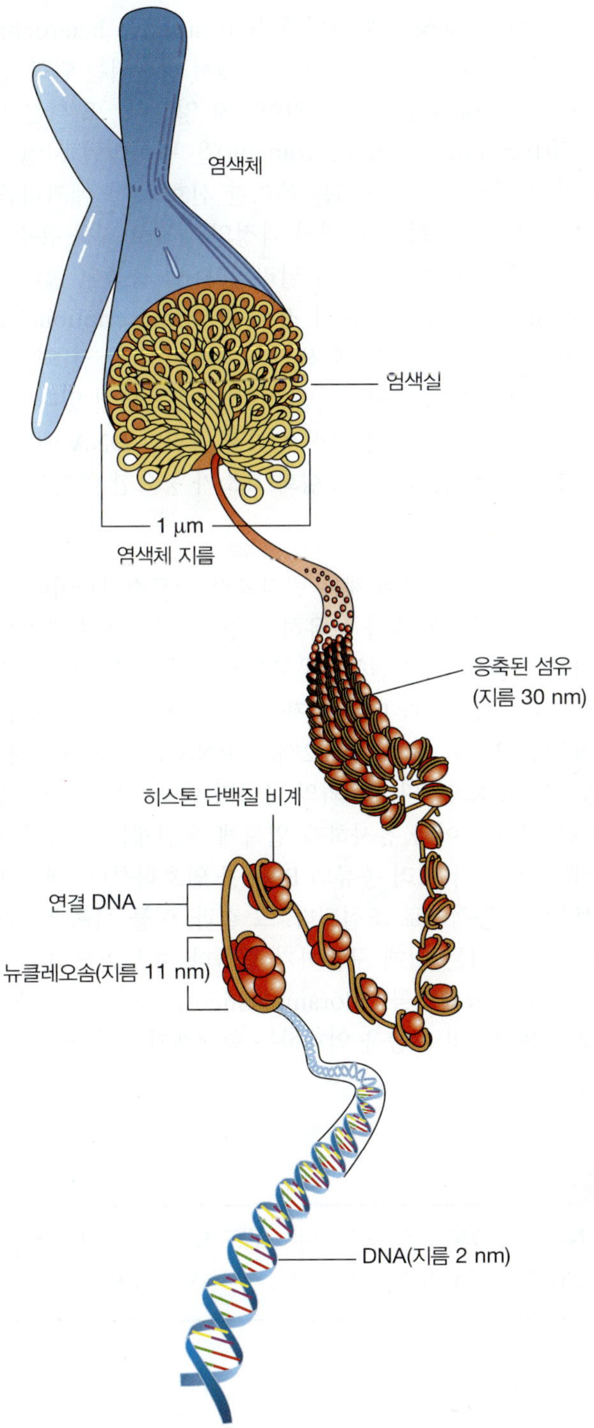

그림 17.16

염색질.

핵 염색질은 여러 수준의 꼬인 구조를 갖고 있다. 수십 년간의 연구에도 불구하고 고차원 염색질 구조는 잘 밝혀지지 않고 있다.

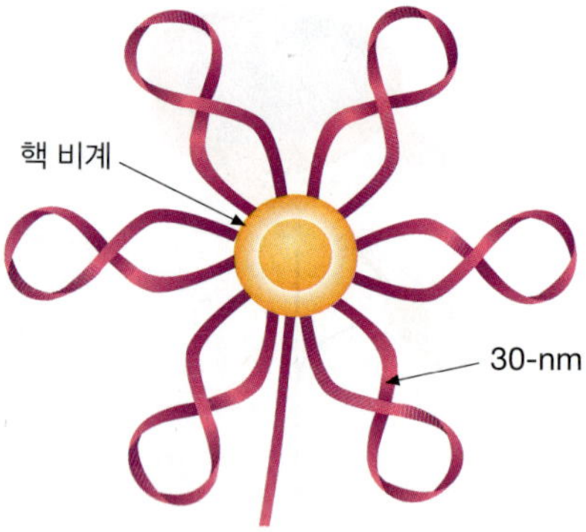

그림 17.17
염색질.
염색질에 대하여 제안된 구조에서 30 nm 섬유는 고리를 이루고 단백질로 구성된 핵 골격에 부착해 있다.

조는 아직 밝혀지지 않고 있는데 아마도 연결 DNA 길이의 다양성과 히스톤의 번역후 변형에 의해 생기는 불균일성 때문일 것이다. 현재 두 종류의 30-nm 구조 모형이 알려져 있다. 한 점 시작 나선(one-start helix) 또는 솔레노이드(solenoid) 모형에서는 연결 DNA로 연결된 뉴클레오솜들이 회전 당 6~8개의 뉴클레오솜을 갖는 나선을 형성한다. 두 점 시작 나선(two-start helix) 모형에서는 곧은 연결 DNA에 의해서 지그재그 형태로 연결된 두 뉴클레오솜이 나선 구조로 배열된다. 30-nm 섬유는 더 꼬여서 고차원 구조를 형성하는데 핵비계(nuclear scaffold)이라고 일컫는 중앙 단백질 복합체(central protein complex)에 부착된 초나선 꼬임의 고리 형태를 만든다(**그림 17.17**). 세포 주기의 간기 중 염색질은 이질염색질과 진정염색질의 두 가지 형태로 존재한다. **구성성 이질염색질**(constitutive heterochromatin)은 트랜스포존(이동성 유전 인자), 동원체와 말단소체에서 발견되는 반복 염기 서열로 구성되어 있으며, 고도로 응축되어 전사가 일어나지 않는다. 또 다른 이질염색질인 **임의성 이질염색질**(facultative heterochromatin)은 반복적인 서열을 포함하지 않는다. 이름에서처럼 임의성 이질염색체는 특이한 신호 전달 메커니즘에 반응하여 응축 구조를 잃고 전사가 활성화된다. 발달 과정의 결과로 침묵 유전자(silenced gene)의 형태가 분화된 세포의 종류에 따라 달라진다. 덜 응축된 형태의 염색질인 **진정염색질**(euchromatin)은 다양한 수준의 전사 활성(transcriptional activity)을 갖고 있다. 전사가 활발히 일어나는 진정염색질은 응축이 가장 덜 되어 있다. 비활성 진정염색질은 이질염색질 정도는 아니지만 약간 더 응축되어 있다. 염색질이 가역적으로 응축하는 메커니즘은 아직 잘 알려져 있지 않지만 DNA 메틸화, 몇 가지 히스톤 공유 결합 변형과 특정 염색질 재모형화 효소가 중요한 역할을 하는 것으로 알려져 있다.

세포소기관 DNA 미토콘드리아와 엽록체는 반자율적 세포소기관이다. 즉 자체 내에 고유한 단백질 합성 기구와 DNA를 보유하고 있다. 이 세포소기관들은 이분법에 의해 생식하며 자유 생활을 하던 원핵생물로부터 유래하였으며 핵 유전체에 의해 암호화되는 상당수의 단백질들과 다른 분자들을 필요로 한다. 예를 들어 미토콘드리아 DNA(mtDNA)는 2개의 rRNA와 22개의 tRNA 그리고 대부분 전자 전달에 사용되는 단백질들을 암호화한다. 그 외의 나머지 단백질은 세포질에서 합성되어 미토콘드리아로 운반된다. 이와 유사하게 엽록체 유전체는 광합성에 직접적으로 관련된 단백질들뿐만 아니라 여러 종류의 RNA를 암호화한다. 핵과 세포소기관 유전체의 활성은 상당히 협동적으로 조절된다. 그 결과, 이들 세포소기관 유전체의 세포소기관 기능에 대한 기여는 쉽게 구분하기 힘들다. 미토콘드리아와 엽록체의 기원 때문에 그것들은 클로람페니콜(chloramphenicol)과 에리트로마이신(erythromycin)과 같이 세균 유전체의 기능을 억제하는 항생제가 높은 농도로 있으면 매우 민감한 반응을 나타낸다.

주요 개념 _Key Concepts

- 원핵세포의 염색체는 단백질 핵심과 복합체를 형성하는 초나선 꼬임의 원형 DNA로 구성되어 있다.
- 진핵세포의 염색체는 히스톤 및 다른 단백질과 결합하여 염색질을 형성하는 단일 선형의 DNA로 구성되어 있다.

문제 17.4

B-DNA와 A-DNA, Z-DNA를 구분하는 구조적 특징을 비교하라. 이들 B-DNA(Watson-Crick 구조) 변형체들의 기능적 특징은 무엇인가?

문제 17.5

다음 구조들의 계층적 관계를 설명하라. 유전체, 유전자, 뉴클레오솜, 염색체, 염색질.

유전체 구조

모든 생물의 유전체(genome)는 모든 생명활동에 필요한 유전 정보를 간직하고 있는 생명체의 작동 체계이다. 각 유전체 속에는 폴리펩타이드와 RNA 분자 같은 유전자 생성물들의 1차 구조를 결정짓는 유전의 단위인 유전자(gene)가 들어 있다. 유전체는 크기, 모양과 서열 복잡성이 서로 다르다. 유전체 크기(염기쌍을 한 뉴클레오타이드 수로서 생물체의 복잡성과 연관성은 낮음)는 *마이코플라스마*(Mycoplasma, 가장 작은 세균)의 10^6 bp 이하로부터 어떤 식물의 10^{10} bp 이상에 이르는 다양한 범위를 갖는다. 대부분의 원핵생물의 유전체는 진핵생물의 유전체보다 더 작다. 하나의 원형 DNA 분자로 구성되는 원핵생물의 유전체와 달리 진핵생물 유전체는 2개 또는 그 이상의 선형 구조 DNA로 나누어진다. 그러나 원핵생물 유전체와 진핵생물 유전체 사이의 가장 큰 차이는 진핵생물의 더 많은 유전 정보 암호화 능력이다. 놀랍게도, 진핵생물의 유전자의 대부분은 유전자 산물을 암호화하지 않으며, 이러한 이유로 진핵생물의 유전체는 원핵생물과 구분하여 설명한다. 몇몇 진핵생물 유전체 일부를 대장균(*E. coli*) 유전체와 비교한 것이 **그림 17.18**에 제시되어 있다.

원핵생물 유전체 여러 균주들의 유전체 중에서 대장균 염색체의 특징은 다음과 같다.

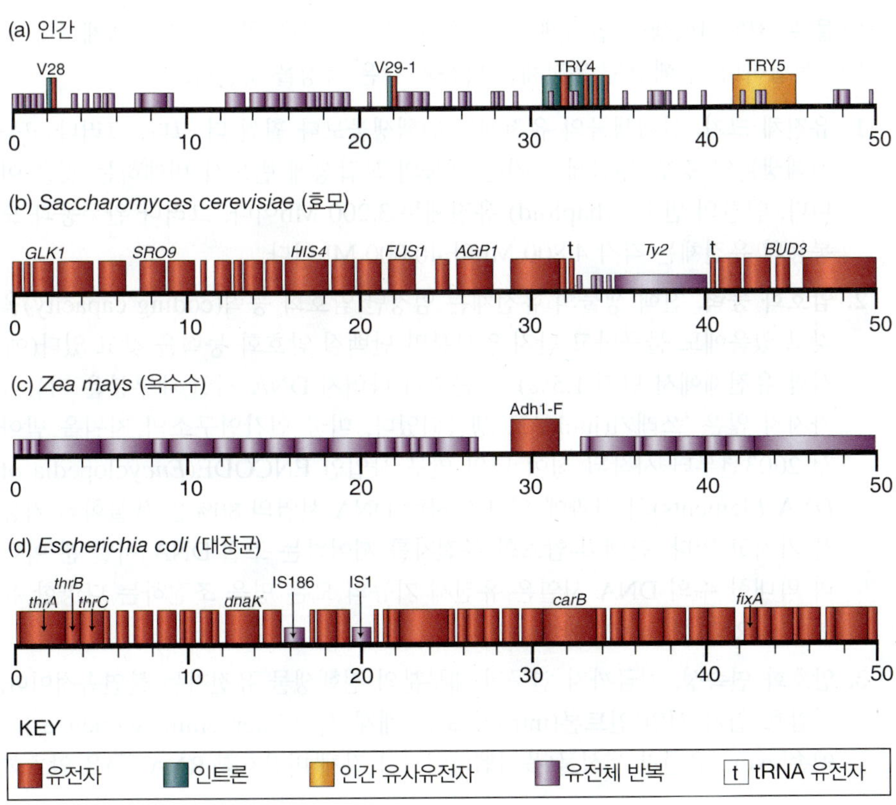

그림 17.18

진핵생물 유전체의 50 kb 조각과 원핵생물 대장균 유전체와의 비교.

(a) 인간, (b) *Saccharomyces cerevisiae* (효모), (c) 옥수수, (d) 대장균. 각 생물의 유전체는 그 복잡성과 유전자 밀도에서 현저히 다르다. 유전자를 글자와 숫자로 표시하였다. 인간 유전자는 인트론(intron)과 유사유전자(pseudogene)를 갖고 있다. 대장균은 유전체 반복(반복, 비암호화 부분)이 거의 없다.

1. **유전체 크기.** 대부분 원핵생물의 유전체는 진핵생물보다 훨씬 더 작고, 더 적은 양의 유전자를 포함하고 있다. K12 대장균의 염색체는 4377개의 단백질을 암호화하는 유전자 약 4.6 메가염기(megabase, Mb)와 109개의 ncRNA를 갖고 있다. 1 Mb는 1×10^6 염기이다.
2. **암호화 능력.** 원핵생물의 유전자는 촘촘하고 연속적이다. 즉, 단지 15%의 비암호화 DNA 서열을 포함하고 있다. 이는 80% 이상의 DNA가 비암호 형태로 구성되어 있는 사람의 DNA와 매우 대조적이다. 그러나 원핵생물 유전체는 분명히 수많은 ncRNA-암호화 서열을 가지며 이것은 세포 과정들의 조절자로서 기능을 한다. 예를 들면 영양소가 결핍되면 작은 RNA(small RNA, sRNA) 분자인 6S가 RNA 중합효소에 결합하여 그것을 억제한다. RNA 중합효소는 DNA 서열을 RNA로 전환하는 DNA-의존성 효소 복합체이다. 세균의 다른 ncRNA는 세포 환경에 반응하여 유전자 발현을 제어하는 비암호화 mRNA의 조각인 리보스위치(riboswitch)로 작용하다.
3. **유전자 발현.** 기능적으로 관련된 많은 유전자들은 오페론으로 구성되면 조절이 강화된다. **오페론**(operon)은 한 단위로서 조절되는 한 벌의 연관된 유전자들이다. 대장균 유전자의 약 1/4은 오페론으로 구성되어 있다.

또한 원핵생물은 추가적으로 *플라스미드*(plasmid)라고 하는 작은 DNA 조각을 갖고 있다. 플라스미드는 보통 원형(circular) 구조이다. 플라스미드는 보통 숙주 염색체 상에 존재하지 않는 유전자를 갖고 있다. 비록 이 유전자들은 세균 생장과 생존에 필수적이지는 않지만 생장 또는 생존에 이점을 제공하는 생체 분자를 암호화한다. 예를 들어 항생제 내성, 독특한 대사 능력(예, 질소 고정, 방향족 화합물 같은 독특한 에너지원 분해), 또는 독성(예, 독소, 숙주 방어체제를 파괴하는 인자) 등이 있다.

진핵생물 유전체 진핵생물 염색체 속의 유전 정보 구성은 원핵생물 염색체보다 상당히 더 복잡하다. 진핵생물 유전체는 다음과 같은 특징을 갖는다.

1. **유전체 크기.** 진핵생물의 유전체는 원핵생물보다 훨씬 더 크다. 그러나 고등 진핵생물의 경우 유전체 크기는 생물의 복잡성에 반드시 비례하는 것은 아니다. 인간의 반수체(haploid) 유전체는 3,200 Mb이다. 그러나 완두콩과 도롱뇽의 유전체는 각각 4,800 Mb와 40,000 Mb이다.
2. **암호화 능력.** 진핵 생물의 유전체는 엄청난 암호화 능력(coding capacity)을 갖고 있음에도 불구하고 단지 일부분만 단백질 암호화 능력을 갖고 있다(예, 사람 유전체에서 단지 1.5%). 최근까지 나머지 DNA 서열 대부분은 기능을 가지지 않은 '쓰레기(junk)'로 생각되었다. 미국 인간연구소의 지원을 받아서 2003년부터 시작된 십여 년의 연구 사업인 ENCODE(*En*cyclopedia *o*f *D*NA *E*lements)의 결과에 의하면 사람 DNA 서열의 80%는 생물학적 기능을 가지고 있다. 단백질-암호화 유전자를 제어하는 조절 DNA 서열 뿐 아니라 막대한 수의 DNA 서열은 유전체 기능의 모든 면을 조절하는 다양한 유형의 ncRNA를 암호화한다.
3. **암호화 연속성.** 지금까지 연구된 대부분의 진핵생물 유전자는 불연속적이다. 비암호 염기 서열[**인트론**(intron) 또는 개재 서열(intervening sequence)]은 **엑손**[exon, 유전자 생성물(폴리펩타이드나 전체 비암호화 RNA 등)을 암호화

하는 염기 서열] 사이에 산재해 있다. 단백질을 암호화하는 엑손보다 상당히 긴 길이의 인트론 서열은 1차 전사물(primary transcript)로부터 이어맞추기(splicing) 메커니즘(18.2절 참조)을 통해 제거되어 기능성 RNA를 만든다.

엑손과 인트론의 존재 때문에 진핵생물은 1개의 유전자로부터 1개 이상의 폴리펩타이드를 생산할 수 있다. 이른바 *선택적 이어맞추기*(alternative splicing)를 이용함으로써 엑손의 다양한 조합이 서로 연결되어 일련의 mRNA를 만든다. 예를 들어 면역글로불린의 항원 수용체를 암호화하는 유전자 서열의 마구잡이 재배열(random rearrangement)은 포유동물 면역계에 의해 생산되는 수백만 개의 림프구와 항체들을 생산하는 데 주요한 역할을 한다.

인간 유전체 약 3,200 Mb의 인간 유전체 중 약 1.5%가 단백질-암호화 유전자를 구성한다. 인간은 단백질을 암호화하는 약 21,000개의 유전자를 가지고 있다. 유전체의 나머지(98%)를 비암호화 DNA(noncoding DNA, ncDNA)라고 한다. 알려진 단백질 암호화 유전자들(**그림 17.19**) 중 거의 1/4의 기능은 DNA 합성 및 수선, 그리고 유전자 발현과 관련이 있다. 유전자의 약 21%는 신호 전달 단백질들을 암호화하고 약 17%는 세포의 일반적인 생화학적 기능(즉, 대사에 관련된 효소)을 암호화한다. 나머지 약 38% 유전자는 수송 과정에 연관된 단백질(예, 이온 통로), 단백질 접힘(분자 샤페론과 단백질 분해효소 복합체 소단위체), 구조 단백질(예, 액틴, 미이오신, 튜불린과 세포 부착 단백질)과 면역 단백질(예, 염증 반응을 조절하는 항체와 계면활성제 단백질)들을 암호화한다. 단백질을 암호화하는 유전자의 거의 1/4의 기능은 아직 알려지지 않고 있다. 단백질을 암호화하는 유전자는 염색체들 사이에 고루 분포되어 있지는 않다. 예를 들면 1, 11과 19번 염색체는 약 22%의 단백질을 암호화하는 유전자를 포함하고 있다.

인간 유전체의 약 80~90%가 유전자 사이 또는 비암호화 서열들로 구성된다. 비암호화 DNA 서열은 다양한 기능을 가지고 있다. 예를 들면 ncRNA 유전자, 인트론과 UTR(untranslated region, mRNA에서 암호화 서열의 앞뒤로 존재하는 번역되지 않는 영역)이 있다. 또한 비암호화 DNA는 DNA 조절 서열, 유사유전자

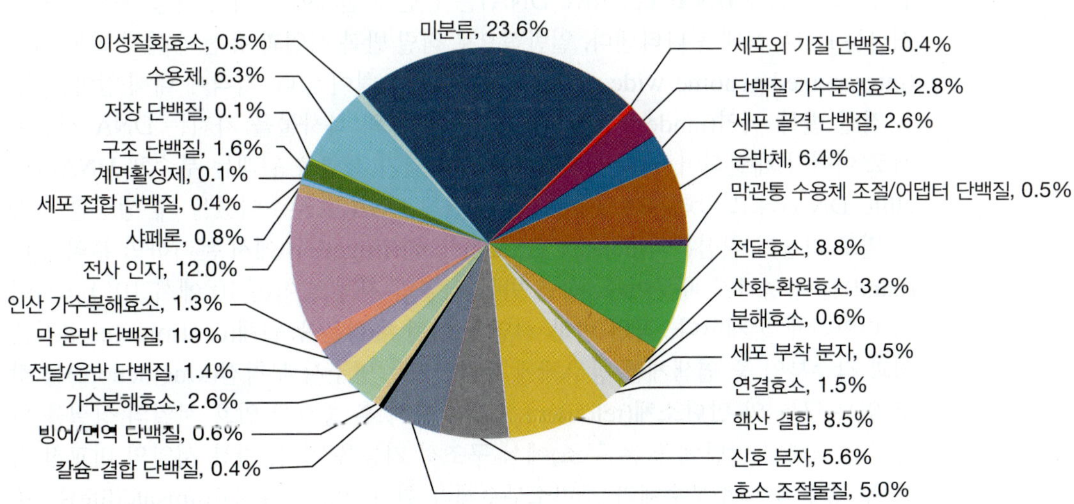

그림 17.19

인간의 단백질을 암호화하는 유전자.

모든 단백질을 암호화하는 유전자를 기능과 비율에 따라 나타내었다.

(pseudogene)와 반복 DNA도 포함한다.

DNA 조절 서열 DNA 조절 서열(DNA regulatory sequence)의 주요 유형은 촉진 유전자, 증강 유전자, 침묵 유전자, 격리 유전자가 있다. **촉진 유전자**(promoter)는 특정 유전자의 전사 출발 자리에 가까이 있는 DNA 서열(100~1000 bp)이다. 유전자가 전사되려면 어떤 전사 인자들이 유전자의 촉진 유전자에 결합하고 이어서 그 자리에 RNA 중합효소 복합체를 결합시켜야 한다. **증강 유전자**(enhancer)는 활성 전사 인자가 결합할 때 RNA 중합효소 복합체와 상호작용하여 그 활성을 촉진하는 DNA 서열(50~1500 bp)이다. 억제인자 단백질(repressor protein)이 결합하면 **침묵 유전자**(silencer) 서열은 RNA 중합효소 복합체가 촉진 유전자 자리에 결합하지 못하게 함으로써 그 유전자의 전사를 억제한다. **격리 유전자**(insulator) 서열은 절연 유전자 결합 단백질에 결합하고, 이어서 이것이 이웃 유전자들의 증강 유전자와 촉진 유전자 사이의 상호작용을 막는다. 또한 격리 유전자는 이질염색질이 활성 유전자로 퍼지는 것을 방지한다.

유사 유전자 **유사 유전자**(pseudogene)는 알려진 단백질 또는 RNA 유전자와 상동성이며 기능을 나타내지 않는 DNA 서열이다. 사람에는 적어도 17,000개의 유사 유전자가 있는 것으로 알려져 있으며, 대부분이 다른 영장류와 공유되고 있다. 유사 유전자에는 세 가지 주요 유형(비가공, 가공 및 기능 손실)이 있다. 비가공 유사 유전자는 유전자 중복의 결과이며, 이어지는 일련의 장애를 일으키는 돌연변이에 의해 결국 기능을 수행하지 못하게 된다. 가공 유사 유전자는 역전위(retrotransposition)라는 과정의 결과물인데, 이 과정에서 mRNA의 한 부분이 DNA 복사본으로 역전사되어서 염색체에 삽입된다. 가공 유사 유전자는 가공된 mRNA의 특성을 가지고 때문에 이런 이름이 붙었다(예, 촉진 유전자와 인트론이 없으며, 폴리 A 꼬리가 존재함). 기능 손실 유사 유전자는 기능 손실 돌연변이 때문에 발현이 되지 않으며 중복은 일어나지 않았던 것이다. 잘 알려진 예는 L-굴로노-γ-락톤을 L-아스코르브산으로 전환하는 과정을 촉매하는 L-굴로노-γ-락톤 산화효소(L-gulono-γ-lactone oxidase)를 발현하는 사람의 유전자가 있다.

반복 DNA **반복 DNA**(repetitive DNA)는 유전체 전체에 걸쳐서 다중 복사물로 존재하는 DNA 형태를 나타낸다. 일반적으로 직렬 반복 서열과 유전체 산재 반복 서열(interspersed genome-wide repeat)의 두 가지 유형이 있다. 각각에 대해 알아보자.

직렬 반복 서열(tandem repeat)이란 여러 개의 복사물을 가지는 DNA 서열이 서로 이어서 배열되어 있는 것을 말한다. 이 염기 서열을 원래는 **부수체 DNA**(satellite DNA)라고 알려졌다. 왜냐하면 유전체 DNA가 부수어졌을 때 생성된 조각을 밀도 기울기 원심분리(density gradient centrifugation)에서 분리하면 분리된 띠(band)를 형성하기 때문이다. 직렬 반복 서열의 전체 길이는 10^5에서 10^7 bp 사이로 다양하게 존재한다. 직렬 반복 서열의 어떤 유형은 동원체[centromere, 유사분열과 감수분열 중 염색체를 방추체에 부착시키는 방추사 부착점(kinetochore)을 갖고 있는 구조]와 **말단소체**(telomere, DNA 복제 후 중요한 암호 서열의 상실을 완충하는 염색체 말단에 있는 구조)에서 구조적 기능을 한다. 반복 서열의 비교적 작은 두 유형을 미소부수체와 초미소부수체라 한다. **미소부수체**(minisatellite)는 총 길이 10^2~10^5 bp 중에 약 10~100 bp의 직렬식으로 반복된 서열을 갖고 있으며, 말단소체는 이 미소부수체 송이를 포함하고 있다. 단일 서열 반복(single-sequence repeat)이라고도 불리는 **초미소부수체**(microsatellite)의 경우 1~4 염기쌍의 핵심 서열(core sequence)이 직렬식으로 10~100번 반복된다. 이런 반복 서열의 기능은 대부분 알려져 있지 않다. 이러한 미소부수체와 초미소부수체 유전자는 유전체에 많은 수가 존재하고 개체마다 그 차이가 있으므로 유전병 진단, 친족 관계 및 인구학 연구, 범죄 수사에 유용한 표지로 쓰인다(생화학 전망의 법의학 연구 부분 참조).

이름이 의미하듯이 **유전체 산재 반복 서열**(interspersed genome-wide repeat)은 유전체 주변에 산재한 반복 서열이다. 이 서열의 대부분은 **전위**(transposition, 18.1절 참조)의 결과이다. 전위란 **이동 유전 인자**(mobile genetic element)라고 하는 어떤 DNA 서열이 유전체 내부에서 복제하여 이동할 수 있는 메커니즘이다. **트랜스포존**(transposon)이라고 하는 **전위 DNA 인자**(transposable DNA element)는 자신을 자른 다음 다른 자리에 삽입한다. 그러나 더욱 흔한 전위 메커니즘은 RNA 전사 중간물질을 필요로 한다. 이러한 후자의 DNA 인자를 **RNA 트랜스포존**(RNA transposon 또는 레트로트랜스포존 retrotransposon)이라고 부른다. RNA 트랜스포존은 역전사에 관련된 서열인 긴 말단 반복 서열(long terminal repeat, LTR)의 존재 여부에 따라 두 가지로 분류할 수 있다.

LTR 레트로트랜스포존(LTR retrotransposon)은 **내생 레트로바이러스**(endogenous retrovirus)라고도 불린다. 인간 내생 레트로바이러스(Human endogenous retrovirus, HERV)는 8% 정도의 유전체를 구성하고 있으며 고대의 생식 세포(난자와 정자)의 감염 결과이다. 일반적으로 HERV는 활성을 가지고 있지 않지만, 기능을 가진 몇몇의 HERV 서열이 발견되었다. 그 예로, HERV-W 군의 하나에서 생성된 신사이틴 1(syncytin 1)이라는 융합 단백질이 태반의 발달 중에 발현된다. 충분하지 못하게 합성된 신사이틴 1은 임신 중 고혈압을 유발해 임신중독증(pre-eclampsia)을 발생시킬 수 있고, 산모를 죽음에 이르게 할 수도 있다.

5 kb보다 큰 길이의 비-LTR 레트로트랜스포존(Non-LTR retrotransposon)을 **LINE**(long interspersed nuclear element, 긴 산재 핵 요소)라 부른다. LINE 서열은 강력한 *촉진 유전자*(promoter, 전사 개시에 필요한 유전자의 상부 염기 서열), 통합 서열(integration sequence, 다른 DNA 분자에 삽입하는 데 필요한 염기 서열)과 전위효소(transposition enzyme)를 위한 암호화 서열 등을 포함한다. LINE는 오랜 시간에 걸쳐 복제와 돌연변이를 겪었고 그 중 소수(약 0.1%)의 서열만이 기능을 갖는다. 인간의 경우 매 1200개의 돌연변이 중 하나는 LINE 삽입(insertion) 때문에 일어난다. 대표적인 한 예는 LINE 서열이 응고 인자 VIII 유전자에 삽입될 때 발생하는 A형 혈우병(혈액 응고 장애)이다.

SINE(short interspersed nuclear element, 짧은 산재 핵 요소)는 500 bp 이하의 비-LTR 레트로트랜스포존이다. 비록 삽입 서열을 갖고 있어도 SINE는 기능적 LINE 서열의 도움 없이는 전위(transposition)를 할 수 없다. 시간이 흐르면서 SINE는 복제물이 백만 개 이상이 될 정도로 증가해 인간 유전체의 11%를 차지한다. 인간 질환에 연결된 유일한 SINE 삽입에는 염색체 재배열, 삽입, 결손과 재조합 등을 중재하는 *알루 요소*(Alu element)가 포함된다. SINE의 알루 아족(Alu subfamily)에 의해 중재되는 돌연변이는 20개 이상의 다른 인간 유전병을 일으킨다. 알루 중재 삽입은 B형 혈우병(결함 응고 인자 IX)를 일으키고 알루 중재 삽입에 의한 부등재조합(unequal recombination)은 레시-니한병(Lesch-Nyhan disease) 및 테이-삭스병(Tay-Sachs disease)과 연관되어 있다. *재조합*(recombination, **18.1**절 참조)은 난자 또는 정자를 생산하는 세포의 상동 염색체 교차를 통한 DNA 서열의 재편성이다. 부등재조합은 삽입 또는 결손 돌연변이를 일으키는 비정

주요 개념 _Key Concepts

- 생물의 유전체에는 생명 과정들을 지시하는 데 필요한 정보가 효율적으로 저장되고 사용되도록 조직화되어 있다.
- 생물의 종류에 따라 유전체의 크기와 복잡성이 다르다.

상 과정이다.

문제 17.6

원핵생물과 진핵생물에서 유전체의 크기와 암호화 능력을 비교하라. 그 둘을 구분하는 또 다른 특징에는 어떤 것들이 있는가?

17.2 RNA

RNA(ribonucleic acid)는 DNA 서열의 전사에 의해 합성되는 매우 크고 다양한 분자 집단이다. RNA는 단백질 합성에서의 잘 알려진 기능 이외에도, 이전에 오로지 단백질에 의해서만 수행되는 것으로 여겨지던 여러 기능들을 수행하는 놀라울 정도로 다양한 분자이다. 그 대표적 예로 유전자 발현 조절, 세포 분화와 촉매 작용 등이 있다. 폴리리보뉴클레오타이드(polyribonucleotide)의 1차 구조는 DNA의 1차 구조와 유사하지만 다음과 같이 여러 다른 점들이 있다.

1. RNA의 당(sugar)은 DNA의 데옥시리보스(deoxyribose) 대신 리보스(ribose)이다. 리보스의 2′-OH기는 RNA의 반응성을 DNA보다 크게 해준다.
2. RNA의 질소 염기는 DNA와는 약간 다른데, 타이민(thymine) 대신에 유라실(uracil)이 있다. 그 외에 일부 RNA 분자들의 염기는 다양한 효소[메틸화효소(methylase), 가싸이올분해효소(thiolase)나 탈아미노화효소(deaminase)]에 의해 변형되어 있다.
3. DNA의 이중나선 구조와 대조적으로 RNA는 보통 단일 가닥으로 존재하기 때문에 그 자체가 스스로 꼬여 특이하고 꽤 복잡한 3차 구조를 형성한다 (**그림 17.20**). 이러한 구조의 모양은 특정 RNA 염기 서열의 상보적인 염기쌍뿐만 아니라, 이중가닥 영역(같은 분자의 단일 가닥 부위 또는 인접한 분자들의 단일 가닥 부위 사이에 의해 형성)과 자유 고리(free loop)간의 염기 쌓임(base stacking)과 상호작용에 의해서도 결정된다. 염기쌍 결합 법칙은 A-U, G-U, G-C 염기쌍이 존재하는 이중나선 부위에 적용된다. 성숙한 비-mRNA(non-mRNA) 분자들 내의 고리 또는 단일 가닥 RNA(ssRNA) 영역은 수많은 변형된 염기들을 포함한다. RNA의 염기 성분은 RNA 분자들이 단일 가닥이기 때문에 샤가프 규칙을 따르지 않는다.
4. RNA 분자는 결합 주머니(binding pockets)를 형성할 수 있는 복잡한 3차 구조 때문에 촉매 성질을 갖는다. **리보자임**(ribozyme)이라고 일컫는 촉매 RNA(catalytic RNA) 분자의 대부분은 자가 절단(self-cleavage) 또는 다른 RNA의 절단을 촉매한다. 그러나 리보자임 활성의 가장 두드러진 예는 리보솜 내 펩타이드 결합 형성이다. Mg^{2+}가 전이 상태를 안정화하기 때문에 흔히 RNA 촉매 작용에 보조 인자로서 필요하다.

단백질 합성에 직접적으로 관여하는 가장 대표적인 RNA 종류에는 운반 RNA(tRNA), 리보솜 RNA(rRNA)와 전령 RNA(mRNA)가 있다. 이 분자들의 구조와 기능에 대해 다음에서 알아보고자 한다. ncRNA라고 하는 다른 종류의 RNA에 대해서도 알아보고자 한다.

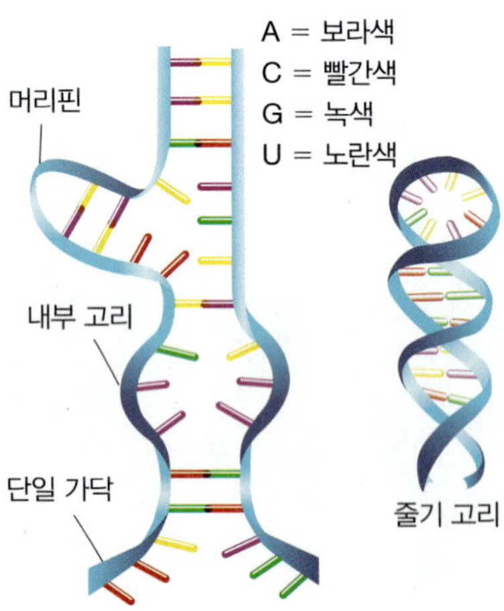

그림 17.20

RNA의 2차 구조.

RNA 분자에서 보이는 다수의 2차 구조 중 세 가지를 보임. 머리핀(hairpin) 구조는 적어도 4개 이상의 염기쌍이 있을 때 생긴다. 내부 고리(internal loop) 구조는 이중 가닥 부분의 양쪽 모두가 염기쌍을 형성하지 못하는 경우 생긴다. 안정된 줄기 고리(stem loop) 구조는 4~8개의 염기 길이에서 생긴다. RNA 머리핀이나 줄기 고리 구조는 DNA 회문식 서열의 역반복 서열(inverted repeat)에 의하여 생기는 점을 주목하라.

생화학 전망 BIOCHEMISTRY IN PERSPECTIVE

후성유전학과 후성유전체: DNA 염기 서열을 넘어서는 유전

DNA와 히스톤의 공유 결합성 변형(covalent modification)이 다세포 동물의 기능에 어떻게 영향을 주는가? 사람에서 어떻게 수정란으로부터 200가지 이상의 세포 종류가 발생할 수 있을까? 오래 전부터 생명과학자들은 단세포가 다세포 동물로 전환되는 것은 발생 과정에서 일어나는 유전자 발현 변화에 영향을 받아 세포 전문화(cell specialization)가 일어난 것의 결과로 알고 있었다. 초기 신호 메커니즘은 똑같은 유전 청사진을 가진 세포들을 '교육(instruct)'하고 분리된 발생 경로로 진행하여 적혈구, 신경 세포, 골격 또는 근육 세포로 최종 분화하도록 한다. 최근에는 이러한 과정이 각 세포 종류에서 발현되고 사라지는 유전자의 형태에 따라 연속적이며 프로그램화된 결과로 나타나는 과정이 유전 정보(DNA 염기 서열)에 의존하지 않는다는 것이 명확해졌다. 오히려 발생은 두 가지 메커니즘(DNA 메틸화와 히스톤의 공유 결합성 변형)에 의한 염색질 재모형화의 결과이다. 공유 결합성 변형에 의해 유도되는 유전자 활성화와 발현은 유전될 수 있지만 DNA 염기 서열을 변화시키지는 않는다. 이러한 현상을 **후성유전학**(epigenetics)이라고 한다. 후성유전 변형은 임의성 이질 염색질(facultive heterochromatin) 내의 DNA 염기 서열에 영향을 주어 전사적으로 활성화되는 진정염색질(euchromatin)을 만들거나 혹은 그 반대로 만든다. DNA 메틸화는 또한 세포가 이동성 요소(transposable elements)를 억제하는 또 다른 수단이다. 각 분화된 세포 유형은 독특한 후성유전 변형을 가지며, 이를 세포의 **후성유전체**(epigenome)라고 한다. 후성유전학적 변형에 대한 간단하게 설명한 후 후성유전학의 역할을 유전체와 환경 사이의 매개체로서 설명하고자 한다.

DNA 메틸화

DNA 메틸화(DNA methylation) 반응에서는 메틸 작용기가 SAM으로부터 사이토신의 5번 탄소에 전달된다(**그림 17A**). 포유동물에서, 메틸화된 사이토신은 대부분 5′-CG′-3′ 서열에서 존재하며 이를 CpG 다이뉴클레오타이드 또는 **CpG**라 한다. 사이토신 잔기의 5번 탄소 메틸기는 큰 홈(major groove)으로 돌출하여 특정 DNA 결합 단백질(예, 전사 인자)의 결합을 막는다. 또한 이 메틸기는 *메틸-CpG-결합 단백질*(methyl-CpG-binding protein, MeCP)이라고 알려진 메틸-CpG 결합 구역을 가진 단백질과 결합을 가능하게 하여 이질염색질의 형성을 촉진한다. CpG는 포유동물 유전체에서 극히 드물지만, 염기의 50%가 CpG로 되어 있는, CpG-풍부 영역(**CpG 섬**이라고 함)이 존재한다. 대부분 CpG 섬의 메틸화는 가장 연속적으로 발현되는(연속적으로 생성되는) 유전자들과 몇 가지 조절 유전자들의 상류(upstream)에 위치하고 있다.

CpG 메틸화 효소에는 유지 메틸기 전달효소와 신생 메틸기 전달효소의 두 종류가 있다. *유지 메틸기 전달효소*(maintenance methyltransferase)는 어버이 DNA 가닥에서 메틸화된 CpG를 인식하고 나서, 새로 만들어지는 DNA 가닥의 해당하는 CpG에서 사이토신의 메틸화 반응을 촉매한다. 이 과정으로 세포 세대간에 DNA 메틸화 형태의 안정적인 계승(inheritance)이 이루어질 수 있다. 전에는 변형되지 않은 CpG에 대한 메틸기의 추가는 *신생 메틸기 전달효소*(de novo methyltransferase)에 의해 촉매되는데, 이는 다양한 신호 전달 메커니즘에 감응하여 일어난다. CpG가 탈메틸화되는 메커니즘은 현재까지 명확하지 않다.

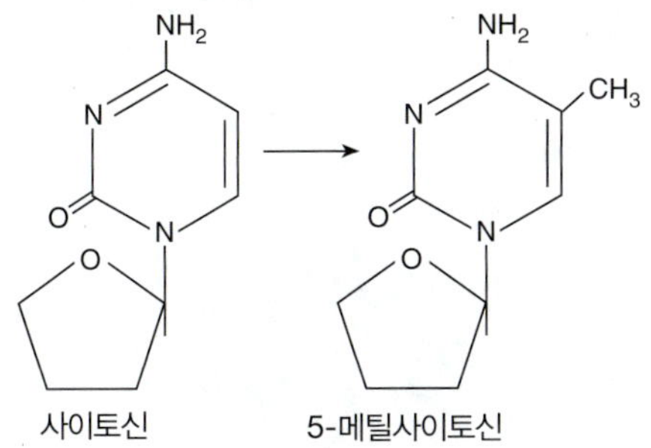

그림 17A
사이토신 메틸화.
CpG 다이뉴클레오타이드의 사이토신 잔기는 특이한 메틸기 전달효소에 의하여 메틸화된다.

히스톤 변형

히스톤은 후성 유전자 발현 조절에서 중요한 역할을 한다. 히스톤 N-말단 꼬리의 공유 결합성 변형(**그림 17B**)은 특정 아미노산 잔기에서 일어난다. 이는 구조화되지 않은 꼬리가 뉴클레오솜으로부터 바깥쪽으로 튀어 나와서 변형 효소가 접근할 수 있기 때문이다. 가장 일반적으로 관찰되는 변형은 라이신의 메틸화, 아세틸화 및 유비퀴틴화, 아지닌의 메틸화 및 세린의 인산화이다. (히스톤 변형은 히스톤 유형 다음에 변형된 아미노산의 한 문자 기호[**표 5.1**]와 변형 유형의 약어로 표시한다. 예를 들어 히스톤 3에서의 라이신 4의 모노 및 다이메틸 변형은 각각 H3K4me와 H3K4me2로 나타낸다.) *히스톤 암호화 가설*(histone code hypothesis)에 따르면, 각 DNA 서열 내의 히스톤 변형 형태는 특정 부속(accessory) 단백질의 결합을 위한 플랫폼 역할을 하여 유전자 발현을 조절한다. 보조 단백질이 변형된 히스톤에 결합하게 되면, 보조 단백질 복합체는 염색체 구조를 변형하는 과정을 시작하여, 전사가 억제되거나 증가된다.

아세틸화와 메틸화가 가장 잘 알려진 히스톤 변형이다. *히스톤 아세틸기 전달효소*(histone acetyltransfease, HAT)에 의한 히스톤 꼬리에 있는 특정 라이신의 아세틸화(예, H3K9ac)는 DNA에 전사 인자가 쉽게 접근하게 하여 전사를 촉진한다. 아세틸화는 DNA에 대한 히스톤의 친화력을 감소시켜 히스톤 팔합체(octamer) 주위의 DNA 감김을 느슨하게 하고 인접 뉴클레오솜 사이의 상호작용을

생화학 전망 BIOCHEMISTRY IN PERSPECTIVE (계속)

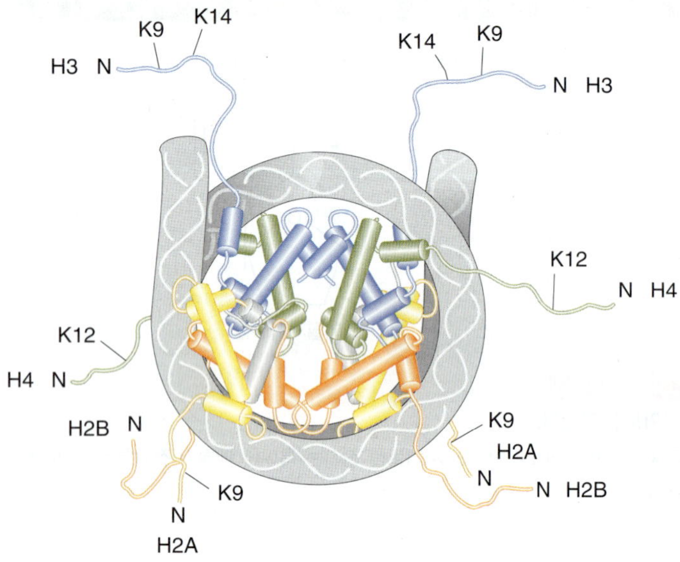

그림 17B

뉴클레오솜에서의 히스톤 변형.

그림에서 N-말단 꼬리 라이신(K) 잔기의 아세틸화는 다른 여러 유형의 공유 결합 변형과 결합되어 염색질의 재모형화를 촉진하고 유전자 전사를 일으킨다.

감소시킨다. 라이신 아세틸화는 다른 히스톤 변형과 조합을 이루어서 염색질 재모형화를 시작하는 단백질에 대한 결합 부위를 만든다. *히스톤 탈아세틸화효소*(histone deacetylase, HDAC)에 의해 촉매되는 라이신의 탈아세틸화는 탈아세틸화 히스톤의 DNA에 대한 친화력을 증가시키기 때문에 전사를 억제하며, 이는 더 단단한 염색질의 꼬임을 초래한다. 대부분의 히스톤 메틸화 반응은 전사를 억제한다. MeCP는 5-Me CpG에 우선적으로 결합하고 히스톤 메틸화효소와 마찬가지로 HDAC를 이 부위에 모아서 유전자 억제를 중재한다. 히스톤 H3 꼬리에 있는 아세틸화된 라이신 잔기를 메틸화된 라이신으로 전환하면 유전자 억제 반응에 특별히 효과적이 된다.

후성유전학: 유전자 발현과 환경 사이의 연결

생명과학자들은 오랫동안 환경 요인이 유전에 영향을 미칠 수 있다고 생각해왔다. 예를 들어, 일란성(monozygotic) 쌍둥이는 종종 당뇨병이나 암과 같은 질병에 대한 감수성이 다르다. 2000년에 수행된 아구티(agouti) 마우스의 유전 실험은 환경과 유전의 연관성을 명확하게 보여주었다. 아구티 마우스는 황색, 비만이며 당뇨병과 암에 걸리기 쉽다. 겉보기에는 아주 작은 식이 요법 변화가 아구티 자손의 건강과 외형이 크게 변화시키는 것을 관찰하였다.

아구티(agouti) 마우스는 AgRP를 암호화하는 아구티 유전자를 발현하기 때문에 황색 외피를 가진 뚱뚱한 동물이다. AgRP는 멜라노코르틴 수용체(melanocortin receptors, MCR)의 길항제이다. MCR은 일부 세포에서 멜라닌 색소의 합성을 촉진하는 펩타이드 호르몬인 α-MSH에 결합하는 G-단백질 결합 수용체이다. 노란색 외피 색상은 모낭(hair focile) MCR의 AgRP 억제로 인한 결과이다. 아구티 마우스의 비만은 시상하부 식욕 조절 센터(hypothalamic appetite control center)에서 MCR 억제에 의해 유발된다. 임신한 노란색, 뚱뚱한 아구티 마우스에게 폴산(folic acid), 메싸이오닌(methionie), 콜린(choline) 등의 메틸기 주개를 첨가한 음식을 먹이면 그 자손은 어두운 외피 색을 가지고 날씬해졌다. (추가적인 연구에서 아구티 마우스의 AgRP 유전자 서열 근처에 바이러스와 유사한 유전자 요소가 자발적으로 삽입되어 있음이 알려졌다.) 삽입된 유전 요소의 저메틸화(hypomethylation)는 AgRP의 연속적인 합성을 유발한다. 유전 인자의 식이-유도(diet-induced) 메틸화는 AgRP 합성을 대폭 줄인다.

지난 10년간의 연구 노력으로 식이, 독소, 병원균 및 습성과 같은 환경 요소와 관련된 **후성 돌연변이**(epimutation)라고 불리는 비정상적인 후성유전체(epigenome)의 변화에 대한 수많은 예가 알려졌다. 전반적이고 유전자 특이적인 DNA 저메틸화(hypomethylation)를 유발하는 폴산이 결핍된 식이(folate-deficient diet)는 심장질환과 다양한 형태의 암(예, 대장암)에 대한 위험을 증가시키는 것으로 알려졌다. 담배 연기 속의 독소는 여러 암을 초래하는 후성돌연변이를 일으킨다. 종양 억제 유전자의 과메틸화(hypermethylation)에 의해 유도된 위암은 헬리코박터 파일로리(*Heliobacter pylori*) 세균의 감염으로 인해 발생한다.

습성은 또한 건강에 영향을 미친다. 쥐를 대상으로 수행한 실험에서 모성 방치(maternal neglect)가 자손의 건강과 습성에 평생 동안 영향을 미친다는 것을 알게 되었다. 방치된 어미(우울 동작으로 측정)가 키운 쥐는 두려움을 보이고 스트레스 관련 질병에 걸리기 쉽다. 이러한 쥐는 해마(hippocampus, 감정과 행동을 조절하는 뇌 기능에 기여하는 뇌의 영역)에서 글루코코르티코이드(glucocorticoid) 수용체 유전자의 촉진 유전자 영역에서 DNA 메틸화가 증가되고, 히스톤 아세틸화는 감소되었다. 모성 양육(maternal nurturing) 습성은 뇌에서 세로토닌의 방출을 유발하여, 후성유전에 의하여 유도된 수용체 합성을 개시하게 하여 스트레스 호르몬의 방출 억제를 유도한다.

▶ **요약:** DNA에서의 특정 사이토신 염기와 히스톤 꼬리 잔기의 유전성 공유 결합 변형은 DNA 서열이 전사 기구에 접근하는 것을 결정하여 유전자 발현을 조절하는 복잡한 메커니즘이다.

운반 RNA

운반 RNA(transfer RNA, tRNA)는 아미노산을 단백질로 조립하기 위해 리보솜(ribosome)으로 운반한다. tRNA 분자의 길이는 75~90개 이상의 뉴클레오타이드로 다양하다. 각 tRNA가 특정 아미노산과 결합하기 때문에 세포 속에는 20개 표준 아미노산 각각에 대하여 적어도 한 종류의 tRNA가 존재하여야 한다. 뒤틀린(warped) 클로버잎 모양의 tRNA의 3차 구조는 사슬 내 염기쌍 결합이 주로 많이 형성되어 나타난다(**그림 17.21**). 그리고 tRNA는 다양하게 변형된 염기들, 즉 유사유리딘(pseudouridine), 4-싸이오유리딘(4-thiouridine), 1-메틸구아노신(1-methylguanosine), 다이하이드로유리딘(dihydrouridine) 등을 염기로 갖는다.

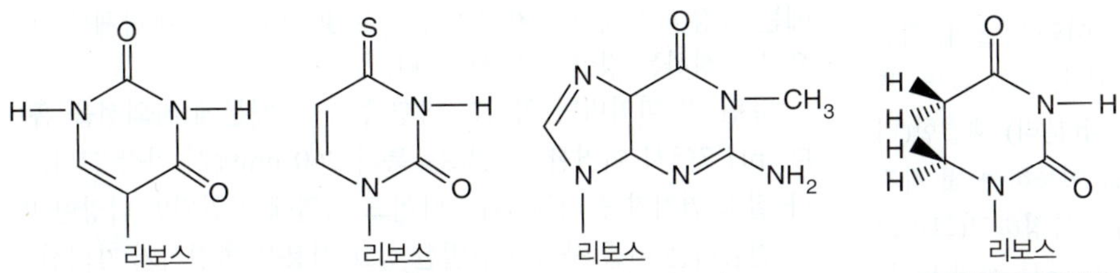

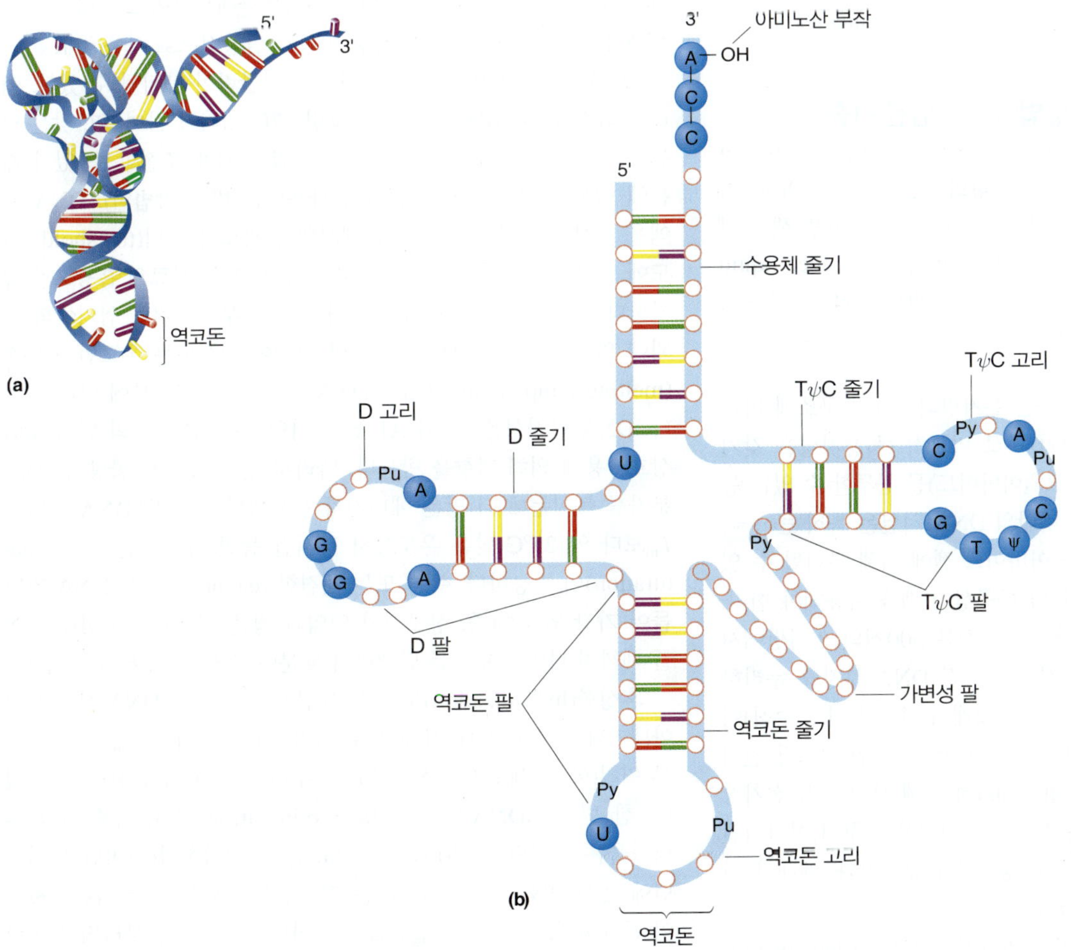

그림 17.21
운반 RNA.
(a) tRNA 분자의 3차원 구조, (b) tRNA 분자의 도식적 구조. 불변의 염기들과 거의 변하지 않는 염기들의 위치를 표시하였다.

생화학 실험 BIOCHEMISTRY IN THE LAB

핵산 실험법

생체 분자의 분리, 정제 및 특성화에 사용되는 기술은 물리적 · 화학적 특성을 이용한다. 핵산 연구에 사용되는 대부분의 기술은 분자량 또는 형태, 염기 서열 또는 상보적 염기쌍의 차이에 기반을 두고 있다. 단백질 연구에 성공적으로 사용되었던 크로마토그래피, 전기이동(electrophoresis), 초원심분리(ultracentrifuge)의 기술이 핵산 연구에도 사용되었다. 이와 더불어, 핵산의 고유한 특성을 이용하는 다른 기술이 개발되었다. 예를 들면, 특정 조건에서 DNA 이중 가닥은 가역적으로 녹거나(분리) 재결합(다시 염기쌍으로 이중 가닥을 형성)한다. 이 현상을 이용하는 몇 가지 기술 중 하나인 *서던 흡입법*(Southern blotting)은 특정하고(그리고 드문) 핵산 서열의 위치를 찾는 데 자주 사용된다. 핵산 정제 및 특성화에 사용하는 몇 가지 기술에 대해 간략하게 설명한 후 DNA 서열을 결정하기 위해 자주 사용하는 방법을 요약하고자 한다. 보다 복잡한 기술은 18장 생화학 실험의 유전체학(genomics)에서 설명한다.

다른 생체 분자에 사용하는 방법에서 도입된 기술

단백질 정제 과정에서 사용하는 많은 기술이 핵산 연구에 사용하기 위해 도입되었다. 예를 들어, 몇 가지 유형의 크로마토그래피(예, 이온 교환, 젤 여과, 친화성)가 핵산 정제의 여러 단계 및 개별 핵산 서열을 분리하는 데 사용되어 왔다. HPLC (high-performance liquid chromatography, 고성능 액체 크로마토그래피)는 속도가 빠르기 때문에 적은 시료에 적용되는 여러 가지 더 느린 크로마토그래피 분리 기술을 대체하였다.

전기장에서의 핵산 분자의 이동은 분자량과 3차원 구조에 따라서 달라진다. 그러나 DNA 분자가 주로 비교적 큰 분자량을 갖기 때문에, 일부 젤 제제(예, 폴리아크릴아마이드)를 침투할 수 있는 능력은 제한적이다. 500개 염기쌍 미만의 DNA 서열은 특히 큰 공극(porous) 크기를 갖는 폴리아크릴아마이드 젤에 의해 분리될 수 있지만 더 큰 DNA 분자에는 보다 더 다공성인 젤을 사용해야 한다. 교차 결합된 다당류로 구성된 아가로스 젤은 500개의 염기쌍에서 약 150 킬로염기쌍(kb) 사이의 길이를 가진 DNA 분자를 분리하는 데 사용된다. 보다 더 큰 서열은 현재 2개의 전기장(서로 수직)이 번갈아 켜지고 꺼지는 변형된 아가로스 젤 전기이동인 펄스장 전기이동(PFGE, pulse-field electrophoresis)에 의해 분리된다. 전기장이 번갈아 바뀔 때마다 DNA 분자가 다시 방향을 바꾸어 이질적인 DNA 분자 집단을 매우 효율적이고 정확하게 분리한다. 재배향 시간은 DNA의 크기에 따라 감소한다.

염화 세슘(CsCl)을 이용한 밀도 기울기 원심분리(density gradient centrifugation)는 핵산 연구에 널리 사용되었다. 고속에서는 CsCl의 선형 기울기가 생긴다. 이 기울기를 통해 이동하는 DNA, RNA 및 단백질의 혼합물은 밀도가 CsCl의 밀도와 같아지는 위치에서 각각 따로 분리된다. 구아닌과 사이토신 함량이 높은 DNA 분자는 아데닌과 타이민의 함량이 높은 DNA 분자보다 밀도가 높으며, 이 차이는 DNA 조각의 이종 혼합물을 분리하는 데 도움이 된다.

핵산의 독특한 구조 특성을 활용한 기술

핵산의 몇 가지 고유한 특성이 핵산 연구에 이용된다. 이러한 특성에는 특정 파장에서의 자외선의 흡수 및 이중 가닥 복합체를 가역적으로 형성하는 경향성이 포함된다.

퓨린 및 피리미딘 염기는 방향족 구조 때문에 자외선을 흡수한다. pH 7에서 이러한 흡광도는 특히 260 nm에서 가장 크다. 그러나 질소 염기가 폴리뉴클레오타이드 서열에 편입되면 다양한 비 공유 결합력은 이들 사이의 긴밀한 상호 작용을 촉진시켜 자외선의 흡수를 감소시킨다. 이러한 **흡광 감소 효과**(hypochromic effect)는 핵산을 포함하는 연구에서 매우 중요하다. 예를 들어, DNA의 이중 가닥 구조의 파괴 또는 효소에 의한 폴리뉴클레오타이드 가닥의 가수분해 절단을 검출하기 위해 흡광 변화가 일상적으로 사용된다.

DNA의 상보적인 가닥을 잡아주는 결합력이 붕괴될 수 있다. 이러한 과정을 **변성**(denaturation, **그림 17C**)이라고 하며, 열, 낮은 염 농도 및 극단의 pH에 의해 촉진된다(열은 쉽게 조절할 수 있기 때문에 핵산 연구에서 가장 흔하게 사용되는 변성 방법임). DNA 용액을 서서히 가열하면 260 nm에서의 흡광도가 문턱(threshold) 온도에 도달할 때까지 일정하게 유지되다가 그 후 시료의 흡광도가 증가한다. 흡광도의 변화는 염기쌍의 쌓임이 무너지거나 염기쌍의 파괴에 의해 유발된다. DNA 시료의 절반이 변성되는 온도인 녹는점(melting temperature, T_m)은 DNA 분자의 염기 성분에 따라 다르다. DNA 안정성은 GC와 AT 쌍 사이의 수소 결합 수와 염기 쌓임 상호작용에 의해 영향을 받는다. 따라서 높은 G와 C 함량의 DNA 분자를 녹이는데 더 많은 에너지가 필요하다. 분리된 DNA 가닥이 T_m보다 약 25°C 낮은 온도에서 장시간 동안 유지되면 복원(renaturation)이 가능하다. 복원 또는 재결합(reannealing)은 DNA 가닥들이 가장 안정한(즉, 상보적인 영역과 쌍을 이루게 됨) 형태를 이룰 때까지 다양한 형태를 탐색하기 때문에 즉시 일어나지는 않는다.

혼성화(hybridization)도 특정 유전자 또는 다른 DNA 서열을 찾아내거나 식별하는 데 사용될 수 있다. 예를 들어 두 개의 서로 다른 원천(예, 암세포와 정상세포)으로부터 서열 차이를 선별할 수 있다. 한 벌의 ssDNA가 비오틴화(biotinylation)되면, 이중 가닥 혼성화물은 아비딘 컬럼(avidin column)에 결합한다(아비딘은 비오틴에 높은 친화력으로 결합하는 단백질임). 혼성화되지 않은 서열이 존재하면, 그 서열은 컬럼을 통과한다. 그런 다음 분리되고 식별될 수 있다. **서던 흡입법**(**그림 17D**)에서 방사성으로 표지된 DNA 또는 RNA 탐침(probe)(이미 알고 있는 서열)은 DNA 절단물(일반적으로 다수의 이종 DNA 단편을 함유함) 중간에서 상보적인 서열

생화학 실험 BIOCHEMISTRY IN THE LAB (계속)

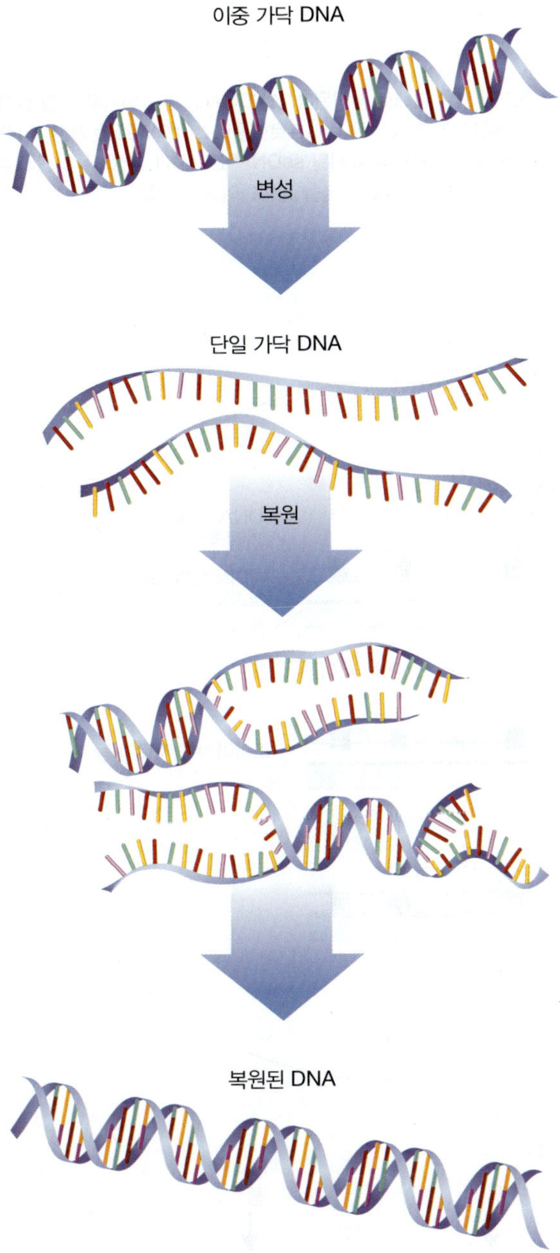

그림 17C

DNA의 변성과 복원.

변성된 DNA는 적당한 조건에서 복원될 수 있다. 즉, 상보적 서열을 가진 가닥들이 이중나선을 재형성할 것이다.

을 찾는다. DNA 절단물은 특정 염기 서열을 절단하는 제한 효소로 DNA 시료를 처리하여 얻어진다(**그림 17E**). (세균이 생산하는 제한 효소는 특정 서열에서 바이러스 DNA를 절단함으로써 바이러스 감염으로부터 세균을 보호한다.) 일단 DNA 시료가 절단되면 얻어지는 조각들은 크기에 따라 아가로스 젤 전기이동에 의해 분리된다. DNA 조각을 포함하는 젤을 0.5M NaOH에 담가서 dsDNA를 ssDNA로 전환시킨 후 고농도의 완충 용액이 담긴 통 안의 젖은 스폰지 위에 놓인 나이트로셀룰로스 여과지로 옮긴다. (나이트로셀룰로스는 ssDNA에 강하게 결합하는 독특한 성질을 가지고 있다.) 흡수성 건식 여과지를 나이트로셀룰로스 여과지/아가로스 젤 샌드위치에 직접 접촉하게 올려둔다. 모세관 작용에 의해 젤 및 여과지를 통해 완충제가 흡수되면서 DNA는 나이트로셀룰로스 여과지로 이동하고 영구적으로 결합한다. [여과지에 DNA를 옮기는 기술을 '흡입법(blotting)'이라고 한다.] 이어서, 상보 서열을 갖는 임의의 ssDNA에 결합하는 방사능으로 표지된 탐침에 나이트로셀룰로스 여과지를 노출시킨다. 예를 들어, β-글로빈(globin)을 암호화하는 mRNA는 β-글로빈 mRNA 유전자에 존재하는 인트론이 결핍되어 있음에도 불구하고, β-글로빈 유전자에 특이적으로 결합한다. 분명히 두 단일 가닥 분자 사이에 충분한 염기쌍이 존재하여 탐침이 유전자에 결합한다.

방사선 자동 사진법(autoradiography) 이외의 검출 기술도 사용된다. 핵산 탐침은 예를 들어 브로민화 에티듐(ethidium bromide) 또는 루미놀(luminol)로 표지할 수 있다. 층간 삽입제인 브로민화 에티듐은 젤을 자외선에 노출시키면 형광을 띠게 한다. 화학 발광 분자인 루미놀에 공유 결합된 탐침은 루미놀이 산화제(H_2O_2) 및 촉매(철 원자)에 노출 될 때 파란색 빛을 방출한다.

DNA 서열 분석

DNA 염기 서열 결정은 생화학, 의학, 진화생물학에 중요한 통찰력을 제공해 왔다. 긴 DNA 서열 분석은 다중 시발체(primer)를 사용하여 진행하거나 한 가지 유형의 제한 효소에 의해 더 작은 조각을 형성하여 시작할 수 있다. 그런 다음 각 조각의 서열을 사슬 종결(chain-terminating) 방법으로 각각 분석한다. 단백질 1차 구조 결정과 마찬가지로, 이러한 단계를 첫 번째 세트와 겹치는 다른 세트의 폴리뉴클레오사이드 조각들(다른 형태의 제한 요소에 의해 생성)에 대해서도 반복한다.

생어(Frederick Sanger)가 개발한 **사슬 종결법**(chain-terminating method, **그림 17F**)에 의한 DNA 서열 분석에서 제한 효소는 큰 DNA 영역을 작은 조각으로 절단한다. 각 단편은 두 개의 가닥으로 분리되며 그 중 하나는 상보적인 복제물을 생성하기 위한 주형으로 사용된다. 시료는 네 개의 시험관으로 나누어진다. 각 시험관에 DNA 합성에 필요한 재료[예, DNA 중합효소와 4가지 데옥시리보뉴클레오사이드 삼인산 및 ^{32}P-동위원소로 표지된 시발체(짧은 상보적 DNA 가닥)]를 첨가한다. 실험자는 일반적으로 관심이 있는 DNA 단편을 생성하는 데 사용된 제한 효소의 인식 서열에서 시작하는 적절한 시발체를 선택하여 서열 분석이 출발하는 자리를 결정한다.

주형, DNA 합성 재료 및 시발체와 함께 네 개의 시험관에는 각각 다른 2′,3′-다이데옥시뉴클레오타이드 유도체가 들어 있다. (다

생화학 실험 BIOCHEMISTRY IN THE LAB (계속)

그림 17D

서던 흡입법.

(1) DNA 분석은 제한 효소에 의한 분해로 시작된다. (2) DNA 조각을 아가로스 젤 전기 이동으로 분리한다. (3) 변성 조건에서 DNA 조각은 나이트로셀룰로스 여과지로 옮겨진다. (4) 나이트로셀룰로스 여과지의 ssDNA는 방사능이 표지된 ssDNA 표지물과 혼성화된다. (5) 혼성화된 DNA는 방사선 자동 사진법 또는 다른 검출 기술을 활용하여 시각화할 수 있다.

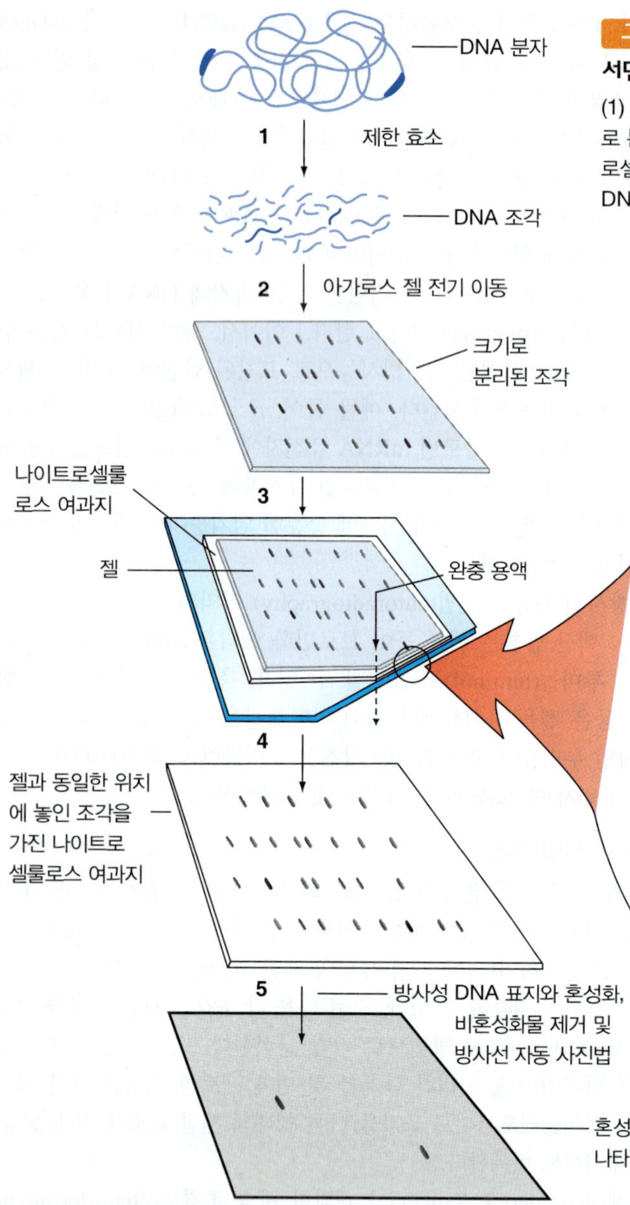

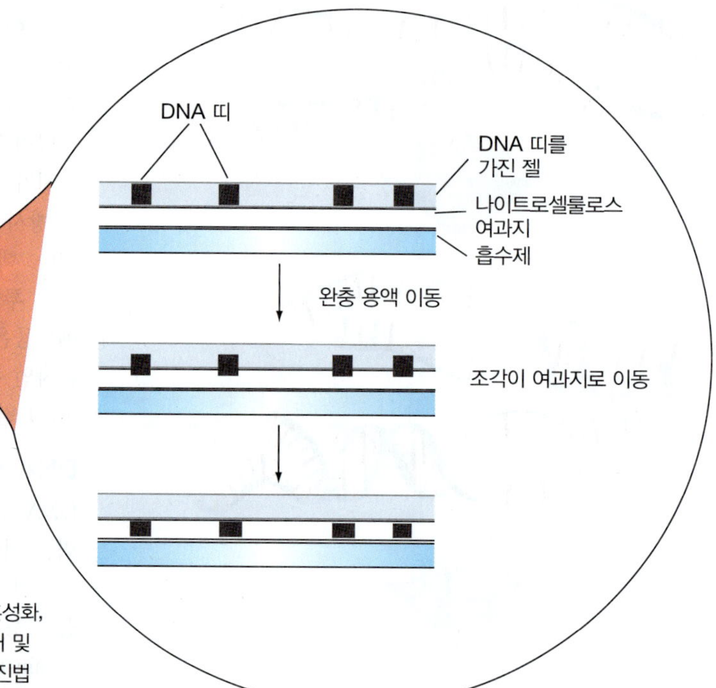

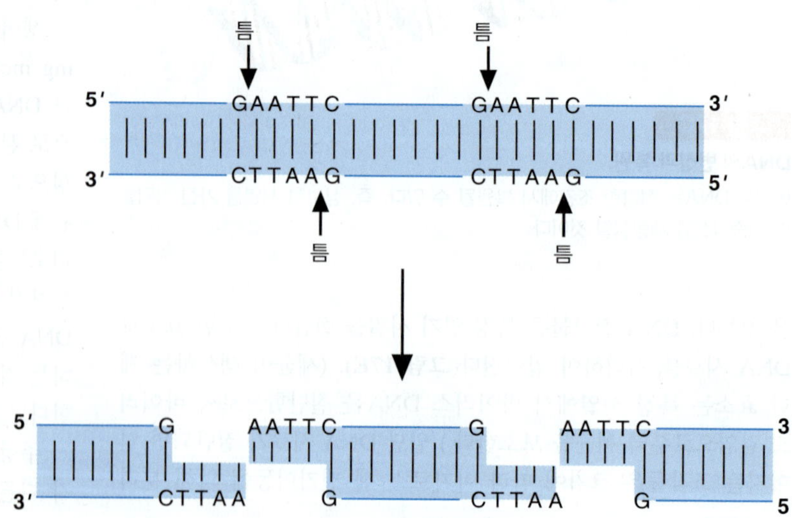

그림 17E

제한효소.

제한 효소는 세균에서 유래한 효소로 특정 서열 DNA를 자른다. 그림의 예에서 효소인 EcoRI(대장균에서 얻어짐)은 돌출된 절단을 하여 '점착 말단(sticky end)'을 형성한다.' '점착 말단'은 이중나선 DNA 조각에 있는 단일 가닥 끝이다. 점착 말단은 재조합 DNA 형성을 촉진시키는데, 한 DNA 조각의 단일 가닥 영역이 다른 DNA 조각의 점착 말단에 상보적으로 붙을 수 있기 때문이다. 몇 가지 제한 효소는 '뭉툭한 절단(blunt cut)'을 만든다. 재조합 DNA에 대한 논의는 18장 (생화학 실험, 유전체학)에 나와 있다.

생화학 실험 BIOCHEMISTRY IN THE LAB (계속)

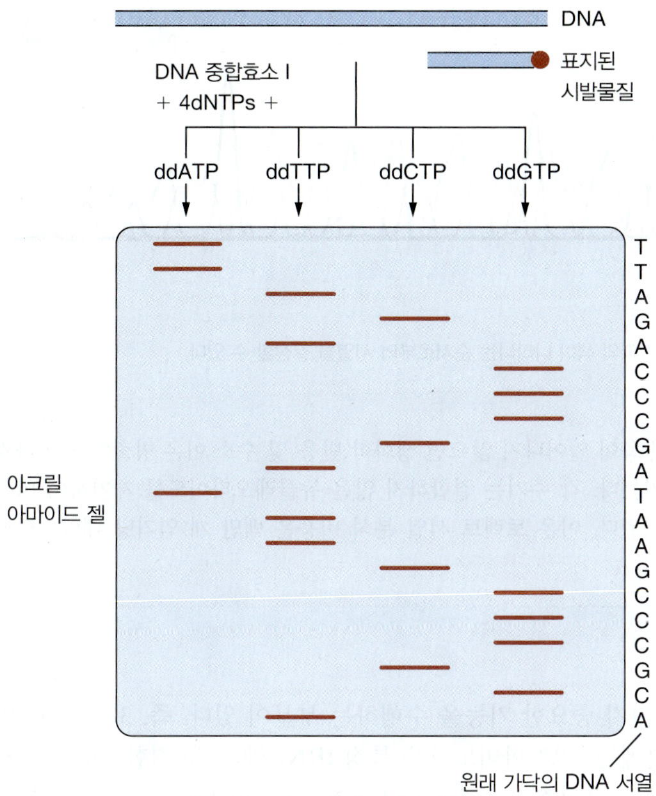

그림 17F

생어의 사슬 종결법.

DNA 합성이 주형 가닥의 관심 지점에서 시작하도록 특정하게 ^{32}P-표지된 시발체를 선택한다. DNA 합성은 dNTP와 네 개의 다이데옥시뉴클레오타이드(ddNTP) 중 하나의 미량을 포함하는 혼합물에서 계속된다. 사슬 종결은 ddNTP가 성장하는 DNA 사슬에 도입될 때 일어난다. 완전한 크기가 아닌 조각의 혼합물은 젤 전기 이동으로 분리하고, 방사선 표지법으로 분석한다. 서로 다른 ddNTP가 각각 포함된 네 개의 시료를 분리된 칸에서 전기이동한다. DNA 서열은 겔의 바닥에서 위로 '읽는다'.

이데옥시 유도체는 2′- 및 3′- 탄소의 하이드록시기가 수소로 대체된 합성 뉴클레오타이드 유사체이다.) 다이데옥시뉴클레오타이드는 크기가 증가하는 폴리뉴클레오타이드 사슬에 도입될 수 있지만, 이들은 다른 뉴클레오타이드와 인산다이에스터 결합을 형성할 수 없다. 결과적으로, 다이데옥시뉴클레오타이드가 삽입되면 사슬이 종결된다. 소량의 다이데옥시뉴클레오타이드가 사용되기 때문에, 성장하는 폴리뉴클레오타이드 가닥에 무작위로 도입된다. 따라서 각각의 시험관에는 길이가 서로 다른 가닥을 포함하는 DNA 단편의 혼합물이 들어 있게 된다. 새로 합성된 각각의 가닥은 다이데옥시뉴클레오타이드 잔기에서 끝난다. 각 시험관의 반응 생성물은 젤 전기이동으로 분리되고 방사선 자동 사진법으로 함께 분석된다. 방사선 사진에서 각 띠는 네 개 칸 중 어느 하나에서 길이가 한 뉴클레오타이드 만큼 차이가 나는 폴리뉴클레오타이드들에 해당한다. 가장 작은 폴리뉴클레오타이드는 큰 분자보다 더 빨리 움직이기 때문에 젤의 바닥에 나타난다.

결국 형광 표지된 다이데옥시뉴클레오타이드를 사용하는, 보다 빠르고 자동화 과정된 생어 방법이 도입되었다(**그림 17G**). 그러나 2000년대 중반에 저비용 서열 분석에 대한 요구로 인해 일루미나(Illumina)와 이온 토렌트(ion torrent) 서열 분석과 같은 일련의 차세대 고속 처리(high-throughput) 방법이 개발되었다. 가역적 염료 종결 방법을 사용하는 일루미나 서열 분석에서는 DNA 분자와 시발체가 슬라이드에 부착된 다음 중합효소에 의해서 증폭되어 DNA 송이를 생성한다. 먼저, 네 가지 유형의 형광 표지된 염기(아데닌, 구아닌, 사이토신, 타이민)가 도입되는데, 각각에는 차단기가 부착된다. 다음으로는 각 DNA 송이를 레이저 스캐닝 공초점 현미경(laser-scanning confocal microscope)으로 검출하여 이미지를 지점별로 수집한 다음 컴퓨터를 통해 이를 재구성한다. 특정 형광색을 가진 네 개의 염기는 주형 DNA 분자의 결합 위치에 결합하기 위해 서로 경쟁한다. 각 서열 분석 주기 동안 단일 뉴클레오타이드가 DNA 사슬에 추가된다. 도입되지 않은 염기를 씻어서 제거하면 도입된 염기에 결합된 형광 염료가 확인된다. 주기는 말단 차단기를 제거하며 끝난다. 이 주기는 DNA 분자가 완전히 서열 분석이 될 때까지 반복된다. 백만 개 염기 당 비용이 0.10달러가 드는 일루미나 서열 분석은 생어 서열 분석(2400달러/백만 개 염기)보다 상당히 저렴하다.

이온 토렌트 서열 분석에서 DNA 합성을 컴퓨터로 검출하는 것은 반도체 칩에서 마이크로 크기로 만들어진 홈에 고밀도 배열과 조합하여 사용된다. 이온 토렌트 칩은 홈 바닥의 민감한 이온 감지층이 소형 pH 미터로 작용하도록 구성되어 있다. 각 홈은 다른 DNA 주형과 DNA 중합 효소의 많은 복제물을 포함하고 있다. 이어서 네

생화학 실험 BIOCHEMISTRY IN THE LAB (계속)

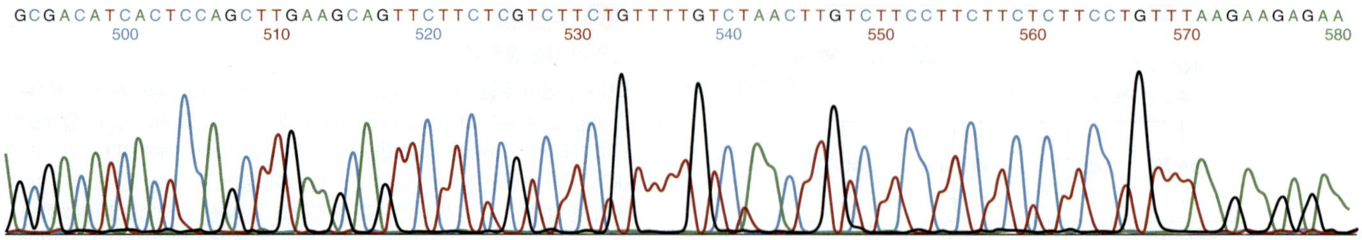

그림 17G

자동화 과정된 DNA 서열 결정법.

다이데옥시뉴클레오타이드의 형광 꼬리표를 이용하여 검출기는 젤을 신속하게 스캔하고 띠의 색이 나타나는 순서로부터 서열을 결정할 수 있다.

개의 모든 변형되지 않은 뉴클레오타이드를 연속적으로 홈에 도입한다. 첫 번째 주기는 홈에 한 종류의 뉴클레오타이드를 첨가하여 시작된다. 첨가한 염기가 도입되면(즉, 공유 결합이 형성됨) 수소 이온이 생성되어 방출되고 이것이 이온 감지기에 의해 검출된다. 도입 반응이 일어나지 않으면 생화학 반응 및 수소 이온 방출이 일어나지 않는다. 각 주기는 결합하지 않은 뉴클레오타이드를 제거하여 마무리된다. 이온 토렌트 서열 분석 비용은 백만 개 염기당 대략 1달러이다.

tRNA 구조에는 두 가지 중요한 기능을 수행하는 부분이 있다. 즉, 3′-말단과 역코돈 고리이다. 3′-말단에는 개별 아미노산을 특정 tRNA에 공유 결합으로 연결시켜주는 *아미노아실-tRNA 합성효소*(aminoacyl-tRNA synthetase)에 의하여 특정 아미노산이 공유 결합으로 연결된다. *역코돈 고리*(anticodon loop)는 특정한 아미노산에 대한 RNA 삼중자 암호에 상보적인 3개의 염기 서열을 갖고 있다. 3′-말단과 역코돈 고리 사이의 구조적인 관계는 단백질 합성 동안 tRNA가 부착된 아미노산을 적절하게 배열하게 해준다. (이 과정은 19장에 소개된다).

또한 tRNA는 D 고리(D loop), TψC 고리(TψC loop), 가변 고리(variable loop)와 같은 3가지의 독특한 구조를 갖고 있다. [그리스 문자 프사이(ψ)는 변형된 염기 유사유리딘을 나타낸다.] 이러한 구조는 적절한 아미노아실-tRNA 합성효소와의 특이적으로 결합하고, 아미노아실-tRNA가 리보솜의 핵단백질 골격 내에서 적절하게 배열되도록 해준다. *D 고리*는 다이하이드로유리딘을 포함하고 있어 그 이름이 붙여졌다. 마찬가지로 TψC 고리는 타이민, 유사유리딘, 사이토신을 포함하고 있다. 대부분(약 80%)의 tRNA에는 4~5개 뉴클레오타이드에서부터 20개까지의 뉴클레오타이드로 구성된 *가변 고리*(variable loop)를 가지고 있으며, 이 가변 고리의 길이로 tRNA를 분류할 수 있다.

리보솜 RNA

리보솜 RNA(ribosomal RNA, rRNA)는 세포 내에서 가장 많이 존재하는 RNA이다. rRNA는 모든 생물에 존재하기 때문에 그 서열은 생물들 사이의 진화 관계를 밝히는 데 이용된다. rRNA의 구조는 매우 복잡하다(**그림 17.22**). 종에 따라 rRNA의 1차 구조에는 차이가 있지만, 전체 분자의 3차원 구조는 보존되어 있다. 이름에서 알 수 있듯이 rRNA는 리보솜을 구성하는 RNA이다.

생화학 전망 BIOCHEMISTRY IN PERSPECTIVE

법의학 연구

DNA 분석은 폭력 범죄 수사에 어떻게 이용되는가? DNA는 건조 생물 시료(예, 혈액, 침, 머리카락, 정액)와 뼈 속에서 수년간 존속될 수 있다. 따라서 DNA는 이러한 시료들을 이용할 수 있는 법의학 조사에서 증거로 사용될 수 있다. 희생자의 신원과 폭력 범죄의 범인을 확인하기 위해 사용하는 DNA 분석 기술을 **DNA 유형 분석**(DNA typing) 또는 DNA 프로파일링(DNA profiling)이라고 한다. DNA 유형 분석은 표지(marker)라고 부르는 여러 고도의 가변 서열(variable sequence)의 분석을 필요로 한다. 표지 염기 서열들은 직렬 반복 변이(tandem repeat variation)나 단일 염기 다형성(single nucleotide polymorphism, SNP)에 해당하는 염기 서열을 말한다. SNP는 적어도 인구의 1% 정도에서 보이는 단일 염기 변이 또는 점 돌연변이이다. 암호 또는 비 암호 DNA에 존재하는 수백만 개의 SNP들은 사람들 간의 대표적인 유전 변이를 나타낸다. 비록 99.9%의 사람 유전체는 동일하지만 나머지 0.1%의 변이는 수사관으로 하여금 사람 개개인에 대한 유전자 프로파일링을 가능하게 한다.

1990년대 이후 수많은 법정 사례에서 DNA 유형 분석은 범행 현장에서 피고의 존재 또는 부재에 대한 결정적인 정보를 제공하고 있다. 지금 사용하는 기술은 개인들 사이를 구별하는 능력과 결과를 얻을 수 있는 속도가 서로 다르다. 1985년 영국의 유전학자 제프리(Alec Jeffreys)에 의해 소개된 **DNA 지문 분석**(DNA fingerprinting)은 서던 흡입법(Southern blotting)의 한 변형이다. 이 기술은 제한 조각 길이 다형성(restriction fragment length polymorphism, RFLP)으로 다른 개인들로부터 온 DNA 미소부수체들의 전기이동상 띠 특징을 비교하는데, 예를 들어 범행 사건 용의자들의 DNA 시료를 분석한다(**그림 17A**). 범행 현장 시료에서 추출한 DNA 함량이 너무 적어 분석할 수 없을 때는 아주 소량의 시료 속에 있는 DNA 복제물을 증폭하기 위해 *중합효소 연쇄 반응*(polymerase chain reaction, PCR)을 이용한다. PCR을 이용하면 복제물을 10^9개까지 얻을 수 있다. 따라서 단일 세포의 DNA라도 DNA 지문 분석에 충분하게 된다. 각 시료 속에 있는 전체 유전체를 분리하여 제한 효소로 처리한다.

RFLP는 정확한 방법이긴 하지만, DNA를 분석하는 데에는 6~8주 정도의 시간과 노력, 전문 지식이 필요하다는 한계가 존재한다. **짧은 직렬 반복**(short tandem repeats, STR, 2~4 bp 반복으로 된 초미세부수체의 DNA 서열)을 분석하는 새로운 방법이 RFLP에 비해 더 정확하고 서너 시간만 소요되는 빠른 분석 방법으로 각광받고 있다.

더욱이 STR은 매우 견고해서 STR 분석은 파괴된 표본을 분석하는 데에 자주 이용된다. 표본으로부터 DNA를 추출한 후, 몇몇의 표적 STR 서열이 PCR로 증폭되고 이들은 형광 시료와 결합된다.

미국에서는 *좌위*(loci)라고 불리는 13개의 핵심 다형성을 주는 매우 변이가 심한 DNA 염기 서열이 표지로 사용되어 개개인의 유전적 프로필을 구분하는 데에 사용되고 있다. PCR를 한 결과물을 전기 이동해 분리시킨 **DNA 프로필**(DNA profile)은 젤 상에서 볼 수 있는 무늬와 수많은 표적 서열의 반복으로 구성되어 있다. 형광분석(fluorescence detection)은 이 기술의 정확도를 높여준다. RFLP 분석과는 다르게 STR 기반 DNA 유형 분석법은 쉽게 자동화 과정이 가능하다. 각각의 DNA 프로필이 비교되어 서로 일치한다면 시료가 일치한다고 말한다. 일치하지 않으면 서로 다른 곳에서 온 DNA라 할 수 있다. 이 결과는 무작위 일치(무작위로 선발된 사람의 DNA 프로필이 범죄 현장에 남아 있던 DNA 표본과 일치하는 것)가 일어날 가능성에 대한 확률로서 보고가 된다. 여러 개의 표지를 사용하는 이 방법의 정확성으로 인해 무작위 일치의 가능성은 수십 억분의 1로 낮아진다.

▸ **요약:** 법의학 과학자들은 한 개인을 다른 사람들과 구별할 목적으로 독특한 유전적 분석을 위해 범죄현장 DNA를 증폭하는 PCR와 다른 기술들을 사용한다.

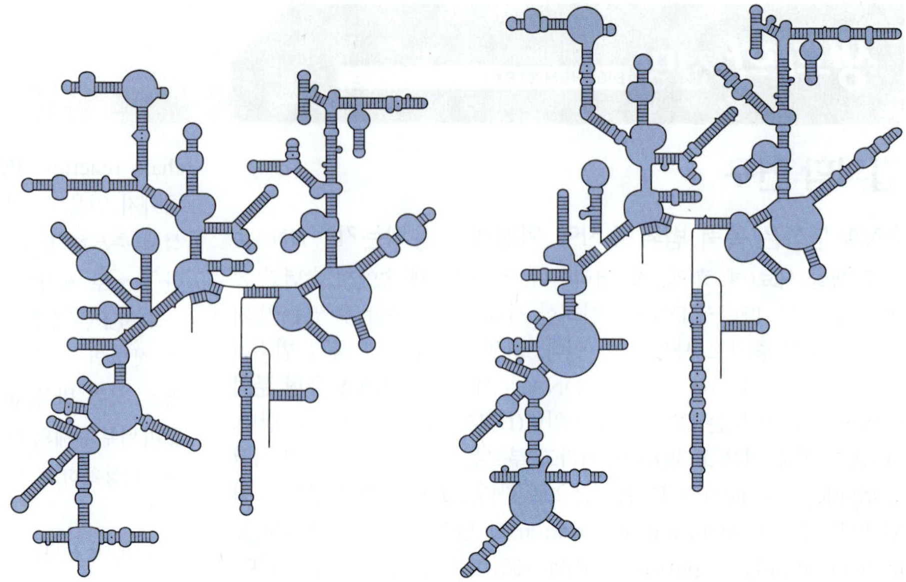

그림 17.22

rRNA 구조.

비록 RNA 염기 서열은 서로 다르지만 대장균(a)과 효모 *Saccharomyces cerevisiae* (b)의 rRNA의 3차원 구조는 매우 유사하다.

리보솜은 단백질을 합성하는 세포질의 리보핵산단백질이다. 원핵생물과 진핵생물의 리보솜은 그 크기와 화학적 구성 성분은 달라도 그 모양과 기능은 매우 유사하다. 두 리보솜은 크기가 다른 두 소단위체로 구성되어 있고, 그 크기는 침강 속도(sedimentation velocity)의 단위 S(Svedberg unit)로 나타낸다. 침강 속도 단위 S는 원심분리할 때 나타나는 물질의 침강 속도의 크기이다. 침강 속도는 분자의 모양과 분자량에 따라 달라지며 침강 속도 값은 합산으로 구해지지는 않는다. 원핵세포 리보솜(70S)은 50S와 30S 소단위체 그리고 진핵세포의 리보솜(80S)은 60S와 40S 소단위체로 되어 있다. 원핵세포당 약 15,000개, 진핵세포당 약 1백만 개의 리보솜이 존재한다.

여러 개의 다른 형태의 rRNA와 단백질들이 리보솜의 소단위체에서 발견된다. 대장균의 큰 리보솜 소단위체는 5S와 23S rRNA 그리고 34개 폴리펩타이드로 되어 있고, 작은 소단위체는 16S rRNA와 21개 폴리펩타이드로 되어 있다. 세균의 rRNA의 유전자는 3′-16S, 23S, 5S-5′ 순서로 오페론으로 조직화되어 있다. 대장균은 유전체에 7개의 복사물을 가지고 있다. 진핵세포의 큰 리보솜 소단위체는 5S, 5.8S, 28S rRNA 그리고 49개 폴리펩타이드로, 작은 소단위체는 18S rRNA와 30개 폴리펩타이드로 되어 있다. 진핵세포의 rRNA 유전자 복사물 수는 50~5000개 이상으로 다양하다. 사람은 약 350개 복사물을 13, 14, 15, 21, 22번 염색체에 무리로 가지고 있다고 알려졌다. rRNA는 원래의 리보솜 소단위체를 형성하기 위해 단백질의 자가 조립(self-assembly)을 위한 골격(scaffold)으로 이용된다. 펩타이드 결합을 형성하는데 필요한 펩타이딜기 전달효소 활성은 원핵세포의 23S rRNA와 진핵세포의 28S rRNA에 존재한다.

전령 RNA

전령 RNA(messenger RNA, mRNA)는 이름이 의미하듯이 단백질 합성을 위해 DNA로부터 유전 정보를 운반하는 역할을 한다. mRNA는 코돈(codon)이라고 불리는 3개의 염기로 이루어진 서열을 포함하고 있는데, 이는 합성된 단백질을 구성하는 아미노산을 지정하는 기능을 가지고 있다. mRNA 내의 폴리펩타이드를 암호화하는 부분을 **열린 해독 틀**(open reading frame, ORF)이라 한다. ORF는 개시 코돈으로 시작하여 종결 코돈으로 끝난다. mRNA의 길이는 매우 다양하다. 예를 들면 대장균 mRNA 크기는 500~6,000개 뉴클레오타이드로 다양하다. ORF는 5′UTR(상류 ORF)와 3′UTR라고 하는 번역되지 않는 서열이 옆에 배치되어 있다.

원핵생물과 진핵생물 mRNA는 여러 측면에서 서로 다르다. 첫째, 원핵생물 mRNA는 여러 단백질을 합성할 수 있는 유전 정보를 갖고 있는 *다시스트론성*(polycistronic)이다. 즉 한 mRNA가 여러 개의 폴리펩타이드 사슬을 만드는 정보를 갖고 있다. 반대로 진핵생물은 단 하나의 단백질을 합성할 유전 정보를 갖고 있는 *단일시스트론성*(monocistronic)이다. 시스트론(cistron)은 폴리펩타이드를 합성하는 정보와 리보솜 기능에 필요한 신호를 갖고 있는 DNA 서열이다. 둘째, 원핵생물과 진핵생물의 mRNA는 다른 방법으로 가공된다. 원핵생물의 mRNA는 만들어진 후 곧 단백질을 합성하는 반면에 진핵생물의 mRNA는 많은 구조적 변형을 거친다. 이런 변형으로는 모자 씌우기[5′-말단에 7-메틸구아노신(7-methylguanosine)을 연결], 이어맞추기(인트론의 제거), 그리고 3′-말단에 폴리 A(poly A) 꼬리 첨가가 있다. (이들 각각의 변형은 18장에 소개되어 있다.)

비암호화 RNA

폴리펩타이드를 암호화하지 않는 RNA들을 **비암호화 RNA**(noncoding RNA, ncRNA)라고 부른다. 진핵세포는 tRNA와 rRNA 이외에도 다양한 ncRNA를 생산한다. 이런 분자들은 DNA 복제, 유전자 발현, 전사, 번역, 스트레스 조절, 유전체 구조와 방어 그리고 후성유전 조절을 비롯한 많은 세포 과정에서 역할을 한다. 비암호화 RNA는 길이에 따라서 분류된다. 작은 ncRNA(snc RNA)는 200 nt 이하의 길이를 가지며 긴 ncRNA(lncRNA)는 200 nt 이상의 길이를 갖는다. ncRNA 중 매우 중요한 RNA에는 마이크로 RNA, 작은 간섭 RNA, 작은 인 RNA와 작은 핵 RNA가 있다. 이런 RNA들은 흔히 리보핵산단백질 복합체의 구성 성분으로 작용한다.

마이크로 RNA(microRNA, miRNA)는 22~26 뉴클레오타이드 정도의 길이를 가진 RNA이고, 유전자의 발현 조절과 관련이 있다. miRNA는 먼저 몇몇의 단백질과 결합해 RISC(RNA-induced silencing complex) 복합체를 형성하고, 각각의 miRNA는 표적 mRNA의 3′ UTR에 있는 상보적인 부분과 결합하여 번역을 방해하거나 분해를 촉진한다. 세포에서 발현되는 각 miRNA는 200개의 mRNA까지도 표적으로 삼을 수 있다. miRNA는 사람 단백질-암호화 유전자의 약 60%를 조절한다고 여겨진다.

작은 간섭 RNA(small interfering RNA, siRNA)는 21~23 뉴클레오타이드 길이의 이중 가닥 RNA(dsRNA)로서 *RNA 간섭*(RNA interference, RNAi)이라 불리는 과정에서 중요한 역할을 하는 2-nt 길이의 3′ 돌출부를 가지고 있다. RNAi는 RNA를 포함하는 바이러스와 우연히 전사된 트랜스포존으로부터 세포를 보호하는 RNA 분해 과정이다. 또한 siRNA는 mRNA의 분해를 개시하여 특정한 유전자의 발현을 억제하는데도 이용된다.

작은 인 RNA(small nucleolus RNA, snoRNA)는 70~300개의 뉴클레오타이드를 포함하는 단일 가닥 RNA로서 인(nucleolus)에서 rRNA, tRNA와 snRNA의 화학적 변형을 촉진시킨다. rRNA 유전자의 인트론 내에 암호화되어 있는 snoRNA는 소형 인 리보핵산단백질(small nucleolar ribonucleoprotein, snoRNP)의 성분

주요 개념 _Key Concepts

- RNA는 단백질 합성의 여러 측면과 유전자 발현의 조절에 관련된 핵산이다.
- RNA 중에서 가장 많은 유형은 운반 RNA, 리보솜 RNA, 전령 RNA이다.
- 중요한 비암호화 RNA(ncRNA)에는 miRNA, siRNA, snoRNA, snRNA 등이 있다.

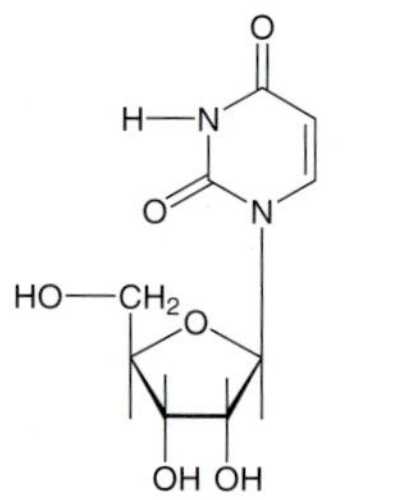

유리딘

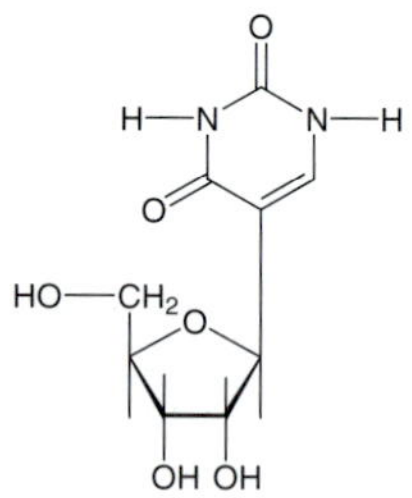

유사유리딘

그림 17.23
유리딘(uridine)과 유사유리딘(pseudouridine)의 구조.

이다. snoRNA(사람의 경우 100개 이상)의 기능은 염기쌍 결합을 통해 snoRNP를 표적 rRNA 상의 특정 서열 자리로 안내하는 것이다. rRNA 가공 중 일어나는 변형은 리보스의 2′OH의 메틸화와 유리딘의 유사유리딘(pseudouridine)으로의 이성질화이다(**그림 17.23**). 여러 개의 snoRNA들이 어떤 tRNA나 snRNA의 염기 변형에 참여한다.

작은 핵 RNA(small nuclear RNA, snRNA)의 중요한 기능은 전구-mRNA의 가공이다. 평균 150 nt로 구성된 snRNA는 5개의 snRNA, 즉 U1, U2, U4, U5, U6가 있으며, 여러 단백질들과 결합하여 흔히 'snurps'라 불리는 **소형 핵 리보핵산 단백질**(small nuclear ribonucleoprotein, snRNP)를 형성한다. 그리고 여러 다른 단백질과 함께 결합하여 snRNP는 **이어맞추기 복합체**(spliceosome)라 불리는 분자 기계를 형성한다. 이어맞추기(splicing)는 진핵생물 mRNA의 가공에서 주요한 단계이다. 이어맞추기 복합체는 mRNA 전구물질(pre-mRNA)로부터 인트론을 절단한 다음 엑손들을 함께 연결한다. 다른 snRNA는 전사 인자와 RNA 중합효소 II의 활성을 조절하는 것으로 알려졌다.

긴 ncRNA(lncRNA)는 많은 것이 이어맞추기, 폴리아데닐화, 5′-모자씌우기가 되기 때문에 흔히 mRNA와 유사한 구조를 가진다. 사람에 있는 약 9000개의 lncRNA의 역할은 대부분 알려지지 않고 있다. 그 기능이 알려진 것은 전사와 전사 후 변형 반응의 조절에 관여하고 있다. 또한 lncRNA는 miRNA를 암호화한다. lncRNA를 포함하는 세포 과정들에는 세포 주기 조절과 각인(imprinting, 부계나 모계로부터 유전된 것에 따라 차별되는 유전자 발현) 같은 후성유전 조절 등이 있다.

문제 17.7

유전자가 전사되면 단 하나의 DNA 가닥만이 RNA를 합성하는 주형의 역할을 수행한다. 이 가닥을 **안티센스 가닥**(antisense strand) 또는 비암호 가닥(noncoding strand)이라고 부르고, 전사가 일어나지 않는 DNA 가닥을 **센스 가닥**(sense strand) 또는 암호 가닥(coding strand)이라고 부른다. 센스 가닥의 염기 서열은 유전자의 폴리펩타이드 생산물을 합성하는 mRNA와 같다. 안티센스 DNA의 전사물인 안티센스 RNA는 전사와 번역의 조절을 담당한다. 안티센스 RNA는 그에 상보적인 mRNA와 특이적으로 결합해 번역을 억제하는 기능을 한다.

mRNA와 안티센스 RNA 사이의 결합은 매우 특이적이기 때문에, 안티센스 RNA 분자는 좋은 연구 도구로 각광을 받고 있다. 수많은 연구자들이 안티센스 RNA를 진핵생물의 유전자 발현 조절 기능을 연구하는 데 사용하고 있다. *역유전학*(reverse genetics)이라고 불리는 이 학문은 의학적 연구 분야에서 매우 유용하다고 여겨진다. 살아 있는 세포에 올리고뉴클레오타이드를 주입하는 일의 비효율성이나 RNA 합성 비용이 높다는 단점이 있음에도, 안티센스 기술은 암이나 바이러스 기능의 메커니즘에 대한 통찰을 가능하게 해 주었다. 다음 센스 DNA 서열을 생각해보자.

5′-GCATTCGAATTGCAGACTCCTGCAATTCGGCAAT-3′

이것의 상보적인 서열을 말해 보라. 그리고 mRNA와 안티센스 RNA의 서열을 결정하라. (RNA의 구조에서, 타이민은 유라실로 대체된다. 따라서 DNA 가닥의 A는 합성되는 RNA의 U와 쌍을 이룬다.)

17.3 바이러스

바이러스(virus)는 생명체와 비생명체를 구분하는 가장 큰 특징인 대사 활동을 스스로 할 수 없다. 그러나 적당한 조건에서 바이러스는 생명체를 파괴할 수 있다. 때때로 세포 내 기생 생물로 묘사되는 바이러스는 그들의 구조(단백질 보호막 안에 핵산의 조각이 들어 있는 구조) 때문에 이동 유전 인자(mobile genetic element)라고도 불린다. 일단 바이러스가 숙주 세포를 공격하면 바이러스 유전자가 숙주 세포의 핵산과 단백질 합성 기구를 가로챈다. 바이러스의 구성물이 생성되고 나면, 새로운 바이러스 입자들이 만들어져 숙주 세포로부터 방출된다. 많은 경우에 숙주 세포가 용해(lyse)되면서 새로운 바이러스들이 생산된다. 또 다른 방법으로, 바이러스의 유전자가 숙주 염색체에 삽입되어 세포의 형질 전환(transformation)을 일으킬 수도 있다.

바이러스는 다양한 크기와 모양을 가지고 있다. 바이러스의 완전한 입자인 비리온(virion)은 지름이 10 nm인 것부터 400 nm인 것까지 다양하다. 대부분의 바이러스가 광학 현미경으로 관찰하기 힘들 정도로 작지만, 천연두 바이러스 같은 것들은 세균 정도의 크기로 크기가 커서 관찰이 가능하다.

간단한 비리온들은 핵산을 감싸고 있는 *캡시드*[capsid, 캡소미어(capsomere) 단백질 분자들이 서로 맞물려 만들어진 단백질 껍질]라고 불리는 단백질로 구성되어 있다. 뉴클레오캡시드(nuceocapsid)는 이러한 단백질 캡시드와 핵산의 복합체를 말한다. 대부분의 캡시느는 나선 또는 이십면체 구조를 가지고 있으며, 비리온을 구성하는 핵산은 DNA 또는 RNA이다. 대부분의 바이러스가 이중 가닥 DNA 또는 단일 가닥 RNA를 유전체로 가지고 있지만, 단일 가닥 DNA 또는 이중 가닥 RNA를 유전체로 가진 바이러스도 관찰된다. RNA 유전체는 두 가지 종류가 있는데, *양성 센스*(positive-sense) RNA 유전체[(+)-ssRNA]는 거대한 mRNA의 역할을 한다. 즉, (+)-ssRNA는 긴 폴리펩타이드의 합성을 지시하며 이 폴리펩타이드는 절단되어 작은 분자로 가공된다. *음성 센스*(negative-sense) RNA 유전체[(−)-ssRNA]는 바이러스 단백질의 합성을 지시하는 mRNA와 상보적인 염기 서열로 구성되어 있다. 음성 센스 RNA 유전체를 사용하는 바이러스는 **레트로바이러스**(retrovirus)라 불리는데, 이들은 mRNA를 합성하는 역전사 효소(reverse transcriptase)가 필요하다.

더 복잡한 바이러스의 경우 뉴클레오캡시드는 숙주 세포 핵막 또는 원형질막으로부터 유래하는 막 외피에 둘러싸여 있다. 바이러스 유전체가 암호화하는 외피 단백질은 비리온 조립(virion assembly) 중 외피막에 삽입된다. 외피막 표면으로부터 돌출한 단백질인 스파이크(spike)는 바이러스를 숙주 세포에 부착시킨다. 인간 면역결핍 바이러스(human immunodeficiency virus, HIV)는 막으로 둘러싸인 바이러스의 대표적인 예이다.

T4 박테리오파지: 바이러스의 생활 주기

T4 박테리오파지는 T2 파지 구조와 유사한 20면체형 머리와 길고 복잡한 꼬리를 갖고 있는 큰 바이러스이다(**그림 17.24**). 머리 속에는 dsDNA가 있고 꼬리는 숙주 세포에 부착하여 바이러스 DNA를 숙주 세포 안으로 주입한다.

T4 파지의 생활 주기는 대장균 표면에 비리온을 부착함으로써 시작된다. 대장균 세포벽이 단단하기 때문에 비리온 전체가 대장균 세포 안으로 들어갈 수는 없다. 그 대신, DNA는 바이러스의 꼬리 기관이 수축되고 압축됨으로써 주입된다. 일단 DNA가 세포 안으로 들어가면 감염 단계가 끝이 나고, 다음 단계인 복제가 시작된다.

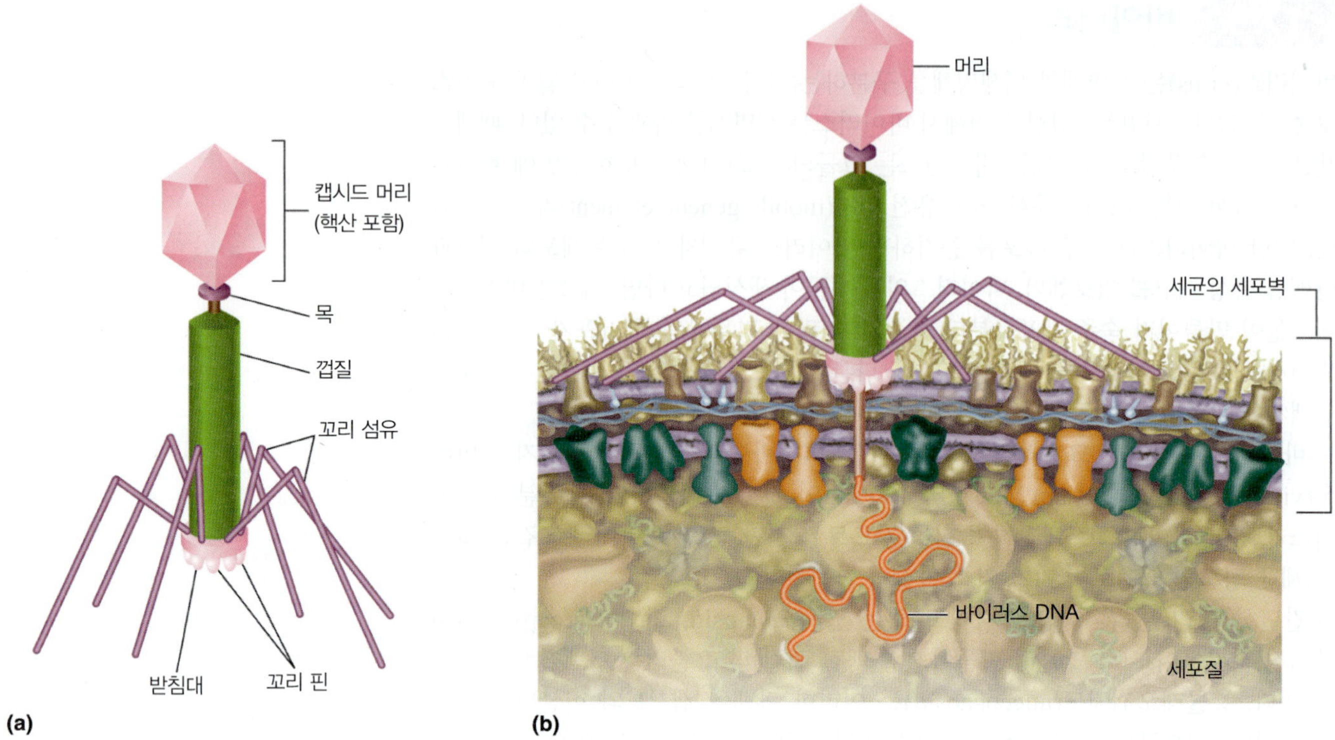

그림 17.24

T4 박테리오파지.

(a) T4 박테리오파지의 구조. (b) 박테리오파지에 의한 숙주 세포의 세포벽 관통과 바이러스 DNA(viral DNA, vDNA) 주입. vDNA는 숙주 세포가 새로운 비리온을 합성할 수 있도록 약 30종류의 단백질 합성을 지시한다.

주요 개념 _Key Concepts

- 바이러스는 보호 껍질로 둘러싸인 핵산을 갖고 있다. 핵산은 단일 가닥 또는 이중 가닥의 DNA 또는 RNA로 되어 있다.
- 간단한 바이러스에서 보호 껍질인 캡시드는 단백질로 구성되어 있다.
- 더 복잡한 바이러스에서 핵산과 단백질로 구성된 뉴클레오캡시드는 숙주 세포막으로부터 유래한 막 외피로 둘러싸여 있다.

T4 파지 DNA가 대장균 세포 내로 주입된 후 2분 이내에 숙주 세포의 DNA, RNA 및 단백질 합성이 멈추고 파지 mRNA 합성이 시작된다. 파지 mRNA는 캡시드 단백질, 바이러스 유전체 복제와 비리온 구성 성분에 필요한 효소와 단백질을 암호화한다. 그 외에 숙주 세포벽을 약화시키는 효소도 만들어 새로운 파지가 방출되어 새로운 감염이 시작될 수 있다. 바이러스의 DNA(vDNA)가 주입된 지 약 22분 후, 수백 개의 비리온으로 가득 찬 숙주 세포는 용해(lyse)된다. 방출이 일어나게 되면 비리온은 주위의 새로운 숙주 세포에 부착되어 새로운 감염이 시작된다.

이와 같이 숙주 세포를 파괴하는 과정은 *치명적*(virulent)이기 때문에 **용균 주기**(lytic cycle)라 한다. 그러나 많은 파지는 처음에는 숙주 세포를 죽이지 않는다. *용원성 파지*(lysogenic phage)라고 불리는 이 파지들은 숙주 세포의 유전체 안으로 자신의 유전체를 통합시킨다. 이처럼 바이러스 유전체가 숙주 세포 염색체에 통합되는 현상을 **용원성**(lysogeny)이라 한다. 통합된 바이러스 유전체를 **프로파지**(prophage)라고 부르는데, 이는 세포 분열 중 숙주 DNA와 함께 복제된다. 때때로 용원성 파지는 *용균 단계*(lytic phase)에 들어간다. 자외선 또는 이온화 방사선 등의 극한 조건에서 프로파지는 활성화되어 새로운 비리온 합성을 지시한다. 가끔 용해되는 세균 세포는 세균 DNA와 파지 DNA를 함께 포함하는 비리온을 방출한다. 이 비리온이 새로운 숙주 세포를 감염시킬 때, 숙주와 비리온의 DNA가 통합된 이 DNA가 숙주 유전체에 붙게 된다. 이 과정을 **형질 도입**(transduction)이라 한다.

문제 17.8

중심 원리(central dogma)에 의하면, 유전 정보는 DNA로부터 RNA가 합성되고, RNA가 단백질을 합성하는 순서로 전달된다. 레트로바이러스는 이 법칙의 예외인데, 레트로바이러스나 다른 RNA 바이러스의 중심 원리는 다음 그림과 같이 변형된다.

이 원리를 원래의 중심 원리와 비교하여라. 그림에서 각 성분이 의미하는 것을 설명하여라.

생화학 전망 BIOCHEMISTRY IN PERSPECTIVE

HIV 감염

HIV가 사람을 어떻게 감염시키는가? 인간 면역 결핍 바이러스(human immunodeficiency virus, HIV)는 후천성 면역 결핍 증후군(acquired immune deficiency syndrome, AIDS)의 원인 물질이다. 치료를 받지 않은 상태에서 AIDS는 치명적인 질환인데, 이는 HIV가 사람의 면역 체계를 파괴하여 일부 형태의 암 이외에도 질병을 유발하는 유기체(예, 세균, 원생동물 및 진균, 기타 바이러스)에 대해 무방비 상태가 되기 때문이다.

HIV(**그림 17H**)는 레트로바이러스라 불리는 RNA 바이러스군의 한 구성원인 렌티바이러스(lentivirus)이다. 레트로바이러스는 ssRNA 유전체로부터 DNA 복제물의 합성을 촉매하는 역전사 효소(reverse transcriptase)의 효소 활성을 포함하고 있기 때문에 이렇게 명명되었다. 일반적인 레트로바이러스는 단백질 캡시드로 포장된 RNA 유전체로 구성된다. 캡시드 둘레를 감싸는 것은 숙주 세포의 지질 이중층으로부터 형성된 막 주머니(membraneous envelope)이다.

HIV 감염: 요약

HIV의 생식 주기(**그림 17I**)에서 바이러스가 숙주 세포에 결합하게 되면 감염 과정이 시작된다. 바이러스 표면의 당단백질과 특정 세포막 수용체 사이에서 일어나는 결합으로 숙주 세포 막과 바이러스 막 사이의 융합 과정(fusion process)이 개시된다. 이어서 바이러스 캡시드는 세포질 안으로 방출되고, 바이러스 역전사효소는 바이러스의 두 개의 ssRNA 복제물에 상보적인 DNA 가닥의 합성을 촉매한다. 이 효소 활성은 또한 단일 가닥 DNA의 이중 가닥 분자로의 전환을 촉매한다. 바이러스 유전체에서 생긴 이중 가닥 DNA는 핵으로 옮겨져서 숙주 염색체에 삽입된다. 프로파지(prophage)처럼 활동하는 삽입된 프로바이러스(provirus) 유전체는 세포가 DNA 합성을 할 때마다 복제된다. 바이러스 유전체가 직접적으로 전사되면 mRNA 전사물이 생성되어 다양한 바이러스 단백질 복제물을 합성한다. 바이러스 RNA 유전체의 복사물로 만들어진 새로운 바이러스는 바이러스 단백질로 포장되어 출아(budding) 과정에 의해 숙주세포에서 방출된다.

HIV 구조

HIV(지름 = 120 nm)는 외피로 둘러싸인 바이러스이다(즉, 외피라고 불리는 외부 표면은 숙주 세포의 원형질막으로부터 유도됨). HIV 외피의 주성분은 3개의 gp120/gp41 이종이합체(heterodimer)의 복합체인 당단백질 *Env*이다. (숫자는 단백질의 크기를 나타낸다. 예를 들어, gp120은 120 kDa의 질량을 갖는 당단백질이다.) gp160 스파이크(spike)라고 하는 Env 삼합체의 전체 구조는 3개의 gp120 분자로 조합된 캡(cap)으로 구성된다. 이 분자들은 3개의 gp41 분자로 구성된 줄기에 비공유 결합으로 연결되어 Env를 바이러스 외피에 고정시킨다. Env는 HIV를 표적 세포에 부착하고 융합할 수 있는 융합 기구(fusion machine)이다.

HIV는 캡시드(capsid) 안에 원통형 핵을 포함한다. 핵 내부에는 ssRNA 유전체 두 개의 복제본이 존재한다. RNA 분자는 vRNA 번역 및 포장(packaging)에 필수적인 뉴클레오 캡시드 단백질 p7으로 덮여있다. 총알 모양의 핵 자체는 핵심 단백질 p24로 구성된다. 기질 단백질 p17의 복사물은 바이러스 외피의 안감을 형성한다. 핵은 또한 몇 가지 효소[역전사 효소(reverse transcriptase, RT), 통합효소(integrase) 및 단백질 가수분해효소(protease)]를 포함하고 있다. RT는 RNA-지시 DNA 중합 효소(RNA-directed DNA polymerase) 활성을 가져서 바이러스 ssRNA를 ssDNA로 전환하고 DNA-지시 DNA 중합 효소 활성도 가져서 바이러스 ssDNA를 dsDNA로 전환한다. RT는 이어서 바이러스 ssRNA를 분해한다. 나중에, 새로운 바이러스 입자가 형성될 때, 단백질 가수분해효소는 새로 합성된 폴리펩타이드를 절단하여 HIV 감염의 단백질 성분을

생화학 전망 BIOCHEMISTRY IN PERSPECTIVE (계속)

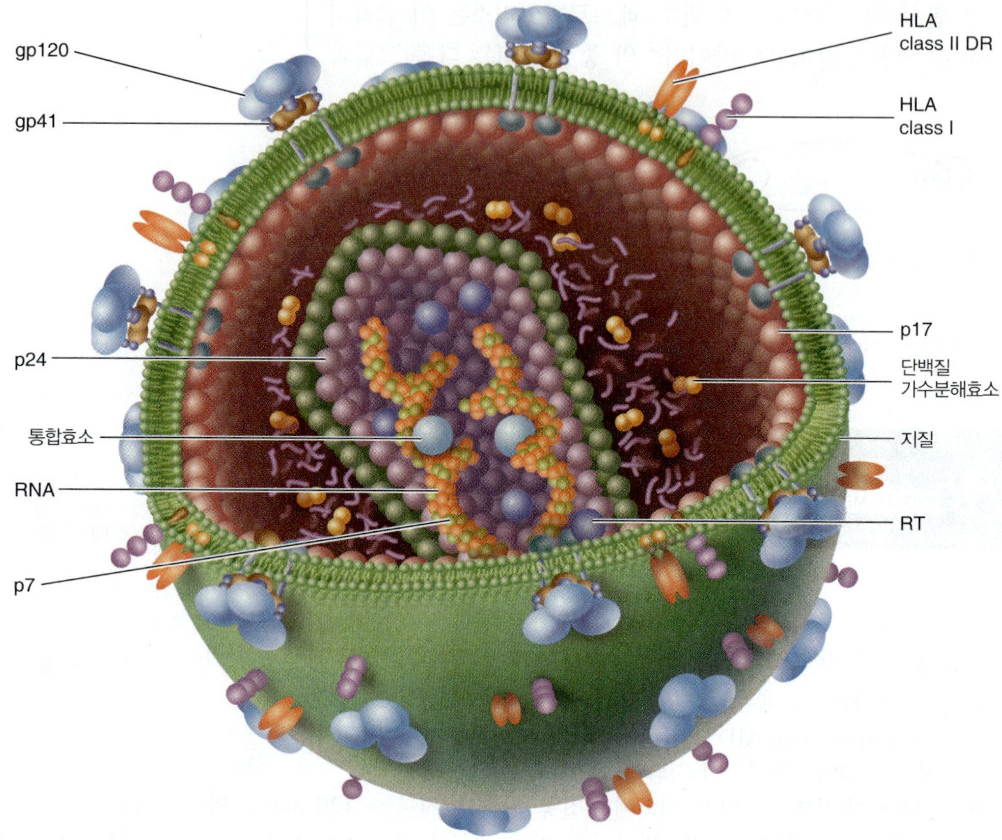

그림 17H

HIV 구조.

바이러스의 표면은 바이러스의 당단백질인 gp120과 gp41뿐만 아니라, 숙주 세포에서 얻은 HLA(human leucocyte antigen) 막 단백질을 포함하는 지질 이중층이다. [HLA 단백질은 바이러스 입자가 면역계(일반적으로 외래 침입자를 찾아내고 파괴하는)로 침투하는 것을 막는 신호이다.] 외피 안쪽에는 기질 단백질 p17의 복사물이 수백 개가 있다. RNA 유전체의 두 복제본은 핵심 단백질 p24로 구성된 총알 모양의 캡시드 안에 있다. 뉴클레오캡시드 단백질 p7은 RNA 유전체를 덮어준다. 바이러스 유전체와 결합된 효소는 역전사효소(RT), 통합효소(integrase)와 단백질 가수분해효소(protease)이다.

생성한다.

HIV 감염 주기

표적 세포로 바이러스가 진입되는 첫 번째 단계는 gp120과 표적 세포[가장 대표적으로 T-4 보조 림프구(helper lymphocyte)] 표면의 당단백질인 CD4 수용체 간의 높은 친화성 결합이다. T-4 보조 세포는 다른 면역계 세포 활동을 조절하는 중요한 역할을 한다. T-세포 감염은 gp120-CD4 복합체와 보조 수용체로 작용하는 케모카인(chemokine) 수용체의 상호 작용을 필요로 한다. [면역계의 주화성(chemotactic) 물질을 케모카인이라 하며 T-세포 원형질막에 있는 수용체에 결합하여 T 세포를 자극한다.] 감염 초기에는 보조 수용체인 CCR5(또는 드물게 CXCR4)는 HIV가 T 세포로 들어가는 것을 돕는다. HIV에 감염되는 것으로 알려진 다른 세포에는 일부 장 및 신경계 세포가 포함된다. 최근 CCR5 수용체 변이체인 CCR5-Δ32를 발현하는 유전자가 두 개가 있는 사람은 HIV 감염에 내성으로 알려졌다. CCR5-Δ32는 분명하게 페스트와 천연두에 대해서도 보호를 제공하지만, 세 가지 질병 모두에 대해 혜택을 받는 사람의 수는 상대적으로 적다.

gp120이 CD4 수용체와 보조수용체에 결합하면 Env 복합체에서 형태 변화를 유도하여 gp41 융합 단백질이 노출되면서 융합-활성 상태가 된다. 그런 다음 gp41은 표적 세포 원형질막에 자신을 끼어 넣기 시작한다. gp41의 추가적인 형태 변형으로 바이러스와 세포막이 융합이 일어나기에 충분할 만큼 가까이 끌어당겨진다. 일단 바이러스 외피가 세포 원형질막과 융합되면, HIV의 RNA와 효소(RT, 통합효소, 단백질 가수분해효소)가 세포질에 주입된 다음 미세소관(microtubule)을 통해 핵으로 운반된다. 이 길을 따라가면서 RT는 vRNA를 주형으로 사용하여 이중 가닥 vDNA의 합성을 촉매한다. vDNA가 숙주 세포 염색체에 삽입된 후, 프로바이러스

생화학 전망 BIOCHEMISTRY IN PERSPECTIVE (계속)

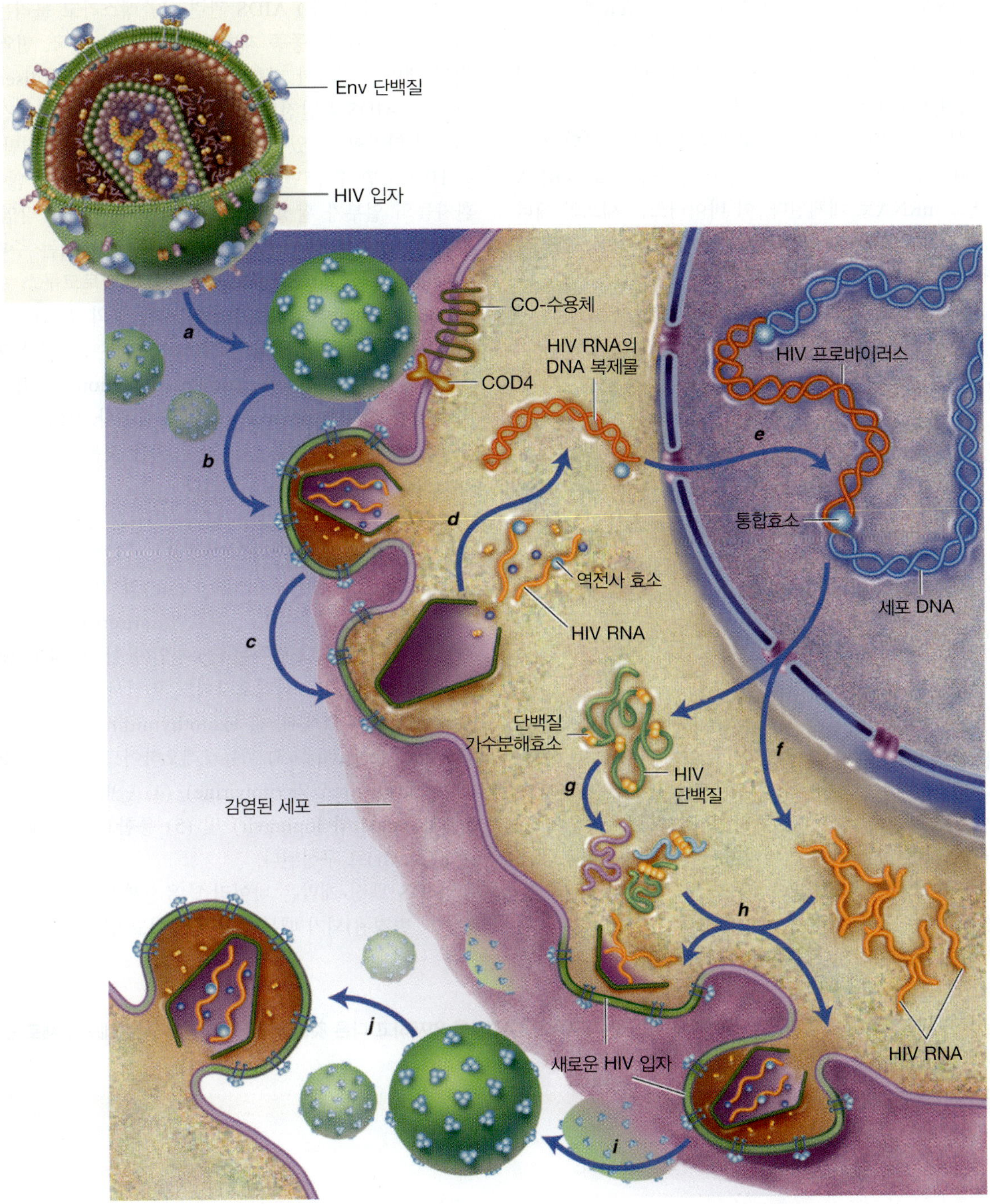

그림 17I

레트로바이러스인 HIV의 생식 주기.

바이러스 입자가 숙주 세포의 표면 수용체에 결합한 후(a), 외피는 세포의 원형질막과 융합되어(b), 캡시드와 안에 있는 내용물(vRNA와 여러 바이러스 효소들)을 세포질로 옮긴다(c). 바이러스 효소인 역전사효소가 촉매 작용을 하여, vRNA에 상보적인 DNA 가닥의 합성을 진행하고(d), 첫 번째 가닥에 상보적인 두 번째 DNA 가닥을 합성하도록 진행된다. 이어서, 이중 가닥 바이러스 DNA(vDNA)가 핵으로 이동하고, 그 안에서 바이러스 통합효소의 도움으로 숙주 염색체에 통합된다(e). 프로바이러스(통합된 바이러스 유전체)는 세포가 새로운 DNA를 합성할 때 복제된다. 바이러스 DNA의 전사는 두 가지 유형의 RNA 전사물을 합성한다. 하나는 바이러스 유전체로서 기능하는 RNA 분자(f)이며, 다른 하나는 바이러스 단백질의 합성을 암호화하는 분자(예, 역전사 효소, 캡시드 단백질, 외피 단백질, 바이러스 통합효소)(g)이다. 단백질 분자는 새로운 바이러스 형성 동안에 vRNA 유전체와 결합되어(h), 숙주세포의 표면으로부터 출아되고(i), 다른 세포의 감염을 진행한다(j).

생화학 전망 BIOCHEMISTRY IN PERSPECTIVE (계속)

DNA(proviral DNA)는 특정 감염된 T 세포가 면역 반응에서 활성화될 때까지 잠복한 채로 남아 있게 된다. 그런 다음 프로바이러스 DNA는 세포가 바이러스 성분을 합성하도록 지시한다. 새로 생성된 바이러스는 감염된 세포에서부터 출아된다.

세포에서 활성 감염 30분 이내에 500개의 세포 유전자의 발현이 억제되고 200개가 활성화된다. 수 시간 내에 숙주 세포 mRNA는 주로 바이러스 mRNA로 대체된다. 이 바이러스는 세포의 에너지 생성 능력과 바이러스에 의한 DNA 손상을 복구하는 능력을 작용하지 못하게 만든다.

세포 사멸은 다음의 몇 가지 메커니즘에 의해 유발된다.

1. 바이러스는 발생 과정에서 생성되는 외부 신호에 세포가 반응하는 정상적인 세포 메커니즘인 세포 사멸(apoptosis)을 유도하는 유전자를 활성화시킨다.
2. 세포막에서 다수의 바이러스 입자가 동시에 출아하는 것은 막을 찢고, 수선할 수 없는 유출을 유도하거나 세포로부터 새로운 바이러스를 대량으로 방출하여 세포를 고갈시킬 수 있다.
3. 가깝게 놓인 건강한 세포들에서 세포 표면 gp120 분자들이 CD4 수용체에 결합하면 다핵체(syncytia)라는 거대하고 비기능적인 다핵 세포 덩어리의 형성을 유도한다.

HIV 감염과 AIDS

HIV 감염은 감염된 사람의 체액에 개인의 혈액이 직접 노출되어 일어난다. 대부분 HIV는 성적 접촉, 수혈 및 어머니에서 아이로의 분만기 전후의 전염을 통해 전파된다. HIV가 몸에 들어가면 원형질 세포막에 있는 CD4 항원을 가진 세포를 감염시킨다.

HIV 감염은 여러 단계를 거쳐 진행되며, 이는 개인마다 상당히 다를 수 있다. 초기 증상은 발열, 혼수, 두통 및 기타 신경학적 불편, 설사 및 림프절 비대를 포함하며, 바이러스에 처음 노출된 직후에 발생하고 몇 주 동안 지속된다. (HIV에 대한 항체는 이 기간 동안 검출될 수 있다.) AIDS 관련 콤플렉스라고 불리는 이러한 증상의 과장된 형태는 종종 재발할 수도 있다. 결국, 면역 체계가 손상되어 개인은 심각한 기회성 질병(opportunistic disease)에 감염되기 쉽고 AIDS로 발전된다. AIDS 발병에 필요한 시간은 2년에서 8년까지 다양할 수 있다. 아직까지 이해되지 않았지만, 소수의 환자는 HIV 감염 후 15년이 지나도 AIDS가 발병되지 않는다. (최근 이 환자들의 일부가 활성이 억제된 HIV 변형체에 감염된 것으로 제안되었다.) AIDS와 관련된 가장 흔한 질병에는 주폐포자충 폐렴(*Pneumocystis carinii* pneumonia), 크립토코쿠스 수막염(cryptococcal meningitis, 뇌와 척수를 덮는 막의 염증), 톡소플라스마증(toxoplasmosis, 뇌 병변, 심장 및 신장 손상, 태아 이상), 세포 증식 바이러스 감염(cytomegalovirus infections, 폐렴, 신장, 간 손상 및 실명) 및 결핵(tuberculosis)이 포함된다. HIV 감염은 또한 여러 종류의 암과 관련이 있으며, 가장 흔한 것은 카포시 육종(Kaposi's sarcoma)이라는 드문 피부암이다.

AIDS에 대한 치료법은 없다. 치료는 증상을 억제(예, 감염에 대한 항생제)하고 바이러스 재생을 느리게 하는 방법을 진행한다. 1995년 이후 사망율(mortality rate)의 감소는 다음 범주의 활성이 좋은 항레트로바이러스 치료법(antiretroviral therapy)을 도입하였기 때문이다. 그 범주는 (1) 진입(융합) 억제제 (maraviroc and enfuvirtide), (2) 뉴클레오사이드 역전사효소(nucleoside reverse transcriptase) 억제제[예, azidothymidine(지도부딘 또는 AZT라고도 함), abacavir], (3) 비뉴클레오타이드 역전사효소 억제제(NNRTI: 예, efavirenz와 rilpivirine), (4) 단백질 가수분해효소 억제제(예, indinavir와 lopinavir) 및 (5) 통합효소 억제제(raltegravir와 elvitegravir)로 구성된다.

AIDS 백신 개발은 바이러스 유전체가 빈번하게 변이(즉, 표적 항원이 변경됨)되기 때문에 문제가 되고 있다.

▸ **요약:** HIV 감염은 세포의 기능을 파괴한다. HIV 유전체는 몇 가지 세포 유전자를 억제하고 다른 것들을 활성화시켜서 숙주 세포가 새로 운 HIV 입자들을 생성해서 다른 세포로 감염되도록 지시한다.

이 장의 요약 CHAPTER SUMMARY

1. 생물체의 유전 정보는 DNA 염기 서열에 간직되어 있다. DNA는 우선성 이중나선 구조로서 서로 역평행 방향으로 연결된 두 개의 폴리뉴클레오타이드로 구성되어 있다. 데옥시리보스 인산다이에스터 결합은 이중나선 골격을 이루고 뉴클레오타이드 염기는 안쪽으로 위치해 있다. 뉴클레오타이드 염기쌍은 염기들 사이의 수소 결합에 의해 형성된다(즉, 아데닌과 타이민 그리고 사이토신과 구아닌).
2. 여러 유형의 비공유 결합이 DNA 구조의 안정성에 기여한다. 쌓여 있는 헤테로고리 염기들 사이의 소수성 상호작용과 반데르발스 상호작용, GC와 AT 염기쌍 사이의 수소 결합과 물 분자와의 수화이다. DNA 유전 정보의 암호를 해독하려면 대부분 단백질로 구성된 분자 기계가 필요하다.
3. 돌연변이는 DNA 구조의 변화로서 용매 분자와의 충돌, 열, ROS, 방사선과 생체이물 등에 의해 일어난다. 전이 돌연변이는 한 피리미딘 염기가 다른 피리미딘 염기로 치환되거나 한 퓨린 염기가 다른 퓨린 염기로 치환되는 돌연변이이다. 전환 돌연변이는 피리미딘 염기가 퓨린 염기로 치환되거나 퓨린 염기가 피리미딘 염기로 치환되는 돌연변이이다.
4. DNA는 뉴클레오타이드 서열과 이중나선의 수화 정도에 따라 여러 형태를 가질 수 있다. DNA의 구조에는 고전적인 왓슨-크릭의 B-DNA 이외에, A-DNA와 Z-DNA가 있다. DNA 초나선 꼬인은 DNA 포장, 복제와 전사 같은 몇 가지 생물학적 과정에서 중요한 역할을 한다.
5. 진핵생물 염색체는 히스톤 팔합체를 감고 있는 DNA의 복합체인 뉴클레오솜으로 되어 있다. DNA 메틸화와 여러 유형의 히스톤 공유 결합 변형(예, 아세틸화와 메틸화)은 염색체 구조와 유전자 발현을 변화시킨다. 미토콘드리아와 엽록체 DNA는 원핵생물의 DNA와 유사하다.
6. 유전체는 한 생물체의 생명활동 과정을 유지하는 데 필요한 유전적 지령을 모두 포함한 유전자의 집합체이다. 비록 약간의 유사성은 있어도 원핵생물과 진핵생물의 유전체는 크기, 암호화 능력, 암호화 연속성과 유전자 발현 메커니즘에서 현저히 다르다.
7. 사람 DNA 염기 서열의 대부분은 단백질 또는 기능성 RNA를 암호화하지 않는다. 일반적으로 두 종류의 유전자 간 서열, 즉 직렬 반복 서열과 유전체 산재 반복 서열이 있다. 이동 유전 요소는 복제될 수 있고 유전체 내에서 이동할 수 있다. 레트로트랜스포존은 유전자 또는 조절 서열에 삽입함으로써 질병을 일으킬 수 있다.
8. RNA는 리보스(데옥시리보스 대신)와 약간 다른 염기 성분을 갖고 있고 보통 단일 가닥이다. 단백질 합성에 연관된 RNA형에는 운반, 리보솜, 전령 RNA가 있다. 운반 RNA는 특정 효소에 의해 자신에 부착된 특정 아미노산들을 리보솜에 운반하고 그곳에서 단백질 합성 중 적절히 배열된다. 리보솜 RNA는 리보솜의 구성 성분이고 그곳에서 촉매 활성을 나타낸다. 전령 RNA는 특정 폴리펩타이드를 합성하는 유전 정보를 갖고 있다. 유전체 조절과 보호에서 다양한 기능을 하는 여러 종류의 비암호화 RNA가 있다. 그 예로 miRNA, siRNA, snoRNA와 snRNA 등이 있다.
9. 바이러스는 세포 내 절대 기생물이다. 자기 스스로 생존할 수 있는 온전한 대사 활동을 할 수 있는 기구가 없지만 생물체를 파괴할 수 있다. 각각의 바이러스는 특정한 숙주 세포만을 감염시킨다. 바이러스는 유전체를 숙주세포에 주입하거나 새로운 바이러스 입자를 만들 수 있다. 각 바이러스는 숙주 세포의 대사과정을 이용하여 자체의 새로운 바이러스 입자인 비리온을 생산한다. 바이러스는 종류에 따라 dsDNA, ssDNA, dsRNA, 또는 ssRNA 유전체를 갖는다.
10. 레트로 바이러스는 RNA 유전체를 DNA로 전환시키는 역전사효소를 보유한 RNA 바이러스이다. 레트로바이러스인 HIV는 AIDS를 일으킨다.

주요 용어 KEY WORDS

시스트론 *653*
안티센스 *654*
알킬화제 *625*
엑손 *638*
역위 *623*
열린 해독 틀 *653*
염기 유사체 *625*
염색질 *633*
염색체 *631*
오페론 *638*
용균 주기 *656*
용원성 *656*
운반 RNA *645*
유전자 *616*
유전자 중복 *624*
유전체 *616*
유전체 산재 반복 서열 *641*
유전학 *616*
이동 유전 인자 *641*
이어맞추기 복합체 *654*
이질염색질 *636*
인트론 *638*
자리옮김 *623*
작은 간섭 RNA *653*
작은 핵 RNA *654*
소형 핵 리보핵산단백질 *653*
잠재성 돌연변이 *623*
전령 RNA *653*
전사 *616*
전사물 *616*
전사 인자 *617*
전사체 *616*
전위 *626*
전위 DNA 인자 *641*
전위 인자 *641*
전이 돌연변이 *622*
전환 돌연변이 *622*
점 돌연변이 *622*
직렬 반복 서열 *640*
진정염색질 *636*
짧은 산재 핵 요소 *641*
짧은 직렬 반복 *651*
초미소부수체 *640*
층간삽입제 *626*
프로파지 *656*

복습 문제 REVIEW QUESTIONS

**이 문제들은 다음 장으로 넘어가기 전에 이장에서 논의했던 주요 개념에 대한 지식을 테스트하기 위해 만들어졌다.*

1. 다음 용어를 정의하라.
   a. 분자생물학
   b. 유전학
   c. 복제
   d. 전사
   e. 전사체
2. 다음 용어를 정의하라.
   a. 전사물
   b. 단백질체
   c. 대사체
   d. 이중나선
   e. 염기 쌓임
3. 다음 용어를 정의하라.
   a. 점 돌연변이
   b. 전이 돌연변이
   c. 전환 돌연변이
   d. 잠재성 돌연변이
   e. 과오 돌연변이
4. 다음 용어를 정의하라.
   a. 알킬화제
   b. 염기 유사 물질
   c. 비알킬화제
   d. 층간 삽입제
   e. 브로민화 에티듐
5. 다음 용어를 정의하라.
   a. 샤가프 법칙
   b. 허쉬-체이스 실험
   c. 박테리오파지
   d. 복제-의존적 히스톤
   e. 복제-비의존적 히스톤
6. 다음 용어를 정의하라.
   a. A-DNA
   b. B-DNA
   c. Z-DNA
   d. 십자가형(cruciform)
   e. 회문
7. 다음 용어를 정의하라.
   a. 히스톤
   b. 이질염색질
   c. 진정염색질
   d. 유전자 간 서열
   e. 직렬 반복 서열
8. 다음 용어를 정의하라.
   a. 후성유전
   b. 전위
   c. 트랜스포존
   d. 레트로트랜스포존
   e. 내생성 레트로바이러스
9. 다음 용어를 정의하라.
   a. DNA 지문 분석
   b. 짧은 직렬 반복
   c. DNA 프로파일링
   d. 리보자임
   e. 비 암호 RNA
10. 다음 용어를 정의하라.
    a. 흡광 감소 효과
    b. DNA 변성
    c. 제한 핵산 내부 가수분해효소

d. DNA 혼성
e. 서던 흡입법

11. 원핵생물과 진핵 생물 DNA 사이의 차이점 세 가지를 나열하라.
12. 초나선 꼬임에 의해서 촉진되는 생물학적 특징 세 가지를 열거하라.
13. RNA와 DNA 사이의 구조적 차이를 설명하라.
14. 유전자 발현에서 촉진 유전자, 증강 유전자, 침묵 유전자, 격리 유전자의 역할을 설명하라.
15. DNA는 0.34 nm마다 한 개의 염기쌍을 가지고 있고, 인간의 세포 한 개 당 총합 대략 2 m 정도 길이의 DNA를 가지고 있다. 세포 하나에 있는 염기쌍의 개수를 계산하라. 인체에 10^{14}개의 세포가 있다고 할 때, DNA의 총 길이를 계산하라. 이 길이를 지구에서 태양까지의 거리와 비교하라(참고로, 지구에서 태양까지의 거리는 1.5×10^8 km임).
16. DNA 표본은 아데닌을 21% 갖고 있다. 이 DNA 표본의 완전한 백분율 염기 성분은 얼마인가?
17. 왓슨-크릭의 1953년 논문은 유전학 연구에 어떤 영향을 끼쳤는가?
18. DNA 절편의 상보적 가닥과 RNA 전사물을 서술하라.

5′-AGGGGCCGTTATCGTT-3′

20. DNA 복제 오류와 DNA 전사 오류 중 어떤 오류가 세포에 더 심한 손상을 주겠는가?
21. Env 삼합체가 HIV 감염에서 하는 역할은 무엇인가?
22. 샤가프 법칙은 RNA가 아닌 DNA에 적용된다. 이를 설명하라.
23. 물이 DNA 구조에 주는 영향을 설명하라.
24. DNA 구조를 안정화하는 비공유 결합 상호작용의 종류를 기술하라.
25. 히스톤 암호화 가설을 설명하라.
26. 왓슨과 크릭이 DNA 모형을 구성하는 데 사용한 증거를 나열하라.
27. 생체이물 분자인 염화에틸(CH_3CH_2Cl)은 돌연변이를 일으킨다. 이것은 어떤 종류의 돌연변이 유발 물질에 속하는가?
28. Alu 인자란 무엇인가? 이러한 인자가 사람 건강에 어떻게 부정적으로 영향을 주는가?

종합 문제 THOUGHT QUESTIONS

이 문제들은 지금까지 이 책에서 논의된 모든 주요 개념에 대한 여러분의 이해를 강화하기 위한 것이다. 문제들은 하나의 정답을 가지고 있지 않을 수도 있다.

29. 생리학적인 조건에서, DNA는 B-DNA의 형태로 존재한다. 그러나 RNA 머리핀과 DNA-RNA 혼성체는 A-DNA의 형태를 가진다. DNA와 RNA의 구조적 차이를 고려하여 이 현상을 설명하라.
30. DNA 구조의 어떤 특징이 큰 홈(major groove)과 작은 홈(minor groove)을 형성하게 하는가?
31. DNA 이중나선과는 반대로, RNA는 단일 가닥으로 존재한다. 이 현상이 RNA 구조에 어떤 영향을 미치는가?
32. 5-브로모유라실은 아데닌과 염기쌍을 이루는 타이민의 유사체이다. 그러나 5-브로모유라실은 구아닌과 염기쌍을 이룬다. 이 현상을 설명하라.
33. 유전 정보의 흐름은 DNA로부터 RNA, 그리고 단백질의 순서로 흘러간다. 그러나 어떤 바이러스들은 RNA로부터 DNA로 유전 정보를 전달한다. 그렇다면 단백질로부터 유전 정보의 흐름을 시작하는 것이 가능할지 설명하라.
34. 연결 DNA(linker DNA)와 단백질이 제거된 DNA(deproteinated DNA)와는 다르게, DNA는 히스톤을 둘러싸고 있고 핵산 가수분해효소에 대한 저항력이 있다. 이 현상에 대해 설명하라.
35. 세포 내에 존재하는 mRNA는 시간이 지날수록 변한다. 이 현상에 대해 설명하라.
36. 유죄 판결을 받은 중범죄자의 DNA 시료를 포함하는 새로운 주 전체 DNA 데이터베이스를 활용한 한 형사의 덕택으로 작은 마을에서 일어난 10살 아이의 살인 사건이 마침내 해결되었다. 어떻게 이 사건이 해결되었는지를 범죄 수사대의 살인 현장 도착부터 시작하여 설명하라. 어떤 기술적 진보가 이 사건을 해결하도록 하였는가?
37. 어떤 생명체들은 그들의 유전체를 좀 더 효율적으로 운영하기 위하여 가능한 간소화하려 한다. 그 결과, 진핵생물에 존재하는 미토콘드리아는 상당한 부분의 유전체를 잃어버렸다. 이러한 과정에서 수백만 개의 미토콘드리아 유전자가 핵 속으로 전달되었다. 하지만 여러 가지 전자 전달계에 관여하는 단백질들을 생성하는 유전자들은 아직도 유지하고 있다. 미토콘드리아의 전자 전달 체계를 고려하여 왜 이러한 에너지 생성에 관련된 세포소기관이 전자 전달계 단백질 생성 유전자들을 보존하고 있는지 설명하라.
38. B형 DNA의 각 인산기는 6개의 물 분자들과 수소 결합을 할 수 있다고 추정된다. 물 분자들과 연관된 DNA 인산다이에스터 결합의 그림을 그려라.
39. 알킬화제는 하이드록시기 또는 아미노기와 반응하여 알킬화된 분자를 생성한다.

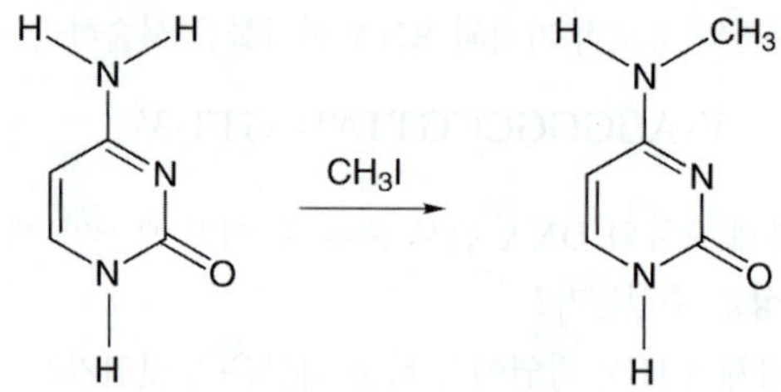

이러한 물질에 노출되었을 때, 유전체의 변이로 인해 다양한 생리적 체계가 영향을 받는다. 유전체 손상에 의해 세포 증식의 조절이 안 되는 암이 그 예이다. 유전체에 대한 지식을 바탕으로 암이 어떻게 발생하는지 설명하라.

40. 화석으로부터 추출한 DNA를 이용하여 복제를 통해 멸종된 생물체를 부활시킬 수 있을 것이라는 주장이 있다. 이 생각이 현실성이 있을지에 대해 설명하라.

41. 플루오로유라실은 타이민의 구조적 유사체이다. 플루오린은 엔올화를 촉진한다. 이 효과가 암 치료에 어떻게 쓰일 수 있을지 설명하라.

제 18 장

유전 정보

Genetic Information

이 장의 차례

Outline

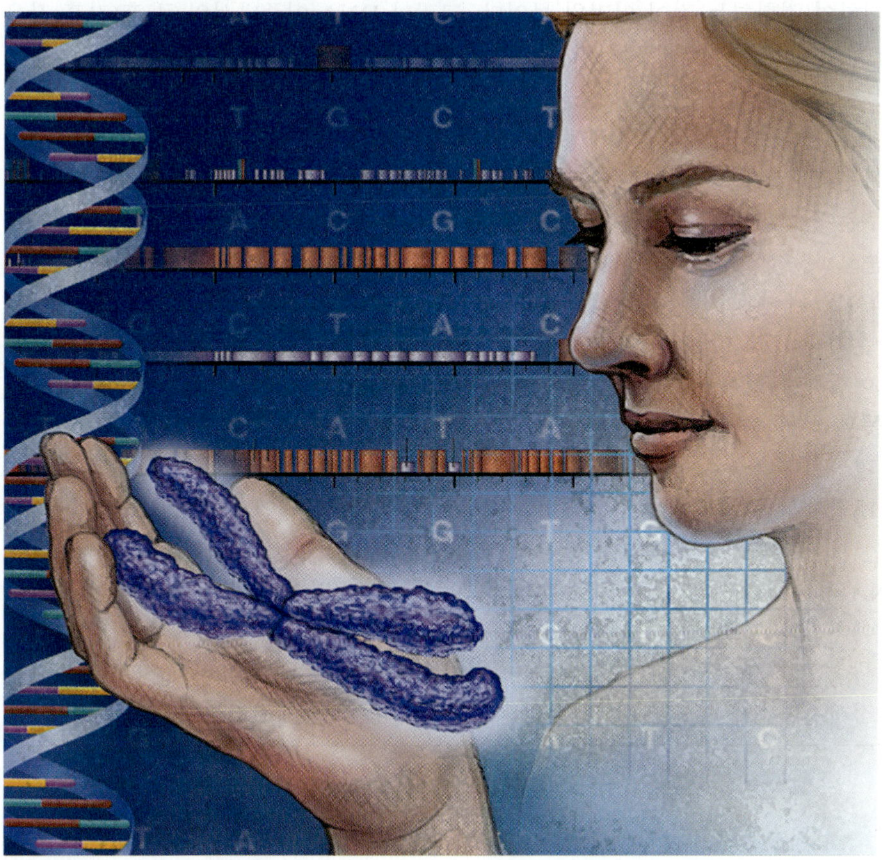

인간 유전체와 ENCODE (*Enc*yclopedia of *D*NA *E*lements) 사업 인간 유전체 사업(human genome project)의 완성을 위하여 전 세계에서 수천 명의 공공 연구기관 또는 개별 실험실 소속 과학자들이 15년 이상 연구를 수행하였다. 과학자들은 이처럼 방대한 생물학적 정보를 적절히 해석하고 이용하여 인류의 의학적 · 생물학적 당면 과제들을 해결하고자 노력하고 있다. 인간 유전체 사업을 뒤이은 ENCODE 사업은 인간 유전체에서 모든 기능 요소들을 규명하는 것을 목표로 하고 있다.

개관 Overview

모든 생명체는 정보 처리 시스템이라고 할 수 있다. 그 정보의 궁극적인 원천은 DNA의 뉴클레오타이드 염기 서열 안에 암호화되어 있다. 생화학자들은 유전 정보의 저장과 전달 과정, 즉 DNA가 어떻게 복제되며 유전자 발현이 어떻게 조절되는지에 관한 신비를 깊이 탐구함으로써, 생명과학을 완전히 바꿔놓았다. 이 탐구 과정에서 얻어진 지식과 기술들을 통해 우리는 아직 밝혀지지 않은 복잡한 생명 현상을 이해할 수 있게 될 것이다.

건물을 짓거나 생명체를 재생산하는 것과 같은 정보 기반 시스템이 성공적으로 작동하려면, 설계도나 유전 정보와 같은 정보가 필요할 때 정확하고 유용한 정보를 제공할 수 있도록 안전하게 저장되어 있어야 한다. 또한 이러한 정보는 사용 가능한 형태로 전환될 수 있어야 한다. 생명체 내에서는 이러한 기능들을 다음과 같은 형태로 역할 분담하고 있다. DNA는 비교적 안정적인 분자이므로, 정보 저장에 적합하고 복제에 용이한 특징을 가진다. DNA에 비해 반응성이 높은 RNA 분자는 단백질의 합성과 유전자 발현의 조절 과정에서 수많은 역할을 수행한다. 마지막으로 단백질은 다양하고 유연한 입체 구조를 가지고 생명체를 유지하기 위한 대부분의 임무를 수행한다.

DNA가 생명체의 생명현상을 지시하는 유전 정보를 가지고 있기는 하지만, 세포에서 일어나는 일들을 직접 제어하지는 않는다. DNA 염기 서열에 있는 정보가 활용되기 위해서는 주로 단백질들과 ncRNA들로 구성되고, 세포의 에너지원에 의해 작동되는 분자 기구가 필요하다. 이러한 분자 기구들은 복제와 전사 과정에서 DNA를 구부리고, 비틀고, 가닥을 분리시켜 준다. 얼핏 보기에는 DNA가 반복적이고 규칙적인 구조를 가지고 있기 때문에 특정 단백질이 DNA의 특정 염기 서열을 인식하여 결합하는 것이 어려워 보인다. 그러나 DNA 이중나선의 큰 홈(간혹 작은 홈) 부위에 드러난 염기 모서리들과 단백질의 아미노산 잔기들 사이에 소수성 상호작용, 수소 결합, 이온 결합 등을 포함하는 수많은(주로 20개 근처의 접점) 상호작용에 의해 매우 특이적인 DNA-단백질 결합이 이루어질 수 있다. 지금까지 분석된 대부분의 DNA 결합 단백질들은 매우 유사한 3차 구조를 가진다. 이들 단백질들은 대부분 2겹 대칭축을 갖는 대칭 구조를 가지는 것 외에도, 다음과 같은 구조들을 기준으로 족(family)으로 분류된다(**그림 18.1**). (1) 나선-회전-나선(helix-turn-helix), (2) 나선-고리-나선(helix-loop-helix), (3) 루신 지퍼(leucine zipper), (4) 아연 손가락(zinc finger). 이들 대부분은 전사 인자(transcription factors)들이며 종종 이합체를 형성한다. 예를 들어 루신 지퍼 모티프(motif)를 갖는 다양한 전사 인자들은 루신 잔기를 포함하는 α-나선 사이의 반데르발스 상호작용을 통해 이합체를 형성한다.

18장에서는 생명체에서 일어나는 일을 지시하는 핵산인 DNA와 RNA를 합성하는 메커니즘을 전반적으로 살펴본다. DNA 복제, 수선, **재조합**(recombination, DNA의 재배열)에 대한 논의로부터 시작하여, RNA의 합성과 가공에 대한 설명으로 이어진다. 또한 생화학자들이 생명 현상을 연구하기 위해 사용하는 몇몇 기본적인 생명공학 기술의 개요를 다룬다. 마지막으로 세포 내에서 유전자 산물을 필요할 때 질서정연하게 생산할 수 있게 해주는 유전자 발현의 메커니즘에 대해 설명한다.

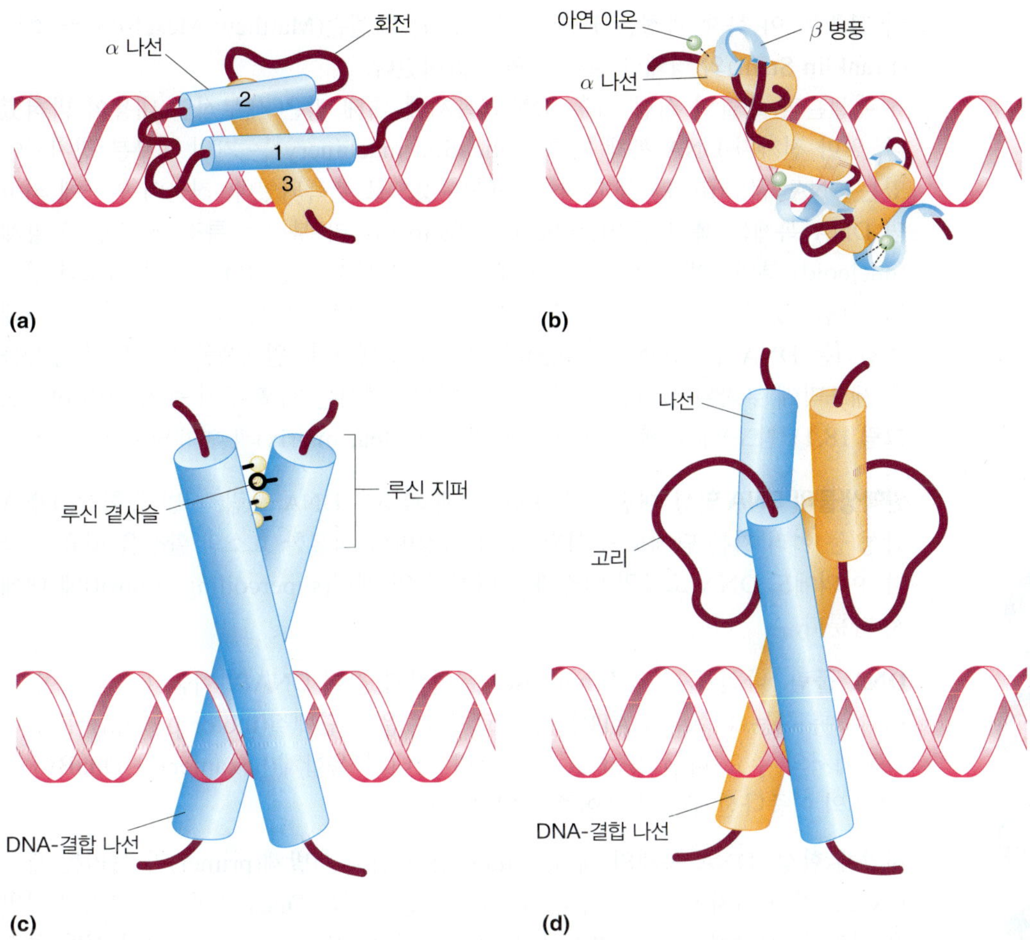

그림 18.1

DNA-단백질 상호작용

DNA-결합 단백질들은 DNA와의 상호작용을 위해 특이적인 구조적 모티프를 가진다. (a) 나선-회전-나선, (b) 아연 손가락, (c) 루신 지퍼, (d) 나선-고리-나선.

18.1 유전 정보: 복제, 수선과 재조합

모든 살아 있는 생명체는 신속하고 정확하게 DNA를 합성할 수 있으며, 효과적인 DNA 수선 메커니즘을 통해 유전적 안정성을 유지하고 있다. 그러나 역설적으로, 생물종의 장기적인 생존을 위해서는 주변 환경의 변화에 적응할 수 있게 해주는 유전적 변이(genetic variation)가 필요하다. 대부분의 생물종에서 이러한 유전적 변이는 어느 정도 돌연변이(mutation)에 의해서도 일어나지만 주로 유전적 재조합(genetic recombination)에 의해 일어난다. 여기에서는 원핵생물과 진핵생물에서 이러한 목적을 달성하도록 하는 메커니즘을 살펴본다.

DNA 복제

세포가 분열하기 위해서는 반드시 먼저 DNA가 복제(replication)되어야 한다. DNA가 복제되는 메커니즘은 모든 생명체에서 유사하다. DNA의 두 가닥이 분리된 후, 각 가닥이 상보적인 가닥을 합성하기 위한 주형(template)으로 작용한다(**그림 18.2**). 다시 말해서, 새로 합성된 두 개의 DNA 분자들은 각각 옛 가닥 하나와 새로 합성된 가닥으로 구성된다. **반보존적 복제**(semiconservative replication)

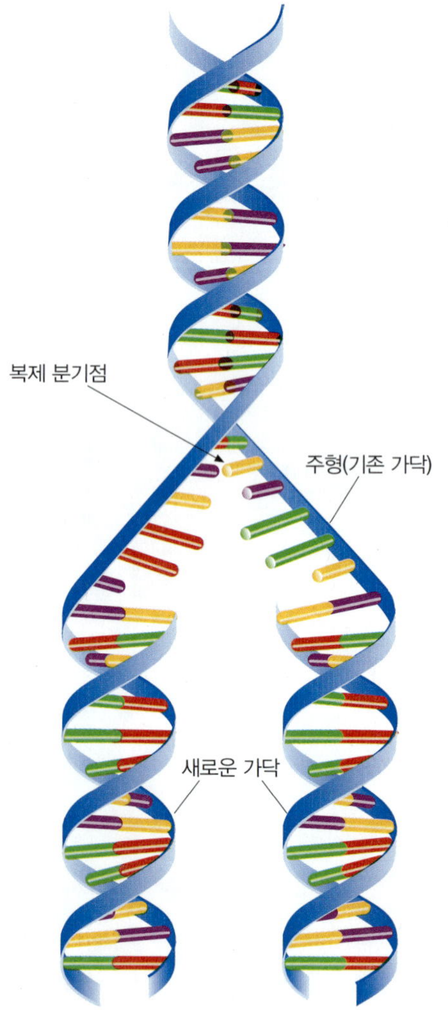

그림 18.2
반보존적 DNA 복제.
복제 분기점(replication fork) 자리에서 DNA의 이중나선이 풀리면, 기존 가닥이 각각 새로운 가닥의 합성을 위한 주형의 역할을 한다.

라 불리는 이 복제 과정은 1958년에 보고된 메셀슨(Matthew Meselson)과 스탈(Franklin Stahl)의 명쾌한 실험에 의해 밝혀졌다.

메셀슨과 스탈의 실험 이후, DNA 복제에 대해 많은 세부적인 내용이 밝혀졌다. 얼마 전까지 DNA 복제 기구(replication machinery)는 거의 대부분 정지되어 있는 DNA '궤도(track)'를 따라 이동하는 것으로 추측되었다. 최근의 연구에 의하면 DNA 복제는 **복제 공장**(replication factory)이라 불리는 특정 핵 또는 핵양체(nucleoid) 부위들에서 일어나며 복제 공장들은 복제가 일어나는 동안 비교적 정지된 상태로 있다는 것이 밝혀졌다. 이들 복제 공장 내의 복제 기구는 에너지에 의해 추진되는 DNA 펌프(DNA pump)의 역할을 수행한다. 원핵생물에서 복제 공장들은 세포막에 부착된 상태로 존재한다. 진핵생물에서는 세포 주기 중 S 기(S phase: **그림 18.11** 참조)에 복제 공장들이 핵 기질(nuclear matrix)과 연계되어 조립된다.

원핵생물의 DNA 합성 대장균의 DNA 복제 과정은 DNA 풀림, 시발체 합성, DNA 합성 등 여러 기본 단계로 구성되며, 각 과정마다 적절한 효소의 활성을 필요로 한다. 이외에도 DNA 조각의 연결과 초나선 꼬임 제어(supercoiling control)에 대해서 다룬다.

DNA 풀림. 나선 풀기 효소(helicase)는 이름과 같이 DNA의 이중나선을 풀어 분리되도록 하는 효소로서 ATP를 필요로 하는 운동 단백질(motor protein)이다. 대장균에서의 주요 나선 풀기 효소는 고리 형태의 육합체(hexamer)인 DnaB이며, DNA의 이중나선 구조를 풀어주는 역할을 한다.

시발체 합성. DNA 복제의 개시(initiation)를 위해 **시발체**(primer)라 불리는 짧은 RNA 조각이 먼저 합성되어야 하며, 이는 단일 가닥의 DNA 주형과 상보적인 서열을 가진다. 시발체 합성은 일종의 RNA 중합효소(RNA polymerase)인 **시발 효소**(primase)에 의해 이루어진다. 시발 효소는 dnaG 유전자로부터 발현되는 60 kD의 폴리펩타이드이다. 그리고 시발효소와 몇 개의 보조 단백질들을 포함한 다중효소(multienzyme) 복합체를 **시발 복합체**(primosome)이라 한다.

DNA 합성. DNA 중합효소(DNA polymerase)로 불리는 거대한 다중 효소는 주형 DNA 가닥과 염기쌍 결합을 하는 뉴클레오타이드들 사이의 인산다이에스터 결합 형성을 촉매함으로써 5′ → 3′ 방향으로 상보적인 DNA 가닥을 합성한다(**그림 18.3**). DNA 중합효소의 촉매 메커니즘에 대한 최근의 모형에 의하면, **그림 18.4**에 나타낸 것처럼 3′-하이드록시 산소(3′-hydroxyl oxygen)가 친핵체(nucleophile)로 작용하여 새로 들어오는 뉴클레오타이드의 α-인산기를 공격함으로써 새로운 P-O 결합을 형성한다(**그림 18.4**) DNA 중합효소 III(pol III)는 원핵생물에서의 주요 DNA 합성효소로서, 1초당 1,000개의 뉴클레오타이드를 합성한다. pol III 완전 효소(holoenzyme)는 최소한 10개의 소단위체들로 구성된다(**표 18.1**). 핵심 중합효소(core polymerase)는 α, ε, θ의 3개 소단위체가 모여 형성된다. 유동성 죔쇠 단백질(sliding clamp protein) 또는 β_2-죔쇠로 불리는 β-단백질은 2개의 소단위체로 구성되며, 주형 DNA 가닥 주위에 도넛 형태의 고리를 형성한다. γ-복합체는 τ, γ, δ, δ', ψ, χ의 소단위체로 구성된다. 이 중에서 τ, γ, δ, δ' 소단위체는 모터 ATPase의 구역(domain)을 포함하므로, ATP의 가수분해로 얻어진 에너지를 이용하여 DNA 죔쇠의 걸기를 담당한다. γ-복합체는 시발체와 결합한 단일 DNA 가닥을 인식한 후, **죔쇠 걸개**(clamp loader)로 작용하여 β_2-죔쇠 이합체를 핵심 중합효소에 전달하며, 그 곳에서 DNA 가닥 주위에 닫힌 고리 형태를 만든다. β_2-죔쇠의

그림 18.3

DNA 중합효소 반응.

DNA 합성의 핵심 내용은 5′ → 3′ 방향으로 합성되는 기존 DNA 가닥의 말단과 새로 추가되는 dNTP(deoxyribonucleoside triphosphate, 데옥시리보뉴클레오사이드 삼인산) 사이의 인산다이에스터 결합의 형성에 대한 것이다. 이 결합은 말단에 위치한 3′-하이드록시 잔기가 dNTP의 α-인산기에 대한 친핵성 공격을 함으로써 형성된다. 인산다이에스터 결합 과정의 이탈기인 파이로인산(pyrophosphate, PP_i)은 다시 가수분해된다. 파이로인산의 가수분해에 의해 생성된 에너지가 전체 반응에 추진력을 제공한다.

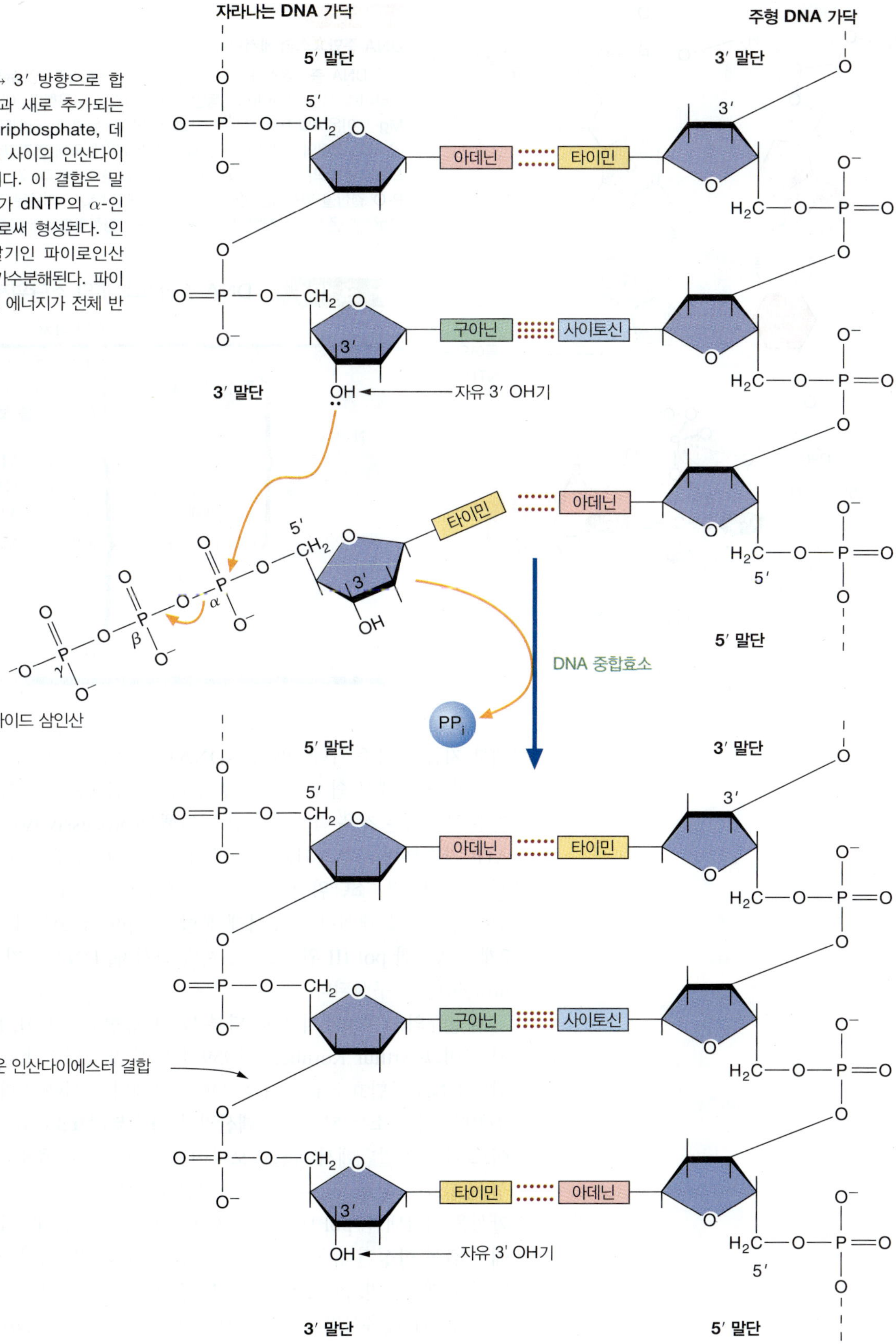

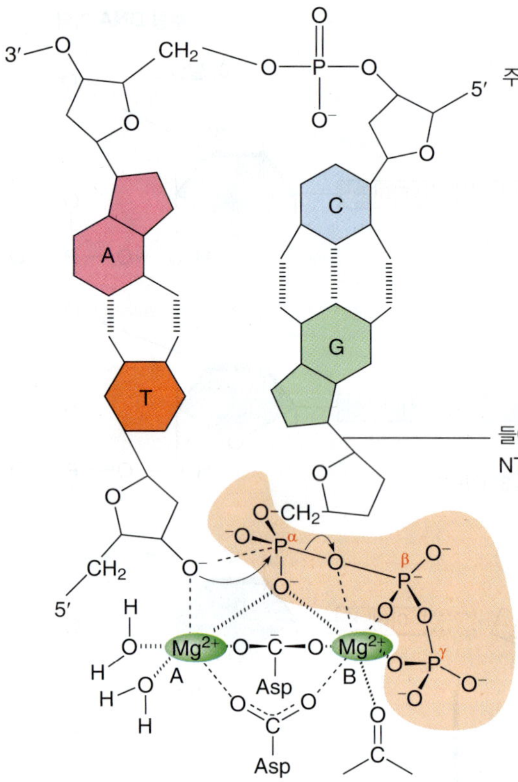

그림 18.4

DNA 중합효소의 메커니즘.

모든 DNA 중합효소와 RNA 중합효소는 주형 의존적인 뉴클레오타이드 중합을 위해 뉴클레오타이드 직렬 연결이라는 동일한 메커니즘을 사용한다. 대장균 pol I의 예에서 보면, 2개의 Mg^{2+} 이온(A와 B로 표시)은 새로 추가되는 뉴클레오타이드(dNTP)의 α-인산기와 배위 결합을 하고, 2개의 아스파트산 곁사슬 카복실기에 의해 연결되어 있다. Mg^{2+} 이온 A는 3′-하이드록시 산소의 수소 원자에 대한 친화력을 감소시킨다. 3′-산소는 α-인산을 공격하여 새로운 P-O 결합을 형성하는 친핵체이다. 두 개의 Mg^{2+} 이온은 전이 상태의 음전하를 안정화한다. Mg^{2+} 이온 B는 음전하의 파이로인산을 안정화함으로써 이탈을 촉진한다.

표 18.1 DNA 중합효소 III의 소단위체들

		소단위체	기능
완전 효소	핵심 중합효소	α	5′ → 3′ 중합효소
		ε	3′ → 5′ 핵산말단 가수분해효소
		θ	ε를 보조하는 역할
	γ-복합체 (죔쇠 걸개)	τ	ATPase, 핵심 효소의 이합체화를 도움
		γ	ATPase
		δ와 δ'	ATPase, 죔쇠 걸기 촉진
		χ와 ψ	죔쇠 걸개 복합체 안정화와 복제 개시 촉진
		β	β_2 형태로 유동성 죔쇠 역할

내부 지름은 이중 가닥 DNA(dsDNA)보다 약 3.5 Å 더 크기 때문에 수화된 DNA 가닥이 그 안에서 쉽게 움직일 수 있다. β_2-죔쇠는 중합효소가 DNA 주형으로부터 자주 분리되는 것을 억제하여 **연속 진행성**(processivity)을 향상시킨다. γ-복합체는 ATP 가수분해로 추진되는 과정에서 분리되며, 남은 pol III 완전 효소가 DNA 복제를 진행한다. 소단위체 τ는 2개의 핵심효소 복합체가 이합체를 형성하도록 하여 연속 진행성을 개선시킨다. **복제 복합체**(replisome)이라 불리는 DNA 복제 기구는 2개의 동일한 pol III 완전 효소, 시발 복합체, DNA 풀기 단백질(DNA unwinding protein)들로 구성된다.

대장균의 경우 4개의 서로 다른 DNA 중합효소 I, II, III, IV를 가지고 있다. 아서 콘버그(Arthur Kornberg, 1959년 노벨 생리의학상 수상)에 의해 가장 먼저 발견된 DNA 중합효소 I(pol I)은 DNA 복제와 수선에서 다양한 역할을 수행하는 효소이다. 이 효소는 5′ → 3′ **핵산말단 가수분해효소**(exonuclease, 폴리뉴클레오타이드 가닥의 말단에서 뉴클레오타이드를 제거하는 효소) 활성, 5′ → 3′ 주형-의존성 중합효소 활성, 3′ → 5′ 핵산말단 가수분해효소 활성의 3가지 서로 다른 촉매 활성을 나타낸다. pol I의 5′ → 3′ 핵산말단 가수분해효소 활성은 DNA 복제 과정에서 잘못 합성된 뉴클레오타이드 또는 RNA 시발체의 제거에 이용된다. RNA 시발체가 제거되면, pol I의 5′ → 3′ 주형-의존성 중합효소 활성에 의해 리보뉴클레오타이드가 데옥시리보뉴클레오타이드로 대체된다(DNA 복제의 주요 효소인 pol III에 비해 pol I은 합성 속도가 1초당 18 뉴클레오타이드로 매우 느리며, 연속 진행성도 낮음). 짧은 DNA 조각을 합성할 때, pol I은 3′ → 5′ 핵산말단 가수분해효소 활성의 교정 기능을 이용하여 DNA 합성의 정확도를 높인다. 또한 pol I은

DNA 복제 과정에서 발생한 손상의 수선에서도 중요한 역할을 담당한다.

Pol II와 IV는 일반적으로 세포 내에 존재하는 수선 효소들로 낮은 수준의 DNA 손상을 수선하는 역할을 수행한다. 세포가 높은 수준의 자외선(UV light) 또는 돌연변이 유발 물질(mutagenic chemical)에 노출될 경우, *SOS 반응*(SOS response)이라 불리는 응급 수선 메커니즘이 활성화된다. 이처럼 SOS 반응에 의해 유도 발현된 효소 또는 단백질들은 복제를 방해할 정도의 심한 DNA 손상으로 인한 세포 사멸을 방지할 수 있다. SOS 반응의 초기 단계에서 pol II와 IV 유전자의 발현이 증가되며, 다음 단계에서는 pol V 유전자가 발현된다. 이들 수선 효소들은 손상된 DNA를 주형으로 이용할 수 있는 구조를 가지므로, *트랜스 손상 중합효소*(translesion polymerase)라 불린다. pol III가 염기 첨가, 염기 결손 또는 타이민 이합체(thymine dimer) 등의 손상(lesion) 부위를 만나 복제가 중단되면, pol II 또는 IV가 대신 중합 반응을 수행한다. 일단 이들 효소에 의해 손상 부위의 반대쪽 가닥에 뉴클레오타이드를 중합하여 우회하면, 트랜스 손상 중합효소가 떨어져 나가고 pol III로 교체되어 다음 손상 부위를 만날 때까지 복제를 진행하게 된다. 그러나 이러한 SOS 반응계는 수많은 DNA 복제 오류를 유발하는 문제점을 수반한다. pol IV와 V(어느 정도는 pol II도)는 DNA 손상 부위에 결합할 수 있는 구조적 특징을 가지고 있어서 복제를 가능하게 하지만 동시에 복제의 정확도를 감소시키게 된다. 트랜스 손상 중합효소에 의해 발생한 오류가 DNA 복제 후 수선되지 못하면, 돌연변이가 발생하게 된다.

DNA 조각의 연결. DNA 수선과 재조합 과정뿐만 아니라, DNA 복제 중에도 종종 DNA 조각이 서로 연결될 필요가 있다. **DNA 연결효소**(DNA ligase)라 불리는 효소가 인접한 조각의 3′-OH기와 5′-인산기 말단 사이에 인산다이에스터 공유 결합의 형성을 촉매한다.

초나선 꼬임 제어(supercoiling control). *DNA 위상 이성질화효소*(DNA topoisomerase)는 DNA 가닥의 꼬임을 방지한다. 이 효소는 복제 과정을 지연시키는 DNA의 과도한 회전력(torque)을 해소하기 위하여 복제 기구보다 앞서 작용한다. 세균의 DNA 복제 과정에서 이중나선이 1초당 50회전의 속도로 신속하게 풀리기 때문에 이로 인해 발생한 과도한 회전력은 매우 큰 문제를 유발한다. 위상 이성질화효소는 DNA의 한 가닥 또는 두 가닥을 절단하고 다시 연결하여 DNA의 꼬임을 변화시키는 효소이다. *위상 이성질화효소*와 *위상 이성질체*(topoisomer, 초나선의 꼬임 정도만 다른 원형 DNA)라는 용어는 절단되지 않고 얻어질 수 있는 모양 또는 위치의 변화를 연구하는 수학의 한 분야인 위상수학(topology)에서 유래하였다. 적절히 제어될 경우, 초나선 꼬임은 DNA 분자 가닥의 풀림을 촉진할 수 있다. 제1형 위상이성질화효소는 DNA 내에 일시적인 단일 가닥의 절단을 일으키는 반면, 제2형 효소는 일시적으로 두 가닥을 절단한다. 원핵생물에서 *DNA 선회효소*(gyrase)라고 불리는 제2형 위상 이성질화효소가 복제에 의해 생성된 DNA 산물을 분리시키고, 유전체의 응축(genome packaging)에 필요한 음성(−) 초나선 꼬임의 형성을 돕는다.

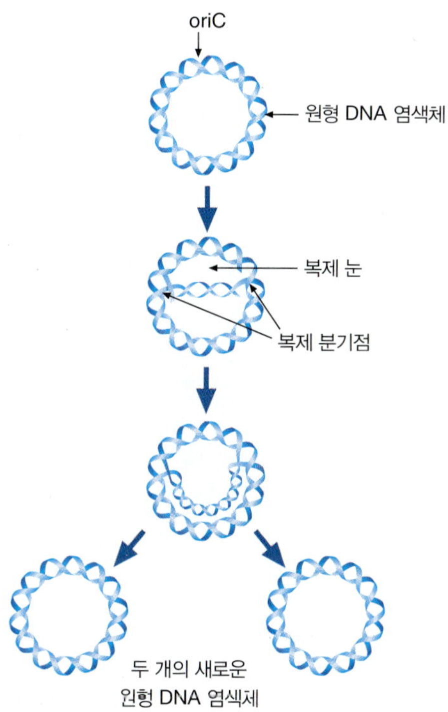

그림 18.5
원핵생물 DNA의 복제.
원형의 염색체 DNA가 복제될 때, 2개의 복제 분기점이 형성됨을 방사성 동위원소법에 의해 확인하였다. 이때 형성되는 구조를 복제 눈(replication eye)라 한다.

원핵생물에서의 복제 과정 대장균의 원형 염색체 DNA(**그림 18.5**)의 복제는 ATP/ADP 비율이 높고, DnaA(53 kDa) 단백질의 양이 충분할 때 일어나는데, DnaA는 dsDNA의 두 가닥을 풀어주고 다른 복제 단백질들을 끌어들여 복제를 시작하게 하는 DNA 결합 단백질이다(**그림 18.6**). 대장균 염색체 상의 복제 개시 자리

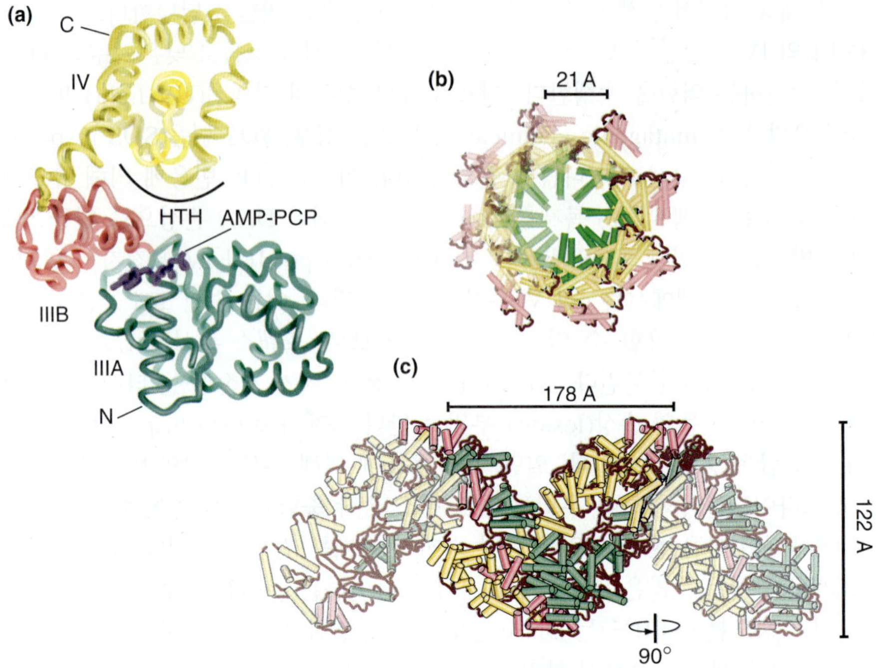

그림 18.6

DnaA의 구조.

(a) DnaA는 4개의 구조 영역으로 구성되며, 영역 III(빨간색과 녹색)과 IV(노란색)을 그림에 나타내었다. 이 그림에서 ATP의 유사체인 AMP-PCP(진한 파란색)가 DnaA의 ATP 결합 부위에 결합되어 있다. ATP가 DnaA 단위체의 영역 IIIA 내에 존재하는 ATP 결합 자리에 결합하면, DnaA 단위체의 구조적 변화를 통해 DnaA 소중합체(oligomer)가 형성되고 이 소중합체가 영역 IV를 통해 DnaA 상자라고 불리는 상동성이 높은 9 bp 서열에 결합한다. (HTH = 나선-회전-나선 모티프) (b)와 (C)는 각각 DnaA 소중합체를 위와 옆에서 본 것이다. DnaA 소중합체(열린 우선성 나선)의 구조는 DnaA 상자들을 포함한 DNA가 소중합체의 외부를 감싸도록 만든다.

(initiation site)를 oriC라고 한다. 일단 복제가 시작되면, 나선 풀기 효소(helicase)가 DNA의 이중나선을 풀어주고, 2개의 복제 복합체가 결합하며, 복제가 양쪽 방향으로 진행된다. DNA 합성이 활발히 진행되는 두 자리를 **복제 분기점**(replication fork)이라고 하는데, 서로 멀어지는 방향으로 이동하면서 '복제 눈(replication eye)'을 형성한다. 대장균 염색체는 1개의 개시 자리를 가지는 단일 복제 단위(single replication unit)라고 할 수 있다. 하나의 복제 단위(replicon)는 개시 자리와 적절한 조절 서열(regulatory sequence)을 가지는 DNA 분자 또는 조각을 의미한다.

전자현미경과 방사선 자동 사진법(autoradiography)을 이용하여 처음 DNA 복제를 관찰했을 때, 연구자들은 모순과 마주치게 되었다. 그들 연구에서 나타난 DNA의 양방향 합성을 고려하면, 한 가닥의 DNA에서 5′ → 3′ 방향으로 연속적 합성이 일어나지만, 다른 한 가닥에서는 3′ → 5′ 방향으로 합성되는 것처럼 보인다. 그러나 DNA를 합성하는 모든 중합효소는 5′ → 3′ 방향으로만 복제가 가능하다. 결론적으로 *선도 가닥*(leading strand)이라 불리는 DNA 가닥에서는 5′ → 3′ 방향으로 연속적인 합성이 일어나며, 반대쪽인 *지연 가닥*(lagging strand)에서는 5′ → 3′ 방향으로 합성되지만, 짧은 DNA 조각의 형태로 만들어진다(**그림 18.7**). 오카자키(Reiji Okazaki)와 동료 연구자들은 불연속적인 DNA 합성의 증거를 실험적으로 제시하였다. 각 DNA 조각에서 RNA 시발체가 제거되고, DNA로 대체되면, **오카자키 조각**(Okazaki fragment)이라 불리는 지연 가닥의 짧은 DNA 조각들은 DNA 연결효소에 의한 공유 결합으로 연결된다. 대장균과 같은 원핵생물의 경우, 대략 1,000개의 뉴클레오타이드로 구성된 오카자키 조각이 생성된다.

DNA 복제는 DnaA 단백질이 oriC 서열 내 *DnaA 상자*(DnaA box)라는 5~8곳의 9 bp 자리에 결합함으로써 시작한다. 원핵생물들이 갖고 있는 DnaA 상자의 개수는 서로 다르며, 대장균의 경우 5개의 DnaA 상자들을 가진다. 뉴클레오솜(nucleosome)과 유사한 구조의 복합체를 형성하는 DnaA의 올리고머화는 ATP와 히

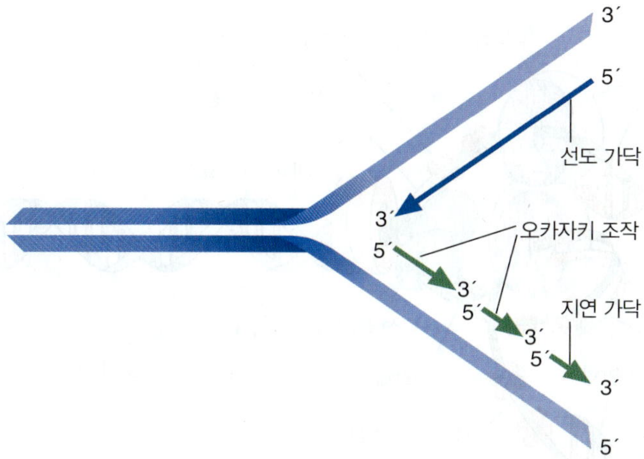

그림 18.7
복제 분기점에서의 DNA 복제.
선도 가닥의 합성은 5′ → 3′ 방향으로 연속적으로 진행된다. 지연 가닥 또한 5′ → 3′ 방향으로 진행되지만, 불연속적인 짧은 조각(오카자키 조각)의 형태로 합성된다.

스톤(histone) 유사 단백질 HU가 필요하다. DnaA-DNA 복합체가 형성되면, 3곳의 13 bp 반복서열(repeat)을 포함하는 인접 자리에서 DNA 이중나선의 부분적 '녹음(melting)'이 발생하여 일부 이중나선 조각이 풀리게 된다(**그림 18.8**). *DnaB*(6개의 소단위체로 구성된 300 kD 크기의 나선 풀기 효소)는 *DnaC* (29 kD)와 결합한 후, 이중나선이 풀린 oriC 자리에 들어가게 된다. DnaB가 DNA에 결합하면, DnaC가 분리되어 나온다. DnaB가 이중나선을 풀어줌에 따라 복제 분기점이 이동하게 된다. 위상 이성질화효소는 복제 기구에 앞서 초나선의 과도한 회전력을 해소시켜 준다. DNA의 풀림이 진행되면, 결합된 ATP의 가수분해에 의해 DnaA 단백질은 DNA와 결합하기 어려운 비활성 형태로 전환되어 분리된다. 분리된 단일 가닥 DNA에는 수많은 *단일 가닥 DNA 결합 단백질*(single strand DNA binding protein, SSB)이 결합하여 이중나선의 재형성을 막아준다. 또한 사합체(tetramer) 형태인 SSB는 핵산 분해효소에 의한 공격으로부터 또한 단일 가닥 DNA(ssDNA)를 보호한다.

복제 분기점에서의 DNA 합성 모형을 **그림 18.9**에 나타내었다. pol III가 DNA 합성을 시작하기 위해서는 먼저 RNA 시발체가 합성되어야 한다. DNA 합성이 연속적으로 일어나는 선도 가닥에서는 복제 분기점 당 1회의 시발체 합성이 일어난다. 반면에 지연 가닥의 불연속적인 합성 과정에서는 각각의 오카자키 조각마다 별도의 시발체 합성이 필요하다. 시발 복합체는 지연 가닥을 따라 이동하면서 짧은 RNA 시발체를 합성하기 위해 때때로 멈추거나, 반대 방향으로 움직인다. 그 다음에 pol III는 시발체의 3′-말단에서 시작하여 DNA를 합성한다. 지연 가닥의 합성이 진행되면서 pol I은 RNA 시발체를 제거하고 상보적인 DNA 조각을 합성한다. 이 후 DNA 연결효소가 오카자키 조각들을 연결한다.

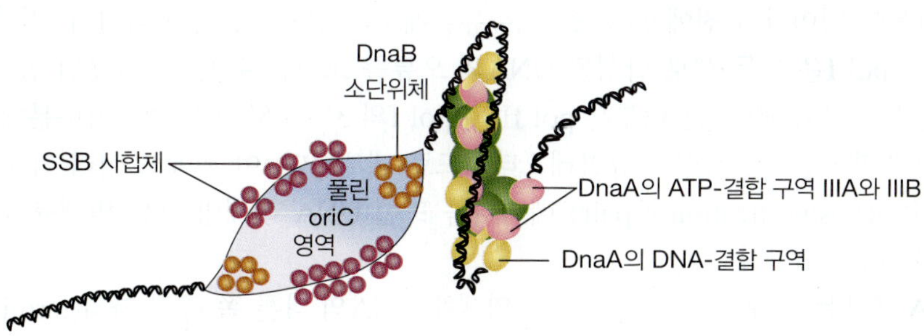

그림 18.8
복제 분기점 형성.
DnaA와 DnaB가 결합한 후, DnaB 나선 풀기 효소는 두 복제 분기점에서 DNA의 이중 가닥을 각각 분리시킨다. DnaA의 각 DNA 결합 영역(노란색) 9 bp의 DnaA 상자와 결합한다. SSB는 새로 합성된 단일 가닥 DNA(ssDNA)에 결합하여 두 가닥의 재결합을 방지한다. 나선 풀기 효소 걸개 DnaC(그림에는 표시하지 않음)는 DnaB 나선 풀기 효소와 DNA의 결합을 촉진한다.

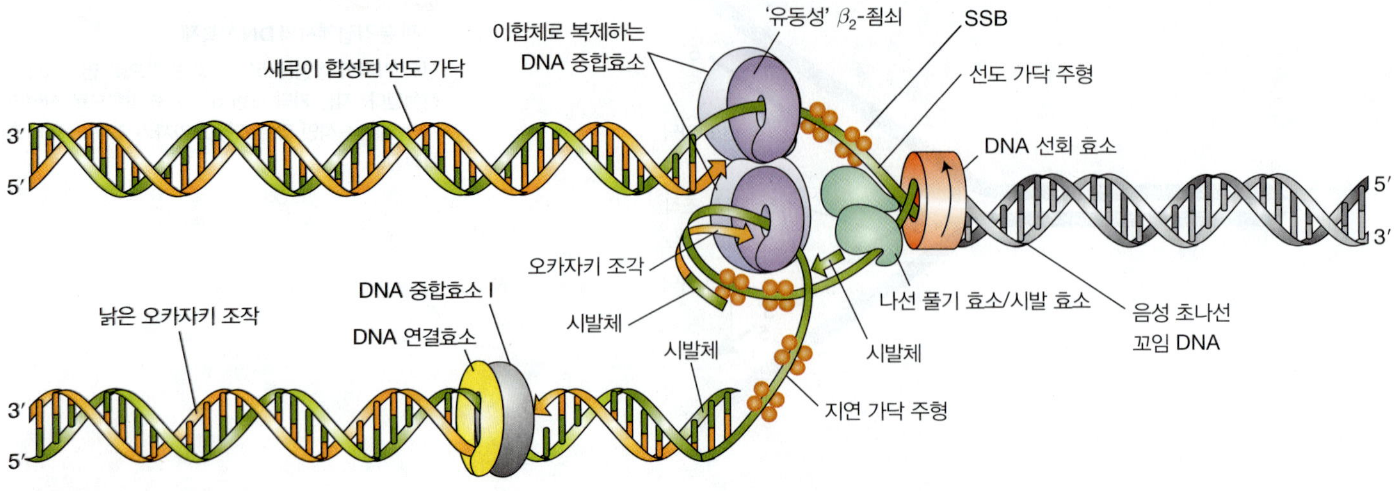

그림 18.9

대장균의 DNA 복제 모형.

복제 분기점에서 DnaB와 DNA 선회 효소(위상 이성질화 효소)에 의해 DNA 이중나선이 풀린다. DNA 선회 효소는 ATP의 가수분해를 이용하여 복제 분기점 바로 앞의 DNA에 (-) 초나선 꼬임을 도입함으로써 과도한 꼬임을 제거하고 DNA 분자가 더 이완된 상태로 되돌아가게 만든다. 나선이 풀리면, 지연 가닥에서 RNA 시발체가 합성된다. 새로운 가닥의 DNA는 τ-복합체(그림에는 표시하지 않음)에 의해 연결된 2개의 pol III 완전 효소에 의해 합성된다. 각 pol III 복합체는 주형 DNA 가닥과 중합효소를 결합시켜주는 죔쇠에 연결되어 있다. 지연 가닥은 고리 형태로 pol III 복합체에 역방향으로 진입하기 때문에, 선도 가닥과 지연 가닥의 합성 시에 pol III 복합체가 동일한 방향으로 이동하게 된다. 지연 가닥에 위치한 pol III 복합체가 오카자키 조각을 완성하면, 생성된 DNA 가닥을 방출한다. (지연가닥의 길이가 짧아졌다 길어졌다 하기 때문에 이 복제 모형을 트롬본 모형이라고도 한다.) 그 다음에 시발 복합체가 새로운 시발체를 합성한다. pol I과 DNA 연결효소가 함께 작용하여 시발체를 제거하고 오카자키 조각 사이의 틈을 채우고 연결한다. pol III는 새로운 시발체가 결합된 지연 가닥에 다시 결합하여 새로운 오카자키 조각의 합성을 시작한다.

그림 18.9에 나타낸 바와 같이, 선도 가닥과 지연 가닥의 합성은 서로 연결되어 있다. 두 개의 pol III 복합체가 나란히 작용하기 위해서는 한 가닥(지연 가닥)이 복제 복합체를 둘러싸는 고리 형태를 이루어야 한다. 지연 가닥에 위치한 pol III 복합체가 오카자키 조각을 완성하면, 유동성 죔쇠가 분리되면서 이중나선 형태의 DNA를 방출한다. 이어서 pol III 복합체는 복제 분기점과 인접한 γ-복합체에 의해 합성된 RNA 시발체, 그리고 새로운 유동성 죔쇠와 다시 결합하게 된다. 이 때 시발 복합체가 이동하여 다음 RNA 시발체를 합성할 수 있게 해준다.

대장균의 DNA 복제 과정이 매우 복잡하고 높은 진행성을 가짐에도 불구하고, DNA 복제 과정에서 10^9~10^{10}개의 염기쌍마다 1개 정도의 오류가 발생할 정도로 놀라운 정확성을 보인다. 이처럼 오류 발생률이 낮은 주된 이유는 상보적 염기쌍 결합을 확인하는 복제 방식 때문이다. 또한 pol III와 pol I의 활성 자리 내에 특정 뉴클레오타이드 염기쌍에 꼭 맞는 주머니가 있으며, 여기에서 수소 결합과 반데르발스 상호작용에 의해 퓨린과 피리미딘 잔기가 적절하게 배열된다. 만약 뉴클레오타이드 염기쌍이 잘못 짝지어질 경우, 그 염기쌍은 주머니 구조에 맞지 않으므로, 대개 반응이 일어나기 전에 새로 들어온 뉴클레오타이드가 떨어져 나간다. 따라서 pol III와 pol I은 모두 새로 합성된 DNA의 오류를 교정할 수 있다. 잘못된 염기쌍을 이룬 뉴클레오타이드는 대부분 pol III와 pol I의 3′ → 5′ 핵산말단 가수분해 활성에 의해 제거된 후, 적절한 뉴클레오타이드로 대체된다. 이 외에도 여러 가지 복제 후 수선(postreplication repair) 메커니즘 또한 DNA 복제의 오류 발생률을 감소시키는 데 기여한다.

DNA 복제는 복제 분기점들이 원형 염색체 DNA의 다른 쪽 종결 자리(termination site)인 *ter*(τ) 영역에서 만날 때 종료된다. 대장균의 ter 영역은 6곳의 20 bp

종결 유전자 자리(terminator site)로 구성되는데, 이 자리에 DNA 결합 단백질인 *tus*가 결합하면, 복제가 정지된다. tus는 DNA 중합효소 이동을 정지시키는 반나선 풀기 효소(antihelicase)이다. 비대칭 형태의 tus-ter 복합체는 DnaB 나선 풀기 효소에 대한 방향 의존적 억제를 통해 복제 분기점이 한 방향으로만 이동하도록 유도한다(**그림 18.10**). 복제가 종료된 후 복제 복합체가 해체되며, 생성된 2개의 딸 분자(daughter molecule)들은 제2형 위상 이성질화효소에 의해 분리된다.

진핵생물에서의 DNA 합성 원핵생물과 진핵생물의 DNA 복제는 반보존적 복제, DNA 중합효소 메커니즘, 양방향 복제 단위(bidirectional replicon)와 같은 원리를 공유하지만, 또한 중요한 차이점이 있다. 물론 이러한 차이점이 발생하는 이유는 진핵생물 유전체가 크고 복잡하기 때문이다.

DNA 중합효소. 진핵생물 유래의 DNA 중합효소는 15개에 달한다. 이 중에서 3개의 효소(α, δ, ε)가 핵 DNA의 복제에 관여한다. DNA 중합효소 α(pol α)는 10 뉴클레오타이드 길이의 짧은 RNA 조각과 연결된 10~20 뉴클레오타이드 길이의 DNA 조각을 합성하여 DNA 복제 개시를 유도하는 시발 효소이다. 선도 가닥에서 시발체가 합성된 후, DNA 합성은 pol ε에 의해 수행되며, pol δ는 지연 가닥을 담당한다. pol δ와 pol ε 모두 $3' \rightarrow 5'$ 핵산말단 가수분해에 의한 DNA 교정 활성을 가지고 있어 매우 정확하며 높은 연속 진행성을 갖고 있다. pol δ는 pol α에 의해 발생한 복제 오류를 수선하며, 중합효소 β, ζ(제타), η(에타)는 핵 DNA의 수선 기

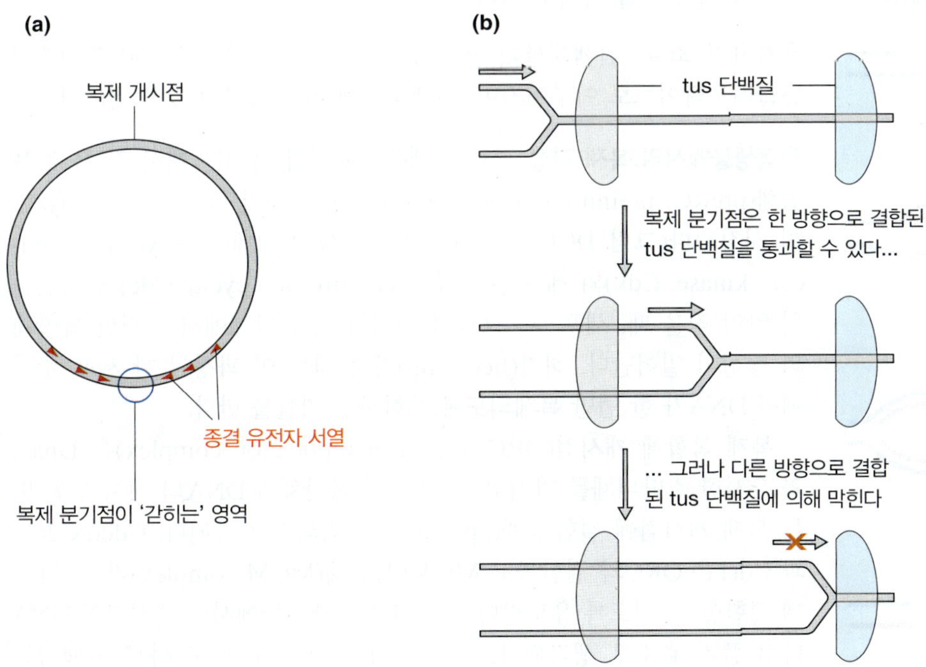

그림 18.10

대장균의 DNA 복제 종결 과정에서 tus의 역할.

(a) 대장균 염색체의 ter 자리 내에 6개의 종결 서열이 존재한다. 이 서열들을 의미하는 화살촉 모양은 복제 분기점이 통과할 수 있는 방향을 나타낸다. (b) 한 쌍의 tus 단백질들은 서로 반대 방향으로 ter 서열과 결합한다. 두 가닥 DNA 상의 ter 조각과 tus의 결합 방향에 따라, tus는 DNA의 풀림을 억제할 수 있다. 이 그림에서 복제 분기점이 좌선성 tus를 통과하고 있다. 이 자리에 결합된 tus는 DnaB 나선 풀기 효소에 의해 해리되며, 따라서 복제 분기점은 두 번째 tus 단백질을 만날 때까지 진행될 수 있다. 좌선성 tus의 반대 방향에 위치한 두 번째 tus 단백질(우측)은 DnaB를 억제함으로써 복제 분기점의 이동을 막는다.

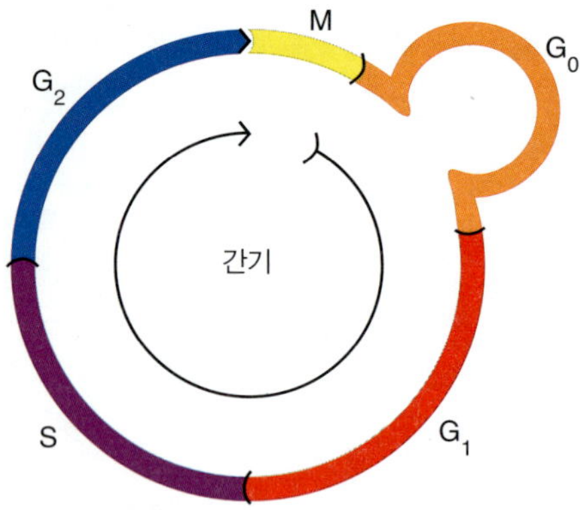

그림 18.11
진핵생물의 세포 주기.
간기(유사분열 사이의 기간)는 몇 개로 나뉜다. DNA 복제는 S기 동안에 일어난다. G_1기는 유사분열과 다음 번 S기 사이의 기간이다. G_2기 동안 세포는 유사분열(M기)을 위해 단백질 합성을 증가시킨다. 유사분열 후에 많은 세포들이 휴지기(G_0)에 들어간다.

능을 담당한다. pol γ는 미토콘드리아 DNA의 복제와 수선을 수행한다. 원핵생물의 DNA 중합효소와 달리, 진핵생물의 중합효소들은 RNA 시발체를 제거하지 않는다. 대신에 핵산 분해효소와 나선 풀기 효소 활성을 가지는 Dna2, 그리고 핵산내부 가수분해효소인 FEN1이 RNA 시발체를 제거한다.

복제 시기. 생장이 빨라 세포 분열 주기 전반에 걸쳐 복제가 일어나는 세균과 달리, 진핵생물의 DNA 복제는 *S기*(S phase)로 불리는 시기에만 제한적으로 일어난다(**그림 18.11**). 진핵생물은 세포 주기의 전환(phase transition)을 조절하는 특정 단백질들을 생산한다(18.3절).

복제 속도. 진핵생물의 DNA 복제 속도는 원핵생물에 비해 현저히 느리다. 진핵생물은 대략 복제 분기점마다 초당 약 50개의 뉴클레오타이드를 합성하는데, 이와 같은 속도는 원핵생물에 비해 약 20배 느린 것이다. 이는 부분적으로 염색질(chromatin)의 복잡한 구조에 기인하는 것으로 보인다.

복제 단위. 진핵생물의 DNA 합성이 비교적 천천히 진행됨에도 불구하고, 유전체의 크기를 감안하면 복제 과정은 비교적 빠른 편이다. 예를 들어 속도만 고려한다면, 대략 평균 1억 5천 bp로 구성된 진핵생물의 염색체를 복제하기 위해서는 한 달 이상이 필요하다. 그러나 실제 이러한 복제 과정은 대개 몇 시간 내에 완료되며, 이는 진핵생물이 다중 복제 단위(multiple replicon)를 이용하여 짧은 시간 내에 거대한 염색체를 복제할 수 있기 때문이다(**그림 18.12**). 진핵생물 염색체 내에는 약 40 kb마다 복제 기구가 결합할 수 있는 자리가 존재하며, 인간은 약 30,000개의 복제 원점을 가지고 있다.

오카자키 조각. 진핵생물의 오카자키 조각의 길이는 약 100~200개의 뉴클레오타이드로 이루어지며, 원핵생물에 비해 상당히 짧은 편이다.

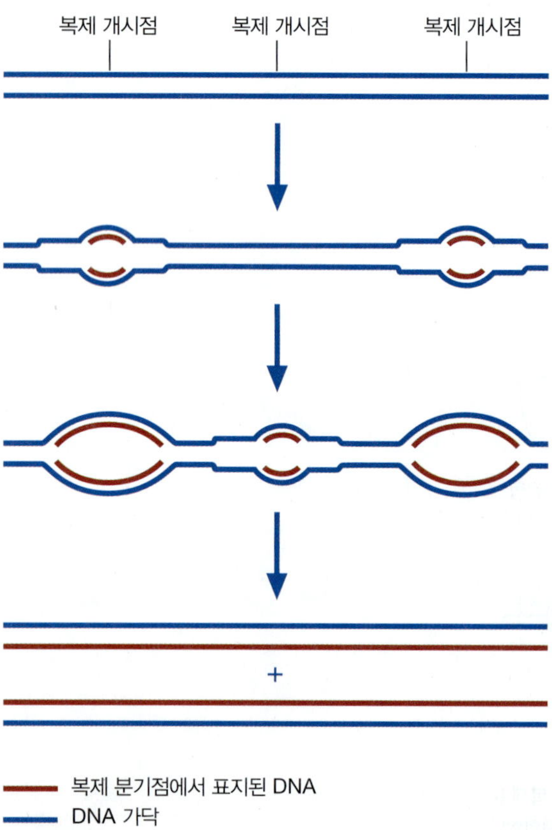

그림 18.12
진핵생물 염색체 DNA 복제의 다중 복제 단위 모형.
복제 과정 중에 형성되는 진핵생물 염색체의 짧은 조각.

진핵생물에서의 복제 과정 고등 진핵생물에서의 복제는 **개시 전 복제 복합체**(preRC, preinitiation replication complex)의 단계적인 결합과 함께 시작된다(**그림 18.13**). 사이클린-의존성 카이네이스(cyclin-dependent kinase, Cdk)와 세포 분열 주기(cell division cycle, Cdc) 단백질들의 양이 적을 때, 세포 주기 G1기 초기의 시작 단계에서 이러한 복합체의 형성이 일어난다. 허가(licensing)라 불리는 이 과정이 한 세포 주기에서 DNA가 한 번만 복제되도록 제한하는 역할을 한다.

복제 복합체 개시점(ORC, origin of replication complex)은 DnaA와 유사한 소단위체를 가지고 있는데, 이 복합체가 DNA의 개시 부위 또는 복제 개시점에 결합할 때, preRC가 조립되기 시작된다. Cdc6/Cdcl8과 Cdt1은 ORC와 결합하고 **MCM 복합체**(MCM complex)가 그 자리에 결합할 수 있도록 유도한다. MCM은 진핵생물에서의 핵심적인 DNA 나선 풀기 효소로 생각된다. 세포 주기 제어 기구에 또 다른 단백질들(예, cdk2-사이클린 E, cdc45)이 결합하면, DNA 복제 관련 단백질들이 복제 분기점에 결합하여 DNA의 합성이 시작된다(**그림 18.14**). 허가된 preRC가 활성화된 개시 복합체로 전환되기 위해서는 pol α/시발 효소, pol ε, 그리고 다수의 부속 단백질들이 필요하며, 이러한 전환은 S기의 시작 단계에서만 일어난다. 그 다음에 세포 주기 조절 카이네이스들이 preRC의 구성 성분들을 인산화하여 활성화시킨다. ORC에 결합하여 preRC의 구조를 완성시키는 단백질들을 **복제 허가 인자**(replication licensing factor, RLF)라 한다.

개시 복합체가 활성화되면, 새로 인산화된 MCM은 DNA 가닥들을 분리하고 각 가닥은 **복제 단백질 A** (replication protein A, RPA)에 의해 안정화된다(**그림 18.15**). 지연 가닥 상의 각 오카자키 조각과 선도 가닥에 RNA 시발체를 합성해 주는 시발 효소에 의해 복제가 시작된다. pol α/시발 효소는 각 RNA 시발체를 약 20 뉴클레오타이드 정도의 짧은 DNA 가닥으로 연장한다. 그 다음에 pol α 대신 pol δ와 ε가 복제 과정을 계속 진행한다. pol ε가 선도 가닥에, 그리고 pol δ가 지연 가닥에 결합하는 것은 죔쇠 걸개 단백질(clamp loader protein)인 **복제 인자 C** (replication factor C, RFC)에 의해 제어된다. RFC는 ATP와 결합한 후에 진행성 인자인 PCNA와 결합한다. pol δ와 ε를 진행성 효소(processive enzyme)로 전환시키는 RFC/PCNA 복합체는 ATP의 가수분해를 유발하여 중합효소 중 하나가 DNA에 결합하도록 유도한다.

각 염색체의 DNA 복제는 복제 단위가 만나서 연결될 때까지 지속된다. 복제 기구가 지연 가닥의 3′-말단에 도달하면, 새로운 RNA 시발체를 합성할 공간이 충분하지 않으며, 이러한 불완전한 지연 가닥의 합성으로 인해 염색체 말단에 단일 가닥의 주형 DNA가 남게 된다. 3′-ssDNA 돌출부(overhang)를 가진 염색체 DNA는 핵산 가수분해효소에 의해 분해되기 쉬우며, 유사분열 중에 서로 융합하여 염색체 손상이 일어날 수 있다. 진핵세포에서는 이런 문제점을 역전사효소(reverse trascriptase) 활성을 가지는 리보핵산단백질인 **말단소체 복원효소**(telomerase)와 말단소체(telomere)의 TG가 풍부한 반복 서열에 상보적인 서열의 RNA 분자를 통해 보완할 수 있다. 말단소체는 선형 염색체 말단의 미소부수체(minisatellite) 서열이며, 말단소체 복원효소는 RNA 염기 서열을 사용하여 단일 가닥 DNA를 합성하여 말단소체의 3′-가닥을 연장한다(**그림 18.16**). 그 다음으로 복제 기구가 시발체와 새로운 오카자키 조각을 합성한다. GT가 풍부한 반복 말단소체 서열에 결합하는 **말단소체 말단 결합 단백질**(telomere end-binding protein, TEBP)과, 핵심 서열로부터 멀리 위치한 3′-돌출부를 매듭 모양의 T-고리(T-loop)에 고정시키는 **말단소체 반복-결합 인자**(telomere repeat-binding factor, TRF)에 의해 염색체 말단이 격리되고 안정화된다.

대부분의 다세포 진핵생물에서 말단소체 복원효소는 생식세포(난자와 정자를 생산하는 세포)에서만 활성화된다. 정상적인 노화과정에서 인간 체세포(난자와 정자를 포함하지 않는 분화된 세포)의 말단소체들은 시간이 경과하면서 짧아진다. 일단 말단소체가 한계 길이(critical length)까지 감소하면, 염색체는 더 이상 복제되지 않으며, 그 결과 체세포는 결국 사멸하게 된다. 허친슨-길포드 조로증 증후군(Hutchinson-Guilford progeria syndrome) 환자의 섬유모세포(fibroblast, 결합조직세포)는 비정상적으로 짧은 말단소체들을 가지는 것으로 알려졌다. 이 환자들은 빨리 노화하여 사춘기 이전에 사망하게 된다. 또한 모든 암세포의 약 90% 정도에서 말단소체 복원효소가 과다 발현(overexpression)되는 것으로 알려졌다.

문제 18.1

원핵생물과 진핵생물의 DNA 복제 과정을 비교하라.

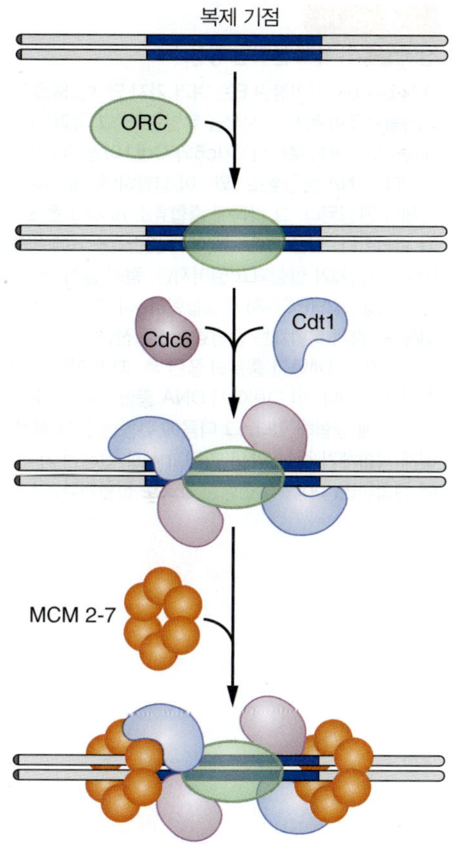

그림 18.13

개시 전 복제 복합체의 형성.

ORC가 흔히 복제 기점(replicator)이라 일컫는 복제 개시 서열에 결합하면, preRC의 조립이 시작된다(세포 주기의 G1기 동안). ORC는 Cdc6와 Cdt1의 결합을 유도한다. 이어서 MCM 복합체가 결합하면, preRC의 형성이 완료된다.

주요 개념 _Key Concepts

- DNA는 여러 가지 효소들이 관여하는 반보존적 메커니즘에 의해 복제된다.
- 선도 가닥에서는 5′ → 3′ 방향으로 연속적인 합성이 일어난다.
- 지연 가닥에서는 5′ → 3′ 방향으로 불연속적인 조각 형태로 합성되나, 이후에 공유 결합에 의해 긴 가닥으로 연결된다.

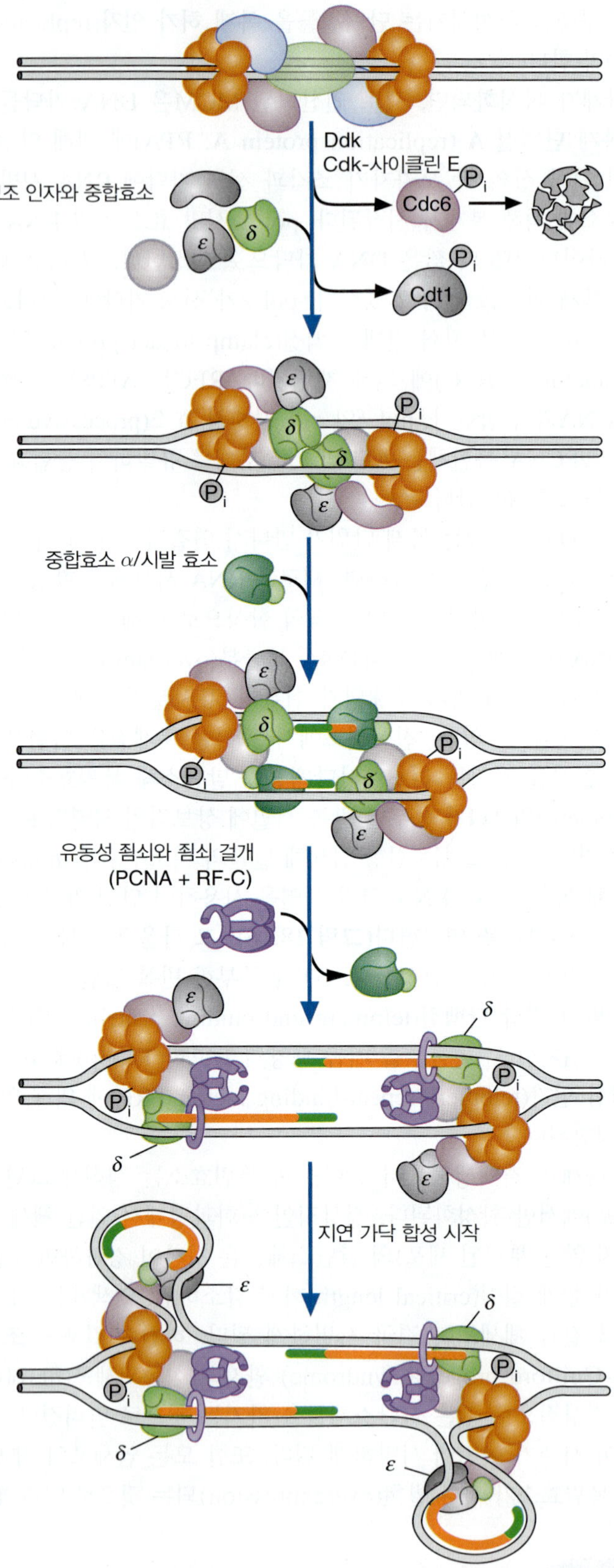

그림 18.14

진핵생물의 복제 분기점 형성.

Ddk와 Cdk-사이클린 E는 여러 가지 단백질들을 인산화함으로써 복제의 시작을 유발한다. 그 결과 가운데 하나가 ORC로부터 Cdc6와 Cdt1이 방출되는 것이다. DNA 중합효소 δ와 ε이 결합하면, 개시 복합체가 완성된다. 그 다음에 중합효소 α/시발 효소가 결합한다. 일단 선도 가닥에서 중합효소 α에 의해 RNA 시발체가 합성되고 길어지면, 죔쇠 걸개(RFC)는 유동성 죔쇠(PCNA)에 결합한다. 이 후 유동성 죔쇠/죔쇠 걸개 복합체는 중합효소 δ를 진행성 효소로 전환시킨다. DNA가 충분히 풀린 후, 지연 가닥의 합성이 시작된다. 이 그림에서 DNA 중합효소 ε은 지연 가닥에 결합해 있다. 그 다음에 유동성 죔쇠/죔쇠 걸개 복합체가 주형 DNA 가닥과 새로 합성된 가닥에 결합하면, pol δ가 진행성 효소로 전환된다.

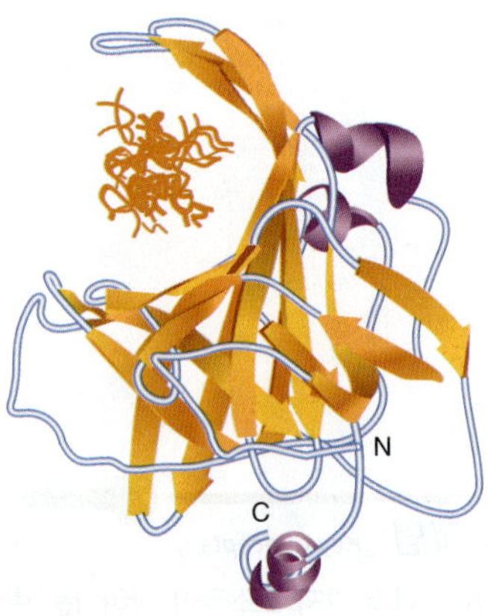

그림 18.15

복제단백질 A의 구조.

진핵생물은 단일 가닥 DNA 결합 단백질인 RPA를 이용하여 DNA 가닥이 재결합하거나 핵산 가수분해 효소들에 의해 분해되는 것을 방지한다. RPA 내의 β-병풍 구조는 DNA(진한 주황색)가 결합하는 통로를 형성한다.

DNA 수선

세포들은 끊임없이 DNA 손상을 감시한다. 정상적인 대사 활성과 환경에 대한 노출이 DNA에 미치는 영향은 상당하다. 예를 들어 인간 세포 내 DNA 손상(lesion)의 개수는 하루에 세포 당 수만~수십만 개로 다양하게 발생한다. 그러나 이러한 유전자 손상 가운데 돌연변이의 형태로 다음 세대에 전달되는 비율은 매우 낮다. 동물과 식물 모두 생식세포에서의 평균적인 자연발생 돌연변이 빈도는 1세대 100,000개 유전자당 1개 수준이다. 이처럼 돌연변이 발생률이 낮은 이유는 DNA 손상을 인식하고 수선하는 유전체 보존망(genome maintenance network)이 있기 때문이다. 세포에는 몇 가지 종류의 DNA 수선계가 존재한다. 직접 수선(direct repair)은 피리미딘 이합체(pyrimidine dimer) 생성과 같은 DNA의 화학적 손상을 바로 제거하여 원상태로 돌려놓는 수선 방법이다. 손상이 DNA 두 가닥 가운데 한 가닥에만 발생한 경우, 몇 가지의 절제 수선(excision repair)계가 이용될 수 있으며, 그 예로 염기 절제 수선(base excision repair), 뉴클레오타이드 절제 수선(nucleotide excision repair), 짝짝이 수선(mismatch repair) 등이 있다. 두 가닥 DNA 절단의 경우, 비상동 말단 연결(nonhomologous end joining) 또는 상동 재조합 수선(homologous recombination)에 의해 수선된다. 인간 또는 포유동물에서 ATM(ataxia telangiectasia mutated, 혈관확장성 운동실조증 돌연변이)과 ATR(ataxia telangiectasia와 Rad3 관련 단백질)은 세린-트레오닌 카이네이스 초균의 하나로서 mTOR도 여기에 포함된다. ATM과 ATR은 수많은 DNA 수선 단백질과 세포 주기 조절 단백질을 활성화시키는 DNA 손상에 대해 전반적인 대응을 시작하도록 유도한다. 혈관확장성 운동실조증(ataxia telangiectasia)은 인간의 희귀질환 중 하나이며, 광선 조사에 대한 감수성, 염색체의 불안정성으로 인한 신경퇴화(neurodegeneration) 또는 암 발병 가능성 증가의 특징을 보인다. 일부 형태의 DNA 손상은 뉴클레오타이드를 제거하지 않고도 수선이 가능하다. 예를 들면 인산다이에스터 결합의 손상은 DNA 연결효소에 의해 수선될 수 있다. **광재활성화 수선**(photoreactivation repair) 또는 **광유도 수선**(light-induced repair)을 통해 피리미딘 이합체를 원래의 단량체 구조로 수선할 수 있다(**그림 18.17**). 가시광선 아래에서 DNA 광 분해효소(DNA photolyase)는 인산다이에스터 결합을 원래의 상태로 유지한 상태에서 이합체를 절단하여 원래의 단량체로 수선한다. 이 효소의 플라빈(flavin)과 프테린(pterin) 발색단(chromopore)에 포집된 빛 에너지에 의해 사이클로뷰테인(cyclobutane)의 고리 구조를 분해하여 정상 상태로 수선한다.

직접 수선

단일 가닥 DNA 수선 일부 수선 메커니즘은 손상을 입지 않은 상보적인 DNA 가닥을 주형으로 이용하여 제한적인 단일 가닥 DNA 수선(single-strand DNA repair)을 담당한다. **염기 절제 수선**(base excision repair)은 염기에 손상(예, 알킬화, 탈아미노화 또는 산화)을 입은 각 뉴클레오타이드를 제거하고 새 것으로 대체하는 메커니즘이다. **DNA 글리코실화 효소**(DNA glycosylase)라 불리는 여러 효소 중의 하나가 뉴클레오타이드의 손상된 염기와 데옥시리보스 사이의 N-글리코사이드 결합을 절단한다(**그림 18.18**). 그 결과로 발생하는 **탈퓨린화**(apurinic, AP) 또는 **탈피리미딘화**(apyrimidinic, AP) 자리는 데옥시리보스 잔기와 몇 개의 뉴클레오타이드를 추가로 제거하는 핵산 가수분해효소 작용을 통해 제거되며, 남은 틈(gap)은 DNA 중합효소(세균의 pol I, 포유동물의 DNA 중합효소 β)와 DNA 연결효소에

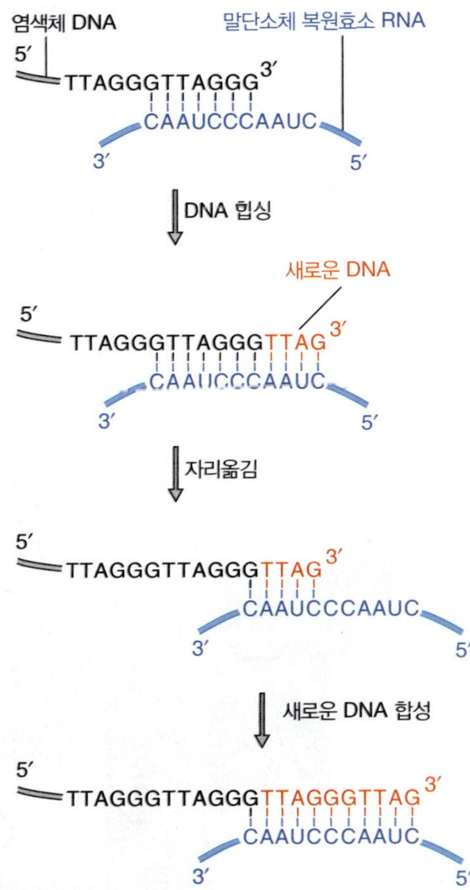

그림 18.16

말단소체 복원효소의 촉매 작용에 의한 염색체의 연장.

염색체 내에서 GT가 반복되는 단일 가닥 DNA 말단(말단소체): 말단소체 복원효소의 RNA 성분의 일부가 이 자리와 염기쌍 결합을 하고 역전사효소가 주형 가닥을 5′ → 3′ 방향으로 더 연장한다. 말단소체 복원효소는 새로 합성된 조각의 말단으로 이동하여 단일 가닥 DNA가 복제 기구와 시발체를 수용할 정도로 길어질 때까지 이 과정을 반복한다. 그 다음에 새로운 오카자키 조각이 합성된다.

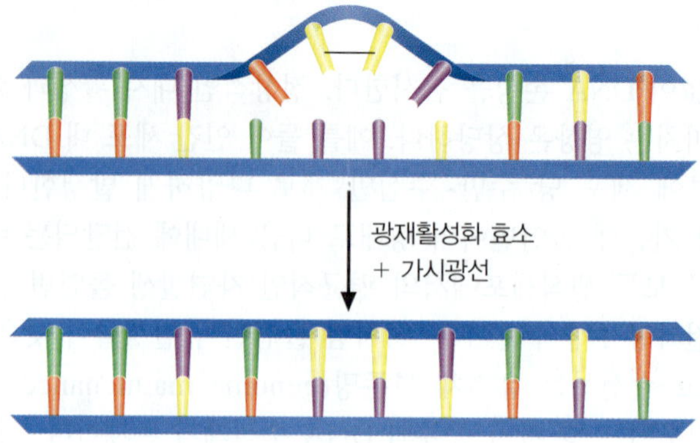

그림 18.17

타이민 이합체의 광재활성화 수선.

가시광선은 타이민 이합체를 2개의 타이민 단량체로 전환시키는 에너지를 제공한다. $FADH_2$가 이 반응을 위한 전자를 제공한다. 이 수선 메커니즘에서는 뉴클레오타이드가 제거되지 않는다. 세균, 고세균, 원생동물, 균류, 식물, 인간을 제외한 동물 등 많은 생물들은 광범위하게 광재활성화 수선계를 보유하고 있다.

의해 수선된다.

뉴클레오타이드 절제 수선(nucleotide excision repair, NER)에서는 피리미딘 이합체나 벤조[a]피렌 첨가 생성물(adduct)과 같이 부피가 크고 나선 구조를 불안정하게 만드는 2~30 뉴클레오타이드의 손상 자리가 제거되며, 그 결과로 발생한 틈이 나중에 채워진다. 뉴클레오타이드 절제 수선에는 *전반적 염색체 수선*(global genomic repair, GG-NER)과 *전사와 짝지어진 수선*(transcription coupled repair, TC-NER)의 두 종류가 있으며, DNA 손상을 인식하는 메커니즘에 따라 구별된다. 두 가지 유형 모두에서 절제 효소들은 특정 염기 서열보다 물리적인 변형을 인식하는 것으로 보인다. 대장균의 GG-NER(**그림 18.19**)에서, Uvr A, B, C로 구성된 절제 핵산 가수분해효소(exinuclease)는 손상된 DNA를 절단하고 손상 자리를

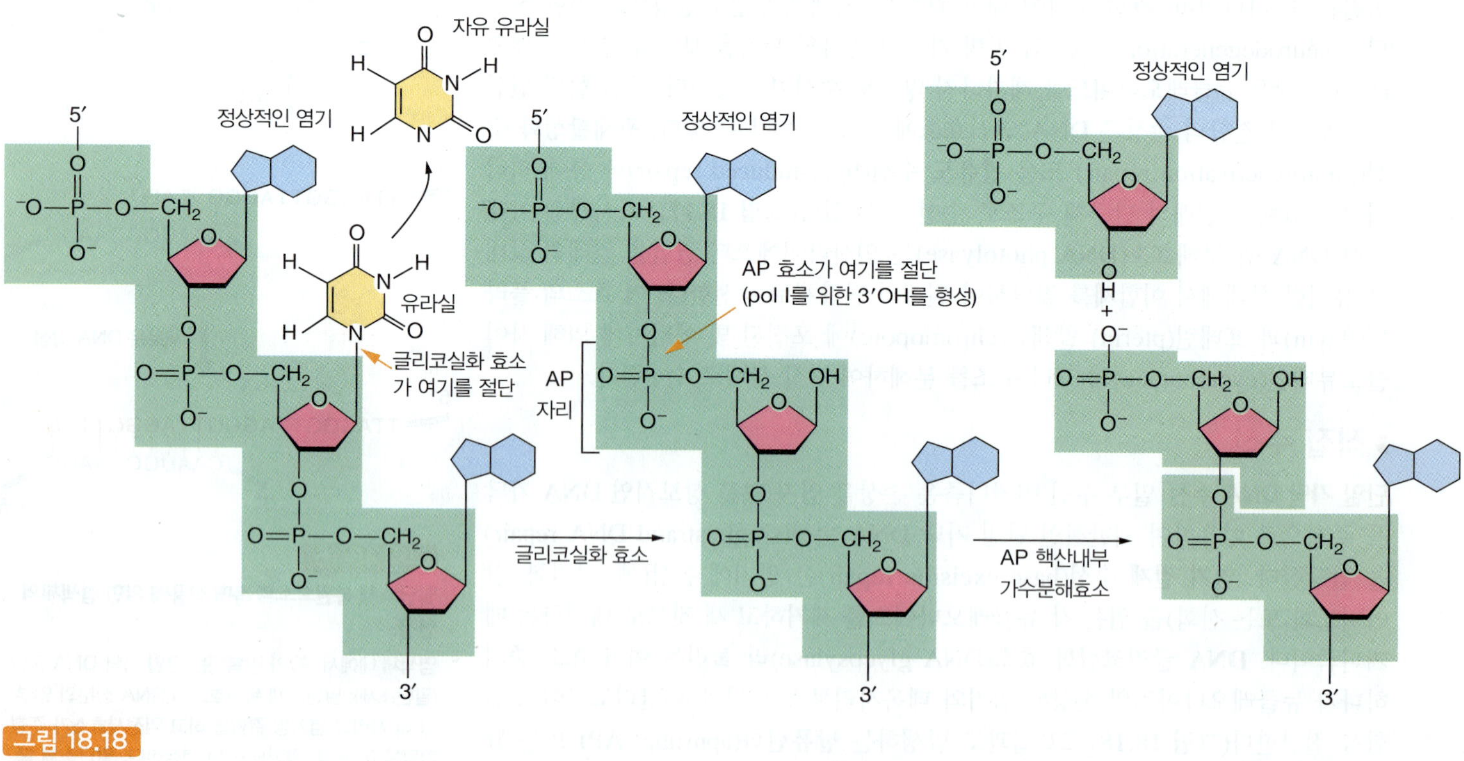

그림 18.18

염기 절제 수선.

DNA 글리코실화효소는 N-글리코사이드 결합을 가수분해하여 염기를 방출한다(이 경우에는 유라실). AP 핵산내부 가수분해효소는 AP(피리미딘 결손) 자리의 5′- 위치에 있는 DNA 골격을 절단한다. 핵산말단 가수분해효소(그림에는 표시하지 않음)는 AP 자리와 몇 개의 뉴클레오타이드를 5′ → 3′의 방향으로 제거한다. 다음에 DNA 중합효소가 그 틈을 채우고, DNA 연결효소가 손상 자리를 수선한다.

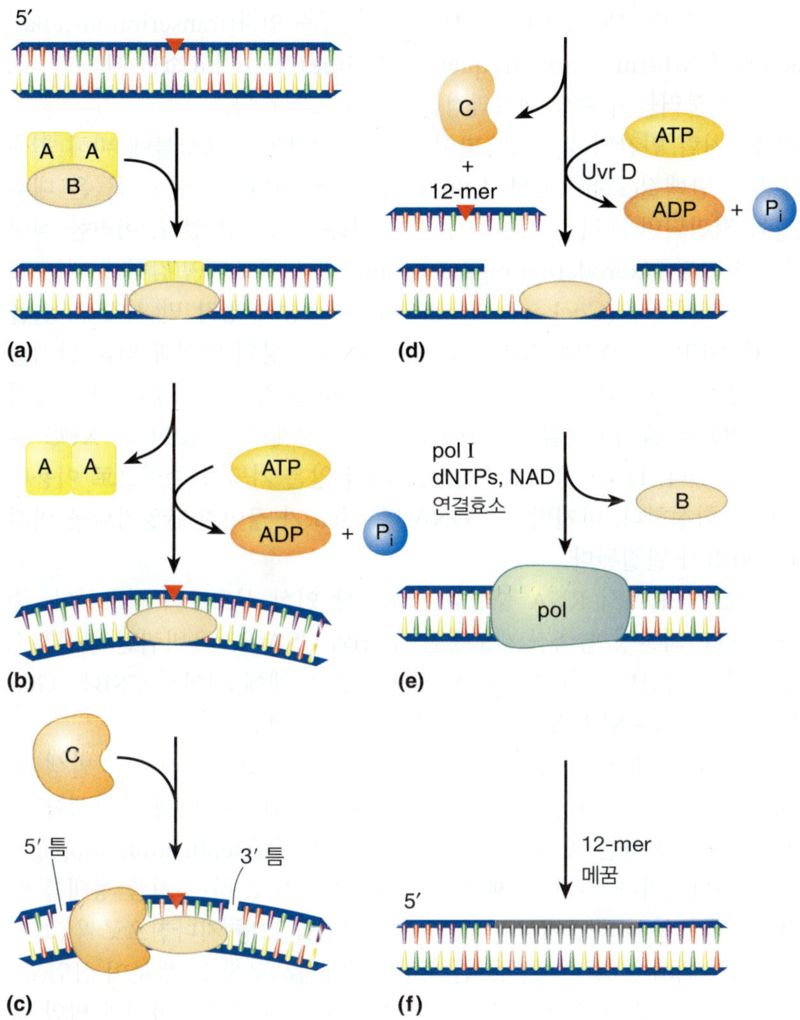

그림 18.19

대장균에서 타이민 이합체의 절제 수선.

손상 인식 단백질인 Uvr A가 타이민 이합체와 같은 첨가 생성물에 의해 뒤틀린 나선 구조를 인식한다(a). Uvr A는 Uvr B와 결합하여 A_2B 복합체를 형성한다. 손상된 DNA 자리와 결합한 A_2B 복합체는 DNA를 구부리고, Uvr A를 해리시킨다(b). 핵산가수분해효소인 Uvr C와 Uvr B의 결합(c), 나선 풀기 효소 Uvr D의 작용(d)은 12개의 뉴클레오타이드 DNA 가닥을 절단한다. Uvr B가 방출되고(e), 절단에 의해 발생한 틈은 pol I에 의해 수선된다(f).

포함하는 12~13 뉴클레오타이드의 단일 가닥 DNA 서열을 제거한다. $UvrA_2U$-vrB(A_2B) 복합체는 타이민 이합체와 같은 DNA 손상을 탐색하고, 일단 UvrA가 나선의 변형을 발견하면, 손상된 자리를 부분적으로 풀어주고, UvrB가 β-머리핀(hairpin) 구조를 삽입하여 손상 자리를 더욱 불안정하게 만든다. 그 다음 A_2B가 DNA를 구부리고, UvrA가 UvrB-DNA로부터 분리되어 나온다. UvrC는 UvrB와 결합하여 타이민 이합체 3′-부분의 손상된 DNA 가닥에서 4~5개의 뉴클레오타이드를 절단하고, 다시 5′-쪽에서 8개의 뉴클레오타이드를 절단한다. 나선 풀기 효소인 UvrD는 UvrC와 올리고뉴클레오타이드를 포함하는 타이민 이합체를 분리시킨다. 절제로 발생한 틈은 pol I과 DNA 연결효소에 의해 수선된다.

전사와 짝지어진 수선(transcription coupled repair)은 활발하게 전사되는 DNA 가닥에서만 일어나며, 전사를 담당하는 RNA 중합효소의 이동이 멈추면, DNA가 손상된 것으로 인식된다. 대장균에서 전사-수선 짝지음 인자(transcription-repair coupled factor)인 Mfd(mutation frequency decline)가 중합효소를 대체한 후, $UvrA_2B$ 복합체를 불러들여 손상 제거과정을 시작하도록 한다.

다른 진핵생물처럼 인간의 뉴클레오타이드 절제 수선은 원핵생물에 비해 훨씬 복잡하고, 수많은 단백질(포유동물에서 30가지)이 관여한다. 이 단백질들은 대부분 그 단백질이 결핍되면 걸리는 질병과 관련된 이름을 가지고 있다. 이러한 질병의 예로는 *색소성건피증*(xeroderma pigmentosum, 빛에 극도로 민감하게 되는 유전적 질병)과 *코케인증후군*(Cockayne syndrome, 조로증과 청각 및 시각 이상)을 들 수 있다. GG-NER에서 XPA, XPC, XPE는 DNA 손상의 인식과 다른 단백질의 결합 유도에 관여한다. 예를 들면 손상이 있는 DNA 조각을 풀어주는 나선 풀기 효소(XPB와 XPD)와 올리고뉴클레오타이드 가닥을 절제하는 XPFG와 XPG 같은 수선 단백질이 있다. DNA 중합효소는 손상되지 않은 가닥을 주형으로 이용하여 상보적 가닥을 합성한다. 마지막으로 DNA 연결효소가 끊어진 단일가닥을 연결함으로써 GG-NER가 완결된다.

진핵세포의 TC-NER에서 RNA 중합효소는 손상 인식 신호로서 작용한다. 중합효소가 CSB(ATP-의존성 염색질 재모형화 효소)와 CSA(E3 유비퀴틴 연결효소 복합체의 성분)에 결합한다. 이러한 DNA 손상 검출 단계에 이어서 CSB는 GG-NER에 사용된 것과 같은 NER 단백질들의 결합을 유도한다.

짝짝이 수선(mismatch repair, MMR)은 교정(proofreading) 오류의 발생 또는 복제 미끄러짐에 의한 염기쌍 짝짝이에 의한 나선을 뒤트는 변형이 발생할 경우, 이 단일 가닥을 수선하는 메커니즘이다. [*복제 미끄러짐*(replication slippage)은 반복 서열을 건너뛰거나 두 번 복제하여서 수선을 필요로 하는 거품 형태를 만드는 오류 유형이다.] 복제 과정에서는 가끔 특정 서열을 그냥 지나침으로써 그 부분이 삭제(deletion)되거나 특정 서열을 반복하여 복제함으로써 그 부분이 삽입(insertion)되기도 한다. 일부 재조합 오류와 화학적 손상(예, 8-옥소구아닌과 발암 물질 첨가 생성물) 또한 수선될 수 있다. MMR는 복제 정확성을 100배 높여준다고 평가된다. 짝짝이 수선의 가장 중요한 특징은 기존의 DNA 가닥과 새로 합성된 가닥을 구별한다는 점이다. 대장균에서 이러한 구별은 부모 DNA의 두 가닥을 모두 메틸화함으로써 가능하게 된다. DNA 메틸기 전달효소(DNA methyltransferase, Dam)는 5′-GATC-3′ 서열에서 아데닌 잔기의 N-6를 메틸화하며, DNA 사이토신 메틸화효소(DNA cytosine methylase, Dcm)는 5′-CCTGG-3′과 5′-CCAGG-3′ 서열의 사이토신 잔기를 5-메틸사이토신으로 전환한다. 이 서열들은 회문(palindrome) 구조를 형성하기 때문에 DNA의 양 가닥이 동일하게 메틸화된다. 복제 후 일정 시간 동안 새로 복제된 딸 DNA(daughter strand)는 메틸화된 한 가닥과 메틸화되지 않은 한 가닥으로 존재한다. 이 짧은 시간 동안 DNA 내의 짝짝이 염기쌍 존재 여부를 탐색하게 된다. MMR계는 MutS, MutL, MutH의 3가지 단백질로 구성된다. MutS 이합체는 짝짝이 염기를 포함하는 새 가닥에 결합할 위치를 인식하여 결합한다. 다음으로 MutH는 가장 가까운 GATC 자리에 결합한다. MutS와 MutL에 의한 ATP-의존성 활성화가 일어난 후, MutH는 메틸화가 되지 않은 DNA 가닥을 절단하여 수선 대상임을 표시한다. DNA 나선 풀기 효소는 두 가닥의 DNA를 분리하고, 몇 가지의 핵산말단 가수분해효소들이 비메틸화 DNA 가닥의 절단 자리부터 시작하여 짝짝이 자리를 지난 몇 개의 뉴클레오타이드 잔기까지 제거한다. 이 후 pol III는 메틸화된 가닥을 주형으로 이용하여 제거된 자리의 뉴클레오타

주요 개념 _Key Concepts

- DNA는 그 구조의 변형을 유발하는 화학적 · 물리적 과정에 항상 노출되어 있다.
- 각 생명체의 생존은 이러한 DNA의 구조적 손상을 수선하는 능력에 달려 있다.
- DNA 수선의 예에는 광유도 수선, 염기 절제 수선, 뉴클레오타이드 절제 수선, 짝짝이 수선, 비상동 말단 연결, 상동성 재조합 수선 등이 있다.

이드를 다시 합성한다.

MutS와 MutL에 해당하는 인간 단백질은 각각 MSH2와 MLH1인데, 이 단백질들에 돌연변이가 일어나면 초미소부수체(microsatellite)가 불안정해진다. 대부분의 유전성 비폴립 대장암(hereditary nonpolyposis colorectal cancer, HNPCC)은 이 두 단백질에 대한 유전자의 돌연변이와 연관되어 있다. MMR 단백질의 돌연변이는 자궁 내막암, 난소암, 위암, 소장암 등의 발생 가능성도 높이는 것으로 알려져 있다.

이중 가닥 틈 DNA 이중 가닥 틈(double strand break, DSB) 손상은 유전체 재배열이나 치명적인 염색체의 파괴를 유발할 수 있기 때문에 매우 위험하다. 방사선(radiation), 반응성 산소종(ROS), DNA 손상 화학물질(석면, 시스플라틴, 항암제 등) 또는 DNA 복제 오류에 의해 발생한 DSB는 두 가지의 메커니즘으로 수선될 수 있다. 한 가지는 두 DNA 말단을 동시에 연결하는 것[비상동성 말단 연결(non-homologous end joining, NHEJ)]이며, 다른 하나는 상동성 염색체에 대한 염기서열 정보를 이용하는 것[상동성 재조합(homologous recombination, HR)]이다. 인간과 다른 포유동물에서는 DSB 수선을 위해 비상동성 말단 연결(NHEJ)이 주로 이용된다. 두 가지 방법 모두 DSB의 발생을 인식하는 것에서 시작한다. 포유동물의 DSB 인식에는 몇 가지 분자들이 관여하는데, 그 중에서 ATM과 ATR은 수많은 DNA 수선 단백질, 세포 주기 조절 단백질, DSB 수선과 관련된 DNA-PK를 활성화함으로써 DNA 손상에 대한 전반적인 반응이 시작되도록 한다.

NHEJ는 DNA-PK가 두 DNA 말단에 결합하는 것으로 시작한다. DNA-PK는 DNA-PK_{CS}(단백질 카이네이스 DNA-활성화 촉매 폴리펩타이드)와 Ku 이합체로 구성된 이종삼합체이다. DNA-PK_{CS}는 자가인산화되어 아르테미스라 불리는 단백질을 인산화시킨다. *아르테미스*(artemis)는 두 말단을 연결 가능한 기질로 전환하는 핵산 분해효소이다. DNA 연결 효소 IV와 2가지의 보조 단백질을 포함한 삼합복합체(trimeric complex)가 절단된 DNA 말단을 연결하여 수선을 완료한다. 서열의 상동성을 사용하지 않기 때문에 NHEJ는 오류를 유발하기 쉬운 수선 경로이다. 예를 들어 세포 내에 몇 개의 DSB가 발생하면, 서로 다른 염색체의 끝끼리 의도하지 않은 DNA 연결이 일어날 수도 있고, 절단 부위에서 뉴클레오타이드들이 상실되어 결실(deletion)이 일어날 수도 있다. NHEJ 단백질들은 면역계가 세포의 항체 다양성(사람에서 100억 가지 서로 다른 항체가 있다고 여겨짐)을 발생시키는 데도 이용된다. 상동성 재조합 수선은 일반적인 재조합과 매우 유사하며, 다음 절에서 다루기로 한다.

문제 18.2

DNA 수선의 여섯 가지 종류를 나열하고, 각각의 기본적 특징을 설명하라.

DNA 재조합

재조합(recombination)이란 서로 다른 DNA 분자 사이에서 일부분을 교환함으로써 DNA 서열이 재배열되는 것으로 정의할 수 있다. 새로운 유전자나 유전자 조각의 조합을 일으키는 재조합 과정은 생명체 사이의 다양성을 결정짓는 중요한 역할을 담당한다. 특히 재조합에 의해 유발될 수 있는 수많은 변이가 각 생물종에게 환경 변화에 대한 적응의 기회를 제공한다는 점에서 매우 중요하다. 다시 말하자면, 유전자 재조합은 진화(evolution)의 가능성을 제공하는 유전자 변이의 중요한 원인이 된다. 재조합 과정은 또한 이중 가닥 DNA 틈 손상의 수선에도 이용된다.

재조합은 일반 재조합과 자리 특이성 재조합의 두 가지 형태로 구분된다. **일반 재조합**(general recombination) 또는 **상동성 재조합**(homologous recombination)은 보통 감수분열(meiosis, 반수체가 생성되는 진핵세포의 분열 형태) 중 일어나는 상동 DNA 분자 사이의 재조합을 말한다. 한편, **자리 특이성 재조합**(site-specific recombination)이란 서로 다른 분자 사이에서 짧은 길이의 상동성 DNA 자리가 교환되는 것을 의미한다. 그러나 교환되는 상동성 DNA 염기 서열 주변에 있는 대부분의 염기 서열들은 비상동성(nonhomologous)이다. 염기 서열의 상동성보다 단백질-DNA 상호작용에 의존하는 자리 특이성 재조합은 자연계에서 흔히 나타난다. 예를 들어 박테리오파지가 자신의 유전체를 대장균 염색체에 삽입하는 과정이나, 진핵생물에서 일어나는 다양한 발생 조절 유전자의 재배열 등이 자리 특이성 재조합에 해당된다. 유전자 재배열은 복잡한 다세포 생물의 세포 분화에 부분적으로 관여한다. 세포의 유전자 재배열 중 가장 흥미로운 예는 포유류의 항체 다양성이 만들어지는 것이다. 자리 특이성 재조합의 변형인 **전위**(transposition)의 경우, **전위 요소**(transposable element)라 불리는 DNA 서열들이 하나의 염색체 또는 염색체 자리로부터 다른 염색체 또는 자리로 이동한다.

일반 재조합 일반 재조합(general recombinantion)은 모든 생명체에서 일어나지만, 대장균 외에 *Saccharomyces cerevisiae*와 *Aspergillus nidulans*와 같은 진균류(fungi)에서 먼저 연구되었다. 일반 재조합은 유전자 다양성을 만들어낼 뿐만 아니라 DNA 손상의 수선 과정에도 기여한다. 재조합을 설명하기 위하여 홀리데이(Holliday) 모형을 비롯한 메셀슨-래딩(Meselson-Radding), 이중 가닥 틈(double-strand breaks), 합성-의존형 가닥 서냉 복원(synthesis-dependent strand annealing) 모형 등이 제안되었다.

재조합을 설명하기 위한 첫 번째 모형은 진균류를 이용한 홀리데이(Robin Holliday)의 연구를 토대로 하였다. 홀리데이 모형(그림 **18.20**)은 다음과 같은 단계를 필요로 한다.

1. 두 상동 DNA 분자가 쌍을 이룬다.
2. DNA 두 가닥의 동일한(혹은 유사한) 위치가 각각 끊어진다.
3. 두 개의 끊어진 가닥 조각이 교차하여 홀리데이 중간물질을 만든다.
4. DNA 연결효소가 끊어진 끝 부분을 서로 연결한다.
5. 염기쌍 결합 교환(base pairing exchange)에 의한 가지 이동(branch migration)은 DNA 조각을 한 상동 DNA로부터 다른 DNA로 전달한다.
6. 두 번째로 DNA 가닥의 연속적인 절단이 일어난다.
7. DNA 중합효소가 틈을 메우고 연결효소는 절단된 가닥을 연결한다.

메셀슨-래딩(Meselson-Radding) 모형은 홀리데이 모형으로 설명하기 힘든 일부 실험적 관찰 결과를 해석하기 위한 것이다. 종종 재조합에 의해 상동 DNA 분자 중 한 가닥만 재조합 형태가 된다. 이 메셀슨-래딩 모형(**그림 18.21**)에 의하면, 재조합은 다음과 같은 단계로 일어난다.

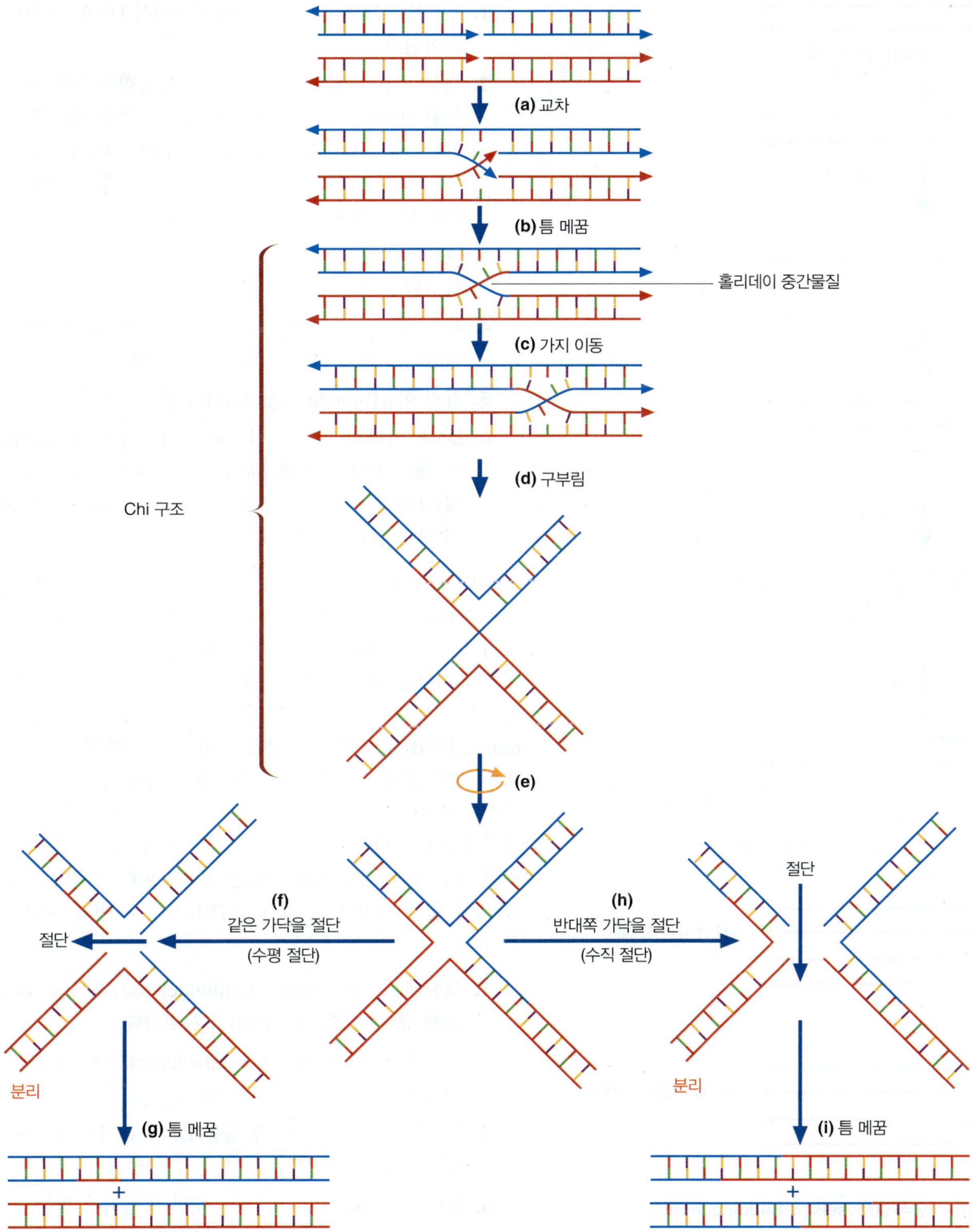

그림 18.20

일반 재조합: 홀리데이 모형(Holliday model).

각 이중나선의 한 가닥이 끊어지고 끊어진 각 가닥은 다른 이중나선을 침입한다(a). 공유 결합이 형성되고(b) 두 개의 이중나선이 교차 결합한다. 그 다음에 가지 이동이 일어난다(c). (d)와 (e)에서 chi 구조의 구부림이 나중에 일어나는 현상을 이해하는데 도움이 된다. (f)에서 동일한 원래의 가닥이 끊어진다. 그 결과 형성되는 이종 이중 가닥(heteroduplex, g)은 작은 조각(patch)을 포함하게 된다. 맞은편 가닥(h)을 끊으면 이어맞추어진 이종 이중 가닥의 형성(i)이 일어난다.

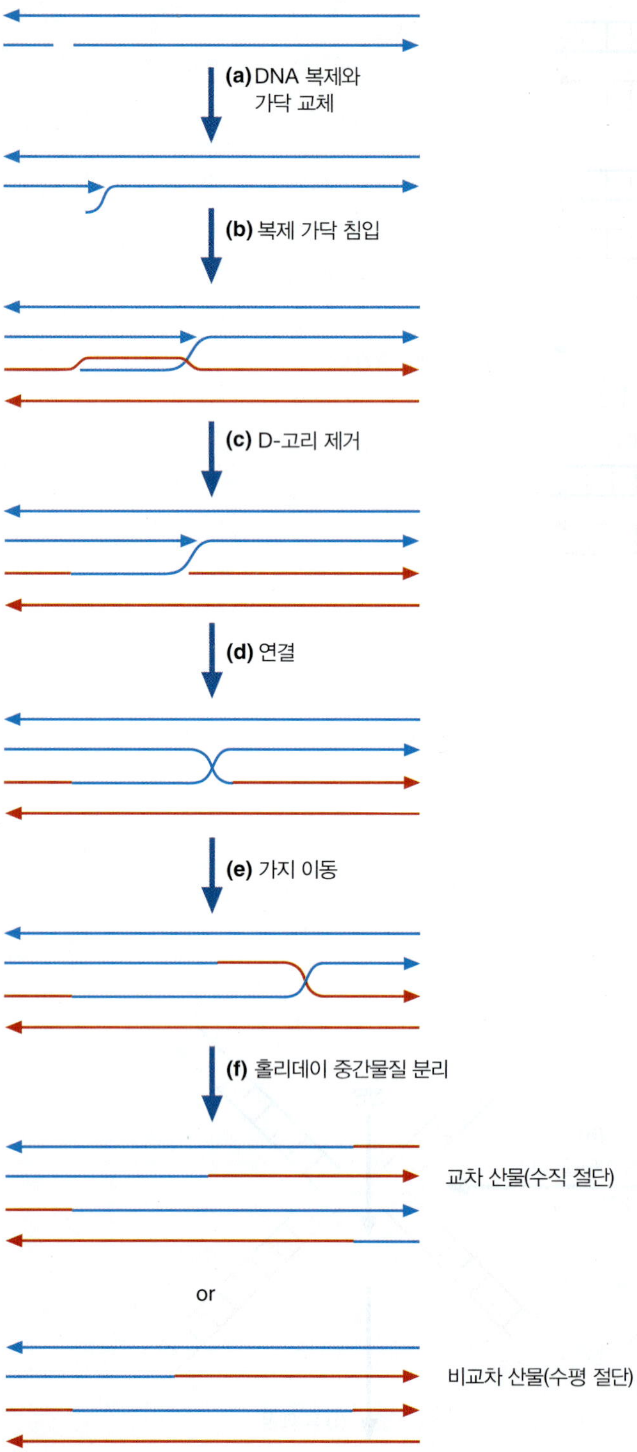

그림 18.21

일반 재조합: 메셀슨-래딩 모형(Meselson-Radding model).

재조합 과정은 DNA 분자 상의 단일 가닥 틈(nick)에 의해 시작된다. DNA 중합효소에 의해 3′-말단에서 새로운 가닥의 합성이 진행됨에 따라 틈이 생긴 가닥의 5′-말단 부분이 대체된다(a). 이렇게 생성된 5′-꼬리는 상동 DNA 분자쪽으로 침입하며(b), D-고리 구조를 형성한다. D-고리는 다음에 핵산 가수분해효소에 의해 제거된다(c). 두 개의 말단이 연결되어 홀리데이 중간물질이 형성된다(d). 가지 이동이 일어날 수 있다(e). 홀리데이 모형(**그림 18.23e~i**)과 같이, 홀리데이 중간물질은 비교차 또는 교차 산물로 전환된다(f).

1. 두 상동 DNA 분자들 중 한 분자에서 DNA 한 가닥이 끊어진다.
2. 새로 생긴 3′-말단 자리에서 DNA 중합효소에 의해 합성된 DNA는 틈의 다른 쪽에 있는 기존의 가닥을 대체한다. 새로 합성되는 가닥이 길어지면, 대체되는 기존의 가닥이 다른 염색체 상동 자리의 이중 가닥에 침입하여 D-고리(loop) 구조를 이룬다.
3. D-고리가 끊어지고 침입한 가닥이 상동 가닥의 새로 합성된 3′-말단과 연결된다.
4. 새로 합성된 가닥의 3′-말단과 상동 가닥의 5′-말단이 연결되어 홀리데이 중간물질을 형성한다.
5. 가지 이동(branch migration)이 일어난다.
6. DNA 가닥의 절단에 의해 홀리데이 접합점(junction)이 해체되며(**그림 18.20f~i** 참조), 교차(crossover) 생성물(수직 절단) 또는 비교차(noncrossover) 생성물(수평 절단)을 생성한다.

일반 재조합은 진핵세포 유성생식의 세포 분열 형태인 *감수분열*(meiosis)에서 특징적인 역할을 담당한다. 모계 및 부계의 상동 염색체를 정확하게 배열하는 메커니즘에서 일반 재조합 기구는 염색체 절편의 교환을 가능케 하여 유전적 다양성을 유발한다. **이중 가닥 틈 수선**(double-strand break repair, DSBR) **모형**(**그림 18.22a~d**)은 홀리데이 모형과 메셀슨-래딩 모형으로 설명하기 어려운 감수분열 중의 재조합 과정의 많은 부분을 설명하고 있다. 또한 이중 가닥 틈 수선 메커니즘을 통해 방사선 조사나 반응성 산소종과 같은 돌연변이 유발 인자들에 의해 발생한 원핵세포와 진핵세포의 이중 가닥 틈을 방지할 수 있다. DSBR의 주요 단계는 다음과 같다.

1. 핵산내부 가수분해효소(endonuclease)가 상동 DNA 분자 쌍 중 한 분자의 DSB를 유발한다.
2. 핵산말단 가수분해효소(exonuclease)가 5′-말단을 분해하고 3′-꼬리 부분을 남긴다.
3. 3′-꼬리 부분 중 하나가 상동 DNA 분자로 침입하고, 상동 부위를 찾아 D-고리를 형성한다.
4. DNA 중합효소가 침입하는 것과 침입하지 않는 것의 3′-꼬리 부분을 모두 새로 합성한다.
5. 침입한 3′-꼬리 자리와 손상 자리 반대편의 5′-말단 사이의 연결에 의한 가지 이동이 이중 홀리데이 접합점을 형성한다.
6. 두 개의 홀리데이 구조가 해체되어 비교차 또는 교차

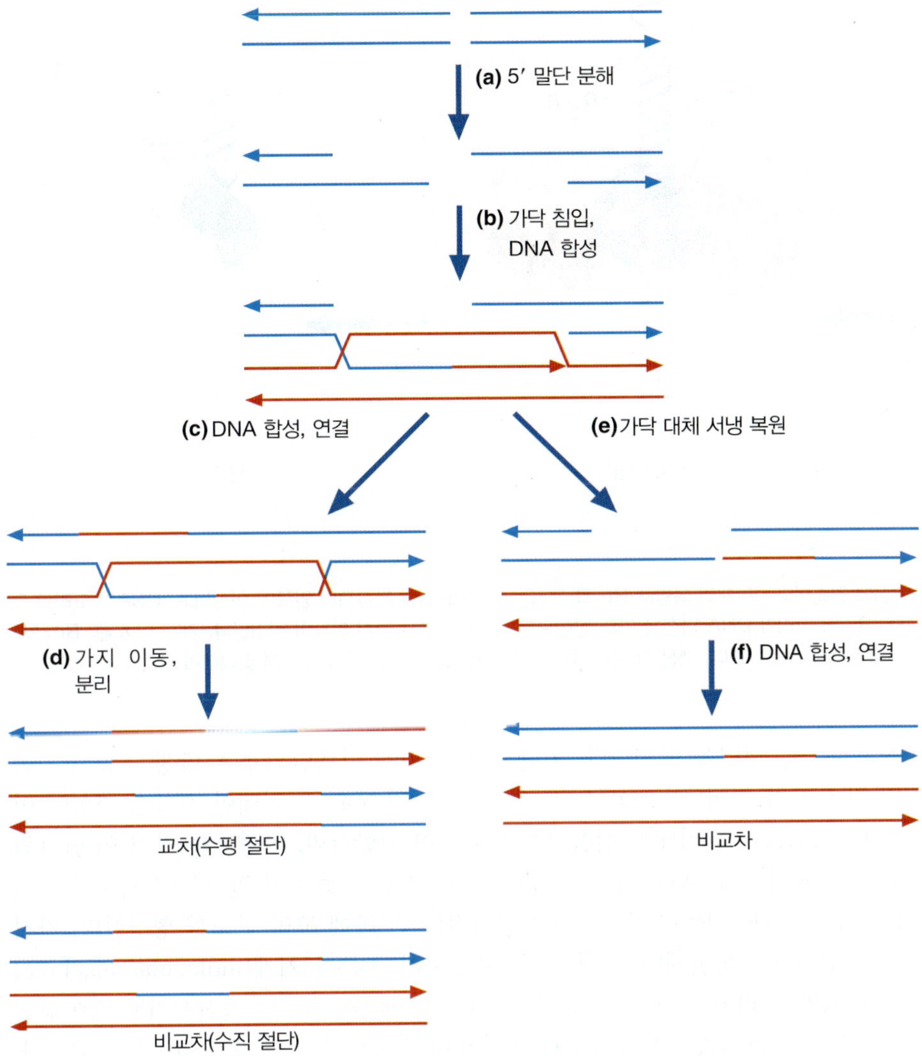

그림 18.22

일반 재조합에 대한 이중 가닥 틈 수선 및 합성 의존형 가닥 서냉 복원 모형.

이중 가닥 틈 수선(double-strand break repair, DSBR)은 상동 DNA 분자 중 하나에서 이중 가닥에 틈이 생기면 시작된다. 핵산말단 가수분해효소가 두 개의 5′-말단을 분해하여(a) 3′-꼬리를 생성한다. (b) 3′-꼬리 중 하나가 두 번째 상동 DNA 분자의 해당 자리로 침입하여 D-고리 구조를 형성한다. DNA 합성에 의해 3′-말단의 꼬리가 길어지면, 상동 DNA 가닥을 주형으로 이용하여 홀리데이 중간물질이 형성된다. (c) D-고리 내의 상보적 가닥 조각을 주형으로 한 DNA 합성에 의해 또 다른 3′-꼬리가 연장된다. 이러한 DNA 합성 단계는 DNA 연결효소의 작용과 함께 종료된다. (d) 이중 홀리데이 접합점은 가지 이동과 핵산내부 가수분해효소에 의해 교차 또는 비교차 산물로 전환된다. 합성의존형 가닥 서냉 복원(synthesis-dependent strand annealing, SDSA) 모형에서 5′-말단의 제거(a), 가닥의 침입과 DNA 합성(b)이 일어난 후, 두 번째 홀리데이 중간 산물은 생성되지 않는다. 그 대신에 (e) 침입하는 가닥이 대체되고, 손상된 다른 가닥의 DNA 합성 수선(f)을 위한 주형을 제공하는 서냉 복원(reannealing) 과정이 일어난다. SDSA는 단일 가닥 손상 자리의 연결과 함께 종료된다.

생성물을 생성한다.

DSBR은 유사분열(mitosis) 중에도 일어나지만, 대개 교차 산물을 생성하지 않는다. **합성-의존형 가닥 서냉 복원**(synthesis-dependent strand annealing, SDSA) 모형은 어떻게 이러한 현상이 일어나는지를 설명한다. D-고리의 가닥이 대체될 때 SDSA는 DSBR과 구별된다(**그림 18.22e, f**). 침입한 가닥은 이중 가닥 손상자리 말단의 상보적 단일 가닥과 재결합한다. 이 과정은 DNA의 추가 합성과 연결로 마무리된다.

원핵생물의 재조합 대장균의 재조합은 핵산말단 가수분해효소와 나선 풀기 효소의 활성을 모두 가지는 효소복합체 RecBCD가 Chi(*c*rossover *h*otspot *i*nstigator, 교차 핫스팟 선동체) 서열 자리와 만나면서 시작된다. DNA 분자와 결합한 RecBCD는 대장균 DNA에서 자주 나타나는 5′-GCTGGTGG-3′(chi 자리) 서열에 도달할 때까지 한 가닥의 DNA를 절단하여 이중나선을 푸는 과정을 진행한다. ATP 가수분해효소(ATPase)인 RecA 단위체가 한 가닥의 DNA와 결합하여 핵산단백질 섬유(nucleoprotein filament) 구조가 형성되면 DNA 가닥 교환(strand exchange)이 시작된다. ATP 가수분해에 의해, RecA와 결합한 DNA 절편은 인접한 이중나선

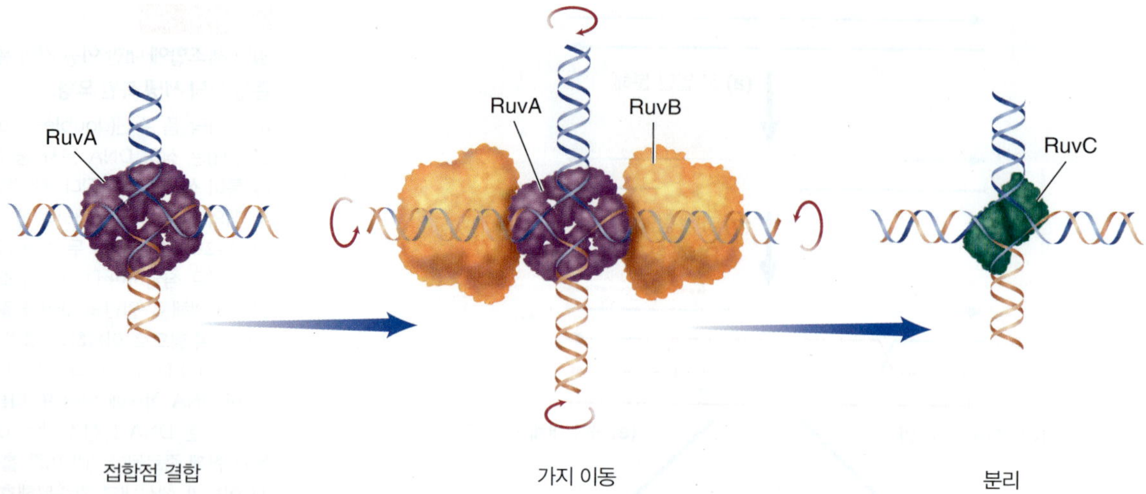

그림 18.23

Ruv 단백질과 홀리데이 접합점의 결합 모형.

처음에 RuvA 사합체(tetramer)는 홀리데이 접합점에 결합한다. 두 개의 육합체 RuvB 고리는 DNA/RuvA 복합체의 양쪽에 형성되고, DNA는 고리를 통과한다. 가지 이동은 ATP 가수분해에 의해 두 개의 RuvB 고리가 DNA 나선을 반대 방향으로 회전시키면서 가지 이동이 일어난다. 가지 이동 후, RuvA와 RuvB가 분리되고 두 개의 RuvC 단백질이 홀리데이 접합점에 결합한다. 핵산 가수분해효소인 RuvC는 교차 가닥을 절단하여 홀리데이 구조를 분리한다.

DNA의 공통 서열을 탐색한다. 일단 상동 절편에 이르면, DNA 합성을 통해 기존 가닥의 대체가 일어나며, D-고리의 절단, 가닥의 포획, 홀리데이 접합점 형성이 이어진다. RuvA가 홀리데이 접합점을 인식하여 결합하면, 이어지는 가지 이동(**그림 18.23**)이 시작된다. ATP 가수분해효소와 나선 풀기 효소의 활성을 가지는 육합체(hexamer) 형태인 RuvB 두 분자가 접합점의 한 쪽에 고리 구조를 형성한다. 가지 이동은 RuvAB 복합체에 의해 촉매된다. 이러한 분자 기계(molecular machine)는 RecA가 분리된 이후에도 두 벌의 나선 가닥들을 분리 · 회전시키고 잡아당긴다. 특정 서열 [5′-(A 또는 T)TT(G 또는 C)-3′]에 도달하면, 가지 이동이 종료된다. RuvAB가 분리되면, 두 개의 RuvC 단백질이 접합점에 결합한다. RuvC가 교차 가닥(crossover strand)을 절단하여 홀리데이 구조가 해체되어 두 개의 분리된 이중나선 DNA 분자를 형성하면 재조합이 마무리된다.

세균에서 일반 재조합은 여러 형태의 미생물 사이의 DNA 전달에 관여하는 것으로 보인다.

1. **형질 전환. 형질 전환**(transformation)이란 외피가 없는(naked) DNA 조각이 세포벽의 작은 구멍을 통해 세균의 세포 내로 들어가서 세균 유전체에 삽입되는 것을 말한다.
2. **형질 도입. 형질 도입**(transduction)은 박테리오파지(bacteriophage)가 우연히 세균의 DNA를 받개 세포로 운반할 때 일어난다. 적절한 재조합 과정이 일어난 후, 세포가 형질 도입된 DNA를 이용하게 된다.
3. **접합.** 어떤 종류의 세균은 **접합**(conjugation)에 관여하는 것으로 알려져 있다. 접합은 주개 세포(donor cell)와 받개 세포(recipient cell) 간에 일어나는 비전통적인 유성생식의 일종이다. 주개 세포는 DNA 교환 과정에서 기능을 하는 섬유상 부속기관인 성 섬모(sex pilus) 합성에 관여하는 플라스미드를 가진다. 성섬모가 받개 세포의 표면에 부착된 후, 주개 세포의 유전물질이 전달된다. 전달된 DNA 절편은 재조합에 의해 받개 세포의 염색체에 삽입되

거나, 플라스미드의 형태로 염색체 외부에 존재하게 된다.

진핵생물의 재조합 진핵생물의 일반 재조합은, 상동염색체가 정확한 쌍을 형성하여 교차(crossing over)가 일어나도록 감수분열의 첫 단계에서 일어나며, 이 교차 메커니즘을 통해 유전적 변이가 만들어진다. 상동 DNA 분자를 이용한 이중가닥 손상(DSB)의 수선은 세포 주기 중 새로 복제된 DNA가 있는 S와 G_2 기에서 일어난다. (세포 주기의 다른 단계에서는 DSB가 NHEJ에 의해 수선된다.)

진핵생물의 일반 재조합에서 그 기본적 메커니즘은 원핵생물의 재조합 과정과 유사한 것으로 생각된다. 그러나 진핵생물의 유전체가 훨씬 복잡하기 때문에 재조합에 관여하는 단백질의 수도 매우 많다. 다기능성 단백질인 Rad52는 초기에 DSB를 인식하는 역할을 하는 것으로 알려졌다. 포유동물에서 MRN 복합체(*M*re11, *R*ad50, *N*bsl)는 특정한 골격구조를 형성하는데, 이는 외인성 손상 또는 감수분열 관련 효소 Spo11에 의해 생성된 DSB에서 DNA 말단을 안정하게 만든다. 또한 MRN은 5′-말단의 절제도 촉매한다. 외인성 인자에 의해 DSB가 유발될 때, MRN은 ATM을 활성화시키며, 이는 다시 일부 DNA 수선 단백질과 세포 주기 조절 단백질을 활성화시킨다. ATM에 의해 활성화되는 DNA 수선 단백질에는 Rad51, BRCA1, BRCA2가 포함된다. Rad51은 RecA와 유사하며, ssDNA와 결합하여 가닥의 침입이 가능하도록 한다. BRCA1(Breast cancer type 1 susceptibility protein)은 세포 주기 조절과 염색질(chromatin) 재모형화를 포함한 수많은 수선 관련 경로에서 특정 기능을 담당한다. BRCA2와 연결된 BRCA1은 DSB 수선 과정에서 Rad51과 상호작용을 한다. 또한 BRCA1은 부수체 DNA 전사를 억제하여 유전체 안정성을 높인다.

자리 특이성 재조합과 전위 자리 특이성 재조합은 **부착 자리**(attachment site, att) 또는 **삽입 요소**(insertional element, IS)라 불리는 짧은 상동 DNA 조각을 이용한다. 이 자리에서의 재조합은 세포에 유리하거나 또는 해로울 수 있는 삽입(insertion), 역위(inversion), 결실(deletion), 자리옮김(translocation) 등을 유발할 수 있다. 자리 특이성 재조합의 예로 바이러스 DNA의 숙주 세포 유전체로의 삽입, 항생제 내성의 획득, 식물에서의 표현형 변이(phenotypic variation), 포유동물에서의 항체 성숙 등이 있다. 삽입의 간단한 예는 박테리오파지 DNA가 대장균 염색체로 삽입되는 경우이다(**그림 18.24**). 이 과정은 박테리오파지와 세균 유전체의 상동성 att 자리, λ 통합효소라고 불리는 바이러스 재조합효소(viral recombinase)와 세균의 유전자 산물인 통합 숙주 인자(integration host factor, IHF) 등을 필요로 한다. 홀리데이 접합점 분리(Holliday junction resolution)와 관련된 메커니즘에 의해 박테리오파지 A 유전체가 세균의 염색체 내로 삽입된다.

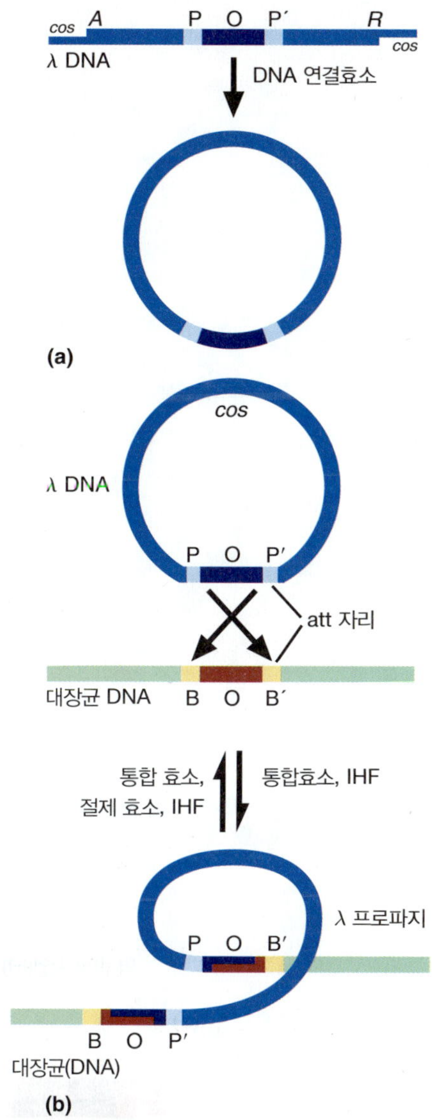

그림 18.24

대장균 염색체로 박테리오파지 λ 유전체의 삽입.

(a) 단일 가닥 cos 서열이 서로 염기쌍을 형성하면, λ DNA가 원형 구조를 이룬다. 박테리오파지의 att 자리는 POP′으로 구성되며, 이때 O는 중앙에 위치한 15-bp의 서열에 해당한다. 세균의 att 서열인 BOB′은 동일한 O 서열을 포함한다. (b) 박테리오파지와 세균의 att 자리 내에 존재하는 짧은 상동성 O 서열 사이의 자리 특이성 재조합을 통해 삽입이 이루어진다.

문제 18.3

세균의 접합은 의학적으로 중요하다. 예를 들면 어떤 플라스미드는 독소(toxin)를 암호화 하는 유전자를 포함한다. 심각한 식중독의 원인균인 대장균 O157은 대량의 출혈을 동반하는 설사와 신장의 이상을 유발하는 독소를 생성한다. 이 독소는 이질(dysentery)을 일으키는 또 다른 세균인 *Shigella*에서 유래한 것으로 생각된다. 이와 유사하게 최근 확대되는 항생제 내성의 문제가 세균 간의 항생제 내성 유전자의 전달에 일부 기인하는 것으로 알려졌다. 의학적 치료와

세균 접합
Bacterial Conjugation

문제 18.3 (계속)

동물사료용으로 남용된 항생제에 의해 항생제 내성이 증가하고 있다. 이러한 항생제의 남용이 항생제 내성을 촉진하는 메커니즘을 제안하라. [*힌트*: 높은 수준의 항생제는 선택 압력(selection pressure)으로 작용한다.]

인디언 옥수수(maize)를 가지고 연구하던 유전학자 맥클린톡(Barbara McClintock)은 1940년대에 이동성 유전 요소가 옥수수 낟알 색깔의 표현형 변이를 일으킨다고 보고하였다. 이 사실을 수용하는데 많은 시간이 필요했는데, 그 이유는 유전체를 세포의 정적인 성분(static component)으로 보는 시각으로부터 새로운 패러다임의 전환이 필요했기 때문이다. 1967년에 전위 요소[transposable element, **트랜스포존**(transposon) 또는 도약 유전자(jumping genes)]가 대장균에서 발견되었고, 유전체의 가소성(plasticity) 개념이 결국 수용되었다. 맥클린톡 박사는 1983년에 노벨 생리의학상을 수상하였다.

단순한 원핵생물 트랜스포존의 IS 요소는 전위를 일으키는 효소인 전위 효소(transposase) 유전자와 이 유전자 앞뒤에서 전위 요소의 경계를 결정짓는 짧은 역말단 반복 서열(inverted terminal repeat)로 구성된다(**그림 18.25**). [**역반복 서열**(inverted repeat)은 다른 하류 서열(downstream sequence)과 방향이 반대인 서열이다. 역반복 서열 사이에 끼어 있는 서열이 없으면 상보적인 가닥을 거꾸로 읽으면 동일하게 되는 회문(palindrome) 서열이 된다.] 복합 트랜스포존(composite transposon)이라고 불리는 더 복잡한 세균 트랜스포존은 DNA로 연결된 두 개의 트

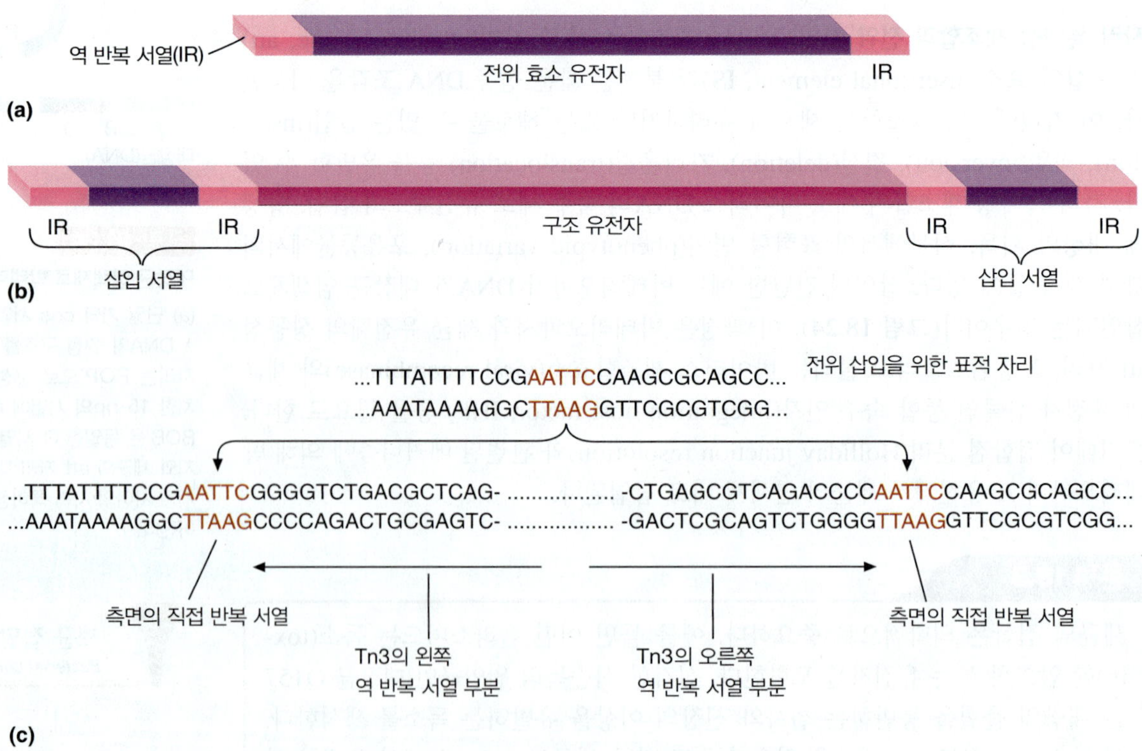

그림 18.25

세균의 삽입요소들.

(a) 삽입 서열. (b) 복합 트랜스포존. (c) 트랜스포존(Tn3)의 세균 DNA 삽입. 삽입 과정은 표적 자리의 복제를 필요로 한다.

랜스포존들로 구성된다. 비활성화 돌연변이(예, 내부 역반복 서열 또는 IS 전위 효소 유전자)에 의해 두 개의 IS 요소가 독립적으로 이동하는 것이 억제될 때, 두 개의 전위 요소(IS element)가 연결된다. 두 개의 IS 요소 사이에 존재하고 유용한 특성(예, 항생물질 내성 유전자)을 가지는 DNA 서열은 또한 복합 트랜스포존이 유지되도록 한다. 두 가지 전위 메커니즘, 즉 복제 전위(replicative transposition)와 비복제 전위(nonreplicative transposition)가 알려져 있다.

비복제 전위. 전위 효소(transposase)는 주개 DNA에서 이중 가닥을 절단하여 표적자리('절단-붙이기' 메커니즘)의 엇갈린 단일 가닥 DNA 말단에 이어 붙인다. 세포의 DNA 수선계는 표적 DNA의 틈을 채워 삽입된 트랜스포존의 양 말단에 짧은 직접 반복 서열(direct repeat)을 만든다(**그림 18.26**). 이러한 틈이 채워지지 않을 경우 세포는 생존할 수 없다.

복제 전위. 복제 전위에서 주개 DNA(donor DNA)의 한 가닥만이 표적 위치에 전달되고, 복제 후 발생하는 자리 특이성 재조합은 새로운 자리로 삽입되기보다 트랜

주요 개념 _Key Concepts

- 일반 재조합에서 DNA 서열의 교환은 상동 DNA 염기 서열 사이에서 일어난다.
- 자리 특이성 재조합의 경우, 주로 DNA-단백질의 상호작용에 의해 비상동 DNA 염기 서열의 교환이 일어난다.
- 트랜스포존이라고 부르는 DNA 염기 서열은 유전체의 한 자리로부터 다른 자리로 이동할 수 있다.

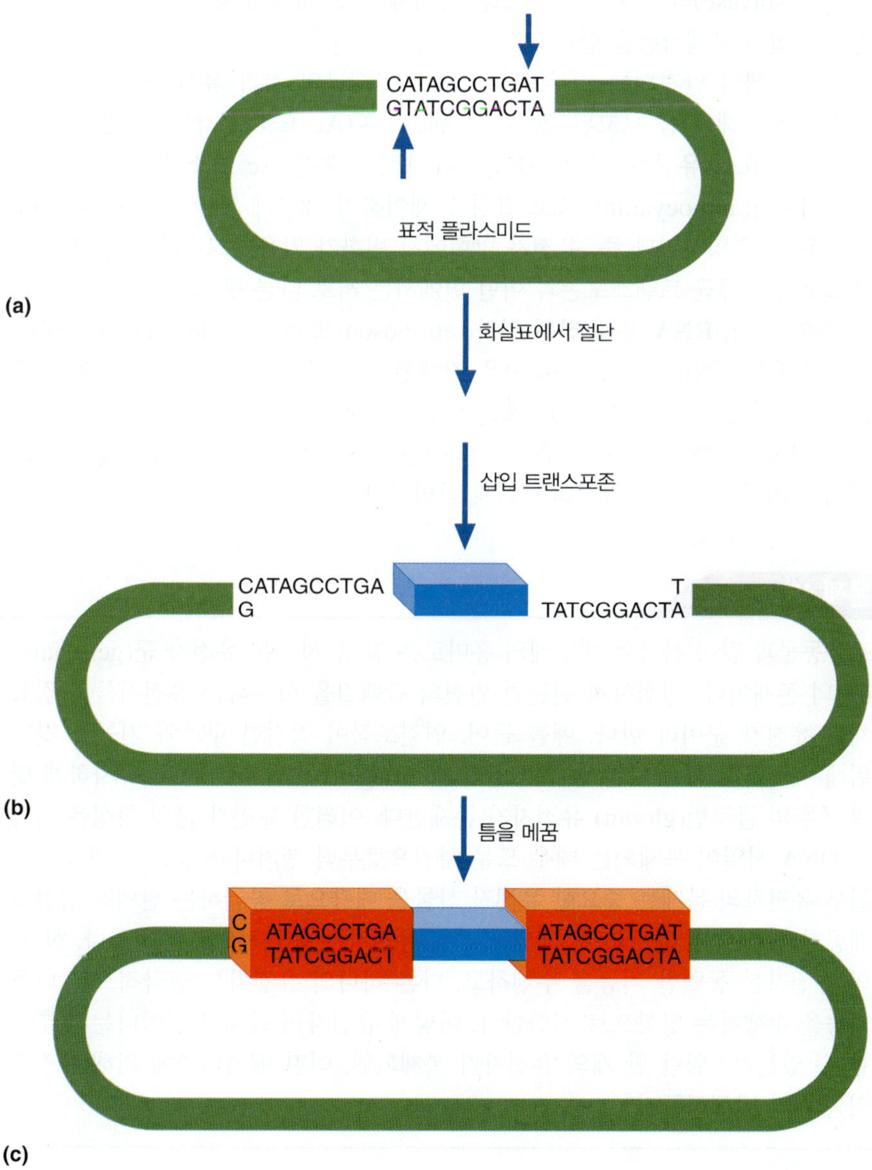

그림 18.26

비복제전위.

(a) 숙주세포 DNA가 화살표 위치에서 엇갈리게 절단되어 점착성 말단을 형성한다. (b) 트랜스포존의 각 말단(파란색)이 숙주세포 DNA의 양쪽 돌출형 말단에 공유 결합으로 연결된다. (c) 손상된 틈이 DNA 중합효소에 의해 채워지면, 전위 요소의 양쪽 말단에 숙주세포 DNA(빨간색)의 9개 염기쌍 반복 서열이 위치하게 된다.

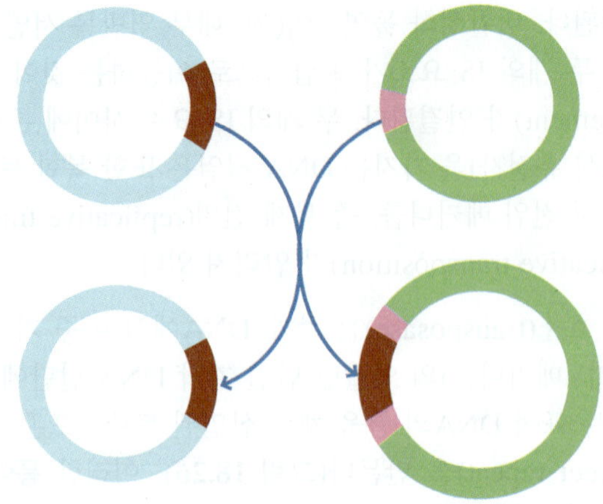

그림 18.27

복제 전위.

전위 요소(붉은색)가 새로운 위치(분홍색)로 전위되어도 원래 위치에서는 제거되지 않는다. 이러한 형태의 전위 과정에서 전체 전위 요소의 복제가 일어난 이후에 자리 특이성 재조합이 이어지기 때문에 주개 DNA가 변화되지 않는다.

스포존이 복제되도록 유발한다(**그림 18.27**). 통합체(cointegrate)라는 중간물질은 표적 DNA에 공유 결합으로 연결된 주개 절편(donor segment)으로 구성된다. 분리 효소(resolvase)라는 또 다른 효소는 통합체가 두 개의 분자로 분리되는 자리 특이성 재조합의 촉매작용을 한다.

진핵생물에서 발견되는 일부 트랜스포존은 세균의 것과 유사하다. 예를 들면, 맥클린톡에 의해 처음 보고된 옥수수 트랜스포존(Ac 요소)은 짧은 역반복 서열에 인접한 전위효소 유전자로 구성되어 있다. 맥클린톡은 Ac 요소가 옥수수 낱알의 안토사이아닌(anthocyanin) 색소 합성을 제어하기 때문에 '제어 요소(controlling element)'로 명명하였다(즉, 유전자 발현에서 변화가 있음). 그러나 많은 진핵생물 트랜스포존은 세균 트랜스포존과 어떤 면에서는 서로 다른 구조를 갖는다. 이미 서술한 바와 같이, **RNA 유래 전위 인자**(retroposon 또는 retroelement)라고 불리는 레트로트랜스포존(retrotransposon)은 진핵생물 유전체의 중요한 특징 중 하나이다. 그 변화와 위치에 따라 트랜스포존이 유전자에 지장을 주고 손상을 일으키거나 또는 유전적 다양성의 기회를 제공하는데 영향을 미친다. 일부 전위의 영향은 18.3절에서 논의되는 유전자 발현의 변화로 나타난다.

문제 18.4

포유동물과 같이 복잡한 생명체의 흥미로운 점 중 하나는 유전자 군(gene family)의 존재이다. 밀접하게 연관된 일련의 단백질을 합성하는 유전자들의 집합체를 유전자 군이라 한다. 예를 들어, 연결조직이 적절한 구조와 기능을 갖기 위해서는 몇몇 서로 다른 종류의 콜라젠(collagen)을 필요로 한다. 유사하게 몇몇 종류의 글로빈(globin) 유전자가 존재한다. 이러한 유전자 군의 형성은 하나의 DNA 서열이 복제되는 매우 드문 사건으로부터 생겨나는 것으로 생각된다. 일부 유전자의 복제는 중요한 유전자 산물을 대량으로 공급하는 선택적 장점을 제공한다. 그렇지 않으면 두 개의 복제된 유전자는 독립적으로 진화한다. 한 개의 유전자는 동일한 기능을 수행하고, 다른 하나의 유전자는 궁극적으로 다른 기능을 수행하는 방향으로 진화한다. 어떻게 유전자의 복제가 일어나는지 추측할 수 있는가? 일단 한 개의 유전자가 복제되면, 어떤 메커니즘에 의해 유전자의 변이가 발생하는가?

생화학 실험 BIOCHEMISTRY IN THE LAB

유전체학

비교적 새로운 과학의 분야인 유전체학과 기능유전체학은 생명과학 연구의 전반적인 발전을 가속화시켰다. **유전체학**(genomics)은 전체 유전체(genome)를 대량으로 분석하는 것이고, **기능유전체학**(functional genomics)은 유전자와 단백질의 기능적 특성 및 생명체 내에서 이들 분자 간의 상호작용을 분석하는 방법론이다. DNA 기술이 비약적으로 발전함에 따라 유전체학 분야에서 수천 종이 넘는 생물종의 유전체 서열 정보를 확보하였으며, 다양한 기능유전체 관련 기술들이 개발되었다. 예를 들면 DNA 칩[DNA chip, 수천 개의 상이한 DNA 서열 탐침(probe)을 유리 또는 플라스틱 기판에 미세배열(microarray)한 것]을 이용하여 과학자들은 배양된 세포로부터 수천 개 유전자의 발현을 동시에 추적 관찰할 수 있다. 다음으로 유전체 기술에서 기본적으로 사용되는 도구들에 대해 알아본다.

지금 흔히 사용되고 있는 DNA 염기 서열의 분리, 특성 규명, 조작 등은 **재조합 DNA 기술**(recombinant DNA technology)이라 불리는 일련의 기술에 의해 가능하게 되었다. 이 기술에서 필수적인 것은 여러 종의 생물 표본으로부터 분리한 DNA를 절단하고 서로 재조합 할 수 있다는 것이다. 이러한 기술들에 의해 유전체 연구가 이전에 비해 더욱 용이해졌다. 예를 들어 DNA 서열 분석에 필요한 수많은 DNA는 분자 클로닝(molecular cloning)과 중합효소 연쇄반응(polymerase chain reaction, PCR)에 의해 쉽게 얻을 수 있다. 재조합 DNA 기술의 상업적 응용은 의학 분야에도 엄청난 변혁을 일으켰는데, 예를 들면 현재 백신(예, B형 간염 백신)과 진단용 검사(예, HIV 진단) 외에도 인슐린과 성장 호르몬 같은 인간 유전자의 산물들이 재조합 유전자가 삽입된 세균에 의해 대량 생산되고 있다. 현재 일부 연구팀들이 결함유전자(defective gene)를 정상유전자(normal gene)로 대체하는 인간 유전자 치료(gene therapy)에 재조합 기술을 사용하기 위해 연구를 진행 중이다.

그림 18A는 재조합 DNA를 구축하는 기본 과정을 보여준다. 이 과정은 제한효소(restriction enzyme)를 이용하여 두 개의 서로 다른 생물 표본에서 얻어진 DNA를 절단하고 점착성 말단(sticky end)을 형성하는 것으로부터 시작한다. 다음으로 점착성 말단 사이에 서냉 복원(annealing)(염기쌍 형성)이 일어나는 조건 하에서 DNA 절편을 혼합한다. 일단 염기쌍 결합이 일어나면 각 절편은 DNA 연결효소(DNA ligase)에 의해 공유 결합으로 연결된다. 재조합형 DNA를 분리 정제한 후, 연구에 필요한 DNA를 대량 생산한다. 다음으로 복제에 의해 DNA의 양을 증가시키는 분자 클로닝 기술에 대해 알아본다.

분자 클로닝

분자 클로닝(molecular cloning)은 재조합 DNA 분자를 만드는 실험 방법이다. 분자 클로닝에서는 주개 세포(예, 동물 또는 식물 세포)로부터 분리한 DNA 조각을 **벡터**(vector)에 삽입한다. 벡터는 외래 DNA 서열 또는 유전자를 숙주 세포 내로 운반하기 위해 사용되는 복제 가능한 DNA 분자이다.

벡터의 선택은 주개 DNA의 크기에 달려 있다. 예를 들어 세균의 플라스미드(plasmid)는 작은 조각(15 kb)의 DNA를 클로닝 하는 데 사용된다. 조금 더 큰 조각의 DNA(24 kb)는 박테리오파지 λ

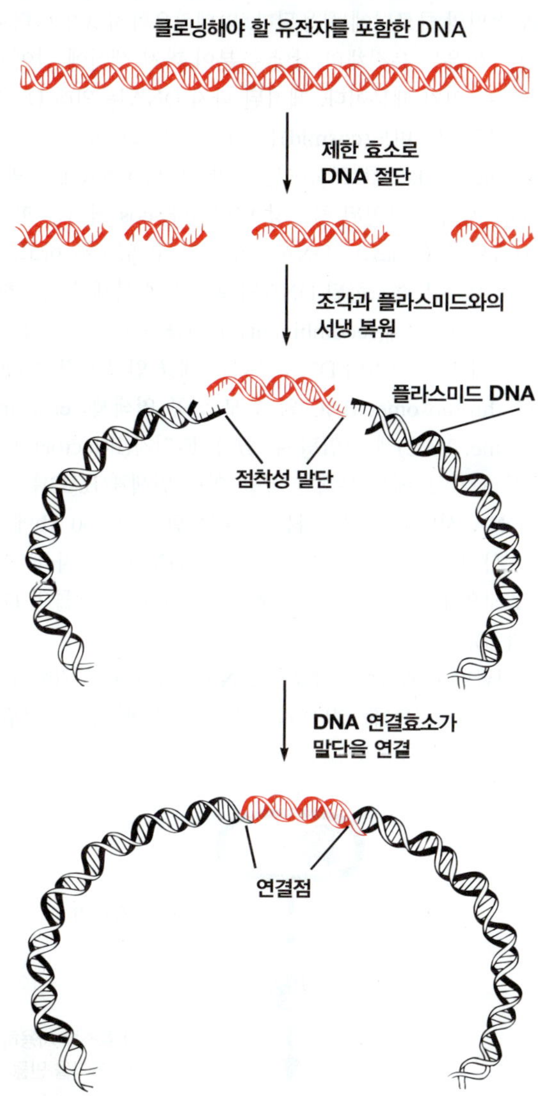

그림 18A
재조합 DNA의 제조.
재조합 DNA 분자는 기원이 서로 다른 두 개의 DNA를 제한효소로 처리하여 제조한다. 혼성화(hybridization) 조건에서, 점착성(sticky) 말단을 가진 DNA 조각이 서로 결합한다. 일단 염기쌍이 형성되면, DNA 연결효소가 이들 조각을 서로 연결한다.

생화학 실험 BIOCHEMISTRY IN THE LAB (계속)

벡터에 삽입될 수 있으며, 코스미드(cosmid) 벡터는 50 kb 정도의 큰 DNA 절편의 클로닝에 사용된다. 박테리오파지 λ가 벡터로 사용될 수 있는 이유는 유전체의 상당 부분이 파지 생산에 관여하지 않고 제거될 수 있기 때문이다. 제거된 파지 DNA는 외래 DNA로 대체될 수 있다. 코스미드(cosmid)는 하나 또는 그 이상의 선택 표지자(selectable marker)를 포함하는 플라스미드 DNA에 λ 박테리오파지의 cos 자리가 삽입된 클로닝 벡터이다. cos 자리는 파지의 머리(head)에서 숙주 세포로 DNA가 전달될 수 있도록 하고, 플라스미드 DNA 부분은 재조합된 DNA의 독립적인 복제를 촉진하며, 선택 표지자는 재조합체(recombinant)가 성공적으로 선별될 수 있도록 돕는다. 매우 큰 크기의 DNA 조각은 **세균 인공 염색체**(bacterial artificial chromosome, BAC)와 **효모 인공 염색체**(yeast artificial chromosome, YAC)에 삽입될 수 있다. F-인자(F-factor)라 불리는 대장균 플라스미드에서 유래한 세균 인공 염색체(BAC)는 300 kb 크기의 DNA 서열을 클로닝하는 데 사용된다. 1,000 kb에 달하는 유전자를 삽입할 수 있는 효모 인공 염색체(YAC)는 자율적으로 복제하는 효모의 DNA 서열을 이용하여 만든다(진핵생물의 DNA 복제점을 가짐).

이미 언급한 바와 같이, 재조합 DNA를 구축하기 위해서는 벡터 DNA(예, 플라스미드)를 절단하는 제한효소가 필요하다(**그림 18B**). 플라스미드의 점착성 말단이 주개 DNA의 점착성 말단과 염기쌍을 형성한 후, DNA 연결효소가 두 DNA 분자를 공유 결합으로 연결한다. 다음으로 재조합 벡터가 숙주 세포 내로 삽입된다.

어떤 경우에서는 클로닝 벡터를 숙주 세포 내로 도입하는 것이 그리 어렵지 않다. 예를 들면, 파지 벡터는 **형질 주입**(transfection)이라 불리는 감염 과정에서 재조합 DNA를 도입하도록 고안되었고, 어떤 세균은 자발적으로 플라스미드 DNA를 세포 내로 받아들인다. 그러나 대부분의 숙주 세포는 반드시 외래 DNA를 받아들일 수 있는 특별한 상태로 유도되어야 한다. 이를 위해 여러 가지 방법이 사용되고 있는데, 일부 원핵 및 진핵세포에서는 배지에 Ca^{2+} 이온을 첨가하여 DNA의 도입을 촉진시킬 수 있다. 한편 다른 경우에는 숙주 세포에 전류를 가하는 **전기 천공법**(electroporation)이 사용된다. 동물 및 식물세포를 형질 전환(transformation)하기 위한 가장 효과적인 방법 중 하나는 유전물질을 직접 현미주입(microinjection)하는 것이다. 예를 들면 형질 전환 동물(transgenic animal)은 재조합 DNA를 수정란에 현미 주입하여 만든다.

일단 DNA가 도입되면 각 유형의 세포는 자신의 유전체와 함께 재조합 DNA를 복제한다. 재조합 벡터는 숙주세포의 효소에 의해 인식되는 조절 부위를 포함해야 한다.

성공적으로 형질 전환된 숙주 세포는 증식할 때 재조합 DNA를

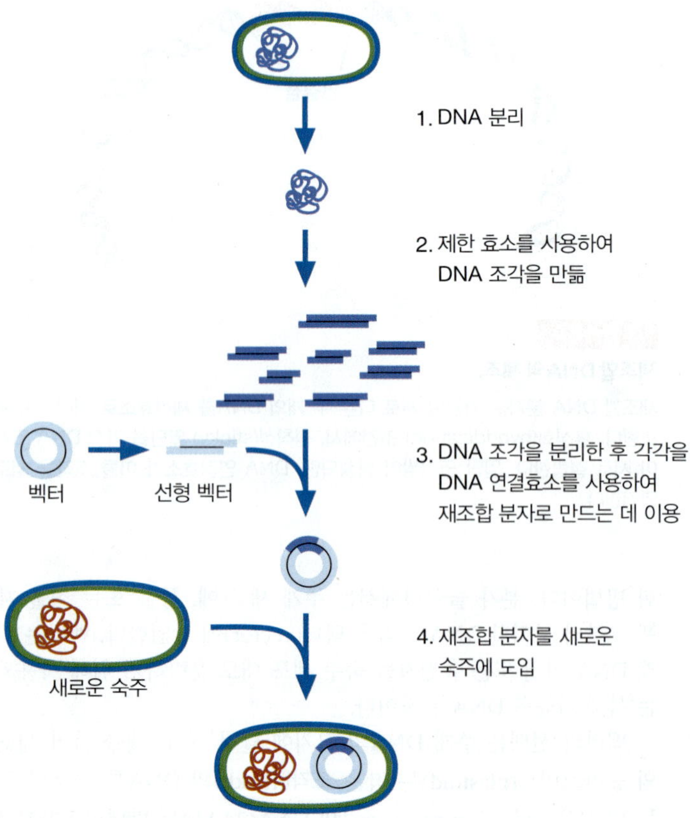

그림 18B
DNA 클로닝.
클로닝 과정에서는 재조합 DNA 분자가 숙주세포 내로 도입되어 각 클론이 생성되면 숙주세포 유전체와 함께 벡터 DNA가 복제된다. 동일한 제한효소를 사용하여 선형의 벡터와 DNA 조각을 형성한다.

생화학 실험 BIOCHEMISTRY IN THE LAB (계속)

신속히 증폭한다. 예를 들면 영양소 공급과 온도가 적절한 조건 하에서 대장균에 도입된 하나의 재조합 플라스미드는 약 11시간 동안 10억 배로 복제될 수 있다. 그러나 형질 전환 세포와 비형질 전환 세포는 매우 유사한 형태로 보인다. 따라서 연구자들은 대개 형질 전환 세포를 쉽게 확인하기 위해 선택 **표지 유전자**(marker gene, 존재 여부를 확인할 수 있는 유전자)가 있는 벡터를 사용한다. 예를 들어 세균에 도입되는 플라스미드 벡터에는 대부분 항생제 내성 유전자 또는 색상 선별 표지 유전자가 포함된다. 항생제 내성 유전자를 보유한 플라스미드 벡터에 노출된 세균을 항생제가 포함된 배지에 도말(plating)하면, 형질 전환 세포만 자랄 수 있다. 효모 같은 진핵세포에서는 특정 영양소의 합성에 필수적인 효소가 결핍된 세포가 사용될 수 있다. 예를 들어 루신(leucine) 생합성 회로에 관여하는 특정 효소가 결핍된 돌연변이 효모를 LEU2 유전자를 포함한 벡터로 형질 전환하면, 성공적으로 형질 전환된 세포만 루신이 결핍된 배지에서 자랄 수 있다.

또 다른 접근 방법으로서 **콜로니 혼성화 기술**(colony hybridization technique)이 있는데(**그림 18C**), 형질 전환된 세균을 방사성 표지 탐침(probe)을 이용하여 선별하는 방법이다. 탐침으로는 재조합 DNA 내의 특정 염기 서열과 상보적인 서열을 포함한 RNA 또는 단일 가닥 DNA 분자를 사용한다. 세균을 고체 배지에 도말하여 콜로니를 형성하도록 배양한다. 그런 다음 각각의 배지 위에 나이트로셀룰로스(nitrocellulose) 여과지를 접촉시켜 세포가 옮겨지도록 한다. (원래 콜로니의 일부분은 배지 상에 남는다.) 나이트로셀룰로스 여과지에 옮겨진 세포를 알칼리 용액으로 용해시키고, 노출된 DNA와 표지 탐침 분자가 서열의 유사성에 의해 염기쌍을 형성하는 혼성화(hybridization) 반응을 일으킨다. 비혼성화 탐침 분자를 세척하여 제거한 다음, 방사선 자동 사진법(autoradiography)을 사용하여 원래 배양접시(master plate)에서 원하는 재조합 DNA를 보유한 콜로니를 선발한다.

중합효소 연쇄 반응

클로닝이 분자생물학 분야에서 매우 유용하지만, **중합효소 연쇄 반응**(polymerase chain reaction, PCR)은 다수의 DNA 복제물을 얻을 때 더욱 편리한 방법이다. 특정 DNA 부위 양쪽의 측면 서열(flanking sequence)을 안다면 *Thermus aquaticus* 유래의 열에 안정한 DNA 중합효소(Taq polymerase)를 사용하여 그 DNA 부분을 증폭할 수 있다(**그림 18D**) PCR 증폭을 위해서 한 쌍의 시발체(primer)가 필요하기 때문에 이러한 측면 서열을 반드시 알아야 한다. 시발체는 자동화 과정 DNA 합성기를 이용하여 제조한다.

열을 가하여 변성시킨 표적 DNA 시료에 *Taq* 중합효소, 한 쌍의 시발체, 그리고 DNA 복제에 사용한 성분들을 첨가함으로써 PCR이 시작된다. (DNA를 가열하면 단일 가닥으로 분리된다.) 반응 혼합물의 온도가 낮아지면, 시발체가 표적 서열 양 측면의 상보적 서열에 결합한다. 각각의 단일 가닥은 DNA 복제의 주형으로 작용한

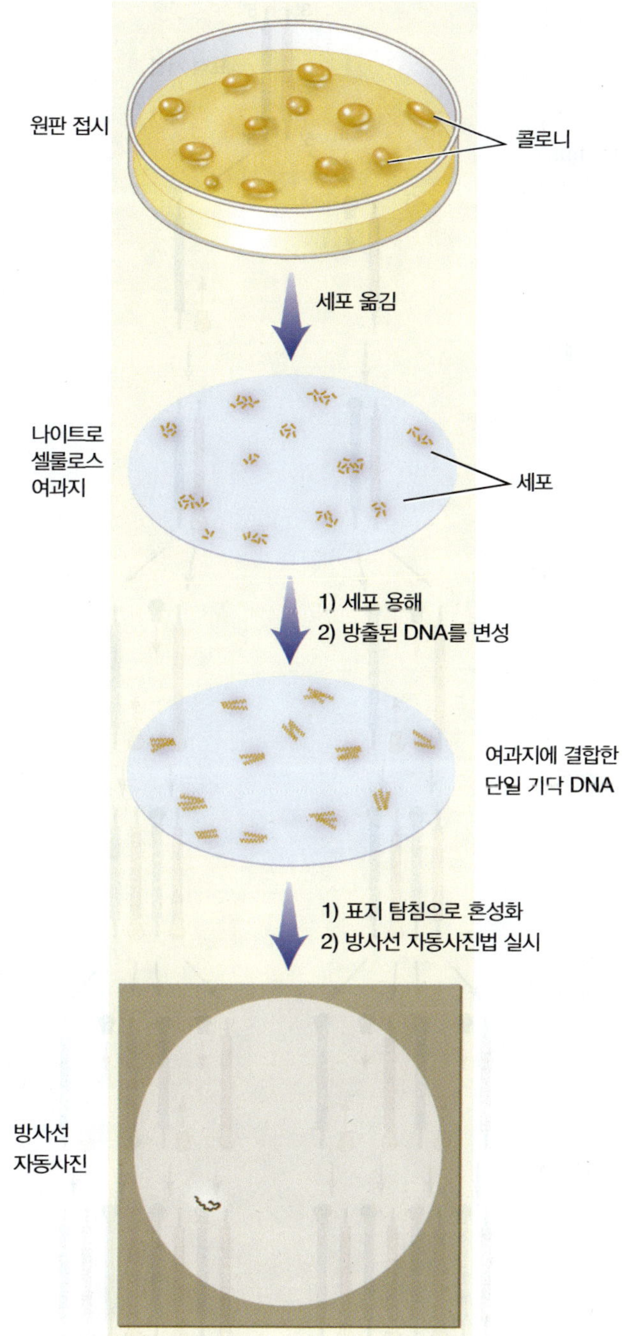

그림 18C

콜로니 혼성화.

형질 전환된 세포만 자랄 수 있는 고체 배지에 세균을 도말한다. 콜로니가 볼 수 있을 만큼 자라면, 나이트로셀룰로스 여과지로 고체 배지를 덮어 콜로니들이 여과지로 옮겨지게 한다. 여과지 상의 세포를 용해시킨 후에 노출된 DNA를 변성시키고 단백질을 제거한다. 그 다음으로 방사성 표지 탐침을 첨가하고, 결합하지 않은 표지 탐침을 세척하여 제거한다. 여과지의 방사선 자동사진과 배지의 콜로니를 비교하여 표지 탐침과 혼성화에 의해 결합할 수 있는 DNA 서열을 보유한 세포를 선별한다.

생화학 실험 BIOCHEMISTRY IN THE LAB (계속)

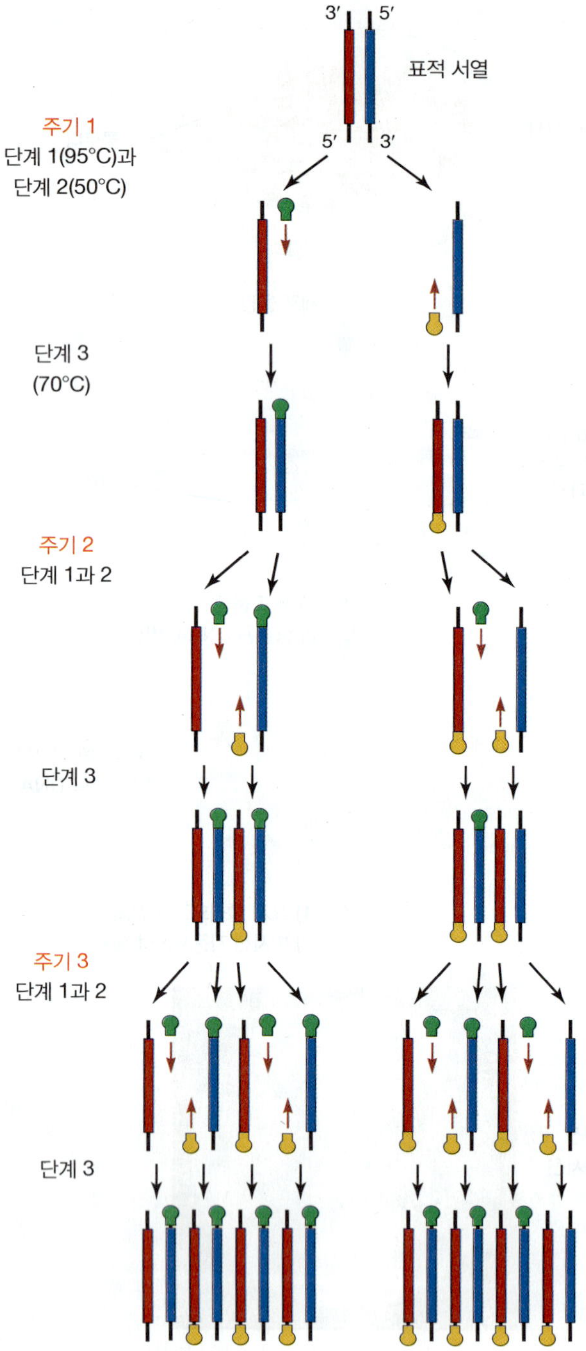

그림 18D

중합효소 연쇄 반응.

세 단계로 구성된 주기를 반복함으로써 한 개의 DNA 분자를 수백만 배로 증폭할 수 있다. 첫 단계에서 dsDNA 시료를 95°C로 가열하여 가닥을 분리한다. 두 번째 단계에서 온도를 빠르게 50°C로 낮추고 올리고뉴클레오타이드 시발체를 첨가한다. 시발체는 두 DNA 가닥의 말단에 있는 상보적 서열에 염기쌍을 형성하여 결합한다. 세 번째 단계에서 Taq 중합효소의 최적 조건인 70°C로 온도를 높이면 DNA 합성이 일어난다. 기존 가닥과 새로 합성된 가닥을 모두 주형으로 이용하여 반응의 주기가 반복된다.

다. 이 과정을 주기(cycle)라 부르며, 1회의 주기가 완료되면 표적 서열은 두 배로 복제된다. 이 과정을 반복하면, 엄청난 수의 DNA 복제물을 합성할 수 있다. 예를 들어 30주기의 반응 후에 단일 DNA 조각이 10억 배 정도로 증폭된다.

유전체 라이브러리

클론 또는 유전자 은행으로도 불리는 유전체 라이브러리(genomic library)는 전체 염색체 또는 유전체의 조각으로부터 유래한 클론(clone)들을 모아놓은 것이다. 유전체 라이브러리는 여러 가지 목적에 사용되지만, 가장 중요한 용도는 염색체 내의 위치가 알려지지 않은 특정 유전자의 분리와 유전체 서열 결정(genome sequencing 또는 gene mapping)이다.

유전체 라이브러리는 유전체를 무작위로 절단하는 **산탄식 클로닝**(shotgun cloning)이라는 과정을 통해 제조된다(**그림 18E**). DNA 조각의 크기는 사용되는 벡터에 적합해야 하는데, 그 크기는 제한효소의 종류와 반응 조건을 선택함으로써 결정할 수 있다. 모든 표적 서열들이 유전체 라이브러리에 포함되도록 하기 위해 종종 DNA 시료를 부분적으로 제한효소 처리하여 절단한다. 적절한 표지 탐침을 사용하면 특정 유전자의 위치를 확인할 수 있다.

유전체 라이브러리의 또 다른 형태로 **cDNA 라이브러리**(cDNA library)로 불리는 상보적 DNA(complementary DNA) 분자의 집합은 mRNA로부터 역전사(reverse transcription)에 의해 생성된다. 이 기술은 특정 조건 하에서 세포 유형에 따른 전사체(transcriptome)의 차이를 분석하는 데 사용될 수 있다. 즉, 어떤 유전자가 특정 세포 유형에서 발현되는지 결정할 수 있는 방법이다. 예를 들면, DNA 칩 기술(DNA microarray)을 이용하여 정상 세포와 질환 세포의 유전자 발현을 조사하고 비교할 수 있다. cDNA 라이브러리는 진핵세포의 DNA를 클로닝할 때 특히 유용한데, 이는 mRNA에 비암호화 서열 또는 인트론(intron) 서열이 포함되지 않기 때문이다. 결과적으로 유전자 산물을 더욱 쉽게 확인할 수 있고, 인트론을 제거할 수 없는 세균으로부터 다량의 유전자 산물을 생산할 수 있다.

염색체 걷기

유전체 라이브러리 내 클론의 DNA 서열이 너무 커서 서열 결정이 어려울 때, 염색체 걷기 기술이 사용된다. 클로닝된 DNA는 조각으로 절단되어 다시 서브클로닝(subcloning) 된다. 이렇게 얻어진 서브클론(subclone) 중 하나를 선발하여 염기 서열을 결정한 후, 한쪽 끝의 작은 조각을 표지 탐침으로 이용하여 나머지 서브클론들 중 해당 서열을 포함하는 클론을 찾아낸다(**그림 18F**). 새로운 조각의 염기 서열을 결정하고 그 중 일부를, 서열이 겹치는 또 다른 클론을 찾아내기 위한 표지 탐침으로 사용한다. 이러한 방법으로 어떤 서열들이 서로 인접하고 있는지 결정할 수 있는데, 이렇게 서열들이 겹쳐지도록 배열한 세트를 **콘티그**(contig)라고 한다. 진핵세포 유전체를 분석할 때, 거대한 염색체의 크기 때문에 YAC과 같은 클로닝 벡터와 **염색체 도약**(chromosomal jumping) 기술을 필요로 할 때가 많

생화학 실험 BIOCHEMISTRY IN THE LAB (계속)

다. 염색체 도약 기술에서 서로 겹치는 클론들은 드문드문 절단하는 제한효소에 의해 생성된 수백 kb의 DNA 서열을 포함한다.

DNA 미세배열

DNA 미세배열(DNA microarray, 또는 DNA 칩)은 수천 개의 유전자 발현을 동시에 분석하는데 사용된다. 대개 우표 크기 정도의 DNA 미세배열은 유리 또는 플라스틱 고체 지지물(solid support)에 결합된 수천 또는 수십만 개의 올리고뉴클레오타이드 또는 ssDNA 조각으로 구성된다. 미세배열의 각 위치에 결합되어 DNA 탐침으로 작용하는 서열들은 특정 DNA 또는 RNA 서열과 혼성화를 통해 결합하도록 고안되었다.

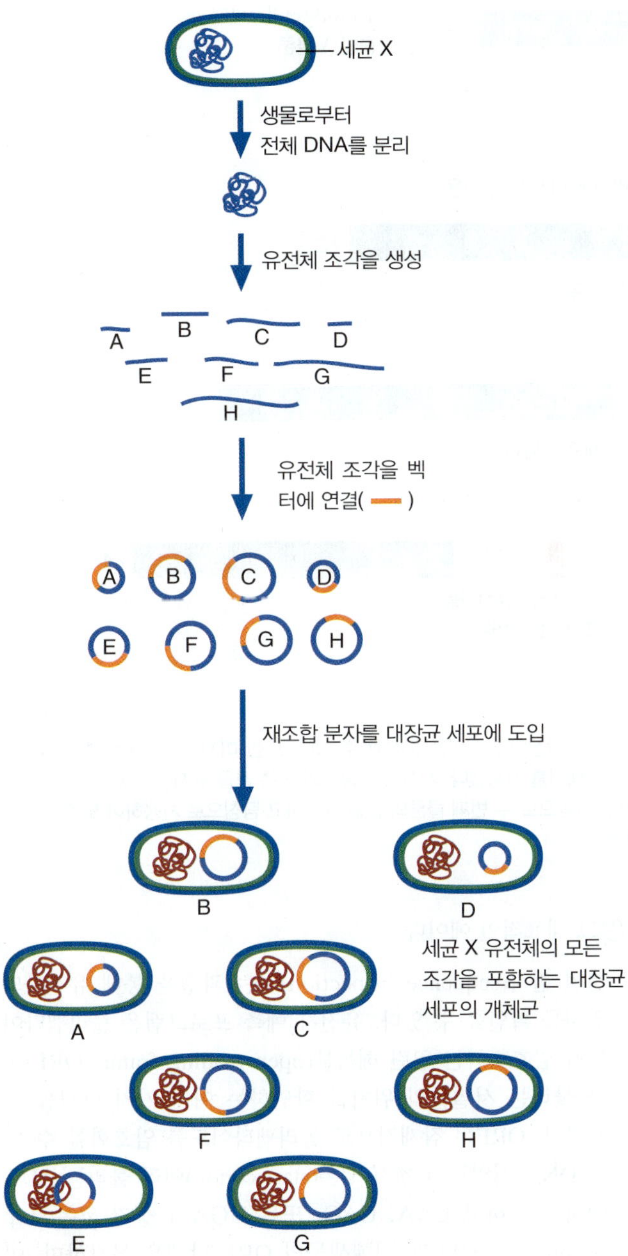

그림 18E
산탄식 클로닝 방법을 이용한 DNA 라이브러리 생성.
생물체로부터 DNA를 분리 · 정제한 후, 제한효소를 처리하면 DNA가 조각으로 절단된다. DNA 조각들은 무작위로 벡터에 삽입되고, 재조합 분자는 대장균과 같은 세포의 내부로 도입된다. 이러한 세포의 총합을 유전체 라이브러리라 한다.

유전자 발현 연구를 위해 연구 대상인 세포로부터 얻어진 전체 mRNA 분자의 총합(즉, 전사체)을 cDNA로 역전사한다. 형광 물질로 표지된 cDNA 분자를 혼성화 조건에서 미세배열과 반응시킨다. 반응 후에 미세배열을 세척하여 혼성화되지 않은 분자를 제거한다. 연구자들은 비세배열에서 형광을 나타내는 위치를 확인함으로써 어떤 유전자들이 발현되는지 알 수 있다. 또한 과학자들은 현미경, 광전증폭관(photomultiplier tube) 및 컴퓨터를 사용하여 다양한 상황에서 유전자 발현의 변화를 관찰할 수 있다. 예를 들어 정상세포와 암 세포를 비교하거나, 서로 다른 영양소들 또는 신호 분자들에 노출된 세포들을 비교할 수 있다.

유전체 사업

각각의 유전체 사업(genome project)은 특정 생물 종의 전체 DNA 염기 서열을 결정하려는 것이다. 이 과정에는 유전체를 절단하여 수많은 염기 서열을 얻고, 자동화 과정 서열 결정법에 의해 염기 서열을 결정하는 것이 포함된다. 각 조각의 서열 정보는 컴퓨터 기술을 활용하여 서로 연결되고, 결국 전체 유전체 서열이 완성된다.

인간 유전체 사업(Human Genome Project)은 인간 유전체의 전체 염기 서열을 결정하려는 국제적 연구 사업이었다. 인간 유전체의 염기 서열이 밝혀지면서, 약 21,000개의 인간 유전자에 대한 해석(annotation, 즉 기능 확인)에 과학자들의 관심이 집중되었다. 과학자들은 인간을 생물학적으로 더 잘 이해하기 위하여 대대로 해부학, 생화학, 생리학, 의학 분야에서 다른 생물들과 구조적 · 기능적으로 비교해왔다. 따라서 과학자들은 다른 생물 종의 유전체 사업으로부터 얻은 정보와의 비교를 통해 인간 유전체를 해석하기 위해 노력하고 있다. 그 동안 많은 연구가 이루어진 세균(예, 대장균), 효모(예, *Saccharomyces cerevisiae*), 꼬마선충(예, *Caenorhabditis elegans*), 초파리(예, *Drosophila*), 그리고 포유동물(예, 생쥐)의 유전체는 유전체의 구조 분석과 함께 다른 생물 종에서 최근에 발견된 유전자의 기능을 확인하는 데 활용된다.

미국 국립 유전체연구소(National Human Genome Research Institute, 미국 국립보건원 일부)의 자금 지원으로 이루어지는 ENCODE (the Encyclopedia of DNA Elements)는 전 세계적 연구진이 참여하는 연구사업이다. 더 강력해진 DNA 서열 결정 기술에 의하여 뒷받침 받는 이 사업의 목적은 두 가지이다. 첫째, 인간 유전체에서 단백질을 암호화하지 않는 98.5%에 해당하는 부분의 기능을 결정하는 것이다. 둘째, 인간의 질병을 예방하거나 치료할 수 있도록 DNA에 기초한 치료법에 필요한 지식의 개발을 촉진하는 것이다. ENCODE의 초기 성과의 예로는 인간의 유전체 전체에 걸

생화학 실험 BIOCHEMISTRY IN THE LAB (계속)

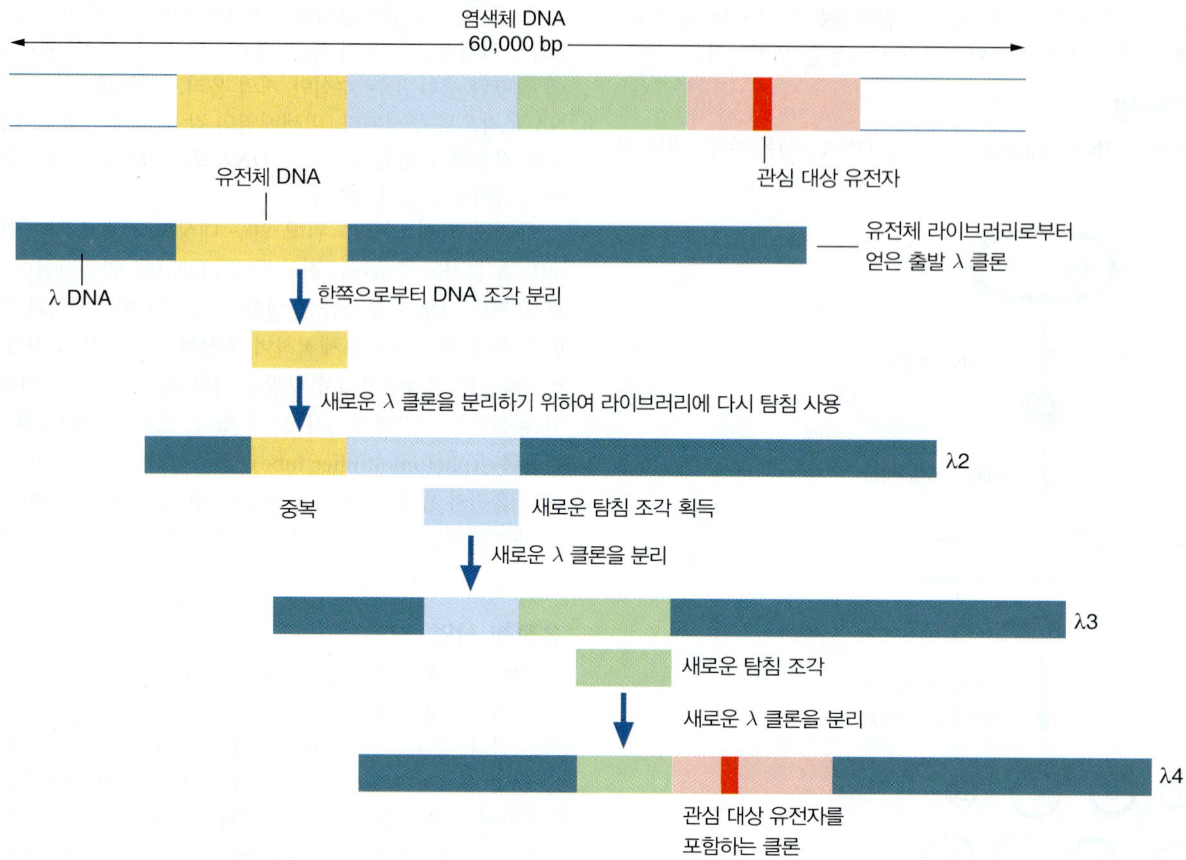

그림 18F

염색체 걷기.

염색체 걷기에서 중복 서열을 포함하는 DNA 클론을 체계적으로 찾아낼 수 있다. 유전자 지도를 작성하고 서열을 분석할 수 있다. 또한 미지의 유전자도 찾아낼 수 있다. 이 과정은 DNA를 조각으로 잘라 클로닝함으로써 시작된다. 이 예에서는 박테리오파지 λ 벡터를 사용했다. 시작하는 클론의 한쪽 끝을 표지하고 탐침으로 사용하여 라이브러리에서 시작하는 클론 서열과 인접 서열을 모두 포함하는 중복 클론을 찾아낸다. 다음으로 두 번째 클론의 끝을 표지하고 탐침으로 사용하여 또 다른 중복 클론을 찾아낸다. 모든 DNA 조각들의 서열이 결정되고 위치가 확인될 때까지 이 과정을 반복한다.

쳐 전사가 일어난다는 것이나 인간 DNA 서열의 대부분(약 80%)이 ENCODE에서 밝혀낸 조절 서열에 매우 가깝게 있다는 것과 같은 놀라운 사실들이다.

생물정보학

생물 분석을 위한 *고속대량*(high-throughput, 예: 고속, 대량, 자동화 과정) 기술의 등장으로 인해 핵산과 폴리펩타이드 서열에 관한 방대한 자료를 얻을 수 있게 되었다. 유전체와 단백질체 서열 분석 사업, 그리고 전사와 같은 세포 내 과정의 미세배열 분석으로부터 수집한 정보는 과학자들이 이용할 수 있도록 데이터베이스에 저장된다. 과학자들은 어떻게 그렇게 방대한 양의 원시자료(raw data)를 분석하는가? 컴퓨터 과학, 응용 수학과 통계학에서의 기술적 진보로 인해 **생물정보학**(bioinformatics)은 과학자들에게 연구를 위한 강력한 도구를 제공하게 되었다. 이전에는 다루기 어려웠던 문제들을 컴퓨터 알고리즘(algorithm)의 사용으로 해결할 수 있게 되었다. 다음은 그 대표적인 예이다.

1. 서열 검사(sequence inspection)라는 과정을 통해 유전자의 위치를 확인할 수 있다. 유전자 예측 프로그램은 폴리펩타이드를 암호화하는 열린 해독틀(open reading frame, ORF)이라 불리는 서열들의 위치를 확인하는 여러 가지 단서를 이용한다. ORF는 잠재적으로 폴리펩타이드를 암호화할 수 있는 DNA 서열로서 *개시 코돈*(start codon)이라 불리는 AUG에서 시작하고 UAA, UAG, 또는 UGA의 *정지 코돈*(stop codon)으로 끝난다. 진핵생물의 ORF 탐색은 복잡하며, 이는 폴리펩타이드를 암호화하는 엑손(exon)보다 더 긴 인트론(intron)이 존재하기 때문이다.
2. 과학자들은 DNA 서열을 정렬하여 비교함으로써 수백 종의 생물 유전체들을 탐색하여 유전자 또는 조절 서열 사이의 유사성을 확인할 수 있다. 또한 생물 종 사이의 관계와 생명활

생화학 실험 BIOCHEMISTRY IN THE LAB (계속)

동 과정을 영위하는 데 필요한 메커니즘에 대해 매우 중요한 정보를 얻는다.

3. 단백질 구조의 예측은 상동모형화(homology modeling)라는 방법에 의해 용이해졌다. 일단 새로운 단백질을 암호화하는 유전자가 발견되면, 이미 구조가 알려진 상동 분자 또는 근접한 상동 분자(near-homologous molecule)들을 생물정보학적 분석 방법으로 탐색한다.
4. 단백질 미세배열에서 얻어진 대용량 데이터와 질량분석기를 활용한 세포 단백질체 데이터의 생물정보학적 분석은 세포 단백질의 합성 양식을 분석하는 데 매우 중요하다. 예를 들면, 이런 유형의 자료 분석으로 의과학자들은 정상 세포의 단백질과 질병 상태 세포의 단백질을 비교할 수 있다.
5. 진화생물학 분야에서 생물정보학 프로그램은 드물게 일어나는 유전자 중복(gene duplication) 및 측면 유전자 전달(lateral gene transfer)를 토대로 생물의 계통을 추적하는 데 사용된다. (측면 유전자 전이는 종들 사이에 일어나는 유전자의 전이이다.)
6. 현재 고속대량 유전자 발현 분석 기술이 질환 관련 유전자들을 규명하는 데 사용된다(예, 정상세포와 암세포의 전사 생성물 비교).
7. 시스템생물학자들은 날로 증가하는 생물학 자료와 복잡한 수학적 모형화를 조합하여 활용함으로써 우리가 생명현상의 작동원리를 이해하는 데 크게 기여할 것이다.

18.2 전사

DNA 서열로부터 RNA 복제물을 생성하는 전사(transcription)는 환경적인 신호(예, 세균의 영양소 이용성, 다세포 진핵생물에서의 분화 신호)를 유전자의 발현에 반영하는 고도로 조절된 과정이다. 핵산 기능의 측면에서 RNA 분자의 합성은 다양한 효소와 결합 단백질을 필요로 하는 매우 복잡한 과정이다. RNA는 세포의 DNA로부터 전사된다. RNA 합성이 진행될 때, 리보뉴클레오타이드(ribonucleotide)의 중합 반응은 RNA 중합효소(RNA polymerase 또는 DNA-dependent RNA polymerase)에 의해 촉매된다. 모든 RNA 중합효소가 촉매하는 중합 반응은 다음과 같다.

$$\text{NTP} + (\text{NMP})_n \longrightarrow (\text{NMP})_{n+1} + \text{PP}_\text{i}$$

비주형(non-template) 또는 (+) 가닥은 RNA 전사 생성물과 동일한 염기 서열(T가 U로 치환된 것을 제외하면)을 가지기 때문에 이를 **암호 가닥**(coding strand)이라고 한다(**그림 18.28**). 일반적으로 이중 가닥 DNA 조각에서 유전자의 방향은 암호 가닥의 방향과 동일하다. (−) 가닥으로도 불리는 주형 DNA 가닥(template

DNA

5′— TTTGGACAACGTCCAGCGATC —3′ (+) 비주형 가닥(암호 가닥)

3′— AAACCTGTTGCAGGTCGCTAG —5′ 주형 가닥(비암호 가닥) (−)

RNA

5′—UUUGGACAACGUCCAGCGAUC—3′

그림 18.28

DNA 암호 가닥.

두 개의 상보적 DNA 가닥 중 주형 (-) 가닥으로 불리는 한 가닥을 주형으로 RNA가 전사된다. RNA 전사물은 T 대신 U로 치환된 것을 제외하면 비주형 (+) 또는 암호 가닥과 그 염기 서열이 동일하다.

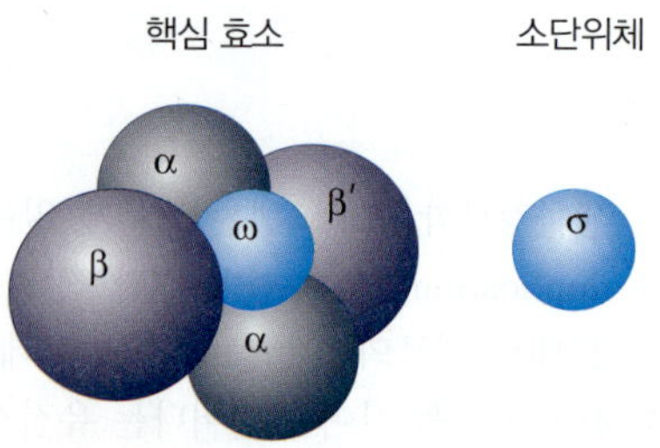

그림 18.29

대장균 RNA 중합효소.

대장균 RNA 중합효소는 두 개의 α 소단위체와 한 개씩의 β 및 β' 소단위체로 구성된다. σ-소단위체는 핵심 효소에 일시적으로 결합하여 핵심 효소가 올바른 DNA 서열에 결합하도록 한다. σ-소단위체는 핵심 효소의 결합을 촉진한다.

DNA strand)과 새로 합성된 RNA 분자가 역평행(antiparallel) 형태이기 때문에 중합 반응은 유전자의 5′-말단에서 3′-말단 방향으로 진행된다. 알려진 바와 같이 전사에 의해 몇 종의 RNA를 생성하며, 그 중에서 rRNA, tRNA, mRNA가 단백질 합성에 직접 관여한다(19장 참조).

원핵생물의 전사

대장균의 RNA 중합효소(**그림 18.29**)는 모든 종류의 RNA 합성을 촉매한다. RNA 중합효소의 구성 요소 중 분자량이 370 kDa인 핵심효소(core enzyme: α_2, β, β')는 RNA 합성을 촉매한다. 한편 ω-소단위체는 RNAP가 완전 효소로 조립되는 것을 촉진한다. σ-인자(sigma factor)는 핵심효소에 일시적으로 결합하여 핵심효소가 올바른 주형 가닥과 적절한 전사 시작 자리에 결합할 수 있도록 돕는다. 다양한 σ-인자가 알려져 있는데, 예를 들면 대장균에서 σ^{70}은 대부분의 유전자 전사에 관여하고, σ^{32}와 σ^{28}은 각각 열충격 유전자(heat shock gene)와 플라젤린(flagellin) 유전자의 전사를 촉진한다. (이름과 같이 플라젤린은 세균 편모의 단백질 구성 성분이다.) 위첨자는 단백질 분자량의 킬로달톤(kDa)을 의미한다.

대장균 유전자의 전사 개요를 그림 **18.30**에 나타내었다. 전사는 세 단계, 즉 개시(initiation), 연장(elongation), 종결(termination)로 구성된다. 각 단계를 간략하

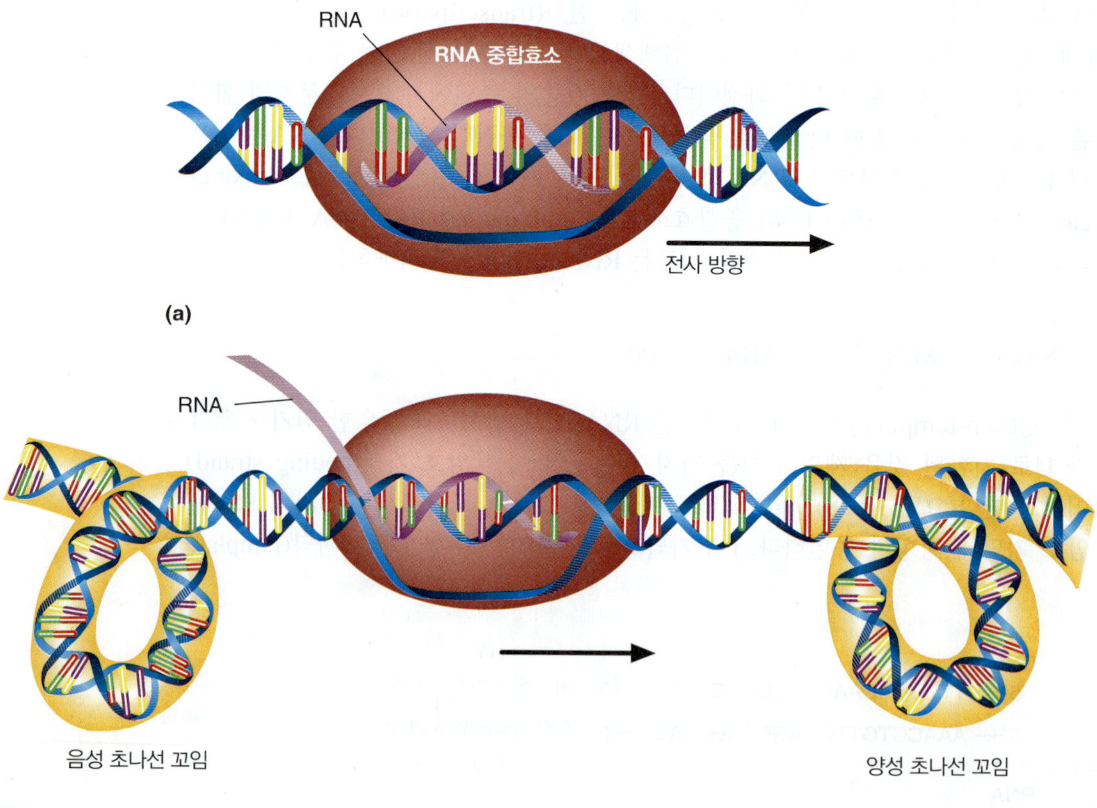

그림 18.30

대장균의 전사 개시.

(a) 전사 거품(transcription bubble)은 짧은 DNA 조각 부분이 풀리면서 형성된다. 전사가 진행됨에 따라 RNA-DNA 혼성(hybrid) 구조가 형성된다. 전사 거품 앞쪽의 DNA는 풀리고 뒤쪽은 다시 꼬이면서 전사가 진행되며 전사 거품이 이동한다. (b) 전사는 꼬임을 만든다. 전사 거품 앞에서는 양성 초나선 꼬임이 형성되고, 뒤에서는 음성 초나선 꼬임이 형성된다.

게 설명하기로 한다.

전사의 개시는 RNA 중합효소가 **촉진 유전자**(promoter)라는 특정 DNA 서열에 결합함으로써 일어난다. 촉진 유전자는 유전자의 상류(즉, 폴리뉴클레오타이드의 5′-말단쪽 방향)에 위치하는 조절 DNA 서열이다. 비록 원핵생물 촉진 유전자의 크기(20~200 bp)는 다양하지만, 전사 개시 자리로부터 위쪽으로 10번째와 35번째에 위치한 두 개의 짧은 염기 서열은 세균 종 사이에서 매우 유사하다. 각각의 자리에 **공통 서열**(consensus sequence)이라 불리는 염기 서열의 세트가 존재한다. 공통 서열은 밀접하게 관련되어 있지만 완전히 일치하지 않는 수많은 서열의 평균을 나타낸다. **그림 18.31**에 나타낸 서열들은 전사 개시 자리(transcription starting point)와 연관지어 −35자리와 −10자리로 각각 명명하였다. [-10자리는 발견자의 이름을 따서 '*프리브노 상자*(Pribnow box)'로도 불린다.] RNA 중합효소는 촉진 유전자 서열에 도달할 때까지 DNA를 따라 이동한다. 촉진 유전자 서열이 RNA 중합효소와 결합하는 효율은 서로 다르며, 매우 다양하다. 강한(공통 서열과 유사성이 높은) 촉진 유전자와 약한(공통 서열과 유사성이 낮은) 촉진 유전자의 전사 개시 속도 차이는 약 1,000배에 달할 수 있다. 촉진 유전자 서열 내에 발생한 돌연변이는 촉진 유전자의 기능을 약화시키는 것이 일반적이지만, 약한 촉진 유전자를 더 강한 촉진 유전자로 전환시킬 수도 있다. 그러나 둘 다 바람직하지 않다.

RNA 중합효소와 원핵생물의 전사 과정

RNA 중합효소(RNAP) 완전 효소(즉, σ-인자가 결합된 핵심효소)가 촉진 유전자 자리에 결합한다. β'과 σ-소단위체가 프리브노 상자 내의 13개 bp 사이의 수소 결합을 파괴함에 따라 짧은 DNA 조각이 풀린다. 이 때 DNA 가닥이 분리된 상태이기 때문에, 이러한 효소-촉진 유전자 복합체 형태를 '열린(open)' 상태라 한다.

첫 뉴클레오사이드 삼인산(보통 ATP 또는 GTP)이 RNA 중합효소 복합체에 결

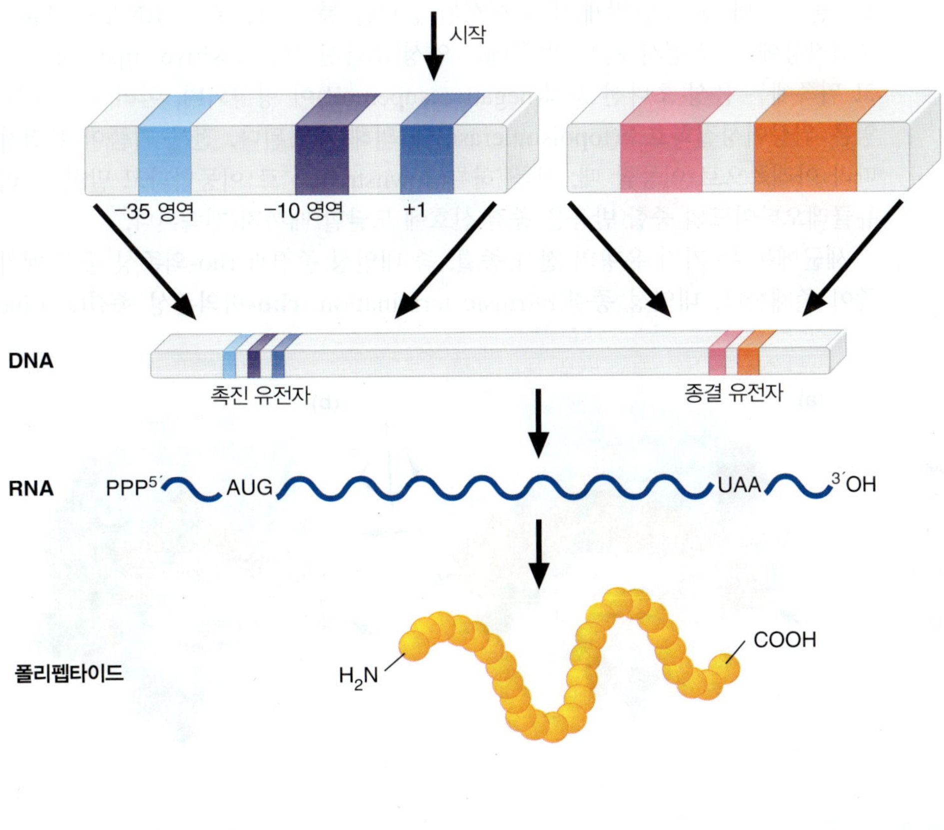

그림 18.31

전형적인 대장균의 전사 단위.

RNA 중합효소가 촉진 유전자에 결합하면, DNA의 전사는 개시 자리인 +1에서 시작된다. mRNA 전사물 상의 리보솜-결합 자리가 노출되어 결합이 가능해지면 바로 mRNA의 번역이 시작된다.

합하면서 전사가 시작된다. 첫 뉴클레오사이드 삼인산의 3′-OH가 두 번째 뉴클레오사이드 삼인산(또한 인접 자리의 염기쌍 결합에 의해 위치가 결정되는)의 α-인산기에 대해 친핵성 공격을 하면, 첫 인산다이에스터 결합이 형성된다. (첫 분자의 인산기가 이 반응에 관여하지 않기 때문에 원핵생물 전사물의 5′-말단은 삼인산기를 가진다.) RNAP의 촉매 작용에 의해 촉진 유전자 내의 DNA 주형 가닥과 염기쌍을 형성하는 리보뉴클레오타이드 사이에 추가로 인산다이에스터 결합이 생성된다. 개시 단계(initiation phase)가 성공적으로 종료되려면(즉, RNAP 완전 효소가 촉진 유전자로부터 이동하려면) 성장하는 RNA 사슬의 길이가 약 10개의 뉴클레오타이드에 도달해야 한다. 촉진 유전자 자리를 완전히 통과하려는 몇 번의 시도는 대개 실패하고, 불완전한 형태의 전사물(truncated transcript)은 방출된 후 분해된다. 전사된 서열이 10개의 뉴클레오타이드 길이에 도달하면 RNA 중합효소 복합체의 구조가 변화하고 σ-인자가 방출되며 개시 단계가 종료된다. 하나의 RNA 중합효소가 촉진 유전자 자리를 지나 이동하면, 곧 또 다른 RNA 중합효소가 들어와서 결합하고 두 번째의 RNA 합성이 시작된다.

일단 σ-인자가 떨어져 나가고, 촉진 유전자에 대한 RNA 중합효소 복합체의 친화도가 감소하면, 전사의 연장 단계(elongation phase)가 시작된다. 핵심 RNA 중합효소가 여러 가지 부속 단백질들과 결합하면 활성화된 전사 복합체로 전환된다. RNA 합성이 5′ → 3′ 방향으로 진행하면(**그림 18.30**), *전사 거품*(transcription bubble, 일시적으로 풀린 12~14 bp의 DNA 부분으로 RNA-DNA 혼성체가 형성됨) 앞쪽에서 DNA가 풀린다. 항상 RNAP 내부에 약 30 bp의 DNA 부분이 위치한다. 효소 복합체의 활성 자리는 β와, β' 소단위체 사이에 위치한다(**그림 18.32**). dsDNA가 효소 안으로 들어가고 두 개의 단일 가닥으로 분리되면, 주형 가닥이 통로를 통과하여 활성 자리 안으로 들어간다. 비주형 가닥은 활성 자리로부터 멀리 고리 구조를 형성하고, 자신의 통로를 통과한다. 주형 가닥과 비주형 가닥이 각각의 통로를 통해 나오면, 이중나선 구조를 다시 형성한다. 그 동안에 성장하는 RNA 전사물은 β와 β' 소단위체 내에 형성된 통로를 통해 방출된다. RNA 중합효소의 풀림작용에 의해 전사 거품 앞 쪽에는 양성 초나선 꼬임(positive supercoil), 그리고 뒤쪽에는 음성 초나선 꼬임(negative supercoil)이 형성되며, 이러한 초나선 꼬임은 위상이성질화효소(topoisomerase)에 의해 제거된다. 전사 거품이 유전자를 따라 아래쪽으로 이동할 때, 이를 '하류(downstream)'로 이동한다고 말한다. 리보뉴클레오타이드의 중합 반응은 종결 신호에 도달할 때까지 계속된다.

세균에는 두 가지 유형의 전사 종결, 즉 내인성 종결과 rho-의존성 종결 메커니즘이 존재한다. **내인성 종결**[intrinsic termination, **rho-비의존성 종결**(rho-inde-

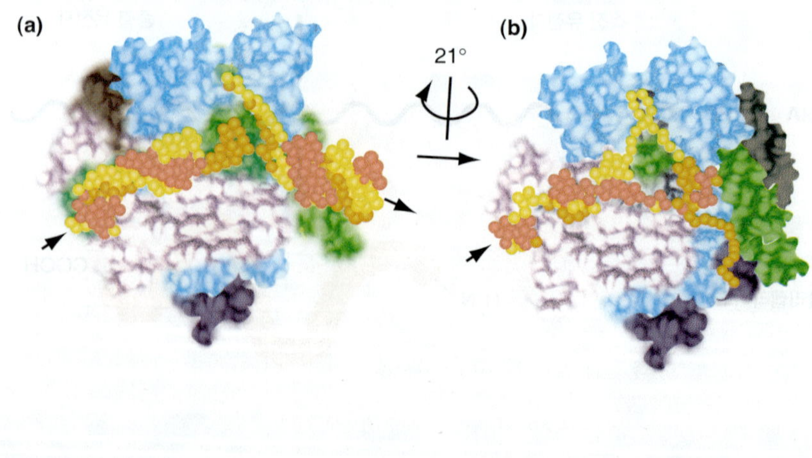

그림 18.32

세균의 RNA 중합효소 모형.

이 모형에서 RNAP의 구성 요소들을 다음과 같이 색으로 구별하였다. β(파란색)과, β'(분홍색). DNA 주형 가닥은 붉은색이고, 비주형 가닥은 노란색이다. (a)와 (b)에서 이중나선은 β와 β' 소단위체 사이의 수평 홈(horizontal trough) 내부에 위치한다. 검은 화살표는 효소 내에서 DNA의 이동 방향을 나타낸다. 모형을 21° 회전시키면, 성장하는 RNA 전사물(황금색)이 RNAP로부터 방출되는 모습을 확인할 수 있다.

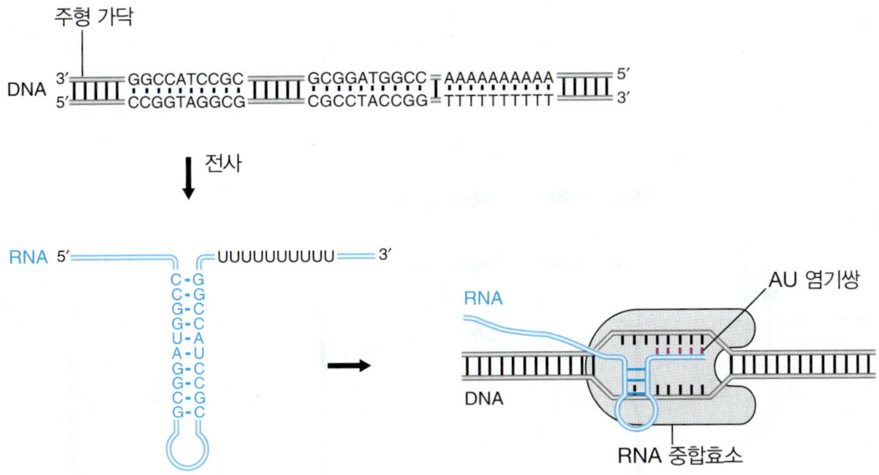

그림 18.33

내인성 종결(intrinsic termination).

주형 가닥 내의 종결 서열(역반복 서열 뒤에 6~8개의 A가 존재)이 전사될 때, 그 결과로 생성된 RNA 서열은 안정한 머리핀(줄기-고리) 구조의 형태를 이룬다. 머리핀 구조에 의해 DNA-RNA 염기쌍이 파괴된 후에 RNA 전사물은 짧은 서열의 AU 염기쌍에 의해서만 주형 가닥에 붙어 있다. AU 상호작용이 매우 약하기 때문에 RNA 분자가 빠르게 분리된다.

pendent termination)로도 불림]의 경우, RNA 합성은 역반복 서열과 다음에 위치한 6~8개의 A로 구성된 종결 서열의 전사로 인해 종료된다(**그림 18.33**). 종결 서열이 전사될 때, 역반복 서열이 안정한 머리핀(hairpin) 구조를 형성함으로써 RNA 중합효소의 작용을 늦추거나 정지시키게 된다. 그 상태에서 역반복 서열 다음에 있는 A가 연속된 부분의 A 염기와 전사물 내의 상보적 U 염기 사이에 약한 염기쌍 결합으로 인하여 RNA-DNA 혼성(hybrid) 구조가 분리되어 RNA 전사물이 방출된다. **rho-의존성 종결**(rho-independent termination)의 경우 안정한 머리핀 구조가 형성되지 않지만, ATP-의존성 나선 풀기 효소인 rho-인자(rho-factor)의 도움에 의해 전사의 종결이 일어난다(**그림 18.34**). Rho-인자는 종결 자리(termination site)의 상류(upstream)에 위치한 생성 초기 mRNA 상의 특정 인식 서열에 결합한다. 그 다음에 rho-인자는 RNA-DNA 나선을 풀어 전사물을 방출하고 중합효소를 분리시킨다.

원핵생물에서는 mRNA의 리보솜 결합 자리가 노출됨과 동시에 번역이 일어난다[동시 전사 번역(cotranscriptional translation)]. 그러나 성숙한 mRNA와 tRNA는 더 큰 전사체로부터 전사 후 가공(posttranscriptional processing)에 의해 형성된다. 대장균 rRNA의 RNA 가공 과정을 **그림 18.35**에 나타내었다. 대장균의 유전체는 rRNA 유전자 16S, 23S, 5S 등을 여러 벌 가지고 있다. 1차 RNA 가공 단계에서 다시스트론성 30S 전사물(polycistronic 30S transcript)은 메틸화된 후, 여러 가지 RNA 가수분해효소(RNase)에 의해 수많은 작은 RNA 조각으로 잘라진다. 이러한 RNA 조각은 또 다른 RNase에 의해 더 분해되어 성숙한 rRNA가 되며, 이때 소수의 tRNA 또한 생성된다. 또 다른 tRNA들이 1차 전사물로부터 일련의 가공 반응에 의해 생성되는데, 이 과정에서 tRNA가 여러 가지 RNase에 의해 다듬어진다. tRNA 가공의 마지막 단계에서는 수많은 염기들이 여러 가지 변형(modification) 반응(예, 탈아미노화 반응, 메틸화 반응, 환원 반응)에 의해 변형된다.

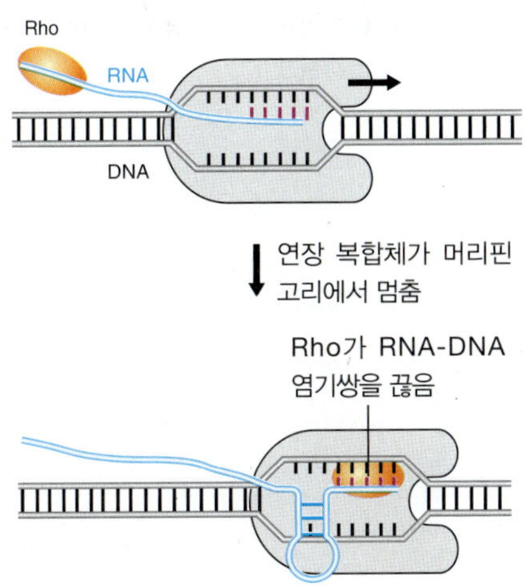

그림 18.34

Rho-의존성 종결.

Rho-인자는 RNA 전사물 내에 C 염기가 많은 서열과 결합하는 ATP-의존성 나선 풀기 효소이다. 일단 결합하면 rho-인자는 전사 거품 내의 종결 자리에 도달할 때까지 5′ → 3′ 방향으로 전사물을 따라 이동한다. RNA 중합효소는 약한 머리핀 구조의 형성에 의해 정지한 상태로 있는 것으로 보인다. rho-인자는 ATP의 에너지를 이용하여 DNA-RNA의 혼성화 구조를 풀어 해체하고, 그 결과 RNA 전사물이 방출된다.

진핵생물의 전사

원핵생물과 진핵생물의 DNA 전사는 여러 관점에서 유사하다. 예를 들어 세균 RNA 중합효소와 진핵생물 RNA 중합효소는 구조적으로 유사하고, 공통적인 전사 메커니즘(예, 촉진 유전자 인식, 불완전한 전사물, 촉진 유전자 통과)을 이용한다. 또한 비록 세균과 진핵생물의 개시 인자(initiation factor)는 서로 연관성이 높지 않으나 유사한 기능을 수행한다. 그러나 이러한 생물들이 유전자 발현을 제어

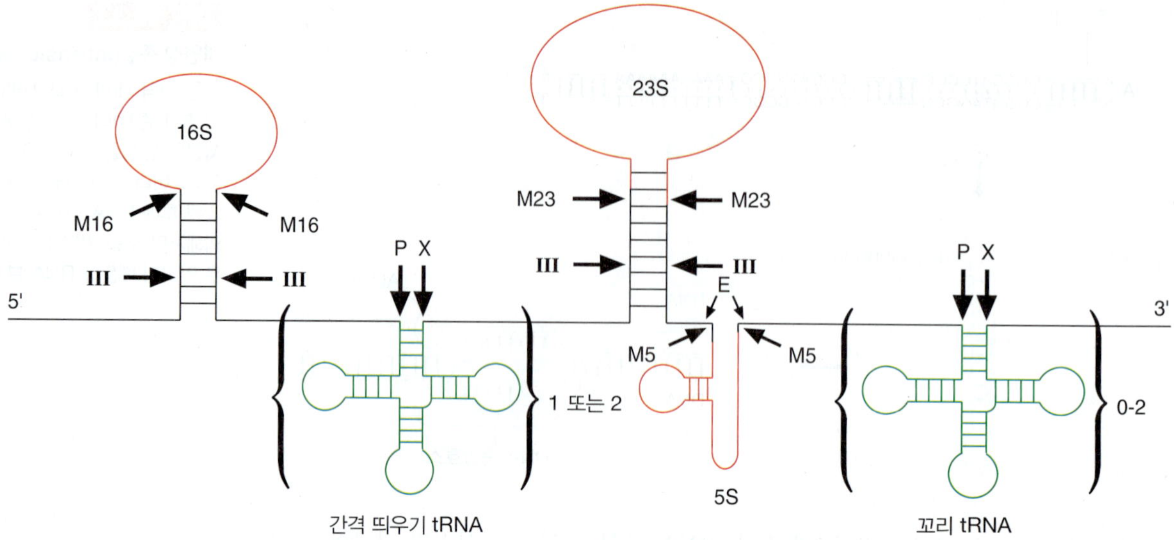

그림 18.35

대장균의 리보솜 RNA 가공.

각 rRNA 오페론(operon)은 16S, 23S, 5S rRNA 하나씩을 포함하는 1차 전사물을 암호화한다. 또한 각 전사물은 rRNA들 사이에 간격을 떼어주는 한두 개의 tRNA를, 꼬리 부분에 두 개 이내의 tRNA를 암호화한다. 전사 후 가공 과정에는 여러 가지 RNase에 의한 절단 반응과 이어맞추기가 포함된다. (각 RNase는 M5, X, III 등 알파벳 및 숫자로 구별된다.) RNase P는 리보자임(ribozyme)이다.

주요 개념 _Key Concepts

- 전사 과정 중에는 RNA 분자가 DNA 주형으로부터 합성된다.
- 원핵생물에서 이 과정은 단 하나의 RNA 중합효소만을 필요로 한다.
- RNA 중합효소 복합체가 촉진 유전자 서열에 결합할 때 전사가 개시된다.

하는 조절 메커니즘은 현저히 다르다. 그 차이점 중 가장 두드러진 예는 진핵생물의 전사 기구는 DNA에 대해 접근이 제한되어 있다는 것이다. 대개의 경우, 염색질(chromatin)은 전체적 또는 부분적으로 응축된 상태로 존재한다. 전사가 일어나려면 DNA가 충분히 노출되어 RNA 중합효소의 접근이 용이해야만 한다. DNA가 전사되기 위해서는 히스톤 꼬리(histone tail)는 히스톤 아세틸기 전달효소(histone acetyltransferase, HAT)에 의해 아세틸화되어야 하며, 히스톤-DNA 접촉이 **염색질 재모형화 복합체**(chromatin-remodeling complex)에 의해 약화되어야 하는데, 여기에는 두 종류의 염색질 재모형화 복합체가 존재한다. SWI와 SNF 단백질은 SWI/SNF 복합체로서 히스톤 입자의 방출을 촉진하는 한편 NURF 단백질은 히스톤 입자가 미끄러져 나올 수 있도록 충분히 접촉 자리를 떼어 놓는다(**그림 18.36**).

특히 진핵생물 유전체의 복잡성 때문에 진핵생물 DNA의 전사는 원핵생물에 비해 잘 알려져 있지 않다. 그러나 진핵생물의 전사 과정은 몇 가지 고유한 특징을 가진다.

RNA 중합효소 활성 진핵생물은 3가지의 핵 RNA 중합효소(nuclear RNA polymerase)를 가지고 있으며, 각각의 중합효소는 합성하는 RNA의 유형, 소단위체 구조, 상대적 양이 서로 다르다. 핵소체(nucleolus, 또는 인) 내부에 존재하는 RNA 중합효소 I(RNAP I)은 큰 분자의 rRNA(28S, 18S, 5.8S)를 전사한다. mRNA의 전구체들과 대부분의 miRNA 및 snRNA은 RNA 중합효소 II(RNAP II)에 의해 전사되며, tRNA, 5S rRNA, U6 snRNA, snoRNA의 전구체들은 RNA 중합효소 III(RNAP III)에 의해 전사된다. 각각의 중합효소는 두 개의 큰 소단위체와 여러 개(8~12개)의 작은 소단위체로 구성된다. 예를 들어 중합효소 II의 두 개의 큰 소단위체는 각각 215 및 139 kDa의 분자량을 가진다. 작은 소단위체의 수는 생물 종에 따라 서로 다른데, 예를 들어 식물은 8개를 가지며, 척추동물은 6개를 가진다. 작은 소단위체의 일부는 다른 두 종의 중합효소에서도 발견된다. 원핵생물의 RNA 중합효소와 달리, 진핵생물의 중합효소는 스스로 전사를 개시할 수 없다. 따라서 전사 개시 전에 여러 가지 전사 인자들이 촉진 유전자에 결합해야만 한다.

RNA 중합효소는, 활성 유전자들이 전사되기 위해 염색질 고리화에 의해 모여 있는 구별된 영역에서 작용한다. *전사 공장*(transcription factory)이라고 불리는 이 구별된 영역은 핵 전체에 걸쳐 퍼져 있다. 전사 공장의 수는 생물종과 세포 종류에 따라 다르다. 예를 들어 HeLa 세포(연구에 사용되는 불멸 세포주로부터 얻어진 상피세포)의 핵에는 약 10,000개의 전사 공장이 있는데, 그 가운데 8,000개는 RNAPII 공장이고, 2,000개는 RNAPIII 공장이다. 핵인(nucleolus)은 거대한 RNAPI 공장으로 생각된다. RNAPII 공장은 각각 8개의 중합효소 분자를 가지고 있는 것으로 보이고 지름은 전사 활성 수준에 따라 40~180 nm 정도이다. 각 RNAPII 관련 공장은 단백질이 풍부한 핵심부가 있고 그 표면에 활성이 있는 RNA 중합효소들이 붙어 있다.

진핵생물의 촉진 유전자 진핵생물의 촉진 유전자 염기 서열은 원핵생물에 비해 더 복잡하고 다양하다. 각각의 촉진 유전자는 RNA 중합효소가 결합하여 전사를 개시할 수 있는 최소한의 DNA 서열인 *핵심 촉진 유전자*(core promoter)와 전사 조절에 기여하는 추가적인 가까운(proximal) 또는 먼(distal) DNA 서열로 구성된다.

진핵생물에는 집중형(focused) 또는 분산형(dispersed)의 두 가지 핵심 촉진 유전자가 존재한다. 집중형 촉진 유전자에는 난일 또는 매우 좁은 범위의 뉴클레오타이드로 구성된 *전사 개시 자리*(transcription start site, TSS)와 가변성 서열 모티프로 구성된 *핵심 촉진 유전자 요소*(core promoter element, CPE)가 있어서 전사 기구가 결합하게 해준다. 효모에서 처음 발견된 TATA 상자(TATA box)는 가장 많이 연구된 진핵생물의 CPE이다. 포유동물의 핵심 촉진 유전자 중 약 10%에서만 발견되는 AT가 풍부한 TATA 상자는 전사 인자 TFIID의 소단위체인 TATA-결합 단백질(TATA-binding protein, TBP)에 의해 인식되고 결합된다. 집중형 촉진 유전자에서 발견되는 또 다른 CPE의 예로는 Inr(initiator), BRE(B recognition element), MTE(motif ten element), DPE(downstream promoter element)가 있다(**그림 18.37**). 분산형 핵심 촉진 유전자는 많은 수의 TSS(대개 하나의 강한 시작 자리와 여러 개의 약한 시작 자리로 구성)를 포함하며, 이들 자리는 50~100 bp의 폭 넓은 서열에 무작위로 분포한다. 일반적으로 척추동물, 특히 포유동물에서 발견되는 분산형 핵심 촉진 유전자는 전형적으로 CpG 섬(island) 내부에 존재하며, 주로 항

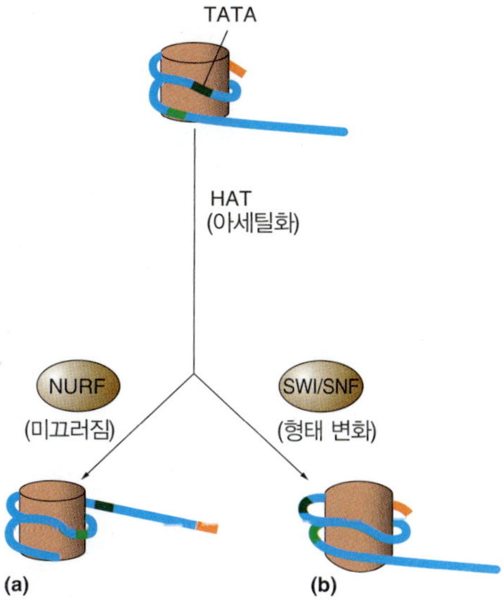

그림 18.36

염색질 재모형화.

히스톤 아세틸기 전달효소(HAT)에 의해 히스톤 꼬리가 아세틸화되면 히스톤 꼬리와 DNA의 접촉이 끊어진다. 그런 다음 NURF 단백질들의 작용을 통해 히스톤 입자가 미끄러져 나옴으로써 DNA 상의 촉진 유전자 부위를 전사 기구에 노출시키거나 (a), 또는 SWI/SNF 염색질 재모형화 복합체에 의해 촉진되는 염색질의 국소적 형태 변화(b)에 의해 히스톤 입자가 DNA와의 접촉 자리로부터 방출된다.

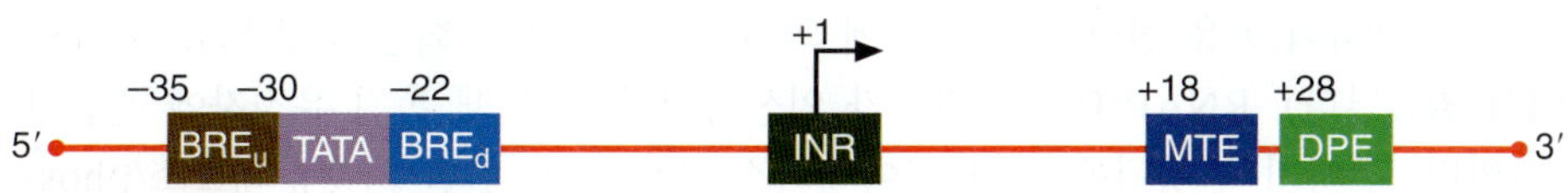

그림 18.37

진핵생물의 RNAPII 핵심 촉진 유전자.

핵심 촉진 유전자란 RNA 중합효소의 결합 및 특정 유전자의 전사 개시를 위해 필요한 최소한의 DNA 서열을 말하며, 종종 여기에는 과학자들이 *핵심 촉진 유전자 요소*(core promoter element, CPE)로서 발견한 서열 모티프가 포함된다. TATA 상자는 연구가 많이 이루어진 CPE이다. BRE$_u$와 BRE$_d$는 각각 TATA 상자의 바로 상류 및 하류에 위치하는 CPE로서, 함께 또는 독자적으로 TFIIB와의 상호작용을 통해 전사 활성화를 조절한다. 대부분의 유전자는 TATA 상자를 가지지 않는다. 대신에 Inr(initiator element) 또는 DPE(downstream core promoter element)를 포함할 수 있다. MTE(motif ten element)는 Inr와 함께 작용하여 TFIID가 핵심 촉진 유전자에 결합하는 것을 촉진한다. 모든 진핵생물의 핵심 촉진 유전자가 CPE를 가지는 것은 아니며, 일부 핵심 촉진 유전자는 알려진 CPE를 포함하지 않는다. Inr가 핵심 촉진 유전자에 존재할 때, Inr는 전사 시작 서열을 포함한다.

존 *유전자*와 결합한다. [*항존 유전자*(housekeeping gene)들은 해당 과정 관련 효소들이나 리보솜 단백질과 같이 필수적인 기능을 담당하여 세포에서 항상 일정하게 요구되는 단백질들을 암호화한다.] CpG는 뉴클레오솜(nucleosome)을 불안정하게 만들어 전사를 촉진하는 것으로 알려졌다.

가까운 촉진 유전자 요소(proximal promoter element)는 TSS로부터 약 250 bp 상류 이내에 위치하는 전사 인자 결합 자리이다. 이러한 예로는 전사 인자들이 결합할 때 전사를 증가시키는 GC 상자 및 CCAAT 상자가 있다. 예를 들어 인슐린 수용체와 HMG-CoA 환원효소를 암호화하는 유전자 서열의 상류에 존재하는 GC 상자에 전사 인자 Spl이 결합하면 전사 속도가 증가한다.

먼 조절 서열(distal regulatory sequence)은 거리의 영향을 받지 않는 DNA 요소로서 표적 유전자 인트론의 상류, 하류, 또는 심지어 내부에 위치할 수 있다. 이러한 먼 요소는 전사를 증가[*증강 유전자*(enhancer)] 또는 감소[*침묵 유전자*(silencer)]시킬 수 있다. 억제 단백질(repressor protein)이 *침묵 유전자* 요소(silencer element)에 결합하면, 전사가 억제된다.

촉진 유전자에서 증강 유전자나 *침묵 유전자*가 RNA 중합효소 복합체와 접촉하면 그 사이의 DNA 개재 서열(길이가 100 kbp까지도 됨)은 구부러져 고리를 형성한다. 그런 고리는 *코헤신*(cohesin)이라는 고리 모양의 단백질에 의해서 안정화된다. 증강 유전자와 촉진 유전자 사이의 상호작용은 *격리 유전자*(insulator)라는 경계를 가진 DNA 요소에 의하여 차단될 수 있다. 척추동물에서 유전자와 촉진 유전자가 밀집된 DNA 영역에서 격리 유전자 단백질 이합체인 CTCF는 격리 유전자에서 코헤신과 상호작용하여 증강 유전자가 다른 촉진 유전자와 상호작용하지 못하도록 한다.

RNA 중합효소 II 및 진핵생물의 전사 과정 DNA의 지시를 받는 RNA 중합효소 II(RNAP II)는 mRNA를 합성하는 그 역할 때문에 진핵생물에서 가장 많이 연구된 RNA 중합효소이다. 효모 RNAP II의 구조적 · 기능적 특성은 로저 콘버그(Roger Kornberg)에 의해 규명되었으며 그는 이 업적으로 2006년 노벨 화학상을 수상하였다.

인간의 RNAP II에서 핵심 효소는 12개의 소단위체를 포함한다. 가장 큰 소단위체인 RBP1은 DNA와 결합할 수 있는 효소 활성 자리의 일부를 형성한다. 또한 RBP1은 7개 아미노산으로 구성된 헵타드 서열(heptad, YSPTSPS)이 25~52회(사람에서는 52회) 반복되는 C-말단 구역(C-terminal domain, CTD)을 가진다. 전사의 단계에 따라 관여하는 단백질들과 결합하는 CTD의 능력은 다양한 헵타드 서열에 대한 가역적 공유 결합 변형 반응에 의해 조절된다(인산화는 주로 Ser2와 Ser5에서 일어난다). RNAP II는 헵타드가 인산화되지 않을 때 촉진 유전자에 결합할 수 있다. 전사가 진행됨에 따라 카이네이스(kinase)와 인산 가수분해효소(phosphatase)에 의해 형성된 Ser2 및 Ser5의 인산화 형태에 따라 특정 RNA 가공 효소들과의 결합이 일어난다. 전사 과정에서 전사 초기에 높은 Ser5P와 낮은 Ser2P 수준을 보이지만, 후반부로 가면서 낮은 Ser5P와 높은 Ser2P 수준으로 세린 잔기의 인산화 형태가 역전된다. 이처럼 CTD 세린 인산화에 의해 영향을 받는 전사 과정의 예에는 RNAP II의 연속 진행성 효소(processive enzyme)로의 전환, 히스톤 재모형화, mRNA 5′-모자의 형성과 이어맞추기의 개시가 포함된다. RNAP II가 폴리(A) 꼬리를 합성하기 시작할 때에 Ser5 잔기는 비인산화 상태가 된다. CTD가 완전히 비인산화 되면, RNAP II는 분리되어 또 다른 전사 과정에서 재사용된다.

핵심 효소(**그림 18.38**) 외에도 RNAP II 전사 기구(3,000 kDa)는 6개 전사 인자로 이루어진 *일반 전사 인자*(general transcription factors)와 매개자(Mediator)라 불리는 다중 소단위체 단백질 복합체로 구성된다. 일반 전사 인자(GTF)들인 TFIIA, TFIIB, TFIID, TFIIE, TFIIF, TFIIH는 정확한 전사를 위해 최소로 필요한 부수적 단백질들이다. 이 전사 인자들은 **전사 개시 전 복합체**(transcription preinitiation complex, PIC)의 구축, 촉진 유전자의 인식, ATP-의존성 DNA 풀림을 촉진한다.

매개자(Mediator)는 대부분의 RNAPII 촉진 유전자 전사에 필요한 단백질 복합체이다. 효모의 매개자는 26개의 소단위체 복합체로 분자량은 1.2 MDa이며, 그 구조는 머리, 중간, 꼬리의 3개 구역으로 구성된다(그림 **18.39**). 또한 매개자는 전사 인자들과 RNAP II 사이에서 어댑터(adaptor)로 작용하는 신호 통합 플랫폼(signal integration platform)이다(**그림 18.40**). 전사 인자들은 조절하는 유전자로부터 꽤 멀리 떨어진 양성(증강 유전자) 및 음성(침묵 유전자) 조절 DNA 서열 자리에 결합한다. **그림 18.41**은 DNA 고리와 관련하여서 PIC가 매개자에 결합한 것을 보여준다.

진핵생물의 전사는 PIC의 조립(assembly), 개시(initiation), 연장(elongation), 종결(termination)의 여러 단계로 진행된다. PIC의 조립(**그림 18.42**)은 TFIID의 TATA-결합 단백질(TBP) 소단위체가 TATA 상자에 결합하면서 시작되고, 이 과정은 TFIIA에 의해 촉진된다. TBP는 안장 모양의 단백질로 DNA의 구조를 변형시켜 DNA 가닥의 분리를 유발한다. 작은 홈(minor groove)의 염기쌍 사이에 4개의 페닐알라닌 곁사슬들이 삽입되면, DNA 조각이 굽은 형태로 바뀌게 된다. DNA가 굽어지면 TBP와의 상호작용이 증가하고, 결과적으로 굽은 형태를 약 90°까지 증가시킨다. 다음으로 매개자에 의한 GTF의 결합에 의해 전사 활성을 가지는 PIC가 생성된다. TFIIH 소단위체의 ATPase 및 나선 풀기 효소 활성에 의해 전사 거품이 생성되며, 결과적으로 음성 초나선 꼬임(supercoil) 장력이 형성된다. 암호 가닥에 결합한 TFIIH에 의해 전사 거품이 열린 위치에 머물게 된다. 그 다음으로 비암호 가닥이 RNAP II의 활성 자리 안으로 들어간다. 일단 첫 번째 결합이 생성되

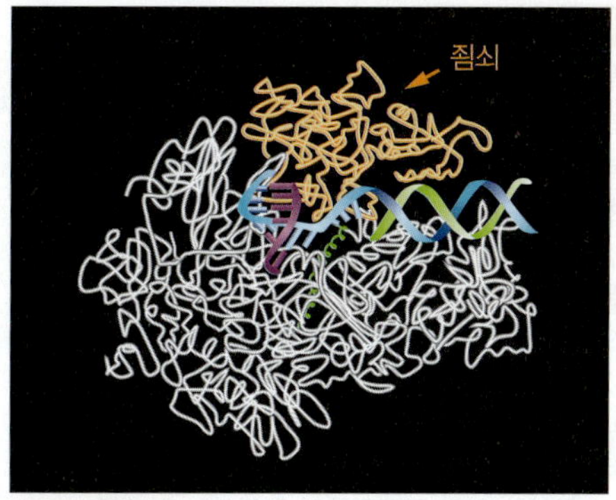

그림 18.38

효모 RNAP II 핵심 효소의 구조.

핵심 RNAP II의 구조를 다음과 같이 그림으로 나타내었다. 흰색과 주황색 폴리펩타이드(좀쇠 단백질), DNA(파란색 = 주형 가닥, 초록색 = 비주형 가닥), RNA(연보라색).

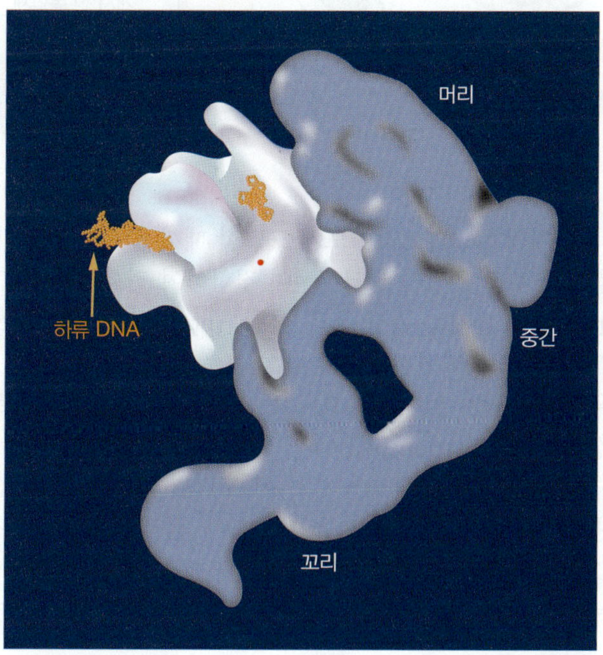

그림 18.39

효모의 매개자-RNA 중합효소 II 완전 효소 복합체.

그림에서 흰색으로 나타낸 RNAP II 개시 전 복합체(전사 인자들과 결합한 RNAP II)는 매개자의 머리와 중간 구역을 통해 초승달 모양의 매개자(파란색)와 상호작용한다. 매개자의 꼬리 구역 DNA에 결합된 조절 단백질과 상호 작용한다.

그림 18.40

활성화 단백질에 의한 전사 활성화.

핵심 촉진 유전자로부터 멀리 떨어진(점선으로 표시한 것처럼) 증강 유전자에 결합한 활성화 전사 인자와 매개자 사이의 상호작용이 핵심 촉진 유전자에 RNAP II와 GTF가 결합하는 것을 촉진한다. 매개자는 RNAP II의 CTP와 결합한다. 또한 염색질 재모형화 복합체와 히스톤 변형 효소는 PIC에 결합한다. 단지 하나의 활성자-매개자 상호작용만을 그림으로 나타내었지만, 대부분 유전자의 전사에는 몇 가지 활성화 인자 단백질들이 관여하여 이 과정의 속도를 결정한다. 또한 매개자가 억제인자에 결합한 억제 단백질(그림에 없음)과 상호작용하면 전사를 억제할 수 있다.

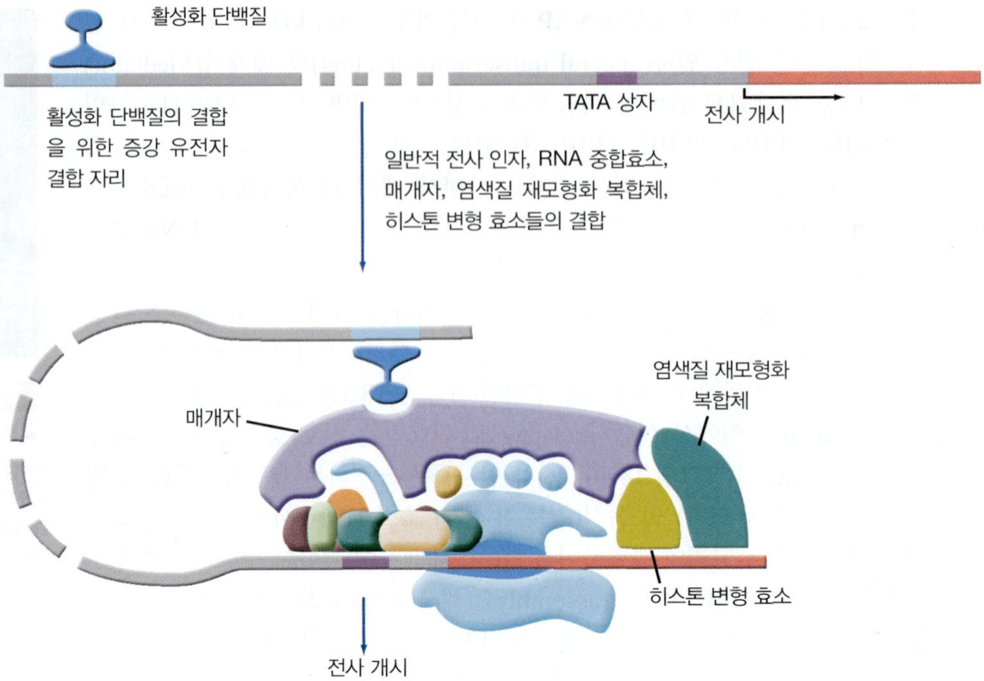

그림 18.41

DNA 고리화와 유전자 활성화.

PIC/매개자 복합체를 통해 활성화 전사 인자에 결합한 증강 유전자와 멀리 떨어진 핵심 촉진 유전자 부위 사이에 고리가 형성된다. 코헤신은 고리를 안정화시키는 반지 모양의 복합체이다. 일부 증강 유전자-촉진 유전자 DNA 고리에서는 절연 단백질 CTCF(그림에는 표시하지 않음)가 코헤신 가까이 결합하여 한 DNA 영역에 있는 증강 유전자가 다른 영역의 촉진 유전자와 상호작용하지 못하도록 한다. 매개자와 코헤신은 서로 다른 증강 유전자와 촉진 유전자에 결합할 수 있는 반면 세포 종류에 따라 유전자 발현 양상은 다르기 때문에, 매개자와 코헤신에 의해 형성되는 DNA 고리는 세포마다 다르게 된다.

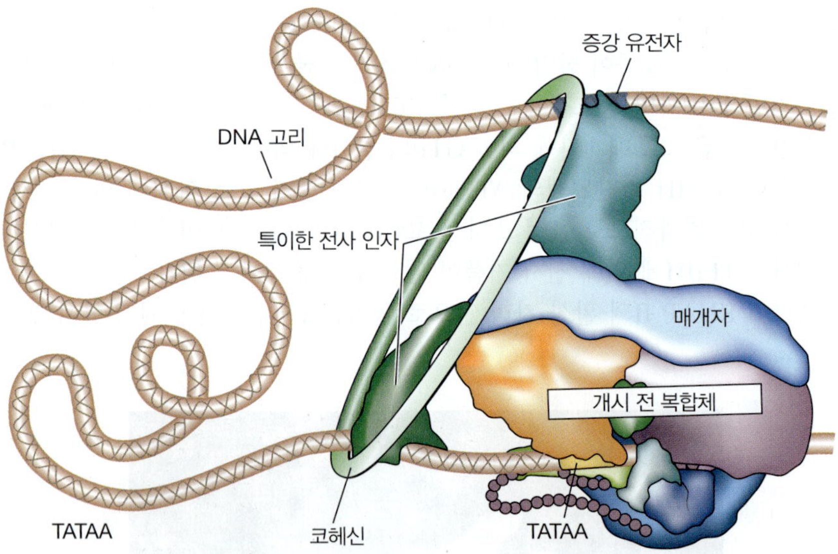

면 mRNA가 약 23개의 뉴클레오타이드에 도달할 때까지 전사 과정이 지속되며 흔히 그곳에서 멈춘다. 촉진 유전자에 코헤신이 결합하여 전사의 연장 단계로 전환되는 것을 촉진한다. 연장 단계는 촉진 유전자 통과(promoter clearance)가 일어나고 GIF, TFIIE, TFIIH의 방출되면서 시작된다.

일단 촉진 유전자 통과가 일어나면 RNAP II 완전 효소는 매개자로부터 분리되고, 전사의 연장 단계(elongation phase)가 시작된다. RNAP II 복합체는 폴리(A) 신호라 불리는 신호 서열(5′-AAUAAA-3′)에 도달할 때까지 신생 전사물의 기능적 말단을 훨씬 더 지나서도 전사 과정을 지속한다. 폴리(A) 신호가 전사되자마자, RNAP II CTD에 결합된 여러 가지 단백질들이 전사물과 결합하고, poly(A) 신호의 약 10~30 뉴클레오타이드 하류의 전사물을 절단함으로써 종결을 일으킨다.

RNA 가공 일반적으로 RNA 가공(processing)이 거의 일어나지 않는 원핵생물과 달리, 진핵생물의 mRNA는 다양한 전사 후 가공(posttranscriptional processing)의 산물이다. 전체 가공 과정에서 보면, 전사 개시 후에 바로 전구체 mRNA(pre-mRNA)라 불리는 신생 mRNA 전사물이 리보핵산단백질 입자(ribonucleoprotein particle 또는 hnRNP) 내의 약 20여 종의 서로 다른 핵단백질(nuclear protein)과 결합한다. 1차 전사물의 전사가 시작된 후 곧 *모자 씌우기*(capping)라는 5′-말단의 변형이 일어난다. 전구체 mRNA의 길이가 약 30 nt에 이르면, 삼인산 결합을 통해 mRNA에 연결된 7-메틸구아노신(7-methylguanosine)의 모자 구조(cap structure, **그림 18.43**)가 형성된다. 모자 구조는 핵산말단 가수분해효소로부터 5′-말단을 보호하고 리보솜에 의한 mRNA의 번역을 촉진시킨다.

다세포 생물의 복제 의존적인 히스톤 mRNA를 제외하고, 모든 진핵생물의 mRNA는 *폴리*(A) *꼬리*[poly(A) tail)]라고 불리는 폴리아데닐산 가닥(100~250 아데닐산 잔기)과 연결된다. RNAP II에 의한 전사 종결과 폴리(A) 꼬리 첨가는 중합효소 CTD 꼬리에 있는 효소 복합체에 의한 과정이기는 하지만 독립적으로 일어난다. 폴리(A) 꼬리는 폴리(A) 꼬리 중합효소에 의해 합성된 후 mRNA 전사물의 3′-말단에 공유 결합으로 연결된다. 폴리(A) 꼬리는 mRNA가 핵 밖으로 운반되는 것과 리보솜에서 번역되는 것을 촉진한다. 대부분의 세포에서 세포질에 있는 폴리(A) 꼬리는 점점 짧아져 번역은 덜 일어나고 더 잘 분해되기 쉽다. 많은 단백질 암호화 유전자들은 하나 이상의 폴리(A) 꼬리를 가지고 있어서 3′-UTR(untranslated region) 서열이 달라진다. 폴리아데닐화 자리가 달라지면 암호화 영역이 달라질 경우 다른 단백질이 합성되기도 하고 miRNA 결합 자리가 달라지기도 한다.

진핵생물 RNA 가공의 주목할 만한 특징 중 하나는 RNA 전사물로부터 인트론(intron)을 제거하는 것이다. **RNA 이어맞추기**(RNA splicing)라 불리는 이 과정에서 1차 전사물로부터 인트론이 절단되어 제거되고, 엑손(exon)은 서로 연결되어 기능적 산물을 형성한다. 대부분의 연구는 전구체 mRNA의 이어맞추기에 집중되어 왔으며, 이에 대해 서술하고자 한다. 단백질을 암호화하는 진핵생물 유전자의 인트론 수는 매우 다양하여 효모와 같은 하등 진핵생물에서 유전자 내에 1개의 인트론이 존재하는 경우도 있으며, 일부 포유동물 유전자는 수십 개 또는 수백 개의 인트론을 포함하기도 한다. 인간의 경우 가장 큰 디스트로핀(dystrophin) 유전자는 길이가 240만 개의 염기쌍으로 이루어지며, 79개의 엑손을 포함한다. (디스트로핀 1차 전사물의 합성에는 16시간이 소요된다.) 이어맞추기가 일어난 디스트로핀 mRNA(14 kb)는 근육 세포의 골격을 원형질막 및 세포외 기질과 연결하는 3,600개의 아미노산 잔기로 구성된 구조 단백질(427 kDa)을 암호화한다. 디스트로핀 유전자 내에서 발생한 몇 가지 돌연변이는 점진적인 근육 퇴화 증세를 나타내는 X-연관 열성 질환인 뒤셴형 근이영양증(Duchenne muscular dystrophy)을 일으킨다.

RNA 이어맞추기는 snRNP U1, U2, U4, U5, U6로부터 형성된 **이어맞추기 복합체**[스플라이소솜(spliceosome)]라는 **4.8** MDa RNA-단백질 복합체에서 일어난다. 진핵생물의 핵 pre-mRNA 전사물에서 대부분의 이어맞추기 사건은 GU-AG 서열에서 일어난다. GU-AG 인트론에서 5′-GU-3′과 5′-AG-3′은 각각 첫 번째와 마지막 다이뉴클레오타이드 서열이다. 이어맞추기 과정은 인트론의 5′-이어맞추기 자리 서열이 snRNA U1의 5′ 말단 서열에 상보적으로 결합하면서 시작된다. 다음으로 U2 snRNP의 U2 서열이 '가지 자리(branch site)' 즉 인트론 내에 있는 아데노신 뉴클레오타이드의 2′-OH에 결합한다. 그러면 이어맞추기 복합체의 다른 요

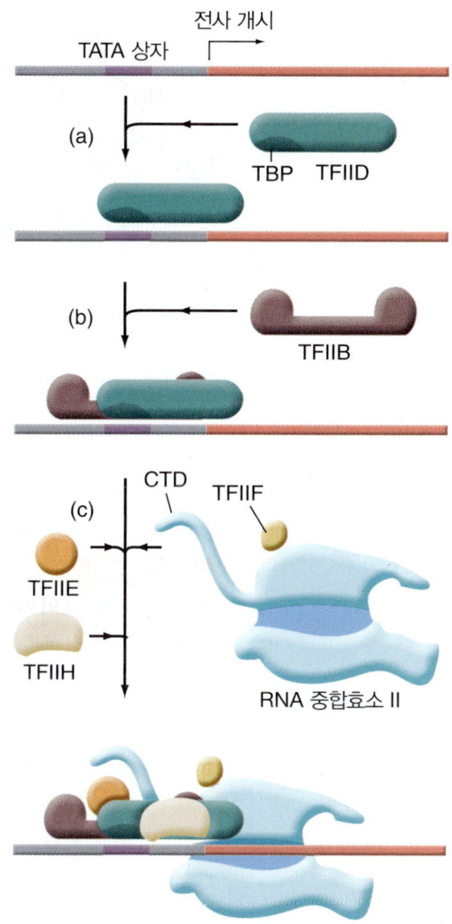

그림 18.42

TATA 상자에서의 개시 전 복합체 형성.

(a) GTF TFIID의 TBP 소단위체는 TATA 상자 자리를 인식하고 결합하여 DNA를 뒤틀리게 한다. TFIIA(그림에는 표시하지 않음)는 TFIID와 TATA 상자 사이의 상호작용을 안정화시킨다. (b) TFIID가 결합하면 TFIIB도 결합할 수 있게 된다. (c) 다른 GTF들(TFIIE, TFIIF, TFIIH)과 RNAP II는 촉진 유전자 위치에서 조립되어 활성화 된 개시 전 복합체를 형성한다. 매개자 복합체(그림에는 표시하지 않음)가 PIC 형성을 제어한다.

뒤셴형 근이영양증
Duchenne Muscular Dystrophy

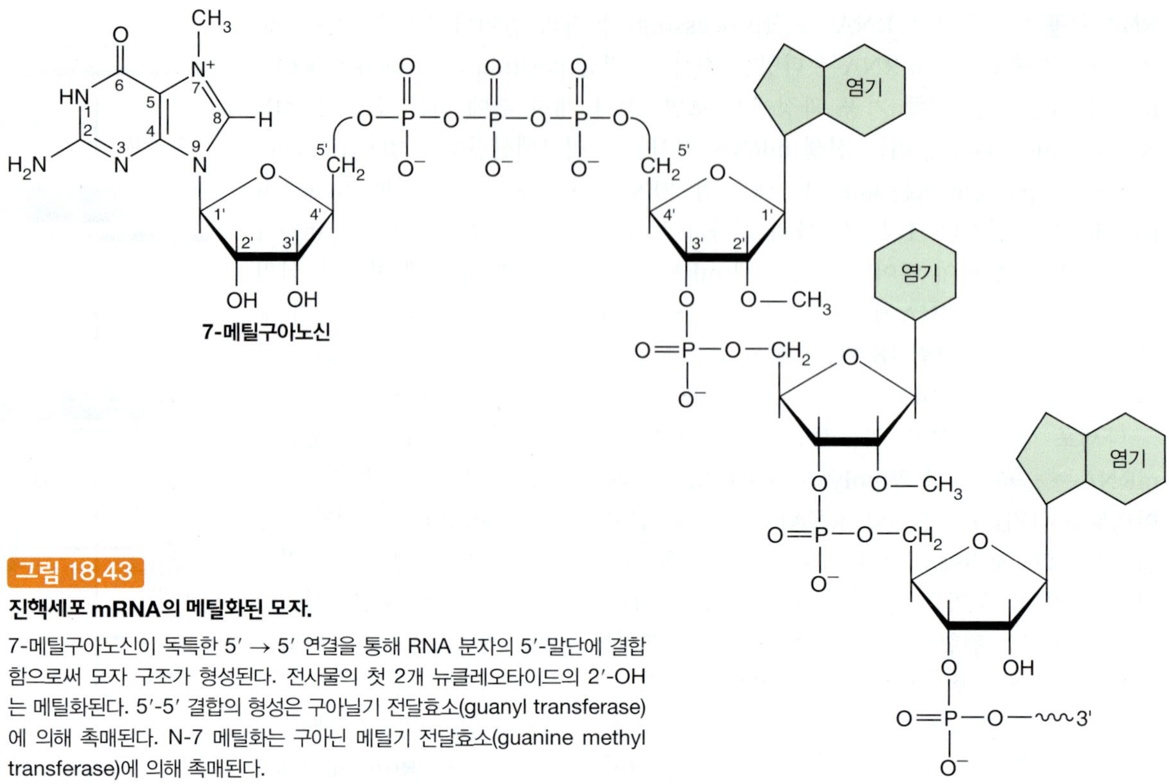

그림 18.43

진핵세포 mRNA의 메틸화된 모자.

7-메틸구아노신이 독특한 5′ → 5′ 연결을 통해 RNA 분자의 5′-말단에 결합함으로써 모자 구조가 형성된다. 전사물의 첫 2개 뉴클레오타이드의 2′-OH는 메틸화된다. 5′-5′ 결합의 형성은 구아닐기 전달효소(guanyl transferase)에 의해 촉매된다. N-7 메틸화는 구아닌 메틸기 전달효소(guanine methyl transferase)에 의해 촉매된다.

소들(U4, U5, U6 RNPs)이 결합하고 U5 서열이 5′ 이어맞추기 자리 상류에 결합하면서 완전한 이어맞추기 복합체가 완성된다. 이어맞추기(**그림 18.44**)는 다음의 두 가지 반응으로 일어난다.

1. "가지 자리(branch site)" 2′-OH는 에스터 교환반응(transesterification reaction)에서 5′-이어맞추기 자리(5′-splice site)의 인산기를 공격한다. U1과 U6 RNP가 치환되고 U1과 U4 RNP가 방출되는 반응에서 인트론은 새로 형성된 5′ → 2′ 인산다이에스터 결합에 의해 *올가미*(lariat)로 불리는 고리(loop) 구조를 형성한다(**그림 18.45**).
2. 상류 엑손의 U5에 결합된 3′-OH가 올가미 구조에 인접한 인산기를 공격하면 올가미 구조는 끊어져 분해되며 2개의 엑손들은 서로 연결된다.

주요 개념 _Key Concepts

- 진핵생물의 전사 과정은 원핵생물의 것보다 훨씬 더 복잡하다.
- 유전자 전사는 염색질 재모형화와 RNA 가공 이외에도 독특한 전사 인자들이 촉진 유전자와 결합하는 것이 필요하다.
- 진핵생물의 RNA 전사물은 여러 가지 가공 반응을 거친다.

이어맞추기가 종료되면, *엑손 접합점 복합체*(exon junction complex, EJC)는 엑손-엑손 접합점으로부터 20 nt 상류의 각 이어맞추기 자리에 결합하여 성숙된 전령 리보핵산단백질(mRNP)을 형성한다. mRNA가 핵막을 통과하여 세포질로 이동한 후, 리보솜에 의해 첫 번째 번역(translation) 과정이 진행될 때까지 EJC는 mRNA와 결합한 상태로 유지된다. *넌센스-매개 붕괴*(nonsense-mediated decay, NMD)는 불완전하거나 독성을 가진 폴리펩타이드를 합성할 수 있는 미성숙 종결신호(premature termination signal)(종결 코돈)를 탐지하는 mRNA 감시 메커니즘이며, 여기에서 EJC가 역할을 수행한다. RNA 이어맞추기 오류(무작위 돌연변이 및 DNA 재배열 오류와 같은)에 의해 유발된 미성숙 종결신호는 EJC와의 상대적 위치에 따라 정상 정지 코돈과 구별된다. 리보솜이 mRNA를 번역하면서 EJC 상류의 정지 코돈을(또 다른 하류 정지 코돈의 존재를 나타내는) 탐지하면 mRNA 붕괴 과정을 개시하는 감시 메커니즘을 일으킨다. NMD는 몇몇 RNA 분해나 발현 억제

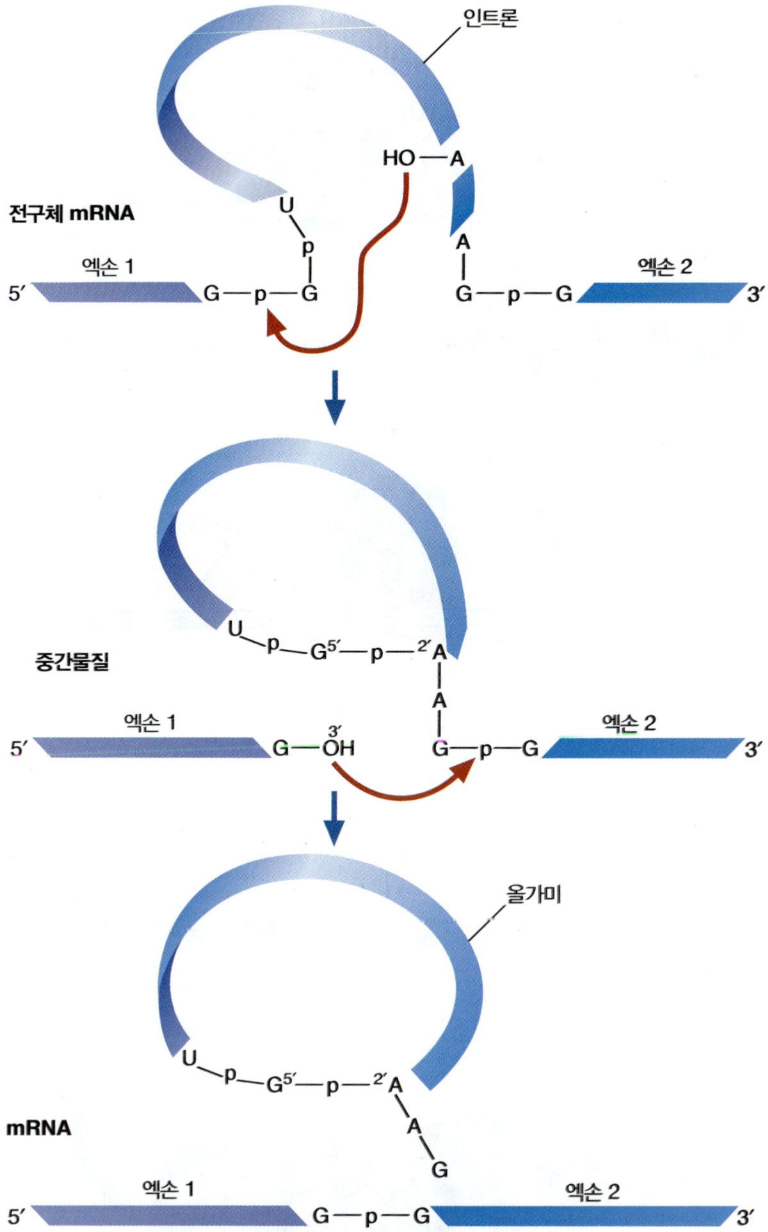

그림 18.44

RNA 이어맞추기(splicing).

핵 내부에서 일어나는 mRNA 이어맞추기는 특정 아데노신의 2′-OH가 5′-이어맞추기 자리의 인산기를 친핵성으로 공격하여 시작된다. 이 과정에서 2′, 5′-인산다이에스터 결합에 의해 올가미(lariat) 구조가 형성된다. 그 다음 단계에서 엑손 1의 3′-OH(친핵체로 작용)가 올가미 구조에 인접한 인산기를 공격함으로써 인트론이 방출되고 2개의 엑손이 서로 연결된다.

과정에 필요한 효소들로 구성된 세포 구조인 *P 본체*(P body) 안에서 일어난다.

대부분 다중 인트론을 포함하는 포유동물의 전구체 mRNA 대부분은 4개의 활성화된 이어맞추기 복합체에 의해 형성된 **초이어맞추기 복합체**(suprasplicesome, 21.1 MDa)에 의해 가공된다(**그림 18.46**). 초이어맞추기 복합체는 전사물 이어맞추기의 속도와 효율을 증가시키며, 인트론 절제 교정(excision proofreading)을 위한 기회를 제공하는 것으로 알려졌다.

다세포 생물의 복제 의존적 히스톤 mRNA의 가공은 몇 가지 측면에서 다른 mRNA들과 다르다. 히스톤 mRNA는 5′-모자는 있지만 인트론이나 폴리(A) 꼬리는 없다. 폴리(A) 꼬리가 없는 대신 3′-말단에 진화적으로 보존된 25 뉴클레오타이드의 줄기-고리(stem-loop) 구조가 있어 SLBP(stem-loop binding protein)와 결합한다. SLBP는 mRNA의 운반, 번역, 분해를 촉진한다. 히스톤 mRNA의 줄기-고리 구조는 세포 주기의 S기 끝에서 DNA 합성이 끝났을 때 히스톤 mRNA를 신

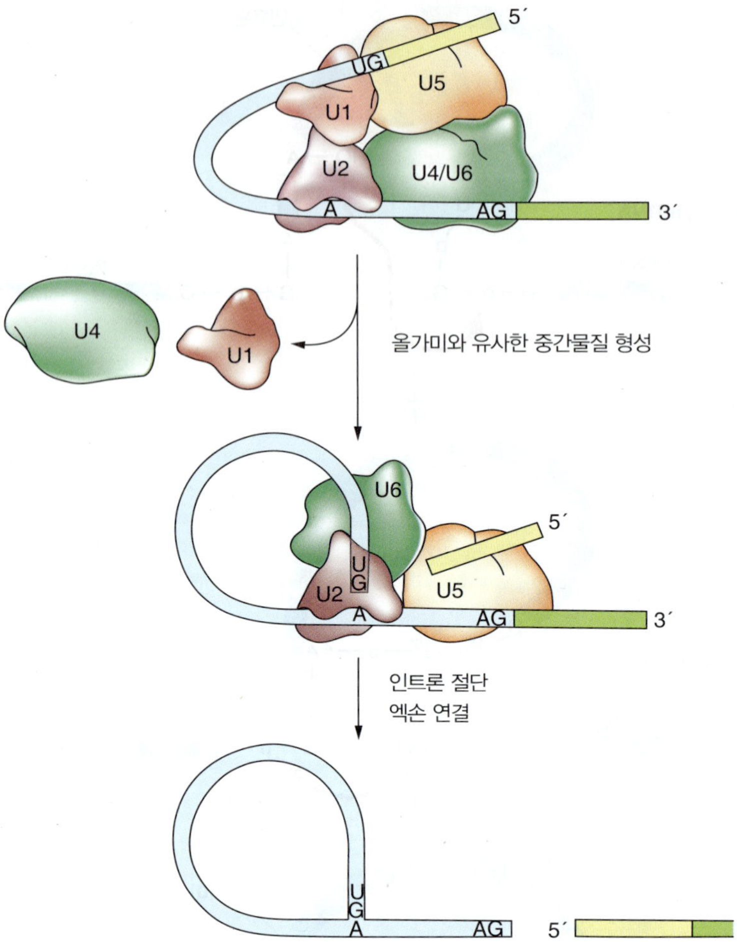

그림 18.45

이어맞추기 복합체(spliceosome).

5′-이어맞추기 자리가 절단되고 인트론의 5′-말단이 보존된 아데닌에 결합하면 올가미 중간물질이 형성된다. 이 과정에서 U6가 U4로부터 해리되고, U1과 U4가 모두 이어맞추기 복합체로부터 해리되면, U6/U2 상호작용이 가능하게 된다. 3′-이어맞추기 자리에 결합한 U5가 5′-엑손과 3′-엑손을 가깝게 위치시켜 연결될 수 있게 한다.

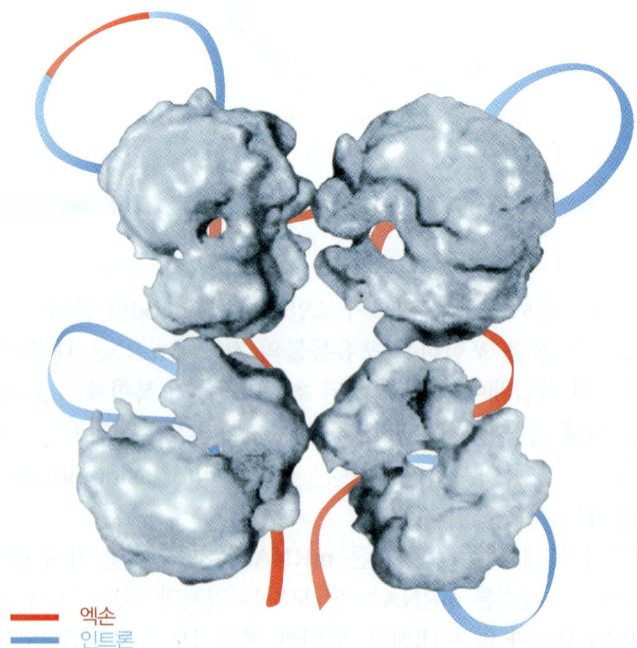

그림 18.46

초이어맞추기 복합체(supraspliceosome).

초이어맞추기 복합체 구조와 기능 모형에서, 전구체 mRNA가 4개의 이어맞추기 복합체로 형성된 복합체에 의해 가공된다. 인트론의 고리 구조(파란색)는 바깥쪽으로 돌출되어 이어맞추기가 일어난다. 대체되는 엑손(빨간색)은 왼쪽 위에 나타내었다.

속하게 분해하기 위한 필수 요소이다.

18.3 유전자 발현

궁극적으로, 생물이 생명현상을 영위하기 위해서는 유전자 발현이 적절한 시기에 정확하게 일어나도록 조절되어야 한다. 이는 결국 세포가 환경 변화에 효율적으로 대응하도록 하는 유전자의 스위치를 켜고 끄는 능력에 달려 있다. 다세포생물에서 세포 분화 및 세포간 협동작용은 복잡하게 프로그래밍된 유전자 발현에 의해 일어난다.

전사 속도로 측정되는 유전자의 조절은 세포의 대사활성을 조정하는 제어 요소(control element)의 복잡한 체계에 의해 일어난다. **구성 유전자**(constitutive gene) 또는 항존 유전자(housekeeping gene)라 불리는 어떤 유전자들은 세포 기능에 필요한 유전자 산물을 암호화하기 때문에 일상적으로 전사된다. 그 외에 다세포생물의 분화된 세포의 경우, 다른 어느 곳에서도 발견할 수 없는 특화된 단백질(예, 적혈구 세포의 헤모글로빈)들이 생산된다. 어떤 특정 환경 조건 하에서만 발현되는 유전자를 *유도 유전자*(inducible gene)라 한다. 예를 들어 대장균의 락토스(lactose) 대사에 필요한 효소들은 세균이 가장 선호하는 에너지원인 글루코스가 없고, 락토스가 존재할 때에만 생산된다.

일반적으로 원핵생물의 유전자가 발현하기 위해서는 특정 단백질이 전사 개시자리(transcription start site) 바로 옆에 있는 DNA와 상호작용을 해야 한다. 이와 같은 상호작용은 전사에 대한 양성 효과(즉, 전사를 개시하거나 증가시킴) 또는 음성 효과(즉, 전사가 일어나지 않도록 함)를 나타낼 수 있다. 또 하나의 흥미로운 현상은 음성 조절물질[억제 인자(repressor)라고도 함]을 억제(inhibition)하면, 관련 유전자가 활성화된다는 것이다. [*억제 유전자*(repressor gene)의 억제를 탈억제(derepression)라 한다.] 진핵생물의 유전자 발현은 이와 같은 메커니즘 외에도 유전자 재배열, 유전자 증폭, 후성유전(epigenetic) 메커니즘, 다양하고 복잡한 전사, RNA 가공, 번역 제어 등을 이용한다. 또한 진핵세포에 내재한 전사와 번역의 공간적인 분리는 mRNA 수송 제어(mRNA transport control)라는 또 다른 조절의 기회를 제공한다.

여기에서 유전자 발현을 제어하는 여러 가지 예를 알아본다. 원핵생물의 유전자 발현에 대한 논의는 주로 오페론과 리보스위치에 집중되어 있다. **오페론**(operon)은 동일한 작동 유전자와 촉진 유전자(promoter)에 의해 조절되는 일련의 유전자들을 말한다. **작동 유전자**(operator)는 유전자 발현을 조절하는 특정 억제물질 또는 활성물질 단백질들에 결합하는 조절 서열이다. 1950년대에 프랑수아 자코브(François Jacob)와 자크 모노(Jacques Monod)에 의해 처음 연구된 대장균의 lac 오페론은 가장 상세하게 연구된 예에 해당한다. 세균은 또한 mRNA 내의 특정 비번역 서열(untranslated sequence, UTS)과 그곳에 결합한 작은 대사물로 구성된 **리보스위치**(riboswitch)라는 RNA-기반의 제어 메커니즘을 이용한다. 리보스위치는 대개 전사 종결, 번역 봉쇄, 또는 mRNA의 자가 파괴(self-destruction) 유발에 의해 유전자 발현을 억제한다. 진핵생물의 유전자 발현 메커니즘은 대장균 같은 원핵생물의 것에 비해 덜 알려져 있다. 이는 주로 진핵생물의 거대한 유전체 크기와 더욱 다양하고 복잡한 조절 메커니즘 때문이다. 성장 인자(growth factor)에 의해 유발되는 유전자 발현의 대략적인 개요를 끝부분에 서술하였다.

원핵생물의 유전자 발현

대장균과 같은 원핵생물은 제한된 자원을 이용하고 변화하는 환경에 대응하기 위하여 고도로 조절되는 대사경로를 가진다. 리보핵산 가수분해효소(RNase)에 의한 mRNA의 급속한 분해와 함께 필요할 때에만 효소와 다른 유전자 산물을 적절히 합성함으로써 에너지와 영양소의 낭비를 막는다. 유전자 수준에서 유도 유전자는 오페론이라고 부르는 연관된 구조 유전자와 조절 유전자군에 의해 효과적으로 제어된다. 특히 *lac* 오페론에 대한 연구는 유전자의 발현이 환경 조건에 따라 어떻게 변화될 수 있는가를 보여준다. 따라서 *lac* 오페론과 최근에 발견된 리보스위치의 여러 가지 유형에 대해 서술하고자 한다.

락토스 오페론 락토스 오페론(*lac* operon, **그림 18.47**)은 제어 요소(control element)와 락토스 대사에 관여하는 효소들을 암호화하는 구조 유전자(structural gene)로 구성된다. 제어 요소는 작동 유전자 자리와 일부 중복되는 촉진 유전자를 포함한다. 이화 물질 유전자 활성화 단백질(catabolite gene activator protein, CAP) 결합 자리는 촉진 유전자 상류에 위치하는 16 bp의 DNA 서열로서 또 다른 제어 요소이다. 구조 유전자 Z, Y, A는 각각 β-갈락토스 가수분해효소(β-galactosidase), 락토스 투과효소(lactose permease), 싸이오갈락토사이드 아세틸기 전달효소(thiogalactoside transacetylase)를 암호화한다. β-갈락토스 가수분해효소는 락토스를 단당류인 글루코스와 갈락토스로 가수분해하며, 락토스 투과효소는 락토스가 세포 안으로 수송되는 것을 촉진한다. 싸이오갈락토사이드 아세틸기 전달효소가 없어도 락토스 대사가 정상적으로 진행되기 때문에 이 효소의 역할은 아직 정확히 알려지지 않았다. *lac* 오페론과 인접한 억제 유전자(repressor gene, *lacI*)는 락토스 억제 단백질(lac repressor protein)을 암호화하며, 이 단백질의 사합체(tetramer)가 작동 유전자 자리에 높은 친화도로 결합한다. (*lac* 억제 단백질은 세포 당 약 10개 분자의 낮은 수준으로 존재한다.) *lac* 억제 단백질이 작동유전자에 결합하면 RNA 중합효소가 촉진 유전자에 결합할 수 없게 된다(**그림 18.48**).

유도물질[락토스의 β-1,6-이성질체인 알로락토스(allolactose)]이 없으면, *lac* 억제 단백질이 작동 유전자에 결합하기 때문에 *lac* 오페론은 억제된 상태로 존재한다. 반면에 락토스가 존재할 때에는 소량의 락토스 분자들이 갈락토스 가수분해효소에 의해 알로락토스로 전환된다. 알로락토스는 억제 단백질과 결합하여 그 구조를 변화시킴으로써, 작동 유전자로부터 억제 단백질의 분리를 촉진한다. 일단 비활성화된 억제 단백질이 작동 유전자로부터 분리되면, 구조 유전자의 전사가 다시 시작된다. *lac* 오페론의 발현은 락토스가 모두 소모되거나, 글루코스가 공급될 때까지 활성화된 상태로 유지된다. 락토스가 고갈되면, 억제 단백질이 활성화 형태로

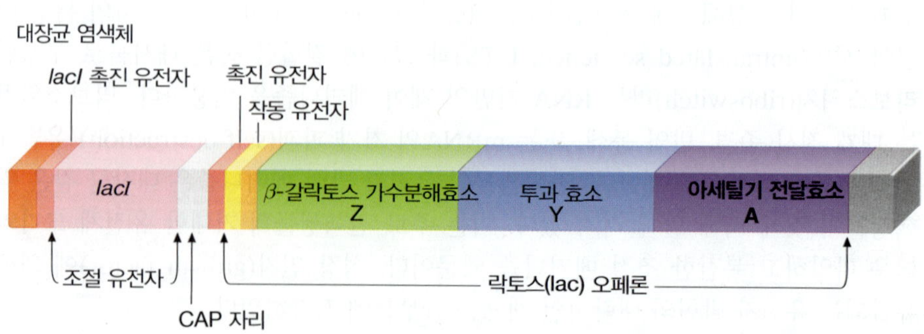

그림 18.47
대장균의 락토스 오페론(*lac* Operon).

전환되어 작동 유전자에 다시 결합하고, 오페론의 발현이 억제된다.

만약 락토스가 없을 때 *lac* 오페론이 억제된다면, 알로락토스는 어떻게 생성되는가? 억제 단백질이 때때로 작동 유전자로부터 분리되는 경우가 있으므로, 전사가 완전히 불가능한 상태는 아니며, 결과적으로 매우 낮은 수준이라도 오페론 효소의 생산이 가능하다. 따라서 락토스가 세균에 공급될 때, 이미 존재하는 매우 적은 양의 락토스 투과효소에 의해 락토스가 세포 내로 운반되며, 이 후에 알로락토스로 전환된다.

글루코스는 대장균이 가장 선호하는 탄소 및 에너지원이다. 만약 글루코스와 락토스가 동시에 존재한다면, 글루코스가 먼저 대사에 이용된다. *lac* 오페론 효소의 합성은 글루코스가 완전히 소모된 후에만 유도된다. (이는 글루코스가 더 일반적으로 이용되고 세포 내 대사에서 중요한 역할을 수행한다는 측면에서 타당성을 가진다. 글루코스가 이미 존재한다면, 왜 다른 당의 대사를 위한 효소의 합성에 불필요

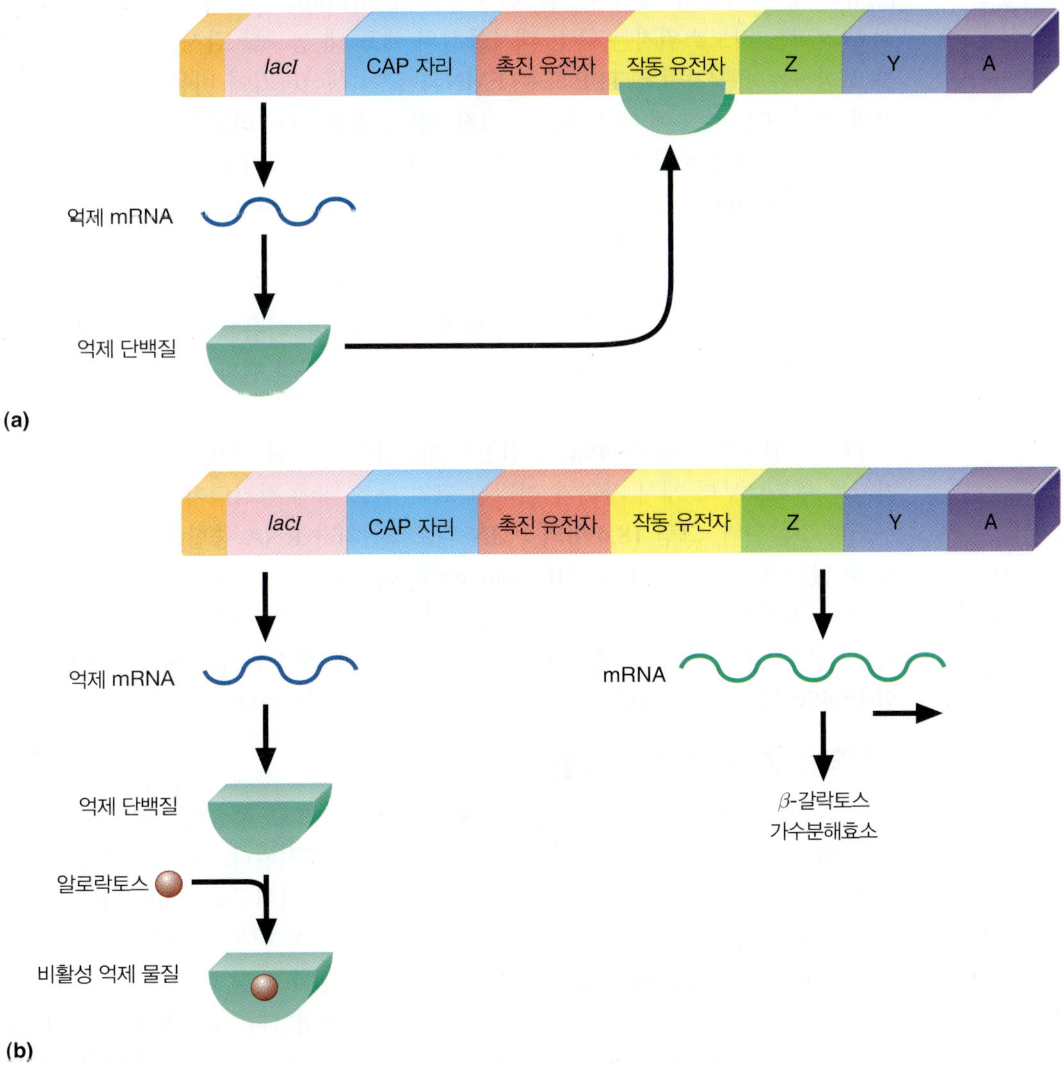

그림 18.48

락토스 오페론의 기능.

(a) 억제 유전자 *lacI*는 락토스(유도 물질)가 없을 때 작동 유전자에 결합하는 억제 단백질을 암호화한다. (b) 락토스가 존재할 때, 그 이성질체인 알로락토스가 억제 단백질과 결합하여 억제 단백질을 비활성화한다(글루코스가 락토스 오페론에 미치는 영향은 여기에 나타나 있지 않으므로, 본문의 내용을 참조하기 바람).

하게 에너지를 소비할 것인가?)

lac 오페론의 활성화를 지연시키는 것은 이화 물질 유전자 활성화 단백질(CAP)이다. CAP는 다른자리 입체성 동종이합체(allosteric homodimer)로서 글루코스가 없을 때 lac 촉진 유전자(lac promotor) 상류에 위치한 염색체에 결합한다. CAP는 cAMP에 결합하기 때문에 글루코스 농도를 나타내는 지표가 된다. 글루코스의 수송이 아데닐산 고리화효소(adenylate cyclase)의 활성을 억제하기 때문에, 세포 내 cAMP 농도는 글루코스의 농도에 반비례한다. 글루코스가 존재하지 않고 cAMP의 농도가 높을 때에만 cAMP가 CAP에 결합하여 구조를 변화시키며, 그로 인해 lac 촉진 유전자에 결합할 수 있게 된다. CAP의 결합은 lac 촉진 유전자에 대한 RNA 중합효소의 친화성을 증가시켜 전사를 촉진한다. 즉 CAP는 락토스 대사를 활성화시킨다.

리보스위치 **리보스위치**(riboswitch)는 mRNA의 5′-비번역 영역(5′-untranslated region)에 위치하여 대사물질을 감지하는 구역(domain)이다. 대부분의 세균에서 발견되는 리보스위치는 특정 대사물질의 세포 내 농도를 감시한다. 리보스위치를 포함하는 유전자들은 TPP 또는 FMN과 같이 생산하기에 비용이 많이 드는 분자의 합성 또는 수송에 관여하는 단백질들을 암호화한다. 리보스위치는 이미 충분한 농도로 존재하는 분자들의 생산을 위해 자원을 낭비하지 않도록 되먹임 억제제(feedback inhibitor)로서 작용하는 토글스위치(toggle switch)와 유사한 장치이다. 이 스위치는 2종의 구조적 요소, 즉 대사물질과 직접 결합하는 *앱타머*(aptamer)와 유전자 발현 조절물질인 *발현 플랫폼*(expression platform)으로 구성되어 있다. 앱타머가 대사물질과 결합할 때 구조적 변화가 발생하며, 다음으로 발현 플랫폼의 구조를 변화시킨다. 이러한 과정에서 나타나는 가장 보편적 결과는 전사와 번역의 억제이다.

TPP가 앱타머(**그림 18.49a**)에 결합할 때, 리보스위치는 열린 번역 개시 자리를 가지는 구조로부터 개시 자리가 머리핀 고리 구조 내에 격리되어 번역이 봉쇄되는 구조로 전환된다. **그림 18.49b**의 FMN 리보스위치가 RNA 중합효소가 더는 결합할 수 없는 종결 유전자 머리핀(terminator hairpin)을 형성하도록 변경하면 미성숙한 전사 종결을 일으킨다. 다른 리보스위치의 예로는 코발라민(비타민 B_{12}), 퓨린, 라이신을 위한 리보스위치가 있다. 드문 경우로서 리보스위치가 자가분해 반응(**그림 18.49c**)을 촉진하여 mRNA 수를 감소시키는 경우도 있다.

주요 개념 _Key Concepts

- 구성 유전자는 일상적으로 전사되는 반면, 유도 유전자는 적절한 환경 조건에서만 전사된다.
- 원핵생물에서 유도 유전자와 그 조절 서열은 오페론으로 집단화된다.
- 리보스위치는 특정 유형의 분자 수송 또는 합성을 조절하는 mRNA 내의 대사물질 감지 구역이다.

진핵생물의 유전자 발현

진핵생물의 유전체는 원핵생물의 유전체에 비해 더 크고 복잡할 뿐만 아니라, 다음 예에서 확인된 바와 같이 훨씬 복잡한 방식으로 조절된다. 성숙한 적혈구 세포를 제외한 인간 세포는 동일한 유전체를 갖는다. [망상적혈구(reticulocyte)라 불리는 전구체 세포로부터 적혈구 세포가 발달하는 과정에서 핵을 잃게 된다.] 200가지 이상의 고도로 분화된 세포 유형들은 각각 세포 간 신호 전달 메커니즘 및 환경 신호들에 대응하여 변화하는 특정 유전자 집단만을 발현한다. 원핵생물보다 엄청나게 많은 전사 인자(transcription factor)들과 ncRNA들이 진핵생물의 다양성을 만들어낸다. 대부분의 진핵생물 전사 인자들은 DNA 결합 특이성이나 염색질 구조에 대한 영향을 기반으로 DNA-서열 특이적 염색질 구조 인자와 일반 또는 비특이적 염색질 구조 인자, 염색질 재모형화 인자, 히스톤 메틸기 전달효소로 분류될 수 있다. 진핵생물의 유전자 발현은 원핵생물보다 더 다양한 수준에서 조절된다. 이 수

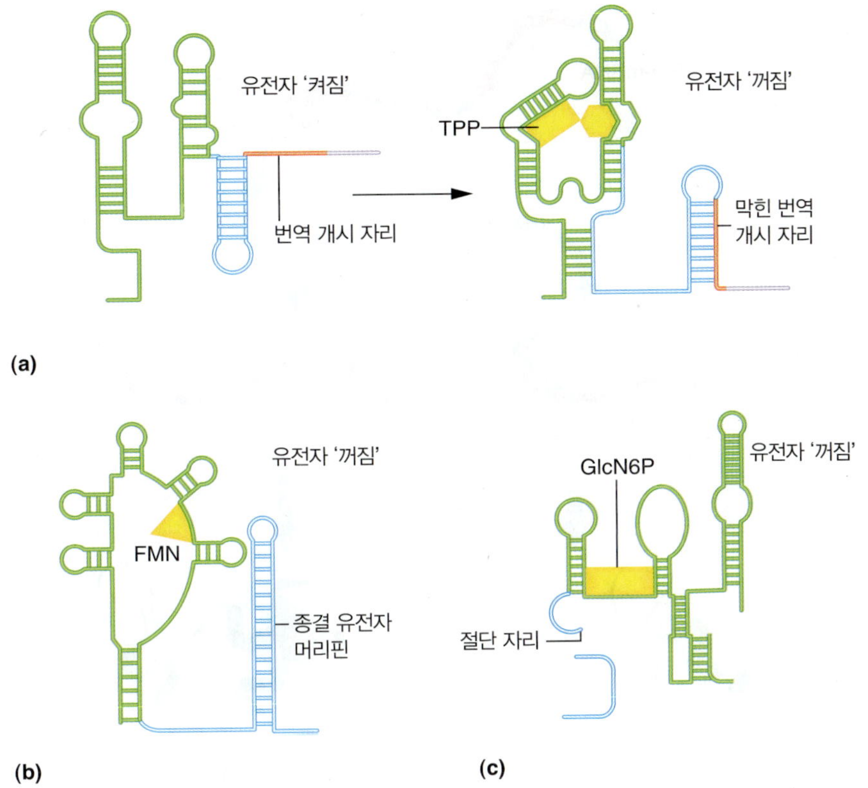

그림 18.49

리보스위치(riboswitch).

(a) 번역 방지. TPP가 앱타머에 결합할 때, 리보스위치가 재배열되어 발현 플랫폼이 번역 개시를 봉쇄하는 머리핀 구조를 형성한다. (b) 전사 종결. FMN의 결합은 전사를 중지시키는 머리핀 구조를 유발한다. (c) 자가절단. 드문 경우이지만, 대사물질의 결합(이 경우는 GlcN6P)이 자가절단 반응을 유발한다.

준에는 유전체 제어(genome control), 전사 제어(transcriptional control), RNA 가공(RNA processing), RNA 편집(RNA editing), RNA 수송(RNA transport), 번역 제어(translational control) 등이 있다. 이런 주제들에 대하여 간단하게 살펴보고 이어서 신호 전달에 의해서 촉발되는 유전자 발현을 살펴보자.

유전체 제어 이미 서술한 바와 같이, 진핵생물의 전사 개시에 중요한 영향을 미치는 두 가지는 염색질의 구조와 전사 인자에 의해 조절되는 RNA 중합효소 복합체의 형성이다. 유전자의 발현은 유전체의 구조 조직의 변화에 영향을 받으며, 그 예로는 DNA 메틸화 또는 히스톤의 공유 결합 변형에 의한 염색질의 재모형화가 있다. 유전자 조절의 상당 부분은 전사 개시 제어를 통해 일어난다.

유전체 제어의 또 다른 예로 유전자 재배열과 유전자 증폭이 있다. 세포의 분화는 유전자 재배열을 필요로 하는데, 예를 들면 B 림프구(lymphocyte)에서 일어나는 항체 유전자의 재배열이 있다. 전위(transposition)도 유전자 조절에 영향을 주는 것으로 알려져 있다. 발생 과정의 어느 시기에 특정 유전자 산물이 과량으로 필요하기 때문에 그 단백질을 암호화하는 유전자가 선택적으로 증폭된다. 증폭된 영역 안에서 DNA 복제의 반복에 의해 증폭이 일어난다. 예를 들어 다양한 동물들(특히 양서류, 곤충, 어류 등)의 rRNA 유전자는 미성숙한 난모세포(egg cell 또는 oocyte) 안에서 증폭된다.

RNA 가공 여러 가지 유형의 진핵생물 RNA 가공 반응은 이미 서술한 바 있다. 이 중 가장 중요한 것은 *선택적 이어맞추기*(alternative splicing)이며, 세포에 특이한 단백질을 생성하기 위해 엑손들을 서로 다른 조합으로 연결하는 것을 말한다(**그림 18.50**). 트로포마이오신(tropomyosin)은 다양한 세포(예, 골격근, 평활근, 심근, 섬유모세포, 뇌)에서 발견되는 단백질이다(**그림 18.51**). 척추동물의 트로포마이오신

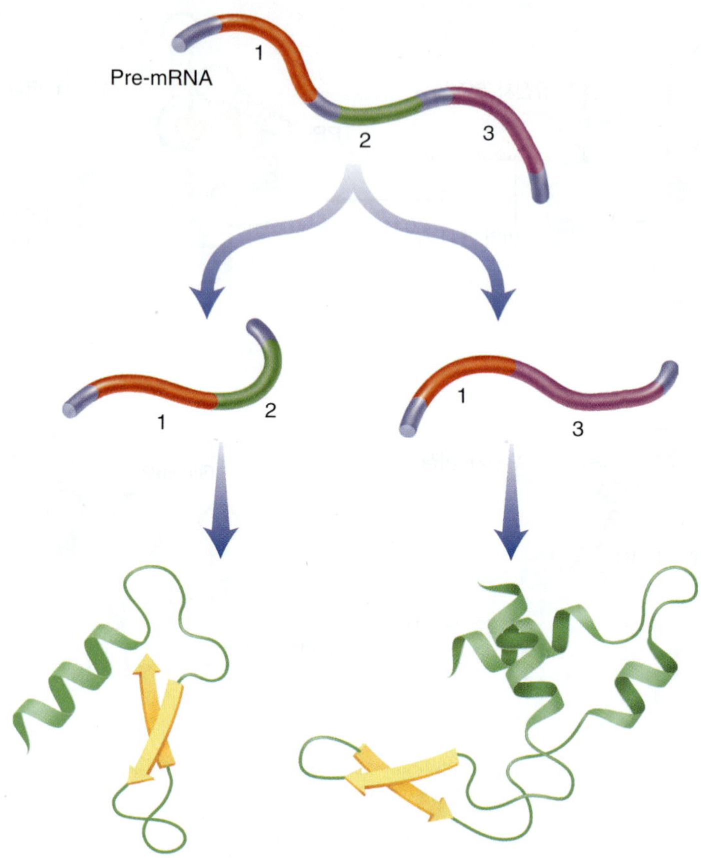

그림 18.50

RNA 가공(RNA processing).

mRNA 분자의 암호화 특성은 전구체 mRNA가 거치는 가공 방식에 따라 결정된다. 동일한 전구체 mRNA 유래의 엑손들이 서로 다른 조합의 이어맞추기를 통해 서로 다른 폴리펩타이드를 합성할 수 있다.

유전자는 13~15개의 엑손으로 구성된다. 엑손 중 5개는 단백질의 모든 동형(isoform)에 공통적이지만, 나머지 엑손들은 서로 다른 트로포마이오신 mRNA에서 교대로 사용된다. 예를 들면 쥐의 가로무늬근 트로포마이오신 mRNA는 엑손 3, 11, 12를 포함하지만 엑손 2 또는 13은 포함하지 않는 반면, 평활근 동형 트로포마이오신은 엑손 2와 3을 포함하지만 엑손 11과 12를 포함하지 않는다. 이러한 변이는 이 두 유형의 근육에서 수축 섬유의 구조와 기능의 차이를 부분적으로 설명해준다. 쥐의 뇌 트로포마이오신 mRNA는 엑손 2, 7, 11, 12, 13을 포함하지 않으며, 이러한 비수축 세포의 액틴-마이오신 세포골격계에서 작용한다.

폴리아데닐화(polyadenylation)를 위한 자리의 선택도 mRNA 기능에 영향을 미친다. 폴리아데닐화 자리의 변화는 miRNA를 위한 mRNA 결합 자리를 바꾸는

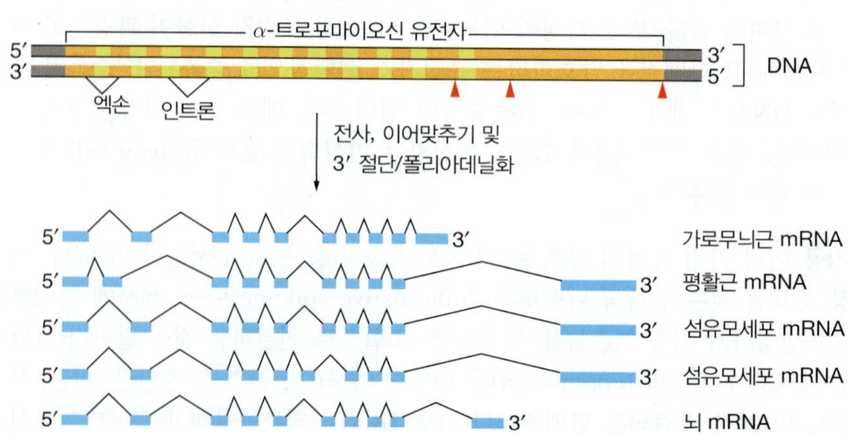

그림 18.51

트로포마이오신 유전자의 선택적 이어맞추기 (alternative splicing).

트로포마이오신은 근육 수축을 조절하는 단백질이다. 세포 내 1차 전사물의 선택적 이어맞추기를 통해 서로 다른 목적으로 사용되는 다양한 형태의 트로포마이오신을 생성할 수 있다.

것 외에도 mRNA의 수명에 영향을 미친다. 폴리아데닐화 자리의 변화가 mRNA의 구조와 기능성을 바꿀 수도 있다. 그 예로서 IgM 항체의 무거운 사슬(heavy chain)을 암호화하는 mRNA의 연구가 잘 알려져 있다. IgM에는 두 가지 형태, 즉 막 결합형 항체와 분비형 항체가 있다. B-림프구 분화의 초기 단계에는 무거운 사슬 전사물의 폴리아데닐화가 세포막 고정 장치(anchor) 구역을 암호화하는 두 개의 엑손 하류에서 일어나기 때문에 세포가 막 결합형 IgM을 생산한다. 이후에 세포는 막 결합형 및 분비형 IgM 항체를 모두 합성한다. 분비형 IgM의 무거운 사슬은 절단된 형태의 분자로 세포막 고정 장치를 가지지 않는데, 이는 mRNA 전사물에서 세포막 구역 엑손의 상류에 폴리아데닐화가 일어나기 때문이다. 가공될 자리를 결정하는 CstF 단백질의 발현에 따라 무거운 사슬 mRNA의 폴리아데닐화 자리가 선택된다.

전사 후 염기의 변화는 **RNA 편집**(RNA editing)에 의해 영향을 받는다. mRNA 염기 서열의 변화는 여러 가지 결과를 초래한다. 예를 들어 이러한 변화가 5′ 및 3′ UTR에서 발생하면, 각각 번역 개시 및 RNA 안정성에 영향을 미칠 수 있다. 그리고 또 다른 가능성으로 인트론 이어맞추기 자리의 변화와 폴리펩타이드 생성물의 아미노산 서열 변화가 있다. RNA 편집의 가장 잘 알려진 예는 C → U 및 A → I(이노신, inosine) 전환이다. 결손 지질단백질(apolipoprotein) B-100 유전자의 mRNA는 4563개의 아미노산 잔기로 구성된 폴리펩타이드를 암호화하며, 초저밀도 지질단백질(VLDL)의 구성 성분이다. 장세포(intestinal cell)는 결손 지질단백질 B-100보다 더 짧은 결손 지질단백질 B-48(2153 아미노산 잔기)을 생산하며, 이는 세포에 의해 생산되는 유미입자(chylomicron) 내로 삽입된다. 글루타민을 암호화하는 CAA 코돈의 사이토신(cytosine) 잔기는 사이티딘 탈아미노화효소(cytidine deaminase)에 의해 유라실(uracil)로 전환된다. 새로운 코돈 UAA는 번역 과정에서 종결 신호로 작용하며, 따라서 편집된 mRNA의 번역 과정에서 불완전한 형태의 폴리펩타이드가 생산된다.

A → I 전이의 가장 잘 알려진 예는 일부 뇌 신경세포에서 발생하는데, 글루탐산 수용체 소단위체를 위한 mRNA의 특정 아데노신 잔기가 RNA에 작용하는 아데노신 탈아미노화효소(adenosine deaminase)에 의해 탈아미노화된다. 편집된 mRNA가 리보솜에 의해 번역될 때, I 염기는 G로 인식된다. 그 결과로 글루타민(코돈 CAA) 잔기가 아지닌 잔기(코돈 CGA)로 치환되고, 수용체 내의 이온 통로는 Ca^{2+}에 대한 투과성이 감소한다. A → I 전이가 방지된 유전자 전이 생쥐(transgenic mouse)는 심각한 간질(epilepsy)을 유발하는 것으로 알려졌다.

전사 후 유전자 침묵 고등 진핵생물의 전사 후 유전자 조절의 한 형태인 **유전자 침묵**(gene silencing)에는 마이크로 RNA(micro RNA, miRNA)라 불리는 22-nt의 짧은 RNA가 관여한다. 꼬마 선충(*Caenorhabditis elegans*)에서 처음 발견된 miRNA는 5′ UTR 및 암호화 서열과도 결합하지만, 주로 3′ UTR 내의 부분적인 상보 서열에 결합함으로써 표적 mRNA의 번역을 억제한다. 처음 연구된 miRNA인 lin-4는 꼬마 선충의 유충 발달 과정의 초기 단계를 조절한다. lin-14와 lin-28 mRNA의 번역을 억제함으로써 lin-4는 초기에서 후기까지 유충 발달 과정의 진행을 촉진한다. 각각 수백 개의 표적 mRNA를 가지는 miRNA들이 초파리, 개구리, 벼 및 옥수수 등의 다양한 생물에서 발견되었다. 인간의 경우 1500개에 달하는 miRNA를 가지며, 이들 miRNA는 약 3분의 1에 해당하는 인간 유전자를 조절하는 것으로 예상된다. miRNA 조절작용의 결함은 암(예, 백혈병)과 심장병과 같은 질병과 관련된다.

유전자 침묵(**그림 18.52**)은 1차 miRNA(pri-miRNA)로 불리는 70-nt 길이의 ssRNA 전구체가 RNAP II의 촉매 작용에 의해 합성되면서 시작된다. 수천 nt 길이에 달하는 pri-miRNA는 줄기-고리 구조를 이루며, 핵 내에서 마이크로프로세서라 불리는 단백질 복합체에 의해 하나 또는 그 이상의 mRNA로 가공된다. *마이크로프로세서*(microprocessor)는 *드로샤*(drosha)라 불리는 RNase와 *파샤*(pasha)로 구성되며, pri-mRNA를 방출하는 각각의 머리핀 구조로부터 11 nt 떨어진 위치의 pri-mRNA를 절단한다. 핵으로부터 수송 단백질인 exportin-5를 통하여 GTP에 의하여 추진되는 이동이 일어난 후, 각각의 pri-mRNA는 *다이서*(dicer)라 불리는 RNase에 의해 분해되어 이중 가닥의 mRNA로 전환된다. 안내 가닥(guide strand)이라는 이중나선 miRNA의 한 가닥은 *RISC*라 불리는 리보핵산단백질 복합체 안으로 삽입되고, 다른 한 가닥[승객 가닥(passenger strand)]은 분해된다. *아르고놋*(argonaute, 아르곤호 승무원)이라 불리는 RISC 단백질에 의해 miRNA의 위치가 결정되고, 표적 mRNA와 결합하여 비활성화시킨다.

miRNA의 매개에 의한 유전자 침묵은 **RNA 간섭**(RNA interference)의 구성 성분들을 이용한다. RNA 간섭은 원래 바이러스와 트랜스포존에 대한 방어 메커니즘에 한정되는 것으로 알려졌다. 세포는 이중 가닥 siRNA를 이용하여 표적 mRNA를 인식하고 분해한다. siRNA는 다이서에 의해 큰 RNA 분자(예, 바이러스 RNA 유전체)가 분해된 산물이다. 일단 인도 siRNA가 RISC 안으로 삽입되면(**그림 18.52**), 표적 mRNA 상의 상보적인 서열에 결합한다. 그 서열이 정확히 일치하기 때문에, *슬라이서*(slicer, 아르고놋의 효소 활성을 가지는 구역)가 mRNA를 짧은 조각으로 절단한다.

RNA 수송 핵으로부터 mRNA의 수송은 고도로 조절되는 과정이며, 가공 반응, NPC를 통한 결합 및 통과, 세포질로의 방출과 같은 3단계로 일어난다. 첫 단계에서 pre-mRNA 분자는 mRNA로 가공되고 동시에 리보핵산단백질 복합체(mRNP) 내로 삽입된다. mRNP 단백질(예, cap-결합 단백질, EJC, poly(A)-결합 단백질)은 NPC 표적화를 돕는 수송 인자(export factor)가 결합하도록 유도한다. 모자 씌

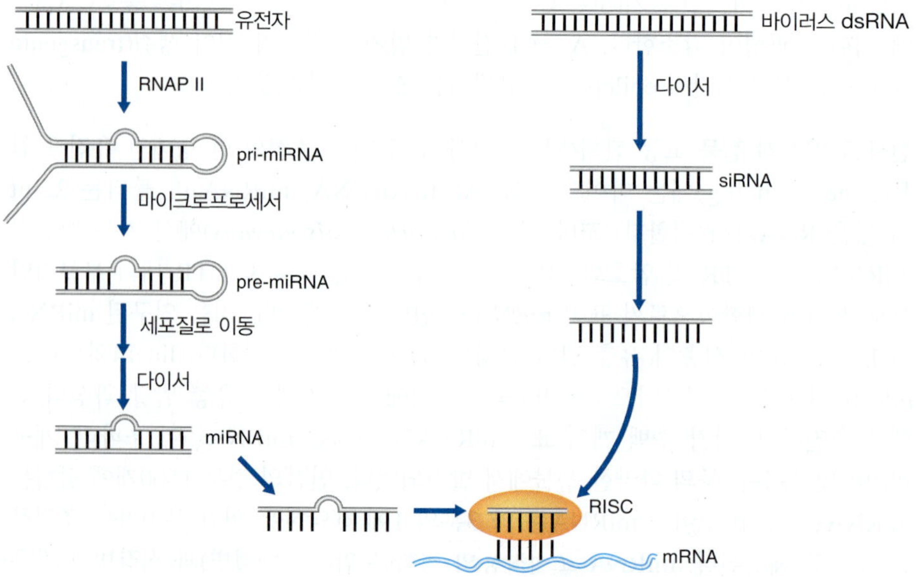

그림 18.52

miRNA와 siRNA의 가공.

전사 후 유전자 침묵 과정에서 miRNA 유전자의 1차 전사물인 pri-mRNA는 파샤(pasha)와 드로샤(drosha)를 포함하는 단백질 복합체인 마이크로프로세서 및 miRNA를 생성하는 다이서(dicer)에 의해 가공된다. 그 다음으로 miRNA 인도 가닥이 RISC 리보핵산단백질 복합체 내로 삽입되며, 표적 mRNA의 3′ UTR 내의 상보적 서열에 결합한다. 이들 두 서열이 완전히 상보적이지 않으므로 mRNA는 침묵하지만 분해되지는 않는다. RNA 간섭에서는 외래의 이중 가닥 RNA가 다이서에 의해 절단되어 이중 가닥의 RNA 분자인 siRNA(small interfering RNA)를 생성한다. 일단 siRNA의 인도 가닥이 RISC 내에 위치하면, 바이러스 mRNA 상의 상보적 서열에 결합한다. 이들 두 서열이 완전히 상보적이지 않으므로 RISC의 슬라이서(slicer) 활성에 의해 mRNA가 작은 조각으로 분해된다.

우기 및 이어맞추기 단백질들은 mRNP를 수송 단백질 복합체인 TREX에 결합하도록 돕는다. 일단 mRNP가 TREX 소단위체를 통해 이종이합체 핵수송 수용체(heterodimer nuclear export receptor)인 Nxf1-Nxt1에 결합하면, NPC를 통해 이동한다. mRNP 복합체가 세포질에 도달하면 수송 단백질의 방출에 의해 복합체의 재모형화가 일어나며, 그 다음으로 번역이 일어날 최종 목적지로 이동하도록 유도한다.

번역 제어 진핵생물은 다양한 자극(예, 열 충격, 바이러스 감염, 세포 주기 변화 등)에 대하여 단백질 합성을 선택적으로 변화시키면서 대응할 수 있다. 여러 가지 번역 인자(translational factor, 번역 과정을 보조하는 단백질들 가운데 리보솜에 포함되지 않는 단백질들)의 공유 결합 변형에 의해 전체적인 단백질의 합성 속도가 변화되며, 특정 mRNA의 번역이 증가하는 것으로 알려졌다. 예를 들어 세포 내의 철 농도가 낮을 때, 억제 단백질이 철 저장 단백질인 페리틴(ferritin)의 mRNA에 결합한다. 철 농도가 충분히 증가하면, 철이 억제 단백질과 결합하여 구조적 변화를 유발하며, 결과적으로 mRNA로부터 분리된다. 따라서 페리틴 mRNA가 번역될 수 있다.

신호 전달과 유전자 발현 모든 세포는 유전자 발현 양상을 변화시킴으로써 부분적으로 환경 신호에 대응한다. 신호 전달에 의해 유발된 유전자 발현이 변화는 리간드가 세포 표면 또는 세포 내의 수용체에 결합함으로써 시작된다. 신호 분자가 어떤 유전자를 켜고 끄는 메커니즘은 세포의 환경으로부터 유래된 정보를 핵 안의 특정 DNA 서열로 전달하는 일련의 복잡한 반응과 단백질 형태 변화로 이루어진 과정이다. 암을 연구하기 위해 진행된 수많은 연구를 감안할 때(이 장 끝 부분의 생화학 전망 '발암 과정'을 참조), 신호 전달 경로의 가장 잘 알려진 예는 세포 분열에 관한 것이다.

세포 성장과 세포 분열이 주로 영양소의 이용도에 따라 결정되는 단세포생물과 대조적으로 다세포생물의 세포 증식은 성장을 촉진하거나 억제하는 신호 분자들의 정교한 세포 간 네트워크에 의해 조절된다. 세포 내 신호 전달 메커니즘의 여러 가지 복잡한 특징이 세포 증식 연구를 통해 밝혀졌다. 신호 분자가 유전자 발현을 변화시키는 메커니즘은 흔히 여러 가지 서로 다른 경로를 동시에 활성화한다. 환경에 따라 여러 유형의 수용체가 활성화되면 그 반응은 통합되어 나타날 수 있다.

진핵생물의 세포 주기에서 세포는 4개의 단계(phase), 즉 M, G_1, S, G_2기(**그림 18.11** 참조)를 반복한다. 세포 주기의 G_1(효모에서는 START라고 함), G_2와 M기를 들어갈 때 검문소(checkpoint)가 있다. 세포는 조건이 최적이 될(예, G_2기에서의 충분한 세포생장 또는 M기에서의 염색체 정렬) 때까지 다음 단계로 넘어가지 못한다. 세포분열에서는 다음 단계가 시작하기 전에 이전 단계가 종료되도록, 일정한 활성이 주기적으로 변하는 것을 볼 수 있다. *사이클린-의존성 단백질 카이네이스*(cyclin-dependent protein kinase, Cdk)와 결합하여 활성화시키는 조절 단백질의 한 집단인 사이클린의 선택적 합성이나 분해에 따라 세포 주기가 진행된다. Cdk는 세포 주기의 검문소를 통해 각 단계로의 진행을 제어하는 다양한 단백질들을 인산화시킨다.

세포 분열의 조절에는 양성 제어(positive control)와 음성 제어(negative control)가 모두 관여한다. 양성 제어는 주로 성장 인자(growth factor)가 특화된 세포 수용체에 결합함으로써 일어난다. 세포 분열의 시작은 성장 인자 같은 다양한 인자의 결합을 필요로 한다. 세포 증식은 *종양 억제 유전자*(tumor suppressor gene)의 단백질 산물에 의해 억제된다. 이 종양 억제 유전자 중 잘 알려진 예로는 *Rb*[유아 안암(eye cancer)인 *망막아종*(retinoblastoma)에서 Rb 유전자 기능의 상실로 인한 역할 때문에 명명]와 p53 유전자(세포 주기 진행을 정지시키는 사이클린 샤페론)가 있다. 방사선에 대한 과다 노출과 같이 일정량 이상의 DNA 손상이 일어날 때, 세포 주기의 정지 상태는 지속된다. 만약 DNA 수선 메커니즘이 불완전하면 p53이 관여하는 복잡한 메커니즘에 의해 **세포 사멸**(programmed cell death 또는 apoptosis)이 일어난다(**그림 2.19**).

성장 인자에 의한 양성 효과로서 특히 G_1와 같은 세포 주기 검문소 단계에서의 억제 작용을 극복하도록 하는 유전자 발현을 들 수 있다. 성장 인자가 세포 표면 수용체에 결합하면 두 부류의 유전자, 즉 초기 반응 유전자(early response gene)와 지연 반응 유전자(delayed response gene)를 유도하는 다단계 반응을 일으킨다.

초기 반응 유전자. 전사 인자를 암호화하는 이러한 유전자들은 보통 15분 이내에 빠르게 활성화된다. 현재 가장 잘 알려진 초기 반응 유전자들은 *jun*, *fos*, *myc* 등과 같은 원발암유전자들이다. **원발암유전자**(protooncogene)는 정상적인 유전자이지만 돌연변이가 일어나면 발암(carcinogenesis)을 촉진할 수 있다(생화학 전망 '발암 과정' 참조). *jun*과 *fos* 원발암유전자 군은 각각 루신 지퍼 구역(leucine zipper domain)을 포함하는 일련의 전사 인자를 암호화한다. Jun과 Fos 단백질들은 DNA와 결합할 수 있는 이합체를 형성한다. 이런 것들 중 가장 잘 알려진 것은 AP-1으로 알려진 Jun-Fos 이종이합체로서 루신 지퍼 상호작용을 통해 형성된다. 기본적인 나선-고리-나선-루신 지퍼(basic helix-loop-helix-leucine zipper, bHLHZip) DNA-단백질 결합 모티프를 갖고 있는 전사 인자들 중의 하나가 Myc이다. Myc 단백질들은 동종이합체를 형성하거나, 다른 전사 인자들과 함께 이종이합체를 형성한다. Myc가 Max라 불리는 단백질과 이종이합체를 형성할 때, 다수의 유전자 발현이 영향을 받는다. 일부 Myc/Max 표적 유전자들의 산물은 세포 주기를 촉진하는 효과를 나타낸다.

지연 반응 유전자. 이 유전자들은 초기 반응기에 생성되거나 활성화된 단백질과 전사 인자의 활성에 의해 유도된다. 대표적인 지연 반응 유전자의 산물은 Cdk, 사이클린, 그리고 세포 분열에 필요한 또 다른 구성 성분들이다.

앞에서 언급한 바와 같이, 많은 성장 인자들은 타이로신 카이네이스 수용체(tyrosine kinase receptor)에 결합하고 이 중 일부는 G-단백질 유사 메커니즘을 통해 DAG와 IP_3 생산과 연결되어 있다(**그림 16.7** 참조). EGF는 이러한 유형의 성장 인자의 하나로서 **그림 18.53**에 전사 인자 AP-1을 활성화하는 EGF의 역할을 간략하게 나타내었다. 쥐 육종(sarcomas)으로부터 처음 분리된 *ras* 발암유전자(ras oncogene)는 이 계의 G-단백질 성분으로서 원발암유전자 형태로 작용한다. ras는 EGF 수용체의 타이로신 카이네이스 구역에 결합한 단백질 복합체인 SOS/GRB2와 결합할 때 활성화된다. SOS는 GRB2와 결합할 때 ras로 하여금 GDP를 방출하고 GTP와 결합하도록 하는 **GEF**(guanine nucleotide-exchange factor)의 한 종류이다. ras는 **GTPase 활성화단백질**(GTPase-activating protein, GAP)에 의해 GTP가 가수분해되면 비활성화된다.

PLCγ도 EGF 수용체와 결합할 때 활성화된다. G-단백질 연계 수용체에서와 같이 활성화된 PLCγ는 PIP_2를 DAG와 IP_3로 가수분해한다. DAG는 세포 성장과 세포 증식에 관련된 다양한 단백질을 활성화하는 PKC를 활성화한다.

인산화 다단계 반응(phosphorylation cascade)은 EGF 결합 후 ras의 활성화 및 세포 내 DAG와 IP_3 농도의 증가에 의해 일어난다. 인산화 다단계 반응에서 활성화되는 주요 효소 중의 하나가 유사분열 촉진제-활성화 단백질 카이네이스 카이네이스(mitogen-activated protein kinase kinase, MAPKK)이다. 그런 다음 활성화된 MAPKK는 유사분열 촉진제-활성화 단백질 카이네이스(MAP kinase, MAPK)의 타이로신과 트레오닌을 모두 인산화한다. (이렇게 타이로신과 트레오닌을 모두 인산화하는 특별한 인산화 방식은 MAPK가 MAPKK에 의해서만 활성화 되도록 하기 위한 것으로 보인다.) 활성화된 MAPK(세린/트레오닌 카이네이스의 일종)는 다양한 세포 단백질들을 인산화하는데, 그 중 대표적인 것들이 Jun, Fos, Myc이다. 인산화된 Jun과 Fos 단백질들은 결합하여 전사 인자 AP-1을 형성하며, AP-1은 세포 분열을 촉진하는 여러 지연 반응 유전자의 전사를 일으킨다.

문제 18.5

빛이 식물의 유전자 발현에 영향을 미치는 메커니즘을 *광형태형성*(photomorphogenesis)이라한다. 식물 세포의 배양에 심각한 기술적 어려움이 있기 때문에 식물의 유전자 발현에 대해서는 상대적으로 많은 것이 알려져 있지 않다. 그러나 *광반응 요소*(light-responsive elements, LRE)라는 DNA 서열이 발견되었다. 동물에서 관찰된 유전자 발현 양상을 근거로 빛이 유전자 발현을 유도하는 메커니즘을 제안할 수 있는가? [*힌트*: 파이토크롬(phytochrome)이 광유도 유전자 발현의 중요한 구성 성분임을 상기하라.]

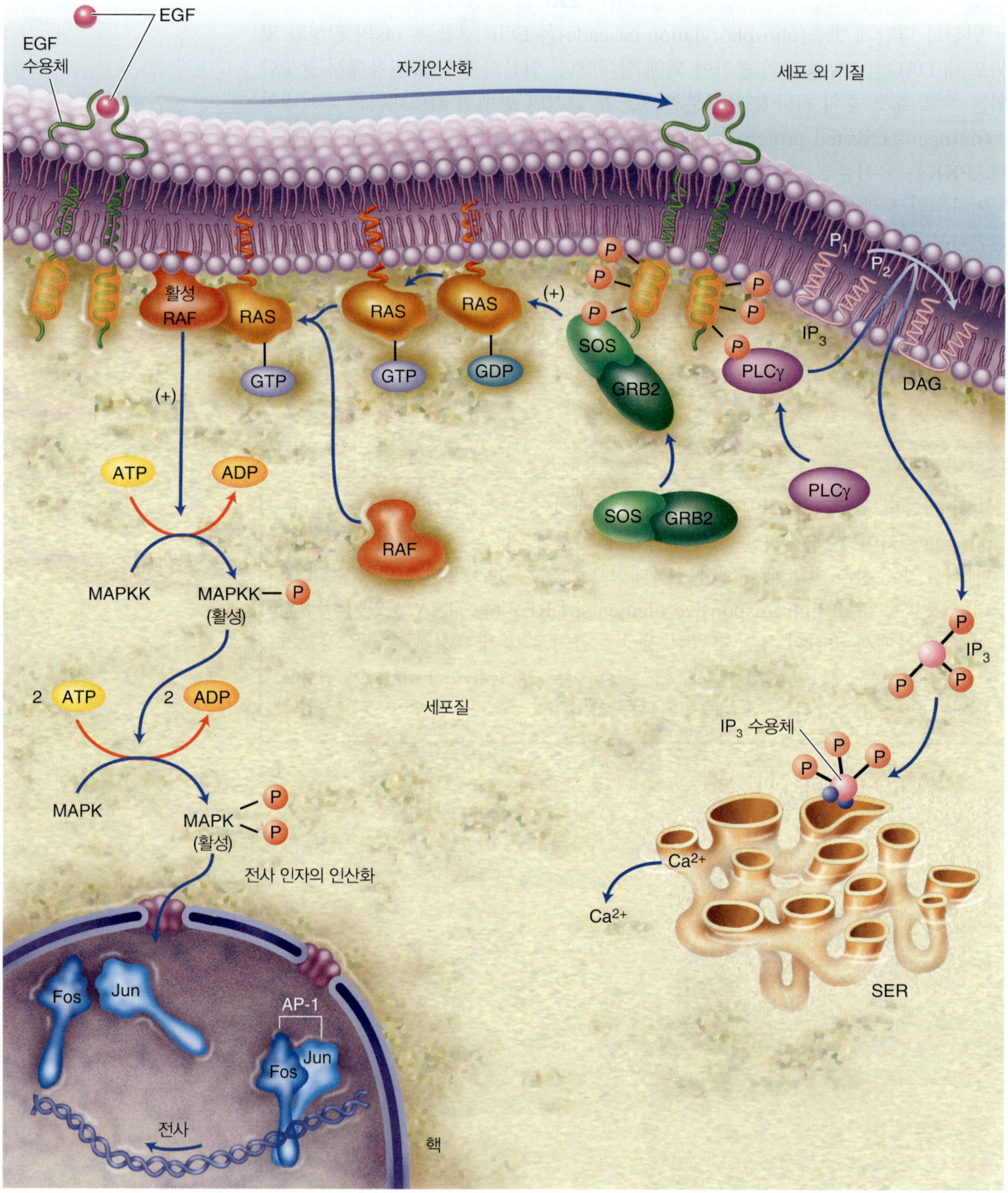

그림 18.53

성장 인자 결합에 의한 진핵세포의 유전자 발현.

이 그림은 성장 인자(예, EGF)가 원형질막 수용체에 결합할 때 일어나는 신호 전달 과정 가운데 일부를 선택하여 보여 준다. 성장 인자 또는 호르몬에 의해 유도되는 유전자 발현의 변화는 여러 가지 서로 다른 메커니즘에 의해 일어난다. 여기에서는 Ras와 PLCγ의 활성화만을 나타내었다. EGF가 결합하면 그 수용체의 이합체화 반응과 세포질 영역에 있는 타이로신 잔기의 자가인산화(autophosphorylation) 반응을 촉진하게 되고, 이렇게 인산화된 수용체에 다양한 세포질 단백질들이 결합하게 된다. 이러한 단백질들 가운데 하나인 GRB2가 수용체와 결합할 때, SOS(GEF)가 활성화되며, 이어서 활성화된 SOS는 Ras에 결합된 GDP가 GTP로 전환되도록 촉진함으로써 Ras를 활성화시킨다. 활성화된 Ras는 단백질 카이네이스 RAF를 활성화함으로써 인산화 다단계 반응을 개시하는데, RAF는 MAPKK를 활성화한다. MAPKK는 MAPK를 활성화하고, MAPK는 핵 내부로 이동하여 수많은 전사 인자(예, AP-1을 형성하는 fos와 jun)를 활성화시킨다. PLCγ가 EGF 수용체에 결합하면 PIP_2를 IP_3와 DAG로 분해한다. IP_3는 세포질로 Ca^{2+}이 방출되도록 자극한다. **그림 16.7**에 나타낸 바와 같이, Ca^{2+}와 DAG가 존재할 때 단백질 카이네이스 C는 또 다른 일련의 단백질 카이네이스들을 활성화하고 이는 결국 여러 가지 세포 성장 조절 단백질의 기능에 영향을 미친다.

생화학 전망 BIOCHEMISTRY IN PERSPECTIVE

발암과정(Carcinogenesis)

암이란 무엇이며, 정상 세포를 암세포의 특성을 갖는 세포로 전환(transformation)시키는 생화학적 과정은 무엇인가?

암은 유전적으로 손상된 세포들이 독자적으로 증식하는 질병 군이다. 이러한 세포들은 다세포생물에 필요한 세포 간 조화를 유지하는 정상적인 조절 메커니즘에 반응하지 못한다. 그 결과 그들은 끊임없이 증식하여 주변의 정상 세포들로부터 영양소를 빼앗고 결국 주위의 건강한 조직을 밀어낸다. 비정상 세포들은 그들이 가지고 있는 손상에 따라 양성 또는 악성 종양을 형성한다. 양성(benign) 종양은 천천히 자라고 특정 지역에 국한되어있기 때문에 생명을 위협하는 암으로 여겨지지 않는다. 반면에 *악성*(malignant) 종양은 혈액이나 림프절을 통해 몸의 다른 지역으로 이동하는 *전이*(metastasis)가 일어날 수 있어 생명을 위협하는 경우가 많다. 악성 종양이 생겨나면 정상적인 기능을 방해하게 되는데 생명을 유지하는데 필요한 과정이 실패하면 환자는 죽게 된다.

암은 발생한 조직에 따라 분류된다. 대부분의 암 종양은 피부, 여러 가지 샘, 유방, 그리고 내부 조직의 표면에서 유래한 *암종*(carcinoma)이다. 림프아구성(lymphoblastic) 또는 골수성(myelogenic) *백혈병*(leukaemia)은 여러 가지 혈액 형성 세포의 암이다. *림프종*(lymphoma)은 림프절이나 비장과 같은 림프 조직의 고형 종양이다. 연결조직에서 유래된 종양을 *육종*(sarcoma)이라고 부른다. 이와 같이 다양한 암이 있지만 이들은 모두 유전체 불안정성, 성장 인자 비의존성, 성장억제 인자에 대한 감수성 상실, 세포 사멸(apoptosis) 회피와 같은 몇 가지 공통적인 특징을 갖고 있다. 각 종양은 한 개의 손상된 세포로부터 유래된다. 즉 종양은 유전될 수 있는 변화가 일어난 세포로부터 유래된 클론이라고 할 수 있다. 이러한 유전적인 손상으로는 돌연변이(예를 들면 점 돌연변이, 결실, 역위 등), 염색체 재배열 또는 손실을 들 수 있다. 이러한 유전적인 변화는 세포 성장이나 증식에 관련된 분자들의 기능을 상실하게 하거나 변화시킨다. 종양은 대개 긴 시간에 걸쳐 몇 가지 독립적인 유전적 손상이 축적되어 발생한다. 따라서 암에 걸릴 위험성은 나이가 들면서 증가하게 된다.

정상적인 세포가 악성 세포로 바뀌는 형질 전환(transformation)은 다양한 세포 과정에서 수많은 유전자가 관여하는 복잡한 과정이다. 암세포에는 수천 가지의 돌연변이가 일어날 수 있지만 형질 전환에 필요한 것은 대개 그 가운데 일부(예를 들어 유방암은 9개, 대장암은 12개)이다. 형질 전환에는 개시(initiation), 촉진(promotion), 진행(progression)의 세 단계가 있다.

발암의 *개시* 단계에서는 세포 유전체의 불안정한 변화로 인하여 그 세포가 이웃 세포들에 비해 더 잘 성장하게 된다. 대부분의 개시 단계의 돌연변이는 원발암유전자나 종양 억제 유전자(tumour suppressor gene)에 일어난다. 원발암유전자는 세포의 성장 및 증식을 촉진하는 여러 가지 성장 인자, 성장 인자 수용체, 효소, 전사 인자들의 유전자이다. 원발암유전자에 돌연변이가 일어난 결과 비정상적인 세포 증식을 촉진하게 되면 그 변이된 유전자를 **발암유전자**(oncogene)라고 부른다(**표 1**). **종양 억제 유전자**(tumour suppressor gene)는 세포들이 암세포로 변하지 않도록 적극적으로 보호하는 단백질들의 유전자이다. 예를 들어 세포에 손상된 DNA가 있으면 종양 억제 RB1에서 만들어지는 Rb 단백질이 세포 주기의 진행에 필요한 전사 인자들을 억제한다. 또 다른 종양 억제자로는 DNA 두 가닥 틈 수선에 관여하는 BRCA1과 BRCA2가 있다. 17번 염색체의 TP53 유전자에서 만들어지는 종양 억제 단백질인 p53은 DNA 수선 단백질 활성화, 세포 주기 조절, 세포 사멸 개시를 포함하는 복합적인 기능을 갖는다. DNA 손상과 산화성 스트레스와 같은 세포 스트레스 상황에서 특정 카이네이스가 p53의 N-말단 영역을 인산화함으로써 활성화시킨다. 그 결과 일어난 형태 변화로 인하여 p53이 전사 활성화 단백질에 결합하여 전사조절 단백질로 작용하게 된다.

유전성 암(hereditary cancer)은, 생식세포에서 발생한 DNA 수선 유전자 돌연변이로 인한 유전체 불안정성이 원인이 되는 경우가 많다. 예를 들어 미국 유방암 환자의 5% 정도는 BRCA1 또는 BRCA2의 이형접합 돌연변이가 유전된 것 때문에 발생한다. 많은 유전성 암은 유전적으로 열성이기 때문에 암이 발생하기 위해서는 유전자 두 개가 모두 변이되어야 한다. 암은 돌연변이의 축적으로 발생하기 때문에 한 개의 유전자가 이미 변이되어 있는 상태에서 나이가 들어가면서 두 번째 유전자까지 변이될 위험성이 점점 증가한다. 어떤 계산에 의하면 BRCA1 유전자 한 개가 이미 변이되어 있는 상태에서 나이가 70이 되면 누적된 암 발생 확률이 80%가 된다고 한다. 산발성 암(sporadic cancer)에서 유전체 불안정성의 원인

표 1 몇 가지 발암유전자들*

발암유전자	원발암유전자의 기능
sis	혈소판 유래 성장 인자
erbB	상피세포 성장 인자 수용체
src	타이로신 특이성 단백질 카이네이스
raf	세린/트레오닌 특이성 단백질 카이네이스
ras	GTP-결합 단백질
jun	전사 인자
fos	전사 인자
myc	전사 인자

* 암 전이를 매개하는 비정상적 원발암유전자.

생화학 전망 BIOCHEMISTRY IN PERSPECTIVE (계속)

은 덜 밝혀졌다. 그러나 불안정하게 하는 DNA 손상에 기여하는 몇 가지 요인이 있는 것으로 생각된다. 예를 들면 산화성 스트레스, 단백질 독성(proteotoxic) 스트레스(불충분하게 접힌 단백질의 반응), 만성 염증과 같은 것들이 요인이 될 수 있다. 원발암유전자 및 종양 억제 유전자(suppressor)의 발현이나 기능의 변화를 일으키는 손상에 의해 일어나는 개시 사건에는 발암성 화학물질, 방사선, 바이러스 감염 등이 있다.

1. **발암성 화학물질.** 암을 일으키는 대부분의 화학물질은 돌연변이 유발물질로서 DNA 구조를 변화시킨다. 질소 겨자(nitrogen mustard)와 같은 일부 발암물질은 반응성이 높은 친전자체로서 RNA와 단백질뿐만 아니라 DNA에서 전자가 풍부한 작용기를 공격한다. 벤조[a]피렌(benzo[a]pyrene)과 같은 다른 발암물질은 실제로는 발암물질 전구체이며 몇 단계의 효소 반응에 의해 활성이 있는 발암물질로 전환된다.
2. **방사선.** 자외선, X선, γ-선과 같은 일부 전자기파는 발암성을 가지고 있다. 앞에서 본 것처럼 방사선에 의해 DNA에 일어나는 손상으로는 한 가닥 또는 두 가닥 틈, 피리미딘 이합체 형성, 퓨린과 피리미딘 염기 손실 등이 있다. 또한 방사선은 ROS를 생성하는데 이 ROS가 방사선의 발암 효과의 대부분을 차지할 수도 있다.
3. **바이러스.** 바이러스는 형질 전환 과정에 몇 가지 방식으로 기여하는 것으로 보인다. 일부는 자신의 유전체를 숙주세포 염색체에 삽입할 때 발암유전자를 도입한다. 바이러스들은 또 바이러스 유전체의 삽입이 원발암유전자의 암호화 서열의 조절 부위를 비활성화시키거나 변화시키는 무작위 과정인 삽입형 돌연변이 유발(insertional mutagenesis)을 통해 세포의 원발암유전자 발현에 영향을 미치기도 한다. 대부분의 바이러스에 의한 암들은 동물에서 발견되고 사람에서는 소수의 예만 발견되었다. 자궁경부암을 일으키는 유두종(papilloma) 바이러스와 간암을 일으키는 B형 간염 바이러스가 그 예이다.

종양은 DNA 구조를 변화시키지 않는 화학물질에 의해서도 촉진될 수 있다. 일명 **종양 촉진물질**(tumour promoter)들은 두 가지 주요 방법으로 암 발생에 기여한다. 포볼 에스터(phorbol ester)와 같은 물질은 세포 내 신호 전달 경로에 있는 요소들을 활성화시킴으로써 주변 세포들보다 더 잘 자라게 한다. (포볼 에스터가 DAG 작용을 모방하여 PKC를 활성화시킨다는 것을 기억하라.) 다른 많은 종양 촉진물질들의 효과는 알려져 있지 않지만 세포 내 Ca^{2+} 농도를 상승시키거나 발암물질 전구체를 발암물질로 전환시키는 효소 합성을 증가시키는 일시적인 효과를 만들어낼 수 있을 것이다. 개시 단계 물질들과 달리 이러한 종양 촉진물질들의 효과는 가역적이다. 종양 촉진물질의 영향을 받은 세포가 개시 돌연변이가 일어난 후 지속적으로 촉진물질에 노출되면 영구적 손상이 일어난다.

세포는 개시와 촉진 단계를 거쳐 진행 단계의 과정으로 들어간다. *진행*(progression) 단계에서는 이미 암의 성격을 가지고 정상 세포에 비해 빠르게 성장하는 세포들이 유전적으로 취약한 상태에서 더 손상된다. 발암물질과 종양 촉진물질에 지속적으로 노출되면 결국 무작위 돌연변이를 피할 수 없게 된다. 만약 이러한 돌연변이가 세포 증식이나 분화에 영향을 미치면 그 세포는 종양을 만들만큼 충분히 악성이 된다.

암은 단지 유전적인 질병인 것만은 아니다. 이제는 암을 후성유전적(epigenetic) 질병으로도 보고 있다. 염색질에서의 유전자 침묵이 상당수 암의 진행에 관여하는 것으로 보인다. 후성유전학 연구에서 DNA 메틸화는 중아황산이온(bisulfite)으로 처리된 유전체 DNA의 염기 서열을 결정하는 방법으로 분석한다. (중아황산이온[HSO_3^-]은 메틸화되지 않은 사이토신을 유라실로 전환시키지만 메틸화된 사이토신에는 영향을 미치지 않는다.) 이러한 분석을 통해 암세포의 DNA가 정상 세포에 비해 전반적으로 저메틸화되어(hypomethylated) 있다는 사실이 밝혀졌다. 정상 세포가 형질 전환될 때 더 뚜렷하게 나타나는 반복 서열의 저메틸화는 유전체 불안정성, 전위 요소(transposable element) 활성화, 정상적인 상태에서 억제되어 있던 유전자의 발현 등을 초래한다. 흡연에 의해 발생하는 폐암은 암을 유발하는 후성유전적 변화의 예를 보여준다. 흡연은 접히지 않은 수용성 단백질인 감마-시뉴클레인(γ-synuclein) 유전자의 탈메틸화(demethylation)를 일으킨다는 사실이 분명하게 입증되었다. 감마-시뉴클레인 유전자는 정상적인 상태에서는 뇌에서만 발현되는데 이 유전자가 폐에서 발현되면 전이(metastasis)를 촉진하는 발암유전자가 된다. 또 다른 후성 돌연변이(epimutation)로는 정상적인 상태에서 발현되던 유전자 근처의 CpG 섬(CpG island)이 과메틸화(hypermethylation)되어 그 유전자가 비활성화되는 것이다. 예를 들어 DNA 나선 풀기 효소와 핵산말단 가수분해효소 활성을 갖는 단백질을 암호화하는 WRN 유전자가 과메틸화에 의해 억제되는 경우가 있다. WRN 단백질 활성이 없는 세포는 수많은 결실(deletion), 역위(inversion), 자리옮김(translocation) 등이 일어난 불안정한 염색체를 갖게 된다.

치료보다는 예방

암 치료에는 엄청난 비용이 들고 완치도 어렵기 때문에 암을 예방하는 것이 효율적이라는 인식이 점점 늘고 있다. 특히 대부분의 암은 예방할 수 있기 때문에 더욱 그러하다! 예를 들어 암으로 인한 사망의 3분의 1은 흡연이 직접적인 원인이고, 다른 3분의 1은 부적절한 식습관 때문이다. 담배 연기는 수천 가지 화합물을 포함하는데 그 가운데 많은 수가 발암물질이거나 종양 촉진물질이다. 이들 화합물은 대부분의 폐암의 원인이 되고 췌장암, 방광암, 신장암을 비롯한 여러 가지 암을 일으킨다. 지방이 많고 섬유질이 적은 식사는 대장암, 유방암, 췌장암, 전립선암의 발병률을 높인다. 다른 식습관 위

생화학 전망 BIOCHEMISTRY *IN PERSPECTIVE* (계속)

험 요소로는 신선한 야채와 과일을 적게 섭취하는 것이다. 폴산 결핍 역시 암 위험요소이다. 폴산은 잎사귀 채소, 콩과 식물, 해바라기씨, 강화 곡물 등에 있는데, 폴산의 생물학적 활성형인 테트라하이드로폴산(tetrahydrofolate)은 후성유전적 변화를 일으키는 메틸기 전달효소에 의해 사용되는 메틸기를 제공하는 1-탄소 대사의 중요한 성분이다. 폴산은 발암 초기 단계를 억제하는 것으로 알려져 있지만 이미 발생한 일부 암의 경우에는 과다 섭취가 오히려 진행을 촉진하는 것으로 밝혀졌다.

충분한 항산화 비타민들을 섭취하는 것 외에, 많은 채소(과일은 채소보다는 조금 덜하지만)는 암을 억제하는 활성을 지닌 수많은 비영양성(nonnutritive) 성분들을 포함하고 있다. *차단제*(blocking agent)로 알려진 일부 발암 억제제들[예를 들어 유기황화합물(organosulfide)]들은 발암물질이 DNA와 반응하는 것을 억제하거나 종양 촉진물질의 활성을 억제한다. *억제제*(suppressing agent)로 불리는 다른 물질들(예를 들어 이노시톨 육인산)은 이미 진행 중인 종양 생성과정이 더 이상 진행되지 않게 억제한다. 많은 비영양성 성분들[예를 들어 탄닌(tannin)과 단백질 분해효소 억제제들]은 차단 효과와 억제 효과를 모두 나타내기도 한다. 일반적으로 이런 분자들 가운데 다수가 아라키돈산 다단계반응(arachidonic acid cascade)과 산화성 손상을 억제한다. 시금치처럼 잎사귀 채소, 브로콜리와 같은 십자화과, 양파와 같은 파속(allium) 식물들을 포함하는 신선하거나 가공하지 않은 채소가 풍부하고, 신선한 과일이 있는 저지방 고섬유 식사가 암 발생을 피하고 싶은 사람들을 위한 사려깊은 선택이라는 것은 분명한 사실이다.

▶ **요약:** 발암은 주변 세포에 비해 빠르게 성장하게 된 세포들에서 세포 분열을 조절하는 유전자에 돌연변이가 일어나 더 이상 조절 신호에 반응하지 않는 세포로 형질 전환 되는 과정이다.

이 장의 요약 CHAPTER SUMMARY

1. 생명체는 DNA의 신속하고 정확한 합성을 위한 효과적인 메커니즘을 가져야 한다. DNA 복제는 반보존적 메커니즘으로 일어난다. 즉, 어버이 가닥은 각각 새로운 가닥을 합성하는 주형으로 사용된다. DNA 복제에 필요한 효소 활성은 DNA 풀림, 시발체 합성, 폴리뉴클레오타이드 합성, 초나선 꼬임 제어, DNA 연결에 사용된다. 비록 DNA 복제의 기본적 특징은 원핵생물과 진핵생물에서 유사하지만, 복제 시간과 속도, 복제원점의 수, 오카자키 조각의 크기, 복제 기구의 구조 등에서 큰 차이를 보인다.
2. DNA 수선 메커니즘에는 광재활성화 수선, 염기 절제 및 뉴클레오타이드 절제 수선, 이중 가닥 틈 수선, 재조합 수선 등의 여러 가지 유형이 있다.
3. 서로 다른 DNA 분자 간의 DNA 서열이 교환되는 유전자 재조합은 두 가지 형태로 일어난다. 일반 재조합에서는 상동 염색체의 서열 사이에 교환이 발생한다. 자리 특이성 재조합의 경우 짧은 크기의 공통 서열 사이에서만 일어난다. DNA-단백질 상호작용은 주로 비상동 서열의 교환에 관여한다.
4. 전위[전위 요소라는 유전 요소(트랜스포존)가 유전체 내의 한 위치에서 다른 위치로 이동]는 삽입, 결실, 자리옮김과 같은 유전적 변화를 일으킬 수 있다. 진핵생물의 유전체에서 많이 발견되는 레트로트랜스포존의 이동은 질병을 유발하거나 또는 유전적 다양성의 기회를 제공할 수 있다.
5. DNA 전사라 불리는 RNA의 합성에는 다양한 단백질들이 필요하다. 전사가 개시되려면 RNA 중합효소가 촉진 유전자라는 특정 DNA 서열에 결합하여야 한다. 원핵생물과 진핵생물의 전사 조절은 매우 다르다. 원핵생물에서 관찰되지 않는 진핵생물 전사 과정의 예로 모자 씌우기, poly(A) 꼬리 합성, RNA 이어맞추기와 같은 RNA 가공 과정이 있다.
6. 원핵생물의 유전자 발현 조절에는 오페론이라 부르는 조절 단위와 리보스위치라는 RNA 기반의 구조가 관여한다. 진핵생물은 유전자 발현을 제어하는 다양한 메커니즘을 가진다. 그 대표적인 예로 DNA 메틸화, 히스톤 공유 결합 변형, 염색질 재모형화, 선택적 이어맞추기와 같은 RNA 가공 반응, RNA 편집, RNA 수송, 전사 후 유전자 침묵, 번역 제어 등이 있다.

주요 용어 KEY WORDS

cDNA 라이브러리 *696*
DNA 글리코실화효소 *679*
DNA 미세배열 *697*
DNA 연결효소 *671*
GTPase 활성화단백질 *722*
MCM 복합체 *676*
rho-비의존성 종결 *702*
rho-의존성 종결 *703*
RNA 간섭 *720*
RNA 유래 전위 인자 *692*
RNA 이어맞추기 *709*
RNA 편집 *719*

복습 문제 REVIEW QUESTIONS

**이 문제들은 다음 장으로 넘어가기 전에 이장에서 논의했던 주요 개념에 대한 지식을 테스트하기 위해 만들어졌다.*

1. 다음 용어를 정의하라.
   a. 복제
   b. 반보존적
   c. 복제 공장
   d. 시발 복합체
   e. 죔쇠 걸개
2. 다음 용어를 정의하라.
   a. 연속 진행성(processivity)
   b. 복제 복합체
   c. 핵산외부 가수분해효소
   d. DNA 연결효소
   e. 복제 분기점
3. 다음 용어를 정의하라.
   a. 복제 단위
   b. 오카자키 조각
   c. ter 부위
   d. tus 단백질
   e. 개시 전 복합체
4. 다음 용어를 정의하라.
   a. RFC
   b. DNA 글리코실화효소
   c. 퓨린 결손자리
   d. 피리미딘 결손자리
   e. 짝짝이 수선(mismatch repair)
5. 다음 용어를 정의하라.
   a. 전위
   b. 전위 요소
   c. 세균의 형질 전환
   d. 형질 도입
   e. 접합(conjugation)
6. 다음 용어를 정의하라.
   a. 비복제 전위
   b. 복제 전위
   c. 복합 트랜스포존(composite transposon)
   d. 레트로트랜스포존(retrotransposon)
   e. 삽입 요소
7. 다음 용어를 정의하라.
   a. PCR

b. DNA 미세배열
c. 염색체 도약
d. 유전체 사업
e. 생물정보학

8. 다음 용어를 정의하라.
a. 촉진 유전자
b. 공통 서열
c. 오페론
d. 염색질 재모형화 복합체
e. 일반적 전사 인자

9. 다음 용어를 정의하라.
a. 유전자 침묵(gene silencing)
b. RNA 간섭
c. 종양 억제 유전자
d. 원발암유전자
e. GEF

10. 다음 용어를 정의하라.
a. 세포 형질 전환
b. 발암유전자
c. 세포 사멸
d. 초기 반응 유전자
e. 지연 반응 유전자

11. poly(A) 꼬리는 mRNA 기능에 어떤 역할을 하는가?

12. 원핵생물의 DNA 복제를 각 단계별로 나열하고 서술하라. 이 과정이 진핵생물의 DNA 복제와 어떻게 다른가?

13. DNA의 중합 반응은 5′ → 3′ 방향으로 일어난다. 3개의 뉴클레오타이드가 단일가닥의 DNA 내로 삽입되는 경우에 어떻게 5′ → 3′ 방향의 중합이 일어나는지 나타내라.

14. 돌연변이는 화학적 · 물리적 현상에 의해 유발된다. 다음의 각 반응 또는 분자들이 일으킬 수 있는 돌연변이의 종류는 무엇인가?
a. 반응성 산소종(ROS)
b. 층간 삽입제
c. 작은 알킬화제
d. 큰 알킬화제
e. 아질산

15. 도약 유전자(jumping gene)의 중요성을 설명하라.

16. 두 종류의 유전자 재조합을 설명하라. 이들은 어떤 기능을 하는가?

17. 일반 재조합은 세균에서 일어나며, 여러 가지 유형의 미생물 간 DNA 이동에 관여한다. 이러한 유형의 이동에는 어떤 것들이 있는가? 또 어떤 메커니즘에 의해 일어나는가?

18. 복제 전위와 비복제 전위의 메커니즘을 비교하여 설명하라.

19. 생물종 간의 수명과 DNA 수선계의 효율성 사이에 상관관계가 발견된다. 그 이유를 제안하라.

20. 세포 내 DNA 복제와 PCR의 유사점과 차이점은 무엇인가?

21. 다음 나열한 것들을 정의하고, 전사 과정에서 어떤 역할을 하는지 서술하라.
a. 전사 인자
b. RNA 중합효소
c. 촉진 유전자
d. 시그마 인자
e. 증강 유전자
f. TATA 상자

22. 전형적인 진핵생물의 mRNA 전구체를 기능적 역할을 수행할 수 있도록 가공하는 각 단계를 나열하라.

23. 하나의 DNA 분자가 다섯 주기의 PCR 반응을 통해 몇 분자로 증폭되는지 말하라.

24. 많은 유전자가 발현되는 세포의 유형에 따라 서로 다른 산물을 생성한다. 어떻게 이런 현상이 가능한가?

25. 염기 절제 수선 과정에서는 DNA 글리코실화효소(glycosylase)가 뉴클레오타이드의 데옥시리보스와 변형됨 염기 사이의 N-글리코사이드 결합을 절단한다. 전형적인 뉴클레오타이드 구조를 그리고 어떤 결합이 끊어지는지 표시하라.

26. 발생의 어떤 단계에서는 특정 유전자 산물을 얻기 위해 유전자가 증폭된다. 유전자 증폭이 어떤 목적을 위해 필요한가?

27. 자외선에 노출된 세포에서는 피리미딘 이합체가 형성되고 가시광선은 이러한 손상을 회복시킨다. 이러한 형태의 DNA 수선이 어떻게 일어나는지 설명하라.

28. RNA 분자가 DNA에 비해 더 반응성이 강하다. 그 이유를 설명하라.

29. 말단소체 말단 결합 단백질의 기능을 설명하라.

30. 말단소체 반복 결합인자의 기능을 설명하라.

31. 테트라가메틱 키메라(tetragametic chimera)가 무엇이며 어떻게 발생하는가?

32. 전사 짝지어진 뉴클레오타이드 절제 수선에서 정지된 RNA 중합효소의 역할이 무엇인가?

종합 문제 THOUGHT QUESTIONS

**이 문제들은 지금까지 이 책에서 논의된 모든 주요 개념에 대한 여러분의 이해를 강화하기 위한 것이다. 문제들은 하나의 정답을 가지고 있지 않을 수도 있다.*

33. 진핵생물에서 DNA 복제 속도는 초당 50 뉴클레오타이드 정도이다. 1억 5천만 염기쌍의 염색체 복제에 얼마의 시간이 소요되겠는가? 진핵생물의 염색체가 원핵생물과 같이 복제된다면, 유전체의 복제에 여러 달이 걸릴 것이다. 하지만 진핵생물의 복제는 실제로 몇 시간만 걸린다. 어떻게 진핵생물에서 이렇게 빠른 속도의 복제가 가능한가?

34. 진핵생물의 특정 세포(예를 들면 T 림프구)의 모든 활성을 나타내기에는 유전물질의 양이 불충분해 보인다. 어떻게 유전적 재조합, 유전자 이어맞추기, 선택적 이어맞추기를 통해 이러한 문제를 해결할 수 있는가?

35. 화학전에 사용되는 겨자가스(mustard gas)는 매우 독성이 강한 물질로 많은 양을 흡입할 경우 폐 조직에 심각한 손상을 유발한다. 또한 적은 양의 가스는 돌연변이나 암을 유발한다. 이 화학 가스가 이작용기성으로 반응할 수 있는 알킬화 물질임을 고려할 때, 어떻게 이 가스가 유전자의 돌연변이를 일으키고 DNA 복제에 영향을 주는지 설명하라.

36. 자외선에 노출된 후에 DNA 내의 인접한 피리미딘 염기들이 높은 효율로 이합체를 형성한다. 이러한 이합체가 수선되지 않으면 피부암이 발생할 수 있다. 멜라닌(melanin)은 피부가 햇볕에 노출될 때 피부 세포의 하나인 멜라닌 세포에 의해 생성되는 천연의 자외선 차단제이다. 여러 해 동안 장시간 햇볕에 그을린 사람들은 두껍고 주름진 피부를 가지게 되며, 또한 피부암의 위험이 높아진다. 왜 이러한 현상이 상호 연관되는지 설명하라.

37. 포볼 에스터가 AP-1에 의해 영향 받는 유전자들의 전사를 유도하는 것이 관찰되었다. 이러한 과정이 어떻게 일어날 수 있는지 설명하라. AP-1 전사의 결과는 무엇인가? 포볼 에스터에 간헐적으로 노출되었을 때 건강에 미치는 영향이 무엇인가?

38. 망막아종(retinoblastoma)은 눈의 망막에 발생하는 희귀 암의 일종이다. 종양 억제자를 암호화하는 Rb 유전자의 결손으로 인해 이러한 종양이 발생한다. 유전성 망막아종은 대개 하나의 기능적 Rb 유전자만을 물려받은 어린이에게서 나타난다. 왜 비유전성 망막아종이 일반적으로 노년기에 발병하는지 설명하라.

39. 복제 과정에서 발생한 돌연변이와 전사 과정에서 발생한 돌연변이가 각각의 생물에 미치는 영향의 차이를 설명하라.

40. 18장에 설명된 기술들을 이용하여 새로 발견된 생물체의 유전체 지도를 어떻게 만들 수 있는지 설명하라.

41. 기차가 선로 위를 따라 이동하는 것과 유사하게 DNA 중합효소가 DNA를 따라 이동하는 것으로 생각되었다. 최근의 연구 결과에 따르면, DNA 중합효소는 정지한 상태에서 DNA 가닥이 복합체를 통과하여 이동하는 것으로 예상된다. 이러한 메커니즘은 어떠한 장점을 가지는가?

42. DNA는 유전 정보의 세포 내 저장물질이고, 단백질은 RNA 전사물로부터 합성된다. 왜 세포에서 전사 단계를 생략하고 DNA를 직접 단백질 합성에 이용하지 않는가?

제 19 장

단백질 합성

Protein Synthesis

이 장의 차례 Outline

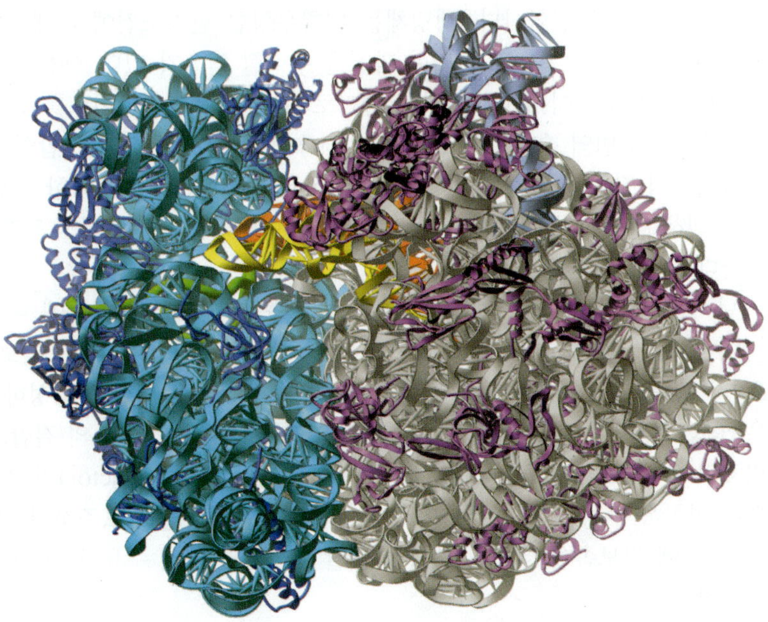

리보솜 리보솜(ribosome)은 모든 세포에서 단백질을 합성하는 리보핵산단백질 분자 기계(molecular machine)이다. 이 그림은 세균에서 유래한 70S 리보솜 전체의 고해상도 구조로서, 단백질은 짙은 파란색과 보라색, rRNA 분자는 파란색과 회색, tRNA는 주황색과 노란색으로 나타내었다. 리보솜은 대부분이 촉매 활성을 담당하는 rRNA와 이를 보조하는 단백질 분사들로 구성된다.

개관 Overview

단백질은 모든 생체물질들 중에서 가장 역동적이며, 그 수도 많고 다양한 생체 분자이다. 각 세포 유형에 따른 독특한 성질은 전적으로 그 세포가 생산하는 단백질들에 의해 결정된다. 따라서 상대적으로 많은 양의 세포 내 에너지가 단백질의 합성에 사용되는 것은 놀라운 일이 아니다. 세포의 경제적 에너지 대사를 위한 전략적 중요성 때문에 단백질의 합성 과정은 적절하게 조절된다. 비록 전사 수준(transcriptional level)에서의 조절도 매우 중요하지만, 유전 정보를 번역(translation)하는 단계는 추가적인 조절 작용을 제공한다. 복잡한 생명현상을 위해 매우 다양한 조절 메커니즘을 필요로 하는 다세포 진핵생물의 경우에 특히 그러하다.

단백질 합성은 핵산 속에 암호화된 유전 정보가 폴리펩타이드를 구성하는 20종의 아미노산 '알파벳'으로 번역되는 과정이다. 단백질의 합성은 뉴클레오타이드 염기 서열이 아미노산의 중합순서를 결정하는 메커니즘인 번역(translation) 과정 외에도 번역 후 변형과 표적화 과정을 포함한다. *번역 후 변형 과정*(posttranslational modification)은 폴리펩타이드가 세포 내에서 기능적 역할을 수행할 수 있도록 화학적으로 변화되는 과정이다. 일부 변형 과정을 통해 새로 합성된 분자들이 세포의 내부 또는 외부의 특정 위치로 *표적화*(targeting)될 수 있다.

적어도 100개 이상의 서로 다른 분자들이 단백질 합성에 관여한다. 이 중에서 가장 중요한 것은 폴리펩타이드를 합성하는 거대한 리보핵산단백질(ribonucleoprotein) 기구인 리보솜(ribosome)의 구성 요소들이다. 리보솜은 mRNA 염기 서열을 '읽고' GTP의 에너지를 이용하여 이 정보를 폴리펩타이드의 아미노산 서열로 정확하고 신속하게 전환한다. 생명체는 변화무쌍한 환경조건에 대해 신속하게 반응해야 하므로, 빠른 속도로 이러한 과정을 수행할 필요가 있다. 예를 들면, 원핵생물인 대장균은 6초 이내에 100개의 잔기로 구성된 폴리펩타이드를 합성할 수 있다. 진핵생물의 번역 속도는 이보다 느려 1초에 약 2개의 잔기를 합성한다. 각 폴리펩타이드의 적절한 기능이 1차 서열(primary sequence)과 정확한 접힘(folding) 구조에 의해 결정되기 때문에 mRNA 정보가 번역되는 과정에서의 정확성이 매우 중요하다.

지난 수십 년간의 집중적인 연구를 통해 리보솜의 구조와 기능에 대한 더 자세한 연구 결과가 밝혀졌다. 예상치 못한 발견 중의 하나는 rRNA가 리보솜의 매우 중요한 기능을 수행한다는 사실이다. 예를 들어 펩타이드 결합을 형성하는 촉매 활성은 rRNA 분자에 존재한다. 또한 rRNA 분자는 tRNA-mRNA의 결합, 리보솜 소단위체의 결합, 교정(proofreading), 번역 인자(translation factor)의 결합 등에서 중요한 역할을 수행한다. 대부분의 경우, 리보솜 단백질들은 보조적인 역할을 담당한다. 최근에 리보솜이 세포의 단백질 품질 제어 과정에서 주요한 성분이라는 것도 분명해졌다.

19장에서는 단백질 합성 과정에 대해 전반적으로 알아본다. 우선 핵산의 염기 서열이 폴리펩타이드의 아미노산 서열을 지정하는 메커니즘과 연관된 유전 암호로부터 시작하여, 원핵생물과 진핵생물의 단백질 합성, 그리고 폴리펩타이드를 생물학적 활성을 가지는 구조로 전환하는 메커니즘에 대한 논의로 이어진다. 단백질 접힘(protein folding) 과정의 중요한 특징은 이미 5장 3절에서 다룬 바 있다. 19장의 끝부분에서는 단백질 접힘에서 단백질 항상성 망(proteostasis network)의 역할을 설명하고, 유전체로부터 생성된 단백질의 특성을 규명하기 위해 개발된 새로운 기술로서 **단백질체학**(proteomics)을 소개한다.

19.1 유전 암호

번역(translation)과 전사(transcription)는 진행 방식에 있어서 근본적으로 다르다. 전사 과정에서 DNA 서열에 담긴 유전 정보는 특성이 매우 유사한 RNA의 서열로 전환된다. 그러나 단백질 합성 중에는 핵산의 염기 서열이 전혀 다른 언어(즉, 아미노산 서열)로 전환되기 때문에, 이를 번역(translation)이라 부른다. 초기의 연구자들은 어떻게 mRNA 염기 암호가 아미노산 중합체로 전환되는지 설명하지 못하였다. 그러나 크릭(Francis Crick)이 일련의 어댑터(adaptor) 분자들이 번역 과정을 매개해야 함을 발견하였고, 결국 이러한 역할은 tRNA 분자가 담당하는 것으로 밝혀졌다(**그림 17.21** 참조).

그러나 어댑터 분자의 확인 전에 해결되어야 할 더 중요한 문제는 유전 암호(genetic code)를 해독하는 것이었다. 유전 암호는 각각의 염기 서열에 특정한 의미를 부여하는 암호사전(coding dictionary)으로 표현될 수 있다. 유전 암호의 중요성을 인식한 과학자들은 mRNA를 구성하는 4종의 염기(G, C, A, U)로 20종의 아미노산을 암호화하는 방법을 찾고자 노력했으며, 염기 서열의 조합을 통해 각각의 아미노산을 암호화하는 것이 가장 합리적임을 깨달았다. 2개의 염기로 구성된 서열은 총 16개($4^2 = 16$)의 아미노산만을 지정할 수 있지만, 3개로 구성된 염기 서열(**코돈**, codon)은 번역을 위해 필요한 20종 이상의 충분한 염기 조합($4^3 = 64$)을 제공할 수 있다.

64가지의 가능한 트라이뉴클레오타이드 서열에 대한 코돈 지정은 니런버그(Marshall Nirenberg)와 마테이(Heinrich Matthaei)에 의하여 결정되었으며, **표 19.1**에 그것을 나타내었다. 이 중 61가지의 코돈이 각종 아미노산을 암호화하는 데

표 19.1 유전 암호

첫 번째 위치(5′ 말단)	두 번째 위치: U		C		A		G		세 번째 위치(3′ 말단)
U	UUU	Phe	UCU	Ser	UAU	Tyr	UGU	Cys	U
	UUC		UCC		UAC		UGC		C
	UUA	Leu	UCA		UAA	STOP	UGA*	STOP	A
	UUG		UCG		UAG		UGG	Trp	G
C	CUU	Leu	CCU	Pro	CAU	His	CGU	Arg	U
	CUC		CCC		CAC		CGC		C
	CUA		CCA		CAA	Gln	CGA		A
	CUG		CCG		CAG		CGG		G
A	AUU	Ile	ACU	Thr	AAU	Asn	AGU	Ser	U
	AUC		ACC		AAC		AGC		C
	AUA		ACA		AAA	Lys	AGA	Arg	A
	AUG	Met	ACG		AAG		AGG		G
G	GUU	Val	GCU	Ala	GAU	Asp	GGU	Gly	U
	GUC		GCC		GAC		GGC		C
	GUA		GCA		GAA	Glu	GGA		A
	GUG		GCG		GAG		GGG		G

* 특정 조건 하의 일부 생물종에서 정지 코돈 UGA와 UAG가 각각 셀레노시스테인과 피롤라이신 코돈으로 작용할 수 있다(뒤의 생화학 전망 "상황-의존성 코돈 재지정" 참조).

이용되며, UAA, UAG, UGA 코돈은 폴리펩타이드 사슬의 합성을 종료시키는 정지(stop) 신호이며, 메싸이오닌을 암호화하는 AUG는 폴리펩타이드 사슬의 합성을 시작하는 출발(start) 신호로 사용되며 이것을 때로는 *개시 코돈*(initating codon)이라 한다. 유전 암호는 다음과 같은 특성을 가진다.

1. **특이적**(specific). 각 코돈은 특정한 아미노산을 암호화하는 신호이다.
2. **축퇴적**(degenerate). 여러 가지의 신호가 같은 의미를 갖는 신호계를 축퇴되었다고 한다. 대부분의 아미노산들이 다수의 코돈에 의해 암호화되기 때문에 유전 암호는 부분적으로 축퇴되어 있다. 예를 들어 루신은 서로 다른 6종의 코돈(UUA, UUG, CUU, CUC, CUA, CUG)에 의해 암호화된다. 단 1개의 코돈에 의해 암호화되는 메싸이오닌(AUG)과 트립토판(UGG)을 제외한 다른 아미노산들은 2개 이상의 코돈에 의해 암호화된다.
3. **겹치지 않음**(nonoverlapping). 리보솜은 mRNA의 암호 서열 중 개시 코돈(AUG, initiating codon)에서 시작하여 정지 코돈(stop codon)에 이를 때까지 1회에 3개씩의 염기를 연속적으로 읽는다. 폴리펩타이드의 아미노산을 암호화하는 mRNA의 인접한 삼중자 코돈 세트를 **열린 해독틀**(open reading frame)이라 한다.
4. **거의 보편적**(almost universal). 이러한 유전 암호는 대다수의 생물종에서 통용되지만, 몇 가지 예외가 있다. 예를 들면 미토콘드리아에는 6개의 아지닌 코돈 대신 4개만 존재한다. 나머지 2개의 코돈(AGA와 AGG)들은 정지 코돈으로 사용되며, 일반적인 정지 코돈 UGA가 트립토판 코돈으로 사용되기 때문에 미토콘드리아는 총 4개의 정지 코돈(UAG, UAA, AGA, AGG)을 가진다. 이러한 작은 차이는 일부의 원핵생물 외에도 원생동물(protozoa), 효모와 같은 진핵생물에서도 발견된다.

축퇴(degenerate) 유전 암호는 점 돌연변이(point mutation)의 유해 효과를 감소시키기 위해 진화해 온 것으로 보인다. 즉, 다음 두 가지 예에서 보이는 것처럼, 종종 염기 치환이 발생하여도 동일하거나 유사한 아미노산이 폴리펩타이드 합성에 이용된다. 첫 번째와 두 번째 위치에 CU 서열을 가지는 모든 코돈은 루신을 암호화하기 때문에, 코돈의 세 번째 위치에서 염기 치환이 발생해도 합성되는 폴리펩타이드의 아미노산 서열은 영향을 받지 않는다. (뒤에 나오는 "동요 가설" 참조.) 유전 암호 분석에 따르면, 두 번째 위치에 U를 가지는 모든 코돈은 소수성 아미노산들을 암호화한다. 만약 CUU 코돈(루신)의 첫 염기가 A로 바뀌면, 폴리펩타이드에서는 또 다른 소수성 아미노산 잔기인 아이소루신으로 치환된다.

특정한 환경에서 생명체들은 유전 암호의 코돈 지정에 제한을 받지 않는다. 최근에 알려진 두 가지 예를 보면, 비표준 아미노산들인 셀레노시스테인(selenocysteine)과 피롤라이신(pyrrolysine)은 정지 코돈들에 의해 암호화된다. 상황-의존성 코돈 재지정(context-dependent codon reassignment)이라 불리는 이 현상은 생화학 전망에서 다시 다룬다.

주요 개념 _Key Concepts

유전 암호는 리보솜이 뉴클레오타이드 염기 서열을 폴리펩타이드의 1차 서열로 번역하는 메커니즘이다.

코돈 사용의 편향성

수많은 생물종 전사체(transcriptome)에 대한 생물정보학적 분석을 통해 동일한 아미노산을 암호화하는 *동의 코돈들*(synonymous codons)이 일정하게 사용되지 않음이 밝혀졌다. 각각의 생물종마다 특정 코돈에 대한 서로 다른 선호도를 가진다. 예를 들어 대장균은 페닐알라닌 코돈으로 UUU를 선호하는 반면, 인간의 경우 UUC에 대한 사용 빈도가 높다. 이러한 코돈 사용(codon usage)은 동일 생물종 내의 유전자 간에도 서로 다를 수 있다. 인간의 알파-글로빈(α-globin) mRNA는 페닐알라닌 코돈으로 거의 UUU만을 사용한다. 반면에 디스트로핀(dystrophin) mRNA는 UUU와 UUC를 함께 사용한다. 자주 사용되는 코돈과 이에 대응하는 세포 내 tRNA 수준의 상관관계를 관찰한 결과, 코돈 사용의 편향성(codon usage bias) 현상은 세균이나 효모처럼 빨리 성장하는 단세포 생물에서 특히 일반적으로 나타나며, 따라서 이는 효율적 번역을 위한 진화 압력(evolutionary pressure)의 결과로 예상된다. 다세포 생물에서 천천히 성장하는 세포의 경우, 망상적혈구(reticulocyte)의 알파-글로빈과 같이 발현 수준이 높은 유전자에서 코돈 편향성이 자주 발생한다.

문제 19.1

이미 설명한 바와 같이, DNA 손상은 염기쌍의 결손(deletion)과 삽입(insertion)을 유발할 수 있다. 만약 암호화 영역의 뉴클레오타이드 염기 서열에 3 또는 3의 배수가 아닌 개수의 염기쌍이 변화한다면, *틀 이동 돌연변이*(frameshift mutation)가 발생한다. 변이가 일어나는 염기 서열의 위치에 따라, 돌연변이가 심각한 효과를 일으킬 수 있다. 아래의 합성 mRNA 서열은 어떤 폴리펩타이드의 시작 부분을 암호화한다.

5′-AUGUCUCCUACUGCUGACGAGGGAAGGAGGUGGCUUAUCAUGUUU-3′

우선, 폴리펩타이드의 아미노산 서열을 결정하라. 그 다음에 아래와 같이 변이된 mRNA 조각에서 발생하는 돌연변이의 형태를 예상하라. 이러한 돌연변이가 폴리펩타이드 생성물에 어떠한 영향을 미칠 것인가?

a. 5′-AUGUCUCCUACUUGCUGACGAGGGAAGGAGGUGGCUUAUCAUGUUU-3′
b. 5′-AUGUCUCCUACUGCUGACGAGGGAGGAGGUGGCUUAUCAUGUUU-3′
c. 5′-AUGUCUCCUACUGCUGACGAGGGAAGGAGGUGGCCCUUAUCAUGUUU-3′
d. 5′-AUGUCUCCUACUGCUGACGGAAGGAGGUGGCUUAUCAUGUUU-3′

코돈-역코돈 상호작용

운반 RNA(transfer RNA) 분자는 유전 정보의 번역을 위해 필요한 '어댑터(adaptor)'이다. 각 형태의 tRNA는 3′-말단 자리에 특정한 아미노산을 운반하며, 3개의 뉴클레오타이드로 구성된 **역코돈**(anticodon) 염기 서열을 포함한다. mRNA 코돈과 tRNA 역코돈 사이의 염기쌍 형성은 실질적인 mRNA의 번역에서 중요한 역할을 담당한다. 비록 코돈-역코돈의 결합은 역평행 형태일지라도, 양쪽 가닥의 염기 서열은 5′ → 3′ 방향으로 배열되어 있다. 예를 들면, 코돈 UGC는 역코돈 GCA와 결합한다(**그림 19.1**).

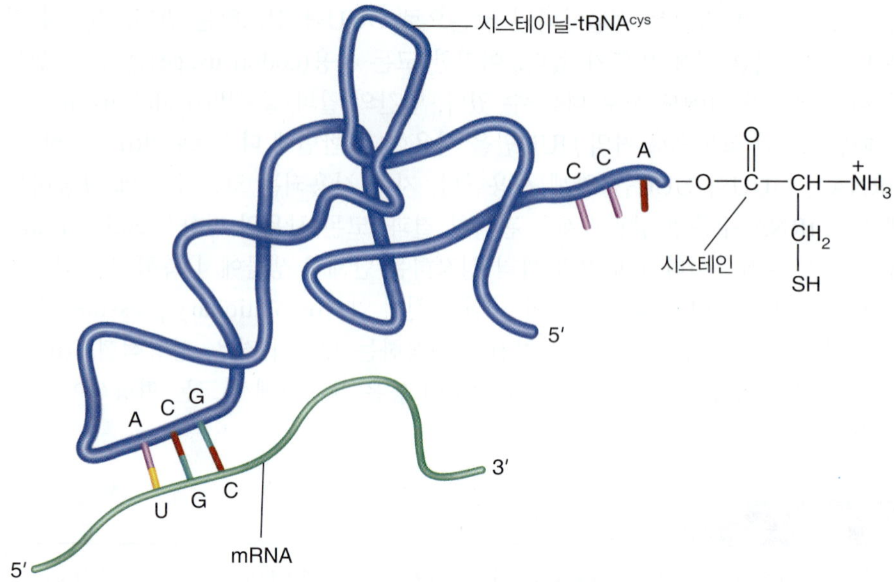

그림 19.1

시스테이닐-tRNAcys(cysteinyl-tRNAcys)의 코돈-역코돈의 염기쌍.

UGC 코돈과 GCA 역코돈의 염기쌍 형성을 통해 폴리펩타이드 합성 과정에서 시스테인 아미노산이 삽입될 수 있다.

***주요 개념** _Key Concepts*

- 유전 암호는 mRNA 코돈과 tRNA 역코돈 사이의 염기쌍 상호작용을 통해 번역된다.
- 동요 가설은 어떻게 세포 내에서 예상보다 더 적은 종류의 tRNA를 가지고 정상적으로 단백질 합성이 가능한지를 설명한다.

처음 유전 암호가 규명되었을 때, 연구자들은 생명체 내에 61종의 tRNA가 존재할 것으로 예상하였다. 그러나 기대했던 것보다 훨씬 적은 수의 tRNA가 세포 내에서 사용되는 것을 발견했다. 대부분의 세포는 약 50가지의 tRNA를 가지며, 일부는 그보다 적은 종류의 tRNA를 가지는 경우도 있다. 추가적인 연구 결과 일부 몇 tRNA 역코돈의 세 번째 위치에서 이노신산(inosinate, I)과 같이 일반적이지 않은 염기가 발견되었다. (아데닌 염기가 탈아미노화되어서 하이포잔틴을 형성한다. **그림 14.25** 참조.) 연구가 진행됨에 따라 일부 tRNA 분자가 여러 종의 코돈을 인식하는 것으로 알려졌다. 1966년에 크릭(Crick)은 기존의 실험결과들을 종합하여 **동요 가설**(wobble hypothesis)이라는 합리적 해석을 제안하였다.

각각의 tRNA에 의한 다중 코돈-역코돈 상호작용을 설명하는 동요 가설은 다음과 같은 실험적 결과를 이론적 근거로 한다.

1. 특정 아미노산을 암호화하는 여러 가지 코돈의 처음 두 염기 위치에서 동일한 뉴클레오타이드가 발견되기 때문에 코돈-역코돈 상호작용에서 첫 두 염기쌍이 단백질 번역 과정의 특이성을 부여하는 것으로 알려졌다. 이러한 상호작용은 전형적인 왓슨-크릭 형태의 염기쌍에 의한 것이다.
2. 코돈의 세 번째 염기와 역코돈 뉴클레오타이드 사이의 상호작용은 상보적 특이성이 상대적으로 낮은 편이다. 즉, 전통적이지 않은 비왓슨-크릭 염기쌍이 종종 발견된다. 예를 들면 tRNA 역코돈의 5′-위치(또는 "동요"위치)에 있는 G가 C 또는 U와 염기쌍을 형성할 수 있다. 마찬가지로 동일 위치의 U는 A 또는 G와 염기쌍을 형성할 수 있다(**그림 19.2a**). 만약 역코돈의 동요 위치에 I가 존재한다면, 이 tRNA는 U, A, 또는 C와 결합할 수 있다(**그림 19.2b**).

유전 암호와 "동요 규칙(wobble rule)"을 주의 깊게 조사한 결과, 총 61개의 코돈을 번역하기 위해서 최소한 31개의 tRNA가 요구됨을 확인하였다. 결과적으로 단백질 합성의 개시를 위한 또 하나의 tRNA를 포함하여 총 32개의 tRNA가 필요하다.

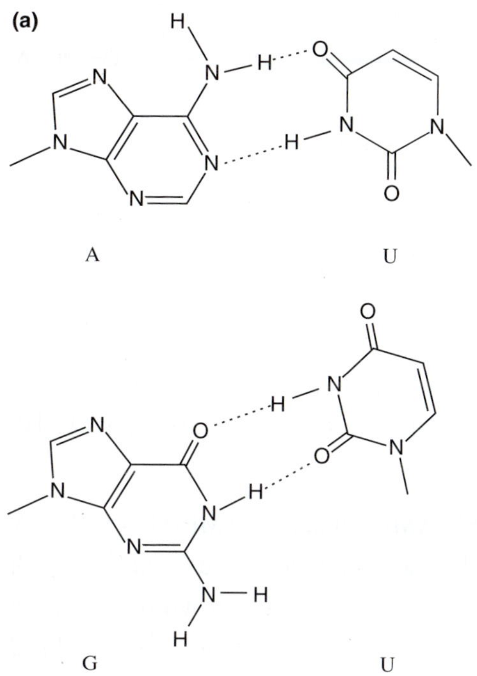

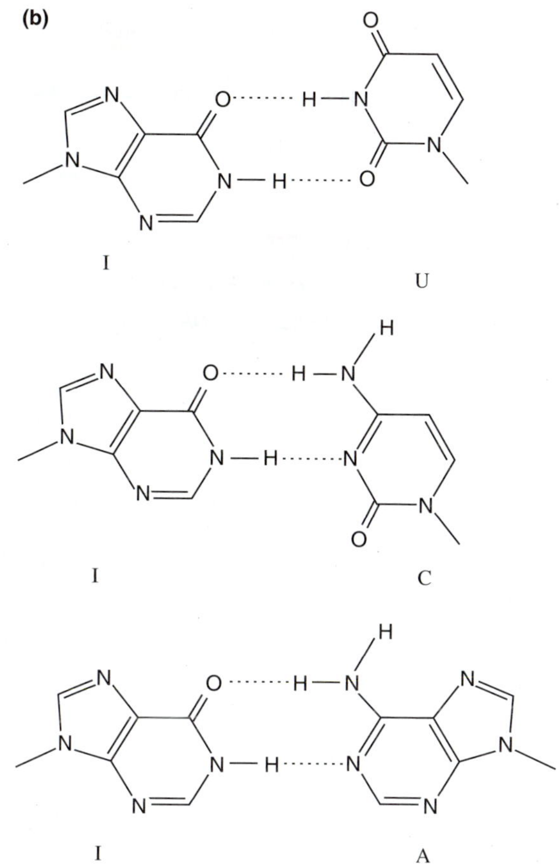

그림 19.2

동요 염기쌍.

유전 암호의 번역에서 비표준 염기쌍의 형성은 매우 중요하다. 동요 염기쌍의 예로는 (a) AU와 GU 염기쌍과 (b) IU, IC와 IA 염기쌍이 있다.

문제 19.2

어떤 DNA 조각의 서열이 GGTTTA이다. tRNA 역코돈의 서열은 무엇인가?

문제 19.3

짧은 펩타이드의 아미노산 서열이 Tyr-Leu-Thr-Ala이다. 이 펩타이드를 암호화할 수 있는 mRNA와 전사의 주형이 된 DNA 가닥의 염기 서열은 각각 무엇인가?

아미노아실-tRNA 합성효소 반응

비록 DNA 복제나 RNA 전사 과정에 비해 번역 과정의 정확도(10^4개의 아미노산 합성 당 약 1개의 오류 발생)가 낮은 편이나, 그 복잡한 과정을 감안하면 예상보다 매우 높은 수준이라 할 수 있다. 폴리펩타이드 합성 과정에서 아미노산 전달의 정확도는 코돈-역코돈 염기쌍과 아미노산-tRNA의 결합 메커니즘으로부터 유래한다. 아미노산이 tRNA에 결합하는 반응이 단백질 합성의 첫 단계에 해당하며, 아미노아실-tRNA 합성효소(aminoacyl-tRNA synthetase)가 이 반응을 담당한다.

대부분의 생물종에서 20개의 아미노산 각각에 대해 최소한 1개 이상의 아미노아실-tRNA 합성효소가 존재한다. 각 효소는 특정 아미노산을 적절한 tRNA에 결합시키므로, mRNA 번역 과정에서의 정확도를 위해 매우 중요하다. 아미노산을 적

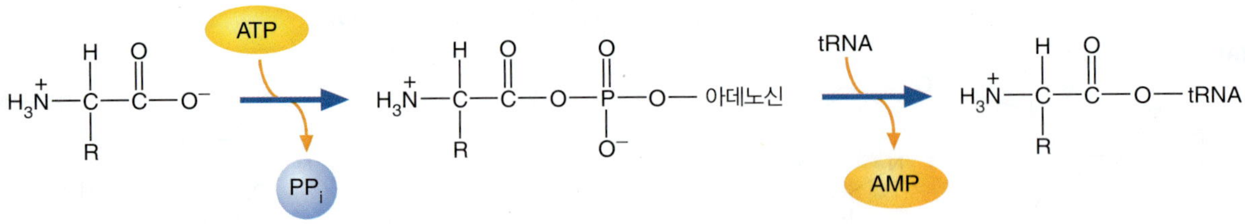

그림 19.3

아미노아실-tRNA의 형성.

각 아미노아실-tRNA 합성효소는 하나의 아미노산을 tRNA 리보스 잔기의 3′-말단에 결합시키는 연속적인 두 단계의 반응을 촉매한다.

절한 tRNA의 3′-말단에 연결시키는 과정은 두 단계의 연속적인 반응으로 이루어지며(**그림 19.3**), 이 두 가지 반응은 모두 아미노아실-tRNA 합성효소의 활성 자리 내에서 일어난다.

1. **활성화.** 합성효소는 우선 아미노아실-AMP(aminoacyl-AMP)의 형성을 촉매한다. 고에너지의 혼합 무수물 결합(mixed anhydride bond)을 형성함으로써 아미노산을 활성화하는 이 반응은 최종적으로 파이로인산(pyrophosphate)의 가수분해를 통해 일어난다. **무수물**(anhydride)은 산소 원자를 통해 연결된 2개의 카보닐기를 포함한 분자이며, **혼합 무수물**(mixed anhydride)은 2개의 서로 다른 산, 즉 카복실산과 인산으로부터 형성된 무수물을 뜻한다.
2. **tRNA 결합.** 합성효소의 활성 자리(active site)에 결합된 특정 tRNA는 에스터 결합을 통해 아미노아실기(aminoacyl group)와 공유 결합을 형성한다. 합성효소의 종류에 따라 다르지만, tRNA의 3′-말단 뉴클레오타이드를 구성하는 리보스의 2′-OH 또는 3′-OH기를 통해 에스터 결합이 일어난다. 이어서 아미노아실기가 2′-OH와 3′-OH기 사이에서 이동할 수 있으며, 3′-아미노아실 에스터만이 번역 과정에서 사용된다. 비록 tRNA와 연결된 아미노아실 에스터 결합은 아미노아실-AMP의 혼합 무수물에 비해 에너지가 낮지만, 아실기 전달 반응(펩타이드 결합의 형성)에 참여할 수 있는 충분한 에너지를 보유하고 있다.

아미노아실-tRNA 합성효소에 의한 촉매 반응은 전체적으로 보면 다음과 같다.

아미노산 + ATP + tRNA → 아미노아실-tRNA + AMP + PP_i

생성된 무기파이로인산(PP_i)은 커다란 자유 에너지를 내놓으며 즉시 가수분해된다. 따라서 tRNA의 결합반응은 비가역적 과정이다. AMP가 이 반응의 생성물이기 때문에 각 아미노산이 tRNA에 결합하는 데 필요한 에너지는 ATP 두 분자가 ADP와 P_i로 가수분해될 때의 에너지와 같다.

아미노아실-tRNA 합성효소는 분자량, 1차 서열 및 소단위체 수가 서로 다른 다양한 집단의 효소이다. 이러한 다양성에도 불구하고 각 효소는 특정 아미노아실-tRNA 생성물을 비교적 정확하게 효율적으로 생산한다. 각각의 합성효소가 특정 아미노산, 그리고 이에 대응하는 tRNA와 특이적으로 결합하는 것은 번역 과정의 정확성을 위해 매우 중요하다. 어떤 아미노산들은 그 크기(예를 들면, 트립토판과 글리신) 또는 곁사슬의 전하(예를 들면, 라이신과 아스파트산)에 따라 쉽게 구별될 수 있으나, 또 다른 아미노산들은 유사한 구조로 인해 서로 구별하기 어렵다. 예를 들면 아이소루신과 발린은 단지 메틸렌기만 다르다. 이와 같은 어려움에도 불구하고, 아이소루실-$tRNA^{ile}$ 합성효소(isoleucyl-$tRNA^{ile}$ synthetase)는 대개 정확한 생성물을 합성한다. 그러나 이 효소는 때때로 발릴-$tRNA^{ile}$(valyl-$tRNA^{ile}$)를 생산한다. 여러 다른 합성효소와 마찬가지로, 아이소루실-$tRNA^{ile}$ 합성효소는 독립적인 *교정*(proofreading) 자리를 보유하고 있기 때문에 이러한 오류를 수정할 수 있다. 교정 자리의 크기 때문에 발릴-$tRNA^{ile}$와는 결합이 가능하지만, 크기가 큰 아이소루실-$tRNA^{ile}$와는 결합하지 못한다. 따라서 교정 자리에 결합한 발릴-$tRNA^{ile}$의 에스터 결합은 가수분해된다.

19.2 단백질 합성

단백질 합성의 전체적인 과정을 **그림 19.4**에 도식화하였다. 합성 과정의 복잡성과 생물종 사이의 차이에도 불구하고, 유전 정보가 폴리펩타이드의 1차 서열로 번역되는 과정은 세 단계, 즉 개시, 연장, 종결 단계로 구성된다.

1. **개시 단계.** 번역 과정은 작은 리보솜 소단위체가 mRNA와 결합하는 **개시**(initiation)로 시작한다. *개시 tRNA*(initiator tRNA)라 불리는 특정 tRNA의 역코돈은 mRNA 상의 개시 코돈 AUG와 염기쌍을 이룬다. 개시 단계는 큰 리보솜 소단위체가 작은 소단위체와 결합하면서 끝난다. 완전한 리보솜에는 번역 과정에 관여하는 코돈-역코돈 상호작용을 위해 두 곳의 자리, 즉 개시 tRNA와 결합하는 P 자리(peptidyl site), 그리고 A 자리(aminoacyl site)가 존재한다. 세균 리보솜은 또한 E 자리(exit site)를 가지며, 여기에는 리보솜으로부터 방출되기 전의 빈 tRNA가 머무른다. 원핵생물과 진핵생물에서 모두 mRNA는 수많은 리보솜에 의해 동시에 번역된다. 하나의 mRNA에 여러 개의 리보솜이 결합된 형태를 **폴리솜**(polysome)이라 한다. 예를 들어 활발히 성장하는 원핵생물에서 한 분자의 mRNA에 약 80개 뉴클레오타이드 간격으로 리보솜이 결합되는 경우도 있다.
2. **연장 단계.** **연장**(elongation) 과정 중 폴리펩타이드는 유전 정보에 따라 특이적으로 합성된다. mRNA의 염기 서열은 $5' \rightarrow 3'$ 방향으로 해독되고, 폴리펩타이드의 합성은 N-말단으로부터 C-말단으로 진행된다. 연장 과정은 세 단계로 구성되며, A 자리에서의 코돈-역코돈 염기쌍 형성, 펩타이드 결합의 형성, 마지막으로 펩타이딜-tRNA의 P 자리 전달로 나뉜다. 연장 과정은 두 번째의 아미노아실-tRNA가 리보솜의 A 자리에서 코돈-역코돈 염기쌍을 형성하여 결합하면서 시작된다. 그리고 펩타이드 결합의 형성은 펩타이딜기 전달효소(peptidyl transferase)에 의해 촉매되는데, 이러한 *펩타이딜기 전달 반응*(transpeptidation)에서, A 자리 아미노산(친핵체, nucleophile)의 알파-아미노질소가 P 자리 아미노산의 카보닐기를 공격한다(**그림 19.5**). 펩타이드 결합의 형성으로 인해 합성되는 펩타이드 사슬이 A 자리 tRNA에 연결된다. 최종적으로 *자리옮김*(translocation)이 일어나는데, 리보솜이 mRNA를 따라 하나의 코돈 위치만큼 이동하면, A 자리의 두 번째 tRNA에 결합된 펩타이드 사슬이 P 자리에 위치하게 된다. 이때 P 자리의 첫 번째 tRNA는 리보솜으로부터 방출(진핵생물의 경우)되거나, E 자리로 이동(원핵생물)된 후 방출된다. 다시 A 자리에 위치한 다음 차례의 코돈과 세 번째 tRNA가 결합한다. 이와 같은 연장 과정(elongation cycle)은 정지 코돈이 A 자리에 위치

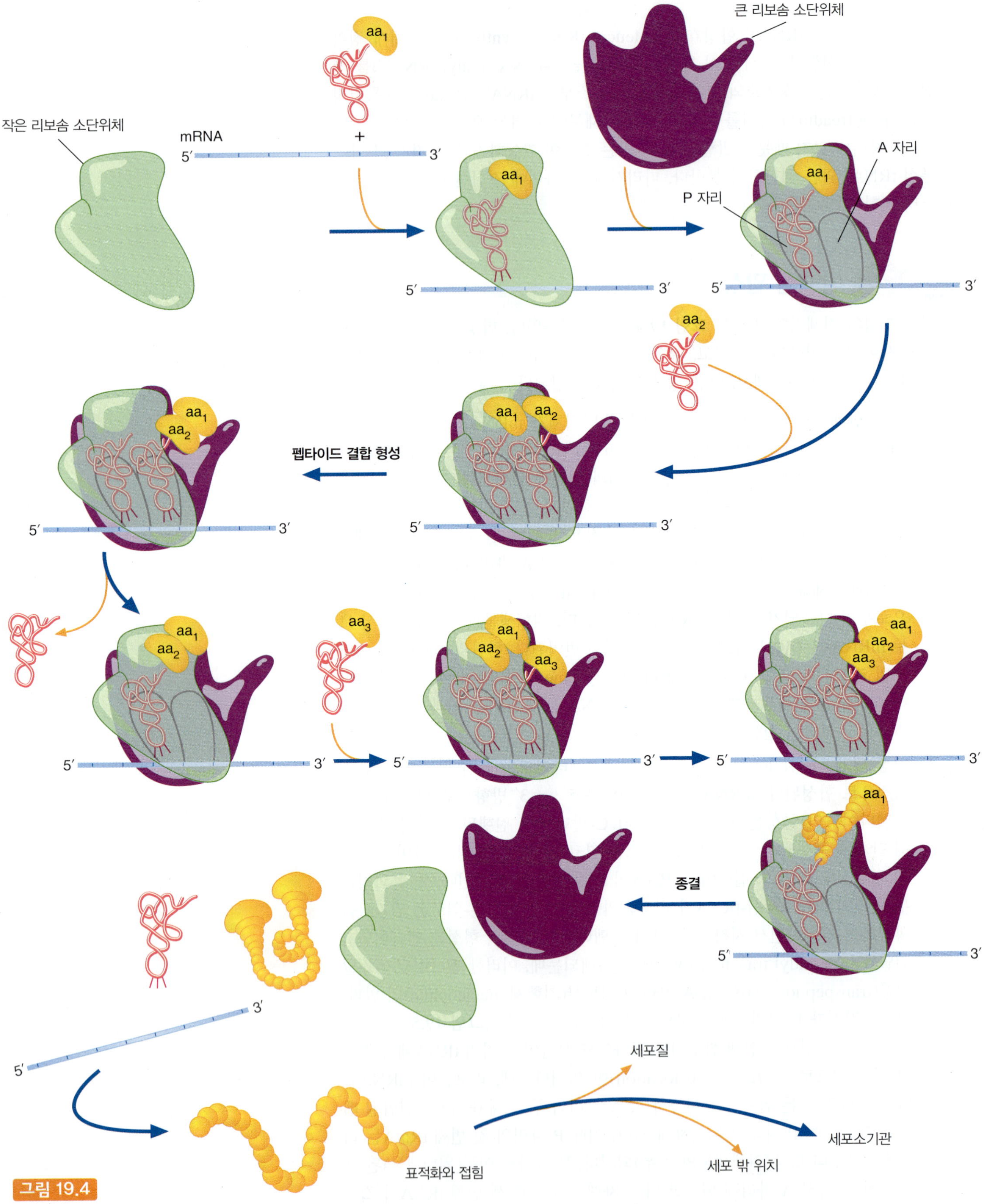

그림 19.4

단백질 합성.

모든 생물의 번역 과정은 개시, 연장, 종결의 세 단계로 구성된다. 펩타이드 결합의 형성과 위치 이동을 포함하는 연장 반응은 정지 코돈에 도달할 때까지 수차례 반복된다. 단백질 합성의 각 단계를 촉진하는 수많은 단백질 인자들은 원핵생물과 진핵생물에서 서로 다르다. 번역 후 변형 반응과 표적화 과정은 세포 유형에 따라 차이를 보인다.

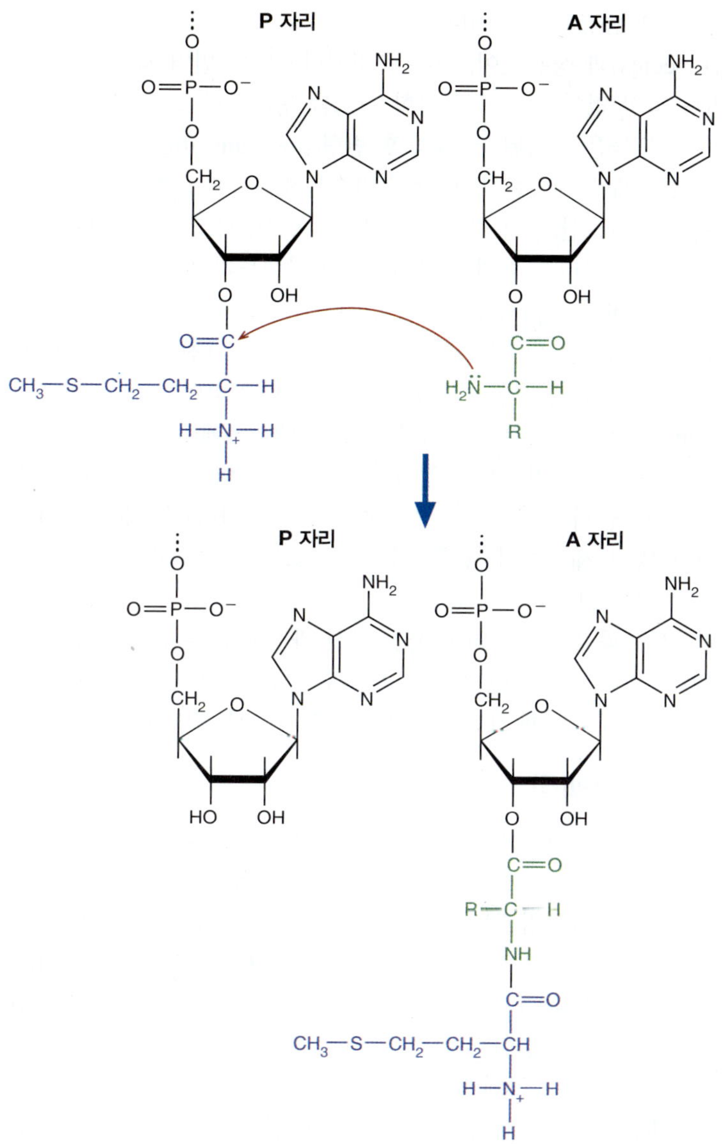

그림 19.5

펩타이드 결합의 형성.

연장 과정에서 A 자리 아미노산의 아미노기가 P 자리에 위치한 메싸이오닌의 카보닐기를 친핵성으로 공격하여 펩타이드 결합이 형성된다. 펩타이드 결합이 형성되었기 때문에 두 개의 아미노산은 A 자리의 tRNA에 결합된 상태로 존재한다.

할 때까지 반복된다.

3. **종결 단계.** 폴리펩타이드 사슬은 **종결**(termination) 과정 중 리보솜으로부터 방출된다. 정지 코돈이 어떠한 아미노아실-tRNA와도 결합할 수 없기 때문에 번역 과정이 종료된다. 그 대신에 단백질 방출 인자(protein releasing factor)가 A 자리와 결합하고, 이어서 에스터 가수분해효소(esterase) 역할을 하는 펩타이딜기 전달효소는 이미 완성된 폴리펩타이드 사슬과 P 자리 tRNA 사이의 결합을 분해한다. 리보솜이 mRNA를 방출하고, 큰 소단위체와 작은 소단위체로 분리되면 번역 과정이 종료된다.

번역 과정에서는 리보솜 소단위체, mRNA, 아미노아실-tRNA 외에도, 에너지원(GTP)과 다양한 단백질 인자(protein factor)를 필요로 한다. 이러한 인자들은 번역 과정에서 촉매 기능을 하거나, 또는 생성된 특정 구조를 안정화시키는 역할을 담당하며, 각 인자들이 작용하는 단계에 따라 개시 인자, 연장 인자, 종결 인자와 같이 분류된다. 원핵생물과 진핵생물의 번역 과정에 있어서 가장 큰 차이점은 이들 단백질 인자들의 종류와 기능이다.

생물종(species)과 상관없이, 일부 폴리펩타이드는 번역 과정 직후에 더 이상의 구조적 변형 과정 없이 최종적인 접힘 구조를 형성한다. 그러나 대체로 새로 합성된 폴리펩타이드들은 변형된다. **번역 후 변형**(posttranslational modification)은 번역의 네 번째 단계에 해당한다. 단백질 가수분해효소에 의한 폴리펩타이드의 일부분 제거, 특정 아미노산 잔기 곁사슬의 화학적 변형, 보조 인자(cofactor)의 삽입 등이 이에 해당한다. 그리고 흔히 각각의 폴리펩타이드가 서로 결합하여 다중 소단위체 단백질(multisubimit protein)을 형성한다.

번역 후 변형 과정은 다음과 같은 두 가지 목적을 가진다. (1) 특정한 기능을 가지는 폴리펩타이드를 생산하기 위한 것과 (2) 폴리펩타이드를 특정한 위치에 배치하는 **표적화**(targeting)를 위한 것이다. 특히 진핵생물에서는 생산된 수많은 단백질들이 다양한 최종 목표 지점으로 정확하게 배치되어야하므로, 표적화 과정이 매우 중요하다. 진핵생물의 단백질들은 세포질과 원형질막(원핵생물의 주요한 목표 지점) 이외에 다양한 세포소기관(예를 들어, 미토콘드리아, 리보솜, 엽록체, 리소좀, 또는 퍼옥시솜)으로 보내질 수 있다.

비록 원핵생물과 진핵생물의 단백질 합성 과정에 많은 유사성이 있지만, 차이점도 또한 많다. 따라서 이러한 차이를 별도로 논의한 후에 원핵생물과 진핵생물의 단백질 합성을 조절하는 메커니즘에 대해서도 간단히 설명하였다.

주요 개념 _Key Concepts

- 번역 과정은 세 단계, 즉 개시, 연장, 종결 단계로 이루어진다.
- 단백질 합성 후 수많은 단백질들이 화학적으로 변형되거나, 세포 내 또는 세포 외의 특정한 위치로 표적화된다.

원핵생물의 단백질 합성

세균에서의 단백질 합성은 1초 당 약 20개의 아미노산을 중합할 수 있는 2.4 MDa의 리보솜에서 일어난다. 세균의 70S 리보솜은 50S의 큰 소단위체와 30S의 작은 소단위체로 구성된다(**그림 19.6**). 큰 소단위체(약 1.5 MDa)는 23S, 5S의 rRNA와 34종의 단백질들로 이루어지며, 작은 소단위체(약 0.8 MDa)는 16S rRNA와 12종의 단백질들로 구성된다. P, A, E 자리 외에도 해독 중심, 펩타이딜기 전달효소 자리, GTP 가수 분해효소-결합 자리의 세 가지 기능적 자리가 존재한다.

30S 소단위체의 A 자리에 위치한 **해독 중심**(decoding center)은 mRNA 코돈이 들어오는 tRNA 역코돈과 연결되는 곳이다. 잘 보존된 세 개의 16S rRNA 염기들(A1492, A1493, G530)이 코돈-역코돈 염기쌍과 인접해 있다. 코돈-역코돈 상호작용에서 처음 두 개의 염기쌍이 올바른 왓슨-크릭 염기쌍을 형성한다면, A1492

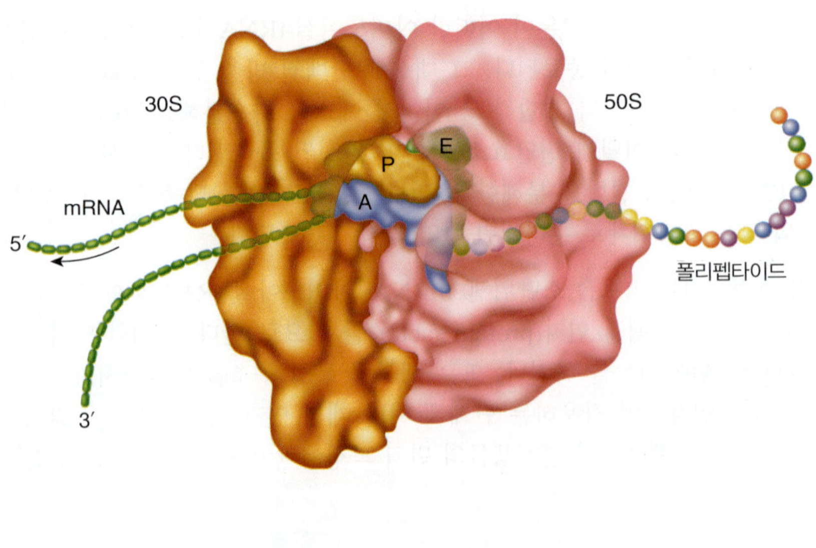

그림 19.6
작용 중인 리보솜.
단백질 합성 중인 대장균 리보솜의 3차 구조에서 큰 소단위체와 작은 소단위체를 각각 분홍색과 주황색으로 표시하였다. 또한 mRNA, tRNA, 그리고 성장하는 폴리펩타이드 사슬도 그림에 나타내었다. 펩타이드 결합이 형성되는 아실 자리와 펩타이딜 자리에서 발견되는 tRNA들을 각각 A와 P로 표시하였다. E로 표시된 tRNA는 출구(E) 자리에 위치하며, 아미노산을 다음 tRNA에 전달하고, 리보솜으로부터 방출되는 과정을 진행 중이다. mRNA의 이동 방향은 화살표로 나타내었다.

와 A1493에서 형태 변화가 발생하여 연장 과정 중의 tRNA 선택 단계를 촉진하게 된다.

펩타이드 결합이 형성되는 **펩타이딜기 전달효소 중심**(peptidyl transferase center, PTC)은 23S rRNA를 포함하는 큰 소단위체의 홈(cleft) 자리에 위치한다. 다섯 개의 보존된 염기들(A2451, U2505, U2585, C2452, A2602)로 구성된 PTC의 핵심 부분은 아미노아실- 또는 펩타이딜-tRNA의 3′-말단과 결합한다. PTC 내에서 정확하게 구성된 rRNA 뉴클레오타이드에 아미노아실-tRNA가 결합할 때 유도되는 복합적인 양성자 왕복장치 메커니즘(proton shuttling mechanism)의 결과로 펩타이드 결합이 형성된다.

GTP 가수분해효소-결합 영역(GTPase-associated region, GAR)은 23S rRNA 구성 요소로 이루어진 50S 소단위체 상의 일련의 중첩된 결합 영역이다. GAR은 GTP 가수분해효소-활성화 단백질(GTPase-activating protein, GAP)의 역할을 수행한다. GTP 가수분해효소 활성을 가지는 번역 인자들이 GAR과 상호작용을 하면, GTP의 가수분해가 일어나고, 이는 번역 과정에 영향을 미치는 단백질의 형태 변화를 유발한다. 리보솜 큰 소단위체의 L12 줄기는 GTP 가수분해효소 번역 인자들이 GAR과 결합하도록 유도한다.

개시 번역 과정은 개시 복합체(initiation complex)를 형성하면서 시작한다(**그림 19.7**). 원핵생물에서 이 과정은 3종의 개시 인자(IF, initiation factor) IF1, IF2, IF3를 필요로 한다. IF3는 30S 소단위체에 먼저 결합하여 mRNA와의 결합을 촉진하며, 준비되지 않은 상태에서 50S 소단위체와 결합하는 것을 억제한다. 그 다음에 IF1은 30S 소단위체의 A 자리에 결합함으로써 개시 단계에서 A 자리가 노출되지 않도록 한다. 퓨린 염기 비율이 높은 **샤인-달가르노 서열**(Shine-Dalgarno sequence)에 의해 mRNA의 개시 코돈 AUG가 30S 소단위체의 정확한 위치에 결합하도록 유도된다. 샤인-달가르노 서열은 개시 코돈 AUG로부터 상류(upstream)에 위치한 짧은 염기 서열이며, 30S 소단위체의 16S rRNA 내에 포함된 상보적인 염기 서열과 결합한다. 샤인-달가르노 서열과 상보적인 16S 서열[역-샤인-달가

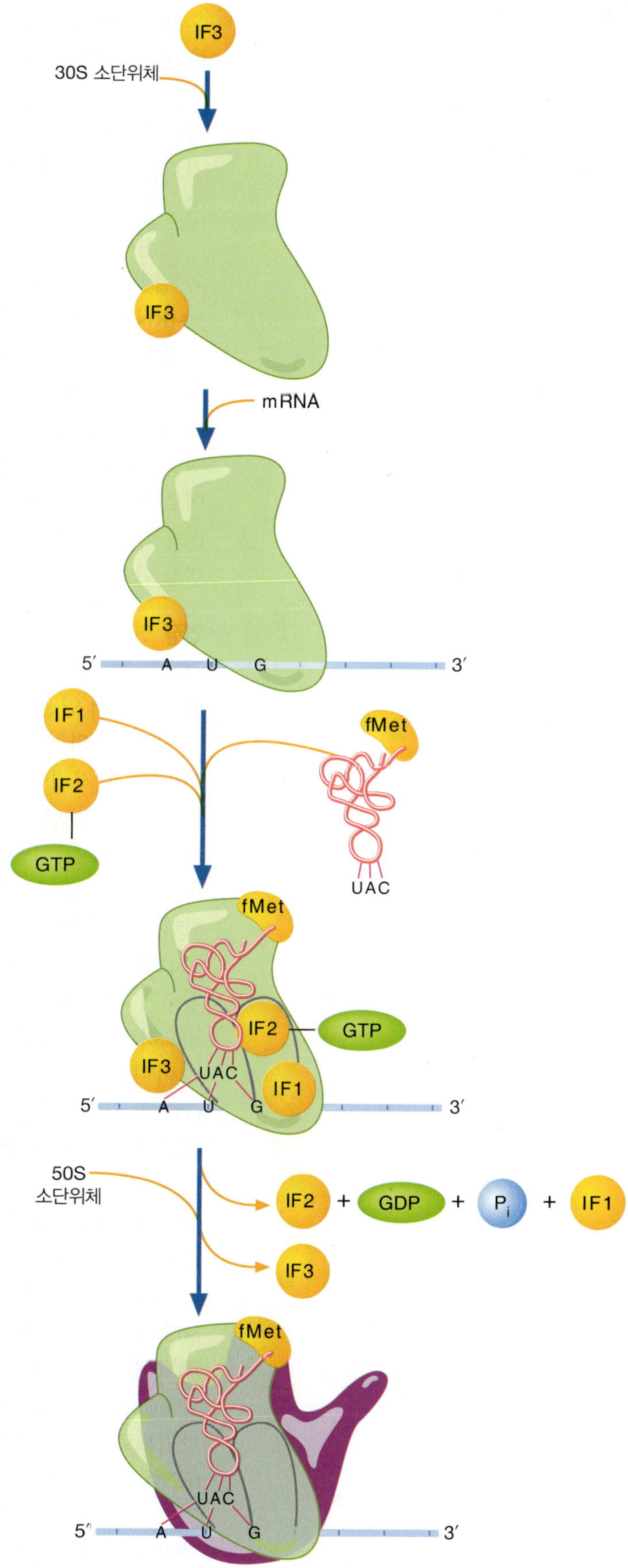

그림 19.7

원핵생물의 개시 복합체 형성.

번역 과정의 개시 단계는 개시 인자 IF3이 리보솜의 30S 소단위체와 결합하면서 시작된다. mRNA가 30S 소단위체와 결합한 후 GTP 가수분해효소 IF2가 fMet-$tRNA^{fmet}$과 결합하며, 이어서 작은 소단위체와 큰 소단위체의 결합을 유도한다. GTP의 가수분해는 개시 인자들과 GDP, P_i의 방출을 유발한다. 기능을 갖춘 70S 리보솜은 이제 연장 단계를 수행할 수 있게 된다.

르노 서열(anti–Shine-Dalgarno sequence)이라고 함] 사이의 염기쌍 형성을 통해 유전자 내부에 존재하는 메싸이오닌 코돈과 개시 코돈을 서로 구별할 수 있게 된다. 이것은 또한 리보솜-mRNA 복합체의 안정성도 증가시켜준다.

다시스트론성 mRNA(polycistronic mRNA) 상의 각 유전자는 샤인-달가르노 서열과 개시 코돈을 보유하고 있다. 각 유전자의 번역 과정은 독립적으로 일어나는 것처럼 보인다. 따라서, 다시스트론성 유전 정보 상의 일부 유전자에 대해서만 번역 과정이 진행될 수도 있다.

개시의 다음 단계에서 IF2(GTP와 결합한 GTP 가수분해효소)는 개시 tRNA와 결합하여 P 자리로의 진입을 유도한다. 세균의 개시 tRNA는 *N*-포밀메싸이오닌-tRNA(*N*-formylmethionine-tRNA, fMet-$tRNA^{fmet}$)이며, 다음과 같은 과정을 거쳐 합성된다. 개시 tRNA($tRNA^{fmet}$)에 결합된 메싸이오닌 잔기는 N^{10}-포밀 THF-요구성 효소(N^{10}-formyl THF-requiring enzyme)에 의해 포밀화(formylation)된다. IF2-GTP가 50S 소단위체의 GAR 자리에 결합하여 두 소단위체의 결합을 촉진함으로써 개시 단계가 종료된다. 이 후, GAR에 의한 GTP 가수분해가 일어나며, 이로 인한 구조적 변화는 두 소단위체의 동시 결합과 함께 3종의 개시 인자, GDP, P_i의 방출을 유발한다. 결과적으로 70S 리보솜은 이제 단백질 합성의 다음 단계인 연장 단계를 수행할 수 있게 된다.

연장 연장 과정은 다음의 세 단계 (1) 아미노아실-tRNA를 A 자리에 위치시키는 것, (2) 펩타이드 결합의 형성, (3) 자리옮김(translocation)으로 구성된다. 이 세 단계를 통틀어 연장 주기(elongation cycle)라 한다.

원핵생물의 연장 과정은 두 번째 코돈에 의해 지정된 아미노아실-tRNA가 비어 있는 A 자리에 결합함으로써 시작된다. 아미노아실-tRNA는 A 자리에 진입하기 전에 먼저 연장 인자(EF, elongation factor)인 EF-Tu-GTP와 결합해야 한다. EF-Tu-GTP는 일종의 운동 단백질(motor protein)로 아미노아실-tRNA를 A 자리에 위치시켜 tRNA 역코돈이 자유롭게 mRNA 코돈과 상호작용 할 수 있도록 유도한다. 이 외에도 EF-Tu-GTP는 의도하지 않은 펩타이드 결합의 형성과 아미노아실-tRNA의 가수분해를 막는 역할을 담당한다. 아미노아실-tRNA가 A 자리로 진입하기 위해서는 EF-Tu-GTP-aa-tRNA 복합체와 50S 소단위체 GAR의 결합이 필요하며, 이 과정은 소단위체의 L12 줄기에 의해 촉진된다.

아미노아실-tRNA의 역코돈이 mRNA 코돈과 정확하게 염기쌍을 형성한 후, GTP의 가수분해를 통해 EF-Tu-GDP가 리보솜으로부터 방출된다. 이어서 **구아닌 뉴클레오타이드 교환 인자**(guanine nucleotide exchange factor, GEF)로 작용하는 또 다른 연장 인자(EF-Ts)가 GDP 부분을 치환함으로써 EF-Tu의 재생을 촉진한다. EF-Ts는 새로 들어오는 GTP 분자에 의해 치환된다(**그림 19.8**). 새로 형성된 EF-Tu-GTP는 새로운 아미노아실-tRNA와 결합할 수 있다.

EF-Tu가 아미노아실-tRNA를 A 자리에 전달한 후, 펩타이드 결합의 형성은 30S 소단위체와 접하는 50S 리보솜 소단위체의 틈 사이에 위치한 23S rRNA 내 PTC에 의해 촉매된다. 펩타이드 결합이 형성되는 메커니즘은 기질 내 양성자 왕복 과정(intrasubstrate proton shuttling)을 통해 일어난다(**그림 19.9**). 리보솜은 여러 방법으로 이러한 반응을 촉진하는데, 여기에는 PTC(예를 들어, A 자리와 P 자리 tRNA의 수용체 말단이 23S rRNA의 뉴클레오타이드 잔기와의 상호작용을 통해 적절한 위치에 고정됨) 내에서 기질들의 정확한 위치를 지정하는 것과 양성자 왕복 과정을 돕는 정전기적 환경이 포함된다. 리보솜은 또한 고도의 극성 전이 상태 형

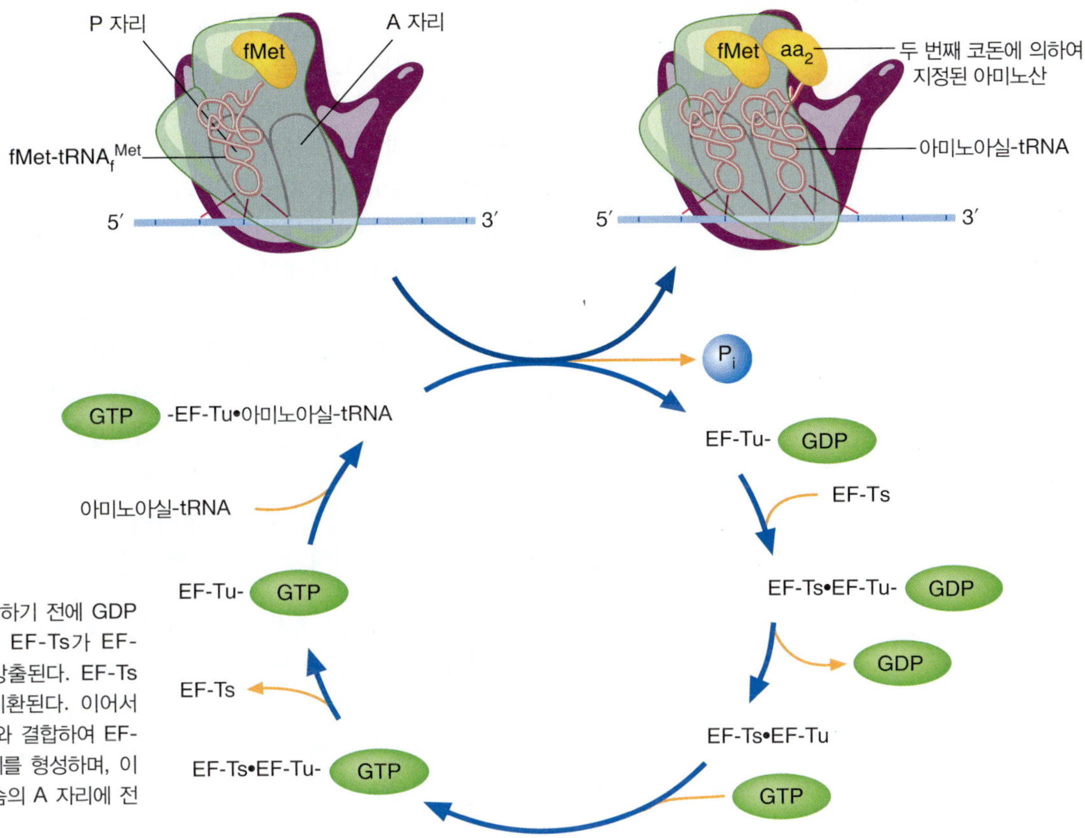

그림 19.8

대장균의 EF-Tu-EF-Ts 주기.

EF-Tu가 아미노아실-tRNA와 결합하기 전에 GDP 부분이 GTP로 치환되어야 한다. EF-Ts가 EF-Tu(GDP)에 결합할 때, GDP가 방출된다. EF-Ts는 새로 들어오는 GTP에 의해 치환된다. 이어서 EF-Tu(GTP)는 아미노아실-tRNA와 결합하여 EF-Tu(GTP) 아미노아실-tRNA 복합체를 형성하며, 이를 통해 아미노아실-tRNA가 리보솜의 A 자리에 전달된다.

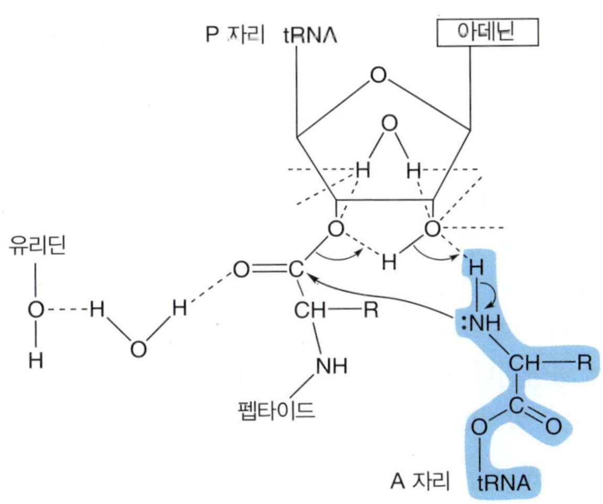

그림 19.9

펩타이딜기 전달효소 양성자 왕복장치 메커니즘.

α-아미노 질소가 펩타이드 사슬(76번째 잔기의 리보스의 3′-OH기와 에스터 결합에 의해 P 자리 tRNA와 연결)의 A 자리 아미노아실기 카보닐 탄소에 친핵성 공격을 함으로써 반응이 시작된다. 첫 번째 연장 주기 동안, 단일 N-포밀메싸이오닐 아미노아실기(N-formylmethionyl aminoacyl group)는 P 자리 tRNA에 연결된다. 따라서 6개 원자로 구성된 전이 상태가 형성되며, A 자리 리보스의 2′-OH기가 인접한 3′-산소 원자에 아미노 양성자(amino proton)를 제공한다. 활성 자리 내 기질들의 정확한 배열은 리보스 산소들과 가교를 형성한(검은 점선) 물 분자 사이의 수소 결합, 그리고 리보스 2′-하이드록시 산소와 가교를 형성한 물 분자, 그리고 23S rRNA(점선)의 사이토신과 아데노신 잔기(그림에는 표시하지 않음) 사이의 수소 결합에 의해 촉진된다. P 자리 tRNA 펩타이딜기의 카보닐 산소는 물 분자 가교를 통해 23S rRNA U 잔기의 하이드록시 산소와 수소 결합을 형성함으로써 안정화된다.

성에 필수적인 활성 자리 내에 상대적으로 무수 환경을 제공함으로써 반응에 필요한 자유 에너지를 감소시킨다. 이 반응을 일으키는 데 필요한 에너지는 P 자리 아미노산과 tRNA 사이의 고에너지 에스터 결합(high-energy ester bond)에 의해 제공된다.

펩타이드 결합 형성 직후, A 자리의 tRNA(성장하는 펩타이드 사슬에 연결되어 있기 때문에 펩타이딜 tRNA라고 함)는 여전히 A 자리에 위치하며, 탈아실화된 tRNA는 P 자리에 위치한다. 연장 과정의 이 단계를 *자리옮김 전 상태*(pretranslocation state)라 한다. 염기쌍을 형성한 tRNA들을 하나의 코돈 위치만큼 이동시키는(E 자리에 tRNA, P 자리에 펩타이딜-tRNA, 비어 있는 A 자리에 새로운 코돈이 위치함) 자리옮김 단계가 일어나기 위해서는 EF-G라는 또 다른 GTP 가수분해효소의 결합이 필요하다. L12 줄기의 작용에 의해 EF-G-GTP가 A 자리 가까이에 결합하면, GTP 가수분해가 유발된다. 그 결과로 발생한 구조적 변화는 2개의 소단위체들을 서로 반대 방향으로 회전하도록 만들며, 이로 인해 소단위체 사이의 공간이 형성되어 tRNA가 mRNA 가닥을 따라 이동할 수 있도록 한다. *자리옮김 후 상태*(posttranslocation state)에서 탈아실화된 tRNA는 E 자리에 위치한다. 새로운 EF-Tu 아미노아실-tRNA 복합체가 A 자리로 진입하고 코돈-역코돈 상호작용이 시작되면, 탈아실화된 tRNA가 E 자리로부터 방출된다. EF-G-GDP가 방출되면, 리보솜은 다음 연장 주기를 수행할 준비가 완료된다. 폴리펩타이드가 연장될 때, 50S 소단위체의 폭 10~20Å, 길이 100Å의 터널을 통과하게 된다. 합성 초기 단계의 **신생**(nascent) 폴리펩타이드는 30~50개의 아미노산 잔기까지 연장되면 터널을 통과하여 밖으로 나타나게 되며, 이는 소단위체 표면에 인접한 폭 20Å의 입구에서 폴리펩타이드가 2차 구조를 형성하는 형태에 따라 서로 다를 수 있다. 연장 과정은 정지 코돈이 A 자리에 위치할 때까지 계속된다.

종결 종결(termination)은 정지 코돈인 UAA, UAG, 또는 UGA가 A 자리에 진입할 때 시작한다. 3종의 **방출 인자**(release factor, RF1, RF2, RF3)가 종결 과정에 관여한다. RF1과 RF2는 그 모양과 크기에서 tRNA와 유사하다. RF1은 정지 코돈 UAA와 UAG를 인식하고, RF2는 UAA와 UGA를 인식한다. RF3는 RF1과 RF2가 리보솜에 결합하는 것을 촉진시키는 GTP 가수분해효소이다. RF3-GDP가 RF1- 또는 RF2-리보솜 복합체에 결합하면, RF3가 GDP를 GTP로 치환하도록 유도된다. RF의 결합은 리보솜의 기능을 변화시킨다. RF3에 결합된 GTP의 가수분해는 RF1과 RF2의 방출을 유발한다. 방출 인자의 결합은 해독 중심 염기들(A1492, A1493, G530)의 방향성을 변화시키며, 이로 인해 PTC 내의 구조적 변화가 유발되어 일시적으로 펩타이딜기 전달효소를 에스터 가수분해효소(esterase)로 전환하게 된다. 이어지는 가수분해 반응은 완성된 폴리펩타이드 사슬과 P 자리 tRNA 사이의 결합을 분해한다. 폴리펩타이드가 리보솜으로부터 방출되면, mRNA와 tRNA도 분리된다. 종결 단계는 tRNA 형태의 단백질인 리보솜 재순환 인자(ribosome recycling factor, RRF)가 리보솜의 A 자리에 결합하여 리보솜을 구성 소단위체들로 분리시키면 종료된다. 2개의 리보솜 소단위체들을 분리하는 데 필요한 에너지는 EF-G-GTP에 의해 공급된다. IF3는 작은 소단위체에 결합하여 큰 소단위체와의 준비되지 않은 재결합을 방지한다.

번역 후 변형 리보솜으로부터 새로 생성된 각 폴리펩타이드는 출구 터널로부터 나오자마자 접힘(folding) 과정이 시작된다. 터널의 출구를 나온 폴리펩타이드는 우선 촉발 인자라 불리는 분자 샤페론(molecular chaperone)과 만나게 된다. *촉발 인자*(trigger factor, TF)는 48 kDa 크기의 단백질로 N-말단과 리보솜 L23 단백질 사이의 결합에 의해 일시적으로 연결된다. 길고 좁은 뚜껑 구조를 가진 촉발 인자의 C-말단 자리는 리보솜의 출구(E) 자리에 위치한다. 촉발 인자의 특별한 표면 자리는 접힘 과정의 초기 단계를 유도한다. 필요한 경우, 후속 단계 샤페론들(예를 들어 GroES-GroEL)이 접힘 과정을 돕는다. 또한, 대부분의 폴리펩타이드는 일련의 변형 반응을 거쳐 각각의 기능 역할을 담당하게 된다. 번역 후 변형(posttranslational modification)과 관련된 대부분의 정보는 진핵생물 연구를 통해 얻어졌으나, 원핵생물의 폴리펩타이드 또한 몇 가지 공유 결합 형태의 변형 과정을 거치는 것으로 알려졌다.

가장 대표적인 예는 단백질 가수분해 가공 반응(proteolytic processing reaction)이다. 여기에는 포밀메싸이오닌 잔기와 신호 펩타이드(signal peptide) 서열의 제거가 포함된다. 신호 펩타이드 또는 선도 펩타이드(leader peptide)는 폴리펩타이드의 아미노 말단에 위치하는 짧은 서열로 폴리펩타이드의 목표 위치를 결정한다. 예를 들어 세균의 경우, 신호 펩타이드는 폴리펩타이드를 원형질막에 삽입시키는 역할을 한다.

원핵생물 단백질의 번역 후 화학적 변형 과정은 메틸화, 인산화, 지질 분자에 대한 공유 결합을 포함한다. 대장균의 주화성(chemotaxis)은 신호 전달(signal transduction) 단백질의 메틸화와 인산화에 의해 조절된다(주화성은 세포가 주위 환경에 존재하는 어떤 화학물질에 대한 반응으로 그 운동성을 바꾸는 과정을 의미함).

지질단백질들은 원핵생물에서 매우 흔한 화합물이다. 대장균의 외막 지질단백질인 B1c는 영양소의 고갈 상태에서 생성되는 리포칼린(lipocalin, 소수성 리간드 결합 단백질)의 일종이다. B1c는 지방산이나 인지질과 공유 결합을 형성하여 세포막의 생체 내 합성(biogenesis)과 수선에 일정한 역할을 담당한다.

번역 조절 메커니즘 단백질 합성은 예외적으로 에너지가 많이 소모되는 과정으로, 펩타이드 결합 하나 당 4개의 고에너지 인산 결합(즉, tRNA과 아미노산의 결합 과정에서 2개의 인산 결합, 그리고 A 자리와 tRNA의 결합, 자리옮김 과정에서 각각 1개의 인산 결합)이 필요하다. 이처럼 많은 양의 에너지가 단백질 합성에 관여하는 것은 그리 놀랄 일이 아니다. 예를 들어 고분자 합성에 사용되는 대장균의 에너지 생산량의 약 90%가 단백질 합성에 사용된다. 비록 번역 과정에서 높은 정확도와 빠른 속도를 위해 많은 양의 에너지가 요구되지만, 대사 조절 메커니즘에 의해 에너지 손실이 최소화될 수 있다. 이 메커니즘은 원핵세포로 하여금 제한된 영양원에 대해 서로 경쟁하도록 한다.

대장균과 같은 원핵생물에서 단백질 합성의 조절은 주로 전사 개시 단계에서 일어난다. (원핵생물의 전사 조절 원리에 대해 18.3 참조.) 이 과정은 몇 가지 이유로 타당성을 가진다. 첫째, 전사와 번역 과정은 공간적 · 시간적으로 연결된다. 즉, 전사가 시작한 후, 곧 번역 과정이 일어난다. 둘째, 원핵세포 mRNA의 반감기는 1~3분으로 비교적 짧다. 따라서 세포 내에서 생성된 mRNA의 유형은 환경 조건의 변화에 따라 신속하게 바뀔 수 있다. 대부분의 대장균 mRNA는 RNA 가수분해효소 II(RNase II)와 폴리뉴클레오타이드 가인산분해효소(polynucleotide phosphorylase)라 불리는 2가지 핵산 말단 가수분해효소(exonuclease)들에 의해 분해된다.

탁월한 전사 조절 메커니즘에도 불구하고, 원핵생물 mRNA의 번역 속도는 서로 다르다. 이는 대부분 샤인-달가르노 염기 서열의 차이에 의해 발생한다. 샤인-달가르노 염기 서열이 개시 코돈의 선택에 관여하기 때문에 이러한 염기 서열의 차이가 유전 정보의 번역 속도에 영향을 줄 수 있다. 예를 들어 락토스 오페론(lac operon)은 β-갈락토스 가수분해효소(β-galactosidase), 갈락토스 투과효소(galactose permease), 갈락토사이드 아세틸기 전달효소(galactoside transacetylase)로 구성되지만, 각 유전자로부터 동일한 양의 단백질이 생성되는 것은 아니다. 싸이오갈락토사이드 아세틸기 전달효소(thiogalactoside transacetylase)는 β-갈락토스 가수분해효소의 약 1/5 정도로 생산된다.

원핵생물과 진핵생물 단백질 합성의 구조적 · 기능적 차이는 감염 치료에 이용

표 19.2 단백질 합성을 억제하는 항생제들

항생제	작용
클로람페니콜(chloramphenicol)	원핵세포의 A자리 억제
사이클로헥사마이드(cycloheximide)	진핵세포 펩타이딜기 전달효소 억제
에리트로마이신(erythromycin)	원핵세포의 E자리 억제
린코사마이드(lincosamide)	50S 소단위체의 23S rRNA 결합
스트렙토마이신(streptomycin)	fMet-tRNA$_i$의 30S P 자리 결합 억제
스트렙토그라민(streptogramins)	폴리펩타이드 사슬의 미성숙 방출 유발
티제사이클린(tigecycline)	16S rRNA와 결합하여 aa-tRNA의 A 자리 진입을 막음

주요 개념 _Key Concepts

- 원핵생물의 단백질 합성은 여러 단백질 인자들이 관여하는 매우 빠른 과정이다.
- 비록 대부분의 원핵생물 유전자 발현이 전사 개시에 의해 조절되는 것처럼 보이지만, 여러 유형의 번역 조절 과정도 발견되고 있다.

되는 항생제, 항미생물 분자들에 대한 의학적 또는 연구 목적의 사용을 위한 기초가 된다. 몇 가지 항생제들의 작용에 대해 **표 19.2**에 정리하였다.

진핵생물의 단백질 합성

진핵생물의 단백질 합성은 세균의 번역과 비슷하기는 하지만 두 과정들에는 분명한 차이점이 있다. 80S 리보솜이라고 하는 4.3 MDa의 진핵생물 리보솜은 세균의 것보다 더 크다. 큰 60S 소단위체는 28S, 5S, 5.8S rRNA와 47종의 단백질로 구성된다. 작은 40S 소단위체는 18S rRNA와 32종의 단백질로 구성된다. 또 상당히 더 많은 단백질 인자들이 훨씬 더 정교한 번역 과정에 도움을 준다. 진핵생물의 경우 폴리펩타이드의 번역 후 변형 과정은 원핵생물의 경우에 비해 훨씬 더 다양하다. 진핵생물 폴리펩타이드의 표적화 메커니즘 또한 매우 복잡하다.

개시 원핵생물과 진핵생물의 단백질 합성에서 가장 중요한 차이점은 개시 단계(initiation phase)에서 발견된다. 진핵생물의 단백질 합성 개시 과정이 더 복잡한 이유는 다음과 같다.

1. **mRNA의 2차 구조.** 진핵생물의 mRNA는 메틸구아노신 모자(methylguanosine cap, **그림 18.43**) 및 폴리(A) 꼬리의 첨가와 인트론의 제거에 의해 가공된다. 또한 진핵생물 mRNA는 몇 종의 단백질과 결합하여 핵(nucleus)에서 방출되고 나서, 비로소 리보솜과 결합할 수 있다.
2. **mRNA의 주사.** 원핵생물과 달리, 진핵생물의 mRNA에는 AUG 개시 코돈을 인식하는 샤인-달가르노 서열이 존재하지 않는다. 그 대신에 진핵생물의 리보솜은 각각의 mRNA를 '주사(scan)'한다. 이러한 주사 과정은 리보솜이 mRNA의 5′-모자 말단에 결합하고, 개시 코돈을 찾아 5′ → 3′ 방향으로 이동하는 복잡한 과정이다.

진핵생물은 원핵생물보다 더 복잡한 형태의 개시 인자를 사용한다. 적어도 12개 이상의 진핵생물 개시 인자(eukaryotic initiation factor, eIF)를 갖고 있으며, 그 중 몇 개의 인자들은 수많은 소단위체로 구성된다. 대부분의 개시 인자들이 담당하는 기능적 역할에 대해서는 아직 연구 중이다.

진핵생물의 단백질 합성 개시 과정은 작은 소단위체(40S)와 몇 종의 개시 인자들로 구성된 개시 전 복합체(preinitiation complex, PIC)의 형성으로 시작된다(그

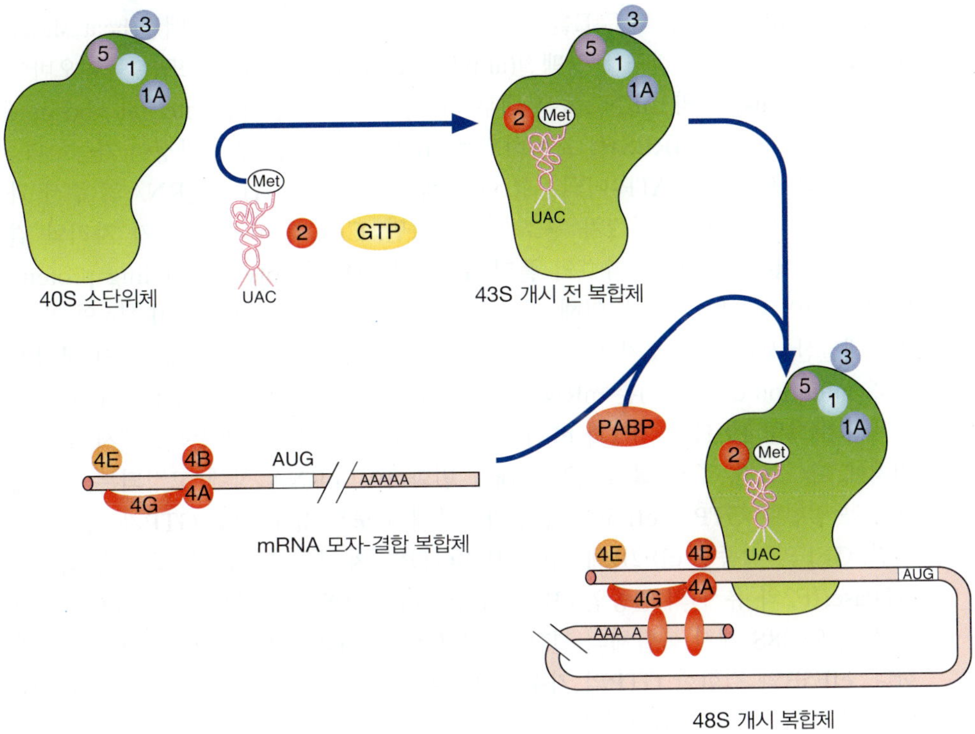

그림 19.10

진핵생물의 단백질 합성 개시: 43S 개시 전 복합체와 48S 개시 복합체의 조립.

폴리펩타이드 합성의 역할을 수행하기 위해, 40S 리보솜 소단위체는 우선 eIF1A, eIF3, eIF5와 결합한 다음, eIF2-GTP와 개시 tRNA(Met-tRNA$_i$)의 복합체와 다시 결합한다. 일단 40S 소단위체가 Met-tRNA$_i$-eIF2-GTP 복합체와 결합하면, 43S 개시 전 복합체라 불린다. 나선 풀기 효소의 일종인 eIF4B가 mRNA의 5′-UTR로부터 2차 구조를 제거하면, eIF4A, eIF4B, eIF4E, eIF4G로 구성된 모자 결합 복합체(cap-binding complex)가 5′-모자 구조와 결합한다. mRNA의 3′-폴리(A) 꼬리[3′-poly(A) tail]가 eIF4G와 PABP의 다중 복사본 사이의 상호작용에 의해 5′-모자 말단과 연결되면, 48S 개시 복합체가 형성된다. 진핵생물의 개시 단계에는 적어도 30종 이상의 단백질들이 관여하며, 그 중에서 가장 중요한 것들을 그림에 나타내었다.

림 19.10). 이 단계에서는 작은 소단위체가 eIF3와 결합하고 60S 소단위체가 eIF6와 결합하기 때문에, 작은 소단위체(40S)와 큰 소단위체(60S)의 결합이 억제된다. 세균의 IF와 유사한 기능을 하는 eIF1과 eIF1A가 작은 소단위체에 결합하면 이 과정이 시작되며, 개시 과정 중에 A 자리는 막힌 상태가 된다. 또한 eIF3와 eIF5가 40S 소단위체와 결합한다. eIF3은 다중소단위체의 단백질 복합체로서 큰 소단위체와의 준비되지 않은 결합을 방지할 뿐 아니라, mRNA의 결합 고정을 촉진한다. eIF5는 GTP 가수분해효소인 eIF2에 특이적인 GAP이다. 이들 단백질이 작은 소단위체에 결합하면, 개시 tRNA인 메싸이오닐-tRNA(Met-tRNA$_i$)가 eIF2-GTP와 복합체를 형성하여 P 자리에 결합한다. 40S 소단위체, eIF1A, eIF2-GTP, eIF3, eIF5, Met-tRNA$_i$로 구성된 **43S 개시 전 복합체**(43S preinitiation complex)는 이제 mRNA와 결합 가능하게 된다. 대부분의 mRNA가 모자-결합 복합체와 결합하고 난 후에 이 단계를 수행할 수 있나.

eIF4F로 불리는 **모자-결합 복합체**(cap-binding complex, CBC)는 eIF4E(모자-결합 단백질), eIF4A(나선 풀기 효소), eIF4G(골격 단백질)로 구성된다. eIF4E는 진핵생물 단백질 합성의 속도 제한 인자(rate-limiting factor)이며, mTOR과 MAPK 신호 전달 경로에 의해 조절되는 단백질의 일종이다. 일부 세포 내 단백질들과 바이러스에서는 eIF4E를 필요로 하지 않는다. 열충격 단백질(heat shock protein), 아밀로이드 전구체 단백질(amyloid precursor protein) 또는 폴리오바이러스(poliovirus) 등의 mRNA들은 내부 리보솜 진입 자리 서열(internal ribosome entry site sequence, IRES)을 포함하므로 eIF4E-비의존성 개시 과정이 가능하다.

eIF4B의 도움으로 ATP-비의존성 나선 풀기 효소(eIF4A)가 mRNA의 주사 과정을 억제하는 5′-UTR의 2차 구조를 제거하면, CBC가 mRNA 모자 자리와 결합한다. 이어서 eIF4G와 다수의 **폴리(A)-결합 단백질**[poly(A)-binding protein, PABP] 사이의 상호작용에 의해 원형의 mRNA를 형성함으로써, mRNA의 3′-폴리아데닐산 꼬리와 5′-모자 말단이 서로 근접하게 된다. 완성된 **48S 개시 복합체**(48S initiation complex)는 mRNA를 주사하여 5′-말단 근처의 5′-AUG-3′ 서열을 탐색하며(**그림 19.11**), eIF1과 eIF1A가 이러한 주사 과정을 돕는다. 개시 코돈의 위치에 다다르면, 주사 복합체의 형태가 변화하여 mRNA 상에 고정되는 동시에 eIF2와 결합한 GTP가 eIF5에 의해 가수분해 되도록 유도한다. GTP가 가수분해되면, GEF의 일종인 eIF2B에 의해 eIF2-GTP가 재생된다. 이어서 리보솜-의존성 GTPase(IF2와 유사)의 일종인 eIF5B가 결합하여 60S 소단위체(이제 eIF6가 제거된 상태)와 48S 개시 복합체의 결합, 그리고 eIF2-GDP, eIF3, eIF5의 방출을 촉진한다. eIF5B와 결합한 GTP의 가수분해는 활성화된 80S 리보솜으로부터 eIF5B-GDP와 eIF1A가 분리되도록 유도한다.

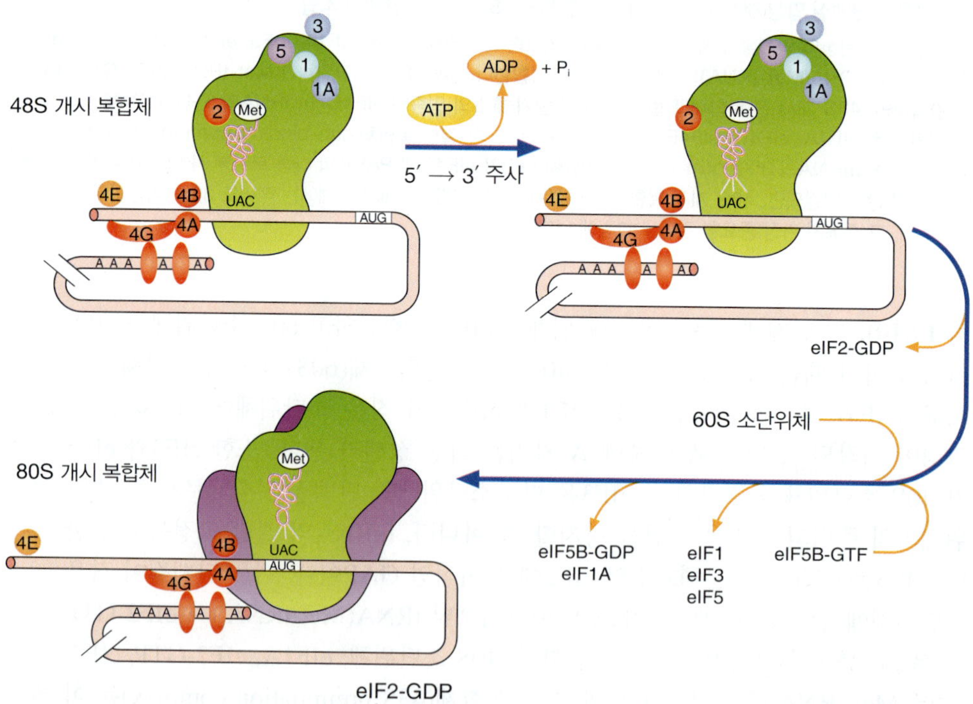

그림 19.11

진핵생물의 단백질 합성 개시: 80S 개시 복합체의 형성.

새로 형성된 48S 복합체는 mRNA를 따라 5′ → 3′ 방향으로 이동하면서 개시 코돈을 탐색하는 ATP-요구성 주사 과정을 수행한다. 일단 AUG 개시 코돈과 Met-tRNA$_i$의 역코돈 사이에 올바른 염기쌍이 형성되면, eIF5는 GTP의 가수분해와 eIF2-GTP의 방출을 일으킨다. 이어서 eIF5B-GTP가 CBC-mRNA 복합체와 결합하여 60S 소단위체와의 결합을 촉진하며, 이 과정에서 eIF1, eIF3, eIF5의 방출이 일어난다. eIF5B와 연결된 GTP의 가수분해는 연장과정을 진행 중인 80S 리보솜으로부터 eIF5B-GDP와 eIF1A의 방출을 유발한다.

생화학 전망 BIOCHEMISTRY IN PERSPECTIVE

가두어진 리보솜: RNA 구출

손상된 mRNA에 결합된 리보솜은 어떻게 재생될 수 있도록 구해질 수 있을까? 중간에 절단되거나 종결 코돈이 없는 mRNA를 번역하는 리보솜에서는 무슨 일이 생길까? 번역이 멈추고 그런 결함이 있는 mRNA를 번역하려는 리보솜이 가두어지게 된다. 리보솜은 앞으로 나갈 수도 없고 mRNA를 방출할 수도 없게 된다. 효율적인 단백질 합성을 위하여 중요하기 때문에 세균은 이 어려운 문제를 tmRNA라고 하는 독특한 10S RNA 분자로 해결한 것으로 보인다. tmRNA는 tRNA와 유사한 구역(tRNA-like domain, TLD)과 mRNA와 유사한 구역(mRNA-like domain, (MLD)을 가져서 그렇게 이름이 붙여졌다. tmRNA의 5′과 3′ 말단에 형성된 TLD는 알라닐-tRNA의 수용체 줄기, T-팔, 가변성 팔, 3′CCA 말단과 유사하다. MLD는 리보솜이 결국 멈춘 폴리펩타이드에 추가할 펩타이드 꼬리표에 해당하는 아미노산 서열(약 10 잔기 길이)을 정해주는 ORF를 포함하고 있다.

리보솜 구출(**그림 19A**)은 TLD에 알라닌을 채우는 것에서부터 시작하며 이것은 알라닐-tRNA 합성효소에 의해서 촉매된다. 그 후 알라닌이 채워진 TLD는 EF-Tu와 SmpB와 결합한다. SmpB는 tRNA의 역코돈 팔과 닮은 작은 단백질이다. 이어서 tmRNA-단백질 복합체의 TLD는 A 자리에 결합하여 결합된 알라닌을 PTC 안에 넣어준다. 이어서 알라닌 잔기는 신생 폴리펩타이드에 공유 결합으로 결합한다. 가까이 위치한 MLD는 리보솜이 손상된 mRNA로부터 자신의 ORF 염기 서열로 전환하게 해준다. 이 전이는 구조적

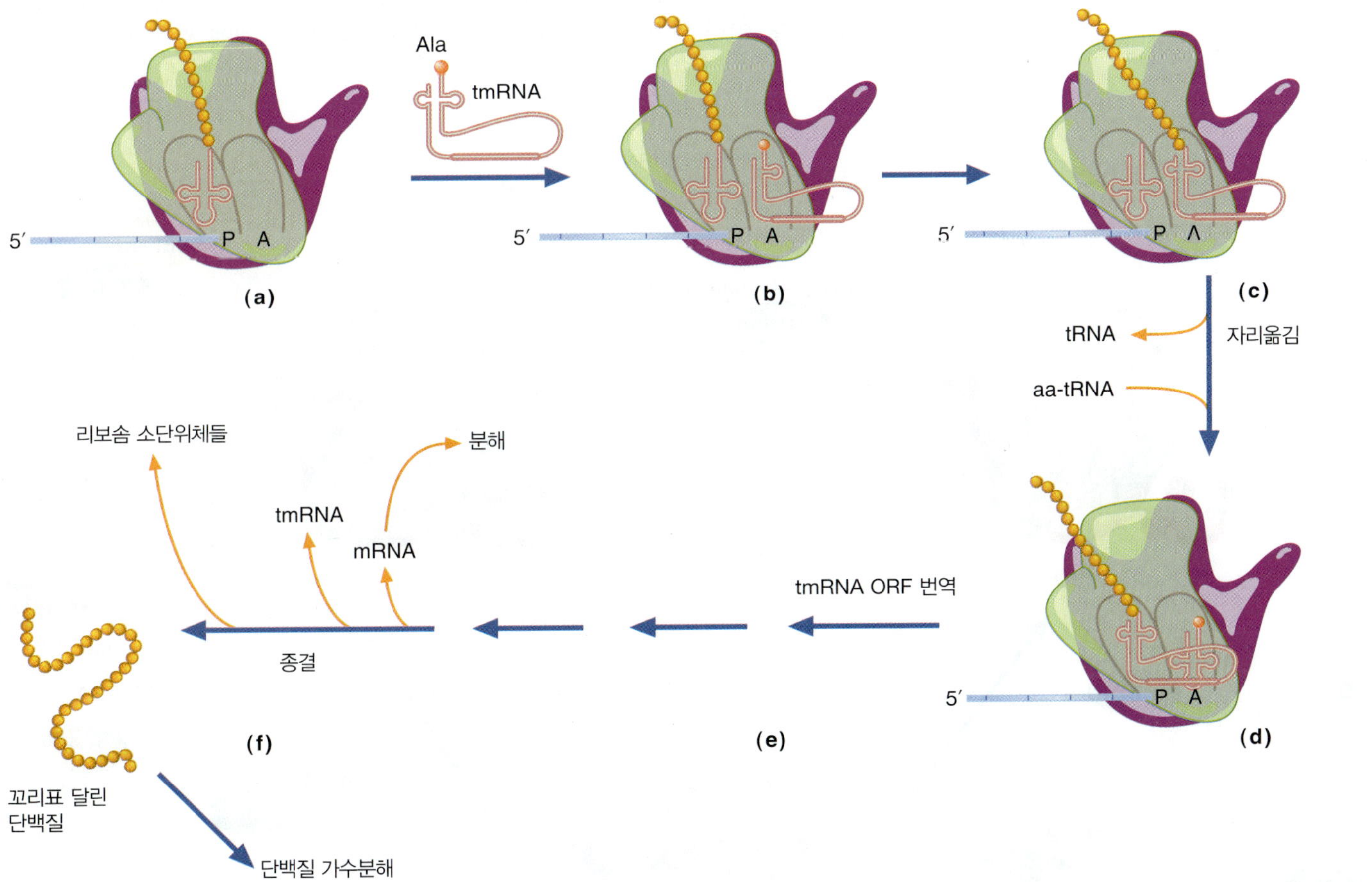

그림 19A

가두어진 리보솜 구출.

(a) 알라닌 잔기를 결합한 tmRNA가 코돈-역코돈 상호작용을 통해서 멈춘 리보솜의 A 자리에 결합한다. (b) 리보솜의 촉매 작용으로 신생 폴리펩타이드의 C-말단에 알라닌이 첨가되고 번역이 이어진다(c). (d) tmRNA의 MLD가 이동하여 자신의 ORF의 첫 번째 코돈이 A 자리에 위치하게 한다. (e) 그 다음에 MLD ORF가 리보솜에 의하여 종결 코돈에 도달할 때까지 번역된다. (f) 방출 인자에 의하여 매개되는 종결에 의하여 tmRNA와 mRNA가 방출되고 리보솜 소단위체들이 분리된다. 이어서 결합이 있는 mRNA와 폴리펩타이드는 분해된다.

생화학 전망 BIOCHEMISTRY IN PERSPECTIVE (계속)

으로는 어색하지만 곧 번역이 재개되고 MLD 정지 코돈(UAA)에 도달할 때까지 계속된다. 곧 이어서 리보솜으로부터 방출된 손상된 mRNA는 tmRNA의 도움을 받아서 분해된다. 새로 합성되어 방출된 폴리펩타이드도 새로 합성된 펩타이드 꼬리표 안에 있는 단백질 가수분해효소 결합 자리에 의하여 표적화가 되어서 역시 분해된다.

진핵생물은 tm-tRNA계에 해당하는 리보솜 구출 장치를 가지고 있지 않다. 진핵생물의 mRNA에 종결 코돈이 없으면 리보솜은 3′ 말단에 도달할 때까지 한 번에 AAA 하나씩 폴리(A) 꼬리를 번역하여 C-말단 폴리라이신 부분을 만든다. *비정지 중개 mRNA 붕괴*(nonstop-mediated mRNA decay)라고 불리는 mRNA 감시계가 멈춘 리보솜을 검출하고 구조한다. Ski7 단백질이 비어있는 A 자리에 결합하여서 리보솜이 mRNA와 폴리펩타이드를 방출하게 한다. 그 다음에 손상된 mRNA는 분해된다. 폴리펩타이드의 C-말단에 있는 폴리 라이신 꼬리표가 단백질 가수분해효소의 표적이기 때문에 폴리펩타이드도 분해된다.

▸ **요약:** 단백질 합성의 매우 값비싼 대사 비용에 직면한 생물들은 그 과정의 효율성을 보장하는 수단을 만들어냈다. 원핵생물과 진핵생물 모두 손상된 mRNA와 결합하여 가두어진 리보솜을 구출할 방법을 가지고 있다.

연장 **그림 19.12**는 지금까지 밝혀진 진핵생물의 연장 주기(elongation cycle)를 나타내고 있다. 여러 연장 인자(eEF)들이 번역 과정의 이 단계에 필요하다. 예를 들

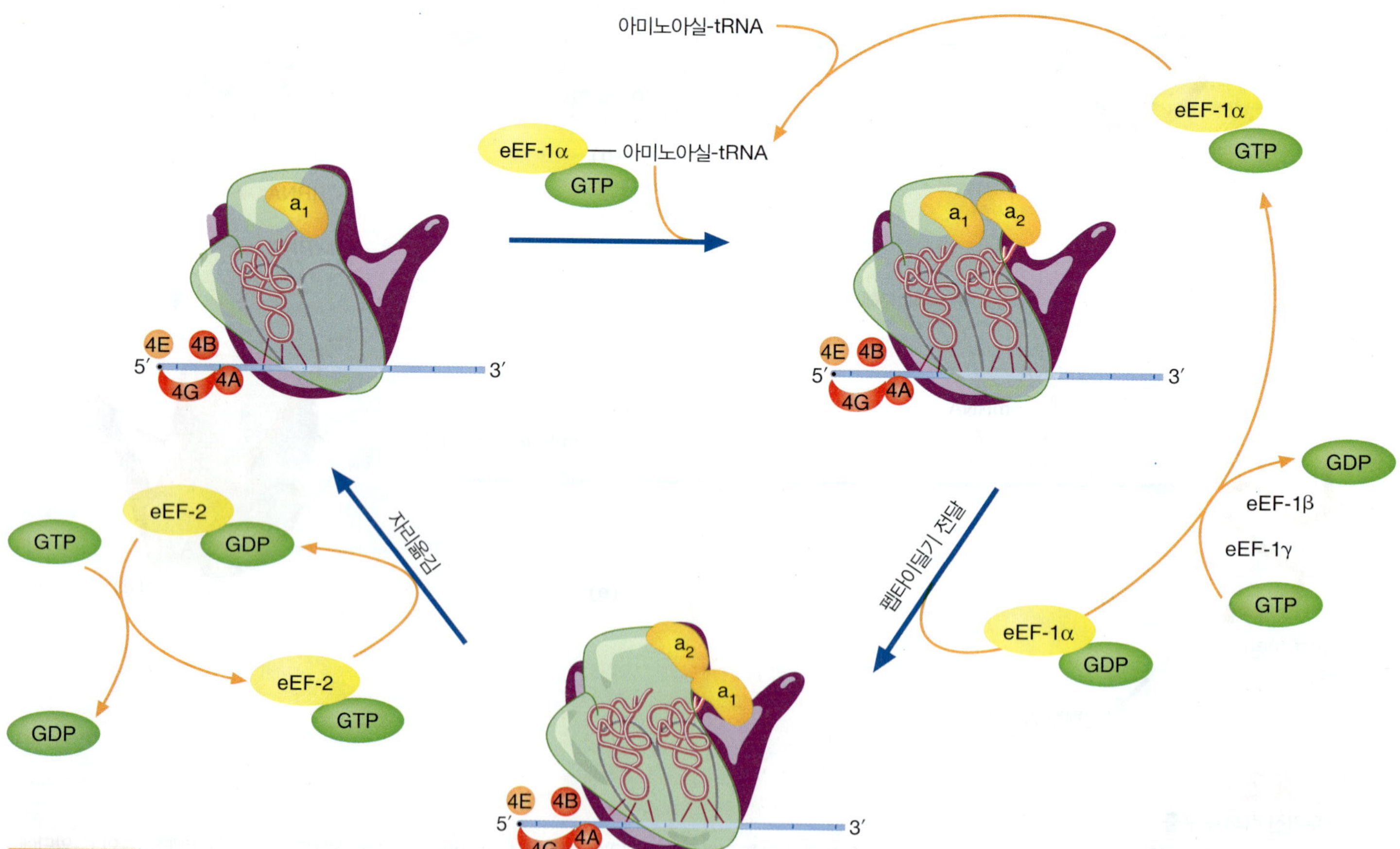

그림 19.12

진핵생물 번역에서의 연장주기.

연장 과정은 (1) A 자리에 아미노아실-tRNA의 결합, (2) 펩타이딜기의 전달, (3) 자리옮김의 세 단계로 이루어진다.

어 분자량이 50 kDa인 *eEF1α*는 원핵생물의 EF-Tu와 동일한 역할을 하는 폴리펩타이드로 아미노아실-tRNA에 결합하여 A 자리로 전달하는 일종의 GTP 가수분해효소이다. 올바른 코돈-역코돈 염기쌍이 이루어지면, eEF1α는 아미노아실-tRNA를 남겨 둔 채, 결합된 GTP를 분해하여 리보솜으로부터 분리되어 나온다. 만약 적절한 염기쌍이 형성되지 않았다면, 그 복합체는 A 자리로부터 분리되어 잘못된 아미노산 잔기가 폴리펩타이드에 삽입되는 것을 방지한다.

그 다음 연장 단계(펩타이드 결합 형성)에서, 리보솜 큰 소단위체는 펩타이딜기 전달효소 활성을 통하여 P 자리 아미노산 잔기의 카복실 탄소에 대한 A 자리 알파-아미노기의 친핵성 공격을 촉매한다. 펩타이딜기 전달 반응이 일어나기 직전에 eEF1α-GDP는 리보솜으로부터 분리된다. eEF1β와 eEF1γ는 GDP의 GTP 치환을 촉진하여 eEF1α-GTP의 재생을 유도하는 일종의 GEF들이다.

진핵생물에서의 자리옮김(translocation) 과정은 *eEF2*라 불리는 100 kDa의 GTPase를 필요로 한다. 자리옮김 과정에서, eEF2-GTP는 리보솜과 결합하는데, GTP가 GDP로 가수분해되면 eEF2-GDP가 방출된다. GTP의 가수분해는 물리적으로 리보솜이 mRNA를 따라 이동하는데 필요한 에너지를 공급한다. 자리옮김이 완료되면, 새로운 코돈이 A 자리에 위치하여 노출된다.

종결 진핵세포에서 2개의 방출 인자(release factor, RF)가 종결 과정에 관여하는데, eRF1은 tRNA의 크기와 선체적인 모양을 닮은 분자로서 정지 코돈을 인식하

문제 19.4

디프테리아(diphtheria)는 전염성과 치사율이 매우 높은 호흡기계 질환이다. 유사막(pseudomembrane)이라 불리는 병변이 세균 세포와 손상된 목 상피세포에 의해 형성되어 호흡 곤란을 유발한다. 1735년부터 1740년까지 뉴잉글랜드에서 대유행하여 수많은 16세 이하 어린이들이 사망하였으나, 현재는 매우 효과적인 백신의 개발로 인해 디프테리아에 대한 완전한 예방이 가능하다. 이 병은 외독소(exotoxin)를 생산하는 병원균의 일종인 *디프테리아균*(*Corynebacterium diphtheria*)에 의해 유발된다. 이러한 외독소 단백질은 박테리오파지(bacteriophage)에 의해 세균 내로 도입된 유전 요소에 의해 암호화된다. 디프테리아 외독소가 세균에 의해 방출되면, eEF2 내의 특정 히스티딘 잔기를 ADP-리보실화하여 *디프타마이드*(dipthamide)를 형성함으로써 숙주세포를 사멸시킨다.

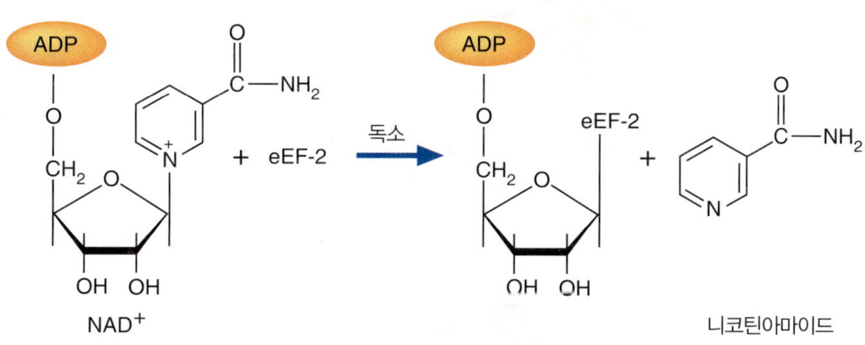

결과적으로 디프테리아균에 감염된 숙주세포는 단백질을 합성하지 못하여 사멸하게 된다. ADP-리보실화에 의한 eEF2의 기능 변화 메커니즘은 아직 알려지지 않았다. 이와 관련하여 어떤 가능한 메커니즘을 제안할 수 있는가?

디프테리아
Diphtheria

여 결합하며, eRF3는 일종의 GTP 가수분해효소이다. 정지 코돈(UAG, UGA, 또는 UAA)이 활성 자리에 진입하면, eRF1이 정지 코돈과 결합한다(**그림 19.13**). 이 결합 과정의 결과로 펩타이딜기 전달효소는 폴리펩타이드와 P 자리 tRNA 사이에 존재하는 에스터 결합의 가수분해를 촉매한다. 이어서 eRF3에 결합된 GTP의 가수분해는 리보솜으로부터 eRF1을 분리시키는 것으로 예상된다. 진핵생물에서는 eIF3, eIF1, eIF1A가 리보솜 소단위체를 분리시키는 역할을 수행한다.

진핵생물 번역 과정의 효율(즉, 시간 단위 당 합성될 수 있는 폴리펩타이드의 수)은 진핵생물 폴리솜(**그림 19.14**)의 원형 형태에 의해 크게 향상될 수 있다. 리보솜 소단위체, 그리고 그와 결합한 단백질 인자들은 방출되자마자 다시 새로운 리보솜들에 동원될 수 있게 적절히 위치한다.

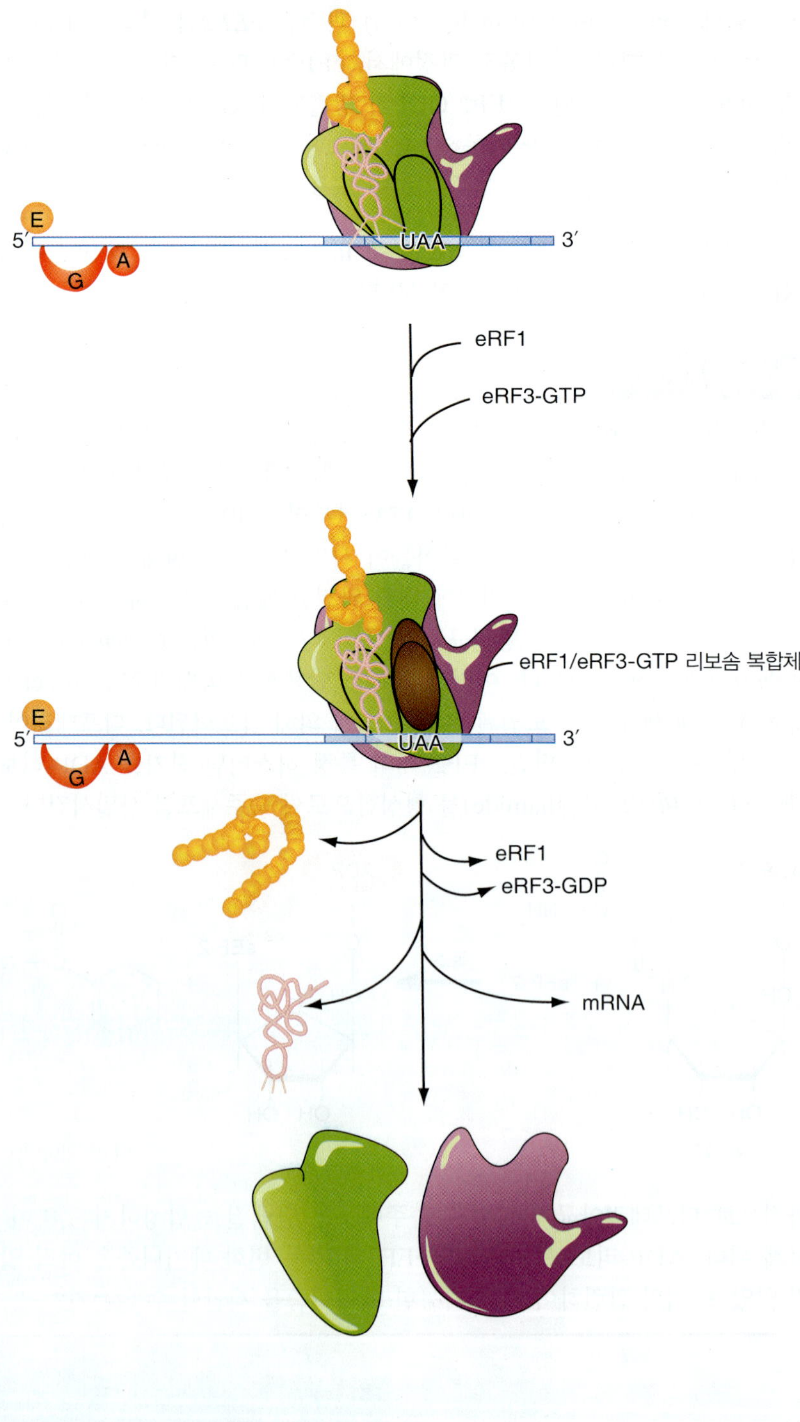

그림 19.13

진핵생물 단백질 합성의 종결 과정.

정지 코돈(UAG, UGA, 또는 UAA)이 A 자리에 진입하면, 방출 인자 eRF1은 정지 코돈을 인식하여 A 자리에 결합한다. eRF1과 eRF3-GTP의 결합은 펩타이딜기 전달효소를 가수분해효소로 전환하여, 완성된 폴리펩타이드 사슬과 P 자리 tRNA를 연결하는 에스터 결합의 가수분해 반응을 촉매한다. 폴리펩타이드가 방출되면, eRF1과 eRF-GDP가 리보솜으로부터 분리된다. 리보솜 소단위체의 분리는 주로 eIF3, eIF1, eIF1A에 의해 일어난다.

생화학 전망 BIOCHEMISTRY IN PERSPECTIVE

상황-의존성 코돈 재지정

단백질 합성 과정에서 어떻게 2종의 비표준 아미노산인 셀레노시스테인(selenocysteine)과 피롤라이신(pyrrolysine)이 폴리펩타이드에 첨가되는가? 유전 암호에 두 가지의 변이가 존재하며, 이로 인해 단백질 합성 과정에서 비표준 아미노산이 폴리펩타이드에 첨가될 수 있다. 단백질을 구성하는 21, 22번째 아미노산으로 불리는 셀레노시스테인과 피롤라이신(**그림 19B**)은 정지 코돈에 의해 암호화된다. 이들 아미노산의 경우에 해당하는 간접적인 메커니즘을 *상황-의존성 코돈 재지정*(context-dependent codon reassignment)이라 하며, 이에 대해 각각 설명하고자 한다.

셀레노시스테인

셀레노시스테인이 셀레노단백질(예, 글루타싸이온 과산화효소, 싸이오레독신 환원효소)에 포함되는 현상은 진정세균(Eubacteria), 고세균(Archaea), 진핵생물(Eukarya) 등에서 흔히 관찰된다. 여기서는 포유류의 예를 들어 설명하고자 한다.

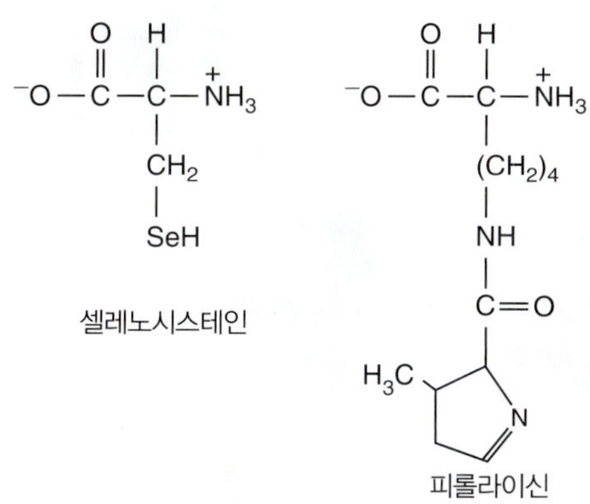

그림 19B
21번째 및 22번째 아미노산.

셀레노시스테인(sec) 코돈의 재지정에는 특정 tRNA(tRNA$^{[ser]sec}$), sec-합성 능력을 가지는 세릴-tRNA 합성효소(seryl-tRNA synthetase), mRNA-결합 단백질(SPB2), 특화된 연장 인자(EFsec) 등이 관여한다. 세릴-tRNA 합성효소는 tRNA^{sec}와 결합하여, 세린 잔기를 tRNA의 수용체 줄기에 결합시킨다. 그 다음에 셀레노시스테인 생성효소(selenocysteine synthase)라 불리는 피리독살 인산(pyridoxal phosphate)을 함유하는 효소의 작용에 의해 세린 잔기를 셀레노시스테인으로 전환시켜 sec-tRNA^{sec}를 생성한다. 셀레노시스테인을 암호화하기 위해서는 모든 셀레노단백질 mRNA의 3′-UTR에 **셀레노시스테인 삽입 서열**(*s*elenocysteine *i*nsertion *s*equence, SECIS) **요소**가 필요하다. SECIS 요소는 고리-줄기-거품 구조(loop-stem-bubble structure)로 재배열하여 SBP2를 끌어들여 SECIS/SBP2 복합체를 형성하도록 유도한다(**그림 19C**). 줄기 내의 AUG/AG 서열은 SECIS 내의 중요한 보존 서열인 뉴클레오타이드 사중자(nucleotide quartet)를 형성한다. 이 서열의 기능은 정지 코돈의 억제이며, 일단 형성되면 SECIS/SBP2 복합체는 이전에 sec-tRNA^{sec}와 결합했던 EFsec에 결합한다. 리보솜의 A 자리가 비워질 때(즉, UAG 코돈이 그 위치로 이동), SECIS 요소 복합체는 sec-tRNA^{sec}를 제공하여 펩타이드 결합을 형성한다. 이제 셀레노시스테인 잔기는 폴리펩타이드에 첨가된다.

피롤라이신

피롤라이신은 메테인(methane)을 생산하는 일부 고세균에서 이용되는 메틸기 전달효소에서 발견된다. 피롤라이신은 라이신이 ε-N-아마이드 결합(ε-N-amide bond)을 통해 4-메틸피롤린-5-카복실산(4-methylpyrroline-5-carboxylate)에 연결된 다이펩타이드로서 정지 코돈(UAG)에 의해 암호화된다. 피롤라이신의 상황-의존성 암호화는 CUA 역코돈을 가지는 tRNA^{Pyl}와 피롤라이신을 특이적으로 tRNA에 결합시키는 tRNA 합성효소를 필요로 한다. 셀레노시스테인과 대조적으로 피롤라이신은 tRNA에 결합되기 전에 합성된다. 피롤라이신이 단백질에 첨가되는 정확한 메커니즘은 알려져 있지 않다. 그리고 UAG 코돈은 다른 정지 코돈들에 비해 자주 사용되지

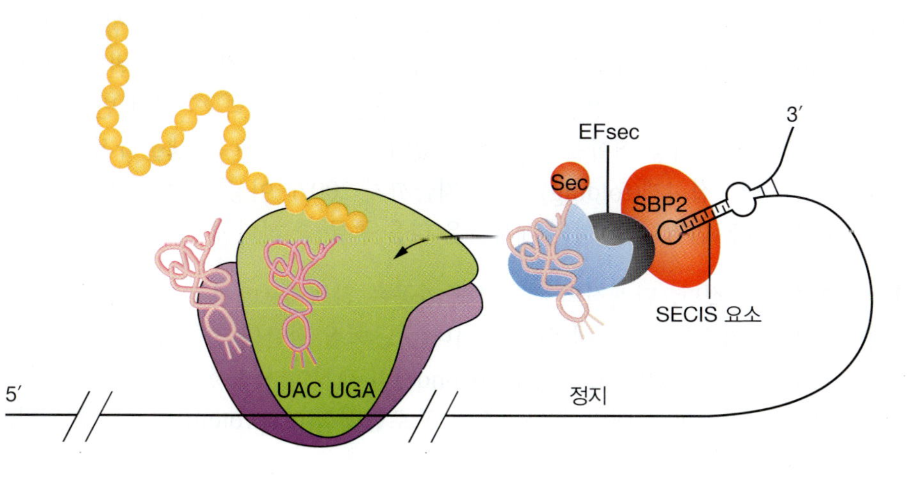

그림 19C
셀레노시스테인이 진핵생물의 셀레노단백질로 첨가되는 메커니즘.
정지 코돈 UGA는 SBP2(빨간색)에 결합된 SECIS 요소, 그리고 리보솜과 함께 sec-tRNA^{sec}와 결합한 EFsec(파란색과 회색) 복합체의 상호작용에 의해 셀레노시스테인으로 재지정된다. sec-tRNA^{sec} 복합체는 80S 리보솜의 A 자리에 접근한다. 일단 sec-tRNA^{sec}가 A 자리에 주어지면, sec-tRNA^{sec}와 신생 폴리펩타이드 사이에 펩타이드 결합이 형성된다.

생화학 전망 BIOCHEMISTRY IN PERSPECTIVE (계속)

않는다. UAG 코돈의 하류(downstream) 서열에 존재하는 줄기-고리 피롤라이신 삽입 서열(*py*rro*l*ysine *i*nsertion *s*equence, PYLIS) 요소는 피롤라이신이 메틸기 전달효소에 삽입되도록 촉진하는 것으로 예상된다.

▶ 요약: 상황-의존성 코돈 재지정에서 정지 코돈을 비표준 아미노산의 첨가를 암호화하는 코돈으로 전환하기 위하여 특정 tRNA, tRNA 합성효소, 그 외의 다른 분자들이 사용된다.

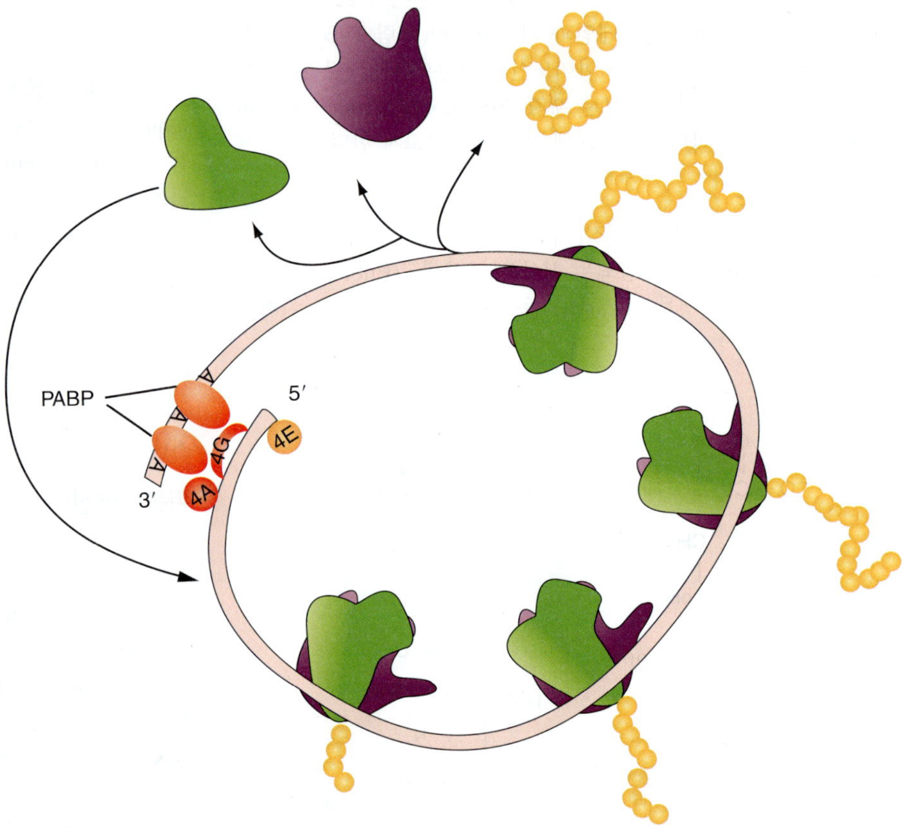

그림 19.14

진핵생물의 mRNA 폴리솜.

진핵생물 mRNA는 5′-UTR과 3′-poly(A) 꼬리 사이의 상호작용에 의해 원형 구조를 이루며, 여기에는 poly(A) 서열을 CBC에 연결해주는 poly(A)-결합 단백질(PABP)가 관여한다. 이러한 구조적 특징은 폴리펩타이드 합성의 종료와 함께 분리된 리보솜 소단위체들이 mRNA의 5′-모자에 근접하도록 유도하여 또 다른 단백질 합성 과정에 즉시 활용될 수 있도록 촉진한다.

진핵생물의 번역 후 변형 과정 새로 합성된 대부분의 폴리펩타이드는 하나 또는 여러 유형의 공유 결합 변형(covalent modification)을 거친다. 단백질 합성 중 또는 합성 이후에 일어나는 이러한 변화는 특정 아미노산 잔기의 곁사슬을 변형시키거나 특정 결합을 절단하는 반응들을 포함한다. 일반적으로 번역 후 변형 반응을 통해 각각의 단백질은 기능 역할을 수행할 수 있게 되거나, 원래(즉, 생물학적 활성을 가지는)의 구조로 접히게(folding) 된다. 지금까지 200개 이상의 번역 후 변형 과정이 알려져 있다. 번역 후 변형의 대부분은 다음 종류 중 하나에 속한다.

단백질 가수분해 절단. 단백질의 가수분해 가공은 진핵세포에서 흔한 조절 메커니즘이다. 단백질 가수분해효소에 의해 일어나는 단백질 절단의 전형적인 예는 N-말단 메싸이오닌과 신호 펩타이드(signal peptide)의 제거이다. 또한 단백질 가수분해 절단에 의해 비활성화 상태의 전구물질인 **프로단백질**(proprotein)이 활성화된다.

예를 들면, 선구 효소(proenzyme) 또는 자이모젠(zymogen)이라 불리는 효소들은 특정 펩타이드 결합의 절단에 의해 활성화된 형태로 전환된다. 인슐린의 단백질 가수분해 가공(**그림 19.15**)은 폴리펩타이드 호르몬이 활성화된 형태로 전환되는 대표적인 사례이다. 신호 펩타이드가 제거되어 생성된 비활성화 인슐린 전구체를 프로인슐린(proinsulin)이라 한다. 제거될 신호 펩타이드를 포함하는 비활성화 전구체 단백질을 **프리프로단백질**(preproprotein)이라 하며, 따라서 신호 펩타이드를 포함하는 인슐린 전구체를 프리프로인슐린(preproinsulin)이라 한다.

글리코실화. 다양한 진핵생물의 단백질이 구조적 · 기능적 목적을 위해 글리코실화된다. 인산화된 돌리콜(dolichol)과 함께 N-연결 올리고당(N-linked oligosaccharide)이 합성되는 소포체(ER) 내에서 글리코실화 반응이 시작된다(**그림 19.16**). 이러한 과정에서 생성되는 $Glc_3Man_9GlcNAc_2$는 새로 생성되는 폴리펩타이드의 트라이펩타이드 서열인 Asn-X-Ser 또는 Asn-X-Thr(X는 프롤린을 제외한 임의의 아미노산 잔기임)의 아스파라진(Asn, asparagine) 잔기 위치로 올리고당기 전달효소(oligosaccharyl transferase)의 작용에 의해 전달된다. 말단 글루코스 3개 중 2개가 제거되면 $Glc_1Man_9GlcNAc_2$이 생성되며, Ca^{2+} 요구성 분자 샤페론(molecular chaperone)인 칼넥신(calnexin)과 칼레티쿨린(calreticulin)의 결합 자리로 작용한다. 칼넥신(막 결합 단백질)과 칼레티쿨린(내강 단백질, luminal protein)은 단백질의 접힘(folding)과정을 촉진하는 렉틴(lectin)과 유사한 분자들이다(렉틴은 탄수화물 결합 단백질임). 당단백질이 적절하게 접힌 구조를 형성할 때, 말단의 글루코스 잔기가 제거되면 분자 샤페론에 의한 방출을 유발한다. 적절하게 형성된 당단백질은 이제 골지체로 이동하여, *N*-올리고당의 추가 변형 반응에 의해 마노스의 비율이 증가되거나, 복합적이고 혼합된 형태의 산물을 생성한다.

N-연결 단백질의 글리코실화는 잘못 접힌 당단백질로부터 소포체를 보호하는

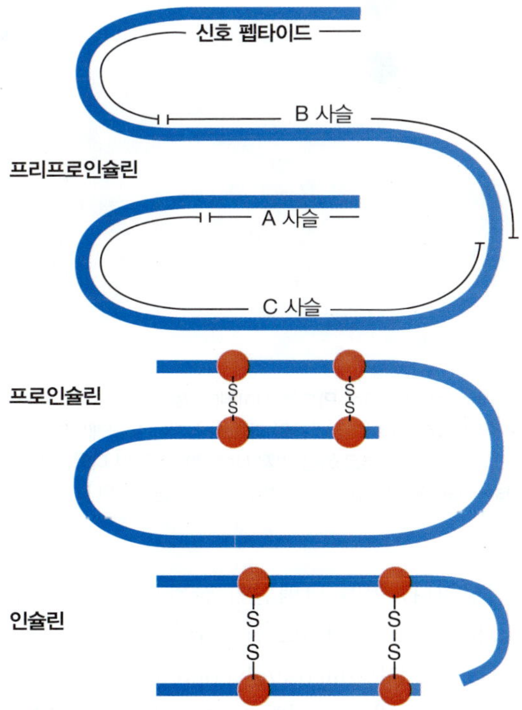

그림 19.15

인슐린의 단백질 가수분해 가공.

신호 펩타이드가 제거된 후, C 사슬이라 불리는 펩타이드 조각은 특정 단백질 가수분해 효소에 의해 제거된다. 또한 두 개의 이황화 결합도 인슐린의 번역 후 가공 중에 형성된다.

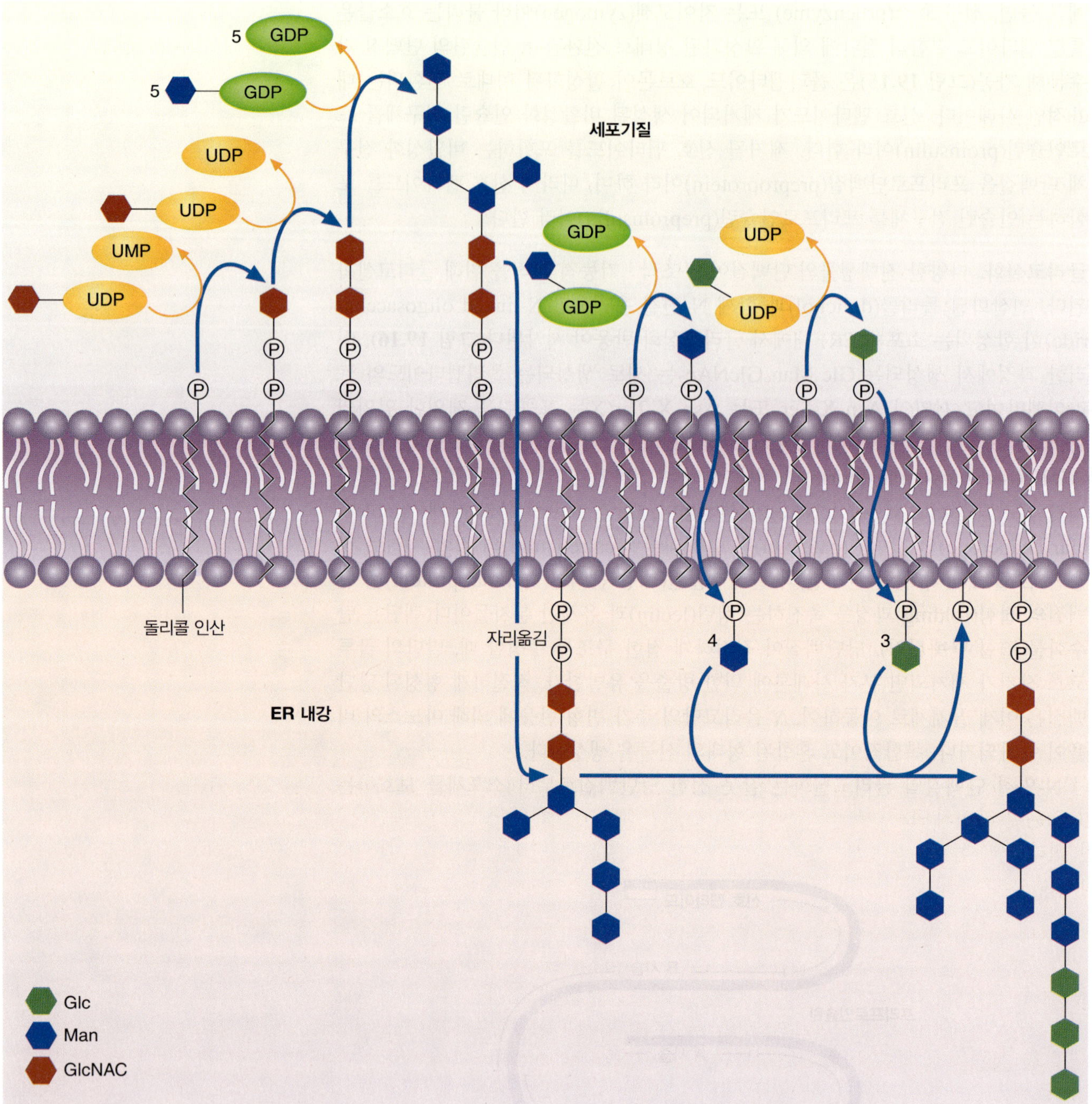

그림 19.16

N-연결 올리고당의 합성.

첫 단계에서 GlcNAc-1-P는 UDP-GlcNAc로부터 돌리콜 인산(dolichol phosphate, Dol-P)으로 전이된다. (돌리콜은 모든 세포막 내에서 발견되는 폴리아이소프레노이드임. 인산화된 돌리콜은 주로 소포체막에서 발견된다.) 다음의 GlcNAc와 이어진 5개의 마노스 잔기는 뉴클레오타이드 활성화형으로부터 전달된다. 전체 구조가 막의 내강 쪽으로 뒤집어진 후, 각각의 남은 당(4개의 마노스와 3개의 글루코스)은 먼저 Dol-P에 전달된 다음, 새로 합성되는 올리고당으로 전달된다. 소포체에서는 막 결합 효소인 글리코실기 전달효소(glycosyl transferase)에 의한 단일 단계 반응을 통해 단백질의 N-글리코실화가 일어난다.

필수적인 역할을 담당한다. 어떤 단백질이 불완전하게 접히면, *칼넥신-칼레티쿨린 회로*(calnexin-calreticulin cycle)로 진입한다. UDP-글루코스/당단백질 글루코실기 전달효소(UGGT1, UDP-glucose/glycoprotein glucosyltransferase)의 작용에 의해 불완전하게 접힌 자리에 인접한 N-연결 올리고당($Man_9GlcNAc_2$)에 글루코스 한 분자가 전달된다. 칼넥신/칼레티쿨린은 또 다른 접힘 구조의 형성을 위해 당단백질과 다시 결합할 수 있다. 만약 어떤 당단백질이 영구적으로 잘못 접히면, 올리고당 중간 가지에 위치한 마노스 잔기는 α-마노스 가수분해효소 I(α-mannosidase I)에 의해 제거된다. 하나 이상의 $Man_8GlcNAc_2$ 올리고당을 포함하는 당단백질 분자들은 소포체-결합 단백질 분해(ER-associated protein degradation, ERAD) 경로로 진입하며, 불완전한 구조의 단백질들은 세포질로 이동하여 유비퀴틴 단백질 분해효소 복합체계(ubiquitin proteasomal system)에 의해 분해된다.

하이드록시화. 아미노산인 프롤린과 라이신의 하이드록시화는 결합 조직 단백질인 콜라젠(collagen, 5.3절 참조)과 엘라스틴(elastin)의 구조적 안정을 위해 필요하다. 그 외에도 4-하이드록시프롤린(4-hydroxyproline)은 아세틸콜린에스터 가수분해효소(acetylcholinesterase, 신경 전달 물질인 아세틸콜린을 분해하는 효소)와 보체(complement, 면역반응에 관련된 혈청 단백질)에서 발견된다. 조면 소포체(RER)에 위치한 3종의 혼합 기능 산소화효소(mixed-function oxygenase), 즉 프롤릴-4-하이드록시화효소(prolyl-4-hydroxylase), 프롤릴-3-하이드록시화효소(prolyl-3-hydroxylase), 라이실하이드록시화효소(lysyl hydroxylase)는 프롤린과 라이신을 하이드록시화한다. 이러한 반응에서는 매우 특이적인 기질을 필요로 한다. 예를 들면 프롤릴-4-하이드록시화효소는 Gly-X-Y 서열을 포함하는 펩타이드의 Y에 위치한 프롤린 잔기만을 하이드록시화하는 반면, 프롤릴-3-하이드록시화효소는 Gly-Pro-4-Hyp 서열(Hyp는 하이드록시프롤린을 나타내며, X와 Y는 다른 아미노산을 나타냄)을 필요로 한다. 라이신의 하이드록시화는 Gly-X-Lys 서열이 존재할 때에만 일어난다. (프롤릴-3-하이드록시화효소와 라이실 하이드록시화효소에 의한 폴리펩타이드 하이드록시화는 나선 구조가 형성되기 전에만 일어난다.) 4-Hyp의 합성 과정을 **그림 19.17**에 나타내었다. 아스코르브산(ascorbic acid, 비타민 C)은 콜라젠의 프롤린과 라이신 잔기의 하이드록시화 반응에 필요하다. 불충분한 비타민 C 섭취는 괴혈병(scurvy)을 유발할 수 있다. 괴혈병(예, 혈관의 약화와 상처의 치유 지연 유발)의 증상은 약화된 콜라젠 섬유 구조의 영향으로 나타난다.

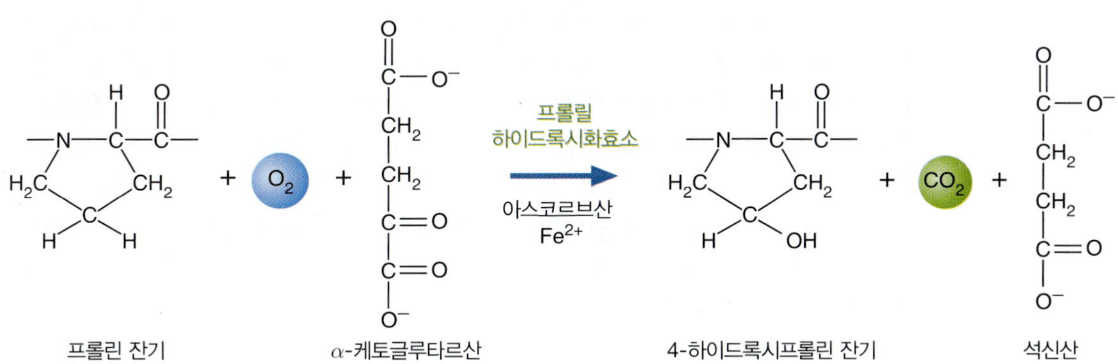

그림 19.17

프롤린의 하이드록시화.

새로 합성되는 폴리펩타이드 내 프롤린 잔기의 C-4 위치에 하이드록시화를 촉매하는 프롤릴-4-하이드록시화효소는 이산소화효소(dioxygenase)의 예이다. 산소 원자들이 기질인 α-케토글루타르산 및 프롤린 잔기에 삽입되어 석신산(succinate) 및 4-하이드록시프롤린을 생성한다. 작용 메커니즘에서 철[Fe(II)] 이온과 산소 분자는 α-케토글루타르산과 함께 고리형의 과산화물(cyclic peroxide)을 생성한다. 이는 α-케토글루타르산의 탈탄산반응을 촉진하여 석신산과 Fe(IV)=O를 형성하고, 프롤린의 하이드록시화에서 기질로 작용한다. 아스코르브산(ascorbic acid)은 환원제로서 작용하여 철(Fe) 보조 인자를 Fe^{2+} 상태로 복원시킨다.

인산화. 대사 제어 및 신호 전달 과정에서 단백질 인산화의 역할에 대해 이미 예를 들어 논의한 바 있다. 단백질 인산화는 또한 단백질-단백질 상호작용에서 매우 중요한(상관관계가 있는) 작용을 한다. 예를 들면 PDGF 수용체 내의 타이로신(tyrosine) 잔기의 자가인산화(autophosphorylation)는 세포질 표적 단백질의 결합 이전에 일어난다.

친유성 변형. 지질이 단백질에 공유 결합을 하면 세포막 결합력과 단백질-단백질 상호작용이 향상된다. 가장 흔한 친유성 변형은 아실화(acylation, 지방산의 부착)와 프레닐화(prenylation, 11.1절)이다. 비록 지방산인 미리스트산(myristate, 14:0)은 진핵세포에서 비교적 드물게 나타나지만, 미리스트화(myristoylation)는 가장 일반적인 아실화 반응의 하나이다. N-미리스트화(아마이드 결합에 의해 미리스트산이 폴리펩타이드의 아미노 말단 글리신 잔기에 공유 결합함)는 막 결합 G 단백질의 β- 및 γ-소단위체에 대한 α-소단위체의 친화력을 증가시키는 것으로 알려졌다.

메틸화. 단백질 메틸화는 진핵생물에서 다양한 기능을 한다. 특정 유형의 메틸기 전달효소(methyltransferase)에 의해 단백질의 아스파트산(aspartate) 잔기가 메틸화되면 손상된 단백질의 수선 또는 분해가 촉진된다. 다른 메틸기 전달효소는 어떤 단백질의 세포 내 역할을 변화시키는 반응을 촉매한다. 예를 들면, 메틸화된 라이신 잔기는 다양한 단백질, 즉 리불로스-2,3-비스인산 카복실화효소(ribulose-2,3-bisphosphate carboxylase), 칼모둘린(calmodulin), 히스톤(histone), 리보솜 단백질, 사이토크롬 c(cytochrome c) 등에서 발견된다. 메틸화되는 또 다른 아미노산 잔기로는 히스티딘(예, 히스톤, 로돕신, eEF-2)과 아지닌(예, 열충격 단백질, 리보솜 단백질)이 있다.

카복실화. γ-카복시글루타밀(γ-carboxylglutamyl) 잔기의 형성을 위한 글루탐산의 비타민 K 의존형 카복실화는 Ca^{2+} 의존형 조절작용에 대한 단백질의 민감도를 증가시킨다. 카복실화는 비타민 K 퀴논(quinone, **그림 11.13** 참조)인 필로퀴논(phylloquinone)을 하이드로퀴논(hydroquinone) 형태로 전환시키는 NADPH 의존형 환원효소(reductase), 글루탐산 잔기의 γ-탄소에 카복실기를 첨가하는 카복실화효소(carboxylase), 카복실화 반응의 비타민 K-2,3-에폭사이드(vitamin K-2,3-epoxide) 생성물을 원래의 비타민 K 퀴논으로 전환시키는 에폭사이드 환원효소(epoxide reductase)를 필요로 한다. 표적 단백질은 카복실화 효소에 결합하는 적절한 신호 서열 및 $(GluXXX)_n$ 반복(n = 3~12, X = 다른 아미노산) 서열을 포함해야 한다. 이미 알려진 많은 표적 단백질들은 혈액 응고[인자 VII, IX, X와 프로트롬빈(prothrombin)]에 관여한다. 항응고제 쿠마딘[coumadin, 와파린(warfarin)이라고도 함]은 단백질 카복실화에 필요한 2개의 환원효소들을 억제함으로써 작용한다.

이황화 결합 형성. 이황화 결합은 일반적으로 분비 단백질(예, 인슐린) 및 일부 막 단백질에서만 발견된다. (이황화 결합은 세포 외에서 산화가 일어나는 환경에 적합하고, 단백질 분자의 구조에 상당한 안정성을 제공한다.) 이미 설명한 바와 같이 (5.3절 참조), 세포질 단백질은 세포질 내의 환원성 환경 때문에 일반적으로 이황화 결합을 갖지 않는다. 소포체는 비환원성 환경을 가지기 때문에, 신생 폴리펩타이드가 내강으로 들어올 때 조면 소포체(RER)에서 이황화 결합이 자발적으로 형성된다. 비록 일부 단백질은 폴리펩타이드가 내강으로 들어올 때 순차적으로 형성되는 이황화 다리(disulfide bridge)를 갖고 있지만, 다른 많은 단백질들에서는 그렇지 않다. 이러한 단백질들을 위한 적절한 이황화 결합의 형성은 **이황화 교환**(disulfide exchange)에 의해 촉진된다. 이 과정이 일어나는 동안, 가장 안정한 구조가 형성될 때까지 이황화 결합은 한 위치에서 다른 위치로 신속히 이동한다. 단백질 이황화 결합 이성질화효소(protein disulfide isomerase, PDI)로 불리는 소포체 효소 활성은 이 과정을 촉매하는 싸이오레독신(thioredoxin) 유사 효소에 의한 것이다. 단백질 이황화 결합 이성질화효소는 또한 잘못 형성된 구조의 폴리펩타이드를 수선함으로써 샤페론(chaperone)으로 작용한다.

표적화 진핵세포 구조와 기능의 복잡성에도 불구하고, 새로 합성된 각 폴리펩타이드는 보통의 경우 적절한 목적지로 이동한다. 폴리펩타이드가 적절한 위치로 이동하는 두 가지의 메커니즘, 즉 전사물 편재화 및 신호 펩타이드(signal peptide) 각각에 대해 간단히 서술하고자 한다.

일반적으로 세포는 세포질 안에서 비대칭적 단백질 분포를 가지는 것으로 알려졌다. 예를 들면 성숙한 초파리(*Drosophila*) 난자는 특정 유전자의 번역에 영향을 줌으로써 세포의 발생 중에 중요한 역할을 하는 비코이드(bicoid) 단백질의 농도 기울기(gradient)를 포함한다. 난자 전부(앞부분)에 존재하는 고농도의 비코이드는 신체 전부(즉, 머리 사리)의 정상적인 발생을 위해 필요하며, 한편 난자 세포질 후부(뒷부분)의 저농도 비코이드는 신체 후부의 발생을 촉진한다. 한 개의 난자로부터 세포질 후부를 제거하여 두 번째 난자의 전부 대신 치환하면 두 벌의 후부 신체 부분이 수용체 난자로부터 발생한 유충에서 나타난다.

세포질 단백질의 농두 기울기가 **전사물 편재화**(transcript localization, 즉 특정 mRNA가 세포질의 어떤 자리에 위치한 수용체와 결합함)에 의해 형성된다고 알려졌다. mRNP(전령 리보핵산단백질, messenger ribonucleoprotein) 복합체 형태의 mRNA 화물은 전사물의 3′ UTR에 있는 편재화 요소 또는 '우편번호(zip code)'에 의하여 최종 자리로 보내진다. RNA-결합 단백질들이 이 과정을 촉진한다. mRNP가 일단 핵 밖으로 나오면 최종 목적지에 따라서 단백질을 잃거나 얻을 수 있다. 예를 들면 일부 mRNP는 키네신(kinesin), 다이네인(dynein) 또는 마이오신(myosin)과 같은 운동 단백질(motor protein)에 결합하여 세포골격 필라멘트를 따라 이동한다. 비코이드(bicoid) mRNA는 인접한 영양세포(nurse cell)로부터 발생하는 난모세포(미성숙한 난자세포)로 이동하는데, 그 곳에서 운동 단백질과 3′-UTR 사이의 연결을 통해 미세소관(microtubule)을 따라 세포 전단(anterior end)으로 운반된다. 일단 난모세포 안으로 운반되면, 비코이드 mRNA는 3′-말단을 통해 앞부분 세포골격의 어떤 구성 성분과 결합한다. 성숙한 난자가 수정된 후, 비코이드 mRNA의 번역 과정은 단백질의 확산(protein diffusion)과 연결되어 농도 기울기를 유발한다.

원형질막 또는 막 형태의 세포소기관에서 분비되거나, 사용될 예정인 폴리펩타이드는 적절한 위치로 특이적으로 표적화되어야 한다. 이런 유형의 단백질들은 신호 펩타이드(signal peptide)라는 분류 신호를 가진다. 각각의 신호 펩다이드 시열은 폴리펩타이드가 적절히 막에 삽입되도록 도와준다. 일반적으로 신호 펩타이드는 양전하를 띤 자리와 뒤 이어 소수성의 중간 자리 및 더 높은 극성을 가지는 자리로 구성된다. 비록 많은 신호 펩타이드가 아미노 말단에서 발견되지만, 폴리펩타이드의 어느 자리에도 존재할 수 있다.

1975년 블로벨(Gunter Blobel)은 조면 소포체를 통과하는 폴리펩타이드의 이동을 설명하기 위해 **신호 가설**(signal hypothesis)을 제안하였다(**그림 19.18**). 리보솜으로부터 약 70개의 아미노산들이 신생 폴리펩타이드로 합성되자마자, **신호 인식 입자**(signal recognition particle, SRP)라 불리는 막대 형태의 리보핵산단백질 복합체가 리보솜에 결합한다. 6개의 단백질과 7S RNA로 구성된 SRP는 GTPase의 일종이며, 약 8개의 비극성 아미노산 잔기로 이루어진 짧은 조면 소포체 신호 서열을 인식하고 일시적으로 결합한다. SRP-리보솜 결합의 결과로 EF2 결합자리가 가로막히고 번역은 잠정적으로 중단된다. 그 다음에 SRP는 *도킹 단백질* [docking protein, **SRP 수용체 단백질**(SRP receptor protein)이라고도 불리는 2개의 GTPase로 구성된 이종이합체]을 통해 리보솜이 ER에 결합하도록 매개한다. 일단 리보솜과 조면 소포체의 결합이 일어나면, 2개의 도킹 단백질 GTP가 가수분해된다. 이어지는 SRP의 방출에 의해 번역이 다시 시작한다. 새로 합성되는 폴리펩타이드는 **트랜스로콘**(translocon)이라는 단백질 복합체 내로 삽입된다. 트랜스로콘은 폴리펩타이드의 자리옮김과 가공을 촉진하는 막 투과 구멍과 여러 가지 결합 단백질로 구성된다. 폴리펩타이드의 합성과 자리옮김이 동시에 일어날 때, 그 과정을 흔히 **동시 번역 전달**(cotranslational transfer)이라 한다. **번역 후 자리옮김**(posttranslational translocation) 과정에서, 기존에 합성된 폴리펩타이드는 ATP-결합 트랜스로콘과 결합된 분자 샤페론인 hsp40 및 hsp70에 의해 조면 소포체막을 통과하여 이동한다.

표적화된 폴리펩타이드의 운명은 신호 펩타이드와 다른 신호 서열의 위치에 따라 좌우된다. **그림 19.18**에 나타낸 바와 같이 수용성 분비 단백질(secretory protein)의 막 투과 전달 이후에 대개 신호 펩타이드 가수분해효소(signal peptidase)에 의해 N-말단 신호 펩타이드가 제거되고 단백질은 ER 내강으로 방출된다. 이러한 단백질 분자들은 추가로 번역 후 가공 과정을 거친다. 막 투과 단백질 자리옮김의 초기 단계는 분비 단백질의 자리옮김과 유사하다. 이들 분자에 대해서 남아 있는 폴리펩타이드 서열이 막을 통해 빠져 나갈 때 아미노 말단 신호 펩타이드는 막에 결합된 채로 남아 *출발 신호*(start signal)로 작용한다. 소위 "단일 통행(single-pass)" 막투과 단백질은 *전달 정지 신호*(stop transfer signal 또는 정지 신호)를 포함하는데, 이는 더 이상의 막투과 이동을 방지한다(**그림 19.19a**). 다중 막 관통 조각(multiple membrane spanning segment, multipass)을 가지는 막 단백질은 교대로 나타나는 일련의 시작 및 정지 신호를 포함한다(**그림 19.19b**).

RER로 운반된 대부분의 단백질은 다른 목적지로 이동할 예정이다. 초기 번역 후 변형 과정을 거친 후, 수용성 단백질과 막결합 단백질은 소포체로부터 분리되어 나와 골지막(Golgi membrane)의 cis 면과 융합하는 수송낭(transport vesicle)을 통해 골지체에 전달된다(**그림 19.20**). 궁극적으로 소포체에 머무는 단백질들은 잔류 신호(retention signal)를 포함한다. 대부분의 척추동물 세포에서 이러한 신호는 카복시 말단 테트라펩타이드[tetrapeptide, Lys-Asp-Glu-Leu (KDEL)] 서열로 구성 된다.

골지체 내에서 단백질은 추가로 변형 과정을 거친다. 예를 들면, N-연결 올리고당은 추가로 가공되며, 일부 세린 및 트레오닌 잔기의 O-연결 글리코실화가 일어난다. 리소좀 단백질은 마노스-6-인산(mannose-6-phosphate) 잔기를 추가함으로써 리소좀으로 표적화된다. 비록 "기본 메커니즘(default mechanism)"이 제안되었지만, 어떤 신호가 분비단백질을 세포 표면으로 이동시키거나(세포외 유출, exocytosis에 의해), 또는 원형질막 단백질을 그 목적지로 전달하는지 아직 불분명하다(기

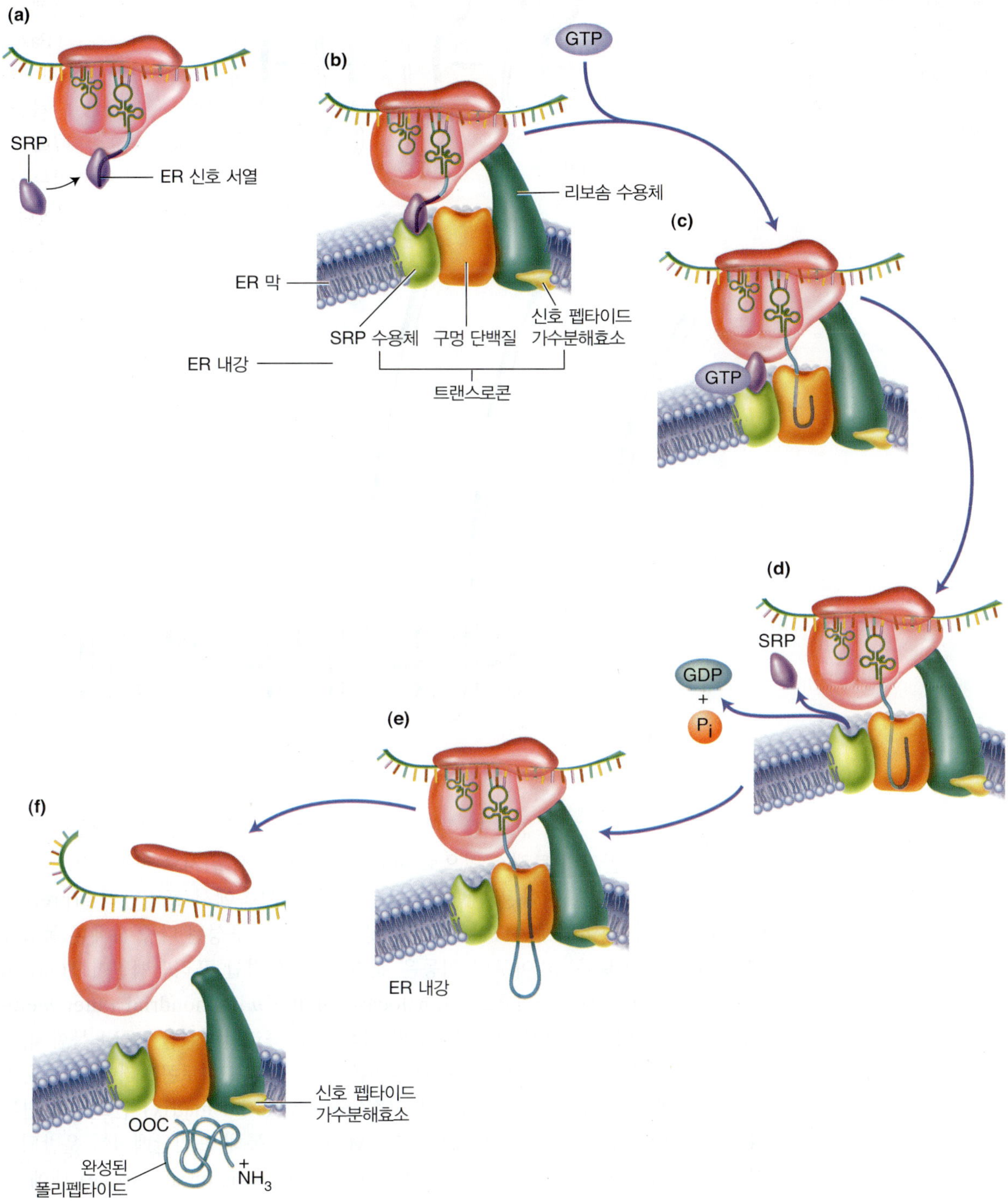

그림 19.18

조면 소포체 막을 통한 동시 번역 전달(cotranslational transfer).

(a) 신생 폴리펩타이드가 리보솜으로부터 돌출할 만큼 충분히 길어지면, SRP는 신호 서열에 결합하여 일시적인 번역의 중지를 유발한다. (b) 이어서 SRP가 SRP 수용체와 결합하면 리보솜이 RER 막의 트랜스로콘 복합체와 결합하게 된다. (c) GTP가 SRP-SRP 수용체 복합체와 결합하면서 폴리펩타이드 합성이 시작된다. GTP의 가수분해는 신호 서열이 트랜스로콘에 결합하고 (d) SRP가 그 수용체로부터 분리되도록 한다. (e) 폴리펩타이드의 연장이 지속되며, (f) 번역이 종결되면, 폴리펩타이드 합성이 정지되고 신호 펩타이드는 RER 내강에 존재하는 신호 펩타이드 가수분해효소에 의해 제거된다. 폴리펩타이드는 내강으로 방출된다.

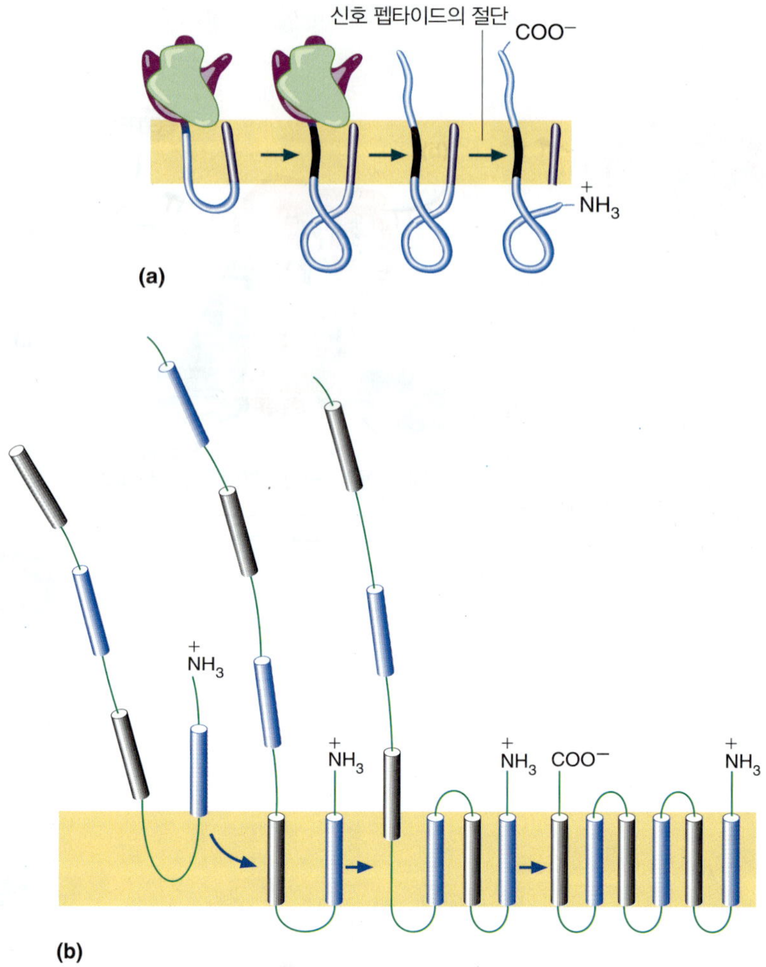

그림 19.19

내재 막 단백질의 동시 번역 전달.

(a) 단일 통행(single-pass) 막통과 단백질의 이동. (b) 다중 통행(multipass) 막통과 단백질의 이동. 보다 명확하게 나타내기 위하여 단백질 이동의 기구는 그림에서 생략하였다. 또한 (b)에서는 리보솜도 생략되었다. 음영으로 표시된 조각은 신호 펩타이드이고, 검은 조각은 전달 정지 신호이다.

본 메커니즘에서 신호가 없으면, 특정한 순서 과정을 유발함). 단백질 변형이 완료되면, 수송낭은 골지의 트랜스 면으로부터 빠져 나와 표적 위치로 이동한다.

미토콘드리아로 표적화된 단백질들은 세포질 리보솜에서 프리단백질(preprotein)로 합성되며, 이후에 ATPase hsp70 및 hsp90으로 구성된 다중 샤페론 복합체에 결합한다. 미토콘드리아로의 이동은 분자 샤페론-결합 프리단백질이 TOM(미토콘드리아 외막 자리옮김효소, translocase of the *m*itochondrial *o*uter *m*embrane) 복합체의 수용체에 결합함으로써 시작된다. 프리단백질을 TOM 복합체 단백질에 의한 통로로 운반하는 것은 ATP-의존성 과정이다. 미토콘드리아 내로 운반된 단백질의 약 절반은 미토콘드리아 기질(mitochondrial matrix) 안으로 운반된다. 기질 단백질의 이동(**그림 19.21**)은 TOM 통로를 통해 프리단백질이 운반되면서 시작된다. N-말단의 신호 서열이 막 사이 공간(intermembrane space) 내에 위치할 때, TIM(미토콘드리아 내막 자리옮김효소, *t*ranslocase of the mitochondrial *i*nner *m*embrane) 복합체의 수용체에 결합한다. 다음으로 프리단백질은 내막의 전기화학적인 양성자 농도 기울기에 의해 유도되는 과정 중에 TIM 통로를 통해 운반된다. 일단 프리단백질이 기질 내에 위치하면, 신호 서열이 신호 펩타이드 가수분해효소에 의해 절단된다. ATP-의존형 미토콘드리아 기질 샤페론인 mthsp70 및 mthsp60은 단백질이 생물학적으로 활성을 가지는 접힘을 형성하도록 돕는다.

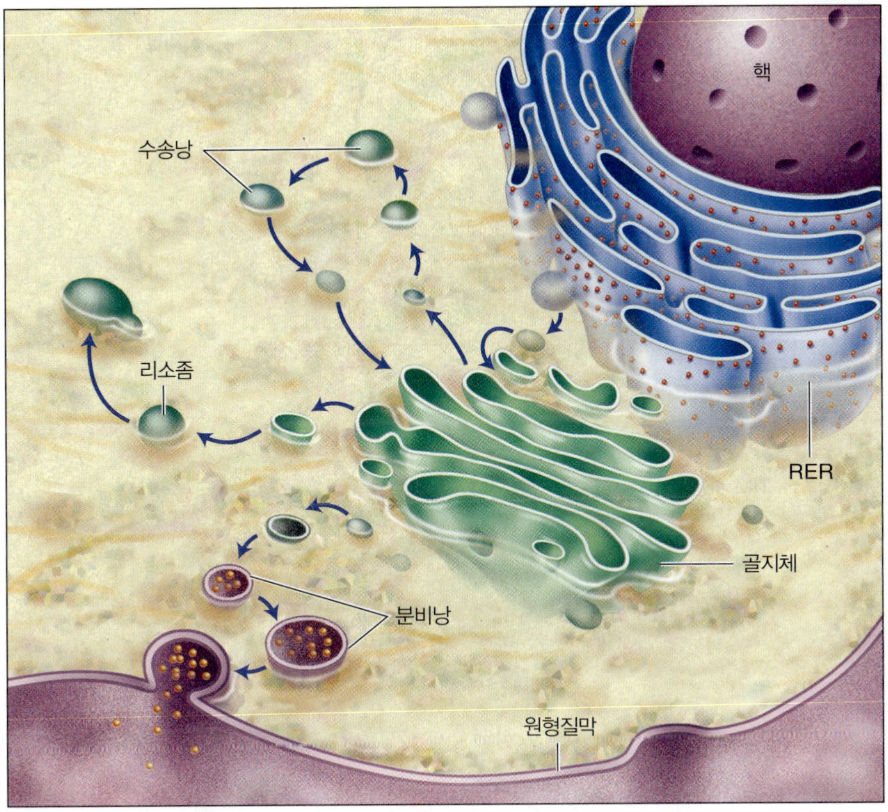

그림 19.20
소포체, 골지체와 원형질막.
수송낭은 새로운 막 구성 성분(단백질과 지질) 및 분비 생성물을 소포체로부터 골지체로, 하나의 골지 시스터네(cisterna)로부터 다른 골지 시스터네로, 그리고 트랜스-골지 그물조직으로부터 다른 소기관들(예, 리소좀) 또는 원형질막으로 전달한다.

번역 제어 메커니즘 진핵생물의 번역 제어(translational control) 메커니즘은 원핵생물에 비해 훨씬 더 복잡하다. 진핵생물에서 이러한 메커니즘은 *전체적 제어*(global control, 즉 다양한 mRNA의 번역 과정이 변화됨)로부터 *특이적 제어*(specific control, 즉 특정 mRNA 또는 일부 그룹의 mRNA 번역 과정이 변화됨)까지 연속적으로 일어나는 것으로 보인다. 비록 진핵생물의 번역 제어는 현재까지 잘 알려져 있지 않지만, 다음과 같은 점이 중요한 것으로 생각된다.

mTOR에 의한 번역 제어. mTORC1 신호 전달 경로는 영양 성분 이용 가능성, 에너지 수준, 호르몬과 성장 인자 신호를 통합한다. 아미노산 중합 반응에 세포 내 자원의 상당 부분이 소모되기 때문에, mTORC1이 단백질 합성 속도에 중요한 영향을 미치는 것은 당연하다. 번역의 mTORC1 활성화에 eIF4E, 리보솜 단백질 S6, eEP2와 같은 3종의 단백질이 관여한다. 모자 결합 복합체(cap-binding complex) 형성을 위한 eIF4E(모자 결합 단백질)의 이용 가능성은 eIF4E-결합 단백질 1(eIF4E-BP1)에 의해 조절된다. 비활성화 상태에서 eIF4E는 하이포인산화(hypophosphorylated) 상태의 eIF4-BP1과 결합한다. mTORC1이 eIF4F-BP1을 인산화시켜 개시 인자(initiation factor)로부터 분리시키면, eIF4B가 활성화된다. S6 카이네이스 1(SK1, S6 kinase 1)이 촉매하는 인산화 반응에 의해 리보솜 단백질 S6가 활성화된다. mTORC1에 의한 인산화 반응에 의해 활성화된 SK1은 또한 mRNA 나선 풀기 효소인 eIF4B의 활성을 상향 조절(upregulation)한다. 결국, eEF2-억제효소인 eEF2 카이네이스의 인산화를 촉진함으로써 mTORC1의 신호 전달이 eEF2를 활성화한다.

mRNA의 수송. 진핵세포에서 전사와 번역 과정이 공간적으로 핵막에 의해 분리

그림 19.21

미토콘드리아 기질 단백질의 수송.

다중 샤페론 복합체(그림에서 생략)와 결합한 프리단백질은 N-말단 신호 서열(한쪽은 소수성 잔기들, 다른 한 쪽은 양전하를 띤 잔기들을 가지는 α-나선)을 통해 TOM 수용체 단백질에 의해 인식된다. TOM 이동 통로를 통한 프리단백질의 이동은 다중 샤페론 복합체의 구성 성분인 hsp70 및 hsp90에 의한 ATP 가수분해에 의해 일어난다. 일단 N-말단 신호 서열이 막 사이 공간 내에 위치하고 TIM 수용체에 의해 인식되면, 프리단백질은 TIM 통로로 진입한다. 프리단백질이 내막을 통과하여 이동하는 것은 전자 전달계에 의해 형성된 전기화학적인 양성자 농도 기울기에 의해 유도된다. 일단 프리단백질이 기질 내에 위치하면, 신호 펩타이드 가수분해효소와 미토콘드리아 샤페론에 의해 가공되어 최종적으로 생물학적 활성을 가진 단백질을 생성한다.

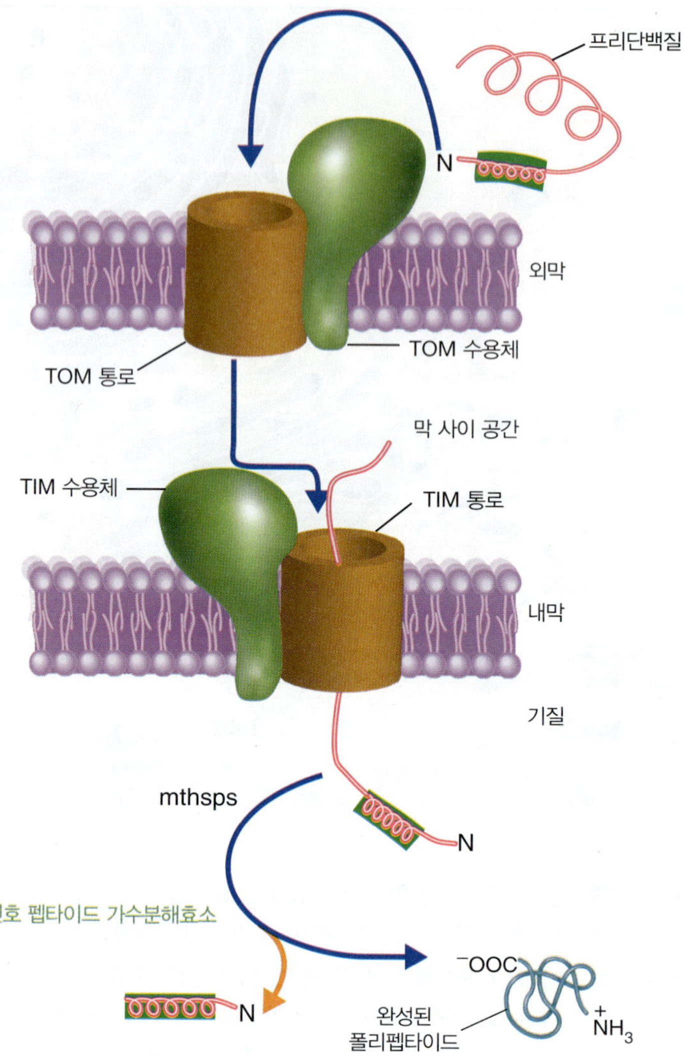

되어 진행되기 때문에 유전자 발현의 조절이 더욱 다양하게 일어난다. 핵공 복합체(nuclear pore complex)를 통한 mRNA의 수송은 에너지를 요구하는 고도로 제어되는 과정이며, 5′-모자(5′-cap) 및 3′-poly(A) 꼬리 구조가 반드시 필요하다. mRNA는 mRNP로 밖으로 수송된다. 엑손 접합 복합체 이외에 정교한 표적화 단백질 집단인 수송 단백질(export protein)도 mRNA와 결합한다.

mRNA의 안정성. 일반적으로 어떤 mRNA의 번역 속도는 mRNA의 양과 관련이 있으며, 그 다음으로 mRNA의 합성 및 분해 속도에 따라 좌우된다. mRNA의 반감기(half-life)는 약 20분에서 24시간 이상까지 다양하다. mRNA 구조의 여러 가지 특성이 mRNA의 안정성[즉, 다양한 핵산 분해효소(nuclease)의 분해 작용에 견딜 수 있는 능력]에 영향을 주는 것으로 알려졌다. 일부 서열(예, 머리핀 구조를 유발하는 회문 서열)의 존재는 핵산 분해효소의 작용에 대한 저항성을 부여하며, 반면에 또 다른 서열은 특히 다중 복사물로 존재하면 핵산 분해효소의 작용을 촉진한다. 또한 특정 단백질과 어떤 서열의 결합은 mRNA의 안정성에 영향을 줄 수 있다. 결국 mRNA의 3′말단에서 일어나는 가역적인 아데닐화(adenylation) 및 탈아데닐화(deadenylation)는 mRNA의 안정성과 번역 활성에 큰 영향을 줄 수 있다. 이미 언급한 바와 같이, 세포질로 운반된 대부분의 mRNA는 100~200개의 뉴클레오타이드로 구성된 poly(A) 꼬리를 포함한다. 시간이 경과하여 전체 mRNA가 분해될 때, poly(A) 꼬리는 점점 짧아져서 30개 잔기 정도에 지나지 않는다. 어떤 환경에서는 일부 mRNA의 poly(A) 꼬리가 선택적으로 길어지거나 짧아진다. 예를 들면 성숙한 난모세포의 mRNA는 대부분의 poly(A) 꼬리를 제거함으로써 '가려진다'. 난자가 수정된 후, 이러한 mRNA는 아데닌 뉴클레오타이드의 추가에 의해 재활성화된다.

음성 번역 제어. 어떤 특정한 mRNA의 번역은 5′-말단의 인접 서열에 억제(repressor) 단백질이 결합함에 따라 중지된다. 예를 들어 페리틴(ferritin) mRNA는 철 결합 억제 단백질(iron-binding repressor protein)과 결합하는 철 반응 요소(IRE, iron response element)를 가진다. 세포 내 철의 농도가 높아지면, 많은 양의 철 이온이 억제 단백질과 결합함으로써 IRE로부터 분리되도록 유도하며, 결과적으로 페리틴 mRNA가 번역된다.

주요 개념 _Key Concepts

- 진핵생물의 단백질 합성은 원핵생물의 것에 비해 더 느리고 복잡하다. 진핵생물의 단백질 합성은 수많은 번역 인자들과 더욱 복잡한 개시 반응 메커니즘 외에도 더욱 복잡한 번역 후 가공 및 표적화 메커니즘을 필요로 한다.
- 진핵생물은 다양한 유형의 번역 제어 메커니즘을 사용하여 단백질을 합성한다.

문제 19.5

번역 후 단백질을 엽록체(chloroplast)로 운반하는 메커니즘은 지금까지 많은 관심을 끌지 못했다. 그러나 플라스토사이아닌(plastocyanin)을 틸라코이드(thylakoid) 내강으로 수송하기 위해서는 새로 합성된 단백질의 N-말단에 인접한 두 종류의 수송 신호가 필요한 것으로 알려졌다. 엽록체 단백질의 수송이 미토콘드리아와 유사하다고 가정할 때, 어떻게 플라스토사이아닌(틸라코이드 막의 안쪽 표면에 결합하는 내강 단백질)이 운반되고 또 가공되는지 설명할 수 있는 합리적인 가설을 제시하라. 어떠한 효소 활성 및 수송 구조가 이러한 과정에 관여할 것으로 예상하는가?

19.3 단백질 항상성 망

조밀하고 역동적인 세포 안에서 수백만의 단백질들은 DNA 복제, 전사, 세포 신호 전달, 면역 반응, 세포 주기 제어, 분자 수송과 같은 엄청난 양의 기능을 수행한다. 생명 활동은 단백질의 적절한 기능에 달려 있으며 단백질은 선형의 거대 분자들이 어느 정도의 형태적 유연성을 보유한 '자연 상태'로 접히는 것이 필요하다. 유연성을 가져야 하기 때문에 100여 개 이상의 많은 아미노산으로 구성된 단백질들은 완전히 접히거나 부분적으로 접혀있더라도 겨우 안정한 정도이며 따라서 잘못 접히기가 쉽다. 부분적으로 접히거나 잘못 접혀진 단백질들은 흔히 소수성 부분들이 노출되어서 다른 분자들과 상호작용을 하여 일정한 모양을 가지지 않은 무정형 응집체를 형성한다. 더구나 잘못 접히거나 부분적으로 접힌 단백질은 아밀로이드 섬유 응집체의 β-가닥을 형성하도록 재배열될 수 있다. 단백질체(proteome)에 손상을 줄 수 있는 지속적인 대사와 환경 스트레스(예, 열 또는 중금속 노출, 아미노산 곁사슬 산화, 저산소증, 독소 등)의 지속적인 공격으로 단백질체도 어려움을 겪는다. 단백질 독성과 관련된 단백질 잘못 접힘과 다른 종류의 손상이 단백질 합성의 우발적인 오류와 결합하면 세포 기능에 심각한 위협을 초래한다.

건강하고 젊은 세포들은 **단백질 항상성 망**(proteostasis network, PN)이라고 부르는 강건하고 잘 보존된 상호 연결망에 의해 단백질 항상성을 유지한다(**그림**

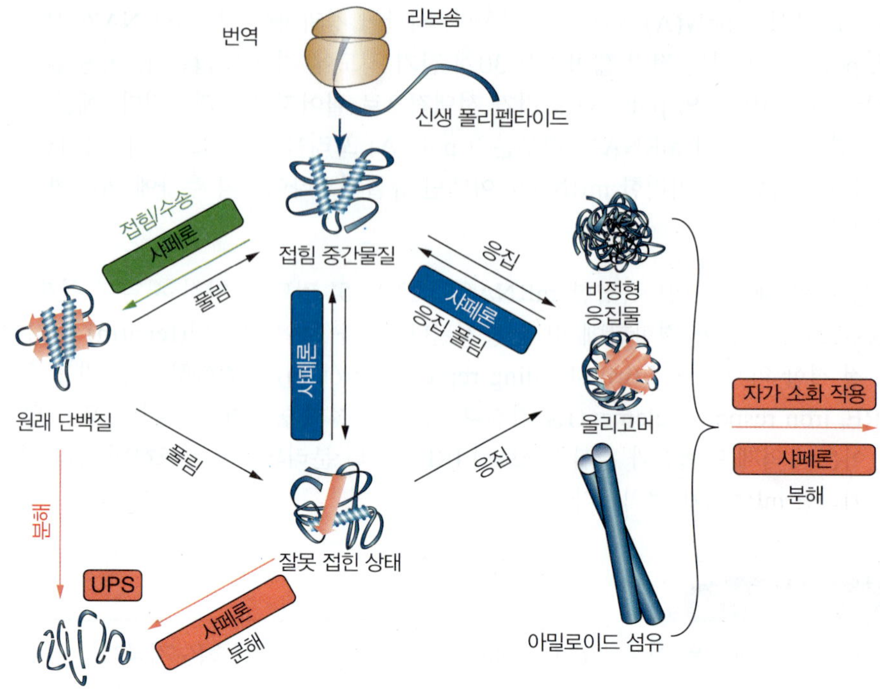

그림 19.22

단백질 항상성 망.

단백질 항상성 망은 새로 접혀지거나 원래 상태대로 유지하는 단백질을 도와주는 분자 샤페론으로 구성된다. 이 그물망은 잘못 접힌, 손상된, 더 이상 쓸모가 없는 단백질을 분해하는 효소와 단백질 복합체를 포함하고 있다. 신생 폴리펩타이드는 출구 통로로부터 나오면 리보솜과 결합된 샤페론을 만난다. 필요하면 추가적인 접힘 지원이 hsp70, hsp90, 그리고 그들과 결합된 단백질과 같은 하류부 분자 샤페론에 의해 제공된다. 잘못 접혀진 단백질은 UPS(유비퀴틴-단백질 분해효소 복합체계)에 의한 분해를 위해 인식하거나 표적으로 만드는 샤페론과 E3 유비퀴틴 연결효소의 조합에 의해 분해된다. 단백질 분해효소 복합체에 의한 분해에 저항하는 응집된 단백질들은 자가 소화 작용에 의해 제거된다.

19.22). PN은 스트레스-반응 신호 경로를 이용하여 리보솜의 단백질 합성으로부터 접힘, 재접힘, 수송 및 수명이 끝났거나 손상되었을 때의 분해까지 단백질을 감시한다. PN 과정은 분자 샤페론의 도움, 스트레스-반응 전사 인자, 해독 효소, 유비퀴틴-프로테오솜 계(ubiquitin-proteosomal system)와 자가 소화 작용(autophagy)과 같은 분해 과정을 통해 이루어진다. 단백질체 보호에 충당되는 자원은 PN의 중요성을 나타낸다. 예를 들어, 인간 PN은 약 2000개의 유전자를 가지고 있다. 스트레스를 받는 조건에서 PN 과정은 세포 전체 즉, 세포질과 핵 및 다른 세포소기관(예, ER[erUPR]과 미토콘드리아 [mtUPR]의 풀린 단백질 반응)에서 활성화될 수 있다.

열 충격 반응

가장 잘 알려진 스트레스 반응은 *열 충격 반응*(heat shock response, HSR)이다. 다른 스트레스 반응과 마찬가지로, HSR은 (산화적 스트레스와 중금속과 같은 다른 스트레스 뿐만 아니라) 열에 의해 손상을 입은 세포와 그 단백질체를 보호하기 위해 작용한다. HSR은 리보솜에서 비필수적인 단백질 합성을 억제하고 PN 성분의 농도를 증가시키는 유전자 발현의 급격하고 전반적인 변화를 통해서 작용한다. 대장균의 경우, HSR은 세균의 전사 IF인 σ^{32}에 의해 중개되는데 σ^{32}는 RNA 중합효소들이 HSR 표적 유전자의 촉진 유전자로 향하게 지시한다. σ^{32}의 합성은 σ^{32}를 암호화하는 mRNA의 5′ UTR 2차 구조가 열에 의해 녹기 시작하면 분자의 샤인-달가르노(Shine-Dalgarno) 서열이 드러나서 시작된다. 진핵생물에서 세포질 단백질의 열에 의한 손상을 수선하는 HSR은 열 충격 인자(heat shock factors, HSF)에 의해 시작되며 가장 중요한 것은 열 충격 인자 1(HSF1)이다. 스트레스를 받지 않은 세포에서 HSF1은 hsp90에 결합된 단위체로 세포질에 존재한다. 열 충격은 핵으로 이동하는 HSF1 삼합체의 조립을 촉발한다. 삼합체는 핵에서 염색질 재모형화 단백질을 활성화하고 이어서 HSR 유전자의 전사를 촉진한다. HSF1 활성화는 분자 샤페론이 열에 의해 손상된 단백질들을 다시 접히도록 시도하기 위하여

hsp90이 이동한 결과이다. RNA 온도계 메커니즘도 역할을 한다. HSF1 삼합체 형성은 ncRNA 분자인 열 충격 RNA1(heat shock RNA1, HSR1)과 번역 연장 인자 cEFIA가 열 충격으로 유도된 결합을 하여 형성한 복합체에 의해 촉진된다.

단백질 항상성 망과 인간 질병

결함이 있는 단백질 접힘은 수많은 인간 질병을 일으키며 이런 것을 단백질 접힘병(protein-folding disease) 또는 단백질 형태 혼란(protein conformational disorder)이라고 한다. 몇몇 단백질-접힘병은 폴리펩타이드 서열의 변화를 일으키는 단일 유전자 돌연변이가 필요하며 이런 펩타이드 서열은 부적절한 접힘을 일으킨다. 그런 기능 상실 장애의 예로는 낭포성 섬유증(cystic fibrosis)과 CBS 결핍증(CBS deficiency)이 있다(**그림 15.12** 참조). 주요 종양 억제 인자 단백질인 p53을 암호화하는 유전자의 돌연변이는 모든 암의 50% 이상에서 발생한다. 정상적인 p53은 세포 주기를 조절하고, 유전체의 손상을 감시하며, DNA 손상이 회복할 수 없는 경우에 세포 사멸을 개시할 수 있다. 돌연변이를 일으켜서 부적절하게 접혀진 p53은 DNA 손상을 충분히 수선하지 못하여서 세포를 통제 불능 상태로 성장하게 만든다.

대부분의 단백질 접힘병에서는 응집된 단백질과 단백질 분해효소 복합체 성분 사이의 유해한 상호작용에서 발생하는 만성적인 단백질 항상성 기능 장애가 생긴다. 알츠하이머병, 헌팅턴병, 파킨슨병, 제2형 당뇨병의 예를 들 수 있다. 이것들과 다른 단백질 접힘과 관련된 병의 주된 위험 요인은 노화인데 나이가 들수록 PN의 효과가 점진적으로 감소하기 때문이다. 이런 병의 공통적인 메커니즘은 β-아밀로이드(β-amyloid, 알츠하이머병), 헌팅틴(huntingtin, 헌팅턴병), α-시누클레인(α-synuclein, 파킨슨병), 아밀린(amylin, 제2형 당뇨병)과 같은 특정 단백질의 잘못된 접힘이다. 노화된 세포들이 이러한 분자들을 분해하지 못하면 이들 중 일부는 올리고머를 형성한다. 올리고머는 결국 모여서 다른 변성 단백질들과 심각하게 위태롭게 된 PN 성분들을 옭아매는 불용성 응집물을 형성한다. 응집된 단백질은 독성 기능을 가지는 것으로 보인다.

생화학 실험 BIOCHEMISTRY IN THE LAB

단백질체학

단백질체학(proteomics)의 기술들은 유전체(genome)의 기능적 산물인 단백질체(proteome)를 연구하기 위해 개발되었다. 각각의 생물 또는 세포 유형으로부터 얻어진 단백질체는 mRNA의 번역 산물인 단백질 전체 외에도, mRNA 서열로부터 예측하기 어려운 모든 공유 결합 변형의 정보를 포함하고 있다. 단백질체학은 1차적으로 다음과 같은 두 가지를 목표로 한다. 즉, 세포 내 단백질의 발현에 대한 전체적인 변화를 연구하는 것과 생물의 단백질체 내의 모든 단백질을 동정하고 그 기능을 밝히는 것이다. 단백질체학 연구의 유용한 응용분야는 매우 다양하다. 기초적인 생물학적 문제를 해결하는 것(예, 신경 전달 또는 mRNA 이어맞추기가 세포 내에서 일어나는 메커니즘) 외에도 단백질체학에 기반한 기술이 생의학적 연구에 사용될 수 있다. 후자의 예에는 유전병 및 감염성 질병의 원인을 연구하고 진단하는 것과 효과적인 치료약을 개발하는 것이 포함된다.

단백질체학 도구

최근의 단백질체 연구는 주로 정상 세포 및 질병 세포로부터 생산된 단백질들을 동정하고 그 특성을 밝히기 위해 보다 신속하고 자동화 과정된 방법을 개발하는데 집중되고 있다. 레이저빔을 이용하여 세포조직으로부터 단일 세포를 회수하는 레이저 포획 절단 현미경(laser capture dissection microscopy, LCDM) 기술은 과학자들에게 강력한 새로운 도구를 제공한다. 복잡한 단백질체학 기술 및 생물정보학적 분석기술의 증가와 함께 LCDM은 과학적 발견의 속도

▶

생화학 실험 BIOCHEMISTRY IN THE LAB (계속)

를 증가시킬 것이다. 단백질체학에 사용되는 가장 유용한 기술 중에는 2차원 젤 전기이동법(two-dimensional gel electrophoresis)과 질량분석법(mass spectrometry)이 있다. 단백질의 기능적인 상대 물질을 밝히는 단백질-단백질 상호작용 연구에는 단백질 미세배열(protein microarray), 효모 단백질 이중융합 선별법(yeast two-hybrid screening method) 등의 수많은 기술이 사용된다.

2차원 젤 전기이동법. 최근 들어 단백질의 발현은 2차원(2-D) 젤로 분석한다. 단백질은 첫 번째로 젤 위의 전하(pH 기울기) 차이에 의해 분리되며, 두 번째로 분자의 질량 차이에 의해 다시 분리된다. 3000개의 서로 다른 단백질들을 2-D 젤 상에서 확인할 수 있다. 다중 젤의 단백질 분석(예, 정상 세포와 질병 세포 내의 특정 단백질의 존재 여부 및 상대적 농도를 결정)은 전문화된 컴퓨터 소프트웨어를 이용하여 2-D 젤 영상을 단백질체 데이터베이스와 비교함으로써 이루어진다. 비록 2-D 젤 기술이 속도와 처리 능력 면에서 개선되었지만, 아직 기술적인 취약점을 가진다. 2-D 젤 전기이동법은 노동 집약적일 뿐 아니라, 막 단백질 또는 매우 낮은 농도의 단백질을 분석하기에는 부적합하다. 따라서 이러한 문제점들을 극복하기 위해 새로운 기술이 개발되고 있다.

질량분석법. 질량분석법(MS)은 분자를 기체화한 다음 고에너지 전자빔(electron beam)으로 충격을 가해 양이온으로 조각내는 기술이다. 이온화된 조각은 분석기로 들어가면 강력한 자기장을 통과하게 되며, 각 조각은 질량 대 전하(mass-to-charge, m/z)의 비에 따라 분리된다. 각 유형의 분자는 생성된 조각의 고유한 지문에 따라 확인된다. 단백질은 기체화되지 않기 때문에 대신에 단백질을 분해한 후 휘발성 용매에 녹이고 질량분석기의 진공실 안으로 분무(spray)시킨다. 전자빔은 이들 펩타이드 조각을 이온화시키고, 양전하를 띤 펩타이드는 자기장을 통과한다. 그 결과로 얻어진 펩타이드 질량 지문(peptide mass fingerprint)을 단백질 데이터베이스의 조각화 정보와 비교한다. 비록 MS가 고도로 정확하고 자동화되어 있는 과정이지만, 보통 시료에 포함된 모든 단백질들을 확인하기에는 불충분하다. 단백질 확인법을 개선하기 위해 두 대의 질량분석기를 일렬로 연결하는 직렬 MS법(tandem mass spectrometry, MS/MS)이 개발되었다. 이 기술에서는 첫 MS를 통해 생성된 올리고펩타이드 조각을 두 번째 MS로 옮긴 후에 추가로 조각내어서 분석한다. MS/MS는 단백질의 서열을 신속히 분석하는데 사용한다.

단백질 미세배열법

단백질 칩(protein chip)으로도 불리는 단백질 미세배열(protein microarray)은 고체 지지대(예, 유리 슬라이드) 표면에 포획 분자(capture molecule)라는 특정 분자를 배열시켜 놓은 것이다. 포획 분자로 항체, 수용체, 효소 등을 이용한다. 가장 널리 사용되는 검출 방법은 형광 꼬리표(fluorescent tag)를 이용하는 것이다. 추출된 단백질 혼합물(형광 염료로 표지)을 먼저 고정화된 항체의 라이브러리가 포함된 슬라이드에 반응시킨다. 특정 항체와 혼합물 내 단백질의 결합 여부가 형광 주사(fluorescent scan)에 의해 검출된다.

효모 단백질 이중 융합 선별법

효모 단백질 이중 융합 선별법은 유전적으로 조작된 효모 세포를 이용하여 기능적 상관관계를 나타내는 단백질 사이의 물리적 상호관계를 검출하는 방법이다. 두 가지 단백질의 결합은 다음과 같이 확인된다. DNA 재조합 기술을 이용하여 "미끼 단백질(bait protein)"로 불리는 하나의 단백질을 특정한 전사 인자의 DNA-결합 구역 조각에 융합하여 연결한다. 또 다른 단백질은 "먹이 단백질(prey protein)"에 융합하여 연결하는데, 이는 동일한 전사 인자의 활성화 구역 조각에 해당한다. 그 다음에 두 가지 융합 단백질을 암호화하는 DNA 서열이 포함된 플라스미드들을 동시에 돌연변이 효모 세포 내로 삽입한다. 두 가지 융합 단백질의 미끼 및 먹이 조각의 결합은 기능을 하는 전사 인자의 생성을 유발한다. 그 결과로 세포의 표현형(phenotype)이 변화한다. 따라서 리포터 유전자(reporter gene)의 전사는 검출이 용이한 단백질의 합성을 유발한다.

최신 단백질체 연구기술의 발전에도 불구하고, 전체 단백질체의 특성을 밝히는 작업을 가로막는 여러 가지 문제들이 아직 남아 있다. 이를 해결하기 위해서는 특히 기존 방법의 비효율성을 개선해야 하며, PCR을 이용하여 DNA를 증폭하는 것처럼 극소량의 단백질을 증폭할 수 있는 새로운 기술이 필요할 것이다.

이 장의 요약 CHAPTER SUMMARY

1. 단백질의 합성은 핵산에 담긴 유전 암호가 단백질의 1차 구조로 번역되도록 하는 복잡한 과정이다. 단백질 합성 중 번역 과정에서 각 아미노산의 단백질 내 삽입은 하나 또는 그 이상의 삼중자 염기 서열인 코돈에 의해 결정된다.
2. 유전 암호는 64개의 코돈으로 구성되는데, 그 중 61개는 각 아미노산을, 3개는 정지 코돈을 암호화한다. 일부 생물에서 정지 코돈 중 2개는 셀레노시스테인과 피롤라이신과 같은 비표준 아미노산을 암호화한다.
3. 번역 과정에는 아미노산의 운반체인 tRNA가 관여한다. mRNA의 코돈과 tRNA의 역코돈 서열 간의 염기쌍 형성은 유전자에 담긴 정보의 정확한 번역을 일으킨다.
4. 번역 과정은 개시, 연장, 종결의 세 단계로 이루어진다. 각 단계는 여러 가지 유형의 단백질 인자들을 필요로 한다. 비록 원핵생물과 진핵생물의 번역 메커니즘은 서로 매우 유사하나, 몇

가지 측면에서 차이가 있다. 가장 대표적인 차이는 번역 인자의 종류, 양, 기능이다.

5. 고유의 번역 후 변형이 일어나면 이를 통해 폴리펩타이드는 기능적 역할을 수행할 수 있게 변화되며, 접힘에 도움을 받거나, 특정한 목적지로 이동할 수 있다. 이러한 공유 결합 변형에는 단백질 가수분해 가공, 아미노산 곁사슬의 변형, 보조 인자의 삽입 등이 포함된다.
6. 원핵생물과 진핵생물은 번역 제어 메커니즘이 서로 다르다. 원핵생물은 샤인-달가르노 서열 내의 변이와 음성 번역 제어(생성물 중 하나에 의해 다시스트론성 mRNA의 번역이 억제됨)를 사용한다. 이와 대조적으로 다양한 진핵생물의 번역 제어가 알려졌다. 이러한 메커니즘은 수많은 mRNA의 번역 속도가 변화하는 전체적 제어로부터 특정 mRNA 또는 일부 집단의 mRNA 번역 과정이 변화되는 특이적 제어까지 다양하다.
7. 단백질 항상성 망(PN)은 세포 단백질들의 구조적 통합성을 유지하기 위하여 상호 연결된 경로들의 계이다. 분자 샤페론의 도움을 받아서 PN은 리보솜에 의한 단백질의 합성으로부터 접힘, 재접힘, 수송 분해(유비퀴틴-단백질 분해 효소 복합체계 또는 자기 소화 작용을 통해서)를 통하여 단백질을 감시한다. 열충격 반응은 너무 심하지 않다면 손상을 수선할 수 있는 유전자 발현의 신속하고 전반적인 변화를 통해서 스트레스(예를 들면 열, 산화성 스트레스, 중금속)에 의하여 유발되는 손상으로부터 세포를 보호한다.
8. 단백질체학은 어떤 생물의 유전체로부터 생산된 완전한 한 벌의 단백질들, 즉 단백질체를 연구하기 위해 사용하는 기술이다. 단백질체학의 목표는 시간에 따른 세포 내 단백질의 발현에 있어서 전체적인 변화를 연구하고, 생물에 의해 생산된 모든 단백질의 종류와 기능을 밝히는 것이다.

주요 용어 KEY WORDS

43S 개시 전 복합체 *749*
48S 개시 복합체 *750*
GTP 가수분해효소-결합 자리 *742*
GTP 가수분해효소-활성화 단백질 *743*
SECIS 요소 *755*
SRP 수용체 단백질 *762*
단백질체학 *769*
단백질 항상성 망 *767*
동시 번역 전달 *762*
동요 가설 *736*
리보솜 재순환인자 *746*
모자-결합 복합체 *749*
무수물 *738*
방출 인자 *746*
번역 후 변형 *742*
번역 후 자리옮김 *762*
샤인-달가르노 서열 *743*
신생 *746*
신호 가설 *762*
신호 인식 입자 *762*
신호 펩타이드 *761*
역코돈 *735*
연장 *739*
열린 해독틀 *734*
유전 암호 *733*
이황화 교환 *761*
전사물 편재화 *761*
종결 *741*
질량분석법 *770*
코돈 *734*
트랜스로콘 *762*
펩타이딜기 전달효소 중심 *743*
폴리(A)-결합 단백질 *750*
폴리솜 *739*
표적화 *742*
프로단백질 *756*
프리프로단백질 *757*
해독 중심 *742*
혼합 무수물 *738*

복습 문제 REVIEW QUESTIONS

이 문제들은 다음 장으로 넘어가기 전에 이장에서 논의했던 주요 개념에 대한 지식을 테스트하기 위해 만들어졌다.

1. 다음 용어를 정의하라.
   a. 코돈
   b. 역코돈
   c. 유전 암호
   d. 열린 해독 틀
   e. 코돈 사용 편향
2. 다음 용어를 정의하라.
   a. 동요 가설
   b. 동족 tRNA
   c. AUG 서열
   d. 샤인-달가르노 서열
   e. 아미노아실-tRNA 합성효소
3. 다음 용어를 정의하라.
   a. 해독 중심
   b. 펩타이딜기 전달효소 중심
   c. GTPase-결합 중심
   d. 구아닌 뉴클레오타이드 교환 인자
   e. 양성자 왕복 장치 메커니즘
4. 다음 용어를 정의하라.
   a. mRNA 주사
   b. 전사물 편재화
   c. 글리코실화
   d. 표적화
   e. 친유성 변형

5. 다음 용어를 정의하라.
   a. 프로단백질
   b. 프리프로단백질
   c. 이황화물 교환
   d. 프롤린 하이드록시화
   e. 단백질 가수분해 절단
6. 다음 용어를 정의하라.
   a. 신호 인식 입자
   b. 트랜스로콘(translocon)
   c. 도킹 단백질
   d. SRP 수용체 단백질
   e. 신호 펩타이드 가수분해효소
7. 다음 용어를 정의하라.
   a. tmRNA
   b. SECIS 요소
   c. 개시
   d. 연장
   e. 종결
8. 다음 용어를 정의하라.
   a. 신생
   b. 신호 가설
   c. 번역 후 변형
   d. 상황-의존성 코돈 재지정
   e. 디프타마이드(diphthamide)
9. 다음 용어를 정의하라.
   a. 단백질 항상성 망
   b. 열 충격 반응
   c. mRNP
   d. mTORC1
   e. NMD
10. 동요 가설(wobble hypothesis)을 설명하는 두 가지의 실험적 관찰은 어떤 것인가?
11. 진핵생물과 원핵생물의 번역 과정에서 중요한 차이점은 무엇인가?
12. 원핵생물에서 중요한 번역 제어 메커니즘은 무엇인가?
13. 프리프로단백질, 프로단백질, 단백질 사이의 차이점을 설명하라.
14. 신호 인식 입자(SRP)의 구조와 기능을 설명하라.
15. 진핵생물의 mRNA 구조가 번역 제어에 어떤 영향을 주는 지 설명하라.
16. 세포로부터 분비되는 전형적인 당단백질의 세포 내 가공 과정을 설명하라.
17. 단백질 합성의 연장과정에서 GTP 가수분해가 필요한 단계는 무엇인가? 각 단계에서 그 역할은 무엇인가?
18. 원핵생물의 단백질 합성에서 개시 단계에 참여하는 단백질 인자들의 이름과 역할을 설명하라.
19. 리보솜의 큰 소단위체와 작은 소단위체의 역할을 설명하라.
20. 다음 중 번역을 나타내는 것은?
    a. DNA → RNA
    b. RNA → DNA
    c. 단백질 → RNA
    d. RNA → 단백질
21. 신생 폴리펩타이드의 적절한 표적화가 중요한 이유를 설명하라.
22. 단백질 합성에서 아미노아실-tRNA 합성효소의 매우 중요한 역할을 설명하라.
23. 진핵생물에서 연장 과정의 각 단계를 설명하라.
24. 단백질이 자신의 최종 목적지로 향하는 과정을 설명하라.
25. 다음 병에서 잘 못 접히는 단백질의 이름을 말하라. 알츠하이머병, 헌팅턴병, 파킨슨병, 제2형 당뇨병.
26. 다음 각 과정이 일어나는 단백질 합성의 단계를 나타내라.
    a. 리보솜 소단위체가 전령 RNA에 결합한다.
    b. 폴리펩타이드가 실제로 합성된다.
    c. 리보솜이 코돈 서열을 따라서 움직인다.
    d. 리보솜이 소단위체로 분해된다.
27. Ala-Ser-Phe-Tyr-Ser-Lys-Lys-Leu-Ala-Asp-Val-Ile 펩타이드를 암호화하는 DNA의 염기 서열을 제시하라.
28. 위의 27번 문제에서 펩타이드에 대한 mRNA의 염기 서열은 무엇인가?
29. 진핵생물 단백질 합성은 원핵생물 단백질 합성에 비하여 상당히 느리다. 이유를 설명하라.
30. 글리실세릴시스테이닐아지닐알라닌(glycylserylcysteinylarginylalanine) 펩타이드의 코돈 서열을 결정하라. 몇 가지 가능성이 있는가?
31. 번역 인자로 작용하는 GTP의 역할에 대하여 설명하라.

종합 문제 THOUGHT QUESTIONS

**이 문제들은 지금까지 이 책에서 논의된 모든 주요 개념에 대한 여러분의 이해를 강화하기 위한 것이다. 문제들은 하나의 정답을 가지고 있지 않을 수도 있다.*

32. 셀레노시스테인과 피롤라이신은 각각의 tRNA와 결합한 형태로 전환되는 방식이 서로 다르다. 이를 설명하라.
33. 리보솜 RNA와 리보솜 단백질의 3차원 구조는 생물종 사이에서 매우 유사하다. 이러한 유사성이 나타나는 이유를 제안하라.

34. 아미노아실-tRNA 합성효소는 거의 오류를 일으키지 않지만, 간혹 오류가 발생하기도 한다. 어떻게 이러한 오류를 감지하고 수선할 수 있는가?

35. 원핵생물과 진핵생물의 번역 과정에서 번역 인자들은 어떤 특이적 역할을 수행하는가?

36. 번역 후 변형 과정은 여러 가지 목적을 위해 일어난다. 예를 들어 설명하라.

37. 샤인-달가르노 서열과 30S 소단위체 사이의 염기쌍 형성을 통해 메싸이오닌 코돈과 시작 코돈을 구별하는 메커니즘을 설명하라. 진핵생물에서 이러한 메커니즘은 어떠한가?

38. 아이소루신과 발린의 구조적 유사성 때문에 이들을 적절한 tRNA와 연결시키는 아미노아실-tRNA 합성효소들은 교정 자리(proofreading site)를 가진다. 다른 α-아미노산의 구조를 검토하여 구조적 유사성으로 인해 교정이 필요한 또 다른 아미노산들의 세트를 결정하라.

39. 번역 후 변형에 의해 활성화되어야 하는 비활성 형태의 단백질을 합성하는 것은 어떤 장점이 있는가?

40. 왜 모든 생물체에 존재하는 리보솜이 하나의 초거대 분자 복합체가 아닌 두 개의 소단위체로 구성되어 있는지 그 이유를 설명하라.

41. 원핵생물들은 파이로발린(pyrovaline)이라는 독특한 아미노산 유도체의 결사슬을 필요로 하는 촉매 활성에 의해 개선될 수 있는 새로운 환경 스트레스에 직면해 있다. 이러한 생물은 효소 분자에 이 비표준화된 아미노산을 결합하기 위한 메커니즘을 어떻게 개발할 것인가? 이 문제를 해결하기 위해 필요한 분자의 특성은 무엇인가?

용어 해설

Glossary

가수 분해(hydrolysis) 한 분자의 물에 의해 분자가 분해되는 반응.

가수분해효소(hydrolase) 물 분자 첨가에 의한 화학 결합의 절단을 촉매하는 효소.

가싸이올 분해(thiolytic cleavage) 탄소-황 결합(—C—S—)의 절단.

가지달린-사슬 아미노산(branched chain amino acid) 가지달린 탄소 골격을 갖고 있는 필수 아미노산으로서 루신, 아이소루신, 발린 등이 있다.

감도 상실(desensitization) 표적 세포가 세포 표면 수용체 수를 감소시키거나 그 수용체를 불활성화하여 자극 변화에 대해 적응하는 과정.

개시(initiation) 번역의 시작 단계.

개시 복합체(initiation complex) 리보솜이 중재하는 mRNA의 번역에서 첫 단계를 개시하는 데 필요한 단백질 복합체.

개시 전 복제 복합체(preinitiation replication complex, preRC) 예비적인 진핵 세포 DNA 복제 복합체. 복제 기원 복합체, MCM 복합체와 다른 단백질로부터 형성됨.

개시 전 복합체(preinitiation complex) 진핵 생물 단백질 합성의 개시 단계에서 형성된 다중 소단위체 단백질 복합체로서 mRNA와 결합할 수 있음.

거대 분자(macromolecule) 생물 고분자(예, DNA, 폴리펩타이드).

거대 분자 밀집(macromolecular crowding) 세포 내부가 수많은 다양한 고분자와 다른 분자들로 밀집해 있는 상태.

거울상 이성질체(enantiomer) 다른 분자의 거울상이 되는 입체 이성질체.

격리 유전자(insulator) 절연유전자 결합 단백질이 결합하면 증강 유전자와 촉진 유전자 사이의 상호 작용을 막는 DNA 서열. 이질 염색질의 산재도 방지함.

견고성(robust) 다양한 유형의 교란에도 불구하고 안정을 유지하는 시스템.

결손 단백질(apoprotein) 보결원자단을 갖고 있지 않은 단백질.

결손 효소(apoenzyme) 촉매 작용을 위해 보조 인자를 필요로 하는 효소에서 단백질 부분.

경쟁 억제(competitive inhibition) 억제제가 기질과 활성 자리와의 결합을 위해 경쟁하는 가역적 유형의 억제.

고밀도 지질단백질(high-density lipoprotein) 고농도의 단백질을 함유하는 지질단백질로서 세포로부터 과다한 콜레스테롤을 제거하여 간으로 운반함.

고삼투성 고혈당 비케톤증(hyperosmolar hyperglycemic nonketosis) 지속적인 고혈당 수준에 의해 인슐린 비의존형 당뇨병에서 나타나는 심각한 탈수 현상.

고세균(archaea) 생물의 세 영역 중 하나. 세균과 유사한 모양을 갖고 있고 많은 분자 특성이 진핵생물과 유사한 원핵생물.

고암모니아혈증(hyperammonemia) 혈중에 암모니아 농도가 비정상적으로 높은 상태.

고요산혈증(hyperuricemia) 혈액 속에 비정상적으로 높은 농도의 요산이 나타나는 현상.

고인슐린혈증(hyperinsulinaemia) 혈중 인슐린의 농도가 정상보다 높은 상태.

고장액(hypertonic solution) 높은 삼투압을 갖고 있는 진한 용액.

고정 단백질(anchor protein) 세포 골격에 결합된 복합체로 특정 세트의 신호 다단계 반응 단백질의 동원과 조립을 촉진하는 분자.

고혈당증(hyperglycemia) 혈당치가 정상 이상으로 높은 것.

골지체(Golgi apparatus) 세포 생성물을 포장하여 내부 및 외부 구획으로 분산시키는 데 관여하는 막 주머니.

공명 에너지 전달(resonance energy transfer) 들뜬 분자로부터 에너지를 인접 분자에 전달하여 두 번째 분자를 들뜨게 함.

공명 혼성체(resonance hybrid) 전자의 위치만 다른 2개 또는 그 이상의 구조를 갖고 있는 분자.

공유 결합(covalent bond) 원자들 사이의 전자 공유.

공통 서열(consensus sequence) 몇몇 유사한 DNA 서열의 평균. (예, 대장균 촉진 유전자의 −10 상자의 공통 서열은 TATAAT임)

과오 돌연변이(missense mutation) 다른 아미노산을 지정하는 점 돌연변이로서 폴리펩타이드의 구조와 기능에 변화를 가져옴.

광-비의존 반응(light-independent reaction) 빛이 없는 상태에서 일어나는 광합성 반응으로서 캘빈 회로라고도 부름.

광 독립 영양 생물(photoautotroph) 태양 에너지를 화학 에너지로 전환시키는 생물.

광 반응계(photosystem) 광 흡수 색소로 구성된 광합성 메커니즘.

광 유도 수선(light-induced repair) 빛 에너지를 이용하여 피리미딘 이합체를 원래의 단위체 형태로 복원하는 DNA 수선으로 광활성화 수선이라고도 함.

광 인산화(photophosphorylation) 빛 에너지에 의해 추진되는 전자 수송과 연관되어 있는 ATP 합성.

광재활성화 수선(photoreactivation repair) 가시광선의 에너지를 사용하여 타이민 이합체를 수선하는 메커니즘.

광 종속 영양 생물(photoheterotroph) 빛과 유기 분자를 모두 에너지원으로 사용하는 생물.

광학 이성질체(optical isomer) 하나 이상

의 카이랄 중심을 가진 입체이성질체.

광합성(photosynthesis) 빛을 포획하여 CO_2를 유기 분자에 편입하는 데 필요한 화학 에너지로 전환하는 과정.

광호흡(photorespiration) 산소를 소모하고 이산화탄소를 내놓는 광합성에 활발히 관여하는 식물 세포에서 일어나는 광 의존 과정.

구성성 유전자(constitutive gene) 기본적 세포 기능에 필요한 유전자 생성물을 암호화하여 일상적으로 전사되는 유전자.

구성성 이질염색질(constitutive heterochromatin) 진핵세포의 DNA에서 매우 응축되고 전사 억제를 받는 부분으로 대부분의 유명한 반복 서열, 말단소체와 동원체가 있음.

구아닌 뉴클레오타이드 교환 인자(guanine nucleotide exchange factor, GEF) G-단백질 결합 수용체의 막 관통 부분의 형태 변화를 중개하는 단백질로서 G-단백질 활성화 동안 GDP/GTP 교환을 일으킴.

구아닐산 고리화 효소 수용체(guanylate cyclase receptor) 막에 결합하거나 수용성인 수용체 단백질로서 활성화되면 GTP를 제이 전령인 고리형 GMP로 전환함.

구형 단백질(globular protein) 둥근 또는 공 모양을 하는 단백질.

규약(protocol) 계에서 모듈이 상호 작용하는 방법을 정해 놓은 규칙들.

그라나(grana, 복수) 틸라코이드 막의 쌓인 부분.

그라나(granum, 단수) 틸라코이드 막의 접힌 부분.

그렐린(ghrelin) 위와 작은창자에 의해 생산되는 단백질로서 식욕을 촉진.

극성(polar) 화학 결합에서 전자들의 불균등한 분포.

극성 머리기(polar head group) 분자의 원자단으로서 인산기, 극성기 또는 다른 전하를 띤 원자단을 포함함.

극한 생물(extremophile) 대부분의 생물이 죽는 극심한 온도, pH, 압력, 또는 이온 농도의 조건 하에서 사는 생물.

극한 효소(extremozyme) 극심한 온도, pH, 압력, 또는 이온 농도 하에서 작용하는 효소.

글라이칸(glycan) 단당류의 중합체. 다당류.

글루카곤(glucagon) 이자 α-세포로부터 분비되는 펩타이드 호르몬으로서 간의 글리코젠을 분해하여 혈당량을 증가시킴.

글루코스-알라닌 회로(glucose-alanine cycle) 근육과 간 사이에서 α-케토산의 재활용 방법 및 NH_3를 간으로 수송하는 회로.

글루코스 생성형(glucogenic) 아미노산들의 분해 산물인 피루브산 또는 시트르산 중간 물질들이 글루코스 신생 합성에서 글루코스 합성의 기질로 사용됨.

글루코스 신생 합성(gluconeogenesis) 비탄수화물 분자로부터의 글루코스 합성.

글루코코르티코이드(glucocorticoid) 부신 피질에서 분비되는 스테로이드 호르몬으로서 탄수화물, 단백질 및 지질 대사에 작용함.

글리세롤 신생 합성(glyceroneogenesis) 글루코스나 글리세롤 이외의 기질로부터 글리세롤-3-인산이 합성되는 글루코스 신생 합성 과정의 축소판.

글리세롤 인산 왕복장치(glycerol phosphate shuttle) 세포질 NADH로부터 전자를 미토콘드리아 FAD에 전달하기 위해 글리세롤-3-인산을 이용하는 대사 과정.

글리옥실산 회로(glyoxylate cycle) 식물, 세균 일부, 진핵 생물에서 나타나는 시트르산 회로의 변형으로서 이 회로는 이탄소 화합물(예, 에탄올, 아세트산 및 아세틸-CoA 등)을 사용하여 생물이 성장할 수 있게 해줌.

글리코사미노글라이칸(glycosaminoglycan) 이당류 반복 단위로 구성된 가지가 없는 긴 이종다당류(heteropolysaccharide) 사슬.

글리코사이드, 배당체(glycoside) 당의 아세탈.

글리코사이드 연결(glycosidic link) 두 단당류 사이에 형성되는 아세탈 결합.

글리코젠(glycogen) 척추동물의 글루코스 저장물로서 α(1,4) 및 α(1,6)-글리코사이드 결합을 포함하여 가지를 가진 중합체.

글리코젠 분해(glycogenolysis) 혈당량이 낮을 때 글리코젠으로부터 글루코스를 제거하는 생화학 경로.

글리코젠 합성(glycogenesis) 혈당량이 높을 때 글루코스 잔기를 성장하는 글리코젠 중합체에 첨가시키는 생화학 경로.

금속 단백질(metalloprotein) 금속 이온을 포함하는 접합 단백질.

기능 유전체학(functional genomics) 유전자들의 발현 형태를 연구하는 분야

기본 단위체(protomer) 다른자리입체성 효소의 소단위체.

기질(substrate) 화학 반응에서 효소의 활성 자리에 결합한 다음 생성물로 전환되는 반응물.

기질 수준 인산화(substrate-level phosphorylation) 고에너지 유기 분자의 자유 에너지 감소 분해와 짝지어진 인산화에 의해 ADP로부터 ATP를 합성하는 것.

기체 전달 물질(gasotransmitter) 신호 분자로 작용하는 내인성 기체 분자.

긴 산재 핵 요소(long interspersed nuclear element, LINE) 축진 유전자, 통합 서열과 전위 효소의 암호 서열을 포함하는 5 kb보다 더 큰 길이의 레트로트랜스포존(retrotransposon).

나선 풀기 효소(helicase) 이중나선 DNA 가닥을 풀어 주는 효소로서 그 촉매 작용에 ATP가 필요하다.

낭포성 섬유증(cystic fibrosis) Cl^- 통로 단백질 CFTR이 없거나 결핍되었을 때 일어나는 치명적인 상염색체 열성 질환.

낭포성 섬유증 막횡단 전달 조절체(cystic fibrosis transmembrane conductance regulator) 상피 세포에서 Cl^- 통로로 작용하는 원형질막 당단백질.

내기혐기성 생물(aerotolerant anaerobe) 필요한 에너지 획득을 위해 발효에 의존하고 독성의 산소 대사 물질로부터 보호받기 위해 해독 효소와 항산화 분자를 갖고 있는 생물.

내분비 호르몬(endocrine hormone) 혈류로 분비되어 멀리 떨어져 있는 표적 세포에 가서 작용하는 호르몬.

내인성 레트로바이러스(endogenous retrovirus) 유전체 안에 붕괴되어 있는 바이러스로서 LTR 트랜스포존이라고도 함.

내재 단백질(integral protein) 막 속에 묻힌 단백질.

내재성 종결(intrinsic termination) 역위 반복 서열을 갖고 있는 RNA 종결 서열을 포함하는 전사 종결. Rho 비의존형 종결이라고 부름.

넌센스 돌연변이(nonsense mutation) 아미노산의 암호를 정지 신호로 바꾸는 점 돌연변이.

뉴클레오사이드(nucleoside) 오탄당(리보스 또는 데옥시리보스)과 질소 염기로 구성된 생체 분자.

뉴클레오솜(nucleosome) 진핵 세포 염색체의 반복적인 기본 구성 단위로서 8개의 히스톤 분자 핵심 주위에 약 140 bp의 뉴클레오타이드가 감겨 있고 인접한 뉴클레오솜 사이의 연결은 60 bp의 뉴클레오타이드에 의해 이루어짐.

뉴클레오타이드(nucleotide) 오탄당(리보스 또는 데옥시리보스)과 질소 염기 및 한 개 이상의 인산기로 구성된 생체 분자.

뉴클레오타이드 절제 수선(nucleotide excision repair) 절제 효소는 2~30개의 뉴클레오타이드를 제거하고 결과로 생긴 틈을 채움. 절제 효소는 특정 염기 서열보다 물리적 손상을 인식함.

뉴클레오히스톤(nucleohistone) DNA는 히스톤 단백질과의 복합체를 이룸.

능동 수송(active transport) 농도 기울기에 거슬러 물질을 수송하는 메커니즘으로서 에너지가 필요함.

니코틴아마이드 아데닌 다이뉴클레오타이드(nicotinamide adenine dinucleotide, NAD) 니코틴아마이드의 N-리보실 유도체와 파이로인산기로 연결된 아데노신을 포함하는 보조효소. 산화된 형태는 NAD^+, 환원된 형태는 NADH로 존재하며 탈수소 효소 부류의 전자 전달에 필요함.

니코틴아마이드 아데닌 다이뉴클레오타이드 인산(nicotinamide adenine dinucleotide phosphate, NADP) 니코틴아마이드의 N-리보실 유도체와 파이로인산기로 연결된 아데노신(아데노신의 2′-OH에 인산기가 부착)을 포함하는 보조효소. 산화된 형태는 $NADP^+$, 환원된 형태는 NADPH로 존재하며 탈수소 효소 부류의 전자 전달에 필요함.

다기능 단백질(multifunction protein) 둘 또는 그 이상의 다양하고 무관한 기능을 하는 단백질.

다당류(polysaccharide) 글리코사이드 결합으로 연결된 단당류의 중합체로 선형이거나 가지를 가짐.

다른 자리 입체성(allostery) 리간드 결합을 통한 단백질 기능의 조절.

다른 자리 입체성 전이(allosteric transition) 리간드 결합에 의한 단백질 형태의 변화.

다른 자리 입체성 효소(allosteric enzyme) 효과 인자의 결합에 의해 영향을 받는 효소.

다불포화(polyunsaturated) 보통 메틸렌기로 분리된 2개 또는 그 이상의 이중 결합을 갖고 있는 지방산.

다이네인(dynein) 미세소관과 연관된 모터 단백질.

다이서(dicer) 프리-마이크로RNA를 절단하여 성숙한 miRNA로 만들거나 유전자 발현 억제 과정을 개시하는 핵산 가수 분해 효소.

단계 II 반응(phase II reaction) 적절한 작용기를 갖고 있는 대사물들이 글루쿠론산, 글루탐산, 황산염, 글루타싸이온 등과 같은 물질들과 접합하는 생체 내 물질 변환.

단계 I 반응(phase I reaction) 소수성 물질을 더 극성의 분자로 전환하는 산화-환원 효소와 가수 분해 효소를 포함하는 생체 내 물질 변환.

단당류(monosaccharide) 화학식 $(CH_2O)_n$을 갖고 있는 폴리하이드록시 알데하이드 또는 케톤(n은 적어도 3 이상이어야 함).

단백질(protein) 1개 또는 그 이상의 폴리펩타이드로 구성된 고분자.

단백질군(protein family) 아미노산 서열의 유사성에 의해 관련이 있는 단백질 분자들의 무리.

단백질 분해효소 복합체(proteasome) 유비퀴틴에 연결된 단백질을 분해하는 다중 효소 복합체.

단백질 접힘(protein folding) 조직화되지 않은 폴리펩타이드가 고도의 조직화되고 비교적 안정한 3차 구조를 얻는 과정.

단백질체(proteome) 세포 속에서 생산되는 완전한 한 벌의 단백질.

단백질체학(proteomics) 단백질 합성 양상과 단백질-단백질 상호 작용에 관한 연구 분야.

단백질초군(protein superfamily) 관련성이 작은 단백질들의 커다란 무리. 예를 들어 글로빈초군(globin superfamily)은 혈액과 근육에서 각각 산소를 결합하는 헤모글로빈과 마이오글로빈 그리고 뇌에서 산소를 결합하는 사이토글로빈(cytoglobin) 등을 포함함.

단백질 항상성(proteostasis) 세포가 단백질의 접힘을 조절하는 과정.

단백질 항상성 망(proteostasis network) 일련의 단백질이 단백질의 접힘, 수송, 분해를 조절하는 경로로 조직화됨.

단백질 회전(protein turnover) 단백질의 지속적인 분해와 재합성.

단순 확산(simple diffusion) 용질이 농도 기울기를 따라 마구잡이 분자 운동에 의해 이동하는 과정.

단일 뉴클레오타이드 다형 현상(single nucleotide polymorphism) 집단에서 어느 정도까지 발생하는 점 돌연변이.

단일 불포화(monounsaturated) 한 개의 이중 결합을 가짐.

담즙염(bile salt) 지방 소화를 돕는 황녹색 담즙의 중요한 성분으로서 세탁제 역할을 하는 양극성 분자. 담즙산 콜산과 데옥시콜산의 접합 유도체.

당뇨(glucosuria) 오줌에 글루코스가 존재함.

당단백질(glycoprotein) 탄수화물 분자가 공유 결합으로 연결된 접합단백질.

당 접합체(glycoconjugate) 공유 결합으로 연결된 탄수화물 성분을 보유하고 있는 분자(예, 당단백질과 당지질).

당지질(glycolipid) 글라이코스핑고지질. 단당류, 이당류, 또는 올리고당이 O-글리코사이드 결합을 통해 세라마이드(ceramide)에 부착된 분자.

당질 피질(glycocalyx) 진핵 세포의 표면을 둘러싸며 상당한 양의 탄수화물을 포함하는 분자 층.

당체(glycome) 세포 또는 생물이 생산하는 당과 글라이칸의 전체 세트

당 형태(glycoform) 당단백질의 글라이칸 성분의 서로 약간 다른 형태.

대량 자가 소화 작용(macroautophagy) 세포질 성분의 대량 분해를 위하여 리소좀을 이용하는 세포 경로로서 자가 소화 작용(autophagy)이라고도 함.

대사(metabolism) 생물에서 일어나는 모든 화학 반응.

대사증후군(metabolic syndrome) 비만, 고혈압, 이상지질혈증 및 인슐린 내성을 포함하는 일련의 임상학적 혼란.

대사체(metabolome) 유전체의 지시 아래 세포 내에서 생산되는 모든 유기 대사 물질.

도킹 단백질(docking protein) 리보솜에 결합된 신호 인식 단백질과 결합하는 RER 막 횡단 단백질로서 단백질 합성을 재개함. 신호인식 입자 수용체라고도 함.

독립 영양 생물(autotroph) 빛 에너지 또는 다양한 화합물을 생체 분자의 화학 결합 에너지로 전환시키는 생물.

돌연변이(mutation) 유전자의 뉴클레오타이드 서열의 변화.

동시 번역 전달(cotranslational transfer) 단백질 합성 중 막을 가로질러 폴리펩타이드를 삽입하는 것.

동요 가설(wobble hypothesis) 이 가설은 왜 세포가 간혹 기대했던 것보다 더 적은 수의 tRNA를 갖고 있는지 설명해 줌. 코돈의 세 번째 염기가 역코돈의 첫 번째 염기와 자유로운 염기쌍 결합을 할 수 있기 때문에 몇몇 tRNA는 여러 개의 코돈과 염기쌍 결합을 할 수 있음.

동원체(centromere) 세포 분열에서 중요한 역할을 하는 반복 DNA의 특정 자리. 세포 분열의 전기와 중기 중 2개의 자매 염색분체를 함께 붙들어 놓음.

동종글라이칸(homoglycan) 한 종류의 단당류만을 포함하는 고분자량의 탄수화물 중합체.

동질효소(isozyme) 유사한 아미노산 서열로 구성되며 동일한 효소 활성을 나타내는 두 가지 이상의 효소.

동화 경로(anabolic pathway) 큰 복합 분자가 더 작은 전구체로부터 합성되는 일련의 반응.

되먹임 제어(feedback control) 반응 과정의 생성물이 과정의 생산량에 영향을 주는 자기조절계(예, 대사과정 또는 경로)의 조절.

등열 반응(isothermic reaction) 주위와 열이 교환되지 않는 반응. $\Delta H = 0$.

등장액(isotonic solution) 세포 내의 입자농도와 에서 정확히 같은 입자 농도를 갖는 용액으로 세포 안팎으로 물의 알짜 이동이 없음.

등전점(isoelectric point) 단백질이 전하를 갖고 있지 않은 pH.

라디칼(radical) 짝이 없는 전자를 갖고 있는 원자 또는 분자.

라셈화(racemization) 거울상 이성질체의 상호 전환.

락토스(lactose) 우유 속의 이당류로서 1분자의 갈락토스가 1분자의 글루코스에 β(1,4)-글리코사이드 결합을 통해 연결되어 있다.

락톤(lactone) 고리형 에스터.

런던 분산력(London dispersion force) 일시적인 쌍극자-쌍극자 상호 작

레트로바이러스(retrovirus) RNA 유전체를 보유하고 있는 바이러스로서 생식 주기 중 유전체의 DNA 복사물을 만드는 역전사효소를 갖고 있음.

레트로트랜스포존(retrotransposon) RNA 중간 물질을 사용하는 트랜스포존의 한 종류.

렉틴(lectin) 탄수화물 결합 단백질.

렙틴(leptin) 주로 지방조직에 의해 혈액으로 분비되는 16 kD의 포만 유도 단백질.

류코트라이엔(leukotriene) 아라키돈산에서 유도된 생물학적으로 활성인 분자로서 그 합성은 과산화 반응에 의해 개시됨.

르샤틀리에 원리(Le Chatelier's principle) 평형 상태의 계가 방해를 받을 때 그 방해를 억제하기 위한 방향으로 평형이 이동하는 법칙.

리간드(ligand) 더 큰 분자 상의 특이한 자리에 결합하는 분자.

리보솜(ribosome) 단백질 합성이 일어나는 곳으로 리보솜 RNA와 리보솜 단백질로 구성된 복합체.

리보솜 RNA(ribosomal RNA, rRNA) 리보솜에 존재하는 RNA. 리보솜은 그 구조 형성에 기여하는 여러 종류의 단일 가닥 리보솜 RNA를 갖고 있으며, 이 리보솜 RNA가 단백질 합성에 직접 관여함.

리보솜 재활용 인자(ribosome recycling factor) 세균에 있는 tRNA 모양의 단백질로서 폴리펩타이드 합성 후 A 자리에 결합하여 리보솜 소단위체들의 분리를 일으킨다.

리보스위치(riboswitch) mRNA 내 특정 비번역 서열로 구성된 RNA에 기반을 둔 조절 메커니즘. 보통 리간드 결합에 의해 유도되는 3차 구조의 변화로 촉발되는 리보스위치의 작용은 번역 억제임.

리보자임(ribozyme) 촉매 작용을 하는 RNA 분자로서 자기 절단이나 다른 RNA를 절단함.

리소좀(lysosome) 대부분의 생체 분자들을 분해할 수 있는 주머니 모양의 세포소기관.

리포산(lipoic acid) 쉽게 산화 또는 환원하는 1개의 카복실기와 2개의 설프하이드릴기(–SH)를 갖고 있는 생체 분자. 피루브산 탈수소효소 복합체와 α-케토글루타르산 탈수소효소 복합체에서 아실기 운반체로 작용함.

마이셀(micelle) 극성과 비극성 성분을 갖고 있는 분자의 집합체로서 극성 구역이 주변의 물에 노출되어 있다.

마이오신(myosin) ATP 결합 에너지를 액틴 필라멘트를 따라서 일방향성 운동으로 전환하는 모터 단백질의 하나.

마이크로 RNA(microRNA, miRNA) mRNA의 3′-UTR에 있는 부분적으로 상보적인 서열에 결합하여 표적 mRNA의 번역을 억제하는 22-nt ncRNA.

마이크로리보핵산 단백질(microribonucleoprotein, miRNP) 번역의 발현을 억제하기 위해 miRNA 상의 상보적 자리에 결합함으로써 특정 유전자 발현을 억제하는 단백질.

막 관통 단백질(transmembrane protein) 완전히 막을 가로지르고 있는 내재 막단백질.

막 전위(membrane potential) 세포막에 걸쳐 나타나는 전위차로서 흔히 밀리볼트로 측정함.

말단소체(telomere) 한 번의 DNA 복제 후 중요한 암호 서열의 상실을 완충시키는 염색체 양쪽 말단의 구조.

말단소체 말단-결합 단백질(telomere end-binding protein, TBP) GT가 풍부한 말단

소체 서열에 결합하여 안정화하는 단백질.

말단소체 반복-결합 인자(telomere repeat-binding factor, TRB) 말단소체의 3′의 내밀린 서열에 결합하여 안정화하는 단백질.

말단소체 복원 효소(telomerase) 말단소체 서열과 상보적인 RNA 성분(TG가 풍부한 반복 서열)을 갖고 있는 리보핵산단백질.

말산-아스파트산 왕복장치(malate-aspartate shuttle) 세포질의 NADH로부터 유래한 전자가 미토콘드리아의 NAD^+에 전달되는 대사 과정. 옥살로아세트산이 말산으로 가역적으로 전환되는 방법에 의하여 미토콘드리아에서 세포질로 전달됨.

말토스(maltose) 녹말의 가수 분해 생성물로서 α(1,4)-글리코사이드 결합에 의해 연결된 두 분자의 글루코스로 구성된 이당류.

매개자(mediator) 거의 모든 RNAPII의 전사에 필요한 단백질 복합체. 신호가 통합된 플랫폼.

메셀슨-래딩 모형(Meselson-Radding model) Holliday 모형으로 설명되지 않는 몇 가지 현상(예, 때때로 두 상동성 염색체 중 하나만 재조합 가닥을 가짐)을 설명해 주는 일반 재조합의 모형.

메토트렉스산(methotrexate) 폴산의 구조 유사 물질로서 몇 가지 유형의 암을 치료하는 데 이용됨. 아메톱테린이라고도 함.

메틸-CpG(methyl-CpG) CpG 섬 안의 CpG 다이뉴클레오타이드에서 메틸화된 사이토신. 이질 염색질 형성을 촉진하는 CpG-결합 단백질에 결합할 수 있음.

메틸-CpG-결합 단백질(methyl-CpG-binding protein, MeCP) 5-MeCpG에 우선적으로 결합하고 히스톤 메틸화 효소와 함께 히스톤 탈아세틸화 효소를 자리에 동원하여 염색질 결합 유전자의 발현 억제를 중개.

명반응(light reaction) 광합성에서 전자가 활성화되어 ATP와 NADPH 합성에 사용되는 메커니즘.

모듈(module) 특정 기능을 수행하는 하위 조직의 성분.

모듈 단백질(modular protein) 1개 또는 그 이상 구역이 서로 계열로 연결된 수많은 복제물 또는 불완전한 복제물을 갖고 있는 단백질. 모자이크 단백질이라고도 함.

모터 단백질(motor protein) 뉴클레오타이드를 결합하는 생물 기계의 성분으로서 뉴클레오타이드 가수 분해는 단백질 모양의 정확한 변화를 유도함.

모티프(motif) 구형 단백질에서 나타나는 α-나선과 β-병풍 이차 구조의 독특한 조합으로 구성된 부분. 초이차 구조라고도 불림.

무기 영양 생물(lithotroph) 에너지 생산을 위해 특정 무기 반응을 사용하는 생물로서 화학 무기 영양 생물(chemolithotroph)이라고도 함.

무기질 코르티코이드(miner-alocorticoid) Na^+와 K^+ 대사를 조절하는 스테로이드 호르몬.

무수물(anhydride) 두 개의 카복실기 또는 두 개의 인산기 사이에서 한 분자의 물이 제거되는 축합 반응의 생성물.

미생물상(microbiota) 다세포 생물의 고유한 미생물군.

미세섬유(microfilament) 구형 액틴(G-액틴)의 중합체로 구성된 세포 골격의 섬유(5~7 nm).

미세소관(microtubule) 단백질 튜불린으로 구성된 세포 골격의 성분.

미세소체(microsome) 원심분리에 의해 소포체의 단편으로부터 얻는 막 소낭.

미세 자가 소화 작용(microautophagy) 리소좀이 소량의 세포질을 직접 삼키는 과정.

미소 부수체(minisatellite) 약 25 bp가 앞뒤로 나란히 반복 되는 서열.

미토콘드리아(mitochondrion) 호기성 호흡이 일어나는 두 막을 가진 세포소기관.

미토콘드리아 내막(inner mitochondrial membrane) ATP 합성을 하는 호흡 복합체가 묻혀 있는 막.

미토콘드리아 분열(mitochondrial fission) 세포 내에서 둘 이상의 미토콘드리아를 형성하는 미토콘드리아의 쪼개짐.

미토콘드리아 외막(outer mitochondrial membrane) 미토콘드리아의 다공성 외막.

미토콘드리아 융합(mitochondrial fusion) 세포 내에서 둘 이상의 미토콘드리아가 합쳐짐.

밀도 기울기 원심분리법(density gradient centrifugation) 세포 분획 속 물질들의 부유 밀도 차이를 이용하여 분리 정제하는 원심분리법.

반데르발스 힘(vander Waals' force) 영구 및(또는) 유도 쌍극자 사이에 형성되는 비교적 약하고 일시적인 정전기적 상호 작용.

반보존적 복제(semiconservative replication) 각 폴리뉴클레오타이드 가닥이 하나의 새로운 가닥의 합성을 위해 주형으로 작용하는 DNA 합성.

반복(redundancy) 무고장계에서 안전보장을 위해서 사용하는 중복 부분.

반응 메커니즘(reaction mechanism) 화학 반응 과정을 단계별로 서술한 것.

반응성 산소종(reactive oxygen species, ROS) 분자 산소의 반응성 유도체(예, 초과산화물 라디칼, 과산화수소, 하이드록실 라디칼과 단일항 산소).

반응성 질소종(reactive nitrogen species, RNS) 질소를 포함하는 라디칼 ROS. 가장 중요한 예로 산화질소, 이산화질소와 과산화아질산이 있다.

반응 요소(response element) 촉진 유전자 내 DNA 서열. 특정 호르몬 수용체 복합체 또는 전사 인자가 결합할 때 전사가 시작됨.

반응 중심(reaction center) 광합성 세포의 막 결합 단백질 복합체로서 빛 에너지가 화학 에너지로 전환하는 것을 중재함.

받개 자리(acceptor site) RNA 이어 맞추기에서 상부 3′—OH 이어맞추기 자리.

발색단(chromophore) 특정 진동수의 빛을 흡수하는 분자 성분.

발열 반응(exothermic reaction) 열을 방출하는 반응.

발효(fermentation) 당의 혐기성 분해. 유기 분자가 전자 주개와 받개로서 작용하는 에너지 발생 과정.

방출 인자(releasing factor) 번역 종결기에 관련된 단백질.

방향족 탄화수소(aromatic hydrocarbon) 벤젠고리를 포함하거나 벤젠과 유사한 성질을 갖고 있는 분자.

번역(translation) 단백질 합성. mRNA가 운반하는 유전 전령이 리보솜과 다른 세포 구성물의 도움을 받아서 폴리펩타이드의 합성을 지시하는 과정.

번역 후 변형(posttranslational modification) 새로이 합성된 폴리펩타이드의 구조를 변화시키는 반응.

번역 후 자리옮김(posttranslational translocation) 이전에 합성된 폴리펩타이드를 세포 소기관 막을 가로질러 전달하는 것.

벡터(vector) 외래 DNA의 조각이 삽입되는 클로닝 운반체로서 숙주 세포로 도입되고 발현될 수 있음.

변광 회전(mutarotation) 단당류의 α형과 β형이 쉽게 상호 전환되는 자발적 과정.

변성(denaturation) 단백질 또는 핵산이 열 또는 화학물질 등에 노출되어 그 구조가 파괴되어 고유한 생물학적 성질을 상실하는 현상.

보결 원자단(prosthetic group) 단백질의 생물학적 활성에 필수적인 접합 단백질의 비단백질 부분. 흔히 복잡한 유기 화합물.

보조 인자(cofactor) 효소 촉매에 필요한 비단백질 성분으로서 무기 이온 또는 보조효소가 있다.

보조효소(coenzyme) 효소의 촉매 메커니즘에 필요한 작은 유기 분자.

보조효소 A(coenzyme A) 인산 에스터(phosphate ester) 결합을 통해 판토텐산(pantothenic acid)에 연결된 ADP의 3′-인산 유도체로 구성된 아세틸기와 아실기를 운반하는 분자이다. 판토텐산은 아마이드 결합에 의해 β-머캅토에틸아민(β-mercaptoethylamine)에 연결되어 있다.

보충 반응(anaplerotic reaction) 생화학 경로에 필요한 물질을 보충하는 반응.

복제(replication) 어버이 DNA 가닥을 주형으로 사용하여 어버이 DNA의 정확한 복사를 합성하는 과정.

복제 개시점 복합체(origin-of-replica-tion complex, ORC) DNA 합성 개시기 중 DNA 복제 기점에 결합하는 단백질 복합체. 단백질 DnaA의 유사체를 포함하고 있음.

복제 공장(replication factory) DNA 복제가 일어나는 특정 핵(또는 핵양체) 구역.

복제 단백질 A(replication protein A, RPA) 복제 중 분리된 DNA 가닥을 안정화하는 단백질.

복제 단위(replicon) 복제를 개시하는 기점을 포함하는 유전체의 단위.

복제 복합체(replisome) 시발 복합체를 포함하는, 대장균의 DNA를 복제하는 폴리펩타이드의 큰 복합체.

복제 분기점(replication fork) 복제를 하고 있는 DNA 분자의 Y 모양 부위로서 두 개의 DNA 가닥이 분리하여 생긴다.

복제 인자 C(replication factor C) DNA 중합효소 δ가 각 DNA 가닥에 부착하는 것을 조절하는 죔쇠 걸개 단백질.

복제 허가 인자(replication licensing factor) 복제 기점 복합체(ORC)에 결합하여 preORC의 구조를 완성하는 단백질.

복합 트랜스포존(composite transposon) 세균의 트랜스포존은 유전자와 옆 IS 요소로 구성됨.

부분 입체 이성질체(diastereoiso-mer) 거울상 이성질체가 아닌 입체 이성질체.

부수체 DNA(satellite DNA) DNA 서열이 고도로 반복적임. 유전체 DNA를 분해하여 원심분리하면 부수체 띠(satellite band)가 형성됨.

분별 원심분리(differential centrifugation) 파쇄한 세포를 원심력의 차이에 의해 분리하는 세포 분획 기술.

분자병(molecular disease) 돌연변이 유전자에 의해 일어나는 질병.

분자생물학(molecular biology) 유전체 구조와 기능을 연구하는 과학.

분자 샤페론(molecular chaperone) 단백질 접힘을 돕는 분자. 많은 것이 열 충격 단백질이다.

분해효소(lyase) C—C, C—O, 또는 C—N 결합의 절단을 촉매 작용하는 효소이다. 그 결과 이중 결합을 포함하는 생성물을 만든다.

불포화(unsaturated) 1개 또는 그 이상의 탄소-탄소 이중 또는 삼중 결합을 포함하는 분자.

비가역적 억제(irreversible inhibition) 억제제가 보통 공유 결합에 의한 결합을 통해 효소를 영구적으로 손상시키는 효소 억제의 한 형태.

비경쟁 억제(noncompetitive inhibition) 억제제가 자유 효소와 효소-기질 복합체에 결합하는 억제.

비대칭 탄소(asymmetric carbon) 네 개의 서로 다른 원자단과 결합한 탄소.

비알킬화제(nonalkylating agent) DNA 구조를 변형하는 알킬화제가 아닌 다른 화합물.

비암호화 RNA(noncoding RNA, ncRNA) 단백질 합성에 관여하는 RNA(예, tRNA, rRNA와 mRNA 등)가 아닌 다른 유형의 RNA로서 광범한 유전체 조절망으로 작용함.

비타민(vitamin) 소량이 필요한 유기 분자. 몇몇 비타민은 어떤 효소의 기능에 필요한 보조효소임.

비타민 B_{12}(vitamin B_{12}) 코발트(cobalt)를 포함하고 있는 복합체 분자로서 호모시스테인(homocysteine)이 메싸이오닌(methionine)으로 전환할 때 필요함(이 전환 반응은 N^5-메틸 THF를 필요로 함).

비필수 아미노산(nonessential amino acid) 신체에서 합성할 수 있는 아미노산.

비필수 지방산(nonessential fatty acid) 신체에서 합성할 수 있는 지방산.

사슬 종결법(chain-terminating method) DNA 중합 효소의 사슬 종결 억제제로서 2′-3′-다이데옥시 염기 유사체를 사용하여 DNA 염기 서열을 결정하는 기술(Sanger 방법이라고도 함).

사이토카인(cytokine) 면역계 세포에서 분비되는 호르몬과 유사한 폴리펩타이드와 단백질군의 한 가지.

사이토크롬 P450계(cytochrome P450 system) 2개의 효소, 즉 NADPH-사이토크롬 P450 환원효소와 사이토크롬 P450으로 구성된 전자 수송계. 많은 내인성과 외인성 분자들의 산화에 관여함.

사차 구조(quaternary structure) 2개 또는 그 이상의 접힌 폴리펩타이드가 연합하여 기능성 단백질을 형성함.

산(acid) 수소 이온(H^+)을 내줄 수 있는 분자.

산성혈증(acidosis) 혈액의 pH가 장기간

7.35 이하인 상태.

산소 음이온(oxyanion) 음전하의 산소 원자.

산탄식 클로닝(shotgun cloning) 유전체 라이브러리가 유전체의 마구잡이 분해에 의해 만들어지는 클로닝 기술.

산화(oxidation) 전자의 제거.

산화-환원 반응[oxidation-reduction (redox) reaction] 한 반응물로부터 다른 반응물로 1개 또는 그 이상의 전자를 전달하는 반응.

산화-환원 전위(redox potential) 산화-환원 쌍에서 전자 주개가 전자를 잃는 경향을 측정하는 것.

산화 스트레스(oxidative stress) 반응성 산소종의 과다한 생산.

산화적 인산화 반응(oxidative phosphorylation) 전자 수송과 연관된 ATP 합성.

산화제(oxidizing agent) 다른 물질을 산화시키는 물질로서 자신은 환원됨.

산화환원효소(oxidoreductase) 산화-환원 반응을 촉매하는 효소.

삼차 구조(tertiary structure) 이차 구조의 접힘으로부터 형성된 구형 삼차원 구조(접힘은 폴리펩타이드의 아미노산 잔기들의 곁사슬(R 기)의 상호 작용으로부터 유래함).

삼투(osmosis) 반투과성 막을 통한 용매의 확산.

삼투성 이뇨(osmotic diuresis) 요여과액 속의 용질이 과다한 양의 물과 전해질의 상실을 일으키는 과정.

삼투압(osmotic pressure) 용매인 물이 막을 가로질러 흐르기 위하여 가해져야 하는 압력.

삽입-결실(indel) 삽입이나 결실 돌연변이로서 DNA 서열에서 하나에서 수천 개 사이의 염기가 삽입되거나 결실되어서 일어남.

삽입 요소(insertional element) 자리 특이성 재조합에 관련된 짧은 DNA 서열. IS 요소 또는 att 자리라 부름.

상동성 폴리펩타이드(homologous polypeptide) 아미노산 서열과 기능이 다른 단백질과 유사한 단백질로 공통적인 진화 기원을 가짐.

색소체(plastid) 식물, 조류와 일부 원생생물에서 탄수화물 같은 저장 물질과/또는 색소를 갖는 세포소기관.

생물성 아민(biogenic amine) 신경 전달 물질로 작용하는 아미노산 유도체(예, GABA와 카테콜아민 등).

생물에너지론(bioenergetics) 생물에서 에너지 변환을 연구하는 분야.

생물정보학(bioinformatics) 생물의 서열 자료를 분석하기 위해 컴퓨터를 이용하는 분야.

생물 환경 정화(bioremediation) 독성 폐기장의 오염을 제거하기 위하여 생물학적 과정을 이용함.

생지질화학 회로(biogeochemical cycle) 태양과 지열에 의하여 추진되는 경로이며, 이를 통해서 화학 원소가 지구의 생물권과 무생물권 도처로 이동함.

생체 내 변환(biotransformation) 효소 촉매 작용에 의해 독성이고 소수성인 분자가 덜 독성이고 더 잘 용해되는 대사 물질로 전환되는 과정.

생체 분자(biomolecule) 생물을 구성하는 분자.

샤가프 규칙(Chargaff's rule) A:T와 G:C의 비율이 동일하다는 DNA 염기 구성을 나타내는 규칙.

샤인-달가르노 서열(Shine-Dalgarno sequence) 30S 리보솜 소단위체 상의 상보적 서열에 결합하는 AUG(개시 코돈) 근처의 mRNA에 나타나는 퓨린이 많은 서열. 정확한 개시 전 복합체 형성을 촉진함.

샤페로닌(chaperonin) 세포 단백질의 접힘과 표적화를 조절하는 분자군.

샤페론-매개 자가 소화 작용(chaperone-mediated autophagy) 수용체에 의하여 매개되는 과정으로 샤페론 복합체에 결합한 특이한 단백질이 풀어지고 리소좀으로 운반된 후 분해됨.

서던 흡입법(Southern blotting) DNA 분해물에서 상보적 서열을 확인하기 위해 방사성 표지된 DNA 또는 RNA를 이용하는 기술.

선구 효소, 자이모젠(proenzyme) 효소의 불활성 선구 물질.

섬유상 단백질(fibrous protein) 긴 병풍 또는 섬유로 배열된 폴리펩타이드로 구성된 단백질.

섭식 후(postprandial) 섭식-단식 주기에서 섭식을 한 후의 단계. 혈액 영양소 수준이 비교적 높음.

성장 인자(growth factor) 세포가 성장하고 분열하도록 자극하는 세포 외부의 폴리펩타이드.

세균(bacteria) 생물의 세 영역 중 하나. 다양한 환경 이용 능력을 갖는 단세포 원핵생물.

세균 인공 염색체(bacterial artificial chromosome) 길이가 300 kb나 되는 DNA 서열을 클로닝 하는 데 사용되는 대장균 플라스미드의 유도체.

세포 골격(cytoskeleton) 세포의 내부 구조와 세포소기관의 이동을 관장하는 단백질 필라멘트로서 미세소관, 미소섬유와 중간섬유로 구성됨.

세포 내막(endomembrane system) 세포를 기능적 구획으로 나누고 상호 연결하는 내막.

세포내 이입(endocytosis) 세포가 원형질막으로부터 떨어져 나온 소포를 포위하여 용질 또는 입자를 흡수하는 과정.

세포 분획(cell fractionation) 세포를 파쇄하고 원심분리하여 세포소기관을 연구하는 데 사용하는 실험 방법.

세포 사멸(apoptosis) 세포의 죽음을 가져오는 유전적으로 프로그램된 일련의 사건.

세포성 면역(cellular immunity) 림프구의 한 유형인 T 세포에 의해 중재되는 면역계 과정.

세포소기관(organelle) 진핵세포 속의 막으로 둘러싸인 구조.

세포 외 기질(extracellular matrix) 단백질과 탄수화물을 포함하는 젤라틴 물질로서 세포와 조직을 함께 결합시킴.

세포외 유출(exocytosis) 세포 내 소포가 원형질막과 융합하여 소포의 함유물을 세포 외 공간으로 방출하는 과정.

세포 피질(cell cortex) 원형질막을 보강하는 단백질의 3차원 그물.

센스 가닥(sense strand) 전사되지 않는 DNA 가닥. 유전자의 폴리펩타이드 생성물을 합성하기 위해 사용하는 mRNA와 서열이 같은 DNA.

셀레노시스테인 삽입 서열 요소(selenocysteine insertion sequence element, SECIS element) 번역 중 모든 셀레노단백질(selenoprotein)에 셀레노시스테인 삽입을 위하여 mRNA의 3′-UTR(3′-untranslated region)에서 필요한 염기 서열.

셀로비오스(cellobiose) 셀룰로스의 분해 생성물로서 β(1,4)-글리코사이드 결합에 의해 연결된 두 분자의 글루코스를 포함하는 이당류.

셀룰로스(cellulose) β(1,4)-글리코사이드 결합에 의해 연결된 D-글루코피라노스 잔기로 구성되는 중합체로 식물에 의해서 생성됨.

소단위체(subunit) 소중합체 단백질의 폴리펩타이드 성분.

소산계(dissipative system) 에너지 기울기의 감소를 촉진하는 계.

소수성(hydrophobic) 전기음성의 원자를 거의 갖고 있지 않고 물에 녹지 않는 분자를 나타냄.

소수성 상호 작용(hydrophobic interaction) 비극성 분자들이 물에 있을 때 일어나는 상호 작용.

소중합체(oligomer) 몇몇 또는 모든 소단위체들이 동일한 다중 소단위체 단백질.

소포(vesicle) 주개 막으로부터 출아한 막 소포가 다른 세포소기관 또는 원형질막과 융합함.

소포성 세포소기관(vesicular organelle) 소포체나 골지체로부터 유래하거나 세포내 이입에 의해 세포 내로 들어온 물질을 포함하는 막 소포.

소포체(endoplasmic reticulum, ER) 수많은 화학 반응을 위하여 세포질과 분리된 구획을 제공하는 일련의 막 통로와 주머니.

속도(velocity) 생화학 반응률. 시간당 반응물과 생성물 농도의 변화.

수동 수송(passive transport) 물질이 막을 통과할 때 직접적인 에너지 소모를 필요로 하지 않는 수송.

수소 결합(hydrogen bond) 수소 원자와 같은 분자나 다른 분자에 있는 산소나 질소 같은 높은 전기 음성 원자 사이에 생기는 인력.

수용체 단백질(receptor protein) 세포 외 리간드(신호 분자)에 대한 결합 자리를 갖고 있는 단백질.

수용체 타이로신 카이네이스(receptor tyrosine kinase, RTK) 리간드가 외부 구역에 결합할 때 활성화되는 타이로신 카이네이스를 보유한 세포질 구역을 갖고 있는 막 횡단 수용체.

수화 반응(hydration reaction) 물 분자가 탄소-탄소 이중 결합(C=C)에 첨가되는 반응.

슈크로스(sucrose) 이 이당류는 양쪽 아노머 탄소(anomeric carbon) 사이의 글리코사이드 결합을 통해 연결된 α-글루코스와 β-프럭토스로 구성됨.

스테로이드(steroid) 트라이터펜(triterpene) 유도체로서 4개의 접합 고리를 갖고 있다.

스테롤 운반체 단백질(sterol carrier protein) 콜레스테롤 생합성 중 어떤 중간 생성물을 위한 세포질의 단백질 운반체.

스테롤 조절 요소 결합 단백질(sterol regulatory element binding protein, SREBP) 소포체 또는 골지체의 막 단백질인 여러 전사 인자들 중의 하나.

스트로마(stroma) 엽록체 안에서 틸라코이드 막을 에워싸인 효소로 가득 찬 물질.

스트로마 층판(stroma lamella) 두 개의 그라나를 상호 연결하는 틸라코이드 막 부분.

스핑고마이엘린(sphingomyelin) 스핑고신을 포함하는 인지질. 세라마이드의 1-하이드록시기가 포스포릴콜린 또는 포스포릴에탄올아민의 인산기에 에스터화되고 스핑고신의 아미노기는 지방산과 아마이드 결합을 함.

스핑고지질(sphingolipid) 긴 사슬 아미노알코올인 스핑고신을 포함하는 막지질 분자. 세라마이드는 스핑고신의 지방산 유도체이다. 식물 막과 동물 막의 중요한 성분이다.

시발 복합체(primosome) 대장균 DNA 복제 중 DNA 주형 가닥의 여러 자리에서 RNA 시발체 합성에 관여하는 다중 효소 복합체.

시발체(primer) DNA 합성을 개시하는 데 필요한 짧은 DNA 조각.

시발 효소(primase) DNA 합성에 필요한 시발체(짧은 RNA 조각)를 합성하는 RNA 중합 효소.

시스 이성질체(cis isomer) 두 치환체가 이중 결합의 같은 쪽에 있는 이성질체.

시스템생물학(systems biology) 생물을 이루는 구성 성분 사이의 상호 작용을 공학 원리로 연구하는 분야. 시스템생물학자들은 유전체학, 단백질체학, 그리고 단백질-단백질 상호 작용과 생화학 반응의 유량 같은 복잡한 실험 자료들을 이용함.

시스트론(cistron) 리보솜 기능에 필요한 신호와 폴리펩타이드에 대한 정보를 포함하고 있는 DNA 서열.

시트르산 회로(citric acid cycle) 3분자의 NAD^+와 1분자의 FAD가 환원되면서 아세틸-CoA의 아세틸기를 CO_2와 H_2O로 분해하는 생화학 경로.

시프 염기(Schiff base) 일차 아미노기와 카보닐기 사이의 반응으로 생성된 이민 화합물. 알디민이라고도 함.

식세포 작용(phagocytosis) 백혈구 세포에 의해 외래 또는 손상된 세포를 탐식.

신경 전달 물질(neurotransmitter) 신경 말단에서 방출되는 분자로서 다른 신경 세포 또는 근육 세포와 결합하고 그 기능에 영향을 줌.

신성 요붕증(nephrogenic diabetes insipidis) 신장이 농축된 오줌을 만들 수 없는 상염색체 열성 질환.

신생 메틸기 전달효소(*de novo* methyltransferase) 변형되지 않은 CpG의 메틸화를 촉매 작용하는 메틸기 전달효소.

신생의(nascent) 새로이 합성되는.

신호 가설(signal hypothesis) 분비 단백질이 RER(조면 소포체)에 결합된 리보솜 상에서 어떻게 합성되는지를 설명하는 메커니즘. 신생 폴리펩타이드 사슬의 아미노산 잔기의 서열이 분자가 RER 막으로 삽입하는 것을 중재함).

신호 다단계 반응(signalling cascade) 신호 분자가 수용체에 결합하여 개시되며 반응을 가져오는 단백질 형태 변화와 공유 결합성 변형을 포함하는 일련의 사건들에 의하여 연속되는 신호 가공 메커니즘. 반응에는 효소 활성, 세포 골격 재배열, 세포 운동, 세포 주기 진행 등이 포함됨.

신호 인식 입자(signal recognition particle) 단백질 합성 중 RER에 리보솜 결합을 중재하는 작은 RNA 분자상의 단백질로 구성하는 큰 리보핵산단백질 복합체. 성장 중인 폴리펩타이드가 RER막을 통과하는 것을 촉진함.

신호 전달(signal transduction) 세포 외 신호가 수용되고, 증폭되고, 세포 반응으로 전환되는 메커니즘.

신호 펩타이드(signal peptide) 폴리펩타이드의 세포소기관 막으로 삽입되는 운명을 결정짓는 짧은 서열로서 폴리펩타이드의 아미노 말단 근처에 있음.

심근 경색증(myocardial infarction) 혈류 공급의 중단으로 심장 근육 세포의 죽음을 가져옴. 심장 마비.

싸이아민 파이로인산(thiamine pyrophosphate) 싸이아민의 보조효소형. 비타민 B_1.

쌍극자(dipole) 극성 결합의 비대칭 배치로부터 생기는 분자 내 원자 사이의 전하 차이.

아노머(anomer) 헤미아세탈이나 아세탈 탄소 주위의 배열이 서로 다른 고리형 당의 이성질체.

아디포넥틴(adiponectin) 글루코스 자극에 의한 인슐린 분비와 인슐린에 대한 세포 반응을 증강시키는 펩타이드 호르몬.

아메톱테린(amethopterin) 몇 가지 유형의 암 치료에 사용하는 폴산의 구조적 유사체로서 메토트렉스산이라고도 함.

아미노기 전달(transamination) 아미노기가 한 분자로부터 α-케토산의 α-탄소로 전달되는 반응. 아미노산은 아미노기를 내놓고 해당하는 α-케토산으로 전환됨.

아미노산(amino acid) 아미노기와 카복실기를 갖는 유기 분자.

아미노산 잔기(amino acid residue) 펩타이드 분자에 편입된 아미노산.

아미노산 집합소(amino acid pool) 생물이 대사 과정에서 즉시 이용할 수 있는 아미노산 분자.

아밀로스(amylose) 식물 녹말의 한 유형으로서 α(l,4)-글리코사이드 결합으로 연결된 D-글루코스 잔기로 되어 있고 가지가 없는 중합체.

아밀로이드 침착물(amyloid deposit) 어떤 신경 질환을 가진 환자의 뇌에 생기는 세포외 단백질 찌꺼기로 된 불용성 응집체.

아밀로펙틴(amylopectin) 식물 녹말의 한 유형으로서 α(1,4) 및 α(1,6)-글리코사이드 결합으로 구성되는 중합체이고 가지 구조를 가짐.

아세탈(acetal) 일반화학식 $RCH(OR')_2$를 갖고 있는 유기 화합물로서 헤미아세탈(hemiacetal)과 알코올의 반응으로부터 형성됨.

아실기(acyl group) 카복실산 RCOOH에서 —OH가 떨어져 나가고 남은 RCO—.

아실 운반체 단백질(acyl carrier protein) 지방산 합성 효소의 성분. 지방산 합성의 중간 물질이 싸이오에스터 결합을 통해 이 분자에 연결됨.

아이소프레노이드(isoprenoid) 아이소프렌 단위로 알려진 반복되는 오-탄소 구조 단위를 포함하는 생체 분자 종류로서 터펜(terpene)과 스테로이드가 있음.

아쿠아포린(aquaporin) 물 통로 단백질.

악성 빈혈(pernicious anemia) 비타민 B_{12} 결핍에 의한 병으로서 적혈구 수가 적고 신체가 허약해지며 신경 혼란이 생김.

안테나 색소(antenna pigment) 광합성 중 빛을 흡수하여 반응 중심에 전달하는 색소 분자.

안티센스 가닥(antisense strand) 비암호화 DNA 가닥으로서, 암호화 DNA 가닥에서 전사된 mRNA 분자의 염기 서열에 대해 상보적임.

알다르산(aldaric acid) 단당류의 알데하이드기와 CH_2OH기가 카복실산으로 산화할 때 형성되는 생성물.

알도스(aldose) 알데하이드 작용기를 갖고 있는 단당류.

알돈산(aldonic acid) 단당류의 알데하이드기가 산화할 때 형성되는 생성물.

알돌 절단(aldol cleavage) 알돌 축합의 역반응.

알돌 축합(aldol condensation) 알돌 첨가 반응이며, 케톤의 엔올산 이온이 알데하이드에 친핵성 첨가되어서 α-하이드록시케톤을 형성하고 이어서 물 분자가 제거되는 반응.

알디민(aldimine) 일차 아민기가 카보닐기와 반응하여 형성된 이민 생성물로 시프 염기라고도 함.

알디톨(alditol) 당 알코올(단당류의 알데하이드기 또는 케톤기가 환원될 때 형성되는 생성물).

알츠하이머병(Alzheimer's disease) 신경세포의 죽음으로 지적 기능이 심각하게 손상을 입는 진행성이며 치명적인 병.

알칼리혈증(alkalosis) 혈액의 pH가 장기간 7.45 이상인 상태.

알킬화(alkylation) 분자에 알킬기를 도입하는 반응.

알킬화제(alkylating agent) 비공유 전자쌍을 가진 분자와 반응하여 알킬기를 첨가하는 친핵체.

암 유전자(oncogene) 원암 유전자(또는 원종양 유전자)의 돌연변이로서 비정상적인 세포 증식을 촉진함.

암호 가닥(coding strand) RNA 전사물과 동일한 염기 서열을 갖는 DNA 가닥(단, 유라실 대신 타이민).

약산(weak acid) 물에서 완전히 해리하지 않는 유기산.

약염기(weak base) 수소 이온과 약간 결합하는 유기 염기.

양극성 분자(amphipathic molecule) 극성과 비극성 구역을 모두 포함하는 분자.

양성 되먹임(positive feedback) 반응의 생성물이 자신의 생산을 증가시키는 자기조절계의 메커니즘.

양성자 동력(protonmotive force) 양성자 기울기와 막 전위로부터 발생하는 힘.

양성 협동성(positive cooperativity) 한 리간드의 표적 분자와의 결합이 다음 리간드의 결합을 증가시키는 메커니즘.

양쪽성 대사 경로(amphibolic pathway) 합성과 분해 기능을 모두 하는 대사 경로.

양쪽성 분자(amphoteric molecule) 산과 염기로 작용하는 분자.

억제제(inhibitor) 효소 활성을 감소시키는 분자.

에너지(energy) 일을 할 수 있는 능력.

에이코사노이드(eicosanoid) 대부분의 에이코사노이드는 아라키돈산(arachidonic acid)으로부터 유래하며 20개의 탄소를 포함하는 호르몬 유사 분자임. 그 예로서 프로스타글란딘(prostaglandin), 트롬복세인(tromboxane), 류코트라이엔(leukotriene) 등이 있음.

에폭사이드(epoxide) 산소가 삼원자 고리로 편입되는 에터

에피네프린(epinephrine) 몇 가지 카테콜아민 신경 전달 물질 중의 하나로서 타이로신으로부터 유도됨.

에피머(epimer) 1개의 비대칭 탄소 때문에 다른 분자와 구조가 다른 분자.

에피머화(epimerization) 에피머의 가역적 상호 전환.

엑손(exon) RNA를 암호화하여 최종 생성물(예, mRNA)로 나타나는 분할 유전자(split gene)의 부위.

엔다이올(enediol) 단당류의 이성질화 반응 중 형성되는 중간 물질. 이중 결합의 각 탄소 위에 –OH 기를 갖고 있다.

엔탈피(enthalpy) 한 시스템의 열 함량을 말함. 생물계에서 엔탈피는 기본적으로 시스템의 전체 에너지와 같다.

엔트로피(entropy) 시스템의 무작위 또는 무질서의 정도. 계의 총 에너지 중 유용한 일을 하는데 이용할 수 없는 부분을 측정함.

역반복 서열(inverted repeat) 또 다른 하부 서열에 거꾸로 상보적인 DNA 서열. 트랜스포존의 경계 부위.

역위 돌연변이(inversion mutation) 결실된 DNA 조각이 원래 위치에 반대 방향으로 재삽입됨.

역코돈(anticodon) mRNA의 코돈과 상보적인 tRNA의 3개의 리보뉴클레오타이드 서열. 코돈-역코돈의 결합으로 정확한 아미노산이 단백질 합성 자리에 전달됨.

연결효소(ligase) 두 분자의 연결을 촉매 작용하는 효소.

연속 진행성(processivity) 중합 효소가 DNA 주형으로부터 분리되는 것을 방지하는 것.

연장(elongation) 리보솜 상에서 번역 중 폴리펩타이드 사슬의 성장기.

열린 해독틀(open reading frame) 정지 또는 종결 코돈을 포함하지 않는 mRNA의 삼개조 염기 서열.

열 발생 단백질(thermogenin) 짝풀음 단백질 참조.

열역학(thermodynamics) 에너지와 그 상호 전환에 관한 연구 분야.

열 충격 단백질(heat shock protein, hsp) 고온 같은 스트레스에 대응하여 합성되는 단백질.

염기(base) 수소 이온을 수용할 수 있는 분자.

염기 유사 물질(base analogue) 정상 DNA 뉴클레오타이드를 닮은 분자로서 DNA 복제 중 정상 뉴클레오타이드를 치환시켜 돌연변이를 유발함.

염기 절제 수선(base excision repair) 여러 유형(예, 알킬화, 탈아미노화, 또는 산화)의 손상을 받은 DNA 뉴클레오타이드를 제거하고 대체하는 메커니즘.

염 다리(salt bridge) 단백질에서 상반된 전하의 이온 사이의 정전기적 상호 작용.

염색질(chromatin) 진핵생물 핵 속에 있는 DNA와 히스톤의 복합체.

염색질 재모형 복합체(chromatin remodelig complex) 전사 중 뉴클레오솜 DNA로부터 히스톤의 방출을 촉진하는 다중 소단위체로 된 복합체.

염색체(chromosome) 생물의 유전자를 간직하고 있는 구조로 단백질과 결합한 매우 긴 DNA로 구성됨.

염색체 도약(chromosomal jumping) 동일한 염색체로부터 불연속적인 서열을 포함하는 클론을 분리하는 기술.

염석(salting out) 용액의 이온 세기의 증가로 인해 단백질 용해도가 감소함.

엽록소(chlorophyll) 헴과 닮은, 마그네슘을 함유한 녹색 색소 분자로서 식물과 광합성 세균에 존재하며 광합성에서 빛 에너지를 흡수함.

엽록체(chloroplast) 조류와 고등 식물의 세포에 존재하는 엽록소를 함유한 색소체.

오메가-3-지방산(omega-3-fatty acid) α-리놀렌산 그리고 그 유도체인 에이코사펜타엔산과 도코사헥사엔산.

오메가-6-지방산(omega-6-fatty acid) 리놀레산 그리고 그 유도체.

오카자키 조각(Okazaki fragment) DNA의 한 가닥이 연속하여 복제할 때 DNA 한 가닥은 불연속적으로 복제하는 과정에서 형성되는 DNA 조각을 말함.

오탄당 인산 경로(pentose phosphate pathway) NADPH, 리보스와 여러 다른 당들을 생산하는 대사회로.

오페론(operon) 한 단위로 조절되는 연관된 유전자들.

올리고뉴클레오타이드(oligonucleotide) 소수의 뉴클레오타이드(50개 이하)를 포함하는 짧은 핵산.

올리고당(oligosaccharide) 2~10개 정도의 단당류로 구성된 중간 크기 정도의 탄수화물.

왁스(wax) 왁스 에스터를 포함하는 비극성 지질의 혼합물.

완전 단백질(holoprotein) 그 보결분자단과 합쳐진 결손 단백질.

완전 효소(holoenzyme) 결손 효소와 보조인자가 합쳐진 효소.

완충 용액(buffer) 소량의 산 또는 염기를 첨가했을 때 큰 pH 변화를 일으키지 않는 용액이며 보통 약산과 그 짝산을 포함함.

외핵막(outer nuclear membr-ane) 핵을 둘러싼 막으로 소포체와 연결됨.

요소 회로(urea cycle) NH_3, CO_2와 아스파트산 분자의 아미노기 질소가 요소로 전환되는 회로.

용균 주기(lytic cycle) 바이러스가 숙주 세포를 파괴하는 바이러스의 생활사.

용매화 구(solution sphere) 양이온과 음이온 주위에 송이를 형성하는 물 분자의 껍질.

용원성(lysogeny) 숙주 유전체에 바이러스 유전체가 삽입되는 것.

용해된 소구체(molten globule) 분자의 원래 상태를 닮게 부분적으로 접힌 폴리펩디이드의 구형 부위.

우론산(uronic acid) 단당류의 말단 CH_2OH 기가 산화할 때 형성되는 생성물.

운반 RNA(transfer RNA, tRNA) 번역 중 폴리펩타이드 사슬에 편입시키기 위해 아미

노산을 결합하여 리보솜으로 운반하는 작은 RNA.

운반체 단백질(carrier protein) 막 수송 단백질.

원래 구조화 되지 않은 단백질(intrinsically unstructured protein, IUP) 부분적으로 또는 완전하게 안정된 3차 구조를 갖고 있지 않은 단백질.

원발성 섬모(primary cilium) 대부분의 분화된 척추 동물 세포에서 감각 세포소기관으로 작용하는 비운동성 섬모.

원발암 유전자(protooncogene) 세포 주기 조절에 관여하는 단백질을 암호화하는 정상 유전자로서 돌연변이가 일어나면 발암을 촉진함.

원핵 세포(prokaryotic cell) 핵이 없는 세포.

원형질막(plasma membrane) 세포를 에워싸고 외부 환경으로부터 분리하는 막.

유동 모자이크 모형(fluid mosaic model) 세포막이 막 속에 묻힌 내재 단백질과 막 표면에 부착한 주변 단백질을 포함하는 지질 이중층으로 되어 있다는 공인된 모형.

유미입자(chylomicron) 매우 낮은 밀도를 갖고 있는 큰 지질단백질로서 트라이아실글리세롤과 콜레스테릴 에스터를 장으로부터 근육과 지방조직에 수송함.

유미입자 잔류물(chylomicron remnant) 트라이아실글리세롤의 약 90%가 지질단백질 지질 분해 효소에 의해 제거된 후의 킬로미크론.

유비퀴틴(ubiquitin) 분해되어야 할 운명에 있는 단백질에 공유 결합으로 부착하는 단백질.

유비퀴틴 단백질 가수분해효소 복합체계(ubiquitin proteosomal system) 단백질의 빠른 분해를 위한 정교한 복합계.

유비퀴틴화(ubiquination) 분해될 단백질에 유비퀴틴을 공유 결합으로 부착함.

유사 물질(analogue) 자연에 존재하는 분자와 그 구조가 유사한 물질.

유사 분열 촉진제(mitogen) 세포 분열을 촉진하는 물질.

유사 유전자(pseudogene) 기능을 가진 유전자의 불완전한 복제물로 발현되지 않음.

유전 암호(genetic code) 단백질의 아미노산, 개시 신호와 정지 신호를 암호화하는 한 벌의 코돈.

유전자(gene) 폴리펩타이드, rRNA, 또는 tRNA를 암호화하는 DNA 서열.

유전자 발현(gene expression) 생물이 유전 정보의 흐름을 조절하는 메커니즘. 유전자의 전사 여부와 시기의 조절.

유전자 중복(gene duplication) 유전자나 유전자의 일부를 중복하여 만들어짐. 감수 분열 동안의 동등하지 않은 교차나 레트로트랜스포존으로부터 생길 수 있다.

유전체(genome) 한 생물이 간직하고 있는 총 유전 정보.

유전체 산재 반복 서열(interspersed genome-wide repeat) 유전체에 산재해 있는 반복 DNA 서열.

유전체학(genomics) 전체 유전체에 대한 연구로서 유전체의 염기 서열 결정과 특징 조사를 함.

유전학(genetics) 유전 현상을 연구하는 분야.

유지형 메틸기 전달효소(maintenance methyl transferase) 어버이 DNA 가닥의 메틸시토신 반대쪽에 새로이 합성된 DNA 가닥을 메틸화하는 효소.

음성 되먹임(negative feedback) 축적된 생성물이 스스로 자신의 생성을 늦추는 자율 조절 메커니즘.

음성 협동성(negative cooperativity) 한 리간드의 표적 분자와의 결합이 다음 리간드의 결합을 감소시키는 메커니즘.

이당류(disaccharide) 두 개의 단당류 잔기로 구성된 글리코사이드.

이동상(mobile phase) 크로마토그래피 실험에서 이동하는 상.

이동 유전 인자(mobile genetic element) 유전체 속에서 복제되고 이동하는 수많은 DNA 서열 중의 하나.

이상지질혈증(dyslipidaemia) 혈중 콜레스테롤과 트라이아실글리세롤 합의 수준이 높고 HDL 수준이 낮음. 대사증후군과 관련된 이상.

이성질체(isomer) 같은 수와 유형의 원자를 갖는 분자.

이성질화 반응(isomerization reaction) 원자나 원자단의 분자 내 이동을 포함하는 반응.

이성질화효소(isomerase) 한 이성질체를 다른 이성질체로 전환하는 반응을 촉매 작용하는 효소.

이어맞추기 복합체(spliceosome) mRNA 가공 과정의 이어맞추기에 관련된 다성분 복합체로서 단백질과 RNA로 구성됨.

이온 교환 크로마토그래피(ion-exchange chromatography) 분자를 그 전하에 따라 분리하는 기술.

이온 운반체(ionophore) 막을 통해 양이온을 운반하는 물질.

이종 글라이칸(heteroglycan) 한 종류 이상의 단당류를 갖고 있는 고분자 탄수화물 중합체.

이중 가닥 틈 수선 모형(double-strand break repair model) 상동성 염색체를 이용하여 DNA의 이중 나선 틈을 수선하는 일반 재조합 메커니즘.

이질 염색질(heterochromatin) 고도로 응집하여 전사가 불활성화된 상태의 염색질.

이차 구조(secondary structure) 폴리펩타이드가 α-나선과 β 병풍 구조로 접히는 것. 2차 구조는 아마이드 수소와 펩타이드 결합의 카보닐 산소 사이의 수소 결합에 의해 유지됨.

이차 능동 수송(secondary active transport) 세포의 출입에 ATP가 필요한 펌프질에 의해서 만들어진 전기화학적 기울기를 이용하는 수송 과정.

이탈기(leaving group) 친핵성 치환 반응 중 대치되는 원자단.

이핵 공존체(heterokaryon) 두 개의 다른 세포막 융합으로부터 형성되는 구조로서 막의 유동성을 증명하는 데 사용함.

이화 경로(catabolic pathway) 크고 복잡한 분자가 더 작고 간단한 생성물로 분해하는 일련의 생화학 반응(어떤 이화 경로에서는 에너지가 포획됨).

이황화 교환(disulfide exchange) 효소 촉매 작용으로 정확한 이황화 결합이 형성되어 생물학적으로 활성이 있는 단백질이 될 때까지 이황화 결합이 상호 교환되는 번역 후 과정.

이황화 다리(disulfide bridge) 두 개의 시스테인(cysteine) 잔기 내 −SH기 사이에 형성되는 공유 결합.

인, 핵인(nucleolus) 핵을 어떤 염료로 염색할 때 핵에서 보이는 구조로서 리보솜 RNA 합성에 중요한 역할을 함.

인단백질(phosphoprotein) 인산이 보결분자단인 접합단백질.

인산기 전달 전위(phosphoryl group transfer potential) 인산화 분자의 가수 분해 경향.

인슐린(insulin) 이자 β-세포로부터 방출된 펩타이드 호르몬. 표적 기관(예, 근육과 지방조직)의 세포로 글루코스 흡수 촉진.

인슐린 유사 성장 인자(insulin-like growth factor, IGF) 사람에서 성장 호르몬의 성장 촉진 작용을 중재하는 단백질로서 인슐린과 유사한 성질을 갖고 있음(예, 글루코스 수송과 지방 합성 촉진).

인슐린 저항성(insulin resistance) 인슐린에 대한 조직의 감도 상실(insensitivity). 원인은 흔히 인슐린 수용체의 하향 조절임.

인지질(phospholipid) 소수성 구역(지방산의 탄화수소 사슬)과 친수성 구역(극성의 머리기)을 갖는 양극성 분자로서 세포막의 중요한 구조 성분.

인터루킨 2, IL-2(interleukin 2) 세포 성장과 분화 이외에도 면역계를 조절하는 사이토카인.

인터페론(interferon) 바이러스 RNA 및 단백질 합성을 억제하고 면역 세포의 성장과 분화를 조절하는 비특이적 항바이러스 활성(예, 세포가 항바이러스 단백질을 생산하도록 촉진)을 나타내는 당단백질.

인트론(intron) 최종 RNA 생성물에는 들어있지 않은 분할 유전자(split gene)의 비암호화 개재 서열.

일(work) 에너지 변화에 의해 일어나는 물리적 변화.

일-탄소 대사(one-carbon metabolism) 단일 탄소 원자가 한 분자에서 다른 분자로 전달되는 반응들.

일반 재조합(general recombination) 한 쌍의 상동 DNA 서열의 교환을 포함하는 재조합. 염색체의 모든 자리에서 일어날 수 있다.

일정 상태(steady state) 동화 과정 속도와 이화 과정 속도가 거의 같은 경우.

일차 구조(primary structure) 폴리펩타이드의 아미노산 서열.

일차 능동 수송(primary active transport) 막을 가로질러 분자를 운반하는 데 화학 에너지를 사용하는 과정.

임의적 이질 염색질(facultative heterochromatin) 특별한 신호 메커니즘에 반응하여 덜 응집하고 전사가 활성인 형태로 변할 수 있는 응집된 DNA 서열.

입체 이성질체(stereoisomer) 다른 분자와 같은 구조식과 결합 유형을 갖고 있으나 공간에서 원자의 배열이 다른 이성질체.

자가 면역 질환(autoimmune disease) 면역 반응이 환자 자신의 조직에 대해 일어나는 상태.

자가 분비(autocrine) 자신이 생산된 세포에서 활성을 나타내는 호르몬과 유사한 분자.

자가 생성계(autopoiesis) 자율적이며 스스로 조직화하고 유지하는 계.

자가 소화 작용(autophagy) 리소좀의 효소들에 의하여 세포 성분이 분해되는 세포 분해 경로.

자리-지정 돌연변이 유도(site-directed mutagenesis) 클로닝된 유전자에 특이한 서열 변화를 도입하는 기술.

자리옮김(translocation) 번역 중 리보솜이 mRNA를 따라 이동하는 현상. 또, DNA 조각이 같은 염색체나 비상동성 염색체의 다른 자리로 삽입되는 염색체 이상을 나타내기도 함.

자리 특이성 재조합(site-specific recombination) 비상동 DNA의 재조합. 제한된 상동성만을 갖는 서열들 사이의 재조합 메커니즘.

자발적 화학 변화(spontaneous chemical change) 에너지 방출과 함께 일어나는 물리적 또는 화학적 과정.

자연적으로 풀린 단백질(natively unfolded protein) 정렬된 구조가 전혀 없는 기능 단백질.

자유 에너지(free energy) 유용한 일을 위해 쓰이는 에너지.

자유 에너지 감소 반응(exergonic process) 자발적으로 반응이 완결됨. 표준 자유 에너지 변화는 음성(−)이고 평형 상수는 1보다 크다.

자유 에너지 증가 반응(endergonic reaction) 자발적으로 완결되지 않는 반응. 표준 자유 에너지 변화는 양성(+)이고 평형 상수는 1보다 작음.

자이모젠, 선구효소(zymogen) 불활성화형의 단백질 가수분해효소.

작동 유전자(operator) 억제 단백질이 결합하여 조절 작용을 하는 DNA 서열.

작용기(functional group) 유기 분자나 생체 분자의 탄소 원자에 결합하여 고유한 반응을 수행하는 원자단.

작은 인 RNA(small nucleolar RNA, snoRNA) 인에서 rRNA의 화학적 변형을 촉진하는 리보핵산단백질의 RNA 성분.

작은 핵 RNA(small nuclear RNA, snRNA) mRNA, rRNA, tRNA로부터 인트론을 제거하는 데 관련된 작은 RNA 분자.

작은 핵 리보핵산단백질 입자(small nuclear ribonucleoprotein particle, snRNP) RNA 가공을 촉진하는 핵의 작은 RNA 분자와 단백질의 복합체.

잡색체(chromoplast) 식물의 잎, 꽃잎과 과일 등의 색깔을 만드는 색소체.

재조합(recombination) DNA 분자가 끊어지고 새로운 조합으로 다시 재결합하는 과정.

재조합 DNA 기술(recombinant DNA technology) 여러 원천에서 얻은 DNA를 절단하고 이어맞추는 것이 중요한 특징인 기술.

재조합 수선(recombinational repair) 복제 전에 제거되지 않은 어떤 유형의 손상된 DNA 서열을 제거할 수 있는 수선 메커니즘. 손상되지 않은 어버이 가닥은 손상된 가닥이 제거된 후 남은 틈에 재조합함.

저밀도 지질단백질(low-density lipoprotein) 콜레스테롤, 트라이아실글리세롤, 인지질을 함유하는 지질단백질의 유형으로 콜레스테롤을 말단 조직 수송함.

저장액(hypotonic solution) 낮은 삼투압을 갖고 있는 묽은 용액.

저혈당증(hypogiycemia) 정상보다 더 낮은 혈당 수준.

전기 이동(electrophoresis) 분자가 띠고 있는 알짜 전하의 차이에 따라 서로 분리할 수 있는 기술.

전기천공법(electroporation) 전류를 처리하여 클로닝 운반체를 숙주 세포에 도입하는 방법.

전달효소(transferase) 작용기를 한 분자로부터 다른 분자에 전달하는 것을 촉매하는 효소.

전령 RNA(messenger RNA) 전사에 의해 생산되며 폴리펩타이드의 아미노산 서열을 지시하는 RNA.

전사(transcription) DNA의 주형 가닥과 상보적인 RNA 가닥이 합성되는 과정.

전사물(transcript) DNA 서열의 전사에 의해 생산되는 RNA.

전사물 편재화(transcript localization) 세포질 내 어떤 세포 구조에 mRNA가 결합함으로써 세포 내에 단백질 기울기가 형성되는 것.

전사와 짝지어진 수선(transcription coupled repair) 전사 중인 DNA 가닥에서만 일어나는 DNA 수선의 한 형태.

전사 인자(transcription factor) 반응 요소라고 부르는 특정 DNA 서열에 결합하여 RNA 합성을 조절 또는 개시하는 단백질.

전사체(transcriptome) 세포 속에 생산되는 RNA 분자의 완전한 한 벌.

전위(transposition) DNA의 한 조각의 유전체가 한 부위로부터 다른 부위로 이동하는 것.

전위 DNA 요소(transposable DNA element) 자신을 절제하여 다른 부위에 삽입시키는 DNA 서열.

전이 돌연변이(transition mutation) 돌연변이 부위에 있는 정상 퓨린 대신에 다른 퓨린으로 치환하거나 정상 피리미딘 대신에 다른 피리미딘으로 치환하여 발생하는 돌연변이.

전이 상태(transition state) 촉매 과정에서 효소는 기질이 형태가 변한 불안정한 중간 생성물을 형성하여 기질과 생성물의 성질을 공유하게 함.

전자 받개(electron acceptor) 반응 중 전자를 전자 주개로부터 받는 것.

전자 스핀 공명 분광법(electron spin resonance spectroscopy) 급속히 변하는 자기장에서 일어나는 짝이 없는 전자의 에너지 수준 차이를 측정하는 기술.

전자 전달계(electron transport system) 다른 에너지 수준에 있는 전자와 가역적으로 결합하는 일련의 전자 운반체 단백질.

전자 주개(electron donor) 반응 중 전자를 전자 받개에게 주는 것.

전환(turnover) 구조 속의 모든 분자들이 분해되어 새로이 합성된 분자로 대치되는 비율.

전환 돌연변이(transversion mutation) 피리미딘이 퓨린으로 치환하거나 퓨린이 피리미딘으로 치환하는 점 돌연변이.

전환수(turnover number) 1 mol의 효소에 의해 1초당 생성물로 전환되는 기질의 분자수.

절대 혐기성 생물(obligate anaerobe) 산소가 없는 환경에서만 성장하는 생물.

절대 호기성 생물(obligate aerobe) 에너지 생산을 위해 절대적으로 산소에 의존하는 생물.

점 돌연변이(point mutation) DNA 서열에서 단일 뉴클레오타이드의 변화.

접기(fold) 단백질 구역의 핵심 3차 구조.

접합(conjugation) 세균 세포 사이의 생식 방법으로서 주개 세포(donor cell)가 특수한 선모(pili)를 통해 DNA 절편을 받개 세포에 전달함.

접합 단백질(conjugated protein) 공유 결합 또는 약한 상호 작용에 의해 부착된 다른 화학군을 운반할 때만 기능을 나타내는 단백질.

접합 반응(conjugation reaction) 한 분자를 수용성 그룹을 포함하는 유도체로 전환시킴으로써 분자의 수용성을 증진시키는 반응.

정전기 상호 작용(electrostatic interaction) 서로 상반된 전하의 원자 또는 작용기 사이의 비공유 인력.

정지상(stationary phase) 고체 크로마토그래피 기질.

제1형 당뇨병(type 1 diabetes) 인슐린을 생산하는 이자의 β-세포를 파괴하는 자가 면역 질환. 고혈당증과 이상지질혈증이 가장 분명한 증상인 대사 질환.

제2형 당뇨병(type 2 diabetes) 환자가 인슐린에 저항성을 갖는 당뇨병 형태.

제거 반응(elimination reaction) 분자의 원자들이 제거될 때 이중 결합이 형성되는 화학 반응.

제독(除毒, detoxication) 독성 분자가 더 수용성이고 보통 덜 독성인 생성물로 전환되는 과정.

제이 전령(secondary messenger) 호르몬의 작용을 중재하는 분자.

제한 조각 길이 다형 현상(restriction fragment length polymorphism, RFLP) 개체를 동정 확인하는 데 사용하는 DNA 서열 변이.

젤 여과 크로마토그래피(gel filtration chromatography) 젤라틴 중합체로 되어 있는 칼럼(column)을 사용하여 크기와 모양에 따라 분자를 분리하는 기술.

조건 혐기성 생물(facultative anaerobe) 산소 대사 물질을 해독하는 데 필요한 메커니즘을 갖고 있는 생물로서 산소를 전자 수용체로서 사용하여 에너지를 생산함.

조면 소포체(rough ER) 표면에 리보솜이 결합한 소포체 유형. 단일 펩타이드로 된 새로 생긴 폴리펩타이드는 RER 막을 통해서 이동함.

종결(termination) 새로이 합성된 폴리펩타이드가 리보솜으로부터 방출되는 번역기.

종속 영양 생물(heterotroph) 에너지를 얻기 위해 다른 생물체의 유기물을 필요로 하는 생물.

종양 괴사 인자(tumor necrosis factor) 세포 분열을 억제 하는 단백질로서 종양에 독성이 있다.

종양 억제 유전자(tumour suppressor gene) 세포가 암으로 진행하는 과정을 막아주는 단백질을 암호화하는 유전자들 중 하나. 세포 주기 진행을 위해 필요한 전사 인자를 억제하거나 DNA 수선을 도와줄 수도 있음.

종양 촉진 물질(tumor promoter) 인접세포보다 생장 이점을 제공하는 분자.

죔쇠 걸개(clamp loader) 시발체를 갖고 있는 단일 DNA 가닥을 인식하여 핵심 중합효소에 β_2-죔쇠 이합체를 전달하는 γ 복합체.

주개 자리(donor site) RNA 이어맞추기(splicing) 과정에서 5′-이어맞추기 자리(5′-splice site).

주변 단백질(peripheral protein) 막 속에 묻혀 있지 않지만 공유 결합에 의해 지질 분자에 부착하거나 비공유 상호 작용에 의해 막 단백질이나 지질에 부착한 단백질.

주석(annotation) 유전체 속의 유전자의 기능 확인.

죽상경화증(atherosclerosis) 혈관 벽에 지방 물질과 세포 찌꺼기를 포함하는 부드러운 덩어리가 형성되는 심혈관 질환.

중간 필라멘트(intermediate filament) 세포에 중요한 기계적 지지를 제공하는 골격 성분. 유연하고 강하고 비교적 안정한 중합체(8~2 nm).

중밀도 지질단백질(intermediate-density lipoprotein) 초저밀도 지질단백질이 트라이아실글리세롤, 결손 지질단백질과 인지질 분자의 결핍으로 인해 크기가 줄고 더 밀집해졌을 때 형성되는 지질단백질.

중성지방(neutral fat) 트라이아실글리세롤 분자.

중합 효소 연쇄 반응(polymerase chain reaction) 열에 안정한 DNA 중합 효소를 사용하여 소량의 DNA로부터 다량의 특정 DNA를 합성하는 기술.

증강 유전자(enhancer) 활성화 단백질이 결합하면 한 가지 이상의 유전자의 전사를 촉진하는 짧은 DNA 서열.

지방산(fatty acid) 짝수 개의 탄소 원자를 포함하는 긴 사슬의 카복실산(monocarboxylic acid). R-COOH에서 R은 알킬기이다.

지방산 결합단백질(fatty acid binding protein) 소수성 지방산을 결합하여 수송하는 세포 내 수용성 단백질.

지방족 탄화수소(aliphatic hydrocarbon) 메테인 또는 사이클로헥세인 같은 비방향족 탄화수소.

지질(lipid) 비극성 용매에 녹고 물에 녹지 않는 생체 분자.

지질단백질(lipoprotein) 지질 분자가 보결원자단인 접합 단백질. 단백질-지질 복합체는 혈액의 물에 녹지 않는 지질을 운반함.

지질 두겹층(lipid bilayer) 세포막의 구조적 골격을 구축하는 지질층.

지질 분해(lipolysis) 트라이아실글리세롤 분자의 효소 촉매에 의한 가수 분해.

지질 합성(lipogenesis) 신체 지방(트라이아실글리세롤)의 생합성.

직렬 반복(tandem repeat) 다중 복사물이 서로 이웃에 배열된 DNA 서열로 그 길이는 10~2000 bp임.

진정 염색질(euchromation) 다양한 수준의 전사 활성을 갖는 덜 응축된 염색질.

진핵 생물(eukarya) 생물 분류에서 세 구역 중 하나로서 단세포와 다세포 진핵생물을 포함함.

진핵 세포(eukaryotic cell) 진정한 핵을 보유하는 세포.

질량 분석법(mass spectroscopy) 분자들을 증기화한 후 고에너지 전자 빔과 충돌시켜서 양전하를 띤 조각들로 절단하는 기술.

질소 고정(nitrogen fixation) 질소 고정 미생물에 의해 N_2를 NH_3로 전환하는 반응.

집광(light harvesting) 색소 분자가 빛 에너지를 붙잡음. 빛 에너지는 일단 붙잡히면 광합성 반응 중심으로 이동함.

집광 안테나(light harvesting antenna) 엽록체의 틸라코이드 막에 배열된 단백질과 엽록소 분자로서 빛 에너지를 광 반응계 반응 중심에 있는 엽록소 분자에 전달함.

짝 산화-환원 쌍(conjugate redox pair) 전자 주개와 그것의 전자 받개형(예, NADH와 NAD^+).

짝 염기(conjugate base) 약산이 양성자를 잃을 때 생기는 음이온 또는 분자.

짝짝이 수선(mismatch repair) 복제 교정 실수나 복제 미끄러짐으로 생성되어 나선을 변형시키는 염기 짝짝이를 교정하는 단일가닥 수선 메커니즘.

짝풀음 단백질(uncoupling protein) 양성자를 이동시킴으로써 미토콘드리아 내 양성자 기울기를 파괴하는 분자. 열 발생 단백질이라고도 함.

짝풀음제(uncoupler) ATP 합성을 전자 수송과 분리시키는 분자로서 막을 가로질러서 양성자를 수송함으로써 양성자 기울기를 파괴함.

짧은 산재 핵 요소(short interspersed nuclear element, SINE) 포유류의 유전체에 500 bp 길이 이하로 산재되어 있는 반복적인 DNA 서열. SINE는 기능성 LINE 서열의 도움이 없이는 자리를 옮길 수 없음.

짧은 직렬 반복(short-tandem repeat) 2~4 bp 반복을 갖고 있는 DNA 서열로서 개체들을 구별할 수 있는 DNA 윤곽을 만드는 데 사용됨.

쯔비터 이온(zwitter ion) 같은 수의 양전하와 음전하를 동시에 갖고 있는 중성 분자.

창발성(emergent property) 계(system)의 복잡성과 동역학에 의해 주어진 새로운 성질.

첨가 반응(addition reaction) 한 분자에 다른 분자가 첨가되는 반응. 첨가 반응은 이중 또는 삼중 결합을 갖는 친전자성이나 친핵성 불포화 화합물에서 일어남.

첨가생성물(adduct) 첨가 반응에 의해 생긴 화합물.

체액성 면역 반응(humoral immune response) 혈액과 체액 중의 항체에 의해 매개되는 면역. 항체-매개 면역이라고도 함.

초미소 부수체(microsatellite) 2~4 bp의 DNA 염기 서열이 앞뒤로 나란히 10~20번 반복된 것.

초이어맞추기 복합체(supraspliceosome) 4개의 이어맞추기 복합체와 1개의 pre-mRNA의 복합체로 형성됨. 전사물 이어맞추기의 속도와 효율을 증가시키고 인트론 절제 교정(intron excision proofreading)의 기회를 부여함.

초이차 구조(supersecondary struc-ture) 단백질 분자에서 α-나선과 β-병풍 구조의 특이한 조합.

초저밀도 지질단백질(very low density lipoprotein, VLDL) 상대적으로 매우 높은 농도의 지질을 가지고 있는 지질단백질로서 지질을 조직으로 수송함.

촉매(catalyst) 화학 반응 속도를 증가시키지만 반응에 의해 영원히 변하지 않는 물질.

촉진 유전자(promoter) RNA 중합 효소에 의해 인식되고 출발점과 전사방향을 신호하는 유전자 바로 앞에 있는 뉴클레오타이드 서열.

축진 확산(facilitated diffusion) 운반체의 도움으로 막을 가로질러 일어나는 물질의 확산.

축퇴(degeneracy) 구조적으로 다른 시스템 부분들이 동일하거나 유사한 기능을 수행하는 능력.

출현(emergence) 성분들 사이의 상호 작용으로부터 생기는 계(system)에서 각 조직화 수준의 새롭고 예기치 않은 성질.

층간 삽입제(intercalating agent) 염기쌍 사이에 끼어든 평면 분자. DNA를 뒤틀리게 함.

친수성(hydrophilic) 물에 잘 녹는 분자의 성질을 나타냄. 친수성 분자는 양전하 또는 음전하 또는 전기 음성의 산소 또는 질소 원자를 상대적으로 많이 보유함.

친전자체(electrophile) 화학 반응 동안 다른 종의 전자 밀도가 높은 영역에 잘 끌리는 전자가 결핍된 종.

친핵성 치환 반응(nucleophilic substitution) 분자 속의 작용기나 원자가 다른 친핵체에 의해 치환되는 반응.

친핵체(nucleophile) 전자가 풍부한 이온 또는 분자.

친화 크로마토그래피(affinity chromatography) 단백질이 특이한 리간드에 결합하는 능력에 기반을 두고서 단백질을 분리하는 기술.

침묵 돌연변이(silent mutation) 구별할 만한 효과가 전혀 없는 DNA 염기의 변화.

침묵 유전자(silencer) 억제 인자 단백질이 결합하면 촉진 유전자 가까이 RNA 중합 효소가 결합하는 것을 막는 DNA 서열.

카로티노이드(carotenoid) 광 수집 색소 또는 반응성 산소종(ROS)에 대해 보호 기능을 하는 아이소프레노이드 분자.

카이랄 탄소(chiral carbon) 거울상을 갖는 분자의 비대칭 탄소.

카테콜아민(catecholamine) 타이로신(tyrosine)으로부터 유래한 신경 전달 물질로서 도파민, 노르에피네프린과 에피네프린이 포함됨.

캘빈 회로(Calvin cycle) 광합성에서 CO_2가 유기 분자로 합성되는 주요 대사 경로.

케탈(ketal) 일반 화학식 $RRC(OR)_2$를 갖는 유기 화합물로서 헤미케탈(hemiketal)이 알코올과 반응할 때 형성됨.

케톤산증(ketoacidosis) 케톤체의 과다 축적으로 발생하는 산성혈증.

케톤 생성형(ketogenic) 탄소 골격이 아세틸 CoA나 아세토아세틸 CoA로 분해됨.

케톤증(ketosis) 혈액과 조직 내 케톤체의 축적.

케톤체 생성(ketogenesis) 과다한 농도의 아세틸-CoA 분자가 아세토아세트산, β-하이드록시부티르산과 아세톤 같은 케톤체로 전환하는 조건.

코돈(codon) 단백질 합성 중 아미노산의 편입을 지시하는 mRNA의 3개의 뉴클레오타이드 서열. 코돈은 시작 신호 또는 정지 신호로도 작용함.

코리 회로(Cori cycle) 근육에서 생성된 락트산(lactate)이 간으로 가서 글루코스 신생합성의 기질이 되는 대사과정.

코스미드(cosmid) 1개 또는 그 이상의 선택 표지를 갖고 있는 플라스미드 DNA 서열에 편입된 γ 박테리오파지 cos 자리를 갖고 있는 클로닝 운반체.

콘틱(contig) DNA의 한 부위의 DNA 염기서열을 확인하는 데 사용하는 한 벌의 중복된 DNA 서열.

콜로니 혼성화 기술(colony hybridization technique) 특정 재조합 DNA 서열을 갖고 있는 세균 콜로니를 확인하기 위한 방법.

크라슐라시안산 대사(crassulacean acid metabolism) 사막 같은 덥고 건조한 지역에서 사는 식물에서 4개의 탄소를 갖고 있는 분자인 말산을 생산하는 광합성 경로.

크랩트리 효과(Crabtree effect) *S. cerevisiae* 세포가 당을 발효하여 에탄올을 생산하고 이것으로 경쟁자를 죽이고 에탄올을 에너지원으로 이용하는 생리적 능력.

크레브스 요소 회로(Krebs urea cycle) 노폐물인 NH_3를 CO_2 및 아스파트산과 함께 요소로 전환하는 회로. 발견자 Hans Krebs의 이름을 따옴.

크레브스 이회로(Krebs bicycle) 요소 회로에 필요한 아스파트산이 시트르산 회로의 중간 물질인 옥살로아세트산으로부터 생산되는 회로.

클라트린(clathrin) 껍질 소포의 형성에서 중요한 역할을 하는 단백질.

클라트린-의존성 세포내 이입(clathrin-dependent endocytosis) 세포가 안쪽으로 내민 원형질 막 소포에 의해 분자를 안쪽으로 들여오는 수용체 매개 과정.

키네신(kinesin) 미세소관과 연결된 모터 단백질.

키틴(chitin) *N*-아세틸 글루코사민(*N*-acetyl glucosamine) 잔기로 구성된 호모글라이칸으로서 절지동물의 외골격과 균류의 세포벽의 주성분.

탄소 고정(carbon fixation) 무기 CO_2가 유기 분자로 편입되는 생화학 과정.

탄소양이온(carbocation) 양(+)전하를 갖고 있는 탄소.

탄소음이온(carbanion) 음(−)전하를 갖고 있는 탄소.

탄화수소(hydrocarbon) 탄소와 수소만을 포함하는 분자.

탈카복실화(decarboxylation) 카복실산이 카복실기를 상실하는 반응.

탈퓨린화 자리(apurinic site) DNA 분자에서 퓨린 염기가 상실 또는 제거된 뉴클레오타이드 잔기.

탈피리미딘화 자리(apyrimidinic site) DNA 분자에서 피리미딘 염기가 상실 또는 제거된 뉴클레오타이드 잔기.

터펜(terpene) 포함한 아이소프렌 단위 수에 따라 분류된 아이소프레노이드의 한 종류.

테트라하이드로바이오프테린(tetrahydrobiopterin, BH_4) 방향족 아미노산의 하이드록실화에 필수적 보조 인자인 폴산과 유사한 분자.

테트라하이드로폴산(tetrahydrofolate) B 비타민인 폴산의 생물학적으로 활성인 형태로서 일탄소 대사에서 메틸기, 메틸렌기, 메테닐기, 포밀기의 운반체임.

토토머(tautomer) 수소 원자와 이중 결합의 위치가 서로 다른 이성질체(예, 케토-엔올 토토머).

토토머화(tautomerization) 수소 원자와 이중 결합의 이동에 의하여 두 개의 토토머가 상호 전환하는 화학 반응.

통로 단백질(channel protein) 이온들이 운반되는 구멍을 갖고 있는 막 단백질.

투석(dialysis) 반투과성 막을 사용하여 큰 용질로부터 작은 용질을 분리하는 실험 방법.

트라이아실글리세롤 회로(triacylglycerol cycle) 신체가 에너지 발생과 인지질 같은 분자의 합성을 위하여 이용할 수 있는 지방산의 수준을 조절하는 대사 메커니즘. 트라이아실글리세롤의 일정한 합성과 분해.

트랜스로콘(translocon) 폴리펩타이드의 이동을 중재하는 내재 막단백질.

트랜스 이성질체(trans isomer) 두 치환기가 이중 결합의 반대쪽에 있는 이성질체.

트랜스포존, 전위 요소(transposon, transposable element) 전위에 필요한 유전자를 운반하고 염색체 주위를 이동하는 DNA 절편. 때때로 이 용어는 전위와 관련 없는 유전자를 포함하는 전위 요소에 대해서도 사용됨.

트롬복세인(thromboxane) 고리형 에스터를 포함하는 아라키돈산의 유도체.

특이성 상수(specificity constant) 효소 반응속도론에서 k_{cat}/K_m 항. [S] << K_m인 반응에 대한 이차 반응 속도 상수.

틸라코이드 내강(thylakoid lumen) 엽록체 속의 그라나 형성에 의해 구성되는 내부 구획.

틸라코이드 막(thylakoid membrane) 엽록체 속의 복잡하게 접힌 내막.

파스퇴르 효과(Pasteur effect) 글루코스 소모가 산소가 존재할 때보다 혐기성 상태에서 더 큰 현상.

퍼옥시솜(peroxisome) 진핵 세포의 구형 세포소기관으로 산화 효소를 함유함. 지방산 분해, 막 지질 합성, 퓨린 염기 분해 같은 과정에 관여함.

펩타이드(peptide) 50개 이하의 아미노산 잔기를 가진 아미노산 중합체.

펩타이드 결합(peptide bond) 아미노산 중합체의 아마이드 결합(amide linkage).

펩타이딜기 전달효소 중심(peptidyl transfer centre, PTC) 세균 리보솜의 큰 소단위체 안에 있는 펩타이딜기 전달효소의 위치. 23S rRNA 구역에 있음.

포낭(caveolae) 카베올린 단백질과 몇 가지 지질 분자를 포함하는 일부 세포에서 일어나는 원형질막의 작은 함입의 특수한 형태로서 신호 전달과 세포내 이입에 필요함.

포낭 세포내 이입(caveolar endocytosis) 클라트린-비의존형 세포내 이입 형태로서 대부분 지방 세포와 내피 세포에서 주로 일어남.

포스포글리세라이드(phosphogl-yceride) 두 분자의 지방산, 인산과 극성기에 연결된 글리세롤로 구성되고 막 속에서 주로 발견되는 지질.

포화(saturated) C—C 이중 또는 삼중 결합을 포함하지 않은 분자.

폴리(A) 결합 단백질[poly(A) binding protein, PABP] 진핵 생물 번역 개시 중 mRNA의 3′-폴리(A) 꼬리와 5′-모자 말단 그리고 번역 개시 인자인 eIF-G와 상호 작용함으로써 원형 mRNA를 형성함.

폴리솜(polysome) 여러 개의 리보솜이 결합된 mRNA.

폴리펩타이드(polypeptide) 50개 이상의 아미노산 잔기를 갖는 중합체.

표적 세포(target cell) 호르몬 또는 성장 인자의 수용체 단백질 결합에 반응하는 세포.

표적화(targeting) 새로이 합성된 단백질을 세포 내 정확한 목적지로 지정하는 과정.

표준 환원 전위(standard reduction potential) 표준 수소 전극을 0.00 V로 한 갈바니 전지에서 물질의 전자를 얻거나 잃는 능력을 측정한 값.

표지 유전자(marker gene) 쉽게 검출할 수 있는 유전자로서 형질 전환 세포를 확인하는 데 사용됨.

표지 효소(marker enzyme) 특정 세포소기관의 존재를 알려주는 효소.

표피 성장 인자(epidermal growth factor) 표피 세포의 세포 분열을 촉진하는 단백질.

풀린 단백질 반응(unfolded protein response) RER에서 분자 샤페론이 없으면 신생 단백질 합성이 억제됨. 심한 ER 스트레스에 의하여 촉발됨.

퓨린(purine) 2개의 고리 구조를 갖는 질소 염기로서 뉴클레오타이드의 성분.

프레닐화(prenylation) 프레닐기(예, 파네실기와 제라닐-제라닐기)를 단백질에 공유 결합으로 부착하는 것.

프로단백질(proprotein) 불활성 선구 물질 단백질.

프로스타글란딘(prostaglandin) 아라키돈산 유도체로서 C-11과 C-15에 하이드록실기를 갖고 있는 사이클로펜테인 고리 구조를 하고 있다.

프로테오글라이칸(proteoglycan) 핵심 단백질(core protein)에 연결된 수많은 글리코사미노글라이칸 사슬을 포함하는 큰 분자.

프로파지(prophage) 숙주 세포 DNA에 통합된 바이러스 유전체.

프리온(prion) 단백질성 전염 입자로서 여러 후천성 신경퇴행성 질병의 원인이 됨(예, 광우병과 Creutzfeld-Jakob병).

프리프로단백질(preproprotein) 제거해야 할 신호 펩타이드를 갖고 있는 불활성화된 선구 물질 단백질.

플라보단백질(flavoprotein) 보결분자단 그룹이 FMN 또는 FAD인 접합 단백질.

플라빈-포함 일산소화 효소(flavin-containing monooxygenase) 질소, 황 또는 인을 함유하는 작용기를 가진 분자(흔히 생체 이물)를 산화시키기 위하여 NADPH와 O_2를 필요로 하는 효소군 중 하나임.

플라빈 모노뉴클레오타이드(flavin mononucleotide, FMN) 플라보단백질이라고 부르는 효소에서 단단히 결합된 보결분자단이고 리보플라빈과 D-리비톨인산 등으로 구성된 보조효소.

플라빈 아데닐 다이뉴클레오타이드(flavin adenine dinucleotide, FAD) 플라보단백질이라고 부르는 효소에서 단단히 결합된 보결분자단이며 리보플라빈, D-리비톨과 아데닌 등으로 구성된 보조효소.

플라스미드(plasmid) 세균 세포 염색체와 독립적으로 존재하고 복제할 수 있는 원형의 이중 가닥 DNA 분자. 플라스미드는 안정하게 유전되지만 숙주 세포의 성장과 생식에 필요한 것은 아님.

피리미딘(pyrimidine) 1개의 고리 구조를 갖는 질소 염기로서 뉴클레오타이드의 성분.

필수 아미노산(essential amino acid) 몸에서 합성할 수 없기 때문에 식이에 의해 공급되어야 하는 아미노산.

필수 지방산(essential fatty acid) 몸에서 합성할 수 없기 때문에 식이에 의해 공급되어야 하는 지방산[예, 사람에서 리놀레산(linoleic acid)과 리놀렌산(linolenic acid)].

하향 조절(down regulation) 특정 호르몬에 의한 자극에 반응하여 세포 표면 수용체가 감소하는 현상.

항산화제(antioxidant) 다른 분자의 산화를 방지하는 물질.

항상성(homeostasis) 내부와 외부 환경의 변화에도 불구하고 대사 과정을 조절하는 생물의 능력.

해당 과정(glycolysis) 1분자 글루코스를 2분자의 피루브산으로 전환하는 효소 경로. 혐기성 경로로서 2분자의 ATP 및 2분자의 NADH 형태의 에너지를 생산함.

해독(解毒, detoxification) 독성 상태를 교정. 음주벽인 사람에서 제정신이 들게 만드는 화학 반응.

해독 중심(decoding centre) 코돈-역코돈 염기 쌍이 형성되는 세균 30S 리보솜 안에 위치한 자리.

해독 틀(reading frame) mRNA 분자에서의 연속적인 삼중자 암호.

핵(nucleus) 진핵 세포에서 이중 막으로 둘러싸인 세포소기관으로 세포의 유전체를 담고 있다.

핵공 복합체(nuclear pore complex) 세포핵을 출입하는 대부분의 분자가 통과하는 구멍 복합체로서 핵막에 수천 개가 존재함.

핵 기질(nuclear matrix) 핵 속에 있는 염색질 고리들이 세포 골격과 유사한 비계(scaffold)를 형성.

핵막(nuclear envelope) 핵을 세포질로부터 분리하는 이중막.

핵막 하층(nuclear lamina) 내핵막의 안쪽 표면에 부착된 밀도가 높은 단백질의 망상 조직. DNA 복제, 전사 및 염색질 조직화가 일어남.

핵산(nucleic acid) 뉴클레오타이드의 중합으로 생성된 거대 분자.

핵산 가수 분해 효소(nuclease) 핵산을 올리고뉴클레오타이드로 가수 분해하는 효소.

핵산 말단 가수 분해 효소(exonuclease) 폴리뉴클레오타이드 가닥 말단으로부터 뉴클레오타이드를 제거하는 효소.

핵양체(nucleoid) 원핵 생물에서 긴 원형의 DNA 분자를 포함하는 불규칙적 모양의 영역.

핵 주변 공간(perinuclear space) 핵막의 두 막 사이의 공간.

핵질(nucleoplasm) 핵 안의 젤라틴성 물질로서 세포 골격과 유사한 핵 기질과 염색질 섬유의 그물망을 포함함.

헌팅턴병(Huntington's disease) 헌팅턴이라고 하는 단백질의 과도하게 긴 폴리글루타민 때문에 생기는 유전적이고 치명적인 신경 질환.

헤미아세탈(hemiacetal) 한 분자의 알코올이 알데하이드와의 반응에 의해 형성되는 유기 분자로서 그 일반 화학식은 RCH(OR)(OH)이다.

헤미케탈(hemiketal) 한 분자의 알코올이 케톤과의 반응에 의해 형성되는 유기 분자로서 그 일반 화학식은 RRC(OR)OH이다.

헨더스-하셀발흐 식(Henderson-Hasselbach equation) 완충용액의 pH, pKa 및 약산과 짝염기 성분의 농도 사이의 관계를 나타내는 식.

헴 단백질(hemoprotein) 철을 포함하는 유기 원자단인 헴이 보결분자단인 접합 단백질.

혈소판 유래 성장 인자(platelet-derived growth factor) 혈액 응고 중 혈소판에 의해 분비되는 단백질로서 상처를 치유하는 과정에서 유사 분열을 촉진함.

혐기성 생물(anaerobic organism) 에너지를 생산하기 위해 산소를 이용하지 않는 생물.

혐기성 호흡(anaerobic respiration) 에너지 생산에서 산소가 아닌 다른 물질이 말단 전자 수용체인 대사 과정.

협동적 결합(cooperative binding) 한 리간드의 표적 분자와의 결합이 다른 리간드의 결합을 촉진하는 현상.

형광(fluorescence) 어떤 분자가 한 파장의 빛을 흡수하고 다른 파장의 빛을 방출하는 발광 현상.

형질 도입(transduction) 박테리오파지에 의해 세균 사이에 유전자 전달이 일어나는 것.

형질 전환(transformation) DNA 단편이 세균 세포로 들어가 세균 유전체로 도입되는 현상.

형질 전환 동물(transgenic ani-mal) 재조합 DNA 서열을 수정란 속으로 미세 주사하여 생기는 동물.

형질 주입(transfection) 박테리오파지에 의해 비가역적으로 세균의 염색체나 플라스미드 서열이 새로운 숙주 세포로 전달되는 메커니즘.

호기성 대사(aerobic metabolism) 산소에 의존하는 아데노신 삼인산(ATP) 합성을 위하여 식품 분자의 화학 결합 에너지를 포획하고 사용하는 메커니즘.

호기성 호흡(aerobic respiration) 음식 분자로부터 에너지를 생산하기 위해 산소가 사용되는 대사 과정.

호르몬(hormone) 특정 세포로부터 생산된 화학 물질로서 멀리 있는 표적 세포의 기능에 영향을 줌.

호르몬 반응 요소(hormone response element) 호르몬-수용체 복합체와 결합하는 특정 DNA 서열이다. 호르몬-수용체 복합체의 결합은 특정 유전자의 전사를 증가 또는 감소시킴.

호흡(respiration) 분자가 산화하고 생산된 전자를 ATP 합성에 사용하는 과정.

호흡 복합체(respirasome) 미토콘드리아 내막의 기능성이며 호기성인 호흡 단위로서 동물, 식물, 균류에서 I, III_2, $IV_{1\text{-}2}$로 구성된 초복합체가 확인됨.

호흡 제어(respiratory control) ADP 농도에 의한 호기성 호흡의 조절.

호흡 폭발(respiratory burst) 대식세포 같은 제거 세포에서 생성된 ROS가 외래 또는 손상된 세포들을 죽이는 데 산소를 소모하는 과정.

혼성 터페노이드(mixed terpenoid) 아이소프레노이드기에 부착한 비터펜 성분으로 구성된 생체 분자.

혼성화(hybridization) 다른 원천으로부터 유래한 단일 가닥 DNA의 조각들을 서로 서냉 복원하는 실험 기술. DNA 혼성이 형성되는 속도는 두 가닥의 유사성을 측정하는 지표가 됨.

혼합 무수물(mixed anhydride) 두 개의 다른 R기를 갖고 있는 산 무수물.

화학 독립 영양 생물(chemoautotroph) 여러 화합물의 에너지를 화학 결합 에너지로 전환하는 생물.

화학 무기 영양 생물(chemolithotroph) 특정 무기 물질의 에너지를 화학 결합 에너지로 전환하는 생물.

화학 삼투 짝지음설(chemiosmotic coupling theory) ATP 합성이 막을 가로지르는 전기화학적 양성자 기울기에 의한 전자 수송과 짝지어져 있다는 학설.

화학 유기 영양 생물(chemoorganotroph) 특정 유기 물질의 에너지를 화학 결합 에너지로 전환하는 생물.

화학 종속 영양 생물(chemoheterotroph) 에너지와 탄소원으로서 유기 화합물을 이용하는 생물.

화학 합성(chemosynthesis) 화학 에너지가 어떤 무기물로부터 추출되는 생화학 메커니즘.

환원(reduction) 원자나 분자에 전자를 첨가함. 원자 또는 분자의 산화수가 감소하는 것.

환원당(reducing sugar) 약한 산화제에 의해 산화될 수 있는 당.

환원 전위(reduction potential) 특정 물질이 전자를 잃거나 얻는 경향.

환원제(reducing agent) 다른 반응물의 산화수를 감소시키는 물질. 환원제는 이 과정에서 자신은 산화함.

환원 주의(reductionism) 복잡한 '전체' 계를 성분들로 환원하고 그 다음에 그것들을 더 분해하여 그 분자의 화학적 · 물리적 특성을 연구할 수 있다는 과학적 조사 방법.

활동도 계수(activity coefficient) 용액에서 용질의 유효 농도를 계산하는 데 이용되는 보정 인자.

활면 소포체(smooth ER, SER) 지질 합성과 생물 변환 과정에 관련된 소포체.

활성 자리(active site) 기질이 결합하는 효소 표면의 틈.

활성화 에너지(activation energy) 화학 반응을 일으키는 데 필요한 최소 에너지.

황 전달 경로(transsulfuration pathway) 메싸이오닌을 시스테인으로 전환하는 경로.

회문(palindrome) 앞으로 읽든 뒤로 읽든 간에 같은 정보를 제공하는 서열로서 DNA 회문은 역위 반복(inverted repeat) 서열을 갖고 있다.

효과 물질(effector) 단백질에 결합하여 그 활성에 변화를 주는 분자.

효모 인공 염색체(yeast artificial chromosome) 100 kb까지 수용할 수 있는 클로닝 벡터로서 동원체, 말단소체와 복제 기원으로 작용하는 진핵 생물 서열을 포함함.

효소(enzyme) 세포에서 화학 반응을 촉매 작용하는 고분자량의 단백질.

효소 반응 속도론(enzyme kinetics) 효소 촉매 반응 속도에 관한 연구.

효소 유도(enzyme induction) 분자가 특정 효소의 합성을 촉진하는 과정.

후성돌연변이(epimutation) 정상적인 후성적 패턴의 변화.

후성유전체(epigenome) 세포 내 후성적 변형.

후성유전학(epigenetics) DNA 염기 서열을 변화 시키지 않는 유도 유전자의 활성화나 억제를 일으키는 유전적 공유 결합성 변형.

흡광 감소 효과(hypochromic effect) 퓨린과 피리미딘 염기가 폴리뉴클레오타이드 서열 내 염기쌍으로 편입될 때 나타나는 자외선(260 nm) 흡수가 감소하는 효과.

흡수 후(postabsorptive) 섭식-단식 주기에서 영양소 수준이 낮은 단계,

흡열 반응(endothermic reaction) 에너지를 필요로 하는 반응.

3′-포스포아데노신-5′-포스포황산(3′-phosphoadenosine-5′-phosphosulfate) 당지질의 한 종류인 설파타이드(sulfatide)의 생합성에 사용되는 고에너지 황산기 주개 분자.

43S 개시 전 복합체(43S preinitiation complex) mRNA에 결합하는 메싸이오닐-tRNA^{met}, eIF-A, eIF-2-GTP, eIF-3와 40S 소단위체로 구성된 진핵 세포의 다중 소단위체 복합체.

48S 개시 복합체(48S initiation complex) 개시 코돈을 찾기 위하여 mRNA를 훑는 성숙한 진핵 세포 개시 복합체.

A-DNA DNA가 부분적으로 탈수되었을 때 나타나며 염기쌍이 나선 축에 대해 더 이상 직각이 아닌 DNA.

AMP-활성 단백질 활성화 효소(AMP-Activated protein kinase, AMPK) 에너지 대사에서 중요한 조절 효소.

B 세포(B cell) B 림프구. 외래 물질에 결합하는 단백질인 항체를 생산하고 분비하는 백혈구이며 체액성 면역 반응에서 이물질 파괴를 개시함.

C3 식물(C3 plant) 광합성의 첫 안정된 생성물로서 삼-탄소 분자인 글리세르산-3-인산을 생산하는 식물.

C4 대사(C4 metabolism) 옥수수와 사탕수수 같은 식물에서 사-탄소 분자를 생산하고 광호흡을 회피하는 광합성 경로.

C4 식물(C4 plant) 루비스코(rubisco, 리불로스-1,5-비스인산 카복실화 효소)를 대기 O_2로부터 분리함으로써 광호흡을 억제하는 메커니즘을 보유한 식물.

CAP 결합 복합체(CAP binding complex,CBC) 모자를 쓴 mRNA 분자에 결합하여 번역을 촉진하는 단백질 복합체. eIF-4A(나선 풀기 효소의 일종), eIF-4E(번역 개시 인자의 하나)와 eIF-G(골격 단백질)로 구성되며 eIF-4F라고도 함.

cDNA 라이브러리(cDNA library) 역전사에 의해 mRNA로부터 생산된 cDNA(상보적 DNA) 분자의 클론 라이브러리.

CpG 다이뉴클레오타이드(CpG dinucleotide) 메틸화 사이토신이 5′-CG-3′ 서열에서 우세하게 나타남.

CpG 섬(CpG island) CpG가 염기의 50% 이상 차지하는 유전체 부위.

DAG, diacylglycerol(다이아실글리세롤) 포스파티딜이노시톨 경로에서 제이 전령.

DNA 글리코실화 효소(DNA glycosylase) 뉴클레오타이드의 손상된 염기와 데옥시리보스 성분 사이의 N-글리코사이드 결합을 절단하는 DNA 수선 효소.

DNA 미세배열(DNA microarray) 수천 개의 유전자 발현을 동시에 분석하는 데 사용하는 DNA 칩.

DNA 연결효소(DNA ligase) DNA 복제 중 한 단편의 3′-OH 말단과 다른 단편의 5′-인산기 말단 사이에 포스포다이에스터 결합의 형성을 촉매 작용하는 효소.

DNA 유형 분석(DNA typing) 개체를 동정하는 데 사용하는 DNA 분석 기술로서 표지자라고 하는 여러 변이 서열을 분석함.

DNA 윤곽(DNA profile) 전기 이동 젤로 분리된 표적 서열의 독특한 DNA 반복 서열로 개체를 동정하는 데 사용함.

DNA 지문 분석(DNA fingerprin-ting) 다른 사람들로부터 유래한 DNA 띠 패턴을 비교하는 데 사용하는 실험 기술.

ER-결합 단백질 분해(ER-associated protein degradation, ERAD) 잘못 접힌 단백질을 파괴하기 위한 과정.

ER 스트레스(ER stress) 잘못 접힌 단백질이 ER에 축적되어 생기는 스트레스 조건.

G-단백질-연결 수용체(G-protein-coupled receptor, GPCR) 호르몬이나 다른 신호 분자의 결합을 G 단백질의 활성화를 통하여 세포 내부 반응으로 전달하는 세포 표면 수용체.

GPI anchor, glycosylphosphatidylinositol anchor(글리코실포스파티딜이노시톨 고정 장치) anchor 단백질을 지질 묶음의 막에 연결하는 데 사용되는 당지질.

GTPase 활성화 단백질(GTPase activating protein) GTP-결합 단백질에 결합된 GTP를 가수 분해하는 단백질 분자.

G 단백질(G protein) GPCR에 의하여 활성화되면 분자 스위치로 작용하는 이형 삼합체의 GTP-결합 단백질.

hsp60 단백질 접힘을 중개하는 두 개의 치쌍인 7원자 고리로 구성된 큰 구조를 형성하여 폴리펩타이드의 ATP 의존 접힘을 촉진하는 분자 샤페론 중의 하나. 샤페로닌 또는 Cpn 60이라고도 함.

hsp70 접힘 과정의 초기 단계에서 단백질과 결합하여 안정화시키는 분자 샤페론 중의 하나.

hsp90 제한된 수의 대상 단백질의 접힘을 마감해주는 분자 샤페론의 하나. 어떤 단백질 복합체의 조립을 조정하며 hsp70과 함께 작용하여 산화성 스트레스나 열 스트레스에 의해 손상된 단백질을 찾아냄.

IP_3, inositol-1,4,5-triphosphate(이노시톨-1,4,5-삼인산) IP_3 수용체는 Ca^{2+} 통로임.용.

N-글라이칸(N-glycan) 아스파라긴 연결 올리고당.

NMR 분광법(NMR spectroscopy) 유기 분자의 구조를 분석하는 분광법 중 하나. 자기적 성질을 가진 원자핵의 전자기 복사선 흡수를 측정함.

O-글라이칸(O-glycan) 뮤신 유형(mucin-type)의 다당류.

PPAR(peroxisome proliferator-activated receptor, 퍼옥시솜 증식 인자-활성화 수용체).

Q 회로(Q cycle) 전자 수송 중 환원된 보조효소 Q(UQH_2)로부터 사이토크롬 c로의 전자 이동.

rho 비의존형 종결(rho-independent termination) rho 인자를 필요로 하지 않는 원핵생물의 전사 종결로서 내인성 종결이라고도 부름.

rho 의존형 종결(rho-dependent termination) rho 인자를 필요로 하는 원핵 생물의 전사 종결.

rho 인자(rho factor) 세균에서 전사 종결에 연관된 ATP 의존성 나선효소.

ribonucleic acid(리보핵산) RNA 리보뉴클레오타이드로부터 형성되는 단일 가닥의 가지가 없는 거대 분자. 단백질 합성의 기본 성분.

RNA-유도 침묵 복합체(RNA-induced silencing complex, RISC) RISC 복합체에 결합된 짧은 간섭 RNA의 안티센스 가닥은 바이러스 miRNA를 표적화하고 결합함. 그 다음에 RISC 안의 핵산 가수 분해 효소는 miRNA 서열을 분해함.

RNA 간섭(RNA interference) RNA 분자가 분해되는 세포의 메커니즘으로서 유전자 발현 조절과 바이러스 RNA 유전체에 대한 방어 기능을 함.

RNA 이어맞추기(RNA splicing) 인트론이 절단되고 엑손이 서로 결합하여 기능을 가진 RNA 생성물을 형성하는 과정.

RNA 트랜스포존(RNA transposon) RNA 전사물을 포함하는 메커니즘을 사용하는 전위 요소로서 레트로트랜스포존이라고도 함.

RNA 편집(RNA editing) 새로이 합성된 mRNA의 염기 서열의 변화이며 염기는 화학적으로 변형되거나 결손될 수 있다.

***S*-아데노실메싸이오닌(*S*-adenosylmethionine, SAM)** 일탄소 대사에서 중요한 메틸기 주개.

SDS-폴리아크릴아마이드 젤 전기 이동(SDS-polyacrylamide gel electrophoresis) 음전하의 계면활성제인 SDS를 이용하여 단백질을 분리 또는 그 분자량을 측정하는 전기 이동법.

SRP 수용체 단백질(SRP receptor protein) SRP(신호 인식 입자)가 결합하는 RER의 세포질 표면에 두 개의 GTPase를 갖는 이형이합체.

T 세포(T cell) T 림프구(세포성 면역에서 외래 세포들과 결합하여 파괴하는 백혈구 세포).

Z-DNA 왼쪽 방향으로 꼬인 나선형 DNA로서 B-DNA보다 그 구조가 더 가늘음.

Z 도표(Z scheme) 광합성 중 전자가 PSII와 PSI 사이에 흐르는 메커니즘.

α-토코페롤(α-tocopherol) 페놀계 항산화제 화합물에 속하는 라디칼 제거제.

β-산화(β-oxidation) 대부분의 지방산이 분해되는 이화 경로. 지방산의 α와 β 탄소 원자 사이의 결합이 끊어지면서 아세틸-CoA가 형성됨.

β-카로틴(β-carotene) 빛 에너지의 흡수체와 항산화제로 작용하는 식물 색소 분자.

$β_2$ 죔쇠($β_2$ clamp) 진행성을 촉진하는 단백질 복합체. 즉 DNA 주형으로부터 DNA 중합효소의 잦은 분리를 방지함.

찾아보기

Index

ㄱ

ㅂ

ㅅ

ㅇ

ㅈ

ㅊ

ㅋ

ㅌ

ㅍ

ㅎ

기타

옮긴이 소개

강릉원주대학교 • 최석정

건국대학교 • 김동은

공주대학교 • 오남순, 홍인석

단국대학교 • 장원철

대구한의대학교 • 변부형, 조일제

동서대학교 • 이진화

동아대학교 • 박인식, 정대일, 이언진

목포해양대학교 • 이경선

부경대학교 • 김학준

부산대학교 • 김광선, 박장수

서울과학기술대학교 • 박준호

서울여자대학교 • 김미정

연세대학교 • 윤성식

인천대학교 • 강동구

전북대학교 • 이동원, 이승재

제주대학교 • 현창구

조선대학교 • 고문주*, 조 훈

중원대학교 • 최현경, 하용황

한국교원대학교 • 신현철

(* 옮긴이 대표)

맥키의 제6판

생화학 생명의 분자적 기초

| 발행일 2019년 3월 1일 6판 1쇄
2022년 9월 8일 6판 2쇄

| 지은이 Trudy McKee/James R. McKee

| 옮긴이 고문주 외 26인

| 발행인 박 종 성

| 발행처 사이플러스 Science plus

| 주 소 우 07202/서울특별시 영등포구 양평로 30길 14
세종앤까뮤스퀘어 1106호

| 전 화 332-6171

| 팩 스 332-6185

| 등 록 2005.10.20. 세2005-000222호

| ISBN 979-11-88731-04-6 93430 **값 49,000원**

맥키의 제6판

생화학 생명의 분자적 기초

미터법 및 SI 단위와 몇 가지 유용한 변환 인자

길이	SI 단위 미터(m)	부피	SI 단위 세제곱미터(m^3)	질량	SI 단위 킬로그램(kg)
1 미터(m) = 100 센티미터(cm)		1 리터(L) = 1000 밀리리터(mL)		1 킬로그램(kg) = 1000 그램(g)	1 mg = 1000 mcg
1 m = 1000 밀리미터(mm)		1 mL = 1 cm^3	1 dL = 100 mL	1 g = 1000 밀리그램(mg)	1 lb = 16 oz
1 cm = 10 mm		1 L = 1.057 쿼트(qt)	1 mL = 1 cc	1 kg = 2.205 lb	
1 킬로미터(km) = 0.6214 마일(mi)		1 qt = 946.4 mL		1 lb = 453.6 g	
1 인치(in.) = 2.54 cm(정확)		1 파인트(pt) = 473.2 mL		1 mol = 6.022 × 10^{23}개 입자	
		1 gal = 3.785 L 1 tsp = 5 mL 1 tbsp(T) = 15 mL		물 밀도 = 1.00 g/mL(4 °C에서)	

온도	SI 단위 켈빈(K)	압력	SI 단위 파스칼(Pa)	에너지	SI 단위 줄(J)
$T_F = 1.8(T_C) + 32$		1 atm = 760 mmHg		1 칼로리(cal) = 4.184 J (정확)	
$T_C = \frac{T_F - 32}{1.8}$		1 atm = 101.325 kPa		1 kcal = 1000 cal	
$T_K = T_C + 273$		1 atm = 760 Torr			
		기체 1 mol = 22.4 L (STP) *R* = 0.0821 L · atm/mol · K *R* = 62.4 mmHg · atm/mol · K		물 융해열 = 334 J/g 기화열 = 2260 J/g 비열(*SH*) = 4.184 J/g °C; 1.00 cal/g °C	

미터법 및 SI 접두사

접두사	기호	10의 제곱수
단위 크기가 증가하는 접두사		
페타(peta)	P	10^{15}
테라(tera)	T	10^{12}
기가(giga)	G	10^{9}
메가(mega)	M	10^{6}
킬로(kilo)	k	10^{3}
단위 크기가 감소하는 접두사		
데시(deci)	d	10^{-1}
센티(centi)	c	10^{-2}
밀리(milli)	m	10^{-3}
마이크로(micro)	μ (mc)	10^{-6}
나노(nano)	n	10^{-9}
피코(pico)	p	10^{-12}
펨토(femto)	f	10^{-15}

몇 가지 화합물의 화학식과 몰질량

이름	화학식	몰질량(g/mol)	이름	화학식	몰질량(g/mol)
메테인	CH_4	16.04	염소	Cl_2	70.90
물	H_2O	18.02	염화 소듐	NaCl	58.44
뷰테인	C_4H_{10}	58.12	염화 수소	HCl	36.46
브로민	Br_2	159.80	염화 암모늄	NH_4Cl	53.49
산소	O_2	32.00	염화 칼슘	$CaCl_2$	110.98
산화 마그네슘	MgO	40.31	이산화 탄소	CO_2	44.01
산화 철(III)	Fe_2O_3	159.70	질산 포타슘	KNO_3	101.11
산화 칼슘	CaO	56.08	질소	N_2	28.02
삼산화 황	SO_3	80.07	탄산 칼슘	$CaCO_3$	100.09
수산화 소듐	NaOH	40.00	탄산 포타슘	K_2CO_3	138.21
수산화 칼슘	$Ca(OH)_2$	74.10	프로페인	C_3H_8	44.09
수소	H_2	2.016	황산 암모늄	$(NH_4)_2SO_4$	132.15
암모니아	NH_3	17.03	황화 구리(II)	CuS	95.62

몇 가지 일반적인 양이온의 식과 전하

양이온(고정 전하)

1+		2+		3+	
Li^+	리튬	Mg^{2+}	마그네슘	Al^{3+}	알루미늄
Na^+	소듐	Ca^{2+}	칼슘		
K^+	포타슘	Sr^{2+}	스트론튬		
NH_4^+	암모늄	Ba^{2+}	바륨		
H_3O^+	하이드로늄	Zn^{2+}	아연		
Ag^+	은	Cd^{2+}	카드뮴		

양이온(가변 전하)

1+ 또는 2+				1+ 또는 3+			
Cu^+	구리(I)	Cu^{2+}	구리(II)	Au^+	금(I)	Au^{3+}	금(III)
Hg_2^{2+}	수은(I)	Hg^{2+}	수은(II)				
2+ 또는 3+				**2+ 또는 4+**			
Fe^{2+}	철(II)	Fe^{3+}	철(III)	Sn^{2+}	주석(II)	Sn^{4+}	주석(IV)
Co^{2+}	코발트(II)	Co^{3+}	코발트(III)	Pb^{2+}	납(II)	Pb^{4+}	납(IV)
Cr^{2+}	크로뮴(II)	Cr^{3+}	크로뮴(III)				
Mn^{2+}	망가니즈(II)	Mn^{3+}	망가니즈(III)				
Ni^{2+}	니켈(II)	Ni^{3+}	니켈(III)				
3+ 또는 5+							
Bi^{3+}	비스무트(III)	Bi^{5+}	비스무트(V)				

몇 가지 일반적인 음이온의 식과 전하

단원자 이온

F^-	플루오린화	Br^-	브로민화	O^{2-}	산화	N^{3-}	질화
Cl^-	염화	I^-	아이오딘화	S^{2-}	황화	P^{3-}	인화

다원자 이온

HCO_3^-	탄산 수소(중탄산)	CO_3^{2-}	탄산		
$C_2H_3O_2^-$	아세트산	CN^-	사이안산		
NO_3^-	질산	NO_2^-	아질산		
$H_2PO_4^-$	인산 이수소	HPO_4^{2-}	인산 수소	PO_4^{3-}	인산
$H_2PO_3^-$	아인산 이수소	HPO_3^{2-}	아인산 수소	PO_3^{3-}	아인산
HSO_4^-	황산 수소(중황산)	SO_4^{2-}	황산		
HSO_3^-	아황산 수소(중아황산)	SO_3^{2-}	아황산		
ClO_4^-	과염소산	ClO_3^-	염소산		
ClO_2^-	아염소산	ClO^-	하이포아염소산		
OH^-	수산화	CrO_4^{2-}	크로뮴산		
MnO_4^-	과망가니즈산	$Cr_2O_7^{2-}$	중크로뮴산		
SCN^-	싸이오사이안산				

유기 화합물의 작용기

형태	작용기	형태	작용기
할로알케인	$-F,\ -Cl,\ -Br,\ -I$	카복실산	$-\overset{\overset{\displaystyle O}{\|}}{C}-OH$
알켄	$-CH{=}CH-$	에스터	$-\overset{\overset{\displaystyle O}{\|}}{C}-O-$
알카인	$-C{\equiv}C-$	아민	$-NH_2$
방향족	벤젠 고리	아마이드	$-\overset{\overset{\displaystyle O}{\|}}{C}-NH_2$
알코올	$-OH$		
에터	$-O-$		
알데하이드	$-\overset{\overset{\displaystyle O}{\|}}{C}-H$		
케톤	$-\overset{\overset{\displaystyle O}{\|}}{C}-$		